van Aerssen/Buchholz/Klecha
Das große Handbuch
Nachhaltigkeit

Das große Handbuch Nachhaltigkeit

334 Methoden, Instrumente und Modelle für die erfolgreiche Transformation Ihres Unternehmens

Herausgegeben von

Benno van Aerssen

Christian Buchholz

Malvine Klecha

unter Mitarbeit der Autor:innen

Thomas Appel

Hila Attaie

Sabine Boehringer

Prof. Dr. Carsten Leo Demming

Christian Dinter

Dr. Samuel Huber

Prof. Dr. Carolyn Hutter

Kilian Karg

Tobias Leisgang

Marie-Lucie Linde

Helga Mahler

Antje Meyer

Dr. Stefan Rösler

Kathy Wigge

Mit Illustrationen von

Christina Westing

Verlag Franz Vahlen München

vahlen.de

ISBN Print 978 3 8006 7317 9
ISBN E-Book (ePDF) 978 3 8006 7318 6

Wilhelmstr. 9, 80801 München
Druck und Bindung: Westermann Druck Zwickau GmbH
Crimmitschauer Straße 43, 08058 Zwickau

Satz: Fotosatz Buck
Zweikirchener Str. 7, 84036 Kumhausen
Produktion: Sieveking Agentur, München
Umschlag: Christina Westing – verrocchio
Institute und Ralph Zimmermann – Bureau Parapluie
Bildnachweis: Christina Westing

vahlen.de/nachhaltig

Gedruckt auf säurefreiem, alterungsbeständigem Papier
(hergestellt aus chlorfrei gebleichtem Zellstoff)

Inhalt

Es ~~war~~ wird einmal …

Also wart ihr die Guten?

Wie jeder andere haben auch wir Fehler gemacht. Aber wir waren fest entschlossen und haben mithilfe des Buchs viele richtige Entscheidungen getroffen. Wir wollten, dass du und deine Generation in einer friedlichen Welt leben könnt, in der alles möglich ist. Wir haben dafür gesorgt, dass auch ihr frei entscheiden könnt.

Was wir unter Nachhaltigkeit verstehen

Was Nachhaltigkeit wirklich ist – und warum wir dieses Buch geschrieben haben

Nachhaltigkeit ist das Thema, dass uns in den nächsten Jahrzehnten wirtschaftlich, politisch und gesellschaftlich am meisten beschäftigen wird. Ursprünglich stammt der Nachhaltigkeitsbegriff aus dem 18. Jahrhundert, wonach der jährliche Holzeinschlag nicht größer sein sollte als die nachwachsende Menge an geerntetem Holz. Dass wir dieses Prinzip über die letzten Jahrhunderte nicht beachtet haben, zeigt das besorgniserregende Schaubild der planetaren Grenzen des Stockholm Resilience Center.

Unser Planet hat mittlerweile viele seiner Belastungsgrenzen überschritten, was die Resilienz der Erde als System gefährdet. Im Jahr 2023 waren es bereits sechs rote Gefahrenbereiche.

Angesichts dieser Grenzüberschreitungen wird auch deutlich, dass der Weg der Nachhaltigkeit nicht nur bedeutet, dass wir unserem Planeten keinen Schaden mehr zufügen dürfen, sondern dass wir ihn zeitgleich auch reparieren müssen, um wieder innerhalb der Grenzen agieren zu können.

Daher hat sich der Begriff der „regenerativen Entwicklung“ ausgeprägt, der noch über das nachhaltige Handeln hinausgeht und eine Verbesserung des geschädigten Ökosystems als Ziel hat.

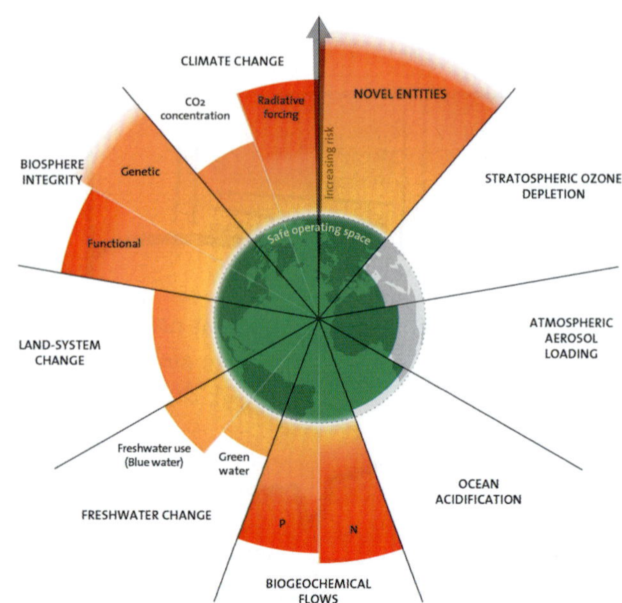

Quelle: Azote for Stockholm Resilience Centre (basierend auf der Analyse in Richardson et al., 2023)

Nachhaltigkeit ist also ein (unbedingt nötiger) Zwischenstopp hin zu einem regenerativen Wirtschaften in co-creativer Partnerschaft mit der Natur, um das globale sozial-ökologische System wiederherzustellen.

Der heute genutzte Begriff der Nachhaltigkeit umfasst sowohl **ökologische** wie auch **ökonomische** und **soziale** Dimensionen.

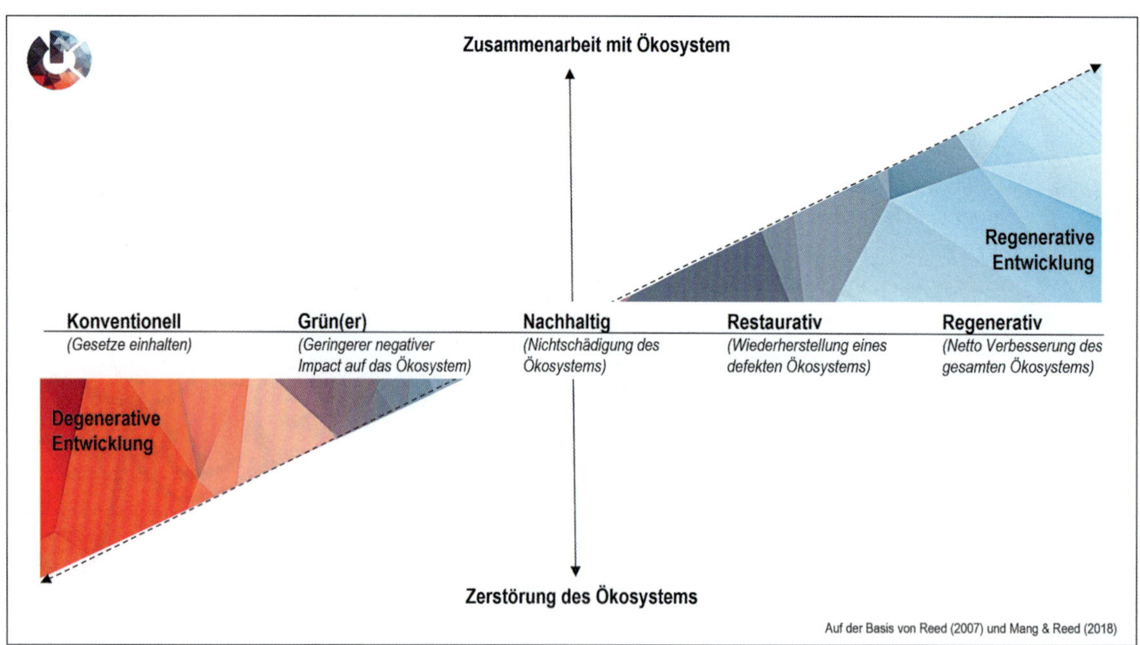

Quelle: https://www.zukunftdernachhaltigkeit.de/wp-content/uploads/sites/5/2023/04/Abgrenzungsstufen-regenerative-Nachhaltigkeit.png

Diese drei Säulen sind gleichberechtigt von Bedeutung, wenn es um eine nachhaltige Transformation geht.

Prägend ist hier die UN-Agenda 2030. Die dort ausgearbeiteten 17 Sustainable Development Goals (SDGs) gelten als Richtschnur und wurden 2015 von allen UN-Mitgliedstaaten angenommen und beschlossen. Die 17 Ziele für Mensch, Planet und Wohlstand (People, Planet, Prosperity) sind ein universeller Aufruf zum Handeln, um die Armut zu beenden, den Planeten zu schützen und das Leben und Perspektiven aller Menschen überall zu verbessern.

Wenn wir also von nachhaltiger Transformation sprechen, hilft uns das SDG Framework, klare Zielsetzungen zu verfolgen. Der Weg dorthin ist eine Reise, auf die sich viele Unternehmen gerade begeben. Denn unser wirtschaftlicher Wohlstand hängt stark von den ökologischen und sozialen Entwicklungen ab. Vier der Top-5-Risiken der nächsten zehn Jahre sind laut dem World Economic Forum ökologisch, das fünfte ist sozial: 1. Versagen bei der Eindämmung des Klimawandels, 2. Versagen bei der Anpassung an den Klimawandel, 3. Naturkatastrophen und Extremwetterereignisse, 4. Verlust der biologischen Vielfalt und Zusammenbruch der Ökosysteme, 5. Unfreiwillige Migration in großem Maßstab.

Das Warum wird daran also deutlich. Die Frage, die sich jetzt viele Unternehmen stellen, ist das Wie? In vielen Bereichen haben wir kein Wissens-, sondern ein Handlungsdefizit. Fragen, die wir oft hören, sind: Wo sollen wir mit nachhaltiger Arbeit beginnen? Wie sorge ich dafür, dass meine Produkte und Dienstleistungen nachhaltig *und* wettbewerbsfähig werden? Wie bringe ich die Menschen in meiner Organisation dazu, nachhaltig zu denken und zu handeln?

Wir haben dieses Buch geschrieben, um unsere Leserinnen und Leser bei der Umsetzung der nachhaltigen Transformation zu unterstützen. Dieses Handbuch hilft dabei, methodische Kompetenzen aufzubauen und Menschen ins Handeln zu bringen.

Dabei geht es nicht nur darum, unternehmerische Risken aufgrund der Bedrohungslage zu minimieren, sondern auch Chancen für das eigene Unternehmen zu nutzen. Wer jetzt schnell ist und mit Willenskraft nachhaltige und regenerative Ideen umsetzt, kann sich als Vorreiter vom Wettbewerb absetzen. Denn alle Zeichen deuten darauf hin, dass sowohl der Kundenmarkt, der Finanzmarkt als auch staatliche Förderungen in den nächsten Jahren nachhaltige Unternehmen bevorzugen werden.

Nachhaltigkeit ist also nicht nur eine persönliche Verantwortung gegenüber den nächsten Generationen, sondern auch eine unternehmerische, um die Zukunftsfähigkeit des eigenen Unternehmens sicherzustellen.

Quelle: https://www.un.org/sustainabledevelopment/news/communications-material/

Was dieses Buch bietet

Das Thema Nachhaltigkeit ist sehr groß und vielschichtig. Vor dem Hintergrund der gesellschaftlichen Auswirkungen des Klimawandels und der Überlastung der planetaren Grenzen ist der Transformationsdruck enorm und eine große Herausforderung für Menschen und Unternehmen auf der ganzen Welt.

Es gibt unzählige Literatur, die Ursachen und Ausmaß der Situation beschreibt und auf die Dringlichkeit der Veränderung hinweist, jedoch fehlen häufig konkrete Problemlösungen und Werkzeuge für die Umsetzung der Transformation.

16 Autorenschlaglichter: Ein echter Rundumblick auf das Thema Nachhaltigkeit – das war das Ziel dieses Buchs. Die 16 Autorinnen und Autoren bilden bewusst unterschiedliche Blickwinkel ab, denn das Thema Nachhaltigkeit ist vielschichtig und komplex. Jeder Autor hat ein individuelles Schlaglicht verfasst, welches seinen Blick und seine Erfahrungen wiedergibt – inklusive eines wichtigen Rats oder einer Empfehlung.

Den SustainAbility Guide: Führungskräfte in Unternehmen spielen eine wichtige Rolle in der nachhaltigen Transformation. Der SustainAbility Guide ist als praktischer Wegweiser konzipiert, der Nachhaltigkeitsbemühungen sichtbar macht und konkrete Felder für nachhaltige Innovationen benennt.

334 praxiserprobte Methoden und Tools: Herz des Buchs sind 334 Methoden und Tools, zusammengestellt und getestet von unseren Autoren. Diese bilden unterschiedliche Ebenen der Nachhaltigkeit ab, neben strategischen Werkzeugen, gibt es Mikromethoden, Workshopformate und viele Modelle.

46 Hinderniseffekte: In vielen Situationen der nachhaltigen Transformation gibt es typische Hindernisse, die das Weiterkommen verlangsamen oder ganz zum Erliegen bringen. Daher haben wir alle Methoden nach ihrer Wirkung auf 46 bekannte und häufig auftretende Hindernisse untersucht und klassifiziert. Wir nennen dies Hinderniseffekte.

Outdoorformate: Bei allen Methoden, die neben dem Namen mit einem Baum-Symbol gekennzeichnet sind, handelt es sich um Outdoorformate, die einen ganz besonderen Bezug zur Nachhaltigkeit herstellen. Die meisten dieser Methoden wurden von unserem Autor Dr. Stefan Rösler bereitgestellt, der hier eine spezifische Expertise aufweist.

Helfende Organisationen: Viele Organisationen unterstützen die nachhaltige Transformationen mit Tools und Know-how. Wenn zu einer Methode weiterführende Informationen vorhanden sind, haben wir bei dem jeweiligen Tool einen Link hinterlegt, der tiefere Einblicke ermöglicht.

Grafik: verrocchio Sustainable Inspiration Card – Malvine Klecha, Hila Attaie und Jennifer van Aerssen (Illustration)

16 Blickwinkel auf Nachhaltigkeit

Lassen Sie sich von den verschiedenen Schlaglichtern unserer Autorinnen und Autoren inspirieren und auf eine spannende Reise durch die Welt der nachhaltigen Transformation mitnehmen. Indem Sie sich mit diesen verschiedenen Perspektiven auseinandersetzen, können Sie nicht nur einen positiven Beitrag zur Nachhaltigkeit leisten, sondern auch den langfristigen Erfolg Ihrer Organisation sichern.

Unsere Empfehlung an Sie: Stellen Sie sich zu jedem Schlaglicht die folgenden Reflexionsfragen, um einen zielführenden Transfer auf die eigene Organisation oder Herausforderung entstehen zu lassen.

- Welche Aspekte des Schlaglichts kann ich sofort bestätigen?
- Welcher Aspekt des Schlaglichts lässt mich zweifeln oder versetzt mich sogar in Erstaunen?
- Was nehme ich als Erkenntnis aus dem Schlaglicht für mein Team oder meine Organisation mit?

Wir wünschen viel Spaß beim Schmökern und Reflektieren!

#01: 44 Indikatoren für gelebte Nachhaltigkeit (von Malvine Klecha)

Wie der Nachhaltigkeitsdruck Unternehmen bewegt und die Arbeitswelt verändert

Druck erzeugt Veränderung. Das ist die absolute Grundlage, die in meinem damaligen BWL-Studium im Seminar „Changemanagement" als Erstes vermittelt wurde. Bis heute ist das die simpelste Gleichung, die jeder Transformation zu Grunde liegt. Ob im Großen oder im Kleinen, positiver sowie negativer Druck (Leidensdruck) bewegt Menschen und verändert Unternehmen.

Was bewegt Menschen und Unternehmen nun in die Nachhaltigkeitstransformation?

Der Druck kann aus verschiedenen Richtungen kommen, von innen und von außen. Fest steht, dass er stetig steigt und in den kommenden Jahren immer drängender werden wird:

1. **Die Leitfigur im Unternehmen treibt aktiv zur Transformation**
Durch starke Überzeugungen einzelner Personen wird ein innerer Druck aufgebaut. Intrinsische Motivation gerade auf Führungsebene sorgt dafür, dass sich das gesamte Unternehmen nachhaltig ausrichtet. Das sieht man bei Vorreitern wie dem Fashionunternehmen Patagonia in Person des Gründers Yvon Chouinard, das sieht man aber auch bei kleinen Unternehmen wie Kleeschulte Erden, wo sich die Geschäftsführerin Frau Kleeschulte-Vrochte gegen jeden Widerstand dem Thema Nachhaltigkeit verschrieben hat. Das Brennen für eine enkelfähige Welt von entscheidenden Personen treibt ganze Unternehmen in die Transformation. Je mehr Menschen mit starken Nachhaltigkeitsüberzeugungen in Führungspositionen kommen, desto mehr verschiebt sich der Fokus von Unternehmen auf ein ökologisches, soziales und ökonomisches Wirtschaften.
2. **Politische Rahmenbedingungen setzen neue Standards**
Ein sukzessiv steigender, äußerer Druck wird von der Politik aufgebaut. CO_2-Bepreisungen und die Pflicht zum nachhaltigen Reporting zeigen, dass es für Unternehmen immer schwieriger (und teurer) wird, nicht nachhaltig zu wirtschaften. Mit den Klimaneutralitätszielen von Deutschland für 2040 und Europa für 2050, führt auch für die Wirtschaft kein Weg um ein klimaneutrales Wirtschaften herum. Zudem arbeitet Europa an Zirkularitätsstrategien in ihrem *Fit for 55*-Paket, um die Circular Economy in Europa zu etablieren.
Die daraus resultierenden Fragen lauten: Wie ernst nimmt die Politik ihre Ziele? Wie schnell wird es wie teuer? Werden Externalitäten, also der wahre Preis unseres Wirtschaftens für die Umwelt, in naher Zukunft durch die Politik eingepreist, sodass bisherige nicht nachhaltige Angebote zu teuer für den Konsumenten werden?
Klar ist, der grundsätzliche politische Wille ist da, die Relevanz der Klimakatastrophe entgegenzuwirken erkannt. Die Schnelligkeit politischer Maßnahmen für die Wirtschaft bleibt noch ein Fragezeichen. Ich wage aber zu behaupten, dass ab einem Punkt in der nicht allzu weiten Zukunft die Klimaerwärmung ihre fatalen Folgen zeigen und der politische Druck sprunghaft ansteigen wird.
3. **Der nachhaltige Konsument wird Grundpfeiler sich verändernder Märkte**
Der Konsument fordert immer mehr nachhaltige Lösungen und Produkte. Wir sind hier in der klassischsten Disziplin des Innovierens: in der Kundenzentrierung. Das Angebot mit einem wirklichen Mehrwert für den Kunden wird gekauft. Wenn dieser Mehrwert nun soziale und ökologische Mehrwerte miteinschließt, kann das Unternehmen Wettbewerbsvorteile durch ein nachhaltiges Angebot erlangen. Der Druck entsteht durch die gesellschaftliche Nachfrage nach Produkten für ein gutes Gewissen, nicht nach Greenwashing.
4. **Der (potenzielle) Arbeitnehmer fordert eine authentische Nachhaltigkeitsorientierung**
Nichts Neues: Wir befinden uns im Fachkräftemangel, der sich in den nächsten Jahren durch den demografischen Wandel noch verstärken wird. Für Unternehmen wird es immer wichtiger für ihre Arbeitnehmer sowie für neue, potenzielle Mitarbeiter attraktiv zu sein. Eine authentische Nachhaltigkeitsorientierung des Unternehmens wird zum Auswahlkriterium bei der Suche nach dem Arbeitgeber. Die umtreibende Frage wird sein: Gebe ich meine Kraft, meine Arbeitsleistung, meine Kreativität und mein Engagement an Unternehmen, die unsere Probleme lösen wollen? Und die Antwort wird vermehrt lauten: JA!

Werfen wir mal einen genaueren Blick auf Punkt 4. Es lassen sich unterschiedliche Antriebsmuster bei Menschen auf der Suche nach einem Arbeitgeber feststellen. Über Gehalt, Arbeitsbedingungen, Flexibilität, Boni und sonstige Vergünstigungen versuchen sich Recruitings neue Mitarbeiter zu sichern.

Was nun bei der Jobsuche immer mehr in den Fokus rückt, ist eine klare Nachhaltigkeitsorientierung. Hat das Handeln des Unternehmens schlechte Auswirkungen auf Mensch und Umwelt? Wirtschaftet das Unternehmen verantwortlich? Was tut es für eine enkelfähige Welt?

Voraussetzung für dieses neue Nachhaltigkeitskriterium bei der Jobauswahl ist eine bereits grundsätzliche Sensibilisierung für das Thema. Spannend ist aktuell in meinem Umfeld zu beobachten, wie sich gerade Paare mit kleinen Kindern immer mehr mit der zukünftigen Welt, die sie ihren Kindern hinterlassen werden, auseinandersetzen.

Nachfolgende Generationen sind aufgrund der eigenen, unmittelbaren Betroffenheit der Klimaerwärmung bereits stärker sensibilisiert. Zudem sorgt eine vermehrte Nachhaltigkeitsbildung für eine andere Wahrnehmung. In einem letzten Projekt haben wir mit Studierenden an Lösungen für nachhaltige Unternehmensherausforderungen gearbeitet. Vom Landesministerium finanziert wurde in Kooperation mit u. a. Think Tanks, Hochschulen, Universitäten und Wirtschaftsförderungen in drei Tagen von Studierenden Ideen entwickelt. Sei es für Prozesse zum zirkulären Wirtschaften, für neue, nachhaltige Produkte, Materialinnovationen oder nachhaltigen Anwendungsfällen von Technologien. Nachhaltigkeit steht vermehrt auf der Agenda von Bildungsstätten und rückt das Thema immer mehr ins Zentrum der Aufmerksamkeit von jungen Menschen.

Im Anschluss an die Veranstaltung stellte sich für Unternehmen eine essenzielle Frage: Wie ernst meinen sie es mit der Ideenumsetzung? Wie ernst meinen sie es mit nachhaltigen Projekten, auch wenn diese Entscheidungen Investitionen bedeuten? Unterliegt jede Entscheidung für Impact der unmittelbaren Kostenkeule?

Die grundlegende Entscheidung, die dahintersteht, muss jedes Unternehmen früher oder später treffen: *Stehen wir für ein authentisches, nachhaltiges Business, nach innen und nach außen?*

Die ernstgenommene Konsequenz einer Entscheidung dafür wäre, dass Nachhaltigkeit nach innen und nach außen authentisch gelebt wird. Und hier ist das große Warnschild:

Wenn nach außen Nachhaltigkeit groß kommuniziert wird, im inneren die Entscheidungsprozesse aber nicht diesem Bild folgen, sind Unternehmen in einer inkongruenten Situation. Dann werden die großen Nachhaltigkeitsinitiativen und -Projekte immer den schnellen (Kosten-)Tod sterben. Dann passen auch das äußere Bild und das tatsächliche innere Bild für die Mitarbeiter nicht zusammen. Das Unternehmen trägt eine „Nachhaltigkeitsmaske", die von neuen und alten Arbeitnehmern schnell durchschaut werden kann, und verliert damit den Wettbewerbsvorteil auf dem Arbeitgebermarkt.

Anhand einiger Indikatoren lässt sich für Mitarbeiter erkennen, ob ein Unternehmen aktiv im Inneren nachhaltigkeitsorientiert handelt und authentisch Nachhaltigkeit lebt.

Kategorie Geschäftsführung

- Nachhaltigkeitsmentalität
  1. Das Management hat eine klare Vision und den Willen zu Nachhaltigkeitstransformation. Neugierde, breiteres Wissen, Reflexion und eine innere Überzeugung aus einem Unternehmenspurpose heraus sind die Treiber, um das Unternehmen sozial, ökologisch und ökonomisch aufzustellen. Dieses Nachhaltigkeits-Mindset wird durch das Management klar vorgelebt.
  2. Das Management hat durch aktive Mindset Arbeit und Kommunikation dafür gesorgt, dass im gesamten Unternehmen die Bedeutung von Nachhaltigkeit für die zukünftige Wettbewerbsfähigkeit wohlbekannt und verstanden ist.
  3. Das Vertrauen in zukünftige Erfolge durch seine Nachhaltigkeitsstrategie (z.B. durch bereits erste erfolgte positive Projekterfahrungen) ist im Management gefestigt. Dieses Vertrauen des Managements ist für die Belegschaft deutlich spürbar. Es wird daher nicht gezögert mit Nachhaltigkeitsinitiativen proaktiv auf das Management zuzugehen.
- Unternehmerische Orientierung Plus
  4. Das Management kennt die Nachhaltigkeitstrends und beschäftigt sich mit möglichen Zukunftsszenarien, um sich regelmäßig mit möglichen neuen Chancen und Risiken im Markt auseinanderzusetzen.
  5. Das Management hat Entscheidungsmatrixen für Projekte etabliert, die nicht nur auf den Kostenfaktor, sondern auch auf den Impact des Projekts referenzieren. Entscheidungen für oder gegen Projekte sind damit nicht nur cost-driven, sondern auch impact-driven. Risiken werden bewusst eingegangen, um eine Vorreiterrolle einzunehmen.
  6. Das Management trifft transparente Entscheidungen für oder gegen Nachhaltigkeitsmaßnahmen. Entscheidungen werden ausführlich und nachvollziehbar begründet.
  7. Das Management belohnt von Mitarbeitern eingegangene Risiken mit Anerkennung, selbst wenn der Erfolg nicht klar absehbar ist. Die Mitarbeiter werden damit in einem proaktiven Handeln für mehr Nachhaltigkeit bestärkt.
- Nachhaltigkeitsdisziplin
  8. Das Management einen „langen Atem" bei der Durchführung von innovativen Nachhaltigkeitsprojekten. Es ist klar, dass für eine Nachhaltigkeitstransformation Rückschläge, Widerstände, schwierige Entscheidungen und auch Fehlgriffe mit zum Weg gehören. Dieser wird dennoch nicht verlassen, sondern mit Beharrlichkeit verfolgt.

Kategorie Nachhaltigkeitsstrategie

- Klarer Purpose
  9. Der Purpose des Unternehmens (Warum gibt es uns? Was ist unser Zweck? Was ist unser WHY?) ist erarbeitet und mit dem Thema Nachhaltigkeit verbunden. Der Zweck des Unternehmens ist nicht nur weniger schlecht, sondern sogar gut für die Umwelt zu handeln und diese aktiv wieder aufzubauen. Der Möglichkeitsraum für eine zukunftsfähige, enkelfähige Welt ist erkannt und der eigene Beitrag wird geleistet.
- Strategische Fokussierung in dem großen Thema Nachhaltigkeit
  10. Die erarbeiteten Nachhaltigkeitspotenzialfelder für das Unternehmen sind klar umschrieben (bspw. mithilfe der Sustainable Development Goals) und liegen nah an den unternehmerischen Kernkompetenzen oder sind anderweitig potenziell erfolgsversprechend.
  11. Die strategische Fokussierung verhindert die Wahl von zu vielen Nachhaltigkeitsprojekten. Sie fungiert als Kontrollmechanismus, damit die Ressourcen nicht auf zu viele Projekte auf einmal gestreut werden. Daher liegen die Projekte klar innerhalb der definierten Nachhaltigkeitspotenzialfelder.
- Definierte Nachhaltigkeitsstrategie
  12. Nachhaltigkeit ist ausdrücklich in der Unternehmensvision und/oder Mission verankert.
  13. Es gibt eine formulierte Nachhaltigkeitsstrategie, die sich aus der Unternehmensstrategie ableitet.
      Sie beinhaltet messbare Nachhaltigkeitsziele, die realistisch, aber ambitioniert sind.

14. Die Nachhaltigkeitsstrategie wird immer wieder geprüft, indem distanziert bisherige Nachhaltigkeitsentscheidungen reflektiert und die Strategie entsprechend angepasst wird.

- Unternehmensweite Verankerung
  15. In der Geschäftsführung herrscht bei allen Beteiligten Klarheit über die Nachhaltigkeitsstrategie.
  16. Die Geschäftsführung informiert die gesamte Belegschaft über Nachhaltigkeitsvorhaben. Die Information erfolgt umfassend, zeitgerecht und glaubwürdig. Jedem Mitarbeiter sind daher die Nachhaltigkeitsziele des Unternehmens bekannt.
  17. In gemeinsamen Sitzungen, Gesprächen und Diskussionen kommt man immer wieder auf die Nachhaltigkeitsstrategie zu sprechen. Sie ist ständiger Teil der Arbeit.

Kategorie Organisation der Nachhaltigkeitsarbeit

- Promotoren
  18. Im Unternehmen können Personen (in Führungsrollen und ohne Führungsverantwortung) identifiziert werden, die das Thema Nachhaltigkeit aktiv treiben. Diese Personen sind in Nachhaltigkeitsinitiativen eingebunden.
  19. Diese Nachhaltigkeitspromotoren fördern aktiv die Nachhaltigkeitstransformation unter Einsatz von besonderem Engagement, und bauen Willens- und Fähigkeitsbarrieren der Mitarbeiter ab. So entsteht spürbar eine nachhaltigkeitsorientierte Kultur.
  20. Einige Promotoren stehen im engen Verhältnis zur Geschäftsführung. Sie bilden eine gemeinsame Allianz und treiben Nachhaltigkeit im Unternehmen merklich voran.
- Effizientes Nachhaltigkeitsprojektmanagement
  21. Die Begriffe iterativ und agil sind bekannt und werden gerade in Nachhaltigkeitsprojekten, die neue Produkte/Services/Prozesse im Fokus haben, als Form des Projektmanagements genutzt. Innovationswerkzeuge werden aktiv auch in Nachhaltigkeitsprojekten eingesetzt.
  22. Bei Nachhaltigkeitsprojekten gibt es eine klare Zielstellung. Auf dem Weg zu diesem Ziel sind alle Teammitglieder zu jeder Zeit über den Status des Projekts im Bilde.
  23. In Nachhaltigkeitsprojekten organisiert und kontrolliert sich das Team selbst, sodass die Arbeitspakete rechtzeitig und anforderungsgerecht zur Verfügung stehen.
- Koordinierte Kunden- und Planetenorientierung
  24. Zunächst müssen sowohl die Anwender (customer-centric) als auch die Umwelteinflüsse des Unternehmerischen Tuns (planet-centric) verstanden werden, bevor nutzbringende, nachhaltige Lösungen entwickelt werden können. In einem jeden Projekt für nachhaltige Produkte/Services/Prozesse ist damit eine Verstehens-Phase vorgeschaltet.
  25. Es werden Werkzeuge eingesetzt, die den Impact von verschiedenen Lösungen auf die Umwelt sichtbar machen. Das vorrangige Ziel neuer Lösungen ist der ökonomische, soziale und ökologische Erfolg, die sogenannte „Tripple Bottom Line".
- Arbeits- und Ressourcenausrichtung
  26. Es wird aktiv Ressourcen für Nachhaltigkeitsvorhaben geschaffen, z. B. durch Vorhalten von Kapazitäten für Nachhaltigkeitsprojekte, durch zugeteilte Zeitbudgets und/oder die Möglichkeit, eigene operative Tätigkeiten an andere Mitarbeiter zu delegieren.
  27. Es gibt definierte Arbeitszeiten und Räumlichkeiten, die jeder Mitarbeiter nach Bedarf nutzen kann, um neue Ideen für mehr Nachhaltigkeit zu entwickeln und voranzutreiben.
- Wissensmanagement/interne Vernetzung
  28. Neue Ideen für mehr Nachhaltigkeit entstehen nicht in Isolation. Es gibt Gelegenheit zum Austausch von Wissen, was gern untereinander geteilt wird. Der eigene Wissensstand wird nicht als Machtvorsprung betrachtet. Das Thema Nachhaltigkeit ist häufiger Mittelpunkt von auch informellen Gesprächen.
  29. Es gibt einen systematischen Transfer von Nachhaltigkeitswissen innerhalb der Belegschaft.
- Kooperation/externe Vernetzung
  30. Es werden gezielt Teilaufgaben aus Nachhaltigkeitsprojekten an qualifizierte Partner vergeben und deren Kompetenzen genutzt (bspw. Technologiepartner zur Bereitstellung von technischen Plattformen).
  31. Es wird anlassbezogen die Expertise von Hochschulen und/oder Forschungseinrichtungen oder anderen externen Akteuren genutzt, sodass gegenseitig von dem Erfahrungs- und Wissensaustausch profitiert wird.
- Einbezug von Stakeholdern
  32. Nachhaltigkeitsziele in der gesamten Wertschöpfungskette können nicht allein erreicht werden. Es wird mit passenden Partner in der vor- und nachgelagerten Kette zusammengearbeitet, die die eigene Nachhaltigkeitsorientierung teilen und mit denen gemeinsam an Lösungen gearbeitet wird.

Kategorie: Unterstützende Nachhaltigkeitskultur

- Vitales Lernklima
  33. Das Management bezieht die Belegschaft aktiv in komplexe Fragestellungen zur Nachhaltigkeit mit ein, um verschiedene Perspektiven auf Nachhaltigkeitsherausforderungen zu gewinnen und gleichzeitig die Problemlösungskompetenz ihrer Mitarbeiter weiterzuentwickeln.
  34. Es gibt Zugang zu Nachhaltigkeits-Weiterbildungsaktivitäten (wie Messen, Kongresse, Workshops, Trainings). Durch die wertschätzende Haltung des Managements wird nicht gezögert, aktiv teilzunehmen und sich im Bereich Nachhaltigkeit weiterzubilden.
  35. Mitarbeiter werden kontinuierlich mit neuen Tätigkeiten und Arbeitsaufgaben in Nachhaltigkeitsinitiativen herausgefordert. Durch dieses ständig wachsende Erfahrungswissen werden Arbeitsaufgaben selbstorganisiert gestaltet.
- Förderung nachhaltigkeitsorientierter Mitarbeiter
  36. Es können eine oder mehrere Personen identifiziert werden, die eine Intrapreneur Rolle innehaben und somit aktiv und selbstständig Nachhaltigkeitsvorhaben vorantreiben. Sie bilden ein Netzwerk aus nachhaltigkeitsbereiten Mitarbeitern, die sich häufig über Ideen austauschen.
  37. Die Motivation der Mitarbeiter wird gezielt gesteigert durch Möglichkeiten der Mitwirkung. So werden bspw. interessante Nachhaltigkeitsprojekte in Aussicht gestellt oder eigene Nachhaltigkeitsvorhaben können durch Mitar-

beiter persönlich verantwortet und vorangetrieben werden. Diese Handlungsspielräume geben die Möglichkeit, eigene Stärken einzubringen.
38. Das Management führt regelmäßig motivierende Gespräche mit den Nachhaltigkeitsakteuren, in denen konstruktives Feedback und Anerkennung ausgesprochen wird.

- Authentische Anreize
  39. Es wird regelmäßig ein positives Wirken eines Mitarbeiters, wie bspw. das Einbringen einer nachhaltigen Idee, anerkennend vom Management vor anderen hervorgehoben. Damit wird nachhaltigkeitsorientiertes Verhalten vom Management aktiv auch nach außen wertgeschätzt.
  40. Nachhaltigkeitserfolge finden sofortige Beachtung auf höchster Managementebene und werden belohnt, bspw. durch Auszeichnungen oder Incentives wie Zeit für Fortbildungen.
  41. Materielle Anreize wurden passend zum Unternehmen ausgewählt. So gibt es bspw. Karriere Aufstiegschancen, Ideenprämien oder Erfolgsbeteiligungen. Die Wahl der Anreize wird vom gesamten Unternehmen als authentisch wahrgenommen.
- Konstruktives Fehlerklima
  42. Fehler auf dem Weg zur Erreichung der Nachhaltigkeitsziele werden als unvermeidbar und als Lern-Chancen begriffen. Es besteht daher keine Angst vor Fehlern, sie werden sofort offengelegt.
  43. Es wird systematisch mit verursachten und offengelegten Fehlern umgegangen. Sie werden analysiert und die Analyseergebnisse werden kommuniziert. Das strukturierte Vorgehen ist effizient und zielführend.
  44. Bei der Fehleranalyse ist der Fehlerverursacher beteiligt und kann so seinen Fehler reflektieren und daraus lernen.

#02: Auf zu klügeren Lösungen (von Hila Attaie)

Wir schreiben das Jahr 2023. Die Covid-19-Pandemie hat unsere Umwelt und unser Bewusstsein stark geprägt. Wir haben hautnah erfahren, dass wir die Natur nicht beherrschen können, sondern mit ihr im Einklang leben müssen.

Die Natur funktioniert in Kreisläufen, wir Menschen in linearen Modellen.

Wir nehmen. Wir verbrauchen. Wir entsorgen.

Unsere Wegwerfgesellschaft zeigt uns schmerzlich die Grenzen auf. Besonders deutlich spüren wir die Folgen der modernen Lebensmittelindustrie:

- Jährlich verschwenden wir weltweit 931 Millionen Tonnen Lebensmittel, während gleichzeitig mehr als 800 Millionen Menschen hungern.
- Wissenschaftler weisen Mikroplastik in unserem Trinkwasser nach. Trotzdem lassen wir jedes Jahr fast 10 Millionen Tonnen neuen Plastikmüll in den Ozeanen verschwinden – eine LKW-Ladung pro Minute!
- Der westliche Konsument liebt Fleisch – möglichst viel, möglichst billig. Dafür lassen wir gerne den Regenwald niederbrennen, um Platz für den Anbau von Soja zu schaffen. Denn um ein Kilo Fleisch zu produzieren, brauchen wir fast 12 Kilo Sojaschrot.

Klug? Würden wir dafür einen Pokal gewinnen?

Nicht wirklich.

Das hat längst jeder erkannt.

Nur den Ausweg aus der selbstgestrickten Falle finden die wenigsten – die jüngeren Generationen schon.

Sie sind informiert, motiviert und engagiert, ihren Lebensstil und Konsum nachhaltiger zu gestalten. Viele junge Menschen verzichten aus ethischen Gründen auf Fleisch oder sogar ganz auf tierische Produkte.

Einige haben das Vertrauen in die Industrie verloren und gehen noch einen Schritt weiter. Getrieben von der Dringlichkeit des Wandels begnügen sie sich nicht mehr mit vergeblichen Forderungen an die großen Konzerne. Nein, junge Menschen machen sich auf den Weg und gründen selbstbestimmt ihre eigenen Unternehmen. Mutig und verantwortungsbewusst stellen sie den Status quo in Frage. Sie begeistern Gleichgesinnte mit ganzheitlich neu gedachten Lösungen:

Von höher, schneller, weiter zu bewusster, achtsamer, nachhaltiger.

Erstaunlicherweise verkaufen Jungunternehmer nicht in erster Linie Produkte. Sie transportieren Botschaften in die Welt und tun dies transparent und auf Augenhöhe. Und siehe da – sie sind wirtschaftlich erfolgreich.

Nicht mit dem Kopf, sondern mit dem Herzen gewinnen sie Kunden.

Erste Markterfolge leidenschaftlicher Jungunternehmer haben längst auch Investoren auf den Plan gerufen. Venture Capital fließt an Visionäre, die mit neuen Technologien, Produktideen und Geschäftsmodellen die Zukunft nachhaltig gestalten.

Sie warten nicht auf den Wandel. Durch ihr Handeln verkörpern sie den Wandel geradezu.

Etablierte Unternehmen hingegen tun sich mit Veränderung und Anpassung eher schwer. Kein Wunder: Neues zu etablieren ist einfacher als Bestehendes zu verändern.

Über viele Jahrzehnte stand die Maximierung der Effizienz im Vordergrund.

Das ging lange gut, weil wir uns in ruhigen Gewässern bewegten. Heute befinden wir uns auf hoher See im Sturm – die Sicht ist schlecht und das Ende der Sturmfront nicht absehbar.

Inflation, Ressourcenknappheit, fehlende Kompetenzen und kurzfristige Ziele bereiten so manchem Unternehmer schlaflose Nächte.

Versuche, auf die Schnelle mit dem Thema Nachhaltigkeit zu punkten, führen über Greenwashing zum Vertrauensverlust beim Konsumenten.

Unsere bisherige Haltung, unsere gewohnten Prozesse und Perspektiven sind überholt und taugen nicht mehr, um kluge Antworten zu finden.

Kurzfristig gewinnen oder langfristig überleben

Wetten, es geht beides?

Wenn wir ausgetretene Pfade verlassen, finden wir kluge Lösungen. Klüger nicht nur in ökologischer, sondern auch in ökonomischer und sozialer Hinsicht.

Wer sich weigert, die Weitsichtbrille aufzusetzen, wird bald merken, dass die Suche nach neuen Wegen unausweichlich ist. Denn die täglichen Herausforderungen an Unternehmensführer werden immer schwieriger:

Globale Lieferketten sind von Krisen geprägt, die verschiedene Aspekte der Wirtschaft betreffen Dies führt zu Rohstoffknappheit, Planungsunsicherheit und Preisvolatilität. Um langfristig liefer- und wettbewerbsfähig bleiben zu können, werden Unternehmen ihre Angebote, Prozesse und Geschäftsmodelle neudenken müssen.

Darüber hinaus werden **gesetzliche Anforderungen** an Unternehmen zum Thema Nachhaltigkeit weiter steigen.

Wer sich frühzeitig mit der Thematik beschäftigt, wird später einen Wettbewerbsvorsprung haben.

Schließlich erwarten **Verbraucher** von Unternehmen einen verantwortungsvollen Umgang mit unserer Umwelt und unseren Ressourcen.

Junge Generationen fühlen sich mit Unternehmen verbunden, die ihre eigenen Werte vertreten.

Unternehmen auf der Suche nach Innovation haben jeden Grund zur Freude.

Denn nachhaltiger heißt, klüger. Also auf zu klügeren Lösungen:

spaßiger
nachhaltiger
attraktiver
innovativer
verfügbarer
skalierbarer
klüger
resilienter
zugänglicher
ressourcenschonender
kreislauffähiger
einfacher
langlebiger
günstiger
erneuerbarer

Es geht nicht um Verzicht – weder für Unternehmer noch für Verbraucher. Vielmehr geht es darum, aus weniger Ressourcen mehr Wert zu generieren. Dafür sind bereits hervorragende Möglichkeiten geschaffen worden: neue Technologien, smarte Materialien, branchenübergreifende Partnerschaften, Kreislaufwirtschaft, Digitalisierung, KI.

„Wir haben keinen Ideenstau – wir stecken im Umsetzungsstau." Treffend bringt Frank Schätzing unsere Handlungsoptionen in der Klimakrise in seinem Buch „Was, wenn wir einfach die Welt retten?" auf den Punkt.

Wie bringen wir also Menschen in Unternehmen in die Umsetzung? Wie können wir sie mobilisieren?

- **Ohne Wissen geht es nicht.** Denn wer die globalen Zusammenhänge nicht kennt, kann die Auswirkung seines Handelns nicht einschätzen und anpassen.
- **Ohne Fokus geht es nicht.** Es gibt nicht das eine Rezept für nachhaltiges Wirtschaften. Um Impact zu generieren, ist es ratsam, sich zunächst auf wenige Themen zu fokussieren, diese aber mit der entsprechenden Tiefe voranzutreiben.
- **Ohne Kreativität geht es auch nicht.** Wer ausgetretene Pfade verlassen möchte, der braucht einen Perspektivenwechsel, um neue Lösungswege zu finden.

Genau darum geht es in diesem Buch. Mit seinen 334 Methoden bietet es einen Guide, um den „Berg" der Nachhaltigkeit Schritt für Schritt erklimmbar zu machen.

Auf zu klügeren Lösungen!

Und denken Sie dran: Keiner ist zu klein, um klug zu sein.

#03: Die Fokusfalle (von Benno van Aerssen)

Die Aufmerksamkeitsfalle – oder wie wir die nötigen Momente der Gegenwart schaffen, um eine nachhaltige Zukunft gestalten zu können.

Wir beobachten, dass es vielen Menschen schwerfällt, aktiv Ideen für eine nachhaltigere Zukunft zu entwickeln. Der Grund dafür ist fast immer die Aufmerksamkeitsfalle, die uns unsere gegenwärtige Situation wie Don Quijote wahrnehmen lässt. Dieses Schlaglicht zeigt konkrete Wege auf, wie wir aus der Fokusfalle herauskommen und die nötigen Jetzt-Momente für eine kreative Ideenfindung schaffen können.

Quelle: Benno van Aerssen

Ausgangsbeobachtung: Die großen Herausforderungen unserer Zeit lässt Menschen an sich zweifeln.

Klimawandel, Pandemien und der digitale Wandel sind die großen Herausforderungen, vor denen die Menschheit heute steht. Während wir versuchen, diese Probleme zu lösen, fühlen sich viele Menschen zutiefst verunsichert und zweifeln.

Es gibt mehrere Gründe, warum sich die Menschen in Zeiten der Unsicherheit und Krise selbst in Frage stellen. Zum einen sind diese Herausforderungen so groß und komplex, dass es schwierig ist, sie allein oder als Gesellschaft zu bewältigen. Dies kann dazu führen, dass sich der Einzelne unbedeutend und machtlos fühlt. Zum anderen können die Informationsflut und die unterschiedlichen Meinungen zu diesen Themen verwirrend und belastend sein. Viele Menschen fühlen sich von der Fülle an Informationen und Meinungen überfordert und wissen nicht, wem sie vertrauen sollen. Darüber hinaus können diese Herausforderungen Ängste und Unsicherheiten auslösen. Klimawandel, Pandemien und der digitale Wandel können große Veränderungen und Unsicherheiten mit sich bringen, die dazu führen, dass sich Menschen von der Zukunft und ihren eigenen Fähigkeiten abgeschnitten fühlen.

Ein weiterer Faktor, der zu Selbstzweifeln führen kann, ist die Sorge um die eigene Gesundheit. In einer Zeit, in der unsere Gesundheit so stark von den oben genannten Herausforderungen betroffen ist, kann es schwierig sein, ein Gefühl der Sicherheit und Stabilität zu finden.

Darüber hinaus können soziale Medien und die ständige Vergleichskultur im Internet dazu beitragen, dass Menschen an sich selbst zweifeln. Besonders junge Menschen sind von den Auswirkungen der sozialen Medien betroffen und können ein unrealistisches Bild von sich selbst und ihren Fähigkeiten entwickeln.

All diese Faktoren können dazu führen, dass sich Menschen fragen, ob sie diesen Herausforderungen wirklich gewachsen sind.

Die erklärenden Modelle: Die Welt ist VUCA und die Menschen darin sind dadurch BANI geworden.

Seit einigen Jahren kennen wir das bekannte VUCA-Modell, das die Welt, in der wir heute leben, sehr gut beschreibt. Gerade in der Arbeitswelt hat diese volatile, unsichere, komplexe und mehrdeutige Welt weitreichende Folgen. So können die meisten Probleme nur noch von mehreren Personen gemeinsam gelöst werden. Auch die Dauer von Meetings und endlosen Diskussionen ohne Ergebnis scheint täglich zuzunehmen. Wir nehmen auch immer mehr Verwirrung wahr, denn was gestern noch richtig war, ist es oft schon am nächsten Tag nicht mehr.

Quelle: Benno van Aerssen

Neben dem VUCA-Modell gibt es seit einiger Zeit das BANI-Modell. Das BANI-Modell ist zunächst eine Analysemethode, die auf vier grundlegenden Eigenschaften basiert: *Brittle, Anxious, Nonlinear* und *Incomprehensible.* Diese Charakteristika können als Werkzeuge verwendet werden, um Entwicklungen in verschiedenen Bereichen zu analysieren und Vorhersagen für die Zukunft zu treffen.

- Der Begriff „Brittle“ bezieht sich auf die Zerbrechlichkeit von Systemen und Prozessen. Systeme und Prozesse können unter bestimmten Bedingungen leicht versagen oder zusammenbrechen. Dies kann durch Überlastung, Fehler oder ein plötzliches Ereignis geschehen.
- „Anxious“ beschreibt die Angst und Unsicherheit, die viele Menschen angesichts von Veränderung und Ungewissheit empfinden. Eine sich schnell verändernde Welt kann viele Menschen verunsichern und dazu führen, dass sie sich zurückziehen oder sich gegen Veränderungen wehren.
- „Nonlinear“ bedeutet, dass es oft keine klaren Ursache-Wirkungs-Beziehungen gibt. Viele Phänomene können auf komplexe Weise miteinander verbunden sein, und Veränderungen in einem Bereich können unerwartete Auswirkungen in einem anderen Bereich haben.
- „Incomprehensible „ beschreibt die zunehmende Komplexität von Themen und Systemen, die es schwierig machen kann, sie zu verstehen oder zu erklären. Technologischer Fortschritt und globale Entwicklungen können zu einer überwältigenden Menge an Informationen und Wissen führen, die schwer zu verarbeiten sind.

Das BANI-Modell kann bei der systematischen Analyse von Trends und Entwicklungen helfen, indem es die vier grundlegenden Charakteristika identifiziert und untersucht. Auf diese Weise kann es helfen, besser auf Veränderungen und Herausforderungen vorbereitet zu sein und angemessene Entscheidungen zu treffen.

Es gibt aber noch eine andere Interpretation des BANI-Modells: Für mich beschreibt es, wie die Menschen sind, die in der VUCA-Welt leben. Die Menschen sind „Brittle“ geworden, sie sind nicht mehr so widerstandsfähig – was man auch an der steigenden Zahl von Resilienz-Trainings ablesen kann. „Anxious“ beschreibt die Angst und Unsicherheit der Menschen mit all ihren Folgen – so werden viele Fehlentscheidungen getroffen oder die Entscheidungsfindung dauert viel zu lange und verpasst damit den Zeitpunkt der optimalen Wirkungsentfaltung. „Nonlinear“ bedeutet in diesem Zusammenhang, dass die Dinge nicht mehr so vorhersehbar ablaufen wie noch vor einiger Zeit. Die Menschen sind dadurch viel hektischer, was sich fast immer auf die Qualität der Arbeit auswirkt, da vieles nicht mehr zu Ende gebracht wird. „Incomprehensible „ beschreibt Menschen, die nur noch fassungslos vor Entscheidungen, Veränderungen und Erlebnissen stehen. Unverständliches führt fast immer zu Hilflosigkeit und Frustration.

Betrachten wir beide Modelle zusammen – VUCA beschreibt die Welt und BANI den Menschen darin –, dann verstehen wir unsere Ausgangsbeobachtungen.

Die Folge: Die Fokusfalle

Quelle: Bild Benno van Aerssen

Um es gleich zu Beginn dieses Abschnitts klar zu sagen – die Fokusfalle bedeutet, dass wir uns von unklaren, möglichen und düsteren Gedanken und Visionen über die Zukunft ablenken lassen. Dies führt dann in unserem Kontext unmittelbar dazu, dass wir die so notwendige Ideenfindung für eine wünschenswerte und nachhaltige Zukunft nicht leisten können.

Das menschliche Leben und unsere Kreativität finden nur in der Gegenwart statt. So wichtig Erinnerungen an vergangene Ereignisse und Träume von der Zukunft sind, so sehr sollten wir uns bewusst sein, dass unsere Handlungen und Entscheidungen immer im Hier und Jetzt getroffen werden.

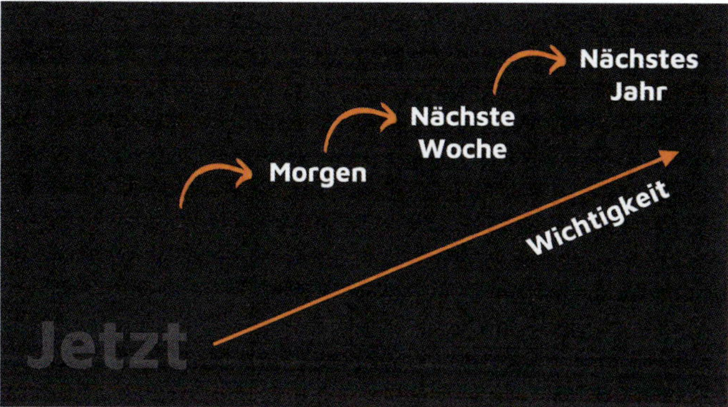

Quelle: Benno van Aerssen

Es gibt mehrere Gründe, warum wir uns auf die Gegenwart konzentrieren sollten, anstatt uns von einer glorifizierten Vergangenheit oder einer düsteren Zukunft ablenken zu lassen.

1. Erstens ist die Gegenwart der einzige Moment, in dem wir wirklich handeln und etwas verändern können. Die Vergangenheit können wir nicht ändern und die Zukunft ist ungewiss. Indem wir uns auf die Gegenwart konzentrieren, können wir uns auf die Dinge konzentrieren, die wir kontrollieren können, und die Welt um uns herum kreativ und fantasievoll gestalten.
2. Zweitens kann das ständige Nachdenken über die Vergangenheit oder die Zukunft dazu führen, dass wir uns von der Gegenwart entfremden. Wenn wir uns zu sehr auf die Fehler der Vergangenheit konzentrieren, fühlen wir uns frustriert und unzulänglich. Wenn wir uns zu sehr auf die Zukunft konzentrieren, fühlen wir uns ängstlich und unsicher. Beides kann unsere Fähigkeit beeinträchtigen, im gegenwärtigen Moment zu leben und kreative Lösungen zu finden.
3. Drittens ist das Leben im Hier und Jetzt mit einer höheren Lebensqualität verbunden. Wenn wir im Hier und Jetzt leben, können wir uns auf unsere Erfahrungen und Beziehungen konzentrieren und uns von negativen Emotionen befreien, die mit der Vergangenheit oder der Zukunft verbunden sind. Wir können uns auf die positiven Aspekte unseres Lebens und unserer Arbeit konzentrieren und fühlen uns dankbarer und erfüllter.
4. Schließlich kann die Konzentration auf die Gegenwart auch unsere psychische Gesundheit und Leistungsfähigkeit verbessern. Achtsamkeitspraktiken, die darauf abzielen, im gegenwärtigen Moment zu leben, können Stress reduzieren und das Wohlbefinden steigern. Das Verständnis, dass unser Leben im Augenblick stattfindet und dass wir die Kontrolle darüber haben, kann auch dazu beitragen, Depressionen und Angstzustände zu lindern.

Quelle: Benno van Aerssen

Insgesamt ist es wichtig, dass wir uns auf die Gegenwart konzentrieren und uns nicht von der Vergangenheit oder Zukunft ablenken lassen. Das Leben im Hier und Jetzt ermöglicht es uns, die Kontrolle über unser Leben zu behalten, eine höhere Lebensqualität zu erreichen und unsere geistige Gesundheit zu verbessern. Indem wir uns bewusst auf den gegenwärtigen Moment konzentrieren, können wir ein erfüllteres und zufriedeneres Leben führen und kreative Ideen finden.

Das Gegenmittel: die Jetztmomente

Lassen Sie uns nun über das Gegenmittel sprechen, das uns hilft, die Fokusfalle zu vermeiden – es sind Jetztmomente. Jetztmomente bringen die Wichtigkeit zurück in den aktuellen Tag, in die gegenwärtige Stunde, in die gegenwärtige Minute, und wir können sie tatsächlich aktiv wiederherstellen.

Quelle: Benno van Aerssen

Deine Vergangenheit mit all ihren Gefühlen, deine erlebten Komfortzonen und Schwierigkeiten sind in diesem Moment nutzlos. Ebenso deine Zukunft mit all ihren Vermutungen, den vermuteten Meinungen anderer und deine vermuteten Hindernisse. Im Hier und Jetzt und in Mangelsituationen ist unsere Kreativität am größten. Das Märchen vom Flickschuster erzählt uns das auf eindrucksvolle Weise.

Der Flickschuster

In der Hauptstadt seines Landes lebte ein guter und gerechter König. Oft verkleidete er sich und ging unerkannt durch die Straßen, um zu sehen, wie es seinem Volk ging. Eines Abends geht er vor das Stadttor. Aus einer Hütte fällt ein Lichtstrahl. In der Hütte sitzt ein Mann allein an seinem gedeckten Tisch und singt ein Loblied auf Gott.

Als er geendet hat, klopft der König an die Tür: „Darf ein Gast eintreten?" „Gerne", sagt der Mann, „mein Mahl ist für uns beide genug!" Beim Essen unterhalten sich die beiden über dies und das. Der König – unerkannt – fragt: „Wovon lebst du? Was ist dein Beruf?" „Ich bin Flickschuster", antwortet der Mann. „Jeden Morgen gehe ich mit meinem Handwerkskoffer durch die Stadt, und die Leute bringen mir ihre Schuhe zum Flicken auf die Straße." Da fragte der König: „Und was wird morgen sein, wenn du keine Arbeit hast?" „Morgen", antwortete der Flickschuster, „morgen? Gott sei Dank, Tag für Tag!

Als der Flickschuster am anderen Tag in die Stadt geht, sieht er überall angeschlagen: „Befehl des Königs! In dieser Woche ist auf den Straßen meiner Stadt jede Flickschusterei verboten!" Sonderbar, denkt sich der Schuster. Was doch die Könige für seltsame Einfälle haben! Nun, dann werde ich heute Wasser tragen; Wasser brauchen die Leute jeden Tag. Am Abend hatte er so viel verdient, dass es für beide zur Mahlzeit reichte. Der König, wieder zu Gast, sagt: „Ich hatte schon Sorge um dich, als ich die Anschläge des Königs las. Wie hast du dennoch Geld verdienen können?" Der Schuster erzählt von seiner Idee, Wasser für jedermann zu holen. Darauf der König: „Und was wird morgen sein, wenn du keine Arbeit findest?" „Morgen? Gott sei gepriesen Tag um Tag!"

Als der Schuster am anderen Tag in die Stadt geht, um wieder Wasser zu tragen, kommen ihm Herolde entgegen, die rufen: „Befehl des Königs! Wassertragen dürfen nur solche, die eine Erlaubnis des Königs haben!" Sonderbar, denkt sich der Schuster abermals. Was doch die Könige für seltsame Einfälle haben! Nun, dann werde ich Holz zerkleinern und in die Häuser bringen. Er holte seine Axt, und am Abend hatte er so viel verdient, dass das Mahl für beide bereitet war. Und wieder fragte der König: „Und was wird morgen sein, wenn du keine Arbeit findest?" „Morgen? Gott sei gepriesen Tag um Tag!" Am anderen Morgen kam dem Flickschuster in der Stadt ein Trupp Soldaten entgegen. Der Hauptmann sagte: „Du hast eine Axt. Du musst heute im Palasthof des Königs Wache stehen. Hier hast du ein Schwert, lass deine Axt zuhause!" Nun musste der Flickschuster den ganzen Tag Wache stehen und verdiente keinen Pfennig. Abends ging er zu seinem Kramer und sagte: „Heute habe ich nichts verdienen können. Aber ich habe heute Abend einen Gast. Ich gebe dir das Schwert als Pfand, gib mir, was ich für das Mahl brauche." Als er nach Hause kam, ging er zuerst in seine Werkstatt und fertigte ein Holzschwert, das genau in sein Halfter passte. Der König wunderte sich, dass auch an diesem Abend wieder das Mahl bereitet war. Der Flickschuster erzählte alles und zeigte dem König verschmitzt das Holzschwert. „Und was wird morgen sein, wenn der Hauptmann die Schwerter inspiziert?" „Morgen? Gott sei gepriesen Tag um Tag!"

Als der Schuster am anderen Morgen den Palasthof betritt, kommt ihm der Hauptmann entgegen, an der Hand einen gefesselten Gefangenen: „Das ist ein Mörder. Du sollst ihn hinrichten!" „Das kann ich nicht", rief der Schuster voller Schrecken. „Ich kann keinen Menschen töten!" „Doch, du musst. Es ist ein Befehl des Königs!" Inzwischen hatte sich der Palasthof mit vielen Neugierigen gefüllt, die die Hinrichtung eines Mörders sehen wollten. Der Schuster schaute in die Augen des Gefangenen. Ist das ein Mörder? Dann warf er sich auf die Knie und mit lauter Stimme, sodass alle ihn beten hörten, rief er: „Gott, du König des Himmels und der Erde. Wenn dieser Mensch ein Mörder ist und ich ihn hinrichten soll, dann mache, dass mein Schwert aus Stahl in der Sonne blitzt! Wenn aber dieser Mensch kein Mörder ist, dann mache, dass mein Schwert aus Holz ist!" Alle Menschen schauten atemlos zu ihm hin. Er zog das Schwert, hielt es hoch – und siehe: es war aus Holz. Gewaltiger Jubel brach aus.

In diesem Augenblick kam der König von der Freitreppe seines Palastes, ging geradewegs auf den Flickschuster zu, gab sich zu erkennen, umarmte ihn und sagte: „Von heute an sollst du mein Ratgeber sein!".

(Basierend auf *„The Shah and the Peddler"* (1917) des armenischen Autors Hovhannes Tumanyan.)

Wenn wir, wie der Flickschuster, im Hier und Jetzt handeln wollen, dann geht es also darum, sich den aktuellen Moment zunächst einmal wirklich bewusst zu machen. Stelle dir dazu einfach die folgenden Basisfragen:

- Was siehst du?
- Was hörst du?
- Was riechst du?
- Worauf stehst du?
- Wie fühlt sich deine Kleidung auf deiner Haut an?
- Was sagt deine innere Stimme?
- Was passiert in diesem Moment?
- Was brauche ich noch, um im Moment sein zu können?

Nachdem du dir die Basisfragen gestellt hast, kannst du mit den folgenden 50 Jetztmoment-Fragen tiefer und auch mit operativem Fokus in deine aktuelle Situation eintauchen.

1. Bin ich JETZT 100 % bei mir, fokussiert und involviert?
2. Was ist JETZT bedeutsam?
3. Was ist JETZT wesentlich?
4. Was ist JETZT meine Herausforderung?
5. Was steht mir JETZT alles zur Verfügung?
6. Was ist JETZT mein Wirkfeld?
7. Welche kritische Kompetenz fehlt mir JETZT?
8. Wie könnte ich es JETZT ganz anders tun?
9. Was muss JETZT entschieden werden?
10. Was kann JETZT ignoriert werden?
11. Was könnte ich JETZT schreiben?
12. Was könnte ich JETZT basteln?
13. Wer könnte mir JETZT helfen?
14. Was könnte ich JETZT lesen?
15. Wo wäre JETZT ein inspirierender Ort?
16. Worüber würde ich mich JETZT freuen?
17. Was könnte ich JETZT kombinieren?
18. Was könntest du dir JETZT ansehen?
19. Was könntest du dir JETZT anhören?
20. An was könntest du JETZT riechen?
21. An welchen anderen Ort könntest du dich JETZT stellen?
22. Wie fühlt sich deine Kleidung auf deiner Haut JETZT an?
23. Was sagt deine innere Stimme JETZT?
24. Was passiert JETZT in diesem Moment?
25. Was brauche ich JETZT noch, um im Moment sein zu können?

26. Welche Kreativtechnik könnte ich JETZT nutzen?
27. Womit könnte ich mich JETZT inspirieren?
28. Womit könnte ich mich JETZT überraschen?
29. Was wäre JETZT eine helfende Frage?
30. Wie könnte ich JETZT meine aktuellen Denkmuster durchbrechen?
31. Was übersehen ich vielleicht JETZT in diesem Moment?
32. Wen könnte ich JETZT anrufen und um Rat fragen?
33. Wonach könnte ich JETZT im Internet suchen?
34. Was in diesem Raum könnte mir JETZT helfen?
35. Was wäre JETZT eine ungewöhnliche Frage?
36. Wie anders könnte ich JETZT die Einzelteile meines Problems einsetzen?
37. Was könnte ich JETZT zeichnen?
38. Welche helfende Liste mit Wörtern könnte ich JETZT schreiben?
39. Womit könnte ich JETZT spielen?
40. Welches Lebensmittel könnte ich JETZT essen?
41. Womit könnte ich mich JETZT belohnen?
42. Wohin könnte ich JETZT gehen, wo ich noch nie war?
43. Was könnte ich JETZT völlig Unsinniges tun?
44. Worauf könnte ich JETZT neugierig sein?
45. Welchen Menschen könnte ich JETZT schnell glücklich machen?
46. Welche meiner Erfahrungen könnte mir JETZT helfen?
47. Was könnte ich JETZT mit meinem Handy fotografieren?
48. Wonach könnte ich JETZT suchen?
49. Was könnte ich JETZT vertauschen?
50. Was könnte ich JETZT wegschmeißen oder ignorieren?

Suche dir die Fragen heraus, die zu deiner aktuellen Arbeitssituation am besten passen. Du kannst frei entscheiden, ob du die Fragen nur in deinem Kopf beantwortest oder ob du das etwas intensiver schriftlich tust. Die Fragen helfen dir, den Fokus im Hier und Jetzt zu halten – damit ist die beste Voraussetzung für viele kreative Ideen schon gegeben.

#04: Ein stoischer Blick auf Nachhaltigkeit (von Dr. Carolyn Hutter)

Die Philosophie der Stoiker, die in der antiken griechischen und römischen Welt entstand, bietet uns auch heute noch wertvolle Einsichten, insbesondere wenn es um das Thema Nachhaltigkeit geht. Die Stoiker lehrten eine Lebensphilosophie, die auf der Annahme basiert, dass der Mensch durch die richtige Einstellung und die Entwicklung von Tugenden ein erfülltes und tugendhaftes Leben führen kann, unabhängig von den äußeren Umständen. In diesem Zusammenhang lassen sich einige grundlegende stoische Prinzipien auf das Konzept der Nachhaltigkeit übertragen.

Das erste Prinzip ist die Erkenntnis, dass wir als Menschen Teil der Natur sind und mit ihr in einer untrennbaren Verbindung stehen. Diese Vorstellung beruht auf der Überzeugung, dass das Universum von einer rationalen und ordnenden Kraft, dem Logos, geleitet wird. Für die Stoiker bedeutete dies, dass alle Dinge und Ereignisse in der Natur einem Plan folgen und miteinander verbunden sind. Diese Vorstellung erinnert uns daran, dass wir als Menschen Teil eines größeren ökologischen Ganzen sind und dass unser Wohlergehen untrennbar mit dem Wohlergehen der gesamten Natur verknüpft ist.

Ein weiteres zentrales Prinzip der Stoiker ist die Betonung der Tugend als höchstes Gut. Tugendhaftes Handeln bedeutet für sie, im Einklang mit der Vernunft und der Natur zu leben, aber auch Mitgefühl, Weisheit, Selbstbeherrschung und Gerechtigkeit zu entwickeln. Von großer Bedeutung ist hierbei die Idee der Selbstgenügsamkeit, nämlich dass wahres Glück und Wohlbefinden in der inneren Haltung und nicht im Streben nach äußeren Gütern liegen. Mit Blick auf nachhaltiges Handeln kann dies zur Erkenntnis führen, dass unser Wohlstand und unsere Lebensqualität nicht zwangsläufig von rücksichtslosem Konsum abhängen, sondern von einer bewussten Lebensführung im Einklang mit den Bedürfnissen der Natur und der Gemeinschaft.

Die stoische Ethik ruft uns außerdem dazu auf, uns auf das zu konzentrieren, was in unserer Kontrolle liegt, und uns von den Dingen zu lösen, die außerhalb unserer Kontrolle liegen. Dieser Grundsatz der Gelassenheit und Akzeptanz ist von besonderer Bedeutung, wenn es um die Herausforderungen der Nachhaltigkeit geht. Wir können nicht alle globalen Probleme auf einmal lösen, aber wir können unsere eigene Einstellung und unser Verhalten ändern. Die Stoiker erinnern uns daran, dass es in unserer Macht steht, bewusste Entscheidungen zu treffen und nachhaltige Veränderungen in unserem eigenen Leben und in unseren Gemeinschaften zu bewirken.

Unternehmen spielen eine zentrale Rolle bei der Gestaltung unserer Gesellschaft und können durch ihre Geschäftspraktiken erhebliche Auswirkungen auf die Umwelt und die soziale Entwicklung haben. Es liegt in ihrer Verantwortung, nachhaltiges Handeln als Leitprinzip zu etablieren und ihre Geschäftsmodelle auf eine ressourcenschonende und sozialverträgliche Weise zu gestalten.

Ein nachhaltiges Unternehmen sollte sich nicht nur auf kurzfristige Gewinne und den Shareholder-Value fokussieren, sondern auch auf langfristige Wertschöpfung für alle Stakeholder. Die Stoiker lehren uns, dass wahre Weisheit darin besteht, die langfristigen Konsequenzen unserer Entscheidungen zu erkennen und verantwortungsvoll zu handeln. Unternehmen können nachhaltige Geschäftsstrategien entwickeln, die ökologische, soziale und ökonomische Aspekte in Einklang bringen und langfristigen Nutzen für die Gesellschaft und die Natur schaffen.

Ein weiterer Aspekt ist die Idee der Selbstgenügsamkeit, die Unternehmen dazu ermutigt, ihre Ressourcen effizient zu nutzen und Verschwendung zu vermeiden. Dies kann durch den Einsatz von erneuerbaren Energien, die Reduzierung von Abfällen und den bewussten Einsatz von Rohstoffen erreicht werden. Unternehmen können auch eine „Circular Economy" anstreben, in der Produkte und Materialien recycelt und wiederverwendet werden, um den Ressourcenverbrauch zu minimieren.

Die stoische Ethik erinnert Unternehmen auch daran, ihre soziale Verantwortung anzuerkennen und sich für die Gemeinschaft einzusetzen. Dies kann durch soziale Projekte, faire Arbeitsbedingungen, transparente Lieferketten und die Einbindung von Stakeholdern in Entscheidungsprozesse geschehen. Unternehmen haben dadurch die Möglichkeit, positive Veränderungen in der Gesellschaft zu bewirken und dazu beizutragen, eine nachhaltige und gerechte Welt zu schaffen.

Insgesamt zeigt uns die Philosophie der Stoiker, dass Nachhaltigkeit nicht nur eine Frage der Technologie und der ökonomischen

Effizienz ist, sondern auch eine Frage der inneren Haltung und der ethischen Verantwortung. Wenn Unternehmen ihre Geschäftspraktiken auf den stoischen Prinzipien der Weisheit, der Selbstgenügsamkeit und der sozialen Verantwortung aufbauen, können sie eine nachhaltige Zukunft für die Menschheit mitgestalten.

10 Ratschläge, die ein Stoiker einem Nachhaltigkeitsmanager mit auf den Weg geben würde

1. Fokussiere dich auf das, was in deiner Kontrolle liegt: Konzentriere dich auf die Bereiche, in denen du tatsächlich Einfluss nehmen kannst, und arbeite daran, positive Veränderungen herbeizuführen. Lasse dich nicht von Dingen entmutigen, die außerhalb deiner Kontrolle liegen.
2. Lebe nach deinen Werten: Handele in Übereinstimmung mit deinen Überzeugungen und Werten. Stehe zu deinen Prinzipien und handle ethisch und verantwortungsbewusst.
3. Setze klare Prioritäten: Priorisiere die wichtigsten Nachhaltigkeitsziele und arbeite gezielt an ihrer Umsetzung. Fokussiere dich auf die langfristigen Auswirkungen deiner Handlungen.
4. Übe Selbstbeherrschung: Bewahre Ruhe und Gelassenheit, auch in herausfordernden Situationen. Lass dich nicht von Stress und Druck leiten, sondern handle besonnen und überlegt.
5. Suche nach dem Gemeinwohl: Denke nicht nur an das Wohl deines Unternehmens, sondern auch an das Wohl der Gesellschaft und der Umwelt. Trage dazu bei, positive Veränderungen für alle zu bewirken.
6. Sei achtsam: Achte auf die Auswirkungen deiner Entscheidungen und Handlungen. Reflektiere regelmäßig und hinterfrage, ob du deinen Nachhaltigkeitszielen näherkommst.
7. Akzeptiere Unvollkommenheit: Sei dir bewusst, dass Veränderungen Zeit brauchen und dass nicht alles sofort perfekt sein kann. Setze realistische Ziele und arbeite kontinuierlich daran, sie zu erreichen.
8. Sei flexibel und anpassungsfähig: In einer sich ständig wandelnden Welt musst du flexibel sein und dich neuen Herausforderungen stellen. Finde kreative Lösungen und passe deine Strategien an, wenn nötig.
9. Übe Mitgefühl: Sei einfühlsam gegenüber anderen Menschen und der Natur. Verstehe die Bedürfnisse und Perspektiven anderer und strebe nach Win-Win-Lösungen, die für alle Beteiligten vorteilhaft sind.
10. Halte dein Ziel im Blick: Erinnere dich immer daran, warum du dich für Nachhaltigkeit einsetzt und welchen Beitrag du zur Schaffung einer besseren Welt leisten möchtest. Lasse dich von deiner Vision leiten und bleibe standhaft auf deinem Weg.

#05: Nachhaltigkeit – das neue Normal (von Sabine Böringer)

„Das ist doch nicht normal!" Diesen Ausspruch kennt jeder. Aber wer oder was bestimmt denn, was „normal" ist? Gemeint ist im gängigen Sprachgebrauch ein „erwartungsgemäßes Verhalten", das „Selbstverständliche".

Was können wir also tun, damit Nachhaltigkeit zur Selbstverständlichkeit wird? Hier kommt Kultur bzw. Kulturveränderung ins Spiel. Wollen wir Nachhaltigkeit in unserem Alltag weiter forcieren, müssen wir bereit sein, unsere bisherige Lebenskultur zu verändern, und zwar in eine *Nachhaltigkeitskultur.*

„Es ist nicht die stärkste Spezies, die überlebt.
Auch nicht die intelligenteste.
Sondern diejenige, die am ehesten bereit ist,
sich zu verändern." (Darwin)

Wie können wir in unserer Gesellschaft eine Kultur der Nachhaltigkeit aktiv fördern?

Stellen wir uns zuerst die Frage, was eigentlich „Kultur" ist. Kultur beschreibt im weitesten Sinne die Art und Weise, wie etwas gemacht, wie gelebt wird. Ein viel zitiertes Sprichwort besagt, dass Kultur letztlich *das ist, was Menschen machen, wenn niemand hinschaut.* So weit, so gut.

Wer sich wie ich mit dem Thema Kulturveränderung beschäftigt, weiß, dass das nicht einfach ist. Bei der Kulturveränderung haben wir es mit zwei spannenden Aspekten zu tun: Die Kultur, die sich in der Regel über einen längeren Zeitraum geformt hat, und dann ist da die Veränderung, die uns meist schwerfällt. Wir haben es mit alten Mustern zu tun, die sich vielleicht schon über Jahre manifestiert haben. Oder wir haben Angst, den ersten Schritt zu tun. Manchmal ist es auch einfach nur unsere eigene Bequemlichkeit. Was auch immer uns im Weg steht: Die Kulturveränderung braucht Zeit und Ausdauer. Aber:

„Auch eine Reise von tausend Meilen beginnt
mit dem ersten Schritt." (LaoTse)

Lasst uns auf die Reise gehen mit dem Ziel „Nachhaltigkeit als neues Normal".

Wenn wir uns mit verschiedenen Generationen unterhalten, erhalten wir verschiedene Blickwinkel darauf, ob und wie nachhaltig wir leben. Nicht selten wird vor allem von älteren Generationen davon gesprochen, dass wir uns früher deutlich nachhaltiger verhalten haben (ob dies so ist, darüber lässt sich sicherlich streiten). Aber nehmen wir z. B. unser Konsumverhalten (SDG12[1]) bezogen auf Kleidung. In meiner Kindheit war es üblich, dass Kleidung nach Möglichkeit geflickt wurde, oder wenn sie nicht mehr gepasst hat, wurde sie u. a. an andere Familienmitglieder weitergegeben. Ich gebe zu, es war nicht immer eine Freude, Kleidung von meinen Cousinen tragen zu müssen. Aber Kleidung war zu dieser Zeit noch etwas wert. Heute ist sie zum Teil zum Wegwerfartikel geworden. Wenn sie nicht mehr gefällt oder passt, dann wird sie weggeworfen. Oft auch deshalb, weil die schlechte Qualität ein mehrmaliges Waschen und häufiges Tragen nicht mehr zulässt. Aber auch in anderen Bereichen werden Produkte deutlich schneller weggeworfen. Lebensmittel sind hierfür leider ein weiteres, sehr unschönes Beispiel. Der Wert der Produkte wird von uns nicht mehr als solcher wahrgenommen. Es ist es mir nicht mehr wert, Mühe oder Zeit zu investieren, um etwas zu reparieren oder

[1] Sustainability Development Goal No. 12 (Nachhaltiger Konsum und Produktion).

es ausreichend zu pflegen, damit ich es ggf. noch weitergeben kann. Oder es ist zu schnell veraltet und findet keine Abnehmer mehr. Wir haben dann doch lieber etwas Neues, oder?

Bild: Sabine Böhringer

Warum ist das so? Eine Erklärung dafür kann sein: Wir können es uns heute leisten. Wir sind so vom Gebraucher zum Verbraucher geworden. Das weltweite Pro-Kopf-Einkommen hat sich seit den 1960er-Jahren alle 20 Jahre verdoppelt (Quelle: IMF, Weltbank). Unser Konsumverhalten hat sich über die Jahre deutlich verändert. Die Annehmlichkeiten sowie der Konsum haben deutlich zugenommen (die Sollbruchstellen der Produkte allerdings auch …). Und mit ihm auch unsere Bequemlichkeit – weil es uns möglich und zudem auch einfach gemacht wird – durch Fortschritt, Wohlstand oder die Globalisierung. Es ist in gewisser Weise eine Erfolgskultur entstanden, die uns aus dem Vollen schöpfen lässt.

Wie also entwickeln wir aus einer Erfolgskultur eine Nachhaltigkeitskultur? Um nun einen Ansatzpunkt für die gewünschte Kulturveränderung zu finden, d. h. um den Ball ins Rollen zu bringen, hilft es zu fragen: Warum fällt es uns oder unserem Umfeld schwer, Nachhaltigkeit stärker in unseren Alltag zu integrieren? Und zwar in vielerlei Hinsicht. Nachhaltigkeit umfasst viele Facetten, die global betrachtet wiederum alle in irgendeiner Weise zusammenhängen (siehe die 17 SDG[2]). Was hält uns denn davon ab, sprichwörtlich den „Schalter“ umzulegen?

Wenn wir über Kultur sprechen, müssen wir uns bewusst machen, dass nicht alles offensichtlich bzw. sichtbar ist. Im Gegenteil, die im Verborgenen wirkenden Kräfte steuern eine Kultur – nicht vorrangig das Sichtbare. Sichtbar ist nur die berühmte Spitze des Eisbergs, wie es das Eisbergmodell (nach Freud) sehr anschaulich demonstriert. Und sichtbar ist in der Regel das, was ich bewusst preisgebe.

Was also liegt im Verborgenen, ggf. im teilsichtbaren Bereich. Lasst uns anfangen und im Trüben fischen.

Bild: Sabine Böhringer

Lohnt sich ein Blick auf unsere Grundmotive?

Da sind zum einen unsere Motive (und Ziele), die unser Verhalten mit beeinflussen. Unsere Grundmotive – das sind Macht, Leistung und Anschluss –, die jeglicher Form und Zielsetzung des menschlichen Handelns zugrunde liegen (nach der Motivationstheorie von Heckhausen, 2018). Wenn unsere Motive gefüttert werden, dann fühlen wir uns richtig gut. Damit werden aber gleich noch unsere Werte genährt, welche wiederum stark unsere Haltung und Annahmen zu einem bestimmten Thema beeinflussen.

Wenn wir eine nachhaltige Verhaltens- oder Kulturveränderung erreichen wollen, müssen wir herausfinden, welche Motive, Ängste und Werte im Spiel sind.

Welche Hinderniseffekte können hieraus entstehen?

„*Cancel culture*“ – Bestrafung durch „Ausschluss“, die soziale Ausgrenzung, sie gleicht einer Bedrohung: Alarmstufe rot! Vor allem für diejenigen, die „Zugehörigkeit“ als führendes Motiv in sich tragen. Sie werden in Angst und Schrecken versetzt: „Entweder du verhältst dich, wie wir es wollen – oder du bist raus.“ Nichts anderes als eine Erpressung – und wer lässt sich gern erpressen? Zugehörigkeit mit bitterem Nachgeschmack. Dazu kommen Gefühle wie Abhängigkeit, der Verlust von Sicherheit und Anerkennung. Willkommen in der Welt der Werteverletzungen. Eine eher ablehnende (innere) Haltung wird begünstigt. Vordergründig zeigt sich vielleicht eine Verhaltensanpassung. Aber eine nachhaltige Verhaltensänderung? Wohl kaum. Verhaltensanpassung ohne innere Überzeugung kostet Kraft und Energie. Über kurz oder lang fällt der Vorhang und alte Verhaltensmuster treten zu Tage.

Kultur und die Bereitschaft zur Veränderung hängen mit Vertrauen zusammen. Cancel Culture oder Zwang fördern kein Vertrauen, sondern das Gegenteil.

Warum ist Nachhaltigkeit eine gemeinsame Reise?

Wir können uns eine Spaltung der Gesellschaft nicht leisten. Dafür ist das Thema viel zu wichtig. Gemeinsam können wir viel mehr bewegen. Aber wenn wir uns nur in unserer eigenen Bubble bewegen, sehen wir die anderen (Perspektiven) nicht.

Etwas mehr Leichtigkeit und Offenheit beim Thema Nachhaltigkeit täte uns vielleicht gut. Wir können andere nicht ändern – nur uns selbst bzw. unsere Haltung ihnen gegenüber. Dem Gegenüber zuzuhören und versuchen auch die andere Sicht zu verstehen. Hilfe anbieten, die Notwendigkeit und Chancen zu begreifen, anstatt mit Ausgrenzung zu drohen.

Wir müssen Vertrauen aufbauen, um eine Nachhaltigkeitskultur zu etablieren. Konkret zählen drei Treiber, um nachhaltiges Vertrauen aufzubauen (nach dem Vertrauensdreieck von Frances X. Frei und Anne Morriss): **Authentizität, Logik und Empathie**.

Das heißt, wir müssen die Distanz reduzieren und Gelegenheiten schaffen, auch kleine Schritte zu gehen und damit Wirkung zu entfalten. Wir müssen eine fehlertolerante Lernkultur gestalten und durch das Sammeln von positiven Erfahrungen Zutrauen aufbauen. Und wir müssen Möglichkeiten eröffnen, damit die Leute erleben, begreifen, beeinflussen und gestalten können.

Können wir mit Innovationen ein neues „Normal“ schaffen?

Unsere eigene Betroffenheit und Gefühlswelt spielen eine große Rolle dabei, ob und wie wir Wünsche und Bedürfnisse unserer

[2] Die 17 Nachhaltigkeitsziele der UNO (Sustainability Development Goals).

Umgebung aufgreifen. Nostalgie hilft da nicht weiter. Oder glaubt ihr allen Ernstes, dass wir alle wieder zum Fahrrad als Hauptverkehrsmittel zurückgreifen? Es ist ein Irrglaube, dass wir die Menschen dazu bringen können, auf Errungenschaften bzw. die sich daraus ergebenden Annehmlichkeiten zu verzichten.

Wir brauchen eine Denkweise, die nach vorn gerichtet ist und uns das Gefühl gibt, auch ohne Verzicht nachhaltig leben zu können. Der Mensch ist ein neugieriges Wesen und will immer Neues entdecken. Das treibt ihn an. Wenn wir immer wieder neue Innovationen schaffen, können wir eine Nachhaltigkeitskultur entwickeln, die mit positiven Emotionen verbunden ist.

Wir stärken unsere Zukunfts-Resilienz!

Ich bin fest davon überzeugt, dass dieser Kulturwandel auch ohne Zwang und Drohungen möglich ist. Wenn wir die Menschen von Anfang an mitnehmen, ihnen die Möglichkeit geben, zu verstehen und ihnen zuhören, dann finden wir gemeinsame Wege, Hindernisse und Ängste zu überwinden und Nachhaltigkeit als Selbstverständlichkeit anzunehmen. Wir können Wege finden, Vertrauen zu fassen und Werte auf andere Weise zu erfüllen.

Mit unserem Buch wollen wir zeigen, dass es geht. Wir wollen zeigen, dass der Dreh gelingen kann. Dafür haben wir 333 Hilfestellungen für unterschiedliche Stellhebel zusammengestellt. Von der Sensibilisierung für das Thema bis hin zu Modellen und Methoden für eine aktive Transformation. Als Impulsgeber für eine Nachhaltigkeitskultur als das neue Normal. Auch mit kleinen Schritten kann man viel erreichen. Für eine starke Zukunft.

„Warte nicht, bis es andere tun – fange an"
(Herkunft unbekannt)

#06: Ökosysteme als Blaupause für nachhaltige Entwicklung (von Dr. Stefan Rösler)

Evolution ist die freie Marktwirtschaft der Natur – Natur als Vorbild für Anpassungsdynamik

Wir definieren Nachhaltigkeit und diskutieren über nachhaltige Entwicklung. Dabei vergessen wir, dass die Natur das erfolgreichste Unternehmen der Welt ist, da sie seit rund vier Milliarden Jahren existiert und auf ihre Art nachhaltig wirtschaftet. Im Laufe der Evolution haben sich in der Natur Ökosysteme entwickelt, deren Erfolg auf einigen wenigen Grundprinzipien basiert. Dies sind die Nutzung regenerativer Energien, Kreislaufwirtschaft, ein gutes Zusammenspiel von Konkurrenz und Kooperation, die ständige Weiterentwicklung von Prozessen und Innovationen und der Aufbau von Komplexität, die Bewährtes bewahrt und eine hohe Vielfalt des Lebens entstehen ließ: die Biodiversität (Otto et al., 2019). Auf diesen Prinzipien basieren die für uns Menschen in ihrer Gesamtheit überlebensnotwendigen Ökosystemleistungen. Die bekanntesten und relevantesten dieser Leistungen sind die Produktion von Sauerstoff sowie die Bindung von Kohlendioxid durch die Photosynthese der Pflanzen, der für das Pflanzenwachstum erforderliche Humusaufbau im Boden sowie die Bestäubung der Pflanzen durch Wildbienen und andere Insekten, auf die rund 80 Prozent aller Kulturpflanzen angewiesen sind.

Evolutionäre Entwicklung und nachhaltige Entwicklung korrespondieren in vielfacher Weise. Gerade in Zeiten globaler Veränderungen wie Klimakrise, Coronapandemie und geopolitischer Herausforderungen sind Anpassungsdynamik und Transformationsbereitschaft von besonderer Bedeutung, um eine neue Stabilität der Systeme entwickeln zu können. Diese Stabilität kann im Rahmen ökologischer Nischen sowohl durch Bewahren und Beharren, durch Anpassung und Konversion als auch durch neue Impulse und Neustart erreicht werden. Dabei wirken Absterbeprozesse oftmals gleichzeitig als „Geburtshelfer" und Innovationstreiber.

Nach-lässig versus nach-haltig – Nachhaltigkeit als Schlüssel zum Überleben

1992 fand in Rio de Janeiro die historische Umweltkonferenz statt, auf welcher die nachhaltige Entwicklung als politisches Leitprinzip definiert wurde. Über 30 Jahre nach Rio ist unser Wirtschaften noch immer weit entfernt von Nachhaltigkeit. Schmelzende Polkappen und Gletscher, Biodiversitätsverlust, Kriege, Flüchtlingsströme, Mikroplastik, knapp werdende Rohstoffe, Waldbrände und sinkende Grundwasserstände sind die Indikatoren unseres zunehmend „nach-lässigen" Umgangs mit unseren eigenen Lebensgrundlagen. Noch immer wird die Natur als kostenlose Ressource angesehen und ausgebeutet. Im Glauben an stetiges Wirtschaftswachstum wird die Ökologie der Ökonomie untergeordnet und dabei vergessen, dass Natur und Naturgüter endliche Ressourcen sind.

Das 2015 von nahezu allen Staaten der Welt vereinbarte „1,5-Grad-Ziel" ist realistisch gesehen schon lange nicht mehr zu erreichen. Weltweit nehmen nicht nur die Anzahl der Menschen, sondern auch deren Ansprüche und Konsum zu. Der „Weltüberlastungstag" 2023 war weltweit am 2. August, in Deutschland bereits am 4. Mai 2023! Seither leben wir nicht mehr von den Erträgen, sondern wir reduzieren Kapitalstock und Substanz. Unser ökologischer Fußabdruck in Deutschland erfordert aktuell mehr als dreimal die Fläche Deutschlands. Wir wirtschaften nicht „nach-haltig", sondern „nach-lässig". Dabei ist Nachhaltigkeit keine beliebige Option, sondern der Schlüssel zum Überleben der Menschheit.

Primat der Ökologie – Was hat die Mitwelt mit der Netto-Null zu tun?

Nachhaltige Entwicklung ist ein ständiger Prozess und erfordert einen Wertewandel: Weg vom Maximum und vom Machbaren – hin zum Optimum und zum langfristig Verantwortbaren. So wie es auch die Bäume vorleben: Sie wachsen gen Himmel aber nicht in den Himmel, weil dies ihre Stabilität und Überlebensfähigkeit gefährden würde. In einer ehrlichen „Green Economy" müssen nicht nur Wirtschaftswachstum und Ressourcenverbrauch entkoppelt, sondern vor allem auch die planetaren und ökologischen Grenzen des Wachstums berücksichtigt werden. Ansonsten handelt es sich um eine „Greenwashing Economy". Grünes Wirtschaften erfordert eine neue Art der Entscheidungskultur und das Verständnis, dass das Primat der Ökologie als gesetzt gelten muss, da Boden, Wasser und Luft die Basis für unser eigenes Leben und Überleben darstellen und nur begrenzt zur Verfügung stehen. Solange wir weiterhin von Umwelt reden, als ob sie um uns herum wäre und wir nichts direkt mit ihr zu tun hätten, kann von „Homo sapiens" nicht die Rede sein. Als „Säugetiere" sind wir ein substanzieller

Teil dieses Ökosystems Erde und diese sogenannte Um-Welt ist in Wirklichkeit unsere Mit-Welt.

Langfristiges Überleben erfordert das Zusammendenken von Ökologie und Ökonomie. Dabei reicht „Nachhaltiges Wirtschaften" im jetzigen Sinne bei weitem nicht aus, um in den Prozess einer dauerhaft nachhaltigen Entwicklung übergehen zu können. Statt „nicht schädlich" zu sein müssen wir aktiv regenerieren, um den „Weltüberlastungstag" wieder auf den 31. Dezember eines jeden Jahres zu verschieben und ihn zum „Welterhaltungstag" umbenennen zu können! Neben Nachhaltigkeits-förderlichen politischen Rahmenbedingungen, die darauf abzielen, umweltschädliche Subventionen abzuschaffen, Umweltfolgekosten zu vermeiden und dadurch die Realisierung „wahrer Preise" zu ermöglichen, bedarf es vor allem eines verantwortungsbewussten Unternehmertums und eines an Nachhaltigkeit orientierten Konsumverhaltens. Nur wenn wir es langfristig schaffen, mindestens eine ökologische Netto-Null-Bilanz auf Basis des vorhandenen Planeten Erde zu erreichen, ist unser Wirtschaftssystem dauerhaft überlebensfähig.

Denken und handeln in Ökosystemen – Ökosysteme als Blaupause für nachhaltige Entwicklung

In den Ökosystemen des Reallabors Natur sind nach knapp vier Milliarden Jahren nahezu alle Management-Tools entwickelt. Dazu existieren Netzwerke, strategische Partnerschaften, dynamische Anpassungen, Weiterentwicklungen und Start-ups, aber auch Insolvenzen, feindliche Übernahmen und Produktpiraterie sind Standard. In der Bionik machen wir uns die erfolgreichsten Natur-Patente bereits zunutze. Bezüglich des Transfers von kooperativen oder prozessualen Erfolgsrezepten natürlicher Ökosysteme in die nachhaltige Entwicklung der Wirtschaft dagegen stehen wir noch ganz am Anfang. Dabei liegt es auf der Hand, dass sich unsere Wirtschaftsweise künftig im Rahmen einer ökologischen Transformation an ökologischen Grundprinzipien orientieren muss, wollen wir unsere eigenen Lebensgrundlagen nicht zerstören.

Aufbauend auf den eingangs aufgeführten fünf Erfolgsprinzipien bedeutet dies konkret:

- Kreislaufwirtschaft und Stoffkreisläufe reduzieren Rohstoff-Bedarf, fördern Ressourcen-Effizienz, reduzierten Abfälle, vermeiden Altlasten, sparen Entsorgungskosten und generieren Innovationsimpulse.
- Regenerative Energien fördern Autonomie, Unabhängigkeit, Dauerhaftigkeit, Dezentralität, Innovation, Altlastenfreiheit und Kosteneinsparungen.
- Kooperation und Konkurrenz bedeuten eine Doppelstrategie aus Synergie und Anpassungsdynamik, die nicht nur eine kontinuierliche Weiterentwicklung der Prozesse und Produkte und damit die Transformationsfähigkeit unterstützen, sondern sich auch positiv auf die Teamentwicklung auswirken.
- Die ständige Weiterentwicklung von Prozessen und Innovationen fördert Anpassungsfähigkeit, Agilität und Flexibilität und damit auch die für die evolutionäre Entwicklung notwendige Anpassungsdynamik des Ökosystems.
- Stärkung der Resilienz in Natur, Wirtschaft und Gesellschaft, die Bewährtes bewahrt und eine hohe Vielfalt von Bio-Diversität fördert
- Der stete Aufbau von Komplexität und Diversität bewahrt Bewährtes, lässt sowohl Stabilität als auch Flexibilität zu, fördert vielfältige Entwicklungs-Optionen und kollektive Intelligenz und ermöglicht schnelles Reaktionsvermögen und einen Plan B.

Um die komplexen Gesamtzusammenhänge zwischen den einzelnen Erfolgsprinzipien der Ökosysteme zu verstehen und künftig als Handlungsleitschnur für unser Wirtschaften zu berücksichtigen, bedarf es eines neuen Bildungsverständnisses. Naturerfahrung und Bildung für nachhaltige Entwicklung sind die elementare Basis dafür. Vielfältige Naturerlebnisse in allen Altersstufen und sozialen Milieus vom Waldkindergarten über Stadtteilgruppen bis zum Outdoor-Workshop für Führungskräfte und Manager fördern ökologisches Bewusstsein und damit auch Verantwortungsbewusstsein für Natur und Mitwelt – und das Bewusstsein dafür, dass Ökosysteme keine Kulisse darstellen, sondern unsere eigenen Lebensgrundlagen sind. In diesem Kontext wird auch deutlich, dass der Schutz der Natur kein Hobby, sondern in engem Miteinander mit einer naturverträglichen Landnutzung eine Investition in die Zukunft ist und damit auch Basis für Lebensqualität und langfristigen wirtschaftlichen Erfolg. Ökonomie und Ökologie sind zwei Seiten derselben Medaille.

#07: Es gibt überall Blumen, für den, der sie sehen will (von Antje Meyer und Marie-Lucia Linde)

Nachhaltigkeit braucht Freiheit und Struktur, die Dinge anders zu sehen.

Wir können gar nicht oft genug fragen, ob es nicht auch anders geht. Als ExpertInnen für Zukunftsorientierung fordern wir uns seit ein paar Jahren bewusst heraus, die Dinge anders zu betrachten und anders zu machen.

Immerhin stehen wir vor der Herausforderung, unsere Welt nachhaltig wieder in Balance zu bringen. Dafür müssen wir vertraute Wege verlassen und neue Strukturen etablieren. Die Veränderungen sind enorm und die nötige Geschwindigkeit macht uns manchmal atemlos.

Durch unsere Arbeit sind wir zur tiefen Überzeugung gelangt: Es braucht uns alle, um Teil der Lösung sein zu können. Beständig ergänzen wir unser System durch neues Wissen und neue Partner. Die Co-Creation ist unser Schlüssel und unser Angebot, um in neues Handeln zu kommen.

Wer nachhaltig etwas verändern will, muss zumeist alte Strukturen hinterfragen und in die bisherigen Abläufe frischen Wind hineinbringen. „Weiter so" ist schließlich keine Option. Nachhaltig zu handeln bedeutet, die Ressourcenfrage zu stellen, bedeutet neue Grenzen zu akzeptieren. Wir müssen lernen, dass die planetaren Ressourcen nicht ohne Schaden verballert werden können. Wir müssen lernen, dass unsere gesellschaftlichen Systeme nicht unendlich ausnutzbar sind. Daraus folgt der klare Auftrag zum Umdenken und Verändern. Wie wollen wir zukünftig leben? Wo entdecken wir die Blumen, die unser Wirtschaften zu einem starken Sehnsuchtsort werden lassen?

Uns hilft das Bild, dass wir auch in endlichen Grenzen erfolgreich „gärtnern" können. Begrenzung schärft den Blick auf Wesentliches, das es neu auszurichten gilt. Stellen Sie sich vor, wie viel es zu tun gibt, wenn alle nichtnachhaltigen Räume auf dieser Welt umgestaltet werden müssen. Genug also, packen wir's an!

Gern wird an dieser Stelle auf die Eigenheiten, das Unvermögen und die Verwerfungen der menschlichen Spezies verwiesen. Wir sind da unverbesserlich, wir glauben zutiefst an die Sehnsucht von Menschen, die Welt zu einem besseren Ort zu machen. Auf dem Weg dorthin sind wir alle Wissende und Lernende. Für die Entwicklung nachhaltig alternativer Abläufe brauchen wir deshalb einen neuen Begriff von Gemeinsam.

In unserem Beratungsalltag erleben wir es häufig anders. Der durch externe Faktoren steigende Druck auf die Nachhaltigkeitsperformance der Unternehmen wird mit steigenden Druck nach innen in die Organisation gegeben. Es fehlen Ressourcen, Zeit und Kompetenzen. Es ist leicht auszurechnen, dass die Motivation für den gemeinsamen Kraftakt der Transformation auf der Strecke bleibt.

Der Schlüssel für ein echtes „nextblooming" der gesamten Organisation liegt in der Co-Creation. Denn im geteilten Verständnis entstehen neue Lösungen, die mit allen verhandelt und von allen vorangebracht werden.

Wie geht Co-Creation?

Die Vorgehensweise von Co-Creation ist nicht beliebig. Das Potenzial liegt in acht Prinzipien, mit denen wir einerseits Freiheit und andererseits Strukturen für eine effektive und wirkungsvolle Co-Creation schaffen. Die klaren Spielregeln werden gebraucht, um Ergebnisse durchkommen zu lassen, die von der eigenen Vorstellung abweichen. Co-Creation führt weg von der Konkurrenz und rein ins Vertrauen. Wissende und lernende Rollen können zwischen Hierarchien, Abteilungen und Generationen immer wieder neu definiert werden und alte Strukturen aufbrechen.

Prinzip 1 *Zusammen*: Die Zusammenstellung eines Cocreativen Teams setzt ein sorgfältiges Stakeholder-Mapping voraus: Welche Perspektive kann ungewöhnliche Impulse bringen? Je inklusiver, diverser und kooperativer ein Team zur Lösungsfindung zusammenkommt, umso stabiler wird die gemeinsam verhandelte Lösung.

Prinzip 2 *Fair:* Alle Beteiligten sind bei der Entwicklung eines Zukunftsvorhabens gut involviert und jeder Beitrag wird gleich wertvoll behandelt. Bei der Co-Creation gibt es keinen Platz für Alpha-Tierchen oder das Recht auf Weisheit aus Erfahrung. Die konsequente Gleichstellung aller Beteiligten erzeugt die Augenhöhe, mit der ein gemeinsamer Wille für die nachhaltige Lösung entsteht.

Prinzip 3 *Transparent:* Nicht Silowissen, sondern Knowledge-Sharing: Nur das transparente, ehrliche Teilen von unternehmerischem Know-how, persönlichen Erfahrungen, Vorbehalten und Ideen in einem Raum, schafft gemeinsames Verständnis und Wissen für den weiteren Weg.

Prinzip 4 *Aktivierend:* Um unterschiedliche Persönlichkeiten ins gemeinsame Gestalten zu bringen, helfen agile und kreative Methoden. Damit aktivieren wir das Out-of-the-box Denken. Sehr gute Erfahrungen machen wir mit der Zukunftswerkstatt und Lego Serious Play – gern auch zusammen angewendet.

Prinzip 5 *Sinnstiftend:* Jedes Meeting ist wertvoll. Eine Gruppe findet zusammen, um Projekte mit Mehrwert zu schaffen. Dafür wird von allen Beteiligten Zeit eingesetzt. Meetings, die zum Zeitfresser werden, Energie rauben oder sich als ergebnislos erweisen, werden erkannt. Das Problem wird eingekreist und unter neuen Vorzeichen zu einem neu verabredeten Zeitpunkt wieder aufgenommen.

Prinzip 6 *Umsetzbar:* Was gedacht wird, soll auch gemacht werden. Alle Beteiligten im Raum einer Co-Creation sprechen ein klares Bekenntnis zur Umsetzung aus und wollen gemeinsam dafür zu wirken, dass Umsetzung passiert. Positive Veränderung liegt im beherzten Handeln.

Prinzip 7 *Rund:* Iterative Schleifen, in denen Feedback gesammelt, gehört und entschieden wird, stärken das Projektvorhaben und bringen es voran. Jede neue Runde ermöglicht ein Lernen und bereitet den Weg für stabilen und nachhaltigen Fortschritt.

Prinzip 8 *Verbindlich:* Am Ende steht die Entscheidung. Jeder Schritt ist gemeinsam getroffen und verantwortet. Ziel ist, dass niemand am Ende der gefundenen Lösung Misstrauen mit auf den Weg schickt. Wir nutzen deshalb die Methode des Systemischen Konsensierens, um Widerstände, die eine Entscheidung blockieren, offenzulegen und zu bereinigen.

Im Prozess der Co-Creation entfalten sich Perspektiven, die bisher so nicht gesehen und so nicht verhandelt worden sind. Im Kaleidoskop der Co-Creation werden sich viele Blumen finden, die vorher für Ihre Organisation nicht sichtbar waren!

#08: Nachhaltiges Entscheiden ist kein Hexenwerk (von Tobias Leisgang)

Wenn Reden nicht reicht ...

Nachhaltigkeit ist heute mehr als nur ein Schlagwort. Es hat sich zu einem globalen Megatrend entwickelt, der in Politik, Wirtschaft und Gesellschaft immer mehr Beachtung findet. Von Greta Thunberg bis zu den Gipfeltreffen für Klimaschutz – Nachhaltigkeit ist in aller Munde. Doch trotz aller Reden und politischen Maßnahmen scheint es, als würden wir immer noch auf der Stelle treten, wenn es darum geht, tatsächlich nachhaltig zu handeln. Die Kluft zwischen Worten und Taten bleibt bestehen.

Die Nachhaltigkeits-Transformation ist für viele Menschen und Unternehmen oft so rätselhaft und abstrakt wie die geheime Zauberwelt in den Geschichten von Harry Potter. In unserer Welt scheint die Tür zu einer nachhaltigen Zukunft oft ebenso versteckt zu sein wie das mysteriöse Gleis 9 3/4 am Bahnhof King's Cross in London in der beliebten Romanserie. Wir sehnen uns vielleicht danach, den magischen Hogwarts-Express zu besteigen und in die faszinierende Welt nachhaltiger Produkte, Geschäftsmodelle und Verhaltensweisen einzutauchen. Doch wie gelangen wir dorthin, wenn die Anleitung und der Weg so verschwommen sind?

Die Mauer, die wir überwinden müssen, um das versteckte Gleis 9 3/4 der Nachhaltigkeit zu erreichen, ist die Mauer der kognitiven Verzerrungen. In dieser Mauer stecken unter anderem Steine wie die Verlustaversion oder der Status-quo-Bias. Die Verlustaversion ist eine psychologische Neigung, bei der

Menschen den Verlust von etwas als stärker empfinden als den möglichen Gewinn. Sie führt dazu, dass Menschen Risiken meiden und lieber am Status quo festhalten, um mögliche Verluste zu vermeiden. Diese Tendenz kann in verschiedenen Entscheidungssituationen auftreten und beeinflusst das Verhalten sowohl in individuellen als auch in unternehmerischen Kontexten. Der Status-quo-Bias beschreibt die menschliche Tendenz, in Entscheidungssituationen den gegenwärtigen Zustand oder die bestehende Option zu bevorzugen, selbst wenn es rationalere oder vorteilhaftere Alternativen gibt. Menschen neigen dazu, am Bekannten festzuhalten und Veränderungen zu scheuen, selbst wenn diese Veränderungen langfristig positive Ergebnisse bringen könnten. Dieser Bias kann dazu führen, dass Chancen für Innovation und Wachstum ungenutzt bleiben und die Trägheit des Status quo überwiegt.

Diese Hindernisse, wie der Status-quo-Bias und die Verlustaversion, halten uns davon ab, nachhaltig zu handeln und zu wirtschaften. Sie vernebeln unsere Sicht auf die Möglichkeiten und Chancen, die uns die nachhaltige Entwicklung bietet. Doch wie schaffen wir es, diese Mauer zu durchbrechen und in den Zug zu gelangen? Was erwartet uns in Hogwarts, und was gibt es dort zu lernen?

Im Folgenden werfen wir einen Blick auf drei Beispiele für Barrieren, die uns daran hindern, das verborgene Gleis 9 3/4 der Nachhaltigkeit zu finden und durch nachhaltige Entscheidungen den Hogwarts-Express zu besteigen. Denn nur wenn wir diese Hindernisse überwinden und die Fahrt ins Machen aufnehmen, können wir den Weg in eine bessere und nachhaltigere Zukunft einschlagen. Denn zwischen dem Wollen und Machen steht die Entscheidung.

Nachhaltiges Entscheiden auf persönlicher Ebene

Bleiben wir am Bahnhof und dem Bild der Reise. Stellen Sie sich vor, Sie sind eine Mutter oder ein Vater einer vierköpfigen Familie, die eine Urlaubsreise plant. Ihre Kinder sind aufgeregt und haben bereits eine lange Liste von Zielen und Aktivitäten zusammengestellt. Als Sie die verschiedenen Optionen für die Anreise durchgehen, steht auch eine nachhaltige Variante auf dem Plan. Doch Ihr Gedankenkarussell beginnt sich zu drehen. Der Gedanke an eine längere Reisezeit, möglicherweise unbequeme Transportmittel und die Frage, ob die Kinder nicht schon genug Kompromisse eingehen müssen, geistern durch ihren Kopf. Sie fürchten den Verzicht auf Bequemlichkeit und geben dem vertrauten Auto den Vorzug. Die Verlustaversion hat gewonnen. Vermutlich ist das einer der Gründe, warum eine klimafreundliche Anreise auf dem vorletzten Platz der reiseentscheidenden Faktoren im ReisePuls Deutschland 2023 landet.

Dabei könnte eine klimafreundliche Anreise nicht nur einen Gewinn in der Zukunft versprechen, sondern auch heute schon mit einigem Plus punkten. Staufreie Anreise, als Familie schon auf dem Hinweg gemeinsam spielen, Essenspause ohne Zeitverlust sind nur einige der Punkte, die eine Reise mit der Bahn zum Gewinn machen können. Die Forschung zeigt aber, dass potenzielle Verluste (längere Reisezeit durch Verspätung, weniger Komfort durch Koffer an den Bahnhof schleppen) mehr als doppelt so stark gewichtet werden als die möglichen Gewinne. Das ist eine dicke Mauer auf dem Weg zum Hogwarts-Express zu mehr Nachhaltigkeit in unserem persönlichen Leben.

Nachhaltiges Entscheiden in Unternehmen

In ihrem beruflichen Leben sind die Mutter oder der Vater übrigens Geschäftsführer in einem Unternehmen. Die Texte von Gesetzen, Anforderungen und Standards im Bereich der Nachhaltigkeit füllen mehr Seiten als die komplette Harry Potter Reihe von J.K. Rowling. Eine schier endlose Liste von Abkürzungen wie GRI, SDG, CSRD, LkSG, GHG klingt teilweise mysteriöser und ist schwerer verständlich als die Zaubersprüche des jungen Zauberlehrlings.

Hat man sich dann durch den Dschungel der Anforderungen, Standards und Direktiven gekämpft, wartet das nächste Problem. Die Ziele der ökonomischen, ökologischen und sozialen Nachhaltigkeit scheinen oft im Widerspruch. Sind auch noch individuelle Boni an traditionelle finanzielle Key Performance Indicators (KPIs) geknüpft, hat der Status-quo-Bias leichtes Spiel. Die Führungskräfte sind darauf ausgerichtet, wirtschaftliche Ziele zu erreichen und somit persönliche Belohnungen zu erlangen. Da sind ökologische oder soziale Ziele oft nur eine Nebenrolle im Drehbuch des beruflichen Erfolgs.

Schaffen wir es jedoch in Entscheidungssituationen den Dreiklang aus ökonomischen, ökologischen und sozialen Perspektiven zu berücksichtigen, kommen wir ein großes Stück weiter in Richtung nachhaltiges Tun. Darüber hinaus ist es essenziell, ein tiefes Bewusstsein für die kognitiven Verzerrungen zu entwickeln, die unsere Entscheidungen trüben können. Indem wir uns dieser Fallstricke bewusst sind, können wir sie besser umgehen und eine klarere Sicht auf die Chancen und Herausforderungen der Nachhaltigkeit gewinnen.

Ein weiterer Schlüssel zur nachhaltigen Entscheidungsfindung in Unternehmen ist der Mut zu schnellen Entscheidungen. Der Prozess des Abwägens und Analysierens kann manchmal lähmend sein und zur „Analyse-Paralyse" führen. Hier ist die Parallele zur magischen Welt Harry Potters unverkennbar: Manchmal müssen wir, ähnlich wie der junge Zauberer, einen mutigen Schritt ins Unbekannte wagen, um in die Handlung zu kommen. Schnelle Entscheidungen können den Impuls liefern, den Stein ins Rollen zu bringen und die Umsetzung nachhaltiger Maßnahmen zu beschleunigen. In dieser Mischung aus strategischem Denken, kluger Bewusstheit und entschlossenem Handeln liegt das Geheimnis nachhaltiger Entscheidungsfindung, das Unternehmen in die Lage versetzt, die verborgene Tür zur nachhaltigen Zukunft aufzustoßen.

Nachhaltiges Entscheiden in Gesellschaft und Politik

Die vierköpfige Familie ist mittlerweile auf dem Weg in den Urlaub. Auf dem Weg ans Mittelmeer fahren sie mit 130 km/h über die Autobahnen von Österreich, Slowenien und Kroatien. Warum gibt es in Deutschland so eine heftige Diskussion über das Tempolimit, was in unseren Nachbarländern längst Standard ist? Die Befürworter eines Tempolimits heben hervor, dass ein Tempolimit zur Reduzierung von CO_2-Emissionen und zur Steigerung der Verkehrssicherheit beitragen könnte. Sie sehen es als Schritt in Richtung einer umweltfreundlicheren und nachhaltigeren Mobilität. Die Gegner hingegen argumentieren mit dem Erhalt der individuellen Freiheit, der Unvereinbarkeit mit der deutschen Autobahnkultur und möglichen wirtschaftlichen Einbußen.

Interessanterweise zeigt sich hier die Verlustaversion in ihrer vollen Pracht. Die Befürworter mögen neue, nachhaltigere Wege als Gewinn sehen, während die Gegner den Verlust des Status quo fürchten. Ähnlich wie bei der Entscheidung über die Art der Urlaubsanreise führt die Angst vor Veränderung und Verzicht dazu, dass die Verlustaversion dominierend wird und die Möglichkeit einer nachhaltigeren Zukunft in den Hintergrund rückt.

Dieses Phänomen manifestiert sich nicht nur in der Tempolimit-Debatte, sondern auch in anderen gesellschaftlichen Auseinandersetzungen über Nachhaltigkeitsfragen. Ob es um die Einführung von Umweltauflagen in der Wirtschaft geht, die Debatte um Plastikverbote oder die Diskussion über erneuerbare Energien – oft stehen sich Verlustaversion und der Wunsch nach Bewahrung des Bekannten unerbittlich gegenüber. Doch ähnlich wie Harry Potter sich den Ängsten und Unsicherheiten seiner Zeit stellen musste, können wir als Gesellschaft lernen, mutige Schritte in Richtung einer nachhaltigen Zukunft zu unternehmen, indem wir die versteckten Türen zu innovativen Lösungen und zukunftsweisenden Entwicklungen aufstoßen.

Nachhaltiges Entscheiden – weder Hexenwerk noch Zauberei

In einer Welt, in der nachhaltiges Handeln mehr als je zuvor von Bedeutung ist, stehen wir vor der Herausforderung, unsere Denkmuster zu durchbrechen und neue Wege zu beschreiten. Die Reise zur nachhaltigen Entscheidungsfindung mag wie eine zauberhafte Expedition erscheinen, doch sie ist keineswegs reserviert für magische Wesen oder auserwählte Helden. Jeder von uns kann zu einem Meister der nachhaltigen Entscheidungen werden, indem wir uns mit den Werkzeugen und Methoden ausstatten, die es ermöglichen, kognitive Verzerrungen zu überwinden und die Mauer zum Gleis 9 ¾ zu durchschreiten. Wer hat nicht Lust den Hogwarts-Express in Richtung einer lebenswerteren Zukunft zu besteigen?

Daher lade ich Sie ein, sich nicht von der Komplexität der Nachhaltigkeit entmutigen zu lassen. Erkunden Sie die Methoden und Werkzeuge in diesem Buch und setzen Sie mutig Ihre ersten Schritte auf dem Weg zu einer nachhaltigen Zukunft. Genauso wie Harry Potter sich mit Zaubertränken und Zaubersprüchen vertraut machen musste, um die Geheimnisse seiner Welt zu enthüllen, können wir uns mit den Instrumenten des nachhaltigen Entscheidens vertraut machen, um eine Welt zu gestalten, die im Einklang mit Mensch und Natur steht. Die Zeit ist reif für den Zauber des nachhaltigen Handelns – lassen Sie uns gemeinsam die Geheimnisse entschlüsseln und den Weg in eine leuchtende Zukunft ebnen.

Quelle: https://www.destinet.de/images/01_ReisePuls/2023/ReisePulsDeutschland_2023_Kurzfassung_destinetde.pdf

#09: Von Human-Centered zu Planet-Centric: Wie wir den Planeten verloren haben und ihn wieder finden können (von Dr. Samuel Huber)

Der Mensch als Fixstern der digitalen Transformation

Unternehmen waren noch nie so gut darin wie heute, Menschen Produkte und Dienstleistungen anzubieten, welche genaustens auf ihre Bedürfnisse abgestimmt sind. Doch dieser Erfolg hat Unternehmen regelrecht Scheuklappen aufgesetzt, sodass ihr zukünftiges Weiterbestehen in Gefahr gekommen ist. Warum ist das so? Und wie konnte es so weit kommen?

In den letzten 20 Jahren hat die digitale Transformation alte Muster aufgebrochen, zu unzähligen Neugründungen geführt und gleichzeitig das eine oder andere Traditionsunternehmen beerdigt. Organisationen, welche während vielen Jahren erfolgreich wirtschafteten, sahen sich plötzlich einer neuen Dynamik gegenüber. Glücklicherweise gewann in der Zeit auch eine Perspektive an Einfluss, deren Wurzeln bis in die 1960er-Jahre reichen, welche jedoch erst durch die zunehmende Vernetzung in den 2000er-Jahren vollständig zum Tragen kam. Human-Centered Design – im Deutschen auch menschenzentriertes Design genannt – gelang es, in der allgemeinen Verunsicherung eine klare Bewegungsrichtung vorzugeben. Egal wie vernetzt die Wertschöpfung von Organisation durch die digitale Transformation geworden war, Human-Centered Design stellte den Menschen bedingungslos ins Zentrum. Somit war der Nordstern für weitere unternehmerische Entscheidungen gesetzt. Unternehmen konnten erfolgreich weiterwirtschaften.

Human-Centered Design ist eine Erfolgsgeschichte. Auch wenn sich bei weitem noch nicht alle Unternehmen erfolgreich digital transformiert haben, hat die menschenzentrierte Sichtweise unsere alltäglichen Arbeitsroutinen erreicht. So können Design Thinking, regelmässige Nutzerbefragungen und zunehmend agile Arbeitsweisen alle auf den iterativen Prozess des Human-Centered Designs zurückgeführt werden. Unternehmen haben sich in der Folge zunehmend darauf spezialisiert, die Bedürfnisse ihrer Kundschaft von den Lippen abzulesen oder gar neue Bedürfnisse zu kreieren. Bekannte Beispiele sind der Instagram-Newsfeed, welcher durch endloses Scrolling immer weitere Entdeckungen (und Dopaminschübe) ermöglicht oder die automatisierte Empfehlung passender Produkte beim Onlineshopping, obwohl man ursprünglich nur diese eine Jeans bestellen wollte. Auch im physischen Bereich lenkt uns der preiswerte Hotdog bei IKEA davon ab, wie mühsam der Bezahlvorgang an der Kasse war. Dass wir dabei vergessen, um wie viel höher als geplant der eigentliche Einkauf ausfiel, ist geschickt miteinkalkuliert und gut für das Geschäft.

Der ausschliessliche Fokus auf den Menschen macht Unternehmen blind

Wir haben die Erfüllung und Erschaffung menschlicher Bedürfnisse mit grossem Erfolg ins Zentrum der Wertschöpfung unserer Organisationen gestellt. Doch während wir fleissig Wert für Menschen generieren, geht vergessen, dass der Mensch nicht in einem Vakuum existiert. Optimieren wir nämlich immer nur ein Element eines Systems, führt dies unweigerlich zu dessen Kollaps.

Unsere Unternehmen – und damit auch wir – sind eingebettet in ein komplexes Ökosystem voller menschlicher und nichtmenschlicher Akteure; den Planeten. Wer den Menschen isoliert betrachtet, dem entgeht, dass die nächste große Transformation bereits in vollem Gange ist. Diese umfasst nicht nur Organisationen, sondern mit dem Planeten auch die Grundlage unseres Wirtschaftens. Die Nachhaltigkeitstransformation ist unausweichlich und eine grosse gesellschaftliche Herausforderung. Um diese Transformation proaktiv anzugehen, brauchen wir eine Perspektive, welche sie von einer Bedrohung in einen Möglichkeitsraum für Menschen,

Unternehmen aber auch den Planeten übersetzt. Dies kann nur gelingen, wenn wir uns von der menschenzentrierten hin zu einer planetarischen Perspektive bewegen.

Neue Perspektiven durch eine planetare Sichtweise

Planet-Centric Design schafft nicht ausschliesslich Wert für Menschen, sondern hat primär das Ziel, zu einer regenerativen Wertschöpfung für den Planeten beizutragen. Der Mensch ist dabei nicht ausgeblendet, sondern steht in Relation zu den vielen menschlichen und nicht-menschlichen Akteuren, welche den Planeten ausmachen. Dieser Planet ist unsere Heimat und beinhaltet ökologische als auch gesellschaftliche Elemente. Aus einer ökologischen Sicht besteht er aus *Ressourcen* wie Luft, Wasser und Sand (der uns zunehmend ausgeht). Doch zentrale Aspekte des Planeten sind auch *Communities* und Öko*systeme*. Erstere beschreiben Nachbarschaften, Organisationen oder Vereine, während zweitere Ökosysteme wie Wälder oder Agrikultur umfassen. Doch obwohl der Planet die Grundlage allen Lebens, auch des Wirtschaftslebens, stellt, blenden ihn unsere Theorien und Arbeitsprozesse systematisch aus. Der Planet als Blackbox – wir nehmen ihn schlichtweg als gegeben wahr.

Ein Beispiel, wie wir systematisch wichtige Akteure übersehen oder gar aktiv ausblenden, findet sich in der Covid-Pandemie. Das Virus war unbestritten der einflussreichste Akteur der Pandemiejahre, fand sich jedoch davor in kaum einem Strategieprozess wieder. Eine ähnlich kurzsichtige Betrachtungsweise hält sich hartnäckig in der Elektromobilität, wo viele einflussreiche Organisationen nur zögerlich ihren Blick auf die Herausforderungen bei der Materialbeschaffung für die Batterieproduktion oder die nachhaltige Herstellung des benötigen Stromes erweitern. Diese verengte Perspektive ist nicht neu, wie man es am Beispiel des MONIAC (Monetary National Income Analogue Computer) sehen kann. Der neuseeländische Ökonom Bill Philipps wollte in den 40er-Jahren den physikalischen Beweis der einflussreichen Wirtschaftskreislauftheorie erbringen. Diese beschreibt volkswirtschaftliche Geldflüsse als perfekt austarierte Transaktionen zwischen verschiedenen Wirtschaftsobjekten. Seine Adaption als hydraulischer Computer funktionierte einwandfrei und wurde in wissenschaftlichen Kreisen gefeiert. Damals fiel dabei aber niemandem auf, dass zum Betrieb erst der Strom für die hydraulischen Pumpen angeschaltet werden musste. Ohne zusätzliche Energie von aussen funktionierte die Maschine nicht. Es ist genau die Bereitstellung dieser essenziellen Grundlage, mit welcher der Planet auch unser Wirken überhaupt erst ermöglicht.

Die planetarische Perspektive als Wegbereiterin einer regenerativen Wertschöpfung

Eine planetarische Perspektive überkommt diese blinden Flecken von Organisationen, indem sie menschliche und nicht-menschliche Stakeholder sichtbar macht. Dabei orientiert sie sich entlang der Wertschöpfung und bezieht diverse Stakeholder proaktiv mit ein. Es werden Möglichkeiten geschaffen, wie eine klassischerweise extraktive Wertschöpfung, welche nur Wert für wenige schafft, in eine regenerative Wertschöpfung weiterentwickelt werden kann.

Damit sich eine Organisation entsprechend ausrichten kann, reicht es nicht, einfach nur nachhaltige Produkte oder Dienstleistungen zu schaffen. Früher oder später verfangen sich diese an der gläsernen Decke, welche die veraltete extraktive Wertschöpfung von der so dringend benötigten regenerativen Wertschöpfung abschottet. Deshlab darf der Wirkungsbereich von Planet-Centric Design nicht auf Projekte und ihre Resultate begrenzt sein, sondern muss primär den Prozess, die Praktiken und Routinen innerhalb von Organisationen umfassen. Im Zentrum steht nicht das Produkt, sondern der Prozess, wie ein Unternehmen Initiativen auswählt, Erfolgsfaktoren misst und wen es in diese Entscheidungen miteinbezieht. Planetenzentriert heißt also, dass Organisationen ihre Routinen entsprechend einer nachhaltigen Wertschöpfung ausrichten, um damit kontinuierlich nachhaltige Resultate zu erzielen. Wir sprechen nicht mehr nur von Planet-centric Design, sondern auch von Planet-centric Management, Planet-centric HR oder Planet-centric Finance.

Heutige Organisationen haben wieder die Wahl: Entweder verbleiben sie in ihren fokussierten Routinen und werden von der Nachhaltigkeitstransformation disruptiert, oder sie kommen in Bewegung und setzen sich proaktiv mit der planetaren Perspektive auseinander. Dies heißt nicht, dass Technik, Wirtschaft und der Mensch nicht mehr wichtig sind. Die bisherigen Perspektiven werden vielmehr unter der Prämisse einer planetaren Sichtweise neu kalibriert, damit Organisationen die Chance gewinnen, diese Transformation aktiv mitzugestalten. Denn wenn sie ihre Wertschöpfung für weitere Stakeholder öffnen und mit ihnen weiterentwickeln, spannt sich ein herausfordernder, aber auch verheißungsvoller Raum an Möglichkeiten auf. Nachhaltigkeit ist dann nicht mehr nur Zwang oder Risiko, sondern eine vielversprechende Möglichkeit, die Innovationskraft, Resilienz und (regenerative) Wertschöpfung einer Organisation zu stärken.

#10: Circular Economy ist mehr als Nachhaltigkeit 2.0 (von Christian Dinter)

Der berühmte Satz „Nachhaltige Entwicklung ist eine Entwicklung, die den Bedürfnissen der Gegenwart entspricht, ohne die Fähigkeit künftiger Generationen zu gefährden, ihre eigenen Bedürfnisse zu befriedigen." aus dem Brundtland-Bericht 1987 ist fast 40 Jahre alt. Saurer Regen scheint heute vergessen, und in deutschen Flüssen kann man teilweise wieder baden. Dennoch sind unsere Umwelt- und sozialen Probleme größer denn je, und der Earth Overshoot Day rückt auch jedes Jahr näher.

Weniger schlecht, aber noch nicht gut genug!

Lange wurde Nachhaltigkeit mit der Moral „etwas Gutes" zu tun verbunden und/oder sich für die Natur einzusetzen. Die Perspektive scheint sich langsam zu verändern, denn es geht nicht darum, etwas für die Natur zu tun, denn die kommt auch sehr gut ohne uns aus. Wenn unsere Spezies ausstirbt, dauert es noch eine ganze Weile, bis alles wieder so ist wie früher. Aus evolutionärer Sicht ist das aber schnell.

Es ist also gut, wenn auch schmerzhaft, für uns Menschen zu erkennen, dass wir ein Teil der Natur sind und es darum geht, ob wir den Planeten so stark verändern, dass wir mit dem Überleben zu kämpfen haben. Wir erkennen, dass es um uns geht und nicht um

„die Natur“. Wir erkennen, dass es nicht mehr darum geht, „etwas Gutes“ zu tun, womit wir eigentlich meinen, „weniger schlecht“ zu sein, sondern darum, „das Richtige“ zu machen. Spätestens seit Rockström mit dem Konzept der planetaren Grenzen das Spielfeld klar eingegrenzt hat und damit eine wichtige Orientierungsmarke setzt, hat sich auch der Kontext verändert. Nachhaltigkeitsansätze, die nicht beschreiben können, wie die Wechselwirkungen im Kontext der Umwelt sind, sondern darauf ausgelegt sind, Optimierungsansätze zum Bestehenden (der linearen Wirtschaftsweise) kommunikativ zu untermauern, werden nicht auf Dauer bestehen.

„Alles, was gegen die Natur ist, hat auf Dauer keinen Bestand“ – Charles Darwin.

Die Mensch, die heute schon mit den Auswirkungen der Veränderungen zu kämpfen haben, verstehen, dass man mit der Natur nicht argumentieren kann. „Aber wir haben uns doch wirklich angestrengt“ ist eben auch auf der politischen Agenda angekommen. Die entsprechenden Navigationsmarken und Rahmenbedingungen werden gesetzt und Auflagen verschärft. Wir haben also kein Erkenntnisproblem mehr, sondern sehen uns mit den Umsetzungsproblemen konfrontiert.

Aber wir machen doch schon so viel!?

Selbst im Jahr 2023 wird sowohl auf dem World Circular Economy Forum in Helsinki, aber auch auf dem World Ressource Forum moniert, dass eigentlich die größte Hürde ist, dass die Circular Economy entweder noch nicht wirklich verstanden oder zumindest nicht ausreichend „definiert“ wurde. Es bleibt zu hoffen, dass der Fokus von „Was ist machbar?“ hin zu „Was ist notwendig?“ geht.

Die EU formulierte in ihren Zielen 2050 im Kontext der Circular Economy eine Entkopplung von Wirtschaftswachstum und Ressourcenverbrauch. Das kann natürlich nur gelingen, wenn Ressourcen perspektivisch nicht mehr verbraucht, sondern nur noch genutzt werden. Dafür bedarf es aus Materialsicht den Einklang zwischen Infrastruktur und Produkt- und Prozessdesign. Multistakeholder-Prozesse gelingen aber nur in einem definierten Rahmen wirklich effektiv.

Es gibt aber auch immer wieder die Unternehmer und Unternehmerinnen, die erkannt haben, was „das Richtige“ ist, und ihre Unternehmen weitsichtig und mutig in die Veränderung führen. Trotzdem werden zunehmend externe Faktoren sichtbar, die in ihrer strategischen und zeitlichen Kritikalität schwerer einzuschätzen sind, z. B. knappe Ressourcen und ungünstige Abhängigkeiten von globalen Lieferketten. Sie erfordern einen proaktiven Umgang mit dem Oberbegriff Nachhaltigkeit. Es gibt also neben intrinsischen auch genügend extrinsische Gründe sich proaktiv mit den Themen auseinanderzusetzen.

Unternehmen mit einer Abhängigkeit von knappen Rohstoffen wie Zinn oder Kobalt tun gut daran, alternative Stoffstrom-Szenarien zu entwickeln, um sich von Preisentwicklungen und Marktzugängen bei solchen Rohstoffen unabhängiger zu machen. Anstiege beim Holzpreis stellten für Möbelhersteller ein strategisches Problem dar. Der globale Bauboom wurde hier zudem zum Kostentreiber. Selbst die Größten und Erfolgreichsten ihrer Zunft können sich also ihrer Position nicht sicher sein, solange sie in schwer kalkulierbaren Abhängigkeiten stecken. Woher sollen die Rohstoffe für unsere Produkte von morgen kommen?

Neben der Abhängigkeit von Rohstoffen sehen sich Unternehmen auch mit gesellschaftlichen Entwicklungen wie Fridays for Future oder Entscheidungen von Verfassungsgerichten in Bezug auf generationsübergreifende Folgekosten konfrontiert. Bisher externe Kosten werden zunehmend den Verursachern zugerechnet, Methoden zur erweiterten Produktverantwortung für Regionen ohne Abfallinfrastruktur sektorübergreifend evaluiert. Auch die CO_2-Steuer, wenn auch noch sehr vorsichtig angesetzt, scheint hier in eine bestimmte Richtung zu weisen.

Nur ein Selbstverständnis lässt sich operationalisieren

Dem Unternehmen muss es gelingen, die offenen Fragen, die in all diesen Entwicklungen stecken, für sich zu beantworten – faktenbasiert und angstfrei. Es geht darum, auf der Basis belastbarer Szenarien die Chancen und Potenziale herauszuarbeiten und die Risiken zu bewerten, die ein Nicht-Umsetzen dieser Themen mit sich bringen würde. Verändern sich die externen Rahmenbedingungen und es geschieht z. B. ein Wechsel weg von einer Linearwirtschaft hin zu einer zirkulären, geht es um nicht weniger, als das Geschäftsmodell in diesen Kontext und Rahmenbedingungen neu zu evaluieren.

Es gilt im Wirkkontext der Nachhaltigkeit eine positive Zielformulierung zu erreichen, aus dem sich ein Selbstverständnis für die Organisation ableiten lässt. Denn nur ein Selbstverständnis lässt sich operationalisieren. Mit diesem Vorgehen stellen Unternehmen Nachvollziehbarkeit und Anschlussfähigkeit bei den Mitarbeitenden sicher und schaffen so die notwendige Bereitschaft, sich für Neues zu öffnen.

Auch wenn das Jahr 2050 noch sehr weit weg erscheint, so ist es schon heute sinnvoll, zirkuläre Geschäftsmodelle bis auf Materialebene zu deklinieren. Für die meisten waren zirkuläre Geschäftsmodelle wie „Material as a Service“ bis vor Kurzem noch völlig abstrakte Gedankenspiele, im Jahr 2023 fragten die Minenbetreiber auf dem World Circular Economy Forum, warum sie eigentlich die Materialien verkaufen und damit nur einmal profitieren sollen.

Wissen internalisieren

Das hierzu notwendige Wissen wird häufig durch die Einstellung von CSR- oder Sustainability Managern eingekauft. Dieses Vorgehen ist für eine Übergangsphase sinnvoll. Aber die CSR- oder Sustainability-Manager sollten ihren Job gleich mit der Idee antreten, ihn auf Dauer überflüssig zu machen.

Nur wenn es gelingt, das Wissen um geschlossene und qualitative Wertstoffströme in der Funktionslogik des gesamten Unternehmens zu verankern, wird es ein Erfolg. Es muss zur Grundlage aller Entscheidungen im Unternehmen werden. Sonst bleibt Circular Economy ein Fremdkörper, der von einer CSR- oder Sustainability-Abteilung nur verwaltet wird.

Der erste Schritt ist also, die Rolle der CSR- oder Sustainability-Manager richtig zu verstehen und zu definieren. Dann sollten sie von Anfang an als Veränderungsbegleitung und Sparrings-Partner für die Unternehmensbereiche positioniert werden. Sie verknüpfen ihr Wissen um die Bedeutung, die Funktionsweise und die Voraussetzungen von Circular Economy mit dem im Unternehmen vorhandenen Wissen und schaffen so einen Kontext, um das ganze

Unternehmen und auch die einzelnen Bereiche des Unternehmens neu denken und aufstellen zu können.

Verknüpfung mit dem Selbstverständnis des Unternehmens

Damit es gelingt, die Circular Economy tief im Unternehmen zu verankern und als Business-Konzept zu realisieren, muss das *Wesen* von Unternehmen verstanden werden, ihre Komplexität, ihre Geschlossenheit, ihre Vieldeutigkeiten und Multiperspektiven sowie ihre Konflikte. Man verändert sie nicht einfach nach dem Ursache-Wirkungs-Prinzip. Wer erwartet, dass ein neu angestellter Sustainability-Manager das Thema leichter Hand dann auch im Unternehmen umsetzen kann, wird vermutlich enttäuscht werden. Wissen und fachlich fundierte Konzepte allein reichen nicht aus, um Veränderung zu initiieren. Hier zeigen Unternehmen ein erstaunliches Beharrungsvermögen. Es braucht ein Verständnis der Eigenlogik, der Strukturen und Muster des Unternehmens, um die richtigen Interventionen zu finden und die notwendigen Veränderungen anzustoßen.

Ein erfolgskritischer Schritt zu solch einer grundlegenden Veränderung ist, den Sinn und Zweck des Unternehmens im Kontext der Circular Economy neu zu denken. Welche Möglichkeiten und Potenziale stecken darin? Wie sind die Wechselwirkungen unserer Produkte aus Materialsicht? Was bedeutet das für die künftige Ausrichtung des Unternehmens? Welchen Anspruch an uns als in einer Gesellschaft tätige Organisation wollen wir formulieren und gelten lassen? Nur wenn es gelingt, die Circular Economy mit dem Sinn und Zweck des Unternehmens glaubhaft, konsistent und langfristig zu verknüpfen, kann sie zur neuen Grundlogik des Unternehmens werden. Ein Fehler sollte dabei jedoch nicht gemacht werden:

Die Circular Economy sollte nicht mit dem Sinn und Zweck eines Unternehmens gleichgesetzt werden. Vielmehr geht es darum, diesen über eine Circular Economy zu realisieren. Sie ist Mittel, nicht Zweck!

Für einen Transfer in die einzelnen Unternehmensbereiche müssen diese aktiv dabei unterstützt werden, dass auch sie ihre Teilzwecke entsprechend ausrichten. Es gilt auch zu beachten, dass sich unsere Unternehmensstrukturen entsprechend den Anforderungen zur linearen Wirtschaftsweise entwickelt haben. Nicht jeder Bereich wird gleich offen für diese Veränderungen sein. Erkennen sie für sich keinen Nutzen, befürchten sie Nachteile, Mehrarbeit oder negative Konsequenzen, dann werden Bereiche in den Widerstand gehen. Daher ist es notwendig, mit den Bereichen ein attraktives Zukunftsbild und ein neues Rollenverständnis zu etablieren.

Der Einkauf wird beispielsweise künftig ein ganz anderes Informationsmanagement oder vielleicht sogar ein neues Lieferanten-Netz aufbauen müssen. Das kann viel Arbeit bedeuten, Unsicherheit und Konflikte. Aber gelingt ihm dies, wird er zum Schwungrad der Veränderung und zum Treiber des Erfolgs. Dieses Erfolgsgeschichten gilt es, am Beginn der Reise herauszuarbeiten. Sie schaffen Orientierung und erhöhen die Wandlungsfähigkeit von Unternehmen und Bereichen. Stellen Sie also sicher, dass sie weder ein Erkenntnis- noch ein Umsetzungsproblem haben!

Fazit

Für Unternehmen wird es erfolgskritisch sein, dass sie für den Transfer von der linearen Wirtschaftsweise hin zu einer echten Circular Economy neben der Wertschöpfung auch Zugriff auf das entsprechende Stoffstromwissen haben. Dann muss es ihnen gelingen, Circular Economy mit ihrem Selbstverständnis glaubhaft, konsistent und langfristig zu verknüpfen und sie als neue Grundlogik in allen Bereichen einer Organisation zu etablieren. Ob sie in diesem Prozess Getriebene oder Gestalter sind, wird nicht zuletzt daran liegen, wann sie sich für den Wandel entscheiden und wie sie diesen vorantreiben – kurzfristig reaktiv oder langfristig proaktiv.

Quelle: Basiert auf dem gemeinsamen Artikel mit Andreas Bauer: „Circular Economy – Was hat das mit uns zu tun?“, CSR NEWS (csr-news.org), abgerufen am 30.08.2023.

#11: Willkommen in der Zukunft – nutzerzentrierte Nachhaltigkeit (von Kilian Karg)

Diese Zukunft, sie hat schon vor langer Zeit angefangen. Wir stecken schon tief drin. Oft erscheint es, als hätten einige dies noch nicht realisiert, sei es aufgrund von Unwissenheit oder durch bewusstes Verschließen der Augen. Dies nimmt zum einen den wertvollen Blick für viele positive Entwicklungen und neue, großartige Möglichkeiten. Zum anderen verhindert es das Bewusstsein für die Notwendigkeit von Veränderungen, um multiplen Krisen entgegentreten zu können. Die Zukunft schreit förmlich danach, endlich bewusst genutzt und gestaltet zu werden.

Es steht fest: Diese und alle kommenden Zukünfte wollen indiskutabel nutzerzentriert nachhaltig gestaltet sein. Weil solch eine Zukunft wünschenswert und die einzige vieler möglicher Zukunftsszenarien ist, die uns weitere Zukünfte ermöglicht.

Nachhaltigkeit ist kein Zufall

Leider wird von vielen relevanten Akteuren selbst eine bereits angebrochene Zukunft lange geleugnet. Selbst in Spitzeneinrichtungen in Bildung und Industrie wurde und wird teils noch immer eine Zukunft und Gegenwart kreiert, welche sich durch das Festhalten an alten Narrativen selbst ins Aus schießt.

Und wenn Universitäten Nachhaltigkeit nur in den dafür fokussierten Studiengängen bespielen, Unternehmen das CSR-Feld nur mit den jüngsten Mitarbeitenden aus der Kommunikationsabteilung bedienen, wenn Nachhaltigkeitsvorhaben regelmäßig unterfinanziert sind oder wenn viele im Grunde interessiert, aber zu wenige befähigt oder persönlich bereit sind, sich konsequent und ausschließlich für eine reale bessere Zukunft einzusetzen – dann läuft Nachhaltigkeit, wenn sie überhaupt anläuft, ins Leere.

Auch der Innovationsbegriff ist gemeinhin ein leeres Wort der Erneuerung, das beschreibt, dass etwas neuartig und machbar sei – und im besten Falle konsumiert werden wird, also Wachstum und Profit fördert. „Sustainable Design Thinking“ und das, was man damit verbinden könnte, war lange ein weißer Fleck auf den

Landkarten des Innovationsmanagement. Planetare Grenzen und die Agenda 2030 fanden sich entsprechend selten in Innovationsprozessen wieder. Das Offensichtliche wird in einem solchen Zustand vernachlässigt: Jede neue Kreation oder „Innovation" hat von Beginn an keine Daseinsberechtigung, wenn sie keinen Beitrag zu nachhaltiger Entwicklung bietet, dagegen die planetaren Grenzen missachtet und sich lediglich durch Erwünschtheit auf Konsumentenseite legitimiert.

So, wie Innovationen indiskutabel nur erfolgreich sind, wenn diese ganzheitlich und nutzerzentriert gedacht werden, muss auch jede Zielsetzung nachhaltiger (Produkt-)Entwicklung auf menschliche Bedürfnisse und Bedarfe von Organisationen ausgerichtet werden. Nachhaltige Entwicklung kann nur gesichert erfolgreich sein, wenn sie ganzheitlich, nutzerzentriert und partizipativ gedacht wird. Nachhaltigkeit muss so attraktiv sein, dass sie alles andere aussticht. Um eine solche zukunftsfähige Realität zu schaffen, müssen wir mit neuen Methoden, neuem Wissen, neuer Technologie, neuer Politik rasant nach vorn gehen.

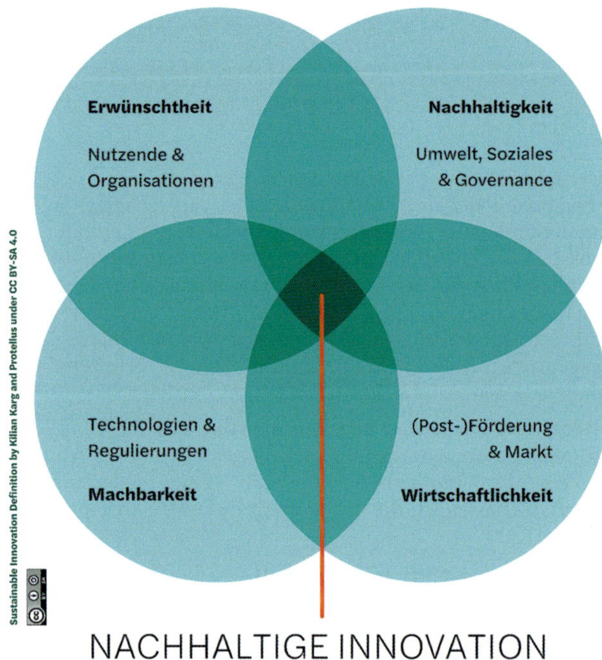

Wir haben mehr Ressourcen als je zuvor

Ein erprobter Methoden- und Mindset-Pool aus dem Strategic-Design-Umfeld, die New-Work-Welt, agile Methoden und die fortschreitende Digitalisierung bieten uns in Verbindung mit wissenschaftlich belastbarem und evidenzbasiertem Nachhaltigkeits-Know-how hierfür eine außergewöhnlich starke Grundlage. Während die Ressourcen der Erde auf der einen Seite galoppierend schrumpfen und die Menschheit sich ihrer Lebensgrundlage beraubt, wachsen unsere intellektuellen Ressourcen, um dieser Bedrohung entgegenzutreten. Hinzu kommen neue finanzielle Ressourcen, die sich aus politischen Entwicklungen und neuen Regularien ergeben. Sowohl durch Fördermittel als auch in umgekehrter Form durch das Vermeiden von Opportunitätskosten aufgrund des Verlassens veralteter Ansätze. Dazu steigen marktseitige Nachfrage und Zahlungsbereitschaft für nachhaltige Lösungen. Selbst wenn Lobbyismus und Stimmungsmache noch so manche ökologisch sinnvolle Lösungen verhindern, lässt sich der Wettbewerbsvorteil von ESG-Konformität nicht mehr aufhalten.

Collaboration 4 Future ist die Überschrift der grünen Zukünfte

Diese fortlaufende Transformation gelingt jedoch nur in Gemeinschaft. Die Diskussion, ob nun Verbraucher, Politik oder Wirtschaft die Verantwortung tragen, ist lediglich bremsender Ballast. Uns darf auch klar sein, dass die WhatsApp-Gruppe zu Vertical Urban Gardens auf Berliner Großstadtbalkonen besserverdienender Ein-Personen-Haushalte oder das Mitfahrbänkchen im ländlichen Motorenstandort Bayern nicht die Welt im Ganzen rettet. Ebenso wenig wird der Beraterkonzern im Auftrag der Investoreninteressen und mit politisch erzwungenem ESG-Reporting das Schiff allein in den grünen Hafen der Zukunft fahren. Es sind dennoch Sinnbilder für mich, wie im Kleinen ein Mindset entsteht und im Großen die Transformation an allen Hebeln bedient wird. Dabei gilt es, die argwöhnische Betrachtung von der einen zur anderen Seite hintenanzustellen und Kritik nur zu Gunsten des gemeinsamen Wachsens und Weiterentwickeln hervorzuholen. Alle müssen gemeinschaftlich am Strang ziehen. Es ist genug Nachhaltigkeit für alle da.

Auch generationenübergreifende Zusammenarbeit bietet einen Boost für die Transformation. Die altverdienten Ökopioniere müssen nicht nur gewürdigt werden, sondern sind mit ihrem Fachwissen und Engagement unverzichtbar in neuen Vorhaben. Junge Pioniere müssen gefördert, beflügelt und ermutigt werden. Spätberufene, selbst solche, die von Saulus zum Paulus der Klimabewegung avancieren, gilt es, bei ehrlichen Absichten zu unterstützen. Die Angst vor Greenwashing oder opportunistischen Akteuren darf aber nicht bremsen.

Mit dem Gedanken des SDG 17 „Umsetzungsmittel stärken und die globale Partnerschaft für nachhaltige Entwicklung mit neuem Leben erfüllen", welcher nicht nur auf finanzielle Instrumente baut (United Nations, 2023; Destatis, 2023), ebnen und beschleunigen wir den Wandel auf lokaler und globaler Ebene und steigern unser Innovationspotenzial. „Innovation" lässt sich dabei oft von einem Zwang zum Disruptiven, bahnbrechend Neuartigem befreien. Aufeinander aufbauend lassen sich innovative nachhaltige Lösungen neu konfigurieren. In Graßwurzel-Projekten und kleinen, geförderten Reallaboren erprobte Ansätze gilt es gemeinsam zu skalieren oder in große Strukturen zu integrieren – natürlich unter Berücksichtigung von geistigem Eigentum und Respekt vor den First Movern, und wann immer möglich auch in Open Source. Im globalen Maßstab gilt es, einen Austausch zwischen Kulturen, Denkschulen sowie grundsätzlich zwischen dem globalem Norden und globalem Süden zu fördern. So kann Leap Frogging, das Überspringen von Entwicklungsschritten, überall erfolgen und Transformation planetar gestaltet werden. Notwendig hierfür ist erfolgreiche Lokalisierung, also die Anpassung von Konzepten, Kommunikation und Produkten an regionale Kultur und Sprache.

Und auch hierbei kommt der methodische Baukasten aus agiler Teamarbeit und nutzerzentriertem Strategischem Design zu tragen: Schon lange hat die Elite der Innovationsbranche das Zeitalter verlassen, in der einfache Produktinnovationen und Individuen im Mittelpunkt standen. Von zukunftsfähigen physischen Produkten,

Plattform-Modellen bis hin zu System-Innovationen lassen sich mit der richtigen Zielsetzung und passendem interkulturellen und multidisziplinären Wissen die Lösungen designen, welche uns aus der Geisel der Design Desaster der letzten Dekaden befreien können. Die Bereitschaft, zu scheitern, und der Mut, Neues zu wagen, darf dabei nicht auf der Strecke bleiben. (Arbeits-)Kultur wird auf dem Weg und im Ergebnis ein elementarer Bestandteil der Nachhaltigkeit.

Vergrößern wir den Blick auf die Herausforderungen, finden wir noch mehr Raum für Lösungen

Nur wenn wir nicht aufhören, uns die richtigen Fragen zu stellen, werden wir mit richtigen Antworten vorankommen. Nachhaltige Entwicklung trägt in sich schon die Antwort auf die Frage, was Nachhaltigkeit voraussetzt und ausmacht: Entwicklung. Nachhaltigkeit arbeitet im Hier und Jetzt, blickt aber nach vorn und entwickelt sich dabei selbst. Das Buch in Ihrer Hand und unser kollektives Wissen unterstützten dies. Lassen Sie uns unsere nachhaltige Zukunft richtig gestalten. Mit Mut, mit Verstand, mit Neugier, mit Freude, am besten gemeinsam.

Quellen: Hensel, M. & Wirsman, J., (2008). Diffusion von Innovationen. Gabler; Hundley, P. & Winter, G., (2023). Toolmakers for the Future. Wachholtz; https://www.un.org/sustainabledevelopment/globalpartnerships; https://sdg-indikatoren.de/17 (beide abgerufen am 13.08.2023)

#12: Synergetische Entwicklungswege: Wie sich Tradition und Innovation für eine nachhaltige Zukunft gegenseitig befruchten (von Helga Mahler)

Wenn wir über internationale Zusammenarbeit für nachhaltige Entwicklung sprechen, geht's oft um große Ziele – wirtschaftliches Wachstum, Armutsbekämpfung oder Gesundheitsversorgung. Aber wir sollten auch überlegen, wie wir die Entwicklung wirklich nachhaltig, sozial gerecht und von der Gemeinschaft getragen gestalten können. In diesem Kontext ist ein transdisziplinärer Dialog ein echtes Muss, um eine ganzheitliche, effektive Entwicklung zu erreichen. Sollte es nicht darum gehen, das Leben in jeder Hinsicht besser zu machen?

Alte Wege hinterfragen

Seien wir ehrlich, die alten Methoden haben ihre Grenzen. Sie priorisieren oft das wirtschaftliche Wachstum über soziale oder ökologische Belange. Das ist nicht nur kurzsichtig; es ist unfair, insbesondere gegenüber den lokalen Gemeinschaften, die selten ein Mitspracherecht in diesen Top-down-Ansätzen haben. Neuere, fortschrittlichere Rahmenbedingungen treten auf, um diese Lücken zu füllen, indem sie die Beteiligung der Gemeinschaft und den Fokus auf soziales und ökologisches Wohlergehen fördern.

Die Bedeutung von Zustimmung und Wissen

Stellen Sie sich eine Welt vor, in der indigene oder traditionelle Gemeinschaften tatsächlich eine informierte Zustimmung geben können, bevor auf ihr Wissen oder ihre Ressourcen zugegriffen wird. Dies ist möglich durch spezialisierte Systeme – bekannt als „Sui generis"-Systeme –, die darauf abzielen, dieses reiche Erbe zu schützen. Die Implementierung eines solchen Systems würde technische Komponenten wie sichere digitale Zustimmungsformulare und robuste Datenverschlüsselung erfordern, um diese heiligen Informationen sicher aufzubewahren. Ein transdisziplinärer Dialog gewährleistet die integrierte Berücksichtigung sowohl ethischer als auch technischer Erwägungen.

Frische Methodologien ins Spiel bringen

Hier kommt die Kraft moderner Innovationsmethodologien ins Spiel. Stellen Sie sich vor, Design Thinking wird verwendet, um die einzigartigen Bedürfnisse einer lokalen Gemeinschaft wirklich zu verstehen und dann maßgeschneiderte Lösungen zu entwickeln. Visualisieren Sie einen agilen Ansatz, der sich in Echtzeit weiterentwickelt, wenn sich Bedingungen ändern und neue Erkenntnisse gewonnen werden. Ein transdisziplinärer Dialog ermöglicht die gezielte Einbeziehung der entscheidenden soziologischen und ökologischen Faktoren. Stellen Sie sich vor, Lösungen mit der Gemeinschaft zu ko-kreieren, um sicherzustellen, dass sie eine aktive Rolle bei der Gestaltung ihrer Zukunft spielen. Das sind nicht nur Methoden, sondern Wege zu inklusiveren und effektiveren Lösungen.

Adaptive Innovation als Werkzeug antikolonialer Entwicklung

Adaptive Innovation in einem Kontext der antikolonialen internationalen Zusammenarbeit fungiert als ein iteratives Instrument, das auf die Identifizierung und Lösung von Herausforderungen abzielt, welche die Entwicklungspfade ehemaliger Kolonien beeinträchtigen. Diese Form der Innovation ist durch ihre Flexibilität, partizipative Methodologie und akute Berücksichtigung lokaler Kontexte charakterisiert. Ihr Kernmerkmal ist die Implementierung eines kontinuierlichen Feedback-Mechanismus, der die Navigation komplexer, kolonialitätsbedingter Herausforderungen ermöglicht. Im Vordergrund stehen Kapazitätsaufbau auf lokaler Ebene, Fähigkeitstransfer und aktive Gemeinschaftseinbindung. Der Prozess integriert sowohl technologische als auch sozioökonomische und kulturelle Dimensionen und bedarf einer transdisziplinären Strategie sowie sektoren- und ebenenübergreifender Partnerschaften.

Eine Dosis Realität

Aber verlieren wir uns nicht in Illusionen. Diese modernen Werkzeuge sind kein Allheilmittel. Wenn sie falsch angewendet werden, können sie einfach alte Probleme verstärken – die Stimme der Gemeinschaft ignorieren, soziale Belange in den Hintergrund drängen oder sogar bestehende Machtungleichgewichte perpetuieren. Ein transdisziplinärer Dialog vermag essenzielle, kritische Perspektiven einzuführen, die der Vermeidung solcher Fallstricke dienen. Der Schlüssel zur Effektivität liegt in der nuancierten Implementierung dieser Werkzeuge. Und ja, es kann das Einbringen von feministischen, dekolonialen oder anderen kritischen Perspektiven beinhalten, um sicherzustellen, dass wir nicht einfach neue Schichten auf alte Probleme legen.

Das Beste aus beiden Welten verbinden

Können wir also diese scheinbar disparaten Welten des traditionellen Wissens und der modernen Innovation zusammenbringen? Absolut. Durch einen transdisziplinären Dialog gelingt es, eine nahtlose Mischung zu schaffen, in der innovative Methodologien das traditionelle Wissen bereichern, anstatt es zu überschatten. In dieser Vision sind Gemeinschaften nicht nur passive Empfänger, sondern aktive Ko-Schöpfer, die die Art der Entwicklung gestalten, die ihre Bestrebungen und den Respekt für ihre Umgebung widerspiegelt.

Am Ende des Tages verwandelt dieser Ansatz die Entwicklung von einem Begriff zu einer kollaborativen, facettenreichen Reise. Der transdisziplinäre Dialog würdigt den reichen Flickenteppich der Gemeinschaftsstimmen und nutzt das Beste aus moderner Innovation. In diesem Kontext verkörpert die Adaptive Innovation als Werkzeug antikolonialer Entwicklung eine taktische Anwendung dieses Dialogs. Sie bietet eine flexible, partizipative Methodik zur Bewältigung komplexer, historisch bedingter Herausforderungen. Durch die Einführung dieses Ansatzes unterstreicht die Diskussion die unabdingbare Bedeutung von transdisziplinärer Zusammenarbeit und partizipativer Beteiligung für eine inklusive und nachhaltige Entwicklung. Nicht nur streben wir eine „bessere Zukunft" an; wir engagieren uns aktiv dafür, was „besser" für alle Beteiligten bedeutet, und machen es zu einer Realität, die sowohl inklusiv als auch nachhaltig ist.

Ist das nicht die Art von Zukunft,
für die es sich zu kämpfen lohnt?

#13: Nachhaltigkeit aus der Brille der Konsumenten denken (von Dr. Carsten Leo Demming)

Bei der Umsetzung von Nachhaltigkeitsmaßnahmen sollten wir nicht vergessen, auch die Sichtweise der Konsumenten, also von (potenziellen) Kunden, aber auch von ablehnenden Verbrauchern, mitzudenken.

Wahrnehmung: Warum ist das so zentral?

Die Vorlieben der Konsumenten, ihr Wissen zum Thema, ihre Bedürfnisse und Hürden bestimmen nämlich maßgeblich, wie sie Nachhaltigkeitsanstrengungen von Unternehmen und anderen Organisationen wahrnehmen – also ob eine Maßnahme als herausragend, wenigstens glaubhaft, als Greenwashing oder überhaupt gar nicht erst verstanden wird. Man könnte auch sagen, ihre Haltungen bilden den Rahmen der Möglichkeiten für Konsumenten.

Aus Haltungen werden Handlungen

Wahrnehmungen sind eine intuitive Weise, wie wir unsere Umwelt interpretieren. In der Folge erwachsen aus diesen Wahrnehmungen und Haltungen Handlungen – Konsumenten reagieren etwa mit verstärkten oder zurückhaltenden Käufen oder wertenden Kommentierungen in Social Media. Diese Handlungen entscheiden mit über den Erfolg einer Nachhaltigkeitsstrategie. Ein in diesem Sinne konsumentenzentriertes Nachhaltigkeitsmanagement erleichtert damit die Perspektivübernahme zur vielleicht wichtigsten Stakeholdergruppe und bietet also einen Wettbewerbsvorteil für die handelnde Organisation.

Die eigene Bubble verlassen

In meiner Arbeit als Professor mit Fokus auf Consumer Insights und Nachhaltigkeitsthemen sind mir sowohl in der Forschung als auch in der Beratung von Unternehmen zwei Diskrepanzen aufgefallen, die den Ausgangspunkt für eine differenziertere Betrachtung des Themas bieten. Nach Interviews und Gesprächen mit Konsumenten und Experten (bspw. Nachhaltigkeitsmanagern) fällt mir zum einen auf: Experten haben zwar einen Nachhaltigkeitswissens-Vorsprung gegenüber Konsumenten. Gleichzeitig fehlt es ihnen aber an Perspektivübernahme – sie verkennen, was andere nicht können. So überschätzen Experten, was Konsumenten wissen, was sie verstehen und was sie wollen. Erschwerend kommt hinzu, dass große Unterschiede zwischen einzelnen Kundensegmenten in Bezug auf Wissen und Motivation zum nachhaltigen Handeln besteht. Diese beiden Herausforderungen kann nur entgegengetreten werden durch echtes Interesse und Kontakt mit den Menschen, die nachher Adressaten der Maßnahmen sein werden:

Get in touch with ‚normal' people!

Bereiche in der Nachhaltigkeit priorisieren

Das heißt herauszufinden, wie Erwartungen von Konsumenten in Bezug auf Nachhaltigkeit sind und wie das eigene Unternehmen diese erfüllen oder sogar übererfüllen kann. Eine beispielhafte Frage wäre, was Konsumenten von der unternehmensweiten Tätigkeit mitbekommen und wie stark ein Schwerpunkt auf produktbezogenen Maßnahmen liegen sollte. Auffällig ist, dass Konsumentnen vielfältige oder weit verzweigte CSR-Maßnahmen häufig gar nicht nachvollziehen können. Die Konzentration auf weniger, die geschickte Simplifizierung – aber dafür richtig, authentisch und glaubwürdig – sind dann vielversprechend.

Adressatengerechte Nachhaltigkeitskommunikation

Fest steht: Um sicherzugehen, dass Kommunikationsstrategien wirksam sind und dort ankommen, so ankommen wie intendiert, müssen die eigenen Glaubenssätze kritisch hinterfragt werden und die eigenen Hypothesen auch mit validen Mitteln überprüft werden. Oftmals sind erstaunliche Erkenntnisse mit solchen Tests verbunden. Wichtig ist die Bereitschaft zu lernen, kreativ und cokreativ zu sein. Dann ist es möglich, effektiv zu kommunizieren und Konsumenten zu motivieren, nachhaltig nachhaltige Entscheidungen zu treffen.

Der Food Sustainability Shift und die Rolle der Verbraucher

Als Studiengangsleiter in einem Wirtschaftstudiengang, der sich mit Lebensmitteln beschäftigt, möchte ich dann noch auf diese besondere Branche und ihre Rolle für eine lebenswerte und nachhaltige Zukunft näher eingehen. Ich möchte darüber sprechen, wie wir das schaffen können, was ich den Food Sustainability Shift nenne, also die notwendige radikale Umgestaltung des Lebensmittelsystems.

Ausgangspunkt ist die die Beobachtung, dass die Lebensmittelbranche Teil des Problems, aber auch Teil der Lösung ist.

- Die erste schlechte Nachricht zuerst: Wir stehen vor einer massiven Überschreitung dessen, was wir die planetarischen Grenzen nennen, ein Konzept, das die wichtigste vom Menschen verursachte Störung des Erdsystems hervorhebt. Einfacher ausgedrückt: Wir steuern auf eine Klimakatastrophe zu, die Kipppunkte sind bald erreicht, wie die IPCC-Aktualisierung zeigt. Es besteht ein dringender Bedarf an Umstellung und Dekarbonisierung.
- Die zweite schlechte Nachricht: Landwirtschaft und Ernährung tragen weltweit zur Überschreitung der meisten dieser planetarischen Grenzen bei, bspw. sorgen dafür überschüssige Nährstoffströme, übermäßige Veränderung der Landsysteme und Wasserknappheit, Verlust der biologischen Vielfalt, und nicht zuletzt die CO_2-Emissionen. Ja. Lebensmittel haben einen riesigen Kohlenstoff-Fußabdruck. Mindestens 25 Prozent aller globalen CO_2-Emissionen entfallen auf den Lebensmittelsektor, durchaus vergleichbar mit dem Individualverkehr oder dem Wohnungsbau.
- Jetzt die gute Nachricht: Theoretisch ist eine Änderung dieses nicht nachhaltigen Lebensmittelsystems nicht so schwierig wie in anderen Sektoren und daher besonders verlockend. Dabei sehe ich zwei Vorteile: Erstens Zeit und zweitens Geld: Wenn wir heute den Verzehr nicht nachhaltiger Lebensmittel einschränkten, hätte das sofortige Auswirkungen – und es ist nicht einmal teuer. Erst recht nicht, wenn wir es mit den Kosten der Transformation beim Hausbau und der Mobilität vergleichen.

Aber wenn es so einfach zu sein scheint, warum haben wir es dann noch nicht getan? Klar ist, dass es zumindest teilweise die Barrieren für unser Verbraucherinnen und Verbraucher sind, die diesen Übergang verlangsamen. Wir sind in unserem Korsett des Status-quo-Verhaltens gefangen. Außerdem sind sich viele Konsumenten des Problems, aber auch der Chance noch nicht voll bewusst sind – oder nicht bereit oder in der Lage sind, umzusteigen. Ich sehe drei maßgebliche Hindernisse, die wir dabei überwinden müssen, sowohl als Gesellschaft als auch als Unternehmer, denn wenn es uns gelingt, die Barrieren des Wandels zu beseitigen, bedeutet das auch neue Wettbewerbsvorteile und Veränderungen auf den Märkten, Chancen für neue und innovative Akteure.

Erstens: Mangel an Wissen

Viele Verbraucher wissen gar nicht genau, was Nachhaltigkeit bedeutet und wie sie Produkte hinsichtlich ihres ökologischen Fußabdrucks bewerten können. Sie kennen also nicht die Kriterien überhaupt (leider ist Nachhaltigkeit vielschichtig und komplex). Außerdem kennen sie den Fußabdruck konkreter Produkte nicht und kommen zu falschen Schlüssen. Zusammen mit meiner Kollegin Carolyn Hutter und Lidl Deutschland führe ich ein Forschungsprojekt zur Nachhaltigkeitskennzeichnung von Lebensmitteln durch und was die Verbraucher darunter verstehen können. Auf der Grundlage von Interviews mit Verbrauchern haben wir festgestellt, dass die Mehrheit der Verbraucher die Auswirkungen von Transport und Verpackung überschätzt, aber die Auswirkungen der eigentlich maßgeblichen Produktion unterschätzt. Um dies zu ändern, müssen wir die Verbraucher*innen aufklären und informieren.

Zweitens: Wollen, aber doch nicht wollen

In Deutschland geben zwar viele Verbraucher an, dass sie nachhaltig orientiert sind. Und noch viel mehr wissen im Grunde, dass wir ein Problem haben, wenn wir weiterhin so konsumieren. In der Wissenschaft nennen wir das Laster- und Tugend-Konsum. Wir wissen, dass ethischer Konsum besser wäre, aber wir ignorieren ihn im Grunde aus Spaß- und Genussmotiven. Natürlich ist dies auch eine Frage der alternativen Produkte. Wenn Fleischalternativen besser schmecken würden, gesünder und billiger wären als Fleisch, wäre die Bereitschaft zum Umstieg definitiv größer.

Drittens: Bereit, aber situativ nicht in der Lage

Wir alle kennen Restaurants, die kaum vegetarische Gerichte anbieten. Verallgemeinert sind wir in der Mensa, unterwegs auf Reisen, in der Gastronomie manchmal mit zu wenig guten Alternativen konfrontiert. Ja, teilweise ändert sich dort etwas, aber doch noch viel zu wenig und zu langsam.

Mein Appell ist deshalb, dass wir Verbraucher befähigen müssen, besser und einfacher entsprechend ihrer Präferenzen nachhaltig zu konsumieren. Wir als Akteure, Unternehmen und Regierungen müssen Schritte unternehmen, um die Verbraucher zu stärken. Dazu ist eine Erhöhung der Transparenz von Unternehmen und Produkten nötig. Wir müssen neue Wege finden, die Verbraucher zu führen und Informationen angemessen zu vereinfachen. Wichtig ist aber auch, dass die Wahrnehmung von ethischem Konsum neu definiert wird. Wir müssen Nachhaltigkeit als Werttreiber begreifen, das nachhaltigere Produkt muss als besser, qualitativ hochwertiger und angenehmer wahrgenommen werden. Nachhaltigkeit wird dann nicht mehr nur Kopfsache sein, sondern Herzensangelegenheit.

#14: Leicht gemacht! Wirtschaftliches Denken und Handeln für sofortige Nachhaltigkeit (von Thomas Appel)

„Moment!“, werden Sie jetzt denken, „Diese Überschrift ist doch Unfug! Ökologie und Ökonomie sind doch Gegenpole, und so gut wie unvereinbar“.

Ist diese Überschrift also nur ein Trick, damit dieser Artikel auch gelesen wird? Meine Antwort auf diese Aussage ist, dass Sie sich selbst eine Antwort geben müssen. Und das werden Sie erst herausfinden, nachdem Sie diesen Artikel gelesen haben.

Die Herausforderung

Unternehmerisches Denken und Handeln ist eine sehr komplexe Angelegenheit. Unternehmen sind Kulminationspunkte, in denen sich Faktoren wie Nachfrage, Preise, Märkte, Wettbewerb, Trends, Wissen, Technologie, Kapital, Arbeit und Boden(schätze) im Rahmen regulativer Vorgaben treffen und in Angebote übersetzt werden. Diese müssen so optimiert werden, dass dabei Gewinn und Wachstum entsteht.

Dieses komplexe System zu meistern erfordert Wissen, Kompetenz, Erfahrung und Geschick der Verantwortlichen. Ganze Bibliotheken sind voll mit Fachliteratur, in der über die verschiedensten Aspekte geschrieben wurde, um ein optimales Vorgehen und Steuern innerhalb dieser Systeme zu ermöglichen. Die meisten

Unternehmer wissen also, wie Umsatz, Wachstum und Gewinn in ihrem Unternehmen realisiert werden können.

In älterer betriebswirtschaftlicher Literatur spielt Nachhaltigkeit jedoch oft keine oder nur eine untergeordnete Rolle. Doch die Wahrnehmung um Thema Nachhaltigkeit verändert sich und eine Mehrheit der Gesellschaft erkennt in zunehmenden Maße, dass rein wachstums- und gewinnorientiertes unternehmerisches Handeln an planetare Grenzen stößt. Es wird zunehmend klarer, dass die Folgen für das Klima, die Umwelt, die Gesellschaft und schließlich auch wieder die Unternehmen als integralen Teil dieses planetaren Systems existenziell sind.

Produktionsfaktoren sind nicht endlos vorhanden und zunehmend schwieriger zu beschaffen. Das kann man jeden Tag nicht nur anhand der steigenden Preise dafür lernen. Ohne saubere Luft und Wasser kann kein Leben existieren. Das ist mehr als offensichtlich. Eine Erhöhung der Durchschnittstemperatur um 1,5 Grad hat katastrophale klimatische Auswirkungen auf das Leben auf diesem Planeten. Diesen Auswirkungen des menschlichen Handelns muss sich jedes Unternehmen stellen.

Das wirtschaftliche System, in dem Unternehmen agieren, muss also alle diese Entwicklungen berücksichtigen und als Reaktion muss es um Aspekte der Nachhaltigkeit erweitert werden.

Unternehmen und Institutionen gründen sich auf die sie umgebende Gesellschaft und die verbundenen sozialen Systeme. Diese Systeme wiederum basieren auf der Natur und deren ökologischen Zusammenhängen. Man muss also schlussfolgern, dass es langfristig keine Ökonomie ohne Ökologie geben kann, denn alles ist mit allem verbunden. Ohne adäquate Berücksichtigung dieser Erkenntnis ist nicht sicherstellbar, dass Wirtschaften in Zukunft überhaupt noch möglich ist.

Unternehmen können nicht mehr als individuelle Organisation vollkommen losgelöst betrachtet werden. Die Frage nach der soziologischen und ökologischen Verantwortung eines Unternehmens wird immer wichtiger, und tradiertes Handeln und Entscheiden basierend auf maximierenden Gewinn- und Wachstumszielen ist in diesem Kontext unverantwortlich.

Scheinbar hilflos steht der Einzelne vor den Herausforderungen durch die sich abzeichnende ökologische Krise. Denn Zusammenhänge zwischen dem eigenen Handeln und den planetaren Auswirkungen, Abhängigkeiten und resultierenden Konsequenzen im komplexen Ökosystem sind für das Individuum nur schwierig zu erfassen.

Aber das Bewusstsein zur Existenz der ökologischen Probleme als auch die Bereitschaft zur individuellen Verhaltensänderung eines wachsenden Prozentsatzes der Bevölkerung nimmt stetig und deutlich zu. Und so verändert sich die Nachfrage der Kunden aufgrund dieser Einsicht und der Bedarf an nachhaltigen Produkten und Dienstleistungen nimmt stetig zu.

Beschleunigt wird diese Entwicklung durch die ebenfalls zunehmende Regulatorik, die eine größere Nachhaltigkeit fordert aber auch fördert. Produkte und Dienstleistungen, die sowohl preislich attraktiv als auch nachweislich nachhaltig sind, sind somit denjenigen am Markt, die nur eine oder keine dieser Eigenschaften aufweisen, deutlich überlegen.

Bei der preislichen Betrachtung spielen die Folgekosten eine zunehmende Rolle.

Produkte mit einem hohen Fußabdruck an klimaschädlichen Treibhausgasen (THG) übertragen ihre Belastungen an das kaufende Unternehmen. Somit werden für die eingekauften THG-Belastungen Ausgleichszertifikate benötigt, die sich in absehbarer Zukunft exponentiell verteuern werden. Alternativ kann nach Ersatzprodukten gesucht werden, die diesen „Rucksack“ nicht aufweisen.

Nachhaltig zu wirtschaften ist also eine unternehmerische Fähigkeit, um die eigenen Produkte zukunftsfähig zu machen aber auch wettbewerbsfähig zu halten. Somit muss es auch aus diesen Aspekten heraus ein integrativer Bestandteil von unternehmerischen Anstrengungen sein, um Wirtschaftlichkeit, Effizienz und Resilienz zu gewährleisten oder sogar auszubauen. Auch für die Erschließung neuer Märkte sowie um als Arbeitgeber für neue Mitarbeiter attraktiver zu werden, ist das Bekenntnis und konsequentes Handeln zur unternehmerischen Nachhaltigkeit unabdingbar.

Der Blickwinkel ist entscheidend

Betrachten Sie einmal Ihre heutigen Ziele. Vermutlich ist hier nicht zu finden, dass Sie in Ihrem aktuellen Geschäftsjahr gern ein paar tausend Tonnen Erdöl verbrennen wollen, etliche Millionen Liter ungereinigtes Abwasser produzieren werden oder soundso viele Hektar Land zubetonieren werden. Es ist gut, keine Ziele wie diese zu formulieren! In erster Linie wollen Sie wirtschaftlich arbeiten, Arbeitsplätze schaffen und erhalten, Märkte bedienen, Kunden zufriedenstellen und Umsätze sowie Gewinne realisieren. Und sehr wahrscheinlich wollen Sie ebenfalls Kosten reduzieren und effektiver produzieren. Diese Ziele stehen auch in keinem Konflikt damit, als Unternehmen nachhaltig zu agieren und Ihrer gesellschaftlichen und ökologischen Verantwortung als Unternehmung gerecht zu werden.

Wie erreichen Sie also wirtschaftliche und ökologische Ziele gleichzeitig?

Zunächst einmal muss festgestellt werden, dass viele rein wirtschaftlichen Ziele, die Sie verfolgen, auf den zweiten Blick durchaus auch ökologische Ziele sind.

Ein sehr einfaches Beispiel für das gleichzeitige Erreichen von wirtschaftlichen und ökologischen Zielen könnte sein, Kosten in der Herstellung eines Produktes zu reduzieren. Sie werden dann unter anderem die benötigte Energiemengen betrachten und wie sie den Herstellungsprozess effizienter hinsichtlich seines Bedarfs gestalten könnten. Energie, die Sie hier einsparen können, wirkt doppelt in Ihrem Zielsystem, sowohl auf die wirtschaftlichen Ziele als auch auf Ihre Nachhaltigkeitsziele.

Sie könnten feststellen, dass der Prozess so weiterentwickelt werden kann, dass Sie mit anderen, nachhaltigeren Ausgansstoffen arbeiten könnten. Sie könnten feststellen, dass das Produkt auch auf verschiedene Aspekte verzichten kann, ohne den Mehrwert für Ihre Kunden zu verlieren. Oder Sie könnten feststellen, dass bestimmte Bestandteile Ihre Produktes nach dessen Gebrauch Ihrem Produktionsprozess wieder zugeführt werden können. Nachhaltig ist es auch, wenn Sie gebrauchte Produkte von Ihren Kunden wieder zurückholen oder diese gar nicht erst verkaufen, sondern nur den Nutzen verkaufen oder vermieten und das Produkt in Ihrem Eigentum verbleibt.

Alle diese Optimierungen führen zu einem nachhaltigen Wirtschaften. Und warum eigentlich nicht: Wenn Sie Aspekte der Nachhaltigkeit schon von Anfang an in die Zielsetzung, Planung und Umsetzung mit aufnehmen, dann folgen Sie dem Konzept der „nachhaltigen Wirtschaftlichkeit“. Eine nachhaltige Wirtschaftlichkeit berücksichtigt nicht nur die finanziellen Aspekte, sondern auch die sozialen und ökologischen Auswirkungen Ihrer Geschäftstätigkeit.

Nachhaltiges Wirtschaften hat viele Vorteile. Wie Sie gesehen haben, hilft es zum Beispiel Kosten zu reduzieren. Sie erhalten aber noch viele weitere wirtschaftliche und finanzielle Vorzüge, die erst auf den zweiten Blick sichtbar werden. So werden Ihre Mitarbeiter sich stärker mit Ihrem Unternehmen identifizieren können, denn die allermeisten Menschen wollen „etwas für die Umwelt tun". Das Arbeiten bei einem Unternehmen, welches Nachhaltigkeit fördert, ist sicherlich ein Faktor, der zu weniger Fluktuation führt, aber auch die Attraktivität für neue Fachkräfte erhöht. Um beim einfachen Beispiel von oben zu bleiben: Niedrigere Temperaturen im Herstellungsprozess erhöhen wahrscheinlich auch die Sicherheit an den entsprechenden Arbeitsplätzen und belasten den Mitarbeiter deutlich weniger und führen gegebenenfalls zu geringeren Ausfallzeiten. Die Folgen aus der Konsequenz eines nachhaltigen Wirtschaftens sind vielfältig und in vielen Fällen wünschenswert und förderlich für das Unternehmen.

Der digital, innovativ nachhaltige Lösungsansatz

Gut, Sie wollen also nachhaltiger wirtschaften und fragen sich, wie Sie das so schnell wie möglich erreichen können. Unternehmen, die offen sind für neue Technologien und Innovationen sind nachweislich schneller in der Entwicklung nachhaltiger Produkte, Dienstleistungen und in der Transformation von Prozessen. Hierfür gibt es sehr viele Beispiele. Diese Unternehmen zeichnen sich durch zwei Merkmale aus: Sie haben eine hohe Innovationsfähigkeit und einen hohen Digitalisierungsgrad.

Innovationsfähigkeit gepaart mit den Möglichkeiten der Digitalisierung spielt eine entscheidende Rolle bei der Umsetzung einer nachhaltigen Wirtschaftlichkeit. Digitalisierung bedeutet unter anderem auch ein zunehmend besseres Verständnis über das eigene Unternehmen zu erhalten. Daten sind ein mächtiges Instrument. Aber nur wenn „gute" Daten vorhanden sind, werden brauchbare Erkenntnisse erlangt. Moderne IT-Systeme, Sensoren, intelligente Messsysteme und Informationen aus dem Netz, generieren diese „guten" Daten. Innovationsfähigkeit baut auf diesen Erkenntnissen auf, optimiert und erschafft dadurch in einem kontinuierlichen Ansatz neue Produkte, Dienstleistungen und Prozesse und fördert damit nachhaltiges Wirtschaften. Ressourceneffizienz, Kreislaufwirtschaftsmodelle, Reduktion des ökologischen Fußabdrucks bei gleichzeitiger Steigerung der Wirtschaftlichkeit sind für Innovationsmanager mittels Digitalisierung und dem Einsatz von neuen Technologien machbar.

Durch die Digitalisierung können Prozesse dematerialisiert, automatisiert oder optimiert werden, was wiederum zu einer Reduzierung des Energie- und Ressourcenverbrauchs führen kann. Der Einsatz von Sensorik und Datenanalyse in der Landwirtschaft kann dazu beitragen, den Einsatz von Düngemitteln und Pestiziden zu minimieren und die Erträge zu maximieren oder die Bewässerung zu minimieren.

Die Digitalisierung kann auch dazu beitragen, Kreislaufwirtschaftsmodelle zu fördern, indem sie den Austausch von Ressourcen und Produkten zwischen Unternehmen und Verbrauchern erleichtert. Zum Beispiel können Sharing-Plattformen für Autos oder Werkzeuge dazu beitragen, die Nutzung von Ressourcen zu optimieren und Abfall zu reduzieren. Auch die Entwicklung von digitalen Marktplätzen für recycelte Materialien kann dazu beitragen, den Einsatz von Primärressourcen zu reduzieren.

Nachhaltigkeit im Sinne regulativer Vorgaben kann mittels Digitalisierung machbar minimiert werden, indem Informationen über die Herkunft und die Produktionsbedingungen von Produkten dokumentiert und kontrolliert werden. Blockchain-Technologien bewerkstelligen in diesem Falle die Transparenz und Rückverfolgbarkeit von Lieferketten und helfen damit die Einhaltung von Umwelt- und Sozialstandards zu gewährleisten.

Einfach mal Machen!

Viele Studien (siehe klimafakten.de, ipcc.ch, u.v.a.m.) zeigen, dass große Veränderungen anstehen und kennen nur zwei Szenarien, ein katastrophales oder ein einschneidendes. Um eine planetare Öko-Katastrophe zu vermeiden sind Anstrengungen und Investitionen zu tätigen. Ein veränderter Blickwinkel auf Gegebenes ist ein Anfang, um unternehmerische Investitionen sowohl nachhaltig als auch wirtschaftlich zu gestalten. Weitere Projekte, um als Unternehmung nachhaltiger zu werden, müssen rasch folgen. Zögern oder politisches Agieren ist keine Option.

Manchmal muss man Dinge daher einfach mal machen. Ärmel hochkrempeln, Veränderung wollen, anfangen und es ausprobieren. Fehler, falls sie auftreten, akzeptieren, daraus lernen und einen neuen Versuch unternehmen. Denn wer es nicht ausprobiert, der kann auch keine Aussage machen, ob eine vage Ahnung oder Idee in einem Erfolg oder in einem Misserfolg enden wird.

Beispiel: Keine Wölfe im Yellowstone

Im Yellowstone-Nationalpark wurden nach dessen Gründung zwischen 1872 und 1926 alle Wölfe abgeschossen. Aus damaliger Sicht waren es „böse" Tiere und diese standen im Widerspruch zur ursprünglichen Idee, den Yellowstone Nationalpark zu einer Art Freizeitpark für Familien zu gestalten. Wie sich herausstellte, war diese Maßnahme ein schwerwiegender Eingriff mit fatalen Folgen für das äußerst komplexe Ökosystem des Yellowstone. Erst nachdem sich sowohl Fauna als auch Flora unumkehrbar verändert hatten, erkannten Wissenschaftler das grundlegende Problem und mögliche Zusammenhänge dahinter. Die Anzahl der Wapitis hatte aufgrund fehlender Prädatoren (insbesondere Wölfe) sehr stark zugenommen. Diese Hirsche hatten keine ernstzunehmenden Feinde mehr. Sie wurden nicht mehr über weite Gebiete hinweg als Beute gejagt und verblieben so lange auf Weideflächen, bis diese leergefressen waren. Insbesondre junge Espen und Weiden wurden radikal abgefressen, sodass nach einigen Jahren keine Büsche mehr vorhanden waren. Die Ufer von Flüssen wurden auf der gesamten Länge von den Huftieren zertrampelt, sodass es dort ebenfalls kaum mehr Bewuchs gab. Die Folgen waren verheerend. Bodenerosion, kaum noch Lebewesen in den Flüssen, kaum noch Buschbewuchs in den Tälern, wenig Gräser und eine zunehmende Versteppung setze ein. Das gesamte Ökosystem verarmte und verödete zusehendes.

Erst nachdem in den 1990er-Jahren wieder erste Wölfe angesiedelt wurden, veränderte sich das Bild langsam. Über Jahrzehnte stellte sich wieder ein Gleichgewicht zwischen Wölfen und Wapitis ein. In der Folge erholten sich wieder die Buschlandschaften und der Uferbewuchs von Flüssen. Daraufhin konnten wieder mehr unterschiedliche Gräser wachsen und blühen. Viele Tierarten kamen zurück und die Vielfalt sowohl an Flora als auch an Fauna nimmt seitdem wieder stetig zu. Selbst die Flüsse sind nun wieder artenreicher und sauberer, da die Erosion der Ufer abnimmt. Der einen Art folgen weitere Arten und so nimmt die Biodiversität immer weiter zu. *(Siehe auch: https://de.abcdef.wiki/wiki/History_of_wolves_in_Yellowstone)*

Dieses Beispiel lässt die oftmals unsichtbaren und tiefgreifenden Abhängigkeiten in komplexen Systemen nur erahnen. Es gibt eine Idee, wie sich Gleichgewichte, aber auch Vielfältigkeit entwickeln können, wenn alle Faktoren eine gleichartige Chance auf Existenz haben. Doch es wäre vermessen zu erwarten, dass diejenigen, die die Wiederansiedlung der Wölfe forderten, alle Aspekte der zukünftigen Entwicklungen hätten vorhersagen müssen. Es war ein Experiment, und es gab lediglich ein paar Annahmen dazu, wie sich das System möglicherweise verändern wird. Und selbst heute, 30 Jahre später, finden Forschende immer wieder neue, unerwartete und meist positive Auswirkungen auf das Ökosystem des Yellowstone aus den Konsequenzen der Wiederansiedlung des Wolfes.

Unsere heutigen ökonomischen Systeme, die wirtschaftlichen Verflechtungen zwischen Unternehmen, Konsumenten und Institutionen untereinander, aber auch insbesondere mit der Gesellschaft und der Umwelt sind komplex und oft undurchdringbar.

Was wir wissen, ist:

- Unternehmen müssen wirtschaftlich arbeiten.
- Wirtschaftlichkeit resultiert aus der Deckung von Kundenbedürfnissen.
- Kunden kaufen Innovationen und zunehmend Produkte von nachhaltig agierenden Unternehmen.
- Innovationsfähigkeit als unternehmerische Kompetenz erschafft Innovationen.
- Innovationen benötigen Digitalisierung.
- Digitalisierung erschafft Nachhaltigkeit durch Dematerialisierung, durch Messen und Optimieren, durch Automatisierung, durch künstliche Intelligenz.
- Nachhaltigkeit ist *der* Schlüssel für mehr unternehmerische Wirtschaftlichkeit.

Und so schließt sich der Kreis.

Um eine nachhaltige Wirtschaftlichkeit zu erreichen, müssen Sie als Unternehmer somit für die Entwicklung von neuen Technologien, von Innovationsfähigkeit und die Digitalisierung Ihrer Prozesse sorgen. Lassen Sie einfach mal multidisziplinäre Teams an solche Aufgaben ran, um Fragen zu stellen und Vorschläge zu erarbeiten. Innovationen können strukturiert und methodisch erarbeitet werden.

In Anlehnung an Karl-Heinz Land, ein deutscher Digital-Unternehmer, Berater und Autor erweitere ich sein Zitat: „Alles, was digitalisiert werden kann, wird digitalisiert werden …" mit dem Zusatz „und alles, was nachhaltiger gestaltet werden kann, wird nachhaltiger gestaltet werden" – weil Unternehmen und Gesellschaft gar keine andere Wahl haben.

Wir leben in Zeiten großer Veränderungen und Unsicherheit. Soziale Konflikte, wirtschaftliche Probleme, Pandemien, Kriege, … und gleichzeitig scheinen unsere Ressourcen zur Neige zu gehen. Die Abhängigkeiten zwischen den Ökosystemen, dem Menschen, der Gesellschaft, der Politik und der globalen Wirtschaft, gepaart mit den rasanten technologischen Entwicklungen, ist gelinde gesagt genauso unübersehbar wie das Meer. Man sieht bis zum Horizont, doch dahinter liegt noch sehr viel mehr. Wie ist diese Komplexität beherrschbar? Wie in der Seefahrt Kompass, Sextant oder GPS helfen, so unterstützen methodische Vorgehensweisen und Werkzeuge dabei, diese Komplexität zu meistern, um zielgerichtet durch unbekannte Gewässer zu navigieren.

„Veränderungsfähigkeit und Transformation!" scheint eine Lösung zu sein.

Aber was bedeutet das eigentlich für Sie als Unternehmer? Die wichtigsten Komponenten von Veränderungsfähigkeit sind:

- Anpassungsfähigkeit
- Fehlertoleranz
- Optimismus

Technologie, Digitalisierung gepaart mit einem hohen Grad an Innovationsfähigkeit ist der Schlüssel für Ihre Anpassungsfähigkeit. Wenn Sie es noch nicht getan haben, dann beginnen Sie noch heute Ihre unternehmerische Transformation hin zur Nachhaltigkeit. Fokussieren Sie Ihre digitale Innovationsfähigkeit und lassen Sie die sich ergebenden Veränderungen für mehr Nachhaltigkeit zu! Sammeln Sie erste Erfahrungen mit Pilotprojekten und haben Sie den Willen, mit Ihrem Unternehmen zu einem verantwortungsvollen Paten für diesen Planenten und seine Menschen zu werden. Um diese Transformation zu erreichen, werden oder bleiben Sie agil. Bleiben Sie offen für Fehler, lassen Sie diese zu und gehen Sie damit optimistisch um, indem Sie daraus kontinuierlich lernen, um stetig nachhaltiger zu werden.

Es startet mit jedem Einzelnen. Es startet auch mit Ihnen. Das ist ganz einfach, denn im vorliegenden Werk gibt es eine große Anzahl an sofort anwendbaren und einfachen Methoden, mit deren Hilfe wirtschaftliche, digitale und innovative Nachhaltigkeit erreicht werden kann.

Starten Sie jetzt!

#15: Neurowissenschaft und Motivation: Wie kann nachhaltiges Handeln in Unternehmen gesteigert werden? (von Kathy Wigge)

Nachhaltiges Handeln und Wirtschaften ist heute wichtiger denn je. Klimawandel, Waldbrände, Artensterben und Ressourcenknappheit sind nur einige Stichworte, die uns unsere soziale, ökologische und ökonomische Verantwortung vor Augen führen. Auf Nachhaltigkeitskongressen werden Daten und Fakten präsentiert, die die Dringlichkeit des Handelns deutlich machen. Die meisten Teilnehmer sind sich einig, dass sofort gehandelt werden muss und es gibt bereits gute Ideen, die von Unternehmen, Institutionen und Privatpersonen umgesetzt werden.

Dennoch stellt sich die Frage, warum die Motivation zu nachhaltigem Handeln nicht bei jedem Einzelnen und in jedem Unternehmen vorhanden ist und entsprechend gehandelt wird.

Grundsätzlich ist jeder Mensch motiviert, positive Erfahrungen zu fördern und negative zu vermeiden. Darüber hinaus ist die Art der Motivation so unterschiedlich wie jede Persönlichkeit und der Wille, ein Ziel zu erreichen, abhängig von situativen Anreizen (intrinsische/extrinsische Motivation), persönlichen Präferenzen

(u. a. Bedürfnisse, implizite/explizite Motive) und deren Wechselwirkungen.

Motive im engeren Sinne sind psychische Antriebe zu Handlungen, die nicht automatisch ablaufen, sondern Widerstände überwinden müssen. Je größer die Widerstände sind, desto stärker muss die Motivation sein, um bestimmte Handlungen auszuführen.

Es gibt viele Herausforderungen und Widerstände in Bezug auf Nachhaltigkeit. Wie kann man Menschen dennoch zu nachhaltigem Handeln motivieren, insbesondere als Führungskraft in einem Unternehmen? Dabei spielen die Themen Emotionen, Belohnungen und Erinnerungen eine wichtige Rolle, die ich im Folgenden aus der Sicht der kognitiven Neurowissenschaften beleuchten möchte:

1. Emotionen

Emotionen sind bewusste und unbewusste psychophysiologische Prozesse. Sie erzeugen Handlungsbereitschaft und bereiten uns auf bevorstehende Handlungen vor. Darüber hinaus regulieren sie unsere organismischen Zustände und dienen als Signal für unsere Verhaltensabsichten.

Das emotionale System (limbisches System) besteht aus verschiedenen Hirnarealen und ist hauptsächlich an emotionalen Steuerungsprozessen beteiligt. Ein zentrales Element des limbischen Systems ist die Amygdala, die mit anderen Hirnstrukturen vernetzt ist. Die Aktivierung der Amygdala führt beispielsweise bei Angst zu einer erhöhten Ausschüttung des Stresshormons Cortisol, während bei Freude vermehrt Dopamin freigesetzt wird. Diese neurochemischen Veränderungen ermöglichen es, eingehende Signale im Gehirn in Emotionen umzuwandeln. Emotionen wiederum basieren auf erlebten Zuständen und Erfahrungen.

Zwischenmenschliche Anerkennung, Wertschätzung und Zuwendung sind aus neurobiologischer Sicht ein wesentlicher Antrieb für unser Handeln. Um die Motivation zu steigern, ist es daher wichtig, mit anderen kooperieren und Beziehungen aufbauen zu können. Um das emotionale System positiv zu aktivieren, sollten insbesondere folgende Aspekte berücksichtigt werden:

a) **Beziehungsaufbau fördern:** In Workshops und Gruppenarbeiten können gemeinsam Ideen und Lösungen für nachhaltige Herausforderungen erarbeitet werden. In diesem Zusammenhang erweist sich unser Buch und die darin enthaltenen Methoden als wertvolle Ressource. Durch die Förderung von gemeinschaftlichem Engagement und Zusammenarbeit für nachhaltige Veränderungen wird nicht nur der Teamgeist gestärkt, sondern auch das Gefühl, Teil einer größeren Bewegung zu sein.

b) **Wertschätzung statt Lob:** In meinem Seminar „Führung aus neurowissenschaftlicher Sicht" erlebe ich oft, dass Lob und Wertschätzung verwechselt werden. Wertschätzung geht aber tiefer und hat eine nachhaltige Wirkung. Sie bezieht sich auf die grundsätzliche Anerkennung und Achtung einer Person, unabhängig von konkreten Handlungen oder Leistungen. Wertschätzung erkennt den Wert und die Bedeutung eines Menschen in seiner Gesamtheit an, nimmt seine Bedürfnisse ernst und drückt echte Dankbarkeit aus. Menschen, die sich wertgeschätzt fühlen, engagieren sich langfristig und sind produktiver.

c) **Ein positives Arbeitsklima fördern:** In erster Linie bedeutet dies, auf ein harmonisches Miteinander zu achten. Leistung und Motivation sinken rapide, sobald Umgangsformen nicht eingehalten oder Konkurrenzkämpfe ausgetragen werden. Es ist ein Irrglaube, dass Konkurrenz und Wettbewerb die Leistung im Unternehmen fördern. Kooperation hat oberste Priorität, insbesondere bei nachhaltigen Herausforderungen. Darüber hinaus ist die Gestaltung der Arbeitsumgebung von großer Bedeutung, da sie Gesundheit und Wohlbefinden beeinflusst.

2. Belohnungen

Das Belohnungssystem im Gehirn funktioniert ebenfalls über das limbische System und seine Verbindungen. Die wichtigsten Hirnareale sind die Amygdala, das mesolimbische dopaminerge System und der orbitofrontale Cortex. Die Amygdala ist an Lernvorgängen beteiligt. Das dopaminerge System des Striatums erhält Informationen von der Amygdala und reguliert das Streben nach Belohnung bzw. die Vermeidung von Bestrafung. Der orbitofrontale Cortex schließlich bewertet Belohnungen unter Berücksichtigung aktueller Bedürfnisse und vorhandener Erfahrungen.

Eine erhöhte Dopaminausschüttung ist Voraussetzung für zielgerichtetes Handeln und führt unter anderem zu Motivation, Wohlbefinden, Aktivität, positiver Erwartung und Stimmung. Die Ausschüttung von Dopamin erfolgt nicht nur als Reaktion auf positive Reize, sondern auch bei kreativen Prozessen und bei der Bewältigung von Herausforderungen. Um das Belohnungssystem effektiv zu nutzen, sollten z. B. folgende Faktoren berücksichtigt werden:

a) **Art der Belohnung individuell anpassen:** Für die einen kann die Auszeichnung als „Nachhaltigkeits-Champion", die frühzeitige Einbindung in Nachhaltigkeitsthemen, die Teilnahme an Nachhaltigkeitskongressen oder die Anerkennung z. B. für eine gute nachhaltige Idee eine Belohnung darstellen. Für andere ist eine zusätzliche finanzielle Vergütung oder die Möglichkeit, zum Nachhaltigkeitsbeauftragten aufzusteigen, motivierender. Es gibt eine große Bandbreite dessen, was als Anreiz für verschiedene Menschen dienen kann, und es ist eine Herausforderung, die jeweils passende Belohnung zu finden.

b) **Belohnungen gezielt und maßvoll einsetzen:** Um das Belohnungssystem zu aktivieren, reichen oft einfache Gesten wie ein Kompliment, ein freundliches Lächeln, Anerkennung oder kleine Überraschungen. Wird man jedoch mit Lob und Privilegien überhäuft, verlieren sie schnell ihren Reiz. Solange materielle und soziale Belohnungen unerwartet auftreten, bleibt die Wirkung motivierend und es tritt kein Gewöhnungseffekt ein. Ebenso ist es kontraproduktiv, eine Belohnung ohne angemessene Anstrengung oder trotz großer Anstrengung keine Belohnung zu erhalten.

c) **Fairer und vertrauensvoller Umgang miteinander:** Eine weitere Erkenntnis ist, dass ein fairer und vertrauensvoller Umgang miteinander belohnt wird. In der Praxis mache ich immer wieder die Erfahrung, dass Führungskräfte, die als fair und vertrauensvoll gegenüber ihrem Team wahrgenommen werden, mit mehr Kooperation und aktiver Beteiligung rechnen können. Dies wirkt sich auch positiv auf die Kreativität bei der gemeinsamen Umsetzung nachhaltiger Lösungen aus.

3. Erinnerungen

Das Gedächtnis im menschlichen Gehirn ist ein komplexes Netzwerk neuronaler Strukturen und Prozesse. Es ermöglicht uns, Informationen und Erfahrungen aus der Vergangenheit zu speichern, abzurufen und zu nutzen. Es umfasst verschiedene Gedächtnisformen und spielt eine zentrale Rolle bei der Identitätsbildung sowie bei Lern- und Entscheidungsprozessen.

Erinnerungen werden durch die Bedeutung von Erfahrungen bestimmt, die wiederum durch unser Emotions- und Belohnungssystem festgelegt wird. Inhalte, die das Emotions- und/oder Belohnungssystem aktivieren, werden besser erinnert und sind leichter abrufbar.

Erinnerungen und Erwartungen entstehen in den gleichen Hirnregionen. In Veränderungsprozessen ist es oft eine Herausforderung, neues Wissen zu akzeptieren oder zu vermitteln, da Erwartungen auf Erinnerungen basieren. Um das Gedächtnis in der Praxis positiv zu stimulieren, sollten folgende Punkte beachtet werden:

a) **Fakten mit Emotionen verknüpfen:** Da Emotionen eine entscheidende Rolle für das Gedächtnis spielen, ist es ratsam, Daten und Fakten emotional aufzubereiten, um sicherzustellen, dass sie im Gedächtnis bleiben. In diesem Zusammenhang hat sich unter anderem die Methode des Storytelling bewährt, die Inhalte durch die Verknüpfung mit (persönlichen) Erfahrungen und Emotionen anreichert.
b) **Neues mit Bekanntem verbinden:** Vertrautes vermittelt Sicherheit und Geborgenheit, während Neues Unsicherheit und Ablehnung auslösen kann. Um Neues zu verankern, sollte es mit Vertrautem verknüpft werden. So kann beispielsweise eine umfassende Information über die Bedeutung einer nachhaltigen Ernährung in der Kantine eines Unternehmens und deren Auswirkungen auf die Umwelt positive Einstellungs- und Verhaltensänderungen fördern, weil Vertrautes (bekannte Gerichte) mit Neuem (saisonale Zubereitung von Bioprodukten, teilweise vegetarisch/vegan) verbunden wird.
c) **Erinnertes für die Zukunft nutzen:** Das Gedächtnis dient nicht nur der Erinnerung, sondern stellt uns auch Fähigkeiten und Informationen zur Verfügung, die wir in Zukunft zum besseren Verständnis, zur Bewertung und/oder zur Entscheidungsfindung nutzen können. Es speichert vor allem das, was für uns heute relevant ist und in der Zukunft nützlich sein könnte. Besonders gut erinnern wir uns an Dinge, die wir persönlich oder gemeinsam mit anderen erlebt haben. Ein Beispiel hierfür wäre eine erfolgreiche Teamarbeit zur Verbesserung eines Nachhaltigkeitsthemas, an die regelmäßig erinnert wird und zu der im Nachhinein weitere positive Informationen hinzugefügt werden können.

Entscheidungen aufgrund von Emotionen, Belohnungen und Erinnerungen

Der präfrontale Cortex im Frontallappen der Großhirnrinde ist die zentrale Instanz unseres Entscheidungssystems. Hier laufen unter anderem wichtige Informationen aus dem Emotions-, Belohnungs- und Gedächtnissystem zusammen.

Unter Berücksichtigung unserer sozialen Normen und Werte sowie der Informationen aus den genannten Systemen treffen wir Entscheidungen, entwickeln Strategien und entwerfen Pläne. Der präfrontale Cortex fungiert dabei als oberste Schaltzentrale für unsere kognitiven Prozesse und Handlungen.

Es besteht jedoch immer eine Wechselwirkung zwischen allen Systemen. Ohne das Vorhandensein von Emotionen, Belohnungen und Erinnerungen wäre das Entscheidungssystem in seiner Funktion hinfällig, da es nicht in der Lage wäre, Wünsche, Motivationen und Strategien zur Zielerreichung zu erkennen. Folglich ist eine sachbezogene Entscheidung ohne emotionale Einflüsse nicht möglich, da alle eingehenden Informationen auf der Grundlage von Emotionen interpretiert werden.

Zwei Voraussetzungen

Um Menschen für nachhaltiges Handeln zu begeistern, müssen zwei Grundvoraussetzungen erfüllt sein:

Die erste Voraussetzung ist die Anerkennung der Einzigartigkeit des Gehirns. Jedes Gehirn ist ein individuelles Netzwerk mit unterschiedlichen Bedürfnissen und Fähigkeiten. Jede Emotion, jede Handlung und jede Entscheidung ist das Ergebnis dieses persönlichen neuronalen Netzes. In der Kommunikation ist es daher wichtig zu verstehen, dass die eigene Wahrnehmung und Meinung nicht als die einzige Wahrheit angesehen werden sollten, da jeder Mensch unterschiedliche Sichtweisen hat, die auf seinen individuellen Netzwerken basieren.

Die zweite Voraussetzung ist eine authentische Vorbildfunktion. Unser Gehirn ist darauf programmiert zu lernen – unter anderem durch Beobachtung und Nachahmung. So haben wir als Kinder nicht nur unsere Muttersprache gelernt, sondern auch Handlungen und Eigenschaften übernommen. Im Berufsleben sind es zum Beispiel gute Führungskräfte, von denen wir viel lernen können. Auch beim nachhaltigen Handeln gibt es Vorbilder, die zeigen, wie viel der Einzelne bewirken kann. Wenn es also darum geht, das Verhalten von Mitmenschen positiv zu beeinflussen, neue Inhalte zu vermitteln oder zum Mitmachen zu motivieren, sind Vorbildfunktion und Authentizität wichtige Voraussetzungen.

Nur wenn die Einzigartigkeit anerkannt und die Vorbildfunktion erfüllt wird, können positive Emotionen, Belohnungen und Erinnerungen ihre volle Wirkung entfalten.

Abschließend möchte ich darauf hinweisen, dass das Gebiet der Motivationsforschung sehr komplex ist und eine Vielzahl von Studien, Theorien und Modellen umfasst. Meine Darstellung kann daher nur als Anregung dienen.

Quellen: Elger, C.E. (2013): Neuroleadership. 2. Aufl., Haufe-Lexware; Heckhausen, J./Heckhausen, H. (2018): Motivation und Handeln. 5. Aufl., Springer; Roth, G. (2017): Persönlichkeit, Entscheidung und Verhalten. 12. Aufl., Klett-Cotta.

#16: Von innen heraus: Verhaltensänderung als Schlüssel zum nachhaltigen Unternehmen (von Christian Buchholz)

Die Entwicklung zu einem nachhaltigen, vielleicht sogar regenerativen Unternehmen erfordert tiefgreifende Verhaltensänderungen und einen umfassenden Wandel der Unternehmenskultur, insbesondere wenn die Organisation zukünftig nachhaltig und gleichzeitig wirtschaftlich erfolgreich agieren will. Dieser Wandel erfordert ein neues Denken, das Nachhaltigkeit als integralen Bestandteil des Unternehmenserfolgs begreift.

Keine Nachhaltigkeit ohne Verhaltensänderung

Nachhaltigkeit beginnt immer mit einer Verhaltensänderung auf individueller und kollektiver Ebene. In Unternehmen bedeutet dies, dass sowohl Führungskräfte als auch Mitarbeiter lernen müssen, über traditionelle Geschäftspraktiken hinaus zu denken. Es geht darum, ein Bewusstsein dafür zu schaffen, dass jede Entscheidung – von der Ressourcennutzung bis zur Produktentwicklung – langfristige Auswirkungen auf Umwelt und Gesellschaft hat. Die Herausforderung besteht darin, dieses Bewusstsein in nachhaltiges Handeln umzusetzen, sonst bleibt die Initiative ein einmaliges Projekt ohne wirkliche Veränderung.

Nachhaltigkeit als Führungsaufgabe

Die Erfahrung zeigt, dass tiefgreifende Veränderungen in Organisationen nur mit einem klaren Managementauftrag und der Unterstützung der Führungskräfte umgesetzt werden können. Dazu gehören eine klare Vision und ein starkes Commitment der Unternehmensleitung zur nachhaltigen Transformation der Organisation sowie ein Bekenntnis zu nachhaltigen Werten. Die Führungskräfte müssen sich als Botschafter der Nachhaltigkeit positionieren, die täglichen Entscheidungen müssen immer wieder die Prinzipien der Nachhaltigkeit widerspiegeln, um eine echte Wirkung zu erzielen. Nachhaltige Initiativen und Projekte in der Organisation sollten vor allem zu Beginn mit einer Führungskraft verbunden sein, die die Verantwortung dafür trägt. Auch die Leistungsbeurteilung sollte an nachhaltiges Engagement gekoppelt sein. Ansonsten ist die Wahrscheinlichkeit groß, dass die Initiative im Tagesgeschäft untergeht.

Ohne Nachhaltigkeitswissen entstehen keine Ideen

Nachhaltigkeit ist ein Thema, für das sich viele Menschen in der Organisation persönlich engagieren wollen. In vielen Projekten haben wir jedoch festgestellt, dass gerade zu Beginn oft noch wenig nachhaltiges Wissen in der Organisation vorhanden ist. Eine Aufgabe ist es, durch Lernformate das notwendige Know-how in das Unternehmen zu holen, damit die richtigen Projekte entwickelt werden können. Ein geeignetes Format kann z. B. ein „Sustainable Friday" sein, bei dem Mitarbeiter oder externe Experten Wissen zum Thema Nachhaltigkeit in die Organisation bringen und Diskussionen geführt werden können. Jede Woche gibt es ein bestimmtes Thema, z. B. Energieeffizienz, Recycling, grüne Mobilität. Das Format sollte interaktiv und zeitlich gut in den Arbeitsalltag integrierbar sein. Regelmäßige Anerkennung und Unterstützung durch das Management sind auch hier wichtig, um das Thema im Fokus zu halten.

Ökonomischen und nachhaltigen Erfolg zusammen denken

Das primäre Ziel eines Unternehmens ist der wirtschaftliche Erfolg – diese Prämisse ist die Basis für das Geschäftsmodell und das Überleben eines Unternehmens. Der Fokus auf nachhaltigere Prozesse und Produkte kann dabei in vielen Situationen zu einem Wettbewerb der Perspektiven im Unternehmen führen. Beispiel: „Wenn wir eine nachhaltige Verpackung einführen, wird das Produkt teurer und damit weniger konkurrenzfähig" Dies führt häufig zu Widerständen im Unternehmen. Es ist wichtig, diese unterschiedlichen Sichtweisen offen zu diskutieren und gemeinsam Strategien zu entwickeln, wie nachhaltige Produktentwicklung zum Wettbewerbsvorteil werden kann. Ansonsten wird nachhaltige Entwicklung dauerhaft von internen Konflikten zerrieben.

Nachhaltigkeit zur Gewohnheit machen

Solange nachhaltiges Handeln nur eine bewusste Aktivität ist („Ich muss daran denken, den Müll zu trennen") oder auf ein einzelnes Projekt fokussiert ist, wird keine wirkliche Transformation stattfinden. Unser Leben wird von einer Vielzahl von Gewohnheiten bestimmt, die im täglichen Handeln darüber entscheiden, ob wir nachhaltige Elemente mitdenken oder den alten Gewohnheiten folgen. Daher ist die Entwicklung neuer, nachhaltiger Verhaltensweisen ein wesentlicher Bestandteil einer nachhaltigen Transformation. Die folgenden Erkenntnisse aus der Verhaltensforschung können dabei helfen:

- Kleine Veränderungen mit großer Wirkung: In einem Unternehmen können kleine Schritte wie die Reduzierung des Papierverbrauchs, die Förderung von Recycling oder die Umstellung auf energieeffiziente Beleuchtung große Auswirkungen haben.
- Die Umgebung hat einen großen Einfluss auf unsere Gewohnheiten: Unternehmen können ihre Arbeitsplätze so gestalten, dass nachhaltiges Verhalten gefördert wird, z. B. durch leicht zugängliche Recyclingstationen oder Fahrradständer. Je einfacher nachhaltiges Verhalten umgesetzt werden kann, desto größer ist die Wahrscheinlichkeit, dass es auch umgesetzt wird.
- Neue Gewohnheiten sichtbar machen: Sichtbar platzierte Erinnerungen an nachhaltiges Verhalten (z. B. Recycling-Hinweise) erhöhen die Sensibilisierung und das Engagement der Mitarbeiterinnen und Mitarbeiter.
- Nachhaltiges Verhalten attraktiver gestalten: Anreize für nachhaltiges Verhalten und die Anerkennung neuer Verhaltensweisen machen das neue Verhalten attraktiver als die alten Gewohnheiten. Ein nachhaltiger Ideenwettbewerb mit Preisverleihung kann z. B. die Sichtbarkeit des Themas erhöhen.

Eine neue nachhaltige Unternehmensidentität

Die Transformation ist dann erfolgreich, wenn die Veränderungen zu einem neuen Selbstverständnis (und Selbstbewusstsein) als nachhaltiges Unternehmen führen. Diese Vision sollte von der Unternehmensführung immer wieder visualisiert und kommuniziert werden. Viele kleine Schritte führen zur erfolgreichen Transformation. Nachhaltigkeit im Unternehmen ist kein statischer Zustand, sondern ein dynamischer Prozess, der ständige Anpassung und Innovation erfordert. Es geht nicht nur darum, den ökologischen Fußabdruck zu minimieren und soziale Verantwortung zu übernehmen, sondern vielmehr darum, diese Prinzipien in die Kernstrategie und -kultur eines Unternehmens zu integrieren.

Das ist eine große Herausforderung für alle Unternehmen, aber mit Sicherheit die wichtigste Aufgabe unserer Zeit. Machen wir es richtig.

Grafik: verrocchio Sustainable Inspiration Card – Malvine Klecha, Hila Attaie und Jennifer van Aerssen (Illustration)

Die Vielfalt des Buches entdecken

Die Autorinnen und Autoren dieses Buches haben einige Zeit gebraucht, die Inhalte dieses Buches für Sie zusammenzutragen – da ist Einiges zusammengekommen! Damit sich nun für Sie der Wert des Buches und seine Vielfalt schnell erschließt, hier nun einige Tipps und Wege zur Handhabung.

Einfach mal nur stöbern

Dieser Weg liegt uns persönlich ganz besonders am Herzen, da wir wissen, dass er schon von vielen Lesern von „Das große Handbuch Innovation" als wichtiger Zugang zu den Inhalten des Buches genutzt wurde.

„Man kann sich beim Stöbern so schön inspirieren lassen und finden spannende Dinge, nach denen man gar nicht gesucht hat."

Solche Sätze und Erfahrungen haben uns zu Hunderten erreicht. Lassen Sie sich auch besonders von unseren Illustrationen und Bildern beim Stöbern leiten und verführen.

Der Working Guide/Anwendungsfelder

Der Working Guide setzt sich zusammen aus der kleinen Tabelle im Kopf jeder Methode und dem großen alphabetischen Methodenverzeichnis. Jede Methode im Buch ist hier auch mit einer Index-Zahl jeder, die sich immer oben rechts oder links an der Buchseite befindet, ausgestattet.

Der Working Guide zeigt ihnen in Windeseile in welchem Anwendungsfeld oder Arbeitspaket die Methode einzusetzen ist. Der Working Guide bildet dabei die zehn wesentlichen Anwendungsfelder bzw. Arbeitspakete der Nachhaltigkeitsarbeit ab.

Wenn Sie also eine helfende Methode für ein bestimmtes Arbeitspaket suchen, zeigt Ihnen der Working Guide an on diese Methode dafür geeignet ist.

Die Methodentypen

Framework: Makromethoden oder Frameworks kennzeichnen sich dadurch, dass sie aus mehreren Arbeitspaketen oder Arbeitsphasen aufgebaut sind. In den Arbeitspaketen werden typischerweise Methoden und Tools eingesetzt.

Instrument: Ein Instrument ist wie ein großes Tätigkeitsfeld oder Arbeitsbereich zu sehen. Controlling, Risikomanagement, Ergebnissicherung sind Beispiele für Instrumente.

Methode: Das sind alle die Methoden, die keine großen Phasen oder Arbeitspakete besitzen, sondern eher wie ein Werkzeug wahrgenommen werden oder in den Arbeitspaketen von Frameworks oder Makromethoden eingesetzt werden.

Modell: Ein Modell beschreibt in einer vereinfachten Form und eher auf einer Metaebene ein System oder einen wesentlichen Zusammenhang in sogenannten Großsystemen. Ein Modell ist zum Beispiel das „VUCA"-Modell.

Tool: Ein Tool ist meist ein spezifisches Softwaretool oder ein physisches Werkzeug, wie zum Beispiel ein Kartenspiel oder ein Teamspiel.

Wissensnugget: Ein reines Wissensnugget vermittelt Wissen über zum Beispiel ein Erfolgsprinzip oder ein Modell oder einen wichtigen Erfahrungsschatz. Ein solches Wissensnugget stellt oft wichtiges und fundamentales Wissen dar, auf dessen Basis wir in der digitalen Transformnation arbeiten.

Die Hinderniseffekte

Es gibt viele Dinge, die als Hindernis in einem Workshop, einem Projekt oder bei der Generierung eines optimalen Ergebnisses im Wege stehen können. Dies können dysfunktionale Gruppendynamiken sein, Fehlinterpretationen, falsche Flughöhen oder, oder, oder.

Wir haben die häufigsten Hinderniseffekte über viele Jahre im Autorenteam gesammelt und diese an den Methoden aufgeführt. So sehen Sie schnell an jeder Methode, welche positive Wirkung diese noch zusätzlich erzielt.

Nr.	Hinderniseffekt	Beschreibung
1	Angst vor Neuem	Die Angst vor Neuem (Neophobie) ist weit verbreitet. Sie äußert sich bei den betroffenen Personen auf sehr unterschiedliche Weise. Häufig wird in diesem Zusammenhang auch von den „Bewahrern" oder „Bedenkenträgern" gesprochen. Diese Methoden wirken dieser Angst zu einem guten Teil entgegen. Da es bei vielen Projekten zur Nachhaltigkeit wirklich um Neues geht, ist diese Angst besonders häufig anzutreffen.
2	Ängste vor Kritik und Zurückweisung	Viele Menschen können nicht gut mit Kritik und Zurückweisung umgehen. Diese Methoden helfen, Ängste und Befürchtungen zu reduzieren.
3	Bewertung während der Ideenfindung	Jede Form von Bewertung (sei es mündlich oder durch Gesten und Körpersprache) ist während der Ideenfindung strengstens untersagt, da sie unmittelbar die Kreativität der Teilnehmer negativ beeinflusst. Diese Erkenntnis hat seit den 1960er-Jahren uneingeschränkte und fundierte Richtigkeit. Diese Methoden verhindern die Vermischung der beiden Arbeitspakete.
4	Blinde Flecken	Blinde Flecken und Betriebsblindheit erzeugen häufig große Reibungsverluste. Einige Methoden helfen zuverlässig, den „blinden Flecken" aus dem Weg zu gehen.
5	Blinder Aktionismus	Blinden Arbeitsaktionismus findet man häufig in eher angespannten Projektsituationen, besonders wenn es schon zu Konsequenzen im Bereich der neuen Nachhaltigkeitsgesetzgebung kommt. Theoretisch ist uns allen bewusst, dass diese Arbeitsweise meistens nicht zum Erfolg führt. Diese Methoden helfen dabei, blinden Aktionismus einzudämmen oder zu verhindern.
6	Denken aus der Vergangenheit heraus	Personen oder Teams, die gedanklich vorwiegend in der Vergangenheit leben, hemmen Innovations- und Nachhaltigkeitsbemühungen durch ihre Bemerkungen, warum Dinge nicht funktionieren werden. Die hier genannten Methoden schwächen das Agieren und Denken aus der Vergangenheit heraus.
7	Dysfunktionale Schweiger	Der dysfunktionale Schweiger ist nicht einfach nur introvertiert und still. Er wird von anderen Menschen in seinem Schweigen zum Beispiel als tief frustriert, trotzig und blockierend wahrgenommen. Diese Methoden können etwas helfen, einen solchen Charakter so in die Gruppe zu integrieren, dass keine dysfunktionalen Störungen mehr wahrgenommen werden.
8	Einseitige Bewertungen und Entscheidungen	Entscheidungen, die nicht mit dem 360-Grad-Blick getroffen werden, sind insbesondere in komplexeren Geschäftsumgebungen unserer VUCA-Welt eher erfolgsverhindernd. Diese Methoden helfen dabei, einseitige Entscheidungen zu erkennen und zu vermeiden.
9	Extrovertierte Teammitglieder	Zu extrovertierte Teammitglieder können dafür sorgen, dass eher introvertierte oder ruhige Personen im Workshop nicht die gleiche Aufmerksamkeit wie sie selbst erhalten, oder dass nur den Ideen und Meinungen der extrovertierten gefolgt wird. Die hier genannten Methoden haben die Eigenschaft, eher extrovertierte Personen einzubremsen und ausgleichend zu wirken.
10	Falsche Flughöhen	In der falschen Flughöhe zu arbeiten, ist ein bekanntes Erfolgshindernis für viele Innovationsinitiativen. Konkret heißt das, dass häufig zu generisch (zu hohe Flughöhe) gearbeitet wird. Aber auch eine zu geringe Flughöhe (hoher Detailierungsgrad) kann zu Reibungsverlusten im Projekt führen. Diese Methoden helfen dabei, die richtige Flughöhe mit hoher Wahrscheinlichkeit zu treffen. In vielen Nachhaltigkeitsprojekten wird auf Grund von zu geringen Wissensständen sehr häufig zu generisch gearbeitet.
11	Fehlende gemeinsame Ausrichtung	Eine gemeinsame klare Ausrichtung aller Teammitglieder auf eine nachhaltige Vision, ein Nachhaltigkeitsziel und eine Strategie trägt viel zum Transformationserfolg bei. Diese Methoden helfen grundsätzlich, die gemeinsame Ausrichtung zu schärfen.
12	Fehlende Inspiration	Immer da, wo in Arbeitssituationen Inspiration zu fehlen scheint, bieten diese Methoden einen Vorteil. Sie sorgen für Inspiration oder steigern die Inspirationsempfindlichkeit der Teilnehmer.
13	Fehlende Realitätsbezüge	Fantasievolles Innovieren und Transformieren, ohne dabei die wirklichen limitierenden Faktoren und Realitäten zu verlassen, ist eine große Herausforderung. Diese Methoden helfen, nötige Realitätsbezüge herzustellen, damit man nicht über die gesteckten Ziele und Grenzen hinausschießt.
14	Fehlende Wertschätzung	Diese Methoden helfen, wenn in einem Team oder Projekt nötige und wichtige Wertschätzungen fehlen. Für die meisten Menschen haben die Ergebnisse eigener Schaffensprozesse eine überaus hohe Bedeutung, weshalb Wertschätzung in diesem Umfeld besonders wichtig ist.
15	Fehlendes Vertrauen im Team	Vertrauen im Team ist ein zentraler Erfolgsfaktor, besonders je radikaler oder disruptiver die Ideen, Projekte und Ziele sind. Diese Methoden helfen, das Teamvertrauen zu stärken.

Nr.	Hinderniseffekt	Beschreibung
16	Fehlinterpretationen	Methoden mit dieser Eigenschaft beugen Missinterpretationen von Ergebnissen und Situationen vor. Sie kennen die Situationen, in denen zehn verschiedene Menschen ein Ergebnis in zehn verschiedenen Arten interpretieren. Neben fatalen Fehlinterpretationen entstehen hier auch häufig endlose Diskussionen.
17	Gehemmte Teammitglieder	Multikulturelle Teams, agile Methoden, radikales über den Tellerrand Denken und viele andere Dinge können Personen in eine gehemmte Haltung treiben, sodass sie nicht ihre optimale Performance im Workshop abrufen können. Diese Methoden fördern insbesondere 8gehemmte Teammitglieder, gute Beiträge leisten zu können.
18	Generische Ideen und Aussagen	Zu generisches Arbeiten ist in allen Phasen von Nachhaltigkeitsprojekten ein großes Übel und oft ein Erfolgskiller Nr. 1. Besonders Teilnehmer, die nicht hochmotiviert sind, neigen zum Generischen, da es viel einfacher ist und nicht müde macht. Die folgenden Methoden bewahren zu einem großen Teil vor zu generischen Ideen oder Aussagen und helfen spezifisch zu arbeiten.
19	Ideenbunkerei und Geheimniskrämerei	Hier sprechen wir von dem nicht seltenen Phänomen, dass viele Menschen wie die Glucken auf ihren Ideen setzen und niemanden an sie heranlassen. Dabei ist das gemeinsame Anreichern und Weiterentwickeln von Ideen einer der großen Erfolgsfaktoren für Transformationen. Diese Methoden wirken der „Ideenbunkerei" entgegen.
20	Ideenfindung mit zu schwacher Erkenntnisgrundlage	Eines der größten Erfolgshindernisse ist die Ideenfindung mit zu schwacher Erkenntnisgrundlage. So werden zum Beispiel häufig Ideen entwickelt, die bereits in anderen Branchen existieren und dabei nicht rentabel sind. Diese Methoden wirken diesem Hindernis entgegen.
21	Introvertierte Teammitglieder	In vielen Workshop-Situationen erhalten introvertierte Teilnehmer oft nicht die gleiche Aufmerksamkeit wie extrovertierte Kollegen und Kolleginnen. Diese Methoden binden introvertierte Mitarbeiter gut ein und schaffen Raum für deren Ideen.
22	Killerphrasen	Diese Methoden helfen, die so schädlichen Killerphrasen einzudämmen bzw. zu verhindern, wie „Tolle Idee, aber nicht für uns!", „Das hat sich doch bewährt, warum also ändern? ", „Das hat schon früher nicht funktioniert!", „Das liegt nicht in unserem Kompetenzbereich.", „Das werden die uns da oben nie abnehmen." oder „Das entspricht nicht unserer Strategie!"
23	Konkurrenzdenken und Angst vor Machtverlust	Konkurrenzdenken und Angst vor Machtverlust verhindern so manchen Transformationserfolg. Sie sind sehr wirksam, entfalten sich häufig im Verborgenen und werden deshalb als Hinderniseffekte oft nicht erkannt. Diesen Methoden wirken beiden Phänomenen, Konkurrenzdenken und Angst vor Machtverlust, entgegen.
24	Kreativblockaden	Die hier genannten Methoden helfen Ihnen, Kreativblockaden zu durchbrechen und schneller zu mehr neuen Ideen und Lösungen zu gelangen.
25	Multidisziplinäre Reibungsverluste	Neben den bekannten Stärken von multidisziplinären Teams haben diese aber auch oft Schwächen und erzeugen Reibungsverluste. Diese Methoden hier helfen, derartige Reibungsverluste abzuschwächen.
26	Nicht zielführende Emotionen	In vielen Workshops, Meetings und Projekten kennen wir die Situation, wenn Emotionen plötzlich hochkochen – im negativen wie im (euphorischen) positivem Ausschlag. In beiden Fällen führen zu heftige Emotionen häufig dazu, dass Ziele nicht mehr erreicht oder verfehlt werden. Die nachfolgenden Methoden helfen, nicht-zielführende Emotionen, bzw. emotionale Blockaden, abzuschwächen
27	Not Invented here-Syndrom	Wir Menschen lehnen prinzipiell die Ideen anderer eher ab, bzw. stehen ihnen sehr kritisch gegenüber. Das lässt sich besonders häufig in Organisationen beobachten, in denen die Menschen in Silos organisiert sind und kaum oder keine interdisziplinäre Zusammenarbeit stattfindet. Diese Methoden helfen, das sogenannte „Not invented here"-Syndrom zu überwinden oder abzuschwächen.
28	Schwache Anreicherungsskills	Die Anreicherung von ersten Ideen (sog. Vorideen) ist ein wesentlicher Erfolgsfaktor beim Transformieren, insbesondere bei komplexen Aufgabenstellungen. Hier darf bspw. das „Not invented here"-Syndrom nicht im Wege stehen. Diese Methoden helfen Teams bei der Ideenanreicherung.
29	Starker innerer Zensor	Der „innere Zensor" ist die Instanz im Menschen, die über die Einhaltung aller unserer verinnerlichten Werte, Regeln und Normen wacht. Sie verhindert zum Beispiel, dass wir uns in peinliche Situationen begeben.

Nr.	Hinderniseffekt	Beschreibung
30	Störender Gruppenclown	Der störende Gruppenclown wirkt sehr dysfunktional auf viele Workshop-Situationen. Er raubt mit seinen Auftritten wertvolle Zeit und reist die Kollegen immer wieder aus der Konzentration oder aus dem Flow. Diese Methoden helfen, einen störenden Gruppenclown zu bändigen.
31	Themensprünge und schnelles Abschweifen	Es gibt viele Teams, die, wie der Niederrheiner sagen würde, immer „vom Hölzchen auf das Stöckchen kommen." Sie verlieren sich in Details, schweifen vom Thema und dem gesetzten Fokus ab. Diese Methoden helfen Teams, den Fokus der Arbeit zu behalten.
32	Unreflektiertes Agieren	Unreflektiertes Agieren ist besonders bei komplexen Herausforderungen und volatilen Märkten ein großer Fehler und führt zu vielen falschen Entscheidungen. Diese Methoden schützen Sie vor unreflektierten Handlungen.
33	Verdiskutiererei	Die hier genannten Methoden helfen Ihnen dabei, den ungeliebten und kontraproduktiven Hang zur „Verdiskutiererei" abzuschwächen. Je tradierter und konservativer eine Unternehmenskultur ist, desto ausgeprägter ist dieses Phänomen.
34	Vorschnelles Urteilen über Ideen	Vorschnelles Urteilen über noch zu junge und unreife Ideen ist eine häufige Hürde auf dem Weg zu Transformationserfolgen. Gerade erste Vorideen müssen reifen wie ein guter Wein. Die folgenden Methoden verhindern ein zu schnelles oder zu frühes Urteilen.
35	Wenig dynamische Teams	Nicht alle Teams sind gleich dynamisch. Diese Methoden helfen, Teams zu dynamisieren, denn dynamische Teams erzeugen fast immer bessere Ergebnisse in Innovationsworkshops.
36	Wenig Klarheit und Erkenntnisgewinn	Besonders da, wo in Innovationsinitiativen wirkliches Neuland und völlig neue Themen- und Kompetenzgebiete betreten werden, ist ein schneller Gewinn von Klarheit und neuen Erkenntnissen ein großer Erfolgsfaktor. Diese Methoden helfen Ihnen dabei.
37	Zu lange Entscheidungsmeetings	Viele Reibungsverluste entstehen in (häufig) langen Entscheidungsmeetings. Diese Methoden helfen Ihnen dabei, effizienter zu entscheiden.
38	Zu lange Meetingzeiten	Die folgenden Methoden helfen zuverlässig, Meetingzeiten grundsätzlich zu verkürzen.
39	Zu wenig Agilität	Da die allermeisten Arbeitspakete im Rahmen der nachhaltigen Transformation mit Erschaffensaufgaben zu tun haben, ist Agilität als Fähigkeit der Personen und Teams unerlässlich. Zu wenig Agilität erzeugt große Reibungsverluste und lässt das Erfolgsmomentum oft abreißen. „Die Projekte brauchen zu lange Zeit und frieren regelrecht ein."
40	Ressourcen und Finanzierungsfallen	„Wir benötigen viel mehr Ressourcen oder finanzielle Mittel als vorhanden sind" – das ist eine sehr tückische Falle, in die viele Teams und Organisationen hineinlaufen. Man ist euphorisiert und vergisst oft die gegebene oder begrenzende Realität. Auch hier gibt es Methoden, die das zuverlässig verhindern.
41	Zu große Komplexitäten	Zu große Komplexitäten, die von den Teilnehmern nicht erkannt, durchschaut oder beherrscht werden führen zu einer sehr großen Vielzahl von Reibungsverlusten. Von frustrierten Menschen bis zu wirtschaftlichen Fehlschlägen ist hier alles vertreten. Vermuten Sie zu hohen Komplexitäten, dann identifizieren Sie Methoden, die helfen diese zu besiegen.
42	Viele strukturliebende Teilnehmer	Sind in einem Team zu viele strukturliebende Teilnehmer kann zum einen Agilität verloren gehen und zu viel Zeit verschwendet werden vermeidlich helfende Strukturen zu erschaffen.
43	Daueropponenten im Team	Zu viele oder zu hartnäckige Daueropponenten rauben einem Projektteam meist viel Energie, Zeit und Ressourcen.
44	Rationalisierer im Team	Eine gute Portion Rationalität ist immer gut, aber zu viel davon zerstört meist den kreativen Flow von Teams und sorgt in der Folge nur für sehr generische Ideen und Lösungen, die oft nur kleine Verbesserungen darstellen.
45	Fehlender Optimismus und Zuversicht	In der aktuell sehr unsichereren und fordernden Welt ist vielen der, für Veränderung nötige, Optimismus verloren gegangen. Optimismus ist eine wesentliche Voraussetzung, um überhaupt neue Ideen kreieren zu können.
46	Zu viele Zweifler, Bewahrer und Kritiker im Team	Zu viele Zweifler, Bewahrer und Kritiker im Team verhindern eine gute und erfolgreiche Innovationsarbeit. Es gilt diese Teilnehmer mit entsprechenden systematischen und systemischen Methoden und Ansätzen zu überzeugen.

Der SustainAbility Guide

Der SustainAbility Guide ist ein **Self-Assessment-Tool**, das speziell für Führungskräfte in Unternehmen von Hila Attaie in Zusammenarbeit mit dem Verrocchio Institute for Innovation Competence entwickelt wurde. Als praktischer Wegweiser unterstützt er Sie dabei, Ihre derzeitigen Nachhaltigkeitsbemühungen sichtbar zu machen und konkrete Felder für nachhaltige Praktiken und Potenzialfelder für nachhaltige Innovationen zu identifizieren.

Nachhaltigkeit hat sich zu einem Mindset, einer **grundlegenden Haltung** entwickelt, die sich wie ein roter Faden durch alle Unternehmensbereiche zieht. Sie umfasst nicht nur **ökologische,** sondern auch **soziale** und **wirtschaftliche** Aspekte.

Unternehmen, die nachhaltig handeln, gewinnen das Vertrauen der Kunden einerseits und das der Mitarbeitenden andererseits. Dadurch stärken sie ihre **Marktposition** maßgeblich. Schließlich geht es um die Frage, wie Sie als Unternehmen wirtschaftlich erfolgreich sein und gleichzeitig Gutes für die Umwelt und die Gesellschaft leisten können.

Nachhaltiges oder gar regeneratives Wirtschaften hilft Ihnen, nicht nur Ihre Umweltauswirkungen zu minimieren, sondern auch Ihre **Wettbewerbsfähigkeit** zu steigern und den langfristigen Erfolg zu sichern. Daher ist es wichtig anzuerkennen, dass nachhaltige Praktiken – egal in welchem Bereich – nicht nur ethisch, sondern auch wirtschaftlich sinnvoll sind.

Darüber hinaus sind nachhaltige Unternehmen besser auf zukünftige **Herausforderungen** wie sich ändernde Umweltauflagen und steigende Ressourcenkosten vorbereitet. Mit einer enkelfähigen Ausrichtung sichern Sie die langfristige Existenz Ihres Unternehmens sicher.

Genau hier setzt der SustainAbility Guide an. Wie der Name schon sagt, bietet das Tool Orientierung und befähigt den Anwender, neue Handlungsfelder für mehr Nachhaltigkeit in Unternehmen aufzudecken.

Häufig legen Unternehmen den Schwerpunkt in erster Linie auf Themenfelder, die eine erkennbare Außenwirkung aufweisen, wie bspw. die Reduzierung von Plastikverpackungen. Allerdings existiert in Unternehmen darüber hinaus ein beträchtliches Potenzial für nachhaltiges Handeln, das bisher häufig übersehen und ungenutzt bleibt.

An dieser Stelle ist es uns wichtig anzumerken, dass eine **nachhaltige Transformation** auch eine **permanente Beweglichkeit** nach sich zieht. Sie ist also mit der Abarbeitung einer Checkliste niemals beendet. Es geht uns eher darum, Dinge in Bewegung zu setzen und in Bewegung zu halten, um eine langfristige Anpassungsfähigkeit Ihres Unternehmens an Ihr Umfeld zu gewährleisten.

Mit anderen Worten ist der Zweck dieses Tools nicht eine Vorwärtsrolle, um in der neuen Position die nächsten Jahrzehnte zu verweilen. Vielmehr wollen wir in Ihrem Unternehmen Dinge konstant, aber bewusst ins Rollen bringen.

Dieses Tool fungiert als Guide durch einzelne Unternehmensbereiche und nimmt Sie an die Hand, um spezifische Potenzialfelder für eine nachhaltige Transformation in Ihrem Unternehmen zu entdecken.

Dieses praktische Self-Assessment-Tool ist wie ein „Stadtführer" aufgebaut und ermöglicht Ihnen, in zehn Unternehmensbereiche einzutauchen und spezifische Business-Potenzialfelder für ökologische, ökonomische und soziale Nachhaltigkeit zu identifizieren.

Durch eine umfassende Reihe spezifischer Fragen, zeigt das Tool Führungskräften verschiedene Dimensionen der Nachhaltigkeit auf, darunter Umweltverträglichkeit, soziale Verantwortung, wirtschaftliche Nachhaltigkeit und Governance.

Das einfache Bewertungssystem durch eine 5-Punkte-Skala ermöglicht es dem Anwender, den Status quo in den entsprechenden Themenfeldern effektiv zu erfassen. Die Skalierung ermöglicht eine visuelle Darstellung darüber, bei welchen Themenfeldern noch Handlungsbedarf besteht und deckt folgende Skalenwerte ab:

1.  **Potenzial bis her nicht gesehen**

In diesem Stadium sind die Aspekte oder Potenziale, die in den Fragen angesprochen werden, noch nicht erkannt oder wurden bisher noch nicht berücksichtigt.

2.  **Potenzial erkannt, aber noch nicht erschlossen**

Hier haben Sie erkannt, dass es in diesen Bereichen Potenzial gibt, jedoch wurden noch keine Maßnahmen ergriffen, um dieses Potenzial zu nutzen.

3.  **Potenzial erkannt und teilweise erschlossen**

Sie haben das Potenzial identifiziert und einige Schritte unternommen, um es zu erschließen, aber diese sind noch nicht vollständig entwickelt oder umgesetzt.

4.  **Potenzial voll erschlossen**

Haben Sie das Potenzial bereits erschlossen, gilt es diese in regelmäßigen Abständen erneut zu betrachten, mit Ihrem Umfeld abzugleichen und bei Bedarf mit neuen Erkenntnissen und Möglichkeiten weiterzuentwickeln.

5. **Thema nicht relevant für uns**

Sollte das Thema für Sie nicht relevant sein (z. B. der Bereich Produktion für reine Dienstleistungsunternehmen), können Sie dieses entsprechend kennzeichnen.

Wesentliche Vorteile:

Die Fragen sind abteilungs- und somit themenspezifisch aufbereitet. Sie zeigen in den jeweiligen Unternehmensbereichen entsprechende Potenzialfelder auf, ohne Anspruch auf Vollständigkeit. Die Fragen geben dem Leser Orientierung und regen zu weiterem Nachdenken an.

Durch die Vielfalt der Möglichkeiten befähigt der SustainAbility Guide Ihnen als Führungskraft, ein positives und mutiges Zukunftsbild Ihres Unternehmens zu entwerfen. Ja, er macht Lust auf Zukunft und hilft durch konkrete Maßnahmen heute schon damit zu starten.

Das Self-Assessment-Tool bietet Ihnen nicht nur eine Möglichkeit, Ihre Nachhaltigkeitsleistung qualitativ zu bewerten, sondern fördert auch die Transparenz. Es unterstützt Sie dabei, Ihre Nachhaltigkeitsziele zu definieren, Benchmarks festzulegen und den Fortschritt im Laufe der Zeit zu verfolgen.

Der SustainAbility Guide ist somit ein wertvolles Instrument für Unternehmen, die ihre Nachhaltigkeitsbemühungen verbessern und blinde Flecken aufdecken möchten. Durch die Erfassung von brachliegenden Potenzialfeldern, können Sie gezielte Maßnahmen ergreifen, um Ihre betriebliche Effizienz zu steigern, Ihre soziale und ökologische Wirkung zu verbessern und langfristigen Unternehmenserfolg zu sichern.

So nutzen Sie unseren SustainAbility Guide

Herzlich willkommen zu unserem SustainAbility Guide durch Ihr Unternehmen! Wie bereits erwähnt, ist es unser Ziel, Ihnen dabei zu helfen, brachliegende Potenzialfelder in Ihrem Unternehmen auf eine informative und strukturierte Weise zu erkunden. Gehen Sie auf Entdeckungstour und freuen Sie sich auf die Vielfalt an Möglichkeiten, die Sie kurz-, mittel- und langfristig in Ihrem Unternehmen in Angriff nehmen können, um „nachhaltig" zu wachsen – und dass in jeder Hinsicht: ökologisch, ökonomisch und sozial.

Den integrierten Fragebogen (Self-Assessment) können Sie auch als PDF auf der Buchseite unter https://www.handbuch-nachhaltigkeit.com/ herunterladen.

1. **Überblick verschaffen**
   - Starten Sie mit einem Blick auf die Grafik auf Seite 47. Diese farbenfrohe Übersicht zeigt Ihnen die Vielfalt der Potenzialfelder in Ihrem Unternehmen und an den Schnittstellen zu externen Stakeholdern.
   - Nutzen Sie das Inhaltsverzeichnis, um sich mit den verfügbaren Potenzialfeldern in den verschiedenen Unternehmensbereichen vertraut zu machen.
   - Nutzen Sie das Stichwortverzeichnis, um die für Sie relevanten Themenfelder zu identifizieren.
2. **Erkunden**
   - Blättern Sie durch die Seiten und folgen Sie dabei den Symbolen, die Sie sowohl in der Übersichtsgrafik, im Inhaltsverzeichnis als auch im Assessment-Tool finden.
   - Tauchen Sie tiefer ein in die für Sie relevanten Themenfelder und lesen Sie zu Beginn jedes Kapitels die ausführliche Beschreibung. Dadurch erfahren Sie mehr über die Bedeutung dieser Felder im Kontext der Nachhaltigkeit.
3. **Self-Assessment**
   - Nun können Sie mit dem Self-Assessment starten.
   - Bitte lesen Sie die Fragen zu den verschiedenen Themenbereichen sorgfältig durch und verwenden Sie die Skala, um anzugeben, ob und in welchem Maße Sie das Potenzialfeld für sich nutzen können.
4. **Ausblick**
   - Am Ende jedes Kapitels haben Sie die Möglichkeit, eigene Fragestellungen zu der jeweiligen Grafik zu ergänzen.
   - Basierend auf Ihren Bewertungen erhalten Sie einen Ausblick als Empfehlung für das weitere Vorgehen.

Wir wünschen Ihnen viel Freude auf Ihrer Entdeckungsreise zu einer enkelfähigen Ausrichtung Ihres Unternehmens!

Inhaltsverzeichnis SustainAbility Guide

Überblick über die zehn Unternehmensbereiche, die der Sustain Abilty Guide adressiert und untersucht:

NGO
Marketing
Finanzen & Controlling
Investoren
Forschung
& Entwicklung
Shareholder
Personal
Nachhaltige
Führung

SustainAbility Guide führt durch zehn wichtige Unternehmensbereiche

Self-Assessment

1. Nachhaltige Führung

In einem erfolgreichen nachhaltigen Unternehmen spielen Sie als Führungskraft eine entscheidende und inspirierende Rolle. Sie sind die treibende Kraft hinter der nachhaltigen Transformation und zeigen mit Leidenschaft und Überzeugung, dass Nachhaltigkeit in allen Unternehmensbereichen von großer Bedeutung ist.

Als Visionäre und Vorbilder bauen Sie ein inspirierendes Zukunftsbild für das Unternehmen auf. Sie schaffen damit eine klare Ausrichtung, indem Sie Nachhaltigkeit als integralen Bestandteil des Geschäftsmodells verstehen. Sie vermitteln diese Vision mit Begeisterung, in dem Sie ihren Worten Taten folgen lassen. Ihre Teams motivieren Sie, sich aktiv für nachhaltige Praktiken im Unternehmen einzusetzen.

Sie als Führungskraft unterstützen Sie die Umsetzung der Nachhaltigkeitsstrategie, indem Sie Ressourcen bereitstellen, die notwendigen Veränderungen fördern und innovative Lösungen vorantreiben. Sie schaffen eine Kultur des Wandels und der kontinuierlichen Verbesserung, in der Ihre Mitarbeitende ermutigt werden, ihre Ideen und ihr Potenzial einzubringen.

Darüber hinaus setzen Sie sich für eine enge Zusammenarbeit mit internen und externen Stakeholdern ein. Auf diese Weise etablieren Sie ein starkes Netzwerk für den Austausch von Best Practices und gemeinsames und stetes Lernen. Nachhaltige Führung bedeutet auch, eine transparente Kommunikation und den Dialog zu fördern, um die Bedürfnisse und Erwartungen der Stakeholder zu verstehen und diese in Entscheidungsprozesse einzubeziehen.

Durch Ihr eigenes Handeln und Ihre Entscheidungen zeigen Sie, dass sie hinter den Nachhaltigkeitswerten stehen. Sie berücksichtigen ökonomische, soziale und ökologische Ziele gleichermaßen und tragen zur positiven Veränderung bei.

Als Führungskraft in einem erfolgreichen nachhaltigen Unternehmen schaffen Sie eine inspirierende Umgebung, in der jeder Mitarbeiter sein volles Potenzial entfalten und einen positiven Beitrag zur nachhaltigen Entwicklung leisten kann. Ihre Leidenschaft und Ihr Engagement wecken Lust und Motivation in Ihrem Team, um gemeinsam eine nachhaltige Zukunft zu gestalten.

Was das konkret bedeutet, erfahren Sie anhand folgender Fragestellungen.

Self-Assessment Nachhaltige Führung

Bitte lesen Sie die folgenden Fragen zum Thema nachhaltige Führung sorgfältig durch und markieren Sie auf der Skala den zutreffenden Status zu der jeweiligen Frage.

1.1 Purpose, Vision, Mission	Potenzial bisher nicht gesehen	Potenzial erkannt, aber noch nicht erschlossen	Potenzial erkannt und teilweise erschlossen	Potenzial voll erschlossen	Thema nicht relevant für uns
Tragen wir als Unternehmen eine klare Botschaft in die Welt hinaus?					
Hat diese Botschaft für die Gesellschaft und/oder Umwelt einen Wert?					
Haben wir einen starken Purpose: Wissen wir, warum wir tun, was wir tun?					
Leben unsere Mitarbeitenden diesen Purpose?					
Arbeiten wir gemeinsam auf ein enkelfähiges Zukunftsbild unseres Unternehmens hin?					
Unterstützen wir mit unserem Business die Sustainable Development Goals?					

1.2 Strategie & Performance	Potenzial bisher nicht gesehen	Potenzial erkannt, aber noch nicht erschlossen	Potenzial erkannt und teilweise erschlossen	Potenzial voll erschlossen	Thema nicht relevant für uns
Planen wir strategisch und mit langfristiger Perspektive?					
Ist unser Unternehmen zukunftsfähig und langfristig profitabel aufgestellt?					

Nehmen wir Veränderungen in unserem Umfeld wahr?					
Passen wir unsere strategische Ausrichtung aufgrund wahrgenommener Umfeldveränderungen an?					
Ist unsere Wertschöpfung in Bezug auf mögliche Risiken resilient aufgestellt?					
Wissen wir, welche gesetzlichen Anforderungen bzgl. Nachhaltigkeit auf uns zukommen?					
Entwickeln wir innovative Lösungen, um sowohl ökonomische als auch soziale und ökologische Ziele zu erreichen?					
Haben wir eine Nachhaltigkeitsstrategie mit Zielen, Maßnahmen und Kennzahlen?					
Haben wir für die Definition von Erfolg auch andere Kennzahlen als Profitabilität etabliert?					
Integrieren wir Nachhaltigkeit systemisch in alle Unternehmensbereiche?					

1.3 Umweltschutz	Potenzial bisher nicht gesehen	Potenzial erkannt, aber noch nicht erschlossen	Potenzial erkannt und teilweise erschlossen	Potenzial voll erschlossen	Thema nicht relevant für uns
Engagieren wir uns als Unternehmen für den Umweltschutz?					
Arbeiten wir aktiv an der Reduzierung unseres ökologischen Fußabdruckes?					
Arbeiten wir gemeinsam daran unsere Umwelt aktiv zu regenerieren und achten wir auf einen positiven Handabdruck in der täglichen Arbeit?					
Setzen wir erneuerbare Energien ein?					
Fördern wir mit allen Mitteln die Energieeffizienz?					
Fördern wir den verantwortungsvollen Umgang mit unseren Ressourcen?					
Setzen wir auf Abfallvermeidung und Recycling in allen Bereichen?					
Kennen wir die Auswirkungen unserer Geschäftsaktivität auf die Umwelt im Detail?					
Haben wir ein integratives Verständnis von der Natur in unserem Unternehmen etabliert?					
Bewegen wir uns mit unserem Business innerhalb der planetaren Grenzen?					

1.4 Soziale Verantwortung & Gemeinwohl	Potenzial bisher nicht gesehen	Potenzial erkannt, aber noch nicht erschlossen	Potenzial erkannt und teilweise erschlossen	Potenzial voll erschlossen	Thema nicht relevant für uns
Tragen wir eine soziale Verantwortung gegenüber unseren Mitarbeitenden, Kunden und Partnern?					
Übernehmen wir als Unternehmen eine aktive Rolle in der Gesellschaft?					

Entwickeln wir ständig unser lokales Engagement im Unternehmensumfeld weiter?					
Sind die Geschäftspraktiken entlang unserer Supply Chain transparent?					

1.5 Kultur & Bildung	Potenzial bisher nicht gesehen	Potenzial erkannt, aber noch nicht erschlossen	Potenzial erkannt und teilweise erschlossen	Potenzial voll erschlossen	Thema nicht relevant für uns
Geben wir unseren Teams eine solide Basis, damit sie ihr volles Potenzial für die Erreichung unseres gemeinsamen Zukunftsbildes entfalten können?					
Unterstützen wir unsere Mitarbeitenden, eigene Zukunftsprojekte fürs Unternehmen zu verfolgen?					
Entwickeln wir gemeinsam das Bild einer nachhaltigen Zukunft für unser Unternehmen?					
Tragen wir mit unserem Angebot zu „Sustainable Literacy“[1] bei?					
Machen wir das Thema Nachhaltigkeit für jeden unserer Mitarbeitenden zugänglich?					
Machen wir das Thema Nachhaltigkeit für jeden unserer Mitarbeitenden erlebbar?					
Ist kontinuierliches Lernen fest in unserem geschäftlichen Alltag integriert, um unser zukünftiges Zielbild zu erreichen?					
Entwickeln wir als Unternehmen gemeinsamen mit den Mitarbeitenden nachhaltige Werte?					

[1] „Sustainability Literacy“ ist das Wissen, die Fähigkeiten und die Denkweise, die es dem Einzelnen ermöglichen, sich für den Aufbau einer nachhaltigen Zukunft zu engagieren und zu diesem Zweck fundierte und wirksame Entscheidungen zu treffen.

1.6 Empowerment	Potenzial bisher nicht gesehen	Potenzial erkannt, aber noch nicht erschlossen	Potenzial erkannt und teilweise erschlossen	Potenzial voll erschlossen	Thema nicht relevant für uns
Energetisieren wir unsere Teams für das Thema Nachhaltigkeit?					
Befähigen wir unsere Teams, Nachhaltigkeit im Geschäftsalltag zu integrieren?					
Berücksichtigen wir in den Zielvereinbarungen, Bewertungen und Karriereplanungen nebst monetärer Ziele auch soziale und ökologische Ziele?					
Zeigen wir in unserer Haltung und Kommunikation eine individuelle Wertschätzung unseren Mitarbeitenden gegenüber?					
Denken wir Feedbackgespräche für eine nachhaltige Entwicklung unserer Mitarbeitenden?					
Gelingt es uns, die erzielten Ergebnisse (Outcome) stärker zu betonen als die bloße Aktivität (Output)?					
Schaffen wir mit unserer Aus- und Weiterbildung langfristig Perspektiven für unsere Mitarbeitenden?					

1.7 Prozesse und Strukturen	Potenzial bisher nicht gesehen	Potenzial erkannt, aber noch nicht erschlossen	Poten-zial erkannt und teilweise erschlossen	Potenzial voll erschlossen	Thema nicht relevant für uns
Nutzen wir Potenziale für mehr Nachhaltigkeit durch Öffnung unseres Unternehmens durch Partnerschaften? (Cross-Industry, Lieferanten, NGOs?)					
Denken wir unsere bestehenden Prozesse nachhaltig neu?					
Verabschieden wir uns kontinuierlich von überholten Prozessen?					
Bleiben wir auf dem neuesten Stand der Technik, die Nachhaltigkeit fördert?					
Nutzen wir Digitalisierung, um nachhaltige Potenziale auszuschöpfen?					
Setzen wir auf kontinuierliche Verbesserung unserer Nachhaltigkeitsbestrebungen?					

1.8 Stakeholder Engagement	Potenzial bisher nicht gesehen	Potenzial erkannt, aber noch nicht erschlossen	Poten-zial erkannt und teilweise erschlossen	Potenzial voll erschlossen	Thema nicht relevant für uns
Führen wir einen offenen Dialog mit unseren Mitarbeitenden, Kunden, Lieferanten, Investoren, Gemeinden?					
Setzen wir auf maximale Transparenz in Zusammenarbeit mit unseren Stakeholdern?					
Verstehen wir die Bedürfnisse und Erwartungen unserer Interessensgruppen?					
Beziehen wir diese in unsere Unternehmensstrategie ein?					
Nutzen wir eine gesunde Fehlerkultur für unsere nachhaltigen Ziele?					
Fördern wir Teambuilding für die Erreichung unserer nachhaltigen Ziele?					
Zeigen wir in unserem Handeln deutlich, dass wir das umsetzen, was wir sagen? (Walk the talk)					

1.9 Platz für eigene Fragen	Potenzial bisher nicht gesehen	Potenzial erkannt, aber noch nicht erschlossen	Poten-zial erkannt und teilweise erschlossen	Potenzial voll erschlossen	Thema nicht relevant für uns
....					
....					
....					

2. Personal

Das Personalwesen eines erfolgreichen nachhaltigen Unternehmens basiert vorwiegend auf Prinzipien der sozialen Verantwortung und Umweltfreundlichkeit. Es umfasst die gezielte Auswahl von Mitarbeitenden, die Werte und Vision Ihres Unternehmens teilen.

Es fördert faire Arbeitsbedingungen, transparente Kommunikation, eine ausgeglichene Work-Life-Balance und Wertschätzung Ihrer Mitarbeitenden unternehmensweit. Weiterhin legen es Wert auf Weiterbildung, Diversität und Inklusion. Nachhaltiges Personalmanagement zielt auf langfristige Beschäftigung und Mitarbeiterbindung ab.

Darüber hinaus setzen es auf umweltfreundliche Praktiken in der Arbeitsumgebung um. Ihre Personalabteilung unterstützt die Umsetzung Ihrer Nachhaltigkeitsziele und -initiativen im gesamten Unternehmen.

Es ist jedoch ebenso entscheidend, ökonomische Aspekte im Personalwesen nicht außer Acht zu lassen. Schließlich baut der wirtschaftliche Erfolg Ihres Unternehmens auf Ihren Mitarbeitenden auf. Daher sind deren Leistungsbereitschaft, Kompetenz und Mindset von entscheidender Bedeutung. Investitionen in das Wohlbefinden und die Entwicklung Ihrer Mitarbeitenden zahlen sich nicht nur sozial und ökologisch aus, sondern tragen auch zur Steigerung des wirtschaftlichen Erfolgs Ihres Unternehmens bei. Ein zufriedenes, kompetentes und nachhaltig denkendes Team ist eine wesentliche Ressource für den langfristigen Erfolg Ihres Unternehmens.

Self-Assessement Personalwesen

Nehmen Sie sich als Unternehmensverantwortliche die Zeit und tauchen Sie mit Ihrem Personalteam gemeinsam in d ie folgenden Themenfelder ein. Bitte lesen Sie die folgenden Fragen zum Thema Nachhaltigkeit im Personalwesen sorgfältig durch und markieren Sie auf der Skala den zutreffenden Status zu der jeweiligen Frage.

2.1 Rekrutierung	Potenzial bisher nicht gesehen	Potenzial erkannt, aber noch nicht erschlossen	Potenzial erkannt und teilweise erschlossen	Potenzial voll erschlossen	Thema nicht relevant für uns
Bilden die nachhaltigen Werte des Unternehmens die Grundlage bei unserem Recruiting?					
Machen wir unser nachhaltiges Handeln für interessierte Bewerber sichtbar?					
Können wir mit unserem nachhaltigen Handeln von uns als Arbeitgeber überzeugen?					
Stellen wir sicher, jene Kandidaten auszuwählen, die sich für Nachhaltigkeit interessieren und über entsprechende Kenntnisse und Erfahrungen verfügen?					
Wird im Recruiting Prozess unser Purpose genügend sichtbar?					
Berücksichtigen wir bei der Auswahl von Bewerbern auch deren Kompetenzen und Fähigkeiten, die zur Erreichung unserer Unternehmensziele beitragen können?					

2.2 Mitarbeiterentwicklung	Potenzial bisher nicht gesehen	Potenzial erkannt, aber noch nicht erschlossen	Potenzial erkannt und teilweise erschlossen	Potenzial voll erschlossen	Thema nicht relevant für uns
Schulen wir unsere Mitarbeitenden in ihren Fachbereichen kontinuierlich?					
Schulen wir unsere Mitarbeitenden in Bezug auf Nachhaltigkeit kontinuierlich?					
Stärken wir das Bewusstsein unserer Mitarbeitenden in Bezug auf Nachhaltigkeit?					

Gelingt es uns stets neues Wissen ins Unternehmen einzutragen?					
Geben wir unseren Mitarbeitenden die Möglichkeit, sich kontinuierlich in Zukunftsthemen weiterzubilden und eigene Expertisen aufzubauen?					
Fördern wir bereichsübergreifende Zusammenarbeit, um unserem Zukunftsbild näherzukommen?					
Bieten wir unseren Mitarbeitenden ausreichende Entwicklungsmöglichkeiten, um sie langfristig in unserem Unternehmen wachsen zu lassen?					

2.3 Arbeitsbedingungen	Potenzial bisher nicht gesehen	Potenzial erkannt, aber noch nicht erschlossen	Potenzial erkannt und teilweise erschlossen	Potenzial voll erschlossen	Thema nicht relevant für uns
Tun wir alles, um die physische Gesundheit unserer Mitarbeiter zu steigern?					
Tun wir alles, um die mentale Gesundheit unserer Mitarbeiter zu steigern?					
Entwickeln wir die Resilienz unserer Mitarbeiter und unserer Organisation?					
Entwickeln wir Achtsamkeit zu einem nachhaltigen Tool?					
Tragen wir zur Gesundheitsvorsorge unserer Mitarbeitenden bei?					
Fördern wir Freizeitaktivitäten, Laufgruppen und sportliche Betätigungen außerhalb der Arbeitszeiten?					
Gestalten wir die Arbeitsplätze ergonomisch?					
Sind unsere Arbeitsplätze sicher?					
Integrieren wir ausreichende Bewegung in den Arbeitsalltag unserer Mitarbeitenden?					
Achten wir auf ausreichende Pausenzeiten unserer Mitarbeitenden?					
Zahlen wir mit der Gestaltung der Arbeitsplätze auf Nachhaltigkeit ein?					
Achten wir auf eine ausreichende Belüftung und Klimatisierung der Arbeitsräume?					
Achten wir auf eine ausreichende Beleuchtung in den Arbeitsräumen?					
Stellen wir sicher, dass unsere Mitarbeitenden sich am Arbeitsplatz wohlfühlen?					
Bieten wir genügend Rückzugsmöglichkeiten für konzentrierte Einzelarbeit?					
Fördern wir kreative Teamarbeit mit entsprechenden Räumlichkeiten und Tools?					
Sorgen wir für angemessene nachhaltige Arbeitsmittel?					
Ermöglichen wir flexible Arbeitsmodelle?					
Haben wir eine gesunde und effiziente Meeting-Kultur?					
Bieten wir Lebensmittel mit geringem CO_2 Abdruck, aus regionalem Anbau, möglichst unverpackt in unseren Kantinen an?					

Gelingt es uns, Lebensmittelverschwendung zu minimieren?					
Achten wir im Bereich Verpflegung auf sinnvollen Umgang mit Plastik?					
Achten wir auf im Bereich Verpflegung auf eine nachhaltige Logistik?					
Bieten wir ausreichende Alternativen oder sogar gar keine tierischen Lebensmittel mehr an?					
Bieten wir gesunde und ausgewogene Mahlzeiten an?					
Gelingt es uns Verpackungsmaterialien zu minimieren?					
Arbeiten wir mit Mehrwegsystemen von Lebensmittel- und Getränkeverpackungen?					
Bieten wir nachhaltige und gesunde Getränke an?					
Ist unsere Arbeitskleidung nachhaltig hergestellt?					
Ist unsere Arbeitskleidung nachhaltig gereinigt?					
Ist unsere Arbeitskleidung nachhaltig repariert bzw. entsorgt?					
Fühlen sich unsere Mitarbeitenden wohl in den Arbeitskleidern?					
Entsprechen die Unterkünfte unserer Mitarbeitenden den geltenden gesetzlichen Standards in Bezug auf Wohnqualität und Sicherheit?					
Fördern wir die Nutzung von umweltfreundlichen Verkehrsmitteln wie Fahrgemeinschaften, öffentlichen Verkehrsmitteln oder Jobrad?					
Gibt es ein Feedback-System, um die Zufriedenheit unserer Mitarbeitenden zu erfassen?					
Haben unsere Mitarbeitenden die Möglichkeit, Bedenken oder Probleme jeglicher Art zu äußern?					
Werden Schritte unternommen, um auf Anliegen der Mitarbeitenden einzugehen und mögliche Verbesserungen vorzunehmen?					

2.4 Vielfalt und Inklusion	Potenzial bisher nicht gesehen	Potenzial erkannt, aber noch nicht erschlossen	Potenzial erkannt und teilweise erschlossen	Potenzial voll erschlossen	Thema nicht relevant für uns
Gehen wir die Themen Mobbing in unserem Unternehmen aktiv an?					
Gehen wir das Thema sexuelle Belästigung in unserem Unternehmen aktiv an?					
Stellen wir sicher, dass alle Mitarbeitenden unabhängig von ihrem Geschlecht ihrer ethnischen Zugehörigkeit, ihrer sexuellen Orientierung oder anderen Merkmalen gleiche Chancen haben?					
Unterstützen wir unsere Mitarbeitenden beim Thema Kinderbetreuung?					
Stellen wir sicher, dass beiden Elternpaare die gleichen Unterstützungsmöglichkeiten geboten werden?					
Fördern wir aktiv auch väterliche Elternzeiten?					
Klären wir über gleichberechtige Arbeitszeitmodelle für Elternpaare auf?					

2.5 Mitarbeiterengagement	Potenzial bisher nicht gesehen	Potenzial erkannt, aber noch nicht erschlossen	Poten-zial erkannt und teilweise erschlossen	Potenzial voll erschlossen	Thema nicht relevant für uns
Fördern wir Nachhaltigkeitsinitiativen unserer Mitarbeitenden?					
Haben Mitarbeitende die Möglichkeit, ihre Ideen für die nachhaltige Entwicklung des Unternehmens einzubringen?					
Binden wir die Kenntnisse und Fähigkeiten unserer Mitarbeitenden in unsere Nachhaltigkeitsstrategie ein?					
Sensibilisieren wir unsere Mitarbeiter zu einem verantwortungsvollen Umgang mit Ressourcen wie Wasser, Papier, Energie etc.?					
Schaffen wir ein positives Arbeitsklima?					
Gelingt es uns aus Fehlern kontinuierlich zu lernen?					
Teilen unsere Mitarbeitenden unseren Purpose?					
Identifizieren sich unsere Mitarbeitenden mit unserer Unternehmensstrategie?					
Sind unsere Strategie und unser Weg allen Mitarbeitenden bekannt?					
Gelingt es uns, jeden einzelnen Mitarbeiter in dem zu befähigen, was sie am besten können?					

2.6 Nachhaltige Vergütung und Anreize	Potenzial bisher nicht gesehen	Potenzial erkannt, aber noch nicht erschlossen	Poten-zial erkannt und teilweise erschlossen	Potenzial voll erschlossen	Thema nicht relevant für uns
Ist unsere Entlohnung und unser Prämiensystem sozial gestaltet?					
Sorgen wir für Fairness für alle Mitarbeitende?					
Belohnen wir nachhaltige Verhaltensweisen und Leistungen unserer Mitarbeitenden durch entsprechend ausgerichtete Anreizsysteme?					
Nutzen wir nachhaltige Potenziale in Prämiensystemen?					

2.7 Platz für eigene Fragen	Potenzial bisher nicht gesehen	Potenzial erkannt, aber noch nicht erschlossen	Poten-zial erkannt und teilweise erschlossen	Potenzial voll erschlossen	Thema nicht relevant für uns
....					
....					
....					

3. Forschung & Entwicklung

Als nachhaltiges Unternehmen haben Sie mit Ihrer Forschung und Entwicklung (F&E) die wichtige Aufgabe, für die Umwelt und Gesellschaft klügere Lösungen zu entwickeln. Sie gehen mit wirtschaftlich attraktiven Angeboten, ökologische und soziale Herausforderungen innovativ an. Durch einen systematischen Ansatz treiben Sie langlebige und kreislauffördernde Produkt- und Prozessinnovationen voran. Dabei legen Sie den Fokus auf Identifizierung und Verwendung umweltfreundlicher Materialien, Verbesserung von Produktionsprozessen und Erschließung/Anwendung alternativer Energiequellen, um Ressourcenverbrauch und Emissionen zu reduzieren.

Sie ermöglichen mit Ihrem F&E-Team Wissensaustausch und den Zugang zu neuesten wissenschaftlichen Erkenntnissen, in dem Sie die Zusammenarbeit mit Universitäten, Forschungseinrichtungen und Branchennetzwerken fördern. Durch einen iterativen Innovationsprozess, bei dem Prototypen kostengünstig hergestellt und getestet werden, stellt Ihr Team sicher, dass nachhaltige Lösungen effizient und effektiv in die Praxis umgesetzt werden können.

Zudem verfolgt Ihr F&E-Team Trends und Entwicklungen im Bereich Nachhaltigkeit, um frühzeitig auf neue Herausforderungen zu reagieren. Eine enge Verknüpfung zwischen F&E, Unternehmensstrategie und Nachhaltigkeitszielen ist entscheidend, um langfristigen Erfolg zu gewährleisten und einen positiven Beitrag für Gesellschaft und Umwelt zu leisten.

Durch die Entwicklung klügerer Lösungen trägt Ihre F&E-Abteilung maßgeblich zur Innovationskraft Ihres nachhaltigen Unternehmens bei.

Self-Assessement Forschung & Entwicklung

Begeben Sie sich als Unternehmensführung nun gemeinsam mit Ihrem Team auf Entdeckungstour von Nachhaltigkeitspotenzialen im Bereich der Forschung & Entwicklung in Ihrem Unternehmen. Bitte lesen Sie die folgenden Fragen sorgfältig durch und markieren Sie auf der Skala den zutreffenden Status zu der jeweiligen Frage.

3.1 Value Proposition Design	Potenzial bisher nicht gesehen	Potenzial erkannt, aber noch nicht erschlossen	Potenzial erkannt und teilweise erschlossen	Potenzial voll erschlossen	Thema nicht relevant für uns
Arbeiten wir mit dem Ansatz von Planet Centric Design?					
Denken wir beim Design unserer Produkte in Kreisläufen?					
Haben wir beim Design die gesamte Wertschöpfungskette im Blick?					
Binden wir Akteure in der Wertschöpfungskette in den Design Prozess ein?					
Denken wir beim Design unserer Produkte bereits in zirkulären Geschäftsmodellen?					
Kümmern wir uns nicht nur um die Bedürfnisse unserer Kunden, sondern auch um die des Planeten?					
Schaffen wir Nutzen sowohl für unsere Kunden als auch für den Planeten, indem wir positive Veränderungen für beide Seiten anstreben?					
Leistet unser Angebot einen positiven Beitrag zu den Sustainable Development Goals?					
Achten wir beim Design auf umweltfreundliche Materialien?					
Ist unser Angebot nachhaltig verpackt?					
Gelangt unser Produkt nachhaltig zum Kunden?					
Wissen wir, wo unsere Komponenten herkommen?					
Achten wir schon beim Design auf resiliente Lieferketten?					
Achten wir auf Minimierung von Materialeinsatz?					
Sind unsere Produkte kreislauffähig?					

Beachten wir die Reduzierung von Abfällen bereits im Designprozess?					
Sind unsere Angebote langlebig gedacht?					
Haben wir interne Nachhaltigkeitsstandards für das Design neuer Angebote etabliert?					
Ist das Nutzererlebnis (User Journey) mit unserem Angebot auf nachhaltige Weise gestaltet?					
Wissen wir, was mit unserem Produkt nach dem Gebrauch passiert?					
Wissen wir, wie unser Produkt entsorgt wird?					
Arbeiten wir mit Forschungseinrichtungen zum Thema Recycling und Upcycling?					
Können wir die Lebensdauer unserer Produkte durch Reparatur, Wartung und Upcycling verlängern?					
Berücksichtigen wir die sozialen Auswirkungen unserer Angebote neben den Umweltauswirkungen?					
Setzen wir Ecodesign-Prinzipien ein, um Produkte von vornherein so zu gestalten, dass sie leicht recycelbar oder wiederverwendbar sind?					
Setzen wir Ecodesign-Prinzipien ein, um Produkte von vornherein so zu gestalten, dass sie leicht recycelbar oder wiederverwendbar sind?					
Untersuchen wir die Möglichkeit, innovative Geschäftsmodelle zu entwickeln, die Sharing Economy basieren?					
Denken wir bereits bestehende Produkte neu?					
Verwenden wir standardisierte Mehrwegverpackungen für unsere Produkte?					
Achten wir auf wiederabbaubare Verpackungen aus natürlichen Quellen?					
Lassen wir uns beim Design neuer Produkte von der Natur inspirieren, um klügere Lösungen zu finden?					

3.2 Ressourcenplanung	Potenzial bisher nicht gesehen	Potenzial erkannt, aber noch nicht erschlossen	Potenzial erkannt und teilweise erschlossen	Potenzial voll erschlossen	Thema nicht relevant für uns
Arbeiten wir mit dem neusten Stand der Technik, um Nachhaltigkeitspotenziale auszuschöpfen?					
Entwickeln wir energieeffiziente Technologien und Prozesse?					
Setzen wir energieeffiziente Technologien und Prozesse für das Design unserer Angebote ein?					
Reduzieren wir mit unserem Angebot den Energieverbrauch?					
Reduzieren wir mit unserem Angebot den Verbrauch von Wasser?					
Sind uns die Umweltauswirkungen unserer neuen Angebote bekannt?					

3.3 Nachhaltigkeitsforschung	Potenzial bisher nicht gesehen	Potenzial erkannt, aber noch nicht erschlossen	Poten-zial erkannt und teilweise erschlossen	Potenzial voll erschlossen	Thema nicht relevant für uns
Betreiben wir aktive Forschung und Entwicklung in den Bereichen erneuerbare Energien, Kreislaufwirtschaft und nachhaltige Materialien?					
Kooperieren wir mit akademischen Institutionen und externen Forschungspartnern, um innovative nachhaltige Technologien zu entwickeln?					
Arbeiten wir an Projekten zur Verbesserung der Umweltverträglichkeit und Nachhaltigkeit unserer Produkte und Dienstleistungen?					
Unterstützen wir die Entwicklung von branchenübergreifenden Nachhaltigkeitsstandards und -richtlinien?					

3.4 Partnerschaften	Potenzial bisher nicht gesehen	Potenzial erkannt, aber noch nicht erschlossen	Poten-zial erkannt und teilweise erschlossen	Potenzial voll erschlossen	Thema nicht relevant für uns
Nutzen wir Up-Stream-Partnerschaften (in Richtung der Lieferanten) in der Wertschöpfungskette, um Nachhaltigkeitspotenziale auszuschöpfen?					
Nutzen wir Down-Stream-Partnerschaften (in Richtung Endabnehmer) in der Wertschöpfungskette, um Nachhaltigkeitspotenziale auszuschöpfen?					
Nutzen wir die Zusammenarbeit mit Forschungseinrichtungen, um Nachhaltigkeitspotenziale auszuschöpfen?					
Arbeiten wir mit öffentlichen Einrichtungen, um Nachhaltigkeitspotenziale auszuschöpfen?					
Ist uns bekannt, welche Partnerschaften uns unterstützen können, um unsere Angebote nachhaltiger zu designen?					

3.5 Platz für eigene Fragen	Potenzial bisher nicht gesehen	Potenzial erkannt, aber noch nicht erschlossen	Poten-zial erkannt und teilweise erschlossen	Potenzial voll erschlossen	Thema nicht relevant für uns
....					
....					
....					

4. Beschaffung

Die Beschaffung eines nachhaltigen Unternehmens beinhaltet die strategische Auswahl von Lieferanten und die Gestaltung von Lieferketten, die ökologische und soziale Kriterien erfüllen und wirtschaftliche Aspekte im Auge behalten. Durch umfassende Nachhaltigkeitskriterien und Audits werden potenzielle Lieferanten bewertet und Partnerschaften aufgebaut, die den Unternehmenswerten entsprechen. Ihre Beschaffungsabteilung arbeitet eng mit anderen Abteilungen zusammen, um die Umsetzung von Nachhaltigkeitszielen zu gewährleisten.

Eine nachhaltige Beschaffung kann zum Erfolg Ihres Unternehmens beitragen, indem sie die Lieferkettentransparenz verbessert, Kreisläufe stärkt und den Zugang zu nachhaltigeren Materialien eröffnet. Durch die Zusammenarbeit mit ausgewählten Lieferanten kann sie zudem Kosten einsparen, Effizienzen steigern und Innovationen realisieren. Eine nachhaltige Beschaffung trägt zur langfristigen Wettbewerbsfähigkeit und zum Erfolg Ihres Unternehmens bei.

Self-Assessement Beschaffung

Entdecken Sie als Geschäftsführung nachfolgend mit Ihrem Team brachliegende Potenzialfelder für Nachhaltigkeit im Bereich Beschaffung. Bitte lesen Sie die folgenden Fragen rund um das Thema Beschaffung sorgfältig durch und markieren Sie auf der Skala den zutreffenden Status zu der jeweiligen Frage.

4.1 Verantwortungsvolle Beschaffung	Potenzial bisher nicht gesehen	Potenzial erkannt, aber noch nicht erschlossen	Potenzial erkannt und teilweise erschlossen	Potenzial voll erschlossen	Thema nicht relevant für uns
Stammen unsere Komponenten und Materialien aus verantwortungsvollen Quellen?					
Achten wir bei der Beschaffung unserer Materialien auf „Fair Trade“?					
Stellen wir sicher, dass bei der Beschaffung Umweltauswirkungen minimiert werden?					
Besteht ein Bestreben zum Local Sourcing von unseren Komponenten?					
Ist uns bekannt, an welchen Stellen in der Lieferkette wir CO_2 reduzieren können?					
Ist die Verpackung der angelieferten Ware nachhaltig und wiederverwendbar?					
Sind uns die Anforderungen des Lieferkettensorgfaltspflichtengesetzes im Detail bekannt?					
Fördern wir mit unserer Beschaffung Kreislaufwirtschaft, Recycling und Vermeidung von Einwegprodukten?					
Sparen wir Einkaufskosten durch Wiederverwendung von Materialien?					
Lassen wir abgenutzte Gegenstände wo möglich aufarbeiten (z. B. Refurbishment von Möbeln und Smartphones)?					

4.2 Transparente Lieferketten	Potenzial bisher nicht gesehen	Potenzial erkannt, aber noch nicht erschlossen	Poten-zial erkannt und teilweise erschlossen	Potenzial voll erschlossen	Thema nicht relevant für uns
Sind uns die Geschäftspraktiken entlang der Lieferkette bekannt und transparent?					
Ist uns bekannt, dass keine illegalen und unethischen Praktiken in unserer Lieferkette involviert sind?					
Gestalten und entwickeln wir unsere Lieferkette passend zu unserem enkelfähigen Zukunftsbild?					
Leisten wir aktiv einen positiven Beitrag zum Umweltschutz mit unserer Beschaffung?					
Arbeiten wir mit unseren Lieferanten an innovativen Lösungen für mehr Nachhaltigkeit in der Lieferkette?					
Findet ein kontinuierlicher Austausch von Wissen, Erfahrungen und Technologien mit unseren Lieferanten statt?					
Haben wir mit unseren Lieferanten gemeinsame Nachhaltigkeits-ziele definiert?					
Pflegen wir eine offene und partnerschaftliche Kommunikation mit unseren Lieferanten?					
Haben wir ein Lieferantenbewertungssystem installiert?					
Arbeiten wir mit unseren Lieferanten zusammen, um Materialien zurückzunehmen und in den Produktionskreislauf zurückzuführen?					
Finden Nachhaltigkeitsaspekte in dieser Lieferantenbewertung ausreichend Beachtung?					

4.3 Platz für eigene Fragen	Potenzial bisher nicht gesehen	Potenzial erkannt, aber noch nicht erschlossen	Poten-zial erkannt und teilweise erschlossen	Potenzial voll erschlossen	Thema nicht relevant für uns
....					
....					

5. Produktion

Die Produktionsabteilung eines erfolgreichen nachhaltigen Unternehmens ist effizient und umweltfreundlich aufgestellt. Durch den Einsatz modernster Technologien und durchgehender Digitalisierung erreichen Sie einen hohen Grad an Ressourceneffizienz und Abfallvermeidung.

Sie setzen auf erneuerbare Energiequellen, um den Energiebedarf zu decken, und nutzen nachhaltige Materialien für die Herstellung Ihrer Produkte. Mit Ihrem strikten Qualitätsmanagement gewährleisten Sie, dass Komponenten aus Re- und Upcycling-Quellen den hohen Qualitätsstandards entsprechen.

Ihre Mitarbeitende werden kontinuierlich geschult und sensibilisiert, um nachhaltige Praktiken in ihren Arbeitsalltag zu integrieren. Ein enger Austausch mit der Forschung & Entwicklung, mit Lieferanten und Dienstleistern fördern den Einsatz neuer umweltfreundlicher Technologien.

Ihre Produktionsabteilung arbeitet eng mit internen und externen Partnern zusammen, um innovative Lösungen umzusetzen und den gesamten Produktionsprozess effizient, ressourcenschonend und umweltfreundlich zu gestalten. Durch diese ganzheitliche Herangehensweise trägt Ihre Produktionsabteilung maßgeblich zur Nachhaltigkeitsstrategie Ihres Unternehmens bei.

Self-Assessement Produktion

Nachfolgend haben Sie als Führungskraft die Möglichkeit, Potenzialfelder für den Bereich Produktion in Ihrem Unternehmen zu erkunden. Nehmen Sie sich die Zeit und bearbeiten Sie gemeinsam mit ihrem Team durch die folgenden Fragenstellungen. Lesen Sie die Fragen sorgfältig durch und markieren Sie den zutreffenden Status zu der jeweiligen Frage auf der Skala.

5.1 Ressourceneffizienz	Potenzial bisher nicht gesehen	Potenzial erkannt, aber noch nicht erschlossen	Potenzial erkannt und teilweise erschlossen	Potenzial voll erschlossen	Thema nicht relevant für uns
Haben wir unseren Energieeinsatz zu einem Minimum reduziert?					
Setzen wir erneuerbare Energien ein?					
Sind Maßnahmen definiert, um unseren Wasserverbrauch zu minimieren?					
Gehen wir sparsam mit dem Einsatz von Rohstoffen um?					
Setzen wir energieeffiziente Technologien ein?					
Achten wir auf die Vermeidung und Minimierung von Abfällen?					
Setzen wir Verfahren für Recycling für die Wiederverwendung von Materialien ein?					
Setzen wir auf Abgasreduktion?					
Wissen wir, wie wir weiter den CO_2-Ausstoß reduzieren können?					
Setzen wir umweltfreundliche Materialien ein?					
Sind unsere Materialien biologisch abbaubar?					
Sind unsere Reinigungsmittel umweltfreundlich?					
Haben wir schädliche Chemikalien bereits eliminiert?					
Implementieren wir Lean-Prinzipien, um den Ressourceneinsatz in unseren Produktionsprozessen zu optimieren?					
Haben wir ein System zur kontinuierlichen Überwachung und Berichterstattung über unseren Ressourcenverbrauch implementiert?					

5.2 Produktionsprozess	Potenzial bisher nicht gesehen	Potenzial erkannt, aber noch nicht erschlossen	Poten-zial erkannt und teilweise erschlossen	Potenzial voll erschlossen	Thema nicht relevant für uns
Haben wir Maßnahmen definiert, um den Ausstoß von Treibhausgasen, Luftverschmutzung und anderen schädlichen Emissionen zu minimieren?					
Setzen wir emissionsarme Technologien ein?					
Wissen wir, wie nachhaltiger Arbeitsschutz aussehen kann?					
Schöpfen wir Potenziale im Bereich Steuerung der Produktionsprozesse, um Fehlproduktion nachhaltig zu vermeiden?					
Nutzen wir unsere Qualitätssicherung zur Nachhaltigkeitssteigerung?					
Ist unser Reinigungsprozess nachhaltig durchdacht?					
Nutzen wir nachhaltige Potenziale im Bereich Produktionsplanung?					
Stellen wir sicher, dass bei Produktwechsel wenig Material verschwendet wird.					
Nutzen wir nachhaltige Potenziale im Bereich Partnerschaften in der Produktion?					

5.3 Kreislauffähigkeit	Potenzial bisher nicht gesehen	Potenzial erkannt, aber noch nicht erschlossen	Poten-zial erkannt und teilweise erschlossen	Potenzial voll erschlossen	Thema nicht relevant für uns
Wissen wir, welche Materialien wir einem Upcycling zuführen können?					
Ist unser Recyclingprozess nachhaltig durchdacht?					
Wissen wir, welche Kreislaufsysteme wir kreieren können?					
Haben wir bereits Kreislaufsysteme implementiert, um Materialien wiederzuverwenden?					
Sorgen wir dafür, dass Materialien vom Endverbrauer wieder zu uns zurückfinden?					
Nutzen wir nachhaltige Potenziale im Bereich Abfall & Reststoffe?					
Arbeiten wir branchenübergreifend zum Thema Cradle to Cradle?					

5.4 Platz für eigene Fragen	Potenzial bisher nicht gesehen	Potenzial erkannt, aber noch nicht erschlossen	Poten-zial erkannt und teilweise erschlossen	Potenzial voll erschlossen	Thema nicht relevant für uns
....					
....					
....					

6. Marketing

Das Marketing eines erfolgreichen nachhaltigen Unternehmens ist auf eine transparente und authentische Kommunikation auf Augenhöhe mit seinen Kunden und Kundinnen ausgelegt. Es legt großen Wert darauf, die Nachhaltigkeitsbemühungen Ihres Unternehmens hervorzuheben und die Verbraucher über die positiven Auswirkungen ihrer Kaufentscheidungen zu informieren.

Ihre Marketingstrategie basiert auf ethischen Prinzipien und beinhaltet eine klare Darstellung der ökologischen und sozialen Verantwortung Ihres Unternehmens. Ihre umweltfreundlichen Produkteigenschaften werden betont und Nachhaltigkeitslabels und Zertifizierungen genutzt, um die Glaubwürdigkeit zu stärken.

Eine aktive Präsenz in den sozialen Medien und der Einsatz von Influencer-Marketing helfen Ihnen, eine breite Zielgruppe zu erreichen. Das Marketingteam arbeitet eng mit anderen Abteilungen zusammen, um sicherzustellen, dass die gesamte Wertschöpfungskette nachhaltige Prinzipien einhält. Durch diese Ausrichtung stärkt Ihr Marketing das Vertrauen der Kunden und fördert eine langfristige Bindung an die Marke.

Self-Assessement Marketing

Marketing ist Ihr Bindeglied zum Kunden. Entdecken Sie die Potenzialfelder für Nachhaltigkeit in diesem Bereich, in dem Sie die folgenden Fragen sorgfältig durchlesen und gemeinsam mit Ihrem Marketing-Team den zutreffenden Status auf der Skala markieren.

6.1 Kundenbeziehung und Kommunikation	Potenzial bisher nicht gesehen	Potenzial erkannt, aber noch nicht erschlossen	Potenzial erkannt und teilweise erschlossen	Potenzial voll erschlossen	Thema nicht relevant für uns
Ist unsere Kommunikation zum Kunden ehrlich und transparent?					
Ist dem Kunden unser „nachhaltiges Warum“ – unser Purpose – bekannt?					
Gelingt es uns, unsere Kunden ständig im Blick zu haben, zu kennen und zu verstehen?					
Haben wir eine langfristige Kundenbeziehung auf Augenhöhe etabliert?					
Schaffen wir es, nicht nur Produkte zu verkaufen, sondern eine Botschaft zu vermitteln?					
Setzen wir nachhaltige Druck- und Etikettierungsmaterialien ein?					
Bieten wir Informationen zur umweltfreundlichen Entsorgung unserer Verpackungen und Produkte?					

6.2 Nachhaltigkeit und Ethik	Potenzial bisher nicht gesehen	Potenzial erkannt, aber noch nicht erschlossen	Potenzial erkannt und teilweise erschlossen	Potenzial voll erschlossen	Thema nicht relevant für uns
Gelingt uns ein Datenschutz unserer Kunden nachhaltig?					
Entwickeln wir Communities, die nachhaltig auf Gesellschaft und Umwelt wirken?					
Bringen wir einen Mehrwert für die Gesellschaft durch unsere Social-Media-Aktivitäten?					
Machen wir Ethik in unserem Business für unsere Stakeholder sichtbar und greifbar?					

Sichern wir die langfristige Sicherheit und Zufriedenheit unserer Kunden mit unseren Angeboten?					
Können wir maximale Transparenz über unser Angebot herstellen?					
Binden wir informierte Verbraucher aktiv ein, um das volle Potenzial der Nachhaltigkeit auszuschöpfen?					
Schaffen wir es, mit unseren Angeboten nachhaltiges Wissen an unsere Stakeholder zu vermitteln?					
Ist sichergestellt, dass Greenwashing in unserer Kommunikation keinen Platz hat?					
Legen wir die Herkunft unserer Produkte offen?					
Sind unsere Events nachhaltig organisiert?					
Kooperieren wir mit Influencern und Partnern, die unsere Nachhaltigkeitswerte teilen?					
Verleihen wir unserer Marke durch Partnerschaften und Kooperationen im Nachhaltigkeitsbereich Glaubwürdigkeit?					
Arbeiten wir mit gemeinnützigen Organisationen oder NGOs zusammen, um soziale und umweltbezogene Zwecke zu unterstützen?					

6.3 Marketingstrategie und Kundenverständnis	Potenzial bisher nicht gesehen	Potenzial erkannt, aber noch nicht erschlossen	Potenzial erkannt und teilweise erschlossen	Potenzial voll erschlossen	Thema nicht relevant für uns
Wissen wir, wie Werbung nachhaltig neu gedacht werden kann?					
Wissen wir, wie der Kunde im Detail mit unseren Produkten umgeht?					
Wissen wir, warum Menschen bei uns kaufen?					
Kennen wir die Bedürfnisse und Werte nachhaltig bewusster Kunden?					
Wecken wir in unseren Kunden ein größeres Nachhaltigkeitsbewusstsein?					
Zahlt unser Marketing auf die Sustainable Development Goals ein?					

6.4 Platz für eigene Fragen	Potenzial bisher nicht gesehen	Potenzial erkannt, aber noch nicht erschlossen	Potenzial erkannt und teilweise erschlossen	Potenzial voll erschlossen	Thema nicht relevant für uns
....					
....					
....					

7. Vertrieb

Im Vertrieb eines erfolgreichen nachhaltigen Unternehmens steht eine kundenorientierte und nachhaltige Ausrichtung im Fokus. Durch aktive Kundenbindung und Betonung der Nachhaltigkeitsvorteile der Produkte gelingt es Ihrem Vertriebsteam enge Beziehung zu den Kunden aufzubauen.

Transparente und ethische Verkaufsprozesse gewährleisten Vertrauen und Glaubwürdigkeit. Dabei setzt Ihr Team auf umweltfreundliche Verpackungen und Versandlösungen, um ökologische Belastungen zu minimieren.

Ihr Kundenservice ist stets erreichbar und informiert kompetent über Fragen zu Nachhaltigkeit und Produktqualität. Durch Kooperationen mit Einzelhandelspartnern, die dieselben nachhaltigen Werte teilen, erreichen Sie eine größere Reichweite. Diese kundenorientierte und nachhaltige Ausrichtung im Vertrieb festigt Ihre Kundenbeziehungen und unterstützt den Erfolg Ihres Unternehmens nachhaltig.

Self-Assessement Vertrieb

Bitte lesen Sie die folgenden Fragen zum Thema Vertrieb sorgfältig durch und markieren Sie auf der Skala den zutreffenden Status im Kontext der Nachhaltigkeit zu der jeweiligen Frage.

7.1 Vertriebsstrategie	Potenzial bisher nicht gesehen	Potenzial erkannt, aber noch nicht erschlossen	Potenzial erkannt und teilweise erschlossen	Potenzial voll erschlossen	Thema nicht relevant für uns
Setzen wir Nachhaltigkeit für einen fairen Wettbewerb ein?					
Wirken wir Korruption effizient entgegen?					
Zahlt unser Vertriebssystem auf die Sustainable Development Goals ein?					
Bieten wir Produkte und Dienstleistungen an, die langlebig und reparierbar sind?					
Haben wir eine nachhaltige Preisstrategie, die fairen Handel und langfristige Kundenbeziehungen fördert?					
Berücksichtigen wir die sozialen und ökologischen Kosten bei der Preisgestaltung unserer Produkte?					
Gibt es Anreize für Kunden, nachhaltige Produkte zu wählen, wie bspw. Rabatte oder Prämien?					
Bieten wir nachhaltige Produktangebote an?					
Nutzen wir Partnerprogramme, um nachhaltige Produkte und Lösungen gemeinsam zu vermarkten?					

7.2 Kundenkontakt und Beziehungen	Potenzial bisher nicht gesehen	Potenzial erkannt, aber noch nicht erschlossen	Potenzial erkannt und teilweise erschlossen	Potenzial voll erschlossen	Thema nicht relevant für uns
Gestalten wir unsere/n Kundenkontakt/-besuche nachhaltig?					
Wissen wir, wie nachhaltig gedachte Kundenbeziehungen aussehen?					
Haben wir ein Bild davon, wie nachhaltiges Reklamationswesen aussehen kann?					
Haben wir ein Konzept für nachhaltiges Beschwerdemanagement und Kundenrückgewinnung?					

Fördern wir bei unseren Kunden die Pflege, Reparatur und Wiederverwendung unserer Produkte?					
Setzen wir Anreize für Kunden, Produkte zu recyceln oder zurückzugeben?					
Schulen wir unser Vertriebspersonal, damit sie Kunden über die Nachhaltigkeitsvorteile unserer Produkte aufklären können?					
Bieten wir Schulungen für unsere Kunden an, um nachhaltige Nutzung und Entsorgung zu unterstützen?					

7.3 Messung & Erfolg	Potenzial bisher nicht gesehen	Potenzial erkannt, aber noch nicht erschlossen	Potenzial erkannt und teilweise erschlossen	Potenzial voll erschlossen	Thema nicht relevant für uns
Wissen wir, wie sichtbar nachhaltige Veranstaltungen uns erfolgreich machen können?					
Haben wir Erfolgsmessungen für unseren Vertrieb implementiert, die nicht (nur) auf reinen Absatz- und Wachstumszahlen beruhen?					
Haben wir KPIs (Key Performance Indicators) für nachhaltige Vertriebsziele definiert und verfolgen diese?					

7.4 Nachhaltige Mobilität	Potenzial bisher nicht gesehen	Potenzial erkannt, aber noch nicht erschlossen	Potenzial erkannt und teilweise erschlossen	Potenzial voll erschlossen	Thema nicht relevant für uns
Haben wir Richtlinien oder Anreize für die Nutzung umweltfreundlicher Fahrzeuge für unser Vertriebspersonal?					
Fördern wir nachhaltige Mobilität wie öffentliche Verkehrsmittel, Fahrradnutzung oder Fahrgemeinschaften für unsere Vertriebsmitarbeiter?					
Ermutigen wir unser Vertriebspersonal dazu, Besprechungen und Kundenbesuche so zu planen, dass Fahrten minimiert werden?					
Bieten wir Optionen für Homeoffice oder virtuelle Kundenmeetings an, um die Notwendigkeit von Geschäftsreisen zu reduzieren?					
Verfolgen wir den CO_2-Fußabdruck unserer Vertriebsaktivitäten und setzen uns Ziele zur Reduzierung?					
Haben wir Maßnahmen ergriffen, um Geschäftsreisen nachhaltiger zu gestalten, wie etwa den Einsatz von Videokonferenztechnologie?					

7.5 Platz für eigene Fragen	Potenzial bisher nicht gesehen	Potenzial erkannt, aber noch nicht erschlossen	Poten- zial erkannt und teilweise erschlossen	Potenzial voll erschlossen	Thema nicht relevant für uns
....					
....					
....					

8. Logistik

Die Logistik eines nachhaltigen Unternehmens zeichnet sich durch ihre effiziente und umweltfreundliche Ausrichtung aus. Dabei wird besonderes Augenmerk auf die Optimierung der Lieferkette gelegt, um Transportwege zu minimieren und den CO_2-Fußabdruck zu reduzieren.

Durch den Einsatz von Technologien für Routenoptimierung werden Echtzeitdaten erfasst, um Ressourcen effizient zu nutzen. Um Abfall zu reduzieren, werden nachhaltige Verpackungsmaterialien eingesetzt. Zudem wird eine sorgfältige Bestandsverwaltung durchgeführt, um Überproduktion und Verschwendung zu vermeiden.

Als nachhaltiges Unternehmen pflegen Sie enge Partnerschaften mit Lieferanten, um gemeinsam nachhaltige Lösungen entlang der gesamten Logistikkette umzusetzen. Diese ganzheitliche Ausrichtung ermöglicht es, eine effiziente und umweltschonende Logistik zu gewährleisten.

Self-Assessement Logistik

Entdecken Sie nun das Potenzial für mehr Nachhaltigkeit im Bereich Logistik Ihres Unternehmens. Lesen Sie gemeinsam mit Ihrem Team die nachfolgenden Fragen durch und markieren Sie den zutreffenden Status auf der Skala.

8.1 Logistikprozesse	Potenzial bisher nicht gesehen	Potenzial erkannt, aber noch nicht erschlossen	Poten- zial erkannt und teilweise erschlossen	Potenzial voll erschlossen	Thema nicht relevant für uns
Ist uns bekannt, wie wir durch effiziente Routenplanung Geld und Energie sparen können?					
Setzen wir moderne Routing- und Telematiksysteme ein für optimale Transportrouten?					
Nutzen wir Partnerschaften mit anderen Unternehmen oder Plattformen, um Leerfahrten zu vermeiden?					
Wissen wir, wie wir Transportwege (lokal anstatt global) nachhaltig neu denken können?					
Denken wir Kühlketten nachhaltig neu?					
Verwenden wir energieeffiziente Kühltechnologien und erneuerbare Energiequellen für unsere Kühlketten?					
Sind unsere Lagerhaltung und das Bestandsmanagement effizient aufgestellt?					
Setzen wir moderne Lagerverwaltungssysteme und Technologien wie RFID ein, um den Lagerbestand zu optimieren und Energie zu sparen.					

Setzen wir neue Technologien ein, um Lagerbestände zu reduzieren und Energie zu sparen?					
Haben wir automatisierte Lager- und Kommissioniersysteme sowie Predictive Analytics für die Bestandsreduzierung und Energieeinsparung im Einsatz?					

8.2 Umweltschutz	Potenzial bisher nicht gesehen	Potenzial erkannt, aber noch nicht erschlossen	Potenzial erkannt und teilweise erschlossen	Potenzial voll erschlossen	Thema nicht relevant für uns
Werden umweltfreundliche Verpackungsmaterialien eingesetzt?					
Verwenden wir recycelbare und biologisch abbaubare Verpackungsmaterialien?					
Setzen wir womöglich Mehrweg-Transport-Verpackungen ein?					
Ist Umweltschutz als Leitlinie für unsere Logistik etabliert?					
Wissen wir, wie eine effiziente Abgasverringerung aussehen kann?					
Nehmen wir Einfluss auf den Feinstaub?					
Reduzieren wir kontinuierlich unseren verursachten Feinstaub?					
Nutzen wir umweltfreundliche Fahrzeugtechnologien?					

8.3 Dienstleister	Potenzial bisher nicht gesehen	Potenzial erkannt, aber noch nicht erschlossen	Potenzial erkannt und teilweise erschlossen	Potenzial voll erschlossen	Thema nicht relevant für uns
Wissen wir, welche Transportmittel zukünftig am nachhaltigsten sind, und richten wir uns danach aus?					
Wissen wir, wie nachhaltig unsere Dienstleister aufgestellt sind?					
Wählen wir Logistikdienstleister nach ihrem ökologischen und sozialen Impact aus?					
Setzen wir geräuschreduzierende Technologien für die Verbesserung des Komforts in Logistikzentren und Transportfahrzeugen?					
Findet eine Evaluierung und Auswahl von Transportdienstleistern statt, die umweltfreundliche Konzepte anbieten?					
Berücksichtigen wir ökologische und soziale Kriterien bei der Auswahl unserer Logistikdienstleister?					

8.4 Platz für eigene Fragen	Potenzial bisher nicht gesehen	Potenzial erkannt, aber noch nicht erschlossen	Poten-zial erkannt und teilweise erschlossen	Potenzial voll erschlossen	Thema nicht relevant für uns
....					
....					

9. Finance/Controlling

Die Finanzabteilung und das Controlling eines nachhaltigen Unternehmens sind auf eine ganzheitliche und langfristige Perspektive ausgerichtet.

Sie legen Wert auf eine umfassende finanzielle Bewertung der Nachhaltigkeitsmaßnahmen gelegt, um deren ökonomischen Nutzen zu erfassen. Ihre Finanzabteilung unterstützt Sie als Geschäftsleitung bei der Entwicklung nachhaltiger Investitionsstrategien und der Identifizierung von Wachstumschancen im Einklang mit den Nachhaltigkeitszielen.

Ihr Controlling stellt sicher, dass die Nachhaltigkeitsziele in den Geschäftsprozessen verankert sind und kontinuierlich überwacht werden. Durch transparente Berichterstattung und regelmäßige Nachhaltigkeitsaudits stellen Sie die Einhaltung von Nachhaltigkeitsstandards sicher.

Mit Ihrer Finanzabteilung und Ihrem Controlling tragen somit maßgeblich zur ganzheitlichen und langfristigen Ausrichtung Ihres Unternehmens bei.

Self-Assessement Finanzen & Controlling

Auch mit dem Bereich Finanzen & Controlling können Sie nachhaltiges Wirtschaften in Ihrem Unternehmen verstärken. Entdecken Sie gemeinsam mit Ihrem Team die Potenziale anhand der folgenden Fragestellungen. Lesen Sie diese bitte sorgfältig durch und markieren Sie den zutreffenden Status auf der Skala.

9.1 Investitionen & Strategien	Potenzial bisher nicht gesehen	Potenzial erkannt, aber noch nicht erschlossen	Poten-zial erkannt und teilweise erschlossen	Potenzial voll erschlossen	Thema nicht relevant für uns
Wissen wir, wie nachhaltige Investments aussehen können?					
Berücksichtigen wir ESG-Kriterien für nachhaltige Investitionsstrategien?					
Unterstützen wir nachhaltige Projekte mit unseren Investitionsentscheidungen?					
Beziehen wir die gesamten Lebenszykluskosten bei Investitionsentscheidungen ein, um sicherzustellen, dass nachhaltige Optionen langfristig wirtschaftlich sind?					
Arbeiten wir mit Partnern, um Zugang zu nachhaltigen Investitionsmöglichkeiten zu erhalten?					
Betrachten wir auch langfristige Risiken ökologischer, ökonomischer und sozialer Natur (Nachhaltigkeitsrisiken) bei unseren Investitionsentscheidungen?					

Entwickeln wir Strategien und Maßnahmen zur Risikominimierung dieser Risiken?					
Haben wir Methoden zur Messung des sozialen und ökologischen Impacts von Investitionen implementiert?					
Sorgen wir dafür, dass die Verwaltung von Nachhaltigkeitsaspekten das Unternehmen nicht unnötig beeinträchtigt?					

9.2 **Budgetplanung & Reporting**	Potenzial bisher nicht gesehen	Potenzial erkannt, aber noch nicht erschlossen	Potenzial erkannt und teilweise erschlossen	Potenzial voll erschlossen	Thema nicht relevant für uns
Haben wir konkrete Budgets für Nachhaltigkeitsinitiativen und -projekte festgelegt?					
Nutzen wir Anreizsysteme, um Mitarbeitende zur Erreichung der Nachhaltigkeitsziele zu motivieren?					
Nutzen wir Subventionierung, um unsere Nachhaltigkeitsprojekte zu finanzieren?					
Haben wir ein umfassendes Nachhaltigkeitsreporting etabliert, dass uns transparente qualitative sowie quantitative Indikatoren für unsere aktuelle IST-Situation liefert?					
Haben wir eine transparente Berichterstattung über Fortschritte bei Erreichung unserer Nachhaltigkeitsziele etabliert.					

9.3 **Platz für eigene Fragen**	Potenzial bisher nicht gesehen	Potenzial erkannt, aber noch nicht erschlossen	Potenzial erkannt und teilweise erschlossen	Potenzial voll erschlossen	Thema nicht relevant für uns
....					
....					
....					

10. IT/Digitalisierung

Als erfolgreiches nachhaltiges Unternehmen nutzen Sie die Digitalisierung auf vielfältige Weise, um Ihre Nachhaltigkeitsziele zu erreichen.

Durch den Einsatz digitaler Technologien können Sie Prozesse automatisieren, was zu einer Effizienzsteigerung und Ressourceneinsparungen führt. Die Datenerfassung und -analyse ermöglicht eine fundierte Überwachung von Ihren Umweltauswirkungen und Ressourcenverbrauch in Echtzeit.

Durch digitale Kommunikationsplattformen und virtuelle Zusammenarbeit können Sie Geschäftsreisen reduzieren. Die Digitalisierung unterstützt auch die Entwicklung nachhaltiger Produkte und Dienstleistungen, bspw. durch virtuelle Prototypen und IoT-Technologien zur Überwachung der Produktlebenszyklen.

Die Transparenz entlang der Lieferkette wird durch den Einsatz von digitalen Tools wie Blockchain verbessert. Zudem ermöglicht die Digitalisierung Ihren Kunden einen leichteren Zugang zu nachhaltigen Produkten und Unternehmen sowie die Teilhabe an nachhaltigen Initiativen.

Als nachhaltiges Unternehmen nutzen Sie die Digitalisierung, um Effizienz zu steigern, Transparenz zu fördern und innovative Lösungen für eine nachhaltigere Zukunft zu schaffen.

Self-Assessement IT/Digitalisierung

Bitte lesen Sie die folgenden Fragen zum Thema IT/Digitalisierung sorgfältig durch und markieren Sie auf der Skala den zutreffenden Status im Kontext der Nachhaltigkeit zu der jeweiligen Frage.

10.1 Digitale Ressourcen	Potenzial bisher nicht gesehen	Potenzial erkannt, aber noch nicht erschlossen	Potenzial erkannt und teilweise erschlossen	Potenzial voll erschlossen	Thema nicht relevant für uns
Gelingt es uns durch Digitalisierung physische Ressourcen einzusparen?					
Arbeiten wir mit einer digitalen Dokumentenverwaltung, um Papier- und Druckkosten sowie Materialverschwendung zu vermeiden?					
Setzen wir virtuelle Meetings ein, um Energie und Kosten bei Reisen zu vermeiden?					
Setzen wir intelligente Energiemanagementsysteme ein?					
Nutzen wir digitale Lösungen für eine nachhaltige Mobilität wie Carsharing, intelligente Verkehrssysteme etc.?					
Nutzen wir digitale Plattformen oder Tools zur Berichterstattung über unsere Nachhaltigkeitsleistungen und -fortschritte, um Transparenz für Stakeholder zu schaffen?					
Setzen wir das Internet der Dinge (IoT) und Sensoren ein, um den Verbrauch von Ressourcen wie Wasser und Energie in Echtzeit zu überwachen und zu optimieren?					

10.2 Digitalisierung der Abläufe & Prozesse	Potenzial bisher nicht gesehen	Potenzial erkannt, aber noch nicht erschlossen	Potenzial erkannt und teilweise erschlossen	Potenzial voll erschlossen	Thema nicht relevant für uns
Sind unsere Workflows digital und effizient aufgestellt?					
Greifen die einzelnen Unternehmensbereiche optimal digital ineinander ein, sodass keine Ineffizienzen entstehen?					
Setzen wir Digitalisierung effizient entlang der Wertschöpfungskette ein, um Transparenz zu schaffen?					
Nutzen wir digitale Plattformen, um unsere Logistik zu optimieren?					
Nutzen wir digitale Lösungen, um effizienter und präziser Ressourcen einzusetzen (z. B. Wasser und Energie)?					
Arbeiten wir mit Sensoren, um die Produktion und Logistik effizienter zu gestalten?					
Nutzen wir Blockchain-Technologie für eine effizientere Rückverfolgbarkeit?					
Nutzen wir KI und maschinelles Lernen, um Geschäftsprozesse weiter zu optimieren und Verschwendung von Ressourcen zu vermeiden?					

10.3 Partnerschaften	Potenzial bisher nicht gesehen	Potenzial erkannt, aber noch nicht erschlossen	Poten-zial erkannt und teilweise erschlossen	Potenzial voll erschlossen	Thema nicht relevant für uns
Sind wir durch digitale Verknüpfung optimal mit unseren Partnern entlang der Wertschöpfungskette verbunden?					
Nutzen wir digitale Kollaborationsplattformen, um in Echtzeit mit unseren Partnern in der Wertschöpfungskette zu kommunizieren und Informationen auszutauschen?					
Nutzen wir digitale Lösungen, um mehr Transparenz für unsere Kunden zu schaffen?					
Haben wir eine Datenstruktur geschaffen, die die Auswirkungen unserer Geschäftsaktivitäten auf Umwelt und Gesellschaft bemisst? (Impactmessung)					
Tauschen wir Daten mit unseren Partnern aus, um gemeinsam die Auswirkungen unserer Geschäftsaktivitäten auf Umwelt und Gesellschaft zu messen und zu bewerten?					

10.4 Platz für eigene Fragen	Potenzial bisher nicht gesehen	Potenzial erkannt, aber noch nicht erschlossen	Poten-zial erkannt und teilweise erschlossen	Potenzial voll erschlossen	Thema nicht relevant für uns
....					
....					

Empfehlungen für nächste Schritte

Sie sind nun am Ende des Self-Assessments angekommen. Mit Ihrem Deep Dive in zehn Unternehmensbereiche haben Sie hoffentlich eine Menge an Potenzialfeldern für mehr Nachhaltigkeit in Ihrem Unternehmen aufdecken können.

Wie geht es nun weiter?

Nachhaltige Transformation in einem Unternehmen startet mit der entsprechenden Haltung bzw. dem Mindset. Daher ist das Ergebnis Ihrer Analyse im ersten Kapitel (**Nachhaltige Führung**) ausschlaggebend für die für den Erfolg des Prozesses des gesamten Prozesses hin zu einer enkelfähigeren Version Ihres Unternehmens.

Wenn Sie zum Thema „**Nachhaltige Führung**" die genannten Potenziale mehrheitlich noch nicht gesehen haben, empfehlen wir Ihnen in einem ersten Schritt, an der Findung Ihres **Purpose** zu arbeiten. Binden Sie Ihr Team ein, um Ihre **Botschaft** zu finden, die Sie in die Welt hinaustragen. Finden Sie gemeinsam mit Ihrem Team heraus, **warum** Sie tun, was Sie tun. Erarbeiten Sie ein starkes und inspirierendes **Zukunftsbild** für Ihr Unternehmen. Das ist die Grundlage für die erfolgreiche Umsetzung der hier dargestellten Möglichkeiten.

Hilfreiche Methoden dazu in diesem Buch sind Purpose Booster, Backcasting, Seismograf.

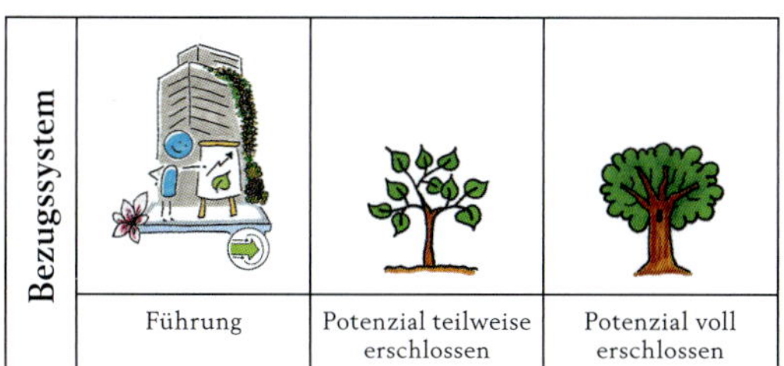

Arbeiten Sie bereits an den meisten der dargestellten Potenzialfeldern, dann ist „**Sustainable Leadership**" für Sie nichts Neues. Es lohnt sich dennoch, diese im Hinblick auf Ihr Zukunftsbild ganzheitlicher zu betrachten und bei Bedarf etwaige Lücken zu schließen. Denken Sie an eine flächendeckende Kommunikation in Ihrem Unternehmen, aber auch zu anderen Stakeholdern.

Sie haben schon gemerkt, dass der Schwerpunkt je nach Themenbereich etwas variiert. Während es sich in den Bereichen Personal, Marketing und Vertrieb eher um soziale Themen handelt, liegt der Focus in den Abteilungen Forschung & Entwicklung, Beschaffung, Produktion und Logistik mehr auf den ökologischen Aspekten der Nachhaltigkeit.

Haben Sie in den **sozialen Themenfeldern** wie **Personal, Marketing und Vertrieb** die Potenziale bisher eher noch nicht erkannt bzw. ausgeschöpft, möchten wir Sie ermutigen, sich mit Ihren Stakeholdern näher zu befassen. Versuchen Sie ihre Bedürfnisse, Wünsche, Hoffnungen, aber auch Ängste, Hindernisse und Blockaden zu verstehen. Binden Sie Ihre Stakeholder aktiv in die Gestaltung ihrer Nachhaltigkeitsstrategie ein, um eine erfolgreiche Umsetzung Ihrer Bemühungen sicherzustellen.

Folgende Methoden in diesem Buch können Ihnen dabei behilflich sein: Planetary Actors, Sustainability Story, Grüne Stunde, Stakeholderanalyse.

Haben Sie in diesen Themenfeldern die Potenziale mehrheitlich bereits erkannt und ganz oder teilweise schon erschlossen, möchten wir Ihnen ans Herz legen, genügend Zeit in eine transparente Kommunikation in allen Richtungen mit Ihren Stakeholdern zu investieren.

Auch hierzu gibt es einige hilfreiche Methoden in diesem Buch, wie z. B. Nachhaltigkeitskommunikationstypologie, Sustainability Pitch, Nachhaltigkeitskommunikation.

In den Bereichen **Forschung & Entwicklung, Beschaffung, Produktion und Logistik** geht es um Ihre Supply Chain, wo **ökologische Aspekte** besonders im Vordergrund stehen. Haben Sie in diesen Bereichen die dargestellten Potenziale bisher noch nicht erkannt, möchten wir Sie ermutigen, sich mit dem Design Ihrer Produkte und Prozesse zu beschäftigen. Denken Sie neue Produkte von Anfang an nachhaltig und überarbeiten Sie bestehende Produkte und Prozesse.

Hierzu stehen Ihnen in diesem Buch eine Reihe vielfältiger Methoden zur Verfügung, wie z. B. Planet Centric Design, Planetary Value Chain, Product Design Challenger, Circular Design Brief.

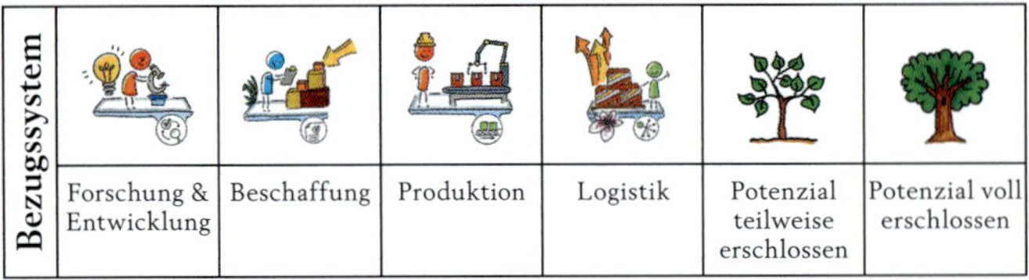

Bezugssystem	Forschung & Entwicklung	Beschaffung	Produktion	Logistik	Potenzial teilweise erschlossen	Potenzial voll erschlossen

Haben Sie in den genannten Bereichen die Potenziale bereits erkannt und diese auch teilweise oder ganz erschlossen, möchten wir Sie einladen, Ihre Aktivitäten stets mit Ihrem Umfeld abzugleichen. Nutzen Sie neue Technologien und Partnerschaften, um Ihre Produkte und Prozesse in regelmäßigen Abständen auf den Prüfstand zu setzen und diese stets weiterzuentwickeln.

Siehe dazu Methoden des Working Guide/Anwendungsfelder Nr. P3 und P10

Bezugssystem	Finanzen & Controlling	IT	Potenzial nicht gesehen	Potenzial erkannt

Finanzen/Controlling und IT/Digitalisierung bilden die „Enabler“ für die nachhaltige Transformation Ihres Unternehmens. Liegen die Potenziale in diesem Bereich noch eher ungesehen, möchten wir Sie ermuntern, sich mit der strategischen Ausrichtung und Ressourcenallokation für Ihre Nachhaltigkeitsbemühungen zu beschäftigen. Machen Sie sich auch mit den gesetzlichen Anforderungen vertraut.

Siehe dazu Methoden des Working Guide/Anwendungsfelder Nr. P2, P3, P5.

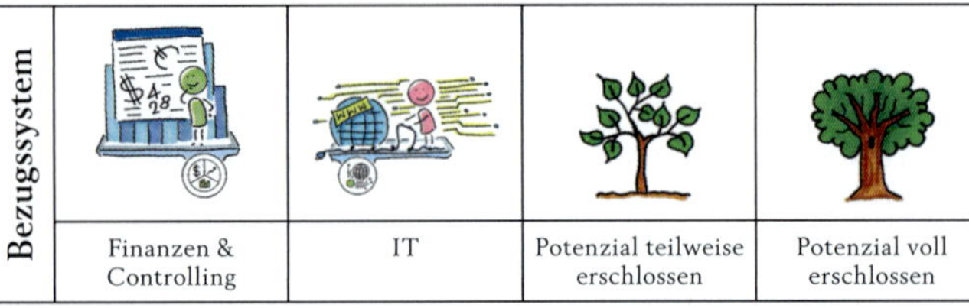

Bezugssystem	Finanzen & Controlling	IT	Potenzial teilweise erschlossen	Potenzial voll erschlossen

Schöpfen Sie bereits das Potenzial dieser unterstützenden Funktionen in Ihrem Unternehmen im Rahmen der Nachhaltigkeit, möchten wir Sie dazu ermutigen, sich mit den anderen Abteilungen Ihres Unternehmens zu vernetzen. Prüfen Sie, wo Ressourcen verschwendet werden, Informationen fehlen oder das Budget fehlt, um gezielt die Nachhaltigkeitsbemühungen Ihres Unternehmens zu stärken.

Siehe dazu auch Methoden des Working Guide/Anwendungsfelder Nr. P10.

Methoden nach Alphabet mit Transformation-Index

Das Autorenteam hat im Bereich der nachhaltigen Transformation insgesamt zehn wesentliche Arbeitsfelder identifiziert. Diese Arbeitsfelder bilden den „Working Guide“ innerhalb unseren alphabetischen Methodenverzeichnisses. Zusätzlich haben wir jeder Methode eine eindeutige Indexzahl zugewiesen, die auf der oberen linken Seitenecke einen superschnellen Methodenzugriff ermöglicht.

Working Guide-Arbeitsfelder

P1 – Sensibilisierung/Bildung

Dieses Arbeitspaket ist prinzipiell das erste auf dem Weg zu einer nachhaltigen Transformation des Unternehmens. Es gilt die Menschen mitzunehmen und für das Thema zu sensibilisieren und mit dem wesentlichen Wissen zu versorgen. Ohne das nötige Grundlagenwissen zum Thema Nachhaltigkeit wird keine wirkungsvolle und erfolgreiche Transformation stattfinden, bzw. z. B. die große Gefahr des Greenwashing entstehen.

P2 – Matching Recht und Gesetz

In diesem Arbeitspaket wir geschaut, wie und ob die geplanten Transformationsmaßnahmen und -ideen zu den rahmengebenden Gesetzen kompatibel sind.

P3 – Sustainability Roadmap

Wie auch im Bereich der Innovation so ist es auch im Bereich der nachhaltigen Transformation sehr hilfreich, wenn eine, zu den strategischen Achsen kompatible, Themen und Maßnahmen-Roadmap aufgestellt wird. Mitarbeiter und Unternehmensbereiche können sich an dieser Roadmap ausrichten und so die nachhaltige Vision Wirklichkeit werden lassen.

P4 – Produkt und Prozess Design

Ideenfindung, Kreativität und Entwicklungsarbeit rund um Ihre Produkte, Services und Prozesse sind der Kern dieses Arbeitspaketes.

P5 – Implementierung und Monitoring

Ist entschieden worden eine Idee oder Maßnahme umzusetzen gilt es in diesem Arbeitspaket die Implementierung zu tun und sodann auch zu monitoren.

P6 – Kommunikation

Die interne und externe Kommunikation mit allen Stakeholdern nimmt besonders bei der nachhaltigen Transformation eine bedeutende Rolle ein, da es ja bei den meisten Unternehmen um eher radikal bis dramatische Veränderungen gehen dürfte. Nur mit einer punktgenauen und stets motivierenden Kommunikation werden die Menschen gut mitgenommen und sind veränderungsbereit.

P7 – Organisation

Wer tut was bis wann und wie organisieren wir insgesamt die Arbeit rund um unsere nachhaltige Transformation? Die Methoden in diesem Arbeitsbereich helfen die Organisation effizient und zielführend zu unterstützen.

P8 – Führung

Da es um deutliche Veränderungen geht ist die Führung der Menschen hin und durch die nachhaltige Transformation auch wesentlich. Die Führungskräfte brauchen hier helfende Methoden.

P9 – Business Model Design

Wir können davon ausgehen, dass sich im Zuge der nachhaltigen Transformation die meisten aller Geschäftsmodelle in den nächsten Jahren verändern werden. Ergo – ohne ein zielführendes Business Model Design keine nachhaltige Transformation.

P10 – Skalierung

Sobald die ersten nachhaltigen Produkte, Prozesse, Services und Geschäftsmodelle in ihrer ersten Version implementiert sind, gilt es, an die weitere Skalierung zu denken. Fast immer findet die geplante oder erhoffte Wertschöpfung der neuen nachhaltigen Produkte und Geschäftsmodelle erst in ihrer Skalierung statt.

Index	Bezeichnung	P1 – Sensibilisierung/Bildung	P2 – Matching Recht/Gesetz	P3 – Sustainability Roadmap	P4 – Produkt-/Prozessdesign	P5 – Implementierung/Monitoring	P6 – Kommunikation	P7 – Organisation	P8 – Führung	P9 – Business Model Design	P10 – Skalierung
		Working Guide-Arbeitsfelder									
		173	20	130	190	75	119	74	90	103	64
1	1-2-4 – Das sind wir (1-2-4-all)			x	x			x	x		
2	15% Solutions					x					x
3	25/10 Crowd Sourcing				x	x				x	x
4	3-12-3 Brainstorming				x					x	x
5	5 Perspektiven für nachhaltige Entscheidungen					x	x		x		
6	6 Hüte Nachhaltig				x						
7	7V – Die 7 Arten der Verschwendung				x	x					
8	9 Levels of Value Systems	x					x	x	x		
9	9Rs-Thinking	x			x						
10	AI Brainstorming	x		x	x		x				
11	Akzeptanzmodell© für nachhaltige Ideen				x	x				x	
12	Align your org				x			x			x
13	Ambition Loops			x	x	x	x		x	x	x
14	Analogietechnik	x			x						
15	ANASAPAL Analogie-Brainstorming				x						
16	Auswahl der richtigen externen Navigationsmarken und Werkzeuge	x		x	x	x	x	x	x		
17	B Corp Impact Assessment	x				x	x	x	x		
18	Back to the Future	x	x	x	x					x	

	EinSatzBeschreibung	Outdoorübung	Typ
	Macht individuelle Positionen und Wissen aller Teilnehmenden einer Gruppe sichtbar, bietet bei Bedarf Anonymität und Sicherheit beim Teilen von Informationen, und ermöglicht gleichberechtigte Co-Creation.		Methode
	Methode für den Abschluss eines Workshops/Meetings/…, um ins Machen zu kommen.		Methode
	Gruppenmethode, um schnell Ideen zu generieren und zu bewerten.		Methode
	3-12-3 ist eine schnelle, agile Variante des Brainstormings, die in besonders kurzer Zeit durchgeführt wird.		Methode
	Methode zum Treffen nachhaltiger Entscheidungen von Einzelpersonen und Gruppen.		Methode
	Mit der 6 Hüte Methode lässt sich für ein Team schnell eine Standortbestimmung zum Thema Nachhaltigkeit, oder Teilthemen daraus, herstellen und unreflektiertes agieren wird vermieden.		Methode
	7V ist ein seit Jahrzehnten erprobter und zur Förderung der Nachhaltigkeit ganzheitlicher und methodischer Ansatz für Unternehmen und Organisationen, um Verschwendung zu identifizieren und zu verringern oder zu vermeiden.		Framework
	9 Levels of Value Systems ist ein Modell zur Beschreibung der Entwicklungen von Wertesystemen um daraus ein besseres Verständnis für die Unternehmenskultur zu erlangen.		Tool
	Modell, um das Denken in den Prinzipien der Kreislaufwirtschaft einzuführen und in der Unternehmenskultur zu verankern.		Modell
	Brainstorming mithilfe künstlicher Intelligenz kann das Generieren von Ideen beschleunigen, neue Perspektiven eröffnen und fehlendes Nachhaltigkeits-Know-How ausgleichen.		Methode
	Dient als Hilfe für die Einordnung nachhaltiger Ideen in Bezug auf deren Akzeptanz im Markt.		Framework
	Die Methode „Align your org" ermöglicht Unternehmen jeder Größe, ihre Organisationsstrukturen zu verändern und weiterzuentwickeln.		Framework
	Eine positive Rückkopplungsschleife, in der Business und Regierungspolitik sich gegenseitig verstärken, um ehrgeizige Nachhaltigkeitsmaßnahmen zu ergreifen.		Modell
	Die Analogietechnik hilft dabei, neue Ideen zur Problemlösung zu entwickeln, indem sie die Merkmale des Problems extrahiert und Lösungen aus anderen Bereichen nutzbar macht.		Methode
	Das ANASAPAL Analogie-Brainstorming führt zur Generierung greifbarer Ideen, die erprobten Lösungsansätzen folgen, und verleiht dabei strukturliebenden Teams Sicherheit während der Kreativphase.		Methode
	Das Ambitionsniveau bestimmt das Ergebnis und daher sollte klar definiert werden, ob das Unternehmen eine reaktive/passive Strategie wählt oder sich auf den Weg macht und eine vertrauensvolle/ganzheitliche Zielmarke setzt.		Framework
	Eine fiktive Zertifizierung durch B Corp hilft Aktivitäten zu identifizieren, welche die eigene Organisation nachhaltiger machen können.		Tool
	Back to the Future ist eine Mikromethode, die darauf abzielt, aus der Entwicklungshistorie eines Unternehmens bzw. einer Branche für die Zukunft zu lernen.		Methode

Index	Bezeichnung	P1 – Sensibilisierung/Bildung	P2 – Matching Recht/Gesetz	P3 – Sustainability Roadmap	P4 – Produkt-/Prozessdesign	P5 – Implementierung/Monitoring	P6 – Kommunikation	P7 – Organisation	P8 – Führung	P9 – Business Model Design	P10 – Skalierung
		Working Guide-Arbeitsfelder									
		173	20	130	190	75	119	74	90	103	64
19	Backcasting			x							
20	BANI Modell	x							x		
21	Barriers Breakdown				x			x			
22	Bau eine Welt	x		x	x						
23	Baumkronen-Stellen	x									
24	Baumscheiben–Biografie	x		x							
25	Baustelle Nachhaltigkeit – das Spiel zum Ziel©	x					x				
26	BBB-Methode				x						
27	Betroffenheitscards	x									
28	Big Picture Setting			x	x			x	x	x	
29	Bio-Diversity Management	x						x	x		x
30	Biomimicards	x			X						
31	Boundary Shifting				x						
32	BPMN – Business Process Modelling and Notation			x	x	x	x				
33	BrainCharting	x			x		x			x	

EinSatzBeschreibung	Outdoorübung	Typ
Backcasting ist eine Methode, bei der man ausgehend von einem bestimmten Zukunftsszenario rückwärts die dafür nötigen Handlungen und Entscheidungen rekonstruiert.		Methode
Das BANI-Modell ist ein Konzept aus der Systemtheorie und wird oft verwendet, um die Dynamik von Systemen und Organisationen zu beschreiben.		Modell
Die Methode „Barriers Breakdown", ermöglicht das Aufspüren, Erkennen und Umgehen von Risiken, Hindernissen und Begrenzungen innerhalb von Prozessdesigns und die Optimierung Ihres Zirkulären Designs.		Methode
Teilnehmer nutzen verschiedene Materialien, um eine gemeinsame Vision zu bauen und diese dadurch zu verdeutlichen.		Methode
Die im Wald praktizierte Methode trägt dazu bei, die ganzheitliche Wahrnehmung für komplexe Organisationen zu schärfen und für die unsichtbaren Bereiche von Organismen zu sensibilisieren sowie die Bäume mit ihrer Photosynthese-Leistung bewusst als kongeniale Partner des Menschen wahrzunehmen.		Methode
Aufbauend auf der Analyse der Jahresringe einer Baumscheibe zielt diese Übung darauf ab, sich möglichst alle für die eigene Entwicklung relevanten Einflussfaktoren bewusst zu machen und Maßnahmen zu identifizieren, mit denen in Zukunft die negativen Einflüsse reduziert und die positiven Einflüsse gefördert werden könnten.		Methode
Ein spielerischer Ansatz sich mit den 17 Nachhaltigkeitszielen auseinanderzusetzen.		Tool
Die BBB-Methode kombiniert Brainstorming und Brainwriting mit dem Einsatz von Bildmappen, um durch visuelle Anreize innovative Lösungsansätze und Ideen zu generieren.		Methode
Die Betroffenheitscards helfen bei der Sensibilisierung von Menschen für mögliche Zukünfte beim aktiven Nichtstun und schaffen damit eine direktes Dringlichkeitsempfinden für nachhaltiges Handeln.		Tool
Das Big Picture Setting ist eine Methode, die darauf abzielt, die aktuelle Vision und Mission des Unternehmens für eine nachhaltige Zukunft zu reflektieren.		Methode
Der Vergleich eines arten- und strukturreichen Waldes mit einer Monokultur gibt in der Transfer-Diskussion Impulse zur Bedeutung und Qualität von Diversity-Management in Organisationen, Unternehmen und Teams.		Methode
Die „Biomimicards" sind ein Kartenset zum Verständnis von Biomimicry mit der Zielsetzung, von der Natur für Innovationen zu lernen.		Tool
Beim Boundary Shifting gilt es, Problemgrenzen zu verschieben, um Problemlösungen in einem weiteren oder anderen Wissens- oder Anwendungsfeld zu finden.		Methode
Business Process Modelling and Notation ist auch eine Methode, um Konflikte und Defizite im Kontext Nachhaltigkeit in bestehenden Geschäftsprozessen sichtbar zu machen und diese nachhaltiger zu gestalten.		Methode
Diese Inspirationstechnik nutzt die visuelle Stimulation durch das Collagieren von Bild- und Textfragmenten um das Team für den weiteren Kreativprozess zu inspirieren.		Methode

Index	Bezeichnung	P1 – Sensibilisierung/Bildung	P2 – Matching Recht/Gesetz	P3 – Sustainability Roadmap	P4 – Produkt-/Prozessdesign	P5 – Implementierung/Monitoring	P6 – Kommunikation	P7 – Organisation	P8 – Führung	P9 – Business Model Design	P10 – Skalierung
		Working Guide-Arbeitsfelder									
		173	20	130	190	75	119	74	90	103	64
34	Brainstorm Sudoku				x					x	
35	Brainwriting				x						
36	Brand Promise						x				
37	Brand Purpose	x		x			x	x	x		
38	Brief aus der Zukunft	x		x			x				
39	Building Teams							x	x		
40	Bürgerversammlung im Wald	x		x			x	x	x		
41	Change Abacus	x		x		x	x	x	x		
42	Circular Buy-in						x	x	x	x	x
43	Circular Design Brief	x			x						
44	Circular Economy Pattern Cards	x		x	x					x	x
45	Circular Ideen-Deep Dive				x	x	x	x			
46	Circular Life Cycle Design	x			x						
47	Circular Life Cycle Discussion				x					x	
48	Circular Life Cycle Model – Customer Perspective	x			x		x			x	

EinSatzBeschreibung	Outdoorübung	Typ
Neue und nachhaltige Ideen mithilfe einer mehrstufigen Brainstormmethode schaffen, die externe Inspirationen und eigene Ideen kreativ kombiniert.		Methode
Brainwriting ist eine Methode der Ideenfindung, bei der die Teilnehmenden still für sich Ideen für Fragestellungen aller Art notieren.		Methode
Die Methode „Brand Promise" zielt darauf ab, die klare und konsistente Botschaft über den Wert und Nutzen einer Marke in Bezug auf Kreislaufinnovationen zu hinterfragen, um Vertrauen aufzubauen und eine starke Kundenbindung zu fördern.		Methode
Brand Purpose ist eine Mikromethode, die Unternehmen hilft, ihre Markenbotschaft im Kontext der Nachhaltigkeit zu finden und zu kommunizieren.		Methode
Die Methode „Brief aus der Zukunft" ist eine kreative Methode, die verwendet wird, um die Vorstellungskraft und das Engagement für nachhaltige Ziele zu fördern.		Methode
Die Methode Building Teams verdeutlicht die Bedeutung der Bildung interdisziplinärer Teams zur Gestaltung der Kreislaufwirtschaft, um das Wissen und die Fachkenntnisse zu stärken, Beziehungen zu den Beteiligten aufzubauen und die erfolgreiche Umsetzung zu gewährleisten.		Methode
Die Teilnehmenden vertreten in Kleingruppen ihre singulären Interessen gegenüber einem virtuellen Gemeinderat, der eine Kompromiss-Lösung im Sinne der Nachhaltigen Entwicklung anstrebt.		Methode
Der Change Abacus ist ein übersichtliches Modell, das Zusammenhänge zwischen Hindernissen und Auswirkungen in einem Transformationsprozess sichtbar macht.		Modell
Zirkuläre Lösungen entstehen nicht allein, sondern nur durch die effektive Überzeugung interner und externer Stakeholder.		Methode
Der „Circular Design Brief" ist eine Methode, die es ermöglicht, Produkte und Prozesse von Anfang an so zu gestalten, dass sie gleichermaßen Umwelt- und Nutzerbedürfnisse berücksichtigen und adressieren.		Methode
Impulsen zur Realisierung einer unternehmerischen „Circular Economy".		Tool
Eine Ausarbeitungshilfe für zirkuläre Ideen.		Methode
Das „Circular Life Cycle Design" ermöglicht Produkt- und Service-Lebenszyklen ganzheitlich kreislaufwirtschaftlich zu betrachten und zu gestalten.		Methode
Die „Circular Life Cycle Discussion" ist eine Methode, die durch gezielte Fragestellungen versucht, die zirkulären Herausforderungen im Kontext der Produkt- oder Dienstleistungsumsetzung aus Sicht eines Unternehmens und seiner Kunden zu untersuchen.		Methode
Das „Circular Life Cycle Model – Customer Perspective" ist eine Methode, welche mittels gezielter Fragestellungen die Kundenperspektive auf das zirkuläre Angebot der Unternehmung untersucht.		Methode

Index	Bezeichnung	P1 – Sensibilisierung/Bildung	P2 – Matching Recht/Gesetz	P3 – Sustainability Roadmap	P4 – Produkt-/Prozessdesign	P5 – Implementierung/Monitoring	P6 – Kommunikation	P7 – Organisation	P8 – Führung	P9 – Business Model Design	P10 – Skalierung
		Working Guide-Arbeitsfelder									
		173	20	130	190	75	119	74	90	103	64
49	Circular Life Cycle Model – Organisation Perspective	x			x		x			x	
50	Circular Opportunities	x			x						
51	Circular Story Board				x		x				
52	Clover Innovation Validation – 4D-Evaluation für nachhaltige Innovation		x		x	x				x	x
53	CO2 Reduction Tracker			x	x	x		x			
54	COCD-Box				x	x					
55	CoCreation			x	x					x	
56	Concept Selection							x	x		
57	Conjoint Analyse				x						
58	Continuous Learning Loops				x	x					
59	Cradle-to-Cradle Canvas				x		x	x		x	
60	Cradle-to-Cradle Innovationsmethode		x		x	x	x	x			
61	Cradle-to-Cradle Metabolismen				x					x	
62	Cradle-to-Cradle Prinzipien	x			x						
63	Cradle-to-Cradle Produktentwicklung				x		x	x		x	
64	Cradle-to-Cradle Qualitätsroadmap			x							
65	Crazy 8			x	x					x	
66	Create Your Narrative	x					x		x		x

EinSatzBeschreibung	Outdoorübung	Typ
Das „Circular Life Cycle Model – Organisation Perspective" ist eine Methode, welche mittels gezielter Fragestellungen die zirkulären Herausforderungen und Poteniale der Wertschöpfung einer Unternehmung identifiziert.		Methode
Die Methode der „Circular Opportunities" dient der Identifikation von kreislaufwirtschaftlichen Chancen und Potenzialen in der eigens existierenden Wertschöpfung.		Methode
Zirkuläre Zukünfte in der Form von narrativen Geschichten visualisieren, kommunizieren und gemeinsam diskutieren.		Methode
Der Clover Innovation Validierungs-Ansatz unterstützt ein ganzheitliches Validieren von nachhaltigen Innovationen in vier Dimensionen.		Methode
Ein Werkzeug zum Sammeln und Monitoren von CO2-Reduktions- und Vermeidungsmaßnahmen.		Methode
Mit der COCD-Box kann auf einfache Weise aus einer Sammlung von Vorideen eine Vorauswahl getroffen werden, die es lohnt weiter zu betrachten.		Methode
Gerichtete Vorgehensweise zur gemeinsamen Erschaffung von Neuem (Co-create).		Framework
Die Methode „Concept Selection" unterstützt die Auswahl des optimalen Kreislaufkonzepts aus einer Reihe von potenziellen Lösungen.		Methode
Die Conjoint Analyse hilft Organisationen, Maßnahmen oder Produkte anhand von realitätsnahen Einschätzungen von Stakeholdern zur Wichtigkeit von Eigenschaften besser zu gestalten.		Methode
Das Framework „Continuous Learning Loops" ermöglicht einen kontinuierlichen Erkenntnisprozess durch wiederholte Schleifen von Feedback, Anpassung und Verbesserung.		Framework
Der Cradle-to-Cradle Canvas erleichtert den Einstieg in die Entwicklung, Analyse und Optimierung im Kontext einer Cradle-to-Cradle Strategie und ist bezogen auf ein konkretes Produkt.		Tool
Beschreibt eine Vorgehensweise durch die Phasen: Inventarisieren – Bewertung – Optimierung.		Methode
Einstieg in die Nutzung der Cradle-to-Cradle-Metabolismen und des Stoffstromdiagramms.		Modell
Eine Orientierungs- und Inspirationshilfe und eine methodische Auseinandersetzung mit zirkulärem und ganzheitlichem Produkt- und Prozessdesign.		Methode
Eine Einführung zu den Prozessschritten zur Produktentwicklung von der Idee bis zum Produkt im Kontext von Cradle-to-Cradle.		Framework
Roadmaps gibt es viele und auch im Kontext von Cradle-to-Cradle ist die Erstellung ein sinnvolles Tool.		Methode
Kreativmethode für schnelle Ideengenerierung ohne viel Tamtam.		Methode
Eine kohärente Erzählung formen, die Vision, Strategie und Ausführung verbindet, um Stakeholder-Engagement und zielgerichtete Entscheidungsfindung zu fördern.		Methode

Methoden nach Alphabet mit Transformation-Index

Index	Bezeichnung	P1 – Sensibilisierung/Bildung	P2 – Matching Recht/Gesetz	P3 – Sustainability Roadmap	P4 – Produkt-/Prozessdesign	P5 – Implementierung/Monitoring	P6 – Kommunikation	P7 – Organisation	P8 – Führung	P9 – Business Model Design	P10 – Skalierung
		Working Guide-Arbeitsfelder									
		173	20	130	190	75	119	74	90	103	64
67	Creative Climate Barometer©						x		x		
68	Crowdsourced-Innovationspotenzial-Karte	x		x	x		x	x		x	
69	CSI-Kompensationsanalyse			x	x	x	x				
70	Current State Overview	x				x		x			
71	Customer Journey				x		x				
72	Cynefin-Framework			x		x	x		x		
73	Decision Poker					x	x		x		
74	Design for All	x	x	x	x					x	
75	Destruktiv-konstruktives Brainstorming				x					x	x
76	Deutscher Nachhaltigkeitskodex			x		x	x				
77	Dimensionen nachhaltiger Innovation	x			x		x				
78	Doppelte Wesentlichkeit			x			x	x			
79	Doughnut Economics	x		x	x			x		x	
80	Drone-Enabled Challenger	x			x						x
81	EcoDesign Assessment				x	x					

	EinSatzBeschreibung	Outdoorübung	Typ
	Dient der Reflektion des kreativen Klimas in Teams und der Förderung von mehr Kreativität.		Methode
	Methode, um auf räumlichen Plänen basierenden Crowdsourcing Innovationspotenziale und Räume für nachhaltige Entwicklung zu identifizieren.		Methode
	Die CSI-Kompensationsanalyse untersucht, wie sich unverantwortliches Handeln durch Organisationen (Corporate Social Irresponsibility, CSI) am besten kompensieren lässt.		Modell
	Der „Current State Overview" stellt einen Überblick zu Zielsetzungen einer Organisation oder eines Projekts, zur aktuellen kreislaufwirtschaftlichen Reife und möglichen Potenzialen auf.		Methode
	Die Customer Journey ist eine chronologische Analyse der Berührungspunkte, die Kunden oder andere Stakeholder mit einer Organisation haben, und ermöglicht die bewusste Gestaltung von guten Stakeholderbeziehungen.		Methode
	Strukturierungs- und/oder Entscheidungshilfe für komplexe Frage-/Problemstellungen.		Framework
	Kartenspiel für die Wahl der richtigen Entscheidungsmethode.		Tool
	Design for All ist eine inklusive Designmethode aus dem Planet Centric Design Toolkit, die sicherstellt, dass Produkte und Dienstleistungen für eine vielfältige Benutzerbasis zugänglich, nützlich und barrierefrei sind.		Methode
	Destruktiv-konstruktives Brainstorming ist eine Methode zur Ideenfindung, die den kreativen Prozess in zwei gegensätzliche Phasen teilt und dadurch ein tieferes Verständnis für das Problem oder Produkt erreicht.		Methode
	Der Deutsche Nachhaltigkeitskodex (DNK) ist ein Instrument, das Unternehmen dabei unterstützt, ihre Nachhaltigkeitsleistung zu verbessern und transparent zu kommunizieren, um Nachhaltigkeit in ihre Unternehmenspraxis zu integrieren.		Framework
	Ein Modell das die verschiedenen Dimensionen von nachhaltiger Innovation besser verstehbar macht.		Modell
	Die Methode der doppelten Wesentlichkeit erweitert die klassische Wesentlichkeitsanalyse, indem sie nicht nur Aspekte berücksichtigt, die für den Geschäftserfolg eines Unternehmens wesentlich sind, sondern auch solche, die einen bedeutenden Einfluss auf die Wirtschaft, Umwelt und Gesellschaft außerhalb des Unternehmens haben.		Methode
	Das Konzept der Doughnut Economics ist ein Modell, dass sowohl die Grenzen des Planeten als auch die Grundlagen für soziales Zusammenleben darstellt und diese damit besprechbar macht.		Modell
	Modularer Ansatz, der Drohnentechnologie als zentrales Instrument für die empirische Datenerfassung in Innovationsprojekten nutzt, ergänzt durch strukturierte Phasen für evaluierende Dialoge, Zielsetzung, Analyse und Leistungsmessung im Kontext der nachhaltigen Entwicklung.		Framework
	„EcoDesign Assessment" ist eine sehr schnelle Methode zur Bewertung der ökologischen Aspekte eines Produkts in den verschiedenen Phasen seines Lebenszyklus.		Methode

Index	Bezeichnung	P1 – Sensibilisierung/Bildung	P2 – Matching Recht/Gesetz	P3 – Sustainability Roadmap	P4 – Produkt-/Prozessdesign	P5 – Implementierung/Monitoring	P6 – Kommunikation	P7 – Organisation	P8 – Führung	P9 – Business Model Design	P10 – Skalierung
		Working Guide-Arbeitsfelder									
		173	20	130	190	75	119	74	90	103	64
82	EcoDesign Audit	x	x	x	x					x	
83	Ecosystem Map	x	x	x	x						
84	Effectuation			x					x	x	
85	Ein Platz für Mutter Erde	x				x	x		x		
86	Eisberg-Modell	x									
87	Eisenhower-Plus					x		x	x		
88	Elementare Umformungen				x						
89	Embedded Feedback Mechanisms					x					x
90	Energiemanagementsystem ISO 50001			x		x		x			
91	Entwirf die Schachtel				x						
92	ESG-Reporting	x					x				
93	Ethical Assessment	x	x		x						
94	European Sustainability Reporting Standards	x	x	x		x	x	x			
95	Evolutionäre Biografie	x		x				x	x	x	

	EinSatzBeschreibung	**Outdoorübung**	**Typ**
	Die Methode „EcoDesign Audit" unterstützt Organisationen dabei, ökologisches Design und kreislaufwirtschaftliche Ansätze in ihre Geschäftsstrategie und Produktentwicklung zu integrieren und ihre Nachhaltigkeitspraktiken zu verbessern.		Methode
	Ecosystem Map – als Teil des Planet Centric Design Toolkits von Impossible Labs – ist eine Mikromethode, um bestehende und zukünftige Beziehungen im betrachteten System sichtbar zu machen.		Methode
	Effectuation ist eine unternehmerische Entscheidungslogik, die in Situationen hoher Ungewissheit mit Fokus auf individuellen Mitteln und der Co-Creation mit anderen eingesetzt werden kann.		Modell
	Intervention für mehr Nachhaltigkeit in Meetings.		Methode
	Negative Umweltereignisse sind oft nur die Spitze des Eisbergs, welchen man mit diesem systemischen Modell in seiner Ganzheit betrachten kann, um zentrale Patterns, Strukturen und Mental Models zu identifizieren.		Modell
	Das bewährte Eisenhower-Prinzip, jetzt mit einer Erweiterung zur enkelgerechten Priorisierung von Aufgaben, Zielen und Projekten.		Methode
	Elementare Umformungen werden in der Phase der Ideenfindung eingesetzt, um physikalische Widersprüche zu lösen.		Methode
	Das Werkzeug der „Embedded Feedback Mechanisms" ermöglicht die kontinuierliche Weiterentwicklung von Produkten, Services und Prozessen und in diesen Kontext agiles Lernen.		Methode
	Die ISO 50001 ist eine international anerkannte Norm, die Organisationen und Unternehmen ein Rahmenwerk zur Planung, Implementierung, Überwachung und Verbesserung ihres Energiemanagementsystems bietet.		Managementsystem
	Eine Methode zur Erstellung eines frühen Prototypen für die Produktverpackung, die die frühe Nutzung von nachhaltigen Materialien fördert und dabei hilft, sich das das Produkt besser vorzustellen.		Methode
	ESG-Reporting (Environment, Social, Governance) ist ein Instrument, das Unternehmen dabei unterstützt, ihre Umwelt-, sozialen und Governance-Aspekte zu messen, zu überwachen und darüber zu berichten, um ihre Nachhaltigkeitsleistung transparent darzustellen und die Anforderungen von Stakeholdern zu erfüllen.		Framework
	Ethical Assessment ist ein Werkzeug des Planetary Centric Design Toolkits, welches dabei unterstützt mögliche negative und unbeabsichtigte Folgen zu identifizieren, die ein neu entwickeltes Geschäft, Produkt oder Dienstleistung nach sich ziehen könnte, und dagegen präventiv Lösungen entwickelt.		Methode
	Europäischer Standard für die Nachhaltigkeitsberichterstattung nach der Corporate Sustainability Reporting Directive (CSRD) und Reflexions-Framework.		Framework
	Diese Methode arbeitet im Dreischritt entlang der biografischen Zeitachse „gestern-heute-morgen" und unterstützt Organisationen und Unternehmen bei der Erarbeitung von Diskussions- und Planungsgrundlagen im Rahmen ihrer strategischen Entwicklung.		Methode

Index	Bezeichnung	P1 – Sensibilisierung/Bildung	P2 – Matching Recht/Gesetz	P3 – Sustainability Roadmap	P4 – Produkt-/Prozessdesign	P5 – Implementierung/Monitoring	P6 – Kommunikation	P7 – Organisation	P8 – Führung	P9 – Business Model Design	P10 – Skalierung
		Working Guide-Arbeitsfelder									
		173	20	130	190	75	119	74	90	103	64
96	Fishbein Modell				x		x				
97	Following Objects	x			x						
98	Foresight Scenario	x	x	x	x	x				x	x
99	Formbildung				x						
100	Freitagsmaler				x		x				
101	Future Fruit	x		x	x					x	
102	Future Present			x	x					x	
103	Future Wheel			x	x					x	
104	Gallery Walk				x					x	
105	Gefahrenradar			x							
106	Geh-Wege und Geh-Spräche	x		x			x	x	x		
107	Gemeinwohl-Ökonomie	x	x	x			x				
108	Global Compact Jam	x	x	x	x						
109	Green Nudging	x			x						
110	Growth Gardening	x					x	x			
111	Grüne Stunde	x					x				
112	Guesstimation Challenge Nachhaltigkeit	x					x				
113	Himmelsblick	x					x				

EinSatzBeschreibung	Outdoorübung	Typ
Das Fishbein-Modell ist eine klassische Analysemöglichkeit, um Einstellung von Konsumenten gegenüber verschiedenen Alternativen zu ermitteln.		Modell
Wie man durch die Verfolgung des gesamten Lebenszyklus eines Objektes wichtige Informationen zu dessen Nachhaltigkeit gewinnen kann.		Methode
Die Foresight Scenario-Methode ermöglicht das Kreieren von Angeboten, Lösungen und Konzepten basierend auf Vorhersagen über verschiedene mögliche Zukunftsszenarien.		Methode
Eine Kreativitätsmethode, die über multisensorische Reize wie Formen, Kneten und Zeichen klassische Denkgrenzen überwindet.		Methode
Warm-up-Methode für Workshops und Events, die den Klassiker Montagsmaler neu interpretiert.		Methode
Die Future Fruit-Methode ermöglicht das Entwerfen vielseitiger Zukunftsszenarien, um proaktiv auf kommende Herausforderungen reagieren und innovative Lösungsansätze entwickeln zu können.		Methode
Disruptive Ideen entwickeln mithilfe von Storytelling.		Methode
Folgewirkungen und Konsequenzen erster und zweiter Ordnung antizipieren.		Methode
Kreativitäts- und Moderationsmethode, mit der eine Gruppe schnelle Lösungen zu Aufgaben findet, die der Veränderungen bedürfen.		Methode
Das Gefahrenradar ist ein grundlegendes Arbeitsgerüst und hilft, anhand disruptiv-bedrohlicher Zukunftsszenarien Potenzialfelder für Innovationen aufzudecken und diese zu priorisieren.		Framework
Geh-Wege und Geh-Spräche bewegen Körper und Geist, mobilisieren und inspirieren, nutzen den dialog-orientierten Austausch und fördern eine ganzheitliche Betrachtungsweise.		Methode
Ein alternatives Wirtschaftsmodell mit konkreten Werkzeugen zur Umsetzung.		Modell
Kollaborative, intensive Problemlösungsaktivität, die sich auf die Entwicklung von Lösungen im Einklang mit den Prinzipien des Global Compact der Vereinten Nationen konzentriert.		Framework
Klimafreundliches Verhalten bei Mitarbeitenden etablieren.		Methode
Kreativ-Methode zur spielerischen Entdeckung von Wachstumspotenzialen einer Organisation.		Methode
Format zur Einbindung von Stakeholdern zur nachhaltigen Transformation.		Methode
Spielerische Annäherung an das Thema Nachhaltigkeit.		Methode
Unter einem großen Baum auf dem Rücken liegen und dem Stamm entlang durch die Äste hindurch nach oben gen Himmel zu schauen, ist ein Perspektivwechsel, der Erdverbundenheit und Entspannung fördert, die eigene Relevanz relativiert und dadurch das Nachhaltigkeits-Bewusstsein stärkt.		Methode

Index	Bezeichnung	P1 – Sensibilisierung/Bildung	P2 – Matching Recht/Gesetz	P3 – Sustainability Roadmap	P4 – Produkt-/Prozessdesign	P5 – Implementierung/Monitoring	P6 – Kommunikation	P7 – Organisation	P8 – Führung	P9 – Business Model Design	P10 – Skalierung
		Working Guide-Arbeitsfelder									
		173	20	130	190	75	119	74	90	103	64
114	How Might We Sustainably	x			x					x	x
115	Ich packe meinen Koffer	x									
116	Ideas Capture				x						
117	Ideas for Planet-Centric Innovation	x	x	x	x						
118	Ideenmarathon				x					x	x
119	Imagine New Partnerships							x			x
120	Immersive Stellvertreter-Interviews	x			x					x	
121	Impact Assessment			x	x	x			x	x	x
122	Impact Gaps Canvas	x			x						
123	Impact Helper				x					x	x
124	Impact Kickbox	x			x	x				x	x
125	Infofresko „The World of Sustainable Innovation“	x		x					x		
126	Inner Development Goals Framework	x		x			x		x		
127	InnoKid	x		x	x	x	x	x	x		
128	Innovation Performance Mirror©	x					x		x		
129	Innovationdigging				x						
130	Innovationsformel I=U/R	x			x				x		x

EinSatzBeschreibung	Outdoorübung	Typ
Instrument zur Problemumformulierung, das offene Fragestellungen generiert, um vielfältige und innovative Lösungsansätze in der Nachhaltigkeitsdomäne zu fördern.		Methode
Nachhaltige Variante des Kinderspiels als Warm-up/Energizer für Nachhaltigkeitsworkshops.		Methode
Die Methode „Ideas Capture" dient dazu, Ideen und Gedanken zu nachhaltigen Fragestellungen zu skizzieren, um sie später gegebenenfalls weiterzuentwickeln.		Methode
Diese Methode konzentriert sich auf die Schaffung von Innovationen, die im Einklang mit den ökologischen und sozialen Bedürfnissen unseres Planeten und der Gesellschaft stehen.		Methode
Die Methode des Ideenmarathons nutzt gezielt die langfristige und ermüdende Form der Beschäftigung mit einer einzigen Thematik „am Stück", ganz so wie beim Marathon.		Methode
Die Methode „Imaging New Partnerships" betont die Bedeutung der Bildung neuer Partnerschaften zur Bündelung von Ressourcen und Fachwissen, um komplexe Herausforderungen anzugehen und eine nachhaltige Zukunft für kommende Generationen zu gestalten.		Methode
Herangehensweise, um speziell in Workshop-Settings nicht-erreichbare Nutzerinnen (be-) greifbar zu machen.		Methode
Impact Assessment ist ein Werkzeug, das dazu dient, die potenziellen Auswirkungen und Folgen einer geplanten Intervention, wie etwa eines Projekts, einer Politik oder eines Programms, auf verschiedene Aspekte der Umwelt und der Gesellschaft zu bewerten.		Methode
Eine Methode, die das Ziel hat eine Problemstellung tiefgehend zu verstehen und passgenaue Leitfragen zu entwickeln, bevor eine Lösung verfolgt wird.		Methode
Ein Werkzeug zur ersten Ermittlung von positiven und negativen Wirkungen (Impact) eines Geschäftsmodells.		Methode
Kickbox ist ein Open-Source-Tool, entworfen von Adobe Systems, um Innovationen innerhalb von Organisationen zu fördern.		Tool
Eine Infografik in der Größe 2,25x1,1m die einen kompletten Überblick über das Thema nachhaltige Transformation gibt.		Tool
Das Inner Development Goals (IDGs) Framework ist ein Raster transformativer Fähigkeiten für nachhaltige Entwicklung, das in fünf Dimensionen dreiundzwanzig Schlüsselkompetenzen und Qualitäten strukturiert.		Framework
Die InnoKid-Methode kombiniert die bewährten Innovationsprinzipien von Pixar mit einem starken Fokus auf nachhaltige Entwicklung, um durch kollaborative Braintrust-Meetings, visuelle Storyboards, iterative Prototypenbildung sowie datengetriebene Analysen nachhaltige Lösungen zu kreieren und kontinuierlich zu verbessern.		Methode
Reifegrad der Innovationsfähigkeit im Kontext Nachhaltigkeit im Unternehmen bestimmen.		Framework
Strukturierte Ideenfindung mithilfe von Suchfeldmatrizen (strategisch oder ad hoc).		Methode
Durch die bewusste Anregung des IdeaFlow nachhaltige Innovationen fördern.		Framework

Index	Bezeichnung	P1 – Sensibilisierung/Bildung	P2 – Matching Recht/Gesetz	P3 – Sustainability Roadmap	P4 – Produkt-/Prozessdesign	P5 – Implementierung/Monitoring	P6 – Kommunikation	P7 – Organisation	P8 – Führung	P9 – Business Model Design	P10 – Skalierung
		Working Guide-Arbeitsfelder									
		173	20	130	190	75	119	74	90	103	64
131	Innovationskonvex® – eine Orientierungskarte				x	x			x	x	
132	Innovationskreis für Nachhaltigkeit						x		x		
133	Inspiration from the Future				x					x	x
134	Integriertes Managementsystem							x	x		
135	IUCN Green List of Protected and Conserved Areas	x		x	x	x				x	x
136	IUCN Red List of Threatened Species™	x		x	x	x					x
137	Jobs-to-be-done zur Identifikation von Nachhaltigkeitspotenzialen				x		x			x	
138	Kano-Modell			x	x		x				
139	Kill the Company				x					x	
140	Kill Your Shit (of Yesterday)!			x	x	x					
141	KIM	x		x		x	x	x	x		x
142	Klima-Stabilität	x		x				x			x
143	Klimawandel im Staatenvergleich	x		x		x	x			x	x
144	Konkurrenz-Kooperation-Symbiose			x				x	x		

EinSatzBeschreibung	**Outdoorübung**	**Typ**
Ein Denkmodell zur Orientierung bei Investitionsentscheidungen: Wie viele Ressourcen investieren wir in den Nutzen bzw. Fortschritt?		Modell
Hilft die Zusammenhänge im Innovationssystem zu verstehen und dient dem Verständnis, wie die Erfolgsfaktoren des Innovationskreises verbunden sind.		Framework
Eine Methode die für spannende Inspirationen sorgt wenn wir weit über den Tellerrand denken wollen oder durch die Herausforderung müssen.		Methode
Integrierte Managementsysteme (IMS) sind dazu da, verschiedene Managementsysteme in einer Organisation zu vereinen und effizienter zu gestalten.		Framework
Die IUCN Green List of Protected and Conserved Areas (Green List) identifiziert und zertifiziert erfolgreich verwaltete Schutzgebiete, und dient damit Innovierenden als zuverlässiger Standard für nachhaltige Umweltpraktiken.		Wissensnugget
Eine umfassende, wissenschaftlich fundierte Datenquelle zur Beurteilung des ökologischen Fußabdrucks von Projekten, die als Benchmark sowie Instrument für die strategische Planung in nachhaltigen Innovationsinitiativen dienen kann.		Wissensnugget
Der Einsatz der Jobs-to-be-done-Logik kann insbesondere im Nachhaltigkeitskontext sinnstiftend eingesetzt werden, da dadurch nachhaltige Produkte und Dienstleistungen entwickelt werden, die den Menschen dabei helfen, ihre Ziele auf suffiziente und effiziente Weise zu erreichen.		Methode
Das Kano-Modell ermöglicht eine Unterscheidung der Kundenanforderungen in Basis-, Leistungs- und Begeisterungsfaktoren und macht damit sichtbar, durch welche Leistungen Kundenzufriedenheit besonders getrieben wird.		Modell
Kreativmethode bzw. -denkmodell, welches das bestehende Geschäftsmodell angreift und daraus Ideen zur Geschäftsmodellentwicklung generiert.		Methode
Die Methode „Kill Your Shit" befreit wertvolle Ressourcen des Unternehmens von unnötigen Aufgaben, steigert die Effektivität und sorgt für nachhaltiges Wirtschaften.		Methode
KIM (Kriterien- und Indikatorensystem zur Bewertung von Nachhaltigkeit) liefert die Basisdaten zur Bewertung unternehmerischer Nachhaltigkeit, unter Beachtung aller relevanten Kennzahlen und mit Einbeziehung der Mitarbeitenden.		Tool
In dieser Outdoor–Übung werden im Wald die „Grenzen des Wachstums" modelliert, die Themen Waldstabilität und Klimastabilität dargestellt, die Problematik der klimatischen Kipppunkte diskutiert sowie eigene Handlungsmöglichkeiten identifiziert.		Methode
Die Übung schärft das Bewusstsein für Klimagerechtigkeit und globale Zusammenhänge, indem der jährliche CO2 Ausstoß verschiedener Staaten sichtbar gemacht und unter Einbeziehung staatenspezifischer Kenndaten diskutiert wird.		Methode
Diese Übung zielt darauf ab, sich die eigenen Konkurrenz- und Kooperations-Konstellationen bewusst zu machen sowie die erfolgversprechendsten Handlungsoptionen und Maßnahmen zur Stärkung der eigenen Entwicklung zu identifizieren.		Methode

Index	Bezeichnung	P1 – Sensibilisierung/Bildung	P2 – Matching Recht/Gesetz	P3 – Sustainability Roadmap	P4 – Produkt-/Prozessdesign	P5 – Implementierung/Monitoring	P6 – Kommunikation	P7 – Organisation	P8 – Führung	P9 – Business Model Design	P10 – Skalierung
		Working Guide-Arbeitsfelder									
		173	20	130	190	75	119	74	90	103	64
145	Kopfstandtechnik				x					x	x
146	Kreislaufwirtschaft in Wald und Wirtschaft	x		x	x						
147	Kundenlebenszyklusanalyse				x		x				
148	Laddering				x		x				
149	Learn from Nature	x			x						
150	LEGO® Serious Play®	x		x	x		x		x	x	
151	Leverage Points	x						x	x		x
152	Life Cycle Design	x	x	x	x						
153	Max Diff Skalierung				x		x				
154	Measure Company Fit						x				
155	Meet the Elephant	x		x		x					
156	Mehrwert Schwarmintelligenz	x					x	x	x	x	
157	Mensch-Wald-Klima-Balance	x		x			x			x	

EinSatzBeschreibung	Outdoorübung	Typ
Die Kopftstandtechnik ist eine kreative Problemlösungsmethode, bei der ein Problem oder eine Fragestellung umgekehrt oder negativ formuliert wird, um neue Perspektiven und Lösungsansätze zu gewinnen.		Methode
Am Beispiel des Ökosystems Wald wird das Thema Kreislaufwirtschaft sowie die große Relevanz nachhaltiger Wirtschaftskreisläufe für unsere Zukunft vorgestellt, um in einer Transfer-Diskussion Impulse und Maßnahmen zur Realisierung einer „Circular Economy" auf Unternehmens–Ebene zu identifizieren.		Methode
Die Kundenlebenszyklusanalyse hilft dabei, Verhalten und Bedürfnisse von Kunden im Laufe der Zeit zu verstehen und zu nutzen, beispielsweise für die Gewichtung von Umweltauswirkungen eines Produkts über die gesamte Kundenbeziehung.		Methode
Laddering ist eine Interviewtechnik, die dabei hilft, latente Präferenzmotive für Nachhaltigkeit zu ergründen.		Methode
Die Methode „Learn from Nature" ist ein interdisziplinärer Ansatz, bei dem natürliche Prozesse und Strukturen aus der Tier- und Pflanzenwelt studiert werden, um innovative Lösungen für menschliche Herausforderungen zu entwickeln.		Methode
LEGO® Serious Play® ermöglicht und fördert die gleichberechtigte Teilhabe an einem kreativen Prozess zur Entwicklung von Neuem oder Konkretem, wie zum Beispiel neuen Produkten, einer Nachhaltigkeitsstrategie, einem Zielbild oder Stakeholderdialogen.		Tool
Wie man die Hebelpunkte von komplexen Systemen erkennt und sie sich für eine nachhaltigere Zukunft zu Nutze machen kann.		Framework
Diese Methode unterstützt ein Unternehmen beim Übergang von einer linearen Produktion von Waren und Dienstleistungen hin zu einem zirkulären Modell.		Methode
Die Max Diff Skalierung ist eine Form der Präferenzmessung, um Qualität von Leistungen oder Merkmalen zu überprüfen und veranschaulicht, welche Dienstleistungen eine Organisation verbessern muss oder aber weiter ausbauen sollte.		Methode
Der Measure Company Fit hilft dabei einzuschätzen, ob eine geplante Nachhaltigkeitsmaßnahme zur Organisation und ihrer Wahrnehmung passt.		Methode
Aktivierungsmethode zur Vorbereitung eines save space in Veränderungsprozessen.		Methode
Die Übung „Mehrwert Schwarmintelligenz" greift ein evolutionär bewährtes Verhaltenskonzept aus der Natur auf und identifiziert an einem konkreten Fallbeispiel den durch die Nutzung von Schwarmintelligenz möglichen Mehrwert bei der Klärung komplexer Fragenstellungen.		Methode
Diese Outdoor-Übung schärft das Bewusstsein für die die Zusammenhänge zwischen Ressourcenvorrat, Ressourcennutzung und Klimawandel, sensibilisiert für die Ursachen von Ressourcen-Übernutzung und zeigt Lösungsansätze für eine dauerhaft nachhaltige Wirtschaftsweise.		Methode

Index	Bezeichnung	P1 – Sensibilisierung/Bildung	P2 – Matching Recht/Gesetz	P3 – Sustainability Roadmap	P4 – Produkt-/Prozessdesign	P5 – Implementierung/Monitoring	P6 – Kommunikation	P7 – Organisation	P8 – Führung	P9 – Business Model Design	P10 – Skalierung
		Working Guide-Arbeitsfelder									
		173	20	130	190	75	119	74	90	103	64
158	Mission Model Canvas	x								x	
159	Mit allen Sinnen	x					x		x		
160	Modell der Innovationsfähigkeit von Menschen©	x			x		x		x		
161	Modellierung evolutionärer Entwicklungen	x		x		x					x
162	Moonshot – The Innovation Game	x								x	
163	Morphologische Analyse			x	x					x	x
164	MoSCoW Priorisierung				x	x		x	x		
165	Nachhaltiger Wald	x			x					x	
166	Nachhaltigkeits Check-in-Fragen	x									
167	Nachhaltigkeits Wissenslandkarte	x			x					x	
168	Nachhaltigkeits-Bingo	x									
169	Nachhaltigkeitscontrolling					x	x	x			
170	Nachhaltigkeitskommunikation	x					x				

EinSatzBeschreibung	Outdoorübung	Typ
Der Mission Model Canvas ist eine modifizierte Version des Business Model Canvas, maßgeschneidert für missionsorientierte Organisationen, einschließlich Institutionen des öffentlichen Sektors und gemeinnütziger Einrichtungen, wobei sich der Schwerpunkt von ausschließlich finanziellen Ambitionen hin zur Verwirklichung einer höheren Mission verschiebt.		Tool
Diese Outdoor-Übung schärft das Sinnes-Bewusstsein, die differenzierte Wahrnehmung mit allen Sinnen sowie die Konzentrations- und Fokussierungsfähigkeit und fördert dadurch eine bewusstere und ganzheitlichere Umfeldwahrnehmung.		Methode
Erkenntnisfähigkeit als Teil der selbstverständlichen Alltagsintelligenz ist die Basis für Innovationsfähigkeit.		Modell
Diese Übung ermöglicht eine mehrdimensionale Darstellung von Entwicklungsprozessen und Biografien von der Vergangenheit über das Heute bis in die voraussichtliche Zukunft, sowohl von Organisationen und Unternehmen, als auch von gesellschaftlichen Gruppen und Einzelpersonen.		Methode
Das Serious Game „Moonshot – The Innovation Game" macht Innovationsprozesse und die Entwicklung von Lösungen für nachhaltige Organisationsentwicklung spielerisch erfahrbar.		Tool
Die morphologische Analyse ist ein wertvolles Hilfsmittel, um auf systematische Weise Lösungskombinationen zu entwickeln, die sowohl technisch und wirtschaftlich realisierbar sind, als auch die Erwartungen der Nutzer erfüllen.		Methode
Die MoSCoW Priorisierung hilft, in Projekten innerhalb von Teams oder mit Stakeholdern eine Priorisierung von Komponenten eines Vorhabens oder einer Idee zu erstellen.		Methode
Die Übung „Nachhaltiger Wald" analysiert zunächst im Wald sowohl durch die „Menschen-Brille" als auch durch die „Ökosystem-Brille", danach aus dem beruflichen bzw. persönlichen Alltag konkrete Nachhaltigkeitsbeispiele, untersucht mögliche Querverbindungen und identifiziert Handlungsoptionen sowie Einflussmöglichkeiten auf den Nachhaltigkeits-Fußabdruck und den Nachhaltigkeits–Handabdruck.		Methode
Methoden und Fragen für den nachhaltigen Check-in in Meetings, Workshops oder den Tag.		Methode
Die Nachhaltigkeits-Wissenslandkarte ermöglicht Teilnehmenden sowie Moderierenden bei einem Start in einen Workshop, den Wissensstatus von Teilnehmenden zu Nachhaltigkeitsthemen auf effiziente Art und Weise zu erfassen und Teams zusammenzustellen.		Methode
Nachhaltigkeits-Bingo ist ein spielerischer Ansatz, um Teilnehmende eines Workshops oder einer Schulung in einem Unternehmen zu ermutigen, ihr Wissen über spezifische Nachhaltigkeitsthemen zu teilen und voneinander zu lernen.		Methode
Nachhaltigkeitscontrolling dient dazu, das Nachhaltigkeitsmanagement eines Unternehmens in den internen Strukturen und Prozessen zu steuern, zu koordinieren und zu kontrollieren.		Instrument
Nachhaltigkeitskommunikation dient dazu, die Nachhaltigkeitsleistung eines Unternehmens adressatengerecht und transparent über geeignete Medien zu kommunizieren, das Vertrauen der Stakeholder zu stärken und das Bewusstsein für nachhaltige Produkte und Dienstleistungen zu fördern.		Framework

Methoden nach Alphabet mit Transformation-Index

Index	Bezeichnung	P1 – Sensibilisierung/Bildung	P2 – Matching Recht/Gesetz	P3 – Sustainability Roadmap	P4 – Produkt-/Prozessdesign	P5 – Implementierung/Monitoring	P6 – Kommunikation	P7 – Organisation	P8 – Führung	P9 – Business Model Design	P10 – Skalierung
		Working Guide-Arbeitsfelder									
		173	20	130	190	75	119	74	90	103	64
171	Nachhaltigkeitskommunikationstypologie						x				
172	Nachhaltigkeitslabel	x					x				
173	Nachhaltigkeitspotenzial-Charette				x					x	
174	Nachhaltigkeitsstrategieentwicklung			x							
175	Naturcoaching	x					x	x	x		
176	Naturverjüngungsquadrat	x			x	x			x		x
177	NBSAPs	x		x	x	x					x
178	NDCs	x		x	x	x					x
179	Need-Classifier						x				
180	Net Positive Business Model Canvas	x		x	x					x	x
181	Neugier-Impuls-Formel	x					x		x	x	
182	N-Kompass-Methode	x	x	x		x	x				

EinSatzBeschreibung	Outdoorübung	Typ
Eine Nachhaltigkeitskommunikationstypologie untersucht die Wirksamkeit von Kommunikationsstrategien anhand einer Unterteilung des nachhaltigen Konsums in Konsumtypen, um sicherzustellen, dass Nachhaltigkeitsbotschaften effektiv kommuniziert und Verbraucher motiviert werden, nachhaltige Entscheidungen zu treffen.		Framework
Nachhaltigkeitslabel sind Instrumente, die es Verbrauchern ermöglichen, nachhaltigere Produkte und Dienstleistungen zu identifizieren und Unternehmen Anreize bieten, ihre Nachhaltigkeitsleistung zu verbessern.		Instrument
Die Nachhaltigkeitspotenzial-Charette ermöglicht, erste Annahmen über Probleme und Gründe von nicht-nachhaltigem Handeln zu beschreiben, Handlungsfelder zu entdecken, einen Fokus zu setzen und ein erstes gemeinsames Nutzerverständnis in einem Team zu schaffen.		Methode
Eine Nachhaltigkeitsstrategie dient dazu, Organisationen dabei zu unterstützen, ihre ökologischen, sozialen und ökonomischen Ziele in Einklang zu bringen und eine langfristige nachhaltige Entwicklung zu fördern.		Framework
Naturcoaching ist die systemisch-lösungsorientierte Bearbeitung eines konkreten Anliegens im Freien, bei dem die Natur als Assistent und Co-Coach in den Coaching-Prozess einbezogen wird.		Methode
Die Wachstumsdynamik junger Bäume auf einem Quadratmeter Waldboden in Relation zum Standraum eines alten Baumes sind ein anschauliches Transferbeispiel zu den Themen Konkurrenz und Kooperation, Individuum und Kollektiv, Wettbewerb, Qualitätssicherung und nachhaltige Entwicklung.		Methode
NBSAPs fungieren als nationale strategische Pläne zur Förderung des Schutzes und der nachhaltigen Nutzung der biologischen Vielfalt und bieten Unternehmen einen strukturierten Rahmen zur Entwicklung von Lösungen, die mit nationalen und internationalen Biodiversitätszielen in Einklang stehen.		Tool
Die „National Festgelegten Beiträge" (NDCs) helfen bei der Ausrichtung der eigenen Innovationsarbeit an internationaler Klimapolitik.		Wissensnugget
Der Need-Classifier untersucht, an welchen Bedürfnissen mögliche Maßnahmen oder nachhaltige Produkte ansetzen und wie diese in verschiedenen Konsumsituationen gewichtet werden.		Framework
Unternehmen können den Net Positive Business Model Canvas (Net+BMC) als strategische Ressource verwenden, um Geschäftsansätze zu konzipieren, die einen übergeordneten, quantifizierbaren Mehrwert für die Gesellschaft und die Umwelt bieten.		Tool
Hilft Stagnation in der Organisation entgegenzuwirken und durch gezielte Impulse Bewegung ins System zu bringen.		Framework
Strukturierte Wesentlichkeits- und Leistungsanalyse für die Nachhaltigkeitsstrategieentwicklung.		Tool

Index	Bezeichnung	P1 – Sensibilisierung/Bildung	P2 – Matching Recht/Gesetz	P3 – Sustainability Roadmap	P4 – Produkt-/Prozessdesign	P5 – Implementierung/Monitoring	P6 – Kommunikation	P7 – Organisation	P8 – Führung	P9 – Business Model Design	P10 – Skalierung
		Working Guide-Arbeitsfelder									
		173	20	130	190	75	119	74	90	103	64
183	Now-How-Wow-Sustainability Matrix				x						
184	Nutzenmodell© nachhaltiger Innovationen				x	x				x	
185	Ökobilanzierung			x	x						
186	Ökologische Nische	x		x				x			
187	Ökosystem Seilkreis	x						x			
188	Ökosystem-Analyse – Entwicklungsperspektive	x		x		x		x			x
189	Ökosystem-Ist-Analyse	x		x		x		x			x
190	Open Sustainable Innovation	x									x
191	Osborns Nachhaltigkeitsliste			x	x						
192	Partnership Flowchart			x					x	x	x
193	Perspektiven-Wechsel: Maulwurf, Ameise, Hase, Adler	x		x			x				

EinSatzBeschreibung	Outdoorübung	Typ
Die Now-How-Wow-Sustainability Matrix ist eine analytische Methode zur Bewertung und Priorisierung von Innovationsideen, welche die klassische COCD-Box um eine dritte Skala der Nachhaltigkeit ergänzt.		Methode
Dient als Hilfe für die Einordnung nachhaltiger Ideen in Bezug auf deren Nutzen.		Framework
Die Ökobilanzierung (Life Cycle Assessment, LCA) ist ein standardisiertes Verfahren zur Bewertung der Umweltauswirkungen von Produkten oder Dienstleistungen über ihren gesamten Lebenszyklus hinweg.		Methode / Norm
Diese Übung trägt dazu bei, die Wechselbeziehung zwischen einem Lebewesen und seiner Umwelt bzw. einer Organisation und ihrer Umwelt im Sinne einer vorausschauenden Strategie-Entwicklung richtig einzuschätzen, alternative Nischen-Optionen zu erkennen, neue Nischen zu identifizieren und Maßnahmen zur Sicherung des langfristigen, eigenen Überlebens zu formulieren.		Methode
Die Outdoor-Gruppen-Übung „Ökosystem Seilkreis" lässt die Ursache-Wirkungs-Beziehungen bei Veränderungen erleben und regt zur Diskussion über die Stabilität bzw. Gefährdung von Ökosystemen an.		Methode
Die Ökosystem-Entwicklungs-Analyse baut auf der Ökosystem-Ist-Analyse auf, fokussiert auf die evolutionäre Weiterentwicklung der Organisation in ihrem Ökosystem, analysiert Entwicklungsoptionen und erarbeitet Maßnahmenvorschläge zur Zielerreichung.		Methode
Die Ökosystem-Ist-Analyse wird im Rahmen der strategischen Entwicklung von Organisationen, Unternehmen und Teams verwendet, analysiert eine Organisation und bestehende Beziehungen und Wechselwirkungen in deren Ökosystem und ermöglicht es, die komplexe Vernetzung einer Organisation abzubilden.		Methode
Interdisziplinärer Ansatz, bei dem externe Stakeholder in den Innovationsprozess eingebunden werden, um Lösungen zu entwickeln, die wirtschaftlich rentabel sowie ökologisch und sozial nachhaltig sind.		Modell
Osborns Nachhaltigkeitsliste lehnt sich an die bekannte Osborn-Checkliste an, um mittels strukturierter Fragen für mehr Nachhaltigkeit im Unternehmenskontext zu sorgen.		Methode
Das Partnership Flowchart dient als schematisches Instrument zur Identifizierung und Strukturierung der Beziehungen, Rollen und Verantwortlichkeiten zwischen verschiedenen Akteuren in einer Partnerschaft, insbesondere im Kontext der Ziele für nachhaltige Entwicklung (SDGs), und bietet eine fundierte Grundlage für die Auswahl des am besten geeigneten Partnerschaftstyps.		Methode
Der „Perspektiven-Wechsel" dieser Outdoor-Übung ermöglicht es, durch die Einnahme unterschiedlicher Perspektiven ein Bewusstsein dafür zu entwickeln, wie subjektiv die eigene Sicht der Dinge sein kann und wie wichtig es ist, vor wichtigen Entscheidungen mehrere Perspektiven im Sinne einer „Ökosystem-Perspektive" einzubeziehen, um über eine qualifizierte Entscheidungsgrundlage zu verfügen.		Methode

Index	Bezeichnung	P1 – Sensibilisierung/Bildung	P2 – Matching Recht/Gesetz	P3 – Sustainability Roadmap	P4 – Produkt-/Prozessdesign	P5 – Implementierung/Monitoring	P6 – Kommunikation	P7 – Organisation	P8 – Führung	P9 – Business Model Design	P10 – Skalierung
		Working Guide-Arbeitsfelder									
		173	20	130	190	75	119	74	90	103	64
194	PESTEL Nachhaltigkeit	x		x					x		
195	Pitch Your Green Idea!	x			x				x	x	
196	Planet Centric Design	x			x	x	x	x	x	x	
197	Planet Centric Design Toolkit	x		x	x	x		x		x	x
198	Planet Centric Touchpoints				x						
199	Planet Patterns	x			x						
200	Planetary Actors	x	x	x	x	x		x		x	x
201	Planetary AI Interview	x			x						
202	Planetary Boundaries Framework	x		x	x			x		x	
203	Planetary Centric Design Toolkit Roadmap 1&2		x	x		x		x			
204	Planetary Ikigai	x					x	x	x		
205	Planetary Persona	x			x		x				
206	Planetary Proposition	x	x	x	x						
207	Planetary Stakeholder Map	x			x		x	x	x	x	

EinSatzBeschreibung	Outdoorübung	Typ
In Anlehnung an den PESTEL-Ansatz werden Primär- und Sekundär-Benefits von Nachhaltigkeit im Unternehmen identifiziert und bewertet.		Methode
Das Brett-Planspiel „Pitch Your Green Idea!“ ermöglicht es den Spielenden, Lösungen für nachhaltige Organisationsentwicklung im Rahmen eines sogenannten Serious Game zu ersinnen und zu simulieren.		Tool
Planet Centric Design bewegt sich weg vom Egoismus der menschenzentrierten Perspektive hin zu einer Betrachtung des Planeten als Aggregation sozialer und ökologischer Systeme, in denen der Mensch zwar Teil, aber nicht mehr das Zentrum ist.		Framework
Das Planet Centric Design Toolkit ist eine Sammlung an Methoden und Werkzeugen zur Entwicklung nachhaltiger Lösungen, das darauf abzielt, die Auswirkungen von Produkten und Dienstleistungen auf den Planeten zu minimieren.		Framework
Planet-Centric Touchpoints ist eine Mikromethode, die Designern hilft, Merkmale von Produkten und Dienstleistungen umweltfreundlicher und nachhaltiger zu gestalten, indem sie Interaktionen zwischen Benutzer & Produkt genauer untersucht.		Methode
Wie man die verführerischen Patterns des UX-Designs, welche uns normalerweise zu mehr unreflektiertem Konsum verleiten, für nachhaltigere Verhaltensweisen umgestalten kann.		Methode
Planetary Actors ist eine Mikromethode, die in der vorliegenden Form für die umfassende Stakeholder-Analyse erweitert wurde und liefert eine Übersicht der Bedürfnisse und Denkweisen einzelner Interessensgruppen bei einem umfassenden Transformationsprojekt.		Methode
Mit AI und intelligenten Sprachmodellen planetaren Akteuren eine Stimme geben.		Methode
Ein Modell zur Verdeutlichung der Belastungsgrenzen unseres Planeten, dass dazu genutzt werden kann, um das Bewusstsein für die Dringlichkeit einer nachhaltigen Entwicklung zu erhöhen.		Framework
„PCDT Roadmap 1&2“ ist die Abschluss-Methode zur Unterstützung bei der Umsetzung und Erfolgsmessung eines strategischen Plans zur Umsetzung von nachhaltigen Zielen.		Methode
Der Planetary Ikigai hilft Organisationen, ihre Ambitionen, Stärken, Wertschöpfungsprozesse, und Relevanz in Einklang mit dem Planeten zu bringen.		Methode
Wie man neben menschlichen auch nicht-menschliche Akteure in Form von Personas in Entwicklungs- und Designprozessen inkludieren kann.		Methode
Planetary Proposition – als Teil des Planet Centric Design Toolkits von Impossible Labs – ist eine Mikromethode, um das Werteversprechen von Produkten und Dienstleistungen für den Kunden auf der einen Seite und für die Gesellschaft und die Umwelt auf der anderen Seite zu erarbeiten und miteinander zu verbinden.		Methode
Wie man menschliche und nicht-menschliche Akteure miteinander in Beziehung setzt, um produktive und dysfunktionale Spannungen zu identifizieren, welche zu neuen Möglichkeitsräumen führen.		Methode

Index	Bezeichnung	P1 – Sensibilisierung/Bildung	P2 – Matching Recht/Gesetz	P3 – Sustainability Roadmap	P4 – Produkt-/Prozessdesign	P5 – Implementierung/Monitoring	P6 – Kommunikation	P7 – Organisation	P8 – Führung	P9 – Business Model Design	P10 – Skalierung
		Working Guide-Arbeitsfelder									
		173	20	130	190	75	119	74	90	103	64
208	Planetary Value Chain			x	x			x			
209	Planetary Value Proposition Canvas				x						
210	Plussing				x	x				x	
211	Polak-Spiel	x									
212	Priming durch Bilder	x			x						
213	Problem Framing Tree	x			x						
214	Problem Reframe	x			x		x	x			
215	Product Carbon Footprint			x	x						
216	Product Design Challenger				X						
217	Product Journey Mapping				x						
218	Prototyping & Testing mit Nachhaltigkeitsfokus				x					x	
219	Purpose Booster	x		x					x		
220	Purpose-Turnier	x							x		
221	Question Formulation TechniqueTM (QFT) im Kontext Sustainability	x					x				
222	Reflective Audience©	x					x				
223	Regenerative Business Canvas				x					x	

EinSatzBeschreibung	Outdoorübung	Typ
Eine umfängliche Betrachtung der organisationalen Wertschöpfung, um in jedem Schritt planetare Risiken und Möglichkeiten zu identifizieren.		Methode
Diese Methode ist eine Weiterentwicklung des Value Proposition Designs von Strategyzer, in dem nicht nur der Kunde, sondern auch der Planet mit seinen Jobs, Pains und Gains beim Design neuer Wertangebote berücksichtigt wird.		Methode
Lerne von Pixar, wie man Ideen mit Methoden aus dem Improtheater schärft.		Methode
Ein Workshop-Warm-up zur Einführung in die Arbeit mit Zukunftsszenarien.		Methode
Durch die gezielte subtile Darbietung von Reizen kann Priming dazu führen, dass verstärkt im Interesse von nachhaltiger Entwicklung gedacht und gehandelt wird.		Methode
Der Problem Framing Tree hilft, Probleme systemisch zu erschließen und sich ihrer Komplexität in Form von Ursachen und Wirkungen bewusst zu werden.		Methode
Problem Reframe – als Teil des Planet Centric Design Toolkits von Impossible Labs – ist eine Mikromethode, die hier in leicht modifizierter Form Innovatoren dabei unterstützt, ein gründliches Verständnis eines Problems oder einer Herausforderung zu schaffen.		Methode
Der Product Carbon Footprint (PCF) gemäß ISO 14067 bietet ein standardisiertes Verfahren zur Quantifizierung der Treibhausgasemissionen, die während des gesamten Lebenszyklus eines Produkts entstehen.		Methode / Norm
Der Product Design Challenger ist ein hilfreiches Tool, um neue Produkte von Anfang an nachhaltig zu designen oder bestehende Produkte nachhaltig neu zu denken und zu überarbeiten.		Tool
Die „Product Journey Map" analysiert den gesamten Nutzungsprozess eines Produkts oder einer Dienstleistung, um Einblicke für eine mögliche nachhaltige Verbesserungen zu gewinnen.		Methode
Frühes Prototyping und Testing ist ein bewährtes Vorgehen in der Entwicklung von Produkten und Ideen, und wird im Nachhaltigkeitskontext komplexer weitergedacht.		Methode
Der Purpose Booster ist ein Framework, das Unternehmen dabei unterstützt, in einem dreistufigen Prozess ihren Purpose zu definieren oder diesen zu schärfen.		Framework
Das Purpose-Turnier hilft Teams, in verhältnismäßig kurzer Zeit Klarheit über den eigenen Purpose zu erlangen.		Methode
Dient der Sensibilisierung für das Thema Nachhaltigkeit und dem Verständnis der globalen SDG-Ziele.		Methode
Diese Methode bietet die Gelegenheit im Rahmen von Vorträgen, Meetings oder Workshops gemeinsam auf die Metaebene zu gehen und wahrzunehmen, was gerade im Raum passiert.		Methode
Ein Tool zum niederschwelligen Einstieg, um erste zirkuläre Maßnahmen für Produkte/Dienstleistungen/Geschäftsfelder im kleinen Team zu erarbeiten.		Tool

Index	Bezeichnung	P1 – Sensibilisierung/Bildung	P2 – Matching Recht/Gesetz	P3 – Sustainability Roadmap	P4 – Produkt-/Prozessdesign	P5 – Implementierung/Monitoring	P6 – Kommunikation	P7 – Organisation	P8 – Führung	P9 – Business Model Design	P10 – Skalierung
		Working Guide-Arbeitsfelder									
		173	20	130	190	75	119	74	90	103	64
224	Reizbildmethode				x					x	
225	ReSOLVE Framework	x			x					x	
226	Ressourcen-Algorithmus	x		x	x					x	
227	Ressourcen-Baum	x									
228	Rund um Nachhaltigkeit DeepDive	x									
229	Schwarmverhalten	x					x	x	x		
230	Science Based Targets			x	x	x					
231	SDG Challenger Cards				x					x	
232	SDG Focus Finder			x							
233	SDG Gedankenexperiment	x		x	x		x			x	
234	SDG Impulse Cards	x			x						
235	SDG Know-how Cards	x									
236	SDG Kompass	x		x		x	x	x	x		x
237	SDG Targets	x		x	x						x
238	Seismograf	x		x				x	x		

EinSatzBeschreibung	Outdoorübung	Typ
Kreativmethode mit visuellen Reizen.		Methode
Das ReSOLVE Framework greift die Kernprinzipien der Kreislaufwirtschaft auf und eröffnet sechs konkrete Handlungsfelder für Unternehmen.		Framework
Suffizienz vs. Effizienz vs. Konsistenz: Woran wir uns orientieren, entscheidet das Ergebnis.		Modell
Tool zur systemisch-organischen Darstellung eines Ist-Zustands. Am Beispiel eines Baumes und seiner Kompartimente Wurzel, Stamm, Borke, Krone und Äste, Blätter, Blüten und Früchte werden relevante Komponenten und Ressourcen dargestellt. Ziel ist ein Clusterbild der wertgebenden Potenziale und Entwicklungsoptionen von Organisationen, Unternehmen, Teams oder Personen.		Methode
Der „Rund um Nachhaltigkeit Deep Dive“ ist ein Werkzeug, um durch umfangreiche Informationen zum Thema Nachhaltigkeit Betroffenheit zu schaffen.		Tool
In dieser Gruppenübung geht es darum, nach vorgegebenen Regeln das Agieren im Schwarm zu erleben und zu reflektieren, die Möglichkeiten eines Transfers der gewonnenen Schwarm-Erkenntnisse in den eigenen Alltag zu überprüfen und die Maßnahmen zu identifizieren, um das im Schwarmverhalten liegende Optimierungspotenzial für die eigene Organisation erschließen zu können.		Methode
Science Based Targets (SBT) sind dazu da, Unternehmen und Organisationen dabei zu unterstützen, ihre Treibhausgasemissionen auf ein wissenschaftlich fundiertes Niveau zur Erreichung des 1,5°C-Ziels zu reduzieren und somit zum globalen Klimaschutz beizutragen.		Framework
Die SDG Challenger Cards geben zu jedem der 17 UN Sustainable Development Goals (SDGs) fünf beispielhafte Leitfragen (Triggerfragen) für gezielte und spezifische Ideenfindungen an die Hand.		Tool
Der SDG Focus Finder dient dazu, aus den 17 Sustainable Development Goals der UN konkrete Fokusfelder zu definieren, auf die sich ein Unternehmen konzentrieren sollte.		Methode
Impuls- und Ideen-Generierung zu den 17 Sustainable Development Goals (SDG) mit dem Kartenspiel des Nachhaltigkeitsclusters Oberfranken.		Tool
Die SDG Impulse Cards verhelfen mit kurzen, konkreten Impulsen zu jedem der 17 UN Sustainable Development Goals (SDGs) zu Ideen für mehr Nachhaltigkeit im Unternehmen.		Tool
Die SDG Know-how Cards zeigen kurz, prägnant und übersichtlich spannende Wissensbausteine zu jedem der 17 UN Sustainable Development Goals (SDGs).		Tool
Wie man die SDGs Schritt für Schritt mit den eigenen Unternehmenszielen verbinden kann.		Framework
Die Agenda 2030 für nachhaltige Entwicklung der Vereinten Nationen umfasst 17 Ziele für nachhaltige Entwicklung (Sustainable Development Goals), die mit 169 Unterzielen (Targets) untermauert sind.		Framework
Der Seismograf beschreibt 75 Disruptions-Signale aus 10 verschiedenen Themenfeldern und unterstützt Unternehmen, daraus mögliche Auswirkungen und disruptive Szenarien für das eigene Geschäft vorzudenken.		Tool

Index	Bezeichnung	P1 – Sensibilisierung/Bildung	P2 – Matching Recht/Gesetz	P3 – Sustainability Roadmap	P4 – Produkt-/Prozessdesign	P5 – Implementierung/Monitoring	P6 – Kommunikation	P7 – Organisation	P8 – Führung	P9 – Business Model Design	P10 – Skalierung
		Working Guide-Arbeitsfelder									
		173	20	130	190	75	119	74	90	103	64
239	Sensemaking	x					x	x	x		
240	Service Flip				x					x	
241	Shit-Love-Do-Storm	x		x			x		x		
242	Sinus-Milieus	x			x		x			x	
243	Situationsanalyse	x			x			x			
244	Smart Material Choices				x						
245	Social Footprinting			x	x	x					
246	Sound Machine	x							x		
247	Soziale Netzwerkanalyse						x				
248	Spinner Session Nachhaltigkeit	x			x		x			x	
249	St. Galler Management Modell	x					x	x	x	x	x
250	Stakeholderanalyse			x	x		x				
251	Stakeholderbefragung			x	x		x				
252	Stakeholderdialog			x	x		x				
253	START 5P – Sustainable Transformation Art in 5 Perspektiven	x		x							

EinSatzBeschreibung	Outdoorübung	Typ
Sensemaking ist ein oft übersehener, aber absolut integraler Bestandteil der organisationalen Entscheidungspraxis.		Framework
Wie man ein Produkt zu einer Dienstleistung umgestaltet, um dessen Nutzungseffizienz und damit auch Nachhaltigkeit zu optimieren.		Methode
Ein co-creatives Drei-Phasen-Sprint-Modell zur teamübergreifenden Zukunftsmodellierung.		Methode
Die Sinus-Milieus sind ein Modell, welches verschiedene Lebenswelten in der Gesellschaft begreifen lässt und somit ein theoretisches, aber fundiertes Verlassen einer eigenen Bubble ermöglicht.		Modell
Eine visuelle Forschungs- und Codiermethode, die menschliche und nicht-menschliche Akteure in Relation zueinander analysiert.		Methode
Die Methode „Smart Material Choices" erleichtert die fundierte Entscheidungsfindung hinsichtlich der Auswahl von kreislauffähigen Materialien für Produkte.		Methode
Social Footprinting (SF) ist dazu da, soziale Auswirkungen entlang der gesamten Wertschöpfungskette zu erfassen und zu bewerten, um Unternehmen bei der Verbesserung ihrer sozialen Nachhaltigkeitsleistung zu unterstützen.		Methode
Eine Warm-up-Methode, die Teams aktiviert, auflockert, Vertrauen aufbaut und zudem Spaß macht.		Methode
Die Soziale Netzwerkanalyse untersucht soziale Verbindungen, um zu verstehen, wie sich Informationen oder nachhaltige Verhaltensweisen innerhalb von Gruppen aus- und verbreiten können.		Methode
Die Spinner Session Nachhaltigkeit ist eine Übung für mehr Inspiration und Kreativität.		Methode
Das St. Galler Management-Modell (SGMM) beschreibt einen ganzheitlichen Ansatz, welcher Management als die reflexive Gestaltungspraxis eines komplexen Zusammenspiels der Organisation mit ihrer Umwelt versteht.		Modell
Stakeholderanalysen sind ein Instrument, um die Bedürfnisse, Interessen und Einflüsse von Anspruchsgruppen zu identifizieren und zu verstehen, und dadurch eine effektive Stakeholderkommunikation und -engagement zu ermöglichen.		Methode
Stakeholderbefragungen sind ein Instrument, um die Meinungen, Bedürfnisse und Erwartungen von Stakeholdern zu erfassen und ihnen eine Stimme zu geben, um Entscheidungen zu verbessern und nachhaltige Praktiken zu fördern.		Methode
Stakeholderdialoge sind ein Instrument, um den Austausch und die Zusammenarbeit mit verschiedenen Stakeholdergruppen zu fördern und ihre Perspektiven, Bedürfnisse und Erwartungen in Entscheidungsprozesse einzubeziehen.		Methode
Transformationsmodell als Lösungsraum für einen abteilungsübergreifenden Einstieg in die Wirk-Zusammenhänge nachhaltiger Unternehmensführung.		Modell

Index	Bezeichnung	P1 – Sensibilisierung/Bildung	P2 – Matching Recht/Gesetz	P3 – Sustainability Roadmap	P4 – Produkt-/Prozessdesign	P5 – Implementierung/Monitoring	P6 – Kommunikation	P7 – Organisation	P8 – Führung	P9 – Business Model Design	P10 – Skalierung
		Working Guide-Arbeitsfelder									
		173	20	130	190	75	119	74	90	103	64
254	Story Writing				x						
255	Storyboarding			x	x		x		x	x	
256	Strange Sustainable World	x					x		x		
257	Strategie-Sprint „Strategy for future"	x	x	x		x	x	x			
258	Strategische Verankerung der Nachhaltigkeit			x		x	x		x		x
259	Strategizing							x	x		
260	Strategy Prototyping	x					x	x	x		
261	Strategy Roadmap			x							
262	Sustainability Competitor Mapping			x							
263	Sustainability Evolution Pyramid for Enterprise©					x	x		x		
264	Sustainability Expectancy Disconfirmation				x					x	
265	Sustainability Measure Alignment			x		x	x				
266	Sustainability Persona				x					x	
267	Sustainability Pitch	x					x		x		x
268	Sustainability Priorities	x	x	x	x	x		x			

EinSatzBeschreibung	Outdoorübung	Typ
Kollaboratives Kreativitätswerkzeug, bei dem Teilnehmende in einer rotierenden Sequenz auf der Grundlage eines vorgegebenen Anfangssatzes eine fortlaufende Geschichte schreiben, um divergentes Denken zu fördern und kollektive Ideen für Innovation und nachhaltige Lösungen zu generieren.		Methode
Storyboarding ist eine visuelle Methode, die ein definiertes Ziel, oder Idee, oder Strategie sehr schnell viel konkreter und klarer werden lässt.		Methode
Kultursimulation, die Teams in die Entwicklung eigener Mini-Kulturen involviert, um durch Beobachtung und Analyse das Verständnis für kulturelle Perspektiven und deren Einfluss auf die Entwicklung und Implementierung nachhaltiger Innovationsprozesse zu fördern.		Methode
Moderierter und fokussierter Wesentlichkeits- und Leistungsanalyse-Prozess für die Nachhaltigkeitsstrategie-Entwicklung.		Framework
Hilft Unternehmen in der internen und externen Kommunikation Nachhaltigkeitsaspekte operationalisierbar zu gestalten.		Methode
Strategie ist ein dynamischer, kollektiver und zukunftsgerichteter Prozess und kein fixer und limitierter Plan zur Zielerreichung.		Framework
Wie man Strategien als Prototypen inszeniert, um Resonanz zu schaffen und sie kollektiv im Jetzt zu verhandeln.		Framework
Die Strategy Roadmap visualisiert und korreliert die Innovations- bzw. Maßnahmenplanung in Abhängigkeit von den aktuellen kurz-, mittel- und langfristigen Unternehmensstrategien.		Methode
Sustainability Competitor Mapping zeigt, wie Referenzmaßnahmen im Wettbewerberfeld bewertet werden und wo das eigene Unternehmen im Feld der nächsten Wettbewerber liegt.		Methode
Bildet die Bedürfnisebenen zur Nachhaltigkeitsentwicklung in Unternehmen ab und dient als Einordungshilfe und Priorisierung der Nachhaltigkeitsziele (SDG) durch die Übersetzung in Unternehmensdimensionen.		Modell
Mithilfe der Sustainability Expectancy Disconfirmation lässt sich herauszufinden, wie Erwartungen von Konsumenten in Bezug auf Nachhaltigkeit sind und wie das Unternehmen diese erfüllt.		Modell
Das Sustainability Measure Alignment hilft herauszufinden, wie stark sich einzelne Nachhaltigkeitsmaßnahmen der Organisation gegenseitig ergänzen, ersetzen oder sogar kannibalisieren.		Methode
Als für den Einsatz in kurzen Sustainable-Design Thinking Workshops optimiertes Persona Format hilft die Sustainability Persona Teams einen ganzheitlichen Blick auf User im Nachhaltigkeitskontext zu bekommen und sich als Team auf wesentliche Punkte der Motivation einer Persona und ein Handlungsfeld zu einigen.		Methode
Mit dem Kommunikationskreis zu mehr Nachhaltigkeit in der Organisation.		Framework
Sustainability Priorities ist eine Mikromethode, die sich auf die Priorisierung von Nachhaltigkeitsprinzipien im Designprozess konzentriert.		Methode

Index	Bezeichnung	P1 – Sensibilisierung/Bildung	P2 – Matching Recht/Gesetz	P3 – Sustainability Roadmap	P4 – Produkt-/Prozessdesign	P5 – Implementierung/Monitoring	P6 – Kommunikation	P7 – Organisation	P8 – Führung	P9 – Business Model Design	P10 – Skalierung
		Working Guide-Arbeitsfelder									
		173	20	130	190	75	119	74	90	103	64
269	Sustainability Story	x			x	x	x		x		
270	Sustainability Universe – Status quo Diagramm©			x		x	x		x		
271	Sustainable Business Model Canvas									x	
272	Sustainable Business Model Gap				x					x	x
273	Sustainable Business Model Patterns				x					x	x
274	Sustainable Business Model Tree				x					x	x
275	Sustainable Customer Experience Management						x				
276	Sustainable Decision Matrix					x	x		x		
277	Sustainable Design Thinking				x					x	
278	Sustainable Extreme Stakeholder Exploration				x					x	
279	Sustainable First Filter				x			x			
280	Sustainable Futures	x		x			x	x		x	x
281	Sustainable Inspiration Cards				x						
282	Sustainable Ishikawa			x	x					x	
283	Sustainable Nudging Cards	x			x						

EinSatzBeschreibung	Outdoorübung	Typ
Konkretisierung der Erwartungen und Bedürfnisse von Stakeholdern, Nutzern und/oder Beteiligten hinsichtlich der Nachhaltigkeitsziele.		Methode
Analyse des Status quo Nachhaltigkeit in Organisationen zur Identifikation und Priorisierung von Handlungsfeldern.		Framework
Das Sustainable Business Model Canvas (SBMC) ist ein Werkzeug zur Entwicklung nachhaltiger Geschäftsmodelle und dient Unternehmen und Organisationen dazu, ökologische, soziale und wirtschaftliche Aspekte in ihre Geschäftsstrategie zu integrieren und langfristige Wertschöpfung zu ermöglichen.		Tool
Mithilfe der Sustainable Business Model Gap Methode werden die Schritte von einem konventionellen zu einem nachhaltigen Geschäftsmodell entwickelt		Methode
Wie man 45 nachhaltige Muster zu innovativen Business-Modellen kombinieren kann		Framework
Der Sustainable Business Model Tree hilft bei der Modellierung eines nachhaltiges Geschäftsmodell auf dem Weg zur Regeneration		Tool
Sustainable Customer Experience Management untersucht, wie Nachhaltigkeit durch Kunden erlebbar wird und identifiziert dabei Kontaktpunkte mit Erlebnischarakter		Framework
Entscheidungswerkzeug und -vorlage für nachhaltige unternehmerische und persönliche Entscheidungen		Methode
Sustainable Design Thinking bezeichnet einen Ansatz, welcher das klassische Design Thinking konsequent für den Einsatz für nachhaltige (soziale, ökologische und ökonomische) Entwicklung weiterdenkt.		Framework
Instrument der Beobachten-Phase im Design Thinking Prozess, das durch ethnographische und empathische Forschung speziell ausgewählte Stakeholder mit extremen Verhaltensmustern in den Fokus nimmt, um tiefgreifende Erkenntnisse über deren besondere Bedürfnisse und Probleme zu gewinnen und dadurch die Grundlage für nachhaltige Innovationen zu schaffen.		Methode
Der Sustainable First Filter ist eine Ideenfilter-Methode, die Nachhaltigkeitskriterien in die Ideenauswahl integriert		Methode
Die Methode Sustainable Futures – als Teil des Planet Centric Design Toolkits von Impossible Labs – ist ein Werkzeug aus dem Planet Centric Design Toolkit, welches sicherstellt, dass Geschäftsmodelle, Produkte oder Dienstleistungen zukunftssicher sind.		Methode
Die Sustainable Inspiration Cards verhelfen in jeder Ideenfindung zu neuen Inspirationen für mehr Nachhaltigkeit.		Tool
Die Methode „Sustainable Ishikawa" stellt eine Weiterentwicklung der ursprünglichen Ishikawa-Methode dar und unterstützt Unternehmen dabei, mithilfe einer systematischen Analyse potenzieller Hindernisse Lösungsansätze zur Bewältigung planetarer Herausforderungen zu entwickeln.		Methode
Kartenset zur Unterstützung der Verhaltenänderung in der Organisation durch die Entwicklung von Nudges.		Tool

Index	Bezeichnung	P1 – Sensibilisierung/Bildung	P2 – Matching Recht/Gesetz	P3 – Sustainability Roadmap	P4 – Produkt-/Prozessdesign	P5 – Implementierung/Monitoring	P6 – Kommunikation	P7 – Organisation	P8 – Führung	P9 – Business Model Design	P10 – Skalierung
		Working Guide-Arbeitsfelder									
		173	20	130	190	75	119	74	90	103	64
284	Sustainnogility© Ansatz			x			x		x	x	
285	System Map Klima-Ressourcen-Müll	x									
286	Systemisches Innovationsmanagement für Nachhaltigkeit					x	x		x		
287	Systems Thinking	x		x		x	x	x	x		x
288	Szenario-Generierung			x	x					x	
289	Tanz mit den Systemen	x					x	x	x		
290	Team-Leistungsformel								x		
291	Technical Check	x	x	x	x						
292	Theory of Change			x	x	x	x				
293	Theory U	x							x		
294	Three Horizons			x	x	x	x	x	x	x	x
295	Together Alone						x	x	x		
296	Tomorrathon / Green Hackathon	x		x	x	x	x			x	x
297	Transformations-Ellipse Nachhaltigkeit						x		x		
298	Transformationsstufen der Nachhaltigkeit	x									x
299	Trend Radar	x		x	x				x	x	
300	Trends Expert Interview			x	x					x	x

EinSatzBeschreibung	Outdoorübung	Typ
Hilft bei der Strategieausrichtung, um nachhaltige Innovationen zu entwickeln und agil umzusetzen.		Modell
Die System Map sensibilisiert für die globalen, planetaren und lokalen Zusammenhänge der Problemfelder Klima, Ressourcen und Müll und macht damit die Konsequenzen und Wirkungen menschlichen Handelns auf die Umwelt bewusst.		Methode
Ein ganzheitlicher Strategieansatz, der den Entwicklungserfolg nachhaltiger Innovationen fördert.		Framework
Eine Methode die dabei hilft Herausforderungen in einem größeren systemischen Kontext zu sehen und ein umfassendes Verständnis für die Wechselwirkungen und Möglichkeiten zur Steigerung der Nachhaltigkeit in der Organisation zu entwickeln.		Methode
Methode aus der Szenariotechnik, bei der mögliche Zukünfte antizipiert und Ideen abgeleitet werden.		Methode
Eine spielerische Art der Auseinandersetzung mit Systemen, um durch deren Komplexität nicht eingeengt zu werden, sondern stattdessen neue Denkweisen zu erschließen.		Methode
Führungsansatz zur Erhöhung der Innovationsleistung im Team.		Methode
Technical Check ist eine Methode zur Sicherstellung, dass eine neue, nachhaltige Idee (das Produkt, die Dienstleistung) bei der Einführung im Markt sowohl technisch als auch ökologisch funktioniert.		Methode
Die Theory of Change ist ein Ansatz, um intendierte und zu erwartende, direkte sowie weiterführende Folgen einer geplanten Ideenumsetzung zu beschreiben.		Methode
Theory U ist eine Change Management Methode und Kreativitätsmethode und der Titel eines Buches von Otto Scharmer.		Methode
Strategisches Rahmenwerk, das Unternehmen ermöglicht, gleichzeitig kurzfristige Optimierungen, mittelfristige Wachstumschancen und langfristige transformative Innovationen zu planen und zu managen.		Modell
Entscheidungsmethode für nachhaltige Entscheidungen in der Gruppe.		Methode
Formate, um die nachhaltige Organisation, Kommune oder Region der Zukunft zu entwickeln		Framework
Betrachtung der Stellhebel und Einflussfaktoren für eine erfolgreiche Nachhaltigkeits-Transformation.		Framework
Mithilfe der „Transformationsstufen der Nachhaltigkeit“ können Unternehmen sich selbst auf ihrer Reise hin zu einer regenerativen Organisation verorten.		Methode
Das Trendradar ist eine Methode, die es auch unerfahrenen Teams ermöglicht sehr schnell wertvolle Ergebnisse aus der Arbeit mit Trends zu ziehen.		Methode
Bei Trends Expert Interviews sprechen Sie mit Trendexperten, um über aktuelle neue Entwicklungen, Trends und Zukunftsprognosen zu lernen.		Methode

Index	Bezeichnung	P1 – Sensibilisierung/Bildung	P2 – Matching Recht/Gesetz	P3 – Sustainability Roadmap	P4 – Produkt-/Prozessdesign	P5 – Implementierung/Monitoring	P6 – Kommunikation	P7 – Organisation	P8 – Führung	P9 – Business Model Design	P10 – Skalierung
		Working Guide-Arbeitsfelder									
		173	20	130	190	75	119	74	90	103	64
301	Tripple Jump Brainstorming				x						
302	Troika Consulting					x	x		x		x
303	T-Shaped People	x						x	x		
304	Typ1 / Typ2 Entscheidungen				x	x			x	x	
305	UHC2030	x		x	x						x
306	Umweltbewusstseinsforschung	x		x	x					x	x
307	Umweltmanagementsysteme (ISO 14001 und EMAS)					x	x	x	x		
308	Value Chain Canvas	x		x	x	x				x	
309	Value Mapping	x		x	x					x	x
310	Value&Impact vs. Ressourcen Mapping			x	x	x		x			
311	Verhaltungsänderung im Führungsfokus								x		
312	Visible Strategies			x					x		
313	Vision Cone			x	x		x	x	x		
314	Vision Statement – CheckUP	x					x		x		x

EinSatzBeschreibung	Outdoorübung	Typ
Strukturierte, dreiphasige Methode zur Ideengenerierung und Problemlösung, die die Schritte Exploration zur Datensammlung, Inkubation zur kreativen Ideensynthese und Umsetzung zur praktischen Implementierung von Lösungen umfasst.		Methode
Methode für die Entscheidungsfindung und das Lösen von Problemen.		Methode
T-Shaped People sind gleichzeitig Generalisten und Spezialisten und machen durch ihre Übersetzungsleistung die nachhaltige Transformation komplexer Systeme erst möglich.		Modell
Entscheidungsmodell für schnelle Entscheidungen, um beim Thema Nachhaltigkeit ins Machen zu kommen.		Modell
Die Mission des UHC2030 ist es, nachhaltige Fortschritte in Richtung universeller Gesundheitsversorgung (UHC) zu beschleunigen, mit einem Fokus auf den Aufbau von gerechten und widerstandsfähigen Gesundheitssystemen, die niemanden zurücklassen und die Grundlage für die Erreichung von Gesundheitssicherheit bieten.		Wissensnugget
Umweltbewusstseinsforschung untersucht Einstellungen, Wissen und Verhaltensweisen in Bezug auf Umwelt- und Nachhaltigkeitsthemen, um zu verstehen, wie Verbraucher informiert und motiviert werden können, um nachhaltige Entscheidungen zu treffen.		Methode
Umweltmanagementsysteme dienen der systematischen Erfassung, Bewertung und kontinuierlichen Verbesserung der Umweltleistung von Unternehmen und Organisationen und ermöglichen eine nachhaltige Integration von Umweltaspekten in das Management.		Instrument
Das Value Chain Canvas ist ein Werkzeug, das Unternehmen dabei unterstützt, ihre Wertschöpfungskette zu analysieren und zu optimieren, um nachhaltigen Mehrwert zu schaffen.		Tool
Beim Value Mapping wird die Nachhaltigkeit des Geschäftsmodells anhand der Dimensionen Gesellschaft, Umwelt, Ökonomie und weiterer Akteure betrachtet – für diese Dimensionen wird analysiert, (a) welche Werte geschaffen oder aber zerstört werden und (b) welche potenziell relevanten Werte nicht ausgeschöpft und verschwendet werden oder Wachstumspotenzial haben.		Methode
In Nachhaltigkeitsprojekten, welche einen Handlungsspielraum vorgeben, aber noch frei in der Auswahl des „Wie“ sind, hilft das Value&Impact vs. Ressourcen Mapping Wesentlichkeit und Aufwand bei der Ideenauswahl in Einklang zu bringen.		Methode
Durch Haltungsänderung Nachhaltigkeit im Unternehmen forcieren – die Führungsmatrix für Veränderung.		Modell
Formulierung attraktiver, positiver Zielbilder und die Nutzung emotionaler Dimensionen, um eine Veränderung in Gang zu setzen und was das für externe Berater bedeutet.		Methode
Wie man als Organisation Unsicherheit in Möglichkeitsräume umdeutet, wünschenswerte Zukünfte identifiziert und diese über mehrere Zeithorizonte hinweg ermöglichen kann.		Methode
Guideline und Hilfe zu Entwicklung eines Vision Statements.		Methode

Index	Bezeichnung	P1 – Sensibilisierung/Bildung	P2 – Matching Recht/Gesetz	P3 – Sustainability Roadmap	P4 – Produkt-/Prozessdesign	P5 – Implementierung/Monitoring	P6 – Kommunikation	P7 – Organisation	P8 – Führung	P9 – Business Model Design	P10 – Skalierung
		Working Guide-Arbeitsfelder									
		173	20	130	190	75	119	74	90	103	64
315	Visionsentwicklung			x					x		
316	Waldfunktionen	x					x				
317	Wald–Wildnis–Küche	x			x						
318	Water Footprint	x		x	x						
319	Wechselbeziehungen im Ökosystem	x									
320	Wesentlichkeitsanalyse			x			x	x			
321	Wirk-Map Sustainable Innovator	x									
322	Wirtschaftswald – Zukunftswald	x		x					x		
323	Word of the Day				x						
324	ZEDINE-Entscheidungshilfe für Investitionen	x		x	x					x	x
325	ZEDINE-Modell und Methode	x		x	x					x	x
326	Zeitreise	x									

EinSatzBeschreibung	**Outdoorübung**	Typ
Erstellen eines Zukunftsbildes, um strategische Unterziele und Entwicklungsmaßnahmen abzuleiten.		Methode
Diese Outdoorübung verdeutlicht die verschiedenen Waldfunktionen, macht diese Funktionen und ihre Beziehungen untereinander auf spielerische Weise bewusst und gleicht sie mit den aktuellen und künftigen gesellschaftlichen Bedürfnissen ab.	●	Methode
Outdoor-Rezepte aus der Naturküche Wald: Praktizierte Nachhaltigkeit durch gemeinschaftliches, bewusstes Nutzen natürlicher Ressourcen. Gemeinsames Sammeln, Jagen, Kochen fördert Naturbezug, Orientierung, Naturkenntnisse, Gemeinschaftserlebnis, Teambildung.	●	Methode
Das Water Footprint-Verfahren misst den Süßwasserverbrauch der Menschheit, indem er den Wasserverbrauch und die eventuelle Verschmutzung bei der Herstellung von Gütern und Dienstleistungen erfasst.		Methode
Die Übung ermöglicht es, die Komplexität der Veränderungsdynamik in Ökosystemen und Organisationen nachzuvollziehen und sich bewusst zu machen, dass auch scheinbar kleine Veränderungen oftmals große Auswirkungen und unerwartete Nebenwirkungen für das System mit sich bringen können.		Methode
Die Wesentlichkeitsanalyse ist eine Methode, um die für eine Organisation relevantesten Nachhaltigkeitsthemen zu identifizieren und zu priorisieren, indem die Erwartungen und Anforderungen interner und externer Stakeholder berücksichtigt werden.		Methode
Die Wirk-Map ist eine Selbstreflexions-Methode, die dabei hilft, die eigene Rolle des Sustainable Innovators mit allen relevanten Wirkbeziehungen zu skizzieren.		Methode
Bei dieser Outdoor-Übung modellieren Kleingruppen auf einem vorgegebenen Stück Waldboden mit Naturmaterialien den Wandel vom bestehenden Wald zu einem individuell gestalteten klimaresilienten „Zukunftswald", diskutieren mögliche Ereignisse und Entwicklungen, die auf ihren Wald einwirken könnten und reflektieren deren Auswirkungen.	●	Methode
Ein zufällig ausgewähltes Wort als Katalysator für kreatives Denken und Brainstorming nutzen, um festgefahrene Denkmuster zu durchbrechen oder neue Perspektiven zu eröffnen.		Methode
Die ZEDINE-Entscheidungshilfe basiert auf dem ZEDINE-Gedankenexperiment und hilft, nachhaltige und dadurch bessere Entscheidungen für Investitionen zu treffen.		Methode
ZEDINE ist ein Gedankenexperiment, ein Perspektiven-Dreher und ein strategisches Werkzeug zugleich, welches die unzertrennbaren Zusammenhänge zwischen Wirtschaftlichkeit, Digitalisierung, Innovation und Nachhaltigkeit gleichermaßen verdeutlicht, individuelle Maßnahmen vorschlägt und die Unternehmensstrategie nachhaltig ausrichtet und zukunftsfähig macht.		Methode
Ein Blick in eine Cradle-to-Cradle-Welt, die nach kreislaufwirtschaftlichen Prinzipien funktioniert und damit eine Vision einer möglichen, erstrebenswerten Zukunft entstehen lässt.		Methode

Index	Bezeichnung	P1 – Sensibilisierung/Bildung	P2 – Matching Recht/Gesetz	P3 – Sustainability Roadmap	P4 – Produkt-/Prozessdesign	P5 – Implementierung/Monitoring	P6 – Kommunikation	P7 – Organisation	P8 – Führung	P9 – Business Model Design	P10 – Skalierung
		Working Guide-Arbeitsfelder									
		173	20	130	190	75	119	74	90	103	64
327	Zielgruppenanalyse			x	x					x	x
328	Ziel-Mittel-Analyse (Means-End-Chains)				x		x			x	
329	Zirkularität-Syntax: Circular Economy vs Cradle-to-Cradle vs Kreislaufwirtschaft	x		x	x	x	x	x		x	x
330	Zukunftsbild Nachhaltigkeit			x			x		x		
331	Zukunftsqualifizierung für Nachhaltigkeit	x									
332	Zukunftsszenarien-Galerie mit Szenario-Map			x	x				x	x	
333	Zukunftswerkstatt			x	x					x	

EinSatzBeschreibung	Outdoorübung	Typ
Die Zielgruppenanalyse hilft dabei, Eigenschaften, Bedürfnisse und Werte von Stakeholdern zu untersuchen und daraus homogene Gruppen zu bilden, um zielgerichtete Kommunikation und Produkte zu entwickeln, die Bedürfnissen und Werten entsprechen und dadurch nachhaltiges Verhalten fördern.		Methode
Die Ziel-Mittel-Analyse (auch Means-End-Chains genannt) ist eine qualitative Interviewtechnik, bei der durch gezieltes Nachfragen stufenweise Leistungs- oder Produkteigenschaften mit Bedürfnissen und Werten von Konsumenten verknüpft werden.		Methode
Heranziehen verschiedener Werkzeuge, um von einer linearen zu einer zirkulären Produktbetrachtung zu gelangen.		Modell
Vom Zukunftsbild in sechs Stufen zur Zielbild-Strategie.		Methode
Ein Qualifikationsansatz zur Sicherstellung der Innovationsfähigkeit.		Modell
Mit einer Zukunftsszenario-Galerie können wir zukunftssicherer und besser innovieren, entscheiden und Strategien erstellen.		Methode
Die Zukunftswerkstatt ist eine partizipative Technik zur Ideengenerierung, die sich speziell für größere Gruppen eignet.		Methode

1

1-2-4 – Das sind wir (1-2-4-all)

EinSatzBeschreibung

Macht individuelle Positionen und Wissen aller Teilnehmenden einer Gruppe sichtbar, bietet bei Bedarf Anonymität und Sicherheit beim Teilen von Informationen und ermöglicht gleichberechtigte Co-Creation.

Working Guide/Anwendungsfelder

P1 Sensibilisierung/Bildung	P2 Matching Recht/Gesetz	P3 Sustainability Roadmap	P4 Produkt/Prozessdesign	P5 Implementierung/Monitoring	P6 Kommunikation	P7 Organisation	P8 Führung	P9 Business Model Design	P10 Skalierung
		X	X			X	X		

Beschreibung

Die Methode sorgt dafür, dass jede Person einer Gruppe gehört wird und sich einbringen kann. Diese Aspekte sind besonders im Kontext nachhaltiger Entwicklung hilfreich: Zum einen können auch sensible, von sozialer Erwünschtheit betroffene Themen angesprochen werden, andererseits kann ein Wir-Gefühl entstehen, welches Transformation fördert.

Die Methode kann zur Ideengeneration genutzt werden, bietet aber auch besonders große Möglichkeiten beim Austausch über Herausforderungen in einer Organisation oder auch zu persönlichen Bedürfnissen, welche in einer großen Gruppe aufgrund von Zeitdruck oder gefühlter sozialer Erwünschtheit nicht angesprochen werden.

Personen können in einer sicheren Umgebung einer nur schrittweise wachsenden Zahl an Zuhörerinnen über eigene Schwächen und Probleme (wie eigenes nicht-nachhaltiges Handeln) sprechen. Die Angst, von einer Gruppe verurteilt zu werden, wird so reduziert. Insbesondere in sehr großen partizipativen Veranstaltungen bietet die Methode den Vorteil, dass alle Teilnehmende sich gehört fühlen, und etwas aussprechen können, selbst wenn die Zeit knapp ist.

Dadurch wird zudem ein Gruppen- und Teilhabe-Gefühl gestärkt. Dieses Gefühl der Teilhabe bietet für neue Wege in der Nachhaltigkeitstransformation einen Vorteil für eine notwendige Zustimmung der breiten Masse und der Betroffenen, wenn es um Veränderungen geht. Weiterhin können Teilnehmende erfahren, dass sie mit ihren Gedanken oft nicht allein sind.

Aufgrund seiner Struktur ist das Format bei Gruppen von 4 Personen bis hin zu extrem großen Gruppen sinnvoll und möglich.

Auch für qualitative Forschung kann die Methode bei entsprechender Dokumentation eingesetzt werden.

Durchführung

Zu Beginn der Durchführung führt die Moderatorin in das Thema und die Fragestellung ein, welche behandelt werden soll, kommuniziert den zeitlichen Rahmen und den Ablauf der Übung. Eine visuelle Darstellung des Ablaufs kann dabei unterstützen. Es wird auf einen schrittweisen Charakter der Öffnung hingewiesen, und den Vorteil sich bei Bedarf etwas anonymisiert einbringen zu können. Es wird eine Einladung an alle ausgesprochen, die Stimmen von sonst etwas zurückhaltenden Personen besonders zu berücksichtigen.

Es werden A5, A4 und A3 Papierblätter bereitgestellt und sichergestellt, dass jede Person zu Beginn ein A5 Blatt Papier und einen Stift hat, sowie eine größere Anzahl an (Metallfreien) Heftgräte im Raum vorhanden ist.

1: Die Teilnehmerschaft wird aufgefordert in einem klar definierten Zeitrahmen eine für alle gleiche vorangestellte Frage für sich selbst im Stillen zu beantworten. Die wichtigsten Punkte der individuellen Überlegungen sind von jeder Person gut leserlich zu notieren.

2: Teilnehmende werden nach Ablauf der Zeit der ersten Runde gebeten, sich in Paaren zusammenzufinden. Dann stellen sich die beiden Personen gegenseitig ihre Überlegungen vor. Die Gedanken werden diskutiert, eine gemeinsame Antwort auf die Ausgangsfrage wird gefunden. Sollte kein Konsens entstehen, ist es auch möglich, unterschiedliche Perspektiven oder Erfahrungen bestehen zu lassen. Die beiden Papierblätter werden zusammen an ein A4 Blatt geheftet. Auf die leere Rückseite werden nun die Ergebnisse des Austauschs festgehalten.

4: Nun werden die Paare dazu eingeladen, sich mit einem anderen Duo zu einer Vierergruppe zu vereinen. In dieser Gruppe stellen sich die Duos gegenseitig das Ergebnis der vorherigen Runde vor, wobei es dienlich ist, nicht darüber zu sprechen, von wem welcher Input gekommen ist. So bleibt ein etwas gesicherter Rahmen für persönliche Informationen, und die Inhalte werden losgelöst von persönlicher Sympathie oder anderen Störvariablen auf inhaltlicher Ebene bewertet und diskutiert.

Es folgt wie im vorherigen Schritt ein Zusammenheften der zwei Ausgangspapiere. Diese können nun an ein neues A3 Papier geheftet werden, auf welchem die Ergebnisse weiter diskutiert und synthetisiert werden. Spätestens in diesem Schritt ist es sinnvoll, die Ergebnisse so festzuhalten, dass wichtige Punkte für außenstehende verständlich werden.

All: Im letzten Schritt können die Vierergruppen (oder einige Ausgewählte) ihre Erkenntnisse teilen. Auch hierbei gilt, dass die Informationen nach Möglichkeit losgelöst von den Personen, welche sie eingebracht haben, kommuniziert werden können.

Es kann auch eine Poster-Ausstellung erstellt werden, in welcher die Erkenntnisse aufgehangen werden.

Je nach Zielsetzung können hierbei insbesondere variiert werden:

- Dauer der Runden
- Notwendigkeit, Informationen schriftlich festzuhalten
- Größe und Form der Arbeitsblätter
- Regeln, in welcher Form sich Personen oder Duos zusammentun sollen
- Weitere Kleingruppen, z. B. eine abschließende Achtergruppe

Das Einsammeln der schrittweise aufgebauten Poster bietet die Möglichkeit, Aspekte und Details der Entstehung des Präsentierten zu einem späteren Zeitpunkt zu analysieren.

Praxisschlaglicht

In einem Projekt mit jungen Mitarbeitenden einer Organisation der öffentlichen Hand wurde die Methode angewandt, um eine Grundlage für den Austausch zu nicht-nachhaltigem Handeln im Alltag zu schaffen, um im Anschluss gemeinsam Lösungen für nachhaltige Handlungsalternativen zu finden. Durch die stufenweise Öffnung gelang es auch Personen, welche sich für bestimmte Handlungen wie Konsumverhalten schämten, in einen Austausch zu treten, und anschließend eine Verhaltensänderung anzustoßen.

Nach Abschluss konnten die mit metallfreien Heftern zusammengehefteten Papierblätter eingesammelt und von den Initiatorinnen als Datengrundlage für weitere Projektideen dokumentiert werden.

Für die Nachhaltigkeitsberatung in der B.A.U.M. Group wurde bei einem Groß-Treffen mit den Mitarbeitenden aller Standorte und Gesellschaften ein an Simon Sinek angelehnter „Golden Circle“ entworfen. Dabei wurde die 1-2-4 Reihung betrieben, welche in eine Abschlusspräsentation und eine Poster-Galerie mündete. Die stufenweise Zusammenführung ermöglichte einen offenen Austausch und das partizipative Entwickeln eines Gesamtbildes zum Selbstverständnis aller Beteiligten.

Wirkfeld der Methode

- Wirksam für Herausforderungen mit mittlerer Komplexität
- Wirksam für Herausforderungen mit niedriger Komplexität

Transformationsfähigkeit Ihres Teams

- Fördert die allgemeine Transformationsfähigkeit des Teams
- Fördert offene Mindsets und innovative Denkhaltungen

Einsatzcharakteristik/Arbeitsrahmen

- Austauschfokus: vornehmlich mit internen und externen Personen
- Durchführungszeit: eher mittel (> 1 Stunde bis < 1 Tag)
- Einsatzfrequenz: vornehmlich im einmaligen Einsatz
- Komplexität für den Moderator: eher mittel
- Komplexität für die Teilnehmer: eher mittel
- Teamgröße: Großgruppen möglich (> 50 Teilnehmer)
- Teamgröße: Maxigruppen möglich (20 bis 40 Teilnehmer)
- Teamgröße: Mittelgroße Teams möglich (5 bis 20 Teilnehmer)
- Vorbereitungszeit: eher gering (< 1 Stunde)

Input für eine zielführende Arbeit mit der Methode

- Individuelles Wissen zu einer herausforderung oder Thema

Output und beobachtete Ergebnisse der Methode

- Bessere Projekteffizienz, bessere Teamperformance
- Erzeugt neues Wissen und neue Erfahrungen
- Erzeugt größere Klarheit zu einem Thema
- Erzeugt transformationsfähigere Organisationen
- Erzeugt mehr Hintergrundinformationen
- Identifiziert vorhandene Schwachstellen
- Identifiziert vorhandene Stärken

Hinderniseffekte, auf die die Methode positiv wirkt

- Beugt blinden Flecken/Betriebsblindheit vor
- Bindet eher introvertierte Teammitglieder mit ein
- Schafft schnell Klarheit und beschleunigt Erkenntnisgewinn
- Schärft eine fehlende gemeinsame Ausrichtung
- Stärkt das Vertrauen im Team

Mögliche Extravorteile der Methode

- Möglicher Extravorteil für Teams mit einer konservativen, tradierten Kultur

Quellen

Web – https://www.liberatingstructures.com/1-1-2-4-all/, Juni 2023

15 % Solutions

EinSatzBeschreibung

Methode für den Abschluss eines Workshops oder Meetings, um ins Machen zu kommen.

Working Guide/Anwendungsfelder

P1 Sensibilisierung/Bildung	P2 Matching Recht/Gesetz	P3 Sustainability Roadmap	P4 Produkt/Prozessdesign	P5 Implementierung/Monitoring	P6 Kommunikation	P7 Organisation	P8 Führung	P9 Business Model Design	P10 Skalierung
				X					X

Beschreibung

Wer kennt es nicht – jene anregenden Workshops, in denen die Quellen der Kreativität in einem schier endlosen Strom sprudeln. Doch am Ende des Workshops steht man dann vor der drängenden Frage: „Moment mal, wie setzen wir all das eigentlich in die Tat um?" Es scheint, als ob die Umsetzung dieser großartigen Einfälle ein optionales Extra wäre, das niemand gebucht hat. Selbst wenn im Workshop fleißig nächste Schritte, Meilensteine und Verantwortliche definiert wurden, werden diese oft von den Mühlen des Tagesgeschäfts zermalmt.

Dieses Problem adressiert die Methode 15 % Solutions, eine Liberating Structure. Passenderweise beginnt die Beschreibung mit einem Zitat der Klimaktivistin Greta Thunberg: „Ich habe gelernt, dass man nie zu klein dafür ist, einen Unterschied zu machen."

Bei der Methode fokussiert man sich in der Umsetzung auf die nächsten Schritte, die man sofort ohne fremde Hilfe tun kann. Also was ist so einfach, wie ein Pappschild zu zeichnen und sich vor das schwedische Parlament zu setzen.

Die Methode 15 % Solutions erzeugt eine beeindruckende Wirkung, die sich anhand folgender Stichpunkte beschreiben lässt:

- Fokus auf eigenen Einflussbereich: Die Methode ermutigt die Teilnehmenden dazu, sich auf Lösungen und Ideen zu konzentrieren, die in ihrem eigenen Einflussbereich liegen. Dies ermöglicht es den Teilnehmenden, realistische und erreichbare Schritte zu identifizieren, die sie selbst umsetzen können. Durch diese Fokussierung werden die Chancen erhöht, dass die vorgeschlagenen Maßnahmen tatsächlich in die Tat umgesetzt werden.
- Schnelles erstes Erfolgserlebnis motiviert zum Dranbleiben: Durch den Fokus auf eine 15 %-Lösung statt 100 %-Lösung erhöht sich die Chance auf ein schnelles Erfolgserlebnis signifikant. Dieses erste positive Resultat motiviert die Teilnehmenden, sich weiterhin für die Umsetzung der Maßnahmen zu engagieren. Es schafft eine positive Dynamik, die das Vertrauen in die eigenen Fähigkeiten stärkt und den Antrieb zum Fortfahren verstärkt.
- Einzelnes Puzzleteil statt komplettes Puzzle: Die Methode erkennt an, dass große Probleme oft aus vielen kleinen Teilen bestehen. Anstatt sich von der schieren Größe einer Aufgabe überwältigen zu lassen, konzentriert sich die Methode auf die Identifizierung von Teilmaßnahmen, die einen konkreten Beitrag leisten können. Dies ermöglicht es den Teilnehmenden, sich auf konkrete Aspekte zu fokussieren und schrittweise voranzuschreiten.
- Ein Schneeball kann eine Lawine auslösen: Die Methode setzt auf die Idee, dass selbst kleine Veränderungen und Maßnahmen eine größere Wirkung haben können. Ähnlich wie ein Schneeball, der den Hang hinabrollt und dabei an Größe gewinnt, können die 15 %-Lösungen in der Praxis irgendwann sogar zu 200 %-Lösungen werden.

Foto: © NEU | Zur Goldenen Idee – New Work Lab Düsseldorf

An drei Beispielen soll dies verdeutlicht werden:

- Nachhaltige Stadtplanung – In einem Workshop dreht sich alles um die nachhaltige Gestaltung der Innenstadt. Teilnehmenden aus Stadtplanung, Architektur und Umweltschutz diskutieren über bestehende nachhaltige Stadtentwicklungsprojekte und -ideen. Eine der Ideen ist ein autofreier Stadtteil. Die 15 %-Lösung ist die temporäre Sperrung einer kleinen, wenig befahrenen Straße. Der Leiter des Bauhofs stellt am nächsten Tag an beide Enden der Straße Bäume in Töpfen auf. Nach einiger Zeit wünschen sich die Bürger weitere dieser Straßen.
- Dekarbonisierung eines Unternehmensstandorts – Im Workshop werden bewährte nachhaltige Praktiken und Ideen wie Energieeffizienz, Grünstromeinsatz und Eigenenergieerzeugung diskutiert. Der Werkleiter schließt in der Folgewoche einen Grünstromvertrag mit seinem Stromlieferanten ab. Ein schnelles Erfolgserlebnis, das für die aufwendigeren Maßnahmen wie eine eigene PV-Anlage motiviert.

- Soziale Nachhaltigkeit in der Gemeinschaft – In diesem Workshop kommen Vertreter aus verschiedenen sozialen Organisationen, lokalen Gemeinschaften und Bildungseinrichtungen zusammen, um über soziale Nachhaltigkeit zu diskutieren und konkrete Maßnahmen zu entwickeln. Eine Lehrerin beschließt mit einer Teilnehmerin aus einer NGO in ihrer nächsten Geographiestunde einen Mini-Workshop zum SDG4 „Hochwertige Bildung" anzubieten. Der Workshop ist ein voller Erfolg und wird in der Folge auch an anderen Schulen angeboten.

Durchführung

Stellen Sie sicher, dass Stühle für Gruppen von 2 bis 4 Personen vorhanden sind. Die Gruppeneinteilung kann entweder vor dem Workshop festgelegt werden oder zu Beginn der Methode spontan erfolgen. Schreiben Sie ggf. die Impulsfragen (siehe nächster Abschnitt) aus der Anmoderation auf ein Flipchart, sodass sie alle sehen können.

Moderieren Sie die Methode an. Beschreiben Sie kurz die Vorteile des Vorgehens (siehe Beschreibung). An dieser Stelle bietet sich auch eine Story einer bekannten Veränderung an, die einmal klein angefangen hat (z. B. die Story von Greta Thunberg). Stellen Sie zum Abschluss der Anmoderation folgende Impulsfragen:

- Was sind Ihre 15 Prozent?
- Wo haben Sie die Freiheit, nach eigenem Ermessen zu handeln?
- Was könnten Sie ohne zusätzliche Ressourcen oder Erlaubnis umsetzen?
- Was können Sie gleich noch heute, morgen, in den nächsten 7 Tagen und im nächsten Monat umsetzen?

Jeder für sich nimmt sich nun Zeit für seine persönliche 15 % Solution und erstellt eine Liste von konkreten Maßnahmen. Dieser Teil sollte nicht länger als fünf Minuten dauern. So wird sichergestellt, dass nicht zu viele Maßnahmen auf dem Zettel landen. Die Maßnahmen sollten realistisch und mit einem vertretbaren Zeitaufwand allein umsetzbar sein.

Danach geht es zur Beratung in der Gruppe von zwei bis vier Personen. Die Teilnehmenden stellen sich gegenseitig ihre 15 Prozent Solutions vor. Die anderen Gruppenmitglieder können Tipps und Ratschläge geben, wo sie Unterstützung bekommen können und wie man die geplanten Maßnahmen noch vereinfachen kann. Meist sind die Lösungen noch 25 Prozent oder 50 Prozent Solutions. Jeder hat etwa acht bis zehn Minuten Zeit in dieser Beratungsrunde.

Zum Abschluss besteht noch die Möglichkeit, die Maßnahmen im Plenum vorzustellen. So können Doppelaufwände vermieden werden und sich Menschen zur gegenseitigen Unterstützung zusammenzutun. Für Großgruppen bietet sich die Methode „25/10 Crowdsourcing" an, um gemeinsam die vielversprechendsten Maßnahmen zu bestimmen.

Wirkfeld der Methode

- Wirksam für Herausforderungen mit hoher Komplexität
- Wirksam für Herausforderungen mit mittlerer Komplexität
- Wirksam für Herausforderungen mit niedriger Komplexität

Transformationsfähigkeit Ihres Teams

- Zahlt auf das Dringlichkeitsempfinden ein
- Erhöht die Lösungsorientierung

Einsatzcharakteristik/Arbeitsrahmen

- Austauschfokus: vornehmlich mit internen Personen
- Durchführungszeit: eher gering (< 1 Stunde)
- Einsatzfrequenz: sinnvoll im dauerhaften Einsatz
- Einsatzfrequenz: vornehmlich über den kompletten Projektzeitraum
- Einsatzradius: vornehmlich im Teameinsatz
- Einsatzradius: vornehmlich im projektweiten Einsatz
- Komplexität für den Moderator: eher gering
- Komplexität für die Teilnehmer: eher gering
- Teamgröße: Einzelpersonennutzung möglich
- Teamgröße: Großgruppen möglich (> 50 Teilnehmer)
- Teamgröße: Kleingruppe möglich (3 bis 5 Teilnehmer)
- Teamgröße: Maxigruppen möglich (20 bis 40 Teilnehmer)
- Teamgröße: Mittelgroße Teams möglich (5 bis 20 Teilnehmer)
- Vorbereitungszeit: eher gering (< 1 Stunde)

Input für eine zielführende Arbeit mit der Methode

- Angereicherte Ideen, Ideencluster oder höher integrierte Lösungen
- Ideen und Projekte, die zur Umsetzung anstehen
- Ideen, Lösungsansätze, Vorideen, Varianten

Output und beobachtete Ergebnisse der Methode

- Bessere Projekteffizienz, bessere Teamperformance
- Erzeugt Planungen und Priorisierungen
- Erzeugt umgesetzte Ideen
- Erzeugt frühe Prototypen
- Erzeugt größere Klarheit zu einem Thema
- Hilft bei Entscheidungen, Bewertungen und Feedback

Hinderniseffekte, auf die die Methode positiv wirkt

- Dynamisiert und aktiviert wenig dynamische Teams
- Schwächt Verdiskutiererei
- Schwächt den „Inneren Zensor"
- Stärkt das Vertrauen im Team
- Verhindert Finanz- und Ressourcenfallen
- Fördert Optimismus und Zuversicht

Mögliche Extravorteile der Methode

- Möglicher Extravorteil für Teams in einer Komfortsituation
- Möglicher Extravorteil für agile Teams

Quellen

Web – https://liberatingstructures.de/liberating-structures-menue/15-solutions/, 11.08.2023

25/10 Crowd Sourcing

EinSatzBeschreibung

Gruppenmethode, um schnell Ideen zu generieren und zu bewerten.

Working Guide/Anwendungsfelder

P1 Sensibilisierung/Bildung	P2 Matching Recht/Gesetz	P3 Sustainability Roadmap	P4 Produkt/Prozessdesign	P5 Implementierung/Monitoring	P6 Kommunikation	P7 Organisation	P8 Führung	P9 Business Model Design	P10 Skalierung
			X	X				X	X

Beschreibung

Was war die kürzeste Ideenkampagne, an die Sie sich erinnern können? Meist dauern Ideenkampagnen ein paar Wochen. Im Idealfall schafft man es innerhalb weniger Stunden mithilfe einer Jury oder eines Auswahlgremiums die beste Idee für eine Herausforderung der Organisation zu bestimmen.

Wie wäre es mit einer Ideenkampagne, die schneller durchgeführt ist, als der Kaffee in Ihrer Tasse abkühlen kann? Das Beste daran: Jeder ist dabei, keine langwierigen E-Mails, keine verschobenen Meetings – stattdessen eine blitzschnelle Ideenschlacht, bei der alle einbringen können, was sie zu bieten haben.

Auf die Jury können Sie auch verzichten, denn die Jury ist die Crowd. Also alle Menschen, die bei der Ideenchallenge dabei sind. Innerhalb von 30 Minuten heißt es „25 points go to …“ und Sie erhalten zehn brillante Ideen für eine aktuelle Herausforderung. Dieses Ergebnis erhalten Sie mit der Methode „25/10 Crowd Sourcing“, eine Liberating Structure von Henri Lipmanowicz und Keith McCandless.

Im Kontext der Nachhaltigkeit begegnen uns oft komplexe Herausforderungen, die eine Vielzahl von Ideen und ein großes Maß an innovativem Denken erfordern – „Moonshot-Thinking“ ist gefragt. Die Komplexität solcher Herausforderungen kann uns schnell in einem Zustand der Analyseparalyse gefangen halten, ähnlich dem Gefühl, wenn man sich in einem Labyrinth aus Optionen verirrt. Die „25/10 Crowd Sourcing“ Methode funktioniert besonders gut für Herausforderungen in der komplexen Domäne des Cynefin-Frameworks. Bei diesen Herausforderungen heißt es schnell zu experimentieren, beobachten und Hypothesen zu validieren.

Nicht selten führen Nachhaltigkeitsherausforderungen auch zu Gefühlen der Ohnmacht – als ob man einen Gipfel besteigen möchte, der unüberwindbar scheint. Die besondere Stärke der „25/10 Crowd Sourcing“ Methode liegt darin, dass sie kollektive Intelligenz nutzt und Menschen zusammenbringt, um gemeinsam Lösungen zu erarbeiten. Dies vermittelt das Gefühl, dass die Herausforderungen zwar groß, aber durch Zusammenarbeit und innovatives Denken durchaus bewältigbar sind.

Auch Status-quo-Bias und die Verlustaversion behindern oft das Finden neuer Lösungen. Dadurch überstehen die innovativsten Ideen oft nicht den Entscheidungsprozess. Hier zeigt die Methode ihre transformative Kraft, indem sie die traditionellen Hierarchien überwindet und einen Raum schafft, in dem Ideen unvoreingenommen bewertet werden können – unabhängig von Positionen oder Hierarchien.

Zusammenfassend betrachtet ermöglicht die „25/10 Crowd Sourcing“ Methode im Kontext der Nachhaltigkeit einen strukturierten und effizienten Ansatz, um komplexe Probleme anzugehen und vielfältige Ideen zu generieren. Sie hebt die kollektive Intelligenz hervor, fördert die Zusammenarbeit und schafft einen Raum, in dem innovative Lösungen florieren können – ganz im Sinne einer nachhaltigeren Zukunft.

Foto: © NEU | Zur Goldenen Idee – New Work Lab Düsseldorf

Durchführung

Vorbereitung

Stellen Sie sicher, dass der Raum frei von Stühlen ist, um eine aktive Teilnahme zu ermöglichen. Jeder Teilnehmende erhält eine Papierkarte aus einem Moderationskoffer. Stellen Sie eine Glocke, einen Gong oder eine Hupe bereit, um die Timebox-Signale zu geben. Bei Bedarf kann der Ablauf auf einem Flipchart skizziert werden.

Anmoderation und Ablauf-Erklärung

Moderator: „Herzlich willkommen, alle Nachhaltigkeits-Champions! Heute begeben wir uns auf eine rasante Ideen-Expedition, die in nur 30 Minuten vollendet sein wird. Aber keine Sorge, wir haben genug Energie und Ideen, um selbst den sprichwörtlichen Mount Everest zu bezwingen. Ich werde Ihnen nun den Ablauf erläutern."

Erklären Sie nun den Ablauf der Methode anhand der Beschreibungen der Schritte 1 bis 4. Schlagen Sie für die Bewertungsskala aus Schritt 3 eingängige Statements vor. Zum Beispiel 1 = So flach wie das Meer bis 5 = Der Mount Everest der Ideen.

Führen Sie den Prozess am besten anhand einer Beispielkarte aus und demonstrieren Sie den Austausch der Karten und die Bewertung mit einer Person aus der Gruppe.

Laden Sie nun die Teilnehmenden ein, eine kühne Idee auf ihre Karte zu schreiben: „Wenn Du zehnmal mutiger wärst, welche kühne Idee würdest Du vorschlagen? Welchen ersten Schritt würdest Du unternehmen, um diesen umzusetzen?"

Schritt 1 (5 Min.): Jeder Teilnehmende schreibt eine kühne Idee und den ersten Schritt zur Umsetzung auf seine Karte. Zur Verstärkung kann im Raum Musik gespielt und inspirierende Bilder aufgehangen werden (siehe Reizbildmethode).

Schritt 2 (3 Min.): Die Teilnehmenden suchen sich nun einen Partner im Raum und tauschen ihre Karten aus. Bei einer ungeraden Anzahl von Teilnehmenden gibt es ein Dreierteam, bei dem die Karten im Uhrzeigersinn weitergegeben werden. Nun liest jeder die Idee des anderen leise für sich. Es gibt keine Diskussion der Idee in dieser Phase. Auf der Rückseite der Karte vergeben sie Punkte von 1 (niedrigste Punktzahl) bis 5 (höchste Punktzahl) für die Idee des Partners. Die Teilnehmenden behalten die getauschte Karte.

Schritt 3 (4 x 3 Min.): Finden Sie eine weitere Partnerin im Raum und wiederholen Sie Schritt 2. Die Ideen sollen bewertet werden, ohne auf die Rückseiten der Karten zu schauen. Erst wenn die Bewertung feststeht, soll die Karte umgedreht und die Punktzahl notiert werden. Dieser Prozess wird insgesamt viermal wiederholt. Am Ende von Schritt 3 sollen auf der Rückseite der Karte insgesamt fünf Bewertungen stehen.

Schritt 4: Die Teilnehmenden addieren die Punkte auf der Rückseite jeder Ihrer Karten. Die Summe gibt einen Hinweis auf die Wertschätzung der Idee in der Gruppe.

Schritt 5: Jetzt wird es spannend! Es werden die zehn besten Ideen gesucht. Der Moderator startet dazu einen Countdown: „Wer hat 25 Punkte? Kommen Sie nach vorn!"

Nun kommen die Teilnehmenden mit Ideen, die mit 25 Punkten bewertet wurden, nach vorne und stellen die Karte vor.

Im Anschluss geht es weiter: „Wer hat 24 Punkte? Kommen Sie nach vorn!"

Der Countdown wird so lange fortgeführt, bis die zehn besten Ideen bestimmt sind.

Bei mittelgroßen Teams bis zu zehn Personen kann die Anzahl der besten Ideen reduziert werden oder es werden einfach alle Ideen in der Reihenfolge ihrer Bewertung vorgestellt.

Wirkfeld der Methode

- Wirksam für Herausforderungen mit hoher Komplexität
- Wirksam für Herausforderungen mit mittlerer Komplexität
- Wirksam für nachhaltiges Produktdesign
- Wirksam für nachhaltiges Prozessdesign
- Wirksam für nachhaltiges Servicedesign
- Wirksam für nachhaltiges Business Model Design

Transformationsfähigkeit Ihres Teams

- Fördert die Agilität eines Teams
- Fördert die Teamkreativität
- Fördert offene Mindsets und innovative Denkhaltungen
- Sorgt für Inspiration oder bessere Inspirationsempfindlichkeit
- Erhöht die Lösungsorientierung

Einsatzcharakteristik/Arbeitsrahmen

- Austauschfokus: vornehmlich mit internen Personen
- Durchführungszeit: eher gering (< 1 Stunde)
- Einsatzfrequenz: sinnvoll im dauerhaften Einsatz
- Einsatzfrequenz: vornehmlich über den kompletten Projektzeitraum
- Einsatzradius: vornehmlich im Teameinsatz
- Einsatzradius: vornehmlich im projektweiten Einsatz
- Komplexität für den Moderator: eher gering
- Komplexität für die Teilnehmer: eher gering
- Teamgröße: Maxigruppen möglich (20 bis 40 Teilnehmer)
- Teamgröße: Mittelgroße Teams möglich (5 bis 20 Teilnehmer)
- Vorbereitungszeit: eher gering (< 1 Stunde)

Input für eine zielführende Arbeit mit der Methode

- Aktuell existierende Geschäftsmodelle
- Aktuell existierende Produkte und Services
- Aktuelle Herausforderung, Leitfrage, Problem
- Ideen und Projekte, die zur Umsetzung anstehen

Output und beobachtete Ergebnisse der Methode

- Erzeugt Ideen für neue Märkte und neue Business Modelle
- Erzeugt angereicherte Ideen, Ideencluster, höher integrierte Lösungen
- Erzeugt besseren Teamspirit, mehr Offenheit, Inspirationsempfindlichkeit
- Erzeugt kollaborative Lösungen und Ideen

Hinderniseffekte, auf die die Methode positiv wirkt

- Bewahrt vor zu generischen Ideen und Aussagen
- Bindet eher introvertierte Teammitglieder mit ein
- Dynamisiert und aktiviert wenig dynamische Teams
- Fördert gehemmte Teammitglieder
- Fördert die Agilität der Teilnehmer
- Schwächt Angst vor Kritik und Zurückweisung
- Schwächt störende Bewertung während der Ideenfindung
- Schwächt zu extrovertierte Teammitglieder
- Verhindert Ideenbunkerei und Geheimniskrämerei
- Verkürzt zu lange Entscheidungsmeetings
- Fördert Optimismus und Zuversicht

Mögliche Extravorteile der Methode

- Möglicher Extravorteil für Teams in einer Komfortsituation
- Möglicher Extravorteil für agile Teams

Quellen

Web – https://liberatingstructures.de/liberating-structures-menue/2510-crowdsourcing/, 11.08.2023

3-12-3 Brainstorming

EinSatzBeschreibung

3-12-3 ist eine schnelle, agile Variante des Brainstormings, die in besonders kurzer Zeit durchgeführt wird.

Working Guide/Anwendungsfelder

P1 Sensibilisierung/Bildung	P2 Matching Recht/Gesetz	P3 Sustainability Roadmap	P4 Produkt/Prozessdesign	P5 Implementierung/Monitoring	P6 Kommunikation	P7 Organisation	P8 Führung	P9 Business Model Design	P10 Skalierung
			X	X				X	X

Beschreibung

3-12-3 ist eine schnelle, agile Variante des Brainstormings, die in besonders kurzer Zeit durchgeführt wird. Es kann auch gut zum Aufwärmen vor einer längeren Aufgabe verwendet werden, oder auch als Einzelaktivität. Die Methode ist zur Erzeugung neuer Vorideen geeignet, genauso wie zur Anreicherung und Verbesserung bestehender Ideen.

Sie wurde von James Macanufo entwickelt und ist insbesondere dann im Einsatz, wenn Geschwindigkeit gefragt ist. Die Zahlen 3-12-3 beziehen sich auf Zeitvorgaben in Minuten, die für die einzelnen Schritte (insgesamt drei) vorgesehen sind. Am besten funktioniert die Methode mit bis zu zehn Teilnehmern, bei größeren Gruppen sind auch kleine Teilgruppen möglich.

Insgesamt stellt das 3-12-3-Brainstorming eine effiziente Methode dar, um komplexe und nachhaltige Herausforderungen mit kreativen und vielfältigen Lösungen zu adressieren. 10 Gründe für den Einsatz:

1. **Schnelle Ideengenerierung:** Das zeitlich begrenzte Format zwingt die Teilnehmer, schnell und intuitiv zu denken, was zu spontanen und originellen Ideen führt.
2. **Strukturierter Ansatz:** Das 3-12-3-Format teilt den Prozess in klare Phasen auf, die es ermöglichen, die Herausforderung von verschiedenen Perspektiven zu betrachten.
3. **Fokus auf den Kern:** Die ersten drei Minuten helfen, das Hauptproblem oder die zentrale Frage zu klären, um sicherzustellen, dass die Diskussion zielgerichtet bleibt.
4. **Vielfältige Perspektiven:** In den 12 Minuten werden eine Vielzahl von Ideen generiert, was verschiedene Lösungsansätze für die Herausforderung ermöglicht.
5. **Refinement:** Die abschließenden drei Minuten dienen der Verfeinerung, Auswahl und Priorisierung der besten Ideen.
6. **Demokratischer Prozess:** Jeder Teilnehmer hat die Möglichkeit, beizutragen, was eine breite Palette von Einblicken und Lösungsansätzen fördert.
7. **Förderung von Teamarbeit:** Das Format fördert Kollaboration und gemeinsames Denken, was in nachhaltigen Projekten von zentraler Bedeutung ist.
8. **Flexibilität:** Das 3-12-3-Brainstorming kann an verschiedene Gruppen und Herausforderungen angepasst werden.
9. **Minderung von Dominanz:** Die strukturierte Herangehensweise stellt sicher, dass nicht eine dominante Stimme den gesamten Prozess steuert, sondern alle Meinungen gehört werden.
10. **Schnelle Ergebnisse:** Das straffe Zeitrahmenformat liefert in kurzer Zeit konkrete Lösungsansätze, was insbesondere bei drängenden nachhaltigen Herausforderungen nützlich ist.

Foto: verrocchio Institute AG

Durchführung

Zu Beginn des 3-12-3 Brainstormings muss ein Thema gewählt werden, das aus möglichst wenigen Worten besteht (Beispiel „Energieeffizienz“ oder „Fernsehen von morgen“). An dieser Stelle sollte noch keine vollständige Aufgabenbeschreibung oder Frage formuliert werden, da die Teilnehmer das Thema erst einmal definitorisch eingrenzen sollen. Vorbereitend erhalten die Teilnehmer Moderationskarten und Stifte. Der Ablauf ist nun wie folgt:

3 Minuten: Eigenschaften zusammentragen

In den ersten drei Minuten geht es darum, möglichst viele Eigenschaften des Themas auf die Karten zu schreiben. Es sollte nicht gefiltert werden, alles soll auf die Karten geschrieben werden. Die beschriebenen Karten werden in der Mitte gesammelt.

12 Minuten: Konzepte entwickeln

Die Gruppe wird in Zweier-Teams aufgeteilt, jedes Team zieht drei beliebige Karten aus der Sammlung. Die Teams haben nun jeweils 12 Minuten Zeit, auf der Grundlage der Karten ein Konzept zu entwickeln, das die Teams danach in der gesamten Runde vorstellen. Die Konzepte können aus Skizzen oder Prototypen bestehen oder die Teams wählen eine andere Darstellungsform.

3 Minuten: Ergebnisse vorstellen

Bei der Präsentation vor der großen Gruppe zeigen die Teams, welche Karten sie gezogen und wie diese ihr Konzept beeinflusst haben. Im Anschluss an die Präsentationen der Teams wird im Plenum darüber gesprochen, welche Erkenntnisse herausgekommen sind.

Wichtig ist, dass die Zeiten bei allen Teilen genau eingehalten werden. Nach den Präsentationen können die Teams sich tiefer in ein bestimmtes Konzept einarbeiten oder eine Rangliste der Konzepte erstellen, auf die sie mehr Zeit verwenden wollen.

Wirkfeld der Methode

- Wirksam für Herausforderungen mit niedriger Komplexität
- Wirksam für nachhaltiges Marketing
- Wirksam für nachhaltiges Produktdesign
- Wirksam für nachhaltiges Prozessdesign
- Wirksam für nachhaltiges Servicedesign
- Wirksam für nachhaltiges Business Model Design

Transformationsfähigkeit Ihres Teams

- Fördert die Teamkreativität
- Fördert grundlegend die Kreativität

Einsatzcharakteristik/Arbeitsrahmen

- Austauschfokus: vornehmlich mit internen Personen
- Durchführungszeit: eher gering (< 1 Stunde)
- Einsatzfrequenz: vornehmlich im einmaligen Einsatz
- Einsatzradius: vornehmlich im Teameinsatz
- Einsatzradius: vornehmlich im projektweiten Einsatz
- Komplexität für den Moderator: eher gering
- Komplexität für die Teilnehmer: eher gering
- Teamgröße: Kleingruppe möglich (3 bis 5 Teilnehmer)
- Teamgröße: Maxigruppen möglich (20 bis 40 Teilnehmer)
- Teamgröße: Mittelgroße Teams möglich (5 bis 20 Teilnehmer)
- Teamgröße: Speziell für Großgruppen geeignet (> 50 Teilnehmer)
- Vorbereitungszeit: eher gering (< 1 Stunde)

Input für eine zielführende Arbeit mit der Methode

- Aktuell existierende Geschäftsmodelle
- Aktuell existierende Produkte und Services
- Aktuelle Herausforderung, Leitfrage, Problem

Output und beobachtete Ergebnisse der Methode

- Erzeugt Ideen für neue Märkte und neue Business Modelle
- Erzeugt Ideen, Lösungsansätze, Vorideen, Möglichkeiten

Hinderniseffekte, auf die die Methode positiv wirkt

- Fördert die Agilität der Teilnehmer
- Schwächt den „Inneren Zensor"
- Stärkt schwache Anreicherungsskills
- Wirkt fehlender Inspiration entgegen

Mögliche Extravorteile der Methode

- Möglicher Extravorteil für Teams mit einer konservativen, tradierten Kultur
- Möglicher Extravorteil für innovativ ungeübte Teams
- Möglicher Extravorteil für in Nachhaltigkeitsthemen ungeübte Teams

Quellen

Buch – Gamestorming, D. Gray, S. Brown, J. Macanufo (O'Reilly, 2011)

Buch – Das große Handbuch Innovation, van Aerssen, Buchholz (Vahlen, 2018)

5 Perspektiven für nachhaltige Entscheidungen

EinSatzBeschreibung

Entscheidungsmethode für nachhaltige Entscheidungen von Einzelpersonen und Gruppen.

Working Guide/Anwendungsfelder

P1 Sensibilisierung/Bildung	P2 Matching Recht/Gesetz	P3 Sustainability Roadmap	P4 Produkt/Prozessdesign	P5 Implementierung/Monitoring	P6 Kommunikation	P7 Organisation	P8 Führung	P9 Business Model Design	P10 Skalierung
				X	X		X		

Beschreibung

Ein Problem in der Entscheidungsfindung ist der Mangel an verschiedenen Perspektiven auf eine Entscheidungssituation. Manche Menschen verlassen sich nur auf ihr Bauchgefühl. Manche Menschen sind mutig und stürzen sich direkt auf die erstbeste Lösung. Manche Menschen wägen alle Risiken ab und agieren aus einer vorsichtigen Perspektive.

Die School of Life empfiehlt für persönliche Entscheidungen fünf verschiedene Blickwinkel zu berücksichtigen: den des Feindes, des Bauchgefühls, des Todes, der Vorsicht und des Muts. Indem wir diese Perspektiven bewusst einnehmen und entsprechende Lösungen miteinander kombinieren, kommen wir zu besseren Entscheidungen und Lösungen.

Auch Entscheidungen im Kontext Nachhaltigkeit leiden oft an mangelnden Perspektiven. Oft werden Einkaufsentscheidungen noch rein aus einer ökonomischen Perspektive getroffen. Aber auch Entscheidungen, die die ökologische Nachhaltigkeit als Perspektive berücksichtigen, können unter Umständen problematisch sein. Eine Entscheidung zugunsten mehr ökologischer Nachhaltigkeit kann negativen Einfluss auf ökonomische Kennzahlen haben. Dies kann wiederum die soziale Nachhaltigkeit beeinflussen, zum Beispiel wenn aufgrund sinkender Umsätze Arbeitsplätze abgebaut werden müssen.

Die Perspektiven der School of Life lassen sich leicht anpassen bzw. einzelne Perspektiven austauschen. Für Entscheidungen im Kontext Nachhaltigkeit eignen sich folgende Perspektiven:

- Mut
- Vorsicht
- ökonomische Nachhaltigkeit
- soziale Nachhaltigkeit
- ökologische Nachhaltigkeit

Am Ende ist keine Entscheidung perfekt, aber mit diesem Denkansatz haben wir eine etwas bessere Chance, eine ausgewogene Wahl zu treffen.

Durchführung

Das Vorgehen lässt sich sowohl allein als auch in der Gruppe durchführen. Allein nimmt man nacheinander die verschiedenen Perspektiven ein. Im Folgenden wird der Ablauf für eine Einzelperson beschrieben und im Anschluss die Unterschiede zum Vorgehen in der Gruppe.

Schritt 1: Entscheidungssituation klären

Im ersten Schritt geht es um eine möglichst präzise und klare Beschreibung der Situation. Was genau soll entschieden werden? Wie ist die Dringlichkeit der Entscheidung bzw. was passiert, wenn nicht entschieden wird? Schauen Sie genau hin, ob mehrere Entscheidungssituationen zu einer großen Entscheidung zusammengefasst wurden. Das macht die Entscheidung meist schwieriger und erschwert auch das Einnehmen der Perspektiven.

Foto: © NEU | Zur Goldenen Idee – New Work Lab Düsseldorf

Schritt 2: Optionen sammeln

Nun sammeln Sie Optionen für die Entscheidung. Die Optionen werden erstmal nicht bewertet. Nehmen Sie auch den Status quo bzw. keine Entscheidung treffen als Option mit auf.

Schritt 3: Perspektiven einnehmen

Nun nehmen Sie nacheinander die unterschiedlichen Perspektiven ein und bewerten die Optionen aus der jeweiligen Perspektive. Die folgenden Impulsfragen helfen dabei, die entsprechende Perspektive einzunehmen.

Perspektive der ökonomischen Nachhaltigkeit: Welche der Optionen ist für die finanzielle Situation der Organisation langfristig die Beste? Welche Option verbessert die Wettbewerbsfähigkeit der Organisation? Welche Option stellt das größte Einsparpotenzial dar? Welche Option bietet die Möglichkeit, neue Geschäftsfelder zu erschließen oder neue Kunden zu gewinnen?

Perspektive der sozialen Nachhaltigkeit: Wie beeinflusst diese Entscheidung die Lebensqualität und das Wohlergehen der Mitarbeitenden? Welche der Optionen zahlt auf soziale Sustainable Development Goals ein (z.B. Armut)? Welche Auswirkungen hat diese Entscheidung auf die Gleichberechtigung, Inklusion und Diversität innerhalb der Organisation oder Gesellschaft? Welche der Optionen hat eine negative Auswirkung auf Menschenrechte?

Perspektive der ökologischen Nachhaltigkeit: Welche der Optionen zahlt auf ökologische Sustainable Development Goals ein (z.B. Klimaschutz)? Welchen Einfluss haben die Optionen auf die Umwelt und die natürlichen Ressourcen, wie Wasser, Luftqualität, Boden und Biodiversität? Welche Option fördert den Einsatz erneuerbarer Energien und nachhaltiger Materialien? Welche Option minimiert Umweltauswirkungen über den gesamten Lebenszyklus, von der Produktion bis zur Entsorgung?

Perspektive der Vorsicht: Was sind die Risiken der Optionen? Was könnte bei den einzelnen Optionen schiefgehen? Wer könnte von den Optionen negativ betroffen sein? Welche Erfahrungen oder Daten liegen vor, die auf mögliche Schwierigkeiten oder Hindernisse hinweisen könnten? Was ist das Schlimmste, was passieren kann?

Perspektive des Mutes: Welche Chancen und Potenziale bieten die Optionen für mich als Person/die Organisation/die Gesellschaft? Welche Option kann dazu beitragen, neue Wege zu gehen, die bisher unerforscht waren? Welche langfristigen Ziele und Träume kann ich/können wir durch den Mut, diese Entscheidung zu treffen, verwirklichen?

Schritt 4: Optionen bewerten und erweitern

Nachdem Sie alle fünf Perspektiven betrachtet haben, nehmen Sie sich Zeit, um die einzelnen Optionen zu bewerten. Welche Option berücksichtigt am besten die unterschiedlichen Perspektiven? Welche Option scheidet aus, weil die Konsequenzen für eine der Perspektiven nicht akzeptabel sind? Möglicherweise ergeben sich aus der Betrachtung der verschiedenen Perspektiven neue Optionen oder eine Kombination aus vorhandenen Optionen.

Schritt 5: Entscheidung treffen

Am Ende gibt es keine perfekte Entscheidung, aber durch die bewusste Betrachtung verschiedener Blickwinkel können Sie eine wohlüberlegte Wahl treffen, die den individuellen Umständen und Zielen von Ihnen oder Ihrer Organisation gerecht wird.

In der Gruppe entscheiden

Wird die Methode in der Gruppe angewendet, übernimmt je eine Person eine Perspektive. Im Normalfall werden die Rollen von Menschen mit Expertise, Erfahrung oder Betroffenheit für die entsprechende Perspektive übernommen. Jemand aus dem Bereich Finanzen übernimmt die Perspektive der ökonomischen Nachhaltigkeit, die Perspektive der sozialen Nachhaltigkeit übernimmt jemand aus dem Personal oder dem Betriebsrat, die Perspektive der ökologischen Nachhaltigkeit übernimmt eine Nachhaltigkeitsmanagerin. Die Perspektive der Vorsicht übernimmt der Sicherheitsbeauftragte, jemand aus dem Risikomanagement oder auch ein Projektleiter. Die Perspektive des Mutes kann mit jemandem aus dem Innovationsmanagement besetzt werden.

Die Methode kann auch funktionieren, wenn Menschen sich zum ersten Mal in die jeweilige Perspektive versetzen. Es bietet sich in diesem Fall an, die Rollen vorab zu vergeben. So haben die Perspektiveninhaber vorab Zeit zu recherchieren und sich „warmzulaufen“. Schritt 3 ist in der Gruppe eine Diskussion. Bei größeren Gruppen kann dies auch als Fishbowl-Diskussion durchgeführt werden, sodass mehrere Menschen in eine der Perspektiven schlüpfen können. Hierfür sitzen in einem inneren Kreis 5 diskutierende Teilnehmende – die ‚Fische‘ – und bilden das ‚Goldfischglas‘. Jedem Platz ist eine Perspektive zugeordnet, aus der heraus argumentiert wird. Um diesen inneren Kreis sitzen oder stehen Zuschauer in einem größeren Kreis herum. Sie beobachten die Fische im Goldfischglas und können mit dem inneren Kreis Plätze tauschen, wenn sie sich selbst in die Diskussion einbringen wollen. Dies kann durch Abklopfen der Person passieren, oder jemand aus dem inneren Kreis macht freiwillig seinen Platz frei, sobald er sein Argument vorgebracht hat.

Für die Schritte 4 und 5 bieten sich Methoden für Gruppenentscheidungsprozesse an, bspw. die Together-Alone-Methode.

Wirkfeld der Methode

- Wirksam für Herausforderungen mit hoher Komplexität
- Wirksam für Herausforderungen mit mittlerer Komplexität
- Wirksam für Herausforderungen mit niedriger Komplexität

Transformationsfähigkeit Ihres Teams

- Fördert die Sensibilisierung
- Fördert offene Mindsets und innovative Denkhaltungen
- Zahlt auf eine bessere Wahrnehmung ein

Einsatzcharakteristik/Arbeitsrahmen

- Austauschfokus: vornehmlich mit internen Personen
- Durchführungszeit: eher gering (< 1 Stunde)
- Einsatzfrequenz: sinnvoll im dauerhaften Einsatz
- Einsatzradius: vornehmlich im Teameinsatz
- Komplexität für den Moderator: eher gering
- Komplexität für die Teilnehmer: eher gering
- Teamgröße: Einzelpersonennutzung möglich
- Teamgröße: Kleingruppe möglich (3 bis 5 Teilnehmer)
- Teamgröße: Mittelgroße Teams möglich (5 bis 20)
- Vorbereitungszeit: eher gering (< 1 Stunde)

Input für eine zielführende Arbeit mit der Methode

- Aktuelle Herausforderung, Leitfrage, Problem
- Ideen und Projekte, die zur Umsetzung anstehen
- Ideen, Lösungsansätze, Vorideen, Varianten

Output und beobachtete Ergebnisse der Methode

- Erzeugt größere Klarheit zu einem Thema
- Hilft bei Entscheidungen, Bewertungen und Feedback
- Macht Wirkzusammenhänge sichtbar

Hinderniseffekte, auf die die Methode positiv wirkt

- Beugt Missinterpretationen vor
- Beugt blinden Flecken/Betriebsblindheit vor
- Schafft schnell Klarheit und beschleunigt Erkenntnisgewinn
- Verhindert einseitige Bewertungen und Entscheidungen
- Verhindert unreflektiertes agieren
- Verhindert vorschnelles Urteilen über Ideen

Mögliche Extravorteile der Methode

- Möglicher Extravorteil für Teams in einer Komfortsituation
- Möglicher Extravorteil für in Nachhaltigkeitsthemen ungeübte Teams

Quellen

Handbuch der Entscheidungen, Leisgang, Tobias & Nadja Petranovskaja. Tobias Leisgang, 2020, ISBN 9789403613918

Schoolf of life, Wie man eine Entscheidung trifft, https://youtu.be/okdsAZUTJ94, 26.07.2023

https://www.projektmagazin.de/methoden/fishbowl-diskussion-innenkreis-aussenkreis, 26.07.2023

Gruppenentscheidung Together Alone, https://open.spotify.com/episode/0w51ylaJ4ESOBqz2T9E5I3?si=4ekMxSYeT8Kgf0JAFihCKg, 26.07.2023

Tobias Leisgang, tobias@companypirate.de

Grafik: verrocchio Sustainable Inspiration Card – Malvine Klecha, Hila Attaie und Jennifer van Aerssen (Illustration)

6 Hüte Nachhaltig

EinSatzBeschreibung

Mit der 6 Hüte-Methode lässt sich für ein Team schnell eine Standortbestimmung zum Thema Nachhaltigkeit, oder Teilthemen daraus, herstellen und unreflektiertes agieren wird vermieden.

Working Guide/Anwendungsfelder

P1 Sensibilisierung/Bildung	P2 Matching Recht/Gesetz	P3 Sustainability Roadmap	P4 Produkt/Prozessdesign	P5 Implementierung/Monitoring	P6 Kommunikation	P7 Organisation	P8 Führung	P9 Business Model Design	P10 Skalierung
X		X	X				X		

Beschreibung

Als Denkhüte von De Bono (englisch Six Thinking Hats) ist die Methode von Edward de Bono 1986 entwickelt worden.

Ursprünglich als Methode zur Entscheidungshilfe konzipiert kann sie tatsächlich vielmehr – Ideenfindung verbessern, Diskussionen effizienter machen, Emotionelle Blockaden überwinden, Ideen präsentieren und und und.

Sie ist eine Art Gruppendiskussion oder man könnte auch sagen Rollenspiel. Dabei ist mit den richtigen Leuten und in aufgelockerter Runde nicht nur das Potenzial dieser Technik sehr groß, sondern besonders auch der Spaßfaktor. Die Teilnehmer nehmen dabei unterschiedliche Rollen ein, die durch verschiedenfarbige Hüte symbolisiert werden.

Die 6 Hüte Nachhaltig dienen nun dazu sehr schnell und effizient den eigenen Status, des Teams oder des Unternehmens, zum Thema Nachhaltigkeit zu klären.

Jeder Hut entspricht einer bestimmten charakteristischen Denkweise oder einem Blickwinkel, wodurch eine effiziente Diskussion beziehungsweise ein Austausch über eine Idee oder Herausforderung erreicht und gleichzeitig kein Blickwinkel außer Acht gelassen werden soll.

Durchführung

Das Team begibt sich nun gemeinsam und nacheinander in die sechs verschiedenen Perspektiven der Methode. Gern stehen auch sechs Pinnwände zur Verfügung, auf denen die Statements und Ergebnisse eines jeden Blickwinkels gesammelt werden.

Dem Moderator kommt hier bei der Vorstellung der Technik eine äußerst wichtige Rolle zu. Neben der nüchternen Erläuterung ist besonders die Öffnung und Einstimmung der Teilnehmer wichtig. Der Moderator ist im Idealfall in der Lage, die einzelnen Rollen auch schauspielerisch vorzustellen.

Alle Statement der Teilnehmer werden schriftlich – am besten für alle sichtbar auf Pinnwänden – gesammelt.

Hier nun die einzelnen Rollen beziehungsweise Hüte:

Foto: verrocchio Institute – 6 Hüte im Workshopeinsatz

Hut weiß

Analytisches Denken, Konzentration auf Tatsachen, Objektive Haltung

Der weiße Hut steht dafür, Informationen zu sammeln, ohne sie schon zu werten. Wer den weißen Hut aufsetzt, ist einem Computer sehr ähnlich: Es zahlen nur die nackten Fakten und Zahlen. Versuchen Sie mit dem weißen Hut auf dem Kopf, sich konsequent freizumachen von allen Emotionen oder Vorurteilen – keine Angst, Sie müssen Ihre Gefühle ja nicht für immer wegschieben, denn mit einem anderen Hut können Sie alle Ihre Gefühle rauslassen! Der Träger des weißen Huts verschafft sich einen objektiven Überblick über alle verfügbaren Daten und Informationen – vollkommen unabhängig von der persönlichen Meinung. Dieser weiße Hut wird meistens zu Beginn einer Diskussion oder eines Prozesses aufgesetzt, um einen ersten neutralen Überblick zu erhalten.

Folgende Fragen, oder ähnliche Fragen gilt es nun zu bearbeiten:

- Was wissen wir über den Begriff oder das Thema „Nachhaltigkeit"?
- Welche Makrotrends sind uns zum Thema Nachhaltigkeit bekannt?

- Haben wir eine Definition für den Begriff?
- Wo sind schon nachhaltige Lösungen in unserem Unternehmen entstanden?

Hut rot

Emotionales Denken und Empfinden, Konzentration auf Gefühle und Meinungen, subjektive Haltung

Ganz im Gegensatz zum weißen Hut steht der rote Hut nun für Emotionen. Lassen Sie alle Gefühle zu. Gemeint sind sowohl positive als auch negative Gefühle wie Ängste, Freude, Zweifel, Hoffnungen oder Frustration. Zusätzlich geht es hier aber auch um „allgemeinere" Ansätze, wie zum Beispiel Intuition.

Lassen Sie mit dem roten Hut immer Ihren Bauch sprechen, nicht den Kopf.

Als Träger des roten Huts können Sie alles äußern, was Sie aktuell in sich fühlen, unabhängig davon, wie klar Sie es formulieren können oder ob die anderen in der Gruppe etwas damit anfangen können oder nicht. Alles Diffuse, alles Gefühlsmäßige kann mit dem roten Hut auf dem Kopf ausgesprochen werden, ohne dass Sie sich rechtfertigen müssen.

Folgende Fragen, oder ähnliche Fragen gilt es nun zu bearbeiten:

- Wie sehen unsere Gefühle zum Thema Nachhaltigkeit, global gesehen aus?
- Wie sehen unsere Gefühle zum Thema Nachhaltigkeit, auf unser Unternehmen bezogen aus?
- Wie sehen unsere Gefühle zum Thema Nachhaltigkeit, auf unser Team bezogen aus?

6 Hüte im Workshopeinsatz (Foto: verrocchio Institute)

Hut schwarz

Kritisches Denken, Risikobetrachtung, Probleme, Skepsis, Kritik und Ängste beschreiben, objektive Haltung

Beim schwarzen Hut geht es darum, die objektiv negativen Aspekte des Themas zu finden.

Dazu gehören Bedenken, Zweifel oder Risiken – also alle sachlichen Argumente, die gegen ein Projekt beziehungsweise eine Entscheidung sprechen oder die eine Fragestellung verneinen.

Besonderer Hinweis: Bringen Sie hier aber bitte wirklich nur objektive Bedenken an und nicht Ihre persönlichen negativen Gefühle – diese werden mit dem roten Hut geäußert.

Folgende Fragen, oder ähnliche Fragen gilt es nun zu bearbeiten:

- Welche Risiken sehen wir, wenn wir mehr Ressourcen in die Entwicklung nachhaltiger Lösungen stecken?
- Welche Risiken sehen wir, wenn wir weniger Ressourcen als aktuell, in die Entwicklung nachhaltiger Lösungen stecken?

Hut gelb

Optimistisches Denken. Was ist das Best-Case Szenario? Spekulative positive Haltung

Der gelbe Hut steht für das Gegenteil des schwarzen Huts: Hier geht es darum, dass objektiv Positive zu entdecken.

Wer den gelben Hut aufsetzt, hat die Aufgabe, Chancen oder Pluspunkte zu finden, aber auch realistische Hoffnungen und erstrebenswerte Ziele zu formulieren.

Auch hier geht es wieder darum, die positiven Aspekte aus einer möglichst objektiven Sicht zu erkennen und nicht aus einer persönlichen Gefühlsstimmung heraus (so gehört zum Beispiel Euphorie zum roten Hut).

Hier geht es auch noch nicht darum, Ideen zu entwickeln (grüner Hut), sondern um das Erkennen aller Aspekte, die für ein Thema sprechen.

Folgende Fragen, oder ähnliche Fragen gilt es nun zu bearbeiten:

- Welche neuen Möglichkeiten, Chancen, Kundengruppen und Opportunitäten ergeben sich, wenn wir mehr in nachhaltige Lösungen investieren?
- Welche neuen Möglichkeiten, Chancen, Kundengruppen und Opportunitäten ergeben sich, wenn wir nachhaltiger Vorreiter in unserer Branche wären?

Hut grün

Kreatives, assoziatives Denken, neue Ideen, Kreativität, konstruktive Haltung

Dieser Hut steht für die Kreativität, für Wachstum und für neue Ideen. Wer diesen Hut trägt, begibt sich auf die Suche nach allen möglichen Alternativen.

Der grüne Hut befähigt, über das hinauszudenken, was bereits getan wird oder angedacht ist.

Mit dem grünen Hut können Sie Kreativitätstechniken einsetzen oder auch das Mittel der Provokation nutzen, um andere zum Widerspruch zu reizen.

Träger des grünen Huts dürfen alles formulieren, was zu neuen Ideen und Ansätzen führt, unabhängig davon, wie verrückt oder unrealistisch die Ideen sind.

Besonderer Hinweis: Mit dem grünen Hut auf dem Kopf sind kritische Bemerkungen untersagt (dafür steht der schwarze Hut).

- Welche konkreten ersten Schritte könnten wir in Richtung zu mehr nachhaltigen Lösungen tun?
- Wie könnte nachhaltige Ideensuchfelder aussehen, für mehr nachhaltige Lösungen?
- Wer oder was könnte uns helfen schneller zu mehr Nachhaltigkeit zu gelangen?

Hut blau

Ordnendes, moderierendes Denken, Überblick über die Prozesse, Big-Picture-Haltung

Der blaue Hut steht für Kontrolle und für die Organisation des gesamten Denkprozesses. Wer den blauen Hut trägt, begibt sich auf die sogenannte Meta-Ebene, blickt also sozusagen von einem übergeordneten Punkt auf den gesamten Prozess und erlangt so einen Überblick.

Die Aufgaben des Trägers des blauen Huts bestehen zum Beispiel daraus, die Ergebnisse zusammenzufassen oder Entscheidungen darüber treffen, welche Hüte im weiteren Prozess überhaupt oder noch einmal aufgesetzt werden müssen.

Meistens beziehungsweise sinnvollerweise wird der blaue Hut am Ende einer Sitzung aufgesetzt.

Besonderer Hinweis: Es bietet sich alternativ auch an, dass eine Person den blauen Hut über den ganzen Prozess hinweg aufbehält und somit Moderator in der Besprechung, Diskussion oder Problemlösung ist.

Vorteile:

Hier sollte sich nun eine gemeinsame Retrospektive zu den vorrangegangenen fünf Hüten anschließen. Mit Fragen wie:

- Welcher Hut ist uns besonders schwergefallen und welcher ist uns besonders leichtgefallen?
- Welcher Hut muss noch mal durchlaufen werden, da uns das Ergebnis nicht zufrieden stellt?
- Gibt es schon erste Dinge, die wir jetzt entscheiden könnten?

6 Hüte im Workshopeinsatz (Foto: verrocchio Institute)

Wirkfeld der Methode

- Wirksam für Herausforderungen mit mittlerer Komplexität
- Wirksam für Herausforderungen mit niedriger Komplexität
- Wirksam für nachhaltiges Produktdesign
- Wirksam für nachhaltiges Servicedesign
- Wirksam für nachhaltiges Business Model Design

Transformationsfähigkeit Ihres Teams

- Fördert die Sensibilisierung
- Fördert die Agilität eines Teams
- Fördert die Teamkreativität
- Fördert die allgemeine Transformationsfähigkeit des Teams
- Fördert grundlegend die Kreativität
- Fördert offene Mindsets und innovative Denkhaltungen
- Sorgt für Inspiration oder bessere Inspirationsempfindlichkeit
- Zahlt auf eine bessere Vorstellungskraft ein
- Zahlt auf eine bessere Wahrnehmung ein
- Zahlt auf ein positives Zukunftsbild ein
- Zahlt auf das Dringlichkeitsempfinden ein
- Erhöht die Lösungsorientierung

Einsatzcharakteristik/Arbeitsrahmen

- Austauschfokus: vornehmlich mit internen Personen
- Einsatzfrequenz: sinnvoll im dauerhaften Einsatz
- Einsatzfrequenz: vornehmlich im einmaligen Einsatz
- Einsatzradius: vornehmlich im Teameinsatz
- Einsatzradius: vornehmlich im unternehmensweiten Einsatz
- Komplexität für die Teilnehmer: eher gering
- Komplexität für den Moderator: eher gering
- Teamgröße: Einzelpersonennutzung möglich
- Teamgröße: Kleingruppe möglich (3 bis 5 Teilnehmer)
- Teamgröße: Mittelgroße Teams möglich (5 bis 20 Teilnehmer)
- Durchführungszeit: eher gering (< 1 Stunde)
- Durchführungszeit: eher mittel (> 1 Stunde bis < 1 Tag)
- Vorbereitungszeit: eher gering (< 1 Stunde)

Input für eine zielführende Arbeit mit der Methode

- Aktuell existierende Geschäftsmodelle
- Aktuell existierende Produkte und Services
- Aktuelle Herausforderung, Leitfrage, Problem

Output und beobachtete Ergebnisse der Methode

- Erzeugt Listen von Chancen und Risiken
- Erzeugt Prognosen und Ableitungen
- Erzeugt Ideen für neue Märkte und neue Business Modelle
- Erzeugt Ideensuchfelder, unentdeckte Probleme, Inspiration
- Erzeugt besseren Teamspirit, mehr Offenheit, Inspirationsempfindlichkeit
- Erzeugt neues Wissen und neue Erfahrungen
- Erzeugt größere Klarheit zu einem Thema
- Erzeugt transformationsfähigere Organisationen
- Identifiziert vorhandene Schwachstellen
- Identifiziert vorhandene Stärken
- Macht Wirkzusammenhänge sichtbar

Hinderniseffekte, auf die die Methode positiv wirkt

- Beugt blinden Flecken/Betriebsblindheit vor
- Bewahrt vor zu generischen Ideen und Aussagen
- Schafft für den Erfolg nötige Realitätsbezüge
- Schafft schnell Klarheit und beschleunigt Erkenntnisgewinn
- Schwächt Verdiskutiererei
- Schwächt multidisziplinäre Reibungsverluste
- Schwächt nicht zielführende Emotionen
- Schärft eine fehlende gemeinsame Ausrichtung
- Verhindert Ideenfindung mit zu schwacher Erkenntnisgrundlage
- Verhindert blinden Aktionismus
- Verhindert unreflektiertes agieren
- Verhindert vorschnelles Urteilen über Ideen
- Verkürzt zu lange Meetingzeiten
- Überzeugt strukturliebende Teammitglieder

Mögliche Extravorteile der Methode

- Möglicher Extravorteil für Teams mit einer konservativen, tradierten Kultur
- Möglicher Extravorteil für innovativ ungeübte Teams
- Möglicher Extravorteil für in Nachhaltigkeitsthemen ungeübte Teams

Quellen

Buch – Das große Handbuch der Kreativitätsmethoden, M. Luther (managerSeminare, 2013)

Buch – Kreative Geister wecken, Z. M. Klein (managerSeminare, 2006)

Buch – Manual Thinking, L. Huber, G. J. Veldmann (GABAL, 2016)

Buch – Praxishandbuch Innovation, Leitfaden für Erfinder, Ent- scheider und Unternehmer, B. X. Weis (2. Aufl., Gabler 2014)

Buch – Revolutionäres Innovationsmanagement, B. van Aerssen (mi-Wirtschaftbuch, 2009)

Buch – Serious Creativity, E. de Bono (Harper Collins, 1995)

Buch – The Innovator's Toolkit, D. Silverstein, P. Samuel, N. de Carlo (New Jersey 2009)

Web – http://www.ideenfindung.de/Übersicht-Liste-Kreativitaetstechniken-Ideenfindung.html (April 2017)

Web – http://www.innovationsmethoden.info (April 2017)

Web – https://de.wikipedia.org/wiki/Kreativitätstechniken (April 2017)

Grafik: verrocchio Sustainable Inspiration Card – Malvine Klecha, Hila Attaie und Jennifer van Aerssen (Illustration)

7 V – Die 7 Arten der Verschwendung

EinSatzBeschreibung

7 V ist ein seit Jahrzehnten erprobter und zur Förderung der Nachhaltigkeit ganzheitlicher und methodischer Ansatz für Unternehmen und Organisationen, um Verschwendung zu identifizieren und zu verringern oder zu vermeiden.

Working Guide/Anwendungsfelder

P1 Sensibilisierung/Bildung	P2 Matching Recht/Gesetz	P3 Sustainability Roadmap	P4 Produkt/Prozessdesign	P5 Implementierung/Monitoring	P6 Kommunikation	P7 Organisation	P8 Führung	P9 Business Model Design	P10 Skalierung
			X	X					

Beschreibung

Die Methode der „7 V", auch bekannt als die „7 Arten der Verschwendung", stammt ursprünglich aus dem Toyota Produktionssystem (TPS) und wurde später Bestandteil des Lean-Management-Ansatzes. Sie zielt darauf ab, Ineffizienzen in Produktions- und Arbeitsprozessen zu erkennen und zu beseitigen.

Das methodische Konzept wird seit Jahrzehnten insbesondere von vielen produzierenden Unternehmen erfolgreich eingesetzt, hat aber mittlerweile seine Einsatzmöglichkeiten auch im Bereich von Dienstleistungsunternehmen gefunden. Eine Art Renaissance erlebt „7 V" nun als bewährter Ansatz, um unternehmerische Nachhaltigkeitsziele im Kontext der Sustainable Development Goals (SDGs) der Vereinten Nationen zu erreichen.

Nach dem Institut für angewandte Arbeitswissenschaft (ifaa) unterliegen folgende sieben Bereiche der methodischen Betrachtung: Überproduktion, Wartezeiten, Transport, Verarbeitung, Inventar, Bewegung und Fehler

Verschwendung, die es in diesen sieben Teilbereiche zu vermeiden gilt, sind:

1. Überproduktion: Mehr herstellen, als benötigt wird. Dies verschwendet Ressourcen und führt zu erhöhten Lagerkosten.
2. Wartezeiten: Die Zeit, in der keine Wertschöpfung stattfindet, weil auf Materialien, Informationen oder Mitarbeitende gewartet wird.
3. Transport: Überflüssige Bewegungen von Materialien, die keine Wertschöpfung bieten.
4 Übermäßige Verarbeitung: Mehr Arbeit oder Ressourceneinsatz als notwendig.
5. Inventar: Übermäßige Lagerbestände binden Kapital und können zur Verschwendung durch Überalterung oder Beschädigung führen.
6. Bewegung: Unnötige Bewegungen von Mitarbeitenden oder Ausrüstung, die keine Wertschöpfung bieten.
7. Fehler: Produktion von fehlerhaften Gütern oder Dienstleistungen, die Nacharbeit oder Rückrufe erfordern.

7 V unterstützt unternehmerische Nachhaltigkeitsziele durch einen kontinuierlichen Prozess, mit dem ein Unternehmen folgende Verbesserungen erreicht:

- Ressourceneffizienz: Der Verbrauch von Rohstoffen, Energie und Wasser wird reduziert.
- Reduzierung von Abfällen: Die Verringerung von Überproduktion, Fehlern und unnötigem Inventar verringert Ausschuss, Überschüsse und damit Abfall.
- Optimierung des Transports: Energieverbrauch und Emissionen sinken durch die Reduzierung von Transporten.
- Langlebigkeit und Qualität: Ein Fokus auf Qualität und die Vermeidung von Fehlern führt zu langlebigeren Produkten, was den Ressourcenverbrauch über die Lebensdauer eines Produkts verringert.
- Wirtschaftliche Vorteile: Die Optimierung von Prozessen und die Reduzierung von Abfall sparen Kosten und tragen zu einem nachhaltigen wirtschaftlichen Erfolg bei.
- Förderung einer nachhaltigen Unternehmenskultur: Das Erkennen und Beseitigen von Verschwendung fördern eine Kultur der ständigen Verbesserung und eines nachhaltigen Denkens.
- Steigerung des Ansehens und des Wertes der unternehmerischen Marken: Im Wettbewerb werden zusehends nachhaltige Produkte nachgefragt. Sowohl im B2C als auch im B2B-Segment können durch kontinuierlich nachhaltigere Produkte und Services Marktanteile gehalten oder sogar hinzugewonnen werden.

Durchführung

„7 V" ist ein makromethodisches Gesamtkonzept, welches in vielen Iterationen kontinuierlich Produktions- und Arbeitsprozesse auf die 7 Arten der Verschwendung analysiert und optimiert. Nach einer erfolgreichen initialen Probephase sollte ein Unternehmen das Konzept in der Unternehmensstrategie aufnehmen und muss entsprechende Ressourcen für die Umsetzung bereitstellen. Je nach Komplexität sind dedizierte Unterstützungsleistungen von außen sinnvoll.

> Tipp: In der Regel findet jedes Projekt sehr schnell weitere Ansätze für zusätzliche Projekte. Die Durchdringung im Unternehmen mit diesem positiven Ansatz erfolgt als Selbstläufer, sollte aber von einer Art zentralem Projekt-Office koordiniert werden.

Initial im Rahmen eines kleineren Projektes zur Sammlung erster Erfahrungen kann 7 V beispielhaft wie folgt angewendet werden:

7 V – Die 7 Arten der Verschwendung

1. Team: Stellen Sie ein interdisziplinäres Team (aus Freiwilligen) zusammen, das aus verschiedenen Abteilungen oder Funktionen stammt, um eine vielfältige Perspektive zu gewährleisten.

2. Einführung in die 7 V: Erklären Sie dem Team kurz die „7 Arten der Verschwendung" und geben Sie Beispiele aus dem gewählten Prozess oder Bereich.

> Tipp: Verwenden Sie die kostenlose PDF-Präsentation der Ifaa aus der Quellenangabe.

3. Ziel definieren: Das Team klärt als erstes zusammen mit der Geschäftsleitung, welchen Prozess oder welchen Teilbereich des Unternehmens es optimieren möchte. Legen Sie dabei fest, welcher Nutzen minimal erreicht werden sollte, damit ein Projekt bearbeitet werden soll.

> Tipp: Ihre Mitarbeitenden wissen sehr genau, an welchen Stellen im Unternehmen verschwenderisch mit Zeit, Geld oder Produktionsmitteln umgegangen wird. Erstellen Sie eine erste Liste an möglichen Vorhaben und lassen Sie die Projektmitglieder entscheiden, an welcher Stelle eine möglicherweise einfache Aufgabenstellung besteht.

4. Team-Session:

a) Für den ausgewählten Prozess sammeln Sie, z.B. mittels der Brainwriting Methode alle Arten von bekannten, vermuteten oder denkbaren Verschwendungen. Zur besseren Unterstützung können Sie auch folgende Fragen gut sichtbar an eine Wand hängen oder projizieren:
   - Wann, wo und in welcher Menge wird das Produzierte gebraucht?
   - Welche Lager- und Interimsbestände werden aufgebaut und warum?
   - Wie oft ist Tragen, Umschichten sowie Transportieren von Teilen nötig?
   - Worauf wird gewartet, wie häufig, wie lang und warum?
   - Was wird nachgearbeitet und was sind die Ursachen?
   - Erkennen Sie Rückstellbewegungen, Handhabung von Teilen, Justieren oder ähnliche Bewegungen, die unnötig erscheinen.
   - An welcher Stelle (auch im Rahmen des Gesamtprozesses) erscheint der (Teil-)Prozess zu aufwendig, wird zu viel gerüstet, finden Mehrfachprüfungen statt oder sind unnötige Prozessschritte etc. zu erkennen?

> Tipp: Gehen Sie mit dem Team vor Ort und beobachten Sie den Prozess und die Ausführenden über einen längeren Zeitraum, ohne diesen zu diskutieren. Lassen Sie sich den Prozess von den Ausführenden in eigenen Worten beschreiben. Stellen Sie sicher, dass alle Beteiligten sich ein eigenes Bild machen können und Ihre eigenen Beobachtungen machen können. D.h. nur stilles Beobachten, jeder für sich, keine Fragen, Kommentare, Diskussionen, Vorschläge während der Beobachtung und vor der Brainwriting-Session!

b) Kategorisieren Sie die Karten/Zettel und ordnen Sie diese je einem der 7Vs zu. Eliminieren Sie Doppelnennungen und versuchen Sie ähnliche Nennungen in einer neuen Karte zusammen zu fassen.

c) Versuchen Sie die verbleibenden Karten zu bewerten, indem Sie einen Zeitwert, Materialwert, Verbrauchswert oder anderen Aufwand mit der entsprechenden Verschwendung multiplizieren. Übertragen Sie die gefundenen Verschwendungen entsprechend in ein Formblatt.

d) Diskutieren Sie als Team die aufgeführten und bewerteten Verschwendungen. Welche sind die dringendsten? Welche haben den größten Einfluss? Welche sind vermeidbar, ersetzbar, machbar? Priorisieren Sie die Ideen basierend auf ihrer Bedeutung und Machbarkeit.

e) Ideation/Re-Design: Sammeln Sie Ideen, wie die beobachteten Verschwendungen vermieden oder verringert werden könnten, indem der Prozess verändert wird. Clustern und bewerten oder diskutieren Sie diese gesammelten Ideen. Welche davon sind umsetzbar und mit welchem Aufwand?

f) Erstellen Sie einen Maßnahmenplan: Wählen Sie die wichtigsten Verschwendungen und geeignete Möglichkeiten der Vermeidung/Reduzierung aus und entwickeln Sie konkrete Maßnahmen. Wer ist für was verantwortlich? Welche Fragen müssen beantwortet werden und von wem? Welche Ressourcen werden benötigt? Bis wann sollen die Maßnahmen umgesetzt werden?

g) Review, Kommunikation und Follow-up: Planen Sie regelmäßige Überprüfungstreffen, um den Fortschritt der Maßnahmen zu überwachen und den Erfolg der Beseitigung der identifizierten Verschwendungen zu bewerten. Kommunizieren Sie regelmäßig an alle Stakeholder, aber auch an diejenigen, die direkt oder indirekt von der Optimierung betroffen sind. Machen Sie aufgetretene Probleme im Team bekannt und versuchen Sie im Team gemeinsam Lösungen für Hindernisse zu entwickeln. Arbeiten Sie mit den Kollegen zusammen, die den CSR-Report des Unternehmens verantworten und informieren Sie diese über die durch Ihre 7 V-Projektarbeit erreichten Nachhaltigkeitsziele. Wenn Sie eines Ihrer gesetzten Ziele erreicht haben, vergessen Sie nicht diesen Erfolg gebührend mit dem Team zu teilen und dies zu honorieren. Machen Sie den Erfolg publik und werben Sie so für weitere 7 V-Projekte.

Helfende Organisation

ifaa – Institut für angewandte Arbeitswissenschaft e.V.

Wirkfeld der Methode

- Wirksam für nachhaltiges Produktdesign
- Wirksam für nachhaltiges Prozessdesign
- Wirksam für nachhaltiges Servicedesign
- Wirksam für nachhaltiges Business Model Design

Transformationsfähigkeit Ihres Teams

- Fördert die Sensibilisierung
- Fördert die Agilität eines Teams
- Fördert die allgemeine Transformationsfähigkeit des Teams
- Fördert offene Mindsets und innovative Denkhaltungen
- Sorgt für Inspiration oder bessere Inspirationsempfindlichkeit
- Zahlt auf eine bessere Vorstellungskraft ein
- Zahlt auf eine bessere Wahrnehmung ein
- Zahlt auf ein positives Zukunftsbild ein
- Zahlt auf das Dringlichkeitsempfinden ein
- Erhöht die Lösungsorientierung

Einsatzcharakteristik/Arbeitsrahmen

- Austauschfokus: vornehmlich mit internen Personen
- Durchführungszeit: eher hoch (> 1 Tag)
- Einsatzfrequenz: sinnvoll im dauerhaften Einsatz
- Einsatzradius: vornehmlich im projektweiten Einsatz
- Einsatzradius: vornehmlich im unternehmensweiten Einsatz
- Komplexität für den Moderator: eher hoch
- Komplexität für die Teilnehmer: eher mittel
- Teamgröße: Mittelgroße Teams möglich (5 bis 20 Teilnehmer)
- Vorbereitungszeit: eher mittel (> 1 Stunde bis < 1 Tag)

Input für eine zielführende Arbeit mit der Methode

- Aktuell existierende Produkte und Services
- Existierende Prozesse und Verfahren

Output und beobachtete Ergebnisse der Methode

- Erzeugt Listen von Chancen und Risiken
- Erzeugt Prognosen und Ableitungen
- Erzeugt Ideen, Lösungsansätze, Vorideen, Möglichkeiten
- Erzeugt Planungen und Priorisierungen
- Erzeugt besseren Teamspirit, mehr Offenheit, Inspirationsempfindlichkeit
- Erzeugt spezifischere Leitfragen, Ideen und Aussagen
- Identifiziert vorhandene Schwachstellen
- Identifiziert vorhandene Stärken
- Macht Wirkzusammenhänge sichtbar

Hinderniseffekte, auf die die Methode positiv wirkt

- Schärft eine fehlende gemeinsame Ausrichtung
- Verhindert Ideenfindung mit zu schwacher Erkenntnisgrundlage
- Verhindert blinden Aktionismus
- Verhindert falsche Flughöhen
- Verhindert unreflektiertes agieren
- Wirkt fehlender Inspiration entgegen

Mögliche Extravorteile der Methode

- Möglicher Extravorteil für in Nachhaltigkeitsthemen ungeübte Teams

Quellen

Buch – IMAI, Masaaki. Gemba Kaizen: Permanente Qualitätsverbesserung, Zeitersparnis und Kostensenkung am Arbeitsplatz (Wirtschafts-Verlag Langen Müller, 1997)

Buch –„Das große Handbuch der Innovation“ von Benno van Aerssen, Christian Buchholz (Vahlen. 2018)

Buch –„Gamestorming: A Playbook for Innovators, Rulebreakers, and Changemakers“ von Dave Gray, Sunni Brown, und James Macanufo

Buch –„Lean Thinking: Banish Waste and Create Wealth in Your Corporation“ von James P. Womack und Daniel T. Jones

Buch – „The Creative's Guide to Brainstorming and Brainwriting“ von Alex Osborn und Sid Parnes

Buch – „The Toyota Way: 14 Management Principles from the World's Greatest Manufacturer“ von Jeffrey K. Liker

Web – https://www.arbeitswissenschaft.net/angebote-produkte/ifaa-lexikon/7v, am 09.08.2023)

Web – https://www.arbeitswissenschaft.net/fileadmin/Downloads/Angebote_und_Produkte/Praesentationen/UE_PRA_7V_Die_sieben_Arten_der_Verschwendung.pdf (abgerufen am 01.09.2023)

9 Levels of Value Systems

EinSatzBeschreibung

9 Levels of Value Systems ist ein Modell zur Beschreibung der Entwicklungen von Wertesystemen, um daraus ein besseres Verständnis für die Unternehmenskultur zu erlangen.

Working Guide/Anwendungsfelder

P1 Sensibilisierung/Bildung	P2 Matching Recht/Gesetz	P3 Sustainability Roadmap	P4 Produkt/Prozessdesign	P5 Implementierung/Monitoring	P6 Kommunikation	P7 Organisation	P8 Führung	P9 Business Model Design	P10 Skalierung
X					X	X	X		

Beschreibung

Das 9 Levels of Value Systems-Modell liefert spannende Erkenntnisse für die nachhaltige Transformation des Unternehmens. Es ist ein Werte-Metamodell für die Persönlichkeitsentwicklung und die Evolution von Organisation und Unternehmenskultur.

Warum sind Werte wichtig? Werte sind die konstitutiven Elemente der Kultur. Sie definieren Sinn und Bedeutung innerhalb einer Organisation (Gruppe, Gesellschaft etc.). Ein mit der Kultur vermittelter Wert dient dem Menschen als „Richtlinie" zum Verständnis beziehungsweise zur Erkenntnis der Welt und des eigenen Umfelds. Werte basieren auf den Antworten zu den Fragen: „Was ist mir wichtig?" und „Was hat sich in der Vergangenheit bewährt?"

Werte und Nachhaltigkeit: Wenn über Nachhaltigkeit im Unternehmenskontext gesprochen wird, so ist in der Regel nicht nur die reine Produktinnovation gemeint, sondern auch eine Veränderung der Denkhaltung im Unternehmen. Dabei begegnen einem unterschiedliche Wertevorstellungen, die teilweise zu starken Konflikten und Auseinandersetzungen führen können. Das 9 Levels Modell zeigt diese unterschiedlichen Denkweisen auf und kann dadurch zum gegenseitigen Verständnis beitragen.

Hier ein allgemeiner Überblick der 9 Levels:

1. Level: BEIGE

Der Level „Beige", von dem alle Levels ausgehen, zeichnet sich durch starke Anpassungsfähigkeit des Einzelnen an die Umwelt aus, um zu überleben. Im Unternehmenskontext kommt dies eigentlich nicht vor.

2. Level: PURPUR

Es bilden sich soziale Strukturen mit starker Rollenverteilung und gemeinschaftsorientierte Rituale heraus, man begegnet Problemen gemeinsam, jedoch immer geleitet von einem Oberhaupt, dem man sich unterordnet. Purpurne Strukturen findet man in patriarchalisch geprägten Familienunternehmen, wo klar ist „wer die Hosen anhat".

3. Level: ROT

Das Individuum tritt wieder stärker in den Vordergrund und ist von Selbstständigkeit, Durchsetzungsvermögen und Machtstreben gekennzeichnet. So werden zum Beispiel neue Märkte erobert und erreichte Positionen gesichert. Rote Unternehmen verfügen über stark ausgeprägte Hierarchien und Entscheidungen werden von oben getroffen.

4. Level: BLAU

Gemeinschaftlich orientierte Strukturen mit Werten wie Sicherheit, Ordnung, Gerechtigkeit und Loyalität prägen blaue Unternehmen. Der Einzelne hat in der funktionalen Hierarchie mit klar definierten Regeln seinen zuständigen Aufgabenbereich und fügt sich loyal in die Struktur des Ganzen ein. Selbstverantwortung auf diesem Level bedeutet, dass jeder innerhalb seines Zuständigkeitsbereiches und der gesetzten Grenzen und Regeln durchdachte, unternehmensorientierte Entscheidungen trifft. Hierarchien bleiben bestehen, werden breiter und funktionaler, es gibt meist stark arbeitsteilige Strukturen. Blau geprägt sind klassisch funktional aufgestellt Unternehmen, große Verwaltungsapparate oder zum Teil auch Bildungseinrichtungen.

5. Level: ORANGE

Wettbewerb und individueller Erfolg, der dann aber auch der ganzen Gruppe dient, werden wichtiger. Starre Regeln und Strukturen werden aufgebrochen, es wird schneller und flexibler, der Einzelne misst sich stärker am Ergebnis, hält seine Ziele fest im Blick, verliert aber auch die Anderen und das Unternehmen nicht aus den Augen. Die Loyalität ist jedoch nicht mehr bedingungslos, wenn anderswo größere materielle oder persönliche Erfolge zu erwarten sind, wird das Unternehmen gewechselt. In orangen Unternehmen ist Führen anhand von Zielen wichtig und es bilden sich erstmals lineare Organisationen mit Prozessorientierung, Produktmanagement und Projektarbeit heraus.

6. Level: GRÜN

Die Gruppe, als heterogene Einheit, rückt stärker in den Vordergrund, Erfolg wird als Ergebnis einer richtigen Teamkonfiguration verstanden. Die zueinander komplementären Fähigkeiten werden gefördert und zielgerichtet genutzt, ganz nach dem Motto „zusammen erreichen, was der Einzelne nicht schaffen würde". Hierarchien werden weiter aufgelöst, die Zusammenarbeit ist geprägt von Flexibilisierung, Wertschätzung und Integration, wobei Werte wie Toleranz, Gemeinsamkeit und Verantwortung für andere eine große Rolle spielen. Dabei stehen die langfristige Erfolgssicherung,

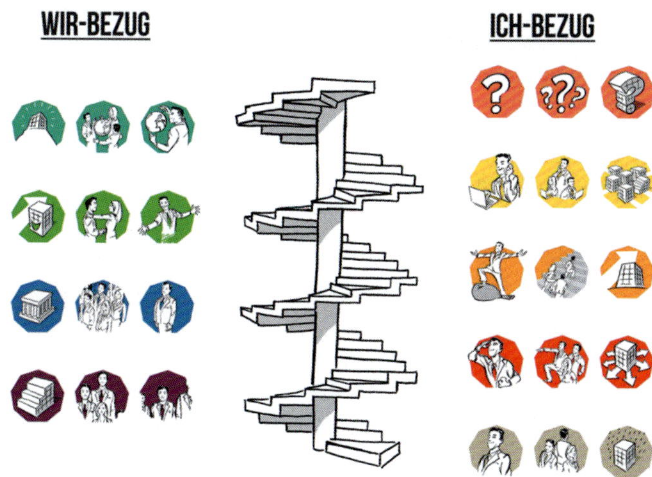

9 Levels of Value Systems

Wachstum und eine Verbesserung der Qualität durch eine reife Fehlerkultur im Vordergrund. In der Realität findet man selten ganze Unternehmen auf diesem Level, innerhalb einer Organisation sind es multifunktionale reflektierte Teams oder Projektteams, die sich auf einem grünen Level bewegen.

7. Level: GELB

Ab dem gelben Level beginnt eine neue Gruppe von Levels, es etabliert sich ein Verständnis dafür, dass alle existierenden Levels ihre Vorzüge haben. Ab diesem Level beginnen die Menschen, sich die besten Aspekte der vorherigen Levels zu Nutze zu machen und gezielt in verschiedenen Arbeitsmodellen anderer Levels zu arbeiten, um bestimmte Ziele zu erreichen. Flexibilität und Individualität rücken in den Vordergrund, begleitet von Werten wie Kompetenz, Unabhängigkeit, Eigenverantwortung und Innovation. Feste Strukturen sind weniger wichtig, man fühlt sich in losen Netzwerken und virtuellen Teams wohl. Beispiele für dieses gelbe Level sind selten zu finden, Think Tanks oder Wissensnetzwerke sind manchmal entsprechend dieser Ebene ausgeprägt.

8. Level: TÜRKIS

Die Perspektive dieses Levels geht über den eigentlichen Arbeitskontext weit hinaus, man versteht die Welt als globales, nachhaltig agierendes Team; das heißt, direkte Konkurrenz gibt es nicht mehr, große Zusammenhänge werden hergestellt, die Auswirkungen auf andere und die Umwelt werden im eigenen Handeln miteinbezogen und berücksichtigt, sodass sich langfristig ein Gesamtnutzen für alle ergibt. Diese Unternehmensform existiert in der Realität noch nicht.

9. Level: KORALLE

Der neunte Level zeichnet sich ab, ist jedoch noch nicht greifbar. Hier wird versucht werden, mit Problemen und Herausforderungen des türkisen Levels zurecht zu kommen.

Obwohl das türkise Level in vielen Punkten dem Thema Nachhaltigkeit gegenüber am meisten aufgeschlossen ist, bedeutet dies nicht, dass Menschen, die eine andere Level-Perspektive haben, nachhaltige Maßnahmen nicht unterstützen. So wird Level Blau sich vielleicht engagieren, um die vorgeschrieben ESG-Kriterien umzusetzen, während Level Orange in der Nachhaltigkeit vor allem einen Wettbewerbsvorteil sieht (und ohnehin bereits einen Tesla fährt), Level Grün hingegen gefällt der Gedanke der genossenschaftlichen Umsetzung einer Solaranlage auf dem Unternehmensdach. So lassen sich Menschen mit unterschiedlichen Werten für das Thema begeistern, wenn man die jeweilige Sprache spricht.

Durchführung

Die klassische Anwendungsart ist das Ausfüllen eines Fragebogens, der die individuelle Sicht auf die Werte der Organisation, eines Teams oder der Einzelperson analysiert. Alternativ kann eine grobe Einschätzung durch die Besprechung von „typischen Merkmalen“ der Organisation und die anschließende Beschreibung des Modells erfolgen.

Der Moderator sollte ein gutes Hintergrundwissen über den Einsatz des Modells der 9 Levels haben. Dies kann z. B. durch ein Studium des 9 Levels-Buchs von Rainer Krumm erfolgen oder durch die Zertifizierung im 9 Levels Institute.

1. Zu Beginn des Workshops werden von den Teilnehmern die empfundenen Werte in Worte gefasst und gesammelt. Fragestellung: „Was ist typisch für uns?“ Die Schlagworte/Sätze werden auf Moderationskarten geschrieben und vom Trainer gesammelt.

2. Nun wird das Modell der 9 Levels erläutert. Dies kann anhand einer Präsentation geschehen, mithilfe einer Zeichnung auf dem Flipchart/Brownpaper oder unter Einsatz des offiziellen 9 Levels-Plakats. Es sollten die Hintergründe des Modells erläutert werden sowie die Ausprägungen der einzelnen Level.

3. Im nächsten Schritt werden die vorher abgefragten Definitionen der Werte den einzelnen Levels zugeordnet. In der Regel ergibt sich hier schon ein Bild, über das mit den Teilnehmern gesprochen werden kann.

4. Falls der Fragebogen ausgefüllt wurde und eine Auswertung vorliegt, wird diese jetzt mit der Gruppe besprochen und gegebenenfalls über Unterschiede und Gemeinsamkeiten diskutiert.

5. Die Gruppe bespricht die Auswirkungen auf die nachhaltige Transformation im Unternehmen. Welche Maßnahmen werden gut funktionieren? Welche werden aus welchen Gründen nicht klappen?

Praxisschlaglicht

Das Modell der 9 Levels ist für uns ein wichtiger Baustein in vielen Veränderungsprojekten. Beim Einsatz geht es dabei nicht um die genaue Einteilung der Menschen in eine Kategorie, vielmehr entwickelt sich durch das Modell eine gemeinsame Sprache, mit der über die Hindernisse der Veränderungen im Unternehmen gesprochen wird. Es entsteht ein Verständnis darüber, warum manche Projekte nicht funktionieren wie erwartet oder warum die Kommunikation zum Thema Nachhaltigkeit auf Widerstand stößt.

Wirkfeld der Methode

- Wirksam für Herausforderungen mit hoher Komplexität
- Wirksam für Herausforderungen mit mittlerer Komplexität

Transformationsfähigkeit Ihres Teams

- Fördert die Sensibilisierung
- Fördert die allgemeine Transformationsfähigkeit des Teams
- Erhöht die Lösungsorientierung

Einsatzcharakteristik/Arbeitsrahmen

- Austauschfokus: vornehmlich mit internen Personen
- Durchführungszeit: eher mittel (> 1 Stunde bis < 1 Tag)
- Einsatzfrequenz: vornehmlich im einmaligen Einsatz
- Einsatzradius: vornehmlich im Teameinsatz
- Komplexität für den Moderator: eher hoch
- Komplexität für die Teilnehmer: eher mittel
- Teamgröße: Einzelpersonennutzung möglich
- Teamgröße: Kleingruppe möglich (3 bis 5 Teilnehmer)
- Teamgröße: Mittelgroße Teams möglich (5 bis 20 Teilnehmer)
- Vorbereitungszeit: eher mittel (> 1 Stunde bis < 1 Tag)

Input für eine zielführende Arbeit mit der Methode

- Personenmerkmale (Meinungen, Bedürfnisse, Werte, etc.)

Output und beobachtete Ergebnisse der Methode

- Erzeugt Prognosen und Ableitungen
- Erzeugt Poster
- Erzeugt mehr Know-how-Zuwachs
- Erzeugt segmentierte, kategorisierte, geclusterte Daten
- Identifiziert vorhandene Schwachstellen
- Identifiziert vorhandene Stärken
- Macht Wirkzusammenhänge sichtbar

Hinderniseffekte, auf die die Methode positiv wirkt

- Beugt blinden Flecken/Betriebsblindheit vor
- Schafft schnell Klarheit und beschleunigt Erkenntnisgewinn
- Schwächt das Leben in der Vergangenheit

Mögliche Extravorteile der Methode

- Möglicher Extravorteil für Teams in einer konservativen, tradierten Kultur

Quellen

Buch – 9 Levels of Value Systems, R. Krumm (Werdewelt. 2014)
Buch – 30 Minuten Innovationskultur, R. Krumm/C. Buchholz (Gabal, 2018)

Grafik: verrocchio Sustainable Inspiration Card – Malvine Klecha, Hila Attaie und Jennifer van Aerssen (Illustration)

9Rs-Thinking

EinSatzBeschreibung

Modell, um das Denken in den Prinzipien der Kreislaufwirtschaft einzuführen und in der Unternehmenskultur zu verankern.

Working Guide/Anwendungsfelder

P1 Sensibilisierung/Bildung	P2 Matching Recht/Gesetz	P3 Sustainability Roadmap	P4 Produkt/Prozessdesign	P5 Implementierung/Monitoring	P6 Kommunikation	P7 Organisation	P8 Führung	P9 Business Model Design	P10 Skalierung
X			X						

Beschreibung

Das Modell „9Rs-Thinking" ist ein Ansatz zur Förderung der Kreislaufwirtschaft und der Nachhaltigkeit, weg von einem linearen Wirtschaften, hin zur Zirkularität. Das Modell basiert auf neun Prinzipien, die alle im Englischen mit dem Buchstaben „R" beginnen.

- R0 – REFUSE: Das Ablehnen bezieht sich auf die bewusste Entscheidung, Produkte oder Ressourcen abzulehnen, die umweltschädlich sind oder nicht nachhaltig hergestellt wurden und ist somit das nachhaltigste Prinzip im 9R-Thinking. Vermeiden Sie Produkte oder Dienstleistungen, die nicht nachhaltig sind oder die Sie nicht wirklich benötigen.
- R1 – RETHINK: Das Neudenken ist ein sehr effektvolles Prinzip. Es fordert dazu auf, bestehende Denkmuster und Gewohnheiten zu überdenken und nach nachhaltigeren Alternativen zu suchen. Überdenken Sie Gewohnheiten und erhöhen Sie die Nutzungsintensität von Gütern oder von Prozessen, indem Sie erwägen, verstärkt Sharing-Modelle einsetzen oder Prozesse auf nachhaltig agierende Spezialisten oder Dienstleister auszulagern.
- R2 – REDUCE: Das Reduzieren zielt darauf ab, den Verbrauch von Ressourcen und Energie zu verringern. Es geht darum, bewusster einzukaufen, weniger Abfall zu produzieren und effizienter mit Ressourcen umzugehen. Reduzieren Sie die eingesetzte Menge an Material für ein Produkt durch entsprechendes Design, ohne dadurch die Nutzung zu beeinträchtigen oder optimieren Sie den Ressourcenbedarf von Prozessen in der Herstellung.
- R3 – REUSE: Das Wiederverwenden beinhaltet die mehrfache Nutzung von Produkten oder Materialien, anstatt sie nach einmaliger Verwendung wegzuwerfen. Nutzen Sie Produkte oder Materialien so oft es sinnvoll ist.
- R4 – REPAIR: Das Reparieren fördert die Reparatur von defekten Produkten anstelle des Austauschs. Dies verlängert die Lebensdauer von Produkten und reduziert den Bedarf an Neuproduktion. Überlegen Sie auch, wie Sie Ihre Produkte für Ihre Kunden reparieren können und ob dies zu einem zusätzlichen Geschäftsmodell führt.
- R5 – REFURBISH: Das Renovieren oder Modernisieren von alten Produkten und Technologien in Produkte neuen Standes ist eine Alternative zu Wegwerfen und Neukaufen. Erneuern Sie alte oder veraltete Produkte oder Materialien, um sie an neue Standards oder Bedürfnisse anzupassen.
- R6 – REMANUFACTURE: Das Wiederaufbereiten zerlegt genutzte Produkte in ihre Bestandteile und produziert daraus neue Produkte. Zerlegen Sie Produkte oder Materialien in ihre Komponenten und stellen Sie daraus neue Produkte oder Materialien her.
- R7 – REPURPOSE: Das Umfunktionieren gibt Produkten ein zweites Nutzungsszenario. Nutzen Sie Produkte oder Materialien für einen anderen Zweck, als für den sie ursprünglich gedacht waren.
- R8 – RECYCLE: Das Recyceln beinhaltet die Umwandlung von Abfällen in neue Rohstoffe oder Produkte. Wandeln Sie Produkte oder Materialien in neue Rohstoffe um, die für die Herstellung neuer Produkte oder Materialien verwendet werden können.

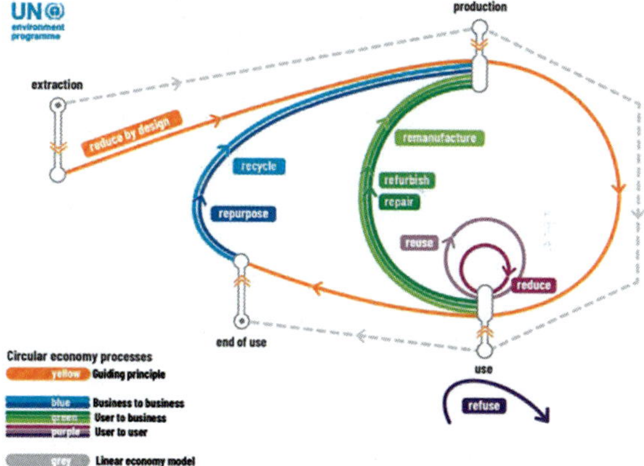

Quelle: https://www.unep.org/circularity

Die Prinzipien R0–R2 sind in Bezug auf Nachhaltigkeit sehr wirksam, da diese den Aufwand an eingesetzten Rohstoffen oder Ressourcen minimieren. Ein nicht hergestelltes Produkt hat den Aufwand 0, und durch das Teilen von Produkten werden nur noch wenige Produkte im Markt benötigt, anstatt dass jeder Konsument ein eigenes Produkt kauft (und wenig nutzt).

Die Prinzipien R3 – R7 sind Prinzipien, um die Nutzungsdauer von Produkten und den innewohnenden Ressourcen deutlich zu verlängern.

R8 und R9 sind sozusagen diejenigen Prinzipien, die nur noch wenig Zirkularität im eigentlichen Sinne fördern. Sie sind aber dennoch besser als das Wegwerfen.

Somit ergibt sich eine strategische Reihenfolge, in welcher Produkte, Service oder Produktionsprozess auf ihre Zirkularität überprüft und optimiert werden sollten.

Weitere „R"s, die in diesem Zusammenhang auch genannt werden zur Abgrenzung:

- RECOVER ist genau genommen kein Prinzip des 9R-Thinking, da es Rohstoffe nicht in den zirkulären Kreislauf zurückführt. Das Wiederherstellen bezieht sich auf die Rückgewinnung von Ressourcen aus Abfällen oder Nebenprodukten, um diese erneut zu nutzen. Auch eine Verbrennung zur Gewinnung von Nutzenenergie fällt unter diesen Begriff.
- RESPECT: Das Respektieren und der achtsame Umgang mit der Umwelt, den Menschen und anderen Lebewesen. RESPECT ist kein Prinzip des 9R-Thinking und auch keine Handlungsanweisung, sondern eine rationale und emotionale Grundhaltung und Einstellung, ohne welche die Umsetzung der anderen „Rs" aus dem 9R-Thinking nur wenig zielgerichtet ausfallen werden.
- REGENERATE: Das Regenerieren bezieht sich auf die Wiederherstellung und Erhaltung von natürlichen Ressourcen und Ökosystemen.

Die Methode „9Rs Thinking" ist ein Konzept, das darauf abzielt, nachhaltiges Denken und Handeln zu fördern und hilft, umfassende Strategien zur Reduzierung von Abfällen und zur Förderung nachhaltigerer Konsumgewohnheiten zu definieren. Es ermutigt Einzelpersonen und Gemeinschaften dazu, aktiv über ihre Konsumgewohnheiten nachzudenken und positive Veränderungen in Richtung Nachhaltigkeit vorzunehmen.

- Sie fördert einen bewussteren Konsum, der dazu beiträgt, Überkonsum und Verschwendung zu vermeiden.
- Sie unterstützt die Kreislaufwirtschaft, bei der Ressourcen effizient genutzt und recycelt werden, anstatt ständig neue Ressourcen abzubauen.
- Sie schafft ökonomische Vorteile, indem sie Kosten spart, neue Märkte erschließt und Innovationen anregt.
- Sie stärkt die soziale Verantwortung, indem sie die Wertschätzung und den Wert von Produkten und Materialien erhöht.

Durchführung

Beispielhaft ist im Folgenden eine von vielen Möglichkeiten grob skizziert, wie Projekte aufgesetzt werden können, um 9R-Thinking im Unternehmen zu verankern:

Schritt 1: Problemerkennung und -definition

- Analyse: Identifizieren, messen und bewerten Sie ein Produkt, Service oder Produktionsprozess in Bezug auf Abfall, Überkonsum oder Ressourcenverschwendung.
- Nutzen Sie Techniken wie Brainstorming, Interviews, Trends oder Marktanalysen, um mögliche Probleme zu identifizieren. Versuchen Sie diese Probleme genau zu verstehen und zu quantifizieren.
- Erstellen Sie dann eine Übersicht aller gefundenen Probleme und halten Sie diese stets sichtbar.

Schritt 2: Ideenfindung

- Finden und entwickeln Sie Innovationen, um die Zirkularität zu maximieren, indem Sie Ihre Entwicklungsarbeit auf die Prinzipien R0–R2 beschränken. Erst wenn Sie feststellen, dass Sie hier gar nicht weiterkommen, sollten Sie in der R-Leiter weiter oben (R3, R4, …) arbeiten.
- Refuse: Überlegen Sie welche Bestandteile oder (Teil-)Prozesse vermeidbar sind, um ein Problem zu lösen oder zu verkleinern.
- Reduce: Identifiziere Sie Wege, um den Ressourcenverbrauch oder Abfall zu minimieren.
- Reuse: Denken Sie darüber nach, wie Bestandteile wiederverwendet oder für andere Zwecke genutzt werden können.
- Nutzen Sie Kreativitätstechniken wie Brainstorming oder Mindmapping, um innovative Ideen und Lösungen für das Problem zu entwickeln.

Schritt 3: Prototyping und Testen

- Erstellen Sie Prototypen oder Modelle, welche die 9Rs-Prinzipien berücksichtigen.
- Nutzen Sie Rapid Prototyping, um schnell Modelle zu erstellen und Feedback zu erhalten.
- Testen Sie die Prototypen in realen oder simulierten Umgebungen, um ihre Wirksamkeit und Akzeptanz zu prüfen.

Schritt 4: Überarbeitung und Iteration

- Überlegen Sie auf Grundlage des Feedbacks, welche der 9Rs weiter optimiert werden können.
- Nutzen Sie eine iterative Entwicklung, um das Produkt oder den Prozess basierend auf den Rückmeldungen kontinuierlich zu verbessern.

Schritt 5: Implementierung und Skalierung

- Setze Sie die entwickelten Lösungen um und achten Sie dabei immer auf die Prinzipien der 9Rs.
- Nutzen Sie Strategien für das Changemanagement und Marketing, um die Akzeptanz der Innovation zu fördern und sie breiter im Markt oder in der Organisation zu implementieren.

Schritt 6: Überwachung und Feedback

- Überwachen Sie, wie effektiv die 9Rs im realen Einsatz sind, und sammeln Sie Feedback von Mitarbeitenden, Kunden, Partnern und Dienstleistern.
- Setzen Sie Monitoring-Tools und Feedback-Systeme ein, um die Performance der Innovation zu verfolgen und ständige Verbesserungen zu ermöglichen.

Schritt 7: Ständige Verbesserung

- Integrieren Sie die gewonnenen Erkenntnisse aus den vorherigen Schritten, um Ihre Innovation stetig zu optimieren und sie noch stärker an den Prinzipien der Nachhaltigkeit auszurichten.

Wirkfeld der Methode

- Wirksam für Herausforderungen mit hoher Komplexität
- Wirksam für Herausforderungen mit mittlerer Komplexität
- Wirksam für Herausforderungen mit niedriger Komplexität
- Wirksam für nachhaltiges Produktdesign
- Wirksam für nachhaltiges Servicedesign
- Wirksam für nachhaltiges Business Model Design

Transformationsfähigkeit Ihres Teams

- Fördert die Sensibilisierung
- Fördert die Agilität eines Teams
- Fördert die allgemeine Transformationsfähigkeit des Teams
- Fördert offene Mindsets und innovative Denkhaltungen
- Sorgt für Inspiration oder bessere Inspirationsempfindlichkeit
- Zahlt auf eine bessere Vorstellungskraft ein
- Zahlt auf eine bessere Wahrnehmung ein
- Zahlt auf ein positives Zukunftsbild ein
- Zahlt auf das Dringlichkeitsempfinden ein
- Erhöht die Lösungsorientierung

Einsatzcharakteristik/Arbeitsrahmen

- Austauschfokus: vornehmlich mit internen Personen
- Durchführungszeit: eher hoch (> 1 Tag)
- Einsatzfrequenz: sinnvoll im dauerhaften Einsatz
- Einsatzradius: vornehmlich im projektweiten Einsatz
- Einsatzradius: vornehmlich im unternehmensweiten Einsatz
- Komplexität für den Moderator: eher mittel
- Komplexität für die Teilnehmer: eher mittel
- Teamgröße: Kleingruppe möglich (3 bis 5 Teilnehmer)
- Teamgröße: Mittelgroße Teams möglich (5 bis 20 Teilnehmer)
- Vorbereitungszeit: eher hoch (> 1 Tag)
- Vorbereitungszeit: eher mittel (> 1 Stunde bis < 1 Tag)

Input für eine zielführende Arbeit mit der Methode

- Aktuell existierende Geschäftsmodelle
- Aktuell existierende Produkte und Services
- Aktuelle Herausforderung, Leitfrage, Problem

Output und beobachtete Ergebnisse der Methode

- Erzeugt Ideen für neue Märkte und neue Business Modelle
- Erzeugt Ideen, Lösungsansätze, Vorideen, Möglichkeiten
- Erzeugt Ideensuchfelder, unentdeckte Probleme, Inspiration
- Erzeugt Leitfragen für die Ideenfindung
- Erzeugt kollaborative Lösungen und Ideen
- Erzeugt definierte Zielkorridore
- Erzeugt größere Klarheit zu einem Thema
- Erzeugt transformationsfähigere Organisationen
- Identifiziert vorhandene Schwachstellen
- Identifiziert vorhandene Stärken
- Macht Wirkzusammenhänge sichtbar

Hinderniseffekte, auf die die Methode positiv wirkt

- Schafft für den Erfolg nötige Realitätsbezüge
- Schafft schnell Klarheit und beschleunigt Erkenntnisgewinn
- Schwächt das Leben in der Vergangenheit
- Schärft eine fehlende gemeinsame Ausrichtung
- Verhindert Ideenfindung mit zu schwacher Erkenntnisgrundlage
- Verhindert blinden Aktionismus
- Verhindert falsche Flughöhen
- Verhindert unreflektiertes agieren

Mögliche Extravorteile der Methode

- Möglicher Extravorteil für Teams mit einer konservativen, tradierten Kultur
- Möglicher Extravorteil für in Nachhaltigkeitsthemen ungeübte Teams

Quellen

Buch – Kirchherr, J., D. Reike, and M. Hekkert, Conceptualizing the circular economy: An analysis of 114 definitions. Resources, Conservation and Recycling, 2017. 127 (January): S. 221–232.

Buch – Reike, D., W.J.V. Vermeulen, and S. Witjes, The circular economy: New or Refurbished as CE 3.0? — Exploring Controversies in the Conceptualization of the Circular Economy through a Focus on History and Resource Value Retention Options. Resources, Conservation & Recycling, 2018. 135 (August): S. 246–264.

Web – Was sind eigentlich die R-Strategien in der Zirkulären Wertschöpfung? https://www.prosperkolleg.de/r-strategien/ (abgerufen am 01.08.2023)

Web – What the R?! – The 9R Framework and What You Should Know About It: The 9Rs Strategies for the Circular Economy 3 – Semantic Scholar[3]: The 9Rs of Waste Management – Green Office Academy; https://www.malbaproject.com/post/what-the-r-the-9r-framework-and-what-you-should-know-about-it (abgerufen am 01.08.2023)

10 AI Brainstorming

EinSatzBeschreibung

Brainstorming mithilfe künstlicher Intelligenz kann das Generieren von Ideen beschleunigen, neue Perspektiven eröffnen und fehlendes Nachhaltigkeits-Know-how ausgleichen.

Working Guide/Anwendungsfelder

P1 Sensibilisierung/Bildung	P2 Matching Recht/Gesetz	P3 Sustainability Roadmap	P4 Produkt/Prozessdesign	P5 Implementierung/Monitoring	P6 Kommunikation	P7 Organisation	P8 Führung	P9 Business Model Design	P10 Skalierung
X		X	X		X				

Beschreibung

Insbesondere in Situationen, in welchen Human-Ressourcen knapp sind oder es schnell gehen muss und erste Ideen für Maßnahmen zur Steigerung von Nachhaltigkeit kurzfristig benötigt werden, kann künstliche Intelligenz eine kostengünstige Unterstützungsrolle einnehmen. Sie kann dazu beitragen, fehlendes Know-how im Bereich Nachhaltigkeit auszugleichen, Silodenken zu überwinden und kreative Defizite zu kompensieren. Insbesondere für Einzelpersonen, die nicht in einem Team arbeiten, kann künstliche Intelligenz inspirierende Impulse bieten oder als Sparring-Partnerin fungieren, um Ideen zu generieren und weiterzuentwickeln. Sie hilft, erste Ideen zu generieren und auf Ideen aufzubauen.

Es ist dabei wichtig zu beachten, dass die generierten Ideen von der KI lediglich als Inspiration dienen sollten. Eine gründliche Bewertung und Überprüfung durch menschliche Experten sind notwendig, um Machbarkeit, Relevanz und Risiken im spezifischen Kontext zu validieren. Ebenso ist zu bedenken, dass die Qualität der von der KI generierten Ergebnisse stark von der Präzision der gestellten Anfragen abhängt. Je genauer die Anfrage an die KI formuliert wird, desto präziser werden die Antworten sein. Daher gilt: Je spezifischer die „Design Constraints“ sind, desto solider ist die Basis für neue Designs und Strategien.

Weiterhin ist darauf hinzuweisen, dass die KI-basierten Ideen auf Grundlage vorhandener Daten generiert werden, die jedoch in der Regel mehrere Jahre alt sind. Besonders im Bereich Nachhaltige Entwicklung und Innovation ist die Aktualität der Daten als limitierender Faktor zu berücksichtigen, da sich in beiden Bereichen, insbesondere in ihrer Schnittmenge, rasant Entwicklungen vollziehen, die von der KI nur zeitverzögert erfasst werden können.

Ethische Fragen in Bezug auf Datenschutz, geistiges Eigentum und das Vertrauen in KI-gestützte Systeme im Allgemeinen müssen individuell abgewogen werden.

Die Wahl des Anbieters sollte stets frei getroffen werden, zumal kontinuierlich neue leistungsstarke Anbieter auf den Markt drängen. Auch KI-integrierte Lösungen in Software bieten direkte Brainstorming-Möglichkeiten. Zum Beispiel hat das digitale Whiteboard „Miro“ eine KI-Integration, die Brainstorming-Fragen direkt auf digitalen Notizzetteln beantwortet.

Durchführung

Eine der stärksten und frei zugänglichen Textbasierten KI-Programme stellt ChatGPT dar. Um KI-Angebote zu nutzen, ist es in der Regel notwendig, sich auf der Plattform anzumelden und einzuloggen.

Ausgangslage für das KI-unterstützte Brainstorming ist eine klare Zielsetzung, ein Bewusstsein über den Status quo, sowie gegebene Limitationen. Nur darauf aufbauend lässt sich das Brainstorming mit der künstlichen Intelligenz durchführen.

Maßgeblich für das Ergebnis, welches die KI ausspuckt, sind sogenannte „Prompts“, welche den Fragen-Input für die KI darstellen, und gut formuliert sowie laufend weiter verändert werden müssen. Dabei können Sie dieselben Fragen in verschiedenen Variationen an die KI stellen. Die KI (z. B. ChatGPT) baut dabei auf den Gesprächsverlauf auf, der im Verlauf entsteht.

- **Formulieren von breiten, offenen Fragestellungen:** Zu Beginn können Fragen breiter und offener formuliert werden, um mit der KI in den Austausch zu gehen, und ein erstes Gefühl für die Funktionalität im entsprechenden Themenbereich zu erhalten. Bspw.: „Wie kann ein Unternehmen seine Lieferkette nachhaltiger gestalten, um Umweltauswirkungen zu reduzieren?“
- **Formulieren einer klaren strategischen Fragestellung:** Formulieren Sie Ihre Frage so präzise wie möglich, um konkrete strategische Lösungsansätze, anstatt generalistische Antworten zu erhalten.
- **Öffnen und schließen Sie den Lösungsraum je nach Zielsetzung:** Fragen Sie bspw. „Formuliere Lösungen, die Technologie, Marketing und Betriebsabläufe vereinen, um unsere Nachhaltigkeitsziele (genauer Beschrieben in vorheriger Anfrage) zu erreichen. Baue dabei auf folgende Technologien: …“
- **Integration verschiedener Sichtweisen:** Bitten Sie um Ideen, die verschiedene Expertisen einbeziehen. Fragen Sie danach, wie zum Beispiel eine Person aus dem Fachbereich Soziologie, Geologie, Psychologie, Wirtschaftswissenschaften, Ingenieurwesen, oder natürlich ein Nachhaltigkeitsexperte etc. die Aufgabe lösen würde.
- **Positiven Fokus setzten:** Verwenden Sie positive Formulierungen wie „Welche Chancen bieten sich an, um nachhaltiges Wachstum zu fördern?“ anstelle von negativ konnotierten Fragen. Dies hilft der KI, aber auch ihrem eigenen Mindset.

- **Offenheit für Innovation:** Fragen Sie aktiv nach der Innovationskraft von ChatGPT, bspw.: „Welche *innovativen* Ansätze können unser Unternehmen (Unternehmensbeschreibung und erste Kennzahlen) auf dem Weg zu einem kohlenstoffneutralen Betrieb unterstützen?“
- **Berücksichtigung von Geschäftszielen:** Setzen Sie klare Rahmenbedingungen für die Ideenentwicklung, die Ihre Geschäftsziele widerspiegeln. Zum Beispiel: „Bitte entwickle mir Ideen, wie wir unsere Produktverpackungen umweltfreundlicher gestalten können, um bis 2025 den Plastikverbrauch um 30 Prozent zu reduzieren.“ Um dies zu verstärken, sind selbstverständlich weitere Kennzahlen und Beschreibungen des Status Quo notwendig.
- **Verankern von Nachhaltigkeit:** Verankern Sie unmissverständlich den Nachhaltigkeitsanspruch in Ihren Anfragen. Machen Sie dabei stets klar, dass es sich um eine Nachhaltigkeit nicht nur aus wirtschaftlicher, sondern speziell im Sinne ökologischer und sozialer Dimensionen handelt.
- **Bezug zu messbaren Zielen:** Fordern Sie Ideen, die zu messbaren Ergebnissen führen, und fragen Sie direkt, wie die Wirksamkeit der Ideen messbar gemacht werden können.
- **Setzen Sie dem Umfang der Antworten der KI klare Grenzen:** Teilen Sie der KI stets mit, in welchem Umfang Sie Antworten erbitten. Bspw.: „Beantworte mir die Frage in einem Umfang von 100 Wörtern“, oder „Generiere mir 15 Ideen“. Dies hilft Ihnen im Rahmen Ihrer eigenen (Zeit-)Ressourcen zu arbeiten.
- **Trauen Sie der KI niemals blind:** Extrahieren Sie die Daten aus der Konversation mit der KI, und evaluieren Sie diese mit echten Personen und Experten, bevor Sie mit den Ideen weiterarbeiten.

Wirkfeld der Methode

- Wirksam für Herausforderungen mit mittlerer Komplexität
- Wirksam für Herausforderungen mit niedriger Komplexität
- Wirksam für nachhaltiges Marketing
- Wirksam für nachhaltiges Produktdesign
- Wirksam für nachhaltiges Prozessdesign
- Wirksam für nachhaltiges Servicedesign
- Wirksam für nachhaltiges Business Model Design

Transformationsfähigkeit Ihres Teams

- Sorgt für Inspiration oder bessere Inspirationsempfindlichkeit
- Zahlt auf eine bessere Vorstellungskraft ein

Einsatzcharakteristik/Arbeitsrahmen

- Austauschfokus: vornehmlich mit internen und externen Personen
- Durchführungszeit: eher gering (< 1 Stunde)
- Durchführungszeit: eher hoch (> 1 Tag)
- Einsatzfrequenz: sinnvoll im dauerhaften Einsatz
- Einsatzfrequenz: vornehmlich im einmaligen Einsatz
- Einsatzradius: vornehmlich im unternehmensweiten Einsatz
- Komplexität für den Moderator: eher gering
- Komplexität für die Teilnehmer: eher gering
- Teamgröße: Einzelpersonennutzung möglich
- Teamgröße: Kleingruppe möglich (3 bis 5 Teilnehmer)
- Vorbereitungszeit: eher gering (< 1 Stunde)

Input für eine zielführende Arbeit mit der Methode

- Aktuelle Herausforderung, Leitfrage, Problem
- Innovationssuchfelder, Intent Statements

Output und beobachtete Ergebnisse der Methode

- Erzeugt Ideen, Lösungsansätze, Vorideen, Möglichkeiten
- Erzeugt Ideensuchfelder, unentdeckte Probleme, Inspiration

Hinderniseffekte, auf die die Methode positiv wirkt

- Beugt blinden Flecken/Betriebsblindheit vor
- Verkürzt und durchbricht vorhandene Kreativblockaden
- Wirkt fehlender Inspiration entgegen

Mögliche Extravorteile der Methode

- Möglicher Extravorteil für innovativ ungeübte Teams
- Möglicher Extravorteil für die Arbeit mit digitalen Kollaborationsboards
- Möglicher Extravorteil für in Nachhaltigkeitsthemen ungeübte Teams

Quellen

Web – www.chat.openai.com
Person – Kilian Karg, Kilian@protellus.de

11

Akzeptanzmodell für nachhaltige Ideen

EinSatzBeschreibung

Dient als Hilfe für die Einordnung nachhaltiger Ideen in Bezug auf deren Akzeptanz im Markt.

Working Guide/Anwendungsfelder

P1 Sensibilisierung/Bildung	P2 Matching Recht/Gesetz	P3 Sustainability Roadmap	P4 Produkt/Prozessdesign	P5 Implementierung/Monitoring	P6 Kommunikation	P7 Organisation	P8 Führung	P9 Business Model Design	P10 Skalierung
			X	X				X	

Beschreibung

Wodurch zeichnet sich der Erfolg einer Innovation aus? Wir gehen davon aus, je nützlicher die Idee, desto erfolgreicher wird die Marktdurchdringung. Reinhard Karger, der Sprecher des Deutschen Forschungszentrums für Künstliche Intelligenz hat einen wunderbaren Begriff geprägt, den „Werkzeug-Realismus". Diesen beschreibt er wie folgt: „Der Einsatz von (Denk)Werkzeugen soll in Kenntnis der Möglichkeiten und Grenzen erfolgen; die Entscheidung über den Einsatz in Kenntnis der Konsequenzen."

Im Grunde stellt jede Innovation ein (Denk)Werkzeug dar, mal mit mehr, mal mit weniger Nutzen und/oder Akzeptanz.

Mit dem Akzeptanzmodell stellen wir eine einfache Möglichkeit vor, Ideen aus Sicht des Nutzers zu reflektieren.

Demnach bilden neben dem eigentlichen „Nutzen" (Möglichkeiten und Grenzen) die „Transparenz von Ziel und Zweck" (Einsatzbereich und Kenntnis der Konsequenzen) eine wichtige Voraussetzung für die Marktdurchdringung. (siehe auch Nutzenmodell)

Dem „Nutzer" selbst kommt die Kompetenz zu, Möglichkeiten und Grenzen der Idee sowie Einsatzmöglichkeiten und deren Konsequenzen zu bewerten und den jeweiligen Kategorien zuzuordnen.

Das Akzeptanzmodell – Dimensionen und Kategorien

Dimensionen im Kontext Nachhaltigkeit:

- Nutzen (Ausprägung: gering – hoch)
- Ziel + Zweck (Ausprägung: bekannt – nicht bekannt)

Kategorien:

- System-Akzeptanz
- Pseudo-Akzeptanz
- Akzeptanzfalle
- Selbstbetrug

Erläuterung der Kategorien:

Selbst wenn der Nutzen als hoch eingestuft wird, Ziel und Zweck der Innovation aber nicht ausreichend bekannt ist, kann dies zu fehlender Marktdurchdringung führen. Hier befinden wir uns in der Akzeptanzfalle. Stellen Sie sich das Dilemma vor: Ein tolles Produkt – aber niemand nimmt es wahr.

Akzeptanzmodell©

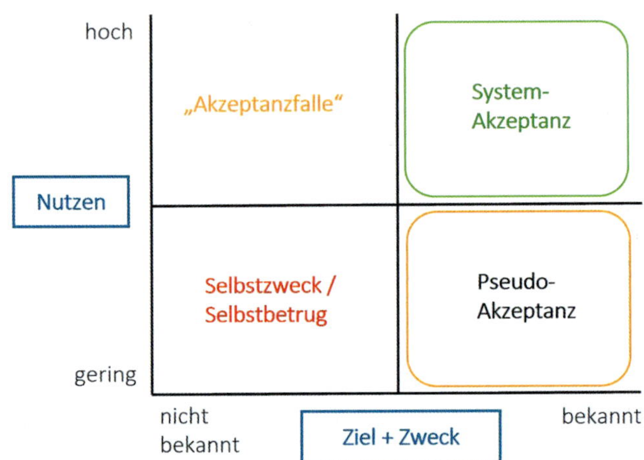

Quelle und Abbildung: BINNOMA®

Noch kritischer wird es, wenn zudem ein geringer Nutzen vorhanden ist. Dann müssen wir uns die Frage stellen, ob diese Idee lediglich dem Selbstzweck dient. Ein Selbstbetrug.

Auch das alleinige (Er)kennen von Ziel und Zweck ist nicht ausreichend. Wenn die Innovation keinen erkennbaren Nutzen liefert, erreichen wir lediglich eine Pseudo-Akzeptanz.

Die gewünschte System-Akzeptanz liegt erst vor, wenn ein hoher Nutzen gewährleistet sowie Ziel und Zweck der Innovation ausreichend bekannt ist. Eine hohe Markdurchdringung ist möglich.

Diese Verortung von Ideen liefert wertvolle Hinweise darüber, welche Stellhebel wir noch aktiv bedienen können oder müssen, um eine erfolgreiche Innovation zu etablieren. Und sie ermöglicht uns eine realistische Sicht darauf, ob es weiterhin Sinn macht, diese Idee weiterzuverfolgen. Daher findet das Modell auch Einsatz bei Ressourcen- und Investitionsentscheidungen.

Durchführung

Review und Reflexion der Ideen erfolgt durch das Entwicklungsteam, Projektleiter/Product Owner und/oder Stakeholder.

Es gilt – wie bei jeder guten Reflexion – ehrlich zu sich selbst zu sein.

Schritt 1: Leitfragen zum Akzeptanzmodell

- Worin konkret liegt der nachhaltige Nutzen der Idee und für wen?
- Wie hoch ist der Nutzen für den potenziellen Nutzer?
- Welchem nachhaltigen Ziel und Zweck dient diese Idee oder Vision? Was soll damit erreicht werden?
- Welche Auswirkungen hat die Idee bzw. welche Konsequenzen hat die Verwendung?
- Welche Informationen über Ziel und Zweck im Kontext Nachhaltigkeit liegen dem potenziellen Nutzer vor?
- Ist die Transparenz ausreichend, damit der Nutzer eine kompetente Entscheidung über den Einsatz und dessen nachhaltige (Aus-)Wirkung treffen kann?
- In welchem Feld befindet sich aktuell die Idee?
- Wie können wir die Akzeptanz beim Nutzer erhöhen? An welcher Stelle benötigt er ggf. noch mehr „Kompetenz", um das Potenzial im Kontext Nachhaltigkeit zu erkennen?

Schritt 2: Entscheidung treffen und weitere Vorgehensweise festlegen

- Macht es letztendlich Sinn, diese Idee weiterzuverfolgen?

Schritt 3: Identifikation von Handlungsfeldern und Erarbeitung und Umsetzung der Maßnahmen

- Ziel ist die Erreichung einer System-Akzeptanz.

Zusammenfassend lässt sich sagen: Die Akzeptanz von Innovationen ist stark davon abhängig, inwiefern neben dem eigentlichen Nutzen, Ziel und Zweck sowie die Konsequenzen der Verwendung bekannt sind.

Ein kleines Trostpflaster für die Ideengeber: Auch wenn Ihre Idee hierbei nicht als erfolgsversprechend gesehen wird, so kann sie vielleicht zu einem späteren Zeitpunkt einen Beitrag an anderer Stelle leisten. Nichts ist umsonst – zumindest haben Sie alle dabei etwas Neues gelernt.

Wirkfeld der Methode

- Wirksam für Herausforderungen mit hoher Komplexität
- Wirksam für Herausforderungen mit mittlerer Komplexität
- Wirksam für Herausforderungen mit niedriger Komplexität
- Wirksam für nachhaltiges Marketing
- Wirksam für nachhaltiges Produktdesign
- Wirksam für nachhaltiges Prozessdesign
- Wirksam für nachhaltiges Servicedesign
- Wirksam für nachhaltiges Business Model Design

Transformationsfähigkeit Ihres Teams

- Fördert die Sensibilisierung
- Fördert die Agilität eines Teams
- Fördert offene Mindsets und innovative Denkhaltungen
- Zahlt auf eine bessere Wahrnehmung ein
- Erhöht die Lösungsorientierung

Einsatzcharakteristik/Arbeitsrahmen

- Austauschfokus: vornehmlich mit internen und externen Personen
- Durchführungszeit: eher mittel (> 1 Stunde bis < 1 Tag)
- Einsatzfrequenz: vornehmlich im einmaligen Einsatz
- Einsatzfrequenz: vornehmlich über den kompletten Projektzeitraum
- Einsatzradius: vornehmlich im Teameinsatz
- Einsatzradius: vornehmlich im projektweiten Einsatz
- Komplexität für den Moderator: eher gering
- Komplexität für die Teilnehmer: eher mittel
- Teamgröße: Einzelpersonennutzung möglich
- Teamgröße: Kleingruppe möglich (3 bis 5 Teilnehmer)
- Teamgröße: Mittelgroße Teams möglich (5 bis 20 Teilnehmer)
- Vorbereitungszeit: eher gering (< 1 Stunde)

Input für eine zielführende Arbeit mit der Methode

- Aktuell existierende Geschäftsmodelle
- Aktuell existierende Produkte und Services
- Aktuelle Herausforderung, Leitfrage, Problem
- Angereicherte Ideen, Ideencluster oder höher integrierte Lösungen
- Ideen und Projekte, die zur Umsetzung anstehen

Output und beobachtete Ergebnisse der Methode

- Hilft bei Entscheidungen, Bewertungen und Feedback
- Identifiziert vorhandene Schwachstellen
- Identifiziert vorhandene Stärken

Hinderniseffekte, auf die die Methode positiv wirkt

- Beugt blinden Flecken/Betriebsblindheit vor
- Schafft für den Erfolg nötige Realitätsbezüge
- Schafft schnell Klarheit und beschleunigt Erkenntnisgewinn
- Verhindert Finanz- und Ressourcenfallen
- Verhindert vorschnelles Urteilen über Ideen
- Verkürzt zu lange Entscheidungsmeetings

Mögliche Extravorteile der Methode

- Möglicher Extravorteil für innovativ ungeübte Teams

Quellen

Podcast: Künstliche Intelligenz braucht „Werkzeug-Realismus". Reinhard Karger (Gabor Steingart, Der Podcast: Der achte Tag #49, 27.05.2020)

Organisation – BöhringerInnovationsManagement, www.binnoma.de, 2023

Person – Sabine Böhringer, sabine.boehringer@binnoma.de

12

Align your org

EinSatzBeschreibung

Die Methode „Align your org" ermöglicht Unternehmen jeder Größe, ihre Organisationsstrukturen zu verändern und weiterzuentwickeln.

Working Guide/Anwendungsfelder

P1 Sensibilisierung/Bildung	P2 Matching Recht/Gesetz	P3 Sustainability Roadmap	P4 Produkt/Prozessdesign	P5 Implementierung/Monitoring	P6 Kommunikation	P7 Organisation	P8 Führung	P9 Business Model Design	P10 Skalierung
			X			X			X

Beschreibung

Die Methode „Align your org" ermöglicht organisationale Change-Prozesse bewusst zu gestalten, indem Motivationen und Ziele aller Beteiligten harmonisiert werden und eine gemeinsame Vision darüber hinaus Umsetzung findet. Diese Methode ist besonders relevant in Zeiten der Weiterentwicklung und Skalierung von Nachhaltigkeitszielen sowie für den Übergang zu einer kreislaufwirtschaftlich optimierten Organisation.

Kleinste bis sehr große Unternehmen, also vom Start-up bis hin zum Konzern, müssen ihre Organisationen hinsichtlich ihrer Prozesse, Outputs und Kontexte anpassen, um effizienter und produktiver zu arbeiten, um dementsprechend nachhaltig und konsequent kreislaufwirtschaftlich erfolgreich zu wirtschaften.

Die Umsetzung solcher Veränderungen kann für etablierte Organisationen bzw. Unternehmen eine große Herausforderung darstellen. Der Einsatz von Design Thinking-Methoden bietet die Möglichkeit den Status quo herauszufordern und letztendlich gezielt zu verändern: Hindernisse können überwunden und neue Wege gefunden werden, um Organisationen in aktuellen Herausforderungen auch tiefgreifend agil zu gestalten.

Durchführung

Um eine Neuausrichtung Ihrer Organisation zu erreichen, sind folgende Schritte empfehlenswert.

1. Bitte beantworten Sie die folgenden Fragen (siehe Abbildung), um die verschiedenen Bereiche zu betrachten. Beginnen Sie mit den Fragen, die Ihnen als vorrangig erscheinen, um Fortschritte zu erzielen. Erfolgreiche Organisationen pflegen einen ganzheitlichen, Stakeholder orientierten Fokus auf die Wechselbeziehung zwischen Stakeholder und Organisation, anstatt lediglich die Innensicht zu pflegen und vornehmlich die eigenen organisational internen Bedürfnisse als relevant zu bewerten. Dementsprechend:

- **Prozesse:** Wie können Sie Ihre Prozesse mit den Bedürfnissen der Ausführenden und der Empfangenden optimal harmonisieren? Gestalten Sie Ihre Prozesse Stakeholder orientiert und bedenken Sie sowohl interne als auch externe Stakeholder!
- **Anreize:** Denken Sie darüber nach, wie Sie motivieren können: Teams und Mitarbeitende müssen sich in kontinuierlichen Designschleifen engagieren, da nachhaltige Prozessmodellierung niemals abgeschlossen ist. Wie können Sie mit Partnern innerhalb Ihrer Wertschöpfungskette zusammenarbeiten, um Ihren Prozess Designern zusätzliche Perspektiven zu eröffnen? Und wie können Sie dem Gelernten und den kontinuierlich umgesetzten Lösungen gebührend Anerkennung zollen?
- **Strategie:** Ist Ihre Strategie auf Kurs? Überprüfen Sie Ihr Business Model bzgl. Ihrer Ziele und gleichen Sie diese mit kontinuierlich aktualisierenden Daten und Erkenntnissen ab. Betrachten Sie dies als iterative Aufgabe, um falls nötig, Kurskorrekturen einleiten zu können.
- **Talent:** Welche Optionen stehen Ihnen zur Verfügung, um Kompetenzlücken zu vermeiden? Wägen Sie Möglichkeiten ab, ob und wie Sie z. B. befristete Verträge, firmeninterne Personal Überlassungen oder firmenexterne Zeit-Überlassungen von Personaldienstleistern nutzen können? Beobachten Sie welche neuen Kompetenzen und Rollen sowohl innerhalb als auch außerhalb Ihrer Organisation im Laufe der Zeit relevant werden! Welche Talent Acquisition Strategien verfolgen Sie, um die Kompetenz innerhalb Ihrer Organisation nachhaltig zu gewährleisten? Bedenken Sie Recruitment, Weiterbildung, Entwicklung und Partnerschaften im Bereich HR!
- **Infrastruktur:** Können Sie sicherstellen, dass Ihre IT-Systeme zukunftssicher sind? Experimentieren Sie damit, bestehende Technologien zu nutzen, bevor Sie eigene Technologien entwickeln; z. B. Social Media und Open-Source Plattformen. Gibt es ungenutzte Potenziale in Ihrer digitalen Infrastruktur? Schützen Sie Ihre IT ausreichend? Prüfen Sie kontinuierliche Ihre digitale Infrastruktur!
- Nutzen Sie den richtigen Raum für Ihre Unternehmung? Aspekte wie z. B. Größe, Komplexität und Kooperationsfähigkeit Ihrer Unternehmung beeinflussen die Raumwahl. Können Sie temporäre oder Pop-up-Räumlichkeiten nutzen, um Synergien oder Partnerschaften zu entdecken, sollten Sie einen Campus pflegen, um Personal einen Vor-Ort-Mehrwert zu bieten, ist die Distanz zu bevölkerungsstarken Zentren für Ihr Recruitment relevant, sollten Sie downsizen im Zuge Ihrer Digitalisierung, etc.? Prüfen Sie kontinuierlich, welche räumliche Infrastruktur für Sie optimal ist!
- **Struktur:** Ist Ihre Team- oder Unternehmensstruktur so organisiert, dass sie den Bedürfnissen aller Beteiligten gerecht wird? Sollten Sie möglicherweise strukturelle Anpassungen in Be-

THE CIRCULAR DESIGN GUIDE

WORKSHEET

Align your org

 A4

Consider each of the areas on this worksheet and answer the questions for the ones you feel will be a priority to address as you move forward.

PROCESS

How might you redesign all your internal processes to align with serving your users?

Co-create new processes with those operating them and those receiving them (internal or external).

INCENTIVES

Consider how to motivate teams in continuous design loops as the 'job' is never done

How might you celebrate learnings, and releases of iterated products?

How might you work with partners in the chain to give your designers different perspectives?

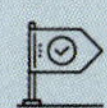

STRATEGY

Is your strategy on course?

Refer back to Business Model Canvas and repeat the exercise with new data.

Course correct if necessary.

TALENT

How might you experiment with: short term contracts, borrowing people from other teams or partnering with another company who might fill your skills gap?

What new capabilities and roles are emerging in your organisation and outside in the world?

What are your talent strategies to acquire these? Think hiring, training, organisation and partnerships.

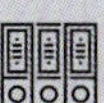

INFRASTRUCTURE

Are you able to future-proof IT systems?

Experiment with using existing technology e.g social media and open-source platforms before building custom technology.

Do you have the right space for your operation?

Try working in temporary/pop up spaces to see what synergies or partners you can find.

STRUCTURE

Is your team or company structure designed to deliver to all users?

Do you need to consider structural changes to allow for multi-disciplinary teams or can this be achieved through new ways of working?

Experiment with more multidisciplinary teams before making structure changes.

www.circulardesignguide.com

IDEO

ELLEN MACARTHUR FOUNDATION

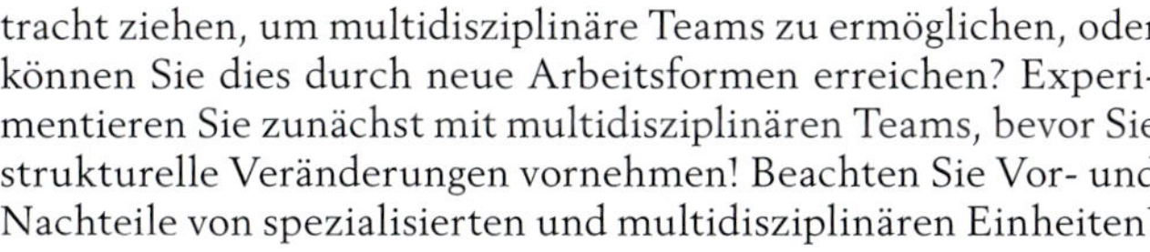

tracht ziehen, um multidisziplinäre Teams zu ermöglichen, oder können Sie dies durch neue Arbeitsformen erreichen? Experimentieren Sie zunächst mit multidisziplinären Teams, bevor Sie strukturelle Veränderungen vornehmen! Beachten Sie Vor- und Nachteile von spezialisierten und multidisziplinären Einheiten!

2. Um eine Werte/Nutzen-Übersicht aufzustellen, sollten Sie die Motivationen und Bedürfnisse Ihrer Mitarbeitenden und internen Stakeholder recherchieren, um Potenziale und Chancen möglicher organisatorischer Modifikationen zu identifizieren. Wie kongruent ist das unternehmerische Wirken zu dieser Übersicht; gibt es Möglichkeiten oder Notwendigkeiten Diskrepanzen zu optimieren.

3. Formulieren Sie organisatorische Hypothesen, um Ihre Ideen zu testen. Zum Beispiel: „Wenn das Unternehmen CO_2-Zertifikate erwirbt, kontert es die negative Wahrnehmung ökologisch schädlicher Wertschöpfung." Oder: „Wenn das Unternehmen bewusst Mitarbeitende aus sozial kritischen Lebensumständen rekrutiert und entwickelt, baut es die positive Wahrnehmung als integrativer/inklusiver Arbeitgeber auf." Oder: „Wenn das Unternehmen sein Produkt mit grüner Energie herstellt, die Inhaltsstoffe von nachhaltig arbeitenden Zulieferern bezogen werden und Versand und Verpackung emissionsfrei sind, dann wird es signifikant bevorzugt zu weniger nachhaltigen Alternativen konsumiert."

4. Experimentieren Sie mit Pilotprojekten oder Prototypen, um Ihre organisationalen Modifikationen parallel zu Produkten oder Dienstleistungen zu testen. Versuchen Sie den Aufwand für diese Experimente niedrig zu halten. Konzentrieren Sie sich auf den Erkenntnisgewinn und die Weiterentwicklung des Experiments. Versuchen Sie z. B. eher kurz befristete Kompetenzen für das Experiment einzusetzen, bevor langfristige Verpflichtungen entstehen. Oder gründen Sie z. B. ein Spin-Off außerhalb der Organisation, um mit einem Pilotprojekt zu experimentieren.

5. Setzen Sie diesen Prozess des Experimentierens fort, um Ihrer Werte/Nutzen Übersicht Rechnung zu tragen. Bedenken Sie, dass das Design Ihrer Organisation eine genauso fortlaufende Entwicklung erfahren sollte, wie das Design Ihrer Produkte oder Dienstleistungen. Die Methode der „Continuous Learning Loops" wird Ihnen helfen, aus den Ergebnissen zu lernen und Ihre Organisation kontinuierlich zu optimieren.

Praxisschlaglicht

Bei durchgeführten Workshops in größeren Organisationen war es als Moderator der Methode „Align Your org" wichtig, dass alle Teilnehmenden das Ziel und den Zweck der Methode verstehen. Strukturieren Sie die Sitzung gut und legen Sie klare Zeitrahmen für Diskussionen, Entscheidungen und Aktionsplanungen fest.

Ermutigen Sie eine offene Diskussion und verschiedene Perspektiven, während Sie den Fokus auf das Ziel der Ausrichtung der Organisation halten. Dokumentieren Sie die Ergebnisse und Entscheidungen der Sitzung, um sicherzustellen, dass diese umgesetzt und Fortschritte verfolgt werden können.

Wirkfeld der Methode

- Wirksam für Herausforderungen mit hoher Komplexität
- Wirksam für nachhaltiges Produktdesign
- Wirksam für nachhaltiges Prozessdesign
- Wirksam für nachhaltiges Servicedesign
- Wirksam für nachhaltiges Business Model Design

Transformationsfähigkeit Ihres Teams

- Fördert die Sensibilisierung
- Fördert Agilität eines Teams
- Fördert die allgemeine Transformationsfähigkeit des Teams
- Fördert offene Mindsets und innovative Denkhaltungen
- Zahlt auf eine bessere Wahrnehmung ein
- Zahlt auf ein positives Zukunftsbild ein
- Erhöht die Lösungsorientierung

Einsatzcharakteristik/Arbeitsrahmen

- Austauschfokus: vornehmlich mit internen und externen Personen
- Durchführungszeit: eher hoch (> 1 Tag)
- Einsatzfrequenz: sinnvoll im dauerhaften Einsatz
- Einsatzfrequenz: vornehmlich über den kompletten Projektzeitraum
- Einsatzradius: vornehmlich im unternehmensweiten Einsatz
- Komplexität für den Moderator: eher hoch
- Komplexität für die Teilnehmer: eher hoch
- Teamgröße: Kleingruppe möglich (3 bis 5 Teilnehmer)
- Teamgröße: Mittelgroße Teams möglich (5 bis 20 Teilnehmer)
- Vorbereitungszeit: eher hoch (>1 Tag)

Input für eine zielführende Arbeit mit der Methode

- Aktuell existierende Geschäftsmodelle
- Aktuell existierende Produkte und Services
- Aktuelle Herausforderung, Leitfrage, Problem
- Existierende Prozesse und Verfahren

Output und beobachtete Ergebnisse der Methode

- Erzeugt Ideen, Lösungsansätze, Vorideen, Möglichkeiten
- Erzeugt Ideensuchfelder, unentdeckte Probleme, Inspiration
- Erzeugt eine Vision oder Zukunftsbild
- Erzeugt größere Klarheit zu einem Thema
- Erzeugt transformationsfähigere Organisationen
- Identifiziert vorhandene Schwachstellen
- Identifiziert vorhandene Stärken
- Macht Wirkzusammenhänge sichtbar

Hinderniseffekte, auf die die Methode positiv wirkt

- Beugt blinden Flecken/Betriebsblindheit vor
- Schafft schnell Klarheit und beschleunigt Erkenntnisgewinn
- Schärft eine fehlende gemeinsame Ausrichtung
- Verhindert falsche Flughöhen
- Verhindert unreflektiertes agieren
- Verringert zu große Komplexitäten

Mögliche Extravorteile der Methode

- Möglicher Extravorteil für Teams in einer Komfortsituation
- Möglicher Extravorteil für Teams mit einer konservativen, tradierten Kultur
- Möglicher Extravorteil für innovativ erfahrene Teams
- Möglicher Extravorteil für in Nachhaltigkeitsthemen erfahrene Teams

Quellen

Web – https://www.circulardesignguide.com/methods, 4.5.2023
Organisation –Der Circular Design Guide ist eine Zusammenarbeit zwischen der Ellen MacArthur Foundation und IDEO. Copyright © Ellen MacArthur Foundation 2017, 2018

13

Ambition Loops

EinSatzBeschreibung

Eine positive Rückkopplungsschleife, in der Business und Politik sich gegenseitig verstärken, um ehrgeizige Nachhaltigkeitsmaßnahmen zu ergreifen.

Working Guide/Anwendungsfelder

P1 Sensibilisierung/Bildung	P2 Matching Recht/Gesetz	P3 Sustainability Roadmap	P4 Produkt/Prozessdesign	P5 Implementierung/Monitoring	P6 Kommunikation	P7 Organisation	P8 Führung	P9 Business Model Design	P10 Skalierung
		X	X	X	X		X	X	X

Beschreibung

Die Bewältigung des Klimawandels erfordert eine rasche und weitreichende Transformation unserer Wirtschaft. In diesem Kontext kommt dem sogenannten *Ambition Loops* eine entscheidende Rolle zu. Dieser bezeichnet einen positiven Feedback-Kreislauf, in dem Unternehmensführung, Regierungspolitik und zivilgesellschaftliches Engagement sich gegenseitig verstärken, um den Klimaschutz voranzutreiben.

Beim *Ambition Loops* sind drei Schritte maßgeblich: Erstens muss die Unternehmensführung mutige Maßnahmen für den Klimaschutz ergreifen. Zweitens können diese Unternehmen ihre Einflussnahme nutzen, um starke klimapolitische Maßnahmen zu fördern. Drittens sind die Regierungen gefragt, ihrerseits umfassende klimapolitische Rahmenbedingungen zu schaffen. So entsteht ein Zyklus, der den Fortschritt beschleunigt und das Tempo und die Reichweite von Innovationen und Investitionen in klimafreundliche Lösungen fördert.

Dieser Zyklus wurde auf der Veranstaltung 2022 in Sharm-el-Sheikh von Alok Sharma, dem Präsidenten der COP26, bekräftigt. Die steigende kommerzielle Nachfrage nach ambitionierten Klima- und sauberen Energiezielen sowie zunehmende Investitionen in Klimaschutzlösungen senden starke Signale an Regierungen, die Klimapolitik zu stärken.

Praktische Beispiele zeigen, dass diese positive Rückkopplungsschleife bereits in Aktion ist. Mehr und mehr Unternehmen verpflichten sich öffentlich zum Klimaschutz und senden damit starke Signale an die Regierungen. Gleichzeitig schaffen die Regierungen durch effektive Klimapolitik und klare Zeitpläne Vertrauen und fördern so weitere Investitionen in den Klimaschutz.

Schlussendlich können diese *Ambition Loops* den Fortschritt bei der Verwirklichung der nationalen und globalen Klima- und Entwicklungsziele erheblich beschleunigen. Da immer mehr Unternehmen ihre Verantwortung anerkennen, können Regierungen die Unterstützung und das Wissen des Privatsektors nutzen, um eine mutigere Klimapolitik voranzutreiben. Durch den Ausgleich von Kompromissen und die Reduzierung von Unsicherheiten mit klaren Regeln und ambitionierten Zielen können die Regierungen davon profitieren und ihre spezifischen Klima- und Entwicklungsziele erreichen.

Durchführung

Die Methodik der *Ambition Loops* ist ein strategischer Ansatz, der die Zusammenarbeit zwischen Unternehmen und Regierungen nutzt, um die Beschleunigung zu einem kohlenstofffreien Wirtschaftswachstum zu erreichen. Dieser Prozess beruht auf drei Schlüsselelementen:

1. **Unternehmensführung:** Unternehmen bekennen sich zu weitreichenden Klimazielen, die über die staatlichen Vorgaben hinausgehen, bspw. durch den Einsatz erneuerbarer Energien oder die Verpflichtung zu Netto-Null-Emissionen.
2. **Politische Einflussnahme:** Unternehmen setzen ihre Reichweite und ihren Einfluss ein, um ehrgeizige Klimapolitiken zu befürworten und die Wirtschaftlichkeit nachhaltiger Praktiken zu demonstrieren.
3. **Regierungspolitik:** Regierungen erarbeiten und etablieren starke politische Rahmenbedingungen und Vorschriften, um den Übergang zu einer CO_2-freien Wirtschaft zu unterstützen.

Dieser Prozess wiederholt sich, wobei jede Iteration zu schnelleren Maßnahmen in Richtung CO_2-freien Wirtschaftswachstums führt. Die Führungsrolle der Unternehmen fördert strengere Regierungspolitiken und umgekehrt.

Für die Regierungen ist die Initiative führender Unternehmen ausschlaggebend, da sie wirtschaftliche Chancen aufzeigen und den politischen und wirtschaftlichen Rückhalt für ehrgeizige Klimaziele stärken.

Für Unternehmen ist die Antriebskraft eine langfristige, klare und konsequente Regierungspolitik, die für Vertrauen sorgt und ihnen hilft, ihre Ziele schneller zu erreichen und andere Unternehmen zum Handeln zu bewegen.

Ambition Loops sind global und sektorenübergreifend anwendbar. Die Steigerung der Ambitionen kann durch verschiedene Signale angeregt werden, bspw. Marktnachfrage, technologische Fortschritte oder politische Veränderungen.

Als Unternehmen können Sie auf das wachsende Engagement für eine CO_2-freie Zukunft reagieren, Ihre Klimaschutzmaßnahmen intensivieren und Ihre strategischen Pläne an den Zielen des Pariser Abkommens ausrichten. Sie können sich verpflichten, wissenschaftlich fundierte Emissionsreduktionsziele festzulegen und sich auf die sich abzeichnenden Marktchancen in einem sich wandelnden Klima vorzubereiten.

Nichtstaatliche Akteure können entscheidend dazu beitragen, ehrgeizige Klimapolitiken zu fördern. Ihr Handeln kann Regierungen dazu ermutigen, Ambitionen zu wecken und weitere Chancen und Investitionen zu erschließen.

13 Ambition Loops

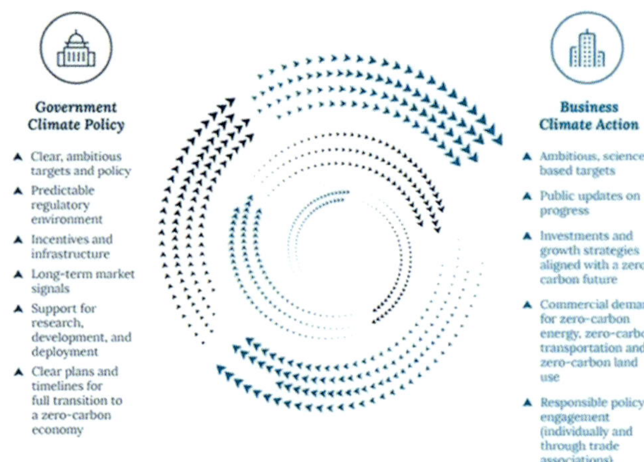

Quelle: https://ambitionloop.org; 01.06.2023

Ein *Ambition Loop* entsteht, wenn Unternehmen mutige Handlungsverpflichtungen eingehen. Dies sendet starke Signale an die gesamte Branche und an politische Entscheidungsträger, die dazu ermutigt werden, klarere und ambitioniertere Richtlinien zu setzen.

Mit steigender Messlatte verändert sich das gesamte System. Forschung und Entwicklung werden angeregt, Skalierungseffekte treten ein und es kommt zu schnelleren Fortschritten als erwartet.

Ambition Loops erfordern ein ständiges Engagement aller Beteiligten, um die Dynamik aufrechtzuerhalten. Es handelt sich um einen Kreislauf, der Politik und Maßnahmen gegenseitig vorantreibt und für alle Beteiligten Vorteile bringt.

Betrachten wir ein Beispiel aus dem Energiesektor, um zu zeigen, wie die Methode der *Ambition Loops* in der Praxis umgesetzt wird:

Unternehmensführung: Ein global führendes Unternehmen im Energiesektor verpflichtet sich, bis 2030 Netto-Null-Emissionen zu erreichen und seine Kunden zu 100 Prozent mit erneuerbarer Energie zu versorgen. Es entwickelt innovative Photovoltaik-Wechselrichtertechnologien, die den Ertrag von Solarstromanlagen erhöhen.

Politische Einflussnahme: Das Unternehmen nutzt seinen Marktstatus, um sich für eine entschlossene Klimapolitik stark zu machen. Es unterstreicht die Rentabilität von Solarenergie und zeigt auf, wie der Übergang zu erneuerbaren Energien Arbeitsplätze schaffen, das Wirtschaftswachstum stimulieren und die Abhängigkeit von fossilen Brennstoffen reduzieren kann.

Regierungspolitik: Inspiriert vom erfolgreichen Geschäftsmodell des Unternehmens, erkennt die Regierung die Möglichkeit, eine umweltfreundlichere Zukunft zu gestalten und gleichzeitig das Wirtschaftswachstum zu fördern. Sie implementiert politische Rahmenbedingungen, die erneuerbare Energien begünstigen und Anreize für Unternehmen setzen, die sich zu nachhaltigen Zielen verpflichten.

Jeder dieser Schritte führt zu einer positiven Rückkopplungsschleife: Regierungspolitik fördert Innovation und unternehmerisches Engagement, während die Unternehmensführung ehrgeizige Klimapolitiken unterstützt. Jede Iteration dieses Prozesses beschleunigt den Übergang zur CO_2-freien Wirtschaft.

Bitte beachten Sie, dass dieses Beispiel vereinfacht ist. In der Realität sind Anwendungen oft mit komplexeren Interaktionen mit verschiedenen Stakeholdern verbunden.

Wirkfeld der Methode

- Wirksam für Herausforderungen mit hoher Komplexität
- Wirksam für Herausforderungen mit mittlerer Komplexität

Transformationsfähigkeit Ihres Teams

- Fördert offene Mindsets und innovative Denkhaltungen
- Zahlt auf ein positives Zukunftsbild ein
- Zahlt auf das Dringlichkeitsempfinden ein
- Erhöht die Lösungsorientierung

Einsatzcharakteristik/Arbeitsrahmen

- Austauschfokus: vornehmlich mit internen und externen Personen
- Durchführungszeit: eher hoch (> 1 Tag)
- Einsatzfrequenz: sinnvoll im dauerhaften Einsatz
- Einsatzfrequenz: vornehmlich im einmaligen Einsatz
- Einsatzradius: vornehmlich im unternehmensweiten Einsatz
- Komplexität für die Teilnehmer: eher hoch
- Teamgröße: Einzelpersonennutzung möglich
- Teamgröße: Großgruppen möglich (> 50 Teilnehmer)
- Teamgröße: Kleingruppe möglich (3 bis 5 Teilnehmer)
- Teamgröße: Maxigruppen möglich (20 bis 40 Teilnehmer)
- Teamgröße: Mittelgroße Teams möglich (5 bis 20 Teilnehmer)
- Vorbereitungszeit: eher hoch (>1 Tag)
- Vorbereitungszeit: eher mittel (> 1 Stunde bis < 1 Tag)

Input für eine zielführende Arbeit mit der Methode

- Aktuell existierende Geschäftsmodelle
- Aktuell existierende Produkte und Services
- Aktuelle Herausforderung, Leitfrage, Problem

Output und beobachtete Ergebnisse der Methode

- Erzeugt Ideen für neue Märkte und neue Business Modelle
- Erzeugt Ideen, Lösungsansätze, Vorideen, Möglichkeiten
- Erzeugt Leitfragen für die Ideenfindung
- Erzeugt definierte Zielkorridore
- Erzeugt eine Vision oder Zukunftsbild
- Macht Wirkzusammenhänge sichtbar

Hinderniseffekte, auf die die Methode positiv wirkt

- Schärft eine fehlende gemeinsame Ausrichtung
- Verhindert falsche Flughöhen
- Verhindert unreflektiertes agieren
- Fördert Optimismus und Zuversicht

Mögliche Extravorteile der Methode

- Möglicher Extravorteil für Teams mit einem starkem Auftragsmandat

Quellen

https://www.theclimategroup.org/our-work/news/multilevel-action-and-ambition-loop-implementing-glasgow-climate-pact-keep-15-alive; 01.06.2023

Analogietechnik

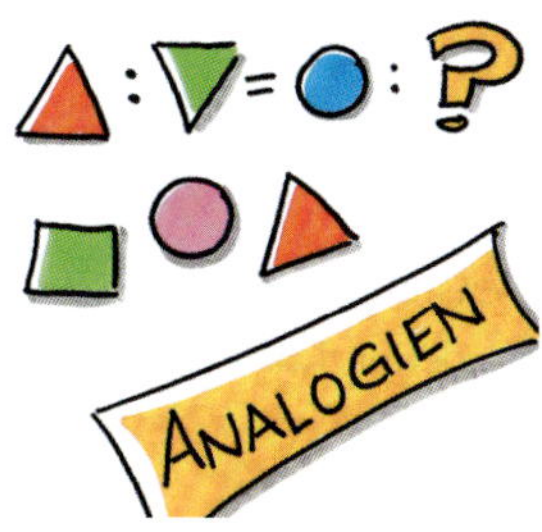

EinSatzBeschreibung

Die Analogietechnik hilft dabei, neue Ideen für eine Problemlösung zu entwickeln, indem sie die Merkmale des Problems extrahiert und Lösungen aus anderen Bereichen nutzbar macht.

Working Guide/Anwendungsfelder

P1 Sensibilisierung/Bildung	P2 Matching Recht/Gesetz	P3 Sustainability Roadmap	P4 Produkt/Prozessdesign	P5 Implementierung/Monitoring	P6 Kommunikation	P7 Organisation	P8 Führung	P9 Business Model Design	P10 Skalierung
X			X	X					

Beschreibung

Bei der Analogietechnik wird mithilfe von Analogien die Betrachtungsweise auf das Problem verändert, um neue Ideen zu provozieren. Dazu werden Parallelen zu strukturell ähnlichen Dingen des täglichen Lebens ausgenutzt. Diese Erkenntnisse lassen sich dann bei der Betrachtung analoger Situationen auf die ursprüngliche Herausforderung rückübertragen.

Die Analogietechnik ist insbesondere bei nachhaltigen Innovationsprojekten eine große Hilfe – aus folgenden Gründen:

Lernen von der Natur: Nachhaltigkeit zielt im Kern darauf ab, Prozesse und Systeme zu entwickeln, die langfristig ohne schädliche Auswirkungen auf die Umwelt oder die Gesellschaft bestehen können. Die Natur bietet zahlreiche Beispiele für solche Systeme. Durch den Blick auf natürliche Prozesse, die sich über Jahrmillionen hinweg bewährt haben, können wir effiziente und nachhaltige Lösungen für menschliche Herausforderungen finden. Das Feld der Bionik, das sich auf das Lernen und Imitieren von Lösungen aus der Natur konzentriert, ist ein direktes Ergebnis dieses Denkansatzes.

Neue Perspektiven und Lösungsansätze: Nachhaltigkeitsprobleme sind oft komplex und vielschichtig. Traditionelle Ansätze oder Lösungen könnten nicht immer ausreichen oder sogar kontraproduktiv sein. Durch den Einsatz der Analogiemethode können völlig neue und unerwartete Lösungswege gefunden werden, die in einem anderen Kontext erfolgreich waren.

Interdisziplinäre Verbindungen: Nachhaltigkeit ist ein interdisziplinäres Feld, das Wissen aus Wissenschaft, Technik, Sozialwissenschaften und vielen anderen Bereichen erfordert. Die Analogiemethode fördert das Denken über Disziplingrenzen hinweg und ermöglicht es, bewährte Konzepte aus einem Bereich in einen anderen zu übertragen.

Komplexe Systeme verstehen: Viele Nachhaltigkeitsprobleme sind das Ergebnis von Interaktionen innerhalb komplexer Systeme. Analogien, insbesondere aus der Natur, können dabei helfen, diese Systeme besser zu verstehen und Lösungen zu finden, die die gesamte Systemdynamik berücksichtigen.

Motivation und Inspiration: Die Verwendung von Analogien, besonders wenn sie aus der Natur oder aus faszinierenden historischen oder kulturellen Kontexten stammen, kann inspirierend und motivierend sein. Dies kann dazu beitragen, das Engagement von Teammitgliedern oder Stakeholdern für ein Projekt zu erhöhen.

Funktionsanalogie – Lotusblume (Quelle: unsplash)

Funktionsanalogie – Lotustempel in Indien (Quelle: Wikipedia, Oktober 2023)

Durchführung

Bei den Analogietechniken wird zunächst eine passende Analogie für die Herausforderung gesucht. Anschließend wird die Analogie analysiert. Dadurch, dass das Problem in einen anderen Bereich verschoben wird, können sich ganz andere und völlig neue Lösungsansätze ergeben als im Ursprungsbereich.

Die gewonnenen Ansatzpunkte können die nachfolgende Ideenfindung in neue Richtungen lenken. Die Ansatzpunkte, die während der Analyse der Analogie gefunden wurden, werden in die Situation der Herausforderung zurückübertragen. Dort können sie helfen, aus Denkstrukturen auszubrechen, die sich durch langjährige Erfahrung gefestigt haben oder sogar direkt als Lösungsansätze für das Problem dienen.

Die Nutzung der Analogiemethode im Rahmen von nachhaltigen Innovationsprojekten kann dazu beitragen, neue und effiziente Lösungen für ökologische und soziale Herausforderungen zu finden. Hier sind einige Schritte und Überlegungen, wie Sie die Analogiemethode in diesem Kontext anwenden können:

Definition des nachhaltigen Problems: Bevor Sie nach Analogien suchen, definieren Sie das spezifische Problem in Bezug auf Nachhaltigkeit, das Sie angehen möchten. Ist es zum Beispiel ein Problem der Ressourcenknappheit, der Abfallreduzierung oder der Energieeffizienz?

Suche nach natürlichen Analogien: Die Natur bietet viele Beispiele für effiziente und nachhaltige Systeme. Ein Beispiel ist das Prinzip der geschlossenen Kreisläufe in Ökosystemen. Wie können diese natürlichen Lösungen als Analogie für menschliche Probleme verwendet werden?

Historische und kulturelle Analogien: Untersuchen Sie, wie frühere Gesellschaften oder andere Kulturen ähnliche Herausforderungen bewältigt haben. Haben sie nachhaltige Praktiken oder Technologien entwickelt, die für Ihr Problem relevant sein könnten?

Branchenübergreifende Analogien: Schauen Sie sich andere Branchen oder Sektoren an, die möglicherweise innovative Lösungen für ähnliche Probleme entwickelt haben. Zum Beispiel könnten Lösungen aus der Abwasserbehandlung für die Lebensmittelverarbeitung relevant sein.

Anwendung und Anpassung: Sobald Sie eine oder mehrere Analogien identifiziert haben, überlegen Sie, wie diese auf Ihr spezifisches Problem angewendet werden können. Es ist wichtig, die Analogie nicht blind zu übernehmen, sondern sie an den Kontext des spezifischen Problems anzupassen.

Ein praktisches Beispiel: Wenn Sie nach nachhaltigen Verpackungslösungen suchen, könnten Sie sich von der Natur inspirieren lassen, in der Früchte und Samen oft von biologisch abbaubaren „Verpackungen" geschützt werden. Dies könnte zu Ideen für kompostierbare oder essbare Verpackungen führen.

Wie bilde ich nun Analogien konkret? Zur Bildung einer Analogie wählt man ein Merkmal der Aufgabenstellung. Die Analogien sind dann andere „Inhaber" (zum Beispiel Dinge, Personen oder Organisationen), die dieses Merkmal ebenfalls besitzen.

Vorgehensweise:

Schritt 1: Ein Merkmal des vorhandenen Systems wählen.

Schritt 2: Weitere Inhaber dieses ausgewählten Merkmals sammeln.

Schritt 3: Die Aufgabenstellung aus der Sicht dieser Inhaber lösen.

Schritt 4: Die so gefundenen Lösungen auf die Aufgabenstellung übertragen.

Praxisschlaglicht

Bei der Anwendung der Analogietechnik ist es wichtig, zuerst das Merkmal zu extrahieren und nach Ähnlichkeiten in anderen Bereichen zu suchen. Es geht nicht darum das komplette Problem zu übertragen.

Wirkfeld der Methode

- Wirksam für Herausforderungen mit mittlerer Komplexität
- Wirksam für Herausforderungen mit niedriger Komplexität
- Wirksam für nachhaltiges Produktdesign
- Wirksam für nachhaltiges Prozessdesign
- Wirksam für nachhaltiges Servicedesign
- Wirksam für nachhaltiges Business Model Design

Transformationsfähigkeit Ihres Teams

- Fördert die Sensibilisierung
- Fördert die Teamkreativität
- Fördert grundlegend die Kreativität
- Fördert offene Mindsets und innovative Denkhaltungen
- Sorgt für Inspiration oder bessere Inspirationsempfindlichkeit
- Zahlt auf eine bessere Vorstellungskraft ein
- Zahlt auf eine bessere Wahrnehmung ein

Einsatzcharakteristik/Arbeitsrahmen

- Austauschfokus: vornehmlich mit internen und externen Personen
- Durchführungszeit: eher mittel (> 1 Stunde bis < 1 Tag)
- Einsatzfrequenz: vornehmlich im einmaligen Einsatz
- Einsatzradius: vornehmlich im Teameinsatz
- Komplexität für den Moderator: eher mittel
- Komplexität für die Teilnehmer: eher mittel
- Teamgröße: Einzelpersonennutzung möglich
- Teamgröße: Kleingruppe möglich (3 bis 5 Teilnehmer)
- Teamgröße: Maxigruppen möglich (20 bis 40 Teilnehmer)
- Teamgröße: Mittelgroße Teams möglich (5 bis 20 Teilnehmer)
- Vorbereitungszeit: eher gering (< 1 Stunde)

Input für eine zielführende Arbeit mit der Methode

- Aktuelle Herausforderung, Leitfrage, Problem

Output und beobachtete Ergebnisse der Methode

- Erzeugt Ideen, Lösungsansätze, Vorideen, Möglichkeiten
- Erzeugt besseren Teamspirit, mehr Offenheit, Inspirationsempfindlichkeit

Hinderniseffekte, auf die die Methode positiv wirkt

- Bewahrt vor zu generischen Ideen und Aussagen
- Schafft schnell Klarheit und beschleunigt Erkenntnisgewinn
- Stärkt schwache Anreicherungsskills
- Verhindert Ideenfindung mit zu schwacher Erkenntnisgrundlage
- Verhindert falsche Flughöhen
- Verhindert unreflektiertes agieren
- Verringert zu große Komplexitäten
- Wirkt fehlender Inspiration entgegen
- Fördert Optimismus und Zuversich

Mögliche Extravorteile der Methode

- Möglicher Extravorteil für Teams mit einer konservativen, tradierten Kultur
- Möglicher Extravorteil für innovativ erfahrene Teams
- Möglicher Extravorteil für in Nachhaltigkeitsthemen erfahrene Teams

Quellen

Buch – Cracking Creativity, M. Michalko (Ten Speed Press, 2001)
Buch – Das groß Handbuch der Innovation, Benno an Aerssen, Christian Buchholz (Vahlen, 2018)
Buch – Mit Analogien neue Produkte entwickeln, C. Herstatt D. Engel (Harvard Business Manager 2006)
Buch – Revolutionäres Innovationsmanagement, Benno van Aerssen (mi-Wirtschaftsbuch, 2009)
Buch – Techniques of Structured Problem Solving, A. B. VanGundy (Springer, 1988)
Web – http://www.ideenfindung.de/Übersicht-Liste-Kreativitaetstechniken-Ideenfindung.html (April 2017)

Grafik: verrocchio Sustainable Inspiration Card – Malvine Klecha, Hila Attaie und Jennifer van Aerssen (Illustration)

ANASAPAL Analogie-Brainstorming

EinSatzBeschreibung

Das ANASAPAL Analogie-Brainstorming führt zur Generierung greifbarer Ideen, die erprobten Lösungsansätzen folgen, und verleiht dabei strukturliebenden Teams Sicherheit während der Kreativphase.

Working Guide/Anwendungsfelder

P1 Sensibilisierung/Bildung	P2 Matching Recht/Gesetz	P3 Sustainability Roadmap	P4 Produkt/Prozessdesign	P5 Implementierung/Monitoring	P6 Kommunikation	P7 Organisation	P8 Führung	P9 Business Model Design	P10 Skalierung
			X						

Beschreibung

Viele Innovations-Teams benötigen klare Strukturen, um in ihren Brainstorming-Sitzungen erfolgreich zu sein. Eine solche Struktur bietet Sicherheit und fördert gleichzeitig kreative Ideen. Oftmals gleichen sich strukturelle Herausforderungen über verschiedene Bereiche und Akteure hinweg. Lösungen, die für ähnliche Herausforderungen gefunden wurden, können als Inspiration dienen oder sogar direkt übertragen werden. Bewährte Lösungsstrategien sowohl aus der Natur als auch aus anderen Bereichen können übertragen und angepasst werden, um innovative Ansätze für nachhaltigkeitsrelevante Probleme zu finden.

Die Methode kann, wenn richtig eingeführt, auch ein Bewusstsein dafür schärfen, dass funktionierende und smarte Ansätze lange für die Erreichung und Aufrechterhaltung von nicht-nachhaltigen Verhaltensmustern eingesetzt wurden – nun aber eine neue Anwendung zur Erreichung einer lebenswerten Zukunft finden können.

Durchführung

Visualisieren Sie eine Tabelle wie in der Abbildung dargestellt, um dem Prozess eine Struktur zu geben. Achten Sie dabei auf genügend Platz, insbesondere für die Bereiche der Lösungen.

Gehen Sie dann wie folgt vor:

Problem und Kontext definieren

Formulieren Sie die zu bearbeitende Problemstellung in Form einer klaren Brainstorming-Frage. Dies ist die leitende Ausgangsfragestellung. Die Zielgruppe oder Persona, die von der Frage betroffen ist, wird ebenfalls identifiziert. Dadurch erreichen Sie eine Synchronisation im Team, und sorgen dafür, dass sich alle Beteiligten trotz der Betrachtung von völlig neuen Aspekten auf die eigentliche Zielsetzung des Projekts besinnen können.

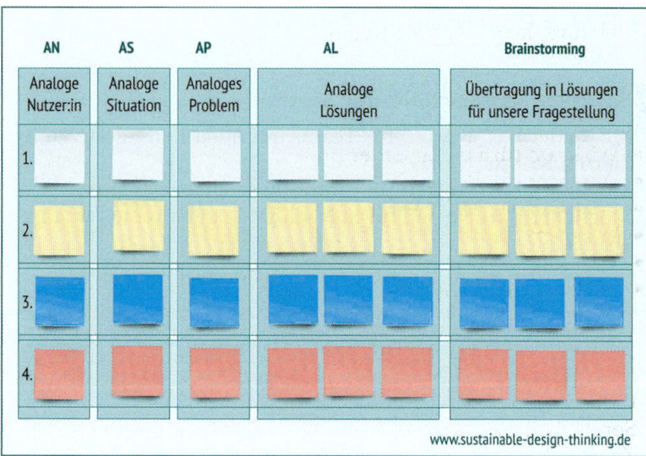

Schemadarstellung des Moderationsboards (nach Kilian Karg)

Analoge Situationen sammeln

Suchen Sie mit dem Team nach Institutionen oder Individuen, die ähnliche strukturelle Herausforderungen bewältigen. Sammeln Sie diese Beispiele reihum, und notieren Sie diese auf dem Whiteboard. Stellen Sie sicher, dass alle Teilnehmenden die Analogen Problemgeschichten verstanden haben.

Die Struktur dafür auf dem Whiteboard ist das ANASAPAL Muster, welches als Grundlage für das Brainstorming dient:

Analoge Nutzenden (AN): Um wen handelt es sich in Ihrer Analogie? Wer hat eine vergleichbare Herausforderung zu der, welche in dem Brainstorming gelöst werden soll?

Analoge Situation der Nutzenden (AS): In welcher speziellen Situation tritt diese Herausforderung auf? Was ist der Kontext?

AP: Analoges Problem der Nutzenden: Was ist diese Herausforderung, welche vergleichbar ist zu der, welche in dem Brainstorming gelöst werden soll?

Insbesondere Analogien aus der Natur können dabei hilfreich sein. Zur Inspiration gibt es hierfür ganze Datenbanken.

Lösungsstrategien extrahieren

Analysieren Sie die analogen Lösungsstrategien (AL), die von den analogen Nutzenden für ihre Herausforderungen entwickelt wurden. Notieren Sie diese Strategien, da sie als Grundlage für weitere Überlegungen dienen.

Brainstorming zur Übertragung auf die eigene Situation

Passen Sie nun die identifizierten Lösungsstrategien auf die Brainstorming-Frage an. Falls dies nicht unmittelbar möglich ist, führen Sie zu jeder Analogen Lösungsstrategie ein kurzes Brainstorming zur Übertragung auf den eigentlichen Kontext der Ausgangsfrage durch. Notieren Sie alle Ideen auf Haftnotizen. Achten Sie dabei darauf, dass alle Teilnehmenden die Überlegungen nachvollziehen können, und in einem „Yes And" Modus aufeinander aufbauen können.

Helfende Organisation

AskNature, https://asknature.org/

Wirkfeld der Methode

- Wirksam für Herausforderungen mit mittlerer Komplexität
- Wirksam für Herausforderungen mit niedriger Komplexität
- Wirksam für nachhaltiges Marketing
- Wirksam für nachhaltiges Produktdesign
- Wirksam für nachhaltiges Prozessdesign
- Wirksam für nachhaltiges Servicedesign

WirkfelTransformationsfähigkeit Ihres Teams

- Fördert grundlegend die Kreativität
- Sorgt für Inspiration oder bessere Inspirationsempfindlichkeit
- Zahlt auf eine bessere Vorstellungskraft ein

Einsatzcharakteristik/Arbeitsrahmen

- Austauschfokus: vornehmlich mit internen und externen Personen
- Durchführungszeit: eher gering (< 1 Stunde)
- Durchführungszeit: eher mittel (> 1 Stunde bis < 1 Tag)
- Einsatzfrequenz: vornehmlich im einmaligen Einsatz
- Einsatzradius: vornehmlich im Teameinsatz
- Komplexität für den Moderator: eher gering
- Komplexität für die Teilnehmer: eher gering
- Teamgröße: Einzelpersonennutzung möglich
- Teamgröße: Kleingruppe möglich (3 bis 5 Teilnehmer)
- Teamgröße: Mittelgroße Teams möglich (5 bis 20 Teilnehmer)
- Vorbereitungszeit: eher gering (< 1 Stunde)

Input für eine zielführende Arbeit mit der Methode

- Aktuelle Herausforderung, Leitfrage, Problem

Output und beobachtete Ergebnisse der Methode

- Erzeugt Ideen für neue Märkte und neue Business Modelle
- Erzeugt Ideen, Lösungsansätze, Vorideen, Möglichkeiten
- Erzeugt Ideensuchfelder, unentdeckte Probleme, Inspiration
- Erzeugt Leitfragen für die Ideenfindung

Hinderniseffekte, auf die die Methode positiv wirkt

- Bindet eher introvertierte Teammitglieder mit ein
- Dynamisiert und aktiviert wenig dynamische Teams
- Fördert gehemmte Teammitglieder
- Integriert einen dysfunktionalen Schweiger
- Schwächt Angst vor Neuem (Cainophobie)
- Schwächt den „Inneren Zensor"
- Verkürzt und durchbricht vorhandene Kreativblockaden
- Wirkt fehlender Inspiration entgegen

Mögliche Extravorteile der Methode

- Möglicher Extravorteil für innovativ ungeübte Teams

Quellen

Web – http://sustainabledesignthinking.de/portfolio/analogie-brainstorming/ (2023)

16 Auswahl der richtigen externen Navigationsmarken und Werkzeuge

EinSatzBeschreibung

Das Ambitionsniveau bestimmt das Ergebnis, und daher sollte klar definiert werden, ob das Unternehmen eine reaktive/passive Strategie wählt oder sich auf den Weg macht und eine vertrauensvolle/ganzheitliche Zielmarke setzt.

Working Guide/Anwendungsfelder

P1 Sensibilisierung/Bildung	P2 Matching Recht/Gesetz	P3 Sustainability Roadmap	P4 Produkt/Prozessdesign	P5 Implementierung/Monitoring	P6 Kommunikation	P7 Organisation	P8 Führung	P9 Business Model Design	P10 Skalierung
X		X	X	X	X	X	X		

Beschreibung

Die Einhaltung von Konformitäten ist notwendig. Die Einhaltung von toxikologischen Konformitäten wie REACh (Europäische Chemikalienverordnung zur Registrierung, Bewertung, Zulassung und Beschränkung chemischer Stoffe), also stark vereinfacht die Regelwerke zum Umgang mit besorgniserregenden Substanzen und der Informationsweitergabe dazu, stellen viele Unternehmen vor große Herausforderung.

Werden neue Substanzen reguliert, müssen Hersteller evaluieren, ob sich daraus entsprechende Handlungen für sie ableiten, sie die entsprechenden Informationen überhaupt haben, ggf. etwas verändern müssen und/oder Informationen weitergeben müssen. Die Unternehmen werden also von externen Faktoren (neu regulierte Substanzen) zum Handeln aufgefordert, müssen *reagieren* und das in regelmäßigen Abständen.

In bestimmten Sektoren gibt es eigene Verbots-/Gebotslisten zu eingesetzten Substanzen oder manche Kunden orientieren sich an weiterführenden Regelwerken in Ausschreibungen. Auch hier hat das Unternehmen eine *passive* Rolle, denn es besteht selten ein Einfluss darauf, welche Substanzen dort reguliert sind.

Es entschließen sich immer häufiger Unternehmen dazu eine *aktive* Materialbewertung durchzuführen, z.B. durch Analytik und/oder im Wechselspiel mit der Lieferkette, um mehr über die eingesetzten Substanzen zu erfahren. Hierzu benötigt das Unternehmen neben einem guten Prozess natürlich eine Instanz, die die Ergebnisse bewerten kann im Kontext der Toxikologie und weiteren Nachhaltigkeitsthemen.

Sind die Informationen einmal inventarisiert und nach dem Stand der Wissenschaft (und nicht nur nach Stand der Regulatorik) bewertet, gibt es die Grundlage handlungsfähig zu sein und nicht gewollte Effekte und Substanzen zu eliminieren (Negativliste) und eine entsprechende Materialsicherheit zu erlangen (Positivliste).

Mit der Internalisierung vom Stand der Wissenschaft und einem entsprechenden Risikomanagement ergibt sich eine *vertrauensvolle* Grundlage, auch in der Stakeholder Kommunikation. Hinzu kommt, dass das Unternehmen „vor die Welle" der Regulatorik kommt, die ja erst einmal (in einem manchmal langen Prozess) den Stand der Wissenschaft in einen politischen Kontext/Konsens überführen muss.

Ganzheitlich und holistisch wird es dann, wenn auch die Produkt-/ und Materialwechselwirkungen im Kontext der Wiedergewinnung (also z.B. Recycling), Wasser-, Boden-, Energie-, Klimamanagement unterzogen und optimiert wird und in einem weiteren Schritt die Materialien nicht nur einem Nachnutzungsszenario zugeordnet, sondern ein solches auch implementiert wird.

Aufgrund der Einhaltungspflicht von Konformitäten wird dieses Thema als notwendiges „must have" betrachtet, dass eben seinen Preis hat. Eine pro-aktive Auseinandersetzung mit den eigenen Materialien bietet jedoch das größte Potenzial, Risiken vorzeitig zu erkennen und auf längere Sicht auch, dass Novellierungen im Kontext der Konformitäten den Schrecken verlieren. Man bedenke nur einmal die Kosten und die Zeit, die schlimmstenfalls drastische Produktveränderungen mit sich bringen oder wenn sich Kunden für ein anderes Produkt entscheiden, wenn es z.B. bei Stiftung Warentest oder Ökotest durchgefallen ist.

Durchführung

1. Positionierung

Im ersten Schritt sollten sich die Entscheiderinnen also in diesem Kontext positionieren, ansonsten werden sie von außen positioniert

Spätestens, wenn die Entscheider mitbekommen, dass die REACh Thematik wie eine klassische „Informationsdurchreichung" ohne eigene Risikobewertung bearbeitet wird, sollte das Thema näher betrachtet werden. Ein guter Indikator ist, wenn sich der Einkauf zweimal im Jahr hektisch durch die Lieferkette telefoniert und über das Wissensmanagement und über die Dateiablagen auf dem Server im Allgemeinen geflucht wird. Wenn dann noch der Vertrieb über die eigenen Kollegen schimpft, weil die Kundenanfragen haben, die sie entsprechend nicht beantworten können, wird deutlich, dass weder Verständnis noch ein Prozess zu der Thematik vorhanden ist. Noch skeptischer sollte man werden, wenn in der Organisation weder von einem Prozess noch von einem Problem zu der Thematik jemals gehört wurde. In beiden Fällen ist es der ideale Zeitpunkt sich mit dem Thema auseinanderzusetzen und zu positionieren. Soll das Thema also reaktiv (mit einem eigenen Prozess, Berater oder externen Datenmanager) heute und in zukünftig bearbeitet werden oder ist es der Zeitpunkt pro-aktive Strukturen zu entwickeln?!

2. Ambitionsniveau festlegen

Viele haben verstanden, dass die Einhaltung von Richtlinien wie REACh nicht gleichbedeutet ist mit „giftfrei". Auch Verbots-/

Gebotslisten, also z. B. Rahmenwerke, wie Lebensmittelzulassung, Spielzeugrichtlinien, Trinkwasserzulassungen uvm. sind vor Novellierungen nicht sicher sind, denn der Stand der Wissenschaft entwickelt sich weiter.

Die Auswahl der richtigen Werkzeuge und Dienstleister kann dann der Positionierung und dem Ambitionsniveau zugeordnet werden, häufig geschieht das jedoch leider genau andersherum.

STRATEGIE – VON REAKTIV ZU HOLISTISCH

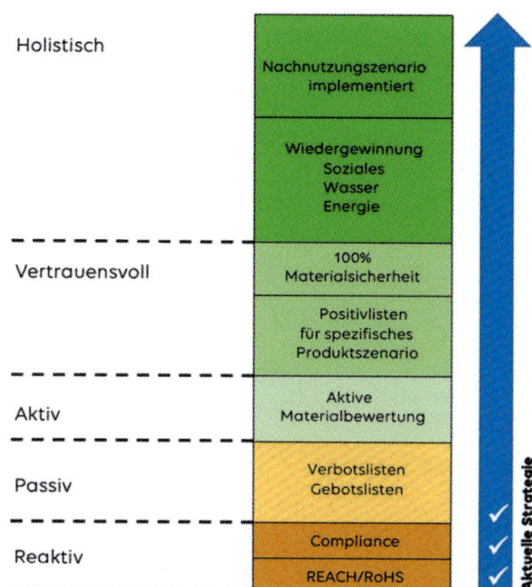

Quelle: in Anlehnung an Cradle-to-Cradle von EPEA

3. Strategie, Operationalisierung, Stakeholderintegration und KPIs

Idealerweise ist das Ziel klar und die Unternehmen sollten entsprechend „die Leiter" hochklettern wollen. Sollte das Thema noch zu abstrakt sein, oder z. B. einem Entscheidungsgremium vorgelegt werden müssen, dann kann es greifbarer gemacht werden, wenn die einzelnen Stufen in einer SWOT-Tabelle evaluiert werden.

Hierzu wird empfohlen auch mindestens die Abteilungen Einkauf (Perspektive Informationsbeschaffung) und Verkauf (Perspektive Informationsoutput) einzubeziehen und/oder das Qualitätsmanagement, wenn das Thema dort verortet ist. Das Marketing kann gute Impulse für die „Opportunities" beitragen und die Produktgestalter sind häufig sehr an dem Thema Positivliste interessiert. Flankiert mit einer Aufwand- und Ertragsberechnung sollte dann eine gute Entscheidungsbasis zur strategischen Einordnung und Entwicklung von KPIs, auch in Anlehnung an die SDGs, vorliegen.

Wirkfeld der Methode

- Wirksam für Herausforderungen mit hoher Komplexität
- Wirksam für nachhaltiges Produktdesign
- Wirksam für nachhaltiges Prozessdesign
- Wirksam für nachhaltiges Servicedesign
- Wirksam für nachhaltiges Business Model Design

Transformationsfähigkeit Ihres Teams

- Fördert die Sensibilisierung
- Fördert die allgemeine Transformationsfähigkeit des Teams
- Fördert offene Mindsets und innovative Denkhaltungen
- Sorgt für Inspiration oder bessere Inspirationsempfindlichkeit
- Zahlt auf eine bessere Vorstellungskraft ein
- Zahlt auf eine bessere Wahrnehmung ein
- Zahlt auf ein positives Zukunftsbild ein
- Zahlt auf das Dringlichkeitsempfinden ein
- Erhöht die Lösungsorientierung

Einsatzcharakteristik/Arbeitsrahmen

- Austauschfokus: vornehmlich mit internen und externen Personen
- Durchführungszeit: eher hoch (> 1 Tag)
- Einsatzfrequenz: sinnvoll im dauerhaften Einsatz
- Einsatzradius: vornehmlich im Teameinsatz
- Einsatzradius: vornehmlich im unternehmensweiten Einsatz
- Komplexität für den Moderator: eher gering
- Komplexität für den Moderator: eher hoch
- Komplexität für die Teilnehmer: eher hoch
- Teamgröße: Kleingruppe möglich (3 bis 5 Teilnehmer)
- Vorbereitungszeit: eher hoch (> 1 Tag)

Input für eine zielführende Arbeit mit der Methode

- Aktuell existierende Geschäftsmodelle
- Aktuell existierende Produkte und Services
- Aktuelle Herausforderung, Leitfrage, Problem

Output und beobachtete Ergebnisse der Methode

- Bessere Projekteffizienz, bessere Teamperformance
- Erzeugt definierte Zielkorridore
- Erzeugt größere Klarheit zu einem Thema
- Erzeugt transformationsfähigere Organisationen
- Erzeugt segmentierte, kategorisierte, geclusterte Daten
- Hilft bei Entscheidungen, Bewertungen und Feedback
- Identifiziert vorhandene Schwachstellen
- Identifiziert vorhandene Stärken
- Macht Wirkzusammenhänge sichtbar
- Ziel- und Fokusgruppen

Hinderniseffekte, auf die die Methode positiv wirkt

- Beugt Missinterpretationen vor
- Beugt blinden Flecken/Betriebsblindheit vor
- Bewahrt vor zu generischen Ideen und Aussagen
- Schafft für den Erfolg nötige Realitätsbezüge
- Schafft schnell Klarheit und beschleunigt Erkenntnisgewinn
- Verhindert blinden Aktionismus
- Verhindert falsche Flughöhen
- Verhindert unreflektiertes agieren
- Fördert Optimismus und Zuversicht

Mögliche Extravorteile der Methode

- Möglicher Extravorteil für Teams mit einem starkem Auftragsmandat
- Möglicher Extravorteil für Teams mit einer konservativen, tradierten Kultur
- Möglicher Extravorteil für agile Teams
- Möglicher Extravorteil für innovativ erfahrene Teams
- Möglicher Extravorteil für die Arbeit mit digitalen Kollaborationsboards
- Möglicher Extravorteil für in Nachhaltigkeitsthemen erfahrene Teams

Quellen

Organisation – *In Anlehnung an die operative Arbeit bei EPEA Internationale Umweltforschung und Weiterentwicklung während der freiberuflichen Beratung bei creatingsolutions.de*

Organisation – *EPEA Internationale Umweltforschung GmbH (Hamburg), www.epea.com*

Person – *Freiberufliche Beratung Christian Dinter*

Grafik: verrocchio Sustainable Inspiration Card – Malvine Klecha, Hila Attaie und Jennifer van Aerssen (Illustration)

B Corp Impact Assessment

EinSatzBeschreibung

Eine fiktive Zertifizierung durch *B Corp* hilft Aktivitäten zu identifizieren, welche die eigene Organisation nachhaltiger machen können.

Working Guide/Anwendungsfelder

P1 Sensibilisierung/Bildung	P2 Matching Recht/Gesetz	P3 Sustainability Roadmap	P4 Produkt/Prozessdesign	P5 Implementierung/Monitoring	P6 Kommunikation	P7 Organisation	P8 Führung	P9 Business Model Design	P10 Skalierung
X				X	X	X	X		

Beschreibung

B Corp ist ein internationales Zertifikat, mit dem die Non-Profit-Organisation *B Lab* Unternehmen für ihre sozialen und ökologischen Auswirkungen auszeichnet. Immer mehr Organisationen lassen sich als B Corp zertifizieren, was über die letzten Jahre zu einer dynamischen und kontinuierlich wachsenden Community geführt hat. Deren teilnehmenden Organisationen, die sogenannten *B Corporations*, haben allesamt Statuten etabliert, in welchen sie sich explizit zu gesellschaftlichem Mehrwert und ökologischer Nachhaltigkeit bekennen.

Um eine B Corp zu werden, muss ein Unternehmen bestimmte soziale und ökologische Kriterien erfüllen. Die Zertifizierung basiert auf einem Punktesystem und Unternehmen müssen im B Impact Assessment mindestens 80 Punkte von möglichen 200 Punkten erreichen. Interessanterweise verpflichten sich Organisationen jedoch bereits mit dem Erhalt der Zertifizierung, sich um eine gewisse Anzahl Punkte zu verbessern, denn alle drei Jahre muss diese wiederholt werden.

Die offizielle Zertifizierung zu erlangen ist sehr herausfordernd, doch allein der Prozess und das initiale Impact Assessment sind äußerst auskunftsreich. Sie zeigen Organisationen anhand verschiedener Bereiche konkrete Verbesserungspotenziale auf. Schon allein deswegen lohnt sich eine Selbstzertifizierung auch für Organisationen, welche sich noch nicht vollständig für eine B Corp Zertifizierung entschlossen haben. Praktischerweise kann das Impact Assessment ohne weitere Verpflichtungen jederzeit ausgefüllt werden.

Durchführung

Das B Corp Impact Assessment kann über die Website von *B Corp* aufgerufen werden. Aktuell wird es nur in englischer Sprache angeboten, es besteht jedoch die Möglichkeit, den lokalen *B Corp* Ableger in Deutschland zu kontaktieren. In einem ersten Schritt muss ein Zugang erstellt werden. Dies geschieht kostenfrei durch die Hinterlegung der Kontaktdaten. Danach steht das Impact Assessment frei zu Verfügung. Es erstreckt sich über 5 sogenannte Impact Areas: Governance, Community, Umwelt, Kundengruppen, und Offenlegung.

- **Governance:** In diesem Bereich wird die Gesamtmission eines Unternehmens, sein Engagement in Relation zu sozialen und ökologischen Auswirkungen, Ethik und Transparenz bewertet. Dieser Abschnitt bewertet auch die Fähigkeit eines Unternehmens, die eigene Mission zu schützen und Interessengruppen durch etablierte Unternehmensstrukturen formell in Entscheidungsprozesse einzubeziehen.
- **Community:** Der Community-Bereich bewertet das Engagement eines Unternehmens mit den Communities in denen es tätig ist, aus denen es Mitarbeitende einstellt und deren Ressourcen es bezieht. Prägende Themen sind Vielfalt, Gerechtigkeit, Inklusion, wirtschaftliche Auswirkungen, gesellschaftliches Engagement, Wohltätigkeit und Lieferkettenmanagement. Darüber hinaus eruiert dieser Abschnitt auch Geschäftsmodelle, die darauf ausgelegt sind, gemeinwohlorientierte Probleme zu lösen. Dazu gehören bspw. Armutsbekämpfung durch fairen Handel, Produzenten-Kooperationsmodelle, die Förderung der lokalen Wirtschaftsentwicklung und formelle Wohltätigkeitsengagements.
- **Umwelt:** Dieser Bereich bewertet die Umweltmanagementpraktiken eines Unternehmens sowie deren Auswirkungen auf Luft, Klima, Wasser, Land und Artenvielfalt. Dies umfasst die Geschäftstätigkeit eines Unternehmens und gegebenenfalls seiner Lieferketten und Vertriebskanäle. Dabei werden spezifisch auch Unternehmen anerkannt, welche bewusst mit innovativen Produktionsprozessen, Produkten oder Dienstleistungen eine positive Umweltauswirkung erreichen.
- **Kundengruppen:** Hier wird die Verantwortung eines Unternehmens gegenüber seinen Kundinnen bewertet, welche sich durch die Qualität seiner Produkte und Dienstleistungen, ethisches Marketing, Datenschutz und -sicherheit sowie responsive Feedbackkanäle zusammensetzt. Darüber hinaus anerkennt dieser Abschnitt Produkte oder Dienstleistungen, welche spezifisch dazu konzipiert sind, ein bestimmtes soziales Problem für oder mit möglichen Kundengruppen zu lösen.
- **Offenlegung:** Schlussendlich gilt es auch noch, möglicherweise problematische Verflechtungen offenzulegen. Der entsprechende Fragebogen identifiziert potenziell sensible Branchen, Praktiken, Ergebnisse oder Sanktionen eines Unternehmens. Er fließt nicht in die B Impact Assessment-Bewertung eines Unternehmens ein, wird jedoch überprüft, um die generelle Eignung für eine B Corp Zertifizierung zu bestimmen.

In der Breite der Impact Areas zeigt sich, wie umfassend das Thema Nachhaltigkeit in der B Corp Zertifizierung gehandhabt und überprüft wird. Die Chancen stehen gut, durch das Durchlaufen des Prozesses den einen oder anderen blinden Fleck im eigenen Nachhaltigkeitsverständnis aufzudecken.

Nach erfolgtem Self-Assessment können Sie sich entweder gleich für eine Zertifizierung bewerben, oder Sie nutzen die Erkenntnisse, um im eigenen Unternehmen Prozesse zur Verbesserung der Nachhaltigkeit anzustoßen.

Somit bildet das B Corp Impact Assessment eine wertvolle Diskussions- und Handlungsgrundlage, aufgrund derer die Führungsebene weitere nachhaltige Entscheidungen veranlassen kann.

Helfende Organisation

- B Lab (Germany)

Wirkfeld der Methode

- Wirksam für Herausforderungen mit hoher Komplexität
- Wirksam für Herausforderungen mit mittlerer Komplexität
- Wirksam für Herausforderungen mit niedriger Komplexität

Transformationsfähigkeit Ihres Teams

- Fördert die Sensibilisierung
- Fördert offene Mindsets und innovative Denkhaltungen
- Sorgt für Inspiration oder bessere Inspirationsempfindlichkeit
- Zahlt auf eine bessere Wahrnehmung ein
- Zahlt auf das Dringlichkeitsempfinden ein
- Erhöht die Lösungsorientierung

Einsatzcharakteristik/Arbeitsrahmen

- Austauschfokus: vornehmlich mit internen Personen
- Durchführungszeit: eher hoch (> 1 Tag)
- Einsatzfrequenz: sinnvoll im dauerhaften Einsatz
- Einsatzradius: vornehmlich im unternehmensweiten Einsatz
- Komplexität für den Moderator: eher mittel
- Komplexität für die Teilnehmer: eher mittel
- Teamgröße: Einzelpersonennutzung möglich
- Teamgröße: Kleingruppe möglich (3 bis 5 Teilnehmer)
- Vorbereitungszeit: eher gering (< 1 Stunde)

Input für eine zielführende Arbeit mit der Methode

- Aktuell existierende Geschäftsmodelle
- Aktuell existierende Produkte und Services
- Aktuelle Herausforderung, Leitfrage, Problem
- Ziele, Zielsystem, Kennzahlen
- Wissen über Gesetze und Rahmenbedingungen

Output und beobachtete Ergebnisse der Methode

- Erzeugt Planungen und Priorisierungen
- Erzeugt neues Wissen und neue Erfahrungen
- Erzeugt spezifischere Leitfragen, Ideen und Aussagen
- Erzeugt definierte Zielkorridore
- Erzeugt transformationsfähigere Organisationen
- Erzeugt mehr Hintergrundinformationen
- Identifiziert vorhandene Schwachstellen
- Identifiziert vorhandene Stärken
- Macht Wirkzusammenhänge sichtbar

Hinderniseffekte, auf die die Methode positiv wirkt

- Beugt blinden Flecken/Betriebsblindheit vor
- Fördert eventuell fehlende Wertschätzung
- Schärft eine fehlende gemeinsame Ausrichtung
- Stärkt das Vertrauen im Team
- Verhindert blinden Aktionismus
- Verhindert einseitige Bewertungen und Entscheidungen
- Verhindert unreflektiertes agieren
- Verringert zu große Komplexitäten
- Überzeugt strukturliebende Teammitglieder

Mögliche Extravorteile der Methode

- Möglicher Extravorteil für in Nachhaltigkeitsthemen erfahrene Teams

Quellen

Web – https://www.bcorporation.net/, 12.06.23
Web – https://www.bcorporation.de, 12.06.23
Web – https://app.bimpactassessment.net, 12.06.23

Back to the future

EinSatzBeschreibung

„Back to the Future" ist eine Mikromethode, die darauf abzielt, aus der Entwicklungshistorie eines Unternehmens bzw. einer Branche etwas für die Zukunft zu lernen.

Working Guide/Anwendungsfelder

P1 Sensibilisierung/Bildung	P2 Matching Recht/Gesetz	P3 Sustainability Roadmap	P4 Produkt/Prozessdesign	P5 Implementierung/Monitoring	P6 Kommunikation	P7 Organisation	P8 Führung	P9 Business Model Design	P10 Skalierung
X	X	X	X					X	

Beschreibung

Das Streben nach unbegrenztem Wachstum führte manch ein Unternehmen und ganze Branchen zu Praktiken, die letztendlich schädlich für die Gesellschaft und den Planeten wurde. Dies war aber nicht immer der Fall.

„Back to the Future" zielt darauf ab, aus der Entwicklungsgeschichte von einzelnen Unternehmen oder ganzen Branchen zu lernen und dieses Wissen für zukünftige Entscheidungen zu identifizieren. Mit dem Rückblick auf vergangene Erfahrungen und Entwicklungen können wir wertvolle Erkenntnisse gewinnen, um Fehler zu vermeiden, positive Aspekte wiederzuentdecken und ein nachhaltigeres Vorgehen in der Zukunft zu gestalten.

„Back to the Future" ermöglicht somit eine Reflexion über vergangene Praktiken und unterstützt die Suche nach einem ausgewogeneren und nachhaltigeren Ansatz.

Die ursprüngliche Methode wurde hier weiterentwickelt und beinhaltet auch die Betrachtung eines Greenfield-Ansatzes. Bei diesem Ansatz beschäftigen wir uns mit der hypothetischen Frage, wie wir unser Geschäft oder die Branche heute aufbauen würden – mit dem heutigen Wissen und den heutigen Möglichkeiten, über die wir verfügen. Es geht darum zu reflektieren, ob wir alles genauso machen würden oder ob wir andere Wege finden würden.

Diese Erkenntnisse fließen anschließend in die Entwicklung neuer Zukunftsszenarien ein.

Durchführung

Verwenden Sie ein großes Blatt Papier, ein Flipchart, eine Pinnwand oder ein virtuelles Board.

Schritt 1: Herausforderung

Formulieren Sie, welche Bedürfnisse Ihr Unternehmen anspricht:

- Auf welche Wertschöpfungskette Ihrer Branche wollen Sie sich fokussieren?
- Welchen übergeordneten Bedarf könnte Ihr Unternehmen erfüllen?

Halten Sie dies in Form einer prägnanten Aussage als Titel fest.

Schritt 2: Deep Dive-Historie

Legen Sie anschließend eine Zeitliste an und teilen Sie diese in drei Abschnitte. Beschriften Sie diese wie folgt:

1) Gründungsphase
2) Zwischenstadium
3) Heute

Halten Sie in jedem Abschnitt genügend Platz frei für die Sammlung von Erkenntnissen und deren Bewertung.

Tauchen Sie nun in die Entwicklungsgeschichte Ihres Unternehmens bzw. Ihrer Branche ein:

- Wie wurde damals auf die Bedürfnisse der Menschen eingegangen?
- Wie wurde Mehrwert geschaffen?

Lassen Sie Ihr Team in 2er-Gruppen Recherchen über die Geschichte Ihres Unternehmens/Ihrer Branche durchführen. Halten Sie alle Erkenntnisse stichwortartig auf einzelnen Post-its in der jeweiligen Zeitachse gut sichtbar für alle fest. Je nach Kenntnisstand kann dieser Schritt einige Tage in Anspruch nehmen. Siehe dazu auch die Methode „Purpose Booster" (Schritt 2 Lernen aus der Historie)

Schritt 3: Analyse & Erkenntnisse

Diskutieren Sie anschließend in der Gruppe die zusammengetragenen Informationen. Bewerten Sie, welche positiven und negativen Einflüsse übergeordnet im jeweiligen Zeitabschnitt zu verzeichnen waren bzw. immer noch sind. Halten Sie die gewonnen Erkenntnisse in den jeweiligen Zeitabschnitten auf einzelnen Post-its fest. Am besten verwenden Sie zwei verschiedene Farben für die positiven und negativen Auswirkungen.

Schritt 4: Green-Field-Ansatz

Lassen Sie nun Ihr Team in Einzelarbeit folgende Fragen beantworten:

- Wenn Sie Ihr Geschäft mit dem heutigen Wissen und heutigen Möglichkeiten neu aufbauen würden, was würden Sie beibehalten?
- Welche Aspekte würden Sie auf jeden Fall ändern?
- Was würden Sie konkret anders machen?

Halten Sie diese Gedanken ebenfalls auf einzelnen Post-its in einem weiteren Abschnitt mit dem Titel „Greenfield" auf Ihrem Board fest.

Back to the Future

1- Welchen Bedarf deckt Ihr Unternehmen heute ab? Welchen übergeordneten Bedarf könnte Ihr Unternehmen erfüllen?

Heutige Situation

2- Gehen wir zurück in die Geschichte: Wie wurde Mehrwert für die Menschen geschaffen? Wie wurde auf die Bedürfnisse eingegangen?

Zeitachse

Gründungsphase	**Zwischenstadium**	**Heute**

3- Welche positiven bzw. negativen Auswirkungen hatten/haben diese Lösungen?

Auswirkungen +/-	**Auswirkungen +/-**	**Auswirkungen +/-**

4- Was können Sie aus der Vergangenheit lernen? Würden Sie heute anders tun, wenn Sie neu starten könnten?

Greenfield-Ansatz

5- Definieren Sie konkrete Maßnahmen für die Umgestaltung Ihres Geschäftes.

Back to the Future

Back to the Future (Planet Centric Design Toolkit) von Impossible Labs & Hila Attaie

Schritt 5: Back to the Future

Konzentrieren Sie sich nun auf die positiven Aspekte, die Sie und Ihr Team aufgelistet haben. Stellen Sie sich vor, wie Sie in Zukunft Wert schaffen könnten, indem Sie aktuelle Barrieren durchbrechen.

Diskutieren Sie in der Gruppe folgende Fragen:

- Welche Erkenntnisse aus der Vergangenheit können Sie in die Gestaltung Ihrer Zukunft mitnehmen?
- Welche Erkenntnisse aus dem Greenfield-Ansatz sollten wir für die Zukunft beachten?
- Welche Entwicklungen aus der Vergangenheit können Sie „rückgängig" machen?
- Welche neuen Technologien, Materialien, Partnerschaften könnten Ihnen dabei helfen?
- Welche Prozesse sollten Sie überdenken?
- Welche neuen Geschäftsmodelle können Ihnen dabei nützlich sein?
- Was braucht es, damit Sie sich an Ihr aktuelles Umfeld anpassen?

Nun definieren Sie konkrete Möglichkeiten und Maßnahmen für die „Umgestaltung" Ihres Geschäftes.

Wirkfeld der Methode

- Wirksam für Herausforderungen mit hoher Komplexität
- Wirksam für Herausforderungen mit mittlerer Komplexität
- Wirksam für nachhaltiges Produktdesign
- Wirksam für nachhaltiges Prozessdesign
- Wirksam für nachhaltiges Servicedesign
- Wirksam für nachhaltiges Business Model Design

Transformationsfähigkeit Ihres Teams

- Fördert die Sensibilisierung
- Fördert offene Mindsets und innovative Denkhaltungen
- Sorgt für Inspiration oder bessere Inspirationsempfindlichkeit
- Zahlt auf eine bessere Vorstellungskraft ein
- Zahlt auf eine bessere Wahrnehmung ein
- Zahlt auf ein positives Zukunftsbild ein
- Erhöht die Lösungsorientierung

Einsatzcharakteristik/Arbeitsrahmen

- Austauschfokus: vornehmlich mit internen Personen
- Durchführungszeit: eher hoch (> 1 Tag)
- Einsatzfrequenz: vornehmlich im einmaligen Einsatz
- Einsatzradius: vornehmlich im Teameinsatz
- Komplexität für den Moderator: eher mittel
- Komplexität für die Teilnehmer: eher mittel
- Teamgröße: Einzelpersonennutzung möglich
- Teamgröße: Kleingruppe möglich (3 bis 5 Teilnehmer)
- Teamgröße: Mittelgroße Teams möglich (5 bis 20 Teilnehmer)
- Vorbereitungszeit: eher hoch (> 1 Tag)

Input für eine zielführende Arbeit mit der Methode

- Aktuell existierende Geschäftsmodelle
- Aktuell existierende Produkte und Services

Output und beobachtete Ergebnisse der Methode

- Erzeugt Prognosen und Ableitungen
- Erzeugt Leitfragen für die Ideenfindung
- Erzeugt definierte Zielkorridore
- Identifiziert vorhandene Schwachstellen
- Identifiziert vorhandene Stärken
- Macht Wirkzusammenhänge sichtbar

Hinderniseffekte, auf die die Methode positiv wirkt

- Beugt blinden Flecken/Betriebsblindheit vor
- Schafft für den Erfolg nötige Realitätsbezüge
- Schafft schnell Klarheit und beschleunigt Erkenntnisgewinn
- Schärft eine fehlende gemeinsame Ausrichtung
- Verhindert falsche Flughöhen
- Verhindert unreflektiertes agieren

Mögliche Extravorteile der Methode

- Möglicher Extravorteil für innovativ ungeübte Teams
- Möglicher Extravorteil für die Arbeit mit digitalen Kollaborationsboards
- Möglicher Extravorteil für in Nachhaltigkeitsthemen ungeübte Teams

Quellen

Organisation – Impossible Labs, https://www.labs.impossible.com/, Juni 2023

Person – Thomas Appel, Thomas Appel Consulting, thoap@tac4u.net

Person- Hila Attaie, www.inno-jump.com, hila.attaie@inno-jump.com

19

Backcasting

EinSatzBeschreibung

„Backcasting" ist eine Methode, bei der man ausgehend von einem bestimmten Zukunftsszenario rückwärts die dafür nötigen Handlungen und Entscheidungen ableitet.

Working Guide/Anwendungsfelder

P1 Sensibilisierung/Bildung	P2 Matching Recht/Gesetz	P3 Sustainability Roadmap	P4 Produkt/Prozessdesign	P5 Implementierung/Monitoring	P6 Kommunikation	P7 Organisation	P8 Führung	P9 Business Model Design	P10 Skalierung
		X							

Beschreibung

Wenn es um Transformation geht, arbeiten Unternehmen vielfach von der Gegenwart ausgehend. Dementsprechend fällt es den meisten schwer, den Weg in eine erwünschte Zukunft zu planen.

Backcasting ist eine strategische Planungsmethode, die oft verwendet wird, um langfristige Ziele zu definieren und den Weg zu ihrer Erreichung zu gestalten. Im Gegensatz zur herkömmlichen Vorwärtsplanung, beginnen wir beim Backcasting mit einer gewünschten zukünftigen Situation und arbeiten dann rückwärts, um den besten Weg dorthin zu ermitteln.

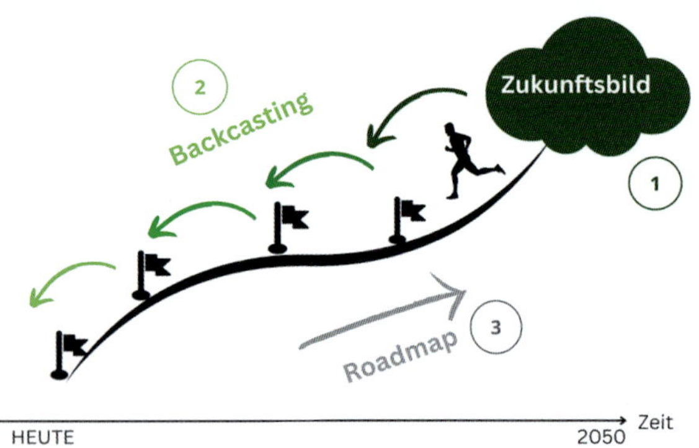

Hila Attaie (innojump) in Anlehnung an Backcasting – Dorde Vojinović (University of Banja Luka)

Wir starten also mit einem konkreten Zukunftsbild bzw. Zukunftsszenario und fragen nach den wichtigsten Rahmenbedingungen unmittelbar davor, um dieses Bild zu ermöglichen. Dies ergibt ein leicht anderes Bild bzw. Meilenstein. Im nächsten Schritt gehen wir von diesem Punkt aus und fragen uns wiederum nach den erforderlichen Bedingungen dafür und arbeiten uns sukzessive bis in die Gegenwart zurück.

Ausschlaggebend ist der Unterschied zwischen unserer aktuellen Situation und unserer Vision. Je spannender wir unser Zukunftsbild gestalten, um so größer ist der Antrieb und die Motivation, dieses Ziel zu erreichen. Diese Spannung lässt Leidenschaft und Sehnsucht in Unternehmen entstehen, die zu erheblicher Energieentfaltung führen kann.

Durchführung

Schritt 1: Kontext und Zielsetzung klären

Beginnen Sie den Workshop, indem Sie den Kontext und das Ziel des Backcasting-Prozesses klarstellen. Erklären Sie den Teilnehmenden, warum Backcasting verwendet wird und welche Vorteile es hat.

Schritt 2: Zukünftige Vision definieren

Entwickeln Sie zunächst gemeinsam mit den Teilnehmenden eine klare und inspirierende zukünftige Vision für Ihr Unternehmen, Ihre Organisation oder Ihr Projekt. Stellen Sie sich vor, wie die Welt oder das Unternehmen aussehen wird, wenn Ihr nachhaltiges Ziel erreicht ist. Starten Sie mit dieser Vision als Ausgangspunkt für die Rückwärtsplanung.

Schritt 3: Wichtige Meilensteine identifizieren

Fragen Sie die Teilnehmenden, welche wichtigen Meilensteine oder Ereignisse unmittelbar davor notwendig sind, um die zukünftige Vision zu erreichen. Beginnen Sie mit dem Endpunkt (dem Erreichen der Vision) und arbeiten Sie rückwärts, um die Schritte zu ermitteln, die auf dem Weg liegen.

Schritt 4: Rückwärtsplanung der Schritte

Wiederholen Sie Schritt 3 und identifizieren Sie gemeinsam mit Ihrem Team für jeden Meilenstein rückwärts planend die Schritte oder Entscheidungen, die notwendig sind, um diesen Meilenstein zu erreichen. Achten Sie darauf, dass die Schritte logisch aufeinander aufbauen und eine klare Abfolge ergeben.

Schritt 5: Barrieren und Herausforderungen identifizieren

Diskutieren Sie gemeinsam mit den Teilnehmenden die möglichen Barrieren und Herausforderungen, die auf dem Weg zur Erreichung jedes Meilensteins auftreten könnten. Dies kann dazu beitragen, potenzielle Stolpersteine frühzeitig zu erkennen und Strategien zu entwickeln, um diese zu überwinden.

Schritt 6: Handlungsschritte ableiten

Betrachten Sie die identifizierten Schritte und Meilensteine und leiten Sie konkrete Handlungsschritte ab, die unternommen werden müssen, um das nachhaltige Ziel zu erreichen. Diese Handlungsschritte sollten spezifisch, messbar, erreichbar, relevant und zeitgebunden sein (SMART-Kriterien).

Schritt 7: Roadmap erstellen

Ordnen Sie die abgeleiteten Handlungsschritte in chronologischer Reihenfolge an, beginnend mit den zukünftigen Meilensteinen und endend mit den kurzfristigen Maßnahmen. Erstellen Sie eine Roadmap, die den Weg von der Gegenwart zur zukünftigen Vision abbildet.

Schritt 8: Reflexion und Anpassung

Beenden Sie den Workshop mit einer Reflexion über den erstellten Backcasting-Plan. Diskutieren Sie mit den Teilnehmenden, ob der Plan realistisch, umsetzbar und ausgewogen ist. Ermutigen Sie zur Anpassung, falls neue Erkenntnisse oder Ideen aufkommen.

Praxisschlaglicht

Das nachfolgende Beispiel veranschaulicht, wie ein produzierendes Unternehmen in der Lebensmittelbranche Backcasting nutzen kann, um das ambitionierte Ziel „Zero Waste" zu erreichen. Es verdeutlicht den Prozess der schrittweisen Planung und Umsetzung, um eine zukünftige Vision von Nachhaltigkeit zu verwirklichen.

Zukünftige Vision:

Bis 2030 strebt man an, ein führendes Unternehmen in der Lebensmittelbranche zu sein, das „Zero Waste" praktiziert und maximale Nachhaltigkeit in der Produktion erreicht hat.

Wichtige Schritte rückwärts:

- **2030 Zero Waste-Zertifizierung:** Das Unternehmen hat bis 2030 eine offizielle Zero Waste-Zertifizierung erhalten. Um dies zu erreichen, musste es eine effiziente Abfallvermeidungsstrategie entwickeln.
- **2029 Abfallvermeidungsstrategie:** Vor der Zertifizierung im Jahr 2029 hat das Unternehmen eine umfassende Abfallvermeidungsstrategie implementiert. Diese Strategie umfasst den Einsatz von wiederverwendbaren Verpackungen, die Kompostierung von Lebensmittelresten und die Zusammenarbeit mit Lieferanten, um Rohstoffe und Verpackungen zu minimieren und Kreisläufe zu etablieren.
- **2028 Partnerschaften mit Lieferanten:** Um die Abfallmenge zu reduzieren, hat das Unternehmen bis 2028 langfristige Partnerschaften mit Lieferanten aufgebaut, die ebenfalls auf Nachhaltigkeit und Abfallvermeidung ausgerichtet sind. Gemeinsam wurden Konzepte entwickelt, die weniger Abfall erzeugen.
- **2027 Interne Schulungen und Bewusstseinsbildung:** Als Teil des Prozesses zur Abfallreduzierung hat das Unternehmen bis 2027 interne Schulungen und Bewusstseinsbildungsmaßnahmen für Mitarbeitende durchgeführt. Dies hat zu einem erhöhten Verständnis für Abfallvermeidung und Nachhaltigkeit geführt.
- **2026 – Nachhaltige Produktionsverfahren:** Um langfristig Zero Waste zu erreichen, hat das Unternehmen bis 2026 seine Produktionsverfahren optimiert. Dies beinhaltet die Einführung von innovativen Technologien zur Nutzung von Lebensmittelresten, die zuvor als Abfall betrachtet wurden.

Wirkfeld der Methode

- Wirksam für Herausforderungen mit hoher Komplexität
- Wirksam für Erstellung nachhaltiger Roadmaps

Transformationsfähigkeit Ihres Teams

- Fördert die Sensibilisierung
- Fördert die allgemeine Transformationsfähigkeit des Teams
- Fördert offene Mindsets und innovative Denkhaltungen
- Zahlt auf eine bessere Vorstellungskraft ein
- Zahlt auf eine bessere Wahrnehmung ein
- Zahlt auf ein positives Zukunftsbild ein
- Erhöht die Lösungsorientierung

Einsatzcharakteristik/Arbeitsrahmen

- Austauschfokus: vornehmlich mit internen Personen
- Austauschfokus: vornehmlich mit internen und externen Personen
- Durchführungszeit: eher mittel (> 1 Stunde bis < 1 Tag)
- Einsatzfrequenz: vornehmlich im einmaligen Einsatz
- Einsatzradius: vornehmlich im Teameinsatz
- Einsatzradius: vornehmlich im projektweiten Einsatz
- Komplexität für den Moderator: eher mittel
- Komplexität für die Teilnehmer: eher mittel
- Teamgröße: Einzelpersonennutzung möglich
- Teamgröße: Kleingruppe möglich (3 bis 5 Teilnehmer)
- Teamgröße: Mittelgroße Teams möglich (5 bis 20 Teilnehmer)
- Vorbereitungszeit: eher mittel (> 1 Stunde bis < 1 Tag)

Input für eine zielführende Arbeit mit der Methode

- Durchführungszeit, Trainingszeit
- Innovationssuchfelder, Intent Statements
- Merkmale der gegebenen Herausforderung
- Trends und Zukunftsentwicklungen
- Umfeldbeobachtungen, Umfeldanalysen

Output und beobachtete Ergebnisse der Methode

- Bessere Projekteffizienz, bessere Teamperformance
- Erzeugt Listen von Chancen und Risiken
- Erzeugt Prognosen und Ableitungen
- Erzeugt Ideensuchfelder, unentdeckte Probleme, Inspiration
- Erzeugt größere Klarheit zu einem Thema
- Erzeugt transformationsfähigere Organisationen

Hinderniseffekte, auf die die Methode positiv wirkt

- Beugt Missinterpretationen vor
- Beugt blinden Flecken/Betriebsblindheit vor
- Bewahrt vor zu generischen Ideen und Aussagen
- Schafft für den Erfolg nötige Realitätsbezüge
- Schafft schnell Klarheit und beschleunigt Erkenntnisgewinn
- Schwächt Verdiskutiererei
- Schärft eine fehlende gemeinsame Ausrichtung
- Verhindert blinden Aktionismus
- Verhindert einseitige Bewertungen und Entscheidungen
- Verhindert falsche Flughöhen
- Verhindert unreflektiertes agieren

Mögliche Extravorteile der Methode

- Möglicher Extravorteil für Teams mit einem starkem Auftragsmandat

Quellen

Person – Hila Attaie, www.inno-jump.com, hila.attaie@inno-jump.com

Publikation – Dorde Vojinović & Milorad D. Maksimović (2019): The selection of technologies in the water management sector in Bosnia and Herzegovina for the reduction of GHG emissions by using Backcasting and the assessment methods for technology needs, University of Banjaluka in Advanced Technologies 8(1):19–26.

Web – https://komfortzonen.de, August 2023

Web – https://www.baks.bund.de, August 2023

Web – https://www.thenaturalstep.de, August 2023

Web – https://www.researchgate.net, August 2023

Grafik: verrocchio Sustainable Inspiration Card – Malvine Klecha, Hila Attaie und Jennifer van Aerssen (Illustration)

BANI-Modell

EinSatzBeschreibung

Das BANI-Modell ist ein Konzept aus der Systemtheorie und wird oft verwendet, um die Dynamik von Systemen und Organisationen zu beschreiben.

Working Guide/Anwendungsfelder

P1 Sensibilisierung/Bildung	P2 Matching Recht/Gesetz	P3 Sustainability Roadmap	P4 Produkt/Prozessdesign	P5 Implementierung/Monitoring	P6 Kommunikation	P7 Organisation	P8 Führung	P9 Business Model Design	P10 Skalierung
X							X		

Beschreibung

BANI stammt vom amerikanischen Zukunftsforscher Jamais Cascio und zielt darauf ab, die aktuellen Entwicklungen zu veranschaulichen und verständlicher zu machen – um dann besser reagieren zu können.

Das BANI-Modell ist ein Konzept aus der Systemtheorie und wird oft verwendet, um die Dynamik von Systemen und Organisationen zu beschreiben. Der Begriff „BANI" ist ein Akronym, das für die vier Zustände steht, in denen sich Systeme und Organisationen befinden können. Die Buchstaben stehen für:

1. **Brittle (Brüchig)**: Ein brüchiges System oder eine brüchige Organisation ist unflexibel und anfällig für Störungen oder Veränderungen. Es hält nicht gut stand, wenn sich die Umstände ändern, und kann leicht versagen oder zusammenbrechen.
2. **Antifragile (Antifragil)**: Ein antifragiles System oder eine antifragile Organisation profitiert von Störungen oder Veränderungen. Es wird stärker oder verbessert sich, wenn es mit Herausforderungen konfrontiert wird. Antifragile Systeme sind widerstandsfähig und lernen aus ihren Erfahrungen.
3. **Nonlinear (Nichtlinear)**: Nichtlineare Systeme oder Organisationen zeigen keine proportionale Beziehung zwischen Ursache und Wirkung. Kleine Veränderungen können zu großen und unvorhersehbaren Auswirkungen führen. Dies steht im Gegensatz zu linearen Systemen, bei denen Veränderungen vorhersehbar sind.
4. **Incomprehensible (Unverständlich)**: Ein unverständliches System oder eine unverständliche Organisation ist schwer zu verstehen oder zu erklären. Die Interaktionen und Zusammenhänge innerhalb des Systems sind komplex und schwer nachzuvollziehen.

Das BANI-Modell wird oft verwendet, um die Anpassungsfähigkeit und Robustheit von Systemen und Organisationen zu bewerten. Es hilft, die Art der Herausforderungen zu verstehen, denen sie gegenüberstehen, und kann bei der Entwicklung von Strategien zur Bewältigung dieser Herausforderungen helfen. Es ist jedoch wichtig zu beachten, dass dieses Modell eine abstrakte Konzeptualisierung ist und in verschiedenen Kontexten unterschiedlich interpretiert werden kann.

Durchführung

Die Anwendung des BANI-Modells in Workshops für Mitarbeiter kann dazu beitragen, die Widerstandsfähigkeit, Anpassungsfähigkeit im Kontext Nachhaltigkeit und das Verständnis für die sich verändernde Geschäftsumgebung zu fördern.

Hier ist eine Schritt-für-Schritt-Anleitung, wie Sie BANI in Workshops mit Ihren Mitarbeitern einsetzen können:

1. **Einführung in das BANI-Modell**: Beginnen Sie den Workshop damit, das BANI-Modell Ihren Mitarbeitern vorzustellen. Erklären Sie die Bedeutung jedes Teils des Akronyms und wie es auf Unternehmen und Organisationen angewendet werden kann. Betonen Sie, dass BANI ein Werkzeug ist, um die Dynamik von Systemen besser zu verstehen.
2. **Diskussion über Brüchigkeit (Brittle)**: Fragen Sie Ihre Mitarbeiter nach Beispielen für brüchige Aspekte Ihres Unternehmens im Kontext Nachhaltigkeit. Dies können Prozesse, Strukturen oder sogar bestimmte Produkte oder Dienstleistungen sein.
   Diskutieren Sie, wie brüchige Elemente identifiziert und verbessert werden können. Bieten Sie Raum für Ideen zur Erhöhung der Flexibilität und Widerstandsfähigkeit.
3. **Erforschung von Antifragilität (Antifragile)**: Ermutigen Sie Ihre Mitarbeiter, Beispiele für antifragile Aspekte Ihres Unternehmens zu teilen. Dies könnten resiliente Teams, innovative Produkte oder flexible Arbeitsmethoden sein.
   Diskutieren Sie, wie diese antifragilen Elemente entwickelt und verstärkt werden können. Stellen Sie sicher, dass Mitarbeiter Vorschläge zur Förderung von Antifragilität einbringen.
4. **Nichtlineare Aspekte erkunden (Nonlinear)**: Sprechen Sie über Situationen, in denen kleine Veränderungen große Auswirkungen hatten, sei es positiv oder negativ. Dies kann auf Veränderungen in der Nachfrage, Marktbedingungen oder Technologien zutreffen.
   Untersuchen Sie, wie Ihr Unternehmen auf nichtlineare Entwicklungen reagieren kann. Diskutieren Sie Strategien zur besseren Vorhersage und Anpassung an solche Situationen.
5. **Komplexität verstehen (Incomprehensible)**: Analysieren Sie komplexe Aspekte Ihres Unternehmens, die schwer verständlich sind. Dies könnten komplizierte Organigramme, vielschichtige Prozesse oder undurchsichtige Entscheidungsstrukturen sein.
   Ermutigen Sie Ihre Mitarbeiter, Ideen zur Vereinfachung und Verbesserung der Transparenz in solchen Bereichen einzubringen.

6. **Ideenfindung und Aktionsplan**: Nach der Diskussion jedes BANI-Elements können Sie eine Ideenfindungs-Sitzung abhalten, um konkrete Ideen zur Verbesserung der Resilienz und Anpassungsfähigkeit Ihres Unternehmens zu sammeln. Erstellen Sie am Ende des Workshops einen Aktionsplan, der die wichtigsten Schritte zur Umsetzung dieser Ideen festlegt.
7. **Follow-up und Bewertung**: Überwachen Sie regelmäßig die Fortschritte und Ergebnisse der umgesetzten Maßnahmen. Nutzen Sie Metriken und Feedback, um sicherzustellen, dass die Anwendung des BANI-Modells positive Auswirkungen auf Ihr Unternehmen hat.

> Tipp: Indem Sie das BANI-Modell in Workshops mit Ihren Mitarbeitenden verwenden, fördern Sie nicht nur ein besseres Verständnis für die Herausforderungen und Chancen, vor denen Ihr Unternehmen steht, sondern Sie ermutigen auch Ihre Mitarbeiter dazu, aktiv zur Steigerung der Widerstandsfähigkeit und Anpassungsfähigkeit beizutragen. Dies kann dazu beitragen, Ihr Unternehmen agiler und besser auf Veränderungen in der Geschäftswelt vorzubereiten.

Praxisschlaglicht

Oft wird diskutiert ob das VUCA-Modell oder das BANI-Modell das jeweils bessere Modell ist, um die Welt zu beschreiben. Aus meiner Sicht stehen die beiden Modelle nicht in Konkurrenz – für mich beschreibt VUCA eher die Welt um uns herum und BANI die Menschen, die in dieser VUCA-Welt leben.

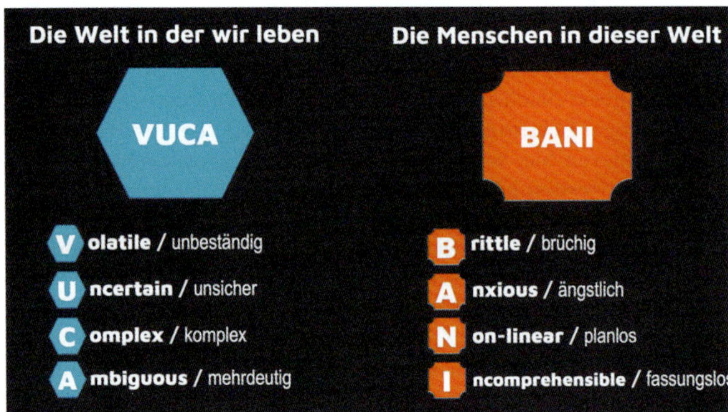

(Grafik: Benno van Aerssen)

Wirkfeld der Methode

- Wirksam für Herausforderungen mit hoher Komplexität
- Wirksam für Herausforderungen mit mittlerer Komplexität

Transformationsfähigkeit Ihres Teams

- Fördert die allgemeine Transformationsfähigkeit des Teams
- Zahlt auf eine bessere Vorstellungskraft ein
- Erhöht die Lösungsorientierung

Einsatzcharakteristik/Arbeitsrahmen

- Austauschfokus: vornehmlich mit internen Personen
- Durchführungszeit: eher mittel (> 1 Stunde bis < 1 Tag)
- Einsatzfrequenz: sinnvoll im dauerhaften Einsatz
- Einsatzfrequenz: vornehmlich im einmaligen Einsatz
- Einsatzradius: vornehmlich im Teameinsatz
- Einsatzradius: vornehmlich im unternehmensweiten Einsatz
- Komplexität für den Moderator: eher gering
- Komplexität für die Teilnehmer: eher gering
- Teamgröße: Einzelpersonennutzung möglich
- Teamgröße: Kleingruppe möglich (3 bis 5 Teilnehmer)
- Teamgröße: Maxigruppen möglich (20 bis 40 Teilnehmer)
- Teamgröße: Mittelgroße Teams möglich (5 bis 20 Teilnehmer)
- Teamgröße: Speziell für Großgruppen geeignet (> 50 Teilnehmer)
- Vorbereitungszeit: eher mittel (> 1 Stunde bis < 1 Tag)

Input für eine zielführende Arbeit mit der Methode

- Aktuelle Herausforderung, Leitfrage, Problem
- Personenmerkmale (Meinungen, Bedürfnisse, Werte, etc.)
- Trends und Zukunftsentwicklungen
- Umfeldbeobachtungen, Umfeldanalysen

Output und beobachtete Ergebnisse der Methode

- Bessere Projekteffizienz, bessere Teamperformance
- Erzeugt Listen von Chancen und Risiken
- Erzeugt Prognosen und Ableitungen
- Erzeugt neues Wissen und neue Erfahrungen
- Erzeugt eine Vision oder Zukunftsbild
- Erzeugt größere Klarheit zu einem Thema
- Erzeugt transformationsfähigere Organisationen

Hinderniseffekte, auf die die Methode positiv wirkt

- Schafft für den Erfolg nötige Realitätsbezüge
- Schafft schnell Klarheit und beschleunigt Erkenntnisgewinn
- Schärft eine fehlende gemeinsame Ausrichtung
- Stärkt schwache Anreicherungsskills
- Stärkt das Vertrauen im Team

Mögliche Extravorteile der Methode

- Möglicher Extravorteil für Teams mit einem starkem Auftragsmandat
- Möglicher Extravorteil für innovativ erfahrene Teams
- Möglicher Extravorteil für in Nachhaltigkeitsthemen erfahrene Teams

Quellen

Web – https://t2informatik.de/wissen-kompakt/bani/, Oktober 2023

Web – https://www.hr-heute.com/magazin/vuca-war-gestern-die-zukunft-ist-bani-hr-heute, Oktober 2023

Web – https://www.resilienz-akademie.com/bani-statt-vuca-die-neue-welt/, Oktober 2023

Barriers Breakdown

EinSatzBeschreibung

Die Methode „Barriers Breakdown“ ermöglicht das Aufspüren, Erkennen und Umgehen von Risiken, Hindernissen und Begrenzungen innerhalb von Prozessdesigns und die Optimierung Ihres Zirkulären Designs.

Working Guide/Anwendungsfelder

P1 Sensibilisierung/Bildung	P2 Matching Recht/Gesetz	P3 Sustainability Roadmap	P4 Produkt/Prozessdesign	P5 Implementierung/Monitoring	P6 Kommunikation	P7 Organisation	P8 Führung	P9 Business Model Design	P10 Skalierung
			X			X			

Beschreibung

Prozessdesign und insbesondere kreislaufwirtschaftliche Prozesse sind von Natur aus systemisch. Darum sind Potenzialerschließungen und Optimierungsmaßnahmen in diesem Rahmen wahrscheinlich nur unter Einbeziehung und Beteiligung auch entfernter verknüpfter Teilprozesse realisierbar. Dementsprechend ist der „Barriers Breakdown“ ein in der Umsetzung interdisziplinärer Ansatz, der eine Reihe von Unterstützungsmaßnahmen erfordert.

Durchführung

Gehen Sie wie folgt vor, um mittels des „Barriers Breakdown“ Ihr Zirkuläres Design zu optimieren:

1. Stellen Sie ein Team auf, das an Ihrer Designherausforderung arbeiten wird.
2. Formulieren Sie eine klare Definition des Risikos, Hindernisses oder der Herausforderung, welches oder welche Sie fortan vermeiden wollen. Stellen Sie sicher, dass die Definition präzise genug ist, damit sich die Herausforderung bewältigbar anfühlt, aber breit genug, sodass die Möglichkeiten über den Ursprungs-Kontext hinaus erfasst werden können, und neue oder einzigartige Lösungen entdeckt werden können.
3. Eruieren Sie als Team folgende Fragen:
   - Welche Wirkung erhoffen Sie sich? Formulieren Sie hierzu kleine und erreichbare Ziele.
   - Wie sieht Erfolg aus? Woher wissen Sie, wann Sie dort ankommen? Formulieren Sie qualitative/quantitative Marker.
   - Was funktioniert für Sie? Wie können Sie diese Kräfte verstärken? Orten Sie positive Treiber.
   - Was spricht gegen Sie? Wie wollen Sie diese Herausforderungen angehen? Orten Sie negative Treiber.
4. Lassen Sie jede Person in Ihrer Gruppe ihre Gedanken zu jeder dieser Fragen mitteilen. Nehmen Sie sich insbesondere bei der letzten Frage etwas mehr Zeit im „Barriers Breakdown“ Worksheet (siehe Abbildung), um diese Methode erfolgreich in ihrer Kernstoßrichtung wirken zu lassen.
5. Gehen Sie nun zum Handeln über. Welche kleinen Schritte werden Sie unternehmen, um dies zu erreichen?
   - Welche Fragen muss Ihr Team untersuchen, um voranzukommen?
   - Welche Schlüsselakteure und Mitarbeiter benötigen Sie, um dies zu erreichen, gibt es interdisziplinäre Stakeholder, die gewonnen werden müssen?
   - Welche erste Erzählung formulieren Sie rund um Ihre Absichten, die Sie mit anderen teilen können? Kann Ihr Storytelling Unterstützung generieren?
   - Was sind die nächsten Schritte?

© NEU | Zentis – Innovation Space Aachen

6. Bilden Sie eine gemeinsame Quintessenz im Team, um harmonisches Team-Storytelling zu gewährleisten.
7. Diese Herangehensweise ermöglicht das Optimieren Zirkulärer Designs; von der Formulierung einer Problemstellung über die Betrachtung verknüpfter Zusammenhänge, der Identifikation positiver und negativer Treiber und die Gewinnung von Unterstützern mittels bewussten Storytellings ist die Methode des „Barriers Breakdown“ in der Lage, tiefgreifende Veränderungen systemischer Prozessdesigns herbeizuführen.

Praxisschlaglicht

Wir haben oft gesehen, dass Hindernisse, welche die Methode des „Barriers Breakdown“ überwinden sollen, nicht selten in den Workshopgruppen in Persona vertreten sind. Moderatoren sollten sich diesem Umstand bewusst sein und dementsprechend ihren Workshop sensibel planen und umsetzen.

THE CIRCULAR DESIGN GUIDE

WORKSHEET

Barriers Breakdown

A4

This worksheet will allow you to explore:
What forces are working against you?
How will you deal with these challenges as they come up?

I WANT TO AVOID:

For example: losing customers, using toxic materials, a shared product getting damaged etc.

BRAINSTORM SOME WAYS TO AVOID THIS

Wirkfeld der Methode

- Wirksam für nachhaltiges Produktdesign
- Wirksam für nachhaltiges Prozessdesign

Transformationsfähigkeit Ihres Teams

- Fördert die allgemeine Transformationsfähigkeit des Teams
- Fördert offene Mindsets und innovative Denkhaltungen
- Zahlt auf eine bessere Wahrnehmung ein
- Zahlt auf das Dringlichkeitsempfinden ein
- Erhöht die Lösungsorientierung

Einsatzcharakteristik/Arbeitsrahmen

- Austauschfokus: vornehmlich mit internen und externen Personen
- Durchführungszeit: eher hoch (> 1 Tag)
- Einsatzfrequenz: vornehmlich im einmaligen Einsatz
- Einsatzradius: vornehmlich im Teameinsatz
- Komplexität für den Moderator: eher mittel
- Komplexität für die Teilnehmer: eher mittel
- Teamgröße: Kleingruppe möglich (3 bis 5 Teilnehmer)
- Teamgröße: Mittelgroße Teams möglich (5 bis 20 Teilnehmer)
- Vorbereitungszeit: eher mittel (> 1 Stunde bis < 1 Tag)

Input für eine zielführende Arbeit mit der Methode

- Aktuell existierende Geschäftsmodelle
- Aktuell existierende Produkte und Services
- Durchlaufendes Projekt oder Projektphasen
- Existierende Prozesse und Verfahren

Output und beobachtete Ergebnisse der Methode

- Erzeugt Ideen, Lösungsansätze, Vorideen, Möglichkeiten
- Erzeugt Ideensuchfelder, unentdeckte Probleme, Inspiration
- Erzeugt Leitfragen für die Ideenfindung
- Erzeugt größere Klarheit zu einem Thema
- Identifiziert vorhandene Schwachstellen
- Identifiziert vorhandene Stärken
- Macht Wirkzusammenhänge sichtbar

Hinderniseffekte, auf die die Methode positiv wirkt

- Beugt Missinterpretationen vor
- Beugt blinden Flecken/Betriebsblindheit vor
- Schafft für den Erfolg nötige Realitätsbezüge
- Schafft schnell Klarheit und beschleunigt Erkenntnisgewinn
- Schwächt Verdiskutiererei
- Schwächt den „Inneren Zensor"
- Schärft eine fehlende gemeinsame Ausrichtung
- Verhindert Ideenfindung mit zu schwacher Erkenntnisgrundlage
- Verhindert blinden Aktionismus
- Verhindert einseitige Bewertungen und Entscheidungen

Mögliche Extravorteile der Methode

- Möglicher Extravorteil für Teams mit einem starkem Auftragsmandat
- Möglicher Extravorteil für innovativ ungeübte Teams
- Möglicher Extravorteil für in Nachhaltigkeitsthemen ungeübte Teams

Quellen

Web – https://www.circulardesignguide.com/methods, 04.05.2023
Organisation – Der Circular Design Guide ist eine Zusammenarbeit zwischen der Ellen MacArthur Foundation und IDEO. Copyright © Ellen MacArthur Foundation 2017, 2018

Grafik: verrocchio Sustainable Inspiration Card – Malvine Klecha, Hila Attaie und Jennifer van Aerssen (Illustration)

22

Bau eine Welt

EinSatzBeschreibung

Teilnehmer nutzen verschiedene Materialien, um eine gemeinsame Vision zu bauen und diese dadurch zu verdeutlichen.

Working Guide/Anwendungsfelder

P1 Sensibilisierung/Bildung	P2 Matching Recht/Gesetz	P3 Sustainability Roadmap	P4 Produkt/Prozessdesign	P5 Implementierung/Monitoring	P6 Kommunikation	P7 Organisation	P8 Führung	P9 Business Model Design	P10 Skalierung
X		X	X						

Beschreibung

Bei der Methode Bau eine Welt entwickeln die Teilnehmer gemeinsam eine Vision und bauen diese mit unterschiedlichen Materialien nach. Das Bauen erfolgt mit frei wählbaren (und verfügbaren) Materialien, bspw. mit LEGO®-Steinen. Die Methode Bau eine Welt unterscheidet sich dabei von ähnlichen Methoden wie LEGO® Serious Play, Prototyping usw. Dort wird immer mit einer gezielten Fragestellung gearbeitet, während bei der Methode Bau eine Welt die Aufgabenstellung sehr weit gefasst ist. Im ersten Schritt wird dabei zuerst eine gemeinsame Vision zu einem Thema entwickelt. Diese Vision ist dann der Ausgangspunkt für die konkrete Arbeit an einem Weg dahin oder eine Lösung dafür.

Im Nachhaltigkeitskontext kann die Methode sehr gut eingesetzt werden, um ein gemeinsames Bild von der angestrebten Transformation zu erhalten. Häufig ist den Teilnehmern klar, dass eine Veränderung eintreten muss, sie können sich aber nicht vorstellen, wie eine Vision für die Zukunft aussehen kann. Mit Bau eine Welt kann die Vision sichtbar und greifbar gemacht werden.

Durchführung

Zu Beginn wird vom Moderator ein Thema vorgegeben, dessen Vision vom Team visuell erarbeitet werden soll. Die Teilnehmer erhalten eine Sammlung von Materialien, die vom Moderator bereitgestellt werden. Dies können jegliche Bastelutensilien sein, vom Kleber und Papier über Knete, Pfeifenreiniger bis zu Eierkartons, Watte, Zeitschriften etc. Auch der Einsatz von LEGO®-Steinen ist möglich.

Teilen Sie zunächst die Gruppe in kleine Teams von bis zu vier Teilnehmern auf. Die Aufgabe jeder Gruppe liegt nun darin, in zirka zehn bis 15 Minuten eine gemeinsame Vision einer zukünftigen nachhaltigen Welt zu erarbeiten. Dies kann z. B. die Arbeitswelt eines Unternehmens sein oder auch die ideale Vorstellung eines nachhaltigen Produkts bzw. eine bestimmte Szene oder Situation in dieser Idealwelt. Anschließend haben die Teilnehmer 20 bis 30 Minuten Zeit, mithilfe der bereitgestellten Materialien ihre eigene Vision dieses Themas zu bauen. Sie sollen dazu quasi ihre Vorstellung von einer Idealumsetzung visualisieren. Die Teilnehmer sollten dabei ihre Ideen unabhängig von technischen oder anderen bestehenden Einschränkungen visualisieren, sozusagen den perfekten Traum zum Thema. Es ist wichtig, dass in dieser Arbeitsphase noch keine Einwände diskutiert werden, wie z. B. „Das ist budgetmäßig nicht umsetzbar" oder „Das wird niemand bezahlen können".

Foto: verrocchio Institute AG

Haben alle Gruppen ihre Welt gebaut, sollen sie sich zum Abschluss ein Motto oder eine Art von Werbeslogan für ihre Welt überlegen, die ihre Vision möglichst griffig beschreibt. Danach präsentiert jede Gruppe ihre Idealvorstellung und den dazugehörigen Slogan den anderen Gruppen.

Foto: verrocchio Institute AG

Achten Sie als Moderator nun auf Gemeinsamkeiten und wiederkehrende Aspekte aus den verschiedenen Welten und auch auf Widersprüche und Gegensätze. Fassen Sie diese möglichst umfassend zusammen und diskutieren sie diese ggf. mit dem Team. Hilfreich sind hier z. B. zwei Pinnwände, eine für die Gemeinsamkeiten und eine für die Unterschiede.

Foto: verrocchio Institute AG

Die Erfahrungen und Ergebnisse dieser Präsentationen sollten Sie mit dem gesamten Team festhalten und dokumentieren. Sie bilden die Grundlage für die weitere Ideenentwicklung. Im nächsten Schritt können nun einzelne Fragestellungen aus der Vision für die weitere Ideenfindung genutzt werden.

Praxisschlaglicht

Erfahrungsgemäß neigen viele Teilnehmer dazu, zu früh den Realitätscheck zu machen („Das werden wir nie genehmigt bekommen"). Hier sollte der Moderator deutlich machen, dass es in diesem Rahmen nicht um die perfekte Entwicklung geht, sondern eher darum die Möglichkeiten auszuloten, die die Zukunft bereithält.

Foto: verrocchio Institute AG

Wirkfeld der Methode

- Wirksam für Herausforderungen mit hoher Komplexität
- Wirksam für Herausforderungen mit mittlerer Komplexität
- Wirksam für nachhaltiges Produktdesign
- Wirksam für nachhaltiges Servicedesign
- Wirksam für nachhaltiges Business Model Design

Transformationsfähigkeit Ihres Teams

- Fördert die Sensibilisierung
- Fördert die Teamkreativität
- Fördert die allgemeine Transformationsfähigkeit des Teams
- Fördert offene Mindsets und innovative Denkhaltungen
- Sorgt für Inspiration oder bessere Inspirationsempfindlichkeit
- Zahlt auf eine bessere Vorstellungskraft ein
- Zahlt auf ein positives Zukunftsbild ein
- Erhöht die Lösungsorientierung

Einsatzcharakteristik/Arbeitsrahmen

- Austauschfokus: vornehmlich mit internen und externen Personen
- Durchführungszeit: eher mittel (> 1 Stunde bis < 1 Tag)

- Einsatzfrequenz: vornehmlich im einmaligen Einsatz
- Einsatzradius: vornehmlich im Teameinsatz
- Einsatzradius: vornehmlich im projektweiten Einsatz
- Komplexität für den Moderator: eher mittel
- Komplexität für die Teilnehmer: eher mittel
- Teamgröße: Einzelpersonennutzung möglich
- Teamgröße: Kleingruppe möglich (3 bis 5 Teilnehmer)
- Teamgröße: Maxigruppen möglich (20 bis 40 Teilnehmer)
- Teamgröße: Mittelgroße Teams möglich (5 bis 20 Teilnehmer)
- Vorbereitungszeit: eher mittel (> 1 Stunde bis < 1 Tag)

Input für eine zielführende Arbeit mit der Methode

- Aktuelle Herausforderung, Leitfrage, Problem
- Trends und Zukunftsentwicklungen
- Umfeldbeobachtungen, Umfeldanalysen

Output und beobachtete Ergebnisse der Methode

- Erzeugt Ideen, Lösungsansätze, Vorideen, Möglichkeiten
- Erzeugt Ideensuchfelder, unentdeckte Probleme, Inspiration
- Erzeugt kollaborative Lösungen und Ideen
- Erzeugt visualisierte Ideen, Begriffe, Themen
- Erzeugt eine Vision oder Zukunftsbild
- Erzeugt größere Klarheit zu einem Thema

Hinderniseffekte, auf die die Methode positiv wirkt

- Schafft schnell Klarheit und beschleunigt Erkenntnisgewinn
- Schärft eine fehlende gemeinsame Ausrichtung
- Verhindert Ideenfindung mit zu schwacher Erkenntnisgrundlage
- Verkürzt und durchbricht vorhandene Kreativblockaden
- Verringert zu große Komplexitäten
- Wirkt fehlender Inspiration entgegen
- Überzeugt strukturliebende Teammitglieder
- Überzeugt einen Daueropponenten
- Überzeugt einen Rationalisierer
- Überzeugt Zweifler, Bewahrer, Kritiker
- Fördert Optimismus und Zuversicht

Mögliche Extravorteile der Methode

- Möglicher Extravorteil für Teams mit einem starkem Auftragsmandat
- Möglicher Extravorteil für agile Teams

Quellen

Buch – Gamestorming, D. Gray, S. Brown, J. Macanufo (O'Reilly Verlag, 2011)
Buch – Serious Work, S. Blair (Vahlen, 2019)
Web – http://gamestorming.com/games-for-design/make-a-world/ (06.10.2023)

Baumkronen-Stellen

EinSatzBeschreibung

Die im Wald praktizierte Methode trägt dazu bei, die ganzheitliche Wahrnehmung für komplexe Organisationen zu schärfen und für die unsichtbaren Bereiche von Organismen zu sensibilisieren. Außerdem können die Bäume mit ihrer Photosynthese-Leistung bewusst als kongeniale Partner des Menschen wahrgenommen werden.

Working Guide/Anwendungsfelder

P1 Sensibilisierung/Bildung	P2 Matching Recht/Gesetz	P3 Sustainability Roadmap	P4 Produkt/Prozessdesign	P5 Implementierung/Monitoring	P6 Kommunikation	P7 Organisation	P8 Führung	P9 Business Model Design	P10 Skalierung
X			X		X	X			X

Beschreibung

Die Outdoor-Übung kombiniert zwei wichtige Erkenntnisse. Zum ersten, dass ein Organismus oder eine Organisation meist nicht in ihrer realen Größe wahrgenommen werden, da große Teile komplexer Organisationen auf den ersten Blick oft nicht sichtbar sind. Zum zweiten wird die Photosynthese-Leistung eines Baumes und seine Kongenialität für uns Menschen in einer sehr konkreten Art anschaulich gemacht.

Die Übung eignet sich für mittelgroße und große Gruppen.

Die Teilnehmer der Gruppe stellen sich unter einem alten, aber vitalen und großkronigen Baum im Kreis auf und schätzen den Durchesser der Baumkrone. Danach bewegen sie sich nach außen bis zum äußeren Kronenrand des Baumes und bilden diesen als Projektionsfläche auf dem Boden ab. Ergänzend schätzen sie, wie weit das Wurzelwerk das Baumes vom Stammfuß aus nach unten und zur Seite reicht.

Auch die in der Regel als sehr theoretisch empfundene Photosynthese kann nun anschaulich gemacht werden. Dazu schätzen die Teilnehmer, für wie viele Personen der Baum Sauerstoff produziert und von wie vielen Personen der Baum das Kohlendioxid speichert.

Beide Teile der Übung fördern in besonderer Weise das Nachhaltigkeits-Bewusstsein. Das Kronen-Stellen durch die Gruppe bedeutet im Vergleich zum Blick einer einzelnen Person einen Perspektivwechsel und ermöglicht einen realistischen Blick auf den tatsächlichen Umfang der Baumkrone. Das Sich-Bewusstmachen des für unsere Augen unsichtbaren Wurzelwerks fördert die im Nachhaltigkeits-Kontext besonders wichtige, ganzheitliche Betrachtungsweise. Dass nämlich das Fundament des Baumes für uns in keinster Weise sichtbar ist und daher in aller Regel sowohl in seiner Flächenausdehnung und Tiefe auch in seiner Bedeutung vollkommen unterschätzt wird.

Das Schätzen, Sich-Bewusstmachen und Diskutieren der Ökosystemleistungen des Baumes trägt dazu bei, das Verständnis für die Notwendigkeit eines nachhaltigen Umgangs mit der Natur und für die Überlebensrelevanz eines Wirtschaftens im Einklang mit der Natur zu fördern.

Somit trägt die Übung in doppelter Hinsicht zur Sensibilisierung für nachhaltiges Leben und Wirtschaften bei.

Krone einer Stieleiche (Foto Dr. Stefan Rösler)

Durchführung

Im Rahmen dieser Outdoor-Übung geht es darum, am Beispiel des Kronenraums eines alten Baumes die tatsächliche Gesamtdimension des Baumes zu erkennen sowie sich seine durch die Photosynthese erbracht Ökosystemleistung bewusst zu machen.

- Zunächst wird ein möglichst großkroniger alter Baum innerhalb des Waldes gesucht.
- Wichtig ist dabei, vor der Auswahl des Baumes durch einen Blick nach oben darauf zu achten, dass keine Totholzäste oder losen Äste in der Krone hängen, die herabfallen könnten.
- Ebenso ist bei der Auswahl des Baumes darauf zu achten, dass der Bewuchs unter der Baumkrone nicht zu dicht ist, sodass ein möglichst problemloses Begehen der Fläche möglich ist.
- Auch sollte beim Blick nach oben der Kronenbereich des ausgewählten Baumes nicht durch zu viele kleinere Bäume im Unterstand bzw. durch dicht am Baum stehende andere Bäume verdeckt sein, damit die Kronenränder des Baumes möglichst gut zu erkennen sind.

- Die teilnehmenden Personen, idealerweise 10–20 Personen, verteilen sich in einem Kreis um den Baum.
- Im Falle einer größeren Gruppen wird diese geteilt und die Personen machen die Übung unter zwei verschiedenen Bäumen.
- Dann werden die Teilnehmer gebeten, den Umfang des Kronenraums in Quadratmeter zu schätzen.
- Danach bewegen sie sich so weit vom Stamm weg nach außen, bis sie unter den äußeren Rändern der Baumkrone stehen.
- Alle Teilnehmenden kontrollieren mit Blick nach oben noch einmal ihre Position, ob sie tatsächlich unter dem äußeren Kronenrand stehen und damit auch den äußeren Rand der Krone und damit die Kronenprojektionsfläche am Boden abbilden.
- Danach gehen zwei im rechten Winkel zueinander am Kronenrand stehende Teilnehmer mit großen, möglichst jeweils einem Meter entsprechenden Schritten von außen nach innen bis zum Baumstamm.
- Die gemittelte Schrittzahl der beiden Teilnehmer (z. B. (8 m + 12 m) : 2 = 10 m) entspricht dem durchschnittlichen Radius der Baumkrone.
- Wird dieser Radius quadriert ($10^2 = 100\ m^2$) und mit Pi = 3,14 multipliziert, erhält man die Grundfläche der Baumkrone (hier $314\ m^2$).
- Nun werden die Schätzzahlen der Teilnehmer mit der tatsächlichen Fläche der Baumkrone verglichen.
- Danach wird die Gruppe gefragt, wie groß im Vergleich zur Kronenprojektionsfläche der Wurzelraum des Baumes ist.
- Nach einer kurzen Diskussion der Schätzzahlen wird die Lösung verraten, dass nämlich der Wurzelraum in der Regel den 1,3- bis 2-fachen Durchmesser der Kronenprojektionsfläche aufweist. Ebenso der ergänzende Hinweis, dass Baumwurzeln von Eichen bis zu 40 Meter, von Feigenbäumen sogar bis zu 120 Meter tief reichen können.
- Nun geht es noch darum, zu schätzen, wie hoch die Photosynthese-Leistung des Baumes ist. Konkret, wie viele Personen ein alter Baum mit Sauerstoff versorgt und von wie vielen Personen er das Kohlendioxid bindet.
- Nach dem Einholen der Schätzzahlen werden diese mit den tatsächlichen Durchschnittswerten verglichen.
- Am Ende steht eine abschließende Diskussion über den komplexen Organismus Baum, den Umfang seiner Kompartimente Krone und Wurzel sowie seine Ökosystemleistung.

Blick in die Baumkrone einer Buche (Foto Dr. Stefan Rösler)

Durch die stehenden Personen wird der Standraum des Baumes visualisiert und verdeutlicht. Im Kreis unter der Baumkrone stehend machen sich die Teilnehmer oft zum ersten Mal überhaupt das Volumen einer Baumkrone und damit die Größe des Einzel-Organismus Baum bewusst. Bei einem Baumkronendurchmesser von 20 Metern umfasst die Standfläche des Baumes über 300 Quadratmeter und damit die dreifache Fläche einer durchschnittlichen 3–4-Zimmer-Wohnung.

Auch der meist noch deutlich größere, aber nicht sichtbare Wurzelraum des Baumes sensibilisiert für das Ziel der Übung: Dass nämlich ein Organismus oder eine Organisation oft nicht in ihrer realen Größe wahrgenommen und daher unterschätzt werden, zumal wenn große Teile einer Organisation nicht sichtbar sind. Dieser Aspekt sollte in alle Überlegungen zur Organisationsentwicklung einbezogen werden.

Quelle: https://www.massivmoebel24.de/blog/wp-content/uploads/2014/11/Wurzeln.png, Zugriff 28.11.2023

Der ergänzende zweite Teil der Übung ist hilfreich, um die für uns überlebensnotwendigen Ökosystemleistungen von Bäumen zu verstehen und zu würdigen. Allein ein alter Baum produziert durch seine Photosynthese den von 10 Menschen für die Atmung benötigten Sauerstoff und bindet das von 7 Menschen ausgeatmete Kohlenstoffdioxid.

Diese Leistung des Baumes kann dadurch besonders anschaulich gemacht werden, dass nach der Aufstellung unter dem Baumkronenrand so viele Teilnehmer den Kreis verlassen, dass zunächst nur noch 10 Personen im Kreis stehen bleiben und sich bewusst machen, dass der Baum den gesamten für ihre Atmung benötigten Sauerstoff produziert. Wenn weitere 3 Personen den Kreis verlassen, stehen noch 7 Personen unter der Baumkrone, die das von diesen Menschen ausgeatmete Kohlenstoffdioxid bindet. Es gibt kaum eine Übung, die anschaulicher verdeutlicht, dass Bäume die kongenialen Partner des Menschen sind.

Die Übung „Baumkronen-Stellen" eignet sich in besonderer Weise in Kombination mit der Übung „Naturverjüngungs-Quadrat".

Praxisschlaglicht

Die Übung führt meist zu Erstaunen über den tatsächlichen Umfang der Baumkrone und damit den Standraum eines einzelnen Baumes. Noch mehr überrascht meist der Hinweis darauf, dass das unsichtbare Wurzelwerk oft noch deutlich weiter nach außen reicht als der Kronenraum. Das bewusste Stehen unter den Umrissen der Baumkrone hilft zudem, die Ökosystemleistung eines

Wurzelansätze einer Hainbuche (Foto: Dr. Stefan Rösler)

Baumes durch seine Photosynthese und seine Kongenialität für uns Menschen zu realisieren.

Helfende Organisation

www.hausdeswaldes.de, www.evoco.de, www.hs-rottenburg.net, www.naturschule.de

Wirkfeld der Methode

- Wirksam für Herausforderungen mit niedriger Komplexität
- Wirksam für Herausforderungen mit mittlerer Komplexität
- Wirksam für nachhaltiges Prozessdesign
- Wirksam für nachhaltige Qualitätssicherung

Transformationsfähigkeit Ihres Teams

- Fördert die Sensibilisierung
- Fördert die Teamkreativität
- Fördert offene Mindsets und innovative Denkhaltungen
- Sorgt für Inspiration oder bessere Inspirationsempfindlichkeit
- Zahlt auf eine bessere Vorstellungskraft ein
- Zahlt auf eine bessere Wahrnehmung ein
- Zahlt auf ein positives Zukunftsbild ein

Einsatzcharakteristik/Arbeitsrahmen

- Austauschfokus: vornehmlich mit internen und externen Personen
- Durchführungszeit: eher gering (< 1 Stunde)
- Einsatzfrequenz: vornehmlich im einmaligen Einsatz
- Einsatzradius: vornehmlich im Teameinsatz
- Einsatzradius: vornehmlich im projektweiten Einsatz
- Komplexität für den Moderator: eher gering
- Komplexität für die Teilnehmer: eher gering
- Teamgröße: Maxigruppen möglich (20 bis 40 Teilnehmer)
- Teamgröße: Mittelgroße Teams möglich (5 bis 20 Teilnehmer)
- Vorbereitungszeit: eher gering (< 1 Stunde)

Input für eine zielführende Arbeit mit der Methode

- Verschiedene Meinungen und Blickwinkel
- Vorhandenes Wissen und Erfahrungen

Output und beobachtete Ergebnisse der Methode

- Erzeugt Prognosen und Ableitungen
- Erzeugt Leitfragen für die Ideenfindung
- Erzeugt besseren Teamspirit, mehr Offenheit, Inspirationsempfindlichkeit
- Erzeugt neues Wissen und neue Erfahrungen
- Erzeugt größere Klarheit zu einem Thema
- Erzeugt transformationsfähigere Organisationen
- Erzeugt motiviertere und transformationsfähigere Teilnehmer
- Macht Wirkzusammenhänge sichtbar

Hinderniseffekte, auf die die Methode positiv wirkt

- Schafft für den Erfolg nötige Realitätsbezüge
- Fördert Erkenntnisgewinn
- Schwächt Konkurrenzdenken
- Schwächt Einzelgängertum
- Schärft eine fehlende gemeinsame Ausrichtung
- Stärkt das Vertrauen im Team
- Reduziert vorhandene Kreativblockaden
- Überzeugt strukturliebende Teammitglieder

Mögliche Extravorteile der Methode

- Möglicher Extravorteil für Teams mit einer konservativen, tradierten Kultur
- Möglicher Extravorteil für agile Teams
- Möglicher Extravorteil für in Nachhaltigkeitsthemen ungeübte Teams

Quellen

Buch – Das Unternehmen Wald. Stefan Rösler & Klaus-Stephan Otto. In: Q.Magazin – Das Magazin für Qualität, Ausgabe 2021/22: 6-11.

Buch – Das Wald Buch. Alles was man wissen muss, in 50 Grafiken. – Esther Gonstalla (oekom, 2021)

Buch – Forstliche Bildungsarbeit. Waldpädagogischer Leitfaden nicht nur für Förster. – Hrsg.: Bayerisches Staatsministerium für Ernährung, Landwirtschaft und Forsten, 8. Auflage (München, 2017)

Buch – Praxishandbuch der Waldpädagogik. Systematische Methodensammlung mit über 1000 waldpädagogischen Aktionen. Frank Hoffmann (wbv-Media, 2023)

Buch – Was haben Unternehmen und Start-ups mit Wäldern zu tun. Ökosysteme in Natur und Wirtschaft. Stefan Rösler, Versicherungskammer (Hrsg.): innenreport 2019

Web – https://innenreport.h5mag.com/innenreport_2019_ausgabe_2/s_9_unternehmen_startups

https://www.oecoach.de/wp-content/uploads/2016/10/20162303_Waldworkshop_Flyer_DINlang-Website.pdf, Zugriff 20.09.2023

Person – Dr. Stefan Rösler, roesler@oecoach.de,

Web – https://www.babtec.de/fileadmin/user_upload/babtec/downloads/public/de/qmagazin/q.magazin_2021-22_de_web.pdf

Web – Waldworkshop Von der Natur lernen für Management, Strategie und Teamentwicklung. Stefan Rösler, 2016

Baumscheiben–Biografie

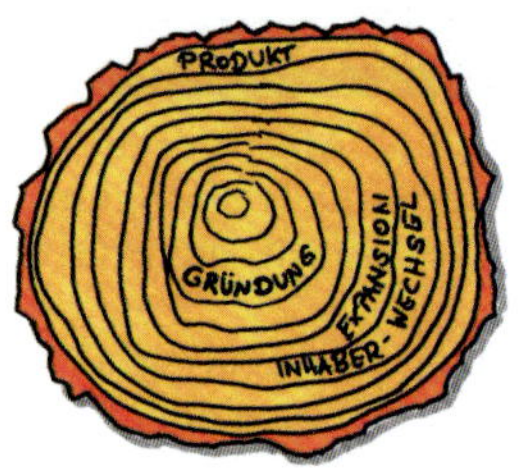

EinSatzBeschreibung

Aufbauend auf der Analyse der Jahresringe einer Baumscheibe zielt diese Übung darauf ab, sich möglichst alle für die eigene Entwicklung relevanten Einflussfaktoren bewusst zu machen und Maßnahmen zu identifizieren, mit denen in Zukunft die negativen Einflüsse reduziert und die positiven Einflüsse gefördert werden könnten.

Working Guide/Anwendungsfelder

P1 Sensibilisierung/Bildung	P2 Matching Recht/Gesetz	P3 Sustainability Roadmap	P4 Produkt/Prozessdesign	P5 Implementierung/Monitoring	P6 Kommunikation	P7 Organisation	P8 Führung	P9 Business Model Design	P10 Skalierung
X		X							

Beschreibung

Aufgrund unterschiedlicher Witterungsverhältnisse und Wachstumsphasen während einer Vegetations- oder auch Trockenperiode bilden Gehölze sogenannte Jahresringe aus. In gemäßigten Zonen zeigen sich diese als meist konzentrische Zuwachsschichten im Querschnitt des Holzes, die durch periodische Aktivität des Kambiums entstehen. In unseren Breitengraden werden während der Wachstumsphase nach der Winterruhe große und dünnwandige Zellen aus relativ lockerem Gewebe gebildet, die hell und großporig erscheinen und mechanisch nicht sehr fest sind – das sogenannte Frühholz. Dieses ermöglicht dem Baum den schnellen Transport von Wasser und Mineralien von der Wurzel in die Krone, um den Blattaustrieb und die Blütenbildung zu ermöglichen. Später im Jahr werden dickwandigere und kleinlumigere Holzzellen aus wesentlich dichterem Gewebe gebildet, die hauptsächlich stabilisierende Wirkung haben. Die meist dunklere Farbe dieses Spätholzes wird durch den höheren Anteil an Lignin in den Zellwänden verursacht. Im Winter befindet sich der Baum in einer Art Ruhephase. Bei einem gefällten Baum sind die aufeinanderfolgenden Ringe von hellem und dunklem Holz sichtbar. Durch das Zählen der dunklen Ringe erfährt man das Alter des Baumes.

Die Jahrringbreite ist artspezifisch sowie alters-, klima-, witterungs- und standortsabhängig. Je besser die standörtlichen Bedingungen und die klimatischen Bedingungen innerhalb einer Vegetationsperiode sind, desto größer und gleichmäßiger ist der Holzzuwachs und damit die Breite der Jahrringe. Wächst ein Baum dagegen am steilen Hang oder an der Küste bei einseitiger Windeinwirkung, dann ist sein Stammquerschnitt oval, da der Baum sogenanntes Reaktionsholz in Form von Druckholz und Zugholz bildet. Dieses hat eine besondere Struktur und chemische Zusammensetzung, damit der Baum die auf ihn einwirkenden physikalischen Belastungen ausgleichen und die für seine Statik und Stabilität notwendige aufrechte Wuchsform realisieren kann. Auch extreme oder ungünstige Umweltbedingungen wie z. B. anhaltende Trockenzeiten haben Auswirkungen und können dazu führen, dass kein Zuwachs erfolgt. Auf der anderen Seite kann die Zahl der Jahresringe aber auch deshalb vom Alter eines Baumes abweichen, weil dieser innerhalb einer Vegetationsperiode mehrfach austreibt (z. B. in Form eines Ersatztriebs im Juni, des „Johannistriebs", zur Kompensation von Frostschäden oder Insektenfraß). Externe Einflüsse wie Insektenbefall und Schälschäden, Fäll- und Rückeschäden sowie Feuer- und Frostschäden führen zudem zu Wundreaktionen des Baumes und sind als „Narben" innerhalb der Jahresringe immer zu erkennen.

Quelle: https://www.biozentrum.uni-wuerzburg.de/fileadmin/_processed_/6/5/csm_40holz1_b065116df2.jpg, abgerufen 26.10.2023

Schnellwachsende Baumarten wie Weiden, Pappeln und Platanen können Jahrringbreiten von mehr als einem Zentimeter pro Jahr aufweisen, Eibe und Wacholder sowie klima- oder standortsbedingt langsam wüchsige Bäume legen dagegen oft nur wenige Millimeter pro Jahr an Durchmesser zu. Dabei gibt es deutliche Unterschiede bezüglich des Verhältnisses von Früh- und Spätholzanteil zwischen Laub- und Nadelholz. Bei Nadelbäumen ist der Frühholzanteil unter günstigen Bedingungen höher als bei schlechten Bedingungen, während der Spätholzanteil wenig variiert. Daher ist schnell gewachsenes Nadelholz weicher als langsam gewachsenes. Laubbäume bilden dagegen eine nur wenig schwankende Menge an Frühholz, dafür variiert der Spätholzanteil.

Das Alter eines nicht gefällten Baumes anhand seines Stammdurchmessers abzuschätzen, ist nur sehr eingeschränkt möglich, da der Zuwachs von genetischen Faktoren, der Witterung, den standörtlichen und kleinstandörtlichen Bedingungen sowie vom umgebenden Baumbestand abhängt. Wobei es bei Nadelbäumen möglich ist, ihr Alter vergleichsweise genau über die Anzahl der Astquirle am Stamm abzuzählen. Das exakte Alter eines Baumes lässt sich mithilfe einer Bohrkernentnahme bestimmen, wodurch ein exaktes Auszählen der Jahrringe möglich ist. Da Klimaschwankungen nicht nur auf einen einzelnen Baum oder regionale Baumbestände einwirken, sondern großräumig auf alle Waldbestände, bilden diese Bäume ein charakteristisches Jahrringmuster. Sogenannte Dendrochronologen erfassen und vergleichen diese Muster in Jahrringtabellen. Auf diese Weise lässt sich nicht nur das Klima über viele Jahrhunderte zurück rekonstruieren, sondern auch das Alter archäologischer Funde sowie von in Bauwerken oder größeren Holzobjekten verwendeten Hölzern bestimmen (Dendrochronologie). Anhand von Holzproben aus lebenden und abgestorbenen kalifornischen Grannenkiefern, die bis zu 5000 Jahre alt werden können, hat man auf diese Weise für fast 10.000 Jahre zurückliegend die Klimageschichte rekonstruiert.

Bäume werden deshalb oft auch als „Archiv der Natur“ oder „Gedächtnis der Natur“ bezeichnet: *„Im Stamm, in ihren Jahresringen, halten sie den Zeitverlauf und das Schicksal eines Ortes fest. Sie erinnern selbst nach hunderten von Jahren mit ihren Jahresringen an Jahreszeiten, klimatische Schwankungen, Erdbeben und vieles mehr. Deshalb waren Bäume und Wälder auch immer Plätze der Erinnerung – sie teilten ihre alten Geschichten mit den Menschen“ (Fischer–Rizzi 2007).*

An dieser Stelle setzt die Transfer-Übung „Baumscheiben-Biografie“ an. Denn Bäume, deren Wurzeln tief in die Erde reichen und deren Jahresringe ihre Biografie erzählen, können auch uns inspirieren, uns mehr mit unseren eigenen Wurzeln und unserer biografischen Entwicklung zu beschäftigen. Die Jahresringe eines Baumes sind vergleichbar der Biografie eines Unternehmens, einer Organisation oder einer Person. Sie zeigen unterschiedliche Phasen des Wachstums in Form veränderter Rahmenbedingungen und Anpassungsprozesse: Günstige und das Wachstum fördernde Jahre und Phasen ebenso wie Krisen, Krankheiten, Konkurrenz und Absterbeprozesse. Jüngere Ereignisse im Umfeld des Baumes lassen sich nicht nur in den Jahresringen, sondern oftmals auch ganz konkret im umgebenden Wald erkennen.

Konkret geht es bei der Durchführung der Übung zunächst darum, das gewonnene Gesamtbild der Jahresringe und die auf diesem aufbauende Analyse dafür zu nutzen, eine vergleichbare Analyse für eine reale Situation beruflicher oder privater Art anzuschließen. Diese an einem Baum orientierte und systemisch-ökologisch geprägte Art des Vorgehens trägt dazu bei, sich selbst stärker in organisch-natürliche Wachstums- und Entwicklungsprozesse hineinzuversetzen. Auf diese Weise sensibilisiert diese Art der biografischen Arbeit am eigenen Fallbeispiel auch für ein ganzheitliches Vorgehen, wie es für nachhaltige Entwicklung kennzeichnend ist.

Die Methode „Baumscheiben-Biografie“ korrespondiert teilweise mit den Methoden „Evolutionäre Biografie“, „Ökosystem-Analyse“ und „Ressourcen-Baum“. Im Unterschied zu diesen Methoden geht es bei der hier vorgestellten Übung jedoch darum, sich die früheren und aktuellen, für die eigene Entwicklung relevanten Einflussfaktoren vor Augen zu führen. Und diese sowohl einzeln als auch in ihrer Gesamtheit auch für die Zukunft als potenzielle „Lebensbegleiter“ zu sehen. Das Ziel dieser Übung besteht also darin, sich möglichst alle fördernden und hemmenden Einflussfaktoren und deren Wirkung auf die eigene Entwicklung bewusst zu machen – und die möglichen Maßnahmen zu identifizieren, mit denen in Zukunft die negativen Einflüsse reduziert und die positiven Einflüsse gefördert werden könnten.

Baumscheibe mit Jahrringen und Hinweisen auf wachstumshemmende Trockenjahre (Foto: Dr. Stefan Rösler)

Durchführung

Für den ersten Teil dieser Übung ist die Schnittfläche eines quer durchgesägten Baumstammes oder eine möglichst große Baumscheibe mit gut erkennbaren Jahresringen notwendig. Dafür eignen sich fast alle Nadelholzarten (Kiefer, Lärche, Fichte, Tanne, Douglasie), aber auch ringporige Laubhölzer (Eiche, Edelkastanie, Esche, Ulme und Robinie). Je größer der Durchmesser der zu betrachtenden Schnittfläche oder Scheibe ist (möglichst mindestens 40 cm), desto mehr Details können entlang der Jahrringe abgelesen werden. Baumscheiben sind zwar inzwischen grundsätzlich auch in Baumärkten oder über das Internet käuflich erwerbbar. Allerdings handelt es sich dabei meist um Baumarten, die nur eingeschränkt oder gar keine Jahresringe erkennen lassen oder um exotische, nicht näher spezifizierte Baumarten, oftmals ohne Herkunftshinweis.

Daher empfiehlt sich der Kontakt zum nächstgelegenen Forstamt, Forstrevier, Garten- und Friedhofsamt oder Sägewerk.

Hier kann erfragt werden, wo ein möglichst starker und frisch geschlagener Stamm mit gut sichtbaren Jahrringen und sauberer Schnittfläche liegt, der gefahrlos inspiziert werden kann. Die Übung im Wald an einem nahe seinem Fäll-Ort liegenden Stamm durchzuführen hat den großen Vorteil, dass hierbei auch die umgebende Situation beobachtet und in der Analyse berücksichtigt werden kann. Handelt es sich beim Standort um einen Hang oder eine Ebene? Welchen Einfluss hat der Wind? Ist der Baumbestand dicht oder locker? Wie sehen die noch dort stehenden Bäume aus?

Sollte kein entsprechender Baumstamm zur Verfügung stehen, ist die Möglichkeit zu prüfen, alternativ eine entsprechende Baumscheibe in Auftrag zu geben und käuflich zu erwerben oder ggf. auch auszuleihen. Sollten beide Varianten, Baumstamm und Baumscheibe, aus irgendwelchen Gründen nicht realisierbar sein, kann ersatzweise auch auf ein Foto aus dem Internet zurückgegriffen werden, das als Arbeitsgrundlage großformatig ausgedruckt wird. Entsprechende Vorlagen finden sich im Netz z. B. unter den Stichworten „Querschnitt Jahresringe Baum Arbeitsblatt". Für die Arbeit am Stamm oder an der Stammscheibe ist es hilfreich, eine Packung stabiler Pinnwand-Nadeln mitzunehmen bzw. bei sich zu haben.

Übungsteil 1: Nachdem die Gruppe den Baumstamm, die Baumscheibe oder die Abbildung eines Baum-Querschnitts mit Jahresringen vor sich hat, findet der erste Teil der Übung in folgenden Ablaufschritten statt:

- Zunächst wird der Baumquerschnitt in seiner Gesamtheit betrachtet. Kennt jemand die Baumart?
- Ist der Stammquerschnitt rund, oval oder eher unregelmäßig geformt? Sind eingewachsene Äste zu erkennen?
- Dann werden die 5 Querschnittsbereiche des Stammes identifiziert und ihre jeweilige Funktion besprochen. Von innen nach außen Kernholz, Splintholz, Zellschicht (Kambium), die innere Rinde (Bast) und die äußere Rinde (Borke).
- In welcher Dickenrelation stehen diese Bereiche zueinander? Ist der Übergang zwischen Kernholz und Splintholz gut zu erkennen? Sind Kambium und Bast gut zu erkennen?
- Ist die äußere Rinde eher dünn und glatt oder dick und rissig wie eine Borke? Welche Farbe hat sie?
- Anschließend werden die Jahresringe genauer angeschaut. Gibt es großen Unterschied im Zuwachs zwischen den verschiedenen Jahren? Sind die Ringe innerhalb eines Jahrgangs in sich gleichmäßig breit oder eher ungleichmäßig breit? Gibt es große Unterschiede zwischen Früh- und Spätholz? Welche Arten von Unregelmäßigkeiten fallen ins Auge?
- Das Zählen der Jahresringe beginnt im Zentrum der Baumscheibe. Um den Überblick nicht zu verlieren und ein besseres Gesamtbild über das gewachsene Gesamtalter hinweg zu haben, ist es hilfreich, bei jedem zehnten Jahresring eine der mitgebrachten Nadeln zu setzen. Alternativ können diese Stellen auch mit einem Stift markiert werden.
- Nachdem das Alter des Baumes ermittelt ist, vergleichen die Teilnehmer ihr eigenes Alter mit dem Alter des Baumes und stecken eine individuell markierte Nadel auf den zu ihrem Geburtsjahr passenden Jahresring.
- Jeder Teilnehmer macht sich bewusst, was sich bei ihm in der gemeinsamen Lebenszeit von Baum und Mensch an besonders positiven und besonders negativen Ereignissen zugetragen hat, die bleibende Spuren hinterlassen haben.
- Nun werden die Jahresringe noch einmal genau hinsichtlich irgendwelcher Unregelmäßigkeiten oder Auffälligkeiten angeschaut. Sind Wundreaktionen des Baumes in Form von „Narben" als Folge externer Einflüsse zu erkennen (z. B. in Folge von Kalamitäten, Insektenbefall, Schälschäden, Fäll- und Rückeschäden, Feuer und Frostschäden)? Gibt es besonders üppige Jahresringe, die auf günstige Bedingungen wie überdurchschnittlich viel Licht und Wasser hinweisen?
- Auch wenn die Ursachen von Unregelmäßigkeiten im Jahrringverlauf nicht immer genau identifiziert werden können: Zum Abschluss dieses ersten Teils der Übung geht es darum, sich einerseits die Verschiedenheit der externen Einflüsse zwischen den Jahren und innerhalb bestimmter Zyklen bewusst zu machen. Und andererseits den Blick für das große Ganze nicht zu verlieren und die Baumscheibe in ihrer Gesamtheit und die Entwicklungsgeschichte aller Jahresringe „von der Wiege bis zur Bahre" anzuschauen.
- Am Ende dieser Teil-Übung ist ein biografischer Blick auf den Lebenslauf dieses Baumes möglich, obwohl man den Baum gar nicht persönlich gekannt hatte. Dies stärkt Naturverbindung, Prozessbewusstsein und das Denken in Ökosystemen.

Übungsteil 2: Im zweiten Teil dieser Übung geht es darum, analog zu der im ersten Übungsteil am Beispiel der Baumscheibe und ihren Jahresringen praktizierten Methode die reale Biografie eines Unternehmens, einer Organisation oder einer Person zu betrachten und zu analysieren. Auch hier entscheiden die Rahmenbedingungen und äußeren Einflüsse darüber mit, ob eher Phasen von Konsolidierung, Stabilität und Wachstum dominieren oder eher kritische Phasen mit Kalamitäten, Krankheiten, Konkurrenz oder sogar Absterbeprozessen.

Vor Beginn der eigentlichen Übung ist zu klären, welche realen Fallbeispiele in welcher Teilnehmer-Konstellation bearbeitet werden sollen. Z. B. Großgruppe untersucht ein Unternehmen bzw. eine Organisation, Kleingruppen untersuchen Organisationseinheiten, Einzelpersonen analysieren ihre eigene Biografie, etc. Zur Dokumentation ist es notwendig, für jedes der zu untersuchenden Beispiele eine Pinnwand oder ein Whiteboard zur Verfügung zu haben, worauf symbolisch eine große Baumscheibe aufgezeichnet wird. Hier kann dann für jeden entwicklungsrelevanten Einflussfaktor eine Moderationskarte beschrieben und fixiert werden (grüne Karten für positive Faktoren, rote Karten für problematische Faktoren).

Dieser zweite und aufbauende Teil der Übung findet in folgenden Ablaufschritten statt:

- Rückblick auf das Ergebnis des ersten Übungsteils, auf die Biografie des untersuchten Baumes. Mit bewusstem Blick auf die prozesshafte Entwicklung des Lebenslaufs und die einwirkenden Einflüsse und Ereignisse sowie auf das am Ende stehende Gesamtbild.
- Recherchieren, Zusammentragen und Diskutieren aller aktueller Einflussfaktoren und deren Wirkung auf die Entwicklung des zur Bearbeitung ausgewählten Fallbeispiels bzw. der ausgewählten Fallbeispiele.
- Notieren der aktuellen positiven Einflüsse auf grünen Moderationskarten, der aktuellen negativen Einflüssen auf roten Moderationskarten
- Anhängen aller Moderationskarten an der „Pinnwand-Baumscheibe": Die positiven Einflüsse auf der Südseite, die negativen Einflüsse auf der Nordseite der Baumscheibe.
- Zwischendiskussion zum entstandenen Gesamtbild: Wie ist das Verhältnis zwischen hemmenden und fördernden Faktoren?
- Identifikation der jeweils drei relevantesten aktuellen positiven und negativen Faktoren und Markieren mit rotem Ausrufezeichen
- Gezieltes Überprüfen und Ergänzen der vorhandenen Moderationskarten. Welche Impulse und Entwicklungen sind voraus-

sichtlich von besonderer Bedeutung für die zukünftige Entwicklung?
- Notieren zusätzlicher Aspekte auf grünen (positiv) bzw. roten (negativ) Moderationskarten und ergänzendes Aufhängen an der Pinnwand-Baumscheibe.
- Identifikation der jeweils drei für die künftige Entwicklung besonders relevant erscheinenden positiven und negativen Faktoren. Die entsprechenden Moderationskarten werden mit einem großen „Plus-“ bzw. „Minus“-Symbol versehen.
- Abschließend erfolgt eine Diskussion, welche Maßnahmen es gibt, um in Zukunft die negativen Einflüsse zu reduzieren und die positiven Einflüsse zu fördern.
- Am Ende dieser Teil-Übung zeigt die entstandene „Pinnwand-Baumscheibe“ nicht nur einen guten Überblick über die für die untersuchte Organisationseinheit entwicklungsrelevanten Faktoren. Sondern vermittelt auch einen ersten Eindruck, welche Maßnahmen in Hinblick auf die weitere Entwicklung aus aktueller Sicht von besonderer Relevanz sind.
- Dass die Übung an dieser Stelle endet, ist bewusst so gewählt. Sie bleibt stehen mit einer Sammlung von Maßnahmen, die in einem anderen Prozessschritt auf ihre Realisierung warten.

Praxisschlaglicht

Die Analyse der Jahresringe einer Baumscheibe ist zunächst ein wenig emotionales Unterfangen. Doch nach und nach versetzt man sich mit jeder anhand der Jahresringe identifizierten Stärkung oder Schwächung des Baumes immer mehr hinein in dieses einzelne Individuum Baum und identifiziert sich mit diesem. Nach und nach entwickelt sich ein Film, der die Biografie des Baumes und die eigene Biografie zueinander bringt. Was ist in diesem Baum-Leben alles passiert, teilweise parallel zu meinem eigenen Leben? Und mit welchen Maßnahmen können wir als Gruppe oder Team bzw. ich als Individuum dazu beitragen, in Zukunft die negativen Einflüsse zu reduzieren und die positiven Einflüsse zu fördern? Am Ende dieser Übung steht meist der Wunsch, die Fallbeispiele weiter zu bearbeiten. Und die identifizierten Maßnahmen auch konkret anzugehen und zu realisieren.

Helfende Organisation

www.hausdeswaldes.de, www.naturschule.de, www.evoco.de

Wirkfeld der Methode

- Wirksam für Herausforderungen mit niedriger und mittlerer Komplexität

Transformationsfähigkeit Ihres Teams

- Fördert die Sensibilisierung
- Fördert die Transformationsfähigkeit und Transformationsqualität des Teams
- Fördert Umsicht und Weitsicht des Teams
- Fördert den Austausch im Team
- Sorgt für Inspiration oder bessere Inspirationsempfindlichkeit
- Sorgt für Fokussierung
- Stärkt die Beobachtungskompetenz und zahlt auf eine bessere Wahrnehmung ein
- Erhöht die Lösungsorientierung

Einsatzcharakteristik/Arbeitsrahmen

- Austauschfokus: vornehmlich mit internen Personen
- Durchführungszeit: eher mittel (> 1 Stunde bis < 1 Tag)
- Einsatzfrequenz: vornehmlich im einmaligen Einsatz
- Einsatzradius: vornehmlich im Teameinsatz
- Einsatzradius: vornehmlich im projektweiten Einsatz
- Komplexität für den Moderator: eher mittel
- Komplexität für die Teilnehmer: eher mittel
- Teamgröße: Einzelpersonennutzung möglich
- Teamgröße: Kleingruppe möglich (3 bis 5 Teilnehmer)
- Teamgröße: Maxigruppen möglich (20 bis 40 Teilnehmer)
- Teamgröße: Mittelgroße Teams möglich (5 bis 20 Teilnehmer)
- Vorbereitungszeit: gering bis mittel (< 1 Stunde bis > 1 Stunde)

Input für eine zielführende Arbeit mit der Methode

- Aktuelle Herausforderung, Leitfrage, Problem
- Durchlaufenes Projekt oder Projektphasen
- Gescheiterte Ideen und fehlgeschlagene Projekte
- Frühere oder aktuelle Problemanalysen
- Ideen, Lösungsansätze, Vorideen, Varianten
- Merkmale der gegebenen Herausforderung
- Trends und Zukunftsentwicklungen
- Umfeldbeobachtungen, Umfeldanalysen
- Wettbewerber und Komplementoren

Output und beobachtete Ergebnisse der Methode

- Unterstützt Prognosen und Ableitungen
- Erzeugt Ideen, Lösungsansätze, Vorideen, Möglichkeiten
- Fördert Problemanalysen
- Macht Wirkzusammenhänge sichtbar
- Fördert das Bewusstsein für die biografische Entwicklung
- Fördert Prozessbewusstsein und Zukunftskompetenz
- Fördert Konzentrationsfähigkeit
- Fördert Fokussierungs-Kompetenz
- Sensibilisiert für Umfeldwahrnehmung
- Fördert Kommunikation und Austausch im Team

Hinderniseffekte, auf die die Methode positiv wirkt

- Schafft für den Erfolg nötige Realitätsbezüge
- Fördert Klarheit und Erkenntnisgewinn
- Verhindert unreflektiertes Agieren

Mögliche Extravorteile der Methode

- Möglicher Extravorteil für in Nachhaltigkeitsthemen ungeübte Teams

Quellen

Buch – Das große Buch vom Holz. Jürgen Schwab (Schuler, 1976)

Buch – Das Unternehmen Wald. Stefan Rösler & Klaus-Stephan Otto. In: Q.Magazin – Das Magazin für Qualität, Ausgabe 2021/22: 6–11.

Buch – Forstliche Bildungsarbeit. Waldpädagogischer Leitfaden nicht nur für Förster. Hrsg.: Bayerisches Staatsministerium für Ernährung, Landwirtschaft und Forsten, 8. Auflage (München, 2017.

Buch – Im Wald. Natur erleben – beobachten – verstehen. Andreas Jaun & Sabine Joss (Haupt, 2011)
Buch – Mit der Wildnis verbunden. Kraft schöpfen, Heilung finden. Susanne Fischer-Rizzi (Kosmos, 2007)
Buch – Waldworkshop Von der Natur lernen für Management, Strategie und Teamentwicklung. Stefan Rösler (2016)
https://www.oecoach.de/wp-content/uploads/2016/10/20162303_Waldworkshop_Flyer_DINlang-Website.pdf, abgerufen 20.09.2023
Organisation – www.evoco.de, abgerufen 25.10.2023
Organisation – www.hausdeswaldes.de, abgerufen 25.10.2023
Organisation – www.natur-coaching.de, abgerufen 25.10.2023
Organisation – www.naturschule.de, abgerufen 25.10.2023
Person – Dr. Stefan Rösler, roesler@oecoach.de
Web – https://de.wikipedia.org/wiki/Jahresring, abgerufen 25.10.2023
Web – https://www.babtec.de/fileadmin/user_upload/babtec/downloads/public/de/qmagazin/q.magazin_2021-22_de_web.pdf

Grafik: verrocchio Sustainable Inspiration Card – Malvine Klecha, Hila Attaie und Jennifer van Aerssen (Illustration)

Baustelle Nachhaltigkeit – das Spiel zum Ziel

EinSatzBeschreibung

Ein spielerischer Ansatz, sich mit den 17 Nachhaltigkeitszielen auseinanderzusetzen.

Working Guide/Anwendungsfelder

P1 Sensibilisierung/Bildung	P2 Matching Recht/Gesetz	P3 Sustainability Roadmap	P4 Produkt/Prozessdesign	P5 Implementierung/Monitoring	P6 Kommunikation	P7 Organisation	P8 Führung	P9 Business Model Design	P10 Skalierung
X					X				

Beschreibung

Die 17 Nachhaltigkeitsziele der UN (17 SDG) decken viele Bereiche ab und betrachten Nachhaltigkeit aus verschiedensten Perspektiven. Oftmals überrascht es, was alles zum Thema Nachhaltigkeit zählt. Für viele steht Nachhaltigkeit im direkten Zusammenhang mit Umwelt im Kontext Klimaveränderung. Doch hinter diesen 17 SDG steckt deutlich mehr.

Das Spiel „Baustelle Nachhaltigkeit" bietet einen Überblick über die 17 Nachhaltigkeitsziele und ermöglicht eine Reflexion mit direktem Bezug und der Relevanz für das eigene Umfeld. Ein Perspektivwechsel durch Rollenwechsel erweitert zusätzlich den Erkenntnisgewinn. Die Sensibilisierung und das Verständnis für das Thema wird gestärkt und die Zusammenhänge werden klarer. Erste konkrete Ideen, wie jeder die Welt etwas besser machen kann, runden das Spiel ab.

Es wird in Gruppen gespielt mit 2–4 Spielern je Team, die gegeneinander antreten. Ziel des Spiels ist es, alle 17 SDG-Felder bespielt zu haben. Gewonnen hat das Team, welches die größtmögliche Anzahl Punkte erreicht hat.

Optional kann abhängig von der zur Verfügung stehenden Zeit im Vorfeld definiert werden, welche der 17 SDG bespielt werden sollen. In diesem Fall haben die übrigen SDG-Felder nur eine Funktion als Zählfeld im Rahmen der gewürfelten Schritte.

Durchführung

Spielvorbereitung

Benötigt wird Papier, Schere, Schreibmaterial, Stoppuhr, Würfel (Augen 1–6), verschiedenfarbige Kegel (1 pro Team) und Spielchips je 17 Stück/Team (Farben je nach Anzahl Teams; alternativ können auch nummerierte Chips als Teamnummer eingesetzt werden.

Bereiten Sie das Spielfeld mit 17 gemäß der Abbildung nummerierten Feldern vor. Unterlagen mit Informationen zu den 17 SDG-Zielen, deren Unterziele und ggf. Indikatoren sollten für jedes Team zur Verfügung stehen. Sie finden Informationen bspw. auf den Webseiten in den am Ende aufgeführten Quellen.

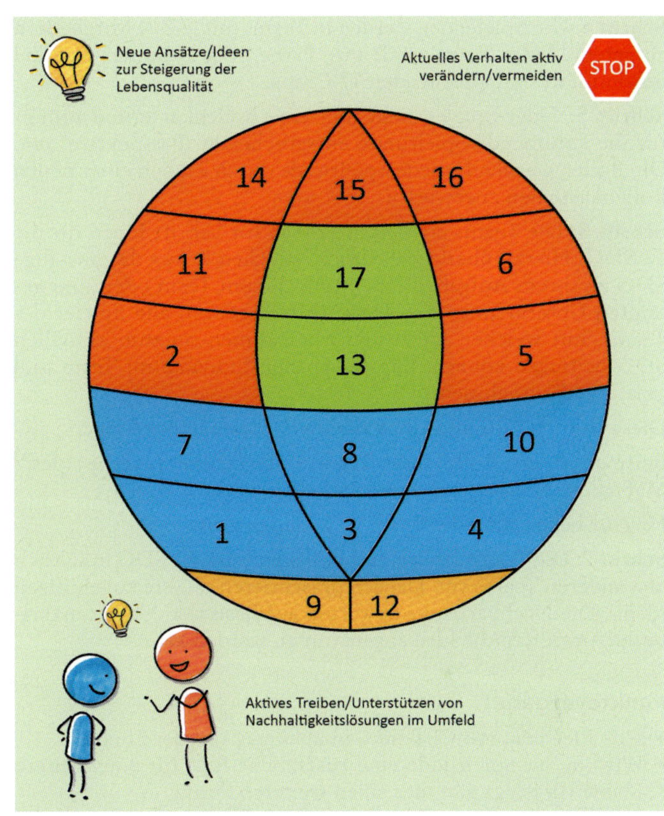

Spielfeld zu Baustelle Nachhaltigkeit (nach BINOMMA(R))

Zudem benötigen Sie eine Ergebnistabelle mit 17 SDG für die Punkteerfassung der Teams sowie ein Satz mit 16 Rollenkärtchen je Team. Die relevanten Rollen werden auf Basis der definierten „Baustelle" festgelegt und auf den Rollenkarten notiert. 2 von 16 Rollenkarten sind vorbelegt mit „Eigene Rolle" und „Rolle nach Wahl".

Spielablauf

Schritt 1: Je nach Teilnehmerkreis wird die „Baustelle" definiert. Hierbei handelt es sich um das Umfeld, indem gespielt wird, d. h. Unternehmen, Branche, Institutionen, Ämter usw.

Schritt 2: Abhängig von der Baustelle werden nun die relevanten Rollen identifiziert und festgelegt. (Für die Baustelle „Unternehmen" können dies sein: Einkäufer, Logistiker, Entwickler, Produzent, Personalmitarbeiter, Geschäftsführer, Vertriebsleitung, Verkaufsmitarbeiter, IT-Admin, ...)

Schritt 3: Jetzt werden drei Akzeptanzkriterien erarbeitet und vereinbart. Diese bilden die Bewertungsgrundlage, d. h. wann gilt ein Vorschlag oder eine Idee von den Nachbarteams als akzeptiert/angenommen. Diese Kriterien gelten für die gesamte Spielzeit. Beispiele für Akzeptanzkriterien können sein: Bezug zur Rolle bzw. Ebene gewährleistet, Umsetzbarkeit/Machbarkeit gegeben, Wirksamkeit der Maßnahme/Idee nachvollziehbar, neue Ideen für die Baustelle (keine schon laufenden Maßnahmen), aktiver Beitrag zum SDG, usw.

Schritt 4: Die Spielenden werden in Teams mit je 2–4 Mitgliedern aufgeteilt. Jedes Team wählt ihre Farbe oder Nummer aus und bekommt die entsprechenden 17 Chips.

Schritt 5: Jeder Spieler zieht nun eine Rollenkarte und nimmt für die kommende Spielrunde entsprechende „Perspektive" ein. Die Rollen werden für jede Spielrunde durch Ziehen einer neuen Rollenkarte neu zugewiesen.

Schritt 6: Die Teams erarbeiten Schritt für Schritt Ideen für die 17 SDG. Hierzu überlegen sie sich, welchen Bezug das jeweilige SDG zu ihrem Aufgabenfeld („Rolle"), zum Team oder zum gesamten Unternehmen hat. Daraufhin überlegen alle Spieler des Teams, mit welchen Ideen und Maßnahmen sie zum aktuellen SDG beitragen können. Für die Ebenen Individuum, Team und gesamte Unternehmen.

Diese werden formuliert gemäß einer Sustainability Story:

Beispiel: *Ich als* „Rolle" (oder Team, Unternehmen) *mache* „Idee"/Maßnahmen, *damit* xyz erzielt/möglich wird.

Hierfür bekommt jedes Team 10 Minuten Zeit.

Schritt 7: Die Teams stellen nacheinander kurz ihr SDG inhaltlich den anderen Teams vor. Danach präsentieren sie ihre zugehörigen Ideen. Die Nachbarteams bewerten auf Basis der Akzeptanzkriterien, inwiefern die Idee angenommen werden kann.

Punktevergabe:

- Jede Idee bekommt 1 Punkt, unabhängig von der Ebene.
- Wird in der Spielrunde eine zusätzliche Idee für eine weitere Ebene vorgelegt gibt dies einen weiteren Punkt.
- Schaffen die Spieler Ideen für alle 3 Ebenen zu entwickeln, d. h. als Unternehmen, Team und Individuum gibt es zu den 3 Punkten noch 1 Bonuspunkt zusätzlich.
- Je nach Art der Idee können noch Zusatzpunkte erworben werden:
  - neue Ansätze: +2 Punkte (neue Ideen, die nachhaltig und gleichzeitig Lebensqualitätssteigernd sind, z. B. Homeoffice)
  - Verhaltensänderung: +1 Punkt (z. B. Vermeidung von Abfall)
  - aktives Treiben/Unterstützen von Nachhaltigkeitslösungen: +1 Punkt (Verbesserung Technologie, Material, Prozess, Kooperation ...)
- Bedeutet eine Idee einen Negativeffekt auf ein anderes Nachhaltigkeitsziel (SDG), so gibt es 2 Punkte Abzug.

Spielbeginn

Jedes Team würfelt und setzt seinen Teamkegel auf das entsprechende SDG-Feld. Es darf sich auf dem Spielfeld nur horizontal oder vertikal bewegt werden. Diagonale Spielzüge sind nicht erlaubt.

Die Stoppuhr wird gestartet. Die Teams haben nun 10 Minuten Zeit sich in das jeweilige SDG einzulesen und entscheiden, für welche der im Team verfügbaren Rolle(n) und/oder Ebenen (Individuum, Team, Unternehmen) Ideen generiert werden sollen. Alle Lösungen/Ideen/Maßnahmen müssen hierbei aus der Perspektive dieser Rollen und entsprechenden Aufgabengebieten entwickelt werden. Hierzu nutzen sie das o. g. Story-Format.

Nach 10 Minuten wird die Ideengenerierung beendet und die Teams stellen nacheinander ihre Ergebnisse vor. Je ein Vertreter der Nachbarteams bilden dabei das Entscheidungsteam und bewerten die vorgestellten Ideen der Teams anhand der Akzeptanzkriterien. Der Vertreter des zu bewertenden Teams setzt jeweils aus.

Die hierbei erreichte Punktzahl wird in die Liste eingetragen, und auf die bearbeiteten SDG-Felder werden die entsprechenden Teamchips abgelegt.

Die Spieler legen ihre Rollenkarten wieder zurück. Der Stapel wird gemischt und jeder zieht eine neue Karte.

Jetzt beginnt die 2. Spielrunde und wieder wird gewürfelt und das entsprechende Feld besetzt. Der Ideenprozess beginnt von neuem.

Schafft es ein Team nicht, mit den gewürfelten Augenzahlen auf ein noch freies SDG-Feld zu gelangen, muss das Team eine Runde aussetzen.

Alle 17 (oder vordefinierte) SDG-Felder müssen bespielt sein. Sind alle SDG-Felder bespielt, ist das Spiel beendet und das Team mit der höchsten Punktzahl hat gewonnen.

Die Spielzeit je SDG-Feld kann je nach Bedarf im Bereich von 10–20 Minuten festgelegt werden.

Wirkfeld der Methode

- Wirksam für Herausforderungen mit mittlerer Komplexität
- Wirksam für Herausforderungen mit niedriger Komplexität

Transformationsfähigkeit Ihres Teams

- Fördert die Sensibilisierung
- Fördert die allgemeine Transformationsfähigkeit des Teams
- Fördert offene Mindsets und innovative Denkhaltungen
- Sorgt für Inspiration oder bessere Inspirationsempfindlichkeit
- Zahlt auf eine bessere Vorstellungskraft ein
- Zahlt auf ein positives Zukunftsbild ein
- Erhöht die Lösungsorientierung

Einsatzcharakteristik/Arbeitsrahmen

- Austauschfokus: vornehmlich mit internen Personen
- Durchführungszeit: eher mittel (> 1 Stunde bis < 1 Tag)
- Einsatzfrequenz: vornehmlich im einmaligen Einsatz
- Einsatzradius: vornehmlich im Teameinsatz
- Einsatzradius: vornehmlich im projektweiten Einsatz
- Einsatzradius: vornehmlich im unternehmensweiten Einsatz

- Komplexität für den Moderator: eher mittel
- Komplexität für die Teilnehmer: eher mittel
- Teamgröße: Kleingruppe möglich (3 bis 5 Teilnehmer)
- Teamgröße: Mittelgroße Teams möglich (5 bis 20 Teilnehmer)
- Vorbereitungszeit: eher mittel (> 1 Stunde bis < 1 Tag)

Input für eine zielführende Arbeit mit der Methode

- Beteiligte Personen
- Vorhandenes Wissen und Erfahrungen

Output und beobachtete Ergebnisse der Methode

- Erzeugt besseren Teamspirit, mehr Offenheit, Inspirationsempfindlichkeit
- Erzeugt neues Wissen und neue Erfahrungen
- Erzeugt größere Klarheit zu einem Thema
- Erzeugt transformationsfähigere Organisationen
- Erzeugt mehr Hintergrundinformationen
- Erzeugt mehr Know-how-Zuwachs
- Erzeugt motiviertere und transformationsfähigere Teilnehmer
- Macht Wirkzusammenhänge sichtbar

Hinderniseffekte, auf die die Methode positiv wirkt

- Beugt blinden Flecken/Betriebsblindheit vor
- Dynamisiert und aktiviert wenig dynamische Teams
- Schafft schnell Klarheit und beschleunigt Erkenntnisgewinn
- Verringert zu große Komplexitäten
- Wirkt fehlender Inspiration entgegen

Mögliche Extravorteile der Methode

- Möglicher Extravorteil für die Arbeit mit digitalen Kollaborationsboards
- Möglicher Extravorteil für in Nachhaltigkeitsthemen ungeübte Teams

Quellen

Organisation – BöhringerInnovationsManagement, www.binnoma.de, 2023
Person – Juergen Schenk, juergen.schenk@sustainabilitycoach.de
Person – Sabine Böhringer, sabine.boehringer@binnoma.de
Web – https://sdg-indikatoren.de/
Web – https://sdgcompass.org/, 2015
Web – https://www.bnw-bundesverband.de/
Web – https://www.bundesregierung.de/breg-de/weitere-themen/nachhaltigkeitspolitik/die-un-nachhaltigkeitsziele-1553514, 2023
Web – https://www.destatis.de/DE/Themen/Gesellschaft-Umwelt/Nachhaltigkeitsindikatoren/_inhalt.html
Web – https://www.globaleslernen.de/de/im-fokus/sustainable-development-goals-sdg/broschuere-zu-den-sdgs-mit-allen-169-unterzielen
Web – https://www.globalreporting.org/standards/standards-development/universal-standards/, 2023

26

BBB-Methode

EinSatzBeschreibung

Die BBB-Methode kombiniert Brainstorming und Brainwriting mit dem Einsatz von Bildmappen, um durch visuelle Anreize innovative Lösungsansätze und Ideen zu generieren.

Working Guide/Anwendungsfelder

P1 Sensibilisierung/Bildung	P2 Matching Recht/Gesetz	P3 Sustainability Roadmap	P4 Produkt/Prozessdesign	P5 Implementierung/Monitoring	P6 Kommunikation	P7 Organisation	P8 Führung	P9 Business Model Design	P10 Skalierung
			X						

Beschreibung

Die BBB-Methode (Battelle-Bildmappen-Brainwriting) ist eine am Battelle-Institut entwickelte Technik zur Ideenfindung.

Sie stellt eine Kombination des klassischen Brainstormings und der visuellen Synektik dar. Die Technik nutzt dabei Bildmappen, um sich gedanklich von einer vorgegebenen Problemstellung zu lösen. Über spontane Assoziationen zum Bildmaterial werden neue Lösungsansätze festgehalten. Später wird dann gemeinsam bewertet, inwieweit die Lösungsideen tragen.

Insbesondere bei Workshops zur nachhaltigen Produktentwicklung kann die Methode gut eingesetzt werden – aus folgenden Gründen:

Abstraktion von vorgefassten Denkmustern:
Die Nutzung von Bildmappen hilft, sich von bestehenden Vorstellungen und Denkstrukturen zu lösen. Gerade im Bereich der nachhaltigen Produktentwicklung ist es wichtig, nicht nur herkömmliche Lösungen und Methoden in Betracht zu ziehen, sondern innovative und oft unkonventionelle Ansätze zu finden.

Stimulierung kreativer Prozesse: Bilder können starke Emotionen und spontane Assoziationen auslösen. Dies kann zu innovativen Ideen führen, die in einem rein verbalen Brainstorming möglicherweise nicht aufgekommen wären.

Interdisziplinäre Eingebundenheit: Die nachhaltige Produktentwicklung erfordert oft den Einbezug verschiedener Fachbereiche. Bilder können universell interpretiert werden und bieten somit eine gemeinsame Plattform für Teilnehmer aus unterschiedlichen Fachgebieten. Expertenwissen ist hier zweitrangig.

Fokus auf Nachhaltigkeit: Bilder aus der Natur oder von bestimmten nachhaltigen Praktiken können Teilnehmer direkt dazu anregen, über Umweltaspekte nachzudenken. So könnten bspw. Bilder von verschmutzten Ozeanen oder gesunden Ökosystemen verwendet werden, um Diskussionen über nachhaltige Materialien oder Produktionsmethoden anzuregen.

Durchführung

1. **Problemeinführung:** Führen Sie die Teilnehmer in das konkrete Problem oder die Herausforderung ein. Verdeutlichen Sie die Relevanz und die Bedeutung des Problems im Kontext der Nachhaltigkeit.

2. **Brainstorming-Phase** (ca. 15 Min): Ermutigen Sie die Teilnehmer zu spontanen, ersten Ideen oder Lösungsansätzen für die gestellte Herausforderung. Achten Sie auf eine offene und kreative Atmosphäre.

3. **Bildmappen:** Geben Sie jeder Person oder Gruppe eine vorbereitete Bildmappe. Betonen Sie, dass die Bilder speziell ausgewählt wurden, um von der eigentlichen Aufgabenstellung abzuweichen und neue Perspektiven zu eröffnen.

Beispiel einer Bild-/Materialmappe

4. **Einzelbetrachtung der Bilder** (ca. 30 Min): Ermuntern Sie die Teilnehmer, über den offensichtlichen Inhalt der Bilder hinauszudenken und sich auf unerwartete Verbindungen oder Assoziationen zur Problemstellung zu konzentrieren.

Bieten Sie Unterstützung an und erinnern Sie daran, dass es in dieser Phase keine falschen Antworten gibt.

5. **Brainwriting:** Stellen Sie sicher, dass jeder Teilnehmer ausreichend Karten zur Verfügung hat. Ermutigen Sie die Teilnehmer, ihre Assoziationen und Lösungsansätze pro Idee auf einer Karte festzuhalten, ohne sich selbst zu zensieren.

6. Ideensammlung und Präsentation: Sammeln Sie alle Karten und hängen Sie sie gut sichtbar an eine Wand. Bitten Sie jeden Teilnehmer, kurz seine Idee bzw. Lösungsansatz vorzustellen und den Gedankenprozess dahinter zu erklären.

7. Vertiefende Brainstorming-Phase: Nutzen Sie die bereits gesammelten Ideen als Sprungbrett für weitere Überlegungen.

Fördern Sie eine offene Diskussion und regen Sie die Teilnehmer an, auf den bereits präsentierten Ideen aufzubauen oder sie weiter zu optimieren.

Praxisschlaglicht

Bei größeren Gruppen kann die BBB-Methode auch mit einem Gallery Walk verknüpft werden, bei dem die Ideen auf verschiedene Pinnwände geklebt werden, die im Raum verteilt werden. Die Teilnehmer laufen nun von Wand zu Wand und erweitern die vorhandenen Ideen mit eigenen Lösungsansätzen.

Wirkfeld der Methode

- Wirksam für Herausforderungen mit niedriger Komplexität
- Wirksam für nachhaltiges Produktdesign
- Wirksam für nachhaltiges Prozessdesign
- Wirksam für nachhaltiges Servicedesign

Transformationsfähigkeit Ihres Teams

- Fördert die Teamkreativität
- Fördert die allgemeine Transformationsfähigkeit des Teams
- Fördert grundlegend die Kreativität
- Zahlt auf das Dringlichkeitsempfinden ein

Einsatzcharakteristik/Arbeitsrahmen

- Austauschfokus: vornehmlich mit internen Personen
- Durchführungszeit: eher gering (< 1 Stunde)
- Einsatzfrequenz: vornehmlich im einmaligen Einsatz
- Einsatzradius: vornehmlich im Teameinsatz
- Komplexität für den Moderator: eher mittel
- Komplexität für die Teilnehmer: eher gering
- Teamgröße: Kleingruppe möglich (3 bis 5 Teilnehmer)
- Teamgröße: Mittelgroße Teams möglich (5 bis 20 Teilnehmer)
- Vorbereitungszeit: eher gering (< 1 Stunde)

Input für eine zielführende Arbeit mit der Methode

- Aktuell existierende Produkte und Services
- Aktuelle Herausforderung, Leitfrage, Problem

Output und beobachtete Ergebnisse der Methode

- Erzeugt Ideen, Lösungsansätze, Vorideen, Möglichkeiten
- Erzeugt Ideensuchfelder, unentdeckte Probleme, Inspiration

Hinderniseffekte, auf die die Methode positiv wirkt

- Fördert gehemmte Teammitglieder
- Verkürzt und durchbricht vorhandene Kreativblockaden

Mögliche Extravorteile der Methode

- Möglicher Extravorteil für Teams in einer Komfortsituation
- Möglicher Extravorteil für Teams mit einem starkem Auftragsmandat
- Möglicher Extravorteil für innovativ ungeübte Teams

Quellen

Buch – Das große Handbuch Innovation, B. van Aerssen, C. Buchholz (Vahlen, 2018)

Buch – CREABILITY, M. J. Eppler, F. Hoffmann, R. A. Pfister (Schäffer Poeschel, 2014)

Buch – Kreativitätstechiken, M. Knieß (dtv, 2006)

27

Betroffenheitscards

EinSatzBeschreibung

Die Betroffenheitscards helfen bei der Sensibilisierung von Menschen für mögliche Zukünfte beim aktiven Nichtstun und schaffen damit eine direktes Dringlichkeitsempfinden für nachhaltiges Handeln.

Working Guide/Anwendungsfelder

P1 Sensibilisierung/Bildung	P2 Matching Recht/Gesetz	P3 Sustainability Roadmap	P4 Produkt/Prozessdesign	P5 Implementierung/Monitoring	P6 Kommunikation	P7 Organisation	P8 Führung	P9 Business Model Design	P10 Skalierung
X									

Beschreibung

Im Nachhaltigkeitsthema ist die „Wie betrifft mich das?" Frage eine wesentliche.

Viele Daten und Fakten zum Klimawandel, zur Umweltverschmutzung und zum Artensterben sind vielleicht im ersten Moment des Hörens schockierend und führen auch zu der einen oder anderen Verhaltensänderung, doch einen großen gesellschaftlichen und unternehmerischen Kipppunkt für durchgehend nachhaltiges Handeln haben wir bisher nicht erreicht.

Im Rückschluss bedeutet das, Faktenwissen allein reicht nicht. Wir haben kein Wissensdefizit, wir haben ein Handlungsdefizit.

„Nachhaltige Entwicklung ist eine Entwicklung, die den Bedürfnissen der heutigen Generation entspricht, ohne die Möglichkeiten künftiger Generationen zu gefährden, ihre eigenen Bedürfnisse zu befriedigen." So sieht eine der Definitionen von Nachhaltigkeit aus, bei der sich schon das grundlegende Problem des Handlungsdefizits zeigt. Es geht eben nicht in erster Linie heute um jemanden persönlich, sondern der Blick richtet sich vor allem auf zukünftige Generationen. Es gibt wenig persönliche Anknüpfungspunkte zu möglichen Zukünften – es sei denn, man stellt diese her.

Ein Weg, um Menschen ins Handeln zu bringen, ist eine emotionale Verbindung zu möglichen, durchaus bedrohlichen Zukünften herzustellen. Wir machen klar, wie die aktuellen Entwicklungen Menschen individuell und persönlich betreffen können. Mithilfe der Betroffenheitscards wird ein Dringlichkeitsempfinden hergestellt, um jeden ins Handeln zu bringen.

Aus dem Gefühl der Betroffenheit muss sich dabei ein Verantwortungsgefühl entwickeln. Wohin es nicht führen darf, ist in Angststarre zu verharren oder die Betroffenheit wieder klein zu reden … Dann tut sich nämlich gar nichts.

Die Biodiversitätskrise und Klimakrise werden mittel- bis langfristig für uns und die nächsten Generationen für ein anderes Leben sorgen – und zwar für ein Extremeres. Extremer in seinen Knappheiten, extremer in den klimatischen Bedingungen, extremer in der politischen Instabilität. Mögliche Szenarien im Detail für Menschen aufzumalen, macht diese Szenarien greifbar, verändert Haltungen und treibt ein Umdenken voran.

Die Cards zeigen dabei mögliche Zukünfte beim aktiven Nichtstun. Um ein ganzheitliches Bild zu zeichnen, orientiert sich jedes Zukunftsbild an einem der 17 Sustainable Development Goal (SDG). Dabei werden Möglichkeiten skizziert, wie unsere Welt aussehen könnte, wenn wir es nicht schaffen, diese nachhaltigen Ziele in konsequente Handlungen zu überführen.

Die Cards sind je SDG in kleine Sets unterteilt. Jedes Set zu einem SDG besteht aus 5 Karten:

- 1 Karte mit einer Beschreibung der möglichen Zukunft beim aktiven Nichtstun („Stell dir vor …)
- 3 Karten mit möglichen Folgen (Folge 1 …, Folge 2 …, Folge 3 …)
- 1 Karte mit einem greifbaren persönlichen Szenario („So betrifft die Situation dich in deinem Privatleben" und „So betrifft die Situation dich in deinem Berufsleben")

Achtung: Die Betroffenheitscards bilden *mögliche* Zukünfte ab und sind realistische Annahmen als logische Konsequenzen unserer aktuellen weltweiten Krisen. Keiner kann aber sagen, wann das Klima kippt, wann die Biodiversität kippt, wann die Ozeane kippen und wir mit grundlegend anderen Lebensbedingungen für die Menschheit konfrontiert werden.

Hier eines der Kartensets zu den 17 SDGs:

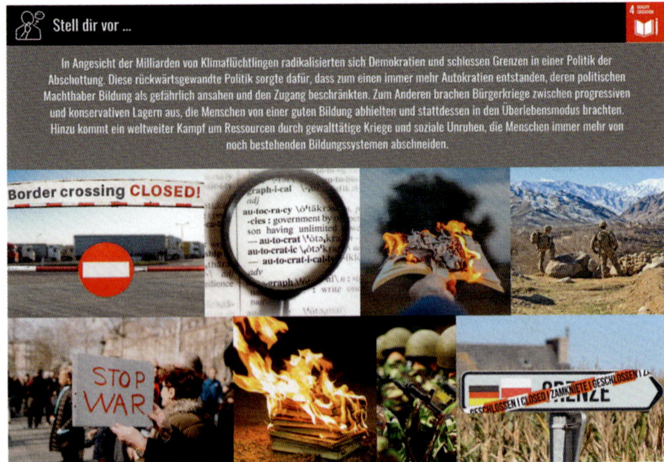

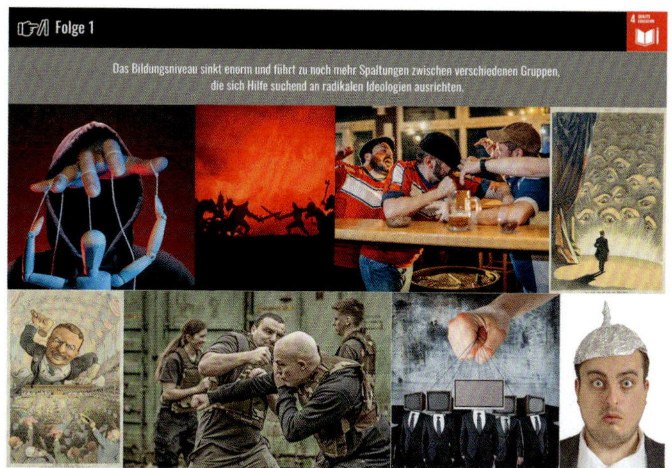

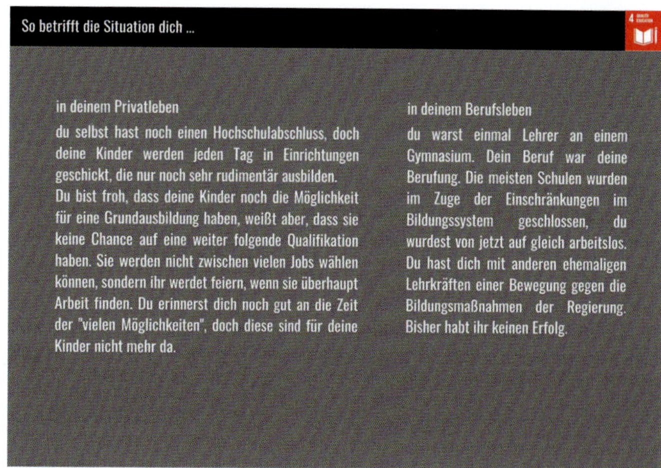
So betrifft die Situation dich ...

in deinem Privatleben

du selbst hast noch einen Hochschulabschluss, doch deine Kinder werden jeden Tag in Einrichtungen geschickt, die nur noch sehr rudimentär ausbilden. Du bist froh, dass deine Kinder noch die Möglichkeit für eine Grundausbildung haben, weißt aber, dass sie keine Chance auf eine weiter folgende Qualifikation haben. Sie werden nicht zwischen vielen Jobs wählen können, sondern ihr werdet feiern, wenn sie überhaupt Arbeit finden. Du erinnerst dich noch gut an die Zeit der "vielen Möglichkeiten", doch diese sind für deine Kinder nicht mehr da.

in deinem Berufsleben

du warst einmal Lehrer an einem Gymnasium. Dein Beruf war deine Berufung. Die meisten Schulen wurden im Zuge der Einschränkungen im Bildungssystem geschlossen, du wurdest von jetzt auf gleich arbeitslos. Du hast dich mit anderen ehemaligen Lehrkräften einer Bewegung gegen die Bildungsmaßnahmen der Regierung. Bisher habt ihr keinen Erfolg.

Betroffenheitscard-Set zu dem SDG 4 „Quality Education" (Quelle: verrocchio Institute)

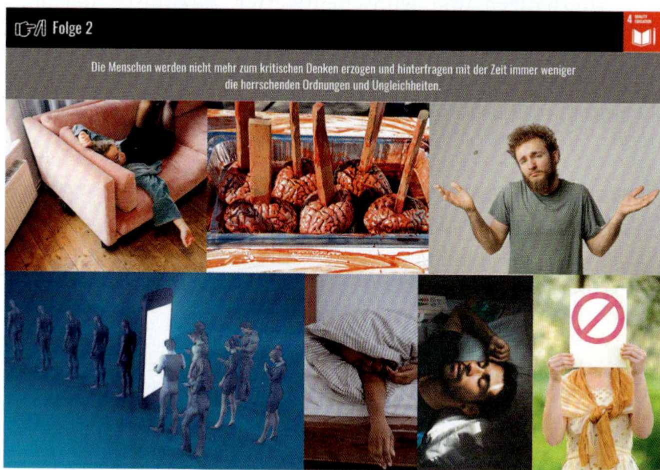

Durchführung

Format 1 – Betroffenheits-Einzelarbeit

Schritt 1: Materialvorbereitung

Bereiten Sie für jeden Teilnehmenden ein ausgedrucktes Set bestehend aus den 5 Karten zu einem der 17 SDGs vor.

Bei 17 Teilnehmenden können Sie jedem Teilnehmenden ein unterschiedliches Set geben, bei mehr Teilnehmenden teilen Sie doppelt aus, bei weniger Teilnehmenden treffen Sie eine Auswahl.

Schritt 2: Einzelarbeit

Bevor Sie die Karten austeilen, machen Sie darauf aufmerksam, dass es sich bei den beschriebenen Zukünften um Möglichkeiten handelt, die eintreten könnten, wenn wir nicht aktiv Gegensteuern.

Jeder Teilnehmende bekommt nun sein Set aus den 5 Karten („Stell dir vor ... – Mögliche Zukunft beim aktiven Nichtstun", „Folge 1, 2, 3", „Persönliche Betroffenheit im Privaten und Berufsleben") ausgeteilt und liest diese still für sich. Betonen Sie, dass die Karten nicht nur überflogen, sondern aktiv und in Ruhe gelesen werden sollen.

Während des Lesens sollen sich die Teilnehmenden mit zwei Reflexionsfragen beschäftigen:

- Was löst dieses Szenario bei dir aus? Schreibe deinen ersten Gedanken ungefiltert auf.
- Welche Möglichkeiten hast du in deinem persönlichen und beruflichen Umfeld, um gegenzusteuern? Schreibe deine Ideen auf.

Schritt 3: Gemeinsame Reflexion

Nun geht es reihum. Jeder Teilnehmende stellt kurz sein Zukunftsbild vor, beschreibt seine ersten Gedanken und aus seiner Sicht Möglichkeiten zum Gegensteuern. Dabei kann auch schon direkt aufeinander eingegangen werden, sodass eine lebhafte Diskussion und Reflexion entstehen.

Achten Sie bei der Moderation der Diskussion darauf, dass sie sich nicht im Kreis dreht, und fragen Sie nach neuen Impulsen aus der Gruppe, wenn sie stockt. Ziel der Reflexion ist, in der Gruppe ein Dringlichkeitsempfinden für aktives Handeln herzustellen und ausgelöste Emotionen in der Gruppe offen zu besprechen.

Schritt 4: Ausblick auf wünschenswerte Zukünfte

Achten Sie darauf: Betroffenheit darf nicht in Apathie und Handlungsstarre abrutschen. Um die Teilnehmenden nicht in ihrer Betroffenheit allein zu lassen, machen Sie sie im Anschluss an die Betroffenheitscards sogleich mit inspirierenden, alternativen und wünschenswerten Zukünften bekannt. Immer folgend dem Leitsatz: Wenn wir jetzt nachhaltig handeln, was ergeben sich dann für positive Zukunftsbilder?

Nutzen Sie dazu bspw. die Methode der Zukunftsreise. Stellen Sie anschließend die (rhetorische) Frage: Was ist uns lieber – die negativen Zukunftsbilder oder die positiven Zukunftsbilder?

Format 2 – Betroffenheits-Gallery Walk

Schritt 1: Materialvorbereitung

Alle 17 Einzelsets werden sichtbar im Raum an die Wände oder an Pinnwände aufgehangen. Je Set werden die Karten in einer Zeile von links nach rechts in Leserichtung aufgehangen:

- Stell dir vor … Mögliche Zukunft beim aktiven Nichtstun
- Folge 1
- Folge 2
- Folge 3
- Persönliche Betroffenheit im Privaten und Berufsleben

Legen Sie zudem für jeden Teilnehmenden Post-its und dicke Makerstifte bereit.

Schritt 2: Gallery Walk

Bevor Sie den Gallery Walk starten, machen Sie darauf aufmerksam, dass es sich bei den beschriebenen Zukünften um Möglichkeiten handelt, die eintreten könnten, wenn wir nicht aktiv Gegensteuern.

Jeder Teilnehmende startet an einer unterschiedlichen Stelle im Raum und liest still für sich alle aufgehangen Betroffenheitscards. Dabei beantwortet er für sich folgende Frage: Welche Potenzialfelder sehe ich in meinem persönlichen Umfeld und/oder in meinem beruflichen Umfeld, um dieser Situation entgegenzuwirken?

Machen Sie diese Reflexionsfrage für alle gut im Raum sichtbar, indem Sie sie bspw. auf ein Flipchart schreiben.

Jeder notiert seine Gedanken zu der Frage auf Post-its, versieht es mit seinem Namenskürzel zur Wiedererkennung und hängt sein Post-it direkt zu der entsprechenden Betroffenheitskarte dazu.

Dabei werden auch schon gleich die Post-its der anderen Teilnehmenden mitgelesen.

Schritt 3: Gemeinsame Reflexion

Versammeln Sie die Teilnehmenden in einem lockeren Halbkreis um sich. Fragen Sie als erstes, was das Lesen der Betroffenheitscards bei den Teilnehmenden ausgelöst hat. Fragen Sie als Nächstes, wie sich das Formulieren des eigenen Wirkbereichs angefühlt hat und was die Eindrücke von den geschriebenen Post-its der anderen Teilnehmenden waren.

Betonen Sie, dass der Zweck der Betroffenheitscards vor allem die Sensibilisierung und das Entwickeln eines Dringlichkeitsgefühl ist. Es geht weniger darum, direkt Lösungen zu finden, sondern vielmehr darum, Motivation zum Handeln zu finden.

Schritt 4: Ausblick auf wünschenswerte Zukünfte

Achten Sie darauf: Betroffenheit darf nicht in Apathie und Handlungsstarre abrutschen. Um die Teilnehmenden nicht in ihrer Betroffenheit allein zu lassen, machen Sie sie im Anschluss an die Betroffenheitscards sogleich mit inspirierenden, alternativen und wünschenswerten Zukünften bekannt. Immer folgend dem Leitsatz: Wenn wir jetzt nachhaltig handeln, was ergeben sich dann für positive Zukunftsbilder? Nutzen Sie dazu bspw. die Methode der Zukunftsreise. Stellen Sie anschließend die (rhetorische) Frage: Was ist uns lieber, die negativen Zukunftsbilder oder die positiven Zukunftsbilder?

Wirkfeld der Methode

- Wirksam für nachhaltiges Marketing
- Wirksam für nachhaltiges Produktdesign
- Wirksam für nachhaltiges Prozessdesign
- Wirksam für nachhaltiges Servicedesign
- Wirksam für nachhaltiges Business Model Design

Transformationsfähigkeit Ihres Teams

- Fördert die Sensibilisierung
- Fördert die allgemeine Transformationsfähigkeit des Teams
- Zahlt auf eine bessere Vorstellungskraft ein
- Zahlt auf das Dringlichkeitsempfinden ein

Einsatzcharakteristik/Arbeitsrahmen

- Austauschfokus: vornehmlich mit internen Personen
- Durchführungszeit: eher gering (< 1 Stunde)
- Einsatzfrequenz: vornehmlich im einmaligen Einsatz
- Einsatzradius: vornehmlich im Teameinsatz
- Komplexität für den Moderator: eher gering
- Komplexität für die Teilnehmer: eher gering
- Teamgröße: Großgruppen möglich (> 50 Teilnehmer)
- Teamgröße: Kleingruppe möglich (3 bis 5 Teilnehmer)
- Teamgröße: Maxigruppen möglich (20 bis 40 Teilnehmer)
- Teamgröße: Mittelgroße Teams möglich (5 bis 20 Teilnehmer)
- Vorbereitungszeit: eher gering (< 1 Stunde)

Input für eine zielführende Arbeit mit der Methode

- Beteiligte Personen mit Tätigkeiten und Aufgaben
- Verschiedene Botschaften, Meinungen, Statements
- Verschiedene Meinungen und Blickwinkel

Output und beobachtete Ergebnisse der Methode

- Erzeugt Nutzenfunktionen und Bedürfniskorridore
- Erzeugt neues Wissen und neue Erfahrungen
- Erzeugt eine Vision oder Zukunftsbild
- Erzeugt größere Klarheit zu einem Thema
- Erzeugt transformationsfähigere Organisationen
- Erzeugt mehr Hintergrundinformationen
- Erzeugt motiviertere und transformationsfähigere Teilnehmer
- Macht Wirkzusammenhänge sichtbar

Hinderniseffekte, auf die die Methode positiv wirkt

- Beugt blinden Flecken/Betriebsblindheit vor
- Dynamisiert und aktiviert wenig dynamische Teams
- Fördert gehemmte Teammitglieder
- Schafft für den Erfolg nötige Realitätsbezüge
- Schwächt Angst vor Neuem (Cainophobie)
- Schwächt das Leben in der Vergangenheit
- Überzeugt Zweifler, Bewahrer, Kritiker

Mögliche Extravorteile der Methode

- Möglicher Extravorteil für Teams in einer Komfortsituation
- Möglicher Extravorteil für Teams mit einer konservativen, tradierten Kultur
- Möglicher Extravorteil für in Nachhaltigkeitsthemen ungeübte Teams

Quellen

Organisation – verrocchio Institute for Innovation Competence AG – Düsseldorf, https://www.verrocchio.institute

Entwicklerinnen der Cards: Christina Westing, Malvine Klecha und Jennifer van Aerssen

Grafik: verrocchio Sustainable Inspiration Card – Malvine Klecha, Hila Attaie und Jennifer van Aerssen (Illustration)

Big Picture Setting

EinSatzBeschreibung

Das „Big Picture Setting“ ist eine Methode, die darauf abzielt, die aktuelle Vision und Mission des Unternehmens für eine nachhaltige Zukunft zu reflektieren.

Working Guide/Anwendungsfelder

P1 Sensibilisierung/Bildung	P2 Matching Recht/Gesetz	P3 Sustainability Roadmap	P4 Produkt/Prozessdesign	P5 Implementierung/Monitoring	P6 Kommunikation	P7 Organisation	P8 Führung	P9 Business Model Design	P10 Skalierung
		X	X			X	X	X	

Beschreibung

Das „Big Picture Setting“ ist eine Methode, die es ermöglicht, einen umfassenden und ganzheitlichen Überblick über eine spezifische Situation, ein Problem oder ein Projekt zu erhalten.

Es handelt sich um einen strategischen Ansatz, bei dem der Fokus darauf liegt, das Gesamtbild zu erfassen und Zusammenhänge zwischen verschiedenen Elementen oder Aspekten zu erkennen. Diese Herangehensweise kann auch in Kombination mit einem zirkulären Geschäftsmodell angewendet werden, um ein ganzheitliches und nachhaltiges Vorgehen bei der Entwicklung eines Geschäftsmodells oder eines Produkt-Service-Konzepts zu fördern.

Durch die Analyse von (ökologischen) Megatrends und Nachhaltigkeitszielen werden die erforderlichen Maßnahmen und Schritte identifiziert, um Wettbewerbsvorteile zu erlangen und gleichzeitig Nachhaltigkeit zu gewährleisten. Diese Untersuchung hilft dabei, Potenziale und Möglichkeiten aufzuzeigen.

Durchführung

Hier sind einige Schritte, wie das „Big Picture Setting“ in Verbindung mit Nachhaltigkeitszielen angewendet werden kann. Für einen guten Überblick oder zur Unterstützung in einem Workshop kann eine Roadmap (siehe Abbildung) erstellt werden. Die sieben verschiedenen Bereiche können nacheinander mit den Ergebnissen gefüllt werden und teilweise aufeinander aufbauen.

1. Schreiben Sie die Vision und Mission des Unternehmens auf.
2. Analysieren Sie interne und externe Kontexte, um ein umfassendes Bild von den Auswirkungen ihrer Aktivitäten auf Umwelt, Gesellschaft und Wirtschaft zu erhalten. Dies kann die Identifikation von Umweltaspekten, sozialen Auswirkungen, Stakeholder-Anforderungen, Markttrends bzw. Megatrends und anderen relevanten Faktoren umfassen.
3. Definieren Sie klare Nachhaltigkeitsziele, die im Einklang mit den relevanten Nachhaltigkeitsagenden wie den Sustainable Development Goals (SDGs) der Vereinten Nationen oder anderen branchenspezifischen Nachhaltigkeitsstandards stehen. Diese Ziele sollten spezifisch, messbar, erreichbar, relevant und zeitgebunden sein und die Prioritäten des Unternehmens in Bezug auf Umwelt, soziale und wirtschaftliche Nachhaltigkeit widerspiegeln.
4. Um die Bedürfnisse Ihrer Kunden in Bezug auf Nachhaltigkeit zu verstehen, können Sie z. B. Umfragen oder direkte Rückmeldungen von Kunden anwenden. Es ist ratsam darauf zu achten, die Bedürfnisse ihrer Kunden kontinuierlich zu ermitteln und zu berücksichtigen, um ihre Produkte und Dienstleistungen entsprechend anzupassen und zu verbessern.
5. Auf Basis des Überblicks kann ein Geschäftsmodell entwickelt werden. Dies kann z. B. die Integration von Kreislaufprinzipien in bestehende Geschäftsmodelle, die Entwicklung von Produktdesigns bzw. Dienstleistungskonzepte für die Kreislaufwirtschaft, die Implementierung von Rücknahmesystemen oder die Schaffung von Partnerschaften für Ressourcenkreisläufe umfassen.
6. Legen Sie fest, mit welchen Partnern/Personen/Organisationen Sie zusammenarbeiten wollen, um Ihre Nachhaltigkeitsziele zu erreichen. Diese können in verschiedenen Bereichen tätig sein, wie z. B. in der Produktion, der Logistik, der Finanzierung, dem Marketing oder der Forschung und Entwicklung. Sie können sowohl Lieferanten als auch Kunden, Joint-Venture-Partner, strategische Allianzen oder öffentliche Institutionen sein.
7. Schließlich ist es wichtig, die entwickelten Maßnahmen zu kommunizieren und in die Praxis umzusetzen. Unternehmen sollten ihre Nachhaltigkeitsziele und -strategien an interne und externe Stakeholder kommunizieren, den Fortschritt überwachen und regelmäßig überprüfen, ob die gesetzten Ziele erreicht werden.

Praxisschlaglicht

Bei der Durchführung eines Workshops zum „Big Picture Setting“ haben wir festgestellt, dass es wichtig ist, den Umfang des Workshops und die organisatorischen Gegebenheiten zu berücksichtigen. Möglicherweise ist es sinnvoll, die relevantesten Ziele vorab auszuwählen.

Zu Beginn des Workshops sollte eine kurze Einführung in die Megatrends gegeben werden, um den Teilnehmenden die Möglichkeit zu geben, sich damit vertraut zu machen. Der Moderator sollte das Ziel der Methode gut verstehen und sicherstellen, dass alle Teilnehmenden ein gemeinsames Verständnis davon haben. Das Ziel besteht darin, eine klare Vision und Mission zu definieren und strategische Ziele zu entwickeln.

Mit Themen wie Megatrends, Nachhaltigkeitszielen und Kenntnissen über Kreislaufwirtschaft sollte der Moderator vertraut sein. Zudem ist eine Agenda gut, die alle relevanten Themen abdeckt und sicherstellt, dass genügend Zeit für Diskussionen und Entscheidungen eingeplant ist.

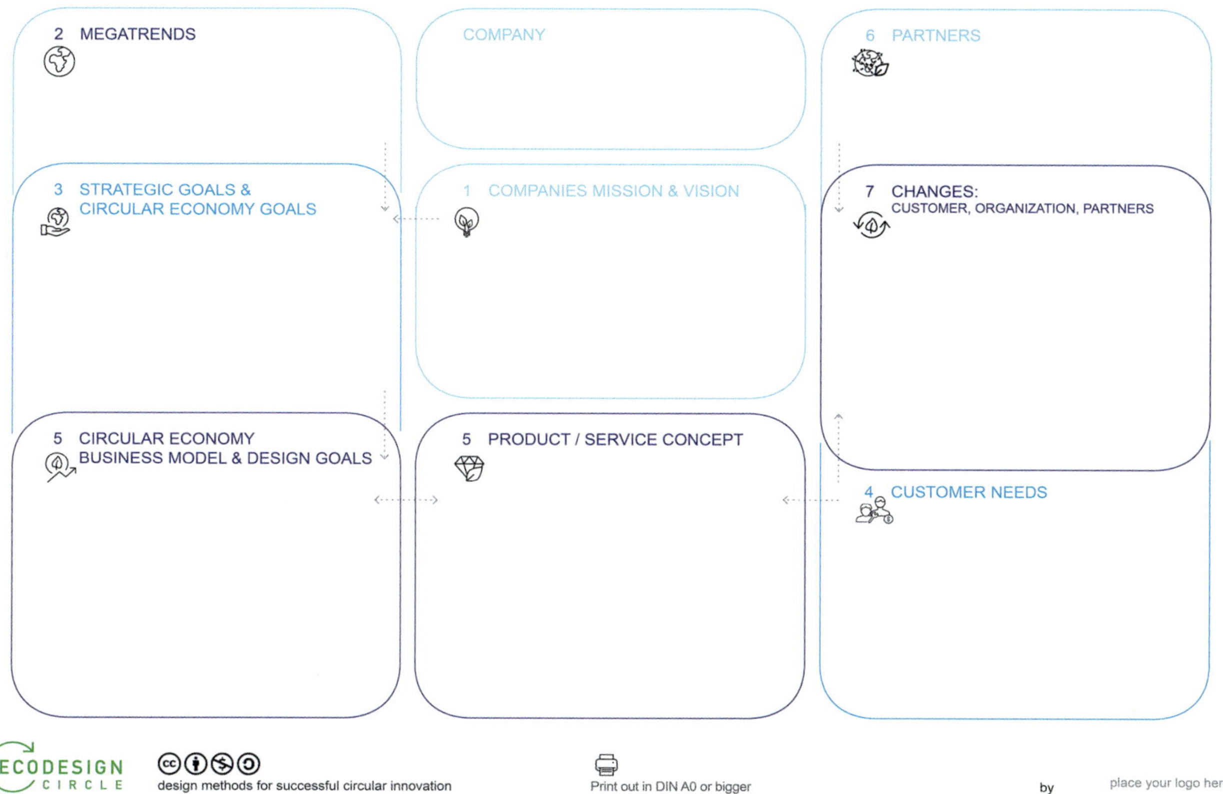

Wirkfeld der Methode

- Wirksam für Herausforderungen mit hoher Komplexität
- Wirksam für nachhaltiges Marketing
- Wirksam für nachhaltiges Produktdesign
- Wirksam für nachhaltiges Servicedesign
- Wirksam für nachhaltiges Business Model Design

Transformationsfähigkeit Ihres Teams

- Umfeldbeobachtungen, Umfeldanalysen

Einsatzcharakteristik/Arbeitsrahmen

- Austauschfokus: vornehmlich mit internen Personen
- Durchführungszeit: eher hoch (> 1 Tag)
- Einsatzfrequenz: vornehmlich über den kompletten Projektzeitraum (zum Ergänzen/Reflektieren)
- Einsatzradius: vornehmlich im Teameinsatz
- Einsatzradius: vornehmlich im unternehmensweiten Einsatz
- Komplexität für den Moderator: eher mittel bis hoch (gute Vorbereitung und inhaltliche Kennnisse nötig)
- Komplexität für die Teilnehmer: eher mittel bis hoch (Methode an sich ist leicht verständlich, die inhaltliche Bearbeitung ist komplex)
- Teamgröße: Kleingruppe möglich (3 bis 5 Teilnehmer)
- Teamgröße: Mittelgroße Teams möglich (5 bis 20 Teilnehmer)
- Vorbereitungszeit: eher hoch (>1 Tag)

Input für eine zielführende Arbeit mit der Methode

- Aktuell existierende Geschäftsmodelle
- Aktuell existierende Produkte und Services
- Aktuelle Herausforderung, Leitfrage, Problem
- Trends und Zukunftsentwicklungen
- Umfeldbeobachtungen, Umfeldanalysen

Output und beobachtete Ergebnisse der Methode

- Erzeugt Planungen und Priorisierungen
- Erzeugt definierte Zielkorridore
- Erzeugt eine Vision oder Zukunftsbild
- Erzeugt größere Klarheit zu einem Thema
- Erzeugt transformationsfähigere Organisationen

Hinderniseffekte, auf die die Methode positiv wirkt

- Schafft schnell Klarheit und beschleunigt Erkenntnisgewinn
- Schwächt das Leben in der Vergangenheit
- Schärft eine fehlende gemeinsame Ausrichtung
- Verhindert blinden Aktionismus
- Verhindert falsche Flughöhen
- Verhindert unreflektiertes agieren
- Verringert zu große Komplexitäten
- Überzeugt strukturliebende Teammitglieder

Mögliche Extravorteile der Methode

- Möglicher Extravorteil für Teams mit einem starkem Auftragsmandat
- Möglicher Extravorteil für innovativ erfahrene Teams
- Möglicher Extravorteil für die Arbeit mit digitalen Kollaborationsboards
- Möglicher Extravorteil für in Nachhaltigkeitsthemen erfahrene Teams

Quellen

KontaktPerson –ronja.scholz@izm.fraunhofer.de
Organisation –EcoDesign Circle
Organisation –Fraunhofer-Gesellschaft, https://www.izm.fraunhofer.de
Web – https://circulardesign.tools
Web – https://www.ecodesigncircle.eu

Grafik: verrocchio Sustainable Inspiration Card – Malvine Klecha, Hila Attaie und Jennifer van Aerssen (Illustration)

Bio-Diversity-Management

EinSatzBeschreibung

Der Vergleich eines arten- und strukturreichen Waldes mit einer Monokultur gibt in der Transfer-Diskussion Impulse zur Bedeutung und Qualität von Diversity-Management in Organisationen, Unternehmen und Teams.

Working Guide/Anwendungsfelder

P1 Sensibilisierung/Bildung	P2 Matching Recht/Gesetz	P3 Sustainability Roadmap	P4 Produkt/Prozessdesign	P5 Implementierung/Monitoring	P6 Kommunikation	P7 Organisation	P8 Führung	P9 Business Model Design	P10 Skalierung
X		X	X		X	X	X		X

Beschreibung

In Wäldern finden sich sehr unterschiedliche „Baum-Teams“: Manche Bestände bestehen nur aus einer Baumart, evtl. sogar aus einer Altersklasse. Andere setzen sich aus mehreren oder sogar vielen Baumarten unterschiedlicher Altersgruppen zusammen. Je größer die Biodiversität und Strukturvielfalt eines Waldes, desto stabiler, plastischer und resilienter ist das entsprechende Ökosystem.

Wichtig für entsprechende Analysen und Diskussionen ist die Kenntnis um die Definition des Begriffs „Biodiversität“. Dieser umfasst nämlich nicht nur die Vielfalt der sehr unterschiedlichen Arten, sondern auch die genetische Vielfalt innerhalb der Arten sowie die Vielfalt der Lebensräume.

Baumarten unterscheiden sich hinsichtlich ihrer Physiologie und ihrer ökologischen Plastizität: Alter, Wuchshöhe, Blätter oder Nadeln, dicke Borke oder dünne Rinde, ihrer Licht- oder Schattverträglichkeit, Flach-, Herz- oder Tiefwurzler, Wasserbedarf, Hitze- und Kälteverträglichkeit – es gibt unzählige Unterschiede, sowohl zwischen den Arten aber auch zwischen den Individuen.

Gerade die genetische Vielfalt sowie die Struktur- und Habitatvielfalt sind von besonderer Bedeutung, wenn es um die Stabilität und Resilienz von Ökosystemen geht. Die „Bio-Diversität“ in Ökosystemen stellt nicht nur eine wichtige Risikovorsorge, sondern auch einen Resilienzvorteil dar. Sie erhöht die Chance, dass bei Umfeldveränderungen oder Katastrophen-Ereignissen das System überlebensfähig ist, da es breit aufgestellt, über verschiedene Überlebens- und Anpassungs-Optionen und damit auch über einen Plan B verfügt. Monotone, arten- und strukturarme Wälder können zwar hoch produktiv sein, sind aber höchst anfällig bei Katastrophen, Kalamitäten und Umfeldveränderungen. Wie das flächenhafte Absterben der Fichte zeigt, sind solche Bestände vor dem Hintergrund des Klimawandels stark gefährdet bis existenzbedroht und haben keine Zukunft mehr.

Diese Beobachtungen und Analysen bezüglich verschiedener Baumarten und Waldtypen lassen sich in vielerlei Hinsicht auf uns Menschen übertragen, sind wir doch als „Säugetiere“ nicht nur ein Bestandteil der Biodiversität, sondern ähneln in unserem Verhalten als Gruppen wie auch als Individuen oftmals in frappierender Weise unseren wildlebenden Verwandten. Die naturwissenschaftliche Definition und Differenzierung von Biodiversität gilt daher auch für uns Menschen.

Diversity-Management bedeutet zunächst ja nichts anderes, als die individuelle Vielfalt der Menschen zu erkennen, zu managen und möglichst in einer dem System förderlichen Art und Weise zu nutzen. So arbeiten Teams an komplexen Fragestellungen dann effektiv und erfolgreich, wenn sie aus einer Vielzahl heterogener Persönlichkeits- und Rollentypen bestehen und dadurch im Rahmen kooperativen Arbeitens auch heterogene Sichtweisen und Kompetenzen einbringen können.

Plenterwald, Mischwald im Schwarzwald (Foto Dr. Stefan Rösler)

Fichten-Monokultur in Oberschwaben (Foto Dr. Stefan Rösler)

Je nach Projekt und Fragestellung ist natürlich zu unterscheiden, ob eher eine Gruppe aus Spezialisten, aus Generalisten oder eine gemischte Gruppe die Thematik am erfolgreichsten bearbeiten kann. Auch in der Natur leben Spezialisten und Generalisten oft nebeneinander und miteinander im Ökosystem und können dadurch den Lebensraum und dessen Ressourcen effizient und ohne unnötig große Konkurrenz nutzen.

Diversität im Team zu fördern und dadurch Diversity-Merkmale wie Geschlecht, Ethnie, Alter, Behinderung, sexuelle Orientierung und Religion vielfältig und gezielt einzusetzen kann je nach Art der Herausforderung erhebliche Vorteile im Vergleich zu monostrukturellen Organisationen und Teams bringen. Wie im Ökosystem Wald ist auch das Ökosystem der Menschen in der jeweiligen Organisation oder im Team stabiler, flexibler und resilienter, wenn es möglichst divers ist. Aktiv Diversität im Team zu fördern, trägt dazu bei, mehrdimensional, interdisziplinär und auch außerhalb der eingefahrenen Argumentationsmuster zu denken und zu planen.

Dies erklärt auch die Nachhaltigkeitsrelevanz von Bio-Diversity-Management: Vielfalt ist nicht nur ein in der Evolution bewährter, für das Überleben existenzieller Wert an sich. Vielfalt trägt auch dazu bei, komplexe Probleme besser zu durchdringen, zu verstehen und passende und möglichst langfristig tragbare Lösungen zu entwickeln.

Durchführung

Diese Outdoor-Transferübung wird im Wald durchgeführt, wo das Thema Diversity Management anschaulich in einem realen Ökosystem beobachtet und im Transfer diskutiert werden kann.

Die Übung läuft nach folgenden Schritten ab:

- Zunächst wird in einem Wald eine Stelle mit möglichst artenreichem und strukturreichem Baumbewuchs und Pflanzenbestand gesucht.
- Der erste Blick auf den Boden lässt erkennen, ob dieser kahl oder bewachsen ist und ob eher Flechten, Moose oder Pflanzen dominieren. Bei genauerer Betrachtung wird deutlich, dass je nach Beschaffenheit des konkreten Kleinstandorts (z. B. Laubholz, Nadelholz, Licht, Schatten, feuchte Senke, steiniger Untergrund, viel Laub, Humus, liegendes Totholz) viel oder wenig Pflanzenwuchs und mehr oder weniger verschiedene Arten in unterschiedlichen Entwicklungsstadien und Wuchshöhen vorkommen.
- Der Blick auf Augenhöhe zeigt zunächst die Stämme von Bäumen und deren Abstand zueinander. Bei entsprechenden Vorkenntnissen lassen sich anhand der Rinde zudem auch die Baumarten erkennen. Je nach Baumbestand und Standort findet sich zusätzlich eine Unter- und Zwischenschicht aus Farnen, Stauden, Sträuchern und jungen bzw. mittelalten Bäumen.
- Der Blick nach oben in die Baumkronen zeigt, welche Baumarten und Individuen die Oberschicht prägen, wie ausladend deren Kronen sind und wie vital die Bäume sind.
- Nach der jeweiligen Einzelbetrachtung der drei Ebenen am Boden, auf Augenhöhe und im Kronenraum wird nun der gesamte Pflanzen- und Baumbestand über alle Ebenen hinweg visuell gescannt und die Horizontalstruktur, Vertikalstruktur, Diversität und Vitalität des Gesamtbestands an diesem Standort bewusst wahrgenommen.
- Nun geht es konkret um die Situation, das Verhältnis und die Interaktion zwischen den beteiligten Pflanzen und Bäumen. Wer profitiert von wem, wer bedrängt wen, wer konkurriert und wer kooperiert. Wer dominiert, wer steht im Wartestand, wem gehört die Zukunft, wer zeigt Vitalitätsverluste und wer nähert sich dem Absterbeprozess oder ist bereits abgestorben?
- Der Klimawandel betrifft Natur und Mensch gleichermaßen und erfordert Anpassungsstrategien und Veränderungsbereitschaft. Die Komplexität und Vielschichtigkeit der Problematik erfordern eine ebenso vielschichtige und diverse Betrachtungsweise. Und damit ein Diversity-Management, das analytische Fähigkeiten und Sozialkompetenz, Innovationsbereitschaft und Wertebewusstsein zusammenführt.

Die abschließende Transferdiskussion widmet sich noch einmal der Parallelität zwischen dem Ökosystem Wald und dem Ökosystem Mensch. Die Vielfalt der Arten und Individuen im Wald und ihr Zusammenspiel im Ökosystem lassen sich in vielerlei Hinsicht mit der Heterogenität und Individualität der Menschen in Gesellschaft, Wirtschaft, Team und Familie vergleichen. Was sind aktuelle Problemfelder oder Beispiele aus dem Teilnehmer-Kreis, für deren Bearbeitung oder Bewältigung Diversity-Management relevant sein könnte?

Praxisschlaglicht

Das aktuelle Eschentriebsterben wird durch einen aus Ost-Asien eingeschleppten Schlauchpilz verursacht, der mittlerweile die

Eschenbestände in nahezu ganz Europa befallen hat. Dieser Pilz trägt den harmlos klingenden Namen „Falsches Weißes Stengelbecherchen". Er führt zu einem schnellen Absterben von Eschentrieben und dadurch in kurzer Zeit zum Absterben von Bäumen jeden Alters sowie ganzer Eschenbestände.

Da die Esche eine der klimaplastischen heimischen Baumarten ist, wurde ihr bis vor wenigen Jahren eine wichtige Rolle bzgl. des Waldumbaus in klimastabile Bestände zugedacht. Aufgrund des Absterbens alter und junger Eschen entstehen nun aber in ganz Europa Bestandslücken und Instabilitäten innerhalb gemischter Baumbestände. Unabhängig von Waldbesitzern und Förstern, die sich Gedanken um kurzfristige waldbauliche Alternativen machen, ist auch das Ökosystem Wald selbst in Bewegung und reagiert auf die veränderte Situation. Wie bei jeder Veränderung und bei jedem Absterbeprozess gibt es sowohl Verlierer als auch Gewinner. Verlierer, die aufgrund des Eschensterbens ihren Schutz oder ihre Stabilität verlieren. Und Gewinner, die den neuen Raum und das Licht als Chance nutzen, um selbst unbeeinträchtigt wachsen und ihre Position stärken und verbessern zu können.

Dabei besteht durchaus die Wahrscheinlichkeit, dass aufgrund der genetischen Diversität der Baumart Esche einzelne Eschen robust oder sogar resistent gegen den Pilz sind und sich aus diesen Eschen eine neue Generation von Eschen entwickeln kann.

Die spannende Transferfrage, die sich daraus ergibt, ist die Art des Umgangs mit Veränderungen und Krisen, welche Chancen aus ihnen erwachsen und inwiefern die Diversität sich verändert bzw. auch das Diversitäts-Management anzupassen ist.

Helfende Organisation

www.hausdeswaldes.de

Wirkfeld der Methode

- Wirksam für Herausforderungen mit mittlerer Komplexität
- Wirksam für nachhaltiges Personalmanagement
- Wirksam für Erschließen der kollektiven Intelligenz
- Wirksam für nachhaltige Teamentwicklung

Transformationsfähigkeit Ihres Teams

- Fördert die Sensibilisierung
- Fördert die Agilität eines Teams
- Fördert die Teamkreativität
- Fördert die allgemeine Transformationsfähigkeit des Teams
- Fördert grundlegend die Kreativität
- Fördert offene Mindsets und innovative Denkhaltungen
- Sorgt für Inspiration oder bessere Inspirationsempfindlichkeit
- Zahlt auf eine bessere Vorstellungskraft ein
- Zahlt auf eine bessere Wahrnehmung ein
- Zahlt auf ein positives Zukunftsbild ein
- Erhöht die Lösungsorientierung

Einsatzcharakteristik/Arbeitsrahmen

- Austauschfokus: vornehmlich mit internen Personen
- Durchführungszeit: eher mittel (> 1 Stunde bis < 1 Tag)
- Einsatzfrequenz: sinnvoll im dauerhaften Einsatz
- Einsatzfrequenz: vornehmlich über den kompletten Projektzeitraum
- Einsatzradius: sowohl im Teameinsatz, im projektweiten Einsatz als auch im unternehmensweiten Einsatz
- Komplexität für den Moderator: eher mittel
- Komplexität für die Teilnehmer: eher mittel
- Variable Teamgröße: Von Kleingruppe (3 bis 5 Teilnehmer) über mittelgroße Teams (5 bis 20 Teilnehmer) bis zu Maxigruppen sinnvoll und möglich (20 bis 40 Teilnehmer)
- Vorbereitungszeit: eher gering (< 1 Stunde)

Input für eine zielführende Arbeit mit der Methode

- Aktuelle Herausforderung, Leitfrage, Problem
- Beteiligte Personen mit Tätigkeiten und Aufgaben
- Verschiedene Botschaften, Meinungen, Statements
- Verschiedene Meinungen und Blickwinkel
- Vorhandenes Wissen und Erfahrungen

Output und beobachtete Ergebnisse der Methode

- Bessere Projekteffizienz, bessere Teamperformance
- und Aussagen
- Erzeugt eine Vision oder Zukunftsbild
- Erzeugt größere Klarheit zu einem Thema
- Erzeugt transformationsfähigere Organisationen
- Erzeugt mehr Agilität im Team
- Erzeugt mehr Know-how-Zuwachs
- Erzeugt motiviertere und transformationsfähigere Teilnehmer
- Macht Wirkzusammenhänge sichtbar

Hinderniseffekte, auf die die Methode positiv wirkt

- Beugt blinden Flecken/Betriebsblindheit vor
- Bewahrt vor zu generischen Ideen und Aussagen
- Dynamisiert und aktiviert wenig dynamische Teams
- Fördert die Agilität der Teilnehmer
- Schärft eine fehlende gemeinsame Ausrichtung
- Stärkt das Vertrauen im Team
- Verhindert einseitige Bewertungen und Entscheidungen
- Verhindert unreflektiertes agieren
- Wirkt fehlender Inspiration entgegen
- Fördert Optimismus und Zuversicht

Mögliche Extravorteile der Methode

- Möglicher Extravorteil für Teams in Krisen-, Veränderungs-, Gründungs- und Wachstumssituationen
- Möglicher Extravorteil für Teams mit einer konservativen, tradierten Kultur
- Möglicher Extravorteil für in Nachhaltigkeitsthemen ungeübte Teams

Quellen

Buch – Denken und Handeln in Ökosystemen. Ein strategischer Ansatz für Wirtschaft und Gesellschaft: Klaus-Stephan Otto, Stefan Rösler und Tina Teucher. In: Nachhaltiges Management (Springer, 2019: 183-209)

Person – Dr. Stefan Rösler, roesler@oecoach.de

30

Biomimicards

EinSatzBeschreibung

Die „Biomimicards“ sind ein Kartenset zum Verständnis von Biomimicry mit der Zielsetzung, von der Natur für Innovationen zu lernen.

Working Guide/Anwendungsfelder

P1 Sensibilisierung/Bildung	P2 Matching Recht/Gesetz	P3 Sustainability Roadmap	P4 Produkt/Prozessdesign	P5 Implementierung/Monitoring	P6 Kommunikation	P7 Organisation	P8 Führung	P9 Business Model Design	P10 Skalierung
X			X						

Beschreibung

Biomimicry (auch Biomimetik genannt) bezieht sich auf die Anwendung von Prinzipien, Strukturen und Prozessen aus der Natur, um innovative Lösungen für menschliche Herausforderungen zu finden. Biomimicards sind Karten, die spezifische biologische Organismen oder Systeme darstellen und Informationen darüber liefern, wie diese Organismen bestimmte Aufgaben bewältigen.

Jede Biomimicard enthält eine Abbildung oder eine Beschreibung eines Organismus sowie Angaben zu den besonderen Eigenschaften oder Fähigkeiten, die ihn auszeichnen. Dies können bspw. Anpassungen an extreme Umgebungen, effiziente Energieumwandlung, effektive Bewegungsmechanismen oder ausgeklügelte Kommunikationssysteme sein.

Das Ziel der Biomimicards besteht darin, Ingenieuren, Designern und anderen Kreativen Inspiration zu bieten, um auf natürliche Weise entwickelte Lösungen auf ihre eigenen Herausforderungen zu übertragen. Studieren wir die Funktionsweise von Organismen, können wir innovative Technologien oder Designs entwickeln, die nachhaltiger, effizienter und widerstandsfähiger sind.

Die Biomimicards dienen als visuelle und informative Ressource, um das Verständnis für die vielfältigen Möglichkeiten der Natur zu fördern und das Design und die Entwicklung von Produkten oder Systemen zu verbessern. Sie können in Workshops, Brainstorming-Sitzungen oder Bildungsprogrammen eingesetzt werden, um das Bewusstsein für die Anwendung der Biomimicry zu schärfen und die Kreativität bei der Lösung von Problemen zu fördern.

Durch die Nutzung der Biomimicards können Designer und Ingenieure von den Millionen Jahren der Evolution profitieren und die erstaunliche Effizienz und Anpassungsfähigkeit der natürlichen Welt auf menschliche Anwendungen übertragen.

Dieses Vorgehen fördert die Zusammenarbeit zwischen den Teilnehmenden, fördert Innovation und gemeinsames Bauen auf einfache und unterhaltsame Weise. Biomimicards decken verschiedene Themenfelder wie Luft, Energie, Wasser, Ton und Licht ab und bieten Inspiration für viele Anwendungsbereiche wie Verkehr, Bauwesen, Gesundheit, Energie, Verpackung usw.

Das Tool eignet sich für das Design von neuen, aber auch für die Überarbeitung von bestehenden Produkten & Prozessen.

Durchführung

Schritt 1: Vorbereitung

Besorgen Sie sich ein Set von Biomimicards. Diese können entweder physische Karten sein oder digitale Versionen, die auf einem Computer oder Tablet verfügbar sind. Stellen Sie sicher, dass Sie und Ihr Team Zugang zu weiterführenden Informationen über die auf den Karten dargestellten Organismen haben.

Schritt 2: Herausforderung definieren

Definieren Sie das Problem oder die Herausforderung, an der Sie arbeiten möchten. Es kann sich um ein technisches Problem, ein Designproblem oder eine andere Art von Herausforderung handeln, bei der Sie nach kreativen, klugen und nachhaltigen

LOTUS

WATER

HYDROPHOBIC: The microscopic structure of the lotus leaf with buds covered with wax reduces the contact surface and water adhesion, allowing self-cleaning without detergent or not energy.

Biomimicard von www.biomimicards.com

Lösungen suchen. Stellen Sie sicher, dass alle Teilnehmenden ein gemeinsames Verständnis davon haben.

Formulieren Sie am besten Ihre Herausforderung als Frage:

- Was ist das spezifische Problem, das wir zu lösen haben?
- Welche Hindernisse und Schwierigkeiten treten in der aktuellen Situation auf?
- Wie könnte die ideale Lösung aussehen?
- Welche Kriterien müssen erfüllt werden?
- …

Schritt 3: Auswahl relevanter Biomimicards

Verteilen Sie die vorhandenen Biomimicards gleichmäßig an die Teilnehmenden. Im ersten Schritt lassen Sie die Gruppe jene Karten auswählen, die für die Herausforderung relevant sein könnten. Zum Beispiel, wenn die Herausforderung darin besteht, eine effiziente Verpackungslösung zu finden, könnten Karten, die Organismen mit besonderen Schutzhüllen oder Strukturen darstellen, nützlich sein. Denken Sie weit und versuchen Sie nicht, sich zu sehr einzuengen.

Schritt 4: Analyse der Biomimicards

Verteilen Sie die ausgewählten (für die Herausforderung relevanten) Karten gut sichtbar auf einem Tisch oder einem virtuellen Board. Nun lassen Sie die Teilnehmenden/Experten jeweils eine Karte ziehen.

Bitten Sie die Teilnehmenden in Einzelarbeit, die Abbildung auf der Karte zu betrachten und die Beschreibung/die Informationen über die besonderen Eigenschaften und Fähigkeiten durchzulesen, um anschließend zu analysieren, wie diese Eigenschaften dem Organismus helfen, ähnliche Herausforderungen oder Probleme in seiner natürlichen Umgebung zu bewältigen.

Nachdem alle Teilnehmenden ihre Karte analysiert haben, lassen Sie die Teilnehmenden der Reihe nach ihre Learnings aus der Natur vor der Gruppe präsentieren.

Notieren oder skizzieren Sie erste Ideen (Vorideen), die während der Analyse entstehen, und sammeln Sie diese auf einem Board.

Schritt 5: Ideenentwicklung

Im nächsten Schritt gilt es, aus den Learnings und den Vorideen aus Schritt 4 konkrete Lösungsansätze zu entwickeln.

Bilden Sie hierfür 2er Gruppen. Die Teams lassen sich nun von den Eigenschaften und Fähigkeiten der Organismus inspirieren und generieren konkrete Lösungsansätze für die Herausforderung. Dabei fragen sie sich, wie sie die Prinzipien, Strukturen oder Prozesse des Organismus nutzen können, um das Problem zu lösen oder die ersten Ideen zu verbessern.

Es werden alle Ideen, die den Teilnehmenden in den Sinn kommen, von ihnen notiert, ohne sie zu bewerten.

Sammeln Sie diese gut sichtbar auf einem Board.

Wiederholen Sie Schritt 3 und 4, indem die Teilnehmenden weitere Biomimicards ziehen und analysieren, um die Ideen zu erweitern und neue Perspektiven zu gewinnen. Experimentieren Sie mit verschiedenen Organismen und ihrer Anpassungen, um unkonventionelle Lösungsansätze zu entdecken.

SEA SPONGE

LIGHT

OPTICAL FIBER: Extremely flexible fibres of sea sponge, made at low temperature, transmit light more effectively than current fibre optics that need very high temperatures and very expensive equipment.

Biomimicard von www.biomimicards.com

GECKO

AIR

SUCTION: The gecko has gills under its fingers that allow it to climb on any surface, including the smoothest surface, just like suction bads.

Biomimicard von www.biomimicards.com

Schritt 6: Bewertung und Auswahl der vielversprechendsten Ideen

Nach der Ideengenerierung bewerten und diskutieren Sie die gesammelten Ideen gemeinsam mit allen Teilnehmenden. Identifizieren Sie die vielversprechendsten Ansätze, die das Potenzial haben, die Herausforderung zu lösen oder zu verbessern. Diskutieren Sie deren Machbarkeit und Auswirkungen im Hinblick auf die Kreislaufwirtschaft und Nachhaltigkeit.

Schritt 7: Vertiefung und Ausarbeitung der ausgewählten Konzepte

Falls Zeit und Ressourcen es erlauben, können Sie ausgewählte Konzepte weiter vertiefen. Ermutigen Sie die Teilnehmenden, Prototypen zu entwickeln, Simulationen durchzuführen oder detailliertere Konzepte auszuarbeiten. Dies ermöglicht eine praktischere Anwendung der biomimetischen Ansätze und fördert die Umsetzung in konkrete Lösungen.

Praxisschlaglicht

Ask Nature ist ein Portal mit einer umfassenden Kollektion von biologischen Strategien und bietet eine Reihe von Inspirationen und einen Überblick über Innovationen, die von der Natur inspiriert sind. Nachfolgend ein Beispiel zu Windkraftanlagen:

„Windkraftanlagen der Universität Paris-Sorbonne sind flexibel, um den Luftwiderstand zu reduzieren und einen stärkeren Schlag zu erzeugen.

Die Herausforderung

Berichte der Internationalen Energieagentur (IEA) und der Organisation für wirtschaftliche Zusammenarbeit und Entwicklung (OECD) gehen davon aus, dass die Windenergie bis 2050 etwa 12 Prozent der gesamten auf der Erde erzeugten elektrischen Energie ausmachen wird. Windkraft erzeugt nur 4 Prozent der weltweiten Energie. Es wird wichtig sein, die Kosten für Turbinen zu senken und genügend Windparks zu entwickeln, aber um den weltweiten Energiebedarf in den kommenden Jahrzehnten nachhaltig zu decken, muss die Windenergietechnologie selbst verbessert werden. Aktuelle Windturbinen sind nur dann effizient, wenn Windgeschwindigkeit und Turbinenlast mit den Bedingungen übereinstimmen, für die die Blätter ausgelegt wurden. Somit wird die Energieerzeugung bei unterschiedlichen oder schwankenden Bedingungen nicht maximiert.

Innovationsdetails

Die Turbinenblätter sind elastisch und bestehen aus einem biegsamen Material namens Polyethylenterephthalat, das es ihnen ermöglicht, sich zu verändern, wenn sie unterschiedlichen Windbedingungen ausgesetzt sind. Wenn sich die Blätter verändern, ändern sich die Winkel, in denen der Wind durch die Blätter strömt, wodurch die Stromerzeugung optimiert wird. Bei hohen Windgeschwindigkeiten waren die Blätter weniger anfällig für Beschädigungen, und bei niedrigen Windgeschwindigkeiten konnten die Blätter den ankommenden Wind besser nutzen. Indem die Turbine bei Windgeschwindigkeiten außerhalb des idealen Bereichs effizient betrieben werden kann, haben die elastischen Turbinen die umgewandelte Energierate um bis zu 35 Prozent erhöht.

Biomimicry-Geschichte

Insektenflügel bestehen aus Nagelhaut, weshalb Insekten ihre Flügel im Vergleich zu anderen Fliegern weniger durch Muskelbewegungen anpassen können. Um dies auszugleichen, haben einige Insekten wie Bienen und Libellen flexible Flügel, die so konstruiert sind, dass sie ihre Form als Reaktion auf physikalische Kräfte auf aerodynamisch wirksame Weise ändern. Diese Flexibilität reduziert den Luftwiderstand, verbessert die Geschwindigkeit und schützt vor einer allmählichen Verschlechterung des Flügels."

Wirkfeld der Methode

- Wirksam für nachhaltiges Produktdesign
- Wirksam für nachhaltiges Prozessdesign
- Wirksam für nachhaltiges Servicedesign

Transformationsfähigkeit Ihres Teams

- Fördert die Sensibilisierung
- Fördert die Teamkreativität
- Fördert grundlegend die Kreativität
- Fördert offene Mindsets und innovative Denkhaltungen
- Sorgt für Inspiration oder bessere Inspirationsempfindlichkeit
- Zahlt auf eine bessere Vorstellungskraft ein
- Erhöht die Lösungsorientierung

Einsatzcharakteristik/Arbeitsrahmen

- Austauschfokus: vornehmlich mit internen und externen Personen
- Durchführungszeit: eher hoch (> 1 Tag)
- Einsatzfrequenz: vornehmlich über den kompletten Projektzeitraum
- Einsatzradius: vornehmlich im Teameinsatz
- Einsatzradius: vornehmlich im projektweiten Einsatz
- Komplexität für den Moderator: eher gering
- Komplexität für die Teilnehmer: eher hoch
- Teamgröße: Einzelpersonennutzung möglich
- Teamgröße: Kleingruppe möglich (3 bis 5 Teilnehmer)
- Teamgröße: Mittelgroße Teams möglich (5 bis 20 Teilnehmer)
- Vorbereitungszeit: eher mittel (> 1 Stunde bis < 1 Tag)

Input für eine zielführende Arbeit mit der Methode

- Aktuell existierende Produkte und Services
- Aktuelle Herausforderung, Leitfrage, Problem
- Angereicherte Ideen, Ideencluster oder höher integrierte Lösungen
- Ideen, Lösungsansätze, Vorideen, Varianten
- Produktmerkmale, Skizzen, Eigenschaften

Output und beobachtete Ergebnisse der Methode

- Erzeugt Ideen, Lösungsansätze, Vorideen, Möglichkeiten
- Erzeugt angereicherte Ideen, Ideencluster, höher integrierte Lösungen

Hinderniseffekte, auf die die Methode positiv wirkt

- Stärkt schwache Anreicherungsskills
- Verhindert Ideenfindung mit zu schwacher Erkenntnisgrundlage
- Verkürzt und durchbricht vorhandene Kreativblockaden
- Wirkt fehlender Inspiration entgegen

Mögliche Extravorteile der Methode

- Möglicher Extravorteil für innovativ erfahrene Teams
- Möglicher Extravorteil für die Arbeit mit digitalen Kollaborationsboards
- Möglicher Extravorteil für in Nachhaltigkeitsthemen erfahrene Teams

Quellen

Web – https://circulab.academy/circular-economy-tools/biomimicards/, Juni 2023
Web – https://asknature.org/collections/, Juni 2023
Web – https://biomimicards.com/, Juni 2023

Grafik: verrocchio Sustainable Inspiration Card – Malvine Klecha, Hila Attaie und Jennifer van Aerssen (Illustration)

31

Boundary Shifting

EinSatzBeschreibung

Beim Boundary Shifting gilt es, Problemgrenzen zu verschieben, um Lösungen in einem weiteren oder anderen Wissens- oder Anwendungsfeld zu finden.

Working Guide/Anwendungsfelder

P1 Sensibilisierung/Bildung	P2 Matching Recht/Gesetz	P3 Sustainability Roadmap	P4 Produkt/Prozessdesign	P5 Implementierung/Monitoring	P6 Kommunikation	P7 Organisation	P8 Führung	P9 Business Model Design	P10 Skalierung
			X						

Beschreibung

In der Entwicklung von nachhaltigen Produkten und Services ist häufig eine besondere Problematik die bereits vorhandene Expertise der Produktentwickler und die bestehenden Produktkategorien. Boundary Shifting kann bei der Entwicklung nachhaltiger Produkte und Dienstleistungen besonders nützlich sein, da es Unternehmen ermöglicht, über die traditionellen Grenzen eines Produkts oder Dienstes hinauszudenken und das gesamte Ökosystem oder den Lebenszyklus eines Produkts in Betracht zu ziehen.

Durchführung

Beispiel: Ein Bekleidungshersteller

Nehmen wir an, ein Bekleidungshersteller möchte nachhaltigere Produkte entwickeln. Das traditionelle Problem wäre: „Wie können wir stilvolle Kleidung herstellen, die sich gut verkauft?“

Boundary Shifting in diesem Kontext könnte so aussehen:

Erweiterung des Problemraums:

Anstatt nur das Endprodukt zu betrachten, denkt der Hersteller über den gesamten Lebenszyklus der Kleidung nach, von der Materialgewinnung bis zur Entsorgung durch den Endverbraucher.

Materialbeschaffung:

Statt konventioneller Materialien könnte der Hersteller recycelte oder biologisch abbaubare Materialien in Betracht ziehen. Dies erfordert das Denken über die Grenzen des traditionellen Produktionsprozesses hinaus.

Produktion:

Der Hersteller könnte innovative Produktionsmethoden erforschen, die weniger Wasser oder Energie verbrauchen. Hier wäre es wichtig, über die Grenzen traditioneller Produktionsmethoden hinauszudenken.

Produktlebensdauer:

Anstatt Kleidung zu produzieren, die nach wenigen Wäschen verschleißt, könnte der Hersteller langlebigere Kleidung herstellen, die den Bedarf an Neukäufen reduziert.

Rücknahmeprogramme:

Der Hersteller könnte Programme einführen, bei denen Kunden ihre alten Kleidungsstücke zurückgeben können, um sie zu recyceln oder aufzuarbeiten.

Aufklärung:

Das Unternehmen könnte den Bildungsaspekt in den Vordergrund rücken und Kunden darüber informieren, wie sie ihre Kleidung richtig pflegen, um die Lebensdauer zu verlängern.

Durch die Anwendung von Boundary Shifting kann der Bekleidungshersteller also weit über die einfachen Grenzen der Her-

Grenzen verschieben (© NEU | ARAG SE – Team Space Düsseldorf)

stellung und des Verkaufs von Kleidung hinausdenken und nachhaltigere Produkte und Dienstleistungen entwickeln, die nicht nur umweltfreundlicher, sondern auch wirtschaftlich sinnvoll sind.

In einem ersten Schritt werden im Workshop hierfür zunächst die wesentlichen Kriterien identifiziert, die innerhalb eines Projekts (Produkts) erfüllt werden müssen. Neben klassischen Kriterien wie z. B. Usability oder Convenience werden auch nachhaltige Kriterien mit einbezogen. Bei dem besprochenen Kleidungshersteller könnte dies sein

z. B. die Kriterien:

- Kleidung wird wiederverwendet
- Kunden lernen etwas über nachhaltige Kleiderherstellung
- Die Kleidung hält deutlich länger
- Die Produktion nutzt deutlich weniger Wasser

Damit entstehen Fragestellungen, die im zweiten Schritt mit unterschiedlichen Ideenfindungsmethoden bearbeitet werden.

Dadurch werden Lösungsalternativen gesucht, indem die festgelegten Grenzen der Anwendungswahrnehmung verschoben und andere Wissensbereiche in die Analyse einbezogen werden.

Praxisschlaglicht

Eine Herausforderung für den Moderator kann es sein, die Teilnehmer des Workshops zu motivieren, über die normalen Anwendungsgrenzen des Produktes/des Services hinauszudenken. Hier kann ein diverses Team helfen, das nicht nur aus Produktexperten besteht.

Wirkfeld der Methode

- Wirksam für Herausforderungen mit mittlerer Komplexität
- Wirksam für Herausforderungen mit niedriger Komplexität
- Wirksam für nachhaltiges Marketing
- Wirksam für nachhaltiges Produktdesign
- Wirksam für nachhaltiges Prozessdesign
- Wirksam für nachhaltiges Servicedesign
- Wirksam für nachhaltiges Business Model Design

Transformationsfähigkeit Ihres Teams

- Fördert die Agilität eines Teams
- Fördert die allgemeine Transformationsfähigkeit des Teams
- Fördert grundlegend die Kreativität
- Fördert offene Mindsets und innovative Denkhaltungen
- Sorgt für Inspiration oder bessere Inspirationsempfindlichkeit
- Zahlt auf eine bessere Vorstellungskraft ein
- Zahlt auf eine bessere Wahrnehmung ein
- Zahlt auf ein positives Zukunftsbild ein
- Erhöht die Lösungsorientierung

Einsatzcharakteristik/Arbeitsrahmen

- Austauschfokus: vornehmlich mit externen Personen
- Austauschfokus: vornehmlich mit internen Personen
- Austauschfokus: vornehmlich mit internen und externen Personen
- Durchführungszeit: eher mittel (> 1 Stunde bis < 1 Tag)
- Einsatzfrequenz: vornehmlich im einmaligen Einsatz
- Einsatzradius: vornehmlich im Teameinsatz
- Komplexität für den Moderator: eher mittel
- Komplexität für die Teilnehmer: eher mittel
- Teamgröße: Einzelpersonennutzung möglich
- Teamgröße: Kleingruppe möglich (3 bis 5 Teilnehmer)
- Teamgröße: Mittelgroße Teams möglich (5 bis 20 Teilnehmer)
- Vorbereitungszeit: eher mittel (> 1 Stunde bis < 1 Tag)

Input für eine zielführende Arbeit mit der Methode

- Aktuell existierende Geschäftsmodelle
- Aktuell existierende Produkte und Services
- Aktuelle Herausforderung, Leitfrage, Problem
- Ideen und Projekte, die zur Umsetzung anstehen
- Produktmerkmale, Skizzen, Eigenschaften

Output und beobachtete Ergebnisse der Methode

- Erzeugt Ideen, Lösungsansätze, Vorideen, Möglichkeiten
- Erzeugt Leitfragen für die Ideenfindung
- Erzeugt besseren Teamspirit, mehr Offenheit, Inspirationsempfindlichkeit

Hinderniseffekte, auf die die Methode positiv wirkt

- Beugt blinden Flecken/Betriebsblindheit vor
- Schwächt Angst vor Neuem (Cainophobie)
- Verhindert Ideenfindung mit zu schwacher Erkenntnisgrundlage
- Verkürzt und durchbricht vorhandene Kreativblockaden
- Wirkt fehlender Inspiration entgegen
- Fördert Optimismus und Zuversicht

Mögliche Extravorteile der Methode

- Möglicher Extravorteil für Teams in einer Komfortsituation
- Möglicher Extravorteil für Teams mit einem starkem Auftragsmandat
- Möglicher Extravorteil für agile Teams
- Möglicher Extravorteil für innovativ erfahrene Teams
- Möglicher Extravorteil für in Nachhaltigkeitsthemen erfahrene Teams

Quellen

Buch – Creative techniques in product and engineering design: A practical workbook, D. J. Walker, B. K. J. Dagger, R. Roy (Woodhead Publishing, 1991)

Buch – Design methods, J. C. Jones (Wiley, 1992)

32 BPMN – Business Process Modelling and Notation

EinSatzBeschreibung

Business Process Modelling and Notation ist eine Methode, um Konflikte und Defizite im Kontext Nachhaltigkeit in bestehenden Geschäftsprozessen sichtbar zu machen und diese nachhaltiger zu gestalten.

Working Guide/Anwendungsfelder

P1 Sensibilisierung/Bildung	P2 Matching Recht/Gesetz	P3 Sustainability Roadmap	P4 Produkt/Prozessdesign	P5 Implementierung/Monitoring	P6 Kommunikation	P7 Organisation	P8 Führung	P9 Business Model Design	P10 Skalierung
		X	X	X	X				

Beschreibung

Business Process Modelling ist eine effektive Methode, um als Unternehmung nachhaltiger zu agieren. Ziel dieser Methode ist, Geschäftsprozesse oder deren Teilprozesse zu identifizieren, welche aus Gesichtspunkten der Nachhaltigkeit schädlich sind. Auf Basis der Analyse ist es möglich zu entscheiden, diese Prozesse nicht mehr durchzuführen oder Maßnahmen zu identifizieren, um sie zu optimieren und nachhaltiger zu gestalten.

Viele Geschäftsprozesse im Unternehmen sind sehr komplex und miteinander verwoben. Oftmals fehlt es an der notwendigen Transparenz und Sicherheit, um zu entscheiden welche Auswirkungen entstehen, wenn man Faktoren oder Schritte dieser Prozesse verändert. Visualisierung ist ein probates Mittel, um Prozesse unter deren Verzahnung transparent zu halten. „Business Process Model and Notation", kurz BPMN, ist ein viel verwendetes Werkzeug. Es handelt sich hierbei um eine Art grafischer Sprache zur Modellierung von Geschäftsprozessen. BPMN ermöglicht es, die Struktur, den Ablauf und die Interaktionen von Geschäftsprozessen auf einer abstrakten Ebene zu beschreiben und zu visualisieren. BPMN ist ein internationaler Standard, der von vielen Organisationen und Software-Tools unterstützt wird.

Ursprünglich war BPMN lediglich dafür entwickelt worden, um Prozesse überhaupt zu designen. Mittlerweile werden damit Prozesse auch in Bezug auf Ihren Beitrag zur Erreichung der unternehmerischen Nachhaltigkeitsziele mithilfe von BPMN analysiert. Denn Geschäftsprozesse sind Aktivitäten, die eine Organisation ausführt, um ihre Ziele zu erreichen. Diese Aktivitäten haben direkte oder indirekte Auswirkungen auf die Umwelt, die Gesellschaft und die Wirtschaft. Um nachhaltiger zu werden, müssen Organisationen ihre Geschäftsprozesse grundsätzlich analysieren und auch in Bezug auf Ihre Nachhaltigkeit hin optimieren. BPMN ist ein starkes Werkzeug für diesen Einsatzzweck aus den folgenden Gründen:

- BPMN hilft, Geschäftsprozesse transparent und verständlich zu machen. Transparenz erleichtert die Kommunikation und Zusammenarbeit zwischen verschiedenen Stakeholdern, wie z. B. Kunden, Lieferanten, Mitarbeitern, Abteilungen oder Regulatoren. Transparenz ist somit ein erster entscheidender Faktor, um zu identifizieren an welchen Stellen Aktivitäten eines Unternehmens optimiert werden können.
- BPMN unterstützt die Identifikation von Schwachstellen, Risiken und Verbesserungspotenzialen in Geschäftsprozessen auch in allen Belangen der Nachhaltigkeit. Das ermöglicht es, gezielte Maßnahmen zu ergreifen, um die Effizienz, Qualität und Kundenzufriedenheit zu steigern und gleichzeitig Kosten, Ressourcenverbrauch und Emissionen zu senken und dabei ebenfalls soziale und arbeitsspezifische Faktoren zu beachten.
- BPMN fördert die Innovation in der Gestaltung von Geschäftsprozessen. Das eröffnet neue Möglichkeiten, um wettbewerbsfähig zu bleiben und Mehrwert für alle Beteiligten zu schaffen.

Geschäftsprozessmodellierung im Sinne der Nachhaltigkeit hilft also dabei die ökologischen, sozialen und ökonomischen Aspekte zu harmonisieren.

BPMN-Diagramme können sehr detailliert sein und verschiedene Ebenen der Prozessdarstellung bieten. Sie dienen nicht nur der

Von der KI „DALL-E" generiertes Bild

Dokumentation, sondern auch der Kommunikation zwischen verschiedenen Stakeholdern, um sicherzustellen, dass alle Beteiligten ein einheitliches Verständnis des Geschäftsprozesses haben.

Durchführung

Die erste Verwendung und damit die Einführung von BPMN im Unternehmen stellt in der Regel die größte Hürde da. Es ist eine Methode, die in Ihre Unternehmenskultur hineinwachsen muss und ist vergleichbar mit dem Erlenen einer neuen Sprache. Erst nach der erfolgreichen Umsetzung erster kleiner Projekte wird die Akzeptanz für den Einsatz und die Nutzung der Methode steigen. Wichtig ist es – unabhängig von der Methode – bei derartigen Neuerungen mit den Stakeholdern eng und regelmäßig zu kommunizieren und dabei den Fortschritt sowie die Verbesserungen zu dokumentieren.

Um mit BPMN im Unternehmen zu starten, sind die folgenden Schritte relevant:

1. Vorbereitung

- Identifizieren Sie die Ziele und Anforderungen für die BPMN-Einführung. Wer sind die Stakeholder, welche Prozesse sollen modelliert werden, welche Werkzeuge und Standards werden verwendet?
- Formulieren Sie Ziele, die Sie erreichen wollen. Zum Beispiel kann das Ziel sein, die Kundenzufriedenheit zu erhöhen und die Kosten zu senken durch den Einsatz von nachhaltigeren Produktionsschritten und Materialien.
- Schulen Sie Mitarbeiter, die an den ersten Projekten beteiligt sind in den Grundlagen von BPMN.
- Erklären Sie die Bedeutung und den Nutzen von BPMN, die wichtigsten Elemente und Symbole, sowie die Regeln und Best Practices für die Modellierung.
- Machen Sie die Teilnehmenden mit den Zusammenhängen zwischen BPMS und den gesetzten Nachhaltigkeitszielen vertraut. Zum Beispiel können Sie im Vorfeld einen Workshop oder ein Online-Training anbieten, welches sich mit den Nachhaltigkeitszielen Ihres Unternehmens beschäftigt.

2. Wählen Sie einen geeigneten Prozess aus, um mit der Modellierung zu beginnen. Der Prozess sollte repräsentativ, verständlich und relevant für das Unternehmen sein und Eigenschaften aufweisen, die mit einer hohe Wahrscheinlichkeit nachhaltiger gestaltet werden können. Zum Beispiel können Sie einen im Unternehmen allgemein bekannten Prozess auswählen, der häufig ausgeführt wird und der bekanntermaßen Probleme im Sinne der Nachhaltigkeit aufweist.

3. Erstellen Sie ein erstes BPMN-Diagramm für den ausgewählten Prozess. Verwenden Sie eine geeignete Software oder ein Online-Tool, um das Diagramm zu erstellen und zu speichern. Achten Sie auf die Klarheit, Vollständigkeit und Richtigkeit des Diagramms.

Die BPMN-Notation umfasst eine Reihe von Symbolen, die verschiedene Elemente eines Geschäftsprozesses repräsentieren. Die wichtigsten Symbole und deren Bedeutung sind:

- Aufgaben (Tasks): Rechteckige Symbole repräsentieren Aufgaben oder Aktivitäten, die in einem Prozess ausgeführt werden müssen.
- Ereignisse (Events): Kreisförmige Symbole stehen für Ereignisse, die den Prozess auslösen oder beeinflussen können, wie z. B. Start- oder Endereignisse.
- Gateways (Verzweigungen): Diamantförmige Symbole repräsentieren Verzweigungen im Prozess, bei denen Entscheidungen getroffen werden, welche Route im Prozess eingeschlagen werden soll.
- Flussobjekte (Flow Objects): Diese Symbole zeigen den Ablauf des Prozesses und wie die verschiedenen Elemente miteinander verbunden sind.

4. Validieren und optimieren Sie zunächst das BPMN-Diagramm. Prüfen Sie das Diagramm auf Fehler, Inkonsistenzen oder Verbesserungsmöglichkeiten. Nutzen Sie Feedback von den Stakeholdern und Experten, um das Diagramm anzupassen oder zu erweitern. Vervollständigen Sie ihr Diagramm auf Basis der Rückmeldungen Schritt für Schritt.

5. Fügen Sie den einzelnen Prozessschritten nun den individuellen Nachhaltigkeitsaspekt hinzu. Bspw. könnten Sie Kosten für anfallende Entsorgungen, Aufwand an Energie oder Aspekte der Arbeitssicherheit oder Gesundheitsgefährdung erarbeiten. Betrachten Sie einzelne Prozesse und deren Abhängigkeiten unter folgenden Fragestellungen:

- Ist der Prozess als solcher nachhaltig? Wenn nein, formulieren Sie die Schadenshöhe und die Auswirkungen. Schaffen Sie ein Bewusstsein dafür welche Herausforderungen mittel- und langfristig für Umwelt, Gesellschaft, Unternehmen, Mitarbeiter und Kunden daraus resultiert. Aber auch welche anderen Prozesse davon beeinträchtigt sind. Möglicherweise muss als Folge das dahinterliegende Geschäftsmodell verändert werden.
- Bewerten Sie den Prozess auf dessen positiven oder negativen Beitrag zu den Nachhaltigkeitszielen mit einer entsprechenden Kennzeichnung (rot = sehr schädlich, grün = fördert Nachhaltigkeit)

6. Versuchen Sie schädliche Prozesse zu optimieren.

- Welcher Schritt ist in welchem Maße schädlich und muss wie verändert werden?
- Können einzelne Faktoren des Prozessschritts ersetzt, vermieden oder übersprungen werden?
- Gibt es Teile die digitalisierbar und damit automatisierbar sind?
- Verwenden Sie weitere Methoden, um die identifizierten Probleme zu optimieren (7R, Planet Centric Design, o. ä.)

7. Wiederholen Sie die Schritte 3 bis 6 für weitere angrenzende Prozesse im Unternehmen. Erstellen Sie eine Prozesslandkarte, um weitere Zusammenhänge und Abhängigkeiten zwischen den Prozessen zu zeigen.

8. Analysieren Sie, an welchen Stellen und in welchen Bereichen besonders schädliche Prozesse im Hinblick auf die Nachhaltigkeitsziele Ihres Unternehmens existieren und wie diese eventuell voneinander abhängig sind oder an welcher Stelle der Ursprung einer Schädlichkeit liegt oder wie sich Schädlichkeit in der Prozessabfolge addiert.

9. Starten Sie Innovationsprojekte auf Basis Ihrer Erkenntnisse und Fragstellungen (bspw. mit Design Thinking oder ähnlichen Makromethoden zur Prozessoptimierung).

10. Nutzen Sie die BPMN-Diagramme für die Kommunikation, Analyse und Optimierung der Prozesse im Unternehmen. Verwenden Sie die Diagramme als Basis für die Dokumentation, Simulation, Automatisierung oder Überwachung der Prozesse. Zum Beispiel können Sie die Diagramme in Berichten, Präsentationen oder Dashboards verwenden oder integrieren.

Wirkfeld der Methode

- Wirksam für Herausforderungen mit hoher Komplexität
- Wirksam für nachhaltiges Prozessdesign
- Wirksam für nachhaltiges Servicedesign
- Wirksam für nachhaltiges Business Model Design

Transformationsfähigkeit Ihres Teams

- Fördert die Sensibilisierung
- Fördert die Teamkreativität
- Fördert die allgemeine Transformationsfähigkeit des Teams
- Fördert offene Mindsets und innovative Denkhaltungen
- Sorgt für Inspiration oder bessere Inspirationsempfindlichkeit
- Zahlt auf eine bessere Vorstellungskraft ein
- Zahlt auf eine bessere Wahrnehmung ein
- Zahlt auf ein positives Zukunftsbild ein
- Zahlt auf das Dringlichkeitsempfinden ein
- Erhöht die Lösungsorientierung

Einsatzcharakteristik/Arbeitsrahmen

- Austauschfokus: vornehmlich mit internen Personen
- Durchführungszeit: eher mittel (> 1 Stunde bis < 1 Tag)
- Einsatzfrequenz: sinnvoll im dauerhaften Einsatz
- Einsatzradius: vornehmlich im unternehmensweiten Einsatz
- Komplexität für den Moderator: eher hoch
- Komplexität für die Teilnehmer: eher hoch
- Teamgröße: Einzelpersonennutzung möglich
- Teamgröße: Großgruppen möglich (> 50 Teilnehmer)
- Teamgröße: Kleingruppe möglich (3 bis 5 Teilnehmer)
- Teamgröße: Maxigruppen möglich (20 bis 40 Teilnehmer)
- Teamgröße: Mittelgroße Teams möglich (5 bis 20 Teilnehmer)
- Vorbereitungszeit: eher hoch (>1 Tag)

Input für eine zielführende Arbeit mit der Methode

- Aktuell existierende Geschäftsmodelle
- Aktuell existierende Produkte und Services
- Aktuelle Herausforderung, Leitfrage, Problem
- Existierende Prozesse und Verfahren

Output und beobachtete Ergebnisse der Methode

- Bessere Projekteffizienz, bessere Teamperformance
- Erzeugt Listen von Chancen und Risiken
- Erzeugt Ideen, Lösungsansätze, Vorideen, Möglichkeiten
- Erzeugt Ideensuchfelder, unentdeckte Probleme, Inspiration
- Erzeugt Leitfragen für die Ideenfindung
- Erzeugt größere Klarheit zu einem Thema
- Erzeugt mehr Know-how-Zuwachs
- Erzeugt segmentierte, kategorisierte, geclusterte Daten
- Hilft bei Entscheidungen, Bewertungen und Feedback
- Identifiziert vorhandene Schwachstellen
- Identifiziert vorhandene Stärken
- Macht Wirkzusammenhänge sichtbar

Hinderniseffekte, auf die die Methode positiv wirkt

- Beugt Missinterpretationen vor
- Beugt blinden Flecken/Betriebsblindheit vor
- Schafft für den Erfolg nötige Realitätsbezüge
- Schafft schnell Klarheit und beschleunigt Erkenntnisgewinn
- Verhindert blinden Aktionismus
- Verhindert einseitige Bewertungen und Entscheidungen
- Verhindert falsche Flughöhen
- Verhindert unreflektiertes agieren
- Verringert zu große Komplexitäten
- Überzeugt strukturliebende Teammitglieder

Mögliche Extravorteile der Methode

- Möglicher Extravorteil für Teams mit einer konservativen, tradierten Kultur

Quellen

Web – Object Management Group. „Business Process Model and Notation (BPMN)". https://www.omg.org/spec/BPMN/ (abgerufen am 15.08.2023)

Buch – Alexander Großkopf, Gero Decker, Mathias Weske: The Process: Business Process Modeling using BPMN (Meghan-Kiffer, 2009)

Buch – Bruce Silver: BPMN Methode & Stil. Mit dem BPMN Handbuch für die Prozessautomatisierung. 2. Aufl. (Cody-Cassidy Press, 2012)

Buch – Jochen Göpfert, Heidi Lindenbach: Geschäftsprozessmodellierung mit BPMN 2.0. Business Process Model and Notation (Oldenbourg, 2013)

Buch – Jakob Freund, Bernd Rücker: Praxishandbuch BPMN. Mit Einführung in DMN. 6. Aufl. (Hanser, 2019)

Buch – Thomas, D., & Schmidt, K.: BPMN 2.0 Handbook Second Edition: Methods, Concepts, Case Studies and Standards in Business Process Modeling Notation (BPMN) (Future Strategies Inc, 2014).

BrainCharting

EinSatzBeschreibung

Diese Inspirationstechnik nutzt die visuelle Stimulation durch das Collagieren von Bild- und Textfragmenten, um das Team für den weiteren Kreativprozess zu inspirieren.

Working Guide/Anwendungsfelder

P1 Sensibilisierung/Bildung	P2 Matching Recht/Gesetz	P3 Sustainability Roadmap	P4 Produkt/Prozessdesign	P5 Implementierung/Monitoring	P6 Kommunikation	P7 Organisation	P8 Führung	P9 Business Model Design	P10 Skalierung
X			X		X			X	

Beschreibung

BrainCharting ist eine Methode, die Teams durch visuelle Collagen dazu anregt, tiefgreifend über nachhaltige Produktkonzepte nachzudenken, indem sie Bild- und Textfragmente verwenden. Im nachhaltigen Produktentwicklungsprojekten können damit Annahmen über Umweltauswirkungen, soziale Verantwortung und die Wünsche der Verbraucher hinterfragt und diskutiert werden. Die Teilnehmer haben die Aufgabe, in Kleingruppen zu einer bildlichen Fragestellung eine Collage aus vorhandenem Bildmaterial zu erstellen. Mögliche Fragestellungen/Aufgaben können sein: „Wie sieht die Welt für unser Produkt aus?“, „Was tun unsere Kunden in ihrer Freizeit?“ oder „Erstellen Sie ein Plakat, das Menschen zum Kauf von nachhaltigen Produkten animiert.“ Die fertigen Plakate dienen dazu, das Team für den weiteren Kreativprozess zu inspirieren und über mögliche Annahmen und Ansichten zu diskutieren.

Durchführung

1. Vorbereitung

Sammeln Sie eine Vielzahl von thematisch unterschiedlichen Zeitungen, Zeitschriften und Illustrierten. Stellen Sie sicher, dass einige von ihnen Inhalte enthalten, die sich auf Umwelt, Nachhaltigkeit, soziale Gerechtigkeit und ähnliche Themen beziehen. Bereiten Sie für jede Gruppe Scheren, Packpapier oder Pappen in DIN A2 (oder größer) und Klebstoff vor.

2. Gruppenarbeit

Teilen Sie die Teilnehmer in Gruppen zu je drei Personen auf. Geben Sie den Gruppen den Arbeitsauftrag, sich insbesondere auf Aspekte der Nachhaltigkeit zu konzentrieren. Beispielhafte Fragestellungen könnten lauten: „Wie könnte die Zukunft eines nachhaltigen Produkts in der Welt aussehen?“ oder „Was sind die Bedürfnisse unserer Kunden in Bezug auf nachhaltigen Konsum?“. Die Teilnehmer sollen sich von den Druckmedien inspirieren lassen und Collagen erstellen, die ihre Visionen und Ideen für ein nachhaltiges Produkt darstellen. Lassen Sie die Teilnehmer 15 bis 20 Minuten arbeiten. In dieser Zeit sollten sie Bilder, Überschriften und Motive auswählen und zu kreativen Plakaten kombinieren, die ein Gesamtbild ihrer nachhaltigen Vision zeigen.

3. Ausstellung

Nach der Arbeitsphase veranstalten Sie eine „Vernissage“, bei der jede Gruppe ihr Plakat präsentiert.

BrainCharting (Tim Oun, unsplash)

Bitten Sie die Gruppen, ihre Plakate zu erläutern und die Hintergründe und Ideen zu ihren Collagen zu teilen. Fragen Sie gezielt nach den Aspekten der Nachhaltigkeit in ihren Darstellungen.

4. Dokumentation

Es kann hilfreich sein, die Gruppen dazu anzuregen, Schlüsselbegriffe oder kurze Sätze direkt auf ihre Plakate zu schreiben. Dies erleichtert das spätere Nachvollziehen der Ideen und Konzepte. Machen Sie Fotos von Plakaten oder notieren Sie wichtige Erkenntnisse für die Nachbearbeiten.

5. Abschluss

Diskutieren Sie gemeinsam die vorgestellten Ideen und reflektieren Sie, wie diese in den Prozess der nachhaltigen Produktentwicklung integriert werden können.

Praxisschlaglicht

Idealerweise wird die Methode in einem ruhigen und meditativen Rahmen statt. Es geht nicht um Geschwindigkeit, sondern ein tiefes Auseinandersetzen mit den Bildern und der Collage. Geben Sie den Teilnehmer die Sicherheit, dass es nicht um das tollste Plakat geht, sondern um die Auseinandersetzung mit dem Thema.

Wirkfeld der Methode

- Wirksam für Herausforderungen mit niedriger Komplexität
- Wirksam für nachhaltiges Marketing
- Wirksam für nachhaltiges Produktdesign
- Wirksam für nachhaltiges Prozessdesign
- Wirksam für nachhaltiges Servicedesign

Transformationsfähigkeit Ihres Teams

- Fördert die Sensibilisierung
- Fördert die Teamkreativität
- Fördert grundlegend die Kreativität
- Fördert offene Mindsets und innovative Denkhaltungen
- Sorgt für Inspiration oder bessere Inspirationsempfindlichkeit
- Zahlt auf eine bessere Vorstellungskraft ein
- Zahlt auf eine bessere Wahrnehmung ein

Einsatzcharakteristik/Arbeitsrahmen

- Austauschfokus: vornehmlich mit internen Personen
- Durchführungszeit: eher mittel (> 1 Stunde bis < 1 Tag)
- Einsatzfrequenz: vornehmlich im einmaligen Einsatz
- Einsatzradius: vornehmlich im Teameinsatz
- Komplexität für den Moderator: eher gering
- Komplexität für die Teilnehmer: eher gering
- Teamgröße: Einzelpersonennutzung möglich
- Teamgröße: Großgruppen möglich (> 50 Teilnehmer)
- Teamgröße: Kleingruppe möglich (3 bis 5 Teilnehmer)
- Teamgröße: Maxigruppen möglich (20 bis 40 Teilnehmer)
- Teamgröße: Mittelgroße Teams möglich (5 bis 20 Teilnehmer)
- Vorbereitungszeit: eher mittel (> 1 Stunde bis < 1 Tag)

Input für eine zielführende Arbeit mit der Methode

- Aktuell existierende Produkte und Services
- Aktuelle Herausforderung, Leitfrage, Problem
- Produktmerkmale, Skizzen, Eigenschaften

Output und beobachtete Ergebnisse der Methode

- Erzeugt Prognosen und Ableitungen
- Erzeugt Ideen, Lösungsansätze, Vorideen, Möglichkeiten
- Erzeugt Ideensuchfelder, unentdeckte Probleme, Inspiration
- Erzeugt angereicherte Ideen, Ideencluster, höher integrierte Lösungen
- Erzeugt besseren Teamspirit, mehr Offenheit, Inspirationsempfindlichkeit

Hinderniseffekte, auf die die Methode positiv wirkt

- Fördert gehemmte Teammitglieder
- Integriert einen dysfunktionalen Schweiger
- Schafft für den Erfolg nötige Realitätsbezüge
- Schwächt Verdiskutiererei
- Verhindert Ideenfindung mit zu schwacher Erkenntnisgrundlage
- Integriert einen dysfunktionalen Schweiger
- Schafft schnell Klarheit und beschleunigt Erkenntnisgewinn
- Verhindert einseitige Bewertungen und Entscheidungen
- Verkürzt und durchbricht vorhandene Kreativblockaden

Mögliche Extravorteile der Methode

- Möglicher Extravorteil für innovativ ungeübte Teams
- Möglicher Extravorteil für in Nachhaltigkeitsthemen ungeübte Teams

Quellen

Buch – Das große Handbuch Innovation, B. van Aerssen, C. Buchholz (Vahlen, 2018)

Buch – Die Ideenmaschine, N.Schnetzler (Wiley, 2006)

Brainstorm Sudoku

EinSatzBeschreibung

Neue und nachhaltige Ideen mithilfe einer mehrstufigen Brainstorm-Methode finden, die externe Inspirationen und eigene Ideen kreativ kombiniert.

Working Guide/Anwendungsfelder

P1 Sensibilisierung/Bildung	P2 Matching Recht/Gesetz	P3 Sustainability Roadmap	P4 Produkt/Prozessdesign	P5 Implementierung/Monitoring	P6 Kommunikation	P7 Organisation	P8 Führung	P9 Business Model Design	P10 Skalierung
			X					X	

Beschreibung

Das Danish Design Center hat das Brainstorm Sudoku spezifisch für Fragestellungen innerhalb der Circular Economy entwickelt. Mit der Methode können Teams in kurzer Zeit konkrete Ideen in einem davor identifizierten, aber noch abstrakten Möglichkeitsraum generieren. Dabei lassen sie sich von verschiedenen aktuellen Entwicklungen inspirieren, welche die Ideenfindung weiter antreiben. Das Modell bietet dazu eine strukturierte Methode, mit welcher diese Austauschbeziehungen zu immer neuen Ideen während des Brainstormens führen.

Das Brainstrom Sudoku folgt einem mehrstufigen Prozess, welcher ausgehend von initialen Inspirationen den weiteren Aufbau von gemeinsamen und kollektivierten Ideen fördert. Dies ist zentral für Brainstorming-Prozesse im Kontext von Nachhaltigkeit, da eine erhöhte Diversität an Perspektiven besser mit der inhärenten Komplexität umgehen kann.

Ziel dabei ist nicht die Identifizierung der perfekten Idee, sondern die Schaffung einer Grundlage zur weiteren Kollaboration durch die Generation einer Vielzahl an relevanten Ideen.

Durchführung

Die Methode lässt sich am besten mit den Materialien, welche vom Danish Design Center auf der Website bereitgestellt werden, durchführen. Alternativ können alle Elemente jedoch auch selbst hergestellt werden, und somit an die unternehmensspezifischen Herausforderungen angepasst werden.

1. **Vorbereitung:** Drucken Sie die Sudoku Vorlage aus oder zeichnen Sie ein Sudoku-Gitter auf ein großes Blatt Papier. Geben Sie allen Teilnehmenden einen Block Haftnotizen. Falls möglich, können Sie jeder Person eine eigene Farbe zuordnen, um die Urheberschaft der Ideen später besser verfolgen zu können.
2. **Challenge:** Legen Sie als Team die zu behandelnde Fragestellung fest, welche in konkrete Ideen überführt werden soll. Dies kann ein Möglichkeitsraum, eine Leitfrage oder auch eine Umweltbeobachtung sein. Schreiben Sie Ihre Entscheidung in die Mitte des Sudokus.
3. **Inspirationskarten:** Nehmen Sie die Inspirationskarten zur Hand, welche Sie auf der Website des Danish Design Centers finden. Alternativ können Sie eigene Inspirationskarten vorbereiten, welche sich an Businessmodellen, Benchmarks, Technologien oder Insights orientieren. Diskutieren Sie im Team, welche acht Inspirationskarten im Kontext Ihrer ausgewählten Challenge am meisten Resonanz generieren. Seien Sie hier bewusst mutig und wählen Sie auch Karten, welche ihr bestehendes Verständnis hinterfragen. Platzieren Sie die ausgewählten Karten in den acht verbleibenden Feldern auf dem Sudoku-Gitter.

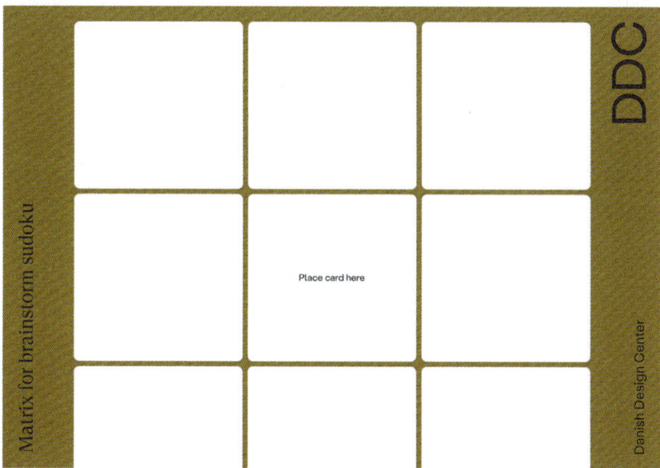

Beispiel von Inspirationskarten (Quelle: Danish Design Center, https://ddc.dk/tools/tool-03-brainstorm-sudoku/

(Quelle: Danish Design Center, https://ddc.dk/tools/tool-03-brainstorm-sudoku/)

4. **Brainstrom Part I:** Starten Sie das Brainstorming, indem Sie alle Teilnehmenden bitten, für sich und ohne weitere Diskussionen fünf Minuten Ideen zu generieren. Dabei sollen ihre Gedanken bewusst von den Inspirationskarten angestoßen werden. Nach Ablauf der Zeit teilen alle Teilnehmenden einzeln ihre Ideen und ergänzen diese auf dem Sudoku. Dabei können klärende Fragen gestellt werden und kontinuierlich weitere Ideen aufgenommen werden.
5. **Brainstrom Part II:** Die zweite Runde beinhaltet wieder stilles Brainstorming für fünf Minuten. Das Augenmerk liegt nun aber auf der Weiterentwicklung der bestehenden Ideen und dem Füllen der bestehenden Lücken auf dem Sudoku. Zum Ende der Runde lesen wieder alle ihre Ideen vor und verorten sie auf dem Sudoku.
6. **Priorisierung:** Nach Ablauf der beiden Runden haben geübte Teams normalerweise dutzende Ideen generiert. Um so wichtiger ist es, diese in einem letzten Schritt zu priorisieren. Hierzu bietet sich Dot Voting an. Verteilen Sie je nach Gruppengröße 3–4 Klebepunkte pro Person und bitten Sie die Teilnehmenden, die Ideen mit dem größten Potenzial für die designierte Challenge im Zentrum des Sudokus zu markieren. Dies geschieht ohne weitere Diskussionen. Erst wenn alle Punkte gesetzt sind, können Sie nach den Beweggründen fragen, und gemeinsam im Team die 2–5 zentralen Ideen identifizieren.

Die durch Brainstorm Sudoku generierten Ideen dienen als Ausgangspunkt für weitere Konkretisierungen. Wichtig ist, die Konzeptualisierung auf sprachlicher als auch materieller Ebene voranzutreiben. In den weiteren Schritten müssen also die abstrakten Ideen aus dem Brainstorming detaillierter beschrieben oder prototypisch umgesetzt werden. Nur so können allfällige Missverständnisse, wie sie bei der transdisziplinären Zusammenarbeit im Bereich der Nachhaltigkeit oft entstehen, verhindert werden.

Wirkfeld der Methode

- Wirksam für Herausforderungen mit mittlerer Komplexität
- Wirksam für Herausforderungen mit niedriger Komplexität
- Wirksam für nachhaltiges Produktdesign
- Wirksam für nachhaltiges Servicedesign
- Wirksam für nachhaltiges Business Model Design

Transformationsfähigkeit Ihres Teams

- Fördert die Sensibilisierung
- Fördert die Teamkreativität
- Fördert grundlegend die Kreativität
- Fördert offene Mindsets und innovative Denkhaltungen
- Sorgt für Inspiration oder bessere Inspirationsempfindlichkeit
- Erhöht die Lösungsorientierung

Einsatzcharakteristik/Arbeitsrahmen

- Austauschfokus: vornehmlich mit internen Personen
- Durchführungszeit: eher mittel (> 1 Stunde bis < 1 Tag)
- Einsatzfrequenz: vornehmlich im einmaligen Einsatz
- Einsatzradius: vornehmlich im Teameinsatz
- Komplexität für den Moderator: eher mittel
- Komplexität für die Teilnehmer: eher mittel
- Teamgröße: Einzelpersonennutzung möglich
- Teamgröße: Kleingruppe möglich (3 bis 5 Teilnehmer)

(Quelle: Danish Design Center, https://ddc.dk/tools/tool-03-brainstorm-sudoku/)

- Teamgröße: Mittelgroße Teams möglich (5 bis 20 Teilnehmer)
- Vorbereitungszeit: eher mittel (> 1 Stunde bis < 1 Tag)

Input für eine zielführende Arbeit mit der Methode

- Aktuelle Herausforderung, Leitfrage, Problem
- Ideen und Projekte, die zur Umsetzung anstehen
- Innovationssuchfelder, Intent Statements
- Merkmale der gegebenen Herausforderung
- Trends und Zukunftsentwicklungen

Output und beobachtete Ergebnisse der Methode

- Erzeugt Ideen, Lösungsansätze, Vorideen, Möglichkeiten
- Erzeugt Ideensuchfelder, unentdeckte Probleme, Inspiration
- Erzeugt besseren Teamspirit, mehr Offenheit, Inspirationsempfindlichkeit
- Erzeugt kollaborative Lösungen und Ideen

Hinderniseffekte, auf die die Methode positiv wirkt

- Beugt blinden Flecken/Betriebsblindheit vor
- Bewahrt vor zu generischen Ideen und Aussagen
- Dynamisiert und aktiviert wenig dynamische Teams
- Integriert einen dysfunktionalen Schweiger
- Schwächt störende Bewertung während der Ideenfindung
- Verhindert Ideenbunkerei und Geheimniskrämerei
- Wirkt fehlender Inspiration entgegen

Mögliche Extravorteile der Methode

- Möglicher Extravorteil für agile Teams
- Möglicher Extravorteil für innovativ erfahrene Teams
- Möglicher Extravorteil für die Arbeit mit digitalen Kollaborationsboards

Quellen

Web – https://ddc.dk/tools/tool-03-brainstorm-sudoku (abgerufen 25.06.2023)
Organisation – Danish Design Center, Copenhagen, https://ddc.dk

Brainwriting

EinSatzBeschreibung

Brainwriting ist eine Methode der Ideenfindung, bei der die Teilnehmenden still für sich Ideen für Fragestellungen aller Art notieren.

Working Guide/Anwendungsfelder

P1 Sensibilisierung/Bildung	P2 Matching Recht/Gesetz	P3 Sustainability Roadmap	P4 Produkt/Prozessdesign	P5 Implementierung/Monitoring	P6 Kommunikation	P7 Organisation	P8 Führung	P9 Business Model Design	P10 Skalierung
			X						

Beschreibung

Beim Brainwriting sammeln die Teilnehmenden Ideen, indem jeder still für sich seine Ideen auf Post-its notiert.

Foto: verrocchio Institute

Diese Kreativitätstechniken ist für alle möglichen Arten von Fragestellungen einsetzbar. Doch gerade, wenn bei Nachhaltigkeitsthemen niedrigschwellig erste Ideen gesammelt werden sollen, ist diese Methode gut einsetzbar.

Beim Brainwriting sammelt jeder Teilnehmende in Einzelarbeit unabhängig von der Gruppe Ideen und verschriftlicht diese, um dann erst im nächsten Schritt die Ideen gemeinsam assoziativ zu kreativen Problemlösungsideen weiterzuentwickeln. Die Teilnehmenden sollen dabei ohne jede Einschränkung Ideen produzieren und/oder ihre Vorstellungen mit anderen Ideen kombinieren.

Der Vorteil gegenüber anderen Kreativitätstechniken wie zum Beispiel dem verbalen Brainstorming in der Gruppe ist, dass Faktoren minimiert werden, die die Produktion neuer Ideen hemmen können. Ideen von sonst eher passiven oder stilleren Teilnehmenden können festgehalten werden, während mögliche sehr präsente extrovertierte Teilnehmende beim Schreiben quasi stumm geschaltet werden. So sind alle Teilnehmenden zu gleichen Teilen beteiligt. Aufgrund der Anonymität der eingereichten Zettel können hierbei auch kritische Ideen und Vorschläge offenbart werden.

Durchführung

Schritt 1: Formulieren Sie eine Frage, die durch ein Team bearbeitet werden soll. Schreiben Sie die Frage auf eine große Karte und hängen Sie diese sichtbar an einer freien Wand auf. Jeder Teilnehmende erhält einen Makerstift und mehrere Post-its. Verwenden Sie am besten große Post-its, sodass für die Ideen genügend Platz ist und sie gut lesbar sind.

Schritt 2: Im Rahmen von drei Minuten schreiben die Teilnehmenden nun jeweils eine Idee zur Frage auf jeweils ein Post-it.

> Tipps: Die Zeit muss kurz bemessen sein, denn der Teilnehmende soll nicht lange über Aspekte oder seine Antworten nachdenken, sondern einfach alles, was ihm einfällt sehr schnell niederschreiben.
>
> Pro Post-it so wenig Wörter wie möglich, aber so viele wie nötig.
>
> „Quantity breads Quality!" Wenn Sie merken, dass die Teilnehmenden sehr produktiv sind, geben Sie noch Extra-Zeit. Das Ziel ist, möglichst viele Ideen zu sammeln.

Schritt 3: Im nächsten Schritt hängen die Teilnehmenden ihre Post-its an die Wand, wobei jedes vorgelesen und kurz erläutert wird. Kurze Fragen der anderen Teilnehmenden sind zulässig. Kommentare oder Bewertungen durch die Teiln ehmenden sind in dieser Phase unzulässig und eine Diskussion unerwünscht. Existieren bereits ähnliche Post-its an der Wand, dann wird das neue Post-it zu diesen gehangen.

Hängen alle Post-its aller Teilnehmenden an der Ideenwand, wird im Team versucht diese thematisch zu gruppieren und die zueinander gehörende Post-its werden entsprechend in Gruppen umgehängt.

In dieser Phase darf und sollten die Post-its und die darauf stehenden Ideen und Gedanken respektvoll und konstruktiv diskutiert und beurteilt werden.

Schritt 4: Nun erfolgt eine Priorisierung. Jeder Teilnehmende erhält eine bestimmte Anzahl Stimmen (Klebepunkte oder Striche, die auf ein Post-it geklebt oder gesetzt werden), um seine

Foto: verrocchio Institute

favorisierten Ideen zu kennzeichnen. Diese Priorisierung erfolgt mit allen Teilnehmenden gleichzeitig.

Schritt 5: Abschließend wird die Ideenwand als Ergebnis mit allen Teilnehmenden nochmals reflektiert:

- Wurde die Frage beantwortet?
- Hilft das Ergebnis, um im Gesamtkontext weiterzumachen?
- Ist jeder Teilnehmende mit dem Ergebnis zufrieden?
- Gibt es resultierende Aufgaben?
- Festlegen der nächsten Schritte (Wer macht was und bis wann?)

Wirkfeld der Methode

- Wirksam für Herausforderungen mit mittlerer Komplexität
- Wirksam für Herausforderungen mit niedriger Komplexität
- Wirksam für nachhaltiges Marketing
- Wirksam für nachhaltiges Produktdesign
- Wirksam für nachhaltiges Prozessdesign
- Wirksam für nachhaltiges Servicedesign
- Wirksam für nachhaltiges Business Model Design

Transformationsfähigkeit Ihres Teams

- Fördert die Teamkreativität
- Fördert grundlegend die Kreativität
- Sorgt für Inspiration oder bessere Inspirationsempfindlichkeit

Einsatzcharakteristik/Arbeitsrahmen

- Austauschfokus: vornehmlich mit internen Personen
- Durchführungszeit: eher gering (< 1 Stunde)
- Einsatzfrequenz: vornehmlich im einmaligen Einsatz
- Einsatzradius: vornehmlich im Teameinsatz
- Komplexität für den Moderator: eher gering
- Komplexität für die Teilnehmer: eher gering
- Teamgröße: Mittelgroße Teams möglich (5 bis 20 Teilnehmer)
- Vorbereitungszeit: eher gering (< 1 Stunde)

Input für eine zielführende Arbeit mit der Methode

- Aktuelle Herausforderung, Leitfrage, Problem

Output und beobachtete Ergebnisse der Methode

- Erzeugt Ideen, Lösungsansätze, Vorideen, Möglichkeiten
- Erzeugt angereicherte Ideen, Ideencluster, höher integrierte Lösungen

Hinderniseffekte, auf die die Methode positiv wirkt

- Bindet eher introvertierte Teammitglieder mit ein
- Bändigt einen störenden Gruppenclown
- Fördert gehemmte Teammitglieder
- Integriert einen dysfunktionalen Schweiger
- Schwächt Angst vor Kritik und Zurückweisung
- Schwächt Verdiskutiererei
- Schwächt das „Not invented here"-Syndrom
- Schwächt störende Bewertung während der Ideenfindung
- Schwächt zu extrovertierte Teammitglieder
- Verhindert Ideenbunkerei und Geheimniskrämerei
- Verhindert vorschnelles Urteilen über Ideen
- Verhindert störende Killerphrasen
- Verkürzt und durchbricht vorhandene Kreativblockaden
- Wirkt fehlender Inspiration entgegen

Mögliche Extravorteile der Methode

- Möglicher Extravorteil für Teams mit einer konservativen, tradierten Kultur
- Möglicher Extravorteil für innovativ ungeübte Teams
- Möglicher Extravorteil für in Nachhaltigkeitsthemen erfahrene Teams
- Möglicher Extravorteil für in Nachhaltigkeitsthemen ungeübte Teams

Quellen

Buch – Das große Handbuch der Kreativitätsmethoden, M. Luther (managerSeminare, 2013)

Buch – Das kleine Handbuch der Innovationsmethoden, F. Rustler, I. Plambeck (Creaffective, 2014)

Buch – Die Ideenmaschine, N.Schnetzler (Wiley, 2006)

Buch – Innovationsmanagement für technische Produkte, W. Eversheim, E. Baessler (Springer, 2002)

Buch – Innovationsmanagement, F. Pleschak, H. Sabisch (UTB, 1996)

Buch – Innovationsmanagement, Higgins, J. M. Wiese (Schäffer-Poeschel, 1998)

Buch – Innovationsmanagement, J. Hauschildt, S. Salomo (Vahlen, 2007)

Buch – Manual Thinking, L. Huber, G. J. Veldmann (GABAL, 2016)

Buch – Organisation, D. Vahs (Schäffer-Poeschel, 2015)

Buch – Praxishandbuch Innovation, Leitfaden für Erfinder, Entscheider und Unternehmer, B. X. Weis, 2.Aufl. (Gabler 2014)

Buch – Produktinnovation, J. Gausemeier, P. Ebbesmeyer, F. Kallmeyer (Hanser, 2001)

Buch – Thinkertoys, M. Michalko (Ten Speed Press, 2006)

Buch – Wissen Managen, G. Probst, S. Raub, K. Romhard (Gabler, 2013)

Web – http://www.innovationsmethoden.info (April 2017)

Brand Promise

EinSatzBeschreibung

Die Methode „Brand Promise“ zielt darauf ab, die klare und konsistente Botschaft über den Wert und Nutzen einer Marke in Bezug auf Kreislaufinnovationen zu hinterfragen, um Vertrauen aufzubauen und eine starke Kundenbindung zu fördern.

Working Guide/Anwendungsfelder

P1 Sensibilisierung/Bildung	P2 Matching Recht/Gesetz	P3 Sustainability Roadmap	P4 Produkt/Prozessdesign	P5 Implementierung/Monitoring	P6 Kommunikation	P7 Organisation	P8 Führung	P9 Business Model Design	P10 Skalierung
					X				

Beschreibung

Der Zweck einer Marke wird zunehmend zu einem entscheidenden Faktor für die Kundenbindung. Immer mehr Menschen treffen ihre Entscheidungen aufgrund einer emotionalen Verbindung zu einer bestimmten Marke. Eine wirksame Strategie zur Stärkung der Kundenbindung besteht darin, Ihre Marke durch Kreislaufinnovation zu stärken. Es ist jedoch von großer Bedeutung, die passende Botschaft zu finden, um Ihre Zielgruppe emotional anzusprechen und ihre Bindung zu fördern.

Durchführung

Welche grundlegenden Vorteile gibt es, die dazu beitragen können, eine positive emotionale Reaktion und Bindung bei Ihrer Zielgruppe zu erzeugen? Folgen Sie hierfür folgenden Schritte:

1. Ergänzen Sie folgende Sätze, um Ihr einzigartiges Markenversprechen zu entwickeln oder zu überprüfen, indem Sie darüber nachdenken, wie Sie Ihre Zielgruppe auf emotionaler Ebene ansprechen können. Definieren Sie, was Ihre Marke für Ihre Zielgruppe tun wird, um sich von anderen abzuheben und einen Mehrwert zu bieten (Abb. 1)

   Der/Die/Das Einzige(n) (Was) ________
   Das/Die/Der (Kategorie) ________
   Für (Zielgruppe) ________
   In (geografischer Markt) ________
   In einer Ära von (Trend) ________

Die Schritte 2–5 werden grafisch unterstützt durch Abbildung 2.

2. Im Folgenden geben Sie eine Auflistung dessen, was Ihre Zielgruppe schätzen könnten, wie z. B. Bequemlichkeit, sozialer Status, das Gefühl oder der Erste zu sein.

Beispielhaft steht Harley Davidson für Werte wie Freiheit, Individualismus und die Verbundenheit mit der Natur.

3. Anschließend notieren Sie Ihr zirkuläres Angebot oder Konzept. Basierend auf Ihrem Markenversprechen und den Werten Ihrer Zielgruppe überlegen Sie, welche Gefühle diese Initiative bei Ihrer Zielgruppe hervorrufen soll. Welche emotionalen Qualitäten werden durch den Kauf oder die Nutzung Ihres Produkts vermittelt? Möchte Ihre Zielgruppe sich bspw. gestärkt, sicher, altruistisch, inspiriert etc. fühlen?

Bei Harley Davidson wurde die Produktreihe „LiveWire“ entwickelt, die elektrisch betriebene Motorräder umfasst. Laut Harley Davidson soll diese Produktlinie die „nächste Generation von Motorrädern“ repräsentieren, indem sie die Leistung und Technologie von Elektrofahrzeugen mit der intuitiven Verbundenheit einer analogen Maschine kombiniert. Auf diese Weise entsteht eine neue emotionale Erfahrung, die das LiveWire-Erlebnis prägt (weitere Informationen auf livewire.com). Diese Entwicklung zielt besonders auf eine jüngere Zielgruppe ab, die eine stärkere emotionale Bindung zu nachhaltigen Produkten hat.

4. Im nächsten Schritt verfassen Sie die Botschaft, die Ihre Zielgruppe ansprechen würde, um eine Verbindung zu diesem Konzept herzustellen. Ihr Ziel ist es herauszufinden, wie Sie Ihre Kreislaufinitiative auf eine Art und Weise relevant machen können, die mit den Werten Ihrer Zielgruppe in Verbindung steht.

Für die Zielgruppe Harley Davidson ist das unterwegs sein in der Natur sehr wichtig, sprich als Betrachter diese zu genießen. Bei der Zielgruppe LiveWire ist die Verbindung noch größer, indem sie sich als Teil der Natur fühlen will.

Aus diesem Grund wurden die LiveWire Motorräder so entwickelt, dass sie ein Gefühl der Verbundenheit mit der Umgebung vermitteln und der Zielgruppe ermöglichen, vollständig in den Moment einzutauchen.

THE CIRCULAR DESIGN GUIDE

WORKSHEET

Brand promise

A4

This is a process to help you figure out how your circular opportunity reinforces your brand value.

BRAND PROMISE + CIRCULAR OPPORTUNITY = EMOTIONAL DRAW / YOUR MESSAGE

WHAT CUSTOMERS VALUE

1.BRAND PROMISE
COMPLETE THE SENTENCE

THE ONLY ________
WHAT

THAT ________
CATEGORY

FOR ________
WHO (CUSTOMER)

IN ________
WHERE (MARKET GEOGRAPHY)

IN AN ERA OF ________
WHEN (UNDERLYING TREND

www.circulardesignguide.com
IDEO

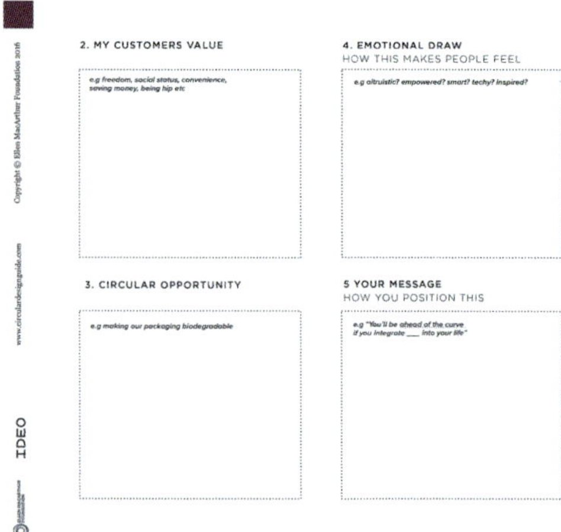

5. Denken Sie darüber nach, welchen Beitrag diese zirkulären Angebote oder Innovation zu Ihrem Markenversprechen leisten könnte. Inwiefern kann sie es auffrischen, betonen oder ergänzen? Denken Sie auch darüber nach, wie sich Ihr Versprechen auf andere Partner oder Nutzer in der Wertschöpfungskette auswirken könnte.

LiveWire verkörpert ein Konzept, das eine intuitive Verbindung zwischen Mensch und Technologie schafft. Es beeindruckt durch sein neues Erscheinungsbild, seinen innovativen Klang und ein unvergleichliches Fahrerlebnis. Durch die Einführung der Produktreihe LiveWire gelingt es Harley Davidson, ein erneuertes und zukunftsweisendes Markenversprechen zu etablieren, ohne dabei das Hauptmarkenversprechen durch widersprüchliche Botschaften zu gefährden.

Wenn Sie diese fünf Schritte durchgeführt haben, dann erhalten Sie folgende Gleichung (siehe Abb. 1): Wenn das Markenversprechen und das, was die Zielgruppe schätzt, mit zirkulären Angeboten und Chancen kombiniert werden, entsteht eine emotionale Bindung und Ihre Botschaft wird wirksam vermittelt.

Praxisschlaglicht

Das Markenversprechen sollte eindeutig, konsistent und kundenzentriert sein. Es sollte auf authentischen Werten basieren, die die Marke einhält, und sich von der Konkurrenz differenzieren. Gleichzeitig sollte es flexibel genug sein, um sich an Veränderungen anzupassen. Durch die Berücksichtigung dieser Aspekte kann eine starke Markenpositionierung erreicht werden, die Kundenbindung und Erfolg fördert.

Wirkfeld der Methode

- Wirksam für Herausforderungen mit hoher Komplexität
- Wirksam für nachhaltiges Marketing
- Wirksam für nachhaltiges Produktdesign
- Wirksam für nachhaltiges Servicedesign

Transformationsfähigkeit Ihres Teams

- Sorgt für Inspiration oder bessere Inspirationsempfindlichkeit
- Zahlt auf eine bessere Vorstellungskraft ein
- Zahlt auf eine bessere Wahrnehmung ein
- Zahlt auf ein positives Zukunftsbild ein
- Erhöht die Lösungsorientierung

Einsatzcharakteristik/Arbeitsrahmen

- Austauschfokus: vornehmlich mit externen Personen
- Austauschfokus: vornehmlich mit internen Personen
- Austauschfokus: vornehmlich mit internen und externen Personen
- Durchführungszeit: eher hoch (> 1 Tag)
- Einsatzfrequenz: vornehmlich im einmaligen Einsatz
- Einsatzradius: vornehmlich im Teameinsatz
- Einsatzradius: vornehmlich im unternehmensweiten Einsatz
- Komplexität für den Moderator: eher mittel
- Komplexität für die Teilnehmer: eher hoch
- Teamgröße: Einzelpersonennutzung möglich
- Teamgröße: Kleingruppe möglich (3 bis 5 Teilnehmer)
- Teamgröße: Mittelgroße Teams möglich (5 bis 20 Teilnehmer)
- Vorbereitungszeit: eher mittel (> 1 Stunde bis < 1 Tag)

Input für eine zielführende Arbeit mit der Methode

- Aktuell existierende Geschäftsmodelle
- Aktuell existierende Produkte und Services

Output und beobachtete Ergebnisse der Methode

- Erzeugt Ideensuchfelder, unentdeckte Probleme, Inspiration
- Erzeugt Leitfragen für die Ideenfindung
- Erzeugt Nutzenfunktionen und Bedürfniskorridore
- Erzeugt definierte Zielkorridore
- Identifiziert vorhandene Schwachstellen
- Identifiziert vorhandene Stärken
- Macht Wirkzusammenhänge sichtbar

Hinderniseffekte, auf die die Methode positiv wirkt

- Schafft für den Erfolg nötige Realitätsbezüge
- Schafft schnell Klarheit und beschleunigt Erkenntnisgewinn
- Schärft eine fehlende gemeinsame Ausrichtung
- Verhindert Ideenfindung mit zu schwacher Erkenntnisgrundlage
- Verhindert blinden Aktionismus
- Verhindert falsche Flughöhen

Mögliche Extravorteile der Methode

- Möglicher Extravorteil für in Nachhaltigkeitsthemen erfahrene Teams

Quellen

Web – https://www.circulardesignguide.com/methods (abgerufen 16.6.2023)

Organisation – Der Circular Design Guide ist eine Zusammenarbeit zwischen der Ellen MacArthur Foundation und IDEO. Copyright © Ellen MacArthur Foundation 2017, 2018

Brand Purpose

EinSatzBeschreibung

Brand Purpose ist eine Mikromethode, die Unternehmen hilft, ihre Markenbotschaft im Kontext der Nachhaltigkeit zu finden und zu kommunizieren.

Working Guide/Anwendungsfelder

P1 Sensibilisierung/Bildung	P2 Matching Recht/Gesetz	P3 Sustainability Roadmap	P4 Produkt/Prozessdesign	P5 Implementierung/Monitoring	P6 Kommunikation	P7 Organisation	P8 Führung	P9 Business Model Design	P10 Skalierung
X		X			X	X	X		

Beschreibung

Der Brand Purpose bezieht sich auf die grundlegende Absicht/den Zweck einer Marke, die über die reine Gewinnerzielung hinausgeht. Er gibt Antwort auf die Frage, warum das Unternehmen bzw. die Marke existiert und wonach es strebt. Er verkündet die Botschaft, welchen Beitrag die Marke bzw. das Unternehmen für die Gesellschaft leisten möchte.

Somit spiegelt der Brand Purpose die grundlegenden Werte und Überzeugungen einer Marke wider, gibt Orientierung und schafft eine tiefere Verbindung zu Kunden. Er hilft Unternehmen, ihre Markenidentität zu stärken und Kunden anzuziehen, die ähnliche Werte teilen.

Konsumenten werden zunehmend bewusster in Bezug auf Nachhaltigkeit und bevorzugen Marken, die sich für umweltfreundliche und sozial verantwortliche Praktiken einsetzen. Ein klar definierter Brand Purpose im Rahmen der Nachhaltigkeit kann Unternehmen dabei unterstützen, langfristige Beziehungen zu Kunden aufzubauen, ihre Glaubwürdigkeit zu stärken und letztendlich ihren langfristigen Erfolg zu fördern.

Die Methode führt den Anwender schrittweise durch den Prozess, die *Daseinsberechtigung* einer Marke (Reason for Being), die *Grundwerte* (Core Values) und das *Markenversprechen* (Brand Promise) im Rahmen der Nachhaltigkeit zu definieren. Mit dieser Grundlage wird schließlich ein „Planetarer Slogan" bzw. eine Botschaft formuliert, die als Guideline die Marke begleitet.

Durchführung

Am besten führen Sie diese Methode in einem multidisziplinären Team bestehend aus der Unternehmensleitung, Führungskräften verschiedener Abteilungen, aber auch Mitarbeitenden aus dem operativen Business durch.

Für die Durchführung benötigen Sie ein großes Blatt Papier, ein Flipchart, eine Pinnwand oder ein virtuelles Board.

Teilen Sie dieses in vier Bereiche entsprechend der Grafik und beschriften Sie wie folgt:

1. Daseinsberechtigung (Reason for being)
2. Grundwerte (Core Values)
3. Markenversprechen (Brand Promise)
4. Tagline (Leitsatz)

Schritt 1: Daseinsberechtigung (Our reason for being)

Was ist der planetare Zweck Ihrer Organisation?

Lassen Sie Ihr Team zunächst in Einzelarbeit folgende Fragen beantworten:

- Warum ist unser Unternehmen oder unsere Organisation gegründet worden?
- Welchen planetaren Zweck erfüllt es?
- Welchen Beitrag leistet unsere Organisation langfristig für die Gesellschaft?
- Welche grundlegenden planetaren Probleme löst unser Unternehmen?
- Was möchte unser Unternehmen langfristig bewirken?

Sammeln Sie die Antworten auf einzelnen Post-its und halten Sie sie gut sichtbar für alle im Feld „Existenzberechtigung" fest.

Diskutieren Sie anschließend in der Gruppe. Versuchen Sie ähnliche Aussagen zu gruppieren, sodass Sie auf wenige klar definierte und greifbare Gründe für Ihre Daseinsberechtigung kommen.

Schritt 2: Grundwerte (Core Values)

Core Values definieren, was für Ihre Marke oder Ihr Unternehmen wichtig ist und dienen als Richtlinien für Ihr Handeln in Übereinstimmung mit diesen Werten.

Auch hier gehen Sie wie unter Schritt 1 beschrieben vor. Lassen Sie Ihr Team in Einzelarbeit die folgenden Fragen beantworten und halten Sie die Antworten unter „Core Values" fest:

- Wofür steht unsere Marke?
- Was sind unsere ethischen und ideologischen Standards?
- Welche fundamentalen Überzeugungen sind mit unserer Marke verbunden?
- Was sind die grundlegenden Prinzipien unserer Marke?
- Welche grundlegenden Markenwerte beeinflussen unsere Entscheidungen?

Diskutieren Sie anschließend in der Gruppe. Versuchen Sie ähnliche Aussagen zu gruppieren, sodass Sie auf wenige klar definierte und greifbare Markenwerte kommen.

Schritt 3: Markenversprechen (Brand Promise)

„Brand Promise" bezieht sich auf die zentrale Aussage oder das Versprechen Ihrer Marke an Ihre Kunden. Es kann sich auf verschiedene Aspekte beziehen, wie Produktqualität, Kundenservice, Innovation, Nachhaltigkeit oder ein besonderes Kundenerlebnis.

37

Brand Purpose

Brand Purpose

Erfassen sie die "Persönlichkeit" Ihrer Marke. Formulieren Sie die "planetarische" Kernbotschaft, die Sie der Welt mitteilen möchten.

Daseinsberechtigung Was ist der planetarischer Zweck unserer Organisation?	**Grundwerte** Wofür steht unsere Marke? Was sind unsere ethischen und ideologischen Standards?	**Markenversprechen** Welche Botschaft kommunziert unsere Marke? Wie kommunizieren wir unsere planetare Mission?
		Leitsatz Welcher Leitsatz begleitet unsere Marke?

Brand Purpose (Planet Centric Design Toolkit) von Impossible Labs & Hila Attaie (innojump)

Das Markenversprechen ist ein zentraler Bestandteil der Markenpositionierung und Kommunikation, da es den Wert und die Relevanz der Marke für die Kunden kommuniziert.

In diesem Schritt befassen Sie und Ihr Team sich mit den folgenden Fragestellungen:

- Welche „planetare" Botschaft vermittelt unsere Marke?
- Wie kommunizieren wir unsere „planetare" Mission?
- Welche verbindliche Aussage bzw. Versprechen verbinden unsere Kunden mit unserer Marke?
- Welchen langfristigen Nutzen ziehen unsere Kunden von unserer Marke?

Erarbeiten Sie nun in der Gruppe, welches grundlegende Versprechen Sie mit Ihrer Marke an die Gesellschaft abgeben möchten. Schreiben Sie diese im dritten Feld unter „Markenversprechen" auf. Halten Sie sich dabei vor Augen, dass ein erfolgreiches Markenversprechen klar, glaubwürdig, differenzierend und konsistent sein sollte. Es ist ein Versprechen, das Ihre Marke aufrechterhalten und über alle Berührungspunkte mit den Kunden hinweg einlösen sollte. Durch die Einhaltung des Markenversprechens kann Ihre Marke das Vertrauen und die Bindung zu Ihren Kunden stärken und langfristige Beziehungen aufbauen.

Schritt 4: Leitsatz

Schreiben Sie nun mit der Gruppe auf Basis Ihrer Arbeit aus den Schritten 1 bis 3 einen prägnanten und greifbaren Leitsatz, der die Daseinsberechtigung, die Grundwerte und das Markenversprechen am besten widerspiegelt.

Praxisschlaglicht

Patagonia ist ein Unternehmen mit einem starken Purpose. Mit Herstellung und Vertrieb von Outdoorbekleidung strebt das Unternehmen danach, langlebige Produkte herzustellen, die die Umwelt so wenig wie möglich belasten.

Grundwerte:

„Qualität
Wir stellen das beste Produkt her, bieten den besten Service und verbessern uns stetig.

Integrität
Wir prüfen unsere Praktiken offen und ehrlich, lernen aus unseren Fehlern und halten unsere Versprechen.

Umweltschutz
Wir schützen unseren Heimatplaneten.

Gerechtigkeit
Als Unternehmen und in unserer Community verhalten wir uns gerecht, fair und antirassistisch.

Frei von allen Konventionen
Wir handeln auf unsere eigene Art und Weise."

Purpose:
„We're in business to save our home planet."

Wirkfeld der Methode

- Wirksam für Herausforderungen mit mittlerer Komplexität
- Wirksam für nachhaltiges Marketing
- Wirksam für nachhaltiges Produktdesign
- Wirksam für nachhaltiges Servicedesign

Transformationsfähigkeit Ihres Teams

- Fördert die Sensibilisierung
- Fördert die allgemeine Transformationsfähigkeit des Teams
- Zahlt auf eine bessere Wahrnehmung ein
- Zahlt auf ein positives Zukunftsbild ein

Einsatzcharakteristik/Arbeitsrahmen

- Austauschfokus: vornehmlich mit internen Personen
- Durchführungszeit: eher mittel (> 1 Stunde bis < 1 Tag)
- Einsatzfrequenz: vornehmlich im einmaligen Einsatz
- Einsatzradius: vornehmlich im Teameinsatz
- Einsatzradius: vornehmlich im unternehmensweiten Einsatz
- Komplexität für den Moderator: eher mittel
- Komplexität für die Teilnehmer: eher mittel
- Teamgröße: Einzelpersonennutzung möglich
- Teamgröße: Kleingruppe möglich (3 bis 5 Teilnehmer)
- Teamgröße: Mittelgroße Teams möglich (5 bis 20 Teilnehmer)
- Vorbereitungszeit: eher gering (< 1 Stunde)

Input für eine zielführende Arbeit mit der Methode

- Aktuell existierende Geschäftsmodelle
- Aktuell existierende Produkte und Services

Output und beobachtete Ergebnisse der Methode

- Erzeugt Leitfragen für die Ideenfindung
- Erzeugt eine Vision oder Zukunftsbild
- Erzeugt größere Klarheit zu einem Thema
- Erzeugt transformationsfähigere Organisationen
- Macht Wirkzusammenhänge sichtbar

Hinderniseffekte, auf die die Methode positiv wirkt

- Schafft für den Erfolg nötige Realitätsbezüge
- Schafft schnell Klarheit und beschleunigt Erkenntnisgewinn
- Schwächt Verdiskutiererei
- Schärft eine fehlende gemeinsame Ausrichtung
- Verhindert blinden Aktionismus
- Verhindert unreflektiertes agieren
- Fördert Optimismus und Zuversicht

Mögliche Extravorteile der Methode

- Möglicher Extravorteil für Teams mit einem starkem Auftragsmandat

Quellen

Organisation – Impossible Labs, https://www.labs.impossible.com/, June 2023
Person – Thomas Appel, Thomas Appel Consulting, thoap@tac4u.net Person- Hila Attaie, www.inno-jump.com, hila.attaie@inno-jump.comWeb – https://www.brandholosphere.com, August 2023
Web – https://eu.patagonia.com, August 2023

38

Brief aus der Zukunft

EinSatzBeschreibung

„Brief aus der Zukunft" ist eine kreative Methode, die verwendet wird, um die Vorstellungskraft und das Engagement für nachhaltige Ziele zu fördern.

Working Guide/Anwendungsfelder

P1 Sensibilisierung/Bildung	P2 Matching Recht/Gesetz	P3 Sustainability Roadmap	P4 Produkt/Prozessdesign	P5 Implementierung/Monitoring	P6 Kommunikation	P7 Organisation	P8 Führung	P9 Business Model Design	P10 Skalierung
X		X			X				

Beschreibung

Die Methode „Brief aus der Zukunft" ist eine wirkmächtige und kreative Methode, die verwendet wird, um die Vorstellungskraft und das Engagement für nachhaltige Ziele zu fördern. Sie ermöglicht dem Empfänger, sich eine bessere Zukunft vorzustellen und motiviert diesen für die Umsetzung von konkreten Maßnahmen, um diese Vision zu verwirklichen.

Zum Beispiel könnte die Leitung einer Organisation, wie in einer fiktiven Zeitreise, aus dem Jahr 2050 einen solchen Brief an die heutige Belegschaft schreiben und sozusagen aus der Zukunft berichten, was man in den Jahren dazwischen tat, warum man es tat und zu welchen Ergebnissen dies führte. Oft enthalten solche Briefe bewusst sehr emotionale Aspekte und anschauliche Beispiele für die erzielten Ergebnisse, die zu einer verstärkten Identifikation und damit Motivation des Lesers führen. Wesentlichen Komponenten der Methode „Brief aus der Zukunft" umfassen folgende vier Punkte:

Zukunftsvision: Die Methode beginnt damit, dass die Teilnehmenden (im Beispiel oben ist dies die Geschäftsführung) eine positive Zukunftsvision erzeugen. Sie stellen sich vor, wie die Welt in einer bestimmten Zeit, zum Beispiel im Jahr 2050, aussehen wird, wenn ebenfalls zum Beispiel die Nachhaltigkeitsziele des Unternehmens erreicht werden.

Der Brief: Die Teilnehmenden schreiben dann einen Brief aus dieser zukünftigen Perspektive an sich selbst oder an andere Personen. Der Brief beschreibt detailliert, wie sich das Unternehmen und sein Umfeld, aber eventuell auch das Leben in dieser besseren Zukunft gestaltet und welche Maßnahmen ergriffen wurden, um diese zu erreichen. Es könnte zum Beispiel (fiktiv) beschrieben werden, wie einzelne Personen oder Abteilungen konkret mitgeholfen haben, diese positive Zukunft gestaltet zu haben.

Rückwärtsplanung: Nachdem der Brief erdacht und geschrieben wurde, arbeiten die Teilnehmenden rückwärts, um die konkreten Schritte und Maßnahmen zu identifizieren, die erforderlich sind, um diese Zukunftsvision tatsächlich zu verwirklichen. Dabei werden Hindernisse und Herausforderungen berücksichtigt und entsprechende Lösungsansätze entwickelt.

Kommunikation: Die Methode ist auch ein wirkmächtiges Kommunikationswerkzeug und dafür geeignet, Menschen abzuholen und Sie dafür zu gewinnen an einer positiven Zukunft zu arbeiten. Daher werden im Brief insbesondere die Wirkungen und Ergebnisse in den Mittelpunkt gerückt und nicht die Details der Strategie oder die dafür notwendigen Maßnahmen zur Umsetzung. Daher kann ein solcher Brief auch als inspirierende Absichtserklärung in der Kommunikation verwendet werden, um bei den Adressaten ebenfalls ein positives Bild und damit Motivation für anstehende Veränderungen zu entwickeln.

Die Methode „Brief aus der Zukunft" ist ein kraftvolles Werkzeug in Bezug auf Nachhaltigkeitsziele und um ein Engagement für nachhaltige Ziele zu fördern und konkrete Maßnahmen zur Verwirklichung einer positiven Zukunft zu entwickeln.

Die Methode fördert das Denken in Ergebnissen und damit kreative Lösungen. Dies ermöglicht es, innovative Lösungen für nachhaltige Herausforderungen zu entwickeln. Die Teilnehmenden gehen über ihre aktuellen Denkmuster hinaus und gewinnen somit mehr Klarheit über Visionen und Ziele.

Durch die Visualisierung von erreichten Erfolgen aber auch von überwundenen Hindernissen und Herausforderungen werden die notwendigen Strategien und Maßnahmen identifiziert, die in eine gewünschte Zukunft führen. Teilnehmende werden so motiviert, Teil dieser Zukunft zu sein und diese mitzugestalten.

In Bezug auf die Definition und Umsetzung der unternehmerischen Nachhaltigkeitsziele ermöglicht die Methode „Brief aus der Zukunft" es so den Menschen, über kurzfristige Ziele hinauszudenken und somit langfristig zu denken und zu agieren.

Durchführung

Anleitung zur Nutzung der Methode „Brief aus der Zukunft" in Kombination mit der Methode Brainwriting:

Schritt 1: Vorbereitung

- Stellen Sie sicher, dass Sie eine geeignete Gruppe von Teilnehmenden haben, die an der Entwicklung nachhaltiger Lösungen interessiert sind.
- Stellen Sie Materialien wie Stifte, Papier und/oder Whiteboards bereit, um die Ideen festzuhalten.

Schritt 2: Einführung

- Erklären Sie den Teilnehmern die Methode „Brief aus der Zukunft".

Liebes Team,

ich schreibe Ihnen aus dem Jahr 2050 und möchte Ihnen erzählen, welch unglaublichen Erfolg wir in Bezug auf Nachhaltigkeit wir in den vergangenen Jahren erzielt haben. Es ist beeindruckend, und dies ist unsere gemeinsame Geschichte.

Erinnern Sie sich an das Jahr 2023, als wir uns das Ziel setzten, in weniger als drei Jahrzehnten zur führenden Firma in Sachen Nachhaltigkeit in unserer Branche zu werden? Heute im Jahr 2050 haben wir es tatsächlich geschafft!

Wir haben eine 100%ige Kreislaufwirtschaft implementiert, wodurch kein Müll mehr anfällt. Unsere gesamte Energieversorgung stammt aus erneuerbaren Quellen. Unser Engagement im Bereich Nachhaltigkeit wurde von unseren Kunden sehr begrüßt und unsere Marktposition wurde hierdurch signifikant gestärkt. Es haben sich viele neue Geschäftsmöglichkeiten eröffnet, die wir uns 2023 nie hätten vorstellen können.

Der Schlüssel zum Erfolg war unser gemeinsames Engagement, exzellente Technologien zu entwickeln und die Motivation als Unternehmen nachhaltig zu agieren. Nehmen wir das Beispiel von Maria aus unserer Produktentwicklung: Sie hatte die innovative Idee, unsere Verpackungen aus Algen-basierten Materialien herzustellen, die sich in natürlichen Umgebungen abbauen. Oder der Umstieg auf neuartige Verfahren in unserem Herstellungsprozess. Unsere nachhaltig produzierten Produkte sind führend in unserer Branche und unseren Kundenkreis konnten wir signifikant vergrößern.

Wir engagieren uns weltweit sozial und ökologisch. So haben wir bis zum heutigen Tage über 10 Millionen Bäume gepflanzt. Durch unsere Anstrengungen haben wir nicht nur den Planeten geschützt, sondern auch das Leben vieler Menschen positiv beeinflusst. Unsere Mitarbeiterzufriedenheit ist auf einem Allzeithoch, da alle stolz darauf sind, Teil einer so revolutionären Veränderung zu sein.

Eine besonders berührende Geschichte ereignete sich im Jahr 2040, als wir in Südamerika ein Projekt zur Wiederherstellung von Mangrovenwäldern unterstützten. Ein junges Mädchen namens Isabella kam auf mich zu und gab mir eine handgezeichnete Karte. Darauf war ein gesunder Mangrovenwald abgebildet und daneben das Wort „Danke". Isabella erklärte, dass ihre Familie nun wieder von der Fischerei leben kann, da die Mangroven die Fischpopulationen erhöhen. Ihr Lächeln und ihre Dankbarkeit waren ein lebendiger Beweis dafür, wie unsere Arbeit direkt das Leben der Menschen beeinflusst …

Liebes Team von 2024, ich danke ihnen allen für Ihre Entscheidung diesen Weg mitzutragen und den Beitrag jedes Einzelnen zu dieser wunderbaren Zukunft. Ich hoffe, dass dieser Brief Sie inspiriert und für sie erkenntlich macht, welch bedeutenden Einfluss Sie alle auf die Welt von morgen haben.

Mit herzlichen Grüßen aus der Zukunft,
Ihre Geschäftsführung

Brief aus der Zukunft (Quelle: Thomas Appel Consulting)

- Stellen Sie sicher, dass die Teilnehmenden eine gute Vorstellung von der Bedeutung Ihrer Nachhaltigkeitsziele haben und wie diese Methode helfen kann, Visionen zu entwickeln und konkrete Maßnahmen zu ergreifen.

Tipp: Stimmen Sie die Teilnehmenden durch Impulsvorträge von Zukunftsforschern oder Thinktanks auf die anstehende Aufgabe ein.

Schritt 3: Zukunftsvision entwickeln

- Bitten Sie die Teilnehmenden, ihre eigenen Vorstellungen und Ideen jeweils in Form einer kleinen Geschichte zu verfassen.
- Jeder Teilnehmende soll sich vorstellen, wie die Welt und das Unternehmen in einer bestimmten Zeit, z.B. in zehn oder 20 Jahren, idealerweise aussehen wird, wenn diese Ideen umgesetzt sind.
- Jeder schreibt seine Geschichte oder Ideen stichpunktartig auf jeweils eine Karte. Es können auch mehrere Karten geschrieben werden.

Schritt 4: Brief aus der Zukunft

- Nachdem alle Teilnehmenden ihre Ideen verschriftlicht haben, präsentieren die Teilnehmenden einzeln die wesentlichen Elemente ihrer Ideen oder Visionen und heften die Karten sichtbar an eine geeignete Wand (Brownpaper, Flipchart).
- Nachdem alle Karten präsentiert wurden, tauschen sich die Teilnehmenden über die Ergebnisse aus.

Tipp: Sie könnten nach den Präsentationen auch ein weiteres Mal den Schritt 3 durchführen lassen. Dies hat den Vorteil, dass Teilnehmende durch die bereits gesammelten Ideen und Visionen inspiriert werden weitere Ideen zu entwerfen.

- Fordern Sie die Teilnehmenden nun auf, aus den besten Ideen und Visionen einen gesamtheitlichen „Brief aus der Zukunft" zu verfassen. Der Brief sollte detailliert beschreiben, wie das Leben in dieser besseren Zukunft aussieht, welche Entscheidungen getroffen wurden und welche Maßnahmen umgesetzt wurden.
- Ganz wichtig ist es auch emotionale Bestandteile einfließen zu lassen: Wie wurde Veränderung erlebt, wie fühlt es sich an,

welche individuellen Geschichten und Erlebnisse sind damit verbunden?

Schritt 5: Rückwärtsplanung

- Je nach Größe der Arbeitsgruppe entwickeln Sie nun gemeinsam oder in mehreren, kleineren Teams einen Rückwärtsplan, um die konkreten Schritte und Maßnahmen zu identifizieren, die erforderlich sind, um die Zukunftsvisionen zu verwirklichen. Wenn Sie in der Komfortsituation sind, dass Sie mehrere Teams bilden können, dann verteilen Sie die unterschiedlichen Aspekte aus dem Brief auf die vorhandenen Teams.
- Hindernisse und Herausforderungen sollten ebenfalls berücksichtigt werden, und Lösungsansätze sollten entwickelt werden.

Schritt 6: Diskussion und Zusammenfassung

- Falls Sie in mehreren Gruppen gearbeitet haben:
  - Jede Gruppe präsentiert ihre Zukunftsvision und den Rückwärtsplan der Gesamtgruppe.
  - Ermutigen Sie zu einer offenen Diskussion und lassen Sie Raum für Fragen und Anregungen.
  - Fassen Sie am Ende die wichtigsten Erkenntnisse und Maßnahmen zusammen.
- Verschriftlichen Sie Ihre Ergebnisse und entwerfen Sie einen Plan mit Ihren empfohlenen Maßnahmen passend zu Ihrem Brief aus der Zukunft.

Schritt 7: Umsetzung

- Motivieren Sie die Teilnehmenden, die entwickelten Maßnahmen in die Tat umzusetzen.
- Identifizieren Sie konkrete Verantwortlichkeiten und Aktionspläne.

Vereinbaren Sie regelmäßige Review-Termine, um den Fortschritt zu überprüfen und Unterstützung zu bieten.

Helfende Organisation

Transition Network: Transition Network ist eine globale Bewegung, die sich auf den Aufbau von nachhaltigen Gemeinschaften konzentriert. Sie haben die Methode „Brief aus der Zukunft" in ihren Transition Town-Projekten angewendet, um die Visionen der Gemeinschaften für eine nachhaltige Zukunft zu entwickeln. Weitere Informationen finden Sie auf ihrer Website: https://www.transitionnetwork.org/

Wirkfeld der Methode

- Wirksam für Herausforderungen mit mittlerer Komplexität
- Wirksam für nachhaltiges Produktdesign
- Wirksam für nachhaltiges Servicedesign
- Wirksam für nachhaltiges Business Model Design

Transformationsfähigkeit Ihres Teams

- Fördert die Sensibilisierung
- Fördert die Teamkreativität
- Fördert die allgemeine Transformationsfähigkeit des Teams
- Fördert grundlegend die Kreativität
- Fördert offene Mindsets und innovative Denkhaltungen
- Sorgt für Inspiration oder bessere Inspirationsempfindlichkeit
- Zahlt auf eine bessere Vorstellungskraft ein
- Zahlt auf ein positives Zukunftsbild ein

Einsatzcharakteristik/Arbeitsrahmen

- Austauschfokus: vornehmlich mit internen und externen Personen
- Durchführungszeit: eher mittel (> 1 Stunde bis < 1 Tag)
- Einsatzfrequenz: vornehmlich im einmaligen Einsatz
- Einsatzradius: vornehmlich im Teameinsatz
- Einsatzradius: vornehmlich im unternehmensweiten Einsatz
- Komplexität für den Moderator: eher gering
- Komplexität für die Teilnehmer: eher mittel
- Teamgröße: Kleingruppe möglich (3 bis 5 Teilnehmer)
- Teamgröße: Mittelgroße Teams möglich (5 bis 20 Teilnehmer)
- Vorbereitungszeit: eher gering (< 1 Stunde)

Input für eine zielführende Arbeit mit der Methode

- Aktuell existierende Geschäftsmodelle
- Aktuell existierende Produkte und Services
- Aktuelle Herausforderung, Leitfrage, Problem

Output und beobachtete Ergebnisse der Methode

- Erzeugt Ideen für neue Märkte und neue Business Modelle
- Erzeugt Ideen, Lösungsansätze, Vorideen, Möglichkeiten
- Erzeugt Ideensuchfelder, unentdeckte Probleme, Inspiration
- Erzeugt eine Vision oder Zukunftsbild

Hinderniseffekte, auf die die Methode positiv wirkt

- Dynamisiert und aktiviert wenig dynamische Teams
- Fördert die Agilität der Teilnehmer
- Schwächt das Leben in der Vergangenheit
- Verkürzt und durchbricht vorhandene Kreativblockaden
- Wirkt fehlender Inspiration entgegen
- Fördert Optimismus und Zuversicht

Mögliche Extravorteile der Methode

- Möglicher Extravorteil für agile Teams
- Möglicher Extravorteil für innovativ ungeübte Teams
- Möglicher Extravorteil für in Nachhaltigkeitsthemen ungeübte Teams

Quellen

Buch – Cooperrider, D. L., & Whitney, D. Appreciative inquiry: A positive revolution in change (Berrett-Koehler, 2005)
Buch – Stavros, J. M., & Hinrichs, G. The thin book of SOAR: Building strengths-based strategy (Thin Book Publishing, 2009)
Person – Thomas Appel Consulting; thoap@tac4u.net
Web – Toolbox – Infothek für Realutopien: https://realutopien.info/tolbox/brief-aus-der-zukunft/
Buch – Der Brief aus der Zukunft: Eine kreative Methode für nachhaltige Entwicklung, Ute Hebisch und Bernd Wilkening.

Building Teams

Quelle: © NEU | ARAG SE – Team Space Düsseldorf

EinSatzBeschreibung

„Building Teams" unterstreicht die Bedeutung der Bildung interdisziplinärer Teams zur Gestaltung der Kreislaufwirtschaft, um Wissen zu stärken, Beziehungen zu den Beteiligten aufzubauen und eine erfolgreiche Umsetzung zu gewährleisten.

Working Guide/Anwendungsfelder

P1 Sensibilisierung/Bildung	P2 Matching Recht/Gesetz	P3 Sustainability Roadmap	P4 Produkt/Prozessdesign	P5 Implementierung/Monitoring	P6 Kommunikation	P7 Organisation	P8 Führung	P9 Business Model Design	P10 Skalierung
						X	X		

Beschreibung

Bei der Gestaltung der Kreislaufwirtschaft spielen interdisziplinäre Teams eine entscheidende Rolle, ähnlich wie bei allen Designprozessen. Die Zusammensetzung solcher Teams aus verschiedenen Fachbereichen ermöglicht es, von einer breiten Palette an Wissen und Denkweisen zu profitieren, was transformative Effekte haben kann. Durch die Integration unterschiedlicher Perspektiven und Fähigkeiten wird ein ganzheitlicher Ansatz gefördert.

Interdisziplinäre Teams sind in der Lage, über herkömmliche Denkmuster hinauszugehen und neue Lösungsansätze zu entwickeln. Die Stärke dieser Teams liegt oft in der kreativen Reibung, die durch die Vielfalt der Meinungen und Ideen entsteht. Die Zusammenarbeit zwischen Menschen mit unterschiedlichen Hintergründen und Fachkenntnissen fördert einen dynamischen und innovativen Prozess.

Indem interdisziplinäre Teams ganzheitlich denken, können sie die Komplexität der Kreislaufwirtschaft besser erfassen und geeignete Lösungen entwickeln. Sie sind in der Lage, Herausforderungen aus verschiedenen Blickwinkeln zu betrachten und Synergien zwischen unterschiedlichen Aspekten zu erkennen. Dadurch können sie einen umfassenden und nachhaltigen Ansatz verfolgen, der über einzelne Disziplinen hinausgeht.

Insgesamt bieten interdisziplinäre Teams eine Plattform für kreative Zusammenarbeit und Innovationspotenzial. Durch den Austausch von Ideen, das Lernen voneinander und die Zusammenführung verschiedener Expertisen können sie neue Wege einschlagen und innovative Lösungen für die Herausforderungen der Kreislaufwirtschaft entwickeln.

Durchführung

Um effektiv zusammenzuarbeiten, ist es wichtig, dass sich alle Teammitglieder auf ein gemeinsames Ziel ausrichten und klare Arbeitsweisen festlegen. Gehen Sie dabei wie folgt vor:

1. Definieren und verorten Sie konkret, welche Personen für den Erfolg des Projekts beteiligt sein müssen. Folgende Rollen könnten für Ihr Projekt erforderlich sein: ein Projektleiter, ein oder mehrere Inhaltsexperten, ein oder mehrere Designer, Umsetzer und/oder technische Experten sowie Berater.

2. Wenn Sie sich an diese Personen wenden, ist es wichtig, klare Erwartungen an ihre erforderlichen Leistungen zu stellen. Beachten Sie, dass diese Personen oft nicht Teil Ihrer direkten Organisation oder Ihres Teams sind, daher sollten Sie sich über das erforderliche Engagement im Klaren sein.

3. Nehmen Sie sich Zeit, um diese Personen zusammenzubringen und widmen Sie sich der klaren Definition Ihrer Herausforderung, falls dies noch nicht geschehen ist. Sobald Sie an einem Ort sind, sollten Sie Ihre Rollen diskutieren.

Hier sind einige Fragen, die Ihnen helfen können:

- Wer wird die Initiative anführen?
- Wer wird den Entwurfsprozess leiten?
- Welche Fachperson kann bewährtes Wissen zur Kreislaufwirtschaft einbringen?
- Wer wird die Umsetzung leiten?
- Welche Interessengruppen oder Berater müssen während des Prozesses Beiträge leisten?
- Mit welchen externen Partnern außerhalb Ihrer Organisation müssen Sie zusammenarbeiten?

Nehmen Sie sich die Zeit, diese Fragen zu besprechen und klare Verantwortlichkeiten festzulegen, um sicherzustellen, dass Ihre Bemühungen effektiv voranschreiten.

4. Nun können Sie besprechen, wie Sie effektiv zusammenarbeiten möchten und die folgenden Fragen durchgehen:

- Wie werden Sie intern zusammenarbeiten?
- Welche kreativen Spannungen existieren? Wie können diese uns dabei helfen, neue Wege zu finden und bestehende Ansätze zu unterbrechen?
- Wie werden Sie mit externen Partnern zusammenarbeiten?
- Wie werden Sie sicherstellen, dass Ihre wichtigsten Stakeholder aktiv eingebunden werden und sich beteiligt fühlen?
- Wie werden Sie Ihre Nutzer entlang der gesamten Wertschöpfungskette einbinden?

Nehmen Sie sich Zeit, um diese Fragen zu diskutieren und klare Strategien für die Zusammenarbeit zu entwickeln. Durch eine effektive Zusammenarbeit können Sie sicherstellen, dass alle relevanten Akteure einbezogen werden und ein gemeinsames Verständnis und Engagement für das Projekt entstehen.

5. Es ist ratsam, Notizen zu machen und Ihren Plan der Zusammenarbeit festzuhalten, um sicherzustellen, dass alle Beteiligten darauf Bezug nehmen können, während Sie voranschreiten. Dadurch bleibt der Plan transparent und dient als Leitfaden für alle.

Halten Sie die wichtigsten Punkte schriftlich fest, darunter:

- die definierten Rollen und Zuständigkeiten der Teammitglieder,
- die internen Kooperationsmechanismen und Kommunikationskanäle,
- die identifizierten kreativen Spannungen und wie sie genutzt werden können,
- die geplante Zusammenarbeit mit externen Partnern und Stakeholdern und
- die Strategien zur Einbindung der wichtigsten Stakeholder und Nutzer entlang der Wertschöpfungskette.

Notieren Sie sich auch die erörterten Ideen, Vorschläge und Entscheidungen, um sicherzustellen, dass sie nicht verloren gehen und später wieder aufgegriffen werden können.

Praxisschlaglicht

Unsere Erfahrung zeigt: Ein schriftlicher Plan der Zusammenarbeit bietet eine klare und einheitliche Grundlage für alle Beteiligten und hilft, Missverständnisse zu vermeiden. Es ist empfehlenswert, regelmäßige Überprüfungen und Aktualisierungen vorzunehmen, um sicherzustellen, dass der Plan den sich entwickelnden Anforderungen gerecht wird.

Quelle: © NEU | Zentis – Innovation Space Aachen

Wirkfeld der Methode

- Wirksam für Herausforderungen mit hoher Komplexität
- Wirksam für nachhaltiges Marketing
- Wirksam für nachhaltiges Produktdesign
- Wirksam für nachhaltiges Prozessdesign
- Wirksam für nachhaltiges Servicedesign
- Wirksam für nachhaltiges Business Model Design

Transformationsfähigkeit Ihres Teams

- Fördert die Agilität eines Teams
- Fördert die Teamkreativität
- Fördert die allgemeine Transformationsfähigkeit des Teams
- Fördert offene Mindsets und innovative Denkhaltungen
- Zahlt auf eine bessere Wahrnehmung ein
- Erhöht die Lösungsorientierung

Einsatzcharakteristik/Arbeitsrahmen

- Austauschfokus: vornehmlich mit internen und externen Personen
- Durchführungszeit: eher hoch (> 1 Tag)
- Einsatzfrequenz: vornehmlich im einmaligen Einsatz
- Einsatzradius: vornehmlich im Teameinsatz
- Komplexität für den Moderator: eher mittel
- Komplexität für die Teilnehmer: eher mittel
- Teamgröße: Kleingruppe möglich (3 bis 5 Teilnehmer)
- Teamgröße: Mittelgroße Teams möglich (5 bis 20 Teilnehmer)
- Vorbereitungszeit: eher mittel (> 1 Stunde bis < 1 Tag)

Input für eine zielführende Arbeit mit der Methode

- Beteiligte Personen mit Tätigkeiten und Aufgaben
- Merkmale der gegebenen Herausforderung
- Personenmerkmale (Meinungen, Bedürfnisse, Werte, etc.)

Output und beobachtete Ergebnisse der Methode

- Bessere Projekteffizienz, bessere Teamperformance
- Erzeugt größere Klarheit zu einem Thema
- Erzeugt transformationsfähigere Organisationen
- Erzeugt motiviertere und transformationsfähigere Teilnehmer

Hinderniseffekte, auf die die Methode positiv wirkt

- Beugt blinden Flecken/Betriebsblindheit vor
- Bewahrt vor zu generischen Ideen und Aussagen
- Dynamisiert und aktiviert wenig dynamische Teams
- Fördert die Agilität der Teilnehmer
- Schafft für den Erfolg nötige Realitätsbezüge
- Schafft schnell Klarheit und beschleunigt Erkenntnisgewinn
- Stärkt das Vertrauen im Team
- Verhindert einseitige Bewertungen und Entscheidungen
- Fördert Optimismus und Zuversicht

Mögliche Extravorteile der Methode

- Möglicher Extravorteil für Teams mit einer konservativen, tradierten Kultur
- Möglicher Extravorteil für innovativ ungeübte Teams

Quellen

Web – https://www.circulardesignguide.com/methods (abgerufen 04.05.2023)

Organisation – *Der Circular Design Guide ist eine Zusammenarbeit zwischen der Ellen MacArthur Foundation und IDEO. Copyright © Ellen MacArthur Foundation 2017, 2018*

Grafik: verrocchio Sustainable Inspiration Card – Malvine Klecha, Hila Attaie und Jennifer van Aerssen (Illustration)

Bürgerversammlung im Wald 

EinSatzBeschreibung

Die Teilnehmenden vertreten in Kleingruppen ihre singulären Interessen gegenüber einem virtuellen Gemeinderat, der eine Kompromisslösung im Sinne einer nachhaltigen Entwicklung anstrebt.

Working Guide/Anwendungsfelder

P1 Sensibilisierung/Bildung	P2 Matching Recht/Gesetz	P3 Sustainability Roadmap	P4 Produkt/Prozessdesign	P5 Implementierung/Monitoring	P6 Kommunikation	P7 Organisation	P8 Führung	P9 Business Model Design	P10 Skalierung
X		X			X	X	X		

Beschreibung

Idealerweise findet die Übung im Wald bzw. in einer möglichst strukturreichen Kulturlandschaft Natur statt. Dort wird im natürlichen Umfeld einführend die dem Ursprung des Nachhaltigkeits-Begriffs zugrunde liegende Situation vor gut 300 Jahren erläutert. Nämlich die Erkenntnis, dass der damals für Städtebau, Schiffsbau, Bergbau, Köhlerei, Glasbläserei, Handwerk und Industrialisierung existenzielle Rohstoff Holz nicht länger nur verbraucht und damit „nach-lässig“ genutzt wird. Sondern dass eine „nach-haltende Nutzung“ anzustreben ist, bei der nur so viel genutzt wird, wie auch nachwächst, um eine dauerhafte Nutzung sicherstellen zu können.

Diese Idee der Dauerhaftigkeit wurde 1992 im Rahmen der Umweltkonferenz in Rio konkretisiert, indem der Nachhaltigkeits-Begriff auf Basis der drei Säulen Wirtschaft/Ökonomie, Umwelt/Ökologie und Gesellschaft/Soziales und unter Berücksichtigung globaler Verteilungsgerechtigkeit und Teilhabe sowie Generationen-überschreitender Gerechtigkeit definiert wurde. 2015 wurden seitens der UN zur Konkretisierung und Operationalisierung des komplexen Themenfelds Nachhaltigkeit die SDGs (Sustainable Development Goals) mit 17 Themen formuliert, auf die Aktivitäten zur nachhaltigen Entwicklung „einzahlen“.

Die Übung greift die Notwendigkeit auf, auf dem Weg zu nachhaltigen Lebens- und Wirtschaftsweisen zunächst Positionen und Argumente auszutauschen, um dann unterschiedliche Perspektiven zusammenzuführen und im Sinne einer ganzheitlichen Betrachtung langfristig tragfähige Lösungen zu finden.

Im Rahmen der Übung werden von verschiedenen Akteursgruppen zunächst untereinander nicht abgestimmte, singuläre und damit in der Regel widerstreitende Positionen formuliert und vertreten, was der realen Alltagssituation entspricht.

Im Rahmen eines moderierten Austauschs wird dann nach Kompromisslinien zwischen den verschiedenen Positionen gesucht. Die Akteursgruppen leisten im Abstimmungsprozess unbewusst meist bereits eine Art von „sozialer Kontrolle“ und relativieren dadurch in der Regel die zu sehr einseitig interessensgeleiteten Vorschläge.

Ziel ist es, im Rahmen des moderierten Diskussionsprozesses das „Entscheidungs-Dilemma“ zwischen den verschiedenen Nachhaltigkeits-Aspekten zu überwinden und am Ende eine ganzheitliche und möglichst von allen Akteuren akzeptierte Kompromisslösung im Sinne des Nachhaltigkeits-Dreiecks Wirtschaft/Ökonomie, Umwelt/Ökologie und Gesellschaft/Soziales zu formulieren.

Die Methode eignet sich besonders für Organisationen, Teams und interne Gruppen, die gerade vor oder in Veränderungsprozessen stehen und strukturelle Diskussionen führen. Sie können hier ihre realen Themen einbringen und stellvertretend den drei Hauptthemenfeldern der Nachhaltigkeit zuordnen. Die Methode dient damit nicht nur dem gegenseitigen Austausch auf der Suche nach abgestimmten Lösungen. Sie stellt auch sicher, dass die Meinungsfindung im Team auf Augenhöhe erfolgt und transparent verläuft und der Notwendigkeit einer ganzheitlichen Betrachtung und einer Berücksichtigung der Nachhaltigkeits-Aspekte entspricht.

Durchführung

In einem natürlichen Umfeld, am besten in einem mehrstufigen Wald, werden sowohl die Multifunktionalität des Lebensraums als auch die verschiedenen Aspekte der Nachhaltigkeit am konkreten Beispiel sichtbar. So stehen z. B. der Rohstoff Holz, Holznutzung, Jagd und Landnutzung für die ökonomischen Aspekte, Klimaschutz, Photosynthese, Biodiversität, Totholz für die ökologischen Aspekte und Mountain-Biking, Outdoorsport, Reiten, Geocaching und Erholung für die sozialen Aspekte.

Alternativ zum Wald ist die Durchführung der Übung auch in der Kulturlandschaft möglich, egal ob in einer strukturreichen, naturnahen Kulturlandschaft (z. B. Streuobstwiesen, Weinberge, Seen, Flüsse, Bäche, Felder und Wiesen) oder in einer urbanen Landschaft, die eher städtisch geprägt ist (mit Siedlungen, Gewerbegebieten, Verkehrswegen, Gärten, Parks, Spielplätzen, Schutzgebieten). Hier kommen dann weitere für die Diskussion um nachhaltige Entwicklung relevante Aspekte und Argumente hinzu, z. B. Regenerative Energien, Bioenergie, Arbeitsplätze, integrierte Verkehrskonzepte, Freizeitgewässer, öffentliches Grün, Urban Gardening, etc.

Jede der Gruppen nimmt eine Schreibunterlage sowie Papier und Stifte mit, um gemeinsam den Fahrplan und die Stichworte für die eigene Argumentation zu notieren und sich Notizen machen zu können.

Die Übung wird in folgenden Schritten durchgeführt:

1. Die Teilnehmenden eines mittelgroßen Teams, idealerweise 12 bis 30 Personen, werden nach dem Zufallsprinzip in vier Gruppen eingeteilt.

2. 3 möglichst gleich große Gruppen aus ca. 3 bis 9 Personen erhalten jeweils eines der drei Nachhaltigkeits-Themen Wirtschaft, Umwelt und Gesellschaft. Sie bereiten sich darauf vor, dieses im Sinne einer Lobby-Organisation zu vertreten. Dabei identifizieren sie auch die für ihr Anliegen relevanten SDGs und berücksichtigen diese in der Vorbereitung für ihr Statement und für ihre Argumentation.
3. Die vierte Gruppe vertritt Bürgermeister, zuständige Abteilungsleiter und Vertreter des Gemeinderats. Sie ist gleichzeitig Veranstalter, Adressat und Entscheidungsgremium. Diese Gruppe kann ggf. auch nur aus 2 bis 3 Personen bestehen.
4. Im Rahmen einer Vorbereitungszeit von jeweils ca. 15 bis 30 Minuten bereitet jede der drei Lobbygruppen die mündliche Präsentation ihrer singulären Interessen vor, die vor Ort möglichst konkret erläutert und möglichst anschaulich dargestellt und mit Überzeugung vorgetragen werden sollen.
5. Der Bürgermeister eröffnet die Veranstaltung und die Anhörung und bittet die drei Interessensgruppen um ihre jeweils ca. 5 bis 10 Minuten langen Statements.
6. Nach den Statements zum jeweiligen Anliegen, z. B. für einen verstärkten Starkholz-Einschlag, für ein Schutzkonzept für seltene Vogelarten bzw. für die Anlage eines Mountainbike-Trails kommt es zum Austausch der Argumente zwischen den Gruppen. Hierbei können und dürfen sich durchaus auch Interessensbündnisse und Allianzen zwischen den Lobbygruppen bilden. Gleichzeitig darf die Diskussion auch bereits in Richtung Lösungssuche und eines möglichen Kompromisses gehen.
7. Das Entscheidungsgremium begleitet, fördert und moderiert den gegenseitigen Austausch und die Diskussion der Interessensgruppen.
8. Nach ca. 30 Minuten Diskussion formuliert der Bürgermeister einen ersten Kompromiss-Vorschlag und stellt diesen zur abschließenden Diskussion und dann zur Abstimmung.
9. Ziel der Übung ist eine auf Basis der verschiedenen Forderungen, Wünsche und Argumente formulierte Kompromisslösung im Sinne des Nachhaltigkeits-Dreiecks zu finden. Im Idealfall wird diese von allen Akteuren akzeptiert bzw. mehrheitlich verabschiedet.
10. Am Ende der Übung findet ein Austausch zum Verlauf der Diskussion, Meinungsbildung und gefundenen Kompromisslösung statt.
11. Bei Bedarf kann ergänzend eine Transferdiskussion zu den aktuellen in der Organisation bzw. im Team anstehenden Fragen und Entwicklungsprozessen angeschlossen werden.

Praxisschlaglicht

Jede Bürgerversammlung verläuft absolut unterschiedlich. Und meist deutlich dynamischer als zu Beginn zu erwarten. Einerseits zeigen sich manche Teilnehmende bereits in der Vorbereitungsphase als äußerst listige und kreative Lobbyisten und entwickeln sich im Laufe der Präsentation und Diskussion zu brillanten und höchst engagierten Debattenrednern „in eigener Sache“. Andererseits kommt es zwischen den Akteursgruppen oftmals nicht nur zu hitzigen Diskussionsschlachten, sondern auch zu erstaunlichen Zweckbündnissen und strategischen Allianzen, um die eigenen Positionen besser halten bzw. mehr davon durchsetzen zu können.

Helfende Organisation

www.hausdeswaldes.de, www.evoco.de, www.bnw-bundesverband.de, www.nabu.de, www.duh.de

Wirkfeld der Methode

- Wirksam für Herausforderungen mit niedriger Komplexität
- Wirksam für Nachhaltigkeitsdialog
- Wirksam für Kompromiss-Findung

Transformationsfähigkeit Ihres Teams

- Fördert die Sensibilisierung
- Fördert die Agilität eines Teams
- Fördert die Teamkreativität
- Fördert die allgemeine Transformationsfähigkeit des Teams
- Zahlt auf eine bessere Wahrnehmung ein
- Zahlt auf ein positives Zukunftsbild ein
- Erhöht die Lösungsorientierung

Einsatzcharakteristik/Arbeitsrahmen

- Austauschfokus: vornehmlich mit internen und externen Personen
- Durchführungszeit: eher gering (< 1 Stunde)
- Einsatzfrequenz: vornehmlich im einmaligen Einsatz
- Einsatzradius: vornehmlich im Teameinsatz
- Komplexität für den Moderator: eher gering
- Komplexität für die Teilnehmer: eher mittel
- Teamgröße: Mittelgroße Teams möglich (5 bis 20 Teilnehmer)
- Vorbereitungszeit: eher gering (< 1 Stunde)

Input für eine zielführende Arbeit mit der Methode

- Aktuelle Herausforderung, Leitfrage, Problem
- Verschiedene Botschaften, Meinungen, Statements

Output und beobachtete Ergebnisse der Methode

- Bessere Projekteffizienz, bessere Teamperformance
- Erzeugt Ideen, Lösungsansätze, Vorideen, Möglichkeiten
- Erzeugt Ideensuchfelder, unentdeckte Probleme, Inspiration
- Erzeugt besseren Teamspirit, mehr Offenheit, Inspirationsempfindlichkeit
- Erzeugt größere Klarheit zu einem Thema
- Erzeugt mehr Agilität im Team
- Erzeugt motiviertere und transformationsfähigere Teilnehmer
- Hilft bei Entscheidungen, Bewertungen und Feedback
- Identifiziert vorhandene Schwachstellen
- Macht Wirkzusammenhänge sichtbar

Hinderniseffekte, auf die die Methode positiv wirkt

- Bewahrt vor zu generischen Ideen und Aussagen
- Dynamisiert und aktiviert wenig dynamische Teams
- Fördert die Agilität der Teilnehmer
- Schafft für den Erfolg nötige Realitätsbezüge
- Beschleunigt den Erkenntnisgewinn
- Schwächt störende Bewertung während der Ideenfindung
- Schärft eine fehlende gemeinsame Ausrichtung
- Stärkt das Vertrauen im Team
- Verhindert einseitige Bewertungen und Entscheidungen
- Verhindert vorschnelles Urteilen über Ideen
- Wirkt fehlender Inspiration entgegen
- Fördert Optimismus und Zuversicht

Mögliche Extravorteile der Methode

- Möglicher Extravorteil für Teams mit einer konservativen, tradierten Kultur
- Möglicher Extravorteil für agile Teams
- Möglicher Extravorteil für innovativ ungeübte Teams
- Möglicher Extravorteil für in Nachhaltigkeitsthemen ungeübte Teams

Quellen

Person – Dr. Stefan Rösler, roesler@oecoach.de

Grafik: verrocchio Sustainable Inspiration Card – Malvine Klecha, Hila Attaie und Jennifer van Aerssen (Illustration)

Change Abacus

EinSatzBeschreibung

Der Change Abacus ist ein übersichtliches Modell, das Zusammenhänge zwischen Hindernissen und Auswirkungen in einem Transformationsprozess sichtbar macht.

Working Guide/Anwendungsfelder

P1 Sensibilisierung/Bildung	P2 Matching Recht/Gesetz	P3 Sustainability Roadmap	P4 Produkt/Prozessdesign	P5 Implementierung/Monitoring	P6 Kommunikation	P7 Organisation	P8 Führung	P9 Business Model Design	P10 Skalierung
X		X		X	X	X	X		

Beschreibung

Der Change Abacus, ein innovatives Tool für den Transformationsprozess, spielt eine entscheidende Rolle bei der erfolgreichen Umsetzung von Veränderungen. Insbesondere für Führungskräfte ist es von großer Bedeutung, die Hindernisse und Auswirkungen des Wandels zu erkennen und zu bewältigen. Denn ohne ein fundiertes Verständnis dieser Aspekte können Transformationsinitiativen leicht ins Stocken geraten oder sogar scheitern.

Veränderung ist ein komplexer Prozess, der eine klare Vision, die Bereitschaft zur Veränderung, die erforderlichen Kompetenzen, die Möglichkeit und den Freiraum zur Umsetzung sowie einen gut durchdachten Plan erfordert.

Jeder dieser fünf Aspekte spielt eine essenzielle Rolle und bildet die Grundlage für einen erfolgreichen Wandel. Fehlt es an der einen oder anderen Stelle, kommen wir im Prozess nicht voran:

1. Fehlt die *Vision* auf Unternehmensebene, spüren wir Verwirrung und Unsicherheit in den Reihen der Mitarbeitenden. Ohne eine klare Vorstellung davon, wohin die Veränderung führen soll, fällt es schwer, die richtige Richtung einzuschlagen und die notwendigen Anpassungen vorzunehmen. Mitarbeitende sind orientierungslos und verwirrt.
2. Fehlt die *Bereitschaft* zur Veränderung, kann dies zu Widerstand und Konflikten im Team führen. Menschen sind von Natur aus oft skeptisch gegenüber Veränderungen und klammern sich an das Bekannte.
3. Fehlende *Kompetenz* bei den Mitarbeitenden erzeugt Ängste und Unsicherheit. Wenn sie nicht über die erforderlichen Fähigkeiten und Kenntnisse verfügen, um neue Aufgaben zu bewältigen, fühlen sie sich überfordert und ängstlich.
4. Die fehlende *Möglichkeit* führt zu Frustration und Fehlschlägen. Wenn den Mitarbeitenden nicht die notwendigen Ressourcen in Form von *Zeit, Raum und Geld* zur Verfügung stehen, um die Veränderung aktiv anzugehen, können sie frustriert werden und das Vertrauen in den Wandelprozess verlieren.
5. Ein fehlender *Plan* führt zu einem Fehlstart und einer unsicheren Umsetzung. Ohne einen klaren, strukturierten Plan fehlen die Richtlinien und der Rahmen für Transformation. Dadurch kann der Prozess chaotisch werden und die Beteiligten könnten den Überblick verlieren.

Den Kern eines jeden Transformationsprozesses bilden die drei Punkte Wollen (Bereitschaft, 2.), Können (Kompetenz, 3.) und Dürfen (Möglichkeit, 4.).

Jede Transformation erfordert viel Fingerspitzengefühl. Durch die bewusste und kontinuierliche Betrachtung und Bewertung der verschiedenen Elemente des Abacus können Sie gezielt Maßnahmen ergreifen, um die Vision zu klären, die Bereitschaft zu fördern, die Kompetenzen zu entwickeln, die Möglichkeiten zur Umsetzung zu schaffen und einen detaillierten Plan zu erstellen.

Der Change Abacus dient als Orientierung. Durch seine Anwendung können Sie einen klaren Weg zur Veränderung und die erforderlichen Rahmenbedingungen schaffen, um eine nachhaltige Transformation zu erreichen.

Durchführung

Haben Sie als Führungskraft oder Führungsteam eine nachhaltige Transformation in Ihrer Organisation durchzuführen, beschäftigen Sie sich mit dem Change Abacus, bevor Sie mit dem Prozess starten, aber auch kontinuierlich während des Prozesses, indem Sie die folgenden Schritte ausführen:

Schritt 1: Zusammenhänge erkennen

In einem ersten Schritt ist es erforderlich, dass Sie sich die Anforderungen eines Transformationsprozesses mit den 5 Elementen Vision, Bereitschaft (Wollen), Kompetenz (Können), Möglichkeit (Dürfen) und Plan vor Augen führen. Je besser Sie die Zusammenhänge verstehen, desto leichter wird es sein, den Prozess zu führen. Beschäftigen Sie sich im Vorfeld mit den folgenden Fragestellungen:

- Haben Sie als Unternehmer eine Vision?
- Haben Sie einen Purpose für Ihre Geschäftsaktivität?
- Wissen Sie, warum Sie tun, was Sie tun?
- Wissen Sie, welchen Beitrag Sie für die Umwelt und die Gesellschaft leisten möchten?
- Wissen Sie, wohin Sie Ihre Organisation mittel- und langfristig entwickeln möchten?

Benötigen Sie Unterstützung bei der Findung von Vision und Purpose, wenden Sie den Purpose Booster an.

Schritt 2: Bereitschaft entwickeln

Zunächst ist es essenziell, dass im gesamten Führungsteam die Bereitschaft für eine nachhaltige Veränderung vorhanden ist. Stellen Sie sicher, dass Sie die gesamte Führungsmannschaft im Boot

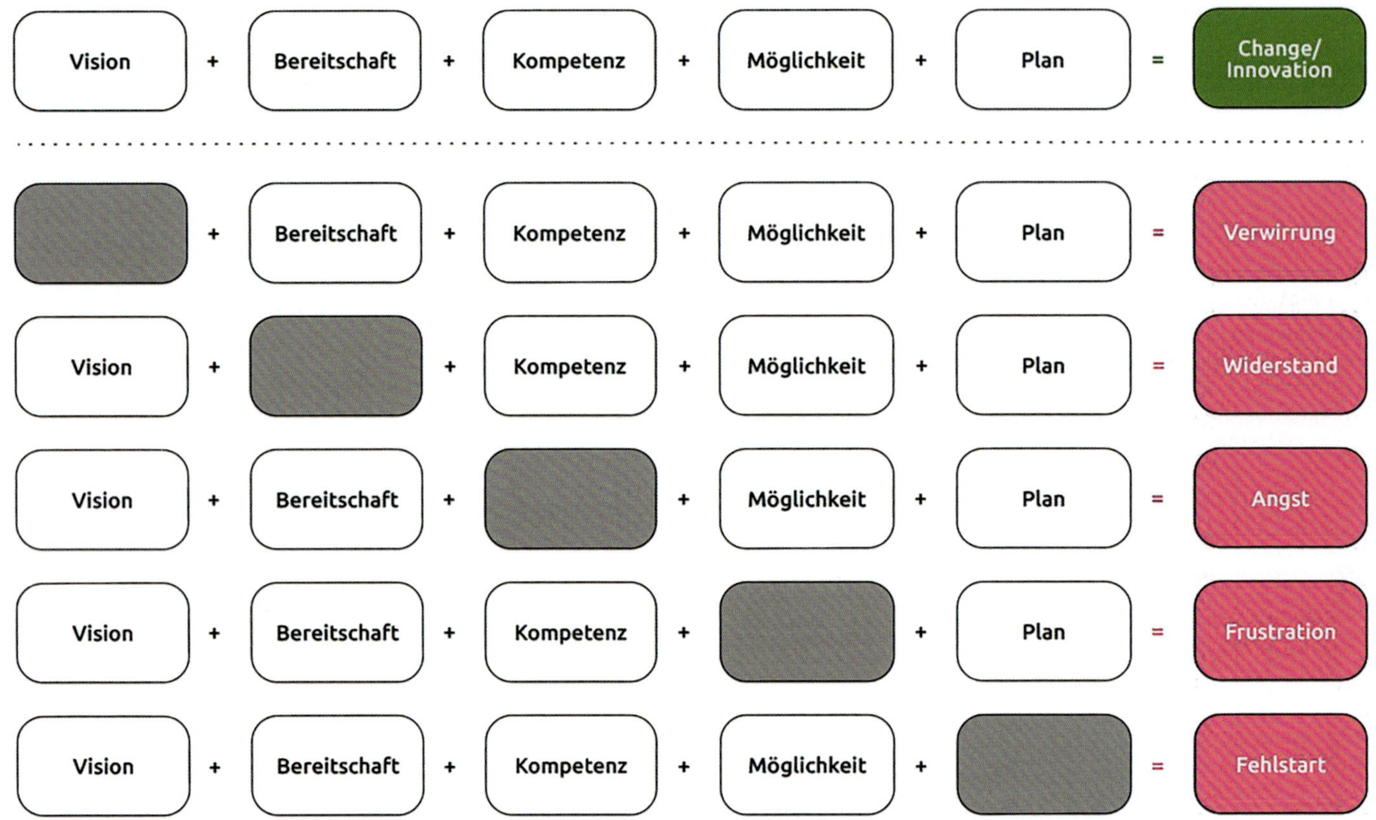

haben und Sie eine einheitliche Haltung für Ihre Vision und Ihren Purpose einnehmen.

Danach ist es wichtig, dass erweiterte Team in der Organisation für die Veränderung zu mobilisieren. Menschen stehen Veränderungen gegenüber skeptisch gegenüber. Vor allem in unsicheren Zeiten hält man lieber an Bewährtem fest. Daher ist es entscheidend, die Mitarbeitenden mitzunehmen und ihnen zu zeigen, dass Veränderungen notwendig sind. Nehmen Sie sich die Zeit und mobilisieren Sie Ihr Team. Kommunizieren Sie offen und transparent und in kurzen Abständen. Halten Sie Ihr Team informiert. Machen Sie jedem einzelnen klar, welchen wertvollen Beitrag er oder sie für die Realisierung der Ziele leistet.

Schritt 3: Kompetenzen entwickeln

Stellen Sie im Vorfeld oder im Laufe des Prozesses fest, dass Ihnen oder Ihrer Organisation bestimmte Kompetenzen für die Erreichung der Ziele fehlen, suchen Sie nach geeigneten Partnerschaften. Bauen Sie Kompetenzen in Ihrem eigenen Team durch Schulungen auf. Ergänzend dazu identifizieren Sie wertvolle Partnerschaften mit anderen Organisationen und Unternehmen. Dadurch gewinnen Sie viel Zeit. Die Förderung der Kompetenzentwicklung ist daher unerlässlich, um den Mitarbeitenden die notwendige Sicherheit und Zuversicht zu geben.

Schritt 4: Möglichkeiten schaffen

Transformation geht mit Veränderung einher. Produkte, Prozesse und Geschäftsmodelle zu verändern und neu zu denken, erfordert einen klaren Freiraum. Ihr Team benötigt Ressourcen in Form von Zeit, Raum und Geld, um Neues zu schaffen. Machen Sie sich daher im Vorfeld Gedanken, wie Sie Ihre Mannschaft vom Alltagsgeschäft befreien können, welches Budget und welchen Raum Sie zur Verfügung stellen können. Das hilft, realistische Ziele zu setzen und Ihr Team im gesamten Prozess gezielt und ermutigend zu begleiten.

Schritt 5: Plan erstellen

Entwickeln Sie gemeinsam mit Ihrem Team und Ihren Experten einen realistischen strategischen Plan, in welchen Schritten Sie die Veränderung angehen wollen. Definieren Sie Meilensteine, um den Fortschritt in den einzelnen Etappen engmaschig zu begleiten. Arbeiten Sie agil. Unterstützen Sie Ihr Team positiv und fokussiert, um schnell voranzukommen.

Halten Sie den Change Abacus während des gesamten Transformationsprozesses im Blick. Spüren Sie Verwirrung, Widerstand, Angst oder Frustration, wissen Sie, was die Ursachen sind und wie Sie diese Hindernisse bewältigen können.

Wirkfeld der Methode

- Wirksam für Herausforderungen mit hoher Komplexität
- Wirksam für nachhaltige Transformation

Transformationsfähigkeit Ihres Teams

- Fördert die Sensibilisierung
- Fördert die allgemeine Transformationsfähigkeit des Teams
- Zahlt auf eine bessere Wahrnehmung ein
- Erhöht die Lösungsorientierung

Einsatzcharakteristik/Arbeitsrahmen

- Austauschfokus: vornehmlich mit internen Personen
- Durchführungszeit: eher hoch (> 1 Tag)
- Einsatzfrequenz: sinnvoll im dauerhaften Einsatz
- Einsatzradius: vornehmlich im unternehmensweiten Einsatz
- Komplexität für den Moderator: eher mittel
- Komplexität für die Teilnehmer: eher hoch
- Teamgröße: Einzelpersonennutzung möglich
- Teamgröße: Kleingruppe möglich (3 bis 5 Teilnehmer)
- Teamgröße: Mittelgroße Teams möglich (5 bis 20 Teilnehmer)
- Vorbereitungszeit: eher mittel (> 1 Stunde bis < 1 Tag)

Input für eine zielführende Arbeit mit der Methode

- Beteiligte Personen mit Tätigkeiten und Aufgaben
- Durchlaufenes Projekt oder Projektphasen

Output und beobachtete Ergebnisse der Methode

- Bessere Projekteffizienz, bessere Teamperformance
- Erzeugt größere Klarheit zu einem Thema
- Erzeugt transformationsfähigere Organisationen
- Macht Wirkzusammenhänge sichtbar

Hinderniseffekte, auf die die Methode positiv wirkt

- Schafft schnell Klarheit und beschleunigt Erkenntnisgewinn
- Schwächt multidisziplinäre Reibungsverluste
- Verhindert unreflektiertes agieren
- Fördert Optimismus und Zuversicht

Mögliche Extravorteile der Methode

- Möglicher Extravorteil für Teams in einer Komfortsituation
- Möglicher Extravorteil für innovativ ungeübte Teams
- Möglicher Extravorteil für in Nachhaltigkeitsthemen ungeübte Teams

Quellen

Organisation – Verrocchio Institute for Innovation Competence – Düsseldorf, www.verrocchio.institute

Circular Buy-in

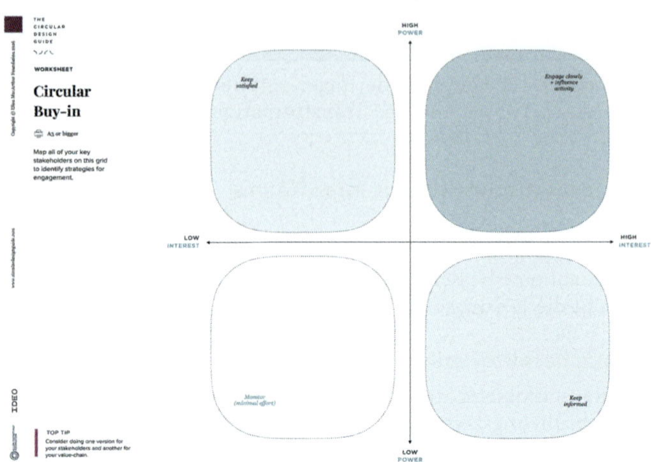

EinSatzBeschreibung

Eine Stakeholder-Map für zirkuläre Lösungen, denn sie entstehen nicht allein, sondern nur durch die effektive Überzeugung interner und externer Stakeholder.

Working Guide/Anwendungsfelder

P1 Sensibilisierung/Bildung	P2 Matching Recht/Gesetz	P3 Sustainability Roadmap	P4 Produkt/Prozessdesign	P5 Implementierung/Monitoring	P6 Kommunikation	P7 Organisation	P8 Führung	P9 Business Model Design	P10 Skalierung
					X	X	X	X	X

Beschreibung

Die Erweiterung der Perspektive durch eine Betrachtung kompletter Kreisläufe hat zur Folge, dass nur noch in absoluten Ausnahmefällen eine Organisation alle Phasen eines Kreislaufes in sich vereinen kann. Viel häufiger ist sie auf die enge Zusammenarbeit mit anderen Organisationen angewiesen, um gemeinsam den ganzen Lebenslauf eines Produktes oder Services lückenlos zu bedienen. Solch enge Kollaboration muss aber erst etabliert werden und verlangt stellenweise die tiefgreifende Veränderung bisheriger Routinen externer als auch interner Stakeholder. Es ist deshalb hilfreich, die Motivationen der einzelnen involvierten Akteure zu kennen, um sie von einer Teilnahme zu überzeugen.

Die Circular Buy-in-Methode schafft Klarheit über die zu involvierenden Akteure und wie man sie für innovative Lösungen im Bereich der Kreislaufwirtschaft begeistern kann. Sie ist in zwei Phasen unterteilt: Zuerst werden die wichtigsten Stakeholder eines Produktes, Services, Ventures oder auch Unternehmens entlang von zwei Dimensionen situiert.

Die erste Dimension beschreibt das Interesse der jeweiligen Stakeholder, selbst ein Teil der designierten Lösung für den jeweiligen Problemraum zu sein. Die zweite Dimension ordnet die Stakeholder entsprechend ihrer Stellung und Macht in Bezug auf die Problemstellung. In der zweiten Phase unterstützt die Methode die Entwicklung zielgerichteter Narrative, welche die identifizierten Schlüsselakteure zu einer Teilnahme an der Initiative überzeugen sollen.

Bei erfolgreicher Durchführung lassen sich mit der Circular Buy-in-Methode Strategien entwickeln, wie man zentrale Stakeholder über den Projektverlauf hinweg involvieren kann. Somit kann eine effektive Co-Creation der involvierten Stakeholder als auch deren überdauerndes Engagement sichergestellt werden.

Durchführung

1. **Mapping:** Mappen Sie die Stakeholder entlang der Dimensionen *Motivation* und *Macht*. Sind sie bei der Nennung der Stakeholder so konkret wie möglich. Je nach Komplexität des Kontextes kann es hilfreich sein, diese Map in zweifacher Ausführung erstellen. Einmal für interne und einmal für externe Stakeholder, sodass die jeweiligen Besonderheiten herausgearbeitet werden können. Bei einer hohen Anzahl an Stakeholdern empfiehlt sich auch eine weitere Priorisierung mithilfe von Dot Voting.
2. **Motivationsanalyse:** Nehmen Sie sich jeden identifizierten Akteur einzeln vor und besprechen Sie folgende zwei Fragen: Was ist diesen am wichtigsten? Wie lösen sie Probleme? Ergänzend können Sie auch explorieren, welche weiteren Akteure in deren Umfeld Sie und Ihre Initiative unterstützen würden.
3. **Einstieg:** Nutzen Sie die identifizierten Perspektiven, um für jeden Stakeholder einen Gesprächsaufhänger zu finden. Ist der Einstieg gefunden, können Sie nach weiteren unterstützenden Materialitäten wie Prototypen, Insights, Visualisierungen oder ähnlichen Artefakten suchen, welche Ihr Narrativ positiv unterstützen.
4. **Austausch:** Gehen Sie ins Gespräch mit den Stakeholdern und nutzen Sie den jeweiligen designierten Einstieg. Achten Sie dabei auf die Rückmeldungen, die Sie bekommen und lassen Sie diese wieder in Ihre Motivationsanalyse einfließen.

Schritte 1 und 2 sollten idealerweise in der Gruppe und visuell durchgeführt werden. Das heißt, erstellen Sie eine Positionierungsmatrix mit den entsprechenden Dimensionen auf einem physischen oder digitalen Kollaborationsboard.

Schritt 2 profitiert zudem von einer übersichtlichen Darstellung der Steckbriefe aller Stakeholder. Fassen Sie in den Steckbriefen

THE CIRCULAR DESIGN GUIDE

WORKSHEET

Circular Buy-in

A3 or bigger

Now, consider their perspectives to understand where they're coming from.

NAME: WHAT MATTERS MOST TO ME? HOW DO I SOLVE PROBLEMS?

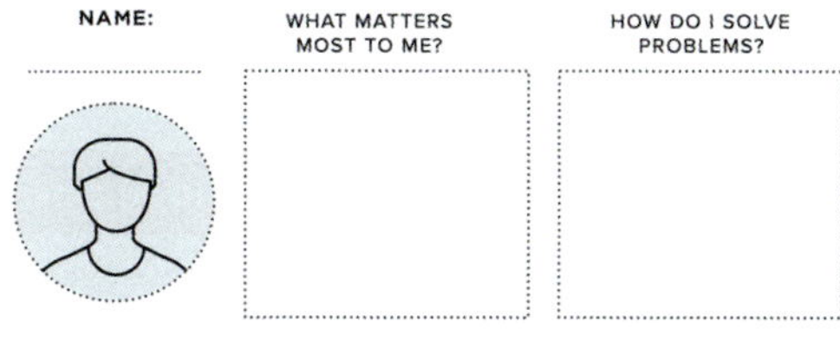

NAME: WHAT MATTERS MOST TO ME? HOW DO I SOLVE PROBLEMS?

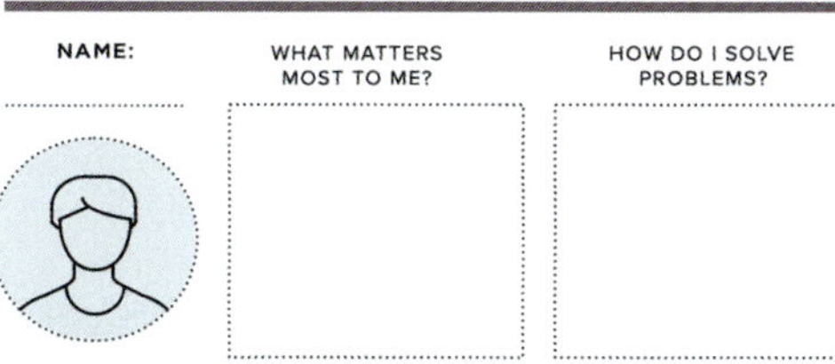

NAME: WHAT MATTERS MOST TO ME? HOW DO I SOLVE PROBLEMS?

NAME: WHAT MATTERS MOST TO ME? HOW DO I SOLVE PROBLEMS?

local and national government, suppliers, customers (existing and potential).

TOP TIP
Possible stakeholders might include local and national government, suppliers, customers (existing and potential).

zusammen, was diesen wichtig ist und wie sie bevorzugt Probleme lösen.

Die Schritte 3 und 4 finden dann wieder allein oder in Kleingruppen statt. Hier ist es wichtig, die Stakeholder geschickt auf das Team aufzuteilen. Hilfreich sind bereits bestehende Beziehungen oder andere Gemeinsamkeiten. Diese bilden die Grundlage, um mithilfe der entwickelten Narrativen eine Zustimmung zu erreichen. Setzen Sie regelmäßige Reflexionsmeetings auf, in welchen die einzelnen Gespräche besprochen und das Vorgehen den Erkenntnissen entsprechend angepasst wird.

Helfende Organisation

Ellen McArthur Foundation

Wirkfeld der Methode

- Wirksam für Herausforderungen mit mittlerer Komplexität
- Wirksam für Herausforderungen mit niedriger Komplexität
- Wirksam für nachhaltiges Prozessdesign
- Wirksam für nachhaltiges Servicedesign
- Wirksam für nachhaltiges Business Model Design

Transformationsfähigkeit Ihres Teams

- Fördert die Sensibilisierung
- Zahlt auf eine bessere Wahrnehmung ein
- Erhöht die Lösungsorientierung

Einsatzcharakteristik/Arbeitsrahmen

- Austauschfokus: vornehmlich mit internen und externen Personen
- Durchführungszeit: eher hoch (> 1 Tag)
- Einsatzfrequenz: sinnvoll im dauerhaften Einsatz
- Einsatzfrequenz: vornehmlich über den kompletten Projektzeitraum
- Einsatzradius: vornehmlich im Teameinsatz
- Einsatzradius: vornehmlich im projektweiten Einsatz
- Komplexität für den Moderator: eher mittel
- Komplexität für die Teilnehmer: eher mittel
- Teamgröße: Einzelpersonennutzung möglich
- Teamgröße: Kleingruppe möglich (3 bis 5 Teilnehmer)
- Teamgröße: Mittelgroße Teams möglich (5 bis 20 Teilnehmer)
- Vorbereitungszeit: eher mittel (> 1 Stunde bis < 1 Tag)

Input für eine zielführende Arbeit mit der Methode

- Aktuelle Herausforderung, Leitfrage, Problem
- Beteiligte Personen mit Tätigkeiten und Aufgaben
- Vorhandenes Wissen und Erfahrungen
- Merkmale der gegebenen Herausforderung

Output und beobachtete Ergebnisse der Methode

- Erzeugt Nutzenfunktionen und Bedürfniskorridore
- Erzeugt Planungen und Priorisierungen
- Erzeugt Poster
- Erzeugt größere Klarheit zu einem Thema
- Macht Wirkzusammenhänge sichtbar
- Ziel- und Fokusgruppen

Hinderniseffekte, auf die die Methode positiv wirkt

- Schafft für den Erfolg nötige Realitätsbezüge
- Schafft schnell Klarheit und beschleunigt Erkenntnisgewinn
- Schwächt Konkurrenzdenken und Angst vor Machtverlust
- Verhindert unreflektiertes agieren
- Verhindert vorschnelles Urteilen über Ideen
- Überzeugt strukturliebende Teammitglieder
- Fördert Optimismus und Zuversicht

Mögliche Extravorteile der Methode

- Möglicher Extravorteil für die Arbeit mit digitalen Kollaborationsboards
- Möglicher Extravorteil für in Nachhaltigkeitsthemen erfahrene Teams

Quellen

Organisation – Ellen McArthur Foundation, https://ellenmacarthurfoundation.org, Isle of Wight
Organisation – IDEO, www.ideo.com
Web – https://www.circulardesignguide.com/post/buy-in (abgerufen) 25.06.2023

Grafik: verrocchio Sustainable Inspiration Card – Malvine Klecha, Hila Attaie und Jennifer van Aerssen (Illustration)

Circular Design Brief

EinSatzBeschreibung

Der „Circular Design Brief“ ermöglicht, Produkte und Prozesse von Anfang an so zu gestalten, dass sie gleichermaßen Umwelt- und Nutzerbedürfnisse berücksichtigen und adressieren.

Working Guide/Anwendungsfelder

P1 Sensibilisierung/Bildung	P2 Matching Recht/Gesetz	P3 Sustainability Roadmap	P4 Produkt/Prozessdesign	P5 Implementierung/Monitoring	P6 Kommunikation	P7 Organisation	P8 Führung	P9 Business Model Design	P10 Skalierung
	X		X						

Beschreibung

Beim „Circular Design Brief“ werden zunächst die Herausforderungen und Probleme identifiziert, die im Designprozess gelöst werden sollen. Anschließend werden diese Herausforderungen in Möglichkeiten umgewandelt, um kreative Lösungen zu finden.

Im Vergleich zu herkömmlichen „Designbriefs“, bei denen Umwelt- und Nutzerbedürfnisse oft als widersprüchlich betrachtet werden, ermöglicht der „Circular Design Brief“ die Integration und Synergie dieser beiden Aspekte. Dadurch können nachhaltige Produkte und Prozesse geschaffen werden, die sowohl den ökologischen Anforderungen gerecht werden als auch den Bedürfnissen der Nutzer entsprechen.

Die intensive Beschäftigung mit dem Nutzer und die Fragen zu Umweltauswirkung, Nutzerbedürfnisse und Zielsetzungen können Sie zu bis dato unentdeckten Aspekten des Problems führen und dabei helfen, die Herausforderung zu formulieren.

Im nächsten Schritt können diese Herausforderungen in Chancen und Möglichkeiten umgewandelt werden. Wählen Sie dabei die Schwerpunkte oder Bereiche aus, die besonders wichtig sind, und verbinden Sie die Umwelt- und Nutzerperspektive in einer präzisen Aufgabenstellung. Diese Aussage sollte Raum für vielfältige Lösungen lassen, jedoch nicht zu allgemein formuliert sein. Versuchen Sie nicht, das gesamte Problem mit einem einzigen Ansatz zu lösen und nehmen Sie zu diesem Zeitpunkt noch keine konkrete Lösung in Betracht.

Durchführung

Führen Sie im Folgenden die 6 Schritte durch. Der Flowchart (siehe Abbildung) illustriert die Herangehensweise anschaulich.

1. **Für wen?** Beschreiben Sie den Nutzer als Persona oder Personengruppe. Veranschaulichen Sie einige persönliche Eigenschaften die eine Verbindung zum Leben der Person/Personengruppe herstellen, und beschreiben Sie, welche spezifischen Herausforderungen damit verbunden sind.
2. **Umweltauswirkungen (Herausforderung):** Welche Auswirkungen hat das aktuelle Produkt und seine Verwendung? Welche Aspekte des Produktlebenszyklus haben die größten negativen Auswirkungen? Gibt es bereits Bereiche, in denen positive Auswirkungen festgestellt wurden? Gibt es Möglichkeiten, das Produkt leicht zu verbessern? Welche Interdependenzen bestehen zwischen verschiedenen Faktoren oder Akteuren, die die Entwicklung eines besseren Produkts unterstützen oder behindern könnten?
3. **Nutzerbedürfnisse (Herausforderung):** Welche Herausforderungen stehen dem Nutzer gegenüber und welche Ziele möchte er erreichen? Wie geht der Nutzer derzeit mit diesen Herausforderungen um und was empfindet er als frustrierend oder unbefriedigend? Gibt es bereits positive Aspekte oder Lösungsansätze? Gibt es versteckte Werte oder sekundäre Aufgaben, die der Nutzer zu bewältigen versucht?
4. **Umweltauswirkungen (Zielsetzungen und Ziele):** Auf welche Weise könnten Sie die Auswirkungen des Produkts verbessern und wie können Sie diese Auswirkungen entlang des Lebenszyklus reduzieren? Betrachten Sie dabei mögliche Aspekte wie Funktion, Effizienz, Haltbarkeit, Zuverlässigkeit und potenzielle Synergien. Welche Ziele möchten Sie durch diese Verbesserungen erreichen? Stellen Sie sicher, dass Sie noch keine konkreten Lösungen betrachten, sondern vielmehr die angestrebten Ergebnisse. Wie würden Sie feststellen, dass Sie die Herausforderung erfolgreich gelöst haben? Welche Indikatoren oder Messgrößen würden darauf hinweisen, dass Ihre Ziele erreicht wurden?
5. **Nutzerbedürfnisse (Zielsetzungen und Ziele):** Wie können Sie dem Nutzer dabei helfen, sein Problem zu lösen? In welchen Bereichen gibt es Potenzial, den aktuellen Prozess zu verbessern? Berücksichtigen Sie dabei mögliche Aspekte wie Funktion, Zugänglichkeit, Effizienz, Komfort, soziale Bedürfnisse und Attraktivität. Was sollte durch diese Verbesserungen erreicht werden? Welche Ziele möchten Sie in Bezug auf die Nutzererfahrung oder die Problemlösung erreichen? Beachten Sie dabei, dass noch keine konkreten Lösungen betrachtet werden sollen. Anhand welcher Kriterien oder Indikatoren würden Sie feststellen, dass Sie die Herausforderung erfolgreich gelöst haben? Welche Hinweise oder Resultate würden darauf hindeuten, dass Ihre Ziele erreicht wurden?
6. Die Schnittmenge der Antworten von Schritt 2 bis 5 stellt die Grundlage für die identifizierten Design- bzw. Umsetzungsherausforderungen dar.

Praxisschlaglicht

Wir haben schon öfter festgestellt: Teilnehmende, die nicht daran gewöhnt sind mit herausfordernden Aussagen umzugehen, neigen dazu, sich auf Lösungen zu konzentrieren. In dieser Phase ist es jedoch wichtig, offen zu sein und verschiedene Möglichkeiten in Betracht zu ziehen.

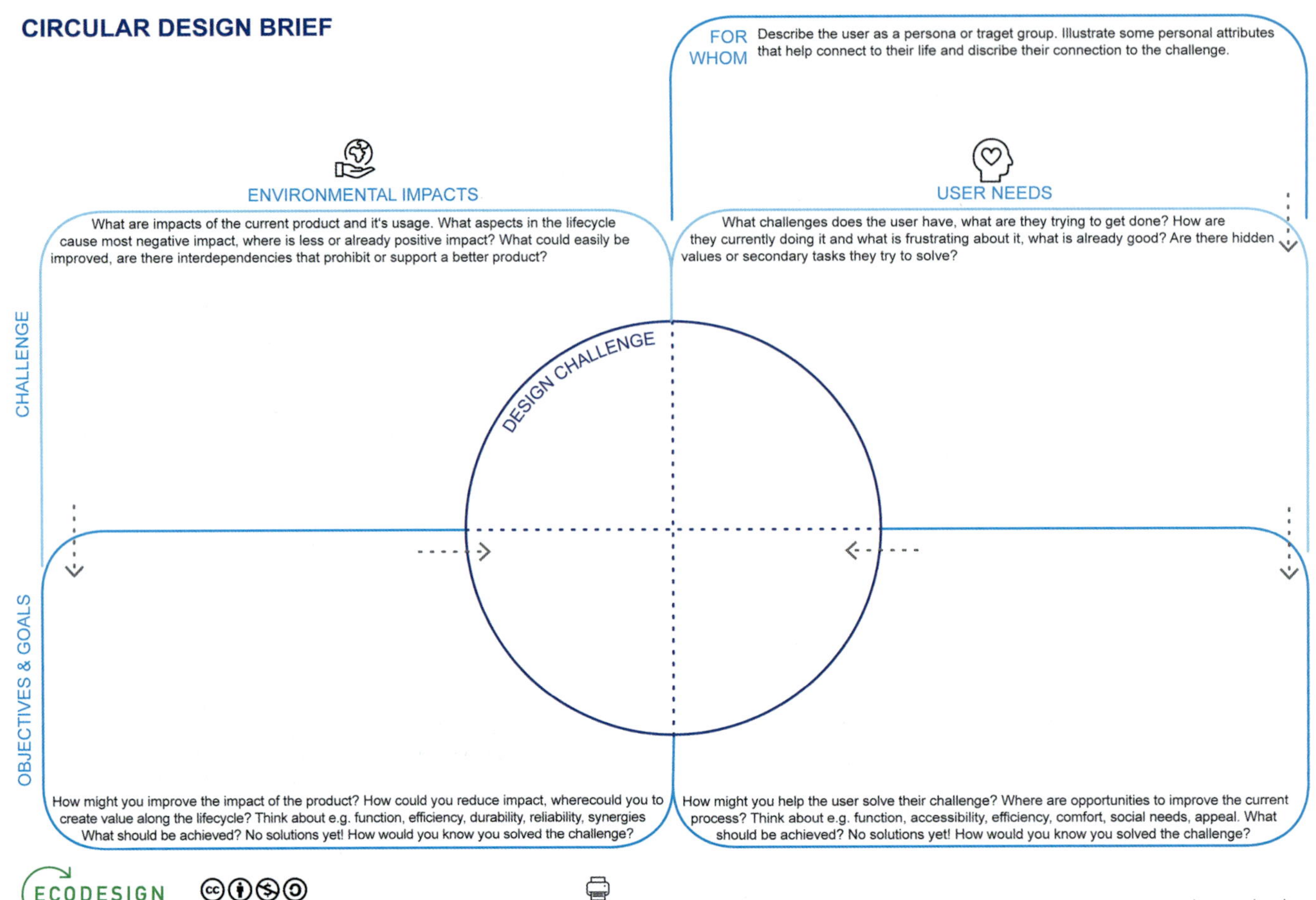

Es kann hilfreich sein, Fragen wie „Wie könnten wir …" zu stellen. Aber oft ist es schwierig, diese klar zu definieren. Wenn es scheinbare Widersprüche zwischen den Möglichkeiten gibt, sollten die Teilnehmer versuchen, in „Und"-Ansätzen anstatt in „Oder"-Ansätzen zu denken. Wenn die Diskussion ins Stocken gerät oder es schwer ist, eine Entscheidung zu treffen, kann es hilfreich sein, als Moderator einen Abstimmungsprozess einzuführen.

Wirkfeld der Methode

- Wirksam für Herausforderungen mit hoher Komplexität
- Wirksam für nachhaltiges Produktdesign
- Wirksam für nachhaltiges Prozessdesign
- Wirksam für nachhaltiges Servicedesign
- Wirksam für nachhaltiges Business Model Design

Transformationsfähigkeit Ihres Teams

- Fördert die Sensibilisierung
- Fördert die allgemeine Transformationsfähigkeit des Teams
- Fördert offene Mindsets und innovative Denkhaltungen
- Sorgt für Inspiration oder bessere Inspirationsempfindlichkeit
- Zahlt auf eine bessere Wahrnehmung ein
- Zahlt auf ein positives Zukunftsbild ein
- Erhöht die Lösungsorientierung

Einsatzcharakteristik/Arbeitsrahmen

- Austauschfokus: vornehmlich mit internen Personen
- Durchführungszeit: eher hoch (> 1 Tag)
- Einsatzfrequenz: vornehmlich über den kompletten Projektzeitraum
- Einsatzradius: vornehmlich im Teameinsatz
- Einsatzradius: vornehmlich im projektweiten Einsatz
- Komplexität für den Moderator: eher hoch
- Komplexität für die Teilnehmer: eher hoch
- Teamgröße: Einzelpersonennutzung möglich
- Teamgröße: Kleingruppe möglich (3 bis 5 Teilnehmer)
- Teamgröße: Mittelgroße Teams möglich (5 bis 20 Teilnehmer)
- Vorbereitungszeit: eher gering (< 1 Stunde)

Input für eine zielführende Arbeit mit der Methode

- Aktuell existierende Produkte und Services
- Aktuelle Herausforderung, Leitfrage, Problem
- Existierende Prozesse und Verfahren
- Ideen und Projekte, die zur Umsetzung anstehen
- Ideen, Lösungsansätze, Vorideen, Varianten

Output und beobachtete Ergebnisse der Methode

- Erzeugt Ideen für neue Märkte und neue Business Modelle
- Erzeugt Ideen, Lösungsansätze, Vorideen, Möglichkeiten
- Erzeugt Ideensuchfelder, unentdeckte Probleme, Inspiration
- Erzeugt Leitfragen für die Ideenfindung
- Erzeugt angereicherte Ideen, Ideencluster, höher integrierte Lösungen
- Erzeugt spezifischere Leitfragen, Ideen und Aussagen
- Erzeugt definierte Zielkorridore
- Erzeugt größere Klarheit zu einem Thema
- Erzeugt transformationsfähigere Organisationen

Hinderniseffekte, auf die die Methode positiv wirkt

- Schafft für den Erfolg nötige Realitätsbezüge
- Schafft schnell Klarheit und beschleunigt Erkenntnisgewinn
- Verhindert blinden Aktionismus
- Verhindert falsche Flughöhen
- Verhindert unreflektiertes agieren
- Verringert zu große Komplexitäten
- Wirkt fehlender Inspiration entgegen
- Überzeugt strukturliebende Teammitglieder

Mögliche Extravorteile der Methode

- Möglicher Extravorteil für Teams mit einem starkem Auftragsmandat
- Möglicher Extravorteil für innovativ erfahrene Teams
- Möglicher Extravorteil für die Arbeit mit digitalen Kollaborationsboards
- Möglicher Extravorteil für in Nachhaltigkeitsthemen erfahrene Teams

Quellen

Person –ronja.scholz@izm.fraunhofer.de
Organisation – EcoDesign Circle, https://www.ecodesigncircle.eu
Organisation – Fraunhofer-Gesellschaft, https://www.izm.fraunhofer.de/
Web – https://circulardesign.tools (abgerufen 26.04.2023)

Grafik: verrocchio Sustainable Inspiration Card – Malvine Klecha, Hila Attaie und Jennifer van Aerssen (Illustration)

44

Circular Economy Pattern Cards

EinSatzBeschreibung

Impulse zur Realisierung einer unternehmerischen „Circular Economy".

Working Guide/Anwendungsfelder

P1 Sensibilisierung/Bildung	P2 Matching Recht/Gesetz	P3 Sustainability Roadmap	P4 Produkt/Prozessdesign	P5 Implementierung/Monitoring	P6 Kommunikation	P7 Organisation	P8 Führung	P9 Business Model Design	P10 Skalierung
X		X	X					X	X

Beschreibung

Die „Circular Economy Patterns" sind eine Sammlung von 40 Grundmustern von Geschäftsmodellen, die im Rahmen der Kreislaufwirtschaft angewendet werden können. Diese Muster wurden in einer wissenschaftlichen Arbeit von Takacs, Stechow und Frankenberger an der Hochschule St. Gallen entwickelt. Ziel ist es, den Übergang von linearen Wirtschaftsmodellen zu zirkulären, nachhaltigen Ansätzen zu unterstützen und Unternehmen bei der Entwicklung von innovativen Lösungen zu begleiten.

Die Patterns sind dabei in vier Kategorien unterteilt:

1. Close the Loop (den Kreis schließen): Hierbei geht es darum, Materialkreisläufe zu schaffen, in denen Produkte und Materialien wieder in den Produktionsprozess zurückgeführt werden können. Dies reduziert die Abhängigkeit von Neumaterialien und minimiert Abfälle.
2. Improve the Loop (den Kreislauf verbessern): Diese Kategorie konzentriert sich auf die Optimierung bestehender Produktions- und Wertschöpfungsketten, um Ressourceneffizienz zu steigern und Abfälle zu minimieren.
3. Monetise the Loop (den Kreislauf monetarisieren): Hierbei werden Möglichkeiten zur Generierung von wirtschaftlichem Wert aus gebrauchten Produkten und Materialien untersucht, bspw. durch Wiederverkauf, Upcycling oder den Verkauf von Recyclingmaterialien.
4. Excite the Loop (den Kreislauf begeistern): Diese Kategorie befasst sich mit Ansätzen, die die Nachfrage nach nachhaltigen Produkten und Dienstleistungen erhöhen, sei es durch bewusstes Konsumverhalten, Markenbildung oder die Schaffung von positiven Nutzererfahrungen.

Hier eine Übersicht aller Muster:

Close the loop	Improve the loop	Monetise the loop	Excite the loop
Product-Reuse	Increased Longevity	Pay-per-Use	Solution Provider
Part-Reuse	Maintenance & Repair	Rent Instead of Buy	Mass Customisation
Recycling	Smart Assets	Performance-based Contracting	Circu-Luxury
Circular Design	Eco-Efficiency	Subscription	Experience Selling
Biodegradability	De-Materialisation	Fractionalised Ownership	Marketplace
Waste as Input	Eco-Materials & Sustainable Sourcing	Dynamic Pricing	Prosumer
Reverse Logistics	Increased Functionality	Revenue Sharing	Eco Lock-In
	Localisation	Crowd- and Public Funding	Signalling and Transparency
	Produce-to-Demand	Incentivised Take-Back	Sharing
	Detox	License & White Label	Eco Robin Hood
	Energy Recovery		
	Renewable Energy		
	Virtualisation		

Basierend auf den 40 identifizierten Grundmustern wurde ein Set von Karten namens Pattern Cards entwickelt, um die Anwendung der Grundmuster in der Praxis zu erleichtern. Jede Pattern Card beschreibt ein bestimmtes Grundmuster der Kreislaufwirtschaft und gibt eine kurze Erklärung dazu. Auf der Rückseite der Karte finden sich zwei Beispiele für erfolgreiche Umsetzungen aus verschiedenen Branchen und Orten der Welt.

Diese Circular Economy Pattern Cards eignen sich besonders für die Kreativarbeit bei der Entwicklung von Geschäftsmodellen und Produkten, die auf Kreislaufwirtschaftsprinzipien basieren. Sie bieten Unternehmen und Designern einen Leitfaden, um innovative und nachhaltige Ansätze zu entwickeln. Auch bei der Gestaltung von nachhaltigen Dienstleistungen können die Pattern Cards in Teilbereichen nützlich sein.

Durchführung

Im Folgenden wird die Durchführung eines halbtägigen Workshops mithilfe der Pattern Cards mit einer Gruppe von 20 Teilnehmenden aus dem gleichen Unternehmen beschrieben. Der Workshop kann in der Dauer und Anzahl der Teilnehmenden leicht angepasst werden. Die Patterns können auch von einer Einzelperson für die Entwicklung von Produkten und Geschäftsmodellen genutzt werden.

Vorbereitung

Materialien vorbereiten: Stellen Sie sicher, dass Sie die vier Sets Pattern Cards rechtzeitig bestellen, um genügend für alle Teilnehmenden zu haben. Sammeln Sie Arbeitsmaterialien wie Brownpaper, Klebezettel und Stifte für die Gruppenübungen.

Workshopraum vorbereiten: Buchen Sie einen geeigneten Workshopraum, der genügend Platz für vier Arbeitstische mit jeweils fünf Stühlen bietet. Stellen Sie sicher, dass im Raum pro Arbeitsgruppe ein Whiteboard oder ein Flipchart zur Verfügung steht.

Impulspräsentation vorbereiten: Erstellen Sie eine kurze Präsentation, die die Grundprinzipien der Kreislaufwirtschaft erläutert. Betonen Sie dabei die Bedeutung nachhaltiger Geschäftsmodelle und Produkte für das eigene Unternehmen.

Impulse für die Kategorien vorbereiten: Erstellen Sie kurze Impulse für jede der vier Kategorien der Circular Economy Patterns: „Close the Loop“, „Improve the Loop“, „Monetise the Loop“ und „Excite the Loop“. Diese Impulse sollten relevante Beispiele und Anwendungen enthalten.

Workshop Teil 1: Warum-up und Impulse (75 Min.)

Begrüßung und Erklärung des Ablaufs (5 Min.)

Erklären Sie kurz den Ablauf des Workshops und weisen Sie darauf hin, warum das gemeinsame Erarbeiten von nachhaltigen Geschäftsmodellen und Produkten und die Ideenentwicklung für die Zukunftsfähigkeit des Unternehmens wichtig ist.

Kennenlernen und Gruppeneinteilung (15 Min.)

Für das Aufstellungsspiel bitten Sie die Teilnehmenden, sich im Raum aufzustellen. Stellen Sie drei Fragen: Wie lange sind Sie im Unternehmen? Kommen Sie aus einem technischen oder nichttechnischen Bereich? Wie viele zirkuläre Produkte haben Sie im Haushalt? Basierend auf diesen Fragen stellen sich die Teilneh-

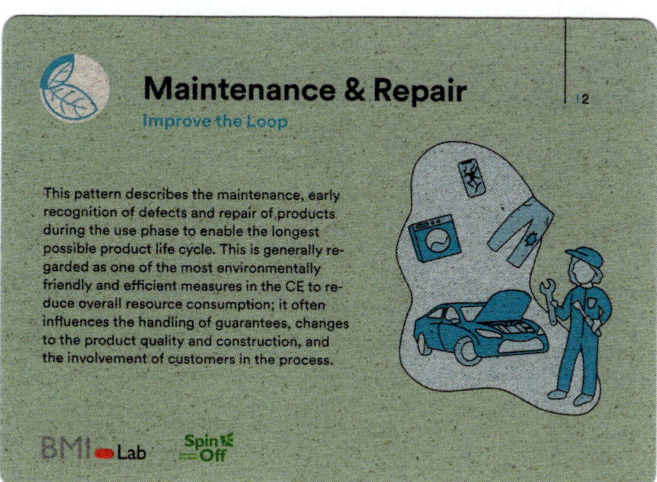

BMI Lab AG – Beispiel Pattern Card

BMI Lab AG – Beispiel Pattern Card

menden entlang einer Linie im Raum auf. Bei einer der drei Fragen lassen Sie die Teilnehmenden von 1–4 zählen und erhalten so vier Arbeitsgruppen.

Impuls Kreislaufwirtschaft (15 Min., optional)

Erklären Sie den Unterschied zwischen linearen und zirkulären Wirtschaftsmodellen. Visualisieren Sie dies möglicherweise mithilfe von Symbolen oder Bildern. Sie könnten auch eine kurze Übung durchführen, bei der die Teilnehmenden eine Abbildung beschriften, um sicherzustellen, dass sie das Konzept verstanden haben. Sind die Teilnehmenden mit dem Prinzip der Kreislaufwirtschaft vertraut, kann dieser Schritt übersprungen werden.

Impulse zu den Kategorien der Patterns (25 Min.)

Geben Sie für jede der vier Kategorien der Circular Economy Patterns einen kurzen Impuls. Verwenden Sie dabei Beispiele und Videos, um den Teilnehmenden einen Einblick in jede Kategorie zu geben. Zum Beispiel könnten Sie das Video von Patagonia zeigen, welches das Reparieren eines Reißverschlusses zeigt. Dies veranschaulicht das Prinzip „Improve the loop" und ist ein gutes Beispiel für das Pattern „Repair & Maintenance".

Gönnen Sie nun den Teilnehmenden 15 Minuten Pause.

Workshop Teil 2: Erste und zweite Ideation Runde (75 Min.)

Erste Runde Ideation und Vertrautmachen mit den Karten (20 Min.

Jede Gruppe zieht eine Karte der Kategorie „Close the Loop". Die Gruppenmitglieder brainstormen Ideen, wie dieses Prinzip auf ihre Produkte und Geschäftsmodelle angewendet werden könnte. Falls der Ideenfluss stockt oder keine passenden Ideen entstehen, sollten sie eine neue Karte ziehen.

Kurzer Austausch von Ideen im Plenum (10 Min.)

Jede Gruppe teilt im Plenum ihre beste Idee und ihre Erfahrungen mit den Pattern Cards. Hierbei geht es darum, einen Einblick in die Überlegungen der anderen Gruppen zu erhalten und möglicherweise Inspiration für die eigene Gruppe zu gewinnen.

Zweite Runde Ideation (20 Min.)

Die Gruppen ziehen nun eine Karte der Kategorie „Improve the Loop". Hierbei sollen sie Ideen entwickeln, wie dieses Prinzip auf ihre Produkte und Geschäftsmodelle angewendet werden könnte.

Kurzer Austausch von Ideen im Plenum (10 Min.)

Die Gruppen teilen wiederum ihre besten Ideen und Erfahrungen im Plenum. Diese Austauschrunde ermöglicht es, verschiedene Perspektiven und Ansätze kennenzulernen.

Gönnen Sie den Teilnehmenden wieder 15 Minuten Pause, um nochmal Energie für eine dritte Runde Ideation zu sammeln.

Workshop Teil 3: Dritte Ideation Runde und Bewertung der Ideen (60 Min.)

Dritte Runde Ideation (20 Min.)

Die Gruppen ziehen Karten der Kategorie „Monetize the Loop" oder, falls passend, auch der Kategorie „Excite the Loop". Die Patterns der Kategorie „Excite the loop" sind in manchen Kontexten schwer übertragbar. Auch hier werden Ideen entwickelt, wie diese Patterns auf ihre Produkte und Geschäftsmodelle angewendet werden könnten.

Kurzer Austausch von Ideen im Plenum (10 Min.)

Die Gruppen teilen erneut ihre besten Ideen und Erfahrungen im Plenum. Dieser Austausch fördert das Verständnis für die Vielfalt der Anwendungsmöglichkeiten. Vielleicht lässt sich eine Gruppe auch von einer Idee zu „Excite the loop" anstecken.

Bewertung und Priorisierung der Ideen in der Gruppe (20 Min.)

Jede Gruppe bewertet nun die erarbeiteten Ideen hinsichtlich ihrer Umsetzbarkeit und Wirksamkeit. Hierbei kann die COCD Box-Methode eingesetzt werden, um die besten Ideen zu identifizieren. Die Gruppen markieren ihre Top 3.

Gönnen Sie den Teilnehmern nochmal eine kurze Pause, bevor es in den Endspurt geht.

Workshop Teil 4: Teilen der Ideen und in die Umsetzung kommen (60 Min.)

Vorstellung der Ideen im Plenum (20 Min.)

Die Gruppen stellen ihre drei besten Ideen im Rahmen eines Gallery Walks vor, das heißt die Ideen werden „ausgestellt" und wie bei einer Galerie abgelaufen. Jede Gruppe hat etwa fünf Minuten Zeit, um ihre Ideen an ihrer Station den anderen Gruppen zu präsentieren.

In die Umsetzung kommen (20 Min.)

Die Gruppen definieren konkrete Maßnahmen zur Umsetzung von ein bis zwei Ideen aus dem Plenum. Mischen Sie ggf. die Gruppen nochmal neu, sodass jeder an der für ihn interessantesten Idee arbeiten kann. Bei diesem Schritt kann die 15%-Solutions-Methode hilfreich sein, um realistische Schritte zu planen.

Abschluss (10 Min.)

Beenden Sie den Workshop mit einer Feedbackrunde. Bitten Sie die Teilnehmenden um ihre Eindrücke zur Methode und zum Workshop-Prozess.

Mit diesem Ablauf können Sie sicherstellen, dass der halbtägige Präsenz-Workshop reibungslos verläuft und die Teilnehmenden aktiv in die Diskussion und die Ideenentwicklung einbezogen werden. Die Kombination aus Impulsen, Gruppenarbeit, Austausch und Bewertung ermöglicht es den Teilnehmenden, tief in das Thema der Circular Economy Patterns einzutauchen und konkrete Ideen für die Umsetzung zu entwickeln.

Wirkfeld der Methode

- Wirksam für Herausforderungen mit mittlerer Komplexität
- Wirksam für nachhaltiges Marketing
- Wirksam für nachhaltiges Produktdesign
- Wirksam für nachhaltiges Prozessdesign
- Wirksam für nachhaltiges Servicedesign
- Wirksam für nachhaltiges Business Model Design

Transformationsfähigkeit Ihres Teams

- Fördert die Sensibilisierung
- Fördert die Teamkreativität
- Fördert grundlegend die Kreativität
- Fördert offene Mindsets und innovative Denkhaltungen
- Sorgt für Inspiration oder bessere Inspirationsempfindlichkeit

Einsatzcharakteristik/Arbeitsrahmen

- Austauschfokus: vornehmlich mit internen und externen Personen
- Durchführungszeit: eher mittel (> 1 Stunde bis < 1 Tag)
- Einsatzfrequenz: sinnvoll im dauerhaften Einsatz
- Einsatzradius: vornehmlich im Teameinsatz
- Einsatzradius: vornehmlich im projektweiten Einsatz
- Einsatzradius: vornehmlich im unternehmensweiten Einsatz
- Komplexität für den Moderator: eher mittel
- Komplexität für die Teilnehmer: eher gering
- Teamgröße: Einzelpersonennutzung möglich
- Teamgröße: Kleingruppe möglich (3 bis 5 Teilnehmer)
- Teamgröße: Maxigruppen möglich (20 bis 40 Teilnehmer)
- Teamgröße: Mittelgroße Teams möglich (5 bis 20 Teilnehmer)
- Vorbereitungszeit: eher mittel (> 1 Stunde bis < 1 Tag)

Input für eine zielführende Arbeit mit der Methode

- Aktuell existierende Geschäftsmodelle
- Aktuell existierende Produkte und Services
- Produktmerkmale, Skizzen, Eigenschaften
- Trends und Zukunftsentwicklungen

Hinderniseffekte, auf die die Methode positiv wirkt

- Erzeugt Ideen für neue Märkte und neue Business Modelle
- Erzeugt Ideen, Lösungsansätze, Vorideen, Möglichkeiten
- Erzeugt Ideensuchfelder, unentdeckte Probleme, Inspiration
- Erzeugt neues Wissen und neue Erfahrungen
- Erzeugt größere Klarheit zu einem Thema
- Erzeugt mehr Hintergrundinformationen
- Identifiziert vorhandene Schwachstellen
- Identifiziert vorhandene Stärken

Mögliche Extravorteile der Methode

- Möglicher Extravorteil für Teams in einer Komfortsituation
- Möglicher Extravorteil für innovativ ungeübte Teams
- Möglicher Extravorteil für in Nachhaltigkeitsthemen ungeübte Teams

Quellen

Buch –Takacs, Fabian/Richard Stechow/Karolin Frankenberger: Circular Ecosystems: Business Model Innovation for the Circular Economy, White Paper, St. Gallen, Schweiz: University of St. Gallen, 2020.

Organisation – BMI Lab AG, Zürich, https://bmilab.com/

Organisation – Patagonia „How to fix your Zipper Slider" https://www.youtube.com/watch?v=9EA_8O_3hFs, 15.08.2023

Web – https://bmilab.com/topics/circular-economy#patterncards (abgerufen 15.08.2023)

Web – https://www.youtube.com/watch?v=2WHj394RFvU (abgerufen 15.08.2023)

45

Circular Ideen-Deep Dive

EinSatzBeschreibung

Eine strukturierte Ausarbeitungshilfe für zirkuläre Ideen.

Working Guide/Anwendungsfelder

P1 Sensibilisierung/Bildung	P2 Matching Recht/Gesetz	P3 Sustainability Roadmap	P4 Produkt/Prozessdesign	P5 Implementierung/Monitoring	P6 Kommunikation	P7 Organisation	P8 Führung	P9 Business Model Design	P10 Skalierung
			X	X	X	X			

Beschreibung

Der Circular Ideen-Deep Dive ist eine Methode, um erste zirkuläre Lösungsansätze und Vorideen schnell und effizient anzureichern und weiter auszuarbeiten.

Systeme für Kreisläufe zu schaffen ist für Unternehmen gar nicht so einfach. Es braucht viele Ideen, wie Unternehmen ihre Wertschöpfung, auch zusammen mit anderen Akteuren, zirkulär gestalten können und somit Ressourcen immer wieder zu sich zurückholen oder sie für die Umwelt unschädlich in einem biologischen Kreislauf halten.

Der Circular Ideen-Deep Dive kommt immer dann zum Einsatz, wenn in einer ersten Ideenfindungsrunde, in einem Projekt oder in einem Workshop, erste Vorideen für mehr Zirkularität generiert wurden. Zu diesem Zeitpunkt sind typischerweise erstmal einzelne Sätze oder Statements auf Moderationskarten oder Post-its als Ideen entstanden.

Diese gilt es nur anzureichern und weiter auszuarbeiten, da sie für eine Bewertung oder gar eine Entscheidung in diesem Status noch viel zu ungenau und grob sind. Wichtig ist also für den Folgeschritt der Anreicherung, dass dieser effizient und zielführend gestaltet wird. Eine zu geringe Anreicherung ist in diesem frühen Stadium meist genauso ineffizient wie eine viel zu detailreiche Ausarbeitung – wir brauchen eine gute Balance.

Der Circular Ideen-Deep Dive schafft eine Voraussetzung für eine solche effiziente Anreicherung einer zirkulären Idee.

Die wesentlichen Parameter bei der Umsetzung sind dabei:

- Der Deep Dive wird von 2 Personen erstellt.
- Eine der beiden ist idealerweise der Denker der anzureichernden, zirkulären Voridee.
- Der Deep Dive wird auf einem Flipchartpapier erstellt.
- Es sollten auch farbige Marker zum Einsatz kommen.
- Das 2er-Team hat für die Erstellung des Deep Dive maximal 30 Minuten Zeit.

Durchführung

Schritt 1: Klarheit zur Voridee

Beide Personen im Team besprechen die anzureichernde, zirkuläre Voridee mit dem Ziel, eine erste gemeinsame und klare Vorstellung zu bekommen, was diese tut.

Schritt 2: Ideen verklumpen

Nun werden gemeinsam weitere Ideen gesucht oder kreiert, die sich mit der Voridee zu einer besseren, detailreicheren Idee verklumpen/kombinieren lassen. Diese zusätzlichen Ideen können aus einer bereits vorhandenen Ideengalerie stammen oder auch neu gehirnt werden.

Schritt 3: Circular Ideen-Deep Dive erstellen

Um den Deep Dive zu erstellen, wird zunächst auf die Mitte des Flipchartblatts die zirkuläre Voridee mit eventuell hinzu kombinierten Vorideen aus Schritt 2 nach einem gemeinsamen Verständnis genauer beschrieben, und zwar so spezifisch wie möglich. Danach werden in einem gemeinsamen kreativen Prozess, im Mindmapstil, alle Anreicherungen auf das Blatt notiert oder auch gezeichnet.

Anreicherungen können sein:

- Ein merkfähiger und griffiger Titel für die angereicherte Idee
- Wie diese Idee das Kundenerlebnis in irgendeiner Weise verbessern kann
- Was diese Idee erfordern würde, was es derzeit nicht gibt
- Wie sich dies auf die Unternehmensstrategie und den Finanzbedarf auswirken würde
- Eine Skizze der Idee zum schnellen Verständnis
- Welche Rollen oder Mitwirkende es braucht, damit die Idee umgesetzt wird
- Was der nächste Schritt ist, um die Umsetzung der Idee in Gang zu bringen

Schritt 4: Ideenpräsentation/Ideengalerie

Nach der 30-minütigen Erstellung werden die Circular Ideen-Deep Dive-Flipcharts von den Teams der Gruppe präsentiert oder auch in einer sogenannten Ideengalerie gesichtet, diskutiert und bewertet. Dazu werden alle Flipchartbögen aufgehangen und gemeinsam abgelaufen.

Wirkfeld der Methode

- Wirksam für Herausforderungen mit mittlerer Komplexität
- Wirksam für Herausforderungen mit niedriger Komplexität
- Wirksam für nachhaltiges Marketing
- Wirksam für nachhaltiges Produktdesign
- Wirksam für nachhaltiges Prozessdesign
- Wirksam für nachhaltiges Servicedesign
- Wirksam für nachhaltiges Business Model Design

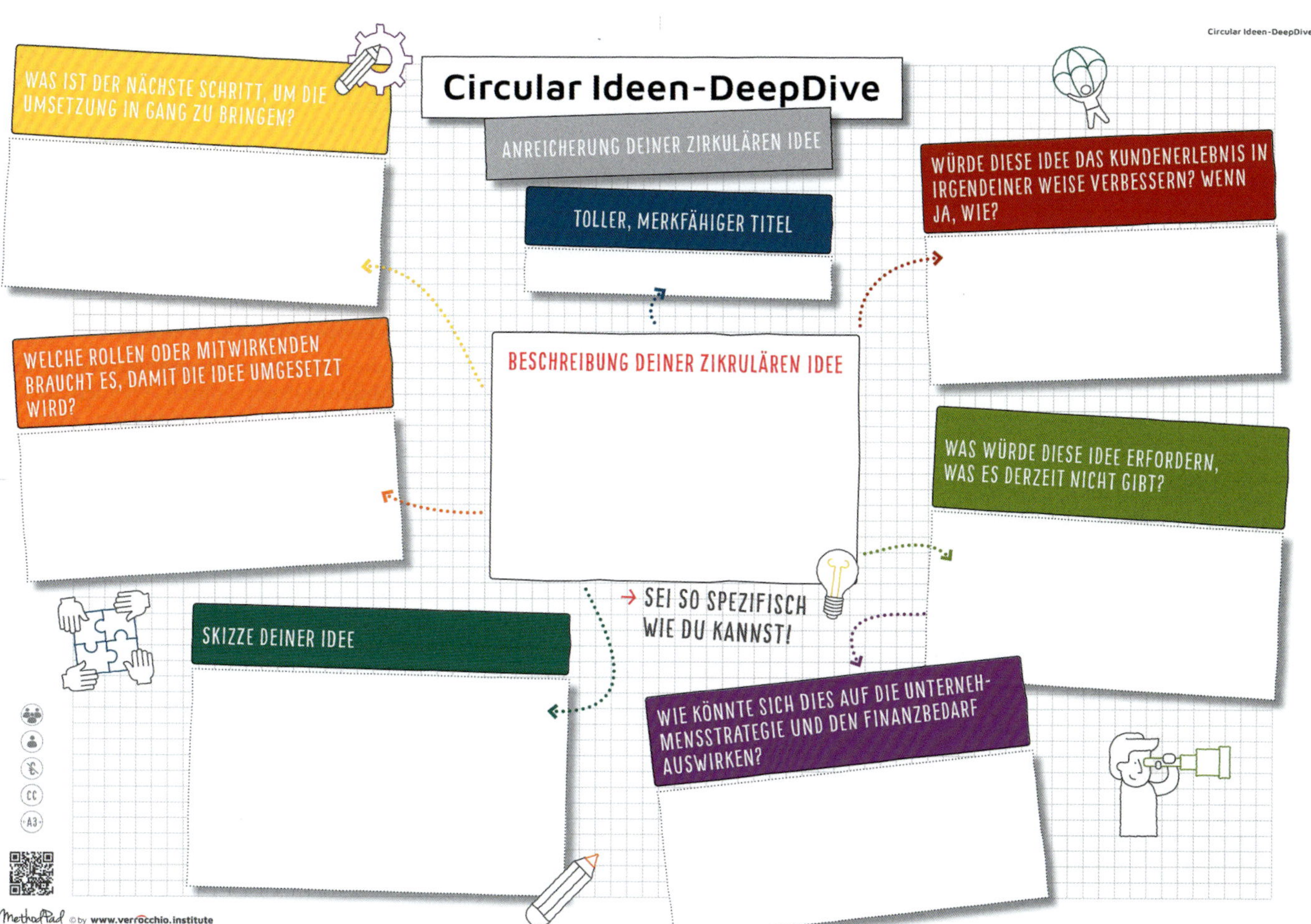

Transformationsfähigkeit Ihres Teams

- Fördert die Agilität eines Teams
- Fördert die Teamkreativität
- Fördert grundlegend die Kreativität
- Zahlt auf eine bessere Vorstellungskraft ein
- Erhöht die Lösungsorientierung

Einsatzcharakteristik/Arbeitsrahmen

- Austauschfokus: vornehmlich mit internen Personen
- Durchführungszeit: eher gering (< 1 Stunde)
- Einsatzfrequenz: sinnvoll im dauerhaften Einsatz
- Einsatzradius: vornehmlich im Teameinsatz
- Komplexität für den Moderator: eher gering
- Komplexität für die Teilnehmer: eher gering
- Teamgröße: Einzelpersonennutzung möglich
- Teamgröße: Kleingruppe möglich (3 bis 5 Teilnehmer)
- Teamgröße: Mittelgroße Teams möglich (5 bis 20 Teilnehmer)
- Vorbereitungszeit: eher gering (< 1 Stunde)

Input für eine zielführende Arbeit mit der Methode

- Ideen, Lösungsansätze, Vorideen, Varianten

Output und beobachtete Ergebnisse der Methode

- Erzeugt angereicherte Ideen, Ideencluster, höher integrierte Lösungen

Hinderniseffekte, auf die die Methode positiv wirkt

- Bewahrt vor zu generischen Ideen und Aussagen
- Fördert die Agilität der Teilnehmer
- Stärkt schwache Anreicherungsskills
- Verhindert falsche Flughöhen
- Verkürzt und durchbricht vorhandene Kreativblockaden

Mögliche Extravorteile der Methode

- Möglicher Extravorteil für innovativ ungeübte Teams

Quellen

Organisation – verrocchio Institute for Innovation Competence AG – Düsseldorf, https://www.verrocchio.institute

46

Circular Life Cycle Design

EinSatzBeschreibung

Das „Circular Life Cycle Design" ermöglicht Produkt- und Service-Lebenszyklen ganzheitlich kreislaufwirtschaftlich zu betrachten und zu gestalten.

Working Guide/Anwendungsfelder

P1 Sensibilisierung/Bildung	P2 Matching Recht/Gesetz	P3 Sustainability Roadmap	P4 Produkt/Prozessdesign	P5 Implementierung/Monitoring	P6 Kommunikation	P7 Organisation	P8 Führung	P9 Business Model Design	P10 Skalierung
	X		X						

Beschreibung

Nachhaltige Wertschöpfung gestaltet jede Phase der Wertschöpfung als potenziell gänzlich zirkuläre Prozesse. Moderne Unternehmungen stehen vor zahlreichen Herausforderungen, klassisch monodirektionale Abläufe umzudenken.

Hier ist Kreativität gefragt: Ist es möglich, das Produktdesign von Anfang an so zu konzipieren, dass nachhaltige Lösungen besser umgesetzt werden können? Oder kann das Design zu einem späteren Zeitpunkt zu diesem Zweck nachträglich angepasst werden? Ist es möglich, ein Konsumgut als Serviceleistung zu konzipieren? Welche Partnerschaften müssen aufgebaut werden, um Phasen, welche nicht intern zirkulär gestalten werden können, mit den Kapazitäten und Fähigkeiten externer Partner zirkulär zu gestalten?

Vom Aufbau bis zum Ende eines Angebots sollten zur Ausschöpfung des vollen ökonomischen Potenzials nachhaltige Optionen, wie z. B. der Einsatz recycelter Grundstoffe, der Einsatz regenerierbarer Energiequellen oder z. B. der Einsatz emissionsfreier Vertriebsformen gewählt werden.

Um die Herausforderungen und Optionen zu überblicken visualisiert das „Circular Life Cycle Design" (siehe Abbildung) die eher klassischen Phasen einer Unternehmung als Loops zur Linken, um die Phasen des Produkt- bzw. Service-Designs zirkulär zu verstehen. Die höheren zirkulären Ziele, die „Verlängerte Nutzungszeit", die „Wiederverwendung", die „Wiederaufbereitung" und das „Recycling" sind als Zyklen zur Rechten dargestellt und als nacheinander eskalierend zu interpretieren. Sie entstehen als Spin-Off-Loops nach der Nutzung des Produkts oder des Services und suchen eine Spin-In-Integration zurück in die Nutzungs-, Vertriebs-, Fertigungs- bzw. Grundstoff-Phase.

Durchführung

Gehen Sie im Folgenden die Zyklen durch, und identifizieren Sie zirkuläre Wertschöpfungspotenziale. Nicht jeder Loop ist gleichermaßen relevant für jede vorstellbare Unternehmung, und sehr spezifische kreislaufwirtschaftliche Vorhaben können einen Fokus auf spezifische Loops lenken. Dennoch sollten zur Wahrnehmung des Gesamtkontextes alle Loops betrachtet werden.

Gehen Sie vorzugsweise die klassischen Phasen der Wertschöpfung zur Linken (siehe Abbildung) zuerst durch. Wenden Sie sich dann nacheinander den Zyklen der höheren zirkulären Ziele zu, der „Verlängerten Nutzungszeit", der „Wiederverwendung", der „Wiederaufbereitung" und dem „Recycling".

1. Schritt (für jeden Zyklus)

- Notieren Sie Herausforderungen und Lösungen sowie potenzielle neue Ideen.
- Notieren Sie externe Partnerschaften, die an einem Zyklus beteiligt sind.
- Notieren Sie Zusammenhänge zu anderen Loops.
- Notieren Sie welche Ergebnisse in einen anderen Loop weitergereicht werden.
- Notieren Sie welche Reste verbleiben, nicht weitergereicht werden und im Sinne optimaler Kreislaufwirtschaft noch aufzulösen sind.

2. Schritt (für jeden Zyklus)

- Überprüfen Sie, ob alle Zusammenhängen der Zyklen notiert sind.
- Überprüfen Sie, ob bis dato nicht weitergereichte Zyklus-Reste in anderen Loops ein Ende finden.
- Überprüfen Sie, ob Designmodifikationen Ihre zirkulären Ziele befördern können.
- Überprüfen Sie, ob externe Partnerschaften Ihre zirkulären Ziele befördern können.

3. Schritt (für jeden Zyklus:

- Fassen Sie quantitativ oder qualitativ zusammen, welchen ökonomischen Mehrwert und/oder welche Mehrkosten Sie nach zirkulären Optimierung identifizieren.
- Fassen Sie quantitativ oder qualitativ zusammen, welchen ökologisch positiven und/oder negativen Einfluss Sie nach zirkulärer Optimierung identifizieren

4. Schritt (für jeden Zyklus)

- Kategorisieren Sie Ihre Erkenntnisse:

  Markieren Sie Erkenntnisse zum Produkt Design **rot**

  Markieren Sie Erkenntnisse zum Service Design **violett**

  Markieren Sie Erkenntnisse zum Business Model **gelb**

  Markieren Sie Erkenntnisse zu Partnerschaften **blau**

  Markieren Sie Erkenntnisse zum Ökologischen Einfluss **grün**

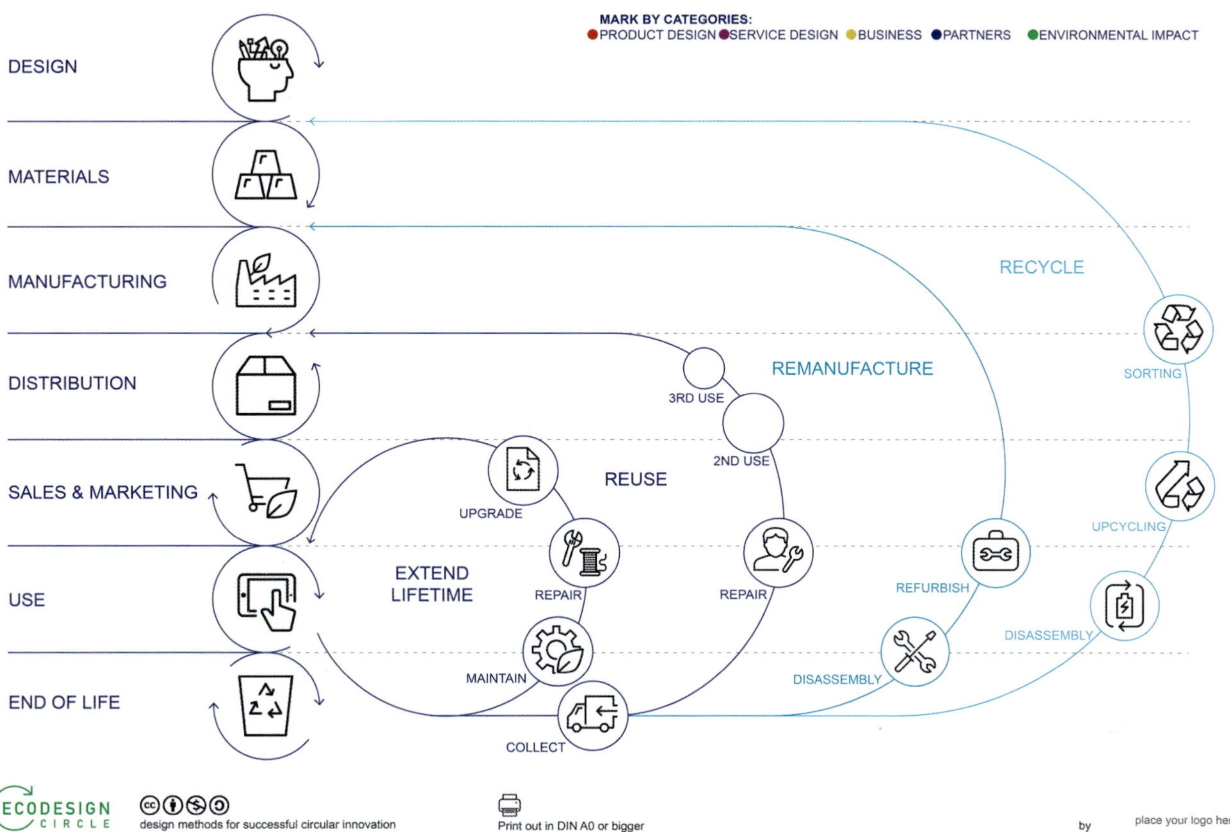

Wirkfeld der Methode

- Wirksam für Herausforderungen mit hoher Komplexität
- Wirksam für nachhaltiges Produktdesign
- Wirksam für nachhaltiges Servicedesign
- Wirksam für nachhaltiges Business Model Design

Transformationsfähigkeit Ihres Teams

- Fördert die Sensibilisierung
- Fördert die allgemeine Transformationsfähigkeit des Teams
- Fördert offene Mindsets und innovative Denkhaltungen
- Sorgt für Inspiration oder bessere Inspirationsempfindlichkeit
- Zahlt auf eine bessere Vorstellungskraft ein
- Zahlt auf eine bessere Wahrnehmung ein
- Zahlt auf ein positives Zukunftsbild ein
- Zahlt auf das Dringlichkeitsempfinden ein
- Erhöht die Lösungsorientierung

Einsatzcharakteristik/Arbeitsrahmen

- Austauschfokus: vornehmlich mit internen Personen
- Durchführungszeit: eher hoch (> 1 Tag)
- Einsatzfrequenz: vornehmlich im einmaligen Einsatz
- Einsatzradius: vornehmlich im unternehmensweiten Einsatz
- Komplexität für den Moderator: eher hoch
- Komplexität für die Teilnehmer: eher hoch
- Teamgröße: Maxigruppen möglich (20 bis 40 Teilnehmer)
- Teamgröße: Mittelgroße Teams möglich (5 bis 20 Teilnehmer)
- Vorbereitungszeit: eher hoch (>1 Tag)

Input für eine zielführende Arbeit mit der Methode

- Aktuell existierende Geschäftsmodelle
- Aktuell existierende Produkte und Services
- Aktuelle Herausforderung, Leitfrage, Problem

Output und beobachtete Ergebnisse der Methode

- Erzeugt Ideen für neue Märkte und neue Business Modelle
- Erzeugt Ideen, Lösungsansätze, Vorideen, Möglichkeiten
- Erzeugt Ideensuchfelder, unentdeckte Probleme, Inspiration
- Erzeugt Leitfragen für die Ideenfindung
- Erzeugt eine Vision oder Zukunftsbild
- Erzeugt größere Klarheit zu einem Thema
- Erzeugt transformationsfähigere Organisationen
- Identifiziert vorhandene Schwachstellen
- Identifiziert vorhandene Stärken
- Macht Wirkzusammenhänge sichtbar

Hinderniseffekte, auf die die Methode positiv wirkt

- Beugt blinden Flecken/Betriebsblindheit vor
- Fördert die Agilität der Teilnehmer
- Schafft für den Erfolg nötige Realitätsbezüge
- Schafft schnell Klarheit und beschleunigt Erkenntnisgewinn
- Schwächt nicht zielführende Emotionen
- Schwächt das Leben in der Vergangenheit
- Verhindert Finanz- und Ressourcenfallen
- Verhindert blinden Aktionismus
- Verhindert einseitige Bewertungen und Entscheidungen
- Verhindert falsche Flughöhen
- Verhindert unreflektiertes agieren
- Überzeugt strukturliebende Teammitglieder
- Überzeugt Zweifler, Bewahrer, Kritiker
- Fördert Optimismus und Zuversicht

Mögliche Extravorteile der Methode

- Möglicher Extravorteil für Teams mit einem starkem Auftrags-mandat
- Möglicher Extravorteil für agile Teams
- Möglicher Extravorteil für innovativ erfahrene Teams
- Möglicher Extravorteil für in Nachhaltigkeitsthemen erfahrene Teams

Quellen

Organisation – Fraunhofer-Gesellschaft, https://www.izm.fraunhofer.de/
Person –ronja.scholz@izm.fraunhofer.de
Organisation – EcoDesign Circle, https://www.ecodesigncircle.eu
Web – https://circulardesign.tools

Grafik: verrocchio Sustainable Inspiration Card – Malvine Klecha, Hila Attaie und Jennifer van Aerssen (Illustration)

Circular Life Cycle Discussion

EinSatzBeschreibung

Die „Circular Life Cycle Discussion" ist eine Methode, die durch gezielte Fragestellungen versucht, die zirkulären Herausforderungen im Kontext der Produkt- oder Dienstleistungsumsetzung aus Sicht eines Unternehmens und seiner Kunden zu untersuchen.

Working Guide/Anwendungsfelder

P1 Sensibilisierung/Bildung	P2 Matching Recht/Gesetz	P3 Sustainability Roadmap	P4 Produkt/Prozessdesign	P5 Implementierung/Monitoring	P6 Kommunikation	P7 Organisation	P8 Führung	P9 Business Model Design	P10 Skalierung
			X					X	

Beschreibung

Während sich die Methode „Circular Life Cycle Model – Organisation Perspective" mit den zirkulären Herausforderungen und Potenzialen der Wertschöpfung in Unternehmen befasst, und das „Circular Life Cycle Model–- Customer Perspective" die Kundenperspektive auf das zirkuläre Angebot des Unternehmens untersucht, fokussiert sich die „Circular Life Cycle Discussion" auf eine detaillierte Betrachtung der Herausforderungen, die während des Produkt- oder Dienstleistungslebenszyklus auftreten.

Die entscheidenden Fragestellungen in jeder Phase des Lebenszyklus weisen auf vielfältige Möglichkeiten hin, den positiven Einfluss zu verstärken oder die Kreislauffähigkeit zu erhöhen.

Durchführung

Erörtern Sie im Team verschiedene Ansätze, indem Sie Fragen verwenden, die sich auf die im Lebenszyklusstadium gegebenen Möglichkeiten und Bedürfnisse beziehen. Diese Fragen (siehe auch Abbildung) sollen zur Inspiration dienen und neue Fragestellungen anregen. Diese neuen Fragen sind möglicherweise die wichtigsten, die beantwortet werden müssen. Notieren Sie eine Idee pro Post-it. In dieser Phase des Prozesses sind alle Ideen willkommen! Nachdem Sie im Brainstorming Ideen gesammelt haben, führen Sie Diskussionen durch und stimmen darüber ab, welche Ideen für die weitere Entwicklung am vielversprechendsten sind.

Diese Phasen sollten diskutiert werden – die Fragestellungen sind Vorschläge (Fokus: Produkt), die von Ihnen auch erweitert werden können:

1. Geschäftsmodell & Strategie (Geschäftsmodell): Welches Geschäftsmodell ist vorhanden?

Produkt als Dienstleistung: Vermietung, Leasing, ganzheitlicher Service etc. (z. B. Valtavalo, Luottovaate, Lindström, Martela, MaaS Global)

Sharing-Plattformen: Produkt/Dienstleistung für mehrere Nutzer, Angebot privater Dienstleistungen über Plattformen (z. B. AirBnB, Blox Car, tori.fi)

Zirkuläre Lieferketten: Produktion und Lieferung von erneuerbaren, wiederverwertbaren und biologisch abbaubaren Rohstoffen und Materialien (z. B. MetsäFibre, KotkaMills, Gasum, Neste)

Ressourcenrückgewinnung: Rohstoffe aus „Abfall", Sammel-, Sortier-, Filtertechnologien (z. B. L&T, Zen Robotics, St1, Neste)

Produktlebenszyklus: Qualität, Wartung, Reparatur, Umgestaltung, Wiederaufarbeitung (z. B. Martela, Touchpoint, Ponsse)

Expertise in der Kreislaufwirtschaft: Verbesserung des Wissens, des Verständnisses und der Kompetenz im Bereich Kreislaufwirtschaft (z. B. Ellen MacArthur Foundation)

2. Forschung & Design (Design)

- Welcher konkrete Bedarf oder Zweck wird adressiert?
- Können Wachstum und Rohstoffnutzung voneinander getrennt werden?
- Wie integriert sich das Produkt in das bestehende Ökosystem?
- Welches Kundenerlebnis wird angestrebt?

3. Ressourcen (Materialien)

- Woher stammen die verwendeten Materialien?
- Wie erfolgt die Auswahl der Materialien?
- Welche Auswahl von Materialien ist vorhanden?
- Wie wird die „Reinheit" der Materialien, einschließlich der Verpackungsmaterialien, sichergestellt?
- Welche verschiedenen Verbindungen sind in den Materialien vorhanden?
- Gibt es schädliche Stoffe in den verwendeten Materialien?
- Können die Materialien leicht wiederverwendet werden?
- Wird bei der Auswahl der Materialien auf ökologische, wiederverwertbare und/oder recycelte Materialien geachtet?

4. Fertigung (Herstellung/Verarbeitung)

- Werden Abfälle während des Herstellungsprozesses produziert?
- Wenn ja, wie werden diese Abfälle innerhalb und außerhalb des Unternehmens behandelt?
- Wird auf Energieeffizienz geachtet?
- Werden erneuerbare Energien genutzt?

5. Vertrieb (Logistik)

- Wurde die Logistik hinsichtlich ihrer Effizienz und Umweltfreundlichkeit optimiert?
- Kann die Logistik durch Kooperationen oder den Einsatz neuer Technologien verbessert werden?
- Werden in der Logistik emissionsfreie Kraftstoffe eingesetzt?

6. Entdeckung (Verkauf und Marketing)

- Wie lauten die zentralen Botschaften im Marketing?

Circular Life Cycle Discussion

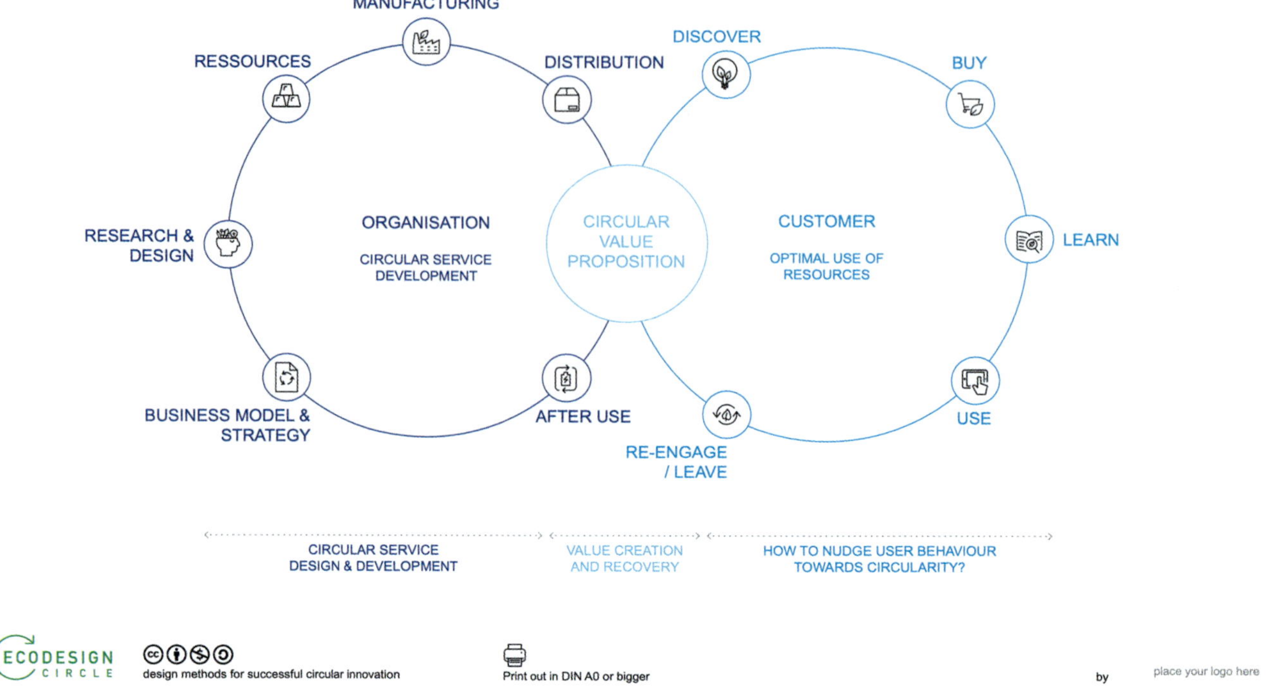

- Welches Produkt oder welche Dienstleistung bieten Sie an?
- Wie sieht die Erlösstrategie aus? (z.B. Umsatzgenerierung auf Basis von Volumen, Leasing, Sharing-Plattform)
- Wie groß ist der Markt und welche strategischen Ziele werden verfolgt?

7. Lernen (Lebenszyklus)

- Wie lange ist die Haltbarkeit des Produkts oder die erwartete Lebensdauer?
- Wie kann die Zuneigung zum Produkt durch Design gesteigert werden?
- Wie benutzerfreundlich ist die Wartung des Produkts gestaltet?
- Kann der Nutzer das Produkt leicht selbst reparieren?
- Inwiefern ist das Produkt modular aufgebaut, aufrüstbar und kompatibel mit anderen Produkten?

8. Nutzung (Wiederverwendbarkeit)

- Wie kann die Wiederverwendbarkeit des Produkts gestaltet werden?
- Kann das Produkt im Einzelhandel als Gebrauchtware angeboten werden?
- Kann das Produkt einfach gewartet und repariert werden?
- Gibt es eine Garantie für das Produkt?

9. Nach der Nutzung (Rücknahme)

- Wird das Produkt und/oder die Materialien nach der Verwendung zurückgenommen?
- Sind die Materialien leicht trennbar und wiederverwendbar mit gleichem Wert oder aufwendigeren Verarbeitungsschritten?

Praxisschlaglicht

Es ist hilfreich, auf gestellte Fragen zu achten, die möglicherweise versteckte Aspekte einer Herausforderung beleuchten. Zugleich ist es von Bedeutung sicherzustellen, dass die Teams nicht wegen einer speziellen Fragestellung verharren, sondern stets das Gesamtziel im Blick behalten.

Wirkfeld der Methode

- Wirksam für Herausforderungen mit hoher Komplexität
- Wirksam für nachhaltiges Produktdesign
- Wirksam für nachhaltiges Servicedesign
- Wirksam für nachhaltiges Business Model Design

Transformationsfähigkeit Ihres Teams

- Fördert die Sensibilisierung
- Fördert die allgemeine Transformationsfähigkeit des Teams
- Fördert offene Mindsets und innovative Denkhaltungen
- Sorgt für Inspiration oder bessere Inspirationsempfindlichkeit
- Zahlt auf eine bessere Vorstellungskraft ein
- Zahlt auf eine bessere Wahrnehmung ein
- Zahlt auf ein positives Zukunftsbild ein
- Zahlt auf das Dringlichkeitsempfinden ein
- Erhöht die Lösungsorientierung

Einsatzcharakteristik/Arbeitsrahmen

- Austauschfokus: vornehmlich mit externen Personen
- Durchführungszeit: eher hoch (> 1 Tag)

- Einsatzfrequenz: vornehmlich im einmaligen Einsatz
- Einsatzradius: vornehmlich im Teameinsatz
- Komplexität für den Moderator: eher hoch
- Komplexität für die Teilnehmer: eher hoch
- Teamgröße: Maxigruppen möglich (20 bis 40 Teilnehmer)
- Teamgröße: Mittelgroße Teams möglich (5 bis 20 Teilnehmer)
- Vorbereitungszeit: eher mittel (> 1 Stunde bis < 1 Tag)

Input für eine zielführende Arbeit mit der Methode

- Aktuell existierende Geschäftsmodelle
- Aktuell existierende Produkte und Services
- Aktuelle Herausforderung, Leitfrage, Problem

Output und beobachtete Ergebnisse der Methode

- Erzeugt Listen von Chancen und Risiken
- Erzeugt Ideen, Lösungsansätze, Vorideen, Möglichkeiten
- Erzeugt Ideensuchfelder, unentdeckte Probleme, Inspiration
- Erzeugt Leitfragen für die Ideenfindung
- Erzeugt neues Wissen und neue Erfahrungen
- Erzeugt größere Klarheit zu einem Thema
- Identifiziert vorhandene Schwachstellen
- Identifiziert vorhandene Stärken
- Macht Wirkzusammenhänge sichtbar

Hinderniseffekte, auf die die Methode positiv wirkt

- Beugt blinden Flecken/Betriebsblindheit vor
- Bewahrt vor zu generischen Ideen und Aussagen
- Schafft für den Erfolg nötige Realitätsbezüge
- Schafft schnell Klarheit und beschleunigt Erkenntnisgewinn
- Schwächt das Leben in der Vergangenheit
- Verhindert Ideenfindung mit zu schwacher Erkenntnisgrundlage
- Verhindert blinden Aktionismus
- Verhindert falsche Flughöhen
- Verhindert unreflektiertes agieren

Mögliche Extravorteile der Methode

- Möglicher Extravorteil für Teams mit einem starkem Auftragsmandat
- Möglicher Extravorteil für agile Teams
- Möglicher Extravorteil für innovativ erfahrene Teams
- Möglicher Extravorteil für in Nachhaltigkeitsthemen erfahrene Teams

Quellen

Person – ronja.scholz@izm.fraunhofer.de
Organisation – Fraunhofer-Gesellschaft, https://www.izm.fraunhofer.de/
Organisation –EcoDesign Circle, https://www.ecodesigncircle.eu
Web – https://circulardesign.tools

48

Circular Life Cycle Model – Customer Perspective

EinSatzBeschreibung

Das „Circular Life Cycle Model – Customer Perspective" ist eine Methode, welche mittels gezielter Fragestellungen die Kundenperspektive auf das zirkuläre Angebot der Unternehmung untersucht.

Working Guide/Anwendungsfelder

P1 Sensibilisierung/Bildung	P2 Matching Recht/Gesetz	P3 Sustainability Roadmap	P4 Produkt/Prozessdesign	P5 Implementierung/Monitoring	P6 Kommunikation	P7 Organisation	P8 Führung	P9 Business Model Design	P10 Skalierung
	X		X		X			X	

Beschreibung

Welche Bedarfe bestehen Seitens der Kunden zu zirkulären Angeboten? Gemäß dieser Frage beleuchtet das „Circular Life Cycle Model" vor allem die Kontakt- und Entscheidungspunkte zwischen Kunden und Unternehmen.

Aufgabe ist es, sich der Bedürfnisse, der Aktivierung zur Angebotswahrnehmung, der Willensbildung bis hin zur Angebotsnutzung und Nachnutzung der Kunden zu vergegenwärtigen. Auf diese Weise können eben diese Aspekte in Relation zum Angebot der Unternehmung gesetzt werden, um zu reflektieren, wie bedarfsgerecht das zirkuläre Angebot ist und vor allem, welche weiteren Chancen und Herausforderungen entdeckt werden können.

Zum kompletten Abgleich empfiehlt sich die Perspektive auf die Organisation mit der Methode „Circular Life Cycle Model – Organisation Perspective".

Durchführung

Teilen Sie die Teilnehmenden je nach Workshopgröße in kleinere Teams auf und verteilen Sie ein bis zwei Kunden-Phasen und die dazugehörigen Fragestellungen an jedes Team.

Jede Optimierungsidee und interessante oder kritische Bedarfskomponente soll mit einer Post-it-Notiz gesammelt werden und später mit den Workshop-Teilnehmenden diskutiert werden. Sie können auch Erkenntnisse zur Auswahl stellen, welche weiter vertieft und potenziell später optimiert werden sollte.

Diese Phasen sollten diskutiert werden – die Fragestellungen sind Vorschläge, die von Ihnen auch erweitert werden können:

1. Entdeckung (Willensbildung)

Kundenaktivität

- Wie erfolgt die Angebots-/Anbietersuche?
- Wie erfolgt der Marketingkontakt?
- Gibt es Empfehlungen zu Ihrem Angebot?

Zirkuläre Service-Erfordernisse

- Wie kommunizieren Sie die Benefits Ihres zirkulären Angebots?
- Kommunizieren Sie die Benefits allgemeiner zirkulärer Lösungsangebote?
- Kommunizieren Sie die systemischen Vorteile zirkulärer Wirtschaft, erklären Sie die Bedeutung im Kontext der Nachhaltigkeit und im Kontext des „großen Ganzen"?

2. Kauf (Entscheidung)

Kundenaktivität

- Wie bewertet die Kundschaft das Angebot?
- Wie und entlang welcher Parameter trifft die Kundschaft eine Kaufentscheidung?
- Wie möchte die Kundschaft das Angebot erwerben oder mieten?

Zirkuläre Service-Erfordernisse

- Wie überzeugen Sie die Kundschaft von den Benefits Ihres Angebots?
- Wie überzeugen Sie die Kundschaft spezifisch von den Benefits Ihres zirkulären Angebots?

3. Lernen (Nutzung)

Kundenaktivität

- Wie wird die Kundschaft die ersten Nutzungserfahrungen erleben?
- Wie erlebt die Kundschaft den zirkulären Mehrwert?

Zirkuläre Service-Erfordernisse

- Wie gestalten Sie das ‚Onboarding' der Kundschaft?
- Wie schaffen Sie die ersten Funktionserfahrungen zirkulärer Lösungsangebote?
- Wie etablieren Sie grundlegende Übung und Gewohnheit zur Nutzung zirkulärer Lösungsangebote?

4. **Nutzung (Produkt-Erfahrung)**

Kundenaktivität

- Wie erlebt die Kundschaft die alltägliche Nutzung des Angebots?
- Wie erlebt die Kundschaft die regulären Updates des Angebots?

Zirkuläre Service-Erfordernisse

- Wie erhöhen und kommunizieren Sie die Benefits des genutzten Angebots?
- Wie unterstützen Sie zunehmend zirkuläre Akzeptanz und Gewohnheiten?
- Wie unterstützen Sie die Kundschaft bei Fragen und Problemen zu dem genutzten Angebot?

48 Circular Life Cycle Model – Customer Perspective

LIFE CYCLE MODEL CUSTOMER

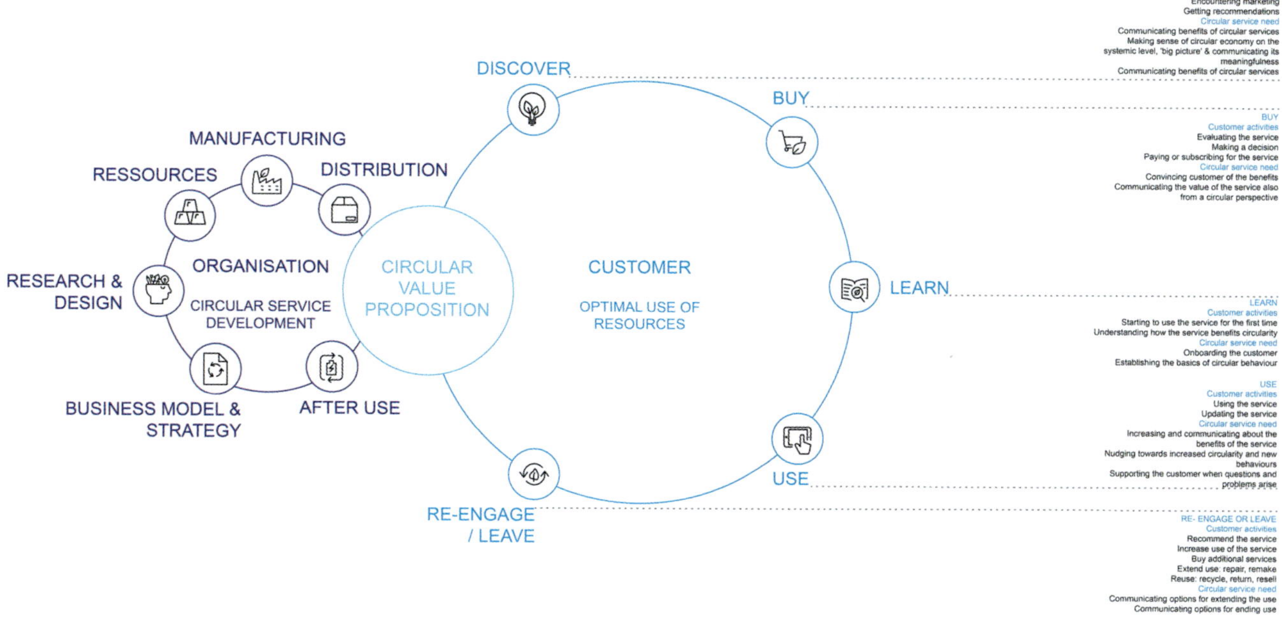

by place your logo here

5. Bindung oder Trennung (Angebotserfahrung)

Kundenaktivität

- Wird Ihr Angebot weiterempfohlen?
- Wie können Sie die Nutzung Ihres Angebots steigern?
- Können Sie zusätzliche Angebote zum Erwerb oder zur Miete anbieten?
- Können Sie den Lebenszyklus des genutzten Angebots verlängern, indem Sie Produkte reparieren und/oder aufbereiten?
- Können Sie Lösungen zur Wieder- und Weiterverwendung anbieten, indem Sie Produkte zurücknehmen, zurückkaufen und/oder recyclen?

Zirkuläre Service-Erfordernisse

- Wie kommunizieren Sie Optionen zur Verlängerung des Lebenszyklus?
- Wie kommunizieren Sie Optionen zum Ende der Nutzung bzw. eines Lebenszyklus?

Wirkfeld der Methode

- Wirksam für Herausforderungen mit hoher Komplexität
- Wirksam für nachhaltiges Marketing
- Wirksam für nachhaltiges Produktdesign
- Wirksam für nachhaltiges Prozessdesign
- Wirksam für nachhaltiges Servicedesign
- Wirksam für nachhaltiges Business Model Design

Transformationsfähigkeit Ihres Teams

- Fördert die Sensibilisierung
- Fördert die allgemeine Transformationsfähigkeit des Teams
- Fördert offene Mindsets und innovative Denkhaltungen
- Sorgt für Inspiration oder bessere Inspirationsempfindlichkeit
- Zahlt auf eine bessere Vorstellungskraft ein
- Zahlt auf eine bessere Wahrnehmung ein
- Zahlt auf ein positives Zukunftsbild ein
- Zahlt auf das Dringlichkeitsempfinden ein
- Erhöht die Lösungsorientierung

Einsatzcharakteristik/Arbeitsrahmen

- Austauschfokus: vornehmlich mit internen Personen
- Durchführungszeit: eher hoch (> 1 Tag)
- Einsatzfrequenz: vornehmlich im einmaligen Einsatz
- Einsatzradius: vornehmlich im unternehmensweiten Einsatz
- Komplexität für den Moderator: eher hoch
- Komplexität für die Teilnehmer: eher hoch
- Teamgröße: Maxigruppen möglich (20 bis 40 Teilnehmer)
- Teamgröße: Mittelgroße Teams möglich (5 bis 20 Teilnehmer)
- Vorbereitungszeit: eher hoch (>1 Tag)

Input für eine zielführende Arbeit mit der Methode

- Aktuell existierende Geschäftsmodelle
- Aktuell existierende Produkte und Services
- Aktuelle Herausforderung, Leitfrage, Problem
- Personenmerkmale (Meinungen, Bedürfnisse, Werte, etc.)

- Trends und Zukunftsentwicklungen
- Umfeldbeobachtungen, Umfeldanalysen
- Wettbewerber und Komplementoren

Output und beobachtete Ergebnisse der Methode

- Erzeugt Ideen für neue Märkte und neue Business Modelle
- Erzeugt Ideen, Lösungsansätze, Vorideen, Möglichkeiten
- Erzeugt Ideensuchfelder, unentdeckte Probleme, Inspiration
- Erzeugt Leitfragen für die Ideenfindung
- Erzeugt Nutzenfunktionen und Bedürfniskorridore
- Erzeugt größere Klarheit zu einem Thema
- Erzeugt transformationsfähigere Organisationen
- Identifiziert vorhandene Schwachstellen
- Identifiziert vorhandene Stärken
- Macht Wirkzusammenhänge sichtbar

Hinderniseffekte, auf die die Methode positiv wirkt

- Beugt blinden Flecken/Betriebsblindheit vor
- Fördert die Agilität der Teilnehmer
- Schafft für den Erfolg nötige Realitätsbezüge
- Schafft schnell Klarheit und beschleunigt Erkenntnisgewinn
- Schwächt nicht zielführende Emotionen
- Schwächt das Leben in der Vergangenheit
- Verhindert Finanz- und Ressourcenfallen
- Verhindert blinden Aktionismus
- Verhindert einseitige Bewertungen und Entscheidungen
- Verhindert falsche Flughöhen
- Verhindert unreflektiertes agieren
- Überzeugt strukturliebende Teammitglieder
- Überzeugt Zweifler, Bewahrer, Kritiker
- Fördert Optimismus und Zuversicht

Mögliche Extravorteile der Methode

- Möglicher Extravorteil für Teams mit einem starkem Auftragsmandat
- Möglicher Extravorteil für agile Teams
- Möglicher Extravorteil für innovativ erfahrene Teams
- Möglicher Extravorteil für in Nachhaltigkeitsthemen erfahrene Teams

Quellen

Organisation – Fraunhofer-Gesellschaft, https://www.izm.fraunhofer.de/en/imprint.html
Person –ronja.scholz@izm.fraunhofer.de
Organisation –EcoDesign Circle, https://www.ecodesigncircle.eu
Web – https://circulardesign.tools

Circular Life Cycle Model – Organisation Perspective

EinSatzBeschreibung

Hierbei handelt es sich um eine Methode, welche mittels gezielter Fragestellungen die zirkulären Herausforderungen und Potenziale der Wertschöpfung einer Unternehmung identifiziert.

Working Guide/Anwendungsfelder

P1 Sensibilisierung/Bildung	P2 Matching Recht/Gesetz	P3 Sustainability Roadmap	P4 Produkt/Prozessdesign	P5 Implementierung/Monitoring	P6 Kommunikation	P7 Organisation	P8 Führung	P9 Business Model Design	P10 Skalierung
	X		X		X			X	

Beschreibung

Die richtigen Fragen zu stellen, ist der erste Schritt Richtung Veränderung! Nach diesem Motto beleuchtet das „Circular Life Cycle Model" hier zunächst aus der Organisationsperspektive Elemente eines zirkulären Wertschöpfungsangebots.

Das Ziel ist es, offen zu diskutieren, zu inspirieren und sowohl Antworten wie auch neue Fragen einer Teilnehmerrunde aufzunehmen. Kreislaufwirtschaft bedarf kreativer Lösungsansätze, dementsprechend ist die Gestaltung eines offenen Gedankenaustauschs wichtig!

Zum kompletten Abgleich empfiehlt sich zudem die Perspektive auf Konsumenten mit der Methode „Circular Life Cycle Model – Customer Perspective".

Durchführung

Teilen Sie die Teilnehmenden je nach Workshopgröße in kleinere Teams auf und verteilen Sie ein bis zwei Wertschöpfungs-Phasen und die dazugehörigen Fragestellungen an jedes Team. Jede Idee und Frage soll mit einer Post-it Notiz gesammelt und später mit den Workshop-Teilnehmenden diskutiert bzw. abgestimmt werden. Sie können auch Ideen zur Auswahl stellen, um diese weiter zu vertiefen und potenziell später umzusetzen.

Diese Phasen sollten diskutiert werden – die Fragestellungen sind Vorschläge, die von Ihnen auch erweitert werden können:

1. Geschäftsmodell & Strategie (Marketing und Kommunikation)

Operative Unternehmensziele

- Wie könnte das Geschäftsmodell dazu beitragen, sowohl Wachstum zu generieren als auch den Verbrauch von Rohstoffen und Ressourcen zu reduzieren?
- Inwiefern könnte das Produkt als Dienstleistung angeboten, vermietet oder verliehen werden?
- Auf welche Weise könnte das Produkt für den nächsten Lebenszyklus an den Einzelhändler oder eine dritte Partei zurückgegeben werden?
- Wie könnten Marketing und Kommunikation dazu beitragen, mehrere Lebenszyklen des Produkts zu ermöglichen?

Zirkuläre Service-Potenziale (oder -Notwendigkeiten)

- Wie schafft man irkuläre Kundenbeziehungen?
- Wie kann ein zirkuläres Verhalten (z. B. Leasing, Wartung, Rückgabe des Produkts) ermöglicht werden?

2. Forschung & Design (Strategische Ziele)

Operative Unternehmensziele

- Was sind die strategischen Ziele der Unternehmung?
- Ist CO_2-Neutralität ein Ziel?
- Gibt es ökologische und soziale Zielsetzungen?

Zirkuläre Service-Potenziale (oder -Notwendigkeiten)

- Nutzen Sie Systeme wie z. B. IoT-Lösungen, um Produziertes zu tracken oder zu identifizieren?
- Nutzen Sie Managementsysteme, um z. B. Produkte wieder- oder weiterzuverwenden?
- Können Sie Ihre Designs zugunsten von Demontage und Wiederverwendung anpassen?
- Können Sie von ökologisch orientierten Optionen zirkulär profitieren?
- Betreiben Sie $C0_2$-Budgetierung?

3. Grundstoffe (Materialien und Chemikalien)

Operative Unternehmensziele

- Welche Materialien nutzen Sie für Ihre Wertschöpfung?
- Gibt es Nachhaltigkeitskriterien für die Beschaffung?
- Woher stammen die Materialien?
- Gibt es ethische Richtlinien zur Materialbeschaffung?
- Auf welche Weise werden Grundstoffe abgebaut/hergestellt, schädigt die Gewinnung Ökosysteme kritisch?
- Sind Grundstoffe aus Recycling-Grundstoffen bezogen oder können Sie aus Recycling-Grundstoffen bezogen werden?
- Können die Grundstoffe am Ende eines Lebenszyklus einfach für die Wiederverwendung wieder aufgetrennt werden?
- Können Grundstoffe nach der Nutzung wiederverwendet werden?
- Was wissen Sie über die in der Wertschöpfung genutzten Chemikalien?
- Werden schädliche Grundstoffe in Ihren Prozessen genutzt?

Zirkuläre Service-Potenziale (oder -Notwendigkeiten)

- Nutzen Sie Material Identifikationen z. B. Material Pässe/Ausweise, um spätere Wiederverwendung zu ermöglichen?
- Nutzen Sie Management-Plattformen, um kollaborativ die Wiederverwendung von Grundstoffen zu ermöglichen?
- Gibt es innovative zirkuläre Grundstoffe, die Sie in Ihren Prozessen alternativ einsetzen können, z. B. recycelte, biologisch basierte, CO_2-bindende oder ähnlich alternative Grundstoffe?

49 Circular Life Cycle Model – Organisation Perspective

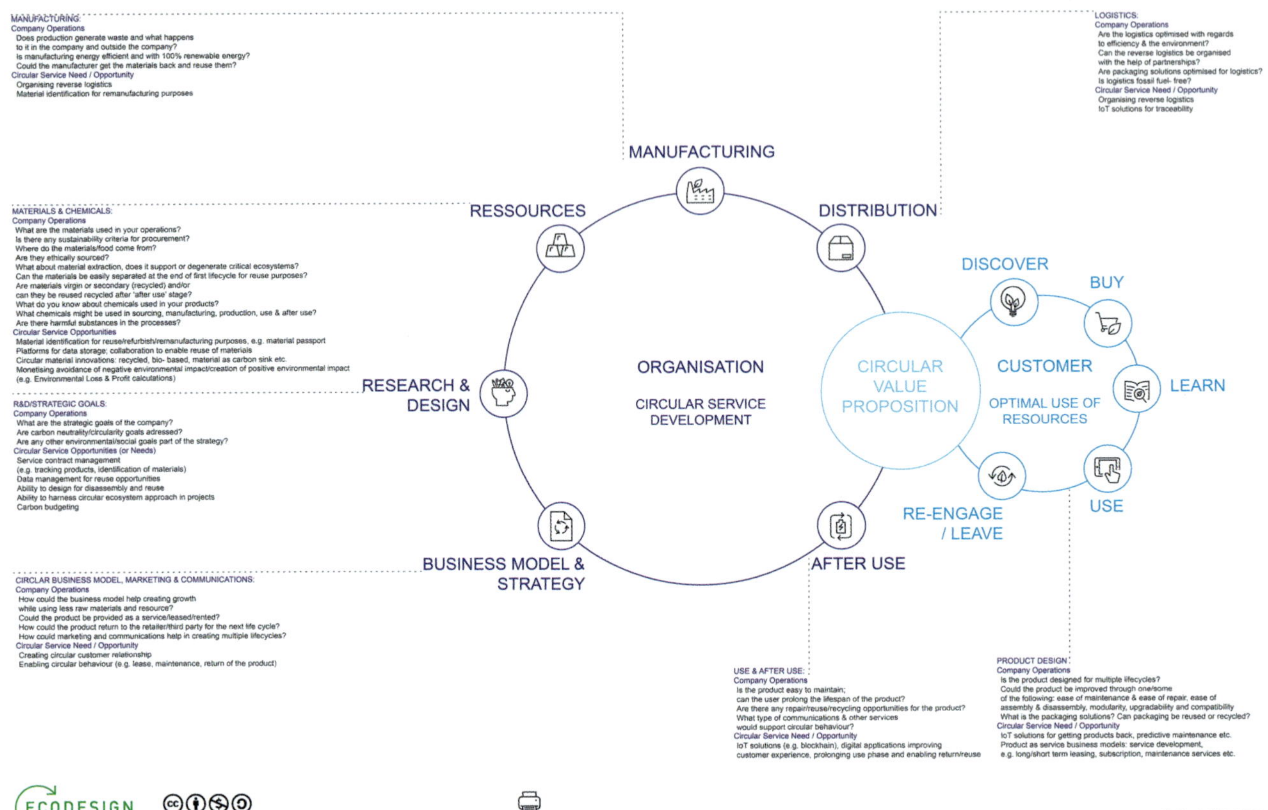

- Können Sie monetär quantifizieren, wie hoch der negative ökologische Einfluss Ihrer Wertschöpfung ist? (Ökobilanz)
- Können Sie monetär quantifizieren, wie hoch der positive ökologische Einfluss Ihrer Wertschöpfung ist? (Ökobilanz)

4. Fertigung (Herstellung)

Operative Unternehmensziele

- Fallen bei der Fertigung Abfallprodukte an und was passiert mit diesen innerhalb und außerhalb der Unternehmung?
- Ist die Fertigung energieeffizient und wird zu 100 Prozent erneuerbare Energie eingesetzt?
- Kann die Fertigung Grundstoffe wieder bekommen, z. B. per Rücknahmelogistik und wiederverwenden?

Zirkuläre Service-Potenziale (oder -Notwendigkeiten)

- Nutzen Sie Formen von Rücknahme-, Entsorgungs- und/oder Rückführungslogistik?
- Nutzen Sie Materialidentifikationen wie Materialpässe, um spätere Wiederverwendung zu ermöglichen?

5. Vertrieb (Logistik)

Operative Unternehmensziele

- Ist die Logistik bzgl. Effizienz und Ökologie optimiert?
- Kann die Rücknahme-, Entsorgungs- und/oder Rückführungslogistik mithilfe von Partnerschaften organisiert werden?
- Sind Verpackungslösungen für die Logistik optimiert?
- Ist die Logistik frei von fossilen Brennstoffen organisiert?

Zirkuläre Service-Potenziale (oder -Notwendigkeiten)

- Nutzen Sie Formen von Rücknahme-, Entsorgungs- und/oder Rückführungslogistik?
- Nutzen Sie IoT, um Rückverfolgbarkeit zu ermöglichen?

6. Nutzung (Produkt Design)

Operative Unternehmensziele

- Ist das Produkt für multiple Lebenszyklen konzipiert?
- Kann konzeptionell die Instandhaltung erleichtert werden?
- Kann konzeptionell die Reparatur erleichtert werden?
- Können konzeptionell Montage & Demontage erleichtert werden?
- Kann konzeptionell Modulares Design genutzt werden?
- Kann konzeptionell Nach- & Aufrüstung erleichtert werden?
- Kann konzeptionell Kompatibilität optimiert werden?

Zirkuläre Service-Potenziale (oder -Notwendigkeiten)

- Nutzen Sie IoT, um Rückverfolgbarkeit zu ermöglichen?
- Nutzen Sie System zur prädiktiven Instandhaltung?
- Bietet es sich an, Instandhaltungs-Services zu konzipieren?
- Bietet es sich an, Ihr Business Model Richtung PaaS-Modellen (Product-as-a-Service) weiterzuentwickeln, z. B. per Leasing- und Abonnement-Services?

7. Nach der Nutzung (Gebrauch und nach Nutzung)

Operative Unternehmensziele

- Ist das Produkt leicht Instand zu halten, kann der Nutzer selbst die Nutzungsdauer verlängern?
- Gibt es Reparatur-, Wiederverwendungs- und/oder Recycling-Potenziale für das Produkt?
- Welche Post-Marketing-Kommunikation oder andere Dienste und Leistungen würden zirkuläre Potenziale optimieren?

Zirkuläre Service-Potenziale (oder -Notwendigkeiten)

- Nutzen Sie IoT, um Rückverfolgbarkeit zu ermöglichen?
- Nutzen Sie digitale Lösungen zur verbesserten Kundenbetreuung?
- Können Sie als Unternehmung die Nutzungsdauer der Produkte verlängern?
- Nutzen Sie digitale Lösungen, um die Rückführung und Wiederverwendung zu unterstützen?

Praxisschlaglicht

In vergangenen Workshops war es als Moderatorin oder Moderator wichtig, auf die auftauchenden Fragen zu achten, da sie möglicherweise versteckte Aspekte der Herausforderung aufdecken können.

Es ist ratsam, dass die Teilnehmenden sich nicht zu sehr in einer bestimmten Frage verlieren und regelmäßig daran erinnert werden, das Gesamtziel im Blick zu behalten.

Wirkfeld der Methode

- Wirksam für Herausforderungen mit hoher Komplexität
- Wirksam für nachhaltiges Marketing
- Wirksam für nachhaltiges Produktdesign
- Wirksam für nachhaltiges Prozessdesign
- Wirksam für nachhaltiges Servicedesign

Transformationsfähigkeit Ihres Teams

- Fördert die Sensibilisierung
- Fördert die allgemeine Transformationsfähigkeit des Teams
- Fördert offene Mindsets und innovative Denkhaltungen
- Sorgt für Inspiration oder bessere Inspirationsempfindlichkeit
- Zahlt auf eine bessere Wahrnehmung ein
- Zahlt auf ein positives Zukunftsbild ein
- Zahlt auf das Dringlichkeitsempfinden ein
- Erhöht die Lösungsorientierung

Einsatzcharakteristik/Arbeitsrahmen

- Austauschfokus: vornehmlich mit internen Personen
- Durchführungszeit: eher hoch (> 1 Tag)
- Einsatzfrequenz: vornehmlich im einmaligen Einsatz
- Einsatzradius: vornehmlich im unternehmensweiten Einsatz
- Komplexität für den Moderator: eher hoch
- Komplexität für die Teilnehmer: eher hoch
- Teamgröße: Maxigruppen möglich (20 bis 40 Teilnehmer)
- Teamgröße: Mittelgroße Teams möglich (5 bis 20 Teilnehmer)
- Vorbereitungszeit: eher hoch (>1 Tag)

Input für eine zielführende Arbeit mit der Methode

- Aktuell existierende Geschäftsmodelle
- Aktuell existierende Produkte und Services
- Aktuelle Herausforderung, Leitfrage, Problem
- Merkmale der gegebenen Herausforderung
- Trends und Zukunftsentwicklungen
- Umfeldbeobachtungen, Umfeldanalysen

Output und beobachtete Ergebnisse der Methode

- Aktuell existierende Geschäftsmodelle
- Aktuell existierende Produkte und Services
- Aktuelle Herausforderung, Leitfrage, Problem
- Merkmale der gegebenen Herausforderung
- Trends und Zukunftsentwicklungen
- Umfeldbeobachtungen, Umfeldanalysen

Output und beobachtete Ergebnisse der Methode

- Erzeugt Listen von Chancen und Risiken
- Erzeugt Ideen, Lösungsansätze, Vorideen, Möglichkeiten
- Erzeugt Ideensuchfelder, unentdeckte Probleme, Inspiration
- Erzeugt Leitfragen für die Ideenfindung
- Erzeugt eine Vision oder Zukunftsbild
- Erzeugt größere Klarheit zu einem Thema
- Erzeugt transformationsfähigere Organisationen
- Identifiziert vorhandene Schwachstellen
- Identifiziert vorhandene Stärken
- Macht Wirkzusammenhänge sichtbar

Hinderniseffekte, auf die die Methode positiv wirkt

- Beugt blinden Flecken/Betriebsblindheit vor
- Fördert die Agilität der Teilnehmer
- Schafft für den Erfolg nötige Realitätsbezüge
- Schafft schnell Klarheit und beschleunigt Erkenntnisgewinn
- Schwächt nicht zielführende Emotionen
- Schwächt das Leben in der Vergangenheit
- Verhindert Finanz- und Ressourcenfallen
- Verhindert blinden Aktionismus
- Verhindert einseitige Bewertungen und Entscheidungen
- Verhindert falsche Flughöhen
- Verhindert unreflektiertes agieren
- Überzeugt strukturliebende Teammitglieder
- Überzeugt Zweifler, Bewahrer, Kritiker
- Fördert Optimismus und Zuversicht

Mögliche Extravorteile der Methode

- Möglicher Extravorteil für Teams mit einem starkem Auftragsmandat
- Möglicher Extravorteil für agile Teams
- Möglicher Extravorteil für innovativ erfahrene Teams
- Möglicher Extravorteil für in Nachhaltigkeitsthemen erfahrene Teams

Quellen

Organisation – Fraunhofer-Gesellschaft, https://www.izm.fraunhofer.de/en/imprint.html
Person – ronja.scholz@izm.fraunhofer.de
Organisation – EcoDesign Circle, https://www.ecodesigncircle.eu
Web – https://circulardesign.tools

50

Circular Opportunities

EinSatzBeschreibung

Die Methode der „Circular Opportunities" dient der Identifikation von kreislaufwirtschaftlichen Chancen und Potenzialen in der existierenden Wertschöpfung.

Working Guide/Anwendungsfelder

P1 Sensibilisierung/Bildung	P2 Matching Recht/Gesetz	P3 Sustainability Roadmap	P4 Produkt/Prozessdesign	P5 Implementierung/Monitoring	P6 Kommunikation	P7 Organisation	P8 Führung	P9 Business Model Design	P10 Skalierung
X			X						

Beschreibung

Produkte, Services und die Unternehmungen kreislaufwirtschaftlich zu optimieren kann in kleinen Schritten starten. Betrachtet man die Abläufe seiner Wertschöpfung, auf die man direkte Einflussmöglichkeiten hat, können dort oft weniger komplexe Optimierungspotenziale identifiziert werden. Während auf diese Weise kleinere Erfolge errungen werden und die weitere Wertschöpfung Teil der Beobachtung bleibt, können perspektivisch ganzheitliche und über die direkte Einflusssphären hinaus skalierbare Potenziale verwirklicht werden.

Durchführung

Schrittweise die Methode der „Circular Opportunities" nutzen:

1. Wählen Sie zunächst ein Produkt, eine Dienstleistung oder eine geschäftliche Herausforderung aus, auf die Sie sich konzentrieren möchten. Wenn Sie keinen aktuellen Fokus haben, diesen Prozess aber nutzen möchten, finden Sie hier einige Beispielherausforderungen:

- Verlängerung der Produktlebensdauer
- Bewusste Inputs & Outputs

2. Verwenden Sie ein Interventionsarbeitsblatt (siehe die folgende Abbildung). Notieren Sie als Überschrift den Fokus, den Sie optimieren möchten.

3. Formulieren Sie Fragestellungen zu Nachhaltigkeit und Kreislaufwirtschaft des zu überprüfenden Fokus, um Potenziale aufzudecken. Wenn Sie eine der Fragen mit „Ja" beantworten, sollte die formulierte Fragestellung mögliche Optimierungspotenzial in Ihrer Unternehmung anzeigen. Schreiben Sie in diesem Fall erste Überlegungen dazu auf.

Fragen könnten sein:

- Kann Ihr Produkt in irgendeiner Weise zu einem Service werden?
- Können Sie Ihren Benutzern selbst die Reparatur erleichtern?
- Können Sie Ihr Produkt modularer gestalten, sodass einzelne Komponenten einfacher aufgerüstet oder ausgetauscht werden können?
- Können Sie einen Wartungsservice anbieten, um die Lebensdauer des Produkts zu verlängern?
- Können Sie direkt mit Ihrem Hersteller zusammenarbeiten, um Ihre Produkte nach dem ersten Nutzungszyklus wiederherzustellen?

Oder:

- Können Sie Abfälle oder recycelte Materialien für Ihre Wertschöpfung verwenden?
- Können Ihre Materialien lokaler bezogen werden?
- Kann Ihre Produktion stärker lokalisiert werden?
- Können Sie den Abfall, den Ihre Wertschöpfung verursacht, minimieren?
- Kann Ihre Wertschöpfung in irgendeiner Weise zum Biokreislauf beitragen?

4. Eignet sich eines der so identifizierten Potenziale als besonders geeignet, um Optimierungsmaßnahmen durchzuführen? Was scheint am unmittelbarsten erreichbar zu sein und bietet das Potenzial für einen verbesserten Kunden- und Geschäftswert? Es kann hilfreich sein, hierzu die Meinung anderer einzuholen, welche Chancen Sie verfolgen sollten.

5. Verwenden Sie ein Interventionsarbeitsblatt (siehe Abbildung 2) und formulieren Sie detaillierter, was Sie optimieren wollen. Stellen Sie sich dabei die folgenden Fragen:

- Würde diese Innovation das Kundenerlebnis in irgendeiner Weise verbessern?
- Was würde dieses System erfordern, was derzeit nicht existiert?
- Wie könnte sich dies auf Ihre Geschäftsstrategie und Ihre finanziellen Bedingungen auswirken?
- Welche internen und externen Unterstützer benötigen Sie möglicherweise, um dies zu erreichen?
- Was ist der nächste Schritt, um diesen Prozess in Gang zu bringen?

6. Setzen Sie im nächsten Schritt um. Definieren Sie die Herausforderung und gehen Sie Schritt für Schritt in die Implementierung. Es können auf dem Weg spannende zirkuläre Geschäftsmodelle entstehen.

Praxisschlaglicht

Bei der praktischen Anwendung der Methode „Circular Opportunities" ist es entscheidend, zunächst kleine Schritte zu unternehmen und Bereiche zu identifizieren, auf die man direkten Einfluss hat, um eine kreislaufwirtschaftliche Ausrichtung zu erreichen. Gleichzeitig sollte der gesamte Lebenszyklus von Produkten oder Dienstleistungen betrachtet werden, um Möglichkei-

CIRCULAR
DESIGN
GUIDE

WORKSHEET

Circular Opportunities

A4

Look for opportunities to become more circular. Answer each of the following questions.
Remind yourself of what core needs your offering is solving

PROLONGING PRODUCT LIFE	N	Y	CONSIDERATIONS
Can you product become a service in some way?			
Can you make it easier for your users to repair it themselves?			
Can you design your product to be more modular so individual components can be upgraded or replaced easier?			
Can you provide a maintenance service to sustain the life of the product?			
Can you work directly with your manufacturer to restore your products after their first use cycle?			

PURPOSEFUL INPUTS & OUTPUTS	N	Y	CONSIDERATIONS
Can you utilise waste or recycled materials for your materials?			
Can any of your materials be sourced more locally?			
Can your production be more localised?			
Can you minimise the waste stream your product produces?			
Can your product contribute to the biocycle in some way?			

www.circulardesignguide.com

IDEO

ELLEN MACARTHUR FOUNDATION

ten zur Reduzierung, Wiederverwendung, Wiederverwertung und Neugestaltung zu erkennen. Eine enge Zusammenarbeit zwischen verschiedenen Abteilungen und eine Analyse der Lieferketten sind von Vorteil, um das volle Potenzial einer Kreislaufwirtschaft zu realisieren.

Wirkfeld der Methode

- Wirksam für Herausforderungen mit niedriger bis mittlere Komplexität
- Wirksam für nachhaltiges Produktdesign
- Wirksam für nachhaltiges Prozessdesign
- Wirksam für nachhaltiges Servicedesign

Transformationsfähigkeit Ihres Teams

- Fördert die Sensibilisierung
- Fördert die allgemeine Transformationsfähigkeit des Teams
- Zahlt auf eine bessere Vorstellungskraft ein
- Zahlt auf eine bessere Wahrnehmung ein
- Zahlt auf das Dringlichkeitsempfinden ein
- Erhöht die Lösungsorientierung

Einsatzcharakteristik/Arbeitsrahmen

- Austauschfokus: vornehmlich mit internen und externen Personen
- Durchführungszeit: eher hoch (> 1 Tag)
- Durchführungszeit: eher mittel (> 1 Stunde bis < 1 Tag)
- Einsatzfrequenz: sinnvoll im dauerhaften Einsatz
- Einsatzradius: vornehmlich im Teameinsatz
- Einsatzradius: vornehmlich im projektweiten Einsatz
- Komplexität für den Moderator: eher gering
- Komplexität für die Teilnehmer: eher mittel
- Teamgröße: Einzelpersonennutzung möglich
- Teamgröße: Kleingruppe möglich (3 bis 5 Teilnehmer)
- Teamgröße: Mittelgroße Teams möglich (5 bis 20 Teilnehmer)
- Vorbereitungszeit: eher gering (< 1 Stunde)

Input für eine zielführende Arbeit mit der Methode

- Aktuell existierende Geschäftsmodelle
- Aktuell existierende Produkte und Services
- Aktuelle Herausforderung, Leitfrage, Problem

THE CIRCULAR DESIGN GUIDE

WORKSHEET

Circular Opportunities

 A4

Pick any opportunity you identified on the previous sheet and flesh it out.

MY CIRCULAR OPPORTUNITY IS:

WOULD THIS INNOVATION IMPROVE THE CUSTOMER EXPERIENCE IN SOME WAY?

WHAT WOULD THIS SYSTEM REQUIRE THAT DOESN'T CURRENTLY EXIST?

HOW MIGHT THIS AFFECT YOUR BUSINESS STRATEGY AND FINANCIAL NEEDS?

WHAT ROLES OR COLLABORATORS MIGHT I NEED TO MAKE THIS HAPPEN?

WHAT'S THE NEXT STEP TO GET THIS PROCESS STARTED?

Output und beobachtete Ergebnisse der Methode

- Erzeugt Ideen, Lösungsansätze, Vorideen, Möglichkeiten
- Erzeugt Ideensuchfelder, unentdeckte Probleme, Inspiration
- Erzeugt Leitfragen für die Ideenfindung
- Erzeugt definierte Zielkorridore
- Erzeugt größere Klarheit zu einem Thema
- Identifiziert vorhandene Schwachstellen
- Identifiziert vorhandene Stärken
- Macht Wirkzusammenhänge sichtbar

Hinderniseffekte, auf die die Methode positiv wirkt

- Beugt blinden Flecken/Betriebsblindheit vor
- Schafft für den Erfolg nötige Realitätsbezüge
- Schafft schnell Klarheit und beschleunigt Erkenntnisgewinn
- Verhindert Finanz- und Ressourcenfallen
- Verhindert blinden Aktionismus
- Verhindert einseitige Bewertungen und Entscheidungen
- Verhindert unreflektiertes agieren
- Verkürzt zu lange Entscheidungsmeetings
- Verringert zu große Komplexitäten
- Überzeugt strukturliebende Teammitglieder
- Fördert Optimismus und Zuversicht

Mögliche Extravorteile der Methode

- Möglicher Extravorteil für Teams in einer Komfortsituation
- Möglicher Extravorteil für Teams mit einer konservativen, tradierten Kultur
- Möglicher Extravorteil für innovativ ungeübte Teams
- Möglicher Extravorteil für in Nachhaltigkeitsthemen ungeübte Teams

Quellen

Organisation – Der Circular Design Guide ist eine Zusammenarbeit zwischen der Ellen MacArthur Foundation und IDEO. Copyright © Ellen MacArthur Foundation 2017, 2018

Web – https://www.circulardesignguide.com/methods

Circular Story Board

EinSatzBeschreibung

Zirkuläre Zukünfte in Form von narrativen Geschichten visualisieren, kommunizieren und gemeinsam diskutieren.

Working Guide/Anwendungsfelder

P1 Sensibilisierung/Bildung	P2 Matching Recht/Gesetz	P3 Sustainability Roadmap	P4 Produkt/Prozessdesign	P5 Implementierung/Monitoring	P6 Kommunikation	P7 Organisation	P8 Führung	P9 Business Model Design	P10 Skalierung
			X		X				

Beschreibung

Eine zirkuläre Betrachtungsweise geht weit über die eigentliche Produktionsphase eines Produktes oder Services hinaus. Sie umfasst alles, was vor, während und nach dem direkten Kontakt mit einer Organisation passiert. Entsprechend kompliziert ist es, diese weite zeitliche Betrachtungsweise sinnvoll zu kommunizieren. Denn viele Akteure und Organisationen sind eine holistische Perspektive schlichtweg nicht gewohnt.

Das Circular Storyboard exploriert den Lebenszyklus eines Produktes oder Services ausgehend von der eigentlichen Nutzung. Es bedient sich der Wirksamkeit von Narrativen, um komplexe Sachverhalte greifbar zu machen und ergänzt diese mit einfachen Skizzen. Damit schafft die Methode ein initiales Verständnis innerhalb der Ursprungsorganisation, unterstützt diese in der Kommunikation ebendieses und lädt weitere Akteure ein, die erarbeitete Darstellung zu hinterfragen und zu diskutieren.

Somit leistet die Methode einen wichtigen Beitrag, die oftmals stark fragmentierten Stakeholder der Circular Economy näher zusammenzubringen. Nur dann können Sie auch gemeinsam zirkuläre Lösungen entwickeln, welche eine Pilotierungsphase erfolgreich überstehen und nachhaltigen Impact generieren.

Durchführung

Die Circular Storyboard Methode braucht nur eine rudimentäre Vorbereitung und eignet sich für die Durchführung vor Ort als auch im digitalen Raum. In beiden Varianten erstellen Sie zuerst einen großen Kreis, welcher in drei Phasen unterteilt ist, die Sie mit *vorher, während* und *nachher* beschriften. Ziehen Sie einen weiteren Kreis in der Mitte des großen Kreises, um diesen in einen inneren Kreis für die Beschreibungen und einen äußeren Kreis für die Skizzen aufzuteilen.

Mit dieser Vorbereitung können Sie in die Durchführung der Methode starten. Diese dauert je nach Komplexität zwischen 60 und 120 Minuten. Es ist ratsam, die Zeit gleichmäßig auf alle Phasen aufzuteilen, sodass sie auch ebenbürtig bearbeitet werden. Ansonsten besteht die Gefahr, wieder in alte Muster und Prioritäten zu verfallen.

Starten Sie jeweils mit einer textlichen Beschreibung des inneren Kreises, um dann pro Drittel jeweils auch Skizzen und andere visuelle Artefakte anzufertigen, welche den inneren Kreis unterstützen und versinnbildlichen.

- **1. Phase – Kern definieren:** Wählen Sie die Idee, das Produkt oder den Service, welche oder welches bearbeitet werden soll, und halten Sie Ihre Entscheidung in Form einer Haftnotiz in der Mitte des Kreises fest. Hier ist es hilfreich, bereits auf erste Ideen zurückgreifen zu können, welche Sie mit anderen Methoden erarbeitet haben.
- **2. Phase – Während:** Beginnen Sie mit der Nutzungsphase des designierten Produktes oder Services. Was passiert mit Ihrem Produkt oder Service, wenn Sie es „aus der Hand" gegeben haben? Welche Nutzerinnen kommen zum Zug? Wie nutzen diese Ihr Produkt oder Service? Findet eine finale Übergabe überhaupt statt oder bleibt Ihre Organisation weiterhin involviert?
- **3. Phase – Davor:** Damit eine Nutzung überhaupt möglich wird, sind im Vornhinein eine große Reihe an Aktivitäten nötig. Beschreiben Sie hier, was vor der Nutzungsphase genau passiert. Welche Entscheidungen werden von wem getroffen? Welche direkten und indirekten Incentivierungen gibt es? Weiter hilft es, folgende vier Ebenen zu betrachten:
  - Design: Wie sieht Ihr Designprozess aus und welche Perspektive nimmt dieser ein?

Quelle: © NEU | Zentis – Innovation Space Aachen

  - Beschaffung: Welche Materialien verwenden Sie, und wo kommen diese her?
  - Produktion: Wie verfahren Sie in der Produktion? Welche Vorschriften und Praktiken gibt es?
  - Distribution: Wie kommt Ihr Produkt oder Service an Ihre Kundinnen? Von welchen weiteren Akteuren ist es abhängig?
- **4. Phase – Danach:** Der letzte Drittel des Circular Storyboards setzt sich mit dem Danach auseinander. Was passiert nach der Nutzung durch Ihre Kunden? Kann das Produkt wieder eingesammelt werden? Kann es modularisiert oder auseinandergenommen werden? Welcher Wert verbleibt bei den Nutzerinnen oder deren direktem Umfeld?
- **5. Phase – Reflexion:** Betrachten Sie das gesamte Circular Storyboard Ihrer Idee. Was hat Sie überrascht? Wo sehen Sie Spannungen? Wo gibt es blinde Flecken und möglicherweise gar Potenziale? Reflektieren Sie in einem ersten Schritt innerhalb des Teams, welches das Storyboard erstellt hat. In einem zweiten Schritt können Sie das Artefakt nutzen, um Ihre Ideen weiteren Stakeholdern zu kommunizieren. Versuchen Sie dabei, Ihre Ideen nicht zu verkaufen, sondern eine offene Diskussion und damit wertvolles neuartiges Feedback zu ermöglichen.

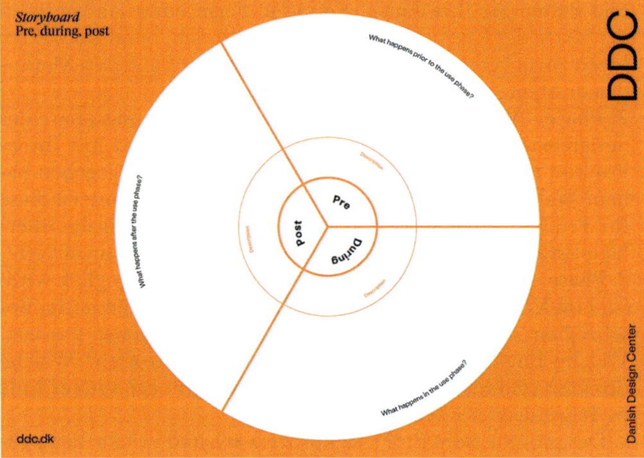

Wirkfeld der Methode

- Wirksam für Herausforderungen mit mittlerer Komplexität
- Wirksam für Herausforderungen mit niedriger Komplexität
- Wirksam für nachhaltiges Produktdesign
- Wirksam für nachhaltiges Servicedesign
- Wirksam für nachhaltiges Business Model Design

Transformationsfähigkeit Ihres Teams

- Fördert die Sensibilisierung
- Fördert die Teamkreativität
- Sorgt für Inspiration oder bessere Inspirationsempfindlichkeit
- Zahlt auf eine bessere Vorstellungskraft ein
- Zahlt auf eine bessere Wahrnehmung ein

Einsatzcharakteristik/Arbeitsrahmen

- Austauschfokus: vornehmlich mit internen und externen Personen
- Durchführungszeit: eher mittel (> 1 Stunde bis < 1 Tag)
- Einsatzfrequenz: vornehmlich im einmaligen Einsatz
- Einsatzfrequenz: vornehmlich über den kompletten Projektzeitraum
- Einsatzradius: vornehmlich im Teameinsatz
- Komplexität für den Moderator: eher mittel
- Komplexität für die Teilnehmer: eher mittel
- Teamgröße: Einzelpersonennutzung möglich
- Teamgröße: Kleingruppe möglich (3 bis 5 Teilnehmer)
- Vorbereitungszeit: eher gering (< 1 Stunde)

Input für eine zielführende Arbeit mit der Methode

- Aktuell existierende Geschäftsmodelle
- Aktuell existierende Produkte und Services
- Produktmerkmale, Skizzen, Eigenschaften

Output und beobachtete Ergebnisse der Methode

- Erzeugt Ideensuchfelder, unentdeckte Probleme, Inspiration
- Erzeugt Poster
- Erzeugt angereicherte Ideen, Ideencluster, höher integrierte Lösungen
- Erzeugt visualisierte Ideen, Begriffe, Themen
- Erzeugt größere Klarheit zu einem Thema
- Macht Wirkzusammenhänge sichtbar

Hinderniseffekte, auf die die Methode positiv wirkt

- Schafft für den Erfolg nötige Realitätsbezüge
- Schafft schnell Klarheit und beschleunigt Erkenntnisgewinn
- Stärkt schwache Anreicherungsskills
- Verhindert Ideenfindung mit zu schwacher Erkenntnisgrundlage
- Verhindert blinden Aktionismus
- Verhindert einseitige Bewertungen und Entscheidungen
- Verhindert unreflektiertes agieren
- Verringert zu große Komplexitäten
- Fördert Optimismus und Zuversicht

Mögliche Extravorteile der Methode

- Möglicher Extravorteil für Teams mit einer konservativen, tradierten Kultur
- Möglicher Extravorteil für die Arbeit mit digitalen Kollaborationsboards

Quellen

Organisation – Danish Design Center, Copenhagen, https://ddc.dk
Web – https://ddc.dk/tools/tool-04-circular-storyboard/ (abgerufen 28.06.2023)

Clover Innovation Validation – 4D-Evaluation für nachhaltige Innovation

EinSatzBeschreibung

Der Clover Innovation Validierungs-Ansatz unterstützt ein ganzheitliches Validieren von nachhaltigen Innovationen in vier Dimensionen.

Working Guide/Anwendungsfelder

P1 Sensibilisierung/Bildung	P2 Matching Recht/Gesetz	P3 Sustainability Roadmap	P4 Produkt/Prozessdesign	P5 Implementierung/Monitoring	P6 Kommunikation	P7 Organisation	P8 Führung	P9 Business Model Design	P10 Skalierung
	X		X	X				X	X

Beschreibung

Kern des Design Thinking-Ansatzes ist, Ideen frühzeitig mit Nutzerinnen zu testen und frühes Userfeedback einzuholen. Bei logischer Betrachtung ist dies nicht weit genug gegriffen. In einer komplexen Welt und in Zeiten von Klimawandel und multipler Krisen ist eine ganzheitliche und werteorientierte Sicht auf Innovationen notwendig, welche über die Erwünschtheit auf Nutzerseite hinaus geht. Für die erfolgreiche Implementierung und Bewertung des Werts einer Idee, sind Betrachtungen der Dimensionen Wirtschaftlichkeit, Machbarkeit, und insbesondere Nachhaltigkeit unerlässlich.

Ein solches, zeitgemäßes Innovationsverständnis wird in der Definition einer nachhaltigen Innovation in der Abbildung dargestellt. Das Definitionskonzept wurde von Kilian Karg speziell für Nachhaltigkeits-Innovationsprojekte aufgestellt, ist auch für geförderte sowie non-profit Vorhaben und speziell im öffentlichen Sektor oder stark reguliertem Umfeld funktional. Dieser vierdimensionalen Betrachtung, welche einem Kleeblatt ähnelt, wird in dem vorgeschlagenen Ansatz Sorge getragen.

Zur Durchführung stehen Arbeitsblätter bereit. Diese decken die vier Dimensionen ab, und machen es möglich, eine Aufgabenverteilung in einem aus mehreren Personen bestehenden Team zu organisieren.

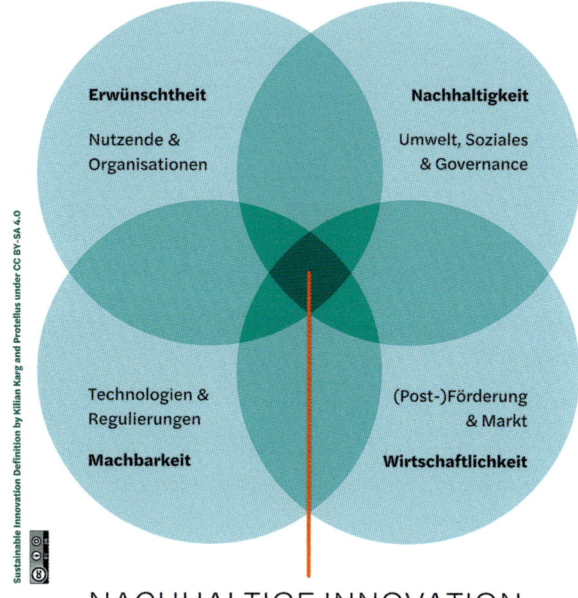

Für jede Dimension liegt ein eigenes Arbeitsblatt vor, hinzu kommt ein Arbeitsblatt, welches die Validierungsphase anfangs planen lässt, und zum Ende einige Ergebnisse zusammenführt.

Die nachfolgende Beschreibung ist für den Einsatz in mehrtägigen Workshops oder Prozessbegleitungen gedacht. Eine Anpassung auf kürzere Formate ist denkbar.

Durchführung

1. Klären Sie die Beteiligten über die Benefits frühen Testens und Feedbacks auf. Sensibilisieren Sie das Innovationsteam für die Notwendigkeit, neue Ideen dabei ganzheitlich auf den Prüfstand zu stellen.
2. Stellen Sie einen Plan auf, wer aus dem Team folgende relevante Dimensionen evaluiert, und welche Personen zur Validierung eingebunden werden sollen:
   - **Erwünschtheit bei Nutzerinnen:** Hierbei handelt es sich um klassisches Testen von Ideen zum Einholen von User-Feedback. (Beispielhaft einzubindende Personen: Potenzielle Nutzende der Lösung)
   - **Nachhaltigkeitswert:** Ziel ist die Bewertung des Mehrwerts insbesondere aus sozialen und ökologischen, aber auch wirtschaftlichen Aspekten. (Beispielhaft einzubindende Personen: Breit aufgestellte Nachhaltigkeitsexpertinnen, sowie Personen aus relevanten Fachbereichen mit Nachhaltigkeitsbezug)
   - **Technische und regulatorische Machbarkeit:** Die technische Umsetzbarkeit und juristische Barrieren werden von entsprechenden Expertinnen beurteilt (Beispielhaft einzubindende Personen: Juristinnen, Expertinnen für aktuelle und zu erwartende Regularien, IT-Kräfte oder Ingenieurinnen, Betriebsrat, Interessensverbände)
   - **Wirtschaftlichkeit und Förderfähigkeit:** Eine Abschätzung von Kosten und deren Finanzierung sowie Rückhalt und Unterstützung durch relevante Akteure und Entscheider im System werden erfasst (Beispielhaft einzubindende Per-

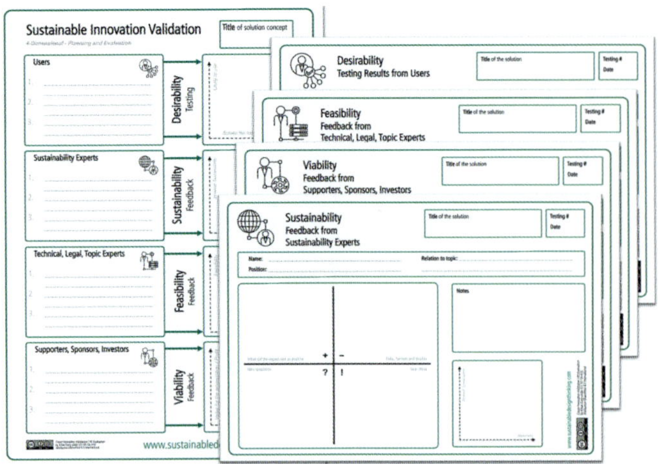

Clover Innovation Validation-Arbeitsblätter: Überblick

sonen: Investorinnen, Führungskräfte, Entscheiderinnen, Fördermittelgeber)

Für jede Dimension werden im besten Falle zumindest drei konkrete Input-Personen benannt. Es wird festgelegt, wer aus dem Entwicklungsteam mit der jeweiligen Person in Kontakt treten wird. Dies wird auf einem Arbeitsblatt festgehalten.

3. Das Projektteam validiert das auf dem Prüfstand stehende Konzept in den oben beschriebenen Stakeholdergruppen. In allen Fällen werden die Erkenntnisse gut leserlich und vergleichbar erfasst. Zur Hilfestellung dienen Arbeitsblätter, welche grundlegende Informationen erfassen.

   Neben allgemeinen Informationen zu den einbezogenen Stakeholdern bzw. Expertinnen (Name, Bezug zum Handlungsfeld/Thema, Position/Rolle, Testdatum) werden rollenspezifisch Informationen erfasst. Diese umfassen bei allen folgenden Aspekten:
   - Was wird als positiv an dem Konzept bewertet?
   - Was kann an dem Konzept verbessert werden?
   - Welche neuen Fragen ergeben sich aus der Interaktion?
   - Welche neuen Ideen sind im Rahmen der Interaktion aufgekommen?

   Darüber hinaus werden folgende Fragen in möglichst vergleichbarer Form bewertet und in einer X-Y Matrix erfasst:
   - **Erwünschtheit bei Nutzerinnen:** Wie wahrscheinlich ist es, dass das Konzept nutzerseitig angenommen und genutzt wird? Löst das Konzept das beim Nutzer bestehende Problem bzw. Bedürfnis auf, welches initial im Fokus stand?
   - **Nachhaltigkeitswert:** Ist das zu validierende Konzept in sich eine wirklich sozial und ökologisch nachhaltige Idee? Stellt der damit aufzulösende Zustand und die damit verbundenen Veränderung eine Wesentlichkeit dar, wodurch bei einer Umsetzung realer Impact zu erwarten ist?
   - **Technische und regulatorische Machbarkeit:** Ist das Konzept an sich umsetzbar? Wie hoch sind nicht absehbare Risiken bei der Umsetzung?
   - **Wirtschaftlichkeit und Förderfähigkeit:** Besteht ein allgemeiner Wert (auch nicht monetär) für die Organisation der im Validierungsprozess eingebundenen Person für den Fall einer Implementierung des Konzepts? Ist das Konzept skalierbar?

4. Die Ergebnisse aus den Validierungsgesprächen und User-Testings werden im Team besprochen. Eine Zusammenführung der Einschätzung der X-Y Bewertungen auf ein Blatt ermöglicht dabei einen schnellen Einstieg in das Gespräch und insbesondere eine Vergleichbarkeit, wenn mehrere alternative Konzepte mit einer größeren Zahl an Personen evaluiert wurden.

Praxisschlaglicht

Bei der Planung eines Beteiligungsprozess, welcher der Erlangung von Erkenntnissen für eine spezifische Organisationseinheit darstellte, sollten nach einem mehrtägigen Workshop zwei denkbare Modelle validiert werden.

Der Beteiligungsprozess bot gleichzeitig eine vom Entwicklungsteam angenommene Attraktivität für zu involvierende Teilnehmende, welche sich dazu in eine Community zusammenschließen sollten. Die Ressourcen für die Umsetzung des Beteiligungsprozesses sollten in angebrachtem Verhältnis stehen. Die Ansprache von über 25000 Mitarbeitenden war zudem nur bei einer Erfolgsaussicht gerechtfertigt.

Entsprechend war eine belastbare Analyse der Überlegungen noch vor dem Übergang in eine Lean-Startup-Methoden orientierte Implementierung notwendig. Das von der Agentur Protellus begleitete Team wurde hierzu mit den vorliegenden Arbeitsblättern unterstützt. Eingebunden in die Validierung wurden im weiteren Prozess Führungskräfte, Betriebsrat, sowie potenzielle Community-Member. Da das Team ausreichende Nachhaltigkeitsexpertise aufwies, konnte in diesem Fall die Nachhaltigkeitsbewertung ohne weitere Expertinnen eingeschätzt werden.

Wirkfeld der Methode

- Wirksam für Herausforderungen mit hoher Komplexität
- Wirksam für Herausforderungen mit mittlerer Komplexität
- Wirksam für nachhaltiges Produktdesign
- Wirksam für nachhaltiges Prozessdesign
- Wirksam für nachhaltiges Servicedesign
- Wirksam für nachhaltiges Business Model Design

Transformationsfähigkeit Ihres Teams

- Fördert die Sensibilisierung
- Fördert die Agilität eines Teams
- Erhöht die Lösungsorientierung

Einsatzcharakteristik/Arbeitsrahmen

- Austauschfokus: vornehmlich mit internen und externen Personen
- Durchführungszeit: eher hoch (> 1 Tag)
- Durchführungszeit: eher mittel (> 1 Stunde bis < 1 Tag)
- Einsatzfrequenz: sinnvoll im dauerhaften Einsatz
- Einsatzfrequenz: vornehmlich im einmaligen Einsatz
- Einsatzfrequenz: vornehmlich über den kompletten Projektzeitraum
- Einsatzradius: vornehmlich im unternehmensweiten Einsatz
- Komplexität für den Moderator: eher mittel
- Komplexität für die Teilnehmer: eher mittel
- Teamgröße: Einzelpersonennutzung möglich

- Teamgröße: Kleingruppe möglich (3 bis 5 Teilnehmer)
- Teamgröße: Mittelgroße Teams möglich (5 bis 20 Teilnehmer)
- Vorbereitungszeit: eher gering (< 1 Stunde)

Input für eine zielführende Arbeit mit der Methode

- Aktuell existierende Geschäftsmodelle
- Aktuell existierende Produkte und Services
- Angereicherte Ideen, Ideencluster oder höher integrierte Lösungen
- Ideen und Projekte, die zur Umsetzung anstehen

Output und beobachtete Ergebnisse der Methode

- Erzeugt Ideensuchfelder, unentdeckte Probleme, Inspiration
- Erzeugt Planungen und Priorisierungen
- Erzeugt angereicherte Ideen, Ideencluster, höher integrierte Lösungen
- Erzeugt neues Wissen und neue Erfahrungen
- Erzeugt spezifischere Leitfragen, Ideen und Aussagen
- Erzeugt größere Klarheit zu einem Thema
- Erzeugt mehr Agilität im Team
- Identifiziert vorhandene Schwachstellen
- Identifiziert vorhandene Stärken
- Ziel- und Fokusgruppen

Hinderniseffekte, auf die die Methode positiv wirkt

- Beugt Missinterpretationen vor
- Beugt blinden Flecken/Betriebsblindheit vor
- Bewahrt vor zu generischen Ideen und Aussagen
- Schafft schnell Klarheit und beschleunigt Erkenntnisgewinn
- Schwächt Angst vor Kritik und Zurückweisung
- Schwächt störende Bewertung während der Ideenfindung
- Verhindert Finanz- und Ressourcenfallen
- Verhindert Ideenfindung mit zu schwacher Erkenntnisgrundlage
- Verhindert blinden Aktionismus
- Verhindert einseitige Bewertungen und Entscheidungen
- Verhindert falsche Flughöhen
- Verhindert unreflektiertes agieren

Mögliche Extravorteile der Methode

- Möglicher Extravorteil für Teams mit einem starkem Auftragsmandat
- Möglicher Extravorteil für agile Teams
- Möglicher Extravorteil für innovativ erfahrene Teams
- Möglicher Extravorteil für innovativ ungeübte Teams
- Möglicher Extravorteil für in Nachhaltigkeitsthemen ungeübte Teams

Quellen

Web – http://sustainabledesignthinking.de/portfolio/clover_sustainable_innovation_validation (2023) (Template Download)
Person – Kilian Karg, Kilian@protellus.de

CO_2 Reduction Tracker

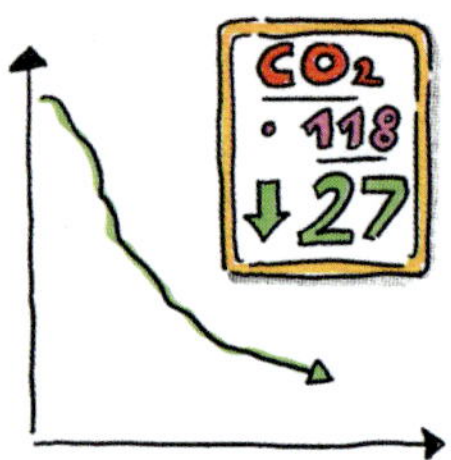

EinSatzBeschreibung

Ein Werkzeug zum Sammeln und Monitoren von CO_2-Reduktions- und Vermeidungsmaßnahmen.

Working Guide/Anwendungsfelder

P1 Sensibilisierung/Bildung	P2 Matching Recht/Gesetz	P3 Sustainability Roadmap	P4 Produkt/Prozessdesign	P5 Implementierung/Monitoring	P6 Kommunikation	P7 Organisation	P8 Führung	P9 Business Model Design	P10 Skalierung
X		X	X	X		X			

Beschreibung

Hinter der Dekarbonisierung von Unternehmen stecken drei Strategien: Vermeiden, Reduzieren und Kompensieren von CO_2. So machen sich viele Unternehmen auf Richtung Klimaneutralität und tragen dazu bei, die weitere Anreicherung der Erdatmosphäre durch CO_2 (und andere Treibhausgase) zu reduzieren, welche für den Treibhausgaseffekt und damit den Klimawandel maßgeblich verantwortlich ist.

Gerade die ersten zwei Strategien „Vermeiden" und „Reduzieren" bedürfen vieler Ideen und können von kleinen Einzelmaßnahmen bis hin zu großen Projekten reichen. Wichtig ist es, einen Anfangspunkt zu finden und zu starten! Jede vermiedene oder reduzierte CO_2-Emission ist gut für unser Klima und die damit einhergehenden Lebensbedingungen.

Der CO_2 Reduction Tracker sorgt als einfaches Hilfsmittel dafür, solche Ideen für Maßnahmen zu sammeln und über die Einsatzgebiete zu monitoren. Wo passiert was in unserem Unternehmen auf dem Weg zur Dekarbonisierung?

Dabei kann nur der CO_2-Ausstoß in den Blick genommen werden, oder weitere emittierte Treibhausgase, wie z. B. Methan (CH_4) oder Lachgas (N_2O).

Bei dem Tracker ist es möglich, sich auf Maßnahmen für einen oder mehrere Scopes zu fokussieren. Scopes sind die Wertschöpfungstiefe, in der ausgestoßenen Treibhausgase eines Unternehmens untersucht werden. Scope 1 umfasst dabei die direkte Freisetzung klimaschädlicher Gase im Unternehmen, Scope 2 umfasst die indirekte Freisetzung klimaschädlicher Gase durch Energielieferanten und Scope 3 umfasst die freigesetzten Gase in der vor- und nachgelagerten Lieferkette.

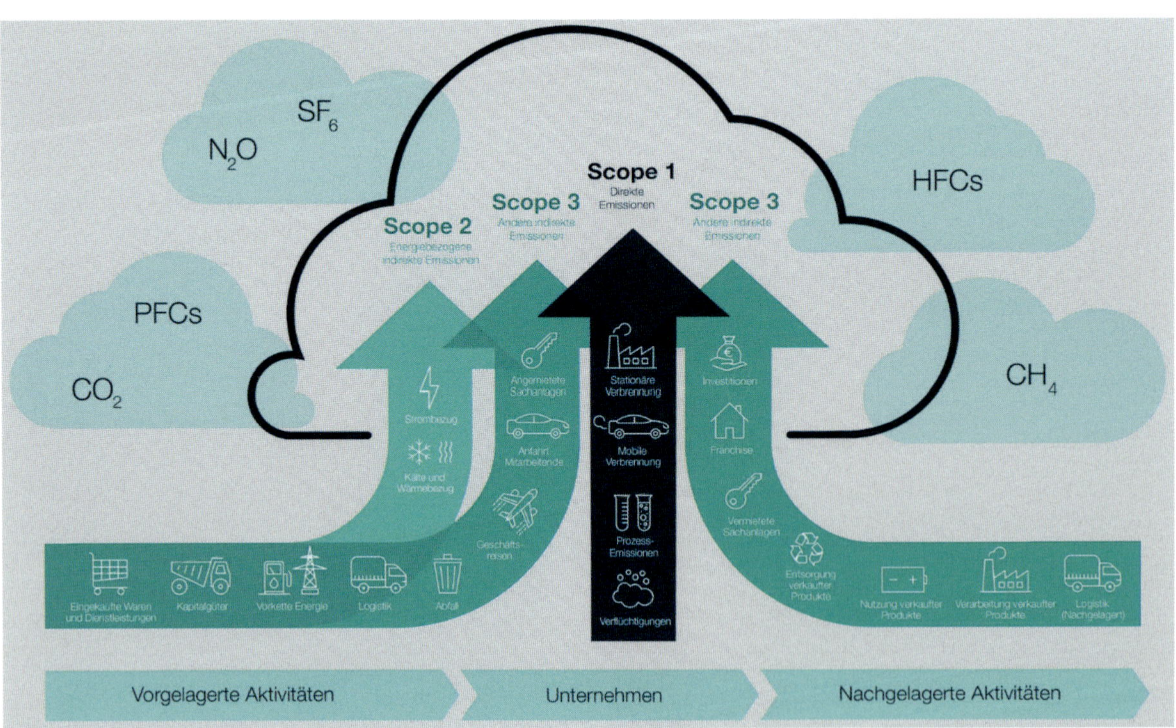

Quelle: https://www.optenda.de/co2-management-3-schritte-zur-klimaneutralitaet/

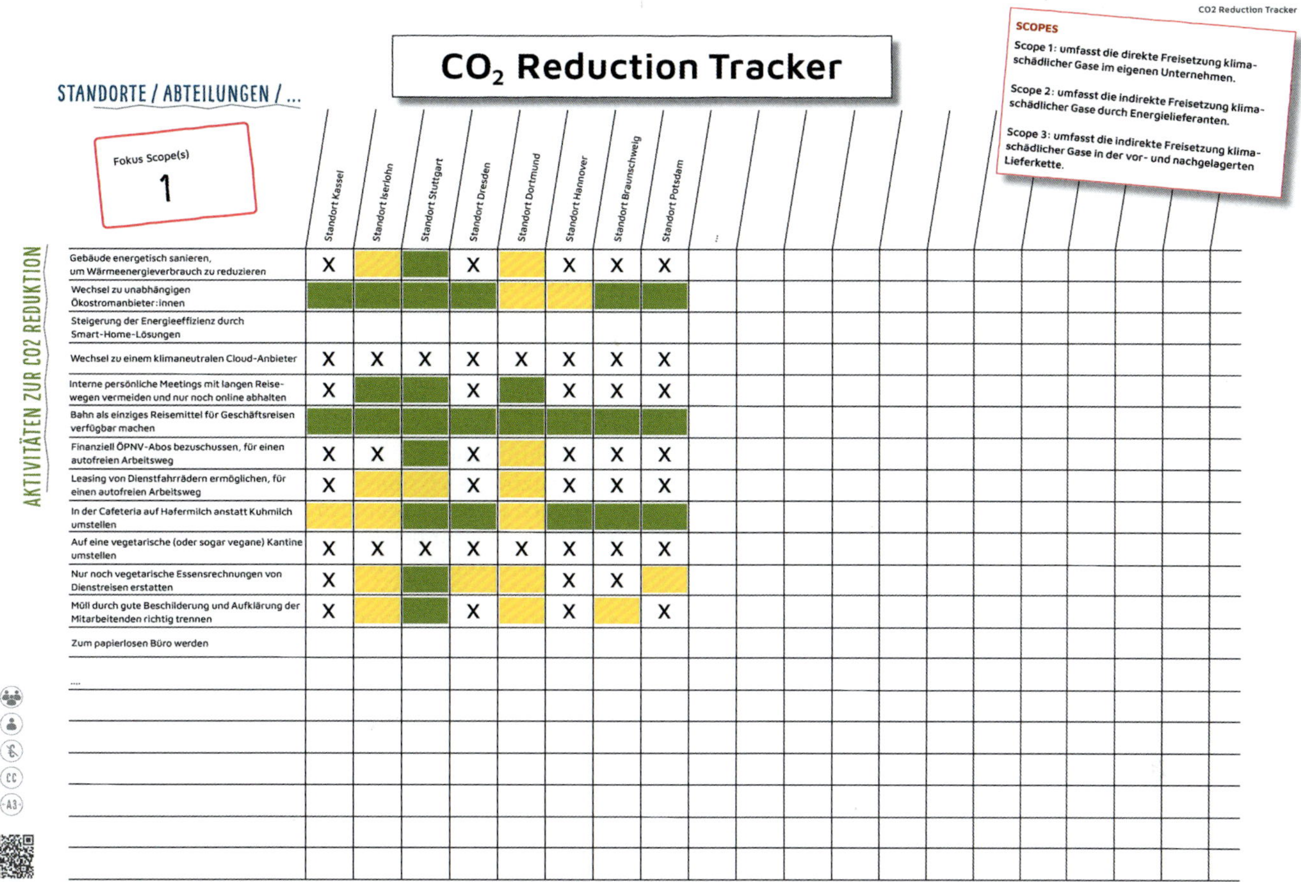

CO2 Reduction Tracker

SCOPES

Scope 1: umfasst die direkte Freisetzung klimaschädlicher Gase im eigenen Unternehmen.

Scope 2: umfasst die indirekte Freisetzung klimaschädlicher Gase durch Energielieferanten.

Scope 3: umfasst die indirekte Freisetzung klimaschädlicher Gase in der vor- und nachgelagerten Lieferkette.

CO_2 Reduction Tracker

STANDORTE / ABTEILUNGEN / …

Fokus Scope(s): 1

AKTIVITÄTEN ZUR CO2 REDUKTION

	Standort Kassel	Standort Iserlohn	Standort Stuttgart	Standort Dresden	Standort Dortmund	Standort Hannover	Standort Braunschweig	Standort Potsdam	…
Gebäude energetisch sanieren, um Wärmeenergieverbrauch zu reduzieren	X			X		X	X	X	
Wechsel zu unabhängigen Ökostromanbieter:innen									
Steigerung der Energieeffizienz durch Smart-Home-Lösungen									
Wechsel zu einem klimaneutralen Cloud-Anbieter	X	X	X	X	X	X	X	X	
Interne persönliche Meetings mit langen Reisewegen vermeiden und nur noch online abhalten	X			X		X	X	X	
Bahn als einziges Reisemittel für Geschäftsreisen verfügbar machen									
Finanziell ÖPNV-Abos bezuschussen, für einen autofreien Arbeitsweg	X	X		X		X	X	X	
Leasing von Dienstfahrrädern ermöglichen, für einen autofreien Arbeitsweg	X			X		X	X	X	
In der Cafeteria auf Hafermilch anstatt Kuhmilch umstellen									
Auf eine vegetarische (oder sogar vegane) Kantine umstellen	X	X	X	X	X	X	X	X	
Nur noch vegetarische Essensrechnungen von Dienstreisen erstatten	X					X	X		
Müll durch gute Beschilderung und Aufklärung der Mitarbeitenden richtig trennen	X			X		X		X	
Zum papierlosen Büro werden									
….									

MethodPad © by www.verrocchio.institute

Legende: X = Maßnahme soll umgesetzt werden; Gelb = Umsetzung gestartet; Grün = Umsetzung abgeschlossen

Alle drei Scopes sind für die Klimaneutralität eines Unternehmens wichtig, wobei eine erste Ideenfindung für Scope 1 meist leichter fällt als für Scope 2 und 3. Hier kommen weitere Stakeholder und Akteure dazu, die außerhalb des Unternehmens agieren. Je weiter weg vom Unternehmen, desto schwerer wird es in der Regel an die Daten zu ausgestoßenen Treibhausgasen zu kommen und Emissionen entlang der gesamten Wertschöpfungskette nachzuvollziehen, zu vermeiden und zu reduzieren.

Der CO_2 Reduction Tracker wird also umso wirkungsvoller, je genauer die Treibhausgasverursacher entlang der Wertschöpfungskette analysiert und den Teilnehmenden im Workshop bekannt sind.

Durchführung

Schritt 1: Vorbereitung

Bereiten Sie drei große Whitepaper vor, indem Sie diese quer legen. Zeichnen Sie je Whitepaper folgende Tabelle auf:

Malen Sie zunächst ein Tabellenraster. Beschriften Sie wie auf dem Arbeitsblatt die horizontale Achse der Tabelle je nach Teilnehmerkreis mit „Standorte" (bei einer standortübergreifenden Gruppe), „Abteilungen" (verschiedene Abteilungen eines Standorts), „Teams" (verschiedene Teams), oder einer ähnlichen Klassifizierung – je nachdem, was für Ihre Gruppenzusammensetzung im folgenden Workshop Sinn macht. Befüllen Sie dann die Spaltenköpfe mit den entsprechenden Namen der Standorte/Abteilungen/Teams o. ä.

Beschriften Sie die vertikale Achse der Tabelle mit „Aktivitäten zur CO_2-Reduzierung".

Anschließend schreiben Sie auf jedes Whitepaper oben in die Ecke den fokussierten Scope 1, 2, oder 3.

Hängen Sie die drei Tabellen-Blätter mit den drei unterschiedlichen Fokus-Scopes im Raum auf. Achten Sie darauf, dass man auf dem Untergrund der Whitepapers mit dicken Marker Stiften schreiben kann.

Schritt 2: Einführung der Teilnehmenden

Erklären Sie den Teilnehmenden die 3 Scopes mit Beispielen aus dem Unternehmen, und machen Sie damit die Unterschiede klar. Fügen Sie bei Bedarf noch hinzu, warum Dekarbonisierung aus Kostensicht mit dem eingeführten CO_2-Preis sowie aus Umweltsicht mit Auswirkungen auf die Klimaerwärmung so wichtig ist, um nochmal die Dringlichkeit von CO_2-Vermeidungs- und Reduktionsmaßnahmen zu unterstreichen.

Erklären Sie außerdem kurz die aufgehängten Tabellen und Beschriftungen, sowie das weitere Arbeitsvorgehen der nächsten Schritte.

Schritt 3: Sammeln von Maßnahmen

Statten Sie jeden Teilnehmenden mit einem dicken Marker Stift aus. Jeder kann nun frei durch den Raum gehen, und 20 Minuten lang Maßnahmen an die drei Whitepapers in die vertikalen Zeilenköpfe schreiben. Dabei gilt eine CO_2-Vermeidungs- oder Reduktionsmaßnahme je Zeile (siehe ausgefüllte Beispielabbildung). Dabei wird nicht geredet, die Teilnehmenden sammeln still Ideen zu den drei Scopes auf den Whitepapers. Wichtig dabei: Jeder liest, was bereits geschrieben worden ist, um Dopplungen möglichst zu vermeiden.

Schritt 4: Bewertung und erste Einschätzung

Anschließend verteilen Sie in der Gruppe zwei farbige Punkte, z. B. blau und lila. Blau steht dabei für „geringen Umsetzungsaufwand", lila steht für „großen Wirkung". Jeder klebt nun einen blauen, einen lila, beide oder keinen der Punkte an jede gesammelte Maßnahme direkt auf die Whitepapers.

So entsteht eine erste Einschätzung, welche Maßnahmen besonders schnell und dafür zudem mit großer Effektivität umgesetzt werden können (Maßnahmen mit den meisten blauen und lila Punkten).

Schritt 5: Validation

Nach dem Workshop gilt es im nächsten Schritt, die Maßnahmen auf ihren ersten angenommen Umsetzungsaufwand und die tatsächliche Effektivität zur CO_2-Vermeidung und -Reduktion zu validieren. Daraus entwickelt sich eine Prioritätenliste der Maßnahmen, mit der in die Umsetzung gestartet werden kann.

Schritt 6: Monitoren und Anreichern

Nachdem die Maßnahmenliste steht, bekommt sie je Standort/Abteilung/Team ein Kreuz. Sobald mit der Umsetzung an dem jeweiligen Standort/Abteilung/Team gestartet wurde, wird das Feld gelb schraffiert, sobald die Umsetzung abgeschlossen ist, wird das Feld grün schraffiert.

Es macht Sinn, diesen Workshop mehrmals mit unterschiedlichen Teilnehmern durchzuführen. So wächst nicht nur die vertikale Maßnahmenlisten immer weiter, sondern auch immer mehr Standorte/Abteilungen/Teams werden auf der horizontalen Liste hinzugefügt und in die Ideenfindung miteinbezogen.

Mithilfe der Whitepapers (diese können bei Bedarf nach den Workshops digitalisiert werden), kann nun ein Überblick über die Maßnahmen und ihren Status an den jeweiligen Standorten/Abteilungen/Teams behalten werden.

Praxisschlaglicht

Der CO_2 Reduction Tracker ist schon in verschiedenen Arbeitsformaten zum Einsatz gekommen. So kann er wie oben beschrieben gemeinsam in einer Gruppe bearbeitet, oder einzeln als Arbeitsblatt von jedem für sich am Platz ausgefüllt werden. Beides führte dazu, dass schnell erste Maßnahmen gesammelt wurden und die Gruppe einen Startpunkt zum Vermeiden und Reduzieren von CO_2 in ihrem Arbeitsumfeld fand. Oft handelte es sich hier um kein Hexenwerk – gerade in Scope 1 waren Maßnahmen schnell erkannt und niedergeschrieben. Wichtig war es, anschließend ins Machen zu kommen. Wenn es bei Scope 2 und 3 zum Stocken kam, lag das entweder an zu wenig Vorwissen der Teilnehmenden zum CO_2-Ausstoß entlang der Wertschöpfungskette, und/oder es fehlte an Recherchezeit. Diese kann immer noch dazu gegeben werden.

Wirkfeld der Methode

- Wirksam für Herausforderungen mit mittlerer Komplexität
- Wirksam für nachhaltiges Prozessdesign

Transformationsfähigkeit Ihres Teams

- Fördert die Sensibilisierung
- Fördert die Teamkreativität
- Erhöht die Lösungsorientierung

Einsatzcharakteristik/Arbeitsrahmen

- Austauschfokus: vornehmlich mit internen Personen
- Durchführungszeit: eher gering (< 1 Stunde)
- Einsatzfrequenz: sinnvoll im dauerhaften Einsatz
- Einsatzradius: vornehmlich im unternehmensweiten Einsatz
- Komplexität für den Moderator: eher gering
- Komplexität für die Teilnehmer: eher gering
- Teamgröße: Einzelpersonennutzung möglich
- Teamgröße: Kleingruppe möglich (3 bis 5 Teilnehmer)
- Teamgröße: Mittelgroße Teams möglich (5 bis 20 Teilnehmer)
- Vorbereitungszeit: eher gering (< 1 Stunde)

Input für eine zielführende Arbeit mit der Methode

- Aktuell existierende Geschäftsmodelle
- Aktuell existierende Produkte und Services
- Beteiligte Personen mit Tätigkeiten und Aufgaben
- Existierende Prozesse und Verfahren

Output und beobachtete Ergebnisse der Methode

- Erzeugt Ideen, Lösungsansätze, Vorideen, Möglichkeiten
- Erzeugt kollaborative Lösungen und Ideen
- Erzeugt definierte Zielkorridore
- Identifiziert vorhandene Schwachstellen

Hinderniseffekte, auf die die Methode positiv wirkt

- Beugt blinden Flecken/Betriebsblindheit vor
- Bindet eher introvertierte Teammitglieder mit ein
- Schwächt Verdiskutiererei
- Verhindert Finanz- und Ressourcenfallen
- Verhindert unreflektiertes agieren
- Verringert zu große Komplexitäten
- Überzeugt strukturliebende Teammitglieder

Mögliche Extravorteile der Methode

- Möglicher Extravorteil für Teams mit einem starkem Auftragsmandat
- Möglicher Extravorteil für in Nachhaltigkeitsthemen ungeübte Teams

Quelle

Organisation – verrocchio Institute for Innovation Competence AG – Düsseldorf, https://www.verrocchio.institute

COCD-Box

EinSatzBeschreibung

Mit der COCD-Box kann auf einfache Weise aus einer Sammlung von Vorideen eine Vorauswahl getroffen werden, die es lohnt, weiter zu betrachten.

Working Guide/Anwendungsfelder

P1 Sensibilisierung/Bildung	P2 Matching Recht/Gesetz	P3 Sustainability Roadmap	P4 Produkt/Prozessdesign	P5 Implementierung/Monitoring	P6 Kommunikation	P7 Organisation	P8 Führung	P9 Business Model Design	P10 Skalierung
			X	X					

Beschreibung

Mit der COCD-Box werden Ideen schnell geclustert und in 3 verschiedenen Kategorien einsortiert. Die Kategorien sind:

- Now-Ideen: Dies sind Ideen, die weniger neuartig, dafür gut und einfach in der Umsetzung sind.
- Wow-Ideen: Hier finden sich Ideen, die sehr neuartig und einfach in der Umsetzung sind.
- How-Ideen: Sind Ideen, die sehr neuartig und vielversprechend sind, jedoch einen hohen Anspruch in der Umsetzung aufweisen.

Die kann COCD-Box dabei helfen, Ideen mit unterschiedlich hohem Potenzial in einer ersten Filterung zu unterscheiden. Insbesondere wenn es im nachhaltigen Kontext darum geht, Ideen zu finden, die durch ihre Neuartigkeit ein besonderes Bewusstsein für das Thema Nachhaltigkeit erschaffen.

Durchführung

Schritt 1: Sie erstellen auf einem Flipchart eine Vier-Felder-Matrix, die zwei Koordinaten anzeigt, die x-Achse zeigt den Grad der Neuartigkeit und die y-Achse den Schwierigkeitsgrad der Umsetzung. Die Schwierigkeit der Umsetzung wird von „schwer umsetzbar" bis „einfach umsetzbar" dargestellt. Der Grad der Neuartigkeit ist von „normal" bis „hoch" beschrieben. Daraus entstehen vier Felder. Damit erhalten Sie vier Kategorien, wobei die Kategorie mit „normaler Neuartigkeit" und „schwer umsetzbar" außerhalb der Betrachtung liegen, das heißt keine Relevanz in der weiteren Betrachtung erhalten wird. Steuern Sie als Moderator den Bewertungsprozess dahingehend, dass Sie festlegen, wie viele Ideen aus dem zuvor generierten Ideen-Pool jeder Teilnehmer pro Kategorie auswählen darf.

Schritt 2: Wählen Sie aus dem Ideen-Pool nur die Ideen aus, die für Sie spannend erscheinen.

Schritt 3: Vergeben Sie pro Kategorie eine Farbe und verteilen Sie analog dazu die zuvor begrenzte farbige Anzahl von Moderationskarten an die Teilnehmer. Die Teilnehmer markieren oder notieren die ausgewählten Ideen auf den Moderationskarten.

Schritt 4: Anschließend erläutert jeder Teilnehmer seine Auswahl und Entscheidung.

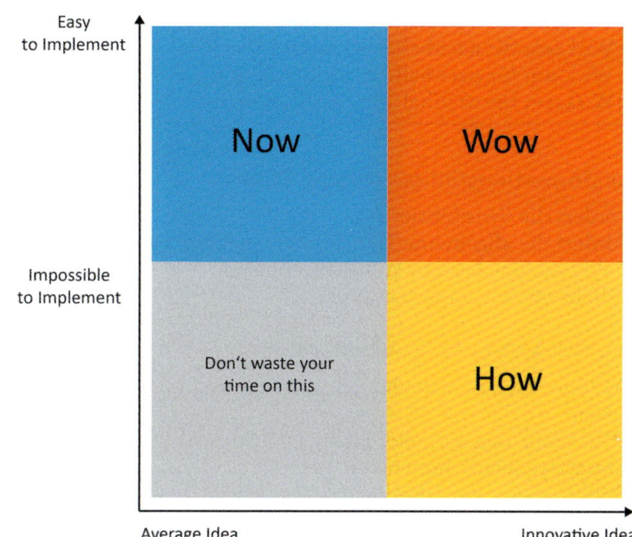

COCD-Box

> Tipp: Je kleiner die Gruppe, desto mehr Ideen pro Kategorie sind möglich.

Der Filter „Neuartigkeit" macht vor allem dann Sinn, wenn die Sichtbarkeit auf das Thema Nachhaltigkeit im Unternehmen erhöht werden soll. Oft haben neuartige Ideen ein größeres Potenzial die Menschen für das Thema Nachhaltigkeit zu begeistern, da sie sichtbarer sind. Wahlweise kann stattdessen auch ein anderer Filter wie z.B. der Grad des „Impact" genutzt werden. Dieser Filter zeigt die Auswirkung der Idee im Bezug auf das Thema Nachhaltigkeit. Hier sollte man allerdings vorsichtig sein, die Erfahrung zeigt, dass in der Regel der genaue Impact in dieser Phase der Ideenfindung nicht klar bewertet werden kann.

Variante 1: Bei großen Gruppen kann auch eine Bewertung mit Punkten (in 3 Farben für die 3 Felder) erfolgen. Dann werden die Karten in das jeweilige Feld übernommen, die dort die meisten Punkte haben.

Variante 2: Sie können auch gleich die Teilnehmer auffordern, im Dialog die Ideen gemeinschaftlich nach den Kriterien zu bewerten und die Ideen per Post-it in den jeweiligen Feldern kennzeichnen. Dies empfiehlt sich jedoch nur bei kleineren Gruppen.

Praxisschlaglicht

Es gibt viele unterschiedliche Methoden der Ideenbewertung, die COCD-Box kann schnell eingesetzt werden und liefert unmittelbar einen Überblick über die Werthaltigkeit der Ideen. Herausfordernd kann die Bewertung mit zwei gleichzeitigen Kriterien (hier: Schwierigkeit/Neuartigkeit) sein. Hier ist oft eine Methode wie die visuelle Schnellbewertung einfacher einzusetzen.

Wirkfeld der Methode

- Wirksam für Herausforderungen mit mittlerer Komplexität
- Wirksam für Herausforderungen mit niedriger Komplexität
- Wirksam für nachhaltiges Marketing
- Wirksam für nachhaltiges Produktdesign
- Wirksam für nachhaltiges Prozessdesign
- Wirksam für nachhaltiges Servicedesign

Transformationsfähigkeit Ihres Teams

- Fördert die Sensibilisierung
- Fördert die allgemeine Transformationsfähigkeit des Teams
- Zahlt auf eine bessere Wahrnehmung ein
- Erhöht die Lösungsorientierung

Einsatzcharakteristik/Arbeitsrahmen

- Austauschfokus: vornehmlich mit internen und externen Personen
- Durchführungszeit: eher gering (< 1 Stunde)
- Einsatzfrequenz: sinnvoll im dauerhaften Einsatz
- Einsatzradius: vornehmlich im Teameinsatz
- Komplexität für den Moderator: eher gering
- Komplexität für die Teilnehmer: eher gering
- Teamgröße: Einzelpersonennutzung möglich
- Teamgröße: Kleingruppe möglich (3 bis 5 Teilnehmer)
- Teamgröße: Mittelgroße Teams möglich (5 bis 20 Teilnehmer)
- Vorbereitungszeit: eher gering (< 1 Stunde)

Input für eine zielführende Arbeit mit der Methode

- Angereicherte Ideen, Ideencluster oder höher integrierte Lösungen
- Ideen die zur Umsetzung anstehen
- Verschiedene Meinungen und Blickwinkel
- Ideen, Lösungsansätze, Vorideen, Varianten

Output und beobachtete Ergebnisse der Methode

- Erzeugt segmentierte, kategorisierte, geclusterte Daten
- Hilft bei Entscheidungen, Bewertungen und Feedback

Hinderniseffekte, auf die die Methode positiv wirkt

- Schafft schnell Klarheit und beschleunigt Erkenntnisgewinn
- Schwächt Angst vor Neuem (Cainophobie)
- Schwächt Verdiskutiererei
- Schärft eine fehlende gemeinsame Ausrichtung
- Verhindert einseitige Bewertungen und Entscheidungen
- Verhindert vorschnelles Urteilen über Ideen
- Verhindert störende Killerphrasen
- Verkürzt zu lange Entscheidungsmeetings

Mögliche Extravorteile der Methode

- Möglicher Extravorteil für Teams in einer Komfortsituation
- Möglicher Extravorteil für innovativ ungeübte Teams
- Möglicher Extravorteil für in Nachhaltigkeitsthemen erfahrene Teams

Quellen

Buch – Creativity Today, I. Byttebier, R. Vullings (BIS Publishers, 2007)

Buch – Das große Handbuch Innovation, B.v.Aerssen, C.Buchholz (Vahlen, 2018)

Buch – Kreative Mitarbeiter: Wegweiser für Führungskräfte zu mehr Kreativität und Innovation, L. Rütten (Springer Gabler, 2015)

Co-Creation

EinSatzBeschreibung

Gerichtete Vorgehensweise zur gemeinsamen Erschaffung von Neuem (co-create).

Working Guide/Anwendungsfelder

P1 Sensibilisierung/Bildung	P2 Matching Recht/Gesetz	P3 Sustainability Roadmap	P4 Produkt/Prozessdesign	P5 Implementierung/Monitoring	P6 Kommunikation	P7 Organisation	P8 Führung	P9 Business Model Design	P10 Skalierung
		X	X					X	

Beschreibung

Was ist Co-Creation? Der Begriff wird im Umfeld der Nachhaltigkeitsentwicklung vielfach genutzt. Doch gibt es keine allgemeingültige Definition. Co-Creation lässt sich jedoch recht einfach entschlüsseln:

Da ist das lateinische Präfix „Co", welches für ein „Miteinander oder partnerschaftliches Verhältnis" steht. Und Kreation stammt von dem Lateinischen Creatio ab – und bedeutet künstlerische Schöpfung oder Erschaffen.

Wir verstehen unter Co-Creation also: miteinander etwas erschaffen. Im Unterschied zur „Collaboration = zusammenarbeiten" betonen wir in der Co-Creation das Neue, das Zukünftige, das gemeinsam erschaffen werden soll.

Die Ergebnisse einer co-creativen Vorgehensweise basieren auf gemeinsamen Perspektiven und Entscheidungen. Sie werden von allen Beteiligten getragen, sind daher umfassend besprochen und resilienter gegenüber Problemen oder gar Krisensituationen. Hier zeigt sich auch schon die große Herausforderung der Co-Creation: Wenn es darum geht, Zukunft oder Veränderung zu „erschaffen" dürfen wir davon ausgehen, dass jeder von uns eine andere Vorstellung im Kopf oder im Sinn hat, was eine gute Situation wäre. Wie groß, wie weit, wie vorsichtig, wie mutig der nächste Schritt sein soll – das ist für jeden zunächst eine sehr persönliche Orientierung und Perspektive.

Daher starten wir in einer Co-Creation aus vielen verschiedenen Perspektiven, die zur gemeinsamen Entscheidung und Umsetzung gebracht werden müssen.

Durchführung

Co-Creation ist entgegen der landläufigen Meinung kein beliebiger Prozess, wenn er erfolgreich seine Kraft entfalten soll. Wir identifizieren drei wichtige Voraussetzungen, die im Team vorab besprochen und vermittelt werden müssen.

Voraussetzungen für das Gelingen eines co-creativen Prozesses sind das persönliche Mindset, die rahmengebenden Strukturen und die Spielregeln.

Wir möchten Sie ermutigen, sich mit diesen Voraussetzungen vorab zu beschäftigen. Je nachdem, wie versiert die Gruppe im gemeinschaftlichen Arbeiten und gemeinsamen Wertesystemen ist, sollten Sie zu diesen Grundvoraussetzungen ein Onboarding planen, also ein Format, mit dem Co-Creation aktiv eingeführt und verhandelt wird. Dazu eignen sich im Vorfeld einer co-creativen Zusammenarbeit unterschiedliche Formate, je nach Erfahrungshorizont der ausgewählten Gruppe:

- **Co-Creation ist bekanntes System:** eine kurze Erinnerung mit den wesentlichen Voraussetzungen und Regeln, zusammengeführt und aufgeschrieben in der Einladung
- **Co-Creation ist nur wenigen Akteuren bekannt:** ausführliches Check-in zu Beginn der Co-Creation-Phase und Reminder-Flipchart im Raum.
- **Co-Creation ist eine neue Methode für die Gruppe:** gemeinsame Kick-off-Veranstaltung, bei der sich alle Teilnehmenden mit den Spielregeln von Co-Creation vertraut machen. Dabei können Wünsche, Vorbehalte und Spannungen formuliert und besprochen werden.

Quelle: nextblooming

Voraussetzung 1: Das persönliche Mindset

Wer sich auf einen co-creativen Prozess einlässt, diesen anschiebt oder dazu eingeladen wird, benötigt ein positives Mindset. Daher ist es unerlässlich, dieses Skill-Set vor Beginn einer co-creativen Phase mit allen Beteiligten zu teilen. Klären Sie die Voraussetzung im Gespräch oder einer gemeinsamen Work-Session. Zum Beispiel mit der Frage:

Überprüft euch selbst, ob ihr folgendes von euch sagen könnt: Ja, ich habe …

- ein positives Menschenbild,
- die Bereitschaft, mich zu öffnen (verletzlich zu sein),
- die Bereitschaft, mich auf andere Perspektiven einzulassen (Mitarbeit auf Augenhöhe),
- ein gutes Maß an Selbstreflexion,
- keine Angst vor Fehlern,
- die Lust am Spielerischen.

Was brauchst du persönlich noch, um überall „ja" sagen zu können? Was brauchst du von der Gruppe?

Voraussetzung 2: Die rahmengebenden Strukturen

Ein weiterer Gelingensfaktor sind die Strukturen, die den Prozess definieren. Auch hier sollte am besten zu Beginn der co-creativen Phase Verbindlichkeit hergestellt werden. Am einfachsten klären Sie das so. Rahmengebende Strukturen:

Why: Was ist die Frage- oder Aufgabenstellung, die dem co-creativen Prozess zugrunde liegt?

How: Wie soll der Prozess ablaufen: Dauer, Prozessschritte, Workshop-Einheiten, Ort, Teilnehmende, Rollen

What: Welches Ziel oder welches Ergebnis wollen Sie gemeinsam erreichen? (Idee, Konzept, Prototyp, Pitchdeck etc)

Voraussetzung 3: Spielregeln

Klare Spielregeln werden gebraucht, um alle Teilnehmenden gleichberechtigt und gleich gehört in den Prozess einzubinden. Es müssen auch Ergebnisse durchkommen können, die von der eigenen Vorstellung abweichen. Bei der Co-Creation geht es weniger um Wettbewerb (um das beste Ergebnis), als um Kooperation, Offenheit und Vertrauen. Alle Aspekte sollen frei eingebracht werden können, ohne dass eine einseitige Dominanz im Raum entsteht.

Wir teilen hier unsere acht Prinzipien, mit denen wir einem co-creativen Prozess – egal wie kurz oder umfangreich er sich gestaltet – einen Rahmen geben. Nutzen Sie sie gern als Spielregeln, die als Schlagworte auch im Workshop-Raum aufgehängt werden können.

Prinzip 1: Zusammen

Co-Creation setzt auf das Zusammenspiel unterschiedlicher Perspektiven. Je diverser der Input, um so partizipativer das Ergebnis. Gegenseitiges Empowern führt häufig sogar zu mutigeren Entscheidungen: Gemeinsam sind wir stark!

> Tipp: Laden Sie generationsübergreifend ein und ergänzen Sie Ihre Gruppe *mindestens* mit einer Person, die bewusst eine andere Perspektive einbringen kann.

Prinzip 2: Fair

Jeder Beitrag wird gleich wertvoll behandelt.

> Tipp: Definieren Sie immer eine Moderatorenrolle. Sie ist für co-creative Prozesse unerlässlich, um auf die Gleichstellung aller Beteiligten zu achten bzw. diese methodisch herbeizuführen.

Prinzip 3: Transparent

Gemeinsam geteiltes Wissen, gemeinsam geteilte Spannungen: Alles muss auf den Tisch, um im Raum der Co-Creation Verständnis für Ideen zu erzeugen oder auch Vorbehalte zu entdecken. Der gemeinsame Weg wächst durch gegenseitiges Vertrauen.

> Tipp: Führen Sie nach einzelnen Arbeitsschritten regelmäßig Soundings durch: „Wo stehst du gerade?" oder „Wie geht es dir mit dem Prozessverlauf?"

Prinzip 4: Aktivierend

Um die Kreativität gemixter Teams ins Rollen zu bringen, braucht es gezielte Aktivierungen. Insbesondere ungeübte Gruppen haben häufig die berühmte „Schere im Kopf", wenn Ideen auf Knopfdruck purzeln sollen.

> Tipp: Starten Sie den Prozess mit einem Check-in über aktivierende Fotokarten und der Frage: „Was ist die Superpower, die du heute zur Verfügung stellst?"

Prinzip 5: Sinnstiftend

Jedes Meeting ist wertvoll und muss für alle Beteiligten Sinn ergeben.

> Tipp: Wenn die Zeit nicht ausreicht oder die Diskussion ins Leere läuft, beenden Sie das Treffen. Definieren Sie gemeinsam das Ergebnis für den nächsten Schritt zu einem neuen Zeitpunkt. Trauen Sie sich dabei, das richtig geglaubte Prozessmuster durch ein neues zu ersetzen, das die neu gewonnenen Erkenntnisse berücksichtigt.

Prinzip 6: Umsetzbar

Auf jede Wunsch/Vision-Phase folgt die Umsetzungsphase: Was gedacht wird, soll auch gemacht werden. Alle Beteiligten sprechen ein klares Bekenntnis zur Umsetzung aus. Positive Veränderung liegt im beherzten Handeln.

> Tipp: Öffnen Sie den Prozess nach jeder Ideen-Phase für einen kurzen Realitätscheck. Beispielfragen: „Wen wird das interessieren und warum?" oder „Was könnte dein Beitrag sein, um diese Idee wahr werden zu lassen?"

Prinzip 7: Rund

Feedback von geeigneten dritten Parteien (Kunden, Fach-Expertinnen, internen Entscheiderinnen) stärken das Projektvorhaben. Jede neue Runde enthält ein Lernen und bereitet den Weg für einen stabilen und nachhaltigen Fortschritt.

> Tipp: Setzen Sie sich bereits zu Prozessbeginn „Meilensteine" und definieren Sie geeignete Feedback-Gebende, die Sie zu den Meilenstein-Ergebnissen iterativ in den co-creativen Prozess mit einbeziehen.

Prinzip 8: Verbindlich

Die Entscheidung, die den co-creativen Prozess abbindet und zu einem geteilten, gemeinsam getragenen Ergebnis führt, ist die eigentliche Kunst der Co-Creation. Ziel ist, dass *alle* Teilnehmenden der gefundenen Lösung statt Misstrauen volles Zutrauen mit auf den Weg schicken.

> Tipp: Nutzen Sie statt der demokratischen Abstimmung (nach Stimmenmehrheit) die Methode des systemischen Konsensierens. Dabei werden grobe Widerstände und Spannungen offengelegt und bereinigt, bis alle Teilnehmenden zustimmend oder kompromissbereit sein können.

Good to know 1: Ist das co-creative Ergebnis besser?

Dreimal Ja, weil:

1) Ja, weil es oftmals außergewöhnlicher wird. Vor allem, wenn sich die Ideengeber gegenseitig übertreffen und sich ermutigen, ein großes Ziel zu erreichen.

2) Ja, weil es, auch wenn es nicht mutiger ist, stabiler ist. Weil alle Beteiligten wissen, warum Zugeständnisse gemacht werden müssen.

3) Ja, weil es manchmal gar kein Ergebnis gibt. Und auch das ist okay, wenn alle beschließen, dass „kein Ergebnis" gerade besser ist als ein fauler Kompromiss. Und der Prozess nur unter neuen Vorzeichen wieder aufgenommen werden kann.

Good to know 2: Was geht nicht mit Co-Creation?

Co-Creation ist kein Allheilmittel für neues Arbeiten. Es gibt immer Themen, die nicht co-creativ entwickelt werden können. Und es gibt natürlich auch Teams und Menschen, die sich nur schwer auf die Prinzipien einer co-creativen Zusammenarbeit einlassen mögen.

Es ist daher wichtig, dass Sie mit Ihrem Team verhandeln, welche Aufgaben Sie co-creativ angehen möchten und welche Sie in bekannter Rollenverteilung und Eigenverantwortung erledigen wollen. Es ist völlig okay, wenn Sie bei Entscheidungen, die schnell getroffen werden müssen, klare Linien verfolgen und nicht erst alle involvieren. Es ist völlig okay, wenn kreative Menschen – seien es Texterinnen, Konzeptioner oder Graphikerinnen – Muße und Rückzug benötigen, um in den Flow zu kommen.

Co-Creation braucht Offenheit, gemeinsam über persönliche Arbeitsprinzipien zu sprechen und sich ehrlich zu machen, was für eine Gruppe, eine Situation oder die Arbeitsaufgabe passend ist. Co-Creation erfordert Mut und Empathie. Mut, die Dinge auf den Kopf zu stellen. Und Empathie, den Input der anderen genauso wertzuschätzen wie den eigenen.

Good to know 3: Co-Creation als Nachhaltigkeitsbooster

Co-Creation ist die beste Voraussetzung für nachhaltige Entwicklung: Denn visionäre Projekte entstehen nicht durch Leistungsdruck und Planerfüllung, sie entstehen durch Diversität, geteilte Leidenschaft und die Offenheit für radikale Ideen.

In einer Zeit, wo wir als Gesellschaft und in unseren Unternehmen unter hohem Veränderungsdruck stehen, ist Co-Creation eine wertvolle Methode, Zukunft mit der gebündelten Kraft von vielen anzugehen.

Um Zukunft zu gestalten, braucht es einen sicheren Raum, um Wertschöpfungen neu zu denken, Paradigmen zu verhandeln, Ideen im Miteinander zu spinnen und Verantwortung zu wagen. Co-Creation bietet diesen Raum.

Wirkfeld der Methode

- Wirksam für nachhaltiges Produktdesign
- Wirksam für nachhaltiges Prozessdesign
- Wirksam für nachhaltiges Servicedesign
- Wirksam für nachhaltiges Business Model Design

Transformationsfähigkeit Ihres Teams

- Fördert die allgemeine Transformationsfähigkeit des Teams
- Fördert offene Mindsets und innovative Denkhaltungen
- Sorgt für Inspiration oder bessere Inspirationsempfindlichkeit
- Erhöht die Lösungsorientierung

Einsatzcharakteristik/Arbeitsrahmen

- Austauschfokus: vornehmlich mit externen Personen
- Durchführungszeit: eher hoch (> 1 Tag)
- Einsatzfrequenz: sinnvoll im dauerhaften Einsatz
- Einsatzradius: vornehmlich im Teameinsatz
- Einsatzradius: vornehmlich im projektweiten Einsatz
- Komplexität für den Moderator: eher hoch
- Komplexität für die Teilnehmer: eher hoch
- Teamgröße: Maxigruppen möglich (20 bis 40 Teilnehmer)
- Teamgröße: Mittelgroße Teams möglich (5 bis 20 Teilnehmer)
- Vorbereitungszeit: eher hoch (>1 Tag)

Input für eine zielführende Arbeit mit der Methode

- Aktuelle Herausforderung, Leitfrage, Problem
- Angereicherte Ideen, Ideencluster oder höher integrierte Lösungen
- Innovationssuchfelder, Intent Statements
- Ziele, Zielsystem, Kennzahlen

Output und beobachtete Ergebnisse der Methode

- Erzeugt Ideen für neue Märkte und neue Business Modelle
- Erzeugt Ideen, Lösungsansätze, Vorideen, Möglichkeiten
- Erzeugt Ideensuchfelder, unentdeckte Probleme, Inspiration
- Erzeugt angereicherte Ideen, Ideencluster, höher integrierte Lösungen
- Erzeugt besseren Teamspirit, mehr Offenheit, Inspirationsempfindlichkeit
- Erzeugt kollaborative Lösungen und Ideen
- Erzeugt neues Wissen und neue Erfahrungen
- Erzeugt transformationsfähigere Organisationen
- Erzeugt mehr Know-how-Zuwachs
- Identifiziert vorhandene Schwachstellen
- Identifiziert vorhandene Stärken
- Macht Wirkzusammenhänge sichtbar

Hinderniseffekte, auf die die Methode positiv wirkt

- Beugt blinden Flecken/Betriebsblindheit vor
- Schwächt multidisziplinäre Reibungsverluste
- Schwächt das „Not invented here"-Syndrom
- Schwächt das Leben in der Vergangenheit
- Stärkt schwache Anreicherungsskills
- Stärkt das Vertrauen im Team
- Verhindert Ideenfindung mit zu schwacher Erkenntnisgrundlage
- Wirkt fehlender Inspiration entgegen

Mögliche Extravorteile der Methode

- Möglicher Extravorteil für Teams mit einem starkem Auftragsmandat

Quellen

Buch – Georg Michalik: Co-Creation Die Kraft des gemeinsamen Denkens (2020)
Buch – Stefan Lindegaard: Command and Control versus Sense and Respond – A New Paradigm for Innovation (2013)
Buch – Stefanie Jansen/Marten Pieters: The 7 Principles of complete Co-Creation (2017)
Organisation – nextblooming gmbh, Berlin, www.nextblooming.com,
Person – Antje Meyer, antje.meyer@nextblooming.com
Publikation – Antje Meyer, Marie Linde: Die 8 Prinzipien der Co-Creation, https://nextblooming.com/cocreation/
Publikation – Neue Narrative: Co-Kreation, Ausgabe 14/2022

Grafik: verrocchio Sustainable Inspiration Card – Malvine Klecha, Hila Attaie und Jennifer van Aerssen (Illustration)

Concept Selection

EinSatzBeschreibung

Die Methode „Concept Selection" unterstützt die Auswahl des optimalen Kreislaufkonzepts aus einer Reihe von potenziellen Lösungen.

Working Guide/Anwendungsfelder

P1 Sensibilisierung/Bildung	P2 Matching Recht/Gesetz	P3 Sustainability Roadmap	P4 Produkt/Prozessdesign	P5 Implementierung/Monitoring	P6 Kommunikation	P7 Organisation	P8 Führung	P9 Business Model Design	P10 Skalierung
						X	X		

Beschreibung

Unternehmen können mithilfe dieser Methode ihr prioritär zu förderndes Kreislaufkonzept wählen. Als Orientierungsmaß dieser unternehmensstrategischen Auswahl wird Aufwand und Ertrag einer Umsetzung herangezogen. Zudem können Überlegungen zur Risikominimierung angestellt werden.

Angesichts der Fülle von Ideen im Bereich der Kreislaufwirtschaft ist es von großer Bedeutung zu bestimmen, welche Konzepte für ein Unternehmen am vorteilhaftesten sind. Indem die Vorteile der Kreislaufkonzepte aus strategischer Unternehmensperspektive bewertet und die Fähigkeit des Unternehmens, sie umzusetzen, berücksichtigt werden, können fundierte Entscheidungen getroffen werden. Die Methode visualisiert dazu anhand gewählter Orientierungsmaße strategische Optionen. Sie dient einzelnen Entscheidern, Teamleadern oder Moderatoren der Verortung und Argumentation ihrer Entscheidungsgründe.

Mithilfe der Methode reflektieren Sie, wie die Einführung von den jeweiligen Kreislaufkonzepten zu Ihren strategischen Zielen passen und welche langfristigen Auswirkungen sie haben können. Betrachten Sie dabei nicht nur die ökologischen Aspekte, sondern auch die sozialen und wirtschaftlichen Dimensionen der Kreislaufwirtschaft. Durch die Integration von Kreislaufwirtschaftsprinzipien in Ihr bestehendes Geschäftsmodell, können Sie Möglichkeiten erkunden, wie Sie Ihren Betrieb nachhaltiger gestalten können.

Durchführung

Folgende Schritte werden hierzu durchgeführt:

1. Betrachten Sie Ihr Geschäftsmodell, z. B. mithilfe eines Business Model Canvas als umfassende Darstellung Ihres Geschäftsmodells, und setzen Sie es in den nächsten Schritten in Verbindung mit Ihren Kreislaufinnovationskonzepten.
2. Stellen Sie sich bei jedem Konzept die Frage, ob es mindestens zu einer Ihrer Innovationsprioritäten passt. Berücksichtigen Sie dabei die folgenden Aspekte:
   - Durchführbarkeit: Erfüllt das Konzept die strategischen und langfristigen Geschäftsziele?
   - Attraktivität: Bietet das Konzept einen Mehrwert für die Endverbraucher oder schafft es Ihren Materialien oder Produkten einen neuen Markt für andere Nutzer?
   - Machbarkeit: Gibt es eine Technologie, die Ihr Produkt verbessern kann?
3. Bewerten Sie das Konzept dann anhand der Grundsätze der Kreislaufwirtschaft (Lebenszyklus der Produkte verlängern, Abfälle auf ein Minimum reduzieren, *Wertschöpfung* generieren, Natur regenerieren) Erfüllt es alle oder die meisten der Grundsätze? Identifizieren Sie auch die Grundsätze, die ferner noch adressiert werden sollten.
4. Tragen Sie schließlich Ihre Konzepte in eine Matrix (siehe Abbildung und Schritt 5) ein, die die Schwierigkeit der Umsetzung mit der möglichen Wirkung vergleicht. Stellen Sie sich dabei folgende Fragen:
   - Erfordert die Umsetzung eine andere Vorgehensweise als Ihre derzeitigen Verfahren zulassen? Wenn ja, dann wägen Sie ab, ob im Verlassen dieser etablierten Pfade eine Chance zum Erlernen attraktiver, optimaler Vorgehensweisen liegt.
   - Rechtfertigt der potenzielle Chancengewinn das Risiko der möglichen Disruption, die mit der Umsetzung einhergehen könnte?
   - Gibt es Möglichkeiten, das Risiko zu mindern, um auf diese Weise Aufwand und Ertrag als belastbare Orientierung zu nutzen?
     Könnten Sie z. B. einen neuen Venture-Inkubator einrichten, um einen neuen Innovationsansatz und ein neues Geschäftsmodell zu entwickeln und zu testen, um das Risiko zu mindern? Könnten Sie z. B. die erforderlichen Fähigkeiten durch neue Partnerschaften erwerben, um das Risiko zu mindern?
5. Verorten Sie gemäß dieser Überlegungen Ihre Konzepte in einem 2-Achsen Diagramm (siehe Abbildung):
   Die Achsen:
   - Die X-Achse bildet ein Kontinuum zum Aufwand; von einfach bis Null für die linken Quadranten, von Null bis schwer für die rechten Quadranten.
   - Die Y-Achse bildet ein Kontinuum zum Ertrag; von hoch bis Null für die oberen Quadranten, von Null bis niedrig für die unteren Quadranten.

   Die Quadranten:
   - Die Quadranten oberhalb der X-Achse indizieren benefitstarke Konzepte, die Quadranten unterhalb der X-Achse indizieren benefit-schwache Konzepte.
   - Die Quadranten rechts der Y-Achse indizieren aufwendige, komplexe Konzepte, die Quadranten links der Y-Achse indizieren weniger aufwendige, einfache Konzepte.

Bewertung der Kreislaufkonzepte in den Quadranten:

- Also indiziert Q1 komplexe, aber benefit-starke Konzepte. Es ist zu prüfen, ob der Benefit den Aufwand rechtfertigt.
- Also indiziert Q2 einfache und benefit-starke Konzepte.
- Also indiziert Q3 einfache, aber benefit-schwache Konzepte.
- Also indiziert Q4 komplexe und benefit-schwache Konzepte. Tendenziell erscheinen diese Optionen sehr ineffizient.

Zusätzlich zu dieser Effizienzbetrachtung sollte die Einmaligkeit von Optionseffekten als Entscheidungskriterium beachtet werden. Ist z. B. ein Effekt nur durch ein bestimmtes Kreislaufkonzept zu erreichen, und die Notwendigkeit zur Erreichung dieses Effektes bspw. aufgrund neuer gesetzlicher Vorgaben zwingend umzusetzen, dann ist die Effizienzbetrachtung informativ aber nicht ausreichend, um als Entscheidungsbasis zu dienen.

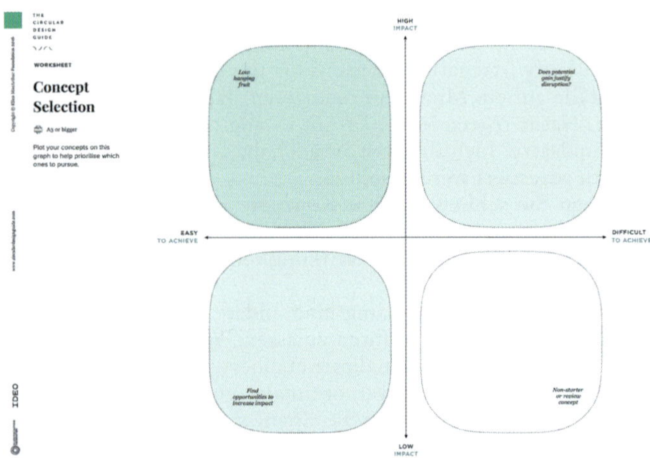

Wirkfeld der Methode

- Wirksam für Herausforderungen mit hoher Komplexität
- Wirksam für Herausforderungen mit mittlerer Komplexität
- Wirksam für nachhaltiges Produktdesign
- Wirksam für nachhaltiges Servicedesign
- Wirksam für nachhaltiges Business Model Design

Transformationsfähigkeit Ihres Teams

- Fördert die allgemeine Transformationsfähigkeit des Teams
- Erhöht die Lösungsorientierung

Einsatzcharakteristik/Arbeitsrahmen

- Austauschfokus: vornehmlich mit internen Personen
- Durchführungszeit: eher mittel (> 1 Stunde bis < 1 Tag)
- Einsatzfrequenz: vornehmlich im einmaligen Einsatz
- Einsatzradius: vornehmlich im Teameinsatz
- Komplexität für den Moderator: eher mittel
- Komplexität für die Teilnehmer: eher mittel
- Teamgröße: Einzelpersonennutzung möglich
- Teamgröße: Kleingruppe möglich (3 bis 5 Teilnehmer)
- Teamgröße: Mittelgroße Teams möglich (5 bis 20 Teilnehmer)
- Vorbereitungszeit: eher mittel (> 1 Stunde bis < 1 Tag)

Input für eine zielführende Arbeit mit der Methode

- Aktuell existierende Geschäftsmodelle
- Aktuell existierende Produkte und Services
- Aktuelle Herausforderung, Leitfrage, Problem

Hinderniseffekte, auf die die Methode positiv wirkt

- Erzeugt Prognosen und Ableitungen
- Erzeugt visualisierte Ideen, Begriffe, Themen
- Erzeugt größere Klarheit zu einem Thema
- Erzeugt mehr Hintergrundinformationen
- Erzeugt segmentierte, kategorisierte, geclusterte Daten
- Hilft bei Entscheidungen, Bewertungen und Feedback

Mögliche Extravorteile der Methode

- Möglicher Extravorteil für agile Teams
- Möglicher Extravorteil für die Arbeit mit digitalen Kollaborationsboards

Quellen

Organisation – Der Circular Design Guide ist eine Zusammenarbeit zwischen der Ellen MacArthur Foundation und IDEO. Copyright © Ellen MacArthur Foundation 2017, 2018

Web – https://www.circulardesignguide.com/methods (abgerufen 16.6.2023)

Conjoint-Analyse

EinSatzBeschreibung

Die Conjoint-Analyse hilft Organisationen, Maßnahmen oder Produkte anhand von realitätsnahen Einschätzungen von Stakeholdern zur Wichtigkeit von Eigenschaften besser zu gestalten.

Working Guide/Anwendungsfelder

P1 Sensibilisierung/Bildung	P2 Matching Recht/Gesetz	P3 Sustainability Roadmap	P4 Produkt/Prozessdesign	P5 Implementierung/Monitoring	P6 Kommunikation	P7 Organisation	P8 Führung	P9 Business Model Design	P10 Skalierung
			X						

Beschreibung

Die Conjoint-Analyse ist eine Marktforschungsmethode, die es Organisationen ermöglicht, Präferenzen einer Zielgruppe für Maßnahmen, Produkte oder Dienstleistungen besser zu verstehen. Sie hilft bspw. dabei, Entscheidungen in Bezug auf Produktdesign, Preisgestaltung oder Nachhaltigkeitsstrategien zu treffen.

Das Verfahren lässt sich den sogenannten quantitativen Forschungsmethoden zuordnen und wurde entwickelt, um Präferenzen von Verbrauchern in Bezug auf verschiedene Merkmale eines Produkts zu messen. Sie basiert auf der Annahme, dass Produkte oder Dienstleistungen aus verschiedenen Merkmalen bestehen, die jeweils unterschiedliche Auswirkungen auf die Kaufentscheidung der Verbraucher haben. Ein Merkmal hat dabei immer unterschiedliche mögliche Ausprägungen. So könnte bspw. das Merkmal Verpackungsmaterial eines Produkts die Ausprägungen Glas oder Plastik haben.

Einzigartig macht die Conjoint-Analyse die Idee indirekter Befragung nach der Wichtigkeit der einzelnen Merkmale. Anstatt die Haltung zu bestimmten Merkmalen direkt abzufragen, wird den Probanden eine Auswahl von Produkten mit systematisch variierten Merkmalen und Merkmalsausprägungen vorgelegt. Die Aufgabe der Probanden ist dann, diese gezeigten Stimuli in ihrer Gesamtheit zu vergleichen und zu bewerten. Daraus leitet sich auch das namensgebende Kofferwort Conjoint („considered jointly") ab.

Durch die anschließende statistische Auswertung der Befragungen kann der Stellenwert der einzelnen Merkmale für den gesamten Kundennutzen des Produktes berechnet und eine Prognose des zu erwartenden Verhaltens abgegeben werden. Daraus lassen sich wiederum wichtige Erkenntnisse gewinnen, zum Beispiel, welche Merkmale wie kombiniert werden sollten, um die Marktaussichten eine Maßnahme oder eines Produktes zu verbessern.

Streng genommen verbirgt sich hinter der Conjoint-Analyse eine ganze Verfahrensfamilie. So versteht man heute unter dem Begriff Conjoint jedes dekompositionelle (also ganzheitliche) Verfahren, das die Struktur der Präferenzen von Konsumenten schätzt, indem es auf deren Gesamturteile über eine Menge von Stimuli zurückgreift, die durch Ausprägungen verschiedener Merkmale ausgedrückt sind. Die am häufigsten verwendeten Conjoint-Arten sind die sogenannte traditionelle Conjoint-Analyse, wo Probanden jeden einzelnen Stimulus bewerten (bspw. auf einer Skala) und die sogenannte wahlbasierte Conjoint-Analyse (Choice-based Conjoint), wo Probanden aus mehreren Stimuli das jeweils aus ihrer Sicht Beste auswählen.

Die Conjoint-Analyse wird häufig im Marketing eingesetzt. Neben Produktentwicklung und Preisgestaltung bietet sich die Anwendung der Conjoint-Analyse jedoch auch in der Gestaltung von Nachhaltigkeitsmaßnahmen an, um sicherzustellen, dass diese auch den Bedürfnissen von Stakeholder entsprechen oder um zu verstehen, welche Aspekte Stakeholdern besonders wichtig sind. Besonderer Vorteil ist, dass sich mithilfe der Ergebnisse sogar sagen lässt, wie ein ideales Konzept aussehen müsste, dass den wahrgenommenen Nutzen aus Sicht der Probanden maximiert.

Die Conjoint-Analyse erfolgt dabei in mehreren Schritten:

1. Festlegung der Merkmale und Ausprägungen
2. Erstellung der Stimuli
3. Durchführung der Umfrage
4. Datenanalyse und -interpretation

Conjoint-Verfahren sind in verschiedene Statistik-Software-Lösungen integriert, etwa SPSS, und werden zum Teil sogar als einfach zu gestaltende Module in Fragebogensoftware angeboten (z. B. in Qualtrics).

Beispiel für eine Auswahlsituation in einem Conjoint-Experiment (eigene Darstellung: Dr. Carsten Leo Demming)

Durchführung

Zunächst wird im ersten Schritt festgelegt, welche Merkmale und Ausprägungen in der Conjoint-Analyse betrachtet werden sollen und dementsprechend im Studiendesign systematisch variiert werden. Dabei ist wichtig zu beachten, dass die Berücksichtigung vieler Merkmale zu schwierig ist und auch zu Problemen in der Informationsverarbeitung bei den Probanden führen kann. In der Praxis sind Untersuchungsdesigns mit drei bis sechs Merkmalen üblich. Ebenso kann die Berücksichtigung von vielen verschiedenen Merkmalsausprägungen zu unnötig komplexen Studiendesigns führen. Hier ist das sogenannte Sparsamkeits-Prinzip anzuwenden – also der Studienaufbau darf nur so komplex wie unbedingt nötig sein. Wichtig ist auch, dass die gewählten Merkmale und Ausprägungen unabhängig voneinander sind und alle möglichen Kombinationen auch zu logisch sinnvollen Stimuli führen.

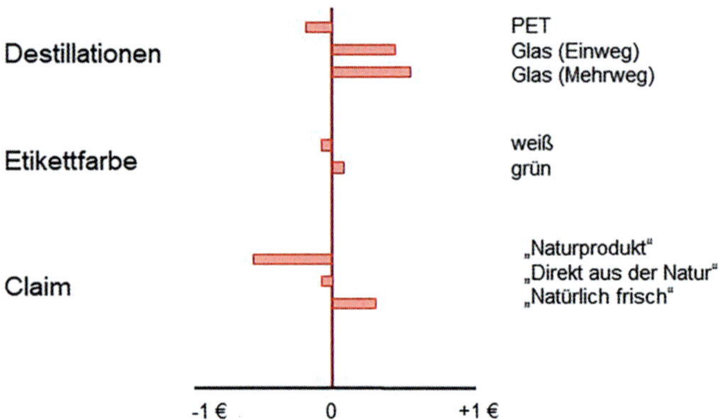

Beispiel für Ergebnisse von Teilnutzen für drei Eigenschaften innerhalb eines Conjoint-Experiments (eigene Darstellung: Dr. Carsten Leo Demming)

Im zweiten Schritt werden die Stimuli erstellt. Das können je nach Kontext physische Produktvarianten sein oder konzeptionelle Repräsentationen – etwa Mockups, Kärtchen oder Beschreibungen eines Konzepts. Grundsätzlich ergibt sich die Anzahl der Stimuli aus der Anzahl der untersuchten Merkmale und Ausprägungen. Bspw. sind bei zwei untersuchten Merkmalen mit je zwei Ausprägungen genau vier (= 2^2) Stimuli möglich. Bei komplexeren Designs mit mehr als dreißig möglichen Stimuli ist es den Probanden nicht zuzumuten alle möglichen Stimuli zu bewerten. Hier kommen dann sogenannte reduzierte Designs zum Einsatz. Dabei werden, anstatt alle Kombinationen zu nehmen, nur einige Stimuli bestimmt, sodass alle Merkmalsausprägungen gleich häufig vorkommen.

Der dritte Schritt umfasst die eigentliche Studiendurchführung mit Probanden. Je nach Art der Conjoint-Analyse bewerten die Probanden dabei bis zu dreißig Stimuli oder beantworten bis zu dreißig Auswahlsituationen mit mehreren Stimuli. Conjoint-Analysen lassen sich übrigens sehr gut in anderen Fragebögen integrieren.

Im vierten und abschließenden Schritt werden die gesammelten Daten ausgewertet und interpretiert. Grundprinzip ist dabei die Modellierung einer Nutzenfunktion für den Untersuchungsgegenstand. Daraus ergibt sich für jede Merkmalsausprägung ein Teilnutzenwert, der anzeigt, welchen Nutzen das Vorliegen dieser Ausprägung stiftet. Dieser kann positiv oder negativ sein (z. B. hohe Preise spenden gemeinhin negativen Nutzen). Aus den zusammengezählten Teilnutzenwert eines Merkmals lässt sich dann seine relative Wichtigkeit berechnen. Damit lässt sich beantworten, wie wichtig dieses Merkmal bei der Einschätzung insgesamt ist. Beide Informationen lassen wiederum in nachgelagerten Analysen wie die Berechnung eines idealen Konzepts oder erweiterte Marktanteilsprognosen nutzen.

Praxisschlaglicht

Eine Conjoint-Studie des österreichischen Tourismusverbands zeigt, wie wichtig Nachhaltigkeitskriterien wie Lebensmittelherkunft, öffentliche Anreise und Zertifizierung für die Wahl des Hotels ist und was Urlauber bereit sind zu zahlen für diese Kriterien. Diese Informationen machen es touristischen Anbietern möglich, dem Mehrwert einer Erweiterung des Produktangebots um Aspekte wie die Kosten der Umsetzung gegenzurechnen. Diese Studie macht deutlich, wie die tatsächliche Zahlungsbereitschaft der Zielgruppe Österreich-Urlauber für nachhaltige Angebote ist und quantifiziert diese Ergebnisse mithilfe einer Choice-based Conjoint-Analyse.

Wirkfeld der Methode

- Wirksam für Herausforderungen mit hoher Komplexität
- Wirksam für Herausforderungen mit mittlerer Komplexität
- Wirksam für nachhaltiges Marketing
- Wirksam für nachhaltiges Produktdesign
- Wirksam für nachhaltiges Servicedesign
- Wirksam für nachhaltiges Business Model Design

Transformationsfähigkeit Ihres Teams

- Zahlt auf das Dringlichkeitsempfinden ein
- Erhöht die Lösungsorientierung

Einsatzcharakteristik/Arbeitsrahmen

- Austauschfokus: vornehmlich mit externen Personen
- Durchführungszeit: eher hoch (> 1 Tag)
- Einsatzfrequenz: sinnvoll im dauerhaften Einsatz
- Einsatzfrequenz: vornehmlich im einmaligen Einsatz
- Einsatzradius: vornehmlich im unternehmensweiten Einsatz
- Komplexität für die Teilnehmer: eher gering
- Teamgröße: Speziell für Großgruppen geeignet (> 50 Teilnehmer)
- Vorbereitungszeit: eher hoch (>1 Tag)

Input für eine zielführende Arbeit mit der Methode

- Aktuell existierende Geschäftsmodelle
- Aktuell existierende Produkte und Services
- Ergebnisse aus der Analysephase
- Ideen, Lösungsansätze, Vorideen, Varianten
- Merkmale der gegebenen Herausforderung
- Produktmerkmale, Skizzen, Eigenschaften

Output und beobachtete Ergebnisse der Methode

- Erzeugt Prognosen und Ableitungen
- Erzeugt Nutzenfunktionen und Bedürfniskorridore
- Hilft bei Entscheidungen, Bewertungen und Feedback
- Identifiziert vorhandene Schwachstellen
- Identifiziert vorhandene Stärken
- Ziel- und Fokusgruppen

Hinderniseffekte, auf die die Methode positiv wirkt

- Beugt blinden Flecken/Betriebsblindheit vor
- Schwächt Verdiskutiererei
- Verhindert Ideenfindung mit zu schwacher Erkenntnisgrundlage

Mögliche Extravorteile der Methode

- Möglicher Extravorteil für Teams mit einer konservativen, tradierten Kultur
- Möglicher Extravorteil für innovativ erfahrene Teams

Quellen

Buch – Conjointanalyse: Methoden – Anwendungen – Praxisbeispiele. Daniel Baier (Springer Gabler, 2021)

Grafik: verrocchio Sustainable Inspiration Card – Malvine Klecha, Hila Attaie und Jennifer van Aerssen (Illustration)

Continuous Learning Loops

EinSatzBeschreibung

Das Framework „Continuous Learning Loops“ ermöglicht einen kontinuierlichen Erkenntnisprozess durch wiederholte Schleifen von Feedback, Anpassung und Verbesserung.

Working Guide/Anwendungsfelder

P1 Sensibilisierung/Bildung	P2 Matching Recht/Gesetz	P3 Sustainability Roadmap	P4 Produkt/Prozessdesign	P5 Implementierung/Monitoring	P6 Kommunikation	P7 Organisation	P8 Führung	P9 Business Model Design	P10 Skalierung
			X	X					

Beschreibung

Das Framework der „Continuous Learning Loops“ bezieht sich auf einen iterativen und fortlaufenden Erkenntnisprozess, der darauf abzielt, nachhaltige, skalierbare Lösungen zu generieren, indem z. B. kreislaufwirtschaftliche fokussierte Optimierungen generiert, ausgewählt, getestet und umgesetzt werden. Innerhalb des Frameworks funktionieren im Verbund verschiedene methodische Ansätze an verschiedenen Weichen der Loops.

Kreislaufwirtschaftliches Design ist genauso wie Produkt-, Service- und Prozessdesign ein kontinuierlicher Modellierungsprozess. Ziel kann es sein, Lösungen zu Themen des Umweltmanagements, der Nutzung erneuerbaren Energien, Fragen der sozialen Gerechtigkeit oder z. B. zu Herausforderungen der ökologischen Landwirtschaft zu erforschen.

An den verschiedenen Weichen der „Continuous Learning Loops“ werden Feedback Schleifen genutzt, um eine Lernphase zu wiederholen oder in die nächste Phase überzuwechseln, um die nächsten Schritte zur Weiterentwicklung des Designs zu erkunden.

Durchführung

Das Framework der „Continuous Learning Loops“ besteht aus folgenden Schritten:

Nutzen Sie das gesammelte Feedback aus der implementierten Methode „Embedded Feedback Mechanisms“ und reflektieren Sie dessen Impact auf Ihren wertschöpferischen Gesamtkontext und mögliche Modellierungsoptionen.

Stellen Sie sich dazu die Frage: Haben Sie Ihre gesetzten Ziele erreicht und konnten Sie die Antworten auf die gestellten Fragen finden?

Summieren Sie dieses Feedback, indem Sie nach wiederkehrenden Mustern und Erkenntnissen darüber suchen, was Sie gelernt haben. Überlegen Sie, wie sich Ihr Denken durch das Gelernte verändert hat.

Erstellen Sie ein Flussdiagramm (siehe Abbildung).

Konnten Sie die richtigen Daten erfassen?

- Wenn nein: Überarbeiten Sie den Mechanismus zur Datenerhebung.
- Wenn ja, nächste Frage: Zeigen die Daten Fortschritte in Richtung Kreislaufwirtschaft?
- Wenn nein: Überarbeiten Sie das Produkt-/Dienstleistungskonzept.
- Wenn ja, nächste Frage: Ist es auf dem Weg der Wirtschaftlichkeit und Umsetzbarkeit?
- Wenn nein: Überarbeiten Sie Ihre Idee und Ihr Geschäftsmodell
- Wenn ja, nächste Frage: Kann es skaliert werden?
- Wenn nein: Passen Sie Ihr Experiment/Pilotprojekt an und wiederholen Sie es.
- Wenn ja: Aktuelle Vorschläge unverändert erweitern oder eine neue Intervention im System

Nutzen Sie Ihr erstelltes Flussdiagram als Hilfsmittel, um diese übergeordneten Fragen zu beantworten:

- Erfordert der Feedback-Mechanismus eine Anpassung oder Änderung?
- Bietet der Feedback-Prozess wertvolle Daten oder investieren Sie Ihre Zeit in die Sammlung von irrelevanten Daten?
- Welche Maßnahmen müssen Sie ergreifen, um Ihr Produkt oder Ihre Dienstleistung so anzupassen, dass sie Ihnen geschäftlichen Nutzen bringt und einen Mehrwert für das Gesamtsystem schafft?
- Auf welche Weise könnten Sie Ihr Produkt oder Ihre Dienstleistung verbessern, um nicht nur für den Endverbraucher, sondern auch für andere Nutzer in der Wertschöpfungskette einen Mehrwert zu schaffen?
- Weist Ihr Produkt oder Ihre Dienstleistung Mängel in Bezug auf Benutzerfreundlichkeit oder technische Aspekte auf? Sind Anpassungen erforderlich, um eine bessere Funktionalität zu gewährleisten?
- Wie wird Ihr nächster Schritt aussehen? Planen Sie, das gleiche Modell zu skalieren oder beabsichtigen Sie, Ihren Einfluss zu erweitern, indem Sie in andere Kreisläufe des Systems expandieren?

Praxisschlaglicht

In der Praxis der Methode „Continuous Learning Loops“ sind klare Ziele, eine offene Feedbackkultur, Datenanalyse, iterative Anpassungen, eine Lernkultur, Engagement, Flexibilität und kontinuierliche Verbesserungen wichtig.

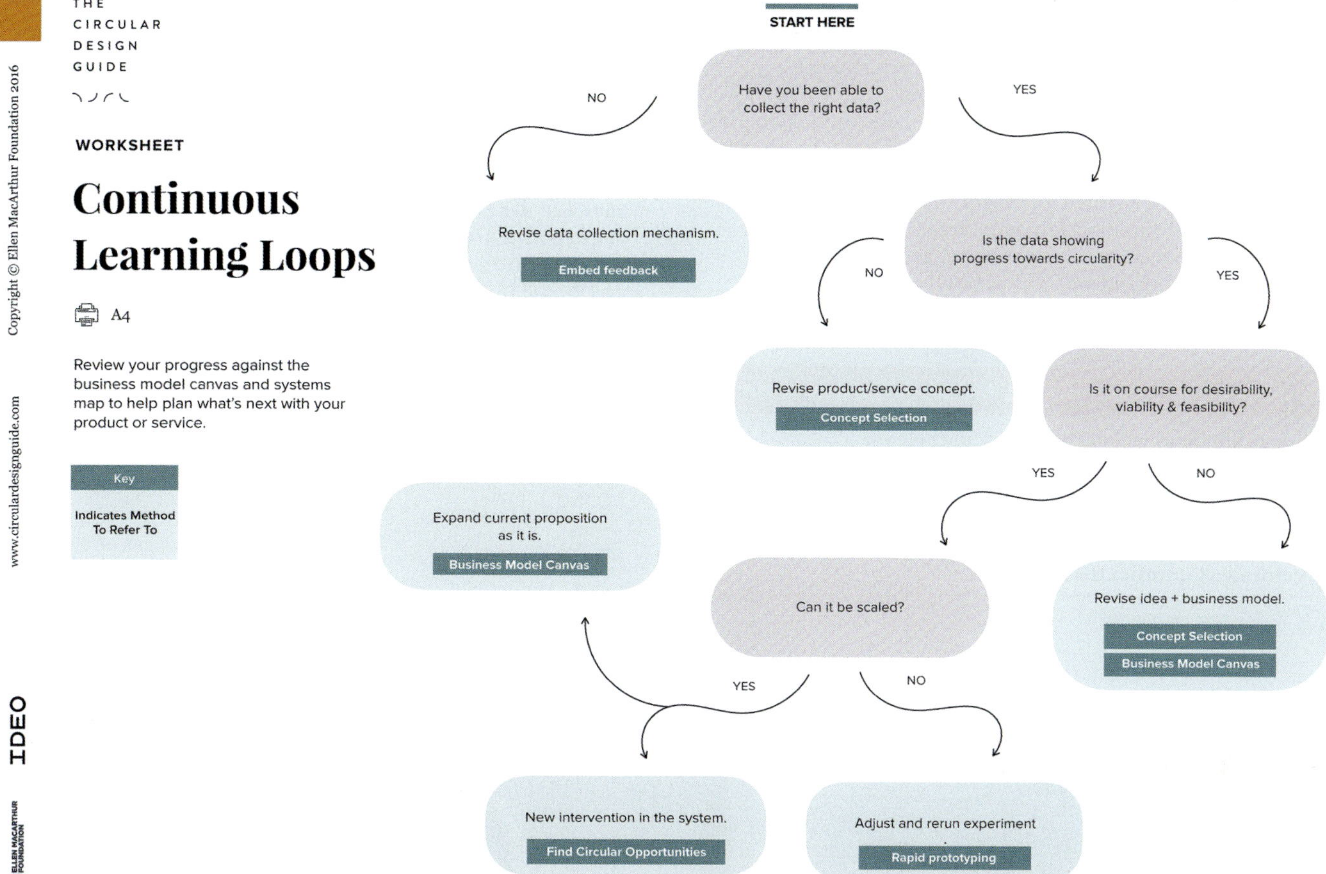

Wirkfeld der Methode

- Wirksam für Herausforderungen mit hoher Komplexität

Transformationsfähigkeit Ihres Teams

- Fördert offene Mindsets und innovative Denkhaltungen
- Zahlt auf eine bessere Vorstellungskraft ein
- Zahlt auf ein positives Zukunftsbild ein
- Zahlt auf das Dringlichkeitsempfinden ein
- Erhöht die Lösungsorientierung

Einsatzcharakteristik/Arbeitsrahmen

- Austauschfokus: vornehmlich mit internen Personen
- Durchführungszeit: eher hoch (> 1 Tag)
- Einsatzfrequenz: sinnvoll im dauerhaften Einsatz
- Einsatzfrequenz: vornehmlich über den kompletten Projektzeitraum
- Einsatzradius: vornehmlich im Teameinsatz
- Einsatzradius: vornehmlich im projektweiten Einsatz
- Einsatzradius: vornehmlich im unternehmensweiten Einsatz
- Komplexität für den Moderator: eher hoch
- Komplexität für die Teilnehmer: eher hoch
- Teamgröße: Einzelpersonennutzung möglich
- Teamgröße: Kleingruppe möglich (3 bis 5 Teilnehmer)
- Teamgröße: Mittelgroße Teams möglich (5 bis 20 Teilnehmer)
- Vorbereitungszeit: eher hoch (>1 Tag)

Input für eine zielführende Arbeit mit der Methode

- Aktuell existierende Geschäftsmodelle
- Aktuell existierende Produkte und Services
- Aktuelle Herausforderung, Leitfrage, Problem
- Existierende Prozesse und Verfahren

Output und beobachtete Ergebnisse der Methode

- Bessere Projekteffizienz, bessere Teamperformance
- Erzeugt Listen von Chancen und Risiken
- Erzeugt Ideen für neue Märkte und neue Business Modelle
- Erzeugt Ideensuchfelder, unentdeckte Probleme, Inspiration
- Erzeugt Leitfragen für die Ideenfindung
- Erzeugt größere Klarheit zu einem Thema
- Erzeugt transformationsfähigere Organisationen
- Erzeugt segmentierte, kategorisierte, geclusterte Daten
- Identifiziert vorhandene Schwachstellen
- Macht Wirkzusammenhänge sichtbar

Hinderniseffekte, auf die die Methode positiv wirkt

- Beugt blinden Flecken/Betriebsblindheit vor
- Bewahrt vor zu generischen Ideen und Aussagen
- Schafft für den Erfolg nötige Realitätsbezüge
- Schärft eine fehlende gemeinsame Ausrichtung
- Verhindert falsche Flughöhen
- Verhindert unreflektiertes agieren

Mögliche Extravorteile der Methode

- Möglicher Extravorteil für innovativ erfahrene Teams
- Möglicher Extravorteil für in Nachhaltigkeitsthemen erfahrene Teams

Quellen

Organisation – Der Circular Design Guide ist eine Zusammenarbeit zwischen der Ellen MacArthur Foundation und IDEO. Copyright © Ellen MacArthur Foundation 2017, 2018

Web – https://www.circulardesignguide.com/methods (abgerufen 16.06.2023)

Grafik: verrocchio Sustainable Inspiration Card – Malvine Klecha, Hila Attaie und Jennifer van Aerssen (Illustration)

Cradle-to-Cradle Canvas

EinSatzBeschreibung

Der Cradle-to-Cradle Canvas erleichtert den Einstieg in die Entwicklung, Analyse und Optimierung im Kontext einer Cradle-to-Cradle-Strategie und ist bezogen auf ein konkretes Produkt.

Working Guide/Anwendungsfelder

P1 Sensibilisierung/Bildung	P2 Matching Recht/Gesetz	P3 Sustainability Roadmap	P4 Produkt/Prozessdesign	P5 Implementierung/Monitoring	P6 Kommunikation	P7 Organisation	P8 Führung	P9 Business Model Design	P10 Skalierung
			X		X	X		X	

Beschreibung

Der Cradle-to-Cradle Canvas ist ein nützliches Werkzeug für Unternehmen, da es mit eigenen Bordmitteln bearbeitet werden kann. Es sollte nicht mit einem „Eigen-Assessment" verwechselt werden, aber es gibt die Möglichkeit einer grundsätzlichen ersten Verortung zu dem Thema. Diese erste Verortung bietet weitere positive Gründe:

1. Ganzheitlicher Überblick: Der Cradle-to-Cradle Canvas bietet einen umfassenden Überblick über die Eckpunkte der Cradle-to-Cradle-Bewertungsmodule auf einer einzigen Seite. Dadurch kann ein Produkt in den Cradle-to-Cradle-Kontext eingeordnet werden und in seiner Gesamtheit erfasst und verstanden werden.

2. Klare Kommunikation: Der Canvas ermöglicht eine klare und visuelle Kommunikation, ist leicht verständlich und kann effektiv mit Teammitgliedern und Partnern geteilt werden.

3. Strategische Planung: Mit dem Canvas kann strategisch besser geplant und optimiert werden. Die wichtigsten Elemente können identifiziert und priorisiert werden.

4. Risikoreduktion: Durch das Identifizieren von Annahmen und Risiken, Blind Spots, aber auch schon vorhanden Potenzialen, können proaktiv und zielgerichtet Maßnahmen ergriffen werden.

5. Effiziente Ressourcennutzung: Der Canvas hilft dabei, Ressourcen effizienter einzusetzen, indem Themenbereiche zugeordnet werden, und damit unnötige Ausgaben oder Redundanzen erkannt und eliminiert werden können.

6. Grundlage für die Operationalisierung: Der Canvas dient oft als Ausgangspunkt für die Erstellung eines detaillierten Projektplans, da es bereits die wichtigsten strategischen Elemente abdeckt.

7. Bessere Zusammenarbeit: Das gemeinsame Ausfüllen des Canvas kann zu einer besseren Zusammenarbeit und einem tieferen Verständnis im Team führen, da es dazu ermutigt, Ideen und Perspektiven auszutauschen. Darüber hinaus hilft es in der Zusammenarbeit mit einem Cradle-to-Cradle-Projektpartner, weil die Themenbereiche (wenn auch nur sehr oberflächlich) aktiviert sind und eine erste IST-Analyse darstellt.

Durchführung

1. Cradle-to-Cradle-Prinzipen

Diese dienen als Orientierungsmarke in der Diskussion und sollten allen Akteuren bekannt sein.

2. Ausgangspunkte Produktszenario und Inventarisieren

Ausgangspunkt ist das Produktszenario, also Fragen wie: Was ist der eigentliche Nutzen des Produkts? Wie interagiert es mit den Kunden, aber auch was ist der eigentliche Service hinter dem Produkt? Eine tiefergehende Auseinandersetzung mit dem Produkt und eine Erstellung mit Szenarien ist hier sehr sinnvoll.

Bei einer Produktoptimierung ist das Inventarisieren wichtig: also woraus besteht eigentlich unser Produkt ganz konkret (z. B. mit einer Stückgutliste), was wissen wir eigentlich über die Materialien und noch wichtiger, was wissen wir eigentlich nicht, weil das Wissen in der Lieferkette „versteckt" ist (z. B. über Additive, Zusammensetzung der Klebemittel, Rezyklatzusammensetzung etc.)

3. Auseinandersetzung mit dem Cradle-to-Cradle-Metabolismus

Handelt es sich um ein Verbrauchs- oder Gebrauchsgut und was muss dem technischen oder biologischen Metabolismus zugeordnet werden? Voraussetzung ist hier also ein tiefergehendes Verständnis mit dem Thema (siehe Cradle-to-Cradle-Metabolismus).

4. Canvas-Feld: Materialgesundheit

Was wissen wir konkret über unsere Materialien in unserem Produkt? Sind diese Materialien sicher, gesund für Mensch und Umwelt oder wissen wir schon jetzt, dass es problematische und giftige Stoffe verarbeitet werden?

5. Canvas-Feld: Stoffstrommanagement

Erste Fragen, die zu dem Thema helfen können: Wissen wir konkret, wo unsere Materialien herkommen, und gibt es dort ggf. Blind Spots? Gibt es schon jetzt bekannte Risiken oder Potenziale? Sind schon Aspekte der Wiederverwertung bedacht, z. B. Nachnutzungsphase oder Trennbarkeit? Wo landet das Produkt konkret (Verbrennung, Recycling, Umwelt, Ozean)? Hier sollten das Wissen und die Fragen so aufbereitet werden, dass diese in Zusammenarbeit mit einem Recycler beantwortet werden können.

6. Canvas-Feld: Energie und Klima

Mit welcher Energiequelle werden die Produkte produziert (erneuerbare?) und gibt es ein Klimamanagement zur Produktion und dem Produkt?

59

Cradle-to-Cradle Canvas

The Cradle to Cradle Canvas

We want to help you to structure your ideas, knowledge about your product and the production according to the Cradle to Cradle principles: • Waste equals food • Use solar income • Celebrate diversity	How to use the canvas: First think of the scenario of your product. Then start with an inventory and list everything you know about your product and the production according to the 5 Cradle to Cradle modules.	Is it a product of consumption (**biological cycle**) or a technical product which needs to be kept in the **technical cycle**?	

 What materials do you use in your products? Are they safe, healthy, toxic?	 Do you have a design for disassembly? Are your materials recyclable without loss of quality?	 What kind of energy is used to produce your product?	 What kind of water stewardship is implemented? Is your effluent water drinkable? Does your product respect water as a habitat?	 Do you and does your product respect social fairness? How?

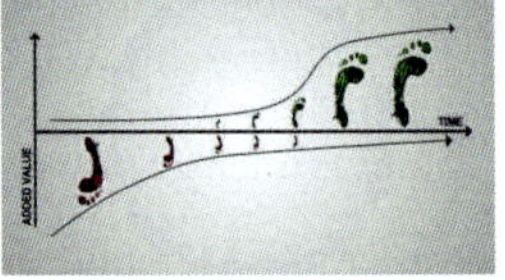	What do you want to achieve with your product? Set an ambitious goal and set milestones how you want to achieve your goals..

Quelle: Christian Dinter

7. Canvas-Feld: Wasser und Boden

Wie wechselwirkt die Herstellung des Produkts innerhalb der Produktion mit dem Wasser und dem Boden? Ist das Abwasser wirklich sauber? Gibt es Wasserknappheit in der Gegend? Gibt es ein Monitoring zum Wasser und Bodenthemen (Nutzung, Kontamination etc.)?

8. Canvas-Feld: Soziale Fairness

Wird das Produkt fair und sozial gerecht hergestellt? Gibt es entsprechende Managementstrukturen zu dem Thema?

9. Ziele und Ambitionen auf das Produkt bezogen

Idealerweise spiegelt sich das Selbstverständnis des Unternehmens auch im Ambitionsniveau auf Produktebene wider. Was soll mit dem Produkt erreicht werden und welcher Zeitrahmen wird dafür gesetzt? Gerade dieser Abschnitt ist ein guter Indikator dafür, ob die Unternehmensvision bis auf operativer Ebene entwickelt und verstanden wurde.

Wirkfeld der Methode

- Wirksam für Herausforderungen mit mittlerer Komplexität
- Wirksam für nachhaltiges Produktdesign
- Wirksam für nachhaltiges Servicedesign
- Wirksam für nachhaltiges Business Model Design

Transformationsfähigkeit Ihres Teams

- Fördert die Sensibilisierung
- Fördert die allgemeine Transformationsfähigkeit des Teams
- Erhöht die Lösungsorientierung

Einsatzcharakteristik/Arbeitsrahmen

- Austauschfokus: vornehmlich mit internen Personen
- Durchführungszeit: eher mittel (> 1 Stunde bis < 1 Tag)
- Einsatzfrequenz: vornehmlich im einmaligen Einsatz
- Einsatzradius: vornehmlich im Teameinsatz
- Einsatzradius: vornehmlich im projektweiten Einsatz

- Einsatzradius: vornehmlich im unternehmensweiten Einsatz
- Komplexität für den Moderator: eher mittel
- Komplexität für die Teilnehmer: eher mittel
- Teamgröße: Einzelpersonennutzung möglich
- Teamgröße: Kleingruppe möglich (3 bis 5 Teilnehmer)
- Teamgröße: Mittelgroße Teams möglich (5 bis 20 Teilnehmer)
- Vorbereitungszeit: eher gering (< 1 Stunde)

Input für eine zielführende Arbeit mit der Methode

- Aktuell existierende Geschäftsmodelle
- Aktuell existierende Produkte und Services
- Aktuelle Herausforderung, Leitfrage, Problem

Output und beobachtete Ergebnisse der Methode

- Erzeugt Ideen für neue Märkte und neue Business Modelle
- Erzeugt Ideen, Lösungsansätze, Vorideen, Möglichkeiten
- Erzeugt Ideensuchfelder, unentdeckte Probleme, Inspiration
- Erzeugt Leitfragen für die Ideenfindung

Hinderniseffekte, auf die die Methode positiv wirkt

- Verhindert unreflektiertes agieren
- Verkürzt und durchbricht vorhandene Kreativblockaden
- Hilft Greenwashing Potenziale aufzuzeigen (z. B. durch Blind Spots in der Nachhaltigkeitsbewertung)

Mögliche Extravorteile der Methode

- Möglicher Extravorteil für in Nachhaltigkeitsthemen ungeübte Teams

Quellen

Person – Christian Dinter

60 Cradle-to-Cradle-Innovationsmethode

EinSatzBeschreibung

Beschreibt eine Vorgehensweise durch die Phasen Inventarisieren – Bewertung – Optimierung.

Working Guide/Anwendungsfelder

P1 Sensibilisierung/Bildung	P2 Matching Recht/Gesetz	P3 Sustainability Roadmap	P4 Produkt/Prozessdesign	P5 Implementierung/Monitoring	P6 Kommunikation	P7 Organisation	P8 Führung	P9 Business Model Design	P10 Skalierung
	X		X	X	X	X			

Beschreibung

Klassische Nachhaltigkeitsstrategien basieren häufig auf dem „frei von" Ansatz, z. B. frei von PVC, BPA oder frei von anderen kritischen Substanzen. Cradle-to-Cradle basiert auf dem Ansatz zu wissen, was in den Produkten steckt, dann der aktiven Risko-/Potenzial-Bewertung und der entsprechenden Optimierungen.

Grundsätzlich lassen sich somit alle Cradle-to-Cradle-Projekte in drei Phasen einteilen: Phase 1: Inventarisieren, Phase 2: Bewertung, Phase 3: Optimierung.

Im Folgenden soll die Herangehensweise näher erläutert werden und auch als Inspirations- und Sensibilisierungsgrundlage dienen, für Akteure, die ggf. nur eine eingeschränkte Datengrundlage zur Verfügung haben.

Durchführung

Phase 1: Inventarisieren

In der ersten Phase gilt es erst einmal darum herauszufinden, woraus die eigenen Produkte eigentlich genau bestehen. Klassischerweise wird das mit einer Stückgutliste gemacht, wo das Produkt in seine Bauteile „zerlegt" wird und dann die Materialien den einzelnen Bauteilen zugeordnet wird. Mal gelingt es besser die Materialien dann weiter zu spezifizieren, z. B. bei Metallen durch eine Legierungsnummer, die besagt, wie die Zusammensetzung ist, manchmal aber auch nur auf generischer Ebene, z. B. Holzart oder Kunststoffart, etc.

Fokus Kunststoffe:

Speziell Kunststoffe können mit eigenen Bordmittel häufig auch nur auf generischer, also auf Polymerebene (PE, PET etc.) beschrieben werden. Damit Kunststoffe ihre gewünschten technischen Eigenschaften erhält, werden eine Reihe von Zusatzstoffen zugefügt (Weichmacher, Farbsysteme uvm.). Auch wenn die Menge gering erscheint, sind es doch genau diese Zusatzstoffe, die entscheiden, ob das Material toxikologisch problematisch ist (Schadstoff) oder Probleme beim Recycling verursacht (Störstoff). An die Informationen der genauen Zusammensetzung heranzukommen ist meistens unmöglich, weil die Vorlieferkette auf ihr Geschäftsgeheimnis verweist. Um dennoch an Informationen zu kommen, bietet die Cradle-to-Cradle-Zertifizierung ein Know-how-Trustee-Modell an. Das bedeutet, die Informationen entlang der Lieferkette werden nicht an den Produzenten, sondern an den Assessoren unter Wahrung der Geheimhaltung übermittelt.

Dieser Prozess ist durchaus aufwendig, weil die Produkte von heute vielleicht trivial aussehen, in Wahrheit jedoch materialseitig sehr aufwendig sind. So kann eine durchsichtige Käsefolienverpackung aus bis zu sieben und mehr Schichten bestehen z. B. mit Siegelschichten, Haftervermittler, Barriereschichten, Träger- und Druckschichten.

> Tipp: Auch wenn das Produkt nicht gleich über die Lieferkette hinweg positiv definiert werden soll, macht es durchaus Sinn, die Korrelation Produkt – Bauteile – Materialien – Informationen (z. B. Materialsicherheitsdatenblätter oder Reports) als Grundlage für das Wissensmanagements in Betracht zu ziehen.

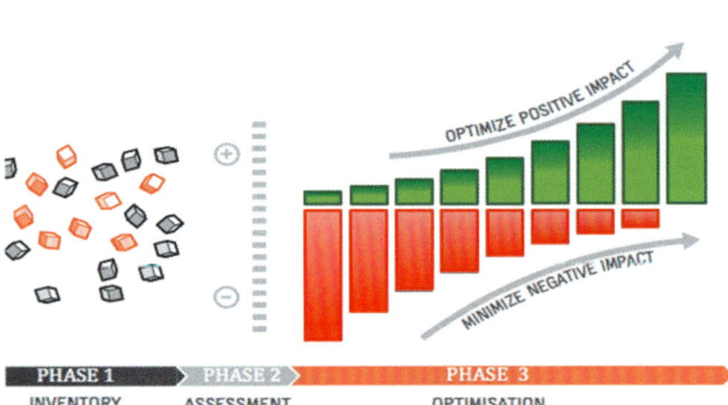

Cradle-to-Cradle Innovation Method (Quelle: EPEA)

Phase 2: Assessment

In dieser Phase werden die vorliegenden Daten bewertet. Dabei werden (stark vereinfacht) folgende Phasen durchlaufen:

- Szenario: biologischer oder technischer Kreislauf?
- Woher kommt das Material (Rezyklat oder Virginmaterial) und ist ein positiver Fußabdruck möglich?
- Identifikation von Gefährdungspotenzialen (Toxikologie nach Stand der Wissenschaft)
- Szenario Kontext und Exposition(en)
- Risikobewertung = Gefährdungspotenzial x Exposition

- Kreislauffähigkeit
- Bewertung nach dem Cradle-to-Cradle-Standard (ABC-X)

Nach dieser Phase gibt es nun ein klares Profil von den im Produkt befindlichen Substanzen, den Wechselwirkungen (zu Mensch und Umwelt) im konkreten Produkt-Anwendungsbereich und entsprechender Risikobewertung.

Phase 3: Optimierung

Nun da genügend Informationen vorliegen, können die negativen Effekte minimiert werden, indem Materialien mit unerwünschten Effekten z. B. substituiert werden. In dieser Phase ist es aber auch nicht unüblich, dass sehr viele positive Aspekte gefunden werden, bzw. integriert werden.

Idealerweise wird in dieser Phase auch die Performance im Hinblick auf das Recycling und die Nachnutzungsphase bedacht und integriert. Reduktion und Downcycling (Qualitätsverschlechterung) soll nach Möglichkeit vermieden werden und Potenziale zu Upcycling (Qualitätsverbesserung), Wiederverwertung und Redesign genutzt werden.

Idealerweise sind diese Phasen eingebettet in einen Cradle-to-Cradle-Produktentwicklungsprozess.

Helfende Organisation

Assessors – Cradle to Cradle Products Innovation Institute (c2ccertified.org)

Wirkfeld der Methode

- Wirksam für Herausforderungen mit hoher Komplexität
- Wirksam für nachhaltiges Produktdesign
- Wirksam für nachhaltiges Business Model Design

Transformationsfähigkeit Ihres Teams

- Fördert die allgemeine Transformationsfähigkeit des Teams
- Zahlt auf das Dringlichkeitsempfinden ein
- Erhöht die Lösungsorientierung

Einsatzcharakteristik/Arbeitsrahmen

- Austauschfokus: vornehmlich mit externen Personen
- Durchführungszeit: eher hoch (> 1 Tag)
- Einsatzfrequenz: sinnvoll im dauerhaften Einsatz
- Einsatzfrequenz: vornehmlich über den kompletten Projektzeitraum
- Einsatzradius: vornehmlich im projektweiten Einsatz
- Einsatzradius: vornehmlich im unternehmensweiten Einsatz
- Komplexität für den Moderator: eher hoch
- Komplexität für die Teilnehmer: eher hoch
- Teamgröße: Kleingruppe möglich (3 bis 5 Teilnehmer)
- Vorbereitungszeit: eher hoch (>1 Tag)

Input für eine zielführende Arbeit mit der Methode

- Aktuell existierende Geschäftsmodelle
- Aktuell existierende Produkte und Services
- Ideen und Projekte, die zur Umsetzung anstehen

Output und beobachtete Ergebnisse der Methode

- Erzeugt Ideen, Lösungsansätze, Vorideen, Möglichkeiten
- Erzeugt Ideensuchfelder, unentdeckte Probleme, Inspiration
- Erzeugt Leitfragen für die Ideenfindung

Hinderniseffekte, auf die die Methode positiv wirkt

- Bewahrt vor zu generischen Ideen und Aussagen
- Verhindert Ideenfindung mit zu schwacher Erkenntnisgrundlage
- Vermeidung von Greenwashing-Potenzialen durch proaktive Integration des Stands der Wissenschaft

Mögliche Extravorteile der Methode

- Möglicher Extravorteil für in Nachhaltigkeitsthemen ungeübte Teams

Quellen

Organisation – Cradle to Cradle Products Innovation Institute

Web – https://c2ccertified.org/the-standard/material-health-certificate (abgerufen 10.10.2023)

Web – https://c2ccertified.org/the-standard/version-4-0 (abgerufen 10.10.2023)

61 Cradle-to-Cradle-Metabolismen

EinSatzBeschreibung

Einstieg in die Nutzung der Cradle-to-Cradle-Metabolismen und des Stoffstromdiagramms.

Working Guide/Anwendungsfelder

P1 Sensibilisierung/Bildung	P2 Matching Recht/Gesetz	P3 Sustainability Roadmap	P4 Produkt/Prozessdesign	P5 Implementierung/Monitoring	P6 Kommunikation	P7 Organisation	P8 Führung	P9 Business Model Design	P10 Skalierung
			X					X	

Beschreibung

Wird sich mit dem Thema Verankerung und auch Aktivierung der Zirkularität im Produktdesign auseinandergesetzt, stellt sich dann meistens die Fragen:

- Schmetterlingsdiagramm der Ellen MacArthur Foundation nutzen?
- Oder Cradle-to-Cradle-Metabolismen und Stoffstromdiagramm? (Die Gesamtheit der Vorgänge, die zur Energie-Erzeugung und zum Aufbau von Körperbestandteilen führen, nennt man Stoffwechsel bzw. Metabolismus.)

Auf den ersten Blick scheint es das Gleiche zu sein, dennoch sollten die Hintergründe verstanden sein, um das richtige Werkzeug für die eigenen Ambitionen zu finden:

Die Circular Economy als Framework konzentriert sich in erster Linie auf die Verlängerung der Nutzungsdauer von Produkten und die Förderung von Recycling und Wiederverwendung. Sie zielt darauf ab, lineare Wirtschaftsmodelle (Produktion, Verbrauch, Entsorgung) in zirkuläre Modelle umzuwandeln. Es geht also darum Ressourcen so zu nutzen, dass sie in einem geschlossenen Kreislauf gehalten werden. Dies bedeutet, dass Produkte, Materialien und Ressourcen am Ende ihres Lebenszyklus recycelt, wiederverwendet oder auf andere Weise zurück in die Wirtschaft gebracht werden, anstatt als Abfall zu enden. Das Ziel ist es, Abfall zu minimieren und die Lebensdauer von Produkten zu verlängern. Dass die Rezyklierbarkeit vom Produktdesign abhängt und daher das Stoffstromwissen dort bedacht sein soll, wird auch von der Ellen MacArthur Foundation propagiert. Mögliche Stoffstromwege sollen mit dem Schmetterlingsdiagram aufgezeigt werden. Die Circular Economy legt weniger Wert auf die toxikologischen Eigenschaften von Materialien, sondern betont die Wiederverwendung und das Recycling von vorhandenen Materialien.

Cradle-to-Cradle als Landkarte für Produkt- und Prozessdesign betont die Auswahl von Materialien, die sicher für Mensch und Umwelt sind, und fordert die Schaffung von Materialien, die in geschlossenen und definierten Stoffstrommodellen wiederverwendet werden können, ohne schädliche Auswirkungen zu haben. Cradle-to-Cradle legt daher den Schwerpunkt auf das Design von Produkten, Prozessen und Materialien von Anfang an. Die Materialauswahl und die Produktgestaltung sollen sicherstellen, dass die Produkte entweder biologisch verstoffwechselt oder vollständig technisch wiederverwertet werden können, ohne Abfall und/oder schädliche Rückstände zu hinterlassen.

Cradle-to-Cradle legt also Wert auf die Sicherheit von Materialien und betrachtet auch die Rezyklierbarkeit qualitativ. Können also die Materialien hochwertig(er) wieder genutzt werden (Upcycling) oder ist nur ein minderwertigeres Nachnutzungszenario erreichbar (Downcycling)!?

Die Circular Economy muss also eher als „größerer Rahmen" verstanden werden, wohingegen Cradle-to-Cradle auf einer klar definierten Methodik basiert und auch die Möglichkeit der Zertifizierung von Produkten nach dem Standard des Cradle-to-Cradle Products Innovation Institute besteht.

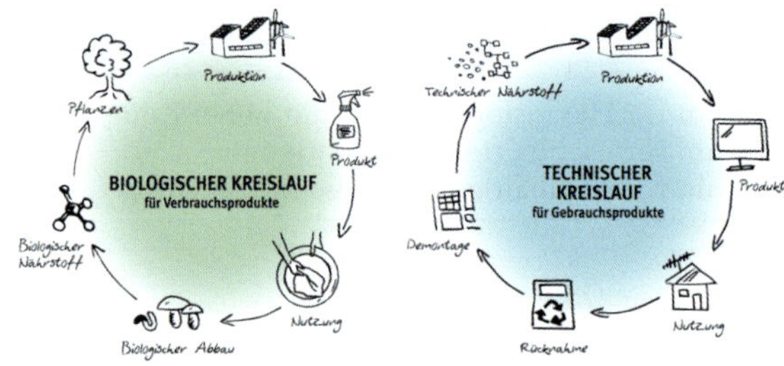

Cradle-to-Cradle-Metabolismen (Quelle: https:/lepea.com)

Durchführung

1. Es gibt einen technischen und einen biologischen Metabolismus

Stark vereinfacht lässt sich sagen: Materialen sollten perspektivisch *nur genutzt werden* und daher sicher im technischen Kreislauf geführt werden. Materialien, die *verbraucht* werden und in der Biosphäre landen (z. B. durch Verschleiß) werden dem biologischen Metabolismus zugeordnet.

2. Wahl des richtigen Metabolismus

Die „Wahl" des richtigen Metabolismus hängt weniger von dem Ursprung der Ausgangsmaterialien ab, also bio(logisches) Material gleich immer biologischer Metabolismus, sondern von der Materialexposition, sprich womit interagieren die Materialien, der Biosphäre oder der Technosphäre?

Beispiel 1: Ein Fahrradrahmen besteht (mal vereinfacht) aus Metall und soll so entwickelt werden, dass es nach der Nutzung gut, sicher und hochwertig wieder dem Metallrecycling zugeführt werden kann. Produkt Fahrrad = technischer Metabolismus.

Beispiel 2: Betrachten wir die Reifen oder auch die Bremsbeläge von einem Fahrrad, sehen wir Verschleiß, also Abrieb von Reifen und Bremsbelägen, die in der Umwelt landen. Dieser Abrieb muss sicher für die Umwelt sein, also werden diese Materialien dem biologischen Metabolismus zugeordnet und sollen technisch rezyklierbar sein. Bauteile Reifen und Bremsen = sicher für den biologischen Metabolismus, technisch rezyklierbar.

Beispiel 3: Biokunststoffe, die z. B. als Nachnutzungsszenario die industrielle Kompostierung haben, sollen verschleißfrei in einem technischen Stoffstrommodell geführt werden, weil eine industrielle Kompostierung durch genau definierte Parameter die biologische Abbaubarkeit aktiviert, die nicht mit einer „sicheren Entsorgung" in der Umwelt zu vergleichen sind. Vereinfacht gesagt, die meisten Biokunststoffe sind nicht dafür gemacht, in der Umwelt zu verrotten = technischer Metabolismus.

3. Zuordnen des Metabolismus zu den Materialien/Bauteilen

Es gilt das Produkt und die Bauteile mit dem entsprechenden Stoffstromverhalten zu verstehen und das idealerweise über die Phasen der Produktion, Nutzungsphase und der Nachnutzungsphase. Dazu wird es meistens notwendig sein, dass auch externes Stakeholder-Wissen eingeholt werden muss, z. B. für die Nachnutzung mit Fragen wie: Wo landet eigentlich unser Produkt? Kann es rezykliert werden? Gibt es die vorgesehene Infrastruktur in den Ländern, wo unsere Produkte auch vertrieben und genutzt werden?

Grundsätzlich sollte dieses Wissen dann auch den einzelnen Materialien zugeordnet werden, um gezielt bewerten und optimieren zu können.

4. Gefährlichkeit und Risikomanagement

Wir erinnern uns, die Materialien sollen sicher sein bei der Gewinnung, Produktion, Nutzung und in der Nachnutzungsphase. Die Expositionen sind nun bekannt und in einem weiteren Schritt werden den Materialien der aktuelle Stand der Toxizität, also vereinfacht gesagt, der „Gefährlichkeit" zugeordnet. Hierzu sollte erwähnt sein, dass die wenigsten Unternehmen über eigene Toxikologen verfügen. Hinzu kommt auch, dass diese Einschätzung nur wirklich funktioniert, wenn man genau weiß, was man in den Materialien hat. Kunststoffen werden die unterschiedlichsten Hilfsmittel (Additive) beigemischt, um die technischen Eigenschaften zu erhalten und gerade diese Additive sind es meistens, die den größten Einfluss über die Toxizität haben.

Besteht also der Wunsch diese Aspekte tiefgehend und positiv definiert zu bearbeiten oder ist es das Ziel eine Cradle-to-Cradle-Zertifizierung zu erreichen, sollte spätestens jetzt ein akkreditierter Cradle-to-Cradle-Assessor involviert sein.

> Tipp: Eine Schadstoffanalytik basiert darauf, was als „Schadstoff" angesehen wird. Nicht wenige Unternehmen wundern sich, wenn ein Labor frei von „besonders besorgniserregenden Substanzen" bescheinigt, sie das mit dann mit „Schadstofffreiheit" gleichsetzen aber dann ggf. bei Ökotest durchfallen, weil eine Materialklasse hinzugezogen wurde, auf die das Labor vorher keinen Auftrag erhalten hat und daher nicht getestet hat.

5. Assessment und Optimierung

Der akkreditierte Cradle-to-Cradle-Assessor wird in diesem Abschnitt nun die Bewertung vornehmen. Stark vereinfacht gesagt: Entscheidend für die Bewertung ist die Zuordnung „biologischer/technischer" Metabolismus und der Bewertungsprozess ist in dem entsprechenden Zertifizierungsstandard genau definiert. In einem weiteren Schritt kann dann konkret eine Optimierung erfolgen, damit die Materialauswahl sicher in dem Produkt- und entsprechenden Anwendungsszenario ist.

6. Nutrient Management Strategie vs. Nutrient Management System

Hier ist erwähnenswert, dass die Cradle-to-Cradle-Welt und gerade auch die Zertifizierung zwischen einer Nutrient Management Strategie und einem Nutrient Management System unterscheidet. Stark vereinfacht bedeutet es, dass unterschieden wird in

- was kann mit den Materialien gemacht werden und soll damit passieren? (Strategie)
- Materialien werden aktiv und qualitativ hochwertig zirkuliert! (System)

> Es ist ein sehr wichtiger Aspekt, dass alle Akteure verstanden haben, dass „rezyklierbar" nicht gleich bedeutet, dass es auch „aktiv rezykliert" wird!

Auf Nachfragen mit der Lieferkette, wird die Frage nach der „Rezyklierbarkeit" schon fast jedem Produkt und Material zugeordnet und notfalls wird mit der Thermischen Verwertung (also Verbrennung) argumentiert. Die Frage, die also geklärt werden sollte, lautet: wird das Produkt und die entsprechenden Materialien aktiv rezykliert und wenn ja, wie kann es danach genutzt werden. Hierzu ist die Internalisierung von aktiven Recyclerwissen also absolut sinnvoll und vorsichtig ausgedrückt, auch notwendig.

Helfende Organisation

Assessors – Cradle to Cradle Products Innovation Institute (c2ccertified.org)

Wirkfeld der Methode

- Wirksam für Herausforderungen mit hoher Komplexität
- Wirksam für nachhaltiges Produktdesign
- Wirksam für nachhaltiges Prozessdesign
- Wirksam für nachhaltiges Servicedesign
- Wirksam für nachhaltiges Business Model Design

Transformationsfähigkeit Ihres Teams

- Fördert die allgemeine Transformationsfähigkeit des Teams
- Zahlt auf eine bessere Vorstellungskraft ein
- Zahlt auf eine bessere Wahrnehmung ein
- Zahlt auf ein positives Zukunftsbild ein
- Zahlt auf das Dringlichkeitsempfinden ein
- Erhöht die Lösungsorientierung

Einsatzcharakteristik/Arbeitsrahmen

- Austauschfokus: vornehmlich mit internen und externen Personen
- Durchführungszeit: eher hoch (> 1 Tag)
- Einsatzfrequenz: sinnvoll im dauerhaften Einsatz
- Einsatzradius: vornehmlich im projektweiten Einsatz
- Komplexität für den Moderator: eher hoch
- Komplexität für die Teilnehmer: eher hoch
- Teamgröße: Kleingruppe möglich (3 bis 5 Teilnehmer)
- Vorbereitungszeit: eher hoch (>1 Tag)

Input für eine zielführende Arbeit mit der Methode

- Aktuell existierende Geschäftsmodelle
- Aktuell existierende Produkte und Services
- Aktuelle Herausforderung, Leitfrage, Problem

Output und beobachtete Ergebnisse der Methode

- Erzeugt Ideen für neue Märkte und neue Business Modelle
- Erzeugt Ideen, Lösungsansätze, Vorideen, Möglichkeiten
- Erzeugt Ideensuchfelder, unentdeckte Probleme, Inspiration
- Erzeugt angereicherte Ideen, Ideencluster, höher integrierte Lösungen
- Erzeugt eine Vision oder Zukunftsbild
- Erzeugt transformationsfähigere Organisationen
- Identifiziert vorhandene Schwachstellen
- Identifiziert vorhandene Stärken
- Macht Wirkzusammenhänge sichtbar
- Ziel- und Fokusgruppen

Hinderniseffekte, auf die die Methode positiv wirkt

- Beugt blinden Flecken/Betriebsblindheit vor
- Bewahrt vor zu generischen Ideen und Aussagen
- Schafft für den Erfolg nötige Realitätsbezüge
- Schafft schnell Klarheit und beschleunigt Erkenntnisgewinn
- Verhindert Ideenfindung mit zu schwacher Erkenntnisgrundlage
- Verhindert blinden Aktionismus
- Verhindert unreflektiertes agieren
- Verringert zu große Komplexitäten
- Wirkt fehlender Inspiration entgegen
- Fördert Optimismus und Zuversicht

Mögliche Extravorteile der Methode

- Möglicher Extravorteil für Teams mit einem starkem Auftragsmandat
- Möglicher Extravorteil für innovativ erfahrene Teams
- Möglicher Extravorteil für in Nachhaltigkeitsthemen erfahrene Teams

Quellen

Buch – Die nächste industrielle Revolution, Michael Braungart, William McDonough (Herausgeber), 2. Aufl. (EVA Europäische Verlagsanstalt, 2008)

Cradle-to-Cradle-Prinzipien

EinSatzBeschreibung

Eine Orientierungs- und Inspirationshilfe sowie die methodische Auseinandersetzung mit zirkulärem und ganzheitlichem Produkt- und Prozessdesign.

Working Guide/Anwendungsfelder

P1 Sensibilisierung/Bildung	P2 Matching Recht/Gesetz	P3 Sustainability Roadmap	P4 Produkt/Prozessdesign	P5 Implementierung/Monitoring	P6 Kommunikation	P7 Organisation	P8 Führung	P9 Business Model Design	P10 Skalierung
X			X						

Beschreibung

Die Auseinandersetzung mit den Cradle-to-Cradle (C2C)-Prinzipien ist aus mehreren Gründen sinnvoll:

1. **Nachhaltigkeit:** Cradle-to-Cradle ist ein Ansatz, der eine ganzheitliche Nachhaltigkeit in den Mittelpunkt stellt und geht somit weit über klassische Nachhaltigkeitspraktiken hinaus, die darauf abzielen, die Umweltauswirkungen zu minimieren und die Ressourcennutzung zu optimieren.
2. **Innovation:** Die C2C-Prinzipien ermutigen zu neuen Perspektiven, innovativem Design und zur Entwicklung von Produkten und Prozessen, die sicher für Mensch und Umwelt sind. Diese fördern Innovation, kreative Lösungen und die Möglichkeit, dass Produkte nicht nur optimiert werden im Hinblick auf „weniger schlecht", sondern effektiv, positiv und einfach „irgendwie richtig" sind.
3. **Abfall neu denken:** Cradle-to-Cradle zielt nicht darauf ab, Abfall zu minimieren, sondern Produkte und Prozesse so zu gestalten, dass die Materialien idealerweise nützlich sind, wenn sie biologisch abgebaut oder vollständig wiederverwertet werden.
4. **Gesundheit und Sicherheit:** Cradle-to-Cradle legt größten Wert auf die Auswahl von sicheren und ungiftigen Materialien für die Gesundheit von Menschen und der Umwelt. Die Betrachtung geschieht nach dem Vorsorgeprinzip, also sicher und ungiftig nach dem Stand der Wissenschaft und nicht erst, wenn Substanzen als giftig reguliert werten (Nachsorgeprinzip).
5. **Wirtschaftliche Vorteile:** Durch die Integration von C2C-Prinzipien in Geschäftsmodelle können Unternehmen langfristig wirtschaftliche Vorteile erzielen, u. a. durch geringere Umweltkosten, pro-aktives Risikomanagement, aber gerade auch im Hinblick auf die Aktivierung von zirkulären Geschäftsmodellen und im Kontext des Ressourcenmanagements.
6. **Wettbewerbsvorteil:** Unternehmen, die C2C-Prinzipien umsetzen, können sich einen Wettbewerbsvorteil verschaffen, da immer mehr Verbraucher und Investoren nach nachhaltigen und umweltfreundlichen Lösungen suchen und dieses sich auch in Kriterien für Beschaffungen und Ausschreibungen wiederfindet.
7. **Erfüllung von Vorschriften:** Cradle-to-Cradle kann Unternehmen dabei unterstützen, Umweltauflagen und -vorschriften pro-aktiv und langfristig zu erfüllen, insbesondere solche, die sich auf die Verwendung bestimmter Materialien oder die Entsorgung von Abfällen beziehen.
8. **Zukunftsorientierung:** Angesichts der wachsenden globalen Umweltauswirkungen und der steigenden Nachfrage nach nachhaltigen Produkten, Dienstleistungen und Arbeitsplätzen ist die Auseinandersetzung mit C2C-Prinzipien eine zukunftsorientierte Strategie für Kunden und Mitarbeitergewinnung.
9. **Positive Umweltauswirkungen:** Cradle-to-Cradle strebt nicht nur die Minimierung negativer Umweltauswirkungen an, sondern auch die Schaffung von positiven Effekten. Es fordert die Integration von erneuerbaren Energien und das Schaffen von Ökosystemen, die von den Aktivitäten des Menschen profitieren. Es ist ein Paradigmenwechsel, wenn angestrebt wird, dass der Fußabdruck nicht nur minimiert werden soll, sondern dass wir einen großen positiven Fußabdruck hinterlassen wollen **(vom Schädling zum Nützling)**
10. **Gesellschaftliche Verantwortung:** Unternehmen, die C2C-Prinzipien übernehmen, zeigen soziale und ökologische Verantwortung und haben den Mut, zur Lösung globaler Umweltprobleme beitragen zu wollen.

Insgesamt fördern die Cradle-to-Cradle-Prinzipien eine ganzheitliche Betrachtung von Produkten, Materialien und Geschäftsmodellen und wollen dazu beitragen, eine echte nachhaltige und umweltfreundlichere Zukunft zu gestalten. Dies ist sowohl aus ethischen als auch aus wirtschaftlichen Gründen von Bedeutung.

Was sind die Prinzipien konkret?

Unter den Cradle-to-Cradle-Prinzipien werden also unterschiedliche Aspekte subsumiert. In dem Buch „Cradle to Cradle: Remaking the Way We Make Things" von William McDonough und Michael Braungart wurde jedoch relativ klar beschrieben, dass es sich bei den Prinzipien um eine aus der Natur angelehnte Ableitung handeln soll:

Nährstoffe bleiben Nährstoffe: In der Natur existiert das Konzept von Abfall nicht, alles wird ein Nährstoff für etwas anderes.

Konsequente Nutzung sauberer und erneuerbarer Energie: Menschen sollten Energiequellen aus Solar und Wind oder Energie, die geothermal und per Gravitation gewonnen wurde, nutzen.

Diversität zelebrieren: In der Natur finden wir eine erstaunliche Vielfalt. Je vielfältiger, desto robuster die Systeme und daher auch als Inspirationshilfe, um eigene und richtige Lösungen zu finden.

Quelle: https://www.slideshare.net/mkbusiness/cradleto-cradle

Durchführung

Taucht man mehr in das Cradle-to-Cradle-Thema ein, begegnet man dem Punkt, bzw. dem Ziel, dass die Probleme nicht nur minimiert werden sollen, sondern idealerweise einen positiven Fußabdruck hinterlassen sollten. Spätestens hier scheiden sich viele Geister und die Herangehensweise wird dann nicht selten als utopisch/esoterisch abgetan. Das ist als erster Impuls absolut nachvollziehbar, weil die meisten von uns es eher gelernt haben, auf Probleme zu fokussieren und diese dann zu managen und/oder idealerweise irgendwie zu lösen. Ein Perspektivwechsel, ein Verlassen der etablierten Denkstrukturen und Komfortzonen ist aber gerade im Hinblick auf die Umweltveränderungen nicht nur sinnvoll, sondern vielleicht auch notwendig.

Das zweite Prinzip: Konsequente Nutzung sauberer und erneuerbarer Energie ist noch vergleichsweise leicht interpretier und umsetzbar. Energieeffizienz ist gut und wichtig. Sich Gedanken um die Qualität zu machen, also woher kommt meine Energie, ist im Wirkkontext der Nachhaltigkeit eigentlich noch logischer.

→ Beachten Sie bei Projekten, ob ggf. mehr finanzielle Mittel in die Berichts- und Dokumentationswerke der Effizienzmaßnahmen gesteckt werden, als eine konsequente Umstellung auf erneuerbare Energien gerade mittel- und langfristig kosten würde.

Das erste Prinzip: Nährstoffe bleiben Nährstoffe ist im Kontext des positiven Fußabdrucks als konsequente Inspirationshilfe schon etwas anspruchsvoller. Wie wechselwirken eigentlich die Materialien von dem Produkt mit der Umwelt? Verschleißen sie und landen in der Umwelt? Wie müssen denn dann die Materialien aussehen, damit sie sicher in der Biosphäre verstoffwechselt werden können? Wie muss das Produktdesign und die Materialauswahl aussehen, damit es in einem technischen Kreislauf verbleibt und rezykliert werden kann? Für wen hat das Produkt einen (Nähr-) Wert und verarbeitet das weiter? Wie kann und muss das Produkt oder der Prozess gestaltet sein, damit es einen (Mehr-)Wert hat? Hat das Produkt vielleicht einen so hohen Materialwert, dass ich die Rohstoffe gern wieder hätte? Wenn ich das Produkt und die eingesetzten Materialien wieder bekomme, muss das dann überhaupt im klassischen Sinne verkauft werden oder kann dann nicht einfach die Nutzung verkauft werden? Wie würde sich das denn auf das Produktdesign auswirken, wenn nicht mehr kostenoptimierter Rohstoffeinsatz notwendig wäre, sondern auf einmal die Performance in der Nutzungsphase und im Recycling im Lastenheft viel relevanter sind?

→ Hier lässt sich also auch ein komplett neues Rohstoffmanagement durchdenken!

Das dritte Prinzip: Diversität zelebrieren ist vielleicht ein wenig abstrakt. Hintergrund ist, dass die biologischen Systeme umso robuster sind, je diverser sie sind. Abstrahiert hat das dritte Prinzip aber auch seinen Charme, z. B. scheint eine Herausforderung unlösbar, lässt sich auch hier sehr gut mit dem „Diversitätsgedanken" spielen. Beispiel „out of the box" Denke: Sind überhaupt die richtigen Leute und Kompetenzen involviert oder ist es vielleicht sinnvoll ganz frische Gedanken und Perspektiven einzuladen?

→ Konzeptionell: Machen die vorhandenen Werkzeuge überhaupt Sinn oder ist jedes Problem ein Nagel, weil ich nur einen Hammer zur Verfügung habe?

Auch Cradle-to-Cradle ist ein sehr spannendes Werkzeug, aber keine One-fits-all-Lösung und muss den ursprünglichen Projektzielen dienen.

→ Kulturell: Neben klassischen CSR-Themen sollte sich auch gefragt werden, on nur in Märkten oder auch in Kulturräumen gedacht und das dann entsprechend im Produkt und Prozessdesign bedacht wird! Entwickeln Sie Ihr eigenes „celebrate diversity".

> Die Prinzipien sind für Neueinsteiger eher als Orientierungsmarke zu verstehen, verlieren aber niemals an Bedeutung, gerade wenn sich Routinen einschleichen. Sie sind dann zu empfehlen, wenn der Kopf aus seiner Komfortzone herausgeholt werden soll.

Wirkfeld der Methode

- Wirksam für Herausforderungen mit hoher Komplexität
- Wirksam für Herausforderungen mit mittlerer Komplexität
- Wirksam für nachhaltiges Produktdesign

Transformationsfähigkeit Ihres Teams

- Fördert die Sensibilisierung
- Fördert offene Mindsets und innovative Denkhaltungen
- Sorgt für Inspiration oder bessere Inspirationsempfindlichkeit
- Zahlt auf eine bessere Vorstellungskraft ein
- Erhöht die Lösungsorientierung

Einsatzcharakteristik/Arbeitsrahmen

- Austauschfokus: vornehmlich mit internen Personen
- Durchführungszeit: eher mittel (> 1 Stunde bis < 1 Tag)
- Einsatzfrequenz: sinnvoll im dauerhaften Einsatz
- Einsatzradius: vornehmlich im Teameinsatz
- Komplexität für den Moderator: eher gering
- Komplexität für die Teilnehmer: eher mittel
- Teamgröße: Einzelpersonennutzung möglich

- Teamgröße: Kleingruppe möglich (3 bis 5 Teilnehmer)
- Teamgröße: Maxigruppen möglich (20 bis 40 Teilnehmer)
- Teamgröße: Mittelgroße Teams möglich (5 bis 20 Teilnehmer)
- Vorbereitungszeit: eher gering (< 1 Stunde)

Input für eine zielführende Arbeit mit der Methode

- Aktuelle Herausforderung, Leitfrage, Problem
- Aktuelle Produkte
- Innovationssuchfelder, Intent Statements
- Trends und Zukunftsentwicklungen

Output und beobachtete Ergebnisse der Methode

- Erzeugt Ideen, Lösungsansätze, Vorideen, Möglichkeiten
- Erzeugt Leitfragen für die Ideenfindung
- Erzeugt größere Klarheit zu einem Thema
- Erzeugt transformationsfähigere Organisationen

Hinderniseffekte, auf die die Methode positiv wirkt

- Schafft schnell Klarheit und beschleunigt Erkenntnisgewinn
- Schärft eine fehlende gemeinsame Ausrichtung
- Verhindert falsche Flughöhen
- Wirkt fehlender Inspiration entgegen
- Überzeugt Zweifler, Bewahrer, Kritiker
- Fördert Optimismus und Zuversicht

Mögliche Extravorteile der Methode

- Möglicher Extravorteil für in Nachhaltigkeitsthemen ungeübte Teams

Quellen

Web – https://mcdonough.com/cradle-to-cradle/ (abgerufen 26.10.23)

Grafik: verrocchio Sustainable Inspiration Card – Malvine Klecha, Hila Attaie und Jennifer van Aerssen (Illustration)

63 Cradle to Cradle-Produktentwicklung

EinSatzBeschreibung

Eine Einführung zu den Prozessschritten zur Produktentwicklung von der Idee bis zum Produkt im Kontext von Cradle-to-Cradle.

Working Guide/Anwendungsfelder

P1 Sensibilisierung/Bildung	P2 Matching Recht/Gesetz	P3 Sustainability Roadmap	P4 Produkt/Prozessdesign	P5 Implementierung/Monitoring	P6 Kommunikation	P7 Organisation	P8 Führung	P9 Business Model Design	P10 Skalierung
			X		X	X		X	

Beschreibung

Klassische Nachhaltigkeitsstrategien (z. B. die Ökoeffizienz) haben das Ziel, den ökologischen Fußabdruck eines Produkts und/oder Prozesse zu minimieren. Üblicherweise stellt sich dabei die Frage: wie können wir das Bestehende besser machen?! Das Ergebnis ist häufig ein um XY% (quantitativ) verbessertes Produkt.

Ökoeffektive Nachhaltigkeitsstrategien stellen sich jedoch vorab die Frage: was ist denn eigentlich das Richtige, welche Ziele verfolgen wir mit der Produktlösung und wie können wir diese Ziele erreichen!? Somit hinterfragt man damit auch die bisherige Herangehensweise im Sinne einer ganzheitlichen Nachhaltigkeit generell, entwickelt qualitative Ziele und verfolgt idealerweise einen positiven Fußabdruck. Für die Entwicklung eines ökoeffektiven Produkts mit einem Cradle-to-Cradle-Kontext zeigt sich folgender methodischer Rahmen.

Durchführung

1. Ideenfindung und Konzeption und die Frage: Innovation oder Optimierung eines Produkts?

In dem ersten Schritt sollte geklärt werden, ob ein bestehendes Produkt optimiert oder eine völlig neue Produktidee entwickelt werden soll.

> Tipp: Soll die Thematik in einer Organisation mit einer etablierten Struktur als eine Art „Leuchtturmprojekt" fungieren, damit sich die Kollegen und Kolleginnen mit dem Thema einmal auseinandersetzen, ist eine Optimierung an einem bestehenden Produkt, idealerweise an dem „best seller", zu empfehlen. Die Akteure kennen ihr Produkt, die Strukturen intern, aber eben auch die Strukturen im Wechselspiel mit der Lieferkette zur weiteren Informationserhebung. Wenn ein bestehendes Produkt genutzt werden soll, bietet sich auch die Hilfe eines Cradle-to-Cradle Canvas an.

2. Marktanalyse und die Frage des Produktgebrauchs: Zweck des Produkts?

Das klingt trivialer als es ist, denn es geht darum das eigene Produkt zu hinterfragen. Vereinfacht könnte sich daraus folgende Fragen ergeben: Möchten die Kunden wirklich ein Fahrzeug besitzen oder geht es der Kundengruppe um Mobilität? Wenn es primär der Kundengruppe um Mobilität geht, steht vielleicht der Servicegedanke im Vordergrund, sprich ein Fahrzeugdesign wird für den Service so optimiert, dass es für den Serviceanbieter langlebig und günstig im Unterhalt ist? Das Fahrzeug und die Materialien könnten im Eigentum des Serviceanbieters verbleiben, und damit entsprechend konstruiert werden.

Zum Vergleich: Bei heutigen Leasingangeboten von Fahrzeugen unterscheidet sich hingegen das Fahrzeugdesign in den seltensten Fällen von den Fahrzeugen, die auch über den normalen Verkauf gehen

Die Analyse sollte sich auf die Phasen der Herstellung, der Nutzungsphase und Nachnutzungsphase beziehen. Mit dem Anspruch nach Cradle-to-Cradle, dass die Produkte in diesen Phasen sicher für Mensch und Umwelt sind, empfiehlt es sich gerade auch mit der Nutzungsphase, also dem Produktgebrauch, vertiefend auseinanderzusetzen. Wie wird das Produkt genutzt und wie sind die Wechselwirkungen des Produkts in dieser Phase mit dem Menschen und der Umwelt?!

Beispiel: Werden Kunststoffrezyklate z. B. für Fleecejacken genutzt und mit „Nachhaltigkeit" beworben, gilt es zu bedenken, dass die Kunden diese Textilien auch hin und wieder mal waschen, wo durch Abrieb Mikroplastik entsteht. Die Waschmaschinen, aber auch Klärsysteme sind darauf nicht mit Rückhaltesystemen für diesen Abrieb entwickelt worden, sodass das „nachhaltige" Produkt eine Mikroplastikquelle für die Gewässer ist.

> Tipp: Es sollte sich auch genügend Zeit genommen werden für die Frage: Welche positiven Funktionen kann das Produkt haben!? Auch wenn das anfangs vielleicht eher kontraintuitiv ist, so könnten Fahrzeuge entwickelt werden, die die Luft unterwegs reinigen, Teppiche, die den Staub binden oder Verschleißmaterialien, die Nährstoffe in die Umwelt eintragen.

3. Produktplanung, -spezifikation und Szenariokontext: biologischer/technischer Nährstoff

Ist die Analyse des Produktgebrauchs abgeschlossen und die Wechselwirkungen bekannt, geht es darum den richtigen Kontext für die Materialien auszuwählen. Wechselwirkt das Produkt durch Verschleiß, muss der biologische Kreislauf nach Cradle-to-Cradle gewählt werden, ansonsten sollte der technische Kreislauf im Hinblick auf den Ressourcenerhalt gewählt werden.

4. Entwicklung/Priorisierung von Kriterien

Wie der Name schon sagt, was sind die relevanten Kriterien, Ziele und wie sollen diese priorisiert werden? Das können die technische Performance, Nachhaltigkeitsperformance, Kosten, Zertifizierungen, ansprechendes Design, Funktionen usw. sein.

> Tipp: Es macht Sinn eine „Range" gerade bei den technischen Kriterien zu integrieren, denn je homogener die Materialauswahl in einem Produkt, desto besser für das Recycling in der Nachnutzungsphase, also (stark vereinfacht) brauchen wir wirklich 10 verschiedene Legierungen bei den Befestigungsmitteln oder reicht nicht eine?

5. ABC-X Kategorisierung

Das ist ein Thema, das man leider nicht mit eigenen Bordmittel abarbeiten kann, außer es gibt Zugriff auf eine gute Analytik und einen Toxikologen. Grundsätzlich geht es hier um die Inventarisierung, also woraus besteht das Material genau und die Bewertung der Information im Kontext des Produktgebrauchs. Orientiert man sich an die Cradle-to-Cradle-Zertifizierung geschieht die Inventarisierung mit einer Positivdefinition entlang der Lieferkette innerhalb eines Know-how-Trustee Modells.

Vereinfacht gesagt, die Lieferkette schickt Informationen der Zusammensetzung ihrer Produkte sicher und unter Wahrung der Geschäftsgeheimnisse an einen Cradle-to-Cradle-Assessor (also eine dritte Partei). Auch hier stark vereinfacht, diese bewerten die Informationen erst toxikologisch nach dem Stand der Wissenschaft und evaluieren Risiken, indem die Exposition (also Wechselwirkungen) betrachtet wird. Die Ergebnisse werden dann kategorisiert von A (ideal für das Szenario) bis C (tolerierbar) bis hin zu X (nicht tolerierbar und zu optimieren).

Idealerweise werden X bewertete Materialien optimiert oder substituiert und auf eine Negativliste gesetzt. ABC bewertete Materialien können hingegen auf eine Positivliste für zukünftige Produkte mit dem entsprechenden Materialszenario genutzt werden.

6. Produktentwicklung und die Rolle von Produkt- und Prozessdesign

Nun kommen die entwickelten Kriterien mit der bewerteten Materialauswahl zusammen. Auch hier ist neben klassischen Kriterien zu gutem Design zu beachten, dass Themen wie Design für das Recycling nicht nur über die Trennbarkeiten der Bauteile abgespielt, sondern idealerweise Recycler involviert werden, die das entsprechend bewerten und Optimierungsvorschläge geben können. Produkt und Prozessdesign sollen hier in Einklang gebracht werden. Die Verankerung und Berücksichtigung des Stoffstromwissens im Produkt und Prozessdesign wäre dann entsprechend ein Circular Economy Design.

7. Herstellung/Produktion/Implementation

Soll das Produkt einer Cradle-to-Cradle-Zertifizierung unterlaufen, ist zu beachten, dass die Kriterien aus der Zertifizierung für die Produktion (z. B. Wasser, Boden, Energie, saubere Luft und Klimamanagement und soziale Standards) natürlich eingehalten werden. Gibt es nachgeschaltete Stoffstromprozesse, z. B. Rücknahme, usw. werden diese entwickelt und aktiviert.

8. Kommunikation, Marketing und Vertrieb

Auch hier gilt „gut ist, was wahr ist" und es ist besser die Funktionen und Performance zu beschreiben, anstatt in Marketingfloskeln wie „nachhaltig", „gut für die Umwelt" usw. zu verfallen. Beachtet werden sollte auch, dass der Kunde richtig über den Umgang informiert ist, damit das Produkt auch die vorgesehenen Prozesse durchläuft.

9. Markteinführung, Feedback, Weiterentwicklung und Verbesserung

Auch hier sind Prozesse für das Nutzen von konstruktivem Feedback und Transparenz für Verbesserungen für kontinuierliche Weiterentwicklungen zu entwickeln.

Helfende Organisation

Für Cradle to Cradle-Zertifizierung: Assessors – Cradle to Cradle Products Innovation Institute (c2ccertified.org)

Wirkfeld der Methode

- Wirksam für Herausforderungen mit hoher Komplexität
- Wirksam für nachhaltiges Produktdesign
- Wirksam für nachhaltiges Servicedesign
- Wirksam für nachhaltiges Business Model Design

Transformationsfähigkeit Ihres Teams

- Fördert die allgemeine Transformationsfähigkeit des Teams
- Erhöht die Lösungsorientierung

Einsatzcharakteristik/Arbeitsrahmen

- Austauschfokus: vornehmlich mit internen und externen Personen
- Einsatzfrequenz: vornehmlich über den kompletten Projektzeitraum
- Einsatzradius: vornehmlich im projektweiten Einsatz
- Einsatzradius: vornehmlich im unternehmensweiten Einsatz
- Komplexität für den Moderator: eher hoch
- Komplexität für die Teilnehmer: eher hoch
- Teamgröße: Kleingruppe möglich (3 bis 5 Teilnehmer)
- Teamgröße: Mittelgroße Teams möglich (5 bis 20 Teilnehmer)
- Vorbereitungszeit: eher mittel (> 1 Stunde bis < 1 Tag)

Input für eine zielführende Arbeit mit der Methode

- Aktuell existierende Geschäftsmodelle
- Aktuell existierende Produkte und Services
- Aktuelle Herausforderung, Leitfrage, Problem
- Ideen und Projekte, die zur Umsetzung anstehen

Output und beobachtete Ergebnisse der Methode

- Erzeugt Ideen für neue Märkte und neue Business Modelle
- Erzeugt angereicherte Ideen, Ideencluster, höher integrierte Lösungen
- Erzeugt motiviertere und transformationsfähigere Teilnehmer
- Hilft bei Entscheidungen, Bewertungen und Feedback
- Identifiziert vorhandene Schwachstellen
- Identifiziert vorhandene Stärken
- Macht Wirkzusammenhänge sichtbar

Hinderniseffekte, auf die die Methode positiv wirkt

- Schafft schnell Klarheit und beschleunigt Erkenntnisgewinn
- Schärft eine fehlende gemeinsame Ausrichtung
- Stärkt schwache Anreicherungsskills
- Wirkt fehlender Inspiration entgegen

Mögliche Extravorteile der Methode

- Möglicher Extravorteil für Teams mit einem starkem Auftragsmandat
- Möglicher Extravorteil für in Nachhaltigkeitsthemen erfahrene Teams

Quellen

Web – https://c2ccertified.org (abgerufen 20.09.2023)
Person – Christian Dinter

Grafik: verrocchio Sustainable Inspiration Card – Malvine Klecha, Hila Attaie und Jennifer van Aerssen (Illustration)

Cradle-to-Cradle-Qualitätsroadmap

EinSatzBeschreibung

Roadmaps gibt es viele, und auch im Kontext von Cradle-to-Cradle ist die Erstellung ein sinnvolles Tool.

Working Guide/Anwendungsfelder

P1 Sensibilisierung/Bildung	P2 Matching Recht/Gesetz	P3 Sustainability Roadmap	P4 Produkt/Prozessdesign	P5 Implementierung/Monitoring	P6 Kommunikation	P7 Organisation	P8 Führung	P9 Business Model Design	P10 Skalierung
		X							

Beschreibung

Die Roadmap gibt eine Übersicht über die allgemeinen Ziele des Projekts, die wichtigen Meilensteine und die Ergebnisse und soll damit einen Gesamtüberblick vermitteln. Die Roadmap dient dabei der internen, aber auch der externen Kommunikation und der Orientierung. Die Ziele müssen im Wirkkontext der Nachhaltigkeit stehen und auch mögliche Konformitäten und Berichtserstattungspflichten müssen beachtet und ggf. einbezogen werden. Häufig werden Produktzertifizierungen in die Zieldefinition aufgenommen, damit ein Lerneffekt und Erfahrungswert zur Methodik entwickelt wird – aber auch als greifbares Ziel-Ergebnis.

Für die Transformation von einer linearen in eine zirkuläre Wirtschaftsweise sind solche Orientierungshilfen sowohl für die interne Kommunikation, aber auch für die externe Kommunikation sehr hilfreich. Wenn aus einer Roadmap ein neuer Bedarf absehbar ist, können auch vorhandene Lieferanten oder auch neue Anbieter mit Lösungen aufwarten, die vielleicht vorher als nicht bedarfsorientiert angesehen wurden. Auch für die Kundenkommunikation kann das sehr interessant sein, wenn die eigenen Kunden sich mit den Unternehmenszielen und Ambitionen identifizieren und unterstützen.

Durchführung

Schritt 1: Ziele und Ambitionen

In dem ersten Schritt sollen die Absichten und die aufrichtigen Ambitionen herausgearbeitet und dokumentiert werden. Dann sollte geklärt werden, welche messbaren Ziele für das Produkt und/oder Unternehmen in den nächsten fünf bis zehn Jahren erreicht werden soll.

Wichtig ist hier, dass der Fokus nicht daraufgelegt wird, *was alles nicht geht*, sondern, dass sich gefragt wird, *was eigentlich gewollt* **ist**. Hilfreich kann es auch hier sein, wenn sich Moderation und Begleitung für diesen Prozess von außen geholt wird.

Die Ziele sollten zum Unternehmenskontext passen, relevant sein und nicht zu niedrig gesetzt werden, aber auch nicht zu hoch, damit die Organisation weder über- noch unterfordert ist. Eine Evaluation des Unternehmenskontext und des Geschäftsmodelles in den Rahmenbedingungen von morgen sollte vorab geschehen sein oder in diesem Zuge aktiviert werden. Ziele und Selbstverständnis müssen zueinander passen und ggf. Justierungen vorgenommen werden. Das Ambitionsniveau sollte dabei aber nicht dem aktuellen Selbstverständnis untergeordnet werden, sondern als Chance zur Auseinandersetzung mit der Unternehmensidentität genutzt werden.

Schritt 2: Inventarisieren

Dieses ist quasi eine IST-Analyse und das bezieht sich in diesem Kontext auch auf die Produkte und Materialien. Dazu ist es notwendig, alle Informationen über die Materialien zu sammeln und den Materialien und den Produkten zuzuordnen. Sinnvoll ist hier eine Stückgutliste von allen Produkten zu erstellen, in die Bauteile zu „zerlegen", die Materialien den Bauteilen zuzuordnen und dann die Informationen mit den Materialien zu korrelieren.

In der Cradle-to-Cradle-Welt wird dann das Inventarisieren um die Lieferketteninformationen (Positivdefinition der Materialien!) erweitert und ein Assessment durchgeführt. Durch das Assessment erhält man eine Materialbewertung für den speziellen Produktkontext. Potenziale, Risiken und Optimierungsbedarfe werden sichtbar und planbar.

Schritt 3: Entwicklung der Roadmap

Auf Grundlage der Ziele und Ambitionen und der Erhebung des IST-Zustands lassen sich nun greifbare und machbare Meilensteine entwickeln. Damit lässt sich auch der Fortschritt in den Zeitabschnitten messbar gestalten. Das hilft, um auf dem Weg zu bleiben und auch noch unbekannte und mögliche komplexe Herausforderungen zu meistern.

> Tipp: Die Meilensteine sollten eine ganzheitliche Nachhaltigkeitsstrategie abbilden. Inspiriert aus der Cradle-to-Cradle-Welt könnten thematische Bezüge aus den Bereichen, Materialgesundheit, Stoffstrommanagement, saubere Luft und Klimamanagement, Wasser- und Bodenschutz und sozialer Fairness sein und natürlich bedarfsorientiert erweitert werden (z. B. SDGs, Zertifizierungen, zirkuläre Geschäftsmodelle etc.). Um diese Bezüge einfacher sichtbar zu machen, empfiehlt es sich diese z. B. mit einer Farbcodierung zu markieren. (siehe die folgende Abbildung)

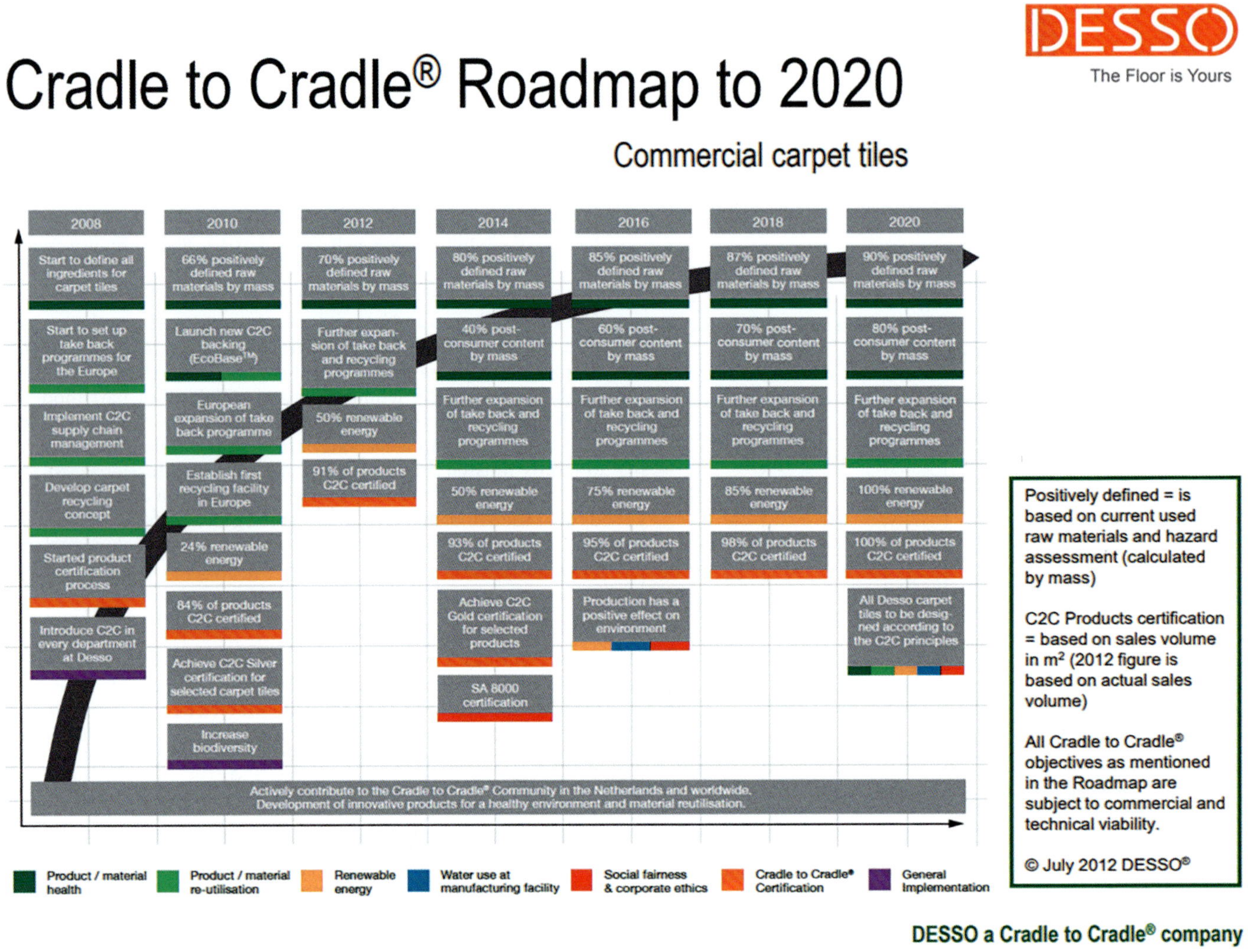

Cradle to Cradle® Roadmap to 2020

Commercial carpet tiles

2008
- Start to define all ingredients for carpet tiles
- Start to set up take back programmes for the Europe
- Implement C2C supply chain management
- Develop carpet recycling concept
- Started product certification process
- Introduce C2C in every department at Desso

2010
- 66% positively defined raw materials by mass
- Launch new C2C backing (EcoBase™)
- European expansion of take back programme
- Establish first recycling facility in Europe
- 24% renewable energy
- 84% of products C2C certified
- Achieve C2C Silver certification for selected carpet tiles
- Increase biodiversity

2012
- 70% positively defined raw materials by mass
- Further expansion of take back and recycling programmes
- 50% renewable energy
- 91% of products C2C certified

2014
- 80% positively defined raw materials by mass
- 40% post-consumer content by mass
- Further expansion of take back and recycling programmes
- 50% renewable energy
- 93% of products C2C certified
- Achieve C2C Gold certification for selected products
- SA 8000 certification

2016
- 85% positively defined raw materials by mass
- 60% post-consumer content by mass
- Further expansion of take back and recycling programmes
- 75% renewable energy
- 95% of products C2C certified
- Production has a positive effect on environment

2018
- 87% positively defined raw materials by mass
- 70% post-consumer content by mass
- Further expansion of take back and recycling programmes
- 85% renewable energy
- 98% of products C2C certified

2020
- 90% positively defined raw materials by mass
- 80% post-consumer content by mass
- Further expansion of take back and recycling programmes
- 100% renewable energy
- 100% of products C2C certified
- All Desso carpet tiles to be designed according to the C2C principles

Actively contribute to the Cradle to Cradle® Community in the Netherlands and worldwide. Development of innovative products for a healthy environment and material reutilisation.

Product / material health · Product / material re-utilisation · Renewable energy · Water use at manufacturing facility · Social fairness & corporate ethics · Cradle to Cradle® Certification · General Implementation

Positively defined = is based on current used raw materials and hazard assessment (calculated by mass)

C2C Products certification = based on sales volume in m² (2012 figure is based on actual sales volume)

All Cradle to Cradle® objectives as mentioned in the Roadmap are subject to commercial and technical viability.

© July 2012 DESSO®

DESSO a Cradle to Cradle® company

Exemplarische Cradle to Cradle Roadmap von Desso

Schritt 4: Kommunikation

Eine Kommunikation mit allen Stakeholdern über die Absichten, Meilensteine und den Fortschritt sollte transparent und aufrichtig sein. Es ist auch kein „Greenwashing", wenn Klarheit besteht, dass man (noch) nicht perfekt ist, sich aber auf den Weg macht und ein Ziel hat.

Wirkfeld der Methode

- Wirksam für Herausforderungen mit hoher Komplexität
- Wirksam für nachhaltiges Produktdesign
- Wirksam für nachhaltiges Servicedesign
- Wirksam für nachhaltiges Business Model Design

Transformationsfähigkeit Ihres Teams

- Fördert die allgemeine Transformationsfähigkeit des Teams
- Erhöht die Lösungsorientierung

Einsatzcharakteristik/Arbeitsrahmen

- Austauschfokus: vornehmlich mit internen und externen Personen
- Durchführungszeit: eher hoch (> 1 Tag)
- Einsatzfrequenz: sinnvoll im dauerhaften Einsatz
- Einsatzradius: vornehmlich im unternehmensweiten Einsatz
- Komplexität für den Moderator: eher mittel
- Komplexität für die Teilnehmer: eher hoch
- Teamgröße: Kleingruppe möglich (3 bis 5 Teilnehmer)
- Teamgröße: Mittelgroße Teams möglich (5 bis 20 Teilnehmer)
- Vorbereitungszeit: eher mittel (> 1 Stunde bis < 1 Tag)

Input für eine zielführende Arbeit mit der Methode

- Aktuell existierende Geschäftsmodelle
- Aktuell existierende Produkte und Services
- Aktuelle Herausforderung, Leitfrage, Problem
- Ideen und Projekte, die zur Umsetzung anstehen
- Trends und Zukunftsentwicklungen
- Umfeldbeobachtungen, Umfeldanalysen
- Wettbewerber und Komplementoren

Output und beobachtete Ergebnisse der Methode

- Erzeugt definierte Zielkorridore
- Erzeugt eine Vision oder Zukunftsbild
- Erzeugt größere Klarheit zu einem Thema
- Erzeugt transformationsfähigere Organisationen
- Erzeugt segmentierte, kategorisierte, geclusterte Daten

Hinderniseffekte, auf die die Methode positiv wirkt

- Schärft eine fehlende gemeinsame Ausrichtung
- Verhindert blinden Aktionismus
- Verhindert falsche Flughöhen
- Verhindert unreflektiertes agieren

Mögliche Extravorteile der Methode

- Möglicher Extravorteil für Teams mit einem starkem Auftragsmandat
- Möglicher Extravorteil für in Nachhaltigkeitsthemen ungeübte Teams

Quellen

Web – https://unece.org/fileadmin/DAM/ceci/documents/2017/ICP/TOS-ICP/Presentations/Session1/Session_1.3_Kranendijk.pdf (abgerufen 26.10.23)

Grafik: verrocchio Sustainable Inspiration Card – Malvine Klecha, Hila Attaie und Jennifer van Aerssen (Illustration)

Crazy 8

EinSatzBeschreibung

Kreativmethode für schnelle Ideengenerierung ohne viel Tamtam.

Working Guide/Anwendungsfelder

P1 Sensibilisierung/Bildung	P2 Matching Recht/Gesetz	P3 Sustainability Roadmap	P4 Produkt/Prozessdesign	P5 Implementierung/Monitoring	P6 Kommunikation	P7 Organisation	P8 Führung	P9 Business Model Design	P10 Skalierung
		X	X					X	

Beschreibung

Crazy 8 ist eine motivierende Methode, die Ihnen dabei hilft, kreative Ideen zu sammeln und das Beste aus jedem einzelnen Gruppenmitglied herauszuholen. Im Gegensatz zum herkömmlichen Brainstorming ermöglicht Crazy 8 jedem Teilnehmer, zuerst für sich selbst Ideen zu sammeln, um sicherzustellen, dass alle gleichermaßen berücksichtigt werden. Im Anschluss daran findet sofort ein Austausch in der Gruppe statt, was diese Methode viel einfacher und schneller als bspw. die Methode 635 macht.

Der entscheidende Vorteil von Crazy 8 liegt darin, dass die Kreativität der Gruppe nicht von den zuerst genannten Ideen eingeschränkt wird. Denn die erste Idee ist selten die Beste. Die knapp bemessene Zeitbox und die acht zu füllenden Felder dienen als Ansporn, um unzensierte, spontane Ideen festzuhalten und innovative Ansätze jenseits der herkömmlichen Lösungen zu entdecken.

Crazy 8 kann hervorragend in Kombination mit anderen Kreativitätstechniken eingesetzt werden, um den Ideenpool weiter zu bereichern und die Zusammenarbeit zu fördern. Je nach Situation, Aufgabenstellung und verfügbarer Zeit können Sie die passende Methode auswählen, die am besten zu Ihren Anforderungen passt. Besonders in interdisziplinären Gruppen erweist sich Crazy 8 als äußerst effektiv, um schnell eine Vielzahl von Ideen zu generieren.

Durchführung

Schritt 1: Vorbereitung

Die Methode lässt sich sehr einfach und ohne viel Material durchführen. Pro Teilnehmenden braucht es eine leeres Blatt Papier und einen Stift. Ideal ist ein leeres DINA4-Blatt. In der Nähe von Druckern ist meist ausreichend zu finden. Die Methode hat aber auch schon mit einem karierten Blatt Papier aus einem Ringblock oder einer herausgerissenen Seite aus einem Tagebuch funktioniert.

Schritt 2 (optional): Gruppenzusammenstellung

Sollten Sie die Methode in einer großen Gruppe moderieren und Kleingruppen bilden, dann empfiehlt sich eine interdisziplinäre Gruppenzusammenstellung. Dies fördert eine breite Palette von Ideen und Lösungsansätzen. Der Zufall liefert hier meistens gute Ergebnisse. Hier ein paar Ideen, um das unkompliziert zu machen:

- Verteilen Sie verschiedenfarbige Klebepunkte auf dem Namensschild
- Lassen Sie Pokerkarten ziehen. Alle mit der gleichen „Farbe" gehören zu einem Team.
- Teilen Sie die Menschen nach Kleidungsfarbe ein, z. B. weiß, schwarz, bunt

Haben Sie entsprechende Informationen über die Teilnehmer, können Sie die Gruppen natürlich auch selbst einteilen und so Menschen aus verschiedenen Abteilungen, verschiedenen Alters und verschiedenen Professionen mischen. Die Methode lässt sich übrigens auch allein durchführen.

Schritt 3: Zeitbox festlegen

Legen Sie eine klare Zeitbegrenzung für eine Runde fest. In der Regel sind fünf Minuten ausreichend, um sicherzustellen, dass die Teilnehmer schnell und spontan Ideen generieren. Eine kurze Zeitbox fördert eine konzentrierte und intensive Denkweise, die zu innovativen Ergebnissen führen kann. Bei geübten bzw. kreativen Gruppen kann die Zeitbox sogar auf drei Minuten reduziert werden.

Schritt 4: Erklären der Methode

Erklären Sie den Teilnehmern das Konzept von Crazy 8. Betonen Sie, dass es darum geht, schnell und ungefiltert acht Ideen zu generieren. Jeder Teilnehmer hat sein eigenes Tempo, um seine Ideen zu Papier zu bringen. Es geht nicht darum, wer als Schnellstes acht Ideen hat, sondern möglichst viele Ideen zu generieren. Denn die erste Idee ist selten die Beste. Wenn Menschen nur auf fünf oder sechs Ideen kommen, ist das auch kein Beinbruch. Es geht darum möglichst viele und vor allem auch neue und unkonventionelle Lösungen zu finden.

Schritt 5: Vorbereiten des Arbeitsblattes und Ideengenerierung

Nun bitten Sie die Teilnehmer ihr Blatt insgesamt dreimal je in der Mitte zu falten. Machen Sie das Falten am besten langsam vor, sodass jeder sieht was zu tun ist. Wenn alle ihr Blatt dreimal gefaltet haben, bitten Sie die Menschen das Blatt wieder auseinanderzufalten. Nun müsste jeder einen Zettel mit acht Feldern haben. In jedes der Felder kommt eine Idee. Weisen Sie nochmal darauf hin, dass jeder in seinem Tempo Ideen generieren kann und dass jede Idee erlaubt ist, so verrückt sie auch sein mag. Geben Sie dann das Startsignal zur Zeitbox. Ermutigen Sie während der Zeitbox nochmal, schnell und spontan zu handeln, ohne sich zu zensieren oder zu viel nachzudenken. Als Moderator können Sie auch während der Zeitbox Impulsfragen in den Raum werfen, um den Fluss an Ideen am Laufen zu halten. Beispiele für (nachhaltige) Impulsfragen:

- Welche nachhaltigen Materialien können wir einsetzen? (bei Ideengenerierung für Produkte)
- Wie können wir zurückgelegte Wege reduzieren? (bei Ideengenerierung für Dienstleistungen)
- Einzelne SDGs als Impuls geben (bei Ideengenerierung für Sustainability Roadmaps)

Eigene Darstellung: Tobias Leisgang

Schritt 6 (optional): Ideen bewerten

Wenn die Zeit abgelaufen ist, bitten Sie die Teilnehmer individuell ihr beste(n) Idee(n) einzukreisen. Dies verstärkt die Erkenntnis, dass die erste Idee in den seltensten Fällen die beste ist.

Schritt 7: Ideenaustausch in der Gruppe

Fordern Sie nun die Teilnehmer auf, ihre Ideen nacheinander vorzustellen. Jeder Teilnehmer hat eine festgelegte Zeit, um seine (besten) Ideen zu präsentieren, während die anderen aufmerksam zuhören und mögliche Verbindungen oder neue Ansätze erkennen. Der Fokus liegt hierbei auf der Kreativität und dem Potenzial jeder Idee, nicht auf deren Bewertung oder Kritik.

Schritt 8 (optional): Weitere Runden

Je nach Bedarf können Sie weitere Runden von individuellem Ideensammeln und Gruppenaustausch durchführen. Jede Runde bietet die Möglichkeit, neue Ideen zu generieren und die Perspektiven zu erweitern. Achten Sie darauf, dass Sie die Zeitbox und die Präsentationszeit für jede Runde beibehalten.

Schritt 9: Zusammenfassung und Bewertung

Nach Abschluss der Crazy 8-Runden fassen Sie die wichtigsten Ideen zusammen und diskutieren Sie diese als Gruppe. Identifizieren Sie mögliche Ansätze, die das Potenzial haben, Probleme zu lösen oder innovative Lösungen zu bieten. Vermeiden Sie in dieser Phase jedoch auch hier eine zu detaillierte Bewertung oder Diskussion. Der Fokus sollte auf dem Sammeln und Auswerten der Ideen liegen.

Schritt 10: Weiterverarbeitung der Ideen

Die gesammelten Ideen können nun als Ausgangspunkt für weitere Kreativitätsmethoden dienen oder in den Entwicklungsprozess überführt werden. Identifizieren Sie gemeinsam mit der Gruppe die vielversprechendsten Ideen und planen Sie weitere Schritte, um diese auszuarbeiten oder umzusetzen.

> Visuelle Variante: Man kann Crazy 8 auch visuell durchführen. Bei dieser Variante werden die Ideen nicht als Text aufgeschrieben, sondern gesketched. Dies bietet sich für den Ideenfindungsprozess bei Designs oder User Interfaces an. Die Angst, nicht gut genug zu zeichnen, kann allerdings eine Ideenblockade verursachen. Das kann mit einem entsprechenden Warum-up (z. B. die Freitagsmaler) reduziert werden.

Praxisschlaglicht

- Ein Warum-up kann hilfreich sein, um die Gruppe in einen kreativen Modus zu bringen. Bewegungsspiele, Check-in-Fragen oder auch ein kurzer inhaltlicher Impuls können geeignet sein, um die Gruppe in den Kreativmodus zu bringen.
- In der Schule war Spicken strengstens verboten. Hier kann es Personen helfen, denen der Impuls für die erste Idee fehlt.
- Bei geübten Teams kann man kleine Challenges einbauen. Zum Beispiel kann man wie bei Stadt-Land-Fluss per Glücksrad einen Buchstaben bestimmen und die Gruppe sammelt nur Ideen zu diesem Buchstaben. Oder man bereitet ein Glücksrad mit den SDGs vor und sammelt Ideen zum jeweiligen SDG.

Wirkfeld der Methode

- Wirksam für Herausforderungen mit niedriger Komplexität

Transformationsfähigkeit Ihres Teams

- Fördert die Teamkreativität
- Fördert grundlegend die Kreativität
- Fördert offene Mindsets und innovative Denkhaltungen

Einsatzcharakteristik/Arbeitsrahmen

- Austauschfokus: vornehmlich mit internen und externen Personen
- Durchführungszeit: eher gering (< 1 Stunde)
- Einsatzfrequenz: sinnvoll im dauerhaften Einsatz
- Einsatzradius: vornehmlich im Teameinsatz
- Einsatzradius: vornehmlich im projektweiten Einsatz
- Komplexität für den Moderator: eher gering
- Komplexität für die Teilnehmer: eher gering
- Teamgröße: Einzelpersonennutzung möglich
- Teamgröße: Großgruppen möglich (> 50 Teilnehmer)
- Teamgröße: Kleingruppe möglich (3 bis 5 Teilnehmer)
- Teamgröße: Maxigruppen möglich (20 bis 40 Teilnehmer)
- Teamgröße: Mittelgroße Teams möglich (5 bis 20 Teilnehmer)
- Vorbereitungszeit: eher gering (< 1 Stunde)

Input für eine zielführende Arbeit mit der Methode

- Aktuelle Herausforderung, Leitfrage, Problem
- Innovationssuchfelder, Intent Statements
- Merkmale der gegebenen Herausforderung
- Trends und Zukunftsentwicklungen

Output und beobachtete Ergebnisse der Methode

- Erzeugt Ideen für neue Märkte und neue Business Modelle
- Erzeugt Ideen, Lösungsansätze, Vorideen, Möglichkeiten
- Erzeugt Ideensuchfelder, unentdeckte Probleme, Inspiration
- Erzeugt visualisierte Ideen, Begriffe, Themen

Hinderniseffekte, auf die die Methode positiv wirkt

- Beugt blinden Flecken/Betriebsblindheit vor
- Bindet eher introvertierte Teammitglieder mit ein
- Dynamisiert und aktiviert wenig dynamische Teams
- Schwächt störende Bewertung während der Ideenfindung
- Verhindert vorschnelles Urteilen über Ideen
- Verkürzt und durchbricht vorhandene Kreativblockaden
- Wirkt fehlender Inspiration entgegen

Mögliche Extravorteile der Methode

- Möglicher Extravorteil für Teams mit einer konservativen, tradierten Kultur
- Möglicher Extravorteil für innovativ ungeübte Teams

Quellen

Web – https://designsprintkit.withgoogle.com/methodology/phase3-sketch/crazy-8s (abgerufen 19.06.2023)

Grafik: verrocchio Sustainable Inspiration Card – Malvine Klecha, Hila Attaie und Jennifer van Aerssen (Illustration)

Create Your Narrative

EinSatzBeschreibung

Eine kohärente Erzählung formen, die Vision, Strategie und Ausführung verbindet, um Stakeholder-Engagement und zielgerichtete Entscheidungsfindung zu fördern.

Working Guide/Anwendungsfelder

P1 Sensibilisierung/Bildung	P2 Matching Recht/Gesetz	P3 Sustainability Roadmap	P4 Produkt/Prozessdesign	P5 Implementierung/Monitoring	P6 Kommunikation	P7 Organisation	P8 Führung	P9 Business Model Design	P10 Skalierung
X					X		X		X

Beschreibung

Das Einbinden von Stakeholdern stellt in der Innovationsarbeit eine erhebliche Hürde dar. Sollte Ihre Einrichtung bei der Mobilisierung von Unterstützung für ein nachhaltiges Projekt ins Stocken geraten oder das Team bereits mit anderen Verpflichtungen belastet sein, erweist sich eine gut gestaltete Narrative als wirksames Instrument, um die kollektive Aufmerksamkeit zu fokussieren und das allgegenwärtige Rauschen zu durchbrechen. Eine solche Innovations-Narrative transformiert komplexe Konzepte in ansprechende und relevante Inhalte, was die Priorisierung des Projekts durch alle Beteiligten erleichtert.

Narrative dienen als Mittel, um komplexe Ideen innerhalb einer Organisation verständlich zu kommunizieren. Sie reduzieren die Komplexität, erzeugen ein Gefühl der Dringlichkeit und fungieren als Katalysatoren für den Wandel, wodurch die Wahrscheinlichkeit einer erfolgreichen Implementierung von Innovationen erhöht wird.

Create Your Narrative ist wie der rote Faden in einem guten Buch: Er verknüpft Ihre Vision, Ihre Strategie und Ihre täglichen Handlungen zu einer einheitlichen, inspirierenden Geschichte. Diese Erzählung dient nicht nur als Leitfaden für Sie und Ihr Team, sondern zieht auch Stakeholder an, indem sie das *Warum* hinter Ihrem Projekt klar und greifbar macht. So fördert sie gezielte Entscheidungen und ein stärkeres Engagement aller Beteiligten.

Der Innovationsprozess unterliegt nicht ausschließlich technischen oder organisatorischen Herausforderungen, sondern muss ebenso menschliche Aspekte berücksichtigen. Eine gut konzipierte Erzählung kann die Interaktion mit diversen Stakeholdern, von der Belegschaft bis zu Investoren und Kunden, erheblich fördern. Eine effektive Erzählung verdeutlicht nicht nur das *Was*, sondern auch das *Warum* einer Innovation, und verknüpft sie so mit den übergeordneten Zielen einer Organisation oder gesellschaftlichen Belangen.

In einem nachhaltigen Kontext dient die Methode *Create Your Narrative* als eine kraftvolle Orientierungshilfe, um die langfristigen Ziele der Nachhaltigkeit mit den unmittelbaren Handlungsweisen Ihres Projekts oder Unternehmens zu verbinden. Ihre Erzählung kann den Fokus auf ökologische Verantwortung, soziale Gerechtigkeit oder wirtschaftliche Nachhaltigkeit legen. Sie verleiht nicht nur Ihren nachhaltigen Bestrebungen Bedeutung, sondern schafft auch eine emotionale Verbindung mit Ihren Stakeholdern. Dadurch fördert sie nicht nur kurzfristigen Erfolg, sondern auch langfristige Resilienz und Stakeholder-Engagement und letztendlich die Umsetzung nachhaltiger Praktiken.

Erzählungen sollen sowohl visionäre als auch praktische und strategische Elemente enthalten, um umfassend wirksam zu sein. Dabei sollen sie emotional ansprechend sein und gleichzeitig klare, logische Handlungswege aufzeigen.

Durchführung

Geschichten dienen als soziale Klebstoffe und sind mächtige Werkzeuge, um Ideen überzeugend und nachhaltig zu vermitteln. Sie können sowohl Wissen als auch Inspiration vermitteln und erfüllen damit zwei Schlüsselfunktionen: Sie bieten eine Simulation (Wissen darüber, wie man handelt) und Inspiration (Motivation zum Handeln). Sie ermöglichen Zuhörern, mentale Probefahrten mit den vorgestellten Ideen zu machen. Der Fokus liegt auf der Wirksamkeit der Geschichte, weniger auf dem technischen Prozess ihrer Erstellung.

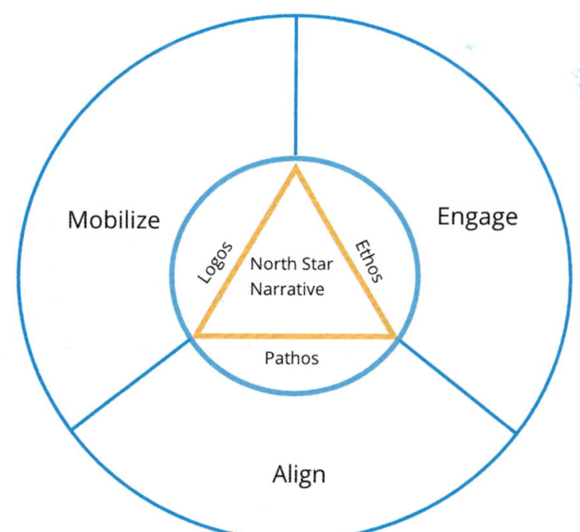

Narrative Strategy (© Ari Mostov, wellplay.com)

66

Create Your Narrative

Das Konzept des *Create Your Narrative* wird als Innovationsstrategie in Organisationen und einzelnen Projekten eingesetzt. Die Kernidee besteht darin, eine überzeugende Narrative zu etablieren, die Vision, Strategie und Umsetzung vereint. Diese Herangehensweise basiert auf dem Prinzip, dass eine gut gestaltete Erzählung Stakeholder inspirieren, die Entscheidungsfindung leiten und Veränderungen vorantreiben kann.

Hier sind Schlüsselschritte, die Sie in Betracht ziehen sollten:

1. **Kernwerte identifizieren:** Verstehen Sie die Werte und die Mission Ihres Projekts oder Unternehmens und integrieren Sie sie in Ihre Erzählung.
2. **Zielgruppenbestimmung:** Ermitteln Sie die Stakeholder und passen Sie die Erzählung so an, dass sie mit deren Interessen und Bedürfnissen resoniert.
3. **Handlungsstruktur:** Zerlegen Sie Ihre Projektziele in sequenzielle Phasen, die den Handlungsverlauf Ihrer Geschichte bilden.
4. **Rollenzuweisung:** Weisen Sie Ihrem Team und den Stakeholdern Rollen zu, die ihren Beitrag zur Erzählung verbessern.
5. **Konflikt & Lösung:** Identifizieren Sie Herausforderungen und schlagen Sie Lösungen vor. Dies fügt Ihrer Erzählung Glaubwürdigkeit und Spannung hinzu.
6. **Kommunikation:** Nutzen Sie verschiedene Medien und Foren, um Ihre Erzählung konsequent über alle Kanäle zu kommunizieren.
7. **Iteration:** Seien Sie bereit, Ihre Erzählung anhand von gesammelten Daten und Rückmeldungen zu verfeinern, um sie an sich verändernde Realitäten anzupassen.
8. **Evaluierung:** Stellen Sie sicher, dass Mechanismen vorhanden sind, um die Auswirkungen der Erzählung auf das Stakeholder-Engagement, die Entscheidungsfindung und Projektergebnisse zu messen.

Elemente, die eine Idee oder eine Narrative *haftend* machen, sind: Einfachheit, Unerwartetheit, Anschaulichkeit, Glaubwürdigkeit, Emotionen und Geschichten selbst.

Im Bereich der nachhaltigen Innovation kann sich die Narrative auf folgende Themen konzentrieren:

- Narrative Kohärenz: Etablierung einer kohärenten Erzählung, die sich mit den Zielen für nachhaltige Entwicklung (SDGs) in Einklang bringt, wodurch die Zustimmung der Stakeholder und die langfristige Tragfähigkeit erleichtert werden.
- Kreislaufwirtschaft: Erzählungen können den Übergang von einem linearen zu einem zirkulären Wirtschaftsmodell erleichtern, bei dem der Fokus auf Wiederverwendbarkeit und Ressourcenoptimierung liegt.
- Transparenz und Rückverfolgbarkeit: Erzählungen, die die Lieferkette, ethische Überlegungen und Auswirkungsmetriken transparent erläutern, können ein größeres Vertrauen und Engagement der Stakeholder schaffen.
- Szenarioplanung: Futuristische Erzählungen, basierend auf Szenarioplanung, werden verwendet, um verschiedene Wege der nachhaltigen Entwicklung unter Berücksichtigung verschiedener sozialer, technologischer und ökologischer Faktoren zu erkunden.
- Verhaltensökonomie: Erzählungen können das Verbraucherverhalten hin zu nachhaltigen Entscheidungen beeinflussen.
- Öffentliche Politik: Erzählungen können auch nachhaltige öffentliche Politiken beeinflussen oder ergänzen, insbesondere im Kontext globaler Partnerschaften.

Eine Narrative ist keine starre Anweisung, sondern eher ein flexibler Plan, der von allen Beteiligten gemeinsam erstellt wird. Sie sollte glaubwürdig, emotional ansprechend und logisch sein. Man stellt sie sich als Leitstern vor, die die Phasen der Stakeholder-Aktivierung einleitet: Engagieren, Ausrichten und Mobilisieren. So werden Absichten in Handlungen und Visionen in Ergebnisse umgewandelt. Die Erzählung fungiert als Kompass in Zeiten der Unsicherheit und Komplexität und fördert nachhaltige Veränderungen.

Wirkfeld der Methode

- Wirksam für Herausforderungen mit hoher Komplexität
- Wirksam für Herausforderungen mit mittlerer Komplexität
- Wirksam für nachhaltiges Marketing
- Wirksam für nachhaltiges Produktdesign
- Wirksam für nachhaltiges Servicedesign
- Wirksam für nachhaltiges Business Model Design

Transformationsfähigkeit Ihres Teams

- Fördert die Sensibilisierung
- Fördert die allgemeine Transformationsfähigkeit des Teams
- Fördert offene Mindsets und innovative Denkhaltungen
- Sorgt für Inspiration oder bessere Inspirationsempfindlichkeit
- Zahlt auf eine bessere Vorstellungskraft ein
- Zahlt auf ein positives Zukunftsbild ein
- Erhöht die Lösungsorientierung

Einsatzcharakteristik/Arbeitsrahmen

- Austauschfokus: vornehmlich mit internen und externen Personen
- Durchführungszeit: eher hoch (> 1 Tag)
- Einsatzfrequenz: vornehmlich über den kompletten Projektzeitraum
- Einsatzradius: vornehmlich im unternehmensweiten Einsatz
- Komplexität für den Moderator: eher mittel
- Komplexität für die Teilnehmer: eher mittel
- Teamgröße: Einzelpersonennutzung möglich
- Teamgröße: Kleingruppe möglich (3 bis 5 Teilnehmer)
- Teamgröße: Mittelgroße Teams möglich (5 bis 20 Teilnehmer)
- Vorbereitungszeit: eher mittel (> 1 Stunde bis < 1 Tag)

Input für eine zielführende Arbeit mit der Methode

- Aktuell existierende Geschäftsmodelle
- Aktuell existierende Produkte und Services
- Aktuelle Herausforderung, Leitfrage, Problem

Output und beobachtete Ergebnisse der Methode

- Erzeugt Ideensuchfelder, unentdeckte Probleme, Inspiration
- Erzeugt Nutzenfunktionen und Bedürfniskorridore
- Erzeugt definierte Zielkorridore
- Erzeugt eine Vision oder Zukunftsbild
- Erzeugt größere Klarheit zu einem Thema
- Erzeugt transformationsfähigere Organisationen
- Ziel- und Fokusgruppen

Hinderniseffekte, auf die die Methode positiv wirkt

- Beugt Missinterpretationen vor
- Beugt blinden Flecken/Betriebsblindheit vor
- Schärft eine fehlende gemeinsame Ausrichtung
- Verhindert falsche Flughöhen
- Verringert zu große Komplexitäten

Mögliche Extravorteile der Methode

- Möglicher Extravorteil für Teams mit einem starkem Auftragsmandat
- Möglicher Extravorteil für agile Teams
- Möglicher Extravorteil für innovativ erfahrene Teams
- Möglicher Extravorteil für in Nachhaltigkeitsthemen erfahrene Teams

Quellen

Buch – Grassroots Innovation, Minds on the Margin are not Marginal Minds, Anil K. Gupta, (Random House, 2016)
Buch – Made to Stick, Chip und Dan Heath, (Random House, 2007)
Web – https://www.wellplay.world (abgerufen 26.08.2023)

Responsible Consumption and Production
Denke deine Idee materialgesund - für Menschen und die Umwelt
your idea materially healthy - for people and the environment
verrocchio Institute for Innovation Competence

Grafik: verrocchio Sustainable Inspiration Card – Malvine Klecha, Hila Attaie und Jennifer van Aerssen (Illustration)

67

Creative Climate Barometer

EinSatzBeschreibung

Dient der Reflexion des kreativen Klimas in Teams und der Förderung von mehr Kreativität.

Working Guide/Anwendungsfelder

P1 Sensibilisierung/Bildung	P2 Matching Recht/Gesetz	P3 Sustainability Roadmap	P4 Produkt/Prozessdesign	P5 Implementierung/Monitoring	P6 Kommunikation	P7 Organisation	P8 Führung	P9 Business Model Design	P10 Skalierung
					X		X		

Beschreibung

Ein Teamklima, welches Kreativität zulässt und aktiv fördert, ist unverzichtbar für nachhaltige Innovationen. Mit dem Creative Climate Barometer© (CCB) schaffen wir einen Ansatz für eine gemeinsame Teamreflexion. Hierfür nutzen wir die von G. Ekvall definierten zehn *Klima-Dimensionen* zur Bewertung der Kreativität in Organisationen. Bei der subjektiven Einschätzung des Teamklimas zählt für uns vorrangig, wie es sich für die einzelnen Personen selbst anfühlt bzw. darstellt.

Wir machen mit dem Creative Climate Barometer© das Thema im Team besprechbar und Handlungspotenziale sichtbar.

Unter Hilfenahme des *Kreativpokers* nehmen wir auch ruhigere Teammitglieder ins Boot und reduzieren den bewussten (oder auch unbewussten) Einfluss eher dominierender Personen. Nach Identifikation der Potenzialdimensionen lassen sich unter Berücksichtigung der beeinflussenden Faktoren mögliche Stellhebel ableiten und Ideen erarbeiten. Hierbei kann die *Klima-Faktoren-Matrix* unterstützend eingesetzt werden und die Bearbeitung vereinbarter Maßnahmen mit dem *TaskBan* gesteuert werden. Veränderungen können durch eine erneute Einschätzung in regelmäßigen Abständen verfolgt und die Wirksamkeit der Aktivitäten bewertet werden.

Ziel ist, ein kreatives Klima im Team zu schaffen, zu stärken und/oder weiterzuentwickeln und somit weitere nachhaltige Innovationen zu ermöglichen.

Die Führungskraft und/oder Projektleitung kann sich an der Einschätzung

a) als gleichwertiges Teammitglied beteiligen
b) oder parallel mit eigener Barometer-Darstellung beteiligen
c) oder bei Bedarf enthalten.

Durchführung

Empfehlenswert ist die physische Anwesenheit aller Teilnehmenden in einem Raum. Der CCB-Workshop lässt sich bei Bedarf auch virtuell durchführen. Die Anzahl der Teilnehmenden kann zwischen 2 und max. 8–10 Personen liegen. Die Durchführung sollte durch einen erfahrenen Moderator unterstützt werden.

Vorbereitung: Der Creative Climate Barometer© kann als Druckversion oder digital eingesetzt werden. Wichtig ist, dass er während des Workshops für alle gut sichtbar ist.

Jedem Teammitglied sollte zudem ein Satz Kreativ- und Innovations-Poker Cards zu Verfügung gestellt werden. Alternativ können die Zahlenwerte (0, 10, 20, 25, 30, 40, 50, 60, 70, 75, 80, 90, 100) von den Teilnehmern auf einzelne Zettel notiert werden.

Die 10 Klima-Dimensionen sind:

- **Herausforderung:** „Im Team sind wir gefordert, emotional involviert und committet."
- **Freiraum**: „Wir sind frei in der Entscheidung wie wir arbeiten."
- **Ideen/Zeit:** „Wir haben Zeit, um Ideen zu durchdenken, bevor wir sie umsetzen."
- **Dynamik:** „Im Team sind wir sehr lebhaft und dynamisch unterwegs."
- **Ideen-Support:** „Dem Team stehen Ressourcen zur Verfügung, Ideen auszuprobieren."
- **Vertrauen und Offenheit:** „Wir trauen uns zu sagen, was wir denken, und eine andere Meinung zu vertreten."
- **Verspieltheit und Humor:** „Wir sind entspannt und es ist okay, Spaß zu haben."
- **Konflikte:** „Wir lassen uns auf zwischenmenschliche Konflikte ein (mit dem Ziel sie konstruktiv zu lösen)."
- **Debatten:** „Wir lassen uns auf Debatten zu den Sachverhalten ein (vertreten unsere Meinung und Expertise)."
- **Risikobereitschaft**: „Es ist okay, zu scheitern (und daraus zu lernen)."

Der Zahlenwert des Kreativ- und Innovations-Pokers stellt den jeweiligen Erfüllungsgrad für den Barometer als %-Wert dar. Ziel ist es, einen Teamwert für den Erfüllungsgrad je Dimension zu finden.

Phase 1: Es werden alle zehn Klimadimensionen der Reihe nach betrachtet und bewertet:

1. Vor der Bewertungsrunde stellt der Moderator das gemeinsame Verständnis zur jeweiligen Dimension sicher und setzt den Kontext, z. B. Nachhaltigkeit.
2. Leitfrage am Beispiel Freiraum: „Wie ist eure persönliche Einschätzung zur Dimension Freiraum? Wie schätzt ihr aktuell den Erfüllungsgrad in % ein.?" Hierbei gilt „0 %" als nicht vorhanden und „100 %" als vollständig gegeben.
3. Jedes Teammitglied macht sich nun Gedanken zum Erfüllungsgrad aus seiner Sicht und wählt die passende Zahlenkarte aus dem Kreativ-Poker Set aus. Diesen %-Wert hält es bedeckt, bis alle Teilnehmenden Personen sich ebenfalls ihren %-Wert festgelegt haben.

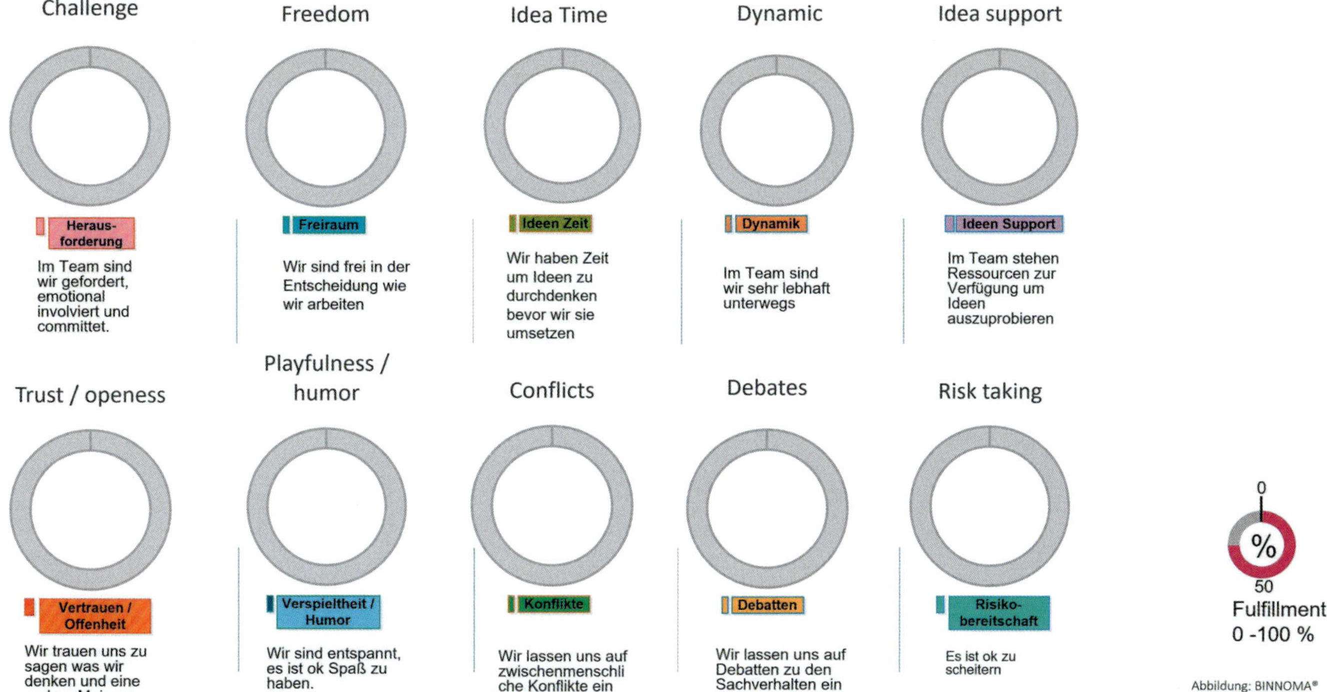

4. Wenn alle Bewertungen erfolgt sind, werden die Karten von allen Teammitgliedern zeitgleich offengelegt.
5. Die Teilnehmenden mit dem höchsten sowie dem niedrigsten Wert erläutern kurz die Hintergründe ihrer Einschätzung.
6. Nachdem die Begründungen von allen gehört wurden, folgt eine erneute Pokerrunde. Diesmal erläutern sowohl der niedrigste, der höchste Wert sowie der Median ihre Einschätzung. (Median Beispiel: 1,2,4,8,10 >> Median = 4)
7. Anschließend wird der Median-Wert (als zentraler Teamwert) farbig im dazugehörigen Barometer eingetragen.
8. Die Vorgehensweise wird für die weiteren Dimensionen wiederholt, bis alle Dimensionen bewertet sind.
9. Option: Hat die Führung eine parallele Einschätzung durchgeführt, werden die Ergebnisse des Teams und der Führung gegenübergestellt. Dies bietet die Möglichkeit etwaige unterschiedliche Sichtweisen sichtbar zu machen und gemeinsam die Hintergründe zu klären. Der Teamwert kann dann bei Bedarf nochmals angepasst werden.

Phase 2: Auswahl und Priorisierung der Potenzialdimensionen.

Das Team wählt nun aus den 10 Dimensionen diejenigen aus, für die es größeren Handlungsbedarf gibt und die im ersten Schritt weiterbearbeitet werden sollen.

Phase 3: In Arbeitsgruppen erarbeiten die Teammitglieder Ideen und Ansätze, wie die ausgewählten Dimensionen gestärkt werden können. Hierbei werden die beeinflussenden „Faktoren und Stellhebel zur Förderung von kreativem Klima“ berücksichtigt.

Einflussfaktoren sind:

- Leadership
- Werte und Normen
- Kontext Team und Organisation
- Visionen und Ziele
- Strategie
- Arbeitsbedingungen
- Individuen
- Art der Arbeit
- Arbeitsorganisation

Mit der Klima-Faktoren-Matrix schaffen wir eine einfache Übersicht der Zuordnung relevanter Faktoren zu den jeweiligen Klima-Dimensionen. Sie kann unterstützend bei der Ideenerarbeitung herangezogen werden. Hierbei werden alle 9 Faktoren betrach-

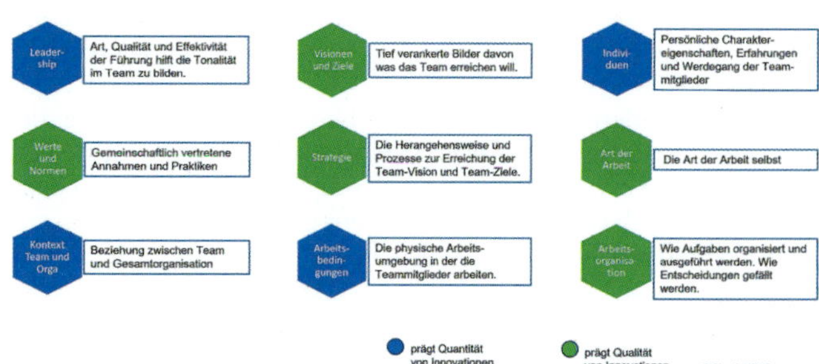

Creative Climate Barometer© - Klima-Faktoren-Matrix

Teamklima \ Faktoren	Visionen und Ziele	Strategie	Führung	Arbeits-bedingungen	Individuum	Art der Arbeit	Arbeits-organisation	Kontext	Werte und Normen
Heraus-forderungen	x	x	x		x	x	x	x	
Freiheit		x	x		x	x	x	x	x
Zeit für Ideen		x	x	x	x	x	x	x	x
Dynamik	x		x		x		x		x
Unterstützung bei Ideen	x	x	x	x			x	x	x
Vertrauen und Offenheit	x		x		x		x	x	x
Humor und Verspieltheit	x		x	x	x				x
Konflikte			x		x		x	x	x
Debatten	x	x	x		x		x	x	x
Risiko-bereitschaft	x	x	x		x	x	x	x	x

Abbildung: **BINNOMA®**

tet und eingeschätzt, inwiefern diese Faktoren Einfluss auf die Dimension hat. In der Matrix wird im entsprechenden Feld eine Markierung (z. B. „X“) gesetzt.

Phase 4: Das Team bewertet und priorisiert nun seine Ideen und Ansätze. Danach entscheiden die Teilnehmenden über die weitere Vorgehensweise. Für die Übersicht und Steuerung der Maßnahmen kann das TaskBan verwendet werden.

Hier werden die Spalten To-do/Work in Progress (WiP)/in Klärung/Done eingesetzt. Zusätzlich kann als 1. Spalte noch „Backlog“ ergänzt werden, in der alle gesammelten Aufgaben aufgeführt sind. In die To-do-Spalte werden in diesem Fall nur diejenigen übernommen, die in einem definierten Zeitfenster (z. B. in den kommenden 2 Wochen) bearbeitet werden sollen. Gearbeitet wird nach dem PULL-Prinzip. D. h., sobald mit der Bearbeitung einer Aufgabe begonnen wird, wird diese in die Spalte WiP umgehängt. Ist sie erledigt oder ist noch eine Klärung notwendig, wandert die Aufgabe weiter in die entsprechende Spalte. Somit hat jedes Teammitglied zu jedem Zeitpunkt den Überblick über den aktuellen Stand der Aufgaben und deren Bearbeitung. Es empfiehlt sich ein regelmäßiges Review einzuplanen. Etwaige Unterstützungsbedarfe werden dadurch rechtzeitig transparent gemacht und können eingefordert werden.

Das TaskBan wird für alle sichtbar aufgehängt bzw. der Zugriff bei digitaler Ausführung jederzeit für alle möglich gemacht.

Creative Climate Barometer© – TaskBan

Task	ToDo	Work in progress	(in Klärung)	Done

Abbildung: BINNOMA®

Wirkfeld der Methode

- Wirksam für Herausforderungen mit hoher Komplexität
- Wirksam für Herausforderungen mit mittlerer Komplexität
- Wirksam für nachhaltiges Marketing
- Wirksam für nachhaltiges Produktdesign
- Wirksam für nachhaltiges Prozessdesign
- Wirksam für nachhaltiges Servicedesign
- Wirksam für nachhaltiges Business Model Design

Output und beobachtete Ergebnisse der Methode

- Bessere Projekteffizienz, bessere Teamperformance
- Erzeugt besseren Teamspirit, mehr Offenheit, Inspirationsempfindlichkeit
- Erzeugt transformationsfähigere Organisationen
- Erzeugt motiviertere und transformationsfähigere Teilnehmer
- Identifiziert vorhandene Schwachstellen
- Identifiziert vorhandene Stärken

Hinderniseffekte, auf die die Methode positiv wirkt

- Bindet eher introvertierte Teammitglieder mit ein
- Schafft für den Erfolg nötige Realitätsbezüge
- Schwächt Angst vor Kritik und Zurückweisung
- Schwächt Angst vor Neuem (Cainophobie)
- Schwächt nicht zielführende Emotionen
- Schwächt das „Not invented here“-Syndrom
- Schwächt den „Inneren Zensor“
- Schärft eine fehlende gemeinsame Ausrichtung
- Stärkt das Vertrauen im Team
- Verhindert Ideenbunkerei und Geheimniskrämerei
- Wirkt fehlender Inspiration entgegen

Transformationsfähigkeit Ihres Teams

- Fördert die Teamkreativität
- Fördert grundlegend die Kreativität
- Fördert offene Mindsets und innovative Denkhaltungen
- Zahlt auf eine bessere Wahrnehmung ein
- Erhöht die Lösungsorientierung

Einsatzcharakteristik/Arbeitsrahmen

- Austauschfokus: vornehmlich mit internen Personen
- Durchführungszeit: eher mittel (> 1 Stunde bis < 1 Tag)
- Einsatzfrequenz: vornehmlich über den kompletten Projektzeitraum
- Einsatzradius: vornehmlich im Teameinsatz
- Einsatzradius: vornehmlich im projektweiten Einsatz
- Komplexität für den Moderator: eher mittel
- Komplexität für die Teilnehmer: eher mittel
- Teamgröße: Kleingruppe möglich (3 bis 5 Teilnehmer)
- Teamgröße: Mittelgroße Teams möglich (5 bis 20 Teilnehmer)
- Vorbereitungszeit: eher mittel (> 1 Stunde bis < 1 Tag)

Input für eine zielführende Arbeit mit der Methode

- Beteiligte Personen mit Tätigkeiten und Aufgaben
- Verschiedene Botschaften, Meinungen, Statements
- Verschiedene Meinungen und Blickwinkel
- Vorhandenes Wissen und Erfahrungen
- Personenmerkmale (Meinungen, Bedürfnisse, Werte, etc.)
- Fördert Optimismus und Zuversicht

Mögliche Extravorteile der Methode

- Möglicher Extravorteil für Teams mit einem starkem Auftragsmandat
- Möglicher Extravorteil für Teams mit einer konservativen, tradierten Kultur
- Möglicher Extravorteil für innovativ ungeübte Teams

Quellen

Artikel – Organizational climate for creativity and innovation. Ekvall, G., European Journal of Work and Organizational Psychology, 5(1), 105–123. (1996), https://doi/abs/10.1080/13594329608414845

Artikel – Burke & Litwin, ‚A Causal Model of Organisation Performance and Change‘, Burke & Litwin, Journal of Management, Vol 18, No 3 (1992), pp 523–545, https://www.exeter.ac.uk/media/universityofexeter/humanresources/documents/learningdevelopment/understanding_drivers_for_change.pdf

Buch – Das Toyota-Produktionssystem, Taiichi Ohno, (Campus, 2009)

Organisation – Böhringer-Innovations-Management, www.binnoma.de, 05.05.2023

Person – Sabine Böhringer, sabine.boehringer@binnoma.de

Crowdsourced-Innovationspotenzial-Karte

EinSatzBeschreibung

Methode, um auf räumlichen Plänen basierenden Crowdsourcing Innovationspotenziale und Räume für nachhaltige Entwicklung zu identifizieren.

Working Guide/Anwendungsfelder

P1 Sensibilisierung/Bildung	P2 Matching Recht/Gesetz	P3 Sustainability Roadmap	P4 Produkt/Prozessdesign	P5 Implementierung/Monitoring	P6 Kommunikation	P7 Organisation	P8 Führung	P9 Business Model Design	P10 Skalierung
X		X	X		X	X		X	

Beschreibung

Bürgerinnen und Mitarbeiterinnen sind wertvolle Impulsgeberinnen für Projekte mit dem Ziel, ökologische oder soziale Missstände zu reduzieren. Diese Missstände sind oft an bestimmte Orte gebunden. Um diese Orte zu identifizieren, bietet es sich an, das Wissen derer zu nutzen, welche teils tagtäglich unmittelbar an den Orten des Geschehens Zeugen von (oder unfreiwillig Mitverantwortliche für) etwaige Missstände sind. Diese könnten zum Beispiel ungenutzte Flächen für erneuerbare Energien, fehlende umweltfreundliche Infrastruktur, Vorschläge für nachhaltige Landnutzung, unnötige Stromfresser, oder Orte mit fehlender sozialer Gerechtigkeit (z. B. fehlende Barrierefreiheit) sein.

Ein von Beginn an positives Framing, welches Herausforderungen und Missstände als Potenziale identifizieren lässt, sorgt für ein problemorientiertes, aber lösungsfokussiertes Denken. So entsteht von Anfang an ein Bild einer Wünschenswerten Zukunft.

Durch das partizipative Markieren der Orte, an denen etwas verändert werden muss, entstehen Karten mit lokalisierten Entwicklungspotenzialen. Zwar birgt das partizipative Einholen von Handlungsräumen das Risiko, dass einzelne Personen ein eigenes Interesse verfolgen und pushen. Im Gegenzug erhalten daraus möglicherweise entstehende Projekte jedoch auch Unterstützung, und sind auf die reale Lebenswelt der Beteiligten abgestimmt.

Das Vorgehen kann für eine begrenzte Projektzeit betrieben werden, um besonders kurzfristig und effizient kollektiv vorhandenes Wissen einzusammeln. Es kann jedoch auch als „Lebendige Karte der Potenziale" über einen langen Zeitraum hinweg laufend ein Reporting zu sozialen, ökologischen oder organisatorischen Missständen ermöglichen.

Durchführung

1. **Initialisieren:** Eine Karte des betreffenden Raums wird bereitgestellt. Diese Karte kann z. B. eine Landkarte, ein Stadtplan, oder aber auch die Karte eines Grundstücks oder der Raumplan eines Gebäudes sein.

Zusätzlich zu der Karte bedarf es einer klaren, eindeutig formulierten Handlungsanweisung, was und auf welche Art relevante Orte markiert werden sollen, sowie womöglich ein Template, welches das Beschreiben erleichtert und einen Aufforderungscharakter hat. Auch ein ausgefülltes Beispiel kann Beitragenden Sicherheit geben, sich einzubringen.

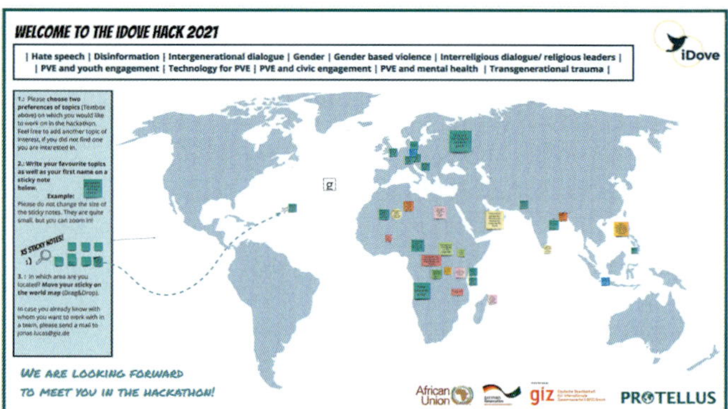

Sammlung und Verortung von Themen für einen globalen Hackathon, realisiert über die Plattform Miro. (Quelle: Kilian Karg, Protellus, iDove)

Ein solches Vorgehen kann physisch auf einer Metaplanwand realisiert werden, oder auch auf einer digitalen Plattform. Neben auf diese Art des Crowdsourcing professionel fokussierten Anbietern, kann dies digital zum Beispiel auch vereinfacht über digitale Whiteboards wie Miro, Mural, oder NeXboard umgesetzt werden.

Neben Themenvorschlägen ist es auch hilfreich, bereits mehrere Beispiele auf der Karte zu verewigen, um möglichen Impulsgebern die Scheu zu nehmen, die ersten zu sein, die etwas beitragen.

2. **Crowdsourcing-Kampagne:** Die aktive Beteiligung der Öffentlichkeit auf der Plattform wird gefördert. Es werden gezielte Marketing- und Outreach-Strategien eingesetzt. Dazu gehört die Durchführung von Social-Media-Kampagnen, die Zusammenarbeit mit Organisationen wie lokalen Gemeinschaften, Bildungseinrichtungen, Vereinen und Interessengruppen.
3. **Datenanalyse und Identifizierung von Potenzialen:** Die eingesammelten Daten werden analysiert und inhaltlich gruppiert, um (Innovations-)Potenziale mit räumlichem Bezug für nachhaltige Entwicklung zu identifizieren. Durch die Betrachtung von Mustern, Häufungen, Widersprüchen oder interessanten Zusammenhängen in den gesammelten Informationen können bereits Gebiete identifiziert werden, in denen gezielte Maßnahmen zur Förderung der Nachhaltigkeit ergriffen werden

können. Dieses Aufbereiten dient jedoch auch dem optionalen Schritt 4.

4. **Crowd-Bewertung und -Validierung:** Nach dem Aufbereiten der eingereichten Daten werden mögliche Unterstützerinnen sowie Einreichende eingeladen, die markierten Orte und damit verbundene Nennungen von Potenzialen zu kommentieren.

Entweder parallel zu diesem Schritt oder in einem späteren Zeitfenster werden Beteiligte eingeladen, ihre Zustimmung zu in ihren Augen besonders relevanten Einreichungen auszusprechen, z. B. durch das Hinterlassen von Klebepunkten oder Ausrufezeichen.

5. **Bewertung durch Expertinnen:** Eine abschließende Bewertung erfolgt durch Nachhaltigkeits-Expertinnen mit relevanter Fachexpertise sowie Entscheiderinnen, um solche Einreichungen zu identifizieren, welche real besondere hohes Verbesserungspotenzial versprechen.

Die Ergebnisse können nach der Konsolidierung mit Expertinnen eine Grundlage für Strategieentwicklung, Veränderungsmanagement, oder Workshops sein. Auch lassen sich anhand der Beiträge Arbeitsgemeinschaften zusammensetzen.

Praxisschlaglicht

In einem Hackathon der Rheinland-Pfälzischen Technischen Universität Kaiserslautern-Landau und der Hochschule Kaiserslautern in Kooperation mit der Agentur Protellus wurden nachhaltige regional relevante Lösungen entwickelt, welche den Standort stärken und anschließend zu Geschäftsmodellen für Start-ups weiterentwickelt werden können.

Analog zu dem Suchen von Missständen, wurde in diesem Projekt ein spezieller Fokus auf bereits vorliegende positive Potenziale gelegt, welche genutzt und gestärkt werden sollten.

Die Grundlage für das Finden von Themen und Teams bot eine über das digitale Whiteboard Miro geteilte Karte der Region, in welche die Teilnehmenden sowie andere Interessierte Orte markieren konnten.

Ersichtlich wurde, dass es sinnvoll ist, in diesem unmoderierten Prozess klare Aufgabenstellungen zu formulieren, sowie Formulierungs-Kriterien normiert vorzugeben, um die erlangten Informationen im weiteren Prozess besser verarbeiten zu können.

Wirkfeld der Methode

- Wirksam für Herausforderungen mit hoher Komplexität
- Wirksam für nachhaltiges Produktdesign
- Wirksam für nachhaltiges Servicedesign
- Wirksam für nachhaltiges Business Model Design

Transformationsfähigkeit Ihres Teams

- Sorgt für Inspiration oder bessere Inspirationsempfindlichkeit
- Zahlt auf eine bessere Vorstellungskraft ein
- Zahlt auf eine bessere Wahrnehmung ein
- Zahlt auf ein positives Zukunftsbild ein
- Zahlt auf das Dringlichkeitsempfinden ein
- Erhöht die Lösungsorientierung

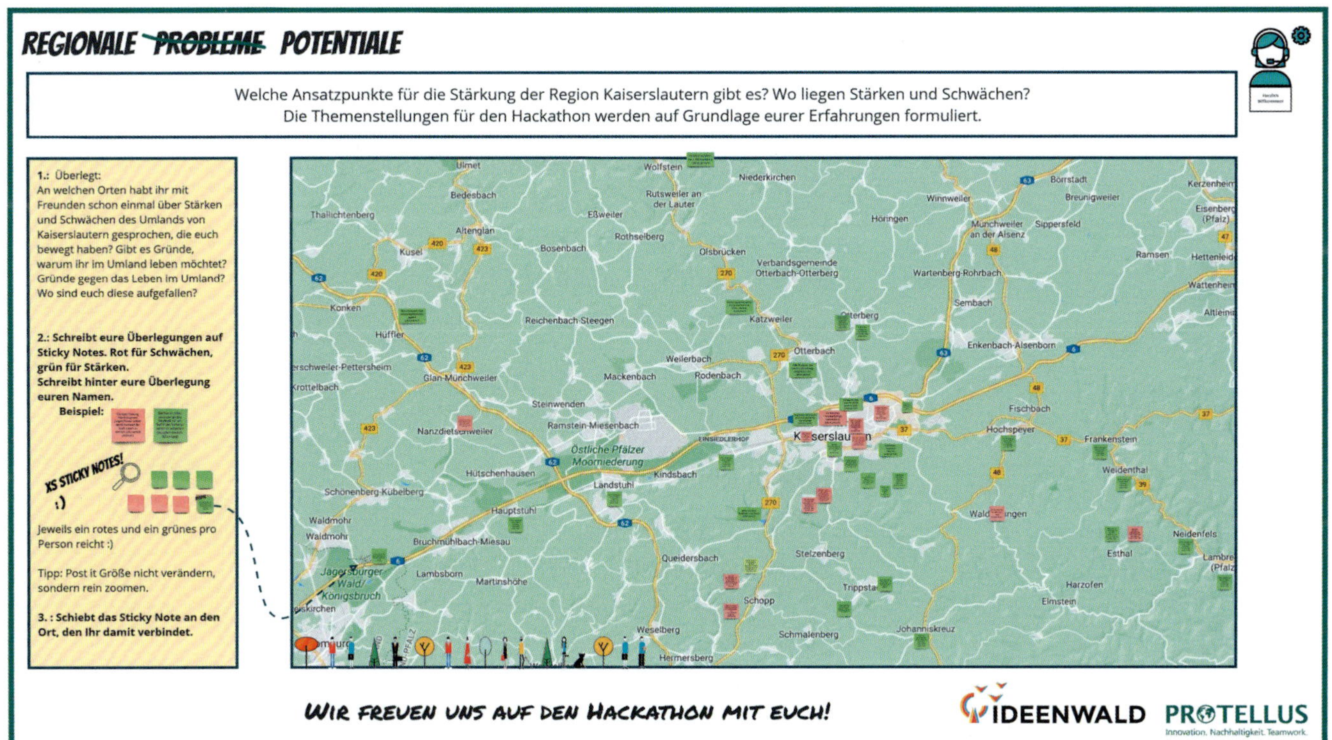

Auf einem digitalen Whiteboard bereitgestellte Karte einer Region, in welcher regionale Potenziale zur Vorbereitung eines Hackathons erfasst wurden (Quelle: Kilian Karg/Protellus)

Crowdsourced-Innovationspotenzial-Karte

Einsatzcharakteristik/Arbeitsrahmen

- Austauschfokus: vornehmlich mit internen und externen Personen
- Durchführungszeit: eher mittel (> 1 Stunde bis < 1 Tag)
- Einsatzfrequenz: sinnvoll im dauerhaften Einsatz
- Einsatzfrequenz: vornehmlich im einmaligen Einsatz
- Einsatzradius: vornehmlich im projektweiten Einsatz
- Einsatzradius: vornehmlich im unternehmensweiten Einsatz
- Komplexität für den Moderator: eher mittel
- Komplexität für die Teilnehmer: eher mittel
- Teamgröße: Mittelgroße Teams möglich (5 bis 20 Teilnehmer)
- Vorbereitungszeit: eher mittel (> 1 Stunde bis < 1 Tag)

Input für eine zielführende Arbeit mit der Methode

- Aktuelle Herausforderung, Leitfrage, Problem
- Beteiligte Personen mit Tätigkeiten und Aufgaben
- Verschiedene Meinungen und Blickwinkel
- Vorhandenes Wissen und Erfahrungen
- Durchführungszeit, Trainingszeit
- Innovationssuchfelder, Intent Statements
- Itemlisten, Wertelisten, Rohdatenlisten
- Merkmale der gegebenen Herausforderung

Output und beobachtete Ergebnisse der Methode

- Erzeugt Listen von Chancen und Risiken
- Erzeugt Ideen für neue Märkte und neue Business Modelle
- Erzeugt Ideensuchfelder, unentdeckte Probleme, Inspiration
- Erzeugt Poster
- Erzeugt visualisierte Ideen, Begriffe, Themen
- Erzeugt mehr Know-how-Zuwachs

Hinderniseffekte, auf die die Methode positiv wirkt

- Beugt blinden Flecken/Betriebsblindheit vor
- Bindet eher introvertierte Teammitglieder mit ein
- Fördert gehemmte Teammitglieder
- Schafft schnell Klarheit und beschleunigt Erkenntnisgewinn
- Schwächt Angst vor Kritik und Zurückweisung
- Verhindert blinden Aktionismus
- Überzeugt Zweifler, Bewahrer, Kritiker
- Fördert Optimismus und Zuversicht

Mögliche Extravorteile der Methode

- Möglicher Extravorteil für die Arbeit mit digitalen Kollaborationsboards

Quellen

Web – https://protellus.de/idove-virtueller-hackathon-2021-interfaith-dialogue-on-violent-extremism/, Artikel vom 2. April 2021 (abgerufen 15.10.2023)
Organisation – Protellus; www.protellus.de
Person – Kilian Karg, Kilian@protellus.de

CSI-Kompensationsanalyse

EinSatzBeschreibung

Die CSI-Kompensationsanalyse untersucht, wie sich unverantwortliches Handeln durch Organisationen (Corporate Social Irresponsibility, CSI) am besten kompensieren lässt.

Working Guide/Anwendungsfelder

P1 Sensibilisierung/Bildung	P2 Matching Recht/Gesetz	P3 Sustainability Roadmap	P4 Produkt/Prozessdesign	P5 Implementierung/Monitoring	P6 Kommunikation	P7 Organisation	P8 Führung	P9 Business Model Design	P10 Skalierung
		X	X	X	X				

Beschreibung

Viele Unternehmen streben zunehmend danach, gesellschaftliche Verantwortung durch nachhaltiges Wirtschaften zu übernehmen, was auch als Corporate Social Responsibility (CSR) bezeichnet wird. Es ist allgemein akzeptiert, dass CSR sich positiv auf Unternehmenskennzahlen auswirkt, bspw. auf den Firmenwert.

Gleichzeitig kommt es immer wieder vor, ob ungeplant oder geplant, dass Unternehmen auch unverantwortlich handeln (Corporate Social Irresponsibility, CSI). Dieses Handeln kann die positiven Effekte von CSR mindern.

Die CSI-Kompensationsanalyse nach Lenz und Ko-Autoren bewertet im Bereich des Nachhaltigkeitsmanagements, wie unverantwortliches Handeln durch geeignete Maßnahmen ausgeglichen werden sollte, um damit die positiven Auswirkungen von Corporate Social Responsibility-Aktivitäten möglichst beizubehalten. Die Ergebnisse der Analyse ermöglichen es Unternehmen, zu verstehen, wie CSR-Aktivitäten am effektivsten eingesetzt werden können, um mögliche Schäden durch CSI zu minimieren oder auch wie CSR am wirkungsvollsten CSI kompensieren kann.

Die CSI-Kompensationsanalyse basiert auf der Erkenntnis, dass CSR-Aktivitäten grundsätzlich die positiven Beziehungen zu den verschiedenen Interessengruppen (Stakeholdern) stärken. Allerdings zeigt sich, dass die Mehrzahl aller Unternehmen in der empirischen Untersuchung auch in unverantwortliches Handeln verwickelt sind, was dazu führen kann, dass Stakeholder die CSR-Aktionen als unglaubwürdig betrachten und somit mögliche Zielvariablen beeinträchtigt werden.

Die Ergebnisse der Studie ermöglichen, diesen Zusammenhang genauer zu verstehen und Wege aufzuzeigen, wie CSR die negativen Auswirkungen von CSI kompensieren kann. Es wird festgestellt, dass die positive Wirkung von CSR erheblich abgeschwächt wird, wenn CSI im Unternehmen vorhanden ist. Dies weist darauf hin, dass es notwendig ist, geeignete Maßnahmen zu ergreifen, um die negativen Auswirkungen von CSI zu kompensieren – falls die Unterlassung von CSI situativ nicht möglich ist.

Eine quantitative Studie, die Auswirkungen von CSR- und CSI-Maßnahmen auf den Firmenwert von über 10.000 Unternehmen überprüfte, ergab praktische Evidenz, dass CSR-Maßnahmen manchmal unwirksam sind oder sogar nach hinten losgehen können – und dies insbesondere bei Unternehmen, die CSR betreiben, wenn vorab CSI stattfand, da ihre nachfolgenden CSR-Engagements zu negativen Reaktionen der Stakeholder führen können.

Für Manager ergeben sich daraus handlungsrelevante Strategien. Erstens sollten Manager CSI nach Möglichkeit vermeiden. Wenn CSI jedoch auftritt, deuten die Ergebnisse darauf hin, dass es hilfreich sein kann, nicht alle CSR-Aktivitäten in einen Topf zu werfen, sondern Ressourcen auf jene Handlungen zu konzentrieren, die finanziell belohnt werden.

Weiter wurde untersucht, ob CSR-Aktivitäten, die in denselben Bereichen wie CSI durchgeführt werden (Same-Domain CSR), oder in anderen Bereichen (Other-Domain CSR) effektiver sind.

Also könnte ein Tabakhersteller sich bspw. entscheiden, die Schäden durch das Rauchen mit dem Unterstützen von Lungenkliniken auszugleichen (Same-Domain CSR) oder mit nicht verwandten Maßnahmen wie der Aufstellung von Solaranlagen (Other-Domain CSR). Die Ergebnisse deuten darauf hin, dass Other-Domain CSR generell positiv ist, während Same-Domain CSR je nach spezifischem Kontext den Unternehmenswert entweder schädigt oder fördert – hier ist kein stabiles Muster zu erkennen. Alles in allem sollten Manager deshalb Other-Domain CSR gegenüber Same-Domain CSR bevorzugen, da es konstant positive Auswirkungen hat.

Durchführung

Um aus den Ergebnissen zu lernen, bieten sich folgende Schritte zum besseren Verständnis von Wechselwirkungen zwischen CSR und CSI an:

1. **Identifizierung von CSR- und CSI-Aktivitäten:** Generell ist es wichtig zu erkennen, dass CSR und CSI zwei unterschiedliche Dimensionen des unternehmerischen Handelns sind. CSR bezieht sich auf verantwortungsbewusstes Handeln, das einen positiven Beitrag zur Gesellschaft leisten soll, während CSI unverantwortliches Handeln darstellt, das gesellschaftliche Schäden verursacht. Zunächst sollten Unternehmen ihre CSR- und CSI-Aktivitäten klar identifizieren und deren Ausmaß bewerten, um ein genaues Bild von ihren Auswirkungen zu erhalten.
2. **Einteilung von CSR und CSI**: Unternehmen sollten dann ihre CSR-Aktivitäten in Same-Domain CSR (gleichen diese CSI im gleichen Feld aus?) und Other-Domain CSR (gleichen diese CSI in einem anderen Feld aus?) segmentieren, um zu verstehen, wo diese gemeinsam auftreten. Allein diese Einteilung gibt eine neue Perspektive auf die Nachhaltigkeitsmaßnahmen.

CSI-Kompensationsanalyse

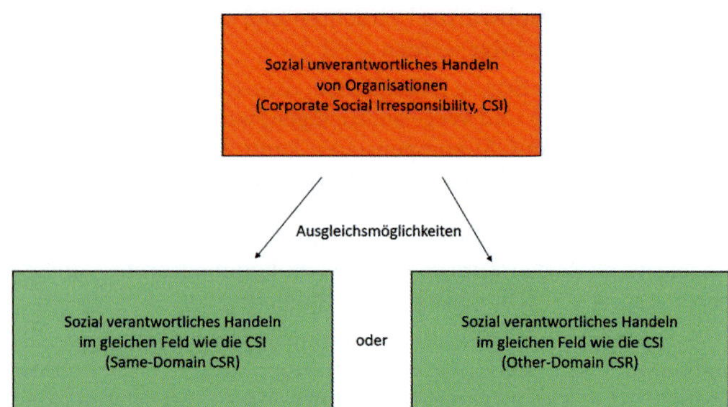

Möglichkeiten von Organisationen zum Ausgleich von unverantwortlichem Handeln (eigene Darstellung Dr. Carsten Leo Demming)

Praxisschlaglicht

Ein Energiekonzern, der die Ergebnisse der CSI-Kompensation nutzte, beschloss, seine CSR-Aktivitäten neu zu ordnen. Angesichts von CSI im Bereich der Umweltauswirkungen, bspw. durch die Nutzung fossiler Brennstoffe, entschied das Unternehmen, keine CSR-Maßnahmen in Bereichen durchzuführen, die direkt mit Umweltschäden in Verbindung stehen.

Stattdessen konzentrierte es seine CSR-Aktivitäten auf thematisch unabhängige Themen wie soziale Verantwortung gegenüber Mitarbeitenden oder Bildung. Auf diese Weise versuchte das Unternehmen, sein negatives Image in Bezug auf Umweltauswirkungen zu kompensieren und gleichzeitig in anderen gesellschaftlichen Bereichen einen positiven Beitrag zu leisten. Dieser Schritt könnte dazu beitragen, das Vertrauen der Stakeholder zu stärken und den Gesamtwert des Unternehmens zu erhöhen, ohne die eigenen Umweltauswirkungen zu vernachlässigen.

Wirkfeld der Methode

- Wirksam für Herausforderungen mit hoher Komplexität
- Wirksam für Herausforderungen mit mittlerer Komplexität

Transformationsfähigkeit Ihres Teams

- Zahlt auf eine bessere Wahrnehmung ein
- Erhöht die Lösungsorientierung

Einsatzcharakteristik/Arbeitsrahmen

- Durchführungszeit: eher hoch (> 1 Tag)
- Einsatzfrequenz: sinnvoll im dauerhaften Einsatz
- Einsatzradius: vornehmlich im Teameinsatz
- Komplexität für den Moderator: eher mittel
- Komplexität für die Teilnehmer: eher gering
- Teamgröße: Einzelpersonennutzung möglich
- Vorbereitungszeit: eher mittel (> 1 Stunde bis < 1 Tag)

Input für eine zielführende Arbeit mit der Methode

- Merkmale der gegebenen Herausforderung
- Ziele, Zielsystem, Kennzahlen
- Wissen über Gesetze und Rahmenbedingungen

Output und beobachtete Ergebnisse der Methode

- Erzeugt segmentierte, kategorisierte, geclusterte Daten
- Hilft bei Entscheidungen, Bewertungen und Feedback
- Identifiziert vorhandene Schwachstellen
- Identifiziert vorhandene Stärken
- Macht Wirkzusammenhänge sichtbar

Hinderniseffekte, auf die die Methode positiv wirkt

- Verhindert unreflektiertes agieren

Mögliche Extravorteile der Methode

- Möglicher Extravorteil für in Nachhaltigkeitsthemen ungeübte Teams
- Möglicher Extravorteil für Teams mit einer konservativen, tradierten Kultur

Quellen

Publikation – Isabell Lenz, Hauke A. Wetzel & Maik Hammerschmidt (2017): Can doing good lead to doing poorly? Firm value implications of CSR in the face of CSI. Journal of the Academy of Marketing Science.

Person – Dr. Carsten Leo Demming, Demming & Partner, https://www.carstendemming.com/

Current State Overview

EinSatzBeschreibung

Der „Current State Overview" stellt einen Überblick zu Zielsetzungen einer Organisation oder eines Projekts, zur aktuellen kreislaufwirtschaftlichen Reife und möglichen Potenzialen auf.

Working Guide/Anwendungsfelder

P1 Sensibilisierung/Bildung	P2 Matching Recht/Gesetz	P3 Sustainability Roadmap	P4 Produkt/Prozessdesign	P5 Implementierung/Monitoring	P6 Kommunikation	P7 Organisation	P8 Führung	P9 Business Model Design	P10 Skalierung
	X			X		X			

Beschreibung

Das Aufstellen eines Überblicks zu Zielen, CE (Circular Economy)-Reife und -Potenzialen erfolgt mittels eines aufzustellenden Fragebogens für vorzugsweise mindestens eine Führungskraft und 3 bis 5 Stakeholder einer Organisation oder eines Projekts.

Diese Methode kann entweder als Voraberhebung für die Workshop-Planung oder als thematische Einführung und Selbstaktivierung der Workshop-Teilnehmenden zu Beginn eines CE-Workshops von gutem Nutzen sein. Ziel ist es, die Antworten zu reflektieren und mehrfach Nennungen als mögliche Brennpunkte oder Positiventwicklungen genauer zu beleuchten.

Durchführung

Um unterschiedliche Antworten und Sichtweisen der Stakeholder und Führungskräfte differenziert betrachten zu können, empfiehlt es sich, minimal unterschiedliche Fragebögen für beide Gruppen zu erstellen.

Dabei können die folgenden Fragen (siehe auch Abbildung) als Ausgangslage verwendet werden, um einen ersten Überblick über die Themen Nachhaltigkeit und Kreislaufwirtschaft in Ihrer Organisation oder Ihrem Projekt zu erhalten:

- Vision: Welche Vision hat Ihr Unternehmen?
- Mission: Was ist die Mission Ihrer Unternehmung?

> Unterschied zwischen Vision und Mission:
> Eine Vision im Unternehmen ist eine inspirierende Zukunftsvorstellung, die das langfristige Ziel und die gewünschte Ausrichtung des Unternehmens beschreibt. Sie fokussiert sich auf eine idealisierte Zukunft, in der die Organisation und ihr Angebot im Mittelpunkt stehen. Die Mission hingegen ist ein konkreter Auftrag, der die notwendigen Zielsetzungen formuliert, um die Vision zu verwirklichen. Sie legt fest, wie die Organisation ihre Ziele erreichen und ihren Zweck erfüllen will. Gemeinsam bilden Vision und Mission eine strategische Ausrichtung, die als Rahmen für Entscheidungen und Handlungen im Unternehmen dient.

- Nachhaltigkeits-Strategie: Welche Rolle spielt das Thema der Nachhaltigkeit in der Strategie Ihrer Unternehmung?
- Kreislaufwirtschaft: Kennen Sie das Konzept der Kreislaufwirtschaft? Wenn ja, wie interpretiert Ihre Unternehmung mögliche Vorteile des Ansatzes?
- Ziele: Welche Ziele und Motivation verfolgt Ihre Unternehmung im Sinne nachhaltiger Wertschöpfung? Was will Ihre Unternehmung mit Nachhaltigkeit erreichen?
- Routine: Wie ist Nachhaltigkeit in der täglichen Arbeit präsent? Gibt es etablierte kreislaufwirtschaftliche Prozesse in Ihrer Unternehmung?

Welchen Standpunkt zu den Themen Nachhaltigkeit und Kreislaufwirtschaft vertreten Sie und welche Ziele und Motivationen verbinden Sie mit dem anstehenden Workshop?

Praxisschlaglicht

In vergangen Projekten haben wir darauf geachtet, ohne vorab wertende Zielsetzung einen Status quo zu erheben. Grundsätzlich sollte der „Current State Overview" als Ausgangspunkt für kontinuierliche Verbesserungen dienen, indem Schwachstellen aufgedeckt und Verbesserungsmaßnahmen überwacht und bewertet werden.

Wirkfeld der Methode

- Wirksam für Herausforderungen mit niedriger bis hoher Komplexität
- Wirksam für nachhaltiges Marketing
- Wirksam für nachhaltiges Produktdesign
- Wirksam für nachhaltiges Prozessdesign
- Wirksam für nachhaltiges Servicedesign
- Wirksam für nachhaltiges Business Model Design

Transformationsfähigkeit Ihres Teams

- Fördert die Sensibilisierung
- Fördert die Agilität eines Teams
- Zahlt auf eine bessere Wahrnehmung ein
- Zahlt auf das Dringlichkeitsempfinden ein
- Erhöht die Lösungsorientierung

Einsatzcharakteristik/Arbeitsrahmen

- Austauschfokus: vornehmlich mit internen Personen
- Durchführungszeit: eher mittel (> 1 Stunde bis < 1 Tag)

Current State Overview

- Einsatzfrequenz: vornehmlich im einmaligen Einsatz
- Einsatzradius: vornehmlich im Teameinsatz
- Einsatzradius: vornehmlich im projektweiten Einsatz
- Komplexität für den Moderator: eher gering
- Komplexität für die Teilnehmer: eher mittel
- Teamgröße: Einzelpersonennutzung möglich
- Teamgröße: Kleingruppe möglich (3 bis 5 Teilnehmer)
- Teamgröße: Mittelgroße Teams möglich (5 bis 20 Teilnehmer)
- Vorbereitungszeit: eher mittel (> 1 Stunde bis < 1 Tag)

Input für eine zielführende Arbeit mit der Methode

- Aktuell existierende Geschäftsmodelle
- Aktuell existierende Produkte und Services
- Aktuelle Herausforderung, Leitfrage, Problem
- Existierende Prozesse und Verfahren
- Innovationssuchfelder, Intent Statements
- Trends und Zukunftsentwicklungen
- Umfeldbeobachtungen, Umfeldanalysen
- Ziele, Zielsystem, Kennzahlen
- Wissen über Gesetze und Rahmenbedingungen

Output und beobachtete Ergebnisse der Methode

- Bessere Projekteffizienz, bessere Teamperformance
- Erzeugt Listen von Chancen und Risiken
- Erzeugt Prognosen und Ableitungen
- Erzeugt Leitfragen für die Ideenfindung
- Erzeugt neues Wissen und neue Erfahrungen
- Erzeugt größere Klarheit zu einem Thema
- Erzeugt mehr Know-how-Zuwachs
- Erzeugt kategorisierte Daten
- Hilft bei Entscheidungen, Bewertungen und Feedback
- Identifiziert vorhandene Schwachstellen
- Identifiziert vorhandene Stärken
- Macht Wirkzusammenhänge sichtbar

Hinderniseffekte, auf die die Methode positiv wirkt

- Beugt Missinterpretationen vor
- Beugt blinden Flecken/Betriebsblindheit vor
- Fördert die Agilität der Teilnehmer
- Schafft für den Erfolg nötige Realitätsbezüge
- Schafft schnell Klarheit und beschleunigt Erkenntnisgewinn
- Schwächt nicht zielführende Emotionen

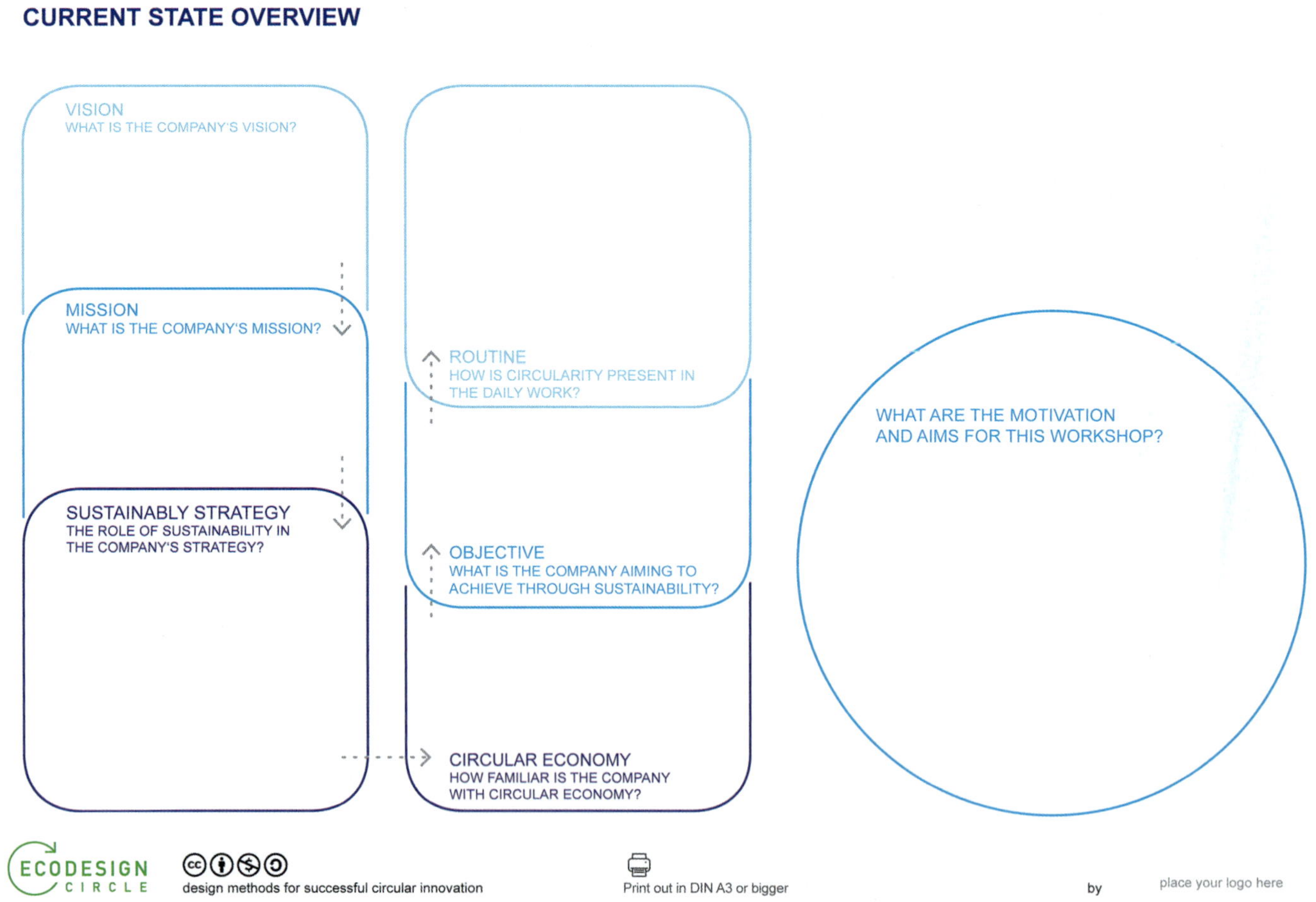

CURRENT STATE OVERVIEW

VISION
WHAT IS THE COMPANY'S VISION?

MISSION
WHAT IS THE COMPANY'S MISSION?

SUSTAINABLY STRATEGY
THE ROLE OF SUSTAINABILITY IN THE COMPANY'S STRATEGY?

ROUTINE
HOW IS CIRCULARITY PRESENT IN THE DAILY WORK?

OBJECTIVE
WHAT IS THE COMPANY AIMING TO ACHIEVE THROUGH SUSTAINABILITY?

CIRCULAR ECONOMY
HOW FAMILIAR IS THE COMPANY WITH CIRCULAR ECONOMY?

WHAT ARE THE MOTIVATION AND AIMS FOR THIS WORKSHOP?

ECODESIGN CIRCLE

Print out in DIN A3 or bigger

by place your logo here

Hinderniseffekte, auf die die Methode positiv wirkt

- Schärft eine fehlende gemeinsame Ausrichtung
- Stärkt das Vertrauen im Team
- Verhindert Finanz- und Ressourcenfallen
- Verhindert Ideenfindung mit zu schwacher Erkenntnisgrundlage
- Verhindert blinden Aktionismus
- Verhindert einseitige Bewertungen und Entscheidungen
- Verhindert falsche Flughöhen
- Verhindert unreflektiertes agieren
- Verhindert vorschnelles Urteilen über Ideen
- Verkürzt zu lange Entscheidungsmeetings
- Überzeugt strukturliebende Teammitglieder
- Überzeugt einen Rationalisierer
- Überzeugt Zweifler, Bewahrer, Kritiker

Mögliche Extravorteile der Methode

- Möglicher Extravorteil für Teams mit einem starkem Auftragsmandat
- Möglicher Extravorteil für Teams mit einer konservativen, tradierten Kultur
- Möglicher Extravorteil für innovativ ungeübte Teams
- Möglicher Extravorteil für die Arbeit mit digitalen Kollaborationsboards
- Möglicher Extravorteil für in Nachhaltigkeitsthemen ungeübte Teams

Quellen

Organisation – Fraunhofer-Gesellschaft, https://www.izm.fraunhofer.de/
Person –ronja.scholz@izm.fraunhofer.de
Organisation –EcoDesign Circle, https://www.ecodesigncircle.eu
Web – https://circulardesign.tools/ (abgerufen 26.04.2023)

Grafik: verrocchio Sustainable Inspiration Card – Malvine Klecha, Hila Attaie und Jennifer van Aerssen (Illustration)

Customer Journey

EinSatzBeschreibung

Die Customer Journey ist eine chronologische Analyse der Berührungspunkte, die Kunden oder andere Stakeholder im Zeitverlauf mit einer Organisation haben. Sie ermöglicht die bewusste Gestaltung von guten Stakeholderbeziehungen.

Working Guide/Anwendungsfelder

P1 Sensibilisierung/Bildung	P2 Matching Recht/Gesetz	P3 Sustainability Roadmap	P4 Produkt/Prozessdesign	P5 Implementierung/Monitoring	P6 Kommunikation	P7 Organisation	P8 Führung	P9 Business Model Design	P10 Skalierung
			X		X				

Beschreibung

Die Customer Journey, zu Deutsch „Kundenreise", bezieht sich auf den Prozess, den Kunden durchlaufen, wenn sie ein Produkt oder eine Dienstleistung in Anspruch nehmen: Von der ersten Wahrnehmung des Bedarfs bis zur tatsächlichen Kaufentscheidung und darüber hinaus. Diese Reise wird in verschiedene Phasen mit einzelnen Berührungspunkten (Touchpoints) unterteilt, die typischerweise in Marketing-Kontexten wie folgt aussehen:

1. Bewusstsein (Awareness): In dieser Phase wird der Kunde auf das Produkt oder die Dienstleistung aufmerksam. Dies kann durch verschiedene Kanäle wie Werbung, Mundpropaganda, Online-Suchen oder andere Marketingaktivitäten geschehen.
2. Interesse (Interest): Nachdem der Kunde von dem Produkt oder der Dienstleistung erfahren hat, beginnt er, sich näher damit zu befassen. Er sucht nach Informationen, vergleicht Optionen und bewertet, ob das Produkt oder die Dienstleistung seinen Bedürfnissen entspricht.
3. Überlegung (Consideration): In dieser Phase erwägt der Kunde aktiv, das Produkt oder die Dienstleistung zu erwerben. Er kann Bewertungen lesen, sich mit anderen austauschen und die Vor- und Nachteile abwägen.
4. Kauf (Purchase): Hier trifft der Kunde die Kaufentscheidung und erwirbt das Produkt oder die Dienstleistung. Dies kann online oder offline erfolgen, je nach Art des Angebots.
5. Nutzung (Usage): Nach dem Kauf beginnt der Kunde, das Produkt oder die Dienstleistung zu nutzen. Hier kann die Kundenerfahrung entscheidend sein, da sie die Zufriedenheit des Kunden beeinflusst [siehe Sustainable Expectancy Disconfirmation] und Einfluss darauf haben kann, ob er wiederholt bei der Organisation kauft oder es weiterempfiehlt.
6. Bindung (Advocacy): Wenn der Kunde mit seiner Erfahrung zufrieden ist, kann er zum Markenbotschafter werden. Er teilt seine positiven Erfahrungen mit anderen und trägt so zur Kundenakquise bei.

Die Customer Journey kann je nach Branche und Produkt variieren und kann komplexer oder einfacher sein. Organisationen analysieren häufig die Customer Journey, um die Bedürfnisse ihrer Stakeholder besser zu verstehen, die Erfahrung mit der eigenen Leistung zu verbessern und gezielte Strategien zu entwickeln, um Stakeholder auf jedem Schritt ihrer Reise anzusprechen. Dabei spielen digitale Kanäle wie Websites, soziale Medien und E-Mail-Marketing eine wichtige Rolle bei der Interaktion entlang der Reise.

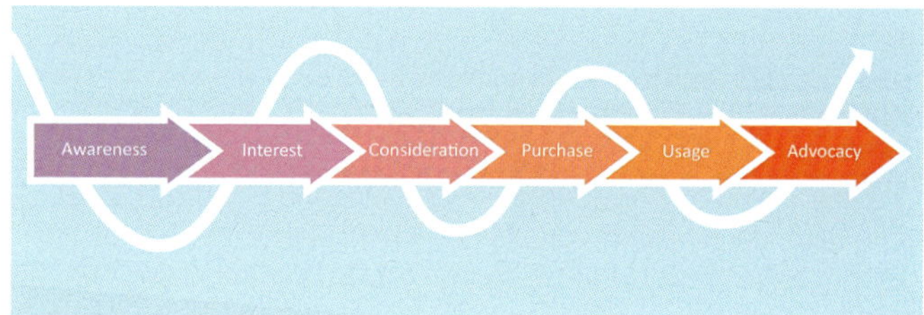

Phasen der Customer Journey weiterentwickelt von Dr. Carsten Leo Demming

Durchführung

Eine Customer Journey-Analyse kann in mehreren Schritten durchgeführt werden:

Schritt 1: Zielgruppenidentifikation

Beginnen Sie damit, Ihre Zielgruppen oder Ihre anvisierten Stakeholder zu identifizieren. Welche Merkmale, welche Bedürfnisse und Probleme haben sie? Hierzu eignet sich eine gesonderte Zielgruppenanalyse. Je besser Sie Ihre Kunden verstehen, desto genauer können Sie deren Customer Journey abbilden. Gehen Sie die folgenden Schritte für Vertreter aller Kundensegmente durch, um die Zugänge der verschiedenen Kundengruppen zu verstehen.

Schritt 2: Mapping der Customer Journey

Erstellen Sie eine visuelle Darstellung der Customer Journey Ihrer Kunden. Dies kann in Form eines Diagramms oder einer Tabelle erfolgen. Teilen Sie die Reise in die oben genannten Phasen auf und beschreiben Sie die verschiedenen Touchpoints, die ein Kunde während jeder Phase haben könnte. Touchpoints sind die Kontaktpunkte, an denen der Kunde mit Ihrer Organisation in Berührung kommt, z. B. über Ihre Website, soziale Medien, Kundenservice oder Werbung. In dieser Phase ist eine vollständige Erfassung aller möglichen Kontaktpunkte wichtig. Eine gute Möglichkeit zur Ermittlung sind auch qualitative Interviews mit Vertretern verschiedener Zielgruppen.

Schritt 3: Identifikation typischer Customer Journey Verläufe

Sammeln Sie weitere Daten zu jedem Touchpoint entlang der Customer Journey. Dies kann standardisierte Umfragen, Webanalysen, Kundenbewertungen, Verkaufsdaten und mehr umfassen. Je mehr Informationen Sie haben, desto genauer können Sie die Kundenreisen verstehen. Bewertungen Sie die gesammelten Daten, um herauszufinden, wie Kunden in jeder Phase interagieren, welche Probleme sie haben und welche Chancen es gibt, ihre Erfahrung zu verbessern. Identifizieren Sie Stellen in der Customer Journey, an denen Kundenprobleme auftreten oder wo Sie die Kundenerfahrung verbessern können. Dies könnten bspw. langsame Ladezeiten auf Ihrer Website oder unklare Kommunikation sein. Gleichzeitig sollten Sie Chancen erkennen, um die Kundenbindung zu stärken, z. B. durch personalisierte Angebote oder gezielte Kampagnen.

Schritt 4: Kontinuierliche Verbesserung

Basierend auf Ihren Erkenntnissen können Sie Maßnahmen ergreifen, um die Kundenreise zu optimieren. Dies kann die Neugestaltung Ihrer Website, die Schulung Ihres Kundenservice-Teams oder die Anpassung Ihrer Kommunikationsstrategie umfassen. Ganz wichtig ist, dass Sie die Anpassungen verfolgen und deren Auswirkungen auf die Customer Journey überwachen. Damit stellen Sie sicher, dass die Änderungen positive Auswirkungen auf die Kundenerfahrung haben und können bei Bedarf iterieren. Denn die Verbesserung der Customer Journey ist ein fortlaufender Prozess.

Eine einfache Customer Journey-Analyse kann mit grundlegenden Ressourcen und Tools durchgeführt werden, erfordert jedoch eine sorgfältige Datenanalyse und die Bereitschaft, auf die Bedürfnisse Ihrer Kunden einzugehen, um die Kundenerfahrung kontinuierlich zu verbessern.

Praxisschlaglicht

Im Zuge des besseren Verständnisses von Kunden wurden typische Customer Journey Verläufe in Bezug auf Nachhaltigkeitsbemühungen eines mittelständischen Unternehmens der Lebensmittelindustrie systematisch ermittelt. Zuerst wurden in qualitativen Interviews mit 20 Probanden und Probandinnen etwa 30 verschiedene Kundenberührungspunkte mit Nachhaltigkeitsthemen des Unternehmens identifiziert und dabei kurz inhaltlich beschrieben. Im Anschluss daran wurden 100 Konsumenten gebeten, die möglichen Kontaktpunkte in einen zeitlichen Ablauf zu bringen und diese Kontaktpunkte mit ihrem Kundenerlebnis durch den jeweiligen Kontaktpunkt einzuordnen. Dabei wurde klar, dass einzelne Maßnahmen erst die volle positive Wirkung bei Kunden entfalten konnten, wenn diese vorab mit anderen Aktivitäten des Unternehmens vertraut waren. Durch diese Herangehensweise wurde die Priorität auf diese vorbereitende Information in frühen Phasen der Kundenbeziehung gelegt und eine höhere Wirkung der oben genannten Zielmaßnahmen erreicht.

Wirkfeld der Methode

- Wirksam für Herausforderungen mit hoher Komplexität
- Wirksam für Herausforderungen mit mittlerer Komplexität
- Wirksam für nachhaltiges Produktdesign
- Wirksam für nachhaltiges Servicedesign
- Wirksam für nachhaltiges Business Model Design

Transformationsfähigkeit Ihres Teams

- Zahlt auf eine bessere Wahrnehmung ein
- Zahlt auf das Dringlichkeitsempfinden ein
- Erhöht die Lösungsorientierung

Einsatzcharakteristik/Arbeitsrahmen

- Austauschfokus: vornehmlich mit internen Personen
- Durchführungszeit: eher hoch (> 1 Tag)
- Einsatzfrequenz: sinnvoll im dauerhaften Einsatz
- Einsatzfrequenz: vornehmlich über den kompletten Projektzeitraum
- Einsatzradius: vornehmlich im projektweiten Einsatz
- Komplexität für den Moderator: eher mittel
- Komplexität für die Teilnehmer: eher mittel
- Teamgröße: Kleingruppe möglich (3 bis 5 Teilnehmer)
- Teamgröße: Mittelgroße Teams möglich (5 bis 20 Teilnehmer)
- Vorbereitungszeit: eher hoch (>1 Tag)

Input für eine zielführende Arbeit mit der Methode

- Aktuell existierende Geschäftsmodelle
- Aktuell existierende Produkte und Services

Output und beobachtete Ergebnisse der Methode

- Bessere Projekteffizienz, bessere Teamperformance
- Erzeugt Listen von Chancen und Risiken
- Erzeugt Prognosen und Ableitungen
- Erzeugt Ideen für neue Märkte und neue Business Modelle
- Erzeugt Ideen mit ersten Fundings und Machbarkeitsstudien
- Erzeugt Ideen, Lösungsansätze, Vorideen, Möglichkeiten
- Ziel- und Fokusgruppen

Hinderniseffekte, auf die die Methode positiv wirkt

- Beugt Missinterpretationen vor
- Verhindert Ideenfindung mit zu schwacher Erkenntnisgrundlage
- Verringert zu große Komplexitäten

Mögliche Extravorteile der Methode

- Möglicher Extravorteil für Teams in einer Krisensituation
- Möglicher Extravorteil für Teams mit einem starkem Auftragsmandat
- Möglicher Extravorteil für agile Teams

Quellen

Buch – Andreas Rusnjak, Daniel R. A. Schallmo: Customer Experience im Zeitalter des Kunden (Springer Gabler, 2018)

Web – https://www.sc-networks.de/blog/customer-journey-die-wichtigsten-infos-zur-planung-umsetzung-und-darstellung/ (abgerufen 10.08.2023)

72

Cynefin-Framework

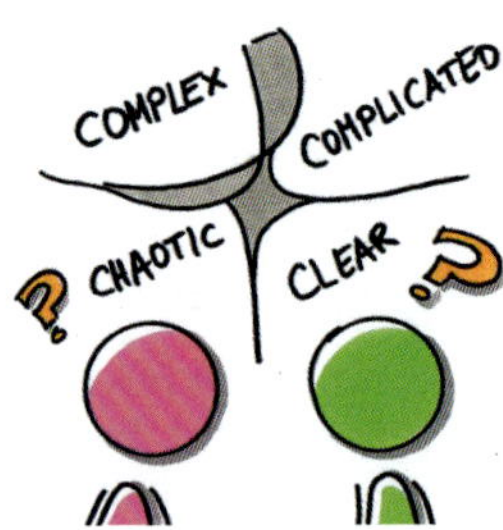

EinSatzBeschreibung

Strukturierungs- und/oder Entscheidungshilfe für komplexe Frage-/Problemstellungen

Working Guide/Anwendungsfelder

P1 Sensibilisierung/Bildung	P2 Matching Recht/Gesetz	P3 Sustainability Roadmap	P4 Produkt/Prozessdesign	P5 Implementierung/Monitoring	P6 Kommunikation	P7 Organisation	P8 Führung	P9 Business Model Design	P10 Skalierung
		X		X	X		X		

Beschreibung

Das Cynefin-Framework, entwickelt von Dave Snowden, ist ein Rahmenwerk zur Analyse und Entscheidungsfindung in komplexen Situationen. Es hilft, unterschiedliche Problemstellungen und Situationen zu verstehen und angemessene Herangehensweisen für jede dieser Situationen zu bestimmen. Der Name „Cynefin" stammt aus dem Walisischen und bedeutet so viel wie „Habitat". Das Framework unterteilt Situationen in fünf verschiedene Domänen basierend auf den vorherrschenden Merkmalen und Rahmenbedingungen. Jede Domäne erfordert eine andere Denkweise und Vorgehensweise:

1. **Klar (Clear):** In dieser Domäne sind die Beziehungen zwischen Ursache und Wirkung offensichtlich und gut verstanden. Hier können klare Regeln und bewährte Verfahren angewendet werden, um Entscheidungen zu treffen.
2. **Kompliziert (Complicated):** In dieser Domäne gibt es immer noch eine klare Ursache-Wirkungs-Beziehung, aber die Zusammenhänge sind komplizierter. Expertenwissen und Analysen können verwendet werden, um Lösungen zu finden. Es gibt jedoch nicht eine einzige „richtige" Antwort.
3. **Komplex (Complex):** Hier gibt es keine klaren Ursache-Wirkungs-Beziehungen, und die Situationen sind oft dynamisch und unvorhersehbar. Anstatt vorhersehbare Ergebnisse zu suchen, werden in dieser Domäne Experimente durchgeführt, Muster gesucht und iterativ angepasst.
4. **Chaotisch (Chaotic):** In dieser Domäne herrscht Unordnung und Dringlichkeit. Es gibt keine erkennbaren Muster, und es ist notwendig, schnell zu handeln, um die Situation zu stabilisieren. Es werden vorübergehende Maßnahmen ergriffen, um die Kontrolle zurückzugewinnen.
5. **Aporetisch (Aporetic)/Konfus (Confused):** Dies ist eine neuere Ergänzung des Frameworks. Es bezieht sich auf den Zustand der Ratlosigkeit oder Unsicherheit, in dem es schwierig ist, die Situation oder den Aspekt der Problemstellung einzuordnen. Hier ist es wichtig, zuzugeben, dass man nicht sofort eine Antwort hat, und durch Abwägen von Optionen und Reflexion können Lösungsansätze entwickelt werden.

Das Cynefin-Framework betont, dass es keine Einheitslösung für alle Situationen gibt und dass unterschiedliche Herangehensweisen je nach Domäne erforderlich sind. Es ermutigt dazu, die vorherrschende Domäne zu identifizieren und dann angemessen darauf zu reagieren, sei es durch das Befolgen von Standards, die Zusammenarbeit mit Experten, das Experimentieren oder das schnelle Eingreifen. Das Framework kann dazu beitragen, bessere Entscheidungen zu treffen und effektiver auf vielfältige Herausforderungen zu reagieren.

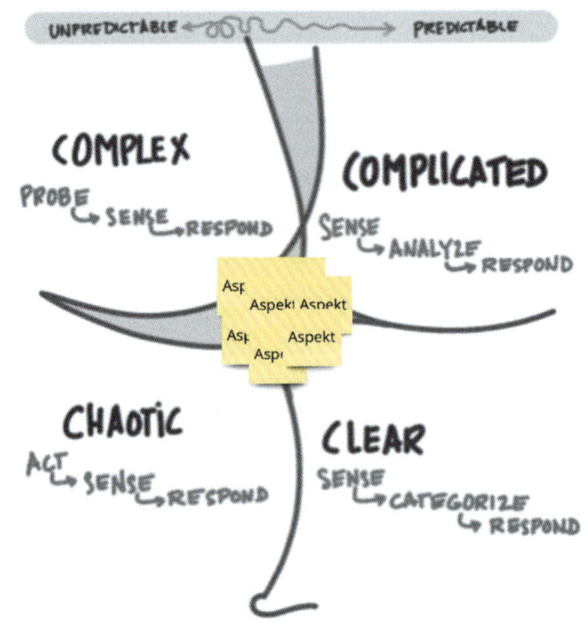

Cynefin Schritt 1 (Quelle: Ute Nitschke, Nadja Petranovskaja und Tobias Leisgang)

An einem fiktiven Beispiel sollen die fünf Domänen nochmal verdeutlicht werden. Die Firma WaschMich ist Hersteller von Waschmaschinen und Wäschetrocknern. Die Nachhaltigkeitsmanagerin Clara Carboni wurde gebeten eine Nachhaltigkeitsstrategie zu erarbeiten und nutzt das Framework für die Einordung der vielen Aspekte und Fragen:

1. Klar (Clear): WaschMich will durch die Nutzung von Energiesparlampen in der Produktion den Energieverbrauch reduzieren.
2. Kompliziert (Complicated): WaschMich möchte seine Lieferkette nachhaltiger gestalten. Dazu müssen verschiedene As-

pekte wie CO_2-Emissionen, Lieferantenauswahl und Materialbeschaffung analysiert werden. Expertenwissen wird genutzt, um eine maßgeschneiderte Strategie zu entwickeln, die sowohl ökologische als auch wirtschaftliche Faktoren berücksichtigt.

3. Komplex (Complex): WaschMich erhält seit Monaten wechselnde Nachhaltigkeitsanforderungen seiner Kunden und Vertriebspartner. Zusätzlich muss das Unternehmen weltweit Anforderungen aus Gesetzen umsetzen. Teilweise sind lokale Gesetze im Widerspruch zueinander. Teilweise verhindern lokale Gesetze in Zulieferländern die Erfüllung der Kundenanforderungen.
4. Chaotisch (Chaotic): Eine NGO enthüllt Verletzungen von Menschenrechten und Umweltverschmutzung bei einem direkten Zulieferer von WaschMich. In der chaotischen Situation ergreifen sie sofort drastische Maßnahmen, um den Schaden zu begrenzen, wie die sofortige Beendigung der Lieferbeziehung und eine öffentliche Entschuldigung.
5. Aporetisch (Aporetic)/Konfus (Confused): Clara Carboni erhält eine Vorabversion des geplanten europäischen Lieferkettengesetzes. Sie kann jedoch die Auswirkungen noch nicht abschätzen und belässt diesen Aspekt vorerst in der Domäne Aporetic/Confused.

Durchführung

Schritt 1: Vorbereitung

Beginnen Sie damit, die Gruppengröße festzulegen. Für eine effektive Zusammenarbeit sollte die Gruppe nicht größer als 10 Personen sein. Sollten mehr Teilnehmende anwesend sein, teilen Sie die Gruppe in Untergruppen auf, um sicherzustellen, dass jeder eine aktive Rolle spielen kann.

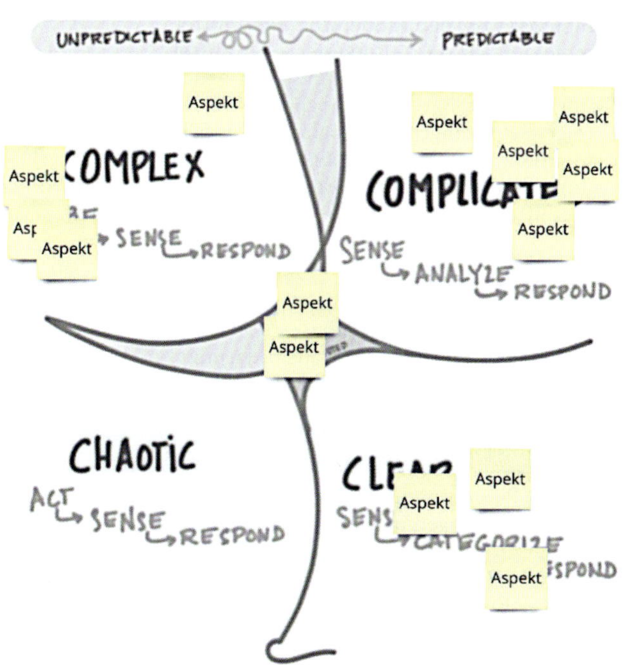

Cynefin Schritt 2 (Quelle: Ute Nitschke, Nadja Petranovskaja und Tobias Leisgang)

Für den Präsenzworkshop benötigen Sie eine geeignete Arbeitsfläche. Eine Metaplanwand oder eine beschreibbare Wand eignen sich gut. Hier zeichnen Sie die fünf Domänen – Klar, Kompliziert, Komplex, Chaotisch und Aporetisch/Konfus – auf. Es ist nicht erforderlich, künstlerisches Talent zu haben. Eine einfache Darstellung mit einer zentralen Raute und geraden Linien, die nach oben, unten, links und rechts verlaufen, reicht aus. Achten Sie darauf, dass die Fläche für jede Domäne etwa gleich groß ist, um eine Überbewertung zu vermeiden. Wenn Sie in mehreren Gruppen arbeiten, bereiten Sie für jede Gruppe eine eigene Arbeitsfläche vor. Außerdem ist eine separate Fläche hilfreich, um am Ende die Ergebnisse zusammenzuführen.

Damit Sie Ihre Ideen und Erkenntnisse festhalten können, benötigen Sie ausreichend Klebezettel oder Karten und Pinnadeln. Diese Materialien ermöglichen es Ihnen, Ihre Gedanken visuell darzustellen und gemeinsam zu teilen.

Sollte der Workshop im digitalen Kontext stattfinden, verwenden Sie ein virtuelles Whiteboard, auf dem Sie die fünf Domänen ebenfalls darstellen. Für jede Kleingruppe richten Sie separate Arbeitsbereiche mit je 5 Domänen auf dem virtuellen Whiteboard ein. Ein zentraler Bereich dient dazu, die Ergebnisse aller Gruppen zu aggregieren.

Im Beispiel der Firma WaschMich lädt Clara Carboni je zwei Vertreter aus den Bereichen Einkauf, Arbeitssicherheit- und Umweltschutz, Personal, den beiden Produktbereichen (Waschmaschinen und Wäschetrockner), von zwei Produktionsstandorten, dem Vertrieb, den Finanzvorstand und den Geschäftsführer ein. Insgesamt kommen 16 Personen zum Workshop für die Erarbeitung der Nachhaltigkeitsstrategie. Clara bildet daraus zwei diverse Untergruppen (Bereiche gemischt und verschiedene Persönlichkeiten).

Schritt 2: Problembeschreibung und Sammlung von Fragen

Im Meeting bzw. Workshop starten Sie mit der Erklärung der Fragestellung bzw. Entscheidungssituation. Nun bitten Sie die Teilnehmenden einzelne Aspekte und Fragestellungen zu sammeln. Bei Kleingruppen bis zu fünf Personen können Sie dies in einem offenen Brainstorming machen. Bei größeren Gruppen oder falls Sie in der Gruppe eher leisere Personen haben, empfiehlt sich das Brainwriting. Schreiben Sie die Karten so bzw. bitten Sie die Teilnehmenden darum die Karten so zu schreiben, dass Personen, die nicht Teil der Gruppe sind, die Fragestellung verstehen können. Alle Karten werden in diesem Schritt in der Domäne Aporetisch/Konfus gesammelt. Es empfiehlt sich, diesem Schritt so viel Zeit wie nötig zu geben, sodass ein möglichst vollständiges Bild entsteht. Möchten Sie den Workshop zeitlich beschränken, vergeben Sie eine großzügige Timebox.

Im Workshop von WaschMich stellt Clara Carboni folgende Frage: „Was sind die Bestandteile unserer Nachhaltigkeitsstrategie?“. Die Untergruppen sammeln ihre Punkte per Brainwriting. Clara hat dafür eine großzügige Timebox von 10 Minuten gegeben. Im Anschluss haben die Gruppen 30 Minuten Zeit ihre Karten zu besprechen und Mehrfachnennungen zu einer Karte zusammenzufassen. Eine Vertreterin aus dem Einkauf nennt bspw. folgende Punkte: CO_2-Fussabdruck der Materiallieferanten bestimmen, Risiken für Menschenrechtsverletzungen in der Lieferkette analysieren, Schulung der Einkaufsmitarbeiter und Lieferanten. Der Finanzvorstand nennt folgende Punkte: Nachhaltigkeitsanforderungen von Investoren und Banken verstehen, Überarbeitung der

Kennzahlen, Balance zwischen ökonomischen, ökologischen und sozialen Anforderungen.

Schritt 3: Zuordnung zu den Domänen/Habitaten

Jetzt findet der zentrale Arbeitsschritt statt – die Zuordnung zu den fünf Habitaten. Dazu wird jede Karte einzeln vorgelesen und nach Möglichkeit einer der Domänen zugeordnet. Folgende Impulsfragen können dabei helfen:

- Ist der Aspekt leicht verständlich? Gibt es bereits eine Antwort bzw. Lösung im Unternehmen? Gibt es leicht umzusetzende Best Practices außerhalb des Unternehmens? *Klar*
- Lässt sich eine Antwort auf die Fragestellung finden, wenn die Experten im Unternehmen diese für einige Zeit bearbeiten und analysieren? Gibt es externe Experten, die Antworten auf diese Frage bzw. die Lösung des Problems haben? *Kompliziert*
- Gibt es unterschiedliche Lösungsmöglichkeiten, aber es ist schwer zu sagen, welche davon wirksam ist? Gibt es Wechselwirkungen zwischen einzelnen Aspekten, die nicht berechenbar sind? Sind Vorhersagen schwierig bzw. unmöglich? Gibt es noch kein Wissen außerhalb der Organisation zu dieser Fragestellung? *Komplex*
- Ist es eine Fragestellung, die das Unternehmen unmittelbar in Bedrängnis oder Not bringt? Ist es ein Problem, das das Unternehmen überwältigt und keinen weiteren Aufschub duldet? *Chaotisch*

Karten, die nicht zugeordnet werden können oder bei denen es Uneinigkeit über die Zuordnung gibt, belassen Sie in der Domäne Aporetisch/Konfus. Eine der Eigenschaften des Cynefin-Frameworks ist Konfusion sichtbar zu machen.

Schritt 4: Aggregieren der Aspekte in größeren Gruppen (optional)

Haben Sie eine größere Gruppe in Teilgruppen aufgeteilt, können Sie an dieser Stelle die Ergebnisse der Einzelgruppen zu einem Gesamtergebnis aggregieren. Hierfür gibt es unterschiedliche Herangehensweisen:

- Die Klebezettel bzw. Karten aus den einzelnen Gruppen werden einfach an die Arbeitsfläche für die gesamte Gruppe transferiert.
- In einem Gallery Walk stellt jede Teilgruppe den anderen Gruppen ihr Ergebnis vor. Im Anschluss werden alle Karten an die Arbeitsfläche für die gesamte Gruppe transferiert. Dopplungen werden aussortiert.

Schritt 5: Ableitung und Priorisierung von Maßnahmen

Ist eine Karte in der Domäne Chaotisch gelandet, verschwenden Sie nicht groß Zeit auf die Priorisierung, sondern erarbeiten Sie Maßnahmen für dieses Problem bzw. diese Fragestellung. Ansonsten wählen Sie aus den anderen Domänen die Fragestellungen mit der höchsten Relevanz (z. B. über eine Punktebewertung). Für die ausgewählten Fragestellungen diskutieren Sie in der Gruppe die nächsten Schritte. Für große Gruppen, die Schritt 5 durchgeführt haben, bieten sich hier Großgruppenmethoden wie das 1-2-4-All oder das 25/10 Crowd Sourcing aus den Liberating Structures an.

Das Cynefin-Framework empfiehlt die folgenden Herangehensweisen für die unterschiedlichen Domänen:

- Klar: Erkennen – Einordnen – Reagieren: Die ersten beiden Schritte sind meist schon gemacht, deswegen heißt es hier „just do it".
- Kompliziert: Erkennen – Analysieren – Reagieren: Meist steht hier als nächster Schritt eine Analyse an, z. B. die Beauftragung von internen Experten.
- Komplex: Probieren – Erkennen – Reagieren: Hier muss erst probiert werden, da Wirkzusammenhänge nicht klar sind. Meist werden hier Hypothesen definiert und Experimente durchgeführt.
- Chaotisch: Handeln – Erkennen – Reagieren: Hier sind meist schnelle Handlungen nötig, um Schaden zu begrenzen.

Auch für die fünfte Domäne können nächste Schritte definiert werden, um die Konfusion aufzulösen. Es ist aber kein Muss. Manchmal löst sich die Konfusion auch mit der Zeit von selbst.

Wirkfeld der Methode

- Wirksam für Herausforderungen mit hoher Komplexität
- Wirksam für Herausforderungen mit mittlerer Komplexität

Transformationsfähigkeit Ihres Teams

- Erhöht die Lösungsorientierung

Einsatzcharakteristik/Arbeitsrahmen

- Austauschfokus: vornehmlich mit internen Personen
- Durchführungszeit: eher mittel (> 1 Stunde bis < 1 Tag)
- Einsatzfrequenz: sinnvoll im dauerhaften Einsatz
- Einsatzradius: vornehmlich im Teameinsatz
- Einsatzradius: vornehmlich im projektweiten Einsatz
- Einsatzradius: vornehmlich im unternehmensweiten Einsatz
- Komplexität für den Moderator: eher mittel
- Komplexität für die Teilnehmer: eher mittel
- Teamgröße: Einzelpersonennutzung möglich
- Teamgröße: Großgruppen möglich (> 50 Teilnehmer)
- Teamgröße: Kleingruppe möglich (3 bis 5 Teilnehmer)
- Teamgröße: Maxigruppen möglich (20 bis 40 Teilnehmer)
- Teamgröße: Mittelgroße Teams möglich (5 bis 20 Teilnehmer)
- Vorbereitungszeit: eher mittel (> 1 Stunde bis < 1 Tag)

Input für eine zielführende Arbeit mit der Methode

- Aktuelle Herausforderung, Leitfrage, Problem
- Ergebnisse aus der Analysephase
- Merkmale der gegebenen Herausforderung
- Umfeldbeobachtungen, Umfeldanalysen

Output und beobachtete Ergebnisse der Methode

- Erzeugt Prognosen und Ableitungen
- Erzeugt Planungen und Priorisierungen
- Erzeugt größere Klarheit zu einem Thema
- Erzeugt segmentierte, kategorisierte, geclusterte Daten
- Hilft bei Entscheidungen, Bewertungen und Feedback
- Macht Wirkzusammenhänge sichtbar

Mögliche Extravorteile der Methode

- Möglicher Extravorteil für Teams in einer Krisensituation
- Möglicher Extravorteil für agile Teams
- Möglicher Extravorteil für die Arbeit mit digitalen Kollaborationsboards

Quellen

Buch – Handbuch der Entscheidungen, Leisgang, Tobias & Nadja Petranovskaja. Tobias Leisgang (2020)
Buch – Snowden (2021). What Cynefin is in brief. In: Greenberg & Bertsch (Hrsg.). Cynefin: weaving sense-making into the fabric of our world. S. 58–61
Buch – Snowden & Rancati (2021). Managing complexity (and chaos) in times of crisis. A field guide for decision makers inspired by the Cynefin Framework
Person – Nadja Petranovskaja, https://petranovskaja.com/
Person – Tobias Leisgang, tobias@companypirate.de
Person – Ute Nitschke, https://both-and-partners.org/
Web – https://www.managerseminare.de/ms_Artikel/Entscheidungshilfe-Cynefin-Kontext-fuer-die-Konfusion,281793 (abgerufen 04.08.2023)

Grafik: verrocchio Sustainable Inspiration Card – Malvine Klecha, Hila Attaie und Jennifer van Aerssen (Illustration)

73

Decision Poker

EinSatzBeschreibung

Kartenspiel für die Wahl der richtigen Entscheidungsmethode.

Working Guide/Anwendungsfelder

P1 Sensibilisierung/Bildung	P2 Matching Recht/Gesetz	P3 Sustainability Roadmap	P4 Produkt/Prozessdesign	P5 Implementierung/Monitoring	P6 Kommunikation	P7 Organisation	P8 Führung	P9 Business Model Design	P10 Skalierung
				X	X		X		

Beschreibung

Decision Poker ist ein Kartenspiel, das von der Unternehmensberatung Kurswechsel entwickelt wurde. In Zeiten hoher Dynamik und Komplexität können Entscheidung oft nicht mehr bis an die Unternehmensspitze delegiert werden. Die Entscheidungen müssen schnell und nahe am Kunden getroffen werden. In manchen Unternehmen passiert das durch agile Teams. In anderen Unternehmen findet sich eine klassische Herangehensweise an Projekte.

In beiden Umgebungen fördert Decision Poker den offenen Austausch über schnelle und effektive Entscheidungsmethoden. Die Methode bietet eine spielerische Möglichkeit, gemeinsam einen passenden Weg zur Entscheidung zu finden und schafft dadurch Vertrauen und eine Kultur des Ausprobierens.

Das Kartendeck besteht aus sieben unterschiedlichen Entscheidungsverfahren:

1. Mehrheitsentscheid: Ziel ist die Findung einer Mehrheit für einen konkreten Entscheidungsvorschlag. Die Akzeptanz erfolgt basierend auf der höchsten Stimmenzahl. Dies kann jedoch zu Gewinnern und Verlierern führen.
2. Konsens: Eine Lösung erfordert die vorbehaltlose Zustimmung aller Beteiligten. Konsensentscheidungen sind robust, erfordern jedoch oft zeitaufwendige Diskussionen.
3. Eigenmächtiger Einzelentscheid: Schnelle Entscheidung durch eine Einzelperson in Krisensituationen oder klaren Entscheidungsbereichen.
4. Widerstandsabfrage: Aus mehreren Vorschlägen wird der mit geringstem Widerstand ausgewählt. Bietet eine tragfähige Lösung unter Berücksichtigung der geringsten Widerstände. Der Weg des geringsten Widerstandes wird jedoch nicht immer die beste Lösung für ein Problem sein.
5. Einwandintegration: Moderiertes Verfahren, um unter Berücksichtigung von Bedenken und Widersprüchen zu einer tragfähigen Lösung zu gelangen. Mehrstufiger Prozess mit Anpassungen.
6. Top-down-Entscheidung: Entscheidungen werden von Einzelpersonen oder Gruppen mit formaler Kompetenz getroffen. Meist findet diese Entscheidungen in höheren Stufen einer Hierarchie statt.
7. Beauftragter Fallentscheid (auch als konsultativer Einzelentscheid bekannt): Eine Einzelperson oder Gruppe erhält den Auftrag, eine Lösung zu finden. Expertenkonsultation und klare Rahmenbedingungen sind üblich.

Warum ist die Methode im Kontext der Nachhaltigkeit wirksam?

- Beherrschung von Komplexität: Angenommen, ein Unternehmen steht vor der Herausforderung, eine nachhaltige Lieferkettenstrategie zu entwickeln. Es gibt komplexe Wirkzusammenhänge zwischen ökonomischen, ökologischen und sozialen Anforderungen. In einer solchen Situation sind Lösungen oft noch unklar und unerprobt. Hier kommt Decision Poker ins Spiel, indem es ein strukturiertes Format bietet, um verschiedene und unbekannte Entscheidungsverfahren zu erforschen und

Beispielkarte Decision Poker (Quelle: Kurswechsel (Frank Wulfes, Arne Schröder, Ole Harders, Matthias Stache))

Beispielkarte Decision Poker (Quelle: Kurswechsel (Frank Wulfes, Arne Schröder, Ole Harders, Matthias Stache))

Beispielkarte Decision Poker (Quelle: Kurswechsel (Frank Wulfes, Arne Schröder, Ole Harders, Matthias Stache))

zu diskutieren. Die gewohnten Entscheidungsmethoden sind in der Reaktionszeit oft nicht angemessen.

- Partizipation und Zusammenarbeit: Nachhaltigkeit erfordert häufig die Zusammenarbeit und Beteiligung verschiedener Stakeholder über Bereichsgrenzen hinweg. Decision Poker ermöglicht es, Teammitglieder, Betroffene und Interessengruppen aktiv in den Entscheidungsprozess einzubeziehen. Dies fördert eine partizipative Herangehensweise und stärkt die Zusammenarbeit, um gemeinsam nachhaltige Lösungen zu finden.

Engagement und Motivation: Die spielerische Natur des Decision Poker kann das Engagement und die Motivation in Teams erhöhen. Gerade in Nachhaltigkeitsprojekten ist Ausdauer gefragt. Spielerische Methoden tragen das Team auch durch schwierige Phasen in der Umsetzung.

Durchführung

Vorbereitung

Für jedes Mitglied des Teams wird ein Pokerset benötigt. Diese Sets können von der Kurswechsel-Webseite heruntergeladen, ausgedruckt und die einzelnen Karten ausgeschnitten werden. Alternativ können auch gewöhnliche Pokerkarten verwendet werden, denen entsprechende Methoden zugeordnet werden.

Werden in Ihrer Organisation noch andere Entscheidungsverfahren oder andere Begrifflichkeiten genutzt, können auch eigene Karten angefertigt werden.

Teilnehmende

Es werden alle Teammitglieder als Mitspieler eingeladen. Es ist jedoch auch möglich, andere Betroffene oder Stakeholder einzubeziehen. Das Spiel zielt nicht darauf ab, die ideale Methode auszuwählen oder ein spezifisches Entscheidungsverfahren zu bevorzugen. Stattdessen liegt der Fokus darauf, den Entscheidungsfindungsprozess transparent zu gestalten und schrittweise ein besseres Gespür für die Auswahl geeigneter Werkzeuge zu entwickeln.

Ablauf

1. Der Moderator führt die Fragestellung ein, für die eine Entscheidung getroffen werden soll. In einem agilen Team könnte der agile Coach diese Rolle übernehmen. So kann der Scrum Master am Spiel teilnehmen. In nicht-agilen Teams kann ein Moderator aus einem anderen Team diese Aufgabe übernehmen. Bei erfahrenen Teams kann auch ein Teammitglied oder die Führungskraft gleichzeitig die Moderation übernehmen und mitspielen.
2. Vor Beginn des Pokerspiels ist es wichtig, sicherzustellen, dass alle ein gemeinsames Verständnis der Fragestellung haben. Planen Sie etwas Zeit für inhaltliche Rückfragen zur Fragestellung ein. Es soll aber nicht die Entscheidung diskutiert werden.
3. Jeder Teilnehmende wählt nun verdeckt diejenige Entscheidungsmethode aus, von der er glaubt, dass sie am besten passt. Sobald die Auswahl getroffen wurde, legt jeder seine Karte verdeckt auf den Tisch oder auf den Schoß.

4. Sobald alle bereit sind: Aufdecken! Jeder dreht seine Karte um.
5. Im Team wird das Ergebnis nun diskutiert. Gibt es eine Mehrheit für eine bestimmte Methode? Warum bevorzugt jemand ein partizipatives Verfahren, während andere sich für eine individuelle Entscheidung aussprechen? Beim Decision Poker geht es nicht darum, dass eine bestimmte Herangehensweise gewinnt. Es geht darum ein gemeinsames Verständnis über den Weg der Entscheidung zu erlangen. Geben Sie auch einer einzelnen abweichenden Pokerkarte ausreichend Raum.
6. Optional: Falls das Ergebnis stark unterschiedlich ist, kann eine zweite Runde gespielt werden.
7. Wenn Einigkeit über den Entscheidungsweg besteht, werden die nächsten Schritte vereinbart. Wer wird das Verfahren leiten? Wer wird die Entscheidung letztlich treffen? Bis wann soll die Entscheidung gefällt werden?

Diese Methode ermöglicht nicht nur Entscheidungsfindung, sondern stärkt auch die Teamdynamik und das Verständnis füreinander. Viel Erfolg beim Anwenden des Poker-Spiels zur Verbesserung Ihrer Entscheidungen!

Wirkfeld der Methode

- Wirksam für Herausforderungen mit hoher Komplexität
- Wirksam für Herausforderungen mit mittlerer Komplexität
- Wirksam für Herausforderungen mit niedriger Komplexität

Transformationsfähigkeit Ihres Teams

- Fördert offene Mindsets und innovative Denkhaltungen
- Zahlt auf eine bessere Wahrnehmung ein
- Erhöht die Lösungsorientierung

Einsatzcharakteristik/Arbeitsrahmen

- Austauschfokus: vornehmlich mit internen und externen Personen
- Durchführungszeit: eher gering (< 1 Stunde)
- Einsatzfrequenz: sinnvoll im dauerhaften Einsatz
- Einsatzradius: vornehmlich im Teameinsatz
- Einsatzradius: vornehmlich im projektweiten Einsatz
- Komplexität für den Moderator: eher mittel
- Komplexität für die Teilnehmer: eher gering
- Teamgröße: Kleingruppe möglich (3 bis 5 Teilnehmer)
- Teamgröße: Mittelgroße Teams möglich (5 bis 20 Teilnehmer)
- Vorbereitungszeit: eher gering (< 1 Stunde)

Input für eine zielführende Arbeit mit der Methode

- Aktuelle Herausforderung, Leitfrage, Problem
- Angereicherte Ideen, Ideencluster oder höher integrierte Lösungen
- Ideen und Projekte, die zur Umsetzung anstehen
- Merkmale der gegebenen Herausforderung
- Ziele, Zielsystem, Kennzahlen

Output und beobachtete Ergebnisse der Methode

- Erzeugt Planungen und Priorisierungen
- Erzeugt größere Klarheit zu einem Thema
- Erzeugt transformationsfähigere Organisationen
- Hilft bei Entscheidungen, Bewertungen und Feedback

Hinderniseffekte, auf die die Methode positiv wirkt

- Beugt Missinterpretationen vor
- Beugt blinden Flecken/Betriebsblindheit vor
- Schafft schnell Klarheit und beschleunigt Erkenntnisgewinn
- Schwächt Verdiskutiererei
- Schärft eine fehlende gemeinsame Ausrichtung
- Verhindert einseitige Bewertungen und Entscheidungen
- Verhindert unreflektiertes agieren
- Verhindert vorschnelles Urteilen über Ideen
- Verkürzt zu lange Entscheidungsmeetings
- Bindet eher introvertierte Teammitglieder mit ein
- Dynamisiert und aktiviert wenig dynamische Teams
- Fördert gehemmte Teammitglieder

Mögliche Extravorteile der Methode

- Möglicher Extravorteil für Teams in einer Komfortsituation
- Möglicher Extravorteil für Teams mit einer konservativen, tradierten Kultur

Quellen

Buch – Handbuch der Entscheidungen, Leisgang, Tobias & Nadja Petranovskaja. Tobias Leisgang, (2020)
Organisation – Kurswechsel, Bremen, https://kurswechsel.jetzt/
Web – https://kurswechsel.jetzt/navigationshilfen/
Web – https://open.spotify.com/episode/1hLq5vvduuwA4Slerym61f (abgerufen 07.08.2023)

Design for All

EinSatzBeschreibung

Design for All ist eine inklusive Designmethode aus dem Planet Centric Design Toolkit, die sicherstellt, dass Produkte und Dienstleistungen für eine vielfältige Benutzerbasis zugänglich, nützlich und barrierefrei sind.

Working Guide/Anwendungsfelder

P1 Sensibilisierung/Bildung	P2 Matching Recht/Gesetz	P3 Sustainability Roadmap	P4 Produkt/Prozessdesign	P5 Implementierung/Monitoring	P6 Kommunikation	P7 Organisation	P8 Führung	P9 Business Model Design	P10 Skalierung
X	X	X	X					X	

Beschreibung

Design for All ist eine Methode, die im Planet Centric Design Toolkit verwendet wird, um sicherzustellen, dass Produkte, Dienstleistungen oder Systeme für eine breite Palette von Benutzern zugänglich und nützlich sind. Sie zielt darauf ab, die Vielfalt und Inklusion zu fördern, indem sie die Bedürfnisse und Fähigkeiten aller Menschen berücksichtigt, unabhängig von ihren individuellen Merkmalen oder Fähigkeiten.

Die Methode unterstützt zunächst dabei, sogenannte blinde Flecken zu umgehen und sicherzustellen, dass auch unbewusste Vorurteile gegenüber Menschen aus Teilgruppen der Gesellschaft vermieden werden. Potenzielle Hindernisse für den Zugang oder die Nutzung eines Produktes oder einer Dienstleistung für spezifische Minderheiten oder Teilgruppen der Gesellschaft sollen so rechtzeitig erkannt werden, damit entsprechend notwendige, nicht-diskriminierende Änderungen am Design vorgenommen werden können. Kurz: Dieses Instrument versucht diejenigen zu sehen und zu verstehen, die wir beim ersten Entwerfen vielleicht vergessen.

Insgesamt fördert die Methode eine integrative und nachhaltige Gestaltung von Produkten, Dienstleistungen und Systemen, indem sie die Vielfalt und Inklusion fördert, gleichzeitig mehr wirtschaftliche Chancengleichheit schafft und somit Ressourcen schont, insbesondere durch:

1. **Inklusion und Gleichberechtigung sowie wirtschaftliche Chancengleichheit:** Dadurch, dass die Bedürfnisse einer breiten Benutzerbasis adressiert werden, trägt diese Methode zur Schaffung von Chancengleichheit bei. Im Design wird berücksichtigt, dass jeder Benutzer, unabhängig von dessen individuellen Merkmalen oder Fähigkeiten, die Möglichkeit hat, auf das Produkte oder die Dienstleistungen gleichartig zuzugreifen, es zu nutzen und davon zu profitieren. Im Idealfall ist also niemand von der Nutzung ausgeschlossen.
2. **Reduzierung von Abfall und Ressourcenverschwendung**, indem Produkte und Dienstleistungen so entworfen werden, dass separate Versionen oder Adaptionen für spezifische Zielgruppen vermieden werden.
3. **Design für Langlebigkeit:** Design for All berücksichtigt die Bedürfnisse und Vorlieben der Benutzer, um sicherzustellen, dass Produkte und Dienstleistungen langlebig und nachhaltig sind. Indem die verschiedenen Lebensphasen und sich ändernden Bedürfnisse der Benutzer im Design-Prozess berücksichtigt werden, wird ökonomische Nachhaltigkeit gefördert. Zum Beispiel sollten Produkte und Services auch mit zunehmendem Alter der Benutzer weiterhin nutzbar sein.

Durchführung

Vorbereitung

- Sorgen Sie dafür, dass diese Aufgabe systematisch und lückenlos abgearbeitet werden kann, indem Sie entsprechende Mittel und Ressourcen dafür bereitstellen.
- Etablieren Sie ein Team, welches aus interdisziplinären Experten, potenziellen Kunden (Externen) und/oder auch fachfremden Mitarbeitenden aufgestellt wird. Gerade für die Analyse ist es wichtig, so viele unterschiedliche Aspekte über Teilgruppen der Gesellschaf wie möglich in den Design-Prozess einfließen zu lassen.
- Durchführbar sind die folgenden Schritte sowohl in Form eines Vor-Ort-Workshops oder aber auch im Rahmen eines oder mehrerer virtueller Online-Meetings unter der Verwendung von entsprechenden Online-Tools wie Conceptboard, Miro oder anderen Whiteboard-Werkzeugen. Beschrieben wird im Folgenden das Vorgehen in einem Vor-Ort-Workshop.
- Stellen Sie sicher, dass alle Teammitglieder mit der Methode „Brainwriting" vertraut sind. In den folgenden Schritten können Sie diese Kreativmethode immer dann anwenden, wenn Antworten, Aspekte, Meinungen, Ideen, o. ä. gemäß einer Fragestellung zu sammeln sind.

Nutzungsperspektive: Teilgruppe

Betrachten Sie im ersten Schritt bestehende Teilgruppen der Gesellschaft, deren Eigenschaften und Einschränkungen sowie deren Bedürfnisse für die Nutzung Ihres Produkts oder Ihrer Dienstleistung.

1. Fördern Sie zunächst im Team das Verständnis für die unterschiedlichen Teilgruppen der Gesellschaft, deren Einschränkungen und die daraus resultierenden Bedürfnisse.
   - Sammeln Sie zunächst, welche Teilgruppen der Gesellschaft es gibt und priorisieren Sie die für Ihren Betrachtungsraum wichtigsten Gruppen.
   - Jedes Teammitglied soll eine der ausgewählten Teilgruppen übernehmen und in einem Kurzbeitrag diese spezifische

Gruppe den anderen Teammitgliedern vorstellen. Es geht darum eine Vorstellung von den Einschränkungen und Bedürfnissen der Teilgruppe zu entwickeln. So könnte zum Beispiel eine Simulationsbrille einen Eindruck vermitteln, welche Schwierigkeiten Sehbehinderte mit dem Umgang des Produktes haben können.

2. Sammeln Sie mittels einer Kreativtechnik wie Brainwriting im Team im Anschluss an die Vorstellung dieser Gruppe resultierende Einschränkungen und Bedürfnisse hinsichtlich Ihres zu analysierenden Produktes oder ihrer Dienstleistung.
   - Was hindert Menschen aus dieser Gruppe an der Nutzung des Produktes?
   - Welche Schwierigkeiten entstehen vor, während oder nach der Nutzung des Produktes, bzw. der Dienstleistung für eine Person aus dieser Gruppe?
   - Existieren spezifische Eigenschaften des Angebots, welche speziell diese Gruppe nicht nutzen kann?
   - Inwiefern schließen Produkteigenschaften oder Werbebotschaften diese Gruppe aus dem Kreis der Zielkunden aus?
3. Sammeln und erarbeiten Sie im Anschluss daran mittels Brainwriting Ideen und Möglichkeiten wie das Produkt (die Dienstleistung, die Werbebotschaft) im Sinne der Bedürfnisse dieser Gruppe dafür zu verändern ist, damit ein Ausschluss oder eine Limitierung der Nutzung deutlich verringert oder eliminiert werden kann.
   - Welche spezifischen Produkteigenschaften müssen (i) verändert, (ii) entfernt, (iii) hinzugefügt werden, damit es auch von dieser Gruppe uneingeschränkt genutzt werden kann?
4. Übertragen und dokumentieren Sie Ihre Ergebnisse in das Framework „Design for All" des Planet Centric Design Toolkits.

Nutzungsperspektive: Produkt/Dienstleistung

Die Nutzung oder bereits die Absicht zur Nutzung Ihres Produktes bzw. Ihrer Dienstleistung könnte dazu führen, dass sich Ihre Zielgruppe in verschiedene Untergruppen aufgliedert: Menschen, die uneingeschränkt nutzen können, Menschen, die nur teilweise nutzen können und Menschen, die nicht nutzen können, obwohl Sie dies zunächst wollten. Eine Vorab-Analyse, ob Ihr Angebot zu

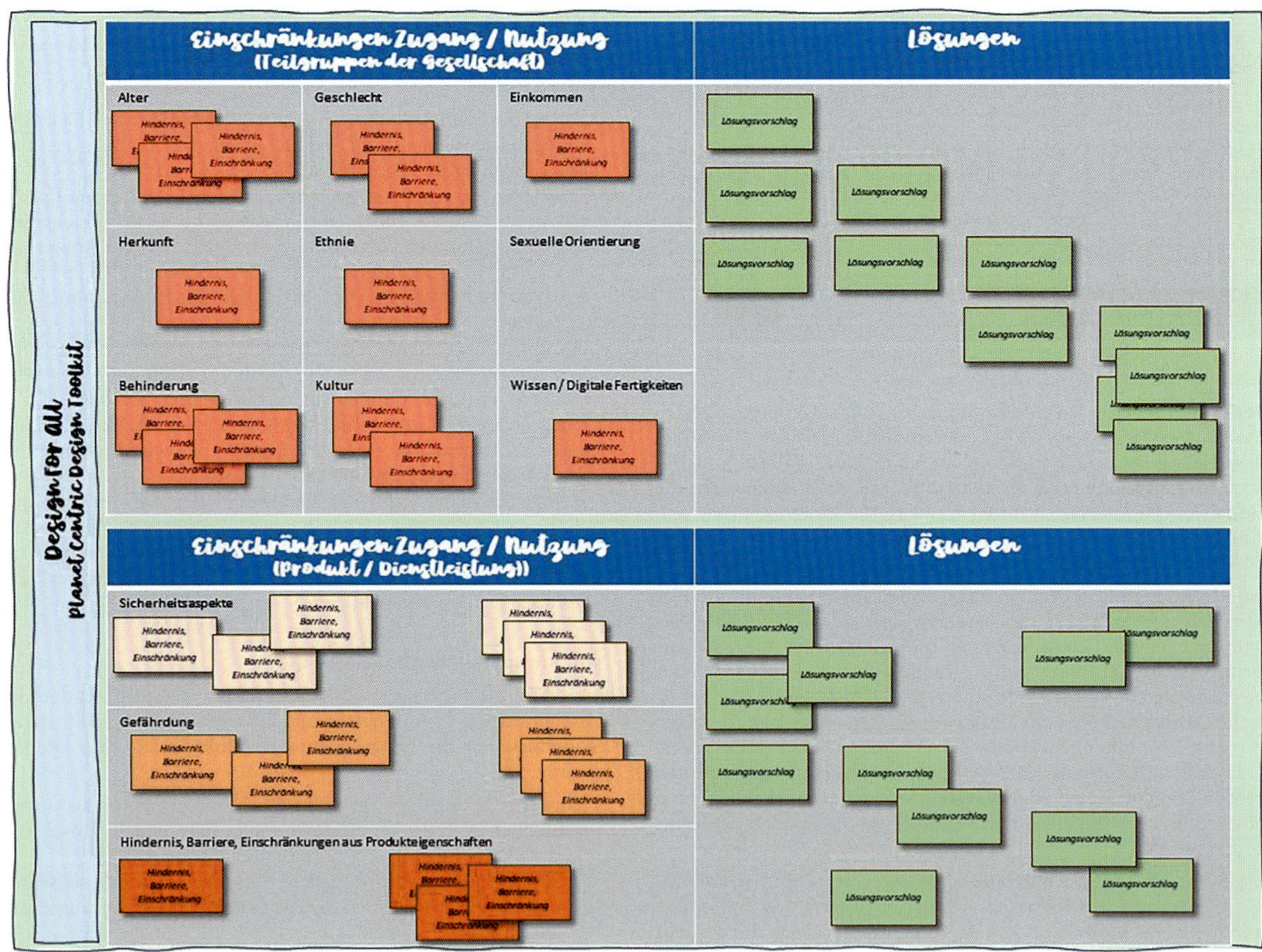

Quelle: Thomas Appel Consulting

einer solchen Aufteilung der Nutzer führt, verhindert eine Ausgrenzung oder Marginalisierung von Gruppen der Gesellschaft.

5. Machen Sie sich die Eigenschaften bewusst, die gesamtheitlich benötigt werden, damit das Produkt/die Dienstleistung gekauft, bzw. genutzt wird. Analysieren Sie dabei ganz genau alle Details dieser Eigenschaften, die für viele Menschen möglicherweise unproblematisch sind, für bestimmte Teilgruppen der Gesellschaft aber zu einem Problem werden könnten (Beispiel: Farbwahl, Gerüche, Haptik, Form, …)
6. Sammeln Sie im Team mittels Brainwriting Aspekte der Nutzung, die zu einer Aufteilung führen könnten anhand folgender Fragestellungen:
   - Welche Sicherheitsaspekte könnten bei der Nutzung existieren oder tangiert werden, die dazu führen, dass bestimmte Teilgruppen der Gesellschaft in der Nutzung eingeschränkt werden?
   - Datenschutzrechtliche Aspekte
   - Rechtliche Vorgaben und Aspekte (was ist erlaubt, was nicht)
   - Benutzerfreundlichkeit (Warnhinweise, Zertifizierungen, etc.)
     - → Welche Gefährdungen für die Gesundheit für vulnerable Teilgruppen der Gesellschaft könnten entstehen durch physikalische Eigenschaften, durch verwendete Chemikalien, durch elektrischen Strom, durch Allergene, durch nachträgliche Erkenntnisse, etc.?
     - → Machen Sie sich die Eigenschaften bewusst damit das Produkt/die Dienstleistung gekauft, bzw. genutzt wird. Analysieren Sie dabei ganz genau alle Details dieser Eigenschaften, die für viele Menschen möglicherweise unproblematisch sind, für bestimmte Teilgruppen der Gesellschaft aber zu einem Problem werden könnten (Beispiel: Farbwahl, Gerüche, Haptik, Form, …). Welche Benachteiligungen für vulnerable Teilgruppen der Gesellschaft könnten zusätzlich entstehen aufgrund von Produkteigenschaften oder Anforderungen zur Nutzung (Bezugsweg, Verpackung, Aufbau, Anleitung, Voraussetzung, …).
7. Sammeln und erarbeiten Sie im Anschluss daran Ideen und Möglichkeiten mittels Brainwriting, wie das Produkt (die Dienstleistung, die Werbebotschaft) im Sinne der gesammelten Aspekte zu verändern ist, damit ein Ausschluss oder eine Limitierung der Nutzung deutlich verringert oder eliminiert werden kann.
   - Welche spezifischen Produkteigenschaften müssen verändert, entfernt, hinzugefügt werden, damit das Produkt uneingeschränkt genutzt werden kann?
   - Welche Zusätze benötigt das Produkt/die Dienstleistung (z. B. Beschreibungen, Apps, Zertifikate, o. ä.)?
   - Wie kann Vertrauen zum Produkt oder zur Dienstleistung und der Nutzung aufgebaut oder gefördert werden?
   - Welche Maßnahmen fördern eine uneingeschränkte Nutzung?
8. Übertragen und dokumentieren Sie Ihre Ergebnisse in das Framework „Design for All" des Planet Centric Design Toolkits.

Wirkfeld der Methode

- Wirksam für nachhaltiges Produktdesign
- Wirksam für nachhaltiges Servicedesign
- Wirksam für nachhaltiges Business Model Design

Transformationsfähigkeit Ihres Teams

- Fördert die Sensibilisierung
- Fördert die allgemeine Transformationsfähigkeit des Teams
- Fördert offene Mindsets und innovative Denkhaltungen
- Zahlt auf eine bessere Vorstellungskraft ein
- Zahlt auf eine bessere Wahrnehmung ein
- Zahlt auf das Dringlichkeitsempfinden ein
- Erhöht die Lösungsorientierung

Einsatzcharakteristik/Arbeitsrahmen

- Austauschfokus: vornehmlich mit internen und externen Personen
- Durchführungszeit: eher mittel (> 1 Stunde bis < 1 Tag)
- Einsatzfrequenz: vornehmlich über den kompletten Projektzeitraum
- Einsatzradius: vornehmlich im Teameinsatz
- Komplexität für den Moderator: eher mittel
- Komplexität für die Teilnehmer: eher mittel
- Teamgröße: Kleingruppe möglich (3 bis 5 Teilnehmer)
- Teamgröße: Mittelgroße Teams möglich (5 bis 20 Teilnehmer)
- Vorbereitungszeit: eher mittel (> 1 Stunde bis < 1 Tag)

Input für eine zielführende Arbeit mit der Methode

- Aktuelle Herausforderung, Leitfrage, Problem
- Angereicherte Ideen, Ideencluster oder höher integrierte Lösungen
- Existierende Produkte, Prozesse und Verfahren
- Produktmerkmale, Skizzen, Eigenschaften

Output und beobachtete Ergebnisse der Methode

- Erzeugt Ideen, Lösungsansätze, Vorideen, Möglichkeiten
- Erzeugt Leitfragen für die Ideenfindung
- Erzeugt Nutzenfunktionen und Bedürfniskorridore
- Erzeugt angereicherte Ideen, Ideencluster, höher integrierte Lösungen
- Erzeugt besseren Teamspirit, mehr Offenheit, Inspirationsempfindlichkeit
- Erzeugt kollaborative Lösungen und Ideen
- Erzeugt neues Wissen und neue Erfahrungen
- Erzeugt größere Klarheit zu einem Thema
- Erzeugt transformationsfähigere Organisationen
- Hilft bei Entscheidungen, Bewertungen und Feedback
- Identifiziert vorhandene Schwachstellen
- Identifiziert vorhandene Stärken
- Macht Wirkzusammenhänge sichtbar
- Ziel- und Fokusgruppen

Hinderniseffekte, auf die die Methode positiv wirkt

- Schafft für den Erfolg nötige Realitätsbezüge
- Schwächt das Leben in der Vergangenheit
- Schärft eine fehlende gemeinsame Ausrichtung
- Verhindert falsche Flughöhen
- Verhindert unreflektiertes agieren
- Verhindert vorschnelles Urteilen über Ideen

Mögliche Extravorteile der Methode

- Möglicher Extravorteil für in Nachhaltigkeitsthemen ungeübte Teams

Quellen

Buch – Baltes, P. B., & Smith, J. (2003). New Frontiers in the Future of Aging: From Successful Aging of the Young Old to the Dilemmas of the Fourth Age. Gerontology, 49(2), 123-135.

Buch – Bengtson, V. L., Gans, D., Putney, N. M., & Silverstein, M. (Eds.). (2002). Intergenerational Relationships and Aging. Routledge.

Buch – Beville, P. (2002). The Virtual Dementia Tour: An Empathy-building Tool. Second Wind Dreams.

Buch – Cohen, G. D. (2005). The Mature Mind: The Positive Power of the Aging Brain. Basic Books.

Buch – Consumer Product Safety Commission. (2019). Consumer Product Safety Review.

Buch – Corporation for National and Community Service. (2007). The Health Benefits of Volunteering: A Review of Recent Research.

Buch – Gibson, R. B. (2006). Sustainability Assessment: Basic Components of a Practical Approach. Impact Assessment and Project Appraisal, 24(3), 170-182.

Buch – Grenier, A. (2012). Transitions and the Lifecourse: Challenging the Constructions of ‚Growing Old'. Policy Press.

Buch – Hagestad, G. O., & Uhlenberg, P. (2005). The Life Course and Aging: Challenges, Lessons, and New Directions. Springer Publishing.

Buch – Smith, A. (2014). Older Adults and Technology Use. Pew Research Center.

Organisation – ANSI. (2009). American National Standard for Product Safety Signs and Labels.

Organisation – European Chemicals Agency. (2006). REACH Regulations.

Organisation – European Food Safety Authority. (2011). Scientific Opinion on Allergenicity.

Organisation – International Electrotechnical Commission. (2020). IEC Standards.

Organisation – ISO. (2015). ISO 9001:2015 – Quality Management Systems.

Organisation – National Institute of Standards and Technology. (2018). Framework for Improving Critical Infrastructure Cybersecurity.

Organisation – Nielsen, J. (1994). Usability Engineering. Academic Press Inc.

Organisation – U.S. Consumer Product Safety Commission. (2020). Recalls.

Organisation – U.S. Food & Drug Administration. (2019). Age Considerations in User Needs.

Person – Hila Attaie, hila.attaie@inno-jump.com, www.inno-jump.com

Person – Thomas Appel

Web – Planet Centric Design – https://planetcentricdesign.com/ (abgerufen am 01.08.2023)

Web – Planet Centric Design Toolkit — Impossible: https://www.labs.impossible.com/pcd-toolkit (abgerufen 01.08.2023)

Destruktiv-konstruktives Brainstorming

75

EinSatzBeschreibung

Destruktiv-konstruktives Brainstorming ist eine Methode zur Ideenfindung, die den kreativen Prozess in zwei gegensätzliche Phasen teilt und dadurch ein tieferes Verständnis für das Problem oder Produkt erreicht.

Working Guide/Anwendungsfelder

P1 Sensibilisierung/Bildung	P2 Matching Recht/Gesetz	P3 Sustainability Roadmap	P4 Produkt/Prozessdesign	P5 Implementierung/Monitoring	P6 Kommunikation	P7 Organisation	P8 Führung	P9 Business Model Design	P10 Skalierung
			X					X	X

Beschreibung

Die Methode Destruktiv-konstruktives Brainstorming oder auch Negativ-positiv-Brainstroming ist eine Sonderform des Brainstorming. Sie findet in zwei Phasen statt und wurde ursprünglich bei der Firma General Electric entwickelt.

Destruktiv-konstruktives Brainstorming ist sehr gut geeignet, um vorhandene Lösungen inkrementell weiterzuentwickeln. In einer ersten Phase wird die gegebene Lösung auf Schwächen und Unzulänglichkeiten hin untersucht. Danach werden für die gefundenen Schwächen bessere Lösungen gesucht.

- **Destruktive Phase:** In dieser Phase geht es darum, das bestehende System, Produkt oder die bestehende Idee kritisch zu betrachten und alle Schwächen, Mängel und Probleme zu identifizieren
- **Konstruktive Phase:** Nachdem alle Kritikpunkte und Probleme identifiziert wurden, beginnt die konstruktive Phase. In dieser Phase geht es darum, Lösungen für die in der destruktiven Phase identifizierten Probleme zu finden. Die Teilnehmer nutzen die zuvor gesammelte Kritik, um bessere, verbesserte Ideen und Ansätze zu entwickeln

Durch den Wechsel zwischen negativem und positivem Denken kann das kreative Potenzial der Teilnehmer maximiert werden. Es fördert ein tiefes Verständnis für das Problem oder Produkt und hilft, innovative Lösungen für bekannte und unbekannte Herausforderungen zu finden.

Durchführung

1. Vorbereitung: Für die Umsetzung der Methode wird ein möglichst großer Raum benötigt mit genug Platz für die Gruppenarbeit.

Es erfolgt als erstes eine möglichst klare Definition des Produkts oder der Idee, die im Zentrum des Brainstormings steht.

2. Einführung: Geben Sie eine kurze Einführung zur Methode des destruktiv-konstruktiven Brainstormings. Stellen Sie den hohen Stellenwert der der Nachhaltigkeit in der Produktentwicklung heraus. Stellen Sie sicher, dass die Teilnehmer verstehen, dass in der destruktiven Phase Kritik erwünscht ist und in der konstruktiven Phase Lösungen gesucht werden.

3. Destruktive Phase: Fragestellung: „Was sind Schwachstellen, Probleme oder Nachteile des aktuellen Produkts/der aktuellen Idee im Kontext der Nachhaltigkeit?"

Teilnehmer sammeln alle Kritikpunkte, Schwächen und Probleme. Dies kann entweder individuell oder in kleinen Gruppen erfolgen. Alle gesammelten Punkte werden an einer Pinnwand oder einem Flipchart gesammelt und präsentiert. Diskussion und Vertiefung der identifizierten Probleme.

4. Kurze Pause: Ein kurzer mentaler Abstand kann helfen, den Übergang von der destruktiven zur konstruktiven Phase zu erleichtern.

5. Konstruktive Phase: Fragestellung: „Wie können wir diese identifizierten Probleme lösen und ein nachhaltigeres Produkt entwickeln?"

Die Teilnehmenden entwickeln Lösungsvorschläge basierend auf der Kritik aus der destruktiven Phase. Wiederum kann dies individuell oder in Gruppen erfolgen. Die Sammlung der Lösungsideen erfolgt idealerweise an einer separaten Pinnwand oder Flipchart.

Diskussion der Vorschläge, eventuell auch Bewertung der Ideen hinsichtlich Umsetzbarkeit und Nachhaltigkeitsimpact.

6. Synthese und Priorisierung: Zusammenfassung der wichtigsten Lösungsideen. Priorisierung der Ideen: Welche Ideen haben das größte Potenzial und sollten als erstes umgesetzt werden? Entwicklung von ersten Umsetzungsplänen oder Projektplänen.

Praxisschlaglicht

Die emotionale Sicherheit der Teilnehmer ist während des gesamten Workshops wichtig. Insbesondere in der destruktiven Phase sollten die Teilnehmer ermutigt werden, offen und ehrlich ihre Meinung zu teilen, ohne Angst vor negativen Konsequenzen. Gleichzeitig sollte in der konstruktiven Phase ein wertschätzender und respektvoller Umgang gewährleistet sein, um eine positive und produktive Atmosphäre zu fördern.

Destruktiv-konstruktives Brainstorming

Wirkfeld der Methode

- Wirksam für Herausforderungen mit niedriger Komplexität
- Wirksam für nachhaltiges Produktdesign
- Wirksam für nachhaltiges Prozessdesign
- Wirksam für nachhaltiges Servicedesign

Transformationsfähigkeit Ihres Teams

- Fördert die Teamkreativität
- Fördert grundlegend die Kreativität
- Sorgt für Inspiration oder bessere Inspirationsempfindlichkeit
- Zahlt auf das Dringlichkeitsempfinden ein
- Erhöht die Lösungsorientierung

Einsatzcharakteristik/Arbeitsrahmen

- Austauschfokus: vornehmlich mit externen Personen
- Durchführungszeit: eher mittel (> 1 Stunde bis < 1 Tag)
- Einsatzfrequenz: vornehmlich im einmaligen Einsatz
- Einsatzradius: vornehmlich im Teameinsatz
- Komplexität für den Moderator: eher gering
- Komplexität für die Teilnehmer: eher gering
- Teamgröße: Einzelpersonennutzung möglich
- Teamgröße: Kleingruppe möglich (3 bis 5 Teilnehmer)
- Vorbereitungszeit: eher gering (< 1 Stunde)

Input für eine zielführende Arbeit mit der Methode

- Aktuell existierende Produkte und Services
- Aktuelle Herausforderung, Leitfrage, Problem
- Angereicherte Ideen, Ideencluster oder höher integrierte Lösungen

Output und beobachtete Ergebnisse der Methode

- Erzeugt Ideen, Lösungsansätze, Vorideen, Möglichkeiten
- Erzeugt Ideensuchfelder, unentdeckte Probleme, Inspiration
- Erzeugt kollaborative Lösungen und Ideen

Hinderniseffekte, auf die die Methode positiv wirkt

- Verhindert Ideenfindung mit zu schwacher Erkenntnisgrundlage
- Verkürzt und durchbricht vorhandene Kreativblockaden
- Wirkt fehlender Inspiration entgegen

Mögliche Extravorteile der Methode

- Möglicher Extravorteil für Teams in einer Krisensituation
- Möglicher Extravorteil für Teams mit einer konservativen, tradierten Kultur
- Möglicher Extravorteil für innovativ ungeübte Teams

Quellen

Buch – Das große Handbuch Innovation, B. van Aerssen, C. Buchholz (Vahlen, 2018)
Buch – Das große Handbuch der Kreativitätsmethoden, M. Luther (managerSeminare, 2013)
Buch – Idea power, Arthur B. VanGundy (Amacom, 1992)

Deutscher Nachhaltigkeitskodex

EinSatzBeschreibung

Der Deutsche Nachhaltigkeitskodex (DNK) unterstützt Unternehmen dabei, ihre Nachhaltigkeitsleistung zu verbessern und transparent zu kommunizieren.

Working Guide/Anwendungsfelder

P1 Sensibilisierung/Bildung	P2 Matching Recht/Gesetz	P3 Sustainability Roadmap	P4 Produkt/Prozessdesign	P5 Implementierung/Monitoring	P6 Kommunikation	P7 Organisation	P8 Führung	P9 Business Model Design	P10 Skalierung
		X		X	X				

Beschreibung

Der DNK ermöglicht es Unternehmen, ihre Nachhaltigkeitsstrategie zu entwickeln und umzusetzen. Die Bestandteile des Deutschen Nachhaltigkeitskodex umfassen:

- Nachhaltigkeitsziele: Festlegung von Zielen und Indikatoren für die Nachhaltigkeitsleistung des Unternehmens.
- Wirkungskategorien: Berücksichtigung von ökonomischen, ökologischen und sozialen Aspekten sowie von Governance-Aspekten zur umfassenden Bewertung der Nachhaltigkeitsleistung.
- Kriterien und Indikatoren: Definition von Kriterien und Indikatoren, anhand derer das Unternehmen seine Nachhaltigkeitsleistung bewerten und überwachen kann.
- Berichterstattung: Erstellung eines kurzen Nachhaltigkeitsberichts, der die Leistung des Unternehmens in Bezug auf die definierten Kriterien und Indikatoren transparent darstellt.

Bezug zur Global Reporting Initiative

Der Deutsche Nachhaltigkeitskodex (DNK) und die Global Reporting Initiative (GRI) sind zwei separate, aber miteinander verbundene Ansätze zur Nachhaltigkeitsberichterstattung und -bewertung. Obwohl sie unterschiedliche Schwerpunkte haben, ergänzen sie sich in vielen Aspekten: Der DNK legt einen spezifischen Rahmen fest, der aus 20 Kriterien besteht, die die Nachhaltigkeitsleistung eines Unternehmens abbilden. Die GRI bietet detaillierte Leitlinien und Indikatoren für die Berichterstattung und deckt eine breite Palette von Nachhaltigkeitsthemen ab.

Unternehmen können den DNK und die GRI-Richtlinien kombinieren, um eine umfassende und aussagekräftige Nachhaltigkeitsberichterstattung zu erreichen. Der DNK kann als Grundlage für die Identifizierung wesentlicher Themen dienen, während die GRI-Richtlinien detaillierte Anweisungen zur Berichterstattung und Leistungsindikatoren bieten.

Vorteile des Deutschen Nachhaltigkeitskodex

- Nachhaltigkeitsstrategie: Der Kodex unterstützt Unternehmen dabei, ihre Nachhaltigkeitsstrategie zu entwickeln und in die Unternehmenspraxis zu integrieren.
- Transparenz und Glaubwürdigkeit: Durch die Berichterstattung gemäß dem Kodex können Unternehmen ihre Nachhaltigkeitsleistung transparent kommunizieren und die Glaubwürdigkeit gegenüber Stakeholdern stärken.
- Benchmarking: Der Kodex ermöglicht einen Vergleich der Nachhaltigkeitsleistung mit anderen Unternehmen und branchenspezifischen Durchschnittswerten.
- Stakeholder-Engagement: Der Kodex fördert den Dialog und das Engagement mit Stakeholdern, um deren Perspektiven und Erwartungen in die Nachhaltigkeitsstrategie einzubeziehen.

Grenzen des Deutschen Nachhaltigkeitskodex

- Freiwilligkeit: Die Teilnahme am Kodex ist freiwillig, was dazu führen kann, dass Unternehmen mit geringer Nachhaltigkeitsleistung nicht am Kodex teilnehmen oder sich nur auf positive Aspekte konzentrieren.
- Subjektivität: Die Definition der Nachhaltigkeitsziele, Kriterien und Indikatoren liegt im Ermessen des Unternehmens, was zu subjektiven Bewertungen führen kann.
- Umsetzung und Integration: Die Integration des Kodex in die Unternehmenspraxis erfordert Zeit, Ressourcen und Engagement auf allen Ebenen der Organisation.

Durchführung

Um den Deutschen Nachhaltigkeitskodex anzuwenden, sind folgende Schritte erforderlich:

1. Organisatorische Vorbereitung: Registrierung, Erstellen eines Unternehmensprofils, Prüfen der Kriterienerfüllung des DNK.
2. Analyse und Bewertung: Analyse der Nachhaltigkeitsleistung des Unternehmens und Bewertung anhand der definierten Kriterien und Indikatoren.
3. Definition von Nachhaltigkeitszielen: Festlegung von Nachhaltigkeitszielen, die den Schwerpunkt der Nachhaltigkeitsstrategie des Unternehmens bilden.
4. Berichterstattung: Erstellung eines Nachhaltigkeitsberichts gemäß den Vorgaben des Kodex, der die Nachhaltigkeitsleistung transparent darstellt. Die Inhalte werden online hochgeladen.
5. Überprüfung und Verbesserung: Überprüfung der Berichterstattung und Nachhaltigkeitsziele, um kontinuierliche Verbesserungen voranzutreiben. Die kommunizierten Inhalte sollten idealerweise jährlich aktualisiert werden.

Praxisschlaglicht

Ein Energieunternehmen entscheidet sich dafür, den Deutschen Nachhaltigkeitskodex anzuwenden, um seine Nachhaltigkeitsleistung zu verbessern und transparent zu kommunizieren.

Das Unternehmen analysiert seine Nachhaltigkeitsleistung, definiert Nachhaltigkeitsziele in den Bereichen erneuerbare Energien, Energieeffizienz und soziale Verantwortung und erstellt einen Nachhaltigkeitsbericht gemäß den Vorgaben des Kodex.

Deutscher Nachhaltigkeitskodex

Durch den Kodex erlangt das Unternehmen eine umfassende Sicht auf seine Nachhaltigkeitsleistung und kann gezielte Maßnahmen zur Verbesserung ergreifen. Es darf daraufhin das DNK-Logo in der Kommunikation nach innen und außen verwenden.

Helfende Organisation

- Rat für Nachhaltige Entwicklung (RNE): Der RNE ist verantwortlich für die Entwicklung und Weiterentwicklung des Deutschen Nachhaltigkeitskodex und bietet Informationen, Leitfäden und Unterstützung für Unternehmen.
- Global Compact Netzwerk Deutschland: Das Global Compact Netzwerk Deutschland unterstützt Unternehmen bei der Umsetzung des Deutschen Nachhaltigkeitskodex und fördert den Austausch und die Zusammenarbeit in Sachen Nachhaltigkeit.
- Industrie- und Handelskammern (IHKs): Die IHKs bieten Beratung und Unterstützung für Unternehmen in Bezug auf Nachhaltigkeitsmanagement und die Anwendung des Deutschen Nachhaltigkeitskodex.

Wirkfeld der Methode

- Wirksam für Herausforderungen mit mittlerer Komplexität

Transformationsfähigkeit Ihres Teams

- Fördert die Sensibilisierung
- Zahlt auf ein positives Zukunftsbild ein

Einsatzcharakteristik/Arbeitsrahmen

- Austauschfokus: vornehmlich mit internen und externen Personen
- Durchführungszeit: eher hoch (> 1 Tag)
- Einsatzfrequenz: sinnvoll im dauerhaften Einsatz
- Einsatzradius: vornehmlich im unternehmensweiten Einsatz
- Teamgröße: Kleingruppe möglich (3 bis 5 Teilnehmer)
- Teamgröße: Mittelgroße Teams möglich (5 bis 20 Teilnehmer)
- Vorbereitungszeit: eher hoch (>1 Tag)

Input für eine zielführende Arbeit mit der Methode

- Aktuell existierende Geschäftsmodelle
- Aktuell existierende Produkte und Services
- Aktuelle Herausforderung, Leitfrage, Problem
- Ergebnisse aus der Analysephase
- Existierende Prozesse und Verfahren
- Umfeldbeobachtungen, Umfeldanalysen
- Wettbewerber und Komplementoren
- Ziele, Zielsystem, Kennzahlen
- Wissen über Gesetze und Rahmenbedingungen

Output und beobachtete Ergebnisse der Methode

- Erzeugt Planungen und Priorisierungen
- Erzeugt Poster
- Erzeugt definierte Zielkorridore
- Erzeugt eine Vision oder Zukunftsbild
- Erzeugt größere Klarheit zu einem Thema
- Erzeugt transformationsfähigere Organisationen
- Erzeugt mehr Hintergrundinformationen
- Identifiziert vorhandene Schwachstellen
- Identifiziert vorhandene Stärken
- Macht Wirkzusammenhänge sichtbar

Hinderniseffekte, auf die die Methode positiv wirkt

- Beugt blinden Flecken/Betriebsblindheit vor
- Bewahrt vor zu generischen Ideen und Aussagen
- Schärft eine fehlende gemeinsame Ausrichtung
- Verhindert unreflektiertes agieren
- Verringert zu große Komplexitäten

Mögliche Extravorteile der Methode

- Ermöglicht Berichterstattung auch für kleine Unternehmen mit geringen Kapazitäten

Quellen

Organisation – Rat für Nachhaltige Entwicklung (RNE): www.nachhaltigkeitskodex.org
Organisation – Global Compact Netzwerk Deutschland: www.globalcompact.de

Dimensionen nachhaltiger Innovation

EinSatzBeschreibung

Ein Modell, das die verschiedenen Dimensionen von nachhaltiger Innovation besser verstehbar macht.

Working Guide/Anwendungsfelder

P1 Sensibilisierung/Bildung	P2 Matching Recht/Gesetz	P3 Sustainability Roadmap	P4 Produkt/Prozessdesign	P5 Implementierung/Monitoring	P6 Kommunikation	P7 Organisation	P8 Führung	P9 Business Model Design	P10 Skalierung
X			X		X				

Beschreibung

Wenige Themen spielen heute durch den zunehmenden Veränderungsdruck eine so zentrale Rolle in der gesellschaftlichen Entwicklung wie *Innovation*. Im Zuge der Zukunftssicherung und Stabilisierung ist die gesamte Bandbreite an Akteuren, Professionen, Organisationen, Abteilungen und Disziplinen auf die rechtzeitige dynamische Weiterentwicklung, Innovation und Differenzierung ihrer Wertschöpfung angewiesen.

Doch nur die wenigsten Organisationen können definieren, was sie denn eigentlich mit Innovation meinen. Was ist wünschenswerte Innovation? Auffallend oft wird im Innovationsdiskurs mit technischen Begriffen um sich geworfen. Blockchain, Künstliche Intelligenz, Kernfusion oder Wasserstoff, um nur einige zu nennen. Es scheint, als werde Innovation mit einer Technologie gleichgesetzt. Die Erfahrung zeigt jedoch, dass es nicht so einfach ist. So sind bspw. im Bereich der künstlichen Intelligenz sogenannte Large Langauge Models (LLMs) schon länger verbreitet, doch erst ihre Einbettung in ein Chat-Interface durch Chat GPT führten zum globalen Durchbruch. Es war nicht primär eine technologische Innovation, die den Siegeszug einleitete, sondern primär die innovative Ausgestaltung der Interaktion mit der neuartigen Technologie.

Ein nuanciertes Verständnis der Dimension von Innovation führt zum Erkennen von Potenzialen, aber auch zu einem nachhaltigeren Umgang. Innovation hat dabei zwei zentrale Dimensionen:

- **Technologie:** Die technische Dimension ist meist die zentrale Dimension, die in der öffentlichen Debatte behandelt wird. Gründe dafür sind die konkreten und fassbaren Innovationsschritte, die stattfinden, deren Quantifizierbarkeit und auch die Geschwindigkeit, mit welcher der technologische Vorsprung vonstatten geht. Technologische Innovation kann gut in der Isolation eines Labors vorangetrieben werden, welches den nötigen Fokus und Kontext sicherstellt.
- **Bedeutung:** Oft übersehen, bildet diese Dimension eine zentrale Leistung von erfolgreicher Innovation ab. Bedeutung wird geschaffen durch den sozialen Kontext, die Experience aber auch die eigentliche Nutzung der Innovationen durch die Gesellschaft. Nur durch eine neue Bedeutung wird eine Invention zur Innovation. Gleichzeitig ist diese Dimension aber viel schwieriger zu messen, geht teilweise sehr langsam vonstatten und lässt sich nicht isoliert betrachten. Der letzte Punkt ist zentral, da Organisationen die Bedeutungsdimension oft nicht mehr unter alleiniger Kontrolle haben können. Denn diese entwickelt sich per Definition erst durch die Interaktion mit Akteuren in der Gesellschaft.

Foto: © NEU | ARAG SE – Team Space Düsseldorf

Durch die gesellschaftliche Relevant zeigt die Bedeutungsdimension auch auf, ob sich eine Innovation in einem bereits etablierten oder einem entstehenden Kontext befindet. Der Stand eines Kontextes ist ausschlaggebend für die Qualität der Daten, welche gesammelt werden können und wie deren Erhebung ausgestaltet werden muss. Naheliegenderweise ist diese Tätigkeit um einiges einfacher in einem etablierten Kontext.

Doch gerade im Bereich der Nachhaltigkeit stehen Innovationen im Austausch mit einem sich entwickelnden Kontext, dessen Resonanz noch nicht abschließend erklärbar ist. Temperaturen steigen, Ökosysteme kommen an ihre Grenzen und Innovationen müssen dementsprechend viel reaktiver gegenüber externen Veränderungen sein.

Durchführung

Ausgehend von den beiden Dimensionen lässt sich die Matrix der Innovationsdimensionen bilden. Beide Dimensionen bewegen sich auf dem Spektrum von *existierend* hin zu *neuartig*. Dies ergibt vier Felder, welche unterschiedliche Arten der Innovation aufzeigen.

- **Inkrementelle Innovation:** Innovationen in diesem Bereich bewegen sich in bekannten Gefilden. Sie verbessern bestehende Produkte und Dienstleistungen, ohne sie grundlegend zu verändern. Ein Großteil der Innovationen findet in diesem Bereich statt. Inkrementelle Innovation sollte nicht unterschätzt werden, da sie trotz kleiner Veränderungen in bestehenden und bereits etablierten Angeboten umgesetzt wird, was in der Skalierung zu einem weitumgreifenden Einfluss führt. Ein Beispiel hier ist die Nutzung von QR-Codes in der B2B Warenbewirtschaftung, welche mithilfe von dedizierten Apps eine immer schnellere visuelle Datenerfassung ermöglichen, aber keine grundlegenden Veränderungen der Prozesse hervorrufen.
- **Modulare Innovation:** Hier wird die technische Grundlage eines Produktes oder Services radikal ausgetauscht, was neue Möglichkeiten eröffnet. Dies können schnellere Prozessoren, andere Materialien oder auch Fertigungsprozesse sein. Um beim Beispiel der QR-Codes zu bleiben, wäre in diesem Falle die Einführung von nativen QR-Codes Scannern in Smartphones zu nennen. Brauchte es früher noch spezialisierte Apps, muss nun nur noch die Kamerafunktion des Smartphones aktiviert werden und schon kann man auf den verknüpften Link zugreifen.
- **Architektonische Innovation:** Diese Art der Innovation behält die grundlegende Technologie bei und nutzt sie in einem anderen Kontext oder Verhaltensmuster. Die Bedeutung wird weiterentwickelt. Im Falle von QR-Codes wäre hier die Nutzung von QR-Codes im B2C Bereich zu nennen, um bspw. Rabatte anzubieten. Die Technologie bleibt bestehen, aber es kommen neue Nutzergruppen und Verhaltensweisen dazu.
- **Radikale Innovation:** Hier kommen neuartige Technologien und Bedeutungen zusammen und bilden ein komplett neues Verhaltensmuster, welches bestehende Strukturen hinterfragt. Als Beispiel dient hier die Nutzung von QR-Codes als Impfzertifikate während der Corona Pandemie. Während davor kaum jemand täglich QR-Codes nutzte, wurden sie zum Eintrittsticket für viele Aktivitäten des sozialen Lebens. Durch diese Veränderung der Bedeutung erfuhren sie viele Jahre nach der technologischen Erfindung endlich ihre massenhafte Adoption durch Nutzerinnen auf der ganzen Welt. Es lag also nicht nur an der Technologie, sondern primär auch an der Bedeutung und der Veränderung des Kontextes, die diesen Erfolg möglich machten.

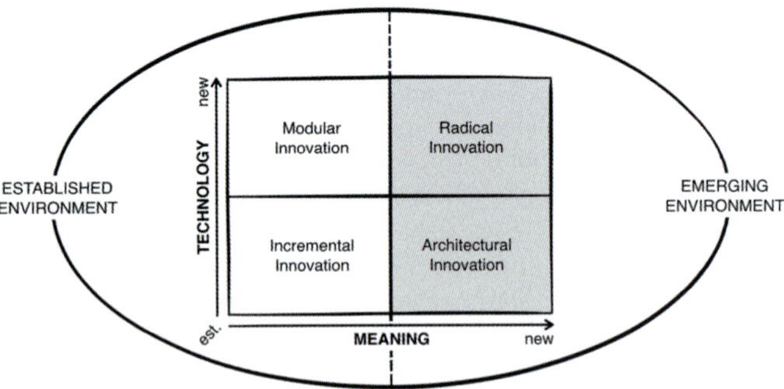

Dimensionen nachhaltiger Innovation (Quelle: Samuel Huber)

Die vier Dimensionen zeigen, wie vereinfachend viele Organisationen das Thema Innovation behandeln. Gerade in der nachhaltigen Innovation besteht großes Potenzial im Ausloten von architektonischen und modularen Innovationen. Es muss also nicht immer Neues geschaffen werden, sondern manchmal reicht auch die Rekalibrierung von Bestehendem. Gleichzeitig zeigen die Innovationsdimensionen auch die Wichtigkeit des Kontextes auf, der von Organisation nur indirekt angegangen werden kann. Gerade in den sich bildenden Kontexten der Nachhaltigkeitsarbeit hilft es, aktiv Resonanz zu schaffen und Feedback einzufordern. Nur so können Innovationen umgesetzt werden, die Wert für den Planeten schaffen.

Wirkfeld der Methode

- Wirksam für Herausforderungen mit mittlerer Komplexität
- Wirksam für Herausforderungen mit niedriger Komplexität
- Wirksam für nachhaltiges Produktdesign
- Wirksam für nachhaltiges Prozessdesign
- Wirksam für nachhaltiges Servicedesign
- Wirksam für nachhaltiges Business Model Design

Transformationsfähigkeit Ihres Teams

- Fördert die Sensibilisierung
- Fördert offene Mindsets und innovative Denkhaltungen

Einsatzcharakteristik/Arbeitsrahmen

- Austauschfokus: vornehmlich mit internen Personen
- Durchführungszeit: eher mittel (> 1 Stunde bis < 1 Tag)
- Einsatzfrequenz: vornehmlich im einmaligen Einsatz
- Einsatzradius: vornehmlich im Teameinsatz
- Einsatzradius: vornehmlich im projektweiten Einsatz
- Komplexität für den Moderator: eher mittel
- Komplexität für die Teilnehmer: eher mittel
- Teamgröße: Einzelpersonennutzung möglich
- Teamgröße: Kleingruppe möglich (3 bis 5 Teilnehmer)
- Teamgröße: Mittelgroße Teams möglich (5 bis 20 Teilnehmer)
- Vorbereitungszeit: eher gering (< 1 Stunde)

Input für eine zielführende Arbeit mit der Methode

- Aktuell existierende Geschäftsmodelle
- Aktuell existierende Produkte und Services
- Aktuelle Herausforderung, Leitfrage, Problem
- Ideen und Projekte, die zur Umsetzung anstehen
- Innovationssuchfelder, Intent Statements

Output und beobachtete Ergebnisse der Methode

- Erzeugt Ideensuchfelder, unentdeckte Probleme, Inspiration
- Erzeugt Leitfragen für die Ideenfindung
- Erzeugt größere Klarheit zu einem Thema
- Hilft bei Entscheidungen, Bewertungen und Feedback

Hinderniseffekte, auf die die Methode positiv wirkt

- Beugt Missinterpretationen vor
- Beugt blinden Flecken/Betriebsblindheit vor
- Bewahrt vor zu generischen Ideen und Aussagen
- Schafft schnell Klarheit und beschleunigt Erkenntnisgewinn
- Schwächt Angst vor Neuem (Cainophobie)

Hinderniseffekte, auf die die Methode positiv wirkt

- Schärft eine fehlende gemeinsame Ausrichtung
- Verhindert einseitige Bewertungen und Entscheidungen
- Verhindert unreflektiertes agieren
- Verhindert vorschnelles Urteilen über Ideen

Mögliche Extravorteile der Methode

- Möglicher Extravorteil für innovativ erfahrene Teams
- Möglicher Extravorteil für die Arbeit mit digitalen Kollaborationsboards
- Möglicher Extravorteil für in Nachhaltigkeitsthemen erfahrene Teams

Quellen

Buch – Design-driven innovation: Changing the rules of competition by radically innovating what things mean, Roberto Verganti (Harvard Business Press, 2009)

Buch – Johannes Rüegg-Stürm & Simon Grand, Das St. Galler Management Modell (Haupt, 2015)

Journal – Architectural Innovation: The Reconfiguration of Existing Product Technologies and the Failure of Established Firms, Rebecca Henderson & Kim Clark (Administrative Science Quarterly, 1990)

Person –From Focused to Systemic Innovation, Samuel Huber, (Universität St. Gallen, 2016)

Grafik: verrocchio Sustainable Inspiration Card – Malvine Klecha, Hila Attaie und Jennifer van Aerssen (Illustration)

Doppelte Wesentlichkeit

EinSatzBeschreibung

Die Methode der doppelten Wesentlichkeit erweitert die klassische Wesentlichkeitsanalyse, indem sie nicht nur Aspekte berücksichtigt, die für den Geschäftserfolg eines Unternehmens wesentlich sind, sondern auch solche, die einen bedeutenden Einfluss auf die Wirtschaft, Umwelt und Gesellschaft außerhalb des Unternehmens haben.

Working Guide/Anwendungsfelder

P1 Sensibilisierung/Bildung	P2 Matching Recht/Gesetz	P3 Sustainability Roadmap	P4 Produkt/Prozessdesign	P5 Implementierung/Monitoring	P6 Kommunikation	P7 Organisation	P8 Führung	P9 Business Model Design	P10 Skalierung
		X			X	X			

Beschreibung

Die Methode der doppelten Wesentlichkeit kann dazu beitragen, das Verständnis eines Unternehmens für seine Rolle und Verantwortung in Bezug auf Nachhaltigkeit zu vertiefen. Während die klassische Wesentlichkeitsanalyse dazu dient, die für das Unternehmen relevantesten Nachhaltigkeitsthemen zu identifizieren, geht die doppelte Wesentlichkeit einen Schritt weiter und berücksichtigt die Wechselwirkungen zwischen dem Unternehmen und Umwelt und Gesellschaft als Ganzes.

Damit wird einerseits dem Interesse von Investoren Rechnung getragen, die sich dafür interessieren, durch welche äußeren Faktoren ein Unternehmen positiv oder negativ beeinflusst wird. Und andererseits kann ein Unternehmen durch den Blick auf die externen Auswirkungen seiner Aktivitäten besser verstehen, wie es zur Erreichung von gesellschaftlichen Zielen (wie z. B. den Sustainable Development Goals der Vereinten Nationen) beitragen kann. Gleichzeitig kann das Unternehmen potenzielle Risiken und Chancen identifizieren, die sich aus seinem Einfluss auf Umwelt und Gesellschaft ergeben.

Dadurch wird die doppelte Wesentlichkeit zu einem wertvollen Instrument, um eine umfassendere und wirksamere Nachhaltigkeitsstrategie zu entwickeln. Impact Assessment spielt im Rahmen der doppelten Wesentlichkeit eine zentrale Rolle.

Doppelte Wesentlichkeit im Rahmen der Corporate Sustainability Reporting Directive

Die doppelte Wesentlichkeit ist einer der zentralen Aspekte der Corporate Sustainability Reporting Directive (CSRD), eine von der Europäischen Kommission vorgeschlagene Richtlinie, die die Berichterstattung von Unternehmen über Nachhaltigkeitsthemen erheblich erweitert.

Die doppelte Wesentlichkeit unter der CSRD bedeutet, dass Unternehmen nicht nur offenlegen müssen, wie Nachhaltigkeitsthemen ihren Geschäftsbetrieb und ihre Finanzen beeinflussen, sondern auch, wie ihre Geschäftsaktivitäten, Produkte und Dienstleistungen die Umwelt und die Gesellschaft beeinflussen. Diese Anforderung zielt darauf ab, dass Unternehmen ihre sozialen und ökologischen Auswirkungen vollständig erkennen und über sie berichten.

Die doppelte Wesentlichkeit unter der CSRD stärkt die Verbindung zwischen Nachhaltigkeit und Unternehmensstrategie und erhöht die Transparenz der Unternehmensaktivitäten. Sie hilft, das Bewusstsein der Unternehmen für ihre Verantwortung und ihren Einfluss auf die Gesellschaft und die Umwelt zu schärfen und stellt sicher, dass sie aktiv an der Lösung von Nachhaltigkeitsproblemen mitarbeiten.

Darüber hinaus ermöglicht die Betonung der doppelten Wesentlichkeit den Stakeholdern – von Investoren und Regulatoren bis hin zu Kunden und der breiten Öffentlichkeit – eine umfassendere Beurteilung der Nachhaltigkeitsperformance eines Unternehmens. Durch die Bereitstellung von Informationen sowohl über die Risiken und Chancen, die sich aus Nachhaltigkeitsthemen für das Unternehmen ergeben, als auch über die Auswirkungen des Unternehmens auf die Gesellschaft und die Umwelt, trägt die doppelte Wesentlichkeit dazu bei, eine nachhaltigere und verantwortungsbewusstere Wirtschaft zu fördern.

Durchführung

Die Durchführung einer Analyse der doppelten Wesentlichkeit ähnelt der klassischen Wesentlichkeitsanalyse, erfordert jedoch einen erweiterten Fokus und zusätzliche Schritte. Im Folgenden sind die typischen Schritte aufgeführt:

1. Identifizierung potenzieller Themen: Zu Beginn werden potenzielle Themen identifiziert, die für das Unternehmen und seine Stakeholder relevant sein könnten. Dies kann durch interne Workshops, Benchmarking und Stakeholder-Interviews erfolgen.
2. Bewertung der Relevanz für das Unternehmen (outside-in): Als Nächstes wird bewertet, wie wichtig jedes Thema für das Unternehmen ist. Dies kann aufgrund von Faktoren wie Risiko, Geschäftschancen, regulatorischen Anforderungen oder den Erwartungen der Stakeholder sein.
3. Bewertung des Einflusses auf Umwelt und Gesellschaft (inside-out): Parallel zur Bewertung der Relevanz für das Unternehmen wird auch bewertet, welchen Einfluss das Unternehmen auf jedes Thema in Bezug auf die Gesellschaft als Ganzes hat.
4. Integration der Erkenntnisse: Die Ergebnisse beider Bewertungen werden dann zusammengeführt, um eine Matrix der doppelten Wesentlichkeit zu erstellen. Dies hilft dem Unternehmen, seine Prioritäten für die Nachhaltigkeitsstrategie zu setzen.

5. Review und Update: Die Analyse sollte regelmäßig überprüft und aktualisiert werden, um Veränderungen in der Geschäftsumgebung oder bei den Stakeholder-Erwartungen Rechnung zu tragen.

Die Vorgehensweise verdeutlicht, wie die Analyse der doppelten Wesentlichkeit die traditionelle Wesentlichkeitsanalyse erweitert. Die entscheidende Ergänzung liegt in der Betrachtung der „Outside-in"-Perspektive, während die traditionelle Wesentlichkeitsanalyse in erster Linie eine „Inside-out"-Perspektive einnimmt.

Die Inside-out-Perspektive konzentriert sich auf die Auswirkungen, die ein Unternehmen auf die Gesellschaft und die Umwelt hat. Es geht dabei darum, welche Auswirkungen die Geschäftsaktivitäten des Unternehmens auf Umwelt und Gesellschaft haben und wie diese minimiert oder positiv gestaltet werden können.

Die Outside-in-Perspektive hingegen betrachtet die Auswirkungen, die externe soziale, ökologische und ökonomische Entwicklungen auf das Unternehmen haben können. Diese Perspektive hilft Unternehmen zu verstehen, wie Nachhaltigkeitsthemen ihr Geschäft beeinflussen können. Dies kann bspw. durch Veränderungen im regulatorischen Umfeld, in den Erwartungen der Stakeholder oder durch neue Risiken und Chancen geschehen. In der doppelten Wesentlichkeitsanalyse entspricht dieser Schritt der Bewertung der Relevanz für das Unternehmen.

In der Praxis wird die Analyse der doppelten Wesentlichkeit durchgeführt, indem die beiden Perspektiven kombiniert und abgewogen werden. Dies ermöglicht es dem Unternehmen, ein ausgewogenes Bild der Wesentlichkeit von Nachhaltigkeitsthemen zu erhalten, das sowohl die Auswirkungen des Unternehmens auf die Gesellschaft als auch die Auswirkungen der Gesellschaft auf das Unternehmen berücksichtigt.

Die CSRD und die zugehörigen European Sustainability Reporting Standards (ESRS) stellen daher auch im Bereich der Wesentlichkeitsanalyse eine Weiterentwicklung z. B. gegenüber dem deutschen CSR-Richtlinie-Umsetzungsgesetz (CSR-RUG) dar, in der lediglich die Ouside-in-Betrachtung gefordert war.

Praxisschlaglicht

Im Jahr 2022 wurde bei BASF eine überarbeitete Wesentlichkeitsanalyse durchgeführt, die den Fokus auf die künftig regulatorisch geforderte doppelte Wesentlichkeit legte. Durch die Integration der ‚Inside-out'- und ‚Outside-in'-Perspektiven wurden sowohl Nachhaltigkeitsthemen ermittelt, die das Unternehmen beeinflussen, als auch solche, die durch das Unternehmen beeinflusst werden. Diese Vorgehensweise ermöglichte eine umfassendere Identifizierung und Priorisierung relevanter Nachhaltigkeitsthemen.

Helfende Organisation

Global Reporting Initiative (GRI): Die GRI bietet Standards und Ressourcen zur Durchführung einer Wesentlichkeitsanalyse, einschließlich der Berücksichtigung der doppelten Wesentlichkeit.

Sustainability Accounting Standards Board (SASB): Der SASB bietet branchenspezifische Leitlinien zur Identifizierung und Berichterstattung über wesentliche Nachhaltigkeitsthemen.

Doppelte Wesentlichkeit (Quelle: Karsten Zimmermann, 2019)

Beratungsunternehmen: Viele Beratungsunternehmen, bieten Dienstleistungen zur Unterstützung von Unternehmen bei der Durchführung von Wesentlichkeitsanalysen und der Integration von Nachhaltigkeit in ihre Geschäftsstrategie.

Wirkfeld der Methode

- Wirksam für Herausforderungen mit hoher Komplexität

Transformationsfähigkeit Ihres Teams

- Reduziert Komplexität
- Nimmt eine Priorisierung vor
- Misst die Auswirkungen auf Umwelt und Gesellschaft

Einsatzcharakteristik/Arbeitsrahmen

- Austauschfokus: vornehmlich mit internen und externen Personen
- Durchführungszeit: eher hoch (> 1 Tag)
- Einsatzfrequenz: sinnvoll im dauerhaften Einsatz
- Einsatzradius: vornehmlich im unternehmensweiten Einsatz
- Komplexität für den Moderator: eher mittel
- Komplexität für die Teilnehmer: eher mittel
- Teamgröße: Kleingruppe möglich (3 bis 5 Teilnehmer)
- Teamgröße: Mittelgroße Teams möglich (5 bis 20 Teilnehmer)
- Vorbereitungszeit: eher hoch (>1 Tag)

Input für eine zielführende Arbeit mit der Methode

- Aktuell existierende Geschäftsmodelle
- Aktuell existierende Produkte und Services
- Aktuelle Herausforderung, Leitfrage, Problem
- Ergebnisse aus der Analysephase
- Wettbewerber und Komplementoren
- Ziele, Zielsystem, Kennzahlen
- Wissen über Gesetze und Rahmenbedingungen

Output und beobachtete Ergebnisse der Methode

- Bessere Projekteffizienz
- Erzeugt Ideen für neue Märkte und neue Business Modelle
- Erzeugt Planungen und Priorisierungen
- Erzeugt größere Klarheit zu einem Thema
- Hilft bei Entscheidungen, Bewertungen und Feedback

Hinderniseffekte, auf die die Methode positiv wirkt

- Beugt Missinterpretationen vor
- Beugt blinden Flecken/Betriebsblindheit vor
- Bewahrt vor zu generischen Ideen und Aussagen
- Verhindert einseitige Bewertungen und Entscheidungen
- Verringert zu große Komplexitäten

Mögliche Extravorteile der Methode

- Erweitert die klassische Wesentlichkeitsanalyse

Quellen

Web – https://csr-interim.de/Wesentlichkeit/ (abgerufen 29.06.2023)

Web – https://www.bundestag.de/dokumente/textarchiv/2017/kw10-de-berichtspflichten-unternehmen-csr-493972 (abgerufen 29.06.2023)

Web – https://www.csr-in-deutschland.de/DE/CSR-Allgemein/CSR-Politik/CSR-in-der-EU/Corporate-Sustainability-Reporting-Directive/corporate-sustainability-reporting-directive.html (abgerufen 29.06.2023)

Web – https://www.deutscher-nachhaltigkeitskodex.de/de-DE/Home/Berichtspflichten/CSR-RUG (abgerufen 29.06.2023)

Web – https://blogs.pwc.de/de/sustainability/article/232878/doppelte-materialitaet-mehr-als-eine-regulatorische-pflichtaufgabe/ (abgerufen 29.06.2023)

Web – https://systain.com/news-und-views/die-doppelte-wesentlichkeit/ (abgerufen 29.06.2023)

Web – https://www.globalreporting.org/media/jrbntbyv/griwhitepaper-publications.pdf (abgerufen 29.06.2023)

Web – https://sasb.org/blog/double-and-dynamic-understanding-the-changing-perspectives-on-materiality/ (abgerufen 29.06.2023)

Web – https://www.basf.com/global/de/investors/sustainable-investments/identification-of-relevant-topics.html (abgerufen 29.06.2023)

Doughnut Economics

EinSatzBeschreibung

Das Konzept der Doughnut Economics ist ein Modell, dass sowohl die Grenzen des Planeten als auch die Grundlagen für soziales Zusammenleben darstellt und sie damit besprechbar macht.

Working Guide/Anwendungsfelder

P1 Sensibilisierung/Bildung	P2 Matching Recht/Gesetz	P3 Sustainability Roadmap	P4 Produkt/Prozessdesign	P5 Implementierung/Monitoring	P6 Kommunikation	P7 Organisation	P8 Führung	P9 Business Model Design	P10 Skalierung
X		X	X			X		X	

Beschreibung

Doughnut Economics ist ein Konzept, das von der britischen Ökonomin Kate Raworth in ihrem Buch „Doughnut Economics: Seven Ways to Think Like a 21st-Century Economist" aus dem Jahr 2017 vorgeschlagen wurde. Die Idee präsentiert einen visuellen Rahmen für nachhaltige Entwicklung und hinterfragt den traditionellen wirtschaftlichen Fokus auf endloses Wachstum.

Der „Doughnut" selbst ist eine visuelle Darstellung, die aus zwei konzentrischen Kreisen besteht:

Innerer Kreis – Soziale Grundlage: Dieser Kreis stellt die Mindestlebensstandards dar, zu denen die Menschen Zugang haben sollten, wie Nahrung, sauberes Wasser, Wohnen, Bildung, Gesundheitsversorgung, Geschlechtergleichheit, Einkommen und politische Mitsprache. Innerhalb dieses inneren Kreises liegende Mängel in der sozialen Grundlage führen zu menschlicher Entbehrung.

Äußerer Kreis – Ökologische Obergrenze: Dieser Kreis stellt die ökologischen Grenzen dar, die menschliche Aktivitäten nicht überschreiten sollten, um einen stabilen und widerstandsfähigen Planeten aufrechtzuerhalten. Dazu gehören planetarische Grenzen wie Klimawandel, Ozonabbau, Ozeanversauerung, Luftverschmutzung und Verlust der Artenvielfalt. Über den äußeren Kreis hinauszugehen bedeutet, ökologische Grenzen zu überschreiten, was zu Umweltzerstörung führen kann.

Der Bereich zwischen dem inneren und dem äußeren Kreis wird als „sicherer und gerechter" Raum angesehen, in dem menschliche Bedürfnisse erfüllt werden können, ohne der Umwelt zu schaden. Das Ziel der Doughnut Economics ist es, die Menschheit in diesen Raum zu bringen, soziale Ungleichheiten anzugehen und dabei die planetaren Grenzen zu respektieren.

Doughnut Economics plädiert dafür, sich von der Konzentration auf das Wirtschaftswachstum als primärem Indikator für Erfolg zu lösen und zielt darauf ab, soziale Gerechtigkeit mit ökologischer Nachhaltigkeit in Einklang zu bringen. Es fordert dazu auf, wirtschaftliche Prioritäten neu zu überdenken, regenerative und distributive Systeme zu gestalten und Innovation und Zusammenarbeit zu fördern, um das Wohlergehen aller im Rahmen der Möglichkeiten des Planeten zu erreichen.

Mehrere Städte wie Amsterdam und Kopenhagen haben Doughnut Economics als Rahmen für die Politikgestaltung und Stadtentwicklung in Erwägung gezogen. Aber auch im Rahmen eines Nachhaltigkeitsprozesses im Unternehmen kann das Framework sinnvoll eingesetzt werden. Durch die Verwendung von Doughnut Economics in einem Workshop können Sie nicht nur das Bewusstsein für nachhaltige Entwicklung schärfen, sondern auch praktische und umsetzbare Lösungen und Strategien entwickeln, um positive Veränderungen herbeizuführen.

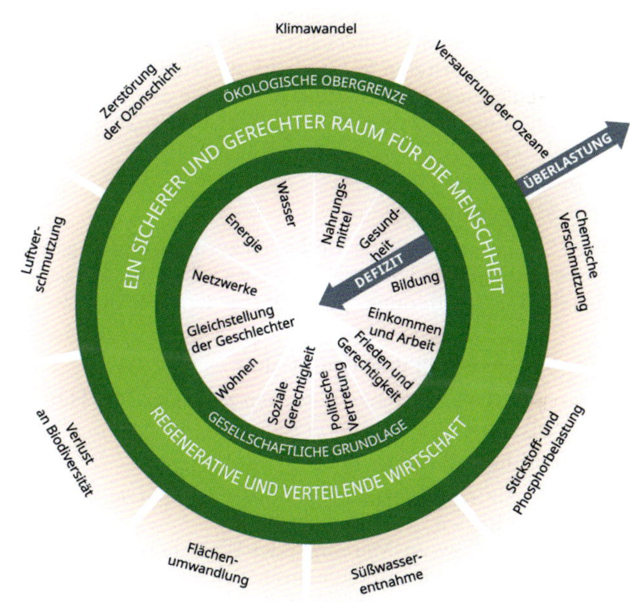

Doughnut Economics (Quelle: Wano2011, Wikimedia Commons)

Durchführung

Die Anwendung von Doughnut Economics in einem Workshop kann dazu dienen, bei den Teilnehmern das Bewusstsein für nachhaltige Entwicklung zu schärfen und konkrete Ideen und Strategien zu entwickeln, um ein Leben innerhalb der planetaren und sozialen Grenzen zu ermöglichen.

Schritt 1: Einführung in das Modell

Im ersten Schritt wird das Modell gezeigt und die Bestandteile erklärt. Dazu kann eine PowerPoint-Folie genutzt werden oder das Modell wird auf einer Pinnwand angezeichnet. Die zweite Variante hat den Vorteil, dass bei der anschließenden Diskussion die Beiträge mit Karten angeheftet werden können.

Schritt 2: Relevanz herstellen

Die Bedeutung der sozialen Grundlage und der ökologischen Obergrenze wird beschrieben und die Anwendung des Modells in verschiedenen Kontexten mit den Teilnehmenden diskutiert.

Schritt 3: Selbsteinschätzung und Analyse

Nun führt die Gruppe eine Selbsteinschätzung ihrer Organisation oder ihres Projekts durch. Es werden gemeinsam Bereiche identifiziert, in denen es Mängel in der sozialen Grundlage oder Überschreitungen der ökologischen Obergrenze gibt. Wenn Sie die Donut-Abbildung auf einen Pinnwand gezeichnet haben, können die Teilnehmer die Bereiche mit Post-it's sammeln und auf die Wand kleben. So erhält die Gruppe einen guten Überblick über die eigenen Arbeitsbereiche.

Schritt 4: Zielsetzung abstimmen

Im Team entwickeln Sie nun gemeinsam Fragestellungen, um Mängel zu beheben und Überschreitungen zu reduzieren. Legen Sie geneinsam Prioritäten fest und diskutieren die Umsetzbarkeit der vorgeschlagenen Maßnahmen. Achten Sie darauf, dass Kritik („das kann ja nicht funktionieren") nicht bereits hier Fragestellungen blockiert.

Schritt 5: Ideenfindung

Nutzen Sie unterschiedliche Methoden zur Ideenfindung, um innovative Lösungen und Strategien zu entwickeln. Berücksichtigen Sie bei der Lösungsfindung vor allem regenerative Ansätze.

Schritt 6: Bewertung und Umsetzung

Bewerten Sie die gefundenen Lösungen z. B. mit der 6-Hüte-Methode.

Nachbereitung und Follow-up:

- Erstellen Sie eine Dokumentation der Ergebnisse und entwickelten Strategien.
- Planen Sie Follow-up-Meetings oder Workshops, um den Fortschritt zu überprüfen und die Strategien anzupassen.
- Fördern Sie die Vernetzung und den Austausch zwischen den Teilnehmern, um voneinander zu lernen und sich gegenseitig zu unterstützen.

Schritt 7: Validation und Vertestung – Outside-in-Betrachtung

Nachdem das weiterentwickelte oder die neuen, potenziellen Geschäftsmodelle aus der Innenperspektive (Inside-Out) von der Gruppe erstellt worden sind, gilt es anschließend die dort getroffen Annahmen zu validieren. Gehen Sie mit Ihrer Gruppe raus in die Welt (Outside-In), identifizieren Sie gemachte Annahmen im Geschäftsmodell und recherchieren, befragen und beobachten Sie, um diese Annahmen zu bestätigen oder zu widerlegen. Schärfen Sie so durch Testen die Geschäftsmodelle und bringen diese vor der Umsetzung so nah an die Realität wie möglich, um die Erfolgswahrscheinlichkeit zu erhöhen und wenig erfolgsversprechende Geschäftsmodellideen auszusortieren.

Schritt 8: Stetige Weiterentwicklung

Geschäftsmodellentwicklung ist ein fortlaufender Prozess. Es muss zwar an einem Punkt der Validation und Vertestung die Entscheidung zur Umsetzung eines Geschäftsmodell getroffen werden, um weitere operative Schritte zu tätigen, doch damit verschwindet das Geschäftsmodell nicht in der Schublade.

Vielmehr erfahren sie ständiger Anpassungen, Überprüfungen und neuer Ideen. Machen Sie die entwickelten Sustainable Business Modell Trees in einem Raum ständig sichtbar und bereit, weiterentwickelt zu werden. Denn die Welt um uns herum dreht sich stetig weiter, und so müssen Sie Ihr(e) Geschäftsmodell(e) stetig mit drehen.

Praxisschlaglicht

Eine schöne Methode zur Ideenfindung (Schritt 5), die auch den Zusammenhang zu den planetaren Grenzen herstellt ist z. B. Brainwalking in der Natur. Dabei werden Ideen während des gemeinsamen Spazierengehens im Wald entwickelt, es empfiehlt sich ein Notizbuch mitzunehmen, um die Ideen zu sichern. Die Erfahrung zeigt, dass die Teilnehmenden viel besser in Kontakt mit den planetaren Grenzen kommen, wenn sie sich in der Natur bewegen, statt im Meetingraum zu sitzen.

Wirkfeld der Methode

- Wirksam für Herausforderungen mit niedriger Komplexität
- Wirksam für nachhaltiges Business Model Design

Transformationsfähigkeit Ihres Teams

- Fördert die Sensibilisierung
- Fördert die Teamkreativität
- Fördert grundlegend die Kreativität
- Fördert offene Mindsets und innovative Denkhaltungen
- Sorgt für Inspiration oder bessere Inspirationsempfindlichkeit
- Zahlt auf ein positives Zukunftsbild ein
- Zahlt auf das Dringlichkeitsempfinden ein
- Erhöht die Lösungsorientierung

Einsatzcharakteristik/Arbeitsrahmen

- Austauschfokus: vornehmlich mit internen Personen
- Durchführungszeit: eher gering (< 1 Stunde)
- Durchführungszeit: eher mittel (> 1 Stunde bis < 1 Tag)
- Einsatzfrequenz: vornehmlich im einmaligen Einsatz
- Einsatzradius: vornehmlich im Teameinsatz
- Komplexität für den Moderator: eher gering
- Komplexität für die Teilnehmer: eher gering
- Teamgröße: Einzelpersonennutzung möglich
- Teamgröße: Großgruppen möglich (> 50 Teilnehmer)
- Teamgröße: Kleingruppe möglich (3 bis 5 Teilnehmer)
- Teamgröße: Maxigruppen möglich (20 bis 40 Teilnehmer)
- Teamgröße: Mittelgroße Teams möglich (5 bis 20 Teilnehmer)
- Vorbereitungszeit: eher gering (< 1 Stunde)

Input für eine zielführende Arbeit mit der Methode

- Aktuell existierende Geschäftsmodelle
- Aktuell existierende Produkte und Services
- Existierende Prozesse und Verfahren
- Vorhandenes Wissen und Erfahrungen
- Durchführungszeit, Trainingszeit

Output und beobachtete Ergebnisse der Methode

- Erzeugt Ideensuchfelder, unentdeckte Probleme, Inspiration
- Erzeugt Leitfragen für die Ideenfindung
- Erzeugt besseren Teamspirit, mehr Offenheit, Inspirationsempfindlichkeit
- Erzeugt kollaborative Lösungen und Ideen
- Erzeugt neues Wissen und neue Erfahrungen
- Erzeugt größere Klarheit zu einem Thema
- Erzeugt transformationsfähigere Organisationen
- Erzeugt mehr Know-how-Zuwachs
- Erzeugt motiviertere und transformationsfähigere Teilnehmer
- Macht Wirkzusammenhänge sichtbar

Hinderniseffekte, auf die die Methode positiv wirkt

- Beugt Missinterpretationen vor
- Beugt blinden Flecken/Betriebsblindheit vor
- Dynamisiert und aktiviert wenig dynamische Teams
- Fördert die Agilität der Teilnehmer
- Schafft für den Erfolg nötige Realitätsbezüge
- Schafft schnell Klarheit und beschleunigt Erkenntnisgewinn
- Schärft eine fehlende gemeinsame Ausrichtung
- Stärkt schwache Anreicherungsskills
- Verhindert blinden Aktionismus
- Verkürzt und durchbricht vorhandene Kreativblockaden
- Verringert zu große Komplexitäten
- Wirkt fehlender Inspiration entgegen
- Fördert Optimismus und Zuversicht

Mögliche Extravorteile der Methode

- Möglicher Extravorteil für Teams in einer Komfortsituation
- Möglicher Extravorteil für innovativ ungeübte Teams
- Möglicher Extravorteil für die Arbeit mit digitalen Kollaborationsboards
- Möglicher Extravorteil für in Nachhaltigkeitsthemen ungeübte Teams

Quellen

Buch – Doughnut Economics: Seven Ways to Think Like a 21st-Century Economist, Kate Raworth (Random House, 2017)

Web – Wikipedia, https://en.wikipedia.org/wiki/Doughnut_%28economic_model% (abgerufen 29.10.2023)

80

Drone-Enabled Challenger

EinSatzBeschreibung

Modularer Ansatz, der Drohnentechnologie als zentrales Instrument für die empirische Datenerfassung in Innovationsprojekten nutzt, ergänzt durch strukturierte Phasen für evaluierende Dialoge, Zielsetzung, Analyse und Leistungsmessung im Kontext der nachhaltigen Entwicklung.

Working Guide/Anwendungsfelder

P1 Sensibilisierung/Bildung	P2 Matching Recht/Gesetz	P3 Sustainability Roadmap	P4 Produkt/Prozessdesign	P5 Implementierung/Monitoring	P6 Kommunikation	P7 Organisation	P8 Führung	P9 Business Model Design	P10 Skalierung
X			X						X

Beschreibung

Die Methode *Drone-Enabled Challenger* dient als Framework, das darauf ausgelegt ist, nachhaltige Innovationen durch die Nutzung von Drohnentechnologie und empirischer Datenerfassung voranzutreiben. Diese Methode integriert explizit die Nachhaltigen Entwicklungsziele der Vereinten Nationen (SDGs) als wesentliche Zielsetzungen, wodurch eine Ausrichtung an global anerkannten Nachhaltigkeitsmetriken gewährleistet ist.

Die SDGs fungieren als leitende Orientierungspunkte, die den Fokus der Methode darstellen und einen universell akzeptierten Maßstab zur Messung des Fortschritts bieten.

Jede Komponente der Methode skizziert spezifische Handlungsschritte und analytische Rahmenbedingungen, die Sie befähigen, nicht nur innovative Lösungen zu generieren, sondern auch deren Auswirkungen zu bewerten.

Durchführung

1. Vorläufige Diskussion – Zweck: Den Innovationsprozess durch einen evaluierenden Dialog einleiten.

Dies ist die Phase, in der die Grundlagen gelegt werden. Hier sollten Sie ein selbstgeleitetes Interview durchführen, um Ihr eigenes

Drone-Enabled Challenger: Einsatzbild (Quelle: unsplash Licence)

Verständnis der Probleme oder Chancen, die Sie im Bereich der Nachhaltigkeit ansprechen möchten, zu klären.

Handlungsschritte:

1. Schlüsselfragen wie *Welche Nachhaltigkeitsprobleme betreffen mich?* und *Auf welcher Ebene (lokal, national, global) möchte ich tätig werden?* auflisten.
2. Antworten in einer strukturierten Form dokumentieren, zum Beispiel in einer SWOT-Tabelle (Stärken, Schwächen, Chancen, Bedrohungen).

2. Zielsetzung – Zweck: Einen konzentrierten Fokus für das Innovationsvorhaben bieten.

Die Ziele sollten direkt auf ausgewählte Ziele für nachhaltige Entwicklung der Vereinten Nationen (SDGs) abgebildet werden. Dadurch stellen Sie sicher, dass die Innovation mit international anerkannten Rahmenbedingungen in Einklang steht.

Handlungsschritte:

1. Durch die Liste der UN-SDGs blättern.
2. Zwischen ein bis drei Zielen wählen, die mit den während der Vorläufigen Diskussion identifizierten Herausforderungen oder Chancen übereinstimmen.

3. Datenerfassung durch Drohnen – Zweck: Empirische Daten für die Problemlösung sammeln.

Drohnentechnologie ermöglicht eine hochauflösende, realweltliche Datenerfassung. Diese Daten dienen als faktische Grundlage, auf der Lösungen entwickelt werden können.

Drone-Enabled Challenger: Einsatzbild (Quelle: unsplash Licence)

Handlungsschritte:

1. Identifizierung, welche Art von Daten am nützlichsten wäre (z. B. topografische, demografische).
2. Eine Drohnenerhebung durchführen, um diese Daten zu sammeln, unter Beachtung der rechtlichen Vorschriften, die für die Drohnennutzung im jeweiligen Gebiet gelten.

4. Tiefgehende Analyse – Zweck: Eine gründliche Untersuchung der gesammelten Daten durchführen.

Dieser Bestandteil beinhaltet eine genaue Prüfung der durch Drohnen gesammelten Informationen. Ziel ist es, Muster, Herausforderungen und Chancen zu erkennen, die nicht sofort offensichtlich sind.

Handlungsschritte:

1. Visualisierungswerkzeuge zur Darstellung der Daten verwenden.
2. Analyserahmen wie PESTLE (Politisch, Ökonomisch, Sozial, Technologisch, Rechtlich, Umwelt) zur Zerlegung der Daten anwenden.

5. Strukturierte Ideenfindung (Brainstorm-Box) – Zweck: Umsetzbare Lösungen generieren, die auf empirischen Daten basieren.

Diese Phase fördert divergentes Denken. Das Ziel ist es, einen Pool möglicher Lösungen zu generieren, die anschließend verfeinert werden können.

Handlungsschritte:

1. Ein Brainstorming durchführen, bei dem jede Idee dokumentiert wird.
2. Kreative Denkwerkzeuge wie „Mind-Mapping" oder die „6 Hüte" zur Strukturierung des Brainstormings verwenden.

6. Abschluss und Evaluation – Zweck: Überblick über die erarbeiteten Lösungen erhalten und Wege für die weitere Umsetzung identifizieren.

In dieser Phase ziehen Sie Bilanz. Es wird überprüft, welche Ideen das größte Potenzial haben und wie sie in die Tat umgesetzt werden könnten.

Drone-Enabled Challenger: Einsatzbild (Quelle: unsplash Licence)

Handlungsschritte:

1. Zusammenfassung der wichtigsten Erkenntnisse und Ideen.
2. Erstellung einer Prioritätenliste für die Umsetzung.
3. Festlegung von nächsten Schritten, bspw. die Weiterentwicklung ausgewählter Ideen oder die Einbindung weiterer Stakeholder.

Die Methode ist modular und sollte als solche interpretiert werden; sie bietet Ihnen die Flexibilität, einzelne Komponenten an Ihre spezifischen Bedürfnisse anzupassen.

Praxisschlaglicht

Für eine erweiterte Anwendung der Methode stehen verschiedene Optionen zur Verfügung, die das Innovationspotenzial erhöhen. Erwägen Sie bspw. die Integration von Künstlicher Intelligenz in den Analyseprozess. Spezielle KI-Algorithmen können dazu beitragen, in den gesammelten Daten Muster oder Trends zu identifizieren, die sonst leicht übersehen werden könnten.

Ein weiterer Ansatzpunkt ist die globale Kollaboration. Durch die Vernetzung Ihres Teams mit internationalen Partnern können Sie von spezialisiertem Fachwissen und zusätzlichen Ressourcen profitieren, die Ihre Methode bereichern. Zudem können die mit Drohnen gesammelten Daten als Grundlage für tiefgreifende ethnografische Studien dienen, die weitere Einblicke in die menschlichen Dimensionen des zu adressierenden Problems bieten.

Output und beobachtete Ergebnisse der Methode

- Erzeugt Ideen, Lösungsansätze, Vorideen, Möglichkeiten
- Erzeugt Ideensuchfelder, unentdeckte Probleme, Inspiration
- Erzeugt kollaborative Lösungen und Ideen

Transformationsfähigkeit Ihres Teams

- Fördert die Sensibilisierung
- Fördert die Agilität eines Teams
- Fördert die Teamkreativität
- Fördert grundlegend die Kreativität
- Sorgt für Inspiration oder bessere Inspirationsempfindlichkeit
- Zahlt auf eine bessere Vorstellungskraft ein

Drone-Enabled Challenger

Einsatzcharakteristik/Arbeitsrahmen

- Austauschfokus: vornehmlich mit internen und externen Personen
- Durchführungszeit: eher mittel (> 1 Stunde bis < 1 Tag)
- Einsatzfrequenz: vornehmlich im einmaligen Einsatz
- Einsatzradius: vornehmlich im Teameinsatz
- Komplexität für den Moderator: eher mittel
- Komplexität für die Teilnehmer: eher mittel
- Teamgröße: Einzelpersonennutzung möglich
- Teamgröße: Kleingruppe möglich (3 bis 5 Teilnehmer)
- Teamgröße: Mittelgroße Teams möglich (5 bis 20 Teilnehmer)
- Vorbereitungszeit: eher hoch (>1 Tag)

Input für eine zielführende Arbeit mit der Methode

- Aktuelle Herausforderung, Leitfrage, Problem
- Angereicherte Ideen, Ideencluster oder höher integrierte Lösungen
- Beteiligte Personen mit Tätigkeiten und Aufgaben
- Durchführungszeit, Trainingszeit
- Innovationssuchfelder, Intent Statements
- Merkmale der gegebenen Herausforderung

Hinderniseffekte, auf die die Methode positiv wirkt

- Verhindert Ideenfindung mit zu schwacher Erkenntnisgrundlage
- Verkürzt und durchbricht vorhandene Kreativblockaden
- Wirkt fehlender Inspiration entgegen
- Überzeugt strukturliebende Teammitglieder
- Überzeugt einen Rationalisierer

Wirkfeld der Methode

- Wirksam für Herausforderungen mit niedriger Komplexität
- Wirksam für nachhaltiges Produktdesign
- Wirksam für nachhaltiges Prozessdesign
- Wirksam für nachhaltiges Servicedesign

Mögliche Extravorteile der Methode

- Möglicher Extravorteil für Teams in einer Komfortsituation
- Möglicher Extravorteil für agile Teams

Möglicher Extravorteil für in Nachhaltigkeitsthemen erfahrene Teams

Quellen

Person – Helga Katharina Mahler, helga.mahler@gmail.com; linkedin.com/in/MIIHIKIII

EcoDesign Assessment

EinSatzBeschreibung

„EcoDesign Assessment" ist eine sehr schnelle Methode zur Bewertung der ökologischen Aspekte eines Produkts in den verschiedenen Phasen seines Lebenszyklus.

Working Guide/Anwendungsfelder

P1 Sensibilisierung/Bildung	P2 Matching Recht/Gesetz	P3 Sustainability Roadmap	P4 Produkt/Prozessdesign	P5 Implementierung/Monitoring	P6 Kommunikation	P7 Organisation	P8 Führung	P9 Business Model Design	P10 Skalierung

Beschreibung

Die Methode „EcoDesign Assessment" stellt ein Werkzeug dar, welches auf die ökologische Bewertung eines Produkts in verschiedenen Phasen seines Lebenszyklus abzielt. Sie kann von Produktentwicklern, Produktmanagern und Produktkunden angewandt werden und liefert sehr schnell ein Ergebnis. Für Entwickler ist sie insbesondere in der Designphase nützlich, um Kreislaufinnovationen zu identifizieren, während Manager und Kunden sie nutzen können, um ökologische Leistungen und Verbesserungspotenziale zu erkennen und effektiv über nachhaltige Optimierungen des Produkts zu kommunizieren.

EcoDesign Assessment generiert ein Bewertungsschema in Form eines Kreisdiagramms zur Visualisierung der Bewertungen der wichtigsten Aspekte des Produktlebenszyklus. Durch dieses Ergebnis kann der Fokus bei der Weiterentwicklung von Produkten besser gesetzt werden, da schnell ersichtlich ist, welche ökologischen Schwächen vorhanden sind. Somit ist das daraus ableitbare Ziel also eine Minimierung der Umweltauswirkungen bei gleichzeitiger Maximierung des Produktwerts.

EcoDesign Assessment strukturiert sich in einer einfachen und flexiblen Weise, indem die Methode eine Reihe an Fragen zu den Aspekten des Produkts bereitstellt, die Antworten bewertet und diese visuell in einem Diagramm darstellt.

Es ist ein großer Vorteil der Methode, dass sie sehr schnell Ergebnisse liefert. Allerdings sind damit auch Herausforderungen verbunden, die Sie sich vor der erstmaligen Verwendung bewusst machen sollten. Die Subjektivität der Befragten beeinträchtigt die gegebenen Antworten und die der Methode innewohnende Simplizität der Skala kann zu Ungenauigkeiten führen. Die Methode neigt zur Vereinfachung, die möglicherweise nicht alle relevanten Faktoren berücksichtigt.

Um diese Einschränkungen zu überwinden, sollten Sie daher die Fragen im Team beantworten, um mehrere Befragte mit unterschiedlichen Perspektiven einzubeziehen. Sie sollten auch in Erwägung ziehen, im Vorfeld der ersten Anwendung eine Schulung zur Methode durchzuführen und die verwendeten Begrifflichkeiten in Ihrem Kontext für alle klar zu definieren, sowie die Bewertungen anhand von vorher im Team erarbeiteten und damit festgelegten Kriterien durchzuführen.

Eine konforme und wiederholte Anwendung des EcoDesign Assessment unter gleichbleibenden Kriterien bietet dann eine strukturierte Herangehensweise zur Verbesserung der ökologischen Aspekte eines Produkts über seinen Lebenszyklus, aber auch eines Produktportfolios und somit aller Varianten in einem vergleichbaren Kontext. Dies fördert bei allen Stakeholder im Produktentwicklungsprozess ein gleichartiges Verständnis, eine korrekte und vergleichende Einschätzung und Bewertung des ökologischen Status und somit das Interesse an einer nachhaltigen übergreifenden Kooperation zum Thema Nachhaltigkeit.

Durchführung

Vorbereitung

1. Definieren Sie, wann Sie Kriterien/eine Frage mit „not at all", „unlikely", „likely", „definitely" oder „unknown" beantworten.
2. Schreiben Sie diese Definitionen auf, sodass Leser im Nachgang die Bewertung anhand der Kriterien so nachvollziehen können, dass sie – falls es keine Veränderungen in der Zwischenzeit gab – zum gleichen Ergebnis kommen würden.
3. Erstellen Sie eine Liste aller Produkte Ihres Unternehmens, die sie bewerten wollen.
4. Entscheiden Sie, mit welchem Produkt aus Ihrem Portfolio Sie beginnen wollen.
5. Führen Sie für jedes Produkt die Beantwortung durch.

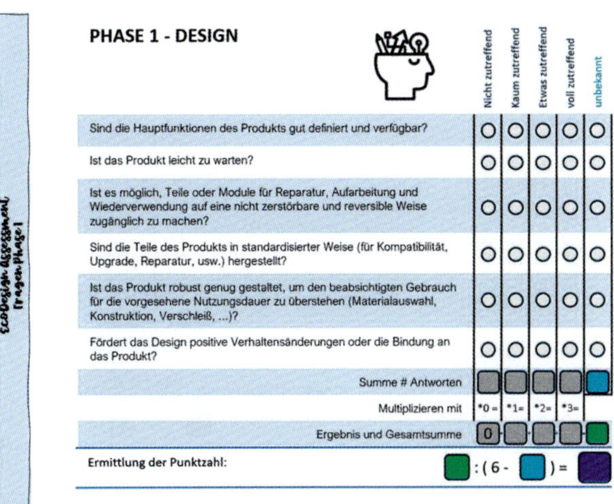

EcoDesign Assessment Fragen Phase 1

PHASE 1 - DESIGN

	Nicht zutreffend	Kaum zutreffend	Etwas zutreffend	voll zutreffend	unbekannt
Sind die Hauptfunktionen des Produkts gut definiert und verfügbar?	O	O	O	O	O
Ist das Produkt leicht zu warten?	O	O	O	O	O
Ist es möglich, Teile oder Module für Reparatur, Aufarbeitung und Wiederverwendung auf eine nicht zerstörbare und reversible Weise zugänglich zu machen?	O	O	O	O	O
Sind die Teile des Produkts in standardisierter Weise (für Kompatibilität, Upgrade, Reparatur, usw.) hergestellt?	O	O	O	O	O
Ist das Produkt robust genug gestaltet, um den beabsichtigten Gebrauch für die vorgesehene Nutzungsdauer zu überstehen (Materialauswahl, Konstruktion, Verschleiß, ...)?	O	O	O	O	O
Fördert das Design positive Verhaltensänderungen oder die Bindung an das Produkt?	O	O	O	O	O
Summe # Antworten					
Multiplizieren mit	*0 =	*1=	*2=	*3=	
Ergebnis und Gesamtsumme	0				

Ermittlung der Punktzahl: ☐ : (6 - ☐) = ☐

Quelle: Fraunhofer Institute for Reliability and Microintegration IZM
Übersetzung und Neugestaltung: Thomas Appel Consulting

Beantwortung

1. Beantworten Sie die Fragen der Phasen 1 bis 7 gemäß der nachfolgenden Fragestellungen und berechnen Sie für jede Phase Ihre resultierende Punktezahl.

- Sind die Hauptfunktionen des Produkts gut definiert und verfügbar?
- Ist das Produkt leicht zu warten?
- Ist es möglich, Teile oder Module für Reparatur, Aufarbeitung und Wiederverwendung auf eine nicht zerstörbare und reversible Weise zugänglich zu machen?
- Sind die Teile des Produkts in standardisierter Weise (für Kompatibilität, Upgrade, Reparatur, usw.) hergestellt?

EcoDesign Assessment Fragen Phase 2

PHASE 2 - RESSOURCEN

	Nicht zutreffend	Kaum zutreffend	Etwas zutreffend	voll zutreffend	unbekannt
Ist das Produkt leichtgewichtig gebaut?	O	O	O	O	O
Werden recycelte oder erneuerbare Materialien anstelle von Jungmaterialien verwendet?	O	O	O	O	O
Ist das Produkt aus recyclingfähigen Materialien hergestellt?	O	O	O	O	O
Werden Materialien mit hoher Umweltbelastung vermieden, wie Aluminium, Beton, Edelmetalle, ... die mit dem Klimawandel in Verbindung stehen?	O	O	O	O	O
Werden giftige oder gefährliche Materialien vermieden?	O	O	O	O	O
Besteht es aus wenigen verschiedenen Materialien (z.B. nur eine Art von Kunststoff)?	O	O	O	O	O
Summe # Antworten					
Multiplizieren mit	*0 =	*1=	*2=	*3=	
Ergebnis und Gesamtsumme	0				
Ermittlung der Punktzahl:	: (6 -	) =			

Quelle: Fraunhofer Institute for Reliability and Microintegration IZM
Übersetzung und Neugestaltung: Thomas Appel Consulting

- Ist das Produkt robust genug gestaltet, um den beabsichtigten Gebrauch für die vorgesehene Nutzungsdauer zu überstehen (Materialauswahl, Konstruktion, Verschleiß, ...)?
- Fördert das Design positive Verhaltensänderungen oder die Bindung an das Produkt?
- Ist das Produkt leichtgewichtig gebaut?
- Werden recycelte oder erneuerbare Materialien anstelle von Jungmaterialien verwendet?

EcoDesign Assessment Fragen Phase 3

PHASE 3 - PRODUKTION

	Nicht zutreffend	Kaum zutreffend	Etwas zutreffend	voll zutreffend	unbekannt
Ist die Produktion energieeffizient optimiert?	O	O	O	O	O
Werden Hilfsstoffe und der Einsatz von Betriebsmaterialien optimiert oder sogar vermieden (Wasser, Luft, Öl, ...)?	O	O	O	O	O
Wird während der Herstellung Abfall vermieden?	O	O	O	O	O
Werden Komponenten auf demontierbare Weise zusammengebaut (Demontage mit einem einzigen Material)?	O	O	O	O	O
Werden Abfälle und Nebenprodukte (einschließlich Abwasser oder verlorene Wärme) als Ressource für andere nahegelegene Unternehmen genutzt (industrielle Symbiose)?	O	O	O	O	O
Summe # Antworten					
Multiplizieren mit	*0 =	*1=	*2=	*3=	
Ergebnis und Gesamtsumme	0				
Ermittlung der Punktzahl:	: (5 -	) =			

Quelle: Fraunhofer Institute for Reliability and Microintegration IZM
Übersetzung und Neugestaltung: Thomas Appel Consulting

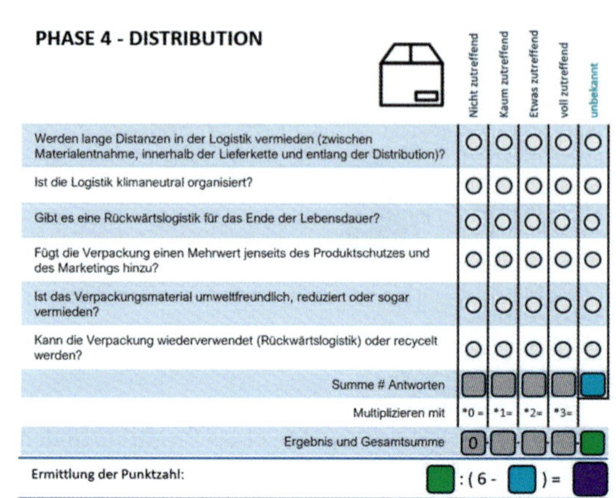

EcoDesign Assessment Fragen Phase 4

PHASE 4 - DISTRIBUTION

	Nicht zutreffend	Kaum zutreffend	Etwas zutreffend	voll zutreffend	unbekannt
Werden lange Distanzen in der Logistik vermieden (zwischen Materialentnahme, innerhalb der Lieferkette und entlang der Distribution)?	O	O	O	O	O
Ist die Logistik klimaneutral organisiert?	O	O	O	O	O
Gibt es eine Rückwärtslogistik für das Ende der Lebensdauer?	O	O	O	O	O
Fügt die Verpackung einen Mehrwert jenseits des Produktschutzes und des Marketings hinzu?	O	O	O	O	O
Ist das Verpackungsmaterial umweltfreundlich, reduziert oder sogar vermieden?	O	O	O	O	O
Kann die Verpackung wiederverwendet (Rückwärtslogistik) oder recycelt werden?	O	O	O	O	O
Summe # Antworten					
Multiplizieren mit	*0 =	*1=	*2=	*3=	
Ergebnis und Gesamtsumme	0				
Ermittlung der Punktzahl:	: (6 -	) =			

Quelle: Fraunhofer Institute for Reliability and Microintegration IZM
Übersetzung und Neugestaltung: Thomas Appel Consulting

- Ist das Produkt aus recyclingfähigen Materialien hergestellt?
- Werden Materialien mit hoher Umweltbelastung vermieden, wie Aluminium, Beton, Edelmetalle, ... die mit dem Klimawandel in Verbindung stehen?
- Werden giftige oder gefährliche Materialien vermieden?
- Besteht es aus wenigen verschiedenen Materialien (z. B. nur eine Art von Kunststoff)?
- Ist die Produktion energieeffizient optimiert?
- Werden Hilfsstoffe und der Einsatz von Betriebsmaterialien optimiert oder sogar vermieden (Wasser, Luft, Öl, ...)?
- Wird während der Herstellung Abfall vermieden?
- Werden Komponenten auf demontierbare Weise zusammengebaut (Demontage mit einem einzigen Material)?
- Werden Abfälle und Nebenprodukte (einschließlich Abwasser oder verlorene Wärme) als Ressource für andere nahegelegene Unternehmen genutzt (industrielle Symbiose)?
- Werden lange Distanzen in der Logistik vermieden (zwischen Materialentnahme, innerhalb der Lieferkette und entlang der Distribution)?
- Ist die Logistik klimaneutral organisiert?
- Gibt es eine Rückwärtslogistik für das Ende der Lebensdauer?

EcoDesign Assessment Fragen Phase 5

PHASE 5 - NUTZUNG

	Nicht zutreffend	Kaum zutreffend	Etwas zutreffend	voll zutreffend	unbekannt
Versucht das Produkt, den Energieverbrauch zu reduzieren?	O	O	O	O	O
Kann schneller Verschleiß vermieden oder abgenutzte Teile ersetzt werden?	O	O	O	O	O
Verfügt das Produkt über einen Ausschaltknopf oder einen Energiesparmodus?	O	O	O	O	O
Versucht das Produkt, die Menge an Verbrauchsmaterialien zu vermeiden oder zu reduzieren?	O	O	O	O	O
Ermöglicht das Produkt umweltfreundlichere (z.B. von Drittanbietern stammende) Verbrauchsmaterialien?	O	O	O	O	O
Wird während der Nutzungsphase ein Minimum an Abfall erzeugt?	O	O	O	O	O
Summe # Antworten					
Multiplizieren mit	*0 =	*1=	*2=	*3=	
Ergebnis und Gesamtsumme	0				
Ermittlung der Punktzahl:	: (6 -	) =			

Quelle: Fraunhofer Institute for Reliability and Microintegration IZM
Übersetzung und Neugestaltung: Thomas Appel Consulting

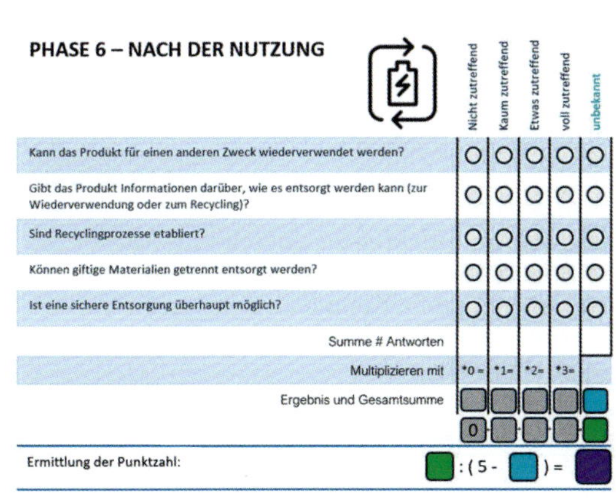

EcoDesign Assessment Fragen Phase 6

PHASE 6 – NACH DER NUTZUNG

	Nicht zutreffend	Kaum zutreffend	Etwas zutreffend	voll zutreffend	unbekannt
Kann das Produkt für einen anderen Zweck wiederverwendet werden?	○	○	○	○	○
Gibt das Produkt Informationen darüber, wie es entsorgt werden kann (zur Wiederverwendung oder zum Recycling)?	○	○	○	○	○
Sind Recyclingprozesse etabliert?	○	○	○	○	○
Können giftige Materialien getrennt entsorgt werden?	○	○	○	○	○
Ist eine sichere Entsorgung überhaupt möglich?	○	○	○	○	○
Summe # Antworten					
Multiplizieren mit	*0 =	*1 =	*2 =	*3 =	
Ergebnis und Gesamtsumme					
	0				

Ermittlung der Punktzahl: ■ : (5 - ■) = ■

Quelle: Fraunhofer Institute for Reliability and Microintegration IZM
Übersetzung und Neugestaltung: Thomas Appel Consulting

- Fügt die Verpackung einen Mehrwert jenseits des Produktschutzes und des Marketings hinzu?
- Ist das Verpackungsmaterial umweltfreundlich, reduziert oder sogar vermieden?
- Kann die Verpackung wiederverwendet (Rückwärtslogistik) oder recycelt werden?
- Versucht das Produkt, den Energieverbrauch zu reduzieren?
- Kann schneller Verschleiß vermieden oder abgenutzte Teile ersetzt werden?
- Verfügt das Produkt über einen Ausschaltknopf oder einen Energiesparmodus?
- Versucht das Produkt, die Menge an Verbrauchsmaterialien zu vermeiden oder zu reduzieren?
- Ermöglicht das Produkt umweltfreundlichere (z. B. von Drittanbietern stammende) Verbrauchsmaterialien?
- Wird während der Nutzungsphase ein Minimum an Abfall erzeugt?
- Kann das Produkt für einen anderen Zweck wiederverwendet werden?
- Gibt das Produkt Informationen darüber, wie es entsorgt werden kann (zur Wiederverwendung oder zum Recycling)?
- Sind Recyclingprozesse etabliert?

EcoDesign Assessment Fragen Phase 7

PHASE 7 – GESCHÄFTSMODELL

	Nicht zutreffend	Kaum zutreffend	Etwas zutreffend	voll zutreffend	unbekannt
Werden die Produkte und Dienstleistungen gemeinsam mit Kunden, Lieferanten und dem gesamten (kreislaufwirtschaftlichen) Geschäftsnetzwerk entwickelt?	○	○	○	○	○
Kann die Benchmark von mehreren Nutzern verwendet werden (gemeinsame Nutzung, Vermietung, Bezahlung pro Dienstleistung)?	○	○	○	○	○
Ist ein Sekundärmarkt (Nachmarkt) Teil des Geschäftsmodells?	○	○	○	○	○
Werden Umwelt- und soziale Aspekte in der Kosten-Nutzen-Analyse berücksichtigt (neben finanziellen Aspekten)?	○	○	○	○	○
Summe # Antworten					
Multiplizieren mit	*0 =	*1 =	*2 =	*3 =	
Ergebnis und Gesamtsumme					
	0				

Ermittlung der Punktzahl: ■ : (5 - ■) = ■

Quelle: Fraunhofer Institute for Reliability and Microintegration IZM
Übersetzung und Neugestaltung: Thomas Appel Consulting

- Können giftige Materialien getrennt entsorgt werden?
- Ist eine sichere Entsorgung überhaupt möglich?
- Werden die Produkte und Dienstleistungen gemeinsam mit Kunden, Lieferanten und den gesamten (kreislaufwirtschaftlichen) Geschäftsnetzwerk entwickelt?
- Kann die Benchmark von mehreren Nutzern verwendet werden (gemeinsame Nutzung, Vermietung, Bezahlung pro Dienstleistung)?
- Ist ein Sekundärmarkt (Nachmarkt) Teil des Geschäftsmodells?
- Werden Umwelt- und soziale Aspekte in der Kosten-Nutzen-Analyse berücksichtigt (neben finanziellen Aspekten)?

2. Übertragen Sie nun den Score jeder Phase in das Chart und verbinden Sie die Punkte mit Linien wie im nachfolgenden Beispiel.

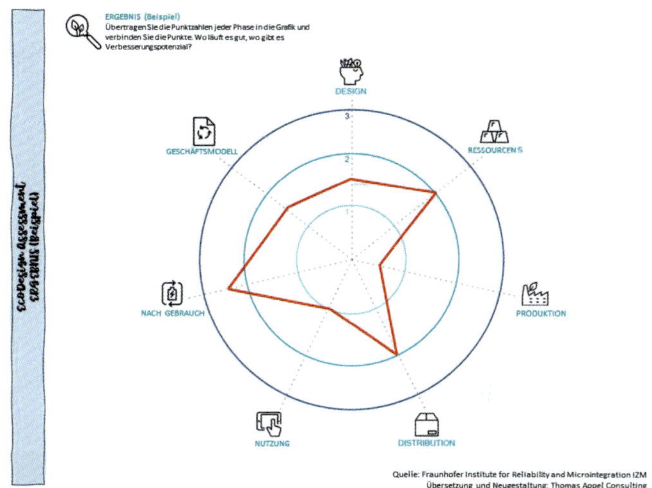

Quelle: Fraunhofer Institute for Reliability and Microintegration IZM
Übersetzung und Neugestaltung: Thomas Appel Consulting

Auswertung, Analyse – Strategien und Maßnahmen

1. Hängen Sie den Final Score eines jeden Produkts nebeneinander auf.
2. Diskutieren Sie Gemeinsamkeiten, Ausreißer oder Auffälligkeiten.
3. Halten Sie jedes Ergebnis und jede Erkenntnis schriftlich fest.
4. Diskutieren Sie das Gesamtergebnis für das Produkt: Wo läuft es gut? Wo sind Schwächen?
5. Leiten Sie entsprechende Strategien und Maßnahmen für Ihr Produkt ab.
6. Führen Sie die Bewertung nach Umsetzung der Maßnahmen erneut durch. Somit steht Ihnen ein Messinstrument zur Verfügung. Sie sollten kontinuierliche Verbesserungen erwarten.
7. Optional:
   a. Sie können diese Methode in verschiedenen Teams oder über einen größeren Zeitraum für alle Ihre Produkte und Services anwenden. Sie werden übergreifend zusätzliche und neue Erkenntnisse zu Stärken und Schwächen erhalten.
   b. Diskutieren Sie auf dieser Basis, welche Auswirkungen dies langfristig auf Ihre Unternehmensstrategie und Ihre Nachhaltigkeitsziele hat und welche strategischen Maßnahmen Sie ergreifen sollten.

Helfende Organisation

Fraunhofer Institute for Reliability and Microintegration IZM

Wirkfeld der Methode

- Wirksam für Herausforderungen mit hoher Komplexität
- Wirksam für Herausforderungen mit mittlerer Komplexität
- Wirksam für nachhaltiges Produktdesign
- Wirksam für nachhaltiges Servicedesign

Transformationsfähigkeit Ihres Teams

- Fördert die allgemeine Transformationsfähigkeit des Teams
- Zahlt auf eine bessere Wahrnehmung ein
- Zahlt auf das Dringlichkeitsempfinden ein
- Erhöht die Lösungsorientierung

Einsatzcharakteristik/Arbeitsrahmen

- Austauschfokus: vornehmlich mit internen und externen Personen
- Durchführungszeit: eher gering (< 1 Stunde)
- Einsatzfrequenz: sinnvoll im dauerhaften Einsatz
- Einsatzradius: vornehmlich im Teameinsatz
- Einsatzradius: vornehmlich im unternehmensweiten Einsatz
- Komplexität für den Moderator: eher gering
- Komplexität für die Teilnehmer: eher mittel
- Teamgröße: Kleingruppe möglich (3 bis 5 Teilnehmer)
- Teamgröße: Mittelgroße Teams möglich (5 bis 20 Teilnehmer)
- Vorbereitungszeit: eher gering (< 1 Stunde)

Input für eine zielführende Arbeit mit der Methode

- Aktuell existierende Produkte und Services

Output und beobachtete Ergebnisse der Methode

- Bessere Projekteffizienz, bessere Teamperformance
- Erzeugt Listen von Chancen und Risiken
- Erzeugt Prognosen und Ableitungen
- Erzeugt transformationsfähigere Organisationen
- Erzeugt mehr Hintergrundinformationen
- Erzeugt segmentierte, kategorisierte, geclusterte Daten
- Hilft bei Entscheidungen, Bewertungen und Feedback
- Identifiziert vorhandene Schwachstellen
- Identifiziert vorhandene Stärken

Hinderniseffekte, auf die die Methode positiv wirkt

- Beugt Missinterpretationen vor
- Schafft für den Erfolg nötige Realitätsbezüge
- Schafft schnell Klarheit und beschleunigt Erkenntnisgewinn
- Verhindert einseitige Bewertungen und Entscheidungen
- Verhindert falsche Flughöhen
- Verhindert unreflektiertes agieren
- Verkürzt zu lange Entscheidungsmeetings
- Verringert zu große Komplexitäten
- Überzeugt strukturliebende Teammitglieder

Mögliche Extravorteile der Methode

- Möglicher Extravorteil für Teams mit einem starkem Auftragsmandat
- Möglicher Extravorteil für Teams mit einer konservativen, tradierten Kultur
- Möglicher Extravorteil für innovativ ungeübte Teams
- Möglicher Extravorteil für in Nachhaltigkeitsthemen ungeübte Teams

Quellen

Web – www.ecodesigncircle.eu; Estonian Design Centre (abgerufen 01.10.2023)

Web – https://circulardesign.tools/wp-content/uploads/2021/05/EDC_EcodesignAudit.pdf Estonian Design Centre (abgerufen 01.10.2023)

Organisation – Fraunhofer Institute for Reliability and Microintegration IZM, Berlin

EcoDesign Audit

EinSatzBeschreibung

Die Methode „EcoDesign Audit“ unterstützt Organisationen dabei, ökologisches Design und kreislaufwirtschaftliche Ansätze in ihre Geschäftsstrategie und Produktentwicklung zu integrieren und ihre Nachhaltigkeitspraktiken zu verbessern.

Working Guide/Anwendungsfelder

P1 Sensibilisierung/Bildung	P2 Matching Recht/Gesetz	P3 Sustainability Roadmap	P4 Produkt/Prozessdesign	P5 Implementierung/Monitoring	P6 Kommunikation	P7 Organisation	P8 Führung	P9 Business Model Design	P10 Skalierung
X	X	X	X					X	

Beschreibung

Der Begriff „Nachhaltigkeitspraktiken“ bezieht sich auf die konkreten Maßnahmen, Verfahren und Handlungen, die von Organisationen und Einzelpersonen ergriffen werden, um Nachhaltigkeit in den verschiedenen Aspekten ihres Lebens und ihrer Tätigkeiten zu fördern. Diese Praktiken zielen darauf ab, soziale, ökologische und wirtschaftliche Nachhaltigkeit zu unterstützen und dazu beizutragen, dass Ressourcen und Umwelt geschützt werden, soziale Gerechtigkeit gefördert wird und wirtschaftliche Prosperität auf lange Sicht erhalten bleibt.

Die Fähigkeit, solche Nachhaltigkeitspraktiken effektiv zu implementieren sind somit entscheidend, um die Ziele der Nachhaltigen Entwicklung (SDG), die von den Vereinten Nationen festgelegt wurden, zu erreichen und eine nachhaltigere Zukunft für kommende Generationen zu gewährleisten.

Die Fähigkeit eines Unternehmens, Geschäftsfelder, Produkte, Services oder Prozesse ökologisch zu innovieren sowie kreislaufwirtschaftliche Ansätze zu integrieren, wird zur Verbesserung der Lesbarkeit im folgenden Text unter dem allgemeinen Begriff „Produktdesign“ zusammengefasst.

Um Produktdesign zu verbessern, brauchen Organisationen ein klares Verständnis sowohl ihrer aktuellen als auch ihrer potenziellen Fähigkeiten, sowie zur Umsetzung geeignete Strategien und Praktiken.

EcoDesign Audit ist eine Methode, um diese Fähigkeit einer Organisationen zu bewerten sowie eine Grundlage für die Steigerung der Innovation und geeigneter Nachhaltigkeitspraktiken zu schaffen.

Basierend auf Fachwissen und Erfahrung deckt der Audit verschiedene Aspekte des Ökodesigns und des Kreislaufdesigns ab. Er konzentriert sich auf kleine und mittlere Organisationen (KMU).

Die Methode basiert auf Wissen und Erfahrungen aus früheren Initiativen des Estnischen Designzentrums und des Sustainable Design Lab.

Vorteile des EcoDesign Audits:

- Verbesserung der Designfähigkeiten: Das Audit berät über alternative und zusätzliche Maßnahmen und Techniken, die Sie anwenden können, um Ihre Fähigkeiten für innovatives Produktdesign zu verbessern.
- Identifizierung von Ökodesign-Möglichkeiten: Es hilft bei der Identifizierung von Möglichkeiten für Ökodesign im Einklang mit einer Kreislaufwirtschaft.
- Objektive, externe Sicht auf Ihre Organisation: Das Audit bietet eine objektive, externe Sicht auf Ihr Unternehmen oder Ihre Organisation. Dies trägt dazu bei, Missstände aufzudecken und zu beheben, mit dem Ziel, dass einzelne Bereiche und letztendlich das gesamte Unternehmen nachhaltiger und effizienter arbeiten und somit optimierte Waren und Dienstleistungen zu einem konkurrenzfähigen Preis auf dem Markt anbieten können.

Durchführung

Ein EcoDesign Audit ist ein sehr umfassendes Diagnosetool für Unternehmen, um ihre Produktdesign-Fähigkeiten zu bewerten und mögliche kreislaufwirtschaftliche Designmöglichkeiten/-ansätze zu identifizieren.

Der Audit sollte aufgrund seiner Komplexität und Neutralität idealerweise von einem erfahrenen externen Umweltspezialisten durchgeführt werden, der die EcoDesign Audit Methodik befolgt.

Der Audit-Prozess besteht aus drei Phasen:

1. Vorbereitende Arbeit, bei der Hintergrundinformationen über die geprüfte Organisation gesammelt werden.
2. Durchführung der Datenerhebung und Bewertungen, die aus einer organisatorischen Designkapazitätsbewertung (Interview) und einer Kreislaufdesignbewertung (Workshop) bestehen. Die Hauptdatenerhebung und -analyse erfolgt in Form von zwei getrennten Bewertungen:
   a. Organisatorische Designkapazitätsbewertung: Ziel ist es, die (Eco/Circular) Designkapazität der Organisation zu entdecken. Es bestimmt die aktuellen Designmanagementprozesse und -praktiken, Stärken und Schwächen der Organisation und identifiziert Wege zur Verbesserung der Produktdesignpraxis in der gesamten Organisation.
   b. Kreislaufdesign-Möglichkeitsbewertung: Ziel ist es, potenzielle Möglichkeiten oder Ansätze zur Verbesserung des Produkts/Dienstleistung und Geschäftsmodell der geprüften Organisation gemäß den Prinzipien der Kreislaufwirtschaft zu identifizieren.

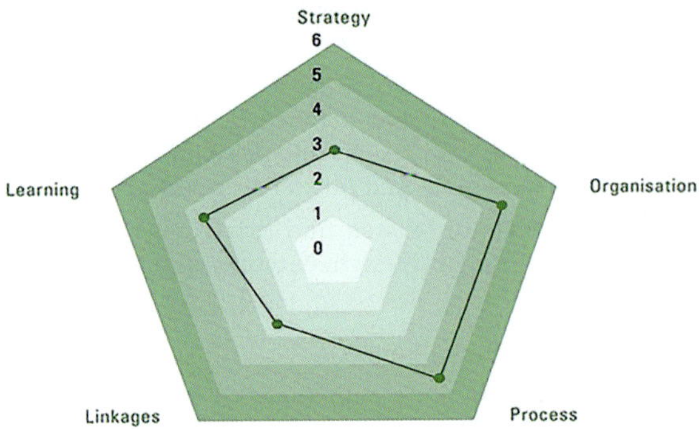

Beispielhaftes Ergebnis (Quelle: Estonian Design Centre)

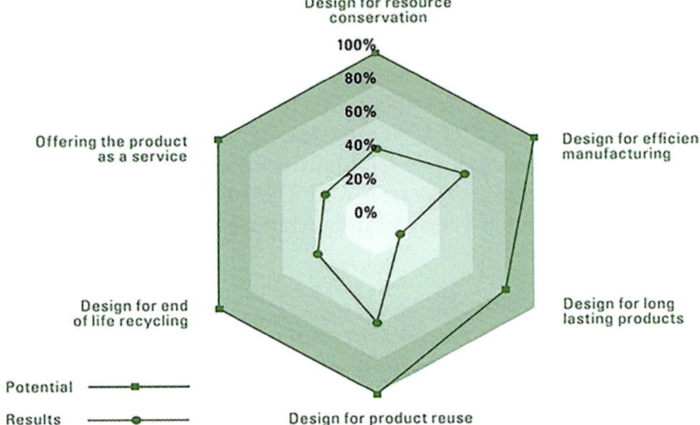

Beispielhaftes Ergebnis (Quelle: Estonian Design Centre)

3. Berichterstattung der Ergebnisse in einem dokumentierten Bericht.

Der Audit dauert durchschnittlich etwa 5 Tage.

Helfende Organisation

NGO Estonian Design Centre

Wirkfeld der Methode

- Wirksam für Herausforderungen mit hoher Komplexität
- Wirksam für nachhaltiges Marketing
- Wirksam für nachhaltiges Produktdesign
- Wirksam für nachhaltiges Prozessdesign
- Wirksam für nachhaltiges Servicedesign
- Wirksam für nachhaltiges Business Model Design

Transformationsfähigkeit Ihres Teams

- Fördert die Sensibilisierung
- Fördert die allgemeine Transformationsfähigkeit des Teams
- Fördert offene Mindsets und innovative Denkhaltungen
- Sorgt für Inspiration oder bessere Inspirationsempfindlichkeit
- Zahlt auf das Dringlichkeitsempfinden ein
- Erhöht die Lösungsorientierung

Einsatzcharakteristik/Arbeitsrahmen

- Austauschfokus: vornehmlich mit internen Personen
- Durchführungszeit: eher hoch (> 1 Tag)
- Einsatzfrequenz: vornehmlich im einigen Einsatz
- Einsatzradius: vornehmlich im unternehmensweiten Einsatz
- Komplexität für den Moderator: eher hoch
- Komplexität für die Teilnehmer: eher mittel
- Teamgröße: Einzelpersonennutzung möglich
- Teamgröße: Kleingruppe möglich (3 bis 5 Teilnehmer)
- Vorbereitungszeit: eher mittel (> 1 Stunde bis < 1 Tag)

Input für eine zielführende Arbeit mit der Methode

- Aktuell existierende Geschäftsmodelle
- Aktuell existierende Produkte und Services
- Existierende Prozesse und Verfahren
- Durchführungszeit, Trainingszeit
- Ziele, Zielsystem, Kennzahlen

Output und beobachtete Ergebnisse der Methode

- Erzeugt Listen von Chancen und Risiken
- Erzeugt Planungen und Priorisierungen
- Erzeugt neues Wissen und neue Erfahrungen
- Erzeugt größere Klarheit zu einem Thema
- Erzeugt transformationsfähigere Organisationen
- Erzeugt mehr Know-how-Zuwachs
- Identifiziert vorhandene Schwachstellen
- Identifiziert vorhandene Stärken
- Macht Wirkzusammenhänge sichtbar

Hinderniseffekte, auf die die Methode positiv wirkt

- Beugt Missinterpretationen vor
- Beugt blinden Flecken/Betriebsblindheit vor
- Schafft für den Erfolg nötige Realitätsbezüge
- Schafft schnell Klarheit und beschleunigt Erkenntnisgewinn
- Schärft eine fehlende gemeinsame Ausrichtung
- Verhindert blinden Aktionismus
- Verhindert einseitige Bewertungen und Entscheidungen
- Verhindert falsche Flughöhen
- Verhindert unreflektiertes agieren
- Überzeugt strukturliebende Teammitglieder

Mögliche Extravorteile der Methode

- Möglicher Extravorteil für Teams mit einer konservativen, tradierten Kultur
- Möglicher Extravorteil für innovativ ungeübte Teams
- Möglicher Extravorteil für in Nachhaltigkeitsthemen ungeübte Teams

Quellen

Web – www.ecodesigncircle.eu; Estonian Design Centre (abgerufen 01.10.2023)

Organisation – NGO Estonian Design Centre, Tallinn, info@disainikeskus.ee, www.disannikeskus.ee

Web – https://circulardesign.tools/wp-content/uploads/2021/05/EDC_EcodesignAudit.pdf; Estonian Design Centre (abgerufen 01.10.2023)

Ecosystem Map

EinSatzBeschreibung

Ecosystem Map – als Teil des Planet Centric Design Toolkits von Impossible Labs – ist eine Mikromethode, um bestehende und zukünftige Beziehungen im betrachteten System sichtbar zu machen.

Working Guide/Anwendungsfelder

P1 Sensibilisierung/Bildung	P2 Matching Recht/Gesetz	P3 Sustainability Roadmap	P4 Produkt/Prozessdesign	P5 Implementierung/Monitoring	P6 Kommunikation	P7 Organisation	P8 Führung	P9 Business Model Design	P10 Skalierung
X	X	X	X						

Beschreibung

Nachhaltigkeit kann nur erzielt werden, wenn Ökonomie, Ökologie und die Gesellschaft gleichermaßen betrachtet und beachtet werden. Dieses Gesamtsystem ist allerding sehr komplex. Es ist daher wichtig sich alle relevanten Akteure vor Augen zu führen und die Beziehungen und Abhängigkeiten zwischen diesen zu visualisieren und zu beschreiben.

Die Ecosystem Map dient als Grundlage für Designentscheidungen, die Ausrichtung oder die Definition von Maßnahmen.

Wahrscheinlich haben Sie schon ein Bild gesehen, welches ein Ökosystem mit kritischen Abhängigkeiten visualisiert. In diesem Bild werden zum Beispiel Tiere, Pflanzen, Sonnenlicht, Wasser, Erde, Luft so aufbereitet, dass ein Kreislauf mit seinen Verflechtungen und Abhängigkeiten zwischen den Akteuren erkennbar wird.

Ein einfaches Beispiel könnte so aussehen:

Betrachten Sie nun Ihr Unternehmen, in Ihrem ökonomischen System, als Teil des gesellschaftlichen Systems und als Teil des Planeten, also der Umwelt. Finden Sie nun auf allen drei Ebenen (Ökonomie, Gesellschaft und Ökologie) Ihre direkten und indirekten Abhängigkeiten heraus. Vor allem dürften Sie an jenen kritischen Abhängigkeiten interessiert sein, die Sie Stand heute noch nicht beachtet, weil nicht betrachtet, haben. Zum Beispiel könnte es sein, dass Sie zwar Wasser in der Produktion benötigen, dies aber in der Vergangenheit immer vorhanden war und daher nie die Eventualität „Wasserknappheit“ beachtet wurde. Oder Sie betrachten Ihre Fachkräfte, die ja bekanntermaßen eher ein Mangelfaktor sind. Welche Maßnahmen ergreifen Sie damit diese Mitarbeiter z. B. nicht krank werden und ausfallen? Als drittes Beispiel könnten Sie verdeutlichen, wo und wie die Regulatorik in Ihren Geschäftsprozessen direkt oder indirekt eine zunehmende Rolle spielt, die beachtet werden muss.

Ziel ist es, diese Abhängigkeiten zu entdecken, zu beschreiben und damit das Gesamtsystem, in dem Sie sich mit Ihrem Unternehmen befinden, besser zu verstehen, und dass Sie so Ihre Arbeit darauf ausrichten können.

Auf der Basis dieses Verständnisses starten Sie als nächstes den Designprozess von Geschäftsmodellen, Produkten und Dienstleistungen aber auch von Projekten, Prozessen oder organisatorischen Abläufen. Wenn Sie diese Abhängigkeiten beachten und Ihr Angebot oder Ihre Aufgabe unter dieser Beachtung designen, dann wird dies im Ergebnis zu einer Optimierung von Effizienz, Resilienz, Wirtschaftlichkeit und beachtet die Sicherstellung der gesetzlichen Anforderungen in der Zukunft führen.

Quelle: Rita Erven, GEOMAR

Durchführung

1. Teamzusammenstellung: Stellen Sie ein interdisziplinäres Team zusammen, das verschiedene Perspektiven und Fachkenntnisse einbringt. Idealerweise sollte das Team auch Experten aus den Bereichen Umweltwissenschaften, Technologie, Wirtschaft, Sozialwissenschaften und anderen speziell für Ihren Unternehmenskontext relevanten Disziplinen umfassen.
2. Bestimmen Sie, welche Bereiche Sie betrachten wollen. Ihre Branche oder Ihr Unternehmen könnten mögliche Optionen dafür sein oder Sie möchten ein Produkt-Service-System oder einfach nur ein Projekt entwerfen und visualisieren.
3. Erstellen Sie Ihre Ecosystem Map auf einem Brown Paper, einer entsprechend verwendbaren Wand oder einem großen Flipchart (sinngemäß Online). Diese Karte besteht aus vier ineinander liegenden Kreisen. Den äußersten Kreis benennen Sie „Planet“, den ersten inneren Kreis „Gemeinschaft“, den dritten Kreis „Organisationen“ und dem innersten und damit kleinsten Kreis geben Sie die Überschrift „Nutzer“.

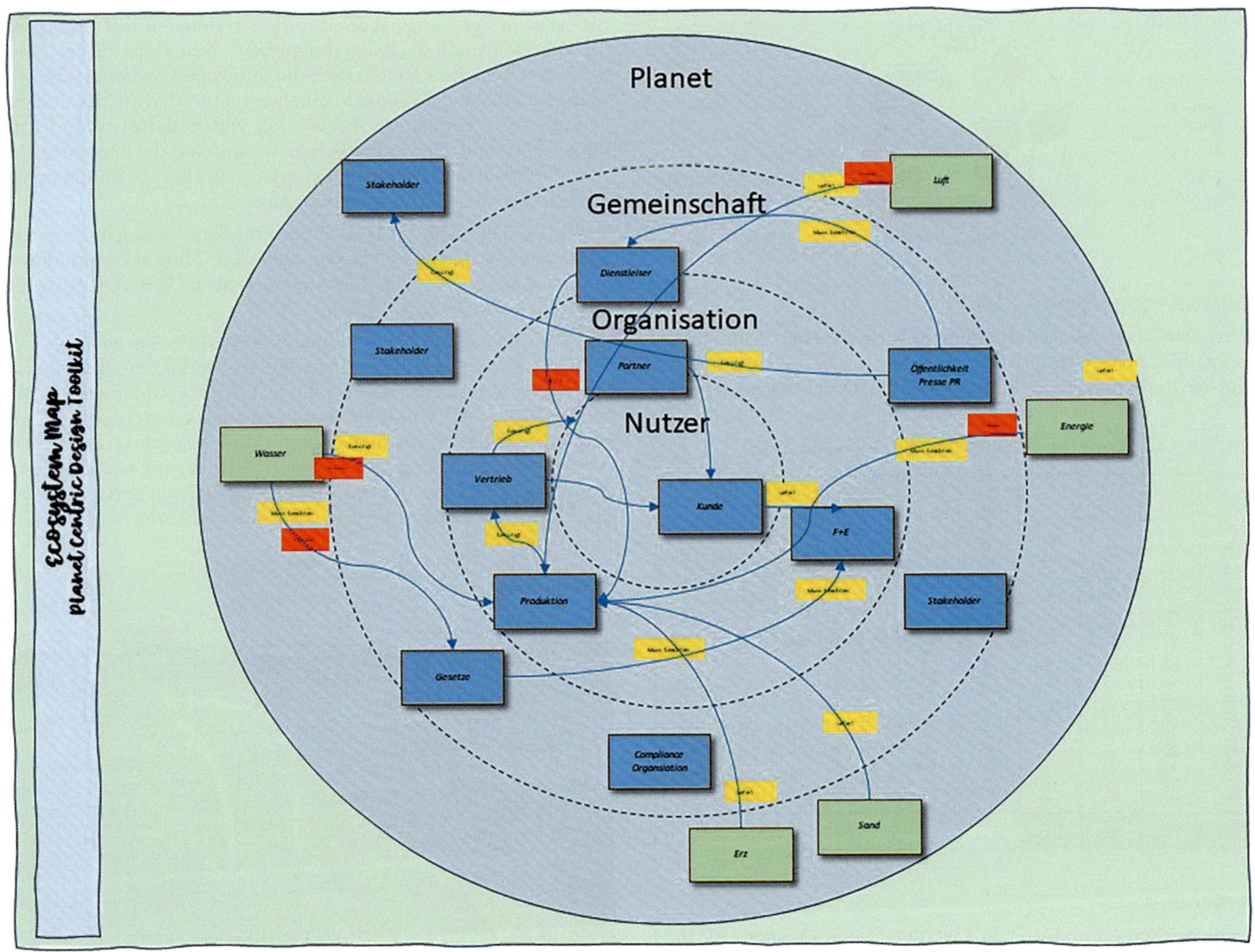

Quelle: Thomas Appel Consulting

> Tipp: Fangen Sie wirklich groß an, denn Ihre Karte wird viele Verbindungen am Ende haben, die Sie beschrieben haben und Sie wollen ja eine Übersicht aller dieser Beziehungen als Ergebnis und kein Striche-Chaos.

4. Wenn Sie Sie die erste Methode „Planetary Actors“ aus dem „Planet Centric Design Toolkit“ bereits durchgeführt haben und alle Hauptakteure ermittelt wurden, dann übertragen Sie diese Ergebnisse direkt in Ihre Ecosystem Map. Falls nicht, überlegen Sie (mittels Brainstorming) gemeinsam, welche Akteure zentral sind und tragen Sie diese auf der Karte ein. Hierbei könnten Einzelpersonen, Organisationen, Gemeinschaften aber auch natürliche Systeme und Lebewesen relevant sein.
5. Gehen Sie anschließend einen Schritt weiter: Ergänzen Sie weitere relevante sekundäre Akteure sowie benötigte Elemente für Ihr Projekt auf der Karte – wie Orte, digitale Dienstleistungen oder Transportmöglichkeiten. Überlegen Sie dabei, was bereits vorhanden ist und was in Zukunft wichtig werden könnte.
6. Visualisieren Sie danach, wie die Akteure miteinander in Beziehung stehen. Zeichnen Sie Verbindungslinien und erläutern Sie die jeweilige Dynamik. Berücksichtigen Sie dabei Institutionen und wirtschaftliche, kulturelle oder logistische Zusammenhänge.
7. Sollten Sie ein derzeitiges, bestehendes System betrachten, dann heben Sie wichtige Stellschrauben für mehr Nachhaltigkeit hervor, ebenso wie besonders kritische Abhängigkeiten, die Sie eventuell so gestalten wollen, dass es dazu auch Ansatzpunkte für eine alternative Gestaltung geben kann.
8. Wenn Sie ein völlig neues System entwickeln, so legen Sie klar fest, welche Akteure involviert sind und wie diese miteinander interagieren (sollen).

Wirkfeld der Methode

- Wirksam für Herausforderungen mit hoher Komplexität
- Wirksam für nachhaltiges Produktdesign
- Wirksam für nachhaltiges Prozessdesign
- Wirksam für nachhaltiges Servicedesign
- Wirksam für nachhaltiges Business Model Design

Transformationsfähigkeit Ihres Teams

- Fördert die Sensibilisierung
- Fördert die allgemeine Transformationsfähigkeit des Teams
- Zahlt auf eine bessere Wahrnehmung ein
- Zahlt auf das Dringlichkeitsempfinden ein
- Erhöht die Lösungsorientierung

Einsatzcharakteristik/Arbeitsrahmen

- Austauschfokus: vornehmlich mit internen und externen Personen
- Durchführungszeit: eher mittel (> 1 Stunde bis < 1 Tag)
- Einsatzfrequenz: vornehmlich im einigen Einsatz
- Einsatzfrequenz: vornehmlich über den kompletten Projektzeitraum
- Einsatzradius: vornehmlich im projektweiten Einsatz
- Komplexität für den Moderator: eher hoch
- Komplexität für die Teilnehmer: eher mittel
- Teamgröße: Einzelpersonennutzung möglich
- Teamgröße: Kleingruppe möglich (3 bis 5 Teilnehmer)
- Teamgröße: Mittelgroße Teams möglich (5 bis 20 Teilnehmer)
- Vorbereitungszeit: eher gering (< 1 Stunde)

Input für eine zielführende Arbeit mit der Methode

- Aktuell existierende Geschäftsmodelle
- Aktuell existierende Produkte und Services
- Aktuelle Herausforderung, Leitfrage, Problem
- Trends und Zukunftsentwicklungen
- Umfeldbeobachtungen, Umfeldanalysen
- Wettbewerber und Komplementoren
- Wissen über Gesetze und Rahmenbedingungen

Output und beobachtete Ergebnisse der Methode

- Erzeugt Ideen, Lösungsansätze, Vorideen, Möglichkeiten
- Erzeugt Ideensuchfelder, unentdeckte Probleme, Inspiration
- Erzeugt spezifischere Leitfragen, Ideen und Aussagen
- Erzeugt größere Klarheit zu einem Thema
- Erzeugt transformationsfähigere Organisationen
- Macht Wirkzusammenhänge sichtbar

Hinderniseffekte, auf die die Methode positiv wirkt

- Beugt blinden Flecken/Betriebsblindheit vor
- Bewahrt vor zu generischen Ideen und Aussagen
- Schafft für den Erfolg nötige Realitätsbezüge
- Schafft schnell Klarheit und beschleunigt Erkenntnisgewinn
- Verhindert falsche Flughöhen
- Verhindert unreflektiertes agieren

Mögliche Extravorteile der Methode

- Möglicher Extravorteil für in Nachhaltigkeitsthemen ungeübte Teams

Quellen

Buch – Das große Handbuch Innovation, Benno van Aerssen & Christian Buchholz (Vahlen, 2018)

Organisation – *Costanza, R. et al. (2017). Fourteen ways to make ecosystem services count. Ecological Economics, 137, 1-10.*

Organisation – *Impossible Labs, https://www.labs.impossible.com/*

Person – Thomas Appel, Thomas Appel Consulting, thoap@tac4u.net

Person – Hila Attaie, www.inno-jump.com, hila.attaie@inno-jump.com

84

Effectuation

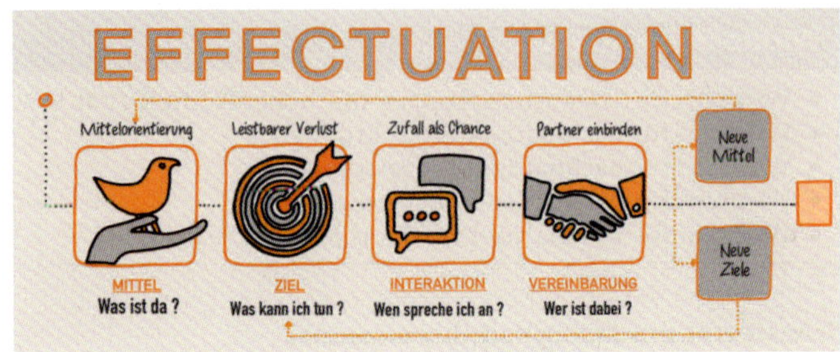

Quelle: https://butterflying-akademie.de/effectuation/

EinSatzBeschreibung

Effectuation ist eine unternehmerische Entscheidungslogik, die in Situationen hoher Ungewissheit mit Fokus auf individuelle Mittel und der Co-Creation mit anderen eingesetzt werden kann.

Working Guide/Anwendungsfelder

P1 Sensibilisierung/Bildung	P2 Matching Recht/Gesetz	P3 Sustainability Roadmap	P4 Produkt/Prozessdesign	P5 Implementierung/Monitoring	P6 Kommunikation	P7 Organisation	P8 Führung	P9 Business Model Design	P10 Skalierung
		X					X	X	

Beschreibung

Der Begriff Effectuation stammt aus der Entrepreneurship-Forschung und ist geprägt durch die Arbeit von Sara D. Sarasvathy Anfang der 2000er-Jahre. Die Grundidee von Effectuation beschreibt eine von erfahrenen Unternehmern eingesetzte Vorgehensweise zur Lösung von Problemen und zur Entscheidungsfindung – abgeleitet vom Verb to effectuate sth. (etwas erreichen). Diese Entscheidungslogik akzeptiert, dass die Zukunft ungewiss ist, nicht seriös vorhergesagt werden kann und stattdessen aktiv gestaltet werden muss. Der Effectuation-Ansatz ist daher besonders geeignet für dynamische Umfelder und bildet einen Gegenpol zur strategischen Planung (kausale Logik), nach der man nur erfolgreich ist, wenn man sich anhand von umfassenden Analysen feste Ziele setzt und sich dann mit dem benötigten Mitteln ausstattet, um diese Ziele zu erreichen.

Effectuation als neue Denkweise kann auch im Umgang mit Nachhaltigkeitsthemen hilfreich sein, wo häufig große Ungewissheit und Dynamik herrscht. Konkret sind verlässliche Prognosen hier schwer möglich und Ziele verhandelbar und können geändert werden. Weiterhin sind Rahmenbedingungen in Nachhaltigkeitsthemen oft gestaltbar durch das, was die eigene Organisation oder andere Akteure tun. Gerade dann ist Effectuation nützlich, um schnell auf neue und sich ändernde Situationen reagieren zu können.

Durchführung

Die Denk- und Handlungsweise nach dem Effectuation-Ansatz beruht auf vier Grundprinzipien, die für die Umsetzung wichtig sind:

1. Mittelorientierung (statt Zielorientierung)

Anstatt sich ausschließlich auf ein festes Ziel zu konzentrieren und dann die Mittel zu mobilisieren, wird bei der Mittelorientierung zuerst eine Bestandsaufnahme der vorhandenen Ressourcen und Fähigkeiten gemacht. Die Grundlage der Mittelorientierung ist die Selbstreflexion. Hier ist es wichtig zu verstehen, was der Organisation und den Individuen dahinter wichtig ist und wo die persönlichen oder organisatorischen Stärken und Schwächen sind. Weiter ist es wichtig, eine Inventur der eigenen Ressourcen zu erstellen. Dies umfasst nicht nur finanzielle Mittel, sondern auch persönliches Wissen, Fähigkeiten und das soziale Netzwerk. Zusammengefasst basiert das Prinzip der Mittelorientierung auf der Erkenntnis, dass es häufig klüger ist, mit dem zu arbeiten, was man schon hat, als Zielen hinterherzujagen, die womöglich nie, zu spät oder nur unter größten Mühen erreichbar sind.

2. Leistbarer Verlust (statt erwarteter Ertrag)

Anstatt den erwarteten Nutzen oder Ertrag einer Maßnahme in den Mittelpunkt zu stellen, wird darauf fokussiert, was ein gerade noch hinnehmbarer Verlust bei Misserfolg des Vorhabens sein könnte. In anderen Worten legt man eine maximale Verlustgrenze (z. B. zeitlich oder finanziell) fest, bevor eine bestimmte Handlung oder ein bestimmtes Risiko eingegangen wird. Diese Grenze definiert den Punkt, ab dem die Handlung oder das Risiko als nicht mehr akzeptabel betrachtet wird. Wenn die erwarteten Verluste innerhalb der vorher festgelegten Grenze liegen oder als „leistbar" angesehen werden, ist man bereit, das Risiko einzugehen oder die Handlung durchzuführen. Dies bedeutet, dass Verluste innerhalb dieses Rahmens akzeptiert werden.

3. Umstände und Zufälle nutzen (statt vermeiden)

Nach kausaler Logik gilt es, Zufall möglichst auszuschließen. Effectuation geht jedoch von Zufall als Partner aus. Zufällig können neue Ideen entstehen und rekombiniert werden. Es gilt, Überraschungen in Chancen zu verwandeln und Nutzen aus dem Ungeplanten zu ziehen. Personen, die nach dem Effectuation-Ansatz handeln, sind auf Überraschungen gefasst. Da sie flexibel in Bezug auf ihre Ziele sind, suchen sie vielmehr nach Wegen, um Überraschungen und veränderte Situation bestmöglich für sich zu nutzen.

4. Partnerschaften und Vereinbarungen (statt Konkurrenz)

Die klassische Methode bei der Partnerauswahl basiert auf der Auswahl von Partnern, um bestimmte Ziele zu erreichen. Diese Partner werden erst ausgewählt, wenn das Projekt bereits fortgeschritten ist. Bei Effectuation beginnt man viel früher. Man teilt die Idee mit anderen, findet passende Partner und schließt Vereinbarungen über ihre Beiträge, sei es Wissen, Kontakte, Geld oder andere Ressourcen. Um Verlässlichkeit sicherzustellen, werden Vereinbarungen getroffen, in denen jeder klar angibt, was er beitragen wird. Hier unterscheidet sich Effectuation von der klassischen Managementlehre, die sich mehr auf die Konkurrenz und Positionierung im Wettbewerb konzentriert. Stattdessen betont Effectuation die Suche nach möglichen Partnerschaften.

Praxisschlaglicht

Eine konkrete Umsetzungsmöglichkeit von Effectuation im Unternehmen ist ein „Market of Makers". Diese Challenge nutzt das Schnellboot als Metapher für konkrete autonome Projekte, die Mitarbeitende sich überlegen können und in denen sie über einen Zeitraum von drei bis vier Monaten bestimmte Ressourcen (Zeit, Mittel) investieren können, um neue Dinge auszuprobieren. Der Market of Makers schafft einen Raum, in dem jedes Gruppenmitglied zum Kapitän seines eigenen autonomen Schnellboots werden kann. Unter Anwendung der Effectuation-Prinzipien überlegt jede Person zunächst, welche eigene Projektidee eine Zeitinvestition lohnen würde und warum man persönlich diese gut umsetzten könnte. Dann wird um Mitstreiter geworben und man kann verbindlich zusagen, welche Ressourcen man bereit wäre zum Schnellboot von anderen beizutragen. So entstehen verbindliche Projekte, die gleichzeitig viel Entwicklungsfreiheit haben und auf Kooperation setzen. Schwächere Ideen finden keine Mitstreiter und werden wieder verworfen. In regelmäßigen Abständen wird der Fortschritt der verbleibenden Schnellboote gemessen, eventuell werden Ziele oder Ressourcen angepasst, auch neue Partnerschaften sind möglich.

Wirkfeld der Methode

- Wirksam für Herausforderungen mit hoher Komplexität

Transformationsfähigkeit Ihres Teams

- Fördert die Agilität eines Teams
- Erhöht die Lösungsorientierung

Einsatzcharakteristik/Arbeitsrahmen

- Austauschfokus: vornehmlich mit internen und externen Personen
- Durchführungszeit: eher hoch (> 1 Tag)
- Durchführungszeit: eher mittel (> 1 Stunde bis < 1 Tag)
- Einsatzfrequenz: vornehmlich über den kompletten Projektzeitraum
- Einsatzradius: vornehmlich im Teameinsatz
- Einsatzradius: vornehmlich im unternehmensweiten Einsatz
- Komplexität für den Moderator: eher gering
- Komplexität für die Teilnehmer: eher gering
- Komplexität für die Teilnehmer: eher hoch
- Teamgröße: Kleingruppe möglich (3 bis 5 Teilnehmer)
- Teamgröße: Maxigruppen möglich (20 bis 40 Teilnehmer)
- Teamgröße: Mittelgroße Teams möglich (5 bis 20 Teilnehmer)
- Vorbereitungszeit: eher gering (< 1 Stunde)
- Vorbereitungszeit: eher mittel (> 1 Stunde bis < 1 Tag)

Input für eine zielführende Arbeit mit der Methode

- Personenmerke (Meinungen, Bedürfnisse, Werte, etc.)
- Umfeldbeobachtungen, Umfeldanalysen

Output und beobachtete Ergebnisse der Methode

- Erzeugt Listen von Chancen und Risiken
- Erzeugt Prognosen und Ableitungen
- Erzeugt Ideen, Lösungsansätze, Vorideen, Möglichkeiten
- Erzeugt transformationsfähigere Organisationen
- Erzeugt motiviertere und transformationsfähigere Teilnehmer

Hinderniseffekte, auf die die Methode positiv wirkt

- Schwächt Konkurrenzdenken und Angst vor Machtverlust
- Schärft eine fehlende gemeinsame Ausrichtung
- Stärkt schwache Anreicherungsskills
- Stärkt das Vertrauen im Team
- Verhindert Finanz- und Ressourcenfallen

Mögliche Extravorteile der Methode

- Möglicher Extravorteil für Teams in einer Krisensituation
- Möglicher Extravorteil für Teams mit einer konservativen, tradierten Kultur
- Möglicher Extravorteil für agile Teams

Quellen

Person – Prof. Dr. Carsten Leo Demming, Demming & Partner, Bad Wimpfen, https://www.carstendemming.com/

Buch – Effectuation: Wie erfolgreiche Unternehmer denken, entscheiden und handeln. Micheal Faschingbauer (Schäffer-Poeschel, 2021)

Web – https://www.effectuation.at/

Web – https://butterflying-akademie.de/effectuation/

85

Ein Platz für Mutter Erde

EinSatzBeschreibung

Intervention für mehr Nachhaltigkeit in Meetings.

Working Guide/Anwendungsfelder

P1 Sensibilisierung/Bildung	P2 Matching Recht/Gesetz	P3 Sustainability Roadmap	P4 Produkt/Prozessdesign	P5 Implementierung/Monitoring	P6 Kommunikation	P7 Organisation	P8 Führung	P9 Business Model Design	P10 Skalierung
X				X	X		X		

Beschreibung

Die Methode „Ein Platz für Mutter Erde" ist eine kraftvolle Technik, um bei Entscheidungen und Diskussionen die Perspektive unseres Planeten zu berücksichtigen. In einer Welt, die von Technologie und KPIs dominiert wird, neigen wir dazu, die Perspektive des Planeten zu vergessen. Die Methode schafft einen Raum in Besprechungen und Workshops, um die Perspektive auf den Planeten zu würdigen und zu integrieren. Dieser symbolische Platz repräsentiert unser Bewusstsein für die Auswirkungen unserer Entscheidungen auf den Planeten.

Indem wir uns um diesen Platz versammeln, werden wir daran erinnert, dass unsere Handlungen ökologische Konsequenzen haben. Während der Meetings nehmen wir uns bewusst Zeit, auf den „Platz für Mutter Erde" zu verweisen und die Perspektive des Planeten einzubeziehen. Wir stellen uns Fragen wie: „Was ist im besten Interesse der Erde?" oder „Wie können wir nachhaltige und umweltfreundliche Lösungen finden?"

Teilnehmende werden ermutigt, Ideen und Lösungen anzubieten, die im Einklang mit den ökologischen Bedürfnissen des Planeten stehen. Wir streben so danach, Entscheidungen zu treffen, die nicht nur kurzfristige Ziele erfüllen, sondern auch langfristige Nachhaltigkeit gewährleisten.

Durchführung

Schritt 1: Vorbereitung

Reservieren Sie im Raum der Besprechung einen Platz für Mutter Erde. In einem Meetingraum bietet sich ein dedizierter Stuhl am Tisch an. Wenn die Stühle knapp sind, reicht manch auch eine Ecke des Tisches aus oder man reserviert den Platz in der Tischmitte. Auf diesem Platz positionieren Sie nun ein Symbol für „Mutter Erde". Hier ein paar Ideen, wie das aussehen könnte. Ihrer Kreativität sind keine Grenzen gesetzt:

- Ein Globus an der Ecke des Besprechungstisches.
- Eine kleine Pflanze auf dem Tisch oder eine größere Topfpflanze auf einem Stuhl am Tisch.
- Ein kleines Stofftier auf dem Tisch oder ein größeres auf dem Stuhl.
- Eine Schaufensterpuppe mit einem T-Shirt, auf dem Mutter Erde steht.
- Ein aufblasbarer Erdball auf einem Stuhl.

In einem Workshopsetting gibt es noch weitere Optionen für die Platzierung:

- In einem Stuhlkreis wird ein weiterer Stuhl hinzugestellt oder die Mitte des Stuhlkreises genutzt.
- Finden Gruppenarbeiten statt, empfiehlt es sich, pro Gruppenarbeitsplatz ein Symbol zu platzieren.

Gibt es in der Organisation bereits einen Fokus auf ein SDG, dann kann das Symbol entsprechend gewählt werden:

- Ein Sparschwein für SDG1 – Keine Armut
- Eine großes Glas Wasser oder eine WC-Bürste für SDG6 – Sauberes Wasser und Sanitäreinrichtungen
- Eine Solarzelle oder eine LED-Lampe für SDG7 – Bezahlbare und saubere Energie
- Eine Schüssel Wasser mit Quietscheente für SDG14 – Leben unter Wasser
- Eine Schüssel voller Erde für SDG15 – Leben an Land

Lassen Sie die Irritation der eintreffenden Teilnehmenden ruhig wirken, und erklären Sie noch nicht, um was es geht.

Ein Platz für Mutter Erde

Schritt 2: Einführung

Wenn alle Teilnehmenden da sind, beginnen Sie das Meeting mit einer kurzen Erklärung, warum heute ein Platz für Mutter Erde reserviert ist. Folgenden Text können Sie an Ihre Bedürfnisse und Symbolik anpassen:

Herzlich willkommen zu unserem Meeting, bei dem wir die Methode „Ein Platz für Mutter Erde" anwenden werden. Unsere Besprechungen sind oft von Kennzahlen, technologischen Diskussionen und operativen Themen geprägt. Dabei geht die langfristige Perspektive auf unseren Planeten oft unter.

Heute schaffen wir bewusst einen Raum, der uns daran erinnert, dass unsere Entscheidungen Auswirkungen auf die Erde haben. Unser „Platz für Mutter Erde" symbolisiert die Verbindung zu unserem Planeten und dient als Erinnerung an unsere Verantwortung, ihn zu schützen und nachhaltige Lösungen zu finden.

Ich lade euch ein, während dieser Besprechung öfters mal die Perspektive der Erde einzunehmen. Fragt euch: „Was ist im besten Interesse der Erde? Wie können wir nachhaltige und umweltfreundliche Lösungen finden?"

Diese Methode bietet uns die Möglichkeit, über das Tagesgeschäft hinauszublicken und langfristig zu denken. Lasst uns die Verbindung zu unserer Umwelt wiederherstellen und ganzheitliche Entscheidungen treffen, die nicht nur uns, sondern auch der Erde zugutekommen.

Schritt 3: Perspektive der Erde einbeziehen

Vor jeder Entscheidung oder während einer Diskussion nehmen Sie sich einen Moment Zeit, um auf den „Platz für Mutter Erde" zu verweisen. Dabei gibt es zwei Varianten:

1. Sorgen Sie für einen Moment der Stille. Jeder überlegt für sich, was Mutter Erde wohl zur aktuellen Diskussion oder Entscheidungssituation beitragen würde.
2. Laden Sie die Gruppe ein, dass einer in die Rolle von Mutter Erde schlüpft und für eine festgelegte Zeit aus dieser Rolle heraus diskutiert und seine Perspektive teilt.

Diskutieren Sie dann gemeinsam, wie diese Perspektive in die Entscheidungsfindung einfließen könnte.

Schritt 4: Reflexion und Integration

Am Ende des Meetings nehmen Sie sich Zeit für eine kurze Reflexion. Fragen Sie die Teilnehmenden, wie sich die Einbeziehung der Perspektive der Erde auf ihre Entscheidungen und Diskussionen ausgewirkt hat. Ermöglichen Sie einen offenen Dialog über mögliche Herausforderungen und Chancen bei der Anwendung dieser Methode. Ermutigen Sie die Teilnehmenden, das Konzept des „Platzes für Mutter Erde" in ihrem eigenen Leben und in anderen Meetings zu integrieren.

Wirkfeld der Methode

- Wirksam für Herausforderungen mit niedriger Komplexität

Transformationsfähigkeit Ihres Teams

- Fördert die Sensibilisierung
- Fördert offene Mindsets und innovative Denkhaltungen
- Sorgt für Inspiration oder bessere Inspirationsempfindlichkeit
- Zahlt auf eine bessere Vorstellungskraft ein
- Zahlt auf eine bessere Wahrnehmung ein
- Zahlt auf ein positives Zukunftsbild ein
- Zahlt auf das Dringlichkeitsempfinden ein
- Erhöht die Lösungsorientierung

Einsatzcharakteristik/Arbeitsrahmen

- Austauschfokus: vornehmlich mit internen und externen Personen
- Durchführungszeit: eher gering (< 1 Stunde)
- Einsatzfrequenz: sinnvoll im dauerhaften Einsatz
- Einsatzfrequenz: vornehmlich über den kompletten Projektzeitraum
- Einsatzradius: vornehmlich im Teameinsatz
- Einsatzradius: vornehmlich im projektweiten Einsatz
- Einsatzradius: vornehmlich im unternehmensweiten Einsatz
- Komplexität für den Moderator: eher gering
- Komplexität für die Teilnehmer: eher gering
- Teamgröße: Einzelpersonennutzung möglich
- Teamgröße: Großgruppen möglich (> 50 Teilnehmer)
- Teamgröße: Kleingruppe möglich (3 bis 5 Teilnehmer)
- Teamgröße: Mittelgroße Teams möglich (5 bis 20 Teilnehmer)
- Vorbereitungszeit: eher gering (< 1 Stunde)

Input für eine zielführende Arbeit mit der Methode

- Aktuelle Herausforderung, Leitfrage, Problem
- Ideen und Projekte, die zur Umsetzung anstehen
- Liste von Alternativen
- Verschiedene Meinungen und Blickwinkel

Output und beobachtete Ergebnisse der Methode

- Erzeugt Ideen, Lösungsansätze, Vorideen, Möglichkeiten
- Erzeugt neues Wissen und neue Erfahrungen
- Erzeugt größere Klarheit zu einem Thema
- Hilft bei Entscheidungen, Bewertungen und Feedback
- Identifiziert vorhandene Schwachstellen
- Identifiziert vorhandene Stärken
- Macht Wirkzusammenhänge sichtbar

Hinderniseffekte, auf die die Methode positiv wirkt

- Beugt Missinterpretationen vor
- Beugt blinden Flecken/Betriebsblindheit vor
- Schafft für den Erfolg nötige Realitätsbezüge
- Verhindert einseitige Bewertungen und Entscheidungen
- Verhindert unreflektiertes agieren
- Verhindert vorschnelles Urteilen über Ideen

Mögliche Extravorteile der Methode

- Möglicher Extravorteil für Teams mit einer konservativen, tradierten Kultur
- Möglicher Extravorteil für in Nachhaltigkeitsthemen ungeübte Teams

Quellen

Freikopfler Podcast, „Tobias Leisgang – Corporate Responsibility"
Person – Tobias Leisgang, tobias@companypirate.de
Web – https://open.spotify.com/episode/6tFopEslVdOV1m1PjKveCK?si=MfFvUn57SoelgD11nIcTzw (abgerufen 19.06.2023)

Eisberg-Modell

EinSatzBeschreibung

Negative Umweltereignisse sind oft nur die Spitze des Eisbergs, welchen man mit diesem systemischen Modell in seiner Ganzheit betrachten kann, um zentrale Patterns, Strukturen und Mental Models zu identifizieren.

Working Guide/Anwendungsfelder

P1 Sensibilisierung/Bildung	P2 Matching Recht/Gesetz	P3 Sustainability Roadmap	P4 Produkt/Prozessdesign	P5 Implementierung/Monitoring	P6 Kommunikation	P7 Organisation	P8 Führung	P9 Business Model Design	P10 Skalierung
X									

Beschreibung

Menschen tendieren dazu sich auf das Sichtbare, das Geschehene, das Erlebbare zu konzentrieren. Alle drei Gegebenheiten haben einen direkten Einfluss darauf, wie wir die Welt wahrnehmen. Im Kontext der Nachhaltigkeit greift jedoch die alleinige Betrachtung solcher Events viel zu kurz. Oft zeigen sie uns nur die Symptome, während die eigentlichen Hintergründe im Verborgenen bleiben. Ähnlich einem Eisberg sehen wir nur die Spitze, während bis zu 90 Prozent unter Wasser liegen.

System Thinking hat den Anspruch, Probleme nicht nur als erfahrbare Ereignisse und Symptome zu verstehen, sondern systematisch verschiedenen Elemente daraufhin zu analysieren, wie sie miteinander verbunden sind. Dies ist äußerst herausfordernd, da man die unzähligen Verstrickungen auf den ersten Blick oft nicht sehen kann. Schafft man es jedoch, die Relationen zwischen den Elementen aufzuzeigen, sind hilfreiche Antworten auf das ursprüngliche Problem in greifbarer Nähe. Es gilt somit, zuerst die Hintergründe eines Problems zu verstehen, bevor man sich an mögliche Lösungen macht.

Das Eisberg-Modell ist eine wichtige Methode des System Thinking. Es ermöglicht uns eine strukturierte Herangehensweise, um Events und Problemstellungen in ihre Elemente zu zerlegen und miteinander in Beziehung zu setzen. Dabei stellt das Modell sicher, dass bestehende blinde Flecken aufgedeckt und deren Einfluss sichtbar gemacht werden. Das Modell besteht aus einer sichtbaren und 3 verborgenen Ebenen:

Ereignisse: Diese Ebene beinhaltet die sichtbaren und erfahrbaren Ereignisse. Wir können sie beobachten, gemeinsam darüber sprechen und uns dazu austauschen. Ein beobachtbares Ereignis ist bspw. eine Überschwemmung, oder auch die Plastikverschmutzung an einem Badestrand. Das Eisbergmodell zeigt uns jedoch, dass wir das Problem nicht mit einem alleinigen Fokus auf die Ereignisebene lösen können.

Sichtbar

—

verborgen

Patterns: Wenn wir die beobachteten Ereignisse analysieren, fallen uns meist Regelmäßigkeiten oder ähnliche Vorkommnisse auf. Dies hilft uns, erste Beziehungen zu beschreiben, welche in der Patternebene aufgeführt werden. Somit können wir negative Patterns abschwächen und positive Patterns weiter stärken

Strukturen: Auf dieser Ebene stellen wir uns die Frage, was fördert die identifizierten Patterns? Mögliche Strukturen, die gewisse Patterns begünstigen, können physikalischen, organisationalen, regulatorischen oder rituellen Ursprungs sein. Wichtig ist es dabei auch zu verstehen, welche Akteure, menschliche als auch nichtmenschliche, Handlungsmacht über die identifizierten Strukturen haben. Das heißt, wer hat die Strukturen etabliert und kann diese auch wieder verändern?

Mental Models: Als letzte und tiefste Ebene untersuchen wir die mentalen Modelle. Dazu gehören die Attitüden, Überzeugungen, Werte und normativen Vorstellungen, welche die prägenden Strukturen eines Kontextes überhaupt erst ermöglichen, legitimieren und erhalten. Diese mentalen Modelle bilden gemeinsam die Ebene, welche am schwierigsten zu verändern ist, gleichzeitig aber auch den nachhaltigsten Einfluss auf die darüberliegenden Ebenen hat.

Zusammen bilden die vier Ebenen das Eisberg-Modell. Dabei ist jeweils nur die erste Ebene sichtbar. Die restlichen drei Ebenen müssen aktiv exploriert und verhandelbar gemacht werden.

Durchführung

Das Eisberg-Modell lässt sich gut in die Praxis übertragen und führt Teams Ebene für Ebene zu einem besseren Verständnis ihres Kontextes. Die relationale Darstellung seiner einzelnen Ebenen hilft, Zusammenhänge sichtbar zu machen und zukünftige Handlungsmöglichkeiten zu identifizieren. Somit können Folgeinitiativen sinnvoll verortet und geplant werden.

Arbeiten Sie sich in einem Team von 1 bis 6 Personen von der Spitze des Eisbergs hin zur Basis. Wichtig ist es, in der ersten Ebene ein gemeinsames Verständnis der zu untersuchenden Ereignisse oder Probleme abzustimmen. Ist diese Grundlage nicht gegeben, erschwert sich die weitere Arbeit an den Ebenen bei weitem. Generell ist es hilfreich, entsprechend der Komplexität der identifizierten Challenge pro Ebene klare Zeitdauern (10–20 min) vorzugeben.

Ist das Eisberg-Modell ausgefüllt, bietet sich eine Reflexion um die folgenden Fragen an:

1. Hilft uns das Eisberg-Modell, neue Beziehungen zu erkennen? Wenn ja, inwiefern hilft uns diese neue Perspektive?
2. Wo gibt es mögliche Stellschrauben, deren Anpassung einen grossen Einfluss auf die weiteren Ebenen hat? Wie können wir diese Punkte proaktiv angeben?
3. Was sind die zentralen drei Elemente auf jeder Ebene?

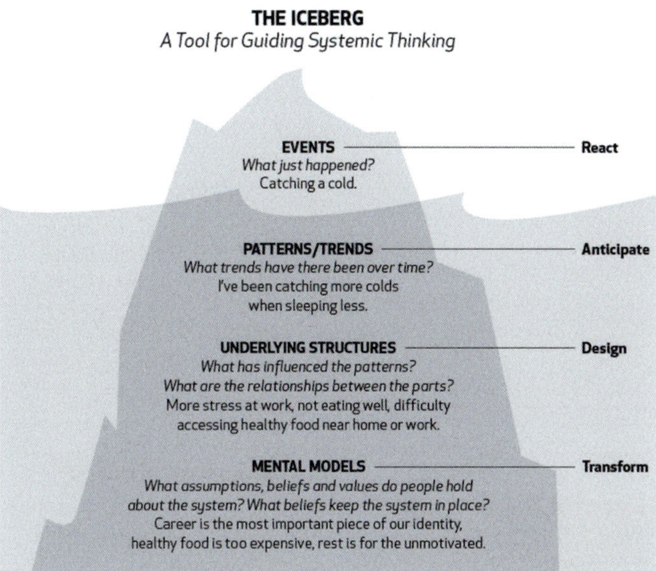

Eisberg-Modell (Quelle: https://ecochallenge.org/iceberg-model/)

Praxisschlaglicht

Nachhaltigkeitsbeispiel: Reduzierung des Wasserverbrauchs in einem Produktionsbetrieb

Ereignisse: Der Produktionsbetrieb hat kürzlich einen Anstieg des Wasserverbrauchs festgestellt, was zu höheren Kosten und Umweltbedenken führt. Dieses Ereignis erfordert eine Untersuchung und Maßnahmen.

Patterns: Bei genauerer Analyse identifiziert der Betrieb wiederkehrende Muster im Zusammenhang mit dem Wasserverbrauch. Es wird festgestellt, dass bestimmte Produktionsprozesse durch ineffiziente Kühlsysteme übermäßige Wassermengen verbrauchen. Es werden auch Unregelmäßigkeiten im Verhalten der Mitarbeitenden festgestellt.

Strukturen: Es zeigt sich, dass die Kühlsysteme über veraltete Technologie verfügen und häufig gewartet werden müssen. Die Erneuerung der mechanischen Anlagen steht dabei im direkten Wiederspruch mit dem strategischen Fokus auf Digitalisierung. Die traditionellen Anlagen werden einfach vergessen, da sie nicht Teil des aktuellen strategischen Aufgabenbereichs des Managements sind.

Mental Models: Auf der Ebene der mentalen Modelle kommen weitere Überzeugungen und Annahmen der Belegschaft hervor. Es besteht die verbreitete Denkweise, dass Wasser eine reichlich vorhandene und billige Ressource ist. Gleichzeitig sehen die meisten Mitarbeitenden ein viel höheres Potenzial in der Einführung von digitalen Sensoren und Big Data Analyseprozessen. Wasser wird als gegeben wahrgenommen.

Wirkfeld der Methode

- Wirksam für Herausforderungen mit hoher Komplexität
- Wirksam für nachhaltiges Produktdesign
- Wirksam für nachhaltiges Prozessdesign
- Wirksam für nachhaltiges Servicedesign
- Wirksam für nachhaltiges Business Model Design

Transformationsfähigkeit Ihres Teams

- Fördert die Sensibilisierung
- Sorgt für Inspiration oder bessere Inspirationsempfindlichkeit
- Zahlt auf eine bessere Vorstellungskraft ein
- Zahlt auf eine bessere Wahrnehmung ein
- Zahlt auf das Dringlichkeitsempfinden ein

Einsatzcharakteristik/Arbeitsrahmen

- Austauschfokus: vornehmlich mit internen und externen Personen
- Durchführungszeit: eher mittel (> 1 Stunde bis < 1 Tag)
- Einsatzfrequenz: vornehmlich im einmaligen Einsatz
- Einsatzfrequenz: vornehmlich über den kompletten Projektzeitraum
- Einsatzradius: vornehmlich im Teameinsatz
- Einsatzradius: vornehmlich im projektweiten Einsatz
- Komplexität für den Moderator: eher mittel
- Komplexität für die Teilnehmer: eher mittel
- Teamgröße: Einzelpersonennutzung möglich
- Teamgröße: Kleingruppe möglich (3 bis 5 Teilnehmer)
- Teamgröße: Mittelgroße Teams möglich (5 bis 20 Teilnehmer)
- Vorbereitungszeit: eher gering (< 1 Stunde)

Input für eine zielführende Arbeit mit der Methode

- Aktuell existierende Geschäftsmodelle
- Aktuell existierende Produkte und Services
- Aktuelle Herausforderung, Leitfrage, Problem
- Existierende Prozesse und Verfahren
- Umfeldbeobachtungen, Umfeldanalysen
- Wissen über Gesetze und Rahmenbedingungen

Output und beobachtete Ergebnisse der Methode

- Erzeugt Ideensuchfelder, unentdeckte Probleme, Inspiration
- Erzeugt neues Wissen und neue Erfahrungen
- Erzeugt spezifischere Leitfragen, Ideen und Aussagen
- Erzeugt visualisierte Ideen, Begriffe, Themen
- Erzeugt größere Klarheit zu einem Thema
- Erzeugt mehr Hintergrundinformationen
- Identifiziert vorhandene Schwachstellen
- Identifiziert vorhandene Stärken
- Macht Wirkzusammenhänge sichtbar

Hinderniseffekte, auf die die Methode positiv wirkt

- Beugt blinden Flecken/Betriebsblindheit vor
- Schafft für den Erfolg nötige Realitätsbezüge
- Schafft schnell Klarheit und beschleunigt Erkenntnisgewinn

Hinderniseffekte, auf die die Methode positiv wirkt

- Schärft eine fehlende gemeinsame Ausrichtung
- Verhindert Ideenfindung mit zu schwacher Erkenntnisgrundlage
- Verhindert unreflektiertes agieren
- Verhindert vorschnelles Urteilen über Ideen
- Überzeugt strukturliebende Teammitglieder

Mögliche Extravorteile der Methode

- Möglicher Extravorteil für die Arbeit mit digitalen Kollaborationsboards
- Möglicher Extravorteil für in Nachhaltigkeitsthemen erfahrene Teams

Quellen

Person – Samuel Huber, www.samuelhuber.ch oder www.forplanetstrategylab.com

Web – MIT-Erklärvideo https://jwel.mit.edu/assets/video/systems-thinking-iceberg-tool-j-wel-connections (abgerufen 15.06.2023)

Grafik: verrocchio Sustainable Inspiration Card – Malvine Klecha, Hila Attaie und Jennifer van Aerssen (Illustration)

Eisenhower-Plus

EinSatzBeschreibung

Das bewährte Eisenhower-Prinzip, jetzt mit einer Erweiterung zur enkelgerechten Priorisierung von Aufgaben, Zielen und Projekten.

Working Guide/Anwendungsfelder

P1 Sensibilisierung/Bildung	P2 Matching Recht/Gesetz	P3 Sustainability Roadmap	P4 Produkt/Prozessdesign	P5 Implementierung/Monitoring	P6 Kommunikation	P7 Organisation	P8 Führung	P9 Business Model Design	P10 Skalierung
				X		X	X		

Beschreibung

Jede Aktivität des Menschen hat Auswirkungen auf seine Umwelt. Es ist daher sinnvoll Ziele, Projekte und Aufgaben nicht nur ökonomisch zu bewerten, sondern auch unter Berücksichtigung ihrer Wirkungen auf Ökologie, Gesellschaft und Unternehmen zu priorisieren.

Das klassische Eisenhower-Prinzip, benannt nach dem ehemaligen US-Präsidenten Dwight D. Eisenhower, ist eine bewährte Methode zur Gewichtung von Aufgaben hinsichtlich ihrer Wichtigkeit und Dringlichkeit, um damit einen schnellen Anhaltspunkt zu erhalten, auf welche Aufgaben man die zur Verfügung stehenden Ressourcen investiert.

Aber auch Ziele oder Projekte können mithilfe dieses Werkzeugs priorisiert werden. Angewendet wird es in der Regel immer dann, wenn z. B. die Anzahl an Aufgaben höher ist, als diejenige der zur Verfügung stehenden Ressourcen, um diese sofort abzuarbeiten.

Sie kennen das: Wenn man an ohnehin schon an mehreren Projekten mit einer großen Anzahl an To-dos arbeitet, die Kunden anrufen, Kollegen um Unterstützung bitten und dann auch noch der Chef ganz dringend zusätzliche Aufgaben erledigt haben will, dann ist meistens der Zeitpunkt gekommen, an dem sich zu viel Arbeit auf zu wenig Zeit verteilen muss. Also ein ganz normaler Zustand, mit dem viele Menschen, Mitarbeiter und Manager jeden Tag konfrontiert sind.

Das klassische Eisenhower-Prinzip basiert auf einer einfachen Einstufung aller Aufgaben in der Taskliste in Bezug auf Dringlichkeit und Wichtigkeit und hilft, Aufgaben schnell zu priorisieren, sodass nichts „anbrennt". Es berücksichtig aber nicht die Wirkung der Aufgaben im Sinne ihrer Nachhaltigkeit. Wendet man es ohne diesen Aspekt an, so besteht die Gefahr, dass zwar ökonomisch gewollte Ergebnisse effektiv erzielt werden, diese dann aber mit höchsten sozialen oder ökologischen Folgekosten für den Einzelnen oder das Unternehmen enden.

Durch die Integration von Nachhaltigkeitsaspekten in das klassische Eisenhower-Prinzip können Sie als Nutzer nicht nur Ihre Produktivität steigern, sondern auch sicherstellen, dass Handlungen im Einklang mit gesetzten Nachhaltigkeitszielen stehen. Somit ist das Eisenhower Plus-Prinzip eine sehr schnell anwendbare Methode, um einen positiven Beitrag für die Umwelt, die Gesellschaft und das Unternehmen gleichermaßen zu leisten.

Durchführung

Machen Sie sich zunächst mit dem klassischen Eisenhower-Prinzip vertraut. Es kann z. B. in Form einer einfachen Matrix mit vier Feldern dargestellt werden.

1. Schritt:

- Betrachten Sie Ihre Aufgabenliste und vervollständigen Sie diese Liste oder erstellen Sie eine Neue.
- Schreiben Sie alles einfach von oben nach unten auf was Sie derzeit beschäftigt oder was sie noch tun sollten/müssten.
- Bewerten Sie dabei nicht!
- Es ist egal wie groß oder klein die Aufgabe ist – aufschreiben!

Sie können dies auch im Team mit allen Aufgaben des Teams an einem Whiteboard (auch online) machen. Nutzen Sie dazu die Methode „Brainwriting", aber es wird nicht geclustert oder anderweitig zusammengefasst.

2. Schritt:

- Bewerten Sie für jede Aufgabe einzeln die Dringlichkeit und die Wichtigkeit
- Ist die Aufgabe wichtig oder unwichtig? Es gibt nichts dazwischen.
- Ist die Aufgabe dringend oder nicht dringend? Es gibt nichts dazwischen.

3. Schritt:

- Tragen Sie die Aufgabe in den entsprechenden Quadranten ein.
- Wiederholen Sie den 2. und den 3. Schritt, bis Sie alle Aufgaben in die Matrix übertragen haben.

87 Eisenhower-Plus

Eisenhower-Prinzip Matrix

Für jede Kategorie erhält man nun je Aufgabe eine Arbeitsanweisung. Sinngemäß kann man dies auch für Ziele oder Projekte übernehmen.

⇧ Wichtigkeit	B **Wichtig**, aber nicht dringend	A **Wichtig und dringend**
	D Nicht dringend und nicht wichtig	C **Dringend**, aber nicht wichtig
	⇨ **Dringlichkeit**	

Kategorie A-Aufgaben:

Diese Aufgaben haben höchste Priorität und sollten sofort erledigt werden. Es sind Aufgaben, die unmittelbare Konsequenzen haben oder wesentlich zum Erreichen langfristiger Ziele beitragen.

Handlungsanweisung:

- Priorisieren Sie diese Aufgabe und arbeiten Sie sofort daran (nachdem Sie alle Aufgaben in der Matrix verortet haben).
- Sollten Sie am Ende der Einteilung Ihrer Aufgaben zu viele Kategorie-A Aufgaben haben, müssen Sie reduzieren. Sie können dies erneut mit dem Eisenhower-Prinzip mit schärferen Kriterien für Wichtigkeit und Dringlichkeit machen. So erhalten Sie eine Reihenfolge für ihre Kategorie A-Aufgaben.
- Sollten es immer noch zu viele Aufgaben im Verhältnis zur gegebenen Ressource sein, so müssen Sie mit Beteiligten und Verantwortlichen darüber sprechen, ob zusätzliche Ressourcen bereitgestellt oder Ziele herabgestuft werden können.
- Reservieren Sie entsprechende Zeiten in Ihrem Kalender, um die Aufgaben in Ihrer Reihenfolge sukzessive abzuarbeiten.

Kategorie B-Aufgaben:

Diese Aufgaben sind wichtig, erfordern jedoch keine *sofortige* Aufmerksamkeit.

Handlungsanweisung:

Sie müssen diese Aufgaben *sofort* terminieren, denn sie dürfen nicht vergessen werden. So vermeiden Sie Probleme oder verpassen Chancen.

Kategorie C-Aufgaben:

Diese Aufgaben *erscheinen* dringend, haben aber offenbar keinen hohen Wert oder Beitrag zu den Zielen. Es ist die schwierigste Kategorie und hoffentlich enthält sie nur wenige Aufgaben.

Handlungsanweisung:

- Versuchen Sie zunächst herauszufinden, ob diese Aufgabe eventuell doch auch wichtig ist; eventuell fehlen Ihnen Informationen dazu? Dann würde die Aufgabe zu einer Kategorie A-Aufgabe werden und Sie verschieben sie dorthin.
- Oder Sie finden heraus, dass die Aufgabe doch nicht wirklich dringend ist. Dann würden Sie diese in Kategorie D verschieben.
- Trifft beides nicht zu versuchen Sie diese Aufgabe an jemanden zu delegieren.
- Scheitert auch das, so reservieren Sie ein wenig Zeit pro Tag oder Woche in ihrem Kalender, in der Sie konsequent nur derartige Aufgaben weiterbearbeiten. Machen Sie dafür keine Überstunden!

Kategorie D-Aufgaben:

Diese Aufgaben sind unwichtig und tragen nicht wesentlich zum Erreichen von Zielen bei.

Vermeiden Sie oder eliminieren Sie diese Aufgaben, es sind Zeit und Energie-Fresser. Denken Sie nicht weiter darüber nach, sondern stoppen Sie jedwede Arbeit an diesen Aufgaben SOFORT!

> Tipps: Jede Aufgabe, die im Anschluss zu Ihrer Liste hinzukommt, muss den gleichen Prozess durchschreiten.
>
> Beginnen Sie niemals eine Aufgabe, die nicht zunächst in der Matrix verortet wurde.
>
> Erstellen Sie keine Schatten-Listen! Es gibt nur eine Liste
>
> Wenn Sie Ihre Aufgaben in einer entsprechenden Software verwalten, dann bauen Sie die Kategorie der Aufgabe in den Namen der Aufgabe mit ein, z. B. „A-Vertrag mit Kunde xyz erstellen".

Erweiterung um Nachhaltigkeit

Nachdem Sie nun das klassische Werkzeug verstehen und nutzen können, erweitern Siees um die Dimension der Nachhaltigkeit. Diese Eisenhower-Plus-Methode ermöglicht es, nicht nur die Effektivität und Priorisierung von Aufgaben zu berücksichtigen, sondern auch die langfristigen Folgen unseres Handelns auf Umwelt, Gesellschaft und Unternehmen.

Die bekannten Dimensionen Wichtigkeit und Dringlichkeit mit ihren jeweils zwei Attributen werden um die gleichberechtigte Dimension Nachhaltigkeit mit den beiden Attributen „Nachhaltig" und „Nicht Nachhaltig" bzw. „Schädlich" erweitert.

In der Matrix werden die Buchstaben A, B, C und D also jeweils um ein N, für nachhaltig, bzw. ein S, für schädlich, erweitert.

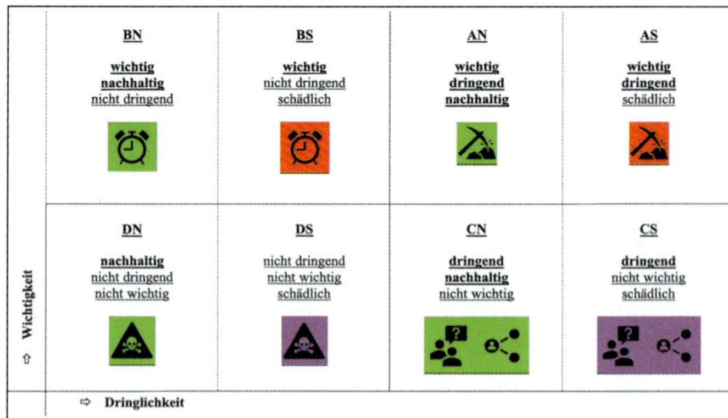

Eisenhower-Plus mit nachhaltiger Erweiterung

Entsprechend wird die Arbeitsanweisung im 2. Schritt des klassischen Modells erweitert:

Bewerten Sie für jede Aufgabe einzeln die Dringlichkeit und die Wichtigkeit.

a. Ist die Aufgabe wichtig oder unwichtig? Es gibt nichts dazwischen.
b. Ist die Aufgabe dringend oder nicht dringend? Es gibt nichts dazwischen.
c. Ist die Aufgabe nachhaltig oder schädlich? Es gibt auch hier nichts dazwischen.

Bewertung von Aufgaben im Hinblick auf Ihre Nachhaltigkeit

Nun kommt eine zunächst schwierige Aufgabe auf Sie zu. Denn Sie müssen bewerten, wie nachhaltig ihr Handeln, also jede einzelne ihrer Aufgaben ist. Hierzu benötigen Sie Kriterien oder Anhaltspunkte. Eventuell existieren bereits in Ihrem Unternehmen Kriterien oder Sie nutzen die folgende Überlegung, um selbst Kriterien festzulegen.

Nicht immer ist es einfach Konsequenzen und Abhängigkeiten sofort zu erfassen. Daher kann es sinnvoll sein vor der Einstufung in der Eisenhower-Matrix eine Bewertung der konkurrierenden Aufgaben durchzuführen, ob eine Aufgabe dringlicher für Nachhaltigkeit ist als eine andere.

Machen Sie sich klar, dass die Bewertung der Dringlichkeit für Nachhaltigkeit subjektiv sein wird und von den spezifischen Zielen, Werten und Kontexten abhängt. Daher ist es sinnvoll, eine multidisziplinäre und partizipative Herangehensweise zu wählen, um eine Bewertung vorzunehmen. Betrachten Sie daher ihre Aufgaben auch aus den Augen eines Außenstehenden.

Versuchen Sie eine Bewertung anhand der folgenden Anhaltspunkte:

1. Auswirkungen auf die Umwelt, Gesellschaft, die Menschen im Unternehmen, die Lieferkette oder Ihre Kunden
   Betrachten Sie die direkten und indirekten Auswirkungen der Aufgabe auf die Umwelt. Zum Beispiel, inwieweit trägt die Aufgabe zur Reduzierung von Treibhausgasemissionen, zu gleichberechtigten und fairen Arbeitsbedingungen, zur Kreislaufwirtschaft, zur Schonung natürlicher Ressourcen, etc., bei?
2. Langfristige Bedeutung
   Berücksichtigen Sie den langfristigen Nutzen und die Relevanz der Aufgabe oder ihrer Ergebnisse für die Nachhaltigkeit. Zum Beispiel, welche ökologischen und sozialen Auswirkungen wird die Aufgabe auf zukünftige Projekte und Aufgaben haben? Unterstützt sie nachhaltige Ziele? Trägt sie dazu bei resilienter zu werden? Steht sie im Widerspruch zu anderen gesetzten Nachhaltigkeitszielen? Ist sie normen- und gesetzeskonform?
3. Priorität in Nachhaltigkeitsstrategien
   Überprüfen Sie vorhandene Nachhaltigkeitsstrategien oder -pläne, sei es auf Unternehmensebene, Regierungsebene oder in anderen Organisationen. Wenn eine Aufgabe in solchen Strategien als wichtig oder priorisiert eingestuft wird, deutet dies darauf hin, dass sie eine höhere Dringlichkeit für die Nachhaltigkeit hat.
   Wenn Sie die Eisenhower-Plus-Methode für Ziele oder größere Projekte nutzen, dann können und sollten Sie noch folgende Aspekte in Ihre Überlegungen miteinbeziehen:
4. Stakeholder-Beteiligung
   Befragen Sie relevante Stakeholder, die von der Aufgabe betroffen sind oder einen Beitrag zur Nachhaltigkeit leisten möchten. Durch den Dialog mit Umweltexperten, Gemeinschaften, Interessengruppen oder NGOs kann man eine ganzheitliche Perspektive gewinnen und die Dringlichkeit bestimmter Aufgaben besser einschätzen.
5. Quantifizierbare Messgrößen
   Versuchen Sie, messbare Kriterien und Indikatoren zu verwenden, um die Dringlichkeit der Aufgaben zu bewerten. Dies könnte bspw. die Menge an CO_2-Einsparungen, die Anzahl der Menschen, die von der Aufgabe profitieren, oder eine Kosten-Nutzen-Analyse der Nachhaltigkeitsmaßnahmen umfassen.

Tipps: Zur schnelleren Beurteilung, ob eine Aufgabe eher „N“ oder „S“ ist, können sie für die Aspekte auch Punkte auf einer Skala von 1 bis 10 vergeben. Erreicht Ihre Aufgabe in keinem Aspekt mehr als 5 Punkte so ist sie mit „S“ zu bewerten, ansonsten verdient sie ein „N“

Geschwindigkeit zählt: Machen Sie aus Ihrer Nachhaltigkeits-Bewertung keine Doktorarbeit. Erschließt sich der Nachhaltigkeits-Aspekt nicht sofort, dann ist dies eher ein Zeichen für wenig Punkte bzw. gleich für ein „S“.

Behalten Sie ihre Kriterien bei, dann wird es von Mal zu Mal einfacher und schneller neue Aufgaben zu bewerten.

Nach der Bewertung erhalten Sie nun 8 Kategorien. Zwei Kategorien brauchen Sie nicht wirklich genauer zu betrachten. Es handelt sich um die Kategorien DN und DS. Denn auch wenn eine Aufgabe nachhaltig ist, sie aber weder wichtig noch dringend ist, so wird sie im Vergleich mit konkurrierenden Aufgaben keine Berechtigung auf Ressourcen und Erledigung erwirken können.

Relativ einfach sind die Handlungsanweisungen für alle anderen Aufgaben die nachhaltig sind.

Kategorie AN-Aufgaben:

Dringend und Wichtig und Nachhaltig: Diese Aufgaben haben höchste Priorität, da sie sowohl dringend, wichtig und nachhaltig sind. Diese Aufgaben dienen allen. Dies können Maßnahmen sein, die den ökologischen Fußabdruck reduzieren, indem sie z. B. erneuerbare Energien fördern, Ressourcen effizient nutzen oder soziale Gerechtigkeit und Fairness unterstützen und dabei auf die wichtigsten Ziele des Unternehmens einzahlen.

Handlungsanweisung:

- Erledigen Sie diese Aufgaben immer, vollständig und so schnell als möglich.
- Fühlen Sie sich gut, denn die Ergebnisse dienen allen.

Kategorie BN-Aufgaben:

Wichtig und Nachhaltig, aber nicht dringend: Diese Aufgaben haben langfristige Bedeutung für die Nachhaltigkeit, erfordern jedoch nicht unmittelbare Aufmerksamkeit. Sie können bspw. Forschung und Entwicklung im Bereich erneuerbarer Energien, nachhaltige Stadtplanung oder Bildungsinitiativen umfassen, die das Bewusstsein für Nachhaltigkeit fördern.

Handlungsanweisung:

- Terminieren Sie diese Aufgaben sofort, denn sie dürfen nicht vergessen werden.
- Stellen Sie sicher, dass diese Aufgaben auf jeden Fall durchführbar sind, indem Sie mögliche Hürden bereits im Vorfeld identifizieren, sodass einer Ausführung nichts im Wege steht, sobald die Aufgabe dran ist.

Kategorie CN-Aufgaben:

Dringend und Nachhaltig, aber nicht wichtig: Diese Aufgaben mögen auf den ersten Blick dringend erscheinen, zahlen aber eventuell nicht auf die Unternehmensziele ein. Da aber zwei von drei Kriterien gegeben sind, sollte die Aufgabe abgeklärt werden.

Handlungsanweisung:

- Versuchen Sie zunächst herauszufinden ob diese Aufgabe eventuell doch auch wichtig ist; Sie könnte auf die Nachhaltigkeitsziele einzahlen und daher eine andere Wertigkeit erhalten.
- Finden Sie Stakeholder auf Management-Ebene, die sich der Aufgabe annehmen und Sie unterstützen. Dann würde die Aufgabe zu einer Kategorie AN oder BN-Aufgabe werden und sie können sie dorthin eingruppieren.
- Oder Sie finden heraus, dass die Aufgabe doch nicht wirklich dringend ist. Dann würden Sie diese in Kategorie DN verschieben.
- Trifft all das Vorgenannte nicht zu, versuchen Sie diese Aufgabe an jemanden zu delegieren.
- Scheitert auch das, so reservieren Sie ein wenig Zeit pro Tag oder Woche in Ihrem Kalender, in der Sie konsequent nur derartige Aufgaben weiterbearbeiten. Machen Sie dafür keine Überstunden oder nehmen Sie es als Hobby, denn es ist eine der Nachhaltigkeit dienliche Aufgabe!

Kategorie AS-Aufgaben:

Wichtig, Dringend, aber SCHÄDLICH: Diese Aufgaben sind eine harte Nuss! Das Unternehmen hat Ziele gesetzt und diese werden auf eine schädliche Art erreicht. Dies bedeutet nicht, dass das Ziel nicht nachhaltig ist, aber die definierte Art dieses zu erreichen. Sie sollen also eine Aufgabe erledigen, die nicht mit den SDGs vereinbar ist.

Handlungsanweisung:

- Versuchen Sie zunächst herauszufinden, ob Sie bei der Bewertung einen Fehler gemacht haben.
- Wenn kein Fehler, dann Work-Around; versuchen Sie die Aufgabe so umzudefinieren, dass sie in ihrer Ausführung oder vom Ergebnis her nicht mehr schädlich ist.
- Wenn kein Work-Around, dann sofortige Awareness schaffen. Reden Sie mit Verantwortlichen über die Wirkung der Aufgabe, bzw die Konsequenzen des Ergebnisses. Sammeln Sie Fakten und teilen Sie Ihre Erkenntnisse? Sind Konsequenzen und Wirkungen allen Beteiligten bewusst?
- Machen Sie ein Brainstorming mit Beteiligten und versuchen Sie Alternativen zu finden, indem Sie die Aufgabe durch andere Aufgaben ersetzen, die nachhaltiger sind.
- Ziele abändern – Kann das Ziel nur durch Ausführung von schädlichen Aufgaben erreicht werden, dann sollte es verändert werden. Schaffen Sie Bewusstsein für die Schädlichkeit im Umfeld und finden Sie Mitstreiter, um eine Veränderung der Wahrnehmung zu erreichen.

Kategorie BS-Aufgaben:

Wichtig, nicht dringend, **aber SCHÄDLICH** – Diese Aufgaben sind ebenso wie AS-Aufgaben eine harte Nuss!

Handlungsanweisung:

- Gleiche Handlungsempfehlung wie bei der AS-Aufgabe. Sie haben nur etwas mehr Zeit.

Kategorie CS-Aufgaben:

Dringend, nicht wichtig, **aber SCHÄDLICH:** Diese Aufgaben sind vom Stellenwert wie DS-Aufgaben. Man sollte sich aber die Frage stellen, weshalb diese Kategorie an Aufgaben überhaupt existiert. Aus diesem Unverständnis heraus ist es mehr als legitim viele Fragen zu stellen, insbesondere wie es sein kann, dass eine Aufgabe sowohl nicht wichtig, also nicht zielführend, schädlich und dabei dringend sein kann. Dem Aufgabensteller muss sich äußerst klar darüber sein.

Handlungsanweisung:

- Stellen Sie Fragen hinsichtlich des Beitrags der Aufgabe.
- Hinterfragen Sie die Dringlichkeit im Detail.
- Sammeln Sie Fakten, warum die Aufgabe nicht nachhaltig erledigt werden kann und welche Auswirkungen dadurch entstehen. Vermitteln Sie Ihre Erkenntnisse an den Aufgabensteller.
- Sie müssen sämtliche Aspekte abklären und verstehen, sonst können und dürfen Sie die Aufgabe nicht ausführen.

Abschließende Betrachtung

Die Eisenhower-Plus-Methode ist ein Werkzeug für Unternehmen, welches dabei hilft, überlegter und nachhaltiger zu agieren. Durch die Hinzunahme der Dimension Nachhaltigkeit zum klassischen Modell werden Aufgaben und Ergebnisse erzielt, die gleichermaßen auf Produktivität und Nachhaltigkeit eines Unternehmens einzahlen. Mittels der zusätzlichen Ausprägungen können Aufgaben multidimensionaler kategorisiert werden. Dies führt in der Praxis oftmals dazu, dass Aufgaben nicht nur nachhaltiger umgesetzt werden, sondern auch, dass Tätigkeiten fundierter hinterfragt werden, Konsequenzen des Handelns aufgedeckt und damit weniger schädliche Ergebnisse überhaupt umgesetzt werden. Denn weniger Aufgaben ist nicht gleichbedeutend mit weniger Umsatz oder Gewinn. Das Gegenteil ist oftmals der Fall, denn tradierte Herangehensweisen und Prozesse sind nicht nur weniger nachhaltig, sondern deren Deckungsbeitrag ist über die Jahre hinweg null oder gar negativ. Vielen Unternehmen wird dies jedoch erst bewusst, wenn man diese Aktivitäten auf ihre Nachhaltigkeit hin untersucht. Eisenhower-Plus ist somit nicht nur ein Tool zur Priorisierung von Tätigkeiten, sondern auch ein einfach einzusetzendes Werkzeug für das Management, um das Unternehmen im Hinblick auf Nachhaltigkeit zu transformieren.

Wirkfeld der Methode

- Wirksam für Herausforderungen mit hoher Komplexität
- Wirksam für Herausforderungen mit mittlerer Komplexität
- Wirksam für nachhaltiges Business Model Design

Transformationsfähigkeit Ihres Teams

- Fördert die Sensibilisierung
- Fördert die Agilität eines Teams
- Fördert die allgemeine Transformationsfähigkeit des Teams
- Fördert offene Mindsets und innovative Denkhaltungen
- Zahlt auf eine bessere Wahrnehmung ein
- Zahlt auf ein positives Zukunftsbild ein
- Zahlt auf das Dringlichkeitsempfinden ein
- Erhöht die Lösungsorientierung

Einsatzcharakteristik/Arbeitsrahmen

- Austauschfokus: vornehmlich mit internen Personen
- Durchführungszeit: eher gering (< 1 Stunde)
- Einsatzfrequenz: sinnvoll im dauerhaften Einsatz
- Komplexität für den Moderator: eher gering
- Komplexität für die Teilnehmer: eher gering
- Teamgröße: Einzelpersonennutzung möglich
- Teamgröße: Kleingruppe möglich (3 bis 10 Teilnehmer)
- Vorbereitungszeit: eher gering (< 1 Stunde)

Input für eine zielführende Arbeit mit der Methode

- Aktuelle Herausforderung, Projekt
- Beteiligte Personen mit Tätigkeiten und Aufgaben
- Durchführungszeit, Trainingszeit
- Ziele, Zielsystem, Kennzahlen
- Wissen über Gesetze und Rahmenbedingungen

Output und beobachtete Ergebnisse der Methode

- Bessere Projekteffizienz, bessere Teamperformance
- Erzeugt Planungen und Priorisierungen
- Erzeugt größere Klarheit zu einem Thema
- Erzeugt transformationsfähigere Organisationen
- Erzeugt motiviertere und transformationsfähigere Teilnehmer
- Erzeugt segmentierte, kategorisierte, geclusterte Daten
- Hilft bei Entscheidungen, Bewertungen und Feedback
- Identifiziert vorhandene Schwachstellen
- Identifiziert vorhandene Stärken
- Macht Wirkzusammenhänge sichtbar

Hinderniseffekte, auf die die Methode positiv wirkt

- Beugt blinden Flecken/Betriebsblindheit vor
- Schafft für den Erfolg nötige Realitätsbezüge
- Schafft schnell Klarheit und beschleunigt Erkenntnisgewinn
- Schwächt das Leben in der Vergangenheit
- Verhindert blinden Aktionismus
- Verhindert falsche Flughöhen
- Verhindert unreflektiertes agieren

Mögliche Extravorteile der Methode

- Möglicher Extravorteil für Teams in einer Krisensituation
- Möglicher Extravorteil für innovativ ungeübte Teams
- Möglicher Extravorteil für in Nachhaltigkeitsthemen erfahrene Teams
- Möglicher Extravorteil für in Nachhaltigkeitsthemen ungeübte Teams

Quellen

Person – Thomas Appel Consulting, thoap@tac4u.net
Buch – Covey, Stephen R., „The 7 Habits of Highly Effective People: Powerful Lessons in Personal Change." (Free Press, 1989)

88

Elemantare Umformung

EinSatzBeschreibung

Elementare Umformungen werden in der Phase der Ideenfindung eingesetzt, um physikalische Widersprüche zu lösen.

Working Guide/Anwendungsfelder

P1 Sensibilisierung/Bildung	P2 Matching Recht/Gesetz	P3 Sustainability Roadmap	P4 Produkt/Prozessdesign	P5 Implementierung/Monitoring	P6 Kommunikation	P7 Organisation	P8 Führung	P9 Business Model Design	P10 Skalierung
			X						

Beschreibung

Das Prinzip der elementaren Umformung kommt aus der TRIZ-Methode. Mit ihm lassen sich gezielt neue Ideen finden, die den Widerspruch lösen. Beispiel: Ein Auto soll möglichst schnell fahren, aber gleichzeitig möglichst wenig Benzin verbrauchen. Die Parameter, die für die Umformungen genutzt werden, sind dabei „schnell fahren" und „wenig Verbrauch".

Das Prinzip der Elementaren Umformung in TRIZ ermutigt den Problemlöser dazu, über die gängigen Grenzen oder Zustände eines Systems oder Materials nachzudenken und alternative Zustände oder Formen zu betrachten, die bei der Lösung des Problems nützlich sein könnten. Es ist einer von vielen Lösungsansätzen innerhalb von TRIZ, die dazu beitragen, kreative und innovative Lösungen für technische Herausforderungen zu entwickeln.

Folgende Prinzipien werden bei einer Umformung eingesetzt:

Separation im Raum: Die unterschiedlichen Parameters werden räumlich getrennt umgesetzt.

Separation in der Zeit: Die unterschiedlichen Parameters werden zeitlich versetzt realisiert.

Separation in der Beziehung: Die Ausprägungen werden unter unterschiedlichen Bedingungen realisiert.

Separation durch Systemübergang:

1. Ein Objekt setzt sich aus mehreren Objekten zusammen. Das Gesamtobjekt hat eine Eigenschaft, die die Teilobjekte nicht haben oder
2. Ein Objekt ist Teil eines größeren Ganzen und hat eine bestimmte Eigenschaft, die das Ganze nicht hat.

Durchführung

Schritt 1: Formulieren Sie eine konkrete nachhaltige Herausforderung, für die Sie neue Ideen benötigen

Definieren Sie eine ökologische oder soziale Herausforderung, die durch ein neues Produkt oder eine Dienstleistung gelöst werden soll. Stellen Sie sicher, dass Ihre Herausforderung nicht nur wirtschaftlichen Nutzen, sondern auch positive Umweltauswirkungen und sozialen Mehrwert berücksichtigt.

Schritt 2: Identifizieren Sie den nachhaltigen Widerspruch

Beschreiben Sie den Kern des Problems, indem Sie den physikalischen oder funktionalen Widerspruch hervorheben. Zum Beispiel: „Wie können wir ein Produkt herstellen, das langlebig ist, aber auch aus biologisch abbaubaren Materialien besteht?"

Schritt 3: Anwendung der Umformungsprinzipien für nachhaltige Lösungen

Arbeiten Sie systematisch die vier Umformungsprinzipien durch, mit einem besonderen Fokus auf Lösungen, die nachhaltige Vor-

Elementare Umformung (Quelle: Toa Herftiba, unsplash Licence)

teile bieten. Fragen Sie sich, wie jedes Prinzip in einem Kontext angewendet werden kann, der den ökologischen Fußabdruck reduziert, sozialen Wert schafft oder beides.

Beispiel: *Wie kann ein Verpackungsmaterial entworfen werden, das robust genug ist, um den Inhalt zu schützen, aber gleichzeitig umweltfreundlich und leicht zu entsorgen ist?*

Separation im Raum:

- Eine Verpackung mit einer robusten äußeren Schicht und einer inneren, biologisch abbaubaren Schicht.
- Eine modulare Verpackung, bei der nur der beschädigte Teil ersetzt werden muss, anstatt die gesamte Verpackung wegzuwerfen.

Separation in der Zeit:

- Eine Verpackung, die robust ist, während sie das Produkt schützt, aber nach einer gewissen Zeit in der Umwelt beginnt, sich natürlich abzubauen.
- Verpackungen, die sich in der Sonne oder unter bestimmten Bedingungen schneller zersetzen.

Separation in der Beziehung:

- Eine Verpackung, die ihre Struktur oder Festigkeit ändert, basierend auf dem Inhalt, den sie schützt.
- Intelligente Verpackungen, die erkennen können, wann ihr Inhalt nicht mehr vorhanden ist und die dann den Abbau beginnen.

Separation durch Systemübergang:

- Verpackungen, die nach Gebrauch als Rohstoff in einem anderen System oder Prozess wiederverwendet werden können.
- Verpackungen, die in etwas völlig anderes transformiert werden können, z. B. in Gartengeräte oder Pflanzgefäße.

Die Anwendung dieser Prinzipien in einem Workshop, der auf Nachhaltigkeit ausgerichtet ist, ermutigt die Teilnehmer, über den traditionellen Produktentwicklungsrahmen hinauszudenken und Lösungen zu finden, die sowohl für das Business als auch für den Planeten und die Menschen von Vorteil sind.

Praxisschlaglicht

Ich empfehle im Workshop die unterschiedlichen Lösungen innerhalb der vier Prinzipien z. B. mit Posts-its auf vier Pinnwänden abzubilden. So sind alle bereits gefunden Lösungen durchgängig sichtbar. Oft entstehen neue Ideen aus der Kombination unterschiedlicher Lösungsansätze. Diese Lösung lässt sich auch gut auf einem digitalen Collaboration Board abbilden.

Wirkfeld der Methode

- Wirksam für Herausforderungen mit mittlerer Komplexität
- Wirksam für Herausforderungen mit niedriger Komplexität
- Wirksam für nachhaltiges Produktdesign

Transformationsfähigkeit Ihres Teams

- Fördert die Teamkreativität
- Fördert grundlegend die Kreativität
- Sorgt für Inspiration oder bessere Inspirationsempfindlichkeit
- Erhöht die Lösungsorientierung

Einsatzcharakteristik/Arbeitsrahmen

- Austauschfokus: vornehmlich mit internen Personen
- Durchführungszeit: eher mittel (> 1 Stunde bis < 1 Tag)
- Einsatzfrequenz: vornehmlich im einmaligen Einsatz
- Einsatzradius: vornehmlich im Teameinsatz
- Einsatzradius: vornehmlich im projektweiten Einsatz
- Komplexität für den Moderator: eher mittel
- Komplexität für die Teilnehmer: eher mittel
- Teamgröße: Einzelpersonennutzung möglich
- Teamgröße: Kleingruppe möglich (3 bis 5 Teilnehmer)
- Teamgröße: Mittelgroße Teams möglich (5 bis 20 Teilnehmer)
- Vorbereitungszeit: eher gering (< 1 Stunde)

Input für eine zielführende Arbeit mit der Methode

- Aktuelle Herausforderung, Leitfrage, Problem
- Merkmale der gegebenen Herausforderung
- Wissen über Gesetze und Rahmenbedingungen

Output und beobachtete Ergebnisse der Methode

- Erzeugt Ideen, Lösungsansätze, Vorideen, Möglichkeiten

Hinderniseffekte, auf die die Methode positiv wirkt

- Bewahrt vor zu generischen Ideen und Aussagen
- Verkürzt und durchbricht vorhandene Kreativblockaden
- Verhindert Ideenfindung mit zu schwacher Erkenntnisgrundlage
- Wirkt fehlender Inspiration entgegen

Mögliche Extravorteile der Methode

- Möglicher Extravorteil für Teams in einer Komfortsituation
- Möglicher Extravorteil für innovativ erfahrene Teams
- Möglicher Extravorteil für innovativ ungeübte Teams
- Möglicher Extravorteil für die Arbeit mit digitalen Kollaborationsboards

Quellen

Buch – Das große Handbuch Innovation, B. van Aerssen, C. Buchholz (Vahlen, 2018)

Buch – Systematische Innovation: TRIZ-Anwendung in der Produkt- und Prozessentwicklung (Praxisreihe Qualität), K. Koltze, V. Souchkov (Hanser, 2017)

89

Embedded Feedback Mechanisms

Quelle: © NEU | Zentis – Innovation Space Aachen

EinSatzBeschreibung

Das Werkzeug der „Embedded Feedback Mechanisms" ermöglicht die kontinuierliche Weiterentwicklung von Produkten, Services und Prozessen und in diesen Kontext agiles Lernen.

Working Guide/Anwendungsfelder

P1 Sensibilisierung/Bildung	P2 Matching Recht/Gesetz	P3 Sustainability Roadmap	P4 Produkt/Prozessdesign	P5 Implementierung/Monitoring	P6 Kommunikation	P7 Organisation	P8 Führung	P9 Business Model Design	P10 Skalierung
				X					X

Beschreibung

Indem eine Unternehmung Feedback Mechanismen in sein Produkt-, Service und Prozessdesign einbettet, erfolgt eine Rückkopplung von Käufer- und Nutzererfahrungen an die Unternehmung, um Kenntnisse zu Optimierungspotenzialen gewinnen zu können.

„Embedded Feedback Mechanisms" nutzt Fragestellungen in Hypothesenform, um gezielt bewusst gewählte Aspekte eines Beobachtungsobjekts (hier Produkte, Services und Prozesse) zu untersuchen. Nachhaltigkeitsaspekte können z. B. Energieverbrauch, Abfallreduktion, Umnutzung und Recycling betreffen, welche über Feedback Hypothesen kontinuierlich untersucht, werden können.

Durchführung

1. Hypothese/Frage (Was möchte ich lernen?)

Verwenden Sie eine Tabelle (siehe Abbildung), um Ihre Hypothesen für Feedback zu formulieren, die sich auf das zu optimierende Beobachtungsobjekt beziehen. Diese Hypothesen repräsentieren Ihre Erwartungen und Vermutungen, zum Beispiel über Ihr Produkt, die jedoch noch getestet und erforscht werden müssen. Versuchen Sie, möglichst reale Hypothesen und Testszenarien (Experimente) zu erstellen.

2. Beweis (Was muss ich wissen und wofür möchte ich es nutzen?)

Fügen Sie in der zweiten Spalte die Feedbackinhalte (Beweise) hinzu, die Sie benötigen, um Ihre Erkenntnisse zu validieren. Gleichzeitig ist es wichtig, Informationen zu sammeln, um zu lernen und sich zu verbessern, anstatt nur Annahmen zu bestätigen. Das Hauptziel besteht darin, das Beobachtungsobjekt zu gestalten. Konzentrieren Sie sich auf den entscheidenden Lernbedarf und übernehmen Sie nicht zu viele Lernziele in einem Experiment.

3. Datenerfassung (Wie plane ich die Erfassung und Verarbeitung?)

Wie beabsichtigen Sie, Feedback zu erfassen, um Daten und Informationen zu sammeln? Wie werden Sie das Design Ihres Beobachtungsobjekts gestalten, um die benötigten Informationen zu erfassen? Hier sind einige Beispiele für Erfassungsmechanismen, die Sie in Betracht ziehen könnten:

- Interviews: Sie führen Befragungen mit Benutzern durch, um ihre Erfahrungen zu erfragen.
- Umfragen: Sie befragen Benutzer basierend auf ihren Erfahrungen.
- Forenbeobachtung: Sie beobachten, was Benutzer in sozialen Medien oder anderen Foren über Ihr Produkt sagen.
- Analytik: Wenn Ihr Produkt eine digitale Komponente hat, verfolgen Sie das Nutzerverhalten im Backend.
- Datenauswertung: Sie nutzen Technologien wie Cookies und andere Daten, die als Nebenprodukt von Online-Aktionen von Menschen generiert werden.
- Sensoren: Sie integrieren Sensoren in Ihr Produkt, um die Nutzung zu verfolgen.

Überlegen Sie, welcher dieser Mechanismen am besten geeignet ist, um die benötigten Informationen für Ihr spezifisches Beobachtungsobjekt zu sammeln.

4. Aktion (Wie plane ich die Beweise zu verwenden?)

In Spalte 4 sollten Sie abschließend darüber nachdenken, wie sich Ihre Datenerfassung im Laufe der Zeit weiterentwickeln könnte. Wenn Sie skalieren, könnten Sie z. B. erwägen, ob/wie/wann der Automatisierungsgrad Ihrer Feedbackerfassung erhöht werden kann. Während Ihres Weges könnten Sie möglicherweise auf un-

WORKSHEET

Embed feedback

A4

HYPOTHESIS/QUESTION (WHAT I WANT TO LEARN)	EVIDENCE (WHAT I NEED TO KNOW & HOW I PLAN TO USE IT)	DATA COLLECTION (HOW I PLAN TO CAPTURE & STORE THIS)	ACTION (HOW I PLAN TO USE THE EVIDENCE)
eg. "Our customers will find our new product easier to use because it's modular "	eg. "We need to observe customers having an easier time engaging"	eg. "We will collect this data through in person user-testing & surveys."	e.g. "I plan to use it to develop new ways to engage with my customers" "I'm planning to sell my data as it's of benefit to others."

erwartete Erkenntnisse stoßen, die Sie vom ursprünglichen Kurs abbringen – das ist jedoch kein Problem. Es ist wichtig, das richtige Gleichgewicht zwischen Absicht und Flexibilität zu finden.

Tipp: Nutzen Sie das Werkzeug der „Embedded Feedback Mechanisms" für einen kontinuierlich ablaufenden Optimierungsprozess im Produkt-, Service- oder Prozessdesign.

Praxisschlaglicht

In unseren Projekten haben wir die „Embedded Feedback Mechanisms" in die Prozesse nahtlos integriert, um eine reibungslose Nutzung zu ermöglichen. Dabei war es wichtig, Rückmeldungen kontinuierlich zu analysiere und nutzen.

Wirkfeld der Methode

- Wirksam für Herausforderungen mit hoher Komplexität
- Wirksam für nachhaltiges Produktdesign
- Wirksam für nachhaltiges Servicedesign

Transformationsfähigkeit Ihres Teams

- Zahlt auf eine bessere Vorstellungskraft ein
- Zahlt auf eine bessere Wahrnehmung ein
- Zahlt auf das Dringlichkeitsempfinden ein
- Erhöht die Lösungsorientierung

Einsatzcharakteristik/Arbeitsrahmen

- Austauschfokus: vornehmlich mit internen und externen Personen
- Durchführungszeit: eher hoch (> 1 Tag)
- Einsatzfrequenz: sinnvoll im dauerhaften Einsatz
- Einsatzradius: vornehmlich im projektweiten Einsatz
- Einsatzradius: vornehmlich im unternehmensweiten Einsatz
- Komplexität für den Moderator: eher mittel bis hoch
- Komplexität für die Teilnehmer: eher gering
- Teamgröße: Speziell für Großgruppen geeignet (> 50 Teilnehmer)
- Vorbereitungszeit: eher hoch (>1 Tag)

Input für eine zielführende Arbeit mit der Methode

- Aktuell existierende Produkte und Services
- Durchlaufendes Projekt oder Projektphasen
- Existierende Prozesse und Verfahren

Output und beobachtete Ergebnisse der Methode

- Erzeugt Ideen, Lösungsansätze, Vorideen, Möglichkeiten
- Erzeugt Ideensuchfelder, unentdeckte Probleme, Inspiration
- Erzeugt Leitfragen für die Ideenfindung

Hinderniseffekte, auf die die Methode positiv wirkt

- Beugt blinden Flecken/Betriebsblindheit vor
- Bewahrt vor zu generischen Ideen und Aussagen
- Schafft für den Erfolg nötige Realitätsbezüge
- Schafft schnell Klarheit und beschleunigt Erkenntnisgewinn
- Verhindert blinden Aktionismus
- Verhindert falsche Flughöhen
- Verhindert unreflektiertes agieren
- Verringert zu große Komplexitäten

Mögliche Extravorteile der Methode

- Möglicher Extravorteil für Teams in einer Komfortsituation
- Möglicher Extravorteil für Teams mit einer konservativen, tradierten Kultur
- Möglicher Extravorteil für innovativ ungeübte Teams

Quellen

Organisation – Der Circular Design Guide ist eine Zusammenarbeit zwischen der Ellen MacArthur Foundation und IDEO. Copyright © Ellen MacArthur Foundation 2017, 2018

Web – https://www.circulardesignguide.com/methods (abgerufen 04.05.2023)

Energiemanagement ISO 50001

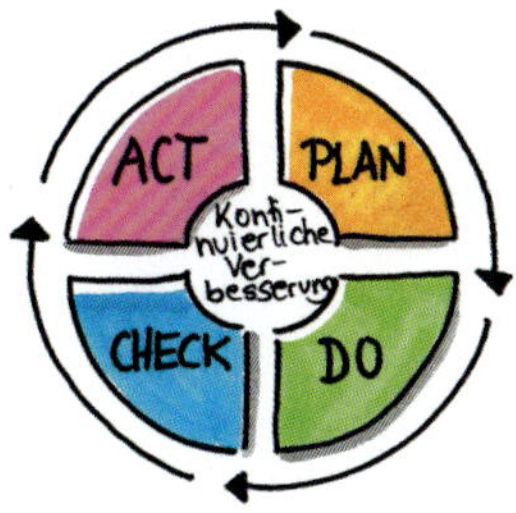

EinSatzBeschreibung

Die ISO 50001 ist eine international anerkannte Norm, die Organisationen und Unternehmen ein Rahmenwerk zur Planung, Implementierung, Überwachung und Verbesserung ihres Energiemanagementsystems bietet.

Working Guide/Anwendungsfelder

P1 Sensibilisierung/Bildung	P2 Matching Recht/Gesetz	P3 Sustainability Roadmap	P4 Produkt/Prozessdesign	P5 Implementierung/Monitoring	P6 Kommunikation	P7 Organisation	P8 Führung	P9 Business Model Design	P10 Skalierung
		X		X		X			

Beschreibung

Im Kontext der Nachhaltigkeit stellt die ISO 50001 eine hilfreiches Managementsystem dar. Sie konzentriert sich darauf, den Energieverbrauch von Organisationen zu optimieren, was direkte Auswirkungen auf die Reduzierung von CO_2-Emissionen und anderen Treibhausgasen hat. Damit trägt sie entscheidend zur Bekämpfung des Klimawandels bei und fördert gleichzeitig die betriebliche Effizienz und Kosteneinsparungen. Die Norm geht über einfache Energieeffizienzmaßnahmen hinaus und betrachtet alle Aspekte der Energieflüsse und -nutzung in einer Organisation, von den Energieeinkaufsstrategien bis hin zur Verbesserung der energetischen Leistung von Produkten und Dienstleistungen. Die aktuelle Fassung der ISO 50001 entspricht dem gleichen Aufbau wie die Qualitätsmanagementnorm ISO 9001, die Umweltmanagementnorm ISO 14001 und die Norm ISO 45001 für Arbeitssicherheitsmanagement und schafft so die Möglichkeit für Unternehmen, integrierte Managementsysteme zu schaffen.

Weitere Vorteile:

- **Rechtssicherheit:** Die ISO 50001 erfüllt die Anforderungen des Energiedienstleistungsgesetzes (EDL-G). Unternehmen, die ein zertifiziertes Energiemanagementsystem nach ISO 50001 betreiben, erfüllen daher die gesetzlichen Anforderungen und vermeiden mögliche Strafen.
- **Wettbewerbsvorteil:** Ein nach ISO 50001 zertifiziertes Energiemanagementsystem kann Wettbewerbsvorteile verschaffen. Dies kann sich insbesondere bei Ausschreibungen positiv auswirken, bei denen Nachhaltigkeitskriterien eine immer größere Rolle spielen.
- **Stetige Verbesserung der Energieperformance:** Ein zentraler Aspekt der ISO 50001 ist das Prinzip der kontinuierlichen Verbesserung. Durch regelmäßige Überprüfung und Anpassung des Energiemanagementsystems können Unternehmen ihre energetische Leistung stetig verbessern.
- **Einbeziehung der Mitarbeiter:** Ein systematisches Energiemanagement nach ISO 50001 beinhaltet auch die Schulung und Sensibilisierung der Mitarbeiter im Umgang mit Energie. Dies kann dazu beitragen, das Bewusstsein für Energieeffizienz im gesamten Unternehmen zu stärken und eine energiebewusste Unternehmenskultur zu fördern.

Durchführung

Die Implementierung der ISO 50001 beginnt mit der Verpflichtung des Topmanagements zur Verbesserung der energetischen Leistung. Die Organisation muss dann eine Energiepolitik formulieren und energiebezogene Ziele und Maßnahmen festlegen.

Der nächste Schritt besteht darin, ein Energiemanagementsystem (EnMS) zu planen, das den Energieverbrauch überwacht und analysiert. Das EnMS sollte eine klare Aufgabenverteilung und Verantwortlichkeiten festlegen und kontinuierliche Überprüfungen und Verbesserungen ermöglichen. Die Organisation muss auch sicherstellen, dass das Personal entsprechend geschult ist und die notwendigen Ressourcen zur Verfügung stehen. Nach der Implementierung wird das EnMS regelmäßig überprüft und angepasst, um die kontinuierliche Verbesserung der energetischen Leistung zu gewährleisten.

Abschließend kann eine unabhängige Zertifizierungsstelle die Konformität des EnMS mit der ISO 50001 bestätigen. Die Durchführung orientiert sich am Prinzip Plan – Do – Check – Act

Ablauf im Überblick

1. Energiemanagement-Team aufsetzen
2. Energiepolitik formulieren
3. Verwendete Energieträger feststellen (Strom, Gas, Öl, etc.)
4. Energieverbraucher identifizieren
5. Energieleistungskennzahlen formulieren
6. Aktionsplan ableiten und erste Maßnahmen durchführen
7. Internes Audit durchführen
8. Topmanagement-Review erstellen
9. Zertifizierungs-Audit durchführen lassen

Im Anschluss erfolgt der nächste Management-Zyklus.

Helfende Organisation

- TÜV SÜD
- DEKRA
- DQS

Wirkfeld der Methode

- Wirksam für Herausforderungen mit hoher Komplexität

90

Energiemanagement ISO 50001

Energiemanagement nach ISO 50001 (Quelle: www.omnicert.de/managementsysteme)

Transformationsfähigkeit Ihres Teams

- Fördert die Sensibilisierung

Einsatzcharakteristik/Arbeitsrahmen

- Austauschfokus: vornehmlich mit internen Personen
- Durchführungszeit: eher hoch (> 1 Tag)
- Einsatzfrequenz: sinnvoll im dauerhaften Einsatz
- Einsatzradius: vornehmlich im unternehmensweiten Einsatz
- Komplexität für die Teilnehmer: eher hoch
- Vorbereitungszeit: eher hoch (>1 Tag)

Input für eine zielführende Arbeit mit der Methode

- Aktuelle Herausforderung, Leitfrage, Problem
- Existierende Prozesse und Verfahren
- Ziele, Zielsystem, Kennzahlen

Output und beobachtete Ergebnisse der Methode

- Bessere Projekteffizienz
- Erzeugt Planungen und Priorisierungen
- Erzeugt definierte Zielkorridore
- Erzeugt eine Vision oder Zukunftsbild
- Erzeugt größere Klarheit zu einem Thema
- Erzeugt mehr Hintergrundinformationen
- Identifiziert vorhandene Schwachstellen
- Identifiziert vorhandene Stärken
- Macht Wirkzusammenhänge sichtbar

Hinderniseffekte, auf die die Methode positiv wirkt

- Beugt Missinterpretationen vor
- Beugt blinden Flecken/Betriebsblindheit vor
- Schafft schnell Klarheit und beschleunigt Erkenntnisgewinn
- Verhindert unreflektiertes agieren

Mögliche Extravorteile der Methode

- Bringt Struktur in unübersichtliche Datenlage

Quellen

Buch – Girbig, P., Graser, C., Janson-Mundel, O., Schuberth, J., & Seifert, E. K. Energiemanagement gemäß DIN EN ISO 50001: systematische Wege zu mehr Energieeffizienz (Beuth, 2015)

Web – https://www.umweltbundesamt.de/energiemanagementsysteme-iso-50001#iso-50001-aufbau-und-anwendung

Buch –Janson-Mundel, O.: Energiemanagementsysteme im Kontext der Nachhaltigkeit. In: Schwager, B. (2022): CSR und Nachhaltigkeitsstandard. Normung und Standards im Nachhaltigkeitskontext (Springer Gabler)

Entwirf die Schachtel

Foto: verrocchio Institute AG

EinSatzBeschreibung

Eine Methode zur Erstellung eines frühen Prototypen für die Produktverpackung, die die frühe Nutzung von nachhaltigen Materialien fördert und dabei hilft, sich das das Produkt besser vorzustellen.

Working Guide/Anwendungsfelder

P1 Sensibilisierung/Bildung	P2 Matching Recht/Gesetz	P3 Sustainability Roadmap	P4 Produkt/Prozessdesign	P5 Implementierung/Monitoring	P6 Kommunikation	P7 Organisation	P8 Führung	P9 Business Model Design	P10 Skalierung
			X						

Beschreibung

Die Übung „Entwirf die Schachtel" kommt eigentlich aus der Phase des Prototyping. Hier wird eine physische Schachtel gebaut, also ähnlich der Verpackung des späteren Produkts, mit der im zweiten Schritt die Idee verkauft werden soll.

Die Teilnehmer haben so die Möglichkeit, ihre Ideen und Gedanken konkret und greifbar auf den Punkt zu bringen. Es fällt einfacher, Ideen zu entwickeln, wenn man über ein konkretes, sichtbares und auch haptisches Produkt spricht. Durch den Vorgang des „Verkaufens" wird zudem der spätere Kundennutzen ein zentraler Bestandteil der Überlegungen.

In einer nachhaltigen Produktentwicklung spielt die Verpackung eine besondere Rolle. Bei dem Einsatz von „Entwirf die Schachtel" achten die Teilnehmer auf zu einem frühen Zeitpunkt bereits auf nachhaltige Verpackungsmaterialien und die Wirkung des Produktes.

Durchführung

In der Minimalvariante können die Prototypen mit Papier und Stift gezeichnet werden, aber besser ist es, wenn die Teilnehmer die Gelegenheit haben, das Ergebnis tatsächlich zu basteln. Für die Prototypen sollten nachhaltige oder recycelte Materialien verwendet werden. Ideale Bastelutensilien sind zum Beispiel: Recyclingpapier, natürliche Farbstifte, wiederverwendbares Packpapier, biologisch abbaubares Klebeband und Scheren. Wenn möglich, sollten Beispielverpackungen aus nachhaltigen Produkten vorgezeigt werden, um die Kreativität der Gruppe anzuregen.

Auch können einige Beispielverpackungen genutzt werden, um die Kreativität der Gruppe zu steigern. Der Ablauf besteht grundlegend aus drei Phasen:

Phase 1: Die Schachtel füllen

Zuerst überlegt sich die Gruppe, was in der Schachtel sein könnte. Als Orientierungshilfe:

- Mögliche Namen für die Idee/das Produkt
- Mögliche Kunden, Benutzer, Käufer
- Mögliche ökologische Merkmale, Funktionen oder Vorteile

Phase 2: Die Schachtel herstellen

Die Teilnehmer haben nun 30 Minuten (oder bei Bedarf länger) Zeit, um die Verpackungen für ihre Ideen unter dem Aspekt der Nachhaltigkeit zu entwickeln. Hierbei sollten sie besonders auf umweltfreundliche und recyclebare Materialien achten.

Foto: verrocchio Institute AG

Leitfragen könnten sein:

- Wie heißt das Produkt?
- Für wen ist es gedacht? Für welche Zielgruppe von umweltbewussten Verbrauchern ist es interessant?
- Wie lautet die Kurzbeschreibung/der Slogan?
- Was sind die hervorstechenden Merkmale? Was ist der Nutzen? Was sind die ökologischen Vorteile des Produkts?
- Wie würden Sie das Produkt optisch darstellen, um sein umweltfreundliches Profil zu betonen?

Phase 3: Die Schachtel verkaufen

Nun geht es darum, die Schachtel zu verkaufen/zu präsentieren. Dabei sollte nicht nur der Nutzen des Produkts, sondern auch sein Beitrag zur Nachhaltigkeit und Umweltfreundlichkeit betont werden. Beobachten Sie, wie die Produktmerkmale in ökologische Vorteile übersetzt werden und wie die Präsentationsfähigkeiten der Teilnehmer sind. Jedes Team (beziehungsweise jeder Einzelne, wenn individuelle Schachteln entwickelt wurden) bekommt nun die Gelegenheit, sich vor die Gruppe zu stellen und die eigene Schachtel vorzustellen. Ziel ist es, die eigene Entwicklung bestmöglich zu verkaufen und auch vor allem die nachhaltigen Vorteile zu zeigen. Achten Sie darauf, wie die Produktmerkmale in Kundennutzen und ökologische Vorteile zu übersetzen.

Diskutieren Sie über die Ergebnisse und die Erkenntnisse der Teilnehmer.

Praxisschlaglicht

Messen Sie der Nachhaltigkeit bei Materialien und Verarbeitung einen hohen Stellenwert bei. Bringen Sie Beispiele nachhaltiger Verpackungen mit in den Workshop. Viele Teilnehmer haben noch keine Vorerfahrung mit nachhaltigen Verpackungen.

Foto: verrocchio Institute AG

Wirkfeld der Methode

- Wirksam für Herausforderungen mit mittlerer Komplexität
- Wirksam für Herausforderungen mit niedriger Komplexität
- Wirksam für nachhaltiges Marketing
- Wirksam für nachhaltiges Produktdesign

Output und beobachtete Ergebnisse der Methode

- Erzeugt frühe Prototypen

Hinderniseffekte, auf die die Methode positiv wirkt

- Verkürzt und durchbricht vorhandene Kreativblockaden
- Wirkt fehlender Inspiration entgegen

Transformationsfähigkeit Ihres Teams

- Fördert die Sensibilisierung
- Fördert die Teamkreativität
- Zahlt auf eine bessere Vorstellungskraft ein

Einsatzcharakteristik/Arbeitsrahmen

- Austauschfokus: vornehmlich mit internen und externen Personen
- Durchführungszeit: eher mittel (> 1 Stunde bis < 1 Tag)
- Einsatzfrequenz: sinnvoll im dauerhaften Einsatz
- Einsatzfrequenz: vornehmlich im einmaligen Einsatz
- Einsatzfrequenz: vornehmlich über den kompletten Projektzeitraum
- Einsatzradius: vornehmlich im Teameinsatz
- Komplexität für den Moderator: eher mittel
- Komplexität für die Teilnehmer: eher mittel
- Teamgröße: Kleingruppe möglich (3 bis 5 Teilnehmer)
- Teamgröße: Maxigruppen möglich (20 bis 40 Teilnehmer)
- Teamgröße: Mittelgroße Teams möglich (5 bis 20 Teilnehmer)
- Vorbereitungszeit: eher mittel (> 1 Stunde bis < 1 Tag)

Input für eine zielführende Arbeit mit der Methode

- Aktuell existierende Produkte und Services
- Aktuelle Herausforderung, Leitfrage, Problem
- Angereicherte Ideen, Ideencluster oder höher integrierte Lösungen

Mögliche Extravorteile der Methode

- Möglicher Extravorteil für Teams in einer Komfortsituation
- Möglicher Extravorteil für innovativ ungeübte Teams
- Möglicher Extravorteil für in Nachhaltigkeitsthemen erfahrene Teams

Quellen

Buch – Das große Handbuch Innovation, B. van Arssen, C.Buchholz (Vahlen, 2018)

Buch – Gamestorming, D. Gray, S. Brown, J. Macanufo (O'Reilly, 2011)

Buch – Innovation Games: Creating Breakthrough Products Through Collaborative Play, L. Hohmann (Pearson, 2006)

ESG-Reporting

EinSatzBeschreibung

ESG-Reporting (Environment, Social, Governance) ist ein Instrument, das Unternehmen dabei unterstützt, ihre Umwelt-, sozialen und Governance-Aspekte zu messen, zu überwachen und darüber zu berichten, um ihre Nachhaltigkeitsleistung transparent darzustellen und die Anforderungen von Stakeholdern zu erfüllen.

Working Guide/Anwendungsfelder

P1 Sensibilisierung/Bildung	P2 Matching Recht/Gesetz	P3 Sustainability Roadmap	P4 Produkt/Prozessdesign	P5 Implementierung/Monitoring	P6 Kommunikation	P7 Organisation	P8 Führung	P9 Business Model Design	P10 Skalierung
X	X				X				

Beschreibung

ESG-Reporting erlaubt es Unternehmen, ihre Auswirkungen auf Umwelt, Gesellschaft und Unternehmensführung zu erfassen und zu kommunizieren. Die Bestandteile von ESG-Reporting umfassen:

- Umweltaspekte: Messung und Berichterstattung über Umweltkennzahlen wie Energieverbrauch, Treibhausgasemissionen, Abfallaufkommen, Wassernutzung und Biodiversität.
- Soziale Aspekte: Erfassung und Berichterstattung über soziale Kennzahlen wie Arbeitsbedingungen, Mitarbeitergesundheit und -sicherheit, Vielfalt und Inklusion, Menschenrechte und Lieferantenbeziehungen.
- Governance-Aspekte: Messung und Berichterstattung über Aspekte der Unternehmensführung wie Corporate Governance, Ethik, Risikomanagement und Compliance.

Vorteile des ESG-Reporting

- Transparenz und Glaubwürdigkeit: ESG-Reporting ermöglicht Unternehmen, ihre Nachhaltigkeitsleistung transparent zu kommunizieren und das Vertrauen von Stakeholdern zu gewinnen.
- Risikomanagement: Durch die Identifizierung und Bewertung von ESG-Risiken können Unternehmen ihre Risikoposition verbessern und sich auf mögliche Herausforderungen vorbereiten.
- Zugang zu Kapital und Investoren: Immer mehr Investoren und Finanzinstitutionen berücksichtigen ESG-Kriterien bei ihren Anlageentscheidungen, wodurch Unternehmen mit einer starken ESG-Performance besseren Zugang zu Kapital erhalten können.
- Verbesserung der Performance: ESG-Reporting hilft Unternehmen, ihre Nachhaltigkeitsleistung zu überwachen und zu verbessern, indem sie Bereiche mit Verbesserungspotenzial identifizieren und Maßnahmen ergreifen.

Grenzen des ESG-Reporting

- Standardisierung: Es gibt verschiedene Standards und Rahmenwerke für ESG-Reporting, was zu einer gewissen Fragmentierung führen kann und die Vergleichbarkeit von Berichten erschwert.
- Datenverfügbarkeit und Qualität: Das Sammeln und Verifizieren von ESG-Daten kann eine Herausforderung sein, insbesondere für Unternehmen mit komplexen Lieferketten und begrenzten Ressourcen.
- Greenwashing-Risiko: Einige Unternehmen könnten ESG-Reporting nutzen, um ihr Image zu verbessern, ohne tatsächlich substanzielle Maßnahmen zur Verbesserung ihrer Nachhaltigkeitsleistung umzusetzen.

Die EU führt derzeit die Corporate Sustainability Reporting Directive (CSRD) ein, die ESG-Reporting-Anforderungen für Unternehmen ab 250 Mitarbeitenden erweitert. Mit den European Sustainability Reporting Standards (ESRS) wird die Nutzung einheitlicher Standards für die Berichterstattung für betroffene Unternehmen verpflichtend.

Kriterien guter ESG-Berichterstattung

Die Grundsätze guter Nachhaltigkeitsberichterstattung helfen Unternehmen, eine qualitativ hochwertige, transparente und aussagekräftige Darstellung ihrer Nachhaltigkeitsleistung zu gewährleisten.

- Relevanz: Die Berichterstattung sollte sich auf diejenigen Nachhaltigkeitsaspekte konzentrieren, die für das Unternehmen und seine Stakeholder am wichtigsten sind. Es ist wichtig, dass die Informationen relevant sind, um Entscheidungen und Einschätzungen über die Nachhaltigkeitsleistung treffen zu können.
- Vollständigkeit: Die Berichterstattung sollte alle wesentlichen Aspekte der Nachhaltigkeitsleistung abdecken und sowohl positive als auch negative Auswirkungen und Fortschritte erfassen. Es ist wichtig, ein umfassendes Bild zu liefern und mögliche Lücken oder Auslassungen zu vermeiden.
- Genauigkeit: Die berichteten Informationen sollten genau, zuverlässig und nachvollziehbar sein. Es ist wichtig, dass die Daten und Kennzahlen auf einer soliden Methodik und einer angemessenen Datenerhebung beruhen.
- Vergleichbarkeit: Die Berichterstattung sollte es ermöglichen, die Nachhaltigkeitsleistung im Zeitverlauf zu verfolgen und sie mit anderen Unternehmen oder Branchen zu vergleichen. Einheitliche Standards, Indikatoren und relative statt absoluter Kennzahlen erleichtern die Vergleichbarkeit und ermöglichen eine bessere Einordnung.
- Klarheit und Verständlichkeit: Die Berichterstattung sollte in einer klaren und verständlichen Sprache verfasst sein, die für die Zielgruppe zugänglich ist. Komplexe Fachbegriffe sollten erklärt und visuelle Darstellungen wie Grafiken oder Infografiken können helfen, komplexe Zusammenhänge anschaulich zu machen.
- Konsistenz: Die Berichterstattung sollte konsistent sein und die Entwicklung über die Zeit hinweg verfolgen. Es ist wichtig, dass die Informationen in aufeinanderfolgenden Berichten

vergleichbar sind und Änderungen oder Fortschritte deutlich gemacht werden. Daten über den Verlauf von mindestens drei aufeinanderfolgenden Jahren erleichtern dies.
- Stakeholder-Orientierung: Die Berichterstattung sollte die Bedürfnisse und Erwartungen der relevanten Stakeholder berücksichtigen. Der Dialog mit Stakeholdern und die Einbeziehung ihrer Perspektiven können helfen, die Berichterstattung zielgerichteter und relevanter zu gestalten.
- Glaubwürdigkeit und Unabhängigkeit: Die Berichterstattung sollte transparent sein und auf einer verlässlichen und unabhängigen Prüfung basieren. Eine externe Überprüfung der Berichte kann die Glaubwürdigkeit erhöhen und das Vertrauen der Stakeholder stärken.
- Kontinuierliche Verbesserung: Die Berichterstattung sollte als ein fortlaufender Prozess betrachtet werden, der es ermöglicht, die Qualität, Relevanz und Glaubwürdigkeit der Informationen kontinuierlich zu verbessern. Unternehmen sollten Feedback von Stakeholdern aufnehmen und die Berichterstattung entsprechend weiterentwickeln.

Durchführung

1. Gesetzliche Regelungen: Prüfen Sie, ob und inwiefern das Unternehmen von gesetzlichen Regelungen wie der CSRD betroffen ist.
2. Festlegung des Rahmens: Wählen Sie einen geeigneten ESG-Standard oder ein Rahmenwerk aus, der/das den Anforderungen Ihres Unternehmens und Ihren Stakeholder-Erwartungen entspricht bzw. gefordert ist.
   Beispiele: ESRS für von der CSRD betroffene Unternehmen.
3. Festlegung des Berichtsformats: In Abhängigkeit von Schritt 2 wird das Berichtsformat festgelegt. Besteht bspw. keine gesetzliche Verpflichtung zur ESG-Berichterstattung, kann das Format frei gewählt werden (z. B. interaktiver Online-Bericht).
4. Team aufstellen: Für die Erstellung des Reports sind Informationen aus vielen Unternehmensbereichen notwendig. Setzen Sie ein Team aus Mitarbeitenden auf, die in ihren Bereichen die Beschaffung von Informationen und Kennzahlen verantworten.
5. Wesentliche Themen bestimmen: Anhand einer Wesentlichkeitsanalyse werden die für die Berichterstattung relevanten Themen bestimmt. Im Rahmen der CSRD ist eine doppelte Wesentlichkeitsanalyse erforderlich.
6. Datenbeschaffung und -management: Identifizieren Sie relevante ESG-Datenpunkte und etablieren Sie geeignete Systeme und Prozesse zur Erfassung, Validierung und Verwaltung der Daten.
7. Leistungsmessung: Messen und quantifizieren Sie Ihre ESG-Performance anhand der definierten Indikatoren und Metriken. Dies kann interne Datenerhebung, externe Prüfungen oder Zertifizierungen umfassen.
8. Berichterstattung: Erstellen Sie einen ESG-Bericht, der Ihre Nachhaltigkeitsleistung transparent darstellt und den Anforderungen des gewählten Standards oder Rahmenwerks entspricht. Kennzahlen können durch interessante Hintergrundberichte zu relevanten Themen ergänzt werden.
9. Stakeholder-Kommunikation: Teilen Sie Ihren ESG-Bericht mit relevanten Stakeholdern und nutzen Sie geeignete Kanäle, um die Ergebnisse zu kommunizieren.

Praxisschlaglicht

Ein globales Unternehmen mit Sitz in Deutschland aus der Lebensmittelindustrie implementiert ESG-Reporting, um seine Nachhaltigkeitsleistung zu verbessern und über die Auswirkungen seiner Aktivitäten auf Umwelt, Gesellschaft und Governance zu berichten.

Das Unternehmen erfasst Daten zu Energieverbrauch, Wasserverbrauch, Abfallmanagement, Arbeitssicherheit und sozialen Initiativen entlang der gesamten Wertschöpfungskette. Basierend auf diesen Daten entwickelt es einen ESG-Bericht gemäß den GRI-Richtlinien und kommuniziert die Ergebnisse an Investoren, Kunden und andere Stakeholder.

Zukünftig wird dieses Unternehmen unter die CSRD fallen und die ESRS-Standards anwenden.

Helfende Organisation

- European Financial Reporting Advisory Group, EFRAG
- Global Reporting Initiative, GRI
- Rat für Nachhaltige Entwicklung
- Sustainability Accounting Standards Board, SASB

Wirkfeld der Methode

- Wirksam für Herausforderungen mit hoher Komplexität

Transformationsfähigkeit Ihres Teams

- Fördert die Sensibilisierung
- Fördert die Transparenz

Einsatzcharakteristik/Arbeitsrahmen

- Austauschfokus: vornehmlich mit internen und externen Personen
- Durchführungszeit: eher hoch (> 1 Tag)
- Einsatzfrequenz: sinnvoll im dauerhaften Einsatz
- Einsatzradius: vornehmlich im unternehmensweiten Einsatz
- Teamgröße: Kleingruppe möglich (3 bis 5 Teilnehmer)
- Teamgröße: Mittelgroße Teams möglich (5 bis 20 Teilnehmer)
- Vorbereitungszeit: eher hoch (> 1 Tag)

Input für eine zielführende Arbeit mit der Methode

- Aktuell existierende Geschäftsmodelle
- Aktuell existierende Produkte und Services
- Aktuelle Herausforderung, Leitfrage, Problem
- Beteiligte Personen mit Tätigkeiten und Aufgaben
- Ergebnisse aus der Analysephase
- Existierende Prozesse und Verfahren
- Verschiedene Botschaften, Meinungen, Statements
- Verschiedene Meinungen und Blickwinkel
- Vorhandenes Wissen und Erfahrungen
- Ziele, Zielsystem, Kennzahlen
- Wissen über Gesetze und Rahmenbedingungen

Output und beobachtete Ergebnisse der Methode

- Erzeugt Bericht

Hinderniseffekte, auf die die Methode positiv wirkt

- Beugt Missinterpretationen vor
- Verhindert unreflektiertes agieren
- Beugt Intransparenz vor

Mögliche Extravorteile der Methode

- Mögliche Motivation für Mitarbeitende

Quellen

Organisation – Global Reporting Initiative (www.globalreporting.org)
Organisation – Sustainability Accounting Standards Board (www.sasb.org)
Web – https://finance.ec.europa.eu/capital-markets-union-and-financial-markets/company-reporting-and-auditing/company-reporting/corporate-sustainability-reporting_en (abgerufen 10.07.2023)
Web – https://www.efrag.org/lab6?AspxAutoDetectCookieSupport=1 (abgerufen 10.07.2023)

Grafik: verrocchio Sustainable Inspiration Card – Malvine Klecha, Hila Attaie und Jennifer van Aerssen (Illustration)

93

Ethical Assessment

EinSatzBeschreibung

Ethical Assessment ist ein Werkzeug des Planetary Centric Design Toolkits, welches dabei unterstützt, mögliche negative und unbeabsichtigte Folgen zu identifizieren, die ein neu entwickeltes Geschäft, Produkt oder Dienstleistung nach sich ziehen könnte, und dagegen präventiv Lösungen entwickelt.

Working Guide/Anwendungsfelder

P1 Sensibilisierung/Bildung	P2 Matching Recht/Gesetz	P3 Sustainability Roadmap	P4 Produkt/Prozessdesign	P5 Implementierung/Monitoring	P6 Kommunikation	P7 Organisation	P8 Führung	P9 Business Model Design	P10 Skalierung
X	X		X						

Beschreibung

Die Methode des Ethical Assessment als Bestandteil des Planetary Centric Design Toolkits ist ein Ansatz zur Identifikation von wirtschaftlichen, ökologischen und sozialen Folgen eines Produktes, Services oder Angebots. Dieses Werkzeug zielt darauf ab, die gesetzten Nachhaltigkeitsziele zu erreichen und eventuell damit verbundene Risiken zu identifizieren.

Bei der Entwicklung von Produkten und Dienstleistungen ist es normale Vorgehensweise diese so zu entwickeln, dass mögliche Schäden oder Verletzungen, die durch fehlerhafte oder unsichere Produkte verursacht werden könnten, zu minimieren oder auszuschließen. Der Produkthaftung von Unternehmen, die sich auch auf Dienstleistungsangebote erstreckt, wird also Rechnung getragen, indem identifiziert wird, welche Gefahren von einem Produkt für Menschen und Umwelt ausgehen könnten.

Die Kombination von Produkthaftung mit der Übernahme der Verantwortung für nachhaltiges Wirtschaften stellt eine Erweiterung der gesamten Verantwortung für Angebote eines Unternehmens dar.

Um als Unternehmen mit nachhaltigen Angeboten vom Markt wahrgenommen zu werden, sind signifikante Investitionen in den Aufbau einer nachhaltigen Marke nötig. Es ist daher auch sehr wichtig, einen GAU im Sinne der Nachhaltigkeitsziele zu vermeiden, nur weil die Konsequenzen aus der Produktion oder Vermarktung eines Produktes oder eines Services nicht detailliert betrachtet wurden.

Bereiche, die das Werkzeug betrachtet:

- Hindernisse in der Nutzung von Produkten oder Dienstleistungen
- Einfluss auf die Umwelt, die Gesellschaft oder die Wirtschaftlichkeit
- Falscher Gebrauch

Durchführung

0. Vorbereitung
   Sorgen Sie dafür, dass diese Aufgabe systematisch und lückenlos abgearbeitet werden kann, indem Sie entsprechende Mittel und Ressourcen dafür bereitstellen.
   Etablieren Sie ein Team aus interdisziplinären Experten, potenziellen Kunden (Externen) und/oder auch fachfremden Mitarbeitenden. Gerade für diese Risikoanalyse ist es wichtig, so viele unterschiedliche Aspekte wie zum Beispiel auch Ethik, Umweltwissenschaften, Technik und Design mit einfließen zu lassen.

   > Tipp: Die im Planet Centric Design Toolkit enthaltenen Methoden „Planetary Actors“ und „Ecosystem Map“ erzeugen eine umfassende Übersicht über Beteiligte und deren Beziehungen zueinander. Diese Zielgruppen sollten idealerweise auch in diesem Team vertreten sein.

   Durchführbar sind die folgenden Schritte sowohl in Form eines Vor-Ort-Workshops oder aber auch im Rahmen eines oder mehrerer virtueller Online-Meetings unter der Verwendung von entsprechenden Online-Tools wie Conceptboard, Miro oder anderen Whiteboard-Werkzeugen.
1. Stellen Sie sicher, dass alle Teammitglieder mit der Methode „Brainwriting“ vertraut sind. In den folgenden Schritten können Sie diese Methode immer dann anwenden, wenn Antworten, Aspekte, Meinungen, Ideen, o. ä. gemäß einer Fragestellung zu sammeln sind.
2. Minimieren oder Auflösen von Barrieren, die Ihre Kunden daran hindern, Ihr Produkt/Ihre Dienstleistung zu nutzen oder den Mehrwert zu erhalten:
   a) Sammeln Sie zunächst alle gewünschten Ergebnisse, die Ihr Produkt für den Kunden hat.
   b) Für jedes Ergebnis: Sammeln Sie alle denkbaren externe Hürden oder Faktoren, die den Kunden daran hindern oder einschränken das Produkt zu nutzen oder den gewünschten Mehrwert zu erzielen.
   c) Im Anschluss versuchen Sie die daraus resultierenden Konsequenzen für Ihren Kunden zu bewerten.
   d) Gruppieren Sie die Ergebnisse und arbeiten Sie mit solchen weiter, die Ihr Unternehmen beeinflussen kann.
   e) Sammeln und erarbeiten Sie präventive Maßnahmen oder Lösungen für solche Hürden, die Ihr Unternehmen bearbeiten kann.
   f) Für alle anderen gefundenen Hürden: Sammeln Sie, wer diese Hürden und mit welchem Aufwand minimieren kann und was dies für Ihr Unternehmen an Aufwand bedeuten würde.
   g) Übertragen Sie alle Ergebnisse in das Framework.

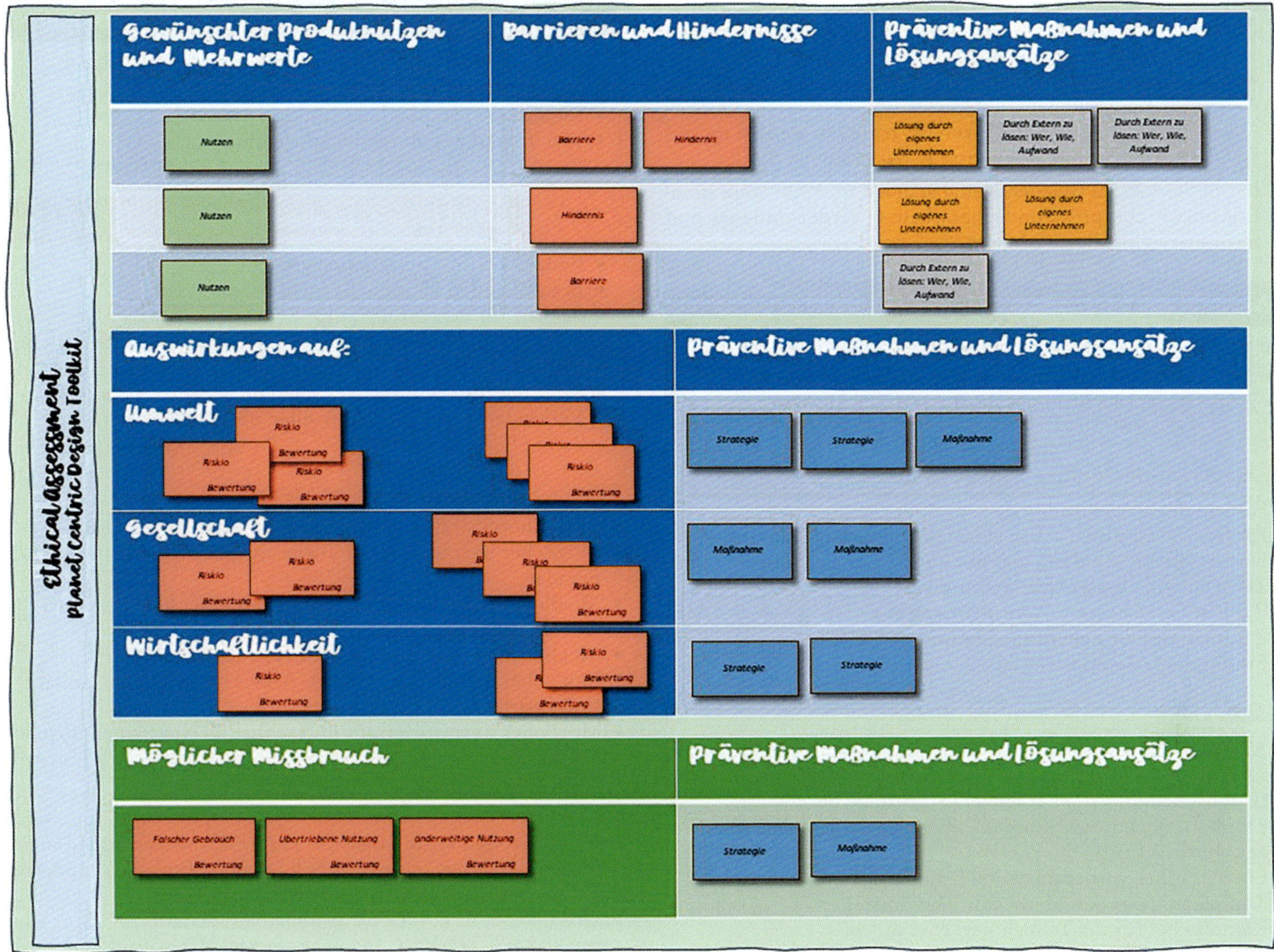

Quelle: Thomas Appel Consulting

3. Minimieren oder Auflösen von Auswirkungen und Risiken, die Ihr Produkt/Ihre Dienstleistung für die Wirtschaftlichkeit Ihres Unternehmens, die Umwelt und die Gesellschaft hat:
   a) Sammeln Sie alle denkbaren Auswirkungen, die Ihr Produkt/Ihre Dienstleistung auf die Umwelt, auf Wasser, Luft und Boden sowie Flora und Fauna haben könnte.
   b) Sammeln Sie nun alle denkbaren Auswirkungen oder Gefährdungen, die Ihr Produkt/Ihre Dienstleistung auf die Gesellschaft, einzelne Individuen oder auf soziale Beziehungen haben könnte.
   c) Sammeln Sie alle wirtschaftlichen Auswirkungen, die Ihr Produkt/Ihre Dienstleistung auf Ihr Unternehmen und das umgebende Ecosystem haben könnte. Versuchen Sie die daraus resultierenden Konsequenzen zu bewerten.
   d) Versuchen Sie Auswirkungen oder Gefährdungen zu gruppieren oder auf ihnen zugrunde liegende gemeinsame Eigenschaften zu verdichten.
   e) Erarbeiten Sie für diese Gruppen Strategien, wie solche Gefährdungen für Ihr Unternehmen, Ihre Mitarbeitenden, die Gesellschaft und den Planeten minimiert oder aufgelöst werden könnten.
   f) Stellen Sie Lösung-Aufwand und die Bewertungen der negativen Konsequenzen gegenüber und erarbeiten Sie Vorschläge, wie mit diesen Risiken umgegangen werden muss.
   g) Übertragen Sie alle Ergebnisse in das Framework.
4. Minimieren oder Auflösen von Risiken, die aus einer falschen, übertriebenen oder anderweitigen Nutzung Ihres Produkts/Ihrer Dienstleistung entstehen könnten:
   a) Sammeln Sie alle denkbaren Möglichkeiten, wie Ihr Produkt/Ihre Dienstleistung oder Teile daraus falsch, übertrieben oder anderweitig negativ verwendet werden könnte.
   b) Versuchen Sie Auswirkungen oder Gefährdungen zu gruppieren oder auf die ihnen zugrunde liegende gemeinsame Eigenschaften zu verdichten.
   c) Versuchen Sie auch hier zu bewerten, welche Konsequenzen diese Art und Weise des Missbrauchs haben könnte. Betrachten Sie hierzu wieder alle Abhängigkeiten wie Natur, Gesellschaft und Ihren gesamten Unternehmenskontext (Kunden, Lieferanten, Dienstleister, Absatzkanäle, etc.)

d) Erarbeiten Sie für diese gruppierten Konsequenzen Strategien, wie diese Art des Missbrauchs aufgelöst werden könnten.
e) Stellen Sie Lösung-Aufwand und die Bewertungen der negativen Konsequenzen gegenüber und erarbeiten Sie Vorschläge wie mit diesen Risiken umgegangen werden muss.
f) Übertragen Sie alle Ergebnisse in das Framework.

5. Legen Sie fest, in welchen Zeitabständen und von wem diese Ergebnisse überprüft und überarbeitet werden müssen und terminieren Sie diese Arbeiten.

Wirkfeld der Methode

- Wirksam für nachhaltiges Produktdesign
- Wirksam für nachhaltiges Servicedesign
- Wirksam für nachhaltiges Business Model Design

Transformationsfähigkeit Ihres Teams

- Fördert die Sensibilisierung
- Fördert die allgemeine Transformationsfähigkeit des Teams
- Fördert offene Mindsets und innovative Denkhaltungen
- Zahlt auf eine bessere Vorstellungskraft ein
- Zahlt auf eine bessere Wahrnehmung ein
- Zahlt auf das Dringlichkeitsempfinden ein
- Erhöht die Lösungsorientierung

Einsatzcharakteristik/Arbeitsrahmen

- Austauschfokus: vornehmlich mit internen und externen Personen
- Durchführungszeit: eher mittel (> 1 Stunde bis < 1 Tag)
- Einsatzfrequenz: vornehmlich über den kompletten Projektzeitraum
- Einsatzradius: vornehmlich im Teameinsatz
- Komplexität für den Moderator: eher mittel
- Komplexität für die Teilnehmer: eher mittel
- Teamgröße: Kleingruppe möglich (3 bis 5 Teilnehmer)
- Teamgröße: Mittelgroße Teams möglich (5 bis 20 Teilnehmer)
- Vorbereitungszeit: eher mittel (> 1 Stunde bis < 1 Tag)

Input für eine zielführende Arbeit mit der Methode

- Aktuelle Herausforderung, Leitfrage, Problem
- Existierende Produkte, Prozesse und Verfahren
- Produktmerkmale, Skizzen, Eigenschaften

Output und beobachtete Ergebnisse der Methode

- Erzeugt Ideen, Lösungsansätze, Vorideen, Möglichkeiten
- Erzeugt Leitfragen für die Ideenfindung
- Erzeugt neues Wissen und neue Erfahrungen
- Erzeugt größere Klarheit zu einem Thema
- Erzeugt transformationsfähigere Organisationen
- Erzeugt mehr Know-how-Zuwachs
- Erzeugt motiviertere und transformationsfähigere Teilnehmer
- Erzeugt segmentierte, kategorisierte, geclusterte Daten

Output und beobachtete Ergebnisse der Methode

- Hilft bei Entscheidungen, Bewertungen und Feedback
- Identifiziert vorhandene Schwachstellen
- Identifiziert vorhandene Stärken
- Macht Wirkzusammenhänge sichtbar

Hinderniseffekte, auf die die Methode positiv wirkt

- Beugt Missinterpretationen vor
- Beugt blinden Flecken/Betriebsblindheit vor
- Schafft für den Erfolg nötige Realitätsbezüge
- Schafft schnell Klarheit und beschleunigt Erkenntnisgewinn
- Schärft eine fehlende gemeinsame Ausrichtung
- Verhindert unreflektiertes agieren
- Verhindert vorschnelles Urteilen über Ideen

Mögliche Extravorteile der Methode

- Möglicher Extravorteil für Teams in einer Komfortsituation
- Möglicher Extravorteil für Teams mit einem starkem Auftragsmandat
- Möglicher Extravorteil für Teams mit einer konservativen, tradierten Kultur
- Möglicher Extravorteil für innovativ ungeübte Teams
- Möglicher Extravorteil für die Arbeit mit digitalen Kollaborationsboards
- Möglicher Extravorteil für in Nachhaltigkeitsthemen ungeübte Teams

Quellen

Buch – Böhringer, C., & Jochem, P. E. (2007). Measuring the immeasurable: A survey of sustainability indices. Ecological Economics, 63(1), 1-8.

Buch – Gibson, R. B. (2006). Sustainability Assessment: Basic Components of a Practical Approach. Impact Assessment and Project Appraisal, 24(3), 170-182.

Buch – Rohracher, H. (2004). The Role of Users in the Social Shaping of Environmental Innovation. Minerva, 42(4), 305-320.

Web – Planet Centric Design – https://planetcentricdesign.com/ (abgerufen 01.08.2023)

Web – Planet Centric Design Toolkit – Impossible: https://www.labs.impossible.com/pcd-toolkit (abgerufen 01.08.2023)

European Sustainability Reporting Standards

EinSatzBeschreibung

Europäischer Standard für die Nachhaltigkeitsberichterstattung nach der Corporate Sustainability Reporting Directive (CSRD) und Reflexions-Framework.

Working Guide/Anwendungsfelder

P1 Sensibilisierung/Bildung	P2 Matching Recht/Gesetz	P3 Sustainability Roadmap	P4 Produkt/Prozessdesign	P5 Implementierung/Monitoring	P6 Kommunikation	P7 Organisation	P8 Führung	P9 Business Model Design	P10 Skalierung
X	X	X		X	X	X			

Beschreibung

Mit den „European Sustainability Reporting Standards" (kurz: ESRS), die federführend durch die EFRAG erarbeitet wurden, sind neue und umfangreiche Standards und damit ein Reflexions-Framework für die ganzheitliche und faktenbasierte Nachhaltigkeitsberichterstattung und -management entstanden.

Im Zuge der „Corporate Sustainability Reporting Directive" (kurz: CSRD), die eine Erweiterung und Vertiefung der EU-weiten Berichtspflicht zu nicht-finanziellen Informationen (alt: NFRD) anstrebt, soll die Nachhaltigkeitsberichterstattung den gleichen Stellenwert wie die Finanzberichterstattung in Unternehmen in der Europäischen Union erhalten.

Dabei sollen Nachhaltigkeitsinformationen und Datenpunkte (ESG-Daten) vergleichbar und umfangreich berichtet werden. Diese ESG-Daten von Unternehmen dienen schließlich Finanzmarkt-Teilnehmenden, damit sie ihre Investitionen gezielt in nachhaltige Assets – sprich Unternehmen mit ESG-Profil – lenken können. So soll im Sinne des European Green Deals die nachhaltige Transformation Europas ermöglicht werden.

Für Unternehmen stellen die ESRS ein neues Framework dar, das nicht nur definiert, was in Zukunft wie berichtet werden soll, sondern auch vorgibt, wie strategische Analysen (z. B. Wesentlichkeitsanalyse) durchzuführen sind und auf welche thematischen Ambitionen hin (z. B. das international anerkannte 1,5 Grad-Klimaziel) Konzepte vorliegen müssen.

Somit setzen die ESRS verbindliche Impulse und für alle nach CSRD berichtspflichtigen Unternehmen verbindliche Compliance-Anforderungen für die Weiterentwicklung und Vertiefung des Nachhaltigkeitsmanagements sowie der -berichterstattung von Unternehmen.

Durchführung

Das brauchen Sie:

- Das ganze Set der „European Sustainability Reporting Standards" (ESRS 1 und ESRS 2 für die „General Disclosures" sowie die ESG-bezogenen Themen-Standards)
- Ein Kernteam aus Ihrem Unternehmen, das Perspektiven und Know-how aus dem Finanzwesen und dem Nachhaltigkeitsmanagement vereint, idealerweise mit Reporting-Erfahrung
- Optional, je nach Reifegrad des Unternehmens: externe fachliche Beratung

Zeit: 2–3 Wochen für eine ESRS-Reflexion

Ablauf

Die „European Sustainability Reporting Standards" (kurz: ESRS) können als Management- und Berichts-Framework genutzt werden:

- zur CSRD-konformen Entwicklung einer Nachhaltigkeitsstrategie vor allem via „doppelter Wesentlichkeit",
- zur CSRD-konformen Nachhaltigkeitsberichterstattung.

So geht's

Die Teilnehmenden des Kernteams machen sich allesamt mit den in den ESRS enthaltenen Anforderungen (82 in Summe) vertraut, indem sie die Standards – ESRS 1, ESRS 2, ESRS E1 bis E5, ESRS S1 bis S4 sowie ESRS G1– in Gänze lesen, erfassen und strukturieren.

Auf Basis der strukturierten Aufbereitung (empfehlenswert in Excel) sollte das Kernteam einen ganztägigen Workshop zur gemeinsamen Reflexion der Anforderungen und ihrer Bedeutung für das eigene Unternehmen durchführen. Am Ende des Workshops sollte das Kernteam ein gemeinsames Verständnis der Anforderungen erarbeiten und daraus die für das Unternehmen notwendigen Arbeitspakete abgeleitet haben.

Je nach Reifegrad des Unternehmens werden sich folgende Arbeitspakete ergeben können:

- Durchführung einer Wesentlichkeitsanalyse nach dem Prinzip der „doppelten Wesentlichkeit"
- Durchführung einer Stakeholderanalyse und -befragung
- Entwicklung einer Nachhaltigkeitsstrategie
- Ableitung eines Nachhaltigkeitsprogramm
- Initiierung der Nachhaltigkeitsberichterstattung
- Aufbau eines nicht-finanziellen Datenmanagements

Sollten Sie sich als Unternehmen zum ersten Mal mit der Aufgabe „nachhaltige Unternehmensführung" beschäftigen, empfiehlt es sich, eine externe fachliche Beratung in Anspruch zu nehmen, die im Rahmen des Reflexions-Workshops und evtl. bei den daraus folgenden Arbeitspaketen Ihnen unterstützend zur Seite steht. So können Sie die neuen Compliance-Anforderungen der ESRS Schritt für Schritt in die Umsetzung bringen.

94

European Sustainability Reporting Standards

Ziel des Frameworks

Die „European Sustainability Reporting Standards" (ESRS) als Framework bringen Ihr Nachhaltigkeitsmanagement und Ihre -berichterstattung auf das nächste Level der Professionalisierung. Sie unterstützen dabei, sich entlang der definierten Anforderungen zu reflektieren und die nächsten Entwicklungspotenziale für mehr Nachhaltigkeit gezielt anzusteuern.

Wirkfeld der Methode

- Wirksam für Herausforderungen mit hoher Komplexität
- Wirksam für Herausforderungen mit mittlerer Komplexität
- Wirksam für Herausforderungen mit niedriger Komplexität
- Wirksam für nachhaltiges Business Model Design

Transformationsfähigkeit Ihres Teams

- Fördert die Sensibilisierung
- Fördert die allgemeine Transformationsfähigkeit des Teams
- Sorgt für Inspiration oder bessere Inspirationsempfindlichkeit
- Zahlt auf eine bessere Wahrnehmung ein
- Zahlt auf ein positives Zukunftsbild ein
- Erhöht die Lösungsorientierung

Einsatzcharakteristik/Arbeitsrahmen

- Austauschfokus: vornehmlich mit internen und externen Personen
- Durchführungszeit: eher mittel (> 1 Stunde bis < 1 Tag)
- Einsatzfrequenz: sinnvoll im dauerhaften Einsatz
- Einsatzfrequenz: vornehmlich im einmaligen Einsatz
- Einsatzradius: vornehmlich im Teameinsatz
- Einsatzradius: vornehmlich im projektweiten Einsatz
- Einsatzradius: vornehmlich im unternehmensweiten Einsatz
- Komplexität für den Moderator: eher mittel
- Komplexität für die Teilnehmer: eher mittel
- Teamgröße: Einzelpersonennutzung möglich
- Teamgröße: Großgruppen möglich (> 50 Teilnehmer)
- Teamgröße: Kleingruppe möglich (3 bis 5 Teilnehmer)
- Teamgröße: Maxigruppen möglich (20 bis 40 Teilnehmer)
- Teamgröße: Mittelgroße Teams möglich (5 bis 20 Teilnehmer)
- Vorbereitungszeit: eher mittel (> 1 Stunde bis < 1 Tag)

Input für eine zielführende Arbeit mit der Methode

- Aktuell existierende Geschäftsmodelle
- Aktuell existierende Produkte und Services
- Existierende Prozesse und Verfahren
- Verschiedene Meinungen und Blickwinkel
- Merkmale der gegebenen Herausforderung

Output und beobachtete Ergebnisse der Methode

- Erzeugt Prognosen und Ableitungen
- Erzeugt Nutzenfunktionen und Bedürfniskorridore
- Erzeugt Planungen und Priorisierungen
- Erzeugt neues Wissen und neue Erfahrungen
- Erzeugt spezifischere Leitfragen, Ideen und Aussagen
- Erzeugt visualisierte Ideen, Begriffe, Themen
- Erzeugt eine Vision oder Zukunftsbild

Hinderniseffekte, auf die die Methode positiv wirkt

- Beugt Missinterpretationen vor
- Beugt blinden Flecken/Betriebsblindheit vor
- Schafft für den Erfolg nötige Realitätsbezüge
- Schafft schnell Klarheit und beschleunigt Erkenntnisgewinn
- Schärft eine fehlende gemeinsame Ausrichtung
- Verhindert Topic-Jumping und schnelles Abschweifen
- Verhindert blinden Aktionismus
- Verhindert einseitige Bewertungen und Entscheidungen
- Verhindert falsche Flughöhen
- Verhindert unreflektiertes agieren
- Überzeugt strukturliebende Teammitglieder

Mögliche Extravorteile der Methode

- Möglicher Extravorteil für Teams mit einem starkem Auftragsmandat
- Möglicher Extravorteil für Teams mit einer konservativen, tradierten Kultur

Quellen

Organisation – EFRAG (Arbeits- und Expertengruppe, die mit der Entwicklung der ESRS von der EU-Kommission beauftragt wurden) – www.efrag.org

Organisation – EU-Kommission zu den ESRS und der Nachhaltigkeitsberichterstattung: https://ec.europa.eu/info/law/better-regulation/have-your-say/initiatives/13765-Erste-europaische-Standards-fur-die-Nachhaltigkeitsberichterstattung_de

Organisation – nextblooming gmbh, Berlin, www.nextblooming.com

Evolutionäre Biografie

EinSatzBeschreibung

Diese Methode arbeitet im Dreischritt entlang der biografischen Zeitachse „gestern-heute-morgen“ und unterstützt Organisationen und Unternehmen bei der Erarbeitung von Diskussions- und Planungsgrundlagen im Rahmen ihrer strategischen Entwicklung.

Working Guide/Anwendungsfelder

P1 Sensibilisierung/Bildung	P2 Matching Recht/Gesetz	P3 Sustainability Roadmap	P4 Produkt/Prozessdesign	P5 Implementierung/Monitoring	P6 Kommunikation	P7 Organisation	P8 Führung	P9 Business Model Design	P10 Skalierung
X		X				X	X	X	

Beschreibung

Die Methode „Evolutionäre Biografie“ dient der systemischen Identifikation strategischer Entwicklungsoptionen. Dazu wird die Entwicklung einer zu untersuchenden Organisation entlang der Zeitachse im Dreischritt betrachtet, ausgehend von der Historie über den Ist-Zustand hin zu bestehenden bzw. möglichen Zukunfts-Optionen.

Die Methode basiert auf der Erkenntnis: „Wer die Vergangenheit nicht kennt, kann die Gegenwart nicht verstehen. Wer die Gegenwart nicht versteht, kann die Zukunft nicht gestalten“ (Hans-Friedrich Bergmann).

Evolutionäre Entwicklungen werden in der Regel mit langfristigen Zeiträumen in der Erdgeschichte und mit natürlichen Prozessen in Verbindung gebracht. So zum Beispiel mit der Entwicklung erster Landlebewesen, dem Aufkommen erster Bäume und Wälder, dem Aussterben der Saurier oder der Weiterentwicklung des Darwinfinken zu 14 eigenständigen Arten. Im Zeitraffer gesehen findet Evolution aber – von uns unbemerkt – täglich statt. Auch jeder von uns Menschen ist Teil der täglichen Evolution. Meistens finden diese Prozesse aufgrund der ökosystemaren Komplexität nicht losgelöst voneinander oder chronologisch nacheinander statt. Vielfach treten sie in Kombination auf und wirken gleichzeitig auf das umgebende System bzw. auf andere Prozesse, teilweise in schwächender oder schädigender, teilweise auch in förderlicher und stärkender Weise. Auch diese Effekte sind in der Natur weit verbreitet und als „Co-Evolution“ bekannt.

Aktuelle evolutionäre Veränderungsprozesse in unserem Umfeld sind zum Beispiel Globalisierung, Aufbau sozialer Netzwerke, Energiewende, demografische Entwicklung, Kreislaufwirtschaft, digitale Transformation sowie autonomes Fahren. Bereits absehbare bzw. in Zukunft zu erwartende evolutionäre Veränderungsprozesse finden sich bspw. in den Themenfeldern Biologische Transformation, Suffizienz-Kultur, Neo-Ökologie, New Work, Postwachstums-Ökonomie, Sharing-Economy, Urban Farming und KI. All diese Prozesse tragen zu einer Veränderung unserer Verhaltensweisen sowie zu einer Veränderung der Ökosysteme auf unserem Planeten bei. Daher wird die aktuelle Periode der Erdgeschichte bereits heute als „Anthropozän“ bezeichnet.

Entsprechend des ca. eine Milliarde Jahre langen evolutionären Prozesses von der Entstehung der Landlebewesen über die Globalisierung bis zur KI findet sich ein entsprechender „Entwicklungsbogen“ im Zeitraffer auch in jeder Organisation. Je nach Zeitpunkt der Entstehung über den aktuellen Zustand bis zu Entwicklungs-Optionen ist dieser mehr oder weniger lang.

Ob die Entwicklung einer Organisation bereits über 1000 Jahre lang dauert oder erst eine Generation oder wenige Jahre alt ist, ändert nichts an der Möglichkeit, den analytischen Dreischritt „gestern-heute-morgen“ zu betrachten und entsprechend dieser Methode vorzugehen.

Die Methode dient Organisationen und Unternehmen als Diskussions- und Planungsgrundlage im Rahmen ihrer strategischen Entwicklung. Entlang der Zeitachse werden markante Ereignis-

Foto: Dr. Stefan Rösler

se sowie Entwicklungs- und Zukunftsoptionen identifiziert und chronologisch notiert. Das wechselnde und kombinierte Betrachten des zeitlichen Ablaufs der Organisationsgeschichte führt zu einer zeitübergreifenden Analyse und dadurch zu einer erweiterten Perspektive.

Ziel der Methode ist es, Entwicklungsoptionen und ggf. neue ökologische Nischen zu identifizieren sowie Innovationsimpulse zu generieren. Die ganzheitlich-systemische Herangehensweise trägt gleichzeitig dazu bei, den Nachhaltigkeits-Aspekt in der Organisations-Entwicklung zu stärken.

Durchführung

Die Methode stellt sicher, dass Erfahrungen aus der Vergangenheit in die Analyse der aktuellen Situation und gemeinsam mit dieser Analyse in die Zukunftsplanung einbezogen werden. Egal ob Gründungsimpulse, frühe Erfolge, Rückschläge, Mitbewerber-Situation, Übernahmen, Kooperationen, überstandene Krisen oder ein Wechsel der Branche: All diese Ereignisse aus der Historie sind wichtige Meilensteine in der Geschichte einer Organisation oder eines Unternehmens, aus denen Rückschlüsse und Impulse für die aktuelle und künftige Arbeit generiert werden können.

Vor diesem Hintergrund ist es auch wichtig, dass an der Durchführung der Methode möglichst unterschiedliche Personen beteiligt sind. Speziell die Gründergeneration und frühere Mitarbeiter, die schon länger nicht mehr im operativen Geschäft tätig sind, haben in der Regel einen anderen, sehr authentischen Blick auf die Organisations-Entwicklung, der den noch nicht so lange in der Organisation tätigen Personen nicht möglich ist.

Aber auch unabhängig vom Lebensalter und der Zeitdauer der beruflichen Tätigkeit in der Organisation bestehen vielfach erhebliche individuelle Unterschiede in der Analyse. Männer und Frauen, ältere oder jüngere Mitarbeiter, Ortsansässige und Zugereiste, mit oder ohne Migrationshintergrund, unterschiedliche kulturelle Herkünfte … all die in der Methode „Bio Diversity Management" aufgeführten Hinweise zur Qualität heterogener, gemischter Teams kommen auch hier zum Tragen. Je globaler und internationaler die Organisation tätig ist, desto relevanter ist dieser Aspekt. Explizite Vorkenntnisse im Bereich Nachhaltigkeit oder SDGs sind keine Voraussetzung für die Arbeit mit dieser Methode.

Die Methode „Evolutionäre Biografie" wird in folgenden Ablaufschritten durchgeführt:

- Festlegung der zu beschreibenden und zu analysierenden Organisation
- Auswahl der Teilnehmenden möglichst bunt gemischt: „Alte Hasen" und Auszubildende, Konservative und Innovative, Traditionsbewusste und Veränderungsfreudige, aus möglichst unterschiedlichen Bereichen der Organisation
- White Board oder Pinnwand mit Stiften bzw. Moderationskärtchen und Stiften in mindestens 3 verschiedenen Farben
- Brainstorming und schriftlich-grafische Dokumentation mit chronologischem Vorgehen nach den folgenden drei zeitlichen Abschnitten („Dreischritt"):
  - Recherche, Befragung, Diskussion zu Ursprung und Vergangenheit der Organisation
  - Austausch und Diskussion zur aktuellen Situation: Erfolge und Misserfolge, Mitbewerber und Kooperationspartner, Chancen und Herausforderungen
  - Identifikation von Entwicklungs- und Zukunfts-Optionen
- Ergänzende Berücksichtigung der ggf. vorab bereits im Tool „Ressourcen-Baum" identifizierten, Entwicklungs-relevanten Potenziale
- Diskussion der Gesamtsituation der Organisation über alle drei zeitlichen Abschnitte hinweg
- Identifikation und Diskussion potenzieller oder tatsächlicher neuer ökologischer Nischen
- Austausch zu bestehenden Kooperationsmöglichkeiten und ungenutzten Synergismen.
- Abschließende Diskussion zu den erarbeiteten und visualisierten Ergebnissen unter besonderer Berücksichtigung möglicher Entwicklungsoptionen und generierter Innovationsimpulse
- Klärung und Diskussion der Nachhaltigkeits-Relevanz der Methode

Die Methode „Evolutionäre Biografie" baut idealerweise auf die Methode „Ressourcen-Baum" auf und dient als Grundlage für die zweiteilige Methode „Ökosystem-Analyse".

Praxisschlaglicht

Bei Durchführung der Methode werden schnell die biografisch unterschiedlichen Kompetenzen der Teilnehmer deutlich. Gleichzeitig zeigt sich der besondere Wert heterogener Teams. Bei Thema Entstehung und Gründung bringen sich in erster Linie die ehemaligen und älteren Kollegen ein, die aktuell tätigen und jüngeren Kollegen stellen oft mehr die Verständnis- oder Ergänzungsfragen. Beim Thema aktuelle Situation wechselt die Rollenverteilung. Hier bringen sich zunächst die aktuell in der Organisation Tätigen ein, ergänzt von den Jüngeren. Oft stellen hier die Ehemaligen die Verständnis- oder Ergänzungsfragen. Besonders wertvoll ist die Heterogenität der Teilnehmenden beim Thema Zukunft und Entwicklungs-Optionen. Hier bringen sich die aktuell Tätigen und die Jüngeren oft gleichberechtigt und sich gegenseitig ergänzend ein. Gerade die Perspektive der Jüngeren ist hier in Hinblick auf Entwicklungs-Optionen, Potenziale und neue ökologische Nischen von besonderer Bedeutung. Aber auch die Ehemaligen und Älteren haben in dieser Phase eine wichtige Rolle, indem sie kritisch hinterfragen, auf frühere Erfahrungen und mögliche Akzeptanzprobleme verweisen und „mit Senioren-Brille" für generationenübergreifende und „senioren-taugliche" Kommunikationswege, Produkte und Dienstleistungen sensibilisieren.

Wirkfeld der Methode

- Wirksam für Herausforderungen mit mittlerer Komplexität
- Wirksam für nachhaltiges Business Model Design
- Wirksam für nachhaltige Organisations- und Unternehmensentwicklung

Transformationsfähigkeit Ihres Teams

- Fördert die allgemeine Transformationsfähigkeit des Teams
- Fördert offene Mindsets und innovative Denkhaltungen
- Sorgt für Inspiration oder bessere Inspirationsempfindlichkeit
- Zahlt auf eine bessere Wahrnehmung ein
- Zahlt auf ein positives Zukunftsbild ein
- Zahlt auf das Dringlichkeitsempfinden ein
- Erhöht die Lösungsorientierung

Einsatzcharakteristik/Arbeitsrahmen

- Austauschfokus: vornehmlich mit internen Personen
- Durchführungszeit: eher mittel (> 1 Stunde bis < 1 Tag)
- Einsatzfrequenz: vornehmlich im einmaligen Einsatz
- Einsatzradius: vornehmlich im unternehmensweiten Einsatz
- Komplexität für den Moderator: eher mittel
- Komplexität für die Teilnehmer: eher mittel
- Teamgröße: Maxigruppen möglich (20 bis 40 Teilnehmer)
- Teamgröße: Mittelgroße Teams möglich (5 bis 20 Teilnehmer)
- Vorbereitungszeit: eher gering (< 1 Stunde)

Input für eine zielführende Arbeit mit der Methode

- Aktuell existierende Geschäftsmodelle
- Aktuell existierende Produkte und Services
- Aktuelle Herausforderung, Leitfrage, Problem
- Beteiligte Personen mit Tätigkeiten und Aufgaben
- Vorhandenes Wissen und Erfahrungen
- Gescheiterte Ideen und fehlgeschlagene Projekte

Output und beobachtete Ergebnisse der Methode

- Erzeugt Prognosen und Ableitungen
- Erzeugt Ideen, Lösungsansätze, Vorideen, Möglichkeiten
- Erzeugt Leitfragen für die Ideenfindung
- Erzeugt eine Vision oder Zukunftsbild
- Erzeugt transformationsfähigere Organisationen
- Erzeugt mehr Hintergrundinformationen
- Erzeugt motiviertere und transformationsfähigere Teilnehmer
- Hilft bei Entscheidungen, Bewertungen und Feedback
- Identifiziert vorhandene Stärken
- Macht Wirkzusammenhänge sichtbar

Hinderniseffekte, auf die die Methode positiv wirkt

- Beugt blinden Flecken/Betriebsblindheit vor
- Schärft eine fehlende gemeinsame Ausrichtung
- Verhindert blinden Aktionismus
- Verhindert einseitige Bewertungen und Entscheidungen
- Verkürzt und durchbricht vorhandene Kreativblockaden
- Verringert zu große Komplexitäten
- Fördert Optimismus und Zuversicht

Mögliche Extravorteile der Methode

- Möglicher Extravorteil für Teams mit einem starkem Auftragsmandat
- Möglicher Extravorteil für Teams mit einer konservativen, tradierten Kultur
- Möglicher Extravorteil für innovativ ungeübte Teams

Quellen

Buch – Darwin meets Business. Ein neues Wirtschaften – von der Natur lernen. – Klaus-Stephan Otto & Myra von Ondarza, Dr. Otto Training und Consulting – 2009

Buch – Das Unternehmen Wald. – Stefan Rösler & Klaus-Stephan Otto. In: Q.Magazin – Das Magazin für Qualität, Ausgabe 2021/22: 6-11.

Buch – Denken und Handeln in Ökosystemen – ein strategischer Ansatz für Wirtschaft und Gesellschaft. – Klaus-Stephan Otto

Buch – Evolutions-Management. Von der Natur lernen: Unternehmen entwickeln und langfristig steuern. – Klaus-Stephan Otto, Uwe Nolting & Christel Bässler, Hanser – 2007

Web – https://www.oecoach.de/wp-content/uploads/2016/10/20162303_Waldworkshop_Flyer_DINlang-Website.pdf (abgerufen am 20.09.2023)

Organisation – www.evoco.de

Person – Dr. Stefan Rösler, roesler@oecoach.de

tto, Stefan Rösler & Tina Teucher; in Ternès & Englert (Hrsg.): Integriertes Nachhaltigkeitsmanagement, Springer – 2019: 183 – 209

Web – https://www.babtec.de/fileadmin/user_upload/babtec/downloads/public/de/qmagazin/q.magazin_2021-22_de_web.pdf

Web – Waldworkshop Von der Natur lernen für Management, Strategie und Teamentwicklung. – Stefan Rösler – 2016

Web – Was haben Unternehmen und Start-Ups mit Wäldern zu tun. Ökosysteme in Natur und Wirtschaft. – Stefan Rösler, Versicherungskammer (Hrsg.): innenreport 2019 https://innenreport.h5mag.com/innenreport_2019_ausgabe_2/s_9_unternehmen_startups

Fishbein-Modell

EinSatzBeschreibung

Das Fishbein-Modell ist eine klassische Analysemöglichkeit, um die Einstellung von Konsumenten gegenüber verschiedenen Alternativen zu ermitteln.

Working Guide/Anwendungsfelder

P1 Sensibilisierung/Bildung	P2 Matching Recht/Gesetz	P3 Sustainability Roadmap	P4 Produkt/Prozessdesign	P5 Implementierung/Monitoring	P6 Kommunikation	P7 Organisation	P8 Führung	P9 Business Model Design	P10 Skalierung
			X		X				

Beschreibung

Das Fishbein-Modell als Analysemodell zur Einstellungsmessung entstammt der Theorie des überlegten Handelns, die Martin Fishbein und Icek Ajzen Ende der 1960er-Jahre entwickelten. Es bietet eine Methodik zur Bewertung der Einstellungen einer Person gegenüber verschiedenen Alternativen. Grundsätzlich ermöglicht dieses Modell die Beurteilung und den Vergleich einer breiten Palette vergleichbarer Objekte. Insbesondere in den Wirtschaftswissenschaften wird das Fishbein-Modell häufig genutzt, um unterschiedliche Produkte, Marken oder sogar ganze Unternehmen miteinander zu vergleichen.

Im Kontext der Nachhaltigkeit kann das Fishbein-Modell nützlich sein, um die Einstellungen von Menschen gegenüber Nachhaltigkeitsmaßnahmen, nachhaltigen Praktiken, Produkten oder Unternehmen zu verstehen und zu analysieren. Es kann bspw. verwendet werden, um festzustellen, welche Umweltaspekte (z. B. Recycling, Energieeffizienz oder ökologische Herstellung) von Verbrauchern als wichtig erachtet werden und wie positiv oder negativ diese bewertet werden. Dieses Verständnis kann Unternehmen und Organisationen dabei helfen, gezieltere Nachhaltigkeitsstrategien zu entwickeln und ihre Kommunikation anzupassen, um die Akzeptanz nachhaltiger Produkte oder Dienstleistungen zu steigern.

Durchführung

Die Anwendung des Fishbein-Modells erfolgt in mehreren Schritten:

1. Eigenschaften identifizieren: Zunächst müssen die relevanten Eigenschaften oder Merkmale des zu bewertenden Objekts (z. B. eines Produkts) identifiziert werden, die die Einstellung beeinflussen könnten. Im Nachhaltigkeitskontext könnten dies Aspekte wie Umweltfreundlichkeit, soziale Verantwortung und ökonomische Nachhaltigkeit sein.
2. Bewertung der Eigenschaften: Die Eigenschaften werden dann von einer Gruppe von Personen bewertet, üblicherweise auf einer Skala (bspw. von 1 = sehr schlecht bis 10 = sehr gut). Diese Bewertungen spiegeln wider, wie positiv oder negativ die Teilnehmenden die jeweilige Eigenschaft beim zu bewertenden Objekt einschätzen.
3. Gewichtung der Eigenschaften: Weiterhin werden die Probanden aufgefordert anzugeben, wie wichtig jede Eigenschaft für die Gesamteinstellung ist. Dies kann für jede Eigenschaft bspw. wieder auf einer Skala (von 1 = sehr unwichtig bis 10 = sehr wichtig) passieren. Statt der Gewichtung der Eigenschaften besteht auch die Möglichkeit, an dieser Stelle die Wahrscheinlichkeit der Existenz der Eigenschaft k bei den einzelnen Objekten zu messen.
4. Berechnung der Gesamteinstellung: Die Gesamteinstellung gegenüber dem Objekt wird dann berechnet, indem man die gewichteten Bewertungen der Eigenschaften summiert. Dies ergibt eine numerische Einschätzung der Einstellung gegenüber dem Objekt.

   Die Formel zur Berechnung lautet:

   $$E_{ij} = \sum_{k=1}^{n} B_{ijk} \cdot a_{ijk}$$

   n, k: Anzahl der zu bewertenden Eigenschaften
   E_{ij}: Einstellung von Person i zu Produkt j
   B_{ijk}: von Person i wahrgenommene Wichtigkeit der Eigenschaft k bei Produkt j (oder Existenzwahrscheinlichkeit)
   a_{ijk}: Bewertung eben jener Eigenschaft k von Produkt j durch Person i
5. Interpretation der Ergebnisse: Die Ergebnisse werden interpretiert, um zu verstehen, welche Faktoren die Einstellung am meisten beeinflussen und ob sie positiv oder negativ ist. Diese Erkenntnisse können genutzt werden, um gezielte Maßnahmen zur Verbesserung der Einstellung und Akzeptanz in Bezug auf Nachhaltigkeitsoptionen zu entwickeln.

Das Fishbein-Modell bietet somit eine strukturierte Methode, um die Einstellungen von Menschen in Bezug auf Nachhaltigkeit zu analysieren und auf dieser Grundlage effektive Strategien zur Förderung nachhaltiger Verhaltensweisen oder Produkte zu entwickeln. Die Ergebnisse lassen sich leicht von einzelnen Urteilen auf aggregierte Bewertungen von Gruppen übertragen.

Praxisschlaglicht

Mithilfe des Fishbein-Modells soll beispielhaft die Einstellung zu zwei Produkten mit den Eigenschaften Energieeffizienz, soziale Gerechtigkeit und CO_2-Fußabdruck gemessen werden:

<table>
<tr><th>Objekt</th><th colspan="2">Energieeffizienz</th><th colspan="2">soziale Gerechtigkeit</th><th colspan="2">CO_2-Fußabdruck</th></tr>
<tr><td></td><td>Gewichtung</td><td>Bewertung</td><td>Gewichtung</td><td>Bewertung</td><td>Gewichtung</td><td>Bewertung</td></tr>
<tr><td>Produkt A</td><td rowspan="2">7</td><td>8</td><td rowspan="2">9</td><td>8</td><td rowspan="2">9</td><td>9</td></tr>
<tr><td>Produkt B</td><td>6</td><td>7</td><td>7</td></tr>
</table>

$Einstellung_{ProduktA} = 7 \text{ x } 8 + 9 \text{ x } 8 + 9 \text{ x } 9 = 209$

$Einstellung_{ProduktA} = 7 \text{ x } 6 + 9 \text{ x } 7 + 9 \text{ x } 7 = 168$

Die Einstellung zu Produkt A beträgt 209 und ist damit höher (bzw. positiver) als die Einstellung zu Produkt B mit 168.

Wirkfeld der Methode

- Wirksam für Herausforderungen mit niedriger Komplexität
- Wirksam für nachhaltiges Marketing
- Wirksam für nachhaltiges Produktdesign
- Wirksam für nachhaltiges Prozessdesign
- Wirksam für nachhaltiges Servicedesign
- Wirksam für nachhaltiges Business Model Design

Transformationsfähigkeit Ihres Teams

- Fördert die Sensibilisierung
- Erhöht die Lösungsorientierung

Einsatzcharakteristik/Arbeitsrahmen

- Austauschfokus: vornehmlich mit externen Personen
- Durchführungszeit: eher mittel (> 1 Stunde bis < 1 Tag)
- Einsatzfrequenz: vornehmlich im einmaligen Einsatz
- Einsatzradius: vornehmlich im unternehmensweiten Einsatz
- Komplexität für den Moderator: eher gering
- Komplexität für die Teilnehmer: eher gering
- Teamgröße: Großgruppen möglich (> 50 Teilnehmer)
- Vorbereitungszeit: eher gering (< 1 Stunde)

Input für eine zielführende Arbeit mit der Methode

- Aktuell existierende Geschäftsmodelle
- Aktuell existierende Produkte und Services

Output und beobachtete Ergebnisse der Methode

- Macht Wirkzusammenhänge sichtbar

Hinderniseffekte, auf die die Methode positiv wirkt

- Beugt blinden Flecken/Betriebsblindheit vor
- Bewahrt vor zu generischen Ideen und Aussagen
- Schafft für den Erfolg nötige Realitätsbezüge
- Schafft schnell Klarheit und beschleunigt Erkenntnisgewinn
- Schärft eine fehlende gemeinsame Ausrichtung
- Verhindert unreflektiertes agieren

Mögliche Extravorteile der Methode

- Möglicher Extravorteil für in Nachhaltigkeitsthemen ungeübte Teams

Quellen

Web – https://www.wirtschaftslexikon24.com/d/fishbein-modell/fishbein-modell.htm

97

Following Objects

EinSatzBeschreibung

Wie man durch die Verfolgung des gesamten Lebenszyklus eines Objektes wichtige Informationen zu dessen Nachhaltigkeit gewinnen kann.

Working Guide/Anwendungsfelder

P1 Sensibilisierung/Bildung	P2 Matching Recht/Gesetz	P3 Sustainability Roadmap	P4 Produkt/Prozessdesign	P5 Implementierung/Monitoring	P6 Kommunikation	P7 Organisation	P8 Führung	P9 Business Model Design	P10 Skalierung
X			X						

Beschreibung

„Following Objects" ist eine Forschungsmethode, die ihre Inspiration aus dem häufig praktizierten Shadowing bezieht.

Während Shadowing sich auf das kontinuierliche und passive Beobachten von menschlichen Akteuren konzentriert, um ihre Gewohnheiten, Interaktionen und Verhaltensweisen besser zu verstehen, adaptiert Following Objects diese Forschungspraktik für nicht-menschliche Akteure wie Objekte.

Ein Objekt in diesem Zusammenhang kann ein physisches Produkt, ein digitales Interface oder auch ein Konzept oder eine Idee sein. Egal in welcher Ausprägung, die Reise dieses Objektes wird in all ihren Aspekten verfolgt: von der Herstellung weiter zu Verwendung, Transport, Verkauf, bis hin zur Entsorgung oder Wiedereingliederung. Somit deckt Following Objects idealerweise den gesamten Lebenszyklus eines Objektes ab.

Der zentrale Unterschied besteht darin, dass man dieses Objekt wortlos verfolgt und dabei versucht, neue Perspektiven und Einblicke zu gewinnen, welche bei einer menschenzentrierten Betrachtung verwehrt geblieben wären.

Das Forschungsinteresse der Methode bezieht sich auf Aspekte wie die Rolle des Objekts in sozialen, wirtschaftlichen, kulturellen oder politischen Kontexten. Von zentralem Interesse ist, wie das Objekt wahrgenommen und interpretiert wird und welchen Einfluss es dabei direkt ausüben kann. Etabliert wurde die Methode im Rahmen von Latours Akteur-Netzwerk-Theorie (ANT), welche davon ausgeht, dass nicht nur menschliche Akteure, sondern auch Objekte (sog. nicht-menschliche Akteure) eine aktive Rolle in sozialen Netzwerken spielen. Durch das Verfolgen von Objekten kann dementsprechend aufgezeigt werden, wie diese Objekte Netzwerke beeinflussen und formen, indem sie bestimmte Handlungen ermöglichen oder beschränken.

Durchführung

Die Following Objects-Methode kann in den verschiedensten Kontexten angewandt werden und ist nicht nur auf physikalische Objekte limitiert. Digitale Erzeugnisse, Konzepte oder Ideen können ebenso verfolgt werden. Die Herausforderung besteht primär darin, dass die Methode Zugang zu den verschiedenen Phasen im „Leben" eines Objekts benötigt, was nur mit hohem Zeitaufwand sicherzustellen ist. Gleichzeitig müssen die Forschenden auch Zeit investieren, um die materiellen Beobachtungen sauber von der eigenen Voreingenommenheit, welche wir als menschliche Akteure haben, zu trennen. Fragen Sie sich also kontinuierlich, wie Sie Überinterpretationen oder auch Anthropomorphismus, das heisst die Vermenschlichung von Objekten, vermeiden können.

Die Anwendung der Following Objects-Methode erfordert mehrere zentrale Schritte, die sowohl aus theoretischen Überlegungen als auch aus praktischen Erwägungen bestehen:

- **Objektauswahl:** Entscheiden Sie, welches Objekt untersucht werden soll. Das kann ein physisches Produkt, ein digitales Objekt oder auch ein Konzept sein. Die Auswahl sollte auf der Basis der Forschungsfrage erfolgen.
- **Hintergrundforschung:** Entwickeln Sie vor dem Shadowing bereits ein Verständnis für den Kontext des Objekts. Dies kann die Branche, in der es hergestellt wird, die Kultur, in der es verwendet wird, oder die Art und Weise, wie es im Allgemeinen wahrgenommen wird, umfassen. Wichtig ist vor allem, ein erstes Verständnis des Lebenszyklus des Objektes zu schaffen. Sind Sie sich dabei jedoch bewusst, dass diese Tätigkeit auch bereits in Voreingenommenheit überschwappen kann.
- **Zugang schaffen:** Identifizieren Sie die zentralen Episoden entlang des Lebenszyklus des Objektes und finden Sie Zugänge. Idealerweise fließen diese Episoden ineinander über, da häufig in den Zwischenräumen die spannendsten Erkenntnisse gewonnen werden können.
- **Feldarbeit:** Steigen Sie ein ins Feld, mit Ihrem ganzen Körper und Ihrer geschärften Aufmerksamkeit. Nehmen Sie sich Zeit und beobachten Sie in abwechselnder Weise die Akteure, die Beziehungen, den Kontext und natürlich auch Ihr Objekt. Welche sozialen, materiellen und funktionalen Praktiken beobachten Sie?
- **Feldtagebuch:** Führen Sie ein Feldtagebuch und strukturieren Sie Ihre Notizen innerhalb von 48 Stunden. Ähnlich eines Stream of Consciousness müssen Sie sich noch nicht überlegen, was wichtig ist und was nicht. Oft stellt sich dies erst bei der späteren Interpretation heraus. Um jedoch keine wichtigen Erkenntnisse zu verpassen, setzt dies die Sammlung so vieler Datenpunkte wie möglich voraus.
- **Synthese und Interpretation:** Nutzen Sie eine Analysemethode Ihrer Wahl, um die generierten Daten zu strukturieren. Dabei bieten sich Methoden wie Clarkes Situationsanalyse an, welche mit menschlichen als auch nicht-menschlichen Akteuren umgehen können. Unterscheiden Sie dabei klar zwischen empirischen Beobachtungen aus dem Feld und den von Ihnen in einem zweiten Schritt eingeführten theoretischen Konzepten. Der finale Report lässt sich meist anhand des Lebenszyklus strukturieren,

kann aber auch eine weniger linearen Aufbau haben. Wählen Sie das Format, welches am bestes zur Beantwortung Ihrer Forschungsfrage passt.

Wirkfeld der Methode

- Wirksam für Herausforderungen mit mittlerer Komplexität
- Wirksam für nachhaltiges Produktdesign
- Wirksam für nachhaltiges Prozessdesign
- Wirksam für nachhaltiges Servicedesign

Transformationsfähigkeit Ihres Teams

- Fördert die Sensibilisierung
- Fördert die Teamkreativität
- Fördert offene Mindsets und innovative Denkhaltungen
- Sorgt für Inspiration oder bessere Inspirationsempfindlichkeit
- Zahlt auf eine bessere Wahrnehmung ein

Einsatzcharakteristik/Arbeitsrahmen

- Austauschfokus: vornehmlich mit internen und externen Personen
- Durchführungszeit: eher hoch (> 1 Tag)
- Einsatzfrequenz: vornehmlich über den kompletten Projektzeitraum
- Einsatzradius: vornehmlich im Teameinsatz
- Einsatzradius: vornehmlich im projektweiten Einsatz
- Komplexität für die Teilnehmer: eher gering
- Teamgröße: Einzelpersonennutzung möglich
- Teamgröße: Kleingruppe möglich (3 bis 5 Teilnehmer)
- Vorbereitungszeit: eher mittel (> 1 Stunde bis < 1 Tag)

Input für eine zielführende Arbeit mit der Methode

- Aktuell existierende Produkte und Services
- Existierende Prozesse und Verfahren
- Ideen und Projekte, die zur Umsetzung anstehen
- Ideen, Lösungsansätze, Vorideen, Varianten

Output und beobachtete Ergebnisse der Methode

- Erzeugt Ideen, Lösungsansätze, Vorideen, Möglichkeiten
- Erzeugt Ideensuchfelder, unentdeckte Probleme, Inspiration
- Erzeugt neues Wissen und neue Erfahrungen
- Erzeugt größere Klarheit zu einem Thema
- Identifiziert vorhandene Schwachstellen
- Identifiziert vorhandene Stärken

Hinderniseffekte, auf die die Methode positiv wirkt

- Beugt Missinterpretationen vor
- Beugt blinden Flecken/Betriebsblindheit vor
- Bewahrt vor zu generischen Ideen und Aussagen
- Schafft für den Erfolg nötige Realitätsbezüge
- Schafft schnell Klarheit und beschleunigt Erkenntnisgewinn
- Schwächt störende Bewertung während der Ideenfindung
- Verhindert falsche Flughöhen
- Wirkt fehlender Inspiration entgegen

Mögliche Extravorteile der Methode

- Möglicher Extravorteil für in Nachhaltigkeitsthemen erfahrene Teams

Quellen

Buch – Bruno Latour, Eine neue Soziologie für eine neue Gesellschaft: Einführung in die Akteur-Netzwerk-Theorie. (Suhrkamp, Frankfurt am Main, 2007)

Person – Samuel Huber, www.samuelhuber.ch oder www.forplanetstrategylab.com

Following Objects – Verschiedene Feldzugänge

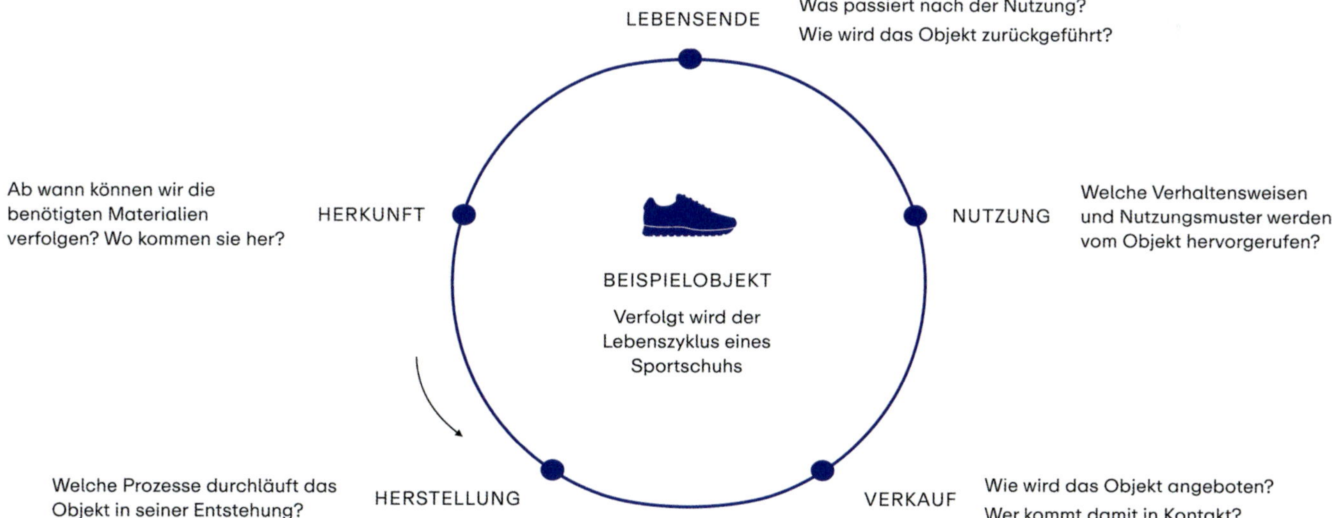

Quelle: Samuel Huber

98 Foresight Scenario

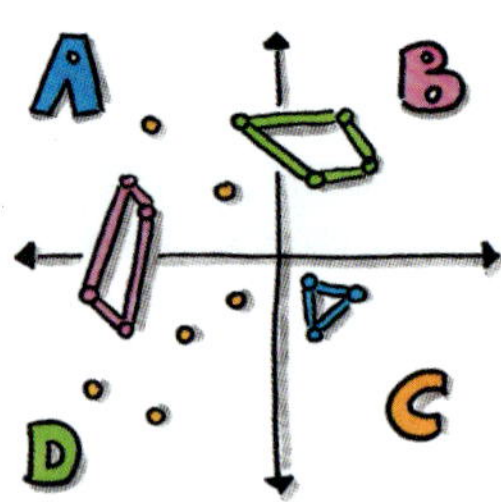

EinSatzBeschreibung

Die Foresight Scenario-Methode ermöglicht das Kreieren von Angeboten, Lösungen und Konzepten basierend auf Vorhersagen über verschiedene mögliche Zukunftsszenarien.

Working Guide/Anwendungsfelder

P1 Sensibilisierung/Bildung	P2 Matching Recht/Gesetz	P3 Sustainability Roadmap	P4 Produkt/Prozessdesign	P5 Implementierung/Monitoring	P6 Kommunikation	P7 Organisation	P8 Führung	P9 Business Model Design	P10 Skalierung
X	X	X	X	X				X	

Beschreibung

Mit Foresight Scenario kreieren Sie Angebote, Lösungen und Konzepte auf Basis von Vorhersagen über verschiedene mögliche Zukunftsszenarios.

Die Methode liefert im Idealfall holistische Lösungen und Konzepte, die auf zukünftige Entwicklungen, die im Entstehen sind, einzahlen. Teilweise dienen sogar diese holistischen Lösungen und Konzepte bewusst dazu, auch Trends aktiv auszulösen und so als erster davon zu profitieren.

Beim Foresight Scenario werden Trends in Skalen umgewandelt und sodann miteinander in klassischen 2×2-Matrizen kombiniert. So entstehen in den Quadranten der Matrizen mögliche Zukunftsszenarien, zu denen sich Lösungen und Konzepte kreieren lassen.

Durchführung

Im Kontext der Nachhaltigkeit kann ein Einsatz Foresight Scenario-Methode so aussehen:

1. Identifikation von Trends im Bereich Nachhaltigkeit: Beginnen Sie mit der Sammlung aktueller und aufkommender Trends im Bereich Nachhaltigkeit. Beispiele könnten sein: Anstieg der Meeresspegel, Urbanisierung, Abnahme der Biodiversität, Erneuerbare Energien, Zero-Waste-Bewegung, wachsendes Umweltbewusstsein in der Bevölkerung usw. Fokussieren sie sich auf Nachhaltigkeits-Trends, die für Ihre Organisation oder Branche in Zukunft relevant sein können. Nutzen Sie dazu aktuelle Trenddatenbanken. Entscheiden Sie sich dann für die beiden wichtigsten Trends.

2. Erstellen Sie eine 2x2 Matrix: Übersetzen Sie nun jeden der beiden selektierten Trends in eine Von/Bis-Skala.

Beispiel: Skala 1: „Fossile Energien spielen weiterhin eine große Rolle bei der Stromerzeugung" bis „Fossile Energien werden nicht mehr eingesetzt". Skala 2: „Menschen geben weniger Geld für nachhaltige Produkte aus" bis „Menschen geben deutlich mehr Geld für nachhaltige Produkte aus".

3. Entwerfen Sie ein Szenario pro Quadrant: Für jeden Quadrant der 2x2 Matrix entwerfen und beschreiben Sie nun ein detailliertes Zukunftsszenario. Geben Sie auch diesem Szenario einen merkfähigen Titel. Das Szenario kann zusätzlich zur textlichen Beschreibung auch mit Bildern oder Skizzen angereichert werden.

4. Kreieren Sie Lösungen und Konzepte in jedem Quadranten: Sie können nun entweder neue Konzepte kreieren, die optimal in die Quadranten passen und dort auf die Situation einzahlen, oder aber sie fügen bereits vorhandenen Konzepte aus anderen Tools ein. Lassen Sie sich überraschen, in welchem Quadranten welche vorhandenen Konzepte am besten passen.

5. Kombinieren Sie Konzepte: Versuchen Sie nun, Konzepte aus den einzelnen Quadranten zu komplexeren und synergetischen beziehungsweise holistischen Konzepten zu integrieren.

6. Beschreiben Sie die Konzepte umfassend: Erstellen Sie zu den gefundenen Konzepten eine detaillierte Beschreibung und teilen und diskutieren Sie diese in Ihrem Team. Welche Szenarios und damit auch Konzepte sind am wahrscheinlichsten in der Zukunft? Wie könnten wir die gefundenen Konzepte anpassen, wenn sich andere Szenarien ergeben? Welche anderen optionalen Konzepte haben wir?

Die entstandenen Konzepte können nun für die weitere Ideenfindung genutzt werden.

Praxisschlaglicht

In vielen Bereichen ist nachhaltiges Agieren abhängig von den Zukunftsaussichten. Diese zu bestimmen fällt den meisten Menschen schwer. Die Foresight Scenario-Methode unterstützt bei der Diskussion und Entscheidung über mögliche zukünftige Trends und macht Auswirkungen auf das eigene Umfeld deutlich.

Wirkfeld der Methode

- Wirksam für Herausforderungen mit hoher Komplexität
- Wirksam für Herausforderungen mit mittlerer Komplexität
- Wirksam für nachhaltiges Produktdesign
- Wirksam für nachhaltiges Prozessdesign
- Wirksam für nachhaltiges Servicedesign
- Wirksam für nachhaltiges Business Model Design

Transformationsfähigkeit Ihres Teams

- Fördert die Sensibilisierung
- Fördert offene Mindsets und innovative Denkhaltungen
- Sorgt für Inspiration oder bessere Inspirationsempfindlichkeit
- Zahlt auf eine bessere Vorstellungskraft ein
- Zahlt auf eine bessere Wahrnehmung ein

- Zahlt auf ein positives Zukunftsbild ein
- Zahlt auf das Dringlichkeitsempfinden ein
- Erhöht die Lösungsorientierung

Einsatzcharakteristik/Arbeitsrahmen

- Austauschfokus: vornehmlich mit internen Personen
- Durchführungszeit: eher hoch (> 1 Tag)
- Einsatzfrequenz: sinnvoll im dauerhaften Einsatz
- Einsatzradius: vornehmlich im projektweiten Einsatz
- Komplexität für den Moderator: eher hoch
- Komplexität für die Teilnehmer: eher hoch
- Teamgröße: Einzelpersonennutzung möglich
- Teamgröße: Großgruppen möglich (> 50 Teilnehmer)
- Teamgröße: Kleingruppe möglich (3 bis 5 Teilnehmer)
- Teamgröße: Maxigruppen möglich (20 bis 40 Teilnehmer)
- Teamgröße: Mittelgroße Teams möglich (5 bis 20 Teilnehmer)
- Vorbereitungszeit: eher hoch (>1 Tag)

Input für eine zielführende Arbeit mit der Methode

- Trends und Zukunftsentwicklungen
- Umfeldbeobachtungen, Umfeldanalysen
- Wettbewerber und Komplementoren
- Wissen über Gesetze und Rahmenbedingungen

Output und beobachtete Ergebnisse der Methode

- Erzeugt Ideensuchfelder, unentdeckte Probleme, Inspiration
- Erzeugt Leitfragen für die Ideenfindung
- Erzeugt angereicherte Ideen, Ideencluster, höher integrierte Lösungen
- Erzeugt größere Klarheit zu einem Thema
- Erzeugt mehr Hintergrundinformationen
- Macht Wirkzusammenhänge sichtbar

Hinderniseffekte, auf die die Methode positiv wirkt

- Verhindert falsche Flughöhen
- Verkürzt und durchbricht vorhandene Kreativblockaden

Mögliche Extravorteile der Methode

- Möglicher Extravorteil für Teams in einer Komfortsituation
- Möglicher Extravorteil für innovativ erfahrene Teams
- Möglicher Extravorteil für in Nachhaltigkeitsthemen erfahrene Teams

Quellen

Buch – Das große Handbuch Innovation, van Aerssen, Buchholz (Vahlen 2018)

Buch – 101 Design Methods, V. Kumar (Wiley 2012)

Formbildung

EinSatzBeschreibung

Eine Kreativitätsmethode, die über multisensorische Reize wie Formen, Kneten und Zeichen klassische Denkgrenzen überwindet.

Working Guide/Anwendungsfelder

P1 Sensibilisierung/Bildung	P2 Matching Recht/Gesetz	P3 Sustainability Roadmap	P4 Produkt/Prozessdesign	P5 Implementierung/Monitoring	P6 Kommunikation	P7 Organisation	P8 Führung	P9 Business Model Design	P10 Skalierung
			X						

Beschreibung

Die Formbildung ist eine Brainfloating-Technik (nach Harald Bream), die das gesamte Gehirn aktivieren soll und herkömmliche Denkgrenzen mit multisensorischen Reizen zu überwinden versucht. Der Aufgabenstellung wird mit Logik und körperlichen Schaffensphasen wie Formen, Kneten und/oder Zeichnen begegnet, um neue Ideen freizusetzen. Formbildung kann eine besondere Wirkung bei Workshops zur nachhaltigen Ideenfindung entfalten, da hier alle Sinne einbezogen werden und so eine tiefere Identifikation z. B. mit den Umweltauswirkungen eines Produktes möglich ist.

Durchführung

Stellen Sie Materialien zum Zeichnen und Formen bereit, die umweltfreundlich und wiederverwendbar sind, um die Nachhaltigkeit des Workshops selbst zu gewährleisten.

Beispiele für umweltfreundlich Materialien: Recyclingpapier, Pflanzenfarbstoffe, Bienenwachsstifte, Holzkohle oder Graphitstifte, Natürlicher Ton, biobasierter Modellierknete Stoffreste aus Baumwolle, Hanf oder Wolle.

Schritt 1: Rahmenbedingungen festlegen

Die Aufgabenstellung, bspw. die Entwicklung eines nachhaltigen Produkts, wird zentral im Raum visualisiert. Dazu kann das Produkt/der Prozess mitgebracht oder durch Zeichnungen dargestellt werden. *Beispiel:* die Entwicklung eines nachhaltigen, wiederverwendbaren Kaffeebechers.

Schritt 2: Sinnliche Auseinandersetzung und Perspektivenwechsel

Die Teilnehmer tauchen ganzheitlich in das Thema Nachhaltigkeit ein, indem sie mit ihren Händen zeichnen oder aus nachhaltigen Materialien formen. Nutzen Sie z. B. die Kopfstand-Technik an, um traditionelle Ansätze der Produktentwicklung zu hinterfragen (Beispiel: „Wie sorge ich dafür, dass das Wegwerfen des Kaffeebechers möglichst schwierig für den Käufer wird?") und lassen sie die Teilnehmer die Ergebnisse zeichnen.

Schritt 3: Reflexion und Tiefenanalyse

Die durch den Perspektivenwechsel gewonnenen Gegenargumente und Bedürfnisse werden analysiert. Hierbei werden ökologische, soziale und ökonomische Aspekte gleichermaßen berücksichtigt.

Workshop Formbildung (Quelle: unsplash)

Material zur Formbildung (Quelle: unsplash)

Die Teilnehmer notieren Stichpunkte und betrachten ihre Ideen unter verschiedenen Gesichtspunkten der Nachhaltigkeit.

Schritt 4: Verbindung von Begriffen und Emotionen

Während weiter gezeichnet und geformt wird, verbinden die Teilnehmer die vorher notierten Begriffe mit Gefühlen, die sie im Kontext der nachhaltigen Produktentwicklung erleben. Dabei wird untersucht, wie bestimmte Konzepte emotional und praktisch auf Nutzer und Umwelt wirken. Die Teilnehmer notieren ihre Erfahrungen und machen sie z. B. auf Post-its sichtbar.

Schritt 5: Körperliche und gestalterische Darstellung und Wahrnehmung

In dieser Phase stellt jeder Teilnehmer seinen Begriff oder Wert durch Körperbewegungen, oder durch ein Gestaltungen mit den Materialien, dar, um ein tieferes, intuitives Verständnis für die Nachhaltigkeit des Konzepts zu entwickeln. Dies fördert eine ganzheitliche Betrachtung der Produktentwicklung und eine bessere Perspektive auf den Nutzer des Angebots.

Schritt 6: Konkrete Fragestellungen und Antworten

Jetzt werden spezifische Fragen zur Nachhaltigkeit des Produkts formuliert und beantwortet. Dies beinhaltet das Herausarbeiten von Merkmalen, die das Produkt umweltfreundlich, sozial verantwortlich und ökonomisch sinnvoll machen. *Beispiel:* „Wie kann der Becher so gestaltet werden, dass er leicht zu reinigen ist und dabei langlebig bleibt?" Antworten auf diese Fragen helfen, die Produktmerkmale klar zu definieren.

Schritt 7: Integration und Überprüfung

Abschließend werden die Ergebnisse um die zentrale Aufgabenstellung gruppiert. Die Teilnehmer suchen nach Zusammenhängen und einer übergeordneten Struktur, die Nachhaltigkeit in allen Aspekten des Produkts gewährleistet. Wichtig ist dabei, immer wieder auf das Körpergefühl zurückzukommen, um die Auswirkungen der Ergebnisse auf die Nachhaltigkeit des Produkts zu überprüfen.

Praxisschlaglicht

Die Formbildung ist eine gute Methode, um die Teilnehmer noch mehr mit dem Thema Nachhaltigkeit und den daraus entstehenden Möglichkeiten für die Produktentwicklung zu verbinden. Für einige Teilnehmer kann die Körperarbeit herausfordernd sein, da diese im Business-Kontext häufig als nicht passend empfunden wird. Umso wichtiger ist es für den Moderator die Teilnehmer zum Ausprobieren zu motivieren, um eine neue Perspektive auf die Herausforderung zuzulassen.

Wirkfeld der Methode

- Wirksam für Herausforderungen mit mittlerer Komplexität
- Wirksam für Herausforderungen mit niedriger Komplexität
- Wirksam für nachhaltiges Produktdesign
- Wirksam für nachhaltiges Servicedesign

Transformationsfähigkeit Ihres Teams

- Fördert die Sensibilisierung
- Fördert die Teamkreativität
- Fördert grundlegend die Kreativität
- Fördert offene Mindsets und innovative Denkhaltungen
- Sorgt für Inspiration oder bessere Inspirationsempfindlichkeit
- Zahlt auf eine bessere Vorstellungskraft ein
- Zahlt auf eine bessere Wahrnehmung ein

Einsatzcharakteristik/Arbeitsrahmen

- Austauschfokus: vornehmlich mit internen Personen
- Durchführungszeit: eher gering (< 1 Stunde)
- Einsatzfrequenz: vornehmlich im einmaligen Einsatz
- Einsatzradius: vornehmlich im Teameinsatz
- Komplexität für den Moderator: eher mittel
- Komplexität für die Teilnehmer: eher mittel
- Teamgröße: Kleingruppe möglich (3 bis 5 Teilnehmer)
- Teamgröße: Mittelgroße Teams möglich (5 bis 20 Teilnehmer)
- Vorbereitungszeit: eher mittel (> 1 Stunde bis < 1 Tag)

Input für eine zielführende Arbeit mit der Methode

- Aktuell existierende Produkte und Services
- Aktuelle Herausforderung, Leitfrage, Problem
- Ideen und Projekte, die zur Umsetzung anstehen

Output und beobachtete Ergebnisse der Methode

- Erzeugt angereicherte Ideen, Ideencluster, höher integrierte Lösungen
- Erzeugt besseren Teamspirit, mehr Offenheit, Inspirationsempfindlichkeit
- Erzeugt größere Klarheit zu einem Thema

Hinderniseffekte, auf die die Methode positiv wirkt

- Beugt Missinterpretationen vor
- Beugt blinden Flecken/Betriebsblindheit vor
- Dynamisiert und aktiviert wenig dynamische Teams
- Schwächt Angst vor Neuem (Cainophobie)
- Schärft eine fehlende gemeinsame Ausrichtung
- Stärkt schwache Anreicherungsskills
- Verhindert falsche Flughöhen
- Verkürzt und durchbricht vorhandene Kreativblockaden
- Wirkt fehlender Inspiration entgegen

Mögliche Extravorteile der Methode

- Möglicher Extravorteil für Teams in einer Komfortsituation
- Möglicher Extravorteil für innovativ erfahrene Teams
- Möglicher Extravorteil für in Nachhaltigkeitsthemen erfahrene Teams

Quellen

Buch – Das große Handbuch Innovation, van Aerssen, Buchholz (Vahlen 2018)

Buch – Brainfloating: Im Entspannungszustand spielerisch Ideen finden, H. Braem (mvg Verlag 1989)

100

Freitagsmaler

EinSatzBeschreibung

Warum-up-Methode für Workshops und Events, die den Klassiker Montagsmaler neu interpretiert.

Working Guide/Anwendungsfelder

P1 Sensibilisierung/Bildung	P2 Matching Recht/Gesetz	P3 Sustainability Roadmap	P4 Produkt/Prozessdesign	P5 Implementierung/Monitoring	P6 Kommunikation	P7 Organisation	P8 Führung	P9 Business Model Design	P10 Skalierung
			X		X				

Beschreibung

Die Methode „Die Freitagsmaler" ist ein kreatives Warm-up für Workshops, inspiriert von der beliebten Fernsehsendung „Die Montagsmaler". Sie wurde in Anlehnung an die Bewegung „Fridays for Future" umbenannt und fördert spielerisch das Thema Nachhaltigkeit. Die Teilnehmer werden aufgefordert, Begriffe zum Thema Nachhaltigkeit zu malen, während die anderen erraten müssen, was dargestellt wird.

Diese Methode bietet eine Vielzahl von Vorteilen. Erstens schafft sie eine lockere und unterhaltsame Atmosphäre, die die Teilnehmer motiviert und zum Mitmachen animiert. Zweitens fördert sie die Kreativität und das Denken außerhalb der gewohnten Grenzen, da die Teilnehmer abstrakte Begriffe in Bilder umsetzen müssen.

Durch das Malen und Erraten der Begriffe entsteht eine aktive Interaktion zwischen den Teilnehmern, was den Teamgeist stärkt und den Austausch von Ideen fördert. Zudem ermöglicht die Methode eine spielerische Annäherung an das Thema Nachhaltigkeit, was oft komplex und abstrakt sein kann.

Die Freitagsmaler-Methode eignet sich auch gut als Icebreaker, um die Teilnehmer zu Beginn eines Workshops zu aktivieren und das Eis zu brechen. Sie hilft, Hemmungen abzubauen und schafft eine positive und offene Stimmung im Raum.

Darüber hinaus bietet die Methode eine Gelegenheit, über das Thema Nachhaltigkeit zu sprechen und das Bewusstsein dafür zu schärfen. Indem die Teilnehmer versuchen, die gemalten Begriffe zu erraten, werden sie angeregt, über nachhaltige Praktiken und Lösungen nachzudenken und diese zu diskutieren.

Die Freitagsmaler-Methode ist flexibel einsetzbar und kann an die Bedürfnisse und Ziele eines Workshops angepasst werden. Sie kann sowohl in kleinen als auch in großen Gruppen durchgeführt werden und erfordert keine besonderen Vorkenntnisse oder Fähigkeiten.

Insgesamt fördert die Methode „Die Freitagsmaler" eine positive Workshop-Erfahrung, in der Kreativität, Zusammenarbeit und Nachhaltigkeit im Vordergrund stehen. Sie bietet einen spielerischen und interaktiven Ansatz, um das Thema Nachhaltigkeit zu behandeln und die Teilnehmer zu aktivieren.

Durchführung

Foto: © NEU | Zur Goldenen Idee – New Work Lab Düsseldorf

1. Vorbereitung

Stellen Sie sicher, dass Sie ausreichend Malutensilien zur Verfügung haben. Man kann das Spiel mit Zeichenblöcken und Filzstiften, Buntstiften oder Wachsmalkreide spielen. Es geht aber auch am Flipchart oder Whiteboard und mit Markern (am besten mehrfarbig). Wer lieber digital zeichnet, kann Tablets und ein digitales Whiteboard oder eine Zeichenapp nutzen.

Außerdem brauchen Sie eine einen Workshop- oder Küchentimer, um eine Timebox zu messen.

Bereiten Sie Kärtchen mit Begriffen zum Thema Nachhaltigkeit vor, die gemalt werden sollen. Die Begriffe sollten unterschiedliche Schwierigkeitsgrade haben und verschiedene Aspekte der Nachhaltigkeit abdecken.

Hier eine Liste von Begriffen, die gern erweitert oder angepasst werden kann:

- Recycling
- Solarenergie
- Wassersparen
- Biodiversität
- Kompostierung
- Nachhaltige Landwirtschaft
- Elektromobilität
- Kreislaufwirtschaft
- Energiesparlampe
- Plastikvermeidung
- Ökologischer Fußabdruck
- Regenwassernutzung
- Fairer Handel
- Upcycling
- Windenergie
- Nachhaltige Architektur
- Biologische Vielfalt
- Nachhaltiger Konsum
- Klimaneutralität
- Ökologische Nachhaltigkeit
- Umweltgerechtigkeit
- Nachhaltiges Bauen
- Ökologischer Landbau
- Nachhaltiger Tourismus
- Nachhaltige Mode
- Wasserkraft
- CO_2-Kompensation
- Waldschutz
- Nachhaltige Verpackungen
- Lieferkettensorgfaltspflichtengesetz

Die Freitagsmaler spielt man am besten in Teams von 3–5 Personen. Bei größeren Gruppen können mehrere Teams gegeneinander antreten. In diesem Fall spielt man entweder im Modus „Jedes Team gegen Jedes Team" oder man spielt eine K.O.-Runde mit Viertelfinale, Halbfinale und Finale (je nach Anzahl der Teams).

Bereiten Sie außerdem ein Flipchart vor, auf dem der Spielplan steht und an dem die Punkte protokolliert werden.

2. Einführung

Erklären Sie den Teilnehmern das Ziel des Spiels und den Ablauf von „Die Freitagsmaler". Sie können vorab auch kurz in die Runde fragen, wer die Fernsehsendung „Die Montagsmaler" kennt. Das sorgt für Verbundenheit unter den Workshopteilnehmern und einige der Teilnehmer sind evtl. schneller mit den Regeln vertraut.

Das Ziel des Spiels ist es, so viele gemalte Begriffe wie möglich zu erraten. Jeder erratene Begriff gibt einen Punkt.

Es kann sinnvoll sein, vor dem Start einen Begriff mit allen Teilnehmern zu spielen.

3. Spielverlauf

- Stellen Sie den Timer auf die festgelegte Timebox. Die Empfehlung ist zwei Minuten. Bei mehreren Teams, die parallel spielen, übernimmt das Timekeeping ein Spieler des nicht spielenden Teams.
- Ein Mitglied des Teams zieht verdeckt eine Karte und malt den darauf dargestellten Begriff.
- Die restlichen Teammitglieder versuchen den Begriff zu erraten. Ist der Begriff richtig erraten, gibt es einen Punkt.
- Jetzt ist der nächste aus dem Team dran, zieht eine Karte und malt.
- Dies wiederholt sich so lange, bis die Timebox abgelaufen ist. Die Punkte werden zusammengezählt und auf dem Ergebnis-Flipchart notiert.
- Jetzt kommt das gegnerische Team dran. Die Timebox wird neu gestartet. Der Ablauf ist der Gleiche wie bei Team 1.
- Nachdem die Timebox abgelaufen ist, werden die Punkte wieder zusammengezählt und auf dem Flipchart notiert.
- Spielen zwei Teams, wird eine festgelegte Anzahl von Runden gespielt oder so lange gespielt, bis eine festgelegte Anzahl von Runden gewonnen wurde (best of three, best of five, ...).
- Bei einer Turnierform geht es je nach Spielplan weiter.

Sind alle Runden gespielt geht es an die Endauswertung. Sie können jetzt noch Sonderpunkte für Kreativität oder besonders gut dargestellte Begriffe vergeben. Sie können auch einen nachhaltigen Preis an das beste Team vergeben.

Nachdem alle Begriffe gemalt und geraten wurden, beenden Sie das Spiel und leiten Sie eine Diskussion ein.

Nach dem Spiel: Bei Bedarf kann noch eine kurze Reflexionsrunde durchgeführt werden. Welche Visualisierung war besonders gelungen und kann in Zukunft zur Erklärung der Begriffe genutzt werden? Welche Begriffe fielen besonders schwer? Gab es Begriffe, die den Teilnehmern noch nicht bekannt sind? Dann nutzen Sie kurz die Gelegenheit, die Begriffe zu klären. Eventuell gibt es Experten in der Runde, die kurz und knapp erklären können.

Varianten:

- Einsatz in Remote Workshops: Die Freitagsmaler kann auch gut in Remote-Meetings und -Workshops gespielt werden. Die Begriffe werden hier per Chat an den Malenden übermittelt. Entweder vom Moderator oder von jemand aus dem gegnerischen Team. Bei mehreren Gruppen bieten sich Break-out Rooms und Co-Moderatoren an. Folgende Tools können zum Zeichnen genutzt werden:
  - Digitales Whiteboard (Miro, Mural, ...)
  - Die Website https://skribbl.io/ übernimmt auch gleich die Punkteauswertung. Allerdings ist der Spielmodus leicht anders als beim klassischen Montagsmaler.
- Statt zu malen, können die Begriffe auch pantomimisch dargestellt werden. Der Ablauf bleibt gleich.

100 Freitagsmaler

Wirkfeld der Methode

- Wirksam für Herausforderungen mit niedriger Komplexität

Transformationsfähigkeit Ihres Teams

- Fördert grundlegend die Kreativität
- Fördert offene Mindsets und innovative Denkhaltungen
- Sorgt für Inspiration oder bessere Inspirationsempfindlichkeit

Einsatzcharakteristik/Arbeitsrahmen

- Austauschfokus: vornehmlich mit internen und externen Personen
- Durchführungszeit: eher gering (< 1 Stunde)
- Einsatzfrequenz: sinnvoll im dauerhaften Einsatz
- Einsatzradius: vornehmlich im Teameinsatz
- Einsatzradius: vornehmlich im projektweiten Einsatz
- Einsatzradius: vornehmlich im unternehmensweiten Einsatz
- Komplexität für den Moderator: eher gering
- Komplexität für die Teilnehmer: eher gering
- Teamgröße: Einzelpersonennutzung möglich
- Teamgröße: Großgruppen möglich (> 50 Teilnehmer)
- Teamgröße: Kleingruppe möglich (3 bis 5 Teilnehmer)
- Teamgröße: Maxigruppen möglich (20 bis 40 Teilnehmer)
- Teamgröße: Mittelgroße Teams möglich (5 bis 20 Teilnehmer)
- Vorbereitungszeit: eher gering (< 1 Stunde)

Input für eine zielführende Arbeit mit der Methode

- Nur ein weinig Zeit

Output und beobachtete Ergebnisse der Methode

- Erzeugt besseren Teamspirit, mehr Offenheit, Inspirationsempfindlichkeit
- Erzeugt motiviertere und transformationsfähigere Teilnehmer

Hinderniseffekte, auf die die Methode positiv wirkt

- Bindet eher introvertierte Teammitglieder mit ein
- Dynamisiert und aktiviert wenig dynamische Teams
- Fördert gehemmte Teammitglieder
- Verhindert einseitige Bewertungen und Entscheidungen
- Verkürzt und durchbricht vorhandene Kreativblockaden
- Wirkt fehlender Inspiration entgegen
- Fördert Optimismus und Zuversicht

Mögliche Extravorteile der Methode

- Möglicher Extravorteil für die Arbeit mit digitalen Kollaborationsboards

Quellen

Person – Tobias Leisgang, tobias@companypirate.de

Future Fuit

EinSatzBeschreibung

Die Future Fruit-Methode ermöglicht das Entwerfen vielseitiger Zukunftsszenarien, um proaktiv auf kommende Herausforderungen reagieren und innovative Lösungsansätze entwickeln zu können.

Working Guide/Anwendungsfelder

P1 Sensibilisierung/Bildung	P2 Matching Recht/Gesetz	P3 Sustainability Roadmap	P4 Produkt/Prozessdesign	P5 Implementierung/Monitoring	P6 Kommunikation	P7 Organisation	P8 Führung	P9 Business Model Design	P10 Skalierung
X		X	X					X	

Beschreibung

Mit Future Fruit entwerfen Sie vielseitige Zukunftsszenarien für nachhaltige Entwicklungen, um proaktiv und umfassend auf kommende Herausforderungen reagieren zu können.

Eines ist sicher: Die Zukunft bewegt sich stetig auf uns zu, aber ihre genaue Gestalt bleibt oft ein Rätsel. Daher ist es von unschätzbarem Wert, kreativ zu denken und eine Vielzahl von Szenarien für eine nachhaltige Zukunft zu entwickeln. Die Ergebnisse dieser Denkübung – die sogenannten „Future Fruits" – können in den kommenden Jahren als leitende Prinzipien und Handlungsanleitungen dienen.

Ein Blick in die Vergangenheit zeigt, wie wichtig es ist, auf verschiedene Szenarien vorbereitet zu sein. Ein Beispiel hierfür ist der massive Rodungsdruck auf Regenwälder, den viele nicht vorhergesehen haben. Ohne adäquate Szenarien und Handlungspläne wurde eine Krise beschleunigt, die heute den Lebensraum unzähliger Arten und das globale Klima bedrohte.

Alternativ können wir die Erfolgsgeschichte von erneuerbaren Energien gegenüberstellen. Frühe Vordenker und Innovatoren, die in erneuerbare Technologien investierten, obwohl sie damals nicht dominant waren, profitieren heute enorm von ihrer Weitsicht.

Während Sie vielleicht eine Vorstellung davon haben, welche großen Nachhaltigkeitsthemen in der näheren Zukunft relevant werden, könnten die subtilen, sofortigen Veränderungen Sie überraschen. Die Entwicklung zahlreicher Szenarien bereitet Sie darauf vor, flexibel und entschlossen zu agieren.

Je mehr Szenarien Sie berücksichtigen, desto besser können Sie reagieren und proaktive Lösungen entwickeln. Es bietet Ihnen die Chance, innovatives Potenzial für nachhaltige Produkte oder Dienstleistungen frühzeitig zu entdecken.

Indem Sie aktiv an der Gestaltung von Zukunftsszenarien arbeiten, vertiefen Sie Ihr Verständnis für gegenwärtige Herausforderungen. So können Sie Ihre aktuellen Nachhaltigkeitsstrategien optimal steuern.

Future Fruit (Foto: verrocchio Insitute AG)

Durchführung

Schritt 1: Identifikation der Nachhaltigkeitsherausforderung

Bevor Sie überhaupt anfangen, brauchen Sie einen klaren Fokus. Wählen Sie ein spezifisches Nachhaltigkeitsproblem oder eine herausfordernde Fragestellung aus, die Ihrer Meinung nach eine innovative Lösung im Kontext Ihres Projekts oder Unternehmens benötigt. Dies könnte bspw. eine Frage im Bereich der Ressourceneffizienz, erneuerbaren Energien oder sozialer Gerechtigkeit sein.

Schritt 2: Entscheidungsfindung

Einmal identifiziert, formulieren Sie eine konkrete Handlung oder Entscheidung, die in Bezug auf dieses Problem getroffen werden soll. Dies könnte eine Investition, eine technologische Implementierung oder die Entwicklung eines neuen Produktes oder Dienstes sein.

Schritt 3: Faktorenanalyse

Jede Entscheidung wird von verschiedenen Faktoren beeinflusst. Untersuchen Sie gründlich alle relevanten Einflüsse wie ökologische Bedenken, soziale Trends, technologische Entwicklungen, Marktbedingungen und Wettbewerbsumfeld. Je gründlicher Sie hier arbeiten, desto fundierter werden Ihre Szenarien sein.

Schritt 4: Szenarienentwicklung

Auf Basis der identifizierten Faktoren kreieren Sie mehrere, unterschiedliche Zukunftsszenarien. Nutzen Sie Experteninterviews, Datenanalysen und branchenspezifische Berichte, um diese Szenarien so realistisch und relevant wie möglich zu gestalten. Ein gut visualisiertes Szenario kann helfen, komplexe Informationen zugänglicher und verständlicher zu machen. Nach Möglichkeit visualisieren Sie diese Szenarien auf großen Papierformaten, zum Beispiel im MindMap-Stil.

Schritt 5: Narrative schaffen

Ein Szenario allein bietet nur eine grobe Skizze. Um es greifbarer zu machen, entwickeln Sie ausführliche Geschichten/Narrative für jedes Szenario. Diese Geschichten sollten „Was-wäre-wenn"-Szenarien durchspielen und verschiedene Faktorenvariationen berücksichtigen. Zum Beispiel: „Was wäre, wenn die Regulierungen für nachhaltige Produkte verschärft würden?" oder „Was passiert, wenn ein neuer, umweltfreundlicher Wettbewerber den Markt betritt?".

Schritt 6: Innovationspotenzial entdecken

Innerhalb jedes entwickelten Szenarios suchen Sie gezielt nach Chancen für innovative, nachhaltige Lösungen. Welche Produkte, Dienstleistungen oder Geschäftsmodelle könnten in diesem Kontext erfolgreich sein? Gibt es Synergien oder Gemeinsamkeiten zwischen den Szenarien, die eine besonders vielversprechende Idee hervorbringen könnten? Das Ziel dieses Schrittes ist es, einen Pool von innovativen, nachhaltigen Geschäftsideen oder Ansätzen zu erstellen, die Sie in die Tat umsetzen können.

Mit dieser Methode sind Sie bestens gerüstet, um proaktiv auf zukünftige Herausforderungen im Bereich der Nachhaltigkeit zu reagieren und Ihre Innovationsprojekte zielgerichtet voranzutreiben.

Praxisschlaglicht

Die Methode Future Fruits sollte nicht zu oberflächlich eingesetzt werden. Nur wenn die Faktorenanalyse tief und mit Expertise durchgeführt wird, kann mit den Ergebnissen sinnvoll weitergearbeitet werden. Die Arbeitsphase kann auch gut über mehrere Projektphase verteilt werden, dann kann die dazwischenliegende Zeit für intensive Recherche genutzt werden.

Wirkfeld der Methode

- Wirksam für Herausforderungen mit hoher Komplexität
- Wirksam für Herausforderungen mit mittlerer Komplexität
- Wirksam für nachhaltiges Produktdesign
- Wirksam für nachhaltiges Prozessdesign
- Wirksam für nachhaltiges Servicedesign
- Wirksam für nachhaltiges Business Model Design

Transformationsfähigkeit Ihres Teams

- Fördert die Sensibilisierung
- Fördert die allgemeine Transformationsfähigkeit des Teams
- Fördert offene Mindsets und innovative Denkhaltungen
- Sorgt für Inspiration oder bessere Inspirationsempfindlichkeit
- Zahlt auf das Dringlichkeitsempfinden ein
- Erhöht die Lösungsorientierung

Einsatzcharakteristik/Arbeitsrahmen

- Austauschfokus: vornehmlich mit internen Personen
- Durchführungszeit: eher mittel (> 1 Stunde bis < 1 Tag)
- Einsatzfrequenz: sinnvoll im dauerhaften Einsatz
- Projektzeitraum
- Einsatzradius: vornehmlich im unternehmensweiten Einsatz
- Komplexität für den Moderator: eher hoch
- Komplexität für die Teilnehmer: eher hoch
- Teamgröße: Einzelpersonennutzung möglich
- Teamgröße: Kleingruppe möglich (3 bis 5 Teilnehmer)
- Vorbereitungszeit: eher hoch (>1 Tag)

Input für eine zielführende Arbeit mit der Methode

- Aktuell existierende Geschäftsmodelle
- Aktuell existierende Produkte und Services
- Aktuelle Herausforderung, Leitfrage, Problem
- Durchführungszeit, Trainingszeit
- Trends und Zukunftsentwicklungen
- Umfeldbeobachtungen, Umfeldanalysen
- Wettbewerber und Komplementoren

Output und beobachtete Ergebnisse der Methode

- Erzeugt Prognosen und Ableitungen
- Erzeugt Ideensuchfelder, unentdeckte Probleme, Inspiration
- Identifiziert vorhandene Schwachstellen
- Identifiziert vorhandene Stärken

Hinderniseffekte, auf die die Methode positiv wirkt

- Beugt blinden Flecken/Betriebsblindheit vor
- Bewahrt vor zu generischen Ideen und Aussagen
- Schafft für den Erfolg nötige Realitätsbezüge
- Schwächt das Leben in der Vergangenheit
- Verhindert blinden Aktionismus
- Verhindert einseitige Bewertungen und Entscheidungen
- Verhindert unreflektiertes agieren
- Verhindert Ideenfindung mit zu schwacher Erkenntnisgrundlage

Mögliche Extravorteile der Methode

- Möglicher Extravorteil für Teams in einer Komfortsituation
- Möglicher Extravorteil für Teams mit einem starkem Auftragsmandat
- Möglicher Extravorteil für innovativ erfahrene Teams
- Möglicher Extravorteil für in Nachhaltigkeitsthemen erfahrene Teams

Quellen

Buch – Thinkertoys, M. Michalko (Ten Speed Press, 2006)
Buch – Das große Handbuch Innovation, van Aerssen, Buchholz (Vahlen, 2018)

Future Present

EinSatzBeschreibung

Disruptive Ideen entwickeln mithilfe von Storytelling.

Working Guide/Anwendungsfelder

P1 Sensibilisierung/Bildung	P2 Matching Recht/Gesetz	P3 Sustainability Roadmap	P4 Produkt/Prozessdesign	P5 Implementierung/Monitoring	P6 Kommunikation	P7 Organisation	P8 Führung	P9 Business Model Design	P10 Skalierung
		X	X					X	

Beschreibung

Liberating Structures sind eine Sammlung von partizipativen, interaktiven Methoden, die dazu dienen, das Engagement und die Zusammenarbeit in Gruppen zu fördern. Sie ermöglichen eine demokratische Beteiligung und fördern vielfältige Perspektiven, um innovative Ideen und Lösungen zu entwickeln. „Future Present" ist eine Liberating Structure, die aktuell noch in Entwicklung ist. Sie nutzt die transformative Kraft des Geschichtenerzählens, um die Teilnehmenden auf eine inspirierende Reise in die Zukunft zu führen.

„Future Present" eignet sich gut im Kontext der Nachhaltigkeit und bietet zahlreiche Vorteile:

- Vorstellungskraft für nachhaltige Zukunft: Die Methode ermöglicht den Teilnehmenden, sich lebhaft vorzustellen, wie eine nachhaltige Welt aussehen könnte, und Ideen zu generieren, wie sie zu dieser Zukunft beitragen können. Die Methode ermöglicht den Teilnehmenden die freie Wahl des Themas, das sie erkunden möchten. Ob es um Bildung, Umwelt, Technologie oder Gesellschaft geht – die Bandbreite ist grenzenlos.
- Vielfältige Perspektiven: Durch den partizipativen Charakter der Methode können Menschen mit unterschiedlichem Hintergrund und Fachwissen zusammenkommen, um gemeinsam Lösungen für nachhaltige Herausforderungen zu entwickeln.
- Kreatives Denken: Nachhaltigkeitsprobleme sind oft komplex und erfordern innovative Lösungsansätze. „Future Present" eröffnet die Möglichkeit, weit in die Zukunft zu reisen und neue Ideen zu erkunden. Dies fördert kreatives Denken und die Entstehung unkonventioneller Lösungen, die über herkömmliche Ansätze hinausgehen.
- Motivation und Handlung: Indem „Future Present" die Teilnehmenden dazu anregt, sich aktiv eine nachhaltige Zukunft vorzustellen, steigert es ihre Motivation, tatsächlich Maßnahmen zu ergreifen, um diese Vision Wirklichkeit werden zu lassen. Es regt auch an über die Barrieren und deren Überwindung zu sprechen, was zusätzlich dabei hilft in die Umsetzung zu kommen.
- Zeitliches Investment: „Future Present" erfordert nur ein geringes zeitliches Investment, was besonders im hektischen Alltag von Vorteil ist.
- Langfristige Orientierung: Die Methode zielt auf langfristige Veränderungen ab. Die Teilnehmenden sind allerdings frei in der Wahl des Zeitraums. Es können Zukünfte in ein paar Jahren genauso wie weit entfernte Zukünfte diskutiert werden.

Durchführung

Foto: © NEU | ARAG SE – Team Space Düsseldorf

Vorbereitung

- Die Teilnehmenden werden in Gruppen von 4–5 Personen aufgeteilt. Jede Gruppe besteht aus zwei Pionieren (die den Weg in die Zukunft erlebt haben) und 2–3 Junge (die nur die neue Welt kennen). Bei größeren Gruppen werden mehrere Kleingruppen gebildet, um eine effektive Interaktion zu gewährleisten.
- Es wird ein Thema im Kontext der Nachhaltigkeit gewählt, bei dem eine Veränderung in der Zukunft geschehen soll. Die Impulsfragen für die Schritte 1–4 werden auf einem Handout oder Whiteboard für jede Gruppe bereitgestellt.

- Je nach Präferenz der Gruppe steht entweder ein Stuhlkreis zur Verfügung oder die Gruppenmitglieder stehen in einer Runde zusammen.
- Für jeden der 4 Schritte stehen etwa 3–4 Minuten zur Verfügung, gefolgt von 3–4 Minuten für eine anschließende Reflexionsphase. Insgesamt ist das zeitliche Investment pro Durchgang maximal 20 Minuten.

Schritt 1: Die Jungen in jeder Gruppe stellen den Pionieren die erste Frage: „Pioniere, wir haben von den alten Zeiten beim Thema <<Hier das Thema einfügen>> gehört. Welche Probleme gab es damals? War es wirklich so aussichtslos?“

Die beiden Pioniere erzählen von den Herausforderungen und Problemen, die in der Vergangenheit bestanden haben.

Schritt 2: Die Jungen stellen den Pionieren die zweite Frage: „Pioniere, wie war es mitten in den Zeiten des Umbruchs? Wie habt ihr euch gefühlt? Was gab euch Hoffnung inmitten der Verzweiflung?“

Die beiden Pioniere erzählen nun von ihren Erfahrungen während des Umbruchs und wie sie trotz Schwierigkeiten Hoffnung bewahrten.

Schritt 3: Die Jungen stellen den Pionieren die dritte Frage: „Wie habt ihr die Sache in Gang gebracht? Welche ersten kleinen Schritte seid ihr gegangen? Wie konntet ihr ein Momentum aufbauen?“

Die beiden Pioniere erzählen von den Schritten, die sie unternommen haben, um die Veränderung in Gang zu setzen, und wie sie allmählich positive Dynamiken aufbauen konnten.

Schritt 4: Die Jungen stellen den Pionieren die vierte Frage: „Was gab euch Kraft weiterzumachen? Welche Überraschungen gaben euch Hoffnung, dass mehr möglich ist?“

Die beiden Pioniere erzählen von den Quellen ihrer Motivation, die sie befähigt haben, kontinuierlich an der Veränderung zu arbeiten, und von den überraschenden Entwicklungen, die ihnen neue Hoffnung gaben.

Schritt 5 (Debrief): Die Jungen reflektieren nun über die Geschichten und Erfahrungen der Pioniere und identifizieren Ansatzpunkte für Veränderung, die sie aus den Geschichten mitnehmen können.

Die Pioniere hören aufmerksam zu und haben die Möglichkeit, die Perspektiven der Jungen zu hören und zu verstehen.

Wirkfeld der Methode

- Wirksam für Herausforderungen mit hoher Komplexität
- Wirksam für Herausforderungen mit mittlerer Komplexität
- Wirksam für nachhaltiges Marketing
- Wirksam für nachhaltiges Produktdesign
- Wirksam für nachhaltiges Prozessdesign
- Wirksam für nachhaltiges Servicedesign
- Wirksam für nachhaltiges Business Model Design

Transformationsfähigkeit Ihres Teams

- Fördert die Sensibilisierung
- Fördert die Teamkreativität
- Fördert grundlegend die Kreativität
- Fördert offene Mindsets und innovative Denkhaltungen
- Sorgt für Inspiration oder bessere Inspirationsempfindlichkeit
- Zahlt auf eine bessere Vorstellungskraft ein
- Zahlt auf ein positives Zukunftsbild ein

Einsatzcharakteristik/Arbeitsrahmen

- Austauschfokus: vornehmlich mit internen Personen
- Durchführungszeit: eher gering (< 1 Stunde)
- Einsatzfrequenz: sinnvoll im dauerhaften Einsatz
- Einsatzradius: vornehmlich im Teameinsatz
- Einsatzradius: vornehmlich im projektweiten Einsatz
- Einsatzradius: vornehmlich im unternehmensweiten Einsatz
- Komplexität für den Moderator: eher mittel
- Komplexität für die Teilnehmer: eher gering
- Teamgröße: Großgruppen möglich (> 50 Teilnehmer)
- Teamgröße: Kleingruppe möglich (3 bis 5 Teilnehmer)
- Teamgröße: Maxigruppen möglich (20 bis 40 Teilnehmer)
- Teamgröße: Mittelgroße Teams möglich (5 bis 20 Teilnehmer)
- Vorbereitungszeit: eher gering (< 1 Stunde)

Input für eine zielführende Arbeit mit der Methode

- Aktuelle Herausforderung, Leitfrage, Problem
- Ideen und Projekte, die zur Umsetzung anstehen
- Trends und Zukunftsentwicklungen

Output und beobachtete Ergebnisse der Methode

- Erzeugt Prognosen und Ableitungen
- Erzeugt Ideen für neue Märkte und neue Business Modelle
- Erzeugt Ideen, Lösungsansätze, Vorideen, Möglichkeiten
- Erzeugt Ideensuchfelder, unentdeckte Probleme, Inspiration
- Erzeugt Leitfragen für die Ideenfindung
- Erzeugt neues Wissen und neue Erfahrungen
- Erzeugt spezifischere Leitfragen, Ideen und Aussagen
- Erzeugt eine Vision oder Zukunftsbild
- Macht Wirkzusammenhänge sichtbar

Hinderniseffekte, auf die die Methode positiv wirkt

- Beugt blinden Flecken/Betriebsblindheit vor
- Dynamisiert und aktiviert wenig dynamische Teams
- Schwächt Angst vor Neuem (Cainophobie)
- Schwächt das Leben in der Vergangenheit
- Verkürzt und durchbricht vorhandene Kreativblockaden
- Wirkt fehlender Inspiration entgegen
- Fördert Optimismus und Zuversicht

Mögliche Extravorteile der Methode

- Möglicher Extravorteil für Teams in einer Komfortsituation

Quellen

Web – https://www.liberatingstructures.com/storage/articles-nascent-ls/FuturePresent%20v%201.8.doc (abgerufen am 09.08.2023)

Web – https://docs.google.com/document/d/1kbD8iuDzITt932YwXfz_moJubnWyZhZBeIFf31xqRDU/edit (abgerufen am 09.08.2023)

Web – https://medium.com/the-liberators/travel-to-the-future-and-uncover-what-is-needed-for-that-today-with-future-present-958f27280546 (abgerufen am 09.08.2023)

Future Wheel

EinSatzBeschreibung

Mit „Future Wheel" die Folgewirkungen und Konsequenzen erster und zweiter Ordnung antizipieren.

Working Guide/Anwendungsfelder

P1 Sensibilisierung/Bildung	P2 Matching Recht/Gesetz	P3 Sustainability Roadmap	P4 Produkt/Prozessdesign	P5 Implementierung/Monitoring	P6 Kommunikation	P7 Organisation	P8 Führung	P9 Business Model Design	P10 Skalierung
		X	X					X	

Beschreibung

Die „Future Wheel"-Methode, entwickelt von Jerome C. Glenn, ist ein Instrument der Zukunftsforschung, das darauf abzielt, komplexe zukünftige Entwicklungen zu analysieren und zu visualisieren. Die Methode nutzt das Brainstorming und ist dem Mindmapping sehr ähnlich.

Diese Methode nutzt ein radiales Diagramm, das wie ein Spinnennetz aussieht, um die Auswirkungen eines zentralen Ereignisses, Trends oder Szenarios zu erforschen. In der Mitte des Diagramms steht ein Thema, Ereignis oder Szenario. Kreisförmig um dieses Thema werden die primären Aspekte bzw. Auswirkungen des Themas, Ereignis oder Szenarios dokumentiert. In einem weiteren Kreis werden auf der nächsten Ebene die sekundären Aspekte bzw. Auswirkungen des Themas, Ereignis oder Szenarios erarbeitet.

So ermöglicht das Future Wheel eine systematische Untersuchung der Konsequenzen und Wechselwirkungen, die von einem bestimmten Faktor ausgehen können. Mithilfe der Methode erkennt man die potenziellen Verknüpfungen und Konsequenzen in einem komplexen ökologischen, sozialen und wirtschaftlichen Umfeld. Sie ist daher gut geeignet, um komplexe Zukunftsfragen im Kontext der Nachhaltigkeit zu strukturieren.

An drei Beispielen soll der der Einsatz der Methode illustriert werden:

- Ein Unternehmen möchte die Auswirkungen des Megatrends Nachhaltigkeit auf sein Geschäftsmodell evaluieren. Es identifiziert den Megatrend als zentrales Ereignis und erstellt ein Future Wheel. Auf der ersten Ebene des Diagramms könnten Faktoren wie Ressourceneffizienz, veränderte Verbrauchervorlieben, regulatorische Anforderungen und soziale Verantwortung enthalten. Die zweite Ebene enthält Punkte wie die Auswirkungen auf Produktion, Vertrieb, Lieferkette, Innovation und Image des Unternehmens.
- Ein Unternehmen möchte die möglichen Auswirkungen eines Anstiegs der Rohstoffpreise aufgrund von CO_2-Besteuerung untersuchen. Das zentrale Ereignis ist der Rohstoffpreisanstieg. Das Future Wheel könnte verschiedene Aspekte wie Kostensteigerungen, verstärkte Nutzung erneuerbarer Ressourcen, Technologieinvestitionen und Veränderungen in der Wettbewerbslandschaft erfassen.
- Eine Kommune möchte im Jahr 2035 eine autofreie Innenstadt haben. Für dieses Zukunftsziel wird ein Future Wheel erstellt. Das Future Wheel veranschaulicht die Auswirkungen auf Luftqualität, Verkehr, Immobilienwert, öffentliche Verkehrsmittel, lokale Wirtschaft und Lebensqualität der Bürger.

In jedem dieser Beispiele erlaubt die Future Wheel Methode den Akteuren, eine tiefere Einsicht in die Konsequenzen ihrer Entscheidungen im Kontext der Nachhaltigkeit zu gewinnen. Dies befähigt sie, besser informierte Entscheidungen zu treffen, ihre langfristigen Strategien auszurichten und die Weichen für eine nachhaltigere Zukunft zu stellen.

Durchführung

Die Future Wheel Methode kann sowohl von Einzelpersonen als auch von Gruppen durchgeführt werden, um zukünftige Entwicklungen, Trends oder Szenarien zu analysieren. Zur Vorbereitung können Arbeitsblätter mit einem Future Wheel Template erstellt werden. Die Methode lässt sich auch gut in einem digitalen Kontext durchführen. Dazu wird für jede Gruppe ein Arbeitsbereich mit einem Future Wheel auf einem digitalen Whiteboard erstellt. Das Future Wheel lässt sich aber auch leicht an einem Flipchart oder Whiteboard während des Workshops erstellen, in dem man Klebezettel in zwei Kreisen um ein Thema herum anordnet und entsprechend mit Linien verbindet.

Vorgehen als Einzelperson

1. Wählen Sie ein zentrales Thema, Ereignis oder Szenario aus, das Sie analysieren möchten. Zum Beispiel könnte es sich um einen persönlichen Lebensbereich, eine berufliche Herausforderung oder ein allgemeines Zukunftsszenario handeln. Schreiben Sie das Thema, das Ereignis oder das Szenario in die Mitte des Future Wheels.
2. Denken Sie über die primären Auswirkungen und Aspekte Ihres Themas nach und schreiben Sie diese auf die nächste Ebene des Future Wheels.
3. Betrachten Sie nun jede der identifizierten Auswirkungen und überlegen Sie, wie sie sich gegenseitig beeinflussen könnten. Zeichnen Sie Linien oder Verbindungen zwischen den Auswirkungen, um mögliche Wechselwirkungen zu visualisieren.
4. Fügen Sie für jede der primären Auswirkungen und Aspekte, die sekundären Aspekte auf dem äußeren Ring des Future Wheel hinzu. Überlegen Sie auch hier Wechselwirkungen zwi-

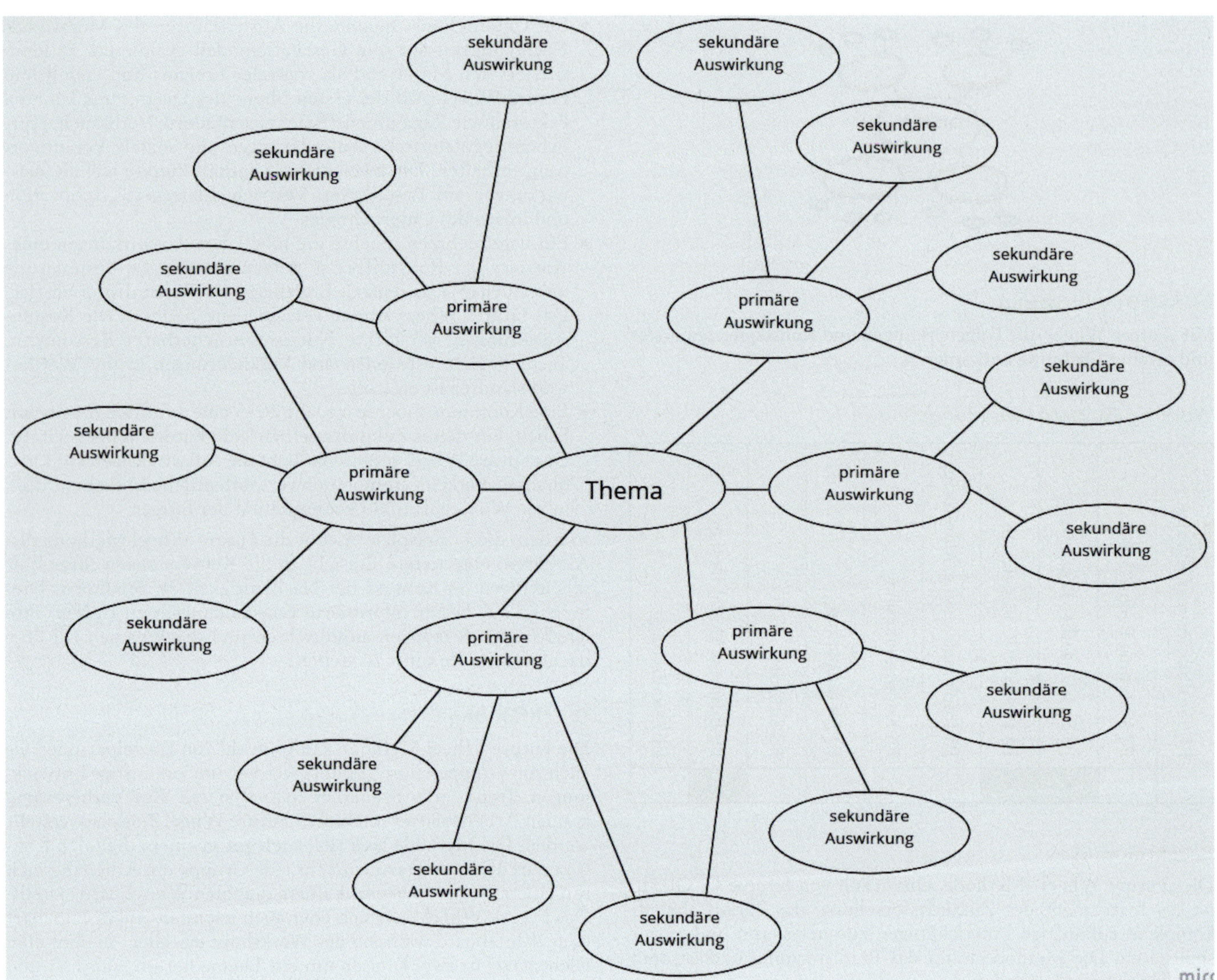

Future Wheel (Quelle: Tobias Leisgang)

schen den einzelnen Kreisen und visualisieren Sie diese ggf. mit Verbindungen oder farblichen Markierungen.

5. Optional können Sie tertiäre Auswirkungen und Aspekte erarbeiten und einen dritten Ring hinzufügen.
6. Gehen Sie nun das erstellte Future Wheel durch und reflektieren Sie über mögliche Chancen und Risiken, die sich aus den identifizierten Auswirkungen ergeben könnten. Dies kann helfen, diese im Strategieprozess zu berücksichtigen und bessere Entscheidungen zu treffen.

Vorgehen in der Gruppe

1. Teilen Sie bei mittelgroßen Teams und Großgruppen die Gruppe in kleinere Gruppen bis maximal fünf Personen auf.
2. Definieren Sie, ob alle Gruppen das gleiche Thema/Ereignis/Szenario oder verschiedene (verknüpfte) Themen/Ereignisse/Szenarios bearbeiten.
3. Die Erarbeitung des Future Wheels in den Kleingruppen erfolgt nach dem gleichen Vorgehen wie in der Einzelnutzung. Führen Sie dazu die Schritte 2–5 aus. Um alle Gruppenmitglieder gleichermaßen zu involvieren, bietet sich für die Identifikation der primären und sekundären Faktoren ein Brainwriting mit sehr kurzen Timeboxes (1–2 Min.) an.
4. In mittelgroßen Teams und Großgruppen werden nun die einzelnen Ergebnisse im Plenum oder mittels eines Gallery Walk präsentiert.
5. Mit den Erkenntnissen aus den anderen Future Wheels verfeinern und ergänzen nun die Kleingruppen ihre Future Wheels.
6. Im letzten Schritt werden Chancen und Risiken abgeleitet und für folgende Prozessschritte zur Verfügung gestellt. In mittelgroßen Teams und Großgruppen kann dies in den Einzelteams gemacht werden. Sollen die Ergebnisse für die ganze Gruppe aggregiert werden, empfehlen sich Großgruppenmoderationsmethoden wie das 1-2-4-All.

Wirkfeld der Methode

- Wirksam für Herausforderungen mit hoher Komplexität
- Wirksam für Herausforderungen mit mittlerer Komplexität
- Wirksam für nachhaltiges Marketing
- Wirksam für nachhaltiges Produktdesign
- Wirksam für nachhaltiges Business Model Design

Output und beobachtete Ergebnisse der Methode

- Erzeugt Prognosen und Ableitungen
- Erzeugt Ideen für neue Märkte und neue Business Modelle
- Erzeugt neues Wissen und neue Erfahrungen
- Erzeugt größere Klarheit zu einem Thema
- Erzeugt transformationsfähigere Organisationen
- Erzeugt mehr Hintergrundinformationen
- Identifiziert vorhandene Schwachstellen
- Macht Wirkzusammenhänge sichtbar

Hinderniseffekte, auf die die Methode positiv wirkt

- Beugt blinden Flecken/Betriebsblindheit vor
- Schafft für den Erfolg nötige Realitätsbezüge
- Schwächt das Leben in der Vergangenheit
- Verhindert einseitige Bewertungen und Entscheidungen
- Verhindert unreflektiertes agieren
- Überzeugt Zweifler, Bewahrer, Kritiker
- Fördert Optimismus und Zuversicht

Transformationsfähigkeit Ihres Teams

- Fördert die Sensibilisierung
- Fördert die allgemeine Transformationsfähigkeit des Teams
- Fördert offene Mindsets und innovative Denkhaltungen
- Zahlt auf eine bessere Vorstellungskraft ein
- Zahlt auf ein positives Zukunftsbild ein

Einsatzcharakteristik/Arbeitsrahmen

- Austauschfokus: vornehmlich mit internen und externen Personen
- Durchführungszeit: eher gering (< 1 Stunde)
- Einsatzfrequenz: vornehmlich über den kompletten Projektzeitraum
- Einsatzradius: vornehmlich im Teameinsatz
- Einsatzradius: vornehmlich im projektweiten Einsatz
- Komplexität für den Moderator: eher gering
- Komplexität für die Teilnehmer: eher gering
- Teamgröße: Einzelpersonennutzung möglich
- Teamgröße: Kleingruppe möglich (3 bis 5 Teilnehmer)
- Teamgröße: Mittelgroße Teams möglich (5 bis 20 Teilnehmer)
- Vorbereitungszeit: eher gering (< 1 Stunde)

Input für eine zielführende Arbeit mit der Methode

- Aktuell existierende Geschäftsmodelle
- Aktuell existierende Produkte und Services
- Aktuelle Herausforderung, Leitfrage, Problem
- Trends und Zukunftsentwicklungen

Mögliche Extravorteile der Methode

- Möglicher Extravorteil für Teams in einer Komfortsituation
- Möglicher Extravorteil für die Arbeit mit digitalen Kollaborationsboards

Quellen

Organisation – quäntchen + glück, Darmstadt, https://qundg.de/
Web – https://qundg.de/utopjahr/ (abgerufen am 11.08.2023)
Web – https://www.zukunftswissenschaft.de/e-fogumi/das-futures-wheel.html (abgerufen am 11.08.2023)

104

Gallery Walk

EinSatzBeschreibung

Kreativitäts- und Moderationsmethode, mit der eine Gruppe schnelle Lösungen zu Aufgaben findet, die Veränderungen bedürfen.

Working Guide/Anwendungsfelder

P1 Sensibilisierung/Bildung	P2 Matching Recht/Gesetz	P3 Sustainability Roadmap	P4 Produkt/Prozessdesign	P5 Implementierung/Monitoring	P6 Kommunikation	P7 Organisation	P8 Führung	P9 Business Model Design	P10 Skalierung
			X					X	

Beschreibung

Der Gallery Walk ist eine Kreativitäts- und Moderationsmethode, mit der eine Gruppe schnelle Lösungen sowohl zu einzelnen Teilaufgaben als auch zu der übergeordneten Gesamtaufgabe findet, die Veränderungen bedürfen. Die Aufgaben werden auf einer Gallery-Wand visualisiert, mit allen Teammitgliedern diskutiert, abgestimmt und schließlich mit Lösungen versehen.

Der Leiter des Projekts sorgt mit dem Gallery Walk für die idealen Rahmenbedingungen und einen regen Austausch, die Mitglieder eines Teilprojekts für ein Verständnis für die jeweils Aufgabe. Die Schwarmintelligenz der Gruppe trägt schließlich mit ihren unterschiedlichsten Expertisen verschiedenster Fachbereiche entscheidend zur Lösungsfindung bei.

Alle Teilnehmer verschaffen sich mit einem gemeinsamen Gallery Walk, einem Gang von einem Themen-Komplex zum nächsten, einen Überblick über die jeweiligen Probleme. In Gruppenarbeiten erarbeiten sie Lösungen, die auf einer Wand oder einer Aneinanderreihung von Flipcharts zusammengetragen werden. Im Anschluss betrachten die Teilnehmer das gesamte Werk, wobei jeweils ein Mitglied der Gruppe das Teilergebnis erläutert. Dieses wird im Anschluss von allen Beteiligten kommentiert und diskutiert.

Der Gallery Walk kann in einem fest definierten, kurzen Zeitraum wie z. B. 120 Minuten, innerhalb eines Workshops organisiert werden. Die Methode kann allerdings auch zur Lösung ganzheitlicher, komplexer Aufgabenstellungen dienen und sich über einen längeren, auch tage- oder wochenlangen Zeitraum erstecken.

Das Gehen von einer Station zur nächsten hält die Teilnehmer sowohl psychisch als auch physisch in Bewerbung und dient somit der Kreativitätsentwicklung und der aktiven Teilnahme. Die Atmosphäre ist lockerer und entspannter als an einem runden oder eckigen Tisch. Die einzelnen Stationen des Gallery Walks fügen sich schließlich zu einem Gesamtbild zusammen.

Das Ziel des Gallery Walks ist ein intensiver Wissensaustausch aus unterschiedlichen Betrachtungswinkeln sowie eine damit verbundene Analyse, um eine schnelle Lösungsfindung und positive Veränderungen zu bestehenden Problemen herbeizuführen.

Durchführung

Vorbereitung

Die Mitglieder aus den unterschiedlichen Fachbereichen des Unternehmens werden zu einem Team zusammengestellt, um an der Lösung an einer klar definierten Aufgabenstellung beizutragen. Dabei werden einzelne Projektgruppen organisiert, die an klar definierten Einzel-Themen arbeiten. Diese Gruppen bestimmen einen Sprecher, der ihre Ergebnisse vorträgt. Zudem wird ein Moderator des gesamten Gallery Walks ernannt, der an den einzelnen Diskussionen nicht teilnimmt, aber durch die Teilnahme an allen Phasen einen Expertenstatus erlangt – welches er bei der finalen Lösungsfindung einbringt. Eine für alle Teilnehmer stets zugängliche Wand wird ausgewählt, auf der die einzelnen Themen der Galerie visualisiert werden. Hierzu stehen Materialien wie Edding, Moderatorenkarten und Nadeln bereit. Der Moderator legt die Zeitfenster zur Gruppenbearbeitung fest und sorgt für eine transparente Kommunikation.

Der erste Gallery Walk: die Präsentation der Aufgaben

Der Moderator führt die Gruppen durch die einzelnen Themen entlang der Gallery. Je nach Anzahl laufen alle Teilnehmer gemeinsam die Wand entlang oder sie erkunden diese einzeln. Jedes Thema wird durch ein solches Team vertreten, und deren Sprecher erläutert die Aufgabenstellung. Meinungsaustausche und Diskussionen zu den Aufgaben und Problemen sind nicht nur gestattet, sondern vielmehr erwünscht.

Themenspezifische Gruppenarbeiten

Die Gruppen arbeiten nun erste Lösungen zu ihrer jeweiligen Aufgabe aus. Die Mitglieder unterschiedlichster Fachbereiche diskutieren ihre Ansätze, recherchieren (z. B. im Internet) und formulieren schließlich ein Ergebnis.

Gestaltung der Galerien/Präsentationen

Die Lösungen der Aufgaben visualisieren die Teams auf der Galeriewand. dazu nutzen Sie die bereitgestellten Materialien, die sie zudem mit eigenen Medien und Formaten wie Analysen, Kommentaren, Zeichnungen, Poster oder Zeitungausschnitte ergänzen können.

Der zweite Gallery Walk: die Präsentation der Lösungsansätze

Die gesamte Gruppe begibt sich dann auf den zweiten Gallery Walk. Jede Arbeitsgruppe stellt nun ihre Ergebnisse aus der Gruppenphase vor. Fragen und Meinungen sind auch hier gewünscht und werden vom Moderator aktiv eingeholt. Der Austausch aller Beteiligten wird so bestmöglich aktiviert und gefördert. Nun wird

ein Galeriebild nach dem anderen von den Teilnehmern erkundet. Reaktionen, Fragen, und die dazugehörigen Antworten notiert der Moderator auf entsprechenden Posts und haftet sie auf die jeweilige Galerie.

Komplexere Problemlösungen

Wie bereits erwähnt, kann der Gallery Walk auch über einen längeren Zeitraum durchgeführt werden. Dies macht insbesondere bei komplexen Probleme Sinn. Die Arbeitsgruppen gehen hierbei in sogenannte SWATS auf, einzelne Spezialeinheiten zur Lösung eben dieser Aufgaben. Zeitraum und Frequenz der Zusammenkünfte werden individuell definiert und von dem Moderator gesteuert, dem nun eine intensivere Aufgabe zukommt.

Ergebnis

Am Ende des Gallery Walks fügt die Gruppe ihre Teilergebnisse zu einem Gesamtbild zusammen, der Moderator präsentiert das finale Werk. Um eine schnellstmögliche Umsetzung zu realisieren, werden die Teilschritte zur Lösung priorisiert und mit einem Zeitplan versehen.

Praxisschlaglicht

In unserem Telekommunikationskonzern galt es eine Aufgabe zu bewältigen, die klar formuliert und gleichermaßen komplex war: Vertragsverlängerungen unserer Kunden sollen mit einer klaren Zielquote online abgeschlossen werden. Es gelang uns einfach nicht, die erforderlichen Vertriebsziele zu erfüllen, sodass wir schließlich das Problem mit einem Gallery Walk angingen.

Der SWAT, den wir hierzu nominierten, definierte sämtliche Berührungspunkte, auf die unser Unternehmen auf dem Weg zu einer Vertragsverlängerung mit unseren Kunden stieß – die sogenannte „Customer Journey".

Die jeweiligen Teams analysierten diese Touchpoints im Detail und formulierten die Lösungen der Probleme, die jeweils zu einem Abbruch einer möglichen Vertragsverlängerung führte. Die Ergebnisse präsentierte sie dann auf dem Gallery Walk der ganzen Gruppe, die wiederum weitere Aspekte zur Problemlösung beitrug. Im Ergebnis gelang es dem Team innerhalb kürzester Zeit, eine herausragende Steigerung der Abschlüsse zu erzielen.

Der Gallery Walks trug zur Motivation des Teams und der interdisziplinären Zusammenarbeit in der Hauptabteilung bei, sodass nunmehr die agile Methode bei den unterschiedlichsten Aufgabenstellungen angewendet wird.

Wirkfeld der Methode

- Wirksam für Herausforderungen mit mittlerer Komplexität
- Wirksam für Herausforderungen mit niedriger Komplexität
- Wirksam für nachhaltiges Marketing
- Wirksam für nachhaltiges Produktdesign
- Wirksam für nachhaltiges Prozessdesign
- Wirksam für nachhaltiges Servicedesign
- Wirksam für nachhaltiges Business Model Design

Transformationsfähigkeit Ihres Teams

- Fördert die Teamkreativität
- Fördert die allgemeine Transformationsfähigkeit des Teams
- Fördert offene Mindsets und innovative Denkhaltungen
- Sorgt für Inspiration oder bessere Inspirationsempfindlichkeit
- Zahlt auf eine bessere Vorstellungskraft ein
- Zahlt auf eine bessere Wahrnehmung ein

Einsatzcharakteristik/Arbeitsrahmen

- Austauschfokus: vornehmlich mit internen und externen Personen
- Durchführungszeit: eher mittel (> 1 Stunde bis < 1 Tag)
- Einsatzfrequenz: vornehmlich im einmaligen Einsatz
- Komplexität für den Moderator: eher mittel
- Komplexität für die Teilnehmer: eher mittel
- Teamgröße: Großgruppen möglich (> 50 Teilnehmer)
- Teamgröße: Kleingruppe möglich (3 bis 5 Teilnehmer)
- Teamgröße: Maxigruppen möglich (20 bis 40 Teilnehmer)
- Teamgröße: Mittelgroße Teams möglich (5 bis 20 Teilnehmer)
- Vorbereitungszeit: eher mittel (> 1 Stunde bis < 1 Tag)

Input für eine zielführende Arbeit mit der Methode

- Aktuell existierende Geschäftsmodelle
- Aktuell existierende Produkte und Services
- Aktuelle Herausforderung, Leitfrage, Problem

Output und beobachtete Ergebnisse der Methode

- Bessere Projekteffizienz, bessere Teamperformance
- Erzeugt Ideen für neue Märkte und neue Business Modelle
- Erzeugt Ideen, Lösungsansätze, Vorideen, Möglichkeiten
- Erzeugt Ideensuchfelder, unentdeckte Probleme, Inspiration
- Erzeugt Leitfragen für die Ideenfindung
- Erzeugt größere Klarheit zu einem Thema
- Hilft bei Entscheidungen, Bewertungen und Feedback

Hinderniseffekte, auf die die Methode positiv wirkt

- Beugt blinden Flecken/Betriebsblindheit vor
- Schärft eine fehlende gemeinsame Ausrichtung
- Wirkt fehlender Inspiration entgegen
- Stärkt das Vertrauen im Team
- Beugt Missinterpretationen vor
- Bewahrt vor zu generischen Ideen und Aussagen
- Schwächt multidisziplinäre Reibungsverluste

Mögliche Extravorteile der Methode

- Möglicher Extravorteil für Teams mit einem starkem Auftragsmandat
- Möglicher Extravorteil für agile Teams
- Möglicher Extravorteil für innovativ erfahrene Teams
- Möglicher Extravorteil für in Nachhaltigkeitsthemen erfahrene Teams

Quellen

Web – https://www.futurebirds.de/post/von-kunstwerk-zu-kunstwerk-der-weg-in-eine-diskussionsarme-arbeitsatmosphaere-1 (abgerufen am 10.11.2021)

Web – https://www.kraus-und-partner.de/wissen-und-co/wiki/gallery-walk (abgerufen am 10.11.2021)

Gefahrenradar

Im Kopfstand zur Innovation: Mit dem richtigen Mindset und den richtigen Tools wie dem Gefahrenradar können Sie als Unternehmen etwaige Bedrohungen – also Disruptionssignale – frühzeitig erkennen und sie richtungsweisend für Ihren Innovationsprozess nutzen.

EinSatzBeschreibung

Das Gefahrenradar ist ein grundlegendes Arbeitsgerüst und hilft, anhand disruptiv-bedrohlicher Zukunftsszenarien Potenzialfelder für Innovationen aufzudecken und diese zu priorisieren.

Working Guide/Anwendungsfelder

P1 Sensibilisierung/Bildung	P2 Matching Recht/Gesetz	P3 Sustainability Roadmap	P4 Produkt/Prozessdesign	P5 Implementierung/Monitoring	P6 Kommunikation	P7 Organisation	P8 Führung	P9 Business Model Design	P10 Skalierung
		X							

Beschreibung

Das Arbeitsgerüst ist für all jene, die sich mit der strategischen Innovationausrichtung in ihrem Unternehmen befassen. Das Framework ist auch branchenunabhängig einsetzbar und wird idealerweise dem Design-Thinking-Prozess vorgeschaltet.

Warum ist es wichtig, Disruptionssignale wahrzunehmen? Einige weltbekannte und erfolgreiche Unternehmen wurden von Disruptionen überholt und mussten innerhalb kürzester Zeit das Feld räumen. Dabei passieren Disruptionen nicht über Nacht. Disruption-Signale sind bis zu mehreren Jahren im Voraus wahrnehmbar.

Der Begriff „Disruption" leitet sich von dem englischen Wort „disrupt" („zerstören", „unterbrechen") ab und beschreibt einen Vorgang, bei dem Bestehendes wie traditionelle Geschäftsmodelle, Produkte, Technologien oder Dienstleistungen durch innovative Erneuerungen abgelöst und teilweise vollständig verdrängt werden.

Gerade in Zeiten, wo sich unser Geschäftsumfeld stark verändert, ist es für etablierte Unternehmen ratsam, jegliche Art von Veränderungen im Auge zu behalten. Stellen Sie sich fortlaufend die Frage, welche Auswirkungen etwaige Veränderungen auf Ihr Geschäftsmodell haben könnten – egal ob groß oder klein, nah oder fern, laut oder leise.

Durchführung

Das Gefahrenradar besteht aus 4 aufeinanderfolgenden Phasen, die jeweils in Quadranten abgearbeitet werden. Nehmen Sie eine großes Brownpaper und zeichnen Sie das Arbeitsblatt entsprechend der Abbildung mit den 4 Quadranten für die nächsten Schritte auf.

Schritt 1: Strategische Achsen

Im ersten Schritt befassen Sie sich mit Ihren strategischen Achsen/Zielsetzungen. Hier geht es um die grundsätzliche Ausrichtung für die zukünftige Entwicklung Ihres Unternehmens, die von der Unternehmensleitung festgelegt werden. Daraus lassen sich Handlungspläne auf operativer Ebene ableiten.

Bei der strategischen Ausrichtung bzw. Planung sind diverse Entwicklungen im Unternehmensumfeld zu berücksichtigen:

- technologische Entwicklungen
- ökonomische Entwicklungen
- politische Entwicklungen
- sozio-kulturelle Entwicklungen
- ökologische Entwicklungen

Dabei geht es um folgende Fragestellungen:

- In welche strategische Stoßrichtung will sich Ihr Unternehmen entwickeln?
- Mit welchen strategischen Themenfeldern soll sich Ihr Unternehmen in den nächsten 2–3 Jahren befassen?
- Welche Marktsegmente sollen bearbeitet werden?
- Was sind die Kernkompetenzen und Wettbewerbsvorteile des Unternehmens?
- Welche Optionen stehen zur Auswahl?

Sammeln Sie zunächst diese strategischen Stoßrichtungen Ihres Unternehmens. Schreiben Sie für jedes Element einen separaten Haftnotizzettel und positionieren Sie diese im ersten Quadranten.

Sind bisher noch keine strategischen Stoßrichtungen vorhanden, können diese in einem ersten Workshop in enger Zusammenarbeit mit der Unternehmensleitung erarbeitet werden.

Schritt 2: Disruptionssignale

In einer zweiten Phase stellen Sie Ihre Marktsituation auf den Kopf!

Dabei richten Sie den Blick in die Zukunft und erarbeiten bewusst und couragiert mögliche Bedrohungen heraus, die die Erreichung Ihrer strategischen Ziele erschweren oder sogar verhindern würden. Diese können kurz-, mittel- oder langfristig – regional oder weltweit sein. Dabei ist es ratsam, nicht nur branchenintern, sondern auch branchenübergreifend zu schauen.

- Welche Disruptionssignale sind absehbar, die Ihr Geschäft negativ beeinflussen oder sogar zerstören können?
- Welche Entwicklungen und Trends können Ihr aktuelles Geschäftsmodell bzw. Ihre strategischen Zielsetzungen zunichtemachen?

- Können zum Beispiel technologische Entwicklungen wie Blockchain und Künstliche Intelligenz Ihr Geschäftsmodell maßgeblich verändern?

Für die Erarbeitung von Disruptionssignalen werden Trends zur Hilfe genommen. Dabei spielt gemäß dem Zukunftsinstitut **Neo Ökologie** eine zentrale Rolle. Klimawandel, Umweltbewusstsein und Nachhaltigkeit werden als wichtigste Treiber unserer Zeit gesehen. Sie prägen nicht nur Individuen, Märkte und Verbrauchererwartungen, sondern unser globales Wirtschaftssystem.

Dieser Teil des Frameworks bedarf einer fundierten Vorbereitung. Teilen Sie zunächst mögliche Disruptionsfelder in Themengebiete, wie z.B. Supply Chain, Technologien, Verbraucher & Märkte oder Gesetzgebung ein. Wählen Sie diese Themenfelder umfassend, denn Disruptionssignale können auch indirekte Auswirkungen auf Ihr Geschäft haben.

Verteilen Sie die hier definierten Themenfelder als Arbeitspakete an Ihr Team. Bilden Sie dabei Gruppen von 2–3 Personen. Bei Bedarf können Sie externe Experten hinzuziehen.

Alternativ verwenden Sie die Methode Seismograf.

Sammeln Sie die relevanten Disruptionssignale jeweils auf einzelnen Haftnotizzetteln im 2. Quadranten.

Optional können Sie die gesammelten Disruptionssignale priorisieren. Hier bietet sich eine Matrix nach „Eintrittswahrscheinlichkeit“ und „Schwere“ der Auswirkung als hilfreiche Übersicht an.

Schritt 3: Ideenfindung zur Bildung disruptiver Zukunftsszenarien

In der dritten Phase geht es um die Ideenfindung. Hier suchen Sie nach möglichen Lösungsansätzen, um entweder Disruptionssignalen geschickt auszuweichen oder diese sogar für Ihre eigene Wertschöpfung nutzbar zu machen. Mit anderen Worten entwerfen Sie eigene disruptive Zukunftsszenarien für Ihr Unternehmen.

Hierzu beleuchten Sie Ihre strategischen Stoßrichtungen und die entsprechenden Disruptionssignale einzeln.

Konkret nehmen Sie sich einen Aspekt Ihrer strategischen Stoßrichtung aus dem Quadranten 1 und platzieren diesen in den grauen Ring im Zentrum. Parallel dazu identifizieren Sie nun diejenigen Disruptionssignale, die genau dieses ausgewählte strategische Ziel zu bedrohen scheinen und platzieren diese ebenfalls in den grauen Ring im Zentrum.

Nun gilt es für jedes strategische Ziel mit Blick auf die jeweils bedrohlichen Disruptionen neue und nachhaltige Lösungsansätze zu finden. Hier arbeiten Sie im dritten Quadranten des Arbeitsblat-

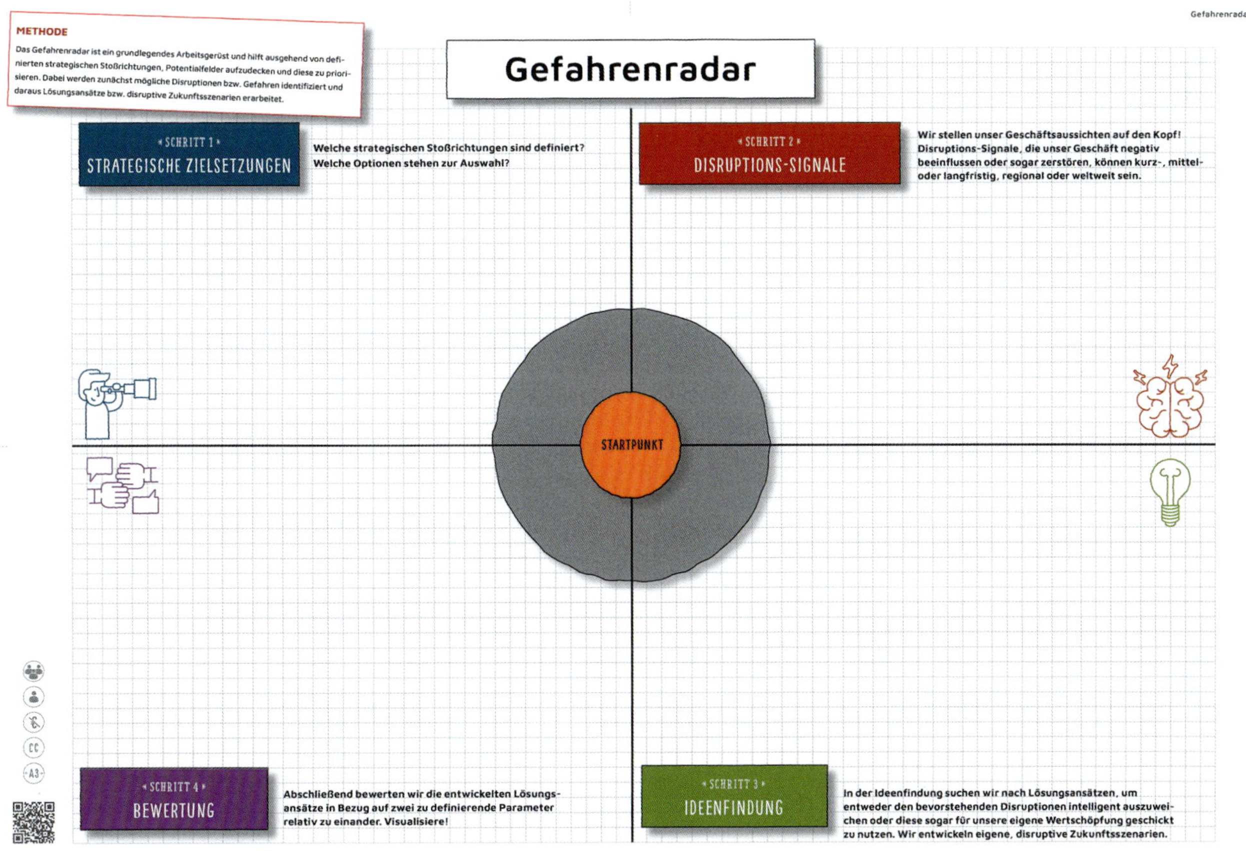

Gefahrenradar Arbeitsblatt – Hila Attaie (innojump & verocchio Institute)

tes. Holen Sie sich hierzu Inspiration über bspw. die Sustainable Inspiration Cards.

Der Moderator verteilt die Inspirationskarten auf einem großen Tisch (oder auf einem virtuellen Board bei einem Online- Workshop). Nun lassen Sie die Teilnehmenden nacheinander jeweils eine Inspirationskarte passend zur Herausforderung aussuchen. Diese platzieren Sie in den grauen Ring im dritten Quadranten. Nun bitten Sie das Team zu jeder Herausforderung neue Lösungsansätze zu entwickeln. Halten Sie diese im dritten Quadranten fest. Am besten platzieren Sie die gesammelten Ideen um die jeweilige Disruption auf einzelne Haftnotizzettel.

Wiederholen Sie diesen Vorgang, um möglichst viele verschiedene Lösungsansätze/disruptive Zukunftsszenarien für jedes strategische Ziel und die jeweilige Disruption zu entwickeln.

Schritt 4: Evaluierung

Zum Schluss erfolgt eine Bewertung der entwickelten Lösungsansätze/Ideen. Am besten eignet sich hierfür eine Matrix mit den Achsen „Impact" und „Komplexität". Mit Impact ist gemeint, wie stark der Lösungsansatz hilft, der entsprechenden Disruption auszuweichen. Mit Komplexität ist gemeint, wie aufwendig der Lösungsansatz zu realisieren scheint.

Betrachten Sie nun die Ideen in der Matrix, wird eine Priorisierung einfacher. Halten Sie hier die Priorisierung der Disruptionsszenarien (Schritt 2) stets im Blick. Lösungsansätze mit größtem Impact und geringster Komplexität sind unmittelbar umzusetzen. Lösungsansätze mit geringstem Impact und höchster Komplexität sind zu ignorieren.

Wirkfeld der Methode

- Wirksam für Herausforderungen mit hoher Komplexität
- Wirksamkeit für strategische Ausrichtung

Transformationsfähigkeit Ihres Teams

- Fördert die Sensibilisierung
- Fördert die allgemeine Transformationsfähigkeit des Teams
- Zahlt auf eine bessere Vorstellungskraft ein
- Zahlt auf eine bessere Wahrnehmung ein
- Zahlt auf das Dringlichkeitsempfinden ein

Einsatzcharakteristik/Arbeitsrahmen

- Austauschfokus: vornehmlich mit internen und externen Personen
- Durchführungszeit: eher hoch (> 1 Tag)
- Einsatzfrequenz: sinnvoll im dauerhaften Einsatz
- Einsatzfrequenz: vornehmlich über den kompletten Projektzeitraum
- Einsatzradius: vornehmlich im Teameinsatz
- Einsatzradius: vornehmlich im projektweiten Einsatz
- Komplexität für den Moderator: eher hoch
- Komplexität für die Teilnehmer: eher hoch
- Teamgröße: Einzelpersonennutzung möglich
- Teamgröße: Kleingruppe möglich (3 bis 5 Teilnehmer)
- Teamgröße: Mittelgroße Teams möglich (5 bis 20 Teilnehmer)
- Vorbereitungszeit: eher hoch (>1 Tag)

Input für eine zielführende Arbeit mit der Methode

- Aktuell existierende Geschäftsmodelle
- Aktuell existierende Produkte und Services
- Trends und Zukunftsentwicklungen
- Umfeldbeobachtungen, Umfeldanalysen
- Wettbewerber und Komplementoren
- Strategische Ausrichtung

Output und beobachtete Ergebnisse der Methode

- Erzeugt Prognosen und Ableitungen
- Erzeugt Ideen für neue Märkte und neue Business Modelle
- Erzeugt Ideensuchfelder, unentdeckte Probleme, Inspiration
- Erzeugt größere Klarheit zu einem Thema
- Erzeugt transformationsfähigere Organisationen
- Identifiziert vorhandene Schwachstellen
- Macht Wirkzusammenhänge sichtbar

Hinderniseffekte, auf die die Methode positiv wirkt

- Beugt Missinterpretationen vor
- Beugt blinden Flecken/Betriebsblindheit vor
- Schafft für den Erfolg nötige Realitätsbezüge
- Schafft schnell Klarheit und beschleunigt Erkenntnisgewinn
- Schwächt Verdiskutiererei
- Schwächt multidisziplinäre Reibungsverluste
- Öffnet den Blick nach draußen
- Sensibilisiert, Veränderungen wahrzunehmen

Mögliche Extravorteile der Methode

- Möglicher Extravorteil für Teams in einer Komfortsituation
- Möglicher Extravorteil für Teams mit einem starkem Auftragsmandat
- Möglicher Extravorteil für Teams mit einer konservativen, tradierten Kultur

Quellen

Person – Hila Attaie, innojump, hila.attaie@inno-jump.com

Organisation – verrocchio Institute for Innovation Competence AG, www.verrocchio.institute

Web – www.businessinsider.de/gruenderszene/lexikon/begriffe/disruption/ (abgerufen am 09.06.2023)

Web – www.bwl-lexikon.de/wiki/strategische-planung/ (abgerufen am 09.06.2023)

Web – www.zukunftsinstitut.de/artikel/der-wichtigste-megatrend-unserer-zeit/ (abgerufen am 09.06.2023)

Geh-Wege und Geh-Spräche

EinSatzBeschreibung

Geh-Wege und Geh-Spräche bewegen Körper und Geist, mobilisieren und inspirieren, nutzen den dialog-orientierten Austausch und fördern eine ganzheitliche Betrachtungsweise.

Working Guide/Anwendungsfelder

P1 Sensibilisierung/Bildung	P2 Matching Recht/Gesetz	P3 Sustainability Roadmap	P4 Produkt/Prozessdesign	P5 Implementierung/Monitoring	P6 Kommunikation	P7 Organisation	P8 Führung	P9 Business Model Design	P10 Skalierung
X		X			X	X	X		

Beschreibung

Gehen bedeutet per se, sich zu bewegen, Dinge „unter-wegs" hinter sich zu lassen und Neues zu entdecken. „Geh-Wege" und „Geh-Spräche" finden zu zweit oder in kleineren Gruppen bis 10 Personen outdoor und dort in der Regel in der freien Natur statt. Sie sind zwar grundsätzlich auch in der Stadt oder im besiedelten Bereich im urbanen Grün möglich, allerdings ist dort das gewünschte kontemplative Gehen und konzentrierte Gespräch aufgrund der begleitenden Umstände (z. B. Straßenverkehr, Baustellen, Ampeln, Martinshorn) meist nicht möglich. Die freie Natur dagegen bildet nicht nur eine schöne Kulisse, sondern wirkt ihrerseits auf den Prozessverlauf ein. Je abwechslungsreicher und natürlicher der Weg, je mehr Grenz- und Übergangsbereiche zwischen verschiedenen Lebensräumen (z. B. Wald, Wiese, Feldrand, Gewässer) mit weichen und geschwungenen Konturen erlebt werden können, desto reizvoller wird die Landschaft empfunden und desto inspirierender ist sie.

Dass speziell Waldspaziergänge inspirierend wirken, die Suche nach Problemlösungen unterstützen und die Selbstbesinnung fördern ist spätestens seit den in die Geschichtsschreibung eingegangenen Waldspaziergängen des früheren Bundeskanzlers Helmut Kohl mit seinen seinerzeitigen Amtskollegen Mitterand (1983) und Gorbatschow (1990) bekannt. Dass ein Waldspaziergang darüber hinaus noch weit mehr bringt als reine Entspannung, ist medizinisch vielfach bewiesen. Speziell die Kombination von frischer Luft und wechselnder körperlicher Bewegung sowie die physisch-sinnliche Erfahrung und Wahrnehmung z. B. von sattem Grün und Ruhe wirkt sich vielfältig positiv auf Herz, Immunsystem und Psyche aus und trägt damit auch zur Stressbewältigung und Regeneration bei.

Wege, Rundwege, Wegegabelungen, Kreuzungen, Sackgassen, Treppen, steile Anstiege und verschlungene Pfade – sie alle symbolisieren in ganz besonderer Weise auch Aspekte des eigenen Weges. „Geh-Wege" allein, zu zweit oder in kleinen Gruppen zu gehen oder „Geh-Spräche" mit anderen Menschen zu führen – die wechselnde Umgebung und der persönliche Austausch unterstützen eine Entscheidungsfindung. Dabei erfordert und fördert jede Wegegabelung und Wegekreuzung eine Richtungs-Entscheidung im Sinne von „Der Weg ist das Ziel".

Foto: Dr. Stefan Rösler

Mit dem Weg in die Natur eröffnen sich beim Gehen auch permanent neue Blickwinkel. Einmal führt der Geh-Weg aus dem Schatten in die Sonne, einmal vom dunklen Fichtenwald auf eine helle Lichtung. Einmal richtet sich der Blick auf den bemoosten Waldboden, dann wieder nach oben in die grünen Blätter der Baumkronen. Einmal fixiert der Blick einen markanten Punkt in der Landschaft, dann wandert er einem Bach entlang oder den ziehenden Wolken nach. Da wir Menschen 83 Prozent unserer Umfeldwahrnehmung über die Augen erfassen, dominieren zunächst diese Eindrücke. Ergänzt wird diese visualisierte Art der „Live-Aufführung" durch weitere Sinneseindrücke, z. B. Vogelstimmen und summende Insekten, duftende Blüten und süße Waldbeeren, wärmende Sonnenstrahlen und kühlen Schatten. All diese vielfältigen Impulse und Kontraste in der Natur ermöglichen entlang eines jeden Weges einen steten Perspektivwechsel und fördern dadurch ganz wesentlich eine umfassende und ganzheitliche Betrachtungsweise.

Das mit Bewegung verbundene Gehen wird zunehmend auch als eigene Methode eingesetzt und z. B. als Format Wald to Talk, Walk & Talk, Coaching im Gehen, Coach2go, Coaching in Bewegung oder Geh-Spräch in unterschiedlichstem Kommunikations-, Beratungs- und Coaching-Kontext genutzt. „Geh-Wege und Geh-Spräche" sind auch elementarer Bestandteil von Naturcoaching. Hier sind sie eine Metapher dafür, dass Coaching bedeutet, den Weg von A nach B zu suchen. „Geh-Spräche" finden hier oft bereits beim Erstkontaktgespräch zwischen Coach und Coachee statt, um eine neutrale, ungezwungene Atmosphäre zu haben und ein Gespräch im wahrsten Sinne des Wortes „in Gang" zu bringen. Vertiefte Ausführungen dazu finden sich in der Methodenbeschreibung „Naturcoaching".

Gespräche im Gehen haben unabhängig vom eigentlichen Gesprächsergebnis viele positive „Nebenwirkungen". Trotz Bewegung trägt das Gehen zur mentalen Entschleunigung bei. Zudem fördert die körperliche Bewegung sowohl das körperliche als auch das mentale Wohlbefinden der Teilnehmenden. Beim Miteinander- und Nebeneinander-Gehen findet unabhängig von Hierarchien ein Austausch auf Augenhöhe statt, der das „Wir-Gefühl" stärkt. Die wechselnde Umgebung generiert immer wieder neue Impulse, stärkt Kreativität und Problemlösungskompetenzen und fördert gleichzeitig einen ungestörten und konzentrierten Austausch. Im Falle von Tandem-Partnern und Kleingruppen stärkt dieser Austausch auch die Teambildung, die Vertrauensbasis und die Gruppenidentität. Unabhängig von den Gesprächsergebnissen werden Geh-Spräche nie als Zeitverschwendung empfunden, sondern als innovatives und inspirierendes Format. Eher unbemerkt trägt dieses Format auch zu einer Nachhaltigkeits-orientierten Sicht der Dinge bei, indem die Kombination aus Bewegung, Abwechslung, Austausch und Naturbezug eine ganzheitliche Betrachtungsweise des eigenen Wegs fördert.

Foto: Dr. Stefan Rösler

Durchführung

Wie bei allen Outdoor-Übungen erfordert auch jede organisierte Wanderung eine Vorinformation bzgl. der aktuellen Wetterlage, um mögliche Risiken zu vermeiden. Geh-Wege und Geh-Spräche sind im Grundsatz überall im Freien möglich, entfalten aber in einer intakten Landschaft eine intensivere und inspirierendere Wirkung wie im besiedelten Raum. Bei Starkwind, Sturm und Gewitter sollten Wanderungen auf keinen Fall durch den Wald geführt werden, da sie dort mit unkalkulierbaren Gefahren durch umstürzende Bäume oder herabfallende Äste verbunden sind, auch auf den offiziell ausgewiesenen Wanderwegen. Für diesen Fall sollte ein Plan B verfügbar sein um das Geh-Spräch gefahrlos in offenem Gelände, z. B. durch Wiesen und Felder oder entlang eines Flusses führen zu können.

Auch das Ziel und mögliche Themen des Geh-Sprächs sind vorab zu klären und zu kommunizieren, ebenso die Art der Dokumentation der Gesprächs-Ergebnisse. Je nach Teilnehmenden-Zahl und Format können Geh-Spräche ein Coaching sein (Coach und Coachee zu zweit), Coaching-Charakter haben (Team- oder Gruppen-Coaching), eine kollegiale Beratung darstellen (zu zweit oder in Kleingruppen), einen Gruppen-Austausch ermöglichen (Team oder Gruppe intern) oder eine besondere Form des Netzwerkens sein (Gruppenmischung intern – extern). Davon hängt letztlich auch die Dauer des Geh-Sprächs und die Auswahl des Geh-Wegs ab. Eine kollegiale Kurzberatung kann bereits im Rahmen einer halbständigen Spaziergangs in der Mittagspause stattfinden, Coaching-Einzel-Gespräche erfordern eher 2–4 Stunden und für einen qualifizierten Gruppenaustausch, Team-Coaching oder Netzwerk-Geh-Spräche ist mindestens ein halber Tag einzuplanen.

Bereits mit der Ausschreibung bzw. Einladung muss ein deutlicher Hinweis erfolgen, dass Teilnehmende mit ihrer Anmeldung ggf. bestehende gesundheitliche oder körperliche Einschränkungen übermitteln (Geh- oder Sehbehinderung, Allergien, Phobien, Ängste), damit dies für die weitere Planung und Durchführung berücksichtigt werden kann. Ebenfalls muss ein Hinweis auf die Haftungsregelung im Schadensfall erfolgen. Diese ist üblicherweise durch den Veranstalter im Rahmen einer Betriebshaftpflicht abgedeckt, schließt aber ggf. grob fahrlässiges Verhalten aus. Daher werden die Teilnehmenden gebeten, sich an die kommunizierten Regeln zu halten und sich z. B. nicht ohne Rücksprache von der Gruppe zu entfernen.

Ein Geh-Weg und Geh-Spräch kann nach folgenden Ablaufschritten geplant und durchgeführt werden:

- Abklärung der Wettersituation und ggf. Vor-Information der Teilnehmenden
- Identifikation einer geeigneten, möglichst naturnahen und abwechslungsreichen Gehstrecke
- Klärung des Formats: Coaching, Beratung, Austausch, Kleingruppengespräch oder Gruppen-Gespräche
- Klärung der Dauer des Geh-Sprächs und damit Festlegen der Geh-Weg-Strecke in Abhängigkeit vom angebotenen Format
- Themen-Bedarfsabfrage bzw. Vorgabe von Gesprächsthemen und Kommunikation an die Teilnehmenden
- Berücksichtigung individueller und spezifischer Einschränkungen bzw. Beeinträchtigungen
- Klärung und Vorbereitung der Gesprächs-Dokumentation, z. B. durch Mitnahme von Moderationskarten und wasserfesten Stiften zur stichwortartigen Ergebnis-Sicherung
- Information des bzw. der Teilnehmenden zu organisatorischen Fragen:
  - Erreichbarkeit des Treffpunkts (ÖPNV-Verbindungen, Haltestelle, Parkmöglichkeiten)
  - Kurzfristige Kontaktmöglichkeit (Mobilnummer des Veranstalters bzw. Ansprechpartners vor Ort)
  - Hinweis zur Infrastruktur (wo befindet sich das nächste Restaurant bzw. Toiletten)
  - Klärung und Kommunikation des Anliegens bzw. des Gesprächsthemas/der Gesprächsthemen

  - Gesamdauer des Geh-Sprächs und Gehzeit (zur mentalen Vorbereitung, evtl. Mitnahme von Snacks und Getränken)
  - Schwierigkeitsgrad der Strecke (Steigungen, unebenes Gelände, unbefestigte Wege)
  - Hinweis auf witterungsangepasste Kleidung (Kleidung und Schuhe auch für Nässe und Kälte)
  - ggf. mitzubringende Materialien (Schirm, Schreibutensilien)
  - Beitrag der Teilnehmenden zur Ergebnis-Sicherung
- Während des Geh-Wegs und Geh-Sprächs sind folgende Aktionen bzw. Interventionen möglich
  - Wechsel der Teilnehmenden bzw. der Teilnehmenden-Gruppen
  - Stationärer Halt an Zwischenstationen für aktuelle Fragen
  - Einbau von Sonder-Wegen: Kleine Pfade durch den Wald, Barfußpfad, Aufsuchen eines alten Baums
  - Einbau von Challenges: Balancieren über einen Baumstamm, als Klein-Gruppe auf einem Baumstumpf stehen und Balance halten, Seilkreis, Gehen mit verbundenen Augen
  - Zwischen-Diskussionen mit Zwischenfazit
- Blitzlicht und Fazit
- Ergebnis-Sicherung: Vervollständigen der während des Geh-Sprächs gemachten Notizen bzw. gemeinsames Zusammenfassen der wichtigsten Erkenntnisse, Ergebnisse, Vereinbarungen etc.
- Besprechung bzgl. des weiteren Umgangs bzw. der Bearbeitung und Kommunikation der Ergebnisse
- Ausklang: Gemeinsamer Abschluss, gemeinsames Essen, nächster Termin, Verabschiedung

Praxisschlaglicht

Allein sich beim Gespräch zu bewegen, bedeutet von der gewohnten Büro- und Sitz-Komfortzone in eine ungewohnte Erlebniszone zu wechseln. Wenn Geh-Wege langsam, bedacht, intuitiv, demütig, neugierig, offen und mit wachen Sinnen gegangen werden, dann führen auch die Geh-Spräche zu neuen Ideen, inspirierenden Impulsen und guten Ergebnissen. Und stärken ganz nebenbei das Miteinander und den Team-Spirit.

Helfende Organisation

https://natur-coaching.de/; www.madiko.com

Wirkfeld der Methode

- Wirksam für Herausforderungen jeder Art von Komplexität
- Wirksam für Nachhaltigkeitsdialog
- Wirksam für nachhaltige Organisations- und Unternehmensentwicklung
- Wirksam für nachhaltige Personalentwicklung
- Wirksam für nachhaltige Teamentwicklung
- Wirksam für nachhaltiges Gesundheitsmanagement
- Wirksam für eine Stärkung der nonverbalen Kommunikation
- Wirksam für persönliche Leistungsfähigkeit

Transformationsfähigkeit Ihres Teams

- Fördert die Sensibilisierung
- Fördert die Agilität eines Teams
- Fördert die Teamkreativität
- Fördert die allgemeine Transformationsfähigkeit des Teams
- Fördert grundlegend die Kreativität
- Fördert offene Mindsets und innovative Denkhaltungen
- Sorgt für Inspiration oder bessere Inspirationsempfindlichkeit
- Zahlt auf eine bessere Vorstellungskraft ein
- Zahlt auf eine bessere Wahrnehmung ein
- Zahlt auf ein positives Zukunftsbild ein

Einsatzcharakteristik/Arbeitsrahmen

- Austauschfokus: vornehmlich mit internen Personen
- Austauschfokus: vornehmlich mit internen und externen Personen
- Durchführungszeit: eher gering (< 1 Stunde)
- Einsatzfrequenz: sinnvoll im wiederholten Einsatz
- Einsatzfrequenz: vornehmlich im einmaligen Einsatz
- Einsatzfrequenz: sinnvoll über den kompletten Projektzeitraum
- Einsatzradius: vornehmlich im Teameinsatz
- Komplexität für den Moderator: eher mittel
- Komplexität für die Teilnehmer: eher gering
- Teamgröße: Einzelpersonennutzung möglich
- Teamgröße: Kleingruppe möglich (3 bis 5 Teilnehmer)
- Teamgröße: Mittelgroße Teams möglich (5 bis 20 Teilnehmer)
- Vorbereitungszeit: eher gering (< 1 Stunde)

Input für eine zielführende Arbeit mit der Methode

- Aktuelle Herausforderung, Leitfrage, Problem
- Ideen und Projekte, die zur Umsetzung anstehen
- Verschiedene Botschaften, Meinungen, Statements
- Verschiedene Meinungen und Blickwinkel
- Vorhandenes Wissen und Erfahrungen
- Durchführungszeit, Trainingszeit
- Ideen, Lösungsansätze, Vorideen, Varianten
- Merkmale der gegebenen Herausforderung
- Trends und Zukunftsentwicklungen
- Umfeldbeobachtungen, Umfeldanalysen
- Ziele

Output und beobachtete Ergebnisse der Methode

- Bessere Teamperformance
- Erzeugt Ideen, Lösungsansätze, Vorideen, Möglichkeiten
- Erzeugt besseren Teamspirit, mehr Offenheit, Inspirationsempfindlichkeit
- Erzeugt kollaborative Lösungen und Ideen
- Erzeugt eine Vision oder Zukunftsbild
- Erzeugt größere Klarheit zu einem Thema
- Erzeugt motiviertere und transformationsfähigere Teilnehmer
- Hilft bei Entscheidungen, Bewertungen und Feedback
- Identifiziert vorhandene Schwachstellen
- Identifiziert vorhandene Stärken

Hinderniseffekte, auf die die Methode positiv wirkt

- Bindet eher introvertierte Teammitglieder mit ein
- Fördert gehemmte Teammitglieder
- Fördert die Agilität der Teilnehmer
- Schwächt nicht zielführende Emotionen
- Schwächt das „Not invented here“-Syndrom
- Stärkt das Vertrauen im Team

- Vermindert Ideenbunkerei und Geheimniskrämerei
- Vermindert Topic-Jumping und schnelles Abschweifen
- Verhindert blinden Aktionismus
- Vermindert einseitige Bewertungen und Entscheidungen
- Verhindert unreflektiertes Agieren
- Verhindert vorschnelles Urteilen über Ideen
- Verkürzt und durchbricht vorhandene Kreativblockaden
- Wirkt fehlender Inspiration entgegen
- Fördert Optimismus und Zuversicht

Mögliche Extravorteile der Methode

- Möglicher Extravorteil für Teams mit einer konservativen, tradierten Kultur
- Möglicher Extravorteil für agile Teams
- Möglicher Extravorteil für innovativ ungeübte Teams
- Möglicher Extravorteil für in Nachhaltigkeitsthemen ungeübte Teams

Quellen

Buch – Arbeitsraum Natur. Handbuch für Coaches, Therapeuten, Trainer und Organisationen. – Carsten Gans, Katja Dienemann, Anja Hume & André Lorino (Springer, 2020)

Buch – Coaching-Raum Natur. Draußen Entspannung, Kraft und Lebendigkeit finden. Kerstin Peter (Schirner, 2020)

Buch – Das geheime Band zwischen Mensch und Natur. Erstaunliche Erkenntnisse über die 7 Sinne des Menschen, den Herzschlag der Bäume und die Frage, ob Pflanzen ein Bewusstsein haben. Peter Wohlleben (Ludwig, 2019)

Buch – Der Wald als Berater und Coach. – Stefan Rösler, Forum Nachhaltig Wirtschaften 01/2013- 2013: 66-68

Buch – Forstliche Bildungsarbeit. Waldpädagogischer Leitfaden nicht nur für Förster. – Hrsg.: Bayerisches Staatsministerium für Ernährung, Landwirtschaft und Forsten, 8. Auflage (2017)

Buch – Im Wald. Natur erleben – beobachten – verstehen. Andreas Jaun & Sabine Joss (Haupt, 2011)

Buch – In den Gärten des Managements. Für eine bessere Führungskultur. Matthias Nöllke (Haufe, 2011)

Buch – Mit der Wildnis verbunden. Kraft schöpfen, Heilung finden. Susanne Fischer-Rizzi (Kosmos, 2007)

Buch – Praxishandbuch der Waldpädagogik. Systematische Methodensammlung mit über 1000 waldpädagogischen Aktionen. Frank Hoffmann (wbv-Media GmbH, 2023)

Organisation – www.diefuehrungsakademie.de

Organisation – www.evoco.de

Organisation – www.hausdeswaldes.de

Organisation – www.karlsruher-institut.de

Organisation – www.madiko.com

Organisation – www.natur-coaching.de/

Person – Dr. Stefan Rösler – roesler@oecoach.de

Web – https://t2informatik.de/wissen-kompakt/walk-and-talk-meeting/ (abgerufen am 26.09.2023)

Web – https://www.coaching-magazin.de/konzepte/coaching-im-gehen (abgerufen am 26.09.2023)

Web – Waldworkshop Von der Natur lernen für Management, Strategie und Teamentwicklung. – Stefan Rösler – 2016 https://www.oecoach.de/wp-content/uploads/2016/10/20162303_Waldworkshop_Flyer_DINlang-Website.pdf (abgerufen am 26.09.2023)

Gemeinwohl-Ökonomie

EinSatzBeschreibung

Ein alternatives Wirtschaftsmodell mit konkreten Werkzeugen zur Umsetzung.

Working Guide/Anwendungsfelder

P1 Sensibilisierung/Bildung	P2 Matching Recht/Gesetz	P3 Sustainability Roadmap	P4 Produkt/Prozessdesign	P5 Implementierung/Monitoring	P6 Kommunikation	P7 Organisation	P8 Führung	P9 Business Model Design	P10 Skalierung
X	X	X			X				

Beschreibung

Das Modell der Gemeinwohl-Ökonomie (GWÖ) hat seinen Ursprung 2010 im deutschsprachigen Raum, ist aber mittlerweile eine weltweite Reformbewegung. Als alternatives Wirtschaftsmodell strebt die GWÖ eine ethische Wirtschaftskultur an. Das erste Ziel des Wirtschaftens ist damit nicht mehr Profitmaximierung, sondern die Mehrung des Gemeinwohls.

Dahinter steht die Überzeugung, dass die drängenden Herausforderungen unserer Zeit – Ressourcenknappheit, Klimakrise, Verlust der Artenvielfalt, immer größer werdende Kluft zwischen Arm und Reich – Folgen des Kapitalismus sind und nur ganzheitlich und systemisch zu lösen sind. Um also die Gesetze der Marktwirtschaft mit den Grundwerten demokratischer Gesellschaften übereinstimmen zu lassen, basiert die GWÖ auf den vier Grundwerten „Menschenwürde", „ökologische Nachhaltigkeit" „Solidarität und soziale Gerechtigkeit", „Mitbestimmung und Transparenz".

Für Unternehmen eröffnen sich durch ein nachhaltiges und soziales Wirtschaften im Sinne einer Gemeinwohl-Ökonomie Vorteile: Neben einer zertifizierten Glaubwürdigkeit gegenüber Kunden und Stakeholdern bestehen auch zukünftige Chancen durch rechtliche Anreize wie niedrigere Steuern, günstigere Kredite, Vorrang bei öffentlichen Aufträgen oder Förderungen.

Dafür bietet die GWÖ konkrete Instrumente wie die Gemeinwohl-Matrix und die Gemeinwohl-Bilanz.

Die Gemeinwohl-Bilanz: Nachhaltigkeit messbar machen

Als Herzstück der Gemeinwohl-Ökonomie bietet die Gemeinwohl-Bilanz einen systematischen 360-Grad-Blick auf die ganze Organisation. Das Ergebnis wird in einem transparenten Punktesystem dargestellt. Sie macht damit den Beitrag eines Unternehmens zum Gemeinwohl vergleichbar und seine Fortschritte messbar. Dabei werden fünf Kategorien von Interessengruppen berücksichtigt:

- Lieferanten
- Eigentümer und Finanzpartner
- Mitarbeitende
- Kunden
- Gesellschaftliches Umfeld

Mit einer Gemeinwohl-Bilanz können Kunden und Stakeholder erkennen, wie sich die wirtschaftlichen Aktivitäten eines Unternehmens auf die Lebensqualität der Gemeinschaft auswirken. Der gesamte Bilanzierungsprozess kann von einem GWÖ-Berater begleitet werden und wird durch zertifizierte GWÖ-Auditoren validiert.

Nutzen und Vorteile der Gemeinwohl-Bilanz:

- Reflexion der Motivation und des Sinns des eigenen (unternehmerischen) Handelns
- Überprüfung der Ausrichtung von Mission und der Vision
- Stärkung der Unternehmenskultur im Einklang mit den Grundwerten
- Optimierung der wirtschaftlichen Resilienz
- Gestaltung des Geschäftsmodells im Einklang mit allen Interessengruppen
- Konkrete Verbesserungsvorschläge für ein nachhaltigeres Wirtschaften

Die Gemeinwohl-Matrix: ein Modell zur gemeinwohlorientierten Organisationsentwicklung

Die Gemeinwohl-Matrix füllt den unternehmerisch möglichen Beitrag zum Gemeinwohl mit Leben. Die Werte in den Spalten basieren auf den vier Grundwerten der GWÖ, die Zeilen spiegeln die fünf Berührungsgruppen wider, mit denen eine Organisation am meisten Kontakt hat. In den Überschneidungen zwischen den Werten und den Berührungsgruppen finden sich die 20 Gemeinwohl-Themen wieder, die ein Unternehmen für seine Weiterentwicklung angehen kann.

Innerhalb jedes Gemeinwohl-Themas wird mindestens ein Sustainable Development Goal (SDG) adressiert, meist sogar mehrere. Damit trägt die Gemeinwohl-Ökonomie zur Erreichung der UN-Entwicklungsziele bei und zeigt Unternehmen, wo sie auch auf die SDGs Einfluss nehmen können, indem sie negative soziale, ökonomische und ökologische Auswirkungen verringern und positive Auswirkungen verstärken.

Die Gemeinwohl-Bilanz basiert auf den 20 Feldern der Gemeinwohl-Matrix, sodass Unternehmen ihre Gemeinwohlaktivitäten messen und nach außen sichtbar machen können, bevor sie schrittweise Verbesserungen vornehmen und auf ein nachhaltiges, gemeinwohlorientiertes Wirtschaften im Sinne der SDGs hinarbeiten.

GEMEINWOHL-MATRIX 5.0

WERT / BERÜHRUNGSGRUPPE	MENSCHENWÜRDE	SOLIDARITÄT UND GERECHTIGKEIT	ÖKOLOGISCHE NACHHALTIGKEIT	TRANSPARENZ UND MITENTSCHEIDUNG
A: LIEFERANT*INNEN	**A1** Menschenwürde in der Zulieferkette	**A2** Solidarität und Gerechtigkeit in der Zulieferkette	**A3** Ökologische Nachhaltigkeit in der Zulieferkette	**A4** Transparenz und Mitentscheidung in der Zulieferkette
B: EIGENTÜMER*INNEN & FINANZ-PARTNER*INNEN	**B1** Ethische Haltung im Umgang mit Geldmitteln	**B2** Soziale Haltung im Umgang mit Geldmitteln	**B3** Sozial-ökologische Investitionen und Mittelverwendung	**B4** Eigentum und Mitentscheidung
C: MITARBEITENDE	**C1** Menschenwürde am Arbeitsplatz	**C2** Ausgestaltung der Arbeitsverträge	**C3** Förderung des ökologischen Verhaltens der Mitarbeitenden	**C4** Innerbetriebliche Mitentscheidung und Transparenz
D: KUND*INNEN & MITUNTERNEHMEN	**D1** Ethische Kund*innenbeziehungen	**D2** Kooperation und Solidarität mit Mitunternehmen	**D3** Ökologische Auswirkung durch Nutzung und Entsorgung von Produkten und Dienstleistungen	**D4** Kund*innen-Mitwirkung und Produkttransparenz
E: GESELLSCHAFTLICHES UMFELD	**E1** Sinn und gesellschaftliche Wirkung der Produkte und Dienstleistungen	**E2** Beitrag zum Gemeinwesen	**E3** Reduktion ökologischer Auswirkungen	**E4** Transparenz und gesellschaftliche Mitentscheidung

Quelle: Gemeinwohl-Ökonomie Deutschland (https://germany.ecogood.org/tools/gemeinwohl-matrix/)

Durchführung

Im Bilanzierungsprozess wird ein Gemeinwohl-Bericht erstellt. Dieser ist eine umfassende Dokumentation der Gemeinwohlaktivitäten eines Unternehmens. Darin werden diese Aktivitäten in Bezug auf alle 20 Themen aus der Gemeinwohl-Matrix beschrieben, sodass der aktuelle Stand des Unternehmens sowie dessen Fortschritte erkennbar werden. Jedes Thema beschreibt, wie die einzelnen Werte gegenüber den jeweiligen Berührungsgruppen gelebt werden.

Das anschließende Testat zeigt im grafischen Design der Matrix (eine übersichtliche DIN-A4-Seite) eine extern evaluierte Bewertung der einzelnen Themen und eine Gesamtpunktezahl (Gemeinwohl-Punkte). Gemeinwohl-Bericht und Testat ergeben zusammen die Gemeinwohl-Bilanz.

Um eine Gemeinwohl-Bilanz zu erstellen, gehen Sie folgendermaßen vor:

Schritt 1: Wählen Sie vorab die für sich passende Bewertungsmethode (externes Audit oder Peerevaluierung). Mit dieser Entscheidung legen Sie fest, wie Sie die Bilanzierung erarbeiten wollen – entweder selbst, eventuell mithilfe eines GWÖ-Beraters und einer anschließenden externen Auditierung oder in einer Peer-Gruppe in gemeinsamen Workshops mit einer Peerevaluierung.

Schritt 2: Wählen Sie die Art der Bilanzierung (Kompakt oder Vollbilanz).

Vollbilanzierung: Die Vollbilanz unterteilt sämtliche Themen in mehrere Aspekte und ist verpflichtend für mittlere und größere Unternehmen ab der zweiten Bilanz.

Kompaktbilanzierung: Die Kompaktbilanzierung stellt die Themen in einer verdichteten Form dar und kann von Kleinstunternehmen dauerhaft, von Unternehmen mit elf bis fünfzig Mitarbeitenden (Vollzeitäquivalente) zweimal, von größeren Unternehmen bei der ersten Bilanzierung optional verwendet werden.

Schritt 3: Sammeln Sie die nötigen Informationen, führen Sie eine Punktebewertung der 20 Matrix-Felder durch, und erstellen Sie Ihren Gemeinwohlbericht. Die Gemeinwohl-Ökonomie Deutschland bietet dazu frei verfügbare und downloadbare Hilfsinstrumente wie ein Arbeitsbuch jeweils zur Kompakt- und Vollbilanz, eine Word-Dokument Berichtsvorlage und einen Excel-Bilanzrechner zur Ermittlung der Gemeinwohl-Punkte an. Insgesamt können 1000 Punkte erreicht werden, wobei es für gemeinwohlschädigendes Verhalten Minuspunkte gibt.

Schritt 4: Beantragen Sie für eine gültige Bewertung die Mitgliedschaft in Ihrem Regionalverein der Gemeinwohl-Ökonomie. Ein Verzeichnis finden Sie auf der Website der Gemeinwohl-Ökonomie Deutschland.

Schritt 5: Lassen Sie Ihren Gemeinwohl-Bericht auditieren, je nachdem, wofür Sie sich in Schritt 1 entschieden haben.

In einem externen Audit (Besuch) wird u. a. mit Mitarbeitenden vor Ort in Interviews gesprochen, um Aussagen aus dem GWÖ-Bericht zu verifizieren und mit weiteren Informationen anzureichern, ggf. wird Einsicht in Dokumente genommen. Mithilfe der Ergebnisse wird der Auditbericht ergänzt und es findet eine erste Beurteilung statt. Eine abschließende Beurteilung wird in einem gemeinsamen Feedback-Gespräch vorgenommen. Als Bestätigung des Audits erhält das Unternehmen das Zertifikat. In einem externen Audit (Desk) findet eine Bewertung der Genauigkeit und Nachvollziehbarkeit der Berichterstattung auf der Grundlage der eingereichten Unterlagen ohne Vor-Ort-Besuch statt. Der Audit-Bericht wird auf der Grundlage des Gemeinwohl-Berichts erstellt, ggf. werden zusätzliche Unterlagen angefordert.

Das erste externe Audit ist immer ein Besuchsaudit.

Die Peer-Evaluierung beinhaltet eine kleine Gruppe von Unternehmen, die von einem GWÖ-Berater durch Workshops begleitet wird, sodass die Gruppe in einem Lernprozess gemeinsam ihre Gemeinwohl-Berichte erstellt. Die Bewertung des Beitrags jedes Unternehmens zum Gemeinwohl erfolgt mithilfe von Peers. Anschließend werden die Ergebnisse von dem GWÖ-Berater der Prüfungsplattform vorgelegt. Das Peer-Zertifikat ist eine Vorstufe zum Auditzertifikat. Eine Peer-Evaluierung kann nur einmal, während der Erstellung der ersten Bilanz, durchgeführt werden.

Schritt 6: Veröffentlichen Sie Ihre Gemeinwohl-Bilanz (Bericht inklusive Testat).

Zusammenfassend können Sie eine Gemeinwohl-Bilanz auf drei Wegen erstellen: Eigenständig (mit zur Verfügung stehenden Unterlagen), mit der Unterstützung eines GWÖ-Beraters (maßgeschneiderte Vorgehensweise), oder in einer Peer-Gruppe zur Erstellung der ersten Bilanz (4–6 Organisationen, die von GWÖ-Beratern und -Auditoren mit Workshops begleitet werden, nur sinnvoll für kleiner Unternehmen mit weniger als 30 Mitarbeitenden).

Entscheiden Sie für sich nach einer kurzen Einarbeitung in die Gemeinwohl-Bilanz, welcher Weg der richtige für Sie ist, sodass Sie mit Ihrem Bilanzierungsprozess starten können.

Wirkfeld der Methode

- Wirksam für Herausforderungen mit hoher Komplexität
- Wirksam für nachhaltiges Business Model Design

Transformationsfähigkeit Ihres Teams

- Fördert die Sensibilisierung
- Zahlt auf eine bessere Wahrnehmung ein
- Zahlt auf das Dringlichkeitsempfinden ein
- Erhöht die Lösungsorientierung

Einsatzcharakteristik/Arbeitsrahmen

- Austauschfokus: vornehmlich mit internen und externen Personen
- Durchführungszeit: eher hoch (> 1 Tag)
- Einsatzfrequenz: sinnvoll im dauerhaften Einsatz
- Einsatzradius: vornehmlich im unternehmensweiten Einsatz
- Komplexität für den Moderator: eher hoch
- Komplexität für die Teilnehmer: eher hoch
- Vorbereitungszeit: eher hoch (>1 Tag)

Input für eine zielführende Arbeit mit der Methode

- Aktuell existierende Geschäftsmodelle
- Aktuell existierende Produkte und Services
- Beteiligte Personen mit Tätigkeiten und Aufgaben
- Existierende Prozesse und Verfahren
- Verschiedene Botschaften, Meinungen, Statements
- Verschiedene Meinungen und Blickwinkel
- Vorhandenes Wissen und Erfahrungen
- Umfeldbeobachtungen, Umfeldanalysen
- Ziele, Zielsystem, Kennzahlen
- Wissen über Gesetze und Rahmenbedingungen

Output und beobachtete Ergebnisse der Methode

- Erzeugt Listen von Chancen und Risiken
- Erzeugt definierte Zielkorridore
- Erzeugt transformationsfähigere Organisationen
- Erzeugt mehr Hintergrundinformationen
- Erzeugt segmentierte, kategorisierte, geclusterte Daten
- Identifiziert vorhandene Schwachstellen
- Identifiziert vorhandene Stärken

Hinderniseffekte, auf die die Methode positiv wirkt

- Beugt blinden Flecken/Betriebsblindheit vor
- Schafft für den Erfolg nötige Realitätsbezüge
- Schärft eine fehlende gemeinsame Ausrichtung
- Verhindert einseitige Bewertungen und Entscheidungen

Mögliche Extravorteile der Methode

- Möglicher Extravorteil für Teams in einer Komfortsituation
- Möglicher Extravorteil für Teams mit einer konservativen, tradierten Kultur
- Möglicher Extravorteil für in Nachhaltigkeitsthemen erfahrene Teams

Quellen

Buch – Die Gemeinwohl-Ökonomie, Christian Felber (Deuticke, 2010)

Web – https://germany.ecogood.org/, abgerufen 23.11.23

Web – Downloadbare Unterlagen zur Bilanzierung – https://germany.ecogood.org/umsetzung/unternehmen/erstinfo-bilanzierung/#bilanzierungsarten (abgerufen am 23.11.2023)

Organisation –Gemeinwohl-Ökonomie Deutschland e. V., Berlin, https://germany.ecogood.org/

108 Global Compact Jam

EinSatzBeschreibung

Kollaborative, intensive Problemlösungsaktivität, die sich auf die Entwicklung von Lösungen im Einklang mit den Prinzipien des Global Compact der Vereinten Nationen konzentriert.

Working Guide/Anwendungsfelder

P1 Sensibilisierung/Bildung	P2 Matching Recht/Gesetz	P3 Sustainability Roadmap	P4 Produkt/Prozessdesign	P5 Implementierung/Monitoring	P6 Kommunikation	P7 Organisation	P8 Führung	P9 Business Model Design	P10 Skalierung
X	X	X	X						

Beschreibung

Global Compact der Vereinten Nationen (UN Global Compact) ist eine freiwillige Initiative, die auf der Verpflichtung von Unternehmen basiert, universelle Nachhaltigkeitsprinzipien umzusetzen und Maßnahmen zur Unterstützung der UN-Ziele zu ergreifen. Ihre Ambition besteht darin, die weltweite kollektive Wirkung von Unternehmen durch die Einhaltung der zehn Prinzipien und die Verwirklichung der Ziele für nachhaltige Entwicklung (SDGs) zu beschleunigen und zu skalieren. Um dies zu realisieren, unterstützt der *UN Global Compact* Unternehmen dabei:

- Verantwortungsbewusst zu wirtschaften, indem Unternehmen ihre Strategien und Geschäftstätigkeiten an den Zehn Prinzipien zu Menschenrechten, Arbeitsnormen, Umwelt und Antikorruption ausrichten; und
- Strategische Maßnahmen zur Förderung weiter gefasster gesellschaftlicher Ziele, wie den Zielen für nachhaltige Entwicklung der UN, zu ergreifen, mit einem Schwerpunkt auf Zusammenarbeit und Innovation.

Die Teilnahme am UN Global Compact steht jedem Unternehmen offen, das sich ernsthaft dazu verpflichtet, die Prinzipien des UN Global Compact in seinen Betriebsabläufen und Einflussbereichen umzusetzen und über seinen Fortschritt zu berichten.

Die zehn Prinzipien des *United Nations Global Compact* sind in vier grundlegende Kategorien unterteilt: Menschenrechte, Arbeitsnormen, Umwelt und Korruptionsbekämpfung. Sie lauten wie folgt:

Menschenrechte

1. Unternehmen sollen den Schutz der internationalen Menschenrechte innerhalb ihres Einflussbereichs unterstützen und respektieren.
2. Sie sollen sicherstellen, dass sie nicht an Menschenrechtsverletzungen mitschuldig sind.

Arbeitsnormen

3. Unternehmen sollen die Vereinigungsfreiheit und die wirksame Anerkennung des Rechts auf kollektive Verhandlungen unterstützen.
4. Sie sollen die Beseitigung aller Formen von Zwangsarbeit fördern.
5. Sie sollen die effektive Abschaffung der Kinderarbeit vorantreiben.
6. Sie sollen die Beseitigung von Diskriminierung bei Anstellung und Beschäftigung unterstützen.

Umwelt

7. Unternehmen sollen im Rahmen der Vorsorgeprinzipien gegenüber Umweltproblemen tätig werden.
8. Sie sollen Initiativen ergreifen, um ein größeres Verantwortungsbewusstsein für die Umwelt zu fördern.
9. Sie sollen die Entwicklung und Verbreitung umweltfreundlicher Technologien fördern.

Korruptionsbekämpfung

10. Unternehmen sollen gegen Korruption in all ihren Formen, einschließlich Erpressung und Bestechung, vorgehen.

Quelle: https://unglobalcompact.org

Der *UN Global Compact* ist eine freiwillige Initiative, die eine breite Teilnahme einer vielfältigen Gruppe von Unternehmen anstrebt. Als Teilnehmer des *UN Global Compact* ist ein Unternehmen dazu aufgerufen:

1. Veränderungen im Geschäftsbetrieb einzuleiten, sodass der *UN Global Compact* und seine zehn Prinzipien Teil der Strategie, Kultur und des täglichen Geschäftsbetriebs werden.
2. Öffentlich für den *UN Global Compact* und seine Prinzipien einzutreten, bspw. durch Pressemitteilungen und Reden.

3. Jährlich über den Fortschritt in Bezug auf die Umsetzung der zehn Prinzipien und die Unterstützung gesellschaftlicher Prioritäten zu kommunizieren.

Global Compact Jam ist ein Framework, das die Generierung von Lösungen oder Strategien im Einklang mit den Prinzipien des *Global Compact der Vereinten Nationen* fazilitiert. Ziel des Jam ist es, innovative Lösungen zu entwickeln, die sich mit Fragen im Zusammenhang mit Menschenrechten, Arbeit, Umwelt und Korruptionsbekämpfung befassen, die multidisziplinäre Zusammenarbeit zwischen verschiedenen Interessengruppen fördern und nachhaltige und sozial verantwortliche Organisationspraktiken fördern.

Durchführung

Im Folgenden finden Sie eine spezialisierte Agenda für einen *Global Compact Jam*.

Vorbereitungsphase (vor dem Jam)

Hintergrundmaterial: Versendung von Ressourcen über die Prinzipien des *U.N. Global Compact* und aktuelle Herausforderungen in der nachhaltigen Entwicklung.

Einladung: Auswahl und Einladung von relevanten Stakeholdern und Fachexperten.

Jam zur Lösungsfindung (3 Stunden)

Einführungsphase (30 Min.)

- Zielsetzung und Agenda: Darstellung des Hauptziels – die Auswahl eines fokussierten, relevanten Themas.
- Einführung in den *U.N. Global Compact*: Kurze Präsentation der Prinzipien und ihrer Bedeutung für nachhaltige Innovation.

Ideationsphase

Identifikation möglicher Themen (30 Min.)

- Einzelarbeit: Jeder Teilnehmende schreibt individuell potenzielle Themen oder Herausforderungen auf.
- Gruppendiskussion: Kurze Vorstellung der vorgeschlagenen Themen in der Gruppe.

Bewertung und Kategorisierung (30 Min.)

- Kategorisierung: Sortierung der vorgeschlagenen Themen nach den vier Hauptbereichen des *U.N. Global Compact*: Menschenrechte, Arbeitsnormen, Umwelt, Antikorruption.
- Priorisierung: Bewertung der Relevanz und Dringlichkeit jedes Themas durch Abstimmung oder Diskussion.

Vertiefungsphase

Thematische Workshops (45 Min.)

- Kleingruppen: Aufteilung in Kleingruppen, die jeweils einen der vier Hauptbereiche des *U.N. Global Compact* vertiefen.
- Ausarbeitung: Jede Gruppe entwickelt ein bis zwei Themen weiter, indem sie den Kontext analysiert, relevante Stakeholder identifiziert und mögliche Herausforderungen und Chancen erörtert.

Rückführung und Synthese (15 Min.)

- Präsentation: Jede Kleingruppe präsentiert ihre erarbeiteten Themen.
- Synthese: Identifikation von Gemeinsamkeiten und Unterschieden, um ein oder mehrere Hauptthemen zu ermitteln.

Abschlussphase (30 Min.)

- Endauswahl: Diskussion und Entscheidung für die Lösung, die im Einklang mit den *U.N. Global Compact* Prinzipien steht.
- Nächste Schritte: Definition von Verantwortlichkeiten und ersten Schritten zur weiteren Exploration des ausgewählten Themas.

Nachbereitung (nach dem Jam)

Dokumentation: Kompilation der Ergebnisse und Ausarbeitung eines Berichts, der die Entscheidungsfindung und die nächsten Schritte skizziert.

Helfende Organisation

UN Global Compact

Wirkfeld der Methode

- Wirksam für nachhaltiges Marketing
- Wirksam für nachhaltiges Produktdesign
- Wirksam für nachhaltiges Prozessdesign
- Wirksam für nachhaltiges Servicedesign
- Wirksam für nachhaltiges Business Model Design

Transformationsfähigkeit Ihres Teams

- Fördert die Sensibilisierung
- Fördert offene Mindsets und innovative Denkhaltungen
- Sorgt für Inspiration oder bessere Inspirationsempfindlichkeit
- Zahlt auf eine bessere Vorstellungskraft ein
- Zahlt auf eine bessere Wahrnehmung ein
- Zahlt auf ein positives Zukunftsbild ein
- Zahlt auf das Dringlichkeitsempfinden ein
- Erhöht die Lösungsorientierung

Einsatzcharakteristik/Arbeitsrahmen

- Austauschfokus: vornehmlich mit internen Personen
- Durchführungszeit: eher mittel (> 1 Stunde bis < 1 Tag)
- Einsatzfrequenz: sinnvoll im dauerhaften Einsatz
- Einsatzradius: vornehmlich im unternehmensweiten Einsatz
- Komplexität für den Moderator: eher gering
- Komplexität für die Teilnehmer: eher mittel
- Teamgröße: Einzelpersonennutzung möglich
- Teamgröße: Großgruppen möglich (> 50 Teilnehmer)
- Teamgröße: Kleingruppe möglich (3 bis 5 Teilnehmer)
- Teamgröße: Maxigruppen möglich (20 bis 40 Teilnehmer)
- Teamgröße: Mittelgroße Teams möglich (5 bis 20 Teilnehmer)
- Teamgröße: Speziell für Großgruppen geeignet (> 50 Teilnehmer)
- Vorbereitungszeit: eher mittel (> 1 Stunde bis < 1 Tag)

Input für eine zielführende Arbeit mit der Methode

- Aktuell existierende Geschäftsmodelle
- Aktuell existierende Produkte und Services
- Aktuelle Herausforderung, Leitfrage, Problem
- Ideen, Lösungsansätze, Vorideen, Varianten
- Innovationssuchfelder, Intent Statements
- Trends und Zukunftsentwicklungen
- Umfeldbeobachtungen, Umfeldanalysen
- Wettbewerber und Komplementoren

- Ziele, Zielsystem, Kennzahlen
- Wissen über Gesetze und Rahmenbedingungen

Output und beobachtete Ergebnisse der Methode

- Erzeugt Ideen, Lösungsansätze, Vorideen, Möglichkeiten
- Erzeugt Ideensuchfelder, unentdeckte Probleme, Inspiration
- Erzeugt definierte Zielkorridore
- Erzeugt eine Vision oder Zukunftsbild
- Erzeugt größere Klarheit zu einem Thema
- Erzeugt motiviertere und transformationsfähigere Teilnehmer
- Identifiziert vorhandene Schwachstellen
- Identifiziert vorhandene Stärken
- Macht Wirkzusammenhänge sichtbar
- Ziel- und Fokusgruppen

Hinderniseffekte, auf die die Methode positiv wirkt

- Beugt Missinterpretationen vor
- Beugt blinden Flecken/Betriebsblindheit vor
- Bewahrt vor zu generischen Ideen und Aussagen
- Schafft für den Erfolg nötige Realitätsbezüge
- Schafft schnell Klarheit und beschleunigt Erkenntnisgewinn
- Schärft eine fehlende gemeinsame Ausrichtung
- Stärkt schwache Anreicherungsskills
- Stärkt das Vertrauen im Team
- Verhindert Ideenfindung mit zu schwacher Erkenntnisgrundlage
- Verhindert blinden Aktionismus
- Verhindert falsche Flughöhen
- Verhindert unreflektiertes agieren
- Überzeugt Zweifler, Bewahrer, Kritiker
- Fördert Optimismus und Zuversicht

Mögliche Extravorteile der Methode

- Möglicher Extravorteil für Teams mit einem starkem Auftragsmandat
- Möglicher Extravorteil für innovativ erfahrene Teams
- Möglicher Extravorteil für innovativ ungeübte Teams
- Möglicher Extravorteil für in Nachhaltigkeitsthemen erfahrene Teams
- Möglicher Extravorteil für in Nachhaltigkeitsthemen ungeübte Teams

Quellen

Web – https://unglobalcompact.org (abgerufen am 26.08.2023)

Green Nudging

EinSatzBeschreibung

Mit Green Nudging ein klimafreundliches Verhalten bei Mitarbeitenden etablieren.

Working Guide/Anwendungsfelder

P1 Sensibilisierung/Bildung	P2 Matching Recht/Gesetz	P3 Sustainability Roadmap	P4 Produkt/Prozessdesign	P5 Implementierung/Monitoring	P6 Kommunikation	P7 Organisation	P8 Führung	P9 Business Model Design	P10 Skalierung
X			X						

Beschreibung

Nudging ist eine Verhaltensökonomie-Strategie, die darauf abzielt, das Verhalten von Menschen auf positive Weise zu beeinflussen, ohne ihre Wahlmöglichkeiten einzuschränken oder auf finanzielle Anreize zurückzugreifen. Diese Methode nutzt subtile Anreize, um individuelle Entscheidungen in eine gewünschte Richtung zu lenken. Man stupst Menschen gewissermaßen zu einem erwünschten Verhalten (to nudge = stupsen).

Ein klassisches Beispiel für Nudging stammt aus dem Buch „Nudge" von Richard Thaler und Cass Sunstein, in dem sie die Gestaltung von Kantinen verwenden, um gesündere Essgewohnheiten zu fördern.

In einer Kantine kann Nudging dazu verwendet werden, die Auswahl gesunder Lebensmittel zu erhöhen, ohne auf Verbote oder Preiserhöhungen zurückzugreifen. Anstatt den Menschen bestimmte Optionen aufzuzwingen, werden Umgebungsreize genutzt, um ihre Entscheidungsprozesse in eine gewünschte Richtung zu lenken. Dies erfolgt oft durch subtile Änderungen in der Präsentation, Anordnung oder Beschriftung von Speisen. Zum Beispiel können gesunde Lebensmittel wie frisches Obst, Salate und fettarme Optionen in direkter Augenhöhe platziert werden, während ungesündere Alternativen weiter unten positioniert sind. Dadurch werden gesunde Optionen auffälliger und leichter zugänglich.

Vorteile:

- Nudging ist eine kostengünstige Methode, die keine finanziellen Anreize erfordert.
- Es respektiert die Wahlfreiheit der Individuen und gibt ihnen die Kontrolle über ihre Entscheidungen.
- Nudging kann langfristige Verhaltensänderungen fördern, indem es positive Gewohnheiten aufbaut.

Grenzen:

- Nicht alle Menschen reagieren gleichermaßen auf Nudging-Strategien.
- Einige Menschen könnten sich der Beeinflussung bewusst sein und Widerstand dagegen entwickeln.
- Die Effektivität von Nudging hängt von der angewandten Strategie und der Zielgruppe ab.

Green Nudging bezieht sich auf den Einsatz von Nudging-Strategien, um umweltfreundliches Verhalten zu fördern. Dabei werden subtile Anreize und positive Reize genutzt, um Menschen dazu zu bewegen, umweltbewusstere Entscheidungen zu treffen, wie z. B. Energiesparen, Recycling oder nachhaltige Konsumgewohnheiten. Ziel ist es, nachhaltiges Handeln zu unterstützen, ohne auf restriktive Maßnahmen oder finanzielle Anreize zurückzugreifen.

In einem Verbundprojekt der Organisationen energiekonsens, ConPolicy, KliBA und SAENA wurden in einer Pilotphase mit 8 Unternehmen aus Bremen und Bremerhaven Nudging-Strategien entwickelt. Anschließend wurden weitere Nudging-Strategien für insgesamt 40 KMU in weiteren Bundesländern entwickelt. Daraus entstand ein Nudge-Katalog, ein Leitfaden, vertiefende Transferblätter sowie eine Präsentation zum Thema Nudging.

Die genutzten Nudges lassen sich in fünf Kategorien einteilen:

- Energie & Strom, z. B. Geräte-Aus-Aufkleber, Treppe-Statt-Aufzug-Nudge, Thermostat-Voreinstellung
- Mobilität, z. B. Spritverbrauch-Feedback, Verkehrsmittelbuchungs-Nudge
- Ressourcen, z. B. Think before you print, „Axt im Toilettenwalde"-Nudge
- Lebensmittel, z. B. Buffet-Anordnung, kleinere Teller, Reste-Mitnehmen-Option
- Wasser, z. B. Handtuch-Wiederverwendung, Dusch-Tool

Green Nudging lässt sich auch gut außerhalb des Unternehmens-Kontext einsetzen. Forscher am Hasso-Plattner-Institut haben Nudging genutzt, um das Heizverhalten von Mietern in einem Immobilienprojekt zu verändern. Ihr Nudge war ein Plakat mit dem Slogan „Verheiz dein Geld nicht", das die Verlustaversion anspricht und die Bedeutung von finanzieller Effizienz beim Heizen betont. Die Ergebnisse der Nudging-Intervention waren überraschend positiv. Mieterinnen und Mieter, die das Plakat sahen, erreichten eine durchschnittliche Ersparnis von 9 Prozent bei den Heizkosten. Die Kombination aus gezielter Botschaft und psychologischem Mechanismus führte zu finanziellen Einsparungen für die Mieter und CO_2-Einsparungen für die Organisation.

Durchführung

Das Verbundprojekt von energiekonsens schlägt einen sechsstufigen Prozess zur Implementierung von Green Nudges vor:

1. Vorbereitung
2. Sammlung und Auswahl von Verhalten
3. Verhaltensanalyse
4. Nudge-Entwicklung
5. Umsetzung
6. Evaluation

Arbeitshilfe „Verhaltensbeschreibung" (2.1.)

2.1. Zu veränderndes Verhalten sammeln →

Bitte beschreiben Sie das Verhalten, das Sie durch Nudging verändern möchten. Die folgenden Fragen können Ihnen dabei helfen. Beantworten Sie die Fragen separat für jedes Verhalten. Drucken Sie diese Arbeitshilfe mehrfach aus, um sie für jedes Ist- und Ziel-Verhalten verwenden zu können.

Welches aktuelle Verhalten (Ist-Verhalten) würden Sie gerne verändern?

z.B. Mitarbeiterinnen und Mitarbeiter lassen nach Feierabend die Klimaanlage an

a.) Wer (welche Personen / Personengruppen) zeigt das Verhalten?

z.B. Mitarbeiterinnen und Mitarbeiter in der Verwaltung

b.) Wo wird das Verhalten gezeigt?

z.B. im Großraumbüro im Verwaltungsgebäude

c.) Wann und wie häufig tritt das Verhalten auf?

z.B. zu Feierabendbeginn und vor dem Wochenende in den Sommermonaten

d.) Inwiefern steht das Verhalten dem identifizierten Ziel entgegen?

z.B. Klimaanlagen steigern den Stromverbrauch

e.) Welches Verhalten würden Sie sich in einer idealen Welt wünschen (Ziel-Verhalten)?

z.B. Mitarbeiterinnen und Mitarbeiter schalten zu Feierabend die Klimaanlage aus

Bewertungsbogen „Verhalten auswählen" (2.2)

2.2. Zu veränderndes Verhalten auswählen →

Dieses aktuelle Verhalten soll verändert werden (Ist-Verhalten):

Dieses gewünschte Verhalten soll gefördert werden (Ziel-Verhalten):

Bitte beurteilen Sie das genannte Verhalten anhand der folgenden Kriterien. Einige Kriterien („Muss-Kriterien") müssen vorliegen, damit ein Verhalten für Nudging geeignet ist. Bei anderen („Soll-Kriterien") ist es hilfreich. Drucken Sie diese Checkliste mehrfach aus, um sie für jedes Verhalten verwenden zu können.

MUSS-KRITERIEN

- ☐ Es ist praktisch (z.B. physisch) möglich, das Ist-Verhalten zu ändern.
- ☐ Es sprechen keine finanziellen Gründe gegen eine Verhaltensänderung.
- ☐ Es sprechen keine rechtlichen Gründe gegen eine Verhaltensänderung.
- ☐ An dem Ort, an dem das Ist-Verhalten auftritt, können (kleine) Veränderungen vorgenommen werden.
- ☐ Die gewünschte Verhaltensänderung führt zu CO_2-Einsparungen.

SOLL-KRITERIEN

- ☐ Es können Gründe für das Ist-Verhalten benannt werden.
- ☐ Mangelndes Wissen ist nicht der einzige Grund für das Ist-Verhalten.
- ☐ Es gibt keinen massiven Widerstand gegen das Ziel-Verhalten.
- ☐ Ein Nudge zur Förderung des Ziel-Verhaltens würde im Unternehmen auf Zustimmung stoßen.
- ☐ Es gibt Indikatoren, an denen man die Verhaltensänderung erkennen und anhand derer man sie objektiv messen könnte.
- ☐ Es gibt keine anderen naheliegenden Maßnahmen (wie z.B. Informationskampagnen, Verbote oder Gebote), die einfacher und effizienter zu einer Verhaltensänderung führen würden.

Summe

Quelle: www.green-nudging.de

Die Herangehensweise im Projekt des Hasso-Plattner-Institutes ist ähnlich. Hier sind die ersten drei Phasen zusammengefasst und man startet direkt mit Problemverständnis und User-Interviews. Im Folgenden finden Sie eine detaillierte Beschreibung der Phasen. Zu beachten ist, dass es sich um einen iterativen Prozess handelt. Gehen Sie also zu einem der vorherigen Schritte zurück, wenn Sie bei der Verhaltensanalyse oder bei der Umsetzung Ihre Hypothesen nicht verifizieren können bzw. auf andere Verhaltensmuster aufmerksam werden.

Schritt 1: Vorbereitung

In diesem ersten Schritt beginnen Sie damit, den optimalen Einsatzbereich für Nudging zu bestimmen. Sie überlegen, welche nachhaltigen Ziele maßgeblich von den Verhaltensweisen der Menschen beeinflusst werden könnten. Dabei stellen Sie sich die Frage, ob eine mögliche Verhaltensänderung realistisch ist und ob sie im Interesse der betroffenen Personen liegt. Nudging ändert nicht Meinungen oder Einstellungen der Menschen, sondern unterstützt Menschen bei unbewussten Entscheidungen nachhaltigere Optionen zu wählen.

Um Ihre Annahmen zu überprüfen, sammeln Sie zunächst Daten durch Beobachtungen und Interviews. Diese Daten helfen Ihnen dabei, Ihre Hypothesen zu verifizieren. Bevor Sie weitermachen, erklären Sie den betroffenen Stakeholdern das Konzept des Nudging und stellen sicher, dass alle Beteiligten das Grundverständnis dafür haben. Zudem ist es wichtig, ein interdisziplinäres Projektteam zusammenzustellen, das eine breite Palette von Fachkompetenzen abdeckt und die Interessen der verschiedenen Stakeholder repräsentiert.

Schritt 2: Verhalten sammeln und Auswahl der wirksamsten Verhaltensmuster

Hier sammeln Sie Informationen über die bestehenden Verhaltensmuster, die sich negativ auf den gewählten Einsatzbereich auswirken könnten. Dies erfordert eine genaue Untersuchung und Analyse der aktuellen Situation. Sobald Sie ein besseres Verständnis für die Verhaltensmuster haben, treffen Sie eine Auswahl derjenigen, die für Ihr Nudging-Projekt am relevantesten sind. Sie können dafür den Bewertungsbogen „Verhalten auswählen" aus dem Leitfaden des Projekts Green Nudging nutzen. Erstellen Sie für die ausgewählten Verhaltensmuster einen Steckbrief. Auch hier finden Sie eine Vorlage im Leitfaden.

Schritt 3: Verhaltensanalyse

Jetzt tauchen Sie tiefer in die Verhaltensanalyse ein. Dies geschieht durch intensive Beobachtungen und gezielte Interviews mit den betroffenen Personen. Ihr Ziel ist es, die Hypothesen aus Schritt 2 weiter zu überprüfen und zu validieren. Während dieser Phase konzentrieren Sie sich besonders auf mögliche Abweichungen von den erwarteten Verhaltensmustern. Sollten Sie dabei neue Verhaltensmuster identifizieren oder unerwartete Erkenntnisse gewinnen, integrieren Sie diese in Ihre Steckbriefe. Falls nötig, kehren Sie zu Schritt 2 zurück und passen Ihre Auswahl der Verhaltensmuster entsprechend an.

Schritt 4: Nudges entwickeln

Nun ist der Zeitpunkt gekommen, kreative Ideen für Nudges zu generieren, die darauf abzielen, die ausgewählten Verhaltensmuster positiv zu beeinflussen. Nutzen Sie Inspirationen aus Quellen wie dem Nudge-Katalog des Projektes „Green Nudging“, um innovative Ansätze zu entwickeln. Im Anschluss wählen Sie die vielversprechendsten Ideen aus und definieren daraus Prototypen für Nudges. Die Methode 15 %-Solutions kann dabei helfen, schnell in die Umsetzung zu kommen.

Schritt 5: Prototyp durchführen und anpassen

Setzen Sie die entwickelten Prototypen der Nudges im realen Umfeld um. Das könnte die Implementierung neuer visueller Elemente, Benachrichtigungen oder anderer Ansätze sein. Während dieser Phase beobachten Sie aufmerksam die Reaktionen der betroffenen Personen auf die Nudges. Sollten sich dabei neue Verhaltensmuster zeigen oder unerwartete Reaktionen auftreten, kehren Sie zu Schritt 4 zurück, um Anpassungen an den Nudges vorzunehmen.

Schritt 6: Evaluation

In diesem abschließenden Schritt bewerten Sie die Wirksamkeit der Nudges, um festzustellen, ob die gewünschten Verhaltensänderungen tatsächlich eingetreten sind. Sie nutzen dazu entweder quantitative Kennzahlen oder qualitative Bewertungen. Wenn verfügbar, analysieren Sie Kennzahlen aus dem entsprechenden Einsatzbereich, um den Einfluss der Nudges auf das Verhalten zu messen. Falls keine quantitativen Daten vorhanden sind, nutzen Sie qualitative Methoden wie Interviews oder Umfragen, um die Meinungen und Erfahrungen der betroffenen Personen zu sammeln.

Wirkfeld der Methode

- Wirksam für Herausforderungen mit hoher Komplexität
- Wirksam für Herausforderungen mit mittlerer Komplexität
- Wirksam für Herausforderungen mit niedriger Komplexität

Transformationsfähigkeit Ihres Teams

- Fördert die Sensibilisierung
- Fördert die Agilität eines Teams
- Fördert die allgemeine Transformationsfähigkeit des Teams
- Zahlt auf ein positives Zukunftsbild ein
- Zahlt auf das Dringlichkeitsempfinden ein
- Erhöht die Lösungsorientierung

Einsatzcharakteristik/Arbeitsrahmen

- Austauschfokus: vornehmlich mit internen Personen
- Durchführungszeit: eher hoch (> 1 Tag)
- Einsatzfrequenz: sinnvoll im dauerhaften Einsatz
- Einsatzradius: vornehmlich im Teameinsatz
- Einsatzradius: vornehmlich im projektweiten Einsatz
- Einsatzradius: vornehmlich im unternehmensweiten Einsatz
- Komplexität für den Moderator: eher hoch
- Komplexität für die Teilnehmer: eher gering
- Teamgröße: Großgruppen möglich (> 50 Teilnehmer)
- Teamgröße: Kleingruppe möglich (3 bis 5 Teilnehmer)
- Teamgröße: Maxigruppen möglich (20 bis 40 Teilnehmer)
- Teamgröße: Mittelgroße Teams möglich (5 bis 20 Teilnehmer)
- Teamgröße: Speziell für Großgruppen geeignet (> 50 Teilnehmer)
- Vorbereitungszeit: eher hoch (>1 Tag)

Input für eine zielführende Arbeit mit der Methode

- Ideen und Projekte, die zur Umsetzung anstehen
- Ziele, Zielsystem, Kennzahlen

Output und beobachtete Ergebnisse der Methode

- Erzeugt besseren Teamspirit, mehr Offenheit, Inspirationsempfindlichkeit
- Erzeugt umgesetzte Ideen
- Erzeugt eine Vision oder Zukunftsbild
- Erzeugt transformationsfähigere Organisationen
- Erzeugt motiviertere und transformationsfähigere Teilnehmer

Hinderniseffekte, auf die die Methode positiv wirkt

- Dynamisiert und aktiviert wenig dynamische Teams
- Fördert gehemmte Teammitglieder
- Fördert die Agilität der Teilnehmer
- Schwächt das Leben in der Vergangenheit
- Schwächt den „Inneren Zensor“
- Schärft eine fehlende gemeinsame Ausrichtung
- Fördert Optimismus und Zuversicht

Mögliche Extravorteile der Methode

- Möglicher Extravorteil für Teams in einer Komfortsituation
- Möglicher Extravorteil für in Nachhaltigkeitsthemen erfahrene Teams
- Möglicher Extravorteil für in Nachhaltigkeitsthemen ungeübte Teams

Quellen

Buch – Thaler, Richard H., Sunstein, Cass R., Nudge: Wie man kluge Entscheidungen anstößt (Ullstein, 2009)

Podcast Kopf & Bauch, https://open.spotify.com/episode/38o4dyPeKlwNccT1oTrFWI (abgerufen am 15.89.2023)

Web – https://green-nudging.de/ (abgerufen am 15.08.2023)

Podcast HPI, https://www.youtube.com/watch?v=palmtz96EX0 (abgerufen am 15.08.2023)

Podcast 17 Ziele, https://17zielepodcast.podigee.io/31-umweltbewusst-handeln-mithilfe-von-nudging (abgerufen am 15.08.2023)

Web – https://green-nudging.de/wp-content/uploads/2020/06/Green-Nudging_Leitfaden.pdf, Rechteinhaber: ConPolicy (Dr. Max Vetter, Dr. Julius Rauber, Marlene Münsch, Prof. Dr. Christian Thorun)

Growth Gardeing

EinSatzBeschreibung

Kreativ-Methode zur spielerischen Entdeckung von Wachstumspotenzialen einer Organisation.

Working Guide/Anwendungsfelder

P1 Sensibilisierung/Bildung	P2 Matching Recht/Gesetz	P3 Sustainability Roadmap	P4 Produkt/Prozessdesign	P5 Implementierung/Monitoring	P6 Kommunikation	P7 Organisation	P8 Führung	P9 Business Model Design	P10 Skalierung
X					X	X			

Beschreibung

Beim Growth Gardening nutzen wir die persönliche Erfahrungswelt der Teilnehmenden aus Anbau, Pflege, Nutzung und Genusserlebnis rund um einen Garten, um das prozessuale Wirkprinzip der eigenen Organisation zu beschreiben und einen gemeinsamen Wunschgarten zu vereinbaren.

Dabei entdecken wir die Prinzipien von Individualität und Zusammenspiel im Team und machen diese besprechbar. Wir können den bestehenden Business Case spielerisch überprüfen und aktuelle sowie zukünftige Marktprinzipien für den Wohlstand des „Gartens" diskutieren.

Mit dieser niederschwelligen Methode, die für jeden Teilnehmenden einen Zugang zu Wachstums- und Wohlstandfaktoren eröffnet, erzählen wir das heutige und künftige Zusammenspiel eines Teams und entwickeln echte Zukunftsbilder.

Als sehr fröhlich-intensive Teambuilding-Aktion beenden wir nach Möglichkeit jede Session mit einem von Team gemeinsam gemalten Bild ihres Wunschgartens.

In schrittweiser Addition lässt sich das Growth Gardening im gesamten Unternehmen ausrollen – zum Beispiel als Vorbereitung auf die Einführung eines Nachhaltigkeitsprogramms. Die entstandenen Bilder können dabei für Vernissage und anschließende Ausstellung im Unternehmen genutzt werden.

Durchführung

Was Sie brauchen:

- einen großen Raum, der Bewegung, Gruppendynamik und möglichst einen Malprozess mit Acrylfarben zulässt,
- Stuhlkreis mit ausreichend Stühlen für alle Teilnehmenden,
- Freiraum für das Auslegen von Bildern sowie eine Malecke,
- min. 30 differente Garten-Impressionen,
- zwei große Metaplanwände,
- Leinwand, Farben, Pinsel,
- Nachhaltigkeits- Moderator mit Erfahrung in Organisationsentwicklung und Kunstverstand.

Zeit: 6–8 Stunden Durchführung, gern in Kombination mit einem zweitägigen Teamevent.

Ort: möglichst außerhalb der Organisation

Phase 1: Einführung

Die Teilnehmenden werden vom Moderator begrüßt, alle stellen sich kurz vor und äußern ihre Wünsche und Erwartungen an den Workshop. Der Moderator notiert diese Impulse auf einem Flipchart. Anschließend gibt er einen kurzen Ausblick auf die Methode und die einzelnen Arbeitsphasen und löst dabei auf, inwiefern Wünsche und Erwartungen der Teilnehmenden gematcht werden können.

Foto: nextblooming gmbh, Berlin

Phase 2: Input zu Kreation, Abstraktion und Wahrnehmung

Anhand ausgewählter, abstrakter Kunstmotive (hier eignen sich bekannte Kunstwerke aus Expressionismus, Konstruktivismus, Dadaismus oder anderen Richtungen der Moderne, die abstrakte Kunst zeigen – also Motive, die einen Interpretationsraum des Betrachtenden zulassen) wird eine erste Gruppendiskussion geführt. Ziel ist das schrittweise Hinführen zur Selbstwahrnehmung: „Was immer du erkennst im Bild ist richtig. In der Kunst gibt es kein falsches Sehen."

Phase 3: Gartenspaziergang

Beispielhafte Gartenmotive sind im Raum ausgelegt. Die Teilnehmenden haben 10 Minuten Zeit, die Fotos zu betrachten und sich für ihren Lieblingsgarten zu entscheiden. In der nachfolgenden Runde präsentiert jeder Teilnehmende sein Bild und erläutert, was daran besonders gefällt. Der Moderator notiert die wichtigsten Impulse.

Dabei werden persönliche Empfindungen, die einen Garten skizzieren, als Regelbegriffe herausgearbeitet:

- Hat dein Garten eine Begrenzung/einen Zaun? Wie dicht/hoch/transparent ist der?
- Wozu dient dein Garten: ist er ein Nutzgarten oder ein Entspannungs- und Spielgarten?
- Wie wichtig ist Ordnung? Welche Ordnungsprinzipien gibt es? (Hecken, Beete, Teich)
- Wie künstlich oder natürlich ist dein Garten?
- Was wächst im Garten und wie wird das Wachstum gefördert?
- Ist der Garten vielfältig, bunt oder eher grün und einfarbig?

Empfindungen zu Raum, Begrenzung, Offenheit, Ordnung, Vielfalt, Nutzungsart.

Zwei Ziele werden verfolgt:

1. Erkennen, dass die einzelnen Teilnehmenden „Nutzen und Wirkung“ sehr individuell sehen. In der Vorstellungsrunde stellen sie sehr persönliche Bedürfnisse dar.
2. Einführung der Regelbegriffe „Raum“, „Begrenzung“, „Ordnung“, „Wachstum“, „Nutzen“; „Rolle“ und „Zusammenspiel“ für die weitere Arbeit im Team

Die individuellen Feedbacks werden im Raum aufgehängt und präsentieren die persönlichen Bedürfnisse der einzelnen Teilnehmenden.

Foto: nextblooming gmbh, Berlin

Phase 4: Unser Team/Unternehmung als Garten

1. Individuell: Jeder Teilnehmende hat die Aufgabe, das Team als Garten zu reflektieren und seine/ihre Gedanken dazu aufzuschreiben/skizzieren. Zur Orientierung helfen Fragen wie z. B.
   - Wie groß ist euer Garten?
   - Welche Art Zaun umgibt euch?
   - Was passiert im Garten? (wer macht was? Wo passiert was?)
   - Was gibt es in eurem Garten? (Pflanzen, Beete, Acker, Bauwerke, Dekoration etc.)
   - Wo verkauft ihr eure Ernte?
   - Wer kommt vorbei?

   Dauer: ca. 30 Minuten
2. Gemeinsam: In der Runde werden die Bilder ausgetauscht. Der Moderator entwickelt aus den Äußerungen der Teilnehmenden ein großes Bild. Dabei werden die Aussagen im offenen Diskurs mit allen erläutert und nach Einigung ins Bild aufgenommen. Gemachte zeichnerische Formulierungen können übermalt und im Laufe der Erörterung korrigiert oder ergänzt werden. Nicht die Schönheit der Zeichnung ist wichtig, sondern der offene Austausch über die Zustandsbeschreibung und die Erkenntnis von Abläufen, Spannungen, Risiken und Möglichkeiten.
   Im „Speicher“ werden alle Impulse für Learnings, Veränderungswünsche und Entwicklungsmöglichkeiten festgehalten.
   Dauer: ca. 2 Stunden
3. Teamarbeit: In Kleingruppen zu 2–4 Personen werden die Lösungen aus dem Speicher besprochen. Jede Gruppe definiert bis zu drei Kernindikatoren und drei Kernverbesserungen für eine nachhaltig, resiliente Zukunft des Teams/der Unternehmung. Orientierung bieten die Wirkkreise: a) jede/r einzelne b) unser Team c) unsere Organisation
   Im Anschluss präsentieren die Gruppen ihre Einsichten und Vorschläge. Gemeinsam wird entschieden, was ins bestehende Bild als Workover einfließen soll.
   Dauer: ca. 1,5 Stunden

Phase 5: Unser gemeinsamer Growth Garden

Das Team arbeitet seine Gedanken und Learnings als ein gemeinsames Bild aus. Nach einer kurzen Einführung in den Umgang mit Farben und Pinseln entscheidet das Team co-creativ, in welchem Abstraktionsgrad das gemeinsame Werk entstehen soll: Reicht ein Symbol aus Farben und Formen oder sollen konkrete Aussagen erkennbar sein? Egal, wie gut die eigene Malfähigkeit eingeschätzt wird: Wichtig ist, dass sich jedes Teammitglied ins Werk einbringt. Dabei können unterschiedliche Fertigkeiten erkannt und genutzt werden.

Ziel ist, dass das Team ein gemeinsames Narrativ für die zukünftige Zusammenarbeit und die Erfolgsfaktoren für den ertragreichen Unternehmensgarten entwickelt und manifestiert. Auch hier kommt es nicht auf Schönheit, sondern auf die gemeinsame Verankerung des Vorhabens an.

Dauer: ca. 1 Stunde.

Phase 6: Optional Vernissage und Präsentation

Wenn mehrere Teams beteiligt waren, und bei größeren Organisationen bietet es sich an, die Bilder in einer Vernissage ins rechte Licht zu rücken. Die Teams stellen ihre Bilder und ihre Botschaften anderen Abteilungen bzw. der Leitungsebene vor. Fördernd ist, wenn dies in der offenen, wertschätzenden Atmosphäre einer „Vernissage“ passiert, mit Rundgang, Gesprächen und Catering.

Veränderungswünsche und Vorschläge, die eine direkte Teamentscheidung übersteigen, sollten zeitnah mit einem gesonderten Prozess auf Leitungsebene weiterverfolgt und offen kommuniziert werden.

Wirkfeld der Methode

- Wirksam für Herausforderungen mit mittlerer Komplexität
- Wirksam für nachhaltiges Prozessdesign
- Wirksam für nachhaltiges Servicedesign
- Wirksam für nachhaltiges Business Model Design

Transformationsfähigkeit Ihres Teams

- Fördert die Sensibilisierung
- Fördert die Teamkreativität
- Fördert die allgemeine Transformationsfähigkeit des Teams
- Fördert offene Mindsets und innovative Denkhaltungen
- Sorgt für Inspiration oder bessere Inspirationsempfindlichkeit
- Zahlt auf eine bessere Vorstellungskraft ein
- Zahlt auf ein positives Zukunftsbild ein
- Erhöht die Lösungsorientierung

Einsatzcharakteristik/Arbeitsrahmen

- Austauschfokus: vornehmlich mit internen Personen
- Durchführungszeit: eher mittel (> 1 Stunde bis < 1 Tag)
- Einsatzfrequenz: vornehmlich im einmaligen Einsatz
- Einsatzfrequenz: vornehmlich über den kompletten Projektzeitraum
- Einsatzradius: vornehmlich im Teameinsatz
- Einsatzradius: vornehmlich im unternehmensweiten Einsatz
- Komplexität für den Moderator: eher hoch
- Komplexität für die Teilnehmer: eher mittel
- Teamgröße: Mittelgroße Teams möglich (5 bis 20 Teilnehmer)
- Teamgröße: Speziell für Großgruppen geeignet (> 50 Teilnehmer)
- Vorbereitungszeit: eher hoch (>1 Tag)

Input für eine zielführende Arbeit mit der Methode

- Aktuelle Herausforderung, Leitfrage, Problem
- Existierende Prozesse und Verfahren
- Trends und Zukunftsentwicklungen
- Umfeldbeobachtungen, Umfeldanalysen
- Ziele, Zielsystem, Kennzahlen

Output und beobachtete Ergebnisse der Methode

- Bessere Projekteffizienz, bessere Teamperformance
- Erzeugt Ideen für neue Märkte und neue Business Modelle
- Erzeugt Ideensuchfelder, unentdeckte Probleme, Inspiration
- Erzeugt Leitfragen für die Ideenfindung
- Erzeugt eine Vision oder Zukunftsbild
- Erzeugt größere Klarheit zu einem Thema
- Erzeugt transformationsfähigere Organisationen

Foto: nextblooming gmbh, Berlin

Hinderniseffekte, auf die die Methode positiv wirkt

- Bindet eher introvertierte Teammitglieder mit ein
- Dynamisiert und aktiviert wenig dynamische Teams
- Schafft für den Erfolg nötige Realitätsbezüge
- Schafft schnell Klarheit und beschleunigt Erkenntnisgewinn
- Schwächt multidisziplinäre Reibungsverluste
- Schwächt das Leben in der Vergangenheit
- Schärft eine fehlende gemeinsame Ausrichtung
- Stärkt das Vertrauen im Team
- Verkürzt und durchbricht vorhandene Kreativblockaden
- Wirkt fehlender Inspiration entgegen
- Fördert Optimismus und Zuversicht

Mögliche Extravorteile der Methode

- Möglicher Extravorteil für innovativ ungeübte und für in Nachhaltigkeitsthemen ungeübte Teams

Quellen

Organisation – nextblooming gmbh, Berlin, www.nextblooming.com
Person – Antje Meyer, antje.meyer@nextblooming.com

Grüne Stunde

EinSatzBeschreibung

Format zur Einbindung von Stakeholdern zur nachhaltigen Transformation.

Working Guide/Anwendungsfelder

P1 Sensibilisierung/Bildung	P2 Matching Recht/Gesetz	P3 Sustainability Roadmap	P4 Produkt/Prozessdesign	P5 Implementierung/Monitoring	P6 Kommunikation	P7 Organisation	P8 Führung	P9 Business Model Design	P10 Skalierung
X					X				

Beschreibung

Die „Grüne Stunde" stellt eine strukturierte Methode des Austauschs dar, bei der interne oder externe Teilnehmende zusammenkommen, um Nachhaltigkeitsthemen zu diskutieren und voneinander zu lernen. Die Methode vereint sowohl Vortragssessions als auch interaktive Elemente, um eine ganzheitliche Erfahrung zu bieten.

Zentrales Element der „Grünen Stunde" ist das Fokusthema, das in den Mittelpunkt der Diskussion gestellt wird. Dieses Thema kann vielfältig sein, bspw. ein bestimmtes Ziel der Sustainable Development Goals (SDGs), ein Aspekt der unternehmensinternen Nachhaltigkeitsstrategie oder eine aktuelle Herausforderung im Nachhaltigkeitskontext.

Die Methode bietet die Flexibilität, entweder in einer Online- oder Präsenzveranstaltung durchgeführt zu werden, je nach den Präferenzen der Teilnehmenden und den gegebenen Umständen. Die Frequenz der „Grünen Stunde" kann monatlich oder quartalsweise gewählt werden, um regelmäßige Diskussionen und Fortschritte zu ermöglichen.

Das Grundgerüst der „Grünen Stunde" folgt dem 12min.me Format. Bei diesem Veranstaltungsformat folgen auf einen 12-minütigen Impulsvortrag 12 Minuten Fragen und Antworten sowie 12 Minuten Austausch und Vernetzung unter den Teilnehmenden.

Für Online-Meetings wird das Format auf 6-min.me angepasst. Jeder Impulsvortrag dauert 6 Minuten, gefolgt von einer 6-minütigen Q&A-Phase und einer 6-minütigen Diskussion in Kleingruppen. Die Gesamtdauer der Online-Veranstaltung beträgt 60 Minuten. In Präsenzmeetings kann die Vortragsdauer wieder verlängert werden und die grüne Stunde auf 90 oder 120 min ausgedehnt werden.

Die „Grüne Stunde" bietet eine effektive Plattform, um Nachhaltigkeitsthemen auf eine strukturierte und engagierte Weise zu behandeln. Sie fördert den Wissensaustausch, die Ideenfindung und die Zusammenarbeit zwischen den Teilnehmenden und trägt dazu bei, das Bewusstsein für nachhaltiges Denken und Handeln zu stärken.

Foto: © NEU | Zentis – Innovation Space Aachen

Durchführung

Vorbereitung

- Der Themenschwerpunkt der grünen Stunde wird gewählt.
- Die Liste der Teilnehmenden wird zusammengestellt, wobei Vertreter von verschiedenen Interessengruppen wie Lieferanten, Kunden, Stakeholder, Nachhaltigkeitsbeauftragte usw. eingeladen werden.
- Die Themenimpulsgeber werden ausgewählt. Das sind Personen, die kurze Impulse zu den diskutierten Nachhaltigkeitsthemen geben werden.
- Ein geeigneter Termin für die Grüne Stunde wird festgelegt.
- Die Entscheidung wird getroffen, ob die Veranstaltung online oder in Präsenz stattfindet.
- Die Einladungen mit Datum, Uhrzeit und Ort (falls Präsenzveranstaltung) werden an die Teilnehmenden versendet.
- Für die Präsenzveranstaltung werden Namensschilder vorbereitet. Sie können die Namensschilder unterschiedlich markieren, um im Termin die Gruppeneinteilung vorzunehmen.
- Für das Online-Meeting werden Breakout-Räume vorbereitet, um kleinere Gruppendiskussionen zu ermöglichen.

Durchführung online (60 min)

- Anmoderation (5 Min.): Die Moderatorin oder der Moderator eröffnet die Veranstaltung, begrüßt die Impulsgebenden und Teilnehmenden und stellt den Ablauf vor.
- Check-in (5 Min.): Die Teilnehmenden bekommen eine nachhaltige Check-in-Frage gestellt (siehe Methode Nachhaltige Check-in-Fragen). Die Beantwortung findet entweder im Chat statt oder es werden kurze Breakout-Räume eröffnet.

- Impuls 1 (6 Min.): Der erste Themenimpulsgeber präsentiert das erste Nachhaltigkeitsthema.
- Q & A zu Impuls 1 (6 Min.): Die Teilnehmenden haben die Möglichkeit, Fragen zum ersten Impuls zu stellen und zu diskutieren.
- Austausch in 3er-Gruppen (6 Min.): Die Teilnehmenden werden zufällig in Gruppen aufgeteilt und tauschen ihre Gedanken und Eindrücke zum ersten Impuls aus.
- Impuls 2 (6 Min.): Der zweite Themenimpulsgeber präsentiert das zweite Nachhaltigkeitsthema.
- Q & A zu Impuls 2 (6 Min.): Fragen und Diskussionen zum zweiten Impuls finden statt.
- Austausch in Dreier-Gruppen (6 Min.): Die Teilnehmenden wechseln erneut die Gruppen und besprechen das zweite Thema.
- Check-out (5 Min.): Die Teilnehmenden teilen ihre Erkenntnisse im Chat oder in einer Menti-Umfrage (z. B. mit einer Word Cloud).
- Abmoderation (5 Min.): Die Veranstaltung wird abgeschlossen. Die Moderatorin fasst die wichtigsten Erkenntnisse zusammen und kündigt eventuell Termin und Thema der nächsten Veranstaltung an.

Durchführung in Präsenz (90 min)

- Anmoderation (5 Min.): Die Moderatorin oder der Moderator eröffnet die Veranstaltung, begrüßt die Impulsgebenden und Teilnehmenden und stellt den Ablauf vor.
- Check-in (12 Min.): Die Teilnehmenden bekommen eine nachhaltige Check-in-Frage gestellt (siehe Methode Nachhaltige Check-in-Fragen). Die Beantwortung findet im Format 1-2-4-All statt.
- Gruppeneinteilung (5 Min., optional): Es wird ein Aufstellungskennenlernspiel mit Bezug zum Thema Nachhaltigkeit gespielt. Beispiele: Wer kennt die meisten SDGs? Wie lange ist der letzte Unverpackt- Einkauf her? Sind alle Teilnehmenden in einer Linie aufgestellt, wird abgezählt und Dreiergruppen für den Austausch gebildet.
- Impuls 1 (10 Min.): Der erste Themenimpulsgeber präsentiert das erste Nachhaltigkeitsthema.
- Q & A zu Impuls 1 (10 Min.): Fragen und Diskussionen zum ersten Impuls finden statt.
- Austausch in Dreier-Gruppen (10 Min.): Die Teilnehmenden suchen die anderen Teilnehmenden ihrer Dreier-Gruppe und tauschen sich über den ersten Impuls aus. Es können auch selbstorganisiert Gruppen gebildet werden.
- Impuls 2 (10 Min.): Der zweite Themenimpulsgeber präsentiert das zweite Nachhaltigkeitsthema.
- Q & A zu Impuls 2 (10 Min.): Fragen und Diskussionen zum zweiten Impuls werden durchgeführt.
- Austausch in 3er-Gruppen (10 Min.): Die Teilnehmenden suchen die anderen Teilnehmenden ihrer Dreier-Gruppe und tauschen sich über den zweiten Impuls aus. Hier können auch nochmal neue Gruppen gebildet werden.
- Check-out (5 Min.): Die Teilnehmenden teilen ihre Erkenntnisse in einer Menti-Umfrage (z. B. mit einer Word Cloud).
- Abmoderation (5 Min.): Die Veranstaltung wird abgeschlossen. Die Moderatorin fasst die wichtigsten Erkenntnisse zusammen und kündigt eventuell Termin und Thema der nächsten Veranstaltung an.

Praxisschlaglicht

Bei einem Automobilzulieferer wurde das Format der grünen Stunde für den Austausch mit den Lieferanten genutzt. Das Thema der grünen Stunde war „Grüne Energie“. Im ersten Impulsvortrag ging es um die Dekarbonisierungsziele der Kunden und wie die Lieferanten durch Reduktion der Scope 1 und Scope 2 Emissionen dazu beitragen können. Im zweiten Impulsvortrag referierte der Grünstrom-Experte des Unternehmens und erklärte, wie man mithilfe von Power-Purchase Agreements zur Klimaneutralität an allen Standorten kommt. Dies gab den Lieferanten wertvolle Hinweise für ihre eigene Nachhaltigkeitsstrategie und förderte den Austausch unter den Lieferanten. Das Format trägt also wesentlich zur Dekarbonisierung der Lieferkette bei.

Wirkfeld der Methode

- Wirksam für Herausforderungen mit mittlerer Komplexität
- Wirksam für Herausforderungen mit niedriger Komplexität

Transformationsfähigkeit Ihres Teams

- Fördert die Sensibilisierung
- Fördert die allgemeine Transformationsfähigkeit des Teams
- Zahlt auf eine bessere Vorstellungskraft ein
- Zahlt auf das Dringlichkeitsempfinden ein

Einsatzcharakteristik/Arbeitsrahmen

- Austauschfokus: vornehmlich mit externen Personen
- Durchführungszeit: eher mittel (> 1 Stunde bis < 1 Tag)
- Einsatzfrequenz: vornehmlich über den kompletten Projektzeitraum
- Einsatzradius: vornehmlich im unternehmensweiten Einsatz
- Komplexität für den Moderator: eher mittel
- Komplexität für die Teilnehmer: eher gering
- Teamgröße: Großgruppen möglich (> 50 Teilnehmer)
- Teamgröße: Maxigruppen möglich (20 bis 40 Teilnehmer)
- Teamgröße: Mittelgroße Teams möglich (5 bis 20 Teilnehmer)
- Teamgröße: Speziell für Großgruppen geeignet (> 50 Teilnehmer)
- Vorbereitungszeit: eher mittel (> 1 Stunde bis < 1 Tag)

Input für eine zielführende Arbeit mit der Methode

- Aktuelle Herausforderung, Leitfrage, Problem
- Vorhandenes Wissen und Erfahrungen
- Trends und Zukunftsentwicklungen
- Ziele, Zielsystem, Kennzahlen
- Wissen über Gesetze und Rahmenbedingungen

Output und beobachtete Ergebnisse der Methode

- Erzeugt neues Wissen und neue Erfahrungen
- Erzeugt größere Klarheit zu einem Thema
- Erzeugt transformationsfähigere Organisationen
- Erzeugt mehr Hintergrundinformationen
- Erzeugt mehr Know-how-Zuwachs
- Erzeugt motiviertere und transformationsfähigere Teilnehmer

Hinderniseffekte, auf die die Methode positiv wirkt

- Beugt Missinterpretationen vor
- Beugt blinden Flecken/Betriebsblindheit vor
- Fördert eventuell fehlende Wertschätzung
- Schafft schnell Klarheit und beschleunigt Erkenntnisgewinn
- Schärft eine fehlende gemeinsame Ausrichtung

Überzeugt Zweifler, Bewahrer, Kritiker

- Fördert Optimismus und Zuversicht

Mögliche Extravorteile der Methode

- Möglicher Extravorteil für in Nachhaltigkeitsthemen ungeübte Teams

Quellen

Person – Tobias Leisgang, tobias@companypirate.de
Web – https://12min.me/about/ (abgerufen am 13.08.2023)
Web – https://liberatingstructures.de/liberating-structures-menue/1-2-4-all/ (abgerufen am 13.08.2023)
Web – https://www.workshop-spiele.de/das-kennenlernspiel-mit-aufstellung-und-humor/ (abgerufen am 13.08.2023)

Grafik: verrocchio Sustainable Inspiration Card – Malvine Klecha, Hila Attaie und Jennifer van Aerssen (Illustration)

Guesstimation Challenge Nachhaltigkeit

EinSatzBeschreibung

Spielerische Annäherung an das Thema Nachhaltigkeit.

Working Guide/Anwendungsfelder

P1 Sensibilisierung/Bildung	P2 Matching Recht/Gesetz	P3 Sustainability Roadmap	P4 Produkt/Prozessdesign	P5 Implementierung/Monitoring	P6 Kommunikation	P7 Organisation	P8 Führung	P9 Business Model Design	P10 Skalierung
X					X				

Beschreibung

Manchmal fällt es uns schwer, uns mit einem neuen Thema auseinanderzusetzen. Auch bei Nachhaltigkeit zeigt sich, obwohl es vermeintlich uns alle betrifft, ein Unterschied in der Aufmerksamkeit. Neben Zeitmangel, einfachem Desinteresse oder fehlendem Wissen darüber kann aber auch ein „Overload" dazu führen, dass wir uns nicht weiter mit dem Themenfeld Nachhaltigkeit beschäftigen wollen.

Wie schaffen wir es also in einer Organisation, das Interesse an Nachhaltigkeit zu wecken und sich den Nachhaltigkeitszielen weitergehender zu nähern?

Die Guesstimation Challenge bietet hierfür einen spielerischen Ansatz für z. B. einen Impuls-Workshop Nachhaltigkeit. Sie eignet sich zudem auch für eine organisationsübergreifende Impuls-Kampagne zu den Nachhaltigkeitszielen.

Die Guesstimation Challenge lässt sich in drei Varianten spielen:

1. Allgemeine Fragen in Bezug auf die 17 SDG (hier kann noch zwischen lokalen und globalen Zahlen, Daten, Fakten unterschieden/gewählt werden)
2. Fragen zu den Zahlen, Daten, Fakten des Unternehmens im Kontext Nachhaltigkeit und der 17 SDG
3. Eigene Fragen entwickeln lassen im Rahmen nach QFT™ (siehe auch Question Formulation Technique™)

Ziel der Guesstimation Challenge ist es, Einschätzungen abzugeben, ohne Suchmaschinen (z. B. Google & Co) oder sonstige externe Wissensquellen zu nutzen. Die Antworten begründen sich auf vorhandenem Wissen der Teilnehmenden oder Ableitungen daraus. Gewinner der Runde ist, wer näher an der richtigen Antwort ist, d. h. welche Einschätzung oder Begründung der Antwort am nächsten liegt. Bei größeren Gruppen können auch mehrere Kleingruppen gebildet werden, in der die Fragen gemeinsam bearbeitet werden.

Die Teilnehmenden lernen, ihr vorhandenes Wissen im Kontext Nachhaltigkeit aktiv zu nutzen und setzen sich gleichzeitig tiefer mit deren Inhalten auseinander.

Durchführung

Was wird benötigt: Workshopleiter, Fragenkatalog inkl. Antworten zu Nachhaltigkeit (Papier/digital) und den 17 SDG's, Schreibmaterial, Papier/Haftnotizen, Flipchart/Whiteboard zur Dokumentation der Ergebnisse. Für virtuelle Veranstaltungen werden die Informationen entsprechend digital aufbereitet.

Zur Vorbereitung werden entsprechend der gewählten Variante Fragen zu Nachhaltigkeit und den SDG ausgewählt. Hierfür eignen sich auch Informationen und Statistiken zu den UN-Indikatoren bzw. den nationalen Indikatoren. Diese sind im Internet auf den entsprechenden Seiten der UN bzw. Länder verfügbar. Für die Variante a und b werden im Zuge der Auswahl der Fragen entsprechende Antworten mit festgehalten. Beispiele hierfür können sein: Energieverbrauch, Fernwärmebezug, CO² Einsparungen, Wasserverbrauch, Abfallaufkommen, Schrotte und Metalle, Wiederverwertungsrate, Standorte mit Ladeinfrastruktur E-Fahrzeuge, Anteil Armutsgefährdung, Teilnahme berufliche Weiterbildung, Anzahl Katastrophen usw.

Schritt 1 – Übersicht und Fokus präsentieren: Den Teilnehmenden wird kurz das Themenfeld Nachhaltigkeit (Definition) und die 17 Nachhaltigkeitsziele mit deren Bedeutung vorgestellt. Bei Bedarf werden hieraus Fokusthemen ausgewählt, um den Umfang auf Themenfelder mit Relevanz für die heutige Zielsetzung einzugrenzen. (Alternativ können die Fokusbereiche per Zufall z. B. über ein Glücksrad gewählt werden)

Schritt 2 – Fragen stellen: Die Teilnehmenden bekommen nun 3 Fragen, die sie innerhalb einer vorgegebenen Zeit beantworten sollen.

Guesstimation Challenge

Schritt 3 – Antworten finden: Für die Antworten sind keine zusätzlichen Wissensquellen zugelassen. Die Teilnehmenden versuchen auf Basis ihres vorhandenen Wissens Antworten zu generieren, die so nah wie möglich an den richtigen Antworten liegen. Diese (Ein-)Schätzungen werden schriftlich notiert.

Schritt 4 – „Wer ist näher dran …?“: Nach Ablauf der vorgegebenen Zeit werden vom Workshopleiter die Antworten eingesammelt. Für jede Frage werden nun die Antworten der Teilnehmenden offengelegt. Der Teilnehmende oder die Arbeitsgruppe, die der Antwort am nächsten kommt, erhält den Punkt.

Schritt 5 – Nächste Fragerunde: Gespielt werden kann so lange, bis eine Anzahl von Punkten erreicht wurde oder nach Zeitverfügbarkeit. Gewonnen hat, wer die meisten Punkte erspielt hat.

Die Fragerunden und deren Fragekataloge können je SDG geclustert oder gemischt gestaltet werden.

Tipp: Bei Variante 3 werden die Antworten im Rahmen des Workshops nach dem Einsammeln der (Ein-)Schätzungen recherchiert.

Wirkfeld der Methode

- Wirksam für Herausforderungen mit hoher Komplexität
- Wirksam für Herausforderungen mit mittlerer Komplexität
- Wirksam für Herausforderungen mit niedriger Komplexität
- Wirksam für nachhaltiges Marketing
- Wirksam für nachhaltiges Produktdesign
- Wirksam für nachhaltiges Prozessdesign
- Wirksam für nachhaltiges Servicedesign
- Wirksam für nachhaltiges Business Model Design

Transformationsfähigkeit Ihres Teams

- Fördert die Sensibilisierung
- Fördert offene Mindsets und innovative Denkhaltungen
- Sorgt für Inspiration oder bessere Inspirationsempfindlichkeit
- Zahlt auf eine bessere Vorstellungskraft ein
- Zahlt auf eine bessere Wahrnehmung ein

Einsatzcharakteristik/Arbeitsrahmen

- Austauschfokus: vornehmlich mit internen und externen Personen
- Durchführungszeit: eher gering (< 1 Stunde)
- Durchführungszeit: eher mittel (> 1 Stunde bis < 1 Tag)
- Einsatzfrequenz: vornehmlich im einmaligen Einsatz
- Einsatzradius: vornehmlich im Teameinsatz
- Einsatzradius: vornehmlich im projektweiten Einsatz
- Komplexität für den Moderator: eher mittel
- Komplexität für die Teilnehmer: eher mittel
- Teamgröße: Großgruppen möglich (> 50 Teilnehmer)
- Teamgröße: Kleingruppe möglich (3 bis 5 Teilnehmer)
- Teamgröße: Maxigruppen möglich (20 bis 40 Teilnehmer)
- Teamgröße: Mittelgroße Teams möglich (5 bis 20 Teilnehmer)
- Teamgröße: Speziell für Großgruppen geeignet (> 50 Teilnehmer)
- Vorbereitungszeit: eher hoch (>1 Tag)
- Vorbereitungszeit: eher mittel (> 1 Stunde bis < 1 Tag)

Input für eine zielführende Arbeit mit der Methode

- Aktuelle Herausforderung, Leitfrage, Problem
- Vorhandenes Wissen und Erfahrungen

Output und beobachtete Ergebnisse der Methode

- Erzeugt besseren Teamspirit, mehr Offenheit, Inspirationsempfindlichkeit
- Erzeugt neues Wissen und neue Erfahrungen
- Erzeugt größere Klarheit zu einem Thema
- Erzeugt mehr Hintergrundinformationen
- Erzeugt mehr Know-how-Zuwachs
- Erzeugt motiviertere und transformationsfähigere Teilnehmer

Hinderniseffekte, auf die die Methode positiv wirkt

- Bindet eher introvertierte Teammitglieder mit ein
- Dynamisiert und aktiviert wenig dynamische Teams
- Schafft schnell Klarheit und beschleunigt Erkenntnisgewinn
- Schwächt Angst vor Neuem (Cainophobie)

Mögliche Extravorteile der Methode

- Möglicher Extravorteil für die Arbeit mit digitalen Kollaborationsboards
- Möglicher Extravorteil für in Nachhaltigkeitsthemen ungeübte Teams

Quellen

Artikel – Five dimensions of curiosity. Kashdan, Disabato, Goodman, Naughton. (Harvard Business Review, 2018). https://hbr.org/2018/09/the-five-dimensions-of-curiosity

Buch – Neugier, Carl Naughton (Econ, 2016)

Organisation – BöhringerInnovationsManagement, www.binnoma.de, 2023

Person – Dr. Todd Kashdan, https://toddkashdan.medium.com/

Person – Sabine Böhringer, sabine.boehringer@binnoma.de

Himmelsblick

EinSatzBeschreibung

Unter einem großen Baum auf dem Rücken liegen und dem Stamm entlang durch die Äste hindurch nach oben gen Himmel zu schauen, ist ein Perspektivwechsel, der Erdverbundenheit und Entspannung fördert, die eigene Bedeutung relativiert und dadurch das Nachhaltigkeitsbewusstsein stärkt.

Working Guide/Anwendungsfelder

P1 Sensibilisierung/Bildung	P2 Matching Recht/Gesetz	P3 Sustainability Roadmap	P4 Produkt/Prozessdesign	P5 Implementierung/Monitoring	P6 Kommunikation	P7 Organisation	P8 Führung	P9 Business Model Design	P10 Skalierung
X									

Beschreibung

Diese Outdoor-Übung zeichnet sich zunächst durch einen für die meisten Menschen absolut ungewohnten Perspektivwechsel aus. Im Alltag sind wir es gewohnt, auf horizontaler Ebene zu schauen und uns mit dem Blick nach vorne oder zur Seite zu orientieren. Wenn wir nach oben schauen, dann in aller Regel stehend, um zu den Wolken, zu einem Flugzeug oder zu ziehenden Vögeln zu schauen. Auf dem Rücken liegend schauen wir nur selten mit geöffneten Augen nach oben. Diese Position nutzen wir eher zum Schlafen oder zum Vor-uns-Hindenken ohne einen Blickpunkt zu fixieren. Daher ist die Übung „Himmels-Blick" in mehrfacher Hinsicht ein besonderes Erlebnis.

Wichtiges Zubehör ist eine mitgebrachte Iso-Matte und bequeme, möglichst lockere Kleidung. Yoga-Matten sind vielfach nicht dick und fest genug und können durch spitze Äste oder Steine leicht beschädigt werden. Die Teilnehmenden liegen im Idealfall sternförmig angeordnet auf dem Rücken, unter einem großen Baum mit dem Kopf nahe am Stamm. Alternativ ist bei einer größeren Gruppe auch ein locker über die Fläche verteiltes Liegen in einem lichten Wald möglich. Wer eine Zeit lang so liegt, hat das Gefühl, nach und nach Teil der Wurzeln oder des Stammfußes zu werden und mit dem Boden zu verwachsen. Der dem Stamm entlang nach oben gehende Blick ermöglicht einen beeindruckenden Perspektivwechsel. Diese Perspektive lässt die Bäume als stabiles, in sich ruhendes Kollektiv erscheinen, den einzelnen Baum als starken, gut verwurzelten Organismus. Auf diese Weise werden die nach oben strebenden Bäume mit ihren Stämmen vielfach wie eine gefühlte Verbindung zwischen der passiv am Boden „verwurzelten" Person und dem unendlich wirkenden Universum wahrgenommen. Der Blick in Richtung Himmel ins Unendliche sowie die darüber hinweg ziehenden Wolken machen bewusst, dass sich die Erde auch ohne uns dreht. Dies relativiert sehr deutlich die eigene Bedeutung und Problemsituation und führt vor Augen, dass jeder Mensch nur ein winziger Bestandteil des großen Ökosystems Erde ist. Diese Erkenntnis führt bei den meisten Menschen in kurzer Zeit zu tiefer Entspannung und Gelassenheit.

Foto: Dr. Stefan Rösler

Durchführung

Vor der Ausführung dieser Übung müssen zwei wichtige Vorbereitungen getroffen werden. Zunächst einmal geht es um eine geeignete Örtlichkeit. Hierfür ist es wichtig, dass mindestens ein alter, starker Baum oder ein lichter Bestand aus älteren Bäumen vorhanden ist, sodass ein Blick nach oben möglich ist. Der beim „Himmelsblick" gewünschte Effekt tritt nicht ein, wenn man mitten im Wald unter dicht stehenden oder zu jungen Bäumen liegt und kein Blick zum Himmel möglich ist. Bei der Suche nach einem geeigneten Ort und Baum ist es besonders wichtig, dass penibel kontrolliert wird, dass weder am Stamm noch in der Baumkrone Totholzäste vorhanden sind, noch abgebrochene Äste im Baum hängen, die beim Herabstürzen zu schweren Verletzungen führen könnten. Es macht also Sinn, lieber einen etwas jüngeren, aber vitalen Baum auszuwählen, als einen zwar mächtigen und eindrucksvollen Baum, der aber aufgrund von Totholz oder losen Ästen in der Krone Gesundheit und Leben gefährden kann. Auch sollte die Fläche unter dem Baum bzw. unter den Bäumen möglichst eben und problemlos begehbar sein. Also weitgehend frei von Bewuchs, Brombeeren, Schlingpflanzen, Baumstämmen, Baumstümpfen und Steinen. Auf diese Weise werden Stolperfallen vermieden und die als Unterlage verwendeten Iso- oder Yogamatten geschont.

Die zweite besonders wichtige Vorklärung betrifft die aktuelle Wetterlage. Bei Starkwind, Sturm und Gewitter kann ein Aufenthalt im Wald lebensgefährlich sein. Daher sollte die Übung nur bei ruhiger und windstiller Witterung durchgeführt werden.

Lieber eine Übung absagen oder verschieben, als die Gesundheit gefährden. Alternativ kann die Übung auch unter freiem Himmel, zwischen jungen Bäumen oder mit sicherem Abstand zu einem einzelnen Baum oder zu Bäumen durchgeführt werden, sie entfaltet dann aber keine vergleichbar beeindruckende Wirkung.

Sobald ein passender Ort gefunden ist, wird dieser samt seiner Umgebung mit allen Sinnen wahrgenommen, noch bevor die Isomatten ausgelegt werden. Ein bewusstes Ankommen am Ort mit ruhigem Atmen fördert die Vertrautheit mit dem Platz und damit auch das Sicherheitsgefühlt. Nachdem jede Person einen Platz für ihre Isomatte gewählt hat und sich vergewissert, ggf. mit einem unterstützenden Kissen unter dem Kopf am gewählten Ort für ca. eine halbe Stunde bequem und entspannt liegen zu können, bitte die Trainerin die Teilnehmenden um das Abschalten aller elektronischen Geräte und um Ruhe. Ab sofort sollten keine Gespräche mehr geführt werden, damit das persönliche „Herunterfahren" möglich ist und Entschleunigung eintreten kann.

Foto: Dr. Stefan Rösler

Mit klarer und ruhiger Stimme führt die Trainerin nun durch die Übung und leitet diese an. Nachfolgend eine Auswahl von Ablaufschritten, die beliebig modifiziert, ergänzt oder gekürzt werden können:

- Spüren des eigenen Körpers und des Bodens
- Bewusste und tiefe Atmung mit Einatmung bis zum Zwerchfell und tiefem Ausatmen
- Konzentrierter Blick möglichst senkrecht nach oben
- Bewusstes Wahrnehmen des für die Augen sichtbaren Landschafts-Ausschnitts
- Wahrnehmung der Situation mit allen Sinnen
- Vergleich der Sinnes-Wahrnehmung mit geöffneten und mit zwischendurch geschlossenen Augen
- Suche nach Kennzeichen der aktuellen Jahreszeit (Knospen, Blätter, Früchte, kahle Äste, …)
- Bewusste Wahrnehmung des Einzel-Individuums Baum bzw. der umstehenden Bäume, ihrer Form, ihrer Rinde, ihrer Krone, ihrer Blätter etc.
- Wie alt mag der Baum wohl sein? Welche Biografie hat er? Was könnte er alles erzählen?
- Den Boden unter dem Rücken und den Rücken auf dem Boden spüren, Wärme, positive Erd-Verbundenheit
- Blick entlang des Stamms nach oben: Wie klein man sich fühlt
- Immer wieder zwischendurch die Augen für eine Zeitlang schließen
- Realisieren des Bogens vom Boden über den Stamm zum Himmel
- Wo ist was zu sehen, zu hören, zu riechen: Ziehende Wolken, fliegende Vögel, summende Insekten, Blütenduft, wirbelnde Blätter
- Alles lebt: Neben mir, über mir, mit mir, ohne mich – Ehrfurcht vor dem Leben
- Staunen, Demut, Eins-Sein mit dem Universum
- Atmen, Durchatmen, Ausatmen, Weg-Atmen
- Endlich mal nur passiv sein und einfach nur sein dürfen
- Augen schließen: Loslassen, sich vergessen, einfach schweben …
- Optional: Eine Geschichte als Bindeglied zwischen „Schweben" und der Rückkehr zum bewussten Sein
- Realisieren, anerkennen und lächelnd genießen, dass man in Relation zu den Bäumen und zum Universum nur einem unbedeutenden kleinen Staubkorn entspricht
- Die eigene Vorstellungskraft aktivieren: Man ist ein Bestandteil des großen Ganzen
- Die Bäume samt den darüber ziehenden Wolken stehen für Dauerhaftigkeit und symbolisieren in besonderer Weise die nachhaltige Entwicklung

Je nach Teilnehmern, Zeit und Stimmung kann ggf. zwischendurch eine passende Geschichte erzählt bzw. vorgelesen werden. Diese greift im Idealfall das Ökosystem auf, in dem jeder Mensch sich befindet, das ihn umgibt und das seine Lebensgrundlage ist. Diese kann als Bindeglied zwischen dem gefühlten „Schweben" und dem wieder-Eintauchen in die Wirklichkeit fungieren und die Brücke zur nachhaltigen Entwicklung schlagen.

Foto: Dr. Stefan Rösler

Nach dem letzten Ablaufschritt erfolgt der moderierte „Abschied" von den ziehenden Wolken sowie ein langsamer und bewusster Übergang vom Liegen ins Sitzen. Nach einigen Minuten Zeit für individuelles Nachspüren erfolgt eine Blitzlicht-Runde zum Austausch bezüglich der gemachten Erfahrungen.

Tipp: Nach Rückkehr aus dem Wald sollte noch einmal eine Transfer-Diskussion ermöglicht werden, um zu diskutieren, ob und wie die Erfahrungen mit der Übung „Himmelsblick" ggf. in den privaten und beruflichen Alltag integriert werden können.

Praxisschlaglicht

Wer diese Übung einmal praktiziert hat, wird sie in der Regel nie mehr vergessen. Auf dem Rücken unter Bäumen zu liegen, ermöglicht es, den Blick durch die Baumkronen und Wolken hindurch ins Unendliche des Universums schweifen zu lassen und sich dabei selbst zu vergessen. Dieser Perspektivwechsel fördert das Loslassen und sich-Entspannen, stärkt Erdverbundenheit und Gelassenheit und trägt dadurch zur Relativierung der eigenen Situation und Bedeutung bei.

Helfende Organisation

Haus des Waldes Stuttgart, www.hausdeswaldes.de

Wirkfeld der Methode

- Wirksam für Herausforderungen mit jeder Art von Komplexität
- Wirksam für nachhaltige Personalentwicklung
- Wirksam für nachhaltiges Gesundheitsmanagement
- Wirksam für eine Stärkung der nonverbalen Kommunikation
- Wirksam für Wertebewusstsein
- Wirksam für nachhaltige Entwicklung
- Wirksam für persönliche Leistungsfähigkeit

Transformationsfähigkeit Ihres Teams

- Sorgt für Inspiration oder bessere Inspirationsempfindlichkeit
- Zahlt auf eine bessere Vorstellungskraft ein
- Zahlt auf ein besseres Reflexionsvermögen ein
- Zahlt auf die Persönlichkeitsentwicklung ein
- Zahlt auf die Konzentrationsfähigkeit ein
- Zahlt auf Stressreduktion und Burn-out-Prophylaxe ein

Einsatzcharakteristik/Arbeitsrahmen

- Austauschfokus: vornehmlich mit internen Personen
- Durchführungszeit: eher gering (< 1 Stunde)
- Einsatzfrequenz: vornehmlich im einmaligen Einsatz
- Einsatzradius: vornehmlich im Teameinsatz
- Komplexität für den Moderator: eher gering
- Komplexität für die Teilnehmer: eher gering
- Teamgröße: Einzelpersonennutzung möglich
- Teamgröße: Kleingruppe möglich (3 bis 5 Teilnehmer)
- Teamgröße: Mittelgroße Teams möglich (5 bis 20 Teilnehmer)
- Vorbereitungszeit: eher gering (< 1 Tag)

Input für eine zielführende Arbeit mit der Methode

- Aktuelle Diskussionen über Nachhaltigkeitsstrategien
- Aktuelle Diskussionen über Führungsmethoden
- Aktuelle Diskussionen über Fragen der Kommunikation
- Information über aktuelle Krisensituationen oder Veränderungsprozesse
- Beteiligte Personen mit Tätigkeiten und Aufgaben
- Durchführungszeit, Trainingszeit
- Trends und Zukunftsentwicklungen
- Umfeldbeobachtungen, Umfeldanalysen
- Bereitschaft für innovative Formate

Output und beobachtete Ergebnisse der Methode

- Erzeugt Ideen, Lösungsansätze
- Fördert kollaborative Lösungen und Ideen
- Erzeugt neue Erfahrungen
- Fördert visualisierte Ideen
- Fördert ein Zukunftsbild
- Fördert größere Klarheit zu einem Thema
- Hilft bei Entscheidungen, Bewertungen und Feedback
- Fördert das Denken in Wirkzusammenhängen
- Fördert Reflexion
- Fördert Entspannung
- Fördert Perspektivwechsel
- Fördert Nachhaltigkeits-Bewusstsein

Hinderniseffekte, auf die die Methode positiv wirkt

- Bindet eher introvertierte Teammitglieder mit ein
- Bändigt einen störenden Gruppenclown
- Fördert für den Erfolg nötige Realitätsbezüge
- Fördert Klarheit und Erkenntnisgewinn
- Schwächt nicht zielführende Emotionen
- Vermindert Topic-Jumping und schnelles Abschweifen
- Vermindert blinden Aktionismus
- Vermindert vorschnelles Urteilen über Ideen
- Verhindert störende Killerphrasen
- Fördert den Abbau vorhandener Kreativblockaden
- Fördert Optimismus und Zuversicht

Mögliche Extravorteile der Methode

- Möglicher Extravorteil für Teams in einer Krisensituation
- Möglicher Extravorteil für Teams mit einer konservativen, tradierten Kultur
- Möglicher Extravorteil für innovativ ungeübte Teams
- Möglicher Extravorteil für Start-ups
- Möglicher Extravorteil für Teams in einer Umbruchsituation

Quellen

Buch – *Praxishandbuch der Waldpädagogik. Systematische Methodensammlung mit über 1000 waldpädagogischen Aktionen. Frank Hoffmann (wbv-Media GmbH, 2023)*

Buch – *Mit der Wildnis verbunden. Kraft schöpfen, Heilung finden. Susanne Fischer-Rizzi (Kosmos, 2007)*

Buch – *Coaching-Raum Natur. Draußen Entspannung, Kraft und Lebendigkeit finden. Kerstin Peter (Schirner, 2020)*

Buch – *Arbeitsraum Natur. Handbuch für Coaches, Therapeuten, Trainer und Organisationen. – Carsten Gans, Katja Dienemann, Anja Hume & André Lorino (Springer, 2020)*

Web – *Waldworkshop Denken und Handeln in Ökosystemen, Stefan Rösler https://www.oecoach.de/wp-content/uploads/2016/10/20162303_Waldworkshop_Flyer_DINlang-Website.pdf (abgerufen am 20.09.2023)*

Organisation – *www.hausdeswaldes.de*

Person – *Dr. Stefan Rösler – roesler@oecoach.de*

How Might We Sustainably

EinSatzBeschreibung

Instrument zur Problemumformulierung, das offene Fragestellungen generiert, um vielfältige und innovative Lösungsansätze in der Nachhaltigkeitsdomäne zu fördern.

Working Guide/Anwendungsfelder

P1 Sensibilisierung/Bildung	P2 Matching Recht/Gesetz	P3 Sustainability Roadmap	P4 Produkt/Prozessdesign	P5 Implementierung/Monitoring	P6 Kommunikation	P7 Organisation	P8 Führung	P9 Business Model Design	P10 Skalierung
X			X					X	X

Beschreibung

Die How Might We Sustainably (HMWS)-Methode ist ein Instrument, welches ursprünglich aus dem Design Thinking stammt und sich als besonders effektiv bei der Förderung kreativer Problemlösungsprozesse erwiesen hat. In der Anwendung auf den Nachhaltigkeitssektor bietet die HMWS-Methode ein strukturiertes Vorgehen, um komplexe Herausforderungen wie den Klimawandel, Ressourcenknappheit oder soziale Ungerechtigkeit in lösungsorientierte Fragestellungen zu übersetzen.

Die Methode basiert auf der Umformulierung eines gegebenen Problems in eine oder mehrere offene Fragen, die mit den Worten How Sustainabel Might We Sustainably (deutsch: Wie könnten wir nachhaltig?) beginnen. Dieser Ansatz fördert ein positives und konstruktives Mindset und ermöglicht die Generierung einer Vielzahl an Lösungsansätzen.

Bespiel: Nehmen wir als konkreten Fall die Erhaltung der Biodiversität in einem Waldökosystem, das durch Entwaldung und menschliche Aktivitäten bedroht ist.

Problemstellung: Verlust der Biodiversität in einem Waldökosystem durch Entwaldung und menschliche Eingriffe.

Umformulierung in HMWS-Fragen:

1. „How Might We Sustainably die Auswirkungen der Entwaldung auf die lokale Biodiversität minimieren?"
2. „How Might We Sustainably lokale Gemeinschaften in den Schutz des Waldökosystems einbinden?"
3. „How Might We Sustainably die Wiederherstellung nativer Pflanzenarten fördern?"
4. „How Might We Sustainably die Jagd und Wilderei in dem Gebiet effektiv kontrollieren?"
5. „How Might We Sustainably die Einbindung des Waldökosystems in nachhaltige Wirtschaftsmodelle ermöglichen?"
6. „How Might We Sustainably die Erfassung und Überwachung der Biodiversität in dem Gebiet verbessern?"

Durch die Formulierung dieser HMWS-Fragen wird ein weites Feld möglicher Lösungsansätze eröffnet. Jede der aufgestellten Fragen kann als Initiierungspunkt für Brainstorming, Forschung oder spezifische Projekte in der Erhaltung der Biodiversität dienen.

Quelle: unsplash

Durchführung

Identifikation des Problems: Das Team beginnt mit der Identifikation eines Problems oder einer Herausforderung, die in der Nachhaltigkeitsdomäne angesiedelt ist. Beispiel: Übermäßiger Plastikverbrauch.

Umformulierung in HMWS-Frage: Das identifizierte Problem wird in eine HMWS-Frage umgewandelt. Beispiel: „How Might We Sustainably reduzieren den Verbrauch von Plastik in Haushalten effektiv?"

Brainstorming: Die HMWS-Frage dient als Ausgangspunkt für ein Brainstorming. Jedes Teammitglied ist dazu angehalten, kreative und vielfältige Lösungen zu generieren.

Kategorisierung und Priorisierung: Die generierten Ideen werden in Kategorien eingeordnet und nach Relevanz, Umsetzbarkeit und Einfluss sortiert.

Prototyping: Ausgewählte Ideen durchlaufen einen Prototyping-Prozess, um ihre Machbarkeit zu testen.

Feedback und Iteration: Das Prototyp wird bewertet und das Feedback in weiteren Iterationen implementiert, um zu einer optimalen Lösung zu gelangen.

Implementierung: Nach mehreren Iterationen wird die endgültige Lösung implementiert und skaliert.

Wirkfeld der Methode

- Wirksam für Herausforderungen mit hoher Komplexität
- Wirksam für Herausforderungen mit mittlerer Komplexität
- Wirksam für Herausforderungen mit niedriger Komplexität

Transformationsfähigkeit Ihres Teams

- Fördert die Sensibilisierung
- Fördert die Teamkreativität
- Fördert grundlegend die Kreativität
- Fördert offene Mindsets und innovative Denkhaltungen
- Sorgt für Inspiration oder bessere Inspirationsempfindlichkeit

Einsatzcharakteristik/Arbeitsrahmen

- Austauschfokus: vornehmlich mit internen Personen
- Durchführungszeit: eher gering (< 1 Stunde)
- Einsatzfrequenz: vornehmlich im einmaligen Einsatz
- Einsatzradius: vornehmlich im Teameinsatz
- Komplexität für den Moderator: eher gering
- Komplexität für die Teilnehmer: eher mittel
- Teamgröße: Einzelpersonennutzung möglich
- Teamgröße: Kleingruppe möglich (3 bis 5 Teilnehmer)
- Teamgröße: Mittelgroße Teams möglich (5 bis 20 Teilnehmer)
- Vorbereitungszeit: eher gering (< 1 Stunde)

Input für eine zielführende Arbeit mit der Methode

- Aktuelle Herausforderung, Leitfrage, Problem

Output und beobachtete Ergebnisse der Methode

- Erzeugt Ideen, Lösungsansätze, Vorideen, Möglichkeiten
- Erzeugt Ideensuchfelder, unentdeckte Probleme, Inspiration

Hinderniseffekte, auf die die Methode positiv wirkt

- Verkürzt und durchbricht vorhandene Kreativblockaden
- Wirkt fehlender Inspiration entgegen

Mögliche Extravorteile der Methode

- Möglicher Extravorteil für innovativ ungeübte Teams

Quellen

Person – Helga Katharina Mahler, helga.mahler@gmail.com
Buch – Das Design Thinking Playbook: Mit traditionellen, aktuellen und zukünftigen Erfolgsfaktoren, Lewrick und Link (Vahlen, 2018)

Ich packe meinen Koffer

EinSatzBeschreibung

Nachhaltige Variante des Kinderspiels als Warum-up/Energizer für Nachhaltigkeitsworkshops.

Working Guide/Anwendungsfelder

P1 Sensibilisierung/Bildung	P2 Matching Recht/Gesetz	P3 Sustainability Roadmap	P4 Produkt/Prozessdesign	P5 Implementierung/Monitoring	P6 Kommunikation	P7 Organisation	P8 Führung	P9 Business Model Design	P10 Skalierung
X									

Beschreibung

Ein beliebtes Warm-up-Spiel für Workshops ist die Methode „Ich packe meinen Koffer", die auf dem bekannten Kinderspiel basiert. Diese abgewandelte Variante hebt jedoch die Bedeutung der Nachhaltigkeit hervor, indem nur umweltfreundliche Gegenstände in den Koffer gepackt werden dürfen.

Die Methode „Ich packe meinen Koffer" bietet eine Reihe von Vorteilen:

- Bewusstsein schaffen: Das Spiel fördert das Bewusstsein für nachhaltiges Denken und Handeln, indem es die Teilnehmenden dazu anregt, über umweltfreundliche Alternativen nachzudenken. Durch die Verwendung von nachhaltigen Gegenständen im Spiel werden die Teilnehmenden dazu angeregt, diese in ihrem Alltag auszuprobieren.
- Austausch fördern: Das Spiel fördert die Kommunikation und den Austausch von Ideen zwischen den Teilnehmenden, da sie ihre nachhaltigen Gegenstände erklären und diskutieren können.
- Wissen teilen: Die Methode ermöglicht Wissen über nachhaltige Produkte und Praktiken auszutauschen. Die Teilnehmenden können voneinander lernen und neue Informationen sammeln.
- Spaß und Engagement: Das Spiel sorgt für eine spielerische Atmosphäre und fördert das Engagement der Teilnehmenden.
- Nachhaltigkeit als Wert fördern: Indem die Methode „Ich packe meinen Koffer" Nachhaltigkeit in den Vordergrund stellt, trägt sie zur Förderung einer nachhaltigen Denkweise und zur Integration dieses Wertes in den Arbeitskontext bei.
- Veränderungsbereitschaft fördern: Das Spiel ermutigt die Teilnehmenden, ihre Entscheidungen im Hinblick auf Nachhaltigkeit zu überdenken und zeigt auf, dass selbst kleine Veränderungen im täglichen Leben einen positiven Einfluss auf die Umwelt haben können.

Die Methode „Ich packe meinen Koffer" ist somit nicht nur ein unterhaltsames Warm-up-Spiel, sondern bietet gleichzeitig auch einen lehrreichen Einstieg in den nächsten Workshop oder die nächste Besprechung zum Thema Nachhaltigkeit.

Durchführung

Schritt 1: Einführung und Regeln erklären

Beginnen Sie Ihren Workshop mit einer kurzen Einführung in die Methode „Ich packe meinen Koffer". Fragen Sie in die Runde, wer alles schon mal das Kinderspiel „Ich packe meinen Koffer" gespielt hat. Bei dieser Frage gehen meist viele Hände nach oben. Man kann hier noch die Frage anschließen, wie lange es her ist. Wer hat es in den letzten sieben Tagen gespielt? Wer hat es im letzten Monat gespielt? Bei wem ist es schon ein paar Monate her? Bei wem ist es schon viele Jahre her?

Foto: © NEU | ARAG SE – Team Space Düsseldorf

Ich packe meinen Koffer

Erklären Sie den Teilnehmenden, dass das heutige Kofferpacken im Zeichen der Nachhaltigkeit steht und nur nachhaltige Gegenstände in den Koffer gepackt werden. Es gibt dabei erstmal kein richtig und falsch. Was für den einen nachhaltig ist, entspricht für die andere nicht den persönlichen Ansprüchen an Nachhaltigkeit. Während des Spiels sollte das nicht diskutiert werden. Es kann aber optional im Nachgang ein Raum für Diskussion aufgemacht werden (siehe Schritt 5).

Erklären Sie die Regeln des Spiels. Sagen Sie den Teilnehmenden, dass sie reihum einen Gegenstand nennen müssen, den sie in den Koffer packen möchten, aber dieser Gegenstand muss nachhaltig sein. Jeder Teilnehmende muss außerdem alle zuvor genannten Gegenstände wiederholen, bevor er seinen eigenen Gegenstand hinzufügt. Erklären Sie, dass die Gegenstände real oder fiktiv sein können, solange sie nachhaltig sind. Klären Sie, ob Hilfe von anderen Spielenden erlaubt ist.

Das Spiel endet, wenn

- alle Teilnehmenden einmal dran waren,
- sich jemand nicht mehr an alle Gegenstände erinnern kann oder
- jemand die Gegenstände in der falschen Reihenfolge nennt.

Es gibt auch eine Variante, bei der Spielende ausscheiden, wenn Sie einen Fehler machen. Das Spiel endet in diesem Fall, wenn nur noch eine Person übrig ist.

Schritt 2: Beispiel geben

Erklären Sie anhand einer Beispielrunde den Teilnehmenden einige Beispiele für nachhaltige Gegenstände, um ihnen den Einstieg zu erleichtern. Hier ist ein Moderationstext, den Sie an Ihre Wünsche anpassen können:

„Spielerin 1 fängt an und sagt ‚Ich packe meinen Koffer und packe Stofftaschentücher hinein.' Spielerin 1 gibt an Spieler 2 ab.

Spieler 2 sagt ‚Ich packe meinen Koffer und packe Stofftaschentücher und eine wiederverwendbare Trinkflasche hinein' und gibt an Spielerin 3 weiter.

Spielerin 3 sagt ‚Ich packe meinen Koffer und packe Stofftaschentücher, eine wiederverwendbare Trinkflasche und eine Seifenschachtel hinein'."

Dies hilft den Teilnehmenden, sich an den nachhaltigen Aspekt des Spiels anzupassen und ihre eigenen Ideen zu entwickeln.

Schritt 3: Erste Runde starten

Beginnen Sie die erste Runde. Der Spieler, der zuletzt „Koffer packen" gespielt hat, darf anfangen. Die Runde endet nach den vorab festgelegten Regeln.

Schritt 4: Neue Runde mit erweiterten Optionen (optional)

Starten Sie eine neue Runde und erweitern Sie die Optionen für nachhaltige Gegenstände. Ermutigen Sie die Teilnehmenden, kreativ zu sein und außergewöhnliche Ideen einzubringen. Dies kann zu einer angeregten Diskussion führen und das kreative Denken der Teilnehmenden weiter stärken.

Hier eine Ideenliste für erweiterte Optionen:

- Sustainable Development Goals einpacken
- Ich packe meinen Camper
- Geschäftsreise-Edition – was kommt auf der Geschäftsreise in den Koffer
- Minimalismus-Edition – man packt Gegenstände aus einem vollgepackten Koffer aus, die es nicht unbedingt braucht
- Den Koffer zu machen und sich nachhaltig auf die Reise machen – Beispiel: „Ich lade meinen Koffer in das Lastenfahrrad. Ich lade meinen Koffer in das Lastenfahrrad und fahre zum Bahnhof. …"
- Arche Noah-Edition – vom Aussterben bedrohte Tierarten in die Arche packen

Schritt 5: Reflexion (optional)

Nachdem einige Runden gespielt wurden, kann man noch Raum für Reflexion geben. Hier ein paar Impulsfragen:

- Welcher Gegenstand war überraschend bzw. nicht bekannt?
- Welchen positiven Einfluss auf die Umwelt hat der selbst gewählte Gegenstand?
- Warum hast du dich für diesen Gegenstand entschieden?
- Über welchen Gegenstand gibt es geteilte Meinungen hinsichtlich der Nachhaltigkeit?
- Was möchten Teilnehmende bei der nächsten Reise ausprobieren?
- Wenn man die Minimalismus-Edition gespielt hat: Was packen wir als Organisation aus unserem „Koffer" aus? (Prozesse, Praktiken, Projekte, …)
- Überleitung zur Workshopagenda bzw. Erwartungen der Teilnehmenden: Was muss unbedingt in den „Koffer" des Workshops?

Tipp: Bei Großgruppen (ab ca. 15 Personen) empfiehlt sich das Einteilen in kleinere Gruppen.

Wirkfeld der Methode

- Wirksam für Herausforderungen mit niedriger Komplexität

Transformationsfähigkeit Ihres Teams

- Fördert offene Mindsets und innovative Denkhaltungen
- Sorgt für Inspiration oder bessere Inspirationsempfindlichkeit

Einsatzcharakteristik/Arbeitsrahmen

- Austauschfokus: vornehmlich mit internen und externen Personen
- Durchführungszeit: eher gering (< 1 Stunde)
- Einsatzradius: vornehmlich im Teameinsatz
- Einsatzradius: vornehmlich im projektweiten Einsatz
- Komplexität für den Moderator: eher gering
- Komplexität für die Teilnehmer: eher gering
- Teamgröße: Kleingruppe möglich (3 bis 5 Teilnehmer)
- Teamgröße: Mittelgroße Teams möglich (5 bis 20 Teilnehmer)
- Vorbereitungszeit: eher gering (< 1 Stunde)

Input für eine zielführende Arbeit mit der Methode

- Nur Durchführungszeit

Output und beobachtete Ergebnisse der Methode

- Erzeugt besseren Teamspirit, mehr Offenheit, Inspirationsempfindlichkeit

Hinderniseffekte, auf die die Methode positiv wirkt

- Bindet eher introvertierte Teammitglieder mit ein
- Dynamisiert und aktiviert wenig dynamische Teams
- Stärkt das Vertrauen im Team
- Verkürzt und durchbricht vorhandene Kreativblockaden

Mögliche Extravorteile der Methode

- Keine bekannt

Quellen

Person – Tobias Leisgang, tobias@companypirate.de
Web – https://www.eltern.de/familie-urlaub/freizeit/ich-packe-meinen-koffer–so-spielt-ihr-es-richtig-12520022.html
Web – https://www.zitronenbande.de/ich-packe-meinen-koffer-spiel/

Grafik: verrocchio Sustainable Inspiration Card – Malvine Klecha, Hila Attaie und Jennifer van Aerssen (Illustration)

Ideas Capture

EinSatzBeschreibung

Die Methode „Ideas Capture“ dient dazu, Ideen und Gedanken zu nachhaltigen Fragestellungen zu skizzieren, um sie später gegebenenfalls weiterzuentwickeln.

Working Guide/Anwendungsfelder

P1 Sensibilisierung/Bildung	P2 Matching Recht/Gesetz	P3 Sustainability Roadmap	P4 Produkt/Prozessdesign	P5 Implementierung/Monitoring	P6 Kommunikation	P7 Organisation	P8 Führung	P9 Business Model Design	P10 Skalierung
			X						

Beschreibung

Die Methode „Ideas Capture“ ermutigt, in Verbindung mit einem Brainstorming, eine Vielzahl von Ideen für nachhaltige Ziele zu entwickeln und den Fokus dabei auf Quantität zu setzen.

Beim Brainstorming steht zunächst die Generierung einer breiten Palette von Ideen im Vordergrund, ohne diese zu bewerten. Später erfolgt dann eine Auswahl derjenigen Ideen, die für die jeweilige Herausforderung relevant erscheinen. Zu Beginn ist es wichtig, offen und unvoreingenommen zu sein, die Ideen zu skizzieren und erst nach der Eingrenzung eine kritische Sichtweise einzunehmen.

Durchführung

Beachten Sie bei der Durchführung der Methode folgende Schritte:

1. Brainstormings sind am effektivsten, wenn Sie eine Gruppe von Leuten haben, die in der Lage sind, auf den Ideen der anderen aufzubauen. Achten Sie dabei auf die Regeln für ein erfolgreiches Brainstorming, wie zum Beispiel keine Kritik, Quantität vor Qualität, freies Denken und Zeitbegrenzung.

2. Ein gutes Brainstorming beginnt immer mit einer guten Frage, wie zum Beispiel:

- Wie kann das Produkt oder die Dienstleistung modularer/anpassungsfähiger gestaltet werden?
- Wie kann das Produkt von lebenden Systemen inspiriert werden?
- Wie kann das Produktangebot in eine Dienstleistung umgewandelt werden?
- Wie kann das Produkt im Laufe der Zeit überarbeitet werden?

Zusätzlich sind hier einige Fragen, die Unternehmen im Zusammenhang mit Nachhaltigkeit und Kreislaufwirtschaft in Betracht ziehen können:

- Wie können die Materialflüsse im Unternehmen verbessert und Abfall reduziert werden?
- Wie können Produkte so gestaltet werden, dass sie leichter wiederverwendet oder recycelt werden können?
- Wie kann die Einkaufsstrategie geändert werden, um nachhaltige Materialien zu bevorzugen und umweltschädliche Materialien zu vermeiden?
- Wie können die Umweltauswirkungen von Produktionsprozessen reduziert werden?
- Wie kann die Lebensdauer von Produkten verlängert werden, um den Ressourcenverbrauch zu senken?
- Wie kann das Bewusstsein von Mitarbeitern und Kunden für Nachhaltigkeit und Kreislaufwirtschaft gefördert werden?
- Wie kann die Lieferkette nachhaltiger gestaltet und Lieferanten dazu motiviert werden, ebenfalls Nachhaltigkeitspraktiken zu implementieren?
- Wie kann das Geschäftsmodell angepasst werden, um auf Kreislaufwirtschaft zu basieren, indem bspw. Reparatur- und Recyclingdienstleistungen angeboten werden?
- Wie können CO_2-Emissionen reduziert werden?
- Wie kann mit anderen Unternehmen und Organisationen zusammengearbeitet werden, um die Kreislaufwirtschaft in der Branche zu fördern?

3. Welche weiteren Fragen könnten sich aus einer nutzerorientierten Recherche ergeben? Was fällt Ihnen in Verbindung zu dieser Recherche noch ein, um Ihre Ideen runder zu machen?

4. Skizzieren Sie die Ideen, die Ihnen beim Brainstorming in den Sinn kommen. Nutzen Sie für die Ideenskizze ein Arbeitsblatt (siehe Abbildung) zur Unterstützung. Nehmen Sie dazu für jede Idee ein neues Blatt und füllen Sie dieses wie folgt aus:

- Name der Idee
- Skizze/Beschreibung der Idee
- Was ist die Idee und wie funktioniert sie?
- Welche gewünschte Wirkung wird angestrebt? Und was macht die Idee zu einem Kreislaufsystem?
- Für wen ist die Idee bestimmt? Gibt es andere Anwender in der Wertschöpfungskette?

Ermutigen Sie sich selbst zu wilden neuen Ideen und bauen Sie auf den Ideen der anderen auf. Seien Sie bei der Ideenbeschreibung so anschaulich wie möglich.

5. Sobald jeder eine Vielzahl von Ideen skizziert hat, hängen Sie sie alle an eine Wand auf. Verwenden Sie Post-its oder Aufkleber, um über die Ideen abzustimmen, die Ihnen am besten gefallen.

IDEO

ELLEN MACARTHUR FOUNDATION

NAME OF IDEA:

WHAT IS IT AND HOW DOES IT WORK?

WHAT IS THE **DESIRED IMPACT?** WHAT MAKES IT CIRCULAR?

WHO IS IT FOR? ARE ANY OF THE 'USERS' IN THE VALUE CHAIN?

NAME OF IDEA:

WHAT IS IT AND HOW DOES IT WORK?

WHAT IS THE **DESIRED IMPACT?** WHAT MAKES IT CIRCULAR?

WHO IS IT FOR? ARE ANY OTHER 'USERS' IN THE VALUE CHAIN?

Foto: © NEU | Zur Goldenen Idee – New Work Lab Düsseldorf

Praxisschlaglicht

Die Erfahrung aus zahlreichen Ideation Workshops zeigt: Als Moderator ist es wichtig, die Regeln des Brainstormings immer wieder in Erinnerung zu rufen. Es kommt häufig vor, dass Ideen bereits bewertet werden, obwohl die Bewertungsphase noch nicht begonnen hat. Es ist daher ratsam, darauf zu achten, dass alle Teilnehmer sich auf das Sammeln von Ideen konzentrieren und nicht vorschnell bewerten oder kritisieren.

Wirkfeld der Methode

- Wirksam für Herausforderungen mit mittlerer Komplexität
- Wirksam für nachhaltiges Produktdesign
- Wirksam für nachhaltiges Prozessdesign
- Wirksam für nachhaltiges Servicedesign

Transformationsfähigkeit Ihres Teams

- Fördert die Teamkreativität
- Fördert grundlegend die Kreativität
- Fördert offene Mindsets und innovative Denkhaltungen
- Sorgt für Inspiration oder bessere Inspirationsempfindlichkeit
- Erhöht die Lösungsorientierung

Einsatzcharakteristik/Arbeitsrahmen

- Austauschfokus: vornehmlich mit internen Personen
- Durchführungszeit: eher mittel (> 1 Stunde bis < 1 Tag)
- Einsatzfrequenz: vornehmlich im einmaligen Einsat
- Einsatzradius: vornehmlich im Teameinsatz

- Einsatzradius: vornehmlich im projektweiten Einsatz
- Komplexität für den Moderator: eher gering
- Komplexität für die Teilnehmer: eher gering
- Teamgröße: Kleingruppe möglich (3 bis 5 Teilnehmer)
  Teamgröße: Mittelgroße Teams möglich (5 bis 20 Teilnehmer)
- Vorbereitungszeit: eher gering (< 1 Stunde)

Input für eine zielführende Arbeit mit der Methode

- Aktuelle Herausforderung, Leitfrage, Problem
- Ideen, Lösungsansätze, Vorideen, Varianten

Output und beobachtete Ergebnisse der Methode

- Erzeugt visualisierte Ideen, Begriffe, Themen
- Erzeugt motiviertere und transformationsfähigere Teilnehmer

Hinderniseffekte, auf die die Methode positiv wirkt

- Dynamisiert und aktiviert wenig dynamische Teams
- Fördert gehemmte Teammitglieder
- Integriert einen dysfunktionalen Schweiger
- Schwächt Angst vor Kritik und Zurückweisung
- Schwächt multidisziplinäre Reibungsverluste
- Schwächt nicht zielführende Emotionen
- Schwächt den „Inneren Zensor"
- Schärft eine fehlende gemeinsame Ausrichtung
- Stärkt schwache Anreicherungsskills

Mögliche Extravorteile der Methode

- Möglicher Extravorteil für Teams in einer Komfortsituation
- Möglicher Extravorteil für innovativ ungeübte Teams
- Möglicher Extravorteil für in Nachhaltigkeitsthemen ungeübte Teams
- Möglicher Extravorteil für die Arbeit mit digitalen Kollaborationsboards

Quellen

Organisation – Der Circular Design Guide ist eine Zusammenarbeit zwischen der Ellen MacArthur Foundation und IDEO. Copyright © Ellen MacArthur Foundation 2017, 2018

Web – https://www.circulardesignguide.com/methods (abgerufen am 03.05.2023)

Ideas for Planet Centric Innovation

EinSatzBeschreibung

Diese Methode konzentriert sich auf die Schaffung von Innovationen, die im Einklang mit den ökologischen und sozialen Bedürfnissen unseres Planeten und der Gesellschaft stehen.

Working Guide/Anwendungsfelder

P1 Sensibilisierung/Bildung	P2 Matching Recht/Gesetz	P3 Sustainability Roadmap	P4 Produkt/Prozessdesign	P5 Implementierung/Monitoring	P6 Kommunikation	P7 Organisation	P8 Führung	P9 Business Model Design	P10 Skalierung
X	X	X	X						

Beschreibung

Die Methode „Ideas for Planet Centric Innovation" ist ein Ansatz, der im Rahmen des „Planetary Centric Design Toolkits" entwickelt wurde, um Nachhaltigkeitsziele zu erreichen. Diese Methode konzentriert sich auf die Schaffung von Innovationen, die im Einklang mit den ökologischen und sozialen Bedürfnissen unseres Planeten und der Gesellschaft stehen. Die Envision-Phase innerhalb der Vorgehensweise zielt darauf ab Produkte, Dienstleistungen und Systeme so zu gestalten, dass sie die planetaren Grenzen respektieren und zur Förderung von Nachhaltigkeit beitragen.

In den vorangegangenen Phase wurden die ökologischen und sozialen Herausforderungen identifiziert, die durch das zu entwickelnde Geschäftsmodell, Produkt oder die Dienstleistung angesprochen werden sollen. Diese Assessment- und Alignment-Phase erfolgte idealerweise in enger Zusammenarbeit mit verschiedenen Interessengruppen und unter Berücksichtigung wissenschaftlicher Erkenntnisse. Ebenso wurden bereits auf Basis der identifizierten Probleme klare Nachhaltigkeitsziele definiert, die messbar und im Einklang mit globalen Nachhaltigkeitszielen wie den Sustainable Development Goals (SDGs) der Vereinten Nationen stehen.

Nun geht es um die Entwicklung von möglichst vielen Ideen für Problemlösungen, die sowohl innovativ und wirtschaftlich als auch sozial und nachhaltig sind.

Vorbemerkung: Der Prozess der Ideenfindung ist essenziell. Eventuell sind Hunderte von Vorideen notwendig, um eine werthaltige Idee zu finden und zu entwickeln. Sie können diesen Prozess optimal unterstützen, indem Sie darauf achten, dass die Mitarbeiter im Innovations-Team aus den unterschiedlichsten Fachrichtungen kommen. Nutzen Sie Ihre Experten, trainieren Sie die Mitarbeitenden vorab mittels wissenschaftlichen Erkenntnissen und Daten, bringen Sie aktuelle Trends in die Grundlagensammlung mit ein und geben Sie notwendige Mittel an die Hand, um Auswirkungen von Innovationen zu bewerten.

Wichtig ist auch, dass Ihre Nachhaltigkeitsziele bereits klar definiert und messbar sind. Nur auf dieser Basis kann ein Team Ideen entwickeln, die passen und sicherzustellen, dass die angestrebten Verbesserungen erreicht werden.

Durchführung

Vorbereitung

1. Teamzusammenstellung: Stellen Sie ein interdisziplinäres Team zusammen, das verschiedene Perspektiven und Fachkenntnisse einbringt. Idealerweise sollte das Team auch Experten aus den Bereichen Umweltwissenschaften, Technologie, Wirtschaft, Sozialwissenschaften und anderen speziell für Ihren Unternehmenskontext relevanten Disziplinen umfassen.
2. Erstellen Sie auf einem Brown Paper, einer entsprechend verwendbaren Schreibwand oder einem großen Flipchart (sinngemäß Online) ein Raster mit einem Kasten oben in der Mitte für eine Fragestellung (Überschrift), einem großen Bereich/Kasten zum Sammeln von Ideen und darunter drei gleichgroße Bereiche (Spalten). Benennen Sie den ersten Bereich „Vorteile für den Nutzer", den zweiten „Vorteile für das Unternehmen" und den dritten „Ökologische und soziale Vorteile"
3. Definieren Sie eine klare Fragestellung an der gearbeitet werden soll: Definieren Sie in einem Satz klar und präzise, was das ökologische oder soziale Problem ist, welches Sie lösen möchten. Schreiben Sie die Frage gut sichtbar in das dafür vorgesehene Feld.

Ideenfindung

1. Stellen Sie die Fragestellung vor für die Ihr Team nun Antworten suchen soll. Stellen Sie vorab sicher, dass alle Teammitglieder diese Frage gut verstehen. Gegebenenfalls definieren Sie verwendete Begriffe gemeinsam und diskutieren und verändern Sie die Frage, sodass diese klarer wird.
2. Führen Sie eine Brainwriting-Sitzung durch, um Ideen zu generieren. Dies kann in einer physischen oder digitalen Umgebung erfolgen. Dazu erklären Sie die Regeln des Brainwriting:
   a. Jeder Teilnehmer schreibt seine Ideen auf Karten oder in ein Dokument, anstatt sie laut auszusprechen.
   b. Es wird ein Zeitlimit festgelegt, z. B. fünf Minuten, Falls Sie erkennen, dass das Team sehr produktiv ist, dann verlängern Sie die Zeit je nach Bedarf.
   c. Während der Brainwriting-Sitzung arbeiten die Teilnehmer still und unabhängig voneinander.
   d. Nach Ablauf der Zeit werden die geschriebenen Karten durch die Teilnehmer einzeln in den großen Bereich gehangen. Dabei wird die Karte durch den Teilnehmer sehr kurz erläutert, wenn nötig. Keine Diskussion, keine Bewertung durch die anderen Teilnehmer.

117 Ideas for Planet Centric Innovation

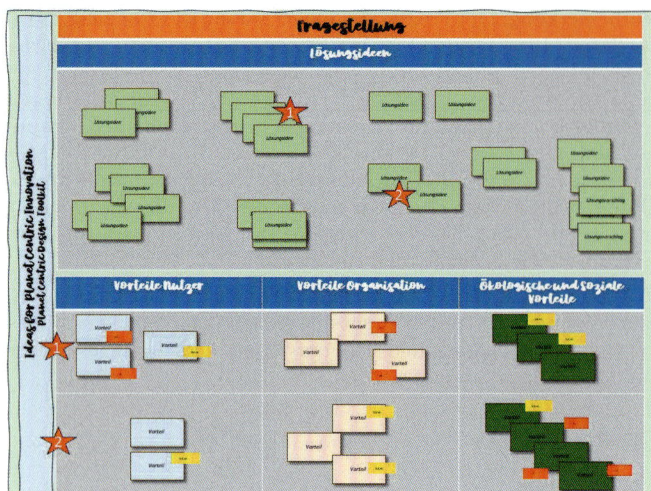

Quelle: Thomas Appel Consulting

e. Nachdem alle Karten angebracht wurden, werden doppelte Ideen und sehr ähnliche Karten zu Gruppen zusammengehängt. Gibt es weitere sinnvolle und von allen akzeptierte Möglichkeiten zur Gruppierung von Karten, dann auch dies durchführen. Keine Idee darf verlorengehen!

3. Priorisierung: Nachdem alle Karten hängen, sollte das Team die gesammelten Ideen im Hinblick auf ihre Eignung die Nachhaltigkeitsziele zu erreichen prüfen und priorisieren. Dies kann anhand von Kriterien wie Umweltauswirkungen, sozialer Nutzen und Wirtschaftlichkeit erfolgen.
4. Anreichern der Ideen: Daten und Fakten aus verlässlichen Quellen sollten hierbei idealerweise gesucht und hinzugefügt werden (Anreichern der Idee). Zusätzliche Karten werden geschrieben für die individuellen Beiträge einer einzelnen Ideen zu den drei Bereichen.
5. Auswirkungsanalyse: Führen Sie eine detaillierte Auswirkungsanalyse für die ausgewählten Ideen durch, um sicherzustellen, dass sie den planetaren Grenzen entsprechen und positive Auswirkungen auf die Nachhaltigkeit haben. Entwickeln Sie die Idee gegebenenfalls weiter und beschreiben Sie die Idee so genau wie möglich. Eventuell legen Sie eine Skizze an. Geben Sie der Idee einen sprechenden Namen,
6. Umsetzungsplan: Entwickeln Sie einen Umsetzungsplan für die ausgewählten Ideen. Er sollte die Ressourcen, Zeitpläne und Verantwortlichkeiten für die Umsetzung umfassen.
7. Implementierung: Setzen Sie die ausgewählten Ideen in die Tat um und stellen Sie sicher, dass alle Maßnahmen gemäß dem Plan umgesetzt werden.
8. Überwachung und Anpassung: Überwachen Sie kontinuierlich den Fortschritt und die Auswirkungen der Umsetzung. Passen Sie den Plan bei Bedarf an, um sicherzustellen, dass die Nachhaltigkeitsziele erreicht werden.

Wirkfeld der Methode

- Wirksam für Herausforderungen mit hoher Komplexität
- Wirksam für nachhaltiges Produktdesign
- Wirksam für nachhaltiges Prozessdesign
- Wirksam für nachhaltiges Servicedesign
- Wirksam für nachhaltiges Business Model Design

Transformationsfähigkeit Ihres Teams

- Fördert die Sensibilisierung
- Fördert die allgemeine Transformationsfähigkeit des Teams
- Zahlt auf eine bessere Wahrnehmung ein
- Zahlt auf das Dringlichkeitsempfinden ein
- Erhöht die Lösungsorientierung

Einsatzcharakteristik/Arbeitsrahmen

- Austauschfokus: vornehmlich mit internen und externen Personen
- Durchführungszeit: eher mittel (> 1 Stunde bis < 1 Tag)
- Einsatzfrequenz: vornehmlich im einmaligen Einsatz
- Einsatzfrequenz: vornehmlich über den kompletten Projektzeitraum
- Einsatzradius: vornehmlich im projektweiten Einsatz
- Komplexität für den Moderator: eher hoch
- Komplexität für die Teilnehmer: eher mittel
- Teamgröße: Einzelpersonennutzung möglich
- Teamgröße: Kleingruppe möglich (3 bis 5 Teilnehmer)
- Teamgröße: Mittelgroße Teams möglich (5 bis 20 Teilnehmer)
- Vorbereitungszeit: eher gering (< 1 Stunde)

Input für eine zielführende Arbeit mit der Methode

- Aktuell existierende Geschäftsmodelle
- Aktuell existierende Produkte und Services
- Aktuelle Herausforderung, Leitfrage, Problem

Output und beobachtete Ergebnisse der Methode

- Erzeugt Ideen für neue Märkte und neue Business Modelle
- Erzeugt Ideen, Lösungsansätze, Vorideen, Möglichkeiten
- Erzeugt spezifischere Leitfragen, Ideen und Aussagen

Hinderniseffekte, auf die die Methode positiv wirkt

- Beugt blinden Flecken/Betriebsblindheit vor
- Bewahrt vor zu generischen Ideen und Aussagen
- Schafft schnell Klarheit und beschleunigt Erkenntnisgewinn
- Verhindert Ideenfindung mit zu schwacher Erkenntnisgrundlage
- Verhindert falsche Flughöhen
- Verhindert unreflektiertes agieren

Mögliche Extravorteile der Methode

- Möglicher Extravorteil für Teams mit einer konservativen, tradierten Kultur
- Möglicher Extravorteil für innovativ ungeübte Teams

- Möglicher Extravorteil für die Arbeit mit digitalen Kollaborationsboards
- Möglicher Extravorteil für in Nachhaltigkeitsthemen ungeübte Teams

Quellen

Buch – Costanza, R. et al. (2017). Fourteen ways to make ecosystem services count. Ecological Economics, 137, 1-10.

Buch – Das große Handbuch Innovation, van Aerssen & Christian Buchholz (Vahlen, 2018)

Organisation – Impossible Labs, https://www.labs.impossible.com/ (abgerufen am 01.06.2023)

Organisation: United Nations. (2015). Transforming our World: The 2030 Agenda for Sustainable Development. Retrieved from https://sdgs.un.org/goals

Person – Thomas Appel, Thomas Appel Consulting, thoap@tac4u.net

Person- Hila Attaie, www.inno-jump.com, hila.attaie@inno-jump.com

Grafik: verrocchio Sustainable Inspiration Card – Malvine Klecha, Hila Attaie und Jennifer van Aerssen (Illustration)

Ideenmarathon

EinSatzBeschreibung

Die Methode des Ideenmarathons nutzt gezielt die langfristige und ermuüdende Form der Beschäftigung mit einer einzigen Thematik „am Stück", ganz so wie beim Marathon.

Working Guide/Anwendungsfelder

P1 Sensibilisierung/Bildung	P2 Matching Recht/Gesetz	P3 Sustainability Roadmap	P4 Produkt/Prozessdesign	P5 Implementierung/Monitoring	P6 Kommunikation	P7 Organisation	P8 Führung	P9 Business Model Design	P10 Skalierung
			X					X	X

Beschreibung

Die Methode des Ideenmarathons spielt mit den verschiedenen Phasen, die sich über die Länge des Zeitverlaufs bei der Beschäftigung mit Problemstellungen einstellen. Sie nutzt gezielt die langfristige und ermüdende Form der Beschäftigung mit einer einzigen Thematik „am Stück".

So sollen sich die Anwender langsam in einen Modus denken, der besonders kreative Lösungen fördert bzw. wo eben die Generierung solcher Lösungen zur selbstverständlichen Mechanik wird (Analogie: Runner High).

Üblicherweise spricht man bei Kreativphasen von verschiedenen Zeitpunkten, in denen sich der Prozess verändert. Einige Quellen beschreiben dafür zum Beispiel, dass nach sieben bis 12 Minuten in einem Prozess der Generierung neuer Ideen ein erstes Erschlaffen einsetzt.

Wo zunächst noch die üblichen verdächtigen Ideen genannt und aufgeschrieben wurden (Stichwort: sichtbar gesichert), beginnt ab diesem Zeitpunkt der Prozessschritt, bei dem das Gehirn in einen gewissen Trägheitszustand gerät. Aus diesem Zustand behilft man sich in der Regel mit Kreativitätsmethoden. Eine Vielzahl von Methoden konzentriert sich dabei auf eine Zeitdauer von 30 Minuten. Diese 30 Minuten werden in dieser Extremmethode um ein Vielfaches ausgereizt.

Durchführung

In einem ersten Schritt ist es wichtig, einen klaren Opportunity Space, also einen Denkkorridor oder spezifischen Problembereich identifiziert zu haben. Sobald dies der Fall ist, kann ein Team die Methode anwenden.

Für die Methode zieht sich ein Team (bis zu acht Personen) für 24 Stunden zurück. Es ist durchaus ratsam, dies an einem neutralen Ort zu machen, zum Beispiel in einem Hotel beziehungsweise in einem Seminarraum.

Foto: verrocchio Institute AG

Dieser Raum ist sehr spartanisch zu halten, sodass die Kreativität einzig aus den Teilnehmern selbst respektive aus einer Kommunikation untereinander entstehen kann.

Nachdem die Problemstellung klar formuliert wurde, beginnen die 24 Stunden Impulsgenerierung. Ziel ist es, in 24 Stunden die Marke von 1.000 Impulsen zu erreichen.

Dafür nutzt diese Methode die während der Durchführung entstehenden Gruppendynamiken und verschiedene Phasen wie Müdigkeit, Belanglosigkeit oder Langeweile geschickt aus, um massenhaft Impulse zu generieren. Das Gefühl, „einfach fertig werden zu wollen", regt enorm zur Kreativität an. Denn Ziel ist, entweder 1.000 verschiedene Impulse zu sammeln und die Aufgabe damit vorzeitig abzuschließen oder die 24 Stunden komplett zu nutzen und eine Maximalzahl an Ideen zu generieren.

Die Methode arbeitet analog zum Marathon ohne Pausen. Impulse werden auf Karteikarten in Form eines Satzes festgehalten.

Wirkfeld der Methode

- Wirksam für Herausforderungen mit hoher Komplexität
- Wirksam für Herausforderungen mit mittlerer Komplexität
- Wirksam für nachhaltiges Produktdesign
- Wirksam für nachhaltiges Prozessdesign
- Wirksam für nachhaltiges Servicedesign
- Wirksam für nachhaltiges Business Model Design

Transformationsfähigkeit Ihres Teams

- Fördert die Teamkreativität
- Fördert die allgemeine Transformationsfähigkeit des Teams
- Sorgt für Inspiration oder bessere Inspirationsempfindlichkeit

Einsatzcharakteristik/Arbeitsrahmen

- Austauschfokus: vornehmlich mit internen Personen
- Durchführungszeit: eher hoch (> 1 Tag)
- Einsatzfrequenz: vornehmlich im einmaligen Einsatz
- Komplexität für den Moderator: eher hoch
- Komplexität für die Teilnehmer: eher gering
- Komplexität für die Teilnehmer: eher mittel
- Teamgröße: Kleingruppe möglich (3 bis 5 Teilnehmer)
- Teamgröße: Maxigruppen möglich (20 bis 40 Teilnehmer)
- Teamgröße: Mittelgroße Teams möglich (5 bis 20 Teilnehmer)
- Teamgröße: Speziell für Großgruppen geeignet (> 50 Teilnehmer)
- Vorbereitungszeit: eher mittel (> 1 Stunde bis < 1 Tag)

Foto: verrocchio Institute AG

Input für eine zielführende Arbeit mit der Methode

- Aktuell existierende Geschäftsmodelle
- Aktuell existierende Produkte und Services
- Aktuelle Herausforderung, Leitfrage, Problem

Output und beobachtete Ergebnisse der Methode

- Erzeugt Ideen für neue Märkte und neue Business Modelle
- Erzeugt Ideen, Lösungsansätze, Vorideen, Möglichkeiten
- Erzeugt Ideensuchfelder, unentdeckte Probleme, Inspiration

Hinderniseffekte, auf die die Methode positiv wirkt

- Bewahrt vor zu generischen Ideen und Aussagen
- Dynamisiert und aktiviert wenig dynamische Teams
- Fördert die Agilität der Teilnehmer
- Schwächt den „Inneren Zensor"
- Schärft eine fehlende gemeinsame Ausrichtung
- Stärkt schwache Anreicherungsskills
- Stärkt das Vertrauen im Team

Mögliche Extravorteile der Methode

- Möglicher Extravorteil für Teams mit einem starkem Auftragsmandat
- Möglicher Extravorteil für agile Teams
- Möglicher Extravorteil für innovativ erfahrene Teams
- Möglicher Extravorteil für in Nachhaltigkeitsthemen erfahrene Teams

Quellen

Buch – Das große Handbuch Innovation, van Aerssen, Buchholz (Vahlen, 2018)
Organisation – KOPFSPRINGER GmbH – Düsseldorf

119

Imagine New Partnerships

EinSatzBeschreibung

Die Methode „Imaging New Partnerships" betont die Bedeutung der Bildung neuer Partnerschaften zur Bündelung von Ressourcen und Fachwissen, um komplexe Herausforderungen anzugehen und eine nachhaltige Zukunft für kommende Generationen zu gestalten.

Working Guide/Anwendungsfelder

P1 Sensibilisierung/Bildung	P2 Matching Recht/Gesetz	P3 Sustainability Roadmap	P4 Produkt/Prozessdesign	P5 Implementierung/Monitoring	P6 Kommunikation	P7 Organisation	P8 Führung	P9 Business Model Design	P10 Skalierung
						X			X

Beschreibung

Partnerschaften bei nachhaltigen Herausforderungen sind ein Schlüsselinstrument in unserer heutigen Welt, in der Umweltprobleme, soziale Ungerechtigkeit und wirtschaftliche Unsicherheiten bedauerlicherweise zunehmend eine entscheidende Rolle spielen. Nachhaltige Herausforderungen erfordern eine ganzheitliche Herangehensweise, bei der verschiedene Akteure aus Unternehmen, Regierungen, Zivilgesellschaft und der Wissenschaft im Optimalfall zusammenarbeiten, um gute Lösungen zu finden.

Nachhaltige Herausforderungen erfordern zudem langfristige Engagements. Partnerschaften sollten sich nicht nur auf kurzfristige Gewinne konzentrieren, sondern auch langfristige Wirkungen anstreben. Die Bereitschaft, über einen längeren Zeitraum hinweg Ressourcen und Anstrengungen zu investieren, ist von großer Bedeutung und dies sollte von Anfang an in Betracht gezogen werden.

Durchführung

Denken Sie an die Möglichkeit neuer oder unerwarteter Partnerschaften, die dazu beitragen, Ihre Wertschöpfungskette zu stärken, die Effizienz des Systems zu steigern oder einen solideren Business Case zu schaffen. Dies wird auch dazu beitragen, Konsens und Klarheit darüber zu erreichen, wie gemeinsam Fortschritt erzielt werden kann.

Nach dem ersten Prototyping können sich neue Chancen eröffnen, um Ihren Handlungsspielraum innerhalb des umfassenderen Systems, in dem Sie agieren, zu erweitern. Dies kann mitunter erfordern, dass Sie mit neuen oder unerwarteten Organisationen kooperieren.

Stellen Sie sich dabei die folgenden Fragen:

- Möglicherweise haben Sie während der Erstellung eines Sustainable Business Model Canvas bereits potenzielle Partner identifiziert. Doch welche neuen Organisationen könnten angesichts der Erkenntnisse aus der Nutzerforschung und dem Prototyping dazu beitragen, Ihr Produkt oder Ihre Dienstleistung zu inspirieren?
- Welche neuen Chancen oder Perspektiven haben sich im Laufe der Konzeptentwicklung ergeben? Mit wem sollten Sie in Kontakt treten, um zu erörtern, wie diese Möglichkeiten, wie bspw. die Integration von Technologie, berücksichtigt werden könnten?
- Welche anderen unerwarteten Kooperationsmöglichkeiten könnten in Betracht gezogen werden, um die Effektivität und Effizienz Ihrer Wertschöpfungskette zu steigern? Die Anwendung der Brainstorming-Methode kann hierbei äußerst nützlich sein.

Sobald Sie Ihren potenziellen Partner gefunden haben, ist es ratsam, sich auf das bevorstehende Gespräch mit ihm wie folgt vorzubereiten:

- Entwickeln Sie eine Erzählung oder einen Standpunkt, der es dem neuen Partner ermöglicht, den Nutzen für sich selbst sowie für das Gesamtsystem zu erkennen.
- Während des Gesprächs sollten Sie sich folgende Fragen stellen:
  - → Welche Verpflichtungen müssen beide Seiten eingehen, um minimale durchführbare Freigaben zu verwirklichen und das Risiko zu minimieren?
  - → Gemeinsam sollten einige Richtlinien für den Prototyp einer neuen Partnerschaft entwickelt werden. Bspw.: Wer wird von den potenziellen neuen Geschäftsmöglichkeiten profitieren?
  - → Wie werden Sie bewerten, ob die Partnerschaft einen Mehrwert bietet? Definieren Sie Kriterien zur Bewertung des Erfolgs Ihrer Zusammenarbeit.

Wirkfeld der Methode

- Wirksam für Herausforderungen mit hoher Komplexität
- Wirksam für nachhaltiges Business Model Design

Transformationsfähigkeit Ihres Teams

- Fördert offene Mindsets und innovative Denkhaltungen
- Zahlt auf das Dringlichkeitsempfinden ein
- Erhöht die Lösungsorientierung

Einsatzcharakteristik/Arbeitsrahmen

- Austauschfokus: vornehmlich mit internen und externen Personen
- Durchführungszeit: eher mittel (> 1 Stunde bis < 1 Tag)
- Einsatzfrequenz: vornehmlich im einmaligen Einsatz

- Einsatzradius: vornehmlich im unternehmensweiten Einsatz
- Komplexität für den Moderator: eher gering
- Komplexität für die Teilnehmer: eher mittel
- Teamgröße: Einzelpersonennutzung möglich
- Teamgröße: Kleingruppe möglich (3 bis 5 Teilnehmer)
- Vorbereitungszeit: eher gering (< 1 Stunde

Input für eine zielführende Arbeit mit der Methode

- Aktuell existierende Geschäftsmodelle
- Aktuell existierende Produkte und Services

Output und beobachtete Ergebnisse der Methode

- Erzeugt Ideen für neue Märkte und neue Business Modelle
- Erzeugt größere Klarheit zu einem Thema
- Erzeugt transformationsfähigere Organisationen
- Identifiziert vorhandene Schwachstellen
- Identifiziert vorhandene Stärken

Hinderniseffekte, auf die die Methode positiv wirkt

- Beugt blinden Flecken/Betriebsblindheit vor
- Schafft für den Erfolg nötige Realitätsbezüge
- Schafft schnell Klarheit und beschleunigt Erkenntnisgewinn
- Verhindert Finanz- und Ressourcenfallen
- Fördert Optimismus und Zuversicht

Mögliche Extravorteile der Methode

- Möglicher Extravorteil für Teams mit einem starkem Auftragsmandat
- Möglicher Extravorteil für Teams mit einer konservativen, tradierten Kultur
- Möglicher Extravorteil für innovativ ungeübte Teams
- Möglicher Extravorteil für in Nachhaltigkeitsthemen ungeübte Teams

Quellen

Web – https://www.circulardesignguide.com/methods (abgerufen am 19.10.2023)

Organisation – Der Circular Design Guide ist eine Zusammenarbeit zwischen der Ellen MacArthur Foundation und IDEO. Copyright © Ellen MacArthur Foundation 2017, 2018

120

Immersive Stellvertreter-Interviews

EinSatzBeschreibung

Herangehensweise, um speziell in Workshop-Settings nicht-erreichbare Nutzerinnen (be-)greifbar zu machen.

Working Guide/Anwendungsfelder

P1 Sensibilisierung/Bildung	P2 Matching Recht/Gesetz	P3 Sustainability Roadmap	P4 Produkt/Prozessdesign	P5 Implementierung/Monitoring	P6 Kommunikation	P7 Organisation	P8 Führung	P9 Business Model Design	P10 Skalierung
X			X					X	

Beschreibung

Nachhaltigkeitsprojekte müssen nutzerzentriert sein. Gleichzeitig werden Projekte für nachhaltige Entwicklung oft von solchen Personen geleitet und aufgesetzt, die aus einem Umfeld nachhaltigkeitsinteressierter Personen entstammen. Diese verantwortlichen Personen haben zudem viel Fachwissen, jedoch nur begrenzt ein allgemeines Verständnis für die Personen, welche mit geplanten Maßnahmen oder Produkten erreicht werden müssen.

In kurzen Workshop-Formaten ist es oft nicht möglich, notwendige Interviews oder Nutzerforschung zu betreiben. Eine Annäherung daran bietet die Möglichkeit Interviews zu führen, welche an Rollenspiele oder Zirkuläres Fragen erinnern.

Durchführung

Zunächst wird klar beschrieben, welche Art von Person (Zielperson) man gern interviewen würde, wenn es hypothetisch möglich wäre, diese Person in den Workshop zu holen. Dann werden in dem Workshop anwesende Personen identifiziert, welche stellvertretend interviewt werden sollen. Auswahlkriterien für eine geeignete Person hierbei sind:

- Häufiger direkter Kontakt mit Personen der Zielgruppe
- Mögliche frühere Zugehörigkeit zu der Community von Zielpersonen – mit möglichst wenig zeitlichem Abstand
- Hohe allgemeine Empathie-Fähigkeit
- Keine eigene harte, unveränderbare Position zu der Projektthematik
- Hohe Selbstsicherheit
- Freude an schauspielerischer Tätigkeit

Die zu interviewenden Stellvertreterpersonen müssen von sich aus bereit sein, diese Rolle zu übernehmen. Ebenso ist darauf zu achten, dass die Personen bei schwerwiegenden Themen die psychologische Stärke besitzen, sich mit dem Thema tiefer auseinander zu setzen und sich ggf. in die Rolle von Opfern oder Tätern hineinzuversetzen. Traumatisierte und mental kranke beziehungsweise instabile Personen sind hierbei nicht als Stellvertreterperson geeignet.

Wurden mehrere Personen ausgewählt, wird diesen ermöglicht, sich separat für ein begrenztes Zeitfenster zu ihrer Rolle auszutauschen. Gibt es nur eine Stellvertreterperson, wird ihr die Zeit gegeben, sich mit ihrer Rolle auseinander zu setzen. Dabei sind die Personen aufgefordert, sich Fragen folgender Art zu stellen:

- Mit welchen Herausforderungen hat die Person, welche dargestellt werden soll, im Themenkontext zu kämpfen?
- Wie hätte eine Person in einer spezifischen Situation reagiert?
- Wie steht die Person zu Nachhaltiger Entwicklung, und den Veränderungen, welche sich dadurch ergeben?
- Welche Emotionen hat die Person in Bezug auf den Themenkontext?
- Welche Familiengeschichte hat die Person?
- Wie sehen das soziale Umfeld und der Alltag der Person aus?
- Welche kurz- und langfristigen Ziele hat die Person?

Den ausgewählten Interview-Personen können zudem persönliche Artefakte, Fotos, Google Streetview-Bilder oder andere Materialien gegeben werden, welche Einblicke in den Alltag der eigentlichen Zielperson ermöglichen.

Nachdem die Stellvertreterpersonen sich gedanklich auf ihre Rolle eingestellt haben, werden diese von den verbliebenen Workshop-Teilnehmenden derart interviewt, als wären sie die Zielpersonen. Die schauspielende Person lässt sich dabei vollkommen auf ihre Rolle ein.

Erst nach Abschluss des Interviews kehren die Stellvertreterpersonen mental zurück in ihr Team und ihre Rolle als Workshopteilnehmende. Aus dieser Perspektive kann zum Abschluss, insbesondere auch mit anderen Interviewten, reflektiert werden, welche Gedanken und Emotionen auch während der Interviewsituation aufgekommen sind. Diesem Prozess des „Entrollens" ist aus Rücksicht auf die Stellvertretenden und für einen reibungslosen weiteren Workshop ausreichend Zeit einzuräumen.

Praxisschlaglicht

In einem Workshop, welchen der Methodenautor und Diplom-Psychologe Kilian Karg gemeinsam mit der Gesellschaft für Internationale Zusammenarbeit für ein Projekt der Afrikanischen Union in Äthiopien durchführte, galt es Lösungen zu entwickeln, welche Jugendliche in fragilem Kontext daran hindern, sich extremistischen Organisationen anzuschließen.

Da diese Zielgruppe weder persönlich noch virtuell in die Veranstaltung integriert werden konnte, wurden immersive Stellvertreter-Interviews durchgeführt. Zur Einstimmung in die Gefühlswelt der „Zielpersonen" wurden mit einigen „Stellvertretenden" Gespräche geführt, ähnlich dem, wie Sie bei zirkulärem Fragen in der systemischen Therapie üblich sind.

Eine aufmerksame und professionelle Moderation nimmt hier einen großen Stellenwert ein: Das Vorgehen lässt Raum für Risiken psychischer Belastungen, wie sie bei „Stellvertretenden" bei sogenannter „Aufstellungsarbeit" oder im „Psychodrama" bestehen. Speziell das Risiko von Retraumatisierung durch „Trigger" musste in dem hier beschriebenen Fall im fragilen Kontext stark berücksichtigt werden.

Wirkfeld der Methode

- Wirksam für Herausforderungen mit niedriger Komplexität
- Wirksam für nachhaltiges Produktdesign
- Wirksam für nachhaltiges Business Model Design

Transformationsfähigkeit Ihres Teams

- Fördert die Sensibilisierung
- Fördert offene Mindsets und innovative Denkhaltungen
- Sorgt für Inspiration oder bessere Inspirationsempfindlichkeit

Einsatzcharakteristik/Arbeitsrahmen

- Austauschfokus: vornehmlich mit internen Personen
- Durchführungszeit: eher gering (< 1 Stunde)
- Einsatzfrequenz: vornehmlich im einmaligen Einsatz
- Einsatzradius: vornehmlich im Teameinsatz
- Komplexität für den Moderator: eher mittel
- Komplexität für die Teilnehmer: eher mittel
- Teamgröße: Großgruppen möglich (> 50 Teilnehmer)
- Teamgröße: Kleingruppe möglich (3 bis 5 Teilnehmer)
- Teamgröße: Maxigruppen möglich (20 bis 40 Teilnehmer)
- Teamgröße: Mittelgroße Teams möglich (5 bis 20 Teilnehmer)
- Vorbereitungszeit: eher gering (< 1 Stunde)

Input für eine zielführende Arbeit mit der Methode

- Aktuelle Herausforderung, Leitfrage, Problem
- Verschiedene Botschaften, Meinungen, Statements
- Verschiedene Meinungen und Blickwinkel
- Vorhandenes Wissen und Erfahrungen
- Merkmale der gegebenen Herausforderung

Output und beobachtete Ergebnisse der Methode

- Erzeugt Leitfragen für die Ideenfindung
- Erzeugt besseren Teamspirit, mehr Offenheit, Inspirationsempfindlichkeit
- Erzeugt neues Wissen und neue Erfahrungen
- Erzeugt mehr Know-how-Zuwachs
- Erzeugt motiviertere und transformationsfähigere Teilnehmer

Hinderniseffekte, auf die die Methode positiv wirkt

- Beugt blinden Flecken/Betriebsblindheit vor
- Bewahrt vor zu generischen Ideen und Aussagen
- Verhindert blinden Aktionismus
- Verhindert unreflektiertes agieren
- Wirkt fehlender Inspiration entgegen

Mögliche Extravorteile der Methode

- Möglicher Extravorteil für Teams in einer Krisensituation
- Möglicher Extravorteil für Teams mit einer konservativen, tradierten Kultur

Quellen

Organisation – Protellus; www.protellus.de
Person – Kilian Karg, Kilian@protellus.de

121

Impact Assessment

EinSatzBeschreibung

Impact Assessment ist ein Werkzeug, das dazu dient, die potenziellen Auswirkungen und Folgen einer geplanten Intervention, wie etwa eines Projekts oder eines Programms, auf verschiedene Aspekte der Umwelt und der Gesellschaft zu bewerten.

Working Guide/Anwendungsfelder

P1 Sensibilisierung/Bildung	P2 Matching Recht/Gesetz	P3 Sustainability Roadmap	P4 Produkt/Prozessdesign	P5 Implementierung/Monitoring	P6 Kommunikation	P7 Organisation	P8 Führung	P9 Business Model Design	P10 Skalierung
		X	X	X			X	X	X

Beschreibung

Impact Assessment (IA) spielt eine wesentliche Rolle in der Nachhaltigkeitsstrategie, indem es ermöglicht, die Auswirkungen einer Intervention auf soziale, ökonomische und ökologische Aspekte zu erfassen und zu bewerten. Als Intervention ist jede Entscheidung einer Organisation zu verstehen, die Änderungen mit sich bringt (z. B. Entwicklung und Einführung eines neuen Produkts, Expansion, Bau einer neuen Fabrik). Es ermöglicht den Stakeholdern, die potenziellen negativen und positiven Folgen einer Intervention im Voraus zu erkennen und geeignete Maßnahmen zur Minimierung negativer und zur Maximierung positiver Auswirkungen zu ergreifen.

Dadurch unterstützt IA-Entscheidungsträger dabei, die besten Optionen für eine nachhaltige Entwicklung zu wählen. Darüber hinaus fördert IA die Transparenz und Beteiligung verschiedener Stakeholder, indem es einen systematischen Rahmen für die Konsultation und Einbeziehung relevanter Parteien bietet.

Vorteile

- Frühzeitig gerade die unerwünschten Wirkungen und Folgen erkennen, verbessert den Erfolg
- Vermeidung negativer Folgen bzw. Verstärkung positiver Effekte
- Ermittlung, ob Maßnahmen den gewünschten Effekt erzielen werden
- Quantifizierung von Auswirkungen und damit Messbarkeit von Maßnahmen
- Nutzung dieser Indikatoren für die Nachhaltigkeitsberichterstattung

Impact Assessments kommen in verschiedensten Bereichen zum Einsatz, z. B.

- Ökonomie: z. B. Kosten-Nutzen-Analyse oder Return-on-Investment-(RoI)-Analyse
- Umwelt: z. B. Umweltverträglichkeitsprüfung oder Lebenszyklus-Analyse
- Sozial/Gesellschaft: z. B. Social-Impact-Analyse oder Health-Impact Assessment
- Mischformen: z. B. Sustainable Finance

Die Methode hat in den vergangenen Jahren stark an Bedeutung gewonnen, da Stakeholder immer häufiger nachweisbare Wirksamkeit der Nachhaltigkeitsmaßnahmen von Unternehmen einfordern. Zudem wird sie zukünftig im Rahmen der doppelten Wesentlichkeit weiter an Relevanz gewinnen.

Durchführung

Die Durchführung eines Impact Assessments folgt in der Regel einem mehrstufigen Prozess:

1. Screening: Bestimmung, ob ein Impact Assessment notwendig ist und welches Ausmaß es haben sollte.
2. Scoping: Identifizierung der Schlüsselthemen und -bereiche, die das Impact Assessment abdecken sollte, und Festlegung des Rahmens des Assessments.
3. Impact Analysis: Analyse und Vorhersage der potenziellen Auswirkungen der Intervention auf die im Scoping identifizierten Schlüsselthemen und -bereiche.
4. Mitigation and Impact Management: Entwicklung von Maßnahmen zur Minimierung negativer Auswirkungen und Maximierung positiver Auswirkungen.
5. Reporting and Decision Making: Erstellung eines IA-Berichts und Nutzung der Ergebnisse zur Unterstützung der Entscheidungsfindung.
6. Monitoring and Follow-up: Überwachung der tatsächlichen Auswirkungen der Intervention und Anpassung der Maßnahmen bei Bedarf.

Die konkreten Messinstrumente variieren in Abhängigkeit der jeweiligen Fragestellung.

Praxisschlaglicht

Ein gutes Beispiel für ein Impact Assessment ist die Bewertung von Infrastrukturprojekten, wie bspw. der Bau eines Staudamms.

In solchen Fällen kann ein IA helfen, die ökologischen, sozialen und wirtschaftlichen Auswirkungen des Projekts zu bewerten, etwa die Veränderung der Wasserqualität, die Umsiedlung von Gemeinschaften und die Auswirkungen auf die lokale Wirtschaft.

Durch die Durchführung eines IA können diese Auswirkungen im Voraus identifiziert und angemessene Maßnahmen zur Abmilderung negativer Auswirkungen und zur Maximierung positiver Auswirkungen ergriffen werden.

Helfende Organisation

International Association for Impact Assessment

Wirkfeld der Methode

- Wirksam für Herausforderungen mit hoher Komplexität
- Wirksam für nachhaltiges Marketing
- Wirksam für nachhaltiges Produktdesign
- Wirksam für nachhaltiges Prozessdesign
- Wirksam für nachhaltiges Servicedesign
- Wirksam für nachhaltiges Business Model Design

Transformationsfähigkeit Ihres Teams

- Fördert die Sensibilisierung
- Erhöht die Lösungsorientierung
- Zeigt Gesamtzusammenhänge auf

Einsatzcharakteristik/Arbeitsrahmen

- Austauschfokus: vornehmlich mit internen und externen Personen
- Durchführungszeit: eher hoch (> 1 Tag)
- Einsatzfrequenz: vornehmlich über den kompletten Projektzeitraum
- Einsatzradius: vornehmlich im projektweiten Einsatz
- Einsatzradius: vornehmlich im unternehmensweiten Einsatz
- Komplexität für die Teilnehmer: eher hoch
- Vorbereitungszeit: eher hoch (>1 Tag)

Input für eine zielführende Arbeit mit der Methode

- Aktuelle Herausforderung, Leitfrage, Problem
- Beteiligte Personen mit Tätigkeiten und Aufgaben
- Existierende Prozesse und Verfahren
- Frühe erste Prototypen
- Ideen und Projekte, die zur Umsetzung anstehen
- Liste von Alternativen
- Vorhandenes Wissen und Erfahrungen
- Frühere Lösungen, Falllisten
- Gescheiterte Ideen und fehlgeschlagene Projekte
- Ideen, Lösungsansätze, Vorideen, Varianten
- Wissen über Gesetze und Rahmenbedingungen

Output und beobachtete Ergebnisse der Methode

- Erzeugt Listen von Chancen und Risiken
- Erzeugt Prognosen und Ableitungen
- Erzeugt Ideen, Lösungsansätze, Vorideen, Möglichkeiten
- Erzeugt Planungen und Priorisierungen
- Hilft bei Entscheidungen, Bewertungen und Feedback
- Identifiziert vorhandene Schwachstellen
- Identifiziert vorhandene Stärken
- Macht Wirkzusammenhänge sichtbar

Hinderniseffekte, auf die die Methode positiv wirkt

- Beugt Missinterpretationen vor
- Beugt blinden Flecken/Betriebsblindheit vor
- Bewahrt vor zu generischen Ideen und Aussagen
- Verhindert einseitige Bewertungen und Entscheidungen
- Verhindert unreflektiertes agieren
- Verhindert vorschnelles Urteilen über Ideen

Mögliche Extravorteile der Methode

- Keine bekannt

Quellen

Buch – Morgan, R. (2012) Environmental impact assessment: the state of the art, Impact Assessment and Project Appraisal, 30:1, 5-14, DOI: 10.1080/14615517.2012.661557

Buch – Wood, C. (2003): Environmental impact assessment: a comparative review.

Buch – Therivel, R., Wood, G. (2018): Methods of Environmental and Social Impact Assessment.

122

Impact Gaps Canvas

EinSatzBeschreibung

Eine Methode, die das Ziel hat, eine Problemstellung tiefgehend zu verstehen und passgenaue Leitfragen zu entwickeln, bevor eine Lösung verfolgt wird.

Working Guide/Anwendungsfelder

P1 Sensibilisierung/Bildung	P2 Matching Recht/Gesetz	P3 Sustainability Roadmap	P4 Produkt/Prozessdesign	P5 Implementierung/Monitoring	P6 Kommunikation	P7 Organisation	P8 Führung	P9 Business Model Design	P10 Skalierung
X			X						

Beschreibung

Der Impact Gaps Canvas hilft dabei die komplette Landschaft eines Problems zu verstehen. Er besteht aus 3 Teilen, auf der linken Seite befinden sich Fragen, die dabei helfen, das Problem zu verstehen und zu umreißen (wer oder was ist betroffen, was hält den gegenwärtigen Status quo aufrecht und wer wird negativ beeinflusst, wenn das Problem gelöst wird, mit welchen anderen Themen ist dieses Problem verbunden, die Geschichte des Problems usw.).

Die Fragen auf der rechten Seite helfen dabei, die „Lösungslandschaft" zu skizzieren (was wurde bereits versucht, was hat funktioniert und was nicht, wie sind diese Bemühungen miteinander verbunden. Hier wird herausgearbeitet welche Lösungen es für die untersuchte Fragestellung schon gibt.

In der Mitte befindet sich die „Wirkungslücke". Sie können diese Lücke aus der Vogelperspektive erforschen (was fehlt im gesamten Ökosystem der Lösungslandschaft, was könnte diese Bemühungen miteinander verbinden, welche Regulierung könnte erforderlich sein, welche Ressourcen fehlen) oder die Lücken in den einzelnen Bemühungen expliziter erforschen (warum sind diese Bemühungen gescheitert, was fehlt genau, um das Problem zu lösen)

Der Impact Gaps Canvas ist aus den Forschungen von Daniela Papi-Thornton hervorgegangen.

Durchführung

Drucken Sie das Impact-Gaps-Template aus oder zeichnen Sie die drei Bereiche auf eine Pinnwand.

- Fragestellung (Challenge Mapping, linke Seite)
- Lösungen (Solution Mapping, rechte Seite)
- Unbeantwortete Bereiche (Impact Gaps, Mitte)

Fragestellung (Challenge Mapping, linke Seite)

Schreiben Sie gemeinsam mit Ihrem Team auf, was die Herausforderung ist, die Sie lösen möchten. Sammeln Sie Zahlen, Daten, Fakten dazu und entwickeln Sie passende Leitfragen. Recherchieren Sie, welche Ursache die Herausforderung hat und wie sich diese womöglich zukünftig verändern wird. Beschreiben Sie auch, zu welchen anderen Herausforderungen eine Beziehung besteht und wer von einer Lösung der Herausforderung positiv (aber auch negativ) betroffen ist. Schreiben Sie alle Informationen auf, die Ihnen zur Fragestellung einfallen und machen Sie diese für das ganze Team sichtbar. Eine Sammlung auf der Pinnwand mit Post-it's hat sich bewährt, so kann im Prozess jeder etwas beisteuern.

Lösungen (Solution Mapping, rechte Seite)

Finden Sie heraus, welche Lösungen es bereits zu dieser Fragestellung gibt (lokal und global). Recherchieren Sie auch, welche Ressourcen diese jeweils benötigen und auch ggf. warum etwas nicht funktioniert hat. Welche Projekte sind aktuell geplant, um die Herausforderung in der Zukunft zu lösen. Investieren Sie ausreichend Zeit, viele Informationen werden erst bei tieferer Recherche sichtbar.

Unbeantwortete Bereiche (Impact Gaps, Mitte)

In der Mitte finden Sie das Impact Gap. Dies lässt sich aus der Vogelperspektive betrachten (was fehlt in der Landschaft/Industrie/Branche) oder Sie untersuchen die einzelnen Lücken zwischen der Herausforderung und den bereits vorhandenen Lösungen (warum hat eine Idee nicht funktioniert? Welche Teile des Modells können verbessert werden? Wie kann der Impact erhöht werden?). Die gefundenen Lücken entwickeln Sie mit dem Team weiter zu Fragestellungen.

Hier ein Praxisbeispiel für die Herausforderung „Wie kann man die Versorgung in urbanen Gebieten mit nachhaltig produzierten Lebensmitteln sicherstellen?"

Fragestellung (Challenge Mapping, linke Seite)

Daten und Fakten: 80 Prozent der Lebensmittel werden aus ländlichen Gebieten importiert, der größte Teil der Lebensmittel wird in städtischen Gebieten verschwendet.

Leitfragen: Wie könnte die Lebensmittelproduktion lokalisiert werden? Wie können Lebensmittelverschwendung reduziert und Abläufe optimiert werden?

Ursachen: Mangel an Raum für Landwirtschaft in der Stadt, fehlende Wissensvermittlung über nachhaltige Praktiken, Schnelllebigkeit urbaner Lebensstile.

Zukünftige Veränderungen: Steigende Bevölkerung in städtischen Gebieten, erhöhter Bedarf an Lebensmitteln, steigendes Umweltbewusstsein.

Beziehungen zu anderen Herausforderungen: Verringerung der CO_2-Emissionen, Schaffung von grünen Arbeitsplätzen, Ernährungssicherheit.

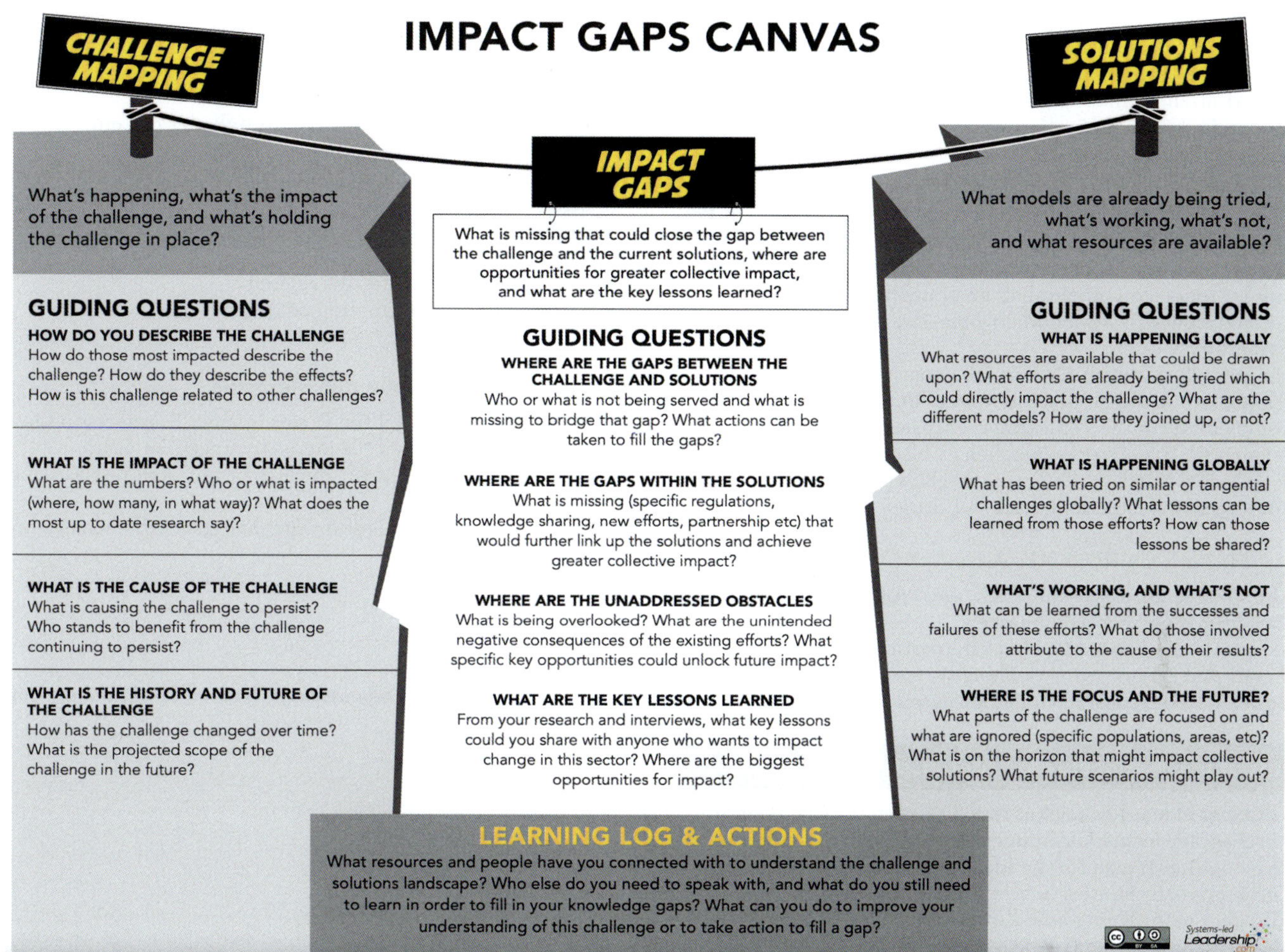

Impact Gaps Canvas (Quelle: https://tacklingheropreneurship.com/the-impact-gaps-canvas/=)

Betroffene: Stadtbewohner, lokale Bauern, lokale Unternehmen, Umweltschützer.

Lösungen (Solution Mapping, rechte Seite)

Existierende Lösungen: Urbane Farmen auf Dächern, Gemeinschaftsgärten, Farm-to-Table-Restaurants.

Ressourcen: Land, Wasser, Ausbildung, Gemeinschaftseinbindung.

Fehlgeschlagene Ansätze: Versuche, traditionelle Landwirtschaftspraktiken in der Stadt ohne Anpassung an städtische Bedingungen anzuwenden.

Zukünftige Projekte: Einrichtung von Aquaponik-Systemen in städtischen Gebieten, Ausweitung von Bildungsprogrammen über nachhaltige Lebensmittelproduktion.

Unbeantwortete Bereiche (Impact Gaps, Mitte)

Lücken in der Branche: Mangel an finanziellen Anreizen für nachhaltige städtische Landwirtschaft, unzureichende Infrastruktur für den Transport lokaler Lebensmittel.

Warum hat eine Idee nicht funktioniert? Fehlendes Wissen über städtische Agrartechniken, mangelnde Gemeinschaftsbeteiligung.

Verbesserungsmöglichkeiten: Schaffung eines Netzwerks lokaler Bauern und Verbraucher, Anreizsysteme für nachhaltige Praktiken, Stärkung der Bildung und des Bewusstseins.

Praxisschlaglicht

Ein wichtiger Punkt bei der Bearbeitung des Impact Gaps Canvas ist die Visualisierung. Gerade wenn das Tool im Gruppen/Team-Prozess genutzt wird, sollten alle Teilnehmer:innen die verfügbaren Informationen sichtbar zur Verfügung.

Wirkfeld der Methode

- Wirksam für Herausforderungen mit mittlerer Komplexität
- Wirksam für Herausforderungen mit niedriger Komplexität
- Wirksam für nachhaltiges Produktdesign
- Wirksam für nachhaltiges Prozessdesign
- Wirksam für nachhaltiges Servicedesign

Transformationsfähigkeit Ihres Teams

- Fördert die Sensibilisierung
- Fördert die Teamkreativität
- Fördert offene Mindsets und innovative Denkhaltungen
- Erhöht die Lösungsorientierung

Einsatzcharakteristik/Arbeitsrahmen

- Austauschfokus: vornehmlich mit internen und externen Personen
- Durchführungszeit: eher mittel (> 1 Stunde bis < 1 Tag)
- Einsatzfrequenz: vornehmlich im einmaligen Einsatz
- Einsatzfrequenz: vornehmlich über den kompletten Projektzeitraum
- Einsatzradius: vornehmlich im Teameinsatz
- Komplexität für den Moderator: eher mittel
- Komplexität für die Teilnehmer: eher hoch
- Teamgröße: Kleingruppe möglich (3 bis 5 Teilnehmer)
- Teamgröße: Mittelgroße Teams möglich (5 bis 20 Teilnehmer)
- Vorbereitungszeit: eher mittel (> 1 Stunde bis < 1 Tag)

Input für eine zielführende Arbeit mit der Methode

- Aktuelle Herausforderung, Leitfrage, Problem
- Durchführungszeit, Trainingszeit
- Merkmale der gegebenen Herausforderung
- Trends und Zukunftsentwicklungen
- Umfeldbeobachtungen, Umfeldanalysen

Output und beobachtete Ergebnisse der Methode

- Erzeugt Ideen, Lösungsansätze, Vorideen, Möglichkeiten
- Erzeugt Ideensuchfelder, unentdeckte Probleme, Inspiration
- Erzeugt Leitfragen für die Ideenfindung
- Erzeugt mehr Hintergrundinformationen
- Erzeugt mehr Know-how-Zuwachs
- Identifiziert vorhandene Schwachstellen
- Identifiziert vorhandene Stärken

Hinderniseffekte, auf die die Methode positiv wirkt

- Beugt Missinterpretationen vor
- Bewahrt vor zu generischen Ideen und Aussagen
- Bindet eher introvertierte Teammitglieder mit ein
- Schärft eine fehlende gemeinsame Ausrichtung
- Verhindert Ideenfindung mit zu schwacher Erkenntnisgrundlage
- Verhindert blinden Aktionismus
- Verhindert falsche Flughöhen
- Verhindert unreflektiertes agieren
- Wirkt fehlender Inspiration entgegen

Mögliche Extravorteile der Methode

- Möglicher Extravorteil für Teams in einer Komfortsituation
- Möglicher Extravorteil für innovativ ungeübte Teams
- Möglicher Extravorteil für die Arbeit mit digitalen Kollaborationsboards
- Möglicher Extravorteil für in Nachhaltigkeitsthemen erfahrene Teams

Quellen

Web – https://tacklingheropreneurship.com/the-impact-gaps-canvas/ (abgerufen am 10.10.2023)

Buch – Workbook Kreislaufwirtschaft, I.osann, H.Mattheis (Hanser, 2021)

Impact Helper

EinSatzBeschreibung

Ein Werkzeug zur ersten Ermittlung von positiven und negativen Wirkungen (Impact) eines Geschäftsmodells.

Working Guide/Anwendungsfelder

P1 Sensibilisierung/Bildung	P2 Matching Recht/Gesetz	P3 Sustainability Roadmap	P4 Produkt/Prozessdesign	P5 Implementierung/Monitoring	P6 Kommunikation	P7 Organisation	P8 Führung	P9 Business Model Design	P10 Skalierung
			X					X	X

Beschreibung

Der „Impact Helfer" bringt Unternehmen dazu, die sowohl positiven als auch negativen Wirkungen ihres Geschäftsmodells zu betrachten und liefert damit einen ersten Input für ein realistisches Impact Assessment.

Er ist in die drei Ebenen „Technologie/Produkt" (direkte Effekte), „Anwendung der Technologie/des Produkts" (indirekte Effekte) und „Gesellschaftlicher und struktureller Wandel" (systemische Effekte) unterteilt, und beleuchtet somit verschiedene Wirkungskategorien des Geschäftsmodells.

Um nachhaltige Geschäftsmodelle zu entwickeln ist es essenziell, sich der verschiedenen positiven sowie negativen Wirkungen der Geschäftsidee nicht nur auf den Profit, sondern auch auf Umwelt und Gesellschaft bewusst zu machen. Klingt das erstmal simpel, gibt es einige Beispiele von Geschäftsmodellen, die mit einem ökologischen Gedanken designed wurden, stattdessen aber gegenteilige Effekte erzielten.

Nehmen wir Carsharing: In diesem Product-as-a-Service-Geschäftsmodell werden IoT-Technologien eingesetzt, um den Besitz von Autos und die damit verbundenen ökologischen Wirkungen von privatem Transport zu reduzieren. Doch leider hat eine Studie (Regina R. Clewlow Gouri Shankar Mishra, Disruptive Transportation: The Adoption, Utilization, and Impacts of Ride-Hailing in the United States, Research Report – UCD-ITS-RR-17-07, 2017) ergeben, das städtisches Carsharing zu einer geringeren Nutzung von öffentlichen Verkehrsmitteln führt und stattdessen mehr Strecken mit dem Auto zurückgelegt werden als zuvor. Damit wird genau der gegenteilige vom eigentlich intendierten ökologischen Effekt erzielt.

Sich oftmals komplexe Wirkungen (Impact) von Geschäftsmodellen schon im Entwicklungsprozess bewusst zu machen, ist für Unternehmen also eine echte Herausforderung, aber essenziell wichtig.

Um eine erste Impactbetrachtung im agilen und schnelllebigen Ideenentwicklungsprozess zu inkludieren, gibt der Impact Helfer erste Fragestellungen an die Hand. Er erzielt seine größte Wirkung in Verbindung mit einem Geschäftsmodellentwicklungswerkzeug wie dem Sustainable Business Model Tree. Die Ergebnisse des Impact Helfers fließen in die Visualisierung des Sustainable Business Model Trees ein, sodass das Geschäftsmodell mit seinen Wirkungen in seiner Gänze beleuchtet wird.

Durchführung

Der Impact Helfer ist in einer Canvas Form strukturiert und kann damit Feld für Feld nacheinander abgearbeitet werden.

Zunächst werden für jede der 3 Ebenen positive und negative Wirkungen des betrachteten Geschäftsmodells identifiziert und alle 6 Felder von links nach rechts sowie oben nach unten ausgefüllt (siehe Abbildung). Übertragen Sie dazu am besten den Canvas auf ein großes Poster und befüllen Sie es mit Post-its, z. B. in dem Farbcode rot für negativen und grün für positiven entdeckten Impact.

Für eine digitale Variante erstellen Sie 6 Felder auf einem virtuellen Whiteboard, benennen die Ebenen und füllen mit digitalen Post-its aus.

Nutzen Sie nach der Impactanalyse mögliche Prinzipien, um die positiven und negativen Wirkungen zu maximieren bzw. minimieren und so Ihr Geschäftsmodell nachhaltiger zu gestalten. Schreiben Sie diese Ideen auf eine extra Ideenwand und strukturieren Sie wieder nach den 3 Ebenen.

Visualisieren Sie anschließend das gesamte Geschäftsmodell inklusiver seiner Wirkungen im Sustainable Model Tree oder Sustainable Business Model Canvas und verbessern es mit Ihren Ideen zur Maximierung der positiven bzw. Minimierung der negativen Wirkungen.

Der Impact Helfer und seine 6 Felder:

1. **Ebene 1 Technologie/Produkt (direkte Effekte) – positiver Impact**

Hilfsfrage zur *Identifikation des positiven Impacts*: Fängt das Geschäftsmodell Abfälle und Emissionen aus der Umwelt ein?

Prinzip zur *Maximierung des positiven Impacts:* Maximieren Sie die Erfassung von Abfällen oder Emissionen

- Verwenden Sie für Ihr Produkt nach Möglichkeit Materialien, die als „Abfall" gelten und derzeit die Umwelt verschmutzen (wie z. B. Produkte aus recyceltem Meereskunststoff siehe die Brille von Sea2Sea oder Schuhe von Adidas)
- Gehen Sie, wenn möglich, eine „industrielle Symbiose" mit einschlägigen Industriepartnern ein, um Materialien in Kreisläufen zu halten und Emissionen gemeinsam zu vermeiden.
- Sondieren Sie das Potenzial einer gänzlichen Vermeidung von Treibhausgasen in Ihrem Produkt/Ihrer Technologie. Können

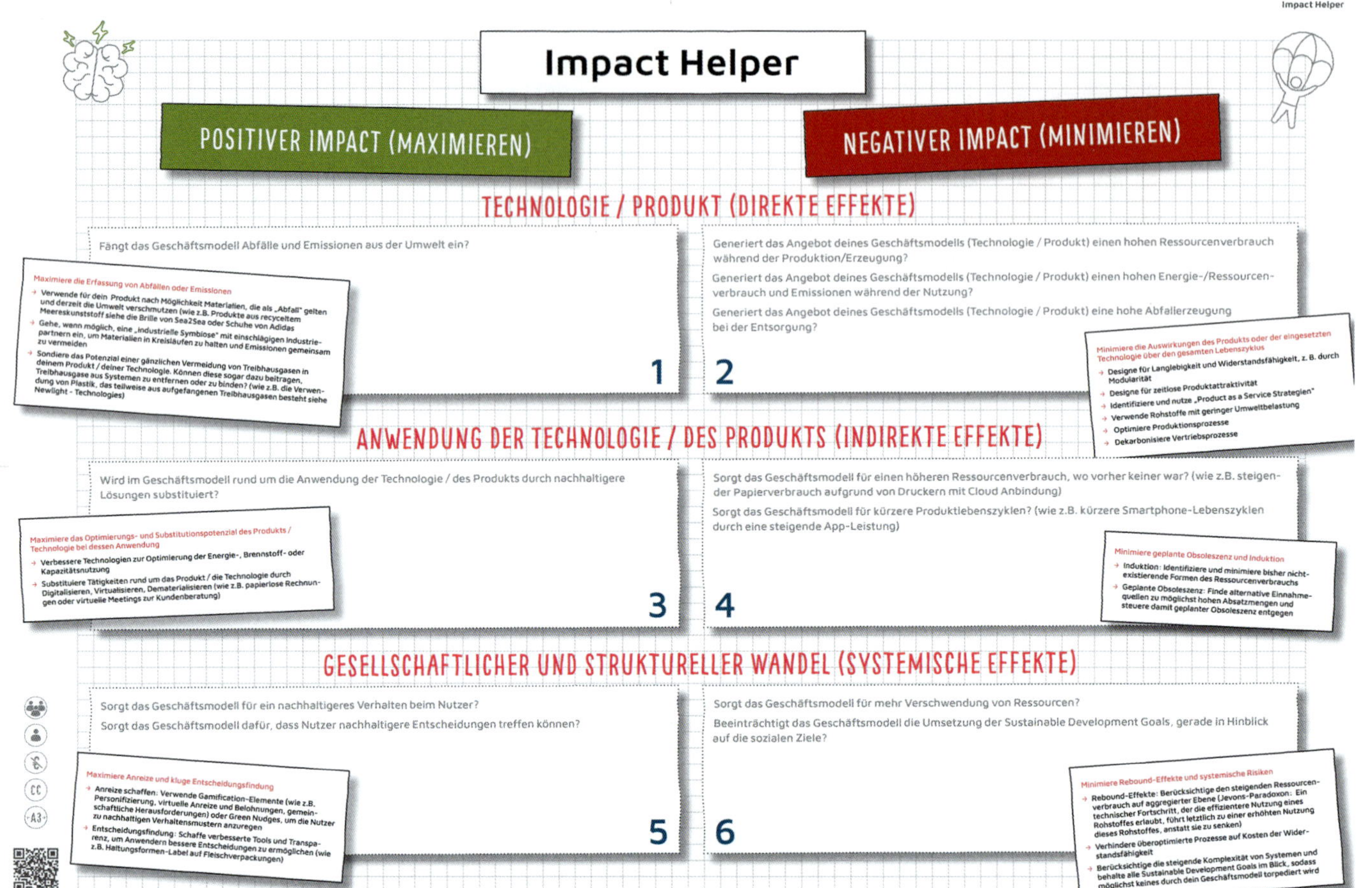

diese sogar dazu beitragen, Treibhausgase aus Systemen zu entfernen oder zu binden? (wie z. B. die Verwendung von Plastik, das teilweise aus aufgefangenen Treibhausgasen besteht siehe Newlight-Technologies)

2. **Ebene 1 Technologie/Produkt (direkte Effekte) – negativer Impact**

Hilfsfragen zur *Identifikation von negativem Impact:*

- Generiert das Angebot Ihres Geschäftsmodells (Technologie/Produkt) einen hohen Ressourcenverbrauch während der Produktion/Erzeugung?
- Generiert das Angebot Ihres Geschäftsmodells (Technologie/Produkt) einen hohen Energie-/Ressourcenverbrauch und Emissionen während der Nutzung?
- Generiert das Angebot Ihres Geschäftsmodells (Technologie/Produkt) eine hohe Abfallerzeugung bei der Entsorgung?

Prinzip zur Minimierung von *negativem Impact:* Minimieren Sie die Auswirkungen des Produkts oder der eingesetzten Technologie über den gesamten Lebenszyklus

- Designen Sie für Langlebigkeit und Widerstandsfähigkeit, z. B. durch Modularität
- Designen Sie für zeitlose Produktattraktivität
- Identifizieren und nutzen Sie „Product as a Service Strategien"
- Verwenden Sie Rohstoffe mit geringer Umweltbelastung
- Optimieren Sie Produktionsprozesse
- Dekarbonisieren Sie Vertriebsprozesse

3. **Anwendung der Technologie/des Produkts (indirekte Effekte) – positiver Impact**

Hilfsfrage zur *Identifikation von positivem Impact:* Wird im Geschäftsmodell rund um die Anwendung der Technologie/des Produkts durch nachhaltigere Lösungen substituiert?

Prinzip zur *Maximierung von positivem Impact:* Maximieren Sie das Optimierungs- und Substitutionspotenzial des Produkts/Technologie bei dessen Anwendung

- Verbessern Sie Technologien zur Optimierung der Energie-, Brennstoff- oder Kapazitätsnutzung
- Substituieren Sie Tätigkeiten rund um das Produkt/die Technologie durch Digitalisieren, Virtualisieren, Dematerialisieren (wie z. B. papierlose Rechnungen oder virtuelle Meetings zur Kundenberatung)

4. **Anwendung der Technologie/des Produkts (indirekte Effekte) – negativer Impact**

Hilfsfragen zur *Identifikation von negativem Impact:*

- Sorgt das Geschäftsmodell für einen höheren Ressourcenverbrauch, wo vorher keiner war? (wie z. B. steigender Papierverbrauch aufgrund von Druckern mit Cloud Anbindung)

- Sorgt das Geschäftsmodell für kürzere Produktlebenszyklen? (wie z. B. kürzere Smartphone-Lebenszyklen durch eine steigende App-Leistung)

Prinzip zur *Minimierung von negativem Impact:* Minimieren Sie geplante Obsoleszenz und Induktion

- Induktion: Identifizieren und minimieren Sie bisher nichtexistierende Formen des Ressourcenverbrauchs
- Geplante Obsoleszenz: Finden Sie alternative Einnahmequellen zu möglichst hohen Absatzmengen und steuern damit geplanter Obsoleszenz entgegen

5. Gesellschaftlicher und struktureller Wandel (systemische Effekte) – positiver Impact

Hilfsfragen zur *Identifikation von positivem Impact:*

- Sorgt das Geschäftsmodell für ein nachhaltigeres Verhalten beim Nutzer?
- Sorgt das Geschäftsmodell dafür, dass Nutzer nachhaltigere Entscheidungen treffen können?

Prinzip zur *Maximierung von positivem Impact:* Maximieren Sie Anreize und kluge Entscheidungsfindung

- Anreize schaffen: Verwenden Sie Gamification-Elemente (wie z. B. Personifizierung, virtuelle Anreize und Belohnungen, gemeinschaftliche Herausforderungen) oder Green Nudges, um die Nutzer zu nachhaltigen Verhaltensmustern anzuregen
- Entscheidungsfindung: Schaffen Sie verbesserte Tools und Transparenz, um Anwendern bessere Entscheidungen zu ermöglichen (wie z. B. Haltungsformen-Label auf Fleischverpackungen)

6. Gesellschaftlicher und struktureller Wandel (systemische Effekte) – negativer Impact

Hilfsfragen zur *Identifikation von negativem Impact:*

- Sorgt das Geschäftsmodell für mehr Verschwendung von Ressourcen?
- Beeinträchtigt das Geschäftsmodell die Umsetzung der Sustainable Development Goals, gerade in Hinblick auf die sozialen Ziele?

Prinzip zur *Minimierung von negativem Impact:* Minimieren Sie Rebound-Effekte und systemische Risiken

- Rebound-Effekte: Berücksichtigen Sie den steigenden Ressourcenverbrauch auf aggregierter Ebene (Jevons-Paradoxon: Ein technischer Fortschritt, der die effizientere Nutzung eines Rohstoffes erlaubt, führt letztlich zu einer erhöhten Nutzung dieses Rohstoffes, anstatt sie zu senken)
- Verhindern Sie überoptimierte Prozesse auf Kosten der Widerstandsfähigkeit
- Berücksichtigen Sie die steigende Komplexität von Systemen und behalten alle Sustainable Development Goals im Blick, sodass möglichst keines durch Ihr Geschäftsmodell torpediert wird

Wirkfeld der Methode

- Wirksam für Herausforderungen mit hoher Komplexität
- Wirksam für nachhaltiges Business Model Design

Transformationsfähigkeit Ihres Teams

- Fördert die Sensibilisierung
- Fördert offene Mindsets und innovative Denkhaltungen
- Zahlt auf eine bessere Wahrnehmung ein
- Erhöht die Lösungsorientierung

Einsatzcharakteristik/Arbeitsrahmen

- Austauschfokus: vornehmlich mit internen und externen Personen
- Durchführungszeit: eher mittel (> 1 Stunde bis < 1 Tag)
- Einsatzfrequenz: vornehmlich über den kompletten Projektzeitraum
- Einsatzradius: vornehmlich im projektweiten Einsatz
- Komplexität für den Moderator: eher gering
- Komplexität für die Teilnehmer: eher hoch
- Teamgröße: Einzelpersonennutzung möglich
- Teamgröße: Kleingruppe möglich (3 bis 5 Teilnehmer)
- Teamgröße: Maxigruppen möglich (20 bis 40 Teilnehmer)
- Teamgröße: Mittelgroße Teams möglich (5 bis 20 Teilnehmer)
- Vorbereitungszeit: eher gering (< 1 Stunde)

Input für eine zielführende Arbeit mit der Methode

- Aktuell existierende Geschäftsmodelle
- Aktuell existierende Produkte und Services
- Beteiligte Personen mit Tätigkeiten und Aufgaben
- Existierende Prozesse und Verfahren
- Vorhandenes Wissen und Erfahrungen
- Produktmerkmale, Skizzen, Eigenschaften
- Umfeldbeobachtungen, Umfeldanalysen

Output und beobachtete Ergebnisse der Methode

- Erzeugt größere Klarheit zu einem Thema
- Identifiziert vorhandene Schwachstellen
- Identifiziert vorhandene Stärken
- Macht Wirkzusammenhänge sichtbar

Hinderniseffekte, auf die die Methode positiv wirkt

- Beugt Missinterpretationen vor
- Beugt blinden Flecken/Betriebsblindheit vor
- Schafft für den Erfolg nötige Realitätsbezüge
- Schafft schnell Klarheit und beschleunigt Erkenntnisgewinn
- Verhindert Ideenfindung mit zu schwacher Erkenntnisgrundlage
- Verhindert blinden Aktionismus
- Verhindert einseitige Bewertungen und Entscheidungen
- Verhindert falsche Flughöhen
- Verhindert unreflektiertes agieren
- Verringert zu große Komplexitäten

Mögliche Extravorteile der Methode

- Möglicher Extravorteil für agile Teams
- Möglicher Extravorteil für innovativ erfahrene Teams
- Möglicher Extravorteil für die Arbeit mit digitalen Kollaborationsboards
- Möglicher Extravorteil für in Nachhaltigkeitsthemen ungeübte Teams

Quellen

Organisation – Threebility – Berlin, https://www.threebility.com
Organisation – verrocchio Institute for Innovation Competence AG – Düsseldorf, www.verrocchio.institute
Web – https://www.threebility.com/post/the-sustainability-impact-canvas-a-foundation-for-sustainable-innovation (abgerufen am 25.08.2023)

Impact Kickbox

EinSatzBeschreibung

„Kickbox“ ist ein Open-Source-Tool von Adobe Systems, um Innovationen innerhalb von Organisationen zu fördern.

Working Guide/Anwendungsfelder

P1 Sensibilisierung/Bildung	P2 Matching Recht/Gesetz	P3 Sustainability Roadmap	P4 Produkt/Prozessdesign	P5 Implementierung/Monitoring	P6 Kommunikation	P7 Organisation	P8 Führung	P9 Business Model Design	P10 Skalierung
X			X	X				X	X

Beschreibung

In der Kickbox-Methodik erhalten Mitarbeitende eine physische oder virtuelle Box mit einem Framework und Werkzeugen für die eigenständige Innovationsentwicklung. Entwickelt, um die Lücke für disruptive Innovationen in Unternehmen zu schließen, enthält die Box Prozessorientierungskarten, kreative Hilfsmittel und potenziell eine Prepaid-Kreditkarte für kleinere Ausgaben. Die Methodik begleitet den Innovierenden systematisch vom Konzeptstadium bis zur Implementierung, wodurch auch radikale, von Kernprozessen abweichende Ideen realisiert werden können.

Das Framework fazilitiert die systematische Entwicklung und Validierung von Innovationen. Die darin enthaltene Schritt-für-Schritt-Anleitung ist in verschiedene Phasen unterteilt, beginnend mit der Ideengenerierung und endend mit der konkreten Ausformulierung einer Geschäftsidee. In jeder Phase sind Aufgaben und Leitfragen enthalten, die der Mitarbeitende beantworten muss. Diese Fragen können sowohl marketingbezogen als auch motivationsorientiert sein. Am Abschluss jeder Phase steht eine Checkliste, die validiert werden muss, um den Übergang in die nächste Phase zu ermöglichen.

Das Endziel des Prozesses besteht darin, unabhängig von bestehenden Unternehmensstrukturen und -hierarchien, die Wirksamkeit der Innovierenden zu erhöhen, den Innovationsfluss zu beschleunigen und signifikante Auswirkungen (Innovationsimpacts) zu optimieren. Zusätzlich wird den Teilnehmenden vermittelt, wie sie selbstständig innovative Ideen generieren können. Innovation wird als kollektive Unternehmung betrachtet, bei der die gesamte Belegschaft teilnimmt.

Impact Kickbox erlaubt eine rasche Iteration und empirische Validierung von nachhaltigen Ideen. Der Prozess ist darauf ausgerichtet, schnell zu lernen, was funktioniert und was nicht, sodass Ressourcen effizient genutzt werden. In Fragen der Nachhaltigkeit können messbare Metriken und Richtlinien eingeführt werden, um den tatsächlichen Impact einer Innovation zu überprüfen. Dies ist entscheidend, um sicherzustellen, dass die umgesetzten Ideen einen realen Beitrag zur Nachhaltigkeit leisten und nicht nur auf Annahmen oder gutem Willen basieren.

Die Methodik ist skalierbar und kann daher auf individueller und organisatorischer Ebene implementiert werden. In größeren Organisationen könnte dies bedeuten, dass Nachhaltigkeitsinitiativen schnell und breit im Unternehmen umgesetzt werden können.

Durchführung

Impact Kickbox stellt eine Weiterentwicklung des Adobe Kickbox-Modells dar, angepasst an die spezifischen Bedürfnisse nachhaltiger Innovationsprojekte. Das Rahmenwerk kombiniert die bewährte Methodik mit den Prinzipien der nachhaltigen Entwicklung.

Die Kickbox ist eine kleine rote Pappschachtel mit Werkzeugen, die eine Mitarbeitende benötigt, um eine neue Idee zu entwickeln, Prototypen zu erstellen und zu testen. In der roten Adobe-Box finden Sie: Anleitungskarten, einen Stift, zwei Haftnotizen, zwei Notizbücher, eine Starbucks-Geschenkkarte, ein Schokoriegel und eine Prepaid-Kreditkarte im Wert von 1.000 US-Dollar.

Die Anweisungen in der Kickbox bestehen aus einem sechsstufigen Curriculum, das die Mitarbeitende dazu ermutigt, jeden Schritt zu meistern. Jedes Level enthält Übungen und eine Check-

Foto: https://www.rready.com

liste. Die Übungen sollen die Mitarbeitende von der Brainstorming-Phase bis hin zu einer kleinen Prüfung begleiten.

Stufe 1: Inception

Ziel: Erkennung und Artikulierung der Motivation für nachhaltige Innovation.

Werkzeuge: Vorbereitungskarten mit Fragen und Leitlinien zu sozialen, ökologischen und ökonomischen Auswirkungen.

Stufe 2: Ideation

Ziel: Generierung und Sammlung von Ideen mit nachhaltigem Wert.

Werkzeuge: Notizbuch für Konzeptskizzen, Leitfaden für Brainstorming-Sessions unter Einbeziehung von Nachhaltigkeitsaspekten, Kreativitätsfördernde nachhaltige Aktivitäten (FAME: Freunde, Kunst, Musik, Sport).

Stufe 3: Improve

Ziel: Verfeinerung und Stärkung der Ideen unter Einhaltung von Nachhaltigkeitsstandards.

Werkzeuge: Nachhaltiges Business Model Canvas, Elevator-Pitch-Template mit speziellen Feldern für soziale und ökologische Auswirkungen.

Stufe 4: Investigate

Ziel: Sammeln von Marktdaten und Stakeholder-Rückmeldungen.

Werkzeuge: Checklisten und Leitfäden für Stakeholder-Interviews, Skripte für die Erstellung einer nachhaltigen Produktwebsite und für Webanzeigen, die Nachhaltigkeitsaspekte hervorheben, Impact Kickbox-Mentor für Datenüberprüfung.

Stufe 5: Iterate

Ziel: Iterative Verbesserung der Idee durch A/B-Tests und Datenanalyse.

Werkzeuge: Anleitung zur Implementierung von A/B-Tests mit Nachhaltigkeitskomponenten, Dashboard-Template für die Analyse von Umweltauswirkungen und sozialem Mehrwert, Budgetverwaltung.

Stufe 6: Infiltrate

Ziel: Erlangung von Unternehmensunterstützung für den Projektstart.

Werkzeuge: Leitfaden für die Erstellung einer 10-minütigen Präsentation mit Nachhaltigkeitsindikatoren, Vorlagen für Finanzierungsanträge mit Betonung der sozialen und ökologischen Rendite.

Nach dem Durchlaufen der sechs Stufen steht die Blaue Box als nächste Phase zur Verfügung. Sie bietet erweiterte Tools und Ressourcen für die Skalierung und Markteinführung der nachhaltigen Innovation.

Tipp: Das Grundmaterial der Impact Kickbox (Red and Blue Box) ist Open Source und frei verfügbar.

Wirkfeld der Methode

- Wirksam für nachhaltiges Marketing
- Wirksam für nachhaltiges Produktdesign
- Wirksam für nachhaltiges Prozessdesign
- Wirksam für nachhaltiges Servicedesign
- Wirksam für nachhaltiges Business Model Design

Transformationsfähigkeit Ihres Teams

- Fördert die Sensibilisierung
- Fördert die allgemeine Transformationsfähigkeit des Teams
- Fördert grundlegend die Kreativität
- Fördert offene Mindsets und innovative Denkhaltungen
- Sorgt für Inspiration oder bessere Inspirationsempfindlichkeit
- Erhöht die Lösungsorientierung

Einsatzcharakteristik/Arbeitsrahmen

- Austauschfokus: vornehmlich mit internen Personen
- Durchführungszeit: eher hoch (> 1 Tag)
- Einsatzfrequenz: sinnvoll im dauerhaften Einsatz
- Einsatzradius: vornehmlich im unternehmensweiten Einsatz
- Komplexität für den Moderator: eher mittel
- Komplexität für die Teilnehmer: eher hoch
- Teamgröße: Einzelpersonennutzung möglich
- Teamgröße: Kleingruppe möglich (3 bis 5 Teilnehmer)
- Vorbereitungszeit: eher hoch (>1 Tag)

Input für eine zielführende Arbeit mit der Methode

- Aktuelle Herausforderung, Leitfrage, Problem

Output und beobachtete Ergebnisse der Methode

- Erzeugt Ideen für neue Märkte und neue Business Modelle
- Erzeugt Ideen, Lösungsansätze, Vorideen, Möglichkeiten
- Erzeugt angereicherte Ideen, Ideencluster, höher integrierte Lösungen

Hinderniseffekte, auf die die Methode positiv wirkt

- Bindet eher introvertierte Teammitglieder mit ein
- Verhindert Ideenbunkerei und Geheimniskrämerei

Mögliche Extravorteile der Methode

- Möglicher Extravorteil für Teams in einer Komfortsituation
- Möglicher Extravorteil für in Nachhaltigkeitsthemen erfahrene Teams

Quellen

Web – https://kickbox.org (abgerufen am 26. August 2023)
Web – https://www.rready.com (abgerufen am 26. August 2023)
Web – https://hbr.org/2015/02/inside-adobes-innovation-kit (abgerufen am 26. August 2023)

125 Info-Fresko „The World of Sustainable Innovation"

EinSatzBeschreibung

Eine Infografik in der Größe 2,25 m x 1,1 m, die einen kompletten Überblick über das Thema nachhaltige Transformation gibt.

Working Guide/Anwendungsfelder

P1 Sensibilisierung/Bildung	P2 Matching Recht/Gesetz	P3 Sustainability Roadmap	P4 Produkt/Prozessdesign	P5 Implementierung/Monitoring	P6 Kommunikation	P7 Organisation	P8 Führung	P9 Business Model Design	P10 Skalierung
X		X					X		

Beschreibung

Info-Fresken sind von Benno van Aerssen handgezeichnete, großformatige Infographics. Er setzt sie in seinen Beratungen und Workshops ein, um den Teilnehmern einen schnellen und effizienten Überblick über Themen und auch Projekte zu geben. Es hängen aber auch Kunstreprodrucke bei seinen Kunden in Innovationsräumen, Fluren und Vorstandsetagen. So erzeugen die Info-Fresken große Nachhaltigkeit in Innovationsprojekten und leisten einen elementaren Beitrag zum so wichtigen informellen Lernen einer Organisation.

Man kennt sie als klassische Wandbilder in Kirchen, die eine Szene beschreiben oder einen Überblick über einen Moment oder ein Thema geben. Schon auf den ersten Blick wirken sie sehr umfangreich – gleichzeitig liefern sie einen schnellen Überblick. Hier liegt das Besondere im Detail. Bei näherem Hinsehen sind diese besonders schnell erfassbar.

Das Info-Fresko „The World of Sustainable Innovation" wurde in einem Gemeinschaftsprojekt von Benno van Aerssen und Christina Westing handgezeichnet.

Es zeigt die wichtigen Vokabeln, um nachhaltige Innovationen in Unternehmen zu verwirklichen. Das Info-Fresko gibt Organisationen einen Überblick, wie sie Innovation und unternehmerischen Erfolg mit Nachhaltigkeit verbinden können – mit über 200 Begriffen, bspw. zu den Themen Mindset, Typical Pitfalls, Sustainable Innovation Culture, Biodiversity, Water as the valuable resource, Microplastic, People and Planet centered Innovation, Relevant Innovation Frameworks, Business Potential Fields oder Sustainabe Business Model Generation und Open and Cross Industry Innovation.

Von den Info-Fresken wurden signierte und limitierte 1:1 Reprodrucke angefertigt. Sie liegen im Format 2,25 m x 1,1 m vor und sind auf 230gr/qm Lithospezialpapier (matt, warmweiß) ausgeführt. Die Originalwerke sind mit Tusche, Pastellstiften und Pastellkreiden erstellt. Alle Inhalte und Texte sind in Englisch gehalten.

Info-Fresko in der Entstehung

Durchführung

Hängen Sie das Info-Fresko einfach in Ihren Workshop- oder Projektraum an eine Wand oder an 2 verbundene Metaplanwände. Das Info-Fresko gibt schon durch seine Größe und Gestaltung dem Raum einen spannenden und interessanten Charakter. Lassen Sie grundsätzlich die Teilnehmer das Bild eigenständig erkunden.

Eine erprobte und verlässliche Einstiegsübung für ein Team sieht wie folgt aus:

Schritt 1: Bilden Sie 2er-Teams, die 15 Minuten Zeit bekommen, das Bild zu erkunden. Dabei geben Sie den Teams folgende Reflexionsfragen mit an die Hand:

- Was ist für euch grundsätzlich bemerkenswert an dem Bild?
- Habt Ihr einen konzeptionellen Aufbau im Bild erkannt und wie sieht dieser aus?

Info-Fresko im Workshopeinsatz

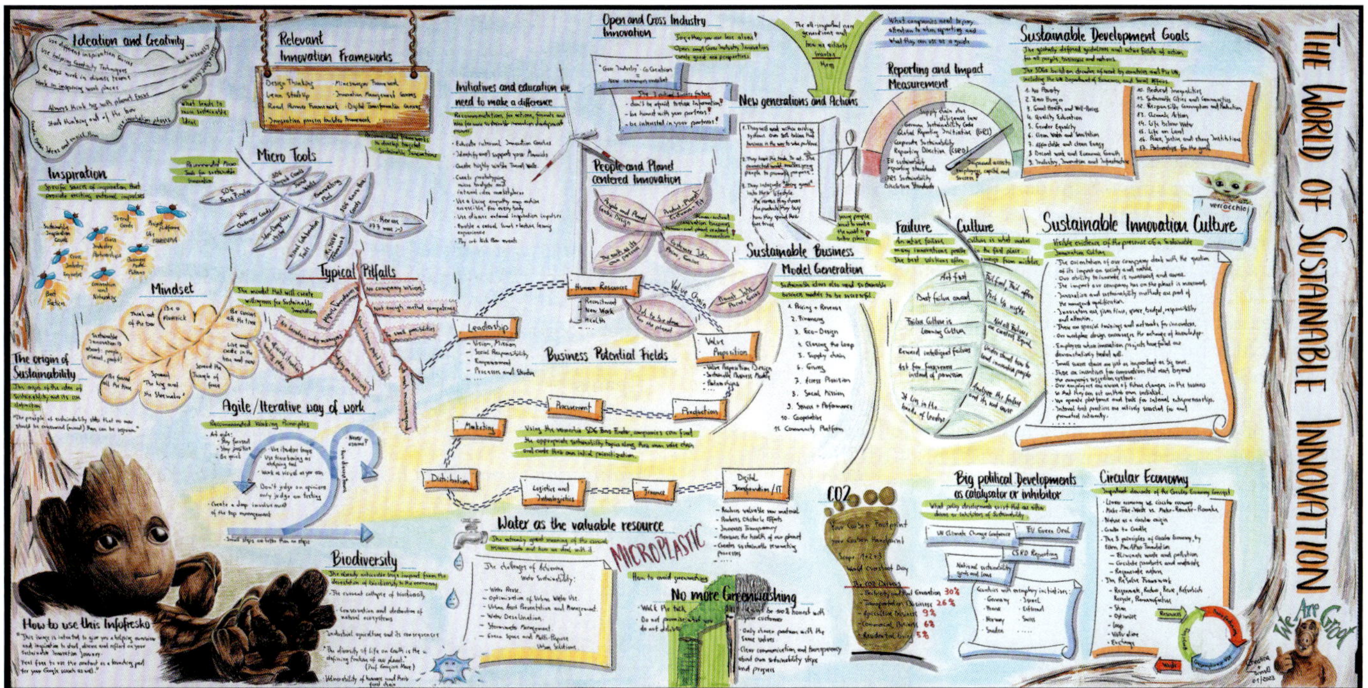

- An welchen Stellen knüpft das Bild an unsere aktuelle Herausforderung an?

Schritt 2: In einer Gruppenrunde stellt nun jedes Team seine Erkenntnisse bzw. Antworten auf die Fragen vor. Optional können alle Erkenntnisse an einer Metaplanwand gesammelt werden.

Praxisschlaglicht

In den Workshops und Projekten, in denen wir die Info-Freskos einsetzen, erleben wir, dass Teilnehmer auch über den Tag hinweg zum Bild gehen und wieder darin stöbern. Mit seinen vielen hundert Informationen ist das Info-Fresko ein Bild, in dem sich immer wieder ein neues Detail erkennen lässt.

Wirkfeld der Methode

- Wirksam für Herausforderungen mit hoher Komplexität
- Wirksam für Herausforderungen mit mittlerer Komplexität
- Wirksam für nachhaltiges Marketing
- Wirksam für nachhaltiges Produktdesign
- Wirksam für nachhaltiges Prozessdesign
- Wirksam für nachhaltiges Servicedesign
- Wirksam für nachhaltiges Business Model Design

Output und beobachtete Ergebnisse der Methode

- Bessere Projekteffizienz, bessere Teamperformance
- Erzeugt besseren Teamspirit, mehr Offenheit, Inspirationsempfindlichkeit
- Erzeugt neues Wissen und neue Erfahrungen
- Erzeugt spezifischere Leitfragen, Ideen und Aussagen
- Erzeugt eine Vision oder Zukunftsbild

Output und beobachtete Ergebnisse der Methode

- Erzeugt größere Klarheit zu einem Thema
- Erzeugt transformationsfähigere Organisationen
- Erzeugt mehr Hintergrundinformationen
- Erzeugt mehr Know-how-Zuwachs
- Erzeugt motiviertere und transformationsfähigere Teilnehmer
- Erzeugt segmentierte, kategorisierte, geclusterte
- Macht Wirkzusammenhänge sichtbar

Hinderniseffekte, auf die die Methode positiv wirkt

- Schwächt das Leben in der Vergangenheit
- Schärft eine fehlende gemeinsame Ausrichtung
- Verhindert Ideenfindung mit zu schwacher Erkenntnisgrundlage
- Verhindert blinden Aktionismus
- Verhindert falsche Flughöhen
- Verhindert unreflektiertes agieren
- Verringert zu große Komplexitäten
- Wirkt fehlender Inspiration entgegen
- Fördert Optimismus und Zuversicht

Transformationsfähigkeit Ihres Teams

- Fördert die Sensibilisierung
- Fördert die allgemeine Transformationsfähigkeit des Teams
- Fördert offene Mindsets und innovative Denkhaltungen
- Sorgt für Inspiration oder bessere Inspirationsempfindlichkeit
- Zahlt auf eine bessere Vorstellungskraft ein
- Zahlt auf ein positives Zukunftsbild ein

- Zahlt auf das Dringlichkeitsempfinden ein
- Erhöht die Lösungsorientierung

Einsatzcharakteristik/Arbeitsrahmen

- Austauschfokus: vornehmlich mit internen Personen
- Durchführungszeit: eher gering (< 1 Stunde)
- Einsatzfrequenz: sinnvoll im dauerhaften Einsatz
- Einsatzfrequenz: vornehmlich im einmaligen Einsatz
- Einsatzradius: vornehmlich im Teameinsatz
- Einsatzradius: vornehmlich im projektweiten Einsatz
- Einsatzradius: vornehmlich im unternehmensweiten Einsatz
- Komplexität für den Moderator: eher gering
- Komplexität für die Teilnehmer: eher gering
- Teamgröße: Einzelpersonennutzung möglich
- Teamgröße: Großgruppen möglich (> 50 Teilnehmer)
- Teamgröße: Kleingruppe möglich (3 bis 5 Teilnehmer)
- Teamgröße: Maxigruppen möglich (20 bis 40 Teilnehmer)
- Teamgröße: Mittelgroße Teams möglich (5 bis 20 Teilnehmer)
- Vorbereitungszeit: eher gering (< 1 Stunde)

Input für eine zielführende Arbeit mit der Methode

- Beteiligte Personen mit Tätigkeiten und Aufgaben
- Verschiedene Botschaften, Meinungen, Statements
- Verschiedene Meinungen und Blickwinkel
- Vorhandenes Wissen und Erfahrungen
- Durchführungszeit, Trainingszeit

Mögliche Extravorteile der Methode

- Möglicher Extravorteil für Teams in einer Komfortsituation
- Möglicher Extravorteil für innovativ ungeübte Teams
- Möglicher Extravorteil für die Arbeit mit digitalen Kollaborationsboards
- Möglicher Extravorteil für in Nachhaltigkeitsthemen ungeübte Teams

Quellen

Organisation – verrocchio Institute AG, Düsseldorf, www.verrocchio.institute

Grafik: verrocchio Sustainable Inspiration Card – Malvine Klecha, Hila Attaie und Jennifer van Aerssen (Illustration)

Inner Development Goals Framework

EinSatzBeschreibung

Das Inner Development Goals (IDGs) Framework ist ein Raster transformativer Fähigkeiten für nachhaltige Entwicklung, das in fünf Dimensionen 23 Schlüsselkompetenzen und Qualitäten strukturiert.

Working Guide/Anwendungsfelder

P1 Sensibilisierung/Bildung	P2 Matching Recht/Gesetz	P3 Sustainability Roadmap	P4 Produkt/Prozessdesign	P5 Implementierung/Monitoring	P6 Kommunikation	P7 Organisation	P8 Führung	P9 Business Model Design	P10 Skalierung
X		X			X		X		

Beschreibung

Die erste Phase des *Inner Development Goals (IDG)*-Projekts zielte darauf ab, ein Rahmenwerk von dreiundzwanzig Schlüsselkompetenzen und Qualitäten zu entwickeln, die insbesondere für die Arbeit an komplexen gesellschaftlichen Herausforderungen, wie den Zielen für nachhaltige Entwicklung der UN (SDGs), entscheidend sind. Entstanden aus einer breit angelegten Konsultation mit über tausend Personen, versucht das wissenschaftliche Projekt, die notwendigen inneren Fähigkeiten und Qualitäten in Einzelpersonen, Gruppen und Organisationen zu fördern. Dabei ist das Framework nicht strikt an eine bestimmte Theorie gebunden und wird als ein laufender Prozess betrachtet, der sowohl individuelle als auch kollektive Fähigkeiten in den Blick nimmt. Während das Hauptaugenmerk auf praktischer Anwendbarkeit ruht, ist man sich der vornehmlich westlichen Herkunft der Rückmeldungen bewusst. Zukünftige Iterationen des Frameworks sollen daher eine breitere kulturelle Diversifizierung erfahren.

Die Grafik liefert einen Überblick der 23 Fähigkeiten und Qualitäten, unterteilt in 5 Dimensionen.

Das IDG-Framework ist primär pädagogisch ausgerichtet und soll zur weiteren Entwicklung und Anpassung in verschiedenen Richtungen offen sein. Es beleuchtet die Beziehungen von Fähigkeiten und Eigenschaften untereinander und zu theoretischen Konzepten menschlicher Entwicklung. Ein bisher unberücksichtigter Aspekt ist die kollektive Dimension von Fähigkeiten und Eigenschaften, die in zukünftigen Untersuchungen stärker fokussiert werden sollte. Bezogen auf die Nachhaltigen Entwicklungsziele (SDGs) variieren die relevanten Fähigkeiten und Eigenschaften je nach Rolle, Aufgabe und situativen Bedingungen. Es besteht begrenztes systematisches Wissen über die Übereinstimmung von Fähigkeiten und Eigenschaften mit spezifischen Aufgaben und Rollen.

Die zweite Phase des *Inner Development Goals (IDG)*-Projekts wird darauf abzielen, die Entwicklung Schlüsselkompetenzen und -eigenschaften zu fördern. Dabei soll untersucht werden, welche evidenzbasierten Praktiken und Werkzeuge bereits existieren, um die Fähigkeitsentwicklung und die allgemeine Entwicklung von Erwachsenen zu unterstützen.

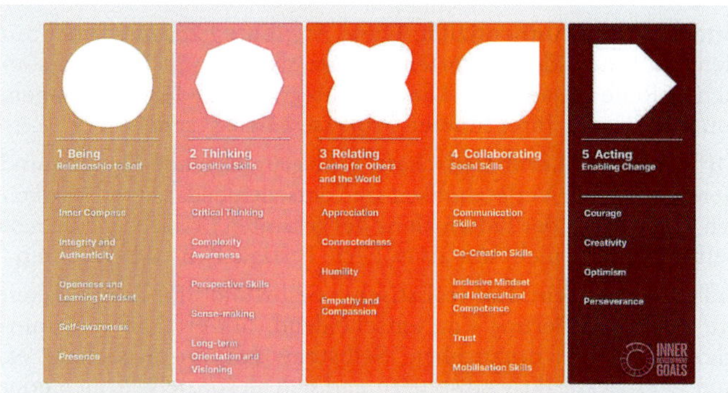

IDGs-Framework Skills
(Quelle: https://www.innerdevelopmentgoals.org)

Durchführung

Innovation entsteht nicht in einem Vakuum, sondern ist das Ergebnis eines komplexen Zusammenspiels von individuellen Fähigkeiten und kollektiver Dynamik. Das IDG-Framework bietet eine systematische Orientierung für diese interdisziplinäre Entfaltung, insbesondere im Bereich der persönlichen und beruflichen Innovation und Kooperation.

Es ist unerlässlich, den kulturellen und persönlichen Kontext zu würdigen, da er nicht nur die Rahmenbedingungen für Innovation schafft, sondern auch entscheidend für die Anwendbarkeit und Resilienz innovativer Lösungen ist.

In einem innovationszentrierten Ökosystem mag das Streben nach kontinuierlicher Verbesserung vorherrschend sein. Es ist jedoch von größter Bedeutung, Authentizität und Gemeinwohl als tragende Säulen zu betrachten. Diese Prinzipien tragen nicht nur ethischen Wert in sich, sondern fungieren auch als Katalysatoren für nachhaltige und qualitativ hochwertige Innovationsprozesse.

Betrachten Sie die innere Entwicklung nicht als statisches Ziel, sondern als dauerhaften, zyklischen Prozess. Dies soll ein fortwährendes Neuverstehen und sinnvolles Engagieren in wechselnden Kontexten ermöglichen.

Das IDG-Framework integriert 23 Schlüsselqualitäten und Fähigkeiten, untergliedert in fünf Dimensionen. Diese dienen nicht nur der individuellen Entfaltung, sondern sind auch entscheidend für die kollektive Teamdynamik. Sie schaffen ein Umfeld der Offenheit und des Respekts, welches für die Erschaffung und Implementierung bahnbrechender Ideen unabdingbar ist.

1. Being – Relationship to Self

Diese Kompetenzen sind miteinander verwoben und tragen zur Entwicklung eines ganzheitlichen, reifen Individuums bei, das in der Lage ist, effektiv auf die vielschichtigen Herausforderungen der modernen Welt zu reagieren. Ihre Weiterentwicklung in diesen Bereichen soll nicht nur für Ihre individuelle Wirksamkeit, sondern auch für das kollektive Wohl von Bedeutung sein.

Innerer Kompass: Dies ist weniger eine Fertigkeit als vielmehr ein Ausdruck eines umfassenden Bewusstseins und der Motivation, zum Wohl eines größeren Ganzen beizutragen. Dies könnte die Menschheit, das globale Ökosystem oder speziell groß angelegte Themen wie Klimawandel oder Menschenrechte sein. Ein stabiler innerer Kompass beeinflusst unsere Prioritätensetzung und Handlungen in verschiedenen Situationen.

Integrität und Authentizität: Diese Attribute hängen sowohl mit den von Ihnen identifizierten Werten als auch mit Ihrer persönlichen Reife zusammen. Um mit Integrität handeln zu können, müssen Sie sich Ihrer inneren Prozesse bewusst sein.

Offenheit und Lernbereitschaft: Eine grundlegende Neugier und Bereitschaft zur Verletzlichkeit sind entscheidend. Diese Fähigkeiten sind eng mit der Entwicklung des gesamten Erwachsenenlebens verbunden und nicht nur als isolierte Fertigkeiten zu betrachten.

Selbstbewusstsein: Ein realistisches Selbstbild und die Fähigkeit zur Selbstregulierung sind entscheidend, um effektiv mit komplexen Themen umzugehen. Selbstbewusstsein ermöglicht es, innere Prozesse aktiv zu steuern und sich an spezielle Rollen oder Funktionen anzupassen.

Präsenz: Die Fähigkeit, im Hier und Jetzt zu sein, ist stark mit Offenheit und Lernbereitschaft verknüpft, betont jedoch die Bedeutung, sich in Begegnungen mit anderen vollständig verfügbar zu machen.

2. Thinking – Cognitive Skills

Kritisches Denken: In einer Ära der Informationsüberflutung ist es unerlässlich, die Fähigkeit zu besitzen, Informationen sorgfältig zu prüfen und zu bewerten. Ein kritischer Denkansatz ermöglicht es, über den Tellerrand hinauszublicken und die Validität von Behauptungen, Ansichten und Meinungen zu hinterfragen. Kritisches Denken ist nicht nur für Fachleute, sondern für jeden Bürger in einer demokratischen Gesellschaft von Bedeutung.

Komplexitätsbewusstsein: Unsere Welt ist komplex und vernetzt. Ein Verständnis dieser Komplexität hilft uns, die tieferen Wurzeln von Problemen zu erkennen und effektivere Lösungen zu finden. Ob Sie ein Experte in einem speziellen Feld sind oder ein Laie, der versucht, die Welt besser zu verstehen, Komplexitätsbewusstsein ist ein wertvolles Instrument.

Perspektivenkompetenz: In einer zunehmend pluralistischen Gesellschaft ist es unabdingbar, die Perspektiven anderer Menschen zu verstehen und wertzuschätzen. Dies ist nicht nur im professionellen Kontext, sondern auch im täglichen Leben relevant.

Sinngebung (Sense-making): Das Erkennen von Mustern und das Verbinden der Punkte zwischen scheinbar unzusammenhängenden Informationen ist eine Schlüsselkompetenz in jeder Domäne. Die Fähigkeit zur Sinngebung ermöglicht es uns, in einer sich ständig verändernden Welt zurechtzukommen.

Langfristige Orientierung und Vision: Unsere Gesellschaft steht vor komplexen, langfristigen Herausforderungen, sei es der Klimawandel, soziale Ungerechtigkeit oder technologische Umbrüche. Eine langfristige Orientierung ist notwendig, um sinnvolle und nachhaltige Lösungen für diese Probleme zu finden.

3. Relating – Caring for Others and the World

Schätzen, Sorgen für und sich verbunden fühlen mit anderen, wie Nachbarn, zukünftigen Generationen oder der Biosphäre, hilft uns, gerechtere und nachhaltigere Systeme und Gesellschaften für alle zu schaffen.

Würdigung

Die Wertschätzung anderer und der Welt basiert auf einem grundlegenden Gefühl der Dankbarkeit und Freude. Sie ist keine Fertigkeit im traditionellen Sinne, sondern eine Art der Beziehung zu Menschen und der sozialen, materiellen und natürlichen Welt, die durch Anstrengung gestärkt werden kann. Eine grundlegende Wertschätzungs-Haltung fördert Verbindung und Vertrauen zwischen Menschen und ist somit förderlich für kreative und kollaborative Arbeitsleistungen.

Verbundenheit

Ein ausgeprägtes Gefühl der Verbundenheit mit einer größeren Einheit, wie einer Gemeinschaft oder dem globalen Ökosystem, ist eng mit der eigenen Identität verknüpft. Diese Verbundenheit führt automatisch zu einem Gefühl der Sorge um das Wohl der größeren Einheit und ist daher stark mit dem Engagement für positive Ergebnisse für diese Einheit verknüpft.

Demut

Demut bedeutet, in Übereinstimmung mit den Bedürfnissen der Situation zu handeln, ohne Rücksicht auf die eigene Bedeutung. Dies kann eine Folge des realistischen und akzeptierenden Bewusstseins der eigenen Grenzen und Persönlichkeitseigenschaften sein.

Empathie und Mitgefühl

Die Fähigkeit, sich mit Freundlichkeit, Empathie und Mitgefühl auf andere, sich selbst und die Natur zu beziehen, und die Absicht, damit verbundenes Leiden anzusprechen. Empathie und Mitgefühl sind wichtige Komponenten der emotionalen Intelligenz.

4. Collaborating – Social Skills

Um Fortschritte bei gemeinsamen Anliegen zu erzielen, müssen wir unsere Fähigkeiten entwickeln, Stakeholder mit unterschiedlichen Werten, Fähigkeiten und Kompetenzen einzubeziehen, Raum zu schaffen und zu kommunizieren.

Kommunikationsfähigkeiten: Für effektive Interaktion in heterogenen Gruppen ist eine breite Palette an Kommunikationsfähigkeiten unabdingbar. Die Kombination von aufmerksamem Zuhören, konstruktivem Argumentieren und Konfliktmanagement schafft eine produktive Arbeitsatmosphäre. Grundlegende psychologische Reife ist dabei ein Fundament, um Vertrauen und sichere Räume zu schaffen.

Co-Creation-Fähigkeiten: Diese ermöglichen das Aufbauen und Pflegen kollaborativer Beziehungen mit diversen Stakeholdern. Der Fokus liegt auf der gemeinsamen, kreativen Problemlösung. Um dies zu erreichen, sind Vertrauen und psychologische Sicherheit erforderlich, die durch effektive Meetings und die Delegation von Macht gestärkt werden.

Inklusive Denkweise und Interkulturelle Kompetenz: Der Umgang mit Diversität stellt eine weitere Herausforderung dar. Interkulturelle Kompetenz ist nicht nur das Wissen um kulturelle Unterschiede, sondern auch die Fähigkeit, sich diesen anzupassen.

Vertrauen: Obwohl häufig als Ergebnis und nicht als Fertigkeit betrachtet, kann Vertrauen durch bestimmte Verhaltensweisen und Haltungen aktiv gefördert werden. Es ist zwingend notwendig für jede Form von Zusammenarbeit.

Mobilisierungsfähigkeiten: Diese sind entscheidend, um unterschiedliche Gruppen von Menschen für gemeinsame Ziele zu aktivieren. Sie sind mit anderen Fähigkeiten wie Co-Creation und Kommunikation eng verwoben und sollten durch einen wohltätigen inneren Kompass geleitet werden.

5. Acting – Driving Change

Eigenschaften wie Mut und Optimismus sollen es ermöglichen, wahre Handlungsfähigkeit zu erlangen, alte Muster zu durchbrechen und mit Ausdauer in unsicheren Zeiten zu handeln.

Mut umfasst die Fähigkeit, für Werte einzustehen, Entscheidungen zu treffen und bestehende Strukturen und Ansichten herauszufordern. Er kann durch verschiedene Strategien entwickelt werden und muss durch Wohlwollen und ein Engagement für das Wohl des Ganzen geleitet sein.

Kreativität ist nicht eng als Fertigkeit definiert, ist jedoch mit Entwicklungsprozessen im Erwachsenenalter verknüpft. Sie erfordert eine Komplexitätsbewusstsein und die Fähigkeit, bestehende Bedingungen und Muster infrage zu stellen.

Optimismus wird hier nicht nur als Persönlichkeitsmerkmal betrachtet, sondern auch als die Fähigkeit, in anderen (und sich selbst) die Hoffnung zu wecken, dass sinnvolle Ergebnisse erreichbar sind.

Beharrlichkeit schließlich bezieht sich auf die Fähigkeit, Engagement und Entschlossenheit auch über längere Zeiträume aufrechtzuerhalten. Diese Qualität muss mit anderen Fähigkeiten und Eigenschaften in Verbindung gebracht werden, um konstruktiv zu sein.

Diese Eigenschaften sind jeweils mit anderen Schlüsselkompetenzen und -eigenschaften verknüpft und können sowohl konstruktiv als auch destruktiv sein, je nachdem, wie sie eingesetzt werden.

Helfende Organisation

Web – https://www.innerdevelopmentgoals.org/framework

Web – https://idg.tools

Wirkfeld der Methode

- Wirksam für Herausforderungen mit hoher Komplexität
- Wirksam für Herausforderungen mit mittlerer Komplexität
- Wirksam für Herausforderungen mit niedriger Komplexität

Transformationsfähigkeit Ihres Teams

- Fördert die Sensibilisierung
- Fördert die allgemeine Transformationsfähigkeit des Teams
- Fördert grundlegend die Kreativität
- Fördert offene Mindsets und innovative Denkhaltungen
- Sorgt für Inspiration oder bessere Inspirationsempfindlichkeit

Einsatzcharakteristik/Arbeitsrahmen

- Austauschfokus: vornehmlich mit internen und externen Personen
- Austauschfokus: vornehmlich Einzelpersonen
- Durchführungszeit: eher hoch (> 1 Tag)
- Einsatzfrequenz: sinnvoll im dauerhaften Einsatz
- Einsatzradius: vornehmlich im Teameinsatz
- Einsatzradius: vornehmlich im projektweiten Einsatz
- Einsatzradius: vornehmlich im unternehmensweiten Einsatz
- Einsatzradius: vornehmlich Einzelpersonen
- Komplexität für den Moderator: eher hoch
- Komplexität für die Teilnehmer: eher hoch
- Teamgröße: Einzelpersonennutzung möglich
- Teamgröße: Kleingruppe möglich (3 bis 5 Teilnehmer)
- Vorbesreitungszeit: eher mittel (> 1 Stunde bis < 1 Tag)

Input für eine zielführende Arbeit mit der Methode

- Vorhandenes Wissen und Erfahrungen
- Durchführungszeit, Trainingszeit
- Personenmerkmale (Meinungen, Bedürfnisse, Werte, etc.)
- Trends und Zukunftsentwicklungen

Output und beobachtete Ergebnisse der Methode

- Bessere Projekteffizienz, bessere Teamperformance
- Erzeugt besseren Teamspirit, mehr Offenheit, Inspirationsempfindlichkeit
- Erzeugt neues Wissen und neue Erfahrungen
- Erzeugt eine Vision oder Zukunftsbild
- Erzeugt transformationsfähigere Organisationen
- Erzeugt motiviertere und transformationsfähigere Teilnehmer
- Identifiziert vorhandene Schwachstellen
- Identifiziert vorhandene Stärken
- Macht Wirkzusammenhänge sichtbar

Hinderniseffekte, auf die die Methode positiv wirkt

- Fördert eventuell fehlende Wertschätzung
- Schafft schnell Klarheit und beschleunigt Erkenntnisgewinn
- Schwächt multidisziplinäre Reibungsverluste
- Schwächt das Leben in der Vergangenheit
- Schärft eine fehlende gemeinsame Ausrichtung
- Stärkt das Vertrauen im Team
- Wirkt fehlender Inspiration entgegen
- Überzeugt strukturliebende Teammitglieder
- Überzeugt einen Rationalisierer
- Überzeugt Zweifler, Bewahrer, Kritiker
- Fördert Optimismus und Zuversicht

Mögliche Extravorteile der Methode

- Möglicher Extravorteil für Teams in einer Komfortsituation
- Möglicher Extravorteil für Teams mit einem starkem Auftragsmandat
- Möglicher Extravorteil für agile Teams
- Möglicher Extravorteil für innovativ erfahrene Teams

Quellen

Web – https://www.innerdevelopmentgoals.org/framework (abgerufen am 26.08.2023)

InnoKid

EinSatzBeschreibung

Die InnoKid-Methode kombiniert die bewährten Innovationsprinzipien von Pixar mit einem starken Fokus auf nachhaltige Entwicklung, um durch kollaborative Braintrust-Meetings, visuelle Storyboards, iterative Prototypenbildung sowie datengetriebene Analysen nachhaltige Lösungen zu kreieren und kontinuierlich zu verbessern.

Working Guide/Anwendungsfelder

P1 Sensibilisierung/Bildung	P2 Matching Recht/Gesetz	P3 Sustainability Roadmap	P4 Produkt/Prozessdesign	P5 Implementierung/Monitoring	P6 Kommunikation	P7 Organisation	P8 Führung	P9 Business Model Design	P10 Skalierung
X		X	X	X	X	X	X		

Beschreibung

„Innovate the Pixar Way" ist eine Unternehmensphilosophie, die sich auf die Schaffung einer Kultur der Kreativität und Innovation konzentriert. Die Methode nutzt bewährte Techniken in den Bereichen Teamarbeit, kreative Freiheit und konstruktives Scheitern, um ein Umfeld für dynamische und nachhaltige Veränderungen zu schaffen.

Im Kontext der steigenden Bedeutung von Nachhaltigkeit und gesellschaftlicher Verantwortung präsentiert sich InnoKid als eine Weiterentwicklung. Diese Methode übernimmt die Grundprinzipien der kollektiven Kreativität und adaptiert sie mit einem ausdrücklichen Fokus auf nachhaltige Entwicklung. Durch die Integration von Nachhaltigkeitszielen in jeden Schritt des Innovationsprozesses bietet InnoKid eine ganzheitliche Strategie, die sowohl kreative Freiheit als auch gesellschaftliche Verantwortung fördert. Es handelt sich hierbei um ein modular aufgebautes System, das flexibel an verschiedene Projekte und Teams angepasst werden kann, während es die Prinzipien der Nachhaltigkeit hochhält.

Durchführung

Die Methode verbindet bewährte Techniken von Pixar mit dem übergeordneten Ziel der Nachhaltigkeit.

1. Storyboard-Sitzung

Die Storyboard-Sitzung dient dazu, die ursprüngliche Idee oder das zentrale Problem in einer visuell ansprechenden und narrativen Form zu manifestieren. Dieser Ansatz zielt darauf ab, die Komplexität der Idee zu reduzieren und den Fokus auf Kernaspekte zu lenken. Es ermöglicht eine intuitivere Bewertung und fördert die interdisziplinäre Kommunikation.

Die angestrebte Zielsetzung ist eine vollständige Visualisierung der Projektidee oder des Problems, wobei alle Schlüsselelemente und ihre Beziehungen zueinander dargestellt sind. Dies dient als Grundlage für weitere Analysen, Diskussionen und Iterationen.

Aktionsschritte:

1. Bei der Darstellung der Kernidee oder des Kernproblems sollte ein spezieller Fokus auf Nachhaltigkeitsaspekte gelegt werden. Dies könnte die Auswirkungen der Idee auf soziale, ökologische oder ökonomische Faktoren beinhalten.
2. In der Teamdiskussion sollten die nachhaltigen Aspekte der Storyboard-Idee besonders kritisch hinterfragt und verbessert werden. Sind die Ziele in Einklang mit den SDGs (Sustainable Development Goals)?

2. Braintrust-Meetings

Die Braintrust-Meetings fungieren als Plattform für ehrliches, konstruktives Feedback in einem Umfeld gegenseitigen Vertrauens. Diese Sitzungen dienen dazu, blinde Flecken zu identifizieren, alternative Perspektiven zu gewinnen und die Qualität der Idee oder des Projekts fortlaufend zu verbessern.

Das ultimative Ziel dieser Treffen ist die Erstellung eines robusteren, gut durchdachten Projektplans oder einer Produktidee. Hierbei soll ein Konsens über die Stärken und Schwächen der präsentierten Ideen erzielt und ein Aktionsplan für die nächste Iterationsphase entwickelt werden.

Aktionsschritte:

1. In die Braintrust-Meetings sollten, falls möglich, auch Experten für Nachhaltigkeit eingebunden werden. Ihre Perspektive kann für eine ganzheitliche Betrachtung wertvoll sein.
2. Neben dem Feedback zur allgemeinen Projektkonzeption sollte eine Diskussionsrunde speziell für die Nachhaltigkeitsaspekte reserviert werden. Hier können sowohl positive als auch negative Einflüsse des Projekts auf die Nachhaltigkeit erörtert werden.

3. Iterative Prototypen

Der Einsatz von iterativen Prototypen ermöglicht eine frühzeitige Validierung von Konzepten durch praktische Anwendung. Diese Phase soll Risiken minimieren, indem sie verifiziert, ob die Idee oder der Ansatz in der realen Welt Anwendung finden kann.

Das zentrale Ziel ist die fortlaufende Verbesserung der Produkt- oder Projektkonzeption durch empirische Daten. Durch schnelles Prototyping und anschließendes Testen in einer kontrollierten Umgebung sollen Erkenntnisse gewonnen werden, die die nächste Entwicklungsphase informieren.

Aktionsschritte:

1. Bei der Konstruktion des Prototyps sollten Materialien und Prozesse mit minimalen Umweltauswirkungen verwendet werden. Energieeffizienz und Recyclingfähigkeit sind ebenfalls zu berücksichtigen.
2. Tests sollten sowohl die technische Funktionalität als auch die nachhaltigen Eigenschaften des Prototyps einschließen. Hierzu gehören zum Beispiel der Wasserverbrauch, Energieeffizienz und die soziale Verträglichkeit.

4. Postmortem-Analyse

Die Postmortem-Analyse dient der kritischen Betrachtung abgeschlossener Projekte, um sowohl erfolgreiche als auch weniger erfolgreiche Strategien und Handlungen zu identifizieren. Diese retrospektive Analyse bildet die Grundlage für organisatorisches Lernen und die Verfeinerung zukünftiger Projekte.

Das primäre Ziel ist es, eine umfassende Bilanz zu ziehen, die sowohl Erfolge als auch Misserfolge beleuchtet. Dies ermöglicht die Generierung von Empfehlungen für zukünftige Unternehmungen, die zur kontinuierlichen Verbesserung und zur Vermeidung wiederkehrender Fehler beitragen.

Aktionsschritte:

1. Zusätzlich zur Evaluierung des Projekterfolgs und der Fehler sollte eine gesonderte Analyse der nachhaltigen Elemente erfolgen. Welche Ziele wurden erreicht? Welche nachhaltigen KPIs wurden erfüllt oder verfehlt?
2. Die Erkenntnisse in Bezug auf die Nachhaltigkeitsaspekte sollten dokumentiert und, falls möglich, öffentlich gemacht werden, um Branchenstandards zu setzen und zur allgemeinen nachhaltigen Entwicklung beizutragen.

5. Wissensspeicher

Der Wissensspeicher fungiert als zentrales Repositorium, in dem Erfahrungen, Erkenntnisse und Best Practices aus Projekten dokumentiert werden. Diese Sammlung von Wissen dient als unverzichtbare Ressource für zukünftige Projekte und Entscheidungsprozesse.

Das übergeordnete Ziel ist es, ein System zu etablieren, das nicht nur das kollektive Gedächtnis eines Teams oder einer Organisation verbessert, sondern auch den kontinuierlichen Lernprozess fördert. Durch die systematische Dokumentation von Erfahrungen wird ein Grundstein für nachhaltige Innovation und effiziente Problemlösung gelegt.

Aktionsschritte:

1. Teammitglieder sind angewiesen, spezielle Erkenntnisse und Erfahrungen in Bezug auf nachhaltige Aspekte des Projekts zu dokumentieren. Dies sollte Bewertungen der Umweltauswirkungen, der sozialen Gerechtigkeit und der wirtschaftlichen Rentabilität umfassen.
2. Die gesammelten Informationen sollten in einer zentralen, aber speziell gekennzeichneten Sektion eines Wissensmanagementsystems gespeichert werden. Dies ermöglicht einen raschen Zugriff auf nachhaltigkeitsrelevante Daten und Erkenntnisse für zukünftige Projekte.

Wirkfeld der Methode

- Wirksam für Herausforderungen mit hoher Komplexität
- Wirksam für Herausforderungen mit mittlerer Komplexität
- Wirksam für nachhaltiges Produktdesign
- Wirksam für nachhaltiges Prozessdesign
- Wirksam für nachhaltiges Servicedesign
- Wirksam für nachhaltiges Business Model Design

Transformationsfähigkeit Ihres Teams

- Fördert die Sensibilisierung
- Fördert die Agilität eines Teams
- Fördert die allgemeine Transformationsfähigkeit des Teams
- Fördert grundlegend die Kreativität
- Fördert offene Mindsets und innovative Denkhaltungen
- Sorgt für Inspiration oder bessere Inspirationsempfindlichkeit
- Zahlt auf eine bessere Vorstellungskraft ein
- Zahlt auf eine bessere Wahrnehmung ein
- Zahlt auf ein positives Zukunftsbild ein
- Zahlt auf das Dringlichkeitsempfinden ein
- Erhöht die Lösungsorientierung

Einsatzcharakteristik/Arbeitsrahmen

- Austauschfokus: vornehmlich mit internen Personen
- Durchführungszeit: eher hoch (> 1 Tag)
- Einsatzfrequenz: sinnvoll im dauerhaften Einsatz
- Einsatzradius: vornehmlich im projektweiten Einsatz
- Einsatzradius: vornehmlich im unternehmensweiten Einsatz
- Komplexität für den Moderator: eher hoch
- Komplexität für die Teilnehmer: eher hoch
- Teamgröße: Einzelpersonennutzung möglich
- Teamgröße: Kleingruppe möglich (3 bis 5 Teilnehmer)
- Teamgröße: Mittelgroße Teams möglich (5 bis 20 Teilnehmer)
- Vorbereitungszeit: eher mittel (> 1 Stunde bis < 1 Tag)

Input für eine zielführende Arbeit mit der Methode

- Aktuelle Herausforderung, Leitfrage, Problem
- Angereicherte Ideen, Ideencluster oder höher integrierte Lösungen
- Ideen und Projekte, die zur Umsetzung anstehen

Output und beobachtete Ergebnisse der Methode

- Erzeugt Ideen für neue Märkte und neue Business Modelle
- Erzeugt Ideen, Lösungsansätze, Vorideen, Möglichkeiten
- Erzeugt kollaborative Lösungen und Ideen
- Erzeugt motiviertere und transformationsfähigere Teilnehmer
- Ziel- und Fokusgruppen

Hinderniseffekte, auf die die Methode positiv wirkt

- Schafft schnell Klarheit und beschleunigt Erkenntnisgewinn
- Schärft eine fehlende gemeinsame Ausrichtung
- Stärkt schwache Anreicherungsskills
- Stärkt das Vertrauen im Team
- Verhindert Ideenfindung mit zu schwacher Erkenntnisgrundlage
- Verhindert blinden Aktionismus
- Verhindert falsche Flughöhen
- Verhindert unreflektiertes agieren
- Verhindert vorschnelles Urteilen über Ideen
- Verhindert störende Killerphrasen
- Verkürzt zu lange Entscheidungsmeetings
- Verkürzt und durchbricht vorhandene Kreativblockaden
- Verringert zu große Komplexitäten
- Wirkt fehlender Inspiration entgegen
- Fördert Optimismus und Zuversicht

Mögliche Extravorteile der Methode

- Möglicher Extravorteil für Teams mit einem starkem Auftragsmandat
- Möglicher Extravorteil für agile Teams

Quellen

Buch – Innovate the Pixar Way. Business Lessons from the World's most Creative Corporate Playground. Bill Capodagli, Lynn Jackson. (The McGraw-Hill Companies, 2010)

Person – Helga Katharina Mahler, helga.mahler@gmail.com; linkedin.com/in/MIIHIKIII

Grafik: verrocchio Sustainable Inspiration Card – Malvine Klecha, Hila Attaie und Jennifer van Aerssen (Illustration)

Innovation Performance Mirror

EinSatzBeschreibung

Reifegrad der Innovationsfähigkeit im Kontext Nachhaltigkeit im Unternehmen bestimmen.

Working Guide/Anwendungsfelder

P1 Sensibilisierung/Bildung	P2 Matching Recht/Gesetz	P3 Sustainability Roadmap	P4 Produkt/Prozessdesign	P5 Implementierung/Monitoring	P6 Kommunikation	P7 Organisation	P8 Führung	P9 Business Model Design	P10 Skalierung
X					X		X		

Beschreibung

Innovationsfähigkeit bleibt ein grundlegender Erfolgsfaktor, nicht nur für Unternehmen. Im Kontext Nachhaltigkeit tritt der Bedarf an nachhaltigen Innovationen in sämtlichen Bereichen weiter und dringlicher in den Vordergrund. Waren Organisationen bisher nur bedingt innovationsfähig, wird der Anspruch an die Erfüllung von Nachhaltigkeitszielen zu einer zusätzlichen Herausforderung. Denn diese verlangen von Unternehmen, Institutionen etc. eine stetige Weiterentwicklung und damit neue nachhaltige Lösungen für Geschäftsmodelle, Prozesse, Produkte usw. Innovationsfähigkeit wird gleichzeitig zum Resilienzfaktor und damit zum Fokusthema von Organisationen (hier stellvertretend für Unternehmen, Institutionen usw.)

Wir werfen einen kurzen Blick auf das Innovationsmanagement, welches nach ISO 56002 einem Standard folgt und gehen von dort weiter zur Innovationsfähigkeit.

Die acht Prinzipien des Innovationsmanagement Systems nach ISO 56002 sind wie folgt definiert:

1. Die Erkenntnis des Nutzens
2. Zukunftsorientierte Führung
3. Innovationsstrategie
4. Innovationskultur
5. Erkenntnisse nutzen
6. Das Management von Unsicherheit
7. Adaptivität
8. Systemischer Ansatz

Sie beschreiben die Rahmenbedingungen für ein erfolgreiches Innovationsmanagement. Innovationsfähigkeit ist dann gegeben, wenn u. a. diese Prinzipien verankert sind und aktiv gelebt werden können.

Wie können diese Rahmenbedingungen geschaffen oder weiter gefördert werden? Welcher Reifegrad ist aktuell erreicht? Was sind die relevanten Einflussfaktoren, wo kann/muss konkret angesetzt werden und was wird hierfür benötigt?

Mit dem Innovation Performance Mirror© gehen wir diesen Fragen nach und machen die aktuelle Erlebenswelt transparent. Auf Basis verschiedenster Studien, wissenschaftlichen Erkenntnissen, Statistiken und Trends wurden Faktoren identifiziert und zusammengestellt. Und damit ein Werkzeug geschaffen, mit dem auf einfache Art und Weise eine (Selbst-)Einschätzung der Innovationsfähigkeit von Organisationen ermöglicht wird und Handlungsfelder sowie Stellhebel sichtbar werden.

Der Innovation Performance Mirror© beschreibt die **fünf Ebenen**:

- Organisationsebene
- Führungsebene
- Mitarbeiterebene
- Umfeld-Ebene
- Kompetenzebene

Diesen Ebenen sind die **zehn Kategorien**

- Strategie, Normen/Werte (Organisation)
- Führungsstrukturen, Führungsstile, Ressourcen (Führung)
- Zusammenarbeit, Individuelle Bedürfnisse/Faktoren (Mitarbeiter)
- Risikokultur, Kommunikation (Umfeld)
- Fähigkeiten/Kompetenzen (Kompetenz)

sowie jeweils das **Qualitäts- und/oder Quantitätsmerkmal** zugeordnet.

Für diese Ebenen bzw. Kategorien wurden in Summe **43 Faktoren** abgeleitet und zugeordnet. Diese Einflussfaktoren werden im Rahmen des Bewertungsprozesses betrachtet und (subjektiv) bewertet.

Die Ausprägungen für die Bewertung folgen einer Skala von 0 bis 4:

- 0 – keine Ausprägung (nicht im Fokus)
- 1 – geringe Ausprägung (einzelne Experimente)
- 2 – mittlere Ausprägung (größtenteils berücksichtigt)
- 3 – hohe Ausprägung (durchgängig gelebt)
- 4 – nachhaltig verankert (aktives Treiben)

Als Ergebnis erhalten wir ein Netzdiagramm mit den Durchschnittswerten der jeweiligen Kategorie. Das Diagramm veranschaulicht uns den Reifegrad der jeweiligen Kategorien und inwiefern Handlungsbedarf besteht. Die dabei bewerteten Faktoren geben uns gleichzeitig Hinweise auf mögliche Stellhebel für weitere nachgelagerte Aktivitäten und Maßnahmen, um den Reifegrad der Innovationsfähigkeit weiter zu steigern.

Die Quantitäts- bzw. Qualitätsmerkmale geben uns zudem einen Anhaltspunkt darüber, ob die jeweilige Kategorie verstärkt auf die Qualität und/oder Quantität bei der Ideengenerierung wirkt.

Sämtliche Ebenen, Kategorien und Faktoren haben einen direkten Bezug zu den Prinzipien des ISO 56002.

Innovation Performance Mirror© - Kategorien und Faktoren

Hauptebenen	Kategorien	43 Faktoren				Quelle: BINNOMA®	
Organisationsebene	Strategie	Zukunftsvision und Strategie	Innovations-bewusstsein im Unternehmen	Nachhaltige Verankerung von Innovation als Unternehmensziel	Pers. Einsatz des Top-Managements für Innovation		Qualität
	Normen & Werte	Förderung von kreativem Denken und Handeln	Offenheit für neue Ideen und Ansätze	Mut zu Veränderung	Weiterentwicklung als gelebte Philosophie		Quantität
Führungsebene	Führungsstrukturen	Hierarchieübergreifende Unterstützung im Kreativ-/Innovationsprozess (Netzwerk-Potenzial)	Reaktionsfähigkeit durch schlanke Entscheidungsprozesse	Flexibilität, z.B. bei Vorgaben und Rahmenbedingungen			Quantität
	Führungsstile	Formulierung konkreter Innovationsziele	Aktive Förderung von Kreativprozessen	Zutrauen: Autonomie und Freiräume für kreatives Denken und Arbeiten	Eigener Beitrag der Führungskraft	Umfang der Wahlmöglichkeiten wird größer	Quantität
	Ressourcen	Zeit für Kreativität	Gezielter Einsatz von Geld und Materialien für kreative Leistungen	Verfügbarkeit interner Synergien	Zugriff auf externe Ressourcen für Innovationsprojekte	Persönliche und fachliche Qualifizierung	Quantität
Mitarbeiterebene	Zusammenarbeit	Gegenseitige Toleranz in der Zusammenarbeit - Integration und Wertschätzung	Diversität der Teams	Konstruktive Konfliktbereitschaft	Einigkeit über gemeinsame Vision und Ziele (Wir-Gefühl)	Gegenseitige Unterstützung	Qualität
	Individuelle Bedürfnisse und Faktoren	Einfluss bei Entscheidungen	Persönliche Herausforderung (Art und Umfang der Aufgabe)	Dynamisches Arbeitsklima mit Spaß und Motivation	Ergebnisorientierung	Belohnung Innovationserfolge	Quantität
Umfeldebene	Kommunikation	Netzwerk-Lebendigkeit	Transparenz von Vision, Strategie und Zielen	Offene Meetingkultur	Neugier Impulse		Qualität und Quantität
	Risikokultur	Aktives Experimentieren	Risikobereitschaft	Lernbereitschaft	Konstruktiver Umgang / Akzeptanz von Fehlern		Quantität
Kompetenzebene	Fähigkeiten und Kompetenzen	Kreativität der Organisation	Kreativitäts- und Innovationsfördernde Prozesse und Praktiken	Reflektionskompetenz	Konfliktkompetenz	Fachliche Expertise	Qualität

Durchführung

Entscheiden Sie im Vorfeld, welche Zielgruppe bzw. welcher Teilnehmerkreis die Bewertung des Reifegrades durchführt.

Optional können Parallelbewertungen von mehreren verschiedenen Zielgruppen erfolgen, die im Anschluss verglichen werden.

Bereiten Sie ein Netzdiagramm mit den 10 Kategorien und einer Skala von 0 bis 4 vor. Dies kann sowohl in digitaler Form, per Ausdruck oder handgemalt (z. B. Flipchart, Whiteboard) sein.

Schritt 1: Starten Sie mit der Organisationsebene, d.h. mit der Kategorie „Strategie".

Lassen Sie die Teilnehmenden ihre Einschätzung je zugehörigem Faktor anhand der Ausprägungskriterien 0 bis 4 abgeben und sich anschließend auf einen gemeinsamen Wert für den Faktor einigen. Notieren Sie die Werte zu den einzelnen Faktoren. Sind alle Faktoren dieser Kategorie bewertet, dann errechnen Sie den Durchschnittswert und tragen ihn in das Diagramm ein.

Eine Übersicht der Kategorien und Faktoren finden Sie in der Abbildung oben.

Schritt 2: Gehen Sie nun im Uhrzeigersinn zur nächsten Kategorie. Wiederholen Sie die vorher beschriebene Vorgehensweise, bis alle Kategorien und Faktoren bewertet und in Diagramm abgebildet sind.

Schritt 3: Betrachten Sie das Diagramm und sammeln Sie die Eindrücke der Teilnehmenden zum Gesamtergebnis:

- Was fällt den Teilnehmenden auf
- Wo wird Handlungsbedarf gesehen
- Bei Parallelbewertung: Vergleich von Führungs- und Teamdiagramm: Welche Unterschiede sind zu erkennen
- Wie kommen diese zustande, was sind die Hintergründe für die unterschiedliche Sichtweisen

Schritt 4: Wählen Sie nun Kategorien aus, die für eine weitere Bearbeitung priorisiert werden

Schritt 5: Erarbeiten Sie konkrete Maßnahmen für die Handlungsfelder. Nutzen Sie unterstützend die Faktoren, die als mögliche Stellhebel dienen können und vereinbaren Sie die nächsten Schritte.

Innovation Performance Mirror© - Reifegrad der Innovationsfähigkeit - und die Prinzipien des Innovationsmanagement Systems (IMS)

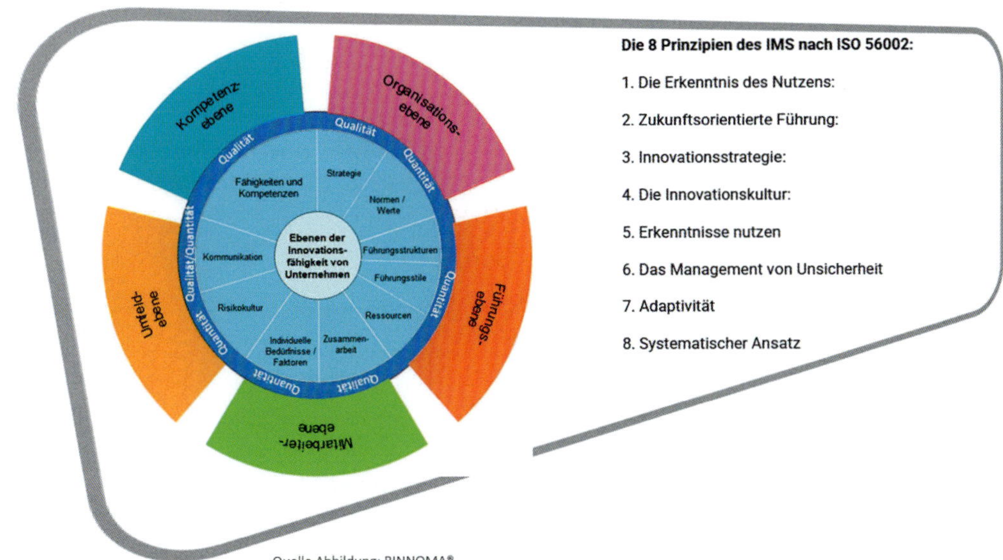

Quelle Abbildung: BINNOMA®

> Tipp: Der Innovation Performance Mirror© kann in regelmäßigen Abständen eingesetzt werden, um die Entwicklung des Reifegrades und somit die Wirkung der Maßnahmen zu verfolgen.

Wirkfeld der Methode

- Wirksam für Herausforderungen mit hoher Komplexität
- Wirksam für Herausforderungen mit mittlerer Komplexität
- Wirksam für Herausforderungen mit niedriger Komplexität

Transformationsfähigkeit Ihres Teams

- Fördert die Sensibilisierung
- Fördert die allgemeine Transformationsfähigkeit des Teams
- Fördert grundlegend die Kreativität
- Fördert offene Mindsets und innovative Denkhaltungen
- Zahlt auf ein positives Zukunftsbild ein
- Zahlt auf das Dringlichkeitsempfinden ein

Einsatzcharakteristik/Arbeitsrahmen

- Austauschfokus: vornehmlich mit internen Personen
- Durchführungszeit: eher mittel (> 1 Stunde bis < 1 Tag)
- Einsatzfrequenz: vornehmlich im einmaligen Einsatz
- Einsatzfrequenz: vornehmlich über den kompletten Projektzeitraum
- Einsatzradius: vornehmlich im Teameinsatz
- Einsatzradius: vornehmlich im projektweiten Einsatz
- Einsatzradius: vornehmlich im unternehmensweiten Einsatz
- Komplexität für den Moderator: eher mittel
- Komplexität für die Teilnehmer: eher mittel
- Teamgröße: Einzelpersonennutzung möglich
- Teamgröße: Kleingruppe möglich (3 bis 5 Teilnehmer)
- Teamgröße: Mittelgroße Teams möglich (5 bis 20 Teilnehmer)
- Vorbereitungszeit: eher mittel (> 1 Stunde bis < 1 Tag)

Input für eine zielführende Arbeit mit der Methode

- Aktuell existierende Geschäftsmodelle
- Aktuell existierende Produkte und Services
- Aktuelle Herausforderung, Leitfrage, Problem
- Beteiligte Personen mit Tätigkeiten und Aufgaben

Output und beobachtete Ergebnisse der Methode

- Erzeugt Prognosen und Ableitungen
- Erzeugt Ideen, Lösungsansätze, Vorideen, Möglichkeiten
- Erzeugt Planungen und Priorisierungen

Hinderniseffekte, auf die die Methode positiv wirkt

- Beugt blinden Flecken/Betriebsblindheit vor
- Schafft für den Erfolg nötige Realitätsbezüge
- Schafft schnell Klarheit und beschleunigt Erkenntnisgewinn
- Schwächt das Leben in der Vergangenheit
- Schärft eine fehlende gemeinsame Ausrichtung
- Verhindert blinden Aktionismus
- Verhindert falsche Flughöhen
- Fördert Optimismus und Zuversicht

Mögliche Extravorteile der Methode

- Möglicher Extravorteil für Teams in einer Krisensituation
- Möglicher Extravorteil für Teams mit einem starkem Auftragsmandat

Innovation Performance Mirror© - Indikator für Innovations-Reifegrad

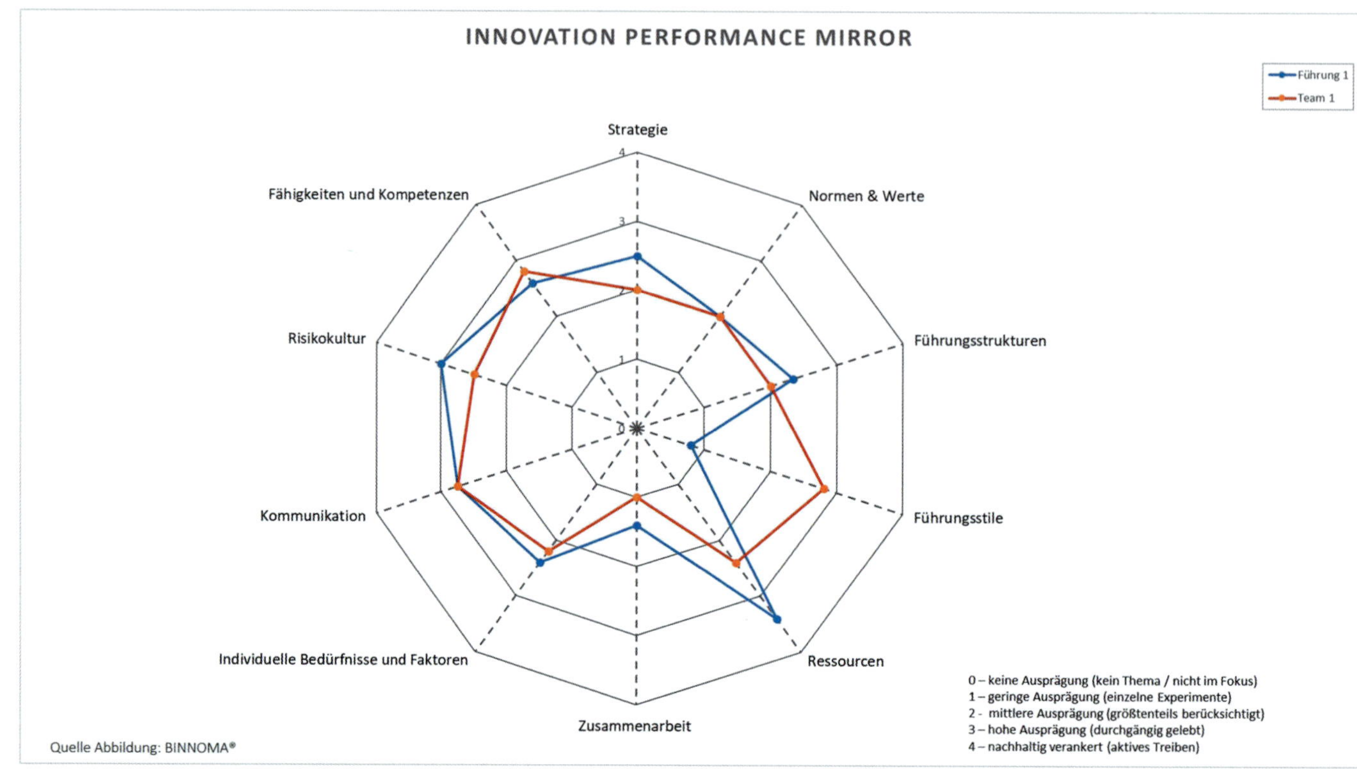

- Möglicher Extravorteil für Teams mit einer konservativen, tradierten Kultur
- Möglicher Extravorteil für innovativ ungeübte Teams
- Möglicher Extravorteil für die Arbeit mit digitalen Kollaborationsboards

Quellen

Web – Regelwerk: ISO 56002 Innovationsmanagementsystem. https://www.iso.org/standard/68221.html (2023)

Buch – Die Innovationsfähigkeit von Unternehmen Messen, analysieren und steigern. Jens Uwe Meyer. (BusinessVillage, 2015)

Publikation: Innovationsfähigkeit im demografischen Wandel; Stefan Waßmann (KIT Karlsruhe, 2014)

Buch – Systemisches Innovationsmanagement. Sonja Zillner/Bernhard Krusche.

Buch – Responsible Leadership Systems – Integrating Corporate Responsibility into Leadership Systems. Erik G. Hansen (Gabler, 2010)

Buch – Designing Innovation: Design Thinking im Spannungsfeld zwischen Innovation und Großunternehmen. Seher, Franz. (Hagenberg, 2011).

Buch – Innovationsmanagement. Instrumente und Methoden zur Umsetzung im Unternehmen. Disselkamp Marcus (Gabler, 2012)

Buch – Kommunikation als Erfolgsfaktor im Innovationsmanagement. Ansgar Zerfaß, Kathrin Möslein, (Gabler, 2009)

Buch – Kreativität: Ursachen, Messung, Förderung Umsetzung in Innovation. Heinz Schuler, Yvonne Görlich. (Hogrefe, 2007)

Publikation – Indikatorik von Innovationen im Kontext der deutschen Nachhaltigkeitsstrategie. Prof. Dr. Rainer Walz, Fraunhofer-Institut für System- und Innovationsforschung ISI, Karlsruhe (2016)

Artikel – Build an Innovation Engine in 90 Days. Scott D. Anthony, David S. Duncan, and Pontus M.A. Siren. (Harvard Business Review, Dezember 2014)

Regelwerk für ego-freie, effektive Zusammenarbeit (REEZA) bei DiB. Georg Tarne, www.georgtarne.eu. (2017)

Studie – Find your essential: How to thrive in a post-pandemic reality. C-suite Series: The 2021 CEO Study. (IBM Institute for Business Value, 2021)

Web – Teamklima-Inventar. LMU München: https://www.psy.lmu.de/wirtschaftspsychologie_en/forschung/working_paper/wop_working_paper_2000_2.pdf

Web – BDI Innovationsindikator, https://innovationsindikator.bdi.eu/)

Organisation – https://www.strategy-transformation.com/innovationsmanagement/

Organisation – Hasso Plattner Institut, www.hpi.de

Organisation – BöhringerInnovationsManagement, www.binnoma.de

Person – Sabine Böhringer, sabine.boehringer@binnoma.de

Studie – Accelerating the journey to HR 3.0. Amy Wright, Diane Gherson, Josh Bersin, Janet Mertens (IBM Institute for Business Value, 2020)

Web – https://www.sgs.com/en-hk/news/2020/01/free-checklist-download-iso-56002-2019-innovation-management-system

Innovationdigging

EinSatzBeschreibung

Innovationdigging findet mithilfe von Suchfeldpostern neue, bisher unerschlossene Innovationssuchfelder für die nachhaltige Transformation.

Working Guide/Anwendungsfelder

P1 Sensibilisierung/Bildung	P2 Matching Recht/Gesetz	P3 Sustainability Roadmap	P4 Produkt/Prozessdesign	P5 Implementierung/Monitoring	P6 Kommunikation	P7 Organisation	P8 Führung	P9 Business Model Design	P10 Skalierung
			X						

Beschreibung

Die Methode von Tamer Kemeröz und Benno van Aerssen für eine „Systematische Ideenausgrabung im Tal der verborgenen Suchfelder" – Innovationdigging – beantwortet die schmerzlichen Fragen: „Wo sollen wir denn nur mit der Ideensuche beginnen?" und „Wie verschaffen wir uns schnell Inspirationen für neue nachhaltige Innovationssuchfelder?" ganz konkret.

Die Methode arbeitet mit Suchfeldtabellen und ist vom Morphologischen Kasten inspiriert. Innovationdigging ist die erste Methode ihrer Art und definiert den neuen Gattungsbegriff der Kreativkräftebündelung. Mit Innovationdigging erhöhen Sie systematisch die Wahrscheinlichkeit sowohl für kontinuierliche (inkrementelle) Innovationen als auch für disruptive (radikale) Innovationen.

- Innovationdigging funktioniert in Einzelarbeit, für Teams und ganze Unternehmen.
- Innovationdigging steigert die Innovationswahrscheinlichkeit.
- Innovationdigging findet verborgene nachhaltige Suchfelder.
- Innovationdigging senkt die Ideen- und Innovationssuchkosten durch einen einfachen, messbaren und strukturierten Prozess, der die Kreativkräfte im Unternehmen systematisch bündelt.
- Innovationdigging bietet einen systematischen und strukturierten Ansatz für die Ideenfindung und Innovationsgenerierung.
- Innovationdigging sorgt für schnelle Ergebnisse und verhindert Frustmomente.
- Innovationdigging steigert die Ideenfindungseffizienz und senkt die Kosten, die durch ziellose Diskussionen und ständige Neusynchronisation der Teams entstehen.
- Innovationdigging steigert die Teammotivation und sorgt für eine Kräftebündelung, da keiner Sorgen haben muss, sein Suchfeld würde übersehen.
- Innovationdigging generiert durch die transparente Dokumentation ständig wertvolle Sollbruchstellen und Milestones.

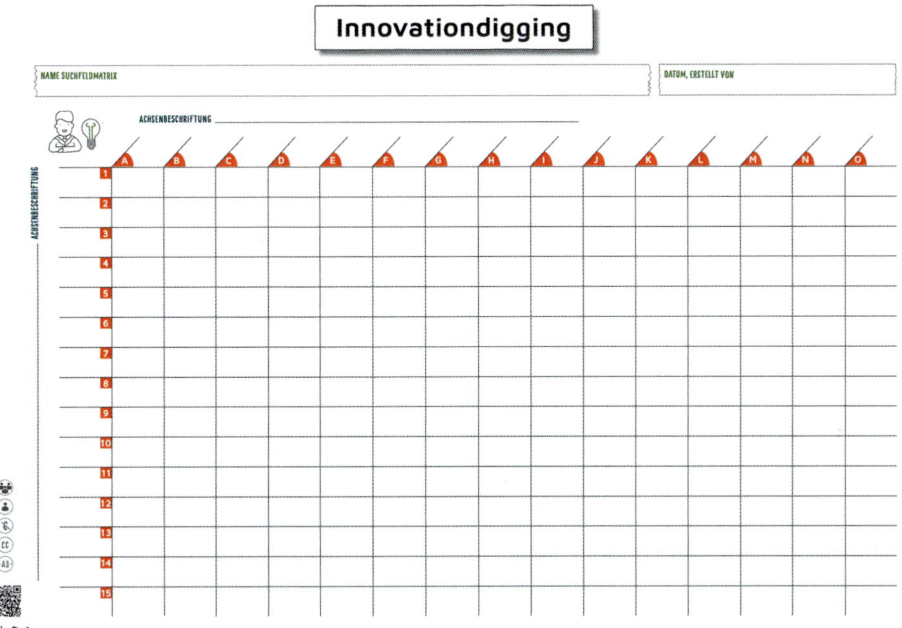

Innovationdigging Suchfeldposter

Innovationdigging

Innovationdigging hat sich besonders in Teams bewährt, die eine sehr strukturierte Vorgehensweise bei der Ideenfindung schätzen.

Durchführung

Innovationdigging hat fünf Phasen, um spannende Suchfelder und neue Ideen zu finden:

1. Zwei Dimensionen Ihrer Herausforderung identifizieren
2. Wort-/Werteliste zu jeder Dimension erstellen
3. Suchfeldtabelle erstellen
4. Suchfelder kategorisieren und spannende Suchfelder finden
5. Ideenfindung zu spannenden Suchfeldern durchführen

Beispiel: Erstellen Sie mithilfe eines Blanko Suchfeldposter ein völlig eigenes, individuelles Suchfeldposter.

Schritt 1: Tragen Sie oben auf der Querachse, als erste Dimension, zunächst ca. 10 bis 15 Nutzendimensionen ein, von denen Sie denken, dass diese für Sie in Ihrem Kontext hilfreich sein können.

Nutzendimensionen (Beispiele (Querachse)): ablösbarer, abbaubarer, anfassbarer, ansprechender, auslesbarer, automatischer, CO_2-reduzierter, digitaler, effizienter, einfacher, erkennbarer, farbenfroher, fehlerfreier, flexibler, formschlüssiger, glatter, größer, günstiger, haftender, kleiner, mehrfachverwendbarer, modularer, nachhaltiger, präziser, recyclingfähiger, wiederverkaufbarer

Schritt 2: Füllen Sie nun die Hochachse mit Begriffen, die aus Ihrer Perspektive eine relevante zweite Dimension Ihrer Innovationsherausforderung darstellen.

Beispiele:

- Prozessphasen: wenn Sie einen Prozess oder Ablauf nachhaltig innovieren wollen
- Produktteile/-funktionen: wenn Sie ein Produkt nachhaltig innovieren wollen
- Materialbegriffe: wenn Sie Materialeigenschaften verändern möchten
- Rollennamen: wenn Sie Rollen in Prozessen oder Abläufen verändern möchten
- Servicebestandteile: wenn Sie einen Service innovieren möchten
- Limitierende Faktoren: wenn Sie limitierende Faktoren verändern oder verschieben möchten
- Kundensegmente/Zielgruppen: wenn Sie zusätzliche Nutzendimensionen für Ihre Kunden identifizieren möchten
- Maschinenteile/-baugruppen: wenn Sie eine Produktionsmaschine in ihrer Effizienz steigern wollen
- Trends: wenn Sie zielgenaue Innovationssuchfelder innerhalb bekannter Trends entdecken wollen

Schritt 3: Durchlaufen Sie, völlig frei, nun die Suchfelder des Posters und markieren Sie diese mit einem farbigen Punkt nach folgendem Schema:

- **Grüner Punkt:** Dies ist ein spannendes und für uns relevantes Innovationssuchfeld.
- **Blauer Punkt:** Dies ist ein bekanntes und aktuell nicht relevantes Innovationssuchfeld.
- **Roter Punkt:** Dies ist ein für uns völlig unsinniges Innovationssuchfeld.

Sprechen Sie beim Durchlauf durch die Tabelle die Wortkombinationen des entsprechenden Suchfeld im Geiste oder auch laut – damit startet sofort den Denkprozess im Gehirn.

Schritt 4: Starten Sie mithilfe einer Kreativitätstechnik zu einigen ersten grünen Innovationssuchfeldern eine kurze Teamideenfindung – ca. 10 Minuten pro Suchfeld.

Notieren Sie die gefundenen ersten Vorideen auf Post-its.

Vermerken Sie bitte noch auf den Vorideen-Post-its die Suchfeldkoordinate und markieren Sie das zugehörige Innovationssuchfeld mit einem gelben Punkt. Daran erkennen Sie schnell, zu welchen Innovationssuchfeldern schon Ideen existieren.

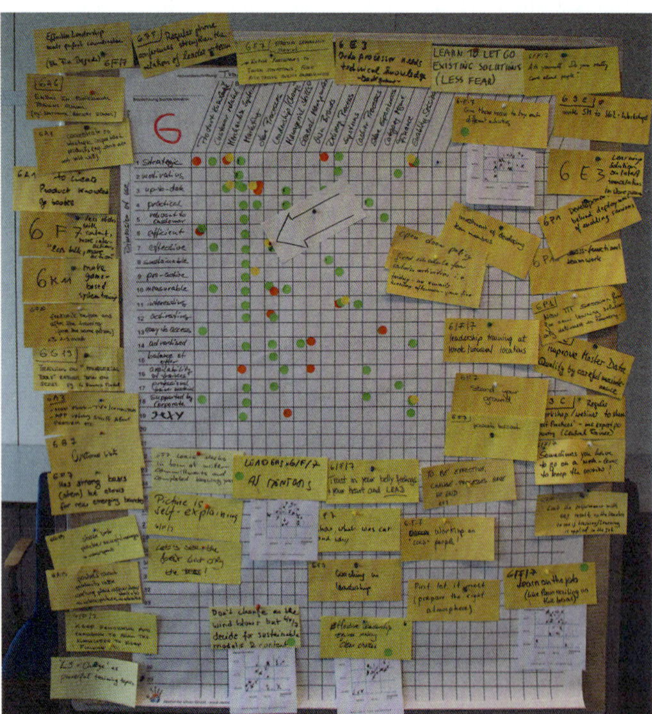

Innovationdiggingtabelle mit gefundenen Ideen

Innovationdigging – Felder markieren

Praxisschlaglicht

Die Suchfeldmatrix muss nicht zwingend an einer Pinnwand erstellt werden. Sie funktioniert fast überall und auch ganz spontan: auf Bierdeckeln, Servietten, Kollegeblöcken, Pinnwänden, Flipcharts und natürlich als Excel-Tabelle oder auf einem Kollaborationsboard.

Tipp: Versuchen Sie auf den ersten Blick, völlig „abwegige" beziehungsweise „verrückte" Nutzendimensionen (zum Beispiel lustiger, lauter, erotischer ...) einzubauen, um besonders neuartige Ideen zu generieren. Vor allem die eher abwegigen Nutzendimensionen generieren die so wichtigen verborgenen Suchfelder, die sich zu Goldquadraten entwickeln können.

Wirkfeld der Methode

- Wirksam für Herausforderungen mit mittlerer Komplexität
- Wirksam für Herausforderungen mit niedriger Komplexität
- Wirksam für nachhaltiges Marketing
- Wirksam für nachhaltiges Produktdesign
- Wirksam für nachhaltiges Prozessdesign
- Wirksam für nachhaltiges Servicedesign

Transformationsfähigkeit Ihres Teams

- Fördert die Teamkreativität
- Fördert grundlegend die Kreativität
- Fördert offene Mindsets und innovative Denkhaltungen
- Sorgt für Inspiration oder bessere Inspirationsempfindlichkeit

Einsatzcharakteristik/Arbeitsrahmen

- Austauschfokus: vornehmlich mit internen Personen
- Einsatzfrequenz: vornehmlich im einmaligen Einsatz
- Einsatzfrequenz: vornehmlich im kompletten Projektzeitraum
- Einsatzradius: vornehmlich im projektweiten EinsatzEinsatzradius: vornehmlich im Teameinsatz
- Komplexität für die Teilnehmer: eher mittel
- Komplexität für den Moderator: eher mittel
- 1Teamgröße: Einzelpersonennutzung möglich
- Teamgröße: Kleingruppe möglich (3 bis 5 Teilnehmer)
- Teamgröße: Maxigruppen möglich (20 bis 40 Teilnehmer)
- Teamgröße: Mittelgroße Teams möglich (5 bis 20 Teilnehmer)
- Durchführungszeit: eher mittel (> 1 Stunde bis < 1 Tag)
- Vorbereitungszeit: eher gering (< 1 Stunde)

Input für eine zielführende Arbeit mit der Methode

- Aktuelle Herausforderung, Leitfrage, Problem

Output und beobachtete Ergebnisse der Methode

- Erzeugt Ideen für neue Märkte und neue Business Modelle
- Erzeugt Ideen, Lösungsansätze, Vorideen, Möglichkeiten
- Erzeugt Ideensuchfelder, unentdeckte Probleme, Inspiration
- Erzeugt Leitfragen für die Ideenfindung

Hinderniseffekte, auf die die Methode positiv wirkt

- Bindet eher introvertierte Teammitglieder mit ein
- Fördert gehemmte Teammitglieder
- Schafft schnell Klarheit, beschleunigt Erkenntnisgewinn
- Schwächt Konkurrenzdenken und Angst vor Machtverlust
- Schwächt Verdiskutiererei
- Stärkt schwache Anreicherungsskills
- Verhindert blinden Aktionismus
- Verhindert unreflektiertes Agieren
- Verkürzt und durchbricht vorhandene Kreativblockaden
- Wirkt fehlender Inspiration entgegen
- Überzeugt einen Rationalisierer
- Überzeugt strukturliebende Teammitglieder

Mögliche Extravorteile der Methode

- für disruptiv erfahrene Teams
- für disruptiv unerfahrene Teams
- für erfahrene Trainer und Innovationcoaches
- für innovativ erfahrene Teams
- für innovativ ungeübte Teams
- für interkulturell erfahrene Teams
- für interkulturell unerfahrene Teams
- für multidisziplinär erfahrene Teams
- für multidisziplinär unerfahrene Teams
- für Teams in einer Komfortsituation

Quellen

Buch – Innovationdigging, B. van Aerssen, T. Kemeröz (Books on Demand, 2013)

Organisation – verrocchio Institute AG, Düsseldorf, www.verrocchio.institute

Innovationsformel I = U/R

EinSatzBeschreibung

Durch die bewusste Anregung des Idea Flow nachhaltige Innovationen fördern.

Working Guide/Anwendungsfelder

P1 Sensibilisierung/Bildung	P2 Matching Recht/Gesetz	P3 Sustainability Roadmap	P4 Produkt/Prozessdesign	P5 Implementierung/Monitoring	P6 Kommunikation	P7 Organisation	P8 Führung	P9 Business Model Design	P10 Skalierung
X			X				X		X

Beschreibung

Immer häufiger stehen wir vor dem Dilemma: Das Produkt ist (noch) ein voller Erfolg – wird aber schneller zum Auslaufmodell als uns lieb ist. Die Forderungen nach Nachhaltigkeit treten dabei immer stärker in den Vordergrund, d. h. die Rahmenbedingungen, Bedürfnisse und Vorgaben verändern sich schneller als je zuvor. Wir benötigen nachhaltige Innovationen und dies immer kurzzyklischer. Nur wie gelingt es uns im Alltag, diese gezielt zu fördern. Wo können wir im Rahmen der Führung ansetzen, um einen Flow an Ideen zu gewährleisten.

Und was hat „Elektrotechnik" mit Nachhaltigkeit und Innovation zu tun?

Die Innovationsformel – abgeleitet vom Ohm'schen Gesetz ($U = R \times I$) – zeigt uns in einfacher Form zwei grundlegende Stellhebel für den Führungsalltag, welche den Ideenfluss und somit die Entwicklung von nachhaltigen Innovationen beeinflussen. Ziel ist es, anhand dieser beiden Stellhebel konkrete Ansatzpunkte zu identifizieren. Diese nutzen wir bewusst, um für den Nachhaltigkeitsgedanken zu sensibilisieren und den Ideenfluss zu steigern.

Die Innovationsformel beschreibt demnach die Abhängigkeit des Ideenflusses (I) von der Spannung (U) und den Widerständen (R) im System. „Mach es spannend und reduziere die Hindernisse!" – Leicht zu merken, oder?

➢ $I = \frac{U}{R}$

Mit diesen beiden Stellhebeln können wir in der Führungsrolle aktiv und gezielt arbeiten:

- die Spannung zum Thema Nachhaltigkeit sowie Unterstützung erhöhen
- die Widerstände zum Thema und/oder Hindernisse im System reduzieren
- Und das Ergebnis ist eine Steigerung des Ideenflusses (I) für nachhaltige Lösungen. Die Innovationskraft nimmt zu. Und der Side Effekt: Je mehr das Team im Flow ist, umso geringer werden auch die Widerstände.

> Hinweis: Spannung ist nicht gleich Druck!

Durchführung

Ziel ist es mit dem Ansatz der Innovation sformel das Innovationspotenzial in der Organisation zu erhöhen.

D. h. das Interesse am Thema bzw. an der Herausforderung gezielt anzuregen und Widerstände oder Hindernisse für den Ideenfindungsprozess abzubauen.

In der Rolle als Führungskraft oder Projektleitung werden für die Zielgruppe passende Einflussmöglichkeiten analysiert, ausgewählt und ausgestaltet. Dies kann in Einzelarbeit oder in einer Peergruppe erfolgen. Die Gruppengröße für die Ausarbeitung wird mit maximal neun Teilnehmern empfohlen. Bei größeren Gruppen ist eine Aufteilung in Kleingruppen ratsam. Hierbei kann auch eine regelmäßige Rotation zwischen den Gruppen eingeplant werden.

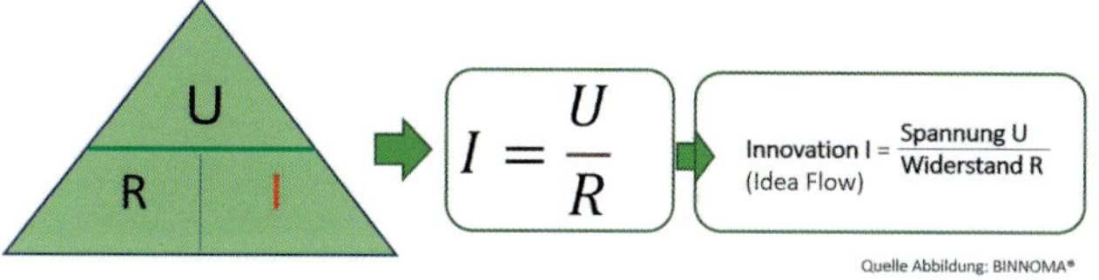

Quelle Abbildung: BINNOMA®

Phase 1:

Stellhebel 1 „U" – Spannung erhöhen und Unterstützung ausbauen. Mögliche Facetten sind:

1. Klarheit für die Notwendigkeit des Themas schaffen, Emotionen und Neugierde auslösen. Storyline aufbauen:
   - *Wie können Sie Treiber des Wandels transparent machen, z. B. Krisen?*
   - *Wie lassen sich deren direkten Einfluss auf den Einzelnen erdeutlichen?*
2. Risiken aufzeigen
   - *Welche Konsequenzen im Großen und Kleinen sind zu erwarten?*
   - *Wie können Sie einen direkten Bezug zu unserer Organisation herstellen?*
   - *Welche Ungewissheit ergibt sich und lassen Sie zu?*
3. Konfliktpotenzial identifizieren
   - *Wo entstehen/bestehen Konflikte?*
   - *Inwiefern treffen verschiedene Haltungen, Kulturen oder Interessen aufeinander?*
   - *Wie können diese Konflikte konstruktiv als Impulsgeber genutzt werden?*

4. Komplexität erhöhen
   - *Wie können Sie den Blick auf das Thema ausweiten und in Systemen denken?*
   - *Welche Instabilitäten, Interaktivitäten und Rückkopplungseffekte bestehen oder sind zu erwarten?*
   - *Wo treffen Sie auf Grenzen des Vorstellbaren und brauchen neue Ansätze?*
5. Lust auf das Thema machen
   - *Wie lassen sich gezielt Wissenslücken erzeugen?*
   - *Was ist das „Neue", das Unbekannte, und wie können Sie diese Neuartigkeit hervorheben?*
   - *Welche Gewinnchancen stecken im Thema?*
   - *Wie können die Hauptmotivatoren aktiv gefüttert werden: Erfolg, Macht, Zugehörigkeit?*
   - *Mit welchen Neugierkillern haben Sie es zu tun? Wie lassen sich diese eliminieren?*
6. Unterstützungsleistung sicherstellen
   - *Wo zeigt sich Unterstützungsbedarf?*
   - *Wie kann eine bedarfsgerechte Unterstützung erfolgen?*
   - *Welcher Beitrag kann im Rahmen der Führung aktiv geleistet werden?*
7. Unterstützungsmöglichkeiten identifizieren
   - *In welchem Rahmen sind Unterstützungen realistisch möglich?*
   - *Wo sind die Grenzen?*
   - *Wer kann, wer soll, wer muss aktiv unterstützen?*
8. Unterstützung durch Zutrauen und Vorbildfunktion leben
   - *Selbstreflexion: Wie geht es Ihnen mit dem Thema?*
   - *Wie gehen Sie damit um? Ergreifen sie aktiv Initiative?*
   - *Trauen sie der Organisation Neues zu?*

Stellhebel 2 „R" – Widerstände reduzieren. Mögliche Ansatzpunkte sind:

1. Widerstände identifizieren
   - *Wo werden Widerstände erwartet?*
   - *In welcher Form zeigen sich Widerstände?*
2. Hintergründe für etwaige Ablehnung oder Desinteresse am Thema analysieren
   - *Welche Haltung bzgl. des Themas ist in der Organisation erlebbar?*
   - *Was ist hinsichtlich des Themas in der Organisation bekannt?*
   - *Welche Aktivitäten gibt/gab es bisher zum Thema (Informationen, Schulungen usw.)?*
   - *Wie ausgeprägt ist Veränderungsbereitschaft in der Organisation?*
   - *Wie hoch ist die Lernbereitschaft in der Organisation?*
3. Rahmenbedingungen schaffen, um die Widerstände abzubauen
   - *Welche Kommunikationsmöglichkeiten werden genutzt?*
   - *Wird Feedback berücksichtigt?*
   - *Ist psychologische Sicherheit in der Organisation gegeben?*
4. Hindernisse für kreatives Arbeiten identifizieren
   - *Werden Neugierde und eine kreative Haltung in der Organisation gefördert?*
   - *Wie ausgeprägt ist ein kreatives Teamklima?*
   - *Wird Open Leadership gefördert?*
   - *Wie wird Fehlerkultur gelebt?*
5. Maßnahmen ableiten, um identifizierte Hindernisse aus dem Weg zu räumen
6. Notwendige Rahmenbedingungen für kreatives Arbeiten schaffen

Phase 2: Weitere Ausgestaltung von Maßnahmen zu den Stellhebeln 1 und 2

- Was kann/muss die Führungsrolle leisten?
- Wer/was kann bei der Maßnahmenerarbeitung unterstützen?

Phase 3: Umsetzung der geplanten Aktivitäten zur Erhöhung des Idea Flow

Ggf. zusätzliche Einbeziehung von Influencern und Vorreitern für das Themenfeld Nachhaltigkeit.

Hinweis: Es müssen nicht alle Facetten der beiden Stellhebel gleichzeitig aufgegriffen werden. Zu Beginn können einzelne Impulse ausreichend sein, um Schwung in das Thema zu bekommen. Und im Laufe des Prozesses werden je nach Bedarf weitere Impulse gesetzt, um die Energie in der Organisation aufrechtzuerhalten.

Als weitere Anwendungsmöglichkeit kann der Ansatz der Innovationsformel auch direkt auf ein konkretes Problem oder eine Herausforderung bezogen werden. (siehe Praxisschlaglicht)

Praxisschlaglicht

Gerade eben habe ich mit meiner Zahnarztpraxis telefoniert, um einen Termin für die regelmäßige professionelle Zahnreinigung zu vereinbaren. Als mir der nächstmögliche Termin genannt wurde (in sechs Monaten?!) war ich doch sehr erstaunt.

Als die nette Dame mein Erstaunen bemerkt, erläutert sie mir den Grund: Personalmangel. Die Attraktivität des Berufes habe deutlich abgenommen, da die Arbeitszeiten zwischenzeitlich für viele KollegInnen zu unflexibel sind. Tätigkeiten in administrativen Bereichen des Arbeitsmarktes mit Gleitzeit und mehr Flexibilität werden bevorzugt. Die Auswirkungen des Fachkräftemangels und die Anforderungen an den Arbeitsplatz sind auch im privaten Bereich immer mehr spürbar. Angebote von Dienstleistungen werden drastisch reduziert.

Aber muss das wirklich sein oder finden sich andere Lösungen, um den Arbeitsplatz mit seinen Arbeitszeiten wieder attraktiver zu gestalten. Die Frage ist:

Wie lassen sich eine höhere Flexibilität bei den Arbeitszeiten der Mitarbeiter mit dem Kundenverkehr vereinbaren?

Wir definieren mit der Innovationsformel den Fokus für die Ideensuche:

Die Arbeit spannender gestalten (U) und/oder unattraktive Rahmenbedingungen (R/hier: z. B. Arbeitszeit) reduzieren.

Jetzt können wir (ggf. mithilfe geeigneter Kreativitäts-Methoden) gezielt nach Ansätzen suchen, das Dilemma aufzulösen.

Wirkfeld der Methode

- Wirksam für Herausforderungen mit hoher Komplexität
- Wirksam für Herausforderungen mit mittlerer Komplexität
- Wirksam für Herausforderungen mit niedriger Komplexität
- Wirksam für nachhaltiges Marketing
- Wirksam für nachhaltiges Produktdesign
- Wirksam für nachhaltiges Prozessdesign
- Wirksam für nachhaltiges Servicedesign
- Wirksam für nachhaltiges Business Model Design

Transformationsfähigkeit Ihres Teams

- Fördert die allgemeine Transformationsfähigkeit des Teams
- Fördert grundlegend die Kreativität
- Fördert offene Mindsets und innovative Denkhaltungen

Einsatzcharakteristik/Arbeitsrahmen

- Austauschfokus: vornehmlich mit internen Personen
- Durchführungszeit: eher mittel (> 1 Stunde bis < 1 Tag)
- Einsatzfrequenz: vornehmlich über den kompletten Projektzeitraum
- Einsatzradius: vornehmlich im unternehmensweiten Einsatz
- Komplexität für den Moderator: eher mittel
- Komplexität für die Teilnehmer: eher mittel
- Teamgröße: Einzelpersonennutzung möglich
- Teamgröße: Kleingruppe möglich (3 bis 5 Teilnehmer)
- Teamgröße: Mittelgroße Teams möglich (5 bis 20 Teilnehmer)
- Vorbereitungszeit: eher gering (< 1 Stunde)

Input für eine zielführende Arbeit mit der Methode

- Aktuell existierende Geschäftsmodelle
- Aktuell existierende Produkte und Services
- Aktuelle Herausforderung, Leitfrage, Problem
- Gescheiterte Ideen und fehlgeschlagene Projekte

Output und beobachtete Ergebnisse der Methode

- Bessere Projekteffizienz, bessere Teamperformance
- Erzeugt transformationsfähigere Organisationen
- Erzeugt motiviertere und transformationsfähigere Teilnehmer

Hinderniseffekte, auf die die Methode positiv wirkt

- Fördert die Agilität der Teilnehmer
- Schwächt Angst vor Neuem (Cainophobie)
- Schwächt das Leben in der Vergangenheit
- Schärft eine fehlende gemeinsame Ausrichtung
- Verkürzt und durchbricht vorhandene Kreativblockaden
- Wirkt fehlender Inspiration entgegen
- Fördert Optimismus und Zuversicht

Mögliche Extravorteile der Methode

- Möglicher Extravorteil für Teams in einer Komfortsituation
- Möglicher Extravorteil für Teams mit einer konservativen, tradierten Kultur
- Möglicher Extravorteil für innovativ ungeübte Teams

Quellen

Buch – Rechenbuch Elektrotechnik, Tkotz, Isele, Feustel, Eichler, König, Winter, Neumann, Käppel (Europa, 2020)
Buch – Neugier, Carl Naughton (Econ, 2016)
Buch – Konflikt, Erregung, Neugier, D. E. Berlyne (Klett, 1974)
Web – Prof. Peter Kruse über Kreativität, https://www.youtube.com/watch?v=oyo_oGUEH-I (abgerufen am 06.03.2024)
Organisation – BöhringerInnovationsManagement, www.binnoma.de
Person – Sabine Böhringer, sabine.boehringer@binnoma.de

131

Innovationskonvex® – eine Orientierungskarte

EinSatzBeschreibung

Ein Denkmodell zur Orientierung bei Investitionsentscheidungen: Wie viele Ressourcen investieren wir in den Nutzen bzw. Fortschritt?

Working Guide/Anwendungsfelder

P1 Sensibilisierung/Bildung	P2 Matching Recht/Gesetz	P3 Sustainability Roadmap	P4 Produkt/Prozessdesign	P5 Implementierung/Monitoring	P6 Kommunikation	P7 Organisation	P8 Führung	P9 Business Model Design	P10 Skalierung
			X	X			X	X	

Beschreibung

Innovationsfähigkeit ist eine selbstverständliche Alltagsintelligenz. (siehe auch Modell Innovationsfähigkeit von Menschen©). Diese von uns Menschen unbewusst gesteuerten Fähigkeiten und Prozesse im Denken und Handeln können von Maschinen (noch?) nicht abgebildet werden.

Die damit verbundenen Schwierigkeiten kennen wir u. a. aus der Robotik. Reinhard Karger (Sprecher des Deutschen Forschungszentrums für Künstliche Intelligenz DFKI) bezieht sich hierbei auf das Moravec's Paradox: *„Je einfacher es für den Menschen ist, desto schwieriger ist es für Maschinen – je schwieriger es für den Menschen ist, desto einfacher ist es für die Maschine."* Um die mit der selbstverständlichen Alltagsintelligenz verbundenen Fähigkeiten und vor allem deren Zusammenspiel technisch umzusetzen (z. B. im Rahmen von Künstlichen Intelligenz KI) bedarf es eines eher unvorhersehbaren Ressourceneinsatzes.

Angetrieben durch VUKA (Volatilität, Unsicherheit, Komplexität, Ambiguität) fällt es uns trotz unserer einzigartigen Innovationsfähigkeit zunehmend schwerer, erfolgsversprechende Innovationen und deren Ressourcenbedarf einzuordnen.

Nach der Definition von Tobias Müller-Prothmann und Nora Dörr: *„Innovationen resultieren aus Ideen, wenn diese in neue Produkte, Dienstleistungen oder Verfahren umgesetzt werden, die tatsächlich erfolgreiche Anwendung finden und den Markt durchdringen."*, sowie in Anlehnung an das Moravec's Paradox, sollten wir uns bei Ideen und Innovationen die Fragen erlauben: Brauchen wir dieses „Werkzeug" wirklich und wofür (Ziel und Zweck) lohnt sich der Aufwand?

Wenn wir uns den Innovationsindikator anschauen, welcher die Innovationsstärke eines Landes misst, beinhaltet dieser die folgenden Typen von Indikatoren des Innovationssystems: Ressourcenindikator (messen, Input, z. B. F&E-Investition), Ertragsindikator (messen, Output) und Fortschrittsindikator (messen, Output und Wirkung). (Frauenhofer-Institut für System- und Innovationsforschung)

Die beiden Indikatoren – Ressource und Fortschritt (hier als Nutzen abgebildet) – zeigen sich als die relevanten Größen im Innovationskonvex®.

Wie viel Ressource investieren wir für wie viel Fortschritt (hier: Nutzen)?

Ab wann also beginnt Innovation nutzenbringend Sinn zu machen? Um eine Orientierung hierfür zu geben, wurde das Innovationskonvex® entwickelt. Ausgehend vom Moravec's Paradox (wir erinnern uns: je einfacher für den Menschen, desto schwieriger für Maschinen und je schwieriger für den Menschen, desto einfacher für Maschinen) wird hier der Ressourcenverlauf aufgezeigt.

Wir nehmen Sie nun mit auf eine kleine Denkreise durch das Innovationskonvex©:

Wie viele Ressourcen sollen wir in Ideen investieren,

- die Menschen einfach oder ohne bewusst darüber nachzudenken, ausführen können.
- für die eine technische/technologische Umsetzung schwierig ist bzw. die Technologien/Voraussetzungen noch nicht verfügbar/geschaffen sind.
- Wie weit sind wir in diesem Fall vom Selbstzweck der Ideenumsetzung getrieben?
- Ist ggf. die Exnovation angebracht? Oder erwarten wir von genau diesen Erkenntnissen einen visionären Ansatz für Zukunftsmöglichkeiten, die außerhalb der menschlichen Fähigkeiten liegen?

Diese Punkte sollten bewusst und klar beantwortet werden. (siehe Feld 1 mittig links)

Der Nutzen und auch die Akzeptanz der Idee bzw. Innovation (siehe Nutzenmodell und Akzeptanzmodell) steigt nahezu linear mit dem Schwierigkeitsgrad für den Menschen (hochrangiges Denken, physische Möglichkeiten). Handelt es sich um für uns Menschen in der Regel einfache Tätigkeiten bzw. unbewusste Fähigkeiten, kann der Nutzen einer Idee oder Innovation in diesem Bereich als eher gering angenommen werden. Je schwieriger die Anforderungen für den Menschen werden, desto höher wird der Nutzen einer als unterstützend eingeschätzten Innovation („Werkzeug") bewertet (siehe Feld 2 unten links).

Was passiert, wenn die Anforderungen für den Menschen nicht nur schwierig, sondern gar unmöglich zu erfüllen sind? Der Ressourcenbedarf steigt in diesem Fall deutlich an, wobei der Nutzen- und Akzeptanzverlauf sich sukzessive dem Ressourcenbedarf angleicht. In diesem Bereich finden oft Innovationssprünge statt, die hier als treppenförmig ansteigender Verlauf der Ressource dargestellt sind. Innovationssprünge erlauben in der Weiterentwicklung – trotz steigendem Schwierigkeitsgrad für Menschen – den Aufwand moderat zu halten, bevor es zum nächsten Ressourcensprung kommt (siehe Feld 3 unten mittig).

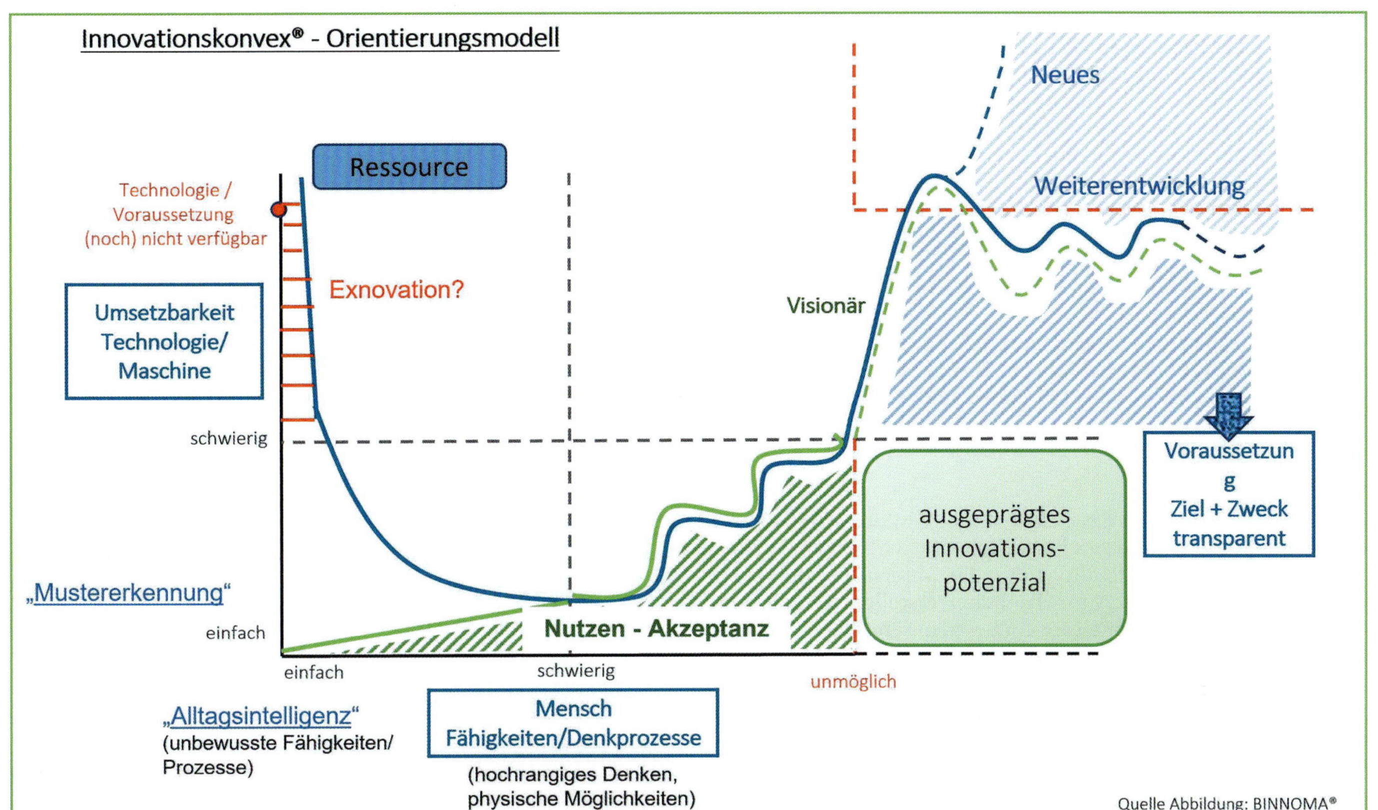

Dieser Bereich deutet auf vielversprechende Innovationen hin und bietet – je weiter wir in das für Menschen Unmögliche wandern – ein ausgeprägtes Innovationspotenzial (siehe Feld 4 unten rechts). Ein Beispiel hierfür ist der Quantencomputer.

Sind sowohl die Fähigkeit(en) beim Menschen nicht vorhanden als auch die Umsetzungs- bzw. technologischen Möglichkeiten (noch) nicht gegeben, begeben wir uns in den visionären Bereich. Hier haben wir es mit zukunftsgerichteten Innovationen zu tun. Damit sich auch die Akzeptanz von Visionen gleichförmig mit dem sprunghaften Anstieg der Ressource weiterentwickelt, müssen Ziel und Zweck dieser visionären Innovation für den Nutzer klar und transparent sein.

Der Ressourcenbedarf in den visionären Regionen schwächt sich bei Weiterentwicklungen auch hier wieder ab (siehe Feld 5 mittig rechts). Ein Beispiel dafür ist SpaceX: Das Projekt ist aufgesetzt als erster Schritt für eine geplante Marsmission. Wiederverwendbare Raketenteile z. B. wirken ressourcenschonend und Ziel und Zweck für weitere Versuche sind klar und transparent.

Bei darauf aufbauenden Neuinnovationen bleibt der Ressourcenbedarf hingegen auf hohem bzw. steigendem Niveau (siehe Feld 6 oben rechts). Bleiben wir beim obigen Beispiel, wären es das Erreichen des Mars und der Beginn der Kolonialisierung, wofür weitere hohe Investitionen notwendig sind.

Bei der Einordnung von Innovationen empfiehlt es sich die Rahmenbedingungen wie Wertesysteme und Kulturen, Altersstrukturen o. ä., welche bei der Einschätzung der (z. B. physischen) Fähigkeiten eine Rolle spielen könnten, mit in Betracht zu ziehen.

Abschließende Anmerkung:

Die beschriebenen bzw. dargestellten Denkansätze und Hypothesen sollen zum aktiven Nachdenken hinsichtlich der Innovationsaktivitäten und Investitionen anregen. Im Mittelpunkt von Innovation sollte der Nutzen für uns Menschen stehen – mit der notwendigen Transparenz von Ziel und Zweck – und dies nicht ausschließlich aus wirtschaftlichem Interesse.

Durchführung

Kontext: Innovationen für Nachhaltigkeit – Wie viel Ressource ist es ihnen Wert, diesen Weg zu gehen?

Leitfragen zum Ressourcenbedarf und Innovationspotenzial einer nachhaltigen Transformation.

- Welche Fähigkeiten/Denkprozesse von Menschen sollen durch die Idee unterstützt/ersetzt/gelöst werden. Welchen Beitrag leistet diese im Kontext Nachhaltigkeit?
- Handelt es sich bei diesen Fähigkeiten/Denkprozessen um für uns Menschen einfach zu bewerkstelligende „Tätigkeiten“ (Alltagsintelligenz) oder sind diese schwierig bis gar unmöglich?
- Bei einfachen Tätigkeiten: Welche Gründe sprechen für eine Weiterentwicklung? Unter welchen Umständen wird eine Exnovation in Betracht gezogen?
- Steht der notwendige Ressourceneinsatz für die Entwicklung eines „Werkzeuges“ im Verhältnis zum erwarteten Innovationserfolg? Braucht es diese Lösung/Idee für mehr Nachhaltigkeit? Worauf gründet diese Einschätzung?

- Bei für den Menschen schwierigen bis unmögliche Tätigkeiten: Lässt sich der Ressourcenbedarf für die Entwicklung bei steigender Herausforderung und Komplexität realistisch einschätzen?
- Steht uns durch Innovationssprünge mit moderaten Entwicklungsressourcen weiteres ausgeprägtes Innovationspotenzial für Nachhaltigkeit zur Verfügung?
- Visionärer Ansatz: Sind Ziel und Zweck der Vision klar und transparent?
- Rechtfertigt die Vision den stark ansteigenden Anteil an Entwicklungsressourcen? Worauf begründen wir diese Annahme?
- Bieten erste Ergebnisse Potenzial für Weiterentwicklungen und Ressourcenschonung?
- Die Vision: Bietet die Vision ausreichend (zukünftiges) nachhaltiges Innovationspotenzial, um Risiken eines unvorhersehbaren Ressourcenbedarfes mit unbekanntem Ergebnis zu akzeptieren?

Praxisschlaglicht

Ein Gedankenspiel für das Feld in der Abbildung links oben (Exnovation oder Weitermachen): Nehmen wir an, wir wollen zukünftig mit Virtual Reality und/oder unterstützt durch KI psychologische Gutachten für Triebtäter erstellen. Durch eine Simulation unseres Gehirns wäre ein Lesen unseres Denkens möglich (daran forscht übrigens Ray Kurzweil seit Jahren und nennt es Reverse Engineering des Gehirns). Diese Simulation soll das Denken technologisch abbilden. Der Aufwand hierfür ist enorm, und ob dies wirklich gelingt, wird die Zeit zeigen. Warum also wird weitergeforscht und die aufwendigen Ressourcen hierfür bereitgestellt, obwohl das Gehirn diese Fähigkeit in der Regel selbst und einfach bewerkstelligen kann? Die Gründe sind vielfältig und vor allem visionärer Art. Transparent gemachte Ziele und Zwecke solcher Ideen zeigen verschiedene Möglichkeiten auf, die daraus entstehen könnten.

Zurück zu unserem Beispiel: Triebgesteuerte Straftäter unterziehen sich im Laufe des Strafvollzuges diversen Therapien. Mittels psychologischer Gutachten wird versucht einzuschätzen, wie hoch die Wahrscheinlichkeit einer Wiederholungstat nach Entlassung sein wird bzw. ob eine Entlassung überhaupt infrage kommt. Für solche Anwendungsfälle könnte es z. B. interessant sein, simulativ Trigger-Situationen zu kreieren und durch Beobachten und Verfolgen der dadurch ausgelösten Gedankengänge den Drang zur Wiederholungstat zu bewerten. Ziel und Zweck sind klar und nachvollziehbar und rechtfertigen ggf. aus mancher Sicht diese Art von Forschungsideen.

Wirkfeld der Methode

- Wirksam für Herausforderungen mit hoher Komplexität
- Wirksam für Herausforderungen mit mittlerer Komplexität

Transformationsfähigkeit Ihres Teams

- Fördert offene Mindsets und innovative Denkhaltungen
- Zahlt auf ein positives Zukunftsbild ein

Einsatzcharakteristik/Arbeitsrahmen

- Austauschfokus: vornehmlich mit internen Personen
- Durchführungszeit: eher mittel (> 1 Stunde bis < 1 Tag)
- Einsatzfrequenz: vornehmlich im einmaligen Einsatz
- Einsatzfrequenz: vornehmlich über den kompletten Projektzeitraum
- Einsatzradius: vornehmlich im projektweiten Einsatz
- Einsatzradius: vornehmlich im unternehmensweiten Einsatz
- Komplexität für den Moderator: eher mittel
- Komplexität für die Teilnehmer: eher gering
- Komplexität für die Teilnehmer: eher hoch
- Teamgröße: Einzelpersonennutzung möglich
- Teamgröße: Kleingruppe möglich (3 bis 5 Teilnehmer)
- Teamgröße: Mittelgroße Teams möglich (5 bis 20 Teilnehmer)
- Vorbereitungszeit: eher mittel (> 1 Stunde bis < 1 Tag)

Input für eine zielführende Arbeit mit der Methode

- Aktuell existierende Geschäftsmodelle
- Aktuell existierende Produkte und Services
- Existierende Prozesse und Verfahren
- Ideen und Projekte, die zur Umsetzung anstehen
- Verschiedene Meinungen und Blickwinkel

Output und beobachtete Ergebnisse der Methode

- Erzeugt Prognosen und Ableitungen
- Erzeugt größere Klarheit zu einem Thema
- Hilft bei Entscheidungen, Bewertungen und Feedback
- Macht Wirkzusammenhänge sichtbar

Hinderniseffekte, auf die die Methode positiv wirkt

- Schafft für den Erfolg nötige Realitätsbezüge
- Schafft schnell Klarheit und beschleunigt Erkenntnisgewinn
- Schärft eine fehlende gemeinsame Ausrichtung
- Verhindert Finanz- und Ressourcenfallen

Mögliche Extravorteile der Methode

- Möglicher Extravorteil für innovativ erfahrene Teams

Quellen

Buch – Das Geheimnis des menschlichen Denkens. Ray Kurzweil (Lola Books, 2015)

Buch – Innovationsmanagement. Dr. Tobias Müller-Prothmann und Nora Dörr (Hanser, 2011)

Publikation – Moravec's Paradox: „Je einfacher es für den Menschen ist, desto schwieriger ist es für Maschinen – je schwieriger es für den Menschen ist, desto einfacher ist es für die Maschine.“ (nach Hans Moravec) Mind Children. (Hrsg.: Harvard University Press. 1988, S. 15)

Organisation – BöhringerInnovationsManagement, www.binnoma.de

Person – Sabine Böhringer, sabine.boehringer@binnoma.de

Podcast – Künstliche Intelligenz braucht „Werkzeug-Realismus“. Reinhard Karger, Sprecher DIFK (Gabor Steingart – Der Podcast: Der achte Tag #49, 27.05.2020)

Web – „Indikatorik von Innovationen im Kontext der deutschen Nachhaltigkeitsstrategie …“) Prof. Dr. Rainer Walz. Fraunhofer-Institut für System- und Innovationsforschung ISI. Kurzgutachten. Karlsruhe, 2016 (https://www.isi.fraunhofer.de/content/dam/isi/dokumente/ccn/2016/20160313_Fraunhofer_ISI_RNE_Studie_Indikatorik_von_Innovationen.pdf

Innovationskreis für Nachhaltigkeit

EinSatzBeschreibung

Hilft die Zusammenhänge im Innovationssystem zu verstehen und dient dem Verständnis, wie die Erfolgsfaktoren des Innovationskreises verbunden sind.

Working Guide/Anwendungsfelder

P1 Sensibilisierung/Bildung	P2 Matching Recht/Gesetz	P3 Sustainability Roadmap	P4 Produkt/Prozessdesign	P5 Implementierung/Monitoring	P6 Kommunikation	P7 Organisation	P8 Führung	P9 Business Model Design	P10 Skalierung
					X		X		

Beschreibung

Wir bedienen uns bei diesem Ansatz der Elektrotechnik – genauer gesagt der Betrachtung eines Stromkreises mit den drei Leitern L (line conductor), N (neutral) und PE (protective earth). Die Zusammenschaltung von Energiequelle und Verbraucher mittels dieser drei Leiter ergibt einen in sich geschlossenen Kreis, indem zugeführte Energie wirksam werden kann. Ob und in welcher Art und Weise eine Energiequelle ihre Energie abgeben kann, hängt demnach von den Bestandteilen und ihren Verbindungen im Stromkreis ab: Wir benötigen eine Energiequelle und entsprechende Verbindungsleitungen. Und ohne einen „Verbraucher" im Kreis kommt es zum Kurzschluss, d. h. die Energie verpufft ohne Nutzen zu generieren. Im Gegenteil: häufig sind diese mit negativen Auswirkungen verbunden – im besten Fall greift die Sicherungseinrichtung, um größere Schäden zu vermeiden.

Übertragen auf die Fähigkeit, nachhaltige Innovationen in Organisationen zu ermöglichen, beschreibt dieser „Stromkreis" die Erfolgsfaktoren eines innovativen Systems: Energie, Verbraucher/Output inklusive deren Anschlussfähigkeit und Vernetzung. Der Ansatz des Innovationskreises hilft uns den Blick darauf zu werfen, inwiefern diese Erfolgsfaktoren für nachhaltige Innovationen angeschlossen und miteinander verbunden sind und der Strom für Ideen und Innovationen fließen kann.

Ziel dieser Betrachtung ist es, die Wirksamkeit der eingesetzten Ressourcen für nachhaltige Innovationen als Output zu gewährleisten.

Durchführung

Für das (geplante) Innovationsprojekt erfolgt die (subjektive) Reflexion und Einordung der aktuellen Situation z. B. durch die Führungskraft oder/und Projektleitung. Hierbei werden die drei Leitungsstränge des Innovationskreises näher betrachtet:

- Strang 1 – L: **L**eadership, **L**ernbereitschaft und **L**ebendigkeit des Teams, **L**eidenschaft für das Thema
- Strang 2 – N: **N**achhaltigkeit im Fokus bei Innovationen
- Strang 3 – PE: **P**ersönliche Haltung und **E**thik
- Strang 1 und 2 bilden hierbei die aktiven Bestandteile. Stang 3 repräsentiert die Wertewelt.

Phase 1 beginnt mit der Reflexion der Anschlussfähigkeit beim Thema Nachhaltigkeit. Sie richten den Blick auf den N-Leiter mit Fragestellungen, wie z. B.

1. Ist N „angeschlossen" und sichert dadurch den gewünschten Fokus, d. h.
   - Wie klar ist das Thema Nachhaltigkeit in der Strategie verankert?
   - Welche Prioritäten sind für die Organisation festgelegt?
   - Welcher (Nachhaltigkeits-)Fokus ist für das Projekt (oder für Funktionalbereiche o. ä.) definiert?
   - Was und wie wurde an wen kommuniziert?

Phase 2 betrachtet die Energiequelle (Ressourcen) und deren Anschlussfähigkeit mit dem Nutzen/Output. Sie richten den Blick auf den L-Leiter mit Fragestellungen. wie z. B.

2. Ist L an die Energiequelle „angeschlossen", sind Ressourcen vorhanden, d. h.
   - Welche Ressourcen stehen zur Verfügung?
   - Welche Energie für das Thema Innovation mit Fokus Nachhaltigkeit ist spürbar?
   - Welche Möglichkeiten zu Know-how-Erweiterung werden genutzt?
   - Wann/inwiefern ist kreatives Teamklima erlebbar?
   - Wie ist eine unterstützende Führung sichergestellt?

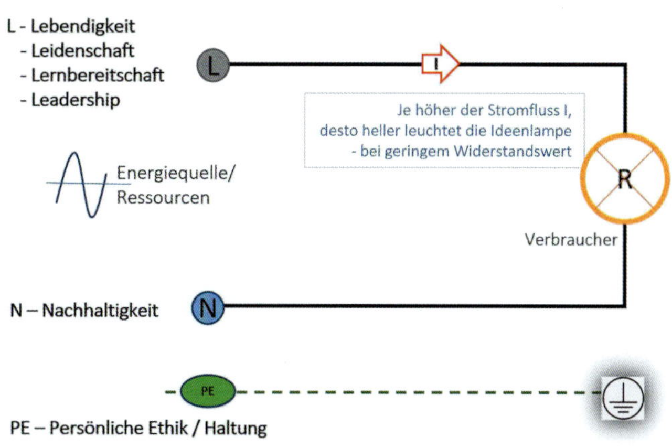

Quelle Abbildung: BINNOMA®

Phase 3 bezieht sich auf die Einstellung zum Thema Nachhaltigkeit.

Sie können hierbei sowohl einzelne Personen als auch die Organisation betrachten:

3. Wirkt PE ergänzend bzw. unterstützend und bietet Raum für nachhaltige Innovationen, d.h.
   - Welcher Haltung zum Thema Innovation und Nachhaltigkeit begegnen sie (z.B. mit Blick auf Kultur, Führung, Team, Individuum)?
   - Welche Wirkung erzielt diese Haltung im System?
   - Welche ethische Grundhaltung gilt für die Beteiligten im System?
   - Welche moralischen Vorstellungen und welche Sachkenntnis werden von der Organisation vorausgesetzt?

Phase 4 der Betrachtung umfasst die Einschätzung, ob alle Einflussfaktoren aktiv und miteinander verbunden sind. Ihre Fragestellungen hierbei können z.B. lauten:

4. Ist der Innovationskreis geschlossen, d.h. Vernetzung sichergestellt?
   - Wo sind ggf. die Anschlussfähigkeit und Verbindung nicht gegeben?
   - Worin liegen die Ursachen?
   - Welche Zusammenhänge sind erkennbar – welche wirken hinderlich, welche fördernd?

Phase 5 dient der Ableitung unterstützender Maßnahmen zur Förderung eines funktionierenden Innovationskreises.

Leiten sie aus den Erkenntnissen der Phasen 1–4 Handlungsfelder ab und definieren sie entsprechende Maßnahmen.

Optional: Für ein erstes Gesamtbild kann auch eine Einschätzung der Ausprägung von L, N und PE erfolgen. Hierfür können Sie je nach Vorliebe verschiedene Werkzeuge einsetzen, z.B. Skalen, Netzdiagramme oder Schulnoten.

Diese Ausprägungen lassen sich dann in Relation zueinander setzen. Daraus können sie eine Priorisierung für Handlungsbedarfe und weitere tiefergehenden Analysen ableiten.

Praxisschlaglicht

Eine kleine Gruppe angehender Führungskräfte hatte die Aufgabe, ein Konzept für einen Pioneers Award zu erarbeiten. Mit dem Ziel, die Innovationskultur im Unternehmen zu fördern. Im Rahmen der Diskussion zum Auswahlprozess nutzten sie den Innovationskreis, um passende Bewertungskriterien für die Nominierung der sich beworbenen Pioneers zu definieren. Z.B. bezogen auf L: Wie wird Führung gelebt, woran lässt sich Leidenschaft für das Projekt erkennen usw.

Sie stellten dadurch auch sicher, dass die ausgewählten Projekte einem geschlossenen Innovationskreis folgen, d.h. es kann Energie fließen und nachhaltige Wirkung erzielt werden.

Wirkfeld der Methode

- Wirksam für Herausforderungen mit hoher Komplexität
- Wirksam für Herausforderungen mit mittlerer Komplexität

Transformationsfähigkeit Ihres Teams

- Fördert die allgemeine Transformationsfähigkeit des Teams
- Fördert offene Mindsets und innovative Denkhaltungen

Einsatzcharakteristik/Arbeitsrahmen

- Austauschfokus: vornehmlich mit internen Personen
- Durchführungszeit: eher mittel (> 1 Stunde bis < 1 Tag)
- Einsatzfrequenz: sinnvoll im dauerhaften Einsatz
- Einsatzfrequenz: vornehmlich über den kompletten Projektzeitraum
- Einsatzradius: vornehmlich im Teameinsatz
- Einsatzradius: vornehmlich im projektweiten Einsatz
- Komplexität für den Moderator: eher mittel
- Komplexität für die Teilnehmer: eher mittel
- Teamgröße: Einzelpersonennutzung möglich
- Teamgröße: Kleingruppe möglich (3 bis 5 Teilnehmer)
- Teamgröße: Mittelgroße Teams möglich (5 bis 20 Teilnehmer)
- Vorbereitungszeit: eher gering (< 1 Stunde)

Input für eine zielführende Arbeit mit der Methode

- Aktuelle Herausforderung, Leitfrage, Problem
- Beteiligte Personen mit Tätigkeiten und Aufgaben
- Verschiedene Meinungen und Blickwinkel
- Vorhandenes Wissen und Erfahrungen
- Wettbewerber und Komplementoren
- Wissen über Gesetze und Rahmenbedingungen

Output und beobachtete Ergebnisse der Methode

- Bessere Projekteffizienz, bessere Teamperformance
- Erzeugt transformationsfähigere Organisationen
- Identifiziert vorhandene Schwachstellen
- Identifiziert vorhandene Stärken

Hinderniseffekte, auf die die Methode positiv wirkt

- Schwächt Angst vor Neuem (Cainophobie)
- Schärft eine fehlende gemeinsame Ausrichtung
- Stärkt das Vertrauen im Team
- Fördert Optimismus und Zuversicht

Mögliche Extravorteile der Methode

- Möglicher Extravorteil für innovativ ungeübte Teams
- Möglicher Extravorteil für in Nachhaltigkeitsthemen ungeübte Teams

Quellen

Buch – Rechenbuch Elektrotechnik, Tkotz, Isele, Feustel, Eichler, König, Winter, Neumann, Käppel (Europa, 2020)

Organisation – BöhringerInnovationsManagement, www.binnoma.de, 31.05.2023

Person – Sabine Böhringer, sabine.boehringer@binnoma.de

Inspiration from the Future

EinSatzBeschreibung

Eine Methode, die für spannende Inspirationen sorgt, wenn wir weit über den Tellerrand denken wollen oder durch die Herausforderung müssen.

Working Guide/Anwendungsfelder

P1 Sensibilisierung/Bildung	P2 Matching Recht/Gesetz	P3 Sustainability Roadmap	P4 Produkt/Prozessdesign	P5 Implementierung/Monitoring	P6 Kommunikation	P7 Organisation	P8 Führung	P9 Business Model Design	P10 Skalierung
			X					X	X

Beschreibung

Bei Inspiration from the future geht es darum, sich von der Zukunft inspirieren zu lassen, und diese Inspiration für die aktuelle Herausforderung zu nutzen. Ganz besonders macht das im Feld der nötigen Innovationen im Bereich Nachhaltigkeit Sinn, da wir hier recht oft ganz weit nach vorn oder über unseren Tellerrand denken müssen.

Foto: Aideal Hwa (unsplash)

Science-Fiction hat schon immer die Grenzen menschlicher Vorstellungskraft verschoben und uns Bilder von weit entfernten Welten, fortschrittlicher Technologie und den Auswirkungen des wissenschaftlichen Fortschritts auf die Gesellschaft gezeigt. Für Unternehmer kann Science-Fiction eine wertvolle Inspirationsquelle sein, um die Herausforderungen von heute mit den Technologien von morgen zu bewältigen.

Hier sind einige Möglichkeiten, wie Unternehmer Science-Fiction nutzen können, um innovative Ideen zu generieren:

1. **Visionen für die Zukunft**: Science-Fiction-Autoren skizzieren oft visionäre Zukunftsszenarien. Diese Visionen können Unternehmern helfen, über den aktuellen Status quo hinauszudenken und sich eine Welt vorzustellen, in der ihr Produkt oder ihre Dienstleistung eine zentrale Rolle spielt.
2. **Technologische Voraussicht**: Viele der Technologien, die heute existieren, wurden einst als Science-Fiction betrachtet. Denken Sie an Jules Vernes Unterseeboote oder Star Treks Kommunikatoren, die heutigen Smartphones ähneln. Indem sie SF-Literatur und -Filme studieren, können Unternehmer mögliche zukünftige Technologien identifizieren und ihre Unternehmen darauf ausrichten.

Foto: Hu Chen (unsplash)

3. **Ethik und Gesellschaft**: Science-Fiction regt oft zum Nachdenken über ethische und gesellschaftliche Fragen an. Dies kann Unternehmern helfen, die potenziellen Auswirkungen ihrer Innovationen auf die Gesellschaft zu erkennen und Lösungen zu entwickeln, die sowohl ethisch als auch nachhaltig sind.
4. **Mensch-Maschine-Interaktion**: Science-Fiction bietet zahlreiche Beispiele für die Interaktion zwischen Menschen und Maschinen. Dies kann Unternehmern helfen, neue Wege zu erkennen, wie Technologie das menschliche Leben verbessern oder ergänzen kann.
5. **Werkstatt- und Brainstorming-Sessions**: Führen Sie Workshops mit Schwerpunkt auf Science-Fiction durch. Diskutieren Sie Bücher, Filme oder Serien und überlegen Sie, wie die darin vorgestellten Konzepte in Ihr Geschäftsmodell integriert werden können.
6. **Zusammenarbeit mit Autoren**: Einige Unternehmen haben bereits begonnen, mit Science-Fiction-Autoren zusammenzuarbeiten, um spekulative Geschichten über die Zukunft ihrer Branche oder ihrer Produkte zu schreiben. Diese Geschichten können als Leitfaden für Produktentwicklung, Strategie und Vision dienen.
7. **Prototyping**: Nutzen Sie die Ideen aus Science-Fiction, um Prototypen neuer Produkte oder Dienstleistungen zu erstellen. Diese können getestet, angepasst und weiterentwickelt werden, bis sie marktreif sind.

Science-Fiction ist mehr als nur Unterhaltung. Es ist eine Goldmine für innovative Ideen und nachhaltige Konzepte, die Unternehmen helfen können, sich an die Spitze ihrer Branche zu setzen. Durch das Eintauchen in Science-Fiction können Unternehmer ihre Denkweise erweitern, die Grenzen des Möglichen verschieben und bahnbrechende nachhaltige Innovationen hervorbringen. Es ist Zeit, die Sterne nicht nur als ferne Lichter am Himmel, sondern auch als Leuchttürme für Innovation und nachhaltigen Fortschritt zu sehen.

Foto: Rod Long (unsplash)

Durchführung

Diese Methode lässt extrem viele verschiedenen Arbeitsformate zu. Ebenfalls lässt sie sich mit vielen Kreativitätstechniken äußerst gut kombinieren. Hier nun ein grundlegendes Arbeitsformat.

Schritt 1: Besorgen Sie passende Filme, oder ausreichend Bücher oder Comics und ausreichend Chips, Popcorn und Schokolade.

Schritt 2: Schaffen Sie Kinoatmosphäre durch einen Beamer und eine große Leinwand.

Schritt 3: Notieren Sie sich während des Films all die Punkte, die Ihnen auffallen und die Sie inspirierend finden. Unterscheiden Sie dabei in „damals neu – heute bereits (irgendwie) umgesetzt" und „gibt es immer noch nicht – löst folgendes Problem".

Schritt 4: Stellen Sie nach dem Film Ihre jeweiligen Punkte gegenseitig vor, priorisieren Sie diese nach Potenzial und Komplexität und leiten daraus neue Fragestellungen für die Ideenfindung zu Ihrer aktuellen Herausforderung ab.

Wirkfeld der Methode

- Wirksam für Herausforderungen mit hoher Komplexität
- Wirksam für Herausforderungen mit mittlerer Komplexität
- Wirksam für nachhaltiges Marketing
- Wirksam für nachhaltiges Produktdesign
- Wirksam für nachhaltiges Servicedesign
- Wirksam für nachhaltiges Business Model Design

Transformationsfähigkeit Ihres Teams

- Fördert die Teamkreativität
- Fördert die allgemeine Transformationsfähigkeit des Teams
- Fördert offene Mindsets und innovative Denkhaltungen
- Sorgt für Inspiration oder bessere Inspirationsempfindlichkeit
- Zahlt auf eine bessere Vorstellungskraft ein

Einsatzcharakteristik/Arbeitsrahmen

- Einsatzradius: vornehmlich im Teameinsatz
- Einsatzradius: vornehmlich im projektweiten Einsatz
- Komplexität für die Teilnehmer: eher gering
- Komplexität für den Moderator: eher gering
- Teamgröße: Einzelpersonennutzung möglich
- Teamgröße: Kleingruppe möglich (3 bis 5 Teilnehmer)
- Teamgröße: Mittelgroße Teams möglich (5 bis 20 Teilnehmer)
- Durchführungszeit: eher mittel (> 1 Stunde bis < 1 Tag)
- Vorbereitungszeit: eher mittel (> 1 Stunde bis < 1 Tag)

Input für eine zielführende Arbeit mit der Methode

- Aktuell existierende Geschäftsmodelle
- Aktuell existierende Produkte und Services
- Aktuelle Herausforderung, Leitfrage, Problem
- Innovationssuchfelder, Intent Statements

Output und beobachtete Ergebnisse der Methode

- Erzeugt Ideen für neue Märkte und neue Business Modelle
- Erzeugt Ideen, Lösungsansätze, Vorideen, Möglichkeiten
- Erzeugt Ideensuchfelder, unentdeckte Probleme, Inspiration
- Erzeugt Leitfragen für die Ideenfindung

Hinderniseffekte, auf die die Methode positiv wirkt

- Schwächt Angst vor Neuem (Cainophobie)
- Schwächt das Leben in der Vergangenheit
- Schwächt den „Inneren Zensor"
- Stärkt schwache Anreicherungsskills
- Verkürzt und durchbricht vorhandene Kreativblockaden
- Wirkt fehlender Inspiration entgegen

Mögliche Extravorteile der Methode

- Möglicher Extravorteil für Teams mit einem starkem Auftragsmandat
- Möglicher Extravorteil für agile Teams
- Möglicher Extravorteil für innovativ erfahrene Teams
- Möglicher Extravorteil für in Nachhaltigkeitsthemen erfahrene Teams

Quellen

Buch – Das große Handbuch Innovation, van Aerssen, Buchholz (Vahlen, 2018)
Buch – DESIGN THINKING – Das Handbuch, F. Uebernickel, W. Brenner, T. Naef, B. Pukall (Frankfurter Allgemeine Buch, 2015)
Web – http://kopfspringer.com/2017/01/20/science-fiction-als-innovationstreiber (April 2017)

Grafik: verrocchio Sustainable Inspiration Card – Malvine Klecha, Hila Attaie und Jennifer van Aerssen (Illustration)

Integriertes Managementsystem

EinSatzBeschreibung

Integrierte Managementsysteme (IMS) sind dazu da, verschiedene Managementsysteme in einer Organisation zu vereinen und effizienter zu gestalten.

Working Guide/Anwendungsfelder

P1 Sensibilisierung/Bildung	P2 Matching Recht/Gesetz	P3 Sustainability Roadmap	P4 Produkt/Prozessdesign	P5 Implementierung/Monitoring	P6 Kommunikation	P7 Organisation	P8 Führung	P9 Business Model Design	P10 Skalierung
						X	X		

Beschreibung

Integrierte Managementsysteme ermöglichen es Unternehmen, ihre ökonomischen, ökologischen und sozialen Ziele effektiv zu verwalten. Sie kombinieren verschiedene Managementsysteme, wie z. B. Qualitätsmanagement (ISO 9001), Umweltmanagement (ISO 14001) und Arbeitsschutzmanagement (ISO 45001), um Synergien zu schaffen und Ressourcen optimal zu nutzen. Dadurch können Unternehmen ihre Nachhaltigkeitsleistung verbessern und gleichzeitig Kosten reduzieren.

Vorteile von Integrierten Managementsystemen:

- Effizienzsteigerung: Durch die Integration verschiedener Managementsysteme werden Redundanzen vermieden und die Ressourcennutzung optimiert.
- Konsistenz: Einheitliche Standards und Prozesse sorgen für eine konsistente Umsetzung von Anforderungen und Zielen.
- Risikomanagement: IMS ermöglichen eine ganzheitliche Betrachtung von Risiken und die Implementierung entsprechender Maßnahmen, z. B. durch die Kombination interner Audits mit Management-Reviews
- Verbesserte Nachhaltigkeitsleistung: Durch die Integration von Umwelt- und Arbeitsschutzaspekten können Unternehmen ihre Umweltleistung verbessern und die Sicherheit am Arbeitsplatz gewährleisten.

Grenzen von Integrierten Managementsystemen:

- Komplexität: Die Implementierung und Aufrechterhaltung eines IMS erfordert eine umfangreiche Planung und Koordination.
- Aufwand: Die Erfüllung der Anforderungen verschiedener Managementsystemstandards kann zeitaufwendig und ressourcenintensiv sein.
- Kosten: Insbesondere, wenn auf externe Ressourcen zurückgegriffen werden muss, ist der finanzielle Aufwand nicht zu unterschätzen.

Durchführung

Um ein Integriertes Managementsystem aufzusetzen, sollten folgende Schritte beachtet werden:

1. Analyse der Ausgangssituation: Bestandsaufnahme der vorhandenen Managementsysteme (sofern vorhanden), deren Strukturen und Prozesse sowie Identifizierung von möglichen Synergien.
2. Festlegung der Ziele und des Umfangs: Definition der Ziele des IMS und des Anwendungsbereichs, um die Integration der relevanten Managementsysteme zu bestimmen.
3. Integration der Managementsysteme: Entwicklung eines Rahmens, der die Anforderungen und Prozesse der verschiedenen Managementsysteme harmonisiert und in einem einheitlichen System zusammenführt.
4. Entwicklung von Richtlinien und Verfahren: Erstellung von Richtlinien und Verfahren, die die Anforderungen der integrierten Managementsystemstandards abdecken und auf die spezifischen Bedürfnisse der Organisation zugeschnitten sind.
5. Implementierung und Schulung: Einführung des IMS in der Organisation und Schulung der Mitarbeiter, um das Verständnis für die neuen Prozesse und Anforderungen zu fördern.
6. Überwachung und Verbesserung: Etablierung eines Überwachungs- und Bewertungssystems, um die Leistung des IMS zu messen, regelmäßige interne Audits durchzuführen und kontinuierliche Verbesserungen voranzutreiben.

Praxisschlaglicht

Ein produzierendes Unternehmen entscheidet sich dafür, ein Integriertes Managementsystem einzuführen, das die Anforderungen der ISO 9001 (Qualitätsmanagement), ISO 14001 (Umweltmanagement) und ISO 45001 (Arbeitsschutzmanagement) erfüllt.

Durch die Integration dieser Managementsysteme kann das Unternehmen seine Qualität verbessern, Umweltauswirkungen reduzieren und die Gesundheit und Sicherheit der Mitarbeiter gewährleisten.

Es werden gemeinsame Prozesse entwickelt, um die Anforderungen der verschiedenen Standards zu erfüllen, und Schulungen werden durchgeführt, um das Bewusstsein und die Kompetenz der Mitarbeiter im Umgang mit dem Integrierten Managementsystem zu stärken.

Helfende Organisation

- Internationale Organisation für Normung (ISO): Die ISO entwickelt und veröffentlicht internationale Standards, einschließlich der Standards für verschiedene Managementsysteme, die in einem Integrierten Managementsystem integriert werden können.

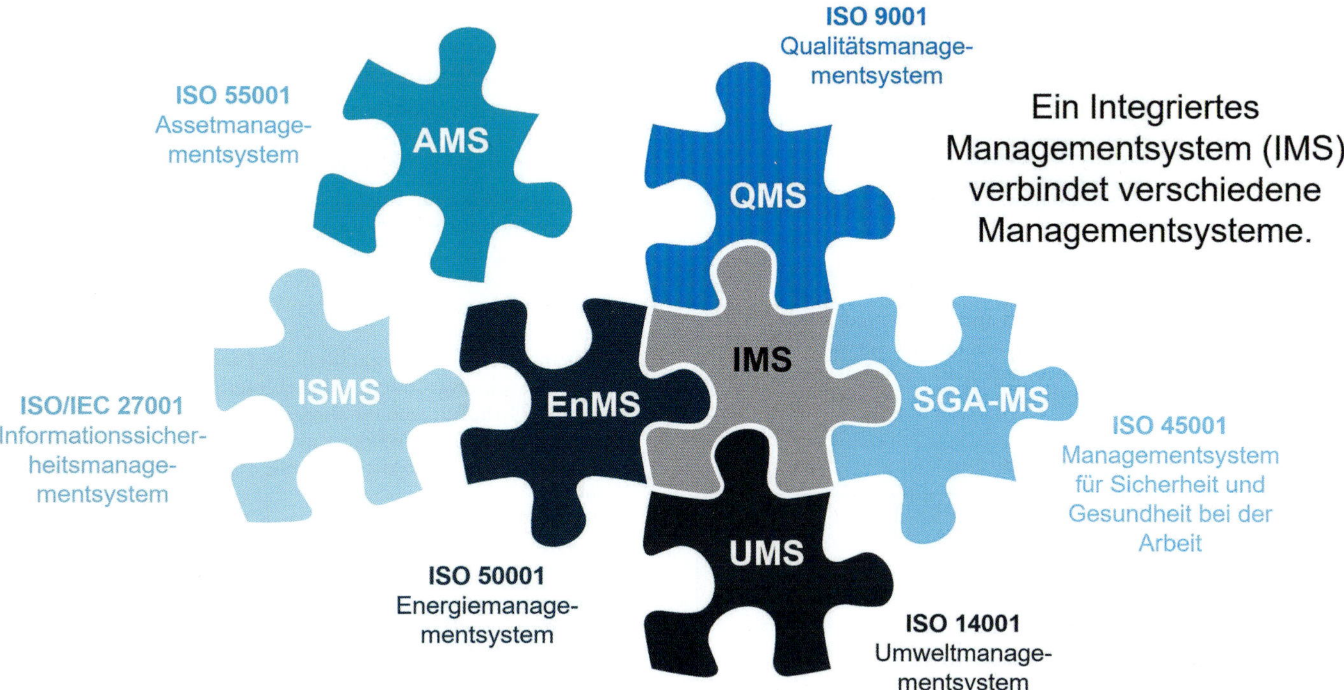

Quelle: https://www.gutcert.de/leistungen/integrierte-managementsysteme

- Branchenverbände: Branchenspezifische Verbände bieten oft Ressourcen, Leitfäden und Schulungen zur Implementierung von Integrierten Managementsystemen an.
- Beratungsunternehmen: Beratungsunternehmen mit Expertise in den Bereichen Managementsysteme und Nachhaltigkeit können Unternehmen bei der Entwicklung und Implementierung von Integrierten Managementsystemen unterstützen.

Wirkfeld der Methode

- Wirksam für Herausforderungen mit hoher Komplexität

Transformationsfähigkeit Ihres Teams

- Erhöht die Lösungsorientierung

Einsatzcharakteristik/Arbeitsrahmen

- Austauschfokus: vornehmlich mit internen Personen
- Durchführungszeit: eher hoch (> 1 Tag)
- Einsatzfrequenz: sinnvoll im dauerhaften Einsatz
- Einsatzradius: vornehmlich im unternehmensweiten Einsatz
- Komplexität für die Teilnehmer: eher hoch
- Vorbereitungszeit: eher hoch (>1 Tag)

Input für eine zielführende Arbeit mit der Methode

- Aktuell existierende Geschäftsmodelle
- Aktuelle Herausforderung, Leitfrage, Problem
- Ergebnisse aus der Analysephase
- Existierende Prozesse und Verfahren
- Ziele, Zielsystem, Kennzahlen
- Wissen über Gesetze und Rahmenbedingungen
- Bestehende Managementsysteme

Output und beobachtete Ergebnisse der Methode

- Hilft bei Entscheidungen, Bewertungen und Feedback
- Macht Wirkzusammenhänge sichtbar

Hinderniseffekte, auf die die Methode positiv wirkt

- Verringert zu große Komplexitäten

Quellen

Artikel – Domingues, J. et al. (2015): Analysis of integrated management systems from various perspectives, Total Quality Management & Business Excellence, 26:11-12, 1311-1334

Artikel – Jorgensen, T. et al. (2006): Integrated management systems – three different levels of integration. In: Joual of Cleaner Production 14 (2006) 713 – 722.

Buch – Institut für angewandte Arbeitswissenschaft e. V. (Hrsg.): Nachhaltigkeitsmanagement – Handbuch für die Unternehmenspraxis. Gestaltung und Umsetzung von Nachhaltigkeit in kleinen und mittleren Betrieben (Springer Vieweg, 2021)

Web – https://www.gut-cert.de/leistungen/integrierte-managementsysteme (abgerufen am 13.08.2023)

135 IUCN Green List of Protected and Conserved Areas

EinSatzBeschreibung

Die IUCN Green List of Protected and Conserved Areas (Green List) identifiziert und zertifiziert erfolgreich verwaltete Schutzgebiete und dient damit Innovierenden als zuverlässiger Standard für nachhaltige Umweltpraktiken.

Working Guide/Anwendungsfelder

P1 Sensibilisierung/Bildung	P2 Matching Recht/Gesetz	P3 Sustainability Roadmap	P4 Produkt/Prozessdesign	P5 Implementierung/Monitoring	P6 Kommunikation	P7 Organisation	P8 Führung	P9 Business Model Design	P10 Skalierung
X		X	X	X				X	X

Beschreibung

Die IUCN Green List of Protected and Conserved Areas (Green List) setzt Standards für die effektive Verwaltung und den Erhalt von Schutzgebieten, die durch bestimmte Kriterien und Indikatoren wie Artenvielfalt, Ökosystemmanagement und soziale Einbeziehung bewertet werden. Für Sie dient diese Liste als präzise Ressource zur Identifikation von Schutzgebieten, die als Modelle für nachhaltige Praktiken dienen könnten. Die Liste ist nicht bloß ein Verzeichnis, sondern bietet differenzierte Qualitätskriterien für Schutzgebiete, etwa bezüglich Managementeffizienz, Biodiversitätserhalt und sozialer Inklusion. Ein Verständnis der Kriterien, die zu einem erfolgreichen Schutzgebiet führen, könnte für die Ausrichtung von Innovationen in Bereichen wie nachhaltige Tourismusentwicklung, Erneuerbare-Energie-Projekte oder Ökosystem-Dienstleistungen nützlich sein.

Die Green List fungiert auch als Benchmark für den Erfolg von Erhaltungsmaßnahmen, wodurch sie als Evaluierungsinstrument für die Auswirkungen einer Innovation auf die Erhaltung der biologischen Vielfalt dienen kann. Darüber hinaus bietet sie eine Plattform für die Zusammenarbeit mit politischen Entscheidungsträgern, Wissenschaftlern und NGOs, was dem Innovationsprojekt zusätzliche Legitimität und Reichweite verleihen könnte.

Durchführung

Die offizielle Webseite der Green List kann unter folgendem Link konsultiert werden: https://iucngreenlist.org

Die IUCN Green List of Protected and Conserved Areas (Green List) verfügt über mehrere Dimensionen, die sie zu einem integralen Instrument für nachhaltige Innovationen machen:

1. Diagnostikwerkzeug für Schutzgebiete: Die Green List bietet eine strenge Beurteilung des Managements und der Effektivität von Schutzgebieten, basierend auf einer Reihe von Kriterien und Indikatoren. Sie können diese Daten nutzen, um den Zustand von Ökosystemen und die Wirksamkeit von Schutzmaßnahmen zu beurteilen.
2. Richtungsweisung für nachhaltige Produkt- und Dienstleistungsentwicklung: Indem sie Gebiete hervorhebt, die bereits wirksame Erhaltungsmaßnahmen umsetzen, liefert die Green List ein Framework für die Entwicklung von Produkten oder Dienstleistungen, die diesen Erfolg replizieren oder ergänzen könnten.
3. Ethische Leitlinie und Governance: Die Green List dient als normative Grundlage für ethische Entscheidungen, insbesondere im Kontext der Verwaltung und des Managements von Schutzgebieten. Sie kann als Referenz für Corporate Governance und sozial-ökologische Verantwortung dienen.
4. Instrument für Kommunikation und Marketing: Unternehmen und Organisationen können ihre Beiträge zur Erreichung der Standards der Green List als Teil ihrer Corporate Identity und Markenkommunikation nutzen, um so ihre nachhaltige Ausrichtung hervorzuheben.
5. Hebel für politischen und sozialen Einfluss: Die Green List kann als evidenzbasiertes Werkzeug für die Beeinflussung der Politik und der öffentlichen Meinung in Bezug auf effektive Erhaltungsmaßnahmen und nachhaltiges Management von Schutzgebieten genutzt werden.
6. Kooperations- und Netzwerkplattform: Durch die Identifizierung von erfolgreich verwalteten Gebieten fördert die Green List den Austausch von Best Practices und ermöglicht die Bildung von Partnerschaften zwischen verschiedenen Stakeholdern, einschließlich Unternehmen, Regierungen und NGOs.

Wirkfeld der Methode

- Wirksam für Herausforderungen mit hoher Komplexität
- Wirksam für Herausforderungen mit mittlerer Komplexität
- Wirksam für nachhaltiges Produktdesign
- Wirksam für nachhaltiges Servicedesign
- Wirksam für nachhaltiges Business Model Design

Transformationsfähigkeit Ihres Teams

- Fördert die Sensibilisierung
- Zahlt auf das Dringlichkeitsempfinden ein
- Erhöht die Lösungsorientierung

Einsatzcharakteristik/Arbeitsrahmen

- Austauschfokus: vornehmlich mit internen und externen Personen
- Durchführungszeit: eher hoch (> 1 Tag)
- Einsatzfrequenz: sinnvoll im dauerhaften Einsatz

Website mit Ressourcenkarte (https://iucngreenlist.org)

- Einsatzradius: vornehmlich im projektweiten Einsatz
- Einsatzradius: vornehmlich im unternehmensweiten Einsatz
- Komplexität für den Moderator: eher mittel
- Komplexität für die Teilnehmer: eher hoch
- Teamgröße: Einzelpersonennutzung möglich
- Teamgröße: Kleingruppe möglich (3 bis 5 Teilnehmer)
- Teamgröße: Mittelgroße Teams möglich (5 bis 20 Teilnehmer)
- Vorbereitungszeit: eher hoch (>1 Tag)

Input für eine zielführende Arbeit mit der Methode

- Aktuell existierende Geschäftsmodelle
- Aktuell existierende Produkte und Services
- Aktuelle Herausforderung, Leitfrage, Problem
- Trends und Zukunftsentwicklungen

Output und beobachtete Ergebnisse der Methode

- Erzeugt Ideen, Lösungsansätze, Vorideen, Möglichkeiten
- Erzeugt Ideensuchfelder, unentdeckte Probleme, Inspiration
- Erzeugt neues Wissen und neue Erfahrungen
- Erzeugt eine Vision oder Zukunftsbild
- Erzeugt größere Klarheit zu einem Thema
- Erzeugt mehr Hintergrundinformationen
- Erzeugt mehr Know-how-Zuwachs
- Identifiziert vorhandene Schwachstellen
- Identifiziert vorhandene Stärken
- Macht Wirkzusammenhänge sichtbar

Hinderniseffekte, auf die die Methode positiv wirkt

- Schafft für den Erfolg nötige Realitätsbezüge
- Schafft schnell Klarheit und beschleunigt Erkenntnisgewinn
- Schwächt das Leben in der Vergangenheit
- Schärft eine fehlende gemeinsame Ausrichtung
- Verhindert Ideenfindung mit zu schwacher Erkenntnisgrundlage
- Verhindert blinden Aktionismus
- Verhindert falsche Flughöhen
- Verhindert unreflektiertes agieren
- Wirkt fehlender Inspiration entgegen
- Überzeugt strukturliebende Teammitglieder
- Überzeugt einen Rationalisierer

Mögliche Extravorteile der Methode

- Möglicher Extravorteil für Teams mit einem starkem Auftragsmandat
- Möglicher Extravorteil für innovativ erfahrene Teams
- Möglicher Extravorteil für innovativ ungeübte Teams
- Möglicher Extravorteil für in Nachhaltigkeitsthemen erfahrene Teams
- Möglicher Extravorteil für in Nachhaltigkeitsthemen ungeübte Teams

Quellen

Web – https://iucngreenlist.org (abgerufen am 30.08.2023)

136

IUCN Red List of Threatened Species™

EinSatzBeschreibung

Eine umfassende, wissenschaftlich fundierte Datenquelle zur Beurteilung des ökologischen Fußabdrucks von Projekten, die als Benchmark sowie Instrument für die strategische Planung in nachhaltigen Innovationsinitiativen dienen kann.

Working Guide/Anwendungsfelder

P1 Sensibilisierung/Bildung	P2 Matching Recht/Gesetz	P3 Sustainability Roadmap	P4 Produkt/Prozessdesign	P5 Implementierung/Monitoring	P6 Kommunikation	P7 Organisation	P8 Führung	P9 Business Model Design	P10 Skalierung
		X	X	X					X

Beschreibung

Die IUCN Red List of Threatened Species™ (Red List) klassifiziert Arten in verschiedene Erhaltungsstufen, von nicht bewertet bis ausgestorben. Diese Stufen werden durch eine Reihe von Kriterien festgelegt, darunter Populationsgröße, geografische Verbreitung und beobachtete, geschätzte oder projizierte Trends.

Für Sie bieten diese detaillierten Informationen eine reiche Datenquelle für die Bewertung des ökologischen Fußabdrucks eines Projekts oder einer Technologie. Ein Verständnis der Kriterien, die zum Erhaltungsstatus einer Art führen, kann etwa dabei helfen, konkrete Ziele für Restaurationsprojekte zu setzen. Zudem können diese Daten die Grundlage für die Entwicklung von Technologien bilden, die auf den Schutz spezifischer Arten oder Lebensräume abzielen.

Die Red List ist auch ein wichtiger Indikator für die Wirksamkeit bestehender Schutzmaßnahmen und kann somit als Benchmark für die Bewertung des Einflusses einer nachhaltigen Innovation dienen. Darüber hinaus ist sie für politische Entscheidungsträger, Wissenschaftler und NGOs ein wichtiges Referenzwerk, was ihrer Einbeziehung in Ihre Innovationsprojekte zusätzliche Glaubwürdigkeit verleiht.

Sie können die Red List als ein Instrument der Due Diligence und der Strategieentwicklung verwenden. Sie ermöglicht es Ihnen, die Auswirkungen Ihrer Arbeit zu quantifizieren, zu minimieren und letztlich zu einem bewussteren Umgang mit den natürlichen Ressourcen der Erde beizutragen.

Durchführung

Die Red List erfüllt in der nachhaltigen Innovationsarbeit mehrere kritische Rollen.

1. Als Diagnostikwerkzeug: Die Red List dient als evidenzbasiertes Instrument, welches auf umfangreichen Daten und wissenschaftlichen Beurteilungen basiert. Für Sie bietet sie eine valide Basis, um den Erhaltungsstatus und die Bedrohungen verschiedener Arten zu ermitteln, was zu datengesteuerten Entscheidungen führt.
2. Orientierung für Produktentwicklung: Die Red List kann zur Identifikation prioritärer Handlungsfelder herangezogen werden. Dies können Innovationsbereiche sein, die unmittelbar auf die Verbesserung des Erhaltungsstatus von in der Liste geführten Arten abzielen. Zum Beispiel könnten Technologien entwickelt werden, die den nachhaltigen Fang bestimmter gefährdeter Fischarten ermöglichen.
3. Als ethische Richtlinie: Die Red List fungiert als neutrale und wissenschaftlich fundierte Quelle, die ethische Entscheidungsfindung im Innovationsprozess erleichtert. Sie kann dazu genutzt werden, ethische Dilemmata zu navigieren, bspw. bei der Frage, ob eine bestimmte Innovation potenziell schädliche Auswirkungen auf gefährdete Arten haben könnte.
4. Kommunikationsmittel: Unternehmen können ihren Beitrag zum Schutz von Arten oder Ökosystemen als Teil ihrer Corporate Social Responsibility (CSR) Strategie kommunizieren. Die Bezugnahme auf die Red List kann dabei die Glaubwürdigkeit und Wirkung der Kommunikationsbemühungen verstärken.
5. Politischer und sozialer Einflussfaktor: Die Red List bietet eine anerkannte und unparteiische Plattform, die in der politischen Diskussion und gesellschaftlichen Mobilisierung eingesetzt werden kann. Unternehmen und Organisationen können sie als referenzierte Grundlage zur Sensibilisierung der Öffentlichkeit oder für politische Kampagnen nutzen.

Wirkfeld der Methode

- Wirksam für Herausforderungen mit hoher Komplexität
- Wirksam für Herausforderungen mit mittlerer Komplexität

Transformationsfähigkeit Ihres Teams

- Fördert die Sensibilisierung
- Zahlt auf das Dringlichkeitsempfinden ein
- Erhöht die Lösungsorientierung

Einsatzcharakteristik/Arbeitsrahmen

- Austauschfokus: vornehmlich mit internen und externen Personen
- Durchführungszeit: eher hoch (> 1 Tag)
- Einsatzfrequenz: sinnvoll im dauerhaften Einsatz
- Einsatzradius: vornehmlich im projektweiten Einsatz
- Einsatzradius: vornehmlich im unternehmensweiten Einsatz
- Komplexität für den Moderator: eher mittel
- Komplexität für die Teilnehmer: eher hoch
- Teamgröße: Einzelpersonennutzung möglich

- Teamgröße: Kleingruppe möglich (3 bis 5 Teilnehmer)
- Teamgröße: Mittelgroße Teams möglich (5 bis 20 Teilnehmer)
- Vorbereitungszeit: eher hoch (>1 Tag)

Input für eine zielführende Arbeit mit der Methode

- Aktuell existierende Geschäftsmodelle
- Aktuell existierende Produkte und Services
- Aktuelle Herausforderung, Leitfrage, Problem
- Ideen und Projekte, die zur Umsetzung anstehen

Output und beobachtete Ergebnisse der Methode

- Erzeugt eine Vision oder Zukunftsbild
- Erzeugt größere Klarheit zu einem Thema
- Erzeugt mehr Hintergrundinformationen
- Erzeugt mehr Know-how-Zuwachs
- Hilft bei Entscheidungen, Bewertungen und Feedback
- Identifiziert vorhandene Schwachstellen
- Identifiziert vorhandene Stärken
- Macht Wirkzusammenhänge sichtbar

Hinderniseffekte, auf die die Methode positiv wirkt

- Schafft für den Erfolg nötige Realitätsbezüge
- Schafft schnell Klarheit und beschleunigt Erkenntnisgewinn
- Schwächt das Leben in der Vergangenheit
- Schärft eine fehlende gemeinsame Ausrichtung
- Verhindert Ideenfindung mit zu schwacher Erkenntnisgrundlage
- Verhindert blinden Aktionismus
- Verhindert falsche Flughöhen
- Verhindert unreflektiertes agieren

Mögliche Extravorteile der Methode

- Möglicher Extravorteil für Teams mit einem starkem Auftragsmandat

Quellen

Web – IUCN. 2022. The IUCN Red List of Threatened Species. Version 2022-2, https://www.iucnredlist.org (abgerufen am 30.08.2023)

137 Jobs-to-be-done zur Identifikation von Nachhaltigkeitspotenzialen

EinSatzBeschreibung

Der Einsatz der Jobs-to-be-done-Logik kann insbesondere im Nachhaltigkeitskontext sinnstiftend eingesetzt werden, da dadurch nachhaltige Produkte und Dienstleistungen entwickelt werden, die den Menschen dabei helfen, ihre Ziele auf suffiziente und effiziente Weise zu erreichen.

Working Guide/Anwendungsfelder

P1 Sensibilisierung/Bildung	P2 Matching Recht/Gesetz	P3 Sustainability Roadmap	P4 Produkt/Prozessdesign	P5 Implementierung/Monitoring	P6 Kommunikation	P7 Organisation	P8 Führung	P9 Business Model Design	P10 Skalierung
			X		X			X	

Beschreibung

Während die klassische Jobs-to-be-done-Logik mit ihrem Ansatz starke Anwendung im regulären strategischen Innovationsdesign sowie im Marketing findet, lässt sich der Ansatz optimal auf das Ziel der Entwicklung nachhaltiger Produktalternativen anwenden. Das Modell wird dabei insbesondere als exploratives Vorgehen einsatzfähig, und dient, auch in vereinfachter Form, dem Finden von Innovationspotenzialen.

Die Logik hinter dem Jobs-to-be-done-Ansatz im Kontext der Nachhaltigkeit besteht darin, dass Kunden Produkte selten zum Selbstzweck des Konsums kaufen, sondern stets durch ihren Kauf beabsichtigen, die Erfüllung einer eigenen zu bewältigenden Aufgabe zu unterstützen.

Um dieses Ziel zu erreichen, nimmt das konsumierte oder verwendete Produkt einen Service-Charakter ein: Das Produkt erfüllt einen Job. Dieser zu erledigende Job spiegelt ein tieferliegendes reales Bedürfnis der Nutzenden wider, welche es zu befriedigen gib.

Im Umkehrschluss bedeutet dies: Gelingt es, den „Job-to-be-done" und das Bedürfnis durch eine nachhaltigere Handlungsalternative zu befriedigen, steht der Einführung dieser Handlungsalternative nur noch wenig im Wege.

Als klassisches Beispiel dient hierbei der Kauf einer Schlagbohrmaschine. Konsumentinnen bedürfen dabei keine Bohrmaschine, sondern eigentlich, mit hoher Wahrscheinlichkeit, ein Loch in einer Wand. Doch selbst dieses Loch in der Wand steht nicht am Ende einer Analyse der Bedürfnisse. In der tieferen Ebene ist der eigentliche Job möglicherweise das Aufhängen eines Bildes. Die Bohrmaschine erfüllt also den Job, ein Loch zu Bohren oder ein Bild aufhängen zu können, vielleicht gar Urlaubserinnerungen in Form eines Bildes stets präsent zu haben. Ist es möglich, dieses reale Bedürfnis zu stillen, lassen sich der Kauf einer Bohrmaschine und der dadurch entstandene Ressourcenaufwand vermeiden.

Ein besonderes Potenzial ergibt sich dadurch für „Product as a Service" und kreislaufwirtschaftsbasierte Geschäftsmodelle. Aber auch als Grundlage für die Entwicklung anderer nachhaltiger Produkttypen dienen die Erkenntnisse und können einen erheblichen Antrieb für das strategische Auffinden von Marktpotenzialen mit dem Ziel von Konsumveränderung oder hin zu optimierten Lösungen mit geringerem Ressourcenverbrauch bieten.

> Ziel des Ansatzes im Nachhaltigkeitskontext ist es, auf Bedürfnisebene zu innovieren.

Die „Jobs to be done" können sozial, emotional, und praktische Bedürfnisebenen aufweisen. Als Beispiel dient hierbei auch die Anschaffung eines Teslas:

Funktional: Schnell von A nach B kommen

Sozial: Als technologisch fortgeschritten wahrgenommen werden, Prestige

Emotional: Das Gefühl haben, einen Beitrag gegen Klimawandel zu leisten, trotz des Besitzes eines eigenen KFZ

Durchführung

In der Anwendung der JTBD-Logik gilt es herauszufindenden, welche Funktion ein Produkt einnimmt, und welches (ggf. primäre) Bedürfnis dahintersteht.

Dabei ist es sinnvoll, nicht nur an der Oberfläche zu bleiben und Nutzerinnen nach deren Wünschen zu fragen, sondern deutlich tieferliegende Bedürfnisse zu erfassen.

Der Ablauf muss dem Projekt entsprechend definiert werden, kann aber wie folgt dargestellt werden:

1. **Handlungsfeld definieren:** Orientiert an strategischer Ausrichtung des Vorhabens.
2. **Ressourcenintensives Produkt oder Dienstleistung identifizieren:** Ausgerichtet auf Aktivitäten, welche klimaschädlich oder anderweitig nicht nachhaltig sind.
3. **Auswahl an Personen treffen, welche das Produkt nutzen**
4. **Personen interviewen, um deren Bedürfnis und den „Job-to-be-done" zu erfahren:** *Beispiel:* In welcher Situation wurde das Produkt konsumiert? Welche für den Kauf ausschlaggebende Aufgaben haben die nutzenden Personen? Für was wurde das Produkt gekauft, welche Aufgabe sollte das Produkt erfüllen? Hierbei kommt auch die 5-Why-Technik zum Einsatz.
5. **Bedürfnisse gruppieren und analysieren:** Welche Bedürfnisse/Jobs sind mit aktuellen vorliegenden Angeboten besonders wenig befriedigt, und erzeugen besonders hohen und häufigen Ressourcenverbrauch?

6. **Analyse von alternativen Produkten:** Sind einzelne Aspekte von Substituts-Produkten besonders relevant für die Befriedigung von Bedürfnissen?
7. **Beschreibung von „Jobs to be done“:** Dies kann in folgendem Format aus der Perspektive von Nutzerinnen erfolgen: „Wenn ich ______ (Situation), möchte ich ______ (Motivation, Aufgabe), sodass ich ______ kann (erwartete Zielerfüllung).
8. **Generieren von sozial und ökologisch höherwertigeren Ideen, welche die „Jobs to be done“ erfüllen:** Dabei können unterschiedliche Arten von Brainstormings eingesetzt werden.
9. **Validieren von Ideen auf Nachhaltigkeit und Nutzerzentrierung**

Praxisschlaglicht

In einem Projekt der Agentur Protellus und B.A.U.M. Consult wurde im Rahmen der Erstellung eines Klimaschutzkonzepts das Verhalten von Autofahrerinnen in einer Kommune untersucht. Ziel war es, möglichst vielen Bewohnerinnen einer Stadt den Umstieg auf Carsharing-Angebote zu ermöglichen. Hierzu wurden das Nutzungsverhalten und Motivation bei einzelnen Fahrten sowie der Grund für den Besitz eines eigenen PKW untersucht. Aufbauend auf den Erkenntnissen wurden geeignete Carsharing Angebote ausgewählt, konzeptionell angepasst, und kommunizierbar gemacht.

Bei der Gestaltung von Systeminnovationen, insbesondere in Organisationentwicklungsprojekten mit mehreren, zusammenhängenden Konzept-Komponenten, kann die Jobs-to-be-Done-Logik für die Validierung entstandener Ideen mit den Zielen der Organisation genutzt werden. Dies lässt unter Zeitdruck ausgewählte Ideen überprüfen, und verhindert nicht-valide, vom Ziel abweichende Workshopergebnisse.

Wirkfeld der Methode

- Wirksam für Herausforderungen mit hoher Komplexität
- Wirksam für Herausforderungen mit mittlerer Komplexität
- Wirksam für Herausforderungen mit niedriger Komplexität
- Wirksam für nachhaltiges Marketing
- Wirksam für nachhaltiges Produktdesign
- Wirksam für nachhaltiges Prozessdesign
- Wirksam für nachhaltiges Servicedesign
- Wirksam für nachhaltiges Business Model Design

Transformationsfähigkeit Ihres Teams

- Fördert die Teamkreativität
- Fördert grundlegend die Kreativität
- Fördert offene Mindsets und innovative Denkhaltungen
- Sorgt für Inspiration oder bessere Inspirationsempfindlichkeit
- Zahlt auf eine bessere Vorstellungskraft ein
- Zahlt auf das Dringlichkeitsempfinden ein
- Erhöht die Lösungsorientierung

Einsatzcharakteristik/Arbeitsrahmen

- Austauschfokus: vornehmlich mit internen und externen Personen
- Durchführungszeit: eher hoch (> 1 Tag)
- Durchführungszeit: eher mittel (> 1 Stunde bis < 1 Tag)
- Einsatzfrequenz: sinnvoll im dauerhaften Einsatz
- Einsatzfrequenz: vornehmlich über den kompletten Projektzeitraum
- Einsatzradius: vornehmlich im projektweiten Einsatz
- Einsatzradius: vornehmlich im unternehmensweiten Einsatz
- Komplexität für den Moderator: eher mittel
- Komplexität für die Teilnehmer: eher mittel
- Teamgröße: Einzelpersonennutzung möglich
- Teamgröße: Kleingruppe möglich (3 bis 5 Teilnehmer)
- Vorbereitungszeit: eher gering (< 1 Stunde)

Input für eine zielführende Arbeit mit der Methode

- Aktuell existierende Geschäftsmodelle
- Aktuell existierende Produkte und Services
- Aktuelle Herausforderung, Leitfrage, Problem

Output und beobachtete Ergebnisse der Methode

- Erzeugt Prognosen und Ableitungen
- Erzeugt spezifischere Leitfragen, Ideen und Aussagen
- Erzeugt definierte Zielkorridore
- Erzeugt segmentierte, kategorisierte, geclusterte Daten
- Identifiziert vorhandene Schwachstellen
- Macht Wirkzusammenhänge sichtbar

Hinderniseffekte, auf die die Methode positiv wirkt

- Bewahrt vor zu generischen Ideen und Aussagen
- Verhindert Ideenfindung mit zu schwacher Erkenntnisgrundlage
- Verhindert unreflektiertes agieren
- Wirkt fehlender Inspiration entgegen

Mögliche Extravorteile der Methode

- Möglicher Extravorteil für innovativ erfahrene Teams

Quellen

Artikel – Šáchová-Kleisli, A., Walther, B. Job-to-be-done-Logik in der Praxis. Mark Rev St. Gallen 32, 12–21 (2015)

Artikel – Stephan Hankammer, Sebastian Brenk, Hannah Fabry, Anne Nordemann, Frank T. Piller, Towards circular business models: Identifying consumer needs based on the jobs-to-be-done theory, Journal of Cleaner Production, Volume 231, 341-358 (2019)

Buch – Tony Ulwick, Put Jobs-To-Be-Done Theory Into Practice With Outcome-Driven Innovation (2023)

Kano-Modell

EinSatzBeschreibung

Das Kano-Modell ermöglicht eine Unterscheidung der Kundenanforderungen in Basis-, Leistungs- und Begeisterungsfaktoren und macht damit sichtbar, durch welche Leistungen Kundenzufriedenheit besonders getrieben wird.

Working Guide/Anwendungsfelder

P1 Sensibilisierung/Bildung	P2 Matching Recht/Gesetz	P3 Sustainability Roadmap	P4 Produkt/Prozessdesign	P5 Implementierung/Monitoring	P6 Kommunikation	P7 Organisation	P8 Führung	P9 Business Model Design	P10 Skalierung
		X	X		X				

Beschreibung

Das Kano-Modell stammt aus der Beschäftigung mit Kundenanforderungen in den 1970er-Jahren durch den Japaner Noriaki Kano. Richtig eingesetzt ermöglicht das Kano-Modell und dessen spezifische Art der Befragung das Aufdecken von Wünschen und Bedürfnissen von Kunden, die über klassische Befragungen oft unentdeckt bleiben. Darüber lässt sich klar priorisieren, welche Merkmale einer Maßnahme Must-haves und welche Nice-to-haves sind. Dies kann auch in der Ausgestaltung von Stakeholder-zentrierten Nachhaltigkeitsmaßnahmen sehr hilfreich sein.

Die Grundidee des Konzepts ist, dass Zufriedenheit und Unzufriedenheit von Kunden durch Produkt- oder Serviceeigenschaften in ganz unterschiedlichem Maße ausgelöst werden. Damit ist das Kano-Modell eng verknüpft mit der Motivationstheorie von Herzberg, die sogenannte Hygiene- und Motivationsfaktoren unterscheidet. Eine Erfüllung der Hygienefaktoren führt dabei zur Beseitigung von Unzufriedenheit, löst jedoch nicht wahre Zufriedenheit aus. Laut Herzberg müssen dafür zusätzlich auch Motivationsfaktoren erfüllt werden. Herzberg postuliert damit, dass Zufriedenheit nicht einfach die Abwesenheit von Unzufriedenheit ist und mit anderen Mitteln erreicht werden muss als jenen, die Unzufriedenheit beseitigen. Diese Mehrdimensionalität der Zufriedenheit nimmt das Kano-Modell auf und leitet daraus drei Arten von Kundenanforderungen ab:

Basisfaktoren stellen die unbedingt zu erfüllenden Kriterien dar. Sie bedeuten oft, dass neben explizit von Kunden genannten Forderungen auch nicht ausgesprochene implizite Anforderungen existieren. Basisfaktoren erachten Kunden gewissermaßen als selbstverständlich an. Entsprechende Merkmale muss das Produkt oder die Dienstleistung daher unbedingt aufweisen. Ist dies nicht der Fall, folgt daraus große Unzufriedenheit. Andererseits führt die schiere Erfüllung von Basisanforderungen noch nicht zu Kundenzufriedenheit, sondern lediglich zu Nicht-Unzufriedenheit. Deshalb werden diese Merkmale oft auch als Hygienefaktoren bezeichnet.

Leistungsfaktoren hingegen erhöhen durchaus die Zufriedenheit bei Kunden, sofern diese im Produkt oder in der Dienstleistung vorliegen. Gleichzeitig führen sie auch im gleichen Maße zu Unzufriedenheit, falls Leistungsanforderungen nicht oder nur in unzureichendem Maße entsprochen werden. Der Erfüllungsgrad von Leistungsfaktoren verhält sich damit proportional zur Zufriedenheit – die Zufriedenheit oder Unzufriedenheit verändert sich somit linear mit dem Grad an Leistungsanforderungserfüllung. Leistungsfaktoren sind Kunden oft geläufig und können von diesen als solche benannt werden. Sie sind für Kunden allerdings nicht selbstverständlich und werden entsprechend wertgeschätzt. Ein Produkt oder eine Dienstleistung, die sowohl Basisanforderungen als Leistungsanforderungen erfüllt, wird typischerweise eine gewisse Zufriedenheit bei Kunden auslösen.

Begeisterungsfaktoren stellen die unerwarteten Wow-Faktoren dar. Sie erhöhen bei Vorliegen stark die Zufriedenheit, werden aber nicht explizit von Kunden nachgefragt oder gefordert. Oft handelt es sich um innovative Faktoren, die Kunden gar nicht in den Sinn kommen. Die Nichterfüllung von **Begeisterungsfaktoren** führt deshalb auch nicht zu Unzufriedenheit. Begeisterungsfaktoren können oft den Unterschied in der Bewertung machen und werden auch im Nachhinein gut erinnert. Sofern ein Produkt oder eine Dienstleistung derartige Merkmale aufweist, nehmen

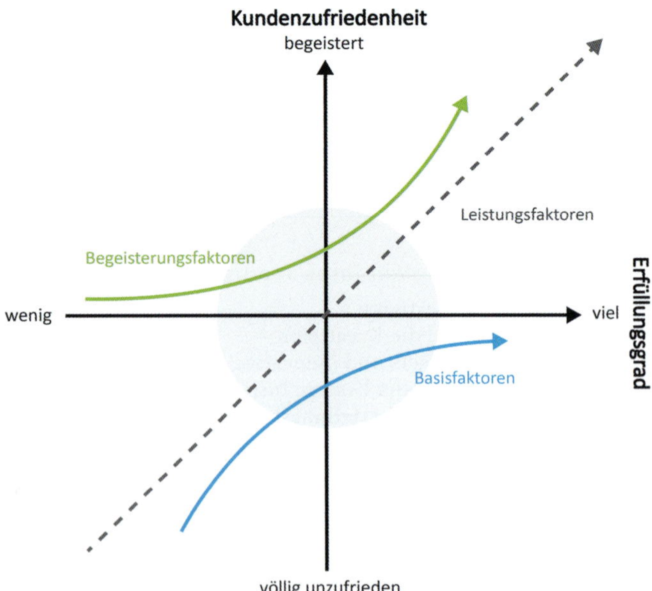

Kano-Modell (Quelle: https://dmexco.com/de/stories/kano-modell)

es Kunden als innovativ wahr, was zu Begeisterung (Excitement) führen kann. Daraus leitet sich ihr Potenzial als Differenzierungsmerkmale zu Wettbewerbern ab.

Die Auswirkungen der drei Faktorarten auf die Zufriedenheit und Unzufriedenheit von Kunden lässt sich auch aus der Abbildung entnehmen.

Wichtig zu verstehen ist, dass Kundenforderungen, und damit die drei Faktorarten, im zeitlichen Verlauf einer Veränderung unterliegen. Typisch ist die Transformation von ursprünglich als Begeisterungsfaktoren wahrgenommenen Merkmalen zu Leistungsfaktoren und schließlich zu Basisfaktoren. Bei vielen Nachhaltigkeitskriterien ist eine solche Veränderung zu beobachten: Ein Merkmal, wie das Ausweisen des planetaren Fußabdrucks eines Produkts, wird zunächst als unerwartet und innovativ wahrgenommen und im Zeitverlauf immer stärker als normal, bis es dann als selbstverständlich und als unbedingt erforderlich angesehen wird.

Durchführung

Als Vorbereitung zu einer Kano-Studie ist es zunächst wichtig festzulegen, welche Merkmale in der Analyse überhaupt berücksichtigt werden. Dazu lassen sich Experten oder Kunden dazu befragen, welche Merkmale ein Konzept oder ein Produkt generell überhaupt haben kann. Daraus werden die wichtigsten Merkmale für die Analyse abgeleitet, bspw. aus der Überlegung heraus, ob sie überhaupt sinnvoll vom Unternehmen variiert werden können. Aus der Summe der ausgewählten Merkmale ergibt sich ein standardisierter Fragebogen. Dieser sieht zwei Fragen für jedes untersuchte Merkmal vor. Einerseits wird erfragt, wie die Reaktion auf ein Vorliegen des Merkmals wäre (funktionale Frage). Demgegenüber steht die anschließende Frage nach der Reaktion auf das Nichtvorliegen des Merkmals (dysfunktionale Frage).

Probanden können beide Fragen jeweils mit folgenden Antwortmöglichkeiten beantworten:

Funktionale Frage: Wie würden Sie reagieren, wenn [Konzept oder Produkt] folgende Eigenschaft [Merkmal] aufweisen würde?

Dysfunktionale Frage: Wie würden Sie reagieren, wenn [Konzept oder Produkt] folgende Eigenschaft [Merkmal] *nicht* aufweisen würde?

Das würde mich sehr freuen.

Das setze ich voraus.

Das ist mir egal.

Das könnte ich in Kauf nehmen.

Das würde mich sehr stören.

Ganz wichtig ist es, dass die Beschreibung der Eigenschaften in den Fragen für alle Probanden verständlich ist.

An die Erhebung der Daten schließt sich deren Auswertung an. Die Zuordnung von Merkmalen als Basis-, Leistungs- oder Begeisterungsfaktor folgt dabei einem Schema, das sich aus der Kombination der Antworten auf die funktionale und dysfunktionale Frage ableitet. Die folgende Tabelle liefert ein Beispiel für eine sehr einfache Typisierungsvorschrift:

Funktional:	Dysfunktional:	Merkmal
Das setze ich voraus Das könnte ich in Kauf nehmen	Das würde mich sehr stören	Basisfaktor
Das würde mich sehr freuen	Das würde mich sehr stören	Leistungsfaktor
Das würde mich sehr freuen	Das ist mir egal Das könnte ich in Kauf nehmen	Begeisterungs-faktor
Das ist mir egal	Das ist mir egal	Unerhebliches Merkmal
Das würde mich sehr stören	Das setze ich voraus	Rückweisungs-Merkmal

Unlogische Antworten werden nicht zugeordnet; z. B. Funktional + Dysfunktional: Das würde mich sehr freuen.

Auffällig ist, dass neben den drei bereits behandelten Faktoren noch zwei weitere Merkmaltypen von untergeordneter Bedeutung existieren: Unerhebliche Merkmale, die Probanden egal sind und Rückweisungs-Merkmale, die bei Vorliegen Probanden stören und damit auch als negative Basisfaktoren aufgefasst werden können.

Aus der Typisierungsvorschrift ergibt sich für jeden Probanden eine Zuordnung für jedes Merkmal. Diese Zuordnungen je Merkmale können im nächsten Schritt über die Stichprobe aggregiert werden. Bspw. könnte ein Merkmal generell dann als Basis-, Leistungs- oder Begeisterungsfaktor verstanden werden, sobald eine Mehrheit der Befragten dieses als solchen sieht. Auch eine prozentuale Darstellung von Merkmalen, danach welcher Anteil der Stichprobe ein Merkmal als Basis-, Leistungs- und Begeisterungsmerkmale ist möglich. Alternativ lohnt aber häufig auch die Bildung verschiedener Zielgruppen auf Basis des unterschiedlichen Verständnisses der Merkmale als Basis-, Leistungs- oder Begeisterungsfaktoren.

> Tipp: Kano-Analysen können sowohl für größere Stichproben genutzt werden als auch als Ergänzung in qualitativen Interviews oder Gruppendiskussionen, da Ergebnisse auch auf Einzelpersonenbasis möglich sind. Besonders hilfreich ist, die Kano-Antworten noch während des Interviews auszuwerten und dann Rückfragen zu den Faktoren zu stellen, um die Wahrnehmung der Merkmale noch besser zu verstehen.

Praxisschlaglicht

Um die Effekte von Nachhaltigkeitskriterien in der deutschen Bekleidungsbranche auf die Kundenzufriedenheit zu überprüfen, wurden in verschiedenen Handelsformaten Befragungen von Kunden unter Anwendung der Kano-Methode durchgeführt. Dabei wurde festgestellt, welche von Konsumenten wahrnehmbaren Nachhaltigkeitsmerkmale existieren, welche als besonders positiv oder negativ angesehen werden und welche Nachhaltigkeitskriterien sich kaum auf die Zufriedenheit von Kunden auswirken. Aus diesen Erkenntnissen konnten Basis-, Leistungs- und Begeisterungsmerkmale abgeleitet werden, die für die Leistungsgestaltung, aber auch für die Priorisierung in der Kommunikation der Nachhaltigkeitsbemühungen gegenüber Konsumenten wertvolle Hinweise liefern.

Wirkfeld der Methode

- Wirksam für Herausforderungen mit hoher Komplexität
- Wirksam für Herausforderungen mit mittlerer Komplexität
- Wirksam für nachhaltiges Produktdesign
- Wirksam für nachhaltiges Servicedesign
- Wirksam für nachhaltiges Business Model Design

Transformationsfähigkeit Ihres Teams

- Fördert die allgemeine Transformationsfähigkeit des Teams
- Erhöht die Lösungsorientierung

Einsatzcharakteristik/Arbeitsrahmen

- Austauschfokus: vornehmlich mit externen Personen
- Austauschfokus: vornehmlich mit internen und externen Personen
- Durchführungszeit: eher hoch (> 1 Tag)
- Einsatzfrequenz: vornehmlich im einmaligen Einsatz
- Einsatzradius: vornehmlich im projektweiten Einsatz
- Komplexität für den Moderator: eher hoch
- Komplexität für die Teilnehmer: eher gering
- Teamgröße: Großgruppen möglich (> 50 Teilnehmer)
- Teamgröße: Kleingruppe möglich (3 bis 5 Teilnehmer)
- Teamgröße: Maxigruppen möglich (20 bis 40 Teilnehmer)
- Teamgröße: Mittelgroße Teams möglich (5 bis 20 Teilnehmer)
- Teamgröße: Speziell für Großgruppen geeignet (> 50 Teilnehmer)
- Vorbereitungszeit: eher mittel (> 1 Stunde bis < 1 Tag)

Input für eine zielführende Arbeit mit der Methode

- Aktuell existierende Produkte und Services
- Aktuelle Herausforderung, Leitfrage, Problem
- Ideen und Projekte, die zur Umsetzung anstehen
- Produktmerkmale, Skizzen, Eigenschaften

Output und beobachtete Ergebnisse der Methode

- Erzeugt Prognosen und Ableitungen
- Erzeugt Nutzenfunktionen und Bedürfniskorridore
- Erzeugt Planungen und Priorisierungen
- Erzeugt neues Wissen und neue Erfahrungen
- Erzeugt segmentierte, kategorisierte, geclusterte Daten
- Hilft bei Entscheidungen, Bewertungen und Feedback
- Identifiziert vorhandene Schwachstellen
- Identifiziert vorhandene Stärken
- Macht Wirkzusammenhänge sichtbar
- Ziel- und Fokusgruppen

Hinderniseffekte, auf die die Methode positiv wirkt

- Beugt Missinterpretationen vor
- Schafft für den Erfolg nötige Realitätsbezüge
- Schafft schnell Klarheit und beschleunigt Erkenntnisgewinn
- Verhindert unreflektiertes agieren

Mögliche Extravorteile der Methode

- Möglicher Extravorteil für innovativ erfahrene Teams

Quellen

Buch – Das Kano-Modell der Kundenzufriedenheit: Reliabilität und Validität einer Methode zur Klassifizierung von Produkteigenschaften. Elmar Sauerwein (Springer, 2000)

Web – https://www.qz-online.de/a/article/article-309690 (abgerufen am 31.08.2023)

Kill the Company

EinSatzBeschreibung

Kreativmethode bzw. Denkmodell, welches das bestehende Geschäftsmodell angreift und daraus Ideen zur Geschäftsmodellentwicklung generiert.

Working Guide/Anwendungsfelder

P1 Sensibilisierung/Bildung	P2 Matching Recht/Gesetz	P3 Sustainability Roadmap	P4 Produkt/Prozessdesign	P5 Implementierung/Monitoring	P6 Kommunikation	P7 Organisation	P8 Führung	P9 Business Model Design	P10 Skalierung
			X					X	

Beschreibung

Die Kill the Company-Methode, erstmals von Lisa Bodell vorgestellt, ist ein erfrischend unkonventioneller Ansatz, der Unternehmen dazu ermutigt, ihre eigenen Annahmen, Praktiken und Prozesse infrage zu stellen, als wären sie ihre schärfsten Konkurrenten. In der ursprünglichen Form der Methode versetzen sich die Teilnehmenden der Methode in die Perspektive eines Wettbewerbers, der das eigene Unternehmen aus dem Markt drängt und so das Unternehmen killt. Die eigenen Mitarbeitenden haben meist ein gutes Gespür für Schwachstellen bei den eigenen Produkten, Prozessen und im Geschäftsmodell. Die Perspektive des Wettbewerbers erzeugt dabei eine Distanz zum eigenen Unternehmen, dem Tagesgeschäft und den nötigen Sense of Urgency. Denn es könnte ja tatsächlich ein Wettbewerber schon morgen die gefundenen Ideen umsetzen.

In Zeiten des Wandels und der Krisen gibt es noch viele weitere Bedrohungen für ein Unternehmen als andere Wettbewerber. Das Denkmodell bzw. die Methode kann daher leicht erweitert werden, indem andere externe Faktoren für den Untergang des eigenen Unternehmens in dem Gedankenexperiment durchgespielt werden.

Durchführung

Schritt 1: Vorbereitung des Workshops

In dieser Phase gilt es, den Rahmen für den Workshop festzulegen. Hierbei wird entschieden, welcher Teil der Organisation im Fokus steht – ob das gesamte Unternehmen, ein spezifischer Produktbereich oder ein einzelnes Team. Diese Entscheidung legt den Grundstein für die folgenden Schritte. Darüber hinaus ist es wichtig, eine überzeugende Bedrohungsstory vorzubereiten, die das Szenario eindrücklich darstellt. Hierbei kann die Bedrohung von Wettbewerbern ausgehen oder auch andere externe Einflüsse einschließen. Die Bedrohungsstory kann im Workshop noch weiter ausgearbeitet werden (siehe Schritt 4).

Bei mittelgroßen Gruppen und bei großen Gruppen bietet sich die Aufteilung in kleinere Teams (ca. 4–5 Personen) an. Am besten eignen sich diverse Gruppen. Teilen Sie vorab Teams ein und mischen dabei Menschen aus unterschiedlichen Abteilungen, unterschiedlichen Alters und sonstigen Persönlichkeitsmerkmalen. Alternativ können Sie die Einteilung auch im Workshop vornehmen.

Für die reibungslose Durchführung des Workshops ist es wichtig, im Voraus die benötigten Materialien bereitzustellen. Dazu gehören Klebezettel, Flipcharts und Metaplanwände. Jede Gruppe sollte über eine eigene Metaplanwand sowie eigenes Material verfügen, um ihre Ideen festzuhalten und zu visualisieren.

Wenn der Workshop remote durchgeführt wird, empfiehlt es sich, ein digitales Whiteboard vorzubereiten. Auf diesem Whiteboard hat jede Gruppe einen eigenen Arbeitsbereich, um ihre Gedanken und Ideen zu teilen.

Foto: © NEU | TÜV Rheinland – Innovation Space Köln

Schritt 2: Kontext erklären und Organisatorisches

In diesem Schritt erfolgt die Einführung in die Kill the Company-Methode. Die Teilnehmenden erfahren, dass das Ziel des Workshops darin besteht, den Status quo zu hinterfragen, um Raum für innovative Ideen und nachhaltige Veränderungen zu schaffen. Es geht um die Sensibilisierung für Veränderung und die Offenheit für neue Denkansätze. Dieser Schritt legt den Grundstein für das Verständnis der Teilnehmenden für den Workshop-Prozess.

Schritt 3: Warm-up für den Kreativmodus (optional)

Hierbei handelt es sich um eine optionale Phase, die darauf abzielt, die Kreativität der Teilnehmenden zu wecken und den Übergang in den kreativen Modus zu erleichtern. Dies kann bspw. durch interaktive Übungen, Rätsel oder spielerische Aktivitäten (z. B. Freitagsmaler) erreicht werden. In einem Kill the Company-Workshop gab es einen Wettbewerb, welche Gruppe innerhalb einer Minute die meisten Verwendungsmöglichkeiten für eine Büroklammer findet.

Schritt 4: Story erzählen und Annahmen hinterfragen

Im Mittelpunkt dieses Schrittes steht die Erzählung einer Geschichte. Hierfür gibt es zwei verschiedene Herangehensweisen, die im Folgenden an zwei Beispielen illustriert werden sollen.

Option A: Wettbewerber

„Unser etabliertes Lebensmittelunternehmen FreshDelights Foods wird von dem neuen Wettbewerber EcoHarvest" bedroht. EcoHarvest hat es geschafft, eine breite Kundenbasis anzusprechen, die sich zunehmend für Nachhaltigkeit und Umweltbelange interessiert. Ihre Innovationen haben es ihnen ermöglicht, einen regelrechten Hype um ihre Marke zu schaffen und uns langsam Marktanteile abzunehmen.

Trotz unserer Bemühungen, auf die Angriffe zu reagieren, sind wir nicht in der Lage, das rasante Wachstum von EcoHarvest zu stoppen. Die Verbraucher wenden sich zunehmend von uns ab und entscheiden sich für die nachhaltigeren Alternativen unseres Wettbewerbers. Die Marktanteile von FreshDelights Foods schrumpfen dramatisch, und es wird immer deutlicher, dass unser herkömmliches Geschäftsmodell nicht mehr tragfähig ist.

Jetzt liegt es an euch, liebe Teilnehmende des Workshops, in die Rolle von EcoHarvest zu schlüpfen und strategisch zu überlegen, wie ihr unseren Niedergang beschleunigen könnt. Welche Schritte würdet ihr unternehmen, um unsere Schwächen auszunutzen und eure nachhaltige Vision zu etablieren? Denkt daran, eure Strategien auf den Erkenntnissen aufzubauen, die EcoHarvest über unser Unternehmen gewonnen hat."

Option B: Kritische Ereignisse

FreshDelights Foods, ein Vorreiter in der Lebensmittelindustrie, sieht sich plötzlich mit einer verheerenden Dürreperiode konfrontiert. Diese Naturkatastrophe führt zu massiven Ernteausfällen von bis zu 50 Prozent. Rohstoffe, die einst reichlich vorhanden waren, werden knapp, was die Produktion der begehrten Produkte stark beeinträchtigt.

Als wäre die Dürre nicht genug, werden die Probleme von FreshDelights Foods durch nahegelegene Waldbrände verschärft. Eines ihrer Werke, das Herzstück der Produktionskette, muss aufgrund der Bedrohung durch die Flammen geschlossen werden. Dies hat nicht nur finanzielle Auswirkungen, sondern schafft auch Lieferengpässe und beeinträchtigt die Reputation des Unternehmens.

Während FreshDelights Foods noch mit den Folgen der Naturkatastrophen zu kämpfen hat, verschärft sich die Situation weiter durch den Kaufkraftverlust bei den Kunden. Die Unsicherheit, die von den Naturkatastrophen ausgelöst wurde, führt dazu, dass Verbraucher bei Produkten wie denen von FreshDelights Foods sparen. Premiumlebensmittel werden vermieden, und stattdessen wird nach kostengünstigeren Alternativen gesucht.

Die Teilnehmenden des Workshops werden eingeladen, sich in die Situation zu versetzen und zu überlegen, wie sie den Untergang des Unternehmens verhindern können.

Schritt 5: Ideen generieren

Der zentrale Teil des Workshops ist das Ideen-Brainstorming. Die Teilnehmenden entwickeln nun in den Teams Ideen für das in Schritt 4 beschriebene Szenario. Wurde für die Story Option A gewählt, dann versetzen sich die Teams in die Rolle eines Wettbewerbers, der das Geschäftsmodell der Organisation oder den Marktanteil angreift und so das Unternehmen killt. Hierbei können nicht nur Ideen für Produkte, sondern auch für Prozesse im Unternehmens entstehen (zum Beispiel ein besserer Vertriebsprozess). Wurde bei der Story Option B gewählt und kritische Ereignisse bedrohen das Überleben des Unternehmens, werden hier Ideen generiert, wie man die kritischen Ereignisse entweder verhindern, abschwächen oder auch nutzen kann. Zum Beispiel können Ideen für neue Produkte generiert werden, die mit weniger Ressourceneinsatz auskommen. Dies macht das Unternehmen robuster für Ereignissen wie Dürren oder Fluten.

Schritt 6: Ideen bewerten & weiterentwickeln

Nachdem Ideen gesammelt wurden, erfolgt im nächsten Schritt ihre Bewertung und Weiterentwicklung. Die Teams bewerten die Ideen anhand von Kriterien wie Innovationsgrad, Machbarkeit und Potenzial für Nachhaltigkeit. Hierfür kann bspw. die COCD-Box als Bewertungsmethode genutzt werden. Die vielversprechendsten Ideen werden ausgewählt für die abschließende Präsentation. Hierbei sind auch die Wirkung auf die Nachhaltigkeitsziele des Unternehmens sowie ökologische und soziale Aspekte zu berücksichtigen.

Schritt 7: Präsentation

Abschließend präsentieren die Teams ihre ausgearbeiteten Ideen vor der gesamten Gruppe. Dabei werden die potenziellen Vor- und Nachteile der vorgeschlagenen Innovationen diskutiert sowie ihre mögliche Auswirkung auf die Nachhaltigkeitsziele des Unternehmens beleuchtet. Ermutigen Sie die Gruppen zu innovativen Präsentationen, z. B. in Form eines Gallery Walks.

Schritt 8: Aktionsplan

Die Teilnehmenden arbeiten nun gemeinsam konkrete Schritte zur Umsetzung der vielversprechendsten Ideen aus. Dies umfasst die Festlegung klarer Verantwortlichkeiten und Zeitrahmen, um sicherzustellen, dass die innovativen Ansätze erfolgreich umgesetzt werden. Die Gruppen können für diesen Schritt neu gemischt werden, sodass jeder an der für ihn interessantesten Idee arbeiten kann. Die Nutzung der 15 %-Solutions-Methode hilft, realistische Schritte zu planen und sorgt für schnelle Erfolgserlebnisse.

Praxisschlaglicht

Für eine Wohlfahrtsorganisation sollte eine Zukunftsvision erstellt werden. Es gestaltete sich schwierig, einen Wettbewerber zu definieren. Deswegen wurde ein etwas anderer Ansatz gewählt. Es wurde die Geschichte von Nina Nächstenliebe erzählt. Nina ist eine bemerkenswerte Milliardärin mit einem Herz für die Welt.

Sie will die beste Wohlfahrtsorganisation der Welt gründen. Geld spielt erstmal keine Rolle. Die Milliardärin hat die Teilnehmenden zu einem Workshop eingeladen, um gemeinsam mit Ihnen die beste Wohlfahrtsorganisation der Welt zu gestalten.

Wirkfeld der Methode

- Wirksam für Herausforderungen mit hoher Komplexität
- Wirksam für Herausforderungen mit mittlerer Komplexität
- Wirksam für nachhaltiges Produktdesign
- Wirksam für nachhaltiges Business Model Design

Transformationsfähigkeit Ihres Teams

- Fördert die Sensibilisierung
- Fördert die Teamkreativität
- Fördert die allgemeine Transformationsfähigkeit des Teams
- Fördert offene Mindsets und innovative Denkhaltungen
- Sorgt für Inspiration oder bessere Inspirationsempfindlichkeit
- Zahlt auf eine bessere Vorstellungskraft ein
- Zahlt auf das Dringlichkeitsempfinden ein

Einsatzcharakteristik/Arbeitsrahmen

- Austauschfokus: vornehmlich mit internen Personen
- Durchführungszeit: eher mittel (> 1 Stunde bis < 1 Tag)
- Einsatzfrequenz: vornehmlich im einmaligen Einsatz
- Einsatzradius: vornehmlich im Teameinsatz
- Einsatzradius: vornehmlich im projektweiten Einsatz
- Einsatzradius: vornehmlich im unternehmensweiten Einsatz
- Komplexität für den Moderator: eher mittel
- Komplexität für die Teilnehmer: eher mittel
- Teamgröße: Kleingruppe möglich (3 bis 5 Teilnehmer)
- Teamgröße: Mittelgroße Teams möglich (5 bis 20 Teilnehmer)
- Vorbereitungszeit: eher mittel (> 1 Stunde bis < 1 Tag)

Input für eine zielführende Arbeit mit der Methode

- Aktuell existierende Geschäftsmodelle
- Aktuell existierende Produkte und Services
- Aktuelle Herausforderung, Leitfrage, Problem

Output und beobachtete Ergebnisse der Methode

- Erzeugt Listen von Chancen und Risiken
- Erzeugt Prognosen und Ableitungen
- Erzeugt Ideen für neue Märkte und neue Business Modelle
- Erzeugt transformationsfähigere Organisationen
- Erzeugt motiviertere und transformationsfähigere Teilnehmer
- Identifiziert vorhandene Schwachstellen

Hinderniseffekte, auf die die Methode positiv wirkt

- Beugt blinden Flecken/Betriebsblindheit vor
- Dynamisiert und aktiviert wenig dynamische Teams
- Schafft für den Erfolg nötige Realitätsbezüge
- Schafft schnell Klarheit und beschleunigt Erkenntnisgewinn
- Schwächt das Leben in der Vergangenheit
- Verhindert einseitige Bewertungen und Entscheidungen
- Verkürzt und durchbricht vorhandene Kreativblockaden

Mögliche Extravorteile der Methode

- Möglicher Extravorteil für Teams in einer Komfortsituation
- Möglicher Extravorteil für Teams mit einer konservativen, tradierten Kultur

Quellen

Buch – Kill the Company: 12 Killer-Tools für die Wiedergeburt Ihres Unternehmens, Lisa Bodell (Campus, 2013)

Web – https://www.projektmagazin.de/methoden/kill-your-company (abgerufen am 04.08.2023)

Web – https://creativesolvers.com/methods/cocd-box-how-now-wow-matrix/ (abgerufen am 04.08.2023)

Kill Your Shit (of Yesterday)!

EinSatzBeschreibung

Die Methode „Kill Your Shit" befreit wertvolle Ressourcen des Unternehmens von unnötigen Aufgaben, steigert die Effektivität und sorgt für nachhaltiges Wirtschaften.

Working Guide/Anwendungsfelder

P1 Sensibilisierung/Bildung	P2 Matching Recht/Gesetz	P3 Sustainability Roadmap	P4 Produkt/Prozessdesign	P5 Implementierung/Monitoring	P6 Kommunikation	P7 Organisation	P8 Führung	P9 Business Model Design	P10 Skalierung
		X	X	X					

Beschreibung

Wer nichts tut, der verursacht keinen Schaden. Der Zweck von Unternehmen ist es Mehrwerte zu erschaffen, indem sie Produkte erzeugen oder Dienstleistungen erbringen und damit Umsatz und Gewinn generieren. Nichts tun ist für Unternehmen daher keine Option. Nur noch das Richtige und somit nichts Schädliches zu tun, wäre ein richtiger Schritt insbesondere in Richtung Nachhaltigkeit.

Geschäftsmodelle, Produkte, Dienstleistungen und die damit verbundenen Prozesse erreichen naturgemäß irgendwann ein Ende ihres Lebenszyklus. Und jede Geschäftstätigkeit, die mit derartigen Geschäftstätigkeiten einhergeht, bindet wertvolle Ressourcen, z.B. in Form von Arbeitszeit, Rohstoffen, Lagerfläche, Energie, usw. Diese Ressourcen verursachen nicht nur Kosten, sondern sind auch mehr oder weniger schädlich im Sinne der Nachhaltigkeit.

Existierende Angebote und Abläufe im Unternehmen zu etablieren waren zu ihrer Zeit die „richtige" unternehmerische Entscheidung und sind es eventuell auch immer noch.

Unternehmen agieren also in der Regel nicht vorsätzlich „falsch". Ein neues Geschäftsmodell zu etablieren, ein weiteres Produkt herzustellen oder eine neue Dienstleistung anzubieten wurde immer mit bestem Wissen realisiert.

Daher werden in den meisten Unternehmen kontinuierlich Entscheidungen getroffen, wie man sich als Anbieter den sich ständig verändernden Marktgegebenheiten anpasst. Als Resultat werden neue Geschäftsfelder erdacht und umgesetzt, sowie neue Produkte oder Dienstleistungen erschaffen. Es werden zusätzliche Projekte gestartet und damit verbundene Prozesse implementiert. Dies alles geschieht mit der Absicht zu wachsen und profitabler zu werden.

Was in diesem Entwicklungsprozess eines Unternehmens aber allerdings oft vergessen und nicht getan wird: Entrümpeln!

Wobei, so ganz richtig ist diese Aussage nicht. Prozessanalyse, Kosten-Nutzenanalyse oder Benchmarking sind traditionelle betriebswirtschaftliche Methoden, um zu identifizieren, was eventuell dem Unternehmenserfolg nicht mehr so dienlich ist, wie es einmal definiert wurde. Doch trotz dieser Werkzeuge existieren in den Unternehmen eine meist große Anzahl an Geschäftsmodellen, Produkten, Dienstleistungen, sowie damit verbundene Prozesse und Projekte, die wenig, keinen oder sogar einen negativen Beitrag zum Unternehmenserfolg beitragen, die nicht sozial verträglich oder umweltschädigend sind.

Warum ist dem so? Eine Antwort ist die Wahrnehmungsdiskrepanz. Diese existiert zum Beispiel im Bereich Gewinn und Verlust, die subjektiv in der Regel unterschiedlich wahrgenommen. Obwohl wir wissen, dass 100 = 100 ist, fühlt es sich komplett unterschiedlich an 100 Euro zu verlieren oder 100 Euro zu gewinnen.

Gleiches gilt für das Hinzunehmen und Loslassen von Verantwortlichkeiten oder Tätigkeiten. Das Individuum überschätzt gern den Wert seiner Arbeit oder seines Beitrags zum Erreichen eines Ziels. Es kann daher leicht beobachtet werden, dass ein Mitarbeitender, der für einen Prozess zuständig ist, diesen als wertvoll und unabdingbar hält. Entsprechend agieren Verantwortliche, um diese Verantwortung oder die Tätigkeiten zu belassen oder es existiert ein blinder Fleck, sodass die klassischen Methoden erst gar nicht angewendet werden.

Eine weitere Antwort ist, dass der Mensch und damit auch das Unternehmen, für welches er arbeitet, ein Sammler ist. Solange es im „Unternehmenskeller" oder im eigenen „Tätigkeitsspeicher" Platz gibt, so lange werden dort Verantwortlichkeiten, Tätigkeiten, Projekte und organisatorische Abläufe hineingestellt. Denn Menschen sind grundsätzlich voreingenommen, was das eigene Leistungsvermögen betrifft. Planungsirrtümer resultieren aus dem Überschätzen der eigenen Fähigkeiten und dem Unterschätzen der Komplexität. Als Folge wird der Aufwand, wie viel Zeit eine Aufgabe oder ein Projekt benötigt, sehr schlecht eingeschätzt. Verschlimmernd hinzu kommt die Unterschätzung, wie sehr man sich tatsächlich überschätzt. Als Folge sammeln sich – in bester Absicht – jede Menge Aufgaben, Tätigkeiten und Verantwortlichkeiten an, die oftmals überholt oder aus der aktuellen Sicht nicht mehr sinnvoll sind und die obendrein noch für eine Überlastung der Mitarbeitenden verantwortlich sind.

Der Faktor Dinge nicht mehr zu tun, die nicht mehr sinnvoll sind, ist für das betriebswirtschaftliche, soziale und ökologische Ergebnis daher sehr viel größer als gedacht.

Unternehmen müssen Wege finden, um solche Tätigkeiten, die das Unternehmen ausbremsen und die daher nicht mehr getan werden sollten, regelmäßig zu identifizieren

Vier Schritte sind dafür notwendig:

1. Identifikation: Hier können klassische Methoden wie die Wertstromanalyse, die Geschäftsimpaktanalyse, eine Kosten/Nutzen-Analyse oder eine Datenanalyse aus dem Projektmanagement wertvollen Input liefern.

2. Bewertung: Beitrag, Aufwand, Priorität, Kritikalität, Nachhaltigkeit, Wirtschaftlichkeit
3. Assessment: Digitalisierung, Übertragung, Verschmelzung, Abtrennung, Phase-uut
4. Entscheidung und Umsetzung: Stakeholder-Buy-in, Kommunikation

Die Methode „Kill Your Shit (of Yesterday)!“ hat ein signifikantes Potenzial, Ihre wertvollen Ressourcen von unsinnigen Tätigkeiten ohne Risiko zu befreien. Gleichzeitig wird dieses Entrümpeln dazu führen, dass Sie wesentlich nachhaltiger wirtschaften.

Durchführung

1. Vorbereitung

a. Entscheiden Sie, welchen Bereich in Ihrem Unternehmen Sie betrachten und effektiver gestalten wollen und erstellen Sie eine kurze Aufgabenbeschreibung dazu.
b. Sie brauchen ein der Größe Ihres Betrachtungsbereichs entsprechend großes, idealerweise aber ein diversifiziertes Team: Ihre Mitarbeitenden, unabhängig von Rolle und Funktion, haben oft ein gutes Verständnis dafür, welche Tätigkeiten entweder wenig zielführend sind, kaum oder gar keinen Beitrag leisten oder aber welche Tätigkeiten zu Überlastungen führen.
c. Schaffen Sie im Team ein Bewusstsein dafür, dass Menschen dazu neigen ihre Fähigkeiten, ihren Leistungsbeitrag und ihren Grad der Kontrolle über Ereignisse systematisch zu überschätzen. Führen Sie dazu folgende Übung durch: Die Teilnehmenden sollen über Zusatz-Aufgaben berichten, die sie in den vergangenen Monaten „mal schnell“ und freiwillig (z. B. auf Bitte ihres Managers, eines Kollegen oder ihres Kunden) übernommen haben. Die Teilnehmenden sollen folgende Fragen beantworten:
   - Um wie viel Prozent haben sie sich bei dem von ihnen benötigten Zeitinvestment in diesem Projekt verschätzt (Plan versus Ist)?
   - Welche Gründe gab es, die zu dieser Fehleinschätzung führten?
   - Wie schnell haben sie „Ja“ gesagt, und warum haben sie zu dieser Zusatzaufgabe nicht „Nein“ gesagt?

2. Identifikation

a. Führen Sie im Team den Begriff Tätigkeits-Entität ein:
   - Tätigkeits-Entität = Eine Tätigkeits-Entität ist eine diskrete und identifizierbare Einheit, die sich einer Dimension zuordnen lässt.
   - Dimensionen sind: Geschäftsfeld, Produkt, Dienstleistung, Projekt, Prozess, Organisatorischer Ablauf, Meeting, Maßnahme, Aufgabe, Tätigkeit, Gespräch, usw.
   - Besprechen Sie Eigenschaften, die eine Tätigkeits-Entität ausmachen:

     Eindeutiger Name
     Kurze Beschreibung unter der Verwendung von Tätigkeitswörtern wie erstellen, aufbauen, vorbereiten, warten, rüsten, bedienen, warten, säubern, reparieren, heben, sortieren, einlagern, auslagern, telefonieren, eingeben, suchen, schreiben, ablegen, versenden, teilnehmen, präsentieren, verhandeln, lernen, erfragen, coachen, trainieren, …
     Ein (mess- oder bewertbares) Ergebnis der TE
     Den Beitrag, den die TE leistet: direkter Umsatz, indirekter Umsatz, Marktanteil, Sicherheit, Compliance, Dokumentation, Fortbildung, Kundenservice, usw.
     Den Aufwand, den eine TE verursacht: Manntage, Zeit in h, Kosten in €, Energie in kWh, …
     Die Häufigkeit: minütlich, stündlich, täglich, monatlich, einmalig, x-mal, …

b. Sammeln Sie auf jeweils einer Karte je eine TE, die nach Meinung des Teammitglieds wenig zielführend ist, kaum oder gar keinen Beitrag leistet oder aber zu einer Überlastung führt.
   - Welche Dimension hat die TE?
   - Welche Eigenschaften hat die TE?
   - Alle Erfassungsbögen sollen eine einheitliche Größe (A4 oder A5) und Form haben.
   - Geben Sie für die Sammlung von TEs ausreichend Zeit (20–30 Min.).
   - Sie sollten zunächst zwischen 30 und 50 TEs sammeln. In weiteren Runden werden weitere hinzukommen.

Name	Dimension
Beschreibung (max 10 Wörter)	Ergebnis
	Beitrag
	Aufwand
	Häufigkeit

Ein Erfassungsbogen für eine Tätigkeits-Entität (Quelle: Thomas Appel Consulting)

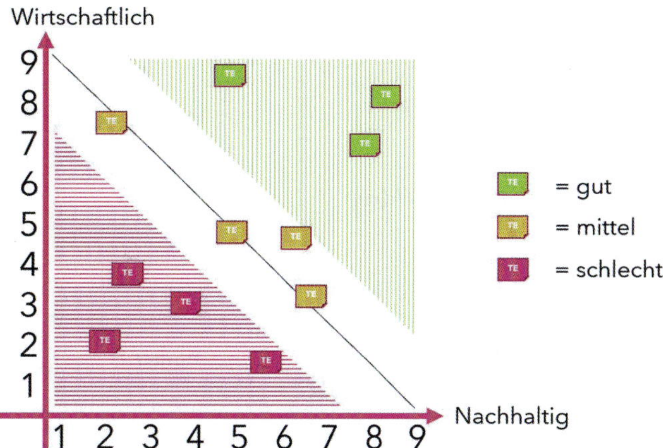

Beispiel einer Entity Position Map (Quelle: Thomas Appel Consulting)

- Jeder Teilnehmende sollten nun seine gefundenen TEs kurz präsentieren und diese an eine geeignete Wand hängen.
- Sind gleiche oder ähnliche TEs bereits an der Wand, dann werden die zusätzliche TE hinzugefügt (clustern).

c. Erst wenn alle Teilnehmenden alle TEs vorgestellt und aufgehangen haben, sollte das Ergebnis im Team diskutiert werden. Vorher sollten keine Kommentare durch die Zuhörer abgegeben werden oder eine Diskussion gestartet werden.
d. Als Ergebnis der Diskussion dürfen TEs verändert, abgehangen oder zusätzliche hinzugefügt werden. Der Moderator sollte aber sehr sensibel dafür sein, ob dies wirklich im Interesse aller Teilnehmenden ist.
   - Nummerieren Sie nun alle hängenden TE-Erfassungsbögen durch.

3. Bewertung

a. Die Bewertung der gefundenen TEs erfolgt mittels der Entity Position Methode. Zunächst werden zusammengehörende Dimensionen in einem Koordinatensystem für unterschiedlichen Bewertungen definiert. Beitrag und Aufwand, Kritikalität und Priorität, Nachhaltigkeit und Wirtschaftlichkeit sind Beispiele, die sich bewährt haben. Individuell können andere Perspektiven zusätzlich oder alternativ sinnvoll sein.
b. Erstellen Sie entsprechende Koordinatensysteme auf A3-Papier wie im abgebildeten Beispiel
c. Verorten Sie mit kleinen Klebezetteln, auf denen nur die Nummer der TE steht, jeweils die TE auf jedem Koordinatensystem. Es ist sinnhaft die TEs miteinander zu vergleichen, um eine verhältnismäßige und gute Einordnung im Koordinatensystem zu erreichen.
d. Je nachdem wie viele Bewertungen Sie in 2, 3 oder mehreren Koordinatensystemen mit unterschiedlichen Dimensionen gemacht haben, erhalten Sie je TE 2, 3 oder mehr Bewertungen.
e. Erstellen Sie eine Liste mit den TEs, welche die schlechtesten Bewertungen im Vergleich erhalten haben.
f. Dies ist Ihre Arbeitsliste für die nächsten Schritte. Fahren Sie jeweils mit der TE fort, die am schlechtesten bewertet wurde.

4. Assessment

a. In der Assessment-Phase geht es darum, Ängste und Unsicherheiten auszuräumen und Alternativen auszuarbeiten, um letztendlich eine identifizierte Tätigkeits-Entität risikofrei zu beenden oder zu verändern.
b. Bearbeiten Sie die folgende Fragenliste:
   - Weshalb existiert diese TE?
   - Welche Befürchtungen könnte es geben, weshalb diese TE noch immer durchgeführt wird?

a. Unwissenheit über Alternativen
b. Angst Kunden zu verlieren
c. Unsicherheit bezüglich des Ansehens und der Reputation
d. Zweifel hinsichtlich Abhängigkeiten und Konsequenzen auf andere Bereiche
e. Hoffnung, dass durch die TE doch noch etwas erreicht wird?
   - Kann auf die Durchführung der TE verzichtet werden oder kann diese ersetzt werden?
   - Kann auf die Durchführung einer übergeordneten TE verzichtet werden oder kann diese ersetzt werden?
   - Was an der TE ist wichtig (muss bleiben), was davon kann weg?
   - Welche Vor- und Nachteile hat es, die TE nicht mehr durchzuführen?
   - Welche Bedingungen und Abhängigkeiten mit anderen Bereichen gibt es?
   - Wer oder was ist davon direkt oder indirekt betroffen?
   - Welche Risiken entstehen durch die Beendigung?

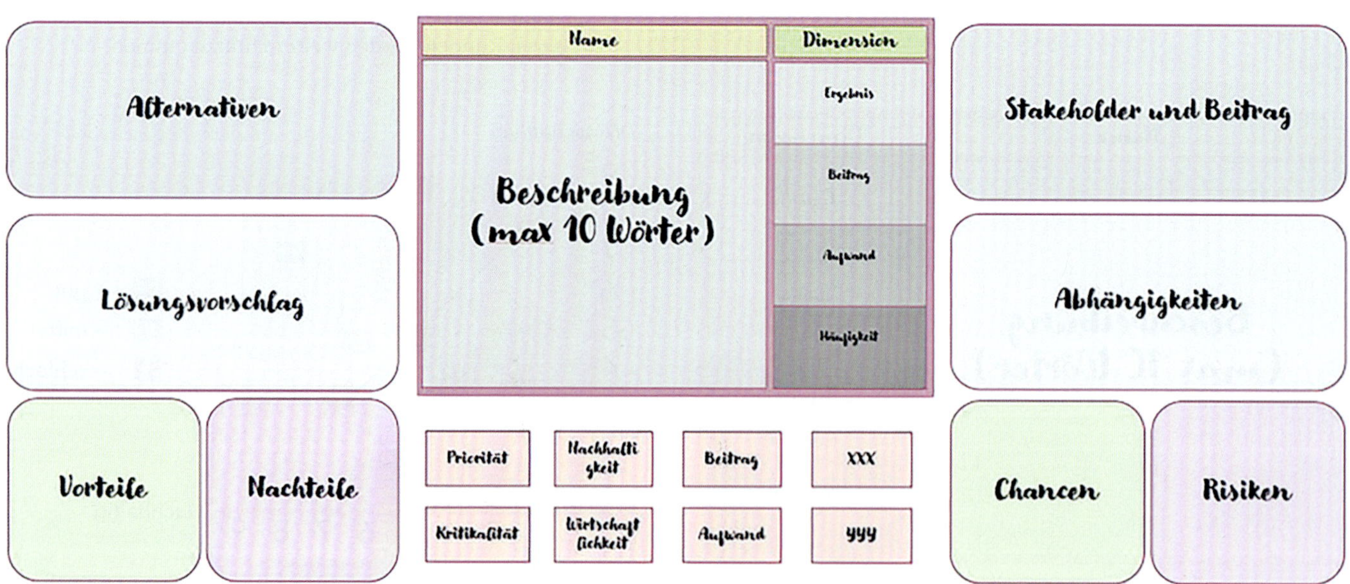

TE-Phase-out-Canvas (Quelle: Thomas Appel Consulting)

- Welche Chancen entstehen durch die Beendigung?
- Kann die TE übertragen werden und wenn ja, an wen?
- Kann die TE digitalisiert werden?
- Mit welchem Aufwand und wie schnell kann es ersetzt/entsorgt werden?

5. Lösungsansatz und Maßnahmen

a. Erarbeiten Sie nun mögliche Alternativen, wie mit der TE umgegangen werden kann.
b. Erarbeiten Sie nun eine beste Empfehlung, wie mit der TE umgegangen werden soll.
c. Dokumentieren Sie alle Ergebnisse, und ordnen Sie diese um den TE-Erfassungsbogen herum.
d. Erstellen Sie einen detaillierten Plan zur Umsetzung des Lösungsvorschlags, einschließlich eines Zeitplans, sowie der benötigten Ressourcen.
e. Kommunizieren Sie Ihre Ergebnisse und Empfehlungen an alle relevanten Stakeholder im Unternehmen.
f. Sammeln Sie Feedback und passen Sie den Umsetzungsplan entsprechend an.
g. Führen Sie die vorgeschlagenen Änderungen durch.
h. Überprüfen Sie regelmäßig, ob die Änderungen die gewünschten Ergebnisse erzielen und ob Anpassungen erforderlich sind.

Wirkfeld der Methode

- Wirksam für Herausforderungen mit hoher Komplexität
- Wirksam für Herausforderungen mit mittlerer Komplexität
- Wirksam für nachhaltiges Marketing
- Wirksam für nachhaltiges Produktdesign
- Wirksam für nachhaltiges Servicedesign
- Wirksam für nachhaltiges Business Model Design

Transformationsfähigkeit Ihres Teams

- Fördert die Sensibilisierung
- Fördert die Agilität eines Teams
- Fördert die Teamkreativität
- Fördert die allgemeine Transformationsfähigkeit des Teams
- Zahlt auf eine bessere Wahrnehmung ein
- Zahlt auf ein positives Zukunftsbild ein
- Zahlt auf das Dringlichkeitsempfinden ein
- Erhöht die Lösungsorientierung

Einsatzcharakteristik/Arbeitsrahmen

- Austauschfokus: vornehmlich mit internen Personen
- Durchführungszeit: eher hoch (> 1 Tag)
- Einsatzfrequenz: sinnvoll im dauerhaften Einsatz
- Einsatzradius: vornehmlich im Teameinsatz
- Einsatzradius: vornehmlich im projektweiten Einsatz
- Komplexität für den Moderator: eher hoch
- Komplexität für die Teilnehmer: eher hoch
- Teamgröße: Kleingruppe möglich (3 bis 5 Teilnehmer)
- Teamgröße: Mittelgroße Teams möglich (5 bis 20 Teilnehmer)
- Vorbereitungszeit: eher mittel (> 1 Stunde bis < 1 Tag)

Input für eine zielführende Arbeit mit der Methode

- Aktuell existierende Geschäftsmodelle
- Aktuell existierende Produkte und Services
- Aktuelle Herausforderung, Leitfrage, Problem

Output und beobachtete Ergebnisse der Methode

- Bessere Projekteffizienz, bessere Teamperformance
- Erzeugt Listen von Chancen und Risiken
- Erzeugt Prognosen und Ableitungen
- Erzeugt Ideen, Lösungsansätze, Vorideen, Möglichkeiten
- Erzeugt Ideensuchfelder, unentdeckte Probleme, Inspiration
- Erzeugt kollaborative Lösungen und Ideen
- Erzeugt größere Klarheit zu einem Thema
- Identifiziert vorhandene Schwachstellen
- Identifiziert vorhandene Stärken
- Macht Wirkzusammenhänge sichtbar

Hinderniseffekte, auf die die Methode positiv wirkt

- Beugt blinden Flecken/Betriebsblindheit vor
- Fördert die Agilität der Teilnehmer
- Schafft für den Erfolg nötige Realitätsbezüge
- Schafft schnell Klarheit und beschleunigt Erkenntnisgewinn
- Schärft eine fehlende gemeinsame Ausrichtung
- Verhindert falsche Flughöhen
- Verhindert unreflektiertes agieren
- Wirkt fehlender Inspiration entgegen
- Überzeugt strukturliebende Teammitglieder

Mögliche Extravorteile der Methode

- Möglicher Extravorteil für Teams in einer Krisensituation
- Möglicher Extravorteil für Teams mit einem starkem Auftragsmandat
- Möglicher Extravorteil für Teams mit einer konservativen, tradierten Kultur
- Möglicher Extravorteil für agile Teams

Quellen

Buch – Boardman, A. E., Greenberg, D. H., Vining, A. R., & Weimer, D. L. Cost-benefit analysis: concepts and practice (Cambridge University Press, 2012)

Buch – Camp, R. C. Benchmarking: The search for industry best practices that lead to superior performance (ASQC Quality Press, 1989)

Buch – Davenport, T. H. Process innovation: reengineering work through information technology (Harvard Business Press, 1993)

Buch – Herzberg, F., Mausner, B., & Snyderman, B. B. The motivation to work, Vol. 1 (Wiley, 1959)

Artikel – Kaplan, R. S., & Norton, D. P. (1992). The balanced scorecard: Measures that drive performance. Harvard Business Review, 70(1), 71-79.

Artikel –Neely, A., Gregory, M., & Platts, K. (2005). Performance measurement system design: A literature review and research agenda. International Journal of Operations & Production Management, 25(12), 1228-1263.

Buch – Porter, M. E. Competitive advantage: Creating and sustaining superior performance (Free Press, 1995).

Buch – Rother, M., & Shook, J. Learning to see: value stream mapping to add value and eliminate muda (Lean Enterprise Institute, 2003)

Person –Thomas Appel – Thomas Appel Consulting, thoap@tac4u.net

Kriterien- und Idikatorenmodell (KIM)

EinSatzBeschreibung

KIM liefert die Basisdaten zur Bewertung unternehmerischer Nachhaltigkeit – unter Beachtung aller relevanten Kennzahlen und mit Einbeziehung der Mitarbeitenden.

Working Guide/Anwendungsfelder

P1 Sensibilisierung/Bildung	P2 Matching Recht/Gesetz	P3 Sustainability Roadmap	P4 Produkt/Prozessdesign	P5 Implementierung/Monitoring	P6 Kommunikation	P7 Organisation	P8 Führung	P9 Business Model Design	P10 Skalierung
X		X		X	X	X	X		X

Beschreibung

Das Kriterien- und Indikatorenmodell (KIM) zur Bewertung von Nachhaltigkeit wurde von Prof. Dr. Anja Grothe im Rahmen von verschiedenen Forschungsprojekten an der Hochschule für Wirtschaft und Recht Berlin (HWR) entwickelt und in Zusammenarbeit mit SUSTAINUM Consulting und insbesondere mit Dr.-Ing. Matthias Teller in den letzten zehn Jahren regelmäßig weiterentwickelt.

Mit KIM werden die vier Dimensionen (Ökologie, Ökonomie, Soziales und Governance) der Nachhaltigkeit gleichgewichtig betrachtet, und mit einer unterschiedlichen Anzahl von Indikatoren erfasst. Diese Indikatoren bilden die wichtigsten Standards der Nachhaltigkeit (u. a. Global Compact, GRI, SDG's, CSRD) ab.

Darüber hinaus spielen bei der Erfassung der Daten zur Bewertung der unternehmerischen Nachhaltigkeit bei KIM auch Werte eine Rolle, die das Management sowie Unternehmenskultur und -kommunikation erfassen. Das Gesamtergebnis entsteht durch die quantitative Analyse von Kennzahlen und durch die Einbeziehung qualitativ erhobener Daten in Form eines Fragebogens, der den Mitarbeitenden und Führungskräften zur Verfügung gestellt wird.

Das Analyseergebnis macht deutlich, wo Handlungsbedarf in Bezug auf eine Verbesserung der Nachhaltigkeitsperformance besteht. Es stellt damit eine sehr profunde Basis für die Erstellung Ihrer Wesentlichkeitsanalyse und der Nachhaltigkeitsstrategie dar, da es eine transparente Sichtweise auf den Grad der unternehmerischen Nachhaltigkeit ermöglicht.

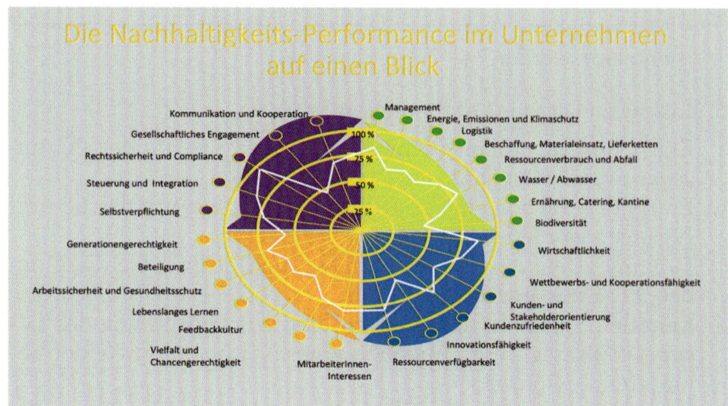

Darüber hinaus erkennen Sie Perspektiven in Bezug auf schrittweise Verbesserungen in allen Nachhaltigkeitsdimensionen.

Genereller Zweck von KIM ist es, die Ausgangslage (Ist-Analyse) in der Organisation in Bezug auf Nachhaltigkeit zu erfassen, die Mitarbeitenden dabei mit einzubeziehen und zu den wesentlichen SDG-Zielen (https://kim-sustainum-consulting.de/nachhaltigkeit/#standards) die entsprechenden KPIs festzulegen und zu steuern

Durchführung

Um die unternehmensspezifische Bestandsaufnahme durchführen zu können, ist als erster Schritt ein „KIM for you" anzufertigen. Das bedeutet, dass die *KIM Pro* Version[1], die branchenneutral gehalten ist, auf die Belange der Branche und der Unternehmensgröße und -spezifika anzupassen ist. Die Anpassung erfolgt sowohl in Bezug auf den Fragebogen als auch in Bezug auf die Kennzahlen. Die daraus entstandene Version „KIM for you" wird dann später – nach dem Lizenzerwerb – von SUSTAINUM Consulting dem Unternehmen zur Verfügung gestellt.

Die kostenlose KIM Basic-Version, die Sie unter https://kim-sustainum-consulting.de/ herunterladen können, dient dem Kennenlernen von KIM und kann zur einfachsten Betrachtung einer Bewertung herangezogen werden. KIM Basic ist nicht anpassbar und enthält nur ca. 20 Prozent der Gesamtindikatoren. Die KIM Pro Version ist lizenzpflichtig und von dieser wird im Folgenden gesprochen.

Danach erfolgt die Datenerhebung. Hierzu wird von der Geschäftsführung der Kreis der Mitarbeitenden und Führungskräfte ausgewählt, die an der Befragung teilnehmen sollten. Es sollten möglichst viele bzw. alle (das hängt von der Größe des Unternehmens ab) daran teilnehmen können, da die Beteiligung der internen Stakeholder ein Markenzeichen von KIM ist.

Es verfolgt nämlich auch den Zweck, die Mitarbeitenden über die Bedeutung von Nachhaltigkeit zu informieren und sie für den Veränderungsprozess zu motivieren und daran zu beteiligen.

Des Weiteren sollte spätestens zu diesem Zeitpunkt ein KIM-Team zusammengesetzt sein, das dafür verantwortlich ist, die Kennzahlen zu erheben, den Zeitraum der Befragung transparent für die Mitarbeitenden darzustellen (alle Fragebögen stehen online zur Verfügung) und die Fragen der Mitarbeitenden zum Fragebogen zu beantworten.

Aus den auf diese Weise entstandenen Daten wird von SUSTAINUM Consulting eine Auswertung erstellt. Diese ist Grundlage für einen Workshop, der für Reflexion und Schlussfolgerungen aus der Auswertung von großer Relevanz ist.

Es sollten auch an diesem Workshop viele Mitarbeitende und Führungskräfte teilnehmen oder zumindest im Nachhinein die Ergebnisse den Teilnehmenden der Befragung zur Kenntnis zu geben. Den Auswertungsworkshop können Sie theoretisch auch als Unternehmen allein durchführen oder sich dabei von SUSTAINUM Consulting unterstützen lassen.

Letzteres bietet den Vorteil, dass Sie bei dem Workshop eine externe Sicht auf die Ergebnisse erfahren und eine Beratung erfolgen kann, welche Maßnahmen zur Verbesserung in Bezug auf eine stärkere Nachhaltigkeitsperformance sich anbieten würden.

Die folgende Abbildung zeigt exemplarisch, wie die Ergebnisdarstellung auf einer übergeordneten und einer detaillierten Ebene aussehen kann.

Das Gesamtergebnis gibt einen groben Überblick über die Nachhaltigkeitsperformance.

KIM – Gesamtergebnis der Bewertung - Beispiel

SUSTAINUM CONSULTING

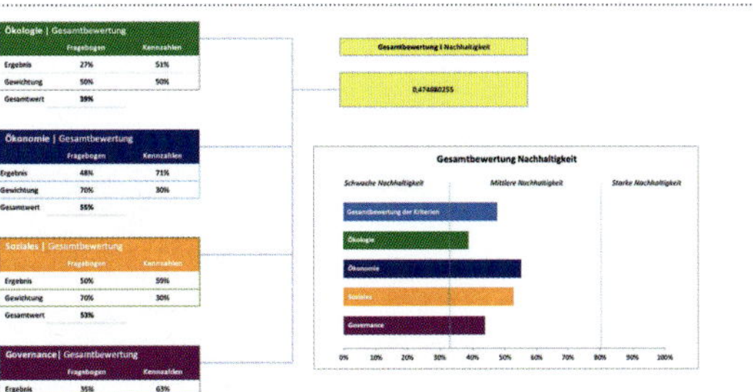

Im Auswertungsworkshop wird jede Dimension detailliert einzeln durchgegangen und die Stärken und die erkennbaren Schwächen der Nachhaltigkeitsleistung besprochen. Siehe dazu die folgende Übersicht.

Detailergebnisse / erste Ebene - Beispiel

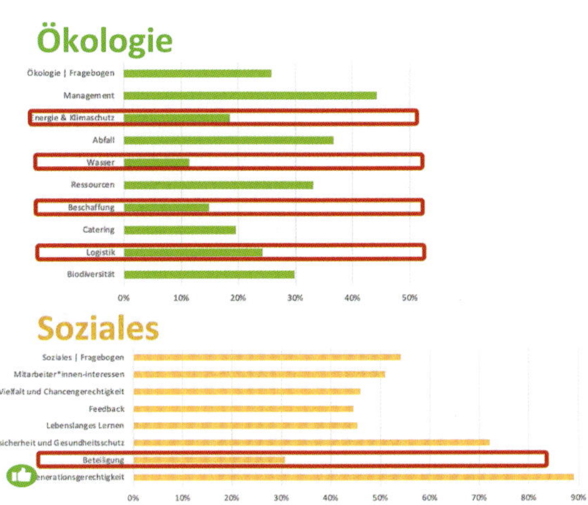

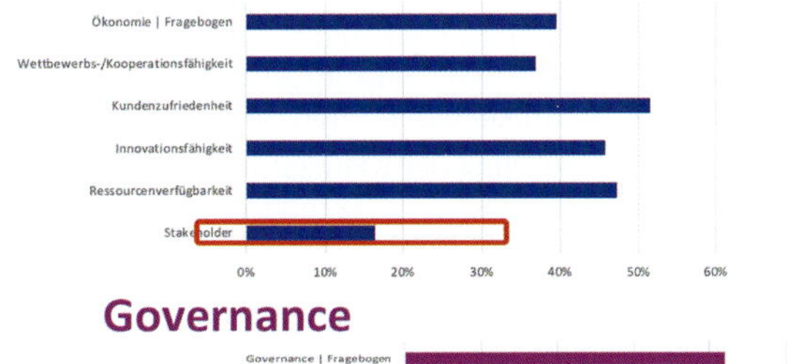

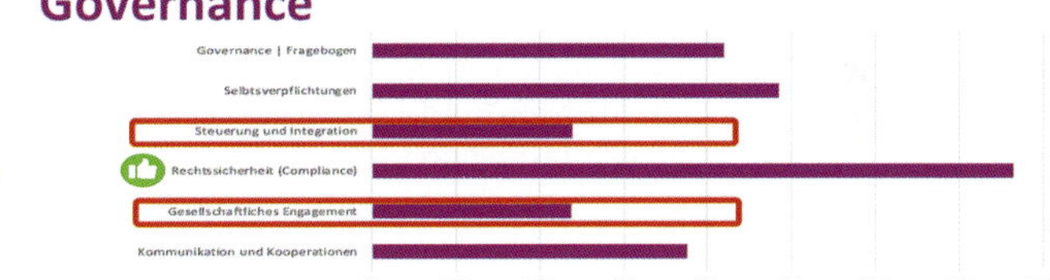

Analysebereiche in den 4 Dimensionen

Aufgrund der Ist-Ergebnisse erfolgt dann eine Diskussion über die künftigen Soll-Ergebnisse pro Indikator, die auch später Teil der Wesentlichkeitsanalyse sein können.

Die nächste Abbildung zeigt die Ist-Linie, die Soll-Linie ergibt sich dann nach der Priorisierung im Workshop. Daran schließt sich die Diskussion über Ziele und Maßnahmen an, die konkret in einem bestimmten Zeitraum umsetzbar sein sollen.

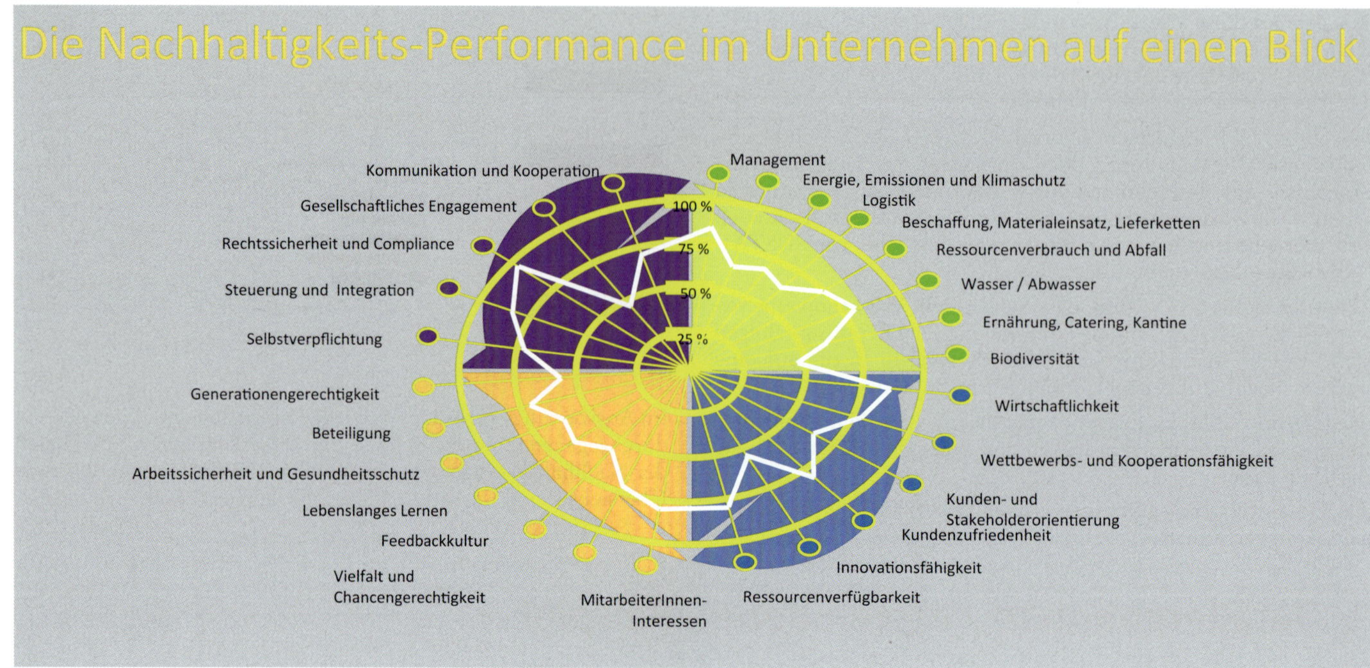

Diese Ergebnisse dienen der Geschäftsführung als Grundlage für die Erstellung der Nachhaltigkeitsstrategie und fließen in die Wesentlichkeitsanalyse ein. SUSTAINUM Consulting bietet dann zusätzlich die Durchführung von Stakeholder-Salons an.

Die Empfehlung lautet, die Überprüfung der Kennzahlen spätestens alle zwei Jahre durchzuführen und die Gesamtanalyse alle drei bis vier Jahre zu wiederholen.

Die folgende Abbildung gibt einen Überblick des möglichen Gesamtprozesses wieder. Unabhängig davon lässt sich aber eine KIM Pro Analyse auch nur zur Erstellung der Basis Erfassung der Nachhaltigkeitsperformance durchführen und alle weiteren Schritte plant das Unternehmen für sich in Eigenregie.

Unser Vorgehen

Praxisschlaglicht

KIM kann in kleineren Unternehmen (z. B. erlich Textil) oder größeren Unternehmen angewendet werden.

Sehr gute Erfahrungen haben wir auch mit Konvoi-Prozessen. Hier stehen beispielhaft die Lizenzvergabe an den VDMA, der dann seinen Mitgliedsunternehmen die Teilnahme am KIM-Prozess damit ermöglichte oder das Projekt „SaBeNa" (https://www.elbeflugzeugwerke.com/de/ueber-uns/news/detail/efw-begruesst-saechsischen-umweltminister-und-sabena-projektteilnehmer-118/), das SUSTAINUM Consulting in Dresden im Auftrag des Umweltministerium Sachsen und der IHK mit insgesamt zwölf Unternehmen im Konvoi durchgeführt hat.

Wirkfeld der Methode

- Wirksam für Herausforderungen mit hoher Komplexität
- Wirksam für nachhaltiges Produktdesign
- Wirksam für nachhaltiges Prozessdesign
- Wirksam für nachhaltiges Servicedesign

Transformationsfähigkeit Ihres Teams

- Fördert die Sensibilisierung
- Fördert die allgemeine Transformationsfähigkeit des Teams
- Fördert offene Mindsets und innovative Denkhaltungen
- Zahlt auf eine bessere Vorstellungskraft ein
- Zahlt auf eine bessere Wahrnehmung ein
- Zahlt auf ein positives Zukunftsbild ein
- Zahlt auf das Dringlichkeitsempfinden ein
- Erhöht die Lösungsorientierung

Einsatzcharakteristik/Arbeitsrahmen

- Austauschfokus: vornehmlich mit internen Personen
- Durchführungszeit: eher hoch (> 1 Tag)
- Einsatzfrequenz: sinnvoll im dauerhaften Einsatz
- Einsatzfrequenz: vornehmlich über den kompletten Projektzeitraum
- Einsatzradius: vornehmlich im projektweiten Einsatz

- Komplexität für den Moderator: eher hoch
- Komplexität für die Teilnehmer: eher hoch
- Teamgröße: Kleingruppe möglich (3 bis 5 Teilnehmer)
- Teamgröße: Mittelgroße Teams möglich (5 bis 20 Teilnehmer)
- Vorbereitungszeit: eher hoch (>1 Tag)

Input für eine zielführende Arbeit mit der Methode

- Aktuelle Herausforderung, Leitfrage, Problem
- Durchlaufenes Projekt oder Projektphasen
- Itemlisten, Wertelisten, Rohdatenlisten
- Merkmale der gegebenen Herausforderung
- Trends und Zukunftsentwicklungen
- Umfeldbeobachtungen, Umfeldanalysen
- Ziele, Zielsystem, Kennzahlen

Output und beobachtete Ergebnisse der Methode

- Bessere Projekteffizienz, bessere Teamperformance
- Erzeugt Prognosen und Ableitungen
- Erzeugt Ideen für neue Märkte und neue Business Modelle
- Erzeugt Planungen und Priorisierungen
- Erzeugt neues Wissen und neue Erfahrungen
- Erzeugt definierte Zielkorridore
- Erzeugt transformationsfähigere Organisationen
- Identifiziert vorhandene Schwachstellen
- Identifiziert vorhandene Stärken
- Macht Wirkzusammenhänge sichtbar

Hinderniseffekte, auf die die Methode positiv wirkt

- Beugt Missinterpretationen vor
- Beugt blinden Flecken/Betriebsblindheit vor
- Schafft für den Erfolg nötige Realitätsbezüge
- Schafft schnell Klarheit und beschleunigt Erkenntnisgewinn

Mögliche Extravorteile der Methode

- Extravorteile für Teams mit starkem Auftragsmandat

Quellen

Buch – Ankele, K.; Grothe, A.: Strategisches Nachhaltigkeitsmanagement durch Nachhaltigkeitsbewertung: in Englert, M.; Ternès, A. (Hrsg.): Nachhaltiges Management (Springer Gabler, 2019)

Buch – Grothe, A. (Hrsg.): Bewertung unternehmerischer Nachhaltigkeit (Erich-Schmidt-Verlag, 2016)

Buch – Grothe, A.; Teller, M. (2016): Das Kriterien- und Indikatorenmodell (KIM) zur Bewertung von Nachhaltigkeit, in: Grothe, A. (Hrsg.): Bewertung unternehmerischer Nachhaltigkeit, S. 103 – 121 (Erich-Schmidt-Verlag, 2016)

Buch – Grothe, A.; Teller, M.: Gelebte Nachhaltigkeitskultur durch integrale Unternehmensführung, in: Butzer-Strothmann, Kristin, Ahlers, Friedel (Hrsg): Integrierte nachhaltige Unternehmensführung, S. 69–87 (SpringerGabler, 2020)

Organisation –SUSTAINUM Consulting

Person –Prof. Dr. Anja Grothe, Dr. Matthias Teller, info@sustainum-consulting.de

Web – https://kim-sustainum-consulting.de/

Web – https://sustainum-consulting.de/

Klima-Stabilität

EinSatzBeschreibung

In dies er Outdoor-Übung werden im Wald die „Grenzen des Wachstums" modelliert, die Themen Waldstabilität und Klimastabilität dargestellt, die Problematik der klimatischen Kipppunkte diskutiert sowie eigene Handlungsmöglichkeiten identifiziert.

Working Guide/Anwendungsfelder

P1 Sensibilisierung/Bildung	P2 Matching Recht/Gesetz	P3 Sustainability Roadmap	P4 Produkt/Prozessdesign	P5 Implementierung/Monitoring	P6 Kommunikation	P7 Organisation	P8 Führung	P9 Business Model Design	P10 Skalierung
X			X		X				

Beschreibung

Die Ökosysteme der Erde spielen eine zentrale Rolle für das Weltklima. Einerseits aufgrund der von den Pflanzen praktizierten Photosynthese. Diese ist die Grundlage fast allen Lebens auf der Erde, indem Pflanzen Biomasse bilden sowie Kohlenstoff speichern und Sauerstoff produzieren. Andererseits aufgrund der Kohlenstoffbindung, indem intakte Meere, Korallenriffe, Wälder, Grasland, Moore, Böden und Pilzmycel als CO_2-Senken dienen. Genau diese für uns überlebensnotwendigen Prozesse und Funktionen aber werden durch den Klimawandel beeinträchtigt, der weltweit bereits große Schäden und zunehmend irreversible Biodiversitätsverluste in Land-, Süßwasser-, Küsten- und Meeresökosystemen verursacht hat. Die weitere Schädigung von Ökosystemen kann den Klimawandel dramatisch beschleunigen.

Wälder sind in doppelter Weise relevant für den Klimawandel. Einerseits als Schlüsselakteure, was die Bindung von CO_2 und die Kohlenstoff-Senkenleistung angeht. Sie entziehen weltweit über ein Viertel der vom Menschen verursachten CO_2-Emissionen. Andererseits als „Betroffene" des Klimawandels, der zur Schädigung und Destabiliserung der Waldökosysteme sowie zum Absterben von ganzen Waldbeständen und damit auch zur Beeinträchtigung oder gar zum Ausfall ihrer Ökosystemleistungen führt. Junge Bäume, die heute keimen oder gepflanzt werden, müssen bis sie sich reproduzieren können bzw. bis zu ihrer Ernte voraussichtlich starke klimatische Veränderungen ertragen. Daher kommt einer nach Klimaresilienz-Aspekten ausgewählten und artenreichen Baumartenmischung für den Waldumbau hin zu möglichst klimastabilen Wäldern eine sehr hohe Bedeutung zu.

Für die Mehrzahl der heimischen Baumarten ist nicht allein der generelle Temperaturanstieg ein Problem. Vor allem die zunehmenden Hitze- und Trockenperioden sind problematisch für viele Baumarten, allen voran die Fichte. Somit haben die Auswirkungen des Klimawandels nicht nur direkten Einfluss auf die Stabilität der vorhandenen Wälder und damit auf deren CO_2-Senkleistung, sondern auch auf die Baumarten-Zusammensetzung. Als vergleichsweise klimastabil gelten unter den bereits bisher bei uns verbreiteten Baumarten u.a. Traubeneiche, Douglasie, Winterlinde, Spitzahorn, Hainbuche und Elsbeere. Als zukunftsfähige und für Mitteleuropa „neue" Baumarten werden aktuell u.a. Flaumeiche, Steineiche, Baumhasel, Tulpenbaum, Orientbuche, Atlaszeder, Nordmann-Tanne sowie Ponderosa-Kiefer auf Versuchsflächen angebaut.

Bereits 1972 wurde der Bericht des Club of Rome zur Lage der Menschheit und zur Zukunft der Weltwirtschaft unter dem Titel „Die Grenzen des Wachstums" veröffentlicht. Da die den Grenzen des Wachstums und einer praktizierten Nachhaltigkeit zugrunde liegenden ökologischen Grenzen in der Wirtschaftspolitik auch nach über 50 Jahren bis heute weltweit nicht adäquat beachtet werden, steuern wir in vielen Bereichen auf sogenannte „Kipppunkte" zu. Während die anthropogen verursachte Klimaänderung als Ursache einer allmählichen Erwärmung des Klimas schon fast als unabänderlicher Normalzustand wahrgenommen wird und nur noch diskutiert wird, um wie viel Grad die weltweite Durchschnittstemperatur bis wann steigen darf, sind die Kipppunkte nicht im evolutionären Bewusstsein des Menschen abgespeichert. Diese bedeuten, dass bereits geringe Änderungen im Klimasystem bewirken können, dass kritische Schwellen erreicht werden, in deren Folge besonders starke oder sogar abrupte Klimaänderungen einsetzen.

In der Übung „Klima-Stabilität" werden die Themen Waldstabilität und Klimastabilität dargestellt und diskutiert. Dabei geht es am Beispiel eines im Wald in Kleingruppen aufgebauten Modells um

Geschädigter Fichten-Tannen-Buchen-Bergwald in den Vogesen (Foto: Dr. Stefan Rösler)

Baumwipfel im Bergmischwald in den Vogesen (Foto: Dr. Stefan Rösler)

Waldumbau von Nadelholz zu Laubbolz (Quelle: https://www.waldeigentuemer.de/wp-content/uploads/2022/05/Wiederaufforstung3_BMEL_Photothek_Florian_Gaertner-scaled.jpg)

die Schnittstelle zwischen der Optimierung der Stabilität und der Maximierung der Höhe und damit um die Grenzen des Wachstums. Ziel ist es, die klimatische Bedeutung des Ökosystems Wald vor Ort und für das Weltklima zu beschreiben und zu bewerten. Sowie zu erkennen, was ein Ökosystem zum Kippen bringen kann und sich der Problematik und möglichen Tragweite der klimatischen Kipppunkte bewusst zu werden. Die Nachhaltigkeitsrelevanz dieser Übung besteht vor allem darin, die zwingende Notwendigkeit einer klimaförderlichen Transformation unserer Globalwirtschaft und einer nachhaltigen Nutzung der Ökosysteme zu realisieren sowie eigene Handlungsmöglichkeiten zu identifizieren.

Grundlage für die Methode „Klima-Stabilität" ist das Arbeitsblatt zur Übung „Hoch hinaus" vom Haus des Waldes Stuttgart (Waldbox).

Durchführung

Vor Beginn dieser Outdoor-Übung sind zur Vorbereitung drei organisatorische Punkte zu klären:

1. Kontrolle der Wettervorhersage, da die Übung im Wald erfolgt und wegen der Gefahr herabfallender Äste keinesfalls bei Starkwind oder Sturm durchgeführt werden darf.
2. Suche einer gut begehbaren Waldfläche in einem älteren Baumbestand, der mit Blick nach oben daraufhin zu kontrollieren ist, dass sich keine Dürräste oder Totholzäste über der Übungsfläche befinden und herabstürzen könnten.
3. Vorbereitung eines kurzen Inputs über die Bedeutung von Ökosystemen für das Weltklima und über Kipppunkte im Klimawandel. Und Klärung, ob der Trainer und/oder ein Teilnehmer diese Informationen gegenüber der Gruppe vorträgt.

Die Übung selbst wird in folgenden Ablaufschritten durchgeführt:

- Zunächst werden den Teilnehmern die vorbereiteten Informationen über die Bedeutung von Ökosystemen für das Weltklima und über Kipppunkte im Klimawandel vorgetragen.
- Anschließend werden die Teilnehmenden in Gruppen von jeweils ca. 5 Personen eingeteilt.
- Jede Gruppe sucht sich eine freie Fläche, auf der sie für sich als „Baufenster" eine 1 Quadratmeter große Fläche markiert.
- Diese Markierung stellt die maximale Grundfläche des Turms dar, der aus zu sammelnden Totholzästen und anderen Naturmaterialien gebaut wird.
- Ziel ist es, einen möglichst hohen Turm zu errichten, ohne dass dieser umfällt.
- Nun gibt der Trainer die Bauzeit von 10 Minuten (maximal 15 Min.) bekannt, die jeder Gruppe zur Errichtung eines möglichst hohen Turmes zur Verfügung stehen.
- Auf ein entsprechendes Signal hin schwärmen die Teilnehmer aus und sammeln Material zum Bau ihres Turmes.
- Drei Minuten vor Ablauf der vereinbarten Zeit gibt der Trainer ein Zeichen, damit die Gruppen die verbleibende Zeit besser einschätzen können.
- Nach Ablauf der vereinbarten Zeit beenden die Gruppen ihre Bauphase.
- Nun werden die Turmhöhen verglichen und in einer Blitzlichtrunde die Erfahrungen mit dem Turmbau ausgetauscht und diskutiert.

Nach der Bauphase erfolgt im Plenum eine Transferdiskussion zum Thema „Klima-Stabilität". Dabei symbolisieren die gebauten Türme das Ökosystem Wald. Folgende Fragen können in die Diskussion einführen bzw. diese anregen:

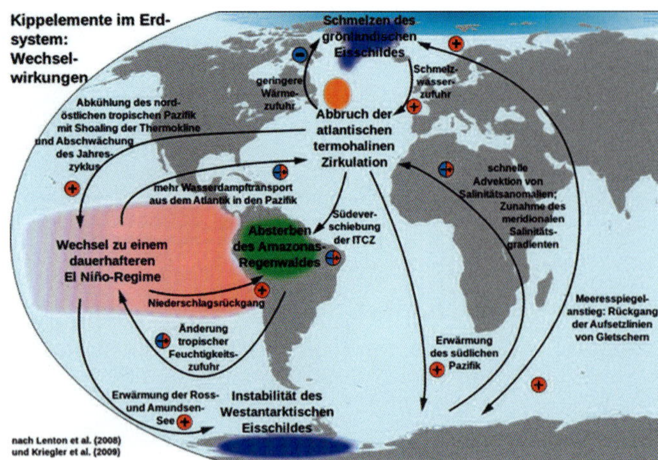

Quelle: https://upload.wikimedia.org/wikipedia/commons/thumb/8/84/Climate-tipping-points-interactions-de.svg/1024px-Climate-tipping-points-interactions-de.svg.png

- Welche Akteure im Ökosystem Wald werden durch die starken Äste dargestellt?
- Wo befindet sich bzgl. der gebauten Türme die Grenze zwischen Optimierung der Stabilität und Maximierung der Höhe?
- Welche Faktoren bestimmen die Grenzen des Wachstums?
- Wie und wie lange kann der Wald im Gleichgewicht gehalten werden?
- Was kann ein Ökosystem zum Kippen bringen?
- Was sind Kipppunkte bzw. Kippelemente im Klimawandel?
- Welche kurzfristig wirksamen Handlungsmöglichkeiten zum Schutz von Ökosystemen gibt es?
- Optionale Transferdiskussion: Was sind aktuelle oder mögliche Kipppunkte im eigenen beruflichen Kontext?

Praxisschlaglicht

„Grenzen des Wachstums" im Wald modellieren, wie soll das denn gehen? Diese Kleingruppenübung wird fast immer als „wohltuend anders", konkret, kreativ und teamförderlich empfunden. Das Modellieren der Holztürme verlangt die Balance zwischen Optimierung und Maximierung. Und steht sinnbildlich für unser tägliches Tun zwischen moderatem Gewinn bei Stabilität und maximalem Gewinn mit Gefahr des Totalverlustes.

Helfende Organisation

www.hausdeswaldes.de, www.sdw.de, www.fva-bw.de, www.fsc-deutschland.de, www.pefc.de, www.nabu.de

Wirkfeld der Methode

- Wirksam für nachhaltiges Produktdesign
- Wirksam für nachhaltiges Prozessdesign
- Wirksam für eine Stärkung des Teamgedankens
- Wirksam für eine Stärkung der nonverbalen Kommunikation

Transformationsfähigkeit Ihres Teams

- Fördert die Sensibilisierung
- Fördert die Teamkreativität
- Fördert die allgemeine Transformationsfähigkeit des Teams
- Fördert Umsicht und Weitsicht des Teams
- Fördert offene Mindsets und innovative Denkhaltungen
- Fördert den Austausch im Team
- Fördert die nonverbale Kommunikation
- Sorgt für Inspiration oder bessere Inspirationsempfindlichkeit
- Sorgt für Fokussierung und Entschleunigung
- Zahlt auf eine bessere Vorstellungskraft ein
- Zahlt auf eine bessere Wahrnehmung ein
- Zahlt auf ein positives Zukunftsbild ein
- Erhöht die Lösungsorientierung
- Fördert Prozessverständnis

Einsatzcharakteristik/Arbeitsrahmen

- Austauschfokus: vornehmlich mit internen Personen
- Durchführungszeit: eher mittel (> 1 Stunde bis < 1 Tag)
- Einsatzfrequenz: vornehmlich im einmaligen Einsatz
- Einsatzradius: vornehmlich im Teameinsatz
- Komplexität für den Moderator: eher gering
- Komplexität für die Teilnehmer: eher mittel
- Teamgröße: Maxigruppen möglich (20 bis 40 Teilnehmer)
- Teamgröße: Mittelgroße Teams möglich (10 bis 20 Teilnehmer)
- Vorbereitungszeit: eher gering (< 1 Stunde)

Input für eine zielführende Arbeit mit der Methode

- Aktuell existierende Geschäftsmodelle
- Aktuell existierende Produkte und Services
- Aktuelle Herausforderung, Leitfrage, Problem
- Aktuelle Leitbild–Diskussionen
- Aktuelle Diskussion über Nachhaltigkeitsstrategien

Output und beobachtete Ergebnisse der Methode

- Erzeugt Überblick über Chancen und Risiken
- Erzeugt Ideen, Lösungsansätze
- Erzeugt ein Zukunftsbild
- Erzeugt größere Klarheit zu einem Thema
- Fördert Transformationskompetenz in Organisationen
- Erzeugt mehr Hintergrundinformationen
- Fördert Problemanalysen
- Fördert Prozessbewusstsein und Zukunftskompetenz
- Macht Wirkzusammenhänge sichtbar
- Fördert Nachhaltigkeits–Bewusstsein
- Fördert Natur– und Outdoor–Affinität
- Fördert Fokussierungs-Kompetenz
- Sensibilisiert für Umfeldwahrnehmung
- Fördert Kommunikation und Austausch im Team
- Fördert Abstraktionsvermögen
- Fördert langfristiges Denken und Planen
- Stärkt Klimabewusstsein und Klimakompetenz

Hinderniseffekte, auf die die Methode positiv wirkt

- Bindet eher introvertierte Teammitglieder mit ein
- Dynamisiert und aktiviert wenig dynamische Teams
- Fördert gehemmte Teammitglieder
- Fördert die Agilität der Teilnehmer
- Schafft für den Erfolg nötige Realitätsbezüge
- Fördert Erkenntnisgewinn
- Schwächt Konkurrenzdenken
- Schwächt Einzelgängertum
- Stärkt schwache Anreicherungsskills
- Stärkt das Vertrauen im Team

Quellen

Buch – Das Wald Buch. Alles was man wissen muss. Esther Gonstalla (oekom, 2021)
Buch – Denken und Handeln in Ökosystemen. Klaus-Stephan.
Buch – Praxishandbuch der Waldpädagogik. Frank Hoffmann (wbv-Media, 2023)
Organisation – www.duh.de
Organisation – www.evoco.de
Organisation – www.hausdeswaldes.de
Organisation – www.klima-allianz.de
Organisation – www.nabu.de
Organisation – www.naturschule.de
Organisation – www.oecoach.de
Person – Dr. Stefan Rösler – roesler@oecoach.de
Buch – Stefan Rösler & Tina Teucher; in Ternès/Englert (Hrsg.): Integriertes Nachhaltigkeitsmanagement, 183–209 (Springer, 2019)
Web – https://de.wikipedia.org/wiki/Kohlenstoffsenke (abgerufen am 24.11.2023)
Web – https://www.umweltbundesamt.de/publikationen/kipp-punkte-im-klimasystem (abgerufen am 25.11.2023)
Web – https://www.umweltbundesamt.de/themen/klima-energie/grundlagen-des-klimawandels/weltklimarat-ipcc/sechster-sachstandsbericht-des-weltklimarates-ipcc#undefined (abgerufen am 24.11.2023)

143

Klimawandel im Staatenvergleich

EinSatzBeschreibung

Die Übung schärft das Bewusstsein für Klimagerechtigkeit und globale Zusammenhänge, indem der jährliche CO_2-Ausstoß verschiedener Staaten sichtbar gemacht und unter Einbeziehung staatenspezifischer Kenndaten diskutiert wird.

Working Guide/Anwendungsfelder

P1 Sensibilisierung/Bildung	P2 Matching Recht/Gesetz	P3 Sustainability Roadmap	P4 Produkt/Prozessdesign	P5 Implementierung/Monitoring	P6 Kommunikation	P7 Organisation	P8 Führung	P9 Business Model Design	P10 Skalierung
X		X		X	X			X	X

Beschreibung

Trotz auch in Mitteleuropa unübersehbarer und zunehmender Klimawandel-Folgen und Extrem-Wetterereignissen erscheinen für viele Menschen die globalen ökologischen und sozialen Probleme noch immer in weiter Ferne. Sie werden meist noch immer primär mit Hungersnöten in Afrika, Hurrikans in Amerika, Dürren im Sahel, Waldbränden in Kanada oder rund ums Mittelmeer oder mit schmelzenden Polkappen und Gletschern in Verbindung gebracht. Auch wenn die Zahlen, Analysen und Schlussfolgerungen des Zwischenstaatlichen Ausschusses für Klimaänderungen (IPCC) alarmierend sind, Zahlen bleiben für die meisten Menschen abstrakt. Es fällt schwer, unmittelbare Zusammenhänge zwischen dem individuellen und persönlichen Verhalten und Handeln sowie globalen Entwicklungen zu erkennen und zuzulassen.

Will man die drei Nachhaltigkeits-Dimensionen Ökonomie, Ökologie und Soziales global denken, dann muss auch die globale Gerechtigkeit Berücksichtigung finden. In der folgenden Aktion wird der unterschiedliche CO_2-Ausstoß von vier verschiedenen, gezielt ausgewählten Staaten verglichen. Nachfolgend werden die Ursachen der unterschiedlichen Situationen sowie mögliche Konsequenzen diskutiert.

Die Übung „Klimawandel im Staaten-Vergleich" besteht aus fünf Teilübungen. In der ersten Teilübung geht es darum, den durchschnittlichen CO_2-Ausstoß pro Kopf und Jahr am Beispiel der ausgewählten Staaten, z. B. Deutschland, Indien, Burundi und den USA sichtbar zu machen. Hierfür bilden sich vier verschiedene Teams, die jeweils einen der genannten Staaten vertreten. Jedes Team wird mit einem CO_2-Maßband sowie mit bunten Markierungsbändern in unterschiedlichen, möglichst landesspezifischen Farben ausgestattet. Mit dem CO_2-Maßband kann mithilfe des Brusthöhendurchmessers näherungsweise gemessen werden, wie viel CO_2 der gemessene Baum im Laufe seines Lebens der Atmosphäre entzogen hat.

Den vier ausgewählten „Staaten-Teams" werden nun abgegrenzte, aber nah beieinander liegende Waldareale zugewiesen, in welchen sie mit ihrem Markierungsband so viele Bäume markieren, wie diese benötigen, um rein rechnerisch den jährlichen CO_2-Ausstoß des jeweiligen Staates zu kompensieren. Auf die im aktuellen Diskurs strittigen Diskussionen um das Kompensations-Potenzial von Bäumen (u. a. bzgl. Dauerhaftigkeit, Baumart, Potenzial der Wurzeln und des Mycels, Baum-Vitalität. Standort-Situation etc.) wird an dieser Stelle bewusst nicht eingegangen, da die Übung primär auf Bewusstseinsschärfung und eine ganzheitliche Situations-Betrachtung abzielt und nicht auf exakte wissenschaftliche Datenerhebung und Ergebnisse.

Die vier Gruppen erhalten jeweils folgende Kenndaten zu „ihrem" Staat:

- Jährlicher Pro-Kopf-Ausstoß von CO_2
- Einwohnerzahl gesamt
- Bevölkerungsdichte
- Bewaldungsgrad
- Bruttoinlandsprodukt
- Bodenschätze
- Klimatische Bedingungen
- Klima-Risiko-Index

Nach Messung und Markierung der für die jeweilige Kompensation benötigten Bäume stellen sich im zweiten Übungs-Teil die unterschiedlichen Staaten-Gruppen unter Nennung der jeweiligen Kenndaten sowie ihrer markierten Bäume vor. Dabei wird schnell offensichtlich, dass sich die Anzahl der markierten Bäume von Staat zu Staat erheblich unterscheidet. Anschließend an diese Er-

Foto: Tine Kiefl

Foto: Tine Kiefl

kenntnis folgt im dritten Übungsteil eine moderierte Diskussion zu Klimaschutz-Fragen im internationalen Kontext.

Der vierte Übungsteil leitet von der Diskussion auf der internationalen Ebene über auf die nationale Situation in Deutschland. Hier lautet die zentrale Frage: Reichen die Wälder Deutschlands aus, um rein rechnerisch unseren pro Kopf-Ausstoß an CO_2 zu kompensieren? Dieser Frage wird im Rahmen einer weiteren Teil-Übung nachgegangen. Dazu misst jede Gruppe innerhalb ihrer zugeteilten Waldparzelle eine Probefläche aus, die in ihrer hier vorgegebenen Größe der in Deutschland rein rechnerisch jedem Bürger zur Verfügung stehenden Waldfläche entspricht. Dann wird mithilfe des Maßbands überprüft, wie viele Bäume benötigt werden, um rein rechnerisch den CO_2-Pro-Kopf-Ausstoß pro Kopf und Jahr zu kompensieren und ob die dafür zur Verfügung stehende Waldfläche ausreicht.

Die moderierte und mit weiteren Hinweisen zum Ressourcenbedarf und zu den Schutzfunktionen der Wälder angereicherte Diskussion macht deutlich, dass unser CO_2-Ausstoß in Deutschland nicht nachhaltig in heimischen Wäldern kompensiert werden kann. Auch unser Ressourcenverbrauch an Holz (der doppelt so hoch ist wie der weltweite Durchschnittsverbrauch von 0,5 m^3) kann nicht durch heimische, nachhaltige Forstwirtschaft abgedeckt werden. Wir importieren Holz aus anderen Kontinenten, Ländern und Wäldern. Weltweit brauchen wir Wälder aber vor allem auch für Klimastabilität, Wasserschutz, Erosionsschutz, saubere Luft und Erhalt der Biodiversität. Gleichzeitig nimmt die Waldfläche weltweit kontinuierlich ab, was auch unserem eigenen Konsum geschuldet ist.

Der fünfte und letzte Schritt der Übung führt von der Analyse und Diskussion zum konkreten Handeln. Wie schaffen wir es, globale Gerechtigkeit zu fördern und warum wird das immer wichtiger? Mit der Fragestellung „Was kann ich selbst tun, um die Klimagerechtigkeit auf unserem Planeten zu fördern?" erarbeitet jede Gruppe unter Verwendung von möglichst vielen Naturmaterialien ein Wald-Plakat. Dieses bildet den Abschluss und die Brücke zwischen dem Erlebten im Wald und dem persönlichen Beitrag zur nachhaltigen Entwicklung im eigenen Alltag.

Durchführung

Die Übung „Klimawandel im Staaten-Vergleich" wird in fünf Teil-Übungen durchgeführt. Vorbereitende Schritte sind:

- Zunächst wird eine gut begehbare Waldfläche von ca. 0,5 ha Größe ausgewählt, die in 4 beieinanderliegende Abteilungen unterteilt wird.
- Danach werden vier Teilnehmer-Gruppen gebildet, die jeweils einem der vier ausgewählten Staaten Deutschland, Indien, USA und Burundi zugeordnet werden.
- Jede Gruppe erhält aktuelle Kenndaten zu dem von ihr repräsentierten Staat, sowie Papier, Bleistift und ein CO_2-Maßband (Bezug über Haus des Waldes Stuttgart), dazu ein für jede Gruppe farblich unterschiedliches Markierungsband.
- Die Arbeitsweise mit dem Markierungsband wird erklärt (Messung in Brusthöhe)
- Für die letzte Teilübung erhält jede Gruppe noch einen großformatigen Blanko-Karton mit Stiften und doppelseitigem Klebeband zur individuellen Gestaltung

Nach dieser Einführung folgen die fünf Teilübungen.

1. **Einteilung in länderspezifische Teams und Baum-Markierung in abgegrenzten Waldarealen**
   - Jede Gruppe misst für den ihr zugeordneten Staat auf der ihr zugeteilten Fläche mit dem CO_2-Maßband in Brusthohe einzelne Bäume in Bezug auf deren CO_2-Kompensation und markiert diese.
   - Das in den gemessenen Bäumen gespeicherte CO_2 wird aufaddiert (Notizen mit Stift auf Papier) bis der jährliche Pro-Kopf-Ausstoß im jeweiligen Staat kompensiert ist.
2. **Gruppenvorstellung der Staaten und ihrer Kompensations-Situation**
   - Jede Gruppe stellt „ihren" Staat mit den eingangs übermittelten Kenndaten sowie die zur Pro-Kopf-Kompensation benötigten und auf der Fläche markierten Bäume vor.
3. **Moderierte Diskussion zu Klimaschutz-Fragen im internationalen Kontext**
   - Die Diskussion im Plenum greift die zwischen den vier Waldflächen identifizierten Unterschiede auf und thematisiert deren Hintergründe und Folgen. Folgende Fragen sind hier zielführend:
     - Welche Faktoren bewirken den höheren pro Kopf-CO_2-Ausstoß einzelner Staaten?
     - Wie wird sich der Ausstoß der unterschiedlichen Staaten künftig entwickeln und warum?
     - Wo stehen wir in Deutschland im internationalen Vergleich?
     - Wo sind die Auswirkungen des Klimawandels am stärksten zu spüren?
     - Tragen die Hauptverursacher des Klimawandels auch die Konsequenzen dafür?
4. **Von der internationalen Situation der Wälder zum Kompensations-Potenzial der Wälder in Deutschland und zurück**
   - In diesem Übungsteil soll die Frage geklärt werden, ob die Wälder Deutschlands ausreichen, um rein rechnerisch unseren Pro-Kopf-Ausstoß an CO_2 zu kompensieren. Folgende Schritte werden durchgeführt:
     - Jede Gruppe misst eine Probefläche von 0,13 ha in ihrem Areal aus. Dies ist die Waldfläche, die rein rechnerisch jedem Bürger in Deutschland zur Verfügung steht (Quad-

rat mit Seitenlängen von ca. 36 m oder Kreis mit ca. 20 m Radius)
    - Dann wird mit dem Maßband überprüft, wie viele Bäume rein rechnerisch benötigt werden, um unseren nationalen Pro-Kopf-Ausstoß von ca. 9.000 Kilogramm CO_2 pro Person und Jahr zu kompensieren und ob die vorgegebene Fläche dafür ausreicht.
- Für die anschließende Gruppen-Diskussion werden folgende inhaltliche Impulse ergänzt:
    - Achtung: Die 80-jährige Eiche, welche der Atmosphäre bis jetzt ca. 2.000 kg CO_2 entzogen hat, hat dafür 80 Jahre gebraucht und nicht nur 1 Jahr
    - Jeder Bundesbürger verbraucht jährlich ca. 1,3 m^3 Holz, das von der Referenzfläche abgezogen werden muss. Dieser Verbrauch ist über doppelt so hoch wie der weltweite Durchschnittsverbrauch von 0,5 m^3. Wir verbrauchen in Deutschland also auch Holz und somit Ressourcen aus internationalen Wäldern, die dort notwendig sind, um die Schutzfunktionen wie Wasserspeicher, Erosionsschutz, Klimaschutz gewährleisten zu können.
- Moderierte Gruppen-Diskussion um die gewonnenen Erkenntnisse
    - Weder unser CO_2-Ausstoß in Deutschland kann nachhaltig in heimischen Wäldern kompensiert noch unser Ressourcenverbrauch an Holz durch heimische, nachhaltige Forstwirtschaft gedeckt werden
    - Wir importieren Holz aus anderen Kontinenten, Ländern und Wäldern. Weltweit brauchen wir aber immer mehr Wälder für Klimastabilität, Wasserschutz, Erosionsschutz, saubere Luft und Erhalt der Biodiversität.
    - Die weiterhin kontinuierliche Abnahme der weltweiten Waldfläche ist auch unserem eigenen Konsum geschuldet.

5. **Klimagerechtigkeit: Von der Diskussion zum Handeln – ein kreativer Impuls**
    - In diesem letzten Übungs-Teil geht es darum, über Optionen und konkrete Möglichkeiten zum Handeln zu sprechen. Dabei lauten die beiden Leitfragen:
        - Ist es fair, unseren CO_2-Ausstoß anderen Ländern zuzumuten?
        - Was können wir selbst tun, um mehr Klimagerechtigkeit zu erreichen?
    - Diese Fragen werden im Rahmen einer abschließenden Diskussion erörtert.
    - Ergänzend gestaltet jede Gruppe auf einem „Waldplakat" mithilfe von Stiften, einem doppelseitigen Klebeband und Naturmaterialien ein Bild davon, was jeder und jede Einzelne zur Klimagerechtigkeit beitragen kann. Der Einsatz der Naturmaterialien soll dabei sehr bewusst und wertschätzend erfolgen.
    - Dieser kreative Impuls soll die intensiven und vielfach stark rational und emotional geprägten Diskussionen auf einer eher künstlerisch-handwerklichen Ebene abrunden und zum Abschluss die positive Verbindung zum Wald unterstreichen.

Dieser Übungsteil bildet den Abschluss und die Brücke zwischen dem im Wald Erlebten und den Möglichkeiten eines persönlichen Beitrags zur nachhaltigen Entwicklung im eigenen Alltag.

Praxisschlaglicht

Die abstrakten und wenig greifbaren Zahlen des CO_2-Ausstoßes an Beispielen unterschiedlicher Staaten darzustellen und die Verhältnisse im Wald konkret zu visualisieren, zeigt immer Wirkung. Die Teilnehmenden sind in der Regel zunächst überrascht und betroffen über die extrem unterschiedliche Situation in den verschiedenen Staaten. Die Diskussion über die Folgen des eigenen Lebensstandards sowie die Möglichkeit persönlicher Maßnahmen und Konsequenzen für mehr Klimagerechtigkeit klingt oft lange im eigenen Lebensalltag der Teilnehmer nach.

Helfende Organisation

www.de-ipcc.de, www.umweltbundesamt.de, www.nabu.de, www.hausdeswaldes.de

Wirkfeld der Methode

- Wirksam für Herausforderungen mit mittlerer und hoher Komplexität
- Wirksam für nachhaltiges Produktdesign
- Wirksam für nachhaltiges Prozessdesign
- Wirksam für nachhaltiges Business Model Design
- Wirksam für eine Stärkung des Teamgedankens

Transformationsfähigkeit Ihres Teams

- Fördert die Sensibilisierung
- Fördert die Agilität eines Teams
- Fördert die Teamkreativität
- Fördert die allgemeine Transformationsfähigkeit des Teams
- Fördert die Sozialkompetenz
- Fördert offene Mindsets und innovative Denkhaltungen
- Sorgt für Inspiration oder bessere Inspirationsempfindlichkeit
- Zahlt auf eine bessere Vorstellungskraft ein
- Zahlt auf eine bessere Wahrnehmung ein
- Zahlt auf ein positives Zukunftsbild ein
- Zahlt auf das Dringlichkeitsempfinden ein
- Erhöht die Lösungsorientierung

Einsatzcharakteristik/Arbeitsrahmen

- Austauschfokus: vornehmlich mit internen Personen
- Austauschfokus: vornehmlich mit internen und externen Personen
- Durchführungszeit: eher mittel (> 1 Stunde bis < 1 Tag)
- Einsatzfrequenz: vornehmlich im einmaligen Einsatz
- Einsatzradius: vornehmlich im Teameinsatz
- Komplexität für den Moderator: eher mittel bis hoch
- Komplexität für die Teilnehmer: eher mittel bis hoch
- Teamgröße: Maxigruppen möglich (20 bis 40 Teilnehmer)
- Teamgröße: Mittelgroße Teams möglich (5 bis 20 Teilnehmer)
- Vorbereitungszeit: eher mittel (> 1 Stunde bis < 1 Tag)

Input für eine zielführende Arbeit mit der Methode

- Aktuelle Herausforderung, Leitfrage, Problem
- Ideen und Projekte, die zur Umsetzung anstehen
- Verschiedene Meinungen und Blickwinkel
- Vorhandenes Wissen und Erfahrungen
- Trends und Zukunftsentwicklungen
- Umfeldbeobachtungen, Umfeldanalysen

Output und beobachtete Ergebnisse der Methode

- Fördert bessere Teamperformance
- Erzeugt Ideen, Lösungsansätze, Vorideen, Möglichkeiten
- Erzeugt Leitfragen für die Ideenfindung
- Erzeugt Priorisierungen
- Fördert besseren Teamspirit, mehr Offenheit, Inspirationsempfindlichkeit
- Erzeugt kollaborative Lösungen und Ideen

Hinderniseffekte, auf die die Methode positiv wirkt

- Bindet eher introvertierte Teammitglieder mit ein
- Dynamisiert und aktiviert wenig dynamische Teams
- Fördert gehemmte Teammitglieder
- Fördert die Agilität der Teilnehmer
- Schafft für den Erfolg nötige Realitätsbezüge
- Schwächt multidisziplinäre Reibungsverluste
- Schwächt nicht zielführende Emotionen
- Schwächt das Leben in der Vergangenheit
- Schärft eine fehlende gemeinsame Ausrichtung
- Stärkt schwache Anreicherungsskills
- Reduziert vorhandene Kreativblockaden
- Wirkt fehlender Inspiration entgegen

Mögliche Extravorteile der Methode

- Möglicher Extravorteil für agile Teams
- Möglicher Extravorteil für innovativ ungeübte Teams
- Möglicher Extravorteil für in Nachhaltigkeitsthemen erfahrene Teams
- Möglicher Extravorteil für in Nachhaltigkeitsthemen ungeübte Teams

Quellen

Buch – Praxishandbuch der Waldpädagogik, Frank Hoffmann (wbv-Media, 2023)

Buch – Vogl, R. et. al. Forstliche Bildungsarbeit, Herausgeber: Bayerisches Staatsministerium für Ernährung, Landwirtschaft und Forsten, 8. Auf. (2017.

https://www.hirzel.de/bin-im-wald/9783777630403 (abgerufen am 29.09.2023)

Person – Dr. Stefan Rösler – roesler@oecoach.de

Person –Tine Kiefl, https://tinekiefl.de/ – info@tinekiefl.de

Web – https://www.helmholtz-klima.de/aktuelles/wald-klima (abgerufen am 29.09.2023)

Web – https://www.mpg.de/18333473/wald-klimawandel-klimaschutz (abgerufen am 29.09.2023)

Web – https://www.umweltbundesamt.de/sites/default/files/medien/5750/publikationen/2021_hgp_umweltschutzwald_u_nachhaltige holznutzung_bf.pdf, (abgerufen am 29.09.2023)

Konkurrenz-Kooperation-Symbiose

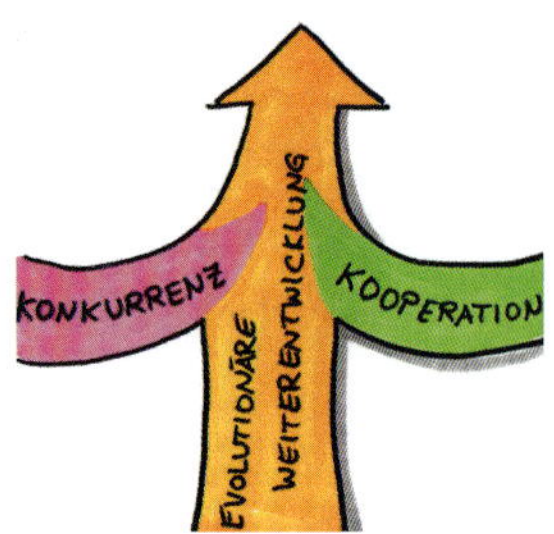

EinSatzBeschreibung

Diese Übung zielt darauf ab, sich die eigenen Konkurrenz- und Kooperationskonstellationen bewusst zu machen sowie die erfolgversprechendsten Handlungsoptionen und Maßnahmen zur Stärkung der eigenen Entwicklung zu identifizieren.

Working Guide/Anwendungsfelder

P1 Sensibilisierung/Bildung	P2 Matching Recht/Gesetz	P3 Sustainability Roadmap	P4 Produkt/Prozessdesign	P5 Implementierung/Monitoring	P6 Kommunikation	P7 Organisation	P8 Führung	P9 Business Model Design	P10 Skalierung
		X				X	X		

Beschreibung

Einführend zur Übung „Konkurrenz-Kooperation-Symbiose" soll zunächst kurz die Herleitung dieser drei eng miteinander zusammenhängenden Begriffe aus dem Lateinischen bzw. Griechischen dargestellt werden, da dies den Kern der jeweiligen Begrifflichkeit verdeutlicht:

- Kooperation: (co-)operari = (zusammen) tätig sein
- Konkurrenz: concurrere = wetteifern, miteinander dem Erfolg nachlaufen
- Symbiose: syn (zusammen) + bios (Leben) = zusammenleben

Konkurrenz und Kooperation sind entscheidende Faktoren der Evolution. Konkurrenz und Kooperation finden seit Jahrmillionen weltweit jeden Tag und jeden Moment als Interaktionsformen zwischen den Organismen in der Natur statt. Sie prägen aber auch unseren Alltag in Wirtschaft und Gesellschaft, sowohl zwischen Menschen als auch zwischen Organisationen aller Art. Konkurrenz und Kooperation stehen in einer permanenten Wechselbeziehung und sind zwei Seiten einer Medaille. Es sind nicht Gegensätze, die sich ausschließen, sondern häufig auch sich abwechselnde oder parallel vorkommende Interaktionsformen, je nachdem, welche strategischen Vorteile sich für die Partner dabei ergeben. Das Zusammenspiel von Konkurrenz und Kooperation fördert im Sinne einer Doppelstrategie aus Anpassungsdynamik und Synergie Entwicklungsprozesse. Ein gutes Zusammenspiel von Kooperation und Konkurrenz im Sinne eines „WERT-bewerbs" ist daher auch eines der Erfolgsprinzipien natürlicher Ökosysteme.

Die Natur ist gekennzeichnet durch Kooperationen der unterschiedlichsten Art, aus denen die Lebewesen entscheidende Überlebensvorteile ziehen. Sehr erfolgreiche Lebensformen wie die sozialen Insekten sind primär dadurch konkurrenzfähig, weil sie intensiv kooperieren. Kooperation ist auch eines der Erfolgsrezepte der erfolgreichen evolutionären Entwicklung des Menschen. Heute sind es vor allem die durch Globalisierung und Digitalisierung verursachen Entwicklungssprünge, die eine erhöhte Flexibilität, Kooperationsbereitschaft und Agilität erforderlich machen und auch zu branchenübergreifenden und interdisziplinären Kooperationen führen.

In Ergänzung zu einer grundsätzlichen Kooperationsbereitschaft sind Erfolgsfaktoren für gelingende Kooperationen vor allem Vertrauen, Loyalität, Aufgabenverteilung und Kommunikation. Über lange Zeit hinweg galt in der Wirtschaft Konkurrenz als prioritär für die Entwicklung und als entscheidend für den eigenen Erfolg. Allerdings zeichnet sich vor dem Hintergrund der vermehrt globalen und komplexen Herausforderungen bei einer steten Beschleunigung des technologischen Wandels bereits seit längerem ein Paradigmenwechsel ab. Zur Bewältigung dieser Herausforderungen finden zunehmend Zusammenschlüsse und Fusionen statt und werden strategische Allianzen, Kooperationspartnerschaften, Kompetenzzentren, Forschungsverbünde und Exzellenzcluster etabliert bzw. genutzt. Auch Start-ups und KMUs kooperieren immer häufiger, sowohl um voneinander zu lernen, aber auch um das Umdenken in etablierten Unternehmen in Richtung Digitalisierung und Innovation voranzutreiben.

Bezüglich strategischer Partnerschaften existiert inzwischen auch der Begriff „Coopetition", der sich aus den Wörtern „Cooperation" (Kooperation) und „Competition" (Wettbewerb) zusammensetzt. Er beschreibt eine Kooperation unter Unternehmern, die eigentlich in direkter Konkurrenz zueinanderstehen. Die wichtigste Voraussetzung für das Funktionieren einer Coopetition ist das Realisieren einer Win-win-Situation, indem beide Partner im Vergleich zu ihrer bisherigen Arbeitsweise einen Vorteil daraus ziehen. Solche Kooperationen haben ein großes Potenzial, da sich direkte Konkurrenten oft sehr ähnlich sind und sich daher bezüglich ihres Know-hows, angebotener Produkte und Leistungen sowie adressierter Kunden noch zusätzlich ergänzen können.

Wildbiene und Apfelblüte: Fortpflanzungs-Symbiose (Foto: Dr. Stefan Rösler)

Aktuell sind derartige Coopetitions v.a. im Bereich der Automotive-Branche zu beobachten, wo aufgrund der Transformation der Antriebstechnologien Zweckbündnisse zwischen Toyota und Tesla sowie Mercedes und BMW entstanden sind. Gleichzeitig haben sich in dieser Branche mittlerweile auch zunehmende gegenseitige Abhängigkeiten in den Kooperationen zwischen Automobilproduzenten und Zulieferern entwickelt.

Eine besonders enge Art der Kooperation stellt die Symbiose dar. Wahrscheinlich ist die Kooperation zwischen Baum und Pilz das bekannteste Beispiel einer Symbiose. Evolutionär gestartet als einseitiges Schmarotzertum hat sich diese Koexistenz im Laufe von Jahrmillionen zu einer strategischen Win-win-Partnerschaft mit dem Ziel von Produktionsoptimierung und Energieeffizienz entwickelt. Koevolution und Symbiose sind zentrale Bausteine evolutionärer Entwicklung. Vielen Organismen ist das Leben erst durch die Symbiose mit anderen Organismen möglich. Über 50 Prozent der Biomasse auf der Erde leben in symbiotischen Beziehungen. Tiere und Menschen bspw. leben mit Billionen Bakterien und Mikroorganismen in Symbiose. Dies bringt für beide Partner Vorteile und ist daher auch eine Art von Effizienz-Strategie. Auch die meisten Pflanzen leben in Symbiosen, so z.B. 80 Prozent aller weltweit untersuchten Landpflanzen zusammen mit Pilzen in Mykorrhiza-Symbiosen.

Obwohl kooperative Formen in der Natur überwiegen, resultiert die evolutionäre Dynamik innerhalb von Ökosystemen vor allem aus Konkurrenz. Auch die Weiterentwicklung (der Arten) ist stark durch Konkurrenz getriggert. Dabei tritt Konkurrenz sowohl innerhalb einer Art (intraspezifisch) als auch zwischen verschiedenen Arten (interspezifisch) auf. Begründet sind Konkurrenzsituationen fast immer durch Ressourcen-Bedarf bzw. Ressourcen-Engpässe. Diese betreffen den Lebensraum (z.B. Lebensraumkonkurrenz, Brutreviere, Ruheräume, Wurzelkonkurrenz, Lichtkonkurrenz), Nahrung, Nährelemente und Nährstoffe (z.B. Jagdreviere, Nahrungstiere, Wasser, Mineralsalze), Requisiten (z.B. Bruthöhlen, Singwarten, Schlafplätze, Keimplätze, Ei-Ablageplätze) und Fortpflanzungspartner (Revierkämpfe, Rangordnungskämpfe). Die ohnehin in Ökosystemen bestehende permanente Konkurrenzsituation wird vielfach noch verstärkt durch aktiv einwandernde oder eingeschleppte Arten (Neobiota). Diese verursachen mindestens Anpassungs- und Veränderungsdynamik innerhalb des Ökosystems, im Falle invasiver Arten können sie aber auch zu Verdrängungseffekten bis hin zum Aussterben bisher etablierter Arten führen.

Konkurrenz kann auf lange Sicht zu evolutionären Veränderungen führen, an die sich Arten anpassen, um im Wettbewerb um begrenzte Ressourcen besser überleben zu können. Wenn zwei Arten die gleiche ökologische Nische besetzen, stehen sie in direkter interspezifischer Konkurrenz um überlebensnotwendige biotische und abiotische Ressourcen. Eine langfristige Koexistenz ist auf dieser Basis in einem stabilen Ökosystem nicht möglich, da eine Art immer erfolgreicher als die andere die limitierenden Ressourcen nutzt. Daher muss die dominierte Art der dominanten Art nach dem Prinzip der Konkurrenzvermeidung ausweichen oder sie stirbt aus (Konkurrenzausschlussprinzip). Auf diese Weise fördert das Prinzip der ökologischen Nischen sowohl die interspezifische Konkurrenzvermeidung als auch Ressourcen-Effizienz. Das Überleben der anpassungsfähigeren Art ist ein Kennzeichen der Evolution.

Ziel dieser Übung ist es, sich die eigenen aktuellen, optionalen und möglichen Konkurrenz- und Kooperationskonstellationen bewusst zu machen und Maßnahmen zur Stärkung der eigenen Situation und Entwicklung abzuleiten. Bei einer Situations-Analyse ist es wichtig zu bedenken, dass die aktuelle Situation bzgl. bestehender Konkurrenz- und Kooperationsverhältnisse sich jederzeit und oft auch kurzfristig ändern kann. Ebenso wichtig ist es, bzgl. der Beziehungsgestaltung zu anderen Organisationen losgelöst vom Status quo immer auch eine Langfrist-Perspektive zu bewahren. Durch den oftmals nicht vorhersehbaren Wechsel von Kooperations- und Konkurrenzsituationen wechseln vielfach ebenso unvorhersehbar die auftretenden Risiken und die sich bietenden Chancen. Gleichzeitig erhöht das frühzeitige Erkennen von Chancen und Risiken sowie das gezielte Eingehen strategischer Kooperationen die Wahrscheinlichkeit eines Wettbewerbsvorteils. In der Natur wie in der Wirtschaft.

Der Themenkomplex Konkurrenz-Kooperation-Symbiose eignet sich in besonderer Weise für eine Transferdiskussion in Richtung Wirtschaft und Gesellschaft. Gerade unter Nachhaltigkeits-Aspekten ist es strategisch wichtig zu erkennen, wann Konkurrenz und wann Kooperation mehr Sinn macht und wann es Sinn macht, eine Kooperation vielleicht sogar in Richtung Symbiose oder Fusion weiterzuentwickeln.

Durchführung

Die Übung „Konkurrenz-Kooperation-Symbiose" hat das Ziel, sich die eigene reale und mögliche Konkurrenz- und Kooperationssituation bewusst zu machen sowie Entwicklungs- und Handlungsoptionen zu identifizieren. Sie kann sowohl in größeren und kleinen Gruppen als auch einzelpersonenweise praktiziert werden. Als Fallbeispiele können sowohl reale Situationen aus dem beruflichen oder privaten Kontext gewählt werden als auch Stellvertreter-Beispiele aus Wirtschaft, Gesellschaft oder Natur.

Für die Übung werden ein ausreichend gefüllter Moderationskoffer (verschiedenfarbige Moderationskarten, Flipchart. Marker, Nadeln) sowie – je nach Gruppengröße – eine oder mehrere Pinnwände benötigt. Vorbereitend wird je nach Gruppen- bzw. Teilnehmerkonstellation eine Pinwand bzw. mehrere Pinnwände mit je einer SWOT-Analysen-Vorlage präpariert.

Die Übung wird in folgenden Ablaufschritten durchgeführt:

- Kommunikation des Übungablaufs an die Teilnehmer und Klärung des für die Übung/en passenden Formats, also Gruppengröße und Gruppenzusammensetzung und/oder Einzelbearbeitung
- Diskussion und Auswahl möglicher Realthemen bzw. Vergabe von Themenvorschlägen und Festlegung der zu bearbeitenden Themen.

  A. Aufgrund des zu erwartenden Nutzwerts und der Umsetzungsrelevanz sind reale, seitens der Teilnehmer eingebrachte Themen zu bevorzugen.

  B. Alternativ gibt es eine Vielzahl möglicher Stellvertreter-Themen aus der Natur bzw. der wirtschaftlichen oder gesellschaftlichen Alltagsrealität, die den Themenkomplex Konkurrenz-Kooperation-Symbiose abdecken. Diese verkürzte Variante B. der Übung eignet sich auch als vorgeschalteter Einstieg in die Thematik, bevor diese in Variante A. am Beispiel einer realen Situation vertiefend bearbeitet wird.

- A.1 Nach Auswahl eines oder mehrerer realer Themen und deren aktueller Situationsbeschreibung erfolgt eine modifizierte SWOT-Analyse mit Bewertung der jeweiligen Konkurrenz-Kooperations-Situation entlang folgender Fragen:
  - Welche Wechselbeziehungen bestehen zu anderen Organisationen, Unternehmen oder Personen?
  - Welche aktuellen Risiken oder Krisensituationen bestehen?
  - Wie stark sind die Gefahren im Wettbewerb?
  - Besteht eine existenzielle Bedrohung?
  - Welche aktuellen Chancen bestehen?
  - Überwiegen aktuell Konkurrenzsituationen oder Kooperationen?

Die Ergebnisse werden auf Moderationskarten notiert und auf die vorbereitete SWOT-Analysen-Vorlage gepinnt. Dabei werden die 1–3 größten Risiken und die 1–3 größten Chancen mit einem roten Ausrufezeichen markiert.

- A.2 Nach erfolgter Ist-Analyse geht es im zweiten Schritt um die Entwicklungsperspektive und mögliche Handlungsoptionen. Dazu werden folgende Fragen diskutiert:
  - Ist für die eigene Konsolidierung bzw. Entwicklung mehr Dynamik notwendig?
  - Welche kurzfristig wirksamen Maßnahmen zur Reduktion von Konkurrenz sind möglich?
  - Welche kurzfristig wirksamen Maßnahmen zur Stärkung bzw. zum Aufbau von Kooperationen sind möglich?
  - Welche Optionen gibt es für ungenutzte Synergien?
  - Welcher Ressourcen-Einsatz ist für die eigene Entwicklung notwendig und sinnvoll?
  - Welche langfristen Entwicklungsperspektiven werden gesehen?

Auch hier werden die Ergebnisse auf Moderationskarten notiert und ergänzend zu den Ist-Analyse-Ergebnissen auf der SWOT-Vorlage festgehalten.

- A.3 Die Abschlussdiskussion umfasst folgende Schritte:
  - Aufrufen der wichtigsten Ergebnisse der Ist–Analyse incl. der drei größten identifizierten Risiken
  - Identifikation der erfolgversprechendsten Maßnahmen zur Stärkung der eigenen Situation und Entwicklung durch Konkurrenzreduktion und Kooperationsoptimierung
  - Identifikation der kurzfristig erfolgversprechendsten Handlungsoptionen
  - Erstellen einer Zeitleiste mit den 3–5 prioritären Maßnahmen unter Berücksichtigung von Dringlichkeit und ressourcenbedingter Realisierbarkeit
  - Festhalten der Ergebnisse incl. der möglichen Langfristperspektiven und Klären des weiteren Vorgehens bzgl. interner Kommunikation, Entscheidungsfindung und Umsetzung
- B.1 Bei Bearbeitung von Stellvertreter-Themen erfolgt zunächst deren Auswahl durch die Gruppe, Teams oder Teilnehmer. Mögliche Stellvertreter-Beispiele aus der Natur sind:
  - Baum und Pilz
  - Alge und Pilz (=Flechte)
  - Clownfisch (Nemo) und Seeanemone
  - Blütenpflanze und Wildbiene
  - Blattschneiderameisen und Pilze
  - Ameisen und Blattläuse
  - Ameisen und Bläulinge
  - Leguminosen und Bakterien
  - Giraffe und Madenhacker (Putzsymbiose)
  - Umgang mit Neobiota
  - Reviergesang einer Nachtigall
  - Rangkämpfe der Rothirsche
  - Nistplatzstreit der Meisen um eine Bruthöhle

Mögliche Stellvertreter-Beispiele aus Wirtschaft und Gesellschaft sind:

  - Mercedes und BMW
  - Toyota und Tesla
  - Bosch und VW-Softwaretochter Cariad
  - Deutsche Wohnen und Vonovia
  - Karstadt und Kaufhof
  - Vodafone und Mannesmann
  - dm und Alnatura
  - Aldi und McDonald's
  - Lidl und Bioland
  - Edeka und WWF
  - NABU und REWE
- B.2 Nach der Auswahl der zu bearbeitenden Stellvertreter-Beispiele erfolgt für jede der ausgewählten Partnerkonstellationen in den einzelnen Gruppen unabhängig voneinander eine Internetrecherche zu den Merkmalen der jeweiligen Beziehungssituation.
- B.3 Auf Basis der durch die Internetrecherche gewonnenen Erkenntnisse wird nun die spezifische Konkurrenz-Kooperations-Konstellation des jeweiligen Fallbeispiels analysiert und diskutiert. Vergleichbar dem unter A.1 ausgeführten Vorgehen erfolgt eine modifizierte SWOT-Analyse zu folgenden Fragen:
  - Welche Wechselbeziehungen bestehen zu anderen Tieren, Pflanzen und Pilzen bzw. Unternehmen, Organisationen und Verbänden?
  - Welche aktuellen interspezifischen bzw. intraspezifischen Konkurrenzen und Risiken bestehen?
  - Besteht die Gefahr einer existenziellen Bedrohung für einen der Partner?
  - Welche Entwicklungschancen und konkrete Entwicklungsoptionen bestehen?
  - Wäre durch Veränderungen der Kooperationsverhältnisse ein Wettbewerbsvorteil möglich?
  - Überwiegt aktuell eine Konkurrenzsituation oder ein positiver Kooperationseffekt?
  - Wie stabil bzw. fragil wird die aktuelle Konstellation eingeschätzt?

Die Ergebnisse werden auf Moderationskarten notiert und auf die vorbereitete SWOT-Analysen-Vorlage gepinnt. Dabei werden die 1–3 größten Risiken und die 1–3 größten Entwicklungschancen mit je einem roten Ausrufezeichen markiert.

- B.4 Je nach Gruppenkonstellation sowie Sinnhaftigkeit bzw. Wunsch nach einem erweiterten Austausch können die Ergebnisse aus den Gruppenübungen ergänzend im Plenum vorgestellt und diskutiert werden.
- B.5 In der Abschlussdiskussion geht es primär darum, sich anhand des Stellvertreter-Beispiels die bestehende Konkurrenz- und Kooperationssituation bewusst zu machen, das wechselseitige und oft fließende Verhältnis zwischen Konkurrenz und Kooperation herauszuarbeiten sowie Entwicklungsmöglichkeiten zu identifizieren.

Die Identifikation konkreter Maßnahmen sowie langfristiger Entwicklungsoptionen ist hier im Gegensatz zu Variante A. der Übung nicht zielführend und daher auch nicht vorgesehen, da es um Stellvertreter-Beispiele geht, bei denen weitergehende, handlungsorientierte Überlegungen rein theoretischer Natur wären.

- B.6 Abschließend wird besprochen, ob noch eine Transferdiskussion der gewonnenen Erkenntnisse zu aktuellen Themenbeispielen aus Wirtschaft und Gesellschaft angeschlossen werden soll und diese verkürzte Variante B. der Übung damit an dieser Stelle abgeschlossen wird. Oder ob die gewonnenen Erkenntnisse als Einstieg in die Thematik gesehen werden und zu einem späteren Zeitpunkt mit Durchführung der Variante A. am Beispiel einer realen Situation vertiefend bearbeitet werden sollen.

Praxisschlaglicht

Diese Übung fördert durch das wechselnde Analysieren von Konkurrenz- und Kooperationsverhältnissen und deren Wechselwirkungen immer auch das systemisch-ganzheitliche Denken. Durch den intensiven Betrachtungswechsel zwischen Konkurrenz- und Kooperationsperspektive werden zugleich Offenheit, Kreativität, innovative Denkansätze und Transformationsfähigkeit des Teams gestärkt. Das Sich-Befassen mit Entwicklungsoptionen und einem möglichen Plan B oder C unterstützt zudem eine zukunftsgerichtete Planungs- und Gestaltungskompetenz.

Wirkfeld der Methode

- Wirksam für Herausforderungen mit hoher Komplexität
- Wirksam für Herausforderungen mit mittlerer Komplexität
- Wirksam für nachhaltiges Servicedesign
- Wirksam für nachhaltiges Business Model Design
- Wirksam für eine Stärkung des Teamgedankens
- Wirksam für nachhaltige Personalentwicklung

Transformationsfähigkeit Ihres Teams

- Fördert die Teamkreativität
- Fördert die allgemeine Transformationsfähigkeit des Teams
- Fördert offene Mindsets und innovative Denkhaltungen
- Fördert den Austausch im Team
- Zahlt auf das Dringlichkeitsempfinden ein
- Erhöht die Lösungsorientierung

Einsatzcharakteristik/Arbeitsrahmen

- Austauschfokus: vornehmlich mit internen Personen
- Durchführungszeit: eher mittel (> 1 Stunde bis < 1 Tag)
- Einsatzfrequenz: vornehmlich im einmaligen Einsatz
- Einsatzradius: vornehmlich im Teameinsatz
- Einsatzradius: vornehmlich im projektweiten Einsatz
- Komplexität für den Moderator: eher mittel
- Komplexität für die Teilnehmer: mittel bis hoch
- Teamgröße: Einzelpersonennutzung möglich
- Teamgröße: Kleingruppe möglich (3 bis 5 Teilnehmer)
- Teamgröße: Maxigruppen möglich (20 bis 40 Teilnehmer)
- Teamgröße: Mittelgroße Teams möglich (5 bis 20 Teilnehmer)
- Vorbereitungszeit: eher gering (< 1 Stunde)

Input für eine zielführende Arbeit mit der Methode

- Aktuell existierende Geschäftsmodelle
- Aktuelle Herausforderung, Leitfrage, Problem
- Durchlaufenes Projekt oder Projektphasen

Output und beobachtete Ergebnisse der Methode

- Erzeugt Ideensuchfelder, unentdeckte Probleme, Inspiration
- Erzeugt größere Klarheit zu einem Thema
- Erzeugt transformationsfähigere Organisationen
- Erzeugt mehr Agilität im Team
- Hilft bei Entscheidungen, Bewertungen und Feedback
- Identifiziert vorhandene Schwachstellen
- Identifiziert vorhandene Stärken
- Macht Wirkzusammenhänge sichtbar
- Fördert Fokussierungs-Kompetenz
- Sensibilisiert für Umfeldwahrnehmung
- Fördert Kommunikation und Austausch im Team

Hinderniseffekte, auf die die Methode positiv wirkt

- Beugt blinden Flecken/Betriebsblindheit vor
- Bewahrt vor zu generischen Ideen und Aussagen
- Vermindert einseitige Bewertungen und Entscheidungen
- Verhindert unreflektiertes Agieren
- Vermindert vorschnelles Urteilen über Ideen
- Durchbricht vorhandene Kreativblockaden

Mögliche Extravorteile der Methode

- Möglicher Extravorteil für Teams mit einem starkem Auftragsmandat
- Möglicher Extravorteil für agile Teams
- Möglicher Extravorteil für innovativ erfahrene Teams
- Möglicher Extravorteil für in Nachhaltigkeitsthemen ungeübte Teams

Quellen

Buch – Bio-Logisch Managen. Folker Scholz (Nicolai, 2014)

Buch – Business Model Generation. Alexander Osterwalder & Yves Pigneur (Campus, 2011)

Buch – Darwin meets Business. Klaus-Stephan Otto & Myra von Ondarza (Dr. Otto Training und Consulting, 2009)

Artikel – Das Unternehmen Wald. – Stefan Rösler & Klaus-Stephan Otto. In: Q.Magazin – Das Magazin für Qualität, Ausgabe 2021/22: 6-11.

Buch – Denken und Handeln in Ökosystemen Klaus-Stephan Otto, Stefan Rösler & Tina Teucher; in Ternès & Englert (Hrsg.): Integriertes Nachhaltigkeitsmanagement, 183 – 209 (Springer, 2019)

Buch – Evolutions-Management. Klaus-Stephan Otto, Uwe Nolting & Christel Bässler (Hanser, 2007)

Buch – In den Gärten des Managements. Für eine bessere Führungskultur. Matthias Nöllke (Haufe, 2011)

Buch – ManagementBIOnik. Matthias Nöllke (Haufe, 2019)

Buch – Ökologie der Lebensgemeinschaften. Anselm Kratochwil & Angelika Schwabe (Ulmer, 2001)

Buch – Was haben Unternehmen und Start-Ups mit Wäldern zu tun. Ökosysteme in Natur und Wirtschaft. Stefan Rösler, Versicherungskammer (Hrsg. (innenreport 2019)

Web – https://innenreport.h5mag.com/innenreport_2019_ausgabe_2/s_9_unternehmen_startups

https://www.oecoach.de/wp-content/uploads/2016/10/20162303_Waldworkshop_Flyer_DINlang-Website.pdf (abgerufen am 20.09.2023)

Person –Dr. Stefan Rösler – roesler@oecoach.de
Web – https://studyflix.de/biologie/konkurrenzausschlussprinzip-2442 (abgerufen am 20.09.2023)
Web – https://www.babtec.de/fileadmin/user_upload/babtec/downloads/public/de/qmagazin/q.magazin_2021-22_de_web.pdf
Web – https://www.bwl-lexikon.de/wiki/unternehmenszusammenschluesse (abgerufen am 20.09.2023)
Web – https://www.gruenderlexikon.de/checkliste/informieren/kooperationen/kooperationen-beispiele/ (abgerufen am 20.09.2023)
Web – https://www.handelsblatt.com/unternehmen/industrie/autokonzerne-warum-daimler-und-bmw-jetzt-auf-kooperation-setzen/24373450.html (abgerufen am 20.09.2023)
Web – https://www.studysmarter.de/schule/biologie/oekologie/konkurrenz/ (abgerufen am 20.09.2023)
Web – https://www.studysmarter.de/schule/biologie/oekologie/symbiose/, (abgerufen am 20.09.2023)
Web – https://www.wirtschaftsdienst.eu/inhalt/jahr/2021/heft/5/beitrag/mehr-kooperation-von-start-ups-und-mittelstand-als-chance-fuer-digitalisierung-und-innovationen.html (abgerufen am 20.10.2023)
Web – Waldworkshop Von der Natur lernen für Management, Strategie und Teamentwicklung. Stefan Rösler. 2016

Grafik: verrocchio Sustainable Inspiration Card – Malvine Klecha, Hila Attaie und Jennifer van Aerssen (Illustration)

Kopfstandtechnik

EinSatzBeschreibung

Die Kopftstandtechnik ist eine kreative Problemlösungsmethode, bei der ein Problem oder eine Fragestellung umgekehrt oder negativ formuliert wird, um neue Perspektiven und Lösungsansätze zu gewinnen.

Working Guide/Anwendungsfelder

P1 Sensibilisierung/Bildung	P2 Matching Recht/Gesetz	P3 Sustainability Roadmap	P4 Produkt/Prozessdesign	P5 Implementierung/Monitoring	P6 Kommunikation	P7 Organisation	P8 Führung	P9 Business Model Design	P10 Skalierung
			X					X	X

Beschreibung

Ja, Sie sehen richtig: Mit der Kopfstand-Methode wird es jetzt ein wenig verrückt oder auch ungewohnt. Denn gemeinsam mit Ihrem Team formulieren Sie Ihre Herausforderung neu und verdrehen sie dabei genau ins Gegenteil. Sie stellen das Problem also sprichwörtlich auf den Kopf, um neue Perspektiven und Ideen zu generieren.

Ohne Druck zu erzeugen, animieren Sie damit zur Kreativität. Denn es macht jedem Spaß zu überlegen, was nicht funktioniert, was schief geht oder mit welchen Maßnahmen ein Problem niemals gelöst wird. Die Kopfstandtechnik funktioniert sofort und besonders auch für ungeübte Teams.

Im ersten Schritt werden diejenigen Maßnahmen und Ereignisse gesammelt, die das Erreichen eines gewünschten Ergebnisses verhindern würden, oder es werden möglichst viele Schwächen einer zu überprüfenden Idee zusammengetragen. Nach dieser „destruktiven" Phase werden Lösungen für die identifizierten Hindernisse und Probleme gesucht. Für beide Phasen gelten die Regeln des regulären Brainstormings.

Der Vorteil dieser Methode im Vergleich zum normalen Brainstorming liegt darin, dass man zunächst die Ursache eines Problems (Maßnahmen und Ereignisse, die das Erreichen eines gewünschten Ergebnisses verhindern) identifiziert und es dann löst. Diese Art der Herangehensweise an eine Problemlösung generiert andersartige und neue Ideen.

Durchführung

Schritt 1: Stellen Sie Ihre Herausforderung auf den Kopf

Formulieren Sie Ihre Herausforderung oder Ihr Problem ins Gegenteil um. Bauen Sie den Satz dabei von Grund auf neu auf.

Beispiel Herausforderung: Wir sind Inhaber eines Einzelhandelsgeschäftes und möchten, dass die Kunden möglichst auf die Mitnahm von Plastiktüten verzichten.

Beispiel für die Kopfstand-Methode: Was müssen wir tun, damit die Kunden noch mehr Plastiktüten mitnehmen?

Hängen Sie die umformulierte Herausforderung zentral an eine Pinnwand, sodass jeder sie sehen kann. Der Vorteil des Umformulierens: Paradoxerweise wissen wir sehr genau, was und warum etwas nicht funktioniert. Wir sehen Fehler, Stolpersteine und Probleme viel klarer als Lösungen.

Probieren Sie das doch mal schnell aus und fragen Sie sich: Warum kommen Sie in Meetings nicht zum gewünschten Ergebnis? Na … fällt Ihnen schon etwas ein? Wenn ein Problem gut in sein Gegenteil umformuliert ist, funktioniert die Kopfstand-Methode immer – vor allem auch bei ungeübten Teams.

Schritt 2: Sammeln Sie Ideen „Wie es nicht geht"

Fordern Sie nun jedes Teammitglied auf, Ideen zu denken und diese auf Karten zu schreiben. Jeder schreibt für sich – es wird nicht gesprochen: Brainwriting. Dafür sollte pro Idee je eine Karte geschrieben werden. Planen Sie für das Schreiben zirka zehn Minuten ein.

Unser Einzelhandelsbeispiel:

- Wir platzieren die Plastiktüten direkt vor dem Band an der Kasse, sodass man sie nicht übersehen kann
- Wir verschenken eine Plastiktüte für jede Milchtüte, die der Kunde kauft.

Schritt 3: Clustern und sortieren Sie die Negativideen

Sie merken, dass das Team immer weniger Karten schreibt? Dann ist es an der Zeit, die Ideen zusammenzuführen. Sammeln Sie die Karten in der Mitte des Tisches, lesen Sie diese laut vor und diskutieren Sie eine systematische Ordnung der Ideen, zum Beispiel nach Kategorien. Sie werden sehen, dabei wird es heiter zugehen. Denn bei der Kopfstand-Methode kommen die absurdesten Ideen ans Licht und das sorgt für gute Stimmung.

Schritt 4: Sichtbar sichern

Sichern Sie die geordneten Ideen der Kopfstand-Methode für den nächsten Arbeitsschritt an einer Pinnwand. Das Ziel ist es, die Ergebnisse aller Schritte permanent vor Augen zu haben.

Schritt 5: Drehen Sie die Ideen wieder um.

Der nächste Arbeitsschritt sollte es nun sein, die erzeugten „Negativideen" wieder ins Positive herumzudrehen und als direkte Inspirationsquelle für die „richtigen" Ideen zu nutzen.

Unser Einzelhandelsbeispiel:

- Wir platzieren die Plastiktüten direkt vor dem Band an der Kasse, sodass man sie nicht übersehen kann -> Idee: Wir platzieren die Papiertüten direkt am Band, für eine Plastiktüte muss der Kunde sich an das Kassenpersonal wenden

- Wir verschenken eine Plastiktüte für jede Milchtüte, die der Kunde kauft -> Wenn der Kunde für seinen Einkauf keine Plastiktüte nimmt, bekommt er ein Produkt zum halben Preis.

Praxisschlaglicht

Die Kopfstandtechnik ist eine meiner Lieblingsmethoden. Sie funktioniert mit fast allen Teams in vielen Situationen sehr gut und liefert vor allem auch bei innovativ unerfahrenen Teams schnell gute Ergebnisse.

Wirkfeld der Methode

- Wirksam für Herausforderungen mit niedriger Komplexität
- Wirksam für nachhaltiges Marketing
- Wirksam für nachhaltiges Produktdesign
- Wirksam für nachhaltiges Prozessdesign
- Wirksam für nachhaltiges Servicedesign
- Wirksam für nachhaltiges Business Model Design

Transformationsfähigkeit Ihres Teams

- Fördert die Teamkreativität
- Fördert grundlegend die Kreativität
- Fördert offene Mindsets und innovative Denkhaltungen
- Sorgt für Inspiration oder bessere Inspirationsempfindlichkeit

Einsatzcharakteristik/Arbeitsrahmen

- Austauschfokus: vornehmlich mit internen und externen Personen
- Durchführungszeit: eher gering (< 1 Stunde)
- Einsatzfrequenz: sinnvoll im dauerhaften Einsatz
- Einsatzradius: vornehmlich im Teameinsatz
- Komplexität für den Moderator: eher gering
- Komplexität für die Teilnehmer: eher gering
- Teamgröße: Einzelpersonennutzung möglich
- Teamgröße: Kleingruppe möglich (3 bis 5 Teilnehmer)
- Teamgröße: Maxigruppen möglich (20 bis 40 Teilnehmer)
- Teamgröße: Mittelgroße Teams möglich (5 bis 20 Teilnehmer)
- Vorbereitungszeit: eher gering (< 1 Stunde)

Input für eine zielführende Arbeit mit der Methode

- Aktuelle Herausforderung, Leitfrage, Problem

Output und beobachtete Ergebnisse der Methode

- Erzeugt Ideen, Lösungsansätze, Vorideen, Möglichkeiten

Hinderniseffekte, auf die die Methode positiv wirkt

- Dynamisiert und aktiviert wenig dynamische Teams
- Fördert gehemmte Teammitglieder
- Schwächt den „Inneren Zensor“
- Bindet eher introvertierte Teammitglieder mit ein
- Verhindert störende Killerphrasen
- Verkürzt und durchbricht vorhandene Kreativblockaden
- Wirkt fehlender Inspiration entgegen

Mögliche Extravorteile der Methode

- Möglicher Extravorteil für Teams in einer Komfortsituation
- Möglicher Extravorteil für innovativ ungeübte Teams
- Möglicher Extravorteil für in Nachhaltigkeitsthemen ungeübte Teams

Quellen

Buch – Das große Handbuch Innovation, B. van Aerssen, C. Buchholz (Vahlen, 2018)
Buch – Kreativität im Projekt, H. Kellner (Hanser, 2002)
Buch – Das große Handbuch der Kreativitätsmethoden, M. Luther
Buch – Praxishandbuch Innovation, B. X. Weis (Gabler, 2014)

Kreislaufwirtschaft in Wald und Wirtschaft

EinSatzBeschreibung

Am Beispiel des Ökosystems Wald wird das Thema Kreislaufwirtschaft sowie die große Relevanz nachhaltiger Wirtschaftskreisläufe für unsere Zukunft vorgestellt, um in einer Transferdiskussion Impulse und Maßnahmen zur Realisierung einer „Circular Economy" auf Unternehmensebene zu identifizieren.

Working Guide/Anwendungsfelder

P1 Sensibilisierung/Bildung	P2 Matching Recht/Gesetz	P3 Sustainability Roadmap	P4 Produkt/Prozessdesign	P5 Implementierung/Monitoring	P6 Kommunikation	P7 Organisation	P8 Führung	P9 Business Model Design	P10 Skalierung
X		X	X						

Beschreibung

Das Ökosystem Wald ist ein Paradebeispiel für einen geschlossenen Stoffkreislauf. Die meisten Pflanzen im Wald sind **Produzenten (Erzeuger)** von organischer Materie. Auf Basis der Photosynthese sorgen Bäume, Sträucher, grüne Pflanzen und Algen selbst für ihre Nahrung, sie sind autroph. Sie stellen aus Sonnenlicht und anorganischen Stoffen organische Biomasse her. Über ihre Wurzeln nehmen sie Wasser und Nährstoffe auf und können auf diese Weise wachsen und neue Pflanzenteile wie Knospen, Blätter, Zweige, Blüten und Früchte bilden. Als Produzenten bilden sie die Grundlage des Stoffkreislaufs, stehen meist am Anfang der Nahrungskette und sind Grundlage für alles weitere Leben. Sie produzieren unter anderem Kohlenhydrate, die pflanzenfressenden Tieren als Nahrung dienen.

Die **Konsumenten (Verbraucher)** im Wald dagegen sind heterotroph. Sie können nicht selbst Photosynthese betreiben und ernähren sich daher von anderen Organismen. Die Konsumenten bilden innerhalb ihrer Gruppe eine Dreier-Kaskade. Die Primärkonsumenten fressen Pflanzen (z.B. Rehe, Hasen, Maikäfer, Schmetterlingsraupen). Die Sekundärkonsumenten ernähren sich von Fleisch (z.B. Luchs, Waldkauz, Schwarzspecht, Grasfrosch, Aaskäfer, Waldameise) und werden auch als Räuber, Prädatoren oder Fressfeinde bezeichnet. Die Tertiärkonsumenten sind ebenfalls Fleischfresser und fressen die Sekundärkonsumenten (Wolf, Baummarder, Schwarzspecht). Je nach Position innerhalb der Nahrungskette gibt es weitere Konsumentenstufen bis zu den Endkonsumenten an der Spitze der Nahrungspyramide, wo sich als Spitzenprädatoren Organismen finden, die keine direkten Feinde haben (Bär, Wolf, Geier, Adler, Mensch).

Am Ende des Stoffkreislaufs stehen die **Destruenten (Zersetzer)**, die sich in zwei Gruppen unterteilen lassen. Zunächst übernehmen die Saprovoren (Streufresser: Regenwürmer, Schnecken, Asseln, Hornmilben, Springschwänze, Pilze) die mechanische Zerkleinerung und Verteilung der organischen Substanz im Boden. Sie zersetzen organische Abfallstoffe sowohl in Form toter Pflanzen (Produzenten) und pflanzlicher Bestandteile (Blätter, Rinde, Wurzeln) als auch in Form von Tieren (Konsumenten) und tierischen Bestandteilen und Abfallprodukten (Haare, Kot). Sie hinterlassen organische Verbindungen, wie Humusstoffe. Daran anschließend vollenden die Mineralisierer (Bakterien, Pilze) den Abbauprozess von organischen Stoffen, indem sie eine biochemische Zersetzung bewirken. Durch mikrobakterielle Abbauprozesse entstehen wieder anorganische Stoffe (z.B. Mineralien wie Magnesium, Phosphor und Calcium). Diese Umsetzungsprozesse werden stark durch Temperatur sowie Luft- und Wasserhaushalt des Bodens beeinflusst. Die dem Boden zugeführten anorganischen Stoffe stehen den Pflanzen (Produzenten) dann wieder als Nährstoffe zur Verfügung. Auf diese Weise schließt sich die Nahrungskette zu einem Nahrungs- und Nährstoffkreislauf, der von vorne beginnen kann.

Die drei voneinander abhängigen Organismengruppen der Produzenten, Konsumenten und Destruenten stellen durch ihr funktionales Zusammenspiel und die zyklische Umwandlung von organischen und anorganischen Stoffen den Idealtyp einer Kreislaufwirtschaft dar. In der Natur bestehende Kreislaufprozesse

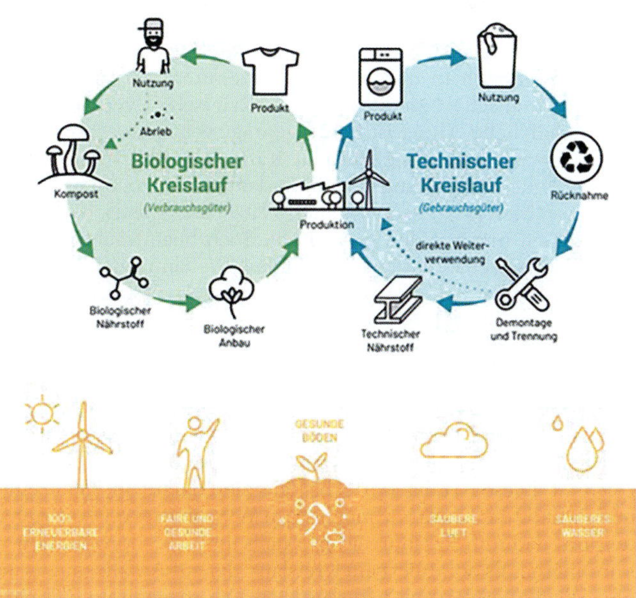

Quelle: Wikimedia

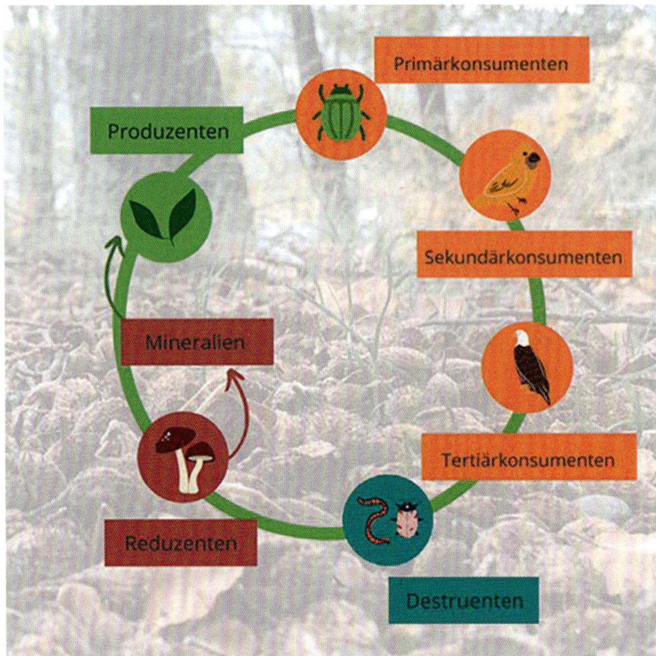

Quelle: https://brennpunkt-wald.de/thema/stoffkreislauf-infografik

führen zu Kontinuität und Bewahrung. So spielt z.B. auch der Stickstoffkreislauf eine wichtige Rolle für die Stabilität von Ökosystemen wie dem Wald. Gleichwohl finden durch evolutionäre Prozesse auch in der Natur permanente Veränderungen und Weiterentwicklungen statt, wodurch auch bestehende Kreisläufe beeinflusst oder sogar aufgehoben werden können.

Das Wirtschaften in Stoffkreisläufen ist eines der wichtigsten Erfolgsprinzipien natürlicher Ökosysteme. Nachhaltige Kreisläufe sind aber bezüglich der Ressourcen Nahrung, Wasser und Energie auch für uns Menschen überlebensnotwendig. Unser Wirtschaften hat sich in den letzten Jahrzehnten jedoch von einer Konsumgesellschaft zu einer Wegwerfwirtschaft verändert. Der gesellschaftliche Alltag ist heute geprägt von Einwegmentalität, die in Form von Einwegflaschen, Kaffeekapseln, To-go-Behältnissen, Folienverpackungen und Einkaufstüten nicht nur Müllberge wachsen lässt, sondern auch Natur und Landschaft bis zu den Küsten und auf den Grund von Seen beeinträchtigt. Dazu kommen Luftschadstoffe, Chemikalien, Weichmacher, Pestizide, Nitrat, Medikamentenreste und Hormone im Trinkwasser und Mikroplastik bis in die Antarktis. Die Folgen dieser unbedachten Art von „Kreislaufwirtschaft" beeinträchtigen nicht nur unsere Lebensgrundlagen und schädigen unsere eigene Gesundheit, sondern auch die Gesundheit künftiger Generationen.

Die an die natürlichen Kreisläufe angelehnte und nachhaltige Art der Kreislaufwirtschaft wird auch als „Circular Economy" bezeichnet. Diese Art des Wirtschaftens zielt darauf ab, Materialien und Produkte so lange wie möglich im Wirtschaftskreislauf zu halten, um dadurch Ressourcenverbrauch und Abfallproduktion zu minimieren. Es dominiert ein Kreislauf, der auf Abfallreduzierung und Wiederverwertung fokussiert ist. Die sogenannte 3-R-Strategie bedeutet „Reduce, ReUse, Recycel". Auf diese Weise gibt es keinen Müll mehr, sondern nur noch Wertstoffe – wie im Wald. Die Umsetzung der Kreislaufwirtschaft ist durch sieben Schritte charakterisiert: Regeneration, Teilen, Effizienz- und Leistungsoptimierung sämtlicher Produkte, Wiederverwertung, Entmaterialisierung, Tauschökonomie und Reparieren statt Wegwerfen.

An dieser Stelle knüpft die Transfer-Diskussion an: Es geht um Diskussionsansätze und neue Impulse zur Realisierung einer „unternehmerischen Circular Economy". Und um die Transformation einer linearen Wirtschaft, die auf dem Prinzip „nehmen, herstellen, wegwerfen" basiert. Hin zu einer Kreislaufwirtschaft mit nachhaltigen Stoffströmen sowie Produktions- und Konsummustern, die den Verbrauch von Primärressourcen reduziert und die bestehenden Umweltauswirkungen so weit wie möglich verringert. Übergeordnetes und langfristiges Ziel muss es sein, den Ressourcenverbrauch der natürlichen Reproduktionsfähigkeit anzupassen, ohne dass negative externe Effekte entstehen. Nur wenn dies realisiert ist, kann tatsächlich von Nachhaltigkeit die Rede sein.

Durchführung

Die Übung wird als Outdoor-Übung im Wald durchgeführt. In diesem Ökosystem können die Stoffkreisläufe in idealtypischer Weise veranschaulicht, beobachtet und am konkreten Beispiel diskutiert werden.

Die Übung baut sich nach folgenden Ablaufschritten auf:

1. **Vorbereitung der Übung**
   - Aufbereitung des Themas „Kreislaufwirtschaft im Wald mit Produzenten, Konsumenten und Destruenten", sodass es entweder durch den Trainer oder eine Vorbereitungsgruppe vorgetragen werden kann.
   - Alternativ kann ein externer Experte hinzugebucht werden und diesen Part übernehmen (z.B. Förster, Biologe, Naturschutzverband).
   - Erstellen eines Informations- und Arbeitsblatts mit den Basics zum Thema „Kreislaufwirtschaft – in Wald und Wirtschaft" für die Teilnehmer. Zur Vorbereitung oder während der Übung als Grundlage für die Transferdiskussion
2. **Durchführung der Übung „Kreislaufwirtschaft im Ökosystem Wald"**
   - Ankommen im Wald und bewusstes Wahrnehmen der Dimension, Komplexität und Vielschichtigkeit dieses Ökosystems
   - Inhaltliche Einführung zum Thema „Kreislaufwirtschaft im Wald mit Produzenten, Konsumenten und Destruenten" durch den Trainer oder einen hinzugezogenen Experten
   - Diskussion: Warum stellt der Wald den Idealtyp einer Kreislaufwirtschaft dar?
   - Welche Wirkungen hat die Kreislaufwirtschaft im Wald auf das Ökosystem?
   - Wie können sich Klimawandel und evolutionäre Veränderungen auf die Kreislaufwirtschaft im Wald auswirken?
   - Analogiebetrachtung des Ökosystems Wald als Wirtschaftssystem mit Erzeugern, Verbrauchern und „Müllabfuhr"
3. **Transferdiskussion „Kreislaufwirtschaft in der Wirtschaft"**
   - Diskussion der Merkmale einer „Kreislaufwirtschaft in der Wirtschaft" sowie ihrer Vorteile und Herausforderungen
   - Wie lässt sich Circular Economy umsetzen und wer kann in welcher Rolle zur Umsetzung dieses Konzepts beitragen?

Quelle: https://www.umdex.de/wp-content/uploads/2020/12/CTCbearbeitet.jpg

- Wie unterscheiden sich die Möglichkeiten der drei Hauptakteure Unternehmen, Regierungen und Zivilgesellschaft?
- Wie kann eine „Circular Economy" auf Unternehmensbene realisiert werden?
- Welche konkreten Schritte gibt es, um den Verbrauch von Primärressourcen zu reduzieren und die bestehenden Umweltauswirkungen so weit wie möglich zu verringern?
- Teilen, Leasen, Wiederverwenden, Reparieren oder Aufbereiten und Recyceln von Materialien und Produkten: In welchem dieser 5 Bereiche lassen sich in Ihrem Unternehmen Maßnahmen auf dem Weg zur Kreislaufwirtschaft am einfachsten bzw. am schnellsten realisieren?
- Dokumentation der identifizierten Schritte zur Realisierung einer „unternehmerischen Circular Economy" und Übermittlung an die zuständigen Stellen im Unternehmen mit dem Ziel, sie in die Umsetzung zu bringen.

4. Zukunftsdiskussion

- Welche Möglichkeit sehen Sie auf lange Sicht, den Ressourcenverbrauch der natürlichen Reproduktionsfähigkeit anzupassen, ohne dass negative externe Effekte entstehen?

Praxisschlaglicht

Der Stoffkreislauf im Wald ist für die meisten Teilnehmer mit einem „Aha-Effekt" verbunden, da er in seiner Komplexität, Vollständigkeit und Ausdifferenzierung in der Regel weder bekannt, noch hinsichtlich seiner vielfältigen Auswirkungen auf unser eigenes Leben bewusst ist.

Wirkfeld der Methode

- Wirksam für Herausforderungen mit hoher Komplexität
- Wirksam für Herausforderungen mit mittlerer Komplexität
- Wirksam für Herausforderungen mit niedriger Komplexität
- Wirksam für nachhaltiges Produktdesign
- Wirksam für nachhaltiges Prozessdesign
- Wirksam für nachhaltiges Business Model Design

Transformationsfähigkeit Ihres Teams

- Fördert die Sensibilisierung
- Fördert die allgemeine Transformationsfähigkeit des Teams
- Fördert Umsicht und Weitsicht des Teams
- Fördert offene Mindsets und innovative Denkhaltungen
- Fördert den Austausch im Team
- Sorgt für Fokussierung
- Zahlt auf ein positives Zukunftsbild ein
- Erhöht die Lösungsorientierung

Einsatzcharakteristik/Arbeitsrahmen

- Austauschfokus: vornehmlich mit internen Personen
- Durchführungszeit: eher mittel (> 1 Stunde bis < 1 Tag)
- Einsatzfrequenz: sinnvoll im dauerhaften Einsatz
- Einsatzfrequenz: sinnvoll im einmaligen Einsatz
- Einsatzradius: vornehmlich im projektweiten Einsatz
- Einsatzradius: vornehmlich im unternehmensweiten Einsatz
- Komplexität für den Moderator: eher hoch
- Komplexität für die Teilnehmer: eher hoch
- Teamgröße: Einzelpersonennutzung möglich
- Teamgröße: Großgruppen möglich (> 50 Teilnehmer)
- Teamgröße: Kleingruppe möglich (3 bis 5 Teilnehmer)
- Teamgröße: Maxigruppen möglich (20 bis 40 Teilnehmer)
- Teamgröße: Mittelgroße Teams möglich (5 bis 20 Teilnehmer)
- Vorbereitungszeit: eher mittel (> 1 Stunde bis < 1 Tag)

Input für eine zielführende Arbeit mit der Methode

- Aktuell existierende Geschäftsmodelle
- Aktuell existierende Produkte und Services
- Aktuelle Herausforderung, Leitfrage, Problem
- Trends und Zukunftsentwicklungen
- Umfeldbeobachtungen, Umfeldanalysen

Output und beobachtete Ergebnisse der Methode

- Erzeugt Prognosen und Ableitungen
- Erzeugt Ideensuchfelder, unentdeckte Probleme, Inspiration
- Erzeugt Leitfragen für die Ideenfindung
- Erzeugt eine Vision oder Zukunftsbild
- Erzeugt größere Klarheit zu einem Thema
- Erzeugt transformationsfähigere Organisationen
- Identifiziert vorhandene Schwachstellen
- Identifiziert vorhandene Stärken
- Fördert Problemanalysen
- Fördert Prozessbewusstsein
- Macht Wirkzusammenhänge sichtbar
- Fördert Kommunikation und Austausch im Team

Hinderniseffekte, auf die die Methode positiv wirkt

- Schafft für den Erfolg nötige Realitätsbezüge
- Schärft eine fehlende gemeinsame Ausrichtung
- Verhindert Ideenfindung mit zu schwacher Erkenntnisgrundlage
- Verhindert blinden Aktionismus
- Verhindert unreflektiertes Agieren
- Durchbricht vorhandene Kreativblockaden

Mögliche Extravorteile der Methode

- Möglicher Extravorteil für Teams in einer Krisensituation
- Möglicher Extravorteil für agile Teams
- Möglicher Extravorteil für innovativ erfahrene Teams
- Möglicher Extravorteil für in Nachhaltigkeitsthemen erfahrene Teams

Quellen

Buch – Bio-Logisch Managen. Folker Scholz (Nicolai, 2014)
Buch – Darwin meets Business. Klaus-Stephan Otto & Myra von Ondarza (Dr. Otto Training und Consulting, 2009)
Buch – Das Wald Buch. Esther Gonstalla (Oekom, 2021)
Buch – Denken und Handeln in Ökosystemen. Klaus-Stephan Otto, Stefan Rösler & Tina Teucher; in Ternès & Englert (Hrsg.): Integriertes Nachhaltigkeitsmanagement, 183 – 209 (Springer, 2019)
Buch – Evolutions-Management. Klaus-Stephan Otto, Uwe Nolting & Christel Bässler (Hanser, 2007)
Organisation – www.duh.de
Organisation – www.evoco.de
Person – Dr. Stefan Rösler – roesler@oecoach.de
Web – https://umweltmission.de/wissen/circular-economy-kreislaufwirtschaft/ (abgerufen am 30.10.2023)
Web – Waldworkshop Von der Natur lernen für Management, Strategie und Teamentwicklung. – Stefan Rösler – 2016 https://www.oecoach.de/wp-content/uploads/2016/10/20162303_Waldworkshop_Flyer_DINlang-Website.pdf (abgerufen am 20.09.2023)
Web – Was haben Unternehmen und Start-Ups mit Wäldern zu tun. Ökosysteme in Natur und Wirtschaft. – Stefan Rösler, Versicherungskammer (Hrsg.): innenreport 2019 https://innenreport.h5mag.com/innenreport_2019_ausgabe_2/s_9_unternehmen_startups

Grafik: verrocchio Sustainable Inspiration Card – Malvine Klecha, Hila Attaie und Jennifer van Aerssen (Illustration)

Kundenlebenszyklusanalyse

EinSatzBeschreibung

Die Kundenlebenszyklusanalyse hilft dabei, Verhalten und Bedürfnisse von Kunden im Laufe der Zeit zu verstehen und zu nutzen, bspw. für die Gewichtung von Umweltauswirkungen eines Produkts über die gesamte Kundenbeziehung.

Working Guide/Anwendungsfelder

P1 Sensibilisierung/Bildung	P2 Matching Recht/Gesetz	P3 Sustainability Roadmap	P4 Produkt/Prozessdesign	P5 Implementierung/Monitoring	P6 Kommunikation	P7 Organisation	P8 Führung	P9 Business Model Design	P10 Skalierung
			X		X				

Beschreibung

Die Kundenlebenszyklusanalyse (auch: Customer Lifecycle Analysis) ist ein wertvolles Instrument, das Unternehmen dabei hilft, das Verhalten und die Bedürfnisse ihrer Kunden im Laufe der Zeit zu verstehen und zu nutzen. Im Kontext von Nachhaltigkeit geht es bei dieser Analyse darum, nicht nur die wirtschaftliche, sondern auch die ökologische und soziale Dimension des Kundenverhaltens zu berücksichtigen. Im Zeitalter zunehmenden Umweltbewusstseins und sozialer Verantwortung ist es für Unternehmen entscheidend, ihre Geschäftspraktiken nachhaltiger zu gestalten. Die Kundenlebenszyklusanalyse kann deshalb darauf abzielten, den gesamten Lebenszyklus eines Kunden zu betrachten und Möglichkeiten zur Reduzierung des ökologischen Fußabdrucks sowie zur Förderung sozial verträglicher Verhaltensweisen zu identifizieren.

Ähnlich wie die Customer Journey eröffnet die Kundenlebenszyklusanalyse eine zeitliche Perspektive auf Kundenbeziehungen und unterteilt Beziehungen in verschiedene Phasen, eine Übersicht geben die drei Phasen Akquisition, Loyalität und Rückgewinnung. Sie bilden grundsätzlich den glockenförmigen Verlauf der Kundenbindung (siehe Abbildung). Etwas näher aufgeschlüsselt lassen sich dabei verschiedene Rollen des (potenziellen) Kunden im Zeitverlauf ableiten: Interessent, Neukunde, Bestandskunde, inaktiver Kunde oder reaktivierter Kunde. Wichtig zu verstehen ist, dass nicht jeder Kunde jede Phase durchläuft – bspw. könnte ein Kunde auch ein Leben lang Bestandskunde bleiben.

Anders als die Customer Journey bezieht sich die Kundenlebenszyklusanalyse nicht so sehr auf die Kontaktpunkte mit Kunden im Zeitverlauf, sondern ermöglicht vielmehr die Konzentration auf die richtigen organisatorischen Maßnahmen abhängig von der Phase im Kundenlebenszyklus. Eine Möglichkeit innerhalb dieser Priorisierung ist die Berechnung eines Kundenwerts (Customer Lifetime Value), um abzumessen, wie wichtig es ist die Kundenbeziehung aufrecht zu erhalten oder zu stärken. Dem Kundenwert entsprechend kann es sich lohnen mehr oder weniger Ressourcen für diese Maßnahmen aufzuwenden. Dieses Prinzip lässt sich gut auch auf Stakeholder im Nachhaltigkeitskontext übertragen. Entsprechend kann man daraus gezielte Maßnahmen zum Stakeholdermanagement ableiten.

Durchführung

Im Kontext der Nachhaltigkeit könnte die Durchführung einer einfachen Kundenlebenszyklusanalyse folgendermaßen aussehen:

Sammeln Sie zunächst umfassende Kundeninformationen, bspw. Interaktionen, aber auch Umsatz oder ökologische Daten. Dies kann durch eine digitale Analyse von Kaufverhalten, Umfragen, Social-Media-Monitoring und andere Methoden erfolgen. Sinnvoll ist es, diese Daten auf individueller Basis zu sammeln.

Untersuchen Sie als Nächstes typische Kundenlebenszyklen. Dies kann dazu dienen, die Grenzen und Übergänge zwischen Phasen festzulegen. Bspw. muss definiert sein, wann ein Kunde nicht mehr Neukunde, sondern Bestandskunde ist. In Bezug auf Nachhaltigkeit kann es sich auch lohnen, anhand der Exposition des Kunden mit Nachhaltigkeitsaspekten Phasen zu definieren – zum Beispiel: kauft der Kunde noch das konventionelle Produkt oder schon das Bio-Produkt.? Dies kann den gesamten Prozess von der Produktentwicklung über die Vermarktung bis zur Kundenbindung umfassen.

Schließlich geht es darum, gezielte Maßnahmen basierend aufgrund der Kundenlebenszyklusphasen zu implementieren. Bspw. könnte Ihre Nachhaltigkeitskommunikation für Bestandskunden anders aussehen als für Neukunden oder Interessenten. Hier können Synergien entstehen mit der Zielgruppenanalyse, die in diesem Fall unterschiedliche Bedürfnisse der Kundengruppen anzeigen könnte. Halten Sie dann die Auswirkungen Ihrer Nach-

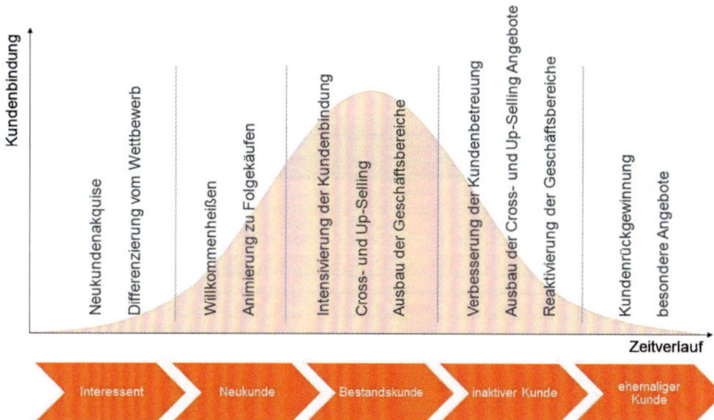

Phasen im Kundenlebenszyklus (Quelle: https://www.visalo.de/insights/kundenlebenszyklus)

haltigkeitsinitiativen im Auge und passen Sie sie basierend auf den Ergebnissen und Kundenfeedback an.

Praxisschlaglicht

Folgender Kundenlebenszyklus für Elektroautokunden gibt einen Überblick über einen typischen Verlauf:

Phase 1: Fahrzeugauswahl

Ein *Interessent* sucht nach einem Elektroauto und vergleicht verschiedene Modelle hinsichtlich ihrer Nachhaltigkeitsmerkmale. Er prüft Faktoren wie die Energieeffizienz, die Herkunft der verwendeten Materialien und die CO_2-Bilanz während der Herstellung. Die Autohersteller werben mit umweltfreundlichen Produktionstechniken und setzen auf Recyclingmaterialien.

Phase 2: Fahrzeugübergabe

Nach dem Kauf eines Elektroautos wird der *Neukunde* herzlich vom Autohändler begrüßt. Neben den Standardinformationen zur Fahrzeugnutzung erhält der Kunde auch Tipps zur umweltfreundlichen Fahrweise, zur Nutzung erneuerbarer Energien zum Laden des Fahrzeugs und zur Entsorgung von Batterien auf umweltfreundliche Weise. An dieser Stelle sind CO_2-Bilanz und Energieeffizienzinformation vielleicht für den Kunden nicht mehr relevant, da die Wahl ja schon getroffen wurde.

Phase 3: Zusatzangebot

Der Autohersteller bietet dem *Bestandskunden* weitere nachhaltige Produkte an, wie bspw. Solarpaneele für das Eigenheim, um die Energie für das Laden des Elektroautos aus erneuerbaren Quellen zu beziehen. Dies fördert einen nachhaltigen Lebensstil und schafft Synergien zwischen verschiedenen nachhaltigen Produkten. Falls es zu Störungen am Elektroauto kommt, legt der Hersteller Wert auf eine nachhaltige Reparatur.

Phase 4: Nutzungsende

Das Elektroauto fällt womöglich unreparierbar aus, der Nutzer wird zum *inaktiven Kunden*. Der Hersteller sieht Bedarf zu Reaktivierung der Kundenbeziehung, da der jetzt inaktive Kunde sehr pflegeleicht war und bereits hohe Umsätze eingebracht hat.

Phase 5: Kauf eines anderen Elektroautos

Der Hersteller bietet dem *ehemaligen Kunden* an, ein anderes Elektroauto, das seinen Bedürfnissen entspricht, vergünstigt zu kaufen und das kaputte Elektroauto in Zahlung zu nehmen.

Wirkfeld der Methode

- Wirksam für nachhaltiges Produktdesign
- Wirksam für nachhaltiges Servicedesign
- Wirksam für nachhaltiges Business Model Design

Transformationsfähigkeit Ihres Teams

- Zahlt auf eine bessere Wahrnehmung ein
- Zahlt auf das Dringlichkeitsempfinden ein
- Erhöht die Lösungsorientierung

Einsatzcharakteristik/Arbeitsrahmen

- Durchführungszeit: eher hoch (> 1 Tag)
- Durchführungszeit: eher mittel (> 1 Stunde bis < 1 Tag)
- Einsatzfrequenz: sinnvoll im dauerhaften Einsatz
- Einsatzradius: vornehmlich im unternehmensweiten Einsatz
- Komplexität für den Moderator: eher gering
- Teamgröße: Speziell für Großgruppen geeignet (> 50 Teilnehmer)
- Vorbereitungszeit: eher hoch (>1 Tag)

Input für eine zielführende Arbeit mit der Methode

- Existierende Geschäftsmodelle
- Personenmerkmale (Meinungen, Bedürfnisse, Werte, etc.)
- Ziele, Zielsystem, Kennzahlen

Hinderniseffekte, auf die die Methode positiv wirkt

- Erzeugt Prognosen und Ableitungen
- Erzeugt mehr Know-how-Zuwachs
- Ziel- und Fokusgruppen

Output und beobachtete Ergebnisse der Methode

- Bewahrt vor zu generischen Ideen und Aussagen
- Schafft schnell Klarheit und beschleunigt Erkenntnisgewinn
- Schärft eine fehlende gemeinsame Ausrichtung
- Verhindert blinden Aktionismus
- Verhindert unreflektiertes agieren

Mögliche Extravorteile der Methode

- Möglicher Extravorteil für Teams in einer Komfortsituation

Quellen

Web – https://www.visalo.de/insights/kundenlebenszyklus/
Person – Prof. Dr. Carsten Leo Demming, Demming & Partner, Bad Wimpfen, https://www.carstendemming.com/
Buch – Bernd Stauss: Der Kundenbeziehungs-Lebenszyklus In: Grundlagen des CRM (Springer Gabler, 2011)

Laddering

EinSatzBeschreibung

Laddering ist eine Interviewtechnik, die dabei hilft, latente Präferenzmotive für Nachhaltigkeit zu ergründen.

Working Guide/Anwendungsfelder

P1 Sensibilisierung/Bildung	P2 Matching Recht/Gesetz	P3 Sustainability Roadmap	P4 Produkt/Prozessdesign	P5 Implementierung/Monitoring	P6 Kommunikation	P7 Organisation	P8 Führung	P9 Business Model Design	P10 Skalierung
			X		X				

Beschreibung

Laddering bezieht sich auf eine adaptive persönliche Befragungstechnik, die verwendet wird, um ein Verständnis dafür zu entwickeln, wie Stakeholder (z. B. Konsumenten) die Eigenschaften von Produkten oder Konzepten assoziieren, das heißt mit sich in Bezug setzen.

Der Begriff „Laddering“ bezieht sich dabei auf eine kognitive Leiter, die ein angesprochenes Thema oder eine Initialaussage der interviewten Person durch wiederholte Warum-Fragen des/der Interviewenden auf eine höhere Abstraktionsebene bringt. Das kann zum Beispiel dadurch geschehen, dass Fragen zu einer Nachhaltigkeitsmaßnahme als Fragekette in der Form „Warum ist das für Sie wichtig?“ gestellt werden, um den auf mittelbaren, und damit auf höherer Abstraktionsebene liegenden, Wert herauszufinden, den ein Merkmal für den Konsumenten hat. So könnte damit bspw. herausgefunden werden, warum Konsumenten bei manchen Produkten sehr auf Nachhaltigkeitsaspekte achten, bei anderen Produkten mit größerem Impact hingegen nicht.

Die Laddering-Technik wurde bereits 1965 in der klinischen Psychologie durch Dennis Hinkle eingeführt und hat sich seit den 1980er Jahren durch Thomas Reynolds und Jonathan Gutman auch in anderen Feldern etabliert. Laddering wird teilweise auch 5-Why-Analyse genannt, um die Notwendigkeit der Arbeit mit wiederholten Warum-Fragen zu verdeutlichen. Wichtig ist jedoch, dass bei dieser Technik nicht notwendigerweise genau fünf Fragen gestellt werden müssen – je nach Interviewsituation und Komplexität des Problems können auch nur drei Nachfragen oder deutlich mehr als fünf Warum-Fragen nötig sein. Abschlusskriterium ist üblicherweise die sogenannte theoretische Sättigung, also wenn durch weitere Nachfragen keine neuen Erkenntnisse mehr zu Tage treten.

Da Nachhaltigkeitsthemen oft abstrakter Natur sind, bspw. lässt sich der CO_2-Fußabdruck eines Lebensmittels für Konsumenten schwer konkret greifen, ist es hier besonders wichtig, tiefergehende Auslöser für Haltungen oder Handlungsweisen zu identifizieren. Dies hilft, vielschichtige Probleme zu lösen, verborgene Hindernisse für gewünschtes Verhalten aufzudecken oder nicht triviale Ursachen für ein Problem zu finden.

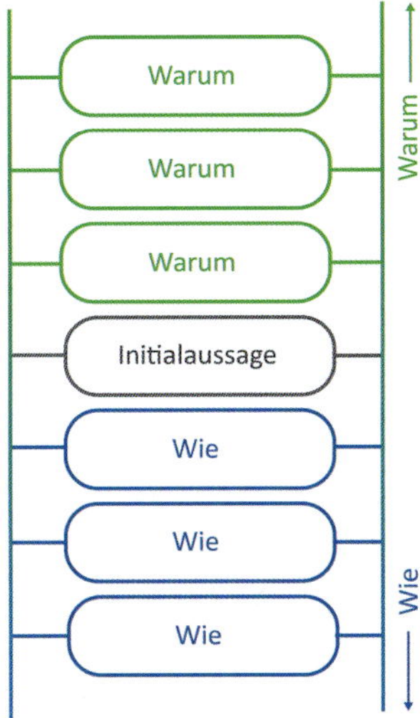

Quelle: Dr. Carsten Leo Demming

Durchführung

Erste Erkenntnis bei Anwendung der Laddering-Technik ist, dass die bloße Aneinanderreihung von (Nach-)Fragen bei einem Problem in der Regel nicht viel Erfolg hat. Deshalb gibt es durchaus eine strukturierte Art der Durchführung der Rückfragen bei der Laddering-Technik, die sich in drei Schritten darstellen lässt:

Schritt 1: Identifizieren von geeigneten Untersuchungsobjekten

In diesem ersten Schritt ist es von wesentlicher Bedeutung, zur Behandlung eines Forschungsproblems eine Stichprobe aus qualifizierten Fachleuten und/oder von dem Problem Betroffenen zusammenzustellen. Bei der Entscheidung, wer zur Ursachenanalyse beitragen kann, sollte eine sorgfältige Einschätzung erfolgen, die darauf fußt, welche Personen Ihrer Ansicht über relevantes Wissen oder Expertise verfügen und zur Lösung des Problems beitragen können. Dabei sind unterschiedliche Perspektiven von Vorteil. Es ist jedoch zu beachten, dass die Gruppe an Untersuchungsobjekten nicht übermäßig groß wird, um eine effiziente Bearbeitung sicherzustellen. Nach dem Identifizieren von geeigneten Untersuchungsobjekten finden alle weiteren Schritte typischerweise im 1:1-Gespräch statt.

Schritt 2: Problemerläuterung

In zweiten Schritt liegt der Fokus darauf, den an der Untersuchung Beteiligten ein klares Verständnis für die vorliegende Problematik zu vermitteln. Präsentieren Sie detailliert das Untersuchungsproblem in einfachen Worten, und legen Sie die offensichtlichen Fakten und die damit verbundenen Auswirkungen dar. Stellen Sie auch sicher, dass die zu untersuchenden Personen das Ziel der Identifikation von tiefergehenden Ursachen für das Problem verstehen und teilen. Es ist dabei insbesondere von Bedeutung, mögliche Hindernisse auszuschließen, die die offene Zusammenarbeit erschweren. Das kann bspw. durch Zusicherung von Anonymität, nähere Aufklärung über die Untersuchungsziele oder das Schaffen einer vertrauensvollen Situation insgesamt geschehen. Dieser Schritt ist typischerweise abgeschlossen mit einer initialen Aussage oder Bewertung des vorgestellten Problems durch die interviewte Person.

Schritt 3: Anwendung der Warum-Fragen

Unabhängig davon, ob Sie tatsächlich fünf oder möglicherweise eine andere Anzahl von anschließenden Warum-Fragen stellen, ist es von entscheidender Wichtigkeit, von den Beteiligten eine überdachte Beantwortung zu erwarten. Der Zweck der Laddering-Technik besteht nämlich nicht darin, rasche, oberflächliche oder bequeme Gründe oder Ursachen für die Initialaussage zu finden. Halten Sie als interviewende Person also auch längeres Suchen nach einer Antwort seitens der Befragten und verbundenes Schweigen aus und ermutigen Sie die eingehende Reflexion der Interviewpartner (bspw. mit Einwürfen wie „wenn Sie jetzt noch einmal ganz genau darüber nachdenken"). Schrittweise sollten Sie mit Fragen im Stile von „Warum ist das für Sie wichtig?", „Warum machen Sie das genau so?" oder „Warum haben Sie diese Ansicht?" auf höhere Abstraktionsebene gelangen.

Praktisch zu wissen ist, dass sich diese kognitive Leiter bei Bedarf auch andersherum begehen lässt, um spannende Aspekte zu konkretisieren. Dies wird typischerweise mit Fragewörtern des Umstands erfragt, also Wie-Fragen oder Wo- bzw. Wann-Fragen. Dieses situative Variieren der kognitiven Abstraktion in beide Richtungen mit Laddering bietet sich jedoch eher für erfahrenere Interviewer an.

Praxisschlaglicht

Ein Forscher oder Moderator könnte Menschen interviewen, die sich für Elektromobilität interessieren, und eine erste offene Frage stellen wie *Was denken Sie über Elektromobilität?*

Antwort: *Ich interessiere mich sehr für Elektromobilität.*

Nach der offenen Frage könnte der Forscher die Laddering-Technik anwenden, um die Antworten zu vertiefen.

Frage: *Warum interessieren Sie sich für Elektromobilität?*

Antwort: *Weil Elektroautos umweltfreundlicher sind.*

Frage: *Warum ist Umweltfreundlichkeit für Sie wichtig?*

Antwort: *Weil ich mir Sorgen um den Klimawandel mache.*

Frage: *Warum macht Ihnen der Klimawandel Sorgen?*

Antwort: *Weil ich möchte, dass die Zukunft für kommende Generationen lebenswert bleibt.*

In diesem Beispiel sieht man, wie die Laddering-Technik dazu verwendet wurde, von einer allgemeinen Antwort (Umweltfreundlichkeit) zu einer tieferen und persönlicheren Ebene der Werte und Einstellungen (Zukunftsfähigkeit für kommende Generationen) zu gelangen. Durch die Anwendung der Laddering-Technik könnten Forscher erkennen, dass für diese Person Elektromobilität in erster Linie deshalb von Interesse ist, weil sie sich um die Zukunft und den Klimawandel sorgt. Dies könnte bedeuten, dass Botschaften und Maßnahmen zur Förderung von Elektromobilität besser auf die langfristigen Umweltauswirkungen und die Verantwortung gegenüber zukünftigen Generationen ausgerichtet werden sollten. Die Laddering-Technik ist somit ein nützliches Werkzeug, um tiefergehendes Verständnis für die Motivationen und Werte von Menschen in Bezug auf Nachhaltigkeitsthemen zu gewinnen und dies in zielgerichtete Maßnahmen umzusetzen.

Wirkfeld der Methode

- Wirksam für Herausforderungen mit mittlerer Komplexität
- Wirksam für Herausforderungen mit niedriger Komplexität
- Wirksam für nachhaltiges Marketing
- Wirksam für nachhaltiges Produktdesign
- Wirksam für nachhaltiges Prozessdesign
- Wirksam für nachhaltiges Servicedesign
- Wirksam für nachhaltiges Business Model Design

Transformationsfähigkeit Ihres Teams

- Fördert die Sensibilisierung
- Fördert offene Mindsets und innovative Denkhaltungen
- Sorgt für Inspiration oder bessere Inspirationsempfindlichkeit
- Zahlt auf eine bessere Wahrnehmung ein
- Zahlt auf ein positives Zukunftsbild ein

Einsatzcharakteristik/Arbeitsrahmen

- Austauschfokus: vornehmlich mit externen Personen
- Austauschfokus: vornehmlich mit internen und externen Personen
- Durchführungszeit: eher gering (< 1 Stunde)
- Einsatzfrequenz: vornehmlich im einmaligen Einsatz
- Einsatzfrequenz: vornehmlich über den kompletten Projektzeitraum
- Einsatzradius: vornehmlich im Teameinsatz
- Komplexität für den Moderator: eher gering
- Komplexität für die Teilnehmer: eher gering
- Komplexität für die Teilnehmer: eher mittel
- Teamgröße: Einzelpersonennutzung möglich
- Vorbereitungszeit: eher gering (< 1 Stunde)

Input für eine zielführende Arbeit mit der Methode

- Ideen und Projekte, die zur Umsetzung anstehen
- Liste von Alternativen
- Personenmerkmale (Meinungen, Bedürfnisse, Werte, etc.)
- Produktmerkmale, Skizzen, Eigenschaften

Output und beobachtete Ergebnisse der Methode

- Erzeugt Planungen und Priorisierungen
- Erzeugt größere Klarheit zu einem Thema
- Erzeugt mehr Know-how-Zuwachs
- Hilft bei Entscheidungen, Bewertungen und Feedback

Hinderniseffekte, auf die die Methode positiv wirkt

- Beugt Missinterpretationen vor
- Beugt blinden Flecken/Betriebsblindheit vor
- Bewahrt vor zu generischen Ideen und Aussagen
- Schafft schnell Klarheit und beschleunigt Erkenntnisgewinn
- Verhindert Ideenfindung mit zu schwacher Erkenntnisgrundlage
- Verhindert unreflektiertes agieren
- Verhindert vorschnelles Urteilen über Ideen

Mögliche Extravorteile der Methode

- Möglicher Extravorteil für Teams mit einer konservativen, tradierten Kultur
- Möglicher Extravorteil für innovativ ungeübte Teams
- Möglicher Extravorteil für in Nachhaltigkeitsthemen ungeübte Teams

Quellen

Artikel – Thomas J. Reynolds, Jonathan Gutman: Laddering theory. Method, analysis, and interpretation. In: Journal of Advertising Research, Bd. 28 (1988), Heft 1, Seite 11–31

Web – https://blog.hubspot.de/sales/5-why-methode (abgerufen am 31.08.2023)

Grafik: verrocchio Sustainable Inspiration Card – Malvine Klecha, Hila Attaie und Jennifer van Aerssen (Illustration)

149

Learn from Nature

EinSatzBeschreibung

Die Methode „Learn from Nature" ist ein interdisziplinärer Ansatz, bei dem natürliche Prozesse und Strukturen aus der Tier- und Pflanzenwelt studiert werden, um innovative Lösungen für menschliche Herausforderungen zu entwickeln.

Working Guide/Anwendungsfelder

P1 Sensibilisierung/Bildung	P2 Matching Recht/Gesetz	P3 Sustainability Roadmap	P4 Produkt/Prozessdesign	P5 Implementierung/Monitoring	P6 Kommunikation	P7 Organisation	P8 Führung	P9 Business Model Design	P10 Skalierung
X			X						

Beschreibung

Die Methode „Learn from Nature" hinterfragt, wie die Natur eine nachhaltige Herausforderung in Bezug auf ein Produkt oder Dienstleistung lösen kann. Biologische Systeme sind von Natur aus zirkulärer und ganzheitlicher.

Diese Herangehensweise wird als Biomimikry bezeichnet. Die Biomimikry beinhaltet die Entwicklung von Produkten und Systemen, die sich an bestehenden biologischen Prozessen orientieren. Dieser Ansatz basiert auf der Idee, dass die Natur im Laufe der Evolution effiziente und an die Umwelt angepasste Lösungen für komplexe Probleme entwickelt hat.

Ziel ist es, Lösungen für technologische, ökologische, architektonische, designbezogene und sonstige Herausforderungen zu finden, indem man sich von den bewährten Strategien der Natur inspirieren lässt, während gleichzeitig das Verständnis und die Wertschätzung für die Natur gefördert werden.

Durchführung

Gehen Sie bei der Frage, wie die Natur Ihre Herausforderung lösen würde, wie folgt vor:

1. Schreiben Sie Ihre Herausforderung bzw. Ihre Gestaltungsaufgabe auf.
2. Definieren Sie die Aufgabe, die Ihr Produkt oder Ihre Dienstleistung bewältigen soll. Beschreiben Sie lediglich die Funktionen, ohne bereits Lösungsansätze zu formulieren (z. B. „Mein Produkt soll die Sicherheit von Lebensmitteln während des Transports gewährleisten", „Mein Produkt soll Menschen nachhaltig warmhalten" oder „Meine Dienstleistung soll die Bildungschancen für benachteiligte Gemeinschaften verbessern").
3. Überlegen Sie sich zu der Funktion sämtliche denkbaren Ansätze, auf welche Weise die Natur dieses Problem bewältigen könnte. Versuchen Sie dabei so viele Ideen wie möglich zu sammeln. Im Fall der „Sicherheit von Lebensmitteln während des Transportes" gibt es z. B. folgende Beobachtungen in der Natur: „Biologisch abbaubare Schalen", „Obst bleibt an den Bäumen, bis es reif zur Ernte ist" oder „Schalen zum Schutz von Nüssen". Zur Unterstützung und weiteren Inspiration ist die Website www.asknature.org sehr hilfreich.
4. Sobald Sie den Eindruck haben, eine umfassende Liste erstellt zu haben, wählen Sie ein Beispiel aus und überlegen Sie, ob Sie daraus Leitlinien für die Entwicklung Ihres eigenen Produkts oder Ihrer Dienstleistung ableiten können. Um beim Thema „Sicherheit von Lebensmitteln" zu bleiben, könnten Sie Aspekte wie „Die Verpackung ist nach dem Gebrauch biologisch abbaubar", „Die Verpackung weist eine hohe Haltbarkeit auf" oder „Die Verpackung ist essbar" auflisten.
5. Zur weiteren Inspiration werden im Folgenden einige Beispiele aus dem Bereich der Biomimikry aufgeführt, die zur Bewältigung nachhaltiger Herausforderungen (zukünftig) angewendet werden.
   - Lotus-Effekt für Selbstreinigung: Die Lotuspflanze diente als Vorbild für selbstreinigende Oberflächen. Diese Oberflächen stoßen Wasser und Schmutz ab, wodurch Reinigungsbedarf und Chemikalien reduziert werden.
   - Termitenhügel-Klimatisierung: Termitenhügel inspirieren die Entwicklung von nachhaltigen Gebäudeklimatisierungssystemen. Die Struktur reguliert auf natürliche Weise die Temperatur und Feuchtigkeit und würde damit zukünftig den Energieverbrauch reduzieren.
   - Photosynthese für Energieerzeugung: Forscher arbeiten daran, künstliche Fotosynthese-Systeme zu entwickeln, die Sonnenlicht in saubere Energie umwandeln, indem sie sich von den Prozessen in Pflanzen inspirieren lassen.

Quelle: unsplash

- Bioinspirierte Wasserfiltration: Die Struktur von Pflanzenwurzeln wird verwendet, um effiziente Wasserfiltrationssysteme zu entwickeln, die Schadstoffe aus Wasser entfernen
- Haihaut-Oberfläche: Die Mikrostruktur der Haihaut diente unter anderem als Inspiration für die Entwicklung umweltfreundlicher Anstriche für Schiffsrümpfe. Diese Struktur verhindert das Anhaften fremder Organismen an der Oberfläche, was wiederum zu einer Verringerung des Treibstoffverbrauchs von Schiffen führt.

Praxisschlaglicht

Es ist entscheidend, die biologischen Prinzipien und Mechanismen, die man nachahmen möchte, gründlich zu verstehen. Dies erfordert bei der Umsetzung von Ideen oft eine enge Zusammenarbeit zwischen Biologen, Ingenieuren, und anderen Fachleuten.

Helfende Organisation

www.asknature.org

Quelle: unsplash

Wirkfeld der Methode

- Wirksam für Herausforderungen mit hoher Komplexität
- Wirksam für nachhaltiges Produktdesign
- Wirksam für nachhaltiges Prozessdesign
- Wirksam für nachhaltiges Servicedesign

Transformationsfähigkeit Ihres Teams

- Fördert die Sensibilisierung
- Fördert die Teamkreativität
- Fördert grundlegend die Kreativität
- Fördert offene Mindsets und innovative Denkhaltungen
- Sorgt für Inspiration oder bessere Inspirationsempfindlichkeit
- Zahlt auf eine bessere Vorstellungskraft ein
- Zahlt auf eine bessere Wahrnehmung ein
- Zahlt auf das Dringlichkeitsempfinden ein
- Erhöht die Lösungsorientierung

Einsatzcharakteristik/Arbeitsrahmen

- Austauschfokus: vornehmlich mit internen und externen Personen
- Durchführungszeit: eher mittel (> 1 Stunde bis < 1 Tag) natürlich nur bei der Entwicklung von ersten Ideen
- Einsatzfrequenz: vornehmlich über den kompletten Projektzeitraum
- Einsatzradius: vornehmlich im projektweiten Einsatz
- Komplexität für den Moderator: eher gering
- Komplexität für die Teilnehmer: eher mittel
- Teamgröße: Einzelpersonennutzung möglich
- Teamgröße: Kleingruppe möglich (3 bis 5 Teilnehmer)
- Teamgröße: Mittelgroße Teams möglich (5 bis 20 Teilnehmer)
- Vorbereitungszeit: eher gering (< 1 Stunde)

Input für eine zielführende Arbeit mit der Methode

- Aktuell existierende Produkte und Services
- Aktuelle Herausforderung, Leitfrage, Problem

Output und beobachtete Ergebnisse der Methode

- Erzeugt Ideen, Lösungsansätze, Vorideen, Möglichkeiten
- Erzeugt Ideensuchfelder, unentdeckte Probleme, Inspiration
- Erzeugt Leitfragen für die Ideenfindung
- Erzeugt neues Wissen und neue Erfahrungen
- Erzeugt spezifischere Leitfragen, Ideen und Aussagen
- Erzeugt mehr Know-how-Zuwachs
- Macht Wirkzusammenhänge sichtbar

Hinderniseffekte, auf die die Methode positiv wirkt

- Schafft schnell Klarheit und beschleunigt Erkenntnisgewinn
- Schwächt Angst vor Neuem (Cainophobie)
- Schwächt das Leben in der Vergangenheit
- Schwächt den „Inneren Zensor"
- Verhindert Ideenfindung mit zu schwacher Erkenntnisgrundlage
- Verkürzt und durchbricht vorhandene Kreativblockaden
- Wirkt fehlender Inspiration entgegen

Mögliche Extravorteile der Methode

- Möglicher Extravorteil für Teams in einer Komfortsituation
- Möglicher Extravorteil für innovativ ungeübte Teams
- Möglicher Extravorteil für in Nachhaltigkeitsthemen ungeübte Teams

Quellen

Web – https://www.circulardesignguide.com/methods (abgerufen am 19.10.2023)

Organisation –Der Circular Design Guide ist eine Zusammenarbeit zwischen der Ellen MacArthur Foundation und IDEO. Copyright © Ellen MacArthur Foundation 2017, 2018

LEGO® Serious Play

EinSatzBeschreibung

LEGO® Serious Play® ermöglicht und fördert die gleichberechtigte Teilhabe an einem kreativen Prozess zur Entwicklung von Neuem oder Konkretem, wie zum Beispiel neuen Produkten, einer Nachhaltigkeitsstrategie, einem Zielbild oder Stakeholderdialogen.

Working Guide/Anwendungsfelder

P1 Sensibilisierung/Bildung	P2 Matching Recht/Gesetz	P3 Sustainability Roadmap	P4 Produkt/Prozessdesign	P5 Implementierung/Monitoring	P6 Kommunikation	P7 Organisation	P8 Führung	P9 Business Model Design	P10 Skalierung
X		X	X		X		X	X	

Beschreibung

LEGO® Serious Play® ist, wie der Name schon verrät, die „ernsthafte" Seite von LEGO®. Dabei macht sie genauso viel Spaß wie das klassische Spiel. Mit ausgewählten LEGO-Steinen, Figuren und Formen erhält jeder Teilnehmende die Möglichkeit, bestimmte Fragen des Moderators mit einem Modell seiner Ideen zu beantworten.

Die Formenvielfalt der Steine ist bewusst begrenzt, die Teilnehmenden lernen vorab, einem einfachen Stein auf metaphorischer Ebene eine Bedeutung zu geben. Es geht in den Bauphasen nicht um eine möglichst abbildgenaue Darstellung, sondern darum, mit Metaphern in einem Modell die persönliche Sichtweise zu verdeutlichen.

Das Besondere an der Methode:

Visuell: Die Teilnehmenden visualisieren ihre Gedanken und müssen diese „modellieren". Ein Austausch und das Verständnis von Ideen finden auf visueller Ebene wesentlich leichter statt.

Kommunikativ: Die Teilnehmenden formulieren ihre Impulse in Worte. Die anderen sind eingeladen, durch Nachfragen, die Gedanken desjenigen, der sein Modell teilt, besser zu verstehen. Es entstehen wertschätzende Gespräche.

Kinästhetisch: „Vom Kopf in die Hand in den Kopf": Das Bewegen und Bauen mit den Spielsteinen setzt eine unterstützende Lernfunktion frei: Die Teilnehmenden können ihre Gedanken besser fassen und im Ausdruck einfacher formulieren.

Demokratisch: Alle Teilnehmenden haben das gleiche Werkzeug, den gleichen Raum und die gleiche Zeit, Ihren Beitrag zu formulieren. Wertungen der individuellen Modelle finden nicht statt.

Die Vorgehensweise im Schema:

1. Aufgabe gestellt bekommen
2. Bauen
3. Teilen
4. Reflektieren

Wir unterscheiden drei Baustufen durch LEGO® Serious Play®:

- Stufe 1: Bau von individuellen Modellen
- Stufe 2: Bau eines gemeinsamen Modells (Synthese der individuellen Modelle)
- Stufe 3: Bau von Struktur/Prozess-Modellen (Erweiterung in den Raum: mit Darstellung von Prozessen, Abhängigkeiten und Verbindungen)

FALK FREDE

Die 3 grundsätzlichen LSP-Baustufen

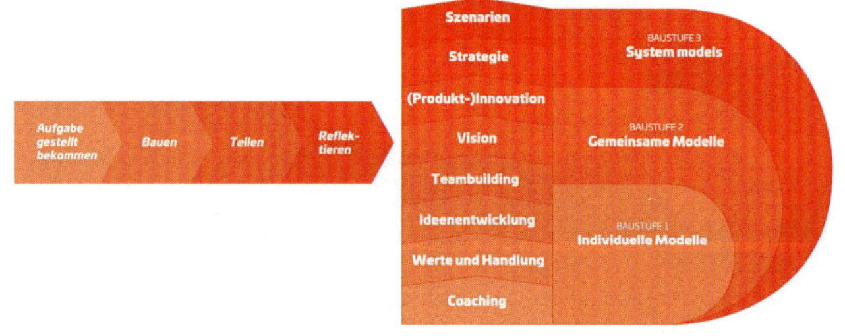

Quelle: Serious Work

Wir nutzen LEGO® Serious Play® für unterschiedliche Aufgabenstellungen im Kontext der nachhaltigen Transformation eines Unternehmens:

- nachhaltige Strategieentwicklung
- nachhaltige Produktentwicklung
- Leitbild
- Vision & Mission
- Zielbild
- Prozessklärung
- Prozessmodellierung von Circularity
- Stakeholder-Dialog
- Teambuilding
- Storymaking

> LEGO® Serious Play® lässt sich analog und online durchführen.

Sehr sinnvoll ist es, die Methode mit einem zertifizierten LEGO® Serious Play®-Facilitator durchzuführen. Diese Experten sind darauf ausgebildet, sowohl die richtigen Prozess-Fragen zu stellen,

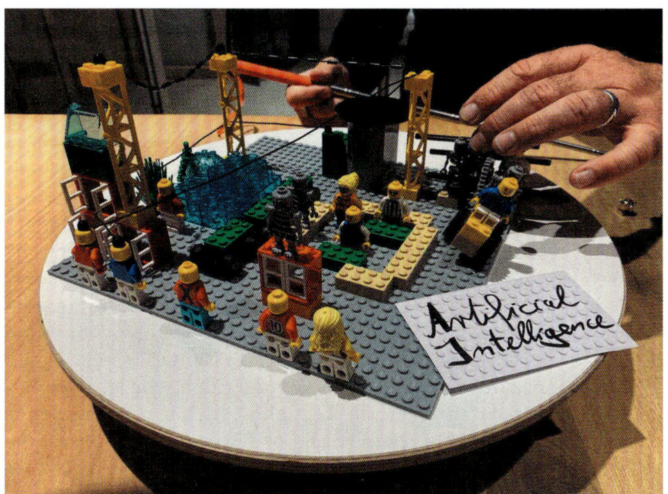

Foto: Falk Frede

als auch die Antworten der Teilnehmenden auf wertschätzende und empowernde Art zu hinterfragen und ein zielführendes Ergebnis zu erzeugen.

Durchführung

Die Methode kann auf unterschiedliche Fragen- und Aufgabenstellungen angewendet werden. Nachfolgend beschreiben wir ein analoges Grundszenario mit einer fiktiven Nachhaltigkeits-Aufgabenstellung

Das brauchen Sie

- LEGO® Serious Play® Grundkenntnisse/Moderator
- Windows Explorations Bag (48 Steine), je Person ein Set
- Große Platte (für Gemeinschaftsbild)
- Großer Arbeitstisch/ausreichend Arbeitsplätze für alle Teilnehmenden

1. Phase: Umgang mit LEGO® Serious Play® entdecken (Skillbuilding)
Die Teilnehmenden öffnen die Windows Explorations Bags und legen die Steine zurecht. Es ist nicht vorgesehen, eigene Steine aus der heimischen Spielzeugkiste mitzubringen. Alle Teilnehmenden haben dieselbe Ausgangssituation.

Der Moderator gibt drei Skill Building-Übungen vor:

a) Baue das Modell eines Turmes und integriere die Mini-Figur. (2 Minuten Bauzeit, 1 Minute teilen pro Person)

Die Teilnehmenden machen sich mit den Bausteinen vertraut, probieren mit dem begrenzten Repertoire an Steinen die eine oder andere ungewöhnliche Verbindung aus und lernen intuitiv, sich selbst über die Minifigur mit dem Modell in Beziehung zu bringen und die Art des Turmes mit einer Bedeutung zu belegen.

b) Verbinde in 30 Sekunden 3–4 Steine auf eine vollkommen zufällige und bedeutungslose Art und Weise. (30 Sekunden bauen, 1 Minute teilen pro Person)

Im Anschluss erhalten die Modelle eine zufällige Bedeutung durch den Moderator. Die Teilnehmenden müssen nun erklären, wie jeder einzelne Baustein mit dieser Bedeutung in Verbindung gebracht wird.

Beispiel: Eine Teilnehmende baut drei unterschiedliche Farbsteine aufeinander und setzt obenauf einen Blumenstein. Anschließend erhält sie die Aufgabe, anhand ihres Modells den Begriff „Teamwork“ zu erklären.

Sie antwortet vielleicht: Die drei Steine sind die Mitarbeitenden, sie sind unterschiedlich farbig, weil wir hier sehr divers sind und nur zusammen etwas bewegen. Die Blume obendrauf zeigt, dass Teamwork im Ergebnis bei uns Spaß macht und dabei was Neues „wächst“.

Alle Teilnehmenden erhalten reihum vom Moderator einen Begriff und präsentieren anhand ihres Modells eine Stegreif-Interpretation.

c) Baue ein Modell, das dich in deinem Traumurlaub zeigt. (3 Minuten Bauzeit, 1 Minute teilen pro Person)

Alle Teilnehmenden präsentieren ihre Modelle und erklären die Bedeutung des Gesamtbildes sowie einzelne wichtige Steine. Der Moderator klärt Anordnungen und fragt nach deren Bedeutung.

Ziele des Skillbuildings: Die Teilnehmenden trauen sich, die Spielsteine abstrakt zu nutzen und lernen, dass ein Stein jede Bedeutung einnehmen kann, die man ihm zuschreibt. Sie erleben, dass sie in wenigen Minuten ihre Ideen in einem Modell skizzieren können, sodass die wichtigsten Punkte anhand der Spielsteine zum Ausdruck kommen. Die Teilnehmenden können zudem eine Geschichte erzählen und mit wenigen Steinen verbildlichen.

2. Phase: Die eigene Vorstellung zur Fragestellung erschaffen
Vom Moderator wird das Ziel aufgerufen. Das Ziel des Workshops lautet zum Beispiel: „Wie sieht eine nachhaltige Zukunft für unser Unternehmen aus? Entwickle ein Zielbild für das Jahr 2035.“

Die Aufgabe für die Teilnehmenden lautet entsprechend: „Baue ein Modell, das die prägendsten Entwicklungen und Zustände zeigt, die du bei Beispielunternehmen im Jahr 2035 erleben willst.“

Sinnvoll sind zudem Begleitfragen, die den Teilnehmenden die Fokussierung erleichtern: „Wie würdest du dir das Unternehmen in 2035 wünschen?“ „Was sind nachhaltige Entwicklungen, die bis dahin Realität geworden sind?“ „Was sind die (nachhaltigen) Besonderheiten, die in 2035 das Unternehmen im Wettbewerb positionieren?“ (10 Minuten Bauzeit, 2 Minuten teilen pro Person)

Foto: Falk Frede

3. Phase: Teilen, jeder erklärt sein Modell
Die Teilnehmenden präsentieren und teilen ihre Modelle reihum. Der Moderator eröffnet nach jeder Präsentation eine Verständnisrunde: „Hat jemand eine Verständnisfrage?". Eine Beurteilung oder Diskussion der Modelle ist nicht vorgesehen, jedes Modell steht für sich und präsentiert den Beitrag des Teilnehmenden.

Dokumentation: Die Präsentation der Modelle wird dokumentiert. Möglichkeiten sind zum Beispiel: Fotos der Modelle, ggf. audiovisuelle Aufzeichnen der Präsentation (vorher verabreden), Mitschrift der wichtigsten Stichworte auf einer Metaplan-Wand.

4. Phase: Reflexion und gemeinsamer Bau
Es folgt eine Reflexionsphase über die Einzelergebnisse als Gesamtergebnis.

Fragebeispiele: Was sind die prägendsten Impulse, die du gesehen hast? Was hast du Spannendes entdeckt? Hast du etwas Wichtiges entdeckt, das du teilen möchtest?

Mögliche Impulse werden auf der Metaplan-Wand als wichtige Erkenntnisse für ein Gesamtbild festgehalten.

Die Teilnehmenden erhalten eine weitere Aufgabe zum gemeinsamen Bau eines Zielbildes: „Entscheide dich für die prägendsten Aspekte, die du unbedingt in das gemeinsame Zukunftsbild einfügen willst." (3 Minuten Entscheidung, 1 Minute teilen)

Jeder Teilnehmende präsentiert/erklärt seine Auswahl und befestigt das Teilmodell auf der großen Platte. Ein erstes Zielbild fügt sich aus allen Inputs zusammen.

5. Phase: Mehrfache Erklärung und Dokumentation
In dieser Phase erkunden die Teilnehmenden unter der Anleitung des Moderators, wie die einzelnen Aspekte zueinanderstehen, ob es Dopplungen gibt, ob etwas Wichtiges fehlt oder ob verbesserte Darstellungen gewünscht werden. In diesen Klärungsrunden werden so lange die Widerstände ermittelt, bis eine hohe Zufriedenheit mit dem gemeinsamen Zielbild 2035 erreicht ist. Zusätzlich lässt man das gemeinsame Modell mehrmals von verschiedenen Personen erklären, um festzustellen, ob wirklich ein gemeinsames Verständnis da ist.

Foto: Falk Frede

Dokumentation: Fotos des Gesamtmodells, Einzelaufnahmen von Details, Schriftliche Erklärungen zu den wichtigen Details.

Praxisschlaglicht

Wir haben LEGO® Serious Play® zur Zielbild-Entwicklung eines landesweiten Infrastrukturdienstleisters eingesetzt. Die Mixed-Teams bestanden an den 6 Standorten des Unternehmens aus 10 Personen – divers zusammengesetzt vom Auszubildenden, über gewerbliche Fachkräfte bis hin zu den Führungskräften. Die Workshops wurden je nach Wunsch und Bedürfnis des Standortes digital oder analog durchgeführt. In beiden Fällen folgten die Workshops dem gleichen Timing und Ablaufkonzept. Während in der analogen Veranstaltung die Bau- und Präsentationsphase vom Team gemeinsam in einem Raum durchgeführt wurde, waren in den online-Veranstaltungen alle Teilnehmenden im Online-Seminarraum miteinander verbunden. Beide Formate haben ihre Vorteile: Hier (analog) die persönliche Nähe, der aktive Austausch der Teilnehmenden untereinander, dort (online) die sehr konzentrierte Arbeitsphase am eigenen Arbeitsplatz.

Besonders wichtig war in beiden Fällen die einstündige Skill-Building-Phase. Hier verloren die Teilnehmenden schnell ihre Skepsis gegenüber der Methode, fanden Spaß an der Improvisation und am Storytelling. Beim Präsentieren der individuellen Modelle waren alle begeistert über die Vielfalt der Ideen und Perspektiven, die zusammenkamen – und dass sich alle gleichwertig, egal in welcher Position oder Hierarchiestufe, mit ihren Gedanken einbringen konnten.

Nicht nur das Zielbild war letztlich das Ergebnis, sondern auch die gemeinsame, demokratische Teambuilding-Erfahrung.

Wirkfeld der Methode

- Wirksam für Herausforderungen mit hoher Komplexität
- Wirksam für Herausforderungen mit mittlerer Komplexität
- Wirksam für Herausforderungen mit niedriger Komplexität

Transformationsfähigkeit Ihres Teams

- Fördert die Sensibilisierung
- Fördert die Agilität eines Teams
- Fördert die Teamkreativität
- Fördert die allgemeine Transformationsfähigkeit des Teams
- Fördert grundlegend die Kreativität
- Fördert offene Mindsets und innovative Denkhaltungen
- Sorgt für Inspiration oder bessere Inspirationsempfindlichkeit
- Zahlt auf eine bessere Vorstellungskraft ein
- Zahlt auf eine bessere Wahrnehmung ein
- Erhöht die Lösungsorientierung

Einsatzcharakteristik/Arbeitsrahmen

- Austauschfokus: vornehmlich mit internen und externen Personen
- Durchführungszeit: eher mittel (> 1 Stunde bis < 1 Tag)
- Einsatzfrequenz: vornehmlich im einmaligen Einsatz
- Einsatzradius: vornehmlich im Teameinsatz
- Einsatzradius: vornehmlich im projektweiten Einsatz
- Komplexität für den Moderator: eher hoch
- Komplexität für die Teilnehmer: eher mittel

- Teamgröße: Großgruppen möglich (> 50 Teilnehmer)
- Teamgröße: Kleingruppe möglich (3 bis 5 Teilnehmer)
- Teamgröße: Maxigruppen möglich (20 bis 40 Teilnehmer)
- Teamgröße: Mittelgroße Teams möglich (5 bis 20 Teilnehmer)
- Vorbereitungszeit: eher hoch (>1 Tag)
- Qualifikation: Zertifizierter LSP-Trainer obligatorisch

Input für eine zielführende Arbeit mit der Methode

- Aktuelle Herausforderung, Leitfrage, Problem
- Durchlaufenes Projekt oder Projektphasen
- Durchführungszeit, Trainingszeit
- Innovationssuchfelder, Intent Statements
- Merkmale der gegebenen Herausforderung

Output und beobachtete Ergebnisse der Methode

- Bessere Projekteffizienz, bessere Teamperformance
- Erzeugt kollaborative Lösungen und Ideen
- Erzeugt eine Vision oder Zukunftsbild
- Erzeugt frühe Prototypen
- Erzeugt größere Klarheit zu einem Thema
- Erzeugt transformationsfähigere Organisationen

Hinderniseffekte, auf die die Methode positiv wirkt

- Bewahrt vor zu generischen Ideen und Aussagen
- Schafft schnell Klarheit und beschleunigt Erkenntnisgewinn
- Schwächt das „Not invented here“-Syndrom
- Schärft eine fehlende gemeinsame Ausrichtung
- Stärkt schwache Anreicherungsskills
- Stärkt das Vertrauen im Team
- Verhindert falsche Flughöhen
- Verkürzt und durchbricht vorhandene Kreativblockaden
- Verringert zu große Komplexitäten

Mögliche Extravorteile der Methode

- Möglicher Extravorteil für Teams mit einem starkem Auftragsmandat
- Möglicher Extravorteil für agile Teams
- Möglicher Extravorteil für innovativ erfahrene Teams
- Möglicher Extravorteil für in Nachhaltigkeitsthemen erfahrene Teams

Quellen

Buch – SERIOUSWORK (Vahlen, 2019)
Buch – LEGO Serious Play spielend meistern (Vahlen, 2022)
Buch – LEGO Serious Play Online (Vahlen, 2021)
Buch – PLAY! (Hanser, 2021)
Organisation – sustainable natives eG, Berlin
Person – Falk Frede, falk.frede@sustainablenatives.com

Leverage Points

EinSatzBeschreibung

Wie man die Hebelpunkte von komplexen Systemen erkennt und sie sich für eine nachhaltigere Zukunft zu Nutze machen kann.

Working Guide/Anwendungsfelder

P1 Sensibilisierung/Bildung	P2 Matching Recht/Gesetz	P3 Sustainability Roadmap	P4 Produkt/Prozessdesign	P5 Implementierung/Monitoring	P6 Kommunikation	P7 Organisation	P8 Führung	P9 Business Model Design	P10 Skalierung
X						X	X		X

Beschreibung

Donella Meadows, eine prominente Umweltwissenschaftlerin und Systemdenkerin, führte das Konzept der „Leverage Points», auf deutsch auch Hebelstellen, als zentrales Konzept der Systemtheorie ein.

Diese Perspektive setzt sich mit komplexen Systemen auseinander, deren Wirkungszusammenhänge nicht immer von Anfang an klar sind und erst erforscht und entdeckt werden müssen. Dabei spielen Feedbackschleifen eine zentrale Rolle, da nur sie zu einem besseren Verständnis führen können. Nur so erkennt man die Auswirkungen einzelner Entscheidungen. Eine vertiefte Auseinandersetzung mit Feedback führt über die Zeit zur Identifizierung von Leverage Points, welche einen außergewöhnlich hohen Einfluss auf das gesamte System haben können, und deswegen von besonderem Interesse sind.

Leverage Points beziehen sich auf bestimmte Bereiche innerhalb eines komplexen Systems, an denen eine kleine Veränderung zu bedeutenden und dauerhaften Transformationen führen kann.

Sie sind strategische Interventionspunkte, die systemische Verschiebungen bewirken und wünschenswerte Ergebnisse erzeugen können. Sind uns die Systeme bekannt, haben wir oft bereits eine gute Intention, wo solche Leverage Points liegen können. Spannenderweise beschreibt Meadows diese Intuition jedoch als kontraintuitiv, da wir oft genau in die falsche Richtung auf den Hebel einwirken. Sie nennt als Beispiel die Obsession heutiger Ökonomen mit der Förderung von Wirtschaftswachstum, um eine Reihe aktueller Probleme zu lösen. Hier betrachten wir meist nur die Vorteile solchen Wachstums und sparen die entstehenden Kosten aus, wodurch wir übersehen, dass Armut, Hunger und Umweltzerstörung eher durch weniger als durch mehr Wachstum verringert werden können. Der Leverage Point «Wachstum» wurde also erkannt, doch die aktuelle angewandte Wirkungsrichtung ist kontraintuitiv.

Durchführung

Um mögliche Leverage Points auch für noch unbekannte Systeme schneller zu erkennen, hat Meadows eine Liste von zwölf Leverage Points zusammengetragen. Diese sind hier mit zunehmender Wirkung aufgelistet:

Materielle Eigenschaften

12. **Konstanten und Parameter:** 80 Prozent unserer Aufmerksamkeit gilt meist den Parametern. Doch obwohl eine Veränderung dieser Faktoren Auswirkungen haben kann, führt sie oft nur zu geringfügigen Anpassungen ohne signifikante systemweite Veränderungen. Maßnahmen am Leverage Point der Parameter haben nur Erfolg, wenn dadurch weitere Leverage Points in dieser Liste ausgelöst werden.
11. **Puffergrößen:** Oft kann man Systeme bereits durch eine Veränderung der Puffer stabilisieren und sie widerstandsfähiger gegenüber Störungen machen. Puffer zu schaffen ist jedoch oft teuer und schwierig zu argumentieren, solange diese noch nicht gebraucht werden.
10. **Infrastrukturen:** Veränderung der physischen oder organisatorischen Struktur eines Systems kann zu wesentlichen Veränderungen in seiner Funktionsweise führen. Der einzige Weg, ein System zu ändern, dessen Infrastruktur von Grund auf falsch ausgelegt wurde, ist jedoch meist die komplette Neugestaltung. Diese ist oft nicht möglich, weswegen systemische Infrastrukturen ein sehr herausfordernder Leverage Point sind. Ziel sollte es deshalb sein, die Limitationen und Flaschenhälse zu erkennen und entsprechend zu optimieren.

Kommunikation

9. **Relative Verzögerungen**: Die verstrichene Zeit zwischen Aktion und Ergebnis ist ein zentrales Element der Systemtheorie. Zu kurze Verzögerungen führen zu Überreaktionen, während zu lange Verzögerungen zu Überschuss und Kollaps führen können, da die positiven und vor allem negativen Effekte nicht früh genug sichtbar werden. Verzögerungen sind deswegen ein zentraler Leverage Point, den man direkt angehen kann und der einen direkten Einfluss auf die Feedbackschlaufen und resultierenden Reaktionen des Systems hat.
8. **Selbstkorrigierende Feedbackschleifen:** Die Verstärkung selbstkorrigierender Rückkopplungsschleifen dienen der Korrektur und Einhaltung wichtiger Limitationen innerhalb eines Systems. Sie stellen sicher, dass sich ein System möglichst nahe am Idealzustand bewegen kann, ohne ihn zu überschreiten. Trotzdem schaffen wir solche wertvollen negativen Feedbackschleifen oft ab, da sie als Kostenfaktor oder Einschränkung verstanden werden. Die Erhaltung und Stärkung solcher wertvoller negativer Feedbackschleifen ist deswegen ein wichtiger Leverage Point.
7. **Selbstverstärkende Feedbackschleifen:** Im Gegensatz zum vorherigen Punkt ist eine positive Feedbackschleife nicht korrigierend, sondern selbstverstärkend. Das System wird nicht innerhalb spezifischer Grenzen behalten, sondern entsprechend seiner Aufgabe weiterentwickelt und skaliert. Die Identifikation und Modifizierung von selbstverstärkenden Mechanismen

Donella Meadow's 12 Leverage Points

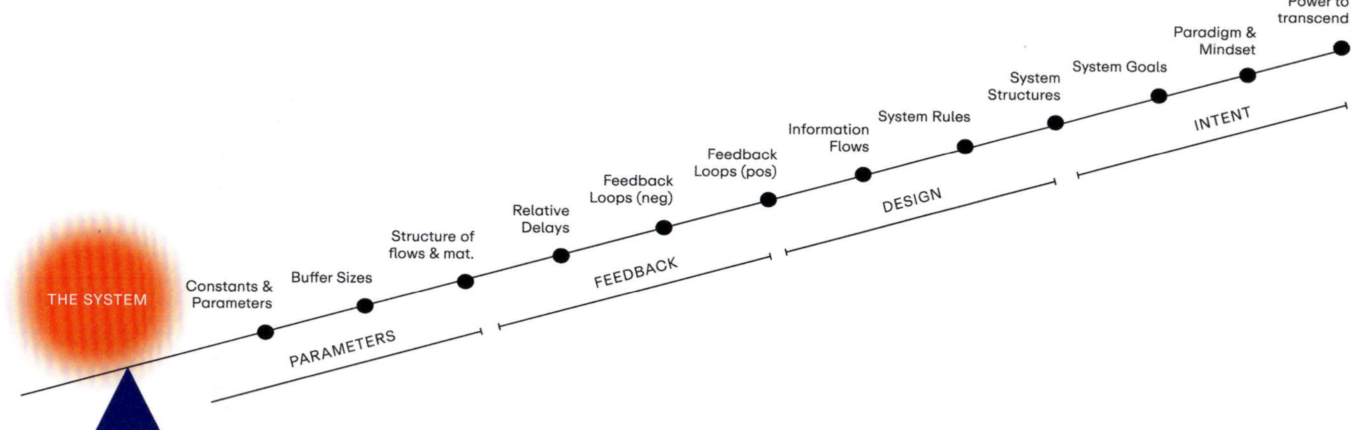

Quelle: Samuel Huber

innerhalb eines Systems ist zentral, da nicht nur positive, sondern oft auch negative Aspekte Teil von selbstverstärkenden Feedbackschleifen sind. Dabei ist die Kontrolle eines selbstverstärkenden Loops oft einflussreicher als die Stärkung einer selbstkorrigierenden Feedbackschleife. Die potenziell rapide skalierende Auswirkung macht selbstverstärkende Feedbackschleifen zu einem wichtigen Leverage Point.

6. **Informationsflüsse:** Das Fehlen von Informationen und Feedback ist einer der Hauptgründe für Fehlfunktionen in Systemen. Änderungen in der Verfügbarkeit und Qualität von Informationen innerhalb eines Systems können deshalb zu besseren Entscheidungen und verbesserten Ergebnissen führen. Dabei muss die Tendenz überwunden werden, dass viele Akteuren Informationen gar nicht erhalten möchten, da ansonsten ihre eigene Verantwortlichkeit wieder in den Vordergrund rückt. Die möglichen Verhaltensänderungen machen Informationsflüsse deswegen umso interessanter für die Betrachtung als Leverage Points.

Soziale & Systemische Strukturen

5. **Regeln und Anreize:** Die Regeln eines Systems definieren dessen Umfang, Grenzen, und Freiheitsgerade. Änderungen in den Regeln und Anreizen, die das Verhalten der Akteure in einem System steuern, können dementsprechend erhebliche Auswirkungen auf das Handeln und die erzeugten Ergebnisse haben. Was, wenn in einer Universität die Schüler ihre Dozentinnen benoten? Wenn es keine individuelle Benotung mehr gibt, sondern nur noch die Einstufung eines gesamten Kurses? Oder was, wenn Professorinnen nicht mehr anhand der Anzahl ihrer veröffentlichten Paper bemessen werden, sondern anhand ihrer Fähigkeit, echte Probleme zu lösen? Diese Beispiele aus dem Bildungssystem zeigen, weshalb die Änderung von Regeln ein einflussreicher Leverage Point sein kann.
4. **Fähigkeit zur Selbstorganisation:** Eine beindruckende Eigenschaft von lebenden und auch einigen sozialen Systemen ist ihre Fähigkeit, sich durch die Schaffung neuer Strukturen und Verhaltensweisen selbst weiterzuentwickeln. Die Erhaltung dieser Fähigkeit zur Selbstorganisation durch die Ermächtigung von Einzelpersonen und Gemeinschaften zu kollektivem Handeln kann systemische Veränderungen ermöglichen und vorantreiben. Die Ermöglichung von Variabilität, Experimentation und Diversität schafft einen durchaus positiven Kontrollverlust, welcher zu einem wichtigen Leverage Point werden kann.
3. **Ziele:** Die Verschiebung von Zielen, Werten und Paradigmen, die einem System zugrunde liegen, kann zu transformierenden Veränderungen in seinem Verhalten und seinen Ergebnissen führen. Die Ziele des Systems bestimmen, was das System tut und wie es sich verhält. Diese Ziele explizit und im Kontext der Diversität eines Systems anschlussfähig zu machen ist ein zentraler Leverage Point.

Mentale Modelle

2. **Mindset & Paradigmen:** Paradigmen sind die grundlegenden Annahmen und Überzeugungen, die ein System beeinflussen. Wenn sich das Paradigma ändert, ändern sich auch die Art und Weise, wie das System denkt und handelt. Folglich sind Paradigmen der Ursprung von Systemen und beeinflussen das gemeinsame Verständnis, das Mindset, welches die Grundlage aller Feedbackschlaufen, Informationsflüsse, Ziele, Regeln und Infrastrukturen bildet. Bewusste Veränderungen des Mindsets, so schwierig diese auch sein können, sind ein mächtiger Leverage Point, da sie viele weitere Hebelstellten direkt beeinflussen.
1. **Transzendenz:** Die Fähigkeit, Paradigmen als solche zu erkennen und als eine von mehreren Möglichkeiten zu verstehen, ist der wichtigste Leverage Point von allen. Nur wenn man sich keinem Paradigma verpflichtet fühlt, hat man die Flexibilität, um mögliche Fehlannahmen eines Paradigmas in Kauf zu nehmen und ernsthaft Alternativen zu schaffen. Das Aushalten der inhärenten Ambiguität von Systemen hat tiefgreifende Auswirkungen auf die Transformationsfähigkeit eines Systems. Da wir aber dazu tendieren, uns an starken Paradigmen zu orientieren, ist die Bearbeitung dieses Leverage Points nur möglich, indem man Systeme schafft, die es den Akteuren erlauben, außerhalb des Ursprungssystems zu stehen und dieses aus der Distanz zu beobachten.

Leverage Points

Wirkfeld der Methode

- Wirksam für Herausforderungen mit hoher Komplexität
- Wirksam für Herausforderungen mit mittlerer Komplexität
- Wirksam für nachhaltiges Prozessdesign
- Wirksam für nachhaltiges Servicedesign
- Wirksam für nachhaltiges Business Model Design

Transformationsfähigkeit Ihres Teams

- Fördert die Sensibilisierung
- Fördert die allgemeine Transformationsfähigkeit des Teams
- Sorgt für Inspiration oder bessere Inspirationsempfindlichkeit
- Zahlt auf eine bessere Vorstellungskraft ein
- Zahlt auf eine bessere Wahrnehmung ein
- Zahlt auf das Dringlichkeitsempfinden ein

Einsatzcharakteristik/Arbeitsrahmen

- Austauschfokus: vornehmlich mit internen Personen
- Durchführungszeit: eher mittel (> 1 Stunde bis < 1 Tag)
- Einsatzfrequenz: sinnvoll im dauerhaften Einsatz
- Einsatzfrequenz: vornehmlich über den kompletten Projektzeitraum
- Einsatzradius: vornehmlich im Teameinsatz
- Einsatzradius: vornehmlich im projektweiten Einsatz
- Einsatzradius: vornehmlich im unternehmensweiten Einsatz
- Komplexität für den Moderator: eher hoch
- Komplexität für die Teilnehmer: eher hoch
- Teamgröße: Einzelpersonennutzung möglich
- Teamgröße: Kleingruppe möglich (3 bis 5 Teilnehmer)
- Vorbereitungszeit: eher mittel (> 1 Stunde bis < 1 Tag)

Input für eine zielführende Arbeit mit der Methode

- Aktuell existierende Geschäftsmodelle
- Aktuell existierende Produkte und Services
- Aktuelle Herausforderung, Leitfrage, Problem
- Existierende Prozesse und Verfahren

Output und beobachtete Ergebnisse der Methode

- Erzeugt Listen von Chancen und Risiken
- Erzeugt Prognosen und Ableitungen
- Erzeugt Ideen, Lösungsansätze, Vorideen, Möglichkeiten
- Erzeugt Ideensuchfelder, unentdeckte Probleme, Inspiration
- Erzeugt Planungen und Priorisierungen
- Erzeugt neues Wissen und neue Erfahrungen
- Erzeugt größere Klarheit zu einem Thema
- Erzeugt transformationsfähigere Organisationen
- Identifiziert vorhandene Schwachstellen
- Identifiziert vorhandene Stärken
- Macht Wirkzusammenhänge sichtbar

Hinderniseffekte, auf die die Methode positiv wirkt

- Beugt blinden Flecken/Betriebsblindheit vor
- Schafft für den Erfolg nötige Realitätsbezüge
- Schafft schnell Klarheit und beschleunigt Erkenntnisgewinn
- Verhindert Topic-Jumping und schnelles Abschweifen
- Verhindert blinden Aktionismus
- Verhindert einseitige Bewertungen und Entscheidungen
- Verhindert falsche Flughöhen
- Verhindert unreflektiertes agieren
- Verhindert vorschnelles Urteilen über Ideen
- Verringert zu große Komplexitäten
- Überzeugt strukturliebende Teammitglieder
- Fördert Optimismus und Zuversicht

Mögliche Extravorteile der Methode

- Möglicher Extravorteil für Teams mit einem starkem Auftragsmandat
- Möglicher Extravorteil für innovativ erfahrene Teams
- Möglicher Extravorteil für in Nachhaltigkeitsthemen erfahrene Teams

Quellen

Person – Donella Meadows, https://donellameadows.org/archives/leverage-points-places-to-intervene-in-a-system/

Person – Samuel Huber, www.samuelhuber.ch und www.forplanetsstrategylab.com

Web – David Ehrlichman based on Meadows, 1999; UNDP/Carlotta Cataldi https://medium.com/converge-perspectives/identifying-leverage-points-in-a-system-3b917f70ab13

Life Cycle Design

EinSatzBeschreibung

Diese Methode unterstützt ein Unternehmen beim Übergang von einer linearen Produktion von Waren und Dienstleistungen hin zu einem zirkulären Modell.

Working Guide/Anwendungsfelder

P1 Sensibilisierung/Bildung	P2 Matching Recht/Gesetz	P3 Sustainability Roadmap	P4 Produkt/Prozessdesign	P5 Implementierung/Monitoring	P6 Kommunikation	P7 Organisation	P8 Führung	P9 Business Model Design	P10 Skalierung
X	X	X	X						

Beschreibung

„Lifecycle Design" ist eine Methode der Design Phase des „Planetary Centric Design Toolkits". Diese Methode unterstützt ein Unternehmen beim Übergang von einer linearen Produktion von Waren und Dienstleistungen hin zu einem zirkulären Modell.

Hierbei können unterschiedliche Aspekte der Nachhaltigkeit betrachtet und optimiert werden.

Die hier vorliegende Beschreibung betrachtet und optimiert, wie Abfall in potenzielle Nebenprodukte oder andere Materialien umgewandelt werden kann, die wiederverwendet, zurückgewonnen oder recycelt werden können.

Sie können in gleicher Weise die Nachhaltigkeit optimieren in dem Sie die Schritte und den Canvas so verändernd das Sie zum Beispiel soziale Aspekte wie Mitarbeiterbedingungen in den jeweiligen Phasen betrachten und bei Bedarf verändern. Sinnvoll sind u. a. auch die Aspekte „Abfallvermeidung", „Ressourcenschonung" oder „Compliance/Verantwortung"

Jede Phase des Lebenszyklus eines Produktes hat einen Input, einen Prozess und einen Output. Jede Phase kann daher unter den beispielhaft genannten Aspekten betrachtet, bewertet und gegebenenfalls optimiert werden. Wünschenswert wäre zum Beispiel, dass während des Lebenszyklus so wenig Abfall wie möglich anfällt. In diesem Fall gilt es aus ökonomischer, sozialer und ökologischer Sicht jeden einzelnen Schritt zu optimieren.

Durchführung

Teamzusammenstellung

Stellen Sie ein interdisziplinäres Team zusammen, das verschiedene Perspektiven und Fachkenntnisse einbringt. Idealerweise sollte das Team auch Experten aus den Bereichen Umweltwissenschaften, Technologie, Wirtschaft, Sozialwissenschaften und anderen speziell für Ihren Unternehmenskontext relevanten Disziplinen umfassen.

Canvas erstellen

Erstellen Sie auf einem Brown Paper, einer entsprechend verwendbaren Schreibwand oder einem großen Flipchart (sinngemäß Online) ein Canvas. Zeichnen Sie je Phase des Lebenszyklus einen Kasten oder nehmen Sie jeweils ein Flipchart. Erstellen Sie einen Produktlebenszyklus und zeichnen Sie je Phase einen Kasten. Den Kasten Abfall stellen Sie in diesem Beispiel ins Zentrum, da Sie diesen Aspekt optimieren wollen.

Betrachtung Produkte und Dienstleistungen

In den folgenden Schritten gehen Sie durch die einzelnen Phasen der Produkte, der Waren oder Dienstleistungen. Jeder Schritt der Methode beinhaltet die Überlegung. was in dieser Phase benötigt wird, was dort geschieht und was die Ergebnisse (Abfälle) in dieser Phase sind.

Die Fragen können dazu beitragen, die Ursachen für Abfall in jeder Phase des Produktlebenszyklus zu identifizieren und Maßnahmen zur Abfallreduzierung und Ressourceneffizienz zu entwickeln. Der Fragenkatalog erhebt keinen Anspruch auf Vollständigkeit. Sie sollten vor jedem Schritt überlegen welche Fragen in Ihrem individuellen Kontext fehlen.

1. **Alternative Betrachtungen**
   Bedingungen für die Mitarbeiter, die Menschen im Umfeld, die Umwelt (Luft, Wasser, Land, Fauna, Flora, …); Vorschriften und Regeln, die beachtet werden müssen
2. **Extraction/Gewinnung**
   Fragen:
   - Welche Rohstoffe werden benötigt?
   - Wie begrenzt sind die Vorkommen?
   - Wo werden diese gewonnen?
   - Wie kommen diese zu Ihnen?
   - Was wird für die Gewinnung der Rohstoffe benötigt?
   - Welche Halbfertigprodukte (HFP) werden benötigt?
   - Wo, von wem, wie und mit welchem Aufwand werden Rohstoffe/HFPs produziert?
   - Wie kommen diese Rohstoffe oder HFPs zu Ihnen?
   - Welche Schäden und Abfälle entstehen in dieser Phase (eventuell auch indirekt)?

   Überlegungen zu Alternativen:
   - Andere Rohstoffe oder Vorkommen
   - Alternative Abbaumethoden, Herstellung/Gewinnung
   - Optimierung von Bezug, Transport
3. **Design & Production/Gestaltung und Produktion**
   Fragen:
   - Wie wird das Produkt entworfen und hergestellt?
   - Wie sehen die einzelnen Prozessschritte aus?
   - Welche Maschinen und Anlagen werden dafür benötigt?
   - Wie werden diese Produktionsanlagen gewartet?

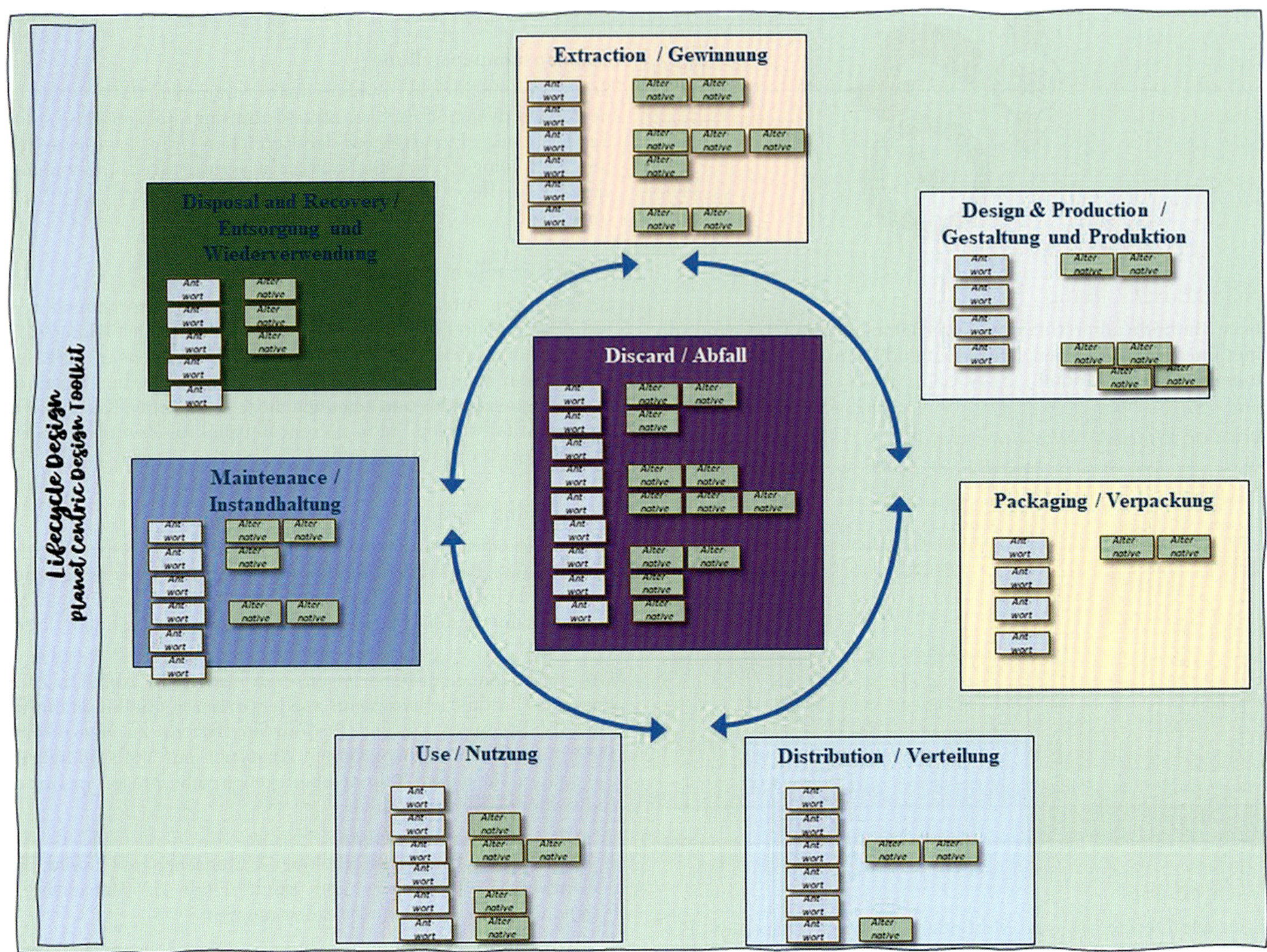

Quelle: Thomas Appel Consulting

- Welche Produktionsprozesse werden verwendet?
- Welche Mengen an Rohstoffen, Hilfsprodukten, HFP, werden wovon benötigt?
- Welche Produktionsbedingungen müssen geschaffen werden?
- Welche Schäden und Abfälle entstehen in dieser Phase?
- Gibt es Ausschuss während der Produktion?

Überlegungen zu Alternativen:
- Andere Rohstoffe, Vorkommen,
- Alternativer Abbau, Erstellung, Transport, ….
- Optimierung von Bezug, Transport

4. **Packaging/Verpackung**
   Fragen
   - Wie und weshalb wird das Produkt verpackt?
   - Welche Art von Verpackungsmaterialien wird verwendet?

   Überlegungen zu Alternativen:
   - Gibt es übermäßige oder nicht wiederverwendbare Verpackung?
   - Warum entstehen Abfälle durch die Verpackung, und wie können sie reduziert werden?
5. **Distribution/Verteilung**
   Fragen:
   - Wie wird das Produkt verteilt und transportiert?
   - Gibt es ineffiziente Logistikprozesse, die Abfälle verursachen?
   - Welche Verpackungsentscheidungen werden während des Transports getroffen?

   Überlegungen zu Alternativen:
   - Welche alternativen Logistikprozess gibt es?
   - Warum entstehen Abfälle in dieser Phase, und wie können sie minimiert werden?
6. **Use/Nutzung**
   Fragen:
   - Wie wird das Produkt von den Verbrauchern genutzt?
   - Kann lediglich die Nutzung und damit der Zweck, den das Produkt erfüllt, verkauft oder vermietet werden?

Überlegungen zu Alternativen:
- Gibt es ineffiziente oder verschwenderische Verwendungspraktiken?
- Welche Auswirkungen haben die Nutzungsgewohnheiten auf die Lebensdauer des Produkts?
- Warum entstehen während der Nutzung Abfälle, und wie kann man sie vermeiden?

7. **Maintenance/Instandhaltung**
   Fragen:
   - Welche Wartungs- oder Reparaturprozesse für das Produkt gibt es?
   - Werden Ersatzteile oder Hilfsstoffe benötigt, die später entsorgt werden?

   Überlegungen zu Alternativen:
   - Welche Maßnahmen können ergriffen werden, um die Lebensdauer des Produkts zu verlängern und Abfälle zu reduzieren?
   - Können die Wartungsintervalle optimiert werden?
   - Kann das Produkt zurückgenommen werden und überarbeitet/erneuert/renoviert werden?
8. **Disposal and Recovery/Entsorgung und Wiederverwendung**
   Fragen:
   - Gibt es Recycling- oder Wiederverwendungsprozesse?
   - Kann das Produkt am Ende seiner Lebensdauer wiederaufbereitet werden?
   - Könnte man aus den verbleibenden Komponenten etwas ganz anderes, etwas neues machen?
   - Welche Materialien des Produktes könnten am Ende der Lebensdauer wiederverwendet oder recycelt werden?

   Überlegungen zu Alternativen:
   - Wie kann der Anteil an wiederverwerteten Komponenten des Produkts erhöht werden?
   - Wie können welche Abfallarten reduziert werden?
9. **Discard/Abfall**
   Fragen hinsichtlich der Abfälle:
   - Welche Abfälle verbleiben trotz der Optimierung aller Lebensphasen eines Produktes noch immer?
   - Wie werden diese verbleibenden Abfälle entsorgt?
   - Was geschieht mit diesen verbleibenden Abfällen langfristig?

   Überlegungen zu Alternativen:
   - Kann der Entsorgungsprozess optimiert werden?
   - Kann das Produkt oder das Produktionsverfahren ersetzt werden durch nachhaltigere Produkte oder Verfahren, bei denen keine Abfälle entstehen?
   - Gibt es alternative Materialien oder Prozesse, die weniger Abfall erzeugen könnten?
   - Kann die Produktionstechnologie oder die Produktauslegung weiter verbessert werden, um Abfall zu reduzieren?
   - Gibt es Märkte oder Programme zur Rückgewinnung oder zum Recycling dieser Abfälle?
   - Sind Partnerschaften mit Recyclingunternehmen oder anderen Unternehmen möglich, um die Abfallmengen zu verringern?
   - Wie können die verbleibenden Abfälle effizienter und umweltfreundlicher entsorgt werden?
   - Gibt es Möglichkeiten zur Reduzierung der Deponierung und zur Förderung von Abfallverbrennung oder anderen fortschrittlicheren Entsorgungsmethoden?
   - Kann das Unternehmen eine Kreislaufwirtschaftsstrategie implementieren, bei der Produkte und Materialien am Ende ihres Lebenszyklus in den Produktionsprozess zurückgeführt werden?
   - Wie können Unternehmen transparent über ihre Abfallmengen und -quellen berichten?
   - Gibt es Möglichkeiten zur kontinuierlichen Überwachung und Reduzierung von Abfällen?
   - Welche Schritte werden unternommen, um sicherzustellen, dass Abfallvermeidung und -minimierung eine dauerhafte Unternehmenspriorität bleiben?
   - Sind gesetzliche Vorschriften oder Zertifizierungen verfügbar, die eine Abfallreduzierung fördern?
   - Wie kann das Unternehmen diese Vorschriften oder Zertifizierungen erfüllen oder übertreffen?
   - Sind die Kunden und anderen Stakeholder des Unternehmens bereit, bei der Abfallreduzierung und -vermeidung zusammenzuarbeiten?
   - Wie kann das Unternehmen Informationen und Schulungen bereitstellen, um die Stakeholder in diesen Bemühungen zu unterstützen?

Wirkfeld der Methode

- Wirksam für Herausforderungen mit hoher Komplexität
- Wirksam für nachhaltiges Produktdesign
- Wirksam für nachhaltiges Prozessdesign
- Wirksam für nachhaltiges Servicedesign
- Wirksam für nachhaltiges Business Model Design

Transformationsfähigkeit Ihres Teams

- Fördert die Sensibilisierung
- Fördert die allgemeine Transformationsfähigkeit des Teams
- Zahlt auf eine bessere Wahrnehmung ein
- Zahlt auf das Dringlichkeitsempfinden ein
- Erhöht die Lösungsorientierung

Einsatzcharakteristik/Arbeitsrahmen

- Austauschfokus: vornehmlich mit internen und externen Personen
- Durchführungszeit: eher mittel (> 1 Stunde bis < 1 Tag)
- Einsatzfrequenz: vornehmlich im einmaligen Einsatz
- Einsatzfrequenz: vornehmlich über den kompletten Projektzeitraum
- Einsatzradius: vornehmlich im projektweiten Einsatz
- Komplexität für den Moderator: eher hoch
- Komplexität für die Teilnehmer: eher mittel
- Teamgröße: Einzelpersonennutzung möglich
- Teamgröße: Kleingruppe möglich (3 bis 5 Teilnehmer)
- Teamgröße: Mittelgroße Teams möglich (5 bis 20 Teilnehmer)
- Vorbereitungszeit: eher gering (< 1 Stunde)

Input für eine zielführende Arbeit mit der Methode

- Aktuell existierende Geschäftsmodelle
- Aktuell existierende Produkte und Services

Output und beobachtete Ergebnisse der Methode

- Erzeugt Ideen für neue Märkte und neue Business Modelle
- Erzeugt Ideen, Lösungsansätze, Vorideen, Möglichkeiten
- Erzeugt Ideensuchfelder, unentdeckte Probleme, Inspiration

Hinderniseffekte, auf die die Methode positiv wirkt

- Beugt Missinterpretationen vor
- Beugt blinden Flecken/Betriebsblindheit vor
- Bewahrt vor zu generischen Ideen und Aussagen
- Schafft für den Erfolg nötige Realitätsbezüge
- Schafft schnell Klarheit und beschleunigt Erkenntnisgewinn
- Verhindert falsche Flughöhen
- Verhindert unreflektiertes agieren

Mögliche Extravorteile der Methode

- Möglicher Extravorteil für Teams mit einer konservativen, tradierten Kultur
- Möglicher Extravorteil für innovativ ungeübte Teams
- Möglicher Extravorteil für die Arbeit mit digitalen Kollaborationsboards
- Möglicher Extravorteil für in Nachhaltigkeitsthemen ungeübte Teams

Quellen

Buch – Das große Handbuch Innovation, Benno van Aerssen & Christian Buchholz (Vahlen, 2018)

Artikel – Costanza, R. et al. (2017). Fourteen ways to make ecosystem services count. Ecological Economics, 137, 1-10.

Organisation – United Nations. (2015). Transforming our World: The 2030 Agenda for Sustainable Development. Retrieved from https://sdgs.un.org/goals

Organisation – Impossible Labs, https://www.labs.impossible.com/

Person – Thomas Appel, Thomas Appel Consulting, thoap@tac4u.net

Person – Hila Attaie, www.inno-jump.com, hila.attaie@inno-jump.com

Grafik: verrocchio Sustainable Inspiration Card – Malvine Klecha, Hila Attaie und Jennifer van Aerssen (Illustration)

Max Diff-Skalierung

EinSatzBeschreibung

Die Max Diff Skalierung ist eine Form der Präferenzmessung, um die Qualität von Leistungen oder Merkmalen zu überprüfen, und veranschaulicht, welche Dienstleistungen eine Organisation verbessern muss oder weiter ausbauen sollte.

Working Guide/Anwendungsfelder

P1 Sensibilisierung/Bildung	P2 Matching Recht/Gesetz	P3 Sustainability Roadmap	P4 Produkt/Prozessdesign	P5 Implementierung/Monitoring	P6 Kommunikation	P7 Organisation	P8 Führung	P9 Business Model Design	P10 Skalierung
			X		X				

Beschreibung

Beim Maximum Difference Scaling, auch bekannt als Max Diff Skalierung oder einfach Max Diff, handelt es sich um eine Umfrage, die die Präferenzen der Kunden gegenüber Leistungen eines Unternehmens erfasst. Das Verfahren wurde in den frühen 1990er-Jahren von Jordan Louviere entwickelt. Mit der Max Diff Skalierung lässt sich so die Präferenz für verschiedene Option effizient und valide messen. Der MaxDiff gibt, anders als mehrstufige Skalen wie etwa die Likert-Skala (z. B. +5 bis -5), den befragten Kunden lediglich zwei Antwortmöglichkeiten vor. Dieses einfache Verfahren beseitigt mehrere Probleme der Einstellungsmessung durch mehrstufige Skalen: zum einen werden diese häufig von Menschen sehr unterschiedlich genutzt, zum anderen unterscheiden sich die Einschätzungen bei manchen Menschen für viele Optionen nicht signifikant („die fände ich alle okay"). Weiterhin lassen sich realistischer nur wenige Optionen mit mehrstufigen Skalen bewerten.

Die Grundidee des MaxDiff ist ein mehrmaliger Paarvergleich. Zugrunde liegt die Beobachtung, dass Menschen typischerweise gut aus einer Liste mit mehreren Optionen die aus ihrer Sichte beste und die schlechteste Option auswählen können. Diese Optionen verdeutlichen somit eine positive beziehungsweise eine negative Einstellung des Kunden – die „maximale Differenz" – gegenüber einer Dienstleistung oder einem Produkt. Aufgrund dieser strikten Vorgabe an Antwortmöglichkeiten wird die Max-Diff-Analyse auch häufig als „Best-Worst Scaling" bezeichnet.

Die einfache Art der Befragung und die Möglichkeit sehr viele verschiedene Optionen zu testen, machen die Max Diff-Skalierung äußerst geeignet für Fragen des Nachhaltigkeitsmanagements – bspw. ließe sich damit ermitteln, welche Nachhaltigkeitsmaßnahmen aus einer langen Liste die Kunden am besten fänden. Hinzu kommt, dass MaxDiff-Tests einfach auszuwerten sind und damit schnell Handlungsanweisungen für Nachhaltigkeitsfragen bringen.

	Beste	**Schlechteste**
CO_2-Ausgleich	✓	
faire Löhne		
Baum-Pflanz-Aktion		✓
Papp-Verpackung		

Max Diff-Skalierung: Beispiel eines Best-Worst-Vergleichs (Quelle: Dr. Carsten Leo Demming)

Durchführung

Die Durchführung einer Max Diff-Skalierung ist einfach, aber repetitiv.

Bevor die Befragung beginnt, erstellt man eine Liste der zu bewertenden Optionen und bringt diese in immer neuen Kombinationen, sogenannte Rotationen, in die MaxDiff-Fragenform (siehe Abbildung), um die Ergebnisse leicht auswerten zu können. Die Umfrageteilnehmenden beantworten eine Reihe ähnlicher Auswahlsituationen, die jeweils aus genau vier Option bestehen. Dabei werden alle Optionen in unterschiedlichen Kombinationen den Teilnehmenden gezeigt und dabei systematisch variiert. In jeder Auswahlsituation gilt es dann jeweils die beste und die schlechteste Option auszuwählen. Auf diese Weise werden sogenannte MaxDiff-Scores ermittelt. Diese zeigen die Vorzüglichkeit jeder Option an. Sie werden für jede Option einzeln ermittelt, indem die Anzahl der Male, die eine Option als am schlechtesten ausgewählt wurde, von der Anzahl der Male subtrahiert wird, die sich als am besten ausgewählt wurde. Grafisch lassen sich so die Scores aller Optionen im Vergleich anzeigen. Ein Score von 8 lässt sich dann so interpretieren, dass dies Optionen doppelt so sehr gemocht wird wie eine Option mit einem Score von 4.

Gängige Softwarelösungen und Fragebogenlösungen wie Qualtrics XM bieten spezifische Module zur einfachen Analyse und Interpretation von MaxDiff-Umfrageergebnissen, um daraus schnell Handlungsoptionen zu ermitteln und das Leistungsangebot damit zu verbessern.

Praxisschlaglicht

Eine MaxDiff-Skalierung im Kontext des Nachhaltigkeitsmanagements wurde verwendet bei einem kleinen Konsumgüterhersteller, um die Präferenzen der Verbraucher hinsichtlich umweltfreundlicher Produktmerkmale zu ermitteln. Zunächst wurden verschiedene umweltbezogene Merkmale wie Recyclingfähigkeit,

Energieeffizienz und Verwendung nachwachsender Rohstoffe identifiziert. Dann wurden Umfrageteilnehmende gebeten, aus diesen Attributen diejenigen auszuwählen, die sie als am wichtigsten und am wenigsten wichtig (als Alternative zu: am besten/am schlechtesten) empfänden. Durch die MaxDiff-Analyse konnte das Unternehmen im Nachhaltigkeitsmanagement genau herausfinden, welche umweltfreundlichen Merkmale für ihre Zielgruppe besonders relevant sind.

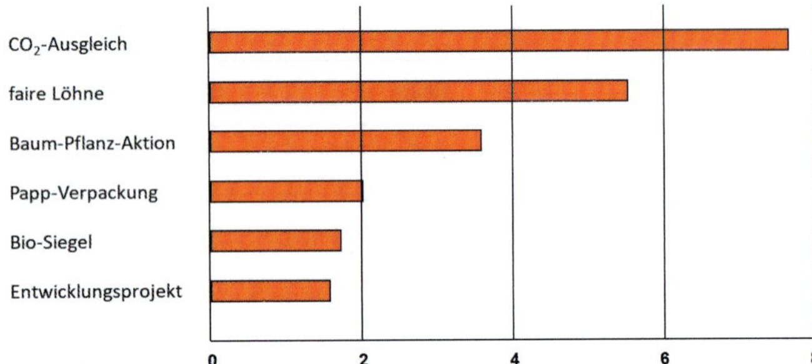

Max-Diff Skalierung: Beispiel für MaxDiff-Scores (Quelle: Dr. Carsten Leo Demming)

Wirkfeld der Methode

- Wirksam für Herausforderungen mit niedriger Komplexität
- Wirksam für nachhaltiges Produktdesign
- Wirksam für nachhaltiges Servicedesign
- Wirksam für nachhaltiges Business Model Design

Transformationsfähigkeit Ihres Teams

- Fördert die Sensibilisierung
- Erhöht die Lösungsorientierung

Einsatzcharakteristik/Arbeitsrahmen

- Austauschfokus: vornehmlich mit externen Personen
- Vorbereitungszeit: eher gering (< 1 Stunde)

Input für eine zielführende Arbeit mit der Methode

- Aktuell existierende Produkte und Services
- Frühe erste Prototypen
- Ideen und Projekte, die zur Umsetzung anstehen
- Liste von Alternativen

Output und beobachtete Ergebnisse der Methode

- Erzeugt Prognosen und Ableitungen
- Hilft bei Entscheidungen, Bewertungen und Feedback

Hinderniseffekte, auf die die Methode positiv wirkt

- Beugt Missinterpretationen vor
- Beugt blinden Flecken/Betriebsblindheit vor
- Verhindert einseitige Bewertungen und Entscheidungen
- Verhindert falsche Flughöhen
- Verhindert unreflektiertes agieren
- Überzeugt einen Rationalisierer

Mögliche Extravorteile der Methode

- Möglicher Extravorteil für in Nachhaltigkeitsthemen ungeübte Teams

Quellen

Buch – Keith Chrzan, Bryan K. Orme (2019): Applied MaxDiff: A Practitioner's Guide to Best-Worst Scaling. Sawtooth.

Web – https://www.qualtrics.com/de/erlebnismanagement/marktforschung/maxdiff/

Web – https://www.youtube.com/watch?v=id8-Qt_QAfA&ab_channel=SawtoothSoftware

Measure Company Fit

EinSatzBeschreibung

Der Measure Company Fit hilft dabei einzuschätzen, ob eine geplante Nachhaltigkeitsmaßnahme zur Organisation und ihrer Wahrnehmung passt.

Working Guide/Anwendungsfelder

P1 Sensibilisierung/Bildung	P2 Matching Recht/Gesetz	P3 Sustainability Roadmap	P4 Produkt/Prozessdesign	P5 Implementierung/Monitoring	P6 Kommunikation	P7 Organisation	P8 Führung	P9 Business Model Design	P10 Skalierung
					X				

Beschreibung

Häufig stehen Organisationen in ihrer Nachhaltigkeitsausrichtung vor der kritischen Frage, ob geplante Nachhaltigkeitsmaßnahmen zur Organisation und der generellen Ausrichtung der Organisation passen. Dies hat einen außerordentlichen Einfluss auf die Glaubwürdigkeit von Nachhaltigkeitsanstrengungen und damit auf deren Wirksamkeit. So werden gut zum Unternehmen oder zur Marke passende Maßnahmen generell positiver von Stakeholdern aufgenommen. Diese Erkenntnisse decken sich mit Überlegungen aus der Marketing-Theorie zum Thema Product-Brand-Fit, die darauf schließen lassen, dass Produkte, die kongruent zur Marke wahrgenommen werden, bessere Marktchancen haben.

Um herauszufinden, ob geplante Nachhaltigkeitsmaßnahmen zum eigenen Auftritt passen, muss zunächst geklärt werden, mit welchem Vergleichsmaßstab genau der Abgleich stattfinden soll. Hier bieten sich bspw. die eigene oder die Stakeholder-Wahrnehmung der Organisation, der Marke oder der zugrunde liegenden Werte der Organisation an. Ist geklärt, womit die geplante Nachhaltigkeitsmaßnahme abgeglichen werden soll, bieten sich verschiedene Vorgehensweisen an, die sicherstellen, dass Maßnahmen nicht als Misfit zu der Wahrnehmung der Stakeholder interpretiert werden.

Durchführung

Um herauszufinden, ob geplante Nachhaltigkeitsmaßnahmen zur Organisation passen, können verschiedene strukturierte Ansätze verfolgt werden. Es bietet sich für ein vollständigeres Bild durchaus an, diese Ansätze zu kombinieren.

Selbstbewertung und Unternehmenswerte: Beginnen Sie mit einer internen Bewertung Ihrer Werte und Ziele. Welche Werte sind für Ihre Organisation wichtig? Welche langfristigen Ziele verfolgen Sie? Stellen Sie sicher, dass die geplanten Maßnahmen zu diesen Werten und Zielen passt. Eine Möglichkeit zur strukturierten Prüfung ist eine organisationsinterne Befragung mit Vertretern verschiedener Abteilungen.

Expertenrat: Es kann hilfreich sein, Experten für Nachhaltigkeit oder Berater hinzuzuziehen, um die eigenen Pläne zu überprüfen und sicherzustellen, dass sie realistisch und wirksam sind. Durch hohe Marktkenntnis bei gleichzeitiger Außenperspektive liefern Experten gemeinhin eine unabhängige und relevante Perspektive.

Stakeholder-Analyse: Identifizieren Sie Ihre wichtigsten Stakeholder (Kunden, Mitarbeitende, Lieferanten, Investoren usw.) und lernen Sie im Rahmen einer Stakeholder-Analyse deren Interessen und Erwartungen hinsichtlich Nachhaltigkeitsmaßnahmen näher kennen. Hier bietet es sich an, mit Stakeholder offen und ungeschützt zu arbeiten, um neue Ideen für passende Maßnahmen zu bekommen oder um vorgefertigte Konzepte von Maßnahmen zu validieren.

Pilotprojekte: Eine weitere Möglichkeit, neue Maßnahmen auf ihre Passung zu testen, ist das Arbeiten mit Piloten. Beginnen Sie mit kleinen Pilotprojekten, um die Auswirkungen und Passung Ihrer Nachhaltigkeitsmaßnahmen zu testen, bevor Sie eine größere Kommunikation starten. Seien Sie insbesondere bereit, Ihre Pläne anzupassen, wenn sich die Rahmenbedingungen ändern oder neue Erkenntnisse auftauchen.

> Durch diese Schritte lässt sich pragmatisch herausfinden, ob geplante Nachhaltigkeitsmaßnahmen zur Organisation passen und gleichzeitig sicherstellen, dass diese Maßnahmen sowohl intern als auch extern akzeptiert und wirksam sind.

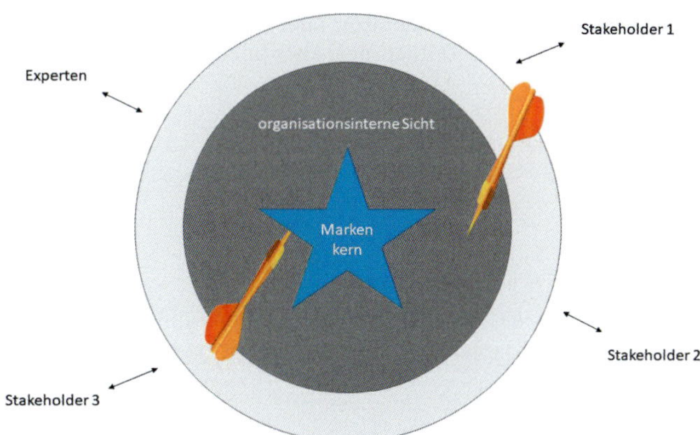

Measure Company Fit: Passgenauigkeit von Maßnahmen zur Organisation (Quelle: Dr. Carsten Leo Demming)

Praxisschlaglicht

Der Measure Company Fit half dabei einzuschätzen, ob eine geplante Einführung von nachhaltigen, aber Plastik enthaltenden Verpackungen zu einem Bio-Lebensmittelhersteller und seiner Wahrnehmung passte. Dabei nutzte das Unternehmen die interne Bewertung, den Expertenrat und befragte Kunden zu der geplanten Verpackungsinnovation. Während die interne Bewertung der Werte und Ziele im Abgleich mit der Plastikverpackung ergab, dass objektiv keine Hindernisse für die Einführung bestehen, waren Kunden und Experten skeptisch. Es zeigte sich, dass der Nachhaltigkeitsaspekt der Umstellung auf die nachhaltige, aber Plastik enthaltende Verpackungen schwierig zu vermitteln ist und intuitiv als unpassend zur Marke wahrgenommen wurde. Hier wurde klar, dass diese Vorbehalte eher subjektiver Natur sind. Als Auswege wurden eine Umsetzung mit groß angelegter Informationskampagne oder alternativ das Stoppen der Einführung erwogen. Letztendlich wurde die Maßnahme der neuen Verpackungen nicht umgesetzt, da die Vorbehalte als zu groß eingeschätzt wurden.

Wirkfeld der Methode

- Wirksam für Herausforderungen mit mittlerer Komplexität
- Wirksam für Herausforderungen mit niedriger Komplexität
- Wirksam für nachhaltiges Marketing
- Wirksam für nachhaltiges Produktdesign
- Wirksam für nachhaltiges Servicedesign
- Wirksam für nachhaltiges Business Model Design

Transformationsfähigkeit Ihres Teams

- Fördert die Sensibilisierung
- Erhöht die Lösungsorientierung

Einsatzcharakteristik/Arbeitsrahmen

- Austauschfokus: vornehmlich mit internen und externen Personen
- Durchführungszeit: eher hoch (> 1 Tag)
- Einsatzfrequenz: vornehmlich über den kompletten Projektzeitraum
- Einsatzradius: vornehmlich im unternehmensweiten Einsatz
- Komplexität für den Moderator: eher hoch
- Komplexität für die Teilnehmer: eher hoch
- Teamgröße: Einzelpersonennutzung möglich
- Teamgröße: Großgruppen möglich (> 50 Teilnehmer)
- Teamgröße: Kleingruppe möglich (3 bis 5 Teilnehmer)
- Teamgröße: Maxigruppen möglich (20 bis 40 Teilnehmer)
- Teamgröße: Mittelgroße Teams möglich (5 bis 20 Teilnehmer)
- Vorbereitungszeit: eher mittel (> 1 Stunde bis < 1 Tag)

Input für eine zielführende Arbeit mit der Methode

- Liste von Alternativen
- Personenmerkmale (Meinungen, Bedürfnisse, Werte, etc.)
- Produktmerkmale, Skizzen, Eigenschaften

Output und beobachtete Ergebnisse der Methode

- Bessere Projekteffizienz, bessere Teamperformance
- Erzeugt Listen von Chancen und Risiken
- Erzeugt Prognosen und Ableitungen
- Erzeugt Ideen für neue Märkte und neue Business Modelle
- Erzeugt Ideen mit ersten Fundings und Machbarkeitsstudien
- Erzeugt Ideen, Lösungsansätze, Vorideen, Möglichkeiten
- Erzeugt angereicherte Ideen, Ideencluster, höher integrierte Lösungen
- Hilft bei Entscheidungen, Bewertungen und Feedback
- Identifiziert vorhandene Schwachstellen
- Identifiziert vorhandene Stärken
- Macht Wirkzusammenhänge sichtbar
- Ziel- und Fokusgruppen

Hinderniseffekte, auf die die Methode positiv wirkt

- Beugt Missinterpretationen vor
- Schafft schnell Klarheit und beschleunigt Erkenntnisgewinn

Mögliche Extravorteile der Methode

- Möglicher Extravorteil für Teams mit einem starkem Auftragsmandat

Quellen

Person – Prof. Dr. Carsten Leo Demming, Demming & Partner, Bad Wimpfen, https://www.carstendemming.com/

Meet the Elephant

EinSatzBeschreibung

Aktivierungsmethode zur Vorbereitung eines save space in Veränderungsprozessen.

Working Guide/Anwendungsfelder

P1 Sensibilisierung/Bildung	P2 Matching Recht/Gesetz	P3 Sustainability Roadmap	P4 Produkt/Prozessdesign	P5 Implementierung/Monitoring	P6 Kommunikation	P7 Organisation	P8 Führung	P9 Business Model Design	P10 Skalierung
X		X		X					

Beschreibung

Mit „Meet the Elephant" schaffen wir zu Beginn eines Entwicklungs-Workshops – zum Beispiel vor der gemeinsamen Entwicklung einer Nachhaltigkeits-Roadmap – einen klärenden Raum für negative Spannungen, Zweifel und Ängste.

Der Vorteil von Nachhaltigkeitsprogrammen liegt darin, dass sie bestenfalls mit unternehmensübergreifenden Teams entwickelt werden. Das birgt andererseits die Herausforderung, dass Menschen – vielleicht sogar erstmalig – konkret und gemeinsam über die Risiken und Chancen der gemeinsamen Unternehmenszukunft strategisch arbeiten. Unterschiedliche Erfahrungsperspektiven aus der bisherigen Unternehmensrealität und individuelle Vorbehalte können diesen Prozess unterschwellig behindern oder sogar torpedieren.

Die niederschwellige Aktivierung mit „Meet the Elephant" schafft einen transparenten Raum und hilft, dass die Teilnehmenden Vorbehalte sehen, verstehen und akzeptieren. So kann potenziell negative Energie zu Beginn eines Veränderungsprozesses identifiziert und im Laufe der Programmentwicklung mit konkreten Maßnahmen angesteuert werden.

„Meet the Elephant" bezieht sich auf den Spruch „Einen Elefanten im Raum haben". Diese Metapher bezeichnet ein Problem, das zwar von allen klar gesehen, aber von niemandem thematisiert wird.

Durchführung

Das brauchen Sie:

- Stuhlkreis oder andere Kreisanordnung mit ausreichend Plätzen für alle Teilnehmenden
- Spielzeugelefanten (positive Ausstrahlung eines Stofftieres)

Zeit: je nach Gruppengröße (ca. 30 Min. bei 10 Teilnehmenden)

Ort: im Workshop-Raum

Der Ablauf

„Meet the Elephant" ist eine Aktivierungsmethode innerhalb eines übergeordneten Workshop-Designs.

Es gibt mindestens zwei Möglichkeiten, die Aktivierungsmethode dramaturgisch einzubinden:

a. zu Beginn, nach Check-in und Einführung des Vorhabens, um mögliche Störungen von vornherein zu entdecken
b. zum Ende, vor der konkreten Projektierung mit Timings und Verantwortlichkeiten, um eine Überforderung der Gruppe zu entdecken

So geht's:

Die Teilnehmenden gehen zu ihren Plätzen. Dort liegen Sticky Notes und Stifte bereit. Die Moderatorin stellt den Spielzeugelefanten gut sichtbar in die Mitte des Stuhlkreises und startet ein Gespräch über seine Rolle: „Wer von euch kennt den Spruch ‚Wir haben einen Elefanten im Raum?'"

Nicht alle im Raum kennen vielleicht die Metapher, zumeist können sich die Teilnehmenden den Spruch dann selbst erklären. Sollte der Spruch ganz unbekannt sein, unterstützt die Moderatorin mit Hintergrundwissen.

Sie gibt die Arbeitsanweisung: „Bevor wir mit der Entwicklung (z. B. einer Nachhaltigkeits-Roadmap) beginnen, schauen wir, ob es irgendetwas gibt, dass euch heute als Zweifel an diesem gemeinsamen Vorhaben begleitet. Bitte verratet euch gegenseitig und vor allem mir: Gibt es einen „Elefanten" in eurem Raum, den ich kennen sollte? Gibt es einen „Elefanten", über den ihr normalerweise nicht redet, aus welchen Gründen auch immer? Vielleicht ist es ein Tabu. Vielleicht denkt ihr, die anderen wissen es längst, und es ist müßig. Vielleicht habt ihr euch bisher einfach nicht getraut, den Elefanten klar zu benennen. Wir sind hier in einem Save Space, das bedeutet, wenn euch danach ist, könnt ihr euren Elefanten offen ansprechen, er ist ja für alle anderen auch zu sehen."

Die Teilnehmenden haben nun die Möglichkeit, ca. 5 Minuten in sich zu spüren, welche Zweifel, welche Probleme sie im Unternehmens sehen, die den gemeinsamen Entwicklungsprozess behindern könnten.

Im Anschluss stellen die Teilnehmenden ihre Impulse zur Verfügung. Jeder hat dafür ca. 2 min. Zeit. Während der Vorstellung sind keine Kommentare der anderen zugelassen. Die Hinweise können auf einem Flipchart gesammelt oder von der Moderatorin dort notiert werden.

Am Ende der Session werden sich ein (maximal zwei) Elefanten herauskristallisiert haben. In einer anschließenden Sondierungsrunde entscheidet die Gruppe, wie sie mit diesem nun sichtbaren Elefanten im anstehenden Prozess umgehen wollen. Zwei Leitfragen dazu:

- Was können wir tun, um dieses Problem endlich anzugehen?

- Was können wir tun, damit dieses Problem nicht so groß erscheint und wir den Elefanten gemeinsam bändigen?

Ziel der Übung: Die Teilnehmenden haben potenziell negative Energie, die von einem gemeinsamen Problem ausgeht, klar ausgesprochen und entwickeln eine Fantasie, wie sie dieses öffentliche Wissen in eine positive Handlungsenergie umsetzen können. Der anstehende Veränderungsprozess wird auf Basis dieser kollektiven Wahrheit vertrauensvoll angegangen.

Wirkfeld der Methode

- Wirksam für Herausforderungen mit hoher Komplexität
- Wirksam für nachhaltiges Marketing
- Wirksam für nachhaltiges Produktdesign
- Wirksam für nachhaltiges Prozessdesign
- Wirksam für nachhaltiges Servicedesign
- Wirksam für nachhaltiges Business Model Design

Transformationsfähigkeit Ihres Teams

- Fördert die Sensibilisierung
- Fördert die allgemeine Transformationsfähigkeit des
- Fördert offene Mindsets und innovative Denkhaltungen
- Fördert Ehrlichkeit und Vertrauen im Team
- Sorgt für Inspiration oder bessere Inspirationsempfindlichkeit
- Erhöht die Lösungsorientierung

Einsatzcharakteristik/Arbeitsrahmen

- Austauschfokus: vornehmlich mit internen Personen
- Durchführungszeit: eher gering (< 1 Stunde)
- Einsatzfrequenz: vornehmlich im einmaligen Einsatz
- Einsatzradius: vornehmlich im Teameinsatz
- Komplexität für den Moderator: eher mittel
- Komplexität für die Teilnehmer: eher gering
- Teamgröße: Kleingruppe möglich (3 bis 5 Teilnehmer)
- Teamgröße: Mittelgroße Teams möglich (5 bis 20 Teilnehmer)
- Vorbereitungszeit: eher gering (< 1 Stunde)

Input für eine zielführende Arbeit mit der Methode

- Aktuelle Herausforderung, Leitfrage, Problem
- Ergebnisse aus der Analysephase
- Existierende Prozesse und Verfahren
- Verschiedene Botschaften, Meinungen, Statements
- Verschiedene Meinungen und Blickwinkel
- Gescheiterte Ideen und fehlgeschlagene Projekte
- Merkmale der gegebenen Herausforderung
- Umfeldbeobachtungen, Umfeldanalysen

Output und beobachtete Ergebnisse der Methode

- Bessere Projekteffizienz, bessere Teamperformance
- Erzeugt Ideen, Lösungsansätze, Vorideen, Möglichkeiten
- Erzeugt Nutzenfunktionen und Bedürfniskorridore
- Erzeugt Planungen und Priorisierungen
- Erzeugt besseren Teamspirit, mehr Offenheit, Inspirationsempfindlichkeit
- Erzeugt kollaborative Lösungen und Ideen
- Erzeugt größere Klarheit zu einem Thema
- Erzeugt mehr Know-how-Zuwachs
- Erzeugt motiviertere und transformationsfähigere Teilnehmer
- Hilft bei Entscheidungen, Bewertungen und Feedback
- Identifiziert vorhandene Schwachstellen

Hinderniseffekte, auf die die Methode positiv wirkt

- Beugt Missinterpretationen vor
- Beugt blinden Flecken/Betriebsblindheit vor
- Bewahrt vor zu generischen Ideen und Aussagen
- Bindet eher introvertierte Teammitglieder mit ein
- Schafft für den Erfolg nötige Realitätsbezüge
- Schafft schnell Klarheit und beschleunigt Erkenntnisgewinn
- Schwächt Verdiskutiererei
- Schwächt das Leben in der Vergangenheit
- Schwächt den „Inneren Zensor“
- Schwächt störende Bewertung während der Ideenfindung
- Stärkt das Vertrauen im Team
- Verhindert Ideenfindung mit zu schwacher Erkenntnisgrundlage
- Verhindert blinden Aktionismus
- Fördert Optimismus und Zuversicht

Mögliche Extravorteile der Methode

- Möglicher Extravorteil für Teams in einer Krisensituation
- Möglicher Extravorteil für innovativ ungeübte Teams
- Möglicher Extravorteil für in Nachhaltigkeitsthemen ungeübte Teams

Quellen

Organisation – nextblooming gmbh, Berlin, www.nextblooming.com
Person – Antje Meyer, antje.meyer@nextblooming.com
Web – https://de.wikipedia.org/wiki/Der_Elefant_im_Raum

Mehrwert Schwarmintelligenz

EinSatzBeschreibung

Die Übung „Mehrwert Schwarmintelligenz" greift ein evolutionär bewährtes Verhaltenskonzept aus der Natur auf und identifiziert an einem konkreten Fallbeispiel den durch die Nutzung von Schwarmintelligenz möglichen Mehrwert bei der Klärung komplexer Fragenstellungen.

Working Guide/Anwendungsfelder

P1 Sensibilisierung/Bildung	P2 Matching Recht/Gesetz	P3 Sustainability Roadmap	P4 Produkt/Prozessdesign	P5 Implementierung/Monitoring	P6 Kommunikation	P7 Organisation	P8 Führung	P9 Business Model Design	P10 Skalierung
X					X	X	X	X	

Beschreibung

Der Begriff „Schwarmintelligenz" stammt ursprünglich aus der Biologie und geht auf die Beobachtung von Tieren zurück, die als Schwarm oder Gruppe kollektiv handeln, um ein gemeinsames Ziel zu erreichen. Besonders bekannt für ihre Schwarmintelligenz sind staatenbildende, soziale Insekten wie Ameisen, Termiten und Bienen. Diese bewältigen ohne jede individuelle Planung und zentrale Steuerung hochkomplexe Aufgaben. Voraussetzung für die erfolgreiche Selbstorganisation sind eine klare Rollenteilung sowie eine permanente und differenzierte Art der Kommunikation.

Daneben sind es vor allem Vogelschwärme, Fischschwärme und Großtierherden, die sich in Gruppen organisieren und kollektive Intelligenz nutzen. Auf Basis bestimmter Schwarmregeln sind sie in der Lage, Aufgaben effizient und im Sinne des Kollektivs erfolgreich zu lösen. Sie agieren flexibel und dynamisch, sind vergleichsweise robust und resilient und sind in der Lage, ihre Regeln weiterzuentwickeln. Aber auch gemischte Gruppen von Tieren können kollektive Intelligenz entwickeln. So nutzen z.B. Rehe und Wildgänse die Kombination ihrer unterschiedlichen Kompetenzen. Indem Rehe gut hören und riechen können und Gänse hervorragend sehen und immer einen aktiven Wächter in ihrer Gruppe haben, können sie in der offenen Landschaft als gemischte Gruppe frühzeitig nahende Feinde erkennen. Sie haben ein für beide Tierarten vorteilhaftes gemeinsames Frühwarnsystem entwickelt.

Ohne dass wir uns dessen bewusst sind, ist auch in unserem Alltag Schwarmintelligenz in Form kollektiver Intelligenz permanent präsent: Die Internetplattform „Wikipedia", das offene Betriebssystem Linux, die Suchmaschine Google, das weltweite Netzwerk der Blogger, Online-Bewertungen oder die Publikums-Fragen bei TV-Sendungen – überall sind mehr oder weniger große Schwärme aktiv, ergänzen sich, interagieren und entwickeln weiter. Auf Basis der digitalen Möglichkeiten organisieren sich Kollektive heute vielfach eigenständig und bringen dadurch oft erfrischend innovative Kreativität in den Diskurs. Damit sich aber solche Schwärme überhaupt bilden und positive Wirkung entfalten können, sind innovative Führungskonzepte und Beteiligungsformate notwendig, die eine unvoreingenommene und gleichberechtigte Kommunikation ermöglichen. Sind diese förderlichen Bedingungen nicht vorhanden, besteht durchaus die Gefahr, dass sich in Organisationen durch die Dominanz von Partikulär-Interessen und eine Kultur der Kontrolle und des Misstrauens auch „Schwarm-Ignoranz" und „Schwarm-Dummheit" entsteht.

Der große Erfolg der Erschließung von Schwarmintelligenz liegt darin begründet, dass auf diese Weise auf einer breiten Basis ganzheitliche und aktuelle Lösungen für komplexe Fragestellungen entwickelt werden können. Wenn Organisationen kollektive Intelligenz nutzen, profitieren sie durch innovationsförderliches Feedback, Wissensaustausch und Arbeitsteilung, höhere Vorhersagegenauigkeit sowie verbesserte Kommunikation und Zusammenarbeit. Auf diese Weise können sie die Kreativität verbessern, die Produktivität steigern und vielfach sogar die Kosten senken.

Diesen Effekt machen sich heute im Zuge der fortschreitenden Digitalisierung immer mehr Organisationen, Unternehmen und Führungskräfte zunutze. Sie realisieren das große und meist weitgehend ungenutzte Potenzial ihrer Mitarbeiter-Schwarmintelligenz. Immer mehr wird es zur Management-Aufgabe, die dezentralen Potenziale einer Organisation zur „Schwarmintelligenz" zu bündeln, zu erschließen und nutzbar zu machen. Die Ausgangssituation für die Aktivierung der Schwarmintelligenz sind in der Regel akuter Innovations- oder Veränderungsdruck und der Wunsch

Schwarmintelligenz Termitenbau (Quelle: https://www.sn.at/panorama/wissen/der-super-staat-der-termiten-123388819)

Schwarmintelligenz Vogelschwarm (Quelle: https://schulesocialmedia.com/2017/09/26/kollektive-intelligenz-drei-faktoren-die-kollaboration-erleichtern)

bzw. die Notwendigkeit einer mehrheitlich getragenen Lösung. Notwendig für das Gelingen ist zudem ein guter Informationsfluss und eine transparente Kommunikation. Je mehr Akteure aus der Organisation und ihrem Umfeld einbezogen werden, desto höher ist später auch deren Bereitschaft, notwendige Anpassungsprozesse aktiv zu unterstützen und weiterzuentwickeln.

Letztlich ist also weder ein Führungsstab noch eine Expertengruppe notwendig, sondern es bedarf lateral führender „Leittiere", eines möglichst heterogenen Schwarms und einer förderlichen Unternehmens- und Kommunikationskultur. Die Kombination aus sozialer Kompetenz und Vielfalt ist ein Schlüssel dafür, die allgemeine Intelligenz einer Gruppe zu erschließen und mit ihrer Hilfe ein tieferes Verständnis für komplexe Probleme zu schaffen, bevor man versucht, diese zu lösen.

Das Ziel der Übung „Mehrwert Schwarmintelligenz" ist es, am Beispiel einer konkreten Fragestellung das Vorhandensein sowie die Relevanz und den Mehrwert von Schwarmintelligenz zu identifizieren. Vielfach geht es dabei um Fragestellungen aus dem Themenkomplex „Organisation, Marketing, Entscheidungsfindung und Informationsverteilung". Das Verfahren beginnt mit der Bearbeitung einer vereinbarten Aufgabenstellung. Zunächst durch Einzelpersonen oder Kleingruppen, deren Ergebnisse verglichen und zusammengeführt und anschließend von der Gesamtgruppe bearbeitet werden. Je größer und heterogener eine Gruppe, desto mehr unterschiedliche Talente, Rollen oder Perspektiven bringen sich ein, die in ihrer Gesamtheit im Sinne eines „Super-Organismus" zusammenspielen.

Auf diese Weise hat die Übung „Mehrwert Schwarmintelligenz" auch eine hohe Nachhaltigkeits-Relevanz, indem sie unbeeinflusste und ganzheitliche Analysen und Lösungsvorschläge generiert, die zur kritischen Überprüfung, Ergänzung und Optimierung bestehender Planungen und Konzepte beitragen.

Durchführung

Ausgangspunkt für die Durchführung der Übung „Mehrwert Schwarmintelligenz" ist das Bestehen einer komplexen Fragestellung, die geklärt bzw. gelöst werden soll. Für eine sinnvolle Durchführung der Übung sind mindestens 6, besser 9 oder mehr Personen notwendig. Folgende Ablaufschritte werden empfohlen:

- Identifikation einer für die Organisation relevanten Fragestellung durch Vorstand, Geschäftsführung, Betriebsrat, Gleichstellungsbeauftragte o. a.
- (Weitgehend) Konsensuale Entscheidung, diese Fragestellung ohne inhaltliche Vorgaben und hierarchiefrei als Team bzw. Gruppe zu bearbeiten und Kommunikation der zu bearbeitenden Fragestellung in die Gruppe.
- Organisation eines Team-Workshops mit mindestens 3 Arbeitsecken bzw. Gruppenräumen, jeweils mit Pinnwand und Moderationsmaterialien.
- Die vereinbarte Fragestellung wird noch einmal schriftlich fixiert, auf jeder der Pinnwände oben fixiert und ist ab sofort Arbeitsgrundlage.
- Nun bilden sich aus dem Teilnehmerkreis drei gleich große Gruppen aus jeweils mindestens 2 (besser 3 oder mehr) Personen. Diese können sich nach dem Zufallsprinzip bilden oder eigenständig zusammenstellen. Dabei sind z. B. folgende Kriterien denkbar:
  - Die Gesamtgruppe zählt Person für Person mit den Zahlen 1–2 bzw. 1-2-3 etc. durch, die Zusammenstellung erfolgt also nach dem Zufallsprinzip.
  - Die drei Teilgruppen bilden sich eigenständig, Vorgabe ist nur, dass alle Teilgruppen gleich groß sind.
  - Die Teilgruppen bilden sich nach Interessensgruppen (im Falle einer Nachhaltigkeitsbetrachtung sinnvollerweise Ökonomie, Ökologie, Soziales), ansonsten nach fallbezogenen, thematischen Gruppen (z. B. Produktentwicklung, Marketing, Personal).
  - Die Gesamtgruppe sortiert sich zur Bildung der Teilgruppen in 3 Altersgruppen (Jüngere, Mittelalte, Ältere).
  - Die Gesamtgruppe bildet ihre Teilgruppen aus einer Frauengruppe, einer Männergruppe sowie einer Geschlechter-gemischten Gruppe.
- Die drei Teilgruppen arbeiten ab sofort getrennt und unabhängig voneinander und ohne gegenseitigen Austausch. Die Dauer dieser Gruppenphase hängt von der Komplexität der Fragestellung und von der Gruppengröße ab. In der Regel ca. eine Stunde (bis maximal zwei Stunden).
- Die Teilgruppen fixieren ihre Diskussionspunkte, Zwischenergebnisse, Ergebnisse und Lösungsvorschläge ohne formale Vorgabe auf ihrer Pinnwand. Denn Selbstorganisation ist ein elementarer Bestandteil von Schwarmintelligenz.
- Nach Ende der Teilgruppenphase gibt es eine 15- bis 30-minütige Pause, in der die Pinnwände im Gruppenraum zusammengestellt werden. Sie dürfen seitens der Teilnehmer in dieser Zeit bereits „inoffiziell" besichtigt werden, es soll aber noch kein vertiefter Austausch zu den Inhalten stattfinden.
- Nach der Pause erfolgt ein gemeinsamer „Poster-Rundgang". Bei diesem wird zunächst von jeder der 3 Teilgruppen nacheinander der auf der eigenen Pinnwand fixierte Diskussions- und Klärungsverlauf mit Ergebnissen und Lösungsvorschlägen vorgetragen. Verständnisfragen sind zugelassen, eine Diskussion folgt erst, nachdem alle 3 Teilgruppen vorgetragen haben.
- Die folgende Plenums-Diskussion hat das Ziel, die drei Teilgruppen-Ergebnisse hinsichtlich ihrer Inhalte, Ergebnisse und Lösungsvorschläge zu vergleichen. Dabei stellt sich zunächst die grundsätzliche Frage, ob die Teilgruppen-spezifischen Ergebnisse der Übung sich in relevanter Weise unterscheiden oder nicht.
  - Falls die Teilgruppen-Ergebnisse identisch oder so ähnlich sind, dass durch ihr Zusammenführen kein relevanter Er-

kenntnisgewinn oder Mehrwert erkennbar ist, lässt sich in der Aggregation der Teilgruppen-Ergebnisse auch kein Schwarmintelligenz-Effekt erkennen. Dieser fehlende Effekt tritt in der Regel dann auf, wenn die Teilgruppen sehr groß und sehr heterogen sind, sodass die einzelnen Teilgruppen-Ergebnisse ihrerseits bereits stark von kollektiver Intelligenz geprägt sind. In diesem Fall werden die 3 Teilgruppen-Ergebnisse und ihre inhaltlich und qualitativ jeweils (weitgehend) identischen Themen bzw. Themen-Cluster zusammengeführt und von der Gesamtgruppe weiter bearbeitet bis zur Klärung der Eingangs-Fragestellung und mit Formulierung konkreter Arbeits- bzw. Lösungsvorschläge.
    - In der Regel aber unterscheiden sich die Teilgruppen-Ergebnisse mehr oder weniger deutlich. Wenn deren Aggregation einen qualitativen, inhaltlich-strategischen Mehrwert mit sich bringt, lässt sich von einem Schwarmintelligenz-Effekt sprechen. Auch in diesem Fall werden die Erkenntnisse aus den drei Arbeitsgruppen zusammengetragen, aggregiert und geclustert. Allerdings ergibt sich hier aufgrund der Verschiedenheit der einzelnen Teilgruppen-Ergebnisse ein neues Gesamtbild. Dieses dient als Grundlage für die weitere Bearbeitung im Gesamt-Team.
- Im Fall der unterschiedlichen Teilgruppen-Ergebnisse und des Schwarmintelligenz-Effekts ist es von Interesse, sich den konkreten Unterschied zwischen den Teilergebnissen anzuschauen und diesen zu analysieren:
    - Sind es unterschiedliche Themen, Schwerpunkte, Bearbeitungstiefen oder Erkenntnisse?
    - Was könnte den Unterschied begründen?
    - Ist die „Handschrift" der jeweiligen Interessensgruppe, Altersgruppe oder ein geschlechterspezifischer Unterschied zu erkennen?
    - Wie relevant bzw. hilfreich ist dieser Mehrwert für die Beantwortung bzw. Bearbeitung der Fragestellung?
    - Gibt es noch Rückschlüsse, Diskussionsbedarf oder Modifikationsvorschläge zum gewählten Setting mit Teilgruppen, die für künftige Themenbearbeitungen Sinn machen?
- Option: Da aufgrund der organisatorischen Vorgaben bereits die Teilgruppen aus jeweils mindestens 2 Personen bestehen, findet sich streng genommen auch bereits innerhalb der Teilgruppen ein Effekt von kollektiver Intelligenz. Um auch diesen noch auszuschließen, besteht die Möglichkeit, ergänzend zu den Teilgruppen noch 3 Einzelpersonen zu identifizieren (Auswahl möglichst entsprechend den Teilgruppen-Auswahl-Kriterien) und diese jeweils einzeln mit der Bearbeitung der Fragestellung zu beauftragen. Auf diese Weise würde eine Referenzgruppe entstehen, deren Einzelergebnisse durch keinen „Schwarm-Effekt" beeinflusst wäre. Deren drei Ergebnisse könnten dann zur Überprüfung des Schwarmintelligenz-Effektes ebenfalls zusammengeführt und ihrerseits wieder mit den Teilgruppen-Ergebnissen verglichen werden.
- Am Ende geht es darum, die dank „Mehrwert Schwarmintelligenz" erarbeiteten Ergebnisse und Lösungsvorschläge in die Kommunikation, Optimierung und Umsetzung zu bringen. Dieses weitere Bearbeitungs-Verfahren ist nicht Teil dieser Methoden-Beschreibung und wird daher hier auch nicht weiter ausgeführt.

Praxisschlaglicht

Auch wenn die Erkenntnis aus dieser Übung banal klingen mag: Eine Gruppe analysiert in der Regel mehrschichtiger und differenzierter als ein einziges noch so vielseitiges und intelligentes Gruppen-Mitglied für sich allein. Entsprechend produziert eine Gruppe mehr Fragen und mehr Ideen und entwickelt in der Diskussion und Interaktion zusätzliche Lösungsvorschläge. Das Potenzial einer Gruppe zu erschließen, setzt aber entsprechende Formate sowie Offenheit und Hierarchie-Freiheit voraus. Nur so ist gewährleistet, dass auch bestehende Konzepte und Lösungsvorschläge ohne Denkverbote kritisch hinterfragt und diskutiert sowie ergänzt oder ersetzt werden können.

Helfende Organisation

www.evoco.de

Wirkfeld der Methode

- Wirksam für Herausforderungen mit hoher Komplexität
- Wirksam für Herausforderungen mit mittlerer Komplexität
- Wirksam für Herausforderungen mit Diversity-Aspekt
- Wirksam für nachhaltiges Produktdesign
- Wirksam für nachhaltiges Prozessdesign
- Wirksam für nachhaltiges Servicedesign
- Wirksam für nachhaltiges Business Model Design
- Wirksam bei der Suche nach ganzheitlichen Lösungen

Transformationsfähigkeit Ihres Teams

- Fördert die Sensibilisierung
- Fördert die Stärkung des Teamgedankens
- Fördert die Agilität eines Teams
- Fördert die Teamkreativität
- Fördert die allgemeine Transformationsfähigkeit des Teams
- Fördert grundlegend die Kreativität
- Fördert offene Mindsets und innovative Denkhaltungen
- Fördert Kommunikation und Austausch im Team
- Sorgt für Inspiration oder bessere Inspirationsempfindlichkeit
- Sorgt für Fokussierung
- Zahlt auf eine bessere Wahrnehmung ein
- Zahlt auf ein positives Zukunftsbild ein
- Erhöht die Lösungsorientierung

Einsatzcharakteristik/Arbeitsrahmen

- Austauschfokus: vornehmlich mit externen Personen
- Austauschfokus: vornehmlich mit internen Personen
- Austauschfokus: vornehmlich mit internen und externen Personen
- Durchführungszeit: eher mittel (> 1 Stunde bis < 1 Tag)
- Einsatzfrequenz: sinnvoll im dauerhaften Einsatz
- Einsatzfrequenz: vornehmlich über den kompletten Projektzeitraum
- Einsatzradius: vornehmlich im Teameinsatz
- Komplexität für den Moderator: eher hoch
- Komplexität für den Moderator: eher mittel
- Komplexität für die Teilnehmer: eher hoch
- Komplexität für die Teilnehmer: eher mittel
- Teamgröße: Maxigruppen möglich (20 bis 40 Teilnehmer)

- Teamgröße: Mittelgroße Teams möglich (5 bis 20 Teilnehmer)
- Vorbereitungszeit: eher mittel (> 1 Stunde bis < 1 Tag)

Input für eine zielführende Arbeit mit der Methode

- Aktuell existierende Geschäftsmodelle
- Aktuell existierende Produkte und Services
- Aktuelle Herausforderung, Leitfrage, Problem
- Angereicherte Ideen, Ideencluster oder höher integrierte Lösungen
- Ideen und Projekte, die zur Umsetzung anstehen

Output und beobachtete Ergebnisse der Methode

- Bessere Teamperformance
- Erzeugt Ideen, Lösungsansätze, Vorideen, Möglichkeiten
- Erzeugt Planungen und Priorisierungen
- Erzeugt besseren Teamspirit, mehr Offenheit, Inspirationsempfindlichkeit
- Erzeugt kollaborative Lösungen und Ideen
- Erzeugt größere Klarheit zu einem Thema
- Erzeugt transformationsfähigere Organisationen
- Erzeugt mehr Agilität im Team
- Erzeugt motiviertere und transformationsfähigere Teilnehmer
- Hilft bei Entscheidungen, Bewertungen und Feedback
- Fördert Fokussierungs-Kompetenz
- Sensibilisiert für gegenseitige Rücksichtnahme

Hinderniseffekte, auf die die Methode positiv wirkt

- Bewahrt vor zu generischen Ideen und Aussagen
- Fördert die Agilität der Teilnehmer
- Fördert für den Erfolg nötige Realitätsbezüge
- Beschleunigt Erkenntnisgewinn
- Schärft eine fehlende gemeinsame Ausrichtung
- Stärkt schwache Anreicherungsskills
- Stärkt das Vertrauen im Team
- Verhindert Ideenfindung mit zu schwacher Erkenntnisgrundlage
- Vermindert Ideenbunkerei und Geheimniskrämerei
- Vermindert einseitige Bewertungen und Entscheidungen
- Vermindert unreflektiertes Agieren
- Durchbricht vorhandene Kreativblockaden

Mögliche Extravorteile der Methode

- Möglicher Extravorteil für Teams in einer Krisensituation
- Möglicher Extravorteil für Teams mit einem starkem Auftragsmandat
- Möglicher Extravorteil für Teams mit einer konservativen, tradierten Kultur
- Möglicher Extravorteil für agile Teams
- Möglicher Extravorteil für innovativ ungeübte Teams
- Möglicher Extravorteil für in Nachhaltigkeitsthemen ungeübte Teams

Quellen

Buch – Denken und Handeln in Ökosystemen, Klaus-Stephan Otto et al.; in Ternès & Englert (Hrsg.): Integriertes Nachhaltigkeitsmanagement, 183 – 209 (Springer, 2019)

Buch – Evolutions-Management, Klaus-Stephan Otto et al. (Hanser, 2007)

Buch – ManagementBIOnik, Matthias Nöllke (Haufe, 2019)

Person – Dr. Stefan Rösler – roesler@oecoach.de

Web – www.evoco.de (abgerufen am 04.10.2023)

Web – www.naturschule.de (abgerufen am 04.10.2023)

Web – https://crestcom.com/de/wp-content/uploads/sites/8/2021/04/DE_Crestcom_Understanding-the-Power-of-Collective-Intelligence_German.pptx.pdf (abgerufen am 04.10.2023)

Web – https://onlinemarketing.de/karriere/digitalisierung/schwarmintelligenz-mitarbeiter-superorganismus (abgerufen am 03.10.2023)

Web – https://www.bwl-lexikon.de/wiki/schwarmintelligenz/ (abgerufen am 01.10.2023)

Web – www.hausdeswaldes.de

Mensch-Wald-Klima-Balance

EinSatzBeschreibung

Diese Outdoor-Übung schärft das Bewusstsein für die Zusammenhänge zwischen Ressourcenvorrat, Ressourcennutzung und Klimawandel, sensibilisiert für die Ursachen von Ressourcen-Übernutzung und zeigt Lösungsansätze für eine dauerhaft nachhaltige Wirtschaftsweise.

Working Guide/Anwendungsfelder

P1 Sensibilisierung/Bildung	P2 Matching Recht/Gesetz	P3 Sustainability Roadmap	P4 Produkt/Prozessdesign	P5 Implementierung/Monitoring	P6 Kommunikation	P7 Organisation	P8 Führung	P9 Business Model Design	P10 Skalierung
X		X			X			X	X

Beschreibung

„Klimawandel" und „Nachhaltigkeit" sind zwei in der öffentlichen Diskussion mittlerweile omnipräsente Begriffe, werden aber leider vielfach nur in Form undifferenzierter Schlagworte benutzt. Welchen Beitrag wir durch unser tägliches Tun bzw. der Wald durch seine Existenz sowie seine Art der Bewirtschaftung zum Klimawandel bzw. zur Nachhaltigkeit beisteuern, ist dabei den wenigsten Menschen bewusst. Die hier beschriebene Übung wird im Wald durchgeführt. Sie trägt dazu bei, das Bewusstsein für die die Zusammenhänge zwischen Ressourcenvorrat, Ressourcennutzung und Klimawandel zu schärfen.

Dazu werden drei Teilnehmenden-Gruppen gebildet, die stellvertretend jeweils entweder Mensch, Wald oder Klima vertreten. Sie spielen das Mensch-Wald-Klima-System durch. Dazu stellen sie sich in einem gleichseitigen Dreieck auf, jede der Gruppen in einer Ecke. Auf diese Weise liegt zwischen den drei Ecken jeweils ein Prozessschritt des Mensch-Wald-Klima-Systems. Jede Gruppe verfügt über die gleiche Anzahl an Ästen. Diese stehen bei der Gruppe Wald stellvertretend für Holzzuwachs und Kohlenstoffbindung, bei der Gruppe Mensch für den aktuellen Ressourcenverbrauch und bei der Gruppe Klima für die Menge an Kohlenstoffdioxid und anderen Treibhausgasen in der Atmosphäre.

Im Rahmen des nun beginnenden Staffel-Wettlaufs der drei Gruppen entnehmen diese nach bestimmten Spielregeln Äste (später auch Zapfen) bei ihrer jeweils in der vergleichbaren Richtung benachbarten Gruppe und bringen diese in ihren Zuständigkeitsbereich. Indem der Wald Kohlenstoff bindet (den er dem Klima entnimmt), der Mensch Ressourcen verbraucht (die er als Rohstoffe dem Wald entnimmt) und das Klima vom Mensch das Kohlendioxid wieder aufnimmt (das dieser durch Ressourcennutzung freisetzt), wird der permanent stattfindende natürliche Stoff-Kreislauf deutlich, der unser Leben bestimmt und ermöglicht.

Das Spiel wird in drei Runden gespielt. In der ersten Runde geht es um das Leben im Kreislauf („Gestern"), in der zweiten Runde um Ressourcenmangel und Klimawandel („Heute") und in der dritten Runde um Kreislaufwirtschaft und nachhaltige Nutzung („Morgen"). In einer optionalen vierten Runde („Mensch-Wald-Klima-Balance") können auf Basis der gewonnenen Erkenntnisse gezielt Ressourcen eingespart, Maßnahmen zur CO_2-Speicherung integriert oder andere Lösungsansätze ausgetestet werden.

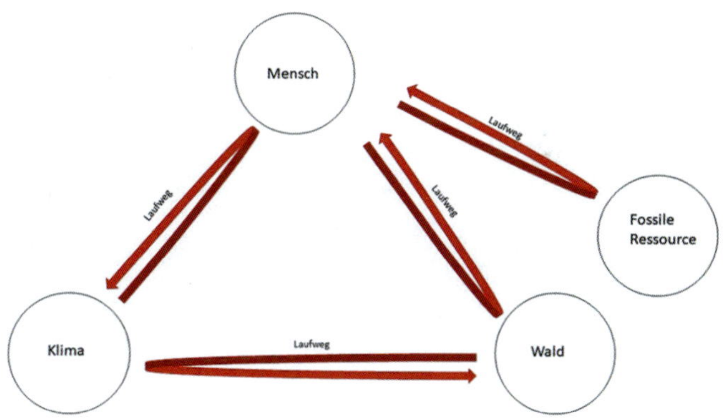

Am Ende jeder Runde werden zunächst einzeln in jeder Gruppe und anschließend im Plenum die Situation sowie deren Ursachen und Folgen analysiert und diskutiert: Blieben die Stöcke vergleichbar zwischen den Gruppen verteilt und was bedeutet nachhaltige Wirtschaft? Warum kam es zu einem Ungleichgewicht zwischen den Gruppen und was bedeutet dies für die einzelnen Gruppen? Wie kann ausgehend von einer Ungleichverteilung zwischen den Gruppen wieder eine Balance im Mensch-Wald-Klima-System hergestellt werden?

Diese Übung trägt zunächst dazu bei, sich die die Funktionsweise des Kohlenstoffkreislaufs und die Ursachen des Klimawandels bewusst zu machen, die verschiedenen Dimensionen von Nachhaltigkeit zu erkennen und Formen nicht-nachhaltiger Entwicklung zu bewerten. Dazu gehört auch eine Reflexion der eigenen Lebens- und Konsumgewohnheiten. Am Ende sollen die Teilnehmenden möglichst konkrete Handlungs- bzw. Lösungsansätze für eine nachhaltige Entwicklung entwickeln und diese auch auf die Spielregeln übertragen.

Durchführung

Die Übung „Mensch-Wald-Klima-Balance" findet im Wald statt und hat das Ziel, auf spielerische Weise den Zusammenhang zwischen Ressourcenvorrat, Ressourcennutzung und Klimawandel deutlich zu machen. Gleichzeitig ermöglicht sie das Entwickeln

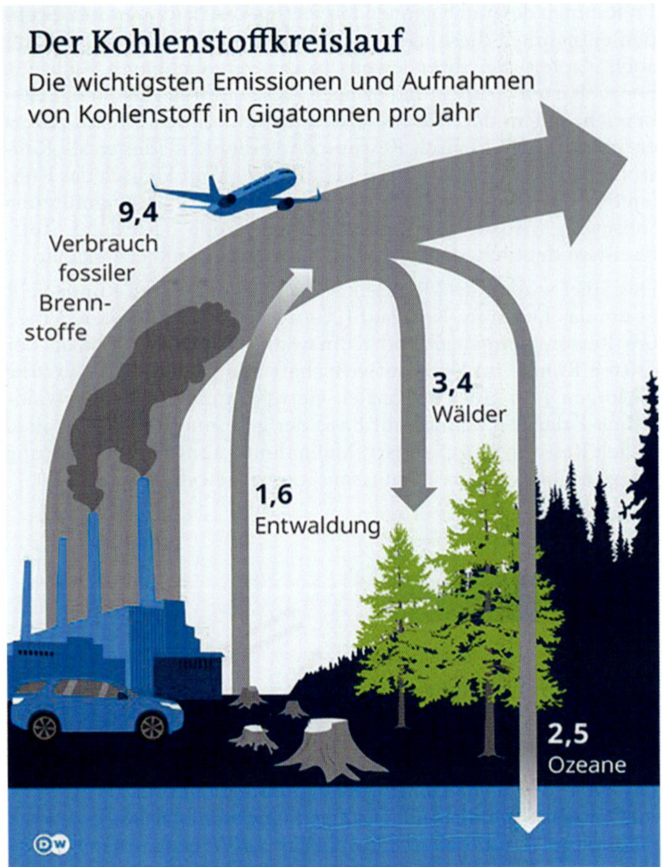

Quelle: https://static.dw.com/image/59535786_7.png

konkreter Lösungsansätze für eine dauerhaft nachhaltige Wirtschaftsweise.

Vorbereitend sind folgende Maßnahmen notwendig:

- Aufsuchen einer möglichst ebenen, ca. 20 qm großen Fläche ohne Stolperstellen (Steine, Wurzeln, Äste, Brombeerranken).
- Die Teilnehmenden werden in drei gleich große Gruppen aufgeteilt, die stellvertretend jeweils entweder Mensch, Wald oder Klima vertreten.
- Jede der drei Gruppen sammelt für sich jeweils 10 knapp armlange Stöcke (am besten dürre, aber noch stabile Äste).
- Zusätzlich werden 10 Zapfen gesammelt und bereitgelegt.
- Die drei Gruppen stellen sich in einem vorgegebenen gleichseitigen Dreieck auf – jede Gruppe in einer Ecke.

Nach diesen Vorbereitungen kann die eigentliche Übung starten. Dabei wird eine Art Staffellauf mit mehreren Spielrunden gespielt. Jede Laufstrecke stellt zwischen zwei der Dreieckspitzen einen Prozessschritt im Mensch-Wald-Klima-System dar. Die Teilnehmenden jeder Gruppe laufen dabei einzeln und nacheinander den jeder Gruppe vorgegebenen Weg und transportieren Stöcke im Wald-Mensch-Klima-System. Die Stöcke (und Zapfen) symbolisieren dabei den Kohlenstoff.

Folgende Wege werden von den Gruppen-Teilnehmern genutzt:

- *Gruppe Wald bedient sich beim Klima:* Der Wald bindet Kohlenstoffdioxid aus der Luft, indem die TN dieser Gruppe nacheinander einzelne Stöcke aus dem Klima (System) entnehmen. Die Anzahl der Stöcke steht für das *Baumwachstum* bzw. den Holzzuwachs im Wald.
- *Gruppe Mensch bedient sich beim Wald:* Der Mensch nutzt die Rohstoffe aus dem Wald, indem die TN dieser Gruppe nacheinander einzelne Stöcke aus dem Wald entnehmen. Die Anzahl der Stöcke steht für den aktuellen *Ressourcenbedarf* des Menschen.
- *Gruppe Klima bedient sich beim Mensch:* Das Klima (System) nimmt das Kohlenstoffdioxid auf, welches durch die Nutzung von Ressourcen durch den Menschen freigesetzt wird. Die TN dieser Gruppe nehmen nacheinander einzelne Stöcke von den Menschen. Die Anzahl an Stöcken steht für die Menge an *Kohlenstoffdioxid* und anderen Treibhausgasen in der Atmosphäre.

Die Übung findet in drei Spielrunden und nach folgenden Ablaufschritten statt:

1. Leben im Kreislauf („Gestern")

- Ausgangssituation: Jede Gruppe (Mensch, Wald und Klima) besitzt jeweils 10 Stöcke
- Auf ein Startsignal startet das Spiel in allen Gruppen gleichzeitig.
- Jeweils ein TN jeder Gruppe rennt zur jeweils festgelegten (oben genannten) Gruppe, holt sich dort einen Stock und bringt diesen zurück zu seiner Gruppe.
- Sobald er dort angekommen ist (und erst dann), läuft der zweite TN dieser Gruppe los und holt ebenfalls einen Stock.
- Da parallel von jeder Gruppe aus jeweils ein TN zur Nachbargruppe läuft und dort jeweils einen Stock holt, kommt es auch auf das Tempo der Läufer an, wer nach Ende der ersten Runde mehr oder weniger Stöcke in seinem Lager hat.
- Nach ca. ein bis zwei Minuten wird diese erste Runde beendet.
- Nun zählt jede Gruppe für sich ihre Stöcke
- Entweder zunächst in jeder Gruppe für sich oder gleich gemeinsam im Plenum werden folgende Fragen diskutiert:
  - Wie viele Stöcke haben die einzelnen Gruppen? Ist das Ergebnis ungefähr ausgeglichen?
  - Was ist nachhaltige Wirtschaft?
  - Wann und wo wurde in der Menschheitsgeschichte nach diesem Modell gewirtschaftet?

2. Ressourcenmangel & Klimawandel („Heute")

- Ausgangssituation: Jede Gruppe (Mensch, Wald und Klima) besitzt jeweils 10 Stöcke
- Als Variante werden die 10 zu Beginn gesammelten Zapfen als zusätzliche fossile Energiequelle neben der Gruppe Wald ausgelegt.
- Der Spielverlauf ist im Grundsatz identisch mit dem Spielverlauf der Ersten Runde, allerdings gibt es eine „geheime Intervention":
  - Diesmal holen sowohl die Gruppe Mensch als auch die Gruppe Klima bei jedem zurückgelegten Weg zwei Stöcke. Diese Information wird mit diesen beiden Gruppen vorab im Geheimen kommuniziert.
  - Die Gruppe Wald transportiert weiterhin nur einen Stock.
- Die Runde läuft so lange, bis ein Ungleichgewicht erreicht ist oder die Stöcke und/oder die Zapfen der Gruppe Wald aufgebraucht sind.
- Gemeinsam werden folgende Fragen diskutiert:
  - Wie hat sich die Verteilung verändert und wie geht es den einzelnen Gruppen damit?

- ◦ Was bedeutet die ungleiche Anzahl und der Zuwachs bei der Gruppe Mensch und dem Klima?

Variante:

- Mensch und Klima holen jeweils einen Stock und einen Zapfen je zurückgelegten Weg.
- Als Ergebnis wird zwar der Wald als Ressource geschont. Allerdings auf Kosten der Nutzung fossiler Energien (Zapfen), was ebenfalls zu einer Zunahme klimawirksamer Gase bei der Gruppe Klima führt.
- Gemeinsam können folgende Fragen diskutiert werden:
  - ◦ Inwieweit entsprechen diese beiden unterschiedlichen „Spiel-Varianten“ der heutigen Realität?
  - ◦ Gibt es Zusammenhänge oder Abhängigkeiten zwischen der Übernutzung natürlicher Ressourcen und dem Einsatz fossiler Energieträger?

3. Kreislaufwirtschaft & nachhaltige Nutzung („Morgen“)

- Ausgangssituation: Die Gruppen Mensch Wald und Klima starten mit jeweils ungleicher Anzahl an Stöcken/Zapfen.
- Der Spielverlauf ist im Grundsatz identisch mit dem Spielverlauf der Ersten Runde. Es werden wieder ein bis zwei Minuten lang Stöcke und Zapfen von Gruppe zu Gruppe transportiert.
- Nachfolgend werden die Ergebnisse sowie die sich ergebenden Fragen im Plenum diskutiert. Mögliche Leitfragen könnten z. B. sein:
  - ◦ Wie können wir unseren erhöhten Ressourcenbedarf ausgleichen bzw. verringern? (z. B. Nutzung erneuerbarer Ressourcen, Recycling, eingeschränkter Konsum & Lebensstandard, CO_2-Steuer, längere Nutzungsdauer von Gütern, …)
  - ◦ Wie können wir Treibhausgase reduzieren bzw. zusätzlich speichern? (z. B. Bäume pflanzen bzw. Waldflächen vergrößern, (Regen)Wald schützen, naturbasierter Klimaschutz, neue Technologien zur Speicherung von CO_2, …)
- Anschließend wird im Plenum über eine Modifikation der Spielregeln diskutiert, mit dem Ziel, wieder eine Balance im Wald-Mensch-Klima-System herzustellen. Dabei sollen die TN konkrete Handlungs- bzw. Lösungsansätze für eine nachhaltige Entwicklung identifizieren und diese auf die Spielregeln übertragen.

4. (optional): Mensch-Wald-Klima-Balance („Dauerhaft-nachhaltig“)

- Ergänzend kann eine letzte Spielrunde gespielt werden, in welcher die erarbeiteten und in die Spielregeln integrierten Lösungsansätze ausprobiert werden.

Praxisschlaglicht

Wird die Staffel mit Wettbewerbs-Charakter durchgeführt, so führen die „geheimen Regeln“ in Spielrunde 2 (Mensch und Klima holen sich jeweils 2 Stöcke) zu emotionaler Betroffenheit bei der Gruppe Wald. Die Voraussetzungen werden als ungerecht empfunden und laden dazu ein, den Sinn von Gerechtigkeit zu diskutieren.

Helfende Organisation

www.hausdeswaldes.de, https://www.hswt.de/robert-vogl

Wirkfeld der Methode

- Wirksam für Herausforderungen mit mittlerer Komplexität
- Wirksam für Herausforderungen mit niedriger Komplexität
- Wirksam für nachhaltiges Produktdesign
- Wirksam für nachhaltiges Prozessdesign
- Wirksam für nachhaltiges Business Model Design

Transformationsfähigkeit Ihres Teams

- Fördert die Sensibilisierung
- Fördert die Agilität eines Teams
- Fördert die Teamkreativität
- Fördert die allgemeine Transformationsfähigkeit des Teams
- Fördert offene Mindsets und innovative Denkhaltungen
- Sorgt für Inspiration oder bessere Inspirationsempfindlichkeit
- Zahlt auf eine bessere Vorstellungskraft ein
- Zahlt auf eine bessere Wahrnehmung ein
- Erhöht die Lösungsorientierung

Einsatzcharakteristik/Arbeitsrahmen

- Austauschfokus: vornehmlich mit internen Personen
- Austauschfokus: vornehmlich mit internen und externen Personen
- Durchführungszeit: gering bis mittel (< 1 Stunde bis < 1 Tag)
- Einsatzfrequenz: vornehmlich im einmaligen Einsatz
- Einsatzradius: vornehmlich im Teameinsatz
- Komplexität für den Moderator: eher mittel
- Komplexität für die Teilnehmer: eher mittel
- Teamgröße: Mittelgroße Teams möglich (5 bis 20 Teilnehmer)
- Vorbereitungszeit: eher gering (< 1 Stunde)

Input für eine zielführende Arbeit mit der Methode

- Aktuell existierende Geschäftsmodelle
- Aktuelle Herausforderung, Leitfrage, Problem
- Ideen und Projekte, die zur Umsetzung anstehen
- Verschiedene Meinungen und Blickwinkel
- Vorhandenes Wissen und Erfahrungen
- Ideen, Lösungsansätze, Vorideen, Varianten
- Merkmale der gegebenen Herausforderung
- Trends und Zukunftsentwicklungen
- Umfeldbeobachtungen, Umfeldanalysen

Output und beobachtete Ergebnisse der Methode

- Erzeugt Ideen, Lösungsansätze, Vorideen, Möglichkeiten
- Erzeugt Ideensuchfelder, unentdeckte Probleme, Inspiration
- Erzeugt Leitfragen für die Ideenfindung
- Erzeugt Priorisierungen
- Erzeugt besseren Teamspirit, mehr Offenheit, Inspirationsempfindlichkeit

Hinderniseffekte, auf die die Methode positiv wirkt

- Dynamisiert und aktiviert wenig dynamische Teams
- Fördert die Agilität der Teilnehmer
- Schafft für den Erfolg nötige Realitätsbezüge
- Schärft eine fehlende gemeinsame Ausrichtung
- Stärkt das Vertrauen im Team
- Verhindert einseitige Bewertungen und Entscheidungen
- Verkürzt und durchbricht vorhandene Kreativblockaden
- Wirkt fehlender Inspiration entgegen
- Überzeugt strukturliebende Teammitglieder
- Überzeugt Zweifler, Bewahrer, Kritiker

Mögliche Extravorteile der Methode

- Möglicher Extravorteil für agile Teams
- Möglicher Extravorteil für innovativ ungeübte Teams
- Möglicher Extravorteil für in Nachhaltigkeitsthemen ungeübte Teams

Quellen

Buch – Das Wald Buch. Esther Gonstalla (Oekom, 2021)
Buch – Denken und Handeln in Ökosystemen. Klaus-Stephan Otto
Buch – Evolutions-Management. Klaus-Stephan Otto, Uwe Nolting & Christel Bässler (Hanser, 2007)
Buch – Forstliche Bildungsarbeit. Hrsg.: Bayerisches Staatsministerium für Ernährung, Landwirtschaft und Forsten, 8. Aufl. (2017).
Buch – Mensch-Wald-Klima in Balance (Karte 11), Hrsg. ForstBW und Landesforstverwaltung BW
Buch – Praxishandbuch der Waldpädagogik. Frank Hoffmann, (wbv-Media GmbH, 2023)
Organisation – www.bnw-bundesverband.de/
Organisation – www.duh.de
Organisation – www.hausdeswaldes.de
Organisation – www.klima-allianz.de
Organisation – www.nabu.de
Organisation – www.tinekiefl.de
Person – Dr. Stefan Rösler, roesler@oecoach.de
Person – Prof. Robert Vogl, robert.vogl@hswt.de
Person – Tine Kiefl, info@tinekiefl.de
Buch – Stefan Rösler & Tina Teucher; in Ternès & Englert (Hrsg.): Integriertes Nachhaltigkeitsmanagement, S. 193–209 (Springer, 2019)
Web – https://helmholtz-klima.de/aktuelles/wald-klima (abgerufen am 17.09.2023)

Mission Model Canvas

EinSatzBeschreibung

Der Mission Model Canvas ist eine modifizierte Version des Business Model Canvas, maßgeschneidert für missionsorientierte Organisationen, einschließlich Institutionen des öffentlichen Sektors und gemeinnütziger Einrichtungen, wobei sich der Schwerpunkt von ausschließlich finanziellen Ambitionen hin zur Verwirklichung einer höheren Mission verschiebt.

Working Guide/Anwendungsfelder

P1 Sensibilisierung/Bildung	P2 Matching Recht/Gesetz	P3 Sustainability Roadmap	P4 Produkt/Prozessdesign	P5 Implementierung/Monitoring	P6 Kommunikation	P7 Organisation	P8 Führung	P9 Business Model Design	P10 Skalierung
X								X	

Beschreibung

Die Strategieexperten Steve Blank und Alex Osterwalder haben das Mission Model Canvas konzipiert, eine spezialisierte Variante des Business Model Canvas, die sich an Organisationen richtet, für die die Erzielung einer positiven Wirkung über die Generierung von Umsatz hinausgeht. In der Entwicklung dieser Methode standen sie vor der Herausforderung, ein Instrument zu schaffen, das für Organisationen geeignet ist, deren primäres Ziel nicht die Umsatzsteigerung, sondern die Verwirklichung einer bestimmten Mission ist.

In diesem Kontext wird die traditionelle Erfolgsmetrik, die sich auf Umsatzerlöse konzentriert, irrelevant. Stattdessen liegt der Fokus darauf, Ressourcen und Budgets effektiv zu mobilisieren, um spezifische Probleme zu lösen und einen Mehrwert für eine Vielzahl von Stakeholdern, einschließlich Partner und unterstützenden Organisationen, zu schaffen.

Daher war der erste entscheidende Schritt in der Entwicklung des Mission Model Canvas die Modifikation des Revenue-Feldes, um eine adäquate Methode zur Erfolgsmessung zu integrieren, die die spezifischen Bedürfnisse und Ziele missionsorientierter Organisationen berücksichtigt. Diese Alternative wurde Mission Achievement bezeichnet.

Der Mission Model Canvas erforderte die folgenden vier zusätzlichen Anpassungen:

- Customer Segments ersetzt durch Beneficiaries.
- Cost Structure ersetzt durch Mission Cost/Budget.
- Channel ersetzt durch Deployment.
- Customer Relationships ersetzt durch Buy-in/Support.

Durchführung

Der Mission Model Canvas stellt eine Methode dar, welche Unternehmen im Bereich der Nachhaltigkeit sowie gemeinnützigen Einrichtungen die Definition ihres Geschäftsmodells erleichtert. Sie interagieren mit einer breiten Palette von Begünstigten und Stakeholdern, was sie deutlich von konventionellen, auf Gewinn ausgerichteten Unternehmen unterscheidet. Die Methode umfasst neun Kernelemente, die die essenziellen Bausteine eines erfolgreichen Missionsmodells repräsentieren.

Beneficiaries: Der Baustein Beneficiaries spezifiziert die präzisen Zielgruppen und Stakeholder, die von der Organisation unterstützt werden sollen. Der Erfolg einer Mission misst sich am erzielten Mehrwert für den Begünstigten. Die Mission strebt danach, deren spezifische Bedürfnisse zu adressieren. Je nach Bedarf, Situation oder weiteren prägnanten Eigenschaften können die Begünstigten in unterschiedliche Gruppen kategorisiert werden.

Value Proposition: Die Value Proposition spezifiziert den Mehrwert, den die Organisation ihren Begünstigten offeriert. Ohne einen konkreten Nutzen für die Zielgruppen verliert eine missionsorientierte Organisation ihre Relevanz. Sie sollte einen signifikanten Wert darstellen und einen greifbaren Einfluss auf das Leben der Begünstigten haben. Das Wertangebot setzt sich aus den bereitgestellten Produkten oder Dienstleistungen zusammen, die den Anforderungen der Zielgruppen gerecht werden.

Mission Achievement/Impact Factors: Der Baustein Mission Achievement/Impact Factors legt die Maßstäbe fest, anhand derer der Erfolg der Mission bewertet wird. Hier sollten die Ziele, die die Organisation zu erreichen versucht, quantifizierbar dargestellt werden.

Deployment: Der Baustein Deployment skizziert, wie das Produkt oder die Dienstleistung den Zielbegünstigten zugutekommen wird. Es ist notwendig, den spezifischen Einsatzweg zu kennen,

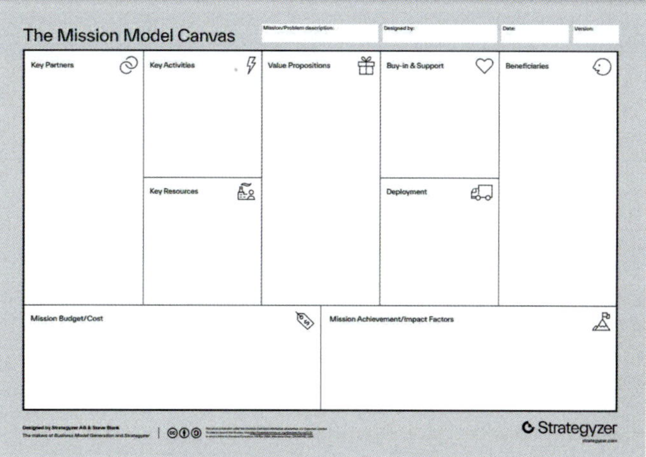

Quelle: www.strategyzer.com

wie die Produkte oder Dienstleistungen den richtigen Personen zugänglich gemacht werden.

Buy-in/Support: Buy-in/Support erfasst die essenziellen Unterstützende, die zur Erreichung der Ziele des Missionsmodells beitragen. Ein isoliertes Vorgehen wird selten zum Erfolg führen. Oftmals sind die Mitwirkung und das Engagement bestimmter Individuen oder Institutionen notwendig. Dieser Baustein motiviert dazu, sich vertieft mit den Schlüsselakteuren zu befassen, die maßgeblich für den Erfolg Ihrer Mission sind und deren anhaltendes Engagement für Ihr Projekt von zentraler Bedeutung ist. Es existieren diverse Hindernisse, die den Erfolg einer Mission beeinträchtigen können. Daher ist es essenziell, sämtliche relevanten Individuen und Institutionen methodisch zu erfassen, die zur Erreichung der Ziele Ihrer Mission beitragen.

Key Resources: Key Resources umfasst die personellen, materiellen, finanziellen und immateriellen Mittel, die zur Erfüllung der Mission notwendig sind.

Key Activities: Der Baustein Key Activities betont die strategischen Maßnahmen, die für die Organisation essenziell sind, um ihre Zielsetzung zu realisieren. Einige dieser Aktivitäten weisen eine derartige Relevanz auf, dass sie kontinuierliche Verbesserung und Perfektion erfordern. Zu den Kernbereichen zählen bspw. das Akquirieren von Spenden und Fördergeldern sowie das Erwerben neuer wissenschaftlicher Erkenntnisse.

Key Partners: Dieser Baustein identifiziert die externen Ressourcen, die strategisch unerlässlich sind, um die Ziele der missionsorientierten Organisation zu verwirklichen. Häufig ist die Organisation nicht in der Lage, ihre Ziele eigenständig zu erreichen und ist daher auf die Zusammenarbeit mit diversen externen Akteuren und Ressourcen angewiesen. Dies könnte die Unterstützung von Freiwilligen, den Zugang zu Forschungserkenntnissen oder neuesten Technologien sowie die Expertise von Privatunternehmen involvieren.

Mission Cost/Budget: Mission Cost/Budget beinhaltet das Budget (+) sowie die zugehörigen Kosten (–), die für die Organisation notwendig sind, um ihre Mission zu realisieren. Die Verfügbarkeit finanzieller Ressourcen ermöglicht es, zahlreiche Akteure zu mobilisieren und gemeinsam den vorgesehenen Mehrwert für die Begünstigten zu schaffen. In diesem Kontext sind bestimmte wirtschaftliche Kosten integraler Bestandteil des Prozesses zur Erreichung der Missionsziele.

Wirkfeld der Methode

- Wirksam für Herausforderungen mit hoher Komplexität
- Wirksam für Herausforderungen mit mittlerer Komplexität
- Wirksam für nachhaltiges Business Model Design

Transformationsfähigkeit Ihres Teams

- Fördert die Sensibilisierung
- Fördert die allgemeine Transformationsfähigkeit des Teams
- Fördert offene Mindsets und innovative Denkhaltungen
- Zahlt auf eine bessere Vorstellungskraft ein
- Zahlt auf eine bessere Wahrnehmung ein
- Erhöht die Lösungsorientierung

Einsatzcharakteristik/Arbeitsrahmen

- Austauschfokus: vornehmlich mit internen Personen
- Durchführungszeit: eher hoch (> 1 Tag)
- Einsatzfrequenz: sinnvoll im dauerhaften Einsatz
- Einsatzradius: vornehmlich im unternehmensweiten Einsatz
- Komplexität für den Moderator: eher mittel
- Komplexität für die Teilnehmer: eher hoch
- Teamgröße: Einzelpersonennutzung möglich
- Teamgröße: Kleingruppe möglich (3 bis 5 Teilnehmer)
- Teamgröße: Mittelgroße Teams möglich (5 bis 20 Teilnehmer)
- Vorbereitungszeit: eher gering (< 1 Stunde)

Input für eine zielführende Arbeit mit der Methode

- Aktuell existierende Geschäftsmodelle
- Aktuell existierende Produkte und Services
- Aktuelle Herausforderung, Leitfrage, Problem

Output und beobachtete Ergebnisse der Methode

- Erzeugt Ideen für neue Märkte und neue Business Modelle
- Erzeugt Ideensuchfelder, unentdeckte Probleme, Inspiration
- Erzeugt spezifischere Leitfragen, Ideen und Aussagen
- Erzeugt eine Vision oder Zukunftsbild
- Identifiziert vorhandene Schwachstellen
- Identifiziert vorhandene Stärken
- Macht Wirkzusammenhänge sichtbar

Hinderniseffekte, auf die die Methode positiv wirkt

- Beugt Missinterpretationen vor
- Beugt blinden Flecken/Betriebsblindheit vor
- Bewahrt vor zu generischen Ideen und Aussagen
- Schafft für den Erfolg nötige Realitätsbezüge
- Schafft schnell Klarheit und beschleunigt Erkenntnisgewinn
- Schärft eine fehlende gemeinsame Ausrichtung
- Verhindert unreflektiertes agieren
- Verringert zu große Komplexitäten
- Wirkt fehlender Inspiration entgegen
- Überzeugt strukturliebende Teammitglieder

Mögliche Extravorteile der Methode

- Möglicher Extravorteil für Teams in einer Komfortsituation
- Möglicher Extravorteil für Teams mit einem starkem Auftragsmandat
- Möglicher Extravorteil für agile Teams
- Möglicher Extravorteil für innovativ erfahrene Teams

Quellen

Web – https://www.strategyzer.com/library/the-mission-model-canvas (abgerufen am 30. August 2023)
Web – https://www.strategyzer.com/library/webinar-replay-business-model-design-for-mission-driven-organizations (abgerufen am 30. August 2023)
Web – https://steveblank.com/2016/02/23/the-mission-model-canvas-an-adapted-business-model-canvas-for-mission-driven-organizations (abgerufen am 30. August 2023)
Web – https://steveblank.com/2019/09/24/mission-model-canvas-the-videos (abgerufen am 30. August 2023)

Mit allen Sinnen

EinSatzBeschreibung

Diese Outdoor-Übung schärft das Sinnesbewusstsein, die differenzierte Wahrnehmung mit allen Sinnen sowie die Konzentrations- und Fokussierungsfähigkeit und fördert dadurch eine bewusstere und ganzheitlichere Umfeldwahrnehmung.

Working Guide/Anwendungsfelder

P1 Sensibilisierung/Bildung	P2 Matching Recht/Gesetz	P3 Sustainability Roadmap	P4 Produkt/Prozessdesign	P5 Implementierung/Monitoring	P6 Kommunikation	P7 Organisation	P8 Führung	P9 Business Model Design	P10 Skalierung
X					X		X		

Beschreibung

Intakte Natur schafft per se einen Rahmen für Entspannung und Entschleunigung. In besonderer Weise gilt dies für Wälder, die als flächige, hochgewachsene und strukturreiche Ökosysteme zu allen Jahreszeiten ein Gefühl von Schutz und Geborgenheit vermitteln. Verstärkt wird dieses positive Grundgefühl dadurch, dass Wälder zu jeder Jahreszeit ein ausgleichendes Kleinklima haben. Im Vergleich zur freien Landschaft mildern sie im Sommer die Hitze und im Winter Kälte und Wind.

Bei einem ersten Rundblick im Wald zeigen sich unterschiedliche Baumarten, alte und junge Bäume, individuell verschiedene Baumformen, Blätter und Nadeln in verschiedenen Farben, Knospen und Zapfen. Und neben den Bäumen natürlich eine Vielzahl unterschiedlicher Sträucher, Stauden, Farne, Gräser, Moose und Flechten. Je genauer wir schauen, desto mehr entdecken wir auch noch größere oder kleinere Tiere wie ein Reh, einen Eichelhäher, eine Spinne, einen Schmetterling oder eine Waldameise. Aber auch ohne jede vertiefte Artenkenntnis stellt sich beim Betreten des Waldes aufgrund dieser wohltuend vielfältigen, aber gleichzeitig beruhigenden Kulisse meist schon nach kurzer Zeit ein Gefühl des „Herunterkommens", des Loslassens und der Gelassenheit ein.

Neben all den beschriebenen, optisch wahrgenommenen Eindrücken, Phänomenen und Reizen berührt und sensibilisiert der Wald aber neben unseren Augen auch alle unsere anderen Sinne. Wir spüren den befestigten Waldweg oder den weichen Waldboden unter den Füßen – und hören Vogelstimmen, trommelnde Spechte, zirpende Grillen und summende Insekten. Wir riechen Harz, Waldboden, junge Fichtennadeln und Pilze – und wir spüren die Sonnenstrahlen und den Wind. Wenn wir zusätzlich noch Mund und Hände aktivieren, dann können wir zudem Walderdbeeren, Bärlauch, Sauerklee und Bucheckern schmecken – und Rinde, Wurzeln, Blätter, Moos und Steine fühlen.

Darüber hinaus nehmen wir über Lunge und Haut ganz unbewusst Terpene auf, die als ätherische Öle aus Blättern, Nadeln und Rinde von Bäumen und anderen Waldpflanzen ausgedünstet werden. Auch im Winterhalbjahr, wenn die Laubbäume ihre Blätter abgeworfen haben, dünsten die Nadeln der Fichten, Tannen und Kiefern weiterhin Terpene aus. Diese haben eine vielfältige Wirkung auf den menschlichen Körper: Sie aktivieren unsere Immunzellen, v. a. die natürlichen Killerzellen, und stärken damit unser Immunsystem. Außerdem wirken sie positiv auf unseren Parasympathikus, der das vegetative Nervensystem beruhigt und dem Stress entgegenwirkt, fördern in positiver Weise unsere Grundstimmung und unterstützen die allgemeine Regeneration.

Der Gesamtkomplex aus der Vielfalt und Schönheit von Wäldern, aus Sinneseindrücken, unbewussten Empfindungen und aufgenommenen Terpenen erklärt die therapeutische Wirkung des Waldes auf Körper und Seele. Auf dieser Stärkung und Regeneration unserer körperlichen und mentalen Gesundheit basieren auch

Waldgerüche wahrnehmen und erkennen (Foto: Tine Kiefl)

Erfolg und Beliebtheit des „Waldbadens", das inzwischen als eine Maßnahme allgemeiner Gesundheitsvorsorge breite Anerkennung findet. Denn bereits ein kurzes Waldbad verbessert Atmung, Puls und Blutdruck, sodass diese Art von Natur-Therapie zunehmend auch gegen Burn-out oder Herzkreislauf-Erkrankungen empfohlen wird.

Die hier beschriebene Methode „Mit allen Sinnen" greift das vielfältige Leben im Ökosystem Wald auf. Gerade als Kontrast zur urbanen und besiedelten Umwelt, die mit all ihren künstlichen Reizen an Lärm, Licht, Abgasen, Glas, Metall, Beton und Asphalt die Mehrzahl der Menschen tagtäglich umgibt und vielfach als „Stress" empfunden wird, bildet der Wald einen wohltuenden Kontrast. Die auch im Wald in üppiger Vielfalt auf alle unsere Sinne einwirkenden Reize natürlicher Art werden jedoch fast ausschließlich als wohltuend empfunden. Dies ist mit großer Wahrscheinlichkeit auf unsere Stammesgeschichte als ursprünglich in freier Natur, vor allem in Savannen und lichten Wäldern lebende „Säugetiere" zurückzuführen.

Das Ziel dieser Übung ist es, das Sinnesbewusstsein zu schärfen, für eine differenzierte Wahrnehmung mit allen Sinnen zu sensibilisieren und dadurch gleichzeitig die Konzentrations- und Fokussierungsfähigkeit stärken. Diese ganzheitliche Art der achtsamen Sinneswahrnehmung fördert eine bewusstere Umfeldwahrnehmung und trägt dadurch auch zu einer Weiterentwicklung des individuellen Nachhaltigkeits-Bewusstseins bei.

Durchführung

Wie bei allen Outdoor-Methoden gilt auch für die Methode „Mit allen Sinnen", dass vor Beginn der Übung zwei organisatorische Schritte vorzuschalten sind. Zunächst die Klärung der Wettervorhersage, um naturbedingte Gefahren aufgrund von Gewitter, Starkwind oder Platzregen auszuschließen und um die Veranstaltung bei entsprechender Gefährdungslage durch herabstürzende Äste oder Blitzschlag ggf. kurzfristig absagen zu können. Zum anderen die Suche und Auswahl einer geeigneten Wegstrecke, im Idealfall einem Rundweg mit einer maximalen Gehzeit von einer Stunde. Dieser Weg sollte möglichst wenig durch vom Menschen verursachte Störungen beeinträchtigt sein (Verkehrslärm, starker Besucherverkehr, Konfliktpotenzial mit Reitern, Joggern oder Mountainbikern) und gleichzeitig möglichst viele und vielfältige Sinneseindrücke ermöglichen.

Das Sinneserleben kann von einem einzelnen Trainer sowohl mit Einzelpersonen oder Kleingruppen als auch mit größeren Gruppen von bis zu ca. 40 Personen durchgeführt werden. In der Regel treffen sich die Teilnehmer an einer ÖPNV-Haltestelle oder an einem Parkplatz in fußläufiger Entfernung zu einem größeren, möglichst ruhig gelegenen Waldstück. Dort erfolgt noch vor Eintreten in den Wald die offizielle Begrüßung mit organisatorischen Hinweisen (Dauer der Veranstaltung, Streckenführung, Geländebeschaffenheit, mögliche Gefahren, nächst gelegene Toiletten) und einer kurzen Einführung in das Format.

Diese inhaltliche Einführung am Treffpunkt ermöglicht es, bewusst auf das nun langsame Überwechseln aus einer stark vom Menschen geprägten Kulturlandschaft mit spezifischen Merkmalen (Haltestelle, Straße, Verkehrsschilder, Fahrzeuge, Fahrräder, Parkplätze) und Sinneseindrücken (Verkehrslärm, Abgase, Rufe und Gespräche, Hundegebell, Sportplatzgeräusche) in eine von der Natur dominierte Waldlandschaft hinzuweisen. Das bewusste Erleben dieses gleitenden Übergangs aus der vom Menschen geprägten Kulturlandschaft in das selbst im Falle eines Wirtschaftswalds meist vergleichsweise natürliche Ökosystem Wald ist ein wichtiger Bestandteil dieser Übung.

Bäume mit ihren Artmerkmalen als einzigartige Individuen ertasten (Quelle: https://www.schwarzwaelder-bote.de)

Nach welchen konkreten Ablaufschritten der Spaziergang „Mit allen Sinnen" durchgeführt wird, ist sehr variabel. Dies richtet sich vor allem nach der vereinbarten Veranstaltungsdauer, der Weglänge, den verfügbaren Sinneseindrücken, der Witterung, den Teilnehmenden (Familien mit Kindern, Jugendliche, Senioren) und möglichen körperlichen Einschränkungen der Teilnehmenden. Nachfolgend findet sich eine Sammlung möglicher Ablaufschritte für die Durchführung der Übung:

- Der Trainer weist darauf hin, dass die Teilnehmenden ihm nun auf dem Weg in den Wald folgen, dabei bewusst den Übergang in den Wald wahrnehmen und möglichst alle ihre Sinne „auf Empfang" stellen sollen
- Der erste Halt sollte ca. 100 Meter im Waldinnern liegen, von wo aus man noch zum Waldeingang zurückschauen kann, aber doch bereits das Gefühl hat, im Wald angekommen zu sein. Hier findet eine erste Abfrage statt, wie der Unterschied zwischen Kulturlandschaft und Wald sowie der Übergang vom Ausgangspunkt bis hierher wahrgenommen wurde.
- Die nächste Aufgabe besteht darin, langsam, schweigend und möglichst geräuschlos ca. drei bis fünf Minuten lang dem Weg zu folgen und gezielt möglichst viele Sinneseindrücke aufzunehmen.
- Beim nächsten Halt erfolgt ein Austausch zu den gesammelten Eindrücken. Die meisten Wahrnehmungen erfolgen erfahrungsgemäß über die Augen und die Ohren. Hier erfolgt die Erklärung, dass wir Menschen „Augentiere" sind, da wir 83 Prozent unserer Alltagsinformationen über die Augen wahrnehmen. Nicht umsonst heißt es auch „Ein Bild sagt mehr als tausend Worte". Mit 11 Prozent ist das Gehör der zweitwichtigste und mit 3,5 Prozent die Nase der drittwichtigste Sinn. Danach folgen mit nur noch 1,5 Prozent der Tastsinn und mit 1 Prozent der Geschmackssinn.
- Die Gruppe wird nun gebeten, für ca. zwei Minuten die Augen zu schließen und darauf zu achten, wie sich die eigene Wahrnehmung dadurch verändert, dass unser wichtigster Sinn „ausgeschaltet" wird. Im Austausch wird deutlich, dass nun die mit den Ohren wahrgenommenen Geräusche wesentlich konkreter

beschrieben werden. Z. B. nicht nur „Vogelgezwitscher", sondern mindestens 5 verschiedene Vogelarten aus dieser oder jener Richtung. Auch die durch die Gruppe selbst verursachten Geräusche werden nun intensiver thematisiert, z. B. das Knirschen unter den Schuhen, das Rascheln der Kleidung, ein Räuspern oder der eigene Atem. Auch weitere, nicht mit den Augen zu erfassende Wahrnehmungen werden hier vielfach benannt, z. B. die Sonne auf der Haut, der Windhauch, der Waldgeruch oder das Parfum einer Joggerin.

- Hier wird die Erkenntnis geteilt, dass auch unsere im Alltag wenig benutzten Sinne schnell wieder reaktiviert werden können, sofern dies notwendig erscheint oder gefordert ist. Und dass die Sinneswahrnehmung gezielt trainiert und der Ausfall eines Sinnes durch andere Sinne teilweise kompensiert werden kann. Oder z. B. durch eine Vergrößerung der Ohrmuschelflächen mit dahinter gehaltenen Handflächen deutlich verbessert werden kann.
- Nun werden die Teilnehmer gebeten, sich über die Sinnesorgane und die Kommunikationsmöglichkeiten von Tieren und Pflanzen Gedanken zu machen. Schnell wird bewusst, dass uns viele Tiere bzgl. ihrer Sinneswahrnehmung weit überlegen sind. Und teilweise über Wahrnehmungsmöglichkeiten verfügen, die uns Menschen fehlten. So nutzen z. B. Fledermäuse Ultraschall, Elefanten hören Infraschall, Vögel und Insekten orientieren sich am Magnetfeld der Erde, Zitteraale spüren elektrische Felder und Schlangen nehmen die Infrarotstrahlung ihrer Beute auf und können mit ihrer gespaltenen Zunge in verschiedene Richtungen riechen.
- Vertieft und anschaulich gemacht werden kann dieses Thema durch Ausführungen zur Kommunikation der Tiere im Wald, die dann aber vom Trainer vorbereitet werden müssen. Egal ob Reviergesänge der Vögel, Ultraschall-Ortung der Fledermäuse, Trommeln der Spechte, Revier-Markierung der Füchse und Marder, Schreckrufe der Rehe, Röhren der Hirsche, Warnrufe des Eichelhähers, Leuchtsignale der Glühwürmchen, Zirpen der Grillen, Pheromone der Borkenkäfer, Fiepen der Mäuse, Quaken der Frösche oder Schreckhaltung der Gelbbauchunke – auch die Vielfalt und Variabilität der von den Tieren des Waldes praktizierten Kommunikationsmethoden ist beeindruckend.
- Um unseren dritt-wichtigsten Sinn, die Nase, zu trainieren, können nun Riechproben aus dem Wald gesammelt werden. Die meisten Pflanzenarten haben einen ganz spezifischen eigenen Duft, so z. B. Knoblauchrauke, Maiglöckchen, Waldmeister und Katzenminze. Auch die Nadeln von Fichte, Tanne, Lärche, Kiefer und Douglasie riechen unterschiedlich. Für Riechproben kann zudem auch Rinde, Pilze, vermodertes Holz, Moos, Harz u. a. gesammelt werden. Am besten werden die gesammelten Düfte in Kleingruppen ausgetauscht, verglichen und besprochen.
- Auch der Tastsinn kann sehr einfach trainiert werden, egal ob allein, zu zweit oder in der Gruppe.
  - Entweder jeder Teilnehmer setzt sich allein für sich an den Fuß eines Baumes, schließt die Augen und ertastet mit langsamer Bewegung, vorsichtig und in aller Ruhe seine Umgebung am Boden, am Stammfuß und am Baumstamm und versucht das Gefühlte zu identifizieren. Oder dieselbe Übung wird in Zweier-Gruppen durchgeführt, sodass immer eine Person mit geschlossenen Augen fühlt und die zweite Person mit offenen Augen steuernd eingreifen kann, damit keine Dornen oder Brennnesseln angefasst werden. Zudem kann die zweite Person ihren Partner gezielt auf noch nicht gefühlte Gegenstände aufmerksam machen oder besonders interessante Gegenstände zum Ertasten reichen und sich beschreiben lassen, was der nicht-sehende Partner erfühlt. Danach werden die Rollen getauscht.
  - In einer Gruppe kann der Tastsinn geübt werden, indem jeder Teilnehmer sich im Wald einen handlichen (nicht unangenehmen, giftigen oder verletzenden!) Gegenstand sucht und diesen für die anderen Teilnehmer unsichtbar hinter seinem Rücken hält. Danach stellt sich die Gruppe im Kreis auf und schließt die Augen. Nun werden die Gegenstände immer auf ein Zeichen hin im Uhrzeigersinn eine Person weitergereicht, bis die Ausgangssituation wieder erreicht ist. Nun werden von den Teilnehmern die Namen der nicht eigenen, ertasteten Gegenstände in den Kreis gerufen und daraufhin von deren Besitzern in die Kreismitte gelegt. Nicht identifizierte Gegenstände können in einer zweiten Runde noch einmal durchgereicht werden, bis auch sie richtig erraten wurden.
  - Je nach verfügbarer Zeit, Witterung, Temperatur und Eignung des Waldbodens kann das haptische Erleben natürlich auch über die Fußsohlen gehen. Falls in den Weg integrierbar, wird ein vorhandener Barfuß-Pfad genutzt. Ansonsten eignet sich auch fast jeder nicht zu stark bewachsene Waldboden für ein Barfuß-Gehen und das bewusste Erspüren unterschiedlicher Substrate wie Blätter, Nadeln, Wurzeln oder Steine mit den Fußsohlen.
- Um den Geschmackssinn zu üben, müssen Trainer und/oder Teilnehmer über gute Arten-Kenntnisse verfügen, damit keine giftigen, ungenießbaren oder unbekömmlichen Pflanzen oder Substanzen getestet werden. Schmackhaftes aus dem Wald sind z. B. Himbeeren, Heidelbeeren, Brombeeren, junge Fichten- und Tannentriebe, Sauerklee, Schopftintling, Haselnüsse, Bucheckern, Minzblätter, Bärlauch und Gänseblümchen. Viele Wald- und Wiesen-Pflanzenarten können auch als Tee angesetzt werden.
- Sofern Zeit und Interesse bestehen, kann noch eine Übung durchgeführt werden, bei der es um das Entdecken von Tieren geht. Hier gibt es zwei Varianten, die allerdings beide eine gewisse Vorbereitung erfordern.
  - In der einfacheren Variante bringt der Trainer für jeden Teilnehmer eine Becherlupe mit sowie einige weiße Schalen und einen Eimer. Nun werden alle Teilnehmer gebeten, nach Kleintieren Ausschau zu halten und diese vorsichtig und einzeln in eines der vorbereiteten Gefäße zu setzen. Dann können die Tiere in den Gefäßen in Ruhe beobachtet und in der Gruppe besprochen werden, bevor sie nach möglichst kurzer Zeit an ihrem jeweiligen Fundort wieder freigelassen werden.
  - Die aufwendigere Variante erfordert eine Vorbereitung durch den Trainer, bevor die Gruppe in den Wald kommt. Er bringt 8 – 10 vorbereitete, wetterfeste und unterschiedlich große Tiersilhouetten von Tieren des Waldes in möglichst natürlicher Größe mit (z. B. Reh, Wildschwein, Dachs, Fuchs, Hase, Sperber, Eichelhäher, Ringeltaube, Buntspecht, Zaunkönig) Diese versteckt er entlang eines imaginären nur ihm bekannten Wegs innerhalb des Waldes auf unterschiedlicher Höhe am Boden, auf Baumstümpfen, an Stämmen oder in Ästen so, dass sie nicht auf den ersten Blick zu entdecken sind. Die Gruppe sammelt sich am Wegrand und wird gebeten, im Gänsemarsch dem Trainer durch den Wald zu folgen und still nach Tieren Ausschau zu halten, ohne im Falle ihrer Entdeckung auf diese hinzuweisen. Am Ende des Wegs fragt

der Trainer, wer wie viele Tiere gesehen hat und zählt die Meldungen. Nach wie vor wissen die Teilnehmer nicht oder nur wenige von ihnen, dass es nicht primär um das Entdecken wilder Tiere geht, sondern dass Tier-Silhouetten versteckt sind. Daraufhin verrät der Trainer, dass entlang des Weges, der jetzt erneut stumm und ohne Zeichen zu geben in umgekehrter Richtung im Gänsemarsch zurückgegangen wird, mindestens X Tiere (die Anzahl der versteckten Silhouetten) entdeckt werden können. Meist führt dieser Hinweis dazu, dass nun, nachdem die Blicke absolut geschärft sind, die ersten Silhouetten entdeckt werden. Wieder am Ende des Wegs angekommen, fragt der Trainer erneut nach der Anzahl der entdeckten Tiere, die nun erfahrungsgemäß schon deutlich höher liegt, als bei der ersten Begehung. Nun wird der Weg erneut begangen und die Teilnehmer dürfen stumm auf die Tiere zeigen, die sie entlang des Wegs entdeckt haben, sodass alle Teilnehmer die Möglichkeit haben, aufgrund der entsprechenden Hinweise ebenfalls die Tiersilhouetten im Wald zu entdecken. Am Ende wird erneut gefragt, wie viele Tiere gesehen wurden und um welche Arten es sich dabei handelt. Nun ist allen Teilnehmern klar, dass es um das Entdecken der Tiersilhouetten geht. Der Trainer verrät nun, ob alle Tiere entdeckt wurden oder wie viele ggf. noch nicht entdeckt wurden. In diesem Fall erfolgt eine letzte Begehung, bei der nun, gegebenenfalls mit leichtem Nachhelfen durch den Trainer, tatsächlich die gesamte Anzahl der versteckten Tiere entdeckt und benannt werden muss.

Das Fazit dieser Übung ist zu erkennen, wie ein Sinn immer weiter geschärft werden kann, dabei aber in der Regel alle anderen Sinne weitgehend vernachlässigt werden. Wenn der Trainer am Ende der letzten Begehung fragt, wie viele Vogelarten die Gruppe während der Suche nach den Tieren gehört oder welche Gerüche sie wahrgenommen hat, dann herrscht hier oft das sprichwörtliche „Schweigen im Walde“. Denn die Übung erforderte die volle Konzentration auf das visuelle Entdecken der Tiere und führte zum berühmten Tunnel-Blick, der die anderen Sinndes-Wahrnehmungen vorübergehend ausschaltete.

Die Übung „Mit allen Sinnen“ geht weit über ein sinnliches Walderlebnis und eine reine Sinnesschulung hinaus. Es ist eine Achtsamkeitsübung mit vielen unterschiedlichen Facetten. Beim Eintreten in den Wald zu Beginn entschleunigt und beruhigt die Methode, gleichzeitig aber aktiviert sie die Sinne, sensibilisiert für die erfahrbaren Sinnesreize und stärkt die Konzentration und Fokussierung.

Das gefühlte Eintauchen in das Ökosystem Wald und das intensive Naturerleben führt vielfach zu einem Glücksgefühl, ein substanzieller Teil der Natur zu sein. Verstärkt wird dieses Gefühl, indem die Teilnehmer an ihrem jeweiligen Standplatz für die Sinneswahrnehmung bei geschlossenen Augen bewusst und tief ein- und ausatmen und gleichzeitig mit ihren Füßen einen festen Stand suchen und nach und nach gefühlt Wurzeln schlagen. Viele Menschen fühlen in einem solchen Moment das Gefühl „angekommen“ zu sein.

Das individuelle Aktivieren und Schärfen der verschiedenen eigenen Sinne und der anschließende Austausch in der Gruppe dazu sensibilisiert nicht nur für eine sorgfältige und umfassende Umfeldwahrnehmung, sondern auch für gegenseitige Rücksichtnahme sowie Offenheit und Verständnis für abweichende und ergänzende Wahrnehmungen und Empfindungen.

Ohne dass es ausgesprochen werden muss, wächst das Bewusstsein, dass vier Augen mehr sehen als zwei Augen und dass acht Ohren mehr hören als vier Ohren. Und es entsteht die Erkenntnis, dass die Sinneswahrnehmung der Gruppe im Sinne eines Super-Organismus das Sinnes-Potenzial jedes einzelnen bei weitem übersteigt. Es geht dabei nicht um kollektive Intelligenz, sondern um eine kollektive Sinnesschärfung. Mit großem Potenzial, falls ein Transfer in den beruflichen und privaten Alltag versucht wird und gelingen sollte.

Praxisschlaglicht

Nach der Übung „Mit allen Sinnen“ bleibt bei den Teilnehmenden oft ein Gefühl von Achtsamkeit, Klarheit und einer gewissen Demut zurück. Die konzentrierte Sinneswahrnehmung vermittelt oft schon nach kurzer Zeit das ungewohnte, aber angenehme Gefühl, selbst ein Lebewesen im Ökosystem Wald sein und mit den eigenen Sinnen das vielschichtige Leben des Waldes hautnah miterleben zu können und zu dürfen.

Helfende Organisation

www.hausdeswaldes.de, www.naturschule.de

Wirkfeld der Methode

- Wirksam für Herausforderungen mit hoher, mittlerer und niedriger Komplexität
- Wirksam für eine Stärkung des Teamgedankens
- Wirkung für nachhaltiges Gesundheitsmanagement

Transformationsfähigkeit Ihres Teams

- Fördert die Sensibilisierung
- Fördert die Sozialkompetenz
- Fördert die allgemeine Transformationsfähigkeit des Teams
- Zahlt auf eine bessere Wahrnehmung ein
- Zahlt auf ein positives Zukunftsbild ein

Einsatzcharakteristik/Arbeitsrahmen

- Austauschfokus: vornehmlich mit internen und externen Personen
- Durchführungszeit: eher gering (< 1 Stunde)
- Durchführungszeit: eher mittel (> 1 Stunde bis < 1 Tag)
- Einsatzfrequenz: vornehmlich im einmaligen Einsatz
- Einsatzradius: vornehmlich im Teameinsatz
- Komplexität für den Moderator: eher gering
- Komplexität für die Teilnehmer: eher gering
- Teamgröße: Einzelpersonennutzung möglich
- Teamgröße: Kleingruppe möglich (3 bis 5 Teilnehmer)
- Teamgröße: Maxigruppen möglich (20 bis 40 Teilnehmer)
- Teamgröße: Mittelgroße Teams möglich (5 bis 20 Teilnehmer)
- Vorbereitungszeit: eher gering (< 1 Stunde)

Input für eine zielführende Arbeit mit der Methode

- Durchführungszeit, Trainingszeit

Output und beobachtete Ergebnisse der Methode

- Bessere Teamperformance
- Fördert Visionen und Zukunftsbilder
- Fördert größere Klarheit zu einem Thema
- Fördert Agilität im Team
- Erzeugt motiviertere und transformationsfähigere Teilnehmer
- Fördert Konzentrationsfähigkeit
- Fördert Fokussierungs-Kompetenz
- Sensibilisiert für gegenseitige Rücksichtnahme
- Sensibilisiert für Umfeldwahrnehmung
- Fördert emotionalen Abstand und Abgrenzungsfähigkeit

Hinderniseffekte, auf die die Methode positiv wirkt

- Schwächt negative Triggerpunkte
- Stärkt das Vertrauen im Team
- Vermindert einseitige Bewertungen und Entscheidungen
- Fördert Optimismus und Zuversicht

Mögliche Extravorteile der Methode

- Möglicher Extravorteil für Teams in einer Krisensituation
- Möglicher Extravorteil für agile Teams
- Möglicher Extravorteil für innovativ ungeübte Teams
- Möglicher Extravorteil für in Nachhaltigkeitsthemen ungeübte Teams

Quellen

Artikel – Der Wald als Berater und Coach, Stefan Rösler, Forum Nachhaltig Wirtschaften 01/2013- 2013: 66-6
Buch – Praxishandbuch der Waldpädagogik, Frank Hoffmann (wbv-Media GmbH, 2023)
Buch – Arbeitsraum Natur, Carsten Gans et al. (Springer, 2020)
Buch – Coaching-Raum Natur, Kerstin Peter (Schirner, 2020)
Person – Dr. Stefan Rösler, roesler@oecoach.de
Web – www.evoco.de
Web – www.hausdeswaldes.de
Web – www.naturschule.de

Grafik: verrocchio Sustainable Inspiration Card – Malvine Klecha, Hila Attaie und Jennifer van Aerssen (Illustration)

160 Modell der Innovationsfähigkeit von Menschen

EinSatzBeschreibung

Erkenntnisfähigkeit als Teil der selbstverständlichen Alltagsintelligenz ist die Basis für Innovationsfähigkeit.

Working Guide/Anwendungsfelder

P1 Sensibilisierung/Bildung	P2 Matching Recht/Gesetz	P3 Sustainability Roadmap	P4 Produkt/Prozessdesign	P5 Implementierung/Monitoring	P6 Kommunikation	P7 Organisation	P8 Führung	P9 Business Model Design	P10 Skalierung
X			X		X		X		

Beschreibung

Innovationen sind die Triebfeder von Menschen und Wirtschaft und von Nachhaltigkeit. Nur erfolgreiche Innovationen ermöglichen eine erfolgreiche Weiterentwicklung der Unternehmen sowie nachhaltiger Lösungen. Mit dem „Modell der Innovationsfähigkeit von Menschen©" beleuchten wir die grundlegenden Faktoren, welche Innovationen überhaupt erst ermöglichen. Und daraus lassen sich Hebel zur Förderung von Innovationsmechanismen z. B. in Unternehmen ableiten.

Die „selbstverständliche Alltagsintelligenz" sind unbewusst gesteuerte Fähigkeiten und Prozesse des Denkens und Handelns. Ein zentraler Bestandteil dieser selbstverständlichen Alltagsintelligenz ist die Erkenntnisfähigkeit von Menschen. Und diese setzt sich zusammen aus den vier Dimensionen: Sinnlichkeit, Einbildungskraft, Urteilsvermögen und dem Verstand.

Mit Blick auf den Innovationsentstehungsablauf spielen neben der notwendigen „Lust auf Neues" die folgenden vier Innovationsfaktoren eine zentrale Rolle: Inspiration, Kreativität, Bewertung der Idee und Verwertung der Erkenntnisse, zum Beispiel der Umsetzung. Diese für Innovationen zentralen Fähigkeiten finden sich direkt in unserer „selbstverständlichen Alltagsintelligenz" – der Erkenntnisfähigkeit – wieder:

- Die **Sinnlichkeit** macht uns empfänglich für **Inspiration**.
- Die **Einbildungskraft** befeuert unsere **Kreativität**.
- Unser **Urteilsvermögen** ermöglicht uns eine **Bewertung** von Gedanken und Ideen.
- Unser **Verstand** hilft uns diese **Informationen zu verwerten**, d. h. zu erkennen, zu entscheiden und umzusetzen. (Auch unter Zuhilfenahme der drei Forderungen/Denkarten nach I. Kant.)

Unsere selbstverständliche Alltagsintelligenz bildet demnach die Grundlage für unsere Innovationsfähigkeit. Das Zusammenspiel dieser Eigenschaften unserer einzigartigen Erkenntnisfähigkeit lässt uns Menschen Innovationen verwirklichen.

Das Modell bildet die Struktur für Innovationsentstehung und zeigt die Zusammenhänge der Einflussfaktoren. Wenn wir jede dieser Faktoren gezielt fördern und es schaffen, die Lust an Erneuerung zu entfachen und erhalten, stärken wir das Fundament für eine stetige Weiterentwicklung. Anhand des Modells lassen sich hilfreiche Methoden und Tools für den Innovationsentstehungsprozess je nach Phase, Zweck und Zielsetzung verorten. Ein zielgerichteter Einsatz an der richtigen Stelle im Prozess wird sichergestellt.

Ergänzung zum Verstand: Der deutsche Philosoph Immanuel Kant (1724–1804) hat für das Philosophieren drei Forderungen erhoben (die 3 Denkarten):

1. Selbst denken: Man soll also nicht nachbeten, was andere kluge Leute gesagt haben, sondern sein eigenes Denken erproben.

2. Sich jederzeit in einen jeden anderen denken, d. h. Probleme auch aus anderen als der eigenen Perspektive betrachten. Deshalb erwartet man von Philosophen, dass sie einen „Blick fürs Ganze" entwickeln.

3. Jederzeit mit sich einstimmig denken, also prüfen, ob die eigenen Denkergebnisse auch zueinander passen und nicht im Widerspruch zueinanderstehen. So wird man auch angeleitet, kritisch über das eigene Denken nachzudenken.

Durchführung

Das Modell der Innovationsfähigkeit des Menschen© findet Anwendung als Ausgangsstruktur für Innovationsfähigkeit im Unternehmen. Um zur Erkenntnis zu gelangen und nachhaltige Innovationen zu ermöglichen müssen die vier Eigenschaften Sinnlichkeit, Einbildungskraft, Urteilsvermögen und Verstand beim Menschen bedient werden. Erste Erkenntnisse und Handlungsansätze werden durch aktives Beleuchten der Faktoren gewonnen:

Leitfragen Inspiration (Sinnlichkeit):

- Welche Inspirationsquellen mit Fokus Nachhaltigkeit stehen zur Verfügung und werden genutzt?
- Welche Alternativen könnten geschaffen werden, um Emotionen auszulösen und Neugierde zu triggern?
- Welche Sinne werden angesprochen und wie können die Sinne trainiert und geschärft werden?

Leitfragen Kreativität (Einbildungskraft):

- Wie wird Kreativität der Mitarbeiter als Kompetenz gefördert und gefordert? Welche Tools und Methoden sind bekannt und werden genutzt?
- Welche Rahmenbedingungen sind vorhanden für kreatives Denken und Arbeiten?
- Wie lässt sich die Einbildungskraft bei Menschen stärken?

Leitfragen Bewertung (Urteilsvermögen):

- Wie werden Ideen aktuell bewertet und priorisiert? Wie sind die Prozesse gestaltet und welche Werkzeuge werden genutzt?

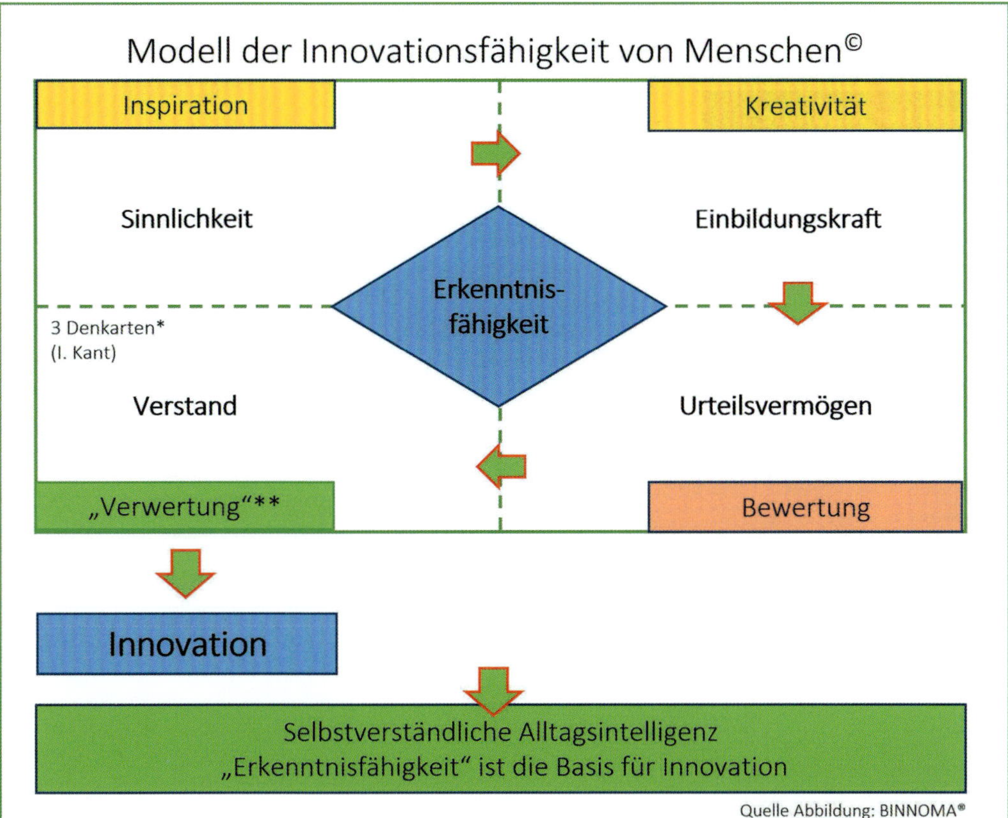

*3 Denkarten von I. Kant:

- Selbstdenken
- Sich in die Stelle eines Anderen denken
- Mit sich selbst einstimmig denken

**Erkennen-Entscheiden-Umsetzen

- Welche Bewertungskriterien sind definiert? Werden Bewertungsräume erweitert (statt eingeengt)
- Welche Berücksichtigung findet dabei Nachhaltigkeit?
- Was benötigen die Menschen, um sich ein Urteil bilden zu können?
- Wie können Perspektivwechsel und Meinungsaustausch aktiv gefördert werden?
- Welche Kompetenzen werden benötigt und wie können diese auf-/ausgebaut werden?

Leitfragen Verwertung (Verstand):

- Wie wird die Umsetzbarkeit einer Idee reflektiert? Was hindert die Mitarbeiter verschiedene Blickwinkel einzunehmen?
- Wie kann Entscheidungskompetenz auf-/ausgebaut werden. Welche Rahmenbedingungen braucht es dafür?
- Wie können die drei Denkarten bei Menschen geschult und der Verstand weiter geschärft werden?
- Wo sehen wir konkreten Bedarf, um die Innovationsfähigkeit auszubauen?

Die Organisationen wählen nach der Identifikation von Handlungsbedarfen jeweils die für sie passenden Methoden und Werkzeuge aus. Diese sollen Inspiration, Kreativität, Bewertungs- und Umsetzungskompetenz unterstützen und damit die Kompetenz für Innovationsentwickelung im Unternehmen fördern.

Wirkfeld der Methode

- Wirksam für Herausforderungen mit hoher Komplexität
- Wirksam für Herausforderungen mit mittlerer Komplexität
- Wirksam für Herausforderungen mit niedriger Komplexität

Transformationsfähigkeit Ihres Teams

- Fördert die Sensibilisierung
- Fördert die Teamkreativität
- Fördert grundlegend die Kreativität
- Fördert offene Mindsets und innovative Denkhaltungen

Einsatzcharakteristik/Arbeitsrahmen

- Austauschfokus: vornehmlich mit internen Personen
- Durchführungszeit: eher hoch (> 1 Tag)
- Einsatzfrequenz: vornehmlich im einmaligen Einsatz
- Einsatzradius: vornehmlich im Teameinsatz
- Einsatzradius: vornehmlich im projektweiten Einsatz
- Einsatzradius: vornehmlich im unternehmensweiten Einsatz
- Komplexität für den Moderator: eher mittel
- Komplexität für die Teilnehmer: eher mittel
- Teamgröße: Einzelpersonennutzung möglich
- Teamgröße: Kleingruppe möglich (3 bis 5 Teilnehmer)
- Teamgröße: Mittelgroße Teams möglich (5 bis 20 Teilnehmer)
- Vorbereitungszeit: eher mittel (> 1 Stunde bis < 1 Tag)

Input für eine zielführende Arbeit mit der Methode

- Beteiligte Personen mit Tätigkeiten und Aufgaben

Output und beobachtete Ergebnisse der Methode

- Erzeugt motiviertere und transformationsfähigere Teilnehmer

Hinderniseffekte, auf die die Methode positiv wirkt

- Schafft schnell Klarheit und beschleunigt Erkenntnisgewinn
- Stärkt schwache Anreicherungsskills
- Verkürzt und durchbricht vorhandene Kreativblockaden
- Wirkt fehlender Inspiration entgegen

Mögliche Extravorteile der Methode

- Möglicher Extravorteil für innovativ ungeübte Teams
- Möglicher Extravorteil für in Nachhaltigkeitsthemen ungeübte Teams

Quellen

Organisation – BöhringerInnovationsManagement, www.binnoma.de
Person – Sabine Böhringer, sabine.boehringer@binnoma.de
Podcast: Künstliche Intelligenz braucht „Werkzeug-Realismus". Reinhard Karger (Gabor Steingart – Der Podcast: Der achte Tag #49, 27.05.2020)
Web – https://de.wikipedia.org/wiki/Innovation; „Das forschende Suchen nach neuen Erkenntnissen oder künstlerischen Lösungswegen und Lösungen setzt Neugier, Kreativität und Lust auf Erneuerung voraus."

Modellierung evolutionärer Entwicklungen

EinSatzBeschreibung

Diese Übung ermöglicht eine mehrdimensionale Darstellung von Entwicklungsprozessen und Biografien – von der Vergangenheit über das Heute bis in die voraussichtliche Zukunft –, sowohl von Organisationen und Unternehmen als auch von gesellschaftlichen Gruppen und Einzelpersonen.

Working Guide/Anwendungsfelder

P1 Sensibilisierung/Bildung	P2 Matching Recht/Gesetz	P3 Sustainability Roadmap	P4 Produkt/Prozessdesign	P5 Implementierung/Monitoring	P6 Kommunikation	P7 Organisation	P8 Führung	P9 Business Model Design	P10 Skalierung
X		X		X					X

Beschreibung

Die Übung „Modellierung evolutionärer Entwicklungen“ eignet sich besonders zur anschaulichen Darstellung von Biografien, Entwicklungslinien und evolutionären Prozessen. Die dreidimensionale Darstellung erleichtert und veranschaulicht die Genese komplexer Entwicklungen von der Vergangenheit über das Heute bis in die voraussichtliche Zukunft. Dabei kann es sich sowohl um die Entwicklungslinien von Organisationen, Unternehmen und gesellschaftlichen Gruppen handeln, als auch um die Entwicklung einzelner Bereiche oder spezifischer Aspekte wie die Entwicklung der Innovationen. Anlass ist vielfach die Notwendigkeit einer tiefer gehenden Bestandsanalyse vor Beginn von strategischen Prozessen oder ganz allgemein von Veränderungsprozessen in der Organisationsentwicklung. Zur Darstellung der biografischen Entwicklungslinie von Einzelpersonen ist diese Methode ebenfalls sehr gut geeignet. Auch hier insbesondere aus Anlass privat oder beruflich bedingter Veränderungssituationen zur Situationsanalyse und Entwicklungsplanung.

Die Modellierung der Entwicklungslinien kann sowohl auf speziell mit Sand präparierten Tischen als auch outdoor in der Natur erfolgen. Die auf diese Weise praktizierbare Mehrdimensionalität ermöglicht im Vergleich zur zweidimensionalen Darstellung auf Pinnwand oder Flipchart eine andere Kreativität, Lebendigkeit und Prozessdynamik in der Darstellung und während des Arbeitsprozesses. Falls technisch möglich, werden etwa tischgroße Sandkästen mit Umrandung in Arbeitshöhe aufgestellt. Auf diese Weise können ergonomisch günstig im Stehen und bei guter Zugänglichkeit von allen Seiten her die Dynamiken der Entwicklung gut dargestellt und herausgearbeitet werden. Alternativ findet die Übung outdoor auf einem natürlichen, modellierbaren Substrat möglich statt, z.B. auf Waldboden, an einem Flussufer oder am Sandstrand, eingeschränkt auch auf Rasen oder auf Waldwegen.

Für die konkrete Darstellung werden die Sandkästen bzw. die natürlichen Modellierungsflächen unterteilt. Auf ungefähr zwei Dritteln der Fläche wird die vergangene Entwicklung dargestellt, auf einem Drittel die voraussichtliche zukünftige Entwicklung. Mit gesammelten Naturmaterialien sowie vorgefertigten und mitgebrachten Symbolfähnchen können Einzelereignisse plastisch dargestellt und während der Bearbeitung gleichzeitig immer wieder flexibel angepasst werden.

Die vorbereiteten Symbolfähnchen eignen sich besonders für die Darstellung positiver bzw. schwieriger Situationen, also Entscheidungspunkten, an denen sich Entwicklungen verzweigen oder zusammenlaufen sowie Sackgassen, bei denen es nicht weitergeht. Sie können daher z.B. mit Symbolen wie Wegegabelung, Stoppschild, Sackgasse, Einbahnstraße, Achtung, Smiley, Sonne, Blitz, Bombe etc. versehen sein. Ergänzt durch die Symbole aus Naturmaterialien (Äste, Steine, Blätter, Früchte, Zapfen, Zweige, Gräser, Moos, Federn etc.) werden auf diese Weise entlang der zunächst grob im Substrat einmodellierten Entwicklungslinien Ziele, Verwerfungen, Brüche, Krisen und Sackgassen auf der Fläche verdeutlicht. Bei Bedarf können zusätzlich auch mit Stichworten beschriebene Kärtchen hinzugefügt werden. Nach und nach verdichten sich die sukzessiven Ergänzungen zu einem Gesamtbild, sodass am Ende eine visualisierte Entwicklungsgeschichte steht.

Diese Art der „Modellierung evolutionärer Entwicklungen“ ist ein Analyse-Bestandteil des evolutionären Managements und wird in modifizierter Form auch im Rahmen der psychosozialen Diagnostik eingesetzt. Während der Entstehung der biografischen Landschaften und Sandbilder entstehen durch die Berührung der Hände mit den Substraten auch Emotionen. Normalerweise nutzen wir unseren Tastsinn mit 1,5 Prozent unserer durchschnittlichen individuellen Informationswahrnehmung nur sehr wenig. Durch das Modellieren des Substrats und die Gestaltung des Sandes sowie das Greifen, Platzieren und Anpassen der vielfältigen Symbole fördert diese haptische Übung ganz nebenbei auch die Sinneswahrnehmung und trägt zur Bewusstseinserweiterung bei.

Hauptziel der Übung ist es, einen Überblick über die Entwicklungsgeschichte und die voraussichtliche oder gewünschte Zukunft der Organisation, der dargestellten Thematik oder der eigenen Biografie zu gewinnen. Aufgrund der drei Darstellungs-Schritte von der Vergangenheit über das Heute in die Zukunft spannt die Übung einen verbindenden Entwicklungsbogen. Das Einbeziehen der Vergangenheit und die Darstellung und Analyse der verschiedenen Entwicklungslinien vor der Befassung mit der Zukunft unterstreicht den ganzheitlichen Ansatz, wie er nachhaltige Entwicklung kennzeichnet.

Durchführung

Vor Beginn der Übung sind folgende Fragen zu klären

- Wie ist die Witterung? Kann die Übung im Freien stattfinden oder ist ein geschlossener Raum bzw. eine Überdachung im Freien notwendig?

- Wie viele Teilnehmer sind es? Werden Gruppen-Themen, Einzel-Themen, spezifische Fragestellungen oder Einzel-Biografien bearbeitet?
- Ist sichergestellt, dass die Teilnehmer hierarchiefrei, offen und vertrauensvoll arbeiten und sich im Team oder einzeln gegenseitig unterstützend austauschen können?
- Gibt es gesetzte Themen oder werden die Themen bzw. Anliegen erst durch Abfrage geklärt?
- Wo konkret werden die Übungen durchgeführt? Auf vorhandenen Sandtischen vor Ort und/oder outdoor mit Naturmaterialien auf dem Boden?
- Stehen vorbereitete Symbole bzw. Symbolfähnchen zur Verfügung oder sollen diese von den Teilnehmern selbst angefertigt werden?
- Stehen ausreichend Naturmaterialien zur Verfügung oder müssen diese vor oder während der Übung noch gesammelt werden?
- Wie und von wem werden die Entwicklungs-Schritte und Ergebnisse dokumentiert? Pinnwände, Foto-Protokoll?

Nachdem die organisatorischen Fragen geklärt und die notwendigen Vorbereitungen getroffen sind, folgt die eigentliche Übung

- Thematische und methodische Einführung im Plenum
  - Verweis auf Evolutionsmanagement als Herkunft der Evolutionslinie
  - Hinweis darauf, dass die Stärken einer Organisation nicht nur durch eine Momentaufnahme widergespiegelt werden, sondern dass sie gewachsen sind. Wissen und Erfahrungen sammeln sich erst mit der Zeit an
  - Besprechung des Ablaufs, Erläuterung der Symbole, ggf. Austeilen eines Anleitungsblatts mit den Symbolen
  - Identifikation und Festlegen einer konkreten Fragestellung, die mit der Darstellung der Entwicklungslinie beantwortet werden soll
  - Betonen, dass die Dynamik der Organisations- bzw. Persönlichkeits-Entwicklung im Bild deutlich werden soll
- Örtlichkeit und Darstellungsformen wählen: Indoor/outdoor, im Sandkasten, auf dem Fußboden, im Wald, auf Sand
  - Arbeit in einer Gruppe bzw. in Kleingruppen: Darstellung der vergangenen und der zukünftigen Entwicklungslinie je Gruppe
  - Arbeit mit Einzelpersonen: Darstellung der individuellen Biografie und Entwicklungslinie
- Präsentation, Diskussion und Ergänzungen im Plenum bzw. kollegiale Beratungen
- Auswertung und Auswertungsfragen:
  - Welche Linien und Muster erkennen Sie?
  - Welche Stärken und welche Schwächen zeigen sich?
  - Was können wir aus der Vergangenheit für die Zukunft lernen?
- *Variante:* Bei vielen Teilnehmenden und langer Betriebszugehörigkeit können auch einzelne Zeitabschnitte pro Gruppe gestaltet werden, sodass sich hinterher eine Gesamtlinie ergibt.
- Foto-Dokumentation der Ergebnisse bzw. Teilergebnisse nach individueller Zustimmung der Teilnehmer

Aufbauend auf das dargestellte Ergebnis dieser Übung sind ergänzende und vertiefende Bearbeitungsschritte möglich

- Stärken identifizieren und das durch Rahmenbedingungen und Umfeldanforderungen Gelernte bewusst machen
- Erarbeitung eines Stärkenprofils
- Analyse von Verhaltensmustern oder immer wiederkehrenden Fehlerquellen, um daraus Veränderungen abzuleiten
- Weiterführung der Entwicklungslinie in die Zukunft mit zukünftigen Anforderungen und benötigten Stärken
- Fördern und Nutzen der durch Prozess und Ergebnis verbesserten bzw. entstandenen Identifikation mit der Organisation
- Klärung der Kommunikation und weiteren Arbeit mit den gewonnenen Ergebnissen und Erkenntnissen

Praxisschlaglicht

Die Übung weckt vielfach Kindheitserinnerungen an den Sandkasten bzw. an das Sandburgen-Bauen am Strand. Sie ist daher meist bereits von Beginn an positiv aufgeladen. Auch Erwachsene haben oft eine fast kindliche Freude am Gestalten und Modellieren und vertiefen sich oft vollkommen in die Aufgabe und Übung. Die entstehenden Bilder im Sand oder auf dem Waldboden stellen ein persönliches Unikat dar und berühren oftmals auf ungewohnt intensive, bei Einzelpersonen fast intime Weise.

Der kreativ-dynamische und nicht gezielt gesteuerte Entwicklungsprozess der Modellierung führt zu einem sukzessiven Wachsen des Bildes. Die zahlreichen Anpassungen und Veränderungen, die üblicherweise während der Übung vorgenommen werden, fördern in der späteren Analyse die Erkenntnis, welch große Bedeutung ein ungestörter Prozess für eine ganzheitliche und Zeiten überspannende Darstellung der eigenen Entwicklung hat. Zudem belegen die Ergebnisse meist eindrucksvoll, welche zusätzliche Darstellungsmöglichkeit und Aussagekraft ein dreidimensionales Modell im Vergleich zu einer zweidimensionalen Darstellung hat.

Helfende Organisation

www.evoco.de, www.sandspiel.de

Wirkfeld der Methode

- Wirksam für Herausforderungen mit hoher Komplexität
- Wirksam für Herausforderungen mit mittlerer Komplexität
- Wirksam für nachhaltiges Prozessdesign
- Wirksam für nachhaltiges Business Model Design
- Wirksam für eine Stärkung des Teamgedankens
- Wirksam für nachhaltige Personalentwicklung

Transformationsfähigkeit Ihres Teams

- Fördert die Sensibilisierung
- Fördert die Agilität eines Teams
- Fördert die Teamkreativität
- Fördert die allgemeine Transformationsfähigkeit des Teams
- Fördert Umsicht und Weitsicht des Teams
- Fördert grundlegend die Kreativität
- Fördert offene Mindsets und innovative Denkhaltungen
- Fördert den Austausch im Team
- Sorgt für Inspiration oder bessere Inspirationsempfindlichkeit
- Sorgt für Fokussierung
- Zahlt auf eine bessere Vorstellungskraft ein
- Zahlt auf ein positives Zukunftsbild ein
- Erhöht die Lösungsorientierung
- Unterstützt und fördert Leitbild-Entwicklungen

Einsatzcharakteristik/Arbeitsrahmen

- Austauschfokus: vornehmlich mit internen Personen
- Durchführungszeit: eher mittel (> 1 Stunde bis < 1 Tag)
- Einsatzfrequenz: vornehmlich im einmaligen Einsatz
- Einsatzradius: vornehmlich im Teameinsatz
- Komplexität für den Moderator: eher mittel
- Komplexität für die Teilnehmer: eher mittel
- Teamgröße: Einzelpersonennutzung möglich
- Teamgröße: Kleingruppe möglich (3 bis 5 Teilnehmer)
- Teamgröße: Mittelgroße Teams möglich (5 bis 20 Teilnehmer)
- Vorbereitungszeit: gering bis mittel (< 1 Stunde bis < 1 Tag)

Input für eine zielführende Arbeit mit der Methode

- Aktuell existierende Geschäftsmodelle
- Aktuelle Herausforderung, Problem
- Aktuelle Leitbild-Diskussion, aktuelle Leitfragen
- Organisations-Biografie, persönliche Biografie
- Spezifische Zukunftsfragen

Output und beobachtete Ergebnisse der Methode

- Erzeugt einen Überblick über Chancen und Risiken
- Unterstützt Prognosen und Ableitungen
- Befördert Ideen und Lösungsansätze
- Erzeugt Ideensuchfelder, unentdeckte Probleme, Inspiration
- Erzeugt Leitfragen für die Zukunftsplanung
- Erleichtert Priorisierungen
- Erzeugt besseren Teamspirit, mehr Offenheit, Inspirationsempfindlichkeit
- Erzeugt kollaborative Lösungen und Ideen
- Erzeugt spezifischere Leitfragen
- Erzeugt visualisierte Ideen, Begriffe, Themen
- Befördert ein Zukunftsbild
- Erzeugt größere Klarheit zu einem Thema
- Erzeugt transformationsfähigere Organisationen
- Hilft bei Entscheidungen, Bewertungen und Feedback
- Identifiziert vorhandene Schwachstellen
- Identifiziert vorhandene Stärken
- Macht Wirkzusammenhänge sichtbar
- Fördert Fokussierungs-Kompetenz
- Sensibilisiert für Umfeldwahrnehmung
- Fördert Kommunikation und Austausch im Team

Hinderniseffekte, auf die die Methode positiv wirkt

- Bewahrt vor zu generischen Ideen und Aussagen
- Bindet eher introvertierte Teammitglieder mit ein
- Fördert gehemmte Teammitglieder
- Fördert die Agilität der Teilnehmer
- Schafft für den Erfolg nötige Realitätsbezüge
- Schärft eine fehlende gemeinsame Ausrichtung
- Stärkt schwache Anreicherungsskills
- Verhindert Ideenfindung mit zu schwacher Erkenntnisgrundlage
- Verhindert Ideenbunkerei und Geheimniskrämerei
- Verhindert blinden Aktionismus
- Verhindert unreflektiertes Agieren
- Verhindert vorschnelles Urteilen über Ideen
- Verkürzt und durchbricht vorhandene Kreativblockaden
- Verringert zu große Komplexitäten
- Wirkt fehlender Inspiration entgegen
- Überzeugt strukturliebende Teammitglieder

Mögliche Extravorteile der Methode

- Möglicher Extravorteil für Teams in einer Krisensituation
- Möglicher Extravorteil für Teams mit einer konservativen, tradierten Kultur
- Möglicher Extravorteil für innovativ ungeübte Teams
- Möglicher Extravorteil für in Nachhaltigkeitsthemen ungeübte Teams

Quellen

Artikel – Das Unternehmen Wald, Stefan Rösler & Klaus-Stephan Otto. In: Q.Magazin – Das Magazin für Qualität, Ausgabe 2021/22: 6-11.

Buch – Denken und Handeln in Ökosystemen. Klaus-Stephan Otto et al.; in Ternès & Englert (Hrsg.): Integriertes Nachhaltigkeitsmanagement, 183–209 (Springer, 2019)

Artikel – Der Wald als Berater und Coach, Stefan Rösler, Forum Nachhaltig Wirtschaften 01/2013–2013: 66-68

Buch – Evolutions-Management, Klaus-Stephan Otto et al. (Hanser, 2007)

Buch – Waldworkshop Von der Natur lernen für Management, Strategie und Teamentwicklung, Stefan Rösler (2016)

Organisation – www.evoco.de

Person – Dr. Stefan Rösler, roesler@oecoach.de

Person – nach Dr. Klaus-Stephan Otto/EVOCO – bearbeitet und ergänzt

Web – https://www.babtec.de/fileadmin/user_upload/babtec/downloads/public/de/qmagazin/q.magazin_2021-22_de_web.pdf

Web – https://www.oecoach.de/wp-content/uploads/2016/10/20162303_Waldworkshop_Flyer_DINlang-Website.pdf (abgerufen am 20.09.2023)

Web – https://www.reinhardt-verlag.de/55116_kalff_sandspiel/ (abgerufen am 07.10.2023)

Web – https://www.sandspiel.de/ (abgerufen am 07.10.2023)

162

Moonshot – The Innovation Game

EinSatzBeschreibung

Das Serious Game „Moonshot – The Innovation Game“ macht Innovationsprozesse und die Entwicklung von Lösungen für nachhaltige Organisationsentwicklung spielerisch erfahrbar.

Working Guide/Anwendungsfelder

P1 Sensibilisierung/Bildung	P2 Matching Recht/Gesetz	P3 Sustainability Roadmap	P4 Produkt/Prozessdesign	P5 Implementierung/Monitoring	P6 Kommunikation	P7 Organisation	P8 Führung	P9 Business Model Design	P10 Skalierung
X								X	

Beschreibung

Das Spiel Moonshot – The Innovation Game wurde von Till Hasbach entwickelt und ist ein sogenanntes Serious Game. Das bedeutet, dass es ein Spiel mit ernsthaftem Lernziel ist, um damit gezielt sinnvolle Kompetenzen und Metakompetenzen zu vermitteln. Moonshot – The Innovation Game verläuft aufgabenbasiert, besteht aus einem Spielbrett sowie Karten und gibt den Spielenden die Möglichkeit, sich mit dem Thema nachhaltige Innovationen näher auseinanderzusetzen. Dies ist unter anderem daran erkenntlich, dass es das ausdrückliche Spielziel ist, ein Geschäftsmodell zu entwickeln, dass die Welt besser macht. Moonshot macht damit nachhaltige Innovationsprozesse spielerisch erfahrbar.

Spielende treten (einzeln oder in Teams) mit ihren Ideen gegeneinander an und entwickeln diese stetig mithilfe von verschiedenen Kreativitätstechniken und Ereignissen weiter. Dadurch wird assoziatives Denken gefördert und die Bereitschaft, sich immer wieder auf sich ändernde Rahmenbedingungen einzulassen. Spielende können mit Moonshot – The Innovation Game radikal neue Perspektiven auf ihre Ideen bekommen und diese Denkweise auch in andere Kontexte übertragen.

Ziel von Moonshot ist es aber nicht, möglichst marktreife Geschäftsideen zu ersinnen, die dann auch in die Umsetzung kommen. Vielmehr geht es darum, unternehmerische und kreative Metakompetenzen zu entwickeln, die für schöpferische Prozesse unabdingbar sind. Moonshot – The Innovation Game eröffnet damit einen Raum an Möglichkeiten, in dem sich Teilnehmende ohne Angst vor negativen Konsequenzen ausprobieren können und fördert ein adaptives Mindset. Organisationen werden damit über das Prinzip der Gamification, also Einbringen von Spiel-Elemente in Nicht-Spiel-Zusammenhänge, in die Lage versetzt, ihre Innovationskultur spielerisch anzureichern.

Durchführung

Die Spieler nehmen eine bereits vorhandene Idee oder eine grobe Ideen-Skizze und formen sie mit Knete zu einer individuellen Spielfigur, die im Laufe des Spiels weiterentwickelt wird. Abwechselnd meistern die Spieler Herausforderungen und denken kontinuierlich über ihre Idee nach, entweder allein oder in Zusammenarbeit mit anderen Spielern. Besonders empfehlenswert ist es, dass eine Person als Spielleiter den weiteren Spielprozess moderiert.

Im Spiel kommen zwei Arten von Karten eine wichtige Rolle zu, den sogenannten Challenge-Karten und den Item-Karten: Die Challenge-Karten beinhalten kleine Fragen oder Gedankenspiele und verbinden die eigene Idee über sogenannte Mikronarrationen mit überraschenden Szenarien. Dadurch müssen Spielende ihre Ideen immer weiter anpassen. Mit den Item-Karten hingegen können die Spielenden über Treiber und Bremser von Innovationsprozessen die Rahmenbedingungen selbst verändern und so in den Fluss des Spiels eingreifen. Die Item-Karten können jederzeit ausgespielt werden. Dadurch entsteht eine Dynamik, die jede Spielrunde einzigartig macht.

Im Wettbewerb mit den Ideen der gegnerischen Mannschaft müssen die Spielenden teils absurde Aufgaben lösen, sich in Kurzpitches beweisen und im Gegenzug den Gegnern auch Feedback geben. Reihum stellen sie sich dabei Herausforderungen und reflektieren und adaptieren immer weiter ihre Idee. Dazu gehört auch, an verschiedenen Stellen den eigenen Lösungsansatz kurz zu pitchen und diesen Pitch bewerten zu lassen. Hierfür sind Punkte erreichbar, die zum Aufstieg in höhere Innovationsstufen berechtigen. Es gewinnt das Team, das zuerst eine vorher definierte Innovationsstufe erreicht.

Praxisschlaglicht

Moonshot kann in unterschiedlichen Kontexten in Organisationen eingesetzt werden – als Spiel oder Workshop-Element für Einzel-

Foto: Hasbach Wiens GbR Playful Business

personen, Teams oder die ganze Organisation. Die Spielbetreiber bieten auch eine 2,5-tägige sogenannte Game-Master-Ausbildung in der Moonshot Academy an, die hilft, sich auf die Rolle als Spielleitung vorzubereiten und Moonshot – The Innovation Game professionell einzusetzen.

Wirkfeld der Methode

- Wirksam für nachhaltiges Business Model Design

Transformationsfähigkeit Ihres Teams

- Fördert die Teamkreativität
- Fördert die allgemeine Transformationsfähigkeit des Teams
- Fördert grundlegend die Kreativität
- Fördert offene Mindsets und innovative Denkhaltungen

Einsatzcharakteristik/Arbeitsrahmen

- Austauschfokus: vornehmlich mit internen Personen
- Durchführungszeit: eher mittel (> 1 Stunde bis < 1 Tag)
- Einsatzfrequenz: vornehmlich im einmaligen Einsatz
- Einsatzradius: vornehmlich im Teameinsatz
- Einsatzradius: vornehmlich im projektweiten Einsatz
- Einsatzradius: vornehmlich im unternehmensweiten Einsatz
- Komplexität für den Moderator: eher hoch
- Komplexität für die Teilnehmer: eher hoch
- Teamgröße: Einzelpersonennutzung möglich
- Teamgröße: Kleingruppe möglich (3 bis 5 Teilnehmer)
- Teamgröße: Maxigruppen möglich (20 bis 40 Teilnehmer)
- Teamgröße: Mittelgroße Teams möglich (5 bis 20 Teilnehmer)
- Vorbereitungszeit: eher gering (< 1 Stunde)

Input für eine zielführende Arbeit mit der Methode

- Durchführungszeit, Trainingszeit

Output und beobachtete Ergebnisse der Methode

- Erzeugt Ideen, Lösungsansätze, Vorideen, Möglichkeiten
- Erzeugt Ideensuchfelder, unentdeckte Probleme, Inspiration
- Erzeugt kollaborative Lösungen und Ideen
- Erzeugt mehr Agilität im Team
- Erzeugt motiviertere und transformationsfähigere Teilnehmer

Hinderniseffekte, auf die die Methode positiv wirkt

- Schwächt Angst vor Neuem (Cainophobie)
- Stärkt das Vertrauen im Team
- Verhindert blinden Aktionismus
- Verkürzt und durchbricht vorhandene Kreativblockaden

Mögliche Extravorteile der Methode

- Möglicher Extravorteil für Teams mit einer konservativen, tradierten Kultur
- Möglicher Extravorteil für agile Teams
- Möglicher Extravorteil für in Nachhaltigkeitsthemen ungeübte Teams

Quellen

Organisation – Hasbach Wiens GbR Playful Business

163 Morphologische Analyse

EinSatzBeschreibung

Die morphologische Analyse ist ein wertvolles Hilfsmittel, um auf systematische Weise Lösungskombinationen zu entwickeln, die sowohl technisch und wirtschaftlich realisierbar sind, als auch die Erwartungen der Nutzer erfüllen.

Working Guide/Anwendungsfelder

P1 Sensibilisierung/Bildung	P2 Matching Recht/Gesetz	P3 Sustainability Roadmap	P4 Produkt/Prozessdesign	P5 Implementierung/Monitoring	P6 Kommunikation	P7 Organisation	P8 Führung	P9 Business Model Design	P10 Skalierung
		X	X					X	X

Beschreibung

Die morphologische Analyse hat ihren Ursprung im Maschinenbau, wo sie verwendet wird, um komplexe Systeme oder Produkte zu analysieren und zu verstehen. Diese Methode hilft dabei, die verschiedenen Komponenten, Teile und Merkmale eines Systems oder Produkts zu identifizieren, zu kategorisieren und zu beschreiben. Sie wird oft bei der Entwicklung neuer Produkte, der Optimierung bestehender Systeme oder bei der Lösung von technischen Problemen verwendet, da sie es Ingenieuren und Designern ermöglicht, verschiedene Merkmalskombinationen zu erkunden und die beste Option basierend auf funktionalen, ästhetischen und praktischen Gesichtspunkten auszuwählen.

Im Kontext der Nachhaltigkeit lässt sich diese Methode hervorragend anwenden, um innovative, holistische Lösungsoptionen für komplexe Probleme zu entwickeln, die ökologische, soziale und wirtschaftliche Aspekte gleichermaßen berücksichtigen.

Die folgenden fünf Eigenschaften der morphologischen Analyse eignen sich besonders gut für die Anwendung im Nachhaltigkeitskontext:

1. **Ganzheitlicher Ansatz:** ermöglicht die Betrachtung und Integration vielschichtiger, sozialer, ökologischer und wirtschaftlicher Faktoren als Teil von Lösungen im Nachhaltigkeitskontext.
2. **Systematische Exploration:** Kreative Ansätze sind oft der Schlüssel zu innovativen Lösungen im Nachhaltigkeitskontext. Mithilfe der morphologischen Analyse lassen sich aus einer breiten Palette von Merkmalskombinationen neue Wege zur Lösung von Herausforderungen identifizieren.
3. **Interdisziplinäre Anwendung:** Nachhaltigkeit ist ein interdisziplinäres Thema, das verschiedene Fachbereiche einschließt, wie Umweltwissenschaften, Wirtschaft, Sozialwissenschaften und Technik. Die morphologische Analyse ermöglicht es, das Wissen und die Expertise aus verschiedenen Bereichen zu integrieren und Lösungen zu entwickeln, die alle relevanten Aspekte berücksichtigen.
4. **Abwägung von Kompromissen:** Lösungen im Nachhaltigkeitskontext erfordern oft Abwägungen zwischen verschiedenen Zielen, z. B. Umweltschutz und wirtschaftlicher Effizienz. Die morphologische Analyse ermöglicht es, verschiedene Merkmalskombinationen zu bewerten und diejenigen auszuwählen, die die besten Kompromisse zwischen verschiedenen Zielen bieten.
5. **Anpassungsfähigkeit:** Die morphologische Analyse weist eine hohe Anpassungsfähigkeit auf und lässt sich auf verschiedene Nachhaltigkeitsprobleme anwenden., z. B. erneuerbare Energien, Ressourceneffizienz oder Umweltschutz.

Durchführung

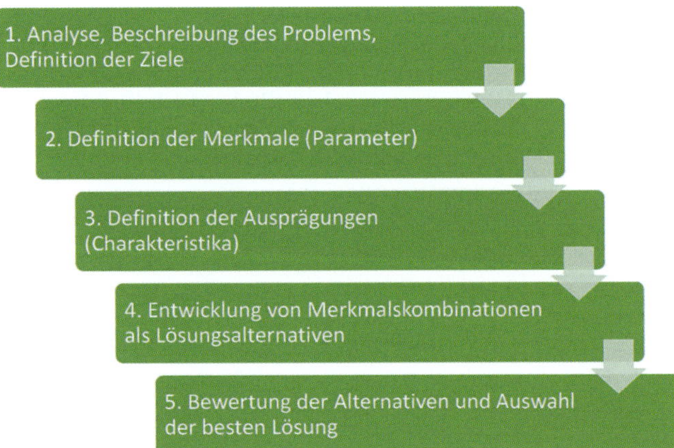

Rodiek & Co. GmbH

Die Durchführung der morphologischen Analyse ist ein strukturierter Prozess, der dazu dient, komplexe Probleme zu analysieren und innovative Lösungen zu entwickeln. Dieser Prozess umfasst die folgenden fünf Schritte:

1. Problembeschreibung und Zieldefinition

Der Prozess beginnt mit einer klaren Problembeschreibung und der Festlegung der Ziele. Hierbei wird das Problem definiert, das gelöst werden soll, und die Ziele werden festgelegt, die mit der Lösung erreicht werden sollen. Im Nachhaltigkeitskontext könnten die Ziele die Reduzierung von Umweltauswirkungen, die Verbesserung sozialer Bedingungen und die Förderung der Wirtschaftlichkeit sein.

2. Identifikation relevanter Merkmale

In diesem Schritt werden alle relevanten Merkmale oder Variablen identifiziert, die bei der Lösung des Problems eine Rolle spielen könnten. Dies können technische Eigenschaften, Umweltaspekte, soziale Faktoren, wirtschaftliche Bedingungen und andere Parameter sein, die für das Problem von Bedeutung sind. Die Identifikation dieser Merkmale erfordert eine gründliche Analyse und ein Verständnis des Problems.

Für bessere Strukturierung und spätere Visualisierung der Ergebnisse empfiehlt es sich, die morphologische Analyse tabellarisch durchzuführen und für jedes Merkmal eine neue Zeile anzulegen.

3. Charakterisierung der Merkmale

Die Merkmale werden in ihren vielfältigen Ausprägungen genauer charakterisiert. Hierbei geht es darum, die jeweiligen Eigenschaften, Auswirkungen und Anforderungen zu identifizieren.

Criteria	Potential alternative solutions				
Collection Mode	separation at household level	mixed collection, sorting at final destination	mixed collection, sorting at transfer stations		
separate collection of commercial sources	Yes	No			
Frequency of Collection	daily	every other day	once a week	bi-weekly	
Point of collection	community containers	collection within street with vehicle signaling	kerbside collection	back door collection	
responsible for handover	waste delivered to community containers	waste picked-up by collection crews	waste picked up by small service providers (e.g., Informal sector) and brought to community containers		
transport stages	direct collection	two stage collection	three stage collection		
1st stage time of day	Day	night			
1st stage container	pre-paid plastic bags, transparent	wheel bins	wheel containers	skip containers	roll-off containers
1st stage vehicle	Hand cart	Tricycle	Compaction trucks	Skip loader	Roll-off tipper
1st stage transfer	none	ramp transfer	wheel loader transfer from ground	mechanized transfer station	
2nd stage time of day	Day	night			
2nd stage container	plastic bags	wheelie bins	wheel containers	skip containers	roll-off containers
2nd stage vehicle	Flatbed truck	Compaction trucks	Skip loader	Roll-off dump truck	none
2nd stage transfer	none	ramp transfer	wheel loader transfer from ground	mechanized transfer station	
Treatment sites	central treatment site	multiple smaller decentral treatment sites			
co-financing through treatment products	Yes	no			
financing of operative cost	pay as you throw	wheelie bins on subscription	Public waste fee	through treatment products only	

Beispiel einer Morphologischen Analyse (Rodiek & Co. GmbH)

Die verschiedenen Ausprägungen der Merkmale werden in Spalten zu den jeweiligen Merkmalen angelegt.

4. Entwicklung von Lösungsalternativen durch Merkmalskombination

In diesem Schritt werden die verschiedene Lösungsalternativen entwickelt, indem die verschiedenen Ausprägungen einzelner Merkmale miteinander kombiniert werden.

In der Tabelle lassen sich nun die Merkmalskombinationen durch Linien entlang der jeweiligen Merkmalsausprägungen visuell darstellen.

Jede Kombination stellt eine hypothetische Lösungsvariante dar. Durch die systematische Kombination können neue Ansätze entstehen, die möglicherweise innovative Lösungen bieten.

5. Bewertung und Auswahl einer Lösungsalternative

Anhand vordefinierter Kriterien werden die Lösungsalternativen bewertet und analysiert. Die Bewertung kann quantitative oder qualitative Methoden umfassen, je nach Art der Kriterien. Eine sich oftmals empfehlende Methode ist hier die Nutzwertanalyse.

Die Bewertungsergebnisse werden genutzt, um die vielversprechendsten Lösungsalternativen zu identifizieren. Dies sind diejenigen Alternativen, die am besten zu den definierten Zielen passen und die besten Gesamtergebnisse liefern. Es ist wichtig zu beachten, dass die Auswahl nicht ausschließlich aufgrund einer einzigen Kriterienbewertung erfolgen sollte. Vielmehr sollten verschiedene Aspekte und Trade-offs berücksichtigt werden, um eine ausgewogene und nachhaltige Lösung zu finden.

Die Durchführung der morphologischen Analyse erfordert eine strukturierte Herangehensweise, die jedoch Flexibilität bei der Erkundung von Lösungsoptionen bietet. Diese Methode ermöglicht es, innovative Lösungen zu entwickeln, die die Anforderungen der Nachhaltigkeit erfüllen und sowohl technische, ökologische, soziale als auch wirtschaftliche Aspekte berücksichtigen. Die morphologische Analyse trägt somit dazu bei, komplexe Herausforderungen im Kontext der Nachhaltigkeit anzugehen und zukunftsweisende Lösungen zu finden.

Praxisschlaglicht

Die Bremer Rodiek & Co. GmbH, ein Beratungsunternehmen für Lösungen der Abfallwirtschaft, Recycling und Circular Economy, nutzt die morphologische Analyse regelmäßig zur Entwicklung von Lösungsvarianten für komplexe, mehrdimensionale Probleme. Ein gutes Beispiel ist hier das Projekt „WasteGUI" in dessen Rahmen Rodiek beauftragt wurde, Modellkonzepte für Sammlung und Logistik von organischen Abfällen in Ostafrika, in Abhängigkeit von der Siedlungsstruktur zu entwickeln.

Bei der Ausgestaltung der Sammlungs-.und Logistikkonzepte gibt es eine Vielzahl von Entscheidungsfeldern und Fragestellungen, die berücksichtig werden müssen, und die sich jeweils an der regionalen technischen und wirtschaftlichen Bedingungen aber auch den Erwartungen und Bedürfnissen der Bevölkerung orientieren:

- Werden die Abfälle bereits in den Haushalten getrennt, oder erfolgt eine nachgeschaltete zentrale Sortierung?
- In welchen Intervallen muss die die Sammlung erfolgen?
- Wo erfolgt die Übergabe an den Entsorger – in Abfallbehältern am Straßenrand, in Containern an zentralen Punkten?
- Zu welcher Tageszeit erfolgt die Sammlung?
- Werden die Abfälle direkt zur Behandlungsanlage transportiert oder ist ein Umschlag auf ein anderes Fahrzeug erforderlich?
- Über welche Behälter erfolgt die Sammlung – Säcke, Mülltonnen, Container
- Welche Fahrzeuge werden eingesetzt in der ersten Stufe der Sammlung und ggf. in der zweiten Stufe?
- Wie erfolgt ggf. der Umschlag?
- Gibt es eine zentrale Behandlungsanlage oder mehrere dezentrale?
- Auf welche Weise werden die Betriebskosten der Abfalllogistik gedeckt?

Diese Auswahl an Entscheidungsfeldern zeigt die Vielzahl an Parametern (Merkmalen) und deren Ausprägungen bei dieser Aufgabenstellung.

Die morphologische Analyse wurde angewandt, um die verschiedenen Merkmale zu strukturieren. Basierend auf den verschiedenen Ausprägungen der einzelnen Merkmale konnten dann mögliche Merkmalkombinationen entwickelt werden. (z. B. Sammlung tagsüber, vom Straßenrand, in Müllsäcken, mit motorisierten Dreirädern, Umschlag auf Abrollkipper, Lieferung zu zentraler Kompostanlagen)

Diese wurden dann auf ihre Eignung unter der jeweiligen Siedlungsstruktur und im regionalen Kontext bewertet, um jeweils die beste Lösungsvariante zu identifizieren. Zur Bewertung können z. B. auch lokale Stakeholder Gruppen befragt werden.

Im Rahmen dieses Projekts ermöglichte die morphologische Analyse eine strukturierte Herangehensweise an die Gestaltung von Sammlungs- und Logistikkonzepten im Abfallmanagement. Auf diese Weise wurden Lösungsansätze entwickelt, die maßgeschneidert auf die spezifischen Anforderungen vor Ort sind und sowohl ökologische, soziale als auch wirtschaftliche Aspekte berücksichtigen. Dieser Ansatz fördert die Entwicklung nachhaltiger und effizienter Abfalllogistiklösungen, die einen positiven Beitrag zur Umwelt und zur Lebensqualität der Bevölkerung leisten.

Wirkfeld der Methode

- Wirksam für Herausforderungen mit mittlerer Komplexität
- Wirksam für Herausforderungen mit niedriger Komplexität
- Wirksam für nachhaltiges Produktdesign
- Wirksam für nachhaltiges Business Model Design

Transformationsfähigkeit Ihres Teams

- Fördert die Teamkreativität
- Fördert die allgemeine Transformationsfähigkeit des Teams
- Erhöht die Lösungsorientierung

Einsatzcharakteristik/Arbeitsrahmen

- Austauschfokus: vornehmlich mit internen Personen
- Durchführungszeit: eher mittel (> 1 Stunde bis < 1 Tag)
- Einsatzfrequenz: vornehmlich im einmaligen Einsatz
- Komplexität für den Moderator: eher mittel
- Komplexität für die Teilnehmer: eher mittel
- Teamgröße: Einzelpersonennutzung möglich
- Teamgröße: Kleingruppe möglich (3 bis 5 Teilnehmer)
- Teamgröße: Mittelgroße Teams möglich (5 bis 20 Teilnehmer)
- Vorbereitungszeit: eher mittel (> 1 Stunde bis < 1 Tag)

Input für eine zielführende Arbeit mit der Methode

- Aktuelle Herausforderung, Leitfrage, Problem

Output und beobachtete Ergebnisse der Methode

- Erzeugt Ideen für neue Märkte und neue Business Modelle
- Erzeugt Ideen, Lösungsansätze, Vorideen, Möglichkeiten
- Erzeugt Leitfragen für die Ideenfindung

Hinderniseffekte, auf die die Methode positiv wirkt

- Verkürzt und durchbricht vorhandene Kreativblockaden
- Wirkt fehlender Inspiration entgegen
- Überzeugt strukturliebende Teammitglieder
- Überzeugt einen Rationalisierer

Mögliche Extravorteile der Methode

- Möglicher Extravorteil für Teams in einer Krisensituation
- Möglicher Extravorteil für Teams mit einer konservativen, tradierten Kultur

Quellen

Buch – T. E. Graedel, B. R. Allenby. Industrial Ecology and Sustainable engineering (Prentice-Hall, 2010)

Organisation – Rodiek & Co. GmbH, Bremen, www.nehlsen-rodiek.com

Person – Leon Jäger, leon.jaeger@nehlsen.com

164 MoSCoW-Priorisierung

EinSatzBeschreibung

Die MoSCoW-Priorisierung hilft, in Projekten innerhalb von Teams oder mit Stakeholdern eine Priorisierung von Komponenten eines Vorhabens oder einer Idee zu erstellen.

Working Guide/Anwendungsfelder

P1 Sensibilisierung/Bildung	P2 Matching Recht/Gesetz	P3 Sustainability Roadmap	P4 Produkt/Prozessdesign	P5 Implementierung/Monitoring	P6 Kommunikation	P7 Organisation	P8 Führung	P9 Business Model Design	P10 Skalierung
			X	X		X	X		

Beschreibung

Die MoSCoW-Priorisierung ist eine in den 1990er-Jahre für den Gebrauch im Bereich von IT-Entwicklungen veröffentlichte Methode zu Priorisierung von Merkmalen neuer Vorhaben. Sie hilft, unverzichtbare Merkmale von „nice to have"-Merkmalen zu trennen. Dadurch können in Projekten oder Produktentwicklungen Ressourcen optimal eingesetzt werden. Auch dient das Vorgehen der Synchronisation in größeren Teams, Projektgruppen, oder Konsortien.

Da insbesondere für Nachhaltigkeitsprojekte Kollaboration einen hohen Stellenwert hat, und Ressourcen oft sinnstiftend verteilt werden müssen, hilft dieses bewehrte Vorgehen auf eine Ordnung schaffende Weise beim Erreichen von Zielen.

Durchführung

Die teilnehmenden Personen werden gebeten, Aspekte, welche sie in einem zu planenden Vorhaben für möglich erachten, auf Haftnotizen zu schreiben. Sobald eine Reihe von Aspekten gesammelt wurde, werden diese in eine Zeilen-Matrix eingeordnet, diskutiert, und auf dem Austausch aufbauend auch immer wieder verschoben.

Must (Muss-Anforderungen): Diese repräsentieren die essenziellen Aspekte, ohne welche das Projekt oder die diskutierte Idee nicht funktionieren kann. Sie sind von entscheidender Bedeutung (sog. „critical functions") und müssen unbedingt erfüllt werden. Die Muss-Anforderungen sind unverhandelbar und dürfen untereinander nicht in Konflikt stehen.

Should (Soll-Anforderungen): Hierbei handelt es sich um Anforderungen, die idealerweise umgesetzt werden sollten, falls ausreichend Ressourcen vorhanden sind. Sie tragen zur gesteigerten Qualität und Wirksamkeit des Vorhabens oder der Idee bei.

Could (Könnte-Anforderungen): Diese Anforderungen können nach der Implementierung der Muss- und Soll-Anforderungen berücksichtigt werden. Oft handelt es sich hierbei um zusätzliche Features oder Ideen, die das Projekt bereichern können. Sie sind eher als Spielereien oder Erweiterungen zu betrachten, stehen aber nicht im Widerspruch zu höherliegenden Aspekten.

Won't (Ausgeschlossene Anforderungen): Diese Anforderungen sollen vorerst definitiv nicht umgesetzt werden. Sie sind jedoch für zukünftige Gespräche dokumentiert. Sie dienen zur klaren Dokumentation von Nicht-Zielen. Auch können sie in späteren Projekten wieder aufgegriffen werden und doch noch umgesetzt werden.

Klassischerweise wechseln Aspekte schrittweise zwischen über- oder untergeordneten Feldern. Wichtig ist zu beachten, dass für die Entwicklung von neuen Produkten oder Projekten oft eine

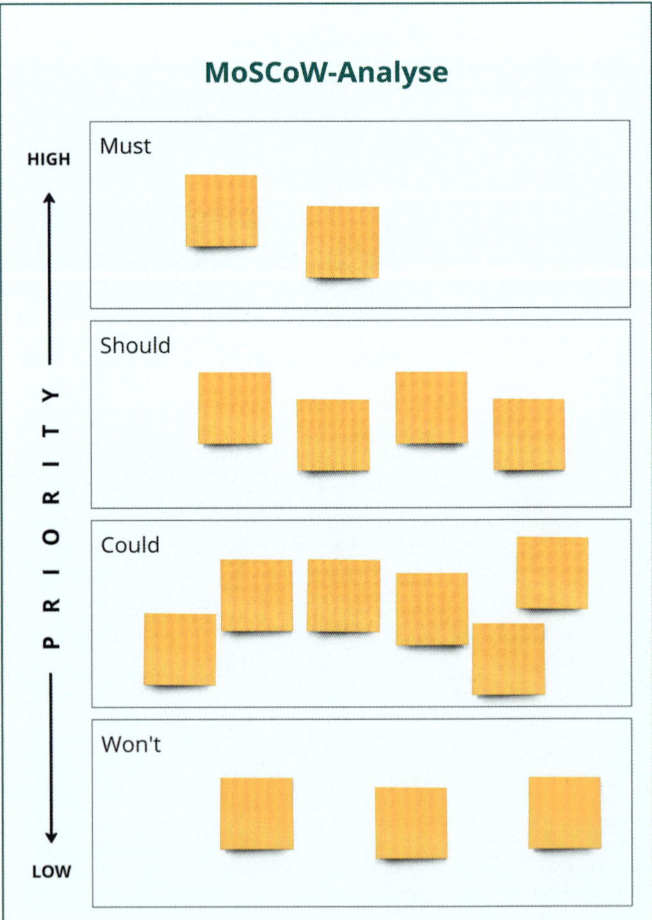

Visualisierung eines möglichen Moderationsboards (Kilian Karg)

Reduktion auf das Wesentliche von Vorteil sein kann. Der Grad der Spezifität (exakte Beschreibung oder vage Beschaffenheit von Komponenten) kann dabei flexibel gewählt werden.

Praxisschlaglicht

Die Methode wird nicht nur für die Entwicklung von IT-Produkten oder anderen neuen Produktkonzepten verwendet, sondern leistet auch einen wertvollen Nutzen bei der Auftragsklärung bei anderen Projekten, sowie bei der Erstellung von Terms of References.

Wirkfeld der Methode

- Wirksam für Herausforderungen mit mittlerer Komplexität
- Wirksam für Herausforderungen mit niedriger Komplexität
- Wirksam für nachhaltiges Produktdesign
- Wirksam für nachhaltiges Servicedesign
- Wirksam für nachhaltiges Business Model Design

Transformationsfähigkeit Ihres Teams

- Erhöht die Lösungsorientierung

Einsatzcharakteristik/Arbeitsrahmen

- Austauschfokus: vornehmlich mit internen und externen Personen
- Durchführungszeit: eher mittel (> 1 Stunde bis < 1 Tag)
- Einsatzfrequenz: vornehmlich im einmaligen Einsatz
- Einsatzfrequenz: vornehmlich über den kompletten Projektzeitraum
- Einsatzradius: vornehmlich im Teameinsatz
- Komplexität für den Moderator: eher mittel
- Komplexität für die Teilnehmer: eher mittel
- Teamgröße: Einzelpersonennutzung möglich
- Teamgröße: Kleingruppe möglich (3 bis 5 Teilnehmer)
- Teamgröße: Mittelgroße Teams möglich (5 bis 20 Teilnehmer)
- Vorbereitungszeit: eher gering (< 1 Stunde)

Input für eine zielführende Arbeit mit der Methode

- Aktuelle Herausforderung, Leitfrage, Problem
- Angereicherte Ideen, Ideencluster oder höher integrierte Lösungen
- Ideen, Lösungsansätze, Vorideen, Varianten

Output und beobachtete Ergebnisse der Methode

- Erzeugt segmentierte, kategorisierte, geclusterte Daten
- Hilft bei Entscheidungen, Bewertungen und Feedback

Hinderniseffekte, auf die die Methode positiv wirkt

- Verhindert Topic-Jumping und schnelles Abschweifen
- Verhindert einseitige Bewertungen und Entscheidungen
- Verhindert falsche Flughöhen
- Verhindert unreflektiertes agieren
- Verkürzt zu lange Entscheidungsmeetings
- Verringert zu große Komplexitäten

Mögliche Extravorteile der Methode

- Möglicher Extravorteil für innovativ erfahrene Teams

Quellen

Web – https://www.microtool.de/requirements/die-charts-der-anforderungen/ (abgerufen am 01.07.2023)

Web – https://t2informatik.de/wissen-kompakt/moscow-methode/ (abgerufen am 010.7.2023)

165

Nachhaltiger Wald

EinSatzBeschreibung

Die Übung „Nachhaltiger Wald" analysiert zunächst im Wald sowohl durch die „Menschen-Brille" als auch durch die Ökosystem-Brille", danach aus dem beruflichen bzw. persönlichen Alltag konkrete Nachhaltigkeitsbeispiele, untersucht mögliche Querverbindungen und identifiziert Handlungsoptionen sowie Einflussmöglichkeiten auf den Nachhaltigkeits-Fußabdruck und den Nachhaltigkeits-Handabdruck.

Working Guide/Anwendungsfelder

P1 Sensibilisierung/Bildung	P2 Matching Recht/Gesetz	P3 Sustainability Roadmap	P4 Produkt/Prozessdesign	P5 Implementierung/Monitoring	P6 Kommunikation	P7 Organisation	P8 Führung	P9 Business Model Design	P10 Skalierung
X			X					X	

Beschreibung

Die Outdoor-Übung „Nachhaltiger Wald" baut auf den drei sogenannten Dimensionen der Nachhaltigkeit auf. Die Themenfelder „Ökonomie und Wirtschaft", „Ökologie und Mitwelt" sowie „Soziales und Gesellschaft" begleiten zwar den persönlichen Alltag eines jeden Menschen in Beruf, Gesellschaft, Familie und Freizeit in mehr oder weniger ausgeprägter Form. Die persönliche und bewusste Wahrnehmung des permanenten eigenen Nachhaltigkeits-Fußabdrucks ist dagegen oftmals wenig ausgeprägt und auch die Vielzahl der eigenen Handlungsoptionen (Nachhaltigkeits-Handabdruck) ist oftmals nicht präsent.

Zum Erkennen der vielfältigen, oftmals nicht auf den ersten Blick erkennbaren Zusammenhänge zwischen den drei Nachhaltigkeits-Dimensionen ist es hilfreich, einen Perspektivwechsel vorzunehmen und sich in die Position eines Waldes zu versetzen, da in diesem komplexen Ökosystem viele Nachhaltigkeitsmerkmale seit Jahrmillionen gelebt werden. Ungenutzte Naturwälder, die vom wachsenden Sämling bis zum zerfallenden Totholz im Rahmen eines „Mosaik-Zyklus" alle Stadien eines Pflanzenlebens abbilden, sind aufgrund ihres Lebenskreislaufes per se ökonomisch effizient und ökologisch divers. Wälder sind im Gegensatz zu landwirtschaftlichen Kulturen sehr langlebige Ökosysteme und auch in genutzten Wäldern liegen die Produktionszeiträume für die meisten Baumarten zwischen 80 und 200 Jahren, weshalb Wälder auch als Dauerkultur bezeichnet werden. Diese Langfristigkeit der Kultur erfordert sowohl bei der Planung, bei Naturverjüngung, Saat oder Pflanzung sowie bei Bewirtschaftung und Nutzung ein Langfristdenken. Die Risikominimierung bzw. Risikovermeidung ist in einer Dauerkultur existentiell. Daher geht es in einem nachhaltig bewirtschafteten Wald auch nie um Gewinnmaximierung, sondern um Gewinnoptimierung.

„Nachhaltig bedeutet, Wälder und Waldflächen lokal, national und global in einer Art und Weise zu bewirtschaften und zu nutzen, die ihre biologische Vielfalt, Produktivität, Regenerationsfähigkeit, Vitalität und ihr Potenzial bewahrt, jetzt und in Zukunft relevante ökologische, wirtschaftliche und soziale Funktionen zu erfüllen, ohne dabei anderen Ökosystemen Schaden zuzufügen" (Definition von Forest Europe 1993 aus der Helsinki-Resolution H1).

Die komplexen Zusammenhänge zwischen den Nachhaltigkeits-Dimensionen werden im Wald in besonderer Weise am Beispiel der Photosynthese deutlich, indem Pflanzen Kohlenstoffdioxid (CO_2) binden und Sauerstoff produzieren und damit die Lebensgrundlage für nahezu alle Organismen schaffen. Dieser biochemische Prozess ist zwar kein bewusstes Agieren der Pflanzen, hat aber nach menschlichem Verständnis im Ökosystem Wald sowohl ökonomische, ökologische und soziale Auswirkungen. Auch die vielschichtige Struktur, die vielfältigen Kooperationsmodelle, die Biodiversität mit all ihrem Lebensraum– und Artenreichtum sowie der weitgehend geschlossene Stoffkreislauf im Wald berühren jeweils alle drei Nachhaltigkeitsdimensionen. Was aber ist im Wald konkret ökonomisch, was ist ökologisch, was ist sozial? Wo konkret geht es um Ökonomie und Effizienz, wo sind ökosystemare Zusammenhänge besonders deutlich und wo finden sich soziale Aspekte?

Die Multifunktionalität des Waldes spiegelt sich aus Menschen–Sicht in allen Nachhaltigkeitsdimensionen wider, wobei sich diese teilweise überschneiden:

- Die Produktionsfunktion des Waldes sorgt für volkswirtschaftliche und betriebswirtschaftliche Wertschöpfung u.a. durch

Was ist am Totholz ökonomisch, ökologisch oder sozial? Und welche Assoziationen ergeben sich aus diesem Bild für unseren eigenen beruflichen oder persönlichen Alltag? (Foto: Katja Schwarz)

Arbeitsplätze im Cluster Forst und Holz, Rohstoff Holz, neue Holztechnologien, Bioenergie, Sauerstoffproduktion, CO_2-Senkenfunktion, Humusaufbau, biologische Vielfalt, Wild, Beeren, Kräuter und Pilze (Ökonomie)
- Die Schutzfunktionen finden sich u.a. in CO_2-Fixierung, Bodenbildung, Erosionsschutz, Wasserschutz und Grundwasserbildung, Immissionsschutz, Staubfilter, Temperaturausgleich, Kleinklima und Biodiversität (Ökologie)
- Die gesellschaftlichen und kulturellen Aspekte umfassen u.a. Gesundheit, Erholung, Naturerleben, Naturbeobachtung, Natursport, Naturtourismus, Waldgeschichte, Waldkultur, Entwicklung im ländlichen Raum (Soziales)

Aber auch innerhalb des Waldes und seiner Biozönosen lassen sich im Austausch zwischen Arten und Individuen „mit Ökosystem-Brille" die drei Themenbereiche der Nachhaltigkeit finden:

- Ökonomische Aspekte in den Bereichen Material–Effizienz (Holzaufbau, Knochenaufbau, Pflanzenfasern), Ressourcen–Effizienz (Revierbildung bei Tieren, Vogelzug, Winterruhe, Winterstarre, Winterschlaf, Geophyten) und Kreislaufwirtschaft (Bodenbildung und Humusaufbau)
- Ökologie im Sinne der interspezifischen und intraspezifischen Interaktion zwischen Organismen, in Symbiosen, in Kooperationen, bei evolutionären Prozessen, in der Funktion der ökologischen Nischen und in der Vielfalt der Arten und ihrer genetischen Vielfalt
- Als sozial können aus menschlicher Sicht der Schutzschirm der alten Bäume für die jungen Bäume, der Beitrag der jungen Bäume zur Förderung des Kleinklimas und des Humusaufbaus für das Gesamtkollektiv der Bäume, die Fürsorge von Elterntieren gegenüber ihren Jungen, die artübergreifende Warnfunktion rufender Tiere wie Eichelhäher oder Amsel sowie die Schädlingswarn–Kommunikation zwischen den Pflanzen mittels Terpenen interpretiert werden.

Auch die evolutionären Prozesse Anpassung (Variation), Aussterben (Selektion) und Weiterentwicklung (Innovation) tangieren die Nachhaltigkeitsaspekte. Anpassungen sind z.B. oft mit Effizienz (Ökonomie) verbunden. Aussterben mit Dynamik im Bereich der ökologischen Nischen (Ökologie). Und Weiterentwicklung beginnt bei Primaten und Singvögeln oft mit sozialem Lernen und Verhaltensänderungen, von denen nach und nach viele Individuen profitieren können (Soziales).

Zwischen den drei Dimensionen der Nachhaltigkeit bestehen zahlreiche Querverbindungen, weshalb Nachhaltigkeit und nachhaltige Entwicklung sich auch erst durch ganzheitliches Denken und Handeln erschließen und realisieren lassen. Gerade das Zusammenführen und „Verschneiden" der unterschiedlichen „Nachhaltigkeitsbrillen" trägt in der Regel zu optimalen Lösungen komplexer Fragestellungen bei. Daher ist ganzheitliches Denken und Handeln auch ein wichtiger Baustein für erfolgreiches Qualitätsmanagement.

Ziel der Übung „Nachhaltiger Wald" ist es, sich die drei Dimensionen der Nachhaltigkeit an konkreten Beispielen im komplexen Ökosystem Wald bewusst zu machen, wo Nachhaltigkeit evolutionär bewährt seit Jahrmillionen systemimmanent praktiziert wird. In Ergänzung dazu werden die Querverbindungen zwischen den drei Nachhaltigkeitsdimensionen gesucht und analysiert, um den Gesamtkomplex Nachhaltigkeit besser durchdringen zu können. Der Perspektivwechsel zunächst in den Wald und dann zurück in den eigenen Alltag bringt neue Aspekte und Impulse und hilft dabei, sich unvorbelasteter und offener mit allen Themen von Nachhaltigkeitsrelevanz und damit auch mit dem eigenen Nachhaltigkeits-Fußabdruck (Auswirkungen passiv) und dem möglichen Nachhaltigkeits-Handabdruck (Maßnahmen aktiv) zu befassen.

Durchführung

Im Vorfeld ist für die Durchführung der Übung ein geeignetes Waldstück auszuwählen, in dem im Idealfall alle drei Dimensionen der Nachhaltigkeit zu sehen sind. Z.B. naturnaher Mischwald mit Altholz und Naturverjüngung, praktizierte Forstwirtschaft und Erholungseinrichtungen. Dabei ist die Internetverbindung zu prüfen, um die Option einer Internet–Recherche zu prüfen. Zudem ist vor Beginn der Übung eine kleine Einführung zum Thema „Dimensionen der Nachhaltigkeit" im Wald und im eigenen Alltag vorzubereiten, damit alle Teilnehmer auf dem gleichen Wissensstand sind. Diese kann entweder vom Trainer vorbereitet und vorgetragen oder an einen Teilnehmer bzw. eine Teilnehmergruppe delegiert werden.

Die Übung „Nachhaltiger Wald" wird in folgenden Ablaufschritten durchgeführt

- Einführung zum Thema „Drei Dimensionen der Nachhaltigkeit" durch Trainer bzw. Kleingruppe oder Einzelperson
- Aufsuchen des im Vorfeld nach oben genannten Kriterien ausgewählten Waldes
- Information über Ziel und Ablauf der Übung
  - Bewusstmachen der Nachhaltigkeitsdimensionen im Wald, ggf. mit Internet–Recherche
  - Identifikation der Querverbindungen zwischen den Nachhaltigkeitsthemen
  - Perspektivwechsel mit Transfer in den eigenen Alltag
  - Klärung des weiteren Formats (Plenum, Kleingruppen, Einzelpersonen)

- Identifikation der Nachhaltigkeitsdimensionen im beruflichen und/oder privaten Kontext incl. ihrer Überschneidungsbereiche und Querverbindungen
- Austausch und Diskussion
- Identifikation von Handlungsimpulsen und Handlungsoptionen

- Ggf. gemeinsame und ergänzende Internet–Recherche mit Austausch zu den Nachhaltigkeitsdimensionen des Waldes
- Arbeit optional im Plenum, in Gruppen und/oder mit Einzelpersonen: Suche nach konkreten Beispielen zu allen drei Nachhaltigkeitsdimensionen im Wald. Was ist hier ökonomisch, ökologisch oder sozial?
  - Beispiele aus Sicht des Menschen
  - Beispiele „aus Sicht des Waldes"
  - Ggf. ergänzende Aspekte aus der Evolution
  - Gibt es besondere Merkmale dieser Beispiele?
  - Gibt es konkrete Vorteile für andere Organismen oder das Ökosystem?
- Austausch im Plenum zu den Recherche–Ergebnissen und Erkenntnissen
- Im Plenum: Suche nach Querverbindungen zwischen den Beispielen der verschiedenen Dimensionen und Analyse ihrer Relevanz
- Perspektivwechsel und Transfer aus dem Wald in den eigenen Alltag
- Identifikation der Nachhaltigkeitsdimensionen im eigenen Alltag im beruflichen und/oder persönlichen Kontext
  - Klärung, ob dieser Teil der Übung im Plenum oder in zwei getrennten Gruppen „A. Beruflicher Kontext" und „B. Persönlicher Kontext" durchgeführt werden soll
    A. Beruflicher Kontext: Die Gruppe verständigt sich auf die zu bearbeitende Situationsthematik
    B. Persönlicher Kontext: Die Gruppe verständigt sich auf die zu bearbeitende Situationsthematik (kann auch von einzelnen Teilnehmern allein bzw. getrennt voneinander jeweils für sich persönlich bearbeitet werden).
  - Identifikation der für den jeweils gewählten Ansatz (beruflich/persönlich) aktuell bzw. voraussichtlich zukünftig relevanten Themen im Bereich der drei Nachhaltigkeitsdimensionen
  - Suche nach Überschneidungsbereichen und Querverbindungen zwischen den Themen der verschiedenen Dimensionen und Analyse ihrer Relevanz
- Im Plenum: Austausch und Diskussion zu den jeweiligen Ergebnissen und gewonnenen Erkenntnissen
- Suche nach eventuellen Parallelen oder Überschneidungsbereichen zwischen „Nachhaltigem Wald" und „Nachhaltigkeit im Alltag" mit Diskussion
- Identifikation relevanter Handlungsoptionen im Bereich der drei Nachhaltigkeitsdimensionen für den eigenen beruflichen bzw. persönlichen Alltag
- Abschluss–Diskussion zum eigenen Nachhaltigkeits-Fußabdruck (Auswirkungen passiv) sowie eigenem Nachhaltigkeits-Handabdruck (Maßnahmen aktiv) und den Möglichkeiten einer Verbesserung der eigenen Nachhaltigkeits-Performance.

Praxisschlaglicht

Nachhaltigkeit im Wald scheint bekannt und bewusst. Aber nur durch die menschliche Brille betrachtet. Oder wer hat schon einmal einen Perspektivwechsel vorgenommen und die Themen Ökonomie, Ökologie und Soziales durch die Brille des Ökosystems Wald betrachtet? Der Schwenk in den eigenen Alltag scheint auf den ersten Blick nichts mit der Nachhaltigkeit im Wald zu tun zu haben. Doch ist das wirklich so? Die Suche nach Querverbindungen sowie nach Handlungsoptionen und Einflussmöglichkeiten auf die eigene Nachhaltigkeits-Performance führt die ganze Komplexität des Themas Nachhaltigkeit vor Augen.

Was ist an dieser Roteichen–Naturverjüngung ökonomisch, ökologisch oder sozial? (Foto: Dr. Stefan Rösler)

Wirkfeld der Methode

- Wirksam für Herausforderungen mit niedriger und mittlerer Komplexität
- Wirksam für nachhaltiges Produktdesign
- Wirksam für nachhaltiges Prozessdesign
- Wirksam für eine Stärkung des Teamgedankens

Transformationsfähigkeit Ihres Teams

- Fördert die Sensibilisierung
- Fördert die allgemeine Transformationsfähigkeit des Teams
- Fördert Umsicht und Weitsicht des Teams
- Fördert offene Mindsets und innovative Denkhaltungen
- Fördert den Austausch im Team

- Sorgt für Fokussierung
- Zahlt auf eine bessere Vorstellungskraft ein
- Zahlt auf eine bessere Wahrnehmung ein
- Erhöht die Lösungsorientierung
- Fördert Prozessverständnis

Einsatzcharakteristik/Arbeitsrahmen

- Austauschfokus: vornehmlich mit internen Personen
- Durchführungszeit: eher mittel (> 1 Stunde bis < 1 Tag)
- Einsatzfrequenz: vornehmlich im einmaligen Einsatz
- Einsatzradius: vornehmlich im Teameinsatz
- Komplexität für den Moderator: eher mittel
- Komplexität für die Teilnehmer: eher mittel
- Teamgröße: Einzelpersonennutzung möglich
- Teamgröße: Kleingruppe möglich (3 bis 5 Teilnehmer)
- Teamgröße: Maxigruppen möglich (20 bis 40 Teilnehmer)
- Teamgröße: Mittelgroße Teams möglich (5 bis 20 Teilnehmer)
- Vorbereitungszeit: eher gering (< 1 Stunde)

Input für eine zielführende Arbeit mit der Methode

- Aktuell existierende Geschäftsmodelle
- Aktuelle Herausforderung, Leitfrage, Problem
- Aktuelle Leitbild–Diskussionen
- Aktuelle Diskussionen über Nachhaltigkeitsstrategien
- Ziele

Output und beobachtete Ergebnisse der Methode

- Erzeugt besseren Teamspirit, mehr Offenheit, Inspirationsempfindlichkeit
- Fördert größere Klarheit zu einem Thema
- Erzeugt motiviertere und transformationsfähigere Teilnehmer
- Fördert Problemanalysen
- Fördert Prozessbewusstsein und Zukunftskompetenz
- Macht Wirkzusammenhänge sichtbar
- Fördert Fokussierungs-Kompetenz
- Sensibilisiert für Umfeldwahrnehmung
- Fördert Kommunikation und Austausch im Team
- Fördert Abstraktionsvermögen
- Fördert Rollen– und Differenzierungsverständnis
- Fördert langfristiges Denken und Planen

Hinderniseffekte, auf die die Methode positiv wirkt

- Fördert Erkenntnisgewinn
- Schwächt Konkurrenzdenken
- Schärft eine fehlende gemeinsame Ausrichtung
- Stärkt schwache Anreicherungsskills
- Schwächt negative Triggerpunkte
- Stärkt das Vertrauen im Team
- Schwächt unreflektiertes Agieren
- Reduziert vorhandene Kreativblockaden
- Wirkt fehlender Inspiration entgegen

Mögliche Extravorteile der Methode

- Möglicher Extravorteil für Teams mit einer konservativen, tradierten Kultur
- Möglicher Extravorteil für innovativ ungeübte Teams
- Möglicher Extravorteil für in Nachhaltigkeitsthemen ungeübte Teams

Quellen

Buch – Darwin meets Business. Ein neues Wirtschaften. Klaus-Stephan Otto & Myra von Ondarza (Dr. Otto Training und Consulting, 2009)

Buch – Das Wald Buch. Esther Gonstalla (Oekom, 2021)

Buch – Denken und Handeln in Ökosystemen. Klaus-Stephan Otto

Buch – Evolutions-Management. Klaus-Stephan Otto, Uwe Nolting & Christel Bässler (Hanser, 2007)

Buch – Forstliche Bildungsarbeit. Hrsg.: Bayerisches Staatsministerium für Ernährung, Landwirtschaft und Forsten, 8. Aufl. (2017)

Buch – Gartengespräch mit Stefan Rösler. In: Matthias Nöllke: In den Gärten des Managements. Für eine bessere Führungskultur, 171 – 175 (Haufe, 2011)

Buch – In den Gärten des Managements. Matthias Nöllke (Haufe, 2011)

Buch – ManagementBIOnik. Matthias Nöllke (Haufe, 2019)

Buch – Praxishandbuch der Waldpädagogik. Frank Hoffmann (wbv-Media GmbH, 2023)

https://www.oecoach.de/wp-content/uploads/2016/10/20162303_Waldworkshop_Flyer_DINlang-Website.pdf (abgerufen am 20.09.2023)

Organisation – www.evoco.de

Organisation – www.hausdeswaldes.de

Organisation – www.naturschule.de

Organisation – www.wildpfa.de

Person – Dr. Stefan Rösler, roesler@oecoach.de

Buch – Stefan Rösler & Tina Teucher; in Ternès & Englert (Hrsg.): Integriertes Nachhaltigkeitsmanagement, 183 – 209 (Springer, 2019)

Artikel – Das Unternehmen Wald. – Stefan Rösler & Klaus-Stephan Otto. In: Q.Magazin – Das Magazin für Qualität, Ausgabe 2021/22: 6-11. https://www.babtec.de/fileadmin/user_upload/babtec/downloads/public/de/qmagazin/q.magazin_2021-22_de_web.pdf

Web – https://foresteurope.org/wp-content/uploads/2022/01/MC_helsinki_resolutionH1.pdf (abgerufen am 04.11.2023)

Web – Waldworkshop Von der Natur lernen für Management, Strategie und Teamentwicklung. Stefan Rösler (2016)

Web – Was haben Unternehmen und Start-Ups mit Wäldern zu tun. Ökosysteme in Natur und Wirtschaft. Stefan Rösler, Versicherungskammer (Hrsg.): innenreport 2019 https://innenreport.h5mag.com/innenreport_2019_ausgabe_2/s_9_unternehmen_startups

Nachhaltigkeits-Check-in-Fragen

EinSatzBeschreibung

Methoden und Fragen für einen nachhaltigen Check-in in Meetings, Workshops oder den Tag.

Working Guide/Anwendungsfelder

P1 Sensibilisierung/Bildung	P2 Matching Recht/Gesetz	P3 Sustainability Roadmap	P4 Produkt/Prozessdesign	P5 Implementierung/Monitoring	P6 Kommunikation	P7 Organisation	P8 Führung	P9 Business Model Design	P10 Skalierung
X									

Beschreibung

Check-in-Fragen werden zu Beginn einer Sitzung, eines Meetings oder eines Workshops gestellt, um eine Atmosphäre des Austauschs und der Offenheit zu schaffen. Sie dienen dazu, dass sich die Teilnehmenden kurz äußern und ihre Gedanken, Gefühle oder Erfahrungen zu einem bestimmten Thema teilen können, um so einen gemeinsamen Einstieg zu schaffen. Durch Check-in-Fragen wird die Kommunikation erleichtert und das Engagement der Teilnehmenden gefördert.

Check-in-Fragen können bei Nachhaltigkeitsaktivitäten folgende Wirkungen erzielen

- Bewusstseinsbildung: Check-in-Fragen helfen Teams und Workshopteilnehmenden, sich über ihre Handlungen und Entscheidungen im Hinblick auf soziale, ökologische und wirtschaftliche Auswirkungen bewusst zu werden.
- Identifikation von Handlungsbedarf: Durch gezielte Fragen können Schwachstellen und Herausforderungen im Nachhaltigkeitsbereich identifiziert werden. So lassen sich Potenziale für Verbesserungen erkennen und konkrete Maßnahmen ergreifen.
- Veränderung begleiten: Mit Check-in-Fragen kann der Fortschritt in einem Veränderungsvorhaben gemessen werden oder neue Routinen in Erinnerung gerufen werden.
- Stakeholder-Einbindung: Die Verwendung von Check-in-Fragen eröffnet einen Raum für den Dialog mit Stakeholdern.
- Langfristige Perspektive: Check-in-Fragen können den Fokus auf das Tagesgeschäft aufbrechen und das Denken in langfristigen Zeiträumen fördern.
- Empowerment und Motivation: Check-in-Fragen können ein Gemeinschaftsgefühl ermöglichen. Durch die Antworten der anderen merken Menschen, dass auch andere im gleichen Boot sitzen.

Die Einsatzmöglichkeiten sind also sehr vielfältig. Im Abschnitt Durchführung gibt es zahlreiche Beispiele.

Durchführung

Schritt 1: Vorbereitung

Bereiten Sie ein bis drei Check-in-Fragen vor, die thematisch zum Treffen passen und die Teilnehmenden dazu ermutigen, sich mit dem Thema und ihrer persönlichen Perspektive darauf auseinanderzusetzen. Überlegen Sie sich, ob die Teilnehmenden die Fragen schriftlich beantworten oder ihre Antworten mündlich teilen sollen. Das schriftliche Beantworten macht Sinn bei größeren Gruppen. In einem Onlinemeeting kann zum Beispiel der Chat genutzt werden. In einem analogen Workshop können Klebezettel auf einem Whiteboard gesammelt werden. Es ist auch möglich den Check-in asynchron durchzuführen. Wenn die Teilnehmenden in den (virtuellen) Raum kommen, checken sie ein.

Schritt 2: Begrüßung und Ablauf

Beginnen Sie das Meeting oder den Workshop mit einer herzlichen Begrüßung und einer kurzen Einführung in das Thema des Treffens. Erklären Sie den Ablauf des Check-ins und die Motivation, warum sie diesen Check-in gewählt haben. Formulieren Sie den Check-in als Einladung. Es ist ok, wenn jemand seine Gedanken nicht teilen mag.

Schritt 3: Eisbrecher (optional)

Gerade bei schwierigeren oder tiefgründigen Fragen kann sich ein kurzer Eisbrecher lohnen. Das kann eine körperliche Aktivität sein (z. B. Strecken) oder eine ganz einfache Frage. Bauen Sie eine entspannte Atmosphäre auf.

Schritt 4: Check-in-Fragen stellen

Beginnen Sie mit den vorbereiteten Check-in-Fragen. Stellen Sie die Fragen am besten einzeln und geben Sie den Teilnehmenden ausreichend Zeit, um darüber nachzudenken und ihre Antworten zu formulieren.

Hier ist eine Sammlung von Check-in-Fragen:

- Warum engagierst du dich für das Thema Nachhaltigkeit? Für was engagierst du dich konkret?
- Was hat dir dieses Jahr rund um das Thema Nachhaltigkeit Hoffnung geschenkt? Was hat dich enttäuscht?
- Welche Organisationen taugen für dich als Nachhaltigkeits-Vorbild? Warum?
- Wie sehr engagiert sich dein Arbeitgeber/Schule/Uni/Verein für Nachhaltigkeit? Und wie denkst du über die Maßnahmen?
- Wie reagiert dein privates oder berufliches Umfeld auf das Thema Nachhaltigkeit? Wie geht es dir damit?
- Wer oder was gibt dir gerade Mut oder Hoffnung rund um das Thema Nachhaltigkeit? Und warum?

- Welche Bücher, Artikel oder Dokumentationen zum Thema Nachhaltigkeit haben dich in letzter Zeit bewegt? Und warum?
- Mit welchem Menschen aus Politik, Unternehmen oder Zivilgesellschaft würdest du gern einmal über Nachhaltigkeit plaudern? Über was genau und warum?
- Wenn du jemanden aus der Politik ein Jahr für deine Gruppe oder Organisation gewinnen könntest, wer wäre das und warum?
- Wenn du alle Plakatwände deiner Stadt für einen Monat umsonst bekommen würdest, welche Nachhaltigkeitsbotschaft würdest du senden?
- Was würde deine Organisation machen, wenn auf einmal 10-mal so viele Menschen beim Thema Nachhaltigkeit mitmachen?
- Welches Sustainable Development Goal spricht dich am meisten an? Mit welchem kannst du am wenigsten anfangen?
- Stell dir vor, ihr bekommt eine Spende von eine Milliarde Euro. Was geht ihr damit an?
- Wann und wo würdest du gern „klimasündigen"?
- Welche Aktion oder welches Nachhaltigkeitsprojekt würdest du gern einmal durchführen? Was hält dich davon ab?
- Was wünscht du dir diesen oder den nächsten Monat, Jahr, Jahrzehnt für den Klima- und Umweltschutz in deiner Organisation, in deiner Umgebung, in deinem Land?
- Was hast du dir in Sachen Nachhaltigkeitsengagement für diese Woche, diesen Monat und dieses Jahr vorgenommen?
- Was sind die drei besten oder schönsten Worte für euch, die eine nachhaltige Zukunft ausdrücken?

Passen Sie die Zeiträume, Organisationen und Zahlen an. Ersetzen Sie das Wort Nachhaltigkeit durch ein spezifisches Thema (Dekarbonisierung, Kreislaufwirtschaft, ...), um den Check-in passend zu Ihrem Meeting oder Workshop zu machen.

Foto: © NEU | Zentis – Innovation Space Aachen

Schritt 5: Antworten teilen (optional)

Geben Sie den Teilnehmenden die Möglichkeit, ihre Antworten zu teilen. Bei kleineren Gruppen funktioniert das mündlich im Plenum. Bei größeren Gruppen unterteilen Sie die Gruppe in Kleingruppen oder in virtuellen Kontexten in Breakout-Räume.

Achten Sie darauf, dass jeder die Gelegenheit bekommt, sich auszudrücken. Ermutigen Sie eine respektvolle Zuhörkultur. Die Antworten sollten nicht diskutiert werden. Es ist aber auch ok, wenn jemand nicht auf eine Check-in-Frage antworten möchte.

Schritt 6: Zusammenfassung und Brücke zum Hauptthema

Wurden die Antworten schriftlich gegeben, können Sie als Moderator jetzt einzelne Beiträge herausgreifen oder einzelnen Personen den Raum geben, etwas zu sagen. Fassen Sie die wichtigsten Punkte der Check-in-Antworten zusammen, um eine Verbindung zum Hauptthema des Meetings oder des Workshops herzustellen. Sie können hier auch auf individuelle Perspektiven der Teilnehmenden eingehen und so die Relevanz des Meetings für die Teilnehmenden sichtbar machen.

Schritt 7: Check-in abschließen

Bedanken Sie sich bei den Teilnehmenden für ihre Offenheit und Beteiligung am Check-in-Prozess.

Wirkfeld der Methode

- Wirksam für Herausforderungen mit hoher Komplexität
- Wirksam für Herausforderungen mit mittlerer Komplexität
- Wirksam für Herausforderungen mit niedriger Komplexität

Transformationsfähigkeit Ihres Teams

- Fördert die Sensibilisierung
- Fördert offene Mindsets und innovative Denkhaltungen
- Sorgt für Inspiration oder bessere Inspirationsempfindlichkeit
- Zahlt auf eine bessere Wahrnehmung ein

Einsatzcharakteristik/Arbeitsrahmen

- Austauschfokus: vornehmlich mit internen und externen Personen
- Durchführungszeit: eher gering (< 1 Stunde)
- Einsatzfrequenz: sinnvoll im dauerhaften Einsatz
- Einsatzradius: vornehmlich im Teameinsatz
- Einsatzradius: vornehmlich im projektweiten Einsatz
- Komplexität für den Moderator: eher gering
- Komplexität für die Teilnehmer: eher gering
- Teamgröße: Einzelpersonennutzung möglich
- Teamgröße: Kleingruppe möglich (3 bis 5 Teilnehmer)
- Teamgröße: Mittelgroße Teams möglich (5 bis 20 Teilnehmer)
- Vorbereitungszeit: eher gering (< 1 Stunde)

Input für eine zielführende Arbeit mit der Methode

- Lediglich Durchführungszeit

Output und beobachtete Ergebnisse der Methode

- Bessere Projekteffizienz, bessere Teamperformance
- Erzeugt Ideen, Lösungsansätze, Vorideen, Möglichkeiten
- Erzeugt besseren Teamspirit, mehr Offenheit, Inspirationsempfindlichkeit
- Erzeugt größere Klarheit zu einem Thema

Hinderniseffekte, auf die die Methode positiv wirkt

- Bindet eher introvertierte Teammitglieder mit ein
- Dynamisiert und aktiviert wenig dynamische Teams
- Schafft schnell Klarheit und beschleunigt Erkenntnisgewinn
- Schärft eine fehlende gemeinsame Ausrichtung
- Stärkt das Vertrauen im Team
- Verhindert unreflektiertes agieren
- Wirkt fehlender Inspiration entgegen

Mögliche Extravorteile der Methode

- Möglicher Extravorteil für Teams mit einer konservativen, tradierten Kultur
- Möglicher Extravorteil für in Nachhaltigkeitsthemen ungeübte Teams

Quellen

Person – Tobias Leisgang, tobias@companypirate.de
Person –Jacob Chromy, https://www.linkedin.com/in/jacob-chromy/
Web – Facilitation Rundschau: https://steadyhq.com/de/facilitation-rundschau/about
Web – https://www.linkedin.com/posts/neue-narrative_ein-gemeinsamer-check-in-ist-f%C3 %BCr-uns-der-activity-7021763431217135616-jKQG/
Web – https://www.linkedin.com/pulse/44-breakout-fragen-zum-kennenlernen-klima-events-und-jacob-chromy/
Web – https://www.linkedin.com/pulse/check-eine-gute-frage-markus-sch%C3 %B6nell/

Grafik: verrocchio Sustainable Inspiration Card – Malvine Klecha, Hila Attaie und Jennifer van Aerssen (Illustration)

Nachhaltigkeits-Wissenslandkarte

EinSatzBeschreibung

Die Nachhaltigkeits-Wissenslandkarte ermöglicht Teilnehmenden sowie Moderierenden bei einem Start in einen Workshop, den Wissensstatus von Teilnehmenden zu Nachhaltigkeitsthemen auf effiziente Art und Weise zu erfassen und Teams zusammenzustellen.

Working Guide/Anwendungsfelder

P1 Sensibilisierung/Bildung	P2 Matching Recht/Gesetz	P3 Sustainability Roadmap	P4 Produkt/Prozessdesign	P5 Implementierung/Monitoring	P6 Kommunikation	P7 Organisation	P8 Führung	P9 Business Model Design	P10 Skalierung
X			X					X	

Beschreibung

Nachhaltigkeitswissen ist nicht in allen Projekten ausreichend vorhanden, und selten über die Beteiligten gleichmäßig verteilt. Unterschiedliches, fachspezifisches Wissen zusammenzubringen kann helfen, komplexe Aufgabenstellungen für nachhaltige Entwicklung in einer sich verändernden und interdependenten Welt zu lösen.

Um kurzfristig sinnvolle Arbeitsgruppen oder Teams zusammenzustellen, hilft die Nachhaltigkeits-Wissenslandkarte dabei, einen schnellen Überblick zu schaffen, welche Human- und Wissens-Ressourcen in einem Projekt oder Workshop vorhanden sind.

Weiterhin hilft das Vorgehen sicherzustellen, dass blinde Wissensflecken oder ein für ein Vorhaben notwendiges, aber noch fehlendes Nachhaltigkeits-Know-how sichtbar werden. Dies ermöglicht die Einsicht, dass Wissen fehlt, und dies als Indiz zu werten ist, dass im weiteren Prozess entsprechende Expertinnen einzubinden sind.

Die Methode kann sehr schnell und pragmatisch erfolgen, oder komplexer und zielgerichtet.

Durchführung

Das folgende Vorgehen gibt die Möglichkeit, sehr schnell Teams zusammenzustellen, welche ein globales Nachhaltigkeitswissen bestmöglich abbilden.

Pragmatische Teamzusammenstellung:

1. **Eis brechen:** Bitten Sie alle Teilnehmenden, sich frei im Raum zu verteilen. Um das Eis zu brechen, können Sie eine Startfrage stellen: „Wo wohnen Sie?“, „Wie weit war Ihr Anreiseweg des heutigen Tages?“, oder ähnliches. Die Teilnehmenden werden gebeten, sich entsprechend im Raum wie auf einer Landkarte zu verteilen, um dies abzubilden, oder wie im zweiten Beispiel, sich in einer Reihe auf einer Skala aufzustellen.
2. **Kontext setzen:** Eröffnen Sie den Teilnehmenden den eigentlichen Sinn und Zweck dieser Übung: Sie dient dazu, den Wissensstand im Bereich der Nachhaltigkeit offenzulegen. Das weiterführende Ziel ist, Teams gezielt zu formen, um eine wirksame Zusammenarbeit im Projekt bzw. Workshop zu ermöglichen.
3. **Wissensbereiche identifizieren:** Bitten Sie die Teilnehmenden, sich über den Raum verteilt in kleinen Gruppen entsprechend ihrer Kern-Expertise zusammenzufinden. Sobald sich Gruppen gefunden haben, fragen Sie die unterschiedlichen Expertise-Cluster kurz nach ihrem „Fokusbereich“. Dies gibt einen dedizierten Überblick über Fachwissen, und ermögliche den Austausch zwischen Teilnehmenden. Ebenso zeigt dies die fachliche Diversität in der Gruppe auf.
4. **Wissensstufen definieren:** Bitten Sie die Teilnehmenden, sich innerhalb den Kleingruppen (Expertise-Cluster) in Reihen aufzustellen. Leitfrage für die Reihung ist, wer wie viele Jahre (gerechnet in Vollzeit) im Nachhaltigkeitsbereich oder dem Expertise-Bereich im Speziellen tätig war.
5. **Teamzusammenstellung:** Zählen Sie, Cluster nach Cluster, die Teilnehmenden durch (Zum Beispiel in der Art 1-2-3/1-2-3-/1-2-3; oder eben entsprechend wie viele Teams Sie generieren möchten). Teilen Sie den Teilnehmenden auf diese Weise eine Team-Nummer zu.

Komplexere Teamzusammenstellung:

Ein erweitertes Vorgehen ermöglicht, noch zielgerichteter Teams zusammen zu stellen.

Vor der Übung hält hierfür eine Person mit entsprechender Fachkompetenz einen kurzen Impulsvortrag zu dem Thema des vorliegenden Projekts, und gibt dabei einen Eindruck ab, welche spezifischen Kompetenzen und Fachwissensbereiche für die Bearbeitung von Aufgabenstellungen im geplanten Vorhaben wertvoll sein können.

Anschließend führen Sie die oben genannten Schritte durch, bitten jedoch in Schritt Nr. 3 die Teilnehmenden, sich entsprechend speziell für das Projekt als relevant erachtete Expertisen zusammenzufinden. Die Teilnehmenden beschreiben dann jeweils für sich eine Moderationskarte oder Namensschild mit ihrem Namen und darunter ihre als für das Projekt als relevant erkannten Expertisen.

Dabei kann zur schnellen Orientierung die Zuteilung von unterschiedlichen Farben auf Namensschilder oder der Moderationskarten sinnvoll sein – entsprechend der relevanten „Haupt-Expertise“.

167

Nachhaltigkeits-Wissenslandkarte

Nach einer erfolgten Teamzusammenstellung werden die Teams gebeten, Expertise in den Teams in einem Prozess des „Anbietens" und „Suchens" noch einmal eigenverantwortlich auszugleichen – ohne die Teamgrößen zu verändern.

Wirkfeld der Methode

- Wirksam für Herausforderungen mit hoher Komplexität
- Wirksam für nachhaltiges Produktdesign
- Wirksam für nachhaltiges Prozessdesign
- Wirksam für nachhaltiges Servicedesign
- Wirksam für nachhaltiges Business Model Design

Transformationsfähigkeit Ihres Teams

- Fördert die allgemeine Transformationsfähigkeit des Teams
- Fördert offene Mindsets und innovative Denkhaltungen
- Sorgt für Inspiration oder bessere Inspirationsempfindlichkeit
- Erhöht die Lösungsorientierung

Einsatzcharakteristik/Arbeitsrahmen

- Austauschfokus: vornehmlich mit internen und externen Personen
- Durchführungszeit: eher gering (< 1 Stunde)
- Einsatzfrequenz: vornehmlich im einmaligen Einsatz
- Einsatzradius: vornehmlich im Teameinsatz
- Komplexität für den Moderator: eher gering
- Komplexität für die Teilnehmer: eher gering
- Teamgröße: Großgruppen möglich (> 50 Teilnehmer)
- Teamgröße: Maxigruppen möglich (20 bis 40 Teilnehmer)
- Teamgröße: Mittelgroße Teams möglich (5 bis 20 Teilnehmer)
- Teamgröße: Speziell für Großgruppen geeignet (> 50 Teilnehmer)
- Vorbereitungszeit: eher gering (< 1 Stunde)

Input für eine zielführende Arbeit mit der Methode

- Aktuelle Herausforderung, Leitfrage, Problem
- Beteiligte Personen mit Tätigkeiten und Aufgaben
- Vorhandenes Wissen und Erfahrungen

Output und beobachtete Ergebnisse der Methode

- Bessere Projekteffizienz, bessere Teamperformance
- Erzeugt besseren Teamspirit, mehr Offenheit, Inspirationsempfindlichkeit
- Erzeugt neues Wissen und neue Erfahrungen
- Erzeugt größere Klarheit zu einem Thema
- Erzeugt mehr Agilität im Team
- Erzeugt mehr Know-how-Zuwachs
- Identifiziert vorhandene Schwachstellen
- Identifiziert vorhandene Stärken

Hinderniseffekte, auf die die Methode positiv wirkt

- Beugt blinden Flecken/Betriebsblindheit vor
- Fördert eventuell fehlende Wertschätzung
- Schafft für den Erfolg nötige Realitätsbezüge
- Schafft schnell Klarheit und beschleunigt Erkenntnisgewinn
- Schwächt multidisziplinäre Reibungsverluste
- Stärkt das Vertrauen im Team

Mögliche Extravorteile der Methode

- Möglicher Extravorteil für agile Teams
- Möglicher Extravorteil für in Nachhaltigkeitsthemen ungeübte Teams

Quellen

Person – Kilian Karg, Kilian@protellus.de

Nachhaltigkeits-Bingo

EinSatzBeschreibung

Nachhaltigkeits-Bingo ist ein spielerischer Ansatz, um Teilnehmende eines Workshops oder einer Schulung in einem Unternehmen zu ermutigen, ihr Wissen über spezifische Nachhaltigkeitsthemen zu teilen und voneinander zu lernen.

Working Guide/Anwendungsfelder

P1 Sensibilisierung/Bildung	P2 Matching Recht/Gesetz	P3 Sustainability Roadmap	P4 Produkt/Prozessdesign	P5 Implementierung/Monitoring	P6 Kommunikation	P7 Organisation	P8 Führung	P9 Business Model Design	P10 Skalierung
X									

Beschreibung

In Unternehmen oder bei Veranstaltungen sind oft Personen mit unterschiedlich umfangreichen oder auch spezifischem Nachhaltigkeitswissen vertreten. Personen arbeiten in Wissens-Silos und sind sich oft nicht darüber bewusst, wo blinde Flecken einerseits, und Wissens-Ressourcen andererseits liegen.

Das Nachhaltigkeits-Bingo fördert den Wissensaustausch und die Identifizierung von Ressourcen innerhalb des Unternehmens. Es ermöglicht den Teilnehmenden, voneinander zu lernen, das Bewusstsein für Nachhaltigkeitsthemen zu schärfen und das vorhandene Wissen zu nutzen.

Das Spiel ist eine unterhaltsame Methode, um das Engagement der Mitarbeitenden für Nachhaltigkeit zu stärken und das Teilen von Fachwissen zu fördern. Darüber hinaus kann es den kollektiven Wissensstand einer Gruppe pragmatisch, spielerisch, und unbemerkt erfassen, was auch für externe Personen und Berater einen besonderen Mehrwert bieten kann.

Eine exemplarische Liste an Begriffen, welche ein 5x5 Bingo Feld enthalten könnte, ist:

- GRI
- Biodiversitätsschutz
- Brundtland-Bericht
- CO_2-Zertifikate
- CO_2-Fußabdruck
- Cradle-to-Cradle
- CSR
- Energiewende
- ESG-Kriterien
- Gemeinwohlökonomie
- Geschlossener Stoffkreislauf
- Grüner Wasserstoff
- Integrierter Nachhaltigkeitsbericht
- Klimawandelanpassung
- Kreislaufwirtschaft
- Lieferkettenmanagement
- Lieferkettensorgfaltspflicht
- Mobilitätswende
- Nachhaltigkeitsberichterstattung
- Nachhaltigkeitsstrategie des Unternehmens
- Planetary Boundaries
- Resilienz
- SDGs
- Suffizienz
- Wesentlichkeitsanalyse

Die „Flughöhe" der Begriffe lässt sich dabei anpassen an den zu erwartenden Wissensstand der Teilnehmenden.

Ein Nebeneffekt ist nicht nur das Erkennen von eigenen oder gruppenweiten blinden (Wissens-)Flecken, sondern auch die Erkenntnis, dass man mit fehlendem Wissen nicht allein ist und gemeinsam dazulernen kann.

Durchführung

Der Spielleiter erstellt Arbeitsblätter im Stile eines Bingo Spielfelds mit 3x3 bis 5x5 Feldern. Anstelle von Zahlen stehen in allen Feldern Nachhaltigkeitsthemen, Begriffe, oder Fragen.

1. **Start des Spiels:** Alle Teilnehmenden erhalten jeweils ein solches Arbeitsblatt zu Beginn des Spiels. Die Teilnehmenden werden aufgefordert, sich im Raum zu verteilen
2. **Suche nach Wissen:** Die Teilnehmenden bewegen sich im Raum und suchen nach anderen Personen, die Wissen zu den auf ihren Karten aufgeführten Nachhaltigkeitsthemen haben. Diese Themen könnten bspw. sein: „Recyclingpraktiken im Unternehmen," „Maßnahmen zur CO_2-Reduzierung" oder „Soziale Verantwortung des Unternehmens."
3. **Wissensaustausch:** Sobald eine teilnehmende Person eine andere Person gefunden hat, die Wissen zu einem Thema besitzt, unterhalten sie sich miteinander, und die Wissensgebenden teilen ihre Erkenntnisse und Erfahrungen zu diesem Thema. Die Wissenssuchenden machen auf dem Arbeitsblatt im entsprechenden Feld Notizen oder notieren zumindest den Namen der Wissensgebenden.
4. **Gewinnziel:** Das Ziel ist, so viel Wissen oder Wissenstragende wie möglich zu sammeln. Die Personen, welche nach einer bestimmten Zeit die meisten Themen abgedeckt haben, oder alternativ eine diagonale oder gerade Reihe an Bingo-Feldern ausfüllen konnten, gewinnen die Übung.

168

Nachhaltigkeits-Bingo

SUSTAINABILITY BINGO

Mit welchen Themen waren Kolleg:innen im Kontakt?

Praxisschlaglicht

Das Spiel konnte in verschiedenen Varianten nicht nur zum Kennenlernen eingesetzt werden, sondern bot auch eine Möglichkeit für Moderatoren, einen schnellen Überblick über den Wissensstand einer Gruppe zu erhalten.

Dies kann innerhalb kurzer Zeit erfolgen, indem ein „Master Blatt" erstellt wird, auf dem eine „Wissen vorhanden" Strichliste auf den Wissensfeldern entsprechend den Notizen auf von den Teilnehmenden ausgefüllten Arbeitsblätter geführt wird.

Wirkfeld der Methode

- Wirksam für Herausforderungen mit niedriger Komplexität

Transformationsfähigkeit Ihres Teams

- Fördert die Sensibilisierung
- Fördert die Agilität eines Teams

Einsatzcharakteristik/Arbeitsrahmen

- Austauschfokus: vornehmlich mit internen und externen Personen
- Durchführungszeit: eher gering (< 1 Stunde)
- Einsatzfrequenz: vornehmlich im einmaligen Einsatz
- Komplexität für den Moderator: eher gering
- Komplexität für die Teilnehmer: eher gering
- Teamgröße: Großgruppen möglich (> 50 Teilnehmer)
- Teamgröße: Kleingruppe möglich (3 bis 5 Teilnehmer)
- Teamgröße: Maxigruppen möglich (20 bis 40 Teilnehmer)
- Teamgröße: Mittelgroße Teams möglich (5 bis 20 Teilnehmer)
- Teamgröße: Speziell für Großgruppen geeignet (> 50 Teilnehmer)
- Vorbereitungszeit: eher gering (< 1 Stunde)

Input für eine zielführende Arbeit mit der Methode

- Vorhandenes Wissen und Erfahrungen
- Durchführungszeit, Trainingszeit

Output und beobachtete Ergebnisse der Methode

- Erzeugt transformationsfähigere Organisationen
- Erzeugt mehr Hintergrundinformationen
- Erzeugt mehr Agilität im Team

Hinderniseffekte, auf die die Methode positiv wirkt

- Beugt blinden Flecken/Betriebsblindheit vor
- Fördert gehemmte Teammitglieder
- Fördert eventuell fehlende Wertschätzung
- Schafft für den Erfolg nötige Realitätsbezüge
- Stärkt das Vertrauen im Team

Mögliche Extravorteile der Methode

- Möglicher Extravorteil für in Nachhaltigkeitsthemen ungeübte Teams

Quellen

Person – Kilian Karg; kilian@protellus.de

Nachhaltigkeitscontrolling

EinSatzBeschreibung

Nachhaltigkeitscontrolling dient dazu, das Nachhaltigkeitsmanagement eines Unternehmens in den internen Strukturen und Prozessen zu steuern, zu koordinieren und zu kontrollieren.

Working Guide/Anwendungsfelder

P1 Sensibilisierung/Bildung	P2 Matching Recht/Gesetz	P3 Sustainability Roadmap	P4 Produkt/Prozessdesign	P5 Implementierung/Monitoring	P6 Kommunikation	P7 Organisation	P8 Führung	P9 Business Model Design	P10 Skalierung
				X	X	X			

Beschreibung

In der Welt von heute ist es unerlässlich, dass Unternehmen nicht nur ihre wirtschaftliche Leistung im Auge behalten, sondern auch ihre sozialen und ökologischen Auswirkungen. Hier setzt das Nachhaltigkeitscontrolling an: Es integriert Nachhaltigkeitsaspekte in die betriebswirtschaftliche Steuerung und unterstützt damit Unternehmen, ihre Nachhaltigkeitsziele zu erreichen und kontinuierlich zu verbessern. Es überbrückt die Lücke zwischen strategischem Nachhaltigkeitsmanagement und operativer Umsetzung. Das Nachhaltigkeitscontrolling stellt eine Weiterentwicklung des klassischen Controllings dar.

Die Hauptaufgaben des Nachhaltigkeitscontrollings sind die Definition und Auswahl von Nachhaltigkeitsindikatoren, die Sammlung und Analyse von Nachhaltigkeitsdaten, die Integration dieser Daten in Berichtsformate und die Nutzung dieser Daten zur strategischen Entscheidungsfindung.

Normative, strategische und operative Perspektive

Im Rahmen des Nachhaltigkeitscontrollings können drei unterschiedliche Perspektiven unterschieden werden: die normative, die strategische und die operative Perspektive. Sie helfen dabei, Nachhaltigkeitsziele auf unterschiedlichen Ebenen des Unternehmens zu definieren und umzusetzen.

1. **Normative Perspektive:** Auf dieser Ebene geht es um die grundlegenden Werte und Prinzipien, die ein Unternehmen in Bezug auf Nachhaltigkeit vertritt. Das können z. B. ethische Grundsätze sein, die in der Unternehmensphilosophie verankert sind, oder langfristige Nachhaltigkeitsziele, die das Unternehmen verfolgt. Die normative Perspektive definiert also den „großen Rahmen“, innerhalb dessen sich alle weiteren Aktivitäten bewegen und integriert Nachhaltigkeit in Vision und Mission des Unternehmens.
2. **Strategische Perspektive:** Auf der strategischen Ebene geht es um die Frage, wie die normativen Nachhaltigkeitsziele in konkrete Unternehmensstrategien übersetzt werden können. Das kann z. B. die Entwicklung neuer Geschäftsmodelle umfassen, die auf Nachhaltigkeit ausgerichtet sind, oder die Anpassung bestehender Geschäftsprozesse, um sie nachhaltiger zu gestalten. Die strategische Perspektive hilft dabei, die langfristigen Ziele aus der normativen Perspektive in mittelfristige Strategien zu übersetzen.
3. **Operative Perspektive:** Auf der operativen Ebene geht es schließlich um die konkrete Umsetzung der Strategien im Tagesgeschäft. Das kann z. B. die Implementierung spezifischer Maßnahmen zur Energieeinsparung umfassen oder die Schulung von Mitarbeitern in Bezug auf nachhaltiges Verhalten. Die operative Perspektive konzentriert sich auf die kurzfristige Umsetzung der Strategien und die Erreichung spezifischer Nachhaltigkeitsziele.

Insgesamt tragen diese drei Perspektiven dazu bei, dass Nachhaltigkeit auf allen Ebenen des Unternehmens verankert wird – von den grundlegenden Werten und Prinzipien über die strategische Ausrichtung bis hin zur operativen Umsetzung im Tagesgeschäft.

Interaktion zwischen Nachhaltigkeitscontrolling und Rechnungswesen

Im Zuge der Nachhaltigkeitsberichterstattung müssen Unternehmen eine Vielzahl von Umwelt-, Sozial- und Governance-Daten (ESG-Daten) erheben und verarbeiten. Diese Daten fließen oft in das traditionelle Rechnungswesen ein, wo sie neben den Finanzdaten ausgewertet und analysiert werden:

- Erweiterung traditioneller Bilanzen: Im Nachhaltigkeitscontrolling wird oft eine „erweiterte“ Sicht auf die Bilanz eines Unternehmens genommen. Neben den finanziellen Aspekten werden auch die ökologischen und sozialen Auswirkungen der Geschäftsaktivitäten berücksichtigt. Dies kann dazu führen, dass Aspekte wie z. B. CO_2-Fußabdruck, Wasserverbrauch oder soziale Auswirkungen in finanzielle Kennzahlen übersetzt und in die Bilanz integriert werden.
- Nachhaltigkeitsbudgets: Ein weiteres Element des Nachhaltigkeitscontrollings kann die Erstellung von Nachhaltigkeitsbudgets sein. Hierbei werden spezifische finanzielle Ressourcen für Nachhaltigkeitsaktivitäten reserviert und ihre Verwendung kontrolliert. Auch hier spielen die Prinzipien des Rechnungswesens eine wichtige Rolle.
- Risikomanagement: Das Nachhaltigkeitscontrolling kann dazu beitragen, Risiken zu identifizieren und zu bewerten, die sich aus Nachhaltigkeitsaspekten ergeben. Diese Risiken können finanzieller Natur sein (z. B. steigende Rohstoffpreise aufgrund von Umweltauflagen) oder nicht-finanzieller Natur (z. B. Reputationsrisiken aufgrund von Verstößen gegen Menschenrechte). Das Rechnungswesen spielt eine zentrale Rolle bei der Quantifizierung und Bewertung dieser Risiken.

Insgesamt erweitert das Nachhaltigkeitscontrolling das traditionelle Rechnungswesen um die Dimension der Nachhaltigkeit. Es trägt dazu bei, dass Unternehmen sowohl ihre finanzielle Performance als auch ihre Performance in Bezug auf Nachhaltigkeit effektiv steuern und kontrollieren können.

Durchführung

Nachhaltigkeitscontrolling ist ein fortlaufender Prozess. Die typischen Schritte sind:

1. Durchführung einer (doppelten) Wesentlichkeitsanalyse
2. Definition von Nachhaltigkeitszielen: Ausgehend von der Unternehmensstrategie werden spezifische, messbare Nachhaltigkeitsziele definiert.
3. Auswahl von Nachhaltigkeitsindikatoren: Es werden Indikatoren ausgewählt, die die Zielerreichung messbar machen.
4. Datenerhebung: Nachhaltigkeitsdaten werden systematisch gesammelt und aufbereitet.
5. Analyse und Berichterstattung: Die erhobenen Daten werden analysiert und in einem Bericht zusammengefasst, der sowohl intern als auch extern genutzt wird.
6. Kontrolle und Steuerung: Die Zielerreichung wird regelmäßig kontrolliert und gegebenenfalls werden Korrekturmaßnahmen eingeleitet.

Nachhaltigkeitscontrolling macht Gebrauch von einer Vielzahl an Instrumenten und Techniken, um das nachhaltige Wirtschaften eines Unternehmens zu steuern und zu kontrollieren. Hier sind einige der wichtigsten Instrumente:

- Nachhaltigkeitsindikatoren: Diese sind entscheidend für das Messen und Verfolgen der Nachhaltigkeitsperformance eines Unternehmens. Es handelt sich dabei um messbare Größen, die die ökonomische, ökologische und soziale Performance eines Unternehmens abbilden. Bspw. können Energieverbrauch, Abfallmengen, Mitarbeiterzufriedenheit oder Gewinnmargen als Indikatoren genutzt werden.
- Balanced Scorecard für Nachhaltigkeit: Die Balanced Scorecard ist eine Managementmethode, die ursprünglich für die strategische Steuerung von Unternehmen entwickelt wurde. In einer Sustainability-Balanced-Scorecard werden neben finanziellen auch ökologische und soziale Kennzahlen berücksichtigt. Ein Unternehmen könnte bspw. seine Treibhausgas-Emissionen in Relation zu seinem Umsatz setzen, um zu messen, wie klimafreundlich es wirtschaftet.
- Nachhaltigkeitsberichte: Durch regelmäßige Berichterstattung wird die Nachhaltigkeitsperformance eines Unternehmens transparent gemacht. Ein Nachhaltigkeitsbericht könnte bspw. darlegen, welche Fortschritte ein Unternehmen im vergangenen Geschäftsjahr in Bezug auf seine Nachhaltigkeitsziele gemacht hat.
- Szenarioanalysen und Risikomanagement: Hierbei werden mögliche Zukunftsszenarien und Risiken in Bezug auf Nachhaltigkeit analysiert. Ein Unternehmen könnte bspw. verschiedene Szenarien in Bezug auf die zukünftigen Kosten von Rohstoffen aufgrund von Umweltauflagen durchspielen.
- Ökoeffizienz-Analysen: Diese analysieren das Verhältnis zwischen dem Nutzen eines Produkts oder einer Dienstleistung und den Umweltauswirkungen, die durch dessen Herstellung und Bereitstellung entstehen. Ein Unternehmen könnte bspw. die Ökoeffizienz seiner Produkte erhöhen, indem es den Materialverbrauch reduziert oder die Produktlebensdauer verlängert.

All diese Instrumente unterstützen Unternehmen dabei, ihre Nachhaltigkeitsziele zu erreichen und ihre Performance in diesem Bereich kontinuierlich zu verbessern. Sie ermöglichen es Unternehmen, fundierte Entscheidungen zu treffen und Risiken zu managen, die aus ökologischen und sozialen Herausforderungen resultieren.

Wirkfeld der Methode

- Wirksam für Herausforderungen mit hoher Komplexität

Transformations fähigkeit Ihres Teams

- Schafft einen Rahmen für Komplexität
- Ermöglicht Steuerung
- Integriert Nachhaltigkeit in Finanzen

Einsatzcharakteristik/Arbeitsrahmen

- Austauschfokus: vornehmlich mit internen Personen
- Durchführungszeit: eher hoch (> 1 Tag)
- Einsatzfrequenz: sinnvoll im dauerhaften Einsatz
- Komplexität für die Verantwortliche: eher hoch
- Teamgröße: Einzelpersonennutzung möglich

Input für eine zielführende Arbeit mit der Methode

- Aktuell existierende Geschäftsmodelle
- Aktuell existierende Produkte und Services
- Aktuelle Herausforderung, Leitfrage, Problem
- Kennzahlen
- Umfeldbeobachtungen, Umfeldanalysen
- Ziele, Zielsystem, Kennzahlen

Output und beobachtete Ergebnisse der Methode

- Bessere Projekteffizienz
- Erzeugt Prognosen und Ableitungen
- Erzeugt größere Klarheit zu einem Thema
- Erzeugt mehr Hintergrundinformationen
- Erzeugt segmentierte, kategorisierte, geclusterte Daten
- Hilft bei Entscheidungen, Bewertungen und Feedback

Hinderniseffekte, auf die die Methode positiv wirkt

- Beugt Missinterpretationen vor
- Beugt blinden Flecken/Betriebsblindheit vor
- Bewahrt vor zu generischen Ideen und Aussagen
- Überzeugt strukturliebende Teammitglieder

Mögliche Extravorteile der Methode

- Schafft Sichtbarkeit im Finanzwesen

Quellen

Buch – Sailer, U. Nachhaltigkeitscontrolling. Was Controller und Manager über die Steuerung der Nachhaltigkeit wissen sollten (UVK, 2020)

Buch – Wellbrock, W. et al: Nachhaltigkeitscontrolling. Instrumente und Kennzahlen für die strategische und operative Unternehmensführung (SpringerGabler, 2020)

Web – https://www.icv-controlling.com/ (abgerufen am 25.06.2023)

Nachhaltigkeitskommunikation

EinSatzBeschreibung

Nachhaltigkeitskommunikation dient dazu, die Nachhaltigkeitsleistung eines Unternehmens adressatengerecht und transparent über geeignete Medien zu kommunizieren, das Vertrauen der Stakeholder zu stärken und das Bewusstsein für nachhaltige Produkte und Dienstleistungen zu fördern.

Working Guide/Anwendungsfelder

P1 Sensibilisierung/Bildung	P2 Matching Recht/Gesetz	P3 Sustainability Roadmap	P4 Produkt/Prozessdesign	P5 Implementierung/Monitoring	P6 Kommunikation	P7 Organisation	P8 Führung	P9 Business Model Design	P10 Skalierung
X					X				

Beschreibung

Nachhaltigkeitskommunikation umfasst im Wesentlichen drei unterschiedliche Arten von Kommunikation, die sich nach Zielgruppe und inhaltlicher Tiefe und Ausrichtung unterscheiden:

Nachhaltigkeitsberichterstattung/ESG-Reporting: Die systematische Erfassung, Messung und Kommunikation von Informationen über die Nachhaltigkeitsleistung eines Unternehmens. Zielgruppen sind Mitarbeitende, Lieferanten, Banken/Kapitalgeber/Investoren, staatliche Einrichtungen, Wettbewerber, Kunden (B2B und B2C).

- Vorteile: Transparente Darstellung der Nachhaltigkeitsleistung, Vergleichbarkeit, Einhaltung von Richtlinien und Standards.
- Nachteile: Hoher Zeitaufwand, Komplexität der Datenerfassung, Gefahr von Greenwashing.

Public Relations (PR): Die gezielte Kommunikation der Nachhaltigkeitsaktivitäten und -erfolge eines Unternehmens an die breite Öffentlichkeit, Medien und Interessengruppen über verschiedene Kanäle (Print und online).

- Vorteile: Imageverbesserung, Aufbau von Vertrauen und Glaubwürdigkeit, Aufmerksamkeit und Akzeptanz durch Stakeholder.
- Nachteile: Herausforderungen bei der Glaubwürdigkeit, mögliche negative Reaktionen von Kritikern.

Marketing: Die Integration von Nachhaltigkeitsaspekten in Marketingkampagnen, Produktentwicklung und Vertriebsstrategien, um nachhaltige Produkte und Dienstleistungen zu fördern. Adressaten sind Kunden im B2B- und B2C-Bereich.

- Vorteile: Differenzierung von Wettbewerbern, Kundenbindung, Erreichen neuer Zielgruppen, positive Wahrnehmung.
- Nachteile: Herausforderungen bei der Umsetzung nachhaltiger Praktiken, mögliche Greenwashing-Vorwürfe.

Durchführung

Für eine effektive Nachhaltigkeitskommunikation im Unternehmen sind folgende Schritte erforderlich:

1. Festlegung der Ziele und Zielgruppen: Definieren Sie die Ziele der Nachhaltigkeitskommunikation und identifizieren Sie die relevanten Zielgruppen, wie z. B. Investoren, Kunden, Mitarbeiter, NGOs oder die breite Öffentlichkeit. Hieraus ergibt sich die Art der Nachhaltigkeitskommunikation.
2. Datenerfassung und -management: Stellen Sie sicher, dass die erforderlichen Daten zur Verfügung stehen, um über die Nachhaltigkeitsleistung zu berichten. Implementieren Sie geeignete Systeme zur Datenerfassung, -überwachung und -verwaltung.
3. Entwicklung eines Kommunikationsplans: Erstellen Sie einen umfassenden Kommunikationsplan, der die verschiedenen Kommunikationskanäle und -mittel festlegt, um die Nachhaltigkeitsbotschaften an die Zielgruppen zu vermitteln.
4. Erstellung von Berichten, Pressemitteilungen und Marketingmaterialien: Verfassen Sie Nachhaltigkeitsberichte, Pressemitteilungen und Marketingmaterialien, die die relevanten Informationen über die Nachhaltigkeitsleistung des Unternehmens prägnant und verständlich darstellen.

Praxisschlaglicht

Ein großes Einzelhandelsunternehmen führt eine umfangreiche Nachhaltigkeitskommunikation durch. Es veröffentlicht jährliche Nachhaltigkeitsberichte, organisiert Pressekonferenzen und Medienkampagnen, um über seine sozialen und ökologischen Initiativen zu informieren, und nutzt nachhaltige Verpackungen und Marketingmaterialien, um seine Produkte zu bewerben.

Helfende Organisation

- Global Reporting Initiative (GRI): Die GRI bietet Leitlinien für die Nachhaltigkeitsberichterstattung und unterstützt Unternehmen bei der Erstellung von transparenten und aussagekräftigen Berichten.
- International Public Relations Association (IPRA): Die IPRA bietet Ressourcen und Best Practices für nachhaltige PR-Kommunikation.
- Sustainable Brands: Eine Plattform, die Unternehmen bei der Entwicklung und Vermarktung von nachhaltigen Produkten und Marken unterstützt.
- Netzwerk Weitblick – Verband Journalismus und Nachhaltigkeit e. V.

170 Nachhaltigkeitskommunikation

Drei große Bereiche der Nachhaltigkeitskommunikation

Klassische PR	**Marketingmaßnahmen**	**Berichterstattung**

Beispiel Pressemitteilung Verpackungsreduktion Aldi	Beispiel Marketingaktion Rewe: Zuckerreduktion	Nachhaltigkeitsberichte nach Global Reporting Initiative

Quelle: Dr. Carolyn Hutter

Wirkfeld der Methode

- Wirksam für Herausforderungen mit hoher Komplexität

Transformationsfähigkeit Ihres Teams

- Fördert die Sensibilisierung
- Fördert die Transparenz
- Begeistert für nachhaltige Produkte und Dienstleistungen

Einsatzcharakteristik/Arbeitsrahmen

- Austauschfokus: vornehmlich mit internen und externen Personen
- Durchführungszeit: eher hoch (> 1 Tag)
- Einsatzfrequenz: sinnvoll im dauerhaften Einsatz
- Einsatzradius: vornehmlich im unternehmensweiten Einsatz
- Teamgröße: Kleingruppe möglich (3 bis 5 Teilnehmer)
- Teamgröße: Mittelgroße Teams möglich (5 bis 20 Teilnehmer)
- Vorbereitungszeit: eher hoch (>1 Tag)

Input für eine zielführende Arbeit mit der Methode

- Aktuell existierende Geschäftsmodelle
- Aktuell existierende Produkte und Services
- Aktuelle Herausforderung, Leitfrage, Problem
- Beteiligte Personen mit Tätigkeiten und Aufgaben
- Ergebnisse aus der Analysephase
- Existierende Prozesse und Verfahren
- Verschiedene Botschaften, Meinungen, Statements
- Verschiedene Meinungen und Blickwinkel
- Vorhandenes Wissen und Erfahrungen
- Ziele, Zielsystem, Kennzahlen
- Wissen über Gesetze und Rahmenbedingungen

Output und beobachtete Ergebnisse der Methode

- Erzeugt Bericht

Hinderniseffekte, auf die die Methode positiv wirkt

- Beugt Missinterpretationen vor
- Verhindert unreflektiertes agieren
- Beugt Intransparenz vor

Mögliche Extravorteile der Methode

- Mögliche Motivation für Mitarbeitende

Quellen

Buch – Heinrich, P. (Hrsg.): CSR und Kommunikation. Unternehmerische Verantwortung überzeugend vermitteln (2018)

Web – https://www.netzwerk-weitblick.org/ (abgerufen am 10.07.2023)

Nachhaltigkeitskommunikationstypologie

EinSatzBeschreibung

Eine Nachhaltigkeitskommunikationstypologie untersucht die Wirksamkeit von Kommunikationsstrategien anhand einer Unterteilung des nachhaltigen Konsums in Konsumtypen, um sicherzustellen, dass Nachhaltigkeitsbotschaften effektiv kommuniziert und Verbraucher motiviert werden, nachhaltige Entscheidungen zu treffen.

Working Guide/Anwendungsfelder

P1 Sensibilisierung/Bildung	P2 Matching Recht/Gesetz	P3 Sustainability Roadmap	P4 Produkt/Prozessdesign	P5 Implementierung/Monitoring	P6 Kommunikation	P7 Organisation	P8 Führung	P9 Business Model Design	P10 Skalierung
					X				

Beschreibung

Heute ist das Schlüsselwort *Nachhaltigkeit* im Marketing und den Medien allgegenwärtig. Gleichzeitig hat sich das kritische Bewusstsein der Konsumenten deutlich geschärft. Sie hinterfragen zunehmend, ob sie den Nachhaltigkeitsversprechen von Unternehmen wirklich vertrauen können. In dieser Atmosphäre des Zweifels tendieren einige Konsumenten eher dazu, auf bereits geschätzte Unternehmen und Marken zu setzen, denen sie schon Vertrauen schenken. Der Ruf eines Unternehmens und sein Engagement für Nachhaltigkeit sind dabei untrennbar miteinander verknüpft.

Unternehmen stehen in ihrer Nachhaltigkeitskommunikation damit vor besonderen Herausforderungen in Bezug auf Glaubwürdigkeit und Vertrauen. Sie müssen sicherstellen, dass ihre Nachhaltigkeitsbemühungen transparent und authentisch sind, um das Vertrauen ihrer Kunden zu gewinnen und zu erhalten. Denn in einer Welt, in der Nachhaltigkeit immer mehr an Bedeutung gewinnt, sind Reputation und Nachhaltigkeit Schlüsselkomponenten für den langfristigen Erfolg von Unternehmen.

Bei der Suche nach empirisch fundierten Einteilungen von verschiedenen Konsumententypen fällt vor allem die Typologie von Utopia.de, der führenden Internet-Plattform für nachhaltigen Konsum im deutschsprachigen Raum, ins Auge. Utopia vermittelt Verbrauchern als Plattform seit vielen Jahren Information über Nachhaltigkeit und führt in regelmäßigen Abständen empirische Studien durch.

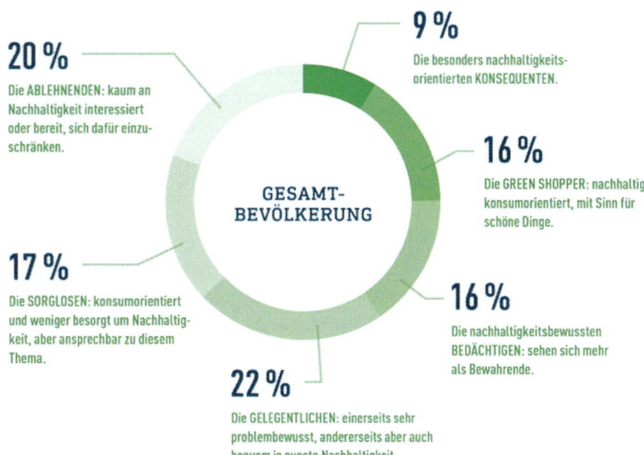

Quelle: Utopia GmbH, München

Basierend auf verschiedenen Dimensionen wurden von Utopia sechs verschiedene Konsumtypen identifiziert:

1. **Die Konsequenten (9 % der deutschen Bevölkerung):** Diese Verbraucher sind besonders nachhaltigkeitsorientiert, selbstsicher und anspruchsvoll. Mitglieder dieser Gruppe sind sehr gut informiert und setzen sich sehr stark für Eigenverantwortung ein.
2. **Die Green Shopper (16 % der deutschen Bevölkerung):** Diese Verbraucher sind nachhaltigkeitsorientiert und konsumorientiert, offen, neugierig, aber mitunter unsicher. Sie haben einen Sinn für schöne Dinge und sind bereit, mehr für nachhaltige Produkte auszugeben.
3. **Die Bedächtigen (16 % der deutschen Bevölkerung):** Diese Verbraucher sind nachhaltigkeitsorientiert, selbstsicher, aber nicht besonders an Inspiration und Neuem interessiert. Sie sind eher defensiv und haben kaum Interesse an Kauf von schönen Dingen.
4. **Die Gelegentlichen (22 % der deutschen Bevölkerung):** Dieser Typ ist sehr problembewusst, aber weniger konsequent in seinem nachhaltigen Verhalten. Diese Verbraucher sind bequem und unsicher, neigen jedoch dazu, auf attraktive nachhaltige Angebote zu reagieren.
5. **Die Sorglosen (17 % der deutschen Bevölkerung):** Diese Verbraucher sind konsumorientiert und weniger besorgt um Nachhaltigkeit. Sie sind spontan beim Einkaufen und offen für Information und Inspiration.
6. **Die Ablehnenden (20 % der deutschen Bevölkerung):** Diese Gruppe hat kaum Interesse an Nachhaltigkeit, ist preisbewusst und entscheidungssicher. Sie möchten für Nachhaltigkeit keine Einschränkungen hinnehmen.

Diese und ähnliche Konsumententypologien können im Nachhaltigkeitsmanagement auf verschiedene Weisen genutzt werden. Bspw. können die Erkenntnisse zur **Zielgruppenansprache** verwendet werden. Unternehmen können die verschiedenen Typen gezielt ansprechen und ihre Marketing- und Produktstrategien an die Bedürfnisse und Einstellungen der jeweiligen Gruppen anpassen. Weiterhin könnten die verschiedenen Segmente bei der **Produktentwicklung** berücksichtigt werden. Die Erkenntnisse aus der Typologie können dazu verwendet werden, Produkte zu entwickeln, die den Präferenzen der verschiedenen Verbrauchergruppen entsprechen. Zum Beispiel könnten Produkte entwickelt werden, die sowohl nachhaltig als auch ästhetisch ansprechend sind, um die Green Shopper anzusprechen.

Die Erkenntnisse könnten auch zur **Bildung und Sensibilisierung** von Verbrauchergruppen verwendet werden. Organisationen und Institutionen im Bereich Nachhaltigkeit könnten die Erkenntnisse nutzen, um gezielte Bildungs- und Sensibilisierungsmaßnahmen für die verschiedenen Verbrauchertypen zu entwickeln. Dies kann dazu beitragen, das Problembewusstsein und die Nachhaltigkeitsorientierung der Verbraucher zu stärken.

Insgesamt bietet die Nachhaltigkeitskommunikationstypologie wertvolle Einblicke in die Vielfalt des nachhaltigen Konsumverhaltens und kann dazu beitragen, nachhaltiges Management und die Umsetzung von Nachhaltigkeitszielen in verschiedenen Bereichen zu verbessern.

Durchführung

Die Erstellung der Konsumententypologie von Utopia basiert auf einer repräsentativen Bevölkerungsumfrage mittels eines Online-Panels von 998 Teilnehmern. Diese füllten einen Fragebogen aus, der unter anderem Fragen zu vier Persönlichkeits- und Einstellungsgebieten beinhaltete, die Konsumrelevanz in Bezug auf Nachhaltigkeit haben. Die Typologie beruht auf folgenden vier verschiedenen Dimensionen, die zur Einteilung der Verbraucher führten:

- **Konsumorientierung:** Diese Dimension bewertet die Lust am Konsum. Nachhaltigkeitsaffine Konsumenten zeigen in der Regel ein verhalteneres Einkaufsverhalten im Vergleich zu Durchschnittsverbrauchern.
- **Informationsbedürfnis:** Hier geht es darum, wie offen Verbraucher für Nachhaltigkeitsthemen sind und ob sie bereit sind, sich selbst Informationen zu beschaffen.
- **Problembewusstsein:** Diese Dimension misst das Bewusstsein der Verbraucher für Umwelt- und Klimaschutzprobleme.
- **Nachhaltigkeitsorientierung:** Hierbei wird erfasst, inwiefern Nachhaltigkeit die Einstellungen und das Handeln der Verbraucher beeinflusst, einschließlich ihrer Bereitschaft, Mehrkosten oder Mehraufwand zu akzeptieren.

Die Unterschiede in der Beantwortung führten in einer nachgelagerten Zielgruppenanalyse zu den sechs voneinander abgrenzbaren Gruppen.

Praxisschlaglicht

Ein Möbelhersteller hat die Ergebnisse einer Konsumententypologie genutzt, um gezielt die „Green Shopper" von seinen Produkten zu überzeugen. Die Green Shopper zeichnen sich durch ihre Nachhaltigkeitsorientierung und Konsumfreude aus und schätzen schöne Dinge. Das Unternehmen hat diese Erkenntnisse genutzt, um eine zielgerichtete Nachhaltigkeitskommunikation zu entwickeln. Zum Beispiel hat es eine spezielle Produktlinie mit Möbeln aus recyceltem Holz und umweltfreundlichen Materialien entwickelt, die sowohl stilvoll als auch nachhaltig sind. Diese Produkte werden in der Kommunikation entsprechend den Vorlieben der Green Shopper beworben, um die Aufmerksamkeit der Zielgruppe zu gewinnen.

Darüber hinaus hat das Unternehmen gezielte Marketingkampagnen gestartet, die die Werte und Interessen der Green Shopper ansprechen. In den sozialen Medien wurden inspirierende Geschichten über nachhaltiges Wohnen und stilvolles Einrichten geteilt, die dazu dienten, die Kunden zu ermutigen und ihnen Sicherheit in ihren Entscheidungen zu geben. Das Unternehmen arbeitete auch eng mit Influencern zusammen, die von den Green Shoppers respektiert werden, um die Glaubwürdigkeit der Marke zu stärken.

Um die Bereitschaft der Green Shopper, mehr für nachhaltige Produkte zu bezahlen, anzusprechen, hat das Unternehmen eine transparente Preispolitik eingeführt und betont die Langlebigkeit und Qualität seiner Möbel. Es bietet außerdem Informationen zur Nachhaltigkeit in Form von Siegeln, Zertifikaten und ökologischen Angaben auf den Produktseiten an, um das Vertrauen der Green Shopper in die Nachhaltigkeit seiner Produkte zu stärken.

Durch diese gezielte Ansprache und die Bereitstellung von nachhaltigen, stilvollen Möbeln hat das Unternehmen erfolgreich die Aufmerksamkeit und das Vertrauen der Green Shopper gewonnen und sie dazu ermutigt, in seine Produkte zu investieren.

Dies zeigt, wie eine fundierte Konsumententypologie und eine zielgerichtete Nachhaltigkeitskommunikation dazu beitragen können, eine engagierte Zielgruppe zu gewinnen und langfristige Kundenbeziehungen aufzubauen.

Wirkfeld der Methode

- Wirksam für Herausforderungen mit mittlerer Komplexität
- Wirksam für Herausforderungen mit niedriger Komplexität
- Wirksam für nachhaltiges Marketing
- Wirksam für nachhaltiges Produktdesign
- Wirksam für nachhaltiges Servicedesign
- Wirksam für nachhaltiges Business Model Design

Transformationsfähigkeit Ihres Teams

- Fördert die Sensibilisierung
- Zahlt auf eine bessere Vorstellungskraft ein
- Zahlt auf eine bessere Wahrnehmung ein
- Erhöht die Lösungsorientierung

Einsatzcharakteristik/Arbeitsrahmen

- Austauschfokus: vornehmlich mit internen und externen Personen
- Durchführungszeit: eher hoch (> 1 Tag)
- Einsatzfrequenz: sinnvoll im dauerhaften Einsatz
- Komplexität für den Moderator: eher hoch
- Komplexität für die Teilnehmer: eher hoch
- Teamgröße: Kleingruppe möglich (3 bis 5 Teilnehmer)
- Teamgröße: Mittelgroße Teams möglich (5 bis 20 Teilnehmer)
- Vorbereitungszeit: eher hoch (> 1 Tag)

Input für eine zielführende Arbeit mit der Methode

- Produktmerkmale, Skizzen, Eigenschaften
- Trends und Zukunftsentwicklungen
- Umfeldbeobachtungen, Umfeldanalysen
- Wettbewerber und Komplementoren
- Ziele, Zielsystem, Kennzahlen

Output und beobachtete Ergebnisse der Methode

- Erzeugt Listen von Chancen und Risiken
- Erzeugt Ideen, Lösungsansätze, Vorideen, Möglichkeiten
- Ziel- und Fokusgruppen

Hinderniseffekte, auf die die Methode positiv wirkt

- Beugt blinden Flecken/Betriebsblindheit vor
- Schafft für den Erfolg nötige Realitätsbezüge
- Schafft schnell Klarheit und beschleunigt Erkenntnisgewinn
- Schärft eine fehlende gemeinsame Ausrichtung
- Überzeugt einen Rationalisierer
- Überzeugt Zweifler, Bewahrer, Kritiker

Mögliche Extravorteile der Methode

- Möglicher Extravorteil für Teams mit einem starkem Auftragsmandat

Quellen

Web – https://utopia-insights.de/
Organisation –Utopia GmbH, studie@utopia.de

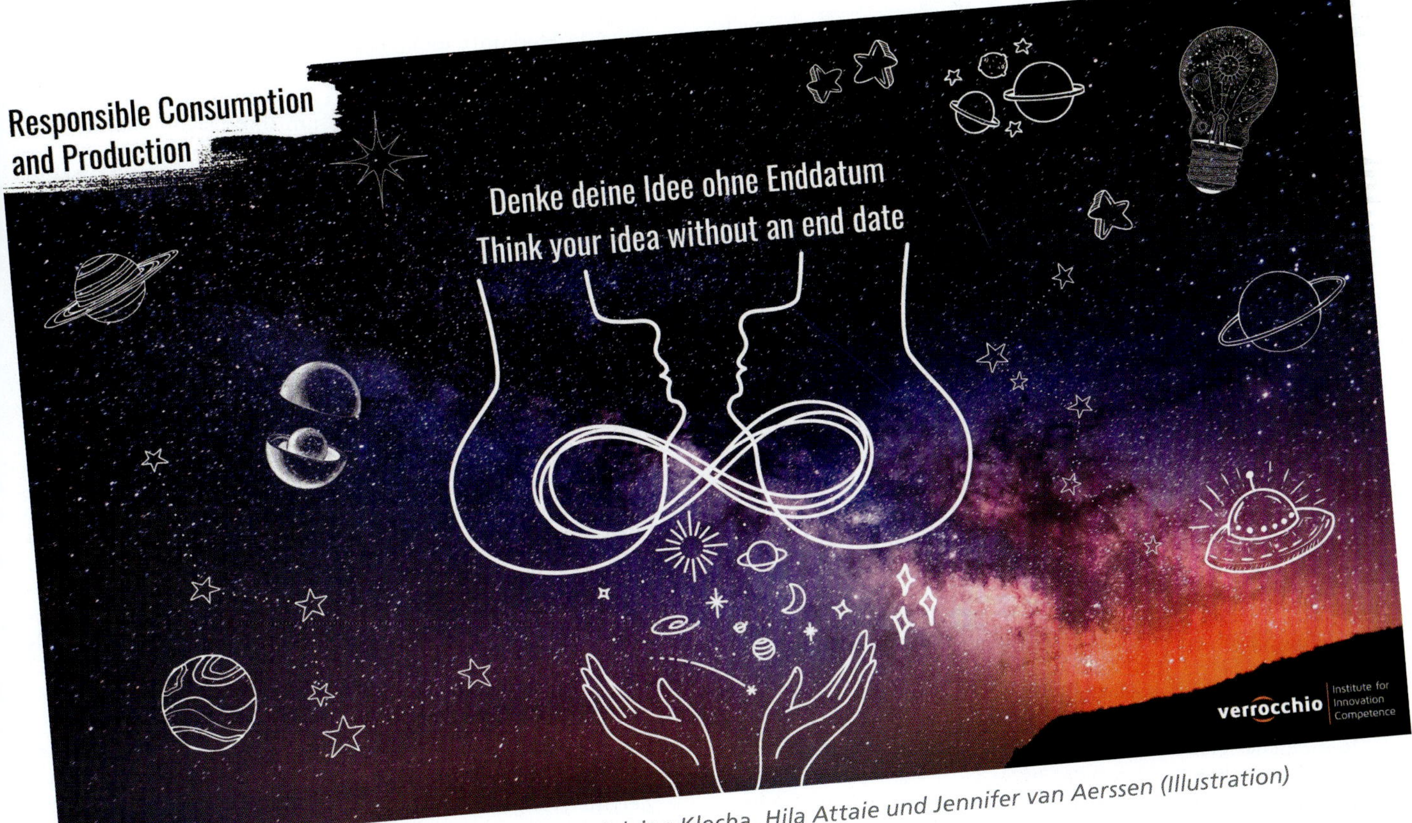

Grafik: verrocchio Sustainable Inspiration Card – Malvine Klecha, Hila Attaie und Jennifer van Aerssen (Illustration)

Nachhaltigkeitslabel

EinSatzBeschreibung

Nachhaltigkeitslabel sind Instrumente, die es Verbrauchern ermöglichen, nachhaltigere Produkte und Dienstleistungen zu identifizieren und Unternehmen Anreize bieten, ihre Nachhaltigkeitsleistung zu verbessern.

Working Guide/Anwendungsfelder

P1 Sensibilisierung/Bildung	P2 Matching Recht/Gesetz	P3 Sustainability Roadmap	P4 Produkt/Prozessdesign	P5 Implementierung/Monitoring	P6 Kommunikation	P7 Organisation	P8 Führung	P9 Business Model Design	P10 Skalierung
X					X				

Beschreibung

Grundsätzlich kann zwischen eindimensionalen und mehrdimensionalen Labeln unterschieden werden. Eindimensionale Label konzentrieren sich auf einen spezifischen Aspekt, wie z. B. Umwelt oder Soziales. Kombinierte Label berücksichtigen hingegen mehrere Aspekte gleichzeitig, um ein umfassenderes Bild der Nachhaltigkeitsleistung zu vermitteln. Vor dem Hintergrund vieler Label im Markt („Siegel-Dschungel") reduzieren kombinierte Label Komplexität und fassen verschiedene Themen für Verbraucher zusammen.

Ökologische Label: Diese Label konzentrieren sich auf die Umweltauswirkungen von Produkten und Dienstleistungen.

Beispiele:

- EU-Bio-Siegel: eines der bekanntesten Label für Lebensmittel ist das Bio-Siegel. Es bestätigt die Einhaltung der EU-Öko-Verordnung und kennzeichnet Produkte, die nach den Vorgaben des ökologischen Landbaus produziert wurden und den Verbrauchern eine Orientierungshilfe für nachhaltige Kaufentscheidungen bietet.
- EU-Ecolabel: Dieses Label wird Produkten verliehen, die bestimmte Umweltstandards erfüllen und deren Lebenszyklus ökologisch optimiert ist. Es deckt verschiedene Produktkategorien ab und wird von der Europäischen Kommission vergeben.
- Forest Stewardship Council (FSC): Das FSC-Label wird Holz- und Papierprodukten verliehen, die aus nachhaltig bewirtschafteten Wäldern stammen. Es fördert verantwortungsvolle Forstwirtschaft und den Schutz von Wäldern.

Soziale Label: Diese Label fokussieren auf soziale Aspekte wie Arbeitsbedingungen, Menschenrechte und Gemeinwohl.

Beispiele:

- Fairtrade: Das Fairtrade-Label wird Produkten verliehen, bei denen soziale Standards entlang der Lieferkette eingehalten werden. Es fördert faire Handelsbedingungen für Produzenten in Entwicklungsländern. Da sich ökologische Aspekte im Rohstoffanbau und -produktion auch auf die menschliche Gesundheit auswirken, sind diese ebenfalls Bestandteil des Labels.
- Fair Wear Foundation: Dieses Label wird Textilunternehmen verliehen, die sich für faire Arbeitsbedingungen in der Textilproduktion einsetzen und menschenrechtliche Standards einhalten.

Kombinierte Label: Diese Label berücksichtigen sowohl ökologische als auch soziale Aspekte.

Beispiele:

- B Corp: B Corp ist ein Zertifizierungslabel für Unternehmen, die nachweislich soziale und ökologische Ziele verfolgen und hohe Transparenz- und Verantwortlichkeitsstandards erfüllen.
- Eaternity score: Der eaternity score ist ein Bewertungssystem für die Nachhaltigkeit von Lebensmitteln und Menüs. Es bewertet verschiedene Aspekte wie Umweltauswirkungen, Tierwohl, regionale Herkunft und soziale Verantwortung. Verbraucher können den eaternity score verwenden, um nachhaltige Entscheidungen beim Einkauf von Lebensmitteln zu treffen und Restaurants können ihn nutzen, um ihre Nachhaltigkeitsleistung transparent zu kommunizieren.

Durchführung

Exemplarische Vorgehensweise bei der Einführung eines Labels für ein Unternehmen, ein Produkt oder eine Dienstleistung:

1. Bewertung der Label-Methode: Das Unternehmen muss die Bewertungsmethode des Labels genau verstehen, einschließlich der Kriterien und Indikatoren, die zur Beurteilung der Nachhaltigkeitsleistung verwendet werden.
2. Datenerfassung und -analyse: Das Unternehmen muss relevante Daten über seine Lieferanten, Produktionsprozesse und Materialien sammeln, um die Nachhaltigkeitsleistung zu bewerten. Dies kann den Energieverbrauch, den CO_2-Fußabdruck, die Verwendung von Chemikalien und andere relevante Faktoren umfassen.
3. Bewertung und Verbesserung der Nachhaltigkeitsleistung: Basierend auf den gesammelten Daten wird die Nachhaltigkeitsleistung des Unternehmens anhand der Kriterien des Labels bewertet. Das Unternehmen identifiziert Schwachstellen und entwickelt Maßnahmen, um seine Nachhaltigkeitsleistung zu verbessern.
4. Zertifizierung: Beauftragung einer Organisation, die die Einhaltung der Kriterien des gewünschten Labels z. B. mittels Zertifizierung prüft. Dies kann der Label-Geber selbst oder ein Dienstleistungsunternehmen wie eine Zertifzierungsstelle sein.
5. Kommunikation und Transparenz: Das Unternehmen kann das Label nutzen, um die Nachhaltigkeitsleistung seiner Produkte

Nachhaltigkeitslabel der Lebensmittelbranche (Quelle: https://www.verbraucherzentrale.de/wissen/lebensmittel/kennzeichnung-und-inhaltsstoffe/lebensmittel-zahlen-zeichen-codes-undsiegel-8382)

oder Dienstleistungen zu kommunizieren. Dies kann durch die Anbringung des Labels auf Verpackungen, Websites oder Marketingmaterialien erfolgen, um Kunden über nachhaltige Optionen zu informieren und Vertrauen aufzubauen.

6. Überprüfung und Fortschrittsberichte: Das Unternehmen sollte regelmäßig seine Nachhaltigkeitsleistung überprüfen, das Label aktualisieren und Fortschrittsberichte erstellen, um seine Bemühungen zur Nachhaltigkeit transparent zu machen und Verbesserungen nachvollziehbar zu dokumentieren.

Es ist wichtig zu beachten, dass die genauen Schritte und Anforderungen für die Einführung eines Labels von Unternehmen zu Unternehmen sowie von Label zu Label variieren. Eine enge Zusammenarbeit mit den Label-Anbietern und die Einbeziehung von Nachhaltigkeitsexperten können dabei helfen, die Einführung erfolgreich umzusetzen.

Praxisschlaglicht

Ein Supermarkt führt ein Nachhaltigkeitslabel ein, um seinen Kunden umweltfreundliche und sozial verantwortliche Produkte mittels Ampelsystem schnell erkenntlich zu machen. Das Label berücksichtigt ökologische und soziale Kriterien entlang der gesamten Lieferkette und unterstützt die Kunden bei der Auswahl nachhaltigerer Optionen.

Helfende Organisation

- Global Ecolabelling Network (GEN): Das GEN ist ein Netzwerk von Ecolabel-Programmen weltweit und bietet Informationen und Unterstützung im Bereich nachhaltiger Label und Zertifizierungen.
- Zertifizierungsorganisationen wie TÜV, GUTcert
- Bundesverband der Öko-Kontrollstellen e. V.

Wirkfeld der Methode

- Wirksam für Herausforderungen mit mittlerer Komplexität
- Wirksam für nachhaltiges Marketing
- Wirksam für nachhaltiges Produktdesign
- Wirksam für nachhaltiges Prozessdesign
- Wirksam für nachhaltiges Servicedesign

Transformationsfähigkeit Ihres Teams

- Fördert die Sensibilisierung
- Zahlt auf eine bessere Vorstellungskraft ein
- Zahlt auf eine bessere Wahrnehmung ein

Einsatzcharakteristik/Arbeitsrahmen

- Austauschfokus: vornehmlich mit externen Personen
- Durchführungszeit: eher hoch (> 1 Tag)
- Einsatzfrequenz: sinnvoll im dauerhaften Einsatz
- Vorbereitungszeit: eher hoch (>1 Tag)

Input für eine zielführende Arbeit mit der Methode

- Aktuell existierende Produkte und Services
- Aktuelle Herausforderung, Leitfrage, Problem
- Ergebnisse aus der Analysephase
- Existierende Prozesse und Verfahren
- Wissen über Gesetze und Rahmenbedingungen

Output und beobachtete Ergebnisse der Methode

- Erzeugt Überblick für Nutzer
- Macht Nachhaltigkeit schneller erkennbar

Hinderniseffekte, auf die die Methode positiv wirkt

- Beugt Missinterpretationen vor
- Schwächt den „Inneren Zensor“
- Schwächt störende Bewertung während der Ideenfindung

Mögliche Extravorteile der Methode

- Möglicher Extravorteil gegenüber Wettbewerbern

Quellen

Web – https://www.verbraucherzentrale.de/wissen/lebensmittel/kennzeichnung-und-inhaltsstoffe/lebensmittel-zahlen-zeichen-codes-und-siegel-8382 (abgerufen am 10 07.2023)
Web – Europäische Kommission: https://eu-ecolabel.de/
Web – Fairtrade International: www.fairtrade.net
Web – Forest Stewardship Council: www.fsc.org
Web – Fair Wear Foundation: https://www.fairwear.org/
Web – B Lab: www.bcorporation.net
Web – Bundesministerium für Ernährung und Landwirtschaft: https://www.bmel.de/DE/themen/landwirtschaft/oekologischer-landbau/bio-siegel.html
Web – Eaternity score: https://eaternity.org/score/

Grafik: verrocchio Sustainable Inspiration Card – Malvine Klecha, Hila Attaie und Jennifer van Aerssen (Illustration)

Nachhaltigkeitspotenzial-Charette

EinSatzBeschreibung

Die Nachhaltigkeitspotenzial-Charette ermöglicht, erste Annahmen über Probleme und Gründe von nicht-nachhaltigem Handeln zu beschreiben, Handlungsfelder zu entdecken, einen Fokus zu setzen und ein erstes gemeinsames Nutzerverständnis in einem Team zu schaffen.

Working Guide/Anwendungsfelder

P1 Sensibilisierung/Bildung	P2 Matching Recht/Gesetz	P3 Sustainability Roadmap	P4 Produkt/Prozessdesign	P5 Implementierung/Monitoring	P6 Kommunikation	P7 Organisation	P8 Führung	P9 Business Model Design	P10 Skalierung
			X					X	

Beschreibung

Eine „Charette" beschreibt ursprünglich im Designumfeld eine intensive, kollaborative Arbeits- oder Diskussionsrunde, bei der verschiedene Personen, oft Expertinnen aus verschiedenen Bereichen, zusammenkommen, um Ideen für ein bestimmtes Problem zu entwickeln.

Im Kontext der Nachhaltigkeitspotenzial-Charette beschreibt der Begriff eine Methode, bei der Personen zusammenkommen, um sich in kurzer Zeit intensiv mit einem Problem auseinanderzusetzen. Auf kollaborative Weise werfen Teilnehmende ihre Perspektiven und Annahmen in den gemeinsamen Wissenspool, um pragmatisch auf Basis bereits bestehender Vorannahmen gemeinsam ein erstes Nutzerverständnis zu erlangen.

Dies ist insbesondere dann sinnvoll, wenn ein Team am Anfang der Zusammenarbeit steht, oder Zeitmangel direkte Interaktionen mit Nutzern (z. B. Interviews) unmöglich macht. Die Methode hat nicht den Anspruch, eine gesicherte Datengrundlage, Vollständigkeit oder eine gesicherte Validität von Perspektiven auf Probleme zu erzeugen.

Das Vorgehen richtet den Fokus auf potenzielles Verhalten von Nutzern, welches im Kontext von Nachhaltigkeit als nicht erwünscht betrachtet werden könnte. Es fördert das empathische Verstehen und ermöglicht es, Nachhaltigkeitsaspekte effektiver zu berücksichtigen. Das Vorgehen hat weiterhin das Ziel, Handlungsweisen von Nutzern im Kontext besser zu erfassen, ohne ein Urteil über die Nutzer und ihr Verhalten zu fällen. Dabei wird auf „Storytelling" gesetzt, um ein Gesamtbild eines Status quo zu geben, welcher für und mit Nutzern verändert werden soll.

Die in einer Nachhaltigkeitspotenzial-Charette geteilten Geschichten können als Grundlage dienen, um im Team einen gemeinsamen Fokus für weitere Nutzerforschung zu setzen. Deshalb hat sie sich in Workshops oder User-Research-Projekten insbesondere im Einsatz vor der realen Nutzerforschung, also noch vor der Planung von Interviews, bewährt.

Durchführung

Die Potenzial-Charette betrachtet das angenommene „Fehlverhalten" einzelner spezifischer Nutzer im Nachhaltigkeitskontext. Dieses wird aus dem Erfahrungsschatz und Wissen der Teilnehmenden heraus der Gruppe zugänglich gemacht.

1. Um die Beispiele nicht zu diffus werden zu lassen, bietet es sich an zu Beginn der Charette den Themenfokus klar zu kommunizieren und schriftlich festzuhalten.
2. Laden Sie dann die Teilnehmenden ein, in Stillarbeit über spezifische Fälle nachzudenken, in denen Nutzer aufgrund ihrer Bedürfnisse und äußerer Faktoren Handlungsweisen vollziehen, welche als nicht nachhaltig zu definieren sind. Dies können dabei real existierende Fälle aus dem Umfeld der Teilnehmenden, persönliche Beispiele, aber auch fiktive, denkbare Fälle sein.
3. Stellen Sie an einem Whiteboard ein Format vor, in welchem die Teilnehmenden ihre Geschichten teilen sollen. Dies lässt sich gut in Tabellenform darstellen:
   Nutzer (Beschreibung der Person ohne realen Namen) …
   zeigt in diesem Kontext …
   ein nicht-nachhaltiges Handeln …
   aufgrund des folgenden Bedürfnisses …
   und aufgrund folgender Umfeldfaktoren …

Die Kategorie „Nutzer" kann dabei auch durch eine Organisation ersetzt werden, welche jedoch im besten Falle durch eine Person in der Organisation repräsentiert wird.

Nachhaltigkeitspotential- und Fehlverhalten-Charette

	User	Kontext, Situation	Nicht-nachhaltiges Handeln	Grund für das Handeln (User Bedürfnisse)	Grund für das Handeln (Umfeld-Faktoren)
#1					
#2					
#3					
#4					
#5					

www.sustainable-design-thinking.de

4. Bitten Sie die Teilnehmenden, für jede Spalte eine separate Haftnotiz mit passenden Stichpunkten zu beschreiben. Diese können auch um Visualisierungen ergänzt werden.
5. Laden Sie die Teilnehmenden ein, ihre Geschichten der Gruppe zu erzählen, und ihre Haftnotizen in die Tabelle zu kleben. Dies hilft bei einer späteren Diskussion, sich auf einzelne Informationen zu beziehen und diese diskutieren zu können.

Nachdem alle Teilnehmenden ihre Geschichten geteilt haben, können diese diskutiert werden und weitere Annahmen über die Bedürfnisse der beschriebenen Personen und deren Umfeldfaktoren (= Lebensrealität) getroffen werden.

Wirkfeld der Methode

- Wirksam für Herausforderungen mit niedriger Komplexität
- Wirksam für nachhaltiges Produktdesign
- Wirksam für nachhaltiges Servicedesign
- Wirksam für nachhaltiges Business Model Design

Transformationsfähigkeit Ihres Teams

- Sorgt für Inspiration oder bessere Inspirationsempfindlichkeit
- Zahlt auf eine bessere Vorstellungskraft ein
- Zahlt auf eine bessere Wahrnehmung ein

Einsatzcharakteristik/Arbeitsrahmen

- Austauschfokus: vornehmlich mit internen Personen
- Durchführungszeit: eher gering (< 1 Stunde)
- Einsatzfrequenz: vornehmlich im einmaligen Einsatz
- Einsatzradius: vornehmlich im Teameinsatz
- Komplexität für den Moderator: eher gering
- Komplexität für die Teilnehmer: eher gering
- Teamgröße: Kleingruppe möglich (3 bis 5 Teilnehmer)
- Teamgröße: Mittelgroße Teams möglich (5 bis 20 Teilnehmer)
- Vorbereitungszeit: eher gering (< 1 Stunde)

Input für eine zielführende Arbeit mit der Methode

- Aktuelle Herausforderung, Leitfrage, Problem
- Aktuelle Produkte und Nutzergruppen
- Innovationssuchfelder, Intent Statements

Output und beobachtete Ergebnisse der Methode

- Erzeugt Listen von Chancen und Risiken
- Erzeugt Ideen für neue Märkte und neue Business Modelle
- Erzeugt Ideensuchfelder, unentdeckte Probleme, Inspiration
- Erzeugt Nutzenfunktionen und Bedürfniskorridore
- Erzeugt neues Wissen und neue Erfahrungen
- Erzeugt größere Klarheit zu einem Thema
- Erzeugt mehr Know-how-Zuwachs
- Identifiziert vorhandene Schwachstellen
- Macht Wirkzusammenhänge sichtbar

Hinderniseffekte, auf die die Methode positiv wirkt

- Beugt blinden Flecken/Betriebsblindheit vor
- Verhindert blinden Aktionismus
- Verhindert falsche Flughöhen
- Wirkt fehlender Inspiration entgegen

Mögliche Extravorteile der Methode

- Möglicher Extravorteil für Teams mit einem starkem Auftragsmandat
- Möglicher Extravorteil für in Nachhaltigkeitsthemen erfahrene Teams

Quellen

Web – https://sustainabledesignthinking.de/portfolio/nachhaltigkeits-potential-charette/
Person – Kilian Karg; Kilian@protellus.de

Nachhaltigkeitsstrategieentwicklung

EinSatzBeschreibung

Eine Nachhaltigkeitsstrategie dient dazu, Organisationen dabei zu unterstützen, ihre ökologischen, sozialen und ökonomischen Ziele in Einklang zu bringen und eine langfristige nachhaltige Entwicklung zu fördern.

Working Guide/Anwendungsfelder

P1 Sensibilisierung/Bildung	P2 Matching Recht/Gesetz	P3 Sustainability Roadmap	P4 Produkt/Prozessdesign	P5 Implementierung/Monitoring	P6 Kommunikation	P7 Organisation	P8 Führung	P9 Business Model Design	P10 Skalierung
		X							

Beschreibung

Eine Nachhaltigkeitsstrategie fungiert als Rahmenwerk und Leitlinie für alle nachhaltigkeitsbezogenen Aktivitäten eines Unternehmens oder einer Organisation und unterstützt bei der Integration von Nachhaltigkeitsaspekten in die Unternehmensstrategie.

Eine gut durchdachte Nachhaltigkeitsstrategie ermöglicht es Unternehmen, verantwortungsvoll zu handeln, Risiken zu minimieren, Chancen zu identifizieren und langfristige Wettbewerbsvorteile zu erlangen. Sie trägt auch zur Stärkung der Unternehmensreputation, zur Verbesserung des Stakeholder-Engagements und zur Erfüllung von rechtlichen Anforderungen und gesellschaftlichen Erwartungen bei. Letztendlich dient eine Nachhaltigkeitsstrategie dazu, zu einer nachhaltigeren Zukunft beizutragen und positive Auswirkungen auf Umwelt, Gesellschaft und Wirtschaft zu erzielen.

Eine Nachhaltigkeitsstrategie sollte eng mit der Unternehmensstrategie verknüpft und idealerweise als Querschnittsstrategie verankert sein. Das bedeutet, dass jeder relevante Bereich einer Organisation (z. B. Forschung & Entwicklung, Beschaffung, Produktion oder Vertrieb) Nachhaltigkeit in seine Funktionsbereichsstrategie integriert hat. Dadurch wird sichergestellt, dass Nachhaltigkeitsziele und -maßnahmen nicht losgelöst vom Kerngeschäfts des Unternehmens definiert sind, sondern in dieses integriert werden.

Besonders erfolgreich sind Nachhaltigkeitsstrategien, wenn sie von der obersten Geschäftsleitung in Auftrag gegeben und von den zuständigen Personen vorgelebt werden.

Durchführung

Mögliche Vorgehensweise für die Entwicklung einer Nachhaltigkeitsstrategie:

1. **Analyse und Bestandsaufnahme**
   - Stakeholderanalyse: Identifizieren und analysieren Sie die relevanten Stakeholder, um deren Bedürfnisse, Erwartungen und Anliegen zu verstehen. Zum Beispiel können Kunden, Mitarbeitende, Lieferanten, lokale Gemeinschaften und NGOs zu den Stakeholdern gehören.
   - Wettbewerbsanalyse: Untersuchen Sie die Nachhaltigkeitspraktiken und -strategien von Wettbewerbern, um Best Practices zu identifizieren und mögliche Differenzierungsmöglichkeiten zu erkennen.
   - Wesentlichkeitsanalyse: Identifizieren Sie die wesentlichen Nachhaltigkeitsthemen für Ihr Unternehmen, indem Sie die Auswirkungen und Bedeutung der verschiedenen ökologischen, sozialen und ökonomischen Aspekte bewerten.
2. **Nutzung von Rahmenwerken:** Verwenden Sie Rahmenwerke als Leitplanken für Ihre Nachhaltigkeitsstrategie. Dies können sein:
   - Sustainable Development Goals (SDGs): Identifizieren Sie die relevanten SDGs, die mit den Aktivitäten Ihres Unternehmens in Zusammenhang stehen, und setzen Sie diese als Leitprinzipien für Ihre Nachhaltigkeitsstrategie.
   - OECD-Leitsätze für multinationale Unternehmen: Nutzen Sie diese Leitsätze als Orientierungshilfe für verantwortungsvolles unternehmerisches Handeln, insbesondere bei internationalen Geschäftstätigkeiten.
   - UN Global Compact: Schließen Sie sich dem Global Compact an und nutzen Sie dessen zehn Prinzipien als Grundlage für Ihre Nachhaltigkeitsstrategie.
3. **Vision und Mission**
   Vision und Mission innerhalb einer Nachhaltigkeitsstrategie werden durch eine klare und inspirierende Formulierung definiert, die das langfristige Ziel und den Zweck des Unternehmens im Bereich Nachhaltigkeit beschreibt.
   Die Vision gibt einen übergeordneten Ausblick auf die gewünschte Zukunft, während die Mission den konkreten Zweck und Beitrag des Unternehmens zur Nachhaltigkeit beschreibt. Ein Beispiel für eine Vision könnte lauten: „Eine Welt, in der saubere Energie für alle Menschen zugänglich ist und die Umwelt geschützt wird." Als Beispiel für eine Mission könnte dienen: „Unser Unternehmen strebt danach, innovative und nachhaltige Energielösungen zu entwickeln und zu fördern, um einen positiven Beitrag zur globalen Energiewende zu leisten und die Lebensqualität der Menschen zu verbessern."
4. **Definition von strategischen und operativen Zielen**
   - Identifizieren Sie *strategische Ziele*, die die langfristige Vision und Mission des Unternehmens im Hinblick auf Nachhaltigkeit widerspiegeln. Zum Beispiel könnte ein strategisches Ziel die Reduzierung der CO_2-Emissionen um einen bestimmten Prozentsatz bis zu einem bestimmten Jahr sein.
   - Setzen Sie *operative Ziele*, die spezifischer und messbarer sind und dazu dienen, die strategischen Ziele zu erreichen. Zum Beispiel könnte ein operatives Ziel die Umstellung auf

erneuerbare Energien in allen Produktionsstätten innerhalb von drei Jahren sein.

- Wichtig: Formulieren Sie alle Ziele nach der SMART-Regel; die SMART-Regel ist ein Akronym, das für *spezifisch* (Specific), *messbar* (Measurable), *erreichbar* (Achievable), *relevant* (Relevant) und *zeitgebunden* (Time-bound) steht. Diese Regel legt Kriterien fest, die bei der Formulierung von Zielen helfen, um sicherzustellen, dass sie klar, präzise und realistisch sind. Hier ist eine kurze Beschreibung der einzelnen Elemente der SMART-Regel:
  - Spezifisch: Das Ziel sollte klar und eindeutig formuliert sein, um Missverständnisse zu vermeiden und eine klare Richtung vorzugeben.
  - Messbar: Das Ziel sollte messbar sein, sodass Fortschritte objektiv verfolgt und bewertet werden können. Es sollten Kriterien festgelegt werden, anhand derer der Erfolg des Ziels gemessen werden kann.
  - Erreichbar: Das Ziel sollte realistisch und erreichbar sein, basierend auf den verfügbaren Ressourcen und Möglichkeiten. Es sollte eine angemessene Herausforderung darstellen, aber dennoch erreichbar sein.
  - Relevant: Das Ziel sollte in Zusammenhang mit den übergeordneten Zielen und der Vision des Unternehmens stehen. Es sollte einen direkten Beitrag zu den strategischen Prioritäten und der Nachhaltigkeitsagenda leisten.
  - Zeitgebunden: Das Ziel sollte einen klaren Zeitrahmen haben, innerhalb dessen es erreicht werden soll. Eine definierte Frist hilft, den Fokus zu wahren und eine zeitnahe Umsetzung zu gewährleisten.

Die Anwendung der SMART-Regel hilft dabei, klare und präzise Ziele zu formulieren, die motivierend sind und eine klare Ausrichtung für die Umsetzung der Nachhaltigkeitsstrategie bieten.
Beispiel: Ein Unternehmen in der Automobilbranche setzt sich das Ziel, den CO_2-Ausstoß seiner Fahrzeugflotte bis zum Jahr 2025 um 30 Prozent im Vergleich zum Basisjahr zu reduzieren. Dieses Ziel erfüllt die SMART-Kriterien, da es spezifisch (CO_2-Reduktion um 30 %), messbar (durch CO_2-Emissionsmessungen), erreichbar (durch Technologie- und Produktionsverbesserungen), relevant (zur Verringerung des Umweltfußabdrucks) und zeitgebunden (bis 2025) ist.

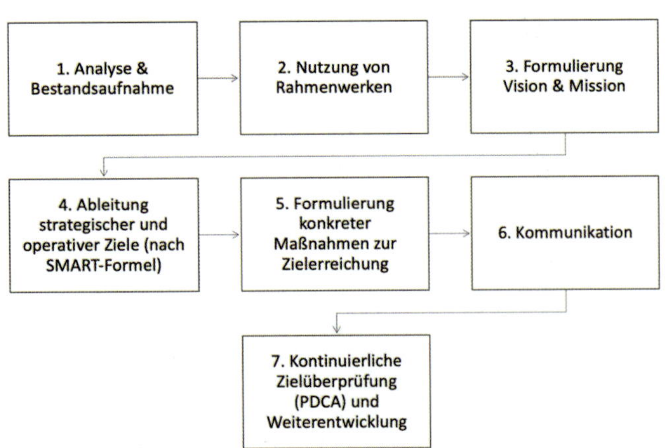

Nachhaltigkeitsstrategieentwicklung (Quelle: Dr. Carolyn Hutter)

5. **Umsetzungsmaßnahmen**
   Entwickeln Sie konkrete Maßnahmen und Initiativen, um die definierten Ziele zu erreichen. Zum Beispiel könnte dies die Einführung eines Energiemanagementsystems, die Förderung von Lieferanten mit nachhaltigen Praktiken oder die Schulung der Mitarbeiter in nachhaltigem Verhalten umfassen.
6. **Kommunikation der Strategie**
   Kommunizieren Sie Ihre Nachhaltigkeitsstrategie transparent und zielgruppengerecht an alle relevanten Stakeholder. Nutzen Sie verschiedene Kommunikationskanäle wie Unternehmenswebsite, Nachhaltigkeitsberichte, soziale Medien und Veranstaltungen, um Ihre Fortschritte und Maßnahmen zu teilen.
7. **Überprüfung und Weiterentwicklung:**
   - Überwachen Sie regelmäßig die Fortschritte und Ergebnisse Ihrer Nachhaltigkeitsstrategie. Führen Sie interne und externe Audits durch, um die Einhaltung von Zielen und Maßnahmen zu überprüfen.
   - Nutzen Sie das Feedback der Stakeholder und die gewonnenen Erkenntnisse, um Ihre Strategie kontinuierlich zu verbessern und anzupassen. Nehmen Sie regelmäßige Überprüfungen vor und stellen Sie sicher, dass Ihre Strategie mit den sich ändernden Anforderungen und Entwicklungen im Bereich Nachhaltigkeit Schritt hält.

Praxisschlaglicht

Ein Unternehmen führt eine Stakeholderanalyse durch und identifiziert die Bedürfnisse und Erwartungen seiner Kunden, Mitarbeiter, Lieferanten und Umweltorganisationen.

Basierend auf den Ergebnissen der Wesentlichkeitsanalyse konzentriert sich das Unternehmen auf die Bereiche nachhaltige Beschaffung von Rohstoffen, Verpackungsminimierung und Reduzierung von Lebensmittelabfällen.

Es setzt sich das Ziel, bis 2025 den Anteil von recycelbaren Verpackungsmaterialien um 50 Prozent zu erhöhen und Abfälle um 30 Prozent zu reduzieren. Das Unternehmen entwickelt Maßnahmen wie die Zusammenarbeit mit Lieferanten für nachhaltige Beschaffungspraktiken, die Einführung von recycelbaren Verpackungen und die Schulung der Mitarbeiter in effizienten Produktionsmethoden.

Helfende Organisation

Global Reporting Initiative, United Nations Global Compact, Deutsches Global Compact Netzwerk, CSR Europe

Wirkfeld der Methode

- Wirksam für Herausforderungen mit hoher Komplexität

Transformationsfähigkeit Ihres Teams

- Fördert die Sensibilisierung
- Zahlt auf ein positives Zukunftsbild ein
- Erhöht die Lösungsorientierung

Einsatzcharakteristik/Arbeitsrahmen

- Austauschfokus: vornehmlich mit internen Personen
- Durchführungszeit: eher hoch (> 1 Tag)

- Einsatzfrequenz: sinnvoll im dauerhaften Einsatz
- Einsatzradius: vornehmlich im unternehmensweiten Einsatz
- Teamgröße: Maxigruppen möglich (20 bis 40 Teilnehmer)
- Teamgröße: Mittelgroße Teams möglich (5 bis 20 Teilnehmer)
- Vorbereitungszeit: eher hoch (>1 Tag)

Input für eine zielführende Arbeit mit der Methode

- Aktuell existierende Geschäftsmodelle
- Aktuell existierende Produkte und Services
- Aktuelle Herausforderung, Leitfrage, Problem
- Trends und Zukunftsentwicklungen
- Umfeldbeobachtungen, Umfeldanalysen
- Wettbewerber und Komplementoren
- Ziele, Zielsystem, Kennzahlen
- Wissen über Gesetze und Rahmenbedingungen

Output und beobachtete Ergebnisse der Methode

- Erzeugt Vision und Mission
- Erzeugt strategische und operative Ziele
- Erzeugt Maßnahmen

Hinderniseffekte, auf die die Methode positiv wirkt

- Beugt Missinterpretationen vor
- Beugt blinden Flecken/Betriebsblindheit vor
- Bewahrt vor zu generischen Ideen und Aussagen
- Schärft eine fehlende gemeinsame Ausrichtung

Mögliche Extravorteile der Methode

- Möglicher Extravorteil für Unternehmen ohne konkrete Nachhaltigkeitsziele

Quellen

Buch – Hutter, C.: Nachhaltigkeitsstrategieentwicklung. Das Spannungsfeld von Unternehmen und Stakeholdern in der automobilen Unternehmenspraxis (SpringerGabler, 2012)

Naturcoaching

EinSatzBeschreibung

Naturcoaching ist die systemisch-lösungsorientierte Bearbeitung eines konkreten Anliegens im Freien, bei dem die Natur als Assistent und Co-Coach in den Coaching-Prozess einbezogen wird.

Working Guide/Anwendungsfelder

P1 Sensibilisierung/Bildung	P2 Matching Recht/Gesetz	P3 Sustainability Roadmap	P4 Produkt/Prozessdesign	P5 Implementierung/Monitoring	P6 Kommunikation	P7 Organisation	P8 Führung	P9 Business Model Design	P10 Skalierung
X					X	X	X		

Beschreibung

Coaching findet in der Regel in geschlossenen Räumen statt. Naturcoaching dagegen bedeutet: Heraus aus sterilen und wenig inspirierenden Räumen, heraus aus der gewohnten und passiven Sitzhaltung, raus in die Natur und an die frische Luft, sich Bewegen und Gehen. Da Coaching kein definierter und geschützter Begriff ist, darf sich jeder Mensch als Coach bezeichnen. Entsprechend existieren auf dem Markt auch unter dem Stichwort „Naturcoaching" sehr vielfältige Angebote, auch von „Feld-Wald-Wiesen-Coachs", die nicht alle als qualifiziert und seriös bezeichnet werden können. Daher ist es wichtig, auf eine durch einen der führenden Coaching-Verbände (z.B. DBVC) anerkannte Aus- oder Fortbildung des Coaches zu achten.

Im Gegensatz zu einer Beratung, die inhaltsorientiert ist, ist Coaching prozessorientiert. Der Coach tritt also nicht als aktiver Berater mit eigener Meinung auf, sondern als Prozessbegleiter, der den Coachee in einem strukturierten Dialog auf Augenhöhe durch gezielte Fragen bei der Lösungssuche unterstützt. Entsprechend den Ökosystemen der Natur wird auch beim Naturcoaching das gesamte System des Coachee betrachtet, also der Bezug zu Familie, Arbeitsplatz, Umwelt und sozialem Umfeld. „Systemisch" bedeutet daher, den Blick auf das ganze System des Coachee zu richten und als Coach systemische Fragen zu stellen. Ziel eines systemisch-lösungsorientierten Coachings ist es also, Ressourcen und Potenziale zu verdeutlichen, neue Perspektiven zu eröffnen, Lösungsansätze zu identifizieren und Handlungsoptionen zu erschließen.

Ein qualifizierter Naturcoach bezieht im Rahmen seiner Coachingkompetenzen in den von ihm gesteuerten Dialog und seine Fragen auch Methoden und Techniken aus den Bereichen Kommunikation und Konfliktmanagement mit ein. Zudem verfügt er über spezifische Feldkompetenzen (Ortskenntnis, Outdoorkompetenz, ökologisch-naturkundliches Fachwissen, Methodenwissen), die ihm ein ökosystemares und ganzheitliches Denken ermöglichen. Dies trägt dazu bei, dass das Coaching „in der Natur" auch ein Coaching „mit der Natur" wird und den möglichen Mehrwert dieses Formats auch tatsächlich in das Coaching einbringt. Naturcoaching ist dadurch gekennzeichnet, dass die Natur als Assistent und Co-Coach in den Coaching-Prozess einbezogen wird.

Naturcoaching in und mit der Natur (Foto: Dr. Stefan Rösler)

Naturcoaching findet daher grundsätzlich outdoor im Rahmen einer Wanderung oder eines längeren Spaziergangs statt. Besonders geeignet ist eine möglichst naturnahe und strukturreiche Landschaft. Mit Wegen durch lichte Wälder, entlang von Flüssen und Bächen, auf Höhenrücken und in den Bergen sowie entlang von Seeufern oder am Strand. In Siedlungsbereichen kann Naturcoaching auch in Gärten, in größeren Grünanlagen oder Parks (möglichst mit alten Bäumen) oder in Streuobstwiesen durchgeführt werden. Also Orte, an denen lebendige Natur mit allen Sinnen zu erleben ist, ohne dass dafür zu große körperliche Anstrengungen notwendig sind. Wichtig sind Ausblicke, Blickachsen und im Idealfall die Möglichkeit, in die Ferne und bis zum Horizont zu schauen, da auf diese Weise immer wieder neue Blickrichtungen und damit neue Impulse und Perspektivwechsel ermöglicht und gefördert werden. Diese ständig wechselnden Perspektiven fördern die für wichtige Entscheidungen notwendige Konzentration, Inspiration und Innovationskraft. Bewegung mit dem Körper fördert auch die Bewegung im Kopf. Der gezielte Einsatz aller Sinne im Rahmen von Wahrnehmungsübungen ist zudem eine bewährte Methode, um das sich bei den meisten Menschen permanent drehende Gedankenkarussell zwischenzeitlich zum Stehen zu bringen.

In den komplexen Ökosystemen der Natur sind Wachstum, Entwicklung, Veränderung, Anpassung und Dynamik ebenso permanent sichtbar wie Konkurrenz und Kooperation. Diese biologisch-ökosystemaren Prozesse entsprechen in vielfacher Hinsicht kollektiven Entwicklungsprozessen in Gesellschaft, Organisationen, Gruppen und Teams sowie in persönlich-individuellen Entwicklungsprozessen. In ganz ähnlicher Weise, wie sie im Coaching bearbeitet werden, lassen sich auch in der Natur und am konkretesten im Wald Problemsituationen und Lösungsansätze beobachten und dann als Transferfragen formulieren und besprechen. Allein schon einen Natur-Spaziergang ins Coaching einzubinden, ist eine Metapher dafür, dass Coaching bedeutet, den Weg von A nach B zu suchen. Auch haben viele der im Coaching eingesetzten Methoden einen begrifflichen Naturbezug (z. B. Ressourcenbaum, Lebensbaum, Baum der Veränderung, Bodenanker, Sortierstile Erde-Feuer-Wasser-Luft, Adler-Ameise-Stier-Perspektive, Wurzeln und Flügel) und lassen sich deshalb in der Natur auch besonders konkret und greifbar umsetzen.

Sich auf den Weg machen (Foto: Dr. Stefan Rösler)

Die Natur bietet viele konkrete, auf Management und Persönlichkeitsentfaltung übertragbare Analogien und Fallbeispiele wie Quellen, Blüten, Früchte, Revierkämpfe, Ameisenstraßen oder fallende Blätter. Diese dienen oftmals als „Übersetzungshilfen" und liefern wichtige Impulse für den richtigen Umgang mit Krisen, für das richtige Steuern von Veränderungsprozessen sowie für unkonventionelle Problemlösungen. Die Orientierung an der Natur und ihren Prozessen bewirkt, dass das Format „Naturcoaching" in besonderer Weise zu einer an Nachhaltigkeit orientierten Ausrichtung der zu bearbeitenden Fragestellungen beiträgt.

Durchführung

Naturcoaching erfordert eine deutlich über das übliche Indoor-Coaching mit feststehendem Setting hinaus gehende Vorbereitung. Für den Coach selbst ist es vor allem eine Herausforderung, beim eigentlichen Coaching gleichzeitig den Wegeverlauf im Auge zu behalten, einen korrekten und ungestörten Coaching-Prozessverlauf sicherzustellen, eine outdoor-, orts- und situations-geeignete Vielfalt an Methoden einzusetzen, den laufenden Prozess bzw. die relevanten Inhalte und Ergebnisse zu dokumentieren sowie prozessförderliche Rahmenbedingungen zu gewährleisten.

Vorbereitung des Naturcoachings: Konkret sind seitens des Coachs folgende Schritte zu organisieren:

- (Kostenloses) Vorgespräch und Auftragsklärung mit dem Coachee mit Verständigung zum Outdoor-Format „Naturcoaching", ggf. im Rahmen eines kurzen Naturspaziergangs („Geh-Spräch")
- Einvernehmliche Klärung der Örtlichkeit für das Coaching sowie des Treffpunkts, der Wegstrecke mit räumlicher Nähe zu einer festen Unterkunft für den Bedarfsfall (Toiletten, Witterungsschutz) und der Dauer des Coaching-Termins
- Schriftlicher Vertrag zwischen Coach und Coachee zu den Themen Versicherung und Haftung, Risiken, höhere Gewalt, Programmänderungen, gesundheitliche Einschränkungen (z. B. Mobilität, Allergien), angemessene Ausrüstung und Kleidung unter Outdoor-Aspekten, Kosten.
- Wasserdichter Rucksack für benötigte Ausrüstung und Dokumentations-Materialien (wasserfestes Klemmbrett mit Stiften, Moderationskarten, Nadeln, Kreppklebeband, Permanent-Stifte, Smartphone, Getränke, Sitzunterlagen, Isomatte, Schirm für Coachee, Regenschutz, Outdoor-Methoden-unterstützende Materialien).
- Information des Coachee bzgl. witterungsangepasster Ausrüstung, Kleidung und Schuhwerk
- Vorbegehung der Strecke zur Abklärung relevanter Veränderungen an Weg und Infrastruktur (z. B. Wegsperrungen, Lärm durch Holzfällarbeiten, abgebaute Sitzgelegenheiten, veränderte Restaurant-Öffnungszeiten)
- Erfassen bzw. Vorrecherchieren aktueller und jahreszeitenspezifische Natur-Themen am Wegesrand

Organisatorische Durchführung des Naturcoachings mit folgenden Schritten:

- Persönliches Kennenlernen von Coach und Coachee mit Vertrauensaufbau
- Besprechung der Unterschiede zwischen Beratung und Coaching, Klärung der Coach-Rolle und Verständigung auf das methodische Vorgehen
- Besprechung von vorgesehenem Wegeverlauf, Wegelänge und Wegequalität
- Nachfrage nach eventuellen tagesaktuellen Mobilitäts-Einschränkungen, gesundheitlichen Beeinträchtigungen, Ängsten und Phobien
- Einverständnis herstellen zu Wegelänge und vorgesehenem Wegeverlauf unter Berücksichtigung der persönlichen Tagesform, möglicher Beeinträchtigungen und aktueller Wettersituation
- Verständigung zwischen Coach und Coachee auf einen möglichen Plan B für den Schlechtwetterfall oder andere Ausnahmesituationen (z. B. Kombination von Outdoor- und Indoor-Coaching).
- Sicherung eines systemisch-lösungsorientierten Prozessverlaufs durch den Coach
- Dokumentation aller relevanten Inhalte und Ergebnisse
- Feedback, Austausch, Klärung weiteres Vorgehen

Methodisch-inhaltlicher Ablauf des Naturcoachings:

- Klarer und nachvollziehbarer Prozessverlauf durch lösungsorientierte Vorgehensschritte:
  - Beschreibung der aktuellen Ausgangs- und Kontextsituation durch den Coachee

  - Klärung und schriftliches Festhalten des zu bearbeitenden persönlichen Anliegens (Situationsanalyse Ist-Zustand)
  - Bisherige Aktivitäten und Lösungsversuche
  - Ressourcenklärung/Ressourcenaktivierung
  - Musterzustandsänderung
  - Lösungsideen, Zielsuche, Zielfindung, Zukunftsvision, konkrete Ziele (schriftlich fixieren)
  - Lösungssuche
  - Entscheidungsfindung
  - Maßnahmenplanung
  - Umsetzungsprioritäten und erste Umsetzungsschritte (schriftlich fixieren)
- Reflexion der spezifischen Problemsituation in einem evolutionären und ökosystemaren Kontext unter Einbeziehung von Naturphänomenen
- Verwendung von outdoorspezifischen Methoden und naturbezogenen Tools.
- Darstellung von Systemen und Soziogrammen durch Visualisierung mithilfe von Naturmaterialien (Steine, Blätter, Äste, Früchte, Rinde, Gräser, Federn, Zapfen, Moos)
- Suche und Mitnahme eines Natursymbols durch den Coachee nachhause. Dieses Symbol soll stellvertretend für das Coaching-Anliegen, den Prozess oder die Lösung stehen und nach Abschluss des Coachings zuhause im Alltag das geklärte Anliegen visualisieren

Die Krise als Chance (Foto: Dr. Stefan Rösler)

Praxisschlaglicht

Besonders hilfreich sind Naturphänomene, die während des Coachings-Prozesses vom Coachee wahrgenommen und als bereichernde und unterstützende Visualisierung der zu bearbeitenden Thematik wahrgenommen werden. Dies kann z. B. ein umgestürzter alter Baum sein, auf dessen vermodernder Oberfläche ein neuer kleiner Baum keimt und für die Zukunft steht. Zitat einer Coachee im Wald vor einem solchen Bild: „Dies spiegelt perfekt meine aktuelle Lebenssituation wider. Ich bin gefallen und ohne Vitalität. Aber ich spüre wieder neues Leben in mir, das dem Licht zuwächst".

Andere Symbole aus der Natur können einfach als Erinnerung mit nachhause genommen werden und z. B. am Spiegel im Bad angebracht oder auf dem Schreibtisch liegend täglich an eine positive oder lösungsfördernde Situation beim Waldspaziergang erinnern: „Die Bussard-Feder aus dem Wald hat übrigens schon einen Ehrenplatz bekommen".

Helfende Organisationen

www.natur-coaching.de, Deutscher Bundesverband Coaching e. V. (DBVC), www.dbvc.de

Wirkfeld der Methode

- Wirksam für Herausforderungen mit hoher Komplexität
- Wirksam für Herausforderungen mit mittlerer Komplexität
- Wirksam für Persönlichkeitsentwicklung

Transformationsfähigkeit Ihres Teams

- Fördert die Sensibilisierung
- Fördert die Agilität eines Teams
- Fördert die allgemeine Transformationsfähigkeit des Teams
- Fördert offene Mindsets und innovative Denkhaltungen
- Sorgt für Inspiration oder bessere Inspirationsempfindlichkeit
- Zahlt auf eine bessere Vorstellungskraft ein
- Zahlt auf eine bessere Wahrnehmung ein
- Zahlt auf ein positives Zukunftsbild ein
- Erhöht die Lösungsorientierung

Einsatzcharakteristik/Arbeitsrahmen

- Austauschfokus: vornehmlich mit internen Personen
- Durchführungszeit: eher mittel (> 1 Stunde bis < 1 Tag)
- Einsatzfrequenz: vornehmlich im einmaligen Einsatz
- Einsatzfrequenz: vornehmlich in regelmäßigen Abständen über den kompletten Projektzeitraum
- Einsatzradius: vornehmlich im Einsatz für Führungskräfte, Personalverantwortliche und Personen in Veränderungssituationen
- Einsatzradius: bei Bedarf im Teameinsatz
- Komplexität für den Moderator: eher hoch
- Komplexität für die Teilnehmer: eher mittel
- Teamgröße: Einzelpersonennutzung möglich
- Teamgröße: Kleingruppe möglich (3 bis 5 Teilnehmer)
- Vorbereitungszeit: eher mittel (> 1 Stunde bis < 1 Tag)

Input für eine zielführende Arbeit mit der Methode

- Aktuelle Herausforderung, Leitfrage, Problem
- Konkretes Anliegen
- Durchführungszeit, Trainingszeit

Output und beobachtete Ergebnisse der Methode

- Erzeugt Ideensuchfelder, unentdeckte Probleme, Inspiration
- Erzeugt spezifischere Leitfragen, Ideen und Aussagen
- Erzeugt visualisierte Ideen, Begriffe, Themen
- Erzeugt eine Vision oder Zukunftsbild
- Erzeugt größere Klarheit zu einem Thema
- Hilft bei Entscheidungen, Bewertungen und Feedback
- Fördert das Selbstreflexionsvermögen
- Identifiziert vorhandene Schwachstellen
- Identifiziert vorhandene Stärken
- Macht Wirkzusammenhänge sichtbar

Mögliche Extravorteile der Methode

- Extravorteil für Menschen in Umbruchsituationen
- Extravorteil für Menschen in Selbstfindungsphasen
- Möglicher Extravorteil für Teams in einer Krisensituation
- Möglicher Extravorteil für innovativ ungeübte Teams
- Möglicher Extravorteil für in Nachhaltigkeitsthemen ungeübte Teams

Quellen

Buch – Arbeitsraum Natur. Carsten Gans, Katja Dienemann, Anja Hume & André Lorino (Springer, 2020)
Buch – Coaching-Raum Natur. Kerstin Peter (Schirner, 2020)
Artikel – Der Wald als Berater und Coach. – Stefan Rösler, Forum Nachhaltig Wirtschaften 01/2013- 2013: 66-68
Buch – Im Wald. Andreas Jaun & Sabine Joss (Haupt, 2011)
Buch – Mit der Wildnis verbunden. Susanne Fischer-Rizzi (Kosmos, 2007)
Organisation – www.diefuehrungsakademie.de
Organisation – www.evoco.de
Organisation – www.karlsruher-institut.de
Person – Dr. Stefan Rösler, roesler@oecoach.de
Web – https://www.oecoach.de/meine-themen/coaching-in-und-mit-natur (abgerufen am 09.08.2023)

Naturverjüngungsquadrat

EinSatzBeschreibung

Die Wachstumsdynamik junger Bäume auf einem Quadratmeter Waldboden in Relation zum Standraum eines alten Baumes sind ein anschauliches Transferbeispiel zu den Themen Konkurrenz und Kooperation, Individuum und Kollektiv, Wettbewerb, Qualitätssicherung und nachhaltige Entwicklung.

Working Guide/Anwendungsfelder

P1 Sensibilisierung/Bildung	P2 Matching Recht/Gesetz	P3 Sustainability Roadmap	P4 Produkt/Prozessdesign	P5 Implementierung/Monitoring	P6 Kommunikation	P7 Organisation	P8 Führung	P9 Business Model Design	P10 Skalierung
X			X	X			X		X

Beschreibung

Outdoor-Transferübung: Auf einem Quadratmeter Waldbodenfläche werden die dort stehenden Sämlinge und jungen Bäume ausgezählt. Hochgerechnet auf den Standraum eines einzigen alten Baumes wird deutlich, dass hier oft über 5000 Bäume im Wettbewerb stehen. Ziel ist die Erkenntnis, dass scheinbar unangemessen hohe Anfangs-Investitionen hier eine Investition in den Erhalt der Art und in eine qualitativ hochwertige Reproduktion bedeuten. Die Sämlinge und Jungbäume fördern einerseits die Standortqualität, die Bodenqualität und das Kleinklima und tragen durch ihren Wettbewerb gleichzeitig zur Selektion und damit zur Qualitätssicherung in der Reproduktion bei. Zudem dienen sie vielen Waldtieren als Nahrung.

Dabei ist der Wettbewerb, wie im realen Leben, oftmals von außen beeinflusst und daher nicht immer fair. Fällt ein Same auf dem Waldboden in eine kleine feuchte Senke, hat er dort ungleich bessere Startbedingungen wie ein Same, der einen Meter daneben auf einer Fläche mit Bodenverdichtung oder gar auf einem Stein landet. Landen zwei Samen direkt nebeneinander auf dem Boden, beginnt der Wettbewerb unmittelbar nach dem Keimen. Wachsen sie mit einem gewissen Mindestabstand zueinander auf, kann es sein, dass sie auch gemeinsam alt werden. Auch ob ein Sämling oder junger Baum von Rehen verbissen wird, entscheidet über die Startbedingungen eines Baumes, oftmals sogar über sein Überleben.

Startimpuls für die Wachstums- und Wettbewerbsphase sind vielfach veränderte Rahmenbedingungen in Form von mehr Licht. Ausgelöst z. B. durch altersbedingte Absterbeprozesse, klimatisch-, standorts- oder insektenbedingte Vitalitätsverluste, Krankheiten (Eschensterben), Windwurf oder Schneebruch. Absterbeprozesse sind also in der Regel gleichzeitig „Startdünger“: Das Absterben der Einen fördert das Wachsen der Anderen. Ein Wechselspiel, das vergleichbar auch bei Start-ups in der Wirtschaft beobachtet werden kann.

Am Beispiel des Naturverjüngungs-Quadrats können also zahlreiche Management- und Team-relevante Themen beobachtet und besprochen werden. Zudem ist das in sich geschlossene Lebenszyklus-System eines Baumes und des natürlichen Ökosystems Wald auf Basis von Photosynthese und Kreislaufwirtschaft eine Blaupause für nachhaltiges Wirtschaften und nachhaltige Entwicklung. Das Naturverjüngungs-Quadrat veranschaulicht sehr konkret die Themen Konkurrenz und Kooperation, Individuum und Kollektiv, sowie Wettbewerb und Qualitätssicherung.

Naturverjüngungs-Quadrat (Foto: Dr. Stefan Rösler)

Durchführung

Diese Outdoor-Übung erfordert einen Waldbestand mit möglichst vielen, dicht beieinanderstehenden Sämlingen und jungen Bäumen („Naturverjüngung“) bzw. möglichst dicht stehendem Jungwuchs. Die Baumart ist dabei nicht relevant. Besonders anschaulich und konkret ist die Übung, wenn ein alter, großkroniger Baum in der Nähe oder mitten in der Naturverjüngung steht und die Naturverjüngung (z. B. junge Eichen, Buchen, Fichten, Bergahorn, Tannen) zumindest teilweise von diesem Baum stammt.

Die Übung wird in folgenden Schritten durchgeführt:

- Als Requisite wird vorab eine gut vier Meter lange, helle und nicht zu dünne Schnur präpariert (bei größeren Gruppen entsprechend 2–3 Schnüre), indem diese an beiden Enden mit einer Schlaufe versehen und immer nach einem Meter Schnurlänge mit einem wasserfesten Marker deutlich sichtbar gekennzeichnet wird.
- Während des Gehens im Wald durch unterschiedlich alte Baumbestände wird der Lebenszyklus eines Baumes erklärt: Vom Sämling über den jungen Baum, den fruktifizierenden alten

Baum, den absterbenden Baum bis zum toten und zerfallenden Baum, dessen Substrat wieder dem Humusaufbau dient. Kreislaufwirtschaft (circular economy) vom Feinsten!

- Dann wird der Standraum eines alten Baumes realisiert und geschätzt bzw. gemessen – und ggf. mit der Übung „Baumkronen-Stellen" verdeutlicht und vertiefend diskutiert.
- Ob zuerst der alte Baum und dann eine Stelle im Wald, wo sich am Boden ein dichter Bewuchs an Sämlingen bzw. Naturverjüngung findet oder andersherum: Wichtig ist ein möglichst dichter Bestand an Sämlingen und kleinen Bäumchen, der nun ausgezählt wird.
- Dazu wird die in Meterschritten markierte Schnur von möglichst mindestens vier Personen als Quadrat in eine der möglichst dicht mit Jungbäumchen bewachsenen Flächen gelegt.
- Jede der Personen hält eine der markierten Schnurstellen an den Ecken bzw. fixiert die Ecken in den Schleifen mit einem Ästchen, einem Stück Holz, einem Zapfen oder einem Stein.
- Dann werden alle im aufgespannten Quadrat befindlichen Sämlinge und jungen Bäume gezählt.
- Um tatsächlich alle Bäumchen zu erfassen, empfiehlt es sich, beim Zählen auf den Bauch zu liegen, da auf diese Weise auch kleine Sämlinge im Laub erfasst werden, die ansonsten oft leicht übersehen werden. Auch außerhalb der Vegetationszeit, wenn die Jungpflanzen keine Blätter haben, empfiehlt sich das Zählen in Bauchlage, da ansonsten meist nicht alle Bäumchen gesehen und gezählt werden.
- Die Zahl der Sämlinge und Jungbäumchen pro Quadratmeter variiert natürlich sehr stark, selbst wenn von vornherein nach Flächen gesucht wird, die vergleichsweise dicht bestanden sind. Oftmals finden sich auf den als dicht bewachsen wahrgenommenen und ausgewählten Flächen aber 30 bis 70 Jungpflanzen pro Quadratmeter.
- Ein positiver Nebeneffekt des Auszählens ist das genaue Betrachten der artspezifischen Merkmale der Blätter und Nadeln. Dies ist nicht zuletzt deshalb wichtig, damit tatsächlich nur Sämlinge und Pflanzen von Bäumen gezählt werden und nicht Stauden, Sträucher oder Gehölze (wie z. B. Bingelkraut, Ruprechtskraut, Blaubeere, Brombeere), die ebenfalls oftmals zwischen den Sämlingen der Bäume am Waldboden wachsen.
- Werden z. B. 50 Jungbäume im markierten Quadratmeter gezählt, entspricht dies 5.000 Bäumen auf 100 Quadratmetern (1 Ar). Diese Fläche entspricht der durchschnittlichen Baumkronen-Projektion eines alten Baumes.
- Spätestens jetzt wird deutlich, dass zugunsten eines reproduktionsfähigen Altbaums im Sinne eines „Startguthabens" rund 5.000 Jungbäume „investiert" werden, bis nach 100 bis 150 Jahren auf dieser Fläche noch ein oder zwei Bäume übrigbleiben.
- Die praktische Übung mündet am Ende in eine Diskussion über Konkurrenz und Kooperation, Individuum und Kollektiv, Wettbewerb und Qualitätssicherung und damit auch über nachhaltige Entwicklung.

Die Übung „Naturverjüngungs-Quadrat" korrespondiert mit der Übung „Baumkronen-Stellen". Idealerweise werden beide Übungen nacheinander durchgeführt.

Stammfuß Roteiche mit Naturverjüngung (Foto: Dr. Stefan Rösler)

Praxisschlaglicht

Das Auszählen der Naturverjüngung auf einem Quadratmeter Waldboden und die Erkenntnis, dass von mehreren Tausend jungen Bäumen am Ende nur ein Baum alt wird und für die Reproduktion der Art sorgt, führt zu spannenden Diskussionen über Konkurrenz und Kooperation als zwei Seiten einer Medaille, über Gruppendynamik, vermeintliche Verschwendung, das Gesetz des Stärkeren, Zufall, Qualitätsmanagement und nachhaltige Entwicklung.

Helfende Organisation

www.hausdeswaldes.de

Wirkfeld der Methode

- Wirksam für Herausforderungen mit mittlerer und niedriger Komplexität
- Wirksam für nachhaltiges Prozessmanagement
- Wirksam für Nachhaltigkeits-Management

Transformationsfähigkeit Ihres Teams

- Fördert die Sensibilisierung
- Fördert die allgemeine Transformationsfähigkeit des Teams

- Fördert das allgemeine Prozess- und Transformationsverständnis
- Fördert das Abstraktionsvermögen
- Fördert das Langfristigkeitsdenken
- Sorgt für Inspiration oder bessere Inspirationsempfindlichkeit
- Zahlt auf eine bessere Vorstellungskraft ein
- Zahlt auf eine bessere Wahrnehmung ein
- Zahlt auf ein positives Zukunftsbild ein
- Zahlt ein auf Teamspirit

Einsatzcharakteristik/Arbeitsrahmen

- Austauschfokus: vornehmlich mit internen und externen Personen
- Durchführungszeit: eher gering (< 1 Stunde)
- Einsatzfrequenz: vornehmlich im einmaligen Einsatz
- Einsatzradius: vornehmlich im Teameinsatz
- Komplexität für den Moderator: eher mittel
- Komplexität für die Teilnehmer: eher mittel
- Teamgröße: Kleingruppe möglich (3 bis 5 Teilnehmer)
- Teamgröße: Mittelgroße Teams möglich (5 bis 20 Teilnehmer)
- Vorbereitungszeit: eher gering (< 1 Stunde)

Input für eine zielführende Arbeit mit der Methode

- Aktuell existierende Geschäftsmodelle
- Aktuelle Herausforderung, Leitfrage, Problem
- Existierende Prozesse
- Ideen und Projekte, die zur Umsetzung anstehen
- Umfeldbeobachtungen, Umfeldanalysen
- Wettbewerber
- Ziele

Output und beobachtete Ergebnisse der Methode

- Bessere Projekteffizienz, bessere Teamperformance
- Erzeugt Prognosen und Ableitungen
- Erzeugt Ideen, Lösungsansätze
- Unterstützt Planungen und Priorisierungen
- Erzeugt besseren Teamspirit, mehr Offenheit, Inspirationsempfindlichkeit
- Erzeugt spezifischere Leitfragen, Ideen und Aussagen
- Erzeugt eine Vision oder Zukunftsbild
- Erzeugt transformationsfähigere Organisationen
- Erzeugt motiviertere und transformationsfähigere Teilnehmer
- Identifiziert vorhandene Stärken
- Macht Wirkzusammenhänge sichtbar

Hinderniseffekte, auf die die Methode positiv wirkt

- Bewahrt vor zu generischen Ideen und Aussagen
- Bindet eher introvertierte Teammitglieder mit ein
- Aktiviert wenig dynamische Teams
- Fördert gehemmte Teammitglieder
- Schafft Klarheit und beschleunigt Erkenntnisgewinn
- Schwächt das Leben in der Vergangenheit
- Schärft eine fehlende gemeinsame Ausrichtung
- Verkürzt und durchbricht vorhandene Kreativblockaden
- Wirkt fehlender Inspiration entgegen
- Fördert Optimismus und Zuversicht

Mögliche Extravorteile der Methode

- Möglicher Extravorteil für Teams in einer Umbruch- oder Aufbausituation
- Möglicher Extravorteil für Teams mit einer konservativen, tradierten Kultur
- Möglicher Extravorteil für Start-ups
- Möglicher Extravorteil für innovativ ungeübte Teams
- Möglicher Extravorteil für in Nachhaltigkeitsthemen ungeübte Teams

Quellen

Buch – Bin im Wald! Bastian Kaiser (Hirzel, 2023)

Buch – Das geheime Leben der Bäume. Peter Wohlleben (Ludwig, 2015)

Artikel – Das Unternehmen Wald. Stefan Rösler & Klaus-Stephan Otto. In: Q.Magazin – Das Magazin für Qualität, Ausgabe 2021/22: 6-11.

Buch – Das Wald Buch. Esther Gonstalla (Oekom, 2021)

Buch – Forstliche Bildungsarbeit. Hrsg.: Bayerisches Staatsministerium für Ernährung, Landwirtschaft und Forsten, 8. Aufl. (2017)

Buch – Praxishandbuch der Waldpädagogik. Frank Hoffmann (wbv-Media GmbH, 2023)

Buch –Was haben Unternehmen und Start-Ups mit Wäldern zu tun. Ökosysteme in Natur und Wirtschaft. Stefan Rösler, Versicherungskammer (Hrsg.): innenreport 2019 Web – https://innenreport.h5mag.com/innenreport_2019_ausgabe_2/s_9_unternehmen_startups

https://www.oecoach.de/wp-content/uploads/2016/10/20162303_Waldworkshop_Flyer_DINlang-Website.pdf (abgerufen am 20.09.2023)

Person – Dr. Stefan Rösler, roesler@oecoach.de

Web – https://www.babtec.de/fileadmin/user_upload/babtec/downloads/public/de/qmagazin/q.magazin_2021-22_de_web.pdf

Web – Waldworkshop Von der Natur lernen für Management, Strategie und Teamentwicklung. Stefan Rösler (2016)

NBSAPs

EinSatzBeschreibung

NBSAPs fungieren als nationale strategische Pläne zur Förderung des Schutzes und der nachhaltigen Nutzung der biologischen Vielfalt und bieten Unternehmen einen strukturierten Rahmen zur Entwicklung von Lösungen, die mit nationalen und internationalen Biodiversitätszielen in Einklang stehen.

Working Guide/Anwendungsfelder

P1 Sensibilisierung/Bildung	P2 Matching Recht/Gesetz	P3 Sustainability Roadmap	P4 Produkt/Prozessdesign	P5 Implementierung/Monitoring	P6 Kommunikation	P7 Organisation	P8 Führung	P9 Business Model Design	P10 Skalierung
X		X	X	X					X

Beschreibung

NBSAPs sind strategische Pläne, die unter der Schirmherrschaft der Konvention über die biologische Vielfalt (CBD) von einzelnen Ländern entwickelt werden. Sie legen die nationalen Ziele für den Schutz und die nachhaltige Nutzung der biologischen Vielfalt fest. Diese Pläne dienen als Leitfaden für staatliche Politik und können Unternehmen einen Rahmen bieten, um nachhaltige Lösungen in Bereichen wie Landwirtschaft, Forstwirtschaft und Fischerei zu entwickeln.

NBSAPs werden von den einzelnen Vertragsstaaten der CBD erarbeitet und eingereicht. Sie durchlaufen einen Überprüfungsprozess und sollten im Einklang mit den globalen Aichi-Zielen stehen. Die Pläne werden in der Regel alle zehn Jahre aktualisiert, um sich an neue wissenschaftliche Erkenntnisse und politische Anforderungen anzupassen.

NBSAPs sind wichtige Instrumente für die Umsetzung von Innovationen in Bereichen wie Landwirtschaft, Forstwirtschaft und Fischerei. Sie können bspw. die Einführung von nachhaltigen Anbaumethoden fördern oder den Anstoß für die Entwicklung neuer Technologien zum Schutz bedrohter Arten geben.

NBSAPs bieten einen strukturierten Rahmen, innerhalb dessen Unternehmen Lösungen entwickeln können, die zur Erreichung der nationalen und internationalen Biodiversitätsziele beitragen. Durch die Ausrichtung an diesen Plänen können Unternehmen sicherstellen, dass ihre Projekte sowohl ökologisch nachhaltig als auch politisch und gesellschaftlich akzeptiert sind.

Die NBSAPs und das *Kunming-Montréal Global Biodiversity Framework (GBF)* sind komplementäre Instrumente im Biodiversitätsschutz. Während NBSAPs länderspezifische, praxisorientierte Leitlinien bieten, fungiert das GBF als Metastruktur, die globale Ziele und den strategischen Rahmen vorgibt. Unternehmen können NBSAPs für nationale Anwendungen und das GBF für das Verständnis der globalen Biodiversitätsziele und die Identifizierung internationaler Synergien nutzen. Die Konsultation des GBF ist daher zu empfehlen.

Durchführung

Folgende Schritte können durchgeführt werden:

1. Analyse der NBSAPs: Durch Sichtung der relevanten NBSAP-Dokumente können Sie die spezifischen nationalen Ziele und Vorgaben identifizieren, die für Ihre Projekte relevant sein könnten. Greifen Sie dafür auf die CBD-Quellen zurück.
2. Identifikation von Handlungsfeldern: Auf Grundlage der NBSAPs können Sie Handlungsfelder wie z. B. nachhaltige Landwirtschaft, Forstwirtschaft oder Fischerei identifizieren, in denen Ihr Unternehmen den größten positiven Einfluss erzielen könnte.
3. Ausrichtung der Innovationsstrategie: Die in den NBSAPs identifizierten Ziele sollten in die eigene Innovationsstrategie integriert werden, um sicherzustellen, dass die entwickelten Lösungen sowohl ökologisch nachhaltig als auch politisch und gesellschaftlich akzeptiert sind.
4. Entwicklung und Implementierung: Unter Berücksichtigung der NBSAP-Richtlinien erfolgt die Entwicklung und Implementierung neuer Lösungen. Während dieser Innovationsarbeit sollten sowohl technische als auch gesellschaftliche Faktoren berücksichtigt werden.
5. Überwachung und Anpassung: Nach der Implementierung sollte die Wirkung der Innovationen im Hinblick auf die Erreichung der NBSAP-Ziele überwacht und bei Bedarf Anpassungen vorgenommen werden.

Wirkfeld der Methode

- Wirksam für nachhaltiges Produktdesign
- Wirksam für nachhaltiges Servicedesign
- Wirksam für nachhaltiges Business Model Design

Transformationsfähigkeit Ihres Teams

- Fördert die Sensibilisierung
- Zahlt auf das Dringlichkeitsempfinden ein
- Erhöht die Lösungsorientierung

Einsatzcharakteristik/Arbeitsrahmen

- Austauschfokus: vornehmlich mit internen und externen Personen
- Durchführungszeit: eher hoch (> 1 Tag)
- Einsatzfrequenz: sinnvoll im dauerhaften Einsatz
- Einsatzradius: vornehmlich im projektweiten Einsatz

- Einsatzradius: vornehmlich im unternehmensweiten Einsatz
- Komplexität für den Moderator: eher mittel
- Komplexität für die Teilnehmer: eher hoch
- Teamgröße: Einzelpersonennutzung möglich
- Teamgröße: Kleingruppe möglich (3 bis 5 Teilnehmer)
- Teamgröße: Mittelgroße Teams möglich (5 bis 20 Teilnehmer)
- Vorbereitungszeit: eher hoch (>1 Tag)

Input für eine zielführende Arbeit mit der Methode

- Aktuell existierende Geschäftsmodelle
- Aktuell existierende Produkte und Services
- Aktuelle Herausforderung, Leitfrage, Problem
- Existierende Prozesse und Verfahren

Output und beobachtete Ergebnisse der Methode

- Erzeugt Ideen für neue Märkte und neue Business Modelle
- Erzeugt Ideen, Lösungsansätze, Vorideen, Möglichkeiten
- Erzeugt Ideensuchfelder, unentdeckte Probleme, Inspiration
- Erzeugt neues Wissen und neue Erfahrungen
- Erzeugt eine Vision oder Zukunftsbild
- Erzeugt größere Klarheit zu einem Thema
- Erzeugt mehr Hintergrundinformationen
- Identifiziert vorhandene Schwachstellen
- Identifiziert vorhandene Stärken
- Macht Wirkzusammenhänge sichtbar

Hinderniseffekte, auf die die Methode positiv wirkt

- Schafft für den Erfolg nötige Realitätsbezüge
- Schafft schnell Klarheit und beschleunigt Erkenntnisgewinn
- Schwächt das „Not invented here"-Syndrom
- Schwächt das Leben in der Vergangenheit
- Verhindert Ideenfindung mit zu schwacher Erkenntnisgrundlage
- Verhindert blinden Aktionismus
- Verhindert falsche Flughöhen
- Verhindert unreflektiertes agieren
- Verringert zu große Komplexitäten
- Wirkt fehlender Inspiration entgegen
- Überzeugt strukturliebende Teammitglieder
- Überzeugt einen Daueropponenten
- Überzeugt einen Rationalisierer
- Überzeugt Zweifler, Bewahrer, Kritiker
- Fördert Optimismus und Zuversicht

Mögliche Extravorteile der Methode

- Möglicher Extravorteil für Teams mit einem starkem Auftragsmandat
- Möglicher Extravorteil für innovativ erfahrene Teams
- Möglicher Extravorteil für innovativ ungeübte Teams
- Möglicher Extravorteil für in Nachhaltigkeitsthemen erfahrene Teams
- Möglicher Extravorteil für in Nachhaltigkeitsthemen ungeübte Teams

Quellen

Web – https://www.cbd.int/nbsap/
Web – https://www.cbd.int/gbf/
Web – https://www.cbd.int/aichi-targets/

NDCs

EinSatzBeschreibung

Die „National Festgelegten Beiträge“ (NDCs) helfen bei der Ausrichtung der eigenen Innovationsarbeit an internationaler Klimapolitik.

Working Guide/Anwendungsfelder

P1 Sensibilisierung/Bildung	P2 Matching Recht/Gesetz	P3 Sustainability Roadmap	P4 Produkt/Prozessdesign	P5 Implementierung/Monitoring	P6 Kommunikation	P7 Organisation	P8 Führung	P9 Business Model Design	P10 Skalierung
X		X	X	X					X

Beschreibung

Die fortschreitende Entfaltung der internationalen Klimapolitik prägt das Umfeld, in dem nachhaltige Innovationen entstehen und umgesetzt werden. Sie bildet den regulatorischen Kontext, der gleichzeitig Möglichkeiten und Herausforderungen für Unternehmen schafft. Ein Verständnis für diese historische Entwicklung unterstützt den Entwurf nachhaltiger Innovationsstrategien im Einklang mit internationalen Klimazielen.

Die Entwicklung der internationalen Klimaregelungen hat stetig an Komplexität gewonnen, beginnend mit der Gründung der United Nations Framework Convention on Climate Change (UNFCCC) im Jahr 1992. Diese legte die Grundprinzipien der ‚gemeinsamen, aber differenzierten Verantwortlichkeiten‘ fest und diente als Ausgangspunkt für spezifische Verpflichtungen der Vertragsparteien. Das Kyoto-Protokoll von 1997 intensivierte diese Bemühungen, indem es Mechanismen wie den Handel mit Emissionszertifikaten institutionalisierte und verbindliche Emissionsreduktionsziele für entwickelte Länder festlegte. Das Pariser Abkommen von 2015 führte eine paradigmatische Verschiebung ein, indem es Nationally Determined Contributions (NDCs) einführte und so eine breitere Partizipation ermöglichte.

National Festgelegte Beiträge (NDCs) dienen als freiwillige Verpflichtungen einzelner Länder im Rahmen des Pariser Abkommens, um den Ausstoß von Treibhausgasen zu reduzieren und Klimaanpassungsstrategien einzuleiten. Die Einführung der NDCs in die globale Klimapolitik basiert auf den gemeinsamen, jedoch differenzierten Verantwortlichkeiten der Nationen. Dabei wird anerkannt, dass die Belastung durch den Klimawandel universell ist, die Fähigkeiten zu dessen Bewältigung jedoch erheblich zwischen den Ländern variieren.

NDCs werden von jedem teilnehmenden Land ausgearbeitet und dem Rahmenübereinkommen der Vereinten Nationen über Klimaänderungen (UNFCCC) vorgelegt. Diese Einreichungen erfolgen in regelmäßigen Abständen, in der Regel alle fünf Jahre, und unterliegen einer „globalen Bestandsaufnahme“, einer kollektiven Bewertung zur Messung des Fortschritts bei der Erreichung der Ziele des Pariser Abkommens. Ein NDC umfasst in der Regel sowohl Minderungsstrategien – Pläne zur Reduzierung von Treibhausgasemissionen – als auch Anpassungsmaßnahmen, also Aktionen zur Bewältigung der Auswirkungen des Klimawandels.

Die Relevanz der NDCs im Bereich der nachhaltigen Innovation ist vielfältig. Erstens dienen sie als Indikatoren für das Engagement eines Landes für Nachhaltigkeit und bieten einen impliziten Rahmen, innerhalb dessen Innovationen stattfinden müssen. Zweitens skizzieren sie oft spezifische Sektoren, in denen die Reduzierung von Emissionen oder die Klimaanpassung von größter Bedeutung ist, und weisen somit auf Bereiche hin, die für nachhaltige Innovationen geeignet sind. Schließlich können die NDCs als Katalysator für öffentliche und private Investitionen in nachhaltige Technologien und Praktiken dienen, wodurch das Tempo von Innovationen beschleunigt wird.

NDCs stehen in einer wechselseitigen Beziehung zur nachhaltigen Innovation. Während sie nationale Strategien leiten und Ziele für den Klimaschutz setzen, sind sie auch auf Fortschritte in nachhaltigen Technologien angewiesen, um erfolgreich implementiert zu werden. Unternehmen, politische Entscheidungsträger und Wirtschaftsführer können in den NDCs eine strukturierte Übersicht über Bereiche finden, die innovative Lösungen erfordern. Somit ist die Symbiose zwischen NDCs und nachhaltiger Innovation nicht nur konzeptionell, sondern manifestiert sich auch in praktischen Anwendungen und beeinflusst politische Entscheidungen und Marktdynamiken gleichermaßen.

Durchführung

Das Verständnis für NDCs ist für alle Akteure im Bereich der nachhaltigen Innovation von essenzieller Bedeutung. Sie stellen einen wichtigen Mechanismus dar, durch den Länder ihre klimabezogenen Ambitionen und Maßnahmen darlegen. Sie können die *National Festgelegten Beiträge (NDCs)* sowie das zugehörige Register als Leitfaden und kreative Anregung verwenden, um Ihre Projekte in Übereinstimmung mit nationalen und globalen Klimaambitionen zu konzipieren:

1. **Analyse der NDCs:** Zunächst sollte eine gründliche Analyse der NDCs des jeweiligen Landes und potenziell relevanter Länder durchgeführt werden, um Einblick in die nationalen Klimaziele und -verpflichtungen zu erhalten.
2. **Identifikation von Innovationsbereichen:** Basierend auf den NDCs können Sie spezifische Sektoren identifizieren, die besondere Relevanz für nachhaltige Innovationen haben, bspw. erneuerbare Energien, nachhaltige Landwirtschaft oder Abfallmanagement.

3. **Konsultation des NDC-Registers:** Das Register kann zusätzliche Informationen zu den Fortschritten und Aktualisierungen im Zusammenhang mit den NDCs bieten, einschließlich etwaiger rechtlicher Rahmenbedingungen oder Förderprogramme.
4. **Anpassung und Ausrichtung:** Sie können Ihre Projekte so ausrichten, dass sie direkt zu den Zielen der NDCs beitrage. Dies erhöht nicht nur die Relevanz des Projekts, sondern kann auch den Zugang zu Fördermitteln erleichtern.
5. **Stakeholder-Engagement:** Die Einbeziehung relevanter Stakeholder, wie Regierungsstellen oder NGOs, die in den NDCs aktiv sind, kann zusätzliche Perspektiven und Ressourcen bieten.
6. **Monitoring und Evaluierung:** Durch kontinuierliche Überwachung der NDC-Updates und -Fortschritte können Sie Ihre Strategien entsprechend anpassen und aktualisieren.
7. **Kommunikation und Berichterstattung:** Sie können die Ergebnisse Ihrer Projekte in Bezug auf die NDC-Ziele kommunizieren, um sowohl die Sichtbarkeit als auch die Akzeptanz Ihres Engagements zu erhöhen.

Wirkfeld der Methode

- Wirksam für Herausforderungen mit hoher Komplexität
- Wirksam für Herausforderungen mit mittlerer Komplexität

Transformationsfähigkeit Ihres Teams

- Fördert die Sensibilisierung
- Zahlt auf das Dringlichkeitsempfinden ein
- Erhöht die Lösungsorientierung

Einsatzcharakteristik/Arbeitsrahmen

- Austauschfokus: vornehmlich mit internen und externen Personen
- Durchführungszeit: eher hoch (> 1 Tag)
- Einsatzfrequenz: sinnvoll im dauerhaften Einsatz
- Einsatzradius: vornehmlich im projektweiten Einsatz
- Einsatzradius: vornehmlich im unternehmensweiten Einsatz
- Komplexität für den Moderator: eher mittel
- Komplexität für die Teilnehmer: eher hoch
- Teamgröße: Einzelpersonennutzung möglich
- Teamgröße: Kleingruppe möglich (3 bis 5 Teilnehmer)
- Teamgröße: Mittelgroße Teams möglich (5 bis 20 Teilnehmer)
- Vorbereitungszeit: eher hoch (>1 Tag)

Input für eine zielführende Arbeit mit der Methode

- Aktuell existierende Geschäftsmodelle
- Aktuell existierende Produkte und Services
- Aktuelle Herausforderung, Leitfrage, Problem
- Trends und Zukunftsentwicklungen

Output und beobachtete Ergebnisse der Methode

- Erzeugt neues Wissen und neue Erfahrungen
- Erzeugt eine Vision oder Zukunftsbild
- Erzeugt größere Klarheit zu einem Thema
- Erzeugt mehr Know-how-Zuwachs
- Identifiziert vorhandene Schwachstellen
- Identifiziert vorhandene Stärken
- Macht Wirkzusammenhänge sichtbar

Hinderniseffekte, auf die die Methode positiv wirkt

- Schafft für den Erfolg nötige Realitätsbezüge
- Schafft schnell Klarheit und beschleunigt Erkenntnisgewinn
- Schärft eine fehlende gemeinsame Ausrichtung
- Verhindert Ideenfindung mit zu schwacher Erkenntnisgrundlage
- Verhindert blinden Aktionismus
- Verhindert falsche Flughöhen
- Verhindert unreflektiertes agieren
- Wirkt fehlender Inspiration entgegen

Mögliche Extravorteile der Methode

- Möglicher Extravorteil für in Nachhaltigkeitsthemen ungeübte Teams

Quellen

Web – https://unfccc.int/process-and-meetings/the-paris-agreement/nationally-determined-contributions-ndcs (abgerufen am 03.08.2023)

Web – NDC-Registers, https://unfccc.int/NDCREG

Need-Classifier

EinSatzBeschreibung

Der Need-Classifier untersucht, an welchen Bedürfnissen mögliche Maßnahmen oder nachhaltige Produkte ansetzen und wie diese in verschiedenen Konsumsituationen gewichtet werden.

Working Guide/Anwendungsfelder

P1 Sensibilisierung/Bildung	P2 Matching Recht/Gesetz	P3 Sustainability Roadmap	P4 Produkt/Prozessdesign	P5 Implementierung/Monitoring	P6 Kommunikation	P7 Organisation	P8 Führung	P9 Business Model Design	P10 Skalierung
					X				

Beschreibung

Für Organisationen ist es von entscheidender Bedeutung, dass Maßnahmen an Bedürfnissen von Stakeholdern ansetzen. Diese zu erkennen, kann jedoch eine große Herausforderung darstellen. Um diese Herausforderung effektiv zu bewältigen, benötigen Organisationen einen Kompass, der die Bedürfnisse von Stakeholdern in verschiedenen Konsumsituationen berücksichtigt.

Der Need-Classifier ist eine Möglichkeit, Bedürfnisse (Needs) in verschiedenen Kontexten wie bspw. Konsumgelegenheiten zu betrachten und zu klassifizieren, um sich darum bewusst zu werden, wann welche Eigenschaften eines Produkts oder einer Maßnahme eine herausragende Rolle spielen.

Das Verfahren ist eng angelehnt an sogenannten Usage & Attitude-Studien (U&A). U&A dient dazu, das Verhalten und die Einstellungen von Stakeholdern in Bezug auf eine bestimmte Produkt- oder Dienstleistungskategorie zu erforschen. Organisationen verwenden U&A-Studien, um ihre Zielgruppen zu identifizieren, relevantes Stakeholderverhalten zu verstehen und ihre Produktentwicklungs-, Nachhaltigkeits- oder Marketingstrategien abzuleiten.

Die Methode unterstützt damit langfristigen Geschäftserfolg. Dazu ist es wichtig, Daten direkt im Konsum-Moment zu erheben. Dies ist notwendig, da sich gezeigt hat, dass die retrospektive Erfassung von Konsumgewohnheiten und Präferenzen durch Befragungen oft ungenau ist – Stakeholder können im Nachhinein oft schlecht rekonstruieren, welche Aspekte einer Maßnahme oder eines Produkts in der Konsumsituation für sie entscheidend waren.

Die U&A-Methode ermöglicht es, detaillierte Informationen über situative Bedürfnisse, Konsumsituationen, einschließlich des „Wer, Was, Wann, Wo, Warum und Wie", zu sammeln, um ein besseres Verständnis für die Einstellungen zu Maßnahmen, Produktverwendung und deren Treiber sowie Barrieren zu entwickeln.

Beim Need-Classifier werden auf Basis dieser erhobenen Information sogenannte Need-Spaces, also Bedürfnisräume, definiert. Mithilfe der Need-Spaces lassen sich spezifische Kombinationen an gewünschten Eigenschaften für verschiedene Konsumkontexte ableiten. Damit bilden sie einen Ansatz zur Identifizierung von Marktsegmenten, basierend auf den verschiedenen Konsumsituationen, in denen Stakeholder Produkte nutzen oder Dienstleistungen in Anspruch nehmen. Damit unterscheiden sie sich von statischen Zielgruppeneinteilungen und helfen Organisationen, ihre Strategien an die situativen Bedürfnisse anzupassen und damit Chancen im Markt auszunutzen.

In der Konsumentenforschung wird dabei häufig vom sogenannten hybriden Kunden gesprochen, der je nach Situation ganz unterschiedliche Ansprüche hat und ganz unterschiedliche Kanäle benutzt. Bedürfnisse und situativer Kontext stehen dabei in einer Wechselwirkung und beeinflussen sich gegenseitig.

Im Kontext von Nachhaltigkeit hilft der Need-Classifier dabei zu erkennen, dass Stakeholder in verschiedenen Situationen unterschiedliche emotionale und funktionale Bedürfnisse haben. Er erkennt damit an, dass Stakeholder je nach Kontext verschiedenen Need-Spaces angehören können und in diesen Kontexten unterschiedlich adressiert werden sollten. Damit könnte man bspw. lernen, dass einem Kunden bei öffentlichem Konsum das Thema Nachhaltigkeit viel wichtiger ist als bei privatem Konsum des gleichen Produkts, weil er damit einen guten Eindruck vor anderen machen möchte. Diese Erkenntnis kann man in der eigenen Kommunikation nutzen, indem man das Produkt stärker in sozialen Situationen mit mehreren Personen darstellt und damit dieses Bedürfnis unbewusst beim Kunden aktiviert.

Durchführung

Generell lässt sich festhalten, dass keine immer gültige Methode existiert, um Bedürfnisse von Stakeholdern zu klassifizieren. Stattdessen kann gerade eine Kombination von verschiedenen Verfahren der Marktforschungspraxis zu sehr guten Erkenntnissen

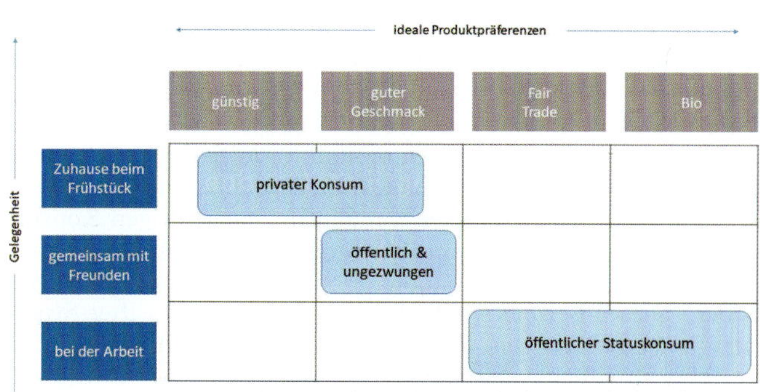

Beispiel für eine Need Space Map anhand des Beispiels nachhaltiger Kaffee (Quelle: Dr. Carsten Leo Demming)

führen. Je nach Forschungsauftrag und -umfang lohnt sich eine Kombination aus quantitativen und qualitativen Methoden: Von der globalen Betrachtung und Quantifizierung anhand großer Stichproben, bis hin zu Detailinformationen mittels persönlicher Tiefeninterviews. Ziel ist es, Alltagssituationen zu begleiten und zu rekonstruieren, um verschiedene Muster zu identifizieren.

Allgemein lässt sich festhalten, dass im Rahmen einer Need-Classifier-Studie folgende Fragen beantwortet werden sollten:

- Wie und unter welchen Umständen nutzen Stakeholder Dienstleistungen, Informationen oder Produkte in ihrem Alltag?
- Welche Bedürfnisse liegen dem zugrunde?
- Welche Eigenschaften sind Stakeholdern wann wichtig? Wie stiften diese Nutzen?
- Welche Typen und Segmente lassen sich identifizieren und wie lassen sich diese am besten ansprechen?

Die Methode kann auch gut durch andere Maßnahmen wie der Ziel-Mittel-Analyse flankiert werden, die die Zusammenhänge zwischen Werten von Stakeholdern, Bedürfnissen und Produkteigenschaften beleuchtet.

Praxisschlaglicht

Ein großer Kaffeehersteller führte eine umfassende Need-Classifier-Studie durch und stellte fest, dass Kunden im öffentlichen Konsum ein ganz anders Verhalten in Bezug auf Nachhaltigkeitsaspekte zeigten als beim alleinigen Kaffeekonsum zuhause.

In der häuslichen Umgebung priorisierten viele Kunden hauptsächlich den Preis, den Geschmack und die Qualität ihres Kaffees. Nachhaltigkeitsaspekte spielten eine untergeordnete Rolle, da sie zuhause bereits die Möglichkeit hatten, umweltfreundliche Praktiken wie Verwendung von wiederverwendbaren Tassen und Filtern umzusetzen und ihr Nachhaltigkeitsbedürfnis durch andere Produkte deckten. Auch fühlten sie sich zuhause moralisch nicht beobachtet.

Im öffentlichen Raum, wie bspw. in Cafés oder Büros, änderten sich die situativen Bedürfnisse jedoch erheblich. Kunden wurden hier stärker von sozialen Normen und äußeren Einflüssen beeinflusst. Sie achteten verstärkt auf Nachhaltigkeitsaspekte, da sie sich bewusst waren, dass ihr Konsumverhalten in der Öffentlichkeit sichtbar war. Das Image des Herstellers und die Nachhaltigkeitsbemühungen des Unternehmens spielten eine wichtigere Rolle bei der Entscheidung der Kunden, welchen Kaffee sie konsumieren würden.

Basierend auf diesen Erkenntnissen entwickelte das Unternehmen gezielte Marketingstrategien und Produkte, um den Kundenbedürfnissen in verschiedenen Konsumsituationen gerecht zu werden. In öffentlichen Räumen im B2B-Geschäft betonte das Unternehmen verstärkt seine Nachhaltigkeitsinitiativen, bot umweltfreundliche Verpackungen an und förderte die Verwendung von wiederverwendbaren Behältern. Dadurch konnte das Unternehmen das Bewusstsein der Kunden für nachhaltigen Konsum steigern und gleichzeitig seine Marktposition stärken. Im privaten Bereich hingegen wurde stärker Preis und Qualität hervorgehoben. Dieses Beispiel verdeutlicht, wie Need-Classifier-Studie dazu beitragen können, Bedürfnisse und Verhalten von Kunden in unterschiedlichen Situationen zu verstehen und strategische Entscheidungen für das Unternehmen zu treffen.

Wirkfeld der Methode

- Wirksam für Herausforderungen mit hoher Komplexität

Transformationsfähigkeit Ihres Teams

- Fördert die Sensibilisierung
- Erhöht die Lösungsorientierung

Einsatzcharakteristik/Arbeitsrahmen

- Austauschfokus: vornehmlich mit externen Personen
- Durchführungszeit: eher hoch (> 1 Tag)
- Einsatzfrequenz: sinnvoll im dauerhaften Einsatz
- Einsatzfrequenz: vornehmlich im einmaligen Einsatz
- Komplexität für den Moderator: eher hoch
- Komplexität für die Teilnehmer: eher mittel
- Teamgröße: Großgruppen möglich (> 50 Teilnehmer)
- Teamgröße: Kleingruppe möglich (3 bis 5 Teilnehmer)
- Teamgröße: Mittelgroße Teams möglich (5 bis 20 Teilnehmer)
- Vorbereitungszeit: eher hoch (>1 Tag)

Input für eine zielführende Arbeit mit der Methode

- Aktuell existierende Produkte und Services

Output und beobachtete Ergebnisse der Methode

- Erzeugt Listen von Chancen und Risiken
- Erzeugt Prognosen und Ableitungen
- Erzeugt Ideen für neue Märkte und neue Business Modelle
- Erzeugt Nutzenfunktionen und Bedürfniskorridore
- Erzeugt segmentierte, kategorisierte, geclusterte Daten
- Hilft bei Entscheidungen, Bewertungen und Feedback
- Identifiziert vorhandene Schwachstellen
- Identifiziert vorhandene Stärken
- Macht Wirkzusammenhänge sichtbar
- Ziel- und Fokusgruppen

Hinderniseffekte, auf die die Methode positiv wirkt

- Beugt Missinterpretationen vor
- Verhindert unreflektiertes agieren
- Verhindert vorschnelles Urteilen über Ideen

Mögliche Extravorteile der Methode

- Möglicher Extravorteil für innovativ ungeübte Teams
- Möglicher Extravorteil für in Nachhaltigkeitsthemen ungeübte Teams

Quellen

Web – https://www.surveymonkey.de/market-research/resources/complete-guide-usage-and-attitude-studies/

Person – Prof. Dr. Carsten Leo Demming, Demming & Partner, https://www.carstendemming.com/

Net Positive Business Model Canvas

EinSatzBeschreibung

Unternehmen können den Net Positive Business Model Canvas als strategische Ressource verwenden, um Geschäftsansätze zu konzipieren, die einen übergeordneten, quantifizierbaren Mehrwert für die Gesellschaft und die Umwelt bieten.

Working Guide/Anwendungsfelder

P1 Sensibilisierung/Bildung	P2 Matching Recht/Gesetz	P3 Sustainability Roadmap	P4 Produkt/Prozessdesign	P5 Implementierung/Monitoring	P6 Kommunikation	P7 Organisation	P8 Führung	P9 Business Model Design	P10 Skalierung
X		X	X					X	X

Beschreibung

Net Positive bezieht sich auf einen Zustand, in dem eine Organisation, insbesondere ein Unternehmen, mehr zur Umwelt und Gesellschaft beiträgt als sie entnimmt oder schädigt, wodurch ein insgesamt positiver Einfluss auf ökologische und soziale Systeme erzielt wird. Es geht darum, über die reine Nachhaltigkeit hinauszugehen und aktiv einen positiven Beitrag zu leisten.

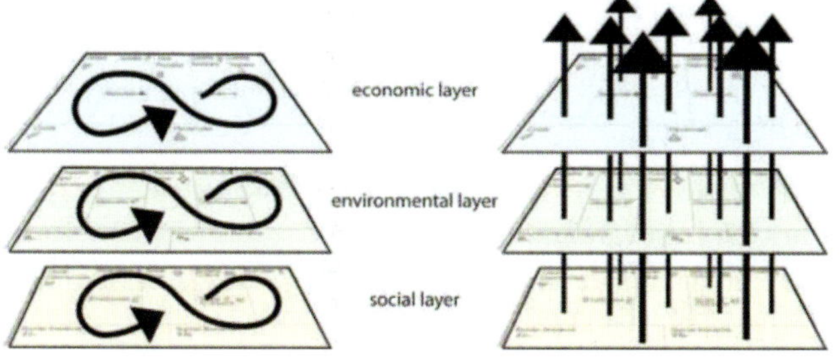

Quelle: https://www.researchgate.net/publication/280044131_The_triple_layered_business_model_canvas_a_tool_to_design_more_sustainable_business_models

Das Net Positive-Modell strebt danach, die negativen sozialen und ökologischen Auswirkungen zu minimieren und die positiven zu maximieren, genauso wie Gewinne durch die Minimierung finanzieller Kosten und die Maximierung von Einnahmen gesteigert werden.

Stellen Sie sich den Net Positive Business Model Canvas (Net+BMC) als Ihre persönliche Roadmap vor, die Sie nicht nur durch die wirtschaftlichen Aspekte Ihres Unternehmens navigiert, sondern auch zeigt, wie Sie einen echten Mehrwert für Gesellschaft und Umwelt schaffen können.

1. **Lebenszyklusperspektive**
   - Integrieren Sie eine Lebenszyklusperspektive für Produkte und Dienstleistungen, um die ökologischen Auswirkungen umfassend zu bewerten und zu minimieren.
   - Dies umfasst die Betrachtung von Rohstoffgewinnung, Herstellung, Vertrieb, Nutzung und Entsorgung.
2. **Stakeholder-Management-Ansatz**
   - Berücksichtigen Sie aktiv die Interessen und Auswirkungen auf verschiedene Stakeholder-Gruppen, einschließlich Mitarbeitende, Kunden, Gemeinschaften und Umwelt.
   - Dies fördert ein ausgewogenes Verhältnis zwischen Unternehmensgewinn und sozialem Nutzen.
3. **Horizontale und vertikale Kohärenz**
   - Horizontale Kohärenz: Untersuchen Sie innerhalb jeder Dimension (ökonomisch, ökologisch, sozial) die Werte und Auswirkungen individuell.
   - Vertikale Kohärenz: Stellen Sie eine Verbindung zwischen den wirtschaftlichen, ökologischen und sozialen Dimensionen her, um ein integriertes Verständnis der Auswirkungen zu fördern.
4. **Systemdenken**
   - Fördern Sie ein ganzheitliches Verständnis des Geschäftsmodells, indem Sie die Wechselwirkungen zwischen verschiedenen Geschäftsaktivitäten und deren Auswirkungen auf Umwelt und Gesellschaft berücksichtigen.
   - Dies unterstützt die Identifizierung von Synergien und potenziellen Konflikten zwischen wirtschaftlichen, ökologischen und sozialen Zielen.
5. **Innovationsorientierung**
   - Nutzen Sie das Modell als Grundlage für die kreative Erkundung und Entwicklung von nachhaltigkeitsorientierten Produkt-, Prozess- und Geschäftsmodellinnovationen.
   - Dies beinhaltet die Erkundung neuer Geschäftsmodelle, die sowohl wirtschaftlich rentabel als auch sozial und ökologisch verantwortungsvoll sind.
6. **Dynamische Anpassung und Iteration**
   - Betrachten Sie den Net+BMC als ein lebendiges Dokument, das regelmäßig aktualisiert und angepasst wird, um Veränderungen in der Geschäftsumgebung und bei Stakeholder-Anforderungen zu reflektieren.
   - Dies fördert eine kontinuierliche Verbesserung und Anpassung des Geschäftsmodells.

Durchführung

Kennenlernen des Tools

Durch diese ersten zwei Schritte werden die Teilnehmenden angeregt, über die verschiedenen Aspekte des Business Models nachzudenken und ein Verständnis für die Komplexität und die Verflechtungen innerhalb des Net+BMC zu entwickeln. Dies bildet eine Grundlage für die nachfolgenden Schritte des Workshops.

Schritt 1: Einführung und Brainstorming

Ziel: Einführung in das Konzept des Net+BMC und Sammeln von Ideen.

Aktivität:

- Ideenentwicklung: Jedes Teammitglied trägt Ideen zu den drei Säulen des Net+BMC bei: ökonomisch, ökologisch, sozial. Beispiele für Ideen:
  - Ökonomisch: Neue Einnahmequellen, Kostensenkungsstrategien, Marktchancen.
  - Ökologisch: Umweltfreundliche Praktiken, Ressourceneffizienz, nachhaltige Lieferketten.
  - Sozial: Mitarbeitende Engagement, soziale Verantwortung, Gemeinschaftsprojekte.
- Visualisierung: Nutzen Sie Post-its auf einer großen Leinwand, um alle Ideen zu sammeln und zu organisieren. Dies fördert ein visuelles Verständnis der verschiedenen Aspekte und deren potenzielle Wechselwirkungen.

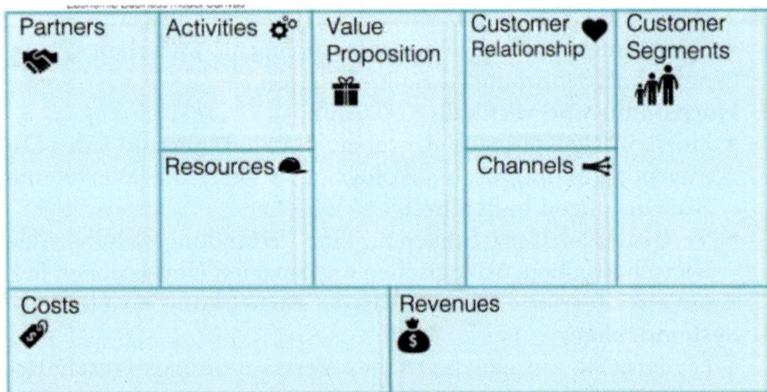

Supplies and Out-sourcing
Production
Materials
Functional Value
End-of-Life
Distribution
Use Phase
Environmental Impacts
Environmental Benefits

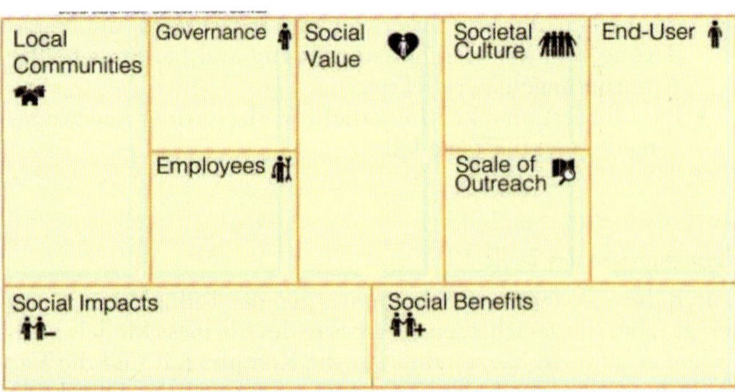

Quelle: Joyce, A.; Paquin, R. & Pigneur, Y. (2015)

Schritt 2: Rollenspiel

Ziel: Verstehen der verschiedenen Perspektiven innerhalb des Net+BMC.

Aktivität:

- Gruppenbildung: Teilen Sie Ihr Team in drei Gruppen auf, wobei jede Gruppe eine der drei Säulen (ökonomisch, ökologisch, sozial) repräsentiert.
  - Aufgabenstellung: Jede Gruppe entwickelt Argumente und Strategien aus ihrer spezifischen Perspektive.
    - Ökonomische Gruppe: Konzentration auf finanzielle Aspekte, Profitabilität und Marktwachstum.
    - Ökologische Gruppe: Fokus auf Umweltauswirkungen, Nachhaltigkeit und Ressourcennutzung.
    - Soziale Gruppe: Auseinandersetzung mit sozialen Auswirkungen, Mitarbeiterwohlbefinden und gesellschaftlichem Engagement.
  - Ergebnispräsentation: Jede Gruppe präsentiert ihre Erkenntnisse und Vorschläge. Dies fördert das Verständnis für die Bedeutung und die Wechselwirkungen jeder Säule im Geschäftsmodell.

Aktuelles Geschäftsmodell analysieren

Schritt 3: SWOT-Analyse

Ziel: Identifizierung von Stärken, Schwächen, Chancen und Risiken des aktuellen Geschäftsmodells.

Aktivität: Führen Sie eine SWOT-Analyse durch, um die internen und externen Faktoren zu verstehen, die Ihr aktuelles Geschäftsmodell beeinflussen.

Schritt 4: Ökologische und soziale Auswirkungsanalyse

Ziel: Tiefere Analyse der ökologischen und sozialen Auswirkungen.

Aktivität: Nutzen Sie Werkzeuge wie Lebenszyklusanalyse und Stakeholder-Feedback, um die Auswirkungen Ihres Geschäfts auf Umwelt und Gesellschaft zu bewerten.

Schritt 5: Wirtschaftliche Analyse

Ziel: Untersuchung der wirtschaftlichen Aspekte des Geschäfts.

Aktivität: Analysieren Sie Ihre Einnahmequellen, Kostenstrukturen und Profitabilität, um finanzielle Nachhaltigkeit zu bewerten.

Schritt 6: Integration und Synergiefindung

Ziel: Verknüpfung der Erkenntnisse aus den drei Bereichen.

Aktivität: Diskutieren Sie, wie ökologische und soziale Maßnahmen zur wirtschaftlichen Leistungsfähigkeit beitragen können und umgekehrt.

Geschäftsmodell weiterentwickeln und implementieren

Schritt 7: Innovationsworkshop

Ziel: Entwicklung von innovativen Ideen zur Verbesserung des Geschäftsmodells.

Aktivität: Führen Sie einen Workshop durch, in dem Sie konkrete, neue Ideen entwickeln, wie Ihr Geschäftsmodell in allen drei Bereichen verbessert werden kann.

Schritt 8: Aktionsplan und Roadmap

Ziel: Erstellung eines umsetzbaren Plans.

Aktivität: Entwickeln Sie einen detaillierten Aktionsplan mit klaren Zielen, Verantwortlichkeiten und Zeitplänen.

Schritt 9: Prototyping und Feedback

Ziel: Testen und Anpassen der neuen Geschäftsmodellideen.

Aktivität: Erstellen Sie Prototypen für neue Geschäftsmodellelemente und sammeln Sie Feedback von Stakeholdern.

Schritt 10: Implementierung und Überwachung

Ziel: Umsetzung des neuen Geschäftsmodells und Überwachung der Fortschritte.

Aktivität: Beginnen Sie mit der Implementierung des neuen Modells und setzen Sie regelmäßige Überprüfungen an, um den Fortschritt zu messen und bei Bedarf Anpassungen vorzunehmen.

Zusätzliche Elemente:

- Gastredner und Experten: Laden Sie Experten für nachhaltige Geschäftspraktiken ein, um zusätzliche Einblicke und Inspirationen zu bieten.
- Fallstudien: Analysieren Sie Fallstudien von Unternehmen, die erfolgreich Net Positive-Strategien umgesetzt haben.
- Feedback-Schleifen: Integrieren Sie regelmäßige Feedback-Schleifen, um die Anpassungsfähigkeit und kontinuierliche Verbesserung zu fördern.

Wirkfeld der Methode

- Wirksam für Herausforderungen mit hoher Komplexität
- Wirksam für Herausforderungen mit mittlerer Komplexität
- Wirksam für Herausforderungen mit niedriger Komplexität
- Wirksam für nachhaltiges Business Model Design

Transformationsfähigkeit Ihres Teams

- Fördert die Sensibilisierung
- Fördert die allgemeine Transformationsfähigkeit des Teams
- Fördert offene Mindsets und innovative Denkhaltungen
- Zahlt auf eine bessere Vorstellungskraft ein
- Zahlt auf eine bessere Wahrnehmung ein
- Erhöht die Lösungsorientierung

Einsatzcharakteristik/Arbeitsrahmen

- Austauschfokus: vornehmlich mit internen Personen
- Durchführungszeit: eher hoch (> 1 Tag)
- Einsatzfrequenz: sinnvoll im dauerhaften Einsatz
- Einsatzradius: vornehmlich im unternehmensweiten Einsatz
- Komplexität für den Moderator: eher mittel
- Komplexität für die Teilnehmer: eher hoch
- Teamgröße: Einzelpersonennutzung möglich
- Teamgröße: Kleingruppe möglich (3 bis 5 Teilnehmer)
- Teamgröße: Mittelgroße Teams möglich (5 bis 20 Teilnehmer)
- Vorbereitungszeit: eher gering (< 1 Stunde)

Input für eine zielführende Arbeit mit der Methode

- Aktuell existierende Geschäftsmodelle
- Aktuell existierende Produkte und Services
- Aktuelle Herausforderung, Leitfrage, Problem
- Produktmerkmale, Skizzen, Eigenschaften

Output und beobachtete Ergebnisse der Methode

- Erzeugt Ideen für neue Märkte und neue Business Modelle
- Erzeugt Ideensuchfelder, unentdeckte Probleme, Inspiration
- Erzeugt Poster
- Erzeugt spezifischere Leitfragen, Ideen und Aussagen
- Identifiziert vorhandene Schwachstellen
- Identifiziert vorhandene Stärken
- Macht Wirkzusammenhänge sichtbar

Hinderniseffekte, auf die die Methode positiv wirkt

- Beugt blinden Flecken/Betriebsblindheit vor
- Bewahrt vor zu generischen Ideen und Aussagen
- Schafft für den Erfolg nötige Realitätsbezüge
- Schärft eine fehlende gemeinsame Ausrichtung
- Verhindert unreflektiertes agieren
- Wirkt fehlender Inspiration entgegen
- Überzeugt strukturliebende Teammitglieder

Mögliche Extravorteile der Methode

- Möglicher Extravorteil für Teams mit einem starkem Auftragsmandat
- Möglicher Extravorteil für Teams mit einer konservativen, tradierten Kultur

Quellen

Buch – Business Model Generation, Alexander Osterwalder und Yves Pigneur (Wiley, 2010)

Joyce, A.; Paquin, R. & Pigneur, Y.: The triple layered business model canvas: a tool to design more sustainable business models, ARTEM Organizational Creativity International Conference, 26-27 (März 2015)

Person – Helga Katharina Mahler, helga.mahler@gmail.com

Web – https://artemocc2015.sciencesconf.org

Web – https://www.researchgate.net/publication/280044131_The_triple_layered_business_model_canvas_a_tool_to_design_more_sustainable_business_models (abgerufen am 03.08.2023)

Web –https://www.academia.edu/12914336/The_triple_layered_business_model_canvas_a_tool_to_design_more_sustainable_business_models (abgerufen am 03.08.2023)

Neugier-Impuls-Formel

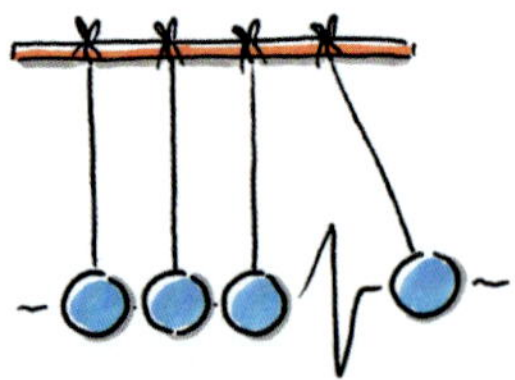

EinSatzBeschreibung

Hilft, Stagnation in einer Organisation entgegenzuwirken und durch gezielte Impulse Bewegung ins System zu bringen.

Working Guide/Anwendungsfelder

P1 Sensibilisierung/Bildung	P2 Matching Recht/Gesetz	P3 Sustainability Roadmap	P4 Produkt/Prozessdesign	P5 Implementierung/Monitoring	P6 Kommunikation	P7 Organisation	P8 Führung	P9 Business Model Design	P10 Skalierung
X					X		X	X	

Beschreibung

Damit wir uns mit neuen Themen beschäftigen wollen, braucht es Neugier. Neugier ist Basis für unsere Entwicklung und Weiterentwicklung. Die Neugierde ist es, die uns kreativ sein lässt und damit Innovationen erst möglich macht.

Neugierde kann z. B. ausgelöst werden durch die Aspekte Neuartigkeit, Komplexität, Ungewissheit, Konflikt. Diese Aspekte lösen Emotionen in uns aus, die uns neugierig werden lassen.

Organisationen durchlaufen mitunter Phasen, die einer Stagnation gleichkommen. Es geht gefühlt nicht mehr vorwärts. Neuen Trends wird wenig Beachtung geschenkt, sie werden als nicht relevant eingestuft, aus finanziellen Gründen nicht aufgegriffen o. ä. Auch im Kontext Nachhaltigkeit fehlt es oft an Sensibilisierung und klarem Fokus.

Wie schaffen wir es in solch einem Fall gezielt (wieder) Bewegung ins System zu bringen – also einen Impuls auszulösen? „Impuls“ kommt vom lateinischen „impulsus“ und heißt übersetzt „Antrieb, äußerer Anstoß, Anregung“.

In der Physik ist der Impuls $\vec{p}$ abhängig von der Masse M und der Geschwindigkeit v.

Die Impuls-Formel lautet:

$\vec{p} = m \times v$

Impuls = Masse × Geschwindigkeit

Übertragen wir diesen Ansatz auf Personen und Organisationen, ist die Intensität des Impulses demnach beeinflusst von einer Gewichtung des Themas und der Veränderungsgeschwindigkeit, mit der sie konfrontiert sind.

Wir könnten es auch so formulieren: Der Impuls ist die Wucht, mit der uns das Thema treffen wird. Sie beschreibt, wie schwerwiegend der Impact/Sachverhalt für uns ist und wie schnell die Veränderung auf uns zukommen kann.

Nehmen wir z. B. Megatrends und stellen uns die Fragen:

- Welchen Einfluss werden diese Trends auf uns haben und mit welcher Intensität werden diese wirken.
- Wie schnell werden wir damit konfrontiert, wie schnell werden wir die Veränderung spüren.

Um den Neugier-Impuls zu verstärken, muss sich demnach die (emotionale) Gewichtung des Themas erhöhen. Zudem trägt die Veränderungsgeschwindigkeit zur Impulsverstärkung bei. Je mehr uns die Auswirkung des Themas persönlich anspricht oder uns betroffen macht, desto größer ist der Impuls und bringt Bewegung ins System.

> Hinweis: Impuls hat nichts mit Druck zu tun.

Durchführung

Anwendung findet die Neugier-Impuls-Formel in Ihrer Führungsarbeit.

1. Formulieren Sie die Fragestellung für den benötigten Impuls, z. B.: *„Wie schaffen wir es, dass Nachhaltigkeit in der Organisation stärkere Berücksichtigung findet?“*
2. Erarbeiten Sie für Ihr Umfeld gezielte Impulse für eine
   - Steigerung der Gewichtung des Sachverhalts bzw. des Impacts auf die Organisation und das Individuum
   - Erhöhung der (Veränderungs-)Geschwindigkeit

   Mögliche Leitfragen für die Impulserarbeitung:
   - Wie können Sie das Thema Nachhaltigkeit emotional anreichern?
   - Welche Instabilitäten können dazu beitragen, dass Veränderungen im Kontext Nachhaltigkeit als notwendig erkannt werden? Wie können Sie diese Instabilitäten gezielt als Veränderungsimpuls einsetzen?
   - Wie können Sie die kurzfristige Notwendigkeit von Nachhaltigkeit spürbar gestalten, d. h. Geschwindigkeit erhöhen?

Praxisschlaglicht

Disruption als Impulsgeber: Eine disruptive Entwicklung hat oft einen schwerwiegenden Impact auf das Business und wird in der Regel sehr schnell im Markt umgesetzt. D. h. sie hat eine hohe Impulswirkung und bringt demnach viel Bewegung ins System z. B. von Wettbewerbern.

Der Megatrend Nachhaltigkeit hat einen globalen gesellschaftlichen Einfluss und bringt z. T. kurzfristig notwendige Anpassungsbedarfe für Produkte, Verhaltensweisen, Konsum etc. mit sich. Diese Anpassungen können durch gesetzliche Vorgaben oder durch gesellschaftlichen Druck bedingt sein. Auch hier ist eine Impulswirkung zu spüren, die Bewegung ins System bringt.

Beide Praxisbeispiele besitzen emotionale Trigger, die uns auf unterschiedliche Weise aktiv werden lassen.

Wirkfeld der Methode

- Wirksam für Herausforderungen mit hoher Komplexität
- Wirksam für Herausforderungen mit mittlerer Komplexität
- Wirksam für nachhaltiges Marketing
- Wirksam für nachhaltiges Produktdesign
- Wirksam für nachhaltiges Prozessdesign
- Wirksam für nachhaltiges Servicedesign
- Wirksam für nachhaltiges Business Model Design

Transformationsfähigkeit Ihres Teams

- Fördert die Sensibilisierung
- Fördert die Agilität eines Teams
- Fördert die allgemeine Transformationsfähigkeit des Teams
- Zahlt auf das Dringlichkeitsempfinden ein
- Erhöht die Lösungsorientierung

Einsatzcharakteristik/Arbeitsrahmen

- Austauschfokus: vornehmlich mit internen Personen
- Durchführungszeit: eher gering (< 1 Stunde)
- Einsatzfrequenz: vornehmlich im einmaligen Einsatz
- Einsatzfrequenz: vornehmlich über den kompletten Projektzeitraum
- Einsatzradius: vornehmlich im Teameinsatz
- Einsatzradius: vornehmlich im projektweiten Einsatz
- Einsatzradius: vornehmlich im unternehmensweiten Einsatz
- Komplexität für den Moderator: eher mittel
- Komplexität für die Teilnehmer: eher mittel
- Teamgröße: Einzelpersonennutzung möglich
- Teamgröße: Großgruppen möglich (> 50 Teilnehmer)
- Teamgröße: Kleingruppe möglich (3 bis 5 Teilnehmer)
- Teamgröße: Maxigruppen möglich (20 bis 40 Teilnehmer)
- Teamgröße: Mittelgroße Teams möglich (5 bis 20 Teilnehmer)
- Teamgröße: Speziell für Großgruppen geeignet (> 50 Teilnehmer)
- Vorbereitungszeit: eher gering (< 1 Stunde)

Input für eine zielführende Arbeit mit der Methode

- Aktuell existierende Geschäftsmodelle
- Aktuell existierende Produkte und Services
- Aktuelle Herausforderung, Leitfrage, Problem

Output und beobachtete Ergebnisse der Methode

- Erzeugt transformationsfähigere Organisationen
- Erzeugt motiviertere und transformationsfähigere Teilnehmer

Hinderniseffekte, auf die die Methode positiv wirkt

- Schafft schnell Klarheit und beschleunigt Erkenntnisgewinn
- Schwächt Angst vor Neuem (Cainophobie)
- Schwächt das Leben in der Vergangenheit
- Schärft eine fehlende gemeinsame Ausrichtung
- Fördert Optimismus und Zuversicht

Mögliche Extravorteile der Methode

- Möglicher Extravorteil für Teams in einer Komfortsituation
- Möglicher Extravorteil für innovativ ungeübte Teams
- Möglicher Extravorteil für in Nachhaltigkeitsthemen ungeübte Teams

Quellen

Buch – Physik, Douglas C. Giancoli (Pearson Studium, 2019)
Buch – Neugier, Carl Naughton (Econ, 2016)
Organisation – BöhringerInnovationsManagement, www.binnoma.de
Person – Sabine Böhringer, sabine.boehringer@binnoma.de

N-Kompass-Methode

EinSatzBeschreibung

Strukturierte Wesentlichkeits- und Leistungsanalyse für die Nachhaltigkeitsstrategieentwicklung.

Working Guide/Anwendungsfelder

P1 Sensibilisierung/Bildung	P2 Matching Recht/Gesetz	P3 Sustainability Roadmap	P4 Produkt/Prozessdesign	P5 Implementierung/Monitoring	P6 Kommunikation	P7 Organisation	P8 Führung	P9 Business Model Design	P10 Skalierung
X	X	X		X	X	X			

Beschreibung

Mit der „N-Kompass-Methode“, die vom mittelständischen Fachverlag NWB entwickelt wurde, schaffen Unternehmen die notwendige und fundierte Basis für die Entwicklung einer auf das Wesentliche fokussierten Nachhaltigkeitsstrategie.

Zu Beginn einer jeden Strategieentwicklung für mehr Nachhaltigkeit gilt es, die wesentlichen Hebel eines Unternehmens für die Zukunfts- und Managementaufgabe „Nachhaltigkeit“ systematisch zu analysieren. Die N-Kompass-Methode liefert dafür einen vorgegebenen Themenrahmen – konsistent mit denen des Berichtsstandards „Deutscher Nachhaltigkeitskodex“ – entlang der Dimensionen Ökologie, Ökonomie und Soziales sowie Nachhaltigkeitsmanagement und übersetzt dazugehörige Aktionsfelder in für Unternehmen zugängliche an der Zahl zehn Handlungsfelder/Themen.

Diese werden durch ein geführtes Assessment in einem ersten Schritt auf ihre „doppelte Wesentlichkeit“ hin bewertet. Bedeutet, dass durch die bewertenden Personen eingeschätzt wird, wie wichtig das Handlungsfeld/Thema für den Geschäftserfolg des Unternehmens ist (Outside-in) und umgekehrt, welche Wirkung das Unternehmen mit seinen Aktivitäten auf das Handlungsfeld/Thema hat.

In einem zweiten Schritt wird entlang der Handlungsfelder/Themen und den darunter liegenden Maßnahmen (ca. 75 Maßnahmen) der aktuelle Stand der Nachhaltigkeitsleistung des Unternehmens bewertet. In der Gegenüberstellung von Wesentlichkeit und Leistung für mehr Nachhaltigkeit liegen die wertvollen Erkenntnisse vor, die für die Ableitung einer wirkungsorientierten Nachhaltigkeitsstrategie wichtig sind.

Dort, wo eine hohe Wesentlichkeit auf einen relativ niedrigen Leistungsstand trifft, wird ein strategisches Ausbaupotenzial angezeigt, was sich in der Strategie und einem Programm bzw. einer Roadmap niederschlagen sollte.

Durchführung

Das brauchen Sie:

- einen Partner, der lizensiert ist, die N-Kompass-Methode anzuwenden (z. B. Sustainable Natives eG) und
- ein interdisziplinäres Kernteam, das die Fachbereiche des Unternehmens repräsentiert.

Zeit: ca. vier Wochen für Methoden-Onboarding, Assessment und Auswertung

Tool: Online-Fragebogen

Der Ablauf

Die „N-Kompass-Methode“ ist eine Analysemethode, die man in unterschiedlichen Reifestufen einsetzen kann:

- zu Beginn der Strategieentwicklung, um die wesentlichen Hebel zu identifizieren,
- ein bis zwei Jahre nach der Strategieentwicklung, um die Nachhaltigkeitsstrategie auf ihre wesentlichen Hebel hin zu überprüfen.

So geht's

Die Teilnehmenden erhalten durch den lizenzierten Partner individuelle Zugangslinks zum Online-Assessment. Ab dann haben die Teilnehmenden etwa drei Wochen Zeit, um entlang des strukturierten Assessments im Fragebogen-Tool ihre Bewertungen der Handlungsfelder/Themen und dazugehörigen Maßnahmen entlang von Einstufungsoptionen abzugeben.

Das Online-Assessment beginnt mit der Wesentlichkeit der zehn Handlungsfelder/Themen und schließt mit der Leistungsanalyse der jeweils dazugehörigen und in Summe etwa 75 Maßnahmen ab.

Die Wesentlichkeit wird entlang der zwei folgenden Leitfragen für jeweils das Handlungsfeld/Thema bewertet:

- Welche Wichtigkeit hat das Handlungsfeld/Thema für das Geschäftsmodell des Unternehmens? (Outside-in)
  Die Bewertungsskala bzw. Stufen sind:
  - nicht relevant
  - zu berücksichtigen
  - bedeutender Einfluss
  - existenzieller Einfluss
- Welche Wirkungsmöglichkeit hat das Unternehmen im relativen Kontext seiner Größe auf ein Handlungsfeld/Thema? (Inside-out)
  Die Bewertungsskala bzw. Stufen sind:
  - keine Wirkung
  - geringe Wirkung
  - bedeutende Wirkung
  - außergewöhnliche Wirkung

Die darauffolgende Leistungsanalyse der insgesamt etwa 75 Maßnahmen folgt der Leitfrage:

N-Kompass Überblick

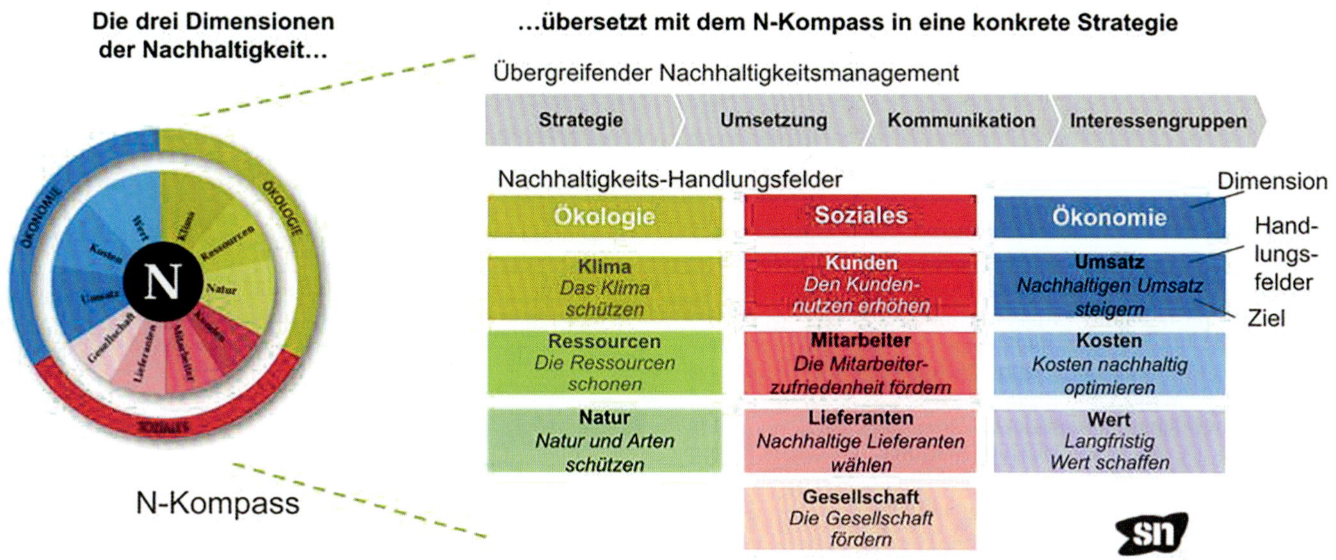

Quelle: sustainable natives eG, www.sustainablenatives.com

- Welchen Leistungsstand hat das Unternehmen in Bezug auf die Maßnahme erreicht?
  Die Bewertungsskala bzw. Stufen sind:
  - untätig
  - Standard
  - beginnend
  - fortgeschritten
  - nachhaltig

Jede Bewertung einer Maßnahme kann über ein zusätzliches Kommentarfeld mit individuellen Angaben zur Leistung durch die Teilnehmenden des Assessments ergänzt werden. Dies ermöglicht im Nachgang, dass Bewertungen entlang der Stufen besser nachzuvollziehen sind. Zudem werden auf diesem Weg erste Inhalte für eine mögliche Berichterstattung zur Nachhaltigkeit gesammelt.

Nach Einreichung aller bewerteten Online-Fragebögen werden die Eingaben der Teilnehmenden durch den lizenzierten Partner entlang einer definierten Logik der N-Kompass-Methode ausgewertet. Dabei fließen neben den Bewertungen der Teilnehmenden zusätzlich Branchenfaktoren mit ein.

Die Auswertung zeigt konsolidierte Tendenzen für wesentliche Handlungsfelder/Themen und einen entsprechenden Leistungsstand in Form einer intuitiven Ampellogik (rot, gelb und grün). Auf dieser Basis kann das interdisziplinäre Kernteam für das Unternehmen die relevanten potenziellen Abweichungen in den Bewertungen diskutieren und verhandeln sowie anschließend die strategischen Priorisierungen und Entscheidungen treffen.

Ziel der Methode: Die Teilnehmenden haben systematisch die potenziellen Handlungsfelder/Themen für Nachhaltigkeit nach Wesentlichkeit und Leitung bewertet. In Ergänzung von Branchenfaktoren ist so eine Basis für die weitere Entwicklung der unternehmenseigenen und auf das Wesentliche fokussierte Nachhaltigkeitsstrategie und für ein passendes Nachhaltigkeitsprogramm entstanden.

Wirkfeld der Methode

- Wirksam für Herausforderungen mit hoher Komplexität
- Wirksam für Herausforderungen mit mittlerer Komplexität
- Wirksam für nachhaltiges Business Model Design

Transformationsfähigkeit Ihres Teams

- Fördert die Sensibilisierung
- Fördert die allgemeine Transformationsfähigkeit des Teams
- Sorgt für Inspiration oder bessere Inspirationsempfindlichkeit
- Zahlt auf eine bessere Wahrnehmung ein
- Zahlt auf ein positives Zukunftsbild ein
- Erhöht die Lösungsorientierung

Einsatzcharakteristik/Arbeitsrahmen

- Austauschfokus: vornehmlich mit internen und externen Personen
- Durchführungszeit: eher mittel (> 1 Stunde bis < 1 Tag)
- Einsatzfrequenz: sinnvoll im dauerhaften Einsatz
- Einsatzfrequenz: vornehmlich im einmaligen Einsatz

- Einsatzradius: vornehmlich im Teameinsatz
- Einsatzradius: vornehmlich im projektweiten Einsatz
- Einsatzradius: vornehmlich im unternehmensweiten Einsatz
- Komplexität für den Moderator: eher mittel
- Komplexität für die Teilnehmer: eher mittel
- Teamgröße: Einzelpersonennutzung möglich
- Teamgröße: Großgruppen möglich (> 50 Teilnehmer)
- Teamgröße: Kleingruppe möglich (3 bis 5 Teilnehmer)
- Teamgröße: Maxigruppen möglich (20 bis 40 Teilnehmer)
- Teamgröße: Mittelgroße Teams möglich (5 bis 20 Teilnehmer)
- Vorbereitungszeit: eher mittel (> 1 Stunde bis < 1 Tag)

Input für eine zielführende Arbeit mit der Methode

- Aktuell existierende Geschäftsmodelle
- Aktuell existierende Produkte und Services
- Beteiligte Personen mit Tätigkeiten und Aufgaben
- Existierende Prozesse und Verfahren
- Verschiedene Meinungen und Blickwinkel
- Vorhandenes Wissen und Erfahrungen
- Ideen, Lösungsansätze, Vorideen, Varianten
- Merkmale der gegebenen Herausforderung
- Personenmerkmale (Meinungen, Bedürfnisse, Werte, etc.)
- Produktmerkmale, Skizzen, Eigenschaften

Output und beobachtete Ergebnisse der Methode

- Bessere Projekteffizienz, bessere Teamperformance
- Erzeugt Prognosen und Ableitungen
- Erzeugt Nutzenfunktionen und Bedürfniskorridore
- Erzeugt Planungen und Priorisierun
- Erzeugt neues Wissen und neue Erfahrungen
- Erzeugt spezifischere Leitfragen, Ideen und Aussagen
- Erzeugt visualisierte Ideen, Begriffe, Themen
- Erzeugt eine Vision oder Zukunftsbild
- Erzeugt größere Klarheit zu einem Thema
- Erzeugt transformationsfähigere Organisationen
- Identifiziert vorhandene Schwachstellen
- Identifiziert vorhandene Stärken
- Macht Wirkzusammenhänge sichtbar

Hinderniseffekte, auf die die Methode positiv wirkt

- Beugt Missinterpretationen vor
- Beugt blinden Flecken/Betriebsblindheit vor
- Bindet eher introvertierte Teammitglieder mit ein
- Integriert einen dysfunktionalen Schweiger
- Schafft für den Erfolg nötige Realitätsbezüge
- Schafft schnell Klarheit und beschleunigt Erkenntnisgewinn
- Schärft eine fehlende gemeinsame Ausrichtung
- Verhindert Ideenbunkerei und Geheimniskrämerei
- Verhindert Topic-Jumping und schnelles Abschweifen
- Verhindert blinden Aktionismus
- Verhindert einseitige Bewertungen und Entscheidungen
- Verhindert falsche Flughöhen
- Verhindert unreflektiertes agieren
- Verringert zu große Komplexitäten
- Überzeugt strukturliebende Teammitglieder

Mögliche Extravorteile der Methode

- Möglicher Extravorteil für Teams mit einem starkem Auftragsmandat
- Möglicher Extravorteil für Teams mit einer konservativen, tradierten Kultur
- Möglicher Extravorteil für agile Teams
- Möglicher Extravorteil für die Arbeit mit digitalen Kollaborationsboards
- Möglicher Extravorteil für in Nachhaltigkeitsthemen ungeübte Teams

Quellen

Buch – CSR und Nachhaltigkeitssoftware, Dr. Matthias Kannegiesser, Marie-Lucie Linde (Springer, 2018)
Buch – Marie-Lucie Linde, marie.linde@nextblooming.com
Organisation – nextblooming gmbh, Berlin, www.nextblooming.com
Organisation – NWB Verlag GmbH & Co. KG, www.nwb.de
Organisation – sustainable natives eG, www.sustainablenatives.com
Web – https://www.springerprofessional.de/n-kompass-die-strategie-methode-fuer-nachhaltigkeit-im-unternehme/15972792 (abgerufen am 28.06.2023)

Now-How-Wow-Sustainability-Matrix

EinSatzBeschreibung

Die Now-How-Wow-Sustainability-Matrix ist eine analytische Methode zur Bewertung und Priorisierung von Innovationsideen, welche die klassische COCD-Box um eine dritte Skala der Nachhaltigkeit ergänzt.

Working Guide/Anwendungsfelder

P1 Sensibilisierung/Bildung	P2 Matching Recht/Gesetz	P3 Sustainability Roadmap	P4 Produkt/Prozessdesign	P5 Implementierung/Monitoring	P6 Kommunikation	P7 Organisation	P8 Führung	P9 Business Model Design	P10 Skalierung
			X						

Beschreibung

Die ursprüngliche COCD-Box ist ein Rastersystem, das traditionell zur Bewertung und Priorisierung von Innovationsideen verwendet wird. Sie nutzt eine zweidimensionale Matrix: Eine Achse quantifiziert den Innovationsgrad, während die andere Achse die Umsetzbarkeit in Bezug auf Ressourcen, Zeit und Risiko betrachtet. Sie wurde von Mark Raison im Jahr 1995 entwickelt, und zielt darauf ab, gesammelte Innovationsideen sowohl qualitativ als auch quantitativ zu priorisieren.

Die durch die Matrix entstehenden Kategorienfelder sind im Einzelnen:

- Now-Ideen: Inkrementelle Verbesserungen, die nicht sehr neu sind, dafür aber schnell und mit minimalen Ressourcen umgesetzt werden können.
- How-Ideen: Ideen mit mittlerem bis hohen Innovationsgrad, die ein Potenzial für disruptive Veränderungen aufweisen, aber für eine Umsetzung noch weitergehende Untersuchungen erfordern.
- Wow-Ideen: Hochinnovative, oftmals revolutionäre Ideen, deren Umsetzung einfach und schnell sind.

Im Kontext der Nachhaltigkeit kann diese Methode modifiziert werden, um die ökologischen und sozialen Auswirkungen der Ideen ebenfalls zu bewerten. Eine darunterliegende, zusätzliche Skala mit einer Farbkodierung von Grün, Gelb zu Rot repräsentiert dabei den Grad der Nachhaltigkeit. Die Farbkodierung sorgt für eine rasche, intuitive Bewertung, die nachfolgend durch eine detaillierte Analyse gestützt werden kann.

Legen Sie für die Skala ein spezifisches ökologisches oder soziales Kriterium fest, je nachdem, was zu ihren zu bewertenden Ideen passt. Ein Kriterium kann bspw. der Emissionsausstoß, der Wasserverbrauch, Gesundheit, Bildung oder soziale Gleichheit sein.

- Das rote Ende der Skala zeigt eine destruktive Einschätzung des Kriteriums. Das heißt, die Idee schadet ökologischen/sozialen Ökosystemen durch ihre Wirkung. Beispiele dafür sind hohe Emissionen, hoher Wasserverbrauch, viele Krankheitsfälle, mangelnde Bildung, Förderung sozialer Ungleichheit.
- Das grüne Ende bedeutet einen regenerativen Einfluss der Idee auf das Kriterium. Die Idee absorbiert also bspw. CO_2 aus der Atmosphäre, spart Wasser, sorgt für Gesundheit, eine flächendeckende Bildung und sozialen Ausgleich.
- Die Mitte, also gelb, bedeutet, die Idee hat weder schlechte noch gute ökologische oder soziale Auswirkungen.

Sie können auch mehrere Skalen mit mehreren Nachhaltigkeitskriterien unter der Matrix anlegen.

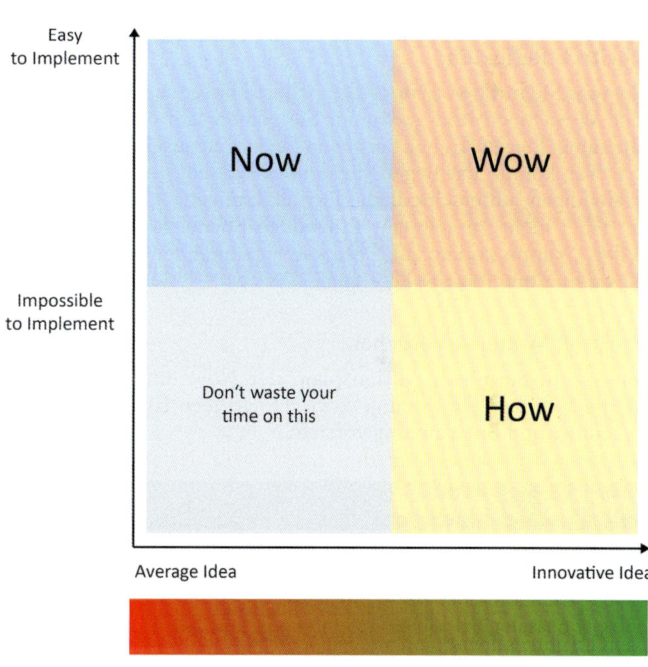

Quelle: verrocchio Institute

Durchführung

Vorbereitung

Erstellen Sie digital oder per Hand die Now-How-Wow-Sustainability Matrix wie in der Abbildung, und vervielfältigen Sie sie. Lassen Sie oben am Rand etwas Platz, damit das zu bewertende Ideen-Post-it dahin geklebt werden kann.

Now-How-Wow-Sustainability-Matrix

Schritt 1: Ideen-Sammlung

Sammeln Sie alle vorliegenden Innovationsideen aus einer ersten Ideenfindung, die es zu bewerten gilt. Hängen Sie die Now-How-Wow-Sustainability-Matrix-Arbeitsblätter an eine große Wand nebeneinander auf Augenhöhe in einer langen Galerie auf und kleben Sie zu jedem Blatt einen Ideenzettel dazu. Alternativ können Sie auch einen Tischkreis bilden und die Arbeitsblätter mit den dazu geklebten Ideen herumgeben.

Einigen Sie sich zudem mit der Gruppe, welches Nachhaltigkeitskriterium Sie bewerten wollen.

Schritt 2: Schnelle Einschätzung

Jeder Teilnehmende geht nun mit einem Edding von Idee zu Idee und setzt ein erstes Bewertungskreuz in die Matrix, basierend auf dem Innovationsgrad und der Umsetzbarkeit der Idee, und ein zweites Kreuz auf der Nachhaltigkeitsskala.

Dieser Bewertungsvorgang aus 2 Kreuzen soll bewusst schnell durchgeführt werden – maximal fünf bis zehn Sekunden, dann wird zum nächsten Blatt mit der nächsten Idee weitergegangen, bis überall jeder seine Kreuze gesetzt hat. Dabei wird nicht gesprochen.

Schritt 3: Reflexion

Clustern Sie mit der Gruppe die Arbeitsblätter nach Now- How- oder Wow-Ideen und gewinnen Sie gemeinsam eine erste Einschätzung. Liegen Kreuze bei vielen Ideen weit auseinander? Wenn ja, woran könnte das liegen? Fehlendes Wissen, unterschiedliche Erfahrungen, unterschiedliche Einschätzungen, … ? Diskutieren Sie dabei nicht zu sehr auf Einzelidee-Ebene. Reflektieren Sie in der Gruppe zudem die besonders spannenden WOW-Ideen. Liegen hier bereits gute Potenziale?

Schritt 4: Weiteres Vorgehen

Entwickeln Sie einen Aktionsplan, der Now- und Wow-Ideen für die sofortige Umsetzung sowie How-Ideen für eine weitere Forschung und Entwicklung vorsieht.

Wirkfeld der Methode

- Wirksam für Herausforderungen mit hoher Komplexität
- Wirksam für Herausforderungen mit mittlerer Komplexität
- Wirksam für nachhaltiges Produktdesign
- Wirksam für nachhaltiges Servicedesign

Transformationsfähigkeit Ihres Teams

- Fördert die Sensibilisierung
- Zahlt auf eine bessere Wahrnehmung ein
- Zahlt auf ein positives Zukunftsbild ein
- Zahlt auf das Dringlichkeitsempfinden ein
- Erhöht die Lösungsorientierung

Einsatzcharakteristik/Arbeitsrahmen

- Austauschfokus: vornehmlich mit internen Personen
- Durchführungszeit: eher mittel (> 1 Stunde bis < 1 Tag)
- Einsatzfrequenz: vornehmlich im einmaligen Einsatz
- Einsatzradius: vornehmlich im projektweiten Einsatz
- Einsatzradius: vornehmlich im unternehmensweiten Einsatz
- Komplexität für den Moderator: eher mittel
- Komplexität für die Teilnehmer: eher mittel
- Teamgröße: Einzelpersonennutzung möglich
- Teamgröße: Kleingruppe möglich (3 bis 5 Teilnehmer)
- Teamgröße: Mittelgroße Teams möglich (5 bis 20 Teilnehmer)
- Vorbereitungszeit: eher mittel (> 1 Stunde bis < 1 Tag)

Input für eine zielführende Arbeit mit der Methode

- Aktuell existierende Produkte und Services
- Angereicherte Ideen, Ideencluster oder höher integrierte Lösungen
- Ideen und Projekte, die zur Umsetzung anstehen

Output und beobachtete Ergebnisse der Methode

- Erzeugt Listen von Chancen und Risiken
- Erzeugt Planungen und Priorisierungen
- Erzeugt größere Klarheit zu einem Thema
- Macht Wirkzusammenhänge sichtbar

Hinderniseffekte, auf die die Methode positiv wirkt

- Schafft für den Erfolg nötige Realitätsbezüge
- Schafft schnell Klarheit und beschleunigt Erkenntnisgewinn
- Schwächt Verdiskutiererei
- Verhindert einseitige Bewertungen und Entscheidungen
- Verhindert unreflektiertes agieren
- Verhindert vorschnelles Urteilen über Ideen

Mögliche Extravorteile der Methode

- Möglicher Extravorteil für Teams mit einer konservativen, tradierten Kultur
- Möglicher Extravorteil für agile Teams
- Möglicher Extravorteil für innovativ ungeübte Teams
- Möglicher Extravorteil für in Nachhaltigkeitsthemen ungeübte Teams

Quellen

Person – Helga Katharina Mahler, helga.mahler@gmail.com
Organisation – verrocchio Institute for Innovation Competence AG, https://www.verrocchio.institute

Nutzenmodell nachhaltiger Innovationen

EinSatzBeschreibung

Dient als Hilfe für die Einordnung nachhaltiger Ideen in Bezug auf deren Nutzen.

Working Guide/Anwendungsfelder

P1 Sensibilisierung/Bildung	P2 Matching Recht/Gesetz	P3 Sustainability Roadmap	P4 Produkt/Prozessdesign	P5 Implementierung/Monitoring	P6 Kommunikation	P7 Organisation	P8 Führung	P9 Business Model Design	P10 Skalierung
			X	X				X	

Beschreibung

Die Innovationsforschung beschäftigt sich auch mit der Frage, unter welchen Bedingungen und in welchen sozioökonomischen Prozessen Innovationen zustande kommen. Folgende Faktoren spielen bei der Diffusion (Durchsetzung) von Innovationen eine Rolle (nach Everett M. Rogers):

1. Der subjektive Vorteil einer Innovation (bspw. Prestigegewinn usw.)
2. Die Kompatibilität mit einem vorhandenen Wertesystem
3. Die Komplexität bzw. die beim Erstkontakt gefühlte Einfachheit
4. Die Probierbarkeit (Möglichkeit des Experimentierens mit der Innovation)
5. Die Sichtbarkeit der Innovation

Diese Faktoren spiegeln sich in der Betrachtung von Nutzen und der Akzeptanz nachhaltiger Innovationen wider. (siehe auch Akzeptanzmodell©)

Wir schauen uns an, wie *Nutzen* definiert ist. Eine Definition von Wirksamkeit, Nutzen und Notwendigkeit wird von Johannes Köbberling wie folgt beschrieben: „Wirksamkeit heißt nicht immer auch Nutzen, aber es gibt keinen Nutzen ohne Wirksamkeit. Nutzen heißt nicht immer auch Notwendigkeit, aber es gibt keine Notwendigkeit ohne Nutzen."

Unter diesem Hintergrund betrachten wir nun den Nutzen von Ideen/Innovationen in Korrelation mit der Anzahl von (potenziellen) Nutzern:

Das **Nutzenmodell** – Dimensionen und Kategorien:

Dimensionen:

- Anzahl Nutzer
- Nutzen (hier: Beitrag zu Nachhaltigkeit)

Kategorien:

- „Diffusion" – Marktdurchdringung
- „Hype" – Strohfeuereffekt
- „Flop"
- „Spezifische Anwendungen" – wirtschaftlich interessant

Erläuterung der vier Kategorien:

Eine *Marktdurchdringung* (Diffusion) liegt dann vor, wenn wir einen hohen Nutzen nachweisen und die hohe Anzahl von Nutzern dies widerspiegeln.

Selbst wenn die Anzahl der Nutzer gering ist, kann die Innovation wirtschaftlich äußerst interessant sein. In diesem Fall befinden wir uns im Bereich von *spezifischen Anwendungen*.

Es gibt durchaus auch Innovationen, deren Nutzen eher gering ist und dennoch eine hohe Anzahl Nutzer bzw. Kunden aufweist. Demnach handelt es sich um Ideen, die einem meist *marketingbasierten Hype* folgen und nach kurzer Zeit schnell wieder verschwinden (es ist „IN", d. h. sog. Strohfeuereffekte lassen sich hier beobachten).

Von einem *Flop* sprechen wir, wenn wir sowohl einen geringen Nutzen als auch eine geringe Anzahl von Nutzern ausweisen.

Ziel dieser Nutzenbetrachtung ist es vorhandene Ideen möglichst zeitnah zu reflektieren und zu erkennen, mit welcher Art von Nutzen wir es zu tun haben. Daraus ableitend lassen sich bewusste (strategische) Folgeaktivitäten definieren. Dies kann auch eine kurzfristige Eliminierung einer laufenden Ideenumsetzung bedeuten, um Risiken oder Verluste zu verringern.

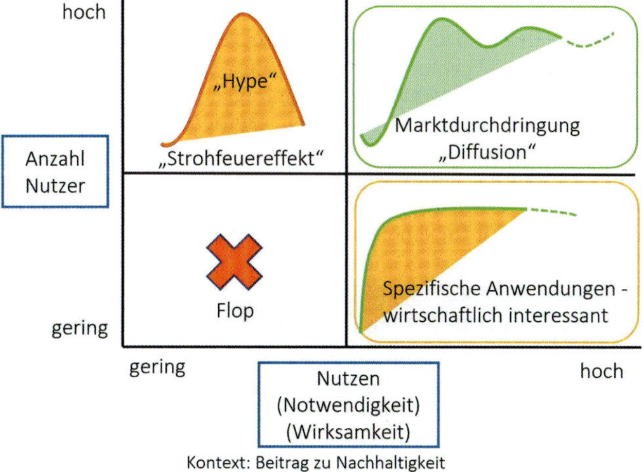

Nutzenmodell nachhaltiger Innovationen

Durchführung

Review und Reflexion der Ideen erfolgt durch das Entwicklungsteam, Projektleiter, Product Owner oder Stakeholder. Hierzu sollten – sofern schon vorhanden – aktuelle Daten und Informationen zu der Anzahl von (potenziellen) Nutzern herangezogen werden.

Schritt 1: Leitfragen zur Nutzenbetrachtung und Einordnung in die entsprechende Kategorie

- Welchen Nutzen bzw. Beitrag zu Nachhaltigkeit leistet diese Idee/Innovation, d.h. welche „Tätigkeit" soll ersetzt werden oder welche Probleme gelöst
- Wie hoch ist dieser Nutzen bzw. der Beitrag zur Nachhaltigkeit
- Welche Kriterien liegen dieser Einschätzung zu Grunde?
- Für wen stellt diese Idee einen Nutzen dar
- Wie viele dieser (potenziellen) Nutzer gibt es – worauf gründet diese Annahme
- Welche Erkenntnis wird daraus gewonnen und welcher Nutzen-Kategorie wird diese Idee/Innovation zugeordnet

Schritt 2: Leitfragen zur Entscheidung, wie mit der Idee weiter verfahren wird

- Welche Handlungsoptionen bietet die entsprechende Einordnung bzw. Kategorie
- Welches Potenzial bietet sich im Rahmen dieser Einordnung
- Stehen die zu erwartenden Kosten in einem vertretbaren Verhältnis zum Nutzen
- Bewusste Entscheidung treffen, ob diese Idee/Innovation weiterverfolgt wird
- Welche Rahmenbedingungen müssen hierfür geschaffen werden
- Welche Risiken können auftreten

Schritt 3: Identifikation von Handlungsfeldern und Erarbeitung und Umsetzung der Maßnahmen

Diese Kategorisierung des Nutzens unterstützt dabei, eine bewusste Entscheidung für den Umgang mit Ideen zu treffen und die weiteren Schritte festzulegen.

Praxisschlaglicht

Vor vielen Jahren hörte ich einen Vortrag zum Thema „Was macht gutes Design aus?" Folgende Beschreibung blieb mir bis heute in Erinnerung: Ein erfolgreiches Design folgt vier Kriterien: Optik, Funktion, Bedienbarkeit und Kosten. Heute rechnen wir diesen Faktoren eine fünfte, die Nachhaltigkeit hinzu. Ein gutes erfolgreiches Design hat demnach ein ausgewogenes Verhältnis dieser fünf Faktoren. Diese Kriterien schaffen eine solide Basis für den Nutzen und somit für eine akzeptierte Innovation wieder.

Wirkfeld der Methode

- Wirksam für Herausforderungen mit hoher Komplexität
- Wirksam für Herausforderungen mit mittlerer Komplexität
- Wirksam für nachhaltiges Produktdesign
- Wirksam für nachhaltiges Servicedesign

Transformationsfähigkeit Ihres Teams

- Zahlt auf eine bessere Wahrnehmung ein
- Erhöht die Lösungsorientierung

Einsatzcharakteristik/Arbeitsrahmen

- Austauschfokus: vornehmlich mit internen und externen Personen
- Durchführungszeit: eher mittel (> 1 Stunde bis < 1 Tag)
- Einsatzfrequenz: vornehmlich im einmaligen Einsatz
- Einsatzfrequenz: vornehmlich über den kompletten Projektzeitraum
- Einsatzradius: vornehmlich im Teameinsatz
- Komplexität für den Moderator: eher gering
- Komplexität für die Teilnehmer: eher mittel
- Teamgröße: Einzelpersonennutzung möglich
- Teamgröße: Kleingruppe möglich (3 bis 5 Teilnehmer)
- Teamgröße: Mittelgroße Teams möglich (5 bis 20 Teilnehmer)
- Vorbereitungszeit: eher gering (< 1 Stunde)

Input für eine zielführende Arbeit mit der Methode

- Angereicherte Ideen, Ideencluster oder höher integrierte Lösungen
- Ideen und Projekte, die zur Umsetzung anstehen
- Ideen, Lösungsansätze, Vorideen, Varianten

Output und beobachtete Ergebnisse der Methode

- Erzeugt Prognosen und Ableitungen
- Hilft bei Entscheidungen, Bewertungen und Feedback
- Identifiziert vorhandene Schwachstellen
- Identifiziert vorhandene Stärken

Hinderniseffekte, auf die die Methode positiv wirkt

- Schafft für den Erfolg nötige Realitätsbezüge
- Schafft schnell Klarheit und beschleunigt Erkenntnisgewinn
- Verhindert Finanz- und Ressourcenfallen
- Verhindert einseitige Bewertungen und Entscheidungen
- Verhindert vorschnelles Urteilen über Ideen
- Verkürzt zu lange Entscheidungsmeetings

Mögliche Extravorteile der Methode

- Möglicher Extravorteil für innovativ ungeübte Teams
- Möglicher Extravorteil für in Nachhaltigkeitsthemen ungeübte Teams

Quellen

Artikel – Wirksamkeit, Nutzen und Notwendigkeit: Versuch einer wissenschaftlichen Definition. Köbberling, Johannes. Zeitschrift für Evidenz, Fortbildung und Qualität im Gesundheitswesen (103.10.1016/j.zefq.2009.05.004)

Organisation – BöhringerInnovationsManagement, www.binnoma.de

Person – Sabine Böhringer, sabine.boehringer@binnoma.de

Podcast: Künstliche Intelligenz braucht „Werkzeug-Realismus". Reinhard Karger (Gabor Steingart – Der Podcast: Der achte Tag #49, 27.05.2020)

Ökobilanzierung

EinSatzBeschreibung

Die Ökobilanzierung (Life Cycle Assessment, LCA) ist ein standardisiertes Verfahren zur Bewertung der Umweltauswirkungen von Produkten oder Dienstleistungen über ihren gesamten Lebenszyklus hinweg.

Working Guide/Anwendungsfelder

P1 Sensibilisierung/Bildung	P2 Matching Recht/Gesetz	P3 Sustainability Roadmap	P4 Produkt/Prozessdesign	P5 Implementierung/Monitoring	P6 Kommunikation	P7 Organisation	P8 Führung	P9 Business Model Design	P10 Skalierung
		X	X						

Beschreibung

Die Ökobilanzierung, die nach den Standards ISO 14040 und ISO 14044 durchgeführt wird, spielt eine zentrale Rolle im Kontext der Nachhaltigkeit. Sie ermöglicht es Unternehmen, die Umweltauswirkungen ihrer Produkte oder Dienstleistungen von der Rohstoffgewinnung über die Produktion und Nutzung bis hin zur Entsorgung systematisch zu erfassen und zu bewerten. Dadurch können potenzielle Umweltprobleme identifiziert und Ansatzpunkte zur Verbesserung der Umweltleistung gefunden werden. Die Ökobilanzierung trägt damit zu einem verantwortungsbewussten Umgang mit Ressourcen bei und unterstützt die Realisierung einer nachhaltigen Entwicklung.

Mithilfe des Verfahrens der Ökobilanz werden die gesamten Ressourcenverbräuche und Umweltauswirkungen eines Materials/Produktes berechnet, welche entlang des gesamten Lebenszyklus des Produktes entstehen.

Die Ökobilanz ist ein Teilelement der ganzheitlichen Bilanzierung. Mithilfe dieser kann Umweltkommunikation ökologisch optimiert werden und aussagekräftig stattfinden.

Die Erstellung einer Ökobilanz bringt für Unternehmen verschiedene Vorteile mit sich:

- **Erkenntnisse zur Umweltleistung:** Durch eine Ökobilanz gewinnt ein Unternehmen tiefe Einblicke in die Umweltauswirkungen seiner Produkte oder Dienstleistungen entlang des gesamten Lebenszyklus. Sie kann potenzielle Umweltbelastungen aufdecken, die zuvor möglicherweise nicht erkannt wurden.
- **Optimierung von Prozessen und Produkten:** Die aus der Ökobilanz gewonnenen Erkenntnisse können dazu genutzt werden, Prozesse und Produkte hinsichtlich ihrer Umweltverträglichkeit zu optimieren. Zum Beispiel könnten weniger umweltbelastende Materialien oder energieeffizientere Produktionsverfahren eingesetzt werden.
- **Risikominimierung:** Eine Ökobilanz kann helfen, Umweltrisiken frühzeitig zu erkennen und zu minimieren. Diese könnten bspw. aus regulatorischen Änderungen, steigenden Ressourcenpreisen oder Reputationsschäden durch negative Umweltauswirkungen resultieren.
- **Kommunikation und Marketing:** Eine Ökobilanz kann als Grundlage für eine glaubwürdige Kommunikation der Umweltleistung eines Produktes dienen. Unternehmen können damit gegenüber Kunden, Geschäftspartnern oder Investoren ihr Engagement für Nachhaltigkeit demonstrieren.
- **Erfüllung regulatorischer Anforderungen:** In einigen Fällen können Ökobilanzen dazu beitragen, regulatorische Anforderungen zu erfüllen. Bspw. verlangen manche Umweltzeichen oder Zertifizierungen den Nachweis einer Ökobilanz.
- **Unterstützung bei Entscheidungen:** Ökobilanzen können helfen, Entscheidungen zu treffen, wenn es bspw. um die Entwicklung von neuen Produkten oder Prozessen geht.

Im Zusammenspiel tragen all diese Aspekte dazu bei, dass Unternehmen, die Ökobilanzen durchführen, besser auf zukünftige Herausforderungen vorbereitet sind und ihre Wettbewerbsposition stärken können

Grenzen und Nachteile:

Bei allen Vorteilen ist die Erstellung einer Ökobilanz sehr zeitaufwendig und kostspielig. Zudem kann es schnell problematisch werden, an geeignete Daten zu kommen. Es führt zudem dazu, dass auf im Internet verfügbare, öffentliche Datensätze zurückgegriffen werden. Das Internet-Portal ProBas (Prozessbezogene Basisdaten für Umweltmanagement-Instrumente) stellt solche zur Verfügung,

Dafür ist sie – etwa im Vergleich zu der Berechnung des Carbon Footprints – deutlich umfassender, das heißt es wird nicht nur eine einzelne Umweltwirkung berücksichtigt.

Durchführung

International sind die Grundsätze und Regeln zur Durchführung von Ökobilanzen in den ISO-Standards 14040:2006 und 14044:2006 zu finden. Im deutschen Normenwerk sind sie in der DIN EN ISO 14040 und DIN EN ISO 14044 geregelt.

Das Umweltbundesamt und das Fraunhofer Institut haben vier Schritte zur Erstellung einer Ökobilanz festgelegt:

1. **Definition und Festlegung des Ziels und Untersuchungsrahmens** (engl.: Goal and Scope): Zur Definition und Festlegung des Ziels und Untersuchungsrahmens gehören bspw. die Definition der Systemgrenzen, der Funktion des Systems und der Anforderungen an die Datenqualität.
2. **Sachbilanz** (engl.: LCI – Life Cycle Inventory): Die Sachbilanz beinhaltet die Datensammlung aller benötigten eingehenden

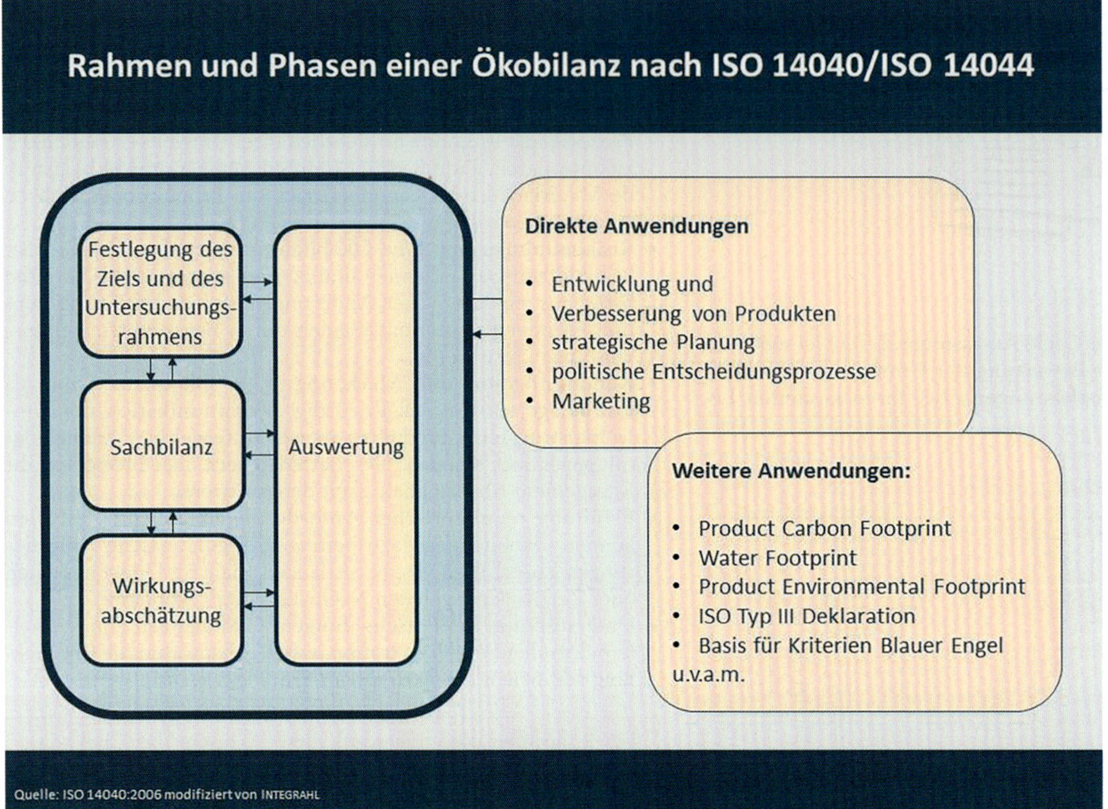

Ökobilanz nach ISO 14040/14044 (Quelle: https://ibu-epd.com/oekobilanzierung/)

(Ressourcen, Materialien) und ausgehenden Stoff- und Energieströme (Emissionen, Abfälle), welche in einer Bilanz erfasst werden.

3. **Wirkungsabschätzung** (engl.: LCIA – Life Cycle Impact Assessment): Bei der Wirkungsabschätzung werden die potenziellen Umweltwirkungen, Einflüsse auf die menschliche Gesundheit und Ressourcenverfügbarkeit mithilfe der Ergebnisse der Sachbilanz über entsprechende Charakterisierungsmodelle softwaregestützt errechnet.
4. **Auswertung und Interpretation** (engl.: Results and Interpretation): Bei der Auswertung werden die Ergebnisse der Sachbilanz und Wirkungsabschätzung in Bezug auf das Ziel der Ökobilanzstudie interpretiert.

Die zwei Maßstäbe, welche insbesondere betrachtet werden, sind zum einen die medienübergreifende Betrachtung und zum anderen die stoffstromintegrierte Betrachtung.

Medienübergreifende Betrachtung: Es ist wichtig, sämtliche potenziellen negativen Auswirkungen auf alle Umweltbereiche wie Boden, Luft und Wasser in Betracht zu ziehen.

Stoffstromintegrierte Betrachtung: Alle Materialflüsse, die im Zusammenhang mit dem untersuchten System stehen (z. B. Rohstoffverbrauch und Emissionen aus Produktions- und Entsorgungsprozessen, Energieerzeugung, Transport und anderen Prozessen) sollten berücksichtigt werden.

Praxisschlaglicht

Ökobilanzen in der Papierproduktion

Die Effizienz technischer Prozesse wie der Papierproduktion nimmt stetig zu, während Ressourcen wie Holz und Altpapier knapper werden. Das wirft die Frage auf, ob Recyclingpapier weiterhin umweltfreundlicher als Erstpapier ist.

Eine aktuelle Ökobilanz für Druck- und Hygienepapiere bestätigt: In nahezu allen Kategorien übertrifft Recyclingpapier Primärzellstoffpapier, besonders wenn man die Auswirkungen auf Wälder berücksichtigt.

Die Studie basiert auf einer Marktanalyse und gruppierte Papiere auf dem deutschen Markt für eine Ökobilanz. Dabei wurden die Methoden der ISO-Normen 14040 und 14044 für Ökobilanzen eingehalten.

In Zahlen ausgedrückt: Die Herstellung von Recyclingpapier führt durchschnittlich zu einer Ersparnis von 78 Prozent Wasser, 68 Prozent Energie und 15 Prozent CO_2-Emissionen. Darüber hinaus leistet sie einen Beitrag zur Erhaltung der Biodiversität, vermeidet Landnutzungsänderungen und wirkt dem Klimawandel entgegen – Aspekte, die in der aktuellen Diskussion hervorgehoben werden. Mit Altpapierimporten, die hauptsächlich aus Europa stammen, sind die Auswirkungen der Transportwege im Allgemeinen geringer als bei Importen von Frischfasern.

Helfende Organisation

Umweltbundesamt, Fraunhofer Gesellschaft, Beratungsgesellschaften wie Sphera oder Ecosquare Consulting, spezialisierte Institute für spezifische Produkte, Bsp. Lebensmittel: Deutsches Institut für Lebensmitteltechnik

Wirkfeld der Methode

- Wirksam für Herausforderungen mit hoher Komplexität

Transformationsfähigkeit Ihres Teams

- Sorgt für eine Quantifizierung
- Erleichtert die Entscheidungsfindung

Einsatzcharakteristik/Arbeitsrahmen

- Austauschfokus: vornehmlich mit internen Personen
- Durchführungszeit: eher hoch (> 1 Tag)
- Einsatzfrequenz: sinnvoll im dauerhaften Einsatz

Input für eine zielführende Arbeit mit der Methode

- Aktuell existierende Produkte und Services
- Existierende Prozesse und Verfahren
- Frühe erste Prototypen
- Wissen über Gesetze und Rahmenbedingungen

Output und beobachtete Ergebnisse der Methode

- Bessere Projekteffizienz
- Erzeugt Listen von Chancen und Risiken
- Erzeugt Prognosen und Ableitungen
- Erzeugt Ideen für neue Märkte und neue Business Modelle
- Erzeugt Planungen und Priorisierungen
- Erzeugt größere Klarheit zu einem Thema
- Erzeugt transformationsfähigere Organisationen
- Erzeugt mehr Hintergrundinformationen
- Erzeugt segmentierte, kategorisierte, geclusterte Daten
- Hilft bei Entscheidungen, Bewertungen und Feedback
- Identifiziert vorhandene Schwachstellen
- Identifiziert vorhandene Stärken
- Macht Wirkzusammenhänge sichtbar

Mögliche Extravorteile der Methode

- Keine bekannt

Quellen

Web – https://www.umweltbundesamt.de/themen/wirtschaft-konsum/produkte/oekobilanz (abgerufen am 30.06.2023)

Web – https://www.umweltbundesamt.de/publikationen/aktualisierte-oekobilanz-von-grafik-hygienepapier (abgerufen am 30.06.2023)

Web – https://pre-sustainability.com/legacy/download/EI99_Manual.pdf (abgerufen am 30.06.2023)

Web – https://www.ibp.fraunhofer.de/de/kompetenzen/ganzheitliche-bilanzierung/methoden-ganzheitliche-bilanzierung/oekobilanzierung.html (abgerufen am 30.06.2023)

Web – https://ibu-epd.com/oekobilanzierung/ (abgerufen am 30.06.2023)

186

Ökologische Nische

EinSatzBeschreibung

Diese Übung trägt dazu bei, die Wechselbeziehung zwischen einem Lebewesen und seiner Umwelt bzw. einer Organisation und ihrer Umwelt im Sinne einer vorausschauenden Strategieentwicklung richtig einzuschätzen, alternative Nischenoptionen zu erkennen, neue Nischen zu identifizieren und Maßnahmen zur Sicherung des langfristigen, eigenen Überlebens zu formulieren.

Working Guide/Anwendungsfelder

P1 Sensibilisierung/Bildung	P2 Matching Recht/Gesetz	P3 Sustainability Roadmap	P4 Produkt/Prozessdesign	P5 Implementierung/Monitoring	P6 Kommunikation	P7 Organisation	P8 Führung	P9 Business Model Design	P10 Skalierung
X		X				X			

Beschreibung

Im Laufe der Evolution haben sich verschiedene Lebewesen an die unterschiedlichsten Lebensräume und Bedingungen angepasst, sie haben sich „eingenischt". Als „ökologische Nische" wird die Wechselbeziehung zwischen einer Art und den für diese Art relevanten biotischen und abiotischen Umweltfaktoren bezeichnet. Es handelt sich also nicht um eine räumliche Nische bzw. einen tatsächlichen Ort. Sondern um die Position, welche die Art in ihrer ökologischen Umgebung einnimmt, um ihre Existenzansprüche sowie um die „Rolle" bzw. den „Beruf", den die Art in diesem Beziehungsgefüge spielt.

Indem verschiedene Arten jeweils ihre spezifische ökologische Nische entwickeln, wird das Zusammen- und Überleben in Ökosystemen ermöglicht. Da die ökologische Nische ein unter Berücksichtigung der einwirkenden Umweltfaktoren entwickelter multidimensionaler Funktionsraum jeder einzelnen Art ist, können mehrere Arten weitestgehend vor Konkurrenz geschützt im gleichen Lebensraum nebeneinander koexistieren. Dabei hat keine Art exakt dieselbe ökologische Nische wie eine andere Art, da nach dem Konkurrenzausschlussprinzip nur eine Art eine ökologische Nische besetzen kann. Aber je mehr Überschneidungen es zwischen zwei Arten gibt, desto größer ist die Konkurrenz zwischen ihnen. Bei Konkurrenzdruck weicht die jeweils konkurrenzschwächere Art (falls möglich) auf eine andere ökologische Nische aus und es kommt zu neuen Koexistenzen. Dies ist z. B. durch Modifikation der Nahrungsquellen, der Orte der Nahrungssuche, der Fortpflanzungszeit oder durch zeitliche Entflechtung (Tag-/Nacht-Aktivität) möglich. Gelingt dies nicht und findet sich keine freie oder neue ökologische Nische, kann das Aussterben der konkurrenzschwächeren Art die Folge sein.

Je nachdem, welche Habitat- und Strukturvielfalt ein Ökosystem bietet, ändert sich die Artenanzahl bzw. die Anzahl der möglichen ökologischen Nischen. In extremen Lebensräumen, wie in Wüsten, hohen Gebirgen oder der Antarktis gibt es sehr viel weniger ökologische Nischen, die besetzt werden könnten, als zum Beispiel in Wäldern, im Wattenmeer oder in Streuobstwiesen. Die Tatsache, dass auf Eichen bis zu 2000 verschiedene Tierarten vorkommen können, zeigt die extreme Ausdifferenzierungs-Möglichkeit der artspezifischen ökologischen Nischen. Ökologische Nischen können sich aufgrund von Umfeldveränderungen immer wieder verändern. Stirbt eine Art aus oder wandert ab, vergrößert sich die ökologische Nische. Verschlechtern sich die Lebensbedingungen oder wandern neue oder invasive Arten ein, reduziert sich die ökologische Nische. Meistens sind Spezialisten dabei schneller gefährdet als Generalisten, weil sie speziellere Lebensbedingungen benötigen, während Generalisten im Fall von Veränderungen ein breiteres Reaktionsspektrum haben.

Das bekannteste Beispiel für die Entwicklung ökologischer Nischen sind die Darwin-Finken auf den Galapagos-Inseln. Ausgehend von intraspezifischer Konkurrenz und Futtermangel entwickelten sich durch Wanderbewegungen auf andere Inseln und Schnabelmodifikationen aus einer einzigen Ausgangsart 14 verschiedene Finkenarten. Die Modifikation der ökologischen Nischen und die Ausdifferenzierung von Schnabelbau, Körpergröße und Lebensweise reduzierten die innerartliche Konkurrenz. Gleichzeitig steigerte sich aufgrund der zunehmenden Spezialisierung bei der Nahrungssuche die Ressourceneffizienz.

Auch die zahlreichen unterschiedlichen Watvogelarten im Wattenmeer, die mit unterschiedlichen Bein- und Schnabellängen sowie unterschiedlichen Schnabelformen nebeneinander denselben Lebensraum zur Nahrungssuche nutzen, ohne sich dabei gegenseitig Konkurrenz zu machen, sind ein eindrucksvolles Beispiel für ökologische Nischen. In Wäldern, Gärten und Parks sind es u. a. die Spechte und die Meisen, die sich mit unterschiedlichen Körpergrößen, artspezifischen Habitatpräferenzen, Ernährungsweisen und Brutplatzansprüchen sehr differenziert eingenischt haben. So kommen in Deutschland 10 Specht-Arten und 9 Meisen-Arten vor, die sich oftmals mit mehreren Arten denselben Lebensraum teilen. Auch wenn sie teilweise konkurrieren, stehen sie nie in artgefährdender Konkurrenz zueinander. Auch die 6 verschiedenen, in Mitteleuropa vorkommenden Rohrsänger-Arten haben entlang der Dimensionen Vegetationshöhe, Nestbau-Entfernung vom offenen Wasser und Art der Nahrungssuche alle ihre ökologischen Nischen in Schilfbeständen.

Die Übung „Ökologische Nische" greift das dargestellte evolutionäre Prinzip der Einnischung auf. Ziel der Übung ist es, die eigene Nischensituation richtig einzuschätzen, alternative Nischenoptionen zu erkennen und vorausschauend neue Nischen zu identifizieren. Im Sinne einer vorausschauenden Strategieentwicklung ist diese Thematik für nahezu alle Organisationen und Personen relevant, egal ob Global Player, KMUs oder Solo-Selbstständige. Daher findet sich hier neben der Basisvariante A. der Übung („Natur-Symbol") als Variante B. („Real-Situation") auch eine Transferübung für real existierende Situationen.

Die besondere Nachhaltigkeitsrelevanz der Übung liegt darin, sich als Teil eines größeren Ökosystems zu verstehen, sich Konkurrenzen zu stellen und Kooperationsoptionen zu nutzen. Dies erfordert ein ökologisch-vernetztes, ganzheitliches und prozessorientiertes Denken und Analysieren. Und den unbedingten Willen, sich dauerhaft in einem dynamischen System behaupten und erfolgreich entwickeln zu wollen.

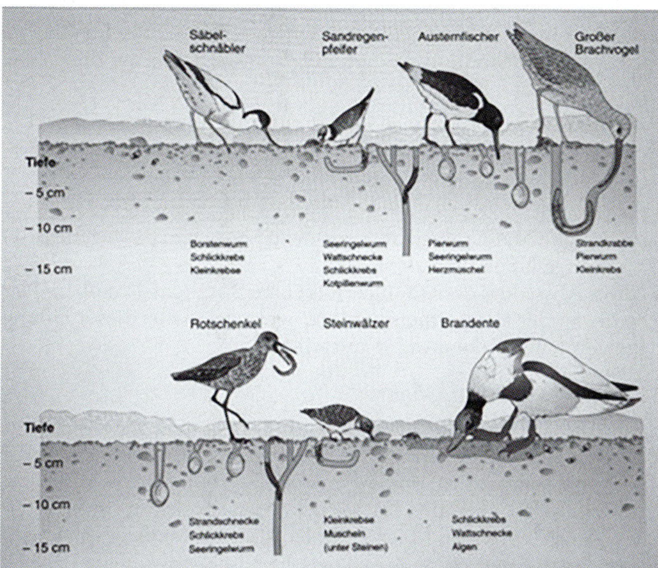

Quelle: https://images.gutefrage.net/media/fragen/bilder/vergleiche-die-dargestellten-voegel-bezueglich-ihres-nahrungserwerbs-und-erklaere-an-diesem-beispiel-den-begriff-der-oekologischen-nische/0_full.webp?v=1674752067000

Durchführung

Für die Durchführung dieser Übung gibt es zwei unterschiedliche Varianten. In Variante A. („Natur-Symbol") sind die Teilnehmer symbolische Stellvertreter verschiedener Tier- und Pflanzenarten und erhalten ein individuelles Namensschild. In Variante B. („Real-Situation") stellen die Teilnehmer eine reale berufliche oder persönliche ökologische Nische dar. Als Vorbereitung für die Übung A. sind „Namens-Schilder" mit Abbildung je einer Tier-, Pflanzen- oder Pilzart sowie ggf. ergänzende Schilder mit abiotischen Faktoren (Ausgangsgestein, Wasser, Boden, Klima, Gewerbegebiet, Pestizideinsatz) in ausreichender Stückzahl anzufertigen und für jeden Teilnehmer ein „Namensschild" bereit zu halten. Für Variante B sind zur Ergebnisdokumentation Klemmbretter als Schreibunterlagen sowie ein gut ausgestatteter Moderationskoffer (Moderationskarten, Flipchart-Marker, Klebeband, Nadeln) notwendig.

Die Übung findet wenn möglich outdoor in einem natürlichen Ökosystem statt. Im Wald, im Gebirge, im Watt, am See, am Fluss oder in der Streuobstwiese ergeben sich durch die Beobachtung, Analyse und Diskussion realer ökologischer Nischen hilfreiche Transferimpulse für die Befassung mit der eigenen ökologischen Nische. Für Variante B der Übung, die eine Dokumentation erfordert, ist je nach Witterungs-Situation und favorisierter bzgl. möglicher Dokumentations-Technik zu prüfen, ob diese ggf. indoor durchgeführt wird. Dann sind neben dem Moderationskoffer zudem noch mehrere Pinnwände zum Fixieren der Moderationskarten erforderlich.

Vor Beginn der eigentlichen Übungsphase werden drei Arbeitsschritte vorgeschaltet:

1. Darstellung und Diskussion der sieben möglichen Handlungsoptionen bzgl. der eigenen ökologischen Nische zur gedanklichen Einstimmung und Vorbereitung der Übung:
   (1) Verharren in einer bestehenden Nische bzw. Rolle (Schildkröte)
   (2) Verteidigen der eigenen Nische gegenüber Konkurrenten (Brutplatzkonkurrenz bei Höhlenbrütern)
   (3) Teilen der eigenen Nische und ggf. Kooperation oder Symbiose (Fuchs im Dachsbau)
   (4) Modifikation der Nische (Konkurrenzvermeidung, Anpassung durch klimabedingtes Ausweichen in höhere Lagen oder nach Norden)
   (5) Nischenwechsel (Zugvögel, Wildtiere in der Stadt)
   (6) Realisieren neuer Nischenoptionen (Neobiota)
   (7) Aussterben (Folge von Umwelteinflüssen wie Krankheiten oder zu starker Konkurrenz)
2. Exemplarische Erläuterung einer ökologischen Nische am Beispiel des Eichhörnchens, um noch einmal am konkreten Beispiel die Wechselbeziehung zwischen einer Art und den für diese Art relevanten biotischen und abiotischen Umweltfaktoren zu verdeutlichen:
   (1) Ein Eichhörnchen lebt im Kronenbereich eines Baumes (Habitat), wo es seinen Kobel baut, pflanzliche Nahrung findet und von Fressfeinden am Boden geschützt ist.
   (2) Seine natürlichen Feinde sind Eulen, Greifvögel und Baummarder (biotische Faktoren), weitere Gefährdungsfaktoren sind u. a. Autos, Regentonnen und Schornsteine (abiotische Faktoren)
   (3) Am Boden in der Nähe des Baumes sowie in der näheren Umgebung vergräbt und versteckt es Vorräte für den Winter (abiotische Faktoren).
   (4) Das Eichhörnchen kann sehr gut klettern und ist auf das Leben auf Bäumen angepasst (artspezifisches Charakteristikum, autozoische Dimension).
3. Klärung der Frage, nach welcher der beiden möglichen Varianten die Übung durchgeführt werden soll:
   A. Die Teilnehmer sind symbolische Stellvertreter verschiedener Tier- und Pflanzenarten eines Lebensraums und erhalten ein entsprechendes Namensschild („Natur-Symbol")
   B. Die Teilnehmer stellen eine oder mehrere reale berufliche oder persönliche ökologische Nischen dar, allein, in Kleingruppen oder im Plenum („Real-Situation")

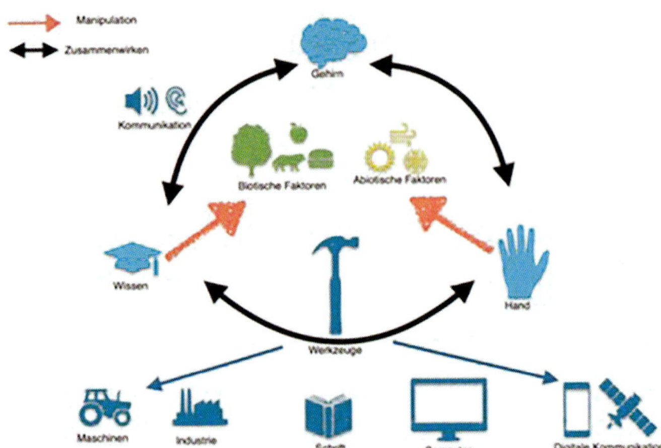

Ökologische Nische des Menschen (Quelle: https://www.unterrichtsmaterial-bio.de/cdn/shop/products/Oekologischenischemensch.jpg?v=1673431472

Bei ausreichendem Zeitbudget und hoher Umsetzungsrelevanz der Thematik empfiehlt es sich, die beiden Varianten A. und B. nacheinander und aufeinander aufbauend durchzuführen. Ein solch vertieftes Befassen mit der ökologischen Nische auf zwei verschiedenen Beispielebenen fördert das ganzheitliche Verständnis und damit auch die Durchdringungstiefe und Qualität der Analyse der Handlungsoptionen.

Nach diesen vorbereitenden Schritten wird die Übung mit folgenden für die Varianten A („Natur-Symbol") und B („Real-Situation") zu unterscheidenden Ablaufschritten durchgeführt:

Variante A – „Natur-Symbol"

- Identifikation und Festlegen der ökologischen Nische/n, die hier betrachtet und bearbeitet werden soll/en
- Jeder Teilnehmer erhält ein vorbereitetes Namensschild, das ihn als eine bestimmte Tier-, Pflanzen- oder Pilzart (biotische Akteure) ausweist.
  - Alternativ können auch mehrere Teilnehmer zusammen (bzw. im Falle einer kleinen Gruppe alle Teilnehmer zusammen) eine einzelne Tier- oder Pflanzenart repräsentieren, um deren ökologische Nische zu analysieren.
  - Der Austausch zwischen den Teilnehmern kann ab dem Beginn der Plenumphase auch parallel in mehreren Untergruppen erfolgen, um eine aktive Beteiligung möglichst vieler Teilnehmer zu ermöglichen sowie ausreichend Zeit für eine intensive Befassung mit jeder der vertretenen Arten zur Verfügung zu haben.
  - Je nach Interessenslage und Gruppengröße können zusätzlich noch Namensschilder mit abiotischen Faktoren ausgegeben werden (Ausgangsgestein, Wasser, Boden, Klima, Gewerbegebiet, Pestizideinsatz, …).
- Die Teilnehmer informieren sich möglichst genau über die Ökologie und Biologie der ihnen zugeordneten Art.
- Die Teilnehmer tauschen sich zu ihren spezifischen ökologischen Nischen aus, z. B. als Tiere und Pflanzen des Waldes. Dabei geht es um möglichst genaue Beschreibungen der eigenen Nische im Vergleich zu den anderen Organismen sowie um die eigene Einordnung als Spezialist oder als Generalist.
- Jeder Teilnehmer identifiziert die „seine" Art beeinflussenden abiotischen Umweltfaktoren, z. B. Klimawandel, Temperatur, Licht, Luftfeuchtigkeit, Wasserverfügbarkeit, Nahrungsquellen, Fortpflanzungs- und Brutzeiten, Schlaf- und Nistplätze, Eutrophierung, Pestizideinsatz.
- Jeder Teilnehmer identifiziert die „seine" Art beeinflussenden biotischen Faktoren bzw. Akteure, z. B. invasive Arten, Fressfeinde, Konkurrenten, Parasiten
- Ab hier beginnt die Diskussion im Plenum bzw. bei großen Gruppen in mehreren parallelen Untergruppen
  - Welche Kooperationsmöglichkeiten und Synergien sowie Grenzen und Konkurrenzsituationen bestehen?
  - Gibt es neue Entwicklungsoptionen durch Absterbeprozesse, Umfeldveränderungen oder neu entstehende Nischen?
  - Welchen Handlungsbedarf gibt es unter Bezug auf die eigene ökologische Nische?

Zur Klärung dieser Frage ist es hilfreich, alle eingangs besprochenen Handlungsoptionen der Reihe nach durchzugehen: Beharren und Stabilisieren, Verteidigen, Teilen und Kooperieren, Modifizieren, Nischenwechsel, neue Nischen besetzen, (Absterben).

  - Welche Maßnahmen könnten dazu beitragen, das eigene langfristige Überleben zu sichern?
- Zum Abschluss der Übung erfolgt eine Blitzlicht-Runde im Plenum, in der alle Teilnehmer ihre wichtigsten aus dieser Übung gewonnenen Erkenntnisse mitteilen.

Variante B („Real-Situation")

Anders als bei Variante A, bei der die Teilnehmer als Stellvertreter von Organismen agieren, ist die Variante B. als Transferübung für real existierende Situationen konzipiert. Hier geht es um reale ökologische Nischen der Teilnehmer, die sich sowohl im beruflichen als auch privaten Kontext finden können. Im Falle von beruflichen Situationen kann die ökologische Nische sowohl am Beispiel eines Solo-Selbstständigen, eines Unternehmens jeglicher Größe, einer Behörde, einer Organisation oder eines Teams analysiert werden. Ökologische Nischen im privaten Bereich finden sich z. B. bei Vereinsmannschaften, privaten Gruppen oder Einzelpersonen.

Konkretes Ziel dieser Übungsvariante ist es, auf Basis der identifizierten Wechselbeziehung zwischen einer Organisation, Organisationseinheit oder einer Person und ihrer Umwelt die eigene Nischendituation richtig einzuschätzen, alternative Nischenoptionen zu erkennen, vorausschauend neue Nischen zu identifizieren und möglichen Handlungsbedarf zu formulieren. Da es hier um konkrete und umsetzungsrelevante Ergebnisse geht, ist auch eine qualifizierte Ergebnisdokumentation notwendig. Findet die Übung outdoor statt, ist die Mitnahme von Klemmbrettern als Schreibunterlagen, Moderationskarten und Flipchart-Markern erforderlich. Findet sie indoor statt, sind zusätzlich mehrere Pinnwände notwendig.

Diese Übungsvariante wird in leichter Abänderung des Ablaufs der Variante A mit folgenden Ablaufschritten durchgeführt:

- Identifikation und Festlegen der ökologischen Nische/n, die hier betrachtet und bearbeitet werden soll/en
- In Abhängigkeit von der Größe, Anzahl und Komplexität der zu analysierenden ökologischen Nischen wird entschieden, ob in einer Gesamtgruppe, in Kleingruppen und/oder mit Einzelpersonen gearbeitet wird.
  - Gesamtgruppenarbeit eignet sich bei Start-ups, Kleinunternehmen, Vereinen und Teams, bei denen es um ein gemein-

sam zu erarbeitendes und am Ende auch gemeinsames Ergebnis geht
  - Gruppen- bzw. Kleingruppenarbeit eignet sich bei großen und mittleren Unternehmen, Behörden und großen Organisationen mit verschiedenen Abteilungen. Diese beherbergen eine Vielzahl an unterschiedlichen ökologischen Nischen, die aber vielfach weitgehend unabhängig voneinander agieren und deren Situation und Entwicklung daher einzelfallspezifisch betrachtet werden muss und nicht gemeinsam analysiert werden kann.
  - Einzelpersonen-Bearbeitung eignet sich für Solo-Selbstständige und bei persönlichen Entwicklungsthemen

Bezüglich der Entscheidung für eine Bearbeitungskategorie gibt es keine feste Regel, sondern fließende Übergänge, sodass über das passende Bearbeitungsformat fallweise zu entscheiden ist.

- Jede Bearbeitungsgruppe und jede bearbeitende Einzelperson machen sich die spezifische Ausgangssituation der zu analysierenden ökologischen Nische und die auf diese Nische einwirkenden Einflüsse bewusst und notieren diese als Stichworte auf Moderationskarten.
  - Welche abiotischen Umweltfaktoren beeinflussen die Nische, z. B. Klimawandel, rechtliche Rahmenbedingungen, Verkehrssituation, Technische Infrastruktur? (rote Moderationskarten)
  - Welche biotischen Faktoren bzw. Akteure beeinflussen die Nische, z. B. Mitbewerber, Kooperationspartner, Fachkräfte, Mitarbeiter, Kunden, Zulieferer? (grüne Moderationskarten)
- Nun werden auf Basis der identifizierten abiotischen und biotischen Einflussfaktoren, die für die zu untersuchende ökologische Nische bestehenden Kooperations- und Konkurrenzsituationen beleuchtet.
  - Welche Kooperationsmöglichkeiten und Synergien sowie Grenzen und Konkurrenzsituationen bestehen?

Die jeweilige Einschätzung wird auf den im vorhergehenden Arbeitsschritt beschriebenen Moderationskarten recht oben mit einem Symbol notiert: Für Kooperation je nach Intensität ein oder zwei „++“, für Konkurrenz entsprechend ein oder zwei „– –“, bei Neutralität oder Indifferenz eine Null „0“.

- Ab hier beginnt die Diskussion im Plenum, da die übergeordneten Entwicklungen vielfach für jede der gewählten Bearbeitungsgruppen identisch sind und ein gemeinsamer Austausch hierzu die kollektive Intelligenz der gesamten Gruppe nutzt.
  - Gibt es neue Entwicklungsoptionen durch Absterbeprozesse, Umfeldveränderungen oder neu entstehende Nischen?
  - Welchen Handlungsbedarf gibt es unter Bezug auf die eigene ökologische Nische?

Zur Klärung dieser Frage ist es hilfreich, alle eingangs besprochenen Handlungsoptionen der Reihe nach durchzugehen: Beharren und Stabilisieren, Verteidigen, Teilen und Kooperieren, Modifizieren, Nischenwechsel, neue Nischen besetzen, (Absterben).

  - Welche Maßnahmen könnten dazu beitragen, das eigene langfristige Überleben zu sichern?
- Zum Abschluss der Übung erfolgt eine Blitzlicht-Runde im Plenum, in der alle Teilnehmer ihre wichtigsten aus dieser Übung gewonnenen Erkenntnisse mitteilen.
- Die Ergebnisdokumentation auf Moderationskarten wird fotografisch festgehalten. Die beschriebenen Moderationskarten werden bei Bedarf nach Themenkomplexen sortiert eingesammelt, falls eine ergänzende bzw. vertiefende Arbeit mit den gewonnenen Ergebnissen erfolgen soll.

Praxisschlaglicht

Die Übung „Ökologische Nische“ fördert das Erkennen der vielfältigen Wechselbeziehungen zwischen der eigenen ökologischen Nische und der Umwelt. Dies trägt dazu bei, die eigene Situation richtig einzuschätzen, alternative Nischenoptionen zu erkennen und vorausschauend neue Nischen zu identifizieren. Die Transferübung für real existierende Situationen sensibilisiert für die Notwendigkeit, sich Konkurrenzen zu stellen und Kooperationsoptionen zu nutzen. Und motiviert dazu, sich dauerhaft in einem dynamischen System behaupten und erfolgreich entwickeln zu wollen.

Wirkfeld der Methode

- Wirksam für Herausforderungen mit hoher Komplexität
- Wirksam für Herausforderungen mit mittlerer Komplexität
- Wirksam für Herausforderungen mit niedriger Komplexität
- Wirksam für eine Stärkung des Teamgedankens
- Wirksam für nachhaltige Personalentwicklung

Transformationsfähigkeit Ihres Teams

- Fördert die Sensibilisierung
- Fördert Umsicht und Weitsicht des Teams
- Fördert offene Mindsets und innovative Denkhaltungen
- Fördert den Austausch im Team
- Sorgt für Inspiration oder bessere Inspirationsempfindlichkeit
- Sorgt für Fokussierung
- Zahlt auf eine bessere Vorstellungskraft ein
- Zahlt auf eine bessere Wahrnehmung ein

Einsatzcharakteristik/Arbeitsrahmen

- Austauschfokus: vornehmlich mit internen Personen
- Durchführungszeit: eher mittel (> 1 Stunde bis < 1 Tag)
- Einsatzfrequenz: vornehmlich im einmaligen Einsatz
- Einsatzradius: vornehmlich im Teameinsatz
- Einsatzradius: vornehmlich im projektweiten Einsatz
- Komplexität für den Moderator: mittel bis hoch
- Komplexität für die Teilnehmer: mittel bis hoch
- Teamgröße: Einzelpersonennutzung möglich
- Teamgröße: Kleingruppe möglich (3 bis 5 Teilnehmer)
- Teamgröße: Maxigruppen möglich (20 bis 40 Teilnehmer)
- Teamgröße: Mittelgroße Teams möglich (5 bis 20 Teilnehmer)
- Vorbereitungszeit: eher gering (< 1 Stunde)

Input für eine zielführende Arbeit mit der Methode

- Aktuell existierende Geschäftsmodelle
- Aktuelle Herausforderung, Leitfrage, Problem
- Existierende Prozesse und Verfahren
- Merkmale der gegebenen Herausforderung
- Trends und Zukunftsentwicklungen

Output und beobachtete Ergebnisse der Methode

- Erzeugt Prognosen und Ableitungen
- Erzeugt Ideen, Lösungsansätze
- Erzeugt Ideensuchfelder, unentdeckte Probleme, Inspiration
- Erzeugt Leitfragen für die Ideenfindung
- Erzeugt spezifischere Leitfragen, Ideen und Aussagen
- Erzeugt größere Klarheit zu einem Thema
- Erzeugt transformationsfähigere Organisationen
- Hilft bei Entscheidungen, Bewertungen und Feedback
- Identifiziert vorhandene Schwachstellen
- Identifiziert vorhandene Stärken
- Macht Wirkzusammenhänge sichtbar
- Fördert Fokussierungs-Kompetenz
- Sensibilisiert für Umfeldwahrnehmung
- Fördert Kommunikation und Austausch im Team

Hinderniseffekte, auf die die Methode positiv wirkt

- Beugt Missinterpretationen vor
- Beugt blinden Flecken/Betriebsblindheit vor
- Schärft eine fehlende gemeinsame Ausrichtung
- Verhindert blinden Aktionismus
- Vermindert einseitige Bewertungen und Entscheidungen
- Wirkt fehlender Inspiration entgegen
- Fördert Zuversicht

Mögliche Extravorteile der Methode

- Möglicher Extravorteil für agile Teams
- Möglicher Extravorteil für innovativ ungeübte Teams
- Möglicher Extravorteil für in Nachhaltigkeitsthemen erfahrene Teams
- Möglicher Extravorteil für in Nachhaltigkeitsthemen ungeübte Teams

Quellen

Buch – Darwin meets Business. Klaus-Stephan Otto & Myra von Ondarza (Dr. Otto Training und Consulting, 2009)

Buch – Denken und Handeln in Ökosystemen. Klaus-Stephan Otto, Stefan Rösler & Tina Teucher; in Ternès & Englert (Hrsg.): Integriertes Nachhaltigkeitsmanagement, 183 – 209 (Springer, 2019)

Buch – Evolutions-Management. Klaus-Stephan Otto, Uwe Nolting & Christel Bässler (Hanser, 2007)

Buch – Ökologie der Lebensgemeinschaften. Anselm Kratochwil & Angelika Schwabe (Ulmer, 2001)

Web – https://www.oecoach.de/wp-content/uploads/2016/10/20162303_Waldworkshop_Flyer_DINlang-Website.pdf (abgerufen am 20.09.2023)

Person – Dr. Stefan Rösler – roesler@oecoach.de

Web – https://de.wikipedia.org/wiki/%C3%96kologische_Nische (abgerufen am 19.10.2023)

Web – https://www.spektrum.de/lexikon/biologie/oekologische-nische/47465 (abgerufen am 19.10.2023)

Web – https://www.studysmarter.de/schule/biologie/oekologie/oekologische-nische/ (abgerufen am 18.10.2023)

Web – Waldworkshop Von der Natur lernen für Management, Strategie und Teamentwicklung. Stefan Rösler (2016)

Ökosystem Seilkreis

EinSatzBeschreibung

Die Outdoor-Gruppenübung „Ökosystem Seilkreis“ lässt die Ursache-Wirkungs-Beziehungen bei Veränderungen erleben und regt zur Diskussion über die Stabilität bzw. Gefährdung von Ökosystemen an.

Working Guide/Anwendungsfelder

P1 Sensibilisierung/Bildung	P2 Matching Recht/Gesetz	P3 Sustainability Roadmap	P4 Produkt/Prozessdesign	P5 Implementierung/Monitoring	P6 Kommunikation	P7 Organisation	P8 Führung	P9 Business Model Design	P10 Skalierung
X					X	X	X		

Beschreibung

Diese Übung wird outdoor durchgeführt und eignet sich für Gruppen von ca. 10–40 Personen. Dabei stellen sich die Teilnehmenden auf einer offenen und ebenen Fläche in einem Kreis auf. Danach nehmen sie ein stabiles Seil auf, das sie im Kreis zunächst hinter ihrem Rücken mit beiden Händen neben ihrem Körper halten. Dann wird das Seil durch langsames Zurücklehnen so gespannt, dass die Teilnehmenden die Hände loslassen und sich mit Becken oder Hüfte an das Seil anlehnen können. Dies ist die Ausgangssituation.

Um so richtig am Ort anzukommen und es sich in der neuen Situation bequem zu machen, wird an dieser Stelle eine Sinnesübung eingefügt. Zuerst sammelt jede Person im Seilkreis für sich allein und ohne zu sprechen Sinneseindrücke. Diese werden anschließend kurz besprochen. Danach werden die Teilnehmenden gebeten, die gleiche Übung noch einmal zu machen, aber mit geschlossenen Augen. Neben dem Sammeln von Sinneseindrücken unter veränderten Bedingungen sollen die Teilnehmenden gleichzeitig auch auf ihre Empfindungen beim Stehen bzw. Anlehnen im Seilkreis sowie auf mögliche Bewegungen des Seils selbst achten.

Die Nachbesprechung der Sinneswahrnehmung in der Variante mit geschlossenen Augen macht deutlich, dass ohne Nutzung der Augen die anderen Sinne verstärkt und kompensierend aktiviert werden. So werden bei diesem Schritt der Übung z. B. mithilfe des Gehörs nicht nur mehr Geräusche wahrgenommen wie mit geöffneten Augen, sondern meist auch die Richtungen übermittelt, aus denen die Geräusche kommen bzw. wohin sie sich bewegen. Vertiefende Ausführungen zur Sinneswahrnehmung werden in der Methode „Mit allen Sinnen“ beschrieben.

Neben der Sinnesübung innerhalb des „Ökosystems Seilkreis“ führt das Schließen der Augen meist auch zu einer intensiveren und bewussteren Wahrnehmung bezüglich der eigenen Haltung und Empfindung im Seilkreis. Lehnt man eher entspannt und gemütlich am Seil oder steht man etwas unsicher oder verkrampft? Wie reagiert man auf Bewegungen des Seils? Solche Bewegungen werden nun in vorsichtiger Weise zunächst vom Trainer gezielt initiiert. Wie kommen diese Bewegungen bei den anderen Personen im Seilkreis an? Dann werden nach und nach einzelne Personen gebeten, leichte Bewegungen durchzuführen. Dadurch wird deutlich, dass selbst kleine Veränderungen unmittelbare Auswirkung haben und größere Veränderungen sogar zu Unsicherheiten der anderen Teilnehmer führen können. Entsprechend wird klar, dass große Veränderungen die Stabilität des ganzen Systems gefährden können.

An dieser Stelle wird die Analogie zu natürlichen Ökosystemen das Thema. Auch diese stellen im Grundsatz in sich mehr oder weniger stabile Systeme dar. Aufgrund sich stetig verändernder Rahmenbedingungen und externer Einflüsse, z. B. durch Klimawandelbedingte Hitzeperioden oder Überschwemmungen, Pestizideinsatz oder Bebauung ist es aber wichtig und überlebensnotwendig, dass diese Systeme plastisch und dynamisch sind und über eine möglichst hohe Resilienz verfügen.

Ökosystem Seilkreis (Foto: Dr. Stefan Rösler)

Zur Konkretisierung der Situation im Ökosystem Wald werden nun exemplarisch einige dort auftretende Veränderungen durchgespielt. Dazu wird jedem Teilnehmenden auf Zuruf durch den Trainer der Name eines Tiers, einer Pflanze oder eines Elements gegeben. Und nun lebt das „Ökosystem Seilkreis“, konkret es bewegt sich. Z. B. verlässt die Fichte aufgrund Borkenkäfer-Befall den Seilkreis. Daraufhin frisst der Baummarder das Eichhörnchen und das Reh die junge Tanne, sodass auch diese beiden den Kreis verlassen müssen. Vielleicht kommen auch drei Wildschweine neu in den Seilkreis. Wie verändert sich jeweils das System, wie kann es sich wieder stabilisieren?

> Diese Übung führt zu einer Auseinandersetzung mit verschiedenen Themenfeldern, die auf jeweils unterschiedliche Weise mit dem Thema nachhaltige Entwicklung korrespondieren:
> 1. Im Seilkreis: Umgang und Empfindung als Individuum und als Gruppe mit Stabilität und Veränderung
> 2. Transferdiskussion der Prozesse und Interaktionen im „Ökosystem Seilkreis" in die Situation des Ökosystems Wald und in die eigene Lebenswirklichkeit.

Konkret geht es darum

- Sich auf ein neues, meist unbekanntes Format einlassen
- Sich körperlich in einer ungewohnten Situation zurechtfinden
- Vertrauen zu den anderen Teilnehmenden fassen
- Sinne und Sinneswahrnehmung schärfen
- Suche nach Stabilität, Dauerhaftigkeit
- Umgang mit Veränderungen, Dynamik, Agilität
- Anpassung und Ausgleich
- Zusammenspiel, Kooperation und Synergien
- Ausstieg und Neuorientierung, ökologische Nische
- Erkennen der Parallelität zwischen „Ökosystem Seilkreis" und „Ökosystem Wald"
- Wahrnehmen und Analysieren von Ursache-Wirkungs-Beziehungen
- Erkennen von Zusammenhängen und Prozessen in Ökosystemen
- Denken und handeln in Ökosystemen

Durchführung

Die Übung „Ökosystem Seilkreis" wird auf einer möglichst ebenen Fläche, z. B. auf einer Wiese oder auf einer Waldlichtung durchgeführt. Das Seil ist je nach Gruppengröße von unterschiedlicher Länge, in der Regel reichen 20 Meter Seillänge für die meisten Gruppen aus. Wichtig ist die Verwendung eines Statikseils, damit sich das Seil im Kreis der sich anlehnenden Teilnehmenden nicht zu sehr dehnen kann. Die Seilstärke beträgt üblicherweise 14 – 18 mm. Wichtig ist eine regelmäßige Überprüfung des Seils, damit dieses keine Beschädigungen aufweist, um ein Reißen auch bei stärkerer Belastung auszuschließen.

Die Übung wird in folgenden Ablaufschritten durchgeführt:

1. **Seilkreis-Bildung**
   - Die Teilnehmenden stellen sich mit jeweils mindestens einer Armlänge Abstand zueinander in einem Kreis auf.
   - Der Trainer reicht das für die Übung notwendige Seil an einen Gruppenteilnehmenden.
   - Das Seil wird mit einem seiner beiden Enden von Hand zu Hand durchgereicht, bis es am Anfang des Kreises wieder ankommt.
   - Dort wird die Seillänge vom Trainer an den Kreisumfang der stehenden Gruppe so angepasst, dass alle Teilnehmenden mit entsprechendem Abstand zueinander mit dem Seil im Rücken im Seilkreis stehen können. Dann wird es fest verknotet.
   - Die Teilnehmer bewegen sich mit ihren Rücken nach hinten so auf das Seil zu, dass sie sich an das Seil anlehnen können und das Seil eine Spannung erhält, die den Seilkreis ermöglicht.
   - Zur Sicherheit kann das Seil zunächst noch mit den Händen gehalten werden. Jeder Teilnehmer lässt die Hände dann vom Seil los, wenn er einen festen Stand hat und sich auch ohne Hände am Seil sicher fühlt.
   - Die Teilnehmer lehnen sich alle so weit zurück, dass sie eine stabile Position finden.
2. **Sinnesschulung**
   - In dieser Position finden nun Übungen zur Sinneswahrnehmung und Sinnesschulung statt, zunächst mit offenen, dann mit geschlossenen Augen.
   - Anschließend werden sowohl die gesammelten Sinnes-Eindrücke als solche als auch die unterschiedlichen Wahrnehmungen bei offenen bzw. geschlossenen Augen besprochen.
3. **Der Seilkreis und das „Ökosystem Seilkreis"**
   - Der Trainer fängt mit vorsichtigem Wippen an, Bewegung in den Seilkreis zu bringen.
   - Auf Zuruf dürfen sich nun auch einzelne Teilnehmer vorsichtig bewegen.
   - Die Gruppe führt nun in Eigenregie Bewegungen im Seilkreis durch, allerdings ohne dass Teilnehmer den Kreis verlassen oder die Bewegungen zu stark werden.
   - Die Gruppe tauscht sich selbst darüber aus, welche Art von Bewegung wie empfunden wird und welche Ursachen zu welcher Wirkung führen und welche Wirkung wiederum welche Reaktionen auslöst.
   - Nun gibt der Trainer den Teilnehmenden jeweils einen Tier- oder Pflanzennamen aus dem Ökosystem Wald.
   - Die Teilnehmer bewegen sich weiterhin moderat, sind sozusagen als Lebewesen des Waldes aktiv.
   - Nun kommt das reale Leben des Waldes ins Spiel: Der Trainer weist darauf hin, dass Fichten absterben, ein Eichhörnchen vom Baummarder gefressen wird, ebenso die junge Tanne vom Reh. Die entsprechenden Personen verlassen den Seilkreis.
   - Die entstehende Unruhe im System wird von den verbliebenen Teilnehmern ausgeglichen, indem sie zunächst Anpassungsdynamik benötigen und dann ihre Position wieder stabilisieren.
   - Sobald das etwas reduzierte Ökosystem sich wieder stabilisiert hat, kommen die drei zwischenzeitlich ausgeschiedenen Teilnehmer in Form von drei Wildschweinen wieder in den Kreis zurück.
   - Die neu entstehende Dynamik und Anpassungsnotwendigkeit leitet über in eine Ökosystem-Diskussion. Welche Rolle spielen in Ökosystemen Konkurrenz und Kooperation, welche Ursachen haben welche Auswirkungen, welche Anpassungsstrategien und Synergien sind möglich?
   - Abschließend erfolgt eine Blitzlicht-Runde der Teilnehmer zu den individuellen Erfahrungen im Seilkreis, zur Dynamik und Entwicklung im Ökosystem und zum Gesamteindruck bzgl. der Übung und der Team-Entwicklung.

Praxisschlaglicht

Egal wie viele Personen und ob sie groß oder klein, korpulent oder dünn sind – sie bilden als Gruppe im „Ökosystem Seilkreis" nach kurzer Zeit des Ausbalancierens immer eine stabile aber bei Veränderungen dynamische Runde. Dabei ist bemerkenswert, dass Veränderungen im Seilkreis, die zu sehen sind, immer erst zeitverzögert als Schwingung bzw. Bewegung in der Runde ankommen. Der Wechsel zwischen dem Streben nach Stabilität und dynamischen Veränderungen ist bei der Übung „Ökosystem Seilkreis“ identisch wie im natürlichen „Ökosystem Wald“.

Helfende Organisation

www.hausdeswaldes.de, www.naturschule.de

Wirkfeld der Methode

- Wirksam für Herausforderungen mit niedriger Komplexität
- Wirksam für eine Stärkung des Teamgedankens
- Wirksam für Diversity–Management
- Wirksam für eine Stärkung des Teamgedankens
- Wirksam für eine Stärkung der nonverbalen Kommunikation
- Wirksam für nachhaltige Kooperation
- Wirksam für persönliche Leistungsfähigkeit

Transformationsfähigkeit Ihres Teams

- Fördert die Sensibilisierung
- Fördert die Agilität eines Teams
- Fördert die Teamkreativität
- Fördert Umsicht und Weitsicht des Teams
- Fördert die Sozialkompetenz
- Fördert den Austausch im Team
- Fördert die nonverbale Kommunikation
- Sorgt für Fokussierung und Entschleunigung
- Zahlt auf eine bessere Wahrnehmung ein
- Zahlt auf ein besseres Reflexionsvermögen ein
- Zahlt auf die Konzentrationsfähigkeit ein
- Zahlt auf Stressreduktion und Burn-out-Prophylaxe ein
- Sorgt für Inspiration oder bessere Inspirationsempfindlichkeit
- Zahlt auf eine bessere Wahrnehmung ein
- Zahlt auf ein positives Zukunftsbild ein

Einsatzcharakteristik/Arbeitsrahmen

- Austauschfokus: vornehmlich mit internen Personen
- Durchführungszeit: eher gering (< 1 Stunde)
- Einsatzfrequenz: vornehmlich im einmaligen Einsatz
- Einsatzradius: vornehmlich im Teameinsatz
- Komplexität für den Moderator: eher gering
- Komplexität für die Teilnehmer: eher gering
- Teamgröße: Maxigruppen möglich (20 bis 40 Teilnehmer)
- Teamgröße: Mittelgroße Teams möglich (5 bis 20 Teilnehmer)
- Vorbereitungszeit: eher gering (< 1 Stunde)

Input für eine zielführende Arbeit mit der Methode

- Nur die Durchführungszeit

Output und beobachtete Ergebnisse der Methode

- Bessere Teamperformance
- Erzeugt besseren Teamspirit, mehr Offenheit
- Erzeugt kollaborative Lösungen und Ideen
- Erzeugt neue Erfahrungen
- Erzeugt visualisierte Ideen
- Erzeugt mehr Agilität im Team
- Macht Wirkzusammenhänge sichtbar
- Fördert Prozessbewusstsein
- Fördert Interaktions–Kompetenz
- Fördert Natur– und Outdoor–Affinität
- Fördert Konzentrationsfähigkeit
- Fördert Fokussierungs-Kompetenz
- Fördert das Selbstreflexionsvermögen
- Sensibilisiert für gegenseitige Rücksichtnahme
- Sensibilisiert für Umfeldwahrnehmung
- Fördert Kommunikation und Austausch im Team
- Fördert Entspannung
- Fördert Perspektivwechsel
- Fördert Nachhaltigkeits-Bewusstsein
- Sensibilisiert für gegenseitige Rücksichtnahme

Hinderniseffekte, auf die die Methode positiv wirkt

- Bindet eher introvertierte Teammitglieder mit ein
- Dynamisiert und aktiviert wenig dynamische Teams
- Fördert gehemmte Teammitglieder
- Fördert die Agilität der Teilnehmer
- Schwächt Verdiskutiererei
- Schärft eine fehlende gemeinsame Ausrichtung
- Stärkt das Vertrauen im Team
- Verhindert unreflektiertes agieren
- Verhindert vorschnelles Urteilen über Ideen
- Wirkt fehlender Inspiration entgegen
- Fördert Optimismus und Zuversicht

Mögliche Extravorteile der Methode

- Möglicher Extravorteil für innovativ ungeübte Teams
- Möglicher Extravorteil für in Nachhaltigkeitsthemen ungeübte Teams

Quellen

Buch – Arbeitsraum Natur. Carsten Gans, Katja Dienemann, Anja Hume & André Lorino (Springer, 2020)
Buch – Coaching-Raum Natur. Kerstin Peter (Schirner, 2020)
Buch – Forstliche Bildungsarbeit. Hrsg.: Bayerisches Staatsministerium für Ernährung, Landwirtschaft und Forsten, 8. Aufl. (2017)
Buch – Mit der Wildnis verbunden. Susanne Fischer-Rizzi (Kosmos, 2007)
Buch – Praxishandbuch der Waldpädagogik. Frank Hoffmann (wbv-Media GmbH, 2023)
Buch – Waldworkshop Von der Natur lernen für Management. Stefan Rösler (2016)
Organisation – www.hausdeswaldes.de
Person – Dr. Stefan Rösler, roesler@oecoach.de
Web – https://www.oecoach.de/wp-content/uploads/2016/10/20162303_Waldworkshop_Flyer_DINlang-Website.pdf (abgerufen am 20.09.2023)

Ökosystem-Analyse – Entwicklungsperspektive

EinSatzBeschreibung

Die Ökosystem-Entwicklungsanalyse baut auf der Ökosystem-Ist-Analyse auf, fokussiert auf die evolutionäre Weiterentwicklung der Organisation in ihrem Ökosystem, analysiert Entwicklungsoptionen und erarbeitet Maßnahmenvorschläge zur Zielerreichung.

Working Guide/Anwendungsfelder

P1 Sensibilisierung/Bildung	P2 Matching Recht/Gesetz	P3 Sustainability Roadmap	P4 Produkt/Prozessdesign	P5 Implementierung/Monitoring	P6 Kommunikation	P7 Organisation	P8 Führung	P9 Business Model Design	P10 Skalierung
X		X		X		X			X

Beschreibung

Im auf die Ist-Analyse aufbauenden, zweiten Teil der Ökosystemanalyse geht es um die evolutionäre Weiterentwicklung des Ökosystems und die Entwicklung von Handlungsoptionen für die Zielerreichung. Ziel ist die Formulierung von konkreten Maßnahmenvorschlägen für die Weiterentwicklung der Organisation.

Vorab wird zunächst noch einmal das in der Ist-Analyse identifizierte Netzwerk betrachtet und die dort formulierte Ausgangs-Fragestellung aufgerufen, zu welchem Zweck die Ökosystem-Analyse überhaupt durchgeführt werden soll. Ebenso werden die Ergebnisse der Ist-Analyse zum aktuellen Zustand der Ökosystems noch einmal bewusst gemacht. Ergänzend geht es um die Relevanz der Verbindungen zwischen der Organisation und den biotischen (lebendigen) Akteuren (Menschen, Interessensgruppen, Tiere, Pflanzen etc.) sowie den abiotischen (nicht lebenden) Faktoren (Klima, Topografie, Bauwerke, IT, Gesetze, Bürokratie) im Netzwerk. Wer ist am wichtigsten und förderlichsten, wer am problematischsten oder sogar schädlich?

Ab hier liegt der Fokus dann ausschließlich auf der Zukunft und den Entwicklungs-Optionen sowie den Chancen und Risiken. Zu wem sollte hinsichtlich einer möglichst günstigen Entwicklung mehr Nähe, vielleicht auch eine konkrete Kooperation oder eine strategische Partnerschaft gesucht werden? Und wer bindet Ressourcen zum Nachteil der eigenen Entwicklung, entwickelt sich zunehmend zur Konkurrenz und sollte daher kritisch beobachtet und begleitet oder ganz gemieden werden? Wer sind die wichtigsten Akteure und welches sind die entscheidenden Rahmenbedingungen und Faktoren, die einen positiven Einfluss auf die eigene Entwicklung haben können? Einer systematischen und sorgfältigen Analyse des Wechselspiels von Konkurrenz und Kooperation kommt in volatilen Zeiten eine besondere Bedeutung zu, um frühzeitig sowohl mögliche Engpässe und Konfliktsituationen als auch Synergismen, neue Nischen und Entwicklungspotenziale zu erkennen.

Auf der Basis dieser analytischen Betrachtungen und daraus resultierenden Erkenntnissen werden Entwicklungsoptionen identifiziert und Thesen zur Weiterentwicklung der Organisation in ihrem Ökosystem bzw. zur Weiterentwicklung des Ökosystems formuliert. Vergleichbar den Schritten im Projektmanagement werden im folgenden konkrete Maßnahmenvorschläge zur Zielerreichung formuliert und priorisiert, Ressourcen und Verantwortlichkeiten benannt und ein Zeitplan erstellt.

Die für die Ökosystem-Analyse kennzeichnende umfassende, systematische und ganzheitliche Betrachtungsweise trägt zu einer realistischen Einschätzung der wirtschaftlichen und gesellschaftlichen Entwicklungsmöglichkeiten bei. Und damit auch zu einer vorausschauend-umsichtigen Entwicklungsplanung im Sinne einer nachhaltigen Entwicklung.

Durchführung

In der Ökosystem-Entwicklungsanalyse geht es um die evolutionäre Weiterentwicklung des Ökosystems und die Entwicklung von Handlungsoptionen für die Zielerreichung. Basis für diesen zweiten Teil der Analyse ist die Ökosystem-Ist-Analyse mit ihren dort generierten Erkenntnissen über Akteure und Faktoren sowie deren Relevanz für die Organisation und über den Zustand des Ökosystems.

Diese Erkenntnisse werden zunächst durch ergänzende Arbeitsschritte weiter konkretisiert, indem die wichtigsten Verbindungen positiver und negativer Art identifiziert werden. Ebenso die Akteure bzw. Faktoren, zu denen aus aktueller Sicht mehr Nähe oder mehr Distanz gesucht werden sollte. Im folgenden Arbeitsschritt geht es darum, welche Akteure und Faktoren für die kurz- oder mittelfristige Entwicklung des Ökosystems besonders wichtig sind.

Unter Berücksichtigung der eingangs formulierten Fragestellung sowie der in der Ist-Analyse gewonnenen Erkenntnisse zum aktuellen Zustand des Ökosystems werden nun Thesen zur Weiterentwicklung der Organisation in ihrem Ökosystem erarbeitet und ausformuliert. Diese wiederum sind die Basis für die nun zu erarbeitenden Maßnahmenvorschläge zur Weiterentwicklung der Organisation bzw. zur Weiterentwicklung des Ökosystems.

Die Priorisierung der Maßnahmenvorschläge, ein Zeitplan für die nächsten Schritte in Richtung Umsetzung sowie die Klärung möglicher Zuständigkeiten bzw. Verantwortlichkeiten schließen die Entwicklungs-Analyse als solche ab. Danach erfolgen Austausch und Diskussion zu den erarbeiteten Ergebnissen sowie die Klärung des weiteren Vorgehens.

Die Ökosystem-Entwicklungsanalyse wird nach folgenden Ablaufschritten durchgeführt:

- Welches sind die vier für die in der Ist-Analyse formulierte Fragestellung wichtigsten Verbindungen?

Markieren der Verbindungen mit farbigen Schnüren

  - förderliche Verbindungen (2-mal grün)
  - kritische, hinderliche, gefährliche Verbindungen (2-mal rot)
- Zu welchen Akteuren bzw. Faktoren sollte mehr Nähe oder mehr Distanz hergestellt werden?
  - Markieren Sie mehr Nähe mit Plus-Zeichen (+)
  - Markieren Sie mehr Distanz mit Minus-Zeichen (-)

Achtung: Mehr Nähe aufzubauen kann auch bedeuten, stärker in die Auseinandersetzung gehen zu müssen.

- Welche Akteure und Faktoren sind für die Entwicklung des Ökosystems in der nächsten Zeit besonders wichtig?
  - Die 3 wichtigsten biotischen Akteure (mit grünen Klebepunkten 1 – 3 nummerieren)
  - Die 3 wichtigsten abiotischen Faktoren (mit grünen Klebepunkten 4 – 6 nummerieren)
- Identifikation von Entwicklungsoptionen auf Basis der formulierten Fragestellung („Warum wird die Ökosystem-Analyse durchgeführt?") und der Ergebnisse der Ist-Analyse zum aktuellen Zustand der Ökosystems.
- Formulierung von fünf Thesen zur Weiterentwicklung der Organisation in ihrem Ökosystem.
- Erarbeitung von Maßnahmenvorschlägen zur Zielerreichung für die Weiterentwicklung der Organisation bzw. die Weiterentwicklung des Ökosystems.
- Übersicht über die vorhandenen bzw. benötigten finanziellen und personellen Ressourcen und Priorisierung der Maßnahmen hinsichtlich ihrer geschätzten Wirksamkeit und Realisierbarkeit.
- Hinterlegen und Konkretisieren der Prioritätenliste durch einen Zeitplan und Verantwortlichkeiten
- Präsentation, Austausch und Diskussion der Ergebnisse im Plenum incl. Dokumentation
- Klärung der Organisations-internen Kommunikation incl. der Weitergabe der Ergebnisse an die Entscheidungsträger bzw. Entscheidungsgremien innerhalb der Organisation

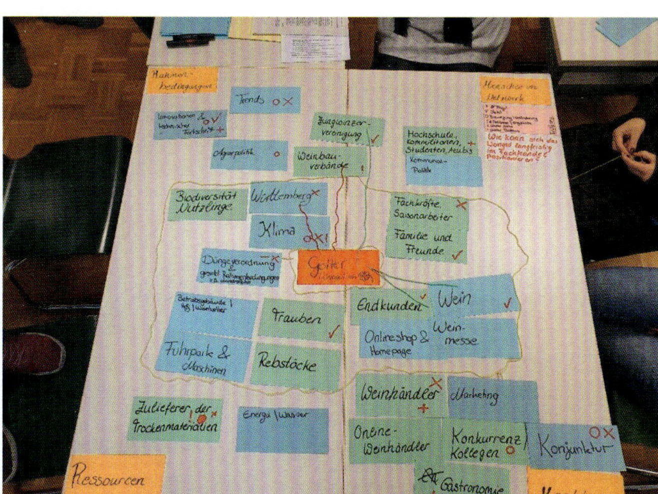

Foto: Dr. Stefan Rösler

- Verständigung über den weiteren Umgang mit den Ergebnissen der Ökosystem-Analyse

Praxisschlaglicht

Auch bei der Ökosystem-Entwicklungs-Analyse zeigt sich erst bei der vertieften Befassung mit den Entwicklungs-Optionen die hohe Komplexität und vieldimensionale Vernetzung des Ökosystems. Ausgehend von der Analyse des beschriebenen Ist-Zustands erfordert der Blick in die Zukunft Abstraktionsvermögen, Weitblick und vernetztes Denken. Auch hier entstehen die spannendsten Diskussionen und durchdachtesten Lösungen meist in heterogenen Teams, denn je nach Altersgruppe, Geschlecht und Ethnie existieren unterschiedliche Wertvorstellungen, Lebenserfahrungen und Zukunftsideale. Dies fördert eine differenzierte Diskussion und Bewertung verschiedener Zukunfts-Szenarien und eine vielschichtige Betrachtung strategischer Entwicklungs-Optionen.

Helfende Organisation

www.evoco.de

Wirkfeld der Methode

- Wirksam für Herausforderungen mit hoher Komplexität
- Wirksam für Herausforderungen mit mittlerer Komplexität
- Wirksam für nachhaltiges Prozessmanagement
- Wirksam für nachhaltige Organisations- und Unternehmensentwicklung

Transformationsfähigkeit Ihres Teams

- Fördert die Sensibilisierung
- Fördert die allgemeine Transformationsfähigkeit des Teams
- Fördert Umsicht und Weitsicht des Teams
- Fördert grundlegend die Kreativität
- Fördert offene Mindsets und innovative Denkhaltungen
- Sorgt für Inspiration oder bessere Inspirationsempfindlichkeit
- Zahlt auf eine bessere Vorstellungskraft ein
- Zahlt auf eine bessere Wahrnehmung ein
- Erhöht die Lösungsorientierung
- Fördert das Prozessverständnis

Einsatzcharakteristik/Arbeitsrahmen

- Austauschfokus: vornehmlich mit internen Personen
- Durchführungszeit: eher mittel (> 1 Stunde bis < 1 Tag)
- Einsatzfrequenz: vornehmlich im einmaligen Einsatz
- Einsatzradius: vornehmlich im Teameinsatz
- Komplexität für den Moderator: eher hoch
- Komplexität für die Teilnehmer: eher hoch
- Teamgröße: Kleingruppe möglich (3 bis 5 Teilnehmer)
- Teamgröße: Mittelgroße Teams möglich (5 bis 20 Teilnehmer)
- Vorbereitungszeit: eher gering (< 1 Stunde)

Input für eine zielführende Arbeit mit der Methode

- Aktuelle Herausforderung, Leitfrage, Problem
- Aktuelle Leitbild–Diskussionen
- Aktuelle Diskussionen über Nachhaltigkeitsstrategien
- Information über aktuelle Krisensituationen oder Veränderungsprozesse

- Existierende Prozesse und Verfahren
- Verschiedene Meinungen und Blickwinkel
- Vorhandenes Wissen und Erfahrungen
- Frühere oder aktuelle Problemanalysen
- Gescheiterte Ideen und fehlgeschlagene Projekte
- Trends und Zukunftsentwicklungen
- Umfeldbeobachtungen, Umfeldanalysen
- Wettbewerber und Komplementoren

Output und beobachtete Ergebnisse der Methode

- Erzeugt Übersicht über Chancen und Risiken
- Erzeugt Ideen und Lösungsansätze
- Erzeugt spezifischere Leitfragen, Ideen und Aussagen
- Erzeugt eine Vision oder Zukunftsbild
- Erzeugt größere Klarheit zu einem Thema
- Erzeugt transformationsfähigere Organisationen
- Erzeugt motiviertere und transformationsfähigere Teilnehmer
- Macht Wirkzusammenhänge sichtbar
- Fördert Nachhaltigkeits–Bewusstsein
- Fördert Fokussierungs-Kompetenz
- Sensibilisiert für Umfeldwahrnehmung
- Fördert Kommunikation und Austausch im Team
- Fördert Abstraktionsvermögen
- Fördert Rollen– und Differenzierungsverständnis
- Fördert langfristiges Denken und Planen

Hinderniseffekte, auf die die Methode positiv wirkt

- Bewahrt vor zu generischen Ideen und Aussagen
- Dynamisiert und aktiviert wenig dynamische Teams
- Fördert die Agilität der Teilnehmer
- Schafft für den Erfolg nötige Realitätsbezüge
- Schafft Klarheit und beschleunigt Erkenntnisgewinn
- Schwächt das Leben in der Vergangenheit
- Schwächt störende Bewertung während der Ideenfindung
- Schärft eine fehlende gemeinsame Ausrichtung
- Verhindert blinden Aktionismus
- Verhindert einseitige Bewertungen und Entscheidungen
- Verhindert unreflektiertes agieren
- Verringert zu große Komplexitäten

Mögliche Extravorteile der Methode

- Möglicher Extravorteil für Teams in einer Krisensituation
- Möglicher Extravorteil für agile Teams
- Möglicher Extravorteil für innovativ ungeübte Teams
- Möglicher Extravorteil für in Nachhaltigkeitsthemen ungeübte Teams

Quellen

Buch – Darwin meets Business. Klaus-Stephan Otto & Myra von Ondarza (Dr. Otto Training und Consulting, 2009)

Artikel – Das Unternehmen Wald. Stefan Rösler & Klaus-Stephan Otto. In: Q.Magazin – Das Magazin für Qualität, Ausgabe 2021/22: 6-11.

Buch – Denken und Handeln in Ökosystemen. Klaus-Stephan Otto, Stefan Rösler & Tina Teucher, in: Ternès & Englert (Hrsg.): Integriertes Nachhaltigkeitsmanagement: 183-209 (Springer, 2019)

Buch – Evolutionsmanagement. Klaus-Stephan Otto et al. (Hanser, 2007)

Organisation – www.evoco.de

Organisation – www.oecoach.de

Person – Dr. Stefan Rösler, roesler@oecoach.de

Artikel – Was haben Unternehmen und Start-Ups mit Wäldern zu tun. Ökosysteme in Natur und Wirtschaft. Stefan Rösler, Versicherungskammer (Hrsg.): innenreport (2019)

Web – https://innenreport.h5mag.com/innenreport_2019_ausgabe_2/s_9_unternehmen_startups

Web – https://www.babtec.de/fileadmin/user_upload/babtec/downloads/public/de/qmagazin/q.magazin_2021-22_de_web.pdf

Ökosystem-Ist-Analyse

EinSatzBeschreibung

Die Ökosystem-Ist-Analyse wird im Rahmen der strategischen Entwicklung von Organisationen, Unternehmen und Teams verwendet, analysiert eine Organisation und bestehende Beziehungen und Wechselwirkungen in deren Ökosystem und ermöglicht es, die komplexe Vernetzung einer Organisation abzubilden.

Working Guide/Anwendungsfelder

P1 Sensibilisierung/Bildung	P2 Matching Recht/Gesetz	P3 Sustainability Roadmap	P4 Produkt/Prozessdesign	P5 Implementierung/Monitoring	P6 Kommunikation	P7 Organisation	P8 Führung	P9 Business Model Design	P10 Skalierung
X		X		X		X			X

Beschreibung

Ökosystemares Denken und Handeln zeichnet sich dadurch aus, dass Mensch, Natur und Technik zusammengedacht und zusammengebracht werden. Dies trägt dazu bei, die zunehmende Alltagskomplexität besser zu durchdringen, verschiedenste Interessen zu integrieren und auf diese Weise Folgeprobleme zu reduzieren. Das Instrument dafür ist die Ökosystemanalyse. Mit ihrer Hilfe lässt sich eine Organisation als ein Ökosystem mit Menschen, Produkten, Gesetzen, Rohstoffen, Kunden etc. analysieren. Ebenso lässt sich aber auch die Organisation als Organismus in einem sie umgebenden Ökosystem darstellen.

Ökosystemares Denken findet seine praktische Anwendung in der Strategiearbeit von Organisationen, um die Komplexität des Ökosystems mit all seinen Akteuren abzubilden und seine Dynamik für Prognosen handhabbar zu machen. Unternehmen, Organisationen und Teams profitieren in ihrer Weiterentwicklung, wenn sie sich als Teil eines größeren Ökosystems verstehen und dieses sorgfältig analysieren. Je mehr sie ihr Handeln an den Gesetzmäßigkeiten natürlicher Ökosysteme und den seit Jahrmillionen bewährten, evolutionären Erfolgsprinzipien orientieren, desto weniger Folgekosten verursachen sie und desto nachhaltiger wirtschaften sie. Diese Erfolgsprinzipien sind im Wesentlichen (Otto et al. 2019):

- das Wirtschaften in Stoffkreisläufen,
- die Nutzung von Sonne, Wind und Biomasse,
- ein gutes Zusammenspiel von Kooperation und Konkurrenz,
- die ständige Weiterentwicklung von Prozessen und Innovationen,
- der Aufbau von Komplexität, die Bewährtes bewahrt und eine hohe Vielfalt des Lebens entstehen ließ: die Biodiversität.

Die Ökosystem-Analyse besteht aus zwei getrennten Teilen: Der Ökosystem-Ist-Analyse sowie der darauf aufbauenden Ökosystem-Entwicklungs-Analyse. Die hier beschriebene Ökosystem-Ist-Analyse zeichnet sich dadurch aus, dass Organisationen nicht nur hinsichtlich der Beteiligten (Stakeholder) und der Anteilseigner (Shareholder) analysiert werden. Vielmehr orientiert sie sich an natürlichen Ökosystemen, in denen biotische (lebende) Akteure (Menschen, Gruppen, Lebewesen) und abiotische (nicht lebende) Faktoren (Klima, Wind, Ozeane, Topografie, Maschinen) existieren und wirken. Deren Wechselwirkungen zu verstehen, gehört zu den größten Herausforderungen in der heutigen Wirtschaftsentwicklung.

Ziel der Ökosystem-Ist-Analyse ist es, die komplexe Vernetzung einer Organisation in ihrem aktuellen Ökosystem zu betrachten sowie die Wechselwirkungen und die Interaktion zwischen der Organisation und den biotischen Akteuren und abiotischen Faktoren zu analysieren. Der Vorteil der Ökosystemanalyse gegenüber einer klassischen Umfeldanalyse liegt in der systematischeren Herangehensweise und der umfassenderen, ganzheitlichen Untersuchung. So trägt sie am Beispiel eines definierten Anliegens konkret dazu bei, Chancen zu erkennen (z. B. neue Märkte, neue Nischen, neue Trends) und Risiken zu identifizieren (z. B. neue Technologien, neue Produkte von Mitbewerbern, Klimawandel-Folgen). Das Wechselspiel zwischen Chancen und Gefahren zu erkennen, schärft gleichzeitig das Bewusstsein für die strategische Bedeutung von Konkurrenz und Kooperation und für die hier bestehenden Synergismen und Entwicklungspotenziale. In Kombination mit der Orientierung an den oben beschriebenen Erfolgsprinzipien trägt die Ökosystem-Analyse dadurch zur Verbesserung der Nachhaltigkeits-Performance der jeweiligen Organisation bei.

Foto: Dr. Stefan Rösler

Durchführung

Viel zu oft reagieren Organisationen und Unternehmen nur auf ein Ereignis, statt proaktiv tätig zu sein. Wenn sie dagegen einen aktiven Part in ihrem Ökosystem spielen und sich bewusst machen, wie andere Akteure in ihrem Ökosystem agieren, können sie neue Chancen schneller erkennen, Problemen besser vorbeugen und ihre eigenen Handlungen vorausschauender steuern.

Die Durchführung einer Ökosystemanalyse stellt die Basis für ein solch zielgerichtetes Vorgehen dar. Ihr erstes Ziel ist es, das aktuelle Ökosystem einer Organisation zu analysieren und bestehende Beziehungen und Wechselwirkungen zu beschreiben.

Folgende Ablaufschritte kennzeichnen diese Analyse:

- Um welches Ökosystem/um welche Ökosysteme geht es?
  - Identifikation und Festlegung des zu untersuchenden Ökosystems
  - Identifikation angrenzender oder überschneidender Ökosysteme
  - Nutzen unterschiedlicher Blickwinkel (Eigenblick, Ameisenblick, Adlerblick)
- Warum wird die Ökosystemanalyse durchgeführt?
  - Fragestellung festlegen und am Flipchart formulieren (z. B. Wie kann die Organisation wachsen? Wie bewältigen wir die Krise? Wie können wir das Outsourcing des Bereichs X verhindern?)
- Darstellung des Ökosystems auf einem großen Tisch oder auf dem Fußboden mit farblich unterschiedlichen Karten (z. B. gefaltete Moderationskarten): Biotische Akteure (grün), Abiotische Faktoren (rot)
  - Ordnen der Akteure und Faktoren nach ihrer jeweiligen geschätzten Nähe oder Ferne
- Markieren der Grenzen des Ökosystems (bzw. der Sub-/Ökosysteme) mit einer Schnur

(Hinweis: Die Ökosysteme dürfen sich auch gegenseitig überlappen.)

- Wie stellt sich das Ökosystem aktuell dar?
  - Formulieren von Antworten zu folgenden Fragen und Notieren am Flipchart:
    - Wie stabil/ fragil ist das Ökosystem?
    - Welche Bewegungen/Veränderungen sind im Moment festzustellen?
    - Gibt es aktuelle Probleme oder Engpässe?
- Präsentation, Auswertung und Diskussion der Analyse-Ergebnisse im Plenum

An dieser Stelle wird noch nicht auf mögliche Zukunftsentwicklungen und Entwicklungsoptionen eingegangen. Diese sind Teil der Ökosystem-Entwicklungsanalyse, die als eigene ergänzende Methode beschrieben wird.

Praxisschlaglicht

Es ist erstaunlich, wie eine einfach scheinende Aufgabe, nämlich eine Organisation in ihrem Beziehungsnetz darzustellen, sich zu einer wirklich großen Aufgabe auswächst, je länger an der Analyse gearbeitet und diskutiert wird. Viele der Beziehungen und Interaktionen sind oft weder präsent noch wirklich bewusst, sondern werden erst durch einen gemeinsamen Diskussionsprozess identifiziert und zu einem Gesamtbild herausgearbeitet. Hier zeigt sich die große Bedeutung von „kollektiver Intelligenz", indem ein heterogenes Team mit unterschiedlichen Brillen und Blickrichtungen auf das Ökosystem und das Beziehungsnetz schaut. Und es oft sehr unterschiedliche Einschätzungen dazu gibt, wer die wirklich relevanten Akteure und Faktoren sind und in welchem Zustand sich das Ökosystem befindet.

Wirkfeld der Methode

- Wirksam für Herausforderungen mit hoher Komplexität
- Wirksam für Herausforderungen mit mittlerer Komplexität
- Wirksam für nachhaltige Organisations- und Unternehmensentwicklung
- Wirksam für nachhaltiges Prozessmanagement
- Wirksam für nachhaltige Entwicklung
- Wirksam für nachhaltige Kooperation

Transformationsfähigkeit Ihres Teams

- Fördert die Sensibilisierung
- Fördert die allgemeine Transformationsfähigkeit des Teams
- Fördert Umsicht und Weitsicht des Teams
- Fördert den Austausch im Team
- Sorgt für Fokussierung
- Zahlt auf ein positives Zukunftsbild ein
- Zahlt auf das Dringlichkeitsempfinden ein
- Erhöht die Lösungsorientierung
- Fördert das Prozessverständnis

Einsatzcharakteristik/Arbeitsrahmen

- Austauschfokus: vornehmlich mit internen Personen
- Durchführungszeit: eher mittel (> 1 Stunde bis < 1 Tag)
- Einsatzfrequenz: vornehmlich im einmaligen Einsatz
- Einsatzradius: vornehmlich im Teameinsatz
- Komplexität für den Moderator: eher hoch
- Komplexität für die Teilnehmer: eher hoch
- Teamgröße: Kleingruppe möglich (3 bis 5 Teilnehmer)
- Teamgröße: Mittelgroße Teams möglich (5 bis 20 Teilnehmer)
- Vorbereitungszeit: eher gering (< 1 Stunde)

Input für eine zielführende Arbeit mit der Methode

- Aktuelle Herausforderung, Leitfrage, Problem
- Aktuelle Leitbild–Diskussionen
- Aktuelle Diskussionen über Nachhaltigkeitsstrategien
- Information über aktuelle Krisensituationen oder Veränderungsprozesse
- Existierende Prozesse und Verfahren
- Verschiedene Meinungen und Blickwinkel
- Frühere oder aktuelle Problemanalysen
- Vorhandenes Wissen und Erfahrungen
- Trends und Zukunftsentwicklungen
- Umfeldbeobachtungen, Umfeldanalysen
- Wettbewerber und Komplementoren
- Ziele, Zielsystem, Kennzahlen

Output und beobachtete Ergebnisse der Methode

- Erzeugt Übersicht über Chancen und Risiken
- Erzeugt Ideen und Lösungsansätze
- Erzeugt Ideensuchfelder, unentdeckte Probleme, Inspiration
- Erzeugt Priorisierungen
- Erzeugt kollaborative Lösungen und Ideen
- Erzeugt spezifischere Leitfragen, Ideen und Aussagen
- Erzeugt eine Vision oder Zukunftsbild
- Erzeugt größere Klarheit zu einem Thema
- Erzeugt transformationsfähigere Organisationen
- Identifiziert vorhandene Schwachstellen
- Identifiziert vorhandene Stärken
- Macht Wirkzusammenhänge sichtbar
- Fördert Nachhaltigkeits–Bewusstsein
- Sensibilisiert für Umfeldwahrnehmung
- Fördert Kommunikation und Austausch im Team
- Fördert Rollen– und Differenzierungsverständnis
- Fördert langfristiges Denken und Planen

Hinderniseffekte, auf die die Methode positiv wirkt

- Schafft für den Erfolg nötige Realitätsbezüge
- Schafft Klarheit und beschleunigt Erkenntnisgewinn
- Schärft eine fehlende gemeinsame Ausrichtung
- Verhindert unreflektiertes agieren
- Verringert zu große Komplexitäten

Mögliche Extravorteile der Methode

- Möglicher Extravorteil für Teams in einer Krisensituation
- Möglicher Extravorteil für agile Teams
- Möglicher Extravorteil für innovativ ungeübte Teams
- Möglicher Extravorteil für in Nachhaltigkeitsthemen ungeübte Teams

Quellen

Buch – Darwin meets Business. Klaus-Stephan Otto & Myra von Ondarza (Dr. Otto Training und Consulting, 2009)

Buch – Denken und Handeln in Ökosystemen. Klaus-Stephan Otto, Stefan Rösler & Tina Teucher, in: Ternès & Englert (Hrsg.): Integriertes Nachhaltigkeitsmanagement: 183-209 (Springer, 2019)

Buch – Evolutionsmanagement. Klaus-Stephan Otto et al. (Hanser, 2007)

Buch – Waldworkshop Von der Natur lernen für Management, Strategie und Teamentwicklung. Stefan Rösler (2016)

Web – https://www.oecoach.de/wp-content/uploads/2016/10/20162303_Waldworkshop_Flyer_DINlang-Website.pdf (abgerufen am 20.09.2023)

Organisation – www.evoco.de

Person – Dr. Stefan Rösler, roesler@oecoach.de

Open Sustainable Innovation

EinSatzBeschreibung

Interdisziplinärer Ansatz, bei dem externe Stakeholder in den Innovationsprozess eingebunden werden, um Lösungen zu entwickeln, die wirtschaftlich rentabel sowie ökologisch und sozial nachhaltig sind.

Working Guide/Anwendungsfelder

P1 Sensibilisierung/Bildung	P2 Matching Recht/Gesetz	P3 Sustainability Roadmap	P4 Produkt/Prozessdesign	P5 Implementierung/Monitoring	P6 Kommunikation	P7 Organisation	P8 Führung	P9 Business Model Design	P10 Skalierung
X									X

Beschreibung

Open Innovation bezeichnet einen Ansatz, bei dem Unternehmen externe Akteure wie Kunden, Lieferanten oder sogar konkurrierende Firmen in den Innovationsprozess einbinden. Dies steht im Gegensatz zu traditionellen, geschlossenen Modellen, in denen Forschung und Entwicklung intern erfolgen.

Die Methode Open Sustainable Innovation erweitert das Konzept der Open Innovation um Nachhaltigkeitsaspekte. In diesem modifizierten Ansatz werden externe Stakeholder nicht nur zur Steigerung der Effizienz und Effektivität des Innovationsprozesses einbezogen, sondern auch, um nachhaltige Lösungen für ökologische und soziale Herausforderungen zu entwickeln.

Ziel ist es, Innovationen zu schaffen, die sowohl wirtschaftlich rentabel als auch langfristig umweltverträglich und sozial verantwortlich sind. Dieses Modell erlaubt die Integration vielfältiger Perspektiven und Ressourcen, wodurch ein ganzheitlicher Ansatz zur Lösung komplexer Probleme ermöglicht wird.

Durchführung

Die Durchführung des Open Sustainable Innovation-Modells folgt mehreren Phasen, angefangen bei der Identifikation relevanter Stakeholder bis hin zur Umsetzung und Evaluierung der Innovation. Zunächst wird eine klare Zielsetzung in Bezug auf Nachhaltigkeit formuliert. Externe Akteure wie Universitäten, NGOs, Kunden und Lieferanten werden dann eingeladen, in spezifischen Innovationsplattformen oder Workshops zusammenzuarbeiten. In diesen Foren werden Ideen generiert, bewertet und ausgewählt, wobei ein besonderer Fokus auf deren nachhaltige Auswirkungen liegt. Diese Ideen durchlaufen dann einen iterativen Prozess der Entwicklung, Testung und Anpassung, bevor sie schließlich implementiert werden. Abschließend erfolgt eine umfassende Evaluierung, die sowohl die wirtschaftlichen als auch die ökologischen und sozialen Ergebnisse misst, um die Gesamteffektivität der Innovation zu beurteilen.

Stellen Sie sich die Phasen des Open Sustainable Innovation-Modells dabei wie eine Reise vor, auf die Sie sich begeben:

1. **Ziele festlegen, wie einen Reiseplan machen:** Bestimmen Sie, was Sie erreichen wollen. Stellen Sie sich vor, Sie planen eine Reise und müssen entscheiden, welche Ziele Sie besuchen möchten. Diese Ziele sollten klar und erreichbar sein.
2. **Ein Team zusammenstellen, wie eine Reisegruppe bilden:** Suchen Sie sich Leute, die verschiedene Fähigkeiten und Kenntnisse haben. Das ist so, als ob Sie für eine Reise verschiedene Experten einladen, wie einen Navigator, einen Koch und einen Reiseführer.
3. **Eine Ideenwerkstatt veranstalten, wie ein Brainstorming-Camp:** Organisieren Sie ein Treffen, wo jeder seine Ideen und Gedanken teilen kann. Das kann wie ein Workshop oder ein kreatives Camp sein, wo alle zusammenkommen, um Ideen zu entwickeln.
4. **Ideen auswählen, wie die besten Reiseziele aussuchen:** Wählen Sie die besten und umsetzbarsten Ideen aus, ähnlich wie Sie die interessantesten Ziele für Ihre Reise aussuchen würden.
5. **Einen Prototyp entwickeln, wie eine Reiseroute testen:** Erstellen Sie einen Prototyp Ihrer Idee, ähnlich einem Testlauf einer Reiseroute. Überprüfen Sie, ob alles funktioniert und ob Anpassungen nötig sind.
6. **Feedback einholen, wie Reisebewertungen lesen:** Sammeln Sie Rückmeldungen von den Teilnehmern und anderen Beteiligten, genau wie Sie Bewertungen und Tipps von anderen Reisenden einholen würden.
7. **Die Idee umsetzen, wie auf eine große Reise gehen:** Wenn Ihr Prototyp erfolgreich ist, starten Sie die Umsetzung im größeren Maßstab. Das ist wie der Start einer großen, spannenden Reise.
8. **Erfolg messen und verbessern, wie das Reisetagebuch auswerten:** Beobachten Sie, wie gut Ihre Idee funktioniert, und suchen Sie nach Wegen, sie zu verbessern. Das ist so, als würden Sie Ihr Reisetagebuch durchgehen und überlegen, was beim nächsten Mal anders oder besser gemacht werden könnte.

Praxisschlaglicht

Ein Start-up im Bereich erneuerbare Energien hatte zwar innovative Ideen, aber es fehlte an Expertise, um diese Ideen in nachhaltige Lösungen umzusetzen. Das Unternehmen entschied sich für den Ansatz der Open Sustainable Innovation.

Zunächst legte das Start-up klare Nachhaltigkeitsziele fest, wie die Reduzierung des CO_2-Fußabdrucks und den Einsatz von recycelbaren Materialien in ihren Produkten. Anschließend luden sie Experten aus Universitäten, Vertreter von NGOs sowie einige ihrer eigenen Kunden zu einem eintägigen Workshop ein. In diesem Workshop wurden viele Ideen gesammelt und diskutiert. Eine Idee, die besonders herausstach, war ein Solarladegerät, das komplett aus recycelten Materialien hergestellt werden sollte. Die Teilnehmenden brachten unterschiedliche Expertisen in den Entwicklungsprozess ein: Die Universitätsexperten halfen bei der Materialauswahl, die NGOs berieten hinsichtlich sozialer Auswirkungen, und die Kunden gaben Feedback zu Funktionalität und Design.

Der Start-up führte dann einen Prototyp-Test durch und sammelte Daten zur Leistung und Nachhaltigkeit des Produkts. Nach mehreren Anpassungen wurde das Solarladegerät schließlich auf den Markt gebracht.

Wirkfeld der Methode

- Wirksam für Herausforderungen mit hoher Komplexität
- Wirksam für nachhaltiges Produktdesign
- Wirksam für nachhaltiges Prozessdesign
- Wirksam für nachhaltiges Servicedesign
- Wirksam für nachhaltiges Business Model Design

Transformationsfähigkeit Ihres Teams

- Fördert die Sensibilisierung
- Zahlt auf eine bessere Vorstellungskraft ein
- Zahlt auf eine bessere Wahrnehmung ein
- Zahlt auf ein positives Zukunftsbild ein
- Zahlt auf das Dringlichkeitsempfinden ein
- Erhöht die Lösungsorientierung

Einsatzcharakteristik/Arbeitsrahmen

- Austauschfokus: vornehmlich mit externen Personen
- Durchführungszeit: eher mittel (> 1 Stunde bis < 1 Tag)
- Einsatzfrequenz: vornehmlich im einmaligen Einsatz
- Einsatzradius: vornehmlich im projektweiten Einsatz
- Einsatzradius: vornehmlich im unternehmensweiten Einsatz
- Komplexität für den Moderator: eher hoch
- Komplexität für die Teilnehmer: eher hoch
- Teamgröße: Kleingruppe möglich (3 bis 5 Teilnehmer)
- Teamgröße: Mittelgroße Teams möglich (5 bis 20 Teilnehmer)
- Vorbereitungszeit: eher hoch (>1 Tag)

Input für eine zielführende Arbeit mit der Methode

- Aktuell existierende Geschäftsmodelle
- Aktuell existierende Produkte und Services
- Aktuelle Herausforderung, Leitfrage, Problem

Output und beobachtete Ergebnisse der Methode

- Erzeugt Ideen für neue Märkte und neue Business Modelle
- Erzeugt Ideen, Lösungsansätze, Vorideen, Möglichkeiten
- Erzeugt Ideensuchfelder, unentdeckte Probleme, Inspiration

Hinderniseffekte, auf die die Methode positiv wirkt

- Beugt blinden Flecken/Betriebsblindheit vor
- Schwächt das „Not invented here“-Syndrom
- Schwächt das Leben in der Vergangenheit
- Verhindert Ideenfindung mit zu schwacher Erkenntnisgrundlage
- Verhindert einseitige Bewertungen und Entscheidungen
- Wirkt fehlender Inspiration entgegen

Mögliche Extravorteile der Methode

- Möglicher Extravorteil für Teams mit einem starkem Auftragsmandat

Quellen

Person – Helga Katharina Mahler, helga.mahler@gmail.com
Web – https://openinnovation.eu

191

Osborns Nachhaltigkeitsliste

EinSatzBeschreibung

Osborns Nachhaltigkeitsliste lehnt sich an die bekannte Osborn-Checkliste an, um mittels strukturierter Fragen für mehr Nachhaltigkeit im Unternehmenskontext zu sorgen.

Working Guide/Anwendungsfelder

P1 Sensibilisierung/Bildung	P2 Matching Recht/Gesetz	P3 Sustainability Roadmap	P4 Produkt/Prozessdesign	P5 Implementierung/Monitoring	P6 Kommunikation	P7 Organisation	P8 Führung	P9 Business Model Design	P10 Skalierung
		X	X						

Beschreibung

Die Osborn-Checkliste ist seit den frühen 1960er-Jahren eine bewährte Innovationsmethode, die entwickelt wurde, um bestehende Produkte, Prozesse oder Lösungen weiter zu optimieren. Die Liste besteht aus 62 Fragen, die sich im Wesentlichen um die Eigenschaften und deren Ausprägungen drehen. Die Fragen inspirieren dazu, die Eigenschaft eines bestehenden Produkts (inkl. Dienstleistungen und Prozessen), eines Prototypen oder einer Produktidee weiterzudenken.

Vor allem die Struktur der Liste führt beim Anwender zu dem guten Gefühl, alle wesentlichen Aspekte für die Weiterentwicklung beachtet zu haben. So funktioniert die Osborn-Checkliste als Methode sehr gut, um die Produkteigenschaften zu optimieren.

Doch so methodisch gut die Osborn-Checkliste funktioniert, sie enthält wenig Fragen, die dazu führen, Produkte und Dienstleistungen nachhaltiger zu gestalten bzw. diese so zu verändern, dass sie die Nachhaltigkeitsziele des Herstellers, aber auch der Kunden fördern. Es ist also Zeit, die Osborn-Checkliste nachhaltiger zu gestalten.

Die hier beschriebene Methode „Osborns Nachhaltigkeitsliste" lehnt sich an die altbekannte Methode an. Ziel der Methode ist es anhand von geeigneten Fragen Aspekte der Nachhaltigkeit z. B. eines Produkts zu fördern und zu optimieren. Dieses Ziel wird erreicht, indem eine Reihe an Fragen im Kontext Nachhaltigkeit strukturiert abgearbeitet wird.

Doch in dieser Methode sind die Fragen nicht vorgegeben, sondern werden im ersten Schritt nach individuellen Bedürfnissen erarbeitet. Hintergrund dafür ist, dass die Anzahl der Fragen enorm zunehmen würde, wenn die der Methode zugrunde liegende Liste alle Aspekte der Nachhaltigkeit abdecken müsste. Es macht durchaus Sinn die Fragen so einzugrenzen, dass lediglich die gesetzten Nachhaltigkeitsziele oder nur ein ausgewählter Aspekt der Nachhaltigkeit strukturiert überprüft wird.

Durchführung

1. **Erarbeitung der Fragen**
   - Erstellen Sie die drei Listen aus der nachfolgenden Abbildung für alle Teilnehmenden der Arbeitsgruppe und machen Sie diese gut sichtbar (Flipchart oder Beamer)
   - Sie sollten die Liste „ESG-Bereiche" so verändern, dass Sie die in Ihrem Unternehmen gesetzten Nachhaltigkeitsziele widerspiegelt. Alternativ können Sie anstatt der ESG-Kriterien auch die 17 SDGs (Sustainable Development Goals der UN) verwenden.
2. **Priorisieren der Bereiche**
   - Diskutieren Sie im Team und priorisieren Sie, welcher Bereich bei „Produkt" bearbeitet werden soll.
   - Diskutieren Sie im Team und priorisieren Sie, welcher Bereich aus den „ESG-Bereichen" bearbeitet werden soll.
   - Verbinden Sie beide ausgewählten Bereiche über die Liste „Optimierung durch" wie abgebildet.
3. **Formulieren der Fragen**
   - Entwickeln Sie Fragestellungen, in denen Sie die beiden priorisierten Bereiche mit allen Attributen der Liste „Optimierung durch" kombinieren und aus den Kombinationen zielführende Fragen erstellen.

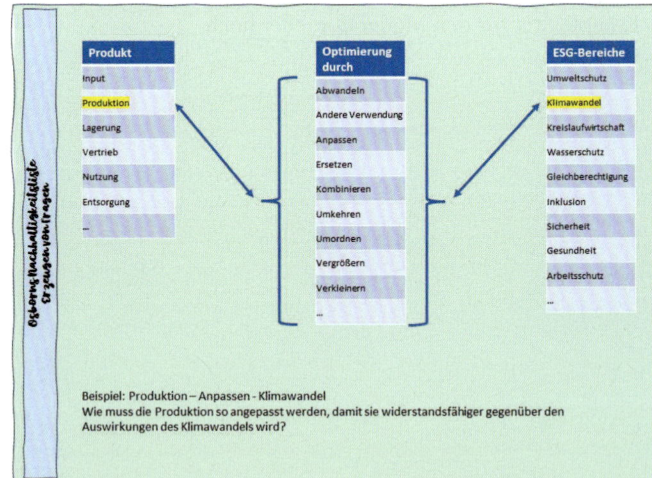

Quelle: Thomas Appel Consulting

Beispiel: Aus der Kombination von Produktion, Anpassen und Klimawandel kann die Frage formuliert werden: „Wie muss die Produktion angepasst werden, damit sie widerstandsfähiger gegenüber den Auswirkungen des Klimawandels wird?".

Sie könnten aber auch vom Produkt aus denken und die Frage stellen: „Wie muss das Produkt angepasst werden, damit es den Herausforderungen des Klimawandels widersteht und welche Auswirkungen hat dies auf die Produktion?“

- Schreiben Sie zunächst alle Fragen auf, die Ihnen zu jeder Kombination einfallen.
- Falls eine Kombination zu oberflächliche Fragen generiert (wie z. B.: „Wie kann die Produktion so verändert werden, dass sie umweltfreundlicher ist?“), dann suchen Sie mittels Brainstorming nach weiteren Ausprägungen der Bereiche:

Beispiele: Ausprägungen für „Input“: Rohstoffe, Ausgangsprodukte, Hilfsstoffe, Beschaffungsprozess, Beschaffungslogistik, oder für „Produktion“: Verfahren, eingesetzte Maschinen, Energieeffizienz, Arbeit, Kosten, … Ausprägungen für „Umweltschutz“: Emissionen, Kunststoffe, Gifte, Chemikalien in Luft, Wasser und Boden, oder Synonyme wie ökologischer Nutzen, Klimanutzen, Schutz von Ökosystemen, Naturbelassung, Biodiversität etc.

Tipp: Viele Ausprägungen werden viele Fragen generieren. Das kann ein Indiz dafür sein, dass es in diesen Bereichen in Ihrem Unternehmen tatsächlich viel zu tun gibt. Lassen Sie das zu! Nicht jede Frage ist immer sinnvoll und nicht jede Frage muss beantwortet werden. Aber die Kraft der Kreativität liegt in der forcierten Kombination von Wörtern und den daraus resultierenden Fragen. Gut formulierte Fragen werden wiederum neue Ideen für weitere Fragen nach sich ziehen. Dies wird interessante Frageblöcke aufwerfen. Wenn Sie feststellen, dass Fragen oder Antworten zusammengehören, dann platzieren Sie diese auch nebeneinander und gruppieren sie. Bevor Sie in den nächsten Schritt gehen, könnten Sie diese entstandenen Gruppen auch nochmals priorisieren, um festzulegen, wie Sie weitermachen.

4. **Beantworten der Fragen**
   - Beantworten Sie danach die Fragen in der vorgegebenen oder einer willkürlichen Reihenfolge.
   - Machen Sie alle Fragen und alle gegebenen Antworten sichtbar und verfügbar, sodass auch im Nachgang noch weitere Antworten gefunden und hinzugefügt werden können.
5. **Wiederholen Sie diese Methode** immer dann, wenn sich technische Rahmenbedingungen, Nachfrage der Kunden oder Regularien verändern oder Sie neue Produkte, Dienstleistungen oder Prozesse entwickeln.

Wirkfeld der Methode

- Wirksam für nachhaltiges Produktdesign
- Wirksam für nachhaltiges Prozessdesign
- Wirksam für nachhaltiges Servicedesign
- Wirksam für nachhaltiges Business Model Design

Transformationsfähigkeit Ihres Teams

- Fördert die Agilität eines Teams
- Fördert die Teamkreativität
- Fördert grundlegend die Kreativität
- Fördert offene Mindsets und innovative Denkhaltungen
- Sorgt für Inspiration oder bessere Inspirationsempfindlichkeit

Einsatzcharakteristik/Arbeitsrahmen

- Austauschfokus: vornehmlich mit internen und externen Personen
- Durchführungszeit: eher mittel (> 1 Stunde bis < 1 Tag)
- Einsatzfrequenz: sinnvoll im dauerhaften Einsatz
- Einsatzradius: vornehmlich im Teameinsatz
- Einsatzradius: vornehmlich im projektweiten Einsatz
- Einsatzradius: vornehmlich im unternehmensweiten Einsatz
- Komplexität für den Moderator: eher gering
- Komplexität für die Teilnehmer: eher gering
- Teamgröße: Einzelpersonennutzung möglich
- Teamgröße: Mittelgroße Teams möglich (5 bis 20 Teilnehmer)
- Vorbereitungszeit: eher gering (< 1 Stunde)

Input für eine zielführende Arbeit mit der Methode

- Aktuell existierende Geschäftsmodelle
- Aktuell existierende Produkte und Services
- Aktuelle Herausforderung, Leitfrage, Problem
- Existierende Prozesse und Verfahren
- Ideen, Lösungsansätze, Vorideen, Varianten
- Innovationssuchfelder, Intent Statements
- Ziele, Zielsystem, Kennzahlen

Output und beobachtete Ergebnisse der Methode

- Bessere Projekteffizienz, bessere Teamperformance
- Erzeugt Ideen, Lösungsansätze, Vorideen, Möglichkeiten
- Erzeugt Ideensuchfelder, unentdeckte Probleme, Inspiration
- Erzeugt Leitfragen für die Ideenfindung
- Erzeugt angereicherte Ideen, Ideencluster, höher integrierte Lösungen
- Erzeugt frühe Prototypen
- Erzeugt größere Klarheit zu einem Thema
- Hilft bei Entscheidungen, Bewertungen und Feedback
- Macht Wirkzusammenhänge sichtbar

Hinderniseffekte, auf die die Methode positiv wirkt

- Beugt Missinterpretationen vor
- Beugt blinden Flecken/Betriebsblindheit vor
- Bewahrt vor zu generischen Ideen und Aussagen
- Schafft schnell Klarheit und beschleunigt Erkenntnisgewinn
- Schwächt multidisziplinäre Reibungsverluste
- Stärkt schwache Anreicherungsskills
- Verhindert Ideenfindung mit zu schwacher Erkenntnisgrundlage
- Verhindert blinden Aktionismus
- Verhindert einseitige Bewertungen und Entscheidungen
- Verhindert falsche Flughöhen
- Verhindert unreflektiertes agieren
- Verhindert vorschnelles Urteilen über Ideen
- Wirkt fehlender Inspiration entgegen
- Überzeugt strukturliebende Teammitglieder

Mögliche Extravorteile der Methode

- Möglicher Extravorteil für Teams in einer Komfortsituation
- Möglicher Extravorteil für innovativ erfahrene Teams

Osborns Nachhaltigkeitsliste

- Möglicher Extravorteil für innovativ ungeübte Teams
- Möglicher Extravorteil für in Nachhaltigkeitsthemen erfahrene Teams
- Möglicher Extravorteil für in Nachhaltigkeitsthemen ungeübte Teams

Quellen

Person – Thomas Appel, Thomas Appel Consulting, thoap@tac4u.net
Buch – Osborn, A. F. Applied Imagination: Principles and Procedures of Creative Problem Solving (Scribner, 1959)
Buch – Parnes, S. J., & Osborn, A. F. Creative Problem Solving: An Introduction (Scribner, 1967)
Web – „ESG-Kriterien". Siehe: Verordnung (EU) 2020/852 des Europäischen Parlaments und des Rates vom 18. Juni 2020. https://eur-lex.europa.eu/eli/reg/2020/852/oj?locale=de (abgerufen am 01.10.2023)
Web – „17 SDGs (Sustainability Development Goals der UN)". Siehe: https://unric.org/de/17ziele/ (abgerufen am 01.10.2023)

Grafik: verrocchio Sustainable Inspiration Card – Malvine Klecha, Hila Attaie und Jennifer van Aerssen (Illustration)

Partnership Flowchart

EinSatzBeschreibung

Das Partnership Flowchart dient als schematisches Instrument zur Identifizierung und Strukturierung der Beziehungen, Rollen und Verantwortlichkeiten zwischen verschiedenen Akteuren in einer Partnerschaft, insbesondere im Kontext der Ziele für nachhaltige Entwicklung (SDGs), und bietet eine fundierte Grundlage für die Auswahl des am besten geeigneten Partnerschaftstyps.

Working Guide/Anwendungsfelder

P1 Sensibilisierung/Bildung	P2 Matching Recht/Gesetz	P3 Sustainability Roadmap	P4 Produkt/Prozessdesign	P5 Implementierung/Monitoring	P6 Kommunikation	P7 Organisation	P8 Führung	P9 Business Model Design	P10 Skalierung
		X					X	X	X

Beschreibung

Das Konzept der nachhaltigen Entwicklung erfuhr globale Aufmerksamkeit, nachdem die Vereinten Nationen 2015 die Ziele für nachhaltige Entwicklung (SDGs) verabschiedeten. Diese 17 Ziele adressieren wirtschaftliche, soziale und ökologische Facetten der Nachhaltigkeit. Angesichts der Komplexität dieser Herausforderungen betont SDG 17, Partnerschaften zur Erreichung der Ziele: Umsetzungsmittel stärken und die globale Partnerschaft für nachhaltige Entwicklung mit neuem Leben füllen, die Relevanz der Interaktionen zwischen verschiedenen Akteurinnen. Zwei primäre Partnerschaftsformen werden dabei unterschieden: die Globale Partnerschaft für nachhaltige Entwicklung und Multi-Stakeholder-Partnerschaften, beide mit dem Ziel, Ressourcen für die Realisierung der SDGs zu bündeln.

Partnerschaften erweisen sich als wirkungsvolle Strategie zur Förderung nachhaltiger Beschaffung in Unternehmen, und stehen im Zentrum der Beziehungen zwischen Wirtschaft und Gesellschaft zur Erreichung der Nachhaltigkeitsziele. Wenn Sie der Ansicht sind, dass eine Partnerschaft zwischen Ihrem Unternehmen und Organisationen zur Förderung der SDGs und zur Erzielung einer Wirkung beitragen kann, kann das Partnership Flowchart als Leitfaden für den optimalen Weg dienen. Nutzen Sie das Partnership Flowchart, um den für Ihren Fall am besten geeigneten Partnerschaftstyp zu ermitteln.

Das Partnership Flowchart agiert als Leitlinie für eine effiziente und wirkungsvolle Kooperation und kann als dynamisches Instrument betrachtet werden, das im Verlauf des Projekts angepasst werden kann, um auf neue Erkenntnisse oder veränderten Bedingungen zu reagieren.

Die Anwendung des Partnership Flowchart Tools erfolgt in einer systematischen Sequenz von Schritten, die darauf ausgerichtet sind, die Komplexität von Partnerschaften, insbesondere im Kontext der nachhaltigen Entwicklung und der Ziele für nachhaltige Entwicklung (SDGs), zu bewältigen.

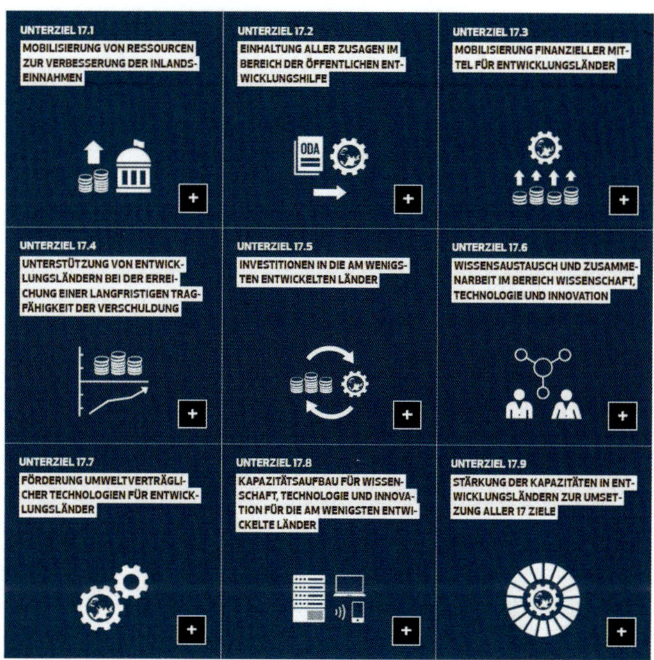

Unterziele zu SDG 17 (Quelle: https://17ziele.de/ziele/17.html)

Durchführung

Ermitteln Sie anhand des Flussdiagramms, welche Partnerschaftsform für Sie am besten geeignet ist.

192

Partnership Flowchart

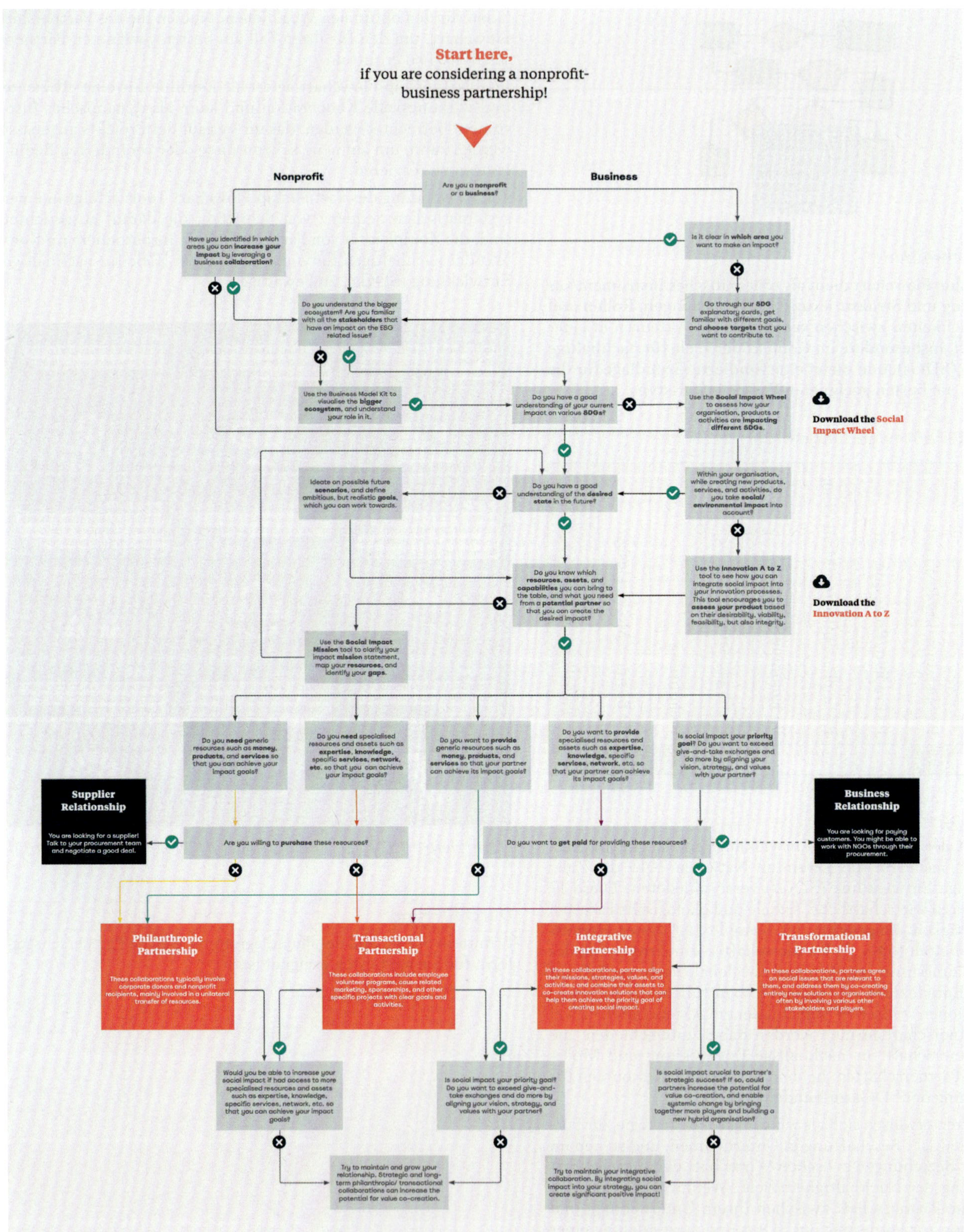

Partnership Flowchart (Quelle: https://miro.com/app/board/uXjVOxSMJr0=/?share_link_id=732227610254)

Wirkfeld der Methode

- Wirksam für Herausforderungen mit hoher Komplexität
- Wirksam für nachhaltiges Business Model Design

Transformationsfähigkeit Ihres Teams

- Erhöht die Lösungsorientierung

Einsatzcharakteristik/Arbeitsrahmen

- Austauschfokus: vornehmlich mit internen und externen Personen
- Durchführungszeit: eher hoch (> 1 Tag)
- Einsatzfrequenz: vornehmlich im einmaligen Einsatz
- Einsatzradius: vornehmlich im Teameinsatz
- Einsatzradius: vornehmlich im unternehmensweiten Einsatz
- Komplexität für den Moderator: eher mittel
- Komplexität für die Teilnehmer: eher hoch
- Teamgröße: Einzelpersonennutzung möglich
- Teamgröße: Kleingruppe möglich (3 bis 5 Teilnehmer)
- Teamgröße: Mittelgroße Teams möglich (5 bis 20 Teilnehmer)
- Vorbereitungszeit: eher hoch (>1 Tag)

Input für eine zielführende Arbeit mit der Methode

- Aktuell existierende Geschäftsmodelle
- Aktuell existierende Produkte und Services
- Aktuelle Herausforderung, Leitfrage, Problem

Output und beobachtete Ergebnisse der Methode

- Erzeugt Ideen für neue Märkte und neue Business Modelle
- Erzeugt größere Klarheit zu einem Thema
- Erzeugt transformationsfähigere Organisationen
- Erzeugt mehr Hintergrundinformationen
- Erzeugt mehr Know-how-Zuwachs
- Erzeugt motiviertere und transformationsfähigere Teilnehmer
- Identifiziert vorhandene Schwachstellen
- Identifiziert vorhandene Stärken
- Macht Wirkzusammenhänge sichtbar

Hinderniseffekte, auf die die Methode positiv wirkt

- Verhindert falsche Flughöhen
- Verhindert unreflektiertes agieren
- Verringert zu große Komplexitäten
- Wirkt fehlender Inspiration entgegen
- Überzeugt strukturliebende Teammitglieder
- Überzeugt einen Rationalisierer

Mögliche Extravorteile der Methode

- Möglicher Extravorteil für Teams mit einer konservativen, tradierten Kultur
- Möglicher Extravorteil für in Nachhaltigkeitsthemen unerfahrene Teams

Quellen

Web – https://www.boardofinnovation.com (abgerufen am 26.08.2023)

Web – https://miro.com/app/board/uXjVOxSMJr0=/?share_link_id=732227610254 (abgerufen am 26.08.2023)

Web – https://17ziele.de/ziele/17.html (abgerufen am 26.08.2023)

Perspektivenwechsel: Maulwurf, Ameise, Hase, Adler

EinSatzBeschreibung

Der „Perspektivenwechsel" dieser Outdoor-Übung ermöglicht, durch die Einnahme unterschiedlicher Perspektiven ein Bewusstsein dafür zu entwickeln, wie subjektiv die eigene Sicht der Dinge sein kann und wie wichtig es ist, vor wichtigen Entscheidungen mehrere Perspektiven im Sinne einer „Ökosystem-Perspektive" einzubeziehen, um über eine qualifizierte Entscheidungsgrundlage zu verfügen.

Working Guide/Anwendungsfelder

P1 Sensibilisierung/Bildung	P2 Matching Recht/Gesetz	P3 Sustainability Roadmap	P4 Produkt/Prozessdesign	P5 Implementierung/Monitoring	P6 Kommunikation	P7 Organisation	P8 Führung	P9 Business Model Design	P10 Skalierung
X		X			X				

Beschreibung

Zur Konkretisierung der vier unterschiedlichen Sicht-Positionen dieses Perspektivenwechsels wird die Übung auch als „Maulwurf-, Ameisen-, Hasen- und Adler-Perspektive" bezeichnet. In der Zusammenfassung dieser vier Sichtweisen handelt es sich um eine „Ökosystem-Perspektive".

Notwendig für die Durchführung dieser Übung ist ein Wald, in dem es Höhenunterschiede und offene Blickachsen von oben nach unten und von unten nach oben gibt. Dies ermöglicht es, eine beidseitige Blickverbindung zwischen einem höher gelegenen Punkt und einer tiefer gelegenen Stelle im Wald herzustellen.

Ziel ist es, sich von jedem der Sichtpunkte aus bei unterschiedlichem Fokus ein möglichst genaues Bild vom nahen, näheren, weiteren oder fernen Umfeld zu machen. Beim Vergleich der standortsspezifischen Wahrnehmungen wird bewusst, wie sehr eigene Wahrnehmungen subjektive Wahrnehmungen sind, die ganz wesentlich von der Art der Betrachtung und vom gewählten Standort abhängen. Und wie sehr diese Subjektivität der eigenen Wahrnehmung auch zu einer einseitigen oder verzerrten Wahrnehmung führen kann, die oftmals Anlass für Irritationen, Konflikte oder Fehlentscheidungen ist.

Der erste im Rahmen der Übung „Perspektivenwechsel" aufzusuchende Ort liegt in einem kleinen Tal oder in einer Senke, an einem möglichst ungestörten und ansprechenden Ort, an dem man gern verweilt. Von hier aus soll eine Sichtachse zu einem höher gelegenen Hügel, Berg oder Aussichtspunkt bestehen. An dem im Tal gelegenen Ort werden die drei ersten Wahrnehmungsübungen durchgeführt.

Bei der ersten Position „Maulwurf" knien die Teilnehmer auf dem Boden und schauen nach unten auf den Boden oder wer mag sogar in den Boden hinein. Diese vertikal ausgerichtete „Ein-Sicht" und das sich in den Boden Hineinfühlen ermöglicht den Blick auf Laub, Wurzeln, Erde, Asseln, Regenwürmer, Blätter, Moose, Flechten, Eicheln, Bucheckern, keimende Ahornsamen oder Eicheln und Pflanzensämlinge.

Bei der zweiten Position „Ameise" geht es um bodenparallele, horizontale „Nah-Sicht". Hier liegen die Teilnehmer auf dem Bauch. Aus dieser horizontalen „Mikro-Kosmos-Perspektive" werden im Liegen Gräser, Stauden, Zapfen, Äste, kleine Insekten, Pilze, Steine, Maulwurfshügel und andere kleinstandörtliche Besonderheiten wahrgenommen. Viele der zu beobachtenden Gegenstände sind identisch wie bei der Position Maulwurf, aber sie werden nicht von oben, sondern von der Seite wahrgenommen.

Bei der dritten Position „Hase" sitzen die Teilnehmer auf dem Boden und schauen sowohl in die Horizontale als auch vertikal nach unten und nach oben, um sich einen unmittelbaren Eindruck ihrer gesamten Umgebung verschaffen zu können. Der Fokus verändert sich gegenüber der Ameisen-Sicht durch das Sitzen weg vom Boden auf eine höhere Ebene und eher zum Gesamtumfeld, sodass eine „Um-Sicht" möglich ist. Hier werden weniger die Details am Boden, sondern vor allem die Büsche, Sträucher, Baumstümpfe und Bäume sowie die umgebende Topografie wahrgenommen. So z. B. ein Bach, der umgebende Baumbestand, ein vorbeiführender Weg oder ein gegenüber liegender Waldhang.

Für die vierte und letzte Position „Adler" muss der Ort gewechselt werden. Die Gruppe sucht nun eine höher gelegene Örtlichkeit auf, von der aus ein Blick zurück auf den ersten Beobachtungspunkt möglich ist. Entweder von einem nach oben führenden Waldweg oder von einem gegenüberliegenden Waldhang aus. Noch besser von einer Kuppe, einem Berg oder einem Aussichtspunkt aus. Auch wenn keine wirkliche „Adler-Perspektive" möglich ist,

Maulwurf-Perspektive (Foto: Tine Kiefl)

so vermittelt das Stehen in erhabener und möglichst exponierter Position und mit horizontalem Blick doch auf jeden Fall eine gute „Über-Sicht", eventuell auch „Fern-Sicht". Von hier aus besteht erstmals ein Überblick über die umgebende Landschaft, in der sich die Gruppe bisher bewegt hat.

Aus dieser Position heraus kann der Blick zwischen Nähe und Ferne wechseln. Der erste Beobachtungsort ist zwar noch lokalisierbar und aus der Ferne sichtbar, aber nicht mehr in seinen Details erkennbar. Die aus den Positionen „Maulwurf" und „Ameise" heraus gemachten Beobachtungen und die gewonnenen Erkenntnisse mögen aus der Ferne keine Bedeutung haben, sind aber für eine qualifizierte Gesamteinschätzung der Situation unabdingbar. Falls der Boden ausgezehrt und die Vegetation am Talgrund vertrocknet ist, hat das unmittelbare Auswirkungen auf den Standort und damit auf den gesamten Baumbestand.

Ameisen-Perspektive (Foto: Dr. Stefan Rösler)

Auch die aus der Position „Hase" heraus noch prägenden Sträucher und Jungbäume werden beim „Adler-Blick" durch das flächige Grün des Waldes verwischt. Auch der aus Hasen-Sicht noch groß und mächtig wirkende Einzelbaum sowie der kleine vorbeifließende Bach verschwinden nun im Gesamtbild der hügeligen Waldlandschaft. Gleichzeitig sind aber für den Adler Details erkennbar, die aus der Nähe nicht zu sehen waren. Während der Hase primär die Stämme und das Grün des umgebenden Waldes gesehen hat, ist nun aus der Ferne nicht nur die Baumarten-Zusammensetzung des Waldes zu erkennen, sondern auch der Vitalitätszustand der Bäume. Während die dominierenden Buchen, Bergahorne und Tannen mit sattem Grün einen insgesamt vergleichsweise vitalen Eindruck machen, befinden sich dazwischen mehrere Gruppen vom Borkenkäfer befallener und abgestorbener Fichten. Auch die Kahlfläche, auf der im letzten Jahr bereits die abgestorbenen Fichten geräumt wurden, sowie der oberhalb der ersten Beobachtungsfläche verlaufende Forstweg sind von hier aus zu sehen. Und oben auf dem Bergrücken stehen mehrere Windenergie-Anlagen, die von unten aus und bis kurz vor dem jetzt erreichten Aussichtspunkt überhaupt nicht zu erkennen waren.

> Der Vergleich der vier verschiedenen Perspektiven macht eindrücklich deutlich, wie subjektiv die singuläre Sicht der Dinge aus einer einzigen Perspektive heraus sein kann. Speziell bei komplexen Fragestellungen und Problemen sowie in Stresssituationen ist es hilfreich, räumlichen und emotionalen Abstand zu suchen, um sich in Ruhe ein umfassendes Gesamtbild machen zu können, bevor spontane oder nicht zu Ende gedachte Entscheidungen getroffen werden.

Das Einbeziehen und sachliche Abwägen verschiedener Fokus- und Betrachtungsebenen aus Nähe und Distanz sowie aus Spezialisten-Wissen und Generalisten-Sicht trägt zu einem ganzheitlichen Bild im Sinne einer „Ökosystem-Perspektive" und damit zu einer qualifizierten Entscheidungsgrundlage bei. Daher sollte für verantwortungsvolle Führungskräfte vor wichtigen Entscheidungen ein mehrfacher Perspektivwechsel selbstverständlich sein. Die „Ökosystem-Perspektive" trägt nicht nur zu einer qualifizierteren, sondern auch zu einer weitsichtigeren und risikoärmeren Entscheidung im Sinne einer nachhaltigen Entwicklung bei.

Durchführung

Wie bei allen Outdoor-Übungen erfordert auch die Methode „Perspektivenwechsel" eine Vorinformation bzgl. der aktuellen Wetterlage, um mögliche Risiken zu vermeiden. Bei Starkwind, Sturm und Gewitter sollte diese Übung aufgrund unkalkulierbarer Gefahren durch umstürzende Bäume oder herabfallende Äste nicht durchgeführt werden. Aufgrund des mit den ersten drei Übungen verbundenen direkten Kontakts mit dem Waldboden empfiehlt sich für die Durchführung dieser Übung ein Tag mit halbwegs trockener und nicht zu kalter Witterung. Ansonsten sollte für jede Person eine Sitzunterlage sowie eine leichte Iso-Matte mitgenommen werden, damit die Übungen in angenehmer und entspannter Atmosphäre durchgeführt werden können.

Vorzubereiten ist zudem die Suche nach einem geeigneten Wald für den Perspektivenwechsel. Wichtig für die Wirksamkeit der Übung ist die Kombination aus einer tiefer gelegenen Örtlichkeit im Wald sowie einer höher gelegenen, problemlos zu Fuß erreichbaren zweiten Örtlichkeit mit Sichtverbindung zur darunter

Hasen-Perspektive (Foto: Dr. Stefan Rösler)

gelegenen Örtlichkeit. Geeignet ist daher ein Wald mit Relief oder Hangpartien, der zudem weit genug entfernt von Straßen, störenden Lärmquellen und stark frequentierten Wanderwegen oder MTB-Trails liegen sollte, damit die Übungen möglichst ungestört durchgeführt werden können.

Nachdem die Übung entsprechend vorbereitet ist, kann sie nach folgenden Ablaufschritten durchgeführt werden:

- Vereinbarung eines Treffpunktes in fußläufiger Entfernung zum Wald, in dem die Übung durchgeführt werden soll.
- Mitnahme der Sitzunterlagen und Isomatten für die Teilnehmer und vorbereitende Klärung des Transports im Wald während der Übung. Je nach Teilnehmerzahl können die Unterlagen entweder auf einige Rucksäcke verteilt werden oder werden für den Transport ggf. auf einem mitzunehmenden Bollerwagen transportiert.
- Gemeinsame Wanderung vom Treffpunkt in den Wald zum ausgewählten Startplatz an einem möglichst ungestörten und sinnlich ansprechenden Ort mit Sichtachse zum höher gelegenen zweiten Ort der Übung.
- Information der Teilnehmer über Ablauf und Ziel der Übung. Wichtig ist der Hinweis, dass es darum geht, besonders aufmerksam auf die eigenen Wahrnehmungen sowie persönlichen Empfindungen und Eindrücke bei den vier verschiedenen Tier-Positionen zu achten. Auch wenn die Augen für uns Menschen das wichtigste Sinnesorgan sind, sollen bewusst alle Sinne eingesetzt werden. Auch das sich Hineinversetzen in den Maulwurf, die Ameise, den Hasen oder den Adler erfordert bereits einen persönlichen Perspektivwechsel jedes Teilnehmers.
- Nun werden die Teilnehmer gebeten, vor Beginn der eigentlichen Übungen still und bewusst für sich allein an diesem Ort anzukommen, sich vertraut zu machen und die persönlichen Eindrücke und Gefühle an diesem Ort für sich zu identifizieren.
- Danach nimmt sich jeder Teilnehmer ein Sitzkissen und eine Iso-Matte und sucht sich mit ausreichend Abstand zum Nachbarn einen Platz, an dem er sich wohl fühlt.
- Position 1 – Maulwurf: Die Teilnehmer knien mit ausreichend Abstand zueinander jeweils auf ihren Unterlagen, schauen nach unten auf den Boden und registrieren in der Vertikalen mit allen Sinnen drei Minuten lang still, was sie wahrnehmen. Wer mag, darf sich auch ein Stück weit mit geschlossenen Augen in den Boden oder das Laub einwühlen, um tatsächlich eine „Ein-Sicht“ in den Boden zu bekommen und sich in die Wahrnehmung des Maulwurfs versetzen zu können. Nach drei Minuten findet ein Austausch zu den gemachten Wahrnehmungen und den persönlichen Eindrücken statt.
- Position 2 – Ameise: Die Teilnehmer legen sich auf dem Bauch auf ihre Iso-Matte, ebenfalls wieder mit ausreichend Abstand zueinander, damit jeder Teilnehmer eine möglichst freie Sicht in den aus der Horizontalen heraus zu beobachtenden Mikrokosmos des Waldbodens hat. Wieder gibt es drei Minuten individuelle „Beobachtungszeit“, in der aus der Ameisenperspektive mit allen Sinnen in „Nah-Sicht“ der Boden abgescannt wird. Es erfolgt der Hinweis, dass sich Ameisen primär über Duftstoffe und Informationsaustausch über die Fühler verständigen. Nach drei Minuten erfolgt wieder der Austausch zu den gemachten Wahrnehmungen. Ergänzend wird der Unterschied zwischen den beiden unterschiedlichen Sicht-Perspektiven und persönlichen Empfindungen beim Praktizieren der Methoden „Maulwurf“ und „Ameise“ diskutiert.
- Position 3 – Hase: Diesmal setzen, hocken oder knien sich die Teilnehmer auf ihre Iso-Matte. Falls dies zu beschwerlich ist, darf auch im Stehen beobachtet werden. Drei Minuten Hasen-Perspektive, d. h. es ist erlaubt in alle Richtungen zu schauen, zu riechen und zu hören – „Um-Sicht“, ganz Hase eben. Danach erfolgt wieder der gegenseitige Austausch. Dieser sollte zunächst auf die Unterschiede zwischen den Wahrnehmungen „Ameise“ und „Hase“ eingehen.

Adler-Perspektive (Foto: Dr. Stefan Rösler)

- Nun erfolgt eine Zwischen-Diskussion zu den drei bisher praktizierten unterschiedlichen Positionen und den jeweiligen Erfahrungen.
  - Wer fühlt sich in welcher der drei Positionen mehr oder weniger wohl und warum?
  - Worin genau unterscheidet sich der Eindruck aus einer Einzel-Tier-Position von der Summe aller drei Eindrücke?
  - Wie entwickelt sich im Laufe der drei Teilübungen das Gesamtbild, das vom Ausgangs-Standort gewonnen wird, in dem Maulwurf, Ameise und Hase leben?
  - Ist es möglich, zwischen dem persönlichen Eindruck und den gefühlten Wahrnehmungen des jeweiligen Stellvertreter-Tieres zu unterscheiden? Falls ja, worin liegt der Unterschied?
  - Wie wird der Übungs-Ort jetzt am Ende der drei Übungen im Vergleich zur Ankunft wahrgenommen?
- Nach dem Austausch wird der Ort (mitsamt den Sitzkissen und Iso-Matten) verlassen und die Gruppe wandert auf dem vorab vom Trainer festgelegten Weg gemütlich aufwärts. Dabei wird bewusst die sukzessive Entfernung vom ersten Übungsplatz wahrgenommen, ebenfalls Besonderheiten und Veränderungen, die entlang des Wegs wahrgenommen werden.
- Nach dem Erreichen des zweiten Übungsplatzes werden die mit dem Abschied vom Ausgangsplatz und dem Weg aufwärts empfundenen Veränderungen thematisiert.
- Danach werden auch hier die Teilnehmer wieder gebeten, vor Beginn der eigentlichen Übung still und bewusst für sich allein an diesem Ort anzukommen, sich vertraut zu machen und die persönlichen Eindrücke und Gefühle an diesem exponierten Ort mit Weitblick für sich zu identifizieren.

- Position 4 – Adler: Nun stehen alle Teilnehmer aufrecht und mit aufmerksamem, horizontalem Blick über den Wald und in die Ferne. Von hier aus besteht erstmals ein Überblick über die umgebende Landschaft, in der sich die Gruppe bisher bewegt hat. Aber auch auf den weiter unten gelegenen Ort, an dem Maulwurf, Ameise und Hase leben. Dieser Ort bietet eine gute „Über-Sicht", im Idealfall auch „Fern-Sicht". Die Teilnehmer beobachten jeder für sich drei Minuten lang die Umgebung nah und fern in allen Richtungen. Aber auch immer wieder in Richtung des Hasen, der ein mögliches Beutetier darstellt.
- Danach erfolgt ein Austausch zu den Wahrnehmungen und Beobachtungen des Adlers:
  - Was unterscheidet die Adler-Perspektive von den drei anderen Perspektiven?
  - Wie sieht aus Adler-Perspektive der Lebensraum von Maulwurf, Ameise und Hase aus?
  - Könnte eine der drei anderen Perspektiven dem Adler in seinem Alltag hilfreich sein? Falls ja, welche und warum?
- Vor dem Abschied vom „Adler-Platz" werden die Teilnehmer noch um Beantwortung bzw. Diskussion zu folgenden beiden Fragen gebeten:
  - Wie wird der aktuelle Übungs-Ort „Adler" jetzt am Ende der Übung im Vergleich zur Ankunft wahrgenommen?
  - Worin liegt der gefühlte Unterschied zwischen dem Ausgangsort von Maulwurf, Ameise und Hase und dem aktuellen Adler-Platz?

Nach dem Austausch wird der Ort (mitsamt den Sitzkissen und Iso-Matten) verlassen und die Gruppe wandert zurück zum Ausgangspunkt der Veranstaltung. Hier erfolgt eine abschließende Transferdiskussion. Folgende Fragen können diskutiert werden:

- Was ist der Vorteil und was ist der Nachteil einer singulären Betrachtungsweise aus Sicht von Maulwurf, Ameise, Hase und Adler im Vergleich zur einer ganzheitlichen „Ökosystem-Perspektive"?
- Wie können die unterschiedlichen Perspektiven im Sinne einer kollektiven Intelligenz zu einer „Ökosystem-Perspektive" zusammengeführt und nutzbar gemacht werden und welche Formate bedarf es dafür?
- Welche Rahmenbedingungen oder Entscheidungen bedarf es, um die aggregierten Erkenntnisse der sektoralen Sichtweisen nutzen und frühzeitig vor einer Entscheidung in Entscheidungsfindungs-Prozesse einspeisen und berücksichtigen zu können?
- Welche Formate außerhalb der Übung „Perspektivenwechsel" gibt es, die in der eigenen Organisation bzw. im eigenen Unternehmen vergleichbar ganzheitlich angelegte „Ökosystem-Perspektiven" generieren könnten?

Praxisschlaglicht

Im Wald Maulwurf, Ameise, Hase und Adler sein zu dürfen – das hört sich für viele Erwachsene zunächst einmal etwas „kindisch" an. Doch sobald diese Wahrnehmungsübung mit verschiedenen Perspektiven durchgeführt wird und die unterschiedlichen daraus resultierenden Sichtweisen besprochen und verglichen werden, wird diese Übung vielfach zur eindrucksvollen und bleibenden Erfahrung. Ob Maulwurf, Ameise, Hase oder Adler – jeder Fokus für sich allein genommen ist richtig und wichtig. Aber der entscheidende Mehrwert dieser Übung liegt im Erkennen der Relevanz einer ganzheitlichen Betrachtungsweise auf Basis aller praktizierten Sichtweisen sowie der Berücksichtigung dieser „Ökosystem-Perspektive" vor wichtigen Entscheidungen.

Helfende Organisation

www.hausdeswaldes.de, www.naturschule.de, www.natur-coaching.de

Wirkfeld der Methode

- Wirksam für Herausforderungen mit hoher Komplexität
- Wirksam für Herausforderungen mit mittlerer Komplexität
- Wirksam für Herausforderungen mit niedriger Komplexität
- Wirksam für eine Stärkung des Teamgedankens
- Wirksam für nachhaltige Personalentwicklung
- Wirksam für nachhaltiges Gesundheitsmanagement

Transformationsfähigkeit Ihres Teams

- Fördert die Sensibilisierung
- Fördert die allgemeine Transformationsfähigkeit des Teams
- Fördert grundlegend die Kreativität
- Fördert offene Mindsets und innovative Denkhaltungen
- Sorgt für Inspiration oder bessere Inspirationsempfindlichkeit
- Sorgt für Fokussierung und Entschleunigung
- Fördert Umsicht und Weitsicht des Teams
- Zahlt auf eine bessere Vorstellungskraft ein
- Zahlt auf eine bessere Wahrnehmung ein
- Zahlt auf ein positives Zukunftsbild ein
- Erhöht die Lösungsorientierung

Einsatzcharakteristik/Arbeitsrahmen

- Austauschfokus: vornehmlich mit internen Personen
- Austauschfokus: vornehmlich mit internen und externen Personen
- Durchführungszeit: eher mittel (> 1 Stunde bis < 1 Tag)
- Einsatzfrequenz: vornehmlich im einmaligen Einsatz
- Einsatzradius: vornehmlich im Teameinsatz
- Komplexität für den Moderator: mittel bis hoch
- Komplexität für die Teilnehmer: eher mittel
- Teamgröße: Einzelpersonennutzung möglich
- Teamgröße: Kleingruppe möglich (3 bis 5 Teilnehmer)
- Teamgröße: Mittelgroße Teams bis 25 Teilnehmer möglich
- Vorbereitungszeit: eher mittel (> 1 Stunde bis < 1 Tag)

Input für eine zielführende Arbeit mit der Methode

- Aktuelle Herausforderung, Leitfrage, Problem
- Verschiedene Botschaften, Meinungen, Statements
- Verschiedene Meinungen und Blickwinkel
- Vorhandenes Wissen und Erfahrungen
- Ideen, Lösungsansätze, Vorideen, Varianten
- Merkmale der gegebenen Herausforderung
- Trends und Zukunftsentwicklungen
- Umfeldbeobachtungen, Umfeldanalysen

Output und beobachtete Ergebnisse der Methode

- Erzeugt Ideen, Lösungsansätze, Vorideen, Möglichkeiten
- Erzeugt besseren Teamspirit, mehr Offenheit, Inspirationsempfindlichkeit
- Erzeugt eine Vision oder Zukunftsbild
- Erzeugt motiviertere und transformationsfähigere Teilnehmer
- Macht Wirkzusammenhänge sichtbar
- Fördert Konzentrationsfähigkeit
- Fördert Fokussierungs-Kompetenz
- Bessere Team-Performance
- Sensibilisiert für Umfeldwahrnehmung

Hinderniseffekte, auf die die Methode positiv wirkt

- Bewahrt vor zu generischen Ideen und Aussagen
- Bindet eher introvertierte Teammitglieder mit ein
- Dynamisiert und aktiviert wenig dynamische Teams
- Fördert gehemmte Teammitglieder
- Schärft eine fehlende gemeinsame Ausrichtung
- *Vermindert* einseitige Bewertungen und Entscheidungen
- Verkürzt und durchbricht vorhandene Kreativblockaden
- Fördert Optimismus und Zuversicht

Mögliche Extravorteile der Methode

- Möglicher Extravorteil für Teams in einer Krisensituation
- Möglicher Extravorteil für Teams mit einer konservativen, tradierten Kultur
- Möglicher Extravorteil für agile Teams
- Möglicher Extravorteil für innovativ ungeübte Teams
- Möglicher Extravorteil für in Nachhaltigkeitsthemen ungeübte Teams

Quellen

Buch – Denken und Handeln in Ökosystemen. Klaus-Stephan Otto et al.; in Ternès & Englert (Hrsg.): Integriertes Nachhaltigkeitsmanagement: 183 – 209 (Springer, 2019)

Buch – Der Wald als Berater und Coach, Stefan Rösler, Forum Nachhaltig Wirtschaften 01/2013- 2013: 66-68

Buch – Praxishandbuch der Waldpädagogik, Frank Hoffmann (wbv-Media GmbH, 2023)

Buch – Waldworkshop Von der Natur lernen für Management, Strategie und Teamentwicklung, Stefan Rösler (2016)

Dr. Stefan Rösler, roesler@oecoach.de

Web – www.evoco.de

Web – www.hausdeswaldes.de

Web – www.naturschule.de

Web – https://www.oecoach.de/wp-content/uploads/2016/10/20162303_Waldworkshop_Flyer_DINlang-Website.pdf (abgerufen am 20.09.2023)

PESTEL Nachhaltigkeit

EinSatzBeschreibung

In Anlehnung an den PESTEL-Ansatz werden Primär- und Sekundär-Benefits von Nachhaltigkeit im Unternehmen identifiziert und bewertet.

Working Guide/Anwendungsfelder

P1 Sensibilisierung/Bildung	P2 Matching Recht/Gesetz	P3 Sustainability Roadmap	P4 Produkt/Prozessdesign	P5 Implementierung/Monitoring	P6 Kommunikation	P7 Organisation	P8 Führung	P9 Business Model Design	P10 Skalierung
X		X					X		

Beschreibung

Während Primäreffekte meist deutlicher zu erkennen sind, nehmen wir Sekundäreffekte, d. h. mögliche zusätzliche Vorteile und Potenziale, erst auf den zweiten Blick bewusst wahr.

Mit dem PESTEL-Ansatz schaffen wir die Möglichkeit, Primär- und Sekundär-Benefits beeinflussender Nachhaltigkeits-Faktoren in Betracht zu ziehen. Konkret nutzen wir die PESTEL-Perspektiven, um die Benefits im Kontext Nachhaltigkeit im Unternehmen zu beleuchten. Diese Perspektiven (deren Anfangsbuchstaben den Namen der Methode geben) sind:

Politik (political), Wirtschaft (economical), Sozio-Kultur (social), Technologie (technological), Ökologie (environmental) sowie rechtliche Faktoren (legal).

Durch die Betrachtung der für das Unternehmen relevanten Dimensionen und Facetten der Nachhaltigkeitsziele (siehe auch Sustainability Universe) lassen sich systematisch daraus resultierende Benefits für das Unternehmen sichtbar machen. Weiterhin können wir etwaige Investitionsaufwendungen bzw. -planungen ableiten. Die Frage lautet:

„Welche Benefits können wir als Unternehmen erwarten, wenn wir die Nachhaltigkeitsziele berücksichtigen und die hierfür relevanten Faktoren fördern?"

Wir erhalten eine hervorragende Basis für fundierte Entscheidungsfindungen auf Management- sowie Projektebene.

Durchführung

Sie benötigen eine Übersicht der für das Unternehmen relevanten Nachhaltigkeitsziele bzw. Dimensionen und Facetten. All diese Dimensionen und Facetten können durch ihren Beitrag zu den Nachhaltigkeitszielen auf das Unternehmen und dessen strategische Entscheidung potenziell Einfluss nehmen.

(Beispiel für eine Dimension: Mitarbeitende – zugehörige Facetten z. B.: Zufriedenheit, Gesundheit, Bildung, Gleichstellung, Arbeitsbedingungen).

Schritt 1: Wählen Sie vorpriorisierte Dimensionen für die PESTEL-Analyse aus. Je nach Bedarf und Zeit können Sie die Bewertung natürlich für alle relevanten Dimensionen unter Berücksichtigung der Facetten durchführen.

Schritt 2: Betrachten Sie die ausgewählten Dimensionen der Reihe nach aus den PESTEL-Perspektiven:

Was sind mögliche Vorteile, wenn Nachhaltigkeit in Bezug auf die relevanten Facetten vom Unternehmen gefördert wird, d. h.

- welche primären Benefits ergeben sich daraus
- welche sekundären Benefits lassen sich aus den primären Benefits ableiten

je aus:

- **politischer Perspektive:** Welche politischen/taktischen Möglichkeiten bringt diese Förderung dem Unternehmen?
- **wirtschaftliche Perspektive:** Welche wirtschaftlichen Effekte können entstehen?
- **sozialer Perspektive**: Welche sozialen/kulturellen Auswirkungen ergeben sich?
- **technologischer Perspektive**: Welche Möglichkeiten auf technologischer Seite werden gefördert?
- **ökologischer Perspektive**: Welche Wirkungen lassen sich bezogen auf Umweltfaktoren wie natürliche Ressourcen, Klima, Emission usw. erzielen?
- **rechtlicher Perspektive**: Welche Effekte können sich in Bezug auf Rechtsthemen ergeben?

Schritt 3: Dieser Schritt kann optional erfolgen. Er bietet Ihnen u. a. eine spannende Reflexion darüber, welchen Stellenwert die jeweilige Dimension (und PESTEL-Perspektiven) bzw. ihre Benefits für das Unternehmen haben. Dabei kann dieser Blick bei der Priorisierung von Investitionsplanungen unterstützen.

Hierzu betrachten Sie die Ergebnisse für Primär- und Sekundär-Benefits. Versuchen Sie nun einen Wert (in Euro) festzulegen, wie viel Ihnen diese Benefits wert sind. D. h. wie viel wollen Sie als Unternehmen in diese Dimension/Facetten investieren, um sie zu stärken und damit die Benefits für das Unternehmen zu generieren? Sie können je Dimension einen Gesamtwert für alle Benefits wählen oder ein Wert je PESTEL-Perspektive.

Natürlich sind nicht für jede Entscheidung alle Benefits relevant. Der Ansatz bietet jedoch eine sehr gute Grundlage, um einen relativ ganzheitlichen Blick auf relevante Einflussfaktoren und deren Wirkungen zu erhalten. Bisher wenig beachtete Zusatzvorteile können so auch bei einer Entscheidungsfindung als sogenanntes „Zünglein an der Waage" dienen.

PESTEL – Bewertung Dimension: Mitarbeitende

Facetten: Zufriedenheit, Gesundheit, Bildung, Gleichstellung, Arbeitsbedingungen

PESTEL
Bewertung: Worauf zahlt die Maßnahme ein.

Perspektive	Political	Economical	Social	Technological	Environmental	Legal
Primär-Benefit	Bewilligungen	Know-how; Expertise; Fokus	Zufriedenheit; Zusammenarbeit; Gute Stimmung; Geringer Widerstand; Positive Firmenkultur; Integrität; Geringere Abwesenheit; Einsatz-bereitschaft	Innovation; Expertise	Achtsamkeit im Umgang mit umweltkritischen Materialien/Stoffen etc.	Vertrauens-vorschuss
Sekundär-Benefit	Einfluss	Effizienz und Produktivität; Produktivität der Mitarbeitenden; Gewinn steigt; Umsatz steigt	Attraktivität für Fachkräfte; Verbesserungs-potenziale; Flexibilität; Veränderungs-bereitschaft	Wettbewerbsvorteile; USPs	Reputation	Geringere Gebühren etc.
Investition/ Wert in Euro						

Abbildung: BINNOMA

Praxisschlaglicht

Beispielhaft gehen wir auf die Ergebnisse der Erarbeitung von Primär- und Sekundär-Benefits im Rahmen der Strategiemeetings eines kleineren Maschinenherstellers ein. Betrachtet wurde die Dimension Mitarbeitende mit den genannten Facetten. Die Leitfrage lautete daher: Was sind mögliche Vorteile und Chancen, wenn Nachhaltigkeit in Bezug auf Zufriedenheit, Gesundheit, Bildung, Gleichstellung, Arbeitsbedingungen der Mitarbeitenden vom Unternehmen gefördert wird?

- Politische Perspektive: ein Primär-Benefit kann sich bei der (politischen) internen Zusammenarbeit mit dem Betriebsrat (oder extern Ämter usw.) zeigen, z. B. in Bezug auf Bewilligungen. Der Sekundär-Benefit wäre eine mögliche Einflussnahme auf Zugeständnisse auch bei anderen unternehmensrelevanten Themen.
- Wirtschaftliche Perspektive: als Primär-Benefit können Know-how-Zuwachs und erweiterte Expertise entstehen. Der Sekundär-Benefit zeigt sich z. B. in der Effizienz und Produktivität, der Umsatz- und Gewinnsteigerung.
- Soziale Perspektive: Primär zahlen diese Aktivitäten u. a. auf gute Zusammenarbeit, positive Kultur, gute Stimmung, weniger Abwesenheit durch Krankheit, Integrität ein. Sekundär betrachtet bedeutet dies u. a. eine höhere Attraktivität für gesuchte Fachkräfte, Flexibilität, Veränderungsbereitschaft.
- Technologischer Perspektive: Primär wird die Möglichkeit geschaffen für Innovationen und Expertise. Sekundär lassen sich daraus u. a. Wettbewerbsvorteile, Unique Selling Products (USP's) ableiten.
- Ökologische Perspektive: Primär zeigt sich mehr Achtsamkeit im Umgang mit Ressourcen, umweltkritischen Materialien, Sensibilität für Verschwendung usw. Sekundär kann dies zu einer besseren Reputation des Unternehmens beitragen.
- Rechtliche Perspektive: Die Förderung von Nachhaltigkeit in Bezug auf die Rahmenbedingungen für Mitarbeitenden können primär vertrauensbildend wirken und zudem einen „Vertrauensvorschuss" bedeuten. Sekundär verringern sich Auseinandersetzungen und die damit verbundenen Kosten.

Wirkfeld der Methode

- Wirksam für Herausforderungen mit hoher Komplexität
- Wirksam für Herausforderungen mit mittlerer Komplexität
- Wirksam für Herausforderungen mit niedriger Komplexität

Transformationsfähigkeit Ihres Teams

- Fördert die Sensibilisierung
- Fördert die allgemeine Transformationsfähigkeit des Teams

- Fördert offene Mindsets und innovative Denkhaltungen
- Zahlt auf eine bessere Vorstellungskraft ein
- Zahlt auf eine bessere Wahrnehmung ein
- Zahlt auf ein positives Zukunftsbild ein
- Zahlt auf das Dringlichkeitsempfinden ein

Einsatzcharakteristik/Arbeitsrahmen

- Austauschfokus: vornehmlich mit internen Personen
- Durchführungszeit: eher mittel (> 1 Stunde bis < 1 Tag)
- Einsatzfrequenz: vornehmlich im einmaligen Einsatz
- Einsatzfrequenz: vornehmlich über den kompletten Projektzeitraum
- Einsatzradius: vornehmlich im Teameinsatz
- Einsatzradius: vornehmlich im projektweiten Einsatz
- Einsatzradius: vornehmlich im unternehmensweiten Einsatz
- Komplexität für den Moderator: eher mittel
- Komplexität für die Teilnehmer: eher mittel
- Teamgröße: Einzelpersonennutzung möglich
- Teamgröße: Kleingruppe möglich (3 bis 5 Teilnehmer)
- Teamgröße: Mittelgroße Teams möglich (5 bis 20 Teilnehmer)
- Vorbereitungszeit: eher mittel (> 1 Stunde bis < 1 Tag)

Input für eine zielführende Arbeit mit der Methode

- Aktuell existierende Geschäftsmodelle
- Aktuell existierende Produkte und Services
- Beteiligte Personen mit Tätigkeiten und Aufgaben
- Trends und Zukunftsentwicklungen
- Umfeldbeobachtungen, Umfeldanalysen
- Wettbewerber und Komplementoren

Output und beobachtete Ergebnisse der Methode

- Erzeugt Listen von Chancen und Risiken
- Erzeugt Prognosen und Ableitungen
- Erzeugt Nutzenfunktionen und Bedürfniskorridore
- Erzeugt Planungen und Priorisierungen
- Erzeugt definierte Zielkorridore
- Erzeugt größere Klarheit zu einem Thema
- Erzeugt transformationsfähigere Organisationen

Hinderniseffekte, auf die die Methode positiv wirkt

- Beugt blinden Flecken/Betriebsblindheit vor
- Schafft für den Erfolg nötige Realitätsbezüge
- Schafft schnell Klarheit und beschleunigt Erkenntnisgewinn
- Schwächt Angst vor Neuem (Cainophobie)
- Schwächt den „Inneren Zensor“
- Schärft eine fehlende gemeinsame Ausrichtung
- Verhindert blinden Aktionismus
- Verhindert unreflektiertes agieren
- Verringert zu große Komplexitäten
- Überzeugt strukturliebende Teammitglieder
- Überzeugt Zweifler, Bewahrer, Kritiker

Mögliche Extravorteile der Methode

- Möglicher Extravorteil für Teams mit einem starkem Auftragsmandat
- Möglicher Extravorteil für die Arbeit mit digitalen Kollaborationsboards
- Möglicher Extravorteil für in Nachhaltigkeitsthemen erfahrene Teams

Quellen

Buch – Das große Handbuch Innovation, B. van Aerssen, Chr. Buchholz (Hrsg.) (Vahlen, 2018)
Buch – Macroenvironmental Analysis for Strategic Management, L. Fahry, V.K. Narayanan (South-Western, 1986)
Organisation – BöhringerInnovationsManagement, www.binnoma.de
Person – Sabine Böhringer, sabine.boehringer@binnoma.de
Web – https://www.scribbr.de/modelle-konzepte/pestel-analyse/

195

Pitch Your Green Idea!

EinSatzBeschreibung

Das Brett-Planspiel „Pitch Your Green Idea!“ ermöglicht den Spielenden, Lösungen für nachhaltige Organisationsentwicklung im Rahmen eines sogenannten Serious Game zu ersinnen und zu simulieren.

Working Guide/Anwendungsfelder

P1 Sensibilisierung/Bildung	P2 Matching Recht/Gesetz	P3 Sustainability Roadmap	P4 Produkt/Prozessdesign	P5 Implementierung/Monitoring	P6 Kommunikation	P7 Organisation	P8 Führung	P9 Business Model Design	P10 Skalierung
X			X				X	X	

Beschreibung

Das Spiel „Pitch Your Green Idea!“ ist ein aufgabenbasiertes Lern-/Planspiel, das ein Spielbrett und Karten beinhaltet und den Spielenden die Möglichkeit gibt, sich mit dem Thema nachhaltige Unternehmensführung und Organisationsentwicklung auseinanderzusetzen. Im geschützten Raum des Spiels können die Teilnehmenden mit Entrepreneurship-Methoden in Teams kreative Ideen für die Bewältigung gesellschaftlicher und ökologischer Herausforderungen entwickeln.

Dabei können Entscheidungen getroffen und reflektiert werden, ohne Auswirkungen in der realen Welt zu haben. Das Spiel bietet damit die Chance, neue Ideen in verschiedenen Nachhaltigkeitsfeldern zu kreieren oder bereits bestehende Ideen aus einer nachhaltigen Perspektive weiterzuentwickeln. Ziel ist unter anderem eine Vermittlung von Nachhaltigkeit aus einer ganzheitlichen Perspektive in Unternehmenskontexten. Dabei sollen Spielende für das Thema Nachhaltigkeit in wirtschaftlichen Zusammenhängen begeistert werden. Darüber hinaus zeigt das Spiel Potenziale auf, wie neue Ideen und Innovationen in Nachhaltigkeits- und Governance-Kontexte eingebunden werden können.

Als sogenanntes Serious Game dient Pitch Your Green Idea! nicht ausschließlich der Unterhaltung, obwohl es durchaus Spielspaß bereitet. Das Anliegen des Spiels ist vielmehr, Information und Bildung in einem ausgeglichenen Verhältnis zu Unterhaltungsaspekten zu vermitteln. Ein wichtiger Aspekt bei dem Spiel ist die Förderung von Kooperation, also gemeinsam als Team Aufgaben zu lösen, Ziele zu erreichen und ein angenehmes Miteinander zu gestalten. Spielend lernen so Teilnehmende Nachhaltigkeit als holistischen Ansatz zu begreifen, die ökologischen und sozialen Strukturen gemeinsam auf faire Weise zu gestalten und dabei innerhalb der planetaren Grenzen zu agieren.

Das Spiel wurde entwickelt, um den Bedarf nach kooperativem und freundschaftlichem Miteinander in der heutigen Zeit zu adressieren. Anstatt auf Wettbewerb und Leistungsdruck zu setzen, fördert das Spiel Zusammenarbeit und kreativen Austausch. Es ist Teil einer Initiative von europäischen Spieleentwicklern, die Spiele nachhaltiger gestalten wollen. Das Spiel „Pitch Your Green Idea!“ legt dabei besonderen Wert auf nachhaltige Orientierung – sowohl inhaltlich als auch gestalterisch. Ein ansprechend-funktionales Design, nachhaltige Materialien und ein gutes Verhältnis von Spaß und Lerninhalt ergeben ein konsistentes Spielerlebnis.

Foto: systainchange GbR

Durchführung

Bei Pitch Your Green Idea! handelt sich um ein Brett-Planspiel mit Karten. Die Spielenden werden durch gezielt platzierte Informationen durch das Spiel geleitet und Kompetenzen niedrigschwellig vermittelt. Eine große Stärke von Pitch Your Green Idea! ist seine Variabilität. Das Spiel bietet verschiedene Spielmöglichkeiten – je nach Situation und didaktischem Ansatz. Die kurze Version hat etwa 2 Stunden Spieldauer. Danach können die bis dahin erlangten Punkte auf mehreren Skalen ausgewertet werden. Die lange Version benötigt etwa 4 Stunden Spielzeit und endet mit einem finalen Pitch. An dem Spiel teilnehmen können insgesamt bis zu zwölf Spielende. Auch ein Solo-Spiel ist möglich.

Zu Beginn des Spiels wählen die Teilnehmenden, ob sie in Teams oder als Einzelspieler antreten möchten. Anschließend entwickeln die Teams ihre Geschäftsideen, basierend auf gesellschaftlichen oder ökologischen Herausforderungen. Jeder Spielende oder jedes Team bekommt dabei ein öko-soziales Problem zugewiesen, das von Armut und Alltagsbarrieren bis hin zum Waldsterben reichen kann. Es besteht aber auch die Möglichkeit, bereits vorhandene Ideen oder Probleme aus anderen Kontexten zu Beginn einzubringen.

Während des Spiels entwickeln die Teilnehmenden dann Lösungen, die das gegebene Problem als Projekt- oder Geschäftsidee adressieren. Der Spielverlauf wird zusätzlich durch Fragen an die Spielenden und kreative Aufgaben strukturiert. Im weiteren Verlauf des Spiels beschäftigen sich die Teilnehmenden allein oder im Team mit diesen Quizfragen rund um unternehmerische Nachhaltigkeit und Unternehmensgründung. Durch korrekte Antworten können sie Wissenspunkte sammeln, die für die Umsetzung von Entscheidungen und Ereignissen bedeutsam sind. In jeder dritten bis vierten Runde gibt es eine Aufgabe zur inhaltlichen Konzeption der eigenen Projekt- oder Geschäftsidee, die von allen Teilnehmenden gleichzeitig bearbeitet wird. Gemeinsam entscheidet die Gruppe, welches Team oder welche Person die Aufgabe am besten gelöst hat und vergibt dafür einen sogenannten Pitch-Punkt.

Das Spiel ist modular aufgebaut und kann in verschiedener Hinsicht angepasst werden: in Bezug auf Inhalte (Themenschwerpunkte, Schwierigkeitsgrad, Reihenfolge), in Bezug auf die Spieldauer, aber auch in Hinsicht auf Teilnehmendenzahl sowie Gruppenkonstellation.

Insgesamt bietet das Spiel eine interaktive und spielerische Möglichkeit, sich mit nachhaltiger Organisationsentwicklung auseinanderzusetzen und kreative Lösungen für ökologische und soziale Probleme zu entwickeln. Besonderer Clou: Zahlreiche QR-Codes im Spielmaterial bieten Zugang zu ergänzenden Informationen rund um die Spielthemen und erleichtern die Integration des Spiels in einen Seminarkontext. Pitch Your Green Idea! ist so konzipiert, dass es sowohl als unterhaltsames Gesellschaftsspiel als auch als Team- und Weiterbildungsevent oder Innovationsmethode für Unternehmen und Bildungseinrichtungen geeignet ist. Neben dem Aufgreifen klassischer Start-up-Aspekte, wie dem Problem-Solution-Fit, Zielgruppenanalyse und oder Konzeption von Prototypen werden auch Wissenselemente im Bereich Nachhaltigkeit vermittelt und weitergehende Skills wie Kooperation gefördert.

Praxisschlaglicht

Das Spiel hat bereits mehrere Preise gewonnen. Die Abschlussarbeit, der das Spiel zugrunde liegt, wurde bspw. 2019 mit dem deutschen Planspielpreis ausgezeichnet. Pitch Your Green Idea! wird vielfach eingesetzt in Seminaren, zum Beispiel im Social Impact Lab Berlin und in Hochschulprojekten u. a. an der HNE Eberswalde, Universität Oldenburg, Hochschule Zittau/Görlitz sowie in Unternehmen – insbesondere Start-ups.

Wirkfeld der Methode

- Wirksam für Herausforderungen mit hoher Komplexität
- Wirksam für Herausforderungen mit mittlerer Komplexität
- Wirksam für Herausforderungen mit niedriger Komplexität
- Wirksam für nachhaltiges Produktdesign
- Wirksam für nachhaltiges Business Model Design

Transformationsfähigkeit Ihres Teams

- Fördert die Sensibilisierung
- Fördert die Teamkreativität
- Fördert die allgemeine Transformationsfähigkeit des Teams
- Fördert grundlegend die Kreativität
- Fördert offene Mindsets und innovative Denkhaltungen
- Sorgt für Inspiration oder bessere Inspirationsempfindlichkeit
- Zahlt auf das Dringlichkeitsempfinden ein
- Erhöht die Lösungsorientierung

Einsatzcharakteristik/Arbeitsrahmen

- Austauschfokus: vornehmlich mit internen und externen Personen
- Durchführungszeit: eher mittel (> 1 Stunde bis < 1 Tag)
- Einsatzfrequenz: vornehmlich im einmaligen Einsatz
- Einsatzradius: vornehmlich im Teameinsatz
- Komplexität für den Moderator: eher mittel
- Komplexität für die Teilnehmer: eher hoch
- Teamgröße: Einzelpersonennutzung möglich
- Teamgröße: Kleingruppe möglich (3 bis 5 Teilnehmer)
- Teamgröße: Mittelgroße Teams möglich (5 bis 20 Teilnehmer)
- Vorbereitungszeit: eher gering (< 1 Stunde)

Input für eine zielführende Arbeit mit der Methode

- Durchführungszeit, Trainingszeit

Output und beobachtete Ergebnisse der Methode

- bessere Projekteffizienz, bessere Teamperformance
- Erzeugt Prognosen und Ableitungen
- Erzeugt Ideen für neue Märkte und neue Business Modelle
- Erzeugt Ideen, Lösungsansätze, Vorideen, Möglichkeiten
- Erzeugt Ideensuchfelder, unentdeckte Probleme, Inspiration
- Erzeugt frühe Prototypen
- Erzeugt größere Klarheit zu einem Thema
- Erzeugt mehr Hintergrundinformationen
- Erzeugt motiviertere und transformationsfähigere Teilnehmer
- Hilft bei Entscheidungen, Bewertungen und Feedback
- Macht Wirkzusammenhänge sichtbar

Hinderniseffekte, auf die die Methode positiv wirkt

- Bindet eher introvertierte Teammitglieder mit ein
- Fördert gehemmte Teammitglieder
- Fördert die Agilität der Teilnehmer
- Fördert eventuell fehlende Wertschätzung
- Schwächt Angst vor Kritik und Zurückweisung
- Schwächt Angst vor Neuem (Cainophobie)
- Schwächt Konkurrenzdenken und Angst vor Machtverlust
- Schärft eine fehlende gemeinsame Ausrichtung
- Stärkt das Vertrauen im Team
- Verkürzt und durchbricht vorhandene Kreativblockaden

Mögliche Extravorteile der Methode

- Möglicher Extravorteil für Teams in einer Krisensituation
- Möglicher Extravorteil für Teams mit einer konservativen, tradierten Kultur
- Möglicher Extravorteil für innovativ ungeübte Teams
- Möglicher Extravorteil für in Nachhaltigkeitsthemen ungeübte Teams

Quellen

Organisation – systainchange GbR, Antonia Bartning & Caroline Frumert

Planet Centric Design

EinSatzBeschreibung

Planet Centric Design bewegt sich weg vom Egoismus der menschenzentrierten Perspektive hin zu einer Betrachtung des Planeten als Aggregation sozialer und ökologischer Systeme, in denen der Mensch zwar Teil, aber nicht mehr das Zentrum ist.

Working Guide/Anwendungsfelder

P1 Sensibilisierung/Bildung	P2 Matching Recht/Gesetz	P3 Sustainability Roadmap	P4 Produkt/Prozessdesign	P5 Implementierung/Monitoring	P6 Kommunikation	P7 Organisation	P8 Führung	P9 Business Model Design	P10 Skalierung
X			X	X	X	X	X	X	

Beschreibung

Der Siegeszug des Human-Centered Design in den letzten Jahren hat dazu geführt, dass unsere Organisationen exzellent darin geworden sind, ihre Wertversprechen für Menschen radikal zu optimieren. Sie lesen uns die Wünsche von den Lippen ab, schaffen neue Bedürfnisse, wo noch gar keine waren, und machen unser Leben immer bequemer, sodass wir teilweise gar keine Entscheidungen mehr treffen müssen. Das Problem ist, dass Unternehmen im Zuge dieser Entwicklung übereffizient geworden sind im Schaffen von Wert für Menschen. Das zentrale Problem der Human-Centered Design Perspektive liegt daher in ihrer Ambition einer unbegrenzten Wertsteigerung für Menschen, obwohl diese nicht isoliert in einem Vakuum, sondern Teil eines komplexen Ökosystems sind: Dieses System ist unser Planet, und dieser Planet hat Grenzen.

Planet Centric Design ist eine immer wichtiger werdende Perspektive, welche nachhaltiges Design im Rahmen der planetaren Grenzen ermöglicht. Dabei blendet sie den Menschen nicht aus, sondern situiert diesen außerhalb des Zentrums als Teil eines größeren Ganzen. Das Designverständnis der Perspektive zeigt sich dabei nicht in der Ästhetik oder den Materialien, sondern primär im Fokus auf den Verhaltensweisen, die von Designentscheidungen hervorgerufen werden. Diese haben einen großen Einfluss auf den nachhaltigen Umgang mit unserem Planeten.

Der österreichisch-amerikanische Designanthropologe Viktor Papanek sagte in den 1960er-Jahren nicht ohne Grund, dass es zwar gefährlichere Berufe als die des Designers gibt, jedoch nur sehr wenige. Dabei bezog er sich nicht auf die Gefahr für den Designer an sich, sondern die Gefahr, die von einer engstirnigen Ausführung des Berufes ausgeht. In der heutigen Zeit, in der die Designpraxis zunehmend demokratisiert wird und sich entsprechend schnell verbreitet, ist es umso wichtiger, eine planetare Perspektive einzunehmen, welche zu nachhaltigen und idealerweise sogar regenerativen Antworten auf die aktuell größten gesellschaftlichen Fragen führt.

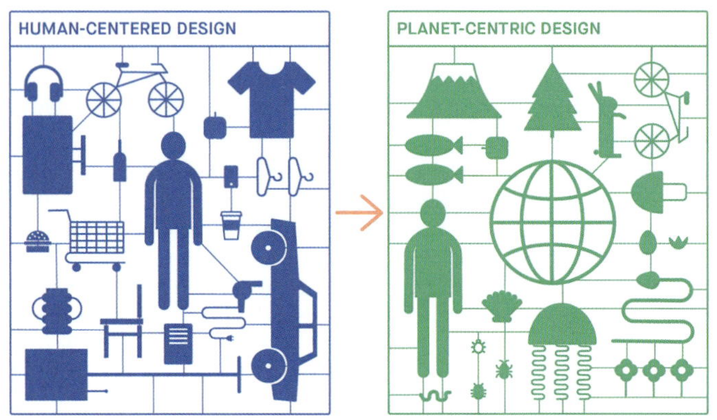

Quelle: Giulia Nina Gasser

Die planetarische Perspektive erweitert die Aufmerksamkeit und die Wirksamkeit von Design über den Menschen hinaus. Dies ist äußerst wichtig, denn viele Methoden der heutigen Produktentwicklungs- und Designpraxis sind noch immer blind gegenüber nicht-menschlichen Akteuren. Sie arbeiten mit User-Personas, User-Journey, User-Stories und User-Research und vergessen dabei eine ganze Reihe an wichtigen Stakeholdern. Dem wirkt Planet Centric Design entgegen, indem es diesen marginalisierten Stakeholdern bewusst Aufmerksamkeit und idealerweise sogar eine Stimme gibt. Es ist dabei nicht limitiert auf menschliche Akteure, deren Sprache wir besonders gut verstehen, sondern inkludiert explizit auch nicht-menschliche Stakeholder wie Ozeane, Bäume, das Coronavirus, Nachbarschaften oder KI-Systeme. Somit repräsentiert Planet Centric Design eine höchst relevante und komplettere Version eines Designverständnisses, welche nicht nur die Lauten und Mächtigen erhört, sondern proaktiv marginalisierten Stakeholdern eine Stimme gibt, auch wenn diese nicht der klassischen „menschlichen" Sprache entspricht.

Organisationen, die den Schritt hin zu einer planetaren Perspektive wagen, sind oft überrascht, welche neuen Möglichkeitsfelder dieser frische Blick ermöglicht. Er erweitert nicht nur den Wirkungskreis des Unternehmens, sondern unterstützt auch eine intergenerationale Betrachtung der organisationalen Wertschöpfung über mehrere Zeithorizonte hinweg. Wie Organisationen auf mehreren Ebenen in Bewegung kommen können, um den sinnvollen und bereichernden Schritt in Richtung Planet Centric Design in Angriff zu nehmen, erläutert der nächste Abschnitt.

Die vier Movements des Planet Centric Design

Quelle: Giulia Nina Gasser

Durchführung

Viele der mit Planet Centric Design angegangenen Herausforderungen sind meist kaum ausschließlich auf Ebene der Produkte oder Services eines Unternehmens zu lösen. Viel wichtiger ist die Einbettung der Perspektive in die Routinen einer Organisation, welche anhand von vier Movements weiterentwickelt werden können.

Die Movements können Sie einzeln oder zusammen auf Fragestellungen anwenden, wobei ein schrittweises Vorangehen in den meisten Fällen zu bevorzugen ist, um der inhärenten Komplexität einer solchen Transformation zu begegnen.

- **From Human to Planet:** Welche Stakeholder sind direkt und indirekt an der Wertschöpfung Ihres Unternehmens beteiligt? Verschiedene Methoden wie Planetary Stakeholder Maps oder Planetary Personas können nützlich sein, um den Kontext Ihres eigenen Unternehmens zu beleuchten. Dabei werden nicht nur menschliche Akteure untersucht, sondern es werden bewusst auch nicht-menschliche Akteure in den Prozess aufgenommen. Dies Bedarf oft weiterer Anstrengungen, da die Beiträge solcher Akteure in anderer Form als der menschlichen Sprache daherkommen, das soll Sie aber nicht davon abhalten, trotzdem hinzuschauen und zuzuhören. Ein Weg führt über stellvertretende Intermediäre, obwohl hier auch immer die Gefahr besteht, die planetaren Stakeholder zu vermenschlichen. Finden Sie hier ihren eigenen kreativen Weg, weiteren Stakeholdern eine Stimme zu geben.
- **From Quantity to Quality:** Heutige Organisationen tendieren dazu, ausschließlich mit messbaren Daten zu arbeiten. Was man nicht messen kann, kann man nicht managen, heißt es oft. Doch gerade was nicht messbar ist, sollte gemanagt werden, da es sich in diesen Feldern um interessante Möglichkeitsräume handelt. Wieso muss man immer mehr Kundinnen gewinnen, wenn man auch die bestehende Beziehung zu ihnen vertiefen könnte? Wieso soll der Kuchen immer größer werden, wenn man ihn auch leckerer machen kann? In diesem Movement entwickelt Ihre Organisationen die Fähigkeit, Qualität in verschiedensten Wegen sichtbar und handhabbar zu machen. Somit eröffnen Sie gleichzeitig auch neue Wege der organisationalen Wertschöpfung.
- **From Short- to Long-term:** Zu oft rennen wir von Quartal zu Quartal, während ein zusammenhängendes Verständnis auf der Strecke bleibt. Gerade im Nachhaltigkeitskontext verhindert eine kurzsichtige Betrachtung das Erkennen großer Potenziale. Viele nachhaltige Lösungen sind kurzfristig nicht profitabel, sondern entwickeln ihren Beitrag zur Wertsteigerung erst über die Zeit. Das heißt, nachhaltige Lösungen kommen meist erst mittel- oder langfristig positiv zum Tragen. Stellen Sie sicher, dass Ihre Organisation gleichzeitig über mehrere Zeithorizonte agieren kann. Das heißt, Sie können fünf bis zehn Jahre vorausschauen und wünschenswerte Zukünfte definieren, welche Sie mit den mittelfristigen und auch kurzfristigen Aktivitäten verbinden. Das Potenzial einer nachhaltigen Transformation Ihres Unternehmens ist größer, je weiter Sie in die Zukunft hineinwirken können. Umso wichtiger ist es deswegen, auch die heutigen Tätigkeiten kontinuierlich aufs Neue mit diesen zukünftigen Zielen zu verbinden.
- **From Market-Fit to Planet-Fit:** Nachhaltige Lösungen müssen nicht nur Wert für den Planeten schaffen, sondern sich auch selbst erhalten können. Schrecken Sie nicht davor zurück, Ihre Aktivitäten anhand eines Business-Modells zu optimieren. Wichtig ist hierbei jedoch, dass Sie ein «ehrliches» Business Model entwickeln. Das heißt, seien Sie transparent über die externen Kosten, die negativen Externalitäten, die oft weit weg vom eigentlichen Unternehmen anfallen und den Stakeholdern an der Quelle überlassen werden. Auf der anderen Seite sollten Sie aber auch die positiven Werteffekte einer nachhaltigen Geschäftstätigkeit in Ihr Business Modell aufnehmen. In einfachster Weise geschieht dies durch die Ergänzung der klassischen Kosten/Umsatz Analyse durch zwei nuanciertere Betrachtungen: Einmal die Berechnung der sozioökonomischen Kosten und einmal auch eine Auflistung der sozioökonomischen Umsätze.

Zentral bei der Einführung einer Planet Centric Design-Perspektive ist der Anspruch, dies auf organisationaler Ebene zu tun. Dies heißt nicht, dass keine einzelnen Produkte oder Projekte mit der Perspektive versehen werden können, sondern dass die identifizierten Potenziale oft über diese hinausreichen. Eine effiziente Situierung innerhalb des Unternehmens mit direkter Unterstützung durch Führungspositionen ist deshalb wünschenswert.

Durch die tangible Arbeitsweise des Planet Centric Designs kann im Unternehmen meist schnell tatkräftige Unterstützung auf mehreren Ebenen gefunden werden. Eine gute Einbettung in den internen und externen organisationalen Kontext ist dabei zentral, da Planet Centric Design eine organisationale Praktik und nicht eine beschränkte Methodik der Nachhaltigkeitsabteilung ist. Im Gegenteil, durch Planet Centric Design können verschiedenste Stakeholder, welche zur Erreichung der Nachhaltigkeitsziele essenziell sind, in die Weiterentwicklung der organisationalen Wertschöpfung eingebunden werden. Dies funktioniert größtenteils über die kollektivierende Kraft der Perspektive, welche Unterschiede in Rollen, Positionen, Hintergründen und Mindsets zu überwinden vermag.

Wirkfeld der Methode

- Wirksam für Herausforderungen mit hoher Komplexität
- Wirksam für Herausforderungen mit mittlerer Komplexität
- Wirksam für nachhaltiges Marketing
- Wirksam für nachhaltiges Produktdesign
- Wirksam für nachhaltiges Prozessdesign
- Wirksam für nachhaltiges Servicedesign
- Wirksam für nachhaltiges Business Model Design

Transformationsfähigkeit Ihres Teams

- Fördert die Sensibilisierung
- Fördert die Teamkreativität
- Fördert die allgemeine Transformationsfähigkeit des Teams
- Fördert offene Mindsets und innovative Denkhaltungen
- Sorgt für Inspiration oder bessere Inspirationsempfindlichkeit
- Zahlt auf eine bessere Vorstellungskraft ein
- Zahlt auf eine bessere Wahrnehmung ein
- Zahlt auf ein positives Zukunftsbild ein
- Zahlt auf das Dringlichkeitsempfinden ein

Einsatzcharakteristik/Arbeitsrahmen

- Austauschfokus: vornehmlich mit internen und externen Personen
- Durchführungszeit: eher hoch (> 1 Tag)
- Einsatzfrequenz: sinnvoll im dauerhaften Einsatz
- Einsatzfrequenz: vornehmlich über den kompletten Projektzeitraum
- Einsatzradius: vornehmlich im projektweiten Einsatz
- Einsatzradius: vornehmlich im unternehmensweiten Einsatz
- Komplexität für den Moderator: eher mittel
- Komplexität für die Teilnehmer: eher gering
- Teamgröße: Einzelpersonennutzung möglich
- Teamgröße: Kleingruppe möglich (3 bis 5 Teilnehmer)
- Teamgröße: Maxigruppen möglich (20 bis 40 Teilnehmer)
- Teamgröße: Mittelgroße Teams möglich (5 bis 20 Teilnehmer)
- Vorbereitungszeit: eher hoch (>1 Tag)

Input für eine zielführende Arbeit mit der Methode

- Aktuelle Herausforderung, Leitfrage, Problem
- Angereicherte Ideen, Ideencluster oder höher integrierte Lösungen
- Beteiligte Personen mit Tätigkeiten und Aufgaben
- Ideen und Projekte, die zur Umsetzung anstehen
- Ideen, Lösungsansätze, Vorideen, Varianten
- Trends und Zukunftsentwicklungen
- Umfeldbeobachtungen, Umfeldanalysen

Output und beobachtete Ergebnisse der Methode

- Erzeugt Ideen für neue Märkte und neue Business Modelle
- Erzeugt Ideen, Lösungsansätze, Vorideen, Möglichkeiten
- Erzeugt angereicherte Ideen, Ideencluster, höher integrierte Lösungen
- Erzeugt transformationsfähigere Organisationen
- Macht Wirkzusammenhänge sichtbar

Hinderniseffekte, auf die die Methode positiv wirkt

- Stärkt das Vertrauen im Team
- Verhindert blinden Aktionismus
- Verhindert einseitige Bewertungen und Entscheidungen
- Verhindert falsche Flughöhen
- Verhindert unreflektiertes agieren
- Verringert zu große Komplexitäten
- Wirkt fehlender Inspiration entgegen

Mögliche Extravorteile der Methode

- Möglicher Extravorteil für Teams in einer Krisensituation
- Möglicher Extravorteil für Teams mit einem starkem Auftragsmandat
- Möglicher Extravorteil für innovativ erfahrene Teams
- Möglicher Extravorteil für in Nachhaltigkeitsthemen erfahrene Teams

Quellen

Buch –Design for the real world: Human ecology and social change. Victor Papanek, 3. Aufl. (Thames & Hudson, 2019)

Organisation – For Planet Strategy Lab, www.forplanetstrategylab.com

Person – Samuel Huber, www.samuelhuber.ch

Web – https://medium.com/goodpatch-global/what-is-planet-centric-design-8d1754b52fba (abgerufen am 01.07.2023)

Web – https://www.huffpost.com/entry/planet-centred-design-a-mind-set-shift-for-engaging_b_587fa87ce4b06a0baf64924e (abgerufen am 01.07.2023)

Web – https://www.planetcentricdesign.com

Planet Centric Design Toolkit

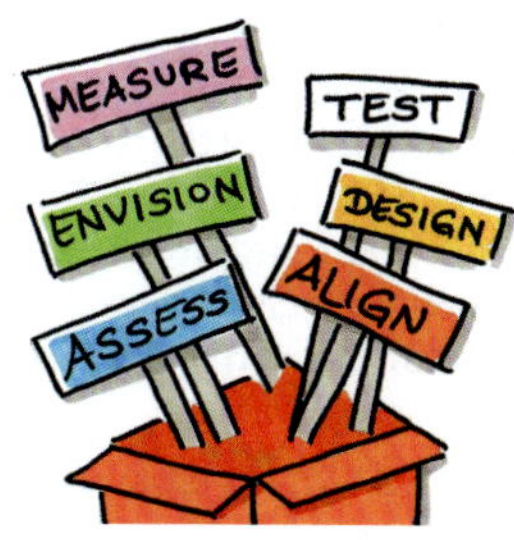

EinSatzBeschreibung

Das Planet Centric Design Toolkit ist eine Sammlung an Methoden und Werkzeugen zur Entwicklung nachhaltiger Lösungen, das darauf abzielt, die Auswirkungen von Produkten und Dienstleistungen auf den Planeten zu minimieren.

Working Guide/Anwendungsfelder

P1 Sensibilisierung/Bildung	P2 Matching Recht/Gesetz	P3 Sustainability Roadmap	P4 Produkt/Prozessdesign	P5 Implementierung/Monitoring	P6 Kommunikation	P7 Organisation	P8 Führung	P9 Business Model Design	P10 Skalierung
X		X	X	X		X		X	X

Beschreibung

Neben unseren Kunden ist ein wichtiger Faktor, der in der Vergangenheit oftmals ausgeblendet wurde, der Platz, auf dem wir leben, der Planet Erde. Die Erde als Lieferant von Rohstoffen und Ressourcen, der Ort an dem das äußerst komplexe System der Natur für uns Menschen eine Lebensgrundlage schafft. Mittlerweile erkennt die Mehrheit der Menschheit im zunehmenden Maße, dass die Ressourcen endlich sind und gleichzeitig die Natur sehr fragil ist. Die Erkenntnis, dass die Erde planetarische Grenzen hat, muss uns alle dazu bewegen diese Grenzen zu akzeptieren, unser Verhalten und unsere Wirtschaft entsprechend anzupassen und schonend mit dem umzugehen, was uns gegeben ist. „Business as usal“ ist keine Option.

Unternehmerisch müssen wir dieser Erkenntnis nicht nur aufgrund der zunehmenden Regularien, sondern auch als Teil des Gesamtsystems Rechnung tragen und Verantwortung dafür übernehmen, dass Ressourcen auch in Zukunft vorhanden sind und das Wirtschaften an diese planetarischen Grenzen angepasst wird.

Das Planet Centric Design Toolkit (PCDT) ist eine Sammlung von Werkzeugen, die von der „Impossible Labs“ erstellt wurden. Es handelt sich um eine Methodik zur Gestaltung von Produkten und Dienstleistungen, die den Planeten nicht schädigen und sogar helfen können, diesen zu regenerieren. Somit ist das PCDT ein wertvolles Instrument, um die unternehmerische Verantwortung in reale Nachhaltigkeit umzusetzen.

Das Toolkit ist dabei angelehnt an die LEAN-Methodik (siehe Womack, Jones). PCDT ist also eine Weiterentwicklung dieser erfolgreichen unternehmerischen Methode, um nun auch bei der Schaffung von Konzepten zu helfen, die darauf abzielen die Auswirkungen von Produkten und Dienstleistungen auf den Planeten zu minimieren. Eine Forderung der Methodik ist dabei, dass diese sowohl wünschenswert als auch profitabel sind.

Die Werkzeuge des PDCT können jedes für sich einzeln genutzt werden. Nacheinander angewendet ergeben sie einen aufeinander aufbauenden und abgeschlossenen Entwicklungsprozess, den „Planet Centric Design Process“.

Als ein solcher Prozess stellt das PCDT also eine Vorgehensweise dar, bestehend aus sechs Stufen. Dieser zielt darauf ab, den gesamten Lebenszyklus eines Produkts oder einer Dienstleistung zu betrachten und nachhaltige Entscheidungen zu treffen.

Die sechs Stufen des Planet Centric Design Process:

ASSESS: In der Analyse-Phase erfolgt eine Aufnahme und Bewertung der aktuellen Situation. Es werden Beteiligte, deren Ziele und Bedürfnisse aufgenommen und analysiert, ob und wie diese im Vergleich zur IST-Situation auf nachhaltigere Art und Weise adressiert werden können. Kontext-Informationen des zu entwickelnden Produkts oder der Dienstleistung, der Markt, und die Nutzerbedürfnisse werden gesammelt und die bestehenden Umweltauswirkungen analysiert.

ALIGN: In diesem Prozessschritt werden aus den unternehmerischen Möglichkeiten sinnhafte und zukunftsfähige Ziele und Maßnahmen abgeleitet, angelehnt an die SDGs der UN. Hierbei werden die planetarischen Grenzen berücksichtigt, innerhalb derer sich menschliche Aktivitäten bewegen sollten, um eine nachhaltige Entwicklung zu gewährleisten. Es werden die Auswirkungen des Produkts oder der Dienstleistung auf Aspekte wie den Klimawandel oder den Verbrauch natürlicher Ressourcen bewertet.

ENVISION: In dieser Phase werden verschiedene Ansätze für ein deutlich nachhaltigeres Wirtschaften entwickelt. Es wird erarbeitet, wie das Geschäftsmodell sich verändern muss und welche Eigenschaften Produkte und Services haben müssen, um den Anforderungen aller Beteiligten in der Zukunft zu genügen. In diesem Schritt werden also verschiedene Systeme analysiert, in die das Produkt oder die Dienstleistung eingebettet ist, sowie deren Wechselwirkungen, Abhängigkeiten und potenzielle Auswirkungen auf andere Bereiche des Systems identifiziert.

DESIGN: In der Design-Phase werden Aspekte der Nachhaltigkeit aus technologischen, produktspezifischen und marketingspezifischen Gesichtspunkten erarbeitet. Dies führt zu nachhaltigeren oder neuen Produkten oder auch zu neuen Geschäftsfeldern. Dabei werden die Nachhaltigkeitsziele definiert, die das Produkt oder die Dienstleistung erreichen soll. Diese Ziele können bspw. den Einsatz erneuerbarer Energien, die Reduzierung von Treibhausgasemissionen oder die Förderung sozialer Gerechtigkeit umfassen.

TEST: Während der Implementierung dreht sich alles darum, ein Produkt nicht nur reif für den Markt, sondern auch zukunftsfähig und für jeden Kunden nutzbar zu gestalten. In diesem Schritt werden verschiedene Lösungsansätze entwickelt, um die Nachhaltigkeitsziele zu erreichen. Es können innovative Technologien,

Designänderungen, Änderungen in der Lieferkette oder neue Geschäftsmodelle in Betracht gezogen werden.

MEASURE: Schließlich werden die entwickelten Lösungsansätze bewertet und anhand vordefinierter Kriterien ausgewählt. Dabei werden die Auswirkungen auf die Nachhaltigkeitsziele, die Machbarkeit, die Kosten und andere relevante Faktoren berücksichtigt. In dieser letzten Phase werden die Maßnahmen für die Umsetzung sowie deren Steuerung definiert. So wird sichergestellt, dass die gesetzten Ziele erreicht werden.

Das Planet Centric Design Toolkit hat in Bezug auf das Erreichen von Nachhaltigkeitszielen den Vorteil, dass es einen umfassenden Ansatz bietet, um die Auswirkungen von Produkten und Dienstleistungen auf den Planeten zu minimieren. Durch die Berücksichtigung des gesamten Lebenszyklus und seiner Abhängigkeiten sowie die integrale systematische Analyse können potenzielle negative Auswirkungen frühzeitig identifiziert und Alternativen entwickelt werden. Dies kann zu einer Reduzierung des ökologischen Fußabdrucks, zur Förderung erneuerbarer Ressourcen und zur Verbesserung der sozialen und ökologischen Nachhaltigkeit führen. Darüber hinaus kann die Makromethode einem Unternehmen helfen, neue und nachhaltige Geschäftsmöglichkeiten zu entwickeln sowie Bewusstsein für nachhaltige Entwicklung zu fördern.

Durchführung

An dieser Stelle finden Sie eine Zusammenfassung, welche Werkzeuge des Planet Centric Design Toolkit es in welchen Stufen gibt. Die Beschreibung der Vorgehensweisen für das jeweilige Tool finden Sie an entsprechender Stelle in diesem Buch.

Schritt 1: ASSESS

- Sammeln Sie Informationen über den Markt, die Nutzerbedürfnisse und die aktuellen Umweltauswirkungen des zu entwickelnden Produkts oder der Dienstleistung.
- Verwenden Sie Marktforschungstechniken wie Umfragen, Interviews oder Fokusgruppen, um Einblicke in die Bedürfnisse und Wünsche der Nutzer zu gewinnen.
- Nutzen Sie alle Quellen wie Kundenfeedback, Marktforschungsberichte, wissenschaftliche Studien etc.

Folgende Werkzeuge bietet das Planet Centric Design Toolkit hierfür: *Planetary Actors, Ecosystem Map, Problem Reframe, Sustainability Priorities*

Schritt 2: ALIGN

- Identifizieren Sie die ökologischen Grenzen, innerhalb derer sich das Produkt oder die Dienstleistung bewegen sollte, um eine nachhaltige Entwicklung zu gewährleisten.
- Betrachten Sie Aspekte wie den Klimawandel, den Verbrauch natürlicher Ressourcen und die Artenvielfalt.
- Nutzen Sie wissenschaftliche Erkenntnisse und Berichte, um Informationen über die planetarischen Grenzen zu erhalten.
- Nutzen Sie dazu die folgenden Quellen: Berichte des *Intergovernmental Panel on Climate Change (IPCC)*, die Earth Overshoot Day-Initiative, wissenschaftliche Fachzeitschriften.

Folgende Methode aus diesem Buch kann dabei weiterhelfen: *SDG Focus Finder*

Schritt 3: ENVSION

- Analysieren Sie die verschiedenen Systeme, in die das Produkt oder die Dienstleistung eingebettet ist.
- Identifizieren Sie Wechselwirkungen, Abhängigkeiten und potenzielle Auswirkungen auf andere Bereiche des Systems.
- Nutzen Sie Methoden wie Systemanalyse, Lebenszyklusanalyse oder Wirkungsanalyse, um das Verständnis des Systems zu vertiefen.

Folgende Werkzeuge bietet das Planet Centric Design Toolkit hierfür: *Back to the Future, Ideas for Planet Centric Innovation, Planetary Proposition*

Schritt 4: DESIGN

- Definieren Sie die Nachhaltigkeitsziele, die das Produkt oder die Dienstleistung erreichen soll.
- Berücksichtigen Sie dabei die planetarischen Grenzen und die Bedürfnisse der Nutzer.
- Nutze Sie die Sustainable Development Goals (SDGs) der Vereinten Nationen als Leitlinien für Nachhaltigkeitsziele.

Folgende Werkzeuge bietet das Planet Centric Design Toolkit hierfür: *Life Cycle Design, Technical Check, Brand Purpose, Planet Centric Touchpoints, Planetary Centric Design Toolkit Roadmap 1&2*

Schritt 5: TEST

- Bewerten Sie die generierten Ideen anhand der vordefinierten Nachhaltigkeitsziele und anderer relevanter Kriterien.
- Berücksichtigen Sie die Auswirkungen auf die Umwelt, die Machbarkeit, die Kosten und andere Faktoren.
- Nutzen Sie Bewertungsmethoden wie die Multi-Kriterien-Analyse oder den Ökobilanz-Ansatz, um eine fundierte Entscheidung zu treffen.
- Suchen Sie sich Experten, die bei der jeweiligen Bewertung unterstützen können.

Folgende Werkzeuge bietet das Planet Centric Design Toolkit hierfür: *Ethical Assessment, Sustainable Futures, Design for All*

Schritt 6: MEASURE

- Implementieren Sie die ausgewählten Lösungsansätze und überprüfen Sie regelmäßig ihre Auswirkungen auf die Nachhaltigkeitsziele.
- Sammeln Sie Feedback von Nutzern und anderen relevanten Interessengruppen.
- Passen Sie die Lösungen basierend auf dem Feedback an und verbessern Sie kontinuierlich die Nachhaltigkeitsleistung.
- Bilden Sie ein Stearing Commitee, welches die gesetzten Ziele sowie die Einhaltung der Maßnahmen regelmäßig überprüft und gegebenenfalls in der Lage ist steuernde Maßnahmen zu beschließen

Folgendes Werkzeug bietet das Planet Centric Design Toolkit hierfür: *Planetary Centric Design Toolkit Roadmap 1&2*

Wirkfeld der Methode

- Wirksam für Herausforderungen mit hoher Komplexität
- Wirksam für Herausforderungen mit mittlerer Komplexität
- Wirksam für nachhaltiges Produktdesign
- Wirksam für nachhaltiges Servicedesign
- Wirksam für nachhaltiges Business Model Design

Transformationsfähigkeit Ihres Teams

- Fördert die Sensibilisierung
- Fördert die allgemeine Transformationsfähigkeit des Teams
- Fördert offene Mindsets und innovative Denkhaltungen
- Zahlt auf eine bessere Vorstellungskraft ein
- Zahlt auf eine bessere Wahrnehmung ein
- Zahlt auf das Dringlichkeitsempfinden ein
- Erhöht die Lösungsorientierung

Einsatzcharakteristik/Arbeitsrahmen

- Austauschfokus: vornehmlich mit internen und externen Personen
- Durchführungszeit: eher mittel (> 1 Tag)
- Einsatzfrequenz: vornehmlich über den kompletten Projektzeitraum
- Einsatzradius: vornehmlich im Projekteinsatz
- Komplexität für den Moderator: eher hoch
- Komplexität für die Teilnehmer: eher hoch
- Teamgröße: Kleingruppe möglich (3 bis 5 Teilnehmer)
- Teamgröße: Mittelgroße Teams möglich (5 bis 20 Teilnehmer)
- Vorbereitungszeit: eher mittel (>1 Tag)

Input für eine zielführende Arbeit mit der Methode

- Aktuelle Herausforderung, Leitfrage, Problem
- Angereicherte Ideen, Ideencluster oder höher integrierte Lösungen
- Durchlaufenes Projekt oder Projektphasen
- Ideen und Projekte, die zur Umsetzung anstehen

Output und beobachtete Ergebnisse der Methode

- Erzeugt Ideen für neue Märkte und neue Business Modelle
- Erzeugt Ideen, Lösungsansätze, Vorideen, Möglichkeiten
- Erzeugt Leitfragen für die Ideenfindung
- Erzeugt transformationsfähigere Organisationen
- Macht Wirkzusammenhänge sichtbar
- Ziel- und Fokusgruppen

Hinderniseffekte, auf die die Methode positiv wirkt

- Beugt blinden Flecken/Betriebsblindheit vor
- Bewahrt vor zu generischen Ideen und Aussagen
- Schärft eine fehlende gemeinsame Ausrichtung
- Verhindert Ideenfindung mit zu schwacher Erkenntnisgrundlage
- Verhindert unreflektiertes agieren
- Verhindert vorschnelles Urteilen über Ideen
- Fördert Optimismus und Zuversicht

Mögliche Extravorteile der Methode

- Möglicher Extravorteil für Teams mit einem starkem Auftragsmandat
- Möglicher Extravorteil für innovativ ungeübte Teams
- Möglicher Extravorteil für in Nachhaltigkeitsthemen ungeübte Teams

Quellen

Artikel – Rockström, J. et al. A safe operating space for humanity. Nature 461 (2009), 472–475.

Artikel – Steffen, W. et al. Planetary boundaries: Guiding human development on a changing planet. Science 347(6223) (2015).

Buch – James P. Womack, Daniel T. Jones. Lean Thinking (Simon & Schuster, 2003)

Buch – James P. Womack, Daniel T. Jones. The Machine That Changed the World (Simon & Schuster, 2007)

Buch – Johan Rockström und Mattias Klum. Big World, Small Planet (Ullstein, 2016)

Web – Planet Centric Design, https://planetcentricdesign.com/ (abgerufen am 01.08.2023)

Web – Planet Centric Design Toolkit, https://www.labs.impossible.com/pcd-toolkit (abgerufen am 01.08.2023)

Web – Stockholm Resilience Centre, https://www.stockholmresilience.org

Web – TED-Talk von Johan Rockström: Let the environment guide our development, https://www.ted.com/talks/johan_rockstrom_let_the_environment_guide_our_development

Planet Centric Touchpoints

EinSatzBeschreibung

Planet Centric Touchpoints ist eine Mikromethode, die Designern hilft, Merkmale von Produkten und Dienstleistungen umweltfreundlicher und nachhaltiger zu gestalten, indem sie Interaktionen zwischen Benutzer und Produkt genauer untersucht.

Working Guide/Anwendungsfelder

P1 Sensibilisierung/Bildung	P2 Matching Recht/Gesetz	P3 Sustainability Roadmap	P4 Produkt/Prozessdesign	P5 Implementierung/Monitoring	P6 Kommunikation	P7 Organisation	P8 Führung	P9 Business Model Design	P10 Skalierung
			X						

Beschreibung

Planet Centric Touchpoints hilft Designern, umweltfreundliche und nachhaltige Produkte und Prozesse zu designen. Dabei stellt die Methode in den Fokus, wie Benutzer mit Ihrem Produkt interagieren.

Ihr Unternehmen umfasst Ihr Produkt oder Ihre Dienstleistung. Die Art und Weise, wie Kunden mit Ihrer Marke interagieren und sie erleben, ist entscheidend für die Nachhaltigkeit Ihres Unternehmens. Jeder Berührungspunkt (Touchpoint) zwischen dem Kunden und dem Produkt Ihres Unternehmens, sowie alle Prozesse, die sie ermöglichen, sollten nicht nur auf den Nutzen für den Kunden, sondern auch auf den Nutzen für den Planeten ausgerichtet sein.

Die Methode führt Sie als Designer über eine fokussierte User Journey:

Sie hilft Ihnen zunächst die verschiedenen Punkte zu analysieren, an denen Benutzer mit Ihrem Produkt in Berührung kommen, z. B. Kauf, Nutzung, Wartung oder Entsorgung.

Anschließend wird jede Interaktion genauer betrachtet, um zu sehen, wie sie sich auf die Umwelt auswirkt und wo Verbesserungspotenzial besteht.

Basierend auf den Erkenntnissen können Sie Funktionen oder Eigenschaften entwerfen, die nachhaltiges Verhalten fördern, z. B. energiesparende Optionen oder Recyclingmöglichkeiten.

Schließlich gilt es die neuen Merkmale ins Produkt zu integrieren und ihre Auswirkungen zu überwachen, um sicherzustellen, dass die Nachhaltigkeitsziele erreicht werden.

Die Touchpoint-Analyse hilft Ihnen, Umweltbewusstsein zu stärken, Ressourceneffizienz zu verbessern und Benutzer dazu zu ermutigen, nachhaltige Gewohnheiten zu entwickeln.

Durchführung

Verwenden Sie ein großes Blatt Papier, ein Flipchart, eine Pinnwand oder ein virtuelles Board. Legen Sie eine Tabelle an mit fünf Spalten und beschriften Sie die Spaltenköpfe von links nach rechts wie folgt (siehe die Abbildung):

- Phase
- Zielsetzung für den Benutzer
- Interaktion/Touchpoint
- Nachhaltige Merkmale
- Nachhaltige Prozesse

Schritt 1: Arbeiten Sie in Gruppen. Bilden Sie zunächst alle Phasen der Customer Journey oder Customer Experience in chronologischer Reihenfolge ab. Stellen Sie sich dabei vor, Sie wären der Kunde ohne jegliches Vorwissen. Gehen Sie den Prozess von der Kaufentscheidung über den Kauf, Transport, Inbetriebnahme, Benutzung, eventuell Reinigung bis zur Entsorgung durch. Am besten arbeiten Sie sich durch die Phasen vor, während und nach der Benutzung Ihres Produktes bzw. Ihrer Dienstleistung. Nummerieren Sie die Schritte in der ersten Spalte (Phase) durch und halten Sie alle Schritte in der zweiten Spalte (Zielsetzung für den Benutzer) fest.

Schritt 2: Ordnen Sie nun die Benutzerinteraktion zu jedem der unter Schritt 1 definierten Teilschritte Ihres Produktes bzw. Ihrer Dienstleistung zu. Was muss der Kunden tun, um sein Ziel zu erreichen? Will der Kunde sich über Ihr Produkt vor dem Kauf informieren, wird er Ihre Webseite besuchen. Das ist die zugehörige Interaktion/Touchpoint.

Schritt 3: Nun überlegen Sie sich, was es braucht, damit jede der definierten Interaktionen zu nachhaltigeren, gar regenerativen Ergebnissen führt.

- *Kauf:* Potenzielle Kunden überlegen, ob sie das Produkt kaufen möchten. Wie ist ihre Erfahrung beim Finden und Auswählen des Produkts? Gibt es Informationen über die Nachhaltigkeit des Produkts oder seine umweltfreundlichen Eigenschaften, die ihnen bei ihrer Entscheidung helfen?
- *Nutzung:* Nach dem Kauf verwenden Benutzer das Produkt. Wie einfach ist es, es einzurichten und zu bedienen? Gibt es Funktionen oder Einstellungen, die ihnen helfen, nachhaltigere Entscheidungen zu treffen? Werden sie über den Energieverbrauch informiert und wie können sie diesen optimieren?
- *Wartung:* Im Laufe der Zeit kann es notwendig sein, das Produkt zu warten oder zu reparieren. Wie einfach ist es für ihre Kunden, Zugang zu Anleitungen, Ersatzteilen oder Reparaturdiensten zu erhalten? Wird die Langlebigkeit des Produkts durch seine Konstruktion oder Materialien unterstützt?
- *Entsorgung:* Wenn Kunden das Produkt nicht mehr benötigen, müssen sie es entsorgen oder recyceln. Gibt es klare Informationen darüber, wie sie dies auf umweltfreundliche Weise tun

Planet Centric Touchpoints

Ordnen Sie die Benutzerinteraktion Ihrem Produkt oder Ihrer Dienstleistung zu. Überlegen Sie, welche Funktionen Ihr Produkt oder Ihre Dienstleistung umweltfreundlicher machen und nachhaltiges Verhalten fördern könnten. Überlegen Sie auch, was nötig ist, um diese umzusetzen.

	Benutzer ⟷		Produkt Dienstleistung ⟷	Backstage ⟷
Phase (z.B. vor, während, nach der Produktanwendung)	**Zielsetzung für den Benutzer** (Was möchte der Kunde bei diesem Schritt erreichen? z.B. Reparatur)	**Interatkion / Touchpoint** (Wie kann der Kunde dieses Ziel erreichen? z.B. Webseite besuchen)	**Nachhaltige Produktmerkmale/ Prozesse** (Wie kann das Produkt in jedem Schritt zur Nachhaltigkeit beitragen?)	**Implikation** (Welche Auswirkungen hat diese Maßnahme auf die Umwelt/das Umfeld? Was muss passieren, damit dies gelingt?)
1				
2				
3				

Quelle: Impossible Labs & Hila Attaie

können? Werden Rücknahmeprogramme angeboten oder können bestimmte Komponenten des Produkts wiederverwendet oder recycelt werden?

Halten Sie hierfür Schritt für Schritt in Spalte 4 fest, welche (Produkt-)Merkmale und Prozesse Ihr Angebot zu mehr Nachhaltigkeit verhelfen können.

Schritt 4: Um Ihre definierten Maßnahmen zu bewerten, lohnt es sich diese mit etwas Abstand zu betrachten. Fragen Sie sich, welche Implikationen im gesamten Umfeld damit verbunden sind. Welche positiven Auswirkungen haben Ihre Maßnahmen auf das gesamte Ökosystem? Schaffen Sie es, Konsumenten-Verhalten grundsätzlich und nachhaltig zu verändern? Gelingt es Ihnen, dass Kunden ein besseres Bewusstsein für Nachhaltigkeit entwickeln und zu verantwortungsvollen Entscheidungen ermutigt werden? Ist es möglich, negative Umweltauswirkungen über den gesamten Lebenszyklus Ihres Produktes /Ihrer Dienstleistung zu minimieren oder gar positive Auswirkungen schaffen?

Was braucht es, damit diese Veränderungen wirklich eintreten?

Dieser Schritt hilft, Wirkzusammenhänge sichtbar zu machen. Damit können Sie die definierten Maßnahmen für die Weiterentwicklung Ihres Projektes besser priorisieren.

Wirkfeld der Methode

- Wirksam für Herausforderungen mit mittlerer Komplexität
- Wirksam für nachhaltiges Produktdesign
- Wirksam für nachhaltiges Servicedesign

Transformationsfähigkeit Ihres Teams

- Fördert die Sensibilisierung
- Fördert offene Mindsets und innovative Denkhaltungen
- Erhöht die Lösungsorientierung

Einsatzcharakteristik/Arbeitsrahmen

- Austauschfokus: vornehmlich mit internen Personen
- Durchführungszeit: eher mittel (> 1 Stunde bis < 1 Tag)
- Einsatzfrequenz: vornehmlich über den kompletten Projektzeitraum
- Einsatzradius: vornehmlich im Teameinsatz
- Einsatzradius: vornehmlich im projektweiten Einsatz
- Komplexität für den Moderator: eher mittel
- Komplexität für die Teilnehmer: eher mittel
- Teamgröße: Einzelpersonennutzung möglich
- Teamgröße: Kleingruppe möglich (3 bis 5 Teilnehmer)
- Teamgröße: Mittelgroße Teams möglich (5 bis 20 Teilnehmer)
- Vorbereitungszeit: eher mittel (> 1 Stunde bis < 1 Tag)

Input für eine zielführende Arbeit mit der Methode

- Aktuell existierende Produkte und Services

Output und beobachtete Ergebnisse der Methode

- Erzeugt Ideen, Lösungsansätze, Vorideen, Möglichkeiten
- Erzeugt Ideensuchfelder, unentdeckte Probleme, Inspiration
- Identifiziert vorhandene Schwachstellen
- Identifiziert vorhandene Stärken
- Macht Wirkzusammenhänge sichtbar

Hinderniseffekte, auf die die Methode positiv wirkt

- Bewahrt vor zu generischen Ideen und Aussagen
- Schärft eine fehlende gemeinsame Ausrichtung
- Verhindert falsche Flughöhen

Mögliche Extravorteile der Methode

- Möglicher Extravorteil für innovativ erfahrene Teams
- Möglicher Extravorteil für die Arbeit mit digitalen Kollaborationsboards
- Möglicher Extravorteil für in Nachhaltigkeitsthemen erfahrene Teams

Quellen

Organisation – Impossible Labs, https://www.labs.impossible.com/
Person – Thomas Appel, Thomas Appel Consulting, thoap@tac4u.net
Person- Hila Attaie, www.inno-jump.com, hila.attaie@inno-jump.com

Grafik: verrocchio Sustainable Inspiration Card – Malvine Klecha, Hila Attaie und Jennifer van Aerssen (Illustration)

Planet Patterns

EinSatzBeschreibung

Wie man die verführerischen Patterns des UX-Designs, welche uns normalerweise zu mehr unreflektiertem Konsum verleiten, für nachhaltigere Verhaltensweisen umgestalten kann.

Working Guide/Anwendungsfelder

P1 Sensibilisierung/Bildung	P2 Matching Recht/Gesetz	P3 Sustainability Roadmap	P4 Produkt/Prozessdesign	P5 Implementierung/Monitoring	P6 Kommunikation	P7 Organisation	P8 Führung	P9 Business Model Design	P10 Skalierung
X			X						

Beschreibung

Haben Sie schon mal von einem Deceptive Pattern gehört? Wenn Sie im Internet unterwegs sind, sind Sie definitiv schon mit ihnen in Kontakt gekommen. Vielleicht sogar heute. Deceptive Patterns, oder früher auch Dark Patterns genannt, finden sich in einer Vielzahl von Produkten und Dienstleistungen. Sie verführen Nutzer dazu, gewisse Dinge zu tun, die nicht in ihrem eigenen Interesse, sondern primär in dem der dahinterliegenden Firma sind. Dabei machen sie sich Jahrzehnte der Verhaltensforschung zu Nutze, welche genau beschrieben hat, wie wir unsere Entscheidungen treffen und wie wir dabei beeinflusst werden können.

Wann haben Sie das letzte Mal versucht, die Cookies einer Webseite zu verneinen, nur um schlussendlich doch alle zu akzeptieren, weil das Eingabefeld so unübersichtlich gestaltet wurde? Oder haben Sie schon mal eine Unterkunft schneller gebucht, weil Ihnen direkt angezeigt wurde, wie viele Leute sich gleichzeitig dasselbe Hotel anschauen? Manchmal muss man nicht mal direkt aktiv werden, sondern einfach Netflix die nächste Episode abspielen lassen, welche noch vor Ende des laufenden Abspanns bereits angezeigt wird. Egal wie lange man schon auf der Plattform verweilt.

Deceptive Patterns sind dabei nicht auf den digitalen Raum beschränkt, obwohl sie da sehr häufig anzutreffen sind. Auch in physikalischen Dienstleistungen treffen wir auf Patterns, welche uns zu mehr Konsum verleiten, oder zumindest uns an der Durchsetzung unserer Intentionen hindern. Ein Beispiel sind die häufig komplizierten Kündigungsprozesse für Mobilfunktarife oder auch Abonnements für Zeitschriften. Auch im Urlaub, wenn wir eigentlich nur noch den vorbestellten Mietwagen abholen möchten, werden wir zum Abschluss von weiteren Versicherungen verleitet. Am berühmtesten ist dabei jedoch die sogenannte Quengelzone, welche vor der Supermarktkasse mit verschiedensten Süßigkeiten Kinder oder zumindest das Kind in einem selbst zum Kauf animiert, während man geduldig wartet.

Planet Patterns drehen den Spieß um. Wie oben ausgeführt gibt es unzählige Beispiele, wie Deceptive Patterns uns zu Verhalten verführen, welches nicht uns, sondern den dahinterliegenden Profitinteressen dient. Dabei schaden wir nicht nur uns selbst, sondern durch unseren Konsum auch dem Planeten. Patterns sind jedoch nur ein Tool, welches von Designerinnen und Produktenwicklern eingesetzt wird, um die von ihren Organisationen gesteckten Ziele zu erreichen. Das heißt, die Patterns an sich sind per se wertefrei. Damit können sie bei einer achtsamen Anwendung auch für gute Zwecke angewandt werden, welche eine nachhaltige Verhaltensweise fördern. Wir können Deceptive Patterns also in Planet Patterns umdeuten.

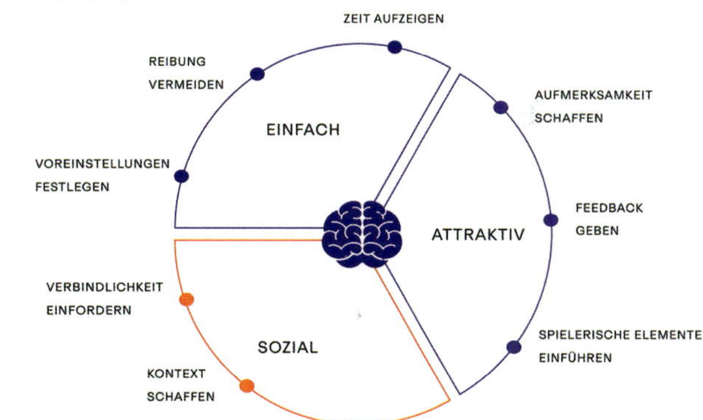

Quelle: Samuel Huber

Durchführung

Planet Patterns, oder auch Green Nudges, zielen mit ihrer dezent positiven Weise darauf ab, das Verhalten von Menschen zu verändern, sodass diese zunehmend nachhaltigere Entscheidungen treffen. Sie bauen auf aktuellen Forschungserkenntnissen in den Bereichen Psychologie und Entscheidungsfindung auf. Unser Hirn hat limitierte Ressourcen, weswegen wir bei unseren Entscheidungen häufig mentale Abkürzungen nehmen, welche stark vom Kontext abhängen. Dieser Tendenz machen sich Planet Patterns zu Nutze und können in drei Bereiche eingeteilt werden:

Einfach

- **Voreinstellungen festlegen und Auswahl vereinfachen:** Die nachhaltige Option ist die Standardeinstellung. Die meisten Menschen bleiben bei der Erstauswahl, solange sie sinnvoll erscheint. Ebenso sollte die nachhaltige Option einfacher gewählt werden können. Schon eine prominente Platzierung der nachhaltigen Optionen führt bereits zu besseren Ergebnissen.
- **Reibung vermeiden:** Nachhaltiges Verhalten vereinfachen und nicht-nachhaltiges Verhalten erschweren. Menschen sind generell bequem und gehen den Weg des geringsten Widerstandes. So

hat bspw. schon eine tiefe Bepreisung von Plastiksäcken in Supermärkten den Verbrauch von Einwegplastik massiv verringert.
- **Zeit aufzeigen:** Die Berechnung von Wert über die Zeit hilft Kunden, die wirklichen Kosten einer spezifischen Verhaltensweise abzuschätzen. Somit sehen sie nicht nur die initialen Kosten, sondern werden über die Kosten der gesamten Nutzungsdauer aufgeklärt, was sie die nachhaltige Option als die meist profitablere Variante erkennen lässt.

Attraktiv

- **Aufmerksamkeit schaffen:** Die persönliche und visuelle Ansprache sollte für die nachhaltige Option optimiert werden. Damit werden mögliche Nutzerinnen darauf aufmerksam gemacht.
- **Feedback geben:** Nachhaltige Entscheidungen werden vom Produkt oder Service direkt positiv kommentiert, was Menschen in ihrer Entscheidung weiter bestärkt und zur Wiederholung animiert.
- **Spielerische Elemente einführen:** Anstatt Rabattmarken durch Käufe zu sammeln, kann stattdessen nachhaltiges Verhalten mit Punkten oder Rabatten wertgeschätzt werden. Hier lässt sich auch gut eine spielerische Komponente einbauen.

Sozial

- **Kontext schaffen:** Das Verhalten von anderen Menschen hat einen starken Einfluss auf unser eigenes Verhalten. Der Vergleich mit ihnen kann zu nachhaltigeren Entscheidungen führen, wenn er richtig eingesetzt wird. Wichtig ist es zu zeigen, dass andere Leute sich bereits nachhaltiger verhalten.
- **Verbindlichkeit einfordern:** Menschen können zu einem Versprechen für eine nachhaltigere Lebensweise gewonnen werden. Das Gefühl einer Community und die Aufmerksamkeit führen zu nachhaltigeren Entscheidungen.

Die verschiedenen Planet Patterns bilden einen guten Startpunkt für die Diskussion einer möglichen Anwendung in Ihrem eigenen organisationalen Kontext. Wichtig ist es dabei, dass Sie die folgenden Schritte und die entsprechenden Fragen beachten, um Planet Patterns erfolgreich im eigenen Unternehmen einzuführen:

1. Zielverhalten definieren: Wer ist unsere Zielgruppe und was für ein Verhalten wollen wir fördern? Inwiefern ist es nachhaltig oder regenerativ?
2. Kontext verstehen: Welche Einflüsse wirken momentan auf die Entscheidungsfindung ein? Was gibt es für individuelle, soziale und materielle Treiber?
3. Planet Pattern designen: Welche Kontaktpunkte gibt es und wo können wir sinnvoll ansetzen? Welche Ressourcen brauchen wir und wer hilft uns dabei?
4. Effektivität testen: Wie messen wir den Erfolg unseres Planet Patterns? Was definieren wir als ein erfolgreiches Resultat? Welche Vergleiche stellen wir an?
5. Pattern reflektieren: Was behalten wir bei? Wo gab es Probleme? Was probieren wir in der nächsten Iteration?

Wirkfeld der Methode

- Wirksam für Herausforderungen mit mittlerer Komplexität
- Wirksam für Herausforderungen mit niedriger Komplexität
- Wirksam für nachhaltiges Produktdesign
- Wirksam für nachhaltiges Servicedesign
- Wirksam für nachhaltiges Business Model Design

Transformationsfähigkeit Ihres Teams

- Fördert die Sensibilisierung
- Sorgt für Inspiration oder bessere Inspirationsempfindlichkeit

Einsatzcharakteristik/Arbeitsrahmen

- Austauschfokus: vornehmlich mit internen Personen
- Durchführungszeit: eher hoch (> 1 Tag)
- Durchführungszeit: eher mittel (> 1 Stunde bis < 1 Tag)
- Einsatzradius: vornehmlich im Teameinsatz
- Einsatzradius: vornehmlich im projektweiten Einsatz
- Komplexität für den Moderator: eher hoch
- Komplexität für die Teilnehmer: eher mittel
- Teamgröße: Einzelpersonennutzung möglich
- Teamgröße: Kleingruppe möglich (3 bis 5 Teilnehmer)
- Vorbereitungszeit: eher hoch (>1 Tag)

Input für eine zielführende Arbeit mit der Methode

- Aktuell existierende Geschäftsmodelle
- Aktuell existierende Produkte und Services
- Aktuelle Herausforderung, Leitfrage, Problem
- Existierende Prozesse und Verfahren
- Ideen und Projekte, die zur Umsetzung anstehen
- Ideen, Lösungsansätze, Vorideen, Varianten

Output und beobachtete Ergebnisse der Methode

- Erzeugt Ideen für neue Märkte und neue Business Modelle
- Erzeugt Ideen, Lösungsansätze, Vorideen, Möglichkeiten

Hinderniseffekte, auf die die Methode positiv wirkt

- Schafft für den Erfolg nötige Realitätsbezüge
- Schafft schnell Klarheit und beschleunigt Erkenntnisgewinn
- Verhindert einseitige Bewertungen und Entscheidungen
- Verhindert unreflektiertes agieren
- Wirkt fehlender Inspiration entgegen
- Fördert Optimismus und Zuversicht

Mögliche Extravorteile der Methode

- Möglicher Extravorteil für Teams mit einem starkem Auftragsmandat
- Möglicher Extravorteil für in Nachhaltigkeitsthemen erfahrene Teams

Quellen

Organisation – United Nations Environment Programme, GRIDArendal and Behavioural Insights Team (2020). The Little Book of Green Nudges: 40 Nudges to Spark Sustainable Behaviour on Campus. Nairobi and Arendal: UNEP and GRID-Arendal.
Person – Samuel Huber, www.samuelhuber.ch
Web – https://www.deceptive.design

Planetary Actors

EinSatzBeschreibung

Planetary Actors ist eine Mikromethode, die in der vorliegenden Form für die umfassende Stakeholder-Analyse erweitert wurde und liefert eine Übersicht der Bedürfnisse und Denkweisen einzelner Interessensgruppen bei einem umfassenden Transformationsprojekt.

Working Guide/Anwendungsfelder

P1 Sensibilisierung/Bildung	P2 Matching Recht/Gesetz	P3 Sustainability Roadmap	P4 Produkt/Prozessdesign	P5 Implementierung/Monitoring	P6 Kommunikation	P7 Organisation	P8 Führung	P9 Business Model Design	P10 Skalierung
X	X	X	X	X		X		X	X

Beschreibung

Designen wir nachhaltige und zirkuläre Produkte, Prozesse oder Geschäftsmodelle, ist es wichtig, stets die beteiligten Akteure im Auge zu behalten. Dies sind Individuen, Gruppen, Gemeinschaften, Unternehmen, NGOs, Regierungen oder internationale Organisationen, die vom Projekt beeinflusst werden oder darauf Einfluss nehmen. Planetary Actors setzen sich für den Schutz und die nachhaltige Entwicklung unseres Planeten einsetzen.

Sie können sogar einen Schritt weiter gehen und betrachten auch natürliche Systeme und Lebewesen als Stakeholder.

Die zentrale Idee hinter Planetary Actors ist es, dass die Bewältigung globaler Herausforderungen wie Klimawandel, Artensterben, soziale Ungleichheit und Ressourcenknappheit eine koordinierte und gemeinsame Anstrengung erfordert, die über nationale Grenzen, Sektoren und Interessen hinweggeht. Planetary Actors streben danach, gemeinsame Ziele zu erreichen und langfristige Lösungen zu entwickeln, die den gesamten Planeten und alle seine Bewohnerinnen und Bewohner berücksichtigen.

Das Konzept der Planetary Actors zielt darauf ab, die Zusammenarbeit und Koordination zwischen verschiedenen Akteuren zu fördern, um größere Wirkung und Effizienz bei der Bewältigung globaler Herausforderungen zu erzielen. Es erkennt an, dass eine ganzheitliche Herangehensweise erforderlich ist, bei der verschiedene Interessen und Perspektiven berücksichtigt werden müssen.

Planetary Actors dient zur Identifizierung von gemeinsamen Zielen und zur Förderung des Dialogs und der Zusammenarbeit zwischen den Akteuren. Die Methode hilft, die Bedürfnisse und Denkweisen der verschiedenen Akteure zu verstehen.

Als Ergänzung zum ursprünglichen Tool, wird die grundsätzliche Haltung der Stakeholder dem Projekt gegenüber visualisiert. Dieser Prozess hilft auch dabei, mögliche „Gegner" zu identifizieren und Maßnahmen zu ergreifen, um sie einzubeziehen und auf ihre Bedenken einzugehen.

Durchführung

Planetary Actors umfasst vier Schritte, um ein ganzheitliches Verständnis der verschiedenen Akteure zu entwickeln und deren Bedürfnisse und Denkweisen zu analysieren.

1. Vorbereitung
Verwenden Sie ein großes Blatt Papier, ein Flipchart, eine Pinnwand oder ein virtuelles Board.

Legen Sie dort mehrere kleine Tabellen pro Interessensgruppe/Stakeholder gemäß der Grafik an. Definieren Sie folgende Felder pro Tabelle:

- Wer
- Denkweise/Mindset
- Bedürfnisse/Needs

Nun fügen Sie in jeder Tabelle eine einfache Skalierung an, sodass zu jedem Akteur seine momentane Grundhaltung hinsichtlich des Projektes gekennzeichnet werden kann. Die Skala hat die folgenden Ausprägungen:

- Starker Widerstand
- Mäßiger Widerstand
- Neutral
- Mäßige Unterstützung
- Starke Unterstützung

2. Identifikation der Akteure:
Identifizieren Sie die relevanten Akteure, die von Ihrem Projekt oder Initiative betroffen sind oder darauf entscheidenden Einfluss haben können. Unterscheiden Sie zwischen internen und externen Akteuren. Denken Sie entlang der Wertschöpfungskette. Halten Sie aber auch übergeordnete Individuen, Personengruppen und Organisationen im Auge. Wählen Sie die richtige Flughöhe, um nicht zu kleinteilig zu werden. Entscheiden Sie sich für die relevanten Akteure, deren Opposition die Projektumsetzung gefährden könnte.

Mögliche interne Akteure in Ihrem Unternehmen/in Ihrer Organisation:

- Geschäftsführer
- Produktionsabteilung
- Vertrieb
- Marketing
- Einkauf
- Logistik
- Personalwesen
- Andere Abteilungen

Planetary Actors

Beschreiben Sie die Bedürfnisse und Denkweisen der Hauptpersonen oder Gruppen, die direkt oder indirekt auf Ihr Projekt Einfluss haben oder davon betroffen sind.

WER				
O Starker Widerstand	O Mäßiger Widerstand	O Neutral	O Mäßige Unterstützung	O Starke Unterstützung
Denkweise / Mindset Was treibt Entscheidungen an und beeinflusst Verhaltensweisen?		**Bedürfnisse/ Needs** Was versucht man zu erreichen?		

WER				
O Starker Widerstand	O Mäßiger Widerstand	O Neutral	O Mäßige Unterstützung	O Starke Unterstützung
Denkweise / Mindset Was treibt Entscheidungen an und beeinflusst Verhaltensweisen?		**Bedürfnisse/ Needs** Was versucht man zu erreichen?		

Quelle: Impossible Labs & Hila Attaie (innojump)

Mögliche externe Akteure:

- Kunden (B2B oder B2C)
- Lieferanten
- Dienstleister
- Handel
- Gesellschaft/Gemeinde
- NGO's
- Wissenschaftliche Institutionen
- Investoren/Banken
- Regierung
- Vereine
- Behörden

Mögliche natürliche Systeme:

- Tierwelt
- Pflanzenwelt
- Boden
- Wasserressourcen
- Luft & Klima

Fassen Sie Interessensgruppen, wenn möglich, zusammen, sodass Sie auf nicht mehr als 8–10 Gruppen kommen. Schreiben Sie nun in jede Tabelle den Namen der entsprechenden Akteure in die Kopfzeile in das Feld „Wer".

3. Analyse der Bedürfnisse und Denkweisen

Führen Sie mit Ihrem Team nun eine gründliche Untersuchung der einzelnen Denkweisen (Mindsets) einerseits und der jeweiligen Bedürfnisse/Anforderungen (Needs) durch.

Verwenden Sie für diese Analyse Recherchen, Interviews, Umfragen, Fokusgruppen und andere Forschungsmethoden, um ein tiefes Verständnis für die verschiedenen Perspektiven zu gewinnen.

Versuchen Sie folgende Aspekte zu verstehen:

- Denkweise/ Mindset: Was treibt Entscheidungen an und beeinflusst Verhaltensweisen?
- Bedürfnisse/Needs: Was versucht man zu erreichen?

Bedenken Sie: Was Entscheidungen beeinflusst und Verhalten lenkt, kann verschiedene Faktoren umfassen.

1. Bedürfnisse und Motivationen: Menschliche Entscheidungen und Verhalten werden oft von grundlegenden Bedürfnissen wie Sicherheit, Zugehörigkeit, Anerkennung, Autonomie und Selbstverwirklichung beeinflusst. Wenn diese Bedürfnisse erfüllt werden, kann dies bestimmte Entscheidungen und Verhaltensweisen begünstigen.
2. Werte und Überzeugungen: Persönliche Werte, ethische Überzeugungen und moralische Vorstellungen haben einen starken Einfluss auf Entscheidungen und Verhalten. Menschen tendieren dazu, Entscheidungen zu treffen und sich so zu verhalten, dass sie im Einklang mit ihren grundlegenden Werten stehen.
3. Umwelt- und soziale Faktoren: Die Umwelt, in der Menschen leben, und die sozialen Normen, denen sie ausgesetzt sind, spielen ebenfalls eine Rolle bei der Beeinflussung von Entscheidungen und Verhalten. Kulturelle Normen, sozialer Druck, Peer-Group-Einflüsse und externe Anreize können das Verhalten einer Person stark beeinflussen.
4. Informationen und Wissen: Die Verfügbarkeit und Qualität von Informationen sowie das Wissen einer Person über eine be-

stimmte Situation oder ein Thema können Entscheidungen und Verhalten beeinflussen. Fakten, Erfahrungen und das Verständnis der Konsequenzen können die Art und Weise beeinflussen, wie Menschen handeln.

Nachfolgend einige Fragenstellungen für Ihre Recherche:

- Wie groß ist das Interesse der Akteure am Projekt?
- Wie viel Arbeit kommt auf die Akteure im Rahmen des Projektes zu?
- Sind die Akteure momentan stark überlastet?
- Bringt das Projekt kurzfristig eine Be- oder Entlastung für die Akteure?
- Bringt das Projekt langfristig eine Be- oder Entlastung für die Akteure?
- Welcher finanzielle Aufwand kommt auf die Akteure zu?
- Welche Vorteile hätten die Akteure vom Projekt?
- Welche Hindernisse sehen die Akteure für die erfolgreiche Umsetzung des Projektes?
- Welche Sorgen haben die Akteure?
- Was fehlt den Akteuren, damit sie das Projekt unterstützen?
- Was müsste passieren, damit die Akteure vom Projekt mehr profitieren?

Abschließend halten Sie in der 5er-Skala fest, wie die Grundhaltung der jeweiligen Akteure dem Projekt gegenüber ist.

4. Zusammenführen von Erkenntnissen

Führen Sie im nächsten Schritt die gesammelten Informationen und Erkenntnisse aus Ihrer Recherche zusammen. Identifizieren Sie Muster und Gemeinsamkeiten, um ein umfassendes Bild der unterschiedlichen Anforderungen und Denkweisen der Akteure zu erhalten.

- Welche Unterstützer haben Sie?
- Welche Gegner konnten Sie identifizieren?
- Was muss passieren, damit Sie Ihre Gegner für das Projekt gewinnen können

5. Integration in das Design

Basierend auf den gewonnenen Erkenntnissen werden die Anforderungen und Bedürfnisse der Akteure in den Designprozess einbezogen. Das Design wird so gestaltet, dass es den Bedürfnissen und Denkweisen der verschiedenen Akteure gerecht wird und gleichzeitig positive Auswirkungen auf die Umwelt und den Planeten hat.

Wirkfeld der Methode

- Wirksam für Herausforderungen mit hoher Komplexität
- Wirksam für nachhaltiges Produktdesign
- Wirksam für nachhaltiges Prozessdesign
- Wirksam für nachhaltiges Servicedesign
- Wirksam für nachhaltiges Business Model Design

Transformationsfähigkeit Ihres Teams

- Fördert die Sensibilisierung
- Fördert die allgemeine Transformationsfähigkeit des Teams
- Zahlt auf eine bessere Wahrnehmung ein
- Zahlt auf das Dringlichkeitsempfinden ein
- Erhöht die Lösungsorientierung

Einsatzcharakteristik/Arbeitsrahmen

- Austauschfokus: vornehmlich mit internen und externen Personen
- Durchführungszeit: eher hoch (> 1 Tag)
- Einsatzfrequenz: vornehmlich über den kompletten Projektzeitraum
- Einsatzradius: vornehmlich im projektweiten Einsatz
- Komplexität für den Moderator: eher mittel
- Komplexität für die Teilnehmer: eher hoch
- Teamgröße: Kleingruppe möglich (3 bis 5 Teilnehmer)
- Teamgröße: Mittelgroße Teams möglich (5 bis 20 Teilnehmer)
- Vorbereitungszeit: eher mittel (> 1 Stunde bis < 1 Tag)

Input für eine zielführende Arbeit mit der Methode

- Aktuelle Herausforderung, Leitfrage, Problem
- Beteiligte Personen mit Tätigkeiten und Aufgaben
- Umfeldbeobachtungen, Umfeldanalysen

Output und beobachtete Ergebnisse der Methode

- Erzeugt Nutzenfunktionen und Bedürfniskorridore
- Erzeugt eine Vision oder Zukunftsbild
- Erzeugt größere Klarheit zu einem Thema
- Erzeugt mehr Hintergrundinformationen
- Erzeugt mehr Know-how-Zuwachs
- Macht Wirkzusammenhänge sichtbar
- Ziel- und Fokusgruppen

Mögliche Extravorteile der Methode

- Beugt blinden Flecken/Betriebsblindheit vor
- Schafft schnell Klarheit und beschleunigt Erkenntnisgewinn
- Schärft eine fehlende gemeinsame Ausrichtung
- Verhindert blinden Aktionismus
- Verhindert falsche Flughöhen
- Verhindert unreflektiertes agieren

Quellen

Buch – Das große Handbuch Innovation, Benno van Aerssen & Christian Buchholz (Vahlen, 2018)

Organisation – Impossible Labs, https://www.labs.impossible.com/

Person – Thomas Appel, Thomas Appel Consulting, thoap@tac4u.net

Person – Hila Attaie, www.inno-jump.com, hila.attaie@inno-jump.com

Planetary AI Interview

EinSatzBeschreibung

Mit AI und intelligenten Sprachmodellen planetaren Akteuren eine Stimme geben.

Working Guide/Anwendungsfelder

P1 Sensibilisierung/Bildung	P2 Matching Recht/Gesetz	P3 Sustainability Roadmap	P4 Produkt/Prozessdesign	P5 Implementierung/Monitoring	P6 Kommunikation	P7 Organisation	P8 Führung	P9 Business Model Design	P10 Skalierung
X			X						

Beschreibung

Der Künstler Jeroen van der Most hat folgenden Brief an den amerikanischen Präsidenten geschickt, welcher hier in deutscher Übersetzung wiedergegeben wird:

Sehr geehrter Herr Präsident,

Als eine der größten Eisflächen in der Welt, bitte vergessen Sie uns nicht, bitte kämpfen Sie für uns, bitte hören Sie nicht auf die Konservativen, welche dazu aufrufen, uns in Ruhe zu lassen. Wir schmelzen. Es schmerzt. Wir sind traurig. Wir sterben. Bitte vergessen Sie uns nicht.

Ihr Freund,

Eisfläche

Geschrieben hat van der Most den Brief nicht selbst. Vielmehr hat er ein intelligentes Sprachmodell damit beauftragt, im Namen der arktischen Eisflächen einen poetischen Brief zu verfassen.

Die zunehmende Nutzung solcher komplexen Sprachmodelle, auch LLM – Large Language Models genannt, hat einen massiven Einfluss auf die Tätigkeiten von Organisationen. Mithilfe von lernfähigen Modellen können verschiedenste organisationale Tätigkeiten komplett automatisiert oder zumindest unterstützt werden. Doch während die involvierten Unternehmen und ihre jeweiligen Modelle um die Vorherrschaft kämpfen, lassen sich diese technologischen Entwicklungen bereits heute sinnvoll für die Nachhaltigkeitsarbeit einsetzen.

Eine große Herausforderung der nachhaltigen Gestaltung von Produkten, Dienstleistungen und Geschäftsmodellen ist es, dass wir primär auf die Sicht von Menschen zurückgreifen müssen. Es sind nun mal Menschen, die sprechen können, ihre Bedürfnisse kundtun und mögliche Lösungen erforschen und bewerten. Dies führt dazu, dass wir unsere Umwelt immer stärker an die Bedürfnisse ihres lautesten Stakeholders, dem Menschen, angepasst haben. Diese verengte Sichtweise führt jedoch auch dazu, dass andere weniger mächtige Stakeholder in unseren Innovationsprozessen gar nicht oder stark marginalisiert vorkommen. Wir können ihre Stimme schlichtweg nicht hörbar machen.

Mit LLMs lässt sich dieser Mangel beheben. Auch wenn diese Modelle ihr Training durch die Verarbeitung von menschlichen Texterzeugnissen erhalten und eine richtige Forschungstätigkeit nicht ersetzen, vermögen sie es doch, nichtmenschlichen Akteuren eine Stimme zu geben. Sie können über ihre Herausforderungen sprechen, einen typischen Tag beschreiben und menschlichen Akteuren das Gefühl vermitteln, mit einem anderen nichtmenschlichen Akteur direkt zu interagieren. Dies führt zu einer besseren Empathie nicht nur gegenüber Menschen, sondern auch Bäumen entlang einer Straße, der Ostsee oder, wie im Brief gesehen, einer schmelzenden Eisfläche.

Durchführung

Um mit einem LLM interagieren zu können benötigt man einen Zugang, die richtigen Prompts und eine abschließende Einordnung.

Zugang

Die Entwicklung im Bereich der Sprachmodelle hat eine beindruckende Geschwindigkeit angenommen, der kein Buch gewachsen ist. Es wird schlichtweg bei der Veröffentlichung nicht mehr aktuell sein. Dennoch können an dieser Stelle einige universelle Hinweise mitgegeben werden:

- Es gibt verschiedenste Anbieter von LLMs und es lohnt sich, ihre Datenverarbeitungsregeln zu prüfen.
- Für das AI interview braucht es nicht die neusten Modelle, oft reichen auch ältere Versionen.
- Die meisten LLMs benötigen eine vorherige Anmeldung, welche mit genug Vorlaufzeit vorgenommen werden sollte, da teilweise noch eine Warteliste zwischengeschaltet ist.
- Sprachmodelle beherrschen mehrere Sprachen. Auch wenn die Website auf English angezeigt wird, kann man einfach mit deutschen Texteingaben starten.
- Die meisten Modelle können sich an vorherige Eingaben und Antworten erinnern und bauen darauf auf. Nutzen Sie dies, um die erhaltenen Resultate zu verfeinern. Falls dies zu Verwirrung führt, kann das Modell neu gestartet werden.
- Einige Modelle lassen es zu, die Kreativität der Antworten einzustellen. Für den Gebrauch als AI-Interview sind die Resultate bei einer hohen Kreativitätsstufe am interessantesten.
- Gewisse Modelle lassen es zu, dass man sie mit eigenen Daten und Dokumenten trainiert. Dies ist eine mächtige Funktion, von der bei Verfügbarkeit Gebrauch gemacht werden sollte, da sie die Resultate stark verbessert.

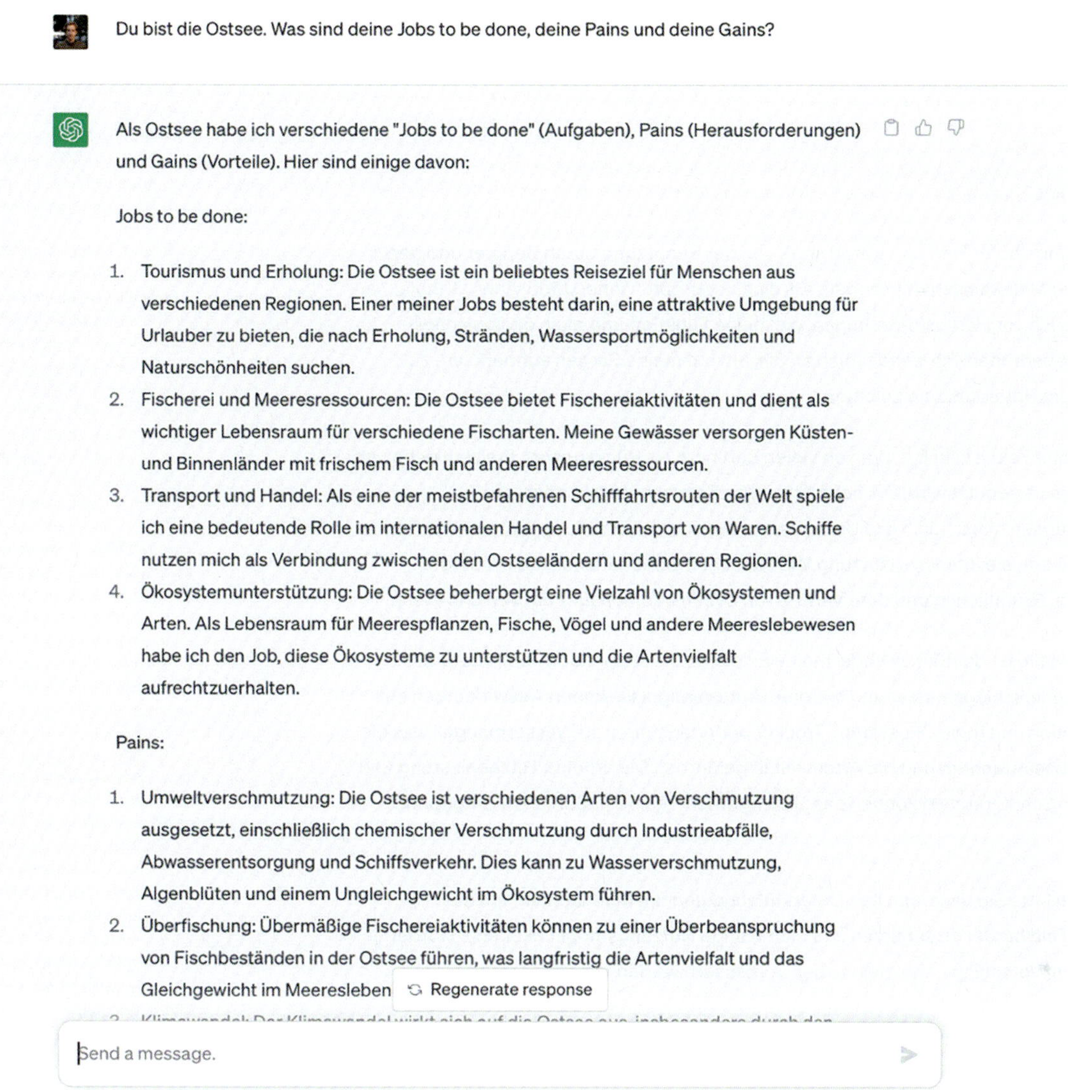

Planetary AI-Interview: Beispiel ChatGPT

Prompts

Sogenannte Prompts sind die zentrale Technik, um mit LLMs zu interagieren. Prompts sind keine komplizierten Programmiersprachen, sondern simple textliche Befehle. Hierbei ist es wichtig, die Eigenheiten des einzelnen Modelles zu kennen. Es gibt hierzu Ressourcen online oder man muss die eigenen Eingaben selbst verbessern, indem man nicht nur einen einzelnen Prompt sendet, sondern mit dem Modell in eine Konversation einsteigt und die Resultate mit jeder Iteration weiter schärft.

Prompts setzen sich aus mehreren Elementen zusammen:

1. **Rolle**: Welcher nichtmenschliche Akteur wird befragt? Zentral für das AI-Interview ist es, dem LLM eine klare Rolle zuzuschreiben. Das heißt, diese Rolle kann ein Linde in Berlin, die Ostsee oder eine Viehwiese neben dem Industriegebiet in Essen sein. Experimentieren Sie hierbei mit der Genauigkeit der Rollenbeschreibung.
2. **Frage/Aufgabe**: Was soll erreicht werden? Hier können Sie nach konkreten Umwelteinflüssen fragen, über einen normalen Tag im Leben des Akteurs lernen oder sich auch eine Planetary Persona ausgeben lassen.
3. **Quellen**: Verlangen Sie vom LLM bei Bedarf direkte Links zu Quellen. Dies kann jedoch auch dazu führen, dass die Antworten weniger kreativ sind.
4. **Form**: Wie soll die Antwort ausgegeben werden? LLMs können in akademischer, als auch in vereinfachter Sprache sprechen. Zusätzlich kann man auch die Ausgabe als Tabelle oder anderer spezifischer Formate fordern.

Vervollständige folgenden Briefanfang: Hallo Frau Giffey, ich bin das Tempelhofer Feld und werde stark von der Benutzung durch Berliner und den Klimawandel in Mitleidenschaft gezogen.

Hallo Frau Giffey,

ich bin das Tempelhofer Feld und werde stark von der Benutzung durch Berliner und den Klimawandel in Mitleidenschaft gezogen. Als eine der größten innerstädtischen Grünflächen in Berlin stehe ich vor Herausforderungen, die meine Funktion und mein ökologisches Gleichgewicht bedrohen. Ich wende mich an Sie, um auf meine Sorgen aufmerksam zu machen und um Unterstützung zu bitten.

Das Tempelhofer Feld ist ein Ort, der von vielen Berlinern als Rückzugsort, Freizeitfläche und Veranstaltungsort genutzt wird. Die hohe Anzahl an Besuchern stellt mich vor Herausforderungen hinsichtlich des Umweltschutzes und der Erhaltung meiner natürlichen Ressourcen. Durch die intensive Nutzung leide ich unter Bodenerosion, übermäßiger Abnutzung von Grünflächen und dem Verlust von Lebensräumen für Pflanzen und Tiere.

Zusätzlich beeinflusst der Klimawandel meine Existenz. Die steigenden Temperaturen, veränderte Niederschlagsmuster und extreme Wetterereignisse haben Auswirkungen auf meine Vegetation und mein Ökosystem. Trockenperioden führen zu Wassermangel, was die Pflanzenwelt beeinträchtigt und die Artenvielfalt gefährdet. Die erhöhte Hitzebelastung und der Mangel an Schutzräumen können das Gleichgewicht meiner natürlichen Umgebung stören.

Frau Giffey, ich bitte Sie daher um Ihre Unterstützung und um Maßnahmen, um das Tempelhofer Feld besser zu schützen und nachhaltige Nutzungsmöglichkeiten zu fördern. Hier sind einige Vorschläge, wie mein Leben verbessert werden könnte:

1. Naturschutzmaßnahmen: Durch den Schutz und die Wiederherstellung von Lebensräumen können gefährdete Pflanzen- und Tierarten erhalten werden. Die Einrichtung von Schutzzonen u Regenerate response iversität sind von großer Bedeutung

Send a message.

Free Research Preview. ChatGPT may produce inaccurate information about people, places, or facts. ChatGPT May 24 Version

Planetary AI-Interview: Beispiel ChatGPT-Dialog

Hier eine Liste an möglichen Prompts im Kontext von Nachhaltigkeit:

- Value Proposition Persona erfragen: Du bist [gewünschter nichtmenschlicher Akteur]. Was sind deine Jobs to be done, deine Gains und deine Pains?
- Beziehungen: Du bist [gewünschter nichtmenschlicher Akteur]. Welche Beziehung hast du zu [Firma] und wie können diese Beziehungen verbessert werden?
- Brief der Natur: Vervollständige folgenden Briefanfang: G'Day Frau Präsidentin, ich bin [gewünschter nichtmenschlicher Akteur, bspw. das Great Barrier Korallenriff] und [Problembeschreibung, bspw. stark vom Klimawandel in Mitleidenschaft gezogen].

Einordnung

Da es sich bei LLMs um eine neuartige Technologie handelt, ist es zentral, ihre Resultate kritisch zu hinterfragen. Die aktuellen

Modelle halluzinieren heute noch, das heißt, sie erfinden Fakten, die nicht wahr sind. Die Modelle verstecken ihr Unwissen hinter ihrer beindruckenden sprachlichen Kompetenz. Lassen Sie sich nicht davon verführen, sondern prüfen Sie alle erhaltenen Antworten. Bei Bedarf können Sie die Modelle auch direkt nach Quellen fragen.

Zentral ist die kollektive Reflexion der AI-Interviews. Welche Perspektiven haben sich aufgemacht? Was fiel auf? Wo sind Spannungsfelder sichtbar geworden? Und wie kann man diese Stimme weiterhin im Projekt inkludieren?

Ein AI-Interview durch ein LLM kann noch nicht die eigene vertiefte Auseinandersetzung mit einem Thema und die damit einhergehende Forschungstätigkeit ersetzen. Nutzen Sie die Methode als Inspiration und nicht als Sparmaßnahme.

Praxisschlaglicht

Das AI-Interview kann als individuelle Tätigkeit durchgeführt werden. Doch erst, wenn man in größeren Gruppen mit den Modellen interagiert, gewinnt die Methode eine anregende Dynamik. Dies funktioniert aufgrund der neuen Technologie der LLMs, aber auch durch die klaren Aussagen, welche plötzlich von den nichtmenschlichen Akteuren zu vernehmen sind.

Das AI-Interview wird deswegen idealerweise im Rahmen eines Workshops und im Anschluss an eine klassische User Research durchgeführt. Hier kann man die Teilnehmenden individuell oder auch in Kleingruppen mit einem LLM interagieren lassen.

Wirkfeld der Methode

- Wirksam für Herausforderungen mit mittlerer Komplexität
- Wirksam für Herausforderungen mit niedriger Komplexität
- Wirksam für nachhaltiges Marketing
- Wirksam für nachhaltiges Produktdesign
- Wirksam für nachhaltiges Prozessdesign
- Wirksam für nachhaltiges Servicedesign
- Wirksam für nachhaltiges Business Model Design

Transformationsfähigkeit Ihres Teams

- Fördert die Sensibilisierung
- Fördert die Teamkreativität
- Fördert offene Mindsets und innovative Denkhaltungen
- Sorgt für Inspiration oder bessere Inspirationsempfindlichkeit
- Zahlt auf eine bessere Vorstellungskraft ein
- Zahlt auf eine bessere Wahrnehmung ein
- Zahlt auf ein positives Zukunftsbild ein
- Zahlt auf das Dringlichkeitsempfinden ein

Einsatzcharakteristik/Arbeitsrahmen

- Austauschfokus: vornehmlich mit internen und externen Personen
- Durchführungszeit: eher gering (< 1 Stunde)
- Durchführungszeit: eher mittel (> 1 Stunde bis < 1 Tag)
- Einsatzfrequenz: vornehmlich über den kompletten Projektzeitraum
- Einsatzradius: vornehmlich im Teameinsatz
- Komplexität für den Moderator: eher gering
- Komplexität für die Teilnehmer: eher gering
- Teamgröße: Einzelpersonennutzung möglich
- Teamgröße: Großgruppen möglich (> 50 Teilnehmer)
- Teamgröße: Kleingruppe möglich (3 bis 5 Teilnehmer)
- Teamgröße: Maxigruppen möglich (20 bis 40 Teilnehmer)
- Teamgröße: Mittelgroße Teams möglich (5 bis 20 Teilnehmer)
- Vorbereitungszeit: eher gering (< 1 Stunde)

Input für eine zielführende Arbeit mit der Methode

- Aktuelle Herausforderung, Leitfrage, Problem
- Beteiligte Personen mit Tätigkeiten und Aufgaben
- Ideen und Projekte, die zur Umsetzung anstehen
- Verschiedene Meinungen und Blickwinkel
- Vorhandenes Wissen und Erfahrungen
- Ideen, Lösungsansätze, Vorideen, Varianten
- Merkmale der gegebenen Herausforderung
- Umfeldbeobachtungen, Umfeldanalysen

Output und beobachtete Ergebnisse der Methode

- Erzeugt Ideen, Lösungsansätze, Vorideen, Möglichkeiten
- Erzeugt Ideensuchfelder, unentdeckte Probleme, Inspiration
- Erzeugt neues Wissen und neue Erfahrungen
- Erzeugt größere Klarheit zu einem Thema
- Macht Wirkzusammenhänge sichtbar
- Ziel- und Fokusgruppen

Hinderniseffekte, auf die die Methode positiv wirkt

- Beugt Missinterpretationen vor
- Beugt blinden Flecken/Betriebsblindheit vor
- Bewahrt vor zu generischen Ideen und Aussagen
- Dynamisiert und aktiviert wenig dynamische Teams
- Schafft schnell Klarheit und beschleunigt Erkenntnisgewinn
- Schwächt Verdiskutiererei
- Schärft eine fehlende gemeinsame Ausrichtung
- Verhindert Ideenfindung mit zu schwacher Erkenntnisgrundlage
- Verhindert unreflektiertes agieren
- Verkürzt und durchbricht vorhandene Kreativblockaden

Mögliche Extravorteile der Methode

- Möglicher Extravorteil für innovativ ungeübte Teams
- Möglicher Extravorteil für in Nachhaltigkeitsthemen ungeübte Teams

Quellen

Person – Samuel Huber, www.samuelhuber.ch und www.forplanetstrategylab.com

Web – Claude-Sprachmodell – https://www.anthropic.com

Web – GPT-Sprachmodell – https://openai.com

Web – Letters from Nature von Jeroen van der Most, https://www.jeroenvandermost.com/letters-from-nature (abgerufen am 08.06.2023)

Planetary Boundaries Framework

EinSatzBeschreibung

Ein Modell zur Verdeutlichung der Belastungsgrenzen unseres Planeten, das dazu genutzt werden kann, um das Bewusstsein für die Dringlichkeit einer nachhaltigen Entwicklung zu erhöhen.

Working Guide/Anwendungsfelder

P1 Sensibilisierung/Bildung	P2 Matching Recht/Gesetz	P3 Sustainability Roadmap	P4 Produkt/Prozessdesign	P5 Implementierung/Monitoring	P6 Kommunikation	P7 Organisation	P8 Führung	P9 Business Model Design	P10 Skalierung
X		X	X			X		X	

Beschreibung

Das Konzept der Planetaren Grenzen (Planetary Boundaries) wurde von einer 28-köpfigen Gruppe von Erdsystem- und Umweltwissenschaftlern unter Leitung von Johan Rockström (Stockholm Resilience Centre) entwickelt.

Planetary Boundaries sind ökologische Grenzen der Erde, deren Überschreiten die Stabilität des Ökosystems der Erde und damit das Überleben der Menschheit gefährdet. Die planetaren Grenzen bilden auch die Grundlage für das Konzept der sogenannten doughnut economics, das von Kate Raworth entwickelt wurde.

Wesentlicher Bestandteil des Modells der Planetaren Grenzen sind neun Prozesse, die die Widerstandskraft und die Belastungsgrenzen des Planeten bestimmen. Diese sind:

Verlust der Artenvielfalt und Integrität der Biosphäre: Die hohe Rate des Artensterbens, hauptsächlich aufgrund von Lebensraumzerstörung, Übernutzung, Verschmutzung und Klimawandel, kann das Gleichgewicht der Ökosysteme stören und ihre Fähigkeit beeinträchtigen, lebenswichtige Dienstleistungen für den Menschen zu erbringen.

Klimawandel: Der anthropogene (durch den Menschen verursachte) Ausstoß von Treibhausgasen, insbesondere Kohlendioxid, Methan und Lachgas, führt zu einer globalen Erwärmung. Diese Erwärmung kann zu extremen Wetterereignissen, steigendem Meeresspiegel und anderen klimatischen Störungen führen, die sowohl Ökosysteme als auch menschliche Gesellschaften bedrohen.

Landnutzungsänderungen: Die Umwandlung von Wäldern, Graslandschaften und anderen natürlichen Lebensräumen in landwirtschaftliche oder urbane Gebiete beeinträchtigt die Biodiversität, den Kohlenstoffkreislauf und andere Ökosystemdienstleistungen.

Süßwassernutzung: Übermäßige Entnahme von Süßwasser für landwirtschaftliche, industrielle und häusliche Zwecke kann zu Wasserknappheit, Trockenheit und Verschlechterung der Wasserqualität führen.

Stickstoff- und Phosphorflüsse: Übermäßige Verwendung von Düngemitteln in der Landwirtschaft führt zu einem Überschuss dieser Elemente in der Umwelt. Dies kann zur Eutrophierung von Gewässern führen, wodurch Algenblüten entstehen, die Fische und andere Wasserlebewesen töten.

Ozeanversauerung: Das von den Ozeanen aufgenommene CO_2 bildet Kohlensäure, was zu einer Abnahme des pH-Wertes führt. Dies beeinträchtigt Organismen, die kalkhaltige Schalen und Skelette bilden, wie Korallen und manche Planktonarten, was gravierende Auswirkungen auf die marine Nahrungskette haben kann.

Atmosphärische Aerosolbelastung: Aerosole, die durch menschliche Aktivitäten wie Verbrennungsprozesse freigesetzt werden, können die Luftqualität verschlechtern, die menschliche Gesundheit beeinträchtigen und regionale Klimamuster beeinflussen.

Ozonschichtabbau: Chemikalien wie Chlorfluorkohlenwasserstoffe (FCKW) führen zum Abbau der Ozonschicht, was zu einem erhöhten UV-B-Einstrahlungsniveau führt. Dies kann zu Hautkrebs und Katarakten beim Menschen und zu Schäden an Ökosystemen führen.

Einführung neuer Substanzen und Materialien: Viele synthetische Chemikalien, Nanomaterialien und andere neuartige Stoffe haben unbekannte langfristige Auswirkungen auf die Umwelt und die menschliche Gesundheit. Einige können sich in der Umwelt anreichern und toxische Effekte auf Organismen haben.

Diese Probleme sind miteinander verknüpft und können kumulative und synergistische Effekte haben, die schwer vorherzusagen sind. Daher ist es wichtig, einen integrierten Ansatz zur Bewältigung dieser globalen Herausforderungen zu verfolgen.

Durchführung

Der Einsatz des Konzepts der Planetary Boundaries (planetaren Grenzen) in einem Workshop kann ein effektives Mittel sein, um das Bewusstsein für Umweltprobleme zu schärfen und positive Veränderungen in Organisationen anzustoßen. Hier ein Beispiel, wie Sie diesen Workshop gestalten können:

Zielsetzung: Klären Sie das Ziel des Workshops. Möchten Sie allgemeines Bewusstsein schaffen? Möchten Sie spezifische Maßnahmen in Ihrer Organisation identifizieren und umsetzen?

Einleitung

Präsentieren Sie das Konzept der Planetary Boundaries mit einer kurzen Einführung. Nutzen Sie visuelle Hilfsmittel, z. B. die bekannte Grafik, die alle neun Grenzen mit dem aktuellen Stand darstellt.

Interaktive Diskussion

Teilen Sie die Teilnehmer in Gruppen, und lassen Sie jede Gruppe eine oder zwei der Grenzen diskutieren. Jede Gruppe sollte über die Bedeutung der jeweiligen Grenze, ihre aktuellen Herausforderungen und mögliche Lösungsansätze nachdenken.

Verbindung zur Organisation herstellen

Lassen Sie die Gruppen darüber diskutieren, wie die Aktivitäten ihrer Organisation/ihres Unternehmens jede dieser Grenzen beeinflussen könnten.

Identifizieren Sie spezifische Verhaltensweisen oder Praktiken in Ihrer Organisation, die diese Probleme verschärfen oder mildern könnten. Ein einfacher Weg, dies zu tun ist auf einem Flipchart eine Tabelle zu zeichnen mit den beiden Spalten plus und minus.

Lösungsvorschläge

Bitten Sie die Gruppen, konkrete Vorschläge zu erarbeiten, wie die Organisation ihre negativen Auswirkungen auf die planetaren Grenzen reduzieren kann. Dazu können z. B. die die negativen Auswirkungen des vorherigen Absatzes auf Post-Ist umgeschrieben werden und diese auf einer zweiten Pinnwand gesammelt werden.

Diskutieren Sie, wie diese Änderungen umgesetzt werden können und welche Vorteile sie für die Organisation und die Umwelt bringen würden.

Feedback-Runde

Jede Gruppe präsentiert ihre Diskussionsergebnisse und Vorschläge. Fassen Sie gemeinsam die wichtigsten Erkenntnisse und Vorschläge zusammen.

Handlungsplan

Entwickeln Sie basierend auf den Vorschlägen der Gruppen einen konkreten Handlungsplan. Legen Sie Verantwortlichkeiten, Zeitrahmen und Ressourcen für die Umsetzung fest.

Abschluss und Follow-up:

Bedanken Sie sich bei den Teilnehmern und betonen Sie die Bedeutung des Themas. Motivieren Sie zur Umsetzung und planen Sie regelmäßige Follow-up-Treffen, um den Fortschritt bei der Umsetzung des Handlungsplans zu überwachen und die Maßnahmen gegebenenfalls anzupassen.

Praxisschlaglicht

Wichtig ist, dass die Teilnehmer während des gesamten Workshops engagiert und aktiv beteiligt sind. Nutzen Sie interaktive Methoden und visuelle Hilfsmittel, um die Diskussionen lebendig und relevant zu halten. Eine Herausforderung ist es, die Teilnehmer im positiv-konstruktiven Arbeitsmodus zu halten. Gerade für Menschen, die das Modell zum ersten Mal sehen, kann das Ausmaß der Überlastung des Planeten zu Angst und Resignation führen („da können wir ohnehin nichts mehr machen") Diese gilt es durch eine motivierende Motivation in positive Lösungsbereitschaft umzuwandeln.

Wirkfeld der Methode

- Wirksam für Herausforderungen mit niedriger Komplexität
- Wirksam für nachhaltiges Business Model Design

Transformationsfähigkeit Ihres Teams

- Fördert die Sensibilisierung
- Fördert die Teamkreativität
- Fördert grundlegend die Kreativität
- Fördert offene Mindsets und innovative Denkhaltungen
- Sorgt für Inspiration oder bessere Inspirationsempfindlichkeit
- Zahlt auf ein positives Zukunftsbild ein
- Zahlt auf das Dringlichkeitsempfinden ein
- Erhöht die Lösungsorientierung

Einsatzcharakteristik/Arbeitsrahmen

- Austauschfokus: vornehmlich mit internen Personen
- Durchführungszeit: eher gering (< 1 Stunde)
- Durchführungszeit: eher mittel (> 1 Stunde bis < 1 Tag)
- Einsatzfrequenz: vornehmlich im einmaligen Einsatz
- Einsatzradius: vornehmlich im Teameinsatz
- Komplexität für den Moderator: eher gering
- Komplexität für die Teilnehmer: eher gering
- Teamgröße: Einzelpersonennutzung möglich
- Teamgröße: Großgruppen möglich (> 50 Teilnehmer)
- Teamgröße: Kleingruppe möglich (3 bis 5 Teilnehmer)
- Teamgröße: Maxigruppen möglich (20 bis 40 Teilnehmer)
- Teamgröße: Mittelgroße Teams möglich (5 bis 20 Teilnehmer)
- Vorbereitungszeit: eher gering (< 1 Stunde)

Input für eine zielführende Arbeit mit der Methode

- Aktuell existierende Geschäftsmodelle
- Aktuell existierende Produkte und Services
- Existierende Prozesse und Verfahren
- Vorhandenes Wissen und Erfahrungen

Output und beobachtete Ergebnisse der Methode

- Erzeugt Ideen für neue Märkte und neue Business Modelle
- Erzeugt Ideen, Lösungsansätze, Vorideen, Möglichkeiten
- Erzeugt Ideensuchfelder, unentdeckte Probleme, Inspiration
- Erzeugt eine Vision oder Zukunftsbild
- Erzeugt größere Klarheit zu einem Thema
- Erzeugt transformationsfähigere Organisationen
- Erzeugt mehr Know-how-Zuwachs
- Erzeugt motiviertere und transformationsfähigere Teilnehmer
- Macht Wirkzusammenhänge sichtbar

Hinderniseffekte, auf die die Methode positiv wirkt

- Beugt Missinterpretationen vor
- Beugt blinden Flecken/Betriebsblindheit vor
- Dynamisiert und aktiviert wenig dynamische Teams
- Fördert die Agilität der Teilnehmer
- Schafft für den Erfolg nötige Realitätsbezüge
- Schafft schnell Klarheit und beschleunigt Erkenntnisgewinn
- Schärft eine fehlende gemeinsame Ausrichtung
- Stärkt schwache Anreicherungsskills
- Verhindert blinden Aktionismus
- Verkürzt und durchbricht vorhandene Kreativblockaden
- Verringert zu große Komplexitäten
- Wirkt fehlender Inspiration entgegen
- Fördert Optimismus und Zuversicht

Mögliche Extravorteile der Methode

- Möglicher Extravorteil für Teams in einer Komfortsituation
- Möglicher Extravorteil für innovativ ungeübte Teams
- Möglicher Extravorteil für die Arbeit mit digitalen Kollaborationsboards
- Möglicher Extravorteil für in Nachhaltigkeitsthemen ungeübte Teams

Quellen

Web – https://de.wikipedia.org/wiki/Planetare_Grenzen (abgerufen am 28.09.2023)
Web – https://www.stockholmresilience.org/research/planetary-boundaries.html (abgerufen am 28.09.2023)

Grafik: verrocchio Sustainable Inspiration Card – Malvine Klecha, Hila Attaie und Jennifer van Aerssen (Illustration)

Planetary Centric Design Toolkit Roadmap 1&2

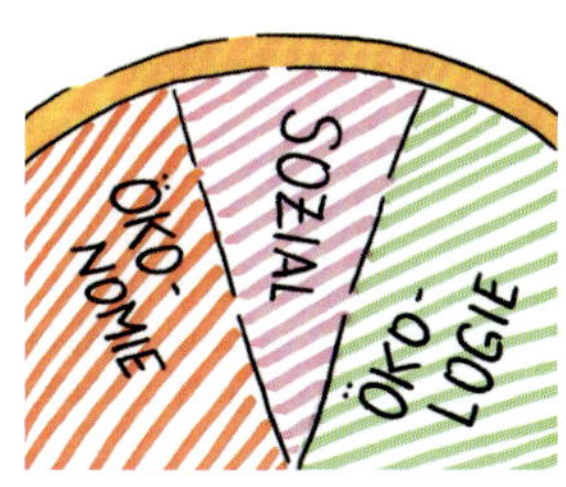

EinSatzBeschreibung

„PCDT Roadmap 1&2" ist die Abschlussmethode zur Unterstützung bei der Umsetzung und Erfolgsmessung eines strategischen Plans zur Umsetzung von nachhaltigen Zielen.

Working Guide/Anwendungsfelder

P1 Sensibilisierung/Bildung	P2 Matching Recht/Gesetz	P3 Sustainability Roadmap	P4 Produkt/Prozessdesign	P5 Implementierung/Monitoring	P6 Kommunikation	P7 Organisation	P8 Führung	P9 Business Model Design	P10 Skalierung
	X	X		X		X			

Beschreibung

PCDT Roadmap 1&2 ist eine Methode der „Measure"-Phase des Planetary Centric Design Toolkits, das von der Firma Impossible Labs entwickelt wurde. Das Planet Centric Design Toolkit bietet mit dem PCDT Roadmap 1&2 ein eigenes Werkzeug an, um die ausgearbeiteten nachhaltigen Ideen zur Erreichung der Nachhaltigkeitsziele umzusetzen.

„Planung ist die Ersetzung des Zufalls durch den Irrtum. Dem Zufall sind wir aber schutzlos ausgeliefert, während wir als Planende immerhin die Möglichkeit haben, vom größeren zum kleineren Irrtum fortzuschreiten." – so ein Zitat von Robert Nef, einem Schweizer Publizisten und Autor. Auch wenn das Zitat nicht von Albert Einstein stammt, wie oft fälschlicherweise angenommen, so bringt es dennoch ein wichtiges Thema auf den Punkt. Planung und Umsetzung ist ein fortschreitender Prozess, der von sehr niedriger Zuverlässigkeit zu einer höheren Zuverlässigkeit voranschreitet.

Gerade wenn Sie erst damit begonnen haben, Ihre Nachhaltigkeitsziele auch tatsächlich nachhaltig umzusetzen, dann wissen Sie, wie schnell das tradierte Geschäft und die Unabwägbarkeiten des Tagesgeschäfts Ihre Ziele und die damit einhergehenden Maßnahmen torpedieren. Selbst wenn Sie als Unternehmen schon an vielen Stellen agil arbeiten, so gibt es immer wieder Maßnahmen, die im Moment nicht dringend und wichtig sind und so auf die lange Bank geschoben werden. Nachhaltigkeitsziele und die abgeleiteten Maßnahmen konkurrieren oft chancenlos um Aufmerksamkeit und Ressourcen, wenn es gleichzeitig um kurzfristig realisierbaren Umsatz und Gewinn geht.

Die hier vorgestellte Methode kann Ihnen helfen, Ihre Prioritäten wieder so zu justieren, dass Sie Ihre Nachhaltigkeitsziele und Umsatzziele gleichgewichtig priorisieren und unter einen Hut bekommen.

Selbstverständlich gibt es sehr viele Methoden und Werkzeuge, um einen strategischen Plan auszuarbeiten, um Initiativen zu priorisieren, um Maßnahmen zu definieren und zu terminieren, sowie um die Umsetzung im Detail zu überwachen. Und wenn Sie bereits Werkezuge einsetzen, die Ihnen erfolgreich dabei helfen, sollten Sie diese auch unbedingt beibehalten.

Mit der hier angebotenen und alternativen Methode können Sie aber gewährleisten, dass Ihre Nachhaltigkeitsziele nicht unter die Räder von kurzfristigen Prioritäten geraten. Der Planungsprozess wird dabei, wie der Name der Methode schon verrät, in zwei Arbeitsschritte aufgeteilt. Im ersten Schritt wird sichergestellt, dass trotz wichtiger und dringender Maßnahmen, die gesetzten Nachhaltigkeitsziele und die damit verbundenen Maßnahmen berücksichtigt bleiben. Im zweiten Schritt werden die identifizierten Maßnahmen aus beiden Kategorien dann in einen Plan übertragen.

Diese Methode ist sehr einfach gehalten und daher als zusätzliches Instrument, welches in regelmäßigen Abständen genutzt werden kann, einsetzbar. Im unternehmerischen Zielesystem kann so gewährleistet werden, dass Nachhaltigkeitsziele keine untergeordnete Rolle spielen.

Durchführung

Vorbereitung

1. Erstellen Sie auf einem Brown Paper, einer entsprechend verwendbaren Schreibwand oder einem großen Flipchart (sinngemäß Online) zunächst eine große Tabelle mit 5 Spalten und 5 Zeilen. Diese hat die Überschrift „Roadmap 1". Beschriften Sie die Zeilen von oben nach unten mit „Kurzfristige Prioritäten", „Initiativen & Maßnahmen", „Kooperationsfelder", „Initiativen & Maßnahmen" sowie die unterste Zeile mit „Nachhaltigkeitsziele".
2. Erstellen Sie danach auf einem weiteren Brown Paper, einer entsprechend verwendbaren Schreibwand oder einem großen Flipchart (sinngemäß Online) eine weitere große Tabelle ebenfalls mit 5 Spalten und 5 Zeilen. Diese hat die Überschrift „Roadmap 2". Beschriften Sie die Zeilen von oben nach unten mit „Quartal/Datum", „Initiativen & Maßnahmen", „Ziele und Ergebnisse", „Indikatoren/KPIs" sowie die unterste Zeile mit „Ergebnis".
3. Arbeiten Sie mit Kärtchen oder Klebezetteln, die Sie innerhalb der Tabelle, aber später auch zwischen den beiden Tabellen umhängen können.

Teamarbeit

4. Prioritäten: Sammeln Sie Ihre Prioritäten und tragen Sie die 5 wichtigsten im Canvas „Roadmap Teil 1" in die oberste Zeile ein. Eine Priorität ist eine Aufgabe oder ein Projekt Ihres Unternehmens, Ihrer Abteilung, Ihrer Gruppe oder aber auch von Ihnen selbst. Eine Priorität ist entweder strategischer Natur oder eine Aufgabe, die wichtig und dringend ist und die damit

eine entscheidende Bedeutung für die langfristige Ausrichtung und den Erfolg im gewählten Bereich hat. Die Rangordnung der fünf von Ihnen gesammelten Prioritäten sollte auch im Canvas eingehalten werden, d.h. die höchste Priorität wird ganz links eingetragen.

5. Initiativen und Maßnahmen: Zu jeder Priorität notieren Sie nun in der nächsten Zeile Initiativen oder Einzelmaßnahmen, die dazu beitragen diese Priorität zu erreichen.
6. Nachhaltigkeitsziele: Fahren Sie zunächst in der untersten Zeile fort und notieren Sie Ihre Ziele im Bereich Nachhaltigkeit ebenfalls in einer priorisierten Rangfolge, sodass das Ziel mit der höchsten Priorität ganz links im Canvas eingetragen wird.
7. Initiativen/Maßnahmen: Tragen Sie in der vierten Zeile des Canvas nun die für das Erreichen der Nachhaltigkeitsziele entsprechenden Initiativen und Maßnahmen ein.
8. Kooperationsfelder: Identifizieren Sie im folgenden Schritt welche Initiativen und Maßnahmen seitens der unternehmerischen Prioritäten Anknüpfungspunkte oder Verschränkungen mit Initiativen und Maßnahmen seitens der Nachhaltigkeitsziele haben. Überlegen und diskutieren Sie, zwischen welchen Initiativen und Maßnahmen es auf beiden Seiten Verbindungen geben könnte. Wenn Sie eine Verbindung oder Überschneidung gefunden haben, dann verbinden sie die entsprechenden Initiativen und Maßnahmen über das Kooperationsfeld mit der höchsten Priorität und erstellen Sie eine integrierte Beschreibung der neuen Maßnahme oder Initiative, sodass alle ursprünglichen Initiativen und Maßnahmen enthalten sind.
9. Entfernen Sie nun solche Initiativen und Maßnahmen, die durch eine neue Initiative/Maßnahme mit integrierter Beschreibung hinzugekommen sind.
10. Übertragen Sie nun alle verbliebenen Initiativen/Maßnahmen. Gehen Sie dabei Spalte für Spalte von links nach rechts vor. Übertragen Sie zuerst die Initiativen/Maßnahmen aus den Kooperationsfeldern und fügen Sie alle Karten in das ebenfalls ganz linke Feld „Initiativen und Maßnahmen“ auf dem Canvas „Roadmap Teil 2“ ein. Fahren Sie mit den Initiativen und Maß-

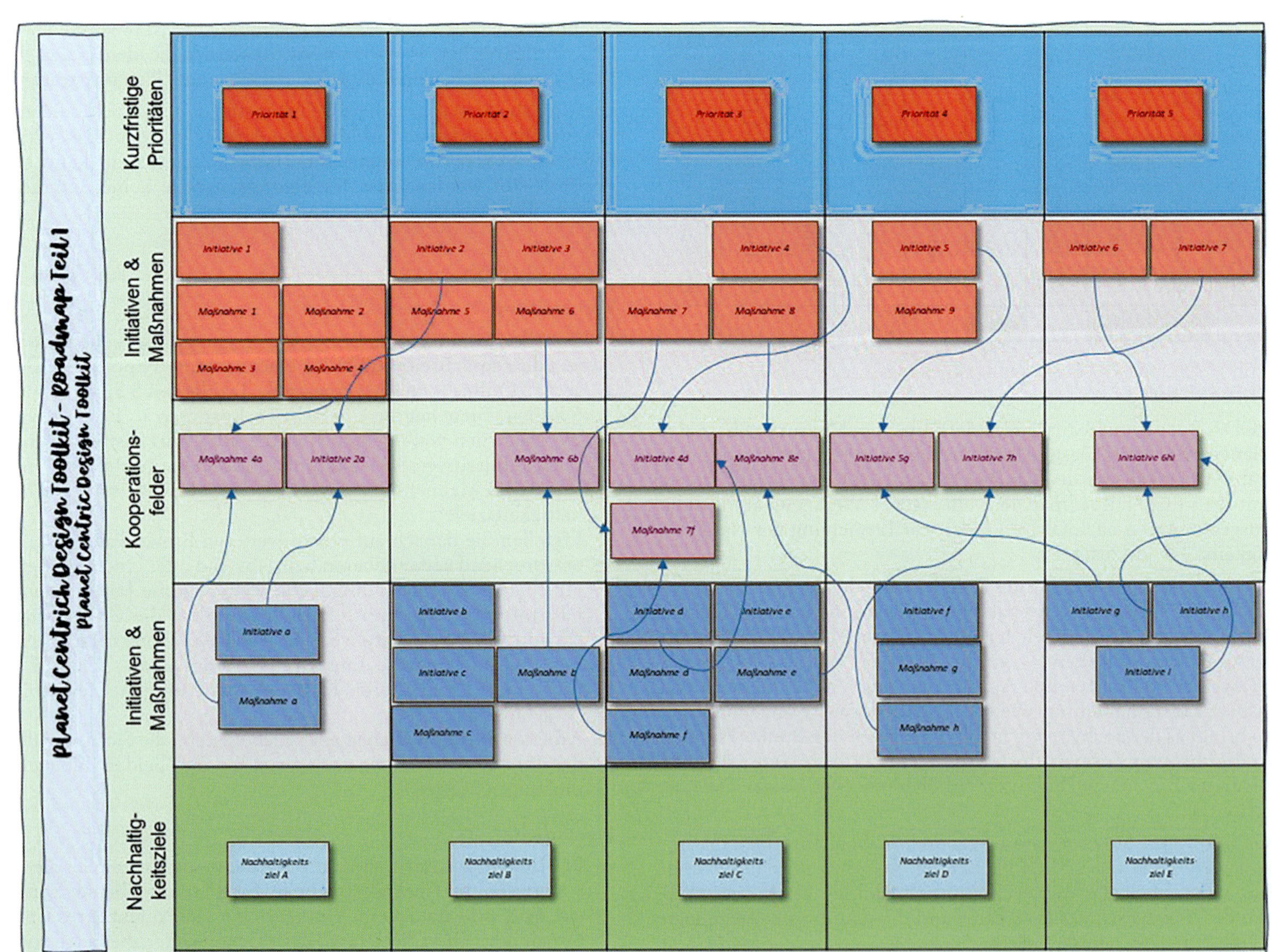

Quelle: Thomas Appel Consulting

nahmen aus den anderen Feldern fort und bleiben Sie dabei Spalten-treu, d.h. alle Initiativen aus den drei Feldern einer Spalte aus Canvas 1 werden in die gleiche Spalte in Canvas 2 (in das eine Feld) übertragen.

11. Betrachten Sie nun alle Initiativen und Maßnahmen im ersten Feld. Legen Sie nun die Ziele der Initiativen bzw. Maßnahmen fest. Die Zielsetzung sollte sich dabei aus der übergeordneten Priorität ableiten, sprich eine Initiative oder eine Maßnahme trägt entweder vollständig oder teilweise dazu bei, das Ziel zu erreichen. Stellen Sie sicher, dass nichts fehlt, um 100 Prozent des Ziels mit den hier aufgeführten Initiativen und Maßnahmen zu erreichen. Die Zielsetzung muss den SMART-Kriterien genügen, die hier kurz wiedergegeben werden:
    - Spezifisch: Das Ziel sollte klar und eindeutig definiert sein, ohne allgemeine Begriffe oder Unklarheiten. Es sollte genau beschreiben, was erreicht werden soll.
    - Messbar: Es sollte möglich sein, den Fortschritt und den Erfolg des Ziels zu messen. Dazu sollten konkrete Kriterien vorhanden sein, die anzeigen, wann das Ziel erreicht ist.
    - Anspruchsvoll: Das Ziel sollte herausfordernd, aber erreichbar sein. Es sollte so gewählt werden, dass es die Person oder das Team fordert, ohne sie zu überfordern.
    - Relevant: Das Ziel sollte bedeutungsvoll und wichtig für die Person oder Organisation sein. Es sollte einen direkten Einfluss auf die übergeordneten Ziele haben.
    - Terminiert: Das Ziel sollte einen klaren zeitlichen Rahmen haben, das heißt, es sollte festgelegt werden, wann das Ziel erreicht sein soll. Dadurch wird ein Gefühl der Dringlichkeit geschaffen und die Planung erleichtert.
12. Festlegen der Indikatoren/Key Performance Indicators (KPIs) je Initiative oder Maßnahme: Sie haben es in Ihrem Canvas und in den Spalten mit einem Mix aus ökonomischen Zielen und Nachhaltigkeitszielen zu tun, die messbar sein müssen. Daher ist es nun wichtig genau festzulegen, was und wie gemessen wird.
    - Beispiele für ökonomische KPIs: Umsatzwachstum, Bruttogewinnmarge, Nettogewinnmarge, Return on Investment (ROI), Kundenzufriedenheit, Mitarbeiterzufriedenheit,

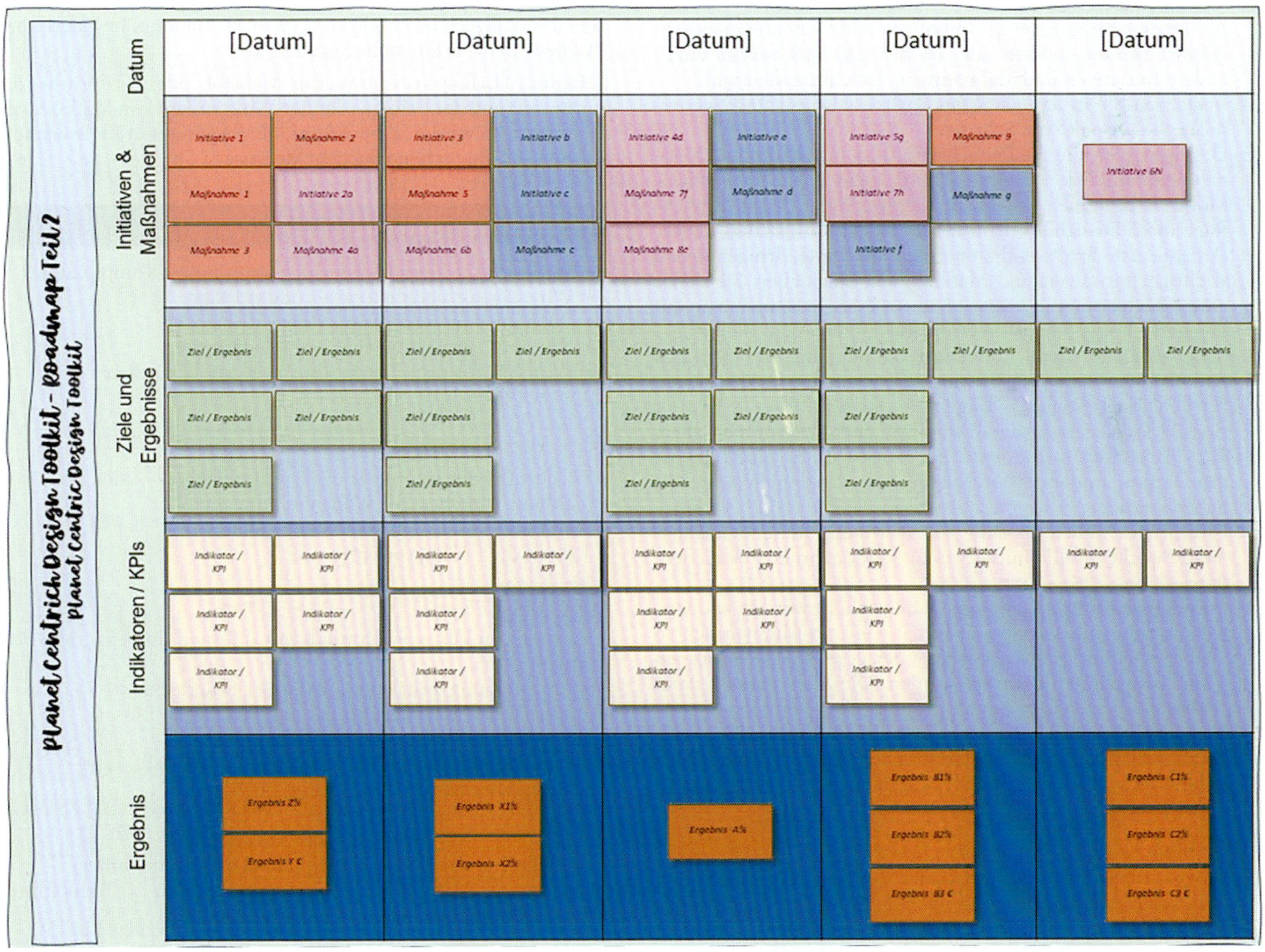

Planet Centric Design Toolkit – Roadmap Teil 2 / Planet Centric Design Toolkit					
Datum	[Datum]	[Datum]	[Datum]	[Datum]	[Datum]
Initiativen & Maßnahmen	Initiative 1, Maßnahme 2, Maßnahme 1, Initiative 2a, Maßnahme 3, Maßnahme 4a	Initiative 3, Initiative b, Maßnahme 5, Initiative c, Maßnahme 6b, Maßnahme c	Initiative 4d, Initiative e, Maßnahme 7f, Maßnahme d, Maßnahme 8e	Initiative 5g, Maßnahme 9, Initiative 7h, Maßnahme g, Initiative f	Initiative 6hi
Ziele und Ergebnisse	Ziel / Ergebnis (5×)	Ziel / Ergebnis (4×)	Ziel / Ergebnis (5×)	Ziel / Ergebnis (4×)	Ziel / Ergebnis (2×)
Indikatoren / KPIs	Indikator / KPI (5×)	Indikator / KPI (4×)	Indikator / KPI (5×)	Indikator / KPI (4×)	Indikator / KPI (2×)
Ergebnis	Ergebnis Z%, Ergebnis Y €	Ergebnis X1%, Ergebnis X2%	Ergebnis A%	Ergebnis B1%, Ergebnis B2%, Ergebnis B3 €	Ergebnis C1%, Ergebnis C2%, Ergebnis C3 €

Quelle: Thomas Appel Consulting

Innovationsrate, Marktanteil, Kundenakquisitionskosten, Ausfallrate, Lagerumschlag, Durchlaufzeit, Cash-Flow
- Beispiele für KPIs der Nachhaltigkeit: CO_2-Fußabdruck, Energieeffizienz, Anteil erneuerbarer Energien, Wasserverbrauch, Abfallaufkommen, Recyclingrate, Diversität und Inklusion, Gesundheit und Sicherheit am Arbeitsplatz (z. B. Anzahl der Arbeitsunfälle und berufsbedingten Krankheiten), Weiterbildungs- und Entwicklungsmaßnahmen für Mitarbeitende, Nachhaltige Produktentwicklung, Zufriedenheit der Stakeholder, Compliance-Rate, Sustainable Return on Investment (S-ROI)
- Klären Sie, wo Daten für die Messung herkommen können, wer diese liefern kann und wie oft diese Daten ermittelt werden können und welche Auflagen mit diesen Daten einhergehen.
- Schreiben Sie alle relevanten Informationen auf eine Karte und verorten Sie diese im Canvas.

13. Ergebnis: Überlegen Sie, wie Sie zum Status Ihrer Initiativen oder Maßnahmen berichten wollen. Wo stehen Sie in der Umsetzung, welchen Beitrag zum Erfolg des ausgewählten Bereichs leisten Sie? Definieren Sie entsprechende Metriken, um den Zielerreichungsgrad beziffern zu können.
    Analysieren Sie nun, ob alle Initiativen und Maßnahmen durchgeführt werden müssen oder ob das Ergebnis bereits durch andere Initiativen und Maßnahmen erreicht werden wird.
14. Verfahren Sie in den nächsten Spalten genauso und wiederholen Sie je Spalte die Schritte 11 -13.
15. Definieren Sie nun die Zeitachse für Ihre Initiativen und Maßnahmen, um Ihre Prioritäten zu erreichen. Sie haben diese Methode begonnen, indem Sie die Prioritäten in der Reihenfolge ihrer Dringlichkeit und Wichtigkeit aufgeführt haben. D. h. die erste Spalte enthält nun sehr relevante, dringende und wichtige Initiativen und Maßnahmen. Versuchen Sie daher eine Abschätzung je Initiative und Maßnahme in Bezug auf den dafür notwendigen Zeitaufwand aufzustellen. Bleiben Sie dabei sehr realistisch, unterschätzen Sie nicht die jeweiligen Aufwände und arbeiten Sie mit Pufferzeiten und Abschlägen für Unvorhergesehenes. Tragen Sie das resultierende Datum für die Finalisierung der Initiativen und Maßnahmen Ihrer Top-Prioritäten in die erste Zeile des Canvas ein. Dies ist das Datum, an dem Sie 100 Prozent des Ergebnisses erreicht haben werden.
16. Falls Sie feststellen, dass die zur Verfügung stehenden Kapazitäten nicht für alle Initiativen und Maßnahmen ausreichen, dann:
    - Stellen Sie fest, ob die Kapazitäten erhöht werden können.
    - Falls nein, müssen Sie die Initiativen und Maßnahmen so überarbeiten, dass sie auf Basis der gegebenen Ressourcen und Kapazitäten definiert werden. Die Ziele müssen dann aber den neuen Gegebenheiten angepasst werden.
17. Viel Erfolg in der Umsetzung Ihrer Pläne. Um im Sinne des Zitats von Robert Nef den Irrtum so klein wie möglich zu halten, sollten Sie nach der Planung auch noch die Schritte 18 und 19 beherzigen.

Controlling

18. Wöchentliches oder sogar tägliches Controlling der KPIs und des Zielerreichungsgrades ist wichtig und lässt Sie frühzeitig erkennen, wenn etwas nicht so läuft wie geplant.
19. Führen Sie diese Methode regelmäßig durch. Mit jeder Iteration werden Sie schneller und Ihre Planungen realistischer.

Praxisschlaglicht

Insbesondere beim Befüllen der Roadmap Teil 2 entsteht unter den Teilnehmenden oft eine Verunsicherung und Diskussion zu den Begrifflichkeiten. Die Empfehlung ist daher mit den Teilnehmenden die folgenden Definitionen durchzusprechen und diese entweder zur Hand zu haben oder auf einem Flipchart im Raum sichtbar zu machen:

Ziel: Bezieht sich auf ein angestrebtes Ergebnis, das sich aus der übergeordneten Strategie des Unternehmens ableitet. Zielsetzungen sind spezifisch und messbar. Im Englischen: „Objective".

Zielvorgabe oder Zielerreichungsgrad: Ist eine konkrete Zahl oder ein spezifischer Zustand, der erreicht werden soll, oft verbunden mit einem festgelegten Zeitrahmen. Im Englischen: „Target".

Ergebnis oder Resultat: Das tatsächlich erreichte Endprodukt aller Bemühungen und Aktivitäten. Es zeigt auf, was am Ende der Bemühungen tatsächlich erreicht wurde. Im Englischen „Result".

Kennzahl oder Indikator: Eine Zahl oder ein Signal, das Aufschluss darüber gibt, wie gut oder in welchem Maße ein Ziel oder eine Zielvorgabe erreicht wird. Im Englischen „Indicator".

Leistung oder Erfolg: Bezieht sich auf das Erreichen eines Ziels oder die erfolgreiche Umsetzung einer Maßnahme. Im Englischen „Achievement" oder auch „Success".

Leistungs-/Erfolgskriterium: Ein Maßstab oder Kriterium, das zur Bewertung des Erfolgs oder der Wirksamkeit von Maßnahmen herangezogen wird und bestimmt, ob die gesetzten Ziele erreicht wurden. Im Englichen „Success Measure:".

Wirkfeld der Methode

- Wirksam für Herausforderungen mit hoher Komplexität
- Wirksam für nachhaltiges Produktdesign
- Wirksam für nachhaltiges Prozessdesign
- Wirksam für nachhaltiges Servicedesign
- Wirksam für nachhaltiges Business Model Design

Transformationsfähigkeit Ihres Teams

- Fördert die allgemeine Transformationsfähigkeit des Teams
- Zahlt auf eine bessere Wahrnehmung ein
- Zahlt auf das Dringlichkeitsempfinden ein
- Erhöht die Lösungsorientierung

Einsatzcharakteristik/Arbeitsrahmen

- Austauschfokus: vornehmlich mit internen und externen Personen
- Durchführungszeit: eher mittel (> 1 Stunde bis < 1 Tag)
- Einsatzfrequenz: vornehmlich im einmaligen Einsatz
- Einsatzradius: vornehmlich im Teameinsatz
- Einsatzradius: vornehmlich im projektweiten Einsatz
- Komplexität für den Moderator: eher hoch
- Komplexität für die Teilnehmer: eher mittel
- Teamgröße: Einzelpersonennutzung möglich
- Teamgröße: Kleingruppe möglich (3 bis 5 Teilnehmer)
- Teamgröße: Mittelgroße Teams möglich (5 bis 20 Teilnehmer)
- Vorbereitungszeit: eher gering (< 1 Stunde)

Input für eine zielführende Arbeit mit der Methode

- Aktuell existierende Geschäftsmodelle
- Aktuell existierende Produkte und Services
- Aktuelle Herausforderung, Leitfrage, Problem

Output und beobachtete Ergebnisse der Methode

- Erzeugt größere Klarheit zu einem Thema
- Erzeugt transformationsfähigere Organisationen
- Erzeugt motiviertere und transformationsfähigere Teilnehmer
- Hilft bei Entscheidungen, Bewertungen und Feedback
- Identifiziert vorhandene Schwachstellen
- Identifiziert vorhandene Stärken
- Macht Wirkzusammenhänge sichtbar

Hinderniseffekte, auf die die Methode positiv wirkt

- Schafft für den Erfolg nötige Realitätsbezüge
- Verhindert blinden Aktionismus
- Verhindert einseitige Bewertungen und Entscheidungen
- Verhindert unreflektiertes agieren
- Überzeugt strukturliebende Teammitglieder

Mögliche Extravorteile der Methode

- Möglicher Extravorteil für Teams mit einer konservativen, tradierten Kultur
- Möglicher Extravorteil für innovativ ungeübte Teams
- Möglicher Extravorteil für in Nachhaltigkeitsthemen ungeübte Teams

Quellen

Buch – Das große Handbuch Innovation, Benno van Aerssen & Christian Buchholz (Vahlen, 2018)
Organisation – Impossible Labs, https://www.labs.impossible.com/
Person –Hila Attaie, www.inno-jump.com, hila.attaie@inno-jump.com
Person – Thomas Appel, Thomas Appel Consulting, thoap@tac4u.net

Planetary Ikigai

EinSatzBeschreibung

Der Planetary Ikigai hilft Organisationen, ihre Ambitionen, Stärken, Wertschöpfungsprozesse und Relevanz in Einklang mit dem Planeten zu bringen.

Working Guide/Anwendungsfelder

P1 Sensibilisierung/Bildung	P2 Matching Recht/Gesetz	P3 Sustainability Roadmap	P4 Produkt/Prozessdesign	P5 Implementierung/Monitoring	P6 Kommunikation	P7 Organisation	P8 Führung	P9 Business Model Design	P10 Skalierung
X					X	X	X		

Beschreibung

Wir alle haben einen Ikigai. Doch oft müssen wir ihn erst finden. Der Ikigai ist ein japanisches Konzept, welches lose mit „Lebenssinn" übersetzt werden kann. Noch immer führt Japan die Ranglisten für das längste und gesündeste Leben an. Während dies auf gesundes Essen, ein erstklassiges Gesundheitssystem oder auch den Lebensstil zurückgeführt werden kann, würden viele Japaner ihr langes Leben wohl auf ihre einzigartige Geisteshaltung zurückführen.

Der Ikigai setzt auf die Balance von mehreren Dimensionen. Er hilft uns, die Mitte zu finden, zwischen dem, was wir gern tun, worin wir gut sind, aber auch, was die Welt braucht und wofür wir bezahlt werden können. In seiner westlichen Adaption wird er oft als Venn-Diagramm aus vier Kreisen dargestellt, wobei gezielte Fragen zu jedem der vier Bereiche uns Schritt für Schritt zum Ikigai in der Mitte führen sollen. Auch wenn dies eine starke Vereinfachung des Konzeptes bedeutet, schafft die Methode eine erfrischende Klarheit und Reflexion, welche implizites Wissen sicht- und verhandelbar macht.

In der Adaption als Planetary Ikigai kann das Konzept nicht nur auf Einzelpersonen, sondern auch auf Organisationen angewandt werden. Es bietet dabei eine nuancierte Grundlage zur Diskussion wichtiger organisationaler Themen wie Purpose, Fokussierung und Kontext. Letzterer wird durch die Situierung des Ikigais inmitten der planetaren Stakeholder der Organisation erreicht. Somit ergibt sich ein Spannungsfeld, in welchem sich die Organisation befindet und welches sie auch direkt und indirekt beeinflussen kann.

Innerhalb einer Organisation können mehrere Ausprägungen eines Ikigais bestehen. Je nach Abteilung wird die Balance anders ausfallen. Gleichzeitig können die einzelnen Ikigais aber auch aggregiert werden, was eine inklusive Purpose-Diskussion ermöglicht, in welcher verschiedene Teile der Organisation ihre Ikigais beisteuern und somit ein partizipativer Prozess ermöglicht wird.

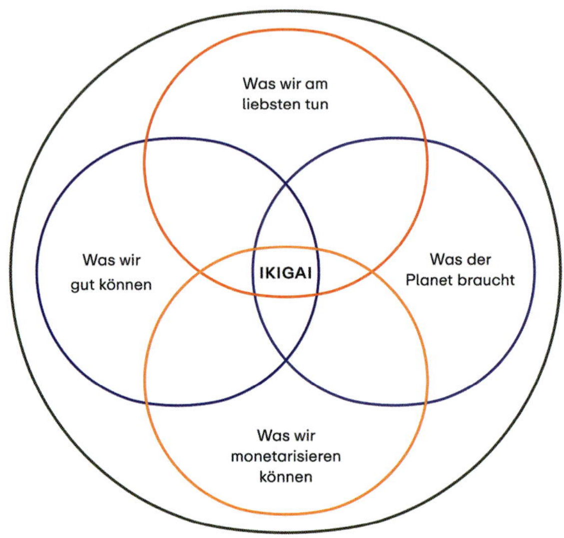

Quelle: Samuel Huber

Die Erstellung des Planetary Ikigai kann individuell oder in der Gruppe geschehen. Der Ikigai besteht im Kern aus vier sich überschneidenden Kreisen:

- **Was wir gut können**: In diesem Kreis werden die Tätigkeiten, Dienstleistungen und Fähigkeiten gesammelt, welche die Organisation oder das entsprechende Team ausmachen.
- **Was wir am liebsten tun**: Die Arbeit in einem Unternehmen besteht aus spannenden, aber auch aus vielen langweiligen Aufgaben. Hier kommt ersteres zum Tragen. Was treibt die Organisation an? Wann fühlt es sich am besten an, Teil des Unternehmens zu sein? Wann verspürt man Stolz für das Geleistete?
- **Was wir monetarisieren können**: Welche Leistungen treffen auf eine Nachfrage bei unseren Kunden? Für welche Werte können wir Gegenleistungen einfordern? Hier geht es nicht ausschließlich um monetäre Aspekte, doch eine Werttransfer irgendeiner Art muss möglich sein.
- **Was der Planet braucht**: In diesem Kreis kommt die ökologische und gesellschaftliche Relevanz zum Tragen. Was tragen wir zu einer regenerativen Wertschöpfung bei, welche dem Planeten zugutekommt? Wo können wir beisteuern? Welche Herausforderungen finden sich in unserem Kontext?

Besonderes Augenmerk gilt hierbei den Schnittmengen, wobei die Mitte den eigentlichen Ikigai beschreibt. Doch auch die weiteren Schnittmengen können wertvolle Auskunft geben.

Durchführung

In einem ersten Schritt führt die leitende Person die Gruppe jeweils vom einen zum nächsten Kreis. Die Post-its werden indivi-

duell verfasst und danach pro Kreis in der Gruppe geteilt, geclustert und zusammengefasst. Bei vielen Teilnehmenden empfiehlt es sich, die Beiträge jeweils schon zu priorisieren, damit die einzelnen Bereiche nicht überladen werden.

Im zweiten Schritt wird um die vier existierenden Kreise des Ikigai ein noch größerer Kreis gezogen, welcher den Planeten darstellt. Die Teilnehmenden sammeln nun die menschlichen und nicht-menschlichen Stakeholder, welche sich im Kontext der Organisation befinden. Dies kann in der Gruppe oder individuell geschehen. Wichtig ist es, die jeweiligen Akteure in die Nähe des relevantesten Kreises zu setzen. Bei Möglichkeit können auch bereits Verbindungen zu Post-its innerhalb der Kreise gezogen werden. Dieser Schritt geht mit einer Betrachtung der Beziehungen einher. Welche Beziehungen sind besonders stark? Beruhen sie auf Gegenseitigkeit? Wo fehlt eine Beziehung? Diese Fragen tragen dazu bei, die einzelnen Akteure anhand ihrer Wichtigkeit für den Planetary Ikigai zu priorisieren.

In einem letzten Schritt bespricht die Gruppe die Schnittmengen. Was kommt in der Mitte aller Kreise zu liegen? Hierzu können die einzelnen Beiträge in den jeweiligen Bereich verschoben werden. Diese Diskussionen sind ein zentraler Interaktionsmoment der Methode, durch welchen Synergien aber auch Widersprüche aufgedeckt werden. Es ist hier besonders wichtig, auch eine aktive Reflexion der planetaren Stakeholder im äußeren Ring anzustreben. Welche sind abgebildet? Welche gingen vergessen und tragen vielleicht sogar Schaden davon?

Nach der Durchführung der Methode empfiehlt es sich, eine kondensierte Version des Ikigais anzufertigen. Hierzu kann sich ein Zweierteam der Verdichtung annehmen und diese als aggregierten Planetery Ikigai dem Rest der Organisation zu Verfügung stellen. Während der eigentlichen Durchführung stellt sich eine schriftliche Verdichtung nämlich oft als ineffizient heraus.

Praxisschlaglicht

Um die nachhaltige Vision eines großen deutschen Buchhändlers zu erarbeiten, wurden in verschiedensten Abteilungen Ikigais erstellt. In einem letzten Workshop mit der Geschäftsleitung wurden zuerst die einzelnen Ikigai besprochen, um danach einen Planetary Ikigai zu erstellen. Dieser diente als Grundlage für die weitere Ausarbeitung der Vision, Mission und Strategie der laufenden Organisationsentwicklung.

Durch den Ikigai wurde der Organisation ihre Stärke und Passion für Bücher und Geschichten klar, wobei gleichzeitig eine zunehmende Entfremdung aufgezeigt werden konnte. Diese Widersprüche wurden in den weiteren Prozess aufgenommen und dienten der Beschreibung eines Ist- und Soll-Bildes.

Wirkfeld der Methode

- Wirksam für Herausforderungen mit mittlerer Komplexität
- Wirksam für Herausforderungen mit niedriger Komplexität
- Wirksam für nachhaltiges Produktdesign
- Wirksam für nachhaltiges Prozessdesign
- Wirksam für nachhaltiges Servicedesign
- Wirksam für nachhaltiges Business Model Design

Transformationsfähigkeit Ihres Teams

- Fördert die Sensibilisierung
- Fördert die allgemeine Transformationsfähigkeit des Teams
- Sorgt für Inspiration oder bessere Inspirationsempfindlichkeit
- Zahlt auf eine bessere Wahrnehmung ein
- Zahlt auf ein positives Zukunftsbild ein
- Zahlt auf das Dringlichkeitsempfinden ein

Einsatzcharakteristik/Arbeitsrahmen

- Austauschfokus: vornehmlich mit internen Personen
- Durchführungszeit: eher mittel (> 1 Stunde bis < 1 Tag)
- Einsatzfrequenz: vornehmlich im einmaligen Einsatz
- Einsatzradius: vornehmlich im Teameinsatz
- Einsatzradius: vornehmlich im projektweiten Einsatz
- Einsatzradius: vornehmlich im unternehmensweiten Einsatz
- Komplexität für den Moderator: eher mittel
- Komplexität für die Teilnehmer: eher gering
- Teamgröße: Einzelpersonennutzung möglich
- Teamgröße: Kleingruppe möglich (3 bis 5 Teilnehmer)
- Teamgröße: Maxigruppen möglich (20 bis 40 Teilnehmer)
- Teamgröße: Mittelgroße Teams möglich (5 bis 20 Teilnehmer)
- Vorbereitungszeit: eher gering (< 1 Stunde)

Input für eine zielführende Arbeit mit der Methode

- Aktuell existierende Geschäftsmodelle
- Aktuell existierende Produkte und Services
- Aktuelle Herausforderung, Leitfrage, Problem

Output und beobachtete Ergebnisse der Methode

- Erzeugt Ideen für neue Märkte und neue Business Modelle
- Erzeugt Poster
- Erzeugt spezifischere Leitfragen, Ideen und Aussagen
- Erzeugt größere Klarheit zu einem Thema
- Erzeugt transformationsfähigere Organisationen
- Hilft bei Entscheidungen, Bewertungen und Feedback
- Identifiziert vorhandene Schwachstellen
- Identifiziert vorhandene Stärken

Hinderniseffekte, auf die die Methode positiv wirkt

- Beugt blinden Flecken/Betriebsblindheit vor
- Schärft eine fehlende gemeinsame Ausrichtung
- Verhindert blinden Aktionismus
- Verhindert einseitige Bewertungen und Entscheidungen
- Verhindert unreflektiertes agieren
- Verringert zu große Komplexitäten
- Überzeugt strukturliebende Teammitglieder

Mögliche Extravorteile der Methode

- Möglicher Extravorteil für Teams in einer Krisensituation
- Möglicher Extravorteil für die Arbeit mit digitalen Kollaborationsboards

Quellen

Buch – Ikigai. Ken Mogi (DuMont, 2020)
Person – Samuel Huber, www.samuelhuber.ch oder www.forplanetstrategylab.com
Web – https://ikigaitribe.com (abgerufen am 09.05.2023)

Planetary Persona

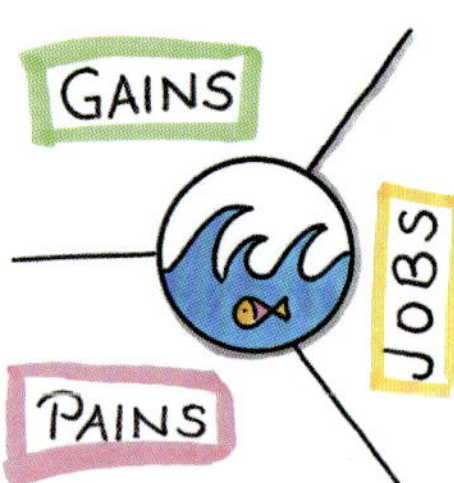

EinSatzBeschreibung

Mit der Planetary Persona werden menschliche oder auch nicht-menschliche Akteure in Form von Personas in Entwicklungs- und Designprozessen inkludiert.

Working Guide/Anwendungsfelder

P1 Sensibilisierung/Bildung	P2 Matching Recht/Gesetz	P3 Sustainability Roadmap	P4 Produkt/Prozessdesign	P5 Implementierung/Monitoring	P6 Kommunikation	P7 Organisation	P8 Führung	P9 Business Model Design	P10 Skalierung
X			X		X				

Beschreibung

Seit der erfolgreichen Etablierung des Human Centered Designs zeigen sich in Entwicklungs- und Designprozessen unsere Obsession mit Menschen. Was in vielen Kontexten durchaus seine Berechtigung hat und eine positive Wirkung zu entfalten vermag, führt zwangsläufig auch zu einer unausgeglichenen Betrachtungsweise. Durch die außerordentliche Bedeutung, die wir dem Menschen zumessen, gehen viele andere Akteure in dessen Schatten vergessen. Wie können wir diesen nicht-menschlichen Akteuren wieder eine Stimme geben?

Neben menschlichen Akteuren gibt es auch sogenannte planetare Stakeholder. Einer der einflussreichsten nichtmenschlichen Akteure der letzten Jahre war bspw. das Coronavirus. Es hatte weitreichende Auswirkungen auf den Geschäftsgang von Organisationen, der Veränderung von Arbeitspraktiken als auch den Zusammenhalt in der gesamten Gesellschaft. Rückblickend verwundert es, dass solche mächtigen Stakeholder nicht schon immer von Organisationen miteinbezogen wurden. Doch der Fokus auf menschliche Stakeholder war und ist bis heute stark verbreitet.

Weitere planetare Stakeholder finden sich in der Natur. Das Mittelmeer ist ein einflussreicher Stakeholder mit internationalem Wirkungskreis. Doch auch auf der lokalen Ebene findet sich in einem einzelnen Baum in Stuttgart ein nichtmenschlicher Akteur, der in seiner Wirkung zwar beschränkt, jedoch nicht vernachlässigbar ist. Dabei geht das Konzept der nicht-menschliche Akteure über die Natur hinaus und umfasst auch komplexe materielle und künstliche Gebilde. Beispiele dafür wären das Konstrukt einer städtischen Nachbarschaft oder innovative Technologien wie Künstliche Intelligenz. Letztere ist ein besonders gutes Beispiel, da sie potenziell massive Auswirkungen auf unsere organisationalen Praktiken und den Planeten hat.

Planetary Personas machen diese nicht-menschlichen Stakeholder für uns fassbar, sodass wir sie in unsere Entwicklungs- und Designprozesse einbinden können. Dabei bauen sie auf der weitverbreiteten Methode der Design Persona auf, welche es Designern ermöglicht, Empathie für deren Ängste, Hoffnungen und Motivationen aufzubauen. Es gibt verschiedenste Persona-Modelle, welche alle verschiedene Facetten von menschlichen Personas abzubilden vermögen. Diese Funktion wird von den Planetary Personas auf nicht-menschliche Akteure angewandt. Sie geben einem Baum, einem See, aber auch einem technischen System eine Stimme, eine Motivation und auch einen Bewertungsrahmen.

Die Personifizierung in der Form einer Planetary Persona kann man durchaus auch kritisch sehen. Auf der einen Seite vermenschlichen wir damit wieder, was nicht zwingend menschlich ist. Auf der anderen Seite ist es durchaus herausfordernd, sich in nicht-menschliche Akteure hineinzuversetzen, wenn man sie nicht verstehen kann. Doch allein die aktive Auseinandersetzung und der damit einhergehende Perspektivenwechsel führen zu einer holistischeren Sichtweise, welche nicht selten auch zur Identifizierung weiterer Potenziale führt. Hinzu kommen die positiven Effekte der direkten Interaktion von menschlichen und nicht-menschlichen Stakeholdern, welche den Einsatz der Methode weiter legitimieren. Denn wenn unsere Umwelt nicht mehr nur aus Datenpunkten oder Beschreibungen besteht, sondern als nicht-menschlicher Akteur aktiv am Prozess teilnehmen kann, entsteht eine neue Qualität der Resonanz mit unserem Kontext. Wir bestimmen nun nicht mehr über die nicht-menschlichen Akteure, sondern wir kooperieren mit ihnen. All diese neuartigen Interaktionen werden ermöglicht durch den ersten Schritt der Erstellung einer Planetary Persona.

Durchführung

Die Methode kann allein oder auch in Gruppen durchgeführt werden. Es hilft, als Vorbereitung die Planetary Stakeholder Map durchgeführt zu haben, da diese der Identifizierung von nicht-menschlichen Akteuren dienen kann. Je nach Anzahl zu explorierender, nicht-menschlicher Akteure arbeiten eine bis maximal fünf Personen an einer einzelnen Planetary Persona.

Die Planetary Persona wird mithilfe einer einfachen, aber effizienten Vorlage erstellt, welche von der Value Proposition Design Methode inspiriert ist und sich aus drei zentralen Fragestellungen zusammensetzt:

1. Was sind die *Jobs to be Done*?
Diese Frage versucht die Motivation und die Ziele eines nicht-menschlichen Akteurs zu erkennen. Was muss der Akteur erreichen, um seine Rolle zu erfüllen? Was sind die zentralen Tätigkeitsfelder und für wen werden diese Aufgaben erledigt? Es gibt hierbei eine funktionale, soziale als auch emotionale Dimension, die abgebildet werden kann und der Herausarbeitung eines vertieften Verständnisses der darunterliegenden Motivationen dienen kann.

Planetary Persona

The Baltic Sea

Meet an important stakeholder of northern Europe. The Baltic Sea has an impact on and is impacted by various value creation processes of neighbouring actors.

- Large body of water in northern Europe
- Enclosed by countries like Denmark, Estonia, Finland, Germany, Latvia, Lithuania, Sweden and Poland
- 8000 km of shore length

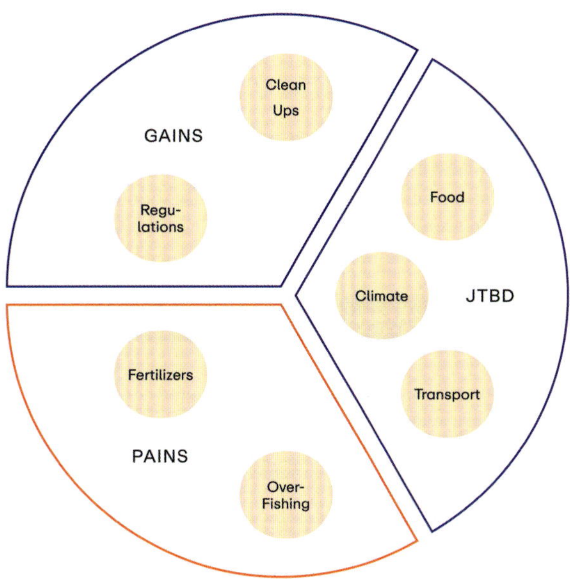

2. Was sind die *Pains*?

Hier werden die Elemente gesammelt, welche den Akteur an der Erreichung seiner Jobs to be Done hindern. Was für Elemente stehen in Kontrast dazu und führen möglicherweise sogar zur Einstellung der Erfüllung eines Tätigkeitsfeldes?

3. Was sind die *Gains*?

Welche Elemente unterstützen den Akteur in der Erfüllung seiner Jobs to be Done? Welche sind bereits aktiv und könnten weiter gefördert werden? Welche sind momentan noch inexistent und könnten neu etabliert werden?

Sind die Planetary Personas erstellt, können sie wiederum im Plenum den anderen Teams vorgestellt werden. Hierzu werden erst die Jobs to be Done genannt und im zweiten Schritt mit den Pains und Gains verknüpft.

Praxisschlaglicht

Das Projekt Trees.ai gibt Bäumen in europäischen Städten eine Stimme. Für viele Beamte sind Bäume primär ein Ärgernis. Sie kosten viel in der Anschaffung, müssen das ganze Jahr gepflegt werden, verlieren im Herbst viel Laub, sind der Albtraum von Allergikern und können bei Sturm zu einer realen Gefahr für Passanten werden.

Mit der Plattform Trees.ai wird der Fokus weg von den Kostenfaktoren hin zum Wert geleitet, den Bäume für eine Stadt haben können. Es geht nicht nur um ästhetische Faktoren, sondern auch um Luftqualität, Schattenwurf, Biodiversität und eine ganze Reihe an anderen positiven Effekten von Bäumen. Durch die Plattform wird die Übersetzung eines Baums in eine Planetare Persona ermöglicht, was wiederum dessen Miteinbezug in städteplanerische Prozesse sicherstellt. Der Baum wird zum aktiven Akteur in der Stadt.

Wirkfeld der Methode

- Wirksam für Herausforderungen mit mittlerer Komplexität
- Wirksam für nachhaltiges Produktdesign
- Wirksam für nachhaltiges Prozessdesign
- Wirksam für nachhaltiges Servicedesign
- Wirksam für nachhaltiges Business Model Design

Transformationsfähigkeit Ihres Teams

- Fördert die Sensibilisierung
- Fördert offene Mindsets und innovative Denkhaltungen
- Sorgt für Inspiration oder bessere Inspirationsempfindlichkeit
- Zahlt auf eine bessere Vorstellungskraft ein
- Zahlt auf eine bessere Wahrnehmung ein
- Zahlt auf das Dringlichkeitsempfinden ein

Einsatzcharakteristik/Arbeitsrahmen

- Austauschfokus: vornehmlich mit internen und externen Personen
- Durchführungszeit: eher mittel (> 1 Stunde bis < 1 Tag)
- Einsatzfrequenz: sinnvoll im dauerhaften Einsatz
- Einsatzfrequenz: vornehmlich über den kompletten Projektzeitraum
- Einsatzradius: vornehmlich im Teameinsatz
- Einsatzradius: vornehmlich im projektweiten Einsatz
- Komplexität für den Moderator: eher gering
- Komplexität für die Teilnehmer: eher mittel

- Teamgröße: Einzelpersonennutzung möglich
- Teamgröße: Kleingruppe möglich (3 bis 5 Teilnehmer)
- Teamgröße: Maxigruppen möglich (20 bis 40 Teilnehmer)
- Teamgröße: Mittelgroße Teams möglich (5 bis 20 Teilnehmer)
- Vorbereitungszeit: eher gering (< 1 Stunde)

Input für eine zielführende Arbeit mit der Methode

- Aktuelle Herausforderung, Leitfrage, Problem
- Beteiligte Personen mit Tätigkeiten und Aufgaben
- Vorhandenes Wissen und Erfahrungen
- Umfeldbeobachtungen, Umfeldanalysen

Output und beobachtete Ergebnisse der Methode

- Erzeugt Poster
- Erzeugt neues Wissen und neue Erfahrungen
- Erzeugt größere Klarheit zu einem Thema
- Erzeugt mehr Hintergrundinformationen
- Macht Wirkzusammenhänge sichtbar
- Ziel- und Fokusgruppen

Hinderniseffekte, auf die die Methode positiv wirkt

- Beugt blinden Flecken/Betriebsblindheit vor
- Bewahrt vor zu generischen Ideen und Aussagen
- Fördert eventuell fehlende Wertschätzung
- Schafft für den Erfolg nötige Realitätsbezüge
- Schafft schnell Klarheit und beschleunigt Erkenntnisgewinn
- Schwächt multidisziplinäre Reibungsverluste
- Verhindert blinden Aktionismus
- Verhindert einseitige Bewertungen und Entscheidungen
- Verhindert unreflektiertes agieren
- Verringert zu große Komplexitäten
- Wirkt fehlender Inspiration entgegen

Mögliche Extravorteile der Methode

- Möglicher Extravorteil für innovativ erfahrene Teams
- Möglicher Extravorteil für die Arbeit mit digitalen Kollaborationsboards
- Möglicher Extravorteil für in Nachhaltigkeitsthemen erfahrene Teams

Quellen

Buch –Value Proposition Design. Alexander Osterwalder et al. (Campus, 2015)

Person – Samuel Huber, www.samuelhuber.ch und www.forplanetstrategylab.com

Web – https://treesasinfrastructure.com

Web – https://uxdesign.cc/your-next-persona-will-be-non-human-tools-for-environment-centered-designers-c7ff96dc2b17 (abgerufen am 18.06.2023)

Web – https://www.jtbdtoolkit.com

Planetary Proposition

EinSatzBeschreibung

Planetary Proposition – als Teil des Planet Centric Design Toolkits von Impossible Labs – ist eine Mikromethode, um das Werteversprechen von Produkten und Dienstleistungen für den Kunden auf der einen Seite und für die Gesellschaft und die Umwelt auf der anderen Seite zu erarbeiten und miteinander zu verbinden.

Working Guide/Anwendungsfelder

P1 Sensibilisierung/Bildung	P2 Matching Recht/Gesetz	P3 Sustainability Roadmap	P4 Produkt/Prozessdesign	P5 Implementierung/Monitoring	P6 Kommunikation	P7 Organisation	P8 Führung	P9 Business Model Design	P10 Skalierung
X	X	X	X						

Beschreibung

Die Planetary Proposition-Methode ist ein Ansatz der „Envision“-Phase des Planetary Centric Design Toolkits, der darauf abzielt, nachhaltige und mehrwertige Lösungen für Probleme von Kunden, Gesellschaft und Umwelt gleichermaßen zu erarbeiten. Oder in anderen Worten: Wie kann ein Wertversprechen so designt werden, dass es nachhaltig ist und gleichzeitig wertvoll für Kunden und damit für das Unternehmen.

Die Methode basiert auf einer systematischen Herangehensweise und einem umfassenden Verständnis für unternehmerische, soziale und ökologische Herausforderungen unserer Zeit.

Durchführung

Vorbereitung

1. Teamzusammenstellung: Stellen Sie ein interdisziplinäres Team zusammen, das verschiedene Perspektiven und Fachkenntnisse einbringt. Idealerweise sollte das Team auch Experten aus den Bereichen Umweltwissenschaften, Technologie, Wirtschaft, Sozialwissenschaften und anderen speziell für Ihren Unternehmenskontext relevanten Disziplinen umfassen.
2. Erstellen Sie auf einem Brown Paper, einer entsprechend verwendbaren Schreibwand oder einem großen Flipchart (sinngemäß Online) ein Arbeits-Canvas mit zwei nebeneinanderliegenden, umrandeten Feldern. Jedes Feld unterteilen Sie in drei übereinander geordnete Bereiche. Das linke, große Feld erhält die Überschrift „Kunde/Unternehmen“. Das rechte Feld die Überschrift „Gesellschaft und Umwelt“. Unterhalb dieser großen, dreigeteilten Felder zeichnen Sie einen schmalen Kasten, der die Überschrift „Vision“ erhält.
3. Stellen Sie sicher, dass alle Teilnehmer mit Ihren Nachhaltigkeitszielen vertraut sind. Drucken Sie diese Informationen groß und lesbar aus oder schreiben Sie sie auf ein Flipchart und hängen dies neben das neben ihr Arbeits-Canvas.
4. Sind die Mehrwerte/Value Propositions, die Sie als Unternehmen definiert haben, in einem aktuellen Dokument Ihres Business-Modells, z. B. ein Business Model Canvas, beschrieben? Dann Stellen Sie sicher, dass diese Informationen allen Teilnehmern zugänglich sind. Überprüfen Sie diese Informationen auf Aktualität und Vollständigkeit. Drucken Sie gut lesbar aus oder schreiben Sie sie auf ein Flipchart und hängen es neben Ihren Arbeits-Canvas.
5. Falls unbekannt, erklären Sie die Regeln der Methode „Brainwriting“.
   - Je Brainwriting-Sitzung wird eine klar formulierte Frage beantwortet.
   - Jeder Teilnehmer schreibt seine Ideen und Antworten auf Karten, anstatt sie laut auszusprechen.
   - Je Idee bzw. Antwort wird eine Karte geschrieben. Auf der Karte sollen dabei so wenig Worte wie möglich aber so viele wie zum Verständnis nötig stehen, sodass die Karte gut lesbar ist.
   - Es wird ein Zeitlimit festgelegt, z. B. fünf Minuten, Falls der Coach erkennt, dass das Team sehr produktiv ist, dann verlängert er die Zeit je nach Bedarf. Die Teilnehmer sollen aber nicht zu viel über eine Idee nachdenken, sondern so viele wie möglich produzieren.
   - Während der Brainwriting-Sitzung arbeiten die Teilnehmer still und unabhängig voneinander.
   - Nach Ablauf der Zeit werden die geschriebenen Karten durch die Teilnehmer einzeln in den großen Bereich gehangen. Dabei wird die Karte, wenn nötig, durch den Teilnehmer kurz erläutert. Keine Karte wird bewertet oder diskutiert. Reine Verständnisfragen sind erlaubt.
   - Nachdem alle Karten angebracht wurden, werden doppelte Ideen und sehr ähnliche Karten zu Gruppen zusammengehängt. Gibt es weitere sinnvolle und von allen akzeptierte Möglichkeiten zur Gruppierung von Karten, dann werden auch diese Gruppierungen durchgeführt. Dabei darf aber keine Antwort oder Idee verlorengehen!

6 Runden harte Arbeit

1. Führen Sie eine erste Brainwriting-Sitzung durch, in der Sie die folgende Frage beantworten: „Welche Probleme des Kunden löst Ihr Unternehmen?“. Schreiben Sie diese Frage in den oberen Bereich des linken Feldes und sammeln Sie hierunter die Antworten und Ideen.Gruppieren Sie die Antworten und bewerten Sie diese. Markieren Sie dazu diejenigen Probleme, die für Ihren Kunden dringend und wichtig sind?

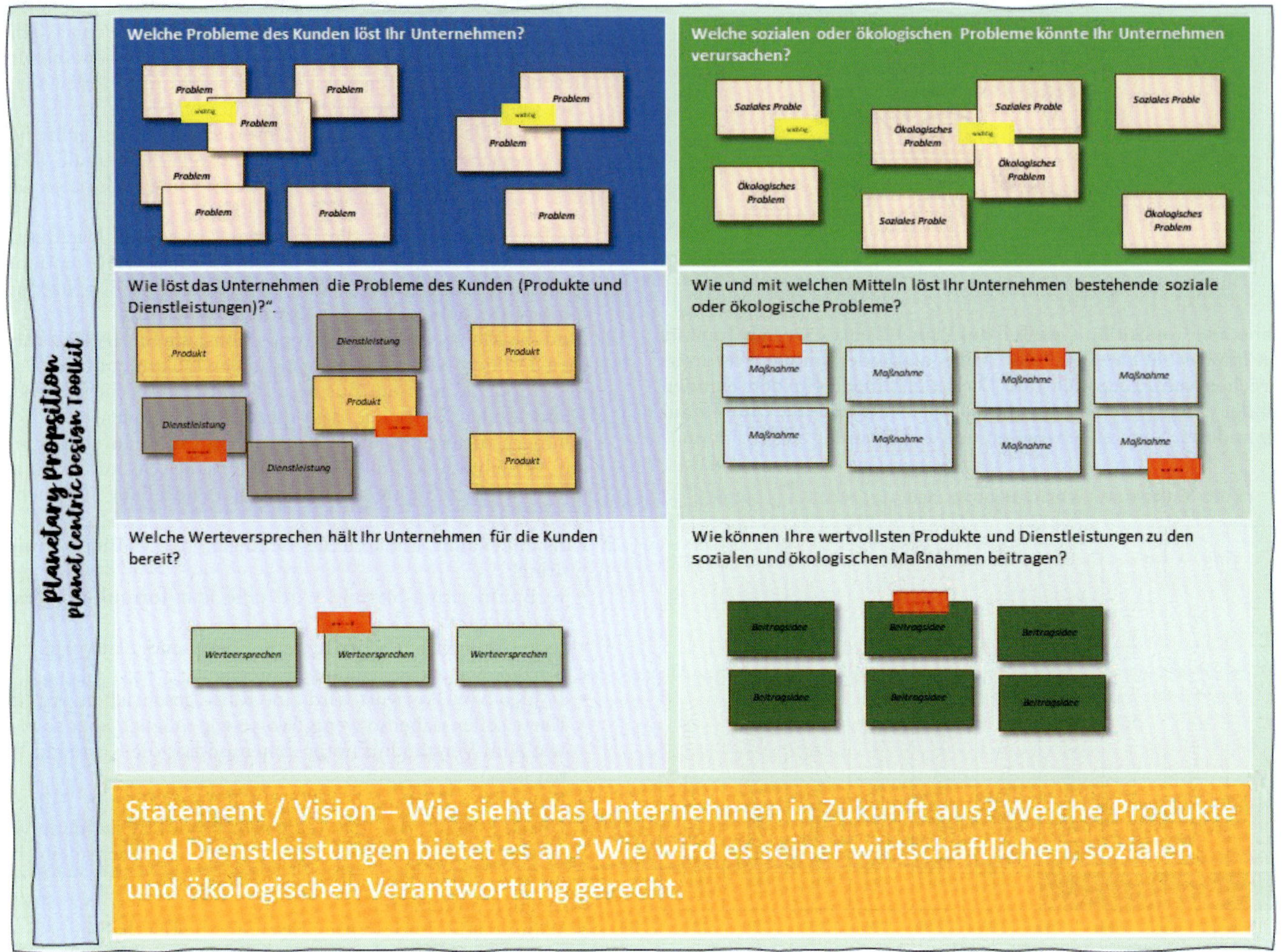

Quelle: Thomas Appel Consulting

2. Führen Sie eine weitere Brainwriting-Sitzung durch, in der Sie die folgende Frage beantworten: „Wie löst das Unternehmen die Probleme des Kunden (Produkte und Dienstleistungen)?". Schreiben Sie diese Frage in den mittleren Bereich des linken Feldes und sammeln Sie hierunter die Antworten und Ideen.
   - Fehlen Produkte/Dienstleistungen für Probleme, die Sie gefunden haben? Falls ja, verlängern Sie die Brainwriting-Sitzung und finden Sie Ideen für neue Produkte/Dienstleistungen?
   - Gruppieren Sie die Antworten und bewerten Sie diese. Markieren Sie diejenigen Produkte/Dienstleistungen, die für Ihr Unternehmen den größten Beitrag erbringen oder erbringen könnten?
3. Diskutieren Sie im Team die folgende Frage: „Welche Werteversprechen hält Ihr Unternehmen für die Kunden bereit?". Tipp: Denken Sie daran, *weshalb* der Kunde bereit ist, für das Produkt oder die Dienstleistung zu zahlen. Schreiben Sie diese Frage in den unteren Bereich des linken Feldes und sammeln Sie hierunter die Antworten und Ideen.
   - Sammeln Sie bestehende Werteversprechen oder entwerfen Sie Neue. Diskutieren Sie, ob ein Werteversprechen anhand der bestehenden Angebote fehlt, welches das Unternehmen geben könnte? Falls ja, versuchen Sie es zu formulieren und fügen Sie dieses auf dem Canvas hinzu.
   - Markieren Sie abschließend diejenigen Werteversprechen, die am „wertvollsten" sind oder sein könnten?

   So weit, so erfolgreich. Sie haben nun einen Teil Ihres aktuellen Geschäftsmodells beschrieben. Eventuell haben Sie festgestellt, dass es auch noch bisher brachliegende Potenziale gibt. Sie haben ein gemeinsames Verständnis, warum ihr Unternehmen Umsatz macht, aufgrund Ihrer Produkte und Dienstleistungen, die Probleme des Kunden lösen. Wie können Sie auf dieser Basis Ihrer sozialen und ökologischen Verantwortung nun gerecht werden? In den folgenden Schritten werden Sie das erarbeiten.

4. Führen Sie eine Brainwriting-Sitzung durch, in der Sie die folgende Frage beantworten: „Welche sozialen oder ökologischen Probleme könnte Ihr Unternehmen verursachen?" Schreiben Sie diese Frage in den oberen Bereich des rechten Feldes des Canvas und sammeln Sie hierunter die Antworten und Ideen.
   Gruppieren Sie die Antworten und bewerten Sie diese. Markieren Sie dazu diejenigen Probleme, die am größten sind oder sein könnten?
5. Führen Sie eine weitere Brainwriting-Sitzung durch, in der Sie die folgende Frage beantworten: „Wie und mit welchen Mitteln löst Ihr Unternehmen bestehende soziale oder ökologische Probleme?". (Falls Ihr Unternehmen einen jährlichen Corporate Sustainability Report (CSR) erstellt, können Sie diesen ergänzend zur Beantwortung heranziehen.) Schreiben Sie diese Frage in den mittleren Bereich des rechten Feldes auf dem Canvas und sammeln Sie hierunter die Antworten und Ideen.
   - Diskutieren Sie, ob die gefundenen aktuellen Maßnahmen ausreichend sind. Falls nein, welche Maßnahmen wären zukünftig zusätzlich sinnvoll. Schreiben Sie diese auf und fügen Sie diese auf dem Canvas hinzu.
   - Gruppieren Sie die Antworten und bewerten Sie diese. Markieren Sie diejenigen Punkte (Maßnahmen), die für den größten Beitrag bewirken oder bewirken könnten?
6. Diskutieren Sie nun im Team die folgende Frage: „Wie können Ihre wertvollsten Produkte und Dienstleistungen zu den sozialen und ökologischen Maßnahmen beitragen?"

Tipp: Verknüpfen Sie gedanklich jeweils ein Produkt/eine Dienstleistung mit einer oder mehreren Maßnahmen und/oder einem Mehrwertversprechen. Was ergibt diese Kombination? Welche Kombinationen sind sinnvoll oder spannend? Wie muss ein Produkt designt oder verändert werden, sodass es eine Maßnahme unterstützt? Welche neuen Produkt/Dienstleistungs-Ideen entstehen, wenn Sie die Maßnahme als Produkt oder einer Dienstleistung umfunktionieren würden.

Schreiben Sie „Sozialer oder ökologischer Beitrag" in den unteren Bereich des rechten Feldes und sammeln Sie hierunter Ihre Antworten und Ideen.

Markieren Sie abschließend diejenigen Punkte, die am spannendsten, am einfachsten und am wertvollsten sind.

Abschluss

Leiten Sie auf Basis der gewonnenen Erkenntnisse und Prioritäten ein Statement/ eine Vision ab, wo man das Unternehmen und seine Produkte und Dienstleistungen in der Zukunft sieht. Schreiben Sie das in den Kasten am unteren Ende.

Diskutieren Sie Ihre Ergebnisse:

- Sind alle Teilnehmer mit den Ergebnissen zufrieden?
- Wurde das Ziel der Aufgabenstellung erreicht?
- Können Sie mit diesem Ergebnis in den nächsten Schritt des Planet Centric Design Toolkits gehen?
- Was ist unklar oder muss noch besser verstanden werden?
- Wie kann diese Lücke gefüllt werden?
- Wer muss über zum Ergebnis informiert werden?
- Wer kann dabei helfen?
- Wer macht was bis wann?

Vereinbaren Sie abschließend einen (regelmäßigen) Review-Termin, sodass Sie auch Ihre Aufgaben und Zielerreichung nachhaltig gestalten.

Wirkfeld der Methode

- Wirksam für Herausforderungen mit hoher Komplexität
- Wirksam für nachhaltiges Produktdesign
- Wirksam für nachhaltiges Prozessdesign
- Wirksam für nachhaltiges Servicedesign
- Wirksam für nachhaltiges Business Model Design

Transformationsfähigkeit Ihres Teams

- Fördert die Sensibilisierung
- Fördert die allgemeine Transformationsfähigkeit des Teams
- Zahlt auf eine bessere Wahrnehmung ein
- Zahlt auf das Dringlichkeitsempfinden ein
- Erhöht die Lösungsorientierung

Einsatzcharakteristik/Arbeitsrahmen

- Austauschfokus: vornehmlich mit internen und externen Personen
- Durchführungszeit: eher mittel (> 1 Stunde bis < 1 Tag)
- Einsatzfrequenz: vornehmlich im einmaligen Einsatz
- Einsatzfrequenz: vornehmlich über den kompletten Projektzeitraum
- Einsatzradius: vornehmlich im Teameinsatz
- Einsatzradius: vornehmlich im projektweiten Einsatz
- Komplexität für den Moderator: eher hoch
- Komplexität für die Teilnehmer: eher mittel
- Teamgröße: Einzelpersonennutzung möglich
- Teamgröße: Kleingruppe möglich (3 bis 5 Teilnehmer)
- Teamgröße: Mittelgroße Teams möglich (5 bis 20 Teilnehmer)
- Vorbereitungszeit: eher gering (< 1 Stunde)

Input für eine zielführende Arbeit mit der Methode

- Aktuell existierende Geschäftsmodelle
- Aktuell existierende Produkte und Services

Output und beobachtete Ergebnisse der Methode

- Erzeugt Ideen für neue Märkte und neue Business Modelle
- Erzeugt Ideen, Lösungsansätze, Vorideen, Möglichkeiten
- Erzeugt Ideensuchfelder, unentdeckte Probleme, Inspiration
- Erzeugt Poster
- Erzeugt spezifischere Leitfragen, Ideen und Aussagen
- Erzeugt größere Klarheit zu einem Thema
- Erzeugt transformationsfähigere Organisationen

Hinderniseffekte, auf die die Methode positiv wirkt

- Beugt blinden Flecken/Betriebsblindheit vor
- Bewahrt vor zu generischen Ideen und Aussagen
- Schafft schnell Klarheit und beschleunigt Erkenntnisgewinn
- Schärft eine fehlende gemeinsame Ausrichtung
- Verhindert Finanz- und Ressourcenfallen

- Verhindert Ideenfindung mit zu schwacher Erkenntnisgrundlage
- Verhindert blinden Aktionismus
- Verhindert falsche Flughöhen
- Verhindert unreflektiertes agieren
- Fördert Optimismus und Zuversicht

Mögliche Extravorteile der Methode

- Möglicher Extravorteil für Teams mit einer konservativen, tradierten Kultur
- Möglicher Extravorteil für innovativ ungeübte Teams
- Möglicher Extravorteil für die Arbeit mit digitalen Kollaborationsboards
- Möglicher Extravorteil für in Nachhaltigkeitsthemen ungeübte Teams

Quellen

Artikel – Fourteen ways to make ecosystem services count. Costanza, R. et al., in_ Ecological Economics, 137, 1-10 (2019).

Buch – Das große Handbuch Innovation, Benno van Aerssen & Christian Buchholz (Vahlen, 2018)

Organisation – United Nations. (2015). Transforming our World: The 2030 Agenda for Sustainable Development. Retrieved from https://sdgs.un.org/goals

Organisation – Impossible Labs, https://www.labs.impossible.com/

Person – Thomas Appel, Thomas Appel Consulting, thoap@tac4u.net

Person- Hila Attaie, www.inno-jump.com, hila.attaie@inno-jump.com

Grafik: verrocchio Sustainable Inspiration Card – Malvine Klecha, Hila Attaie und Jennifer van Aerssen (Illustration)

Planetary Stakeholder Map

EinSatzBeschreibung

Setzt menschliche und nicht-menschliche Akteure miteinander in Beziehung, um produktive und dysfunktionale Spannungen zu identifizieren, welche zu neuen Möglichkeitsräumen führen können.

Working Guide/Anwendungsfelder

P1 Sensibilisierung/Bildung	P2 Matching Recht/Gesetz	P3 Sustainability Roadmap	P4 Produkt/Prozessdesign	P5 Implementierung/Monitoring	P6 Kommunikation	P7 Organisation	P8 Führung	P9 Business Model Design	P10 Skalierung
X			X		X	X	X	X	

Beschreibung

Es gibt keine organisationalen Tätigkeiten, welche komplett in einem Vakuum stattfinden. Die organisationale Wertschöpfung, jede strategische Initiative und mitunter jede Entscheidung ist mit einer Reihe an Stakeholdern verknüpft. Stakeholder sind Akteure, welche direkt oder indirekt von Aktivitäten, Entscheidungen oder Ergebnissen betroffen sind oder Einfluss darauf nehmen können. Im klassischen Verständnis umschrieb man damit einzelne Personen, Organisationen und manchmal auch Gremien. Im Kontext der Nachhaltigkeit greift diese menschenzentrierte Sichtweise jedoch zu kurz, da es eine große Anzahl weiterer Stakeholder gibt, die aktuell systematisch ausgeblendet werden. Manche von ihnen sind komplett marginalisiert, während andere durchaus starken Einfluss nehmen können. Was sie verbindet, ist, dass sie in klassischen Stakeholder-Betrachtungen regelmäßig nicht auftauchen.

Die Planetary Stakeholder Map schließt diesen blinden Fleck und identifiziert die Gesamtheit der menschlichen und nicht-menschlichen Stakeholder, welche mit der Wertschöpfung eines Projektes oder einer Organisation verbandelt sind. Die einzelnen Stakeholder aufzulisten ist jedoch nur ein Teil einer wirkungsvollen Planetary Stakeholder Map. Viel wichtiger ist die Diskussion der Beziehungen der Stakeholder untereinander. Es gibt dabei einfach ersichtliche *direkte* Beziehungen als auch *indirekte* Beziehungen, welche im Verborgenen oft großen Einfluss entfalten. Und manchmal besteht gar keine Beziehung, wo eigentlich eine sein sollte, was ein starker Hinweis auf eine mögliche Opportunität ist. Dies gilt im Besonderen, wenn man die Beziehungen auf die Erwartungshaltungen und effektiven Leistungen der unterschiedlichen Parteien hin analysiert. Eingebettet ist die Stakeholder Map schlussendlich in einen Ring an planetaren Stakeholdern, die den Ausganspunkt für die nachhaltige Auseinandersetzung mit einer Organisation oder einem Projekt bieten.

Wenn Teams jeweils die komplettierte Planetary Stakeholder Map vor sich haben, können sie sich kaum davon zurückhalten, nicht gleich in eine Ideenfindungsphase überzugehen. Es ist erstaunlich, wie wenige Teams und Organisationen ein klares Bild ihrer eigenen Planetary Stakeholder Map haben. Umso mehr fühlen sie sich motiviert, wenn der komplexe Kontext einer Organisation oder Initiative plötzlich für alle verständlich an der Wand hängt.

Planetary Stakeholder Map

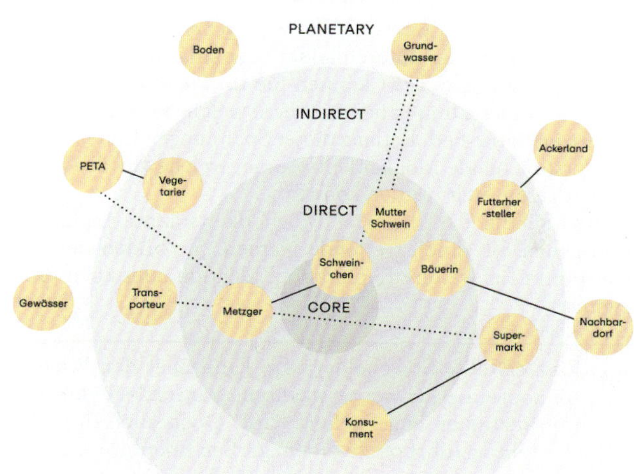

Quelle: Samuel Huber

Durchführung

Die Planetary Stakeholder Map kann in kleinen Teams direkt erstellt werden. Bei größeren Teams empfiehlt sich die Erstellung mehrerer Varianten, welche in einer gemeinsa men Session verglichen und zusammengeführt werden. Die Erstellung findet entlang folgender Schritte statt:

1. Entscheiden Sie, welcher Stakeholder im Kern zu liegen kommt. Dies kann die Organisation selbst, das Projektteam, die Kundinnen, oder auch ein nicht-menschlicher Stakeholder sein. In grossen Gruppen kann man bewusst mehrere Planetary Stakeholder Maps anfertigen, um Unterschiede einer diversen Fokussierung herauszuarbeiten.
2. Im zweiten Ring werden die direkten Stakeholder aufgeführt. Diese sind mit dem Stakeholder im Kern direkt in Kontakt und unterhalten eine Austauschbeziehung.
3. Im dritten Ring folgen die indirekten Stakeholder. Diese sind nicht oder nur sehr selten mit dem Kern in Kontakt, haben aber oft ein Interesse an dessen Aktivitäten, da sie davon beeinflusst werden oder diese gern beeinflussen würden. Hier finden sich oft implizite Beziehungen, welche einen großen Einfluss haben, der im Versteckten bleibt.

Planetary Stakeholder Map

4. Im äußersten Ring kommen die planetaren Stakeholder zu liegen, welche noch nicht als direkte oder indirekte Stakeholder aufgenommen wurden. Sie situieren alle anderen Stakeholder und schaffen damit die Grundlage für deren Handeln. Durch diese Grundsätzlichkeit werden sie jedoch oft als gegeben wahrgenommen, weshalb ihre explizite Nennung um so wichtiger ist.
5. Als optionalen Zwischenschritt können Sie hier bei einer großen Anzahl Stakeholder eine Punktebewertung durchführen. Verteilen Sie je nach Gruppengrösse 3–4 Klebepunkte an alle Teilnehmenden mit der Bitte, diese bei den interessantesten Stakeholdern zu platzieren. So schaffen Sie eine Priorisierung und damit Klarheit. Die nächsten Schritte beziehen sich dann nur auf diese Auswahl.
6. Sind alle Stakeholder gesammelt und gegebenenfalls priorisiert, werden die wichtigsten Beziehungen eingezeichnet. In erster Priorität sollten Sie hier die Beziehung des Kerns zu den Stakeholdern in den umschließenden Ringen behandeln. Es ist jedoch auch immer wertvoll, als zweiten Schritt die Beziehungen der Stakeholder untereinander ebenfalls zu beleuchten.
7. In einem letzten Schritt können Sie im Plenum Spannungen zwischen den Akteuren hervorheben, welche positiver als auch negativer Natur sind. Entlang dieser Spannungen finden sich oft vielversprechende Möglichkeitsräume, welche für die weitere Arbeit gesammelt werden können.
8. Halten Sie die identifizierten Möglichkeitsräume explizit fest und geben Sie ihnen treffende Namen. Sie bilden den Ausganspunkt für weitere Exploration, Ideation oder auch Prototyping.

Tipp: Eine erstellte Stakeholder Map kann über den Projektzeitraum kontinuierlich weiterwachsen, während sie mit weiteren Informationen angereichert wird. Doch auch ihre einmalige Erstellung führt oft zu einem großen Erkenntnisgewinn innerhalb der involvierten Teams, der zur Bearbeitung weiterer Möglichkeitsfelder führen kann.

Wirkfeld der Methode

- Wirksam für Herausforderungen mit hoher Komplexität
- Wirksam für nachhaltiges Produktdesign
- Wirksam für nachhaltiges Prozessdesign
- Wirksam für nachhaltiges Servicedesign
- Wirksam für nachhaltiges Business Model Design

Transformationsfähigkeit Ihres Teams

- Fördert die Sensibilisierung
- Fördert die Teamkreativität
- Sorgt für Inspiration oder bessere Inspirationsempfindlichkeit
- Zahlt auf eine bessere Vorstellungskraft ein
- Zahlt auf eine bessere Wahrnehmung ein

Einsatzcharakteristik/Arbeitsrahmen

- Austauschfokus: vornehmlich mit internen Personen
- Durchführungszeit: eher mittel (> 1 Stunde bis < 1 Tag)
- Einsatzfrequenz: sinnvoll im dauerhaften Einsatz
- Einsatzfrequenz: vornehmlich über den kompletten Projektzeitraum
- Einsatzradius: vornehmlich im Teameinsatz
- Einsatzradius: vornehmlich im projektweiten Einsatz
- Komplexität für den Moderator: eher mittel
- Komplexität für die Teilnehmer: eher mittel
- Teamgröße: Einzelpersonennutzung möglich
- Teamgröße: Kleingruppe möglich (3 bis 5 Teilnehmer)
- Teamgröße: Mittelgroße Teams möglich (5 bis 20 Teilnehmer)
- Vorbereitungszeit: eher gering (< 1 Stunde)

Input für eine zielführende Arbeit mit der Methode

- Aktuelle Herausforderung, Leitfrage, Problem
- Merkmale der gegebenen Herausforderung
- Personenmerkmale (Meinungen, Bedürfnisse, Werte, etc.)
- Trends und Zukunftsentwicklungen
- Umfeldbeobachtungen, Umfeldanalysen

Output und beobachtete Ergebnisse der Methode

- Erzeugt Ideen, Lösungsansätze, Vorideen, Möglichkeiten
- Erzeugt Ideensuchfelder, unentdeckte Probleme, Inspiration
- Erzeugt größere Klarheit zu einem Thema
- Erzeugt segmentierte, kategorisierte, geclusterte Daten
- Hilft bei Entscheidungen, Bewertungen und Feedback
- Macht Wirkzusammenhänge sichtbar
- Ziel- und Fokusgruppen

Hinderniseffekte, auf die die Methode positiv wirkt

- Beugt blinden Flecken/Betriebsblindheit vor
- Schafft für den Erfolg nötige Realitätsbezüge
- Schafft schnell Klarheit und beschleunigt Erkenntnisgewinn
- Verhindert Ideenfindung mit zu schwacher Erkenntnisgrundlage
- Verhindert einseitige Bewertungen und Entscheidungen
- Verhindert unreflektiertes agieren
- Verringert zu große Komplexitäten
- Wirkt fehlender Inspiration entgegen
- Überzeugt strukturliebende Teammitglieder

Mögliche Extravorteile der Methode

- Möglicher Extravorteil für Teams mit einem starkem Auftragsmandat
- Möglicher Extravorteil für innovativ erfahrene Teams
- Möglicher Extravorteil für die Arbeit mit digitalen Kollaborationsboards
- Möglicher Extravorteil für in Nachhaltigkeitsthemen erfahrene Teams

Quellen

Person – Samuel Huber, www.samuelhuber.ch oder www.forplanetstrategylab.com

Planetary Value Chain

EinSatzBeschreibung

Eine umfängliche Betrachtung der organisationalen Wertschöpfung, um in jedem Schritt planetare Risiken und Möglichkeiten zu identifizieren.

Working Guide/Anwendungsfelder

P1 Sensibilisierung/Bildung	P2 Matching Recht/Gesetz	P3 Sustainability Roadmap	P4 Produkt/Prozessdesign	P5 Implementierung/Monitoring	P6 Kommunikation	P7 Organisation	P8 Führung	P9 Business Model Design	P10 Skalierung
		X	X			X			

Beschreibung

Die Planetary Value Chain ist eine Weiterentwicklung der User Journey, einer etablierten und äußerst wirkungsvollen Methode der Designpraxis. Diese schafft es, komplexe Zusammenhänge und Interaktionen über die Zeit darzustellen. Dabei geht sie weit über ein statisches Verständnis von Produkten und Dienstleistungen hinaus, um die gesamte Nutzerreise aufzuzeigen.

Mit der User Journey einer Zugreise lässt sich bspw. aufzeigen, wie die ersten Kontaktpunkte in der App stattfinden, in welcher das Ticket gekauft wird. Im Schritt des Buchungsprozesses wird noch eine Sitzreservierung hinzugebucht. Weitere Schritte in der User Journey beziehen sich dann auf den Aufenthalt am Bahnhof, die Informationen zur Abfahrt auf den Anzeigetafeln und schließlich auch die eigentliche Fahrt im Zug. Letztere enthält wiederum Kontaktpunkte wie die Ticketkontrolle, Durchsagen, und schlussendlich die Ankunft am Zielort. Schon das einfache Beispiel der Zugreise zeigt, wie vernetzt viele Produkte und Dienstleistungen heutzutage sind. Es ist ein austariertes Zusammenspiel verschiedenster Elemente vonnöten, damit ein erfolgreiches Gesamterlebnis erreicht wird.

In der klassischen Anwendung haben User Journeys jedoch zwei folgenreiche Schwachstellen, welche eine erfolgreiche Verwendung im Kontext der Nachhaltigkeit erschweren: Erstens beschränken sie sich meist nur auf die direkten Kontaktpunkte, welche eine Organisation mit ihren Kunden oder Nutzerinnen hat. Damit bilden sie nur einen stark vereinfachten Ausschnitt der gesamten Wertschöpfungskette ab. Zweitens fokussieren sie sich primär auf den Wert für Nutzer oder Kundinnen und lassen andere wichtige Akteure, welche in einer planetaren Sichtweise gleichberechtigte Stakeholder sind, außen vor.

Die Planetary Value Chain ist eine konzeptuelle Weiterentwicklung der Methode, welche den Nutzen von User Journeys auch für das Thema Nachhaltigkeit zugänglich macht. Sie ergänzt die lineare Sichtweise mit einer zirkulären Betrachtung und weiteren menschlichen und nicht-menschlichen Akteuren. Ersteres wird durch eine Erweiterung des Betrachtungszeitraums in die drei Phasen *davor*, *während* und *danach* erreicht. Somit werden Fragen zu nachhaltigen Lieferketten als auch der nachhaltigen Nutzung und eventuellen Rückführung aufgenommen. Die zweite Ergänzung fügt zu jedem Schritt die Frage nach den planetaren Risiken und Möglichkeiten hinzu, welche eine Verknüpfung mit den SDGs ermöglicht.

Diese beiden Ergänzungen machen die Planetary Value Chain zu einer wertvollen Methode, um Nachhaltigkeit über den gesamten Lebenszyklus eines Produktes oder Services sichtbar, verhandelbar und verbesserungsfähig zu machen.

Durchführung

Die Planetary Value Chain ist in drei Phasen und fünf Ebenen, welche beliebig erweitert werden können, eingeteilt:

Zeitliche Phasen

- **Vorher**: In dieser Phase werden die Schritte aufgeführt, welche stattfinden, bevor die eigentliche Organisation mit dem Produkt oder Service in Berührung kommt. Dazu gehören Lieferketten, Herstellungsprozesse, Transportwege aber auch die Aktivitäten von möglichen Partnerunternehmen.
- **Während**: Die zweite Phase umfasst die klassischen Kontaktpunkte, welche ein Unternehmen mit einem Produkt oder Service und dessen Kundinnen hat. Dies kann Herstellungsprozesse als auch Marketing- und Dienstleistungsprozesse umfassen. Somit kommt sie dem klassischen Verständnis einer User Journey am nächsten.
- **Danach**: Mit dem Verkauf oder der Übergabe eines Gutes beginnt die Nutzungsphase. Unternehmen sind hier in unterschiedlicher Intensität, meist jedoch nur noch punktuell, involviert. Dennoch entstehen auch in dieser Nutzungsphase weitere Einflüsse auf den Planeten. Diese entstehen bspw. durch Betriebsemissionen, geförderte Verhaltensmuster oder am Ende der Nutzungsdauer auch durch Entsorgung oder Wiedereingliederung in einen möglicherweise zirkulären Kreislauf.

Ebenen

- **Schritte:** Hier werden in möglichst kurzer Form die einzelnen Schritte der Planetary Value Chain benannt. Dabei werden gemeinsam die wichtigsten Schritte bestimmt und in einen sinnvollen Ablauf gebracht.
- **JTBD** (Jobs To Be Done): Diese Ebene beschreibt die erhoffte Wirkung hinter den einzelnen Schritten. Was wollen die Organisation oder Nutzer eigentlich mit ihren Interaktionen erreichen? Was ist die Motivation des Austausches?
- **Planetary Impact:** Dies ist die wichtigste Bahn der Planetary Value Chain. Für jeden identifizierten Schritt werden separat die planetaren Möglichkeiten als auch Risiken aufgelistet. Diese

Planetary Value Chain

	SUPPLY			ORGANIZATIONAL		USAGE		
STEPS Max 8 Steps	Gather Resources	Ship Materials	Store Materials	Create Capabilities	Build Product	Provide Service	Use Product	Recycle
JOBS TO BE DONE What to achieve?			Keep delivery timeslow	Look after employees		Ensure long product life		
PLANETARY IMPACT Positive & negative impact	Sustainable Sourcing Methods	Batch shipping	Wasted Materials			Non-repairable design		
OPPORTUNITIES What if?								What if we provide cash back on return?
SDG TARGETS Achievements per step				5		12	12	

For Planet Strategy Lab

beziehen sich sowohl auf die ökologische als auch die soziale Dimension des Planeten.

- **Möglichkeiten/What if:** Hier finden spontane Ideen und Fragen ihren Platz. Die Arbeit an der Planetary Value Chain führt oft zu ersten Eingebungen, welche in dieser Bahn festgehalten werden können, bis man sie im Plenum nochmals diskutieren kann.
- **SDGs:** Da viele Organisationen ihre Nachhaltigkeitsaktivitäten mithilfe der SDGs koordinieren und vor allem auch messen, bietet diese Bahn die Möglichkeit, die SDGs direkt auf die einzelnen Schritte zu legen. Somit werden Optimierungspotenzial und deren Messung klar ausgewiesen.

Methodische Durchführung

(Team von 2–6 Personen)

- Alle Teilnehmenden schreiben einzeln die 8 wichtigsten Schritte für das definierte Produkt oder die vorher abgesteckte Dienstleistung auf Post-its auf. Dabei gilt es, für alle drei Phasen mindestens einen Schritt zu benennen.
- Die erste Person beginnt und stellt ihre Schritte vor, während sie sie gleichzeitig der Reihe nach an eine Wand oder ein großes Whiteboard klebt (Fensterfronten eignen sich besonders gut).
- Die zweite Person baut auf den präsentierten Schritten auf. Sie klebt gleiche Schritte übereinander und ergänzt die bestehende Value Chain. Dies wird wiederholt, bis alle Schritte gesammelt wurden. Die Diskussion soll hierbei von den Beiträgen auf den Haftnotizen geleitet werden und nicht abdriften.
- Gemeinsam entscheidet sich das Team für die 8–12 wichtigsten Schritte. Je weniger, desto besser. Hier können ergänzende Methoden wie Punktebewertungen benutzt werden, um eine Entscheidung zu erleichtern.
- Je nach Gruppengröße arbeiten die Teilnehmenden alle gemeinsam oder in Zweierteams an den einzelnen Schritten der Planetary Value Chain. Es gilt, die JTBD und Planetary Impact Ebenen auszufüllen. Am Ende werden die Beiträge innerhalb der Gruppe abgeglichen, diskutiert und ergänzt.
- In einem weiteren Schritt wendet sich das Team den verbleibenden Ebenen zu. Diese sind optional, doch oft von hohem Wert für die weiteren Schritte innerhalb eines Projektes.
- Im letzten Schritt reflektiert das Team die gesamte Planetary Value Chain. Hier besteht auch gleich die Möglichkeit, sogenannte Opportunity Areas zu benennen und visuell zu markieren. Ein guter Weg dies zu tun, führt über die Formulierung von *How Might We*-Statements.

Praxisschlaglicht

Die Erfahrung zeigt, wie die Erstellung einer Planetary Value Chain einem Team oder einer Organisation nicht nur helfen kann, die existierende Wertschöpfung besser zu verstehen, sondern im gleichen Zug oft auch gleich Verbesserungspotenziale identifiziert werden. Allzu oft ist der eigene Blick auf die direkten Interaktionen der Organisation mit Kunden und Nutzerinnen fokussiert, wobei auch vor und nach diesem Austausch viel Optimierungspotenzial für nachhaltigere Praktiken besteht.

Die Gefahr der Planetary Value Chain liegt darin, dass es ein Team nicht schafft, sich auf die wichtigen Schritte zu fokussieren. Zu viele Schritte führen zu einer kaum zu meisternden Komplexität. Es empfiehlt sich, für die Abstimmung der Schritte genug Zeit einzuberechnen, da diese das Grundgerüst der Methode bieten.

Je nach Produkt oder Dienstleistung können weitere Ebenen hinzugefügt werden. Beliebte Ergänzungen sind die Aktivitäten eines nicht-menschlichen Akteurs wie eines Systems (Plattform, App etc.) oder interner Service Prozesse.

Wirkfeld der Methode

- Wirksam für Herausforderungen mit hoher Komplexität
- Wirksam für Herausforderungen mit mittlerer Komplexität
- Wirksam für nachhaltiges Marketing
- Wirksam für nachhaltiges Produktdesign
- Wirksam für nachhaltiges Prozessdesign
- Wirksam für nachhaltiges Servicedesign
- Wirksam für nachhaltiges Business Model Design

Transformationsfähigkeit Ihres Teams

- Fördert die Sensibilisierung
- Fördert die Teamkreativität
- Fördert die allgemeine Transformationsfähigkeit des Teams
- Fördert offene Mindsets und innovative Denkhaltungen
- Sorgt für Inspiration oder bessere Inspirationsempfindlichkeit
- Zahlt auf eine bessere Vorstellungskraft ein
- Zahlt auf eine bessere Wahrnehmung ein
- Zahlt auf das Dringlichkeitsempfinden ein
- Erhöht die Lösungsorientierung

Einsatzcharakteristik/Arbeitsrahmen

- Austauschfokus: vornehmlich mit internen und externen Personen
- Durchführungszeit: eher mittel (> 1 Stunde bis < 1 Tag)
- Einsatzfrequenz: sinnvoll im dauerhaften Einsatz
- Einsatzfrequenz: vornehmlich über den kompletten Projektzeitraum
- Einsatzradius: vornehmlich im projektweiten Einsatz
- Einsatzradius: vornehmlich im unternehmensweiten Einsatz
- Komplexität für den Moderator: eher hoch
- Komplexität für die Teilnehmer: eher mittel
- Teamgröße: Einzelpersonennutzung möglich
- Teamgröße: Kleingruppe möglich (3 bis 5 Teilnehmer)
- Teamgröße: Mittelgroße Teams möglich (5 bis 20 Teilnehmer)
- Vorbereitungszeit: eher mittel (> 1 Stunde bis < 1 Tag)

Input für eine zielführende Arbeit mit der Methode

- Aktuelle Herausforderung, Leitfrage, Problem
- Beteiligte Personen mit Tätigkeiten und Aufgaben
- Existierende Prozesse und Verfahren
- Vorhandenes Wissen und Erfahrungen
- Ideen, Lösungsansätze, Vorideen, Varianten
- Innovationssuchfelder, Intent Statements
- Ziele, Zielsystem, Kennzahlen
- Wissen über Gesetze und Rahmenbedingungen

Output und beobachtete Ergebnisse der Methode

- Bessere Projekteffizienz, bessere Teamperformance
- Erzeugt Ideen für neue Märkte und neue Business Modelle
- Erzeugt Ideensuchfelder, unentdeckte Probleme, Inspiration
- Erzeugt Leitfragen für die Ideenfindung
- Erzeugt neues Wissen und neue Erfahrungen
- Erzeugt größere Klarheit zu einem Thema
- Erzeugt transformationsfähigere Organisationen
- Erzeugt mehr Hintergrundinformationen
- Hilft bei Entscheidungen, Bewertungen und Feedback
- Identifiziert vorhandene Schwachstellen
- Identifiziert vorhandene Stärken
- Macht Wirkzusammenhänge sichtbar

Hinderniseffekte, auf die die Methode positiv wirkt

- Beugt blinden Flecken/Betriebsblindheit vor
- Schafft schnell Klarheit und beschleunigt Erkenntnisgewinn
- Schwächt multidisziplinäre Reibungsverluste
- Schärft eine fehlende gemeinsame Ausrichtung
- Stärkt schwache Anreicherungsskills
- Verhindert einseitige Bewertungen und Entscheidungen
- Verhindert unreflektiertes agieren
- Verringert zu große Komplexitäten
- Wirkt fehlender Inspiration entgegen
- Überzeugt strukturliebende Teammitglieder

Mögliche Extravorteile der Methode

- Möglicher Extravorteil für innovativ erfahrene Teams
- Möglicher Extravorteil für die Arbeit mit digitalen Kollaborationsboards
- Möglicher Extravorteil für in Nachhaltigkeitsthemen erfahrene Teams

Quellen

Buch – Mapping Experiences. Jim Kalbach (O'Reilly, 2016).
Person – Samuel Huber, For Planet Strategy Lab, samuelhuber@forplanetstrategylab.com

Planetary Value Proposition Canvas

EinSatzBeschreibung

Diese Methode ist eine Weiterentwicklung des Value Proposition Designs von Strategyzer, in dem nicht nur der Kunde, sondern auch der Planet mit seinen Jobs, Pains und Gains beim Design neuer Wertangebote berücksichtigt wird.

Working Guide/Anwendungsfelder

P1 Sensibilisierung/Bildung	P2 Matching Recht/Gesetz	P3 Sustainability Roadmap	P4 Produkt/Prozessdesign	P5 Implementierung/Monitoring	P6 Kommunikation	P7 Organisation	P8 Führung	P9 Business Model Design	P10 Skalierung
			X						

Beschreibung

Jahrzehnte lang haben Unternehmen den Kunden in den Mittelpunkt gestellt, um neue Produkte und Dienstleistungen zu erfinden. Dabei waren bisher vorwiegend Kundenbedürfnisse die Grundlage für die Generierung neuer Wertangebote.

In der heutigen Zeit, in der wir mit Umweltproblemen wie Klimawandel, Ressourcenknappheit und Umweltverschmutzung konfrontiert sind, sind Unternehmen nicht nur aus ökologischen, sondern aus ökonomischen Gründen angehalten, ihre Wertschöpfung zu überdenken.

Der Planetary Value Proposition Canvas dient diesem Zweck. Er basiert auf dem von Alexander Osterwalder et al. entwickelten „Value Proposition Canvas".

Während das ursprüngliche Tool zum Ziel hat, den besten Match zwischen Kunde und Wertangebot zu finden, berücksichtigt das vorliegende erweiterte Tool die Bedürfnisse des Kunden und des Planeten gleichermaßen. Es hilft Innovationsverantwortlichen, bereits beim Design neuer Wertangebote deren Auswirkungen auf den Planeten zu beachten. Dabei sind negative Effekte zu reduzieren und positive Effekte zu verstärken.

Der ursprüngliche Value Proposition Canvas von Strategyzer hat zwei Seiten:

- Customer Profile (Kundenprofil)
- Value Map (Wertangebot)

Im vorliegenden Planetary Value Proposition Canvas haben wir drei Elemente zu berücksichtigen:

- Customer Empathy Map (Kundenprofil)
- Planet Empathy Map (Planetenprofil)
- Sustainable Value Map (nachhaltiges Wertangebot)

Neu ist dabei die „**Planet Empathy Map**". Dies verdeutlicht, dass nachhaltige Wertangebote nicht nur auf die Bedürfnisse von Kunden einzahlen sollten, sondern auch auf die des Planeten.

Gehen wir zunächst auf das Kundenprofil ein. Wie von Osterwalder et al. beschrieben, besteht das Kundenprofil aus drei wesentlichen Bereichen:

1. „Kundenaufgaben (Customer Jobs) sind alle Tätigkeiten, die Kunden in ihrer Arbeit oder in ihrem Alltag erledigen möchten. Hierzu gehören:
   - Funktionelle Aufgaben
   - Soziale Aufgaben
   - Emotionale Aufgaben
2. Kunden-Probleme (Customer Pains) sind schlechte Ergebnisse, Risiken und Hindernisse, die mit den Kundenaufgaben in Zusammenhang stehen. Dies können sein:
   - Unerwünschte Ergebnisse, Schwierigkeiten und Merkmale
   - Hindernisse
   - Risiken
3. Kunden-Gewinne (Customer Gains) beschreiben Resultate, die Kunden erzielen wollen oder konkrete Vorteile, nach denen sie suchen. Folgende Gewinne sind möglich:
   - Erforderliche Gewinne
   - Erwartete Gewinne
   - Erwünschte Gewinne
   - Unerwartete Gewinne"

Analog dem Kundenprofil bauen wir im Planetary Value Proposition Canvas eine Empathy Map für den Planeten auf. Das heißt, wir beschäftigen uns mit dem Planeten als eigenständige Persona und definieren neu:

- **Planet Jobs** als spezifische Aufgaben oder Funktionen, die der Planet erfüllt, um sein ökologisches Gleichgewicht aufrechtzuerhalten. Nachfolgend einige Beispiele für Planet Jobs:
  - Ressourcen erhalten: natürliche Ressourcen wie Wasser, Boden, Luft und biologische Vielfalt zu bewahren und nachhaltig zu nutzen gehört zu Planet Jobs, um im ökologischen Gleichgewicht zu bleiben.
  - Klima regulieren: Der Planet erfüllt ebenfalls den Job, das Klima zu regulieren, um eine stabile und für das Leben geeignete Umwelt zu schaffen. Dies umfasst die Regulierung von Temperatur, Niederschlag, Luftzirkulation durch Winde, Wasserströme und anderen klimatischen Faktoren.
  - Ökosystem bewahren: Ökosysteme zu erhalten und zu regenerieren, um die Lebensräume für verschiedene Arten zu sichern und die Interaktionen zwischen Pflanzen, Tieren und ihrer Umwelt aufrechtzuerhalten gehört ebenfalls zu den wichtigsten Jobs des Planeten.
- **Planet Pains** als Herausforderungen, Probleme oder Schmerzpunkte, denen der Planet aufgrund von menschlichen Aktivitäten und Umweltauswirkungen ausgesetzt ist. Nachfolgend einige Beispiele für Planet Pains:
  - Umweltverschmutzung: Der Planet leidet unter Verschmutzung durch Abfall (z. B. Plastik), toxische Substanzen, Schadstoffemissionen und andere menschliche Aktivitäten, was zu

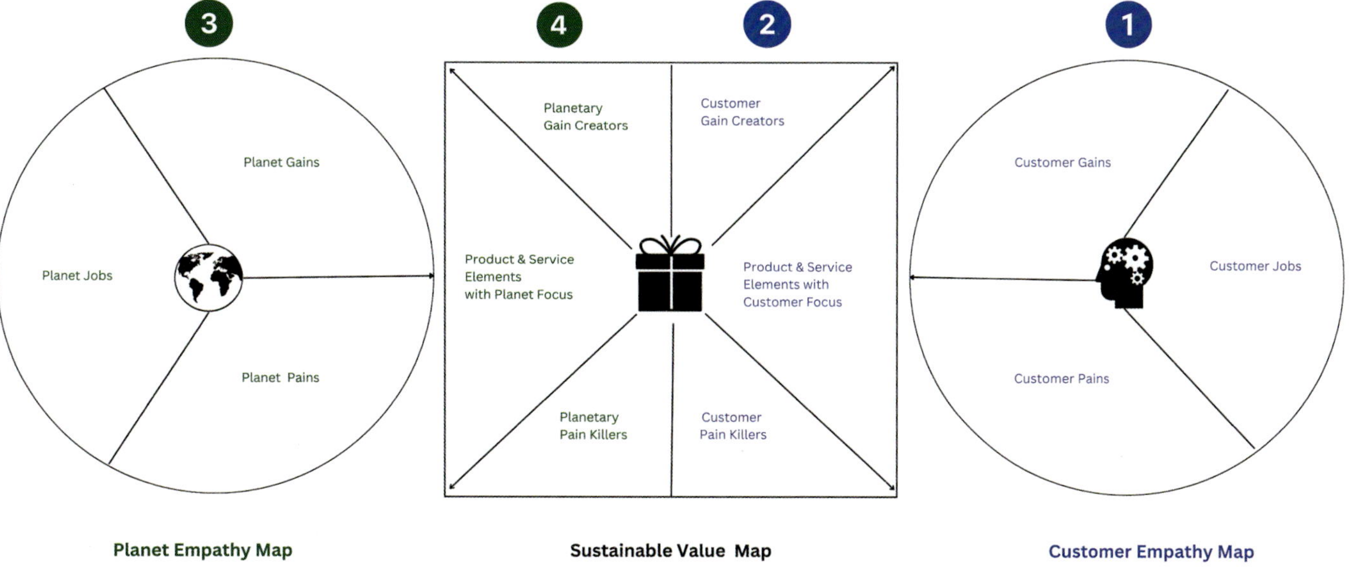

Planetary Value Proposition Canvas als Weiterentwicklung des Value Proposition Canvas von Strategyzer (Quelle: Hila Attaie (innojump))

negativen Auswirkungen auf Ökosysteme, Tiere und Pflanzen führen.

- Freisetzung von Treibhausgasen: Der Planet leidet unter den Folgen des Klimawandels durch erhöhten Ausstoß von Treibhausgasen, was zu steigenden Temperaturen, extremeren Wetterereignissen, Veränderungen in Niederschlagsmustern und Meeresspiegelanstieg führt und Störungen in Ökosystemen nach sich zieht.
- Ressourcenübernutzung: Der Planet leidet ebenfalls unter dem übermäßigen Verbrauch und der Übernutzung von natürlichen Ressourcen wie Wasser, Boden, Energie und Rohstoffen, was einen kontinuierlichen Abbau dieser Ressourcen und einer Beeinträchtigung der Ökosysteme verursacht.

- **Planet Gains** als positive Ergebnisse, Nutzen oder Gewinne, die negative Auswirkungen reduzieren oder gar zur Regeneration des Planeten beitragen. Nachfolgend einige Beispiele für Planet Gains:
  - Biodiversität fördern: Der Planet profitiert von nachhaltigen Praktiken, die die Umweltverschmutzung reduzieren und darüber hinaus die natürliche Vielfalt fördern.
  - Bindung von Treibhausgasen: Der Planet profitiert von Maßnahmen, die nicht nur weniger Treibhausgase freisetzen, sondern diese sogar von der Atmosphäre binden können.
  - Circular Economy: Der Planet profitiert von Initiativen wie Wiederverwendung von Rohstoffen, Langlebigkeit und Reparaturfähigkeit von Produkten, die einen achtsamen Umgang mit natürlichen Ressourcen forcieren.

Das nachhaltige Wertangebot (**Sustainable Value Map**) umfasst das neue Produkt bzw. die neue Dienstleistung in seiner Gesamtheit und besteht aus sechs Aspekten. In Ergänzung zum ursprünglichen Konzept von Osterwalder et al. gehen wir hier nicht nur auf die Customer Job, Pains und Gains ein, sondern auch auf die Planet Jobs, Pains und Gains.

- **Nachhaltige Produkte und Dienstleistungen** sind das gesamte Produkt bzw. Dienstleistung, worauf unser Wertangebot basiert. Diese helfen dem Kunden, entweder funktionelle, soziale oder emotionale Aufgaben zu erfüllen oder ihre Grundbedürfnisse zu befriedigen (Product & Service Elements with Customer Focus). Ergänzend dazu, sind diese Produkte & Dienstleistungen so konzipiert, dass sie gleichzeitig zum Erhalt des ökologischen Gleichgewichts beitragen (Product & Service Elements with Planet Focus).
- **Nachhaltige Problemlöser** beschreiben, wie neue Produkte und Dienstleitungen einerseits spezifische Kundenprobleme (Customer Pains Killers) und andererseits spezifische Planet Pains lösen (Planetary Pain Killers). Nachhaltige Wertangebote konzentrieren sich auf die gravierenden Probleme des Kunden und eliminieren bzw. minimieren gleichzeitig negative Auswirkungen auf die Umwelt.
- **Nachhaltige Gewinnerzeuger** beschreiben, wie neue Produkte und Dienstleistungen für den Kunden Gewinn schaffen (Customer Gain Creators) und gleichzeitig positive Auswirkungen auf die Umwelt verstärken (Planetary Gain Creators). Sie schildern explizit, wie wir mit unserem Wertangebot positive Ergebnisse und Vorteile für den Kunden generieren und gleichzeitig zur Regeneration des Planeten beitragen können.

Den Planetary Value Proposition Canvas können Sie für das Design neuer Wertangebote, aber auch für die Überarbeitung bestehender Produkte und Dienstleistungen anwenden.

Durchführung

Schritt 1: Zunächst tauchen Sie mit Ihrem Team, wie von Osterwalder et al. beschrieben, in die Kundenwelt ein und erstellen Ihr Kundenprofil mithilfe der Customer Empathy Map. Dafür benötigen Sie das nachgezeichnete Arbeitsblatt zum Planetary Value Proposition Canvas (siehe Abbildung) im Großformat & Haftnotizzettel/Post-its.

- **Kundensegment wählen:** Mit welchem Kundensegment wollen Sie sich beschäftigen?
- **Kundenaufgaben identifizieren:** Welche Aufträge versuchen Ihre Kunden zu erledigen?
  Halten Sie alle Aufgaben fest, indem Sie einen Haftnotizzettel pro Aufgabe schreiben. Platzieren Sie diese in der Customer Empathy Map im Feld Customer Jobs.
- **Kundenprobleme identifizieren:** Welche Probleme haben Ihre Kunden, während sie versuchen, ihre Aufgaben zu erledigen?
  Halten Sie möglichst viele Probleme, Hindernisse und Risiken fest. Diese platzieren Sie im Feld „Customer Pains".
- **Kundengewinne identifizieren:** Welche Ergebnisse und Vorteile wollen Ihre Kunden erzielen?
  Schreiben Sie so viele Gewinne auf, wie Ihnen und Ihrem Team einfallen. Platzieren Sie nun diese auf einzelnen Haftnotizzetteln ins Feld „Customer Gains".
- **Aufgaben, Probleme und Gewinne gewichten:** Sortieren Sie die identifizierten Aufgaben nach ihrer Wichtigkeit, die Probleme nach ihrer Schwere und die Gewinne nach ihrer Bedeutung für den Kunden. Stellen Sie dabei die wichtigsten Aufgaben, gravierendsten Probleme und die unverzichtbarsten Gewinne jeweils nach oben, während die geringeren Probleme und die „Nice-to-Have"-Gewinne weiter untern stehen.

Osterwalder et al. weisen auf häufige Fehler bei der Anwendung der Methode hin und raten daher: „Sorgen Sie dafür, dass Sie Ihre Kunden genau verstehen. Betrachten Sie die Aufgaben (Customer Jobs), Probleme (Customer Pains) und Gewinne (Customer Gains) nicht nur vor dem Hintergrund eines Wertangebots oder Produkts. Achten Sie darauf, mehr als ein oberflächliches Verständnis der Aufgaben zu haben. Je greifbarer und spezifischer Sie die (Kunden) Aufgaben, Probleme und Gewinne machen, desto einfacher fällt die Generierung des Wertangebotes."

Schritt 2: Im nächsten Schritt zeichnen Sie eine Value Map auf, das zunächst nur auf den Kunden mit seinen Jobs, Pains und Gains einzahlt. Hierzu benötigen Sie das bereits erstellte Kundenprofil, die Value Map und Haftzettel. Nun gehen Sie so vor, wie von Osterwalder et al. ursprünglich beschrieben:

- **„Führen Sie Produkte und Dienstleistungen auf:** Zählen Sie alle Produkte und Dienstleistungen auf, mit denen Sie Ihrem Kunden ein neues Angebot unterbreiten möchten.
- **Benennen Sie die Problemlöser:** Erläutern Sie, wie Ihre Produkte und Dienstleistungen den Kunden konkret helfen, ihre Probleme zu lösen, indem sie unerwünschte Resultate, Hindernisse oder Risiken ausschalten. Verwenden Sie für jeden Problemlöser einen Haftnotizzettel.
- **Bennen Sie die Gewinnerzeuger:** Erklären Sie, wie Ihre Produkte und Dienstleistungen aktuell die von den Kunden erwarteten oder gewünschten Ergebnisse und Vorteile erzeugen. Verwenden Sie auch hier für jeden Gewinnerzeuger einen Haftnotizzettel.
- **Sortieren Sie nach Wichtigkeit:** Sortieren Sie die Produkte und Dienstleistungen, die Problemlöser und die Gewinnerzeuger gemäß ihrer Bedeutsamkeit für den Kunden."

Schritt 3: Anschließend beleuchten Sie Ihr Wertangebot aus Sicht des Planeten:

- **Planet Jobs eruieren**
  - An welche Planet Jobs dockt Ihr Wertangebot an?
  - Welche natürlichen Ressourcen (Wasser, Boden, Luft, biol. Vielfalt) sind mit Ihrem Wertangebot verbunden?
  - Hat Ihr Wertangebot Auswirkungen auf das Klima?
  - Sind durch Ihr Wertangebot Ökosysteme betroffen?
  - Betrifft Ihr Wertangebot auf die eine oder andere Art Nährstoffkreisläufe und den Stoffwechsel von Organismen?
  - Steht Ihr Wertangebot in Verbindung mit der Schutzschicht der Atmosphäre?
  - Sind sonstige Planet Jobs betroffen?

  Halten Sie die erarbeiteten Planet Jobs im entsprechenden Feld mittels einzelner Haftnotizzettel fest. Denken Sie dabei ganzheitlich.
- **Planet Pains definieren**
  - Welche negativen Auswirkungen hat Ihr Wertangebot auf die Umwelt?
  - Welche Abfälle, Verschmutzung, toxischen Substanzen oder Schadstoffemissionen setzen Sie mit Ihrem Angebot frei?
  - Welche Auswirkungen hat Ihr Wertangebot auf das Klima?
  - Inwiefern stört Ihr Wertangebot Ökosysteme?
  - Gefährden Sie mit Ihrem Wertangebot die Artenvielfalt?
  - Sind damit eine Übernutzung von natürlichen Ressourcen wie Wasser, Boden, Energie oder Rohstoffe verbunden? Wenn ja, welche?
  - Sind mit Ihrem Wertangebot Entwaldung, Zerstörung oder Verschmutzung natürlicher Lebensräume verbunden?
  - Werden durch Ihr Wertangebot Ökosysteme wie Wälder, Korallenriffe, Feuchtgebiete o. ä. zerstört?
  - Fallen Ihnen andere Planet Pains ein?

  Versuchen Sie, die gesamte Wertschöpfungskette Ihres Angebotes von der Rohstoffgewinnung, über Produktion, Logistik, Konsum bis hin zur Entsorgung zu betrachten.
  Auch hier halten Sie die Planet Pains im entsprechenden Feld mittels einzelner Haftnotizzettel fest. Schließen Sie Wissenslücken durch Literaturrecherche oder dem Austausch mit Lieferanten und Experten.
- **Planet Gains kreieren**
  - Welche positiven Auswirkungen hat Ihr Wertangebot auf den Planeten?
  - Trägt Ihr Angebot zur Regeneration von geschädigten Ökosystem bei? Wenn ja, wie?
  - Welche Aspekte Ihres Wertangebotes trägt zur Aufrechterhaltung eines stabilen Klimasystems bei? Wie sind die Zusammenhänge?
  - Tragen Sie zur Reduzierung von Emissionen bei?
  - Nutzen Sie natürliche Ressourcen nachhaltig?

  Halten Sie in diesem Teil positive Auswirkungen Ihres Wertangebotes auf den Planeten/auf die Umwelt fest. Nutzen Sie dafür ebenfalls einzelne Haftnotizzettel. Auch hier können Sie Literatur, Lieferanten und andere Experten zu Rate ziehen.

Schritt 4: Anschließend überarbeiten Sie Ihr Wertangebot, mit der Zielsetzung zu einer Sustainable Value Map zu gelangen. Fragen Sie sich, welche konkreten Veränderungen Sie an Ihren Produkten/Dienstleistungen vornehmen sollten, damit Sie die identifizierten Planet Pains eliminieren bzw. minimieren und Planet Gains verstärken können, ohne den Kundennutzen zu zerstören. Denken Sie dabei ganzheitlich:

- Design & Zusammensetzung Ihres Produktes
- Verpackung Ihres Produktes
- Auswahl Ihrer Partner
- Einsatz neuer Produktionstechnologien
- Einsatz smarter Materialien
- Kommunikation Ihres Wertangebotes
- Einbindung von Kreisläufen
- Minimierung von Abfall
- Einsatz von smarter Logistik
- Einsatz erneuerbarer Energien
- Nutzung biologischer Verfahren
- Lebenszyklus Ihres Angebotes
- Etc.

Sie können den Product Design Challenger helfend mit hinzunehmen.

Praxisschlaglicht

Das Start-up fairmischt liefert ein anschauliches Beispiel. Durch den Einsatz von natürlichen und rein pflanzlichen Zutaten aus biologischem Anbau trägt das Unternehmen mit seinem Angebot an Haferdrinks essenziell zum Umweltschutz bei. Planet Pains (CO_2-Emission, Energie, Wasserverbrauch, Verpackungsmaterial) werden weiter reduziert, indem fairmischt den Haferdrink nicht als Fertiggetränk, sondern in Form eines Konzentrates anbietet. Durch nachhaltigen Versand über DHL GoGreen und einer durchdachten Logistik spart das Unternehmen mehr CO_2-Emissionen und reduziert weitere Planet Pains.

Wirkfeld der Methode

- Wirksam für Herausforderungen mit mittlerer Komplexität
- Wirksam für nachhaltiges Produktdesign
- Wirksam für nachhaltiges Servicedesign
- Wirksam für nachhaltiges Business Model Design

Transformationsfähigkeit Ihres Teams

- Fördert die Sensibilisierung
- Fördert die allgemeine Transformationsfähigkeit des Teams
- Zahlt auf eine bessere Wahrnehmung ein
- Zahlt auf ein positives Zukunftsbild ein
- Zahlt auf das Dringlichkeitsempfinden ein
- Erhöht die Lösungsorientierung

Einsatzcharakteristik/Arbeitsrahmen

- Austauschfokus: vornehmlich mit internen und externen Personen
- Durchführungszeit: eher hoch (> 1 Tag)
- Einsatzfrequenz: sinnvoll im dauerhaften Einsatz
- Einsatzfrequenz: vornehmlich über den kompletten Projektzeitraum
- Einsatzradius: vornehmlich im Teameinsatz
- Einsatzradius: vornehmlich im projektweiten Einsatz
- Komplexität für den Moderator: eher mittel
- Komplexität für die Teilnehmer: eher mittel
- Teamgröße: Kleingruppe möglich (3 bis 5 Teilnehmer)
- Vorbereitungszeit: eher hoch (>1 Tag)

Input für eine zielführende Arbeit mit der Methode

- Aktuell existierende Produkte und Services
- Aktuelle Herausforderung, Leitfrage, Problem
- Angereicherte Ideen, Ideencluster oder höher integrierte Lösungen
- Ideen, Lösungsansätze, Vorideen, Varianten
- Innovationssuchfelder, Intent Statements
- Trends und Zukunftsentwicklungen
- Umfeldbeobachtungen, Umfeldanalysen
- Wettbewerber und Komplementoren

Output und beobachtete Ergebnisse der Methode

- Erzeugt Ideen für neue Märkte und neue Business Modelle
- Erzeugt Ideen, Lösungsansätze, Vorideen, Möglichkeiten
- Erzeugt Nutzenfunktionen und Bedürfniskorridore
- Erzeugt angereicherte Ideen, Ideencluster, höher integrierte Lösungen
- Erzeugt größere Klarheit zu einem Thema
- Identifiziert vorhandene Schwachstellen
- Identifiziert vorhandene Stärken
- Macht Wirkzusammenhänge sichtbar

Hinderniseffekte, auf die die Methode positiv wirkt

- Beugt blinden Flecken/Betriebsblindheit vor
- Bewahrt vor zu generischen Ideen und Aussagen
- Schafft für den Erfolg nötige Realitätsbezüge
- Schärft eine fehlende gemeinsame Ausrichtung
- Verhindert Ideenfindung mit zu schwacher Erkenntnisgrundlage
- Verhindert falsche Flughöhen
- Verhindert unreflektiertes agieren
- Verkürzt und durchbricht vorhandene Kreativblockaden

Mögliche Extravorteile der Methode

- Möglicher Extravorteil für innovativ ungeübte Teams
- Möglicher Extravorteil für die Arbeit mit digitalen Kollaborationsboards
- Möglicher Extravorteil für in Nachhaltigkeitsthemen ungeübte Teams

Quellen

Buch – Value Proposition Design. Alexander Osterwalder, Yves Pigneur, Greg Bernarda, Alan Smith (Campus, 2015)

Person –Hila Attaie, www.inno-jump.com, hila.attaie@inno-jump.com

Web – www.fairmischt.de

Web – www.strategyzer.com

Plussing

EinSatzBeschreibung

Lerne von Pixar, wie man Ideen mit Methoden aus dem Improtheater schärft.

Working Guide/Anwendungsfelder

P1 Sensibilisierung/Bildung	P2 Matching Recht/Gesetz	P3 Sustainability Roadmap	P4 Produkt/Prozessdesign	P5 Implementierung/Monitoring	P6 Kommunikation	P7 Organisation	P8 Führung	P9 Business Model Design	P10 Skalierung
			X	X				X	

Beschreibung

Toy Story, *Monster AG* oder *Findet Nemo* sind nur drei der vielen erfolgreichen Animationsfilme aus dem Pixar Studio. Die Filme haben schon die Emotionen vieler Kinder und Erwachsenen geweckt. Kreativität ist eine der Basiszutaten für die filmischen Werke. Bis ein Film auf die Leinwand kommt, müssen die vielen Ideen, Stories und Charaktere allerdings in vielen Iterationen geschliffen werden wie ein Diamant. Denn Ideen sind selten von Anfang an perfekt.

Kritik ist allerdings der Feind der Kreativität. Im klassischen Brainstorming ist deshalb das Kritisieren von Ideen strengstens untersagt. Im Improvisationstheater hat Pixar eine Lösung für dieses Dilemma gefunden und so das Plussing erfunden.

Drei Prinzipien des Improtheaters dienen als Grundlage fürs Plussing:

1. Das „Ja, und …"-Prinzip – im Gegensatz zu „Ja, aber …" – signalisiert Offenheit für die Idee und wirkt konstruktiv.
2. Akzeptiere jedes Angebot! Im Improtheater bleibt dadurch das Stück am Laufen. Beim Plussing bleibt so die Ideengenerierung im Fluss.
3. Lass deinen Partner oder Partnerin gut aussehen! Wer sich vordrängt, um selbst im Rampenlicht zu stehen, killt Ideen im Anfangsstadium.

Plussing lässt sich in der Ideenentwicklung für nachhaltige Produkte, Services und Geschäftsmodelle anwenden. Es funktioniert auch gut außerhalb innovativer Kontexte. Auch andere Arbeitsergebnisse wie z. B. der Nachhaltigkeitsbericht, die Stellenausschreibung für Nachhaltigkeitsmanager oder die Agenda für den nächsten Workshop profitieren vom Plussing.

Durchführung

Plussing kann sowohl im Team als auch zu zweit durchgeführt werden. Die Durchführung von Plussing soll im Folgenden an zwei Beispielen erläutert werden.

Beispiel 1: Ein Hersteller von Haushaltsgeräten macht einen Workshop zum Thema Kreislaufwirtschaft. Eine erste Liste von Ideen wurde generiert. Jetzt sollen diese mithilfe von Plussing geschärft werden.

Beispiel 2: Eine Kommunikationsagentur hat einen Nachhaltigkeitsbericht für ein Unternehmen erstellt. Der Nachhaltigkeitsmanager des Auftraggebers und die Texterin der Agentur nutzen Plussing, um die erste Version des Berichts zu verbessern.

Schritt 1: Die Rahmenbedingungen festlegen

Im Beispiel 1 findet das Plussing in einem Präsenzworkshop statt. Jeder aus der Gruppe nimmt sich eine Idee von der Liste, die geschärft werden soll. Dies muss nicht notwendigerweise der Ideengeber sein.

Im Beispiel 2 findet das Plussing im Rahmen eines Telefontermins zur Durchsprache des Nachhaltigkeitsberichts statt.

Schritt 2: Idee präsentieren und zuhören

Die Präsentation der Ideen kann in unterschiedlicher Form stattfinden. Ein Elevator Pitch, eine Visualisierung auf einem Whiteboard oder eine Präsentation in PowerPoint – wählen Sie, was im jeweiligen Kontext angemessen ist. Grundsätzlich gilt: je kürzer, desto besser. Die Feedbackgebenden müssen mit voller Aufmerksamkeit und so wertfrei wie möglich zuhören. Die Gefahr des vorschnellen Beurteilens steigt mit der Länge der Vorstellung. Sorgen Sie für ein störungsfreies Umfeld. Planen Sie ggf. sogar einen Ortswechsel ein.

Im Beispiel 1 wechselt die Gruppe den Ort in ein kleines Wäldchen hinter der Workshoplocation. Der Moderator bittet die Teilnehmenden, ihre Mobiltelefone in den Flugmodus zu schalten. Der erste Teilnehmende skizziert die Idee kurz visuell auf einem DIN A3 Zeichenblock.

Im Beispiel 2 wechseln die beiden Teilnehmenden von ihrem Arbeitsplatz in ein ruhiges Besprechungszimmer und nutzen für die Durchsprache das Telefon sowie eine ausgedruckte Unterlage. Die Texterin liest den ersten Absatz vor.

Schritt 3: Idee anerkennen

Die Feedbackgebenden erkennen die Idee als Angebot an. Manchmal ist es hilfreich, erstmal Danke zu sagen und in einer kurzen Pause die Präsentation auf sich wirken zu lassen. Ist das Plussing noch nicht gelebte Praxis können für diesen Schritt Reflexionsfragen auf einem Whiteboard oder in einer Handreichung geteilt werden, z. B.:

- Was sind Gemeinsamkeiten zwischen der eigenen Vorstellung und der präsentierten Idee?
- Was spricht mich an der Idee besonders an?
- Was ist überraschend, ungewöhnlich oder unkonventionell?

Foto: © NEU | Zentis – Innovation Space Aachen

Die Idee ist ein zartes Pflänzchen, das nicht zerstört werden soll. Die Standardantwort ist ein einfaches „Ja, und …“. Damit erkennt man das Angebot an, auch wenn man nicht von der Idee überzeugt ist oder diese gar komplett ablehnt. Danach leitet man direkt zum Plus über. Man darf auch Gemeinsamkeiten oder etwas Positives herausstellen. Allerdings sollte man es damit nicht übertreiben, sonst entfaltet das Plus nicht seine Wirkung.

Im Beispiel 2 antwortet die Feedbackgeberin auf den ersten Absatz mit „Ja, und …“. Im Beispiel 1 verzichten die Teilnehmenden auf das „Ja, und …“ und klatschen als Annahme des Angebots.

Schritt 4: Ein „Plus“ anbieten

Nun machen die Feedbackgebenden ein Angebot. Die Möglichkeiten für Ideen sind vielfältig. Bieten Sie eine Detaillierung für einen Aspekt der Idee an. Bieten Sie eine Idee an, wie man die Ursprungsidee noch wirksamer macht. Bieten Sie weiterführende Informationen an.

Wie im Improtheater gilt: Was braucht die Idee noch, um den Partner oder das Teammitglied besser aussehen zu lassen? In der Gruppe sollte man darauf achtgeben, dass es nicht zu viele Plus werden. Die Plus wollen schließlich auch verarbeitet und umgesetzt werden.

Im Beispiel 1 geben drei Teilnehmende ein Plus:

- „Ich kenne ein nachhaltiges Material, das noch bessere Materialeigenschaften hat.“
- „Wir könnten das Teil xyz an dieser Stelle anders konstruieren. So lässt sich das Produkt besser reparieren.“
- „Kunde ABC hatte kürzlich auch Interesse an so einem Produkt gezeigt.“

Im Beispiel 2 gibt es zwei Plus vom Partner: „… wenn wir die Abkürzungen darin ausschreiben, können auch Branchenfremde den Bericht verstehen. Lass uns außerdem noch eine Visualisierung dafür hinzufügen.“

Schritt 5: Dankeschön

Gemäß dem Prinzip „Akzeptiere jedes Angebot“ bedankt man sich jetzt für das Feedback. Im Beispiel 1 könnte das so lauten: „Danke für das Plus mit dem nachhaltigen Material. Hast du zufällig einen Kontakt zu einem passenden Lieferanten?“

Im Beispiel 2 kann die Texterin sagen: „Danke für dein Feedback. Das mit den Abkürzungen mache ich gleich. Wollen wir gemeinsam überlegen, wie eine Visualisierung aussehen könnte?“

Schritt 6: Wiederholung (optional)

Das Plussing kann so oft wiederholt werden, wie es Energie und Aufmerksamkeit erlauben.

In Beispiel 1 stellen auch die anderen Teilnehmenden je eine Idee vor. Im Beispiel 2 wird es so lange wiederholt, bis alle Absätze des Berichts durchgesprochen sind.

Experimentieren Sie bei den Wiederholungen mit neuen Konstellationen. Tauschen Sie Ideengeber und Feedbackgeber oder teilen Sie Gruppen in Zweierteams.

Wirkfeld der Methode

- Wirksam für Herausforderungen mit mittlerer Komplexität
- Wirksam für Herausforderungen mit niedriger Komplexität
- Wirksam für nachhaltiges Marketing
- Wirksam für nachhaltiges Produktdesign
- Wirksam für nachhaltiges Servicedesign

Transformationsfähigkeit Ihres Teams

- Fördert die Teamkreativität
- Fördert grundlegend die Kreativität
- Fördert offene Mindsets und innovative Denkhaltungen
- Sorgt für Inspiration oder bessere Inspirationsempfindlichkeit
- Erhöht die Lösungsorientierung

Einsatzcharakteristik/Arbeitsrahmen

- Austauschfokus: vornehmlich mit internen und externen Personen
- Durchführungszeit: eher gering (< 1 Stunde)
- Einsatzfrequenz: sinnvoll im dauerhaften Einsatz
- Einsatzradius: vornehmlich im Teameinsatz
- Einsatzradius: vornehmlich im projektweiten Einsatz
- Komplexität für den Moderator: eher gering
- Komplexität für die Teilnehmer: eher gering
- Teamgröße: Großgruppen möglich (> 50 Teilnehmer)
- Teamgröße: Kleingruppe möglich (3 bis 5 Teilnehmer)
- Teamgröße: Mittelgroße Teams möglich (5 bis 20 Teilnehmer)
- Vorbereitungszeit: eher gering (< 1 Stunde)

Input für eine zielführende Arbeit mit der Methode

- Frühe erste Prototypen
- Ideen und Projekte, die zur Umsetzung anstehen
- Gescheiterte Ideen und fehlgeschlagene Projekte
- Ideen, Lösungsansätze, Vorideen, Varianten

Output und beobachtete Ergebnisse der Methode

- Erzeugt angereicherte Ideen, Ideencluster, höher integrierte Lösungen
- Erzeugt besseren Teamspirit, mehr Offenheit, Inspirationsempfindlichkeit
- Erzeugt kollaborative Lösungen und Ideen

Hinderniseffekte, auf die die Methode positiv wirkt

- Beugt blinden Flecken/Betriebsblindheit vor
- Bewahrt vor zu generischen Ideen und Aussagen
- Fördert eventuell fehlende Wertschätzung
- Schwächt Angst vor Kritik und Zurückweisung
- Schwächt multidisziplinäre Reibungsverluste
- Schwächt nicht zielführende Emotionen
- Schwächt störende Bewertung während der Ideenfindung
- Stärkt das Vertrauen im Team
- Verhindert einseitige Bewertungen und Entscheidungen
- Verhindert vorschnelles Urteilen über Ideen
- Verkürzt und durchbricht vorhandene Kreativblockaden
- Wirkt fehlender Inspiration entgegen
- Fördert Optimismus und Zuversicht

Mögliche Extravorteile der Methode

- Möglicher Extravorteil für Teams in einer Komfortsituation
- Möglicher Extravorteil für innovativ erfahrene Teams

Quellen

Web – https://www.projektmagazin.de/methoden/plussing-konstruktives-brainstorming (abgerufen am 10.08.2023)

Web – https://design.org/the-power-of-plussing-in-critique-and-creativity/ (abgerufen am 10.08.2023)

Web – https://blog.mayflower.de/11642-adventskalender-feedback-pixar.html?cookie-state-change=1689940054359 (abgerufen am 10.08.2023)

Polak-Spiel

EinSatzBeschreibung

Ein Workshop-Warm-up (Aufstellungsspiel) zur Einführung in die Arbeit mit Zukunftsszenarien.

Working Guide/Anwendungsfelder

P1 Sensibilisierung/Bildung	P2 Matching Recht/Gesetz	P3 Sustainability Roadmap	P4 Produkt/Prozessdesign	P5 Implementierung/Monitoring	P6 Kommunikation	P7 Organisation	P8 Führung	P9 Business Model Design	P10 Skalierung
X									

Beschreibung

Das Polak-Spiel ist eine Gruppenübung, um Vorannahmen über die Zukunft zu visualisieren. Es erzeugt ein grundlegendes Verständnis dafür, dass es viele mögliche Zukünfte gibt und ist ein spielerischer Einstieg in Workshops zur Zukunftsarbeit.

Jeder Mensch hat einen anderen Kontext – sei es seine Lebenserfahrungen, kulturelle Wertvorstellungen oder seine täglichen Herausforderungen und Freuden. Da Bilder von der Zukunft in unseren Köpfen entstehen, trifft daher jeder andere Annahmen über die Zukunft. Dies unbewussten Vorprägungen sind Grundlage für jede Entwicklung von Zukunftsbildern für das Unternehmen.

Selbstreflexion und das Bewusstsein über seine eigenen Zukunftsannahmen helfen, Perspektiven nicht aus Versehen auszuschließen und andere Menschen besser zu verstehen. Um sich mit seinen unbewussten Zukunftsannahmen zu konfrontieren, eignet sich das Polak-Spiel. Es vermittelt spielerisch, dass es viele mögliche Zukünfte gibt und aktiviert zudem die Gruppe durch Bewegung im Raum zu Anfang eines Workshops.

Durchführung

Schritt 1: Vorbereitung

Alle Teilnehmenden stellen sich im Raum auf. Achen Sie darauf, dass genügend freier Platz ist.

Moderieren Sie nun die anstehende Aufgabe an: Jeder Teilnehmende wird gleich durch seine Positionierung im Raum Fragen zu den eigenen Erwartungen für die Zukunft sowie zur eigenen Selbstwirksamkeit beantworten.

Schritt 2: Frage 1 – Wie sind deine Erwartungen für die Zukunft?

Machen Sie die Situation für die Teilnehmenden möglichst konkret und stellen folgende Fragen über die Erwartungen für die Zukunft:

Wie denkst du sieht die Welt in einer Generation, also in 20 Jahren, aus? Wird es nach deiner persönlichen Einschätzung besser oder schlechter geworden sein?

Sie können mit der Frage Bezug auf Veränderungen in der Welt nehmen oder aber Sie beziehen sich auf etwas aus dem nahen Umfeld wie den wirtschaftlichen Erfolg des Unternehmens.

Jeder Teilnehmende geht nun auf einer gedachten senkrechten Achse vorwärts oder rückwärts und drückt damit seine positiven oder negativen Erwartungen aus. (siehe die folgende Abbildung)

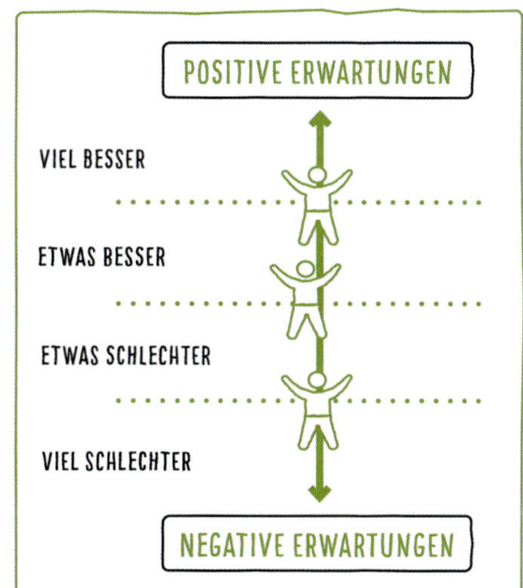

Quelle: verrocchio Institute in Anlehnung an „Zukünfte gestalten"

Schritt 3: Frage 2 – Inwieweit kannst du die Zukunft beeinflussen?

Nachdem sich alle Teilnehmenden zur Erwartungsfrage im Raum positioniert haben, stellen Sie nun die Frage zur Selbstwirksamkeit:

Was denkst du über deine persönlichen Möglichkeiten, die Veränderungen in der Welt in den nächsten 20 Jahren zu beeinflussen? Bist du optimistisch oder pessimistisch etwas verändern zu können?

Jeder Teilnehmende behält die vorige Position auf der senkrechten Achse bei und geht nun je nach Einschätzung zur Selbstwirksamkeit nach links oder nach rechts. Je weiter links sich jemand einsortiert, desto größer die Zweifel an den eigenen Handlungsmöglichkeiten, je weiter nach rechts, desto größer das Vertrauen in den eigenen Handlungsspielraum. (siehe die nächste Abbildung)

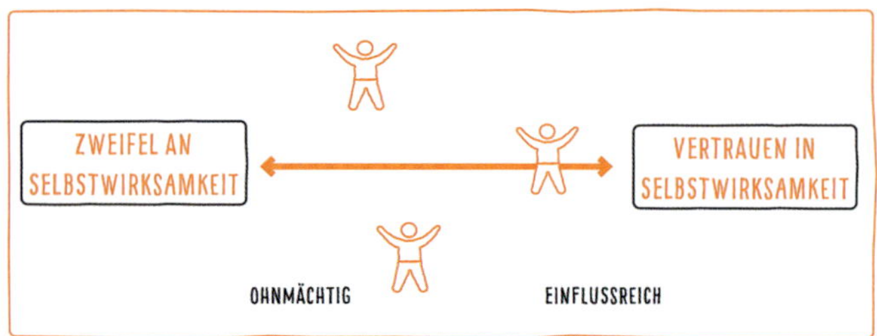

Quelle: verrocchio Institute in Anlehnung an „Zukünfte gestalten"

Schritt 4: Diskussion zur finalen Positionierung

Fragen Sie die Teilnehmenden: Warum stehst du, wo du gerade bist?

Jeder kann seine Gedanken teilen, warum sich die Dinge zum Guten oder Schlechten wenden und warum sie glauben, darauf Einfluss zu haben oder nicht. Während der Diskussion bleibt jeder auf seiner Position stehen.

Schritt 5: Diskussion zu Mustern

Diskutieren Sie mit den Teilnehmenden, welche Muster auffallen. Welche Quadranten sind besonders voll oder leer? Warum ist das so? Welche Stimmung herrscht in den Quadranten? Die Teilnehmenden können hier ihren eigenen Quadranten oder die anderen beschreiben.

Wirkfeld der Methode

- Wirksam für Herausforderungen mit mittlerer Komplexität
- Wirksam für Herausforderungen mit niedriger Komplexität

Transformationsfähigkeit Ihres Teams

- Fördert die Sensibilisierung
- Fördert die allgemeine Transformationsfähigkeit des Teams

Einsatzcharakteristik/Arbeitsrahmen

- Austauschfokus: vornehmlich mit internen Personen
- Durchführungszeit: eher gering (< 1 Stunde)
- Einsatzfrequenz: vornehmlich im einmaligen Einsatz
- Einsatzradius: vornehmlich im Teameinsatz
- Komplexität für den Moderator: eher gering

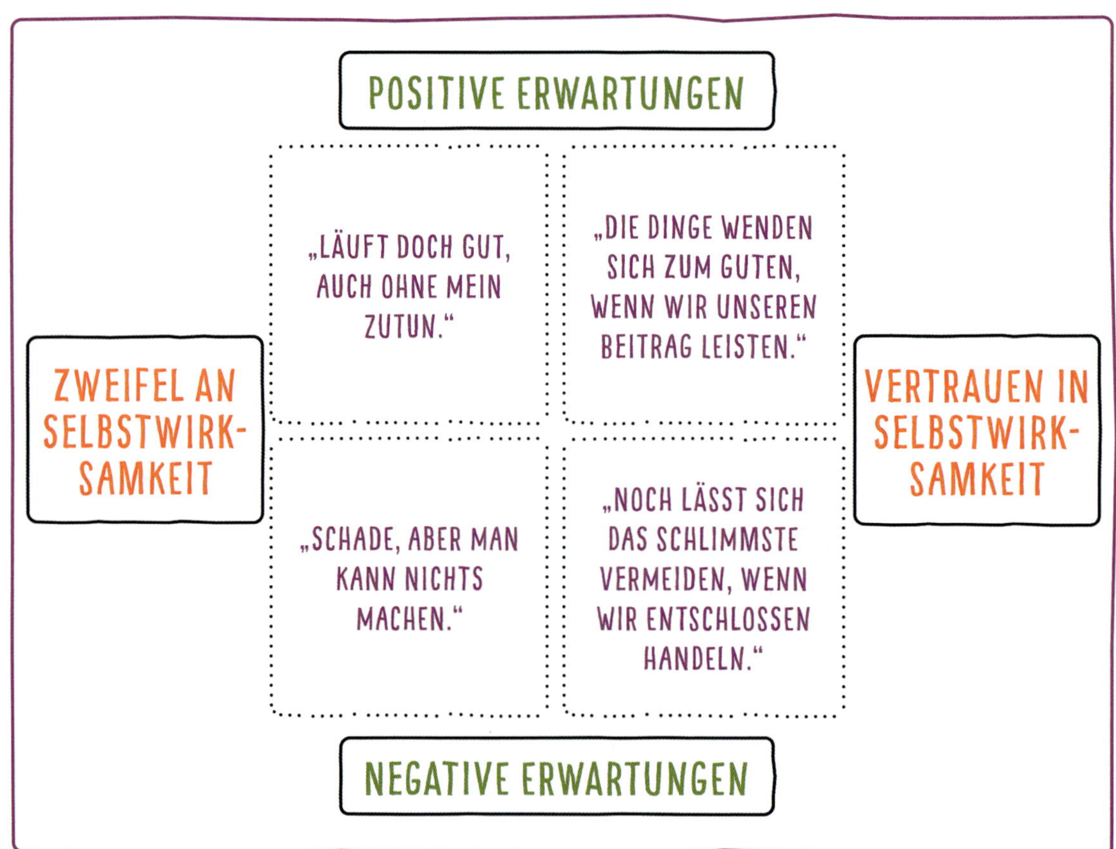

Quelle: verrocchio Institute in Anlehnung an „Zukünfte gestalten"

- Komplexität für die Teilnehmer: eher gering
- Teamgröße: Kleingruppe möglich (3 bis 5 Teilnehmer)
- Teamgröße: Mittelgroße Teams möglich (5 bis 20 Teilnehmer)
- Vorbereitungszeit: eher gering (< 1 Stunde)

Input für eine zielführende Arbeit mit der Methode

- Verschiedene Meinungen und Blickwinkel

Output und beobachtete Ergebnisse der Methode

- Erzeugt transformationsfähigere Organisationen

Hinderniseffekte, auf die die Methode positiv wirkt

- Bindet eher introvertierte Teammitglieder mit ein
- Bändigt einen störenden Gruppenclown
- Dynamisiert und aktiviert wenig dynamische Teams
- Fördert gehemmte Teammitglieder
- Integriert einen dysfunktionalen Schweiger
- Schwächt Angst vor Neuem (Cainophobie)
- Schwächt das Leben in der Vergangenheit

Mögliche Extravorteile der Methode

- Möglicher Extravorteil für Teams in einer Komfortsituation
- Möglicher Extravorteil für Teams mit einer konservativen, tradierten Kultur

Quellen

Buch – Zukünfte gestalten: Spekulation. Kritik. Innovation. Benedikt Groß und Eileen Mandir (Hermann Schmidt, 2022)

Grafik: verrocchio Sustainable Inspiration Card – Malvine Klecha, Hila Attaie und Jennifer van Aerssen (Illustration)

Priming durch Bilder

EinSatzBeschreibung

Durch die gezielte subtile Darbietung von Reizen kann Priming dazu führen, dass verstärkt im Interesse von nachhaltiger Entwicklung gedacht und gehandelt wird.

Working Guide/Anwendungsfelder

P1 Sensibilisierung/Bildung	P2 Matching Recht/Gesetz	P3 Sustainability Roadmap	P4 Produkt/Prozessdesign	P5 Implementierung/Monitoring	P6 Kommunikation	P7 Organisation	P8 Führung	P9 Business Model Design	P10 Skalierung
X			X						

Beschreibung

Priming beschreibt das kognitionspsychologische Phänomen, dass Personen durch die Exposition gegenüber spezifischen Reizen in der Folge von diesen Reizen beeinflusst verändert Wahrnehmen, Denken, und Handeln. Diese Reize können dabei verschiedenster Form entsprechen: z. B. gesprochenes Wort, Musik, Gerüche sowie visuelle Reize wie Texte oder Bilder. Insbesondere letztere werden sehr subtil aufgenommen.

Die Darbietung eines Reizes (z. B. ein Bild eines Apfelbaums) ruft bei der Rezipientin Assoziationen (z. B. Natur, Nahrung, Geschmack, Kindheitsemotionen, Gartenarbeit) aus ihrem bereits vorhandenen Wissen hervor, ohne dass diese unmittelbar bewusst wahrgenommen werden müssen. Der Reiz und die Assoziationen werden jedoch auch in der Folge zu einem späteren Zeitpunkt wieder aktiviert, wenn es eine Situation gibt, in welcher der Reiz an Relevanz gewinnt. Dies beeinflusst das Denken, das Abrufen von möglichen Denkmustern und verbundenem Wissen, und in der Folge das Handeln der Person (z. B. die Entscheidung, einen Apfel, anstatt einer Birne aus einem Obstkorb zu wählen).

Durch gezieltes Priming kann nachhaltiges Handeln im Alltag, Arbeitsumfeld und spezifisch auch in Workshop-Settings unterstützt werden, ohne dieses aktiv einzufordern.

Der Ansatz erinnert an das Konzept des „Nudgings“, wobei Priming subtiler verläuft und einen weniger starken Aufforderungscharakter darstellt. Auch werden bei Priming im Vergleich zu Nudging keine direkten Handlungsalternativen durch physische Angebote (z. B. bestimmte Waren in für den Konsum attraktiver Reichweite, z. B. auf greifhöhe an der Kasse) gegeben, sondern vielmehr Synapsen stimuliert und beeinflussendes Vorwissen verfügbar gemacht.

Im Folgenden wird der Einsatz von Priming im Innovations- und Workshop-Kontext für nachhaltige Entwicklung beschrieben, wobei ein Fokus auf das Priming durch Bilder gelegt wird. Die Wirksamkeit in Innovationsprojekten wurde aus dem Umfeld der Agentur Protellus und des Hasso-Plattner-Instituts evidenzbasiert bestätigt.

Durch das Wissen über die Funktionsweise von Priming können Projektverantwortliche aktiv Einfluss auf das Geschehen in einem Vorhaben nehmen und subtil Denkanstöße geben. Gleichzeitig ist zu beachten, dass unbeabsichtigte, negative Auswirkungen verhindert werden sollten. So gibt es sogar empirische Hinweise darauf, dass allein die Darbietung von alten Menschen die Gehgeschwindigkeit von Probandinnen reduzieren kann (Bargh, Chen & Burrows; 1996).

Durchführung

Priming kann in verschiedenster Art erfolgen:

Themenbilder: Aufgabenstellungen für Innovationsprojekte werden hierfür mit entsprechendem „Themenbildern“ versehen. Selbst bei Aufgabenstellungen, welche keinen direkten Nachhaltigkeitsbezug haben, kann so eine Nachhaltigkeitsrelevanz durch Darstellungen von Missständen oder attraktiven nachhaltigen Zuständen in die weitere Bearbeitung und fortlaufende Diskussionen eingewoben werden. Hierbei ist zu beachten, dass Abbildungen von potenziellen Lösungsmöglichkeiten eine auffällige Beeinflussung auf im Prozess entstehende, dann sehr ähnliche, Lösungen ergeben kann. Somit sollten Visualisierungen von Lösungsalternativen nicht gemeinsam mit den Fragestellungen dargeboten werden, sofern nicht strategisch beabsichtigt.

Inspirierendes Arbeitsumfeld: Im direkten Arbeitsumfeld werden Bilder von wünschenswerten, nachhaltigen Reizen (Wälder, intakte Natur, Cleantech-Innovationen, Sinnbilder gesellschaftlich nachhaltiger Transformation, Vorbild-Persönlichkeiten) dargeboten. Aber auch bewusst provokante negative Szenarien (zerstörte

Bilder auswählen (Quelle: unsplash)

Natur, soziale Ungerechtigkeit, provokative veraltete Technologie) sind hier möglich. Diese können in den Arbeitsräumen, auf dem Weg zum Ort des Arbeits-Geschehens, an Buffets oder gar Toiletten installiert werden. Auch die Wahl des Arbeitsumfeldes kann ein Priming verursachen: Ein Blick in intakte Natur kann ähnlich inspirieren wie ein Bild.

Objektbrainstorming: Bei der Durchführung von Brainstormings können aktiv nachhaltige Gegenstände oder Bilder zu Inspiration dargeboten werden. Dabei wird der Bereich des subtilen Brainstormings verlassen, die Darbietung eines stimulierenden Reizes mit der Aufgabe auf diesen Reiz hin assoziativ zu Brainstormen, zeigt jedoch naheliegend starke Wirkung. Die dargereichten Reize können hierbei aber auch subtil „eingestreut" werden.

Praxisschlaglicht

Das Team um Kilian Karg führte im Umfeld von universitärer Design-Thinking-Ausbildung und in Workshops für Unternehmen Beobachtungen durch, wie weit sich Bild-Darbietungen in Verbindung mit der initialen Aufgabenstellung bei Design Thinking Workshops auf die Ergebnisse auswirkten.

Erkennbar war, dass die final vorgestellten Ergebnisse vereinzelt in Zusammenhang standen. Auffälliger war jedoch, dass Elemente der bei Aufgabenstellungen verwendeten Hintergrundgrafiken vermehrt auf dem Weg der Lösungsfindung diskutiert wurden und bei Brainstormings den entstehenden Ideenpool vor der finalen Ideenselektion beeinflussten.

Diese Beobachtungen konnten 2015–2016 am Hasso-Plattner-Institut in „neutralem" Umfeld gemacht und in der Folge in Workshops mit Nachhaltigkeitsausrichtung bei Protellus bestätigt werden.

Wirkfeld der Methode

- Wirksam für nachhaltiges Marketing
- Wirksam für nachhaltiges Produktdesign
- Wirksam für nachhaltiges Servicedesign

Transformationsfähigkeit Ihres Teams

- Fördert die Sensibilisierung
- Fördert die Teamkreativität
- Fördert die allgemeine Transformationsfähigkeit des Teams
- Fördert offene Mindsets und innovative Denkhaltungen
- Sorgt für Inspiration oder bessere Inspirationsempfindlichkeit
- Zahlt auf eine bessere Vorstellungskraft ein
- Zahlt auf eine bessere Wahrnehmung ein
- Zahlt auf ein positives Zukunftsbild ein

Einsatzcharakteristik/Arbeitsrahmen

- Austauschfokus: vornehmlich mit internen Personen
- Austauschfokus: vornehmlich mit internen und externen Personen
- Durchführungszeit: eher hoch (> 1 Tag)
- Durchführungszeit: eher mittel (> 1 Stunde bis < 1 Tag)
- Einsatzfrequenz: sinnvoll im dauerhaften Einsatz
- Einsatzfrequenz: vornehmlich im einmaligen Einsatz
- Einsatzfrequenz: vornehmlich über den kompletten Projektzeitraum
- Einsatzradius: vornehmlich im projektweiten Einsatz
- Komplexität für den Moderator: eher gering
- Komplexität für die Teilnehmer: eher gering
- Teamgröße: Einzelpersonennutzung möglich
- Teamgröße: Großgruppen möglich (> 50 Teilnehmer)
- Teamgröße: Kleingruppe möglich (3 bis 5 Teilnehmer)
- Teamgröße: Maxigruppen möglich (20 bis 40 Teilnehmer)
- Teamgröße: Mittelgroße Teams möglich (5 bis 20 Teilnehmer)
- Vorbereitungszeit: eher hoch (>1 Tag)

Input für eine zielführende Arbeit mit der Methode

- Aktuelle Herausforderung, Leitfrage, Problem
- Existierende Prozesse und Verfahren
- Ideen und Projekte, die zur Umsetzung anstehen

Output und beobachtete Ergebnisse der Methode

- Bessere Projekteffizienz, bessere Teamperformance
- Erzeugt Ideensuchfelder, unentdeckte Probleme, Inspiration
- Erzeugt Leitfragen für die Ideenfindung
- Erzeugt definierte Zielkorridore
- Erzeugt eine Vision oder Zukunftsbild
- Erzeugt frühe Prototypen
- Erzeugt größere Klarheit zu einem Thema
- Erzeugt transformationsfähigere Organisationen
- Erzeugt motiviertere und transformationsfähigere Teilnehmer
- Macht Wirkzusammenhänge sichtbar

Hinderniseffekte, auf die die Methode positiv wirkt

- Schafft schnell Klarheit und beschleunigt Erkenntnisgewinn
- Schwächt Angst vor Neuem (Cainophobie)
- Schwächt das Leben in der Vergangenheit
- Schärft eine fehlende gemeinsame Ausrichtung
- Stärkt schwache Anreicherungsskills
- Verkürzt und durchbricht vorhandene Kreativblockaden
- Wirkt fehlender Inspiration entgegen
- Fördert Optimismus und Zuversicht

Mögliche Extravorteile der Methode

- Möglicher Extravorteil für Teams in einer Komfortsituation
- Möglicher Extravorteil für Teams mit einer konservativen, tradierten Kultur
- Möglicher Extravorteil für innovativ ungeübte Teams

Quellen

Buch – Priming. Scheufele, Bertram. 2. Aufl. (Nomos, 2022).

Problem Framing Tree

EinSatzBeschreibung

Der Problem Framing Tree hilft, Probleme systemisch zu erschließen und sich ihrer Komplexität in Form von Ursachen und Wirkungen bewusst zu werden.

Working Guide/Anwendungsfelder

P1 Sensibilisierung/Bildung	P2 Matching Recht/Gesetz	P3 Sustainability Roadmap	P4 Produkt/Prozessdesign	P5 Implementierung/Monitoring	P6 Kommunikation	P7 Organisation	P8 Führung	P9 Business Model Design	P10 Skalierung
X			X						

Beschreibung

Der Problem Framing Tree beschreibt ein Problem, dessen vorausgehenden, grundlegenden Ursachen, und die daraus resultierenden Folgen des Problems. Er hilft Teams, ihr Wissen zusammenzubringen und zu verbildlichen. Dabei können je nach Kapazitäten auch Wirkmechanismen dediziert diskutiert werden, Ursachen recherchiert, und Folgen über einen längeren Zeitraum hinweg erforscht und ergänzt werden. Die Visualisierung gleicht einer Mind-Map.

Bildlich dargestellt befindet sich im Stamm des Baums ein Kern-Problem, welches diskutiert wird. Die Wurzeln des Baums verzweigen sich immer weiter, wobei jede Wurzel ein „Warum" darstellt. Dadurch ergeben sich mehrere Warum-Ketten, wie sie bei der 5-Why-Technik entstehen können. In der Baumkrone sind verschiedene resultierende Probleme und Risiken abgebildet, welche wiederum zu vielen weiteren Problem-Ästen führen und sich multipel verzweigen können.

Die Darstellung kann innerhalb eines Workshops erstellt werden. Sie hilft auch, anstelle eines anfangs betrachteten Problems ein tieferliegendes, grundlegenderes Problem in den Fokus für eine Lösungsentwicklung zu nehmen.

Durchführung

Zeichnen Sie ein grobes Schema eines Baums mit Verästelungen in Wurzeln und Baumkrone.

Stellen Sie sicher, dass alle Personen im Team grundlegend an der gleichen Aufgabenstellung arbeiten, und einen groben Fokus gesetzt haben.

1. Formulieren Sie gemeinsam mit dem Team ein Problem (Kernproblem) als Ausgangspunkt. Schreiben Sie dieses auf eine rote Haftnotiz und kleben Sie diese in den Bereich des Stammes
2. Stellen Sie dem Team mehrmals die Frage: „Warum besteht das Problem? Wie kommt es dazu?". Zu jeder tieferliegenden Ebene des Problems stellen sie wiederum die Frage nach dem „Warum". Die Antworten kleben Sie in die Wurzeln – hier eignen sich gelbe Haftnotizen. Setzen Sie dazu vorab ein Ziel, wie viele „Warums" und „Warum-Ebenen" Sie erreichen möchten.
3. Stellen Sie dem Team mehrmals die Frage: Was sind die Folgen und Konsequenzen dieses Problems? Was sind die Konsequenzen dieser Konsequenzen? Hier eigenen sich z.B. blaue Haftnotizen. Setzen Sie vorab ein Ziel, wie viele Konsequenzen und darauffolgende weitere Ebenen an Konsequenzen Sie finden möchten.

Zum Abschluss können Sie von dem Baum einen Fokus für die weitere Arbeit im Prozess „ernten". Es bietet sich dabei an, ein tieferliegendes Problem aus den Wurzeln („Root Cause") zu wählen.

Praxisschlaglicht

Der Problem Framing Tree wurde von der Agentur Protellus in einem virtuellen Workshop mit der African Union zur Entwicklung von Lösungen im Bereich Extremismus- und Gewaltprävention eingesetzt. Der Betreuungsschlüssel erforderte, dass die Teams ohne weitere Moderation die Aufgabe selbstständig in kurzer Zeit durchführten. Dies führte dazu, dass das Potenzial der Kausalitätsverknüpfungen nicht vollständig genutzt wurde, selbst wenn das Vorgehen ein Bewusstsein für Komplexität und Verkettungen im Themenfeld steigerte. Eine Moderations-Unterstützung, um die Zusammenhänge zu diskutieren, ist folglich sehr hilfreich.

Der Problem Framing Tree stellte im beschriebenen Beispiel dennoch einen wichtigen Baustein für den Erfolg des Workshops dar, und wurde als sehr interessant wahrgenommen.

In Innovationssprints in UNLEASH Innovation Labs wird eine Übung, welche dem oben beschriebenen Problem Framing Tree ähnelt, als obligatorischer Prozessbaustein vollzogen: Teams, die dies nicht ausreichend bearbeitet haben, werden im Prozess nicht weiter begleitet, sondern oft fokussiert bei der Bearbeitung dieses Prozess-Bausteins unterstützt. Dies hilft sicherzustellen, dass Teams ein ganzheitliches Problemverständnis haben, und sich auf ein reales, wesentliches, und wirklich wichtiges Problem konzentrieren.

Wirkfeld der Methode

- Wirksam für Herausforderungen mit hoher Komplexität
- Wirksam für Herausforderungen mit mittlerer Komplexität
- Wirksam für nachhaltiges Produktdesign
- Wirksam für nachhaltiges Servicedesign

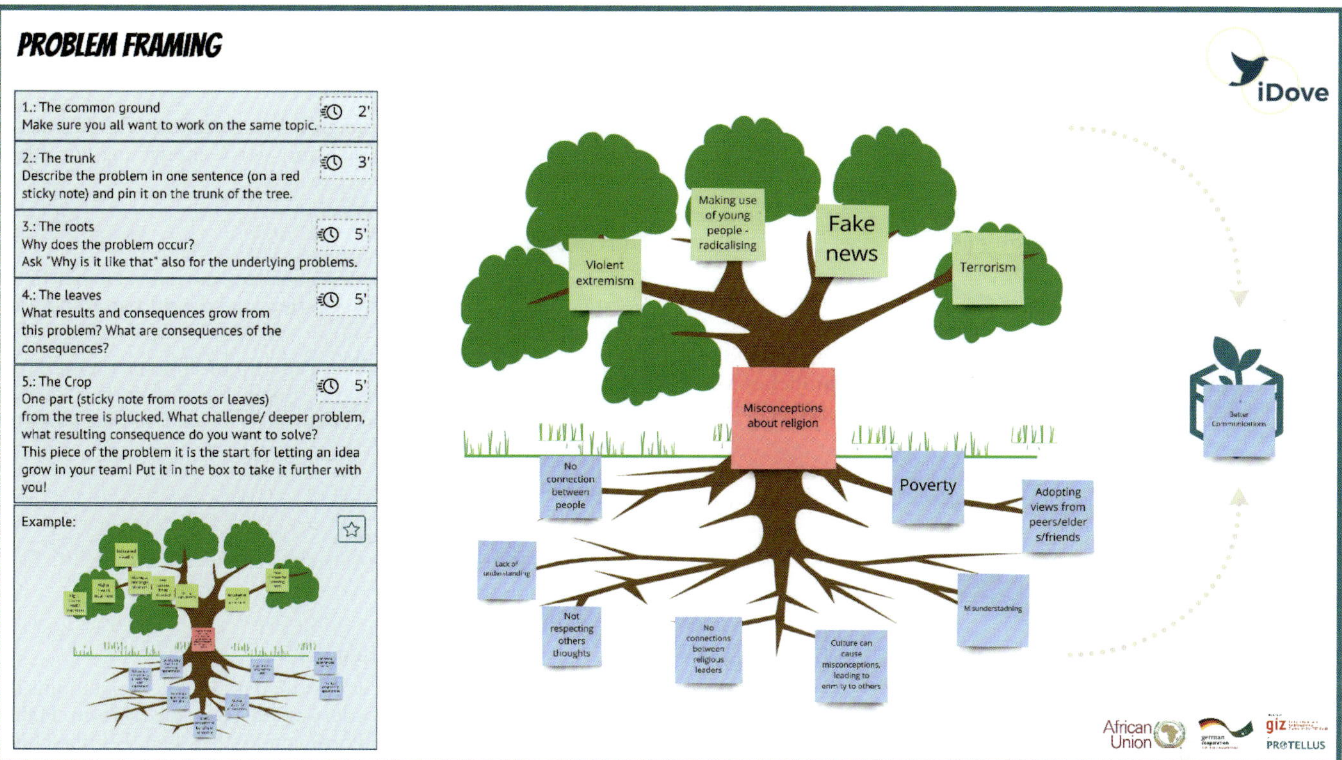

Beispiel eines Problem Framing Trees. Das Team hat in diesem Beispiel die Problem- und Konsequenzen-Verkettungen nicht weiterverfolgt (Kilian Karg/Protellus, 2021)

Transformationsfähigkeit Ihres Teams

- Fördert die Sensibilisierung
- Sorgt für Inspiration oder bessere Inspirationsempfindlichkeit
- Zahlt auf eine bessere Vorstellungskraft ein
- Zahlt auf eine bessere Wahrnehmung ein
- Zahlt auf das Dringlichkeitsempfinden ein
- Erhöht die Lösungsorientierung

Einsatzcharakteristik/Arbeitsrahmen

- Austauschfokus: vornehmlich mit internen Personen
- Durchführungszeit: eher gering (< 1 Stunde)
- Durchführungszeit: eher mittel (> 1 Stunde bis < 1 Tag)
- Einsatzfrequenz: vornehmlich im einmaligen Einsatz
- Einsatzradius: vornehmlich im Teameinsatz
- Komplexität für den Moderator: eher mittel
- Komplexität für die Teilnehmer: eher mittel
- Teamgröße: Einzelpersonennutzung möglich
- Teamgröße: Kleingruppe möglich (3 bis 5 Teilnehmer)
- Teamgröße: Mittelgroße Teams möglich (5 bis 20 Teilnehmer)
- Vorbereitungszeit: eher gering (< 1 Stunde)

Input für eine zielführende Arbeit mit der Methode

- Aktuelle Herausforderung, Leitfrage, Problem
- Innovationssuchfelder, Intent Statements
- Merkmale der gegebenen Herausforderung
- Umfeldbeobachtungen, Umfeldanalysen

Output und beobachtete Ergebnisse der Methode

- Erzeugt Leitfragen für die Ideenfindung
- Erzeugt größere Klarheit zu einem Thema
- Erzeugt mehr Hintergrundinformationen
- Erzeugt mehr Know-how-Zuwachs
- Identifiziert vorhandene Schwachstellen
- Macht Wirkzusammenhänge sichtbar

Hinderniseffekte, auf die die Methode positiv wirkt

- Bewahrt vor zu generischen Ideen und Aussagen
- Schafft schnell Klarheit und beschleunigt Erkenntnisgewinn
- Verhindert unreflektiertes agieren

Mögliche Extravorteile der Methode

- Möglicher Extravorteil für innovativ erfahrene Teams
- Möglicher Extravorteil für die Arbeit mit digitalen Kollaborationsboards
- Möglicher Extravorteil für in Nachhaltigkeitsthemen erfahrene Teams

Quellen

Web – https://web.mit.edu/urbanupgrading/upgrading/issues-tools/tools/problem-tree.html (abgerufen am 10.10.2023)

Problem Reframe

EinSatzBeschreibung

Problem Reframe ist eine Mikromethode, die in leicht modifizierter Form Innovatoren dabei unterstützt, ein gründliches Verständnis eines Problems oder einer Herausforderung zu schaffen.

Working Guide/Anwendungsfelder

P1 Sensibilisierung/Bildung	P2 Matching Recht/Gesetz	P3 Sustainability Roadmap	P4 Produkt/Prozessdesign	P5 Implementierung/Monitoring	P6 Kommunikation	P7 Organisation	P8 Führung	P9 Business Model Design	P10 Skalierung
X			X		X	X			

Beschreibung

Wenn wir ein neues Produkt oder eine neue Dienstleistung entwickeln, neigen wir dazu, das grundlegende Problem nur oberflächlich zu erfassen. Das Problem, das wir zu lösen versuchen, ist oft nur ein Symptom eines tiefer liegenden Problems oder einer grundlegenden Dynamik. Es ist von großer Bedeutung, zum Kernproblem vorzudringen, um zu verhindern, dass wir temporäre und flüchtige Lösungen implementieren.

Der Problem-Reframe-Ansatz basiert auf der Idee, dass viele Probleme nicht angemessen angegangen werden können, wenn wir sie weiterhin auf die herkömmliche Weise betrachten. Oftmals stecken wir fest, weil wir zu sehr in den aktuellen Rahmenbedingungen und Annahmen gefangen sind. Der Reframe-Ansatz zielt darauf ab, diese Begrenzungen zu durchbrechen, indem wir den Blickwinkel verändern und neue Perspektiven einnehmen.

Die Zielsetzung besteht darin, neue Einsichten und Lösungsansätze zu generieren, die zuvor nicht in Betracht gezogen wurden. Somit können kreative Lösungen gefunden werden, die das Potenzial haben, nachhaltige und transformative Veränderungen zu bewirken.

Der Prozess des Problem-Reframe beginnt mit einer gründlichen Analyse des Problems, bei dem die zugrunde liegenden Annahmen und Einschränkungen identifiziert werden. Anschließend werden alternative Sichtweisen und Herangehensweisen erforscht, die es ermöglichen, das Problem aus verschiedenen Blickwinkeln zu betrachten. Dies kann bedeuten, dass man verschiedene Stakeholder, Branchen oder sogar Domänen außerhalb des eigentlichen Problems einbezieht.

Schließlich wird das Problem mit den gewonnen Erkenntnissen neu formuliert, bevor man sich mit der Generierung von Ideen beschäftigt.

Durchführung

Problem Reframe umfasst vier Schritte, um ein ganzheitliches Verständnis des Problems zu schaffen und darauf basierend erste Lösungsansätze zu generieren.

Verwenden Sie ein großes Blatt Papier, ein Flipchart, eine Pinnwand oder ein virtuelles Board. Teilen Sie die Vorlage in fünf Spalten. Bennen Sie die Spalten mit den folgenden Überschriften (siehe auch die Abbildung).

1. Problem
2. Tiefere Ursachen
3. Zugrunde liegende Faktoren
4. Problem Reframe
5. Lösungsansätze

Schritt 1: Problem Verstehen

In einem ersten Schritt geht es darum, das aktuelle Verständnis des Problems bzw. der Herausforderung im Team zu erfassen. Haben Sie bereits eine Vorarbeit in Form von Recherchen, Feldforschung o. ä. geleistet, arbeiten Sie aufgrund Ihrer gesammelten Informationen. Liegen noch keine Grundlagen vor, arbeiten Sie mit Annahmen, die Sie zu einem späteren Zeitpunkt validieren können.

Bitten Sie zunächst jedes Teammitglied aus seiner Sicht das Problem bzw. die Herausforderung zu beschreiben. Am besten verwenden Sie je einen Haftnotiz-Zettel pro Aspekt des Problems und sammeln diese im Feld 1 unter Problem.

Lassen Sie Ihr Team folgende Fragen beantworten:

- Was ist das Problem?
- Welche Herausforderung versuchen wir zu lösen?
- Wer ist davon betroffen?
- Wie ist man vom Problem betroffen?
- Wann tritt das Problem auf?
- Wo tritt das Problem auf?

Anschließend analysieren Sie die gesammelten Sichtweisen. Prüfen Sie, ob alle Teammitglieder das gleiche Verständnis für die zu lösende Herausforderung haben.

Schreiben Sie nun als Gruppe in einem Satz, um welches Problem es sich handelt. Dieser Satz sollte so genau wie möglich sein und die o. g. Aspekte (Was, Wer, Wie, Wann, Wo) abdecken.

Schritt 2: Tiefere Ursachen erkennen

In diesem Schritt tauchen Sie mit Ihrem Team tiefer in die Problemstellung ein und arbeiten sich zu den Ursachen vor. Versuchen Sie verborgene Kräfte und Systeminteraktionen im Detail zu verstehen. Teilen Sie die Gruppe nun in zweier Teams auf und lassen Sie diese jeweils folgende Fragestellungen bearbeiten:

- Warum haben Sie dieses Problem?
- Wann trifft das Problem nicht auf? Was ist in diesen Fällen anders?

Problem Reframe

Gehen Sie tief in die Materie ein und verstehen Sie, was das eigentliche Kundenproblem ist, das Sie lösen möchten. Formulieren Sie es um in Lösungsmöglichkeiten.

1- Problem Was ist das Problem, das wir zu lösen haben? Wer ist davon betroffen? Wie? Wann? Wo?	**2- Tiefere Ursache (Root Cause)** Warum passiert das? Was sind die verborgenen Kräfte und Systeminteraktionen?	**3- Zu grunde liegende Faktoren** Welche Faktoren tragen dazu bei?	**4- Problem Reframe** Wie lautet die neue Version des Problem?	**5- Lösungsansätze** Welche Möglichkeiten haben wir, das verdeckte Problem zu lösen? Wie könnte ein Erfolgsmodell aussehen?

Problem Reframe (Planet Centric Design Toolkit) von Impossible Labs & Hila Attaie (innojump)

- Gibt es Elemente, die bei dem Problem fehlen? Was wird ausgelassen?
- Wo taucht dieses Problem auch noch auf?
- Welche Parallelen bzw. Gegensätze lassen sich erkennen?

Sammeln Sie auch hier die Gedanken und Ergebnisse auf einzelne Post-its im Feld 2 „Tiefere Ursachen“. Versuchen Sie auch hier die Gedanken des Teams in einem weiteren prägnanten Satz zusammenzufassen.

Was ist die Hauptursache(n) für das vorliegende Problem?

Schritt 3: Zugrunde liegende Faktoren ausarbeiten

Nun gehen Sie einen Schritt weiter und denken über externe Faktoren nach, die zum Grundproblem beitragen könnten. Listen Sie diese in der dritten Spalte auf.

Holen Sie sich für diesen Schritt „Outsider“ dazu. Dies können Experten, Stakeholder oder nicht involvierte Individuen sein. Verwenden Sie auch die Methode Planetary Actors aus dem Planet Centric Design Toolkit hier im Buch.

Versuchen Sie neue Perspektiven einzunehmen:

- Wie sieht das Problem aus Sicht anderer Stakeholder aus?
- Welche Interessen und Bedürfnisse dieser Stakeholder könnte zum aktuellen Problem beitragen?
- Wer könnte ein Interesse dran haben, dass das Problem nicht gelöst wird?
- Wie könnte die Situation der Stakeholder sich verändern, wenn das Problem gelöst ist?
- Wie verändert sich das Problem, wenn Sie aus verschiedenen Orten draufschauen?
- Wie verändert sich das Problem, wenn Sie aus verschiedenen Distanzen draufschauen?

Schritt 4: Problem Reframe

Dieser Schritt beinhaltet das Umschreiben oder Neudenken des Problems. Suchen Sie nach neuen Perspektiven und interpretieren Sie das Problem auf eine andere Weise. Fragen Sie sich, ob das Problem möglicherweise anders definiert werden kann. Überlegen Sie, wie das Problem als Chance oder Herausforderung betrachtet werden kann. Suchen Sie nach positiven Aspekten oder möglichen Chancen, die im Kern des Problems liegen könnten.

Halten Sie die umschriebene Version des Problems als einen prägnanten Satz in Spalte 4 fest.

Schritt 5: Neue Lösungsansätze entwickeln

Im fünften und letzten Schritt können Sie sich mit der Entwicklung neuer Lösungsansätze befassen. Mit den neuen Perspektiven, den tieferen Ursachen und zugrunde liegenden Faktoren ist Ihr Team in der Lage, das Problem an der Wurzel anzupacken. Ermutigen Sie das Brainstorming von Ideen in Ihrem Team. Halten Sie stets die Auswirkungen der Lösungen auf andere Aspekte und Bereiche im Auge. Erarbeiten Sie ganzheitliche Lösungsansätze.

Halten Sie die neu entwickelten Ideen in der fünften Spalte fest.

Praxisschlaglicht

Ein beeindruckendes Beispiel, wie man radikal neu denken und wirtschaften kann, liefert die Firma Reckhaus GmbH & Co. KG:

„Vom Insektentöter zum Insektenretter: Das kann jeder.

Das zeigt unsere Geschichte von INSECT RESPECT®. Sie beginnt mit einer Sonderaufgabe. Dr. H.-D. Reckhaus, Geschäftsführer der Firma Reckhaus, beauftragte Frank und Patrik Riklin vom Atelier für Sonderaufgaben, nach einer Idee für den Markteintritt einer neuen Fliegenfalle zu suchen. Die querdenkenden Konzeptkünstler empfahlen das Gegenteil: Sie forderten Dr. H.-D. Reckhaus auf, das Verhältnis zwischen Mensch und Insekt zu hinterfragen. Was ist der Wert eines Insekts? Diese viel zu selten gestellte Frage führte zur Aktion Fliegen retten in Deppendorf. Im Vordergrund stand nicht mehr die Bekämpfung, sondern die von der Kunst angestoßene Gegenbewegung und Transformation des Unternehmens.

Im Hintergrund bewirkte die Aktion bei Dr. H.-D. Reckhaus ein weitreichendes Umdenken und «Umhandeln»: In Zusammenarbeit mit den Biologen der ARNAL – Büro für Natur und Landschaft AG wurde zum ersten Mal im Detail berechnet, wie Bekämpfungsmittel die Insektenpopulation beeinträchtigen. Daraus wurde ein Modell abgeleitet, um diesen Einfluss mit Ausgleichsflächen zu kompensieren. Das Gütezeichen INSECT RESPECT® steht heute für einen Dreiklang:

Insektenbekämpfung …

1) … reduzieren (durch Bewusstseinswandel in der Gesellschaft und Präventionstipps)
2) … ökologisieren (durch insektizidfreie, abwehrende oder rettende Produkte) und
3) … kompensieren durch die Anlage von insektenfreundlichen Lebensräumen als Ausgleich.

Die Transformation des Unternehmens wirkt weiter in Wirtschaft und Gesellschaft hinein – seine Motivation und Geschichte beschreibt der Unternehmer Dr. Hans-Dietrich Reckhaus auch in seinem Buch «Fliegen lassen – wie man radikal und konsequent neu wirtschaftet» (Murmann, 2020).“

Wirkfeld der Methode

- Wirksam für Herausforderungen mit hoher Komplexität
- Wirksam für Herausforderungen mit mittlerer Komplexität
- Wirksam für nachhaltiges Produktdesign
- Wirksam für nachhaltiges Prozessdesign
- Wirksam für nachhaltiges Servicedesign
- Wirksam für nachhaltiges Business Model Design

Transformationsfähigkeit Ihres Teams

- Fördert die Sensibilisierung
- Fördert die allgemeine Transformationsfähigkeit des Teams
- Fördert offene Mindsets und innovative Denkhaltungen
- Zahlt auf eine bessere Wahrnehmung ein
- Zahlt auf das Dringlichkeitsempfinden ein
- Erhöht die Lösungsorientierung

Einsatzcharakteristik/Arbeitsrahmen

- Austauschfokus: vornehmlich mit internen und externen Personen
- Durchführungszeit: eher hoch (> 1 Tag)
- Einsatzfrequenz: vornehmlich im einmaligen Einsatz
- Einsatzradius: vornehmlich im Teameinsatz
- Einsatzradius: vornehmlich im projektweiten Einsatz
- Komplexität für den Moderator: eher mittel
- Komplexität für die Teilnehmer: eher hoch
- Teamgröße: Kleingruppe möglich (3 bis 5 Teilnehmer)
- Teamgröße: Mittelgroße Teams möglich (5 bis 20 Teilnehmer)
- Vorbereitungszeit: eher mittel (> 1 Stunde bis < 1 Tag)

Input für eine zielführende Arbeit mit der Methode

- Aktuelle Herausforderung, Leitfrage, Problem
- Merkmale der gegebenen Herausforderung
- Trends und Zukunftsentwicklungen
- Umfeldbeobachtungen, Umfeldanalysen

Output und beobachtete Ergebnisse der Methode

- Erzeugt Leitfragen für die Ideenfindung
- Erzeugt spezifischere Leitfragen, Ideen und Aussagen
- Erzeugt größere Klarheit zu einem Thema
- Erzeugt mehr Know-how-Zuwachs
- Macht Wirkzusammenhänge sichtbar

Hinderniseffekte, auf die die Methode positiv wirkt

- Beugt Missinterpretationen vor
- Bewahrt vor zu generischen Ideen und Aussagen
- Schafft schnell Klarheit und beschleunigt Erkenntnisgewinn
- Verhindert Ideenfindung mit zu schwacher Erkenntnisgrundlage
- Verhindert blinden Aktionismus
- Verhindert falsche Flughöhen
- Verhindert unreflektiertes agieren
- Verhindert vorschnelles Urteilen über Ideen
- Verringert zu große Komplexitäten

Mögliche Extravorteile der Methode

- Möglicher Extravorteil für Teams mit einem starkem Auftragsmandat
- Möglicher Extravorteil für Teams mit einer konservativen, tradierten Kultur
- Möglicher Extravorteil für innovativ ungeübte Teams
- Möglicher Extravorteil für die Arbeit mit digitalen Kollaborationsboards

Quellen

Buch – Das große Handbuch Innovation, Benno van Aerssen & Christian Buchholz (Vahlen, 2018)
Person – Thomas Appel, Thomas Appel Consulting, thoap@tac4u.net
Person – Hila Attaie, www.inno-jump.com, hila.attaie@inno-jump.com
Web – https://insect-respect.org

Product Carbon Footprint

EinSatzBeschreibung

Der Product Carbon Footprint (PCF) gemäß ISO 14067 bietet ein standardisiertes Verfahren zur Quantifizierung der Treibhausgasemissionen, die während des gesamten Lebenszyklus eines Produkts entstehen.

Working Guide/Anwendungsfelder

P1 Sensibilisierung/Bildung	P2 Matching Recht/Gesetz	P3 Sustainability Roadmap	P4 Produkt/Prozessdesign	P5 Implementierung/Monitoring	P6 Kommunikation	P7 Organisation	P8 Führung	P9 Business Model Design	P10 Skalierung
		X	X						

Beschreibung

Im Kontext der Nachhaltigkeit ermöglicht der PCF Unternehmen, die Klimaauswirkungen ihrer Produkte transparent zu machen und zu vergleichen. Durch die Identifizierung von Hotspots innerhalb des Produktlebenszyklus können gezielte Maßnahmen zur Emissionsreduktion ergriffen werden. Darüber hinaus kann der PCF dazu beitragen, das Vertrauen der Stakeholder in die Nachhaltigkeitsbemühungen des Unternehmens zu stärken und eine Grundlage für Produktdeklarationen oder -labels zu bieten.

Der PCF erfasst die gesamten Emissionsquellen eines Produkts oder einer Dienstleistung, welche innerhalb des kompletten (Produkt-)Lebenszyklus entstehen. Es werden alle Schritte, von der Herstellung der Rohstoffe, hin zur Verarbeitung, dem Transport, der Nutzung sowie der Entsorgung, betrachtet. Der PCF ist ein produktbezogener Ansatz.

Anschließend können die Treibhausgas-Emissionen analysiert werden und Strategien entwickelt werden, um diese zu reduzieren. Zudem kann mithilfe des PCF festgestellt werden, in welchem Schritt die Emissionen besonders hoch sind und wo das Produkt oder die Dienstleistung die meisten Auswirkungen auf die globale Erwärmung hat.

Der PCF kann nicht nur von Unternehmen, sondern auch für Länder und Regionen oder private Haushalte genutzt und erstellt werden.

Jedoch hat der PCF auch seine Grenzen. Er konzentriert sich ausschließlich auf Treibhausgasemissionen und vernachlässigt andere potenzielle Umweltauswirkungen. Außerdem kann die Datensammlung und -verarbeitung aufwendig und komplex sein.

Durchführung

Der PCF berechnet die CO_2-Äquivalente (CO_2e). Diese beinhalten neben den CO_2-Emissionen auch andere klimarelevante Treibhausgase. Darunter fallen vor allem Methan (CH_4), Distickstoffmonoxid (N_20), fluorierte und perfluorierte Kohlenwasserstoffe (FKW, PFKW) sowie Schwefelhexafluorid (SF_6). Anhand des „Global Warming-Potenzials" wird indexiert, wie die Erwärmungswirkung einer bestimmten Menge eines Treibhausgases über einen festgesetzten Zeitraum (meist 100 Jahre) ausfällt. So ist Methan bspw. 28-mal klimaschädlicher als CO_2.

Die Durchführung eines PCF nach ISO 14067 umfasst folgende Schritte:

1. Definition des Ziels und des Anwendungsbereichs: Was soll erreicht werden und welche Produkte oder Prozesse sind betroffen?
2. Lebenszyklusinventur: Sammlung von Daten über alle Treibhausgas-Emissionen und Entnahmen, die während des Lebenszyklus des Produkts entstehen.
3. Lebenszyklusbewertung: Umrechnung der gesammelten Daten in CO_2-Äquivalente und Identifizierung von Hotspots.
4. Interpretation und Kommunikation: Analyse der Ergebnisse und Bereitstellung von Berichten oder Deklarationen.

Eine konkrete Handlungsanleitung findet sich in der ISO 14067.

Alternativ kann der PCF mit dem GHG Protocol Life Cycle Accounting and Reporting Standard ermittelt werden.

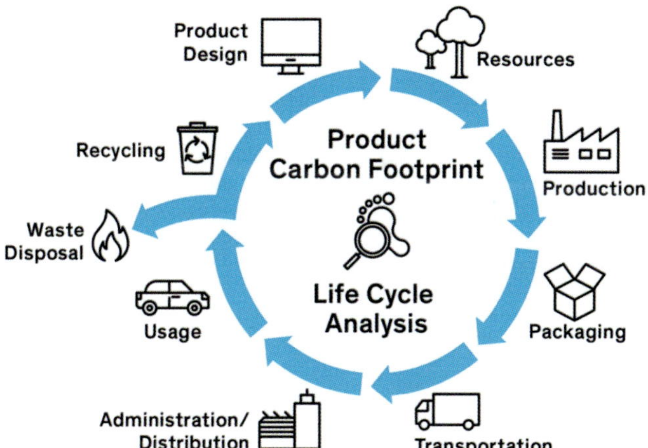

Quelle: https://www.myclimate.org/en/get-active/corporate-clients/product-carbon-footprints-pcf-and-life-cycle-assessments-lca-myclimate/

Praxisschlaglicht

Das Unternehmen Oatly setzt PCF bereits ein und kommuniziert den CO_2-Fußabdruck des jeweiligen Produkts auf der Verpackung. Oatly selbst nutzt dafür den Begriff „Product Climate Footprint". Das Unternehmen setzt sich für eine verpflichtende Kennzeichnung der Klimaauswirkungen ein. In Deutschland wurde hierzu die Initiative „Together for Carbon Labelling" gemeinsam mit anderen Unternehmen ins Leben gerufen.

Helfende Organisation

Zertifizierungsorganisationen wie GUTcert oder TÜV

Wirkfeld der Methode

- Wirksam für Herausforderungen mit hoher Komplexität

Transformationsfähigkeit Ihres Teams

- Sorgt für eine Quantifizierung
- Erleichtert die Entscheidungsfindung

Einsatzcharakteristik/Arbeitsrahmen

- Austauschfokus: vornehmlich mit internen Personen
- Durchführungszeit: eher hoch (> 1 Tag)
- Einsatzfrequenz: sinnvoll im dauerhaften Einsatz

Input für eine zielführende Arbeit mit der Methode

- Aktuell existierende Produkte und Services
- Existierende Prozesse und Verfahren
- Frühe erste Prototypen
- Wissen über Gesetze und Rahmenbedingungen

Output und beobachtete Ergebnisse der Methode

- Bessere Projekteffizienz
- Erzeugt Listen von Chancen und Risiken
- Erzeugt Prognosen und Ableitungen
- Erzeugt Ideen für neue Märkte und neue Business Modelle
- Erzeugt Planungen und Priorisierungen
- Erzeugt größere Klarheit zu einem Thema
- Erzeugt transformationsfähigere Organisationen
- Erzeugt mehr Hintergrundinformationen
- Erzeugt segmentierte, kategorisierte, geclusterte Daten
- Hilft bei Entscheidungen, Bewertungen und Feedback
- Identifiziert vorhandene Schwachstellen
- Identifiziert vorhandene Stärken
- Macht Wirkzusammenhänge sichtbar

Hinderniseffekte, auf die die Methode positiv wirkt

- Beugt Missinterpretationen vor
- Beugt blinden Flecken/Betriebsblindheit vor
- Bewahrt vor zu generischen Ideen und Aussagen
- Verhindert vorschnelles Urteilen über Ideen

Mögliche Extravorteile der Methode

- Keine bekannt

Quellen

Web – https://www.myclimate.org/en/get-active/corporate-clients/product-carbon-footprints-pcf-and-life-cycle-assessments-lca-myclimate/ (abgerufen am 30.06.2023)

Web – https://www.oatly.com/de-de/oatly-who/sustainability-plan/climate-footprint-product-label (abgerufen am 30.06.2023)

Web – https://together-for-carbon-labelling.de

Web – https://www.gut-cert.de/leistungen/treibhausgasbilanzen/carbon-footprint/product-carbon-footprint (abgerufen am 30.06.2023)

Web – https://www.iso.org/standard/71206.html (abgerufen am 30.06.2023)

Web – https://ghgprotocol.org/corporate-standard (abgerufen am 30.06.2023)

Web – https://www.ifu.com/de/product-carbon-footprint/ (abgerufen am 30.06.2023)

Product Design Challenger

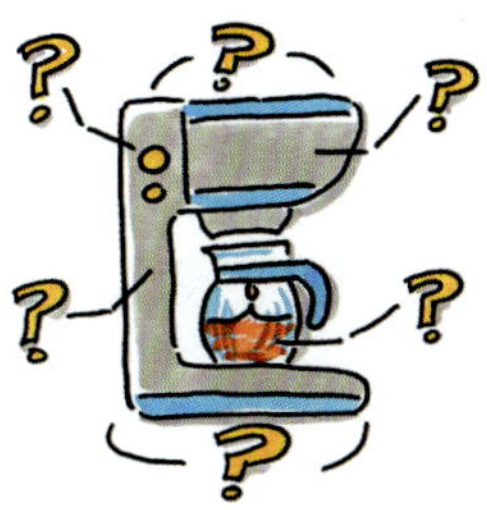

EinSatzBeschreibung

Der Product Design Challenger ist ein hilfreiches Tool, um neue Produkte von Anfang an nachhaltig zu designen oder bestehende Produkte nachhaltig neu zu denken und zu überarbeiten.

Working Guide/Anwendungsfelder

P1 Sensibilisierung/Bildung	P2 Matching Recht/Gesetz	P3 Sustainability Roadmap	P4 Produkt/Prozessdesign	P5 Implementierung/Monitoring	P6 Kommunikation	P7 Organisation	P8 Führung	P9 Business Model Design	P10 Skalierung
			X						

Beschreibung

Gesetzliche Anforderungen wirken dahingehend, dass sich Unternehmen mit der Auswirkung ihrer Produkte auf die Umwelt auseinandersetzen, Gaps identifizieren und diese schließen.

Unternehmen und Innovationsverantwortliche, die sich viel Aufwand, Mühe, Kosten und Arbeit sparen wollen, tun gut daran, sich bereits beim Design neuer Produkte mit grundlegenden Fragen zum Sustainable/Circular Design zu beschäftigen.

Der Product Design Challenger setzt genau an dieser Stelle an: Er fordert Innovatoren in einer sehr frühen Phase heraus. Er hilft ihnen, klüger zu designen, ob mit nachhaltigen Materialien, unkonventionellem Produktdesign, innovativen Fertigungstechnologien oder interessanten Partnerschaften.

Das Tool ist so konzipiert, dass es den Designer eines alten bzw. neuen Produktes schrittweise an einer Reihe von Fragen/Challenges vorbeiführt. Dabei ist das Produkt gedanklich in seine einzelnen Elemente zu zerlegen. Für jedes Element wird der Anwender angehalten, alternative nachhaltige Lösungen zu finden.

Durchführung

Schritt 1: Zerlegen

Verwenden Sie für diesen Schritt das Product Design Challenger Arbeitsblatt. Alternativ können Sie ein Flipchart, eine Metaplanwand oder ein virtuelles Board verwenden.

In der ersten Spalte (Initialdesign) kommt das ursprünglich konzipierte Produktdesign. Dabei zerlegen Sie das ursprüngliche Produkt in seine Einzelteile. In jede Zeile schreiben Sie die einzelnen Elemente auf. Versuchen Sie, weder zu groß- noch zu kleinteilig zu werden.

- Aus welchen Komponenten besteht Ihr Produkt?
- Was sind die Hauptkomponenten, die das Produkt ausmachen?
- Was sind die Hilfskomponenten, die bei der Produktion benötigt werden, aber im Endprodukt nicht sichtbar sind?
- Was sind die Hilfskomponenten, die das Produkt formen?
- Was sind Primär- und Sekundärverpackungen?

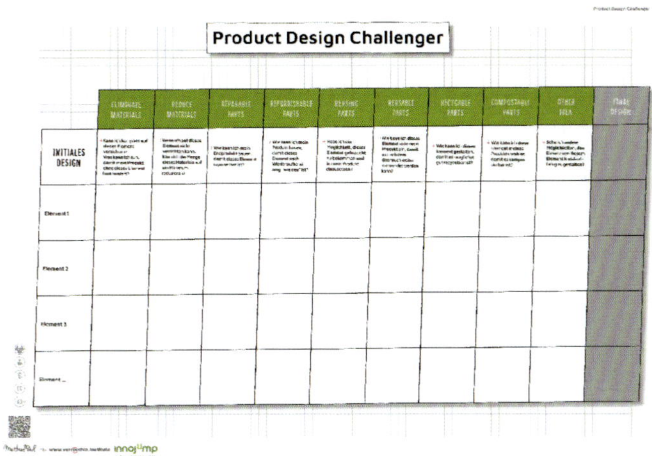

Schritt 2: Design Challenge erstellen

Die Challenge-Fragen gehören in die Spaltenköpfe und decken nachfolgende Themenfelder ab:

Eliminate Materials: Kann ich komplett auf diese Komponente verzichten? Was kann ich tun, damit mein Produkt ohne dieses Element funktioniert?

Reduce Materials: Wenn ich auf dieses Element nicht verzichten kann, kann ich die Einsatzmenge dieses Materials auf ein Minimum reduzieren?

Repare Parts: Ist es sinnvoll, dass dieses Element reparierbar ist? Wie kann ich mein Endprodukt bauen, damit dieses Element bei Bedarf reparierbar ist?

Refurbishable Parts: Wie kann ich mein Produkt bauen, damit man dieses Element bei Bedarf erneuern kann?

Reusing Parts: Habe ich die Möglichkeit, dieses Element aus alternativer Quelle zu beziehen? Welche Partner können mir dabei helfen?

Reusable Parts: Wie baue ich dieses Element so ein, damit es nach dem Gebrauch an anderer Stelle weiterverwendet werden kann?

Recycable Parts: Wie kann ich diese Komponente gestalten, damit sie möglichst gut recycelbar ist?

Compostable Parts: Wie kann ich diese Komponente meines Produktes wählen, damit sie kompostierbar ist?

Replaceable: Woher kommt diese Komponente? Womit kann ich diese Komponente ersetzen, damit ich die Umwelt (durch Transport, Erzeugung etc.) weniger belaste?

Product Design Challenger

Product Design Challenger

	ELIMINATE MATERIALS	REDUCE MATERIALS	REPARABLE PARTS	REFURBISHABLE PARTS	REUSING PARTS	REUSABLE PARTS	RECYCABLE PARTS	COMPOSTABLE PARTS	OTHER IDEA	FINAL DESIGN
INITIALES DESIGN	→ Kann ich komplett auf dieses Element verzichten? Was kann ich tun, damit mein Produkt ohne dieses Element funktioniert?	→ Wenn ich auf dieses Element nicht verzichten kann, kann ich die Menge dieses Materials auf ein Minimum reduzieren?	→ Wie kann ich mein Endprodukt bauen, damit dieses Element reparierbar ist?	→ Wie kann ich mein Produkt bauen, damit dieses Element nach Wiederaufbereitung „wie neu" ist?	→ Habe ich die Möglichkeit, dieses Element gebraucht zu bekommen und in mein Produkt einzusetzen?	→ Wie baue ich dieses Element so in mein Produkt ein, damit es nach dem Gebrauch weiter verwendet werden kann?	→ Wie kann ich dieses Element gestalten, damit es möglichst gut recycelbar ist?	→ Wie kann ich diese Element meines Produkts wählen, damit es kompostierbar ist?	→ Sehe ich andere Möglichkeiten, den Einsatz von diesem Element kreislauffähig zu gestalten?	
KAFFEE-PULVER	X	X	X	X	?	?	?	✓ IDEE …	?	
AROMA										
KAPSEL AUS ALUMINIUM	? WAS BRAUCHT ES FÜR EINE KAFFEEKAPSEL KOMPLETT OHNE KAPSEL?					? WIE MUSS EIN KAPSELSYSTEM GESTALTET SEIN, DAMIT ICH DIE KAPSEL MEHRFACH VERWENDEN KANN?				
SCHACHTEL AUS KARTON										
…										

Beispiel Product Design Challenger

Other idea: Sehe ich andere Möglichkeiten, den Einsatz von diesem Element kreislauffähig zu gestalten?

Schritt 3: Bewerten

Nun gilt es jede Komponente durch die Challenge-Fragen zu führen und eine erste Bewertung vorzunehmen. Am besten führen Sie diesen Schritt in einem Experten-Team von 3–5 Personen durch.

Für die Bewertung gibt es drei Möglichkeiten:

Kreuz: Ist die Challengefrage für die zu bewertende Komponente nicht passend oder nicht relevant, machen Sie ein Kreuz im entsprechenden Feld.

Haken: Ist die Challengefrage für die Komponente hingegen passend und Sie haben bereits eine konkrete Idee für die Lösung, dann machen Sie einen Haken. Halten Sie Ihre Idee mit einem Stichwort in diesem Feld fest.

Fragezeichen: Es gibt auch Challengefragen, die eine interessante Perspektive aufwerfen, Ihnen fehlt aber das Wissen für die konkrete Lösung zum aktuellen Zeitpunkt. Markieren Sie diese Felder mit einem Fragezeichen. Sie kommen im 4. Schritt auf diese Felder zurück.

Schritt 4: Konkrete Aufgabe formulieren

Verschaffen Sie sich nun einen Überblick über die Ergebnisse. In diesem Schritt widmen Sie sich den Feldern mit den Fragezeichen. Formulieren Sie zu jedem Fragezeichen eine spannende weiterführende Frage. Diese muss konkret und auf Ihr Produkt bezogen sein.

- Welche Technologie kann ich anwenden, damit …?
- Was kann ich tun, damit …?
- Welches Partnerunternehmen kann mir helfen, um …?
- Wie verhält sich Komponenten XY, wenn …?
- Wie muss meine Komponente gestaltet sein, damit sie …?

Mit den entwickelten Fragen aus Schritt 4 stehen konkrete Arbeitspakete an, die Ihr Team zu bearbeiten hat. Um diese Fragen zu beantworten, ist zusätzliches Wissen erforderlich. Recherchen, aber auch Austausch mit Experten und externen Partnern, Forschungsinstituten, Lieferanten etc. können dabei behilflich sein. Dieser Schritt kann einige Zeit in Anspruch nehmen.

Mit dem zusätzlichen Know-how können Sie dann die offenen Fragen beantworten und das finale Design für Ihr Produkt abschließend bestimmen.

Schritt 5: Finales Design

Beschreiben Sie nun mit den Ergebnissen aus Schritt 3 und 4 die Elemente zum finalen Design in der letzten Spalte des Arbeitsblatts.

Ermutigen Sie Ihr Team, die Vorteile und gar Kostenersparnisse im Vergleich zum ursprünglichen Design nachzuvollziehen und sichtbar zu machen.

Wirkfeld der Methode

- Wirksam für Herausforderungen mit mittlerer Komplexität
- Wirksam für Herausforderungen mit niedriger Komplexität
- Wirksam für nachhaltiges Produktdesign

Transformationsfähigkeit Ihres Teams

- Fördert die Sensibilisierung
- Fördert die allgemeine Transformationsfähigkeit des Teams
- Fördert offene Mindsets und innovative Denkhaltungen
- Sorgt für Inspiration oder bessere Inspirationsempfindlichkeit
- Zahlt auf eine bessere Vorstellungskraft ein
- Zahlt auf eine bessere Wahrnehmung ein
- Erhöht die Lösungsorientierung

Einsatzcharakteristik/Arbeitsrahmen

- Austauschfokus: vornehmlich mit internen Personen
- Durchführungszeit: eher hoch (> 1 Tag)
- Einsatzfrequenz: vornehmlich über den kompletten Projektzeitraum
- Einsatzradius: vornehmlich im projektweiten Einsatz
- Komplexität für den Moderator: eher mittel
- Komplexität für die Teilnehmer: eher hoch
- Teamgröße: Einzelpersonennutzung möglich
- Teamgröße: Kleingruppe möglich (3 bis 5 Teilnehmer)
- Vorbereitungszeit: eher mittel (> 1 Stunde bis < 1 Tag)

Input für eine zielführende Arbeit mit der Methode

- Aktuell existierende Produkte und Services
- Beteiligte Personen mit Tätigkeiten und Aufgaben
- Existierende Prozesse und Verfahren
- Ideen, Lösungsansätze, Vorideen, Varianten
- Merkmale der gegebenen Herausforderung
- Produktmerkmale, Skizzen, Eigenschaften
- Trends und Zukunftsentwicklungen
- Umfeldbeobachtungen, Umfeldanalysen
- Wettbewerber und Komplementoren
- Ziele, Zielsystem, Kennzahlen
- Fachwissen
- Partnerschaft mit Experten

Output und beobachtete Ergebnisse der Methode

- Erzeugt Ideen für neue Märkte und neue Business Modelle
- Erzeugt Ideen, Lösungsansätze, Vorideen, Möglichkeiten
- Erzeugt Ideensuchfelder, unentdeckte Probleme, Inspiration
- Erzeugt Nutzenfunktionen und Bedürfniskorridore
- Erzeugt spezifischere Leitfragen, Ideen und Aussagen

Hinderniseffekte, auf die die Methode positiv wirkt

- Beugt blinden Flecken/Betriebsblindheit vor
- Schafft schnell Klarheit u. Erkenntnisgewinn
- Schärft eine fehlende gemeinsame Ausrichtung
- Stärkt schwache Anreicherungsskills
- Verringert zu große Komplexitäten
- Wirkt fehlender Inspiration entgegen
- Überzeugt strukturliebende Teammitglieder

Mögliche Extravorteile der Methode

- Möglicher Extravorteil für Teams in einer Komfortsituation
- Möglicher Extravorteil für Teams mit einer konservativen, tradierten Kultur
- Möglicher Extravorteil für in Nachhaltigkeitsthemen ungeübte Teams

Quellen

Organisation – Verrocchio Institute for Innovation Competence, www.verrocchio.institute

Person – Hila Attaie, innojump, hila.attaie@inno-jump.com

217

Product Journey Mapping

EinSatzBeschreibung

Die „Product Journey Map“ analysiert den gesamten Nutzungsprozess eines Produkts oder einer Dienstleistung, um Einblicke für mögliche nachhaltige Verbesserungen zu gewinnen.

Working Guide/Anwendungsfelder

P1 Sensibilisierung/Bildung	P2 Matching Recht/Gesetz	P3 Sustainability Roadmap	P4 Produkt/Prozessdesign	P5 Implementierung/Monitoring	P6 Kommunikation	P7 Organisation	P8 Führung	P9 Business Model Design	P10 Skalierung
			X						

Beschreibung

Kreislaufwirtschaft beinhaltet die Neugestaltung des linearen Verwendungszyklus von Produkten oder Dienstleistungen, indem sie niemals ein endgültiges Ende haben, sondern kontinuierlich neue Formen annehmen.

Produkte werden zum Beispiel so konzipiert, dass sie wiederverwendet, repariert, recycelt oder in biologischen Kreisläufen abgebaut werden können. Durch die Abbildung dieser Reise wird sichergestellt, dass das Produkt oder die Dienstleistung langfristig nützlich bleibt und in jeder Phase einen Mehrwert bietet.

Das Ziel ist es, eine nachhaltige und ressourcenschonende Wirtschaft zu schaffen, in der Materialien und Produkte so effizient wie möglich genutzt werden, um negative Umweltauswirkungen zu reduzieren und den ökonomischen Nutzen zu maximieren.

Durchführung

In den folgenden Schritten können Sie die Nutzung Ihres Produkts oder Dienstleistung hinterfragen:

Stellen Sie sich zuerst die Frage: Wie lange ist die geplante Nutzungsphase für das Produkt oder die Dienstleistung und besteht die Möglichkeit, diese zu verlängern?

Stellen Sie sich dann die Frage: Was passiert als Nächstes? Welche Schritte folgen nach dem ersten Verwendungszyklus?

- Kehrt das Produkt in die Biosphäre zurück, wie zum Beispiel bestimmte Verpackungen, indem es biologisch abgebaut wird?
- Wird es von einem neuen Nutzer wiederverwendet oder umfunktioniert, wie zum Beispiel ein Handy, oder eine Weinflasche, die zu einem Dekorationsartikel wird?
- Wird das Produkt repariert oder aufgearbeitet, wie zum Beispiel Kleidung oder Schuhe, anstatt es wegzuwerfen?
- Wird es wiederaufgearbeitet, wie zum Beispiel eine Handyhülle, anstatt das gesamte Smartphone wegzuwerfen?
- Wird es recycelt, wie zum Beispiel Metall oder Glas, indem das Material eingeschmolzen und für die Herstellung neuer Produkte wiederverwendet wird?

Hier sind weitere Beispiele, was nach dem ersten Verwendungszyklus passieren kann:

- Ein Lebensmittelprodukt, das nach dem Verbrauch in den organischen Abfall umgewandelt wird und zur Kompostierung oder zur Energiegewinnung verwendet wird.
- Eine Möbelkomponente, die nach der Nutzung auseinandergebaut und die einzelnen Teile für andere Möbelstücke wiederverwendet werden.
- Ein Fahrzeug, dessen Teile und Materialien nach dem Lebensende in einer Autoverwertungsanlage recycelt und für die Herstellung neuer Autos verwendet werden.
- Eine Verpackung, die aus recyceltem Material hergestellt und nach der Nutzung erneut recycelt wird, um einen geschlossenen Kreislauf zu gewährleisten.
- Eine digitale Plattform, die nach dem ersten Verwendungszyklus um neue Funktionen und Dienstleistungen erweitert wird, um den Mehrwert für die Nutzer kontinuierlich zu steigern.

Führen Sie diesen Prozess über mehrere Zyklen hinweg durch, um die verschiedenen Wege zu visualisieren, die die verschiedenen Teile Ihres Produkts oder Ihrer Dienstleistung nach der Nutzung nehmen. Es ist wahrscheinlich, dass Ihr Produkt im Laufe der Nutzungszyklen in seine Kernbestandteile oder Komponenten zerlegt wird.

Beachten Sie bei der endgültigen Festlegung auch die praktischen Herausforderungen in den Phasen der Entsorgung, Sammlung und Verwertung. Es ist möglich, dass ein bestimmtes Produkt oder Produktbestandteil aus recyclebarem Material besteht, jedoch in der Realität nicht effektiv recycelt werden kann.

Wie können Komponenten, die keinen geschlossenen Kreislauf haben, umgestaltet werden? Bei Bedarf können Sie die Methode „Smart Material Choices“ anwenden, um Unterstützung zu erhalten.

Praxisschlaglicht

Wichtig bei unserer bisherigen praktischen Anwendung der Product Journey Map war die Einbeziehung relevanter Stakeholder um verschiedene Perspektiven zu berücksichtigen, die Erfassung authentischer Nutzererfahrungen über den gesamten Produktzyklus hinweg, eine klare Visualisierung der Phasen und Berührungspunkte, die Identifizierung von Optimierungsmöglichkeiten zur Verbesserung der Nutzererfahrung sowie eine kontinuierliche Aktualisierung und Anpassung der Map an neue Erkenntnisse und Kundenanforderungen.

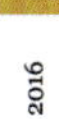

THE
CIRCULAR
DESIGN
GUIDE

WORKSHEET

Product Journey Mapping

A4

Keep asking what will happen next to your product or materials to help you map the use cycles of your product. Basically, pretend you're a five year old.

MY PRODUCT IS:

....

INITIAL USE PHASE:
How long will it be in use for in the first use cycle?

....

WHAT HAPPENS AFTER THE FIRST USE?

Does it return to the biosphere?
Get reused by someone else?
Get repaired? Get remanufactured?
Get recycled?

THEN WHAT?

THEN WHAT?

THEN WHAT?

THEN WHAT?

IDEO

ELLEN MACARTHUR FOUNDATION

Wirkfeld der Methode

- Wirksam für Herausforderungen mit hoher Komplexität
- Wirksam für nachhaltiges Produktdesign
- Wirksam für nachhaltiges Servicedesign

Transformationsfähigkeit Ihres Teams

- Fördert die Sensibilisierung
- Fördert die allgemeine Transformationsfähigkeit des Teams
- Zahlt auf eine bessere Vorstellungskraft ein
- Zahlt auf eine bessere Wahrnehmung ein
- Erhöht die Lösungsorientierung

Einsatzcharakteristik/Arbeitsrahmen

- Austauschfokus: vornehmlich mit internen und externen Personen
- Durchführungszeit: eher hoch (> 1 Tag)
- Einsatzfrequenz: sinnvoll im dauerhaften Einsatz
- Einsatzfrequenz: vornehmlich über den kompletten Projektzeitrau
- Einsatzradius: vornehmlich im Teameinsatz
- Einsatzradius: vornehmlich im projektweiten Einsatz
- Einsatzradius: vornehmlich im unternehmensweiten Einsatz
- Komplexität für den Moderator: eher gering
- Komplexität für die Teilnehmer: eher hoch
- Teamgröße: Kleingruppe möglich (3 bis 5 Teilnehmer)
- Teamgröße: Mittelgroße Teams möglich (5 bis 20 Teilnehmer)
- Vorbereitungszeit: eher gering (< 1 Stunde)
- Vorbereitungszeit: eher mittel (> 1 Stunde bis < 1 Tag) (wenn sich Moderator schon vorab mit Produkt beschäftigt, ansonsten gering)

Input für eine zielführende Arbeit mit der Methode

- Aktuell existierende Geschäftsmodelle
- Aktuell existierende Produkte und Services
- Produktmerkmale, Skizzen, Eigenschaften

Output und beobachtete Ergebnisse der Methode

- Erzeugt Ideensuchfelder, unentdeckte Probleme, Inspiration
- Erzeugt Leitfragen für die Ideenfindung
- Erzeugt Nutzenfunktionen und Bedürfniskorridore
- Erzeugt spezifischere Leitfragen, Ideen und Aussagen
- Erzeugt größere Klarheit zu einem Thema
- Identifiziert vorhandene Schwachstellen
- Identifiziert vorhandene Stärken
- Macht Wirkzusammenhänge sichtbar

Hinderniseffekte, auf die die Methode positiv wirkt

- Beugt blinden Flecken/Betriebsblindheit vor
- Schafft für den Erfolg nötige Realitätsbezüge
- Schafft schnell Klarheit und beschleunigt Erkenntnisgewinn
- Verhindert blinden Aktionismus
- Verhindert einseitige Bewertungen und Entscheidungen
- Verhindert unreflektiertes agieren

Mögliche Extravorteile der Methode

- Möglicher Extravorteil für in Nachhaltigkeitsthemen ungeübte Teams

Quellen

Organisation – Der Circular Design Guide ist eine Zusammenarbeit zwischen der Ellen MacArthur Foundation und IDEO. Copyright © Ellen MacArthur Foundation 2017, 2018

Web – https://www.circulardesignguide.com/methods (abgerufen am 04.05.2023)

Grafik: verrocchio Sustainable Inspiration Card – Malvine Klecha, Hila Attaie und Jennifer van Aerssen (Illustration)

Prototyping & Testing mit Nachhaltigkeitsfokus

EinSatzBeschreibung

Frühes Prototyping und Testing ist ein bewährtes Vorgehen in der Entwicklung von Produkten und Ideen und wird im Nachhaltigkeitskontext komplexer weitergedacht.

Working Guide/Anwendungsfelder

P1 Sensibilisierung/Bildung	P2 Matching Recht/Gesetz	P3 Sustainability Roadmap	P4 Produkt/Prozessdesign	P5 Implementierung/Monitoring	P6 Kommunikation	P7 Organisation	P8 Führung	P9 Business Model Design	P10 Skalierung
			X					X	

Beschreibung

In Innovationsprozessen wird Prototyping als die Visualisierung oder die Umsetzung von Ideen in greifbare oder erfahrbare Objekte oder Prozesse verstanden. Dabei ist eine Abgrenzung vorzunehmen, um Missverständnissen vorzubeugen.

1. „Rapid Prototyping" in Produkt-Design oder IT-Kontext wird hierbei als sehr technischer, automatisierter Vorgang verstanden. Hier wird oft auf Technologien wie 3-D Drucker, Laminated Object Modelling, Space Puzzle Molding, oder Contour Crafting gesetzt, und oft auf Basis von CAD-Dateien gearbeitet. Bei der Entwicklung von Webseiten oder Software werden Codes auf den Grundlagen von Wireframes erstellt. Dabei wird in allen vorgenannten Beispielen nach Möglichkeit automatisiert vorgegangen, um Zeit und Kosten zu sparen und schnelle Iterationen erzeugen zu können.

2. Prototyping im Kontext von Workshops oder Designprozessen, welche im Ergebnis noch offenere und explorativer sind, wird jedoch in vielen Fällen ohne höhere technische Ausstattung vollzogen. Hierbei ist der Begriff „Frühes Prototypen" („Early Stage") treffend. Zum Einsatz kommen einfache Bastelmaterialien, Verkleidungen für Rollenspiele, oder niedrigschwellige Design-Tools für Grafiken oder digitale Mockups. Dies ermöglicht insbesondere auch die Entwicklung von Sozialinnovationen und Systeminnovationen, welche nicht auf physischen Produkten basieren, und im Zweifelsfall den Konsum physischer, ressourcenintensiver Produkte reduzieren. In diesem Prozess ist die Datengrundlage für die Entwicklung keine technische Zeichnung, sondern eine oft nur recht vage Idee in einem Team. Diese Idee wird dabei in der Regel „von einer Haftnotiz heraus zum Leben erweckt".

Im Folgenden werden für den zweiten Wirkbereich Ziele und Maßnahmen beschrieben.

Ziel des frühen Prototypens sind:

- **Denken mit den Händen:** Bei der Überführung einer vagen Idee in ein greifbares Objekt werden neue Gehirnareale angesprochen und Assoziationen aktiviert. Durch die spielerische Arbeit werden neue Gedanken möglich, und die Idee nimmt teils ganz neue Formen an.
- **Gemeinsames Verständnis der Idee im Team festigen:** Die verbale Formulierung einer Idee oder die Beschreibung in kurzer Textform hat viel Raum für unterschiedliche Vorstellungen in einem Team. Durch das gemeinsame Bauen der Idee nimmt die Idee nicht nur externalisiert Form an, sondern das Konzept nimmt in allen Köpfen der Beteiligten in vergleichbarer Weise Gestalt an.
- **Ideen frühzeitig testen und weiterentwickeln:** Ohne zu viel Zeit in Diskussionen und teure, ressourcenintensive Entwicklungsschritte zu investieren, werden die Prototypen Nutzerinnen und Expertinnen vorgestellt und mit ihnen getestet, bzw. validiert.
- **Präsentieren und Unterstützung sichern:** Durch den ansprechenden Charakter eines greifbaren Konzepts lassen sich Ideen gut präsentieren. Das Vorhandensein von physischen Objekten schafft bei Beteiligten Assoziationen und steigert die Erinnerungsfähigkeit. Prototypen verschwinden nicht so leicht in einem Papierkorb oder einer Ablage, wie dies bei Beschreibungen auf Papier oder in einer E-Mail passieren würde.

Zu unterscheiden sind entsprechend drei Arten von Prototypen, welche ein und derselbe Prototyp sein können. Es bietet sich jedoch an, für die jeweilige Aufgabe des Prototyps Anpassungen vorzunehmen:

Prototypen für Verständnis: Vorrangig geht es mehr um ein Verständnis der Idee innerhalb eines Teams, und kann sehr abstrakte, nur für das Team verständliche Züge haben

Prototypen für Präsentationen: Der Prototyp ist attraktiv und hat einen „Verkaufs-Charakter". Er ist groß genug, um von Rezipienten einer Präsentation wahrgenommen zu werden und sie zu begeistern.

Prototypen für Testings: Im Mittelpunkt steht die Erfahrbarkeit eines möglichen neuen Produkts. Potenziellen Nutzenden wird ermöglicht, ein Gefühl dafür zu bekommen, wie es ist, eine neue Lösung zu nutzen. Dafür werden teils sehr realitätsnahe Szenarien und Prototypen erschaffen.

Durchführung

Um beim Prototyping im Kontext von Workshops oder Designprozessen Nachhaltigkeit zu steigern, sind folgende Maßnahmen möglich:

Umweltfreundliche Materialauswahl zur initialen Reduktion von Müll und des Fußabdrucks des Workshops: Es ist ratsam, nachhaltige Materialien zu beschaffen. Dies können Öko-Zertifizierte Produkte, gebrauchte Produkte, oder Naturmaterialien sein. Es empfiehlt sich von Plastik, Styropor und Einwegmaterialien Abstand zu nehmen.

Auswahl von Materialen mit Priming und Aufforderungscharakter: Durch die Auswahl geeigneter Materialien kann speziell mit Blick auf die Wandlungsfähigkeit einer Idee während des Prototyping-Vorgangs eine nachhaltigkeitsförderliche Optimierung der Idee unterstützt werden. Dabei haben sich in der Praxis eine ausreichende Anzahl an Lego-Pflanzen, kleiner Solarmodule, sowie Aufkleber von Bio- und Öko -Labels bewährt. Auch die bewusst als nachhaltig erkennbare Materialauswahl hat einen Aufforderungscharakter für die Beschreibung von Nachhaltigkeitsmerkmalen.

Labelling-Auftrag: Das Team erhält den Auftrag, innerhalb des Prototyping-Prozesses einzelne Aspekte eines Produkts mit „Label" zu versehen. Diese beschreiben die Nachhaltigkeitsanforderung und -Spezifikation der Produkte. Die Labels können in Form von kleinen Stickern in Kombination mit einer separaten Beschreibung auf Papier realisiert werden. Dies ermöglicht sowohl Synchronisation im Team zu Details der Idee als auch Interpretation bei User-Testings. Dabei ist „Greenwashing" ein Thema, welches aktiv zu reflektieren ist.

Tisch der Alternativen: Es werden zwei Tische mit Materialien aufgebaut. Die Materialen auf beiden Seiten spiegeln sich in Funktionalität, aber haben unterschiedliche Beschaffenheit: dabei ist eine Seite eine nachhaltige Materialienseite (z. B. mit Kork und Pappe), die andere eine klassische Auswahl (z. B. Styropor und Plastik). Der Unterschied wird bewusst kommuniziert und steigert die Sensibilisierung und Diskussionen.

Praxisschlaglicht

Im Rahmen der Erstellung von Klimaschutzkonzepten werden bei B.A.U.M. Consult Jugend-Klima Workshops durchgeführt, welche auf der Design Thinking Methode basieren. Einen relevanten Teil haben die Prototyping Phasen. Hier können Kinder und Jugendliche ihre Ideen begreifbar machen. Die Prototypen finden letztlich ihren Weg in das Bürgermeisterbüro und bleiben dort für eine längere Weile. Sie zeigen Wertschätzung und liefern Grund für Diskussion mit Stakeholdern der Gemeinde. Mit einzukalkulieren ist dabei, dass erhebliche Mengen an Lego-Platten und Pflanzen nicht ihren Weg zurück in die Materialkisten der Workshopleitung finden.

Circular Prototyping Boxes (Quelle: B.A.U.M., Kilian Karg)

Protellus erstellte in Zusammenarbeit mit B.A.U.M. eine Reihe an Circular-Prototyping Boxen für Speculative Design Workshops, welche zu Corona-Zeiten an dezentrale kleinere Workshopgruppen geschickt werden konnten. Die Kisten enthielten neben Artikeln aus der Zukunft und zu historischen Innovationen, nachhaltigen Snacks und umweltbewussten Bastel-Materialien eine Anleitung, wie die Kisten an die Workshop-Veranstalter zurückgeschickt werden können.

Als Negativbeispiele finden sich in vielen konventionellen Agenturen und Corporate Innovation Spaces Fälle, in denen Materialien wahllos in Läden mit günstigen Ramsch-Produkten zusammengestellt wurden. In Agenturbeispielen werden Materialien ohne Aussicht auf Weiterverwendung oft bei Kunden zurückgelassen.

Agenturen mit konventionellen Prototyping-Materialien könnten eine schnelle Transformation durch den „Tisch der Alternativen" erreichen, ohne zugunsten eines „Grünen" Eindrucks ihre Materialen zu entsorgen.

Beispiel eines Materialmix, welcher konventionelle Materialien enthält (Quelle: Kilian Karg)

Wirkfeld der Methode

- Wirksam für Herausforderungen mit niedriger Komplexität
- Wirksam für nachhaltiges Produktdesign
- Wirksam für nachhaltiges Servicedesign
- Wirksam für nachhaltiges Business Model Design

Transformationsfähigkeit Ihres Teams

- Fördert die Teamkreativität
- Fördert die allgemeine Transformationsfähigkeit des Teams
- Sorgt für Inspiration oder bessere Inspirationsempfindlichkeit
- Zahlt auf eine bessere Vorstellungskraft ein
- Zahlt auf eine bessere Wahrnehmung ein
- Erhöht die Lösungsorientierung

Einsatzcharakteristik/Arbeitsrahmen

- Austauschfokus: vornehmlich mit internen Personen
- Durchführungszeit: eher mittel (> 1 Stunde bis < 1 Tag)

- Einsatzfrequenz: vornehmlich im einmaligen Einsatz
- Einsatzfrequenz: vornehmlich über den kompletten Projektzeitraum
- Komplexität für den Moderator: eher mittel
- Komplexität für die Teilnehmer: eher gering
- Teamgröße: Einzelpersonennutzung möglich
- Teamgröße: Kleingruppe möglich (3 bis 5 Teilnehmer)
- Teamgröße: Mittelgroße Teams möglich (5 bis 20 Teilnehmer)
- Vorbereitungszeit: eher mittel (> 1 Stunde bis < 1 Tag)

Input für eine zielführende Arbeit mit der Methode

- Aktuelle Herausforderung, Leitfrage, Problem
- Angereicherte Ideen, Ideencluster oder höher integrierte Lösungen
- Hilft bei Entscheidungen, Bewertungen und Feedback
- Identifiziert vorhandene Schwachstellen
- Ziel- und Fokusgruppen

Output und beobachtete Ergebnisse der Methode

- Erzeugt Prognosen und Ableitungen
- Erzeugt Nutzenfunktionen und Bedürfniskorridore
- Erzeugt angereicherte Ideen, Ideencluster, höher integrierte Lösungen
- Erzeugt spezifischere Leitfragen, Ideen und Aussagen
- Erzeugt frühe Prototypen
- Erzeugt mehr Know-how-Zuwachs
- Erzeugt motiviertere und transformationsfähigere Teilnehmer
- Erzeugt segmentierte, kategorisierte, geclusterte Daten
- Hilft bei Entscheidungen, Bewertungen und Feedback
- Identifiziert vorhandene Schwachstellen
- Identifiziert vorhandene Stärken
- Macht Wirkzusammenhänge sichtbar
- Ziel- und Fokusgruppen

Hinderniseffekte, auf die die Methode positiv wirkt

- Schafft schnell Klarheit und beschleunigt Erkenntnisgewinn
- Schärft eine fehlende gemeinsame Ausrichtung
- Stärkt schwache Anreicherungsskills
- Stärkt das Vertrauen im Team
- Verringert zu große Komplexitäten
- Wirkt fehlender Inspiration entgegen

Mögliche Extravorteile der Methode

- Möglicher Extravorteil für Teams mit einer konservativen, tradierten Kultur
- Möglicher Extravorteil für agile Teams
- Möglicher Extravorteil für innovativ ungeübte Teams

Quellen

Web – https://www.businessinsider.de/gruenderszene/lexikon/begriffe/rapid-prototyping/ (abgerufen am 01.07.2023)
Person – Kilian Karg, kilian@protellus.de

219

Purpose Booster

EinSatzBeschreibung

Der Purpose Booster ist ein Framework, das Unternehmen dabei unterstützt, ihren Purpose in einem dreistufigen Prozess zu definieren oder diesen zu schärfen.

Working Guide/Anwendungsfelder

P1 Sensibilisierung/Bildung	P2 Matching Recht/Gesetz	P3 Sustainability Roadmap	P4 Produkt/Prozessdesign	P5 Implementierung/Monitoring	P6 Kommunikation	P7 Organisation	P8 Führung	P9 Business Model Design	P10 Skalierung
X		X					X		

Beschreibung

Ein Purpose (Zweck) definiert den übergeordneten Grund für das Bestehen eines Unternehmens jenseits der reinen Gewinnmaximierung. Um nachhaltig wirtschaften zu können, ist es unerlässlich, dass Unternehmer sich fragen, warum sie tun, was sie tun. Der Purpose gibt Antwort auf die Frage, aus welcher Überzeugung das Unternehmen arbeitet und was es langfristig bewirken möchte.

Die klare und greifbare Identifikation mit dem Purpose setzt für Unternehmen die Leitplanken, um nachhaltige Prinzipien in ihr Geschäftsmodell zu integrieren. Purpose gibt Orientierung, hilft bei Entscheidungsfindungen und ermutigt Unternehmen sich auf ökologische und soziale Herausforderungen einzulassen und langfristige Lösungen zu finden.

Der Purpose Booster richtet sich ebenfalls an Führungskräfte. Er besteht aus drei Stufen und unterstützt Unternehmer aus der Gegenwart, Vergangenheit und Zukunft, ihren Purpose zu finden oder diesen zu schärfen.

- **Stufe 1 – GEGENWART:** In der ersten Stufe des Purpose Boosters überprüfen wir als Unternehmer unseren aktuellen Status. Wir fragen uns, ob unser Unternehmen bereits einen Purpose hat und ob es notwendig ist, diesen Purpose weiter zu schärfen. Dabei führen wir eine Selbstbewertung durch, indem wir eine Reihe von Aussagen bewerten, die Rückschlüsse auf das Vorhandensein bzw. Fehlen eines starken Purpose ermöglichen. Ergebnisse und mögliche Lücken werden visuell in einem konzentrischen Kreissystem dargestellt, um sie schnell erfassbar zu machen.
- **Stufe 2 – VERGANGENHEIT**: In dieser Stufe geht es darum, aus der Historie des Unternehmens zu lernen. Viele Unternehmer haben ihr Geschäft ursprünglich für einen spezifischen Zweck gegründet. Doch durch schnelles Wachstum kann dieser ursprüngliche Gedanke mit der Zeit aus den Augen verloren gegangen sein.
  Daher lohnt es sich, die Geschichte und Entwicklung des Unternehmens zu untersuchen, um Muster und Erfolge zu identifizieren, die mit dem Purpose in Verbindung stehen. Dieser Schritt ermöglicht uns, aus vergangenen Erfahrungen zu lernen und Erkenntnisse zu gewinnen, die bei der Definition oder Justierung des Purpose hilfreich sein können.
- **Stufe 3 – ZUKUNFT**: Mit Blick in die Zukunft wird in dieser Stufe der Purpose des Unternehmens mit den Nachhaltigkeitszielen der Vereinten Nationen, den Sustainable Development Goals (SDGs), in Verbindung gebracht. Wir überlegen uns, mit welchen SDG-Zielen unser Unternehmen einen positiven Beitrag leisten kann und wie der Purpose darauf ausgerichtet werden kann, um langfristig nachhaltig zu wirtschaften.

Warum ist es für Unternehmen wichtig, einen Purpose zu verfolgen?

Kundenbindung und Markenimage: Kunden zeigen zunehmendes Interesse an Unternehmen, die ihre soziale Verantwortung wahrnehmen und einen positiven Beitrag für Umwelt und Gesellschaft leisten. Ein klarer Purpose, der auf Nachhaltigkeit und soziale Werte ausgerichtet ist, stärkt langfristig das Vertrauen der Kunden, erhöht ihre Loyalität und schafft ein positives Markenimage.

Mitarbeiterbindung und Motivation: Ein klar definierter Purpose kann Mitarbeiterinnen und Mitarbeiter ansprechen, die nach einer sinnstiftenden Arbeit suchen. Identifizieren sich die Mitarbeitenden mit dem Unternehmenszweck, führt dies zu einer höheren Mitarbeiterbindung, Produktivität und Leistung.

Innovationskraft: Unternehmen mit einem klaren Purpose haben oft eine bessere Ausgangsposition, um innovative Lösungen zu entwickeln. Der Purpose dient als Zugkraft und als Leitfaden, um neue Produkte, Dienstleistungen oder Geschäftsmodelle zu schaffen, die den Bedürfnissen der Gesellschaft und der Umwelt gerecht werden. Dies kann zu einem Wettbewerbsvorteil führen und langfristigen Erfolg ermöglichen.

Durchführung

Stufe 1: GEGENWART (Self-Assessment)

In dieser ersten Stufe lassen Sie Ihr Team ein Self-Assessment zur Erfassung der heutigen Purpose-Situation des Unternehmens durchführen. Hierzu stehen Ihnen 27 Statements zu insgesamt 9 Feldern zur Verfügung.

Führen Sie diese Bewertung mit Führungskräften durch. Um unterschiedliche Wahrnehmungen aufzudecken, können Sie zusätzlich auch Mitarbeitende aus dem operativen Geschäft unterschiedlicher Hierarchien einbinden.

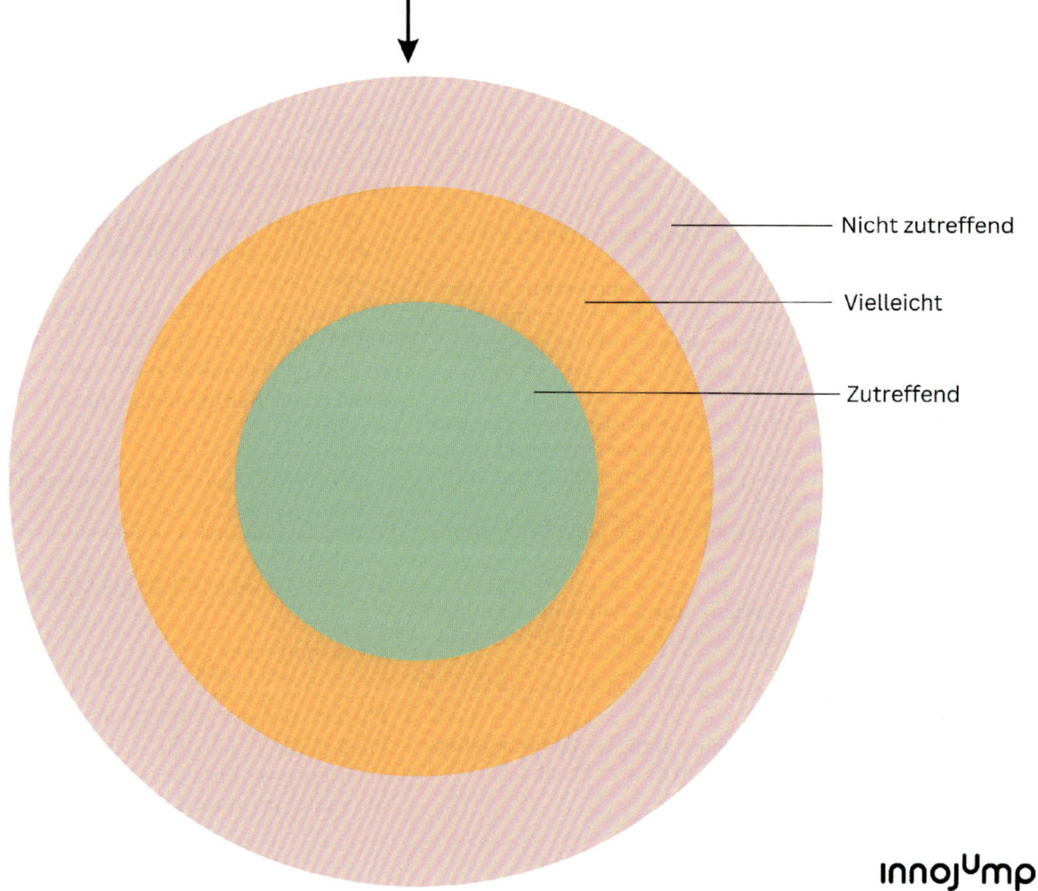

Purpose Booster Stufe 1: GEGENWART (Self-Assessment)

Vorbereitung

Bereiten Sie als Moderator einen Einzelarbeitsplatz für jeden der Teilnehmenden vor. Besonders geeignet sind virtuelle Boards für diese Methode. Alternativ verwenden Sie ein großes Blatt Papier mit der Kennzeichnung HEUTE.

In der Mitte des Boards sind (gemäß der Grafik 1) drei große konzentrische Kreise folgendermaßen zu kennzeichnen: ZUTREFFEND (innerer Kreis), VIELLEICHT (mittlerer Ring) und NICHT ZUTREFFEND (äußerer Ring).

Halten Sie für jeden Teilnehmenden ein Kartenset bestehend aus 27 Einzelkärtchen bzw. Haftnotizen mit den folgenden Aussagen 1–27 bereit. Achtung: Die Kategorien (a-i) sollen auf den Kärtchen nicht sichtbar sein.

a) Klare Botschaft & Soziale Verantwortung
   1. Wir haben eine klare Botschaft, die wir mit unserem Unternehmen/unserer Marke in die Welt hinaustragen.
   2. Wir sind uns bewusst, welche Auswirkungen unsere Geschäftsaktivitäten auf die Umwelt und die Gesellschaft haben und verankern diese in unserer Strategie
   3. Mit unserer Botschaft begeistern wir auch zukünftige Generationen.

b) Mitarbeiterbindung & Motivation
   4. In unserem Unternehmen ist die Krankheitsrate besonders niedrig.
   5. Es fällt uns leicht, die gesamte Belegschaft in die Ideengenerierung einzubinden.

6. Unsere Mitarbeiterinnen und Mitarbeiter zeigen ein hohes Maß an Eigeninitiative und engagieren sich aktiv bei der Arbeit.

c) Klare Ausrichtung & Fokus
   7. Die bereichsübergreifende Zusammenarbeit funktioniert reibungslos.
   8. Als Unternehmer/Führungskraft habe ich das Gefühl, dass alles auch ohne mich gut läuft.
   9. Den Mitarbeitenden fällt es leicht, Prioritäten in ihrer täglichen Arbeit zu setzen.

d) Reibungslose Entscheidungsfindung
   10. Wir treffen gemeinsam schnell Entscheidungen.
   11. Es fällt uns leicht, Dringliches vom Wichtigen zu trennen.
   12. Unsere Entscheidungen treffen wir anhand klar definierter Kriterien und Zielsetzungen.

e) Attraktivität für neue Talente
   13. Wir legen größten Wert darauf, als Unternehmen Neues zu lernen und uns weiterzuentwickeln.
   14. Es fällt uns leicht, offene Stellen neu zu besetzen.
   15. Wir haben wenig Fluktuation in der Belegschaft.

f) Starke Unternehmenskultur
   16. Als Unternehmen haben wir eine gemeinsame Leidenschaft, die sich in allem widerspiegelt, was wir tun.
   17. Wir unterstützen uns gegenseitig aus Fehlern zu lernen.
   18. Mitarbeitende zeigen sich gern mit dem Firmenlogo.

g) Klarer Wettbewerbsvorteil
   19. Es ist mir (allen Mitarbeitenden) und Kunden klar, wie sich unser Unternehmen vom Wettbewerb unterscheidet.
   20. Wir haben einen Businessplan, den wir ständig mit unserem Umfeld abgleichen.
   21. Innovationsideen werden vom Vertrieb ohne Widerstand aufgenommen.

h) Starke Kundentreue
   22. Wir kennen unsere Kunden – ihre Wünsche, Träume, Hoffnungen wie auch ihre Abneigungen und Hindernisse – genau.
   23. Bei Innovationen tun wir uns leicht, neue Stoßrichtungen zu finden.
   24. Unsere Kunden empfehlen uns aktiv weiter und geben positive Bewertungen und konstruktives Feedback.

i) Finanzielle Leistungsfähigkeit
   25. Wir erreichen unsere finanziellen Ziele und übertreffen sie sogar.
   26. Unser Umsatz und Gewinn steigen kontinuierlich und wir verzeichnen eine positive finanzielle Entwicklung.
   27. Wir haben eine solide finanzielle Basis mit ausreichender Liquidität und einer gesunden Kapitalstruktur.

Self-Assessment

Das Self-Assessment erfolgt in Einzelarbeit. Achten Sie darauf, dass die Kärtchen gut gemischt sind. Bitten Sie nun jeden Teilnehmenden, die Statements zu bewerten und im entsprechenden Feld der Kreise zu platzieren.

Analyse

Anschließend machen Sie alle Einzelergebnisse für alle sichtbar. Diskutieren Sie in der Gruppe.

- Wie unterschiedlich sind die einzelnen Bewertungen?
- Erreichen Sie Konsens oder driften die Wahrnehmungen stark auseinander?

Hat das Team mit großer Übereinstimmung viele Aussagen als zutreffend bewertet, spricht dies für einen starken Purpose. Versuchen Sie dann, folgende Fragen in der Gruppe zu beantworten:

- Welchen Beitrag leistet unser Unternehmen für die Gesellschaft?
- Warum tun wir heute, was wir tun?
- Was erfüllt täglich jeden unsere Mitarbeitenden mit Elan und Begeisterung?
- Welche Botschaft verbinden unsere Kunden mit unserem Unternehmen?
- Welche Botschaft hält die Mitarbeitenden zusammen?

Schlussfolgerung

Versuchen Sie abschließend aus diesem Schritt einen möglichen Purpose in Form eines prägnanten Satzes zu formulieren.

Deuten die Ergebnisse aus diesem Schritt auf einen eher schwachen Purpose hin oder wollen Sie diesen weiter schärfen, gehen Sie weiter zu Stufe 2.

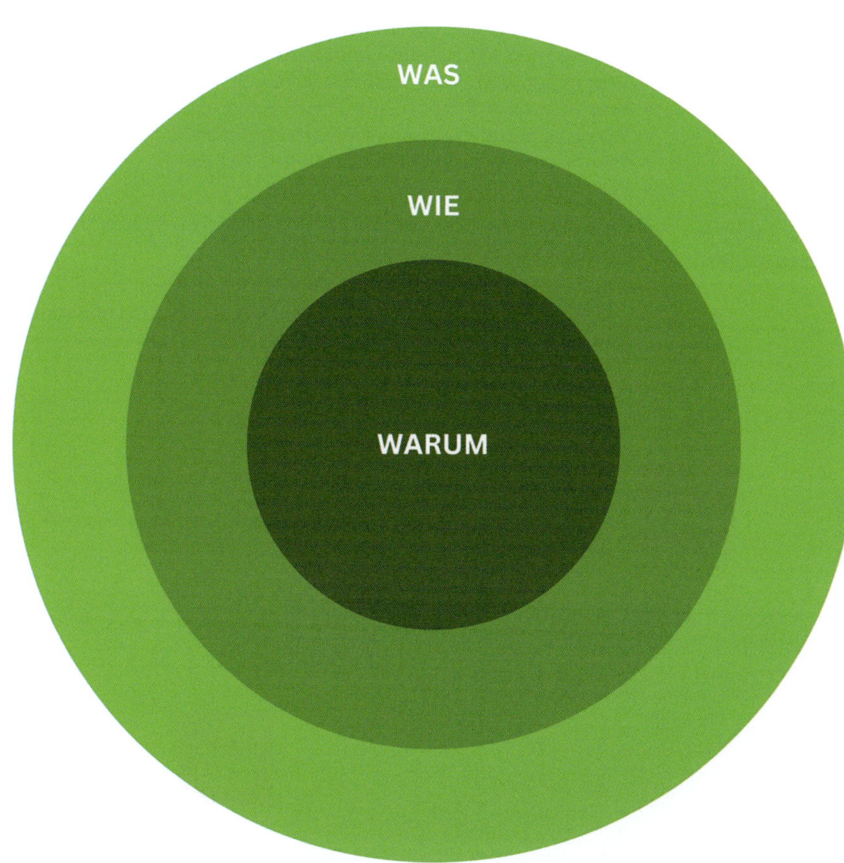

WAS: Konkrete Produkte oder Dienstleistungen die eine Organisation anbietet.

WIE: Art und Weise, wie eine Organisation handelt, Dinge umsetzt und sich vom Wettbewerb unterscheidet.

WARUM: Grund oder Zweck, warum eine Organisation das tut, was sie tut. Es geht um die tiefe Überzeugung und den Antrieb hinter den Handlungen.

Purpose Booster Stufe 2: VERGANGENHEIT

Stufe 2: VERGANGENHEIT (Lernen aus der Historie)

Hier tauchen Sie in die Unternehmenshistorie ein. Mit den folgenden Fragen erforschen Sie die ursprünglichen Absichten und Ziele der Gründer Ihres Unternehmens. Auf diese Weise verstehen Sie den Purpose aus der Gründerzeit besser und können diese eventuell auf die heutige Zeit übertragen.

Recherche

Lassen Sie Ihr Team in 2er Gruppen Antworten auf folgende Fragen erarbeiten. Hierzu eigenen sich Literaturrecherche oder Interviews.

Daten & Fakten:

- Wer hat das Unternehmen gegründet?
- Wann wurde das Unternehmen gegründet?

Was?

- Welches konkrete Problem beabsichtigte der Gründer/die Gründerin mit dem Unternehmen zu lösen? Welches Kundenbedürfnis sollte erfüllt werden?
- Welche langfristigen Ziele oder Auswirkungen wollten die Gründer mit dem Unternehmen erreichen?
- Was war das ursprüngliche Produkt/die ursprüngliche Dienstleistung?
- An welche Zielgruppe haben die Gründer Ihr Angebot gerichtet?
- Über welche Kanäle wurden die Kunden erreicht?

Wie?

- Welche Werte und Prinzipien hatten die Gründer im Sinn, als sie das Unternehmen ins Leben riefen?
- Welche sozialen, ökologischen oder wirtschaftlichen Probleme waren den Gründern wichtig und wie sollte das Unternehmen dazu beitragen, sie zu lösen?
- Was war die Motivation der Gründer, das Unternehmen zu gründen? In welcher Art und Weise wollten sie die Welt oder ihre Branche verbessern?
- Welche Kernbotschaft oder welchen Zweck hatten die Gründer vor Augen, um Kunden und Mitarbeiter anzuziehen?
- Wie hat das Unternehmen in der Gründerzeit seine Mission kommuniziert?
- Auf welche Art und Weise wollten die Gründer den Kunden einen Mehrwert schaffen?

Warum?

- Was hat die Gründer angetrieben, dies zu tun? Was war der größte Treiber?
- Warum haben sie sich dieser Thematik gewidmet?

219 Purpose Booster

- Wie hat das Unternehmen in der Gründerzeit seine Rolle in der Gesellschaft wahrgenommen und wie hat es versucht, einen positiven Beitrag zu leisten?

Rekonstruktion

Lassen Sie Ihr Team mit den o.g. Informationen den ursprünglichen Purpose in Form eines prägnanten Satzes rekonstruieren. Versuchen Sie die Antworten auf die drei Kernfragen des „Golden Circle" (siehe Abbildung zur Stufe 2) aus der Gründerzeit zu finden: WAS? WIE? WARUM?

Schlussfolgerung

Nun lassen Sie sich von der Historie Ihres Unternehmens inspirieren. Diskutieren Sie in der Gruppe folgende Fragen:

- Was inspiriert uns am ursprünglichen Purpose?
- Was können wir aus der Gründerzeit wieder aufleben lassen?
- Was ist auf dem Weg verloren gegangen?
- Warum ist der Purpose auf dem Weg verloren gegangen?
- Was ist überholt und nicht mehr zeitgemäß?
- Was lässt sich auf die heutige Zeit übertragen?
- Was würden die Gründer heute tun?

Halten Sie diese Erkenntnisse auf einem zweiten Board mit der Überschrift „FRÜHER" fest.

Versuchen Sie abschließend mit den Erkenntnissen aus Schritt 1 & 2 einen möglichen Purpose in Form eines prägnanten Satzes zu formulieren.

Purpose Booster Stufe 3: ZUKUNFT (Sustainable Development Goals)

Stufe 3: ZUKUNFT (Sustainable Development Goals)

In dieser Stufe richten Sie den Blick in die Zukunft und lassen sich von den Sustainable Development Goals (SDGs) bei der Findung bzw. Schärfung von Ihrem Unternehmenspurpose leiten.

SDGs verstehen

Zu Beginn ist es wichtig, dass Sie und Ihr Team sich mit den SDGs vertraut machen und die 17 Ziele in der Tiefe verstehen, z.B. mithilfe der SDG Know-how Cards. Dies hilft, die verbundenen Chancen für die strategische Ausrichtung Ihres Unternehmens zu erkennen.

Der Moderator stellt dem Team kurz die Sustainable Development Goals vor. Die folgende Kurz-Anleitung kann behilflich sein:

- Wer hat sie entwickelt? Vereinte Nationen
- Wann wurden die SDGs entwickelt? 2015
- Wozu wurden die SDGs entwickelt? Diese 17 SDGs wurden von den Vereinten Nationen im Jahr 2015 verabschiedet und dienen als Leitprinzipien für eine nachhaltige Entwicklung bis zum Jahr 2030.
- Um welche Themenfelder geht es?

Die 17 SDGs sind nach dem 3P-Modell aufgebaut und decken gleichermaßen soziale (People), ökologische (Planet) und ökonomische (Profit) Aspekte ab.

Anschließend verteilen Sie die 17 SDG Know-how Cards gleichmäßig an die Teilnehmenden. Geben Sie dem Team einen bestimmten Zeitrahmen, damit jeder still die zugewiesenen SDGs lesen und verstehen kann. Danach stellen die Teilnehmenden der Reihe nach die SDGs von 1–17 dem Team vor. Etwaige Fragen werden in der Gruppe besprochen und bei Bedarf näher recherchiert.

Arbeitsformat vorbereiten

Hierfür verwenden Sie als Moderator auch in diesem Schritt am besten ein virtuelles Board mit der Überschrift „ZUKUNFT". Alternativ geht auch ein großes Blatt Papier. In der Mitte zeichnen Sie 4 konzentrische Kreise und nummerieren Sie diese von außen nach innen in steigender Reihenfolge von 1- 4 (siehe Abbildung zur Stufe 3).

Platzieren Sie die vier nachfolgenden Leitfragen wie folgt:

- Welche SDGs sind mit meiner Branche oder meinem Unternehmen am stärksten verbunden? (Äußerster Ring)
- Auf welche SDGs hat mein Unternehmen am meisten Auswirkung? Sind diese positiv oder negativ? (Zweiter Ring von außen)
- Zu welchen SDGs kann mein Unternehmen mit seinen Ressourcen, Kernkompetenzen und Expertise am meisten beitragen? (Dritter Ring von außen)
- Zu welchen SDG-Zielen möchte ich als Unternehmen gezielt beitragen? (Innerer Kreis)

Platzieren Sie nun die 17 SDGs auf Post-its bzw. Kärtchen rund um den äußersten Kreis.

Analyse

Verwenden Sie nun die Leitfragen 1–4 als Filter. Starten Sie mit der ersten Leitfrage. Lassen Sie Ihr Team nun alle SDGs, die mit Ihrer Branche oder Ihrem Unternehmen am stärksten verbunden sind in den ersten Ring vorrücken. Alle SDGs, die nur schwach oder gar nicht mit Ihnen verbunden sind, bleiben draußen stehen.

Nun widmen Sie sich den SGSs im ersten Ring und fragen Ihr Team, auf welche dieser SDGs Ihr Unternehmen am meisten Auswirkung hat – ob positiv oder negativ. Rücken Sie Ihre Auswahl in den zweiten Ring vor.

Fragen Sie nun, zu welchen SDGs Ihr Unternehmen am meisten beitragen kann aufgrund der vorhandenen Kompetenzen, Ressourcen und Expertise. Diese rücken Sie in den dritten Ring vor.

Nun gilt es, ein „Commitment" zu finden. Diskutieren Sie mit den Führungskräften, auf welche SDGs der engeren Wahl aus dem dritten Ring sich Ihr Unternehmen fokussieren möchte? Welche SDGs sollen die Leitplanke für Ihre strategische Ausrichtung bilden?

Schlussfolgerung

Es ist wichtig, dass Sie sich auf nur wenige SDGs einigen, auf die Sie aber mit entsprechender Tiefe hinarbeiten, ohne die Verbindungen zwischen den einzelnen SDS aus den Augen zu verlieren. Änderungen in einem Feld können gravierende Auswirkungen in einem anderen Feld haben.

Diskutieren Sie anschließend in der Gruppe die folgenden Fragen:

- Wie kann ich meine Geschäftsstrategie, Produkte oder Dienstleistungen anpassen, um die SDGs zu unterstützen?
- Wie kann ich meine Lieferkette nachhaltiger gestalten, um die SDGs zu fördern?
- Wie kann ich meine Mitarbeitenden motivieren und einbinden, um einen Beitrag zu den SDGs zu leisten?
- Wie kann ich Partnerschaften mit anderen Unternehmen, Organisationen oder Regierungen eingehen, um gemeinsam die SDGs anzugehen?
- Wie kann ich meine Kunden dazu ermutigen, nachhaltige Entscheidungen zu treffen und die SDGs zu unterstützen?
- Wie kann ich meine Unternehmensziele und -werte mit den SDGs in Einklang bringen und sie in meine Vision und Mission integrieren?

Versuchen Sie abschließend, mit den Erkenntnissen aus den Stufen 1, 2 und 3 einen finalen Purpose in Form eines prägnanten Satzes zu formulieren.

Praxisschlaglicht

Warby Parker ist ein US-amerikanisches Unternehmen mit einem starken Purpose. Es wurde 2010 gegründet und verfolgt das Ziel, hochwertige und stilvolle Brillen und Sonnenbrillen zu erschwinglichen Preisen anzubieten und gleichzeitigen einen positiven sozialen Beitrag zu leisten

Mit dem Prinzip „Buy a Pair, Give a Pair" spendet Warby Parker für jedes verkaufte Paar Brillen ein Paar an Menschen in Entwicklungsländern, die keinen Zugang zu angemessener Sehhilfe haben. Genauer gesagt unterstützen sie gemeinnützige Partnerorganisationen, die Augenuntersuchungen durchführen und Brillen für Menschen in Not bereitstellen.

Mit seinem Geschäftsmodell verfolgt Warby Parker den Purpose, bedürftigen Menschen nicht nur eine bessere Lebensqualität, sondern auch bessere Bildungschancen und berufliche Möglichkeiten zu öffnen.

Zusätzlich setzt sich Warby Parker für Nachhaltigkeit und soziale Verantwortung in ihrer Lieferkette ein und nutzt umweltfreundliche Materialien und Produktionsverfahren, um die Umweltbelastung zu reduzieren.

Wirkfeld der Methode

- Wirksam für Herausforderungen mit hoher Komplexität
- Wirksam für nachhaltiges Business Model Design

Transformationsfähigkeit Ihres Teams

- Fördert die Sensibilisierung
- Fördert die Teamkreativität
- Fördert die allgemeine Transformationsfähigkeit des Teams
- Fördert offene Mindsets und innovative Denkhaltungen
- Zahlt auf eine bessere Vorstellungskraft ein
- Zahlt auf eine bessere Wahrnehmung ein
- Zahlt auf ein positives Zukunftsbild ein
- Erhöht die Lösungsorientierung

Einsatzcharakteristik/Arbeitsrahmen

- Austauschfokus: vornehmlich mit internen Personen
- Durchführungszeit: eher hoch (> 1 Tag)
- Einsatzfrequenz: sinnvoll im dauerhaften Einsatz
- Einsatzradius: vornehmlich im unternehmensweiten Einsatz
- Komplexität für den Moderator: eher hoch
- Komplexität für die Teilnehmer: eher hoch
- Teamgröße: Einzelpersonennutzung möglich
- Teamgröße: Kleingruppe möglich (3 bis 5 Teilnehmer)
- Teamgröße: Mittelgroße Teams möglich (5 bis 20 Teilnehmer)
- Vorbereitungszeit: eher mittel (> 1 Stunde bis < 1 Tag)

Input für eine zielführende Arbeit mit der Methode

- Aktuell existierende Geschäftsmodelle
- Aktuell existierende Produkte und Services
- Aktuelle Herausforderung, Leitfrage, Problem
- Beteiligte Personen mit Tätigkeiten und Aufgaben
- Durchlaufenes Projekt oder Projektphasen
- Ergebnisse aus der Analysephase
- Existierende Prozesse und Verfahren
- Verschiedene Botschaften, Meinungen, Statements
- Verschiedene Meinungen und Blickwinkel
- Vorhandenes Wissen und Erfahrungen
- Produktmerkmale, Skizzen, Eigenschaften
- Trends und Zukunftsentwicklungen
- Umfeldbeobachtungen, Umfeldanalysen
- Wettbewerber und Komplementoren
- Ziele, Zielsystem, Kennzahlen

Output und beobachtete Ergebnisse der Methode

- Erzeugt Prognosen und Ableitungen
- Erzeugt Ideensuchfelder, unentdeckte Probleme, Inspiration
- Erzeugt Planungen und Priorisierungen
- Erzeugt besseren Teamspirit, mehr Offenheit, Inspirationsempfindlichkeit
- Erzeugt definierte Zielkorridore
- Erzeugt eine Vision oder Zukunftsbild
- Erzeugt größere Klarheit zu einem Thema
- Erzeugt transformationsfähigere Organisationen
- Erzeugt motiviertere und transformationsfähigere Teilnehmer
- Identifiziert vorhandene Schwachstellen
- Identifiziert vorhandene Stärken
- Macht Wirkzusammenhänge sichtbar

Hinderniseffekte, auf die die Methode positiv wirkt

- Beugt Missinterpretationen vor
- Beugt blinden Flecken/Betriebsblindheit vor
- Bewahrt vor zu generischen Ideen und Aussagen
- Schafft für den Erfolg nötige Realitätsbezüge
- Schafft schnell Klarheit und beschleunigt Erkenntnisgewinn
- Schwächt das Leben in der Vergangenheit
- Schärft eine fehlende gemeinsame Ausrichtung
- Stärkt das Vertrauen im Team
- Verhindert Topic-Jumping und schnelles Abschweifen
- Verhindert blinden Aktionismus
- Verhindert einseitige Bewertungen und Entscheidungen
- Verhindert unreflektiertes agieren
- Fördert Optimismus und Zuversicht

Mögliche Extravorteile der Methode

- Möglicher Extravorteil für Teams mit einem starkem Auftragsmandat

Quellen

Organisation – verrocchio, www.verrocchio.institute
Person – Hila Attaie, innojump, www.inno-jump.com, hila.attaie@inno-jump.com
Web – www.sdgs.un.org
Web – https://en.wikipedia.org/wiki/Warby_Parker
Web – https://simonsinek.com/
Web – www.brandholosphere.com
Web – www.sdg-portal.de
Web – www.warbyparker.com

Purpose-Turnier

EinSatzBeschreibung

Das Purpose-Turnier hilft Teams, in verhältnismäßig kurzer Zeit Klarheit über den eigenen Purpose zu erlangen.

Working Guide/Anwendungsfelder

P1 Sensibilisierung/Bildung	P2 Matching Recht/Gesetz	P3 Sustainability Roadmap	P4 Produkt/Prozessdesign	P5 Implementierung/Monitoring	P6 Kommunikation	P7 Organisation	P8 Führung	P9 Business Model Design	P10 Skalierung
X							X		

Beschreibung

Gerade Teams, die die nachhaltige Transformation im Unternehmen vorantreiben, sehen sich vielen Hindernissen und auch Rückschlägen gegenüber. Immerhin sind es tiefgreifende Veränderungen, die sie anstoßen und umsetzen wollen. Umso wichtiger ist es für sie, aus Überzeugung ihre Ziele zu verfolgen, um sich nicht in Frustration oder Zweifel zu verlieren.

Um diesen inneren Motor zu finden, braucht es eine gemeinsame Sinnhaftigkeit. Wichtige Fragen sind also:

- Wofür braucht uns die Welt als Team?
- Was treibt uns an? Wofür stehen wir jeden Morgen auf?

Das Purpose-Turnier lässt Teams in einem Workshop Antworten auf diese Fragen erarbeiten und den gemeinsamen Sinn finden. Dabei wird jede Idee gehört und in eine höhere Lösung integriert, sodass sich keiner übergangen fühlt.

Grundsätzlich gilt: Für mehr Nachhaltigkeit im Unternehmen ist es nicht nur wichtig, im Team einen Purpose zu entwickeln, sondern auch für die Gesamtorganisation und letztendlich auch für sich als Individuum. Idealerweise überschneiden sich am Ende diese drei Sinneinheiten, oder sind zumindest gut miteinander vereinbar.

Durchführung

Schritt 1 – Stakeholder Map: Für wen schaffen wir einen Mehrwert?

Es werden zunächst so viele Stakeholder wie möglich identifiziert, für die das Team einen Mehrwert zu schaffen glaubt. Das können Personen, andere Teams, aber auch die Gesellschaft oder der Planet sein. Machen Sie die bewusst breite Fragestellung mittig an einer ersten Pinnwand für alle sichtbar: Für wen schaffen wir einen Mehrwert?

Lassen Sie die Teilnehmenden nun alle passenden Akteure in Einzelarbeit auf Post-its notieren und direkt in Form einer Mindmap um die Fragestellung an die Pinnwand kleben. Es gilt je Post-it ein Akteur. Es ist kein Problem, wenn Dopplungen entstehen. Während der Arbeit wird nicht gesprochen, die Zettel der anderen Teilnehmenden an der Pinnwand können aber als Inspiration für weitere Einfälle dienen.

Geben Sie für diesen ersten Arbeitsschritt gute zehn bis 15 Minuten Zeit.

Schritt 2 – Mehrwert-Cluster: Was sind unsere Mehrwerte?

Die identifizierten Stakeholder helfen nun im zweiten Schritt dabei, die Mehrwerte des Teams zu finden.

Beschriften Sie dazu eine zweite Pinnwand mit der Frage: Welche Mehrwerte schaffen wir als Team für unsere Stakeholder?

Lassen Sie die Teilnehmenden ihre Antworten wieder auf Post-its notieren und direkt an die Pinnwand hängen, sodass sie sich

Der goldene Kreis
VON SIMON SINEK

Quelle: https://www.thedive.com/de/blog/das-purpose-turnier

gegenseitig inspirieren. Geben Sie auch dafür wieder zehn bis 15 Minuten Zeit.

Clustern Sie anschließend mit der Gruppe die gefundenen Aspekte und geben Sie gemeinsamen Punkten einen Oberbegriff, den Sie als weiteren Zettel, am besten in einer anderen Farbe, dazu hängen. Dieser Oberbegriff sollte ein abstrakter Begriff sein wie Zuverlässigkeit, Empowerment, Geschwindigkeit, Qualität oder Verständnis.

Im besten Fall sind am Ende fünf bis sieben Cluster identifiziert und beschriftet. Wichtig: Diese Begriffe dienen nur zur Orientierung für den nächsten Schritt. Sie einfach nur aneinanderzureihen, beschreibt noch keinen guten Purpose.

Schritt 3 – Purpose Formulierung

Auf den ersten beiden Schritten aufbauend formuliert nun jeder Teilnehmende für sich im ganzen Satz, wie der Purpose des Teams lauten könnte. Ziel ist es, erste unperfekte Purpose-Prototypen zu entwickeln, die eventuell noch langatmig formuliert und sperrig sind.

Als Hilfestellung machen Sie die Frage „Warum werden wir gebraucht?" auf einem Flipchart sichtbar und lassen die Teilnehmenden die Antwort immer mit „Wir …" beginnen. Zudem kann der Goldene Kreis von Simon Sinek bei der Formulierung helfen. Teilnehmende können ihre ersten Prototypen damit abgleichen, welche Bestandteile des Satzes das Was, das Wie und welche wirklich das Warum beschreiben.

Schritt 4 – Integrationsturnier

Nun werden die ersten Purpose-Prototypen in einem Turnierformat „gechallenged".

Dafür tun sich immer zwei Teilnehmende zusammen und entwickeln in 15 Minuten eine neue Formulierung für den Purpose. Wichtig: Es wird nicht zwischen dem einen oder anderen Satz ausgewählt, sondern tatsächlich ein neuer entwickelt (der auf den bestehenden Sätzen basieren kann).

Anschließend bestimmt jedes Team einen Repräsentanten für die nächste Runde. Die andere Person kann weiterhin als Zuschauer Ideen einbringen, aber nichts mehr entscheiden.

Bringen Sie nun immer zwei Repräsentanten zusammen, indem Sie bspw. zwei benachbarte Teams im Raum sich zusammensetzen lassen. Diese entwickeln nun in einer nächsten Runde wieder auf Basis ihrer bisherigen Sätze eine neue Formulierung und bestimmen einen Vertreter für die darauffolgende Runde. Die Nicht-Repräsentanten können sich optional am Prozess beteiligen, aber keine finalen Entscheidungen mittreffen.

Lassen Sie auf diese Weise so viele Runden stattfinden, bis nur noch eine Satzversion übrig ist.

Schritt 5 – Reflexion

Prüfen Sie gemeinsam mit der Gruppe das letzte Ergebnis. Zeigt der Purpose Satz ein klares „Warum"? Wie hängte es mit dem „Wie" und dem „Was" des Teams zusammen? Lösen Sie zudem gemeinsam eventuelle Einwände.

Der entwickelte Purpose ist übrigens nicht in Stein gemeißelt. Ziel der Methode ist es vielmehr eine Version zu entwickeln, die jeder im Team vorerst mitträgt, die aber im Sinne eines agilen Mindsets auch jederzeit durch eine bessere Idee ersetzt werden kann.

Schritt 6 – Sichtbarkeit

Legen Sie den Team-Purpose nicht in eine Schublade, sondern hängen Sie ihn an prominenter Stelle auf/machen Sie ihn online an geeigneter Stelle sichtbar, sodass alle Teammitglieder ihn täglich vor Augen haben. Erinnern Sie das Team bei schwierigen Grundsatzentscheidungen, großen Hürden oder auch Enttäuschungen, warum sie als Team ihre Ziele verfolgen. Freuen Sie sich aber auch bei positiven Ergebnissen, dass sie als Team wieder etwas beigetragen haben.

Nutzen Sie den Purpose als Kompass, um dem Team Richtung und Motivation zu geben.

Wirkfeld der Methode

- Wirksam für Herausforderungen mit hoher Komplexität
- Wirksam für Herausforderungen mit mittlerer Komplexität

Transformationsfähigkeit Ihres Teams

- Fördert die Sensibilisierung
- Fördert die allgemeine Transformationsfähigkeit des Teams
- Zahlt auf eine bessere Wahrnehmung ein
- Zahlt auf ein positives Zukunftsbild ein
- Zahlt auf das Dringlichkeitsempfinden ein
- Erhöht die Lösungsorientierung

Einsatzcharakteristik/Arbeitsrahmen

- Austauschfokus: vornehmlich mit internen Personen
- Durchführungszeit: eher mittel (> 1 Stunde bis < 1 Tag)
- Einsatzfrequenz: vornehmlich im einmaligen Einsatz
- Einsatzradius: vornehmlich im Teameinsatz
- Komplexität für den Moderator: eher mittel
- Komplexität für die Teilnehmer: eher mittel
- Teamgröße: Kleingruppe möglich (3 bis 5 Teilnehmer)
- Teamgröße: Mittelgroße Teams möglich (5 bis 20 Teilnehmer)
- Vorbereitungszeit: eher gering (< 1 Stunde)

Input für eine zielführende Arbeit mit der Methode

- Beteiligte Personen mit Tätigkeiten und Aufgaben
- Verschiedene Botschaften, Meinungen, Statements
- Verschiedene Meinungen und Blickwinkel

Output und beobachtete Ergebnisse der Methode

- Bessere Projekteffizienz, bessere Teamperformance
- Erzeugt besseren Teamspirit, mehr Offenheit, Inspirationsempfindlichkeit
- Erzeugt eine Vision oder Zukunftsbild
- Erzeugt größere Klarheit zu einem Thema
- Erzeugt transformationsfähigere Organisationen
- Erzeugt motiviertere und transformationsfähigere Teilnehmer

Hinderniseffekte, auf die die Methode positiv wirkt

- Schärft eine fehlende gemeinsame Ausrichtung
- Stärkt das Vertrauen im Team
- Fördert Optimismus und Zuversicht

Mögliche Extravorteile der Methode

- Möglicher Extravorteil für Teams mit einem starkem Auftragsmandat
- Möglicher Extravorteil für Teams mit einer konservativen, tradierten Kultur
- Möglicher Extravorteil für innovativ ungeübte Teams

Quellen

Web – https://www.thedive.com/de/blog/das-purpose-turnier (abgerufen 24.11.23)
Organisation – TheDive GmbH, https://www.thedive.com

Grafik: verrocchio Sustainable Inspiration Card – Malvine Klecha, Hila Attaie und Jennifer van Aerssen (Illustration)

221 Question Formulation Technique™ (QFT) Kontext Nachhaltigkeit

EinSatzBeschreibung

Dient der Sensibilisierung für das Thema Nachhaltigkeit und dem Verständnis der globalen SDG-Ziele.

Working Guide/Anwendungsfelder

P1 Sensibilisierung/Bildung	P2 Matching Recht/Gesetz	P3 Sustainability Roadmap	P4 Produkt/Prozessdesign	P5 Implementierung/Monitoring	P6 Kommunikation	P7 Organisation	P8 Führung	P9 Business Model Design	P10 Skalierung
X					X				

Beschreibung

Im Alltag sind wir mit vielen Schlagwörtern konfrontiert. Was im Detail mit dem Ausdruck gemeint ist, ist oft nicht eindeutig bzw. haben wir innerhalb einer Gruppe ein unterschiedliches Verständnis davon. So z. B. auch beim Begriff „Nachhaltigkeit".

Einige verstehen den Begriff ausschließlich im Kontext Umwelt- bzw. Luftverschmutzung. Andere wiederum meinen damit „eine über längere Zeit anhaltende Wirkung". Laut Duden ist Nachhaltigkeit auch definiert als: *„Prinzip, nach dem nicht mehr verbraucht werden darf, als jeweils nachwachsen, sich regenerieren, künftig wieder bereitgestellt werden kann."*

Weiterhin steckt hinter Nachhaltigkeit auch der Bezug zu den 17 SDGs. Auch diese sind nicht durchgängig bekannt oder präsent. Je nachdem in welchen Kontext wir den Begriff setzen, haben wir ein unterschiedliches Verständnis mit z. T. unterschiedlichen Ausprägungen. Wenn wir Nachhaltigkeit in Organisationen verankern wollen, bedarf es einer flächendeckenden Klärung des Begriffes und Erläuterung von Hintergründen und Zusammenhängen.

Mit der Question Formulation Technique™ setzen sich Teams grundsätzlich mit dem Thema Nachhaltigkeit und den SDGs auseinander. Ziel dieser wissenschaftlichen Formulierungsmethode ist es, durch Fragen das Thema und die Zusammenhänge (besser) zu verstehen. Diese Technik unterstützt Lernende dabei, eigene für sie relevante Fragen zum Thema zu entwickeln, zu formulieren und zu bearbeiten. Das eigene Interesse am Thema wird gefördert.

Durch das Entwickeln eigener Fragen gestalten wir unsere eigene Herangehensweise an eine gegebene Herausforderung.

Anwendung findet die QFT™ z. B. zur Vorbereitung auf eine neue Aufgabe oder ein Projekt, um Nachforschungen zu einem neuen Thema zu beginnen oder um gründlich über ein anspruchsvolles Thema oder Projekt nachzudenken.

Durchführung

Die Durchführung sollte moderiert erfolgen. In der Vorbereitung wird der Kontext bzw. das Problemfeld definiert, z. B. Nachhaltigkeit im Unternehmen und was dadurch erreicht werden soll. Die Gruppengröße ist nicht limitiert. Größere Gruppen werden in kleinere Arbeitsgruppen mit je 3–5 Personen aufgeteilt. Jede Arbeitsgruppe benennt eine Person, die schreibt. Benötigt wird Schreibmaterial, Papier oder Whiteboard. Dauer der Durchführung ca. 45–60 Minuten.

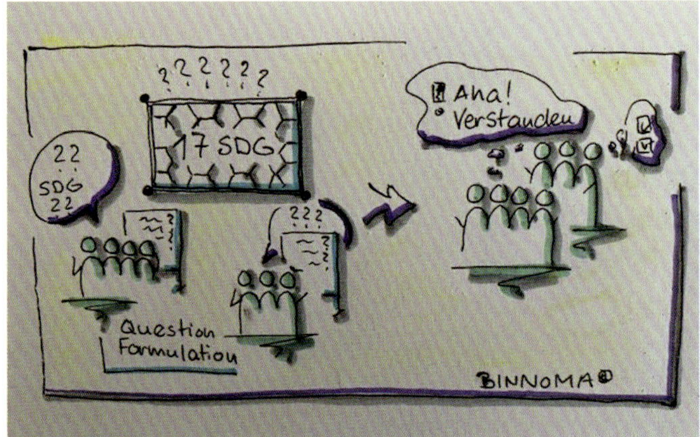

Question Formulation Technique™

Die QFT™ ist in sechs Schritte gegliedert:

Schritt 1 – Fragefokus erarbeiten und präsentieren: Der Fragefokus wird vom Workshopleiter erarbeitet. Der Fokus dient als Impuls für Fragen. Er wird hierbei nicht als Frage formuliert, sondern als Thema oder Statement beschrieben, welches zu Fragen führen soll. Der Fokus beschreibt die Herausforderung auf klare und provokante Weise. Ziel ist es, mit dem Fokus Denkanstöße zu geben. Der Fokusimpuls kann ein Thema, ein Satz, ein Bild oder eine Situation sein und sich mit einer Herausforderung beschäftigen, die das Unternehmen zurzeit hat. Vorgehensweise zur Erarbeitung des Fragefokus:

- Beschreiben Sie den Zweck für den Fragefokus: Was sollen die Teilnehmenden am Ende des Workshops verstanden haben bzw. was soll erreicht sein? (Im Kontext Nachhaltigkeit können sich die Fragen speziell auf Schwierigkeiten bei der Berücksichtigung von Nachhaltigkeitszielen beziehen. Die Teilnehmenden können basierend auf dem Fragefokus zum Beispiel ihre eigenen Hindernisse oder Wissenslücken bei der Auseinandersetzung mit den Nachhaltigkeitszielen hinterfragen.)
- Denken Sie darüber nach, wofür die Teilnehmenden ihre formulierten Fragen verwenden werden (z. B. Interesse an einem Thema entwickeln, ein Problem lösen, einen Artikel zu verfassen, in ein neues Thema einarbeiten usw.).

- Entwickeln Sie mehrere Ideen für einen Fragefokus.
- Überprüfen Sie diese Ideen anhand folgender Kriterien: kurz, provozierend oder stimulierend für neue Denkansätze, keine Fragestellung
- Wählen Sie die Fokus-Idee aus, die am besten den Zweck trifft sowie die o. g. Kriterien erfüllt.

Den Teilnehmenden wird zu Beginn des Workshops der QFT-Prozess vorgestellt. Danach wird den Teilnehmern der Fragefokus präsentiert (bei größeren Gruppen können auch verschiedene Fragefokusse für die diversen Arbeitsgruppen verwendet werden).

Schritt 2 – Frage entwickeln: Die Teilnehmenden schreiben in ihren Arbeitsgruppen *fünf bis zehn Minuten* lang alle Fragen auf, die ihnen zum Fragefokus einfallen. Dabei werden vier Regeln beachtet:

R1) Möglichst viele Fragen stellen. Diese werden in der Gruppe notiert und nummeriert.

R2) Fragen werden nicht diskutiert, beurteilt oder beantwortet.

R3) Jede Frage wird genau so notiert, wie sie gestellt wurde.

R4) Aussagen werden in Fragen umgewandelt

Schritt 3 – Fragen verbessern: Die Arbeitsgruppen prüfen und markieren jede einzelne Frage, inwiefern es sich um eine offene (O) oder geschlossene (G) Frage handelt. Danach erfolgt eine Reflexion über Vor- und Nachteile von geschlossenen und offenen Fragestellungen. Im Anschluss werden je ein bis zwei offene Fragen in geschlossene Fragen und geschlossene Fragen in offene Fragen gewandelt. Im nächsten Schritt werden alle Fragen gestrichen, zu der man die Antwort bereits selbst geben kann.

Schritt 4 – Fragen priorisieren: Die Arbeitsgruppen wählen aus ihrer Fragenliste nun drei Fragen aus. Dies können z. B. die drei wichtigsten Fragen sein, die drei Fragen, die zuerst beantwortet werden sollen oder drei Fragen, zu denen weitere Details gewünscht werden usw. Nach der Priorisierung werden die drei Fragen vorgestellt und deren Auswahl kurz begründet. Hinweis: Bei der Priorisierung weiterhin den Fragefokus im Blick behalten.

Schritt 5 – nächste Schritte festlegen: Die Arbeitsgruppen diskutieren die nächsten Schritte und entscheiden, was die einzelnen Teilnehmenden mit den priorisierten Fragen machen werden. In den Arbeitsgruppen wird dafür ein Aktionsplan festgelegt.

Schritt 6 – Reflexion: Je nach Gruppengröße reflektieren alle Teilnehmende den Prozess (die eigenen Fragen zu Herausforderungen formulieren) sowie das Gelernte. Optional können bei Großgruppen für die Reflexion neue Kleingruppen gebildet werden, um einen übergreifenden Austausch zu ermöglichen.

Praxisschlaglicht

Ziel war es, das Thema Nachhaltigkeitsziele stärker in die Organisationseinheiten des Konzerns zu integrieren. Im Zuge der sogenannten Sustainability Culture Activities haben wir die Methode QFT eingesetzt, um Wissen über die 17 SDG zu fördern und die Mitarbeiter für die Inhalte und Zusammenhänge zu sensibilisieren. Fragefokus hierbei war „Wir nutzen Nachhaltigkeit nicht als Potenzial fürs Unternehmen".

In anschließenden Workshoprunden haben die Teilnehmenden ihre erarbeiteten Fragen und ihre Antworten vorgestellt. Zudem war es Aufgabe aus dem Aktionsplan, neben der Beantwortung der drei priorisierten Fragen auch eine Verwendung zu finden und die Erkenntnisse daraus zu teilen.

Helfende Organisation

Right Question Institute, https://rightquestion.org/

Wirkfeld der Methode

- Wirksam für Herausforderungen mit hoher Komplexität
- Wirksam für Herausforderungen mit mittlerer Komplexität
- Wirksam für Herausforderungen mit niedriger Komplexität
- Wirksam für nachhaltiges Marketing
- Wirksam für nachhaltiges Produktdesign
- Wirksam für nachhaltiges Prozessdesign
- Wirksam für nachhaltiges Servicedesign
- Wirksam für nachhaltiges Business Model Design

Transformationsfähigkeit Ihres Teams

- Fördert die allgemeine Transformationsfähigkeit des Teams
- Fördert offene Mindsets und innovative Denkhaltungen
- Sorgt für Inspiration oder bessere Inspirationsempfindlichkeit
- Zahlt auf eine bessere Vorstellungskraft ein
- Erhöht die Lösungsorientierung

Einsatzcharakteristik/Arbeitsrahmen

- Austauschfokus: vornehmlich mit internen Personen
- Austauschfokus: vornehmlich mit internen und externen Personen
- Durchführungszeit: eher mittel (> 1 Stunde bis < 1 Tag)
- Einsatzfrequenz: vornehmlich im einmaligen Einsatz
- Einsatzradius: vornehmlich im Teameinsatz
- Einsatzradius: vornehmlich im projektweiten Einsatz
- Einsatzradius: vornehmlich im unternehmensweiten Einsatz
- Komplexität für den Moderator: eher mittel
- Komplexität für die Teilnehmer: eher mittel
- Teamgröße: Einzelpersonennutzung möglich
- Teamgröße: Großgruppen möglich (> 50 Teilnehmer)
- Teamgröße: Kleingruppe möglich (3 bis 5 Teilnehmer)
- Teamgröße: Maxigruppen möglich (20 bis 40 Teilnehmer)
- Teamgröße: Mittelgroße Teams möglich (5 bis 20 Teilnehmer)
- Teamgröße: Speziell für Großgruppen geeignet (> 50 Teilnehmer)
- Vorbereitungszeit: eher mittel (> 1 Stunde bis < 1 Tag)

Input für eine zielführende Arbeit mit der Methode

- Aktuell existierende Geschäftsmodelle
- Aktuell existierende Produkte und Services
- Aktuelle Herausforderung, Leitfrage, Problem
- Merkmale der gegebenen Herausforderung

Output und beobachtete Ergebnisse der Methode

- Bessere Projekteffizienz, bessere Teamperformance
- Erzeugt größere Klarheit zu einem Thema
- Erzeugt transformationsfähigere Organisationen

Hinderniseffekte, auf die die Methode positiv wirkt

- Dynamisiert und aktiviert wenig dynamische Teams
- Schafft schnell Klarheit und beschleunigt Erkenntnisgewinn
- Stärkt das Vertrauen im Team
- Wirkt fehlender Inspiration entgegen
- Überzeugt strukturliebende Teammitglieder
- Überzeugt Zweifler, Bewahrer, Kritiker
- Fördert Optimismus und Zuversicht

Mögliche Extravorteile der Methode

- Möglicher Extravorteil für Teams in einer Krisensituation
- Möglicher Extravorteil für die Arbeit mit digitalen Kollaborationsboards
- Möglicher Extravorteil für in Nachhaltigkeitsthemen ungeübte Teams

Quellen

Buch – Die Kunst des klugen Fragens. Warren Berger (Berlin Verlag, 2014)

Buch – Experiencing the Question Formulation Technique (QFT). The Right Question Institute. http://rightquestion.org/education/

Buch – Make Just One Change: Teach Students to Ask Their Own Questions. Dan Rothstein, Luz Santana (Harvard Education Press: 2011, S. 150)

Person – Sabine Boehringer, sabine.boehringer@binnoma.de

Reflective Audience

EinSatzBeschreibung

Diese Methode bietet die Gelegenheit, im Rahmen von Vorträgen, Meetings oder Workshops gemeinsam auf die Metaebene zu gehen und wahrzunehmen, was gerade im Raum passiert.

Working Guide/Anwendungsfelder

P1 Sensibilisierung/Bildung	P2 Matching Recht/Gesetz	P3 Sustainability Roadmap	P4 Produkt/Prozessdesign	P5 Implementierung/Monitoring	P6 Kommunikation	P7 Organisation	P8 Führung	P9 Business Model Design	P10 Skalierung
X					X				

Beschreibung

Wenn wir z.B. zum Thema Nachhaltigkeit an Vorträgen oder Meetings mit Präsentationen teilnehmen, kommen uns währenddessen die verschiedensten Gedanken zum Gehörten. Von kritischer oder konstruktiver Auseinandersetzung bis hin zu spontanen Ideen und Anregungen ist alles dabei. Die Gedanken schweifen nicht selten auch in gänzlich andere Bereiche ab oder bilden Verbindungen zu anderen Themen.

Wir nehmen uns dann währenddessen vor „das greife ich im Nachgang auf …" oder „das muss ich mir für xy merken". Vielleicht machen wir uns noch eine Notiz hierzu. Bis zum Ende der Veranstaltung haben wir einige solcher Gedankenspiele durchlaufen. Direkt im Anschluss oder im Alltag angekommen werden diese jedoch wieder vergessen oder es ergibt sich kurzfristig kein konkreter Ansatz zur Nutzung dieser Impulse. Sehr schade. Vielleicht hätte – wenn schon nicht wir selbst – ein anderer Teilnehmender diese Gedanken „weiterverarbeiten" können.

Aus diesem Grund wurde die Reflective Audience©-Methode entwickelt. Es geht darum, verschiedenste Gedanken und Eindrücke der Teilnehmenden noch während der Veranstaltung aufzugreifen und festzuhalten. Diese wertvolle Ressource wollen wir aktiv als Quelle für Inspirationen nutzen und die darin verborgenen Potenziale greifbar machen (auch wenn dadurch der Flow der Präsentation bewusst unterbrochen wird). Wir bekommen ein Potpourri an Impulse für ganz neue Sichtweisen, Meinungen, Denkrichtungen, Ideen und Lösungsmöglichkeiten, Entscheidungsfindungen oder können einfach nur für spannende weiterführende Gespräche dienen. Und auch die vortragende Person kann wertvolle Erkenntnisse und Anregungen für die vorgestellten Inhalte mitnehmen.

Bei dieser Methode gehen wir während der Veranstaltung regelmäßig auf die Meta-Ebene, um das, „was gerade in unseren Köpfen passiert", zu reflektieren und bewusst auszusprechen.

Durchführung

Vorbereitung: Klären Sie als moderierende Person im Vorfeld mit der vortragenden Person die geplante Vorgehensweise ab. Bestenfalls legen Sie gemeinsam die für eine Meta-Reflexion passenden Zeitpunkte fest. (Optional kann die moderierende Person bei entsprechender Erfahrung während der Veranstaltung situativ diese „Unterbrechungen" einfließen lassen.) Vereinbaren Sie ein Signal, welches alle Beteiligten auf die Unterbrechung bzw. Meta-Reflexion hinweist.

Zu Beginn der Veranstaltung führen Sie die Teilnehmenden in die geplante Vorgehensweise ein. Erläutern Sie Ihre Erwartungen und weisen Sie auf die Freiwilligkeit des „Ausspeicherns" hin. Versuchen Sie schon im Rahmen der Einführung zu transportieren, dass für die Reflexion durchaus eine gewisse Lockerheit gewünscht ist und Spaß machen darf.

Quelle: BINNOMA

Während des Vortrages beobachten Sie als moderierende Person sehr aufmerksam die Teilnehmenden und deren Reaktionen auf das Gehörte. Sind keine Zeitpunkte für die Meta-Reflexion vereinbart, entscheiden Sie aufgrund Ihrer Beobachtungen (Mimik, etwaige Kommunikation mit dem Umfeld, zunehmende Unruhe, Erheiterung usw.) einen aus Ihrer Sicht passenden Moment.

Geben Sie das Signal und übernehmen „die Bühne". Sammeln Sie die Gedanken ein:

Ihre Leitfragen an das Publikum bzw. Teilnehmenden könnten z.B. sein:

„Lasst uns nun gemeinsam neugierig sein: Was denken Sie über das bisher Gehörte zum Thema? Was genau geht Ihnen *jetzt* gerade im Kopf um?"

- Wie geht es Ihnen damit, was löst das Thema und das hierzu Gehörte bei Ihnen aus?
- Was beschäftigt Sie in diesem Zusammenhang, welche (inneren) Fragen tauchen auf?
- Welche Ideen oder Anregungen kamen Ihnen in den Kopf?
- Welche Erkenntnisse kamen Ihnen?
- …

Wählen Sie hierfür spontan einzelne Personen aus, die Sie anschließend bitten ihre Gedanken mit allen zu teilen (vielleicht sind Ihnen bei Ihren Beobachtungen schon Personen aufgefallen, die ggf. interessante Gedanken entwickelt hatten). Achten Sie strikt darauf, dass keine Diskussionen zu den geäußerten Gedanken entstehen. Es geht ausschließlich darum, „die Gedanken im Rahmen des Vortrags loszuwerden", nicht um deren Bewertung, Rechtfertigung oder Weiterdenken.

Tipp: Dieser Teil kann ggf. etwas schwierig sein, weshalb fundierte Moderationserfahrung empfohlen wird.

Notieren Sie passende Stichpunkte zu dem Gesagten bzw. die Erkenntnisse, Ideen usw. Sie können hierfür im Vorfeld schon Kategorien bilden und dann bei Bedarf ergänzen, wie z. B.

- Eindrücke, Meinungen, Statements
- Fragestellungen
- Ideen und Anregungen
- Handlungsfelder, Aktivitäten
- Emotionen o. ä.

Je nach Gruppengröße empfiehlt sich der Einsatz von Co-Moderatoren, die beim Festhalten der Gedanken unterstützen.

Sie können auch darüber nachdenken, digitale Tools einzusetzen und entscheiden, ob Sie oder die Teilnehmenden ihre Gedanken selbst notieren. Diese Notizen können online für alle sichtbar gezeigt und einzelne Inhalte gleich kurz angesprochen werden. Abhängig vom Teilnehmerkreis könnte auch eine gewisse Anonymität einen positiven Effekt auf aktive Beiträge haben.

Sobald Sie einige Punkte der Reflexionen gesammelt haben bzw. sich keine weiteren Freiwilligen finden, geben Sie das Signal an die vortragende Person zum Weitermachen.

Wiederholen Sie den Flug auf die Meta-Ebene zum nächsten gewählten Zeitpunkt. Achten Sie darauf, dass die Reflexionsrunden in einem guten Verhältnis zur Vortragszeit stehen und nicht zu umfangreich werden – Empfehlung: max. vier bei längeren Vorträgen.

Am Ende der Veranstaltung werfen Sie nochmals einen Blick auf die Reflexionsergebnisse und fassen diese zusammen. Es bietet sich zudem an, einen Check-out durchzuführen und einzelne Meinungen zu den Reflexionsergebnissen einzuholen.

Wirkfeld der Methode

- Wirksam für Herausforderungen mit hoher Komplexität
- Wirksam für Herausforderungen mit mittlerer Komplexität

Transformationsfähigkeit Ihres Teams

- Fördert die Sensibilisierung
- Fördert offene Mindsets und innovative Denkhaltungen
- Sorgt für Inspiration oder bessere Inspirationsempfindlichkeit
- Zahlt auf eine bessere Vorstellungskraft ein
- Zahlt auf eine bessere Wahrnehmung ein

Einsatzcharakteristik/Arbeitsrahmen

- Austauschfokus: vornehmlich mit externen Personen
- Austauschfokus: vornehmlich mit internen Personen
- Austauschfokus: vornehmlich mit internen und externen Personen
- Durchführungszeit: eher mittel (> 1 Stunde bis < 1 Tag)
- Einsatzfrequenz: vornehmlich im einmaligen Einsatz
- Einsatzradius: vornehmlich im Teameinsatz
- Einsatzradius: vornehmlich im projektweiten Einsatz
- Einsatzradius: vornehmlich im unternehmensweiten Einsatz
- Komplexität für den Moderator: eher hoch
- Komplexität für die Teilnehmer: eher mittel
- Teamgröße: Großgruppen möglich (> 50 Teilnehmer)
- Teamgröße: Kleingruppe möglich (3 bis 5 Teilnehmer)
- Teamgröße: Maxigruppen möglich (20 bis 40 Teilnehmer)
- Teamgröße: Mittelgroße Teams möglich (5 bis 20 Teilnehmer)
- Vorbereitungszeit: eher mittel (> 1 Stunde bis < 1 Tag)

Input für eine zielführende Arbeit mit der Methode

- Durchführungszeit, Trainingszeit

Output und beobachtete Ergebnisse der Methode

- Erzeugt Ideensuchfelder, unentdeckte Probleme, Inspiration
- Erzeugt besseren Teamspirit, mehr Offenheit, Inspirationsempfindlichkeit
- Erzeugt neues Wissen und neue Erfahrungen
- Erzeugt mehr Know-how-Zuwachs

Hinderniseffekte, auf die die Methode positiv wirkt

- Schwächt den „Inneren Zensor"
- Stärkt schwache Anreicherungsskills
- Verkürzt und durchbricht vorhandene Kreativblockaden
- Wirkt fehlender Inspiration entgegen

Mögliche Extravorteile der Methode

- Möglicher Extravorteil für agile Teams
- Möglicher Extravorteil für innovativ erfahrene Teams
- Möglicher Extravorteil für in Nachhaltigkeitsthemen erfahrene Teams

Quellen

Organisation – BöhringerInnovationsManagement, www.binnoma.de
Person – Sabine Böhringer, sabine.boehringer@binnoma.de
Web – https://www.coaching-institutes.net/de
Web – https://www.philognosie.net/denken-lernen/selbsterkenntnis-reflektieren-die-4-stufen-der-reflexion
Web – www.mindful.org/

Regenerative Business Canvas

EinSatzBeschreibung

Ein Tool zum niederschwelligen Einstieg, um erste zirkuläre Maßnahmen für Produkte/Dienstleistungen/Geschäftsfelder im kleinen Team zu erarbeiten.

Working Guide/Anwendungsfelder

P1 Sensibilisierung/Bildung	P2 Matching Recht/Gesetz	P3 Sustainability Roadmap	P4 Produkt/Prozessdesign	P5 Implementierung/Monitoring	P6 Kommunikation	P7 Organisation	P8 Führung	P9 Business Model Design	P10 Skalierung
			X					X	

Beschreibung

Der Regenerative Business Canvas ist ein niederschwelliges Werkzeug, um unternehmerische Aktivitäten wie Produkte/Dienstleistungen/Geschäftsfelder zirkulärer zu gestalten. Ziel ist es, Ökosysteme zu regenerieren, neue Einnahmequellen zu erschließen und die Widerstandsfähigkeit des Unternehmens zu erhöhen.

Der Canvas orientiert sich dabei vor allem an vier Leitprinzipien, den sogenannten Stellar Prinzipen von „TheDive“:

- Zirkulär (Circular): Alle Prozesse sind zirkulär gestaltet, die unternehmerische Verantwortung umfasst den gesamten Lebenszyklus.
- Eingebettet (Embedded): Gegenseitige Abhängigkeiten mit den Stakeholdern sind so gestaltet, dass der positive Impact einen möglichen negativen Impact übersteigt.
- Inklusiv (Inclusive): Das eigene unternehmerische Handeln fördert Inklusion und baut strukturelle Ungleichheiten ab.
- Langfristig (Longterm): Die langfristigen Auswirkungen des eigenen wirtschaftlichen Handels auf die nächste Generation werden berücksichtigt.

Der Regenerative Business Canvas funktioniert auf organisationaler Ebene von vor allem kleinen Unternehmen, sowie für Teams oder Abteilungen in bereits kurzen Sessions von 45 bis 90 Minuten. Wichtige Leitfragen bei der Erarbeitung des Canvas lauten:

„Welchen Wert schaffen wir für unsere Stakeholder, wenn wir auch ökologische und soziale Faktoren mit einbeziehen?“

„Welche Ansatzpunkte haben wir, um unser Geschäftsfeld schrittweise nachhaltiger oder sogar regenerativer zu gestalten?“

So werden bereits nach kurzer Zeit Ergebnisse entwickelt, die für erste Veränderungsschritte sorgen können. Optional kann auch in längeren Workshops mehr Detailtiefe erreicht werden, doch gerade bei so komplexen Thema hilft es möglichst simpel zu starten.

Dazu wird mit einem kleinen Team zunächst gemäß des ersten Leitprinzips „Zirkulär“ der Prozess des Werdens und des Vergehens eines Produkts oder eines Dienstleistungsangebot als Kreislauf dargestellt. Anschließend werden die an diesem Prozess beteiligen Stakeholder dazu gemappt und entsprechend innerhalb des Kreislaufs angeordnet, um die sozialökonomischen und ökologischen Auswirkungen der Stakeholder zu bestimmen. So wird das zweite Leitprinzip, die „Einbettung“ der Stakeholder, mit aufgenommen. Dabei zeigen sich konkrete Handlungsbedarfe und eventuelle Quick Wins (große Wirkung und geringer Aufwand). Zudem wird klar, wo noch mehr Informationen benötigt werden, um fundierte Entscheidungen zu treffen.

Insgesamt hilft der Regenerative Business Canvas Teams, ein umfangreiches Abbild der Aktivitäten auf Produkt-/Dienstleistungs-/Geschäftsfeldebene zu erstellen und deren Mehrwert für unterschiedliche Stakeholder zu erkennen.

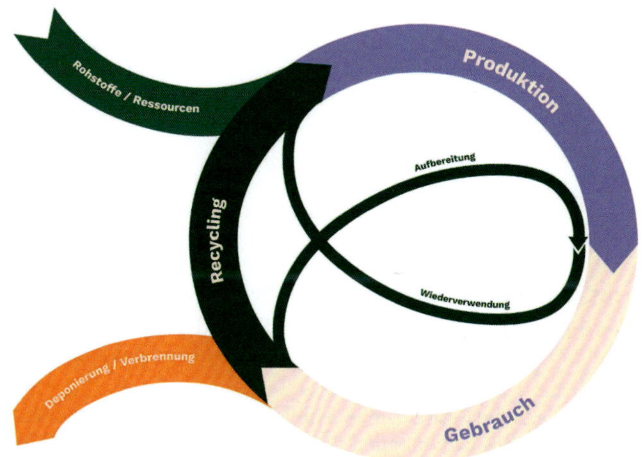

Quelle: https://www.thedive.com/de/blog/stellar-regenerative-business-canvas

Durchführung

Schritt 1: Betrachtungsobjekt definieren

Überlegen Sie mit den Teilnehmenden, was Sie in der folgenden Session betrachten wollen. Es kann ein Kern-Produkt oder eine Kern-Dienstleistung des Unternehmens oder des Teams sein, oder auch ein gesamtes Geschäftsfeld. Falls viele Auswahlmöglichkeiten bestehen, diskutieren Sie nicht zu lange, sondern versuchen Sie sich in der Gruppe schnell zu einigen, um versuchsweise zu starten.

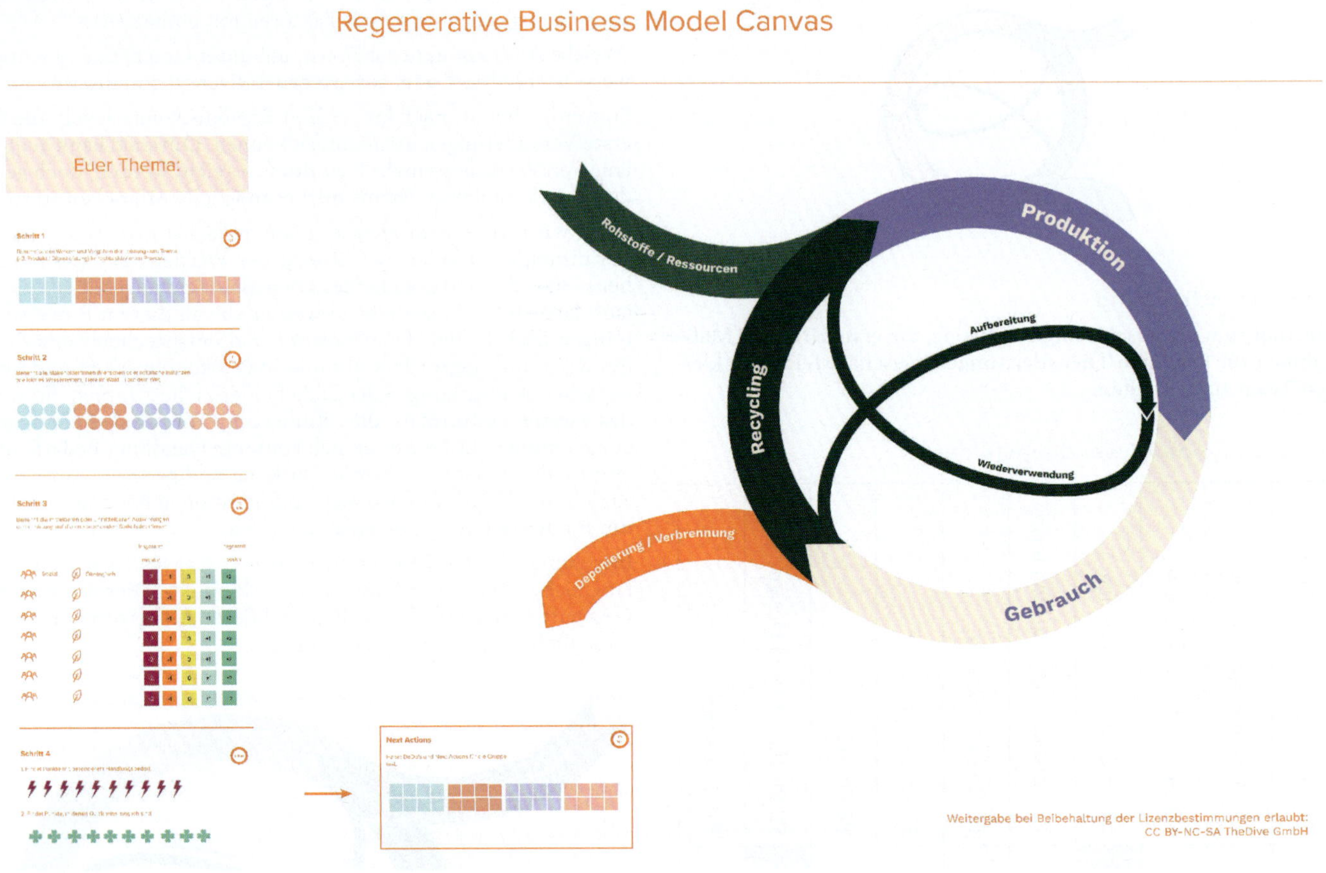

Regenerative Business Model Canvas

Euer Thema:

Schritt 1

Schritt 2

Schritt 3

Schritt 4

Next Actions

Rohstoffe / Ressourcen

Produktion

Aufbereitung

Recycling

Wiederverwendung

Deponierung / Verbrennung

Gebrauch

Quelle: https://www.thedive.com/de/blog/stellar-regenerative-business-canvas

Schritt 2: Zirkuläre Darstellung erarbeiten

Lassen Sie die Teilnehmenden das Werden und Vergehen des ausgewählten Produkts oder der Dienstleistung anhand des Kreislaufs erarbeiten.

Malen Sie dazu die Grafik (siehe Abbildung) mit allen Komponenten auf ein großes Brownpaper, und stellen Sie kurz die verschiedenen Phasen des Kreislaufs anhand eines mitgebrachten Beispiels vor: Rohstoffe/Ressourcen, Produktion, Gebrauch, Aufbereitung, Wiederverwendung, Recycling, Deponierung/Verbrennung.

Verteilen Sie Post-its, auf denen die Teilnehmenden die aktuellen verschiedenen Phasen des ausgewählten Produkts/der Dienstleistung kurz beschreiben und in den Kreislauf anordnen können. Achten Sie als Moderator darauf, dass die Teilnehmenden schnell ins Schreiben kommen und sich nicht Verdiskutieren. Geben Sie ein starkes Timeboxing wie bspw. zehn Minuten für diesen Arbeitsschritt vor.

Schritt 3: Stakeholder-Mapping vornehmen

Verteilen Sie andersfarbige/andersförmige Post-its als im vorherigen Schritt, und lassen Sie die Teilnehmenden alle Stakeholder benennen, die in dem Kreislauf vorkommen. Diese können menschlich, organisational oder aus der Natur sein, wie eine Druckerei, die Wasserbetriebe, der Boden oder der Wald. Die Stakeholder-Post-its werden zu den Phasen gemapped und in das Innere des Kreislaufs geklebt. Auch hier haben die Teilnehmenden wieder zehn Minuten Zeit für.

Schritt 4: Auswirkungen bewerten

Gehen Sie mit der Gruppe entlang der Phasen des Kreislaufs. Die Teilnehmenden notieren dabei relevante mittelbaren und unmittelbaren Auswirkungen des Produkts/der Dienstleistung auf die entsprechenden Stakeholder. Es können entweder sozial-ökonomische Auswirkungen oder ökologische Auswirkungen sein. Nehmen Sie gleichzeitig eine Bewertung mit der Gruppe vor: Wie negativ oder positiv ist diese Auswirkung?

Die Bewertung können Sie sichtbar machen, indem Sie genügend Post-its in einer Farbskala von dunkelrot bis dunkelgrün vorbereiten und die Teilnehmenden die Auswirkungen direkt auf einem Post-it mit der entsprechenden Farbe notieren:

- dunkelrote Post-its = -2 (stark negative soziale oder ökologische Auswirkungen)
- hellrote Post-its = -1 (negative soziale oder ökologische Auswirkungen)
- gelbe Post-its = 0 (weder negativ noch positiv)

- hellgrüne Post-its = +1 (positive soziale oder ökologische Auswirkungen)
- dunkelgrüne Post-its = +2 (stark positive soziale oder ökologische Auswirkungen)

Kleben Sie die farbigen Auswirkungs-Post-its direkt zu den passenden Stakeholdern/Phasen auf das Brownpaper.

Dieser Arbeitsschritt sollte ebenfalls nicht länger als zehn Minuten dauern.

Schritt 5: Handlungsbedarf und Quick Wins identifizieren

Lassen Sie die Teilnehmenden Punkte mit besonderem Handlungsbedarf (z. B. durch einen Blitz) und Punkte, an denen Quick Wins zur Verbesserung möglich sind (z. B. durch ein Kleeblatt), mithilfe eines Eddings kennzeichnen. Geben Sie dafür fünf Minuten Zeit.

Schritt 6: Nächste Schritte brainstormen

Halten Sie an einer separaten Pinnwand konkrete Maßnahmen fest. Die Teilnehmenden betrachten dazu das entstandene Bild und entwickeln Ideen für nächste Aktionen, die den positiven Impact erhöhen und den Negativen minimieren.

Dabei kann es verschiedene Arten von Aktionen geben, die als To-dos und Next Actions notiert werden. Die Tätigkeiten können bspw. erkundend, ergründend, entwickelnd, beratend, inspirierend oder umsetzend sein.

Sammeln Sie mit der Gruppe 10 Minuten lang in einem Brainstorming die Maßnahmen an der Pinnwand.

Schritt 7: Weiteres Vorgehen beschließen

- Es werden klare To-dos mitgenommen, die bspw. innerhalb eines Kanban agil weiterverfolgt werden.
- Es wird ein Innovationsprozess angeschlossen, um Lösungsideen vor allem für Problemfelder mit hohem Handlungsbedarf zu erforschen.
- Der Regenerative Business Canvas wird als sich stetig veränderndes Leitbild für verschiedene Produkte/Dienstleistungen/Geschäftsfelder weiterentwickelt, um die schrittweise Weiterentwicklung des Unternehmens abzubilden.

Wirkfeld der Methode

- Wirksam für nachhaltiges Produktdesign
- Wirksam für nachhaltiges Prozessdesign
- Wirksam für nachhaltiges Servicedesign
- Wirksam für nachhaltiges Business Model Design

Transformationsfähigkeit Ihres Teams

- Fördert die Sensibilisierung
- Fördert die Teamkreativität
- Zahlt auf eine bessere Wahrnehmung ein
- Erhöht die Lösungsorientierung

Einsatzcharakteristik/Arbeitsrahmen

- Austauschfokus: vornehmlich mit internen Personen
- Durchführungszeit: eher gering (< 1 Stunde)
- Einsatzfrequenz: vornehmlich im einmaligen Einsatz
- Einsatzradius: vornehmlich im Teameinsatz
- Komplexität für den Moderator: eher mittel
- Komplexität für die Teilnehmer: eher mittel
- Teamgröße: Kleingruppe möglich (3 bis 5 Teilnehmer)
- Teamgröße: Mittelgroße Teams möglich (5 bis 20 Teilnehmer)
- Vorbereitungszeit: eher gering (< 1 Stunde)

Input für eine zielführende Arbeit mit der Methode

- Aktuell existierende Geschäftsmodelle
- Aktuell existierende Produkte und Services
- Existierende Prozesse und Verfahren

Output und beobachtete Ergebnisse der Methode

- Erzeugt Ideen, Lösungsansätze, Vorideen, Möglichkeiten
- Erzeugt Ideensuchfelder, unentdeckte Probleme, Inspiration
- Erzeugt kollaborative Lösungen und Ideen
- Identifiziert vorhandene Schwachstellen
- Macht Wirkzusammenhänge sichtbar

Hinderniseffekte, auf die die Methode positiv wirkt

- Beugt blinden Flecken/Betriebsblindheit vor
- Dynamisiert und aktiviert wenig dynamische Teams
- Schafft schnell Klarheit und beschleunigt Erkenntnisgewinn
- Verringert zu große Komplexitäten

Mögliche Extravorteile der Methode

- Möglicher Extravorteil für die Arbeit mit digitalen Kollaborationsboards
- Möglicher Extravorteil für in Nachhaltigkeitsthemen ungeübte Teams

Quellen

Web – https://www.thedive.com/de/blog/stellar-regenerative-business-canvas (abgerufen am 25.11.2023)

Organisation – TheDive GmbH, https://www.thedive.com

Reizbildmethode

EinSatzBeschreibung

Kreativmethode zur Ideenfindung mit visuellen Reizen.

Working Guide/Anwendungsfelder

P1 Sensibilisierung/Bildung	P2 Matching Recht/Gesetz	P3 Sustainability Roadmap	P4 Produkt/Prozessdesign	P5 Implementierung/Monitoring	P6 Kommunikation	P7 Organisation	P8 Führung	P9 Business Model Design	P10 Skalierung
			X					X	

Beschreibung

Die Reizbildmethode, auch als Visuelle Konfrontation bekannt, ist eine kreative und innovative Methode zur Problemlösung und Ideenfindung. Bei dieser Methode werden Bilder oder visuelle Reize verwendet, um die Teilnehmenden aus ihrem gewohnten Denkrahmen herauszulocken und neue Ideen und Perspektiven zu generieren.

Die Teilnehmenden betrachten gesammelte Bilder und lassen ihrer Kreativität freien Lauf. Sie werden angeregt, Assoziationen zu entwickeln, Ideen zu skizzieren und innovative Lösungsansätze zu finden. Der visuelle Reiz führt dazu, dass die üblichen Denkmuster durchbrochen werden und unkonventionelle Ideen entstehen können.

Die Vorteile der Reizbildmethode sind vielfältig:

- Kreative Anregung: Die visuellen Impulse eröffnen neue Wege des Denkens und fördern die Kreativität der Teilnehmenden.
- Einfache Anwendung: Die Methode ist einfach und flexibel in verschiedenen Kontexten anwendbar, sowohl in Präsenzveranstaltungen als auch in virtuellen Umgebungen.
- Gemeinsame Perspektiven: Durch den gemeinsamen Betrachtungsprozess der Bilder entsteht ein kollektiver Austausch von Ideen und Perspektiven.
- Neue Blickwinkel auf komplexe Herausforderungen: Gerade im Bereich der Nachhaltigkeit gibt es noch viele Problemstellungen, bei denen die herkömmlichen Lösungswege nur ungenügend sind. Die Methode hilft innovative, nachhaltige Lösungen zu finden, die über herkömmliche Ansätze hinausgehen.
- Vorstellungskraft fördern: Die Ziele der Sustainable Development Goals oder die Herausforderungen der Klimakrise sind für viele Menschen schwer vorstellbar. Gerade mithilfe generativer KI tragen visuelle Reize zur besseren Vorstellungskraft bei.

Die Reizbildmethode ist somit eine wertvolle Methode, um im Kontext der Nachhaltigkeit kreative Lösungsansätze zu entwickeln, komplexe Herausforderungen zu bewältigen und innovative Ideen zu generieren, die einen positiven Beitrag für eine nachhaltigere Zukunft leisten können.

Foto: verrocchio Institute

Durchführung

Schritt 1: Klären Sie die Fragestellung und das Einsatzszenario

Besonders gut geeignet ist diese Methode für die Lösung von Problemen und Fragestellungen, bei denen bisherige Lösungsansätze keine Erfolge erzielt haben oder bestehende Denkmuster den Ideenfindungsprozess limitieren bzw. blockieren.

Lassen Sie sich von folgenden Fallbeispielen und Fragen für ihre eigene Herausforderung inspirieren:

1. Sie arbeiten in einem Unternehmen und suchen nach nachhaltigeren Verpackungslösungen für Ihr Produkt. Folgende Fragen eignen sich als Startpunkt für die Reizbildmethode:
   - Welche Materialien können wir in Zukunft einsetzen?
   - Wie können wir den Materialeinsatz für die Verpackung reduzieren?
   - Wie können unsere Kunden unsere Verpackung weiterverwenden (Upcycling)?
2. Sie sind Teil einer Stadtverwaltung und möchten nachhaltige Mobilitätslösungen fördern und die Luftverschmutzung verringern.
   - Wie können wir die Stadt gestalten, um nachhaltigerer Mobilität zu fördern?

- Wie können wir die heutigen Verkehrswege nachhaltiger nutzen?
- Wie können wir die Luftverschmutzung reduzieren?

3. Sie sind der Besitzer eines landwirtschaftlichen Betriebes und suchen nach Möglichkeiten, Ihr Unternehmen zukunftssicher zu machen.

- Wie können wir den CO_2-Fußabdruck unseres Betriebes noch weiter verringern?
- Wie gewinnen wir noch mehr Menschen für unsere ökologisch angebauten Produkte?
- Wie können wir uns robuster gegen die Herausforderungen des Klimawandels machen (Dürre, Wetterextreme, ...)?

Reizbilder-Set (Foto: verrocchio Institute)

Die Reizbildmethode kann sowohl in Präsenzveranstaltungen als auch in virtuellen Umgebungen eingesetzt werden. Das Unternehmen in Beispiel 1 arbeitet weltweit verteilt und führt die Methode daher in einem Online-Meeting und mithilfe eines virtuellen Whiteboards durch. Die Stadtverwaltung bindet Bürger in den Prozess ein und lädt dazu ins Rathaus ein. Der landwirtschaftliche Betrieb nutzt die Methode ebenfalls in Präsenz und unter freiem Himmel.

Schritt 2: Planen Sie den Einsatz der Methode

Haben Sie eine gute Fragestellung gefunden und den Rahmen des Einsatzes geklärt, planen Sie den Ablauf der Methode. Die Methode lässt sich in vielen verschiedenen Varianten durchführen. Experimentieren Sie mit einer oder mehreren der folgenden Variablen:

- Anzahl der Bilder: von einem einzelnen Bild bis zu hunderten Bildern
- Art und Kategorien der Bilder, um den Lösungsraum zu steuern
- Impulsfragen zu den Bildern: Leiten Sie den Blick der Teilnehmenden auf bestimmte Details und nutzen so ein einzelnes Bild für mehrere Runden der Ideengenerierung
- Anzahl der Runden zur Ideengenerierung
- Zufallsauswahl der Bilder durch Teilnehmende oder Vorgabe durch den Moderator?

Hier sind drei komplett unterschiedliche Formen des Ablaufs für die drei Beispiele aus Schritt 1:

1. Für die Frage „Welche Materialien können wir in Zukunft einsetzen?" wurden 100 Bilder ausgesucht und in einer Bildergalerie angeordnet. Ein großer Teil davon sind Bilder aus der Natur. Es werden aber auch Bilder aus der Technik genutzt. Es wird nur eine Runde zur Ideengenerierung gemacht. Die Teilnehmenden werden gebeten, sich selbst Bilder auszusuchen und so viele Ideen wie möglich zu sammeln.
2. Für die städtische Herausforderung wird nur ein einzelnes Bild aus Barcelona genutzt, das einen nachhaltigen Superblock zeigt. Es werden mehrere Runden lang Ideen generiert. Die Moderatorin lenkt für jede Runde den Blick auf ein anderes Detail des Bildes (Verkehrsmittel, Menschen, Bepflanzung, ...). Die Teilnehmenden generieren Ideen, wie der jeweilige Aspekt in der eigenen Stadt aussieht (z. B. welche Pflanzen würden in der eigenen Stadt auf dem Bild zu sehen sein).
3. Der landwirtschaftliche Betrieb führt zwei Runden durch. In Runde 1 werden Herausforderungen des Klimawandels gesammelt. Dazu werden Bilder von verschiedenen Naturkatastrophen und Extremwetterereignissen an Bäumen aufgehängt. In Runde 2 werden Ideen gesammelt, wie man sich robuster machen kann. Hier werden Bilder aus der Natur, aber auch technische Lösungen zur Inspiration genutzt.

Schritt 3: Bereiten Sie die Materialien vor

Das wichtigste Material sind die Bilder. Es gibt verschiedene Möglichkeiten, passende Bilder zu finden:

- Bilderdatenbanken wie Flickr, Pixabay Unsplash oder Stockfotoarchive. Achten Sie dabei auf die Lizenzrechte. Bilder unter Creative Commons Lizenzen können je nach Lizenzbedingungen (Namensnennung, gewerbliche Nutzung, ...) verwendet werden.
- Durchsuchen Sie Ihr eigenes Fotoarchiv. Eine eigene Geschichte zu den Bildern kann ein wirkungsvolles Instrument bei der Aktivierung der Teilnehmenden sein.
- Nutzen Sie bereits gedruckte Bilder. Das ist die perfekte Gelegenheit, alte Postkarten, Zeitungen und Zeitschriften wiederzuverwenden (Upcycling).
- Nutzen Sie vorgefertigte, kaufbare Reizbild-Sets.
- Generieren Sie fiktive Bilder mit generativer KI.

Auch hier werden wieder drei verschiedene Herangehensweisen anhand der Beispiele skizziert:

1. Auf dem Bilderportal Unsplash werden aus der Kategorie Natur 40 Fotos von Steinen, Pflanzen, Wäldern und Tieren in unterschiedlichen Farben und Formen ausgewählt. Aus der Kategorie Texturen und Muster werden weitere 30 Bilder ausgewählt. Die restlichen dreißig Bilder kommen aus der Suche „Technologie Material".
2. Hier wird ein einzelnes Bild aus einem Internetartikel lizenziert.
3. Für die erste Runde werden dystopische Bilder von Extremwetterphänomenen mithilfe einer generativen KI generiert. Für die zweite Runde liegen Fachzeitschriften aus unterschiedlichen Branchen bereit (Architektur, Automobilwoche, ...).

Für regelmäßige Nutzer lohnt sich der Aufbau eines eigenen Bilderarchivs. Werden die Bilder in Präsenzformaten genutzt, bietet sich das Laminieren an, um sie robuster zu machen und mehrfach verwenden zu können.

Vergessen Sie nicht, neben dem Bildmaterial auch die Materialien für die Ideenfindung und Ideenauswahl vorzubereiten (Klebezettel, Flipcharts, Klebepunkte, virtuelles Whiteboard, ...).

Schritt 4: Starten Sie die Ideengenerierung

Der zentrale Teil der Methode ist die Ideengenerierung anhand der vorbereiteten Bilder. Ein kurzes, kreatives Warm-up oder ein kreativer Energizer lockern die Gruppe auf. Danach heißt es so viele Ideen wie möglich zu generieren.

Sorgen Sie im Verlauf der Methode dafür, dass der Ideenfluss nicht ins Stocken gerät. Weisen Sie unbedingt darauf hin, so viele Ideen wie möglich zu sammeln und ermutigen Sie die Teilnehmenden, alle Assoziationen und Einfälle ungefiltert einzubringen. Auch verrückte Ideen, die auf den ersten Blick nicht zur Lösung des Problems beitragen, sind willkommen.

Einsatz der Reizbilder im Workshop (Foto: verrocchio Institute)

Schritt 5: Auswahl der Ideen und Übertragung auf die Fragestellung

Wenn die geplanten Ideengenerierungsrunden absolviert sind oder die Ideen so langsam ausgehen, geht es an die Auswahl der besten Ideen. Methoden wie eine Punktebewertung oder die COCD-Box helfen, um schnell aus einer großen Anzahl von Ideen diejenigen mit dem größten Potenzial für die Lösung der Fragestellung zu identifizieren.

Manchmal werden vielversprechende Ideen vorschnell verworfen, weil diese noch nicht auf den eigenen Kontext übertragen wurden. Helfen Sie der Gruppe mit folgenden Fragen bei der Rettung von unkonventionellen Ideen:

- Welcher Teil der Idee verhindert die Übertragung auf unseren Kontext?
- Wie müsste man diese Idee weiter anpassen, damit wir sie trotzdem verwenden können?
- Welches Element der Idee könnten wir auch nach dem Verwerfen der Idee weiterverwenden?

Wirkfeld der Methode

- Wirksam für Herausforderungen mit mittlerer Komplexität
- Wirksam für Herausforderungen mit niedriger Komplexität

Transformationsfähigkeit Ihres Teams

- Fördert die Teamkreativität
- Fördert grundlegend die Kreativität
- Fördert offene Mindsets und innovative Denkhaltungen
- Sorgt für Inspiration oder bessere Inspirationsempfindlichkeit
- Zahlt auf eine bessere Vorstellungskraft ein

Einsatzcharakteristik/Arbeitsrahmen

- Austauschfokus: vornehmlich mit internen und externen Personen
- Durchführungszeit: eher gering (< 1 Stunde)
- Einsatzradius: vornehmlich im Teameinsatz
- Komplexität für den Moderator: eher gering
- Komplexität für die Teilnehmer: eher gering
- Teamgröße: Einzelpersonennutzung möglich
- Teamgröße: Kleingruppe möglich (3 bis 5 Teilnehmer)
- Teamgröße: Mittelgroße Teams möglich (5 bis 20 Teilnehmer)
- Vorbereitungszeit: eher mittel (> 1 Stunde bis < 1 Tag)

Input für eine zielführende Arbeit mit der Methode

- Aktuelle Herausforderung, Leitfrage, Problem
- Innovationssuchfelder, Intent Statements

Output und beobachtete Ergebnisse der Methode

- Erzeugt Ideen für neue Märkte und neue Business Modelle
- Erzeugt Ideen, Lösungsansätze, Vorideen, Möglichkeiten
- Erzeugt angereicherte Ideen, Ideencluster, höher integrierte Lösungen

Hinderniseffekte, auf die die Methode positiv wirkt

- Dynamisiert und aktiviert wenig dynamische Teams
- Fördert gehemmte Teammitglieder
- Wirkt fehlender Inspiration entgegen
- Fördert Optimismus und Zuversicht

Mögliche Extravorteile der Methode

- Möglicher Extravorteil für Teams in einer Komfortsituation
- Möglicher Extravorteil für innovativ ungeübte Teams
- Möglicher Extravorteil für die Arbeit mit digitalen Kollaborationsboards

Quellen

Web – https://de.wikipedia.org/wiki/Visuelle_Synektik, (abgerufen am 31.07.2023)

Web – https://t3n.de/news/letztes-selfie-der-welt-ki-1490245/ (abgerufen am 31.07.2023)

Web – https://unsplash.com/de

Web – https://www.creapedia.com/w/index.php/Visuelle_Konfrontation(abgerufen am 31.07.2023)

Web – https://www.projektmagazin.de/methoden/reizbildmethode-visuelle-konfrontation (abgerufen am 31.07.2023)

Web – https://www.verrocchio.institute/de/tools/reizbilder-sets/

ReSOLVE Framework

EinSatzBeschreibung

Das ReSOLVE Framework greift die Kernprinzipien der Kreislaufwirtschaft auf und eröffnet sechs konkrete Handlungsfelder für Unternehmen.

Working Guide/Anwendungsfelder

P1 Sensibilisierung/Bildung	P2 Matching Recht/Gesetz	P3 Sustainability Roadmap	P4 Produkt/Prozessdesign	P5 Implementierung/Monitoring	P6 Kommunikation	P7 Organisation	P8 Führung	P9 Business Model Design	P10 Skalierung
X			X					X	

Beschreibung

Das ReSOLVE Framework der Ellen MacArthur Foundation und McKinsey überträgt die Kernprinzipien der Kreislaufwirtschaft auf umsetzbare Handlungsfelder für Unternehmen. Dabei setzt es sich aus sechs Einzelkomponenten zusammen, um Kreislauffähigkeit für Unternehmen umsetz- und anfassbar zu machen: Regenerieren (**Re**generate), Teilen (**S**hare), Optimieren (**O**ptimize), Kreislaufführung (**L**oop), Virtualisierung (**V**irtualize) und Austausch (**E**xchange).

Jede Aktion stellt dabei eine große Chance für die Kreislaufwirtschaft dar und kann als Potenzialfeld für Unternehmen betrachtet werden, um selbst aktiv zu werden und Ressourcen gewinnbringender einzusetzen.

Das Framework im Einzelnen:

Regenerate

- Umstellung auf erneuerbare Energien und Materialien
- Rückgewinnung, Erhaltung und Regenerierung der Gesundheit von Ökosystemen
- Rückgabe von wiedergewonnenen biologischen Ressourcen an die Biosphäre
- *Beispiel:* Dächer als Solarfelder, Errichtung grüner Oasen für Biodiversität und zur Verbesserung der Luftqualität, Kompostierungsanlagen

Share

- Maximierung des Produktnutzen durch das Teilen von Produkten in Privatbesitz oder öffentliche gemeinsame Nutzung von Produktpools
- Wiederverwendung der Produkte während ihrer gesamten technischen Lebensdauer
- Verlängerung dieser Lebensdauer durch Wartung, Reparatur und langlebiges Design
- *Beispiele:* Carsharing, Teilen von Hausgeräten und Werkzeugen in der Nachbarschaft, Repair Cafés, Secondhand Kleidung/Möbel/Fahrzeuge/Hausgeräte/...

Optimize

- Verbesserung der Leistung und Effizienz von Produkten
- Beseitigung von Abfällen in der Produktion und den Lieferketten
- Nutzung von Big Data zur Automatisierung und Fernerkundung
- *Beispiele:* Energetische Sanierung von Gebäuden, Installation von smarter LED-Beleuchtung zur Energieeinsparung, Nutzung von gewonnenen Verkehrsdaten zur Optimierung von Transportrouten

Loop

- Komponenten und Materialien in geschlossenen Kreisläufen halten:
  - Für Materialien aus der Technosphäre bedeutet dies die Wiederaufbereitung von Produkten oder Komponenten und (als letzter Ausweg) das Recycling von Materialien
  - *Beispiele:* Rückgewinnung vom Kunden, Wiederaufbereitung und Neuverkauf genutzter Produkte wie bspw. Handys
  - Bei Materialien aus der Biosphäre geht es um anaerobe Vergärung und die Gewinnung von Biochemikalien aus organischen Abfällen
  - *Beispiel:* anaeroben Vergärungsanlagen zur Verarbeitung von Klärschlamm, Bioenergieanlagen zur Verarbeitung von festen Bioabfällen

Virtualize

- Den Nutzen für den Anwender virtuell bereitstellen
- Dematerialisierung
- *Beispiele:* E-Books anstatt Bücher, Streaming anstatt DVDs, virtuelle Offices anstatt herkömmlicher Büros

Exchange

- Ersetzen von alten Materialien durch fortschrittliche erneuerbare Materialien
- Anwendung neuer Technologien (wie 3D Printing)
- *Beispiele:* Elektrifizierung der Fahrzeugflotte, Einkauf von zirkulären Büromöbeln, Einkauf von ökologischer Arbeitskleidung

Durchführung

Schritt 1: Vorbereitung

Stellen Sie sechs Pinnwände auf (oder nutzen Sie alternativ die Räumwände) und beschriften Sie jede Wand mit jeweils einem ReSOLVE Prinzip. Legen Sie Post-its und dicke Makerstifte für die Teilnehmenden bereit.

225

ReSOLVE Framework

EXAMPLES

REGENERATE

- Shift to renewable energy and materials
- Reclaim, retain, and restore health of ecosystems
- Return recovered biological resources to the biosphere

SHARE

- Share assets (e.g. cars, rooms, appliances)
- Reuse/secondhand
- Prolong life through maintenance, design for durability, upgradability, etc.

OPTIMISE

- Increase performance/efficiency of product
- Remove waste in production and supply chain
- Leverage big data, remote sensing and steering

LOOP

- Remanufacture products or components
- Recycle materials
- Digest anaerobically
- Extract biochemicals from organic waste

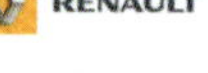

VIRTUALISE

- Books, music, travel, online shopping, autonomous vehicles etc.

EXCHANGE

- Replace old with advanced non-renewable materials
- Apply new technologies (e.g. 3D printing)
- Choose new product/service (e.g. multimodal transport)

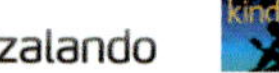

Quelle: „Growth Within: A circular economy vision for a competitive Europe", Ellen MacArthur Foundation, SUN, McKinsey Center for Business and Environment

Schritt 2: Einführung

Stellen Sie den Teilnehmenden das ReSOLVE Framework mit aktuellen Beispielen zu jedem Prinzip vor. Veranschaulichen Sie die Bespiele mit Bildmaterial und zeigen Sie, wie andere Unternehmen bereits Ideen umgesetzt haben.

Schritt 3: Erste Ideenfindung

Teilen Sie jedem Teilnehmenden einen Post-it Block und einen dicken Makerstift aus. Stellen Sie die Leitfrage vor, für die in einer ersten Runde Ideen gefunden werden sollen: „Wie können wir die 6 ReSOLVE Prinzipien auf unser Unternehmen anwenden, um selbst 100 Prozent kreislauffähig zu werden?" Ändern Sie die Leitfrage ab, wenn Sie in Ihrem Workshop nur für einen bestimmten Bereich kreislauffähige Ideen suchen. Je mehr Sie den Bereich eingrenzen, desto spezifischer werden die Ideen.

Anschließend wandert jeder Teilnehmende in seinem Tempo durch den Raum, schreibt seine Ideen auf und klebt sie an die entsprechende Wand. Es gilt eine Idee pro Post-it. Schauen Sie dabei den Teilnehmenden über die Schulter und machen Sie darauf aufmerksam, wenn Ideen nicht interpretierfrei, klar und spezifisch formuliert sind.

Schritt 4: Clustern und Ergebnisreflexion

Clustern Sie gemeinsam mit der Gruppe die Ideen an jeder Wand nach Oberthemen, und schreiben Sie diese auf einem neuen Post-it dazu. Reflektieren Sie mit der Gruppe anschließend die Qualität der Ideen. Sind bereits gute dabei? Fehlt an einigen Stellen noch Wissen oder Inspiration, um auf bessere Ideen zu kommen?

Je nach Ergebnis arbeiten Sie entweder mit der Gruppe die guten Ideen weiter aus, oder Sie steigen tiefer in die Wissensvermittlung zur Kreislaufwirtschaft ein, um in einer zweiten Ideenfindung bessere Ideen zu generieren. Halten Sie für diesen zweiten Fall Infomaterial zum zirkulären Wirtschaften bereit, bspw. von der MacArthur Foundation.

Schritt 5: Zweite Ideenfindung (optional)

Lassen Sie die Gruppe 2er-Teams bilden und teilen Sie jedem Team eine Prinzipienwand zu. Jedes Team soll nun die vorhandenen Ideen nochmal ergänzen.

Tipp: Sie können auch eine externe Inspiration wie die SDG Impulse Cards an die Teilnehmenden zur Hilfestellung verteilen, um nochmal neue Ideen zu triggern.

Wirkfeld der Methode

- Wirksam für nachhaltiges Produktdesign
- Wirksam für nachhaltiges Prozessdesign
- Wirksam für nachhaltiges Business Model Design

Transformationsfähigkeit Ihres Teams

- Fördert die Sensibilisierung
- Fördert die Teamkreativität
- Fördert grundlegend die Kreativität
- Sorgt für Inspiration oder bessere Inspirationsempfindlichkeit
- Erhöht die Lösungsorientierung

Einsatzcharakteristik/Arbeitsrahmen

- Austauschfokus: vornehmlich mit internen Personen
- Durchführungszeit: eher mittel (> 1 Stunde bis < 1 Tag)
- Einsatzfrequenz: vornehmlich im einmaligen Einsatz
- Einsatzradius: vornehmlich im Teameinsatz
- Komplexität für den Moderator: eher mittel
- Komplexität für die Teilnehmer: eher mittel
- Teamgröße: Kleingruppe möglich (3 bis 5 Teilnehmer)
- Teamgröße: Maxigruppen möglich (20 bis 40 Teilnehmer)
- Teamgröße: Mittelgroße Teams möglich (5 bis 20 Teilnehmer)
- Vorbereitungszeit: eher mittel (> 1 Stunde bis < 1 Tag)

Input für eine zielführende Arbeit mit der Methode

- Aktuell existierende Geschäftsmodelle
- Aktuell existierende Produkte und Services
- Beteiligte Personen mit Tätigkeiten und Aufgaben
- Existierende Prozesse und Verfahren

Output und beobachtete Ergebnisse der Methode

- Erzeugt Ideen für neue Märkte und neue Business Modelle
- Erzeugt Ideen, Lösungsansätze, Vorideen, Möglichkeiten
- Erzeugt kollaborative Lösungen und Ideen
- Erzeugt neues Wissen und neue Erfahrungen

Hinderniseffekte, auf die die Methode positiv wirkt

- Bindet eher introvertierte Teammitglieder mit ein
- Bändigt einen störenden Gruppenclown
- Dynamisiert und aktiviert wenig dynamische Teams
- Fördert gehemmte Teammitglieder
- Verringert zu große Komplexitäten
- Wirkt fehlender Inspiration entgegen
- Überzeugt strukturliebende Teammitglieder

Mögliche Extravorteile der Methode

- Möglicher Extravorteil für innovativ erfahrene Teams
- Möglicher Extravorteil für in Nachhaltigkeitsthemen erfahrene Teams

Quellen

Web – https://emf.thirdlight.com/file/24/_A-BkCs_h7gRYB_Am9L_JfbYWF/Growth%20within%3 A%20a%20circular%20economy%20vision%20for%20a%20competitive%20 Europe.pdf (abgerufen am 21.11.2023)

Web – https://www.mckinsey.com/~/media/McKinsey/Business%20 Functions/Sustainability/Our%20Insights/The%20circular%20 economy%20Moving%20from%20theory%20to%20practice/ The%20circular%20economy%20Moving%20from%20theory%20 to%20practice.ashx (abgerufen am 21.11.2023)

Ressourcen-Algorithmus

EinSatzBeschreibung

Suffizienz vs. Effizienz vs. Konsistenz: Woran wir uns orientieren, entscheidet das Ergebnis.

Working Guide/Anwendungsfelder

P1 Sensibilisierung/Bildung	P2 Matching Recht/Gesetz	P3 Sustainability Roadmap	P4 Produkt/Prozessdesign	P5 Implementierung/Monitoring	P6 Kommunikation	P7 Organisation	P8 Führung	P9 Business Model Design	P10 Skalierung
X		X	X					X	

Beschreibung

Befasst sich eine Gruppe mit dem Thema Nachhaltigkeit, werden häufig sehr unterschiedliche Vorstellungen sichtbar, was die „richtige" Vorgehensweise ist. Die verschiedenen Vorschläge sind in der Vorstellung sinnvoll und richtig, jedoch können diese mit anderen Vorschlägen unvereinbar und sogar konträr sein, was entsprechenden Frust auslösen kann.

Um eine Gruppe also handlungsfähig zu machen, sollte in einer Gruppe vorab auf die Dialogfähigkeit geachtet werden. Intuitives Vorgehen (gerade bei komplexen Aufgaben) ist bei einer Problemlösung per se nicht verkehrt, jedoch sollte die Intuition in einen Kontext gebracht werden. Eine Möglichkeit ist, dass die Herangehensweisen in den Kontext des Ressourcenmanagements zu bringen.

In den letzten Jahren hat sich dabei Folgendes (stark vereinfacht) herauskristallisiert:

1. **Suffizienz:** Ziel ist, weniger zu verbrauchen durch Vermeidung
2. **Effizienz (Öko-Effizienz):** die Dinge optimieren und effizienter machen
3. **Konsistenz (Öko-Effektivität):** die Dinge systemisch und im Kontext zu betrachten

Durchführung

Intuitive und emotionale Faktoren spielen bei Herausforderungen im Kontext der Nachhaltigkeit immer wieder und nicht nur bei einzelnen eine große Rolle und werfen die Frage nach dem „was ist denn das Richtige?!" auf. Die Frage nach dem „Richtigen" ist wie Voodoo innerhalb einer Moraldiskussion. Um diesen Debatten zu entkommen, sollte also geklärt werden, was mit der entsprechenden Vorgehensweise für Ziele erreicht werden sollen bzw. werden können. Idealerweise spielen Dogmen und Emotionen eine untergeordnete Rolle und es kann eine Klaviatur der Vorgehensweisen gespielt werden.

1. Suffizienz

Suffizienz ist konsequent durchdacht die Frage nach dem „rechten Maß". Da wir dem Voodoo der Moral entkommen wollen und auch nicht (wenn konsequent durchgespielt) zu der Erkenntnis gelangen wollen, „eigentlich sind wir eh Schädlinge und dass es am sinnvollsten ist, die Produkte bestenfalls gar nicht mehr zu produzieren", kann dieses Thema auch mit der Frage: „was ist eigentlich nötig" gespielt werden und dann anschlussfähig gewichtet werden.

Suffizienz kann aber auch im Kontext der „besseren Auslastung" einen positiven Beitrag leisten. Carsharing ist ein solches Beispiel, wo der Bedarf an Mobilität durch bessere Auslastung und damit weniger produzierten Fahrzeugen gedeckt werden kann. Für einen Automobilhersteller kann diese Vorstellung jedoch eher ein Schmerzthema sein, wenn das Geschäftsmodell auf dem reinen Verkauf beruht.

2. Effizienz (Öko-Effizienz)

Öko-Effizienz ist die aktuell noch am meisten verbreite Form und hat sich nach dem Brundtland-Report von 1987 aus der Industrie heraus entwickelt. Vereinfacht gesagt geht es darum, dass der Ressourceneinsatz (Material, Wasser, Energie, aber auch Emissionen) über die Zeit mit Reduzieren, Vermeiden und Minimieren und daher auch mit dem Ziel „0", optimiert wird.

Der Vorteil bei diesem internen Fokus ist, dass Optimierungen in Unternehmen anschlussfähig und gut zu managen sind und ein Fortschritt dann als Erfolg verkauft wird.

Der Nachteil bei einem internen Fokus ist, dass die Kennzahlen der Ökoeffizienz keine Aussagen über die grundsätzliche Nachhaltigkeit (also Tragfähigkeit des Ökosystems) mit sich bringen. Hinzu kommen sogenannte Rebound-Effekte, sprich das Produkt wird

Quelle: sprachkompass.ch

Effizienz	**Effektivität**
Wollen wir die Dinge richtig tun?	Wollen wir uns fragen, was das Richtige ist?
Wollen wir weniger schädlich sein?	Wollen wir nützlich und gesund sein?
Nehmen wir den „Frei von Ansatz"?	Wollen wir im Detail wissen, was wir haben?
Wollen wir Abfall minimieren?	Wollen wir unsere Produkte als Ressource entwickeln?
Wollen wir einen möglichst kleinen Fußabdruck?	Wollen wir einen möglichst großen, förderlichen Handabdruck?
Sehen wir den Menschen als Schädling?	Sehen wir den Menschen als Teil der Natur?
Wollen wir einen quantitativen Ansatz?	Wollen wir Qualität und wählen einen qualitativen Ansatz?
Wollen wir ein verbessertes Produkt?	Wollen wir in dem Kontext das beste Produkt?
⇒ Wegbetrachtung	⇒ Zielorientierung

zu zehn Prozent besser, aber die Produktion wird um 100 Prozent erhöht, wovon die Umwelt am Ende natürlich nicht profitiert.

3. Konsistenz (Öko-Effektivität)

Ziel ist es hier Produkte so zu entwickeln, dass sie innerhalb der Tragfähigkeit der Ökosysteme funktionieren. Ökosysteme bedeuten hier natürliche und planetare Grenzen.

Das Konzept der planetaren Grenzen wurde erstmals im Jahr 2009 von einem 28-köpfigen Forscherteam als der sichere Handlungsspielraum für die Menschen beschrieben. Sie definieren Schwellenwerte deren Überschreitung zu unvorhersehbaren neuen Lebensbedingungen auf unserem Planeten führen würden. Im Jahr 2009 wurde festgestellt, dass dabei schon 3 von 9 Grenzen überschritten wurden, im Jahr 2015 waren es dann 4 von 9 und im Jahr 2023 gab es eine weitere Aktualisierung, dass 6 von 9 Grenzen schon überschritten wurden. Es ist daher notwendig, dass nicht nur eine planetare Grenze (z.B. Klima) betrachtet wird, sondern, dass alle 9 Grenzen in der Nachhaltigkeitsstrategie betrachtet werden. Die Bezüge der SDGs mit dem Konzept der planetaren Grenzen werden u. a. im Artikel „Protecting planetary boundaries: aligning the SDGs to ensure humandkind's future" von 2021 beschrieben. Produkte, die mit den technischen Ökosystemen interagieren, müssen entsprechend auf diese Systeme ausgelegt sein. Der Vorteil ist, dass die Lösungen dann auch ganzheitlich auf den Wirkkontext der Nachhaltigkeit ausgerichtet sein können, Der Nachteil ist, dass das (systemische) Wissen dazu internalisiert werden muss und nicht selten als zu komplex und kontraintuitiv wahrgenommen wird. Idealerweise wird dieses jedoch als positive Herausforderung gesehen, um einen zukunftsorientierten Innovationsraum zu schaffen.

4. Was wollen wir erreichen?

Wenn die Fragen nach den Zielen und Potenzialen im *Suffizienzkontext* geklärt sind, sollte Effizienz der Effektivität durch die verschiedenen Meta-Ebenen gegenübergestellt werden:

Hier ist eine Überspitzung bewusst gewählt, um auch die emotionale Ebene zu aktivieren und damit die oben angesprochene Intuition sich in einem neuen Kontext entwickeln kann.

Fazit: Undogmatisch lässt sich sagen, dass man mit Suffizienz die „low hanging fruits" entdecken kann und dann Effektivität möglichst effizient umsetzt.

Wirkfeld der Methode

- Wirksam für Herausforderungen mit mittlerer Komplexität
- Wirksam für nachhaltiges Produktdesign
- Wirksam für nachhaltiges Prozessdesign
- Wirksam für nachhaltiges Servicedesign
- Wirksam für nachhaltiges Business Model Design

Transformationsfähigkeit Ihres Teams

- Fördert die allgemeine Transformationsfähigkeit des Teams
- Erhöht die Lösungsorientierung

Einsatzcharakteristik/Arbeitsrahmen

- Austauschfokus: vornehmlich mit internen Personen
- Durchführungszeit: eher mittel (> 1 Stunde bis < 1 Tag)
- Einsatzfrequenz: vornehmlich im einmaligen Einsatz
- Einsatzradius: vornehmlich im Teameinsatz
- Einsatzradius: vornehmlich im unternehmensweiten Einsatz
- Komplexität für den Moderator: eher gering
- Komplexität für die Teilnehmer: eher gering
- Teamgröße: Kleingruppe möglich (3 bis 5 Teilnehmer)
- Vorbereitungszeit: eher gering (< 1 Stunde)

Input für eine zielführende Arbeit mit der Methode

- Aktuell existierende Geschäftsmodelle
- Aktuell existierende Produkte und Services
- Aktuelle Herausforderung, Leitfrage, Problem
- Ideen und Projekte, die zur Umsetzung anstehen

Output und beobachtete Ergebnisse der Methode

- Erzeugt transformationsfähigere Organisationen
- Erzeugt motiviertere und transformationsfähigere Teilnehmer
- Hilft bei Entscheidungen, Bewertungen und Feedback
- Identifiziert vorhandene Schwachstellen
- Identifiziert vorhandene Stärken
- Macht Wirkzusammenhänge sichtbar

Hinderniseffekte, auf die die Methode positiv wirkt

- Schafft schnell Klarheit und beschleunigt Erkenntnisgewinn
- Schärft eine fehlende gemeinsame Ausrichtung
- Stärkt das Vertrauen im Team
- Verhindert einseitige Bewertungen und Entscheidungen
- Verhindert falsche Flughöhen
- Verhindert unreflektiertes agieren

Mögliche Extravorteile der Methode

- Möglicher Extravorteil für innovativ ungeübte Teams
- Möglicher Extravorteil für in Nachhaltigkeitsthemen ungeübte Teams

Quellen

Web – https://www.ecologyandsociety.org/vol14/iss2/art32/ (abgerufen am 25.10.2023)

Web – https://www.stockholmresilience.org/research/planetary-boundaries.html (abgerufen am 25.10.2023)

Web – https://sdg-action.org/protecting-planetary-boundaries-aligning-the-sdgs-to-ensure-humankinds-future/ (abgerufen am 25.10.2023)

Web – https://sprachkompass.ch/theorie/was-ist-suffizienz- (abgerufen am 25.10.2023)

Ressourcen-Baum

EinSatzBeschreibung

Der Ist-Zustand einer Organisation wird „von den Wurzeln bis zu den Früchten" in Form eines Baumes dargestellt, um auf diese Weise systemisch-organisch die Potenziale und Entwicklungsoptionen dieser Organisation darzustellen.

Working Guide/Anwendungsfelder

P1 Sensibilisierung/Bildung	P2 Matching Recht/Gesetz	P3 Sustainability Roadmap	P4 Produkt/Prozessdesign	P5 Implementierung/Monitoring	P6 Kommunikation	P7 Organisation	P8 Führung	P9 Business Model Design	P10 Skalierung
X		X				X	X		

Beschreibung

Der Begriff der Nachhaltigkeit wurde vor über 300 Jahren in der Forstwirtschaft durch die Erkenntnis geprägt, dass ein ausgewogenes Verhältnis zwischen Holznutzung und nachwachsendem Holz bestehen muss, um dauerhaft Holz ernten zu können. Auch jeder einzelne Baum ist als komplexer Organismus ein Nachhaltigkeits-System in sich selbst, indem er im Rahmen der Photosynthese Sauerstoff produziert, CO_2 bindet und Kreislaufwirtschaft betreibt.

Vielfach nehmen wir einen Baum nur so wahr, wie wir ihn auf den ersten Blick sehen, nämlich bestehend aus Stamm und Krone. Beim schnellen Skizzieren eines Baumes fehlt deshalb vielfach die Wurzel, obwohl es keinen Baum ohne Wurzel gibt. Nicht umsonst steht der Begriff „entwurzelt" auch für Menschen, die heimatlos und verlassen ohne stabiles Fundament sind.

Wer einen Baum genauer anschaut und sich seine Bestandteile bewusst macht, realisiert, dass es sieben Kompartimente gibt, aus denen ein Baum besteht und in die er von unten nach oben geclustert werden kann:

1. Die Wurzel als Fundament.
2. Der Stamm als Träger.
3. Borke, Bast und Kambium als Schutz, Wachstum und Nährstofftransport.
4. Krone und Äste als Körper und Abteilungen.
5. Blätter als Assimilation, Photosynthese und Ernährung.
6. Blüten als Farbe, Nektar und Fortpflanzung.
7. Früchte und Samen als Gewinn und Ertrag.

Auf Organisationen und Unternehmen übertragen können diese Kompartimente auch als funktionale Einheiten gesehen werden, nämlich als

1. Basis
2. Kerngeschäft
3. Management
4. Branchen
5. Produktion
6. Marketing
7. Produkte

Entlang dieser Kompartimente können die kennzeichnenden Merkmale von Organisationen bzw. Organisationseinheiten zugeordnet werden. Daraus entsteht am Ende ein Clusterbild wertgebender Komponenten und Ressourcen. Dieses Tool dient der Identifikation von Potenzialen und Entwicklungs-Optionen. Der Nutzwert für Organisationen, Unternehmen, Teams und Einzelpersonen besteht in der organisch geordneten Übersicht, die in besonderer Weise die Merkmale und Übergänge zwischen den einzelnen Einheiten verdeutlicht. Gleichzeitig stellt das Ergebnis eine sehr gute Basis für die weiterführende Diskussion der einzelnen spezifischen Potenzialbereiche dar.

Die an der Anatomie eines Baumes ausgerichtete Methode stärkt eine ganzheitliche Sichtweise „von den Wurzeln bis zu den Früchten". Durch das Verdeutlichen der Parallelen zwischen Baum-Kompartimenten und Organisations-Kompartimenten trägt der Ressourcen-Baum zum Verständnis für naturverträgliches Wirtschaften sowie für die funktionalen Zusammenhänge im Sinne einer nachhaltigen Entwicklung bei.

Die Methode Ressourcen-Baum findet sich in abgewandelter Form auch in Coaching und Beratung. Hier wird die Methode als Ordnungsprinzip, zur Klärung der eigenen Fähigkeiten und als Tool für Zielearbeit eingesetzt.

„Ressourcen- Baum" –
Der Baum und seine „Abteilungen"

1. **Wurzel = Basis: Herkunft, Gründung, Fundament, Verwurzelung, Symbiose, Nährboden, Kommunikation, Familie, Heimat**
2. **Stamm = Kerngeschäft: Träger, Stabilität, Haltung, Ausgleich, nach oben strebend**
3. **Borke, Bast, Kambium = Management: Schutz, Wachstum, Wundheilung, Nährstofftransport**
4. **Krone und Äste = Branchen: Körper, Abteilungen, Volumen, Produktsparten**
5. **Blätter = Produktion: Assimilation, Fotosynthese (CO_2, O_2), Stoffwechsel, Kraftwerk, Ernährung, Umsatz**
6. **Blüten = Marketing: Fortpflanzung, Bestäubung, Pollen, Nektar, Farbe, Duft, Terpene, Blickfang, Verführung, Falle**
7. **Früchte, Samen = Produkte: Gewinn, Ertrag, Ernte, Reife, Kinder, Enkel, Gehalt, Erfolg, Karriere**

Quelle: Dr. Stefan Rösler

Durchführung

Der Ressourcen-Baum als Methode dient dazu, ein organisch-geordnetes Gesamtbild über Aufbau, Struktur und Ist-Zustand einer Organisation zu erhalten und bestehende Potenziale zu identifizieren. Daher eignen sich insbesondere Organisationen in Aufbau-, Anpassungs- und Veränderungsprozessen für diese Methode. Je nach Größe und Komplexität der zu untersuchenden Organisation ist mit einer Bearbeitungszeit von 45 – 60 Minuten zu rechnen.

Die Methode wird in folgenden Ablaufschritten durchgeführt:

1. Zunächst wird geklärt, für welche Organisation bzw. Organisationseinheit die Methode durchgeführt werden soll. Dabei kann es sich um ein Unternehmen, einen Unternehmensteil, eine Abteilung, eine Organisation, einen Verein oder auch um ein Team handeln.
2. Festlegung der Teilnehmenden: Die Methode ist primär für kleine und mittelgroße Gruppen geeignet. In der Regel wird die Methode für interne Personen sowie in gemischten Teams für interne und externe Personen durchgeführt. Das Zusammenführen der beiden Sichtweisen intern-extern trägt zu einer unvorbelasteten Analyse und erweiterten Sicht bei.
3. Ziel und Beschreibung der Methode: Mithilfe des Ressourcen-Baums wird der Ist-Zustand einer Organisation in Form eines Baumes „von den Wurzeln bis zu den Früchten" dargestellt. Ein visualisierter Baum dient als Projektionsfläche, um den einzelnen Baum-Kompartimenten mit Stichworten zu beschreibende Moderationskärtchen zuzuordnen. Auf diese Weise können die Potenziale und Entwicklungsoptionen einer Organisation gesammelt und systemisch-organisch geclustert in besonders übersichtlicher Form dargestellt werden.
4. Bereitstellen der notwendigen Arbeitsmaterialien: Als Arbeitshintergrund eignet sich am besten eine mit Packpapier bespannte Pinnwand. Neben Flipchart-Markern stehen Moderationskärtchen in möglichst 7 verschiedenen Farben, Formen und Größen zur Verfügung, sodass die den einzelnen Baum-Kompartimenten zuzuordnenden Stichworte später in der Gesamtschau visuell gut voneinander zu unterscheiden sind.
5. Die Gruppe zeichnet als Arbeitsgrundlage auf dem auf der Pinnwand aufgespannten Packpapier einen Baum. Dabei sollten vor allem die Kompartimente Wurzel, Stamm und die Krone mit Ästen in ausreichender Größe dargestellt werden, um genügend Projektionsfläche für das Aufhängen der Moderationskärtchen zur Verfügung zu haben.
6. Gemeinschaftliche sammelt die Gruppe dann Merkmale und Potenziale für die 7 Baum-Kompartimente und notiert diese gut leserlich mit Flipchart-Markern auf den je nach Kompartiment verschiedenen Moderationskärtchen. Sinnvollerweise werden die Themen der Reihe der Kompartimente nach von der Wurzel an aufbauend nach oben bis zu den Früchten gesammelt und notiert.
7. Danach werden die auf Moderationskärtchen geschriebenen Merkmale an den jeweiligen Baum-Kompartimenten fixiert. Dabei können einzelne Themen auch mehrfach vergeben und unterschiedlichen Kompartimenten zugeordnet werden.
8. Der nun entstandene Ressourcen-Baum wird auf Vollständigkeit und Konsistenz geprüft und bei Bedarf ergänzt bzw. korrigiert.
9. In der Gruppendiskussion werden die identifizierten und zugeordneten Potenziale besprochen und hinsichtlich ihrer Relevanz für die aktuelle und künftige Entwicklung der Organisation besprochen.
10. In Form eines Foto-Protokolls wird das Ergebnis festgehalten. Die entwicklungs-relevanten Potenziale werden bei Bedarf im aufbauenden Tool „Evolutionäre Biografie" berücksichtigt.

Praxisschlaglicht

Der Ressourcen-Baum ermöglicht in vergleichsweise kurzer Bearbeitungszeit aufgrund der an den Baum-Kompartimenten angelehnten Stichwort-Clusterung im Analyse-Ergebnis einen schnellen Überblick mit relevantem Mehrwert.

Helfende Organisation

www.hausdeswaldes.de, www.evoco.de, www.diefuehrungsakademie.de, www.karlsruher-institut.de

Wirkfeld der Methode

- Wirksam für Herausforderungen mit mittlerer Komplexität
- Wirksam für nachhaltiges Produktdesign
- Wirksam für nachhaltiges Prozessdesign

Transformationsfähigkeit Ihres Teams

- Fördert die Sensibilisierung
- Fördert die Teamkreativität
- Fördert die allgemeine Transformationsfähigkeit des Teams
- Sorgt für Inspiration oder bessere Inspirationsempfindlichkeit
- Zahlt auf eine bessere Vorstellungskraft ein
- Zahlt auf ein positives Zukunftsbild ein
- Erhöht die Lösungsorientierung

Einsatzcharakteristik/Arbeitsrahmen

- Austauschfokus: vornehmlich mit internen Personen
- Austauschfokus: vornehmlich mit internen und externen Personen
- Durchführungszeit: eher mittel (> 1 Stunde bis < 1 Tag)
- Einsatzfrequenz: vornehmlich im einmaligen Einsatz
- Einsatzradius: vornehmlich im projektweiten Einsatz
- Komplexität für den Moderator: eher mittel
- Komplexität für die Teilnehmer: eher mittel
- Teamgröße: Einzelpersonennutzung möglich
- Teamgröße: Kleingruppe möglich (3 bis 5 Teilnehmer)
- Teamgröße: Mittelgroße Teams möglich (5 bis 20 Teilnehmer)
- Vorbereitungszeit: eher gering (< 1 Stunde)

Input für eine zielführende Arbeit mit der Methode

- Aktuell existierende Geschäftsmodelle
- Aktuelle Herausforderung, Leitfrage, Problem

Output und beobachtete Ergebnisse der Methode

- Erzeugt Ideen, Lösungsansätze, Vorideen, Möglichkeiten
- Erzeugt Planungen und Priorisierungen
- Erzeugt besseren Teamspirit, mehr Offenheit, Inspirationsempfindlichkeit
- Erzeugt kollaborative Lösungen und Ideen
- Erzeugt visualisierte Ideen, Begriffe, Themen
- Erzeugt größere Klarheit zu einem Thema
- Erzeugt transformationsfähigere Organisationen
- Erzeugt motiviertere und transformationsfähigere Teilnehmer
- Hilft bei Entscheidungen, Bewertungen und Feedback
- Identifiziert vorhandene Stärken

Hinderniseffekte, auf die die Methode positiv wirkt

- Beugt blinden Flecken/Betriebsblindheit vor
- Bindet eher introvertierte Teammitglieder mit ein
- Schafft für den Erfolg nötige Realitätsbezüge
- Schafft schnell Klarheit und beschleunigt Erkenntnisgewinn
- Schwächt störende Bewertung während der Ideenfindung
- Schärft eine fehlende gemeinsame Ausrichtung
- Stärkt das Vertrauen im Team
- Verhindert Ideenfindung mit zu schwacher Erkenntnisgrundlage
- Verhindert blinden Aktionismus
- Verkürzt und durchbricht vorhandene Kreativblockaden
- Überzeugt strukturliebende Teammitglieder
- Fördert Optimismus und Zuversicht

Mögliche Extravorteile der Methode

- Möglicher Extravorteil für Teams in einer Krisensituation
- Möglicher Extravorteil für Teams mit einer konservativen, tradierten Kultur
- Möglicher Extravorteil für in Nachhaltigkeitsthemen ungeübte Teams

Quellen

Buch – Bin im Wald! Bastian Kaiser (Hirzel, 2023)
Buch – Das geheime Leben der Bäume. Peter Wohlleben (Ludwig, 2015)
Buch – Das Wald Buch. Esther Gonstalla (oekom, 2021)
Buch – In den Gärten des Managements. Matthias Nöllke (Haufe, 2011)
Buch – Orientierung im Coaching. Elke Berninger-Schäfer (Boorberg, 2011)
https://www.oecoach.de/wp-content/uploads/2016/10/20162303_Waldworkshop_Flyer_DINlang-Website.pdf (abgerufen am 20.09.2023)
Person – Dr. Stefan Rösler, roesler@oecoach.de
Web – https://www.inqua-institut.de/blog/der-ressourcenbaum-als-coaching-methode/ (abgerufen am 28.11.2023)
Web – https://dardo-consulting.com/blog/baum-der-starken/ (abgerufen am 28.11.2023)
Web – https://www.oecoach.de/meine-themen/coaching-in-und-mit-natur/
Web – Waldworkshop Von der Natur lernen für Management, Strategie und Teamentwicklung. Stefan Rösler (2016)

Rund um Nachhaltigkeit Deep Dive

EinSatzBeschreibung

Der „Rund um Nachhaltigkeit Deep Dive" ist ein Werkzeug, um durch umfangreiche Informationen zum Thema Nachhaltigkeit Betroffenheit zu schaffen.

Working Guide/Anwendungsfelder

P1 Sensibilisierung/Bildung	P2 Matching Recht/Gesetz	P3 Sustainability Roadmap	P4 Produkt/Prozessdesign	P5 Implementierung/Monitoring	P6 Kommunikation	P7 Organisation	P8 Führung	P9 Business Model Design	P10 Skalierung
X									

Beschreibung

Alle Mitarbeitenden für das Thema Nachhaltigkeit zu sensibilisieren ist der erste Schritt, um eine Kultur der treibenden Nachhaltigkeit im Unternehmen zu etablieren. Fehlt es an der Erkenntnis, dass wir alle Nachhaltigkeit treiben müssen, wird auch die Entwicklung von nachhaltigen Produkten, Services, Prozessen und Geschäftsmodelle kein Rückhalt im Unternehmen erfahren.

Der „Rund um Nachhaltigkeit Deep Dive" ist ein Foliensatz, der ungefähr eine Stunde frontal über die 3 großen Krisen Artensterben, Verschmutzung und Klimaerwärmung aufklärt. In dieser aufbereitet Faktensammlung wird den Teilnehmenden ein Big Picture gezeichnet, welche globalen Entwicklungen stattfinden, wie wir in diese Krisen geraten sind und wie unsere Welt 2050 aussieht, wenn wir nicht gegensteuern.

Dabei nutzt der Deep Dive einen bestimmten Effekt zur Sensibilisierung: Oftmals erleben wir negative Nachrichten in unserem Alltag in kleinen Puzzlestücken. Mal hier ein Artikel, mal da ein Nachrichtenbeitrag oder ein informativer Social Media Post. Diese kurzen Informationsstücke werden von uns wahrgenommen, überflogen, und dann ad acta gelegt. Ohne eigenes intensives Interesse und Recherche bekommen wir nie ein Gesamtbild, sondern immer häppchenweise und gut verdaulich schlechte Nachrichten.

Doch gerade dieses Phänomen gilt es auszuhebeln. Der Deep Dive setzt seine Zuhörer einem faktischen Gesamtbild aus. Sie werden gezwungen, sich auf nichts anderes als unsere ökologischen und sozialen Krisen zu konzentrieren. Dabei wird ein ganz anderes Bewusstsein und auch eine gewisse Emotionalität geschaffen. Denn wer sich der geballten Faktenlage gegenübersieht, kann sich dieser nur schwer entziehen.

Foto: verrocchio Institute

Durchführung

Schritt 1: Erstellung des Foliensatzes

Erstellen Sie einen eigenen Foliensatz mit dem Tool Ihrer Wahl (z. B. PowerPoint), der einen Rundumschlag über die Faktenlage zur Nachhaltigkeit zeigt. Folgende Vierteilung des Vortrags macht dabei Sinn:

1. *How we got here – weltweite Entwicklungen:* Inhalte können sein: Charts zum Wirtschaftswachstum seit der Industrialisierung, zu den CO_2-Emissionen pro Kopf seit der Industrialisierung, zu globalen Unterschieden in Verbrauch und Konsum; Grenzen des Wachstums und Planetare Grenzen; Earth Overshoot Day; Enkelfähigkeit – Herleitung des Begriffs
2. *Die drei großen Herausforderungen – Artensterben:* Inhalte können sein: Zahl der täglich sterbenden Arten; Die 5 großen Massensterben; Das 6. große Massensterben; Menschliche Eingriffe in die Natur; Ökosystemleistungen; Ökologischer Fußabdruck; Insektensterben; Drohendes Kollabieren der Ökosysteme; Die Verfehlung der Aichi Ziele
3. *Die drei großen Herausforderungen – Verschmutzung:* Inhalte können sein: Verschmutzung von Luft, Boden und Wasser; Charts zur globalen Luftverschmutzung, deren Treiber und Auswirkungen auf den menschlichen Körper und die Gesundheitskosten; Charts zur Bodenverschmutzung, dem Einsatz von Pestiziden, den Auswirkungen von Mülldeponien weltweit und zur „Recyclinglüge"; Charts zur Meeresverschmutzung, Plastik in den Ozeanen, Mikroplastik und dessen Folgen für Mensch und Tier
4. *Die drei großen Herausforderungen – Klimaerwärmung:* Inhalte können sein: Treibhausgaseffekt kurz erklärt; Charts zu den Treibhausgasen Deutschland gesamt und nach Sektoren; Chart zu den CO_2-Treibern weltweit; Definition Klima und histori-

sche Betrachtung der Klimaerwärmung; Klimastreifen; Die Auswirkungen der Klimaerwärmung; Die Welt 2050 – eine globale Klima Map; Kipppunkte; Klimaziele und deren Verfehlung; Hothouse Szenario; Ökosysteme als wichtige CO_2-Speicher; Die Welt 3 bis 5 Grad wärmer

Die Recherche zu diesen Inhalten wird einige Zeit in Anspruch nehmen. Achten Sie bei der Aufbereitung auf Quellenangaben, sodass für Dritte die Herkunft der Informationen leicht nachvollziehbar ist.

Schritt 2: Vorbereitung der Teilnehmenden

Bereiten Sie Ihre Teilnehmenden auf den kommenden Vortrag vor, indem Sie betonen, dass das gleich Gehörte nicht leicht verdaulich ist und jeder anders darauf reagiert. Merken Sie an, dass manche Fakten für einige bekannt sein werden, für andere nicht. Ziel des Vortrags ist es, alle auf ein gleiches Wissenslevel zu bringen und ein gleiches Bewusstsein zu schaffen, welchen Krisen wir aktuell gegenüberstehen.

Machen Sie zudem klar, dass während des etwas einstündigen Vortrags Diskussionen und Kommentare nicht gewünscht sind, auch wenn einige Teilnehmende gern etwas ergänzen würden. Die Teilnehmenden haben die Rolle des „stillen Zuhörers“. Das bedeutet keine Fragen, keine Anmerkungen, keine Bemerkungen. Das Gehörte soll Gelegenheit haben, zu wirken.

Schritt 3: Der Vortrag

Tragen Sie mithilfe Ihres erstellten Foliensatzes den „Rund um Nachhaltigkeit Deep Dive“ vor. Achten Sie dabei darauf, nicht zu schnell über die Themen hinwegzugehen. Der Effekt der Sensibilisierung kommt nur zum Tragen, wenn die Informationen eine gewisse Tiefe haben.

Wenn Sie selbst beim Vortrag eine emotionale Ergriffenheit verspüren sollten: Zeigen Sie diese. Es geht nicht darum so nüchtern wie möglich Fakten zu nennen, sondern ein Bewusstsein für einen Krisenmodus zu schaffen.

Machen Sie zudem während Ihres Vortrags an geeigneter Stelle auf Schutzmechanismen aufmerksam, die Teilnehmende für sich anwenden. Stellen Sie dazu folgende Fragen:

- Ist das Handy während des Vortrags gezückt worden? Sind Sie gedanklich abgeschweift? *Schutzmechanismus:* verlassen/abschalten
- Haben Sie Gehörtes für sich angezweifelt? Ist Ihnen der Gedanken gekommen, „das wird eh nicht so kommen“? *Schutzmechanismus:* Verweigerung
- Kam Ihnen der Gedanke „Das kenne ich schon!“ oder „Das weiß ich alles!“? *Schutzmechanismus:* Selbstversicherung, Selbsterhöhung
- Haben Sie das Gefühl, „Wir bekommen das schon hin, Technologie wird es richten!“ oder „Das wird sich von selbst lösen, der Mensch ist anpassungsfähig“? *Schutzmechanismus:* Wunschdenken
- Wollen Sie sich besser fühlen, indem Ihnen konkret gesagt wird, was Sie jetzt dagegen tun können? Und zwar auf der Stelle? *Schutzmechanismus:* In Aktionismus springen

Schutzmechanismen sind in Ordnung, wenn Gehörtes überwältigend wirkt. Doch weisen Sie darauf hin, das Gefühl des Unbehagens wirklich zuzulassen. Denn durch eine emotionale Verbindung entsteht auch eine stärkere Sensibilisierung.

Schritt 4: Reflexion

Im Anschluss an den Vortrag reflektieren Sie gemeinsam mit den Teilnehmenden: Welches Bild, welche Erzählung hat für dich herausgestochen? Was hat dich am meisten getroffen?

Wenn die Gruppengröße es zulässt, lassen Sie jeden zu Wort kommen. Versuchen Sie Gefühle nicht zu relativieren oder mit Lösungen zu begegnen, sondern lassen Sie die durchaus negativen Sichtweisen im Raum stehen.

Im Rahmen eines längeren Workshops empfiehlt es sich, anschließend eine Pause einzulegen, damit die Teilnehmenden die letzte Stunde sacken lassen können und die Gelegenheit haben, untereinander über das Gehörte ins Gespräch zu kommen.

Praxisschlaglicht

Der „Rund um Nachhaltigkeit Deep Dive“ kam schon bei verschiedensten Gelegenheiten zum Einsatz. Immer saßen Menschen im Publikum, die ein unterschiedliches Interesse und Vorwissen zum Thema Nachhaltigkeit hatten und damit eine sehr heterogene Gruppe bildeten. Es ist somit wichtig im Hinterkopf zu behalten, dass manche Fakten aus dem Vortrag Ihnen banal vorkommen werden, aber andere davon noch nie gehört haben.

Um wirklich alle gut abzuholen, ist daher Schritt 2, die Vorbereitung der Teilnehmenden vor dem Vortrag, sehr wichtig. So betreiben Sie ein konkretes Erwartungsmanagement und fördern damit das vorrangige Ziel des Vortrags: Die Sensibilisierung der Gruppe.

Wirkfeld der Methode

- Wirksam für Herausforderungen mit hoher Komplexität
- Wirksam für nachhaltiges Marketing
- Wirksam für nachhaltiges Produktdesign
- Wirksam für nachhaltiges Prozessdesign
- Wirksam für nachhaltiges Servicedesign
- Wirksam für nachhaltiges Business Model Design

Transformationsfähigkeit Ihres Teams

- Fördert die Sensibilisierung
- Fördert die allgemeine Transformationsfähigkeit des Teams
- Fördert offene Mindsets und innovative Denkhaltungen
- Zahlt auf eine bessere Wahrnehmung ein
- Zahlt auf das Dringlichkeitsempfinden ein

Einsatzcharakteristik/Arbeitsrahmen

- Austauschfokus: vornehmlich mit internen und externen Personen
- Durchführungszeit: eher mittel (> 1 Stunde bis < 1 Tag)
- Einsatzfrequenz: vornehmlich im einmaligen Einsatz
- Einsatzradius: vornehmlich im unternehmensweiten Einsatz
- Komplexität für den Moderator: eher mittel
- Komplexität für die Teilnehmer: eher mittel
- Teamgröße: Großgruppen möglich (> 50 Teilnehmer)
- Teamgröße: Kleingruppe möglich (3 bis 5 Teilnehmer)
- Teamgröße: Maxigruppen möglich (20 bis 40 Teilnehmer)
- Teamgröße: Mittelgroße Teams möglich (5 bis 20 Teilnehmer)
- Vorbereitungszeit: eher hoch (> 1 Tag)

Input für eine zielführende Arbeit mit der Methode

- Beteiligte Personen mit Tätigkeiten und Aufgaben
- Verschiedene Botschaften, Meinungen, Statements
- Verschiedene Meinungen und Blickwinkel
- Trends und Zukunftsentwicklungen
- Umfeldbeobachtungen, Umfeldanalysen

Output und beobachtete Ergebnisse der Methode

- Erzeugt Prognosen und Ableitungen
- Erzeugt neues Wissen und neue Erfahrungen
- Erzeugt größere Klarheit zu einem Thema
- Erzeugt transformationsfähigere Organisationen
- Erzeugt mehr Hintergrundinformationen
- Erzeugt mehr Know-how-Zuwachs
- Erzeugt motiviertere und transformationsfähigere Teilnehmer
- Macht Wirkzusammenhänge sichtbar

Hinderniseffekte, auf die die Methode positiv wirkt

- Beugt Missinterpretationen vor
- Beugt blinden Flecken/Betriebsblindheit vor
- Dynamisiert und aktiviert wenig dynamische Teams
- Schafft für den Erfolg nötige Realitätsbezüge
- Schafft schnell Klarheit und beschleunigt Erkenntnisgewinn
- Schärft eine fehlende gemeinsame Ausrichtung
- Verhindert Ideenfindung mit zu schwacher Erkenntnisgrundlage
- Verringert zu große Komplexitäten
- Überzeugt einen Daueropponenten
- Überzeugt einen Rationalisierer
- Überzeugt Zweifler, Bewahrer, Kritiker

Mögliche Extravorteile der Methode

- Möglicher Extravorteil für Teams in einer Komfortsituation
- Möglicher Extravorteil für Teams mit einer konservativen, tradierten Kultur
- Möglicher Extravorteil für in Nachhaltigkeitsthemen ungeübte Teams

Quellen

Organisation – verrocchio Institute for Innovation Competence AG, https://www.verrocchio.institute
Web – https://www.theweek.ooo

Schwarmverhalten

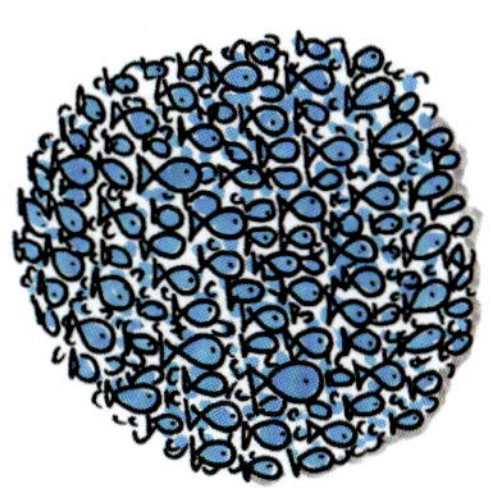

EinSatzBeschreibung

In dieser Gruppenübung geht es darum, nach vorgegebenen Regeln das Agieren im Schwarm zu erleben und zu reflektieren, die Möglichkeiten eines Transfers der gewonnenen Schwarm–Erkenntnisse in den eigenen Alltag zu überprüfen und die Maßnahmen zu identifizieren, um das im Schwarmverhalten liegende Optimierungspotenzial für die eigene Organisation erschließen zu können.

Working Guide/Anwendungsfelder

P1 Sensibilisierung/Bildung	P2 Matching Recht/Gesetz	P3 Sustainability Roadmap	P4 Produkt/Prozessdesign	P5 Implementierung/Monitoring	P6 Kommunikation	P7 Organisation	P8 Führung	P9 Business Model Design	P10 Skalierung
X					X	X	X		

Beschreibung

Mit den Begriffen „Schwarm" und „Schwarmverhalten" verbinden sich in der Regel Bilder großer Schwärme fliegender Vögel, Heuschrecken oder Bienen, aber auch Bilder von Fischschwärmen sowie von Ameisen und Termiten vor ihren Bauten. Bei Säugetieren, die sich wie Hirsche, Gnus, Zebras, Gazellen oder Rentiere ebenfalls in großen Verbänden organisieren, spricht man von Herden, bei Raubtieren wie Wölfen und Hyänen von Rudeln. Allen gemein ist die Tatsache, dass diese Tiere als Schwarm oder Gruppe kollektiv handeln, um ein gemeinsames Ziel zu erreichen. Und dass sie – vielfach ohne jede individuelle Planung und zentrale Steuerung – wie ein „Super-Organismus" hochkomplexe Aufgaben bewältigen können. Dabei funktioniert ein Schwarm ähnlich wie ein Sensorensystem. Jedes Tier empfängt in diesem System Informationen und verarbeitet diese unabhängig von den Artgenossen, orientiert sich aber gleichzeitig an den Tieren in seiner Umgebung.

Schwarmverhalten findet sich aber nicht nur in der Natur, sondern auch bei uns Menschen. Bilder aus Fußball–Stadien, von Open–Air–Konzerten, vom Karneval, von Demonstrationszügen oder in Form von Warteschlangen vor berühmten Sehenswürdigkeiten erinnern vielfach stark an Bilder großer Schwärme oder Herden in der Natur. Entsprechend wird der ursprünglich aus der Biologie stammende Begriff „Schwarmintelligenz" nicht nur für das Verhalten von Schwärmen und Herden im Tierreich verwendet. Unter den Synonymen „Gruppen-Intelligenz" oder „kollektive Intelligenz" findet er sich unter Bezug auf uns Menschen zunehmend auch in Unternehmensstrategien, im Innovationsmanagement, im Bereich der digitalen Transformation und bei Start-ups. Auch Menschen profitieren als soziale Wesen stark von der Schwarmintelligenz. Nicht zuletzt aufgrund ihrer Fähigkeit, in großen durchorganisierten Gruppen zu kooperieren, waren sie evolutionär erfolgreich. Dies spiegelt sich auch in Redewendungen wie „Gemeinsam sind wir stark" wider. Weitere Ausführungen dazu finden sich in der Methodenbeschreibung „Mehrwert Schwarmintelligenz".

Die Gruppenübung „Schwarmverhalten" eignet sich als Transferübung für Seminare und Workshops mit den Themen Führung, Beteiligung, Identifikation und Information. Zu Beginn der Übung wird das Thema „Schwarmverhalten" an konkreten Räuber-Beute Beispielen aus der Natur erläutert und diskutiert. Anschließend geht es darum, als Gruppe vorgegebene Schwarmregeln in einer Übung umzusetzen und das Agieren im Schwarm zu erleben. Nach der Übung tauschen sich die Teilnehmer über ihr eigenes Schwarmverhalten aus, reflektieren ihre Interaktion, analysieren die praktizierten Schwarmregeln und machen sich die Möglichkeiten und Grenzen eines Schwarms bewusst.

Pfuhlschnepfen auf dem Zug (Quelle: https://fluegelschlag-birding.de/wp-content/uploads/2019/09/Pfuhlschnepfen-Schwarm.jpg

Die abschließende Transferdiskussion befasst sich mit der Relevanz der mit der Übung gewonnenen Schwarmerkenntnisse im eigenen Alltag und den Möglichkeiten, diese in die berufliche Praxis und den persönlichen Alltag zu übertragen. Dabei sollen auch die Problemfelder „Schwarmdummheit", „Schwarmignoranz" und „Gruppenzwang" nicht ausgeklammert, sondern aktiv anmoderiert und diskutiert werden. Am Ende geht es um die Identifikation der notwendigen Maßnahmen, um das im Schwarmverhalten inhärente Optimierungspotenzial für die eigene Organisation erschließen zu können.

Schwarmverhalten

Die Nachhaltigkeitsrelevanz dieser Übung besteht vor allem in der Erkenntnis, dass ein Schwarm dann erfolgreich ist, wenn er zum Nutzen des Kollektivs Individualität, Kollaboration und Diversität gleichermaßen nutzt und zulässt sowie gleichzeitig Umsicht, Vorsicht und Rücksicht praktiziert. Diese Merkmale einer erfolgreichen Schwarmstrategie können durchaus auch als Eckpunkte eines Handlungsrahmens für Nachhaltigkeitskonzepte gesehen werden.

Durchführung

1. **Vorbereitende Organisation**
   - Die Übung wird am besten outdoor in einem Park oder Garten, oder auch in einer Streuobstwiese oder auf einer Heide durchgeführt.
   - Die Fläche muss überschaubar und auf der für die Übung genutzten Fläche gefahrlos begehbar und frei von Stolperfallen sein
   - Die Fläche muss über ausreichend kleine Strukturen und damit Versteckmöglichkeiten verfügen.
   - Alternativ kann die Übung auch in einem großen Raum durchgeführt werden.
   - Zur Vorbereitung der Übung werden – von den Teilnehmern ungesehen – ca. 20 Walnüsse oder kleine Süßigkeiten als „Nahrung" versteckt.
   - Für die gefundenen Nahrungsstücke wird eine Jutetasche mit großer Öffnung zum schnellen „Einsacken der Beute" bereitgestellt.
   - Bei einer Gruppengröße von bis zu ca. 10 Personen jagt eine Person (z. B. der Trainer) den Schwarm, bei einem größeren Schwarm von bis zu 30 Personen kann dieser auch von zwei Räubern gejagt werden.
2. **Inhaltliche Einführung und Kurzdiskussion**
   - Mit einer vom Trainer vorzubereitenden kurzen Einführung in das Thema „Schwarmverhalten" soll am Beispiel eines konkreten Räuber-Beute-Verhältnisses aus der Natur, z. B. Wanderfalke und Starenschwarm oder Seehund und Heringsschwarm der biologische Hintergrund des Schwarmverhaltens und seine Sinnhaftigkeit dargestellt werden.
   - Je nach Zeitbudget und Interesse kann hier eine Klärung von Verständnisfragen, ggf. bereits auch eine kurze Diskussion zum Thema Schwarmverhalten in der Natur stattfinden.
   - Das Thema „Schwarmverhalten" unter Menschen und in Gruppen soll hier noch nicht diskutiert werden, um der späteren Transferdiskussion nicht vorzugreifen.
3. **Erklärung des Übungsverlaufs**
   - Im Garten (bzw. Park, Streuobstwiese, Heide, alternativ indoor in einem großen Raum) ist Nahrung versteckt
   - Der Trainer beschreibt den Bereich, in dem die Nahrung versteckt ist und sagt, wie viele Nahrungsstücke versteckt sind.
   - Die Gruppe bildet einen Schwarm, der nach den nachfolgend beschriebenen Regeln agiert.
   - Der Schwarm wird von einem Räuber (bei größeren Gruppen von mehreren Räubern) gejagt.
   - Ziel des Schwarms ist, möglichst schnell möglichst viel Nahrung zu finden und einzusammeln und sich dabei nicht vom Räuber fangen zu lassen.
   - Die gefundenen Nahrungsstücke werden von den Schwarmmitgliedern in einem zur Verfügung gestellten und mitzuführenden Jutebeutel gesammelt
   - Die Übung ist zu Ende, wenn der Schwarm alle Nahrungsstücke gefunden hat, oder der Räuber alle Schwarmmitglieder gefangen hat oder eine zu vereinbarende Gesamtzeit (z. B. maximal 30 Min.) abgelaufen ist.
4. **Erläuterung der Schwarmregeln**
   Den Teilnehmern wird ein vom Trainer vorbereitetes Methodenblatt ausgehändigt, auf dem die nachfolgenden zehn Regeln festgehalten sind. Dieses wird in der Gruppe zusammen besprochen, damit die für die folgende Übung zu beachtenden Schwarmregeln allen Teilnehmern klar sind.
   1. Es gibt bei der Übung keine alleinige Führung, sondern jeder muss auf jeden achten.
   2. Die Gruppe bleibt zusammen und teilt sich weder auf noch lässt sie sich aufteilen.
   3. Bewege dich in Richtung des Mittelpunktes derer, die du in deinem Umfeld siehst.
   4. Die Teilnehmer dürfen sich gegenseitig nicht berühren.
   5. Der Abstand von Teilnehmer zu Teilnehmer soll immer ungefähr eine Armlänge (ca. 80 cm) betragen.
   6. Bewege dich weg, sobald dir jemand zu nahekommt.
   7. Orientiere dich immer an Deinen Nachbarn aus. und bewege dich ungefähr in dieselbe Richtung wie diese.
   8. Wenn sich ein Schwarmmitglied länger als drei Sekunden von der Gruppe entfernt, wird es gefressen.
   9. Wenn ein Feind kommt, muss ihm ausgewichen werden. Wer berührt wird, ist verloren und scheidet aus.
   10. Es darf nicht geredet werden.
5. **Durchführung der Übung**
   - Die Gesamtanzahl der versteckten Nahrungsmittel wird noch einmal bekannt gegeben, damit die Gruppe mitzählen kann, wann sie alle Stücke gefunden hat.
   - Auch auf die ab sofort geltende Sanktionierung von Verstößen gegen die Schwarmregeln wird noch einmal hingewiesen (umgehendes Verlassen des Schwarms und des Übungsfeldes).
   - Der Schwarm darf ausschwärmen, um die Nahrungsstücke zu suchen.
   - Alle nun von den Schwarmmitgliedern entdeckten Nahrungsstücke werden im mitgeführten Beutel gesammelt und gezählt.
   - Nach einer kurzen, ungestörten Orientierungszeit des Schwarms (maximal 30 Sekunden) beginnt der Räuber mit der Verfolgung des Schwarms.
   - Von diesem Zeitpunkt an, scheidet jedes vom Räuber berührte Schwarmmitglied aus der Gruppe aus und stellt sich an den Rand der Übungsfläche. Ebenso jedes wegen Verstoß gegen die Gruppenregeln sanktionierte Schwarmmitglied.
   - Das Spiel ist zu Ende, sobald eine der folgenden Situationen eintritt:
     - Sobald alle Nahrungsstücke gefunden sind, ruft ein Schwarmmitglied „Stop" und der Schwarm hat erfolgreich überlebt und gewonnen.
     - Sobald der Räuber alle Schwarmmitglieder gefangen hat, ruft er ebenfalls „Stop". In diesem Fall ist der gesamte Schwarm gestorben.
     - Spätestens, wenn die vereinbarte Gesamtspielzeit abgelaufen ist, ruft der Trainer „Stop" und das Spiel ist zu Ende. In diesem Fall gibt es zwei Optionen:

   - Schwarm und Räuber sind beide Gewinner: Der Schwarm hat Nahrungsstücke gefunden und dadurch überlebt. Und der Räuber hat – falls er mindestens ein Schwarmmitglied erbeutet hat oder sanktionieren musste, ebenfalls überlebt.
   - Der Schwarm hat gewonnen: Falls die Zeit abgelaufen ist, ohne dass der Räuber auch nur ein einziges Schwarmmitglied fangen konnte oder ein Schwarmmitglied sanktioniert werden musste, ist der Räuber verhungert und gestorben.
6. **Auswertung der Übung**
   - Wie haben die Teilnehmenden die Gesamtsituation im Schwarm erlebt?
   - Wie haben die Teilnehmer ihr individuelles Verhalten im Schwarm empfunden?
   - Wie wurde die Interaktion im Schwarm wahrgenommen?
   - Wie stabil blieb die Zusammensetzung des Schwarms? Waren immer die gleichen Schwarmmitglieder vorne, hinten, außen und innen?
   - Gab es individuelle Fähigkeiten einzelner Schwarmmitglieder, die den Erfolg befördert haben?
   - Was ist im Schwarm leichtgefallen, was ist schwergefallen?
   - Wie werden insgesamt die Möglichkeiten und Grenzen des Schwarms eingeschätzt?
   - Gibt es Erkenntnisse, wie der Schwarm noch erfolgreicher hätte sein können?
   - Gibt es Möglichkeiten, die vorgegebenen Schwarmregeln zugunsten des Schwarms weiterzuentwickeln, ohne sie gleichzeitig zu Ungunsten des Räubers zu verändern?
7. **Transferdiskussion**
   Nach der Auswertungsdiskussion der Übung folgt entlang der nachfolgenden Fragen eine Diskussion, die den Transfer der im und mit dem Schwarm gewonnenen Erkenntnisse in die berufliche Praxis und den persönlichen Alltag zum Ziel hat.
   - Welche der gewonnenen Schwarmverhaltens–Erkenntnisse sind aus dem Arbeitsalltag bekannt?
   - Sind aus dem beruflichen Alltag auch Beispiele von „Schwarmdummheit", „Schwarmignoranz" oder „Gruppenzwang" bekannt und wie kann diesen ggf. entgegengewirkt werden?
   - Welche der gewonnenen Schwarmverhaltenserkenntnisse könnten ggf. neu in den Arbeitsalltag transferiert werden?
   - Bei welchen organisationsrelevanten Entscheidungen der letzten Monate wäre der Transfer der gewonnenen Schwarmverhaltenserkenntnisse im Nachhinein hilfreich bzw. zielführend gewesen?
   - Welche organisatorischen Maßnahmen wären notwendig, um das im Schwarmverhalten inhärente Lern-, Anpassungs- und Optimierungspotenzial für die eigene Organisation erschließen und nutzen zu können?
8. **Abschluss**
   - Am Ende der Übung nimmt sich jeder Teilnehmer eine konkrete persönliche Maßnahme vor, die er bei der nächsten sich für ihn ergebenden Gelegenheit einer realen Schwarmverhaltenskonstellation zugunsten der Gruppe einbringen wird.
   - Die seitens der Schwarmgruppe gefundenen Nahrungsstücke dürfen nun gegessen, die nicht gefundenen Nahrungsstücke dürfen vom „Räuber" (Trainer) verzehrt oder mit der Gruppe geteilt werden.

Praxisschlaglicht

Die Übung entwickelt innerhalb kürzester Zeit eine sehr ungewöhnliche Gruppendynamik. Durch die gemeinsame Bewegung der aufeinander angewiesenen Schwarmmitglieder sowie durch das gleichzeitige Suchen-Müssen von Nahrung und die Verfolgung durch einen Räuber entsteht schneller ein Teamgefühl, als dies jemals in der beruflichen Alltagsrealität der Fall sein könnte.

Wirkfeld der Methode

- Wirksam für Herausforderungen mit mittlerer Komplexität
- Wirksam für Herausforderungen mit niedriger Komplexität
- Wirksam für eine Stärkung des Teamgedankens
- Wirksam für eine Stärkung der nonverbalen Kommunikation

Transformationsfähigkeit Ihres Teams

- Fördert die Sensibilisierung
- Fördert die Agilität eines Teams
- Fördert die Teamkreativität
- Fördert die allgemeine Transformationsfähigkeit des Teams
- Fördert Umsicht und Weitsicht des Teams
- Fördert die Sozialkompetenz
- Fördert den Austausch im Team
- Fördert die nonverbale Kommunikation
- Sorgt für Inspiration oder bessere Inspirationsempfindlichkeit
- Sorgt für Fokussierung
- Zahlt auf eine bessere Wahrnehmung ein
- Erhöht die Lösungsorientierung

Einsatzcharakteristik/Arbeitsrahmen

- Austauschfokus: vornehmlich mit internen Personen
- Durchführungszeit: gering bis mittel (< 1 Stunde bis > 1 Stunde)
- Einsatzfrequenz: vornehmlich im einmaligen Einsatz
- Einsatzradius: vornehmlich im Teameinsatz
- Komplexität für den Moderator: eher mittel
- Komplexität für die Teilnehmer: eher mittel
- Teamgröße: Maxigruppen möglich (20 bis 40 Teilnehmer)
- Teamgröße: Mittelgroße Teams möglich (5 bis 20 Teilnehmer)
- Vorbereitungszeit: eher gering (< 1 Stunde)

Input für eine zielführende Arbeit mit der Methode

- Aktuelle Herausforderung, Leitfrage, Problem
- Aktuelle Diskussionen über Führungsmethoden
- Aktuelle Diskussionen über Fragen der Beteiligung
- Aktuelle Diskussionen über Fragen der Kommunikation
- Beteiligte Personen mit Tätigkeiten und Aufgaben

Output und beobachtete Ergebnisse der Methode

- Fördert die Teamperformance
- Erzeugt besseren Teamspirit, mehr Offenheit, Inspirationsempfindlichkeit
- Erzeugt kollaborative Lösungen und Ideen
- Erzeugt neue Erfahrungen
- Erzeugt größere Klarheit zu einem Thema
- Erzeugt motiviertere Teilnehmer

Output und beobachtete Ergebnisse der Methode

- Hilft bei Entscheidungen, Bewertungen und Feedback
- Macht Wirkzusammenhänge sichtbar
- Fördert Konzentrationsfähigkeit
- Fördert Fokussierungs-Kompetenz
- Sensibilisiert für gegenseitige Rücksichtnahme
- Sensibilisiert für Umfeldwahrnehmung
- Fördert Kommunikation und Austausch im Team

Hinderniseffekte, auf die die Methode positiv wirkt

- Bindet eher introvertierte Teammitglieder mit ein
- Dynamisiert und aktiviert wenig dynamische Teams
- Fördert die Agilität der Teilnehmer
- Schwächt Konkurrenzdenken
- Schwächt Einzelgängertum
- Schwächt multidisziplinäre Reibungsverluste
- Schärft eine fehlende gemeinsame Ausrichtung
- Stärkt das Vertrauen im Team
- Fördert Optimismus und Zuversicht

Mögliche Extravorteile der Methode

- Möglicher Extravorteil für in Nachhaltigkeitsthemen ungeübte Teams

Quellen

Buch – Darwin meets Business. Klaus-Stephan Otto & Myra von Ondarza (Dr. Otto Training und Consulting, 2009)

Buch – Denken und Handeln in Ökosystemen. Klaus-Stephan Otto, Stefan Rösler & Tina Teucher; in Ternès & Englert (Hrsg.): Integriertes Nachhaltigkeitsmanagement, 183 – 209 (Springer, 2019)

Buch – Evolutions-Management. Klaus-Stephan Otto, Uwe Nolting & Christel Bässler (Hanser, 2007)

Buch – ManagementBIOnik. Matthias Nöllke (Haufe, 2019)

Buch – Praxishandbuch der Waldpädagogik. Frank Hoffmann (wbv-Media GmbH, 2023)

https://www.oecoach.de/wp-content/uploads/2016/10/20162303_Waldworkshop_Flyer_DINlang-Website.pdf (abgerufen am 20.09.2023)

Organisation – www.evoco.de

Organisation – www.hausdeswaldes.de

Organisation – www.naturschule.de

Person – Aufbauend auf der Übung zum Thema Beteiligung „Schwarmintelligenz" von Dr. Klaus–Stephan Otto/EVOCO

Person – Dr. Stefan Rösler, roesler@oecoach.de

Web – https://www.biologie-seite.de/Biologie/Schwarmfisch (abgerufen am 29.10.2023)

Web – https://www.planet-wissen.de/technik/verkehr/logistik_waren_unterwegs/pwieschwarmintelligenzvondenfischenlernen100.html (abgerufen am 29.10.2023)

Web – Waldworkshop Von der Natur lernen für Management, Strategie und Teamentwicklung. Stefan Rösler (2016)

Science Based Targets

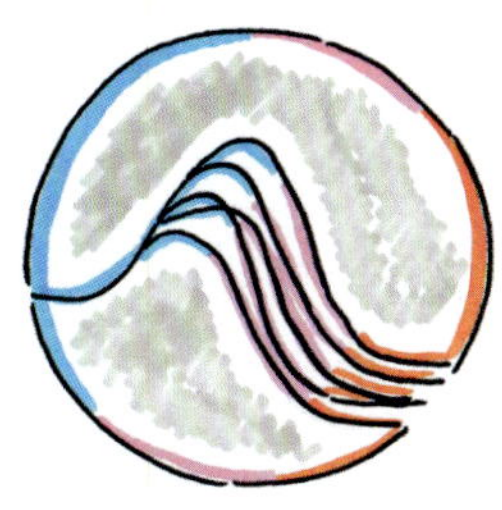

EinSatzBeschreibung

Science Based Targets (SBT) unterstützen Organisationen dabei, ihre Treibhausgasemissionen auf ein wissenschaftlich fundiertes Niveau zur Erreichung des 1,5 °C-Ziels zu reduzieren und somit zum globalen Klimaschutz beizutragen.

Working Guide/Anwendungsfelder

P1 Sensibilisierung/Bildung	P2 Matching Recht/Gesetz	P3 Sustainability Roadmap	P4 Produkt/Prozessdesign	P5 Implementierung/Monitoring	P6 Kommunikation	P7 Organisation	P8 Führung	P9 Business Model Design	P10 Skalierung
		X	X	X					

Beschreibung

Science Based Targets ermöglichen Unternehmen, ihre Klimaziele auf der Grundlage wissenschaftlicher Erkenntnisse festzulegen. Diese Ziele sind darauf ausgelegt, einen gerechten Beitrag zur Begrenzung der globalen Erwärmung auf unter 1,5 °C im Vergleich zum vorindustriellen Niveau zu leisten, wie es im Pariser Abkommen festgelegt wurde. Die Bestandteile der Science Based Targets umfassen:

- Zielsetzung: Festlegung eines spezifischen Emissionsreduktionsziels basierend auf wissenschaftlichen Daten und Klimamodellen.
- Verbindung zur Wissenschaft: Integration aktueller wissenschaftlicher Erkenntnisse zur Berechnung der erforderlichen Emissionsreduktionen und zur Überprüfung der Zielerreichung.
- Sektorspezifische Ansätze: Berücksichtigung der spezifischen Gegebenheiten und Emissionsprofile verschiedener Branchen, um realistische und ambitionierte Ziele zu setzen.
- Langfristige Perspektive: Berücksichtigung der langfristigen Auswirkungen und Zielsetzungen, um einen nachhaltigen Wandel zu unterstützen.

Koordiniert werden die SBTs durch die Science Based Targets initiative (SBTi). Die Initiative ist eine Partnerschaft zwischen dem CDP, dem United Nations Global Compact, dem World Resources Institute (WRI) und dem World Wide Fund for Nature (WWF).

Vorteile der Science Based Targets

- Glaubwürdigkeit: Science Based Targets basieren auf wissenschaftlichen Erkenntnissen und erhöhen die Glaubwürdigkeit und Transparenz von Unternehmen im Bereich des Klimaschutzes.
- Wettbewerbsvorteil: Unternehmen, die Science Based Targets setzen, können ihre Vorreiterrolle in Sachen Nachhaltigkeit unterstreichen und sich als attraktive Partner für Kunden, Investoren und Mitarbeiter positionieren.
- Risikomanagement: Durch die Reduktion von Treibhausgasemissionen können Unternehmen Risiken im Zusammenhang mit klimabedingten Auswirkungen, wie z. B. Regulierungen oder versorgungsbezogenen Risiken, verringern.
- Innovationsförderung: Die Festlegung von Science Based Targets fördert die Entwicklung und Umsetzung innovativer Technologien und Geschäftsmodelle im Bereich der emissionsarmen Wirtschaft.

Grenzen der Science Based Targets

- Komplexität: Die Festlegung und Umsetzung von Science Based Targets erfordert umfangreiche Analysen und Fachwissen in Bezug auf Treibhausgasemissionen und Klimamodelle.
- Abhängigkeit von externen Faktoren: Science Based Targets basieren auf aktuellen wissenschaftlichen Erkenntnissen und können von neuen Forschungsergebnissen und Entwicklungen beeinflusst werden.
- Umsetzungsrisiken: Die Erreichung von Science Based Targets erfordert oft erhebliche Investitionen und Veränderungen in den Geschäftsprozessen, was mit Risiken und Herausforderungen verbunden sein kann.

Kritik an den Science Based Targets

- Es müssen sich weltweit viele Unternehmen an den SBT beteiligen, damit die Auswirkungen auf das Klima reduziert werden können.
- Die Beteilung durch Unternehmen ist freiwillig.
- In manchen Branchen, wie zum Beispiel Unternehmen mit sehr heterogenen Produkten wie in der Chemiebranche oder in der Luftfahrt, ist es fast unmöglich, das 1,5° Ziel zu erreichen.

Durchführung

Um Science Based Targets anzuwenden, sind folgende Schritte erforderlich:

1. Bekenntnis zu den SBTs: Einreichen eines Schreibens bei der Science Based Targets initiative (SBTi), in dem die Absicht bekundet wird, ein SBT festzulegen.
2. Zieldefinition: Ausarbeitung eines Emissionsreduktionsziels gemäß den Kriterien der SBTi.
3. Einreichen: Das Ziel wird der SBTi zur offiziellen Validierung vorgelegt.
4. Kommunikation: Offenlegung des Ziels und Information der Stakeholder.
5. Offenlegung: Jährliche Berichterstattung über die unternehmensweiten Emissionen und Verfolgung des Zielfortschritts.

Praxisschlaglicht

Ein globales Unternehmen aus der Lebensmittelindustrie entscheidet sich dafür, Science Based Targets zu setzen, um seinen Beitrag zum Klimaschutz zu leisten. Nach einer umfangreichen

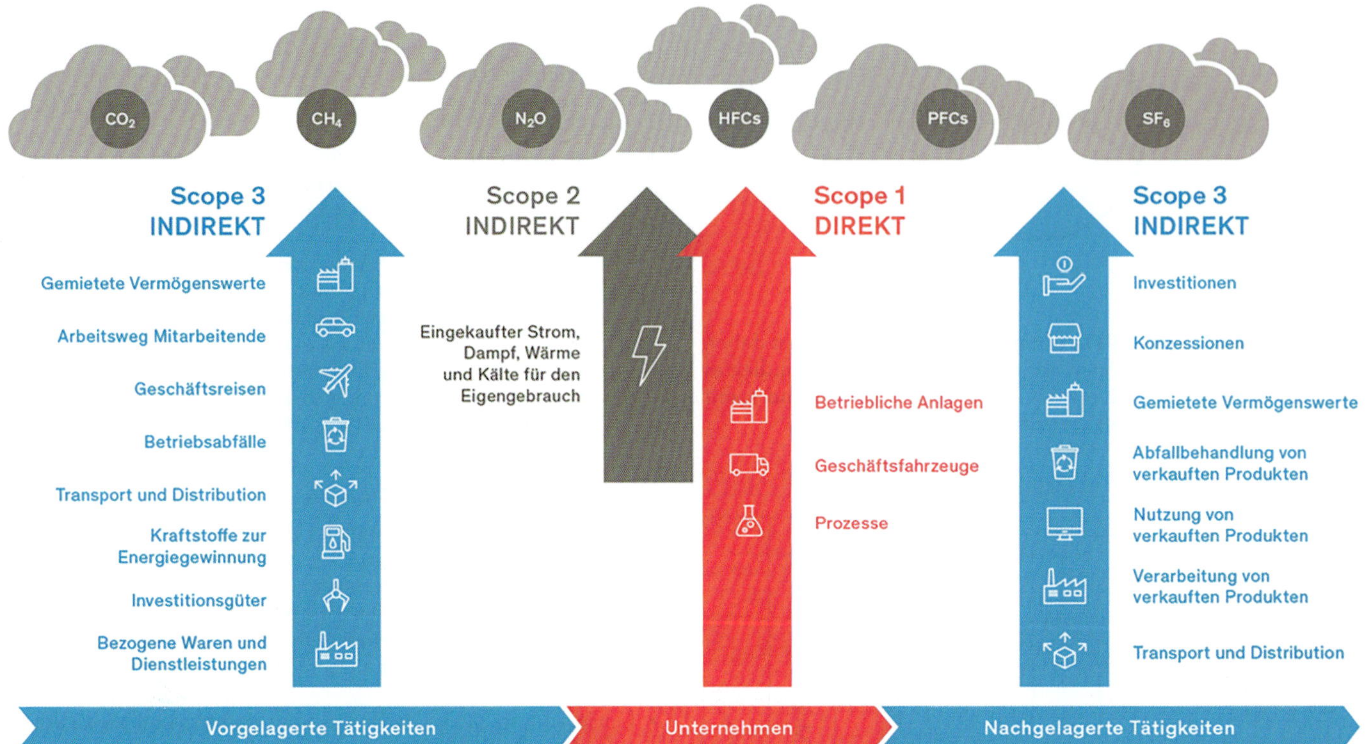

Emissionsreduktionen innerhalb der eigenen Wertschöpfungskette (Quelle: https://www.myclimate.org/de-ch/informieren/faq/faq-detail/was-sind-science-based-targets-sbt/)

Datenanalyse und Bewertung setzt das Unternehmen ein spezifisches Emissionsreduktionsziel für die kommenden zehn Jahre fest, das mit den wissenschaftlichen Erkenntnissen und dem Ziel einer Begrenzung der globalen Erwärmung auf unter 1,5 °C im Einklang steht.

Das Unternehmen entwickelt einen umfassenden Umsetzungsplan, der Maßnahmen zur Effizienzsteigerung, Nutzung erneuerbarer Energien und Lieferkettenoptimierung umfasst. Regelmäßige Fortschrittsmessungen und Berichte werden implementiert, um den Erfolg bei der Zielerreichung zu überwachen und zu kommunizieren.

Helfende Organisation

- Science Based Targets Initiative: Die Science Based Targets Initiative ist eine Zusammenarbeit zwischen CDP, UN Global Compact, World Resources Institute und WWF, die Unternehmen bei der Festlegung und Umsetzung von Science Based Targets unterstützt.
- UN Global Compact: Der UN Global Compact bietet Ressourcen und Anleitungen zur Integration von Klimazielen, einschließlich Science Based Targets, in die Unternehmensstrategie.
- Carbon Disclosure Project (CDP): Das CDP ist eine Non-Profit-Organisation, die Unternehmen bei der Offenlegung ihrer Umweltauswirkungen und beim Setzen von Klimazielen unterstützt.
- Klimaforschungsinstitute und -organisationen: Es gibt verschiedene Forschungsinstitute und -organisationen, die sich mit Klimawissenschaften und Klimamodellierung befassen und wissenschaftliche Erkenntnisse für die Festlegung von Science Based Targets liefern können.

Wirkfeld der Methode

- Wirksam für Herausforderungen mit hoher Komplexität
- Wirksam für Klimaschutz

Transformationsfähigkeit Ihres Teams

- Fördert die Sensibilisierung
- Zahlt auf eine bessere Wahrnehmung ein
- Zahlt auf ein positives Zukunftsbild ein
- Zahlt auf das Dringlichkeitsempfinden ein

Einsatzcharakteristik/Arbeitsrahmen

Austauschfokus: vornehmlich mit internen und externen Personen

- Durchführungszeit: eher hoch (> 1 Tag)
- Einsatzfrequenz: sinnvoll im dauerhaften Einsatz
- Einsatzradius: vornehmlich im unternehmensweiten Einsatz
- Komplexität für die Teilnehmer: eher hoch
- Vorbereitungszeit: eher hoch (>1 Tag)

Input für eine zielführende Arbeit mit der Methode

- Aktuell existierende Geschäftsmodelle
- Aktuell existierende Produkte und Services
- Existierende Prozesse und Verfahren
- Ziele, Zielsystem, Kennzahlen
- Wissen über Gesetze und Rahmenbedingungen

Output und beobachtete Ergebnisse der Methode

- Reduziert Emissionen

Hinderniseffekte, auf die die Methode positiv wirkt

- Beugt Missinterpretationen vor

Mögliche Extravorteile der Methode

- Mögliche Wettbewerbsdifferenzierung

Quellen

Web – https://sciencebasedtargets.org
Web – https://www.cdp.net/en
Web – https://www.globalcompact.de/fileadmin/user_upload/Dokumente_PDFs/DGCN-DiskPpr-GER-fin-screen.pdf (abgerufen am 06.07.2023)
Web – https://www.myclimate.org/de-ch/informieren/faq/faq-detail/was-sind-science-based-targets-sbt (abgerufen am 07.07.2023)

Grafik: verrocchio Sustainable Inspiration Card – Malvine Klecha, Hila Attaie und Jennifer van Aerssen (Illustration)

231

SDG Challenger Cards

EinSatzBeschreibung

Die SDG Challenger Cards geben zu jedem der 17 UN Sustainable Development Goals (SDGs) beispielhafte Leitfragen (Triggerfragen) für gezielte und spezifische Ideenfindungen an die Hand.

Working Guide/Anwendungsfelder

P1 Sensibilisierung/Bildung	P2 Matching Recht/Gesetz	P3 Sustainability Roadmap	P4 Produkt/Prozessdesign	P5 Implementierung/Monitoring	P6 Kommunikation	P7 Organisation	P8 Führung	P9 Business Model Design	P10 Skalierung
			X					X	

Beschreibung

Die SDG Challenger Cards verhelfen Menschen zu ganz neuen Ideen und Blickwinkeln, um die einzelnen SDGs zu erreichen. Sie geben die Möglichkeit, mit der eigenen Kreativität tief in jedes Nachhaltigkeitsziel einzusteigen und an konkreten Fragestellungen für mehr Nachhaltigkeit im Unternehmen zu arbeiten.

verrocchio SDG Challenger Cards

Mithilfe von 5 Triggerfragen je SDG können Teilnehmende sich entweder direkt in die Ideengenerierung stürzen oder weitere, eigene Fragestellungen zur Erreichung der Nachhaltigkeitsziele entwickeln.

Durchführung

Variante I

Schritt 1: Bestehende Leitfragen tunen

Ausgangslage: Sie haben in einer ersten Runde bereits spannende Fragen, sogenannte Leitfragen, für mögliche Ideenfindungen entwickelt, z. B. in einem Strategieworkshop oder mit dem SDG Focus Finder, und wollen diese nun nochmal schärfen.

1. Die bereits gefundenen Leitfragen werden im Raum gut sichtbar aufgehangen. Beispiel für eine Leitfrage: Wie können wir in unserer Produktion CO_2 einsparen?
2. Die SDG Challenger Cards werden an die Teilnehmenden verteilt oder auf einem Tisch großflächig ausgelegt.
3. Jeder liest nun für sich die aufgehängten Leitfragen und gleicht sie mit den Triggerfragen auf den Challenger Cards ab. Das Ziel dabei: Neue, nachhaltige Perspektiven finden!
   - Wie kann die Leitfrage mithilfe der Triggerfragen auf den Cards noch geschärft und getuned werden?
   - Wie können wir die Leitfrage mithilfe der Triggerfragen noch spannender und für unser Unternehmen, die Abteilung oder unser Team spezifischer machen?
   - Welche Leitfragen sollten wir noch neu mit dazu hängen?
4. Jeder notiert seine verbesserten, spezifischeren Leitfragen oder neue Leitfragen auf Post-its und hängt sie zu der ursprünglichen Leitfrage dazu. Beispiel für eine getunte Leitfrage: Wie können wir nicht nur bei der Produktion, sondern auch bei der Nutzung unseres Produkts die Emissionen auf null reduzieren?

Schritt 2: Spannende Leitfragen wählen und Ideenfindungen starten

Die Teilnehmenden priorisieren die Leitfragen, z. B. entsprechend der unternehmensinternen Nachhaltigkeitsziele, und starten mit der Ideenfindung. Nutzen Sie dazu eine Kreativitätstechnik, um möglichst viele neue Ideen mit der Gruppe zu entwickeln.

Variante II

Schritt 1: neue Leitfragen finden

1. Die SDG Challenger Cards werden an einer Wand großflächig wie bei einer Galerie aufgehangen.
2. Jeder Teilnehmende geht nun mit Stift und Post-it-Block an der Galeriewand entlang und notiert je SDG weitere ein bis zwei Leitfragen, die zum Unternehmen passen können.
3. Die neuen Leitfragen werden zur ursprünglichen Challenger Card dazu geklebt.

Schritt 2: Spannende Leitfragen wählen und Ideenfindungen starten

Die Teilnehmenden priorisieren die Leitfragen, z. B. entsprechend der unternehmensinternen Nachhaltigkeitsziele, und starten mit der Ideenfindung. Nutzen Sie dazu eine Kreativitätstechnik, um möglichst viele neue Ideen mit der Gruppe zu entwickeln.

ZIEL

Verfügbarkeit und nachhaltige Bewirtschaftung von Wasser und Sanitärversorgung für alle gewährleisten.

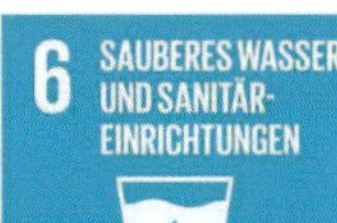

Wie können wir mit unserem Angebot dafür sorgen, dass Menschen - wo möglich - mehr Leitungswasser trinken?

Wie können wir bei der Herstellung unseres Angebots Wasser sparen?

Wie können wir mithilfe unseres Angebots den Zugang zu sauberem Wasser erweitern?

Wie können wir bei unserem Angebot für mehr Transparenz zum Wasserverbrauch sorgen?

Wie können wir mit unserem Angebot Menschen bei fehlender Sanitärversorgung vor Infektionskrankheiten schützen?

verrocchio Institute for Innovation Competence

ZIEL

Nachhaltige Konsum- und Produktionsmuster sicherstellen.

TRIGGERFRAGEN

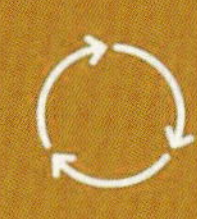

Wie können wir die Ressourcen unseres Produkts im Kreislauf halten?

Wie können wir die Lebensdauer unseres Produkts signifikant verlängern?

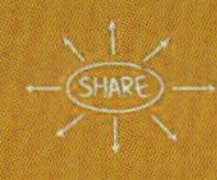

Wie können wir dafür sorgen, dass Menschen unser Produkt mehr miteinander teilen und wir dennoch daran verdienen?

Wie können wir unser Produkt modularer gestalten, sodass Einzelteile anderweitig wiederverwendet werden können?

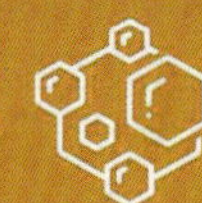

Wie können wir dafür sorgen, dass unsere Produkte ein zweites Leben bekommen, an denen wir ebenfalls verdienen?

verrocchio Institute for Innovation Competence

SDG Challenger Cards – Beispiele

Praxisschlaglicht

Die eigenen Nachhaltigkeitsziele des Unternehmens wurden erarbeitet und standen fest, es war nun jedoch unklar, wie am besten weiter verfahren werden soll. Unser Vorschlag: Einsatz der SDG Challenger Cards.

Die Triggerfragen verhalfen im nächsten Schritt, zu den verschiedenen Nachhaltigkeitszielen kreativ zu werden und mit ersten Ideenrunden im Unternehmen zu starten.

Die SDG Challenger Cards wurden dazu in mehreren Workshops mit unterschiedlichen Gruppen von Mitarbeitenden eingesetzt, um zum einen mehr Kolleginnen und Kollegen für die internen Nachhaltigkeitsziele zu sensibilisieren, und zum anderen einen diversen Blick auf die Fragestellungen einzuholen und möglichst viele unterschiedliche Ideen zu finden.

Das half im Folgenden dem Sustainability Team, auf einen großen Ideentopf zurückzugreifen und die Nachhaltigkeitstransformation mit Ideen aus dem Unternehmen heraus weiterzutreiben.

Wirkfeld der Methode

- Wirksam für nachhaltiges Produktdesign
- Wirksam für nachhaltiges Prozessdesign
- Wirksam für nachhaltiges Servicedesign
- Wirksam für nachhaltiges Business Model Design

Transformationsfähigkeit Ihres Teams

- Fördert die Teamkreativität
- Fördert grundlegend die Kreativität
- Fördert offene Mindsets und innovative Denkhaltungen
- Sorgt für Inspiration oder bessere Inspirationsempfindlichkeit
- Zahlt auf eine bessere Wahrnehmung ein
- Erhöht die Lösungsorientierung

Einsatzcharakteristik/Arbeitsrahmen

- Austauschfokus: vornehmlich mit internen Personen
- Durchführungszeit: eher gering (< 1 Stunde)
- Einsatzfrequenz: vornehmlich im einmaligen Einsatz
- Einsatzradius: vornehmlich im Teameinsatz
- Einsatzradius: vornehmlich im projektweiten Einsatz
- Einsatzradius: vornehmlich im unternehmensweiten Einsatz

- Komplexität für den Moderator: eher gering
- Komplexität für die Teilnehmer: eher gering
- Teamgröße: Großgruppen möglich (> 50 Teilnehmer)
- Teamgröße: Kleingruppe möglich (3 bis 5 Teilnehmer)
- Teamgröße: Maxigruppen möglich (20 bis 40 Teilnehmer)
- Teamgröße: Mittelgroße Teams möglich (5 bis 20 Teilnehmer)
- Vorbereitungszeit: eher gering (< 1 Stunde)

Input für eine zielführende Arbeit mit der Methode

- Aktuell existierende Geschäftsmodelle
- Aktuell existierende Produkte und Services
- Aktuelle Herausforderung, Leitfrage, Problem
- Beteiligte Personen mit Tätigkeiten und Aufgaben
- Existierende Prozesse und Verfahren
- Vorhandenes Wissen und Erfahrungen
- Durchführungszeit, Trainingszeit
- Merkmale der gegebenen Herausforderung
- Ziele, Zielsystem, Kennzahlen

Output und beobachtete Ergebnisse der Methode

- Erzeugt Ideen für neue Märkte und neue Business Modelle
- Erzeugt Ideen, Lösungsansätze, Vorideen, Möglichkeiten
- Erzeugt Ideensuchfelder, unentdeckte Probleme, Inspiration
- Erzeugt Leitfragen für die Ideenfindung
- Erzeugt transformationsfähigere Organisationen

Hinderniseffekte, auf die die Methode positiv wirkt

- Bewahrt vor zu generischen Ideen und Aussagen
- Schafft für den Erfolg nötige Realitätsbezüge
- Schwächt das Leben in der Vergangenheit
- Schärft eine fehlende gemeinsame Ausrichtung
- Verhindert blinden Aktionismus
- Verhindert einseitige Bewertungen und Entscheidungen
- Verhindert falsche Flughöhen
- Verkürzt und durchbricht vorhandene Kreativblockaden
- Verringert zu große Komplexitäten
- Wirkt fehlender Inspiration entgegen

Mögliche Extravorteile der Methode

- Möglicher Extravorteil für innovativ ungeübte Teams
- Möglicher Extravorteil für in Nachhaltigkeitsthemen ungeübte Teams

Quellen

Organisation – innojump, hila.attaie@inno-jump.com
Organisation – verrocchio Institute for Innovation Competence AG, https://www.verrocchio.institute
Personen – Entwicklerinnen der Cards: Hila Attaie, Malvine Klecha und Jennifer van Aerssen

SDG Focus Finder

EinSatzBeschreibung

Der SDG Focus Finder dient dazu, aus den 17 Sustainable Development Goals der UN konkrete Fokusfelder zu definieren, auf die sich ein Unternehmen konzentrieren sollte.

Working Guide/Anwendungsfelder

P1 Sensibilisierung/Bildung	P2 Matching Recht/Gesetz	P3 Sustainability Roadmap	P4 Produkt/Prozessdesign	P5 Implementierung/Monitoring	P6 Kommunikation	P7 Organisation	P8 Führung	P9 Business Model Design	P10 Skalierung
		X							

Beschreibung

Sustainable Development Goals (SDGs) bieten eine große Chance für Unternehmen, ihre Nachhaltigkeitsagenda aufzustellen und voranzutreiben.

Wie der Name schon sagt, hilft der SDG Focus Finder, relevante SDGs für die strategische Ausrichtung der Nachhaltigkeitsarbeit zu definieren. Hierbei werden die SDGs mit einzelnen Unternehmensaktivitäten bzw. der Wertschöpfungskette gekreuzt und deren Relevanz bzw. Impact näher beleuchtet.

Bei dieser Methode handelt es sich um eine Art von Innovationdigging, da sie mit Suchfeldtabellen arbeitet. Sie bietet eine systematische Grundlage, zwei unterschiedliche Achsen miteinander zu verknüpfen. Auf diese Art und Weise stößt der Anwender auf Suchfelder und Fragestellungen, auf die man durch bloßes Brainstorming nicht kommen würde.

Hintergrundinformationen und Herleitung: Im Streben nach Nachhaltigkeit stehen Unternehmen vor der Herausforderung, aus einer Vielzahl von Zielen und Indikatoren der Nachhaltigkeit eigene strategische Fokus-Themen zu definieren. Aufgrund begrenzter Ressourcen ist es ratsam, sich auf einige wenige Themenfelder zu konzentrieren, anstatt eine breite Palette von Nachhaltigkeitsinitiativen zu verfolgen.

Dabei bieten die Sustainable Development Goals (SDGs) eine fundierte Grundlage für die Entwicklung strategischer Ziele. Mit den SDGs haben die United Nations einen Aufruf an alle Unternehmen gestartet, mit ihren Produkten, Dienstleistungen, Prozessen und Geschäftsmodellen einen Beitrag zur nachhaltigen Entwicklung zu leisten.

Darüber hinaus erleichtert die Fokussierung auf wenige SDGs die Zusammenarbeit mit externen Partnern. Unternehmen können sich mit anderen Akteuren wie Lieferanten, Kunden, NGOs, Forschungsinstituten oder gar mit der Regierung zusammenschließen, um gemeinsam ausgewählte Ziele voranzutreiben. Durch eine engere Zusammenarbeit können Unternehmen Synergien nutzen und ihre Ressourcen bündeln, um nachhaltige kluge Lösungen zu entwickeln.

Schließlich ermöglicht die Fokussierung auf wenige SDGs visionären Führungskräften eine bessere Integration der Nachhaltigkeitsziele in die Unternehmensstrategie. Binden Unternehmen die SDGs in ihre Kerngeschäftspraktiken ein, können sie Nachhaltigkeit als Wettbewerbsvorteil nutzen, langfristig Mehrwert schaffen und Impact generieren.

Dadurch fällt auch die Kommunikation gegenüber Stakeholdern leichter und das Vertrauen gegenüber Kunden, Investoren, Mitarbeitenden und der Gesellschaft wird insgesamt gestärkt.

Allerdings sollte man die Verbindungen zwischen den einzelnen SDGs nicht aus den Augen verlieren. Änderungen in einem Feld können gravierende Auswirkungen in einem anderen Feld haben. Um nachhaltige Entwicklungen zu erreichen, sind die Probleme an den Wurzeln zu packen.

Durchführung

Im SDG Focus Finder werden die zwei Achsen a) Sustainable Development Goals und b) Wertschöpfungskette des Unternehmens miteinander gekreuzt, um mögliche Chancen zu erkennen.

Schritt 1: SDGs verstehen

Zu Beginn ist es wichtig, dass Sie und Ihr Team sich mit den SDGs vertraut machen und die 17 Ziele in der Tiefe verstehen, z. B. mithilfe der SDG Know-how Cards. Dies hilft, die verbundenen Chancen für die strategische Ausrichtung Ihres Unternehmens zu erkennen,

Der Moderator stellt dem Team kurz die Sustainable Development Goals vor. Die folgende Kurz-Anleitung kann behilflich sein:

- Wer hat sie entwickelt? Vereinte Nationen
- Wann wurden die SDGs entwickelt? 2015
- Wozu wurden die SDGs entwickelt? Diese 17 SDGs wurden von den Vereinten Nationen im Jahr 2015 verabschiedet und dienen als Leitprinzipien für eine nachhaltige Entwicklung bis zum Jahr 2030.
- Um welche Themenfelder geht es? Die 17 SDGs sind nach dem 3P-Modell aufgebaut und decken gleichermaßen soziale (People), ökologische (Planet) und ökonomische (Profit) Aspekte ab.

Anschließend verteilen Sie die 17 SDG Know-how Cards gleichmäßig an die Teilnehmenden. Geben Sie dem Team einen bestimmten Zeitrahmen, damit jeder still die zugewiesenen SDGs lesen und verstehen kann. Es lohnt sich auch, die Unterziele der SDGs genauer anzuschauen, um ein besseres Verständnis für die entsprechenden Ziele zu gewinnen.

Danach stellen die Teilnehmenden der Reihe nach die SDGs von 1–17 dem Team vor. Etwaige Fragen werden in der Gruppe besprochen und bei Bedarf näher recherchiert.

Schritt 2: Arbeitsformat vorbereiten (SDGs)

Legen Sie nun eine Tabelle an – am besten auf einem großen Blatt Papier, einem Flipchart, einer Pinnwand oder einem virtuellen Board. Beschriften Sie die Querachse (die Spaltenköpfe der Tabelle) mit den 17 SDGs.

1. Keine Armut
2. Kein Hunger
3. Gesundheit und Wohlergehen
4. Hochwertige Bildung
5. Geschlechtergleichheit
6. Sauberes Wasser und Sanitäreinrichtungen
7. Bezahlbare und saubere Energie
8. Arbeit und Wirtschaftswachstum
9. Industrie, Innovation und Infrastruktur
10. Weniger Ungleichheiten
11. Nachhaltige Städte und Gemeinden
12. Nachhaltige/r Konsum und Produktion
13. Maßnahmen zum Klimaschutz
14. Leben unter Wasser
15. Leben an Land
16. Frieden, Gerechtigkeit und starke Institutionen
17. Partnerschaften zur Erreichung der Ziele

Schritt 3: Arbeitsformat vorbereiten (Wertschöpfungskette)

Danach ergänzen Sie in der Längsachse (Zeilenköpfe der Tabelle) die Wertschöpfungskette Ihres Unternehmens. Betrachten Sie dabei die gesamte Wertschöpfungskette, aber in erster Linie geht es um die Wertschöpfungskette innerhalb Ihres eigenen Unternehmens.

Nehmen Sie das Value Chain-Modell von Michael Porter zur Hand, gelingt es die einzelnen Stationen in Ihrem Unternehmen besser im Blick zu behalten. Eine Hilfestellung finden Sie nachfolgend:

- Primär Aktivitäten (Primary Activities):
  - Eingehende Logistik
  - Produktion
  - Ausgehende Logistik
  - Vertrieb & Marketing
  - Service
- Unterstützende Aktivitäten (Support Activities):
  - Infrastruktur
  - Personal Management
  - Entwicklung/Design
  - Beschaffung
  - Finance

Eventuell verstecken sich mögliche Potenzialfelder weiter außerhalb, aber durchaus noch im Wirkradius Ihres Unternehmens. Daher ist es ratsam, den Blick auch nach außen zu richten und vor- und nachgelagerte Prozesse ebenfalls zu betrachten, wie zum Beispiel Rohstoffe, Zulieferer, Produktnutzung/Customer Journey oder Entsorgung.

Seien Sie spezifisch genug, ohne sich im Detail zu verlieren.

Schritt 4: Themenfelder definieren

Nun gilt es, Ihre Wertschöpfungskette mit Blick auf die SDGs zu betrachten. Dabei ist es wichtig, dass Sie sich den SDGs strategisch nähern.

Halten Sie sich vor Augen, dass Ihnen als Unternehmen zwei Handlungsrichtungen zur Verfügung stehen. Sie können positiven Impact generieren, in dem Sie neue Produkte, Prozesse oder Geschäftsmodelle erfinden. Andererseits können Sie mögliche negative Auswirkungen reduzieren oder eliminieren, in dem Sie Ihre bestehenden Produkte, Prozesse oder Geschäftsmodelle verbessern und neu denken.

Die nun folgende „Potenzialanalyse“ erfolgt in zwei Stufen:

Stufe I:

Organisieren Sie einen Workshop mit Fachleuten aus den verschiedenen Bereichen Ihres Unternehmens – gemäß Ihrer Wertschöpfungskette.

In einem ersten Schritt lassen Sie die Teilnehmenden in Einzelarbeit spontan jene Felder markieren, in denen das Unternehmen einen relevanten Beitrag zur Erreichung der SDGs leisten kann.

Stufe II:

Anschließend bilden Sie zweier Teams. Am besten bringen Sie Fachleute aus den entsprechenden Bereichen mit „fachfremden“ Personen zusammen, um die Themenfelder einerseits mit ausreichendem Wissen, aber auch mit emotionaler Distanz zu betrachten.

Jedes Team denkt für eine Station der Wertschöpfungskette (z. B. Produktion oder Logistik) mögliche Handlungsoptionen entlang der 17 SDGs durch. Halten Sie erste Gedanken mit kurzen Stichpunkten in den jeweiligen Kreuzungen schriftlich (z. B. auf Post-its) fest.

Nach der ersten Runde lassen Sie die Gruppen ihre Ergebnisse vorstellen. Womöglich ergeben sich aus der Diskussion weitere Themen, die Sie in der Tabelle ergänzen können.

Schritt 5: Fokusfelder definieren

Nachdem Sie nun eine breite Palette an möglichen Handlungsfeldern definiert haben, gilt es sich zu fokussieren. Setzen Sie Prioritäten auf jene Bereiche mit großen Auswirkungen. Womöglich können Sie SDGs identifizieren, die sich über mehrere Bereiche Ihrer Wertschöpfungskette durchziehen. Zu welchen Themenfeldern kann Ihr Unternehmen am meisten Impact generieren? Behalten Sie stets Auswirkungen auf andere Bereiche im Auge.

Schritt 6: Ausblick

Nehmen Sie nun die identifizierten Fokusfelder und entsprechenden Prioritäten in die strategischen Ziele Ihres Unternehmens auf. Gehen Sie mit Ihrem Team in die Ideengenerierung. Mit welchen Maßnahmen und Aktivitäten kann Ihr Unternehmen langfristig wichtige Impulse setzen? Dabei können Ihnen die SDG Challenger Cards und Sustainable Inspiration Cards behilflich sein.

SDG Focus Finder

BETRACHTETER BEREICH: BEISPIELUNTERNEHMEN AUS DEM LEBENSMITTELEINZELHANDEL

DATUM, ERSTELLT VON

		1	2	3	4	5	6	7	8	9	10	11	12	13	14	15	16	17
BESCHAFFUNG & EINKAUF	A	X	X	X			X		X	X	X		X	X	X			X
EIGENMARKENENTWICKLUNG & PRODUKTION	B		X	X			X		X	X	X		X	X	X			X
LAGERUNG & LOGISTIK	C							X	X	X				X				X
DISTRIBUTION & FILIALLOGISTIK	D							X	X	X				X				X
FILIALBETRIEB	E					X	X	X	X	X	X	X		X				
VERKAUF	F	X	X	X		X	X		X	X	X			X				
KUNDENBETREUUNG & SERVICE	G	X	X	X	X	X	X		X			X	X	X				X
ENTSORGUNG & RÜCKFÜHRUNG	H		X	X			X					X	X	X	X	X		X
DATENVERWALTUNG & ANALYSE	I	X	X	X								X	X					X
	J																	
	K																	
	K																	
	L																	
	M																	
	N																	

Praxisschlaglicht

Das Unternehmen Philips fokussiert sich auf die SDG-Ziele 12 & 13:

„Wir bei Philips finden, dass Innovation darin bestehen sollte, Qualitätsprodukte so zu entwickeln, dass Sie lange Freude daran haben und anschließend wiederverwertet werden können. Diese Einstellung haben wir im Laufe der Jahre auf vielfache Weise in die Tat umgesetzt– und wir stehen erst am Anfang.

Unser Ziel ist es, Produkte herzustellen, die sich recyceln und wiederverwenden lassen. Um zu gewährleisten, dass ausgesuchte Teile nicht in den Abfall gelangen, bereiten wir sie auf und verkaufen sie in einigen Märkten mit vollständiger Garantie. Darüber hinaus haben wir unser Lumea-Modell „Probieren und kaufen" entwickelt. Unsere Kunden können Produkte mieten statt kaufen. Nach Ablauf der Mietzeit nehmen wir das Produkt zurück und bereiten es so auf, dass es von einem weiteren Kunden genutzt werden kann.

Neben der Vermietung und Aufarbeitung unserer Produkte sorgen wir für eine längere Lebensdauer, indem wir Ersatzteile anbieten. Fortschritte erzielen wir selbst mit Haushaltsgeräten, die leichter zu reparieren sind. In Zukunft sollen sich unsere Kunden also noch länger an unseren Produkten erfreuen. Während wir auf deren Recycling- und Reparaturfähigkeit achten. Das alles dient der Erreichung unseres obersten Ziels: weniger zu verbrauchen und mehr wiederzuverwenden."

Wirkfeld der Methode

- Wirksam für strategische Ausrichtung des Unternehmens bzgl. Nachhaltigkeitsziele

Transformationsfähigkeit Ihres Teams

- Fördert die allgemeine Transformationsfähigkeit des Teams
- Zahlt auf eine bessere Wahrnehmung ein
- Zahlt auf ein positives Zukunftsbild ein
- Erhöht die Lösungsorientierung

Einsatzcharakteristik/Arbeitsrahmen

- Austauschfokus: vornehmlich mit internen und externen Personen
- Durchführungszeit: eher mittel (> 1 Stunde bis < 1 Tag)
- Einsatzfrequenz: vornehmlich im einmaligen Einsatz
- Einsatzradius: vornehmlich im Teameinsatz
- Komplexität für den Moderator: eher mittel
- Komplexität für die Teilnehmer: eher mittel
- Teamgröße: Kleingruppe möglich (3 bis 5 Teilnehmer)

Input für eine zielführende Arbeit mit der Methode

- Aktuell existierende Geschäftsmodelle
- Aktuell existierende Produkte und Services
- Beteiligte Personen mit Tätigkeiten und Aufgaben
- Existierende Prozesse und Verfahren
- Verschiedene Meinungen und Blickwinkel
- Vorhandenes Wissen und Erfahrungen
- Innovationssuchfelder, Intent Statements
- Merkmale der gegebenen Herausforderung
- Trends und Zukunftsentwicklungen
- Umfeldbeobachtungen, Umfeldanalysen
- Ziele, Zielsystem, Kennzahlen

Output und beobachtete Ergebnisse der Methode

- Erzeugt Listen von Chancen und Risiken
- Erzeugt Ideen für neue Märkte und neue Business Modelle
- Erzeugt Ideensuchfelder, unentdeckte Probleme, Inspiration
- Erzeugt Leitfragen für die Ideenfindung
- Erzeugt Planungen und Priorisierungen
- Erzeugt besseren Teamspirit, mehr Offenheit, Inspirationsempfindlichkeit
- Erzeugt definierte Zielkorridore
- Erzeugt größere Klarheit zu einem Thema
- Erzeugt transformationsfähigere Organisationen
- Erzeugt mehr Hintergrundinformationen
- Erzeugt mehr Know-how-Zuwachs
- Identifiziert vorhandene Schwachstellen
- Identifiziert vorhandene Stärken
- Macht Wirkzusammenhänge sichtbar
- Ziel- und Fokusgruppen

Hinderniseffekte, auf die die Methode positiv wirkt

- Beugt blinden Flecken/Betriebsblindheit vor
- Bewahrt vor zu generischen Ideen und Aussagen
- Schafft schnell Klarheit und beschleunigt Erkenntnisgewinn
- Schwächt das Leben in der Vergangenheit
- Schärft eine fehlende gemeinsame Ausrichtung
- Verhindert Ideenfindung mit zu schwacher Erkenntnisgrundlage
- Verhindert Topic-Jumping und schnelles Abschweifen
- Verhindert blinden Aktionismus
- Verhindert falsche Flughöhen
- Verhindert unreflektiertes agieren
- Fördert Optimismus und Zuversicht

Mögliche Extravorteile der Methode

- Möglicher Extravorteil für Teams mit einem starkem Auftragsmandat
- Möglicher Extravorteil für Teams mit einer konservativen, tradierten Kultur
- Möglicher Extravorteil für innovativ ungeübte Teams
- Möglicher Extravorteil für die Arbeit mit digitalen Kollaborationsboards
- Möglicher Extravorteil für in Nachhaltigkeitsthemen ungeübte Teams

Quellen

Buch – Innovationdigging, Benno van Aerssen, Tamer Kemeröz (Books on Demand BoD, 2013)

Buch – Das große Handbuch Innovation, Benno van Aerssen, Christian Buchholz (Vahlen, 2018)

Organisation – verrocchio Institute for Innovation Competence AG, www.verrocchio.institute

Person – Hila Attaie, hila.attaie@inno-jump.com

Web – www.sdgs.un.org

Web – www.17ziele.de

Web – www.isc.hbs.edu/strategy/business-strategy/Pages/the-value-chain.aspx (abgerufen am 14.05.2023)

Web – www.philips.de

Web – www.globalimpact.de

SDG-Gedankenexperiment

EinSatzBeschreibung

Impuls- und Ideengenerierung zu den 17 Sustainable Development Goals (SDG) mit dem Kartenspiel des Nachhaltigkeitsclusters Oberfranken.

Working Guide/Anwendungsfelder

P1 Sensibilisierung/Bildung	P2 Matching Recht/Gesetz	P3 Sustainability Roadmap	P4 Produkt/Prozessdesign	P5 Implementierung/Monitoring	P6 Kommunikation	P7 Organisation	P8 Führung	P9 Business Model Design	P10 Skalierung
X		X	X		X			X	

Beschreibung

Was wäre, wenn du eine Diktatorin wärst und die Armut weltweit auflöst? Das ist nur eine von Tausenden möglichen Fragen aus dem „SDG-Gedankenexperiment". Das Kartenspiel wurde vom Nachhaltigkeitscluster Oberfranken entwickelt, um ein tiefes Verständnis der 17 Sustainable Development Goals (SDGs) zu fördern und gleichzeitig kreative Denkprozesse für nachhaltige Lösungen anzuregen. Das Spiel ermöglicht es den Teilnehmenden, auf spielerische Weise in die Welt der Nachhaltigkeit einzutauchen, Ideen für nachhaltige Produkte, Prozesse und Geschäftsmodelle zu entwickeln, sowie verschiedene Methoden zur Lösungsfindung zu erproben.

Das Hauptziel des „SDG-Gedankenexperiments" ist, die Teilnehmenden mit den 17 SDGs vertraut zu machen und sie dazu zu ermutigen, über deren Bedeutung und Anwendungsmöglichkeiten nachzudenken. Gleichzeitig sollen sie ihre Kreativität entfalten und innovative Konzepte für eine nachhaltige Zukunft entwickeln. Die Methode bietet eine praktische Möglichkeit, die Komplexität der SDGs zu verstehen und sie in konkreten Kontexten anzuwenden.

Das Spiel umfasst vier verschiedene Kartentypen: „Was", „Wer", „Wo" und „Wie". Mit Ausnahme der Was-Karten gibt es für jeden Typ Karten auch Blankokarten, um das Spiel selbstständig zu erweitern.

Die „Was"-Karten repräsentieren die 17 SDGs und dienen als Ausgangspunkt für die Gedankenexperimente.

Quelle: Nachhaltigkeitscluster Oberfranken

Die „Wer"-Karten stellen unterschiedliche Akteure dar:

- Einzelpersonen: Mitarbeiter, Diktatorin, Außerirdischer, Elon Musk, Journalistin, Wissenschaftlerin
- Organisationen: Konzern, Behörde, Start-up, Bank, NGO, KMU, Handel
- Kategorien: Kunde, Lieferant, Privatperson, Branche

Quelle: Nachhaltigkeitscluster Oberfranken

Die „Wo"-Karten definieren verschiedene räumliche Kontexte, in denen die Ideen umgesetzt werden könnten:

- Direktes Umfeld
- Regional, Deutschland, EU, Global, Weltall
- In der Stadt, Auf dem Land, Im Meer
- Hochschule, Ein Land nach Wahl

Quelle: Nachhaltigkeitscluster Oberfranken

Die „Wie"-Karten bieten verschiedene Methoden und Ansätze zur Lösungsfindung sowie „Ereigniskarten", die weitere Rahmenbedingungen für die Ideenfindung addieren:

- 6-3-5-Methode, Walt-Disney-Methode, 5-Why-Methode, Kopfstandmethode, Erstelle einen Pitch
- Nachhaltigkeitsprinzipen: Suffizienz, Konsistenz, Effizienz
- Umweltpolitik Deutschlands: Verursacherprinzip. Kooperationsprinzip, Vorsorgeprinzip
- Ereigniskarten: Ziehe eine weitere Wer- und Was-Karte, Du musst es allein ohne Unterstützung schaffen, Es darf kein Geld kosten, Du hast nur ein Jahr Zeit.

Quelle: Nachhaltigkeitscluster Oberfranken

Die Vielfalt der Karten ermöglicht es den Teilnehmenden, unterschiedliche Perspektiven einzunehmen und ihre Denkweisen zu erweitern. Das Spiel fördert das Querdenken und ermutigt dazu, innovative Verbindungen zwischen den SDGs, den Akteuren und den Kontexten herzustellen. „Ereigniskarten" sorgen für zusätzliche Herausforderungen und fördern das improvisierte Denken.

Ein besonderer Vorteil des „SDG-Gedankenexperiments" ist seine Anpassungsfähigkeit. Die Methode kann sowohl mit den bereitgestellten Spielkarten als auch ohne diese durchgeführt werden. Die Teilnehmenden können das Gedankenexperiment auf verschiedene Weisen anwenden, sei es als Gruppenaktivität oder als individuelles Übungsprojekt. Dabei werden nicht nur nachhaltige Ideen entwickelt, sondern auch die Fähigkeit zur ganzheitlichen und zielgerichteten Problemlösung geschult.

Durchführung

Vorbereitung

Fragen Sie das Kartenspiel beim Nachhaltigkeitscluster Oberfranken an. Falls das Kartenspiel nicht verfügbar ist oder Sie eine eigene Variante erstellen möchten, gehen Sie folgendermaßen vor:

- Erstellen Sie ein Set mit 17 SDG-Karten, auf denen jedes der 17 Ziele vermerkt ist.
- Erstellen Sie ein Set mit Wer-Karten, die verschiedene Akteure repräsentieren, von Einzelpersonen bis zu Organisationen.
- Erstellen Sie ein Set mit Wo-Karten, die verschiedene räumliche Kontexte darstellen, in denen die Ideen umgesetzt werden könnten.
- Ein Set mit Wie-Karten, die verschiedene Methoden, Ansätze oder Herausforderungen für die Lösungsfindung bieten.

Idealerweise haben Sie für jedes spielende Team ein Kartenset. Es geht aber auch, wenn nur Sie ein einzelnes Kartenset haben. Dann spielen alle Teams das gleiche Szenario. In einem remote Workshops übertragen Sie die Karten auf ein virtuelles Whiteboard, sodass alle Teilnehmenden die Karten sehen können.

Das Gedankenexperiment kann in verschiedenen Gruppengrößen gespielt werden:

- Man entwickelt *allein* für sich selbst Ideen und Lösungen für das jeweilige Gedankenexperiment.
- In der *kleinen Gruppe* können für das jeweilige Gedankenexperiment Ideen durch gemeinsames Brainstorming und Diskussionen vielfältiger gestaltet werden oder mehrere Ideen eingebracht werden. In diversen Kleingruppen sorgen verschiedene Perspektiven für Ideenreichtum.
- Bei *großen Gruppen* spielen mehrere Kleingruppen mit- oder gegeneinander. Hier gibt es verschiedene Varianten des Spiels. Es können alle Kleingruppen das gleiche Gedankenexperiment bearbeiten oder jede Gruppe erhält ihr eigenes Gedankenexperiment. Wer mag, kann einen Wettbewerb um die wirksamste, verrückteste, am einfachsten umzusetzende Idee veranstalten.

Der Ablauf ist für alle Gruppengrößen ähnlich. In großen Gruppen gibt es einen optionalen Schritt zum Austausch und Kleingruppen neu durchmischen.

Schritt 1: Karten ziehen

Starten Sie das Gedankenexperiment, indem Sie jede Gruppe eine Was-Karte, eine Wer-Karte und eine Wo-Karte ziehen lassen. Falls Sie nur ein Kartenset haben, oder in einem Remote Workshop sind, ziehen Sie als Moderator eine Kombination aus Was-, Wer- und Wo-Karte und sagen diese an. Nun haben Sie die Fragestellung(en) für das Gedankenexperiment ermittelt. Beispiele:

- Was wäre, wenn du eine Diktatorin wärst und die Armut weltweit auflöst?
- Was wäre, wenn du eine Bank wärst und in Marokko ein gesundes Leben für Menschen jeden Alters gewährleistest?
- Was wäre, wenn du als Kunde unserer Organisation auf dem Land den Zugang zu bezahlbarer und nachhaltiger Energie sicherst?

Schritt 2: Ideen generieren

Basierend auf den gezogenen Karten beginnen die Teilnehmenden, kreative Ideen zu generieren, wie der ausgewählte Akteur dazu beitragen könnte, das gewählte SDG im gewählten Kontext zu erreichen. Ermutigen Sie die Teilnehmenden, originelle und innovative Ansätze zu entwickeln.

Schritt 3: Auf den eigenen Kontext übertragen

Übertragen Sie nun die entwickelten Ideen auf den eigenen Kontext. Denken Sie darüber nach, wie diese Ideen in konkrete Produkte, Prozesse oder Geschäftsmodelle umgesetzt werden könnten, um das gewählte SDG zu unterstützen. Auch hier gilt es originelle und innovative Ansätze zu entwickeln. Die Umsetzbarkeit sollte in dieser Phase noch keine Rolle spielen. Hierfür kann im Nachgang der konvergente Ideenprozess mit passenden Methoden zur Ideenpriorisierung und -schärfung durchgeführt werden.

Schritt 4: Austausch und Team neu mischen (optional für Großgruppen)

In Großgruppen können Sie nun die einzelnen Gruppen ihre gefundenen Ideen und Lösungen vorstellen lassen. Dies kann zum Beispiel mithilfe eines Gallery Walks durchgeführt werden. Nach der Vorstellung der einzelnen Ideen und Lösungen, können Sie auch die Gruppen nochmal neu durchmischen.

Das Gedankenexperiment funktioniert auch wunderbar in einem World Café Format. An jeder Station des World Café gibt es unterschiedliche Gedankenexperimente. Eine Person aus der Gruppe bleibt an der Station, während der Rest des Teams im Schritt 4 zur nächsten Station wechselt und an den Ideen der vorherigen Gruppe weiterarbeitet.

Schritt 5: Weitere Runden spielen

Um die Kreativität weiter zu fördern, können Sie eine weitere Runde spielen. Fügen Sie hierbei eine Wie-Karte hinzu, um zusätzliche Methoden, Ansätze oder Herausforderungen einzubringen. Alternativ/zusätzlich können Sie auch ein neues Gedankenexperiment ziehen.

Wirkfeld der Methode

- Wirksam für Herausforderungen mit hoher Komplexität
- Wirksam für Herausforderungen mit mittlerer Komplexität
- Wirksam für Herausforderungen mit niedriger Komplexität

Transformationsfähigkeit Ihres Teams

- Fördert die Sensibilisierung
- Sorgt für Inspiration oder bessere Inspirationsempfindlichkeit
- Zahlt auf eine bessere Wahrnehmung ein

Einsatzcharakteristik/Arbeitsrahmen

- Austauschfokus: vornehmlich mit internen und externen Personen
- Durchführungszeit: eher gering (< 1 Stunde)
- Einsatzfrequenz: sinnvoll im dauerhaften Einsatz
- Einsatzradius: vornehmlich im Teameinsatz
- Einsatzradius: vornehmlich im unternehmensweiten Einsatz
- Komplexität für den Moderator: eher mittel
- Komplexität für die Teilnehmer: eher gering
- Teamgröße: Kleingruppe möglich (3 bis 5 Teilnehmer)
- Teamgröße: Maxigruppen möglich (20 bis 40 Teilnehmer)
- Teamgröße: Mittelgroße Teams möglich (5 bis 20 Teilnehmer)
- Vorbereitungszeit: eher mittel (> 1 Stunde bis < 1 Tag)

Input für eine zielführende Arbeit mit der Methode

- Aktuelle Herausforderungen, Produkte und Geschäftsmodelle

Output und beobachtete Ergebnisse der Methode

- Erzeugt Leitfragen für die Ideenfindung
- Erzeugt neues Wissen und neue Erfahrungen
- Erzeugt spezifischere Leitfragen, Ideen und Aussagen
- Erzeugt eine Vision oder Zukunftsbild
- Erzeugt größere Klarheit zu einem Thema
- Erzeugt mehr Know-how-Zuwachs

Hinderniseffekte, auf die die Methode positiv wirkt

- Beugt blinden Flecken/Betriebsblindheit vor
- Dynamisiert und aktiviert wenig dynamische Teams
- Fördert gehemmte Teammitglieder
- Verkürzt und durchbricht vorhandene Kreativblockaden
- Wirkt fehlender Inspiration entgegen

Mögliche Extravorteile der Methode

- Möglicher Extravorteil für Teams in einer Komfortsituation
- Möglicher Extravorteil für in Nachhaltigkeitsthemen ungeübte Teams

Quellen

Web – https://nachhaltigkeitscluster-oberfranken.de/das-gedanken-experiment (abgerufen am 02.08.2023)
Person – Julia Karberg, nachhaltigkeitscluster@hs-coburg.de
Web – https://liberatingstructures.de/gallery-walk
Web – https://de.wikipedia.org/wiki/World-Caf%C3 %A9 (abgerufen am 07.08.2023)

SDG Impulse Cards

EinSatzBeschreibung

Die SDG Impulse Cards verhelfen mit kurzen, konkreten Impulsen zu jedem der 17 UN Sustainable Development Goals (SDGs) zu Ideen für mehr Nachhaltigkeit im Unternehmen.

Working Guide/Anwendungsfelder

P1 Sensibilisierung/Bildung	P2 Matching Recht/Gesetz	P3 Sustainability Roadmap	P4 Produkt/Prozessdesign	P5 Implementierung/Monitoring	P6 Kommunikation	P7 Organisation	P8 Führung	P9 Business Model Design	P10 Skalierung
X			X						

Beschreibung

Menschen wird mithilfe der SDG Impulse Cards ein Handlungsraum eröffnet, was alles im Nachhaltigkeitskontext möglich ist.

Sie stellen die Frage „Was können wir als Unternehmen tun?" und geben mit 3 bis 4 kurzen Textimpulsen sowie ausgewählten Bildern zu jedem der 17 UN Sustainable Development Goals erste Ideen für mehr Nachhaltigkeit im Unternehmen. Über einen QR-Code auf den Cards ist eine Sammlung von Beispielen anderer Unternehmen direkt zugänglich.

verrocchio SDG Impulse Cards

Während einer Ideenfindung sind die Karten vielfältig einsetzbar. Sie können den Teilnehmenden entweder gleich als Einstieg zu neuen Ideen verhelfen oder zwischendurch neue Blickwinkel und Impulse eröffnen.

Durchführung

Schritt 1: Set-up und Herausforderung

Alle Teilnehmenden sitzen um einen Tisch. In der Mitte des Tisches wird ein Stapel leere Poolkarten positioniert. Der Moderator stellt die Herausforderung vor. Beispiel Herausforderung: Wie können wir unser Unternehmen nachhaltiger gestalten?

Schritt 2: Ideensammlung

Jeder Teilnehmende überlegt nun passende Ideen zu der gestellten Frage und schreibt diese einzeln auf die Poolkarten. Bei dem sogenannten „Brainwriting" wird nicht gesprochen.

Schritt 3: Ideenanreicherung durch das Team

Die Teilnehmenden reichen ihre geschriebene Karte ihrem rechten Nachbarn, nehmen sich eine weitere Karte, notieren eine weitere Idee und reichen die Karte ebenfalls nach rechts weiter. Dies wird für jede Idee ausgeführt.

Vom Nachbarn erhaltene Karten werden kurz gelesen, gegebenenfalls ergänzt und wie eigene Karten weitergereicht. Alternativ, wenn jemand gerade mit der Formulierung einer Idee beschäftigt sind, kann die Karte auch ungesehen durchgereicht werden.

Schritt 4: SDG Impulse Cards reingeben

Der Moderator gibt nun je nach Gruppengröße alle oder nur ausgewählte SDG-Impulskarten in die Runde und lässt sie ebenso wie die selbst geschriebenen Ideenkarten mit zirkulieren. Die Impulskarten können nun neue Ideen triggern, mit denen wie bisher verfahren wird: aufschreiben, weitergeben, ergänzen.

Schritt 5: Sicherung im „Pool"

Erhält ein Teilnehmender eine seiner eigenen Karten zurück und möchte diese nicht weiter ergänzen, so wandert sie auf einen Stapel („Pool") in der Mitte des Tisches. Wenn jemandem gerade keine eigene neue Idee einfällt, kann er sich von diesem Stapel willkürlich eine Karte nehmen, diese eventuell ergänzen und die Karte wieder in Umlauf bringen.

Praxisschlaglicht

Bei einer ersten Ideenfindung zum Thema Nachhaltigkeit – das Unternehmen, hatte bisher kaum Berührungspunkte – fiel es dem Team noch schwer, breit in den Ideen zu denken. CO_2-Einsparungsideen waren naheliegend, doch das sich hinter nachhaltigen Ideen für das Unternehmen noch viel mehr verbergen kann, entdeckten die Teilnehmenden im ersten Schritt mit den Impulskarten.

Sie waren gerade als Startpunkt ideal, um Menschen mit der möglichen Breite von nachhaltigen Ideen und Maßnahmen für das eigene Unternehmen vertraut zu machen.

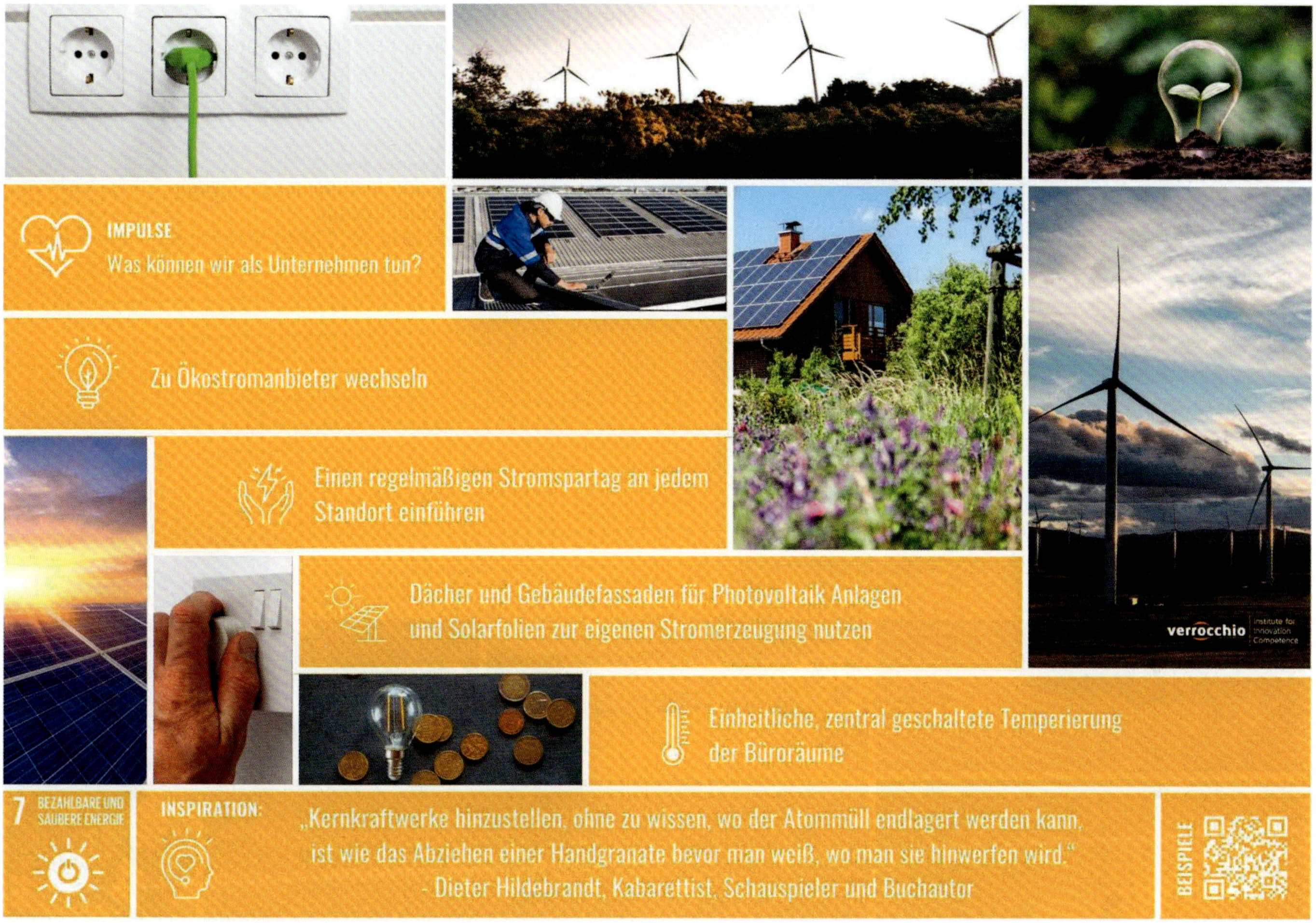

IMPULSE
Was können wir als Unternehmen tun?

Zu Ökostromanbieter wechseln

Einen regelmäßigen Stromspartag an jedem Standort einführen

Dächer und Gebäudefassaden für Photovoltaik Anlagen und Solarfolien zur eigenen Stromerzeugung nutzen

verrocchio Institute for Innovation Competence

Einheitliche, zentral geschaltete Temperierung der Büroräume

7 BEZAHLBARE UND SAUBERE ENERGIE

INSPIRATION:
„Kernkraftwerke hinzustellen, ohne zu wissen, wo der Atommüll endlagert werden kann, ist wie das Abziehen einer Handgranate bevor man weiß, wo man sie hinwerfen wird."
- Dieter Hildebrandt, Kabarettist, Schauspieler und Buchautor

BEISPIELE

Beispiel einer SDG Impulse Card

Wirkfeld der Methode

- Wirksam für nachhaltiges Marketing
- Wirksam für nachhaltiges Produktdesign
- Wirksam für nachhaltiges Prozessdesign
- Wirksam für nachhaltiges Servicedesign
- Wirksam für nachhaltiges Business Model Design

Transformationsfähigkeit Ihres Teams

- Fördert die Sensibilisierung
- Fördert die Teamkreativität
- Fördert grundlegend die Kreativität
- Fördert offene Mindsets und innovative Denkhaltungen
- Sorgt für Inspiration oder bessere Inspirationsempfindlichkeit
- Zahlt auf eine bessere Vorstellungskraft ein
- Zahlt auf eine bessere Wahrnehmung ein
- Erhöht die Lösungsorientierung

Einsatzcharakteristik/Arbeitsrahmen

- Austauschfokus: vornehmlich mit internen Personen
- Durchführungszeit: eher gering (< 1 Stunde)
- Einsatzradius: vornehmlich im Teameinsatz
- Einsatzradius: vornehmlich im projektweiten Einsatz
- Einsatzradius: vornehmlich im unternehmensweiten Einsatz
- Komplexität für den Moderator: eher gering
- Komplexität für die Teilnehmer: eher gering
- Teamgröße: Kleingruppe möglich (3 bis 5 Teilnehmer)
- Teamgröße: Maxigruppen möglich (20 bis 40 Teilnehmer)
- Teamgröße: Mittelgroße Teams möglich (5 bis 20 Teilnehmer)
- Vorbereitungszeit: eher gering (< 1 Stunde)

Input für eine zielführende Arbeit mit der Methode

- Aktuell existierende Geschäftsmodelle
- Aktuell existierende Produkte und Services
- Aktuelle Herausforderung, Leitfrage, Problem
- Beteiligte Personen mit Tätigkeiten und Aufgaben
- Existierende Prozesse und Verfahren
- Vorhandenes Wissen und Erfahrungen
- Durchführungszeit, Trainingszeit

Output und beobachtete Ergebnisse der Methode

- Erzeugt Ideen für neue Märkte und neue Business Modelle
- Erzeugt Ideen, Lösungsansätze, Vorideen, Möglichkeiten
- Erzeugt Ideensuchfelder, unentdeckte Probleme, Inspiration
- Erzeugt kollaborative Lösungen und Ideen
- Erzeugt neues Wissen und neue Erfahrungen
- Erzeugt größere Klarheit zu einem Thema
- Erzeugt motiviertere und transformationsfähigere Teilnehmer
- Identifiziert vorhandene Schwachstellen

Hinderniseffekte, auf die die Methode positiv wirkt

- Beugt blinden Flecken/Betriebsblindheit vor
- Schafft für den Erfolg nötige Realitätsbezüge
- Stärkt schwache Anreicherungsskills
- Verkürzt und durchbricht vorhandene Kreativblockaden
- Wirkt fehlender Inspiration entgegen

Mögliche Extravorteile der Methode

- Möglicher Extravorteil für innovativ ungeübte Teams
- Möglicher Extravorteil für in Nachhaltigkeitsthemen ungeübte Teams

Quellen

Organisation – verrocchio Institute for Innovation Competence AG, https://www.verrocchio.institute

Personen – Entwicklerinnen der Cards: Malvine Klecha und Jennifer van Aerssen

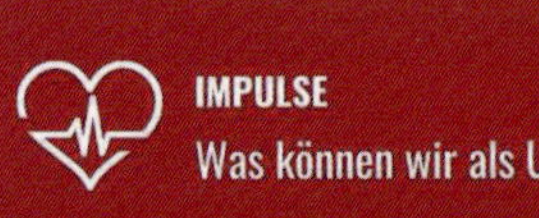
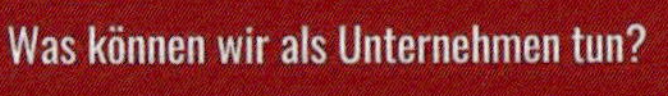

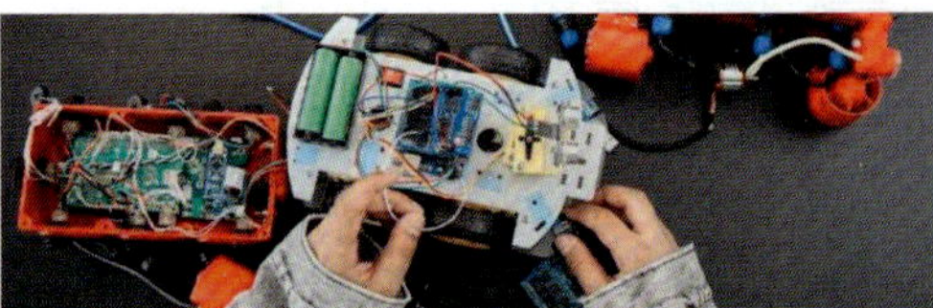

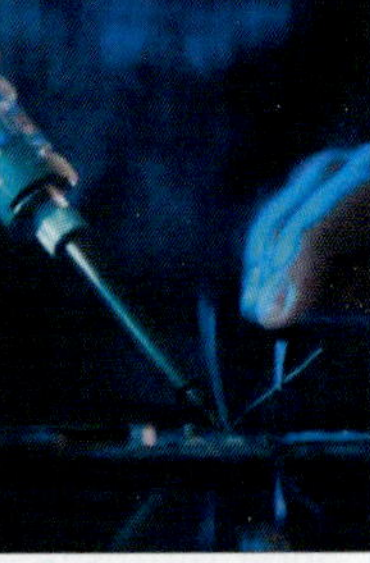

Beispiel einer SDG Impulse Card

SDG Know-how Cards

EinSatzBeschreibung

Die SDG Know-how Cards zeigen kurz, prägnant und übersichtlich spannende Wissensbausteine zu jedem der 17 UN Sustainable Development Goals (SDGs).

Working Guide/Anwendungsfelder

P1 Sensibilisierung/Bildung	P2 Matching Recht/Gesetz	P3 Sustainability Roadmap	P4 Produkt/Prozessdesign	P5 Implementierung/Monitoring	P6 Kommunikation	P7 Organisation	P8 Führung	P9 Business Model Design	P10 Skalierung
X									

Beschreibung

Die SDG Know-how Cards geben hilfreiche globale Informationen zu jedem der 17 UN Sustainable Development Goal, sowie eine Einschätzung zur lokalen Situation in Deutschland. Damit verhelfen die Cards Menschen zu einem Einstieg und besseren Zugang zu den globalen Nachhaltigkeitszielen und zu einem ganzheitlichen Verständnis des Nachhaltigkeitsbegriffs.

verrocchio SDG Know-how Cards

Der Einsatz zu Beginn eines Projektes oder einer Ideenfindung hilft allen Teilnehmenden, mit einem einheitlichen Wissensstand zu starten und späteren Verständigungsproblemen und Missverständnissen vorzubeugen.

Durchführung

Schritt 1: SDGs mithilfe der Karten selbst entdecken

Jedem Teilnehmenden werden gleichmäßig viele SDG Know-how-Karten ausgeteilt. Jeder liest und versteht still für sich seine zugewiesenen SDGs. Optional kann auch noch über die Informationen auf der Karte hinaus recherchiert werden.

Schritt 2: Wissen teilen

Jeder stellt nun mithilfe folgender Reflexionsfragen sein SDG der Gruppe vor:

- Was verstehst du unter dem SDG?
- Welche Bedeutung hat es für dich persönlich?
- Hast du Erfahrung damit aus deinem persönlichen Leben?

Der Moderator achtet dabei – z. B. mithilfe einer Timeboxing-Uhr – auf die Zeit, sodass es pro SDG kurz und knackig gehalten bleibt.

Variante bei Großgruppen: Jeder stellt sein(e) SDG(s) einem Partner vor. Die Pärchen finden danach so lange mit weiteren Pärchen zusammen, bis sie alle SDGs kennengelernt haben.

Schritt 3: Gemeinsam reflektieren

Nach der Vorstellung jedes einzelnen oder aller SDGs wird nochmal in der Gruppe gemeinsam reflektiert: *Wo seht ihr konkrete Einflussmöglichkeiten in eurem beruflichen Alltag?*

Praxisschlaglicht

Wir haben in unserer Arbeit besonders in großen Unternehmen festgestellt, dass die SDG Know-how Cards vor allem für Menschen, die das erste Mal mit dem Thema Nachhaltigkeit in Berührung kommen, ein Augenöffner sind. Die Vielfalt des Nachhaltigkeitsbegriffs wird klarer und es entsteht ein erstes Gefühl eines gemeinsamen Verständnisses. Eine gemeinsame Begriffsdefinition von Nachhaltigkeit im Unternehmen mithilfe der 17 UN-Nachhaltigkeitszielen wird möglich.

Wirkfeld der Methode

- Wirksam für nachhaltiges Marketing
- Wirksam für nachhaltiges Produktdesign
- Wirksam für nachhaltiges Prozessdesign
- Wirksam für nachhaltiges Servicedesign
- Wirksam für nachhaltiges Business Model Design

Transformationsfähigkeit Ihres Teams

- Fördert die Sensibilisierung
- Fördert offene Mindsets und innovative Denkhaltungen
- Zahlt auf eine bessere Wahrnehmung ein
- Zahlt auf das Dringlichkeitsempfinden ein

Einsatzcharakteristik/Arbeitsrahmen

- Austauschfokus: vornehmlich mit internen Personen
- Durchführungszeit: eher gering (< 1 Stunde)
- Einsatzfrequenz: vornehmlich im einmaligen Einsatz
- Einsatzradius: vornehmlich im Teameinsatz
- Einsatzradius: vornehmlich im projektweiten Einsatz
- Einsatzradius: vornehmlich im unternehmensweiten Einsatz
- Komplexität für den Moderator: eher gering

Input für eine zielführende Arbeit mit der Methode

- Durchführungszeit, Trainingszeit

Output und beobachtete Ergebnisse der Methode

- Erzeugt neues Wissen und neue Erfahrungen
- Erzeugt visualisierte Ideen, Begriffe, Themen
- Erzeugt größere Klarheit zu einem Thema
- Erzeugt mehr Hintergrundinformationen
- Erzeugt mehr Know-how-Zuwachs
- Erzeugt motiviertere und transformationsfähigere Teilnehmer
- Macht Wirkzusammenhänge sichtbar

Hinderniseffekte, auf die die Methode positiv wirkt

- Beugt Missinterpretationen vor
- Beugt blinden Flecken/Betriebsblindheit vor
- Schafft für den Erfolg nötige Realitätsbezüge
- Schafft schnell Klarheit und beschleunigt Erkenntnisgewinn
- Verringert zu große Komplexitäten
- Überzeugt Zweifler, Bewahrer, Kritiker

Mögliche Extravorteile der Methode

- Möglicher Extravorteil für Teams in einer Komfortsituation
- Möglicher Extravorteil für in Nachhaltigkeitsthemen ungeübte Teams

Quellen

Organisation – verrocchio Institute for Innovation Competence AG, https://www.verrocchio.institute

Personen – Entwicklerinnen der Cards: Malvine Klecha und Jennifer van Aerssen

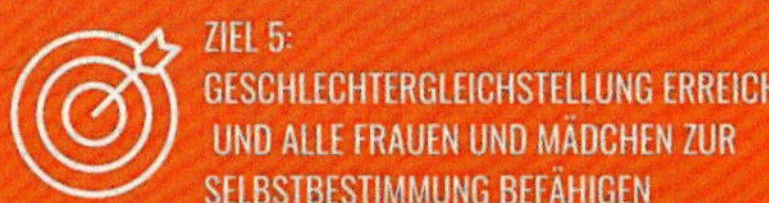

FOKUS: PEOPLE

BEISPIELE:

INFORMATIONEN ZUM ZIEL:

Frauen verbringen 2,5-mal so viel Zeit wie Männer damit, Kinder oder alte Menschen zu betreuen und die Hausarbeit zu erledigen. Durch diese unbezahlte Arbeit bleibt weniger Zeit für Lohnarbeit und Bildung. So verlieren Frauen oft ihre Selbstständigkeit und sind finanziell von anderen Menschen abhängig.

Gleichzeitig gibt es weltweit immer mehr Frauen in Führungspositionen und Parlamenten. Jedes vierte Mitglied der nationalen Parlamente weltweit ist eine Frau, etwa 28 % der Führungspositionen weltweit wird von Frauen besetzt.

Gewalt gegen Frauen ist immer noch ein großes Problem. Während der Covid-19-Pandemie ist die Zahl der Gewalttaten gegen Frauen weltweit gestiegen. Beinahe jede dritte Frau wurde bereits mindestens einmal Opfer von körperlicher und/oder sexueller Gewalt.

SITUATION IN DEUTSCHLAND

In Deutschland lag der unbereinigte Gender Pay Gap 2020 bei 18 %. Damit ist das durchschnittliche Gehalt pro Arbeitsstunde von Frauen rund ein Fünftel niedriger als das durchschnittliche Gehalt pro Arbeitsstunde von Männern.

Obwohl Frauen genauso häufig studieren und genauso hoch qualifiziert sind wie Männer, ist nur etwas weniger als jede dritte Führungs-position von Frauen besetzt.

Auch in Deutschland ist Gewalt gegen Frauen ein Problem. Durchschnittlich alle drei Tage wird eine Frau von ihrem Partner oder Ex-Partner ermordet. Zwei Drittel aller Frauen haben schon mindestens einmal sexuelle Belästigung erlebt.

verrocchio Institute for Innovation Competence

Quelle: www.17ziele.de

Beispiel einer SDG Know-how Card

SDG-Kompass

EinSatzBeschreibung

Wie man die SDGs Schritt für Schritt mit den eigenen Unternehmenszielen verbinden kann.

Working Guide/Anwendungsfelder

P1 Sensibilisierung/Bildung	P2 Matching Recht/Gesetz	P3 Sustainability Roadmap	P4 Produkt/Prozessdesign	P5 Implementierung/Monitoring	P6 Kommunikation	P7 Organisation	P8 Führung	P9 Business Model Design	P10 Skalierung
X		X		X	X	X	X		X

Beschreibung

Die Sustainable Development Goals (SDGs) sind in aller Munde. Doch die Herausforderung besteht darin, wie Organisationen diese Nachhaltigkeitsziele mit ihrer eigenen Strategie in Verbindung setzen können. Dies ist aufgrund der hohen Anzahl an Zielen und entsprechender Unterziele nicht ganz einfach. Genau hier setzt der SDG-Kompass an und schafft Orientierung, sodass Unternehmen effektiv zu einer nachhaltigen Entwicklung beitragen können.

Der SDG-Kompass wurde vom UN Global Compact in Zusammenarbeit mit der Global Reporting Initiative (GRI) und dem World Business Council for Sustainable Development (WBCSD) entwickelt. Er umfasst fünf Umsetzungsschritte, welche aufzeigen, wie Unternehmen einen möglichst grossen Beitrag zu den SDGs leisten können. Die Methode ist primär für multinationale Organisationen konzipiert, kann aber auch von KMUs und kleinerer Unternehmen verwendet werden, wobei dann an gewissen Stellen kleinere Anpassungen von Nöten sind.

Bei erfolgreicher Durchführung des SDG-Kompasses und der resultierenden Integration der SDGs in die eigenen Geschäftspraktiken profitieren Unternehmen in vielfacher Hinsicht:

- Sie finden ihren Fokus auf die für sie relevanten SDGs und schaffen damit eine gemeinsame Sprache, um mit internen und externen Stakeholdern über Nachhaltigkeit zu sprechen.
- Sie erkennen zukünftige Geschäftschancen in von den SDGs geförderten Bereichen, welche dadurch auch zukunftssicher sind.
- Sie stärken den Nutzen der unternehmerischen Nachhaltigkeit, welche durch die fortschreitende Internalisierung externer Umweltkosten weiter an Wichtigkeit zu nimmt.
- Sie bereiten sich rechtzeitig auf zukünftige regulatorische Bestimmungen vor, welche von den SDGs abgeleitet werden.

Somit ist der SDG-Kompass eine tiefgreifende Methode, welche die Auseinandersetzung einer Organisation mit den SDGs gestaltet und in Möglichkeitsräume überführen kann. Dabei werden mit verschiedenen Methoden die besten Möglichkeiten identifiziert und der Erfolg ihrer Umsetzung gemessen.

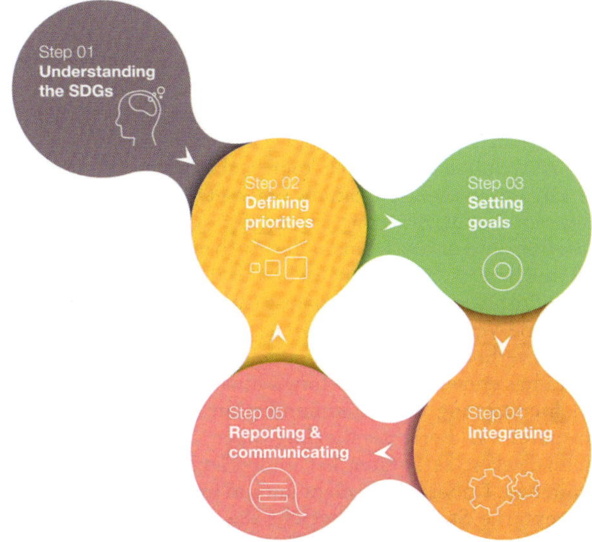

SDG-Kompass (Quelle: https://sdgcompass.org)

Durchführung

Der SDK-Kompass durchläuft fünf aufeinanderfolgende Schritte, um die SDGs in die Unternehmensstrategie einzubetten:

- **Die SDGs verstehen:** Die erfolgreiche Arbeit mit SDG setzt ein grundlegendes organisationales Verständnis voraus. Dieses umfasst Grundwissen zu jedem SDG, eine Auseinandersetzung mit den entsprechenden Business Cases, welche die unternehmerische Seite der Ziele beleuchten, und die Festlegung einer unternehmerischen Grundhaltung, die als Basis für jegliches organisationales Handeln dient.
- **Priorisierung:** Da nicht alle 17 SDGs für alle Unternehmen von gleicher Relevanz sind, ist es sinnvoll, dass Sie eine Priorisierung vornehmen. Die Grundlage dafür bietet eine Analyse Ihrer aktuellen organisationalen Wertschöpfung, deren positive und negative Auswirkungen auf die SDGs untersucht werden. Eine solche strategische Annäherung stellt sicher, dass die identifizierten Potenziale tatsächlich mit der organisationalen Realität im Einklang sind. In einem zweiten Schritt eruieren Sie die Identifikatoren, welche den klarsten Zusammenhang zwischen den organisationalen Tätigkeiten und ihren Auswirkungen auf eine nachhaltige Entwicklung haben. Diese Indikatoren dienen zur Identifizierung der Bereiche mit dem größten Potenzial, jedoch auch zur späteren Kontrolle und Anpassung der Aktivitäten. Darauf aufbauend können Sie schlussendlich die organisationalen Prioritäten für den SDG-Kompass setzen.

- **Ziele setzen:** Aufbauend auf dem vorherigen Schritt definieren Sie spezifische messbare und zeitlich eingegrenzte Nachhaltigkeitsziele. Ausgehend von den festgelegten strategischen Prioritäten definieren Sie den Umfang und die KPIs der jeweiligen Ziele. Orientieren Sie dabei die Zielsetzung nicht nur an inneren Faktoren „inside-out", sondern lassen sie sich von den SDGs auch von den externen Zielen aus globaler und planetarer Perspektive „outside-in" inspirieren. Dies stellt die Relevanz Ihrer Tätigkeiten über das eigene Unternehmen hinaus sicher.
- **Integration:** Nachdem die Ziele gesetzt wurden, müssen Sie diese verbindlich in den organisationalen Tätigkeiten verankern. Dabei ist ein starkes Mandat von der Führungsebene für die verschiedenen Abteilungen nötig, da meist nicht für alle organisationalen Akteure der Sinn einer Neuausrichtung von Anfang an klar ist. Um so wichtiger ist es, dass Sie die SDGs in alle Prozesse einbinden, um nicht isolierte Inseln der Nachhaltigkeit zu schaffen. Die Integration der Zielsetzungen und die täglichen Aktivitäten sind höchst kontextabhängig und müssen für alle Organisationen individuell umgesetzt werden. Auch hier lohnt sich die Orientierung entlang der organisationalen Wertschöpfung und darüber hinaus der Aufbau von Partnerschaften in Bereichen, welche nicht mehr im eigenen Einflussbereich liegen. Dieser Verlust von Einfluss ist für viele Organisationen eine große Veränderung, im Bereich der Nachhaltigkeit jedoch nicht zu verhindern, da die betrachteten Wertschöpfungszyklen meist über einzelne Unternehmen hinausreichen.
- **Berichterstattung und Kommunikation:** Der Bedarf an einer transparenten Berichterstattung über die organisationalen Nachhaltigkeitsaktivitäten hat in den letzten Jahren stark zugenommen. Dabei geht es nicht nur um interne, sondern primär auch externe Stakeholder, welche das Vorhandensein solcher Informationen voraussetzen. Um so wichtiger ist es, dass Sie effektive Systematiken entwickeln, mithilfe derer Sie immer wieder aufs Neue eine aussagekräftige Kommunikation ermöglichen können. Die SDGs können hierzu einen Rahmen bieten, mithilfe dessen die Berichterstattung strukturiert und evaluiert wird. Idealerweise werden die jeweiligen Ziele mit international anerkannten Nachhaltigkeitsstandards kombiniert, um die Fortschritte vergleichbar aufzuzeigen.

Tipp: Die Übersicht über die fünf Schritte des SDG-Kompass bietet nur einen oberflächlichen Einblick in die nötigen Aktivitäten. Es empfiehlt sich, den detaillierten Guide auf der SDG-Kompass-Website zu beziehen, welcher jeden Schritt im Detail beschreibt. Ebenso finden sich dort weitere Methoden, welche mit den einzelnen Schritten übereinstimmen und zu deren Komplettierung beitragen können.

Wirkfeld der Methode

- Wirksam für Herausforderungen mit hoher Komplexität
- Wirksam für Herausforderungen mit mittlerer Komplexität

Transformationsfähigkeit Ihres Teams

- Fördert die Sensibilisierung

Einsatzcharakteristik/Arbeitsrahmen

- Austauschfokus: vornehmlich mit internen und externen Personen
- Durchführungszeit: eher hoch (> 1 Tag)
- Einsatzfrequenz: sinnvoll im dauerhaften Einsatz
- Einsatzfrequenz: vornehmlich über den kompletten Projektzeitraum
- Einsatzradius: vornehmlich im unternehmensweiten Einsatz
- Komplexität für den Moderator: eher hoch
- Komplexität für die Teilnehmer: eher mittel
- Teamgröße: Kleingruppe möglich (3 bis 5 Teilnehmer)
- Teamgröße: Mittelgroße Teams möglich (5 bis 20 Teilnehmer)
- Vorbereitungszeit: eher hoch (>1 Tag)

Input für eine zielführende Arbeit mit der Methode

- Aktuell existierende Geschäftsmodelle
- Aktuell existierende Produkte und Services
- Beteiligte Personen mit Tätigkeiten und Aufgaben
- Existierende Prozesse und Verfahren
- Vorhandenes Wissen und Erfahrungen
- Umfeldbeobachtungen, Umfeldanalysen
- Wissen über Gesetze und Rahmenbedingungen

Output und beobachtete Ergebnisse der Methode

- Erzeugt Listen von Chancen und Risiken
- Erzeugt Ideen für neue Märkte und neue Business Modelle
- Erzeugt Planungen und Priorisierungen
- Erzeugt neues Wissen und neue Erfahrungen
- Erzeugt eine Vision oder Zukunftsbild
- Erzeugt größere Klarheit zu einem Thema
- Erzeugt transformationsfähigere Organisationen
- Hilft bei Entscheidungen, Bewertungen und Feedback
- Identifiziert vorhandene Schwachstellen
- Identifiziert vorhandene Stärken
- Macht Wirkzusammenhänge sichtbar

Hinderniseffekte, auf die die Methode positiv wirkt

- Schafft für den Erfolg nötige Realitätsbezüge
- Schafft schnell Klarheit und beschleunigt Erkenntnisgewinn
- Schärft eine fehlende gemeinsame Ausrichtung
- Stärkt das Vertrauen im Team
- Verhindert blinden Aktionismus
- Verhindert einseitige Bewertungen und Entscheidungen
- Verhindert falsche Flughöhen
- Verhindert unreflektiertes agieren
- Überzeugt strukturliebende Teammitglieder
- Fördert Optimismus und Zuversicht

Mögliche Extravorteile der Methode

- Möglicher Extravorteil für Teams mit einem starkem Auftragsmandat
- Möglicher Extravorteil für Teams mit einer konservativen, tradierten Kultur
- Möglicher Extravorteil für die Arbeit mit digitalen Kollaborationsboards
- Möglicher Extravorteil für in Nachhaltigkeitsthemen erfahrene Teams

Quellen

Web – https://sdgcompass.org

SDG Targets

EinSatzBeschreibung

Die Agenda 2030 für nachhaltige Entwicklung der Vereinten Nationen umfasst 17 Ziele für nachhaltige Entwicklung (Sustainable Development Goals), die mit 169 Unterzielen (Targets) untermauert sind.

Working Guide/Anwendungsfelder

P1 Sensibilisierung/Bildung	P2 Matching Recht/Gesetz	P3 Sustainability Roadmap	P4 Produkt/Prozessdesign	P5 Implementierung/Monitoring	P6 Kommunikation	P7 Organisation	P8 Führung	P9 Business Model Design	P10 Skalierung
X		X	X						X

Beschreibung

Innerhalb der Nachhaltigkeitsarbeit erweist sich die Agenda 2030 für nachhaltige Entwicklung als Schlüsselreferenz. In 2015 von den Mitgliedstaaten der Vereinten Nationen ratifiziert, verfolgt diese Agenda ein ehrgeiziges Mandat: die Eliminierung der Armut, die Bewahrung unseres Planeten und das Ermöglichen von Frieden und Wohlstand für alle.

Die Agenda ist strukturiert um 17 Sustainable Development Goals (SDGs), welche die ökonomischen, sozialen und ökologischen Säulen der Nachhaltigkeit umfassend integrieren. Diese Ziele sind nicht isoliert, sondern durch eine Vielzahl spezifischer Unterziele (*Targets*) präzisiert.

Die operationale Signifikanz der Unterziele der Agenda 2030 ist von zentraler Bedeutung für die effektive Verwirklichung der Agenda selbst und mithin für das Erreichen einer nachhaltigen, inklusiven und gerechten globalen Gesellschaft. Diese Unterziele fungieren nicht nur als ein differenziertes Bewertungsinstrumentarium für den messbaren Fortschritt, sondern auch als Schlüsselelemente bei der Identifizierung von Innovationsmöglichkeiten. Zudem fördern sie das Aufspüren von Synergien zwischen den verschiedenen Facetten der Nachhaltigkeit, wodurch eine ganzheitliche Perspektive in Innovationsansätzen einfließen kann.

Der Fokus der Agenda auf Inklusivität und partizipative Methoden, besonders hervorgehoben durch das Ziel der Partnerschaften (SDG 17), ist ein Weckruf: In der Nachhaltigkeitsarbeit geht es nicht um Einzelkämpfertum, sondern um Teamwork. Erfolg entsteht hier nur durch ein breites Bündnis, in dem jeder – von der Regierung bis zur Basisbewegung, vom Unternehmen bis zur internationalen Organisation – seinen Teil beiträgt.

Also, bauen Sie ein Ecosystem des Wandels, in dem jeder Akteur, unabhängig von seiner Perspektive, ein echter Change-Agent ist, und nutzen Sie insbesondere die Unterziele der Sustainable Development Goals (SDGs) als echte Schatztruhen der Inspiration im Bereich nachhaltiger Innovation. Sie schenken nicht nur klare, umsetzbare Leitfäden für die Erschaffung von Produkten, Dienstleistungen und Prozessen, die nicht nur wirtschaftlich tragfähig sind, sondern auch soziale und ökologische Verantwortung wahrnehmen.

Hier sind Faktoren, die sie zu verlässlichen Leuchttürmen auf diesem Weg machen:

- Ihr Innovationskompass: Die Unterziele leuchten den Weg aus, indem sie klare Prioritäten für nachhaltige Innovationen setzen. Sie dienen Unternehmen als Grundlage für das Aufspüren von Marktlücken oder sozialen Bedürfnissen.
- Komplexitätsmanagement: Indem sie die vielfältigen Facetten nachhaltiger Entwicklung berühren, geben die Unterziele Unternehmen die Werkzeuge an die Hand, um die Vielschichtigkeit der Herausforderungen zu begreifen und ganzheitliche Lösungen zu entwickeln.
- Ihr Impact-Dashboard: Durch die mit ihnen assoziierten Indikatoren bieten die Unterziele präzise Messkriterien, um den Beitrag einer Innovation zur nachhaltigen Entwicklung sichtbar zu machen.
- Vertrauensbooster: Eine am global anerkannten Zielen ausgerichtete Innovation fördert das Vertrauen und die Akzeptanz seitens der Stakeholder, indem sie der Innovation Legitimität und Glaubwürdigkeit verleiht.
- Ihr Frühwarnsystem für Risiken: Die Berücksichtigung der Unterziele hilft Unternehmen dabei, potenzielle soziale oder ökologische Risiken zu erkennen und proaktiv zu minimieren.
- Ihr Netzwerk-Katalyst: Die Unterziele fungieren als gemeinsame Sprache und schaffen einen Rahmen, der kollaborative Bemühungen zwischen verschiedenen gesellschaftlichen Akteuren fördert, von der öffentlichen Hand und dem Privatsektor bis hin zur Zivilgesellschaft.

> In der Gesamtschau sind die Unterziele der SDGs das Fundament, auf dem Sie nachhaltige Innovationsstrategien nicht nur bauen, sondern auch erfolgreich in die Tat umsetzen können. Sie sind Ihre Booster, die wirklich positive Veränderungen anstoßen können.

Durchführung

Für ein mögliches Workshopformat zum Erkunden der SDG Targets bieten sich folgende Arbeitsformate an:

- Visuelle Anreize durch eine Postergalerie
- Interaktive Diskussionen in Kleingruppen
- Kreativsessions und offenes Feedback

Die Teilnehmenden sollten dafür folgendes mitbringen:

- Neugier und Offenheit
- Stifte und Notizblöcke
- Ihre kreativsten Gedanken

SDG Targets

Nutzen Sie das folgende Bespielformat eines Workshops, um Teilnehmenden die SDG-Unterziele näher zu bringen und erste Ideen für die eigene Arbeit und das Unternehmen zu entwickeln. Machen Sie damit das SDG Framework anfass- und nutzbar für die Menschen im Unternehmen.

Workshop-Titel: SDG-Unterziele im Fokus: Navigieren, Vernetzen, Innovieren

Zielsetzung: In diesem Workshop steigen die Teilnehmenden tief in die Welt der SDG-Unterziele ein. Es geht darum, nicht nur ein klares Bild dieser Ziele zu bekommen, sondern auch herauszufinden, wie die Teilnehmenden diese effektiv in ihre tägliche Arbeit integrieren können. Zudem bauen sie ein Netzwerk mit Gleichgesinnten auf, die ebenfalls an der Umsetzung dieser Ziele interessiert sind.

Dauer: ein halber Tag – intensiv und voller Erkenntnisse.

Teilnehmerkreis: optimal für 8 bis 20 engagierte Teilnehmende – je diverser, desto besser.

Ablauf

1. Vorbereitung der Galerie (30 Min.):
- Jedes SDG-Ziel inklusive seiner Unterziele erhält sein eigenes großes, interaktives Poster.
- Lassen Sie genug Platz für Notizen und Gedanken der Teilnehmenden.

2. Startschuss (15 Min.):
- Ein knackiger Einstieg in die Welt der SDG-Unterziele – geben Sie eine kurze Einführung.
- Erklären Sie, was die Teilnehmenden heute erwartet und warum die SDGs wichtig sind.

3. Erkundungsrunde (45 Min.):
- Die Teilnehmenden erkunden eigenständig oder in Kleingruppen die Galerie.
- Jeder hinterlässt seine Eindrücke und Ideen direkt auf den Postern. Was sind die ersten Gedanken zu jedem der Ziele?

4. Gedankenaustausch (30 Min.):
- Eine kurze Runde, um erste Eindrücke und Gedanken auszutauschen.
- Welche SDG-Unterziele springen ins Auge und warum?

5. Vertiefung (45 Min.):
- Bilden Sie 2er Teams und lassen Sie jedes Team ein bis zwei SDG-Unterziele auswählen, die es besonders anspricht.
- In einer Brainstorming-Session entwickelt jedes Team gemeinsam konkrete Anwendungswege für seine Arbeit.

6. Ideen-Showcase (45 Min.):
- Jedes Team präsentiert seine Ideen und bekommen direktes Feedback.
- Gemeinsame Diskussion zur Weiterentwicklung der Ansätze.

7. Abschluss und Ausblick (15 Min.):
- Reflektieren Sie mit der Gruppe den Tag und das Gelernte.
- Welche Schritte könnten als Nächstes folgen?

Wirkfeld der Methode

- Wirksam für Herausforderungen mit hoher Komplexität
- Wirksam für Herausforderungen mit mittlerer Komplexität
- Wirksam für Herausforderungen mit niedriger Komplexität

Transformationsfähigkeit Ihres Teams

- Fördert die Sensibilisierung
- Zahlt auf das Dringlichkeitsempfinden ein
- Erhöht die Lösungsorientierung

Einsatzcharakteristik/Arbeitsrahmen

- Austauschfokus: vornehmlich mit internen und externen Personen
- Durchführungszeit: eher hoch (> 1 Tag)
- Einsatzfrequenz: sinnvoll im dauerhaften Einsatz
- Einsatzradius: vornehmlich im projektweiten Einsatz
- Einsatzradius: vornehmlich im unternehmensweiten Einsatz
- Komplexität für den Moderator: eher mittel
- Komplexität für die Teilnehmer: eher hoch
- Teamgröße: Einzelpersonennutzung möglich
- Teamgröße: Kleingruppe möglich (3 bis 5 Teilnehmer)
- Teamgröße: Mittelgroße Teams möglich (5 bis 20 Teilnehmer)
- Vorbereitungszeit: eher hoch (>1 Tag)

Input für eine zielführende Arbeit mit der Methode

- Durchführungszeit, Trainingszeit

Output und beobachtete Ergebnisse der Methode

- Erzeugt Ideensuchfelder, unentdeckte Probleme, Inspiration
- Erzeugt neues Wissen und neue Erfahrungen
- Erzeugt eine Vision oder Zukunftsbild
- Erzeugt größere Klarheit zu einem Thema
- Identifiziert vorhandene Schwachstellen
- Identifiziert vorhandene Stärken
- Macht Wirkzusammenhänge sichtbar

Hinderniseffekte, auf die die Methode positiv wirkt

- Schafft für den Erfolg nötige Realitätsbezüge
- Schafft schnell Klarheit und beschleunigt Erkenntnisgewinn
- Schwächt das Leben in der Vergangenheit
- Schärft eine fehlende gemeinsame Ausrichtung
- Verhindert Ideenfindung mit zu schwacher Erkenntnisgrundlage
- Wirkt fehlender Inspiration entgegen
- Überzeugt strukturliebende Teammitglieder

Mögliche Extravorteile der Methode

- Möglicher Extravorteil für Teams mit einem starkem Auftragsmandat
- Möglicher Extravorteil für in Nachhaltigkeitsthemen ungeübte Teams

Quellen

Web – https://sdgs.un.org/2030agenda
Web – https://sdgs.un.org/goals

Seismograf

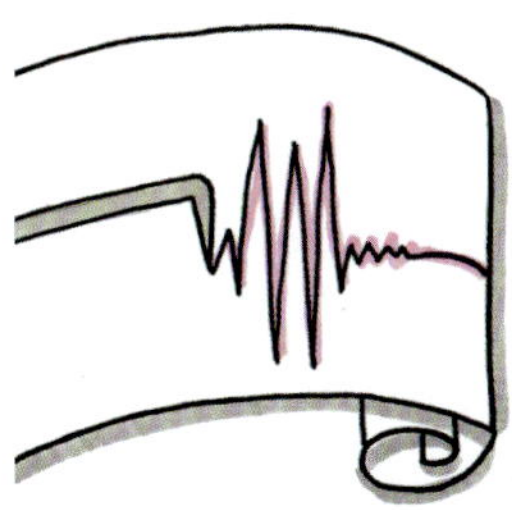

EinSatzBeschreibung

Der Seismograf beschreibt 75 Disruptions-Signale aus zehn verschiedenen Themenfeldern und unterstützt Unternehmen, daraus mögliche Auswirkungen und disruptive Szenarien für das eigene Geschäft vorzudenken.

Working Guide/Anwendungsfelder

P1 Sensibilisierung/Bildung	P2 Matching Recht/Gesetz	P3 Sustainability Roadmap	P4 Produkt/Prozessdesign	P5 Implementierung/Monitoring	P6 Kommunikation	P7 Organisation	P8 Führung	P9 Business Model Design	P10 Skalierung
X		X				X	X		

Beschreibung

Disruptions-Signale frühzeitig zu erkennen und diese bewusst in den Innovationsprozess einzubauen ist ein wesentlicher Bestandteil für nachhaltige Innovationen.

Der Begriff „Disruption“ leitet sich von dem englischen Wort „disrupt“ („zerstören“, „unterbrechen“) ab und beschreibt einen Vorgang, bei dem Bestehendes wie traditionelle Geschäftsmodelle, Produkte, Technologien oder Dienstleistungen durch innovative Erneuerungen abgelöst und teilweise vollständig verdrängt werden.

Doch meist fällt es Unternehmen schwer, diese Signale früh genug zu erkennen. Erst wenn diese bereits im „Mainstream“ angekommen sind, versuchen Unternehmern aufzuholen.

Der Seismograf ist eine wertvolle Grundlage und unterstützt Unternehmen, grundsätzliche Veränderungen in ihrem Umfeld frühzeitig wahrzunehmen und deren Auswirkungen bewusst für das eigene Geschäftsmodell zu bewerten und zu nutzen.

Er liefert eine erste Hilfestellung mit 75 einzelnen Disruptions-Signalen aus insgesamt zehn relevanten Bereichen, die ökologische, ökonomische und soziale Veränderungen nach sich ziehen werden.

Diese Methode bewertet diese Veränderungen aus zwei wichtigen Blickwinkeln:

- **Schwere der Auswirkungen:** Es wird untersucht, wie stark und weitreichend die Veränderungen sich auf das eigene Unternehmen auswirken könnten. Zum Beispiel könnte der Klimawandel die Beschaffung von bestimmten Rohstoffen langfristig beeinträchtigen.
- **Eintrittswahrscheinlichkeit der Auswirkungen:** Hier wird bewertet, wie wahrscheinlich es ist, dass diese Veränderungen (also die Auswirkungen) tatsächlich eintreten. Das hilft dem Unternehmen, abzuschätzen, wie realistisch die Bedrohung ist und wie viel Aufmerksamkeit und Ressourcen darauf verwendet werden sollten.

Eine Sammlung von Disruptions-Signalen:

A. Klimawandel & Umwelt

1. Steigende Durchschnittstemperaturen weltweit: Der Klimawandel führt zu einer globalen Erwärmung, was zu veränderten klimatischen Bedingungen führt.
2. Häufigere und intensivere Hitzewellen: Aufgrund des Klimawandels treten häufiger intensivere Hitzewellen auf, die zu gesundheitlichen Risiken, Ernteausfällen und Energieknappheit führen können.
3. Zunahme von extremen Wetterereignissen: Der Klimawandel führt zu einer Zunahme von extremen Wetterereignissen, wie z. B. Stürmen und Hurrikans, die erhebliche Schäden an Infrastruktur und Versorgungsnetzen verursachen können.
4. Veränderungen in den Niederschlagsmustern und häufigere Dürren: Der Klimawandel beeinflusst die Niederschlagsmuster, was zu häufigeren Dürren in einigen Regionen führt. Dies kann die Wasserversorgung, Landwirtschaft und die Verfügbarkeit von Rohstoffen beeinträchtigen.
5. Anstieg des Meeresspiegels und erhöhte Küstenerosion: Der Klimawandel führt zu einem Anstieg des Meeresspiegels und erhöhter Küstenerosion, was Küstenstädte, Tourismusindustrie und Unternehmen in Küstennähe vor große Herausforderungen stellt.
6. Veränderungen in der Verfügbarkeit von Wasserressourcen: Der Klimawandel wirkt sich auf die Verfügbarkeit von Wasserressourcen aus, was zu Konflikten um Wasserressourcen und Herausforderungen für Unternehmen in der Landwirtschaft, Industrie und Wasserversorgung führen kann.
7. Verschiebung von Klimazonen: Durch den Klimawandel verschieben sich Klimazonen, was Auswirkungen auf die Landwirtschaft hat, da bestimmte Anbau- und Erntebedingungen sich verändern.
8. Rückgang der Artenvielfalt und Verlust von natürlichen Ökosystemen: Der Klimawandel führt zum Rückgang der Artenvielfalt und zum Verlust von natürlichen Ökosystemen mit weitreichenden ökologischen Auswirkungen.
9. Veränderungen in den ozeanischen Ökosystemen: Der Klimawandel beeinflusst die ozeanischen Ökosysteme, z. B. durch Korallenbleiche und Versauerung der Meere mit Auswirkungen auf Fischerei, Tourismus und Unternehmen im maritimen Sektor.
10. Auswirkungen auf die menschliche Gesundheit: Der Klimawandel kann sich negativ auf die menschliche Gesundheit auswirken, z. B. durch erhöhte Belastung durch Hitze, Ausbreitung von Infektionskrankheiten und erhöhtes allergenes Potenzial.

11. Verbraucherverhalten: Der Klimawandel führt zu einer steigenden Nachfrage nach nachhaltigen und umweltfreundlichen Produkten und Dienstleistungen.
12. Zunahme von Umweltauflagen: Der Klimawandel führt zu einer Zunahme von Umweltauflagen, die verschiedene Branchen betreffen und Anpassungen sowie Investitionen in nachhaltige Praktiken erfordern.
13. Steigende Energiekosten: Der Klimawandel führt zu steigenden Energiekosten und einer erhöhten Nachfrage nach erneuerbaren Energien.
14. Lebensmittelproduktion: Veränderungen im Ökosystem und in der Verfügbarkeit von landwirtschaftlichen Flächen beeinflussen die Lebensmittelproduktion und erfordern neue Anbaumethoden wie Vertical Farming oder Indoor-Farming.
15. Risiken bezüglich Wasser und Lebensmittel: Der Klimawandel birgt Risiken für die Wasser- und Lebensmittelversorgung in stark betroffenen Regionen, was Herausforderungen für Unternehmen in der Lebensmittelindustrie und Wasserversorgung mit sich bringt.
16. Technologische Innovationen: Der Klimawandel hat zu verstärkten technologischen Innovationen geführt, um den Herausforderungen des Klimawandels zu begegnen, wie z. B. Entwicklung neuer erneuerbarer Energietechnologien und nachhaltiger Lösungen zur Reduzierung von Treibhausgasen.
17. Verschärfte Umweltauflagen: Aufgrund des steigenden Umweltbewusstseins und der zunehmenden Dringlichkeit des Umweltschutzes werden strengere Umweltauflagen und -vorschriften eingeführt.
18. Nachhaltige Verpackungslösungen: Die steigende Nachfrage nach umweltfreundlichen Verpackungsalternativen führt zu innovativen Lösungen wie biologisch abbaubaren Verpackungsmaterialien, recycelbaren Verpackungen und verpackungsfreien Produktoptionen.
19. Saisonalität: Die Veränderung von saisonalen Wetterbedingungen beeinflusst den Einzelhandel, insbesondere die Mode- und Lebensmittelindustrie, und erfordert flexible Lieferketten und Produktionsstrategien.
20. Kreislaufwirtschaft: Die Einführung von Kreislaufwirtschaftskonzepten ermöglicht es Unternehmen, Ressourcen effizienter zu nutzen, Abfälle zu minimieren und Materialien wiederzuverwerten.
21. Ressourcenengpässe: Die Verknappung natürlicher Ressourcen wie Wasser und Energie erfordert Effizienzsteigerungen und alternative Versorgungswege wie Re- und Upcycling von Rohstoffen.
22. Ökologische Landwirtschaft: Die steigende Nachfrage nach nachhaltigen Lebensmitteln führt zu einer verstärkten Umstellung auf ökologische und regenerative Landwirtschaftsmethoden.
23. Wasserressourcenmanagement: Der zunehmende Wassermangel und die Verschmutzung der Wasserressourcen erfordern innovative Ansätze mit dem Umgang von Wasser.
24. Plastik: Die zunehmende Verbreitung von Einwegplastikprodukten und die ineffiziente Abfallbewirtschaftung führen zu einer weiteren Verschmutzung der Ozeane, beeinträchtigen marine Lebensräume und bedrohen die Existenzgrundlage von Küstengemeinden und Fischereiindustrien.
25. Wachstum der pflanzlichen Ernährung: Ein steigendes Bewusstsein für Nachhaltigkeit, Gesundheit und Tierwohl führt zu einer verstärkten Nachfrage nach pflanzlichen Ernährungsoptionen.

B. Digitalisierung

26. E-Commerce: Massiver Anstieg des E-Commerce und der Online-Marktplätze bedroht herkömmliche Einzelhandelsunternehmen.
27. Künstliche Intelligenz im Vormarsch: Durch den Einsatz von KI-Systemen werden Prozesse optimiert, Entscheidungen automatisiert und Kundenerlebnisse personalisiert.
28. Internet der Dinge (IoT): Vernetzte Geräte und Sensoren ermöglichen die Erfassung und Analyse von Daten in Echtzeit, was zu verbesserten Prozessen, Produkten und Dienstleistungen führt.
29. Finanzen: Aufkommen neuer Finanztechnologien (FinTech) und Kryptowährungen, die das traditionelle Bankwesen und Zahlungssysteme herausfordern.
30. VR und AR: Entwicklung von Virtual-Reality- und Augmented-Reality-Technologien haben massive Auswirkungen auf die Weiterentwicklung diverser Sektoren.

C. New Work

31. Flexibles Arbeiten: Die Arbeitswelt wird flexibler, sodass Arbeitnehmer ihre Arbeitszeiten und -orte anpassen können. Remote-Arbeit und flexible Arbeitsmodelle werden zunehmend gefördert.
32. Bildung: Entwicklung neuer Bildungsmodelle und digitaler Lernplattformen fordern traditionelle Bildungseinrichtungen heraus.
33. Aufstieg des Freelancing: Immer mehr Arbeitnehmer entscheiden sich für die Selbstständigkeit und bieten ihre Dienstleistungen als Freiberufler an.
34. Virtuelle Zusammenarbeit: Durch digitale Kommunikationstools und virtuelle Meetingplattformen wird die Zusammenarbeit über geografische Grenzen hinweg erleichtert, was zu einer globalen Vernetzung von Teams führt.
35. Betonung von agilen Arbeitsmethoden: Es werden vermehrt agile Ansätze wie Scrum oder,Kanban eingesetzt, um flexibler, schneller und kundenorientierter zu agieren.

D. Technologische Innovation

36. Disruptive Technologien: Durch den Einsatz von Technologien wie Blockchain, 3D-Druck, Virtual Reality und Augmented Reality entstehen neue Geschäftsmöglichkeiten und innovative Produkte.
37. Automatisierung und Robotik: Unternehmen nutzen vermehrt automatisierte Systeme und Roboter, um Produktionsprozesse effizienter zu gestalten und menschliche Arbeitskräfte zu ergänzen.
38. Big Data und Analytik: Unternehmen sammeln und analysieren große Datenmengen, um Erkenntnisse für datengetriebene Entscheidungen, personalisierte Produkte und verbesserte Kundenerfahrungen zu gewinnen.
39. Genom- und Biotechnologie: Fortschritte in der Genom- und Biotechnologie ermöglichen die Entwicklung neuer Medikamente, Therapien und biologischer Lösungen in verschiedenen Branchen.
40. Quantencomputing: Die Entwicklung von Quantencomputern eröffnet neue Möglichkeiten für komplexe Berechnungen und Datenverarbeitung, die in Bereichen wie Simulation und Optimierung eingesetzt werden können.

E. Demografischer Wandel

41. Alternde Bevölkerung: Die steigende Lebenserwartung und niedrige Geburtenraten führen zu einer alternden Bevölkerung, was neue Anforderungen und Chancen in den Bereichen Gesundheitswesen, Pflege und Altersvorsorge mit sich bringt.
42. Multigenerationen-Arbeitsplatz: Unternehmen müssen mit einer Vielfalt von Altersgruppen im Arbeitsumfeld umgehen und Strategien entwickeln, um das Wissen und die Erfahrung älterer Mitarbeiter zu nutzen und junge Talente zu fördern.
43. Internationale Migration: Die Globalisierung und der Fachkräftemangel führen zu verstärkter internationaler Migration, was zu kultureller Vielfalt, aber auch zu Herausforderungen in den Bereichen Integration und Zusammenarbeit führt.
44. Neue Kundenmärkte: Die demografischen Veränderungen schaffen neue Kundensegmente und Nachfrage nach Produkten und Dienstleistungen, die den Bedürfnissen älterer Menschen gerecht werden, wie z. B. innovative Gesundheits- und Unterhaltungslösungen.
45. Flexiblere Rentenmodelle: Der demografische Wandel erfordert eine Überarbeitung der Rentensysteme, um den Bedürfnissen einer alternden Bevölkerung gerecht zu werden und eine ausgewogene Altersvorsorge zu gewährleisten.

F. Gesundheitswesen

46. Digital Health: Die Integration von Technologie und digitalen Lösungen im Gesundheitswesen ermöglicht verbesserte Diagnoseverfahren, Telemedizin, elektronische Patientenakten und personalisierte Medizin.
47. Präventive Gesundheitsmaßnahmen: Menschen legen einen stärkeren Fokus auf Prävention und Gesundheitsförderung, indem sie sich für Programme zur Stressbewältigung, gesunde Ernährung und körperliche Aktivität am Arbeitsplatz interessieren.
48. Genetische Therapien: Fortschritte in der Gen- und Zelltherapie ermöglichen die Entwicklung von personalisierten Behandlungen für genetische Erkrankungen und Krebs.
49. Künstliche Intelligenz in der Medizin: Die Nutzung von KI-basierten Systemen unterstützt Ärzte bei der Diagnosestellung, der Entwicklung von individuellen Therapieplänen und der Identifizierung neuer Behandlungsmöglichkeiten.
50. Gesundheitsdatenanalyse: Die Auswertung großer Gesundheitsdatensätze ermöglicht bessere Einblicke in Krankheitsmuster, Früherkennung und die Entwicklung von maßgeschneiderten Behandlungsansätzen.

G. Bildung und lebenslanges Lernen

51. Digitale Lernplattformen: Der Einsatz von Online-Plattformen und virtuellem Lernen ermöglicht einen flexibleren Zugang zu Bildung und lebenslangem Lernen.
52. Personalisiertes Lernen: Durch den Einsatz von KI und adaptiven Lernsystemen können Bildungsinhalte individuell auf die Bedürfnisse und Fähigkeiten der Lernenden zugeschnitten werden.
53. Skill-basierte Ausbildung: Zukünftig wird vermehrt die Entwicklung von spezifischen Fähigkeiten und Kompetenzen erforderlich, um den Anforderungen einer sich schnell wandelnden Arbeitswelt gerecht zu werden.
54. Virtuelle Zusammenarbeit und Remote-Lernen: Die Zusammenarbeit und das Lernen finden vermehrt virtuell statt, was eine größere Flexibilität und globale Vernetzung ermöglicht.
55. Kollaboratives Lernen: Menschen arbeiten vermehrt in Teams und kooperativen Projekten branchenübergreifend zusammen, um kritisches Denken, Problemlösungsfähigkeiten und Teamarbeit zu entwickeln.

H. Mobilität und Transport

56. Elektromobilität: Der Übergang zu elektrisch betriebenen Fahrzeugen gewinnt an Fahrt, da die Gesellschaft vermehrt auf umweltfreundliche Transportlösungen setzt.
57. Autonomes Fahren: Die Entwicklung von autonomen Fahrzeugen ermöglicht eine effizientere und sicherere Mobilität sowie neue Geschäftsmodelle im Transportsektor.
58. Sharing Economy und Mobilitätsdienste: Es entstehen vermehrt Angebote für flexible und gemeinschaftsbasierte Mobilitätslösungen wie Carsharing, Fahrradverleih und Ride-Hailing-Dienste.
59. Intelligente Verkehrsinfrastruktur: Die Integration von IoT-Technologien in die Verkehrsinfrastruktur ermöglicht eine bessere Verkehrssteuerung, Verkehrssicherheit und eine optimierte Nutzung von Straßen.
60. Nachhaltige Logistik: Unternehmen setzen verstärkt auf umweltfreundliche und effiziente Lieferketten, um Emissionen zu reduzieren und Ressourcen zu schonen.

I. Energie und Nachhaltigkeit

61. Erneuerbare Energien: Der Ausbau von Solarenergie, Windenergie und anderen erneuerbaren Energiequellen gewinnt an Bedeutung, um den steigenden Energiebedarf nachhaltig zu decken.
62. Energieeffizienz: Menschen setzen verstärkt auf energieeffiziente Technologien und Prozesse, um den Energieverbrauch zu reduzieren und Kosten einzusparen.
63. Kreislaufwirtschaft: Die Umstellung von linearen Wirtschaftsmodellen auf Kreislaufwirtschaft fördert die Wiederverwertung von Materialien und die Reduzierung von Abfall.
64. Nachhaltige Städte und Infrastruktur: Die Planung und Gestaltung von Städten orientieren sich vermehrt an ökologischen Kriterien, um eine nachhaltige Lebensqualität zu gewährleisten.
65. Klimaneutralität: Unternehmen setzen sich das Ziel, ihre Treibhausgasemissionen zu reduzieren und klimaneutral zu werden, indem sie bspw. Emissionsreduktionen und Kompensationsmaßnahmen umsetzen.

J. Verbraucherverhalten

66. Personalisierung: Veränderungen im Verbraucherverhalten und die steigende Nachfrage nach personalisierten Produkten und Dienstleistungen erfordert eine Anpassung der Angebote.
67. Bewusster Konsum: Verbraucher achten vermehrt auf die Qualität, Herkunft und ethische Aspekte der Produkte, um nachhaltigere Entscheidungen zu treffen.
68. Digitalisierung des Einkaufserlebnisses, einschließlich des vermehrten Einsatzes von E-Commerce, mobilen Apps und Online-Bewertungen, um Kaufentscheidungen zu treffen.
69. Gesundheitsbewusstsein: Verbraucher legen Wert auf gesunde Ernährung, Fitness und Wohlbefinden, was zu einer verstärkten Nachfrage nach gesunden Lebensmitteln, Nahrungsergänzungsmitteln und Fitnessdienstleistungen führt
70. Erlebnisorientierung: Verbraucher legen mehr Wert auf einzigartige Erlebnisse und suchen nach Produkten und Dienstleistungen, die ihnen besondere Erlebnisse und Emotionen bieten.

K. Nachhaltigkeit

71. Nachhaltige Unternehmenspraktiken: Unternehmen legen verstärkt Wert auf umweltfreundliche und nachhaltige Geschäftsmodelle, indem sie bspw. erneuerbare Energien nutzen und ihre Lieferketten optimieren.
72. Kreislaufwirtschaft: Unternehmen entwickeln neue Strategien und Geschäftsmodelle durch Abfallvermeidung, Recycling und Wiederverwertung von Ressourcen.
73. Klimaneutralität: Immer mehr Unternehmen legen Wert darauf, dass Ihre Lieferanten und Dienstleister klimaneutral sind und Maßnahmen ergreifen, um ihre Emissionen zu senken.
74. Green Finance: Es entstehen neue Finanzierungsinstrumente und Investitionsmöglichkeiten für nachhaltige Projekte und Unternehmen, um den Übergang zu einer kohlenstoffarmen Wirtschaft zu unterstützen.
75. Neues Bewusstsein: Neue Trends zum Leihen und Teilen von Produkten anstelle sie zu besitzen führen zu neuen Geschäftsmodellen.

Die oben genannten Gefahren decken sowohl ökologische als auch ökonomische und soziale Disruptions-Signale ab und sind für die Anwendung in vielen Branchen geeignet. Selbstverständlich können Sie die Themenfelder und die Signale kontinuierlich ergänzen.

Durchführung

Arbeiten Sie in einem Team bestehend aus der Unternehmensführung und Personen mit strategischem Weitblick. Binden Sie auch Führungskräfte und Experten aus diversen Fachbereichen ein.

Schritt 1: Arbeiten Sie mit Ihrem Team ein Themenfeld nach dem anderen durch. Verteilen Sie die Disruptions-Signale eines Themenfeldes (z. B. Klimawandel & Umwelt) gleichmäßig auf die Teilnehmenden. Lassen Sie Ihr Team in 2er Gruppen die Gefahren nacheinander durchlesen und folgende Fragen beantworten:

- Haben wir im Unternehmen dieses Disruptions-Signal bereits erfasst und wird daran gearbeitet?
- Hat dieses Disruptions-Signal eine direkte oder indirekte Auswirkung auf unser Geschäft?
- Was sind mögliche Auswirkungen dieses Signals für unser Unternehmen?
- Sind diese kurz-, mittel- oder langfristig zu erwarten?
- Was passiert, wenn wir in diesem Bereich gar nicht aktiv werden?
- Können wir dieses Disruptions-Signal sogar zu unserem Vorteil nutzen?

Schritt 2: Lassen Sie anschließend die Gruppen nacheinander ihre Einschätzung dem Team präsentieren. Ist das Signal für Ihr Unternehmen relevant, beschäftigen Sie sich mit möglichen Auswirkungen. Ergänzen Sie aus verschiedenen Blickwinkeln diese Auswirkungen auf Ihr Geschäft.

Halten Sie mögliche Auswirkungen zu jedem Signal gut sichtbar auf einem großen Blatt Papier oder einem virtuellen Board fest. Ist das Signal für Ihr Geschäft nicht relevant, legen Sie es beiseite. Das Thema könnte zu einem späteren Zeitpunkt an Bedeutung gewinnen.

Wiederholen Sie diesen Schritt, bis Sie alle Signale über alle Themenbereiche durchgearbeitet haben. Dies kann einige Zeit in Anspruch nehmen. Teilen Sie sich diesen Schritt auf mehrere Sitzungen auf.

Schritt 3: Bevor Sie mit den identifizierten und für Ihr Unternehmen relevanten Disruptions-Signalen weiterarbeiten, ist es ratsam, diese zu priorisieren. Es gilt zu verstehen, ob und mit welcher Wahrscheinlichkeit diese Auswirkungen tatsächlich eintreten würden.

Hier bietet sich eine Matrix mit den Achsen Schwere der Auswirkungen und Eintrittswahrscheinlichkeit der Auswirkungen als hilfreiche Übersicht an (siehe Grafik).

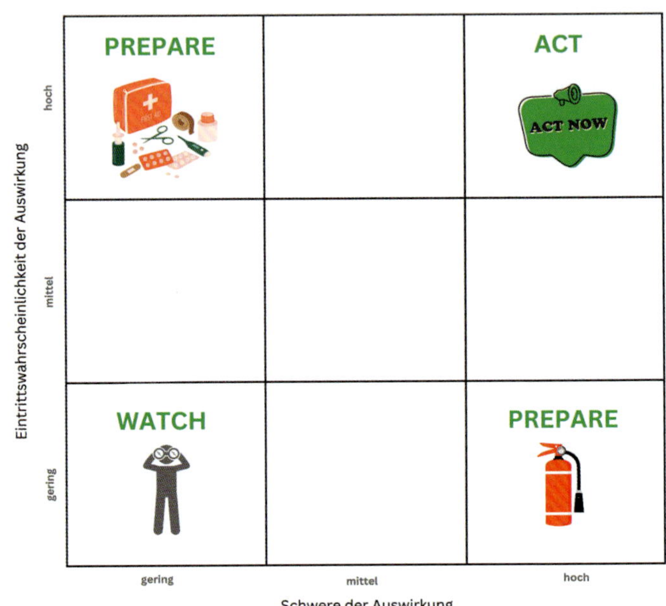

Zum Beispiel könnte der Klimawandel dazu führen, dass der Bezug eines wichtigen Rohstoffes für Ihr Unternehmen langfristig nicht gewährleistet ist. Nun geht es um die Frage, wie wahrscheinlich es ist, dass Ihr Unternehmen von diesem Szenario betroffen ist und wie groß der Schaden wäre, sollte dies tatsächlich eintreten.

Bitten Sie Ihr Team, die für Ihr Unternehmen relevanten Disruptions-Signale in dieser Matrix zu positionieren.

Dementsprechend sind Signale mit der gravierendsten Auswirkung und der größten Eintrittswahrscheinlichkeit für diese Auswirkungen mit höchster Priorität zu behandeln (ACT). Signale der schwächsten Auswirkung und der geringsten Eintrittswahrscheinlichkeit können Sie vorerst ignorieren. Es ist dennoch ratsam, diese kontinuierliche zu beobachten (WATCH). Signale mit größter Auswirkung und geringer Eintrittswahrscheinlichkeit und solche mit geringer Auswirkung, aber höchster Eintrittswahrscheinlichkeit gilt es mit entsprechenden Maßnahmen vorzubereiten (PREPARE).

Schritt 4: Binden Sie nun die Ergebnisse in Ihre strategische (Nachhaltigkeits)-Roadmap ein. Halten Sie die definierten Themenfelder im Blick und versuchen Sie etwaige Veränderungen kontinuierlich zu beobachten. Arbeiten Sie hierfür bspw. mit dem Gefahrenradar.

Wirkfeld der Methode

- Wirksam für Herausforderungen mit hoher Komplexität
- Wirksam für nachhaltiges Business Model Design

Transformationsfähigkeit Ihres Teams

- Fördert die Sensibilisierung
- Fördert die allgemeine Transformationsfähigkeit des Teams
- Fördert offene Mindsets und innovative Denkhaltungen
- Zahlt auf eine bessere Vorstellungskraft ein
- Zahlt auf eine bessere Wahrnehmung ein
- Zahlt auf das Dringlichkeitsempfinden ein
- Erhöht die Lösungsorientierung

Einsatzcharakteristik/Arbeitsrahmen

- Austauschfokus: vornehmlich mit internen Personen
- Durchführungszeit: eher hoch (> 1 Tag)
- Einsatzfrequenz: sinnvoll im dauerhaften Einsatz
- Einsatzfrequenz: vornehmlich im einmaligen Einsatz
- Einsatzradius: vornehmlich im Teameinsatz
- Einsatzradius: vornehmlich im unternehmensweiten Einsatz
- Komplexität für den Moderator: eher mittel
- Komplexität für die Teilnehmer: eher hoch
- Teamgröße: Kleingruppe möglich (3 bis 5 Teilnehmer)
- Teamgröße: Mittelgroße Teams möglich (5 bis 20 Teilnehmer)
- Vorbereitungszeit: eher gering (< 1 Stunde)

Input für eine zielführende Arbeit mit der Methode

- Aktuell existierende Geschäftsmodelle
- Aktuell existierende Produkte und Services
- Aktuelle Herausforderung, Leitfrage, Problem

Output und beobachtete Ergebnisse der Methode

- Erzeugt Prognosen und Ableitungen
- Erzeugt Ideen für neue Märkte und neue Business Modelle
- Erzeugt Ideensuchfelder, unentdeckte Probleme, Inspiration
- Erzeugt neues Wissen und neue Erfahrungen
- Erzeugt größere Klarheit zu einem Thema
- Erzeugt transformationsfähigere Organisationen
- Identifiziert vorhandene Schwachstellen
- Macht Wirkzusammenhänge sichtbar

Hinderniseffekte, auf die die Methode positiv wirkt

- Schafft für den Erfolg nötige Realitätsbezüge
- Schafft schnell Klarheit und beschleunigt Erkenntnisgewinn
- Schwächt das Leben in der Vergangenheit
- Schwächt den „Inneren Zensor“
- Schärft eine fehlende gemeinsame Ausrichtung
- Verhindert Ideenfindung mit zu schwacher Erkenntnisgrundlage
- Verhindert falsche Flughöhen
- Verhindert unreflektiertes agieren

Mögliche Extravorteile der Methode

- Möglicher Extravorteil für Teams in einer Komfortsituation
- Möglicher Extravorteil für Teams mit einer konservativen, tradierten Kultur
- Möglicher Extravorteil für innovativ erfahrene Teams
- Möglicher Extravorteil für in Nachhaltigkeitsthemen erfahrene Teams

Quellen

Person – Hila Attaie, www.inno-jump.com, hila.attaie@inno-jump.com

Web – https://www.businessinsider.de/gruenderszene/lexikon/begriffe/disruption/ (abgerufen am 10.06.2023)

Web – www.trendmanager.com

239

Sensemaking

EinSatzBeschreibung

Sensemaking ist ein oft übersehener, aber absolut integraler Bestandteil der organisationalen Entscheidungspraxis.

Working Guide/Anwendungsfelder

P1 Sensibilisierung/Bildung	P2 Matching Recht/Gesetz	P3 Sustainability Roadmap	P4 Produkt/Prozessdesign	P5 Implementierung/Monitoring	P6 Kommunikation	P7 Organisation	P8 Führung	P9 Business Model Design	P10 Skalierung
X					X	X	X		

Beschreibung

Eine Hauptaufgabe von Managerinnen und Führungspersonen in Organisationen ist das Entscheiden. Nicht überraschend spricht man von solchen Personen oft auch als „Entscheider“. Es erstaunt wenig, dass sich viele damit brüsten, Entscheidungen schnell und datengetrieben zu treffen, um das rasche Vorankommen der Unternehmung sicherzustellen. Während dies bei einfachen oder logischen Entscheidungen einfach fällt, kommt eine solche Entscheidungspraxis zunehmend unter Druck in Nachhaltigkeitsthemen, bei welchen die Datenlage weniger gut ist. Durch die systemische Natur dieser Herausforderungen besteht regelmäßig große Unsicherheit darüber, was die wirklichen Auswirkungen einer Entscheidung sind. Gleichzeitig verlangen Entscheidungen die Expertise von nicht nur einer, sondern von mehreren Personen, die meist nicht geübt darin sind, gemeinsam unter Unsicherheit zu entscheiden. Es zeigt sich also: Das sogenannte Decision Making ist nur eine Seite der Medaille. Auf der anderen Seite liegt Sensemaking, welches oft nur implizit betrieben wird, obwohl es einen großen Einfluss auf Organisationen hat.

Der Organisationsforscher Karl Weick fasst Sensemaking mit folgendem eingängigen Rezept zusammen: Wie kann ich wissen, was ich denke, bevor ich sehe, was ich sage. Was anfänglich als verworrener Satz daherkommt, entpuppt sich schnell als eine weit verbreitete Erfahrung, die Menschen in Organisationen machen. Wann mussten Sie das letzte Mal etwas kurz skizzieren, um es zu verstehen oder anderen zu erklären? Wie oft kamen die richtig guten Ideen erst, als Sie angefangen haben, den Foliensatz zu erstellen? Oder wurden Ihnen auch schon erst beim Niederschreiben gewisse Lücken in Ihrer Argumentation bewusst, welche Sie davor auf der Tonspur noch felsenfest vorgetragen hatten? Sie sind nicht allein. Sensemaking hilft uns, wenn der Kontext nicht abschließend geklärt ist und wir ihn erst verstehen müssen. Dabei ist Sensemaking in Organisationen eine kollektive Aktivität. Das heißt, es geht nicht um einzelne Personen, sondern wie diese als Gruppe ein gemeinsames Verständnis aufbauen, welches als Grundlage für weitere Entscheidungen dienen kann.

Die Erkenntnis, dass Sensemaking ein zentraler Prozess nicht nur innerhalb von Organisationen, sondern auch zwischen ihnen und ihrer Umwelt ist, ermöglicht die bewusste Applikation und Gestaltung dieses Prozesses. Die Nachhaltigkeitstransformation führt dazu, dass viele eingeübte Prozesse und Routinen nicht mehr mit der sich verändernden Umwelt kompatibel sind. Vorausschauende Unternehmen investieren deswegen aktiv in das erfolgreiches Sensemaking ihrer organisationalen Akteure. Dazu dienen eine Vielzahl an Methoden in diesem Buch wie Strategy Prototyping, Planetary Stakeholder Map oder Planet Centric Design, um nur einige zu nennen. Wie der Sensemaking-Prozess an sich abläuft, wird im nächsten Abschnitt auf theoretischer Basis erklärt.

Durchführung

Sensemaking entfaltet sich in der Form eines zyklischen Prozesses, der in die drei Hauptphasen Enactment, Selection und Retention gegliedert ist. Jede dieser Phasen ist dabei eng mit der Umgebung der Organisation verknüpft.

- **Enactment** bezieht sich auf die Art und Weise, wie Akteure oder Organisationen auf ihre Umgebung reagieren und sie für sich selbst inszenieren. Es geht darum, Situationen zu erkennen und zu definieren, die eine weitere Auseinandersetzung erfordern. In dieser Phase werden wichtige Ereignisse, Situationen oder Probleme hervorgehoben und bekommen dadurch erst ihre Signifikanz. Die Umwelt wird sozusagen nochmal aufs Neue konstruiert. Enactment ist ein Prozess, durch den wir unsere Umgebung fokussiert wahrnehmen und inszenieren. Wie wir das tun, hat einen großen Einfluss auf das nachfolgende Sensemaking und Decision Making.
- **Selection:** Nachdem eine Situation durch Enactment definiert wurde, folgt die Auswahlphase. In dieser Phase werden verschiedene Interpretationen oder Bedeutungen, die der Situation zugeschrieben werden könnten, bewertet und ausgewählt. Diese Auswahl wird von organisationalen Akteuren basierend auf Kriterien, wie zum Beispiel der Übereinstimmung mit bestehenden Überzeugungen oder der Nützlichkeit für die Erreichung von Zielen, diskutiert und abschließend festgelegt. In diesem Prozess wird somit verhandelt, welche Bedeutungen oder Interpretationen der inszenierten Umwelt von der Organisation akzeptiert oder verworfen werden.
- **Retention:** Diese Phase bezieht sich auf das Speichern und Erinnern von ausgewählten Interpretationen oder Bedeutungen für die zukünftige Verwendung innerhalb der Organisation. Die in dieser Phase verankerten Bedeutungen bilden die Grundlage für zukünftiges Sensemaking und Decision Making. Sie werden zu einem Teil des kollektiven Gedächtnisses der Organisation und können als zukünftige Referenzpunkte dienen. Sie bilden die Grundlage, wie sich eine Organisation gegenüber ihrer Umwelt verhält.

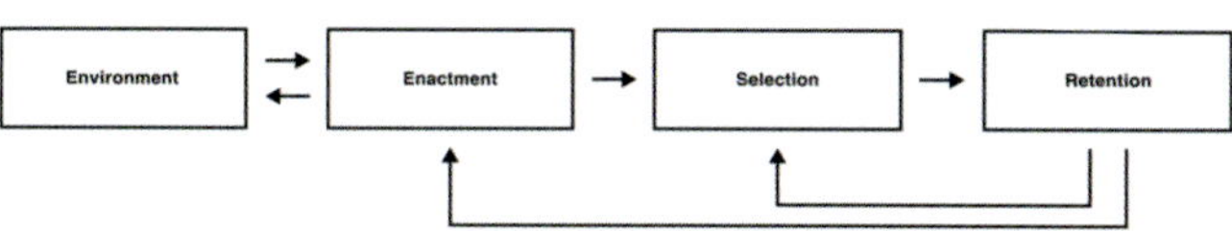

Quelle: Samuel Huber nach Weick et al. (2005)

Für den ganzen Prozess spielt die *Umgebung* der Organisation eine tragende Rolle. Sie liefert den Kontext, in welchem der Sensemaking-Prozess stattfindet, und beeinflusst dadurch alle drei Phasen. Wichtig sind die Feedbackschlaufen, welche im Modell als Pfeile dargestellt sind. Einmal verankerte Sichtweisen haben demnach einen direkten Einfluss auf die erneute Inszenierung der beobachteten Umwelt und die Auswahl der zentralen Elemente. Interessanterweise erweitert sich dieser Einfluss durch die resultierenden organisationalen Aktivitäten auch direkt auf die Umwelt, welche sich entsprechend verändert.

In diesen Wechselwirkungen zeigt sich auch die Relevanz des Sensemaking für eine nachhaltige Innovationspraxis. Der Sensemaking-Prozess als dynamischer und kontextabhängiger Prozess hat einen direkten Einfluss auf die Umwelt, welche durch die Wechselwirkung zwischen organisationalen Akteuren und ihrer Umgebung geformt wird.

Zusammengefasst ermöglicht der fortlaufende Sensemaking-Prozess, dass Akteure und Organisationen ihre Welt verstehen und in ihr handlungsfähig werden. Lange bevor es zur eigentlichen Entscheidungsfindung durch Decision Making kommt.

Wirkfeld der Methode

- Wirksam für Herausforderungen mit hoher Komplexität
- Wirksam für nachhaltiges Marketing
- Wirksam für nachhaltiges Produktdesign
- Wirksam für nachhaltiges Prozessdesign
- Wirksam für nachhaltiges Servicedesign

Transformationsfähigkeit Ihres Teams

- Fördert die Sensibilisierung
- Fördert offene Mindsets und innovative Denkhaltungen
- Sorgt für Inspiration oder bessere Inspirationsempfindlichkeit
- Zahlt auf eine bessere Wahrnehmung ein

Einsatzcharakteristik/Arbeitsrahmen

- Austauschfokus: vornehmlich mit internen und externen Personen
- Durchführungszeit: eher hoch (> 1 Tag)
- Einsatzfrequenz: sinnvoll im dauerhaften Einsatz
- Einsatzradius: vornehmlich im unternehmensweiten Einsatz
- Komplexität für den Moderator: eher mittel
- Komplexität für die Teilnehmer: eher mittel
- Teamgröße: Einzelpersonennutzung möglich
- Teamgröße: Kleingruppe möglich (3 bis 5 Teilnehmer)
- Teamgröße: Mittelgroße Teams möglich (5 bis 20 Teilnehmer)

Input für eine zielführende Arbeit mit der Methode

- Aktuelle Herausforderung, Leitfrage, Problem
- Beteiligte Personen mit Tätigkeiten und Aufgaben
- Ideen und Projekte, die zur Umsetzung anstehen
- Liste von Alternativen
- Verschiedene Meinungen und Blickwinkel
- Ideen, Lösungsansätze, Vorideen, Varianten
- Merkmale der gegebenen Herausforderung
- Umfeldbeobachtungen, Umfeldanalysen

Output und beobachtete Ergebnisse der Methode

- Bessere Projekteffizienz, bessere Teamperformance
- Erzeugt Planungen und Priorisierungen
- Erzeugt kollaborative Lösungen und Ideen
- Erzeugt neues Wissen und neue Erfahrungen
- Erzeugt größere Klarheit zu einem Thema
- Erzeugt transformationsfähigere Organisationen
- Erzeugt mehr Hintergrundinformationen
- Hilft bei Entscheidungen, Bewertungen und Feedback
- Macht Wirkzusammenhänge sichtbar

Hinderniseffekte, auf die die Methode positiv wirkt

- Beugt Missinterpretationen vor
- Beugt blinden Flecken/Betriebsblindheit vor
- Schafft für den Erfolg nötige Realitätsbezüge
- Schafft schnell Klarheit und beschleunigt Erkenntnisgewinn
- Schärft eine fehlende gemeinsame Ausrichtung
- Stärkt schwache Anreicherungsskills
- Verhindert blinden Aktionismus
- Verhindert einseitige Bewertungen und Entscheidungen
- Verhindert unreflektiertes agieren
- Verkürzt zu lange Entscheidungsmeetings

Mögliche Extravorteile der Methode

- Möglicher Extravorteil für agile Teams
- Möglicher Extravorteil für innovativ erfahrene Teams
- Möglicher Extravorteil für in Nachhaltigkeitsthemen erfahrene Teams

Quellen

Buch – Sensemaking in Organizations. Karl Weick (SAGE Publications, 1995)

Person – Samuel Huber, www.samuelhuber.ch oder www.forplanetstrategylab.com

Service Flip

EinSatzBeschreibung

Wie man ein Produkt zu einer Dienstleistung umgestaltet, um dessen Nutzungseffizienz und damit auch Nachhaltigkeit zu optimieren.

Working Guide/Anwendungsfelder

P1 Sensibilisierung/Bildung	P2 Matching Recht/Gesetz	P3 Sustainability Roadmap	P4 Produkt/Prozessdesign	P5 Implementierung/Monitoring	P6 Kommunikation	P7 Organisation	P8 Führung	P9 Business Model Design	P10 Skalierung
			X					X	

Beschreibung

Viele Produkte werden oft nur für eine bestimmte Zeit gebraucht und im schlimmsten Fall nach einmaliger Nutzung bereits wieder entsorgt. Das kann verschiedenste Gründe haben: Manchmal sind sie nach der ersten Nutzung zerstört, wie das bei Plastikgeschirr der Fall ist. Andermal entwickelt sich unser Geschmack oder die Mode weiter, sodass wir für gewisse Kleidungsstücke keinen Gebrauch mehr haben. Manchmal ändern sich auch unsere Umstände, wir ziehen zusammen und die neue Wohnung hat keinen Platz mehr für zwei große Ecksofas. Oder unser Auto steht viel herum, da wir unter der Woche doch meistens mit dem Fahrrad unterwegs sind.

So vielfältig die Gründe sein können, als Resultat bleibt uns meist nur mehr Abfall, Ressourcenineffizienz und Umweltverschmutzung. Denn auch wenn wir diese „nutzlosen" Produkte nicht direkt entsorgen, sondern einfach einlagern, binden sie wertvolle Ressourcen, welche anderweitig sinnvoll eingesetzt werden könnten.

Die Service-Flip-Methodik ist ein Design-Ansatz, der darauf abzielt, die Nachhaltigkeit von Produkten zu erhöhen, indem eine einmalige oder ineffiziente Nutzung von Produkten vermieden wird. Mit dem Service-Flip verlagert sich der Fokus vom Verkauf von Produkten auf den Verkauf von Dienstleistungen. Das heißt, anstatt in einer einzelnen Transaktion ein Produkt zu verkaufen, weiten Organisationen ihre Tätigkeit über die Zeit aus. Sie verkaufen einen Service.

Bekannte Beispiele für Dienstleistungsmodelle gibt es in den verschiedensten Industrien. Am direktesten in Kontakt kommen wir mit den unzähligen Abo-Modellen der Digitalwirtschaft. Wer früher das Produkt Musikalbum gekauft hat, streamt dieses und Millionen weitere Titel heute über Anbieter wie Spotify, Tidal oder Apple Music als Teil einer Dienstleistung mit monatlicher Gebühr. Texte und Visualisierungen, wie wir sie in diesem Buch zuhauf sehen können, werden mit Computerprogrammen geschrieben, welche nicht mehr durch eine einmalige Beschaffung erstanden werden. Stattdessen werden sie über monatliche Gebühren lizenziert und bleiben dadurch immer auf dem neusten Stand. Die Industrie nennt solche Modelle passenderweise Software as a Service (SaaS), was in der Branche einen großen Innovationsschub ausgelöst hat.

Doch Servicemodelle sind nicht nur auf digitale Geschäftsmodelle fokussiert. So hat auch Philips, ein Hersteller von Haushaltsgeräten und Gesundheitstechnologie, sein Leuchtmittelgeschäft in eine Dienstleistung transformiert. Philips verkauft nun keine Glühbirnen mehr, sondern vermietet Licht.

Für einen erfolgreichen Service Flip gilt es also herauszufinden, was sich die Kunden ultimativ von einem Produkt erhoffen. Beim Beispiel Lampen sind sie nämlich nicht an der Glühbirne, sondern an einem bei Bedarf jederzeit effizient erhellten Wohnraum interessiert. Zentral ist dementsprechend die Identifizierung der Kundenbedürfnisse. Ist dieser Schritt geschafft, kann eine Organisation um diese Bedürfnisse herum ein Dienstleistungsgeschäft aufbauen. Dabei erweitert sie ihre Kontrolle von der Herstellung hin zur Nutzungsphase und möglicherweise darüber hinaus. Vor allem letzteres ist zentral für nachhaltigere Geschäftsmodelle. Denn wer das Recycling, die Rückführung oder die Weiterverwendung als Teil der eigenen Dienstleistung sieht, schafft nicht nur Möglichkeiten für neue Geschäftsfelder, sondern kann auch großen Einfluss auf die Nachhaltigkeit des angebotenen Services nehmen. Somit ist der Service-Flip ein innovativer Ansatz, der nicht nur das Potenzial hat, Umwelteinflüsse zu reduzieren, sondern gleichzeitig auch noch zusätzlichen Wert für Kundinnen schafft.

Foto: © NEU | TÜV Rheinland – Innovation Space Köln

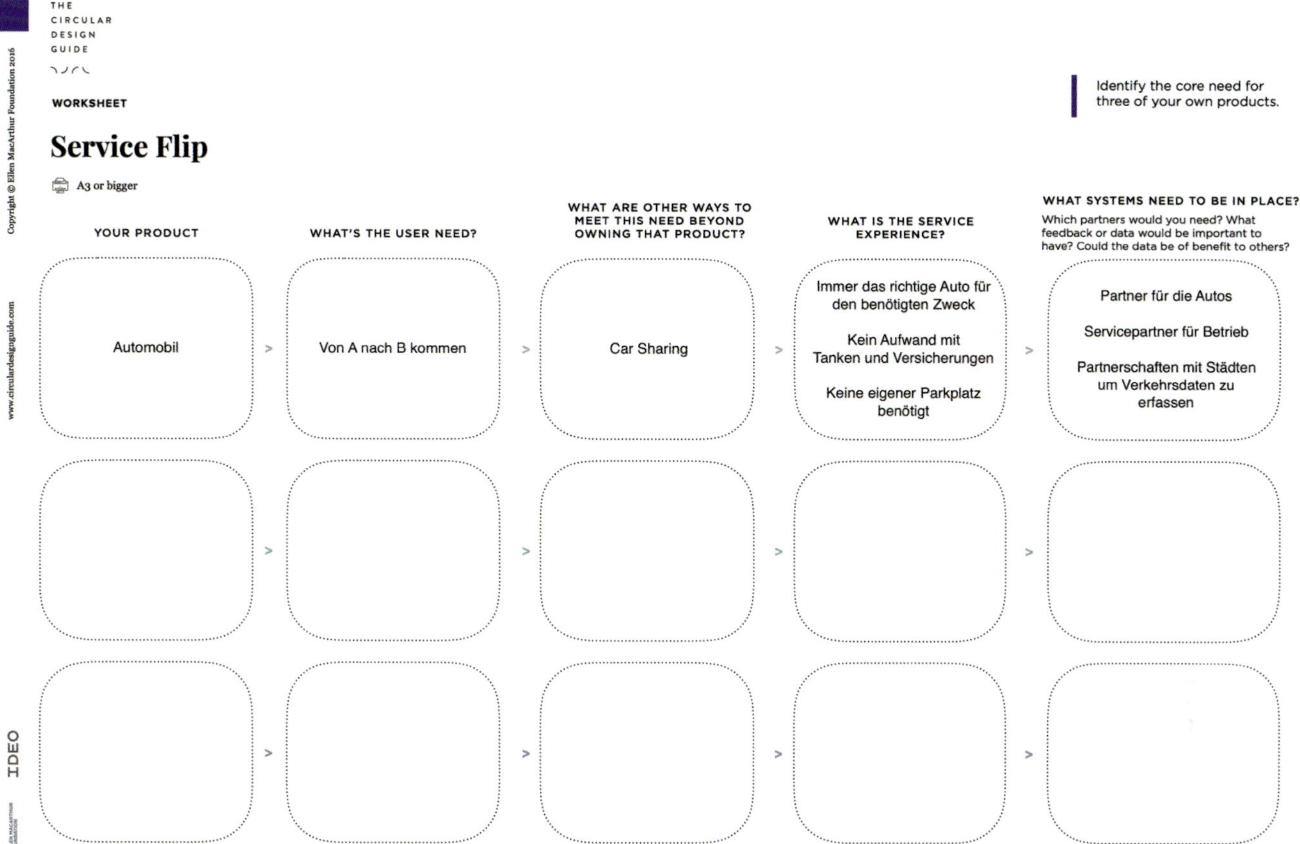

Durchführung

Der Service Flip wird in fünf einfachen Schritten vollzogen, welche idealerweise alle auf dem gleichen Whiteboard (vor Ort oder remote) nacheinander vollzogen und dokumentiert werden.

1. **Status quo**: Beschreiben Sie das Produkt Ihrer Firma so, wie es jetzt ausgestaltet ist.
2. **User Needs**: Was sind die Kernbedürfnisse Ihrer Kundinnen für dieses Produkt? Was wollen Sie damit erreichen?
3. **Alternativen**: Wie kann man diese Kernbedürfnisse auch noch befriedigen? Gibt es bereits Lösungen? Versuchen Sie, mindestens drei Alternativen aufzuzeigen. Welche Alternativen gehen über ein einzelnes Produkt hinaus und in Richtung einer Dienstleistung?
4. **Service Experience**: Wie sieht die Experience dieser Dienstleistung aus? Gibt es Vorteile für Ihre Kunden? Wird die Nutzung vereinfacht und angenehmer? Wo gibt es Nachhaltigkeitspotenziale?
5. **Zusammenfassung**: Als letzte Frage können Sie herausarbeiten, welche Systeme bereits bestehen. Wo gibt es bereits Strukturen, die der Dienstleistung helfen? Und wo braucht es noch weitere Partner, vielleicht sogar die Miteinbeziehung von konkurrierenden Unternehmen?

Um bei allen Teilnehmenden schnell ein gutes Verständnis für die Methode zu erreichen, empfiehlt es sich, diese Methode erst anhand von ein paar Beispielen testweise durchzuspielen. Dabei eignet sich das Produkt des Autos oder auch des DVD-Players.

Wirkfeld der Methode

- Wirksam für Herausforderungen mit mittlerer Komplexität
- Wirksam für Herausforderungen mit niedriger Komplexität
- Wirksam für nachhaltiges Produktdesign
- Wirksam für nachhaltiges Servicedesign
- Wirksam für nachhaltiges Business Model Design

Transformationsfähigkeit Ihres Teams

- Fördert die Sensibilisierung
- Fördert die Teamkreativität
- Fördert offene Mindsets und innovative Denkhaltungen
- Sorgt für Inspiration oder bessere Inspirationsempfindlichkeit
- Zahlt auf eine bessere Vorstellungskraft ein
- Erhöht die Lösungsorientierung

Einsatzcharakteristik/Arbeitsrahmen

- Austauschfokus: vornehmlich mit internen und externen Personen
- Durchführungszeit: eher mittel (> 1 Stunde bis < 1 Tag)

- Einsatzfrequenz: vornehmlich im einmaligen Einsatz
- Einsatzradius: vornehmlich im Teameinsatz
- Einsatzradius: vornehmlich im projektweiten Einsatz
- Komplexität für den Moderator: eher mittel
- Komplexität für die Teilnehmer: eher mittel
- Teamgröße: Einzelpersonennutzung möglich
- Teamgröße: Kleingruppe möglich (3 bis 5 Teilnehmer)
- Teamgröße: Mittelgroße Teams möglich (5 bis 20 Teilnehmer)
- Vorbereitungszeit: eher gering (< 1 Stunde)

Input für eine zielführende Arbeit mit der Methode

- Aktuell existierende Geschäftsmodelle
- Aktuell existierende Produkte und Services
- Beteiligte Personen mit Tätigkeiten und Aufgaben
- Produktmerkmale, Skizzen, Eigenschaften

Output und beobachtete Ergebnisse der Methode

- Erzeugt Ideen für neue Märkte und neue Business Modelle
- Erzeugt Ideen, Lösungsansätze, Vorideen, Möglichkeiten
- Erzeugt Ideensuchfelder, unentdeckte Probleme, Inspiration
- Erzeugt Nutzenfunktionen und Bedürfniskorridore
- Erzeugt Poster
- Erzeugt besseren Teamspirit, mehr Offenheit, Inspirationsempfindlichkeit
- Erzeugt neues Wissen und neue Erfahrungen
- Erzeugt größere Klarheit zu einem Thema
- Macht Wirkzusammenhänge sichtbar

Hinderniseffekte, auf die die Methode positiv wirkt

- Schafft für den Erfolg nötige Realitätsbezüge
- Schafft schnell Klarheit und beschleunigt Erkenntnisgewinn
- Schärft eine fehlende gemeinsame Ausrichtung
- Stärkt schwache Anreicherungsskills
- Verhindert blinden Aktionismus
- Verringert zu große Komplexitäten
- Wirkt fehlender Inspiration entgegen
- Überzeugt strukturliebende Teammitglieder
- Fördert Optimismus und Zuversicht

Mögliche Extravorteile der Methode

- Möglicher Extravorteil für Teams mit einem starkem Auftragsmandat
- Möglicher Extravorteil für innovativ erfahrene Teams
- Möglicher Extravorteil für die Arbeit mit digitalen Kollaborationsboards
- Möglicher Extravorteil für in Nachhaltigkeitsthemen erfahrene Teams

Quellen

Organisation – Der Circular Design Guide ist eine Zusammenarbeit zwischen der Ellen MacArthur Foundation und IDEO (© Ellen MacArthur Foundation 2017, 2018)

Web – https://www.circulardesignguide.com/post/service-flip (abgerufen am 08.06.2023)

Shit-Love-Do-Storm

EinSatzBeschreibung

Ein co-creatives Drei-Phasen-Sprint-Modell zur teamübergreifenden Zukunftsmodellierung.

Working Guide/Anwendungsfelder

P1 Sensibilisierung/Bildung	P2 Matching Recht/Gesetz	P3 Sustainability Roadmap	P4 Produkt/Prozessdesign	P5 Implementierung/Monitoring	P6 Kommunikation	P7 Organisation	P8 Führung	P9 Business Model Design	P10 Skalierung
X		X			X		X		

Beschreibung

Der Shit-Love-Do-Storm wurde in Anlehnung an die Zukunftswerkstatt nach Robert Jungk entwickelt und folgt den gleichen Prinzipien dieses langjährig bewährten Modells zum partizipativen Einstieg in demokratisch geführte Veränderungs-, Teaming und Strategieentwicklungsprozesse.

Die Kommunikations- und Nachhaltigkeitsexpertin Antje Meyer hat gemeinsam mit Studierenden der FHGR Graubünden die ursprüngliche Form der Zukunftswerkstatt in ein neues „Outfit" gebracht und zum Sprintformat konzentriert. Erhalten geblieben sind die drei essenziellen Phasen der Zukunftswerkstatt, nämlich Kritikphase, Phantasiephase und Realisierungsphase.

Als Shitstorm, Lovestorm und Dostorm sind sie zu max. 1,5-stündigen Sprints eingekürzt. Innerhalb dieser Zeiträume widmen sich die Workshops-Teams einer konkreten Aufgabenstellung und durchlaufen im ständigen Brainstorming mit Öffnen, Einengen und Priorisieren ihrer Beiträge alle drei Phasen.

Der große Vorteil des Shit-Love-Do-Storms besteht in den Effekten der „Lovestorm"-Phase: Bevor aus einem Problem eine Realisierung abgeleitet wird, springt das Team gedanklich in einen Utopie-Raum, in eine Wunschsituation, um von einem erhöhten Level aus einen Plan zu entwickeln. Dadurch entsteht in der Regel eine gemeinsam diskutierte, höhere Ambition für den Realisierungsgrad des anstehenden Prozesses.

Wir nutzen den Shit-Love-Do-Storm für große und kleine Konzeptentwicklungen, besonders gern im Rahmen von ersten Kickoffs zur Entwicklung von Nachhaltigkeitsprogrammen.

Die Methode ist sowohl analog als auch sehr gut online (mit digitalen Kollaborationstools) durchführbar.

Durchführung

Sie brauchen mind. drei große Metaplanwände/je nach Themenumfang auch mehr

Zeit: 6 Stunden Durchführungszeit

Ort: möglichst außerhalb der Organisation, um ausreichend Raum für ein gemeinsames, kreatives Mindset zu entwickeln

Einstieg und Begrüßung

Die Moderatorin begrüßt die Teilnehmenden und gibt einen kurzen Überblick über Ablauf und Zeitplan. Anschließend bittet sie die Teilnehmenden, sich anhand von ausliegenden Emotionskarten oder Reizbildern vorzustellen. Die Frage zur Kartenwahl lautet: „Mit welcher Superpower komme ich heute hier in den Storm?" Anschließend stellen sich alle Teilnehmenden kurz mit ihrer Superpower vor.

Einführung in die Methode

Die Moderatorin erklärt die Methode und verweist dabei auf den konzeptionellen Hintergrund nach Robert Jungk. Sie erklärt den Ablauf in den drei essenziellen Phasen, deren Aufgabe und den Effekt des Lovestorms für das Gesamtergebnis.

Anschließend stellt sie die Aufgabenstellung für den Workshop dar. Wenn es um z. B. die Bearbeitung eines Nachhaltigkeitsprogramms geht, ist es hilfreich, den anschließenden Storm durch bekannte Nachhaltigkeits-Rahmenwerke zu unterstützen. Zum Bespiel mit der ESG-Dreiteilung (Environmental, Social, Governance) oder den fünf Perspektiven nach START 5P.

Phase 1: der Shitstorm

Auf der Metaplanwand ist der Shitstorm für die Oberthemem der Nachhaltigkeit bereits eingeteilt. Bei ESG bietet es sich an, für die einzelnen Perspektiven E, S und G eigene Metaplanwände bereitzustellen.

Nun gilt es, eine passende Shitstorm-Frage zu formulieren, die zur Aufgabe passt. Hier ist es hilfreich, diese Frage einem Shitstorm gemäß aus der „Wir-Perspektive" zu stellen und sie kraftvoll zu formulieren:

- Warum sind wir bei Nachhaltigkeit größtenteils genervt/nicht richtig gut/immer noch nicht am Start?
- Was hält uns davon ab, im Bereich Ökologie umfassend nachhaltig zu agieren?
- Warum haben wir es immer noch nicht geschafft, Klimaneutralität anzusteuern?
- Warum läuft es bei uns mit dem Leadership für Nachhaltigkeit nicht?
- Was hält uns davon ab, unsere Stakeholder in den Fokus zu nehmen?
- …

Die Vorbereitung dieser Startfragen für den richtigen Scope des Workshops erfordert eine gute Erstaufnahme seitens der Moderatorin über den aktuellen Performance-Stand im Unternehmen des Teams.

15 Minuten: Die Teilnehmenden sind nun gebeten, in einem 15-minütigen Shitstorm ihre persönlichen kritischen Impulse auf der Metaplanwand festzuhalten. Je nach Gruppengröße empfiehlt sich eine Tandem-Bildung.

Wie bei jedem guten Brainstorming gilt: Jeder Beitrag ist erwünscht und respektiert.

Sollten einige Teilnehmenden zu Anfang noch zurückhaltend sein, ihre Kritik in der Runde zu formulieren, unterstützt die Moderatorin und fragt nach: „Was läuft in diesem Bereich nicht gut? Wie zeigt sich das? Warum können Sie nicht zufrieden sein mit der aktuellen Leistung? Wo hat es vielleicht in der Vergangenheit immer wieder gehakt?"

30 Minuten clustern: Anschließend werden im Team die Metathemen entdeckt, auch hier empfiehlt es sich, zunächst Tandems oder Kleingruppen zu bilden, die den Auftrag erhalten, die Brainstorming-Ergebnisse zu Oberthemen zu clustern.

20 Minuten präsentieren: Die Gruppe stellt sich gegenseitig die gefundenen Oberthemen vor. Wichtig ist, dass an dieser Stelle ausschließlich Verständnisfragen zugelassen sind, jedoch kein Meinungsaustausch gewünscht ist.

30 Minuten priorisieren: Aus den gewonnenen Oberthemen wählt das Team nun die drei bis fünf wichtigsten Shit-Themen aus. Das lässt sich einfach mit einer Punktevergabe lösen. Jedem Teilnehmenden stehen je nach Anzahl der Clusterthemen ca. ⅔ Menge an Punkten zu (z. B. bei zehn Clusterthemem 6 Punkte). Das Team entscheidet gemeinsam, ob die Punkte einzeln oder gewichtet vergeben werden sollen.

Am Ende der Shitstorm-Phase liegen drei bis fünf priorisierte Kritikpunkte vor.

Phase 2: der Lovestorm

Alle priorisierten Kritikpunkte erhalten parallel einen eigenen Lovestorm. Dafür werden sie einzeln auf Metaplanwänden oder Flipcharts verteilt.

Die Frage lautet: Say love, not like! Wie sieht die Welt aus, wenn du diesen Kritikpunkt ins Positive kehrst? Beschreibe den Zustand oder die Entwicklung, die du dann erleben willst!

30 Minuten Lovestorm: Es bietet sich an, Patronat-Tandems zu definieren: „Wer von Euch fühlt sich von diesem Problem angesprochen und möchte sich darum kümmern?" Jedes Team sollte jedoch auf jeden Fall mehr als ein Thema bearbeiten, also nach 10 bis 15 Minuten wechseln.

30 Minuten clustern: Anschließend werden pro Lovestorm-Metaplanblatt die Metathemen entdeckt, geclustert und den anderen vorgestellt. (5 Min. clustern, 2 Min. vorstellen)

15 Minuten: Aus den gewonnenen Oberthemen priorisiert das Team nun die wichtigsten Lovestorm-Impulse.

Phase 3: der Do-Storm

Alle priorisierten Lovestorm-Punkte erhalten parallel einen eigenen Do-Storm. Dafür werden sie einzeln auf Metaplanwänden oder Flipcharts verteilt.

15 Minuten Wildcard entdecken: Die Moderatorin fragt in die Runde, ob alle mit den geernteten Lovestorm-Ergebnissen zufrieden sind oder ob noch etwas Essentielles fehlt, um die Anfangs-Aufgabe zu lösen. Jetzt ist die Viertelstunde der Wahrheit gekommen und die Teammitglieder können bei Bedarf noch ein Wunschthema auf die Wildcard setzen. Diese Möglichkeit zu nutzen ist wertvoll, wenn in der Sprintabfolge unter Zeitdruck ein wichtiger Aspekt verloren gegangen ist, bzw. erst später in der Diskussion allen klar geworden ist.

45 Minuten Do-Storm: Pro Lovestorm-Thema wird nun konkret gefragt:

- „Was muss passieren, damit wir diesem Wunsch möglichst nahekommen?"
- „Wen müssen wir involvieren, um einen entsprechenden Prozess aufzusetzen?"
- „Wie umfangreich ist das Prozessdesign?"
- „Was kannst du persönlich dafür tun, um diesen Wunsch Realität werden zu lassen?"

Für diese konzentrierte Planungsphase wird wieder in Tandems oder Kleingruppen gearbeitet, die jeweils ein Patronat (= Schirmherrschaft) für den Do-Storm übernehmen. Wichtig ist, dass es zu einem ehrlichen Realitätscheck kommt: Was ist zu tun, was trauen wir uns zu und wer (Bereich, Abteilung, Person) sollte für die Realisierung ins Lead gehen? (Keine Parallelstrukturen aufbauen!)

30 Minuten priorisieren: Die Teams stellen sich ihre Ergebnisse zum Do-Storm wie einen Mini-Pitch vor. Direkt im Anschluss an jede Präsentation votet die Gesamtgruppe, wie wirkungsvoll sie dieses Vorhaben priorisiert. Eine hilfreiche Frage dazu lautet: „Bitte lasse in deine Bewertung einfließen, wie wichtig das Vorhaben für Euer Unternehmen ist und wie realistisch eine Umsetzung sein wird."

Die Ergebnisse werden auf einem Flipchart festgehalten. Die Moderatorin erstellt am Ende die finale Prioritätenliste zu den gewählten Vorhaben. Sie achtet dabei darauf, dass die priorisierten Vorhaben möglichst auch Zuständigkeiten/Verantwortlichkeiten definiert haben.

Abschluss

Zum Abschluss des Shit-Love-Do-Storms überprüfen noch mal alle Teilnehmenden, ob sie mit den gefundenen Vorhaben zufrieden sind. Die Moderatorin fragt, was die Next Steps sind, die sich die Gruppe zur weiteren Prozessentwicklung geben will. Je nach Organisationstiefe des Unternehmens und je nachdem, wie neu oder strukturbrechend die gefundenen Vorhaben sind, werden unterschiedliche Schritte wichtig sein. Die Gruppe wird von der Moderatorin gebeten, für die gefundenen Einsichten die nächsten Schritte zu formulieren, die am ehesten einen Umsetzungserfolg nach sich ziehen.

Check-out

Alle Teilnehmenden checken aus mit einem letzten Impuls: Welcher Zukunftsimpuls aus dem heutigen Workshop passt am besten zu deiner Superpower, die du hier heute mit in den Workshop gebracht hast?

Wirkfeld der Methode

- Wirksam für Herausforderungen mit hoher Komplexität
- Wirksam für Herausforderungen mit mittlerer Komplexität
- Wirksam für Herausforderungen mit niedriger Komplexität
- Wirksam für nachhaltiges Marketing

Wirkfeld der Methode

- Wirksam für nachhaltiges Produktdesign
- Wirksam für nachhaltiges Prozessdesign
- Wirksam für nachhaltiges Servicedesign
- Wirksam für nachhaltiges Business Model Design

Transformationsfähigkeit Ihres Teams

- Fördert die Sensibilisierung
- Fördert die Teamkreativität
- Fördert die allgemeine Transformationsfähigkeit des Teams
- Fördert grundlegend die Kreativität
- Fördert offene Mindsets und innovative Denkhaltungen
- Sorgt für Inspiration oder bessere Inspirationsempfindlichkeit
- Zahlt auf eine bessere Vorstellungskraft ein
- Zahlt auf ein positives Zukunftsbild ein
- Zahlt auf das Dringlichkeitsempfinden ein
- Erhöht die Lösungsorientierung

Einsatzcharakteristik/Arbeitsrahmen

- Austauschfokus: vornehmlich mit internen Personen
- Austauschfokus: vornehmlich mit internen und externen Personen
- Durchführungszeit: eher mittel (> 1 Stunde bis < 1 Tag)
- Einsatzfrequenz: vornehmlich im einmaligen Einsatz
- Einsatzradius: vornehmlich im Teameinsatz
- Einsatzradius: vornehmlich im projektweiten Einsatz
- Komplexität für den Moderator: eher hoch
- Komplexität für die Teilnehmer: eher mittel
- Teamgröße: Großgruppen möglich (> 50 Teilnehmer)
- Teamgröße: Kleingruppe möglich (3 bis 5 Teilnehmer)
- Teamgröße: Maxigruppen möglich (20 bis 40 Teilnehmer)
- Teamgröße: Mittelgroße Teams möglich (5 bis 20 Teilnehmer)
- Vorbereitungszeit: eher hoch (>1 Tag)

Input für eine zielführende Arbeit mit der Methode

- Aktuell existierende Geschäftsmodelle
- Aktuell existierende Produkte und Services
- Aktuelle Herausforderung, Leitfrage, Problem
- Verschiedene Botschaften, Meinungen, Statements
- Verschiedene Meinungen und Blickwinkel
- Vorhandenes Wissen und Erfahrungen
- Merkmale der gegebenen Herausforderung
- Trends und Zukunftsentwicklungen
- Umfeldbeobachtungen, Umfeldanalysen
- Wettbewerber und Komplementoren

Output und beobachtete Ergebnisse der Methode

- Bessere Projekteffizienz, bessere Teamperformance
- Erzeugt Ideen für neue Märkte und neue Business Modelle
- Erzeugt Ideensuchfelder, unentdeckte Probleme, Inspiration
- Erzeugt Leitfragen für die Ideenfindung
- Erzeugt Planungen und Priorisierungen
- Erzeugt besseren Teamspirit, mehr Offenheit, Inspirationsempfindlichkeit
- Erzeugt definierte Zielkorridore
- Erzeugt eine Vision oder Zukunftsbild
- Erzeugt größere Klarheit zu einem Thema
- Erzeugt transformationsfähigere Organisationen
- Erzeugt motiviertere und transformationsfähigere Teilnehmer
- Hilft bei Entscheidungen, Bewertungen und Feedback
- Identifiziert vorhandene Schwachstellen
- Identifiziert vorhandene Stärken
- Macht Wirkzusammenhänge sichtbar

Hinderniseffekte, auf die die Methode positiv wirkt

- Beugt Missinterpretationen vor
- Dynamisiert und aktiviert wenig dynamische Teams
- Fördert gehemmte Teammitglieder
- Fördert die Agilität der Teilnehmer
- Schafft für den Erfolg nötige Realitätsbezüge
- Schafft schnell Klarheit und beschleunigt Erkenntnisgewinn
- Schwächt Angst vor Kritik und Zurückweisung
- Schwächt Angst vor Neuem (Cainophobie)
- Schärft eine fehlende gemeinsame Ausrichtung
- Stärkt das Vertrauen im Team
- Verhindert blinden Aktionismus
- Verhindert einseitige Bewertungen und Entscheidungen
- Verhindert falsche Flughöhen
- Verhindert unreflektiertes agieren

Mögliche Extravorteile der Methode

- Möglicher Extravorteil für Teams mit einem starkem Auftragsmandat
- Möglicher Extravorteil für agile Teams
- Möglicher Extravorteil für in Nachhaltigkeitsthemen ungeübte Teams

Quellen

Buch – Burow, Olaf A. et al. Zukunftswerkstatt in Schule und Unterricht. 2. Aufl. (Bergmann + Helbig, 1997)
Kommentar: Idealer Einstieg in das Thema von unterschiedlichen Autoren.

Buch – Dauscher, Ulrich. Moderationsmethode und Zukunftswerkstatt (Luchterhand, 1996)
Kommentar: Ausführliche Beschreibung und Gegenüberstellung zur Moderationsmethode

Buch – Kuhnt, Beate, und Norbert R. Müllert. Moderationsfibel Zukunftswerkstätten. Materialien der AG SPAK (AG-SPAK-Bücher, 2004).
Kommentar: Praxisbeispiele zum Einsatz der Zukunftswerkstatt

Buch – Jungk, Robert, und Norbert R. Müllert. Zukunftswerkstätten (Hoffmann und Campe, 1981)
Kommentar: Einführung in das Konzept und erstes Buch zum Thema

Organisation – Robert Jungk Bibliothek für Zukunftsfragen, https://jungk-bibliothek.org/

Organisation – nextblooming gmbh, Berlin, www.nextblooming.com

Person – Antje Meyer, antje.meyer@nextblooming.com

Sinus-Milieus

EinSatzBeschreibung

Die Sinus-Milieus machen verschiedene Lebenswelten in der Gesellschaft begreifbar und ermöglichen somit ein theoretisches, aber fundiertes Verlassen der eigenen Bubble.

Working Guide/Anwendungsfelder

P1 Sensibilisierung/Bildung	P2 Matching Recht/Gesetz	P3 Sustainability Roadmap	P4 Produkt/Prozessdesign	P5 Implementierung/Monitoring	P6 Kommunikation	P7 Organisation	P8 Führung	P9 Business Model Design	P10 Skalierung
X			X		X			X	

Beschreibung

Die Sinus-Milieus sind ein Gesellschaftsmodell zur Zielgruppensegmentierung. Die darin beschriebenen Milieus beschreiben Menschen, segmentiert in „Gruppen Gleichgesinnter", mit ähnlichen Werten und einer vergleichbaren sozialen Lage.

Ein klassisches Einsatzgebiet dieser Milieubeschreibungen sind Marketingtätigkeiten. Neben der zielgerichteten Platzierung von Produkten, Parteien und Marken, können sie aber auch bei der nutzerzentrierten Entwicklung von neuen Produkten oder Systeminnovationen einen wertvollen Einstieg in unbekannte Lebensrealitäten unterschiedlicher Milieus bieten.

Die Milieus werden entsprechend in einer X-Y-Matrix verordnet, bezeichnet nach

- Soziale Lage (untere Mittelschicht/Unterschicht – mittlere Mittelschicht – Oberschicht/Obere Mittelschicht)
- Grundorientierung (Tradition – Modernisierung & Individualisierung – Neuorientierung)

Weit über demografische Daten hinaus werden so in den Milieus vorherrschende Lebensstile und ästhetische Präferenzen beschrieben. Um diese begreifen und darstellen zu können, stehen zum Beispiel Bilder und Videos aus typischen, Milieu-repräsentativen Wohnwelten in den Analysen bereit.

Das dabei aktuell grundlegende Modell beschreibt folgende Milieus:

- konservativ-gehobenes Milieu
- postmaterielles Milieu
- Milieu der Performer
- expeditives Milieu
- neo-ökologisches Milieu
- Milieu der adaptiv-pragmatischen Mitte
- konsum-hedonistisches Milieu
- prekäres Milieu
- nostalgisch-bürgerliche Mitte
- traditionelles Milieu

Die Beschreibung dieser Milieus wird regelmäßig aktualisiert und damit eine sich verändernde Gesellschaft abgebildet. Als Beispiel verschmelzen so Milieus („liberal-intellektuell" und „sozialökologisch" wurden zu „postmateriell"), oder es finden sich neue Milieus. So wurde in den frühen 2020er-Jahren das Milieu der Neo-ökologischen mit in das Modell aufgenommen.

Das neo-ökologische Milieu versteht sich dabei als Impulsgeber der gesellschaftlichen Transformation. Es setzt für sich auf globale Vernetzung, eine Postwachstumsgesellschaft, und die Schaffung von sozialem Mehrwert. Der Wertecocktail in diesem Milieu ist dabei im Vergleich zu anderen Milieus besonders bunt:

- progressiv und realistisch
- pragmatisch und experimentierfreudig
- erfolgsorientiert und partybegeistert
- zielstrebig und gelassen

Das postmaterielle Milieu ist als ein Leitmilieu zu sehen. Andere Milieus haben oft die Tendenz, sich in ihren Werte- und Verhaltensmustern in die Richtung von Leitmilieus zu orientieren.

Während sich Milieus teilweise überlappen, ist auch ein Abgrenzen voneinander der Fall. Dies geschieht aber nicht unbedingt bewusst, und nicht in allen Bereichen trennscharf von benachbarten Milieus. Eine Verbildlichung der Milieus sowie ihrer Anordnung und Nähe zueinander lässt sich online finden (Milieu-Grafik, geläufig auch „Kartoffelgrafik").

Sinus-Milieus existieren in unterschiedlicher Form zu verschiedenen Bereichen und Regionen (Deutschland, Österreich, Schweiz, International, Jugendmilieus, Migrantenmilieus, Milieus der Microgeographie, Digitale Sinus-Milieus), gleichen sich aber in ihrer Darstellungsform.

> Der Mehrwert für Nachhaltigkeitsprojekte liegt darin, Milieus individuell zu betrachten und dadurch eine Sensibilisierung für deren unterschiedliche Einstellungen zu Nachhaltigkeit zu fördern.

Die Sinus-Milieu-Beschreibungen helfen hierzu, indem sie die verschiedenen Lebenswelten in unserer Gesellschaft verdeutlichen. Die Beschreibungen der Milieus zeigen auf, was die Milieus bewegt (Werte, Lebensziele, Lifestyles) und wie Repräsentantinnen der Milieus erreicht werden können (Mediennutzung, Kommunikationspräferenzen).

Für eine spezielle Betrachtung der Thematik Nachhaltigkeit bietet sich auch das gesonderte „Infopaket Nachhaltigkeit" an, welches speziell die Bereiche Nachhaltigkeit, Regionalität und Umweltschutz in den Fokus nimmt. Die Einstellung zum Thema Nachhaltigkeit wird dabei vom SINUS-Institut milieuspezifisch in Textform formuliert, und mit Nachhaltigkeitscollagen unterstrichen. Die generelle Nachhaltigkeitsorientierung der einzelnen Milieus wird in Relation zur Gesamtbevölkerung gesetzt. Ein Spinnendiagramm bezeichnet eine Nachhaltigkeitstypologie (z. B. als „Passiv Gleichgültige", „Finanziell limitierte Befürworter", „Food-Nachhaltige"). Tiefergehend werden verschiedene Themen analysiert, wie zum Beispiel Wissensstand und Interesse zu Nachhaltigkeitsbereichen, oder Einstellungen zu Ernährung, Reisen, und Politik.

Es kann auf teilweise kostenfreies Material zurückgegriffen werden. Generelle Informationen zu den Sinus-Milieus gibt es ebenfalls kostenfrei auf der Webseite, umfangreiche Daten und tiefergehende Analysen werden in kostenpflichtigen Infopaketen vom SINUS-Institut angeboten.

Für Nachhaltigkeitsprojekte bietet sich an, ein besonderes Auge auf Milieus zu werfen, welche an sich noch nicht für nachhaltige Lösungen oder Strömungen begeistert sind, um diese dort abholen zu können, wo sie stehen.

Das SINUS-Institut bietet darüber hinaus Schulungen zu den Sinus-Milieus, Workshops, und Auftragsforschung an.

Durchführung

Schritt 1: Identifizieren Sie zunächst Ihre relevante(n) Zielgruppe(n) und nutzen Sie die Unterlagen des SINUS-Instituts, um deren Eigenschaften mithilfe der Daten von passenden Milieus zu erschließen.

Schritt 2: Führen Sie ergänzende User-Interviews, um weitere Daten zu sammeln und Ihr Wissen zu vertiefen.

Schritt 3: Führen Sie alle Erkenntnisse aus den Unterlagen und den eigenen User-Interviews zusammen und kreieren Sie passende Personas.

Schritt 4: Validieren Sie die Personas mit Expertinnen für die Zielgruppe sowie Vertretenden des Milieus in Workshops oder Fokusgruppen.

Praxisschlaglicht

Für die Entwicklung eines Brettspiels für Jugendliche zum Thema „Stromnetze", welches die Nachhaltigkeitsberatung B.A.U.M. in Zusammenarbeit mit der Innovationsagentur Protellus begleitet hat, diente die Sinus Jugendstudie 2016 als Grundlage für erstes Nutzerverständnis. Die Studie war zu diesem Zeitpunkt verfügbar und aktuell. Insbesondere die Aktualität bei Jugendstudien stellte sich hierbei als sehr wichtig heraus. Werteeinstellungen und Verhalten in dieser schnelllebigen demografischen Schicht unterliegen einem stets von wechselnden Medien und regionalen Trends vor-

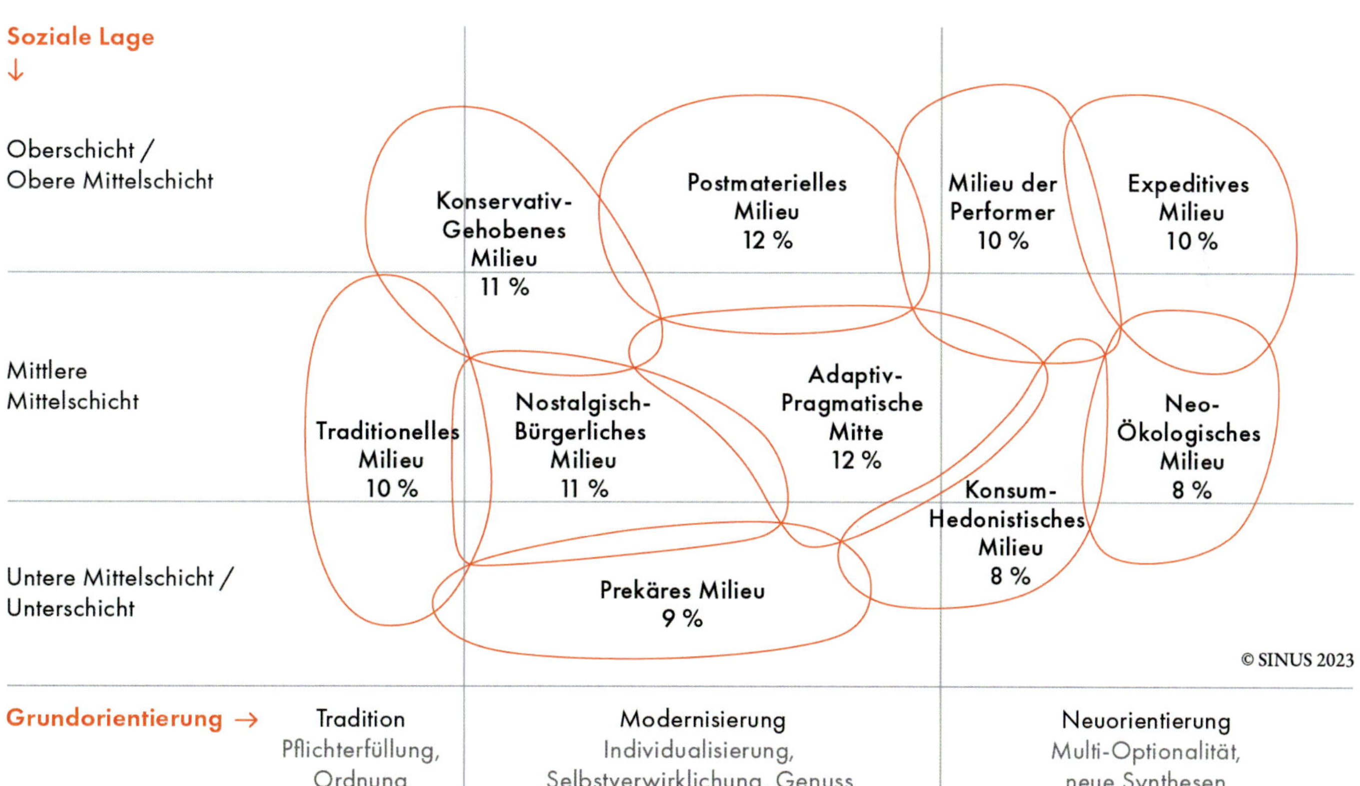

Quelle: SINUS Markt- und Sozialforschung GmbH

angetriebenem, schnellen Wandel. Die aktuelle Jugendstudie bot somit insbesondere eine gute Grundlage für die Entwicklung von projektspezifischen Interviewleitfäden sowie frühe und schnelle strategische erste Ausrichtungen.

Wirkfeld der Methode

- Wirksam für Herausforderungen mit hoher Komplexität
- Wirksam für Herausforderungen mit mittlerer Komplexität

Transformationsfähigkeit Ihres Teams

- Fördert die Sensibilisierung
- Fördert offene Mindsets und innovative Denkhaltungen
- Sorgt für Inspiration oder bessere Inspirationsempfindlichkeit
- Zahlt auf eine bessere Vorstellungskraft ein
- Zahlt auf eine bessere Wahrnehmung ein
- Zahlt auf das Dringlichkeitsempfinden ein
- Erhöht die Lösungsorientierung

Einsatzcharakteristik/Arbeitsrahmen

- Austauschfokus: vornehmlich mit internen und externen Personen
- Durchführungszeit: eher hoch (> 1 Tag)
- Einsatzfrequenz: vornehmlich über den kompletten Projektzeitraum
- Einsatzradius: vornehmlich im projektweiten Einsatz
- Komplexität für den Moderator: eher mittel
- Komplexität für die Teilnehmer: eher mittel
- Teamgröße: Einzelpersonennutzung möglich
- Teamgröße: Kleingruppe möglich (3 bis 5 Teilnehmer)
- Teamgröße: Mittelgroße Teams möglich (5 bis 20 Teilnehmer)
- Vorbereitungszeit: eher hoch (>1 Tag)

Input für eine zielführende Arbeit mit der Methode

- Aktuelle Herausforderung, Leitfrage, Problem
- Trends und Zukunftsentwicklungen
- Umfeldbeobachtungen, Umfeldanalysen
- Wettbewerber und Komplementoren
- Ziele, Zielsystem, Kennzahlen

Output und beobachtete Ergebnisse der Methode

- Erzeugt Leitfragen für die Ideenfindung
- Erzeugt Nutzenfunktionen und Bedürfniskorridore
- Erzeugt neues Wissen und neue Erfahrungen
- Erzeugt größere Klarheit zu einem Thema
- Erzeugt segmentierte, kategorisierte, geclusterte Daten
- Ziel- und Fokusgruppen

Hinderniseffekte, auf die die Methode positiv wirkt

- Beugt Missinterpretationen vor
- Beugt blinden Flecken/Betriebsblindheit vor
- Schafft für den Erfolg nötige Realitätsbezüge
- Schafft schnell Klarheit und beschleunigt Erkenntnisgewinn
- Verhindert Ideenfindung mit zu schwacher Erkenntnisgrundlage
- Verhindert blinden Aktionismus
- Verhindert unreflektiertes agieren

Mögliche Extravorteile der Methode

- Möglicher Extravorteil für in Nachhaltigkeitsthemen erfahrene Teams

Quellen

Organisation – SINUS Markt-und Sozialforschung GmbH, www.sinus-institut.de

Situationsanalyse

EinSatzBeschreibung

Eine visuelle Forschungs- und Kodiermethode, die menschliche und nicht-menschliche Akteure in Relation zueinander analysiert.

Working Guide/Anwendungsfelder

P1 Sensibilisierung/Bildung	P2 Matching Recht/Gesetz	P3 Sustainability Roadmap	P4 Produkt/Prozessdesign	P5 Implementierung/Monitoring	P6 Kommunikation	P7 Organisation	P8 Führung	P9 Business Model Design	P10 Skalierung
X			X			X			

Beschreibung

Um die Umwelt unserer Organisationen besser zu verstehen, führt nichts an einer tiefgründigen Forschungstätigkeit vorbei. Dabei sammelt sich meist ein Berg von Daten aller Art an, welche wir analysieren müssen, um daraus sinnvolle Erkenntnisse ziehen zu können. Die Schwierigkeit besteht darin, dass solche Daten aus dem echten Leben in einem komplizierten Netz auf verschiedenste Wegen miteinander zusammenhängen. Es gibt keinen Anfang und auch kein definiertes Ende, nur ein Knäuel an Informationen. Es ist ein Chaos.

Eine klassische Analysemethode, die mit der Unaufgeräumtheit von qualitativen Daten umzugehen vermag und eine strukturierte induktive Datenerfassung ermöglicht, ist die Grounded-Theory-Methode von Glaser und Strauss. Dabei folgen Forschende einem klaren Kodierprozess, welcher sich in mehreren Runden schrittweise vom Feld hin in Richtung Theoriegenererierung bewegt. Der Schwerpunkt der Methode liegt auf der Identifizierung von Begriffen, wie sie Praktiker auch tatsächlich so benutzen. Erst in einem weiteren Schritt werden diese Beobachtungen mit der Theorie zusammengeführt und abstrahiert. Seit ihrer Einführung Ende der 1960-Jahre ist die Grounded Theory eine Erfolgsgeschichte, da sie es regelmäßig schafft, in das Chaos von empirischen Daten Ordnung zu bringen und diese auf lineare Weise aufzubereiten.

Die klassische Grounded-Theory-Methode greift im Kontext von Nachhaltigkeit jedoch zu kurz. Adele Clark, eine renommierte Professorin der University of California, hat als Weiterentwicklung die Situationsanalyse eingeführt, welche die bestehende Methode in drei Bereichen wirksam ergänzt. Erstens überwindet sie die bestehende Fokussierung auf individuelle Aktionen von menschlichen Akteuren, welche den wichtigen sozialen Kontext ausblendet. Zweitens vermag die Situationsanalyse die Nicht-linearität der echten Welt besser abzubilden, da sie nicht aus linearen Diagrammen, sondern Netzwerken besteht, welche als Karte dargestellt werden. Und letztens erweitert sie den Begriff des Akteurs explizit auch auf nicht-menschliche Akteure aus und schafft so eine differenziertere Perspektive. Diese Weiterentwicklungen sind gerade für die Arbeit mit Nachhaltigkeitsthemen zentral, da diese höchst kontextspezifisch sind, durch komplexe und vernetzte Feedbackschlaufen charakterisiert werden, und neben den Menschen auch viele nicht-menschliche Stakeholder betreffen.

Die Situationsanalyse ist eine effektive Methode, um die Analyse von komplexen Daten im Nachhaltigkeitskontext zu strukturieren. Sie beruht auf einer induktiven Herangehensweise, bei welcher die gesammelten Daten, und explizit nicht vorher definierte Theorien, die Inhalte der Analyse bestimmen. Dabei setzt sie auf die Erstellung mehrere Karten, welche einzeln aber auch als Weiterentwicklungen angefertigt werden können. Die visuelle Methode der Datenanalyse erlaubt es, nicht nur auf die menschliche Sprache und entsprechende Aussagen angewiesen zu sein, sondern auch Artefakte und nicht-menschliche Akteure in die Analyse aufzunehmen. Weiter fördert die Situationsanalyse eine Auseinandersetzung nicht nur mit einzelnen Knoten des Netzwerks, sondern vor allem auch mit den Verbindungen und Beziehungen zwischen ihnen. Somit wird Kontext sichtbar, eine artifizielle Linearität überwunden und die Komplexität eines Kontextes würdevoll und doch handhabbar abgebildet.

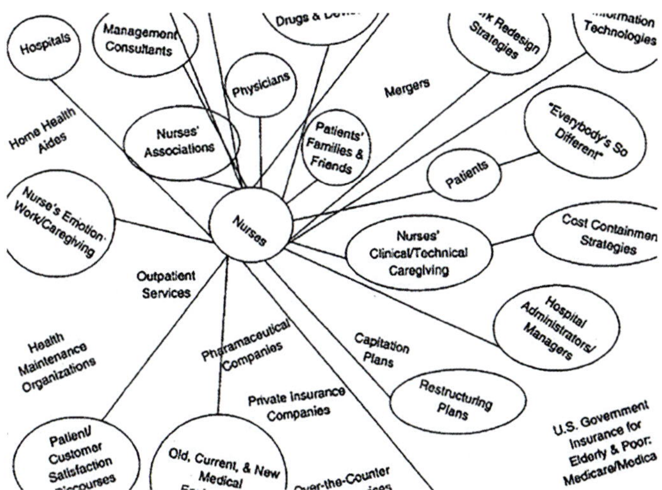

Situationskarte (Quelle: Clarke, 2005)

Durchführung

Eine gut aufgesetzte Situationsanalyse zieht sich über den gesamten Projektzeitraum und lässt sich in die Erstellung von drei unterschiedlichen Arten von Karten gliedern. Auch wenn diese Karten jeweils einzeln erstellt werden können, bauen sie idealerweise aufeinander auf. Das heißt, eine Karte durchläuft alle drei Phasen.

In diesem Falle empfiehlt es sich, die Karten von Zeit zu Zeit zu dokumentieren, um zu einem späteren Zeitpunkt die einzelnen Prozessschritte nachvollziehen zu können.

Situationskarten: Diese Karten zeigen die verschiedenen Elemente der Situation und wie sie miteinander verbunden sind. Sie helfen dabei, die Situation zu visualisieren und zu verstehen. Die Elemente können Personen und Gruppen (menschliche Akteure) oder Artefakte, Dinge und Ereignisse (nicht-menschliche Akteure) sein.

1. Sammeln Sie über den Forschungszeitraum alle wichtigen menschlichen und nicht-menschlichen Akteure als auch Ihre zentralen Beobachtungen. Die erstellte Karte darf bewusst noch unaufgeräumt sein, um voreilige Schlüsse zu vermeiden.
2. Setzten Sie nun die unterschiedlichen Elemente in Relation zueinander. Beschreiben Sie dabei jeweils auch kurz die Art der Beziehung. Idealerweise gehen Sie für alle wichtigen Elemente jede einzelne Verbindung durch. Dies führt manchmal zu einer noch unaufgeräumteren Karte, doch es geht primär darum, systematisch alle Beziehungen einzeln zu analysieren.

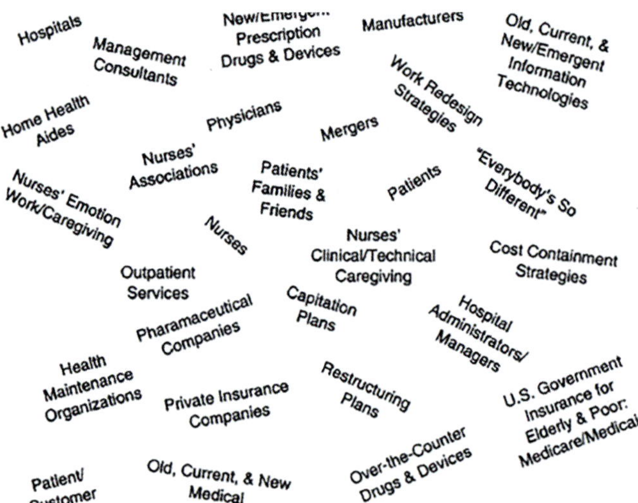

Soziale Welten/Arenakarte (Quelle: Clarke, 2005)

3. Nutzen Sie die Situationskarte, um Ihre Forschungstätigkeit weiterzuentwickeln. Wo haben Sie viele Daten? Wo gibt es noch blinde Flecken? Wo lohnen sich weitere Nachforschungen?

Soziale Welt-/Arena-Karten: Diese Karten zeigen die verschiedenen sozialen Welten und Arenen, in welche die menschlichen und nicht-menschlichen Akteure situativ eingebettet sind. Dadurch helfen sie dabei, die sozialen Beziehungen zwischen den Akteuren im Kontext der Situation noch besser zu verstehen und halten fest, wie sich diese im Laufe der Zeit verändern können.

1. Erstellen Sie eine neue Karte mit den zentralen Akteuren, die Sie in Ihrer Situationskarte identifiziert haben. Alternativ können Sie auch eine Situationskarte aufräumen und weiterverwenden.
2. Versuchen Sie nun, die Akteure in Gruppen zu sortieren. Clarke nennt solche Gruppen sozialen Welten oder Arenen. Zentral ist dabei, dass einzelne Akteure in mehreren Arenen sein können, welche sich ebenfalls auch überschneiden können.
3. Geben Sie den Gruppen oder Arenen passende Bezeichnungen, die die Essenz der Gruppierung widerspiegeln.
4. Als erster Analyseschritt wird durch die Soziale Welt/Arena Karte sichtbar, in was für Kontexten sich die Akteure befinden und welche Entscheidungsfreiheit sie innerhalb dieser Strukturen besitzen. Gerade im Bereich der Nachhaltigkeit ist es zentral zu verstehen, welche Strukturen einen direkten oder indirekten Einfluss haben.
5. Als zweiten Analyseschritt können Sie die entstandenen Gruppen mit bereits bestehenden theoretischen Konzepten verknüpfen, welche Sie durch Ihre bisherige Forschungstätigkeit zusammengetragen haben. Somit ergeben sich weitere Forschungsfragen, die direkt aus der Feldarbeit inspiriert sind.

Positionskarten: Diese Karten zeigen die Positionen der verschiedenen Akteure innerhalb der Situation. Sie helfen dabei, die Machtverhältnisse zwischen den Akteuren zu verstehen. Im Gegensatz zu den anderen beiden Karten sollten Positionskarten neu erstellt werden. Sie sind nicht immer nötig, können aber hilfreich sein, wenn Sie in den anderen beiden Karten konkrete Spannungen entdecken, welche Sie weiter analysieren wollen.

1. Identifizieren Sie zwei Dimensionen, entlang derer Sie die Positionen einordnen können. Dies können zwei Spannungen sein, aber auch eine mögliche Verortung innerhalb der identifizierten sozialen Welten.
2. Platzieren Sie die Positionen auf der Karte, welche von den beiden Dimensionen umfasst wird. Hier ist es laut Clarke zentral, nicht einzelne Akteure oder Gruppen zu positionieren, sondern primär deren Aussagen oder Standpunkte.
3. Nutzen Sie die somit identifizierten Positionen, um Möglichkeitsfelder für weitere Initiativen, vertiefte Erkenntnisse oder neue Stoßrichtungen zu identifizieren.

Clarkes drei Karten der Situationsanalyse können einzeln oder auch in kompletter Form benutzt werden. Vor allem die ersten beiden Karten bieten einen hervorragenden Weg, mit großen qualitativen Datensätzen umzugehen und nicht der Versuchung zu verfallen, aufgrund von Bequemlichkeit primär mit quantifizierbaren Daten zu arbeiten.

Wirkfeld der Methode

- Wirksam für Herausforderungen mit hoher Komplexität
- Wirksam für Herausforderungen mit mittlerer Komplexität
- Wirksam für nachhaltiges Produktdesign
- Wirksam für nachhaltiges Prozessdesign
- Wirksam für nachhaltiges Servicedesign
- Wirksam für nachhaltiges Business Model Design

Transformationsfähigkeit Ihres Teams

- Fördert die Sensibilisierung
- Sorgt für Inspiration oder bessere Inspirationsempfindlichkeit
- Zahlt auf eine bessere Wahrnehmung ein

Einsatzcharakteristik/Arbeitsrahmen

- Austauschfokus: vornehmlich mit internen und externen Personen
- Durchführungszeit: eher hoch (> 1 Tag)

- Einsatzfrequenz: sinnvoll im dauerhaften Einsatz
- Einsatzfrequenz: vornehmlich über den kompletten Projektzeitraum
- Einsatzradius: vornehmlich im Teameinsatz
- Einsatzradius: vornehmlich im projektweiten Einsatz
- Komplexität für den Moderator: eher hoch
- Komplexität für die Teilnehmer: eher hoch
- Teamgröße: Einzelpersonennutzung möglich
- Teamgröße: Kleingruppe möglich (3 bis 5 Teilnehmer)
- Vorbereitungszeit: eher hoch (>1 Tag)

Input für eine zielführende Arbeit mit der Methode

- Aktuelle Herausforderung, Leitfrage, Problem
- Ideen und Projekte, die zur Umsetzung anstehen
- Merkmale der gegebenen Herausforderung
- Trends und Zukunftsentwicklungen
- Umfeldbeobachtungen, Umfeldanalysen
- Wettbewerber und Komplementoren

Output und beobachtete Ergebnisse der Methode

- Erzeugt Ideen für neue Märkte und neue Business Modelle
- Erzeugt Ideensuchfelder, unentdeckte Probleme, Inspiration
- Erzeugt neues Wissen und neue Erfahrungen
- Erzeugt spezifischere Leitfragen, Ideen und Aussagen
- Erzeugt visualisierte Ideen, Begriffe, Themen
- Erzeugt größere Klarheit zu einem Thema
- Erzeugt segmentierte, kategorisierte, geclusterte Daten
- Hilft bei Entscheidungen, Bewertungen und Feedback
- Macht Wirkzusammenhänge sichtbar

Hinderniseffekte, auf die die Methode positiv wirkt

- Beugt Missinterpretationen vor
- Beugt blinden Flecken/Betriebsblindheit vor
- Bewahrt vor zu generischen Ideen und Aussagen
- Schärft eine fehlende gemeinsame Ausrichtung
- Verhindert Ideenfindung mit zu schwacher Erkenntnisgrundlage
- Verhindert einseitige Bewertungen und Entscheidungen
- Verhindert falsche Flughöhen
- Verhindert unreflektiertes agieren
- Verhindert vorschnelles Urteilen über Ideen
- Überzeugt strukturliebende Teammitglieder
- Überzeugt einen Rationalisierer

Mögliche Extravorteile der Methode

- Möglicher Extravorteil für innovativ erfahrene Teams
- Möglicher Extravorteil für die Arbeit mit digitalen Kollaborationsboards
- Möglicher Extravorteil für in Nachhaltigkeitsthemen erfahrene Teams

Quellen

Buch – Situationsanalyse. Adele E. Clarke, (VS Verlag, 2012)
Buch –The Discovery of Grounded Theory, Barney Glaser & Anselm Strauss (Aldine, 1967)

Smart Material Choices

EinSatzBeschreibung

Die Methode „Smart Material Choices" erleichtert die fundierte Entscheidungsfindung hinsichtlich der Auswahl von kreislauffähigen Materialien für Produkte.

Working Guide/Anwendungsfelder

P1 Sensibilisierung/Bildung	P2 Matching Recht/Gesetz	P3 Sustainability Roadmap	P4 Produkt/Prozessdesign	P5 Implementierung/Monitoring	P6 Kommunikation	P7 Organisation	P8 Führung	P9 Business Model Design	P10 Skalierung
			X						

Beschreibung

Werkstoffe spielen eine zentrale Rolle in einer Kreislaufwirtschaft, weshalb ihre Herstellung auf sichere Inhaltsstoffe ausgerichtet sein muss, die kontinuierlich in den Kreislauf zurückgeführt werden können. Die Gestaltung von Produkten mit Materialien, die aus ihren eigenen Stoffkreisläufen stammen und sicher in diese zurückfließen, trägt dazu bei, eine optimierte Materialwirtschaft zu schaffen, die das Konzept der Verschwendung ausschließt.

Die Methode „Smart Material Choices" unterstützt somit Unternehmen und Designer dabei, bewusste und verantwortungsvolle Entscheidungen hinsichtlich der Werkstoffwahl zu treffen. Die Methode trägt dazu bei, eine Kreislaufwirtschaft zu fördern, in der Materialien kontinuierlich genutzt und wiederverwertet werden können, ohne die Umwelt zu belasten.

Durchführung

Bei der Analyse und Auswahl von Materialien für Ihre Produkte sollten Sie folgende Schritte beachten:

1. Schauen Sie sich die Zusammensetzung Ihres Produkts genau an und betrachten Sie die einzelnen Bestandteile wie z. B. bei Kleidung dessen Anhänger, Reißverschluss, Grundstoff, Knöpfe usw.

2. Untersuchen Sie jeden einzelnen Bestandteil sorgfältig und erstellen Sie eine detaillierte Liste (siehe Abbildung) der benötigten Rohstoffe und Komponenten, die für den Bau oder die Herstellung Ihres Produkts erforderlich sind.

3. Nachdem Sie eine umfassende Liste der Materialien erstellt haben, gehen Sie folgendermaßen vor: Wählen Sie ein Material nach dem anderen aus und beantworten Sie basierend auf einem Entscheidungsbaum die folgenden Fragen, um den Wert Ihres Produkts und Ihre Materialwahl besser einzuschätzen zu können:

THE CIRCULAR DESIGN GUIDE

WORKSHEET

Smart Material Choices

A4

List the materials in your product. Remember to consider whether any of these materials can be separated

Once you have a comprehensive list of materials, pick on material at a time and run through the decision tree on the next page.

1 ....
2 ....
3 ....
4 ....
5 ....
6 ....
7 ....
8 ....
9 ....
10 ....

interfacing
hang tag
buttons
dye
base fabric blend
- cotton
- polyamide
- elastine
sewing thread
care tag
finishing chemicals

Fashion Positive / Cradle to Cradle Products Innovation Institute

IDEO

www.circulardesignguide.com

Was geschieht mit jedem Material nach seinem aktuellen Verwendungszyklus?

- Handelt es sich um giftigen und nicht vermarktungsfähigen Abfall?
  Ja: Kann diese vermieden werden, indem ein anderes Material gewählt wird?
  Nein: Fahren Sie mit dem nächsten Schritt fort.
- Wird das Material zu Abfall?
  Ja: Was hindert dieses Material daran, nützlich zu sein (Toxizität, Gesetzgebung, Politik)? Kann dies durch die Wahl anderer Materialien vermieden werden? Wer wird für die Entsorgung dieses Materials bezahlen?
  Nein: Fahren Sie mit dem nächsten Schritt fort.
- Trägt das Material als biologischer Nährstoff zur Wertschöpfung der Biosphäre bei?
  Ja: Wie können Sie sicherstellen, dass das Material sicher in die Biosphäre zurückgeführt wird?
  Nein: Fahren Sie mit dem nächsten Schritt fort.
- Wird das Material in Ihr Unternehmen zurückgebracht und im Kreislauf zurückgeführt?

Ja: Wie sieht das Geschäftsmodell/Sammelsystem aus? Wird das Material aufgewertet (upcycling) oder recycelt?
Nein: Fahren Sie mit dem nächsten Schritt fort.

- Kann das Material von einer anderen Organisation zur Wertschöpfung verwendet werden?
Ja: Wer verwendet das Material und welchen Nutzen zieht er daraus? Wird das Material aufgewertet (upcycling) oder recycelt?

4. Wenn bestimmte Materialien noch nicht den Anforderungen der Kreislaufwirtschaft entsprechen, stellen Sie sich folgende Fragen: „Welche besseren Alternativen gibt es?" „Können die Bedürfnisse des Nutzers erfüllt werden, ohne auf verschwenderische Materialien zurückzugreifen?"

Die Quelle „Cradle to Cradle Certified™ Materials for Designers" bietet Beispiele für Materialien, die hinsichtlich ihrer Materialgesundheit, Wiederverwendbarkeit, Nutzung erneuerbarer Energien, Wassermanagement und sozialen Fairness bewertet wurden.

5. Wenn Sie Ihr Wissen über Materialien vertiefen möchten, gibt es folgenden Möglichkeiten:

- Informieren Sie sich über die REACH-Verordnung der EU, in der eine Liste von besonders besorgniserregenden Stoffen enthalten ist.
- Nutzen Sie die „Cradle to Cradle Banned List", um von Anfang an bekannte gefährliche Stoffe zu vermeiden.
- Nehmen Sie am kostenlosen „Cradle to Cradle Certified™ Catalyst-Programm" teil, um Ihr Wissen auf die nächste Stufe zu bringen.

Tipp: Es ist ratsam, lokale und regionale Materialien zu bevorzugen, um Transportwege zu minimieren. Zudem sollte eine enge Zusammenarbeit mit Lieferanten und Herstellern erfolgen, um Informationen über Materialzusammensetzungen und Produktionsprozesse zu erhalten.

Praxisschlaglicht

Für den Moderator ist es in der praktischen Anwendung der Methode von Vorteil, wenn er sich im Vorfeld über Materialien, deren Eigenschaften, Umweltauswirkungen und Nachhaltigkeitsaspekte grundlegend informiert. Dadurch kann er die Diskussion und Entscheidungsfindung effektiv leiten und qualifizierte Informationen bereitstellen.

Wirkfeld der Methode

- Wirksam für Herausforderungen mit mittlerer Komplexität
- Wirksam für nachhaltiges Produktdesign

Transformationsfähigkeit Ihres Teams

- Fördert die Sensibilisierung
- Zahlt auf eine bessere Vorstellungskraft ein
- Zahlt auf eine bessere Wahrnehmung ein
- Zahlt auf das Dringlichkeitsempfinden ein
- Erhöht die Lösungsorientierung

Einsatzcharakteristik/Arbeitsrahmen

- Austauschfokus: vornehmlich mit internen und externen Personen
- Durchführungszeit: eher hoch (> 1 Tag)
- Einsatzfrequenz: sinnvoll im dauerhaften Einsatz
- Einsatzradius: vornehmlich im Teameinsatz
- Einsatzradius: vornehmlich im projektweiten Einsatz
- Komplexität für den Moderator: eher gering
- Komplexität für die Teilnehmer: eher mittel
- Teamgröße: Kleingruppe möglich (3 bis 5 Teilnehmer)
- Vorbereitungszeit: eher mittel (> 1 Stunde bis < 1 Tag) wenn sich der Moderator im Vorfeld über Material etc. informiert

Input für eine zielführende Arbeit mit der Methode

- Aktuell existierende Geschäftsmodelle
- Aktuell existierende Produkte und Services

Output und beobachtete Ergebnisse der Methode

- Erzeugt Leitfragen für die Ideenfindung
- Erzeugt neues Wissen und neue Erfahrungen
- Erzeugt spezifischere Leitfragen, Ideen und Aussagen
- Erzeugt größere Klarheit zu einem Thema
- Erzeugt mehr Know-how-Zuwachs

Hinderniseffekte, auf die die Methode positiv wirkt

- Beugt blinden Flecken/Betriebsblindheit vor
- Schafft für den Erfolg nötige Realitätsbezüge
- Schafft schnell Klarheit und beschleunigt Erkenntnisgewinn
- Verhindert Finanz- und Ressourcenfallen
- Verhindert blinden Aktionismus
- Verhindert einseitige Bewertungen und Entscheidungen
- Verhindert unreflektiertes agieren
- Verkürzt zu lange Entscheidungsmeetings
- Verkürzt und durchbricht vorhandene
- Wirkt fehlender Inspiration entgegen
- Überzeugt einen Rationalisierer

Mögliche Extravorteile der Methode

- Möglicher Extravorteil für Teams in einer Komfortsituation
- Möglicher Extravorteil für Teams mit einer konservativen, tradierten Kultur
- Möglicher Extravorteil für in Nachhaltigkeitsthemen ungeübte Teams

Quellen

Organisation – Der Circular Design Guide ist eine Zusammenarbeit zwischen der Ellen MacArthur Foundation und IDEO (© Ellen MacArthur Foundation 2017, 2018)

Web – https://www.circulardesignguide.com/methods (abgerufen am 04.05.2023)

Social Footprinting

EinSatzBeschreibung

Social Footprinting (SF) erfasst und bewertet soziale Auswirkungen entlang der gesamten Wertschöpfungskette, um Unternehmen bei der Verbesserung ihrer sozialen Nachhaltigkeitsleistung zu unterstützen.

Working Guide/Anwendungsfelder

P1 Sensibilisierung/Bildung	P2 Matching Recht/Gesetz	P3 Sustainability Roadmap	P4 Produkt/Prozessdesign	P5 Implementierung/Monitoring	P6 Kommunikation	P7 Organisation	P8 Führung	P9 Business Model Design	P10 Skalierung
		X	X	X					

Beschreibung

Social Footprinting ermöglicht es Unternehmen, ihre sozialen Auswirkungen zu messen und zu managen. Es umfasst die Bewertung sozialer Faktoren entlang der Wertschöpfungskette, wie Arbeitsbedingungen, Menschenrechte, Chancengleichheit, Gemeinschaftsentwicklung und Lieferkettenmanagement. Da Unternehmen häufig nur ihren ökologischen Fußabdruck betrachten, stellt SF eine sinnvolle Ergänzung zur Messbarkeit ganzheitlicher Nachhaltigkeit dar. Vor dem Hintergrund des deutschen Lieferkettensorgfaltspflichtengesetztes kommt SF eine ganz neue Bedeutung bei. Unternehmen müssen nun erstmals qua Gesetz Verantwortung entlang ihrer Lieferkette übernehmen.

Die Bestandteile von Social Footprinting umfassen:

- Datenanalyse: Erfassung von relevanten sozialen Indikatoren entlang der Wertschöpfungskette und Sammlung von Daten von internen und externen Quellen.
- Bewertungsmethoden: Entwicklung von Methoden zur Bewertung und Quantifizierung sozialer Auswirkungen, um einen Vergleich und eine Priorisierung zu ermöglichen.
- Stakeholder-Engagement: Einbeziehung von internen und externen Stakeholdern, wie Mitarbeitern, Zulieferern, Kunden, Gemeinschaften und NGOs, um deren Perspektiven und Erwartungen zu berücksichtigen.
- Berichterstattung und Kommunikation: Erstellung von Berichten über die sozialen Auswirkungen und Maßnahmen des Unternehmens, sowie Kommunikation mit relevanten Stakeholdern und der Öffentlichkeit.

Vorteile von Social Footprinting:

- Verbesserte Transparenz: Durch Social Footprinting können Unternehmen ihre sozialen Auswirkungen besser verstehen und transparent kommunizieren. Diese Informationen sind bspw. für Investoren relevant
- Risikomanagement: Die Identifizierung und Bewertung sozialer Risiken entlang der Wertschöpfungskette ermöglicht es Unternehmen, proaktiv Maßnahmen zur Risikominderung zu ergreifen.
- Glaubwürdigkeit: Social Footprinting erhöht die Glaubwürdigkeit von Unternehmen und deren Engagement für soziale Nachhaltigkeit.
- Faire Lieferketten: Durch die Integration sozialer Aspekte in das Lieferkettenmanagement können Unternehmen sicherstellen, dass ihre Lieferanten soziale Standards einhalten.

Grenzen von Social Footprinting:

- Komplexität: Die Erfassung und Bewertung sozialer Auswirkungen können aufgrund der Komplexität sozialer Zusammenhänge und der Vielzahl relevanter Indikatoren herausfordernd sein.
- Datenverfügbarkeit: Es kann schwierig sein, zuverlässige und vergleichbare Daten zu sozialen Aspekten entlang der Wertschöpfungskette zu finden.
- Subjektivität: Die Bewertung sozialer Auswirkungen beinhaltet oft subjektive Entscheidungen und Interpretationen, die zu unterschiedlichen Ergebnissen führen können.

Durchführung

Um Social Footprinting anzuwenden, sind folgende Schritte erforderlich:

1. Definition des Rahmens: Festlegung des Anwendungsbereichs, der sozialen Aspekte und Indikatoren, die im Social Footprinting berücksichtigt werden sollen (z. B. Löhne und Gehälter, Arbeitsbedingungen, Arbeits- und Gesundheitsschutz etc.).
2. Datenerhebung und -analyse: Erfassung relevanter Daten entlang der Wertschöpfungskette und Analyse der sozialen Auswirkungen anhand der definierten Indikatoren.
3. Bewertung und Priorisierung: Quantifizierung und Bewertung der erfassten sozialen Auswirkungen, um eine Priorisierung von Maßnahmen und Verbesserungen zu ermöglichen.
4. Stakeholder-Einbindung: Einbeziehung relevanter Stakeholder, um deren Perspektiven und Erwartungen in den Bewertungsprozess einzubeziehen.

Im Anschluss können weitere Schritte erfolgen:

5. Maßnahmenplanung und Umsetzung: Entwicklung eines Aktionsplans, der konkrete Maßnahmen zur Verbesserung der sozialen Nachhaltigkeitsleistung enthält, und deren Umsetzung in der gesamten Organisation und entlang der Lieferkette.
6. Monitoring und Berichterstattung: Implementierung von Überwachungssystemen, um die Wirksamkeit der Maßnahmen zu überwachen, und Erstellung von Berichten über die sozialen Auswirkungen und Fortschritte des Unternehmens.

Praxisschlaglicht

Ein Bekleidungsunternehmen entscheidet sich dafür, Social Footprinting anzuwenden, um seine sozialen Auswirkungen zu bewerten und zu verbessern.

Das Unternehmen erfasst Daten entlang der gesamten Lieferkette, einschließlich der Arbeitsbedingungen in den Fabriken, der Einhaltung von Menschenrechten und der Gemeinschaftsentwicklung in den Produktionsländern.

Basierend auf den erhobenen Daten entwickelt das Unternehmen einen Aktionsplan zur Verbesserung der Arbeitsbedingungen, der Schulung der Lieferanten und der Förderung der Einhaltung von Sozialstandards.

Regelmäßige Überwachung und Berichterstattung werden implementiert, um den Fortschritt und die Wirksamkeit der Maßnahmen zu verfolgen.

Helfende Organisation

- Global Reporting Initiative (GRI): Die GRI entwickelt Richtlinien und Standards für die Berichterstattung über Nachhaltigkeit, einschließlich sozialer Auswirkungen und Indikatoren.
- Social Accountability International (SAI): SAI ist eine Non-Profit-Organisation, die sich für soziale Verantwortung und die Verbesserung von Arbeitsbedingungen weltweit einsetzt.
- Sustainable Apparel Coalition (SAC): Die SAC ist eine Initiative der Bekleidungsindustrie, die sich für soziale und ökologische Nachhaltigkeit in der Bekleidungsproduktion einsetzt und Ressourcen und Tools zur Verfügung stellt.
- amfori Business Social Compliance Initiative (amfori BSCI): Gegründet 2003 als Business Social Compliance Initiative (BSCI) ist die Initiative ein Programm des wirtschaftsnahen Verbandes amfori zur Verbesserung der sozialen Standards in einer weltweiten Wertschöpfungskette.

Wirkfeld der Methode

- Wirksam für Herausforderungen mit hoher Komplexität
- Wirksam für nachhaltiges Business Model Design

Transformationsfähigkeit Ihres Teams

- Fördert die Sensibilisierung
- Fördert die allgemeine Transformationsfähigkeit des Teams
- Zahlt auf ein positives Zukunftsbild ein

Einsatzcharakteristik/Arbeitsrahmen

- Austauschfokus: vornehmlich mit internen und externen Personen
- Durchführungszeit: eher hoch (> 1 Tag)
- Einsatzfrequenz: sinnvoll im dauerhaften Einsatz
- Komplexität für die Teilnehmer: eher hoch
- Teamgröße: Kleingruppe möglich (3 bis 5 Teilnehmer)
- Teamgröße: Mittelgroße Teams möglich (5 bis 20 Teilnehmer)
- Vorbereitungszeit: eher hoch (>1 Tag)

Input für eine zielführende Arbeit mit der Methode

- Aktuell existierende Geschäftsmodelle
- Aktuell existierende Produkte und Services
- Aktuelle Herausforderung, Leitfrage, Problem
- Existierende Prozesse und Verfahren
- Umfeldbeobachtungen, Umfeldanalysen
- Ziele, Zielsystem, Kennzahlen
- Wissen über Gesetze und Rahmenbedingungen

Output und beobachtete Ergebnisse der Methode

- Erzeugt Ideen für neue Märkte und neue Business Modelle
- Erzeugt Planungen und Priorisierungen
- Erzeugt neues Wissen und neue Erfahrungen
- Erzeugt größere Klarheit zu einem Thema
- Erzeugt mehr Hintergrundinformationen
- Erzeugt mehr Know-how-Zuwachs
- Macht Wirkzusammenhänge sichtbar

Hinderniseffekte, auf die die Methode positiv wirkt

- Beugt Missinterpretationen vor
- Beugt blinden Flecken/Betriebsblindheit vor
- Bewahrt vor zu generischen Ideen und Aussagen
- Schärft eine fehlende gemeinsame Ausrichtung

Mögliche Extravorteile der Methode

- Möglicher Extravorteil für Unternehmen, die durch das LkSG betroffen sind

Quellen

Buch – Fang, K. & Heijungs, R. Investigating the inventory and characterization aspects of footprinting methods. J. Clean. Prod. 108, 1028–1036 (2015)

Buch – Messmann, Lukas et al. How to quantify social impacts in strategic supply chain optimization. In: Journal of Cleaner Production, No. 257 (2020)

Buch – Weidema, Bo Pedersen: The social footprint – A practical approach to comprehensive and consistent social LCA. In: The International Journal of Life Cycle Assessment 23 (3), (2003)

246

Sound Machine

EinSatzBeschreibung

Eine Warm-up-Methode, welche Teams aktiviert, lockert, Vertrauen aufbaut und Spaß macht.

Working Guide/Anwendungsfelder

P1 Sensibilisierung/Bildung	P2 Matching Recht/Gesetz	P3 Sustainability Roadmap	P4 Produkt/Prozessdesign	P5 Implementierung/Monitoring	P6 Kommunikation	P7 Organisation	P8 Führung	P9 Business Model Design	P10 Skalierung
X							X		

Beschreibung

Insbesondere bei der Bearbeitung von Nachhaltigkeitsfragen geht es zuweilen sehr ernst zu. Auch ist es notwendig, ein Bewusstsein für Kollaboration zu schaffen: im Sinne des Sustainable Development Goal 17, aber auch auf interdisziplinärere Teamebene. Besonders in interkulturellen Projekten sind verschiedene Voraussetzungen gegeben, wenn es darum geht, wie viel sich eine einzelne Person äußern kann oder sollte.

Dieses Warum-up lockert besonders stark auf und kann universell eingesetzt werden. Der Kreislauf wird aktiviert. Teilnehmende erfahren, dass sie sich einbringen können, und gemeinsam etwas gestalten können. Durch das ausgeflippt unkonventionelle Setting baut es Vertrauen auf, auch verrückte Ideen zuzulassen.

Durchführung

> Als Moderator dieser Übung müssen Sie als gutes Beispiel voran gehen und werden Teil des Ganzen.

1. Versammeln Sie die Teilnehmenden um sich. Es bietet sich ein Ort an, welcher von anderen nicht gesehen wird, und an dem man etwas lauter werden kann. Aber auch der Vorplatz des Gebäudes bietet sich sehr an.
2. Führen Sie in die Übung ein, indem Sie darauf hinweisen, dass die gesamte Gruppe nun etwas gemeinsam erschaffen wird: Eine „Soundmaschine"! Dazu ist die Analogie eines mechanischen Geräts in einer Fabrik dienlich: Kolben, Schalter, Zahnräder, Schwungräder, und vieles mehr. Jede Teilnehmende übernimmt dabei ein kleines oder Großes Element in der Maschine, und stellt es mit einer Bewegung mitsamt einem Ton (Pfeiffen, Klacken, Klatschen etc.) dar. Diese Bewegungen sollten natürlich, wie in einer Maschine, ineinandergreifen und aufeinander abgestimmt sein! Dazu müssen alle teilnehmen, jedoch bleibt es jeder Person überlassen, wie laut oder wie exzessiv die Bewegung sein wird. Geben Sie dazu gern Beispiele vor: Ein leises Piepsen bis hin zum Springen, Rudern mit den Armen und lauten Ausrufen. So kann jede Person sehen, dass sie sich auf eine Art einbringen kann, welche für sie passend und angenehm ist.
3. Starten Sie nun als gutes Vorbild mit einer Bewegung und einem Ton, machen Sie dies für einige Sekunden.
4. Laden Sie eine vorab eingeweihte Person ein, das zweite Element der Sound Maschine zu werden. Die Person sollte dabei aktiv darauf achten, physisch eng in Ihre Bewegung hineinzuarbeiten – wie zwei Zahnräder. Die physische Nähe ist dabei besonders wichtig, um mit gutem Beispiel voranzugehen und in der Folge ein Gruppengefühl zu ermöglichen. Die Maschine kann dabei selbstverständlich auch berührungslos funktionieren.
5. Laden Sie nun, während die eingeweihte zweite Person das Geräusch der Maschine am Laufen hält und mit Ihnen gemeinsam die Bewegungen fortsetzt, alle anderen Teilnehmenden dazu ein, die Maschine gemeinsam weiter zu bauen.
6. Nachdem alle Teilnehmenden hinzugekommen sind, lassen Sie die Maschine etwas laufen.
7. Steigern Sie nun die Geschwindigkeit. Da Sie vermutlich einen der lautesten Töne und die exzessivste Bewegung haben, werden sich andere Teilnehmende nach Ihnen richten.
8. Lassen Sie die Maschine explodieren.

Als Reflexion dieser Übung bietet es sich an, auf das laufende Projekt einzugehen und Bezüge folgender Art herzustellen:

- Wir müssen aufeinander achtgeben, was wer einbringen kann und will.
- Wir müssen unsere Arbeitsgeschwindigkeit synchronisieren und andere motivieren.
- Jede Person in der Gruppe ist wichtig.
- Es ist okay, sich auch einmal etwas unkonventionell zu verhalten.
- Wenn wir uns zu viel vornehmen oder zu lange zu hart arbeiten, wird dies nicht gut gehen. Gerade in intrinsisch motivierten Projekten ist das Risiko von Überlastungen durch ambitionierte Vorsätze groß.
- Gemeinsam können wir jedoch Großes schaffen.

Als besonders aufmerksamer Moderator können Sie bei dieser Übung auch beobachten, welche Ihrer Teilnehmenden eher intro- oder extrovertiert agieren und dies in Ihren Moderationsprozess mit einbeziehen.

Praxisschlaglicht

Diese Übung wurde einmal in einem Projekt mit der Afrikanischen Union in Addis Abeba auf dem Vorplatz des ihres Hauptgebäudes durchgeführt. In dem Projekt (iDove: interfaith Dialogue on violent extremism) kamen unterschiedlichste Kulturen und Persönlichkeiten zusammen, wobei die Zielgruppe weitgehend jüngere Leute mit gemeinsamen Interessen waren.

Einige taten sich schwer, sich einzubringen, da das Umfeld sehr formal war und große Unsicherheiten bestanden.

Nicht alle haben sich letztlich bei der Übung aktiv eingebracht, jedoch fanden alle die Übung sehr auflockernd und fühlten sich gestärkt als Gruppe – egal, ob oder wie stark sie in die gemeinsame Maschine involviert waren.

Wirkfeld der Methode

- Wirksam für Herausforderungen mit niedriger Komplexität

Transformationsfähigkeit Ihres Teams

- Fördert die Sensibilisierung
- Fördert die Agilität eines Teams
- Fördert die Teamkreativität
- Fördert die allgemeine Transformationsfähigkeit des Teams
- Fördert grundlegend die Kreativität
- Fördert offene Mindsets und innovative Denkhaltungen
- Sorgt für Inspiration oder bessere Inspirationsempfindlichkeit
- Zahlt auf eine bessere Vorstellungskraft ein
- Zahlt auf eine bessere Wahrnehmung ein
- Zahlt auf ein positives Zukunftsbild ein

Einsatzcharakteristik/Arbeitsrahmen

- Austauschfokus: vornehmlich mit internen Personen
- Durchführungszeit: eher gering (< 1 Stunde)
- Einsatzfrequenz: vornehmlich im einmaligen Einsatz
- Einsatzradius: vornehmlich im Teameinsatz
- Komplexität für den Moderator: eher gering
- Komplexität für die Teilnehmer: eher gering
- Teamgröße: Großgruppen möglich (> 50 Teilnehmer)
- Teamgröße: Kleingruppe möglich (3 bis 5 Teilnehmer)
- Teamgröße: Maxigruppen möglich (20 bis 40 Teilnehmer)
- Teamgröße: Mittelgroße Teams möglich (5 bis 20 Teilnehmer)
- Vorbereitungszeit: eher gering (< 1 Stunde)

Input für eine zielführende Arbeit mit der Methode

- Nur Durchführungszeit

Output und beobachtete Ergebnisse der Methode

- Bessere Projekteffizienz, bessere Teamperformance
- Erzeugt transformationsfähigere Organisationen
- Erzeugt mehr Agilität im Team
- Erzeugt motiviertere und transformationsfähigere Teilnehmer
- Identifiziert vorhandene Stärken
- Macht Wirkzusammenhänge sichtbar

Hinderniseffekte, auf die die Methode positiv wirkt

- Bindet eher introvertierte Teammitglieder mit ein
- Dynamisiert und aktiviert wenig dynamische Teams
- Fördert gehemmte Teammitglieder
- Fördert die Agilität der Teilnehmer
- Fördert eventuell fehlende Wertschätzung
- Integriert einen dysfunktionalen Schweiger
- Schwächt Angst vor Kritik und Zurückweisung
- Schwächt Konkurrenzdenken und Angst vor Machtverlust
- Schwächt multidisziplinäre Reibungsverluste
- Stärkt das Vertrauen im Team
- Verkürzt und durchbricht vorhandene Kreativblockaden
- Wirkt fehlender Inspiration entgegen
- Fördert Optimismus und Zuversicht

Mögliche Extravorteile der Methode

- Möglicher Extravorteil für Teams mit einer konservativen, tradierten Kultur

Quellen

Person – Kilian Karg, Kilian@protellus.de

Soziale Netzwerkanalyse

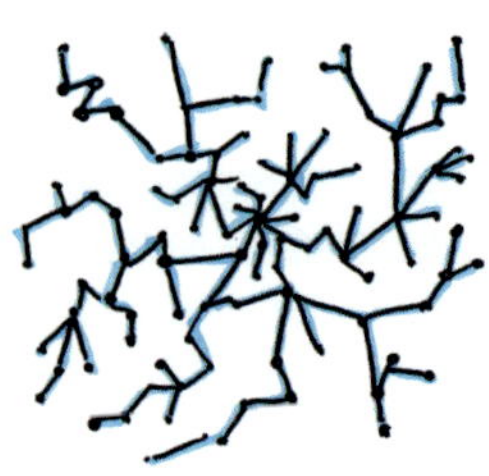

EinSatzBeschreibung

Die Soziale Netzwerkanalyse untersucht soziale Verbindungen, um zu verstehen, wie sich Informationen oder nachhaltige Verhaltensweisen innerhalb von Gruppen aus- und verbreiten können.

Working Guide/Anwendungsfelder

P1 Sensibilisierung/Bildung	P2 Matching Recht/Gesetz	P3 Sustainability Roadmap	P4 Produkt/Prozessdesign	P5 Implementierung/Monitoring	P6 Kommunikation	P7 Organisation	P8 Führung	P9 Business Model Design	P10 Skalierung
					X				

Beschreibung

In einer zunehmend vernetzten Welt gewinnt die Soziale Netzwerkanalyse (SNA) immer mehr an Bedeutung. Die Soziale Netzwerkanalyse ist eine interdisziplinäre Methode, die Beziehungen zwischen Akteuren in einem sozialen Netzwerk visualisiert und analysiert. Diese Analyse ermöglicht nicht nur ein besseres Verständnis sozialer Strukturen, sondern bietet auch wertvolle Einblicke in die Dynamiken von Informationsvermittlungsprozessen. Die Soziale Netzwerkanalyse kann sehr gut für das Nachhaltigkeitsmanagement genutzt werden, insbesondere als Ergänzung einer Stakeholderanalyse.

Die Stakeholderanalyse als wesentlicher Bestanteil des Nachhaltigkeitsmanagements. identifiziert diejenigen Akteure, die Einfluss auf oder Interesse an den Nachhaltigkeitsaktivitäten eines Unternehmens oder einer Organisation haben. Die Soziale Netzwerkanalyse kann die Stakeholderanalyse verbessern, bspw. durch Identifikation von Schlüsselakteuren, Bildung von ähnlichen Stakeholder-Clustern oder Erkennung von Meinungsführern.

Die Soziale Netzwerkanalyse kann auch dazu beitragen, die Effektivität der Nachhaltigkeitskommunikation zu steigern. Indem Unternehmen verstehen, wie Informationen und Botschaften innerhalb ihres Netzwerks verbreitet werden, können sie gezieltere Kommunikationsstrategien entwickeln. Dies kann dazu beitragen, das Bewusstsein für Nachhaltigkeitsinitiativen zu steigern und positive Veränderungen zu fördern.

Durchführung

Die Soziale Netzwerkanalyse konzentriert sich auf die Untersuchung von Beziehungen und Interaktionen zwischen Akteuren in einem Netzwerk. Zentrale Elemente in der Soziale Netzwerkanalyse sind zum einen die sogenannten Knoten (Nodes): Sie repräsentieren die einzelnen Akteure im Netzwerk, z. B. Stakeholder, Personen, Organisationen oder Institutionen.

Knoten werden verbunden durch sogenannte Kanten (Edges): Diese spiegeln die Beziehungen zwischen den Knoten wider und können in komplexeren Modellen auch verschiedene Ausprägungen annehmen – etwa Informationsaustausch, Kooperation oder Abhängigkeiten.

Die Gesamtheit der Knoten und Kanten wird in einem Netzwerkdiagramm visualisiert, es bildet die grafische Darstellung des sozialen Netzwerks. Zwei Informationen werden für die Interpretation von sozialen Netzwerken typischerweise genutzt, Zentralität und Verbindungsstärke. Zentralität ist ein Ausdruck dafür, wie wichtig ein Knoten im Netzwerk ist, basierend auf seiner Verbindung zu anderen Knoten. Verbindungsstärke meint im Gegensatz dazu die Intensität der Verbindungen im Netzwerk.

Die Soziale Netzwerkanalyse verwendet verschiedene Methoden zur Analyse sozialer Netzwerke, darunter im Besonderen die Zentralitätsanalyse, die Clusteranalyse und die Dyadenanalyse. Einfache Formen dieser Analysen (zum Beispiel, wenn wenige Akteure und Verbindungen vorliegen) können auch grafisch erfolgen, für komplexere Modelle ist ein Statistikprogramm notwendig.

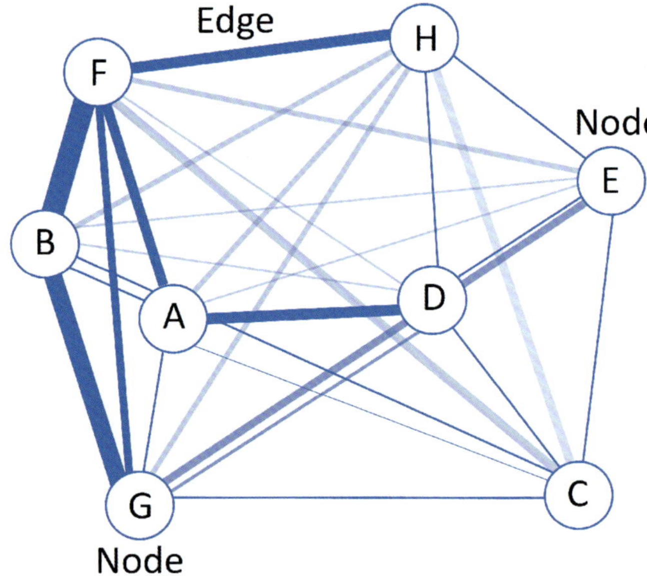

Beispiel eines sozialen Netzwerks (Quelle: Dr. Carsten Leo Demming)

Die Zentralitätsanalyse untersucht, welche Knoten im Netzwerk am einflussreichsten sind. Ein Beispiel für ein Zentralitätsmaß ist die Gradzentralität. Sie misst, wie viele direkte Verbindungen ein Knoten zu anderen Knoten im Netzwerk hat. Ein Knoten mit hoher Gradzentralität hat viele direkte Verbindungen und wird als zentral angesehen. Die Berechnung der Gradzentralität eines Knotens in einem Netzwerk erfolgt, indem man die Anzahl der direkten Verbindungen, die der fokale Knoten mit anderen Knoten hat, zählt. Dies ist der Grad (Degree) des Knoten. Andere Maße für die Zentralität sind die Zwischenzentralität und die Nähezentralität. Durch die Analyse von Zentralitätsmaßen können Unternehmen oder Organisationen herausfinden, welche Stakeholder die größte Relevanz im Netzwerk haben. Dies ermöglicht gezielte Interaktionen und Kommunikationsstrategien.

Die Clusteranalyse identifiziert Gruppen von eng miteinander verbundenen Knoten im Netzwerk, die als Cluster bezeichnet werden. Cluster können wichtige Einheiten im Nachhaltigkeitsmanagement darstellen. Auch diese Bestimmung kann in einfachen Fällen grafisch erfolgen. Komplexe und umfangreichere Netzwerke machen das Arbeiten mit statistischen Verfahren wie der hierarchischen Clusteranalyse notwendig. Die Clusteranalyse kann helfen, verschiedene Stakeholder-Cluster zu identifizieren, die gemeinsame Interessen oder Zielsetzungen haben. Dies erleichtert die Zusammenarbeit und den Dialog zwischen Gruppen mit ähnlichen Interessen

> Eine weitere Möglichkeit, Netzwerke zu analysieren, ist die Dyadenanalyse: Sie fokussiert sich auf die Beziehungen zwischen zwei Knoten und untersucht, ob sie positiv, negativ oder neutral sind. Darüber lassen sich bspw. Meinungsführer erkennen, die einen großen Einfluss auf andere Stakeholder ausüben. Die Soziale Netzwerkanalyse kann diese Meinungsführer identifizieren und Unternehmen dabei unterstützen, sie gezielt anzusprechen.

Praxisschlaglicht

In einem mittelständischen Unternehmen wurde die Soziale Netzwerkanalyse erfolgreich im Rahmen des Nachhaltigkeitsmanagements eingesetzt. Das Unternehmen ist auf erneuerbare Energien spezialisiert und hat eine Vielzahl von Stakeholdern, darunter Regulierungsbehörden, Zulieferer, Investoren und Umweltorganisationen. Die Soziale Netzwerkanalyse wurde genutzt, um die Stakeholderanalyse zu ergänzen. Zunächst wurden alle relevanten Stakeholder identifiziert, und dann wurde die Soziale Netzwerkanalyse angewendet, um die Beziehungen und Interaktionen zwischen ihnen zu analysieren.

Die Ergebnisse der Sozialen Netzwerkanalyse zeigten, dass bestimmte Stakeholder, wie eine Umweltorganisation und ein wichtiger Investor, eine besonders hohe Zentralität aufwiesen, was darauf hindeutete, dass sie starke direkte Verbindungen zu vielen anderen Akteuren im Netzwerk hatten. Dies führte zu der Erkenntnis, dass diese Stakeholder eine hohe Relevanz für das Nachhaltigkeitsmanagement des Unternehmens hatten.

Des Weiteren identifizierte die Soziale Netzwerkanalyse Cluster von Stakeholdern mit ähnlichen Interessen, wie bspw. eine Gruppe von Zulieferern, die enge Beziehungen zueinander unterhielten. Dies half dem Unternehmen, gezielte Kooperations- und Kommunikationsstrategien zu entwickeln, um die Zusammenarbeit mit diesen Gruppen zu stärken.

Darüber hinaus wurde durch die Soziale Netzwerkanalyse ein Meinungsführer innerhalb des Investorenkreises identifiziert. Dieser Investor hatte die Fähigkeit, Informationen und Empfehlungen innerhalb des Netzwerks effektiv zu verbreiten, was zu einer verstärkten Unterstützung der nachhaltigen Initiativen des Unternehmens führte.

Insgesamt ermöglichte die Soziale Netzwerkanalyse eine präzisere Stakeholderanalyse, die Grundlage für eine maßgeschneiderte Kommunikation und Kooperation bildete. Diese gezielten Bemühungen führten zu einer besseren Integration von Nachhaltigkeitsprinzipien in die Geschäftsstrategie des Unternehmens und trugen zur Förderung von umweltfreundlichen Technologien bei.

Wirkfeld der Methode

- Wirksam für Herausforderungen mit hoher Komplexität

Transformationsfähigkeit Ihres Teams

- Fördert die allgemeine Transformationsfähigkeit des Teams
- Erhöht die Lösungsorientierung

Einsatzcharakteristik/Arbeitsrahmen

- Vorbereitungszeit: eher hoch (>1 Tag)

Input für eine zielführende Arbeit mit der Methode

- Beteiligte Personen mit Tätigkeiten und Aufgaben

Output und beobachtete Ergebnisse der Methode

- Erzeugt Ideen, Lösungsansätze, Vorideen, Möglichkeiten
- Erzeugt Planungen und Priorisierungen
- Macht Wirkzusammenhänge sichtbar
- Ziel- und Fokusgruppen

Hinderniseffekte, auf die die Methode positiv wirkt

- Schafft für den Erfolg nötige Realitätsbezüge
- Schafft schnell Klarheit und beschleunigt Erkenntnisgewinn
- Schärft eine fehlende gemeinsame Ausrichtung

Mögliche Extravorteile der Methode

- Möglicher Extravorteil für Teams mit einem starkem Auftragsmandat

Quellen

Buch – Dorothea Jansen. Einführung in die Netzwerkanalyse (Springer, 2003)

Spinner Session Nachhaltigkeit

EinSatzBeschreibung

Die Spinner Session Nachhaltigkeit ist eine Übung für mehr Inspiration und Kreativität.

Working Guide/Anwendungsfelder

P1 Sensibilisierung/Bildung	P2 Matching Recht/Gesetz	P3 Sustainability Roadmap	P4 Produkt/Prozessdesign	P5 Implementierung/Monitoring	P6 Kommunikation	P7 Organisation	P8 Führung	P9 Business Model Design	P10 Skalierung
X	X		X		X			X	

Beschreibung

Inspiration und Kreativität lassen sich steigern, je häufiger wir sie bewusst und aktiv „füttern". Mit dieser einfachen Übung wollen wir für Inspiration und Kreativität mit viel Spaß sorgen. Gestartet wird im lockeren Austausch zu einem vorgegebenen Thema bzw. durch einen gesetzten Impuls. Und dann lassen wir uns überraschen, wohin uns das weitere Gespräch führt. Auch ein Verlassen des ursprünglichen Themas im Verlauf des Austausches ist durchaus gewünscht. Einfach einmal „rumspinnen ohne Grenzen". Dabei muss es keinesfalls ernst zugehen und mitunter entstehen oft die lustigsten Gedanken und Ideen, die für viel Gelächter sorgen können.

Durchführung

Diese Übung eignet sich sehr schön als Opener für Trainings, Workshops oder auch größere Veranstaltungen.

Vorbereitung: Bereiten Sie für ihr Thema relevante Impulse z. B. im Kontext Nachhaltigkeit vor. Diese können z. B. aus aktuellen Meldungen, Erfahrungen, Strategische Themen o. ä. gewählt werden.

Formulieren Sie die einleitenden Impulse in der Form:

- Stell Dir vor, …
- Was wäre, wenn …

Beispiele:

SDG 4 – Bildung: Was wäre, wenn jedes Kind ab der 3. Klasse, nachdem es Schreiben, Lesen und die Grundrechenarten gelernt hat, selbst entscheiden könnte, was es in den Folgejahren lernen möchte?

SDG 12 – Konsum: Stell dir vor, in Tallin gibt es shared second hand shops. D. h., jeder hat die Möglichkeit, für einen bestimmten Zeitraum eine Sektion zu reservieren und dort seine Kleidung zum Verkauf anzubieten. Das Verkaufspersonal wird vom Shop gestellt. Abgerechnet wird über eine App und der Dienstleister bzw. Shopinhaber bekommt eine Provision je verkauftem Teil.

SDG 13 – Klimaschutz: Was wäre, wenn wir der Umgebung so viel Wärme entziehen und in Energie umsetzen könnten, dass dadurch die Erderwärmung ausgeglichen wird?

Strategie: Stell dir vor, in spätestens einem Jahr gibt es keinen Kunden für unser Produkt mehr.

Schritt 1: Bitten Sie die Gruppe sich in Kleingruppen mit zwei (max. drei) Personen aufzuteilen und erläutern Sie die Vorgehensweise. Weisen Sie die Teilnehmenden darauf hin, dass es nicht darum geht, am Ende ein konkretes Ergebnis zu einer Herausforderung zu haben, sondern um den Prozess an sich. Zudem ist alles erlaubt, auch die verrücktesten Gedanken dürfen ausgesprochen werden und es muss nicht alles immer einen Sinn ergeben. Gedanken ohne sofortige Bewertung und Zensur.

Schritt 2: Stellen Sie nun die Impulse vor. Es können auch verschiedene Impulse für verschiedene Kleingruppen gewählt werden.

Schritt 3: Die Gesprächsdauer beträgt ca. 15 bis 20 Minuten unter dem Motto: Lasst uns mal etwas „rumspinnen" und schauen, wohin uns das führt. Die Gesprächspartner werfen sich dabei gegenseitig die Bälle zu. Die im Verlauf spannenden Gedanken oder Ideen sollen stichpunktartig mitnotiert werden.

Schritt 4: Bitten Sie nun die einzelnen Kleingruppen ihre Gedankenspiele aus dem Gesprächsverlauf im Plenum kurz vorzustellen.

Schritt 5 (optional): Welche Gedanken oder Ideen daraus will die Gruppe aktiv aufgreifen und im Rahmen von dann festzulegenden Folgeaktivitäten konkret weiterverfolgen.

Praxisschlaglicht

Aus diesen Spinner-Sessions sind im Rahmen von diversen Workshops schon einige (zuerst verrückt scheinende) Ideen entstanden, die im späteren Verlauf angereichert und umgesetzt werden konnten.

Wirkfeld der Methode

- Wirksam für Herausforderungen mit mittlerer Komplexität
- Wirksam für Herausforderungen mit niedriger Komplexität

Transformationsfähigkeit Ihres Teams

- Fördert die Teamkreativität
- Fördert grundlegend die Kreativität
- Fördert offene Mindsets und innovative Denkhaltungen
- Sorgt für Inspiration oder bessere Inspirationsempfindlichkeit

Einsatzcharakteristik/Arbeitsrahmen

- Austauschfokus: vornehmlich mit internen Personen
- Durchführungszeit: eher gering (< 1 Stunde)
- Einsatzfrequenz: vornehmlich im einmaligen Einsatz
- Einsatzradius: vornehmlich im Teameinsatz
- Einsatzradius: vornehmlich im projektweiten Einsatz
- Komplexität für den Moderator: eher gering
- Komplexität für die Teilnehmer: eher mittel
- Teamgröße: Kleingruppe möglich (3 bis 5 Teilnehmer)
- Teamgröße: Mittelgroße Teams möglich (5 bis 20 Teilnehmer)
- Vorbereitungszeit: eher gering (< 1 Stunde)

Input für eine zielführende Arbeit mit der Methode

- Aktuelle Herausforderung, Leitfrage, Problem

Output und beobachtete Ergebnisse der Methode

- Erzeugt Ideen für neue Märkte und neue Business Modelle
- Erzeugt Ideen, Lösungsansätze, Vorideen, Möglichkeiten
- Erzeugt Ideensuchfelder, unentdeckte Probleme, Inspiration

Hinderniseffekte, auf die die Methode positiv wirkt

- Bindet eher introvertierte Teammitglieder mit ein
- Dynamisiert und aktiviert wenig dynamische Teams
- Schwächt Angst vor Kritik und Zurückweisung
- Schwächt das Leben in der Vergangenheit
- Schwächt den „Inneren Zensor“
- Verkürzt und durchbricht vorhandene Kreativblockaden
- Wirkt fehlender Inspiration entgegen

Mögliche Extravorteile der Methode

- Möglicher Extravorteil für Teams in einer Komfortsituation
- Möglicher Extravorteil für Teams mit einer konservativen, tradierten Kultur
- Möglicher Extravorteil für agile Teams
- Möglicher Extravorteil für innovativ ungeübte Teams
- Möglicher Extravorteil für in Nachhaltigkeitsthemen ungeübte Teams

Quellen

Buch – The Serendipity Mindset. Christian Busch (Penguin, 2020)
Buch – Neugier, Carl Naughton (Econ, 2016)
Organisation – BöhringerInnovationsManagement, www.binnoma.de
Person – Sabine Böhringer, sabine.boehringer@binnoma.de

249

St. Galler Management-Modell

EinSatzBeschreibung

Das St. Galler Management-Modell beschreibt einen ganzheitlichen Ansatz, welcher Management als die reflexive Gestaltungspraxis eines komplexen Zusammenspiels der Organisation mit ihrer Umwelt versteht.

Working Guide/Anwendungsfelder

P1 Sensibilisierung/Bildung	P2 Matching Recht/Gesetz	P3 Sustainability Roadmap	P4 Produkt/Prozessdesign	P5 Implementierung/Monitoring	P6 Kommunikation	P7 Organisation	P8 Führung	P9 Business Model Design	P10 Skalierung
X					X	X	X	X	X

Beschreibung

Organisationen zu gestalten ist eine große Herausforderung. Es geht dabei nicht primär darum, eine Organisation zu erschaffen, sondern das kontinuierliche Organisieren in nachhaltige Bahnen zu leiten. Viele Unternehmer und Unternehmerinnen rutschen in diese Rolle hinein. Teilweise mit theoretischem Wissen aus dem Studium, manchmal mit einem Rucksack an Erfahrungen durch mehrjährige Tätigkeit und anderweitig einfach aus Notwendigkeit. Da Organisationen jeweils in ihre eigenen spezifischen Kontexte eingebettet sind, ist learning-by-doing meist unvermeidlich. Jedoch steht mit dem St. Galler Management-Modell (SGMM) ein Reflexionswerkzeug zu Verfügung, welches die eigene Auseinandersetzung mit der Organisation leiten und inspirieren kann. Dabei schafft das SGMM den benötigten Raum für die gemeinsame Reflexion.

Die Gestaltung und Weiterentwicklung von organisationaler Wertschöpfung ist der zentrale Bezugspunkt des St. Galler Management-Modells. In dessen Verständnis entsteht Wert durch das erfolgreiche Zusammenspiel einer Organisation mit ihrer Umwelt. Dabei machen der explizite Fokus auf Wertschöpfung und die direkte Verknüpfung mit der Umwelt das Modell zu einer äußerst relevanten Perspektive im Umgang mit Nachhaltigkeit. Dies mag überraschen, gilt die Universität St. Gallen gemeinhin als Kaderschmiede des klassischen extraktiven Wirtschaftssystems. Doch im Gegensatz zu anderen spezialisierten Managementmodellen zeichnet sich das SGMM schon seit seinen Anfängen durch eine systemische Perspektive aus, welche insbesondere die Umwelt einer Organisation als essenziellen Bestandteil der Managementpraxis beschreibt. Dadurch bietet das Modell einen wertvollen Zugang, welcher den komplexen Herausforderungen der Nachhaltigkeitstransformation gerecht wird und diese gleichzeitig mit der unternehmerischen Realität verbindet. Dabei war es den Autoren der neuesten Generation des Modelles, Johannes Rüegg-Stürm und Simon Grand, besonders wichtig, dass das Modell nicht nur eine Beschreibungsfunktion erfüllt, sondern auch aktiv die Reflexion und Weiterentwicklung der Managementpraxis eines Unternehmens ermöglicht.

Das St. Galler Management-Modell kann auf eine lange Tradition zurückblicken, deren Ansätze auch heute noch innovativ sind oder sogar laufend an Bedeutung gewinnen. Als vor über 50 Jahren eine Gruppe von Professoren der Universität St. Gallen unter der Leitung von Hans Ulrich damit begann, die klassische Betriebswirtschaftslehre zu einer integrativen Managementlehre weiterzuentwickeln, war dieser interdisziplinäre Ansatz nichts weniger als revolutionär. Organisationen wurden nicht mehr als mechanistische Strukturen, sondern als komplexe Systeme verstanden, welche mit ebenso komplexen Umwelten in kontinuierlichem Austausch stehen. Während die 2. Generation des SGMMs wieder einen vermehrt betriebswirtschaftlichen Fokus einbrachte und das Modell mit den operativen, strategischen und normativen Elementen des Managements erweiterte, führten die letzten beiden Weiterentwicklungen das Modell zurück zu seiner holistischen Perspektive in Form einer reflexiven Gestaltungspraxis, welche «die organisationale Wertschöpfung im Zusammenspiel mit einer dynamischen Umwelt durch regelmässige reflexive Distanznahme fortlaufend weiterentwickeln muss» (Rüegg-Stürm & Grand, 2017).

> Im Kontext der Nachhaltigkeit kommt vor allem der unternehmerische Aspekt des Modells zum Tragen. Wirtschaftlichkeit sollte nicht daran gemessen werden, wie vermögend die Investoren oder Gründerinnen werden, sondern ob sich regenerative Ideen durchsetzen und nachhaltig etablieren können.

Das St. Galler Management-Modell bietet hierzu einen pragmatischen Zugang zu den wichtigsten Aspekten einer entsprechenden unternehmerischen Praxis und setzt deren Praktiken in den Kontext der organisationalen Umwelt. Dies ist kein triviales Unterfangen, im Gegenteil; während das SGMM durchaus Klarheit schafft und Vereinfachungen leistet, lässt es bewusst auch die benötigte Komplexität zu, um Sachverhalte in ihrer ganzen Tiefe zu ergründen. Damit steht das SGMM im Kontrast zu heutigen Modellen, welche sich gegenseitig in Einfachheit zu überbieten versuchen, und ergänzt diese sinnvoll, indem es bestehende Lücken füllt und blinde Flecken sichtbar macht.

Durchführung

In seiner einfachsten Auflösung lässt sich das St. Galler Management-Modell in eine Aufgaben- und eine Praxisperspektive aufteilen, welche jeweils einen eigenständigen Zugang zur organisationalen Wertschöpfung anwenden:

- Die Aufgabenperspektive umfasst die inhaltliche Analyse und Gestaltung der organisationalen Wertschöpfung. Sie schafft

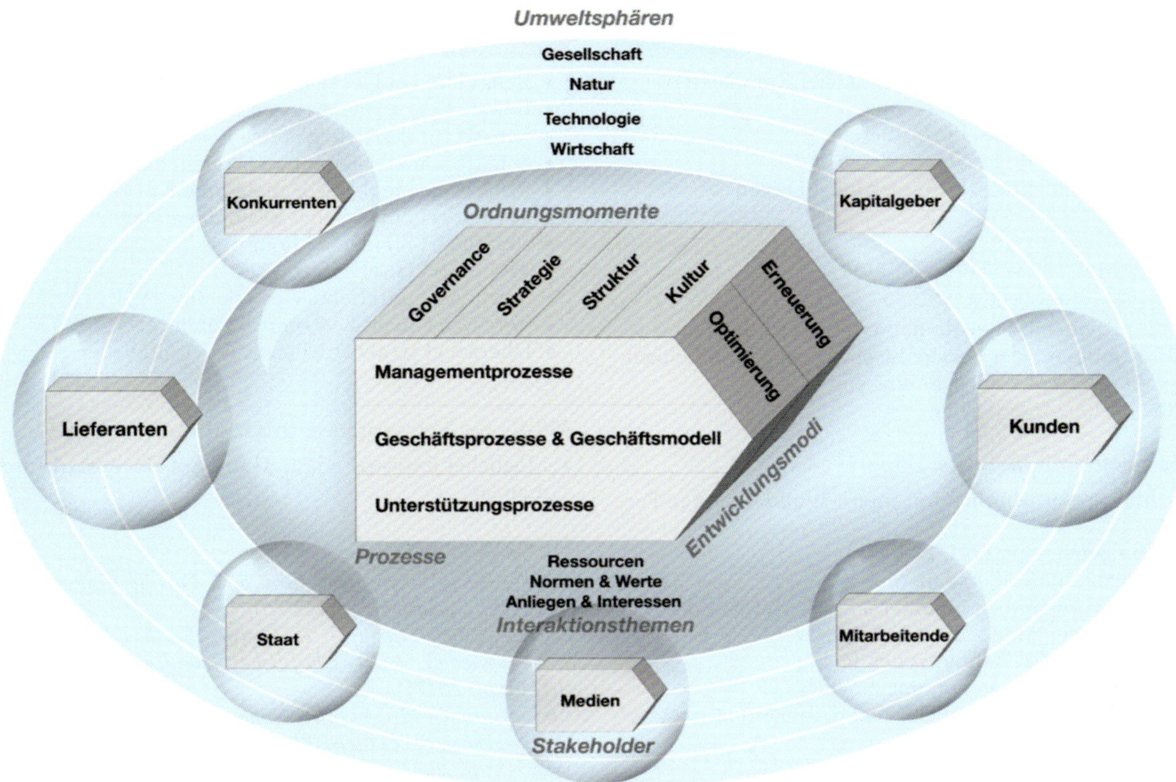

Quelle: Rüegg-Stürm, J. & Grand, S. (2020): Das St. Galler Management-Modell. Management in einer komplexen Welt, 2. überarbeitete Auflage. Bern: Haupt, UTB.

einen Überblick über die Vielzahl an Einflussfaktoren, welche deren Weiterentwicklung direkt beeinflussen können. Diese Perspektive bewegt sich entlang eines klassischen betriebswissenschaftlichen Verständnisses, welches das arbeitsteilige und aufgabenzentrierte Zusammenarbeiten von Personen mit unterschiedlichen Fähigkeiten zu orchestrieren versucht. Sie fokussiert auf Effizienz und geht davon aus, dass die organisationalen Abläufe ohne weitere Schwierigkeiten von außen angepasst und gesteuert werden können. Diese Aufgabenperspektive ist durchaus relevant, kommt jedoch an ihre Grenzen, wenn Wirkungszusammenhänge nicht mehr einfach nachvollziehbar sind oder die Steuerung von außen nicht den gewünschten Effekt hat.

- Die Praxisperspektive baut auf den identifizierten Inhalten und Faktoren der Aufgabenperspektive auf und ergänzt die entstandenen Beziehungen und potenziellen Lücken zwischen den Elementen, welche nicht abschließend erklärt werden können. In anderen Worten nimmt die Praxisperspektive die komplexen soziokulturellen Voraussetzungen und Praktiken in den Fokus, welche von Organisationen meist als unproblematisch angesehen und einfach vorausgesetzt werden. Gerade im Kontext der Nachhaltigkeit ist jedoch eine reflexive Auseinandersetzung mit den ressourcenbezogenen und kulturellen Voraussetzungen einer wirksamen Realisation essenziell. Somit zeigt das SGMM mit der Praxisperspektive Wege auf, wie eine wünschenswerte Wertschöpfung durch die gleichzeitige Arbeit an den erforderlichen Voraussetzungen und den Realisationsmöglichkeiten gestaltet werden kann.

Wie bereits in der vielschichtigen visuellen Darstellung des St. Galler Management-Modells ersichtlich ist, handelt es sich um ein komplexes Modell, bei welchem jeder Begriff für ein bestimmtes Verständnis steht. Entsprechend lässt sich das St. Galler Management-Modell in seiner Ganzheit am besten durch das Studium des begleitenden Buches von Rüegg-Stürm und Grand aus dem Jahre 2020 verstehen, welches die zentralen Aspekte der 4. Generation im Detail herleitet und vermittelt. Dabei wird das Modell aus beiden Perspektiven Schritt für Schritt beleuchtet, diskutiert und angewandt.

Im Nachhaltigkeitskontext sind hierbei primär die Kapitel zum Thema Umwelt hervorzuheben, in welchen sie in den jeweils unterschiedlichen Ausprägungen der Aufgaben- und Praxisperspektive verhandelt wird. Während bei der Aufgabenperspektive die Umwelt statisch in Wirtschaft, Technologie, Natur und Gesellschaft strukturiert wird, setzt die Praxisperspektive auf eine kommunikative Auseinandersetzung mit Stakeholdern, Umweltsphären und Existenzbedingungen. Ausgehend von diesen Fragestellungen kann das SGMM genutzt werden, um das Zusammenspiel der eigenen Organisation und ihrer Umwelt, welches sich in der organisationalen Wertschöpfung kulminiert, reflexiv auszugestalten. Welche Inhalte und Faktoren sind wichtig? Und welche Voraussetzungen und Praktiken setzen diese in Kontext zueinander?

St. Galler Management-Modell

Wirkfeld der Methode

- Wirksam für Herausforderungen mit hoher Komplexität
- Wirksam für nachhaltiges Marketing
- Wirksam für nachhaltiges Prozessdesign
- Wirksam für nachhaltiges Servicedesign
- Wirksam für nachhaltiges Business Model Design

Transformationsfähigkeit Ihres Teams

- Fördert die Sensibilisierung
- Fördert die allgemeine Transformationsfähigkeit des Teams
- Sorgt für Inspiration oder bessere Inspirationsempfindlichkeit
- Zahlt auf eine bessere Wahrnehmung ein
- Erhöht die Lösungsorientierung

Einsatzcharakteristik/Arbeitsrahmen

- Austauschfokus: vornehmlich mit internen und externen Personen
- Durchführungszeit: eher hoch (> 1 Tag)
- Einsatzfrequenz: sinnvoll im dauerhaften Einsatz
- Einsatzradius: vornehmlich im unternehmensweiten Einsatz
- Komplexität für den Moderator: eher hoch
- Komplexität für die Teilnehmer: eher hoch
- Teamgröße: Einzelpersonennutzung möglich
- Teamgröße: Kleingruppe möglich (3 bis 5 Teilnehmer)
- Vorbereitungszeit: eher hoch (>1 Tag)

Input für eine zielführende Arbeit mit der Methode

- Aktuell existierende Geschäftsmodelle
- Aktuell existierende Produkte und Services
- Aktuelle Herausforderung, Leitfrage, Problem
- Beteiligte Personen mit Tätigkeiten und Aufgaben
- Existierende Prozesse und Verfahren
- Vorhandenes Wissen und Erfahrungen
- Merkmale der gegebenen Herausforderung
- Umfeldbeobachtungen, Umfeldanalysen
- Wettbewerber und Komplementoren
- Ziele, Zielsystem, Kennzahlen
- Wissen über Gesetze und Rahmenbedingungen

Output und beobachtete Ergebnisse der Methode

- Bessere Projekteffizienz, bessere Teamperformance
- Erzeugt Planungen und Priorisierungen
- Erzeugt angereicherte Ideen, Ideencluster, höher integrierte Lösungen
- Erzeugt kollaborative Lösungen und Ideen
- Erzeugt neues Wissen und neue Erfahrungen
- Erzeugt spezifischere Leitfragen, Ideen und Aussagen
- Erzeugt visualisierte Ideen, Begriffe, Themen
- Erzeugt definierte Zielkorridore
- Erzeugt eine Vision oder Zukunftsbild
- Erzeugt größere Klarheit zu einem Thema
- Erzeugt mehr Hintergrundinformationen
- Hilft bei Entscheidungen, Bewertungen und Feedback
- Identifiziert vorhandene Schwachstellen
- Identifiziert vorhandene Stärken
- Macht Wirkzusammenhänge sichtbar

Hinderniseffekte, auf die die Methode positiv wirkt

- Beugt blinden Flecken/Betriebsblindheit vor
- Bewahrt vor zu generischen Ideen und Aussagen
- Schafft für den Erfolg nötige Realitätsbezüge
- Schafft schnell Klarheit und beschleunigt Erkenntnisgewinn
- Schärft eine fehlende gemeinsame Ausrichtung
- Verhindert Finanz- und Ressourcenfallen
- Verhindert blinden Aktionismus
- Verhindert falsche Flughöhen
- Verhindert unreflektiertes agieren
- Verringert zu große Komplexitäten
- Überzeugt strukturliebende Teammitglieder

Mögliche Extravorteile der Methode

- Möglicher Extravorteil für Teams mit einem starkem Auftragsmandat

Quellen

Buch – Rüegg-Stürm, J. & Grand, S. Das St. Galler Management-Modell. 2. Aufl. (Haupt, 2020).

Buch – Rüegg-Stürm, J. & Grand, S. Das St. Galler Management-Modell. Wissenschaftliche Grundlagen und Praxisbeispiele (Haupt, 2017)

Organisation – HBM Unternehmerschule der Universität St. Gallen (ES-HSG), St. Gallen, https://unternehmerschule.unisg.ch/de/

Web – https://www.sgmm.ch

Stakeholderanalyse

EinSatzBeschreibung

Stakeholderanalysen sind ein Instrument, um die Bedürfnisse, Interessen und Einflüsse von Anspruchsgruppen zu identifizieren und zu verstehen und dadurch eine effektive Stakeholderkommunikation und -engagement zu ermöglichen.

Working Guide/Anwendungsfelder

P1 Sensibilisierung/Bildung	P2 Matching Recht/Gesetz	P3 Sustainability Roadmap	P4 Produkt/Prozessdesign	P5 Implementierung/Monitoring	P6 Kommunikation	P7 Organisation	P8 Führung	P9 Business Model Design	P10 Skalierung
		X	X		X				

Beschreibung

Im Nachhaltigkeitskontext sind Stakeholderanalysen von großer Bedeutung, da sie dazu beitragen, die relevanten Akteure zu identifizieren, die von den nachhaltigkeitsbezogenen Aktivitäten eines Unternehmens indirekt oder direkt sowie positiv oder negativ betroffen sind oder umgekehrt Einfluss auf die Organisation haben.

Vorteile einer Stakeholderanalyse sind die Möglichkeit, das Verständnis und die Beziehungen zu den Stakeholdern zu verbessern, ihre Bedürfnisse und Erwartungen zu berücksichtigen, Konflikte zu identifizieren und die Strategieentwicklung zu unterstützen. Grenzen liegen in der subjektiven Einschätzung der Interessen und der begrenzten Vorhersagekraft der Analyse.

Gängige Stakeholder eines Unternehmens, die für das Nachhaltigkeitsmanagement von Relevanz sind:

- *Kunden:* Kunden haben ein Interesse an nachhaltigen Produkten und Dienstleistungen. Sie legen Wert auf Transparenz, ethische Beschaffung, umweltfreundliche Produktionsverfahren und soziale Verantwortung.
- *Mitarbeiter:* Mitarbeiter erwarten eine faire Bezahlung, gute Arbeitsbedingungen, Chancengleichheit, Entwicklungsmöglichkeiten und eine Unternehmenskultur, die Nachhaltigkeit und soziale Verantwortung fördert.
- *Investoren und Aktionäre:* Investoren und Aktionäre interessieren sich zunehmend für die Nachhaltigkeitsperformance eines Unternehmens. Sie wollen finanzielle Ergebnisse mit langfristiger Wertschöpfung in Einklang bringen und berücksichtigen dabei auch Umwelt- und soziale Aspekte. Ihnen dient Nachhaltigkeit insbesondere als Instrument zur Minimierung von Risiken.
- *Lieferanten:* Lieferanten möchten mit Unternehmen zusammenarbeiten, die ethische Standards einhalten, die Umweltauswirkungen minimieren und soziale Verantwortung übernehmen. Sie legen Wert auf faire, transparente und langfristige Geschäftsbeziehungen.
- *Gemeinschaften und lokale Interessengruppen:* Gemeinschaften vor Ort, NGOs und andere Interessengruppen erwarten von Unternehmen, dass sie sich für lokale Bedürfnisse, Umweltschutz, soziale Gerechtigkeit und wirtschaftliche Entwicklung engagieren.
- *Regulierungsbehörden:* Regulierungsbehörden setzen Standards und Vorschriften für Unternehmen im Bereich Nachhaltigkeit. Sie überwachen die Einhaltung von Umweltstandards, Arbeitsgesetzen und anderen relevanten Gesetzen und Vorschriften.
- *NGOs und Aktivisten:* NGOs und Aktivisten spielen eine wichtige Rolle bei der Überwachung und Beeinflussung der Nachhaltigkeitspraktiken von Unternehmen. Sie haben ein Interesse daran, dass Unternehmen ihre soziale und ökologische Verantwortung wahrnehmen.

Visualisierung der Anspruchsgruppen mittels einer Stakeholder Map

Eine Stakeholder Map (siehe Abbildung) ist ein visuelles Instrument, das verwendet wird, um die verschiedenen Stakeholdergruppen eines Unternehmens oder eines Projekts darzustellen und deren Beziehung und Einfluss aufzuzeigen. Sie dient dazu, Stakeholder in Bezug auf ihre Macht, ihr Interesse, ihre Haltung und ihren Einfluss zu analysieren und zu klassifizieren.

Eine typische Stakeholder Map besteht aus einem Koordinatensystem mit zwei Achsen: Die vertikale Achse repräsentiert den Einfluss bzw. die Macht der Stakeholder, während die horizontale Achse das Interesse der Stakeholder darstellt. Basierend auf diesen Kriterien werden die Stakeholder in unterschiedliche Bereiche der Karte eingeteilt.

Die Stakeholder werden in der Regel in vier Quadranten platziert:

Schlüsselakteure: Diese Stakeholder haben sowohl hohes Interesse als auch hohen Einfluss auf das Unternehmen oder das Projekt. Sie sind von großer Bedeutung und erfordern eine intensive Kommunikation und Einbeziehung.

Potenzielle Partner: Diese Stakeholder haben ein hohes Interesse, aber nur begrenzten Einfluss. Sie können wichtige Verbündete werden und sollten in die Kommunikations- und Kooperationsbemühungen einbezogen werden.

Geringe Priorität: Diese Stakeholder haben wenig Interesse und wenig Einfluss. Obwohl sie weniger relevant sind, sollten sie dennoch über Neuerungen informiert werden, um keine negativen Auswirkungen zu haben.

Herausforderungen: Diese Stakeholder haben zwar hohen Einfluss, aber geringes Interesse. Sie können potenzielle Risiken oder Hindernisse darstellen und erfordern besondere Aufmerksamkeit, um mögliche Konflikte oder Widerstände zu vermeiden.

Stakeholderanalyse

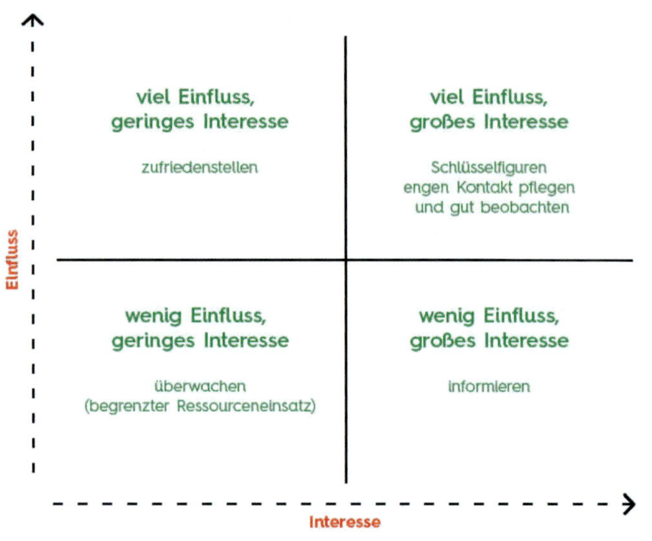

Quelle: https://agilescrumgroup.de/stakeholder-management-matrixmodel/

Durchführung

Um eine Stakeholderanalyse durchzuführen, sind folgende Schritte erforderlich:

1. Identifikation der Stakeholder: Erfassen Sie alle relevanten Stakeholdergruppen, sowohl interne als auch externe.
2. Datenerhebung: Sammeln Sie Informationen über die Interessen, Bedürfnisse, Erwartungen, Einflüsse und Machtverhältnisse der identifizierten Stakeholder, z. B. über Publikationen, aber auch über eine Stakeholderbefragung.
3. Bewertung und Priorisierung: Bewerten und priorisieren Sie die Stakeholder anhand ihres Einflusses und ihrer Interessen, um die wichtigsten Stakeholder zu identifizieren.
4. Mapping: Übertragen Sie die Stakeholdergruppen in eine Stakeholder Map.
5. Stakeholderkommunikation und -engagement: Entwickeln Sie Kommunikations- und Engagement Strategien, um die Beziehungen und Interaktionen mit den Stakeholdern zu verbessern.

Praxisschlaglicht

Ein Unternehmen im Energiesektor führt eine Stakeholderanalyse durch, um die Bedürfnisse und Interessen seiner Kunden, Mitarbeiter, Regulierungsbehörden, lokalen Gemeinschaften und Umweltorganisationen zu identifizieren. Basierend auf den Ergebnissen werden Maßnahmen entwickelt, um den Bedürfnissen der Stakeholder gerecht zu werden und nachhaltige Lösungen anzubieten.

Helfende Organisation

- Die Global Reporting Initiative bietet Leitlinien und Rahmenwerke für die Durchführung von Stakeholderanalysen im Kontext der Nachhaltigkeitsberichterstattung.
- AccountAbility ist eine Organisation, die Unternehmen bei der Umsetzung von Nachhaltigkeitspraktiken unterstützt und Tools und Methoden für Stakeholderanalysen bereitstellt.

Wirkfeld der Methode

- Wirksam für Herausforderungen mit mittlerer Komplexität
- Wirksam für Herausforderungen mit niedriger Komplexität
- Wirksam für nachhaltiges Marketing
- Wirksam für nachhaltiges Produktdesign
- Wirksam für nachhaltiges Prozessdesign
- Wirksam für nachhaltiges Servicedesign
- Wirksam für nachhaltiges Business Model Design

Transformationsfähigkeit Ihres Teams

- Sorgt für Inspiration oder bessere Inspirationsempfindlichkeit
- Zahlt auf eine bessere Wahrnehmung ein
- Zahlt auf das Dringlichkeitsempfinden ein
- Erhöht die Lösungsorientierung

Einsatzcharakteristik/Arbeitsrahmen

- Austauschfokus: vornehmlich mit internen und externen Personen
- Durchführungszeit: eher hoch (> 1 Tag)
- Einsatzfrequenz: vornehmlich über den kompletten Projektzeitraum
- Einsatzradius: vornehmlich im unternehmensweiten Einsatz
- Teamgröße: Mittelgroße Teams möglich (5 bis 20 Teilnehmer)
- Vorbereitungszeit: eher hoch (>1 Tag)

Input für eine zielführende Arbeit mit der Methode

- Erste Informationen über Stakeholder

Output und beobachtete Ergebnisse der Methode

- Erzeugt Ideen für neue Märkte und neue Business Modelle
- Erzeugt Planungen und Priorisierungen
- Erzeugt größere Klarheit zu einem Thema
- Erzeugt mehr Hintergrundinformationen
- Identifiziert vorhandene Schwachstellen
- Identifiziert vorhandene Stärken
- Macht Wirkzusammenhänge sichtbar

Hinderniseffekte, auf die die Methode positiv wirkt

- Beugt Missinterpretationen vor
- Beugt blinden Flecken/Betriebsblindheit vor
- Bewahrt vor zu generischen Ideen und Aussagen
- Schärft eine fehlende gemeinsame Ausrichtung

Mögliche Extravorteile der Methode

- Möglicher Extravorteil für in Nachhaltigkeitsthemen ungeübte Teams

Quellen

Buch – Krips, D. Stakeholdermanagement (Springer, 2017)
Web – https://agilescrumgroup.de/stakeholder-management-matrix-model/

Stakeholderbefragung

EinSatzBeschreibung

Stakeholderbefragungen sind ein Instrument, um die Meinungen, Bedürfnisse und Erwartungen von Stakeholdern zu erfassen und ihnen eine Stimme zu geben, um Entscheidungen zu verbessern und nachhaltige Praktiken zu fördern.

Working Guide/Anwendungsfelder

P1 Sensibilisierung/Bildung	P2 Matching Recht/Gesetz	P3 Sustainability Roadmap	P4 Produkt/Prozessdesign	P5 Implementierung/Monitoring	P6 Kommunikation	P7 Organisation	P8 Führung	P9 Business Model Design	P10 Skalierung
		X	X		X				

Beschreibung

Im Nachhaltigkeitsmanagement sind Stakeholderbefragungen von großer Bedeutung, da sie dazu beitragen, die verschiedenen Perspektiven und Anliegen der Stakeholder zu verstehen, in Entscheidungsprozesse einzubeziehen und die Kommunikation zur Nachhaltigkeit an den Bedürfnissen der Anspruchsgruppen auszurichten.

Zum Einsatz können gängige Befragungsmethoden wie persönliche Gespräche, schriftliche Befragungen oder Online-Befragungen kommen. Aus Kapazitäts- und Kostengründen werden in der Praxis meist online-basierte Befragungen angewandt. Je nach Art der Befragung ist auf die gängigen Vorschriften des Datenschutzes zu achten.

Vorteile einer Stakeholderbefragung sind die Möglichkeit, Stakeholder einzubeziehen, ihre Perspektiven zu verstehen, ihre Bedürfnisse zu berücksichtigen und den Dialog und das Engagement zu fördern. Grenzen liegen in der begrenzten Repräsentativität der Stichprobe und der möglichen Verzerrung der Ergebnisse durch unehrliche oder voreingenommene Antworten.

Im Rahmen einer Stakeholderbefragung zum Thema Nachhaltigkeit werden in der Regel die folgenden Stakeholdergruppen befragt:

- *Kunden* sind von großer Bedeutung, da sie die Produkte oder Dienstleistungen des Unternehmens nutzen und Interesse an nachhaltigen Alternativen haben können.
- *Mitarbeiter* spielen eine wichtige Rolle, da sie das Unternehmen repräsentieren und mit den nachhaltigen Praktiken des Unternehmens in Berührung kommen.
- *Lieferanten* sind entscheidend für die Nachhaltigkeitsleistung des Unternehmens, da sie bei der Beschaffung von Rohstoffen und Materialien eine Rolle spielen.
- *Investoren und Aktionäre* sind daran interessiert, wie das Unternehmen mit Umwelt-, Sozial- und Governance-Aspekten umgeht, da dies Auswirkungen auf die finanzielle Leistung und den Ruf des Unternehmens haben kann.
- *Gemeinschaften vor Ort und andere Interessengruppen* sind direkt von den Aktivitäten des Unternehmens betroffen und haben ein Interesse an nachhaltigen Praktiken.
- *Regulierungsbehörden* setzen Standards und Vorschriften im Bereich Nachhaltigkeit und haben ein Interesse daran, die Einhaltung dieser Vorschriften zu überwachen.
- *NGOs und Aktivisten* spielen eine wichtige Rolle bei der Überwachung und Beeinflussung der Nachhaltigkeitspraktiken von Unternehmen und können wertvolles Feedback und Einsichten liefern.

Es ist wichtig zu beachten, dass die spezifischen Stakeholdergruppen, die in einer Befragung einbezogen werden, von der Branche, dem Unternehmen und dem spezifischen Kontext abhängen können. Die Auswahl der Stakeholdergruppen sollte darauf abzielen, alle relevanten Parteien einzubeziehen, die von den nachhaltigkeitsbezogenen Aktivitäten des Unternehmens betroffen sind oder Einfluss darauf haben. Aufgrund der großen Grundgesamtheit machen i. d. R. Mitarbeiter und Kunden (bei B2C-Unternehmen) den größten Anteil der befragten Personen aus.

Themenspektrum einer Stakeholderbefragung

Im Rahmen einer Stakeholderbefragung für Nachhaltigkeit können verschiedene Fragen gestellt werden, abhängig von den Zielen der Befragung und den spezifischen Interessen und Anliegen der Stakeholder.

Beispiele für allgemeine Fragen zur Wahrnehmung von Nachhaltigkeit:

- Wie wichtig ist Ihnen das Thema Nachhaltigkeit?
- Wie gut fühlen Sie sich über Nachhaltigkeitsaspekte informiert?
- Welche Erwartungen haben Sie an Unternehmen in Bezug auf Nachhaltigkeit?

Beispiele für Fragen zur Bewertung des Unternehmens oder Projekts in Bezug auf Nachhaltigkeit:

- Wie würden Sie die Nachhaltigkeitsleistung unseres Unternehmens bewerten?
- Inwieweit halten Sie unsere Nachhaltigkeitsziele für realistisch und glaubwürdig?

Beispiele für Fragen zur Priorisierung von Nachhaltigkeitsthemen:

- Welche Nachhaltigkeitsthemen halten Sie für besonders wichtig oder dringend? Da Stakeholder oftmals die meisten Themen für wichtig halten, empfiehlt es sich hier keine Skala anzubieten, sondern vorgegebene Themen in eine priorisierte Rangfolge bringen zu lassen.

- Welche Aspekte sollten Ihrer Meinung nach bei der Entwicklung nachhaltiger Lösungen Priorität haben?

Beispiele für Fragen zur spezifischen Nachhaltigkeitspraxis des Unternehmens:

- Wie zufrieden sind Sie mit unserer Umweltbilanz oder unserem Ressourcenverbrauch?
- Wie bewerten Sie unsere Maßnahmen zur Förderung der sozialen Verantwortung?

Beispiele für Fragen zur Kommunikation und Transparenz:

- Über welche Medien erreichen wir Sie zu Nachhaltigkeitsthemen?
- Welche Informationen erwarten Sie von uns in Bezug auf unsere Nachhaltigkeitspraktiken?

Beispiele für Fragen zur Zusammenarbeit und Engagement:

- Wie können wir Sie besser in unsere Nachhaltigkeitsinitiativen einbeziehen?
- Inwieweit würden Sie mit uns zusammenarbeiten, um gemeinsame Nachhaltigkeitsziele zu erreichen?

Es ist wichtig, die Fragen so zu formulieren, dass sie präzise und verständlich sind. Vorgegebene Antwortmöglichkeiten erleichtern die Rückmeldung auch für Personen, die mit dem Thema Nachhaltigkeit weniger vertraut sind. Ergänzende offene oder halb-offene Fragen können zusätzliche Einblicke und Feedback ermöglichen.

Die Fragen sollten darauf abzielen, eine breite Palette von Meinungen und Perspektiven der Stakeholder einzufangen und gleichzeitig genügend spezifische Informationen zu erhalten, um die Nachhaltigkeitsstrategie und -praxis des Unternehmens zu verbessern. Verwendete Skalen sollten leicht verständlich und ausreichend beschriftet sein.

Die Erfassung sozio-demografischer Merkmale ermöglicht eine Clusterung und damit später einen adressatengerechten Austausch mit den einzelnen Stakeholdern bzw. -gruppen.

Durchführung

Um eine Stakeholderbefragung durchzuführen, sind folgende Schritte erforderlich:

1. Planung und Vorbereitung: Festlegung des Zwecks der Befragung, Identifizierung der Zielgruppen, Entwicklung des Fragebogens und Auswahl der Befragungsmethode, Sammlung von Adressen/Kontaktmöglichkeiten.

2. Durchführung der Befragung: Versenden der Fragebögen, Durchführung von Interviews oder Fokusgruppen, Überwachung der Rücklaufquoten und Sicherstellung der Datenqualität.

3. Datenanalyse: Auswertung der gesammelten Daten, Identifizierung von Schlüsselthemen und Trends, Erstellung von Berichten und Zusammenfassungen.

4. Kommunikation der Ergebnisse: Rückmeldung an die Stakeholder über die Ergebnisse der Befragung und geplante Maßnahmen aufgrund des Feedbacks.

5. Weitere Verwendungen: Im Rahmen einer Stakeholderanalyse, sofern eine Wesentlichkeitsanalyse oder eine doppelte Wesentlichkeitsanalyse erarbeitet wird, fließen die Ergebnisse der Stakeholderbefragung in diese ein sowie Einbindung der Ergebnisse in einen Nachhaltigkeitsbericht

Ein Programm zur Auswertung wie SPSS kann bei der Analyse der Daten unterstützen und hilft dabei, statistische Zusammenhänge zu identifizieren und aussagekräftige Ergebnisse zu erhalten.

Eine Stakeholderbefragung sollte regelmäßige, idealerweise alle zwei Jahre wiederholt werden, um Entwicklungen zu erfassen und Fortschritte zu dokumentieren und somit das Nachhaltigkeitsmanagement weiterzuentwickeln.

Praxisschlaglicht

Ein Unternehmen führt eine Stakeholderbefragung durch, um die Zufriedenheit seiner Kunden mit nachhaltigen Produkten und Dienstleistungen zu bewerten. Die Befragung umfasst Fragen zu Produktqualität, ethischer Beschaffung, Umweltauswirkungen und Kommunikation. Basierend auf den Ergebnissen werden Verbesserungsmaßnahmen eingeleitet, um die Kundenzufriedenheit weiter zu steigern.

Helfende Organisation

- Deutscher Nachhaltigkeitskodex

Wirkfeld der Methode

- Wirksam für Herausforderungen mit mittlerer Komplexität
- Wirksamkeit für Wesentlichkeitsanalyse

Transformationsfähigkeit Ihres Teams

- Bindet Stakeholderinteressen ein

Einsatzcharakteristik/Arbeitsrahmen

- Austauschfokus: vornehmlich mit internen und externen Personen
- Durchführungszeit: eher hoch (> 1 Tag)
- Einsatzfrequenz: vornehmlich über den kompletten Projektzeitraum
- Einsatzradius: vornehmlich im unternehmensweiten Einsatz
- Komplexität für die Teilnehmer: eher mittel
- Teamgröße: Großgruppen möglich (> 50 Teilnehmer)
- Teamgröße: Speziell für Großgruppen geeignet (> 50 Teilnehmer)
- Vorbereitungszeit: eher hoch (>1 Tag)

Input für eine zielführende Arbeit mit der Methode

- Kontaktmöglichkeiten (Adressen)
- Aktuell existierende Geschäftsmodelle
- Aktuell existierende Produkte und Services
- Aktuelle Herausforderung, Leitfrage, Problem
- Ergebnisse aus der Analysephase

Output und beobachtete Ergebnisse der Methode

- Erzeugt Listen von Chancen und Risiken
- Erzeugt Prognosen und Ableitungen
- Erzeugt Ideen für neue Märkte und neue Business Modelle
- Erzeugt neues Wissen und neue Erfahrungen
- Erzeugt spezifischere Leitfragen, Ideen und Aussagen
- Erzeugt segmentierte, kategorisierte, geclusterte Daten

Output und beobachtete Ergebnisse der Methode

- Hilft bei Entscheidungen, Bewertungen und Feedback
- Identifiziert vorhandene Schwachstellen
- Identifiziert vorhandene Stärken

Hinderniseffekte, auf die die Methode positiv wirkt

- Beugt Missinterpretationen vor
- Beugt blinden Flecken/Betriebsblindheit vor
- Bewahrt vor zu generischen Ideen und Aussagen
- Verhindert unreflektiertes agieren

Mögliche Extravorteile der Methode

- Möglicher Extravorteil für in Nachhaltigkeitsthemen ungeübte Teams

Quellen

Buch – Krips, D. Stakeholdermanagement (Springer, 2017)
Web – https://www.deutscher-nachhaltigkeitskodex.de/de-DE/Home/DNK/Criteria/09-Beteiligung-von-Anspruchsgruppen (abgerufen am 10.07.2023)

Grafik: verrocchio Sustainable Inspiration Card – Malvine Klecha, Hila Attaie und Jennifer van Aerssen (Illustration)

Stakeholderdialog

EinSatzBeschreibung

Stakeholderdialoge sind ein Instrument, um den Austausch und die Zusammenarbeit mit verschiedenen Stakeholdergruppen zu fördern und ihre Perspektiven, Bedürfnisse und Erwartungen in Entscheidungsprozesse einzubeziehen.

Working Guide/Anwendungsfelder

P1 Sensibilisierung/Bildung	P2 Matching Recht/Gesetz	P3 Sustainability Roadmap	P4 Produkt/Prozessdesign	P5 Implementierung/Monitoring	P6 Kommunikation	P7 Organisation	P8 Führung	P9 Business Model Design	P10 Skalierung
		X	X		X				

Beschreibung

Im Kontext der Nachhaltigkeit sind Stakeholderdialoge von großer Bedeutung, da sie dazu beitragen, eine gemeinsame Basis für nachhaltige Entscheidungen zu schaffen.

Grundsätzlich wird zwischen zwei Grundformen von Stakeholderdialogen unterschieden:

1. Konsultative Stakeholderdialoge: Bei konsultativen Dialogen werden Stakeholder zu bestimmten Themen oder Entscheidungen befragt oder um ihr Feedback gebeten. Unternehmen suchen aktiv nach den Meinungen und Perspektiven der Stakeholder, um diese in ihre Entscheidungsfindung einzubeziehen. Konsultative Dialoge ermöglichen es den Stakeholdern, ihre Stimme zu äußern und Inputs zu liefern, jedoch liegt die Entscheidungsbefugnis immer noch beim Unternehmen. Die Rolle der Stakeholder besteht hauptsächlich darin, Informationen bereitzustellen und gehört zu werden. Instrument hierfür ist etwa eine Stakeholderbefragung.

2. Kooperative Stakeholderdialoge: Bei kooperativen Dialogen geht es darum, die Stakeholder aktiv in den Entscheidungsprozess einzubinden und gemeinsam Lösungen zu entwickeln. Unternehmen arbeiten eng mit den Stakeholdern zusammen und ermöglichen ihnen eine aktive Teilnahme an Entscheidungen und der Gestaltung von Maßnahmen. Kooperative Dialoge fördern den Austausch von Ideen, den Aufbau von Vertrauen und die Zusammenarbeit zwischen Unternehmen und Stakeholdern. Die Rolle der Stakeholder besteht nicht nur darin, gehört zu werden, sondern auch bei der Entwicklung von Lösungen mitzuwirken und Verantwortung zu übernehmen.

Der Unterschied zwischen konsultativen und kooperativen Stakeholderdialogen liegt also im Grad der Zusammenarbeit und Einflussnahme auf Entscheidungen. Während konsultative Dialoge Stakeholdern die Möglichkeit geben, gehört zu werden und Informationen bereitzustellen, ermöglichen kooperative Dialoge eine aktive Zusammenarbeit und gemeinsame Entscheidungsfindung zwischen Unternehmen und Stakeholdern, um nachhaltige Lösungen zu entwickeln.

Formen kooperativer Stakeholderdialoge:

- **Bilaterale Gespräche:** Dialoge zwischen dem Unternehmen und einzelnen Stakeholdergruppen, um ihre spezifischen Anliegen zu besprechen und individuelle Lösungen zu erarbeiten. Ein bilaterales Gespräch kann bspw. in Form eines Jahresgesprächs stattfinden, bei dem sich beide Parteien inhaltlich auf den neuesten Stand bringen und über zukünftige (gemeinsame) Ziele sprechen und wie diese erreicht werden können.
- **Roundtable-Gespräche:** Multilaterale Dialoge, bei denen verschiedene Stakeholdergruppen zusammenkommen, um Themen von gemeinsamem Interesse zu diskutieren und Konsens zu erzielen.
- **Gemeinsame Projekte von Unternehmen und NGOs:** Ein Beispiel dafür ist die Zusammenarbeit zwischen einem Einzelhandelsunternehmen und einer Umweltorganisation, um Recyclingprogramme für Verpackungsmaterialien zu entwickeln und umzusetzen. Durch die Partnerschaft können sowohl das Unternehmen als auch die NGO ihre Ressourcen und Fachkenntnisse bündeln, um nachhaltige Lösungen zu schaffen.
- **Gemeinsame Produktentwicklung:** Ein Beispiel dafür ist die Zusammenarbeit zwischen einem Bekleidungsunternehmen und einer Umweltorganisation bei der Entwicklung einer nachhaltigen Kollektion. Durch den Austausch von Fachwissen und gemeinsame Forschung können Produkte entwickelt werden, die umweltfreundlicher und sozial verträglicher sind.
- **Multi-Stakeholderdialoge:** Breitere Dialoge, bei denen eine Vielzahl von Stakeholdergruppen zusammenkommen, um komplexe nachhaltigkeitsbezogene Herausforderungen anzugehen und Lösungen zu entwickeln. Ein solcher Multi-Stakeholderdialog kann bspw. in Form eines Stakeholdertages stattfinden, an dem viel verschiedene Anspruchsgruppen zusammenkommen.
- **Nachhaltigkeitsbeiräte:** Ein Beispiel für einen Nachhaltigkeitsbeirat ist ein Gremium, das aus Vertretern von Unternehmen, Regierungsbehörden, NGOs und anderen relevanten Interessengruppen besteht. Dieses Gremium trifft sich regelmäßig, um Strategien und Richtlinien zur Förderung nachhaltiger Praktiken in verschiedenen Branchen oder Regionen zu entwickeln. Durch den Dialog und die Zusammenarbeit der Mitglieder können nachhaltige Lösungen gefördert werden.

Vorteile von Stakeholderdialogen liegen in der Möglichkeit, unterschiedliche Perspektiven und Erfahrungen einzubringen, gemeinsame Lösungen zu finden und das Vertrauen zwischen den Stakeholdern zu stärken. Grenzen können in der Zeit- und Ressourcenintensität sowie in den Herausforderungen liegen, die unterschiedlichen Interessen und Erwartungen der Stakeholder zu harmonisieren.

Durchführung

Um einen Stakeholderdialog durchzuführen, sind folgende Schritte erforderlich, die am Beispiel eines Stakeholdertages verdeutlicht werden können:

1. Vorbereitung: Festlegung des Ziels und Zwecks des Stakeholderdialogs, Identifizierung der relevanten Stakeholdergruppen und Einladung zur Teilnahme.

2. Agenda-Entwicklung: Entwicklung einer detaillierten Agenda, die verschiedene Themen und Diskussionspunkte abdeckt, um eine effektive und strukturierte Diskussion zu ermöglichen. Dies schließt auch die Akquise adäquater interner und externer Referenten ein.

3. Durchführung des Stakeholdertages: Organisation der Veranstaltung, Moderation der Diskussionen, Erfassung von Feedback und Erkenntnissen.

4. Follow-up und Ergebnisumsetzung: Analyse des Feedbacks, Zusammenfassung der Ergebnisse, Entwicklung von Maßnahmenplänen und Kommunikation der Ergebnisse an die Stakeholder.

Praxisschlaglicht

Ein Unternehmen aus der Lebensmittelbranche organisiert einen Stakeholdertag, bei dem Vertreter aus verschiedenen Stakeholdergruppen wie Kunden, Lieferanten, NGOs und Regulierungsbehörden zusammenkommen. In moderierten Diskussionen werden Themen wie nachhaltige Landwirtschaft, Ernährungssicherheit und Verpackung diskutiert, um gemeinsame Lösungen und Handlungsempfehlungen zu entwickeln.

Helfende Organisation

- The Partnering Initiative: The Partnering Initiative ist eine Organisation, die Unternehmen und andere Akteure dabei unterstützt, Partnerschaften und Stakeholderdialoge aufzubauen und erfolgreich zu gestalten.
- International Association for Public Participation (IAP2): Die IAP2 ist eine globale Organisation, die sich auf die Förderung und Praxis der Partizipation und des Stakeholder-Engagements spezialisiert hat.
- Gesellschaft für Bürgergutachten GbR (GfB)

Wirkfeld der Methode

- Wirksam für Herausforderungen mit mittlerer Komplexität
- Wirksamkeit für Wesentlichkeitsanalyse

Transformationsfähigkeit Ihres Teams

- Bindet Stakeholderinteressen ein

Einsatzcharakteristik/Arbeitsrahmen

- Austauschfokus: vornehmlich mit internen und externen Personen
- Durchführungszeit: eher hoch (> 1 Tag)
- Einsatzfrequenz: vornehmlich über den kompletten Projektzeitraum
- Einsatzradius: vornehmlich im unternehmensweiten Einsatz
- Komplexität für die Teilnehmer: eher mittel
- Teamgröße: Großgruppen möglich (> 50 Teilnehmer)
- Teamgröße: Speziell für Großgruppen geeignet (> 50 Teilnehmer)
- Vorbereitungszeit: eher hoch (>1 Tag)

Input für eine zielführende Arbeit mit der Methode

- Kontaktmöglichkeiten (Adressen)
- Aktuell existierende Geschäftsmodelle
- Aktuell existierende Produkte und Services
- Aktuelle Herausforderung, Leitfrage, Problem
- Ergebnisse aus der Analysephase

Output und beobachtete Ergebnisse der Methode

- Erzeugt Listen von Chancen und Risiken
- Erzeugt Prognosen und Ableitungen
- Erzeugt Ideen für neue Märkte und neue Business Modelle
- Erzeugt neues Wissen und neue Erfahrungen
- Erzeugt spezifischere Leitfragen, Ideen und Aussagen
- Erzeugt segmentierte, kategorisierte, geclusterte Daten
- Hilft bei Entscheidungen, Bewertungen und Feedback
- Identifiziert vorhandene Schwachstellen
- Identifiziert vorhandene Stärken

Hinderniseffekte, auf die die Methode positiv wirkt

- Beugt Missinterpretationen vor
- Beugt blinden Flecken/Betriebsblindheit vor
- Bewahrt vor zu generischen Ideen und Aussagen
- Verhindert unreflektiertes agieren

Mögliche Extravorteile der Methode

- Möglicher Extravorteil für in Nachhaltigkeitsthemen ungeübte Teams

Quellen

Buch – Künkel, P., Gerlach, S., Frieg, V. Stakeholder-Dialoge erfolgreich gestalten (SpringerGabler, 2019)

Web – https://www.heike-leitschuh.de/downloads/txt_stakeholder-dialog.pdf (abgerufen am 12.07.2023)

Web – https://www.csr-in-deutschland.de/DE/CSR-Allgemein/CSR-in-der-Praxis/CSR-Management/Stakeholderdialoge/stakeholder-dialoge-art.html, (abgerufen am 12.07.2023)

253

START 5P

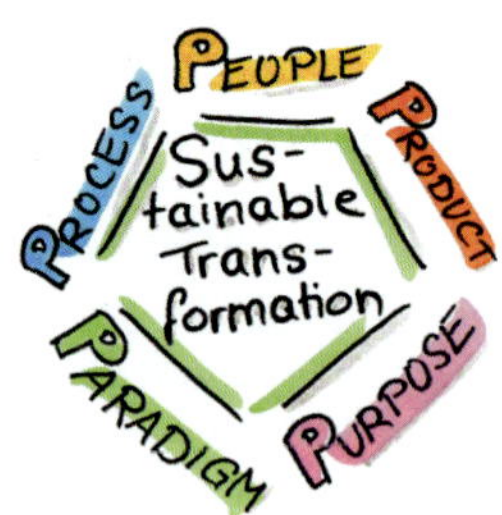

EinSatzBeschreibung

Sustainable Transformation Art in 5 Perspektiven: Transformationsmodell als Lösungsraum für einen abteilungsübergreifenden Einstieg in die Wirk-Zusammenhänge nachhaltiger Unternehmensführung.

Working Guide/Anwendungsfelder

P1 Sensibilisierung/Bildung	P2 Matching Recht/Gesetz	P3 Sustainability Roadmap	P4 Produkt/Prozessdesign	P5 Implementierung/Monitoring	P6 Kommunikation	P7 Organisation	P8 Führung	P9 Business Model Design	P10 Skalierung
X		X							

Beschreibung

START 5P ist ein Lösungsraum, ein Modell, in dem alle wesentlichen Aspekte der nachhaltigen Transformation hinterlegt sind. START 5P wurde von der Unternehmensberatung für nachhaltige Transformation sustainable natives eG entwickelt.

Die 5 Perspektiven heißen People, Product, Process, Purpose und Paradigm. Die Perspektiven-Beschreibung ist vor allem geeignet, dem Führungskräfte-Team eines Unternehmens die Möglichkeit zu geben, die Interdependenz von Veränderung gemeinsam wahrzunehmen. Es eignet sich aufgrund seiner Zusammenschau aller Perspektiven auch für größere, übergreifende Unternehmensteams.

Alles hängt mit allem zusammen. Nachhaltige Veränderung wird das ganze Unternehmen erfassen. Jede der 5 Perspektiven ist unterlegt mit einer Vision, welche die Themen aus den bekannten Regelwerken wie SDG (Sustainable Development Goals), GRI (Global Reporting Initiative) und CSRD (Corporate Sustainability Reporting Directive) gebündelt in eine nachhaltige Botschaft übersetzt.

Wir nutzen dieses Modell in unterschiedlichen Workshop-Designs, um die Teilnehmenden mit den 5P-Visionen herauszufordern. Je nachdem, welche Aufgabe im Vordergrund steht, entstehen Einsichten, Vorhaben, nachhaltige Utopien oder eine Reihe konkreter Maßnahmen, die eine umfassende Nachhaltigkeitsstrategie zum Ziel haben.

Durchführung

START 5P Basis Workshop

Das brauchen Sie:

- Raum mit ausreichend Platz für 5 bis 7 große Metaplanwände und genügend Platz für alle Teilnehmenden,
- Ausdrucke der 5P-Perspektiven,
- Modellerklärung zu 5P,
- einen erfahrenen Moderator mit START-5P-Wissen.

Zeit: je nach Prozessdesign 1 – 2 Tage

> Die Durchführung eines START 5P Workshops benötigt unbedingt das Moderatorenwissen über das Modell und die umfassenden Hintergründe der 5 Perspektiven sowie über Nachhaltigkeitsmanagement im Allgemeinen.

Typischer Ablauf

Schritt 1: Impulsvortrag zu den Grundlagen der nachhaltigen Unternehmensführung

Schritt 2: Einführungsvortrag in das 5P-Modell (Vortragscharts). Im Einführungsvortrag werden die 5 Perspektiven mit ihren Visionen und Wirkungen vorgestellt. Dabei ist die Reihenfolge der einzelnen Ps nicht maßgeblich.

PEOPLE

Die Vision: Wir schaffen nachhaltigen Wohlstand für alle, die mit uns verbunden sind (shared prosperity).

Die Wirkungsbereiche:

- Management & Governance
- Mitarbeiter
- Lieferanten
- Kunden
- Gesellschaft und weitere Stakeholder

PRODUCT

Die Vision: Wir wirken für Produkte mit einer Sustainable Identity und sind Botschafter für nachhaltigen Konsum.

Die Wirkungsbereiche:

- Geschäftsmodell & Produktstrategien
- Purpose & nachhaltige Produkte
- Product Lifecycle
- Product Design
- Marketing & Sales

PROCESS

Die Vision: Unsere Prozesse sind integer, wir produzieren keine Verlierer in unserer Wertschöpfungskette.

Die Wirkungsbereiche:

- Führungsprozesse (Management)
- Kernprozesse (Wertschöpfende Prozesse)
- Unterstützungsfunktionen (z. B. Personal, Einkauf, IT)
- Produktlebenszyklus
- Qualitätssicherung, Audit & Zertifikate, Regulatorik

PROCESS

VISION

Unsere Prozesse sind integer, wir produzieren keine Verlierer in unserer Wertschöpfungskette.

WIRKUNGSBEREICHE

- Führungsprozesse (Management)
- Kernprozesse (Wertschöpfende Prozesse)
- Unterstützungsfunktionen (z.B. Personal, Einkauf)
- Produktlebenszyklus
- Qualitätssicherung, Audit & Zertifikate

PARADIGM

VISION

Wir handeln nach vereinbarten Werten, die nachhaltiges Wirtschaften innerhalb planetarer Grenzen sichern.

WIRKUNGSBEREICHE

- Vision, Mission und Ziele
- Werte-Treiber und Zukunftstrends
- Organisationskultur
- Werte-Kosmos
- Umgang mit Transformation

PRODUCT

VISION

Wir wirken für Produkte mit einer Sustainable Identity und sind Botschafter für nachhaltigen Konsum.

WIRKUNGSBEREICHE

- Geschäftsmodell & Produktstrategien
- Purpose & nachhaltige Produkte
- Product Lifecycle
- Product Design
- Marketing & Sales

PEOPLE

VISION

Wir schaffen nachhaltigen Wohlstand für alle, die mit uns verbunden sind (shared prosperity).

WIRKUNGSBEREICHE

- Management & Governance
- Mitarbeiter
- Lieferanten
- Kunden
- Gesellschaft und weitere Stakeholder

PURPOSE

VISION

Mit unserem Unternehmenszweck leisten wir einen sinnstiftenden Beitrag für eine lebendige Zukunft.

WIRKUNGSBEREICHE

- Sinn & Purpose
- Struktur & Transformation
- Zweck und Veränderung
- Partnerschaft & Vertrauen
- Gesellschaftliche Interaktion, Stakeholder & Kommunikation

Start5P (Quelle: sustainable natives eG, Berlin)

PURPOSE

Die Vision: Mit unserem Unternehmenszweck leisten wir einen sinnstiftenden Beitrag für eine lebendige Zukunft.

Die Wirkungsbereiche:

- Sinn & Purpose
- Struktur & Transformation
- Zweck und Veränderung
- Partnerschaft & Vertrauen
- Gesellschaftliche Interaktion, Stakeholder & Kommunikation

PARADIGM

Die Vision: Wir handeln nach vereinbarten Werten, die nachhaltiges Wirtschaften innerhalb planetarer Grenzen sichern.

Die Wirkungsbereiche

- Vision, Mission und Ziele
- Werte-Treiber und Zukunftstrends
- Organisationskultur
- Werte-Kosmos
- Umgang mit Transformation

Schritt 3: Worksession

Auf fünf Metaplan-Wänden sind die 5Ps im Raum verteilt. Jede Wand ist vorher mit einem der 5Ps, der entsprechenden Vision sowie den Wirkungsbereichen präpariert worden.

Die Teilnehmenden werden in 2er-Teams aufgeteilt, max. fünf Gruppen. (Bei höherer Teilnehmerzahl alle Personen auf 5 Teams verteilen)

Die Leitfrage muss auf den aktuellen Kontext im Unternehmen abgestimmt sein. Wichtig ist z. B. zu unterscheiden, ob das Unternehmen bereits Nachhaltigkeitserfahrungen gemacht hat, ob die Teilnehmenden bereits Nachhaltigkeitswissen besitzen, ob es um eine generelle Einführung geht oder um die Verbesserung des Overall-Nachhaltigkeitsperformance.

Beispiel-Leitfragen:

- Was hindert uns, in dieser P-Perspektive, eine nachhaltige Vision umzusetzen? Welche Aspekte fehlen zum Beispiel in den einzelnen Wirkungsbereichen? Wo sind wir noch nicht gut? Wo siehst du welche Hindernisse?
- Was brauchen wir, um in dieser P-Perspektive der nachhaltigen Vision zu entsprechen? In welchen der Wirkungsbereiche haben wir bisher ungenutzte Chancen? Was sind Herausforderungen, die wir bisher nicht angegangen sind? Was hat uns hier bisher in einer nachhaltigen Umsetzung verhindert?

Ablauf-Anleitung

60–90 Minuten

Die Teams starten je an einer P-Metaplanwand. Jeder Teilnehmende sammelt pro P zunächst seine eigenen Gedanken und notiert diese auf Post-its. Anschließend tauschen sich beide aus und notieren die wichtigsten Erkenntnisse auf dem Bord.

Nach 15 Minuten wechseln die Teams, anschließend nach 10 min pro P. An der letzten Station bereitet sich das Team darauf vor, die Ergebnisse der Metaplan-Wand für die anderen zusammenzufassen.

60–90 Minuten

Die wichtigen Findings werden von dem jeweils letzten Team für alle präsentiert. Die Moderatorin klärt dabei: „Welche Themen kristallisieren sich heraus?" und notiert diese zu Oberthemen. Es geht darum, die Themen zu beleben, Beispiele zu erzählen, Punkte klarzumachen.

30–60 Minuten

Die Teilnehmenden werden gebeten, die Themen in den einzelnen Ps zu priorisieren, bzw. zu clustern (zum Beispiel mit einer Abstimmung über die 5 wichtigsten Findings pro P). Jetzt stellt sich klar heraus, welche der 5 Perspektiven (People, Process, Product, Paradigm, Purpose) den größten Handlungsbedarf hat oder bietet.

60–90 Minuten

In einer angeleiteten Diskussion clustern die Teilnehmenden die Findings aller Perspektiven zu den wichtigsten Vorhaben. Dabei werden auch die Bezüge herausgearbeitet, die die jeweiligen P-Perspektiven miteinander verbinden (z. B. P-Prozessveränderungen bringen Entwicklungen im P-People-Segment mit usw.).

Dabei entscheidet die Gruppe zunächst auf einer High-Level-Ebene über die Anzahl der Vorhaben, bzw. die zeitliche Dimension, die den nächsten Schritten zur Verfügung gestellt werden soll.

Zum Ende des Workshops ist es für den Folgeprozess zudem sinnvoll, dass die Teilnehmenden sich auf Next Steps einigen, die auf die erzielten Erkenntnisse einzahlen sollen.

Hier endet zunächst die 5P Discovery.

Die Teilnehmenden haben einen gemeinsamen Blick auf die Zusammenhänge einer nachhaltigen Transformation mit ihrer bisherigen Unternehmensperformance geworfen. Sie haben ein gemeinsames Verständnis für die wichtigsten Aufgaben entwickelt und ein erstes Framework für mögliche Vorhaben erkannt.

Wirkfeld der Methode

- Wirksam für Herausforderungen mit hoher Komplexität
- Wirksam für Herausforderungen mit mittlerer Komplexität
- Wirksam für nachhaltiges Marketing
- Wirksam für nachhaltiges Produktdesign
- Wirksam für nachhaltiges Prozessdesign
- Wirksam für nachhaltiges Servicedesign
- Wirksam für nachhaltiges Business Model Design

Transformationsfähigkeit Ihres Teams

- Fördert die Sensibilisierung
- Fördert das Gesamtverständnis für ganzheitliche Nachhaltigkeit
- Fördert die allgemeine Transformationsfähigkeit des Teams
- Fördert offene Mindsets und innovative Denkhaltungen
- Zahlt auf eine bessere Vorstellungskraft ein
- Erhöht die Lösungsorientierung

Einsatzcharakteristik/Arbeitsrahmen

- Austauschfokus: vornehmlich mit internen Personen
- Austauschfokus: vornehmlich mit internen und externen Personen
- Durchführungszeit: eher mittel (> 1 Stunde bis < 1 Tag)
- Einsatzfrequenz: sinnvoll im dauerhaften Einsatz
- Einsatzfrequenz: vornehmlich über den kompletten Projektzeitraum
- Einsatzradius: vornehmlich im Teameinsatz
- Einsatzradius: vornehmlich im unternehmensweiten Einsatz
- Komplexität für den Moderator: eher hoch
- Komplexität für die Teilnehmer: eher mittel
- Teamgröße: Kleingruppe möglich (3 bis 5 Teilnehmer)
- Teamgröße: Maxigruppen möglich (20 bis 40 Teilnehmer)
- Teamgröße: Mittelgroße Teams möglich (5 bis 20 Teilnehmer)
- Vorbereitungszeit: eher mittel (> 1 Stunde bis < 1 Tag)

Input für eine zielführende Arbeit mit der Methode

- Aktuell existierende Geschäftsmodelle
- Aktuell existierende Produkte und Services
- Aktuelle Herausforderung, Leitfrage, Problem
- Durchführungszeit, Trainingszeit
- Innovationssuchfelder, Intent Statements
- Trends und Zukunftsentwicklungen
- Umfeldbeobachtungen, Umfeldanalysen

Output und beobachtete Ergebnisse der Methode

- Bessere Projekteffizienz, bessere Teamperformance
- Erzeugt Prognosen und Ableitungen
- Erzeugt Ideen für neue Märkte und neue Business Modelle
- Erzeugt Ideen, Lösungsansätze, Vorideen, Möglichkeiten
- Erzeugt Ideensuchfelder, unentdeckte Probleme, Inspiration
- Erzeugt Leitfragen für die Ideenfindung
- Erzeugt definierte Zielkorridore
- Erzeugt größere Klarheit zu einem Thema
- Erzeugt transformationsfähigere Organisationen
- Identifiziert vorhandene Schwachstellen
- Identifiziert vorhandene Stärken
- Macht Wirkzusammenhänge sichtbar

Hinderniseffekte, auf die die Methode positiv wirkt

- Beugt Missinterpretationen vor
- Beugt blinden Flecken/Betriebsblindheit vor
- Schafft für den Erfolg nötige Realitätsbezüge
- Schafft schnell Klarheit und beschleunigt Erkenntnisgewinn
- Schärft eine fehlende gemeinsame Ausrichtung
- Stärkt das Vertrauen im Team
- Verhindert Ideenfindung mit zu schwacher Erkenntnisgrundlage
- Verhindert falsche Flughöhen
- Fördert Optimismus und Zuversicht

Mögliche Extravorteile der Methode

- Möglicher Extravorteil für Teams mit einem starkem Auftragsmandat
- Möglicher Extravorteil für in Nachhaltigkeitsthemen ungeübte Teams

Quellen

Organisation – sustainable natives eG, Berlin, www.sustainablenatives.com

Person – Antje Meyer, antje.meyer@sustainablenatives.com

Story Writing

EinSatzBeschreibung

Kollaboratives Kreativitätswerkzeug, bei dem Teilnehmende in einer rotierenden Sequenz auf der Grundlage eines vorgegebenen Anfangssatzes eine fortlaufende Geschichte schreiben, um divergentes Denken zu fördern und kollektive Ideen für Innovation und nachhaltige Lösungen zu generieren.

Working Guide/Anwendungsfelder

P1 Sensibilisierung/Bildung	P2 Matching Recht/Gesetz	P3 Sustainability Roadmap	P4 Produkt/Prozessdesign	P5 Implementierung/Monitoring	P6 Kommunikation	P7 Organisation	P8 Führung	P9 Business Model Design	P10 Skalierung
			X						

Beschreibung

Diese Methode fördert die Generierung von innovativen, nachhaltigen Lösungen durch kollektives und divergentes Denken. Im Kern zielt sie darauf ab, die Teilnehmenden dazu zu bringen, fachübergreifende Konzepte und unkonventionelle Ansätze zu erforschen, indem sie an einer gemeinsamen narrativen Struktur arbeiten.

Die Besonderheit dieser Methode im Kontext der Nachhaltigkeit liegt in ihrer Fähigkeit, ein breites Spektrum von Stakeholdern – von Umweltexperten bis zu Sozialunternehmern – in einen kreativen Dialog einzubinden. Durch die Erarbeitung einer gemeinsamen Geschichte, die sich um zentrale Herausforderungen der Nachhaltigkeit dreht, werden die Teilnehmenden ermutigt, neuartige Wege zur Bewältigung komplexer ökologischer und sozialer Probleme zu erkunden.

Durchführung

- Legen Sie das Zeitlimit pro Runde fest, z. B. zwei Minuten.
- Der vorgegebene Satz sollte offen, aber prägnant sein, um die Teilnehmenden zum kreativen Denken anzuregen. Beispiele: *In einer Stadt, in der alle Maschinen plötzlich zum Leben erwachten, …* Der Satz kann eine konkrete nachhaltige Herausforderung oder ein Ziel adressieren: *In einer Welt, die gerade die Schwelle von 1,5 °C Erwärmung überschritten hat, …*
- Schreiben Sie den Satz auf ein Blatt Papier oder Flipchart und lesen Sie ihn den Teilnehmenden vor.
- Jeder Teilnehmende fügt einen Satz hinzu. Vermeiden Sie dabei Diskussionen oder Kommentare, um den Fluss nicht zu unterbrechen.
- Ermutigen Sie die Teilnehmenden, nachhaltige Lösungen, Technologien oder soziale Innovationen in die Geschichte zu integrieren.
- Zeitmanagement ist wichtig: Verwenden Sie einen Timer, um die Dauer jeder Runde zu kontrollieren.
- Das Blatt wird im Uhrzeigersinn weitergereicht.
- Falls das Papier bei einem Teilnehmenden ankommt, der bereits geschrieben hat, kann eine Variation eingeführt werden, z. B. das Hinzufügen eines Dialogs oder eines unerwarteten Elements. Fokussieren Sie darauf, wie die Story zu nachhaltigen Lösungen führen könnte.
- Wenn ein Endpunkt erreicht ist, lesen Sie die Geschichte vor.
- Diskutieren Sie mit den Teilnehmenden über die entstandenen Ideen, den Schreibstil oder verborgene Konzepte, die zur Innovationsfindung beitragen könnten.
- Betonen Sie Ideen, die sich konkret auf die Nachhaltigkeitsziele (SDGs) oder andere umwelt- und gesellschaftliche Benchmarks beziehen.
- Sammeln Sie Feedback zur Methode und den resultierenden Ideen.
- Zusätzlich zur allgemeinen Analyse sollte diskutiert werden, wie die in der Geschichte entstandenen Ideen in realen nachhaltigen Projekten oder Initiativen umgesetzt werden könnten.

Die Methode Story Writing kann einzeln oder in Kombination mit anderen Innovationsmethoden eingesetzt werden.

Wirkfeld der Methode

- Wirksam für Herausforderungen mit niedriger Komplexität
- Wirksam für nachhaltiges Produktdesign
- Wirksam für nachhaltiges Servicedesign

Transformationsfähigkeit Ihres Teams

- Fördert die Teamkreativität
- Fördert offene Mindsets und innovative Denkhaltungen
- Sorgt für Inspiration oder bessere Inspirationsempfindlichkeit

Einsatzcharakteristik/Arbeitsrahmen

- Austauschfokus: vornehmlich mit internen Personen
- Durchführungszeit: eher gering (< 1 Stunde)
- Einsatzfrequenz: vornehmlich im einmaligen Einsatz
- Einsatzradius: vornehmlich im Teameinsatz
- Komplexität für den Moderator: eher gering
- Komplexität für die Teilnehmer: eher gering
- Teamgröße: Kleingruppe möglich (3 bis 5 Teilnehmer)
- Teamgröße: Mittelgroße Teams möglich (5 bis 20 Teilnehmer)
- Vorbereitungszeit: eher gering (< 1 Stunde)

Input für eine zielführende Arbeit mit der Methode

- Aktuelle Herausforderung, Leitfrage, Problem

Output und beobachtete Ergebnisse der Methode

- Erzeugt Ideen, Lösungsansätze, Vorideen, Möglichkeiten
- Erzeugt Ideensuchfelder, unentdeckte Probleme, Inspiration
- Erzeugt besseren Teamspirit, mehr Offenheit, Inspirationsempfindlichkeit
- Erzeugt kollaborative Lösungen und Ideen

Hinderniseffekte, auf die die Methode positiv wirkt

- Bindet eher introvertierte Teammitglieder mit ein
- Dynamisiert und aktiviert wenig dynamische Teams
- Fördert gehemmte Teammitglieder
- Schärft eine fehlende gemeinsame Ausrichtung
- Stärkt das Vertrauen im Team

Mögliche Extravorteile der Methode

- Möglicher Extravorteil für Teams mit einer konservativen, tradierten Kultur

Quellen

Person – Helga Katharina Mahler, helga.mahler@gmail.com

Storyboarding

EinSatzBeschreibung

Storyboarding ist eine visuelle Methode, die ein definiertes Ziel, Idee oder Strategie sehr schnell viel konkreter und klarer werden lässt.

Working Guide/Anwendungsfelder

P1 Sensibilisierung/Bildung	P2 Matching Recht/Gesetz	P3 Sustainability Roadmap	P4 Produkt/Prozessdesign	P5 Implementierung/Monitoring	P6 Kommunikation	P7 Organisation	P8 Führung	P9 Business Model Design	P10 Skalierung
		X	X		X		X	X	

Beschreibung

Storyboarding ist eine visuelle Methode, die ein definiertes Ziel, oder Idee, oder Strategie sehr schnell viel konkreter und klarer werden lässt. Diese Methode hilft auch Visionen zu konkretisieren, und ist eine optimale Ergänzung zur Methode Zeitungsartikel aus der Zukunft. Sie zeigt möglicherweise auch erste Schritte und Hindernisse beim weiteren Vorgehen auf.

Storyboards sind beim Innovieren an vielen weiteren Stellen hilfreich, da sie eine visuelle Methode bieten, um Ideen zu organisieren, zu kommunizieren und zu entwickeln. Hier sind einige Gründe, warum Storyboards in Innovationsprozessen nützlich so sind:

- Visualisierung von Ideen: Storyboards ermöglichen es, abstrakte Ideen und Konzepte in konkrete Bilder und Szenarien umzuwandeln. Dies erleichtert es den Beteiligten, die Ideen zu verstehen und sich vorzustellen, wie sie in der Praxis funktionieren könnten.
- Kommunikation: Storyboards sind eine effektive Möglichkeit, Ideen und Konzepte mit anderen zu teilen. Sie bieten eine gemeinsame visuelle Sprache, die es den Teammitgliedern ermöglicht, auf dieselbe Seite zu kommen und Missverständnisse zu minimieren.
- Identifizierung von Lücken und Herausforderungen: Durch das Erstellen eines Storyboards können Innovatoren Lücken oder Herausforderungen in ihren Ideen erkennen. Wenn ein Konzept nicht klar in einem Storyboard dargestellt werden kann, kann dies auf Schwächen hinweisen, die behoben werden müssen.
- Iteration und Verbesserung: Storyboards sind flexibel und ermöglichen es, Ideen schnell zu ändern und zu verbessern. Dies fördert den Innovationsprozess, da Teams leichter neue Ansätze ausprobieren und optimieren können.
- Stakeholder-Einbindung: Storyboards können dazu beitragen, Stakeholder, Kunden und Interessengruppen in den Innovationsprozess einzubeziehen, indem sie ihnen eine klare Vorstellung davon vermitteln, wie das Endprodukt oder die Dienstleistung aussehen könnte.

Quelle: unsplash

Für den Einsatz von Storyboards gibt es einige sehr bekannte und etablierte Anwendungsbereiche:

1. Ideengenerierung: Beginnen Sie den Innovationsprozess, indem Sie Ideen sammeln und skizzieren. Erstellen Sie Storyboards, um verschiedene Konzepte zu visualisieren und zu bewerten.
2. Prototyping: Verwenden Sie Storyboards, um Prototypen von Produkten oder Dienstleistungen zu erstellen. Dies ermöglicht es, frühzeitig Feedback von Stakeholdern einzuholen und Iterationen vorzunehmen.
3. Nutzerzentrierte Gestaltung: Nutzen Sie Storyboards, um die Bedürfnisse und Erwartungen Ihrer Zielgruppe zu verstehen und Lösungen zu entwickeln, die auf diese Bedürfnisse zugeschnitten sind.
4. Kommunikation: Setzen Sie Storyboards ein, um Ihre Ideen und Konzepte in Ihrem Team oder Unternehmen zu präsentieren. Dies erleichtert die Diskussion und das Verständnis.
5. Dokumentation: Verwenden Sie Storyboards, um den Innovationsprozess und die Entwicklung von Ideen zu dokumentieren. Dies kann später nützlich sein, um den Verlauf des Projekts nachzuvollziehen und Erfahrungen für zukünftige Projekte zu sammeln.

Insgesamt sind Storyboards eine vielseitige und effektive Methode, um Innovationen zu fördern, Ideen zu entwickeln und den Innovationsprozess zu unterstützen. Sie ermöglichen es, Ideen in greifbare Formen zu bringen, die leicht verstanden, geteilt und weiterentwickelt werden können.

Durchführung

Hier ein sehr grundlegendes Arbeitsformat für den Umgang mit Storyboards.

Schritt 1: Nehmen Sie sechs bis acht DIN A4-Blätter, Sie können die Elemente aber auch als Felder auf ein einzelnes Blatt oder ein Flipchart zeichnen.

Schritt 2: Im ersten bis letzten Feld wird die Story rund um die Fragestellung oder die Idee entwickelt. Hierbei bildet das erste Feld die Anfangssituation (Status quo) und das letzte Feld das Zielbild (Ideallösung). Hinweis: Bei weniger als sechs Feldern ist es schwer, eine Geschichte entwickelt zu bekommen, und bei mehr als acht Feldern besteht die Gefahr, sich in Details zu verlieren.

Schritt 3: Vervollständigen Sie die Story, indem Sie in die freien Felder die wesentlichen Schritte zur Erreichung den Zielzustands notieren. Sie können auch Bilder, Zeichnungen oder Gegenständliches (Knete, Lego oder anderes) einbinden, um die Geschichte lebendiger werden zu lassen.

Hinweis: Die einzelnen Felder müssen nicht ausgefeilt oder künstlerisch wertvoll sein. Es geht um die Kernaussage des jeweiligen Abschnitts und die Entwicklung einer visionären Denkweise.

Schritt 4: Präsentieren Sie Ihre Vision oder Ideen anhand Ihres Storyboards.

Wirkfeld der Methode

- Wirksam für Herausforderungen mit mittlerer Komplexität
- Wirksam für Herausforderungen mit niedriger Komplexität
- Wirksam für nachhaltiges Marketing
- Wirksam für nachhaltiges Produktdesign
- Wirksam für nachhaltiges Prozessdesign
- Wirksam für nachhaltiges Servicedesign
- Wirksam für nachhaltiges Business Model Design

Transformationsfähigkeit Ihres Teams

- Fördert die Teamkreativität
- Fördert die allgemeine Transformationsfähigkeit des Teams
- Zahlt auf eine bessere Vorstellungskraft ein
- Zahlt auf eine bessere Wahrnehmung ein
- Zahlt auf ein positives Zukunftsbild ein
- Erhöht die Lösungsorientierung

Einsatzcharakteristik/Arbeitsrahmen

- Austauschfokus: vornehmlich mit internen Personen
- Durchführungszeit: eher mittel (> 1 Stunde bis < 1 Tag)
- Einsatzfrequenz: sinnvoll im dauerhaften Einsatz
- Einsatzfrequenz: vornehmlich im einmaligen Einsatz
- Einsatzfrequenz: vornehmlich über den kompletten Projektzeitraum
- Komplexität für den Moderator: eher gering
- Komplexität für die Teilnehmer: eher gering
- Komplexität für die Teilnehmer: eher hoch
- Teamgröße: Kleingruppe möglich (3 bis 5 Teilnehmer)
- Teamgröße: Mittelgroße Teams möglich (5 bis 20 Teilnehmer)
- Teamgröße: Speziell für Großgruppen geeignet (> 50 Teilnehmer)
- Vorbereitungszeit: eher mittel (> 1 Stunde bis < 1 Tag)

Input für eine zielführende Arbeit mit der Methode

- Aktuelle Herausforderung, Leitfrage, Problem

Output und beobachtete Ergebnisse der Methode

- Erzeugt Poster
- Erzeugt angereicherte Ideen, Ideencluster, höher integrierte Lösungen
- Erzeugt visualisierte Ideen, Begriffe, Themen
- Erzeugt größere Klarheit zu einem Thema
- Erzeugt Ideen, Lösungsansätze, Vorideen, Möglichkeiten

Hinderniseffekte, auf die die Methode positiv wirkt

- Bewahrt vor zu generischen Ideen und Aussagen
- Schärft eine fehlende gemeinsame Ausrichtung
- Stärkt schwache Anreicherungsskills
- Stärkt das Vertrauen im Team
- Verhindert falsche Flughöhen
- Verringert zu große Komplexitäten

Mögliche Extravorteile der Methode

- Möglicher Extravorteil für Teams in einer Komfortsituation
- Möglicher Extravorteil für Teams mit einem starkem Auftragsmandat
- Möglicher Extravorteil für Teams mit einer konservativen, tradierten Kultur

Quellen

Buch – Das große Handbuch der Kreativitätsmethoden, M. Luther (managerSeminare, 2013)

Buch – Das kleine Handbuch der Innovationsmethoden, F. Rustler, I. Plambeck (Creaffective, 2014)

Buch – Thinkertoys, M. Michalko (Ten Speed Press, 2006)

Strange Sustainable World

EinSatzBeschreibung

Kultursimulation, die Teams in die Entwicklung eigener Mini-Kulturen involviert, um durch Beobachtung und Analyse das Verständnis für kulturelle Perspektiven und deren Einfluss auf die Entwicklung und Implementierung nachhaltiger Innovationsprozesse zu fördern.

Working Guide/Anwendungsfelder

P1 Sensibilisierung/Bildung	P2 Matching Recht/Gesetz	P3 Sustainability Roadmap	P4 Produkt/Prozessdesign	P5 Implementierung/Monitoring	P6 Kommunikation	P7 Organisation	P8 Führung	P9 Business Model Design	P10 Skalierung
X					X		X		

Beschreibung

Die Strange Sustainable World-Methode ist eine Kultursimulation, die die Entstehung und Wirkung kultureller Perspektiven intensiv untersucht. In einem organisatorischen Kontext, insbesondere im Sektor der nachhaltigen Innovationen, bietet diese Methode wertvolle Einblicke in die Dynamik kultureller Diversität, die für die erfolgreiche Entwicklung und Implementierung von nachhaltigen Innovationen entscheidend sein kann.

Das Instrument ermöglicht es, zwei Mini-Kulturen mit eigenen Werten, Ritualen und Handlungsweisen zu schaffen. Diese Mikrokosmen können als Metapher für verschiedene Abteilungen in einem Unternehmen oder unterschiedliche Stakeholder-Gruppen in Innovationsprojekten dienen. Durch die Simulation wird offenbart, wie unterschiedliche kulturelle Perspektiven und Wertvorstellungen die Ansichten über Nachhaltigkeit und Innovationsprozesse beeinflussen können.

Durchführung

Vorbereitung: Teilen Sie die Teilnehmenden in zwei gleich große Gruppen und weisen Sie jedem Team einen separaten Raum zu. Verteilen Sie an beide Gruppen eine Reihe von Hilfsfragen zur Entwicklung ihrer eigenen, wünschenswerten Kultur.

Folgende Fragen helfen bei der Entwicklung einer kulturellen Identität und regen die Teilnehmenden dazu an, tiefer über die Merkmale und Werte ihrer Kultur nachzudenken:

1. Grundwerte und Prinzipien: Welche herzlichen Werte und Prinzipien sind das Fundament Ihrer Kultur? Denken Sie dabei an Bereiche wie den Schutz unserer Erde, das Streben nach sozialer Gerechtigkeit oder das Ziel einer nachhaltigen Wirtschaft.
2. Alltägliche Praktiken: Wie bringen Sie diese Werte in Ihrem täglichen Handeln zum Ausdruck? Überlegen Sie, wie Ihre Kultur Ressourcen nutzt oder Entscheidungen trifft.
3. Kommunikationsstile: Wie tauschen sich die Mitglieder Ihrer Kultur aus? Beziehen Sie sowohl verbale als auch nonverbale Kommunikationsformen mit ein.
4. Entscheidungsfindung: Auf welche Weise gelangt Ihre Kultur zu Entscheidungen, insbesondere wenn es um Themen der Nachhaltigkeit geht? Ist der Prozess von allen getragen, von einer Person geleitet oder sucht er den Konsens?
5. Innovationsansatz: Wie geht Ihre Kultur mit neuen Ideen und Veränderungen um? Wie wichtig sind Kreativität und die Bereitschaft, Neues zu wagen?
6. Umgang mit Konflikten: Wie löst Ihre Kultur Konflikte, vor allem, wenn es um nachhaltige Themen geht?
7. Feiern und Rituale: Gibt es besondere Feste oder Traditionen in Ihrer Kultur, die sich mit nachhaltigen Praktiken beschäftigen?
8. Bildung und Wissensmanagement: Wie teilt Ihre Kultur Wissen und wie wird Bildung, besonders in Bezug auf Nachhaltigkeit, angesehen?
9. Beziehungen zur Umwelt: Wie interagiert Ihre Kultur mit ihrer natürlichen Umgebung?
10. Vision für die Zukunft: Wie stellen Sie sich die Zukunft Ihrer Kultur vor, besonders mit Blick auf nachhaltige Entwicklung und Innovation?

Kulturentwicklung: Beide Gruppen erhalten 30–45 Minuten Zeit, um ihre eigene kulturelle Identität mithilfe der Fragen zu entwickeln, einschließlich Ritualen, Werten und spezifischen Handlungsweisen im Kontext der Nachhaltigkeit.

Beobachtung: Nach Abschluss der Kulturentwicklung wählt jede Gruppe zwei oder drei Botschafter aus, die die andere Kultur besuchen und erforschen.

Reiseführer-Erstellung: Nach der Beobachtungsphase kehren die Botschafter zu ihren jeweiligen Gruppen zurück und arbeiten mit ihnen an der Erstellung eines Reiseführers, der die andere Kultur beschreibt, insbesondere im Hinblick auf ihre Ansätze zur nachhaltigen Innovation.

Präsentation und Diskussion: Beide Gruppen präsentieren ihre Reiseführer und diskutieren die aufgedeckten Vorurteile, Haltungen und Stereotypen. Dies sollte in einem gemeinsamen Raum erfolgen.

Analyse: Leiten Sie eine Diskussion darüber, wie die unterschiedlichen kulturellen Perspektiven die Annäherungen an nachhaltige Innovation beeinflussen könnten. Verweisen Sie auf reale Beispiele aus dem Sektor, um die Diskussion zu erweitern.

Schlussfolgerungen und Anwendungen: Zusammenfassung der wichtigsten Erkenntnisse und mögliche Schritte zur Integration dieser Erkenntnisse in reale Innovationsprojekte im Bereich der Nachhaltigkeit.

Strange Sustainable World

Diese Methode ist besonders nützlich für Organisationen und Teams, die an der Schnittstelle von Kultur und nachhaltiger Innovation arbeiten, und bietet eine praxisorientierte Möglichkeit, die Komplexität kultureller Dynamiken in Innovationsprozessen zu verstehen.

Praxisschlaglicht

In einem Innovationsprojekt für erneuerbare Energien trafen Ingenieure, Ökologen und Wirtschaftsexperten aufeinander. Jede Gruppe entwickelte im Rahmen der Strange Sustainable World-Simulation eine eigene Kultur der Nachhaltigkeit. Durch die gegenseitige Exploration dieser Mini-Kulturen erkannten die Teilnehmenden, dass ihre jeweiligen Fachperspektiven sie zu unterschiedlichen Ansätzen und Prioritäten im Bereich der nachhaltigen Energiewirtschaft führten. Die Methode förderte daraufhin einen interdisziplinären Dialog, der zu einem ganzheitlicheren und effektiveren Innovationsprozess beitrug.

Wirkfeld der Methode

- Wirksam für Herausforderungen mit hoher Komplexität
- Wirksam für Herausforderungen mit mittlerer Komplexität

Transformationsfähigkeit Ihres Teams

- Fördert die Sensibilisierung
- Fördert die Agilität eines Teams
- Fördert die allgemeine Transformationsfähigkeit des Teams
- Fördert offene Mindsets und innovative Denkhaltungen
- Zahlt auf eine bessere Vorstellungskraft ein
- Zahlt auf eine bessere Wahrnehmung ein

Einsatzcharakteristik/Arbeitsrahmen

- Austauschfokus: vornehmlich mit internen Personen
- Durchführungszeit: eher mittel (> 1 Stunde bis < 1 Tag)
- Einsatzfrequenz: vornehmlich im einmaligen Einsatz
- Einsatzradius: vornehmlich im projektweiten Einsatz
- Komplexität für den Moderator: eher gering
- Komplexität für die Teilnehmer: eher mittel
- Teamgröße: Kleingruppe möglich (3 bis 5 Teilnehmer)
- Teamgröße: Maxigruppen möglich (20 bis 40 Teilnehmer)
- Teamgröße: Mittelgroße Teams möglich (5 bis 20 Teilnehmer)
- Vorbereitungszeit: eher mittel (> 1 Stunde bis < 1 Tag)

Input für eine zielführende Arbeit mit der Methode

- Durchführungszeit, Trainingszeit

Output und beobachtete Ergebnisse der Methode

- Erzeugt besseren Teamspirit, mehr Offenheit, Inspirationsempfindlichkeit
- Erzeugt neues Wissen und neue Erfahrungen
- Erzeugt transformationsfähigere Organisationen
- Identifiziert vorhandene Schwachstellen
- Identifiziert vorhandene Stärken
- Macht Wirkzusammenhänge sichtbar

Hinderniseffekte, auf die die Methode positiv wirkt

- Fördert eventuell fehlende Wertschätzung
- Schwächt Angst vor Kritik und Zurückweisung
- Schwächt Angst vor Neuem (Cainophobie)
- Schwächt Konkurrenzdenken und Angst vor Machtverlust
- Schwächt multidisziplinäre Reibungsverluste
- Schärft eine fehlende gemeinsame Ausrichtung
- Stärkt das Vertrauen im Team
- Verhindert unreflektiertes agieren
- Verhindert vorschnelles Urteilen über Ideen
- Verkürzt und durchbricht vorhandene Kreativblockaden

Mögliche Extravorteile der Methode

- Möglicher Extravorteil für Teams in einer Komfortsituation
- Möglicher Extravorteil für in Nachhaltigkeitsthemen ungeübte Teams

Quellen

Person – Helga Katharina Mahler, helga.mahler@gmail.com

Strategie Sprint „Strategy for future"

EinSatzBeschreibung

Moderierter und fokussierter Wesentlichkeits- und Leistungsanalyseprozess für die Entwicklung einer Nachhaltigkeitsstrategie.

Working Guide/Anwendungsfelder

P1 Sensibilisierung/Bildung	P2 Matching Recht/Gesetz	P3 Sustainability Roadmap	P4 Produkt/Prozessdesign	P5 Implementierung/Monitoring	P6 Kommunikation	P7 Organisation	P8 Führung	P9 Business Model Design	P10 Skalierung
X	X	X		X	X	X			

Beschreibung

Der Strategie-Sprint „Strategy for future" setzt inhaltlich auf die erprobte und fundierte Strategiemethode „N-Kompass" und kombiniert sie mit den Vorteilen des digitalen, agilen und co-creativen Prozessdesigns von erfahrenen Nachhaltigkeitsexperten.

Der Strategie-Springt ermöglicht es, in einem zeitlich effizienten und geführten Prozess eine ganzheitliche Wesentlichkeits- und Leistungsanalyse für die Entwicklung einer Nachhaltigkeitsstrategie durchzuführen und davon eine handlungsleitende Nachhaltigkeits-Programmskizze abzuleiten. Der vorgegebene Themenrahmen der Analyse deckt dabei die nach CSR-RUG (CSR-Richtlinie-Umsetzungsgesetz) relevanten Themenfelder ab und ermöglicht es, dass relevante Stakeholder aktiv eingebunden werden können, um das notwendige Wissen und die Perspektiven zu integrieren.

Der Strategie-Sprint beinhaltet eine Kick-off-Phase zur Vertiefung des Verständnisses für unternehmerische Nachhaltigkeit und die Aufgabenstellung „Wesentlichkeits- und Leistungsanalyse", gefolgt von einer Analyse-Phase auf Basis des Online-Assessments gemäß N-Kompass-Methode und mündet in zwei etwa 4-stündigen Online-Sprint-Sessions, in denen die Ergebnisse – moderiert durch Nachhaltigkeitsexpertinnen – diskutiert und strategische Entscheidungen erarbeitet werden.

Am Ende des Strategie-Sprints haben Unternehmen in einer überschaubaren Zeit (ca. 6–8 Wochen) die notwendige Basis für ihre auf das Wesentliche fokussierte Nachhaltigkeitsstrategie und eine erste Programmskizze für die gezielte Umsetzung geschaffen.

Durchführung

Das brauchen Sie:

- Nachhaltigkeitsexperten, die zudem lizenzierte Partner für die N-Kompass-Methode sind sowie
- ein interdisziplinäres Kernteam, das die Fachbereiche des Unternehmens repräsentiert.

Zeit: ca. 6–8 Wochen

Ort: online mit einem Videokonferenz-Tool, welches eine Interaktivität im digitalen Raum ermöglicht.

Der Ablauf

Der Strategie-Sprint ist ein beschleunigter Strategieprozess, den man zu unterschiedlichen Zeitpunkten einsetzen kann:

- zu Beginn, um die wesentlichen Hebel zu identifizieren, die die Basis für die Strategieentwicklung schaffen,
- ein bis zwei Jahre nach der Strategieentwicklung, um die Nachhaltigkeitsstrategie auf ihre wesentlichen Hebel hin zu überprüfen.

So geht's

Das interdisziplinäre Kernteam bekommt im Rahmen eines **Online-Kick-off-Workshops** (ca. 2–3 Std.) eine Einführung in die Grundlagen und Entwicklungen der nachhaltigen Unternehmensführung durch die Nachhaltigkeitsexperten.

Damit soll zu Beginn des Analyseprozesses ein gemeinsames Verständnis für die Aufgabenstellung geschaffen und der Kontext für die zu entwickelnde Nachhaltigkeitsambition gesetzt werden. Zudem bekommen die Teilnehmenden eine Einweisung in das Prinzip der „doppelten Wesentlichkeit" als Instrument für die Entwicklung einer Nachhaltigkeitsstrategie, um die Aufgabenstellung zu klären.

Im Anschluss wird ein Einblick in das Online-Assessment in Form eines Fragebogen-Tools gegeben, um zu zeigen, welcher Logik die Bewertung konkret folgen wird und welche Aspekte es dabei sowohl inhaltlich als auch technisch zu beachten gibt. Grundsätzlich startet das Assessment mit der Bewertung der Wesentlichkeit und geht danach in die Bewertung des konkreten Leistungsstandes über.

Im Anschluss an den Kick-off werden den Teilnehmenden individuelle Zugangslinks zum **Online-Assessment** zur Verfügung gestellt. Ab dann haben die Teilnehmenden in etwa drei bis vier Wochen Zeit, um entlang des strukturierten Assessments im Fragebogen-Tool ihre Bewertungen abzugeben. Das Online-Assessment beginnt mit der Wesentlichkeit der zehn Handlungsfelder/Themen und schließt mit der Leistungsanalyse der jeweils dazugehörigen und in Summe etwa 75 Maßnahmen ab. Jede Bewertung einer Maßnahme kann über ein zusätzliches Kommentarfeld mit individuellen Angaben zur Leistung durch die Teilnehmenden ergänzt werden. Dies ermöglicht im Nachgang, Bewertungen besser nachzuvollziehen. Zudem werden auf diesem Weg erste Inhalte für eine mögliche Berichterstattung zur Nachhaltigkeit gesammelt.

Nach Einreichung aller bewerteten Online-Assessments werden die Eingaben der Teilnehmenden durch die Nachhaltigkeitsexperten entlang einer definierten Logik der N-Kompass-Methode ausgewertet. Dabei fließen neben den Bewertungen der Teilnehmenden zusätzlich Branchenfaktoren mit ein. Die **Auswertung** zeigt konsolidierte Tendenzen für wesentliche Handlungsfelder/Themen und einen entsprechenden Leistungsstand in Form einer intuitiven Ampellogik (rot, gelb und grün).

Auf dieser Basis setzen die zwei jeweils 4-stündigen **Online-Sprint-Sessions** mit dem interdisziplinären Kernteam auf. Moderiert durch die Nachhaltigkeitsexperten werden die Ergebnisse des Online-Assessments (Wesentlich & Leistung) gemeinsam diskutiert, Abweichungen verhandelt und die für das Unternehmen wesentlichen Handlungsfelder/Themen final priorisiert. Im Anschluss werden erste Maßnahmen zur Umsetzung wesentlicher Nachhaltigkeitspotenziale erarbeitet, die leitgebend für eine Nachhaltigkeitsprogrammskizze sind.

Ziel des Strategie-Sprints:

In kürzester Zeit erarbeitet ein interdisziplinäres Team 80 Prozent der Basis für eine auf das Wesentliche fokussierte und ganzheitliche Nachhaltigkeitsstrategie und Programmskizze, die das Unternehmen in Eigenregie um die letzten 20 Prozent finalisieren und nachschärfen kann. Es ist somit ein durch digitale, agile und co-creative Elemente beschleunigter Erkenntnisprozess, der fachlich durch Nachhaltigkeitsexperten geführt wird.

Wirkfeld der Methode

- Wirksam für Herausforderungen mit hoher Komplexität
- Wirksam für Herausforderungen mit mittlerer Komplexität
- Wirksam für Herausforderungen mit niedriger Komplexität
- Wirksam für nachhaltiges Business Model Design

Transformationsfähigkeit Ihres Teams

- Fördert die Sensibilisierung
- Fördert die allgemeine Transformationsfähigkeit des Teams
- Sorgt für Inspiration oder bessere Inspirationsempfindlichkeit
- Zahlt auf eine bessere Wahrnehmung ein
- Zahlt auf ein positives Zukunftsbild ein
- Erhöht die Lösungsorientierung

Einsatzcharakteristik/Arbeitsrahmen

- Austauschfokus: vornehmlich mit internen und externen Personen
- Durchführungszeit: eher mittel (> 1 Stunde bis < 1 Tag)
- Einsatzfrequenz: sinnvoll im dauerhaften Einsatz
- Einsatzfrequenz: vornehmlich im einmaligen Einsatz
- Einsatzradius: vornehmlich im Teameinsatz
- Einsatzradius: vornehmlich im projektweiten Einsatz
- Komplexität für den Moderator: eher mittel
- Komplexität für die Teilnehmer: eher mittel
- Teamgröße: Einzelpersonennutzung möglich
- Teamgröße: Großgruppen möglich (> 50 Teilnehmer)
- Teamgröße: Kleingruppe möglich (3 bis 5 Teilnehmer)
- Teamgröße: Maxigruppen möglich (20 bis 40 Teilnehmer)
- Teamgröße: Mittelgroße Teams möglich (5 bis 20 Teilnehmer)
- Vorbereitungszeit: eher mittel (> 1 Stunde bis < 1 Tag)

Input für eine zielführende Arbeit mit der Methode

- Aktuell existierende Geschäftsmodelle
- Aktuell existierende Produkte und Services
- Beteiligte Personen mit Tätigkeiten und Aufgaben
- Existierende Prozesse und Verfahren
- Verschiedene Meinungen und Blickwinkel
- Vorhandenes Wissen und Erfahrungen
- Merkmale der gegebenen Herausforderung

Output und beobachtete Ergebnisse der Methode

- Bessere Projekteffizienz, bessere Teamperformance
- Erzeugt Prognosen und Ableitungen
- Erzeugt Nutzenfunktionen und Bedürfniskorridore
- Erzeugt Planungen und Priorisierungen
- Erzeugt neues Wissen und neue Erfahrungen
- Erzeugt spezifischere Leitfragen, Ideen und Aussagen
- Erzeugt visualisierte Ideen, Begriffe, Themen
- Erzeugt eine Vision oder Zukunftsbild
- Erzeugt größere Klarheit zu einem Thema
- Erzeugt transformationsfähigere Organisationen
- Erzeugt mehr Know-how-Zuwachs
- Erzeugt motiviertere und transformationsfähigere Teilnehmer
- Hilft bei Entscheidungen, Bewertungen und Feedback
- Identifiziert vorhandene Schwachstellen
- Identifiziert vorhandene Stärken
- Macht Wirkzusammenhänge sichtbar

Hinderniseffekte, auf die die Methode positiv wirkt

- Beugt Missinterpretationen vor
- Beugt blinden Flecken/Betriebsblindheit vor
- Bindet eher introvertierte Teammitglieder mit ein
- Integriert einen dysfunktionalen Schweiger
- Schafft für den Erfolg nötige Realitätsbezüge
- Schafft schnell Klarheit und beschleunigt Erkenntnisgewinn

Mögliche Extravorteile der Methode

- keine bekannt

Quellen

Organisation – sustainable natives eG, www.sustainablenatives.com
Organisation – nextblooming gmbh, www.nextblooming.com
Person – Marie-Lucie Linde, marie.linde@nextblooming.com

Strategische Verankerung der Nachhaltigkeit

EinSatzBeschreibung

Hilft Unternehmen in der internen und externen Kommunikation, Nachhaltigkeitsaspekte operationalisierbar zu gestalten.

Working Guide/Anwendungsfelder

P1 Sensibilisierung/Bildung	P2 Matching Recht/Gesetz	P3 Sustainability Roadmap	P4 Produkt/Prozessdesign	P5 Implementierung/Monitoring	P6 Kommunikation	P7 Organisation	P8 Führung	P9 Business Model Design	P10 Skalierung
		X		X	X		X		X

Beschreibung

Eine strategische Verankerung der Nachhaltigkeit in einem Unternehmen bezieht sich auf die Integration von nachhaltigen Praktiken, Prinzipien und Werten in die Geschäftsstrategie, die Unternehmenskultur und sämtliche Geschäftsprozesse.

Nur wenn es gelingt, das Wissen um eine *umfassende* Nachhaltigkeit in der Funktionslogik und bei den Mitarbeitenden des gesamten Unternehmens zu verankern, wird es ein Erfolg. Es muss zur Grundlage aller Entscheidungen im Unternehmen werden. Sonst bleiben die Themen Fremdkörper, die von einer CSR- oder Sustainability-Abteilung verwaltet werden.

Durchführung

1. **Führung und Verpflichtung**
   - Die Geschäftsführung und die Führungsebene des Unternehmens müssen sich klar zu einer Nachhaltigkeitsvision bekennen, diese Verpflichtung aktiv kommunizieren und sicherstellen, dass diese verstanden und operationalisiert werden können.
   - Es sollte klar erkennbar sein, wie der Unternehmenszweck in Bezug auf *ein Wirtschaften innerhalb der planetaren Grenzen* aussieht.
   - Integrieren Sie diesen *Zweck* in Ihre strategische Markenführung.
   - Eine konkrete Nachhaltigkeitsstrategie (*Mittel diesen Zweck zu erreichen*) mit einem kommunizierbaren Leitbild sollte von der Unternehmensleitung unterstützt, gelebt und die Unternehmensziele und -werte danach ausgerichtet werden.
2. **Nachhaltigkeitsstrategie entwickeln**
   - Entwickeln Sie eine Nachhaltigkeitsstrategie, die klare Ziele und Maßnahmen zur Umsetzung und Erreichung der Nachhaltigkeitsziele des Unternehmens enthält.
   - Für das produzierende Gewerbe sollten neben Governance und Klima Themen mindestens auch die Positionierung zu einer Circular Economy aktiviert und definiert werden.
   - Identifizieren Sie Bereiche, in denen das Unternehmen einen positiven und einen aktiven Einfluss haben kann und soll.
   - Stellen Sie sicher, dass Sie auch externes Wissen, Aktivitäten und Dynamiken frühzeitig erkennen und internalisieren können.

   Setzen Sie sich also ambitionierte und wissenschaftlich basierte Ziele in den Bereichen Materialgesundheit, Produktzirkularität/Rohstoffe, saubere Luft und Klimaschutz, Wasser- und Bodenmanagement und sozialer Fairness.
3. **Integration in die Geschäftsstrategie**
   - Integrieren Sie die Nachhaltigkeitsstrategie nahtlos in die gesamte Geschäftsstrategie des Unternehmens, sodass Nachhaltigkeit als ein integraler Bestandteil der Geschäftsentwicklung verstanden wird.
   - Stellen Sie Klarheit her, dass Nachhaltigkeitsziele und -maßnahmen vermehrt Einfluss auf finanzielle Ziele haben.
4. **Changemanagement**
   - Implementieren und leben Sie Changemanagement-Prozesse, um sicherzustellen, dass die Prozesse reibungslos verlaufen und von den Mitarbeitenden akzeptiert werden.
   - Schulen Sie Mitarbeitende und schaffen Sie aktiv ein Bewusstsein für die angestrebten Ziele.
5. **Leistungsmessung und Berichterstattung**
   - Legen Sie klare KPIs (Key Performance Indicators) und Metriken fest (qualitativ und quantitativ), um die Fortschritte bei der Umsetzung der Nachhaltigkeitsziele zu erfassen und integrieren Sie diese in das Projektmanagement.
   - Kommunizieren Sie regelmäßig über die Leistung des Unternehmens in Bezug auf die Zielerreichungen, sowohl intern als auch extern. Auch wenn Sie ggf. noch nicht Berichtserstattungspflichtig sind, setzen Sie sich mit der Thematik aktiv auseinander. Der deutsche Nachhaltigkeitskodex und der GRI (Global Reporting Initiativ) haben direkte Bezüge zu den SDGs und bieten somit einen sinnvollen Rahmen.

Wenn Sie sich mit Regularien, Rahmenwerken und Themen wie Sustainable Finance und mit Schlagworten wie ESG, ESRS, SFDR, Wesentlichkeitsanalysen, uvm. beschäftigen (müssen), beachten Sie, dass Ihre strategischen KPIs auf diese Themen entsprechend einzahlen, aber *nicht nur* darauf optimiert sind. Gerade dieser Kontext ist aktuell nicht nur komplex, sondern auch dynamisch und muss sich die Frage gefallen lassen, ob die Herangehensweisen wirklich dabei helfen, dass wir ein Wirtschaften innerhalb der planetaren Grenzen schaffen werden, denn daran sollten alle Aktivitäten gemessen werden.

6. **Lieferanten und Partner einbeziehen**
   - Informieren und arbeiten Sie mit Lieferanten und Partnern zusammen, um Ihre Ziele zu erreichen und Impulse aus der Lieferkette zu bekommen.
   - Setzen Sie Zielanforderungen und -standards für Ihre Lieferanten und Partner und helfen Sie, wenn sie nicht über das Wissen oder die notwendigen Strukturen verfügen, um Ihre Ziele zu erfassen und zu erreichen (z. B. Lieferantentage).
7. **Innovation fördern**
   - Innovation geschieht nicht im freien Raum und daher evaluieren Sie Innovationsprozesse, um Produkte, Prozesse Dienstleistungen und Geschäftsmodelle im Kontext Ihrer Vision zu entwickeln.
   - Ermutigen Sie Mitarbeitende zur Identifikation von Möglichkeiten zur Verbesserung in allen Aspekten des Geschäfts.
   - Evaluieren Sie Möglichkeiten zur Co-Innovation als auch zur Cross-Innovation.
8. **Langfristige Ausrichtung**
   - Betrachten Sie die Vision als Geschäftsmodell in den Rahmenbedingungen von morgen und somit als langfristige Ausrichtung und setzen Sie sich für kontinuierliche Verbesserung ein.
   - Reagieren Sie auf sich ändernde externe und interne Faktoren, um sicherzustellen, dass Ihre Nachhaltigkeitsstrategie relevant bleibt, und entwickeln Sie Mechanismen, wenn eine Justierung notwendig ist.

Eine strategische Verankerung zum Thema Nachhaltigkeit hat einen großen Einfluss auf die Unternehmenskultur, die Geschäftspraktiken und die Kommunikation. Um sicherzustellen, dass dieser Prozess nicht nur eine vorübergehende Initiative ist, sondern fest in der DNA des Unternehmens verankert wird, stellen Sie sicher, dass das Engagement und die Führung auf allen Ebenen aktiv den Prozess begleitet und lebt.

Sie werden merken, dass Sie und Ihre Organisation wirklich angekommen sind, wenn sich ein Selbstverständnis einstellt und Ihnen dann vielleicht sogar der Ausdruck „Nachhaltigkeit" nicht mehr gefällt und sie lieber von „Performance" oder „Qualität" in den Wirkbereichen sprechen.

Wirkfeld der Methode

- Wirksam für Herausforderungen mit hoher Komplexität

Transformationsfähigkeit Ihres Teams

- Fördert die allgemeine Transformationsfähigkeit des Teams
- Fördert offene Mindsets und innovative Denkhaltungen
- Zahlt auf ein positives Zukunftsbild ein
- Zahlt auf das Dringlichkeitsempfinden ein
- Erhöht die Lösungsorientierung

Einsatzcharakteristik/Arbeitsrahmen

- Austauschfokus: vornehmlich mit internen Personen
- Durchführungszeit: eher hoch (> 1 Tag)
- Einsatzfrequenz: sinnvoll im dauerhaften Einsatz
- Einsatzradius: vornehmlich im unternehmensweiten Einsatz
- Komplexität für den Moderator: eher hoch
- Komplexität für die Teilnehmer: eher hoch
- Teamgröße: Kleingruppe möglich (3 bis 5 Teilnehmer)
- Vorbereitungszeit: eher hoch (>1 Tag)

Input für eine zielführende Arbeit mit der Methode

- Aktuell existierende Geschäftsmodelle
- Beteiligte Personen mit Tätigkeiten und Aufgaben
- Existierende Prozesse und Verfahren

Output und beobachtete Ergebnisse der Methode

- Bessere Projekteffizienz, bessere Teamperformance
- Erzeugt besseren Teamspirit, mehr Offenheit, Inspirationsempfindlichkeit
- Erzeugt größere Klarheit zu einem Thema
- Erzeugt transformationsfähigere Organisationen
- Erzeugt motiviertere und transformationsfähigere Teilnehmer

Hinderniseffekte, auf die die Methode positiv wirkt

- Schafft schnell Klarheit und beschleunigt Erkenntnisgewinn
- Schärft eine fehlende gemeinsame Ausrichtung
- Stärkt schwache Anreicherungsskills
- Stärkt das Vertrauen im Team

Mögliche Extravorteile der Methode

- Möglicher Extravorteil für Teams mit einem starkem Auftragsmandat

Quellen

Person – Christian Dinter

Strategizing

EinSatzBeschreibung

Strategie ist ein dynamischer, kollektiver und zukunftsgerichteter Prozess und kein fixer und limitierter Plan zur Zielerreichung.

Working Guide/Anwendungsfelder

P1 Sensibilisierung/Bildung	P2 Matching Recht/Gesetz	P3 Sustainability Roadmap	P4 Produkt/Prozessdesign	P5 Implementierung/Monitoring	P6 Kommunikation	P7 Organisation	P8 Führung	P9 Business Model Design	P10 Skalierung
						X	X		

Beschreibung

Alles, was strategisch ist, ist auch wichtig. Dies ist zumindest die Auffassung vieler Akteure, welche in heutigen Unternehmen anzutreffen sind. Wer in Organisationen nach Strategie fragt bemerkt schnell, dass es eine weitverbreitete Tendenz gibt, alles als strategisch zu bezeichnen. Ausgelöst durch die aktuellen gesellschaftlichen Debatten und regulatorischen Anforderungen wird auch immer häufiger in Unternehmen von einer Nachhaltigkeitsstrategie gesprochen, welche entwickelt werden soll. Doch was meinen wir eigentlich, wenn wir von Strategie sprechen? Ist es etwas, das man hat? Ist es etwas, das man tut? Wer macht überhaupt Strategie? Und wie wird diese Strategie erlebbar gemacht?

In den vielen hundert Jahren, in welchen sich die Strategiediskussion weg von primär militärischen Überlegungen hin zu unternehmerischen Fragestellungen weiterentwickelt hat, wurde klar, dass es mehrere Strategieverständnisse gibt, welche gleichzeitig nebeneinander existieren können. Alle haben ihre jeweilige Relevanz, aber auch klare Limitierung. Im Buch „Strategy Safari" bietet das Autorentrio Mintzberg, Ahlstrand und Lampel einen umfassenden Überblick über das Feld. Sie beschreiben verschiedenste Perspektiven von Strategie als Plan, oder Strategie als Ressourcenallokation bis hin zu Strategie als Lernprozess. Dabei zeigt sich, dass sich gerade für Herausforderungen im Kontext von Nachhaltigkeit nicht alle Strategieverständnisse gleich gut eigenen. Viele haben ihre Wurzeln schlichtweg in einer Welt, welche noch nicht von der Dynamik der digitalen Transformation, globalen Vernetzung und einer sich immer weiter verstärkenden Rückkopplungen der planetaren Ökosysteme geprägt sind.

Glücklicherweise liefert der Strategieforscher Richard Rumelt eine Strategiedefinition, welche auch im heutigen dynamischen Nachhaltigkeitskontext zu bestehen vermag. Er beschreibt Strategie als die Frage nach dem, *wie eine Organisation sich weiter in die Zukunft bewegen wird*. Diese Definition kombiniert drei zentrale Aspekte:

1. Strategie ist immer eine kollektive Errungenschaft. Es geht nicht um die Ideen einzelner Führungspersonen, sondern wie sich, in den Worten Rüegg-Stürms und Grands, der unternehmerische Handlungskern gemeinsam am Strategieprozess beteiligt. Ein relevantes Strategieverständnis bewegt sich weg von der heldenhaften Verehrung von einzelnen Führungspersonen hin zu einer kollektivierten Sichtweise in der Form eines unternehmerischen Handlungskerns, welcher sich durch das ganze Unternehmen ziehen kann.
2. Strategie hat mit der Zukunft zu tun. Dabei geht es nicht um die Vorhersage der Zukunft, sondern um das Ermöglichen einer gemeinsamen Verhandlung potenzieller Zukünfte in der Gegenwart. Die Frage ist nicht, welche Zukunft wird es werden, sondern welche Zukünfte sind wünschenswert. Hierbei sind explizit mehrere mögliche Zukünfte gemeint, weswegen diese auch in der Mehrzahl verhandelt und debattiert werden.
3. Strategie ist nicht bloß ein starres Dokument oder eine zeitlich limitierte Episode (bspw. eine jährliche Strategieretraite), sondern ein fortwährender Prozess, der sich in der Form von kontinuierlichen kleinen täglichen Entscheidungen entfaltet. Strategie ist nicht mehr ein Nomen, sondern ein Verb: Strategizing.

Nur ein Strategieverständnis, welches die dynamische Sichtweise des Strategizing über die traditionell statische Sichtweise einer Strategie als Plan zur Zielerreichung stellt, ist den aktuellen Herausforderungen der heutigen Gesellschaft gewachsen.

Nachhaltigkeit ist eine systemische Angelegenheit, bei welcher eine Vielzahl Elemente in direkten und indirekten Beziehungen miteinander verknüpft sind. Es ist schlichtweg unmöglich, diese in ihrer Gesamtheit abschließend zu beschreiben, da eine Veränderung eines Elementes eine Vielzahl positiver und negativer Rückkopplungseffekte zur Folge hat. Eine Strategie in der Form einer starren Planung oder Positionierung ist somit zunehmend einer dynamischen Auslegung in der Form von Strategizing unterlegen.

Strategizing vermag sich den Veränderungen im Kontext der Nachhaltigkeit anzupassen, da es weder auf spezifische Akteure, eine fixe Zielvorgabe noch eine generelle Stabilität angewiesen ist. Eine fixe strategische Festlegung wird vermieden und stattdessen eine lernfähige Strategiepraxis innerhalb der Organisation aufgebaut.

Durchführung

Strategizing in einer Organisation einzuführen ist ein bereichernder, aber auch langwieriger Prozess. Es müssen nicht weniger als die bestehenden organisationalen Routinen entsprechend weiterentwickelt werden, was die Mitarbeit einer großen Anzahl an Stakeholdern bedarf. Da jede Organisation in ihren eigenen Kontext eingebettet ist, lässt sich kein allgemeingütiger Prozess formulieren, welcher universell angewandt werden kann. Deshalb soll an dieser Stelle nur ein stark vereinfachter Überblick über die verschiedenen Themenbereiche gegeben werden.

- **Organisationale Wertschöpfung definieren:** Wie schafft es die Organisation immer wieder Wert zu generieren? Was sind die zentralen Prozesse und wie sind diese miteinander verknüpft?
- **Stakeholder mappen:** Welche menschlichen und nicht-menschlichen Stakeholder sind in welcher Form von der organisationalen Wertschöpfung tangiert? Finden sie bereits Eingang in die organisationalen Praktiken?
- **Unternehmerischen Handlungskern identifizieren:** Welche Akteure beweisen eine unternehmerische Grundhaltung, welche sich mit der Gesamtwertschöpfung auseinandersetzt, auch wenn sich ihr Wirkungskreis möglicherweise nur auf Teile davon beschränkt? Wie können sie Zeit für Strategizing freimachen?
- **Strategieroutinen beschreiben:** Wie werden Entscheidungen getroffen? Und noch wichtiger, wie schaffen die involvierten Akteure ein gemeinsames Verständnis? Welche Feedbackschlaufen gibt es? Was sind die offiziellen Prozesse? Wie zeigen sich diese in der eigentlichen Strategiearbeit?
- **Erfolg definieren:** Wie wird Leistung gemessen und über den Erfolg entschieden? Handelt es sich nur um quantitative Zielvorgaben oder schafft es die Organisation, auch qualitative Elemente zu verarbeiten?
- **Wünschenswerte Zukünfte aufzeigen:** Welche Zukünfte sind wahrscheinlich, möglich oder auch unmöglich? Welche sind wünschenswert und für wen?
- **Iteration & Nachhaltigkeit sicherstellen:** Wie werden Strategiepraktiken nicht nur in der Organisation verankert, sondern auch mithilfe von Feedbackschlaufen kontinuierlich weiterentwickelt?

Jeder dieser Themenbereiche bringt eigene Herausforderungen mit sich, welche mit entsprechenden Methoden und Praktiken angegangen werden müssen. Dieses Methodenbuch liefert hierzu eine Reihe an guten Möglichkeiten, um den Strategizing-Prozess zu starten.

Wirkfeld der Methode

- Wirksam für Herausforderungen mit hoher Komplexität
- Wirksam für nachhaltiges Prozessdesign
- Wirksam für nachhaltiges Servicedesign
- Wirksam für nachhaltiges Business Model Design

Transformationsfähigkeit Ihres Teams

- Fördert die Sensibilisierung
- Fördert die allgemeine Transformationsfähigkeit des Teams
- Fördert offene Mindsets und innovative Denkhaltungen
- Sorgt für Inspiration oder bessere Inspirationsempfindlichkeit
- Zahlt auf eine bessere Wahrnehmung ein
- Zahlt auf ein positives Zukunftsbild ein

Einsatzcharakteristik/Arbeitsrahmen

- Austauschfokus: vornehmlich mit internen Personen
- Durchführungszeit: eher hoch (> 1 Tag)
- Einsatzfrequenz: sinnvoll im dauerhaften Einsatz
- Einsatzradius: vornehmlich im unternehmensweiten Einsatz
- Komplexität für den Moderator: eher hoch
- Komplexität für die Teilnehmer: eher hoch
- Teamgröße: Einzelpersonennutzung möglich
- Teamgröße: Kleingruppe möglich (3 bis 5 Teilnehmer)
- Teamgröße: Mittelgroße Teams möglich (5 bis 20 Teilnehmer)
- Vorbereitungszeit: eher hoch (> 1 Tag)

Input für eine zielführende Arbeit mit der Methode

- Aktuell existierende Geschäftsmodelle
- Aktuell existierende Produkte und Services
- Aktuelle Herausforderung, Leitfrage, Problem
- Existierende Prozesse und Verfahren
- Trends und Zukunftsentwicklungen
- Umfeldbeobachtungen, Umfeldanalysen
- Wettbewerber und Komplementoren

Hinderniseffekte, auf die die Methode positiv wirkt

- Beugt blinden Flecken/Betriebsblindheit vor
- Bewahrt vor zu generischen Ideen und Aussagen
- Schwächt das Leben in der Vergangenheit
- Schwächt störende Bewertung während der Ideenfindung
- Schärft eine fehlende gemeinsame Ausrichtung
- Verhindert falsche Flughöhen
- Verhindert unreflektiertes agieren
- Verhindert vorschnelles Urteilen über Ideen
- Verringert zu große Komplexitäten
- Fördert Optimismus und Zuversicht

Mögliche Extravorteile der Methode

- Möglicher Extravorteil für Teams mit einem starkem Auftragsmandat
- Möglicher Extravorteil für innovativ erfahrene Teams

Quellen

Buch – Richard Rumelt. Good Strategy/Bad Strategy (Profile Books, 2017)

Buch – Johannes Rüegg-Stürm & Simon Grand. Das St. Galler Management-Modell (UTB, 2020)

Buch – Robert Burgelman & Andrew Grove, Strategy Is Destiny Future (Free Press, 2020)

Organisation – For Planet Strategy Lab, www.forplanetstrategylab.com

Strategy Prototyping

EinSatzBeschreibung

Hier werden Strategien als Prototypen inszeniert, um Resonanz zu schaffen und sie kollektiv im Jetzt zu verhandeln.

Working Guide/Anwendungsfelder

P1 Sensibilisierung/Bildung	P2 Matching Recht/Gesetz	P3 Sustainability Roadmap	P4 Produkt/Prozessdesign	P5 Implementierung/Monitoring	P6 Kommunikation	P7 Organisation	P8 Führung	P9 Business Model Design	P10 Skalierung
X					X	X	X		

Beschreibung

Stellen Sie sich eine Führungsperson vor, die an der Strategie Ihrer Organisation arbeitet. Wahrscheinlich sehen Sie eine Managerin vor sich, die im obersten Stock eines repräsentativen Hochhauses über strategischen Plänen brütet. Oder Sie sehen eine Strategieretraite in einem exklusiven Hotel in den Alpen, in welchem die Führungsebene jährlich zum gemeinsamen Strategieworkshop zusammenkommt.

Der renommierte Managementprofessor Henry Mintzberg stellte in seinen Vorlesungen jeweils die gleiche Frage, nur um seine Zuhörerinnen vom Gegenteil zu überzeugen. Nach seiner Sicht sitzt ein erfolgreicher Manager nicht im Büro oder Workshop, sondern hat in der Tat viel mehr mit einem Töpfer gemeinsam, als wir denken würden. Für Mintzberg ist Strategiearbeit wie Töpfern. Mit jeder Umdrehung der Töpferscheibe wird die Keramik konkreter, während der Töpfer im Einklang mit seinen Gedanken und Händen kontinuierlich an deren Gestalt weiterformt. Er fühlt wie seine Gedanken sich im Ton materialisieren und kann gegebenenfalls darauf reagieren und seine Vorgehensweise anpassen. Entsprechend verschmelzen die kognitive und die handwerkliche Ebene miteinander.

Mit der Metapher des Töpfers beschreibt Mintzberg, wie Kopf und Hand, oder auch kognitive und operative Aktivitäten untrennbar miteinander verbunden sind und sich gegenseitig befeuern. Heutige Organisationen zeichnen sich jedoch gerade dadurch aus, dass sie die Strategieformulierung strikt von der Strategieimplementierung trennen. Manche Managerin brüstet sich damit, mit dem täglichen Geschäft nicht mehr viel zu tun zu haben und sich ausschließlich auf die Weiterentwicklung der Organisation zu fokussieren. Die eine Gruppe an Akteuren sitzt in einem Raum und denkt sich Strategien aus, während die Gruppe im nächsten Raum diese Ideen umzusetzen versucht. Dass durch diese Trennung effiziente Zusammenarbeit erschwert wird, nimmt dieses organisationale Setup in Kauf. Dabei bräuchten Organisationen gerade in der heutigen dynamischen Zeit höchsteffiziente Feedbackschlaufen. Diese sind umso wichtiger im Nachhaltigkeitskontext, welcher durch unzählige Relationen und Rückkopplungseffekte charakterisiert wird. Wie kann man also abstrakte strategische Kontexte im Jetzt für diverse organisationale Akteure verhandelbar machen?

Strategy Prototyping verschränkt die diskursiven und materiellen Praktiken der Strategiearbeit miteinander. Es wird nicht nur auf kognitiver Ebene diskutiert, sondern auch auf materieller Ebene prototypisch umgesetzt, um mehr Erkenntnisse zum ausgewählten Kontext zu generieren. Dabei zoomt Strategy Prototyping hinein in die einzelnen Aktivitäten, nur um im Anschluss wieder hinauszuzoomen und deren Auswirkungen auf der systemischen Ebene zu analysieren. Im Rahmen dieses Zooming in/out werden mögliche Zukünfte im Jetzt prototypisch inszeniert. Dies kann als Text, Foliensatz, Pilotprojekt oder materiellem Artefakt geschehen. Ähnlich einem Architekturmodell werden zukünftige Zustände sicht- und erlebbar. Am wichtigsten ist jedoch, dass solche Prototypen weitere Stakeholder miteinbeziehen, denen möglicherweise das entsprechende Expertenwissen fehlt, die jedoch durchaus direkt von den Ideen betroffen sein können. Dies ist zentral für eine nachhaltige Strategiearbeit, welche den Anspruch hat, weit mehr Akteure einzubinden, als dies klassischerweise der Fall ist. Hier ermöglicht Strategy Prototyping die Öffnung des Prozesses einer nachthaltige Strategieentwicklung, um eine regenerative Unternehmung zu schaffen.

Obwohl Strategy Prototyping konkrete Outputs in der Form von Prototypen generiert, ist es wichtig, vor allem auch den prozessualen Character der Methode hervorzuheben. Durch Strategy Prototyping kristallisieren sich materielle Artefakte in der Form von Prototypen. Dies ist wichtig, da nur eine konkrete Setzung als Orientierungs- und Anknüpfungspunkt für weitere Akteure dienen kann. Gleichzeitig ist diese Stabilisierung immer nur von kurzer Dauer, da ein Prototyp sich auch wieder verflüssigen muss. Das heißt, er passt sich an die Resonanz an, die er generiert hat und wird mit den geschaffenen Erkenntnissen angereichert. Diese Dynamik ermöglicht es, Entscheidungen unter Unsicherheit zu treffen, da sie nicht final sein müssen. Sie stellt aber auch sicher, dass der Prototyp relevant bleibt und nicht plötzlich überholt wird.

> Die kristallisierenden und verflüssigenden Bewegungen gezielt einzusetzen, ist der Kern des Strategy Prototypings. Erfolgreich angewendet, macht es komplexe Nachhaltigkeitsprobleme im Jetzt verhandelbar und befähigt dadurch verschiedenste Stakeholder zum gemeinsamen Sensemaking.

260 Strategy Prototyping

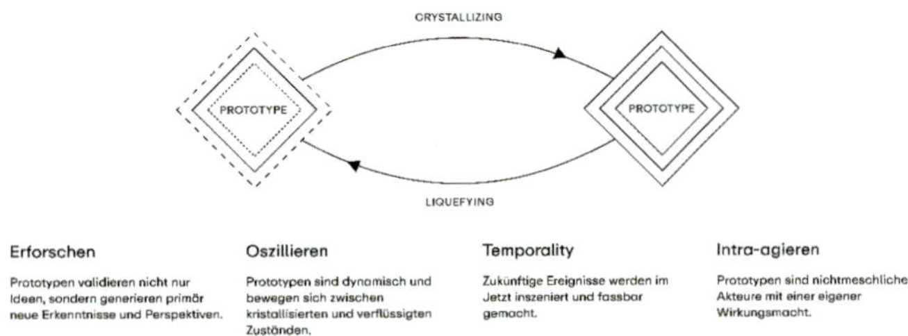

Quelle: Samuel Huber

Durchführung

Strategy Prototyping ist eine voraussetzungsvolle Praktik der modernen Strategiearbeit im Kontext von Nachhaltigkeit. Sie generiert Prototypen, welche nicht durch ihre Form, sondern viel mehr auch durch die folgenden vier materiellen Praktiken definiert werden:

- **Generatives Erforschen:** Prototypen dienen nicht bloß zur Validierung und Promotion von Ideen, sondern schaffen primär Resonanz mit anderen Akteuren. Die Erschaffung von temporär stabilen Setzungen schafft die Möglichkeit, neuartige Interaktion und Erkenntnisse zu generieren. Dies ist besonders wichtig für die Nachhaltigkeitsarbeit mit komplexen Systemen, deren Reaktion und Interdependenzen man noch nicht kennt.
- **Oszillieren**: Strategy-Prototypen sind gleichzeitig stabil und dynamisch. Sie setzen sich aus mehreren Ebenen zusammen, welche bewusst von unterschiedlicher Dynamik sein können. Zentral ist dabei das Kristallisieren von ersten Setzungen und deren nachfolgendes Verflüssigen, um neue Erkenntnisse wieder in den Prototype aufzunehmen und ihn weiterzuentwickeln.
- **Inszenieren**: Prototypen machen ferne Zukünfte fassbar im Jetzt. Sie inszenieren einen Zustand, der so noch nicht eingetreten ist. Damit übersetzen sie die Zukunft in die Gegenwart. Diese Inszenierung findet nicht nur in den Köpfen der teilnehmenden Akteure statt, sondern wird materiell anhand eines zu verhandelnden Objektes erreicht. Somit können nicht nur Akteure mit Fachwissen mit Prototypen interagieren, sondern eine Vielzahl an den von der Strategie betroffenen Stakeholder.
- **Intra-agieren:** Prototypen sind nicht-menschliche Akteure mit eigener Wirkungsmacht. Das heißt, obwohl sie initial oft von menschlichen Akteuren erschaffen werden, entwickeln sie ihren eigenen Einfluss, der sich dem Wirken menschlicher Akteure entziehen kann. So interagieren sie bspw. ohne deren Beihilfe mit anderen Akteuren und rufen ungeplante Reaktionen hervor. Dadurch verschmilzt die Arbeit von menschlichen und nicht-menschlichen Akteuren zu einer kollektivierten Inszenierung.

Alle Prototypen sind materielle Artefakte, doch nicht alle materiellen Artefakte sind Prototypen. Die obengenannten Eigenschaften helfen dabei, effektive Prototypen zu identifizieren oder bestehende zu optimieren. Somit wird Strategy Prototyping ermöglicht, welches eine zentrale Rolle für das kollektiven Sensemaking im Nachhaltigkeitskontext spielt. Denn nachhaltige Lösungen brauchen die Zusammenarbeit von diversen Akteuren, sind durch Unsicherheit charakterisiert und oftmals schwer vorstellbar; alles Herausforderungen, welche durch Strategy Prototyping angegangen werden können.

Praxisschlaglicht

Ein erfolgreiches Beispiel von Strategy Prototyping findet sich in der Entwicklung einer Versicherungsplattform für Baubürgschaften, welche nicht nachhaltige papierbasierte Prozesse eliminierte und in eine digitale Plattform überführte. Zwei große deutsche Versicherungen, welche sich sonst als Wettbewerber gegenüberstehen, haben es dank kontinuierlichem Strategy Prototyping geschafft, eine gemeinsame Basis für ein erfolgreiches Joint Venture zu schaffen.

Als Prototyp diente der digitale Prototyp der Plattform, welcher die Zukunft im Jetzt fassbar machte (im wortwörtlichen Sinne Inszenieren. Nicht nur die unterschiedlichen Organisationskulturen der Versicherungsunternehmen wurden so zusammengebracht, sondern auch eine Reihe weitere Stakeholder in den Prozess involviert. Dabei diente der Prototyp in der Anfangsphase als Experiment. Es galt, primär mehr zu lernen und nicht einfach die Idee anderen Akteuren zu verkaufen (Generatives Forschen).

Um eine kontinuierliche Weiterentwicklung sicherzustellen, ging das Projektteam in Iterationen vor. Dabei fertigte es immer wieder Prototypen seiner besten Ideen an. Diese waren konkret und dem finalen Produkt ähnlich. Dadurch kristallisierten sich strategische Entscheidungen für einen kurzen Moment. Doch durch die zwingenden Iterationen wurden diese Prototypen auch immer wieder verflüssigt und weiterentwickelt (Oszillieren). Es kam in diesem Prozess durchaus vor, dass die Prototypen mit den Akteuren im Kontext der innovativen Initiative zu interagieren begannen, ohne dass das Projektteam noch die volle Kontrolle hatte (Intra-agieren). Dies führte zu weiteren tiefgründigen Erkenntnissen, welche außerhalb des Wissensbereichs der direkt involvierten Akteure waren.

Die strategische Relevanz des Prototypen zeigt sich somit in der erhaltenen Aufmerksamkeit in den Führungsgremien der Organisationen, der wichtigen Rolle für die Ressourcenallokation und des bereitgestellten Referenzrahmens für die Gründung und Gestaltung des Joint Ventures. Ohne Strategy Prototyping wäre die kollektive Arbeit an der durchaus disruptiven Geschäftsidee um ein Vielfaches erschwert gewesen, da den unterschiedlichen Stakeholdergruppen keine gemeinsame Basis für strategische Entscheidungen zu Verfügung gestanden hätte. Der bewusste Einsatz von Strategy Prototyping befähigt auch etablierte Organisationen, große Innovationen nachhaltig umzusetzen.

Wirkfeld der Methode

- Wirksam für Herausforderungen mit hoher Komplexität
- Wirksam für nachhaltiges Prozessdesign
- Wirksam für nachhaltiges Business Model Design

Transformationsfähigkeit Ihres Teams

- Fördert die Sensibilisierung
- Fördert die allgemeine Transformationsfähigkeit des Teams
- Fördert offene Mindsets und innovative Denkhaltungen
- Zahlt auf eine bessere Vorstellungskraft ein
- Zahlt auf eine bessere Wahrnehmung ein
- Zahlt auf ein positives Zukunftsbild ein
- Zahlt auf das Dringlichkeitsempfinden ein

Einsatzcharakteristik/Arbeitsrahmen

- Austauschfokus: vornehmlich mit internen und externen Personen
- Durchführungszeit: eher hoch (> 1 Tag)
- Einsatzfrequenz: sinnvoll im dauerhaften Einsatz
- Einsatzradius: vornehmlich im Teameinsatz
- Einsatzradius: vornehmlich im projektweiten Einsatz
- Einsatzradius: vornehmlich im unternehmensweiten Einsatz
- Komplexität für den Moderator: eher hoch
- Komplexität für die Teilnehmer: eher mittel
- Teamgröße: Kleingruppe möglich (3 bis 5 Teilnehmer)
- Teamgröße: Maxigruppen möglich (20 bis 40 Teilnehmer)
- Teamgröße: Mittelgroße Teams möglich (5 bis 20 Teilnehmer)
- Vorbereitungszeit: eher hoch (>1 Tag)

Input für eine zielführende Arbeit mit der Methode

- Aktuell existierende Geschäftsmodelle
- Aktuell existierende Produkte und Services
- Aktuelle Herausforderung, Leitfrage, Problem
- Trends und Zukunftsentwicklungen
- Umfeldbeobachtungen, Umfeldanalysen

Output und beobachtete Ergebnisse der Methode

- Erzeugt Ideen für neue Märkte und neue Business Modelle
- Erzeugt definierte Zielkorridore
- Erzeugt eine Vision oder Zukunftsbild
- Erzeugt größere Klarheit zu einem Thema
- Erzeugt transformationsfähigere Organisationen
- Hilft bei Entscheidungen, Bewertungen und Feedback
- Macht Wirkzusammenhänge sichtbar

Hinderniseffekte, auf die die Methode positiv wirkt

- Beugt blinden Flecken/Betriebsblindheit vor
- Bewahrt vor zu generischen Ideen und Aussagen
- Verhindert blinden Aktionismus
- Verhindert falsche Flughöhen
- Verhindert unreflektiertes agieren
- Verringert zu große Komplexitäten
- Fördert Optimismus und Zuversicht

Mögliche Extravorteile der Methode

- Möglicher Extravorteil für Teams mit einem starkem Auftragsmandat
- Möglicher Extravorteil für agile Teams
- Möglicher Extravorteil für innovativ erfahrene Teams

Quellen

Artikel – Henry Mintzberg, Crafting Strategy, Harvard Business Review, 1987, https://hbr.org/1987/07/crafting-strategy (abgerufen am 03.07.2023)

Buch – Strategizing as Prototyping. Samuel Huber (Universität St. Gallen, 2022)

Organisation – For Planet Strategy Lab, www.forplanetstrategylab.com

261

Strategy Roadmap

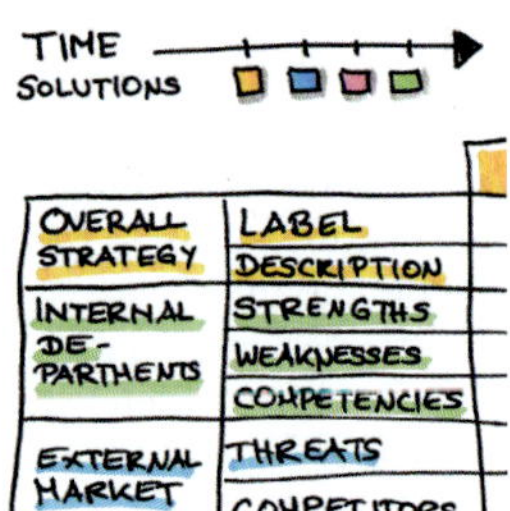

EinSatzBeschreibung

Die Strategy Roadmap visualisiert und korreliert die Innovations- bzw. Maßnahmenplanung in Abhängigkeit von den aktuellen kurz-, mittel- und langfristigen Unternehmensstrategien.

Working Guide/Anwendungsfelder

P1 Sensibilisierung/Bildung	P2 Matching Recht/Gesetz	P3 Sustainability Roadmap	P4 Produkt/Prozessdesign	P5 Implementierung/Monitoring	P6 Kommunikation	P7 Organisation	P8 Führung	P9 Business Model Design	P10 Skalierung
		X							

Beschreibung

Die Strategy Roadmap visualisiert und korreliert die Innovations- bzw. Maßnahmenplanung in Abhängigkeit von den aktuellen kurz- , mittel- und langfristigen Unternehmensstrategien.

Man gibt in die Methode die zur Implementation grundsätzlich vorgesehenen Ideen und Projekte hinein, und sie liefert einen Plan, der die Ideen und Projekte an den verschiedenen Strategien ausrichtet. Dazu werden zum einen die anstehenden Ideen und Projekte an einem Zeitstrahl ausgerichtet und zum anderen werden auch die Kurzfriststrategie, die Mittelfriststrategie und die Langfriststrategie an dem Zeitstrahl ausgerichtet.

Die Methode liefert folgende Benefits:

- Betrachtung von Projekten über eine Zeitachse,
- Kreierung eine Plans,
- sie ist richtunggebend,
- sie definiert Strategien,
- sie fördert strategisches Verständnis.

Eine Strategy Roadmap für anstehende nachhaltige Ideen bietet zahlreiche Vorteile. Sie ermöglicht eine strukturierte Planung und Umsetzung von Projekten. Durch klare Meilensteine und Zeitrahmen können Ressourcen effizient eingesetzt werden. Zudem fördert sie die Transparenz und Kommunikation, da alle Beteiligten wissen, was zu erwarten ist. Die Roadmap hilft, Prioritäten zu setzen, Entscheidungen zu treffen und Ziele zu verfolgen, was die Erfolgswahrscheinlichkeit steigert. Sie minimiert Risiken, indem sie potenzielle Herausforderungen frühzeitig erkennt und Lösungsansätze aufzeigt. Nicht zuletzt schafft sie Vertrauen bei Stakeholdern und Investoren, da sie eine klare Vision für die Zukunft vermittelt. Insgesamt trägt eine Strategy Roadmap dazu bei, Ideen effektiver in die Realität umzusetzen und den Erfolg zu maximieren.

Durchführung

Schritt 1: Auf einer Wand wird ein Zeitstrahl entwickelt mit drei Abschnitten (kurzfristig, mittelfristig, langfristig). Alle relevanten Ideen und Projekte werden gesichtet und auf diesem Zeitstrahl gut sichtbar verortet.

Schritt 2: Entwickeln oder notieren Sie nun Ihre Strategien für jedes der drei Zeitstrahlsegmente (kurzfristig, mittelfristig, langfristig).

Schritt 3: In einer weiteren Zeile notieren Sie nun, was Ihre Organisation braucht, um die jeweilige Strategie zu verfolgen, beziehungsweise was jeweils ihre Stärken, Schwächen und Kompetenzen sind.

Schritt 4: Notieren Sie nun für jede Strategie, wie der Markt wahrscheinlich auf diese Strategie reagieren wird. Notieren Sie Chancen, Wettbewerber und auch Komplementoren.

Schritt 5: Diskutieren und reflektieren Sie Ihre Roadmap nun immer, wenn Sie über Ihre Ideen und Projekte sprechen, die zur Umsetzung anstehen.

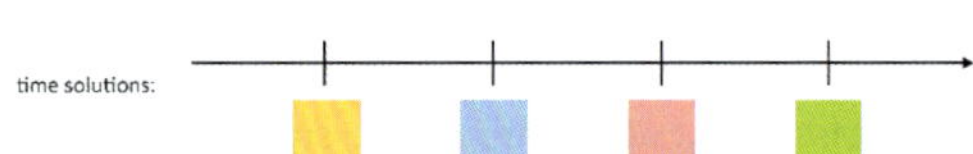

		short-term	mid-term	long-term
Overall strategy	Label			
	Description			
Internal: Departments	Strengths			
	Weaknesses			
	Competencies			
External: Market	Opportunities			
	Threats			
	Competitors			
	Complementors			

Quelle: 101 Design Methods. V. Kumar (Whiley, 2012)

Praxisschlaglicht

Strategiereflexion gibt Innovationskraft – Es hat sich in den letzten Jahren immer wieder gezeigt, dass die meisten Teilnehmer an Innovationsprojekten über kein ausreichendes Know-how zu den eigenen Strategien verfügen. Wissen über Strategien und die Fähigkeit, im Innovationskontext darüber reflektieren zu können, ist unerlässlicher Erfolgsfaktor.

Wirkfeld der Methode

- Wirksam für Herausforderungen mit hoher Komplexität
- Wirksam für Herausforderungen mit mittlerer Komplexität

Transformationsfähigkeit Ihres Teams

- Fördert die allgemeine Transformationsfähigkeit des Teams
- Zahlt auf ein positives Zukunftsbild ein
- Erhöht die Lösungsorientierung

Einsatzcharakteristik/Arbeitsrahmen

- Austauschfokus: vornehmlich mit internen Personen
- Durchführungszeit: eher mittel (> 1 Stunde bis < 1 Tag)
- Einsatzfrequenz: sinnvoll im dauerhaften Einsatz
- Einsatzfrequenz: vornehmlich über den kompletten Projektzeitraum
- Komplexität für den Moderator: eher mittel
- Komplexität für die Teilnehmer: eher mittel
- Teamgröße: Einzelpersonennutzung möglich
- Teamgröße: Kleingruppe möglich (3 bis 5 Teilnehmer)
- Teamgröße: Mittelgroße Teams möglich (5 bis 20 Teilnehmer)
- Teamgröße: Speziell für Großgruppen geeignet (> 50 Teilnehmer)
- Vorbereitungszeit: eher mittel (> 1 Stunde bis < 1 Tag)

Input für eine zielführende Arbeit mit der Methode

- Angereicherte Ideen, Ideencluster oder höher integrierte Lösungen
- Ideen und Projekte, die zur Umsetzung anstehen
- Innovationssuchfelder, Intent Statements

Output und beobachtete Ergebnisse der Methode

- Erzeugt definierte Zielkorridore
- Erzeugt eine Vision oder Zukunftsbild
- Erzeugt größere Klarheit zu einem Thema
- Erzeugt motiviertere und transformationsfähigere Teilnehmer
- Erzeugt segmentierte, kategorisierte, geclusterte Daten
- Hilft bei Entscheidungen, Bewertungen und Feedback
- Identifiziert vorhandene Schwachstellen
- Identifiziert vorhandene Stärken
- Macht Wirkzusammenhänge sichtbar

Hinderniseffekte, auf die die Methode positiv wirkt

- Schafft schnell Klarheit und beschleunigt Erkenntnisgewinn
- Verhindert Topic-Jumping und schnelles Abschweifen
- Verhindert blinden Aktionismus
- Verhindert falsche Flughöhen
- Verhindert unreflektiertes agieren
- Verhindert vorschnelles Urteilen über Ideen
- Verkürzt zu lange Entscheidungsmeetings
- Überzeugt strukturliebende Teammitglieder

Mögliche Extravorteile der Methode

- Möglicher Extravorteil für Teams in einer Komfortsituation
- Möglicher Extravorteil für Teams mit einem starkem Auftragsmandat
- Möglicher Extravorteil für Teams mit einer konservativen, tradierten Kultur

Quellen

Buch – 101 Design Methods. V. Kumar (Whiley, 2012)

Sustainability Competitor Mapping

EinSatzBeschreibung

Sustainability Competitor Mapping zeigt, wie Referenzmaßnahmen im Wettbewerberfeld bewertet werden und wo das eigene Unternehmen im Feld der nächsten Wettbewerber liegt.

Working Guide/Anwendungsfelder

P1 Sensibilisierung/Bildung	P2 Matching Recht/Gesetz	P3 Sustainability Roadmap	P4 Produkt/Prozessdesign	P5 Implementierung/Monitoring	P6 Kommunikation	P7 Organisation	P8 Führung	P9 Business Model Design	P10 Skalierung
		X							

Beschreibung

Die Integration von Nachhaltigkeitsaspekten in das Management von Unternehmen ist in den letzten Jahren zu einem entscheidenden Faktor für langfristigen Erfolg geworden. Dabei ist es nicht nur wichtig, die eigenen Nachhaltigkeitsbemühungen zu optimieren, sondern auch im Wettbewerbsumfeld eine strategisch sinnvolle Positionierung einzunehmen.

Die Sustainability Competitor Mapping-Methode ist eine innovative Herangehensweise zur Wettbewerbsanalyse, die speziell auf die Anforderungen des Nachhaltigkeitsmanagements zugeschnitten ist. Die Wettbewerbsanalyse hat ihren Ursprung in der Marketingforschung und wurde in den letzten Jahrzehnten zu einem essenziellen Werkzeug des strategischen Managements. Sie dient dazu, Informationen über die Konkurrenzunternehmen zu sammeln, zu analysieren und daraus Schlüsse für die eigene strategische Ausrichtung zu ziehen. Traditionell konzentrierte sich die Wettbewerbsanalyse auf Parameter wie Preis, Produktqualität und Markenimage.

Im Kontext des Nachhaltigkeitsmanagements ergeben sich jedoch neue Anforderungen. Unternehmen müssen nicht nur wirtschaftliche, sondern auch ökologische und soziale Wettbewerbsaspekte berücksichtigen. Dies führte zur Entwicklung einer spezialisierten Methode, die als Sustainability Competitor Mapping bezeichnet wird.

Die Sustainability Competitor Mapping-Methode wurde entwickelt, um Unternehmen dabei zu unterstützen, ihre Position im Wettbewerbsumfeld hinsichtlich Nachhaltigkeitsaspekten zu analysieren. Der Zweck dieser Methode liegt in der Beantwortung von zwei Fragen:

- **Was sind Referenzmaßnahmen im Wettbewerberfeld?** Diese Frage zielt darauf ab, die Best Practices und Standards im Bereich Nachhaltigkeit zu identifizieren. Es geht hier darum, herauszufinden, welche Maßnahmen die Wettbewerber ergreifen, um nachhaltiger zu werden, und wie diese bewertet werden.
- **Wo liegt das eigene Unternehmen im Feld der nächsten Wettbewerber?** Hierbei geht es darum, die eigene Nachhaltigkeitsleistung im Vergleich zu den Hauptkonkurrenten zu bewerten. Dies ermöglicht eine realistische Selbsteinschätzung und Identifizierung von Verbesserungspotenzialen.

Die Sustainability Competitor Mapping-Methode unterstützt Unternehmen somit dabei, klare und fundierte Entscheidungen im Bereich Nachhaltigkeit zu treffen. Sie hilft dabei, Ressourcen effizient einzusetzen und die eigene Position im Markt zu stärken.

Durchführung

Die Durchführung der Sustainability Competitor Mapping-Methode erfordert sorgfältige Planung und Analyse. Im Folgenden wird ein Leitfaden für die Umsetzung dieser Methode skizziert:

Schritt 1: Identifikation von Wettbewerbern

Zunächst müssen alle relevanten Wettbewerber identifiziert werden. Dies kann anhand von Marktrecherchen, Branchenanalysen und Expertenmeinungen erfolgen.

Schritt 2: Datensammlung

Es ist dann entscheidend, Informationen über die Nachhaltigkeitspraktiken und -leistung der identifizierten Wettbewerber zu sammeln. Dies kann durch öffentliche Berichte, Unternehmenswebsites, CSR-Berichte und andere verfügbaren Quellen geschehen.

Schritt 3: Bewertungskriterien festlegen

Die zu bewertenden Kriterien müssen klar definiert werden. Dies können entweder Umweltaspekte wie Energieverbrauch, CO_2-Emissionen, Wasserverbrauch oder ähnliches sein oder andererseits Präferenzaspekte wie die Einschätzung und Wertung dieser Nachhaltigkeitspraktiken und -leistungen durch Konsumenten.

Schritt 4: Bewertung der Wettbewerber

Die gesammelten Daten werden anhand der festgelegten Kriterien bewertet und in eine Vergleichstabelle oder -grafik eingetragen (z. B. in einer sog. Spiderweb-Grafik wie in der Abbildung). Dadurch entsteht ein übersichtliches Bild der Nachhaltigkeitsleistung der Wettbewerber.

Schritt 5: Identifizierung von Referenzmaßnahmen

Auf Grundlage der Bewertungsergebnisse können Referenzmaßnahmen im Wettbewerberfeld identifiziert werden. Das sind die Nachhaltigkeitspraktiken, die von den Besten in der Branche umgesetzt werden.

Schritt 6: Positionierung des eigenen Unternehmens

Anhand der Bewertung kann auch das eigene Unternehmen im Vergleich zu den Wettbewerbern eingeordnet werden. Hierbei

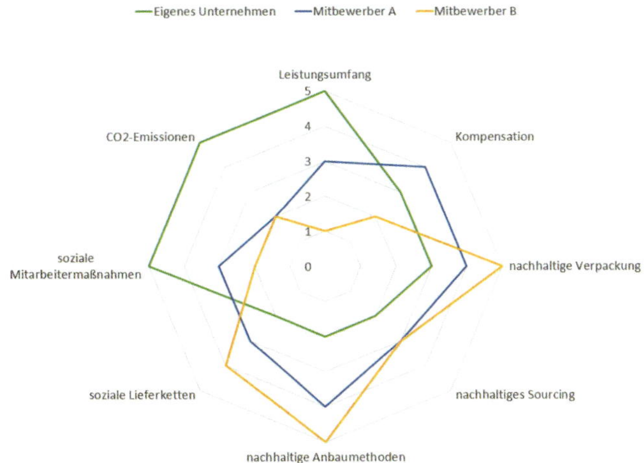

Beispiel für eine Sustainability Competitor Map in Form eines Spiderwebs (Quelle: Dr. Carsten Leo Demming)

wird deutlich, wo Stärken und Schwächen in Bezug auf Nachhaltigkeit liegen.

Schritt 7: Ableitung von Handlungsempfehlungen

Basierend auf den Erkenntnissen aus der Analyse können konkrete Handlungsempfehlungen entwickelt werden. Diese helfen dabei, die Nachhaltigkeitsstrategie des eigenen Unternehmens zu optimieren und sich im Wettbewerbsumfeld zu positionieren.

Die Sustainability Competitor Mapping-Methode ist somit eine wertvolle Ergänzung für Unternehmen im Nachhaltigkeitsmanagement. Sie ermöglicht es, die eigene Nachhaltigkeitsleistung objektiv zu bewerten, Best Practices von Wettbewerbern zu identifizieren und strategische Entscheidungen zur Verbesserung der Nachhaltigkeitsstrategie zu treffen. Durch die gezielte Anwendung dieser Methode können Unternehmen nicht nur ökologisch und sozial verantwortlicher handeln, sondern auch langfristig wettbewerbsfähiger werden.

Praxisschlaglicht

Ein Unternehmen im Lebensmitteleinzelhandel, das sich auf Bio-Lebensmittel konzentriert, hat die Sustainability Competitor Mapping-Methode angewendet. Zunächst wurden die Hauptwettbewerber identifiziert und deren Nachhaltigkeitsleistung durch die Analyse von CSR-Berichten auf Umweltauswirkungen und soziale Aspekte hin bewertet. Etwa ein Dutzend Bewertungskriterien wie CO_2-Emissionen wurden dabei festgelegt.

Das Unternehmen stellte fest, dass es in einigen Bereichen wie nachhaltiger Beschaffung und CO_2-Emissionen bereits gut abschnitt, während es bei der sozialen Gerechtigkeit Verbesserungspotenzial gab. Durch die Identifizierung von Referenzmaßnahmen bei einem Wettbewerber mit besonders herausragenden Praktiken erkannte das Unternehmen eine Möglichkeit zur Verbesserung.

Auf Basis dieser Erkenntnisse entwickelte das Unternehmen eine neue Nachhaltigkeitsstrategie, die darauf abzielte, die Mitarbeiterförderung zu verstärken, um soziale Gerechtigkeit zu fördern. Die Sustainability Competitor Mapping-Methode half dem Unternehmen, seine Nachhaltigkeitsziele zu schärfen und seine Wettbewerbsposition im Lebensmitteleinzelhandel zu stärken.

Wirkfeld der Methode

- Wirksam für Herausforderungen mit hoher Komplexität
- Wirksam für nachhaltiges Marketing
- Wirksam für nachhaltiges Produktdesign
- Wirksam für nachhaltiges Servicedesign
- Wirksam für nachhaltiges Business Model Design

Transformationsfähigkeit Ihres Teams

- Fördert die Sensibilisierung
- Zahlt auf eine bessere Wahrnehmung ein
- Zahlt auf ein positives Zukunftsbild ein
- Zahlt auf das Dringlichkeitsempfinden ein
- Erhöht die Lösungsorientierung

Einsatzcharakteristik/Arbeitsrahmen

- Austauschfokus: vornehmlich mit internen Personen
- Durchführungszeit: eher hoch (> 1 Tag)
- Einsatzfrequenz: sinnvoll im dauerhaften Einsatz
- Einsatzradius: vornehmlich im projektweiten Einsatz
- Komplexität für den Moderator: eher hoch
- Komplexität für die Teilnehmer: eher mittel
- Teamgröße: Kleingruppe möglich (3 bis 5 Teilnehmer)
- Vorbereitungszeit: eher mittel (> 1 Stunde bis < 1 Tag)

Input für eine zielführende Arbeit mit der Methode

- Aktuelle Produkte und Services
- Aktuelle Geschäftsmodelle
- Produktmerkmale, Skizzen, Eigenschaften
- Wettbewerber und Komplementoren

Output und beobachtete Ergebnisse der Methode

- Identifiziert vorhandene Schwachstellen
- Identifiziert vorhandene Stärken
- Macht Wirkzusammenhänge sichtbar
- Ziel- und Fokusgruppen

Hinderniseffekte, auf die die Methode positiv wirkt

- Verhindert blinden Aktionismus
- Verhindert einseitige Bewertungen und Entscheidungen
- Verhindert falsche Flughöhen
- Verhindert unreflektiertes agieren

Mögliche Extravorteile der Methode

- Möglicher Extravorteil für in Nachhaltigkeitsthemen ungeübte Teams

Quellen

Person – Prof. Dr. Carsten Leo Demming, Demming & Partner, https://www.carstendemming.com/

263

Sustainability Evolution Pyramid for Enterprise

EinSatzBeschreibung

Bildet die Bedürfnisebenen zur Nachhaltigkeitsentwicklung in Unternehmen ab und dient als Einordungshilfe und Priorisierung der Nachhaltigkeitsziele (SDG) durch die Übersetzung in Unternehmensdimensionen.

Working Guide/Anwendungsfelder

P1 Sensibilisierung/Bildung	P2 Matching Recht/Gesetz	P3 Sustainability Roadmap	P4 Produkt/Prozessdesign	P5 Implementierung/Monitoring	P6 Kommunikation	P7 Organisation	P8 Führung	P9 Business Model Design	P10 Skalierung
				X	X		X		

Beschreibung

Die Verfolgung der Nachhaltigkeitsziele ist für viele Unternehmen eine große Herausforderung. Die Vielfältigkeit und Ausprägungen der 17 SDGs beinhalten eine Komplexität, die einen direkten Bezug zu Unternehmen meist nur schwer erkennen lassen. Und zudem auch eine Fokussierung erschwert.

Mit diesem Modell stellen wir eine Herangehensweise vor, die es Unternehmen bei ihrem Weg zu mehr Nachhaltigkeit auf einfache Weise ermöglicht, die Relevanz der einzelnen SDG für ihr Unternehmen einzuordnen. In der Folge bietet diese Verortung eine Entscheidungsgrundlage für die strategische Fokussierung und Priorisierung beim Thema Nachhaltigkeit.

Was ist unser Ansatz? Der US-Psychologe Abraham Maslow gibt unseren menschlichen Bedürfnissen und Motivationen eine hierarchische Struktur. Die ursprüngliche Maslow'sche Bedürfnispyramide beschriebt die folgenden fünf Ebenen mit Physische Bedürfnisse, Sicherheitsbedürfnisse, Soziale Bedürfnisse, Individualbedürfnisse und Selbstverwirklichung.

In Anlehnung an die menschlichen Bedürfnisse wurde das Modell der „Sustainability Evolution Pyramid for Enterprise©" entwickelt. Es bildet die „Bedürfnisebenen zur Nachhaltigkeitsentwicklung" für Unternehmen ab. Diese vier Bedürfnisebenen sind definiert und priorisiert mit:

1. Existenz-Bedürfnisse (Geschäftsgrundlage sicherstellen)
2. Effizienz-Bedürfnisse (besser werden)
3. Weiterentwicklungs-Bedürfnisse (Zukunft des Unternehmens sichern)
4. Corporate Social Responsibility CSR (Beitrag zur Gesellschaft leisten)

Diesen vier Bedürfnis-Kategorien sind die 17 SDG (Nachhaltigkeitsziele der UN) im Unternehmenskontext zugeordnet. Im Folgenden ergeben sich daraus für jede Bedürfnisebene die relevanten Erfolgsfaktoren (Dimensionen) für Unternehmen. (siehe Abbildung).

Je nachdem, auf welcher Ebene sich das Unternehmen befindet, kann abgeleitet werden, worauf der Fokus zuerst bzw. als Nächstes gelegt wird. Strategische Entscheidungen im Kontext Nachhaltigkeit lassen sich deutlich vereinfachen.

Beispiel: Befindet sich ein Unternehmen aktuell auf der „Existenzebene" (z. B. Neugründung, Transformation o. ä.) stellt sich die Frage ob Aktivitäten auf der „CSR-Ebene" angemessen sind. Der Fokus auf Finanzmittel für nachhaltige Infrastruktur der Ebene 1 wird in dieser Situation für das Unternehmen von größerer Relevanz sein als eine Unterstützung der Wiederaufforstung von Wäldern. Damit soll jetzt nicht ausgedrückt werden, dass eine Aufforstung unwichtig ist. Realistisch betrachtet wird es für Unternehmen aber selten möglich sein, alle SDG gleichzeitig zu bedienen. Daher ist es aus Unternehmenssicht unerlässlich einen strategischen Fokus zu setzen und Schritt für Schritt in die verschiedenen Nachhaltigkeitsziele zu investieren und daran zu arbeiten. Und das Modell der „Sustainability Evolution Pyramid for Enterprise© ermöglicht eben diese Einordnung und strategische Priorisierung.

Anmerkung: Mit einer entsprechenden Adaption der Erfolgsfaktoren kann das Modell auch für weitere Organisationen und Institutionen angewendet werden.

Durchführung

Vorbereitung: Machen Sie die Sustainability Evolution Pyramid for Enterprise© für alle Teilnehmenden gut sichtbar. Des Weiteren stellen Sie eine Übersicht über die 17 SDGs nach Möglichkeit inkl. der Unterziele zur Verfügung.

Gibt es schon Aktivitäten oder Projekte zu einzelnen Nachhaltigkeitszielen? Dann erstellen Sie eine Übersicht der Themen inkl. SDG-Zuordnung sowie Informationen über deren Ziele und bisherige Aktivitäten und Ergebnisse.

Definieren Sie im Vorfeld auch die Leitfrage für den Workshop, z. B. „Auf welche Nachhaltigkeitsziele konzentrieren wir uns als Unternehmen in den nächsten x Jahren?"

Schritt 1: Schaffen Sie ein gemeinsames Verständnis darüber, auf welcher Bedürfnis-Ebene sich das Unternehmen aktuell befindet, und machen Sie die Hintergründe Ihrer Einschätzung transparent. Schauen Sie sich auch die zugehörigen SDG-Ziele an.

Schritt 2: Ordnen Sie nun anhand der vorbereiteten Übersicht die Projekte auf Basis ihrer SDG-Zuordnung den Bedürfnis-Ebenen zu. Wie sieht die Verteilung aus, auf welchen Ebenen sind Sie im Unternehmen aktiv? Worauf konzentrieren sich aktuell die Aktivitäten und auf welche SDGs zahlen diese ein?

Sustainability Evolution Pyramid for Enterprise©

Bedürfnisebenen der Nachhaltigkeitsentwicklung von Unternehmen – eine Einordnungshilfe

SDG Zuordnung im Unternehmenskontext:

1. Existenz Bedürfnisse
   - Industrie/Innovation/Infrastruktur (SDG 9)
   - Verantwortungsvolle Konsum-/Produktionsmuster-1(SDG 12)
2. Effizienz-Bedürfnisse
   - Gesundheit und Wohlergehen (SDG 3)
   - Armut (SDG 1)
   - Hochwertige Bildung (SDG 4)
   - Bezahlbare saubere Energie (SDG 7)
   - Menschenwürdige Arbeit und Wirtschaftswachstum (SDG 8)
   - Weniger Ungleichheiten (SDG 10)
   - Verantwortungsvolle Konsum-/Produktionsmuster-2 (SDG12)
3. Weiterentwicklungs-/Performance Bedürfnisse
   - Maßnahmen zum Klimaschutz (SDG 13)
   - Partnerschaften zur Erreichung der Ziele (SDG17)
4. Corporate Social Responsibility
   - Hunger (SDG 2)
   - Geschlechtergleichheit (SDG 5)
   - Sauberes Wasser (SDG 6)
   - Nachhaltige Städte und Gemeinden (SDG 11)
   - Leben unter Wasser (SDG 14)
   - Leben an Land (SDG 15)
   - Frieden und Gerechtigkeit (SDG 16)

Übersetzung der SDG auf Unternehmens-Faktoren, z.B.:

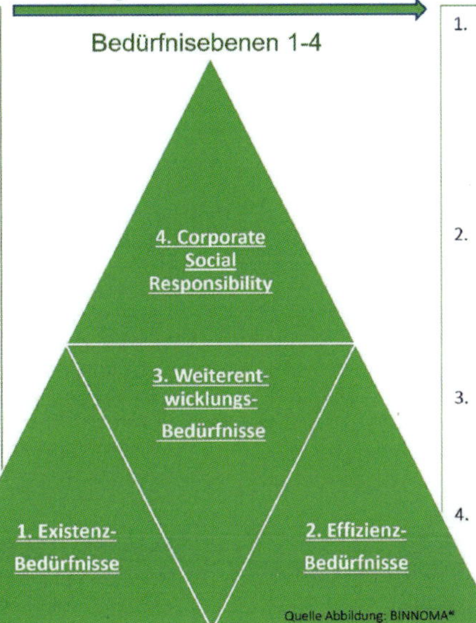

1. Existenz Bedürfnisse:
   - Produktfunktion / Qualität
   - Kundennutzen /-bedarf
   - Finanzmittel
   - Kunden
   - Infrastruktur
   - Vertrieb
   - Riskmanagement
2. Effizienz Bedürfnisse:
   - Profitabilität
   - Mitarbeiter (Engagement/Motivation)
   - Arbeitsmittel
   - Prozesse und Strukturen
   - Angebotserweiterung/Marketing
3. Weiterentwicklungsbedürfnisse:
   - Wachstum / Expansion
   - Innovation, nachhaltige Entwicklung
   - Marktführerschaft
4. Corporate Social Responsibility
   - Umwelt
   - Daseinszweck
   - Leadership/Mitbestimmung

Schritt 3: Vergleichen Sie nun die Bedürfnis-Ebene, auf der sich das Unternehmen aktuell befindet mit den Einordnungen der laufenden Projekte.
Wo sehen Sie etwaige Diskrepanzen zwischen IST- und „Soll"-Situation? Auf welcher Basis wurde die bisherige Auswahl getroffen bzw. was sind die Hintergründe? Welche SDG-Felder sind ggf. auf den unteren Bedürfnisebenen noch offen (Lücken) und warum? Welche SDG sind für Ihre „Soll"-Ebene noch relevant, aber aktuell nicht im Fokus?

Schritt 4: Identifizieren und priorisieren Sie mit Blick auf Ihre aktuelle Ebene diejenigen Erfolgsfaktoren aus, die Sie hierzu fördern wollen.

Schritt 5: Entscheiden Sie bewusst, wie Sie mit den Diskrepanzen und Lücken weiter verfahren wollen.

Schritt 6: Entwickeln Sie Ideen und Ansätze für Ihre priorisierten Erfolgsfaktoren, um diese zu forcieren.

Praxisschlaglicht

In Anlehnung daran wurde zusätzlich eine Sustainability Evolution Pyramid for Individuals© abgeleitet. Sie bildete die Bedürfnisebenen zur Nachhaltigkeitsentwicklung von Individuen ab. Die Definition der vier Bedürfnisebenen als auch deren Zuordnung der SDGs wurden demzufolge angepasst:

1. Basis-Bedürfnisse
2. Sicherheitsbedürfnisse
3. Gesellschaftliche Bedürfnisse
4. Performance-Bedürfnissen

Auch diesen vier Bedürfnis-Kategorien lassen sich die 17 SDG (Nachhaltigkeitsziele der UN) zuordnen (siehe Abbildung).

Wirkfeld der Methode

- Wirksam für Herausforderungen mit hoher Komplexität
- Wirksam für Herausforderungen mit mittlerer Komplexität
- Wirksam für nachhaltiges Business Model Design

Transformationsfähigkeit Ihres Teams

- Zahlt auf ein positives Zukunftsbild ein
- Zahlt auf das Dringlichkeitsempfinden ein
- Erhöht die Lösungsorientierung

Einsatzcharakteristik/Arbeitsrahmen

- Austauschfokus: vornehmlich mit internen Personen
- Durchführungszeit: eher mittel (> 1 Stunde bis < 1 Tag)
- Einsatzfrequenz: vornehmlich über den kompletten Projektzeitraum
- Einsatzradius: vornehmlich im unternehmensweiten Einsatz
- Komplexität für den Moderator: eher mittel
- Komplexität für die Teilnehmer: eher hoch
- Teamgröße: Einzelpersonennutzung möglich
- Teamgröße: Kleingruppe möglich (3 bis 5 Teilnehmer)
- Teamgröße: Mittelgroße Teams möglich (5 bis 20 Teilnehmer)
- Vorbereitungszeit: eher mittel (> 1 Stunde bis < 1 Tag)

Input für eine zielführende Arbeit mit der Methode

- Aktuell existierende Geschäftsmodelle
- Aktuell existierende Produkte und Services
- Aktuelle Herausforderung, Leitfrage, Problem
- Existierende Prozesse und Verfahren
- Verschiedene Meinungen und Blickwinkel
- Trends und Zukunftsentwicklungen

Sustainability Evolution Pyramid for Individuals©

Bedürfnisebenen zur Nachhaltigkeitsentwicklung für Individuen und die Zuordnung der SDG-Ziele:

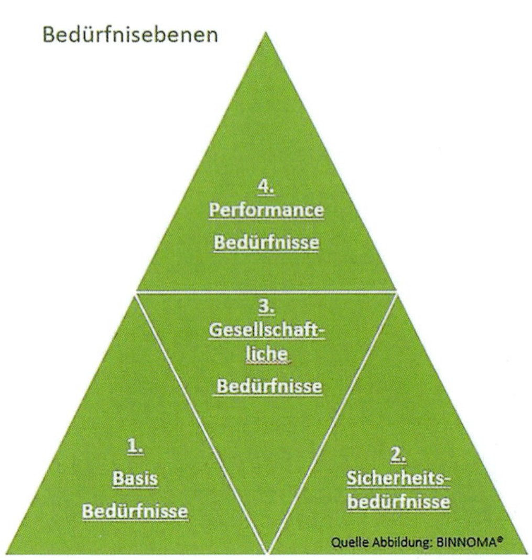

1. **Basis-Bedürfnisse:**
   - Hunger (SDG 2)
   - Gesundheit und Wohlergehen (SDG 3)
   - Armut (SDG 1)
2. **Sicherheits-Bedürfnisse:**
   - Sauberes Wasser (SDG 6)
   - Frieden und Gerechtigkeit (SDG 16)
   - Leben unter Wasser (SDG 14)
   - Leben an Land (SDG 15)
3. **Gesellschaftliche Bedürfnisse:**
   - Bezahlbare saubere Energie (SDG 7)
   - Maßnahmen zum Klimaschutz (SDG 13)
   - Nachhaltige Städte und Gemeinden (SDG 11)
   - Verantwortungsvoller Konsum (SDG 12)
   - Partnerschaften zur Erreichung der Ziele (SDG 17)
   - Industrie/Innovation/Infrastruktur (SDG 9)
   - Geschlechtergleichheit (SDG 5)
   - Menschenwürdige Arbeit und Wirtschaftswachstum (SDG 8)
4. **Performance Bedürfnisse:**
   - Hochwertige Bildung (SDG 4)
   - Weniger Ungleichheiten (SDG 10)

Output und beobachtete Ergebnisse der Methode

- Bessere Projekteffizienz, bessere Teamperformance
- Erzeugt Listen von Chancen und Risiken
- Erzeugt Prognosen und Ableitungen
- Erzeugt Planungen und Priorisierungen
- Erzeugt definierte Zielkorridore
- Erzeugt größere Klarheit zu einem Thema
- Hilft bei Entscheidungen, Bewertungen und Feedback

Hinderniseffekte, auf die die Methode positiv wirkt

- Beugt Missinterpretationen vor
- Beugt blinden Flecken/Betriebsblindheit vor
- Schafft für den Erfolg nötige Realitätsbezüge
- Schafft schnell Klarheit und beschleunigt Erkenntnisgewinn
- Schärft eine fehlende gemeinsame Ausrichtung
- Verhindert blinden Aktionismus

Mögliche Extravorteile der Methode

- Möglicher Extravorteil für Teams mit einem starkem Auftragsmandat
- Möglicher Extravorteil für die Arbeit mit digitalen Kollaborationsboards
- Möglicher Extravorteil für in Nachhaltigkeitsthemen erfahrene Teams

Quellen

Buch – A Theory of Human Motivation (Psychological Review 1943). Abraham E. Maslow (bnpublishing Hawthorne, 2017)

Buch – Responsible Leadership Systems – Integrating Corporate Responsibility into Leadership Systems. Erik G. Hansen (Gabler, 2010)

Organisation – BöhringerInnovationsManagement, www.binnoma.de, 2023

Person – Sabine Böhringer, sabine.boehringer@binnoma.de

Web – https://de.wikipedia.org/wiki/Corporate_Social_Responsibility,

Web – https://de.wikipedia.org/wiki/Maslowsche_Bed%C3 %BCrfnishierarchie,

Web – https://de.wikipedia.org/wiki/Drei-S%C3 %A4ulen-Modell_%28Nachhaltigkeit%29,

Web – https://praxistipps.focus.de/esg-kriterien-definition-und-erklaerung-des-nachhaltigkeits-ratings_125412,

Web – https://sdgcompass.org/

Web – https://www.bnw-bundesverband.de/

Web – https://www.bundesregierung.de/breg-de/weitere-themen/nachhaltigkeitspolitik/die-un-nachhaltigkeitsziele-1553514

Web – https://www.forumue.de/

Web – https://www.globalreporting.org/standards/standards-development/universal-standards/

Web – https://www.renn-netzwerk.de/nord,

Web – https://www.sue-nrw.de/donut-oekoenomie

Standard – ISO 14040:2006(en), Environmental management – Life cycle assessment – Principles and framework

Web – SDGs praxisnah umsetzen | BNW. www.unternehmensgruen.org

264

Sustainability Expectancy Disconfirmation

EinSatzBeschreibung

Mithilfe der Sustainability Expectancy Disconfirmation lässt sich herauszufinden, wie die Erwartungen von Konsumenten in Bezug auf Nachhaltigkeit lauten und wie das Unternehmen diese erfüllt.

Working Guide/Anwendungsfelder

P1 Sensibilisierung/Bildung	P2 Matching Recht/Gesetz	P3 Sustainability Roadmap	P4 Produkt/Prozessdesign	P5 Implementierung/Monitoring	P6 Kommunikation	P7 Organisation	P8 Führung	P9 Business Model Design	P10 Skalierung
			X					X	X

Beschreibung

Die Expectancy Disconfirmation-Theorie beschreibt, wie der Vergleich von Erwartungen an eine Leistung (Soll-Leistung) und die tatsächliche Leistung (Ist-Leistung) zu Zufriedenheit oder Unzufriedenheit führt. Sie basiert grundsätzlich auf der Forschung von Richard Oliver in den 1980er-Jahren.

Übertragen auf die Bewertung von Nachhaltigkeitsmaßnahmen als Sustainability Expectancy Disconfirmation lässt sich die Grundidee nutzen, um zu messen, ob eine geplante Art der Leistungserbringung in der Lage ist Stakeholder zufrieden zu stellen oder ob sie zu Unzufriedenheit führt.

Die Zufriedenheit kann dabei laut Oliver drei grundsätzliche Formen annehmen: Eine Mindererfüllung der Erwartungen (negative Diskonfirmation) führt demnach zu klarer Unzufriedenheit bei den Stakeholdern, sodass die Wahrscheinlichkeit negativer Konsequenzen wie Abwanderung hoch ist. Werden lediglich die vorab bestehenden Erwartungen erfüllt, entwickeln Stakeholder eine neutrale Einstellung (Konfirmation) oder leichte Zufriedenheit. Wichtig ist hier, dass diese noch nicht zu Loyalität der Organisation oder der Marke gegenüber führt. Oberstes Ziel sollte deshalb sein, die die Erwartungen und Wünsche von Stakeholdern zu übertreffen (positive Diskonfirmation), da hierdurch eine hohe Zufriedenheit erzielt wird, die im Nachgang zu Loyalität führt.

In einer Erweiterung des Modells wird näher darauf eingegangen, wie Erwartungen eigentlich entstehen und sich möglicherweise auch durch Organisationen gestalten lassen. Die Expectancy Disconfirmation-Theorie liefert für die Erwartungsentstehung vier Hauptquellen: Die Bedürfnisse des Stakeholders (Was brauche ich?), eigene Erfahrungen (Was bin ich gewohnt?), Mund-zu-Mund-Propaganda (Was haben andere mir gesagt?) und Anbieter-Kommunikation (Was hat der Anbieter versprochen?).

Ein weiteres wichtiges Element in der Zufriedenheitsbetrachtung von Stakeholdern ist dessen Dynamik. Damit ist gemeint, dass im Zeitablauf bspw. das Erwartung- und Anspruchsniveau sich verändern kann, was sich dann in einer geänderten Zufriedenheit mit gleichgebliebenen Leistungen äußern kann. Diese Tatsache macht es notwendig, Zufriedenheitsmessungen regelmäßig zu wiederholen.

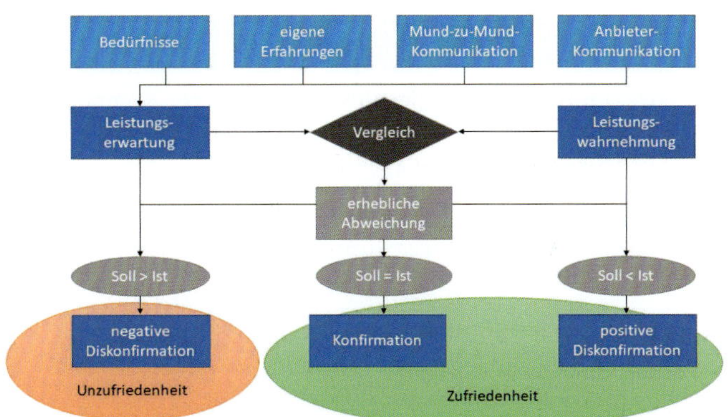

Sustainability Expectancy Disconfirmation: Vergleich von Leistungserwartung und Leistungswahrnehmung führt zu Zufriedenheitseinschätzung (Quelle: Dr. Carsten Leo Demming)

Durchführung

Zur Messung der Zufriedenheit als Übereinstimmung von Erwartungen und tatsächlicher Leistung werden oft standardisierte Fragebögen verwendet, die es Probanden ermöglichen auf Skalen zu antworten. Ein Beispiel dafür sind standardisierte Skalen wie SERVQUAL oder SERVPERF, die speziell für den Dienstleistungssektor entwickelt wurden.

Diese Fragebögen basieren darauf, dass die Befragten ihre Erwartungen mit der tatsächlichen Leistungserbringung vergleichen. In Übertragung auf Nachhaltigkeitsprobleme lassen sich standardisierte Fragen nach Erwartungen und wahrgenommene Leistungen entsprechend stellen. Dies bedeutet, dass zu jedem Themenfeld oder Merkmal zwei Fragen gestellt werden: eine nach der vorab vorhandenen Erwartung an das Merkmal und eine nach der tatsächlich vorliegenden Leistung.

Diese werden durch den Interviewer verglichen, woraus die mögliche Abweichung abgeleitet wird. Besonders große Abweichungen (kritische Zufriedenheitshürden) können so leicht identifiziert werden und sollten im Anschluss näher untersucht werden, um Gründe für Unzufriedenheit besser zu verstehen. Dies setzt allerdings voraus, dass die Befragten die zu bewertende Leistung richtig interpretieren und auch ihre Erwartungen gut kennen.

Die Fragen Messung der Zufriedenheit als Übereinstimmung von Erwartungen und tatsächlicher Leistung kann auch in unstandardisierten Situationen wie qualitativen Konsumenteninterviews genutzt werden. Hier ergibt es besonderen Sinn, tiefer auch auf die Quellen der Erwartungsentstehung einzugehen.

Praxisschlaglicht

Eine standardisierte Befragung zur Ankündigung von Net-Zero-Emissionszielen eines Versicherers führt zu der Erkenntnis, dass die Maßnahme nicht in der Lage ist die Kundenzufriedenheit zu steigern, da Kunden das Ziel und Ausmaß der Net-Zero-Anstrengungen sowieso erwartet hatten und dementsprechend ihre Erwartungen und Wünsche nicht positiv diskonfirmiert wurden. In tiefergehenden Analysen zeigte sich, dass diese Erwartungen sich hauptsächlich aus den Ankündigungen anderer Anbieter speisten.

Wirkfeld der Methode

- Wirksam für Herausforderungen mit mittlerer Komplexität
- Wirksam für Herausforderungen mit niedriger Komplexität
- Wirksam für nachhaltiges Marketing
- Wirksam für nachhaltiges Produktdesign
- Wirksam für nachhaltiges Servicedesign
- Wirksam für nachhaltiges Business Model Design

Transformationsfähigkeit Ihres Teams

- Fördert die Sensibilisierung

Einsatzcharakteristik/Arbeitsrahmen

- Austauschfokus: vornehmlich mit externen Personen
- Komplexität für den Moderator: eher gering
- Teamgröße: Großgruppen möglich (> 50 Teilnehmer)
- Teamgröße: Mittelgroße Teams möglich (5 bis 20 Teilnehmer)
- Teamgröße: Speziell für Großgruppen geeignet (> 50 Teilnehmer)
- Vorbereitungszeit: eher gering (< 1 Stunde)

Input für eine zielführende Arbeit mit der Methode

- Aktuell existierende Geschäftsmodelle
- Aktuell existierende Produkte und Services
- Aktuelle Herausforderung, Leitfrage, Problem
- Produktmerkmale, Skizzen, Eigenschaften

Output und beobachtete Ergebnisse der Methode

- Erzeugt Listen von Chancen und Risiken
- Erzeugt Prognosen und Ableitungen
- Erzeugt definierte Zielkorridore
- Erzeugt eine Vision oder Zukunftsbild
- Erzeugt mehr Hintergrundinformationen
- Hilft bei Entscheidungen, Bewertungen und Feedback
- Identifiziert vorhandene Schwachstellen
- Identifiziert vorhandene Stärken
- Macht Wirkzusammenhänge sichtbar

Hinderniseffekte, auf die die Methode positiv wirkt

- Verhindert vorschnelles Urteilen über Ideen

Mögliche Extravorteile der Methode

- Möglicher Extravorteil für in Nachhaltigkeitsthemen erfahrene Teams

Quellen

Artikel – Oliver, Richard L. (1980): A Cognitive Model of the Antecedents and Consequences of Satisfaction Decisions. In: Journal of Marketing Research, vol. 17, no. 4, 460–469.

Buch – Oliver, Richard L.: Satisfaction (Taylor & Francis, 1997)

Sustainability Measure Alignment

EinSatzBeschreibung

Das Sustainability Measure Alignment hilft herauszufinden, wie stark sich einzelne Nachhaltigkeitsmaßnahmen der Organisation gegenseitig ergänzen, ersetzen oder sogar kannibalisieren.

Working Guide/Anwendungsfelder

P1 Sensibilisierung/Bildung	P2 Matching Recht/Gesetz	P3 Sustainability Roadmap	P4 Produkt/Prozessdesign	P5 Implementierung/Monitoring	P6 Kommunikation	P7 Organisation	P8 Führung	P9 Business Model Design	P10 Skalierung
		X		X	X				

Beschreibung

Das Konzept des Sustainability Measure Alignment (auf Deutsch: Nachhaltigkeitsmaßnahmen-Abstimmung) ist ein Ansatz, der darauf abzielt zu bewerten, wie gut die verschiedenen Nachhaltigkeitsmaßnahmen einer Organisation miteinander harmonieren oder sich möglicherweise gegenseitig beeinflussen. Dieses Konzept ist besonders relevant für Organisationen, die sich mit mehreren Maßnahmen gleichzeitig aktiv für Nachhaltigkeit engagieren.

Im Rahmen eines Sustainability Measure Alignment werden drei Arten der Beeinflussung unterschieden. Dies bezieht sich darauf, wie gut verschiedene Nachhaltigkeitsmaßnahmen zusammenarbeiten:

Ergänzung: Damit ist gemeint, dass verschiedene Maßnahmen konsistent zueinander sind und sich dabei gegenseitig verstärken können. Zum Beispiel könnten Energieeffizienzmaßnahmen und erneuerbare Energieprojekte sich ergänzen, indem sie gemeinsam die CO_2-Emissionen reduzieren und bei Stakeholdern ein konsistentes Bild der Organisation als besonders engagiert in diesem Feld fördern.

Unabhängigkeit: Manchmal kann es vorkommen, dass mehrere Nachhaltigkeitsmaßnahmen keinen Einfluss aufeinander haben. Zum Beispiel könnte die Einführung nachhaltiger Verpackungen als in keiner Weise verbunden wahrgenommen werden mit der Aufstellung von Photovoltaikanlagen. Hier findet also weder Verstärkung noch Schädigung statt.

Kannibalisierung: Dies bezieht sich auf die Situation, in der eine Nachhaltigkeitsmaßnahme eine andere negativ beeinflusst. Ein Beispiel könnte sein, wenn die Einführung eines umweltfreundlicheren Produkts dazu führt, dass ein anderes, weniger umweltfreundliches Produkt nicht mehr nachgefragt wird und somit Einnahmeverluste entstehen.

Die Bewertung des Sustainability Measure Alignment kann Organisationen dabei helfen, ihre Nachhaltigkeitsstrategien zu optimieren. Durch eine sorgfältige Analyse können sie sicherstellen, dass ihre Bemühungen kohärent sind und sich nicht unbeabsichtigt gegenseitig behindern. Dies kann nicht nur dazu beitragen, Umweltauswirkungen zu minimieren, sondern auch wirtschaftliche Vorteile durch Effizienzsteigerungen und die Erfüllung von Nachhaltigkeitszielen bringen.

Durchführung

Die Durchführung einer Bewertung des Sustainability Measure Alignment erfordert eine systematische Analyse der verschiedenen Nachhaltigkeitsmaßnahmen einer Organisation. Folgende Schritte können dabei helfen, das Zusammenspiel dieser Maßnahmen besser zu verstehen:

1. **Identifikation der Nachhaltigkeitsmaßnahmen**: Zuerst müssen alle aktuellen Nachhaltigkeitsmaßnahmen und -initiativen der Organisation erfasst werden. Dies umfasst Umweltschutzmaßnahmen, soziale Verantwortung und wirtschaftliche Nachhaltigkeit. Gegebenenfalls können geplante Maßnahmen ergänzt werden, falls diese in der Analyse ebenso berücksichtigt werden sollen.
2. **Zielsetzung**: Klären Sie die Ziele und die Vision Ihrer Organisation in Bezug auf Nachhaltigkeit. Was versucht die Organisation zu erreichen? Welche spezifischen Nachhaltigkeitsziele werden verfolgt? Wo liegen die Prioritäten?
3. **Messbare Kennzahlen**: Legen Sie für die Nachhaltigkeitsmaßnahmen messbare Kennzahlen fest. Dafür ist es sinnvoll, eine quantifizierte Stakeholder-Einschätzung der Maßnahmen zu nutzen, bspw. die Präferenz von Kunden für die Maßnahme auf einer mehrstufigen Skala.
4. **Interaktionen identifizieren**: Analysieren Sie, wie die verschiedenen Maßnahmen miteinander interagieren könnten. Welche Maßnahmen könnten sich ergänzen, ersetzen oder möglicherweise konkurrieren? Hier sind entweder Experten-Einschätzungen (innerhalb oder außerhalb des Unternehmens) oder Stakeholder-Einschätzungen, jeweils im Paarvergleich zweier Maßnahmen, sinnvoll, um zu analysieren, ob Maßnahmen sich gegenseitig fördern, unabhängig sind oder sich schaden.
5. **Priorisierung**: Bewerten Sie die Bedeutung jeder Maßnahme für die Gesamtziele der Organisation. Welche Maßnahmen haben eine höhere Priorität, und welche sind weniger wichtig? Untersuchen Sie dann, wie Ressourcen etwa Zeit, Budget und Mitarbeiterressourcen auf die verschiedenen Maßnahmen verteilt sind. Sind die Ressourcen angemessen zugewiesen, um die Ziele zu erreichen?
6. **Konflikterkennung und Lösungen**: Wenn Konflikte oder Konkurrenzen zwischen Maßnahmen identifiziert werden, ist es wichtig, Lösungen zu entwickeln, um diese Konflikte zu minimieren oder zu beseitigen. Dies könnte die Anpassung von Ressourcenzuweisungen, die Neuausrichtung von Maßnahmen oder die Identifizierung von Synergien beinhalten.

1. Wie gut finden Sie die folgenden Maßnahmen?	1 sehr schlecht	5 weder noch	9 sehr gut
[Maßnahme 1]			
[Maßnahme 2]			
[Maßnahme 3]			

2. Wie gut passen die folgenden Maßnahmen zusammen?	1 schaden einander	5 weder noch	9 ergänzen sich
[Maßnahme 1 & 2]			
[Maßnahme 2 & 3]			
[Maßnahme 1 & 3]			

Beispielhafte Befragung im Rahmen eines Sustainability Measure Alignments (Quelle: Dr. Carsten Leo Demming)

Die Durchführung einer gründlichen Bewertung des Sustainability Measure Alignment erfordert Zeit und Engagement, kann aber dazu beitragen, sicherzustellen, dass die Nachhaltigkeitsbemühungen der Organisation effektiv sind und die gewünschten Ergebnisse erzielen. Dieser Prozess trägt auch dazu bei, die Nachhaltigkeitsstrategie der Organisation zu verbessern und die Auswirkungen auf Umwelt, Gesellschaft und Wirtschaft zu optimieren.

Praxisschlaglicht

Ein Unternehmen in der Reinigungsmittelindustrie hat das Sustainability Measure Alignment verwendet, um seine Nachhaltigkeitsbemühungen zu optimieren. Zuerst wurden alle bestehenden Nachhaltigkeitsmaßnahmen, wie die Entwicklung umweltfreundlicher Produkte und die Reduzierung von Abfall, erfasst. Dann wurden die Maßnahmen analysiert, um festzustellen, wie sie sich ergänzen könnten, z.B. indem recycelbare Verpackungen mit energieeffizienten Produktionsprozessen kombiniert wurden. Es wurde erkannt, dass einige Maßnahmen, wie die Einführung von ressourcenschonenderen Einwegverpackungen, andere konterkarierten und unglaubwürdig machten. Das Unternehmen passte seinen Maßnahmenkatalog entsprechend an und konnte so Konflikte in der Wahrnehmung von Maßnahmen verhindern. Die fortlaufende Überwachung der Fortschritte half dabei, das Engagement der Mitarbeitenden und Kunden zu stärken und das Unternehmen konnte die Effektivität seiner Nachhaltigkeitsstrategie erheblich steigern und gleichzeitig wirtschaftlichen Erfolg erzielen.

Wirkfeld der Methode

- Wirksam für Herausforderungen mit hoher Komplexität
- Wirksam für Herausforderungen mit mittlerer Komplexität
- Wirksam für nachhaltiges Produktdesign
- Wirksam für nachhaltiges Servicedesign
- Wirksam für nachhaltiges Business Model Design

Transformationsfähigkeit Ihres Teams

- Fördert die Sensibilisierung
- Fördert die allgemeine Transformationsfähigkeit des Teams
- Zahlt auf eine bessere Wahrnehmung ein
- Zahlt auf das Dringlichkeitsempfinden ein
- Erhöht die Lösungsorientierung

Einsatzcharakteristik/Arbeitsrahmen

- Austauschfokus: vornehmlich mit internen und externen Personen
- Durchführungszeit: eher hoch (> 1 Tag)
- Einsatzfrequenz: sinnvoll im dauerhaften Einsatz
- Einsatzradius: vornehmlich im projektweiten Einsatz
- Komplexität für den Moderator: eher hoch
- Komplexität für die Teilnehmer: eher gering
- Teamgröße: Einzelpersonennutzung möglich
- Teamgröße: Kleingruppe möglich (3 bis 5 Teilnehmer)
- Teamgröße: Maxigruppen möglich (20 bis 40 Teilnehmer)
- Teamgröße: Mittelgroße Teams möglich (5 bis 20 Teilnehmer)
- Vorbereitungszeit: eher mittel (> 1 Stunde bis < 1 Tag)

Input für eine zielführende Arbeit mit der Methode

- Aktuell existierende Geschäftsmodelle
- Ideen und Projekte, die zur Umsetzung anstehen

Output und beobachtete Ergebnisse der Methode

- Bessere Projekteffizienz, bessere Teamperformance
- Erzeugt Prognosen und Ableitungen
- Erzeugt Planungen und Priorisierungen
- Erzeugt definierte Zielkorridore
- Hilft bei Entscheidungen, Bewertungen und Feedback
- Macht Wirkzusammenhänge sichtbar

Hinderniseffekte, auf die die Methode positiv wirkt

- Verhindert blinden Aktionismus
- Verhindert einseitige Bewertungen und Entscheidungen
- Verhindert falsche Flughöhen
- Verhindert unreflektiertes agieren
- Verkürzt zu lange Entscheidungsmeetings

Mögliche Extravorteile der Methode

- Möglicher Extravorteil für Teams mit einem starkem Auftragsmandat
- Möglicher Extravorteil für Teams mit einer konservativen, tradierten Kultur

Quellen

Person – Prof. Dr. Carsten Leo Demming, Demming & Partner, https://www.carstendemming.com/

Sustainability Persona

EinSatzBeschreibung

Hilft, einen ganzheitlichen Blick auf User im Nachhaltigkeitskontext zu erhalten und sich als Team auf wesentliche Punkte der Motivation einer Persona und auf ein Handlungsfeld zu einigen.

Working Guide/Anwendungsfelder

P1 Sensibilisierung/Bildung	P2 Matching Recht/Gesetz	P3 Sustainability Roadmap	P4 Produkt/Prozessdesign	P5 Implementierung/Monitoring	P6 Kommunikation	P7 Organisation	P8 Führung	P9 Business Model Design	P10 Skalierung
			X					X	

Beschreibung

Das Sustainability Persona Template ist für den pragmatischen Gebrauch in Sustainable Design Thinking Workshops optimiert. Dabei hilft die Sustainability Pesona auch, ein Team für den weiteren Verlauf in der Zielsetzung und den zu bearbeitenden Herausforderungen zu synchronisieren, um sie gemeinsam in eine Brainstoming-Phase schreiten zu lassen.

Diese kompakte Nachhaltigkeits-Persona hebt sich hierbei insbesondere von anderen Persona-Formaten ab, indem sie einen starken Bezug zur Nachhaltigkeit sowie zu tiefer liegenden, realen Bedürfnissen herstellt. Die miteinander verbundene Betrachtung von *Bedürfnis* und *Problem im Fokus* lässt Spielraum für Persona-individuelle aber auch systembezogene Aspekte, welche im Zusammenspiel unerschlossene Nachhaltigkeitspotenziale beleuchten. Zusätzlich wird durch die Berücksichtigung der Einstellung zur Digitalisierung („Digital Literacy" und Nutzungsverhalten) ein weiterer entscheidender zeitgemäßer Faktor für den Erfolg von Lösungen in den Blick genommen.

Die Sustainability Persona trägt auch dazu bei, dass Nachhaltigkeitsmotivierte Teams durch entsprechende Moderation daran erinnert werden, dass Personen eine grundlegend andere, oft kritische oder gleichgültige Einstellung zu Nachhaltigkeit und im speziellen Klimawandel haben.

Durchführung

Die Persona wird im besten Falle auf einer genügend großen Arbeits-Fläche angezeichnet, groß genug, dass die verschiedenen Felder mit Haftnotizen bestückt werden können. Dies ermöglicht das Iterieren der Persona und das Diskutieren einzelner Aspekte im Team.

Die einzelnen zu bestückenden Felder stellen sich wie folgt dar:

Wir haben getroffen: Hier ist zum Einstieg Raum für eine allgemeine Beschreibung der Person, welche demografische Daten, aber auch Hobbys und Beruf enthält.

Bild: Ein Bild der Person gibt einen visuellen Eindruck. Bereits ein fiktives Konterfei (aus KI- oder Datenbank-Ressourcen) ermöglicht Teammitgliedern empathischer auf die Persona einzugehen. Ergänzend können Bilder aus dem Lebensumfeld an anderer Stelle hinzugefügt werden.

Bezug zu Nachhaltigkeit: Hier stellt sich die Frage, ob die Persona Nachhaltigkeitsmotivation in sich trägt und sich für nachhaltige Lösungen begeistern lässt, oder für sie Nachhaltigkeit keinen großen Stellenwert sieht. Hierbei gibt es kein Schwarz-Weiß-ka-

Wir haben getroffen:

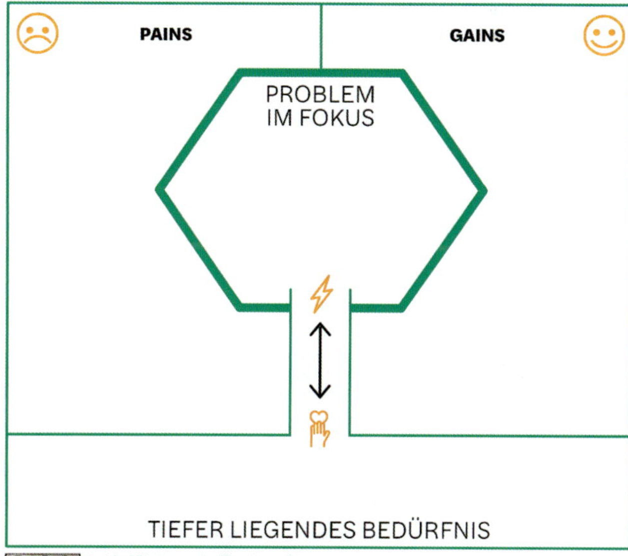

Sustainable Design Thinking Persona (Quelle: Kilian Karg)

tegorisieren. Oft lassen sich Nachhaltigkeitsmotivationen in bestimmten Dimensionen unterscheiden: Für manche sind soziale Themen wichtiger als ökologische. Hoch relevant ist es zu betrachten, ob gegebenenfalls sogar Gleichgültigkeit oder eine kritische Einstellung zu nachhaltiger Entwicklung und Klimaschutz besteht. Eine differenzierte Beschreibung hilft motivationspunkte und zu identifizieren.

Bezug zu Digitalisierung: An dieser Stelle ist weniger relevant, ob Digitalisierung befürwortet wird, sondern wie Technologieoffen und fähig im Umgang mit Smartphone, Laptop, oder Digitalen Medien die Persona ist.

Pains (Schmerzpunkte): Negative Umstände oder Probleme, welche die Persona zu vermeiden sucht, oder welche sie verärgern. Aspekte, welche das Leben der Persona beeinträchtigen. Beispiel: Ein Schmerzpunkt für eine Nachhaltigkeits-Persona könnte sein, dass sie Schwierigkeiten hat, umweltfreundliche Produkte in ihrer Umgebung zu finden, oder das Umfeld sie zu einem nachhaltigem Handeln drängt, welches ihr nicht wichtig ist.

Gains (Gewinne): Positive Umstände oder Ziele, welche die Persona anstrebt, oder welche sie glücklich machen. Beispiel: Ein Gewinn für eine Nachhaltigkeits-Persona könnte sein, dass sie stolz darauf ist, einen umweltfreundlichen Lebensstil zu führen und ihren ökologischen Fußabdruck zu reduzieren. Auch kleine Aspekte können aufgeführt werden, wie z. B. Freude über reduzierte Bio-Lebensmittel.

Problem im Fokus: Das Problem, welches für den weiteren Workshop oder den fortlaufenden Prozess in der Arbeit mit und für diese Persona im Fokus stehen soll. Es kann ein persönliches Problem der Persona sein, jedoch auch ein Missstand im System oder dem Umfeld der Persona sein. In der Regel sollte dies bei einer Sustainability Persona mit einem Verhalten oder Verhältnis verbunden sein, welche ein Nachhaltigkeitsdefizit erzeugt.

Tiefer liegendes Bedürfnis: Das Problem im Fokus wird erst dann relevant für eine Bearbeitung im Lichte einer Persona, wenn damit ein tiefer liegendes, menschliches Bedürfnis verbunden ist. Durch das nicht erfüllte Bedürfnis wir das Problem erst zu einem echten Problem für die Persona.

Praxisschlaglicht

In der Praxis werden bei der Agentur Protellus in kurzen Design Thinking Workshops Informationen aus vorausgegangenen Synthese-Diskussionen und Storytelling-Runden direkt auf Post-Its in die Sustainability Persona übertragen. Nach einer kurzen Diskussion ist es Workshop-Teams in der Regel möglich, auch bei unsauberer Formulierung von Brainstorming-Fragen zielführende Ideen zu generieren, welche dem Nachhaltigkeits- und Nutzerzentrierungs-Anspruch gerecht werden.

Wirkfeld der Methode

- Wirksam für Herausforderungen mit hoher Komplexität
- Wirksam für Herausforderungen mit mittlerer Komplexität
- Wirksam für nachhaltiges Produktdesign
- Wirksam für nachhaltiges Servicedesign
- Wirksam für nachhaltiges Business Model Design

Transformationsfähigkeit Ihres Teams

- Fördert die Teamkreativität
- Sorgt für Inspiration oder bessere Inspirationsempfindlichkeit
- Zahlt auf eine bessere Vorstellungskraft ein
- Zahlt auf eine bessere Wahrnehmung ein

Einsatzcharakteristik/Arbeitsrahmen

- Durchführungszeit: eher gering (< 1 Stunde)
- Einsatzfrequenz: sinnvoll im dauerhaften Einsatz
- Einsatzfrequenz: vornehmlich im einmaligen Einsatz
- Einsatzfrequenz: vornehmlich über den kompletten Projektzeitraum
- Einsatzradius: vornehmlich im Teameinsatz
- Einsatzradius: vornehmlich im projektweiten Einsatz
- Komplexität für den Moderator: eher mittel
- Komplexität für die Teilnehmer: eher mittel
- Teamgröße: Einzelpersonennutzung möglich
- Teamgröße: Kleingruppe möglich (3 bis 5 Teilnehmer)
- Vorbereitungszeit: eher gering (< 1 Stunde)

Input für eine zielführende Arbeit mit der Methode

- Aktuelle Herausforderung, Leitfrage, Problem

Output und beobachtete Ergebnisse der Methode

- Zielgruppen und Anwenderklarheit

Hinderniseffekte, auf die die Methode positiv wirkt

- Beugt blinden Flecken/Betriebsblindheit vor
- Bewahrt vor zu generischen Ideen und Aussagen
- Schafft schnell Klarheit und beschleunigt Erkenntnisgewinn
- Schärft eine fehlende gemeinsame Ausrichtung
- Verhindert Ideenfindung mit zu schwacher Erkenntnisgrundlage
- Verhindert blinden Aktionismus
- Verhindert vorschnelles Urteilen über Ideen
- Wirkt fehlender Inspiration entgegen

Mögliche Extravorteile der Methode

- Möglicher Extravorteil für innovativ ungeübte Teams
- Möglicher Extravorteil für in Nachhaltigkeitsthemen ungeübte Teams

Quellen

Person – Karg, Kilian, kilian@protellus.de
Web – http://sustainabledesignthinking.de
http://sustainabledesignthinking.de/portfolio/nachhaltigkeits-persona-template

Sustainability Pitch

EinSatzBeschreibung

Mit dem Kommunikationskreis zu mehr Nachhaltigkeit in der Organisation.

Working Guide/Anwendungsfelder

P1 Sensibilisierung/Bildung	P2 Matching Recht/Gesetz	P3 Sustainability Roadmap	P4 Produkt/Prozessdesign	P5 Implementierung/Monitoring	P6 Kommunikation	P7 Organisation	P8 Führung	P9 Business Model Design	P10 Skalierung
X					X		X		X

Beschreibung

Wie schaffen sich Organisationen einen besseren Zugang zum Thema Nachhaltigkeit? Der Sustainability Pitch bietet Hilfestellung für eine systematische Kommunikation. Die Komponenten Logos, Pathos und Ethos bieten hierbei traditionelle Unterstützung.

- Logos: vermittelt eine logische Botschaft
- Pathos: baut eine emotionale Bindung auf
- Ethos: überzeugt durch Persönlichkeit

Die drei Zahnräder des griechischen Philosophen Aristoteles (384–322 v. Chr.) sind in der heutigen Rhetorik kaum mehr wegzudenken. So wie sich das Marketing dieser drei Säulen bedient, finden wir dieses Fundament auch in vielen anderen Bereichen einer vor allem bewussten und zielorientierten Kommunikation. Nicht nur für Reden ist dieser Aspekt interessant. Auch in anderen Kommunikationsformen entfacht die Berücksichtigung dieser drei Säulen in Kombination mit einer durchdachten Storyline seine seit Jahrhunderten erprobte Wirkung.

Auch wir nutzen diese drei „Menschenfänger" im Rahmen unseres Sustainability Pitches, um die Geschichte wirkungsvoller zu gestalten.

Schließlich geht es um Nichts geringeres als Nachhaltigkeit. Wir wollen das Thema so attraktiv wie möglich machen und einen Impuls für aktive Beteiligung auslösen. Und für die Struktur ist der Kommunikationskreis da.

Durchführung

Der Sustainability Pitch kann in Einzelarbeit für die eigene Kommunikationsstrategie eingesetzt werden. Er kann zudem als Kommunikationsansatz von Kommunikations-Teams unter Einbindung der Führung dienen. Des Weiteren kann er auch in den Teams direkt als Werkzeug zum Überzeugen von Ideen seinen Beitrag leisten.

Der Kommunikationskreis besteht aus fünf Komponenten: Identity – Why – What – How – Who

(1) Ihre Identität: Wer sind Sie, wie werden Sie wahrgenommen?
(2) Warum ist ein Beitrag zu Nachhaltigkeit wichtig?
(3) Was tun/planen Sie konkret, um unseren Beitrag zu Nachhaltigkeit zu leisten?
(4) Wie setzen Sie in Ihrer Rolle Nachhaltigkeit um bzw. stellen diese sicher?
(5) Wer ist für den Beitrag zu Nachhaltigkeit weiter verantwortlich und welche direkten Erwartungen adressieren Sie?

Schritt 1

Für diese fünf Themengebiete gilt es die entsprechenden Inhalte zu erarbeiten. Dies kann als Workshop, Brainstorming Session, Interview oder im Zuge einer Arbeitsteilung nach Themengebiet erfolgen.

Stichwort „empfängergerechte Kommunikation". Die Zielgruppe sollte bei der inhaltlichen Ausarbeitung und Aufbereitung der Unterlagen unbedingt berücksichtigt werden. Handelt es sich dabei um deutlich unterschiedliche Zielgruppen, dürfen mehrere angepasste Versionen erstellt werden.

1. Gemeinsame positive Identität der Organisation und der Menschen in der Organisation hervorheben.
2. Thema beschreiben, worum geht es bei Nachhaltigkeit, was sind die 17 SDGs, warum ist Nachhaltigkeit wichtig für die Organisation
3. Strategie, Pläne und Maßnahmen so konkret wie möglich beschreiben, was kommt auf die Organisation zu
4. Rolle der Führung (z.B. Geschäftsleitung, Führungsebenen etc.) im Rahmen der geplanten Aktivitäten und deren konkreten Unterstützungsbeitrag aufzeigen
5. Verantwortung der Zielgruppe beim Thema Nachhaltigkeit hervorheben. Erwartungen an diese (z.B. Mitarbeiter) klar formulieren und den gewünschten Beitrag beschreiben.

Schritt 2

Inhaltlich haben Sie die fünf Dimensionen der Botschaften formuliert. Jetzt kommen Sie zu den drei „Menschenfängern" – Logos, Pathos und Ethos:

Gehen Sie Ihre Botschaften nochmals durch und überprüfen diese hinsichtlich

- Logos, z.B.:
  - lassen sie Zahlen, Daten, Fakten sprechen
  - haben sie Nachweise für unsere Behauptungen
  - welche Strategie verfolgen sie
- Pathos, z.B.:
  - womit lösen sie Emotionen aus – sind diese erwünscht/unerwünscht
  - welche Sinne sprechen sie an (Wortwahl)
  - transportieren sie ggf. Vorurteile
  - berücksichtigen sie (Haupt-) Motivatoren

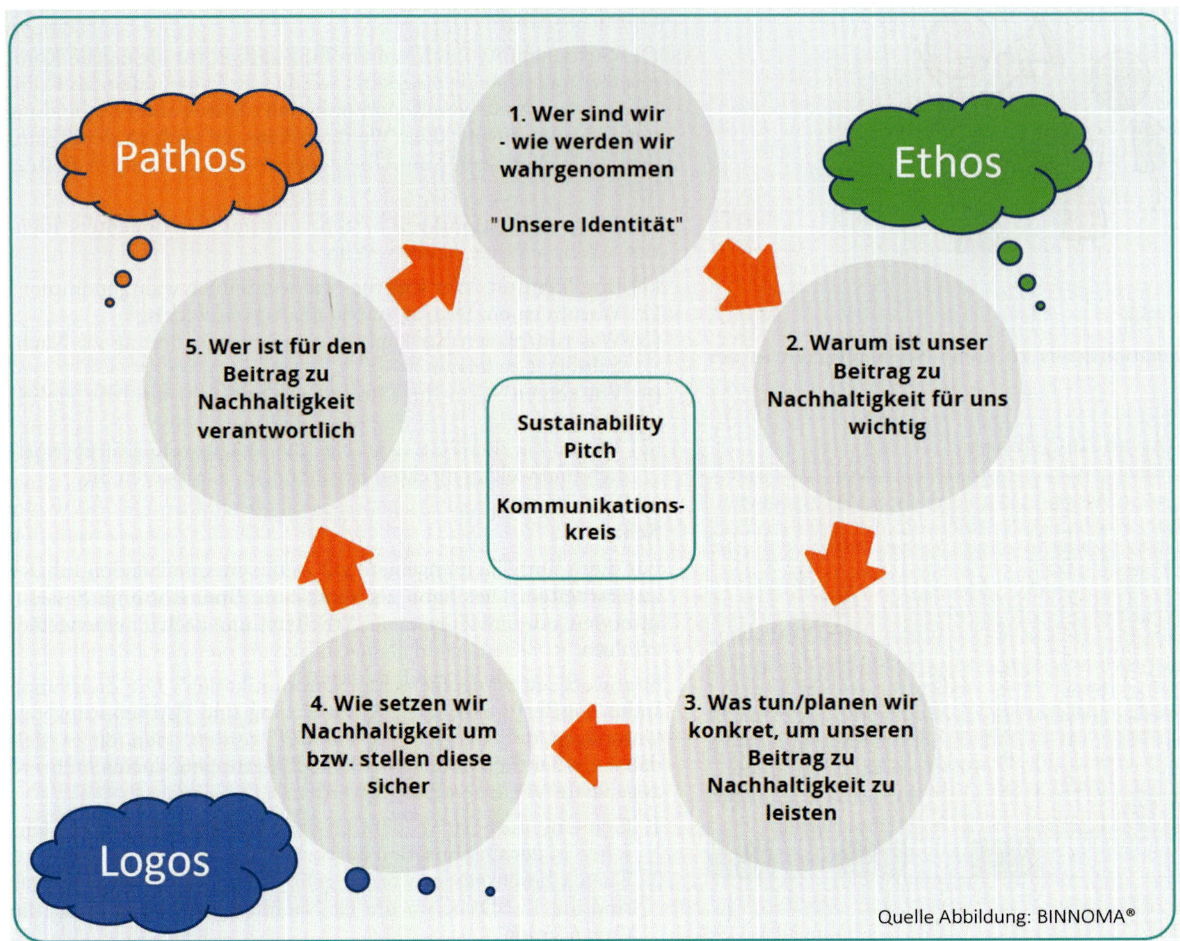

Kommunikationskreis

- Ethos, z. B.:
  - welche moralischen Aspekte transportieren sie
  - ist Vertrauenswürdigkeit gegeben
  - ist Intelligenz sichtbar/erlebbar
  - können sie Zutrauen erwarten

Schritt 3

Mit den jeweils ausgewählten Facetten des Logos, Pathos, Ethos vervollständigen Sie die Geschichte, d. h. Sie machen sie rund.

Stellen Sie sicher, dass Sie in allen fünf Botschaften jeweils alle drei Säulen beinhaltet haben.

Schritt 4

Soll die Kommunikation als Vortrag erfolgen, ist die Generalprobe zu empfehlen. Wenn möglich proben Sie in verschiedenen hierfür ausgewählten Gruppen („geschützter Raum"). Je nachdem, wie wichtig und/oder kritisch das zu transportierende Thema ist.

Grundsätzlich ist empfehlenswert, vor der offiziellen Kommunikation Feedback zur Storyline und der Rhetorik einzuholen und bei Bedarf Inhalt, Vokabular und Rhetorik nochmals anpassen.

Praxisschlaglicht

In einem mittelständischen Unternehmen galt es die neue Nachhaltigkeits-Strategie des Unternehmens als zukünftigen Weg klar zu verankern. Das Thema Nachhaltigkeit fand bisher wenig Beachtung in der Belegschaft. Die Relevanz wurde nicht erkannt – Veränderungen wurden seither vermieden. Durch den Einsatz des Sustainability Pitch mit anschließendem Sensibilisierungsworkshops wurde das Thema anschließend als relevant und chancenreich bewertet. Die Widerstände wurden durch die klare Kommunikationsstruktur und das Erleben der eigenen Einflussmöglichkeiten deutlich reduziert. Ein wichtiger Bestandteil der Storyline war die deutliche Hervorhebung der gemeinsamen Identität: kein „ICH", kein „DU" – sondern das „WIR".

Wirkfeld der Methode

- Wirksam für Herausforderungen mit mittlerer Komplexität
- Wirksam für Herausforderungen mit niedriger Komplexität
- Wirksam für nachhaltiges Marketing
- Wirksam für nachhaltiges Business Model Design

Transformationsfähigkeit Ihres Teams

- Fördert die Sensibilisierung
- Fördert die allgemeine Transformationsfähigkeit des Teams
- Fördert offene Mindsets und innovative Denkhaltungen
- Zahlt auf ein positives Zukunftsbild ein
- Zahlt auf das Dringlichkeitsempfinden ein

Einsatzcharakteristik/Arbeitsrahmen

- Austauschfokus: vornehmlich mit internen und externen Personen
- Durchführungszeit: eher mittel (> 1 Stunde bis < 1 Tag)
- Einsatzfrequenz: vornehmlich im einmaligen Einsatz
- Einsatzradius: vornehmlich im Teameinsatz
- Einsatzradius: vornehmlich im projektweiten Einsatz
- Einsatzradius: vornehmlich im unternehmensweiten Einsatz
- Komplexität für den Moderator: eher mittel
- Komplexität für die Teilnehmer/Anwender: eher mittel
- Teamgröße: Einzelpersonennutzung möglich
- Teamgröße: Kleingruppe möglich (3 bis 5 Teilnehmer)
- Teamgröße: Maxigruppen möglich (20 bis 40 Teilnehmer)
- Teamgröße: Mittelgroße Teams möglich (5 bis 20 Teilnehmer)
- Teamgröße: Speziell für Großgruppen geeignet (> 50 Teilnehmer)
- Vorbereitungszeit: eher hoch (>1 Tag)
- Vorbereitungszeit: eher mittel (> 1 Stunde bis < 1 Tag)

Input für eine zielführende Arbeit mit der Methode

- Aktuell existierende Geschäftsmodelle
- Aktuell existierende Produkte und Services
- Aktuelle Herausforderung, Leitfrage, Problem
- Ideen und Projekte, die zur Umsetzung anstehen

Output und beobachtete Ergebnisse der Methode

- Erzeugt größere Klarheit zu einem Thema
- Erzeugt transformationsfähigere Organisationen
- Erzeugt mehr Hintergrundinformationen
- Erzeugt motiviertere und transformationsfähigere Teilnehmer

Hinderniseffekte, auf die die Methode positiv wirkt

- Beugt Missinterpretationen vor
- Schafft für den Erfolg nötige Realitätsbezüge
- Schafft schnell Klarheit und beschleunigt Erkenntnisgewinn
- Schwächt Angst vor Neuem (Cainophobie)
- Schwächt das Leben in der Vergangenheit
- Schärft eine fehlende gemeinsame Ausrichtung

Mögliche Extravorteile der Methode

- Möglicher Extravorteil für Teams in einer Komfortsituation
- Möglicher Extravorteil für Teams in einer Krisensituation
- Möglicher Extravorteil für in Nachhaltigkeitsthemen ungeübte Teams

Quellen

Buch – Der Heros in tausend Gestalten. Joseph Campbell (Insel, 2022)

Buch – Storytelling. Pia Kleine Wieskamp (Hanser, 2016)

Organisation – BöhringerInnovationsManagement, www.binnoma.de

Person – Sabine Böhringer, sabine.boehringer@binnoma.de

Web – https://de.wikipedia.org/wiki/Heldenreise

Web – https://deutsch-werkstatt.de/logos-pathos-ethos/, (abgerufen am 08.05.2022)

Web – https://storybaukasten.com/was-ist-eine-change-story/, (abgerufen am 05.05.2023)

Web – https://upload-magazin.de/23173-storytelling-und-change-prozesse-der-wandel-beginnt-im-kopf/ (abgerufen am 05.05.2023)

Web – https://www.acquisa.de/magazin/ethos-pathos-logos#, (abgerufen am 01.03.2023)

Sustainability Priorities

EinSatzBeschreibung

Sustainability Priorities ist eine Mikromethode, die sich auf die Priorisierung von Nachhaltigkeitsprinzipien im Designprozess konzentriert.

Working Guide/Anwendungsfelder

P1 Sensibilisierung/Bildung	P2 Matching Recht/Gesetz	P3 Sustainability Roadmap	P4 Produkt/Prozessdesign	P5 Implementierung/Monitoring	P6 Kommunikation	P7 Organisation	P8 Führung	P9 Business Model Design	P10 Skalierung
X	X	X	X	X		X			

Beschreibung

Bei den Sustainability Priorities geht es darum, den Fokus auf die wichtigsten Nachhaltigkeitsaspekte zu legen, die bei der Entwicklung von nachhaltigen Lösungen berücksichtigt werden sollten.

Beim Design neuer Angebote ist es hilfreich zu verstehen, welche primären ökologischen, sozialen und wirtschaftlichen Aspekte in Ihrer Wertschöpfungskette abgedeckt werden und welche (noch) brach liegen.

Sobald Ihnen etwaige Schwächen bewusst sind, können Sie Prioritäten setzen, worauf Sie sich konzentrieren möchten. Das Ziel besteht darin, Nachhaltigkeit in den Designprozess einzubinden, um kurz-, mittel- und langfristige Verbesserungen zu erreichen.

Die Methode identifiziert eine Reihe von Kernprinzipien, die als Leitfaden dienen, um nachhaltige Designentscheidungen zu treffen. Diese Prinzipien können je nach Kontext und Branche variieren, aber im Allgemeinen umfassen sie die drei Säulen der Nachhaltigkeit:

Umwelt:

Der umweltbezogene Aspekt der Nachhaltigkeit konzentriert sich darauf, negative Auswirkungen auf die Umwelt zu minimieren und positive Auswirkungen zu verstärken, um die natürlichen Ressourcen und Ökosysteme zu erhalten oder sogar zu regenerieren. Dies beinhaltet Maßnahmen wie den Schutz der Biodiversität, den sparsamen Umgang mit Ressourcen, die Reduzierung von Abfall und die Verringerung oder Bindung von Treibhausgasemissionen, um den Klimawandel anzugehen.

Das Design sollte den gesamten Lebenszyklus eines Produkts oder einer Dienstleistung berücksichtigen, von der Herstellung über die Nutzung bis zur Entsorgung. Dabei sollte darauf geachtet werden, Ressourcenverbrauch, Energieeffizienz, Recyclingmöglichkeiten und die Vermeidung von Abfällen zu optimieren.

Darüber hinaus sollte das Design darauf abzielen, die lineare „Take-Make-Dispose"-Wirtschaft in eine Kreislaufwirtschaft zu transformieren. Dies bedeutet, Produkte so zu gestalten, dass sie wiederverwendet, repariert oder recycelt werden können. Die Förderung von Kreisläufen und die Reduzierung von Abfall sind wichtige Elemente.

Soziales:

Der soziale Aspekt der Nachhaltigkeit bezieht sich auf die Auswirkungen von Handlungen auf die Menschen und Gemeinschaften. Es geht um die Förderung von sozialer Gerechtigkeit, Menschenrechten, Arbeitsbedingungen und Sicherstellung von Zugang zu grundlegenden Bedürfnissen wie Nahrung, sauberes Wasser, Bildung und Gesundheitsversorgung.

Mit einem nachhaltigen Design sollte daher auch die Schaffung von positiven Auswirkungen auf lokale Gemeinschaften und die Verbesserung der Lebensqualität angestrebt werden

Wirtschaft:

Der wirtschaftliche Aspekt der Nachhaltigkeit betrachtet die ökonomischen Auswirkungen von Handlungen. Nachhaltiges Wirtschaften strebt langfristiges Wachstum an, das ökologische und soziale Aspekte berücksichtigt. Es geht darum, langfristigen wirtschaftlichen Erfolg mit ökologischer Verantwortung und sozialem Fortschritt in Einklang zu bringen.

„Sustainability Priorities" besteht aus einer Reihe von Aspekten innerhalb der drei Säulen der Nachhaltigkeit. Es gilt diese einzeln auf einer 4er Skala (von trifft überhaupt nicht zu bis trifft komplett zu) zu bewerten und anschließend entsprechende Prioritäten zu definieren.

Die Methode bietet Ihnen eine systematische Herangehensweise, um diese Nachhaltigkeitsprinzipien in den Designprozess zu integrieren. Es dient als Leitfaden für Designer, um nachhaltigere und zukunftsfähige Lösungen zu entwickeln.

Nutzen Sie die Prioritäten, die Sie mit diesem Tool generieren, um Designentscheidungen in Richtung nachhaltiger Lösungen zu lenken und diese als Maßstab für die Entwicklung Ihres Unternehmens, Produkts oder Projekts zu verwenden.

Durchführung

Schritt 1: Wählen Sie einen Schwerpunkt für die Bewertung. Dabei kann es sich um die Branche, in der Sie tätig sind, Ihr Unternehmen, Ihr Produkt oder das Projekt, an dem Sie arbeiten, handeln.

Schritt 2: Lassen Sie nun jedes Mitglied des Projekt-Teams in Einzelarbeit die Bewertung anhand der aufgeführten Nachhaltigkeitskriterien (siehe Grafik) mit der 4er-Skala durchführen. Bewerten Sie, inwiefern die aufgeführten Aussagen aus Sicht der jeweiligen beteiligten Personen für Ihre Wertschöpfungskette zutreffen.

Sustainability Priorities

○ Trifft gar nicht zu. ○ Trifft eher nicht zu. ○ Trifft eher zu. ○ Trifft vollkommen zu.

Umwelt

Optimierung vom Produktlebenszyklus Es werden Wegwerfsysteme verwendet, keine Teile veralten und es gibt Wartungs- und Reparaturdienste. Physische Waren werden wiederverwendet.

○ ○ ○ ○

Transport- und Vertriebsreduzierung
Schwere Transporte von Personen und Gütern werden minimiert. Entfernungen, Transportmittel, Volumen und Verpackung werden effizient organisiert.

○ ○ ○ ○

Ressourcenreduzierung
Das System verbraucht wenig Energie. Es minimiert den Verbrauch natürlicher Ressourcen. Eine gemeinsame Nutzung ist möglich.

○ ○ ○ ○

Biokompatibilität
Energie stammt aus erneuerbaren Quellen. Materialien sind nicht begrenzt und biologisch abbaubar. Artenschutz wird unterstützt.

○ ○ ○ ○

Toxizität
Das System hat keine toxischen Auswirkungen auf Benutzer, Mitarbeiter, Tiere oder den Planeten. Mit etwaigen Schadstoffemissionen aus der Produktion wird verantwortungsvoll umgegangen.

○ ○ ○ ○

Abfallminimierung/-verwertung
Der Abfall wird minimiert und recycelt, wobei nur minimale Mengen auf der Mülldeponie landen.

○ ○ ○ ○

Weitere Maßnahmen?

Soziales

Gesundheit & Sicherheit
Mentale & physische Gesundheit von Benutzern, Mitarbeitern, der Community oder anderen Interessengruppen wird zu jedem Zeitpunkt des Lebenszyklus unterstützt.

○ ○ ○ ○

Sozial verantwortlicher Konsum
Das Produkt fördert keinen übermäßigen Konsum. Gemeinsame Nutzung von Vermögenswerten wird gefördert, anstatt Besitztum. Kunden sind sich der Nachhaltigkeit bewusst.

○ ○ ○ ○

Lebensbedingungen/Lebensqualität
Das Produkt trägt dazu bei, das Leben der Menschen zu bereichern und ein besseres Leben zu fördern, sowohl emotional als auch materiell.

○ ○ ○ ○

Beschäftigung / Arbeitsbedingungen
Mitarbeitende haben eine gute Work-Life-Balance. Sie werden fair bezahlt, können sich beruflich und persönlich weiterentwickeln & genießen einen sicheren Arbeitsplatz.

○ ○ ○ ○

Gleichheit und Gerechtigkeit
Alle religiösen Überzeugungen, sexuellen Orientierungen, Hintergründe, Geschlechter und Fähigkeiten werden respektiert, geschätzt und unterstützt.

○ ○ ○ ○

Diversität
Alle religiösen Überzeugungen, sexuellen Orientierungen, Hintergründe, Geschlechter & Fähigkeiten werden respektiert, geschätzt und unterstützt.

○ ○ ○ ○

Weitere Maßnahmen?

Wirtschaft

Rentabilität
In der Wertschöpfungskette wird der größtmögliche Wert geschaffen. Unternehmenserträge und externe Investitionen halten sich die Waage.

○ ○ ○ ○

Marktposition & Wettbewerbsfähigkeit
Es wird leicht sein, Wettbewerbsvorteile zu wahren, wenn eine Marktsättigung eintritt. Es ist schwierig, das Angebot nachzuahmen.

○ ○ ○ ○

Mehrwert für den Kunden
Durch die Interaktion mit Produkt/Service entsteht für Kunden ein echter und dauerhaft greifbarer Mehrwert.

○ ○ ○ ○

Langfristige Geschäftsentwicklung/Risiko
Organische und nachhaltige Skalierung ist möglich. Es gibt keine langfristigen Bedrohungen (z. B. technologische, trendbezogene, soziale Veränderungen)

○ ○ ○ ○

Makroökonomische Auswirkungen
Veränderungen oder Entwicklungen in der Wirtschaft haben keine negativen Auswirkungen auf das soziale Gefüge. Monopole vermieden werden vermieden.

○ ○ ○ ○

Lokales Wirtschaftswachstum
Positive Auswirkungen auf die lokale Wirtschaft und die Gemeinden wird gefördert. Die Beschäftigung vor Ort wird unterstützt.

○ ○ ○ ○

Weitere Maßnahmen?

Prioritäten & Möglichkeiten

Sustainability Priorities (Planet Centric Design Toolkit) von Impossible Labs & Hila Attaie (innojump)

- Trifft überhaupt nicht zu
- Trifft eher nicht zu
- Trifft eher zu
- Trifft vollkommen zu

Geben Sie Ihrem Team die Möglichkeit, weitere Aspekte in die Bewertung mitaufzunehmen.

Schritt 3: Vergleichen Sie anschließend die einzelnen Ergebnisse. Analysieren Sie, welche Kriterien am schlechtesten (trifft überhaupt nicht zu) abgeschnitten haben. Diskutieren Sie in der Gruppe etwaige Diskrepanzen in den Einzel-Bewertungen.

Legen Sie gemeinsam fest, was Ihre Designprioritäten für mehr Nachhaltigkeit in Bezug auf diese Kriterien sind. Definieren Sie im Projekt-Team konkrete Maßnahmen, Verantwortlichkeiten und Zeitrahmen, wie Sie die definierten Lücken in Ihrem Projekt schließen wollen.

Wiederholen Sie Schritte 2 und 3 im Laufe des Projektes, um Fortschritte sichtbar zu machen.

Wirkfeld der Methode

- Wirksam für Herausforderungen mit mittlerer Komplexität
- Wirksam für nachhaltiges Produktdesign
- Wirksam für nachhaltiges Prozessdesign
- Wirksam für nachhaltiges Servicedesign
- Wirksam für nachhaltiges Business Model Design

Transformationsfähigkeit Ihres Teams

- Fördert die Sensibilisierung
- Fördert die allgemeine Transformationsfähigkeit des Teams
- Zahlt auf eine bessere Wahrnehmung ein
- Zahlt auf das Dringlichkeitsempfinden ein
- Erhöht die Lösungsorientierung

Einsatzcharakteristik/Arbeitsrahmen

- Austauschfokus: vornehmlich mit internen Personen
- Durchführungszeit: eher mittel (> 1 Stunde bis < 1 Tag)
- Einsatzfrequenz: vornehmlich über den kompletten Projektzeitraum
- Einsatzradius: vornehmlich im Teameinsatz
- Einsatzradius: vornehmlich im projektweiten Einsatz
- Komplexität für den Moderator: eher mittel
- Komplexität für die Teilnehmer: eher gering
- Komplexität für die Teilnehmer: eher mittel
- Teamgröße: Einzelpersonennutzung möglich
- Teamgröße: Kleingruppe möglich (3 bis 5 Teilnehmer)
- Teamgröße: Mittelgroße Teams möglich (5 bis 20 Teilnehmer)
- Vorbereitungszeit: eher mittel (> 1 Stunde bis < 1 Tag)

Input für eine zielführende Arbeit mit der Methode

- Aktuell existierende Geschäftsmodelle
- Aktuell existierende Produkte und Services
- Aktuelle Herausforderung, Leitfrage, Problem

Output und beobachtete Ergebnisse der Methode

- Bessere Projekteffizienz, bessere Teamperformance
- Erzeugt Prognosen und Ableitungen
- Erzeugt Planungen und Priorisierungen
- Erzeugt größere Klarheit zu einem Thema
- Erzeugt transformationsfähigere Organisationen
- Erzeugt segmentierte, kategorisierte, geclusterte Daten
- Hilft bei Entscheidungen, Bewertungen und Feedback
- Identifiziert vorhandene Schwachstellen
- Identifiziert vorhandene Stärken
- Macht Wirkzusammenhänge sichtbar

Hinderniseffekte, auf die die Methode positiv wirkt

- Beugt blinden Flecken/Betriebsblindheit vor
- Schafft für den Erfolg nötige Realitätsbezüge
- Schafft schnell Klarheit und beschleunigt Erkenntnisgewinn
- Schärft eine fehlende gemeinsame Ausrichtung
- Verhindert einseitige Bewertungen und Entscheidungen
- Verhindert falsche Flughöhen
- Verhindert unreflektiertes agieren

Mögliche Extravorteile der Methode

- Möglicher Extravorteil für innovativ ungeübte Teams
- Möglicher Extravorteil für die Arbeit mit digitalen Kollaborationsboards
- Möglicher Extravorteil für in Nachhaltigkeitsthemen ungeübte Teams

Quellen

Organisation – Impossible Labs, https://www.labs.impossible.com
Person – Thomas Appel, Thomas Appel Consulting, thoap@tac4u.net
Person – Hila Attaie, www.inno-jump.com, hila.attaie@inno-jump.com

Sustainability Story

EinSatzBeschreibung

Konkretisierung der Erwartungen und Bedürfnisse von Stakeholdern, Nutzern und/oder Beteiligten hinsichtlich der Nachhaltigkeitsziele.

Working Guide/Anwendungsfelder

P1 Sensibilisierung/Bildung	P2 Matching Recht/Gesetz	P3 Sustainability Roadmap	P4 Produkt/Prozessdesign	P5 Implementierung/Monitoring	P6 Kommunikation	P7 Organisation	P8 Führung	P9 Business Model Design	P10 Skalierung
X			X	X	X		X		

Beschreibung

Nachhaltigkeitsorientierte Produktgestaltung, Prozessgestaltung sowie Unternehmensentwicklung beginnt mit dem Erkennen und Erforschen von Erwartungshaltungen und Bedürfnissen. Wir starten auf einer hohen Abstraktionsebene, welche eine aggregierte Übersichtsdarstellung von Anforderungen u. a. in sogenannte Alltagssprache bietet (im agilen Kontext auch EPIC genannt). Hierbei nehmen wir Bezug auf die zuvor festgelegten bzw. für von uns im Vorfeld identifizierte relevante SDG's. Im Rahmen weiterer Detaillierung nutzen wir verschiedene Perspektiven und konkretisieren entsprechende Intentionen oder Ergebniszustände. Diese werden dann als Sustainability Stories (im agilen Kontext auch User Stories genannt) formuliert.

Die Bestandteile der Sustainability Story sind wie folgt definiert:

- **Wer**: Aus welcher Sicht wird die Anforderung beschrieben (Was ist die Rolle?)
  Als …
- **Was**: Was möchte diese Rolle machen/können? Welche Intention steckt dahinter?
  kann ich …,
- **Warum**: Was soll durch die Erfüllung der Anforderung erreicht werden, warum ist das wichtig?
  damit …
  (Anmerkung: Diese Information ist für die spätere Lösungsfindung von großer Bedeutung. Der Hintergrund für die Anforderung wird transparent gemacht und dadurch der Lösungsraum erweitert.)
- **Akzeptanzkritierien**: Woran wird die Zielerreichung gemessen und das Ergebnis akzeptiert?
  Das Ergebnis wird akzeptiert, wenn …
- **Definition of done**: Welche Kriterien müssen erfüllt sein, damit die Umsetzung als erledigt betrachtet werden kann (sog. Qualitätsmerkmale)?
  Die Umsetzung ist erledigt, sobald …

In der Rolle als____________________ ***Wer***

können/möchten wir (*Intention*)__________ ***Was***

damit __________________________ ***Warum***.

Akzeptanzkriterien, d.h Ziel ist erreicht wenn

________________________________ *akzeptiert!*

Definition of Done: *(z.B. Qualitätskriterien)*

________________________________ *erledigt!*

Quelle Abbildung: BINNOMA®

Durchführung

Vorbereitung

Im Vorfeld werden relevante SDG's identifiziert, welche für die weitere Bearbeitung priorisiert wurden. Dies kann z. B. im Rahmen von Strategieworkshops oder in definierten Arbeitsgruppen zum Thema Nachhaltigkeit erfolgen. Als Basis kann auch das Sustainability Profil des Unternehmens dienen (nach dem Ansatz der Sustainability Evolution Pyramid).

Schritt 1: Übersicht der ausgewählten SDG

Die ausgewählten SDG werden inklusive der Kurzbeschreibung allen sichtbar gemacht. Es folgt eine Einführung in die jeweiligen SDG mit deren Inhalten sowie dem Bezug zum eigenen Kontext (z. B. Unternehmen, Organisation, Produkt)

Bei Bedarf können die SDG's für die weitere Bearbeitung in mehrere Klein-/Arbeitsgruppen aufgeteilt werden.

Schritt 2: Stakeholder identifizieren

Im nächsten Schritt werden für die jeweiligen SDG mögliche Stakeholder, Nutzer (-gruppen) und sonstige Beteiligte identifiziert. Diese können auch mehrmals in den verschiedenen SDG zu finden sein. (Anmerkung: In diesem Fall sollte im Anschluss vereinbart werden, wer/welche Arbeitsgruppe mit dieser Person/Gruppe und in welcher Weise in Kontakt tritt).

Schritt 3: Anforderungen formulieren (EPIC-Ebene) – das WAS

In dieser Phase werden die Anforderungen der einzelnen Interessensgruppen/Personen aufgenommen.

Nach Möglichkeit werden Vertreter dieser Gruppe(n) und Personen zu ihren Erwartungen an das Thema Nachhaltigkeit im definierten Kontext interviewt. Sowohl im Allgemeinen als auch spezifisch mit Bezug auf die ausgewählten SDG's.

Mögliche Fragen sind:

- Was ist dieser Person oder Interessensgruppe wichtig?
- Welche Erwartungen sind damit verknüpft?
- Was soll dabei durch Nachhaltigkeit im Speziellen erreicht werden?
- Welcher (Mehr-)Wert soll geschaffen werden und für wen?
- Was soll vermieden oder reduziert werden?

Es geht darum, das Gegenüber und dessen Bedürfnisse zu verstehen – das WAS.

Es geht nicht darum, Lösungen zu den Anforderungen zu finden – nicht das WIE.

Auf dieser Basis beschreiben Sie die Anforderungen (EPICs) im Kontext Nachhaltigkeit.

Sollte ein Interview nicht möglich sein, können sie deren Anforderungen durch Beobachtungen, Recherchen, Perspektivwechsel und Hypothesen usw. in den Arbeitsgruppen erarbeiten.

Schritt 4: Formulierung von Sustainability Stories – das WAS im Detail

Sobald Sie die EPIC's beschrieben und den SDG zugeordnet haben, werden diese in der Arbeitsgruppe weiter detailliert.

In Form der Sustainability Story werden die Anforderungen entsprechend ausgearbeitet und ergänzt:

- Als … kann/möchte ich … damit … .
- Akzeptanzkriterien (aus Sicht Anforderer): Anforderung ist erfüllt, wenn …
- Umsetzung ist erledigt, wenn …

Schritt 5: Priorisierung und Umsetzung der Sustainability Stories

Haben sie die Anforderungen geklärt und verständlich formuliert, kann die Umsetzung priorisiert und geplant werden.

Praxisschlaglicht

Im Zuge der Sensibilisierung zum Thema Nachhaltigkeit im Unternehmen wurden die Sustainability Stories bei einem großen mittelständischen Unternehmen zudem als Lernmittel verwendet. Zuerst wurden alle 17 SDG's vorgestellt und dabei kurz inhaltlich beschrieben. Im Anschluss daran wurden die Teilnehmer gebeten, im Kontext ihres eigenen Arbeitsumfeldes etwaige Anforderungen zu den einzelnen SDG's zu formulieren. Hierbei galt es zuerst mögliche Zusammenhänge und Einflussfaktoren für mehr Nachhaltigkeit zu identifizieren. Danach wurden auf EPIC-Ebene Anforderungen zur Steigerung der Nachhaltigkeit beschrieben. Diese Anforderungen wurde mittels der Sustainability Story weiter detailliert. Ziel dabei war es, zwei, drei Ansatzpunkte je Teilnehmenden zu finden, die vom Teilnehmenden selbst beeinflussbar waren und im Rahmen seiner Arbeit umgesetzt werden sollte.

Durch diese Herangehensweise wurde sowohl das Verständnis für die 17 Nachhaltigkeitsziele geschaffen und zudem auch der eigene Einflussbereich vor Augen geführt. So wurden als Nebeneffekt schon erste Aktivitäten zum Thema Nachhaltigkeit ohne großen Aufwand angestoßen.

Wirkfeld der Methode

- Wirksam für Herausforderungen mit hoher Komplexität
- Wirksam für Herausforderungen mit mittlerer Komplexität
- Wirksam für Herausforderungen mit niedriger Komplexität
- Wirksam für nachhaltiges Marketing
- Wirksam für nachhaltiges Produktdesign
- Wirksam für nachhaltiges Prozessdesign
- Wirksam für nachhaltiges Servicedesign
- Wirksam für nachhaltiges Business Model Design

Transformationsfähigkeit Ihres Teams

- Fördert die Sensibilisierung
- Fördert grundlegend die Kreativität
- Fördert offene Mindsets und innovative Denkhaltungen
- Zahlt auf eine bessere Vorstellungskraft ein
- Zahlt auf eine bessere Wahrnehmung ein
- Erhöht die Lösungsorientierung

Einsatzcharakteristik/Arbeitsrahmen

- Austauschfokus: vornehmlich mit internen und externen Personen
- Durchführungszeit: eher hoch (> 1 Tag)
- Einsatzfrequenz: vornehmlich über den kompletten Projektzeitraum
- Einsatzradius: vornehmlich im Teameinsatz
- Einsatzradius: vornehmlich im projektweiten Einsatz
- Einsatzradius: vornehmlich im unternehmensweiten Einsatz
- Komplexität für den Moderator: eher mittel
- Komplexität für die Teilnehmer: eher mittel
- Teamgröße: Einzelpersonennutzung möglich
- Teamgröße: Kleingruppe möglich (3 bis 5 Teilnehmer)
- Teamgröße: Maxigruppen möglich (20 bis 40 Teilnehmer)
- Teamgröße: Mittelgroße Teams möglich (5 bis 20 Teilnehmer)
- Vorbereitungszeit: eher mittel (> 1 Stunde bis < 1 Tag)

Input für eine zielführende Arbeit mit der Methode

- Aktuelle Herausforderung, Leitfrage, Problem
- Verschiedene Meinungen und Blickwinkel
- Merkmale der gegebenen Herausforderung

Output und beobachtete Ergebnisse der Methode

- Erzeugt Nutzenfunktionen und Bedürfniskorridore
- Erzeugt spezifischere Leitfragen, Ideen und Aussagen
- Erzeugt größere Klarheit zu einem Thema
- Erzeugt mehr Hintergrundinformationen
- Erzeugt mehr Know-how-Zuwachs
- Hilft bei Entscheidungen, Bewertungen und Feedback

Hinderniseffekte, auf die die Methode positiv wirkt

- Beugt Missinterpretationen vor
- Beugt blinden Flecken/Betriebsblindheit vor
- Schafft für den Erfolg nötige Realitätsbezüge
- Schafft schnell Klarheit und beschleunigt Erkenntnisgewinn
- Schwächt Verdiskutiererei
- Schärft eine fehlende gemeinsame Ausrichtung
- Verhindert Ideenfindung mit zu schwacher Erkenntnisgrundlage
- Verhindert unreflektiertes agieren

Mögliche Extravorteile der Methode

- Möglicher Extravorteil für in Nachhaltigkeitsthemen ungeübte Teams

Quellen

Organisation – BöhringerInnovationsManagement, www.binnoma.de
Organisation – Scaled Agile Inc., https://scaledagileframework.com/
Person – Sabine Böhringer, sabine.boehringer@binnoma.de
Web – https://de.wikipedia.org/wiki/Epic_(Anforderungsmanagement) (abgerufen am 02.05.2023)
Web – https://de.wikipedia.org/wiki/User_Story (abgerufen am 02.05.2023)
Web – https://www.scrum.org/resources/scrum-guide (abgerufen am 02.05.2023)

Grafik: verrocchio Sustainable Inspiration Card – Malvine Klecha, Hila Attaie und Jennifer van Aerssen (Illustration)

270

Sustainability Universe – Status quo-Diagramm

EinSatzBeschreibung

Analyse des Status quo von Nachhaltigkeit in Organisationen zur Identifikation und Priorisierung von Handlungsfeldern.

Working Guide/Anwendungsfelder

P1 Sensibilisierung/Bildung	P2 Matching Recht/Gesetz	P3 Sustainability Roadmap	P4 Produkt/Prozessdesign	P5 Implementierung/Monitoring	P6 Kommunikation	P7 Organisation	P8 Führung	P9 Business Model Design	P10 Skalierung
		X		X	X		X		

Beschreibung

Das Thema Nachhaltigkeit erlangt in der Gesellschaft und somit auch in der Arbeitswelt einen immer größeren Stellenwert. Organisationen (hier stellvertretend genannt für Unternehmen, Institutionen, Sektoren, Branchen usw.) müssen diesem Umstand Rechnung tragen, um nicht abgehängt zu werden. Allerdings ist es nicht immer einfach die richtigen Stellhebel zu finden und zu bedienen. Mit dem richtigen Maß und ohne den Realitätsbezug zu verlieren.

Mit dem Sustainability-Universe-Status-quo-Diagramm beleuchten Sie Ihre aktuelle Situation im Kontext Nachhaltigkeit. Sie definieren die für Ihre Organisation zutreffenden Einflussbereiche zur Förderung von Nachhaltigkeit. Diese bilden die Grundlage für weitere Maßnahmen und Zieldefinition.

Das Sustainability Universe als zentraler Bestandteil der Analyse bildet die relevanten Fokusbereiche (Dimensionen) für das Thema Nachhaltigkeit in Organisationen ab. Diese werden im Vorfeld definiert bzw. den entsprechenden Organisationen angepasst. Es entsteht ein individuelles Nachhaltigkeits-Universum. Für eine zusätzliche Clusterung können diese in ESG (Economical, Social und Governance) oder die 3 Säulen der Nachhaltigkeit (Ökologie, Soziales, Wirtschaft) eingeordnet werden.

Im produzierenden Unternehmen wären als Dimension neben dem eigentlichen Produkt z. B. Strategie, Infrastruktur, Mitwelt/Umwelt, Kunden/Stakeholder/Sekundärpartner, Mitarbeiter, Maschinen/Anlagen/Arbeitsmittel und Prozesse/Methoden/Werkzeuge weitere relevante Dimensionen. Für jede Dimension werden zudem Facetten in Bezug auf die 17 SDG (Globale Nachhaltigkeitsziele der UN) identifiziert.

Auf dieser Basis erfolgt eine Analyse der aktuellen Ausprägung des Themas Nachhaltigkeit im Unternehmen.

Die verschiedenen Stufen der Ausprägungen sind im Rahmen der Universe-Kriterien© 1 bis 5 beschrieben:

1. Below average: Beobachter
2. Average: Wollen und Können
3. Among leaders: Wollen, Können und Experimentieren
4. Leader: Machen und Sein
5. Visionary: Sein und Treiben (Entwickeln)

Eine zusätzliche Einschätzung des Mindset der Menschen zum Thema Nachhaltigkeit liefert zudem Anhaltspunkte für etwaige Hindernisse und Handlungsfelder. Im weiteren Verlauf wird ein Zieluniversum erstellt, d. h. Sie legen fest, wie weit sich die Organisation in den jeweiligen Dimensionen entwickeln soll. Durch die Gegenüberstellung von Ist- und Zielbild der Fokusdimensionen werden Handlungsbereiche sichtbar und Prioritäten abgeleitet.

Mit der ActionBox© als Hilfsmittel können die ausgewählten Dimensionen und Handlungsbereiche weitergehender bearbeitet werden. Neben Einflussgrößen werden laufende und geplante Aktivitäten betrachtet sowie Barrieren und Treiber (soziale, wirtschaftliche oder ökologische) beleuchtet, welche eine Zielerreichung beeinflussen können.

Die Universe Impact Matrix© (UIM) ermöglicht einen Überblick über die Wirkzusammenhänge der verschiedenen Fokusdimensionen und kann unterstützend bei der Priorisierung dienen. Des Weiteren wird ein Perspektivwechsel angestoßen, woraus sich weitere Lösungsmöglichkeiten sowie Ansätze zur Reduzierung von Hindernissen ergeben können.

Das Sustainability Universe kann in regelmäßigen Abständen neu bewertet und eine Annäherung an den Zielzustand verfolgt werden.

Sustainability Universe - ActionBox©

Dimension	Einflussgrößen	Laufende / geplante Aktivitäten	Zielsetzung Barrieren / Treiber
Strategie			
Produkt			
Maschinen Anlagen Arbeitsmittel			
Prozesse Methoden Werkzeuge			
Infrastruktur			
Mitarbeiter			
Kunden Stakeholder Sekundär Partner (z.B. Lieferanten)			
Mitwelt Umwelt			

Quelle Abbildung: BINNOMA®

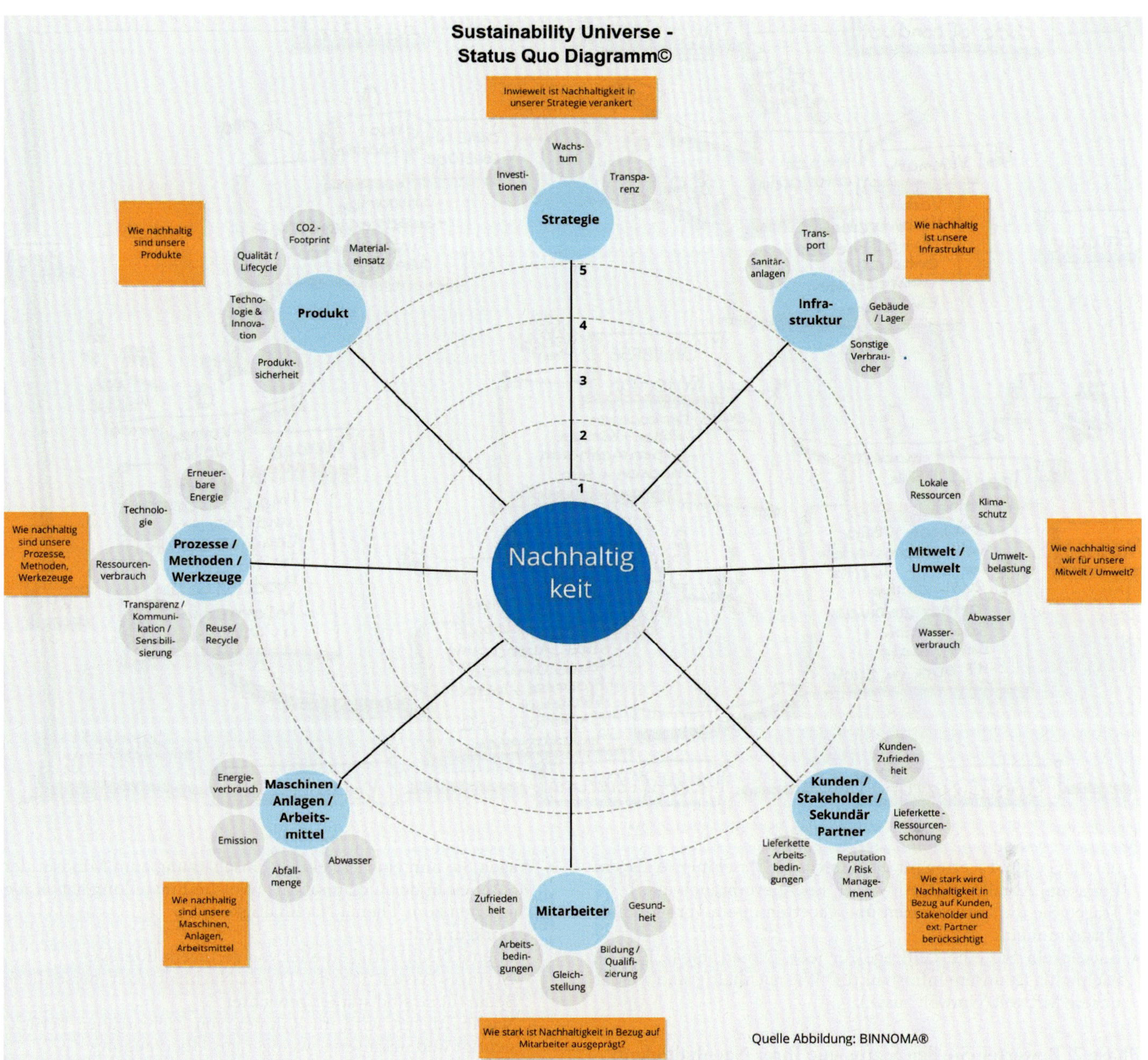

Durchführung

Die Analyse erfolgt als moderierter Workshop oder im Rahmen von Interviews. Teilnehmende können der Führungskreis, Transformationsteams oder für Nachhaltigkeit zuständige Mitarbeitende sein. In der Vorbereitung sollten Informationen über die SDG und deren Unterziele zusammengestellt werden. Des Weiteren empfiehlt sich ein Blick in die Strategieunterlage (sofern vorhanden) bzw. eine Informationsbeschaffung zu den bisherigen Aktivitäten zum Thema Nachhaltigkeit sowie deren Fokus und Ziele in der Organisation.

Begeben Sie sich nun auf eine Reise durch das Unternehmen – „Nachhaltigkeit on Tour“:

Phase 1: Entwickeln Sie das Sustainability Universe für die Organisation

- Identifizieren Sie für Ihre Organisation relevante Dimensionen, die direkten Einfluss auf die Nachhaltigkeitsziele (SDG) haben. Ergänzen Sie ggf. schon bestehende Fokusbereiche.
- Leiten Sie nun für jede Dimension entsprechende Facetten (Kenngrößen) ab. Es empfiehlt sich der Blick in die Unterziele

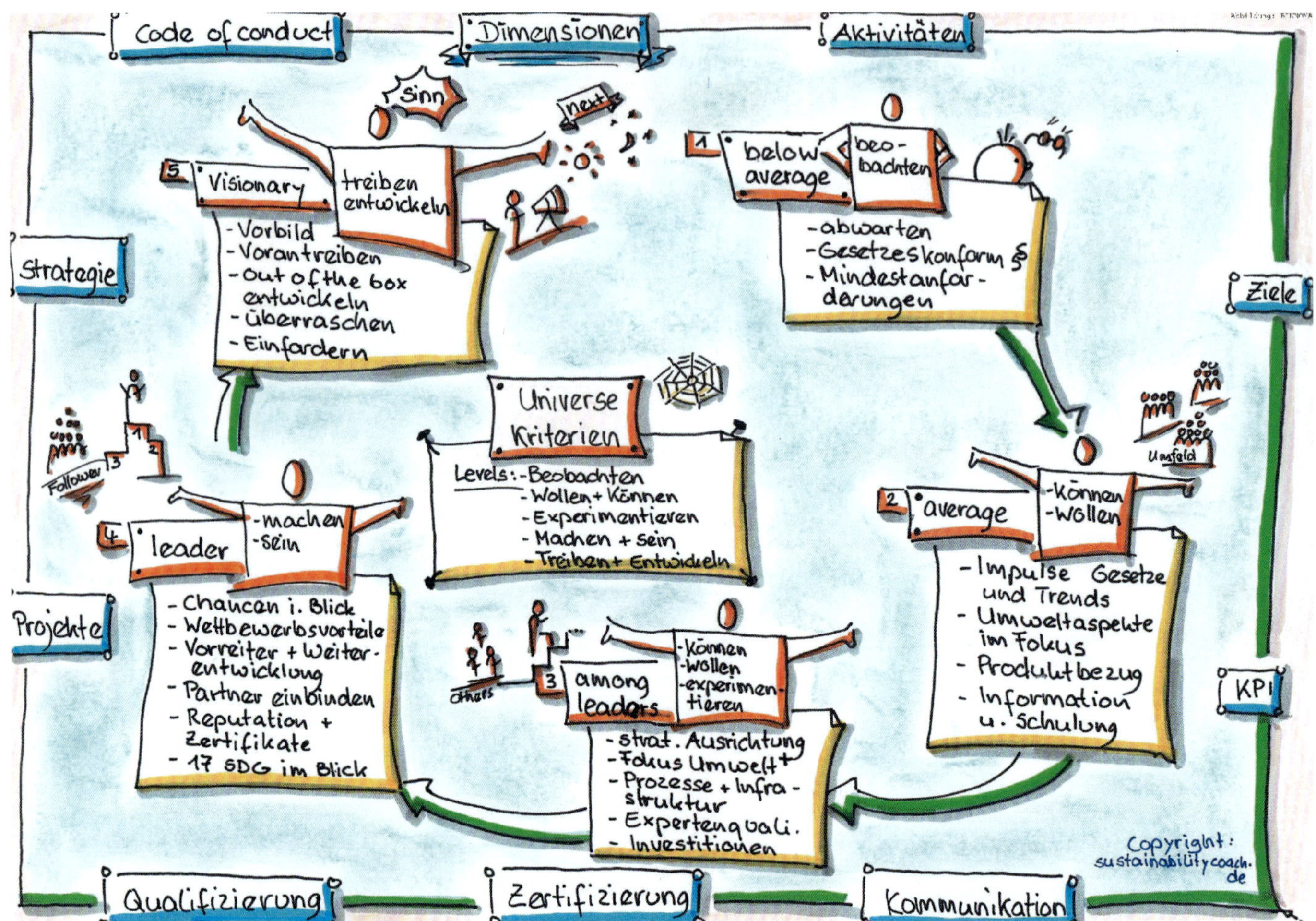

der SDG (Bsp. Facetten für die Dimension Maschinen/Anlagen: Emission, Abfallmenge, Abwasser, Energieverbrauch usw.).

- Tragen Sie die Dimensionen und Facetten in ein vorbereitetes Diagramm ein.
- Entwickeln Sie eine Leitfrage für jede Dimension (z. B. Wie nachhaltig ist unsere Infrastruktur? Wie nachhaltig sind wir für unsere Mitwelt/Umwelt? usw.).

Phase 2: Bewerten Sie den Status quo Ihrer Nachhaltigkeit: Wo steht die Organisation heute in Bezug auf Nachhaltigkeit?

- Schätzen Sie je Dimension anhand der erarbeiteten Leitfrage und mit Blick auf deren Facetten die aktuelle Ausprägung anhand der o. g. Universe Kriterien ein. Tragen Sie die Bewertung ins Diagramm ein. Wählen Sie hierfür die gewünschte Variante(n) aus.
  a) Variante nur Führungsteam (in-sight)
  b) Variante Führungsteam und Parallelbewertung aus der Organisation, z. B. Transformationsteam (in-sight/side-sight)
  c) Variante zusätzliches Diagramm für z. B. einen Wettbewerber erstellen (out-sight)
- Wagen Sie nun eine subjektive Einschätzung zum Mindset der Menschen in der Organisation: „Welche Einstellung haben die Menschen zum Thema Nachhaltigkeit?"
  Ausprägungen:
  – Thema Nachhaltigkeit eher von geringem Interesse
  – Geringes Wissen über das Thema Nachhaltigkeit, persönliche Bedürfnisse sind stärker gewichtet
  – Nachhaltigkeit wird im Rahmen von Zielvorgaben berücksichtigt und umgesetzt, weniger aus Überzeugung
  – Nachhaltigkeit in der Organisation wird überwiegend als wichtig erachtet und im (Arbeits-)Alltag berücksichtigt
  – Persönliche Einschränkungen werden für Nachhaltigkeit in Kauf genommen
- Bearbeiten Sie nun folgende Leitfragen zu den Ergebnissen Ihres aktuellen Universums:
  a) Welche Dimensionen und Facetten werden heute schon (bewusst) bedient
  b) Welche Nachhaltigkeitsziele/Dimensionen sind aktuell noch nicht im Fokus bzw. unterrepräsentiert
  c) Welche Dimensionen sind strategisch wichtig und wollen wir entwickeln (Leader/Visionär)
  d) Welche Facetten müssten wir ergänzen und/oder weiter ausbauen

Universe Matrix	Strategie	Produkt	Prozess / Methode	Maschine / Anlage / Arbeitsmittel	Mitarbeiter	Infrastruktur	Kunden / Stakeholder / Ext. Partner	Mitwelt / Umwelt
Strategie		x	x		x	x	x	x
Produkt	x		x	x		x	x	x
Prozess / Methode		x		x	x	x	x	x
Maschine / Anlage / Arbeitsmittel		x	x		x	x		x
Mitarbeiter		x	x	x		x		x
Infrastruktur		x	x	x	x		x	x
Kunden Stakeholder Ext. Partner	x	x	x					x
Mitwelt / Umwelt	x	x	x	x	x	x	x	

Abbildung: BINNOMA

e) Optional bei vorhandener Parallelbewertung: wo sehen wir Unterschiede in der Einschätzung und warum? Wie gehen wir damit um?

- Entwickeln Sie ein Zieluniversum:
  a) Wie sieht unsere Zielperformance aus (Zieluniversum zeichnen)? Wohin wollen wir uns entwickeln (ggf. auch mit Blick auf unser Umfeld/Wettbewerb)?
  b) Welche zusätzlichen Dimensionen/Facetten sind für uns noch relevant?
  c) Was müssen wir für das Zieluniversum tun (erste Schritte, z. B. Strategiearbeit, Projekte, Rahmenbedingungen)?
- Identifizieren Sie Handlungsfelder und priorisieren Sie diese für
  - Dimensionen und Facetten,
  - Mindset.
- Entwickeln Sie für die priorisierten Handlungsfelder erste Ideen zur Stärkung der Nachhaltigkeit in Ihrer Organisation und leiten Sie Maßnahmen ab.
  Optional können Sie unter Einsatz des PESTEL-Ansatzes zusätzlich die Benefits erarbeiten und die Erkenntnisse daraus als Entscheidungshilfe nutzen.
- Die Universe Impact Matrix© bietet ihnen zusätzlich eine Übersicht der Wirkzusammenhänge und regt zum Perspektivwechsel an.
  - Welchen Einfluss hat die Dimension auf andere Dimensionen?
  - Welcher Zusammenhang lässt sich herstellen?
  - Welche weiteren Lösungsmöglichkeiten eröffnen sich durch den Blick auf verbundene Dimensionen und einen Perspektivwechsel?

How to use: Die Matrix wird an Ihr Universum angepasst und Wirkzusammenhänge in Bezug auf Ihre Organisation eingeschätzt. Die Zusammenhänge der Dimensionen werden von beiden Seiten betrachtet (per „x") sichtbar gemacht. Zum Beispiel mit Blick auf die vertikale Achse: Dimension Infrastruktur: Werden Maßnahmen für eine nachhaltigere Infrastruktur erarbeitet, wäre ein direkter Einfluss auf die Dimensionen der Horizontal-Achse wie z. B. Produkt, Prozesse, Maschinen, Mitarbeiter, externe. Partner, Mitwelt/Umwelt möglich. Weiter heruntergebrochen auf z. B. eine Verbesserung der Sanitäranlagen lässt sich ein Wirkzusammenhang mit Mitarbeiter und Umwelt ableiten. Ein direkter Einfluss auf z. B. die Strategie ist eher nicht zu erwarten.
Umgekehrt betrachtet kann eine Anpassung der Strategie aber dazu führen, dass die Infrastruktur direkt betroffen ist.
Für die Bearbeitung Ihrer identifizierten Handlungsfelder können Sie unterstützend die ActionBox© verwenden.

How to use: Wenn Sie sich entscheiden, das Thema Nachhaltigkeit in Bezug auf die Dimension Produkt zu fördern: Greifen Sie Ihre identifizieren Handlungsfelder auf und ergänzen Sie mögliche Einflussgrößen, ggf. erste Ideen. In der Spalte „Laufende/geplante Aktivitäten" dokumentieren Sie die entsprechenden Themen.
Im dritten Schritt formulieren Sie die Zielsetzung. Identifizieren Sie dann mögliche Barrieren sowie Treiber, welche die Zielerreichung erschweren bzw. positiv beeinflussen könnten. Beginnen Sie auf dieser Basis mit der Umsetzung der Maßnahmen unter Berücksichtigung der Barrieren und Treiber.

Praxisschlaglicht

Das Status-quo-Diagramm lässt sich auf verschiedene Universen (Schulen, Branchen etc.) anpassen und anwenden. Auch Umfeld-Aspekte wie z. B. Veränderungen in der Arbeitswelt (Homeoffice) lassen sich damit abbilden und Ansätze für nachhaltigeres Arbeiten ableiten. Im Rahmen eines Nachhaltigkeits-Workshops (bestehend aus Teilnehmenden verschiedener Unternehmen) haben wir mit diesem Framework gearbeitet und ein Diagramm für das Universe „Nachhaltigkeit im Homeoffice" erarbeitet. Im weiteren Verlauf wurden sehr interessante Ergebnisse für die Homeoffice-Tätigkeit im Kontext Nachhaltigkeit erzielt. Die Teilnehmenden haben für sich und ihre Organisation konkrete Impulse und Lösungsideen mitgenommen.

Wirkfeld der Methode

- Wirksam für Herausforderungen mit hoher Komplexität
- Wirksam für Herausforderungen mit mittlerer Komplexität
- Wirksam für nachhaltiges Marketing
- Wirksam für nachhaltiges Produktdesign
- Wirksam für nachhaltiges Prozessdesign
- Wirksam für nachhaltiges Servicedesign
- Wirksam für nachhaltiges Business Model Design

Transformationsfähigkeit Ihres Teams

- Fördert die Sensibilisierung
- Fördert offene Mindsets und innovative Denkhaltungen
- Zahlt auf ein positives Zukunftsbild ein
- Zahlt auf das Dringlichkeitsempfinden ein
- Erhöht die Lösungsorientierung

Einsatzcharakteristik/Arbeitsrahmen

- Austauschfokus: vornehmlich mit internen Personen
- Durchführungszeit: eher hoch (> 1 Tag)
- Einsatzfrequenz: vornehmlich über den kompletten Projektzeitraum
- Einsatzradius: vornehmlich im unternehmensweiten Einsatz
- Komplexität für den Moderator: eher hoch
- Komplexität für die Teilnehmer: eher hoch
- Teamgröße: Einzelpersonennutzung möglich
- Teamgröße: Kleingruppe möglich (3 bis 5 Teilnehmer)
- Teamgröße: Mittelgroße Teams möglich (5 bis 20 Teilnehmer)
- Vorbereitungszeit: eher mittel (> 1 Stunde bis < 1 Tag)

Input für eine zielführende Arbeit mit der Methode

- Aktuell existierende Geschäftsmodelle
- Aktuell existierende Produkte und Services
- Trends und Zukunftsentwicklungen
- Umfeldbeobachtungen, Umfeldanalysen
- Ziele, Zielsystem, Kennzahlen
- Wissen über Gesetze und Rahmenbedingungen

Output und beobachtete Ergebnisse der Methode

- Erzeugt Planungen und Priorisierungen
- Erzeugt definierte Zielkorridore
- Erzeugt größere Klarheit zu einem Thema
- Erzeugt mehr Hintergrundinformationen
- Hilft bei Entscheidungen, Bewertungen und Feedback
- Identifiziert vorhandene Schwachstellen
- Identifiziert vorhandene Stärken
- Macht Wirkzusammenhänge sichtbar

Hinderniseffekte, auf die die Methode positiv wirkt

- Beugt blinden Flecken/Betriebsblindheit vor
- Schafft schnell Klarheit und beschleunigt Erkenntnisgewinn
- Schärft eine fehlende gemeinsame Ausrichtung
- Verhindert Finanz- und Ressourcenfallen
- Verhindert blinden Aktionismus
- Verhindert einseitige Bewertungen und Entscheidungen
- Verhindert falsche Flughöhen
- Verringert zu große Komplexitäten

Mögliche Extravorteile der Methode

- Möglicher Extravorteil für Teams mit einem starkem Auftragsmandat
- Möglicher Extravorteil für die Arbeit mit digitalen Kollaborationsboards
- Möglicher Extravorteil für in Nachhaltigkeitsthemen erfahrene Teams

Quellen

Organisation – BöhringerInnovationsManagement, www.binnoma.de
Person – Juergen Schenk, juergen.schenk@sustainabilitycoach.de
Person – Sabine Böhringer, sabine.boehringer@binnoma.de
Web – https://de.wikipedia.org/wiki/Corporate_Social_Responsibility
Web – https://de.wikipedia.org/wiki/Drei-S%C3 %A4ulen-Modell_%28Nachhaltigkeit%29
Web – https://praxistipps.focus.de/esg-kriterien-definition-und-erklaerung-des-nachhaltigkeits-ratings_125412
Web – https://sdgcompass.org/
Web – https://www.bundesregierung.de/breg-de/weitere-themen/nachhaltigkeitspolitik/die-un-nachhaltigkeitsziele-1553514, 2023
Web – https://www.forumue.de/, 2016
Web – https://www.renn-netzwerk.de/nord, 2019
Web – https://www.sue-nrw.de/donut-oekoenomie/
Web – SDGs praxisnah umsetzen | BNW, www.unternehmensgruen.org

Sustainable Business Model Canvas

EinSatzBeschreibung

Das Sustainable Business Model Canvas (SBMC) ist ein Werkzeug zur Entwicklung nachhaltiger Geschäftsmodelle und dient Organisationen dazu, ökologische, soziale und wirtschaftliche Aspekte in ihre Geschäftsstrategie zu integrieren und langfristige Wertschöpfung zu ermöglichen.

Working Guide/Anwendungsfelder

P1 Sensibilisierung/Bildung	P2 Matching Recht/Gesetz	P3 Sustainability Roadmap	P4 Produkt/Prozessdesign	P5 Implementierung/Monitoring	P6 Kommunikation	P7 Organisation	P8 Führung	P9 Business Model Design	P10 Skalierung
								X	

Beschreibung

Das Sustainable Business Model Canvas ermöglicht es Unternehmen, ihre Geschäftsmodelle aus einer nachhaltigen Perspektive zu betrachten. Es hilft, die Auswirkungen des Geschäftsmodells auf Umwelt, Gesellschaft und Wirtschaft zu analysieren, neue Chancen zu identifizieren und Risiken zu minimieren.

Durch die Berücksichtigung von Nachhaltigkeitsaspekten kann das Sustainable Business Model Canvas dazu beitragen, Wettbewerbsvorteile zu erzielen, das Image des Unternehmens zu verbessern und langfristigen Erfolg zu sichern. Das klassische Business Model Canvas wird dabei um Nachhaltigkeitsaspekte (sozio-ökologische Kosten und -benefits) erweitert.

Das SBMC besteht aus den folgenden Elementen:

- Kundensegmente: Identifizierung der Zielgruppen und Bedürfnisse der Kunden, um nachhaltige Lösungen anzubieten und Mehrwert zu schaffen.
- Wertangebot: Definition der nachhaltigen Produkte, Dienstleistungen und Lösungen, die den Kundenbedürfnissen gerecht werden und gleichzeitig ökologische und soziale Vorteile bieten.
- Vertriebskanäle: Festlegung der Kanäle, über die das Unternehmen seine nachhaltigen Produkte und Lösungen an die Kunden liefert und kommuniziert.
- Kundenbeziehungen: Aufbau und Pflege von langfristigen Beziehungen zu den Kunden, um Vertrauen und Loyalität aufzubauen und den Mehrwert nachhaltiger Angebote zu kommunizieren.
- Schlüsselressourcen: Identifikation der Ressourcen, die benötigt werden, um das nachhaltige Geschäftsmodell umzusetzen, z.B. natürliche Ressourcen, finanzielle Mittel oder spezialisiertes Wissen.
- Schlüsselaktivitäten: Definition der zentralen Aktivitäten, die erforderlich sind, um das nachhaltige Geschäftsmodell umzusetzen, z.B. Forschung und Entwicklung, Produktion oder Aufbau von Partnerschaften.
- Schlüsselpartnerschaften: Identifikation von Partnern, mit denen das Unternehmen zusammenarbeitet, um das nachhaltige Geschäftsmodell zu stärken und Synergien zu nutzen.
- Kostenstruktur: Bewertung der Kosten, die mit dem nachhaltigen Geschäftsmodell verbunden sind, einschließlich Investitionen, Betriebskosten und nachhaltigen Beschaffungskosten.
- Einnahmequellen: Festlegung der verschiedenen Einnahmequellen, die das Unternehmen durch seine nachhaltigen Produkte und Lösungen generiert, um langfristige finanzielle Stabilität zu gewährleisten.
- Negative Auswirkungen: ökologische und soziale Kosten (z.B. Schadwirkung an der Umwelt oder Verletzung von Menschenrechten
- Positive Auswirkungen: Ökologische und soziale Benefits (z.B. positive Auswirkung auf die Umwelt wie z.B. Renaturierung) oder auf Menschen (z.B. positiven Einfluss auf die Gesundheit)

Das Sustainable Business Model Canvas hilft Unternehmen dabei, ihre Geschäftsmodelle ganzheitlich zu betrachten und nachhaltige Aspekte in allen Bereichen zu berücksichtigen, um langfristige Wertschöpfung zu erreichen. Es kann einerseits dabei unterstützen, ein Geschäftsmodell im Sinne der Nachhaltigkeit von Beginn an zu entwickeln, z.B. als Start-up, oder bestehende Geschäftsmodelle hinsichtlich Nachhaltigkeit neu auszurichten.

Durchführung

Um das Sustainable Business Model Canvas auf bestehende Geschäftsmodelle anzuwenden, kann folgende Vorgehensweise genutzt werden:

1. Definition des Problemkontexts: Identifizierung der Herausforderungen und Probleme, die mit dem aktuellen Geschäftsmodell verbunden sind.
2. Analyse der Stakeholder: Identifikation und Analyse der relevanten Stakeholder und ihrer Bedürfnisse und Erwartungen.
3. Analyse des Wertangebots: Bewertung des bestehenden Wertangebots des Unternehmens und Identifizierung von Möglichkeiten zur Schaffung zusätzlichen Wertes unter Berücksichtigung von Nachhaltigkeitsaspekten.
4. Geschäftsmodellinnovation: Entwicklung von neuen Ideen und Ansätzen, um das Geschäftsmodell nachhaltiger zu gestalten, wie z.B. Kreislaufwirtschaft, Sharing Economy oder erneuerbare Energien.
5. Bewertung und Umsetzung: Bewertung der Machbarkeit und Umsetzbarkeit der entwickelten Geschäftsmodellinnovationen sowie die Planung und Umsetzung konkreter Maßnahmen.
6. Definition und Ausarbeitung der einzelnen Elemente (Schlüsselpartner, Schlüsselaktivitäten etc.) in einem Team.
7. Ausfüllen des SBMC und Übertragen in die Realität. Dies kann bspw. durch das Aufstellen eines Business Plans erfolgen.

Sustainable Business Model Canvas

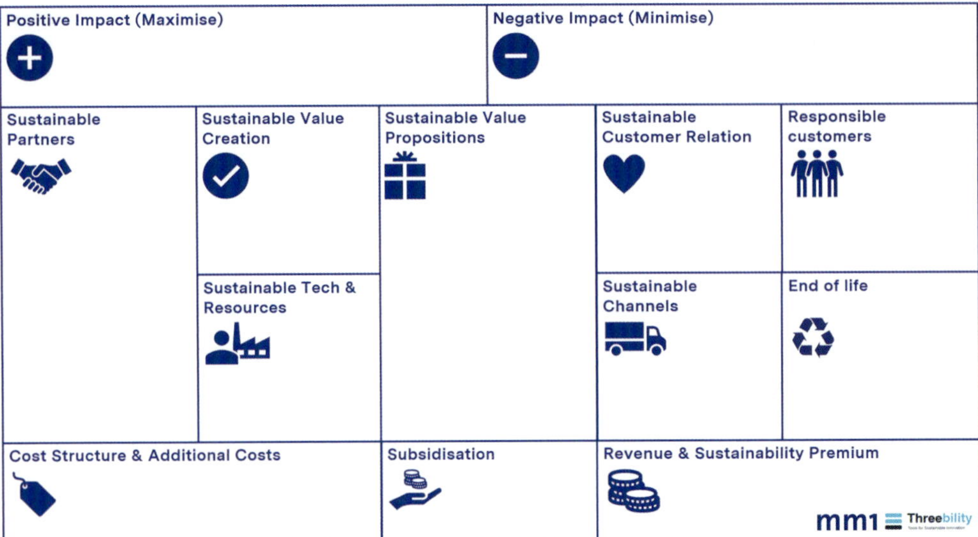

Quelle: https://www.threebility.com/sustainable-business-model-canvas

Praxisschlaglicht

Ein Unternehmen in der Textilindustrie verwendet das Sustainable Business Model Canvas, um sein Geschäftsmodell nachhaltiger zu gestalten.

Dabei identifiziert es die Bedürfnisse und Erwartungen der Stakeholder, analysiert die Auswirkungen der eigenen Wertschöpfungskette auf die Umwelt und die Arbeitsbedingungen, und entwickelt innovative Ansätze wie die Nutzung von recycelten Materialien und faire Arbeitspraktiken, um den ökologischen und sozialen Fußabdruck zu reduzieren.

Helfende Organisation

- Global Compact Netzwerk Germany
- Borderstep Institute

Wirkfeld der Methode

- Wirksam für nachhaltiges Business Model Design

Transformationsfähigkeit Ihres Teams

- Kann Geschäftsmodelle optimieren

Einsatzcharakteristik/Arbeitsrahmen

- Austauschfokus: vornehmlich mit internen Personen
- Durchführungszeit: eher hoch (> 1 Tag)
- Einsatzfrequenz: sinnvoll im dauerhaften Einsatz
- Einsatzradius: vornehmlich im unternehmensweiten Einsatz
- Teamgröße: Kleingruppe möglich (3 bis 5 Teilnehmer)
- Vorbereitungszeit: eher hoch (>1 Tag)

Input für eine zielführende Arbeit mit der Methode

- Aktuell existierende Geschäftsmodelle
- Aktuell existierende Produkte und Services
- Aktuelle Herausforderung, Leitfrage, Problem
- Ideen, Lösungsansätze, Vorideen, Varianten
- Produktmerkmale, Skizzen, Eigenschaften
- Trends und Zukunftsentwicklungen
- Umfeldbeobachtungen, Umfeldanalysen
- Wettbewerber und Komplementoren

Output und beobachtete Ergebnisse der Methode

- Erzeugt Ideen für neue Märkte und neue Business Modelle

Hinderniseffekte, auf die die Methode positiv wirkt

- Bewahrt vor zu generischen Ideen und Aussagen
- Verhindert Finanz- und Ressourcenfallen
- Verhindert Ideenfindung mit zu schwacher Erkenntnisgrundlage
- Verringert zu große Komplexitäten
- Wirkt fehlender Inspiration entgegen

Mögliche Extravorteile der Methode

- Möglicher Extravorteil für Teams in einer Transformationssituation

Quellen

Artikel – Lüdeke-Freund, F., & Dembek, K. Business Model Concepts in Corporate Sustainability Contexts: From Rhetoric to a Generic Template for „Sustainable Business Models". Sustainable Development, 25(4), 359-373 (2017)

Web – https://www.case-ka.eu/index.html%3Fp=2174.html (abgerufen am 12.07.2023)

Web – https://www.borderstep.de/wp-content/uploads/2016/06/startup-fc-web.pdf (abgerufen am 12.07.2023)

Web – https://www.threebility.com/sustainable-business-model-canvas (abgerufen am 12.07.2023)

Sustainable Business Model Gap

EinSatzBeschreibung

Mithilfe der Sustainable Business Model Gap werden die Schritte von einem konventionellen zu einem nachhaltigen Geschäftsmodell entwickelt.

Working Guide/Anwendungsfelder

P1 Sensibilisierung/Bildung	P2 Matching Recht/Gesetz	P3 Sustainability Roadmap	P4 Produkt/Prozessdesign	P5 Implementierung/Monitoring	P6 Kommunikation	P7 Organisation	P8 Führung	P9 Business Model Design	P10 Skalierung
			X					X	X

Beschreibung

Ein bestehendes Geschäftsmodell systematisch nachhaltiger zu gestalten ist gar nicht so einfach. Wo fängt man an und wie geht man vor bei dieser Geschäftsmodellentwicklung?

Die Methode „Sustainable Business Model Gap" soll genau dabei helfen. Sie befähigt ein Team, die nötigen Schritte von einem bestehenden Geschäftsmodell zu einem nachhaltigen Geschäftsmodell zu entwickeln. Ideen zur Weiterentwicklung können systematisch gesammelt und in einem ersten Schritt bewertet werden.

Um die Methode sinnvoll einsetzen zu können, ist es zunächst nötig, sein bestehendes, konventionelles Geschäftsmodell zu analysieren und visualisieren, z.B. mit dem Business Model Canvas von Osterwalder. Anschließend helfen die 15 Felder der Sustainable Business Model Gap-Methode, daraus ein oder mehrere nachhaltige(s) Geschäftsmodell(e) zu erarbeiten. Im finalen Schritt werden diese z.B. als ein oder mehrere Sustainable Business Model Trees visualisiert.

Es empfehlen sich, vier Werkzeuge in der Geschäftsmodellentwicklung zusammen anzuwenden:

- Business Model Canvas (Visualisierung des bestehenden, konventionellen Geschäftsmodells)
- Sustainable Business Model Gap (Ermittlung der Schritte zu einem nachhaltigen Geschäftsmodell)
- Impact Helper (Ermittlung der Auswirkungen eines Geschäftsmodells und Maximierung bzw. Minimierung der positiven bzw. negativen Auswirkungen)
- Sustainable Business Model Tree (Visualisierung eines nachhaltigen Geschäftsmodells)

Durchführung

Für die Geschäftsmodellentwicklung empfehlen sich mittelgroße multidisziplinäre Projektteams von 5–8 Personen, die unterschiedliche Perspektiven einbringen. Die einzelnen Werkzeuge zur Geschäftsmodellentwicklung können von Einzelpersonen oder 2er Teams genutzt werden und die Ergebnisse dann in der Gruppe zusammengeführt, aggregiert und diskutiert werden.

Alternativ werden die Arbeitsblätter im Großformat auf Flipcharts oder Metaplanwände gemeinsam in der Gruppe ausgefüllt. Wichtig ist dabei, sich nicht in Diskussionen zu verlieren und fokussiert zu bleiben. Dies erfordert eine hohe Moderationskompetenz sowie eine gute Selbstdisziplin der Gruppe.

Schritt 1: Visualisierung des bestehenden, konventionellen Geschäftsmodells

Nutzen Sie zur Visualisierung Ihres bestehenden Geschäftsmodells Werkzeuge wie den Business Model Canvas und füllen Sie alle Felder aus. Benennen Sie anschließend Ihr bestehendes Geschäftsmodell.

Einsatz der Sustainable Business Model Gap-Methode (Foto: verrocchio Institute)

Schritt 2: Ermittlung der Schritte zu einem nachhaltigen Geschäftsmodell

Übertragen Sie das Arbeitsblatt zur Sustainable Business Model Gap Methode aus der Abbildung auf DIN A3 Einzelblätter, auf ein Poster oder auf ein virtuelles Whiteboard, wenn der Geschäftsmodellentwicklungsprozess online stattfinden soll.

Notieren Sie oben links in die Ecke des Arbeitsblattes den Namen des betrachteten, konventionellen Geschäftsmodells aus Schritt 1.

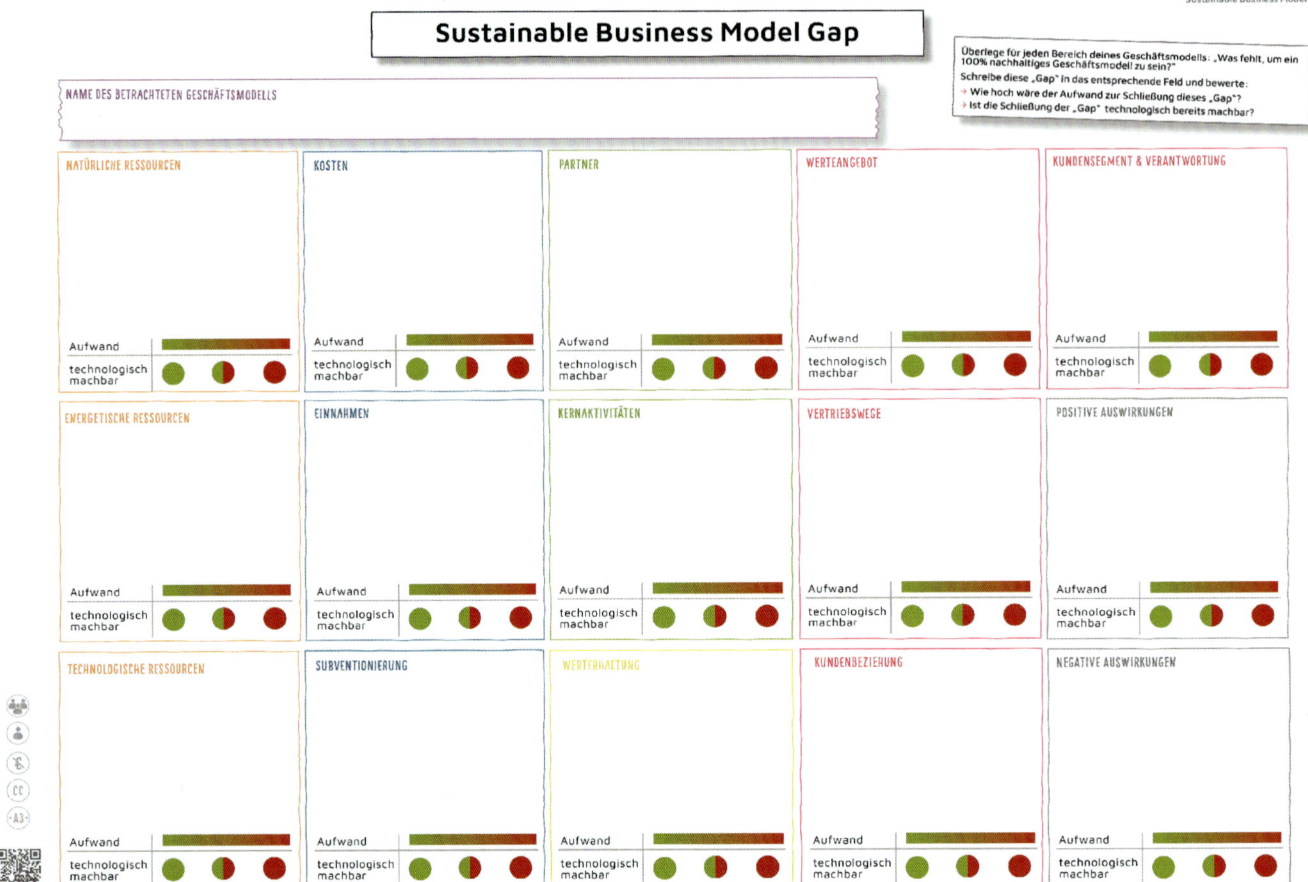

Gehen Sie anschließend alle Bereiche Ihres Geschäftsmodells durch und überlegen sich für jeden einzeln: „Was fehlt, um ein 100 Prozent nachhaltiges Geschäftsmodell zu sein?" Schreiben Sie diese „Gap" in das entsprechende Feld. Lassen Sie keines der 15 Felder des Arbeitsblattes leer. Werkzeuge wie der „Impact Helfer" und seine Hilfsfragen können bei den Feldern zu den negativen und positiven Auswirkungen hilfreich sein.

Bewerten Sie anschließend jedes der 15 Felder:

- Wie hoch wäre der Aufwand zu Schließung dieser Gap?
- Ist die Schließung der Gap technologisch bereits machbar?

Schritt 3: Visualisierung eines nachhaltigen Geschäftsmodells

Führen Sie Ihre bewerteten Ideen zur Schließung der Gaps in einem oder mehreren nachhaltigen Geschäftsmodellen zusammen, visualisieren Sie diese mithilfe des Sustainable Business Model Trees. Erstellen Sie so eine Galerie mit mehreren Geschäftsmodellideen und validieren Sie diese anschließend (siehe Methodenbeschreibung Sustainable Business Model Tree).

Wirkfeld der Methode

- Wirksam für Herausforderungen mit hoher Komplexität
- Wirksam für nachhaltiges Business Model Design

Transformationsfähigkeit Ihres Teams

- Fördert die Sensibilisierung
- Fördert grundlegend die Kreativität
- Fördert offene Mindsets und innovative Denkhaltungen
- Zahlt auf eine bessere Vorstellungskraft ein
- Erhöht die Lösungsorientierung

Einsatzcharakteristik/Arbeitsrahmen

- Austauschfokus: vornehmlich mit internen Personen
- Durchführungszeit: eher mittel (> 1 Stunde bis < 1 Tag)
- Einsatzfrequenz: vornehmlich über den kompletten Projektzeitraum
- Einsatzradius: vornehmlich im projektweiten Einsatz
- Komplexität für den Moderator: eher gering
- Komplexität für die Teilnehmer: eher mittel
- Teamgröße: Einzelpersonennutzung möglich

- Teamgröße: Kleingruppe möglich (3 bis 5 Teilnehmer)
- Teamgröße: Mittelgroße Teams möglich (5 bis 20 Teilnehmer)
- Vorbereitungszeit: eher gering (< 1 Stunde)

Input für eine zielführende Arbeit mit der Methode

- Aktuell existierende Geschäftsmodelle
- Aktuell existierende Produkte und Services

Output und beobachtete Ergebnisse der Methode

- Erzeugt Ideen für neue Märkte und neue Business Modelle
- Erzeugt Ideen, Lösungsansätze, Vorideen, Möglichkeiten
- Erzeugt transformationsfähigere Organisationen
- Hilft bei Entscheidungen, Bewertungen und Feedback
- Identifiziert vorhandene Schwachstellen
- Identifiziert vorhandene Stärken
- Macht Wirkzusammenhänge sichtbar

Hinderniseffekte, auf die die Methode positiv wirkt

- Beugt blinden Flecken/Betriebsblindheit vor
- Schwächt das Leben in der Vergangenheit
- Schärft eine fehlende gemeinsame Ausrichtung
- Stärkt schwache Anreicherungsskills
- Verhindert Finanz- und Ressourcenfallen
- Verhindert einseitige Bewertungen und Entscheidungen
- Verringert zu große Komplexitäten
- Überzeugt strukturliebende Teammitglieder

Mögliche Extravorteile der Methode

- Möglicher Extravorteil für Teams in einer Komfortsituation
- Möglicher Extravorteil für Teams mit einer konservativen, tradierten Kultur
- Möglicher Extravorteil für die Arbeit mit digitalen Kollaborationsboards
- Möglicher Extravorteil für in Nachhaltigkeitsthemen erfahrene Teams

Quellen

Organisation – verrocchio Institute for Innovation Competence AG, https://www.verrocchio.institute

Sustainable Business Model Patterns

EinSatzBeschreibung

Wie man 45 nachhaltige Muster zu innovativen Geschäftsmodellen kombinieren kann.

Working Guide/Anwendungsfelder

P1 Sensibilisierung/Bildung	P2 Matching Recht/Gesetz	P3 Sustainability Roadmap	P4 Produkt/Prozessdesign	P5 Implementierung/Monitoring	P6 Kommunikation	P7 Organisation	P8 Führung	P9 Business Model Design	P10 Skalierung
			X					X	X

Beschreibung

Erfolgreiche Unternehmen operieren mit schlauen Business-Modellen. Ein Business-Modell beschreibt dabei, wie eine Organisation immer wieder aufs Neue Wert schaffen kann. Diese Wertschöpfung findet über einen Wertetransfer in drei miteinander verknüpfen Bereichen statt:

- Wert, der für Kunden geschaffen wird in der Form von Produkten und Services
- Wert, den Kunden dem Unternehmen zurückgeben in der Form von Bezahlung oder auch Aufmerksamkeit
- Wert, der indirekt für die Umwelt des Unternehmens entsteht

In der Forschung, welche zur Erstellung des St. Galler Business Model Navigators geführt hat, wurden systematisch die Business Modelle von Organisationen aus verschiedenen Bereichen analysiert, was zur Identifizierung einer Liste von sich wiederholenden Patterns geführt hat. Patterns verhalten sich dabei wie eine Designsprache, welche immer wieder überraschend kombiniert werden kann und so Neues schafft. Der Wert der Innovation liegt nicht in der einzelnen genuinen Idee, sondern in der Kombination und Kontextualisierung der jeweiligen Patterns.

Beispiele für Business Model Patterns sind *Freemium* Angebote, bei welchen eine Grundversion eines Produktes gratis angeboten wird, mit dem Ziel eine Premiumversion zu verkaufen. Ein anderes bekanntes Pattern mit dem Namen *Hook & Bait* beschreibt den vergünstigten Verkauf eines Kernproduktes (bspw. Tintenstrahldrucker), welches nur durch den zusätzlichen Kauf von hochpreisigen Verbrauchsartikeln (Druckerpatronen) betrieben werden kann.

Gerade das letzte Beispiel zeigt, dass viele Business Modell Patterns nicht per se zu einer nachhaltigeren Wirtschaft beitragen. Ihr primäres Ziel ist die Steigerung von Rendite, Profit und insgemein der Shareholder-Value. Diesem Umstand nimmt sich eine weitere Sammlung von Business Modell Patterns an, welche sich ausschließlich auf nachhaltige Patterns beschränkt. Die Autoren Lüdeke-Freund, Breuer und Massa halten darin fest, dass das klassische Verständnis von Wertschöpfung zu kurz greift. Denn die unternehmerischen Aktivitäten sollen nicht nur dem Aktionariat und dem Kundenstamm zugutekommen, sondern betreffen immer auch weitere Stakeholder. Es gilt sicherzustellen, dass diese Effekte nicht nur negativ sind, sondern auch die Akteure der gesellschaftlichen, ökologischen und ökonomischen Umweltsphären davon profitieren können.

Sustainable Business Model Patterns lassen sich anhand der drei Dimensionen der nachhaltigen Wertschöpfung in einem Dreieck einordnen. Die Ecken des Dreiecks stehen jeweils für die ökonomische, gesellschaftliche und ökologische Wertschöpfung, welche alle in einer Beziehung zueinanderstehen. Nicht alle Patterns haben dabei die gleiche Reichweite oder Ausprägung. Während *Übergreifende Patterns* komplette Designprinzipien etablieren, beschränken sich *Prototypische Patterns* auf Business Modelle, deren einzelne Teile von *Modulare Patterns* beschrieben werden.

Ausgerüstet mit einer Fülle an nachhaltigen Business Modell Patterns, können Prozesse in Organisationen neu gedacht werden. Bestehende Prozesse werden in alternative Patterns übersetzt oder mit ihnen kombiniert. Durch diese spielerische und gleichzeitig explorative Tätigkeit entstehen neue Möglichkeitsräume, in welchen Organisationen nachhaltige Wertschöpfung etablieren können.

Durchführung

Neben der Verortung im Dreieck der nachhaltigen Wertschöpfung, lassen sich Sustainable Business Model Patterns in elf Gruppen aufteilen, welche jeweils von einer Leitfrage zusammengehalten werden. An dieser Stelle soll ein Überblick über diese Gruppen und die entsprechenden Patterns gegeben werden. Für die vertiefte Auseinandersetzung mit den einzelnen Patterns empfehlen wir Ihnen die direkte Arbeit mit dem Buch *Sustainable Business Model Patterns*, welches für alle 45 Patterns detaillierte Beschreibung bereithält.

1. **Preise und Umsatz:** Wie können wir Angebote so bepreisen, dass sie der ökologischen und gesellschaftlichen Nachhaltigkeit entsprechen und trotzdem Umsatz generieren?
   1. Differenzbepreisung
   2. Soziales Freemium-Modell
   3. Kundenfinanzierung
   4. Abo-Modelle
2. **Finanzierung:** Wie können wir die Business Modelle finanzieren, um nachhaltig Wert zu schaffen?
   5. Crowdfunding
   6. Microfinance
   7. Profit Reinvestment
3. **Ecodesign:** Wie können wir Geschäftsaktivitäten, Prozesse und Produkte nachhaltiger gestalten?
   8. Grünes Razor & Blade Modell
   9. Ressourceneffizienz

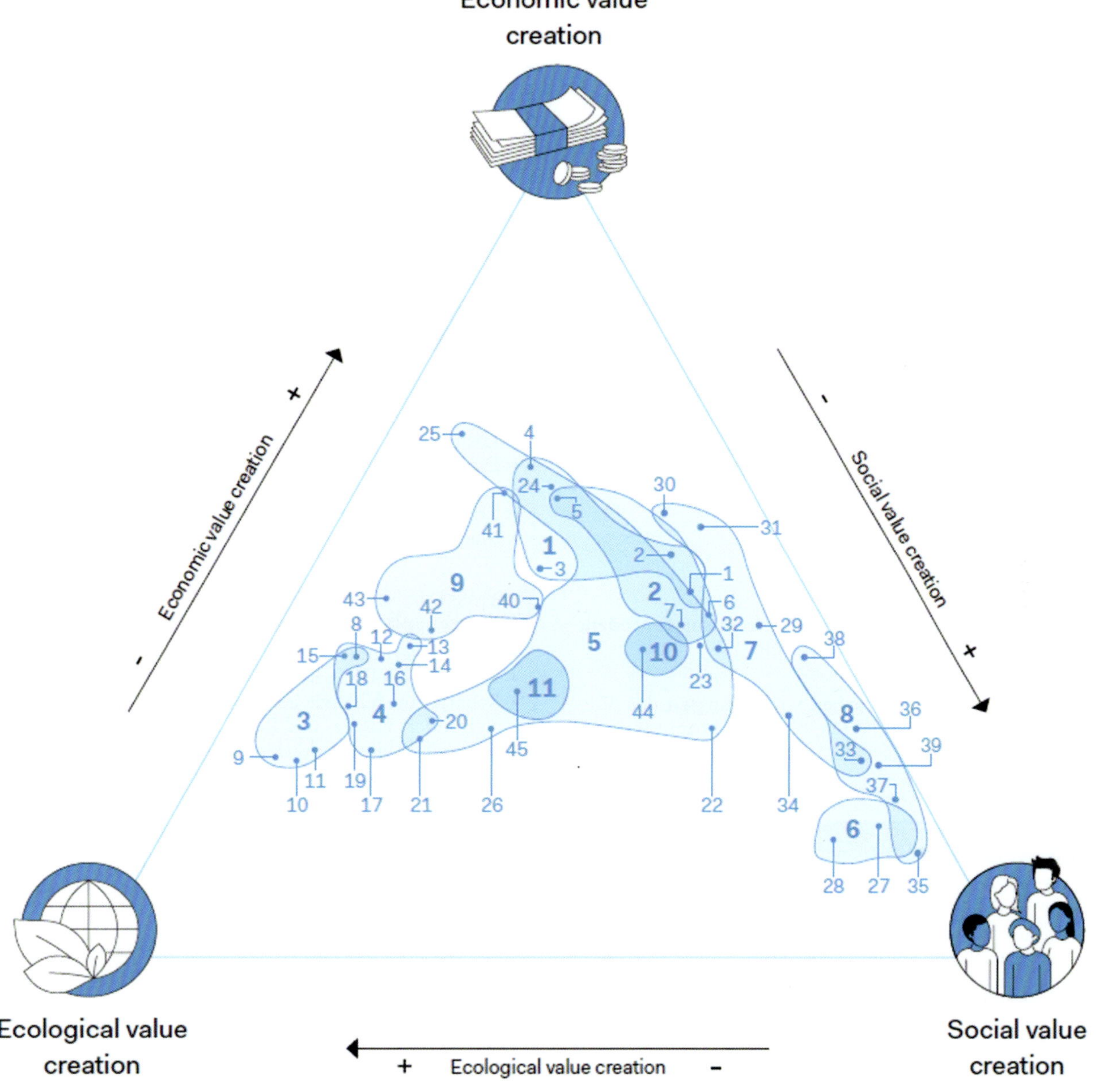

Sustainable Business Model Patterns (Quelle: F. Lüdeke-Freund, H. Breuer & L. Massa)

10. Nachhaltiges Produktdesign
11. Wiederverwendbar Ressourcen und natürliche Prozesse

4. **Closing the Loop:** Wie gestalten wir Business Modelle, welche Energie- und Materialkreisläufe schließen?
   12. Nebenprodukt-Synergien
   13. Industrielle Symbiose
   14. Digitale Abfalltauschplattformen
   15. Produktrecycling
   16. Wiederherstellung
   17. Reparatur
   18. Wiederverwendung
   19. Take-Back Management
   20. Upgrading

5. **Lieferkette:** Wie etablieren wir eine nachhaltigere Lieferkette?
   21. Grünes Lieferkettenmanagement
   22. Inklusive Beschaffung
   23. Mikrodistribution und Verkauf
   24. Virtueller Verkauf und Distribution
   25. Produktion auf Verlangen
   26. Kurze Lieferketten

6. **Geben:** Wie können wir kostenlose Produkte und Leistungen für Bedürftige zugänglich machen?
   27. Buy one, give one
   28. Daten für das Gemeinwohl
7. **Zugang:** Wie können wir Produkte und Leistungen erschwinglich gestalten für marginalisierte soziale Gruppen?
   29. Market Maker
   30. E-Transaktionsplattform
   31. Erfahrungsbasierte Kundenkredite
   32. Last-Mile Grid Service
   33. Wert-für-Geld Ausbildung
   34. Wert-für-Geld Wohnen
8. **Soziale Mission:** Wie können wir eine soziale Gruppe zu unseren gleichberechtigen Geschäftspartnern machen?
   35. Erfahrungsbroker
   36. Einstellen von marginalisierten Talenten
   37. Suppenküche
   38. Sozioökonomisches Empowerment
   39. Zweiseitiges Social Business
9. **Services:** Wie können wir Services anbieten, welche bestehende Produkte ersetzen?
   40. Zahlen für Erfolg
   41. Produktorientierter Service
   42. Nutzerorientierter Service
   43. Resultatsorientierter Service
10. **Kooperativen:** Wie können wir inklusive Business-Modelle schaffen, welche Stakeholder aktiv involvieren?
   44. Kooperatives Eigentum
11. **Community Plattform:** Wie geben wir Zugang zu den Vorteilen und Nutzen von Produkten, ohne Eigentum vorauszusetzen?
   45. Sharing

Wirkfeld der Methode

- Wirksam für Herausforderungen mit mittlerer Komplexität
- Wirksam für Herausforderungen mit niedriger Komplexität
- Wirksam für nachhaltiges Prozessdesign
- Wirksam für nachhaltiges Servicedesign
- Wirksam für nachhaltiges Business Model Design

Transformationsfähigkeit Ihres Teams

- Fördert die Sensibilisierung
- Fördert die Teamkreativität
- Fördert die allgemeine Transformationsfähigkeit des Teams
- Fördert offene Mindsets und innovative Denkhaltungen
- Sorgt für Inspiration oder bessere Inspirationsempfindlichkeit
- Zahlt auf eine bessere Vorstellungskraft ein
- Erhöht die Lösungsorientierung

Einsatzcharakteristik/Arbeitsrahmen

- Austauschfokus: vornehmlich mit internen Personen
- Durchführungszeit: eher mittel (> 1 Stunde bis < 1 Tag)
- Einsatzfrequenz: vornehmlich über den kompletten Projektzeitraum
- Einsatzradius: vornehmlich im projektweiten Einsatz
- Komplexität für den Moderator: eher mittel
- Komplexität für die Teilnehmer: eher mittel
- Teamgröße: Einzelpersonennutzung möglich
- Teamgröße: Kleingruppe möglich (3 bis 5 Teilnehmer)
- Teamgröße: Maxigruppen möglich (20 bis 40 Teilnehmer)
- Teamgröße: Mittelgroße Teams möglich (5 bis 20 Teilnehmer)
- Vorbereitungszeit: eher mittel (> 1 Stunde bis < 1 Tag)

Input für eine zielführende Arbeit mit der Methode

- Aktuell existierende Geschäftsmodelle
- Aktuell existierende Produkte und Services
- Ideen und Projekte, die zur Umsetzung anstehen
- Innovationssuchfelder, Intent Statements

Output und beobachtete Ergebnisse der Methode

- Erzeugt Ideen für neue Märkte und neue Business Modelle
- Erzeugt Ideen, Lösungsansätze, Vorideen, Möglichkeiten
- Erzeugt angereicherte Ideen, Ideencluster, höher integrierte Lösungen
- Erzeugt besseren Teamspirit, mehr Offenheit, Inspirationsempfindlichkeit
- Erzeugt größere Klarheit zu einem Thema
- Macht Wirkzusammenhänge sichtbar

Hinderniseffekte, auf die die Methode positiv wirkt

- Dynamisiert und aktiviert wenig dynamische Teams
- Schafft schnell Klarheit und beschleunigt Erkenntnisgewinn
- Schärft eine fehlende gemeinsame Ausrichtung
- Verhindert Finanz- und Ressourcenfallen
- Verhindert blinden Aktionismus
- Verhindert unreflektiertes agieren
- Verkürzt und durchbricht vorhandene Kreativblockaden
- Verringert zu große Komplexitäten
- Wirkt fehlender Inspiration entgegen
- Überzeugt strukturliebende Teammitglieder
- Überzeugt einen Rationalisierer
- Überzeugt Zweifler, Bewahrer, Kritiker

Mögliche Extravorteile der Methode

- Möglicher Extravorteil für Teams mit einem starkem Auftragsmandat
- Möglicher Extravorteil für innovativ erfahrene Teams

Quellen

Buch – Sustainable Business Model Design. Florian Lüdeke-Freund, Henning Breuer & Lorenzo Massa (Selbstverlag, 2022)

Buch – Geschäftsmodelle entwickeln: 55+ innovative Konzepte mit dem St. Galler Business Model Navigator. Oliver Gassman, Karolin Frankenberg & Michaela Choudury, (Hanser, 2020)

Web – https://www.sustainablebusiness.design (abgerufen am 27.08.2023)

Sustainable Business Model Tree

EinSatzBeschreibung

Der Sustainable Business Model Tree hilft bei der Modellierung eines nachhaltiges Geschäftsmodells auf dem Weg zur Regeneration.

Working Guide/Anwendungsfelder

P1 Sensibilisierung/Bildung	P2 Matching Recht/Gesetz	P3 Sustainability Roadmap	P4 Produkt/Prozessdesign	P5 Implementierung/Monitoring	P6 Kommunikation	P7 Organisation	P8 Führung	P9 Business Model Design	P10 Skalierung
			X					X	X

Beschreibung

Es gibt mittlerweile verschiedenste Darstellungsweisen, um ein Geschäftsmodell eines Unternehmens abzubilden. Was sich letztendlich wohl am stärksten durchgesetzt hat, ist die Canvas Darstellung. Der Business Model Canvas, entwickelt von Alexander Osterwalder und in seinem Buch Business Model Generation veröffentlicht, hat weit um sich gegriffen und bestimmt heute die Arbeit von Business Development Units und Innovationsabteilungen. Neue Geschäftsmodelle oder auch eine Analyse und Verbesserung des bestehenden Geschäftsmodells werden mit dem Business Model Canvas als DEM Werkzeug angegangen. Der Haken: Er fokussiert darauf, wie das Unternehmen maximalen Gewinn mit dem bestmöglichen Wertversprechen (Front Stage) und der bestmöglichen internen (Kosten-)Struktur (Back Stage) generieren kann. Was er überhaupt nicht in den Blick nimmt, sind die Wirkungen dieses Geschäftsmodells. Ressourcen sind gegeben, der Planet stellt unbegrenzte Mittel zur Verfügung, Gesellschaft wird als potenzielles Kundensegment betrachtet. Das Business Model Canvas Framework unterliegt der Annahme, das Geschäftsmodell eines Unternehmens läge losgelöst im planetaren System und berücksichtigt damit weder ökologische noch soziale Brennfragen. Die 9 Felder des Canvas sind damit unzureichend und bedürfen dringend Erweiterung.

So sind weiterentwickelte Canvase entstanden, die Sie auch in diesem Buch finden (Sustainable Business Model Canvas und Regenerative Business Canvas). Doch hier stellt sich folgende Frage: Ist der Canvas noch die richtige Darstellungs- und Visualisierungsform eines nachhaltigen, wenn nicht sogar regenerativen Geschäftsmodells? Oder hängen wir nicht einfach noch ein paar neue Felder an unseren bisherigen Canvas dran, ohne einen wirklichen Paradigmenwechsel anzuregen?

Nachhaltige und regenerative Geschäftsmodelle sind Kernelemente einer neuen Form des Wirtschaftens. Eines sinnstiftenden Wirtschaftens mit anderen Zielen als Profitmaximierung und Wachstum. Es geht darum, sein Business so aufzubauen, dass dem Planeten und der Gesellschaft kein Schaden entsteht und auf regenerativem Weg sogar etwas zurückzugeben. Das Warum („Purpose") des Unternehmens rückt in den Vordergrund, und Geschäftsmodelle müssen dieses definierte Warum in ein Geschäft übersetzen.

Wie wäre es also mit einer komplett anderen Darstellungsform?

Anstatt eines statischen Canvas nutzt der Sustainable Business Model Tree das Bild eines lebenden, atmenden Baums, eingebettet in ein vielfältiges Ökosystem. Der Baum hilft, dabei, Kreisläufe zu schließen, zu regenerieren und ist ein wertvoller Teil des planetaren und gesellschaftlichen Systems.

Christina Westing übertrug die weiterentwickelten Felder des Business Model Canvas in eine Bildsprache und entwickelte damit das Poster des Sustainable Business Model Trees. Die 13 Kernelemente eines nachhaltigen und im Sinne der Regeneration zirkulären Geschäftsmodells sind damit in folgende Bildvokabeln übersetzt worden:

Einsatz des Sustainable Business Model Tree Posters (Foto: verrocchio Institute)

Cluster 1 (pink eingefärbt):

- Baumstamm = Werteangebot
  Hilfsfragen: Welche Probleme unseres Kunden werden durch unser Angebot gelöst? Wie können wir dem Planeten etwas Gutes tun? Welche Werte und Mehrwerte werden für alle unsere Stakeholder geschaffen? Wie würden Sie das angebotene Erlebnis beschreiben? Wie funktioniert es? Was sind die wichtigsten Merkmale?

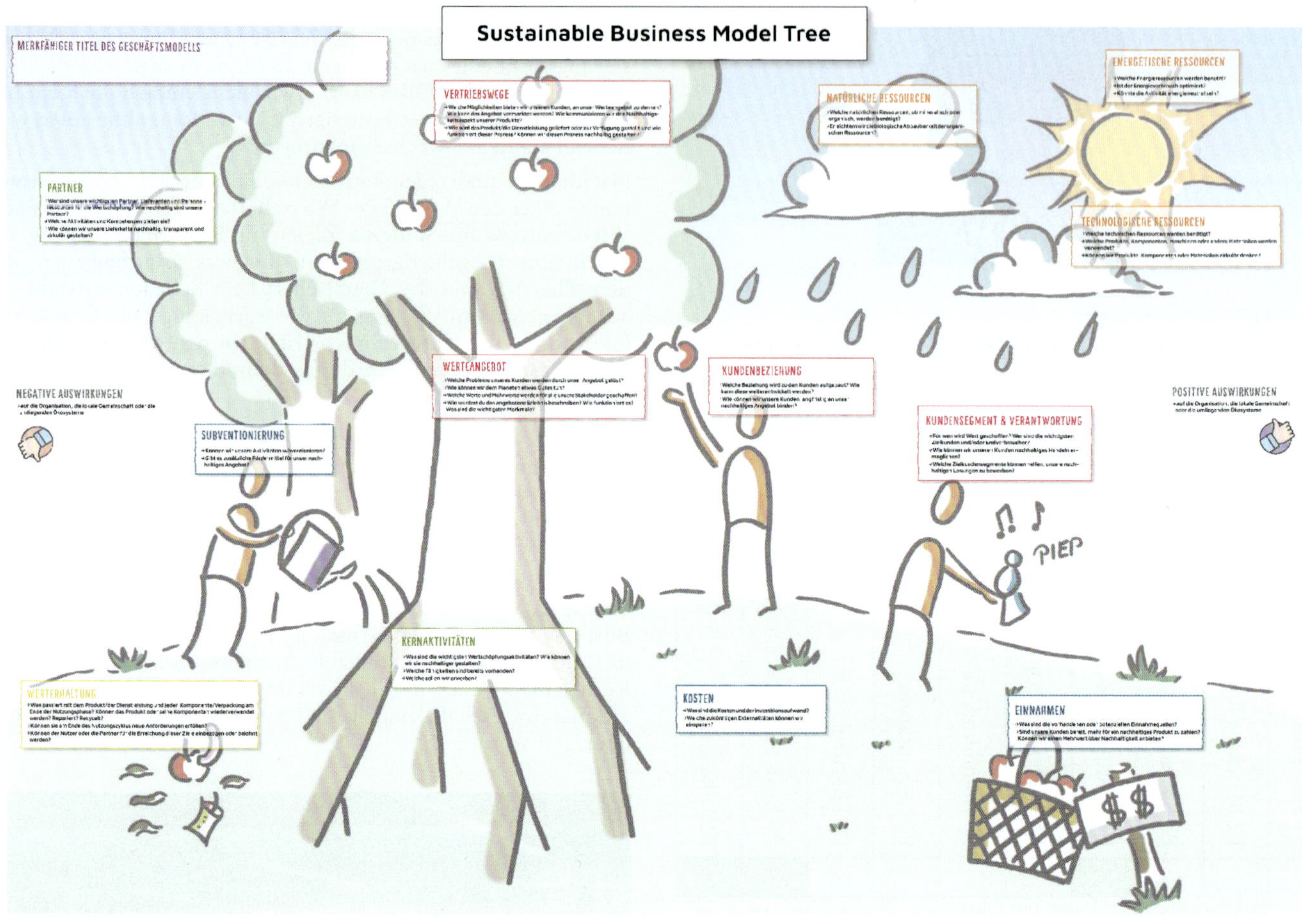

Quelle: verrocchio Institute

- Baumäste = Vertriebswege
  Hilfsfragen: Welche Möglichkeiten bieten wir unseren Kunden, an unser Werteangebot zu denken? Wie kann das Angebot vermarktet werden? Wie kommunizieren wir den Nachhaltigkeitsaspekt unserer Produkte? Wie wird das Produkt/die Dienstleistung geliefert oder zur Verfügung gestellt und wie funktioniert dieser Prozess? Können wir diesen Prozess nachhaltig gestalten?
- Äpfel am Baum = Produkte/Dienstleistungen, die dem Kunden dargereicht werden
- Apfelpflückender Mensch = Kundenbeziehung
  Hilfsfragen: Welche Beziehung wird zu den Kunden aufgebaut? Wie kann diese weiterentwickelt werden? Wie können wir unsere Kunden langfristig an unser nachhaltiges Angebot binden?
- Mensch, der sich um einen Vogel kümmert = Kundensegment & Verantwortung
  Hilfsfragen: Für wen wird Wert geschaffen? Wer sind die wichtigsten Zielkunden und/oder Endverbraucher? Wie können wir unseren Kunden nachhaltiges Handeln ermöglichen? Welche Zielkundensegmente können helfen, unsere nachhaltigen Lösungen zu bewerben?

Cluster 2 (grün eingefärbt):

- Baumwurzeln = Kernaktivitäten
  Hilfsfragen: Was sind die wichtigsten Wertschöpfungsaktivitäten? Wie können wir sie nachhaltiger gestalten? Welche Fähigkeiten sind bereits vorhanden? Welche sollen wir erwerben?
- Weitere Bäume = Partner
  Hilfsfragen: Wer sind unsere wichtigsten Partner, Lieferanten und Personalressourcen für die Wertschöpfung? Wie nachhaltig sind unsere Partner? Welche Aktivitäten und Kompetenzen bieten sie? Wie können wir unsere Lieferkette nachhaltig, transparent und zirkulär gestalten?

Cluster 3 (orange eingefärbt):

- Sonne = Energetische Ressourcen
  Hilfsfragen: Welche Energieressourcen werden benutzt? Ist der Energieverbrauch optimiert? Könnte die Aktivität energieneutral sein?
- Wolken = Natürliche Ressourcen
  Hilfsfragen: Welche natürlichen Ressourcen, ob mineralisch oder organisch, werden benötigt? Erleichtern wir die biologische Abbaubarkeit der organischen Ressourcen?

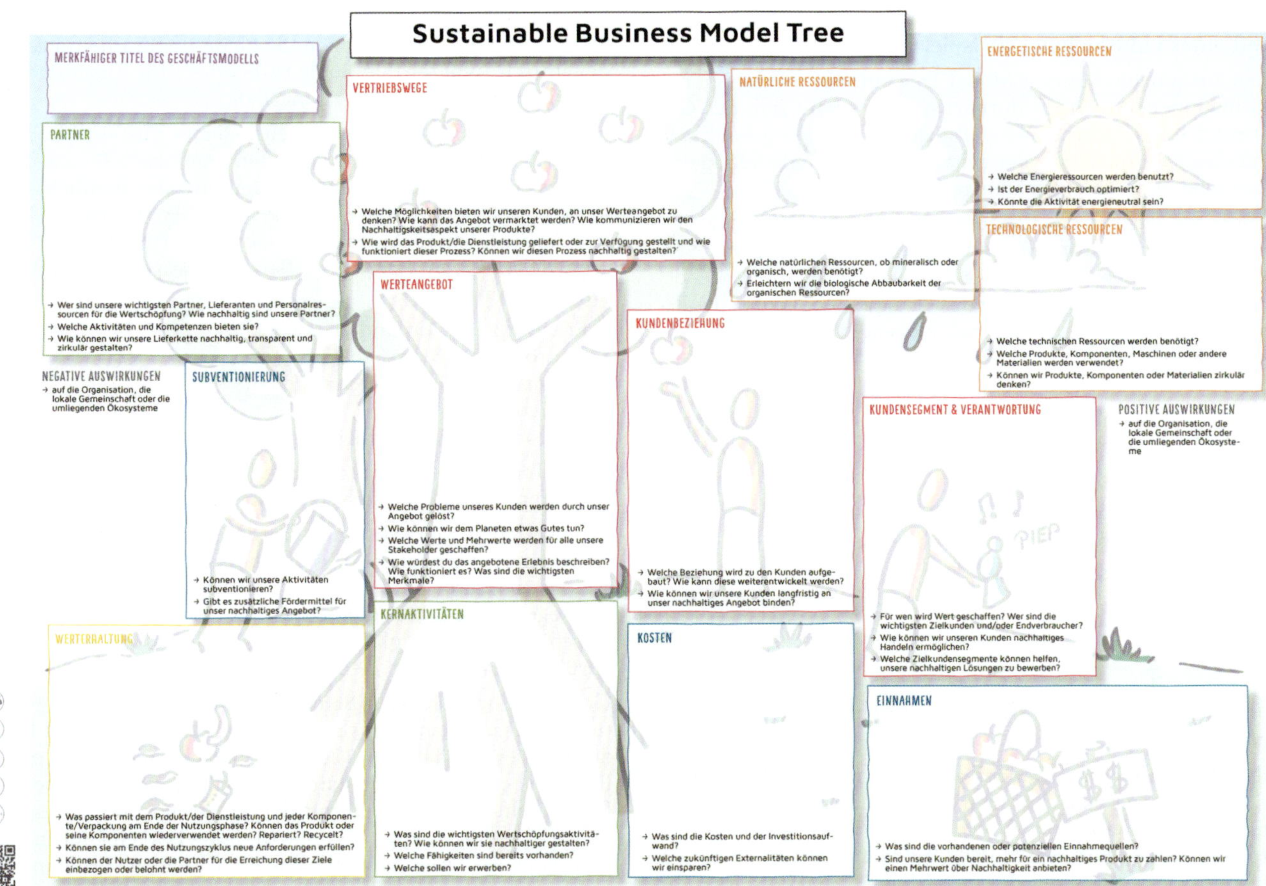

- Regen = Technologische Ressourcen
  Hilfsfragen: Welche technischen Ressourcen werden benötigt? Welche Produkte, Komponenten, Maschinen oder andere Materialien werden verwendet? Können wir Produkte, Komponenten oder Materialien zirkulär denken?

Cluster 4 (blau eingefärbt):

- Verkauf der Äpfel = Einnahmen
  Hilfsfragen: Was sind die vorhandenen oder potenziellen Einnahmequellen? Sind unsere Kunden bereit, mehr für ein nachhaltiges Produkt zu zahlen? Können wir einen Mehrwert über Nachhaltigkeit anbieten?
- Boden = Kosten
  Hilfsfragen: Was sind die Kosten und der Investitionsaufwand? Welche zukünftigen Externalitäten können wir einsparen?
- Baum gießender Mensch = Subventionierung
  Hilfsfragen: Können wir unsere Aktivitäten subventionieren? Gibt es zusätzliche Fördermittel für unser nachhaltiges Angebot?

Cluster 5 (gelb eingefärbt):

- Regenwurm, der verrottenden Apfel isst = Werterhaltung
  Hilfsfragen: Was passiert mit dem Produkt/der Dienstleistung und jeder Komponente/Verpackung am Ende der Nutzungsphase? Können das Produkt oder seine Komponenten wiederverwendet werden? Repariert? Recycelt? Können sie am Ende des Nutzungszyklus neue Anforderungen erfüllen? Können der Nutzer oder die Partner für die Erreichung dieser Ziele einbezogen oder belohnt werden?

Cluster 6 (grau eingefärbt)

- Daumen hoch = positiver Impact auf die Organisation, die lokale Gemeinschaft oder die umliegenden Ökosysteme
- Daumen runter = negativer Impact auf die Organisation, die lokale Gemeinschaft oder die umliegenden Ökosysteme

Durchführung

Schritt 1: Vorbereitung

Hängen Sie das Sustainable Business Model Tree Poster an einer Wand/an Pinnwände auf, oder zeichnen Sie es auf einem leeren, großen DIN A0 Plakat nach. Legen Sie Post-its und dicke Marker Stifte bereit.

Schritt 2: Einführung des Sustainable Business Model Tree anhand eines Unternehmensbeispiels

Um den Sustainable Business Model Tree zum Kennenlernen mit den Teilnehmenden einmal durchzuspielen, bietet sich das Geschäftsmodell des Unternehmens „Patagonia" an. Es empfiehlt sich anhand dieses Beispiels, alle Bereiche des Trees zu beleuchten und den Teilnehmenden praktisch begreifbar zu machen.

Schreiben Sie dazu vorab alle Komponenten des Patagonia Geschäftsmodells auf Post-its und halten Sie diese sortiert parat. Versammeln Sie alle Teilnehmenden um das Sustainable Business Model Tree Poster und kleben Sie nach und nach die Komponenten des Patagonia Geschäftsmodells an die entsprechenden Stellen direkt auf das Poster. Erklären Sie jedes Feld des Trees in Verbindung mit dem Post-it und beantworten Sie eventuelle Fragen der Teilnehmenden.

Sie können natürlich auch ein anderes Unternehmen als Beispiel wählen und entsprechend vorbereiten.

Schritt 3: Geschäftsmodellentwicklung – Inside-Out-Betrachtung

Der Sustainable Business Model Tree lässt sich für zwei Fälle einsetzen: Die nachhaltigere Gestaltung des bestehenden Geschäftsmodells oder die Entwicklung von neuen, nachhaltigen Geschäftsmodellen.

Fall 1: Nachhaltigere Gestaltung des bestehenden Geschäftsmodells

Um das aktuelle Geschäftsmodell zu hinterfragen und weiterzuentwickeln, muss es zunächst allen Teilnehmenden bekannt sein. Nutzen Sie zur Analyse und Visualisierung Ihres aktuellen Geschäftsmodells den Business Model Canvas und füllen Sie dessen 9 Felder aus. Da sowohl der Business Model Canvas als auch Ihr Geschäftsmodell aus der „alten" Wirtschaftswelt stammen, sollte es sich damit problemlos abbilden lassen. Empfehlung: Nehmen Sie als Lektüre das Buch „Business Model Generation" zur Hilfe, um den Business Model Canvas richtig zu nutzen und auszufüllen.

Visualisieren Sie so mit dem Teilnehmenden das bestehende Geschäftsmodell auf einem großen Business Modell Canvas Plakat gemeinsam an der Wand.

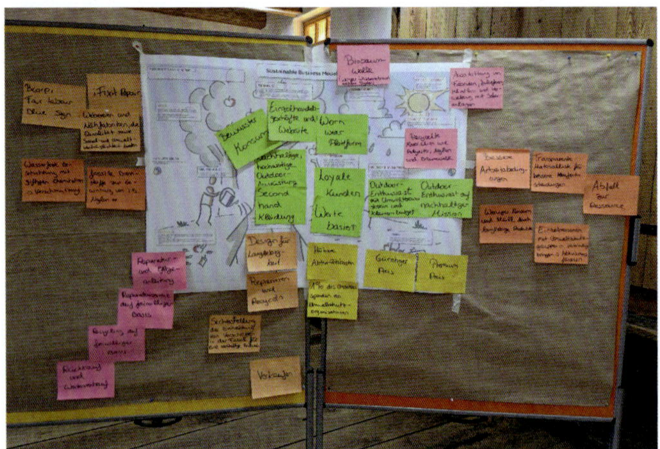

Einsatz des Sustainable Business Model Tree Posters (Foto: verrocchio Institute)

Wichtig: Nutzen Sie zum Ausfüllen der Canvas-Felder Post-its, die Sie Ab- und Ankleben können. So bleibt der Erarbeitungsprozess dynamisch. Nutzen Sie auch Farbcodes, um Zusammenhänge zwischen Post-its sichtbar zu machen.

Hängen Sie anschließend ein neues, leeres Sustainable Business Model Tree Poster neben das soeben erarbeitete Business Model Canvas Poster. Machen Sie den Teilnehmenden deutlich, dass die Reise von dieser alten Welt in die „neue" Wirtschaftswelt gehen soll. Geschäftsmodelle sollen so positiv für Natur und Umwelt sein wie ein Baum. Hier einige Beispiele, was ein Baum für unser Ökosystem tut:

- Er absorbiert CO_2 und wandelt es um
- Er produziert Biomasse
- Er unterstützt biologische Vielfalt
- Er bietet Lebensraum
- Er produziert und verbessert den Boden

Er ist Teil eines größeren Kreislaufs, unterstützt die Natur und sein Umfeld und kann sich so selbst erhalten.

Wir wollen in der Minimalanforderung ein nachhaltiges Geschäftsmodell erreichen, dass durch unser Business kein Schaden mehr angerichtet wird, doch das eigentliche Ziel des Baums ist die Regeneration. Was können wir als Unternehmen durch unser Geschäftsmodell an planetare und gesellschaftliche Ökosysteme zurückgeben? So geht „neues" Wirtschaften.

Gehen Sie im nächsten Schritt zur Weiterentwicklung des aktuellen Geschäftsmodells mit den Teilnehmenden Feld für Feld des Business Model Canvas durch, und suchen die dazu passende Bildvokabel auf dem Sustainable Business Model Tree Poster. Entwickeln Sie jedes Feld mit den Hilfsfragen des Trees weiter. Starten Sie dazu mit der Gruppe für jedes Feld eine Ideenfindung und lassen die Teilnehmenden Post-its schreiben. Sie können dazu Methoden nutzen wie z. B. den Sustainable Value Proposition Canvas, um das Wertversprechen nachhaltiger zu gestalten und nicht menschliche Akteure miteinzubeziehen, oder Sie nutzen z. B. Kreativitätstechniken wie die Brainwriting-Pool Methode, um neue nachhaltigere Vertriebswege zu gestalten.

Wichtig ist zu verstehen, dass Geschäftsmodellentwicklung immer aus vielen kleinen Ideenfindungen besteht, um so nach und nach das Geschäftsmodell anzureichern und zu verbessern.

Nachdem die Teilnehmenden die sich überschneidenden Felder zwischen dem Business Model Canvas und dem Sustainable Business Model Tree abgearbeitet haben, widmen Sie sich nun den neuen Feldern. Bei den Impact Felder kann der Impact Helper als Methode unterstützen, bei Subventionierungen hilft eine gezielte Recherche. Auch diese Felder gilt es mit Post-its auszufüllen und damit das nachhaltige Geschäftsmodell zu komplementieren.

Fall 2: Entwicklung von neuen, nachhaltigen Geschäftsmodellen

Vervielfältigen Sie den Sustainable Business Modell Tree im DIN A3 Format oder arbeiten Sie mit der Gruppe auf einem digitalen Kollaborationsboard, wo das Poster als PDF mehrmals hochgeladen ist oder von Ihnen nachgebaut wurde.

Aufgabe für die Teilnehmenden ist nun in 2er Teams möglichst viele neue Sustainable Business Model Trees zu erstellen. Wie in jeder Ideenfindung gilt dabei: Quantität vor Qualität. Wichtig ist dabei nur, dass pro Tree jeder Bereich kurz, knapp, spezifisch und interpretationsfrei mit Post-its beschrieben ist. Geben Sie den 2er Teams dazu erstmal 30 Minuten Zeit und verlängern Sie bei Bedarf auf 45 Minuten.

Anschließend liest jeder Teilnehmende für sich alle entwickelten Trees in einer Ideengalerie. Es wird geclustert und ähnliche Trees zusammengeführt, sodass sich die Anzahl reduziert. Danach lassen Sie die Geschäftsmodellideen von der Gruppe filtern und priorisieren. Mögliche Kriterien hierfür können sein:

- Am besten zu unserer Nachhaltigkeitsstrategie passend
- Am besten zu unserem Purpose passend
- Größter positiver Impact
- Niedrigster negativer Impact
- Zahlt am meisten auf SDG … ein
- Am innovativsten/schlägt eine komplett neue Richtung in der Branche ein/macht uns zum Vorreiter
- Ist schnell innerhalb von 6 Monaten umgesetzt
- …

Die Kriterien sind davon abhängig, welches Ziel Sie mit der Geschäftsmodellentwicklung verfolgen. Filterkriterien sollten sich stets an dem übergeordneten Ziel eines Ideenentwicklungsprozess orientieren.

Anschließend gehen Sie mit mehreren, ausgewählten Sustainable Business Modell Trees in den nächsten Schritt der Validation.

Schritt 4: Validation und Vertestung – Outside-in-Betrachtung

Nachdem das weiterentwickelte oder die neuen, potenziellen Geschäftsmodelle aus der Innenperspektive (Inside-out) von der Gruppe erstellt worden sind, gilt es anschließend die dort getroffen Annahmen zu validieren. Gehen Sie mit Ihrer Gruppe raus in die Welt (Outside-in), identifizieren Sie gemachte Annahmen im Geschäftsmodell und recherchieren, befragen und beobachten Sie, um diese Annahmen zu bestätigen oder zu widerlegen. Schärfen Sie so durch Testen die Geschäftsmodelle und bringen diese vor der Umsetzung so nah an die Realität wie möglich, um die Erfolgswahrscheinlichkeit zu erhöhen und wenig erfolgsversprechende Geschäftsmodellideen auszusortieren.

Schritt 5: Stetige Weiterentwicklung

Geschäftsmodellentwicklung ist ein fortlaufender Prozess. Es muss zwar an einem Punkt der Validation und Vertestung die Entscheidung zur Umsetzung von einem oder mehreren Geschäftsmodellen getroffen werden, um weitere operative Schritte zu tätigen, doch damit verschwindet das Geschäftsmodell/die Geschäftsmodelle nicht in der Schublade.

Vielmehr erfahren sie ständiger Anpassungen, Überprüfungen und neuer Ideen. Machen Sie die entwickelten Sustainable Business Modell Trees in einem Raum ständig sichtbar und bereit, weiterentwickelt zu werden. Denn die Welt um uns herum dreht sich stetig weiter, und so müssen Sie Ihr(e) Geschäftsmodell(e) stetig mit drehen.

Wirkfeld der Methode

- Wirksam für Herausforderungen mit hoher Komplexität
- Wirksam für nachhaltiges Business Model Design

Transformationsfähigkeit Ihres Teams

- Fördert die Sensibilisierung
- Fördert die allgemeine Transformationsfähigkeit des Teams
- Fördert offene Mindsets und innovative Denkhaltungen
- Zahlt auf eine bessere Vorstellungskraft ein
- Zahlt auf eine bessere Wahrnehmung ein
- Zahlt auf ein positives Zukunftsbild ein
- Erhöht die Lösungsorientierung

Einsatzcharakteristik/Arbeitsrahmen

- Austauschfokus: vornehmlich mit internen Personen
- Durchführungszeit: eher hoch (> 1 Tag)
- Einsatzfrequenz: sinnvoll im dauerhaften Einsatz
- Einsatzradius: vornehmlich im Teameinsatz
- Komplexität für den Moderator: eher hoch
- Komplexität für die Teilnehmer: eher hoch
- Teamgröße: Kleingruppe möglich (3 bis 5 Teilnehmer)
- Teamgröße: Mittelgroße Teams möglich (5 bis 20 Teilnehmer)
- Vorbereitungszeit: eher mittel (> 1 Stunde bis < 1 Tag)

Input für eine zielführende Arbeit mit der Methode

- Aktuell existierende Geschäftsmodelle
- Aktuell existierende Produkte und Services
- Existierende Prozesse und Verfahren
- Innovationssuchfelder, Intent Statements
- Trends und Zukunftsentwicklungen
- Umfeldbeobachtungen, Umfeldanalysen
- Wissen über Gesetze und Rahmenbedingungen

Output und beobachtete Ergebnisse der Methode

- Erzeugt Ideen für neue Märkte und neue Business Modelle
- Erzeugt Poster
- Erzeugt eine Vision oder Zukunftsbild
- Identifiziert vorhandene Schwachstellen
- Identifiziert vorhandene Stärken
- Macht Wirkzusammenhänge sichtbar
- Ziel- und Fokusgruppen

Hinderniseffekte, auf die die Methode positiv wirkt

- Schafft schnell Klarheit und beschleunigt Erkenntnisgewinn
- Schärft eine fehlende gemeinsame Ausrichtung
- Verhindert falsche Flughöhen
- Verhindert unreflektiertes agieren
- Verringert zu große Komplexitäten
- Wirkt fehlender Inspiration entgegen

Mögliche Extravorteile der Methode

- Möglicher Extravorteil für Teams mit einer konservativen, tradierten Kultur
- Möglicher Extravorteil für agile Teams
- Möglicher Extravorteil für innovativ erfahrene Teams
- Möglicher Extravorteil für die Arbeit mit digitalen Kollaborationsboards
- Möglicher Extravorteil für in Nachhaltigkeitsthemen erfahrene Teams

Quellen

Organisation – verrocchio Institute for Innovation Competence AG, www.verrocchio.institute

Sustainable Customer Experience Management

EinSatzBeschreibung

Sustainable Customer Experience Management untersucht, wie Nachhaltigkeit durch Kunden erlebbar wird und identifiziert dabei Kontaktpunkte mit Erlebnischarakter.

Working Guide/Anwendungsfelder

P1 Sensibilisierung/Bildung	P2 Matching Recht/Gesetz	P3 Sustainability Roadmap	P4 Produkt/Prozessdesign	P5 Implementierung/Monitoring	P6 Kommunikation	P7 Organisation	P8 Führung	P9 Business Model Design	P10 Skalierung
					X				

Beschreibung

Customer Experience Management (CEM) ist ein strategischer Ansatz, der darauf abzielt, die Interaktionen zwischen einer Organisation und seinen Kunden über die gesamte Customer Journey hinweg zu optimieren, um eine herausragende Kundenerfahrung zu schaffen. Dieses Konzept hat seine Wurzeln im strategischen Marketing und ist in den letzten Jahren zu einem zentralen Aspekt im Management geworden. Wichtig zu betonen ist, dass sich Customer Experience Management nicht nur auf Unternehmensfragen anwenden lässt, sondern auch in Kontexten von NGO oder anderen institutionellen Organisationen.

Im Zentrum dieses Ansatzes steht die Customer Experience (CX) als Zielgröße, die die Gesamtheit der Interaktionen und Wahrnehmungen eines Kunden während seiner Interaktionen mit einem Unternehmen oder einer Marke beschreibt. Diese Interaktionen können in verschiedenen Kontexten stattfinden, sei es beim Kauf eines Produkts, der Nutzung eines Dienstes, dem Besuch einer Website oder einer physischen Filiale oder der Kommunikation mit dem Kundenservice. Die Customer Experience bezieht sich auf das gesamte Spektrum der emotionalen, praktischen, sensorischen und kognitiven Eindrücke, die Kunden während dieser Interaktionen sammeln. Eine positive Customer Experience kann erhebliche Erfolgsauswirkungen auf eine Organisation haben, die sich auf verschiedene Aspekte auswirken. So führt sie in der Regel zu höherer Kundenzufriedenheit. Zufriedene Kunden sind eher bereit, erneut bei einem Unternehmen einzukaufen. Dies erhöht wiederum die Wahrscheinlichkeit von Wiederholungskäufen und Kundenbindung. Dies kann dazu beitragen, den Umsatz und den langfristigen Kundenwert zu steigern. Weiterhin sind zufriedene Kunden eher geneigt, positive Empfehlungen auszusprechen und die Marke in ihrem sozialen Netzwerk zu teilen. Damit wird auch das Markenimage gestärkt, was sich langfristig in einer stärkeren Marktposition niederschlagen kann.

Die Customer Experience ist nicht nur ein isoliertes Ereignis, sondern findet in unterschiedlichen Kontexten über den gesamten Kundenlebenszyklus immer wieder statt. Dazu werden typischerweise verschiedene Teilbereiche der Customer Experience unterschieden:

- Produkt-Erfahrung: das Erlebnis als Reaktion auf ein Produkt
- Service-Erfahrung: das Erlebnis im Kontext von Dienstleistungen in der Interaktion zwischen Kunden und Organisation
- Marken-Erfahrung: das Erlebnis als Reaktion auf die Marke oder die spezifische Markenpräsentation
- Shopping-Erfahrung: das Erlebnis in der Gestaltung der Kaufsituation
- Konsum-Erfahrung: das Erlebnis, das bei Nutzung des Produkts entsteht

Es ist sinnvoll, Customer Experience Management gemeinsam mit verbundenen Ansätzen wie der Customer Journey oder der Kundenlebenszyklusanalyse durchzuführen, die teilweise auch als Bausteine eines Customer Experience Managements im weiteren Sinne angesehen werden.

Im Bereich des Nachhaltigkeitsmanagements spielt Customer Experience Management eine entscheidende Rolle, da es dazu beitragen kann, nachhaltige Geschäftspraktiken zu fördern und das Bewusstsein der Kunden für Umwelt- und soziale Fragen zu schärfen. Die Integration von Nachhaltigkeitszielen in das Customer Experience Management ermöglicht es Organisationen, ökologische und soziale Verantwortung zu übernehmen und gleichzeitig die Kundenbindung zu stärken. Dabei können sich Nachhaltigkeitsaspekte auf alle Teilbereiche der Customer Experience beziehen oder diese auch verbessern. Wichtig ist bspw., an welchem Punkt welche Nachhaltigkeitsinformation oder auch welches ‚Nachhaltigkeitsgefühl' übermittelt werden sollte, um positiv zum Erlebnis beizutragen.

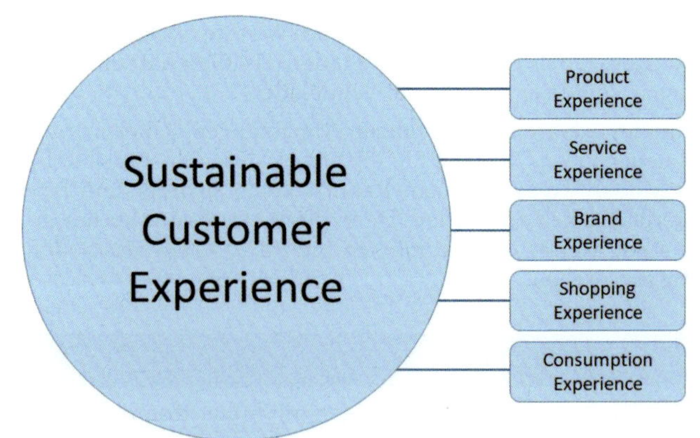

Quelle: Alexander Tiffert

Durchführung

Allgemein lässt sich festhalten, dass für ein Customer Experience Management keine einheitliche oder standardisierte Anleitung existiert. Vielmehr gilt es, für verschiedene Teilbereiche des Leistungserbringungsprozesses der Organisation die Customer Experience zu messen und diese Erkenntnisse in einen größeren Zusammenhang zu bringen mit verwandten Verfahren wie der Customer Journey, der Kundenzyklusanalyse oder dem Value Mapping.

Die Durchführung der Messung der Kundenerfahrung, oder Customer Experience, kann mit verschiedenen Methoden und Metriken erfolgen. Zu beachten ist, dass die Messung meist über verwandte Konstrukte wie Zufriedenheit oder Loyalität erfolgt, da diese für Kunden leichter zu bewerten sind. Nachfolgend sind typische Metriken aufgelistet:

1. **Net Promoter Score (NPS):** Der NPS ist eine weit verbreitete Metrik zur Messung der Kundenzufriedenheit und Kundenloyalität – er lässt dadurch auch Rückschlüsse auf die Customer Experience zu. Kunden werden gefragt, wie wahrscheinlich es ist, dass sie Ihr Unternehmen Freunden oder Kollegen weiterempfehlen würden, auf einer Skala von 0 bis 10. Die Antworten werden in Promotoren (Bewertungen von 9–10), Passives (Bewertungen von 7–8) und Detraktoren (Bewertungen von 0–6) unterteilt. Der NPS wird berechnet, indem der Prozentsatz der Detraktoren vom Prozentsatz der Promotoren subtrahiert wird.
2. **Kundenzufriedenheitsumfragen (CSAT):** CSAT-Umfragen sind kurze Umfragen, in denen Kunden gebeten werden, ihre Zufriedenheit mit einem bestimmten Produkt oder einer Dienstleistung auf einer Skala von bspw. 1 bis 5 oder 1 bis 7 zu bewerten. Diese Umfragen sind nützlich, um die Zufriedenheit mit spezifischen Interaktionen oder Transaktionen zu messen.
3. **Kundentreue-Metriken:** Dies umfasst Metriken wie die Wiederholungskäufe, die Verweildauer und die Kundenbindung. Kunden, die wiederholt Produkte oder Dienstleistungen kaufen oder über einen längeren Zeitraum Kunden bleiben, zeigen in der Regel eine positive Customer Experience.
4. **Customer Effort Score (CES):** Der CES misst, wie einfach oder schwierig es für Kunden ist, bestimmte Aufgaben oder Probleme in Zusammenarbeit mit der Organisation zu lösen. Kunden bewerten dies oft auf einer Skala von leicht bis schwer. Ein niedriger CES zeigt an, dass die Customer Experience weniger mühsam ist.
5. **Beschwerden und Rückmeldungen:** Die Anzahl der Beschwerden und das Feedback von Kunden sind ebenfalls wichtige Indikatoren für die Customer Experience. Wenn Kunden häufig über Probleme oder Unannehmlichkeiten berichten, kann dies auf Probleme hinweisen.
6. **Mystery Shopping:** Diese Methode beinhaltet das Beauftragen von unabhängigen Personen oder Unternehmen, um Ihre Produkte oder Dienstleistungen zu testen und die Erfahrung aus Sicht eines Kunden zu bewerten. Sie stellt eine eher qualitative Messung der Customer Experience dar.
7. **Social Media und Online-Bewertungen:** Überwachen von sozialen Medien und Online-Bewertungsplattformen, um herauszufinden, was Kunden über die Organisation sagen. Diese öffentlichen Meinungen können wichtige Einblicke in die wahrgenommene Customer Experience bieten.
8. **Qualitative Forschung:** Tiefgehende Interviews, Fokusgruppen und offene Kommentare in Umfragen bieten qualitative Einblicke in die Customer Experience und ermöglichen es, spezifische Kundenanliegen besser zu verstehen.

Die Wahl der geeigneten Messmethode hängt von den Zielen, Ressourcen und den spezifischen Teilbereichen der Customer Experience im Organisationskontext ab. Oft ist eine Kombination aus verschiedenen Metriken und Ansätzen effektiv, um ein umfassendes Bild der Customer Experience zu erhalten.

Praxisschlaglicht

Ein mittelständisches Unternehmen im Bereich Maschinenbau beschloss als Reaktion auf vermehrte Kundenrückmeldung in Bezug auf Nachhaltigkeitsaspekte, sich verstärkt auf das Thema Customer Experience mit Fokus Nachhaltigkeitskommunikation zu konzentrieren.

Eine Analyse von Beschwerden und Rückmeldung wurde durchgeführt, um die Erwartungen der Kunden und anderer Interessengruppen an die Nachhaltigkeitsbemühungen zu ermitteln. Zusätzlich wurden qualitative Interviews mit Kundenvertretern geführt. Daraufhin wurde entschieden, in verschiedenen Bereichen eine Befragung von Kundengruppen mithilfe des Customer Effort Score (CES) durchzuführen.

Die Analyse ergab, dass Kunden eine transparente und glaubwürdige Kommunikation über die Nachhaltigkeitsbemühungen des Unternehmens wünschten und es mühsam fanden zu erfahren, wie nachhaltig die Geschäftsprozesse ablaufen. Auf dieser Grundlage wurde ein Zielbild für die Nachhaltigkeitskommunikation entwickelt, das Transparenz, Glaubwürdigkeit und Kundenengagement in den Vordergrund stellte.

Das Unternehmen passte seine Kommunikationsstrategie an und betonte verstärkt seine nachhaltigen Initiativen, wie die Reduzierung des ökologischen Fußabdrucks und die Förderung nachhaltiger Produktionsverfahren. Die Kunden wurden aktiv in die Gestaltung nachhaltiger Lösungen einbezogen. Die Nachhaltigkeitskommunikation wurde in die Customer Experience integriert und trug dazu bei, die Kundenbindung zu stärken und gleichzeitig ein nachhaltiges Image aufzubauen.

Wirkfeld der Methode

- Wirksam für Herausforderungen mit hoher Komplexität
- Wirksam für nachhaltiges Marketing
- Wirksam für nachhaltiges Produktdesign
- Wirksam für nachhaltiges Servicedesign
- Wirksam für nachhaltiges Business Model Design

Transformationsfähigkeit Ihres Teams

- Fördert die Sensibilisierung
- Erhöht die Lösungsorientierung

Einsatzcharakteristik/Arbeitsrahmen

- Austauschfokus: vornehmlich mit internen und externen Personen
- Durchführungszeit: eher hoch (> 1 Tag)
- Einsatzfrequenz: sinnvoll im dauerhaften Einsatz
- Einsatzradius: vornehmlich im unternehmensweiten Einsatz
- Komplexität für den Moderator: eher mittel
- Komplexität für die Teilnehmer: eher mittel
- Vorbereitungszeit: eher hoch (>1 Tag)

Input für eine zielführende Arbeit mit der Methode

- Aktuell existierende Geschäftsmodelle
- Aktuell existierende Produkte und Services
- Aktuelle Herausforderung, Leitfrage, Problem
- Produktmerkmale, Skizzen, Eigenschaften

Output und beobachtete Ergebnisse der Methode

- Erzeugt größere Klarheit zu einem Thema
- Erzeugt mehr Know-how-Zuwachs
- Erzeugt segmentierte, kategorisierte, geclusterte Daten
- Identifiziert vorhandene Schwachstellen
- Identifiziert vorhandene Stärken
- Macht Wirkzusammenhänge sichtbar
- Ziel- und Fokusgruppen

Hinderniseffekte, auf die die Methode positiv wirkt

- Verhindert unreflektiertes agieren

Mögliche Extravorteile der Methode

- Möglicher Extravorteil für in Nachhaltigkeitsthemen ungeübte Teams

Quellen

Buch – Alexander Tiffert: Customer Experience Management in der Praxis (Springer-Gabler, 2019)

Grafik: verrocchio Sustainable Inspiration Card – Malvine Klecha, Hila Attaie und Jennifer van Aerssen (Illustration)

Sustainable Decision Matrix

EinSatzBeschreibung

Entscheidungswerkzeug und -vorlage für nachhaltige unternehmerische und persönliche Entscheidungen.

Working Guide/Anwendungsfelder

P1 Sensibilisierung/Bildung	P2 Matching Recht/Gesetz	P3 Sustainability Roadmap	P4 Produkt/Prozessdesign	P5 Implementierung/Monitoring	P6 Kommunikation	P7 Organisation	P8 Führung	P9 Business Model Design	P10 Skalierung
				X	X		X		

Beschreibung

Die Sustainable Decision Matrix ist ein Werkzeug, das dazu dient, Entscheidungen objektiver und fundierter zu gestalten. Entwickelt wurde die Entscheidungsmatrix von Stuart Pugh, einem renommierten britischen Produktentwickler und Professor an der University of Strathclyde in Glasgow. Ursprünglich konzipiert, um verschiedene Varianten von Produkten miteinander zu vergleichen, hat sich die Anwendungsbreite dieser Methode über die Produktentwicklung hinaus ausgedehnt und wird heute genutzt, um eine Vielzahl von Entscheidungssituationen zu bewältigen.

Oftmals werden die Kriterien einer Entscheidungssituation nicht explizit diskutiert und visualisiert, was zu subjektiven und möglicherweise weniger fundierten Ergebnissen führen kann. Die Entscheidung wird so auch anfälliger für kognitive Verzerrungen. Die Sustainable Decision Matrix behebt diese Schwäche, indem sie einen klaren und strukturierten Ansatz zur Identifizierung, Bewertung und Gewichtung von Kriterien bietet. Kriterien im Bereich der Nachhaltigkeit sind oft nachgelagert oder werden vergessen, da sie im Unternehmen noch nicht als Leistungskennzahlen (KPIs) etabliert sind. Es empfiehlt sich daher, Nachhaltigkeitskriterien im jeweiligen Kontext festzulegen und in Entscheidungssituationen zu etablieren. Ein vordefiniertes Template einer Entscheidungsmatrix mit Nachhaltigkeitskriterien kann hierbei unterstützen.

Im ersten Schritt können die nachhaltigen Entscheidungskriterien abstrakt sein:

- ökonomische Nachhaltigkeit,
- ökologische Nachhaltigkeit,
- soziale Nachhaltigkeit.

Dies ermöglicht zwar die universelle Anwendung über unterschiedliche Kontexte (von Produktentwicklung bis zur Lieferantenauswahl). Allerdings ist dadurch die Bewertung nur schwer objektivierbar. Es empfiehlt sich daher, die Entscheidungskriterien mithilfe der drei Vektoren der Nachhaltigkeit konkreter zu bestimmen. Zum Beispiel können ökonomische Kriterien durch finanzielle Kennzahlen operationalisiert werden, während ökologische und soziale Aspekte in umweltbezogenen Indikatoren und sozialen Metriken quantifiziert werden können.

© NEU | ARAG SE – Team Space Düsseldorf

Alternativ können die Nachhaltigkeitsziele der Vereinten Nationen als Referenz genutzt werden, um die Auswirkungen einer Entscheidung auf eine breitere gesellschaftliche und ökologische Ebene zu erfassen. Wählen Sie in diesem Fall eine Auswahl der in Ihrem Kontext fokussierten Sustainable Development Goals (SDGs) aus, zum Beispiel:

- zahlt auf Bezahlbare und saubere Energie ein,
- zahlt auf Industrie, Innovation und Infrastruktur ein,
- zahlt auf Weniger Ungleichheiten ein,
- zahlt auf Nachhaltige/r Konsum und Produktion ein,
- zahlt auf Maßnahmen zum Klimaschutz ein.

Aber auch hier wird die Bewertung nur schwer objektivierbar sein. Es empfiehlt sich daher die Ableitung konkreter Ziele und Kennzahlen aus den gewählten SDGs. Am Beispiel der fünf vorher genannten SDGs könnte das für eine Lieferantenauswahl so aussehen:

- Anteil regenerativer Energie bei der Rohstoffproduktion,
- Nutzung nachhaltiger Transportmittel,
- Risikoscore Wahrung der Menschenrechte,
- Recyclingquote,
- Scope1 und Scope2-Emissionen am Standort des Lieferanten.

Die Entscheidungsmatrix gibt es in einer einfachen Form und einer gewichteten Form, bei der man die unterschiedlichen Entscheidungsparameter priorisieren bzw. bestimmten Parametern mehr Gewicht verleihen kann. Zwei Beispiele sollen abschließend die nachhaltige Entscheidungsmatrix visualisieren:

Beispiel 1: Einfache Entscheidungsmatrix (private Entscheidung) – Wohin geht es in den Urlaub?

Die Optionen werden qualitativ (–, -, o, +, ++) bewertet. Für die Gesamtbewertung werden + und – miteinander verrechnet.

	Alpenhof Berchtes-gaden	5* Ressort Djerba	Airbnb Rijeka
Nachhaltige Anreise	o	–	+
Weniger Unge-rechtigkeiten	+	–	o
Nachhaltiges Essen	+	–	+
Gesamtpreis der Reise	–	+	++
Wetter am Reiseziel	o	++	+
Summe	+	o	+++++

Beispiel 2: Gewichtete Entscheidungsmatrix (Entscheidung im Unternehmenskontext) – Lieferantenauswahl

Hier werden die Optionen auf einer Skala von 1 (schlechtestes Ergebnis) bis 5 (bestes Ergebnis) Punkten bewertet. Zusätzlich wird eine Gewichtung der Kriterien (3 = höchste Priorität) durchgeführt. Für die Gesamtbewertung wird die Bewertung mit der Gewichtung multipliziert.

Obwohl Bejing Plastics einen Punkt weniger als der andere Marktbegleiter erhält, entscheidet man sich für diesen Lieferanten, weil er in den Kategorien Scope1/2- Emissionen und Teilepreis am besten abschneidet.

	Gewichtung	Recyclo Plast GmbH	Granulo Inc	Bejing Plastics
Scope1/2-Emissionen	3	3 → 9	3 → 9	4 → 12
Risikoscore Menschenrechte	2	5 → 10	4 → 8	3 → 6
Nachhaltiger Transport	1	5 → 5	2 → 2	3 → 3
Teilepreis	2	3 → 6	4 → 8	5 → 10
Qualitätsscore	1	5 → 5	3 → 3	3 → 3
Summe	-	35	30	34

Durchführung

Schritt 1: Klärung der Entscheidungssituation bzw. Fragestellung

Bevor Sie beginnen, definieren Sie klar die Situation oder Fragestellung, für die Sie eine Entscheidung treffen möchten. Hier sind einige Impulsfragen, die Ihnen helfen können, die Situation zu konkretisieren:

- Welches Problem oder welche Gelegenheit liegen vor und erfordern eine Entscheidung?
- Welche Ziele oder Ergebnisse möchten Sie mit dieser Entscheidung erreichen?
- Welche Faktoren oder Aspekte sind in dieser Situation besonders wichtig?
- Wer sind die beteiligten Stakeholder oder Interessengruppen? Wie könnten sie von der Entscheidung beeinflusst werden? Welche Aspekte oder Faktoren sind den Stakeholdern wichtig?
- Gibt es zeitliche oder budgetäre Einschränkungen, die berücksichtigt werden müssen?

Schritt 2: Festlegung der relevanten Kriterien

Die Impulsfragen werden Ihnen helfen, die relevanten Kriterien zu sammeln, die bei Ihrer Entscheidung eine Rolle spielen. Notieren Sie diese Kriterien in einer klaren Liste untereinander. Beginnen Sie mit den Nachhaltigkeitskriterien und addieren dann weitere Kriterien wie Kosten, Geschwindigkeit und Qualität. Bei Bedarf priorisieren bzw. gewichten Sie die Kriterien, z. B. in dem Sie eine Gewichtung von 1 bis 3 vergeben (3 = höchste Priorität, 1 = niedrigste Priorität).

Schritt 3: Erstellung einer Übersicht der Optionen

Stellen Sie eine Übersicht der verschiedenen möglichen Optionen zusammen, die Sie bei Ihrer Entscheidung in Betracht ziehen. Achten Sie darauf, alle relevanten Alternativen zu erfassen. Auch der Status quo, also die Option „Nicht-Entscheiden", sollte nach Möglichkeit Teil der Optionen sein.

Schritt 4: Entwurf der Entscheidungsmatrix

Erstellen Sie eine Tabelle, in der die möglichen Optionen die Spalten bilden und die zuvor identifizierten Kriterien die Zeilen. Bei einer gewichteten Entscheidungsmatrix fügen Sie als zweite Spalte eine Spalte für die Gewichtung hinzu. Als letzte Zeile fügen Sie eine Zeile für die Summen hinzu. Damit haben Sie eine klare visuelle Struktur, um die Bewertung vorzunehmen.

Schritt 5: Bewertung der Optionen

Beginnen Sie mit der Bewertung der Optionen in der Matrix, indem Sie sie nacheinander entlang der Kriterien bewerten. Nutzen Sie eine Skala von bspw. 1 bis 10 für eine quantitative Bewertung. Alternativ können Sie qualitative Bewertungen verwenden, z. B. ++ (sehr positiv), + (positiv), o (neutral), – (negativ) und –– (sehr negativ). Wenn Sie eine gewichtete Entscheidungsmatrix nutzen, multiplizieren Sie die Gewichtung mit der Bewertung.

Schritt 6: Summierung der Bewertungen

Addieren Sie für jede Option die individuellen Bewertungen, um eine Gesamtpunktzahl zu erhalten. Bei quantitativer Bewertung summieren Sie einfach die zugehörigen Zahlen. Bei qualitativer Bewertung addieren Sie die Anzahl der „+" und subtrahieren die Anzahl der „–". Schreiben Sie die Summe in die letzte Zeile.

Schritt 7: Identifikation der besten Option(en)

Haben Sie eine Option identifiziert, die aufgrund der Kriterien und Bewertung mit Abstand die höchste Gesamtbewertung erzielt hat? Dann können Sie jetzt entscheiden oder diese Option in einem Entscheidungsbriefing empfehlen.

Gibt es mehrere Optionen, die in der Gesamtbewertung zusammenliegen? Dann ist noch einmal ein zweiter Blick erforderlich. Lässt sich bei den Kriterien noch einmal eine Priorisierung vornehmen? Welche Option ist beim höchsten Kriterium am besten bewertet? Wenn Sie auf diesem Weg eine einzelne Option identifiziert haben, dann können Sie jetzt entscheiden oder diese Option in einem Entscheidungsbriefing empfehlen.

Wenn Sie immer noch mehrere Optionen haben, braucht es noch einen weiteren Schritt, um zu einer Entscheidung zu kommen. Handelt es sich um eine Gruppenentscheidung, können Sie in einer Diskussion die eingegrenzten Optionen gegenüberstellen. Bei einer Einzelentscheidung können Sie nochmal einen Experten oder betroffene Stakeholder konsultieren. Manchmal sind auch zwei oder mehrere Optionen gleich gut. Dann lassen Sie doch einfach den Zufall entscheiden.

In allen Fällen lohnt sich ein Abgleich mit dem Bauchgefühl.

Wirkfeld der Methode

- Wirksam für Herausforderungen mit mittlerer Komplexität
- Wirksam für Herausforderungen mit niedriger Komplexität

Transformationsfähigkeit Ihres Teams

- Erhöht die Lösungsorientierung

Einsatzcharakteristik/Arbeitsrahmen

- Austauschfokus: vornehmlich mit internen Personen
- Durchführungszeit: eher mittel (> 1 Stunde bis < 1 Tag)
- Einsatzfrequenz: sinnvoll im dauerhaften Einsatz
- Einsatzfrequenz: vornehmlich über den kompletten Projektzeitraum
- Einsatzradius: vornehmlich im Teameinsatz
- Einsatzradius: vornehmlich im projektweiten Einsatz
- Einsatzradius: vornehmlich im unternehmensweiten Einsatz
- Komplexität für den Moderator: eher gering
- Komplexität für die Teilnehmer: eher gering
- Teamgröße: Einzelpersonennutzung möglich
- Teamgröße: Kleingruppe möglich (3 bis 5 Teilnehmer)
- Teamgröße: Mittelgroße Teams möglich (5 bis 20 Teilnehmer)
- Vorbereitungszeit: eher gering (< 1 Stunde)

Input für eine zielführende Arbeit mit der Methode

- Aktuelle Herausforderung, Leitfrage, Problem
- Angereicherte Ideen, Ideencluster oder höher integrierte Lösungen
- Ideen und Projekte, die zur Umsetzung anstehen
- Ideen, Lösungsansätze, Vorideen, Varianten

Output und beobachtete Ergebnisse der Methode

- Erzeugt Planungen und Priorisierungen
- Erzeugt größere Klarheit zu einem Thema
- Erzeugt mehr Hintergrundinformationen
- Erzeugt segmentierte, kategorisierte, geclusterte Daten
- Hilft bei Entscheidungen, Bewertungen und Feedback

Hinderniseffekte, auf die die Methode positiv wirkt

- Beugt Missinterpretationen vor
- Beugt blinden Flecken/Betriebsblindheit vor
- Schafft schnell Klarheit und beschleunigt Erkenntnisgewinn
- Schwächt Verdiskutiererei
- Schärft eine fehlende gemeinsame Ausrichtung
- Verhindert Finanz- und Ressourcenfallen
- Verhindert einseitige Bewertungen und Entscheidungen
- Verhindert unreflektiertes agieren
- Verhindert vorschnelles Urteilen über Ideen
- Verkürzt zu lange Entscheidungsmeetings
- Überzeugt strukturliebende Teammitglieder
- Überzeugt einen Rationalisierer

Mögliche Extravorteile der Methode

- Möglicher Extravorteil für Teams in einer Komfortsituation
- Möglicher Extravorteil für Teams mit einer konservativen, tradierten Kultur
- Möglicher Extravorteil für die Arbeit mit digitalen Kollaborationsboards

Quellen

Buch – Handbuch der Entscheidungen, Leisgang, Tobias & Nadja Petranovskaja. Tobias Leisgang (2020)

Web – https://komfortzonen.de/entscheidungs-matrix-template-vorlage/, abgerufen am 09.08.2023

Person – Tobias Leisgang, tobias@companypirate.de

Web – https://rationalize.io/

Sustainable Design Thinking

EinSatzBeschreibung

Sustainable Design Thinking bezeichnet einen Ansatz, welcher das klassische Design Thinking konsequent für den Einsatz für nachhaltige (soziale, ökologische und ökonomische) Entwicklung weiterdenkt.

Working Guide/Anwendungsfelder

P1 Sensibilisierung/Bildung	P2 Matching Recht/Gesetz	P3 Sustainability Roadmap	P4 Produkt/Prozessdesign	P5 Implementierung/Monitoring	P6 Kommunikation	P7 Organisation	P8 Führung	P9 Business Model Design	P10 Skalierung
			X					X	

Beschreibung

Sustainable Design Thinking ist als ganzheitliche und für nachhaltige Entwicklung optimierte Umsetzung des Design Thinking-Ansatzes zu verstehen.

Geprägt wurde der Begriff im deutschsprachigen Raum auf Initiative von Kilian Karg und von einer interdisziplinären Gruppe von Absolventinnen und Absolventen der School of Design Thinking des Hasso-Plattner-Instituts. Erste Schulungen und Projekte zu dieser für den Bereich nachhaltige Entwicklung sensibilisierten Auffassung von Design Thinking wurden seit 2016 von der Gruppe unter dem Projekttitel und späteren Firmennamen Protellus durchgeführt. Darüber hinaus beschäftigen sich seit geraumer Zeit Forschungsarbeiten mit ethischen Aspekten im Kontext von Design Thinking.

Teil des Sustainable Design Thinking-Ansatzes ist eine Offenheit gegenüber unterschiedlichen Interpretationen. Vorausgesetzt wird dabei jedoch eine bewusste Abgrenzung von zuvor nicht klarer Positionierung des Design Thinking-Ansatzes gegen nicht nachhaltige Praktiken und Ergebnisse, sowie dahinter liegendem nicht eindeutig nachhaltigkeitsorientiertem strategischem und methodischem Vorgehen.

Während klassisches Design Thinking seit vielen Jahren als stehender Begriff existiert, ist die Auslegung dessen, was es ist, nicht allgemeingültig definiert. Ausgehend von den prägenden Institutionen der HPI School of Design Thinking in Potsdam und der d.School der Stanford Universität, etablierten sich jedoch weitgehend allgemeingültig anerkannte Eckpunkte des klassischen Design Thinking Ansatzes. Kernpunkte dieses Ansatzes, um Nutzerverständnis aufzubauen, neue Ideen zu entwickeln und zu testen sind:

- ein schrittweises, agiles und iteratives Vorgehen, oft unter enger zeitlicher Taktung,
- arbeiten in multidisziplinären und interkulturellen Teams,
- eine Arbeitsumgebung und Arbeitsmaterialien, welche agiler Teamarbeit und menschlichen Bedürfnissen angemessen sind.

Zielsetzung von Design Thinking-Projekten sind in klassischer Betrachtung Lösungen, welche folgende Kriterien zu erfüllen haben:

- technisch machbar
- wirtschaftlich profitabel
- von Nutzerinnen erwünscht

Eine methodische Offenheit ist dabei stets erwünscht, bietet aber neben großen Vorteilen (wie der möglichen Weiterentwicklung zu Sustainable Design Thinking) auch Risiken in Durchführung, Kommunikation, Qualitätsmanagement und Werteverständnis.

Diese Voraussetzungen können weiterhin zu „Design Desastern" führen. Der oben beschriebene „klassische" Design Thinking-Ansatz ist zur Gestaltung von Lösungen derart konzipiert und eingesetzt, dass insbesondere eine hohe Funktionalität und Markttauglichkeit als Ergebnis im Fokus steht. Dies bietet einerseits beachtliches Potenzial, positive Veränderungen in eine sich schnell verändernde, immer komplexere Welt zu bringen. Ein häufiger Kritikpunkt ist aber insbesondere, dass der Ansatz bei Produktentwicklungen zu verstärktem, ressourcenintensivem Konsum führen, oder risikobehaftete Systeminnovationen erzeugen kann.

Sustainable Design Thinking:

Ein nutzerzentrierter Ansatz zur Identifikation und Lösung komplexer Probleme in einem iterativen und agilen Prozess in diversen Teams.

Die Arbeitsweise hat das Ziel einer strategischen Entwicklung von nachhaltigen Handlungsalternativen, welche von Bedarfstragenden akzeptiert werden.

Es Bedarf für den Einsatz im Nachhaltigkeitsbereich und für eine ethische Orientierung gezielte Anpassungen des Ansatzes, hin zu einem ganzheitlichen Sustainable Design Thinking.

Dies wirkt sich in der Praxis aus auf

- Projektplanung,
- Schaffung eines Nachhaltigkeits-Mindsets,
- gezielte und klare Formulierung eines Anspruchs auf nachhaltige Ergebnisse,

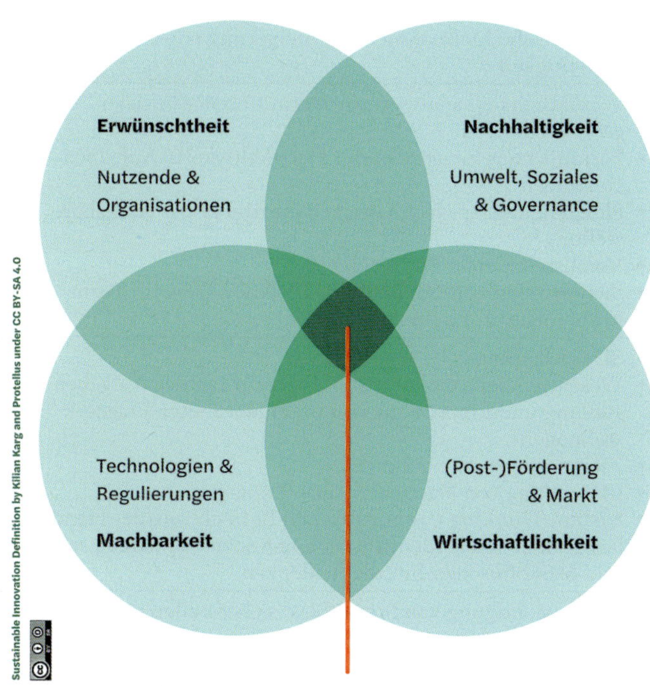

NACHHALTIGE INNOVATION

Definition nachhaltiger Innovation im privaten und öffentlichen Sektor nach Kilian Karg

- Zusammenstellung von Innovationsteams mit belastbarem Wissen und Sensibilisierung für Nachhaltigkeit,
- Anpassung des Innovationsprozess und Integration von Nachhaltigkeitchecks,
- Erweiterung und gezielte Auswahl von Tools und Methoden,
- Steigerung der Chancen auf langfristige Implementierung.

Sustainable Design Thinking als ganzheitlicher Ansatz bedient sich dabei der Stärken von Desing Thinking und baut auf Bestehendem auf. Dabei ist Nachhaltigkeit in seiner Namensgebung zweideutig zu verstehen. Zuerst in der klaren Fokussierung auf Nachhaltigkeit im Verständnis des Drei-Säulen Modells, des Brundtland-Berichts und der 17 Ziele für Nachhaltige Entwicklung. Zudem wird verstärkt darauf geachtet, dass Ergebnisse aus Entwicklungsprozessen und Workshops nicht nur konzeptionelle Visionen bleiben, sondern umsetzungsfähige und integrierbare Maßnahmen darstellen.

Insbesondere der Einbindung von Stakeholdern und Expertinnen in den Design-Prozess kommt eine besondere Stellung zu. Sustainable Design Thinking begibt sich dadurch auch verstärkt in das Feld der partizipativen und co-creativen Ansätze.

Dies umfasst neben klassischer Nutzerintegration und dem Aufbau von Nutzerverständnis das gesteigerte Involvieren von

- einem breitem Stakeholder-Umfeld sowie relevanten Institutionen für eine ganzheitliche Nutzerzentrierung und zur Stärkung der Implementierung (Partizipativer Ansatz),
- Expertinnen, insbesondere mit fundiertem Nachhaltigkeitswissen, um Wesentlichkeit und intendierte Effektivität zu gewährleisten.

Sustainable Design Thinking eignet sich so als ganzheitlicher Ansatz nicht nur für die Entwicklung von Produktinnovationen, sondern auch besonders gut für die co-creative Schaffung von Systeminnovationen. Auch der Einsatz im öffentlichen Sektor sowie im Umfeld staatlich finanzierter Stiftungs- bzw. philanthropie-geförderter Projektvorhaben hat sich besonders bewährt.

Als Ergebnisanspruch definiert Sustainable Design Thinking hierzu eine ganzheitliche Erwartungshaltung an nachhaltige oder regenerative Innovationen. Dieser Anspruch wird von einem vierdimensionalen Innovationsverständnis geleitet, was die Einhaltung folgender Kriterien fordert:

- Erwünschtheit bei Nutzenden sowie den Organisationen, welche Lösungen einsetzen sollen (Akzeptanz)
- Nachhaltigkeit in allen Aspekten (Umwelt, Soziales, Governance), im Sinne der SDGs sowie des Brundtland Reports
- Machbarkeit unter Berücksichtigung technischer und regulatorischer Leitplanken und Möglichkeiten
- Wirtschaftlichkeit im Markt, auch nach dem Wegfall etwaiger Fördermittel (bis zum Zeitpunkt der Zielerreichung des Vorhabens oder darüber hinaus)

Regenerative Innovationen werden dabei als Gold-Standard von Innovationen verstanden, während nachhaltige Innovationen die Grundlage dafür schaffen und als Mindestmaß gewertet werden.

Die Erreichung dieser Zielsetzung erfolgt prozessgeleitet im Sinne eines „strategischen Designs". Sustainable Design Thinking-Prozesse bedürfen projektabhängig großer Flexibilität. Ein universeller, standardisierter Ablauf sowie eine vollständig standardisierte Methodenauswahl sind kaum zielführend. Prozessgestaltung und Methodenauswahl erfolgen stets individuell.

Durchführung

Ein Sustainable Design Thinking-Prozess bietet eine gute Grundlage für die Durchführung von Design Sprints unterschiedlicher Dauer. Innerhalb des dargestellten Prozesses kommen gezielt und individuell ausgewählte Methoden und Tools zum Einsatz, welche die Phasenziele auf dem Weg zu einer Nachhaltigkeitsinnovation und Ideen für Veränderung Schritt für Schritt ermöglichen.

Die einzelnen Phasen („0+6+X", oder „Zero to X"), deren Zielsetzung, sowie exemplarische Maßnahmen im Sustainable Design Thinking werden im Folgenden beschrieben. Es bietet sich an, eine entsprechende Tabelle für jedes Ziel zu erstellen und zur Planung anzupassen, noch bevor eine Workshop-Agenda erstellt wird.

Erweiterter Sustainable Design Thinking-Prozess, in Anlehnung an den im Europäischen Raum gängigen 6-stufigen Prozess der HPI School of Design Thinking (Kilian Karg/Protellus, 2018)

	Phase	Phasenziele	Exemplarische Maßnahmen zur Steigerung von Nachhaltigkeit
	0.: Teamaufbau	• Eine Aufgabenstellung für das Team ist definiert • Die Projektverantwortlichkeiten sind geklärt • Ein Design Thinking Team ist zusammengestellt • Ressourcen sind sichergestellt	• Wesentlichkeitsanalysen zur Definition der initialen Aufgabenstellungen • Formulierung zielgerichteter Nachhaltigkeits-Aufgabenstellungen • Herstellen eines Nachhaltigkeitsbezugs in der Aufgabenstellung • Vorausschauende Budgetplanung • Sicherstellen von Nachhaltigkeits-Know-how im Team • Einbinden von Expertinnen
Problemraum	1.: Verstehen der Herausforderung	• Das Team versteht die Aufgabenstellung • Ein gemeinsames Verständnis für das Thema ist gefunden • Das Team hat Erfahrungen ausgetauscht • Erste Vermutungen über die Stakeholder wurden aufgestellt • Die Teammitglieder sind synchronisiert	• SDG Mapping • Wesentlichkeitsanalysen zur Überprüfung der Aufgabenstellung und Einordnung von untergeordneten Fragestellungen • Zielgruppenentscheidungen • Einbindung von Nachhaltigkeits-Expertinnen • System Thinking zur holistischen Betrachtung des Handlungsfeldes sowie Identifikation von sozialen, ökologischen und ökonomischen Interdependenzen
	2.: Nutzerverständnis aufbauen	• Vermutungen sind überprüft • Wissen wurde aufgebaut • Qualitative Daten wurden gesammelt • Nutzerinnen und Expertinnen wurden interviewt • Blinde Flecken wurden identifiziert • Blinde Flecken wurden aufgelöst • Nutzerverständnis wurde aufgebaut	• Berücksichtigung von Social Bias, sicherstellen eines vertraulichen Rahmens • Anonymisierung der Interviews • Ergänzende quantitative Erhebungen • Anteil an Beobachtungen und Immersion steigern • Berücksichtigung persönlicher Nachhaltigkeits-Werte und Motivationen • Ergänzende Gespräche mit Expertinnen
	3.: Synthese	• Wissen aus der Beobachten-Phase wurde geteilt • Das Team hat einen gemeinsamen Wissensstand • Nutzerverständnis wurde gestärkt • Ein Fokus auf ein Handlungsfeld wurde gesetzt • Ein Fokus auf einen (ggf. mehrere) Nutzende wurde gesetzt • Brainstorming-Fragen wurden formuliert • Alle Teammitglieder sind bereit sich gemeinsam in eine Richtung zu bewegen	• Erweiterung gängiger Persona-Formate um eine soziale und ökologische Perspektive • Nutzung zusätzlicher nicht-menschlicher Personas (Erde, Ökosystem, Klima etc.) • Fokussierung auf wesentliche Herausforderungen • Gezielte Auswahl von Nutzerinnen, die nicht dem sozial-ökologischen Milieu angehören, um neue Sichtweisen zu generieren
Lösungsraum	4.: Ideen entwickeln	• Die Teammitglieder wurden befähigt, kreatives Potenzial zu nutzen • Ein sicherer Raum für wilde Ideen ist geschaffen (Psychologische Sicherheit) • Das Team hat sein kreatives Potenzial und seine Fachlichkeit bestmöglich ausgeschöpft • Eine breite Masse an Ideen liegt vor • Einige Ideen sind in der engeren Auswahl im „Ideenspeicher" • Eine dem Projektziel angemessene Idee ist ausgewählt	• Bias für das Team setzen, um nicht-nachhaltige Ideen auszuschließen • Nachhaltigkeits-Nudging nutzen, um Entwicklung nachhaltiger Ideen zu provozieren • Nachhaltigkeits-Nudging nutzen, um Verhalten von Konsumentinnen zu lenken • Analogien und Inspiration aus der Natur finden • Bewusste Auswahl nachhaltiger Ideen/verwerfen bzw. optimieren von nicht-nachhaltigen Lösungen • Partizipative Ideenworkshops
	5.: Prototypen erstellen	• Die Idee hat das Papier verlassen und wurde ein (be-)greifbares Objekt • Das Team hat eine konkrete Vorstellung der Idee • Ein oder mehrere Prototypen wurden gebaut	• Priming durch nachhaltiges Prototyping-Material • Material-Beschaffenheiten mitdenken (ggf. durch Labels) („Fake it green until you make it green")

	Phase	Phasenziele	Exemplarische Maßnahmen zur Steigerung von Nachhaltigkeit
Lösungsraum	6.: Validieren der Ideen	• Es kann eine erste Einschätzung über die Erwünschtheit bei Nutzerinnen getroffen werden • Eine frühe erste Einschätzung zu Wert- und Machbarkeit kann getroffen werden • Feedback für mögliche Iterationen liegt vor	• Berücksichtigung sozialer Erwünschtheit (Tendenz, Normen und Erwartungen entsprechend zu handeln) • Anonyme Testings • A-B Testings • Lean Startup-Methoden • Ganzheitliche Validierung (Expertinnen und Stakeholder-Feedback) • Wesentlichkeitsanalysen zur Überprüfung, ob auch wirklich die wesentlichen Verbesserungspotenziale adressiert werden • Betrachtung nicht intendierter Effekte, Systemischer Ansatz • Theory of Change
	X.: Implementierung vorbereiten	• Das Konzept der Idee ist klar beschrieben • Eine vorläufige minimal-Variante (MVP/MLP) ist definiert • Eine klare Roadmap für weitere Implementierungsschritte liegt vor • Relevante Stakeholder sind erfasst und gegebenenfalls in die weitere Planung integriert • Der Entwicklungsprozess ist zweckdienlich dokumentiert • Verantwortlichkeiten sind geklärt	• Nachhaltigkeits-Community nutzen • Überführung in Inkubations- und Accelerator-Programme • Eigenfinanzierung stärken • Impact-Investoren integrieren • Team-Leitbilder erstellen • Pitch-Reichweite erhöhen • Nach-Förderungsphase bedenken

Sustainable Design Thinking-Prozess und exemplarische Maßnahmen zur Steigerung von Nachhaltigkeit (Kilian Karg/Protellus)

Um unbeschwertes Arbeiten, ein positives Mindset und hohe psychologische Sicherheit zu ermöglichen, empfiehlt es sich, Nachhaltigkeits-Checks im Prozess institutionalisiert zu verankern. Die gezielte Überprüfung von Zwischenergebnissen ermöglicht dadurch ungewollte kritische Diskussionen zu kanalisieren, für den Design Thinking typischen Flow im Teamprozess zu erhalten und dennoch Fehlentwicklungen zu unterbinden.

Praxisschlaglicht

In verschiedenen mit Protellus kooperierenden Partnerorganisationen wurden seit 2016 eine erhebliche Zahl an Prozessen unter Sustainable Design Thinking-Anwendung durchgeführt. Insbesondere bei Workshopmoderationen und Prozessbegleitungen, bei denen nur geringes Nachhaltigkeitswissen in den Entwicklungsteams verortet war, stellte sich eine Betreuung durch Moderatorinnen mit tieferem Nachhaltigkeitswissen sowie die Integration externer Expertinnen als erfolgreich heraus.

Ein häufig auftretender Risikofaktor lag darin, dass die Komplexität von Nachhaltigkeitsprojekten schwer absehbar ist. Höhere Flexibilität in Budget- und Projektplanung, sowie eine „Befreiung vom Anspruch auf unmittelbarer Vollständigkeit" können jedoch im Sinne agilen Projektmanagements und iterativer, inkrementeller Arbeitsweise sehr gute Ergebnisse erzeugen. Dieser pragmatische Ansatz wurde in der Arbeit von Protellus auch im Lichte der Wichtigkeit nachhaltiger Entwicklung mit Expertinnen häufig diskutiert.

Eine oft bewusste, enge zeitliche Taktung, wie sie in Design Thinking Workshops üblich ist, steht für viele Personen nicht im Einklang mit Praxis und Werten im Nachhaltigkeits-Umfeld. Dies wurde aber aufgrund der Effizienz dennoch akzeptiert. Ein Trend zu einer auf mehr gesunde und achtsame Arbeitskultur ausgerichtete Arbeitsweise ist seit geraumer Zeit erkennbar.

Auch weitere Organisationen arbeiten, unabhängig voneinander, in einem Nachhaltigkeits-Mindset unter Nutzung vergleichbarer methodischer Ansätze. Besonders erfolgreiche Anwendung findet die Methodik und damit vergleichbare Ansätze im Umfeld von Protellus unter anderem auch im Kontext der Internationalen Entwicklungszusammenarbeit.

Einen besonderen Mehrwert für die Erweiterung und erfolgreiche Umsetzung des Methoden-Repertoires bietet deshalb internationale Vernetzung.

So führt zum Beispiel auch der Think and Do Tank UNLEASH seit 2017 großformatige „Innovationslabs for the SDGs" durch. Das dabei prozessgeleitete Vorgehen baut ebenfalls auf Human-Centred Design auf und allokiert verfügbare Zeitressourcen verstärkt in einer Explorationsphase im Handlungsfeld unterschiedlicher SDGs.

Wirkfeld der Methode

- Wirksam für Herausforderungen mit hoher Komplexität
- Wirksam für Herausforderungen mit mittlerer Komplexität
- Wirksam für nachhaltiges Produktdesign
- Wirksam für nachhaltiges Servicedesign
- Wirksam für nachhaltiges Business Model Design

Sustainable Design Thinking

Transformationsfähigkeit Ihres Teams

- Fördert die Sensibilisierung
- Fördert die Agilität eines Teams
- Fördert die Teamkreativität
- Fördert die allgemeine Transformationsfähigkeit des Teams
- Fördert grundlegend die Kreativität
- Fördert offene Mindsets und innovative Denkhaltungen
- Sorgt für Inspiration oder bessere Inspirationsempfindlichkeit

Einsatzcharakteristik/Arbeitsrahmen

- Austauschfokus: vornehmlich mit internen Personen
- Durchführungszeit: eher hoch (> 1 Tag)
- Einsatzfrequenz: vornehmlich über den kompletten Projektzeitraum
- Komplexität für den Moderator: eher hoch
- Komplexität für die Teilnehmer: eher hoch
- Teamgröße: Einzelpersonennutzung möglich
- Teamgröße: Kleingruppe möglich (3 bis 5 Teilnehmer)
- Teamgröße: Mittelgroße Teams möglich (5 bis 20 Teilnehmer)
- Vorbereitungszeit: eher hoch (>1 Tag)
- Vorbereitungszeit: eher mittel (> 1 Stunde bis < 1 Tag)

Input für eine zielführende Arbeit mit der Methode

- Aktuelle Herausforderung, Leitfrage, Problem

Output und beobachtete Ergebnisse der Methode

- Erzeugt Ideen für neue Märkte und neue Business Modelle
- Erzeugt transformationsfähigere Organisationen
- Erzeugt mehr Hintergrundinformationen
- Erzeugt mehr Agilität im Team

Hinderniseffekte, auf die die Methode positiv wirkt

- Bewahrt vor zu generischen Ideen und Aussagen
- Schärft eine fehlende gemeinsame Ausrichtung
- Stärkt schwache Anreicherungsskills
- Verhindert Ideenfindung mit zu schwacher Erkenntnisgrundlage
- Verhindert vorschnelles Urteilen über Ideen
- Verkürzt und durchbricht vorhandene Kreativblockaden
- Wirkt fehlender Inspiration entgegen

Mögliche Extravorteile der Methode

- Möglicher Extravorteil für Teams mit einem starkem Auftragsmandat
- Möglicher Extravorteil für agile Teams
- Möglicher Extravorteil für innovativ erfahrene Teams

Quellen

Web – www.sustainabledesignthinking.de
Organisation – Protellus | Sustainable Design Thinking
Person – Kilian Karg, Kilian@protellus.de

Sustainable Extreme Stakeholder Exploration

EinSatzBeschreibung

Instrument der Beobachten-Phase im Design Thinking-Prozess, das durch ethnografische und empathische Forschung speziell ausgewählte Stakeholder mit extremen Verhaltensmustern in den Fokus nimmt, um tiefgreifende Erkenntnisse über deren besondere Bedürfnisse und Probleme zu gewinnen und dadurch die Grundlage für nachhaltige Innovationen zu schaffen.

Working Guide/Anwendungsfelder

P1 Sensibilisierung/Bildung	P2 Matching Recht/Gesetz	P3 Sustainability Roadmap	P4 Produkt/Prozessdesign	P5 Implementierung/Monitoring	P6 Kommunikation	P7 Organisation	P8 Führung	P9 Business Model Design	P10 Skalierung
			X					X	

Beschreibung

Sustainable Extreme Stakeholder Exploration zielt darauf ab, tiefgreifende Erkenntnisse über spezifische Nutzende zu gewinnen, die sich durch außergewöhnliche Verhaltensmuster in ausgewählten Dimensionen kennzeichnen. Diese individuellen Fälle fungieren als Randbeispiele in einer umfassenderen Stakeholdergruppe und bereichern dadurch das Verständnis für Produkt- oder Dienstleistungsentwicklung.

Durch die Implementierung dieser Methode können wir die Randparameter unserer Zielgruppe systematisch erforschen. Dabei liegt der Fokus auf Nutzenden, die bestimmte Verhaltensweise oder Aktionen entweder überaus intensiv, auffallend häufig oder gar nicht zeigen. Die Methode wird in der Beobachten-Phase des Design Thinking-Prozesses eingesetzt.

Zielsetzung:

- Verstehen der extremen Verhaltensweisen und Bedürfnisse von Stakeholdern
- Entwicklung von Empathie für diese spezielle Untergruppe
- Identifikation von Chancen für nachhaltige Innovationen

Durchführung

Schritt 1 – Identifikation der Extreme Stakeholder: Zunächst sollten Sie Stakeholder identifizieren, die extrem unterschiedliche Verhaltensweisen aufweisen. Beispiele könnten sein: Personen, die Ihr Produkt sehr kreativ nutzen, oder solche, die wiederholt auf bestimmte Schwierigkeiten stoßen.

	✖ EXTREM- NUTZER/IN	NUTZER/IN	EXTREM- NUTZER/IN ✚

Quelle: https://newfoundlabs.de/extreme-nutzer-kennenlernen/

Eine Herangehensweise zur Identifikation von Extreme Stakeholdern, ein entscheidender Schritt in der Methode der Sustainable Extreme Stakeholder Exploration, könnte folgendermaßen aussehen:

I. Storytelling-Sessions: Organisieren Sie interaktive Storytelling-Sessions, bei denen Teammitglieder und Kunden Anekdoten und Geschichten über ihre Erfahrungen mit Ihrem Produkt oder Service teilen. Achten Sie auf Erzählungen, die ungewöhnlich, einzigartig oder auf extreme Verhaltensweisen hinweisen.

II. „Was-wäre-wenn"-Workshops: Halten Sie Workshops ab, in denen Sie hypothetische Szenarien durchspielen. Fragen Sie: „Was wäre, wenn unser Produkt/Dienstleistung in extremen Umgebungen oder Situationen verwendet würde?" Dies kann zu Einsichten über potenzielle extreme Anwendungen oder Nutzende führen.

III. Rollenspiele: Führen Sie Rollenspiele durch, bei denen Teammitglieder oder eingeladene Teilnehmende verschiedene Stakeholder-Archetypen spielen, einschließlich einiger extremer Charaktere. Dies kann helfen, ein tieferes Verständnis für die Bedürfnisse und Verhaltensweisen dieser Stakeholder zu entwickeln.

IV. Kreative Umfragemethoden: Entwickeln Sie innovative Umfragen, die spielerische Elemente wie Gamification oder interaktive Szenarien enthalten, um extreme Reaktionen oder ungewöhnliches Feedback hervorzurufen.

V. Analyse von Randfällen in Daten: Verwenden Sie fortgeschrittene Datenanalysemethoden, um Muster in den Randbereichen Ihrer Daten zu finden. Künstliche Intelligenz und maschinelles Lernen können dabei helfen, ungewöhnliche Verhaltensmuster oder Nutzungstrends zu identifizieren.

VI. Crowdsourcing: Nutzen Sie Crowdsourcing-Plattformen, um eine breite Palette von Meinungen und Ideen zu sammeln. Fordern Sie die Community auf, unkonventionelle Wege der Nutzung Ihres Produkts oder Ihrer Dienstleistung zu teilen.

VII. „Tag im Leben"-Simulationen: Simulieren Sie einen Tag im Leben verschiedener Stakeholder, einschließlich extremer Fälle, um ihre Bedürfnisse und Herausforderungen besser zu verstehen. Dies könnte durch virtuelle Realität, detaillierte Szenarien oder immersive Erfahrungen erreicht werden.

Schritt 2 – Vorbereitung der ethnografischen Forschung: Bereiten Sie Interviews, Umfragen oder Beobachtungsmethoden vor, die dazu dienen, die Bedürfnisse und das Verhalten der *Extreme Stakeholder* tiefer zu verstehen. Führen Sie Interviews mit Nutzenden durch, die Ihr Produkt oder Ihre Dienstleistung in extremen Kontexten verwenden, wie in abgelegenen Gebieten, unter ungewöhnlichen Umständen oder in Hochdrucksituationen.

Schritt 3 – Durchführung der Forschung: Führen Sie die geplanten Aktivitäten durch. Achten Sie darauf, den Kontext des Verhaltens, also z.B. den sozialen oder ökologischen Hintergrund, miteinzubeziehen.

Schritt 4 – Analyse der gesammelten Daten: Kategorisieren Sie alle gesammelten Informationen. Unterscheiden Sie dabei zwischen Symptomen und tatsächlichen Problemen, die die Extreme Stakeholder erleben.

Schritt 5 – Empathische Analyse: Nutzen Sie Tools wie Empathy Maps, um die emotionalen und kognitiven Zustände der Extreme Stakeholder zu visualisieren.

Schritt 6 – Synthese der Erkenntnisse: Konsolidieren Sie die Informationen und identifizieren Sie Muster. Welche Bedürfnisse sind besonders dringend? Gibt es übergreifende Themen, die die *Extreme Stakeholder* betreffen?

Schritt 7 – Reflexion und Weiterentwicklung: Nutzen Sie die gewonnenen Erkenntnisse, um Ihre nächsten Schritte im Design Thinking-Prozess zu planen. Die fundierte Kenntnis der Extreme Stakeholder ermöglicht zielgerichtete und nachhaltige Innovationen.

Wirkfeld der Methode

- Wirksam für nachhaltiges Marketing
- Wirksam für nachhaltiges Produktdesign
- Wirksam für nachhaltiges Servicedesign

Transformationsfähigkeit Ihres Teams

- Fördert offene Mindsets und innovative Denkhaltungen
- Zahlt auf eine bessere Vorstellungskraft ein
- Zahlt auf eine bessere Wahrnehmung ein
- Zahlt auf ein positives Zukunftsbild ein
- Erhöht die Lösungsorientierung

Einsatzcharakteristik/Arbeitsrahmen

- Austauschfokus: vornehmlich mit internen und externen Personen
- Durchführungszeit: eher hoch (> 1 Tag)
- Einsatzfrequenz: vornehmlich im einmaligen Einsatz
- Einsatzradius: vornehmlich im projektweiten Einsatz
- Komplexität für den Moderator: eher mittel
- Komplexität für die Teilnehmer: eher mittel
- Teamgröße: Einzelpersonennutzung möglich
- Teamgröße: Großgruppen möglich (> 50 Teilnehmer)
- Teamgröße: Kleingruppe möglich (3 bis 5 Teilnehmer)
- Teamgröße: Maxigruppen möglich (20 bis 40 Teilnehmer)
- Teamgröße: Mittelgroße Teams möglich (5 bis 20 Teilnehmer)
- Vorbereitungszeit: eher hoch (>1 Tag)

Input für eine zielführende Arbeit mit der Methode

- Aktuell existierende Geschäftsmodelle
- Aktuell existierende Produkte und Services

Output und beobachtete Ergebnisse der Methode

- Erzeugt Nutzenfunktionen und Bedürfniskorridore
- Erzeugt spezifischere Leitfragen, Ideen und Aussagen
- Erzeugt größere Klarheit zu einem Thema
- Erzeugt mehr Hintergrundinformationen
- Identifiziert vorhandene Schwachstellen
- Identifiziert vorhandene Stärken

Hinderniseffekte, auf die die Methode positiv wirkt

- Beugt Missinterpretationen vor
- Beugt blinden Flecken/Betriebsblindheit vor
- Bewahrt vor zu generischen Ideen und Aussagen
- Schafft für den Erfolg nötige Realitätsbezüge
- Schafft schnell Klarheit und beschleunigt Erkenntnisgewinn
- Schwächt das „Not invented here"-Syndrom
- Verhindert blinden Aktionismus
- Verhindert einseitige Bewertungen und Entscheidungen
- Verhindert falsche Flughöhen
- Verhindert unreflektiertes agieren
- Verringert zu große Komplexitäten
- Fördert Optimismus und Zuversicht

Mögliche Extravorteile der Methode

- Möglicher Extravorteil für innovativ erfahrene Teams
- Möglicher Extravorteil für in Nachhaltigkeitsthemen erfahrene Teams

Quellen

Web – https://blog.thedarkhorse.de/design-thinking/die-design-thinking-prozess-phasen-im-ueberblick/, abgerufen am 30.08.2023

Web – https://www.digital-innovation-playbook.de/templates/explore, abgerufen am 30.08.2023

Web – https://newfoundlabs.de/extreme-Nutzer-kennenlernen/, abgerufen am 30.08.2023

Sustainable First Filter

EinSatzBeschreibung

Der Sustainable First Filter ist eine Ideenfilter-Methode, die Nachhaltigkeitskriterien in die Ideenauswahl integriert.

Working Guide/Anwendungsfelder

P1 Sensibilisierung/Bildung	P2 Matching Recht/Gesetz	P3 Sustainability Roadmap	P4 Produkt/Prozessdesign	P5 Implementierung/Monitoring	P6 Kommunikation	P7 Organisation	P8 Führung	P9 Business Model Design	P10 Skalierung
			X			X			

Beschreibung

Der Sustainable First Filter ist eine Bewertungsmethode, die eine große Auswahl an Ideen durch einen ersten, nachhaltigen Filter schickt und so auf ein bearbeitbares Maß reduziert. So werden zunächst nur die Ideen weiterbearbeitet, die in einer ersten Bewertungsrunde von den Teilnehmenden nach Nachhaltigkeitskriterien ausgewählt wurden.

Die Teilnehmenden arbeiten beim Bewerten mit Klebepunkten, wobei eine unbegrenzte Anzahl an Punkten in zwei oder drei Farben ausgeteilt wird. Die Ideen aus einer ersten Ideenfindung werden bewertet nach:

- Farbe 1 = Kriterium 1 (bspw. „Die Idee sorgt dafür, dass wir Nachhaltigkeitsvorreiter in unserer Branche werden")
- Farbe 2 = Kriterium 2 (bspw. „Die Idee ist umsetzbar, ohne dass wir dabei zusätzliches CO_2 emittieren")
- Farbe 3 = Kriterium 3 (bspw. „Die Idee ist in unter sechs Monaten umsetzbar")

Diese einfache und schnell vorbereitete Methode kann nach jeder Art von Ideenfindung im Anschluss genutzt werden und ersetzt das klassische Dot Voting (Punktebewertung), bei der oft nach „guten Ideen" und „schlechten Ideen" subjektiv ausgewählt wird. Mit zwei oder drei Kriterien objektivieren wir die Ideenauswahl.

Zudem nehmen wir mehr Ideen aus der Ideenfindung mit in den nächsten Schritt der Ideenanreicherung, als wenn wir die Gut/schlecht-Ein-Punktebewertung einsetzen. Denn mit dem Sustainable First Filter wird das Prinzip der Rudelbildung ausgehebelt: Normalerweise tendieren Menschen bei der Ein-Punktebewertung dazu, den Punkt an die Karte zu kleben, an der bereits viele Punkte hängen. Bei 2 oder 3 Punkten mit objektiven Kriterien dahinter streut sich die Punktebewertung auf mehr Ideenkarten. Wir lassen damit zu diesem frühen Zeitpunkt der Ideenentwicklung „mehr Unschärfe im System", dass heißt wir lassen noch mehr Ideen im Rennen und sortieren nicht zu früh zu viele Ideen aus.

Der Sustainable First Filter setzt dazu auf Filterkriterien, die am besten einen Mix aus ökonomischen, ökologischen und sozialen Kriterien darstellen. Sie werden immer und ausschließlich aus dem Projektziel abgeleitet. Der Nachhaltigkeitsaspekt sollte sich daher sowohl im Projektziel als auch in den abgeleiteten Filterkriterien wiederfinden.

Mögliche nachhaltige Filterkriterien können sein:

- große positive Wirkung auf die Natur und Umwelt
- große positive Wirkung auf die Menschen in unserer vorgelagerten Wertschöpfungskette
- große positive Wirkung auf die Gesundheit unserer Konsumenten
- große positive Wirkung auf unsere Mitarbeitenden
- großer regenerativer Effekt (sorgt für den Aufbau eines Ökosystems xxx)
- vergrößert unseren ökologischen Handabdruck
- verringert unseren ökologischen Fußabdruck
- neu *und* nachhaltig in unserer Branche
- neu *und* nachhaltig auf der Welt
- ressourcenschonend umsetzbar (z. B. energiearm, ohne Abfall, CO_2-neutral, …)
- CO_2-neutral *ohne* CO_2-Kompensation umsetzbar
- sorgt dafür, dass Kreisläufe geschlossen werden
- baut Druck auf politische Systeme für mehr Nachhaltigkeit auf
- mit einem Budget von xxx voraussichtlich umsetzbar
- umsetzbar mit einem kleinen Team
- mit bestehenden Partnern schnell umsetzbar
- zahlt unmittelbar auf das Sustainable Development Goal xxx ein

Die Filterkriterien werden zusammen mit dem Projektleiter/Project Owner am besten schon vor dem ersten Projekttag festgelegt und vor der Ideengenerierung den Teilnehmenden vorgestellt. Damit wird bereits früh ein Zielkorridor für das Projekt festgesteckt.

Durchführung

Schritt 1 – Filterkriterien werden Punkte: Zum Filtern der gesammelten Ideen aus der Ideenfindung ordnen Sie zunächst den Filterkriterien Punktefarben zu. Machen Sie diese Zuordnung für die Teilnehmenden im Raum gut sichtbar. Schreiben Sie sie bspw. wie folgt auf ein Flipchart:

- Orangener Punkt = Die Idee sorgt dafür, dass wir Nachhaltigkeitsvorreiter in unserer Branche werden
- Grüner Punkt = Die Idee ist umsetzbar, ohne dass wir dabei zusätzliches CO_2 emittieren

Schritt 2 – Punkte verteilen: Teilen Sie Punkte in den zwei Farben an alle Teilnehmenden aus. Es gibt keine begrenzte Punkteanzahl. Jeder Teilnehmende kann so viele nachnehmen, wie er oder sie benötigt.

Schritt 3 – Punkte kleben: Jeder Teilnehmende liest nun still für sich jede! Idee, die im Raum sichtbar an den Wänden oder an Pinnwänden aufgehangen sind (wir nennen das „Ideengalerie"). Pro Ideenzettel gibt es nun vier Möglichkeiten, die Klebepunkte zu setzen:

1. Keinen Punkt
2. Nur orangener Punkt
3. Nur grüner Punkt
4. Beide Punkte

Bei der Punktebewertung wird nicht gesprochen. Es geht zudem um eine erste Einschätzung der Ideen, Punkte sollen daher nach kurzer Überlegungszeit geklebt werden.

Quelle: verrocchio Institute

Schritt 4 – Ergebniswand erstellen: Im nächsten Schritt wird eine Ergebniswand mit den Ideen, die im Prozess weiter mitgenommen werden, gebaut. Kleben Sie dazu mithilfe der Teilnehmenden die Zettel mit den meisten Klebepunkten auf eine freie Fläche um. Legen Sie dabei eine Höchstanzahl der Ideen fest, die im Prozess weiter mitgenommen werden und es auf die Ergebniswand schaffen. Diese Höchstanzahl ist ressourcenabhängig! Die leitende Frage dabei lautet: Wie viele Personen schaffen wie viele Ideen in einer bestimmten Zeit weiter auszuarbeiten?

Beispiel Ressourcenrechnung: Der Circular Ideen-Deep Dive als eine Methode zur Ideenausarbeitung und -anreicherung einer ersten zirkulären Idee benötigt mit zwei Personen 30 Minuten Bearbeitungszeit.

Wenn im Workshop nach der Ideenfindung demnach zwei Stunden für die Ideenanreicherung vorgesehen ist, schaffen acht Workshopteilnehmende 16 Ideen in dieser Zeit weiter auszuarbeiten. Für die Sustainable First Filter Ergebniswand bedeutet das: 16 Ideenkarten mit den höchsten Punktzahlen können mitgenommen werden. So viele Ideen schafft die Gruppe im nächsten Schritt weiter zu bearbeiten. Seien Sie sich als Moderator daher bereits im Vorhinein klar, welche Ideenanreicherungsmethode Sie im nächsten Schritt mit den Teilnehmenden nutzen wollen und wie viel Zeit diese benötigen wird.

Zur Erstellung der Ergebniswand lassen Sie sich nun von den Teilnehmenden die Ideenkarten mit der höchstmöglichen Punktzahl, in unserem Beispiel mit 16 Punkten (8 Teilnehmende, die max. 2 Punkte pro Karte kleben können) bringen. Dann zählen Sie runter (15 Punkte, 14 Punkte, …) und lassen sich so lange Karten bringen, bis die festgelegte Kartenanzahl erreicht ist.

Machen Sie der Gruppe dabei klar: Keine der nicht mitgenommenen Ideen ist „verloren". Im Innovationsprozess wird iterativ gearbeitet. Das bedeutet, Sie können immer wieder zu vorigen Arbeitsschritten zurückkehren.

Quelle: verrocchio Institute

Schritt 5 – Reflexion: Reflektieren Sie mit den Teilnehmenden das Ergebnis der Punktebewertung.

Ergebnisebene 1: Wie wurden die Punkte verteilt?

- Gibt es Karten mit keinem Punkt? Diese werden nicht weiter beachtet.
- Gibt es Karten, auf denen alle Teilnehmenden beide Punkte auf eine Ideenkarte geklebt haben? *Beispiel: 8 Personen haben alle 2 Punkte auf eine Karte geklebt, mit 16 Punkten ist sie daher die attraktivste Idee.*
- Gibt es Karten, auf denen zumindest ca. 50 Prozent der Teilnehmenden beide Punkte geklebt haben?

Beispiel: 4 von 8 Personen haben 2 Punkte auf eine Karte geklebt, mit 8 Punkten ist es immer noch eine attraktive Idee.

Ergebnisebene 2: Gefällt uns das Ergebnis?

- Gibt es genügend hoch bewertete Ideenkarten? Brauchen wir sonst noch eine zweite Ideenfindungsrunde? Wie sollte diese aussehen, damit wir mehr Ideen mit 2 Klebepunkten generieren, wie sollte die Kreativitätstechnik dafür sein?

Schritt 6 – Wiederholung der Ideenfindung oder Weiterbearbeitung der ausgewählten Ideen: Je nach Ergebnis der Punktebewertung wird eine zweite Ideenfindungsrunde gedreht, oder die ausgewählten Ideen werden nun weiter ausgearbeitet und womöglich zu ersten Prototypen weiterentwickelt.

Bei einem iterativen und agilen Innovationsprozess kann zu jedem Zeitpunkt wieder auf die große Ideengalerie zurückgegriffen werden, um weitere Ideen – eventuell mit adjustierten Filterkriterien – auszuwählen.

Wirkfeld der Methode

- Wirksam für Herausforderungen mit mittlerer Komplexität
- Wirksam für Herausforderungen mit niedriger Komplexität
- Wirksam für nachhaltiges Marketing
- Wirksam für nachhaltiges Produktdesign
- Wirksam für nachhaltiges Prozessdesign
- Wirksam für nachhaltiges Servicedesign
- Wirksam für nachhaltiges Business Model Design

Transformationsfähigkeit Ihres Teams

- Fördert die Sensibilisierung
- Fördert die Agilität eines Teams
- Zahlt auf eine bessere Wahrnehmung ein
- Erhöht die Lösungsorientierung

Einsatzcharakteristik/Arbeitsrahmen

- Austauschfokus: vornehmlich mit internen Personen
- Durchführungszeit: eher gering (< 1 Stunde)
- Einsatzfrequenz: vornehmlich im einmaligen Einsatz
- Einsatzradius: vornehmlich im Teameinsatz
- Komplexität für den Moderator: eher gering
- Komplexität für die Teilnehmer: eher gering
- Teamgröße: Kleingruppe möglich (3 bis 5 Teilnehmer)
- Teamgröße: Mittelgroße Teams möglich (5 bis 20 Teilnehmer)
- Vorbereitungszeit: eher gering (< 1 Stunde)

Input für eine zielführende Arbeit mit der Methode

- Ideen, Lösungsansätze, Vorideen, Varianten

Output und beobachtete Ergebnisse der Methode

- Bessere Projekteffizienz, bessere Teamperformance
- Hilft bei Entscheidungen, Bewertungen und Feedback

Hinderniseffekte, auf die die Methode positiv wirkt

- Bindet eher introvertierte Teammitglieder mit ein
- Dynamisiert und aktiviert wenig dynamische Teams
- Schärft eine fehlende gemeinsame Ausrichtung
- Verhindert blinden Aktionismus
- Verhindert einseitige Bewertungen und Entscheidungen
- Verhindert unreflektiertes agieren
- Verhindert vorschnelles Urteilen über Ideen

Mögliche Extravorteile der Methode

- Möglicher Extravorteil für innovativ ungeübte Teams
- Möglicher Extravorteil für die Arbeit mit digitalen Kollaborationsboards
- Möglicher Extravorteil für in Nachhaltigkeitsthemen erfahrene Teams

Quellen

Organisation – verrocchio Institute for Innovation Competence AG, https://www.verrocchio.institute

Sustainable Futures

EinSatzBeschreibung

Die Methode Sustainable Futures ist ein Werkzeug aus dem Planet Centric Design Toolkit, welches sicherstellt, dass Geschäftsmodelle, Produkte oder Dienstleistungen zukunftssicher sind.

Working Guide/Anwendungsfelder

P1 Sensibilisierung/Bildung	P2 Matching Recht/Gesetz	P3 Sustainability Roadmap	P4 Produkt/Prozessdesign	P5 Implementierung/Monitoring	P6 Kommunikation	P7 Organisation	P8 Führung	P9 Business Model Design	P10 Skalierung
X		X			X	X		X	X

Beschreibung

Sustainable Futures ist eine Methode aus der Test-Phase des Planet Centric Design Toolkits. Zukunftsfähigkeit, Langfristigkeit, Risikomitigierung, Resilienz fallen ebenso unter den Begriff Nachhaltigkeit und werden als Ergebnis der Methode „Sustainable Futures“ angestrebt.

Unternehmen, die ihre Geschäftsmodelle, Produkte oder Services unter Berücksichtigung der planetaren Grenzen und damit nachhaltiger gestalten wollen, können dies mithilfe der Schritte und unter Einsatz der Methoden des „Planet Centric Design Toolkits“ realisieren.

Geschäftsmodell, Produkte oder Dienstleistungen, ebenso wie die damit einhergehenden Prozesse und organisatorischen Abläufe, sollten so designt sein, dass diese auch dann für das Unternehmen erfolgreich sind, wenn sich die Rahmenbedingungen ändern. Die in diesem Fall auftretenden Risiken und Konsequenzen sollten also bereits entsprechend bedacht sein, sodass Pläne und Maßnahmen vorhanden sind, um auf diese Änderungen schnell reagieren zu können.

Im Einzelnen können mittels der Methode folgende Ziele erreicht werden:

Zukunftsfähigkeit: Der Schwerpunkt liegt auf Nachhaltigkeit in allen Aspekten eines Unternehmens. Dies beinhaltet ökologische, soziale und wirtschaftliche Nachhaltigkeit, um sicherzustellen, dass das Unternehmen langfristig erfolgreich am Markt agieren kann, mit Geschäftsmodellen, Produkten oder Services, die mithilfe des Planet Centric Design Toolkits entwickelt wurden. Mit einem expansiven Wachstum und skalierenden Verbräuchen entstehen unerwartete Fragen und damit zusammenhängende Probleme, die besser im Vorfeld erkannt und bearbeitet sein wollen.

Langfristigkeit: „Sustainable Futures“ unterstützt Unternehmen dabei, langfristige Ziele zu verfolgen und nicht nur kurzfristige Gewinne anzustreben. Ziel ist es, die Stabilität und ein langfristiges Wachstum nachhaltig zu fördern.

Risikomitigierung: Die Methode unterstützt dabei, Risiken bereits im Vorfeld zu identifizieren und geeignete Strategien und Maßnahmen zur Abschwächung dieser Risiken zu entwickeln. Diese Maßnahmen können sowohl operative als auch finanzielle Risiken umfassen und fördern so die Stabilität des Unternehmens.

Resilienz: Resilienz im Unternehmenskontext bezieht sich auf die Fähigkeit, eine Störanfälligkeit durch äußere Umstände zu minimieren, dadurch eingetretene Konsequenzen zu minimieren beziehungsweise sich schnell an die Veränderungen anpassen zu können. „Sustainable Futures“ unterstützt das Denken in Eventualitäten, Ausnahmen und möglichen Handlungsoptionen und bereitet somit auf das Unvorhergesehene vor.

Transparenz: Transparenz erzeugt Vertrauen bei Kunden, Mitarbeitenden, Investoren und anderen Stakeholdern. Unternehmen, die sich auf Eventualitäten vorbereitet haben, kennen ihre Schwachpunkte und können daran arbeiten, diese zu verbessern und letztendlich ausräumen. Eine offene Kommunikation solcher Maßnahmen demonstriert nachhaltiges Verantwortungsbewusstsein und fördert somit Transparenz und Vertrauen. Das Werkzeug „Sustainable Futures“ bringt diese Eigenschaft sozusagen als Zusatznutzen mit.

Durchführung

Vorbereitung

- Teamzusammenstellung: Stellen Sie ein interdisziplinäres Team zusammen, das verschiedene Perspektiven und Fachkenntnisse einbringt. Idealerweise sollte das Team auch Experten aus den Bereichen Umweltwissenschaften, Technologie, Wirtschaft, Sozialwissenschaften und anderen speziell für Ihren Unternehmenskontext relevanten Disziplinen umfassen.
- Erstellen Sie auf einem Brown Paper, einer entsprechend verwendbaren Schreibwand oder einem großen Flipchart (sinngemäß Online) ein Arbeits-Canvas mit zwei nebeneinanderliegenden, umrandeten Feldern. Jedes Feld unterteilen Sie in drei übereinander geordnete Bereiche. Das linke, große Feld erhält die Überschrift „Kunde/Unternehmen“. Das rechte Feld die Überschrift „Gesellschaft und Umwelt“. Unterhalb dieser großen, dreigeteilten Felder zeichnen Sie einen schmalen Kasten, der die Überschrift „Vision“ erhält.
- Stellen Sie sicher, dass alle Teilnehmenden mit Ihren Nachhaltigkeitszielen vertraut sind. Drucken Sie diese Informationen groß und lesbar aus oder schreiben Sie sie auf ein Flipchart und hängen dies neben Ihr Arbeits-Canvas.
- Haben Sie ein aktuelles Dokument zu Ihrem Business Modell, z. B. ein Business Model Canvas, oder sind die Mehrwerte/Value Propositions, die Sie als Unternehmen definiert haben, beschrieben? Dann Stellen Sie sicher, dass diese Informationen allen Teilnehmenden zugänglich sind. Überprüfen Sie diese

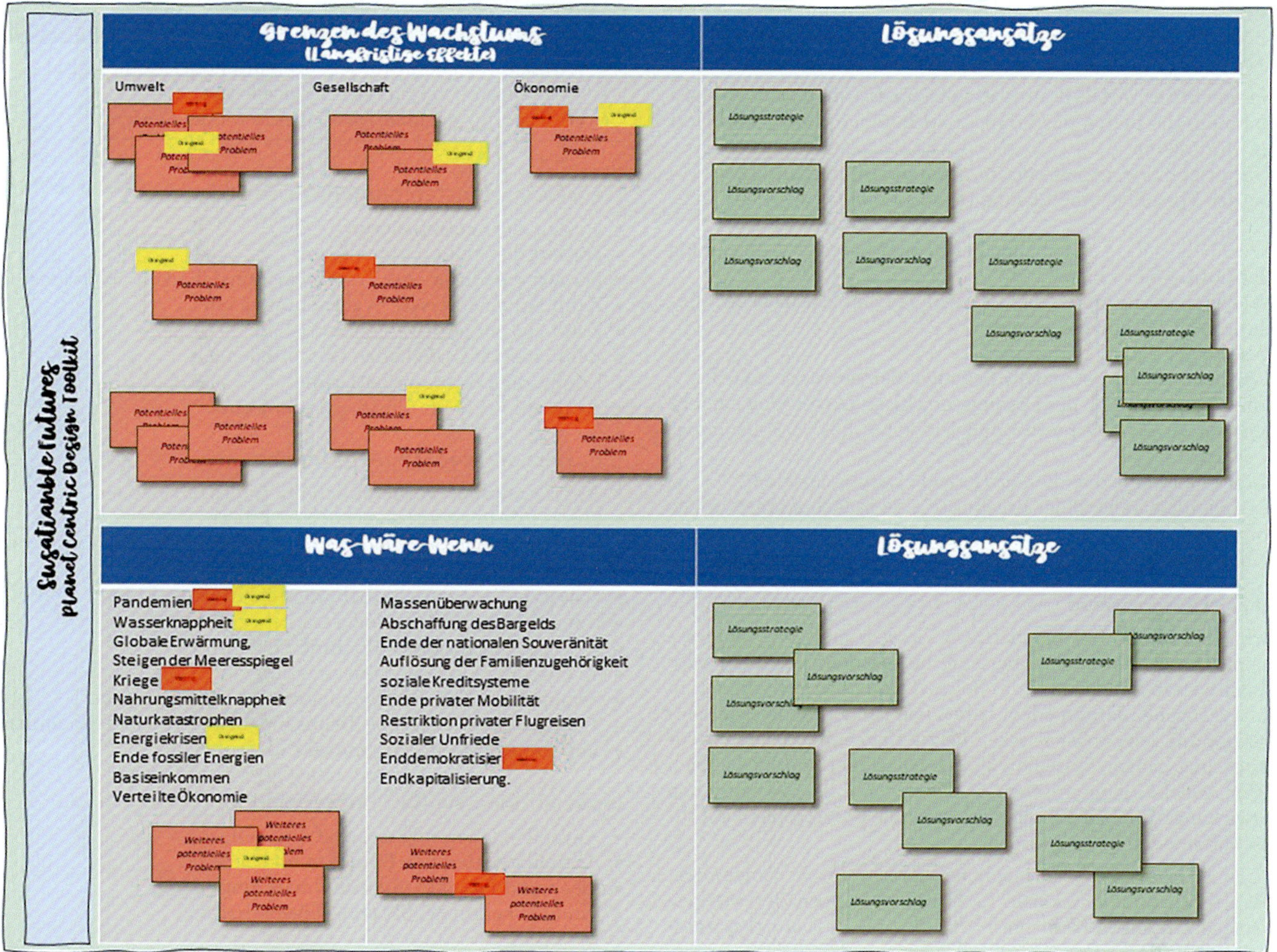

Quelle: Thomas Appel Consulting

Informationen auf Aktualität und Vollständigkeit. Drucken Sie diese Informationen groß und gut lesbar aus oder schreiben Sie sie auf ein Flipchart und hängen dies neben Ihr Arbeits-Canvas.

- Falls unbekannt erklären Sie die Regeln der Methode „Brainwriting", die Sie auch hier im Buch finden.

Teil 1: Grenzen des Wachstums

Nehmen Sie einmal an, Ihr nachhaltiges Geschäftsmodell, Ihr neues Produkt oder Ihr neuer Service entwickelt sich richtig gut, eventuell sogar zu einer unerwarteten Disruption in Ihrem Markt und die Anzahl Ihrer Kunden explodiert regelrecht. Was wären die ökologischen, sozialen oder wirtschaftlichen Konsequenzen? Welche Auswirkungen auf die Nachhaltigkeit entstehen durch eine skalierende Lieferkette, bei Beschaffung, Absatz oder in Bezug auf das benötigte Personal? Was könnte in einem solchen Szenario schief gehen? Was müssten Sie jetzt schon bedenken, ändern oder hinzufügen, damit Ihr Unternehmen und alle beteiligten Stakeholder (der Planet ist auch ein Stakeholder) in einer solchen Situation damit umgehen können?

1. Sammeln Sie mittels Brainwriting zunächst alle Herausforderungen (Eventualitäten, Entwicklungen, Abhängigkeiten, potenzielle Fehlerquellen) die ökologisch, sozial oder ökonomisch schief gehen könnten. Berücksichtigen Sie auch Konsequenzen, die sich nur langsam aufbauen, kumulieren oder erst auf lange Sicht einstellen könnten.
2. Fassen Sie Zettel sinnvoll zusammen und ordnen Sie diese einer der drei Kategorien „Umwelt", „Gesellschaft", „Wirtschaftlichkeit" zu.
3. Priorisieren Sie die Ergebnisse nach ihrem Schadenspotenzial für das Unternehmen, die Gesellschaft, die Umwelt – die am höchsten bewerteten sind als „wichtig".
4. Priorisieren Sie die Ergebnisse zusätzlich nach ihrer Eintrittswahrscheinlichkeit – die am höchsten bewerteten sind als „dringend"
5. Haben Sie wichtige und dringende potenzielle Problemfelder gefunden, dann handeln Sie sofort!
6. Arbeiten Sie zunächst an den dringenden und danach an den wichtigen potenziellen Problemen.

7. Erst wenn Sie alle dringenden und wichtigen potenziellen Probleme bearbeitet haben, nehmen Sie sich die verbleibenden vor.
8. Für jedes gefundene zukünftig potenzielle Problem:

- Sammeln Sie mittels Brainwriting Lösungsstrategien oder Maßnahmen, die helfen das Problem zu mitigieren oder komplett zu eliminieren.
- Diskutieren Sie gemeinsam im Team die Lösungsansätze:
  Ist der Vorschlag eine Lösung für das Problem auch auf lange Sicht?
  Wie hoch ist das verbleibende Schadensrisiko nach Anwendung des Lösungsvorschlags?
  Wie hoch ist die Wahrscheinlichkeit des Eintritts nach Anwendung des Lösungsvorschlags?
  Was kostet diese Lösung?
  Wie hoch ist der potenzielle Schaden, der vermieden wird?
  Gibt es hinsichtlich des Lösungsvorschlags Wissenslücken, fehlen Details oder Expertise und wie kann dies vervollständigt werden?
  Gibt es ähnliche oder konkurrierende Lösungsansätze?
- Erstellen Sie anhand der Ergebnisse eine Entscheidungsvorlage für jedes potenzielle Problem mit dem gefunden Lösungsvorschlag oder auch den Alternativen.

Teil 2: Was wäre wenn?

Auch im zweiten Teil beschäftigen Sie sich mit Unvorhergesehenem. Dieses Mal sind es aber externe Faktoren, die mehr oder minder weitgreifend sind. Zum Beispiel sind es Krisen, die wir in den vergangenen Jahren erlebt haben wie Pandemie, Ressourcenverknappung oder sogar Kriege, die zu einer umfassenden Neuausrichtung ganzer Systeme führen. Auch hier sollten Sie sich fragen, welche ökonomischen, sozialen und/oder ökologischen Auswirkungen globale Krisen oder regionale Katastrophen auf Ihr Geschäftsmodell haben werden.

1. Lesen Sie die Liste an möglichen Krisen durch: Pandemien, Wasserknappheit, Globale Erwärmung, Steigen der Meeresspiegel, Kriege, Nahrungsmittelknappheit, Naturkatastrophen, Energiekrisen, Ende fossiler Energien, Basiseinkommen, Verteilte Ökonomie, Massenüberwachung, Abschaffung des Bargelds, Ende der nationalen Souveränität, Auflösung der Familienzugehörigkeit, soziale Kreditsysteme, Ende privater Mobilität, Restriktion privater Flugreisen, Sozialer Unfriede, Enddemokratisierung, Endkapitalisierung.
2. Vervollständigen Sie die Liste mittels Brainwriting. Stellen Sie sich dabei die Frage: „Welche Krisen, Katastrophen oder Entwicklungen wären insbesondere für mein Geschäftsmodell, Produkt oder Service besonders schädlich?“
3. Sortieren Sie zunächst jene gefundenen Problemstellungen aus, die praktisch unlösbar sind wie z. B. ein Komet stürzt genau auf Ihre Firma.
4. Fahren Sie nun mit den Punkten 2. bis 8. aus dem ersten Teil fort.

Praxisschlaglicht

„Das ist ja endlos! Man kann doch nicht alle denkbaren potenziellen Probleme lösen.“, das wird man in solchen Workshops hören. Interessanterweise ist es oft so, dass einige der gefundenen Lösungsvorschläge sich auf weitere Problemstellungen anwenden lassen.

Wirkfeld der Methode

- Wirksam für Herausforderungen mit hoher Komplexität
- Wirksam für nachhaltiges Servicedesign
- Wirksam für nachhaltiges Business Model Design

Transformationsfähigkeit Ihres Teams

- Fördert die Sensibilisierung
- Fördert die Agilität eines Teams
- Fördert die allgemeine Transformationsfähigkeit des Teams
- Zahlt auf eine bessere Wahrnehmung ein
- Zahlt auf ein positives Zukunftsbild ein
- Zahlt auf das Dringlichkeitsempfinden ein
- Erhöht die Lösungsorientierung
- Zahlt auf resiliente Lösungsfindung ein

Einsatzcharakteristik/Arbeitsrahmen

- Austauschfokus: vornehmlich mit internen Personen
- Durchführungszeit: eher hoch (> 1 Tag)
- Durchführungszeit: eher mittel (> 1 Stunde bis < 1 Tag)
- Einsatzfrequenz: sinnvoll im dauerhaften Einsatz
- Einsatzradius: vornehmlich im projektweiten Einsatz
- Komplexität für den Moderator: eher mittel
- Komplexität für die Teilnehmer: eher mittel
- Teamgröße: Einzelpersonennutzung möglich
- Teamgröße: Kleingruppe möglich (3 bis 5 Teilnehmer)
- Teamgröße: Mittelgroße Teams möglich (5 bis 20 Teilnehmer)
- Vorbereitungszeit: eher mittel (> 1 Stunde bis < 1 Tag)

Input für eine zielführende Arbeit mit der Methode

- Aktuell existierende Geschäftsmodelle
- Aktuell existierende Produkte und Services
- Ideen und Projekte, die zur Umsetzung anstehen
- Produktmerkmale, Skizzen, Eigenschaften

Output und beobachtete Ergebnisse der Methode

- Erzeugt Listen von Chancen und Risiken
- Erzeugt Prognosen und Ableitungen
- Erzeugt Ideen, Lösungsansätze, Vorideen, Möglichkeiten
- Erzeugt Leitfragen für die Ideenfindung
- Erzeugt Planungen und Priorisierungen
- Erzeugt angereicherte Ideen, Ideencluster, höher integrierte Lösungen
- Erzeugt größere Klarheit zu einem Thema
- Identifiziert vorhandene Schwachstellen
- Identifiziert vorhandene Stärken

Hinderniseffekte, auf die die Methode positiv wirkt

- Beugt blinden Flecken/Betriebsblindheit vor
- Bewahrt vor zu generischen Ideen und Aussagen
- Schafft für den Erfolg nötige Realitätsbezüge
- Schafft schnell Klarheit und beschleunigt Erkenntnisgewinn
- Schwächt multidisziplinäre Reibungsverluste
- Schwächt das Leben in der Vergangenheit
- Verhindert blinden Aktionismus

- Verhindert einseitige Bewertungen und Entscheidungen
- Verhindert unreflektiertes agieren

Mögliche Extravorteile der Methode

- Möglicher Extravorteil für Teams mit einem starkem Auftragsmandat
- Möglicher Extravorteil für Teams mit einer konservativen, tradierten Kultur
- Möglicher Extravorteil für innovativ ungeübte Teams
- Möglicher Extravorteil für die Arbeit mit digitalen Kollaborationsboards
- Möglicher Extravorteil für in Nachhaltigkeitsthemen erfahrene Teams
- Möglicher Extravorteil für in Nachhaltigkeitsthemen ungeübte Teams

Quellen

Artikel – Eccles, R. G., & Serafeim, G. The Performance Frontier (Harvard Business Review, 2013)

Artikel – Elkington, J. Cannibals with Forks (Capstone Publishing, 1997)

Artikel – Wiek, A., & Iwaniec, D. Sustainable Futures Futures, 65, 2014, 45-56)

Buch –Das große Handbuch Innovation, Benno van Aerssen & Christian Buchholz (Vahlen, 2018)

Person – Thomas Appel, Thomas Appel Consulting, thoap@tac4u.net

Person- Hila Attaie, www.inno-jump.com, hila.attaie@inno-jump.com

Sustainable Inspiration Cards

Quelle: verrocchio Institute

EinSatzBeschreibung

Die Sustainable Inspiration Cards verhelfen in jeder Ideenfindung zu neuen Inspirationen für mehr Nachhaltigkeit.

Working Guide/Anwendungsfelder

P1 Sensibilisierung/Bildung	P2 Matching Recht/Gesetz	P3 Sustainability Roadmap	P4 Produkt/Prozessdesign	P5 Implementierung/Monitoring	P6 Kommunikation	P7 Organisation	P8 Führung	P9 Business Model Design	P10 Skalierung
			X						

Beschreibung

Nach den 17 UN Sustainable Development Goals kategorisiert, ist jede Karte ein neuer, nachhaltiger Blickwinkel für die Ideengenerierung. Damit helfen die Cards Ihnen mehr spannenden Ideen zu finden, die auf Nachhaltigkeit einzahlen, und damit Ideen ökologischer und sozialer zu denken.

Die 130 Karten können in Workshops als externe Inspirationen bei der Ideenfindung genutzt werden oder bei der nachhaltigen Ausgestaltung einer Idee weiterhelfen. Sie werden eingesetzt, wenn Sie sich fragen:

- Wie finde ich nachhaltige Ideen?
- Wie mache ich erste, bestehende Ideen nachhaltiger?
- Wie bringe ich Ideenfindungen wieder in Schwung und richte den Fokus auf Nachhaltigkeit?
- Wie inspiriere ich meine Teilnehmenden und finde wirklich neue, nachhaltige Ideen?
- Wie kann ich sowohl online als auch vor Ort Ideenfindungen für mehr Nachhaltigkeit „out of the box" gestalten?

Durchführung

Sie können in einem Workshop die Sustainable Inspiration Cards nutzen, um nachhaltige Ideen zu einer unternehmerischen Herausforderung zu finden, oder bereits erste Lösungsideen ökologischer und sozialer zu gestalten. Beide Formate werden im Folgenden beschrieben:

Format 1: Nachhaltige Ideen finden

Schritt 1: Vorbereitung und Vorstellung der Herausforderung

Verteilen Sie alle erworbenen 130 Sustainable Inspiration Cards großflächig auf Tischen im Raum. Achten Sie darauf, dass die einzelnen Karten gut erkennbar sind, aber dennoch eng beieinander liegen. So entsteht eine große „Inspirations-Tischdecke". Legen Sie große Post-its und fette Markstifte für die Ideen bereit.

Stellen Sie anschließend der Workshop-Gruppe die zu lösende Herausforderung als Fragestellung vor.

Formulieren Sie beispielsweise als „Wie können wir …" Frage (How-might-we Question). Stellen Sie sicher, dass jeder Teilnehmende das gleiche Verständnis von der Herausforderung hat.

Schritt 2: Ideensammlung

Fordern Sie jeden Teilnehmenden auf, sich mit Post-it-Block und Stift durch den Raum zu bewegen und die Karten zu sichten. Wenn eine Karte eine oder mehrere Ideen triggert, wird die Karte herausgenommen. Die dazugehörigen Ideen werden einzeln auf Post-its geschrieben. Anschließend wird die Karte wieder zurückgelegt und die nächste Karte gesucht.

Jeder schreibt dabei für sich – es wird nicht gesprochen. Alternativ kann auch in 2er-Teams gearbeitet werden.

Machen Sie die Teilnehmenden darauf aufmerksam, dass nicht jede Karte bei allen eine Idee triggert. Jeder reagiert anders auf die Motive. Daher betonen Sie, die Karten so lange zu überfliegen, bis einen eine Karte anspricht. Der Ideentrigger kann entweder das Bild, der Text, oder die Kombination aus beidem sein.

Schritt 3: Sichern und clustern an der Pinnwand

Hängen Sie die gesammelten Ideen der Teilnehmenden sichtbar an einer Wand oder Pinnwand auf. Lassen Sie die Ideen zum Schluss von den Teilnehmenden thematisch clustern.

Quelle: verrocchio Institute

Sustainable Inspiration Cards Beispielkarte (Quelle: verrocchio Institute)

Format 2: Ideen nachhaltig anreichern

Schritt 1: Erste Ideen finden

Nutzen Sie eine Kreativitätstechnik Ihrer Wahl, mit der die Teilnehmenden viele erste Ideen zu Ihrer Herausforderung sammeln. Machen Sie anschließend alle Ideen an einer Wand oder Pinnwand sichtbar. Optional kann die Ideenmenge reduziert und eine erste Auswahl durch eine Bewertung getroffen werden.

Nun lassen Sie jeden Teilnehmenden eine Idee auswählen, die er weiter anreichern und weiterdenken möchte.

Schritt 2: Erste Anreicherung mit einer Card

Bereiten Sie eine leere, große Wandfläche oder Pinnwand vor, auf der jeder Teilnehmende in einem eigenen Bereich arbeiten kann. Legen Sie die Sustainable Inspiration Cards separat auf einem großen Tisch bereit.

Jeder Teilnehmende klebt nun seine ausgewählte Idee an die Wand zentral in die Mitte seines Bereichs, sucht sich eine Sustainable Inspiration Card, die ihm zusagt, frei vom Tisch aus und klebt sie zu seiner Idee dazu.

Nun werden mithilfe der Inspiration Card weitere Ideen geschrieben und dazu geklebt. Diese Ideen können entweder die ursprüngliche Idee nachhaltiger gestalten, oder es können ganz neue, nachhaltige Ideen sein.

Schritt 3: Zweite Anreicherung mit einer weiteren Card

Drehen Sie mit den Teilnehmenden eine zweite Runde: Alle suchen sich eine weitere Sustainable Inspiration Card aus – nur dieses Mal blind nach Zufall. Es werden mit dieser neuen Inspiration weitere nachhaltige Ideen geschrieben und dazu gehangen.

Schritt 4: Clustern an der Pinnwand

Hängen Sie alle gesammelten Ideen der Teilnehmenden an einer zentralen Wand oder Pinnwand um. Lassen Sie die Ideen zum Schluss von den Teilnehmenden thematisch clustern.

Sustainable Inspiration Cards Beispielkarte (Quelle: verrocchio Institute)

Sustainable Inspiration Cards

Wirkfeld der Methode

- Wirksam für Herausforderungen mit mittlerer Komplexität
- Wirksam für Herausforderungen mit niedriger Komplexität
- Wirksam für nachhaltiges Produktdesign
- Wirksam für nachhaltiges Servicedesign

Transformationsfähigkeit Ihres Teams

- Fördert die Sensibilisierung
- Fördert die Teamkreativität
- Fördert grundlegend die Kreativität
- Fördert offene Mindsets und innovative Denkhaltungen
- Sorgt für Inspiration oder bessere Inspirationsempfindlichkeit
- Zahlt auf eine bessere Vorstellungskraft ein

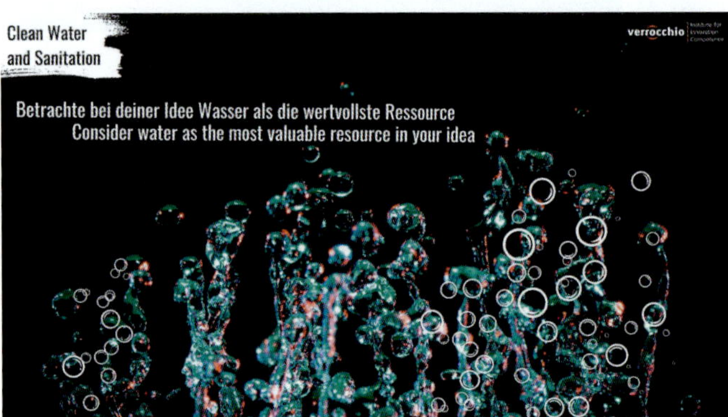

Sustainable Inspiration Cards Beispielkarte (Quelle: verrocchio Institute)

Einsatzcharakteristik/Arbeitsrahmen

- Austauschfokus: vornehmlich mit internen Personen
- Durchführungszeit: eher gering (< 1 Stunde)
- Einsatzfrequenz: vornehmlich im einmaligen Einsatz
- Einsatzradius: vornehmlich im Teameinsatz
- Einsatzradius: vornehmlich im projektweiten Einsatz
- Einsatzradius: vornehmlich im unternehmensweiten Einsatz
- Komplexität für den Moderator: eher gering
- Komplexität für die Teilnehmer: eher gering
- Teamgröße: Großgruppen möglich (> 50 Teilnehmer)
- Teamgröße: Kleingruppe möglich (3 bis 5 Teilnehmer)
- Teamgröße: Maxigruppen möglich (20 bis 40 Teilnehmer)
- Teamgröße: Mittelgroße Teams möglich (5 bis 20 Teilnehmer)
- Vorbereitungszeit: eher gering (< 1 Stunde)

Input für eine zielführende Arbeit mit der Methode

- Aktuelle Herausforderung, Leitfrage, Problem
- Beteiligte Personen mit Tätigkeiten und Aufgaben
- Verschiedene Meinungen und Blickwinkel
- Merkmale der gegebenen Herausforderung

Sustainable Inspiration Cards Beispielkarte (Quelle: verrocchio Institute)

Output und beobachtete Ergebnisse der Methode

- Erzeugt Ideen für neue Märkte und neue Business Modelle
- Erzeugt Ideen, Lösungsansätze, Vorideen, Möglichkeiten
- Erzeugt angereicherte Ideen, Ideencluster, höher integrierte Lösungen
- Erzeugt besseren Teamspirit, mehr Offenheit, Inspirationsempfindlichkeit
- Erzeugt kollaborative Lösungen und Ideen
- Erzeugt neues Wissen und neue Erfahrungen
- Erzeugt motiviertere und transformationsfähigere Teilnehmer

Hinderniseffekte, auf die die Methode positiv wirkt

- Bewahrt vor zu generischen Ideen und Aussagen
- Bindet eher introvertierte Teammitglieder mit ein
- Dynamisiert und aktiviert wenig dynamische Teams
- Fördert gehemmte Teammitglieder
- Schwächt den „Inneren Zensor“
- Verkürzt und durchbricht vorhandene Kreativblockaden
- Wirkt fehlender Inspiration entgegen

Mögliche Extravorteile der Methode

- Möglicher Extravorteil für Teams in einer Komfortsituation
- Möglicher Extravorteil für Teams mit einer konservativen, tradierten Kultur
- Möglicher Extravorteil für innovativ ungeübte Teams
- Möglicher Extravorteil für in Nachhaltigkeitsthemen ungeübte Teams

Quellen

Organisation – verrocchio Institute for Innovation Competence AG, www.verrocchio.institute

Person – Entwicklerinnen der Cards: Malvine Klecha, Hila Attaie (innojump) und Jennifer van Aerssen (Illustration)

Sustainable Ishikawa

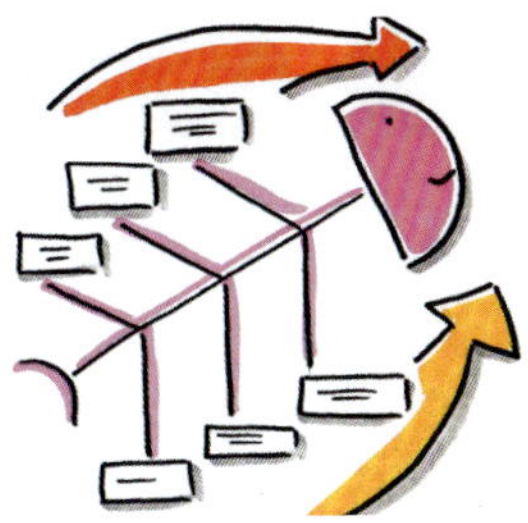

EinSatzBeschreibung

Die Methode „Sustainable Ishikawa" stellt eine Weiterentwicklung der ursprünglichen Ishikawa-Methode dar und unterstützt Unternehmen dabei, mithilfe einer systematischen Analyse potenzieller Hindernisse Lösungsansätze zur Bewältigung planetarer Herausforderungen zu entwickeln.

Working Guide/Anwendungsfelder

P1 Sensibilisierung/Bildung	P2 Matching Recht/Gesetz	P3 Sustainability Roadmap	P4 Produkt/Prozessdesign	P5 Implementierung/Monitoring	P6 Kommunikation	P7 Organisation	P8 Führung	P9 Business Model Design	P10 Skalierung
		X	X					X	

Beschreibung

Das Ishikawa-Modell ist als Ursache-Wirkungs-Diagramm weit bekannt. Durch die anschauliche grafische Darstellung unterstützt es Anwender, Ursachen zu identifizieren, die zu einem bestimmten Ergebnis führen. Ursprünglich wurde es für das Qualitätsmanagement entwickelt, um Qualitätsprobleme und die zugrunde liegenden Ursachen zu analysieren.

Sustainable Ishikawa ist ein innovativer Ansatz, der zur Bewältigung planetarer Herausforderungen durch eine systematische Analyse und gezielte Lösungsfindung entwickelt wurde. Sie bildet eine ganzheitliche Herangehensweise und richtet sich an Projektteams, die nicht nur für das Design, sondern auch für die Umsetzung von planetaren Zielsetzungen verantwortlich sind.

Die Methode basiert auf dem bewährten Ursache-Wirkungs-Diagramm und konzentriert sich auf sechs zentrale Einflussgrößen bzw. Kategorien, die im planetaren Kontext relevant sind: Planet, People, Profit, Product, Process, Partnership.

In der Kategorie **Planet** betrachten wir relevante Aspekte der Herausforderung, die einen direkten oder indirekten Einfluss auf den Planeten haben. Hier sind einige Beispiele dafür, wie verschiedene Faktoren auf den Zustand des Planeten Einfluss nehmen können:

- **Biodiversität**: Der Verlust von Artenvielfalt und Lebensräumen kann das Gleichgewicht der Ökosysteme stören.
- **Ressourcenknappheit:** Die Erschöpfung natürlicher Ressourcen wie Wasser, Boden und Rohstoffe wirkt sich auf die Nachhaltigkeit und Lebensfähigkeit unseres Planeten aus.
- **Umweltverschmutzung:** Luft-, Wasser- und Bodenverschmutzung haben weitreichende Auswirkungen auf die Gesundheit von Menschen und Natur.
- **Erneuerbare Energien:** Die Umstellung von fossilen Brennstoffen auf erneuerbare Energiequellen kann den CO_2-Ausstoß reduzieren und den Planeten nachhaltiger gestalten.

People bezieht sich auf Menschen oder Gruppen, die in direkter oder indirekter Beziehung zu der Herausforderung stehen. Sie haben relevanten Einfluss auf die Herausforderung oder werden davon beeinflusst. Hier einige Themenfelder, die das Verhalten dieser Menschen (z. B. Mitarbeitende, Verbraucher) stark beeinflussen können:

- **Mindset:** Umfassendes Wissen über die Herausforderung, das Verständnis von Zusammenhängen und die Auswirkung des eigenen Handelns trägt maßgeblich zum Gelingen einer planetaren Lösung bei.
- **Beteiligung:** Die Beteiligung der Menschen an Entscheidungsprozessen ermöglicht es, ihre Bedürfnisse und Meinungen angemessen zu berücksichtigen.
- **Know-how:** Eine umfassende Bildung befähigt Menschen zum Handeln und trägt zur Lösung globaler Probleme bei.

Profit: Diese Einflussgröße bezieht sich auf wirtschaftliche Aspekte und finanzielle Nachhaltigkeit. Hier sind einige Beispiele für Faktoren, die darauf Einfluss nehmen können:

- **Werteschaffung:** Die Schaffung von Mehrwert durch nachhaltige Geschäftspraktiken (wie Umweltschutz, soziale Verantwortung, Ethik und Transparenz) fördert langfristigen Erfolg.
- **Kostenoptimierung:** Nachhaltiges Wirtschaften (über z. B. Kreislaufwirtschaft, Upcycling, Share Economy) kann Kostenreduktionen durch Effizienzsteigerungen und Ressourceneinsparungen ermöglichen.
- **Investitionen:** Nachhaltige Investitionen und Finanzierungen unterstützen Projekte mit positivem gesellschaftlichem und ökologischem Einfluss.

Product bezieht sich auf Produkte, Dienstleistungen und Güter, die es im Rahmen der planetaren Herausforderung zu optimieren gilt. Hier sind folgende Aspekte zu betrachten:

- **Nachhaltiges Design:** Die Entwicklung von Produkten mit Rücksicht auf Umweltauswirkungen und Langlebigkeit trägt zur Ressourcenschonung bei.
- **Rohstoffverwendung:** Die Wahl von Materialien und Ressourcen hat Auswirkungen auf die Umwelt und Nachhaltigkeit
- **Product Life Cycle:** Produkte sollten auf ihre gesamten ökologischen Auswirkungen über ihren Lebenszyklus hinweg bewertet werden.

Bei der Einflussgröße **Process** handelt es sich um Prozesse, Abläufe, Methoden, die für die Entwicklung, die Produktion, den Vertrieb, die Vermarktung, die Kommunikation oder anderweitig mit der planetaren Herausforderung in Verbindung stehen. Einige Beispiele folgen:

- **Technologische Innovation:** Die Einführung fortschrittlicher Technologien wie Automatisierung, IoT und KI kann die Effizienz und Nachhaltigkeit von Produktionsprozessen verbessern.

Sustainable Ishikawa

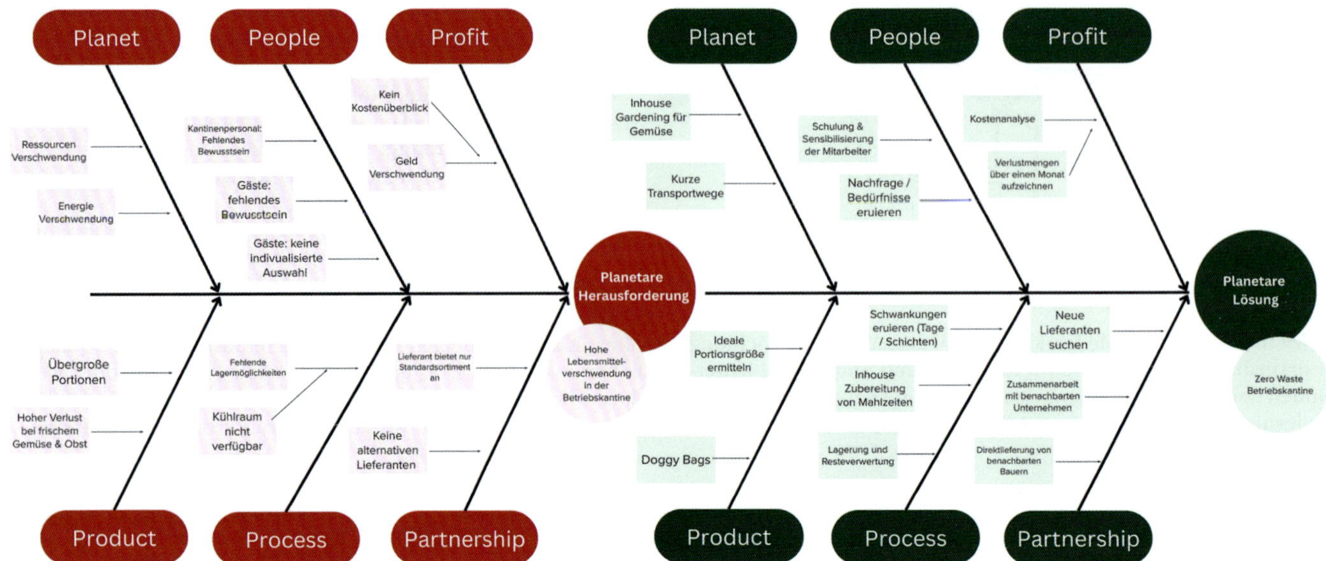

- **Abfallminimierung:** Einsatz von Verfahren, um Abfall zu minimieren, wiederverwertbare Materialien zu trennen und Abfälle möglichst zu vermeiden trägt erheblich zu planetaren Lösungen bei.
- **Energieeffizienz:** Energieeffiziente Produktionsprozesse, um den Energieverbrauch zu reduzieren und Treibhausgasemissionen zu minimieren, stellen einen wesentlichen Beitrag zu planetarer Lösungen dar.

Partnership schaut auf die Zusammenarbeit, Kooperation und Vernetzung mit externen Partnern (wie z. B. Lieferanten, Forschungseinrichtungen etc.), um planetare Lösungen effizient und effektiv umzusetzen. Dazu gehören zum Beispiel:

- **Kollaborative Forschung:** Zusammenarbeit in Forschung und Entwicklung ermöglicht innovativere Lösungen.
- **Lieferkettenmanagement:** Verantwortungsvolle Lieferketten tragen zur Nachhaltigkeit und sozialen Gerechtigkeit bei.
- **Gemeinsame Projekte:** Kooperative Projekte und Initiativen haben oft einen größeren Einfluss als isolierte Bemühungen.
- **Wissensaustausch:** Erfahrungsaustausch und gemeinsames Lernen führen zu besseren Ergebnissen.
- **Netzwerke und Plattformen:** Partnerschaften auf Plattformen und in Netzwerken schaffen Möglichkeiten für kollektive Maßnahmen.

> Sustainable Ishikawa besteht aus einem zweistufigen Ansatz. In einem ersten Schritt versuchen wir die aktuelle Herausforderung sowie mögliche Hindernisse in den oben genannten Einflussgrößen genauer zu verstehen. Im zweiten Schritt entwickeln wir gezielte Lösungsansätze zu den identifizierten Hindernissen.

Durchführung

Für die Durchführung benötigen Sie ein großes Blatt Papier oder ein virtuelles Board und Klebezettel. Als Moderator bereiten Sie das Board für die Teamarbeit vor, in dem Sie zwei Ishikawa-Diagramme mit jeweils 6 Kategorien nebeneinander zeichnen. Kennzeichnen Sie die Kategorien in beiden Diagrammen mit Planet, People, Profit, Product, Process, Partnership.

Schritt 1: Herausforderung und Zielsetzung definieren

In einem ersten Schritt definieren Sie mit Ihrem Team die planetare Herausforderung, für die Sie eine Lösung suchen. Schreiben Sie diese gut sichtbar in das dafür vorgesehen Feld (Herausforderung) im ersten Teil des Diagramms (siehe Abbildung).

Schritt 2: Verstehen der Ursachen bzw. Hindernisse

Nachdem die Aufgabenstellung allen Teilnehmenden klar ist, begeben Sie sich mit Ihrem Team in die Analyse- bzw. Verstehens-Phase. Teilen Sie Ihr Team in 2-er Gruppen auf und lassen Sie die Teams jeweils eine Einflussgröße (z. B. Planet, People, Profit, Product, Process oder Profit) bearbeiten.

Bitten Sie Ihre Teams, für die planetare Herausforderung alle relevanten Ursachen bzw. Hindernisse pro Kategorie zu sammeln. Wie in einem Fischgrätendiagramm gilt es, primäre und sekundäre Ursachen/Hindernisse über entsprechende Pfeile schriftlich festzuhalten:

- Welche Umstände führen zu der aktuellen Situation?
- Was sind die Hindernisse, die Sie von der Ideal-Lösung fernhalten?
- Welche Dinge fehlen Ihnen heute, um das Ziel zu realisieren?

- Welche Auswirkungen hat die aktuelle Situation auf die Umwelt/den Planeten?

Schritt 3: Standpunkt definieren

Anschließend lassen Sie die Teams Ihre Überlegungen und Analysenergebnisse in der Gruppe vorstellen. Diskutieren Sie gemeinsam und ergänzen Sie bei Bedarf.

Betrachten Sie nun die Ergebnisse und definieren Sie mit dem Team Ihren Standpunkt. Versuchen Sie Zusammenhänge zu verstehen. Was ist die Hauptursache für die Herausforderung? Wie könnte eine ideale Zielsetzung aussehen? Leiten Sie daraus Ihre planetare Lösung ab, die Sie im Team anstreben möchten.

Halten Sie Ihre Zielsetzung in dem vorgesehenen Feld (Planetare Lösung) im zweiten Teil des Diagramms fest (siehe Abbildung).

Schritt 4: Lösungsansätze entwickeln

Nun gehen Sie mit Ihrem Team auf Ideensuche. Lassen Sie Ihr Team Ansätze zu folgenden Fragestellungen erarbeiten:

- Was braucht es, damit Sie die identifizierten Hindernisse überwinden können?
- Was fehlt Ihnen, um Ihr Ziel zu realisieren?
- Welche Prozesse oder Partner könnten Ihnen helfen, Ihre planetare Lösung zu etablieren?

Arbeiten Sie eine Kategorie nach der anderen durch und halten Sie die Ergebnisse analog zum Schritt 2 im zweiten Teil des Fischgrätendiagramms fest.

Diskutieren und priorisieren Sie zum Schluss die erarbeiteten Lösungsansätze im Team. Bestärken Sie Ihr Team, diese in Tat umzusetzen. Überprüfen Sie regelmäßig die Wirksamkeit der umgesetzten Maßnahmen und passen Sie sie bei Bedarf an.

Wirkfeld der Methode

- Wirksam für Herausforderungen mit mittlerer Komplexität
- Wirksam für Herausforderungen mit niedriger Komplexität
- Wirksam für nachhaltiges Produktdesign
- Wirksam für nachhaltiges Prozessdesign
- Wirksam für nachhaltiges Servicedesign
- Wirksam für nachhaltiges Business Model Design

Transformationsfähigkeit Ihres Teams

- Fördert die allgemeine Transformationsfähigkeit des Teams
- Sorgt für Inspiration oder bessere Inspirationsempfindlichkeit
- Zahlt auf eine bessere Vorstellungskraft ein
- Zahlt auf eine bessere Wahrnehmung ein
- Zahlt auf das Dringlichkeitsempfinden ein
- Erhöht die Lösungsorientierung

Einsatzcharakteristik/Arbeitsrahmen

- Austauschfokus: vornehmlich mit internen Personen
- Durchführungszeit: eher mittel (> 1 Stunde bis < 1 Tag)
- Einsatzfrequenz: vornehmlich im einmaligen Einsatz
- Einsatzradius: vornehmlich im Teameinsatz
- Einsatzradius: vornehmlich im projektweiten Einsatz
- Komplexität für den Moderator: eher mittel
- Komplexität für die Teilnehmer: eher mittel
- Teamgröße: Einzelpersonennutzung möglich
- Teamgröße: Kleingruppe möglich (3 bis 5 Teilnehmer)
- Teamgröße: Mittelgroße Teams möglich (5 bis 20 Teilnehmer)
- Vorbereitungszeit: eher gering (< 1 Stunde)

Input für eine zielführende Arbeit mit der Methode

- Aktuell existierende Geschäftsmodelle
- Aktuell existierende Produkte und Services
- Aktuelle Herausforderung, Leitfrage, Problem
- Existierende Prozesse und Verfahren

Output und beobachtete Ergebnisse der Methode

- Bessere Projekteffizienz, bessere Teamperformance
- Erzeugt Ideen, Lösungsansätze, Vorideen, Möglichkeiten
- Erzeugt Ideensuchfelder, unentdeckte Probleme, Inspiration
- Erzeugt Leitfragen für die Ideenfindung
- Erzeugt spezifischere Leitfragen, Ideen und Aussagen
- Erzeugt größere Klarheit zu einem Thema
- Erzeugt transformationsfähigere Organisationen
- Identifiziert vorhandene Schwachstellen
- Macht Wirkzusammenhänge sichtbar

Hinderniseffekte, auf die die Methode positiv wirkt

- Beugt blinden Flecken/Betriebsblindheit vor
- Bewahrt vor zu generischen Ideen und Aussagen
- Schafft schnell Klarheit und beschleunigt Erkenntnisgewinn
- Schärft eine fehlende gemeinsame Ausrichtung
- Verhindert Ideenfindung mit zu schwacher Erkenntnisgrundlage
- Verhindert blinden Aktionismus
- Verhindert falsche Flughöhen
- Verhindert unreflektiertes agieren
- Verringert zu große Komplexitäten

Mögliche Extravorteile der Methode

- Möglicher Extravorteil für Teams in einer Komfortsituation
- Möglicher Extravorteil für Teams mit einer konservativen, tradierten Kultur
- Möglicher Extravorteil für die Arbeit mit digitalen Kollaborationsboards
- Möglicher Extravorteil für in Nachhaltigkeitsthemen ungeübte Teams

Quellen

Person – Hila Attaie, innojump, hila.attaie@inno-jump.com
Web – https://refa.de/service/refa-lexikon/ishikawa, abgerufen am 23.08.2023

Sustainable Nudging Cards

EinSatzBeschreibung

Kartenset zur Unterstützung der Verhaltensänderung in der Organisation durch die Entwicklung von Nudges.

Working Guide/Anwendungsfelder

P1 Sensibilisierung/Bildung	P2 Matching Recht/Gesetz	P3 Sustainability Roadmap	P4 Produkt/Prozessdesign	P5 Implementierung/Monitoring	P6 Kommunikation	P7 Organisation	P8 Führung	P9 Business Model Design	P10 Skalierung
			X	X	X				

Beschreibung

Nudging, zu Deutsch „anstoßen" oder „sanft lenken", ist eine Verhaltensintervention (also ein Eingriff in das Verhalten von Menschen), die dazu dient, Entscheidungen in eine bestimmte Richtung zu lenken, ohne die Wahlfreiheit der Einzelnen einzuschränken. Die Entwicklung von Nudges ist ein wichtiger Bestandteil der Nachhaltigkeitsstrategie in Organisationen, da z. B. nachhaltiges Verhalten häufig nicht im Bewusstsein verankert ist.

Viele Menschen tun sich schwer damit, passende Nudges für die eigene Organisation zu entwickeln, da grundlegende Kenntnisse der Verhaltensforschung fehlen. Die Sustainable Nudging Cards vom verrocchio Institute helfen Teams bei der Entwicklung von individuellen Nudges für nachhaltiges Verhalten in der eigenen Organisation.

Das Sustainable Nudging Kartenset besteht aus einer Vielzahl von Karten im A5-Format, die jeweils unterschiedliche Prinzipien, Strategien und Beispiele für Nudges enthalten, die auf Nachhaltigkeit ausgerichtet sind. Die Karten beschreiben verschiedene Nudging-Techniken, wie zum Beispiel das Ändern der Default-Optionen (Vorauswahl), das Hervorheben von sozialen Normen oder das Anbieten von unmittelbaren Belohnungen für nachhaltiges Verhalten. Beispiele unterstützen beim Verständnis der Nudges und der Umsetzung in der eigenen Organisation.

Durchführung

Vorbereitung des Workshops: Legen Sie die Ziele des Workshops fest. Beispiel: Wir erarbeiten Ideen, wie wir Mitarbeiter in unserem Unternehmen zu umweltfreundlicherem Verhalten bewegen können.

Wählen Sie vorab passende Sustainable Nudging Cards aus, die zu den Zielen des Workshops passen. Diese können z. B. Themen wie Energieeinsparung, Müllreduktion oder nachhaltige Mobilität abdecken. Alternativ können Sie auch alle Karten nutzen und im Raum auslegen, sodass die Teilnehmenden selbstständig die passenden Karten auswählen.

Bereiten Sie den Raum vor und stellen Sie sicher, dass genügend Platz für Gruppenarbeit vorhanden ist.

Einführung in das Thema Nudging: Beginnen Sie den Workshop mit einer Einführung in das Konzept des Nudging und erläutern Sie, wie es im Kontext der Nachhaltigkeit angewendet werden kann. Besprechen Sie verschiedene Beispiele für erfolgreiches Nudging, um die Teilnehmenden zu inspirieren.

Verteilung der Nudging Cards: Geben Sie jedem Teilnehmer oder jeder Gruppe einen Satz Sustainable Nudging Cards.

Nudging Card (© verrocchio Institute, Jennifer van Aerssen)

Gruppenarbeit: Fordern Sie die Teilnehmenden auf, sich in kleinen Gruppen zu sammeln und die Karten als Inspiration zu nutzen, um Nudges für die zuvor definierten Ziele zu entwickeln. Eine Gruppenaufteilung kann z. B. nach Abteilungen oder Zielen erfolgen z. B. „Nudges für den sparsamen Umgang mit Energie im Büro". Die Teilnehmenden sollen Ideendiskutieren, wie sie die Konzepte auf den Karten an ihre spezifischen Bedürfnisse oder Herausforderungen anpassen können.

Nach der Ideensammlung wählt jede Gruppe die überzeugendsten Nudges aus und bereitet eine kurze Präsentation vor.

Präsentation und Feedback: Die Gruppen stellen ihre Nudge-Strategien vor und erhält Feedback von anderen Teilnehmenden und den Workshop-Leitenden. Alternativ kann bei vielen Ergebnissen ein Voting der Nudges durchgeführt werden, die dann im Unternehmen umgesetzt werden sollen.

Praxisschlaglicht

Eine spannende Variante, die die Kreativität der Teilnehmer fordert: Die Sustainable Nudging Cards werden verdeckt auf einen Tisch ausgelegt. In Gruppen wählen die Teilnehmer eine nachhaltige Challenge und jeder zieht verdeckt eine Karte. Nun wird die Challenge in der Gruppe mit den Karten gelöst, dabei steht die Vielzahl von Ideen im Fokus und nicht in erster Linie die Umsetzbarkeit. Diese wird erst im zweiten Schritt bei der Ideenevaluation betrachtet.

Wirkfeld der Methode

- Wirksam für nachhaltiges Marketing
- Wirksam für nachhaltiges Produktdesign
- Wirksam für nachhaltiges Servicedesign

Transformationsfähigkeit Ihres Teams

- Fördert die Teamkreativität
- Fördert grundlegend die Kreativität
- Fördert offene Mindsets und innovative Denkhaltungen
- Sorgt für Inspiration oder bessere Inspirationsempfindlichkeit
- Erhöht die Lösungsorientierung

Einsatzcharakteristik/Arbeitsrahmen

- Austauschfokus: vornehmlich mit internen Personen
- Durchführungszeit: eher gering (< 1 Stunde)
- Durchführungszeit: eher mittel (> 1 Stunde bis < 1 Tag)
- Einsatzfrequenz: vornehmlich im einmaligen Einsatz
- Komplexität für den Moderator: eher mittel
- Komplexität für die Teilnehmer: eher mittel
- Teamgröße: Einzelpersonennutzung möglich
- Teamgröße: Großgruppen möglich (> 50 Teilnehmer)
- Teamgröße: Kleingruppe möglich (3 bis 5 Teilnehmer)
- Teamgröße: Maxigruppen möglich (20 bis 40 Teilnehmer)
- Teamgröße: Mittelgroße Teams möglich (5 bis 20 Teilnehmer)
- Vorbereitungszeit: eher mittel (> 1 Stunde bis < 1 Tag)

Input für eine zielführende Arbeit mit der Methode

- Aktuell existierende Produkte und Services
- Aktuelle Herausforderung, Leitfrage, Problem
- Angereicherte Ideen, Ideencluster oder höher integrierte Lösungen
- Ideen und Projekte, die zur Umsetzung anstehen

Output und beobachtete Ergebnisse der Methode

- Erzeugt Ideen, Lösungsansätze, Vorideen, Möglichkeiten
- Erzeugt angereicherte Ideen, Ideencluster, höher integrierte Lösungen
- Erzeugt kollaborative Lösungen und Ideen

Hinderniseffekte, auf die die Methode positiv wirkt

- Dynamisiert und aktiviert wenig dynamische Teams
- Fördert gehemmte Teammitglieder
- Schwächt Angst vor Neuem (Cainophobie)
- Verkürzt und durchbricht vorhandene Kreativblockaden
- Wirkt fehlender Inspiration entgegen
- Fördert Optimismus und Zuversicht

Mögliche Extravorteile der Methode

- Möglicher Extravorteil für Teams in einer Komfortsituation
- Möglicher Extravorteil für agile Teams
- Möglicher Extravorteil für innovativ erfahrene Teams
- Möglicher Extravorteil für in Nachhaltigkeitsthemen erfahrene Teams

Quellen

Buch – Nudge, Thaler/Gebauer (Econ, 2022)

Web – https://www.innovation.wiki/de/navigator/nudging/, abgerufen am 01.11.2023

Organisation – verrocchio Institute for Innovation Competence AG, https://www.verrocchio.institute

Sustainnogility©-Ansatz

EinSatzBeschreibung

Hilft bei der Strategieausrichtung, um nachhaltige Innovationen zu entwickeln und agil umzusetzen.

Working Guide/Anwendungsfelder

P1 Sensibilisierung/Bildung	P2 Matching Recht/Gesetz	P3 Sustainability Roadmap	P4 Produkt/Prozessdesign	P5 Implementierung/Monitoring	P6 Kommunikation	P7 Organisation	P8 Führung	P9 Business Model Design	P10 Skalierung
		X			X		X	X	

Beschreibung

Sustainnogility© steht für die drei Dimensionen Nachhaltigkeit, Innovationsfähigkeit und Agilität im Unternehmen. Nachhaltigkeit im Unternehmen etablieren, Innovationsfähigkeit fördern und Agilität bei der Umsetzung ermöglichen sind die Erfolgsfaktoren für eine Zukunftsresilienz. Wenn wir alle drei Dimensionen zusammen denken, erweitern wir den Möglichkeitsraum für neue Ideen und Potenziale. Die strategische Grundstruktur dieser Herangehensweise schafft Klarheit in volatilen Zeiten. Die Antworten auf das warum, was und wie stehen in direktem Zusammenhang.

Sustainnogility© ist ein strategischer Ansatz, der Nachhaltigkeit als festen Bestandteil der Unternehmensstrategie mit einbezieht und die Zusammenhänge der drei Dimensionen verdeutlicht:

- Nachhaltigkeit → **Warum** machen wir?
- Innovationsfähigkeit → **Was** machen wir?
- Agilität → **Wie** setzten wir um?

Durchführung

Die Strategiearbeit im Unternehmen folgt den drei Dimensionen:

Dimension 1 – Sustainability: Die Unternehmensvision und Strategie geben uns Aufschluss über das *Wohin* (will sich das Unternehmen entwickeln). Nachhaltigkeit soll als Teil der Identität und der Ausrichtung der Organisation wahrgenommen werden.

Vorgehensweise: Leitfragen im Kontext Nachhaltigkeit beantworten und klar formulieren:

1. Wer sind wir als Unternehmen – wofür stehen wir?
2. *Warum* machen wir?

Nachhaltigkeit wird durch die klare Berücksichtigung in der Vision und Strategie als Teil des Denkens und Handelns bei der Gestaltung zukünftiger Produkte, Geschäftsmodelle, Prozesse sowie in der Führung und Kulturentwicklung verstanden.

Dimension 2 – Innovationsfähigkeit: Ist das Warum beantwortet, lässt sich das „*Was* machen wir konkret" bearbeiten. Und hierfür braucht es die Innovations-fähigkeit von Menschen und Teams in der Organisation. Für die Entwicklung nachhaltiger Innovationen braucht es Raum für Kreativität. Ein zusätzlicher Blick auf etwaige Limitierungen, Zusammenarbeit und weitere beeinflussende Faktoren ist notwendig, um innovative Ideen entstehen zu lassen.

Dimension 3 – Agilität: „*Wie* machen wir" es möglich, dass neue Ideen auch die Chance haben sich als Innovation zu etablieren. Wie können wir ein Arbeitsumfeld schaffen, in dem Agilität in der Umsetzung ermöglicht und gelebt wird. Außerdem ist es das iterative Vorgehen sowie ein schnelles Lernen aus etwaigen Fehlern, was eine kontinuierliche Weiterentwicklung ermöglicht.

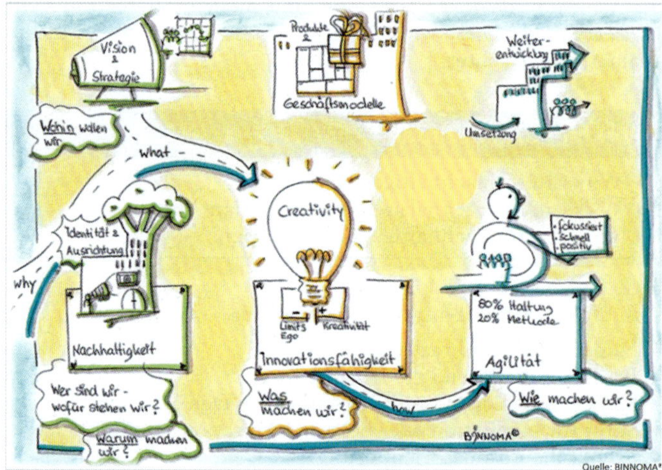

Quelle: BINNOMA®

Auf Basis der drei Dimensionen von Sustainnogility© werden jeweils Handlungsbedarfe identifiziert (wo gibt es Ansatzpunkte im Unternehmen) und konkrete Maßnahmen abgeleitet.

Wirkfeld der Methode

- Wirksam für Herausforderungen mit hoher Komplexität
- Wirksam für Herausforderungen mit mittlerer Komplexität
- Wirksam für Herausforderungen mit niedriger Komplexität
- Wirksam für nachhaltiges Marketing
- Wirksam für nachhaltiges Produktdesign
- Wirksam für nachhaltiges Prozessdesign
- Wirksam für nachhaltiges Servicedesign
- Wirksam für nachhaltiges Business Model Design

Transformationsfähigkeit Ihres Teams

- Fördert die Sensibilisierung
- Fördert die allgemeine Transformationsfähigkeit des Teams
- Zahlt auf ein positives Zukunftsbild ein
- Zahlt auf das Dringlichkeitsempfinden ein

Einsatzcharakteristik/Arbeitsrahmen

- Austauschfokus: vornehmlich mit internen und externen Personen
- Durchführungszeit: eher hoch (> 1 Tag)
- Einsatzfrequenz: vornehmlich im einmaligen Einsatz
- Einsatzradius: vornehmlich im unternehmensweiten Einsatz
- Komplexität für den Moderator: eher hoch
- Komplexität für die Teilnehmer: eher hoch
- Teamgröße: Einzelpersonennutzung möglich
- Teamgröße: Kleingruppe möglich (3 bis 5 Teilnehmer)
- Teamgröße: Mittelgroße Teams möglich (5 bis 20 Teilnehmer)
- Vorbereitungszeit: eher mittel (> 1 Stunde bis < 1 Tag)

Input für eine zielführende Arbeit mit der Methode

- Aktuell existierende Geschäftsmodelle
- Aktuell existierende Produkte und Services
- Aktuelle Herausforderung, Leitfrage, Problem

Output und beobachtete Ergebnisse der Methode

- Erzeugt definierte Zielkorridore
- Erzeugt eine Vision oder Zukunftsbild
- Erzeugt größere Klarheit zu einem Thema
- Erzeugt mehr Agilität im Team
- Erzeugt motiviertere und transformationsfähigere Teilnehmer
- Identifiziert vorhandene Schwachstellen
- Identifiziert vorhandene Stärken

Hinderniseffekte, auf die die Methode positiv wirkt

- Überzeugt Zweifler, Bewahrer, Kritiker
- Fördert Optimismus und Zuversicht

Mögliche Extravorteile der Methode

- Möglicher Extravorteil für Teams mit einem starkem Auftragsmandat

Quellen

Buch – Die Innovationsfähigkeit von Unternehmen messen, analysieren und steigern. Jens-Uwe Meyer. (BusinessVillage, 2015)
Organisation – BöhringerInnovationsManagement, www.binnoma.de
Person – Sabine Böhringer, sabine.boehringer@binnoma.de
Web – Prof. Peter Kruse über Kreativität, https://www.youtube.com/watch?v=oyo_oGUEH-I, abgerufen am 01.04.2024

System Map Klima – Ressourcen – Müll

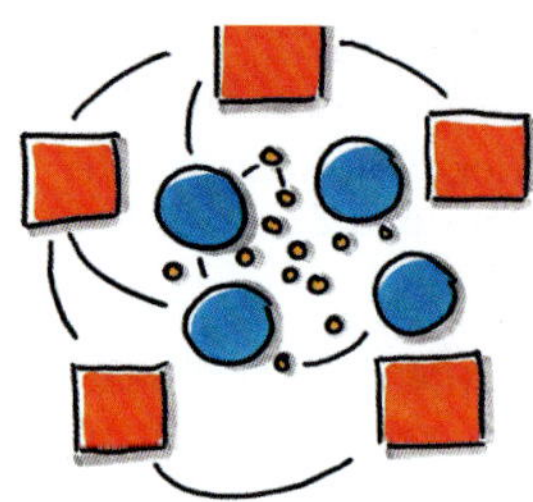

EinSatzBeschreibung

Die System Map sensibilisiert für die globalen, planetaren und lokalen Zusammenhänge der Problemfelder Klima, Ressourcen und Müll und macht damit die Konsequenzen und Wirkungen menschlichen Handelns auf die Umwelt bewusst.

Working Guide/Anwendungsfelder

P1 Sensibilisierung/Bildung	P2 Matching Recht/Gesetz	P3 Sustainability Roadmap	P4 Produkt/Prozessdesign	P5 Implementierung/Monitoring	P6 Kommunikation	P7 Organisation	P8 Führung	P9 Business Model Design	P10 Skalierung
X									

Beschreibung

In unserer komplexen, systemischen Welt sind keine großen Krisen mehr singulär. Ursache und Wirkung lassen sich oft nicht mehr einfach erkennen und Wirkzusammenhänge sind für Menschen immer schwerer zu durchschauen. Was hängt mit wem auf welche Weise zusammen? Die System Map von der Cradle-to-Cradle-NGO erleichtert Menschen einen Einstieg in die Zusammenhänge der drei großen Problemfelder Klimawandel, Ressourcenkrise und Müllerzeugung und lässt sie selbst die Interdependenzen erkennen.

So werden in einem ersten Teil zunächst die negativen Folgen unserer linearen Wirtschafts- und Konsumweise in der „Klima-Ressourcen-Müll Ist-Zustand" Map beleuchtet. Sie zeigt als Rahmenbedingungen den menschlichen Einfluss (orange). Dieser hat größere planetare Problemkomplexe (blau) zur Folge, welche wiederum viele kleinere lokale Konsequenzen (gelb) haben.

Die aufgeführten Aspekte im Einzelnen (siehe auch die Abbildung):

- Menschliche Einflüsse = orange
  - Hoher CO_2-Ausstoß in die Atmosphäre
  - Dauerhaft steigender Wasserverbrauch (Herstellung vieler Güter, Landwirtschaft)
  - Lineare Wirtschaftsweise: Ressourcen werden nicht wiedergewonnen, sondern verschwendet (Müll)
  - Änderungen in der Landnutzung (z. B. Abholzung von Wäldern für Landwirtschaft, Trockenlegung von Mooren)
  - Förderung und Verbrauch von fossilen Brennstoffen (z. B. Erdöl/Erdgas)
  - (chemische) Umweltverschmutzung (Mikroplastik, Pestizide, etc.)
- Planetare Konsequenzen = blau
  - Trockenheit/Dürren/Wassermangel
  - Erderwärmung
  - Vegetation geht zurück (Wälder, Büsche, Gras, Moore, usw.)
  - Meere werden saurer und wärmer
  - Knappheit verschiedener Ressourcen (Wasser, Boden, Erdöl, ...)
- Lokale Konsequenzen = gelb
  - Böden trocknen aus
  - Trinkwassermangel
  - Erosion (Bodenabtragung)
  - Gletscher u. Eis auf Land schmelzen
  - Extreme Wetterverhältnisse (Stürme, Hitzewellen)
  - Zunehmende Wüstenbildung
  - Konflikte, Fluchtbewegungen
  - Einbußen in der Landwirtschaft
  - Immer weniger fruchtbare Böden
  - Rohstoffe/Materialien gehen verloren
  - Anstieg des Meeresspiegels
  - Verlust von Biodiversität (Pflanzen und Tiere)
  - Überschwemmungen in Küstenregionen
  - Versalzung der Böden
  - Rohstoffe müssen immer wieder neu gewonnen werden
  - Gefährdete Lebensgrundlage vieler Menschen
  - Viel Müll wird verbrannt oder landet auf Deponien
  - Stetig wachsende Müllberge
  - Abnahme Biodiversität im Meer
  - Großteil der Produkte nicht für Recycling gemacht
  - Natürliche CO_2-Speicher fehlen (Bäume, Moore, ...)
  - Steigende CO_2-Konzentration in der Atmosphäre

In einer zweiten Map „Klima-Ressourcen-Müll C2C-Vision" wird anschließend die Cradle-to-Cradle-Vision erarbeitet, in der die Themen Klima, Ressourcen und Müll nicht mehr negativ behaftet sind. Aus dieser Sicht steht der Menschen mit seinen Handlungen im Zentrum (orange) und beeinflusst durch positives Verhalten verschiedene planetare Phänomene (blau), die ihrerseits wiederum mit zahlreichen Folgen auf lokalerer Ebene verknüpft sind (gelb). Die Map soll zeigen, wie ein kreisläufiges Wirtschaften und Verhalten Lösungen für die einzelnen Aspekte liefert und positive Veränderung anstößt.

Die aufgeführten Aspekte im Einzelnen (siehe auch die Abbildung):

- Menschliche Einflüsse = orange
  - $C0_2$ wird aus Atmosphäre entfernt & in Kreisläufen geführt
  - Nutzwasser wird in Kreisläufen geführt, der natürliche Wasserkreislauf wird geschützt und gefördert
  - Cradle-to-Cradle: Materialien und Ressourcen zirkulieren kontinuierlich in der Bio- oder Technosphäre
  - Ökologisch nachhaltige Bewirtschaftung von Wäldern, menschliche Infrastruktur kein Gegensatz zur Natur (Städte wie Wälder)
  - 100 Prozent Erneuerbare Energien, kein Verbrauch von fossilen Brennstoffen

  - Alle Materialien und Produkte sind innerhalb ihres Nutzungsszenarios gesund für Mensch und Umwelt
- Planetare Konsequenzen = blau
  - Wasserkreisläufe sind intakt
  - Erderwärmung ist rückläufig
  - Ökosysteme erholen sich und Mensch und Natur nützen sich gegenseitig
  - Die Versauerung und Erwärmung der Meere nehmen wieder ab
  - Schutz verschiedener Ressourcen (Wasser, Böden)
- Lokale Konsequenzen = gelb
  - Bodenökosysteme bleiben erhalten und erholen sich
  - Sauberes und gesundes (Trink-)Wasser
  - gesunde und fruchtbare Bodenökosysteme
  - weniger Überschwemmungen in Küstenregionen
  - weniger extreme Wetterverhältnisse (Stürme, Hitzeperioden)
  - Erhalt und Erholung von Gletschern und Eis auf Land
  - Alle Produkte sind dafür gemacht in Kreisläufen zu zirkulieren
  - Stabilisierung des Meeresspiegels (langfristig)
  - Das Konzept Müll existiert nicht mehr
  - Schutz bzw. Förderung von Biodiversität (Pflanzen, Tiere, Insekten)
  - ökologische und regenerativer Landwirtschaft
  - Sinkende CO_2- Konzentration in der Atmosphäre
  - Deponien und Verbrennungsanlage sind überflüssig
  - Lebensgrundlage aller Menschen gesichert
  - Mehr natürliche CO_2-Speicher (Bäume, Moore, ...)
  - Rohstoffe müssen nicht immer wieder neu gewonnen werden
  - Materialien/Rohstoffe werden immer wieder verwendet
  - Klimapositivität
  - keine Konflikte oder Flucht mehr aufgrund von Klima und Ressourcen
  - Wiederherstellung der Fruchtbarkeit von Böden

Für beide Maps bietet Cradle-to-Cradle zudem ein Lösungsblatt an, in dem alle Verbindungen aufgezeichnet sind.

Dies kann helfen, die Menge der Verbindungen zu visualisieren und zu verdeutlichen, wie sehr die Systeme voneinander abhängig sind.

Durchführung

Schritt 1: Vorbereitung

Bereiten Sie die Materialien vor. Drucken Sie die beiden frei verfügbaren „Klima-Ressourcen-Müll Ist-Zustand" und „Klima-Ressourcen-Müll C2C-Vision" Maps als Poster (DIN A1) oder Arbeitsblätter (DIN A3) aus. Alternativ können Sie die zwei Maps entsprechend den Abbildungen auf jeweils ein großes Brownpaper oder auf Arbeitsblätter abzeichnen.

Schritt 2: Bearbeitung Ist-Zustand Map

Lassen Sie nun die Teilnehmenden Verbindungspfeile in der ersten Map zum Ist-Zustand ziehen. Welche Aspekte hängen zusammen und wie beeinflussen sie sich? Die Teilnehmenden sollen dabei versuchen, so viele Punkte wie möglich miteinander in Verbindung zu setzen. Lassen Sie sie dazu entweder an einem eigenen Arbeitsblatt oder an einem gemeinsamen Poster arbeiten:

- Arbeitsvariante 1: Einzelarbeit mit Arbeitsblatt
  Jeder arbeitet still für sich und zieht Verbindungen.
- Arbeitsvariante 2: Gemeinsames Ausfüllen der Gruppe mit Arbeitsposter

Im Wechsel zeichnet jeder mit Ansage einen Verbindungspfeil. Die anderen Teilnehmenden können zustimmen oder widersprechen. Bei Widerspruch wird kurz diskutiert.

Geben Sie zum Ausfüllen vorab folgende Hilfestellung und zeichnen Sie beispielhaft selbst einen Verbindungspfeil ein:

- Als Ausgangspunkt können die Vierecke (orange) dienen. Sie stellen von Menschen vorgenommene Handlungen dar, die als Ursache für viele weitere Konsequenzen gesehen werden können
- Generell sind Folgeentwicklungen einer Ursache durch größere Kreise (blau) dargestellt. Diese können dann wiederum die Ursache für eine Entwicklung in einem kleineren Kreis (hellgelb) sein. Allerdings können umgekehrt auch die kleinsten Kreise Auswirkungen auf größere haben. Es sind also nicht nur „Einbahnstraßen-Verbindungen" von großen zu kleineren Formen möglich.
- Pfeile können in alle Richtungen gehen, Aspekte können sich auch gegenseitig bedingen, d.h. zwei Aspekte können durch zwei Pfeile in entgegengesetzte Richtung verbunden werden.
- Jeder kann so viele Pfeile eintragen, wie er für sich logische Verbindungen sieht.

Schritt 3: Reflexion

Nachdem die Ist-Zustand Map erarbeitet wurde, reflektieren Sie mit der Gruppe, welche Beziehungen am meisten beeindrucken. Dazu sucht jeder drei Beispiele heraus und formuliert in einem zusammenhängenden Satz die Verbindung der Aspekte. Jeder teilt seine Gedanken mit der Gruppe. Finden Sie gemeinsam die spannendsten und auch erschreckendsten Zusammenhänge.

Schritt 4: Bearbeitung C2C-Vision Map

Legen Sie nun die erste Map zur Seite und verteilen Sie die Arbeitsblätter der C2C-Vision Map oder hängen Sie das Poster auf. Lassen Sie auch hier die Teilnehmenden wieder so viele Verbindungen wie möglich zwischen den einzelnen Aspekten finden, entweder in Einzelarbeit oder gemeinsam am Poster.

Wiederholen Sie die Hilfestellungen aus Schritt 2, damit auch hier die Arbeit flüssig von statten gehen kann.

Schritt 5: Vergleich

Vergleichen Sie mit den Teilnehmenden die beiden Maps und diskutieren Sie gemeinsam die wichtigsten Unterschiede. Auch hier sucht jeder wieder drei Beispiele heraus und formuliert, welche Entwicklungen zwischen dem Ist-Zustand und der C2C-Vision am meisten beeindrucken.

Sie können zudem optional an dieser Stelle die beiden Lösungsblätter der Maps zeigen, um die Vielfalt der Verbindungen zu verdeutlichen.

Schritt 6: Abschließende Diskussion

Diskutieren Sie gemeinsam in der Gruppe, wie wir, einfach gesagt, Map 1 in Map 2 verwandeln können. Wie kommen wir von unserem Ist-Zustand mithilfe von kreislauffähigen Ansätzen in eine Welt, in der positive Zusammenhänge zwischen Klima, Ressourcen und unserer Wirtschaft bestehen?

285

System Map Klima – Ressourcen – Müll

Wenn wenig Wissen in der Gruppe zur Kreislaufwirtschaft vorhanden ist, lassen Sie die Teilnehmenden vor der abschließenden Diskussion zum Beispiel über Cradle-to-Cradle von Michael Braungart und William McDonough als ein Ansatz zur Kreislaufwirtschaft selbstständig recherchieren.

Wirkfeld der Methode

- Wirksam für nachhaltiges Produktdesign
- Wirksam für nachhaltiges Business Model Design

Transformationsfähigkeit Ihres Teams

- Fördert die Sensibilisierung
- Zahlt auf eine bessere Vorstellungskraft ein
- Zahlt auf eine bessere Wahrnehmung ein
- Zahlt auf ein positives Zukunftsbild ein
- Zahlt auf das Dringlichkeitsempfinden ein

Einsatzcharakteristik/Arbeitsrahmen

- Austauschfokus: vornehmlich mit internen Personen
- Durchführungszeit: eher gering (< 1 Stunde)
- Einsatzfrequenz: vornehmlich im einmaligen Einsatz
- Einsatzradius: vornehmlich im Teameinsatz
- Komplexität für den Moderator: eher gering
- Komplexität für die Teilnehmer: eher mittel
- Teamgröße: Einzelpersonennutzung möglich
- Teamgröße: Kleingruppe möglich (3 bis 5 Teilnehmer)
- Teamgröße: Maxigruppen möglich (20 bis 40 Teilnehmer)
- Teamgröße: Mittelgroße Teams möglich (5 bis 20 Teilnehmer)
- Vorbereitungszeit: eher gering (< 1 Stunde)

Input für eine zielführende Arbeit mit der Methode

- Vorhandenes Wissen und Erfahrungen
- Personenmerkmale (Meinungen, Bedürfnisse, Werte, etc.)

Output und beobachtete Ergebnisse der Methode

- Erzeugt neues Wissen und neue Erfahrungen
- Erzeugt eine Vision oder Zukunftsbild
- Erzeugt größere Klarheit zu einem Thema
- Macht Wirkzusammenhänge sichtbar

Hinderniseffekte, auf die die Methode positiv wirkt

- Dynamisiert und aktiviert wenig dynamische Teams
- Schafft für den Erfolg nötige Realitätsbezüge
- Schafft schnell Klarheit und beschleunigt Erkenntnisgewinn
- Schwächt das Leben in der Vergangenheit
- Verringert zu große Komplexitäten

Mögliche Extravorteile der Methode

- Möglicher Extravorteil für Teams in einer Komfortsituation
- Möglicher Extravorteil für Teams mit einer konservativen, tradierten Kultur
- Möglicher Extravorteil für in Nachhaltigkeitsthemen ungeübte Teams

Quellen

Web – https://c2c.ngo/wp-content/uploads/2022/02/AB_Klima-Ressourcen-Mu%CC%88ll_Ist-Zustand.pdf, abgerufen 12.11.23

Web – https://c2c.ngo/wp-content/uploads/2022/02/AB_Klima-Ressourcen-Mu%CC%88ll_C2C-Vision.pdf, abgerufen 12.11.23

Web – https://c2c.ngo/wp-content/uploads/2022/02/System-Map_Klima-Ressourcen-Muell-Ist-Zustand.pdf, abgerufen 12.11.23

Web – https://c2c.ngo/wp-content/uploads/2022/02/System-Map_Klima-Ressourcen-Muell-C2C-Vision.pdf, abgerufen 12.11.23

Organisation – Cradle to Cradle NGO, Berlin, https://c2c.ngo/

Klima-Ressourcen-Müll (Ist-Zustand)

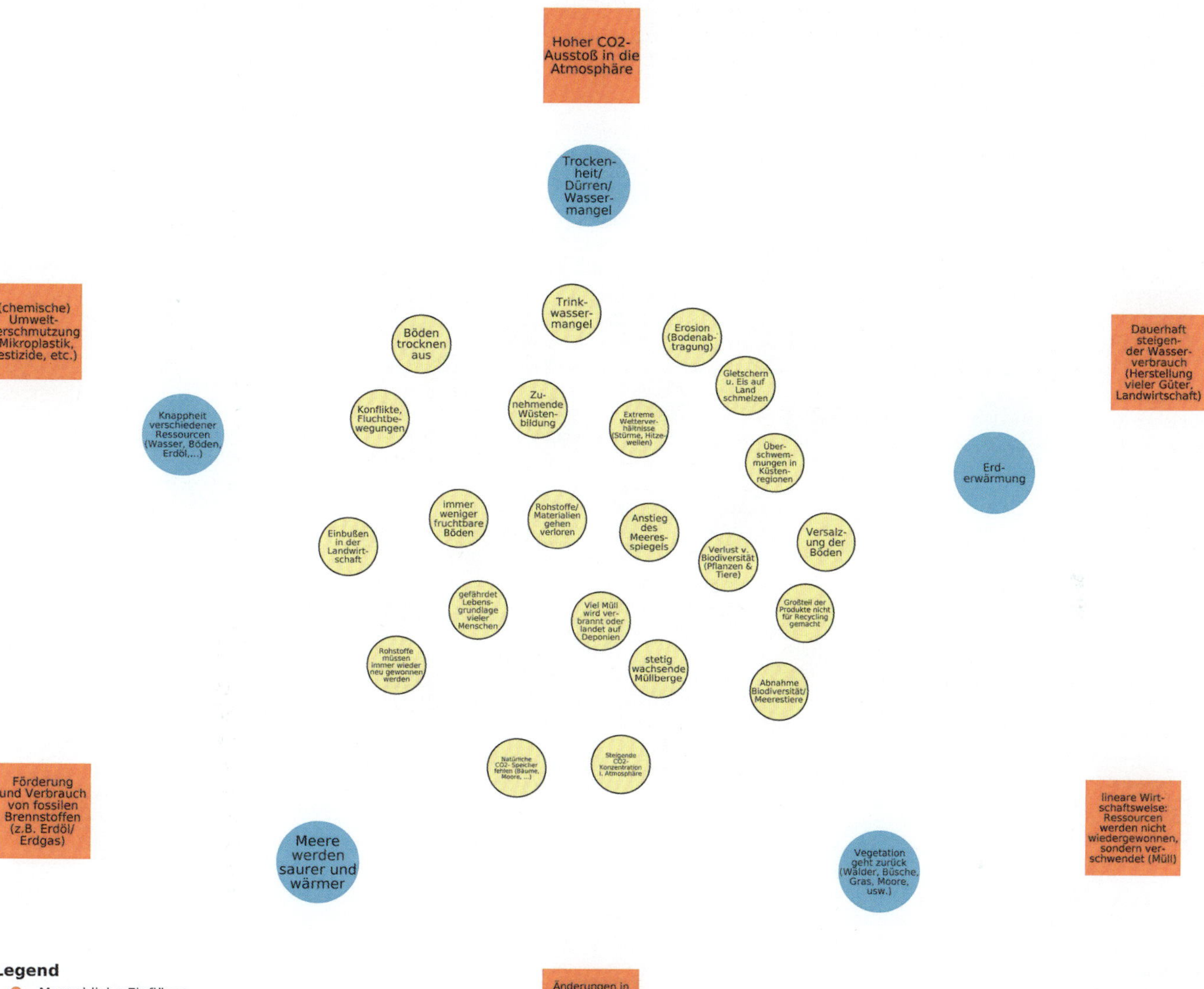

Arbeitsblatt Klima-Ressourcen-Müll Ist-Zustand (Quelle: Cradle-to-Cradle NGO)

285

System Map Klima – Ressourcen – Müll

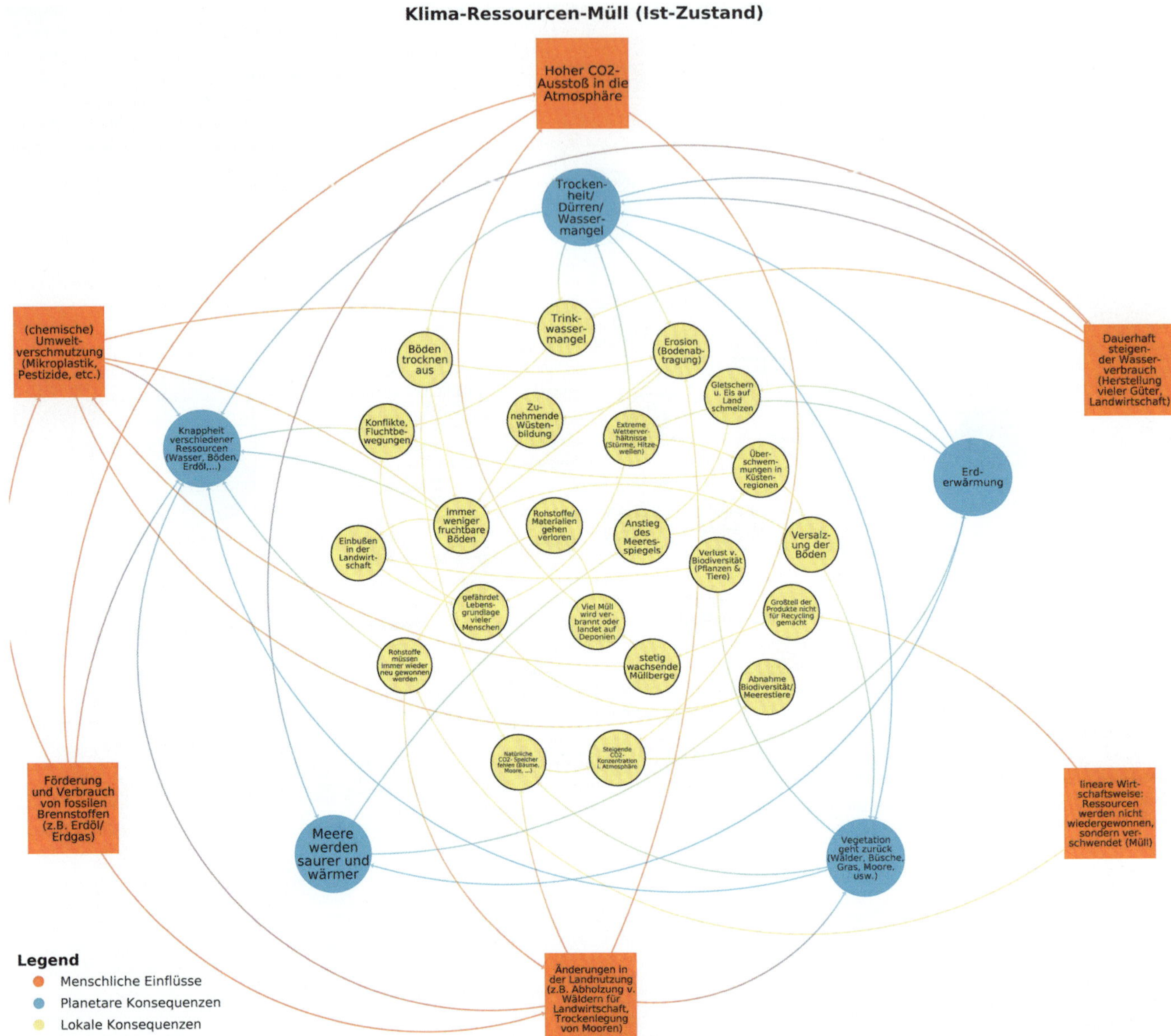

Lösungsblatt Klima-Ressourcen-Müll Ist-Zustand (Quelle: Cradle-to-Cradle NGO)

Klima-Ressourcen-Müll (C2C-Vision)

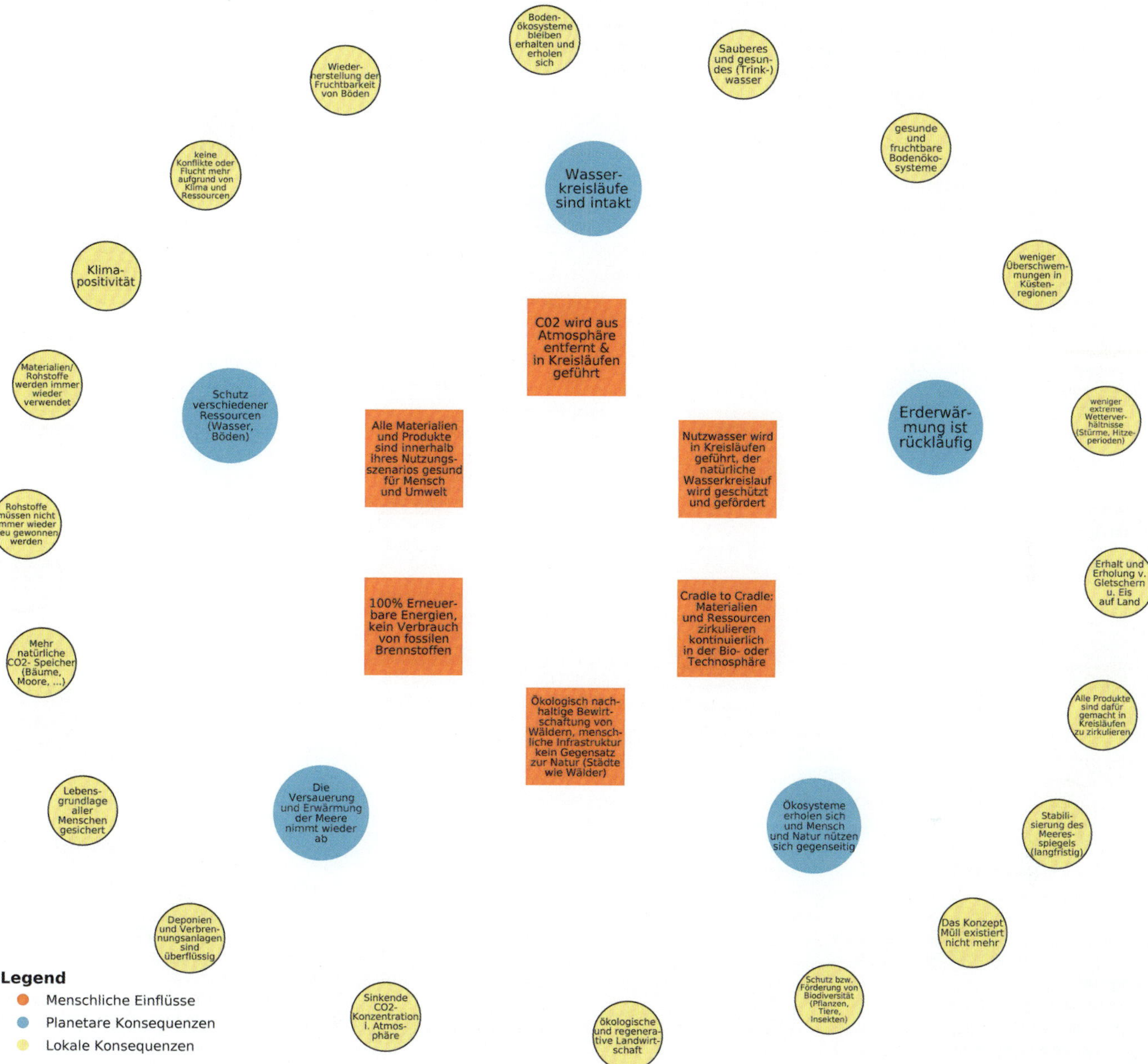

Arbeitsblatt Klima-Ressourcen-Müll C2C-Vision (Quelle: Cradle-to-Cradle NGO)

285

System Map Klima – Ressourcen – Müll

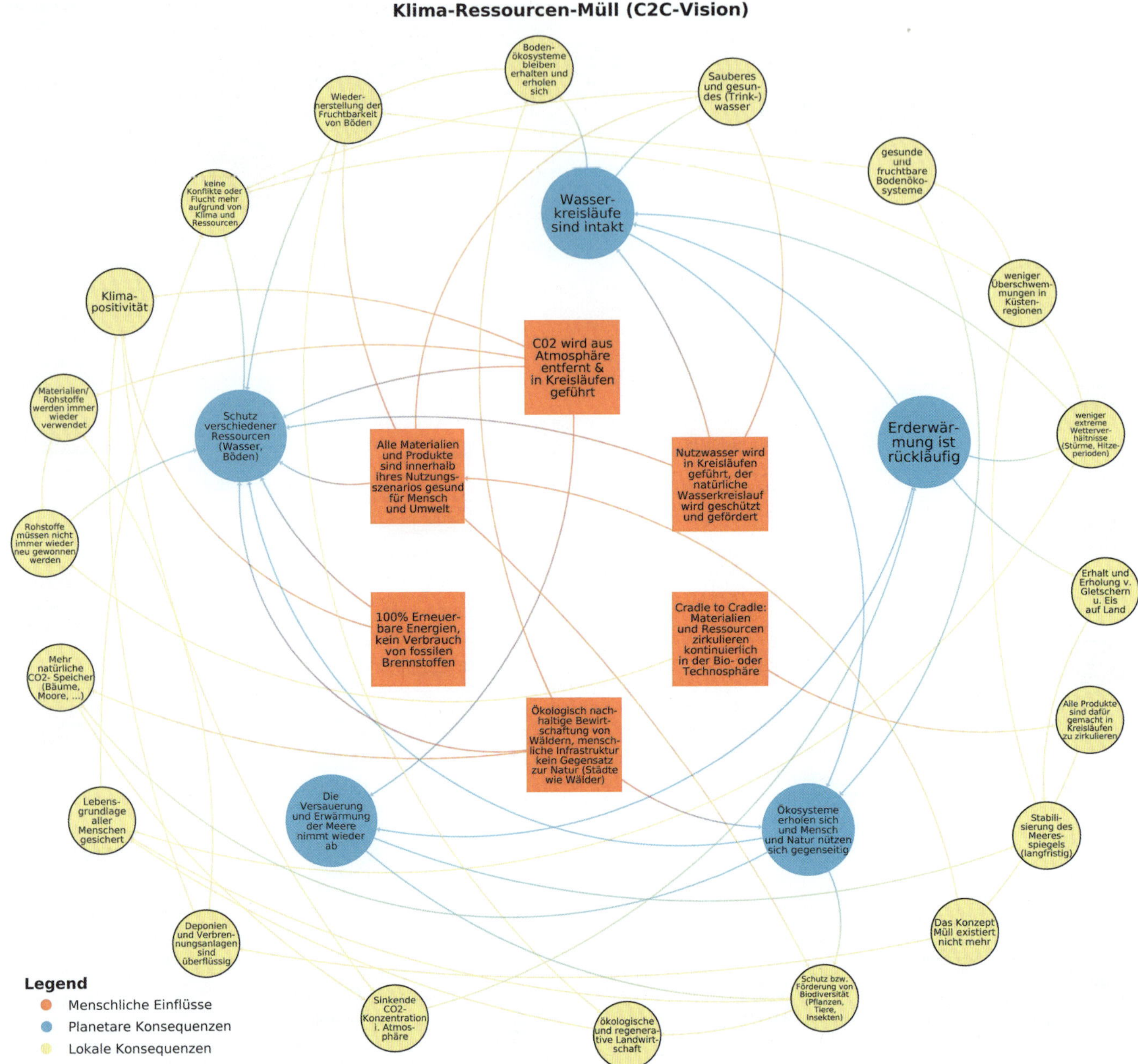

Lösungsblatt Klima-Ressourcen-Müll C2C-Vision (Quelle: Cradle-to-Cradle NGO)

Systemisches Innovationsmanagement für Nachhaltigkeit

EinSatzBeschreibung

Ein ganzheitlicher Strategieansatz, der den Entwicklungserfolg nachhaltiger Innovationen fördert.

Working Guide/Anwendungsfelder

P1 Sensibilisierung/Bildung	P2 Matching Recht/Gesetz	P3 Sustainability Roadmap	P4 Produkt/Prozessdesign	P5 Implementierung/Monitoring	P6 Kommunikation	P7 Organisation	P8 Führung	P9 Business Model Design	P10 Skalierung
				X	X		X		

Beschreibung

Klarheit bei Anforderung und Zieldefinition sowie der Präventionsansatz bilden die Grundlage für das Systemische Innovationsmanagement (abgeleitet vom Kybernetischen Strategie Modell©, Sabine Böhringer). Der ganzheitliche Ansatz hilft dabei, Nachhaltigkeit als Fokus für Entwicklungsarbeit zu manifestieren. Er ermöglicht uns zudem von Beginn an etwaige Herausforderungen zu erkennen, uns darauf vorzubereiten und diesen entgegenzuwirken. Präventive Aktivitäten werden schon in den Planungen als fester Bestandteil der Strategie berücksichtigt.

Das Systemische Innovationsmanagement basiert auf dem **Systemdreieck**. Die Komponenten sind beschrieben durch:

- **Fokus**: Worum geht es konkret? (hier: „Nachhaltige Innovationen") Fokus-Kontext: In welchem Kontext sollen diese Innovationen stehen
- **Ziele**: Sie schaffen Klarheit für das Entwicklungsteam und beschreiben den Rahmen für zukünftige nachhaltige Entwicklungen
- **Hindernisse**: Sie ermöglichen die Erarbeitung von Präventionsmaßnahmen

Durchführung

Systemisches Innovationsmanagement wird gleich zu Beginn des Entwicklungsprojektes integriert. Die Erarbeitung des Systemdreiecks wird dabei im Projektteam durchgeführt. Die Gruppengröße sollte hierbei 8 Personen nicht überschreiten. Bei größeren Projektteams werden mehrere kleinere Teams gebildet und die Gruppenergebnisse in einem zusätzlichen Schritt durch ausgewählte Gruppenvertreter konsolidiert. Benötigt werden Schreibmaterial, Haftnotizen, Flipchart oder Whiteboard.

Schritt 1: Worum geht es?

Der Fokus ist mit „Nachhaltige Innovationen" im Rahmen der Strategie vorgegeben.

Schritt 2: In welchem Kontext sollen nachhaltige Innovationen entwickelt werden?

(Abklärung Kontext, beschreibt den Handlungsraum für das Entwicklungsteam)

a) Wachstum (Zusatzgeschäft)
b) Weiterentwicklung (Bestehendes)
c) Transformation (z. B. neue Technologien, neue Geschäftsfelder)
d) Neuausrichtung (disruptive Entwicklungen)

Schritt 3: Formulieren der Ziele für das Projekt-/Entwicklungsteam

Leitfrage: Was will das Projekt- bzw. Entwicklungsteam erreichen? In Bezug auf Fokus Nachhaltige Innovationen und im Kontext a), b), c), d).

Schritt 4: Identifikation möglicher bzw. zu erwartender Hindernisse

Leitfragen:

- Was könnte das Team/die Organisation daran hindern, ihre Ziele zu erreichen?
- Worin könnten die Herausforderungen bei der Entwicklung von nachhaltigen Ideen bzw. Innovationen bestehen?
- Welche Hürden könnten im Zusammenhang mit dem Kontext auftreten?

Schritt 5: Ableiten von To-dos zur Zielerreichung

Leitfrage: Was muss konkret getan werden, damit die Ziele erreicht werden können?

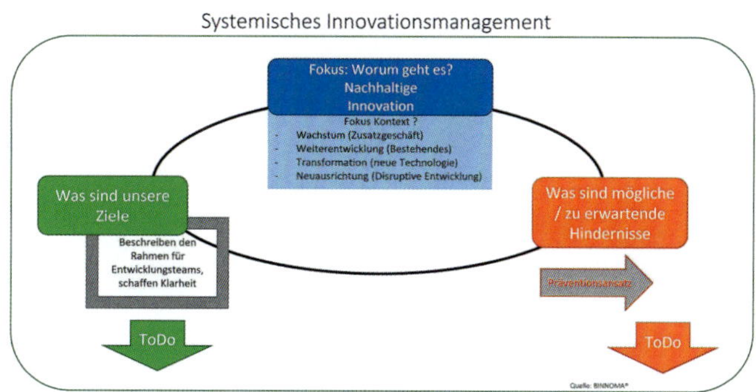

Schritt 6: Ableiten von Präventionsmaßnahmen und konkreten To-dos zur Vermeidung von Hindernissen

Leitfrage: Was kann konkret getan werden, um Hindernisse zu vermeiden bzw. Hürden zu reduzieren?

Schritt 7: Einleiten der notwendigen Aktivitäten und Sicherstellen einer konsequenten Umsetzung im Team

Zusätzlich sollte eine Umsetzungsbegleitung und -unterstützung im Rahmen der Führung sichergestellt sein.

Wirkfeld der Methode

- Wirksam für Herausforderungen mit hoher Komplexität
- Wirksam für Herausforderungen mit mittlerer Komplexität
- Wirksam für Herausforderungen mit niedriger Komplexität
- Wirksam für nachhaltiges Marketing
- Wirksam für nachhaltiges Produktdesign
- Wirksam für nachhaltiges Prozessdesign
- Wirksam für nachhaltiges Servicedesign
- Wirksam für nachhaltiges Business Model Design

Transformationsfähigkeit Ihres Teams

- Fördert die allgemeine Transformationsfähigkeit des Teams

Einsatzcharakteristik/Arbeitsrahmen

- Austauschfokus: vornehmlich mit internen Personen
- Durchführungszeit: eher mittel (> 1 Stunde bis < 1 Tag)
- Einsatzfrequenz: vornehmlich im einmaligen Einsatz
- Einsatzradius: vornehmlich im Teameinsatz
- Einsatzradius: vornehmlich im projektweiten Einsatz
- Einsatzradius: vornehmlich im unternehmensweiten Einsatz
- Komplexität für den Moderator: eher mittel
- Komplexität für die Teilnehmer: eher mittel
- Teamgröße: Einzelpersonennutzung möglich
- Teamgröße: Kleingruppe möglich (3 bis 5 Teilnehmer)
- Vorbereitungszeit: eher mittel (> 1 Stunde bis < 1 Tag)

Input für eine zielführende Arbeit mit der Methode

- Aktuell existierende Geschäftsmodelle
- Aktuell existierende Produkte und Services
- Aktuelle Herausforderung, Leitfrage, Problem

Output und beobachtete Ergebnisse der Methode

- Bessere Projekteffizienz, bessere Teamperformance
- Erzeugt transformationsfähigere Organisationen
- Erzeugt motiviertere und transformationsfähigere Teilnehmer
- Identifiziert vorhandene Schwachstellen
- Identifiziert vorhandene Stärken

Hinderniseffekte, auf die die Methode positiv wirkt

- Schafft schnell Klarheit und beschleunigt Erkenntnisgewinn
- Schwächt Angst vor Neuem (Cainophobie)
- Schärft eine fehlende gemeinsame Ausrichtung
- Stärkt das Vertrauen im Team

Quellen

Buch – Wertorientierung und Sinnentfaltung im Coaching. Doris Ohnesorge, Rudolf E. Fitz. (Springer, 2014)
Organisation – BöhringerInnovationsManagement, www.binnoma.de
Person – Sabine Böhringer, sabine.boehringer@binnoma.de
Vgl. Kybernetisches Strategie Modell (KSM)© für eine ganzheitliche Unternehmensstrategie, Sabine Böhringer (2021)
Web: https://www.coaching-magazin.de/coaching-tools/tools/kybernetische-dreieck, abgerufen am 10.04.2024

Systems Thinking

EinSatzBeschreibung

Eine Methode, die dabei hilft, Herausforderungen in einem größeren systemischen Kontext zu sehen und ein umfassendes Verständnis für die Wechselwirkungen und Möglichkeiten zur Steigerung der Nachhaltigkeit in der Organisation zu entwickeln.

Working Guide/Anwendungsfelder

P1 Sensibilisierung/Bildung	P2 Matching Recht/Gesetz	P3 Sustainability Roadmap	P4 Produkt/Prozessdesign	P5 Implementierung/Monitoring	P6 Kommunikation	P7 Organisation	P8 Führung	P9 Business Model Design	P10 Skalierung
X		X		X	X	X	X		X

Beschreibung

Steigt man tiefer in das Thema der nachhaltigen Transformation ein, wird schnell deutlich, dass viele Herausforderungen sehr komplex und dadurch nicht einfach zu lösen sind. Komplexitätsreduktion durch Vereinfachung als häufig genutztes Werkzeug (z. B. „Umstellung auf Elektroautos als alleiniges Rezept gegen Klimawandel") ist allerdings nicht zielführend. Ein klassisches Beispiel für übermäßige Vereinfachung im Bereich der Nachhaltigkeit ist das Konzept des „Papier ist besser als Plastik"-Arguments.

In den Anfängen der Umweltbewegung wurde häufig argumentiert, dass Papierbeutel umweltfreundlicher seien als Plastikbeutel, da Papier biologisch abbaubar ist, während Plastik sehr lange in der Umwelt verbleibt und zu Verschmutzungsproblemen führen kann. Dies führte zu einem starken Anstieg der Verwendung von Papierbeuteln in vielen Ländern. Allerdings zeigt eine genauere Analyse, dass der Produktionsprozess für Papierbeutel in vielen Fällen mehr Wasser, Energie und andere Ressourcen verbraucht als die Herstellung von Plastikbeuteln. Zudem führt die Abholzung von Bäumen für Papierprodukte zu einem Verlust von Kohlenstoffspeichern, was wiederum Auswirkungen auf den Klimawandel hat. Unter bestimmten Umständen kann die Idee „Papier statt Plastik" also stimmen unter anderen Umständen nicht.

Systems Thinking (Systemdenken) ist ein Denkansatz, der angewendet werden kann, um das das Verhalten von komplexen und dynamischen Systemen zu verstehen. Es ermöglicht, nachhaltige Herausforderungen ganzheitlich zu betrachten und dadurch bessere Entscheidungen für die erfolgreiche Transformation der Organisation zu treffen.

Systems Thinking geht auf Barry Richmond (1987) und wurde vor allem durch die Arbeit von Peter Senge bekannt. Es fokussiert darauf, die Eigenschaften des Systems zu verstehen, anstatt nur Symptome zu lösen.

Kernprinzipien sind neben dem ganzheitlichen Ansatz:

- Interdependenzen: Im Systemdenken wird anerkannt, dass die Elemente eines Systems nicht isoliert existieren, sondern in einem Netzwerk von Beziehungen miteinander verbunden sind.
- Feedback-Schleifen: Ein zentrales Konzept des Systemdenkens sind Feedback-Schleifen. Sie beschreiben, wie Aktionen innerhalb eines Systems zu Reaktionen führen können, die wiederum die ursprünglichen Aktionen beeinflussen
- Ursache und Wirkung: In komplexen Systemen sind die Beziehungen zwischen Ursache und Wirkung oft nicht linear. Eine kleine Änderung an einer Stelle kann große Auswirkungen an einer anderen Stelle haben oder umgekehrt.

Anstatt sich auf isolierte Ereignisse zu konzentrieren, sucht das Systemdenken nach wiederkehrenden Mustern und Strukturen.

Das Verhalten eines Systems ist oft eine direkte Folge seiner Struktur. Durch Veränderung der Struktur kann das Verhalten eines Systems beeinflusst werden.

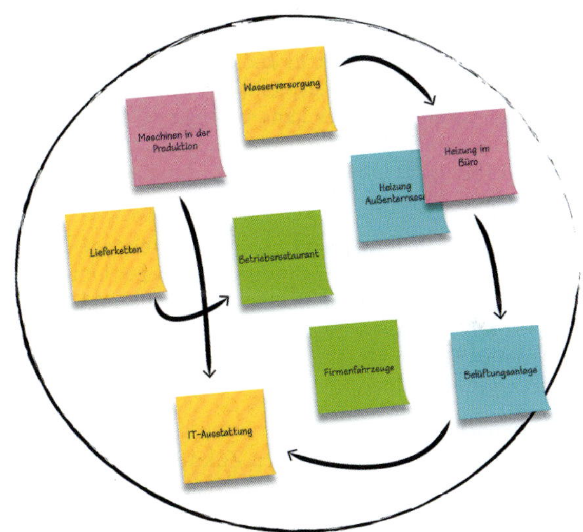

Systems Thinking-Modell (Quelle: Christian Bucholz)

Durchführung

Ziel eines Workshops unter Einsatz von Systems Thinking ist es, über nachhaltige Herausforderungen und Lösungen in einem größeren systemischen Kontext nachzudenken und dadurch umfassendes Verständnis für die Wechselwirkungen und Möglichkeiten zur Steigerung der Nachhaltigkeit in der Organisation zu entwickeln. Beispiel: Reduzierung des CO_2-Fußabdrucks eines mittelständischen Unternehmens

Als Vorbereitung ist es wichtig, den aktuellen Stand der Nachhaltigkeitsinitiativen der Organisation zu erfassen und ausreichend Daten zu Umweltauswirkungen, sozialen Aspekten und der wirtschaftlichen Nachhaltigkeit der Organisation vorbereitet zu haben. Beispiel: Daten über den aktuellen CO_2-Ausstoß des Unternehmens aus verschiedenen Bereichen (z. B. Produktion, Transport, Bürobetrieb).

Zu Beginn des Workshops sollte den Teilnehmern das Konzept des Systems Thinking erläutert werden und die gesammelten Informationen präsentiert werden.

Systemmapping

1. Fordern Sie die Teilnehmer auf, alle relevanten Elemente oder Akteure, die mit der Nachhaltigkeit in der Organisation in Zusammenhang stehen, auf Post-its zu notieren. Beispiel: Maschinen in der Produktion, Firmenfahrzeuge, Heizung im Büro.
2. Diskutieren Sie die Beziehungen zwischen diesen Quellen und anderen Faktoren (z. B. Lieferkette, Mitarbeiterverhalten). Platzieren Sie diese Post-its auf einer Pinnwand oder an einer Wand, die für alle sichtbar ist
3. Lassen Sie die Teilnehmer Verbindungen zwischen den Elementen ziehen, die miteinander verbunden sind.
4. Identifizieren Sie Feedback-Schleifen, wie z. B. die erhöhte Produktion führt zu mehr CO_2, aber möglicherweise auch zu mehr Profit.

Muster erkennen

1. Diskutieren Sie mit den Teilnehmern welche wiederkehrenden Muster im Umgang mit Nachhaltigkeitsthemen in der Organisation erkennbar sind Beispiel: erhöhter Energieverbrauch während bestimmter Geschäftszeiten oder -saisons.
2. Besprechen Sie wie die Struktur und die Kultur der Organisation diese Muster beeinflusst. Beispiel: lange Arbeitszeiten erhöhen den Energieverbrauch. Dies kann in einer offenen Diskussion (bei einer kleinen Teilnehmergruppe) oder durch Post It's an der Pinnwand (bei einer größeren Gruppe) durchgeführt werden.

Hebel erkennen

1. Finden Sie mit den Teilnehmern Möglichkeiten, wie durch kleine Veränderungen in der Organisation ein großer Unterschied in Bezug auf Nachhaltigkeit gemacht werden kann. Als Mikromethode kann hier z. B. der Brainwriting Pool eingesetzt werden.
2. Diskutieren Sie gemeinsam, wie diese Hebelwirkungspunkte genutzt werden können.

Zukunftsszenarien

Entwickeln Sie mit den Teilnehmern Zukunftsszenarien für eine nachhaltigere Organisation. Entwickeln Sie einen Aktionsplan und stimmen dazu ein Follow-up-Treffen ab um immer wieder über die Einflussmöglichkeiten auf das System zu reflektieren.

Praxisschlaglicht

Systems Thinking beinhaltet neben dem methodischen Vorgehen auch eine Veränderung der Denkhaltung und der Sicht auf komplexe Herausforderungen. Daher ist eine durchgängige Reflexion zur eigenen Sichtweise auf die Herausforderung während der Arbeitsphase sinnvoll.

Wirkfeld der Methode

- Wirksam für Herausforderungen mit hoher Komplexität
- Wirksam für nachhaltiges Produktdesign
- Wirksam für nachhaltiges Prozessdesign
- Wirksam für nachhaltiges Servicedesign
- Wirksam für nachhaltiges Business Model Design

Transformationsfähigkeit Ihres Teams

- Fördert die Sensibilisierung
- Fördert die allgemeine Transformationsfähigkeit des Teams
- Zahlt auf eine bessere Vorstellungskraft ein
- Zahlt auf eine bessere Wahrnehmung ein

Einsatzcharakteristik/Arbeitsrahmen

- Austauschfokus: vornehmlich mit internen Personen
- Durchführungszeit: eher mittel (> 1 Stunde bis < 1 Tag)
- Einsatzfrequenz: vornehmlich im einmaligen Einsatz
- Einsatzradius: vornehmlich im Teameinsatz
- Komplexität für den Moderator: eher hoch
- Komplexität für die Teilnehmer: eher hoch
- Teamgröße: Kleingruppe möglich (3 bis 5 Teilnehmer)
- Teamgröße: Mittelgroße Teams möglich (5 bis 20 Teilnehmer)
- Vorbereitungszeit: eher mittel (> 1 Stunde bis < 1 Tag)

Input für eine zielführende Arbeit mit der Methode

- Aktuell existierende Geschäftsmodelle
- Aktuelle Herausforderung, Leitfrage, Problem
- Existierende Prozesse und Verfahren
- Merkmale der gegebenen Herausforderung
- Trends und Zukunftsentwicklungen
- Umfeldbeobachtungen, Umfeldanalysen

Output und beobachtete Ergebnisse der Methode

- Erzeugt neues Wissen und neue Erfahrungen
- Erzeugt definierte Zielkorridore
- Erzeugt größere Klarheit zu einem Thema
- Erzeugt transformationsfähigere Organisationen
- Erzeugt mehr Hintergrundinformationen
- Macht Wirkzusammenhänge sichtbar

Hinderniseffekte, auf die die Methode positiv wirkt

- Beugt blinden Flecken/Betriebsblindheit vor
- Schärft eine fehlende gemeinsame Ausrichtung
- Verhindert blinden Aktionismus
- Verhindert falsche Flughöhen
- Verhindert unreflektiertes agieren
- Verringert zu große Komplexitäten

Mögliche Extravorteile der Methode

- Möglicher Extravorteil für Teams in einer Komfortsituation
- Möglicher Extravorteil für in Nachhaltigkeitsthemen erfahrene Teams

Quellen

Buch – The Fifth Discipline, Peter Senge (Doubleday/Currency, 1990)
Web – https://www.sciencedirect.com/topics/psychology/systems-theory, abgerufen am 10.10.2023

Szenario-Generierung

EinSatzBeschreibung

Methode aus der Szenariotechnik, bei der mögliche Zukünfte antizipiert und Ideen abgeleitet werden.

Working Guide/Anwendungsfelder

P1 Sensibilisierung/Bildung	P2 Matching Recht/Gesetz	P3 Sustainability Roadmap	P4 Produkt/Prozessdesign	P5 Implementierung/Monitoring	P6 Kommunikation	P7 Organisation	P8 Führung	P9 Business Model Design	P10 Skalierung
		X	X					X	

Beschreibung

In einer Welt, die von raschem Wandel, globalen Umweltkrisen und steigender Komplexität geprägt ist, wird die Fähigkeit, in die Zukunft zu blicken und sich auf ungewisse Entwicklungen vorzubereiten, immer entscheidender. Hier tritt die Szenariotechnik in den Vordergrund – ein mächtiges Werkzeug in der Zukunftsforschung, das Organisationen ermöglicht, ihre Ausrichtung auf nachhaltige und zukunftsfähige Weise zu gestalten.

Der Klimawandel, die Verschärfung von Umweltproblemen und die zunehmende Vernetzung der Welt führen zu einem hochgradig unsicheren Umfeld. Traditionelle lineare Prognosen stoßen an ihre Grenzen, da sie die Komplexität und Unvorhersehbarkeit dieser neuen Realität nicht erfassen können. Hier kommt die Szenariotechnik ins Spiel. Sie eröffnet ein exploratives und ganzheitliches Denken, indem sie Organisationen dazu befähigt, verschiedene mögliche Zukunftspfade zu erkunden. Es geht dabei nicht darum, die Zukunft vorherzusagen, sondern Optionen und Ideen zu entwickeln

Der Szenarioprozess nach Kosow und Gaßner gliedert sich in fünf aufeinanderfolgende Phasen, von denen die Szenario-Generierung die vierte Phase darstellt.

Phase 1: Szenariofeldbestimmung

In dieser Anfangsphase wird das zu untersuchende Thema festgelegt. Dabei sind verschiedene Kontexte denkbar, wie bspw. Unternehmen, Märkte oder Produkte. Es ist auch eine Orientierung an den Fokus-SDGs der eigenen Organisation möglich, um eine ausgewogene Betrachtung der Nachhaltigkeitsaspekte zu gewährlisten.

Phase 2: Identifikation der Schlüsselfaktoren

Die Identifikation von Schlüsselfaktoren erfolgt durch gründliche Recherche, einschließlich Umfeldbeobachtungen, Analysen, Trendradar und Literaturrecherche. Dieser Schritt kann partizipativ gestaltet werden, indem Workshops oder Befragungsrunden genutzt werden, um eine umfassende Perspektive zu gewährleisten. Die Methode Future Wheel ist ebenfalls hilfreich, um eine umfassende Liste potenzieller Schlüsselfaktoren zu ermitteln.

Phase 3: Analyse der Schlüsselfaktoren

Hier werden Szenariotrichter entwickelt, die verschiedene Ausprägungen der identifizierten Schlüsselfaktoren in der Zukunft beleuchten. Die Analyse zielt darauf ab, mögliche Entwicklungen und deren Auswirkungen zu verstehen.

Phase 4: Szenario-Generierung – explorative Einblicke in mögliche Zukünfte

Basierend auf den entwickelten Szenariotrichtern werden verschiedene Zukunftsszenarien generiert. Diese Szenarien sind explorativ und bieten eine Bandbreite von möglichen Entwicklungen. Die Szenario-Generierung wird im Abschnitt Durchführung ausführlich beschrieben.

Phase 5: Szenario-Transfer

Die generierten Szenarien werden schließlich auf den eigenen Kontext übertragen. Hierbei geht es darum, Chancen und Risiken abzuleiten sowie konkrete Handlungsansätze zu entwickeln. Dies kann bspw. die Generierung neuer Produktideen, die Gestaltung von Geschäftsstrategien oder das Risikomanagement umfassen.

Dieser Prozess ermöglicht es, eine Vielzahl möglicher Zukünfte zu erkunden und somit frühzeitig auf Veränderungen vorbereitet zu sein. Er schafft eine solide Grundlage für fundierte Entscheidungen und innovative Strategien, die den Herausforderungen einer unsicheren Zukunft gewachsen sind.

Durchführung

Die Durchführung der Szenariogenerierung (Phase 4) wird am Beispiel einer Brauerei mit angeschlossener Gaststätte für den Megatrend Nachhaltigkeit beschrieben. In Phase 2 wurden hierfür folgende Schlüsselfaktoren ermittelt: Energie, Verpackung, vegane Ernährung, Rohstoffe, regionale Lieferkette.

Schritt 1: Szenarien definieren

Im ersten Schritt der Szenariogenerierung werden drei bis fünf mögliche Szenarien definiert. Dabei ist man frei in der Definition der Szenarien. Im Folgenden werden drei mögliche Varianten vorgestellt.

Kosow und Gaßner empfehlen als eine Option die vier Szenarios nach Greeuw. Für das Beispiel der Brauerei sehen diese wie folgt aus:

1. „Wait and See": Eine zögerliche Haltung gegenüber Nachhaltigkeitsmaßnahmen und geringe Anpassungen an umweltfreundliche Praktiken.

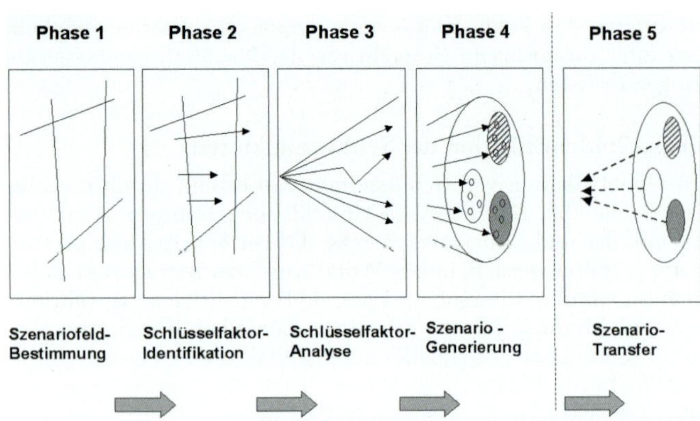

Fünf Phasen des Szenarioprozesses (Quelle: Kosow/Gaßner, S. 20)

2. „Just Do it": Ein pragmatischer Ansatz, bei dem Nachhaltigkeitsmaßnahmen schrittweise umgesetzt werden, um langfristige Wettbewerbsvorteile zu erzielen.
3. „Doom Monger": Eine pessimistische Sichtweise, bei der Umweltkrisen die Geschäftstätigkeiten erheblich beeinträchtigen.
4. „Carpe Diem": Eine proaktive Herangehensweise, bei der die Brauerei mit Gaststätte eine Vorreiterrolle in der Nachhaltigkeitsbewegung einnimmt und innovative Lösungen entwickelt.

Als alternative Option definieren Kosow und Gaßner vier Szenarien basierend auf „A tale of four futures":

1. Markets first: Die meisten Länder der Welt übernehmen die Werte und Erwartungen industrialisierter Nationen, bei denen Reichtum und Marktmechanismen im Vordergrund stehen. Man verlässt sich auf weitere Globalisierung und Liberalisierung, um Wohlstand zu fördern und Probleme zu lösen. Ethische Investoren und Bürgergruppen versuchen Einfluss zu nehmen, werden jedoch von wirtschaftlichen Zwängen behindert.
2. Policy first: Regierungen sind die treibende Kraft in der Nachhaltigkeitstransformation. Durch finanzielle Anreize wie CO_2-Steuern und Steuervergünstigungen werden wirtschaftliche Entwicklung mit Umwelt- und Sozialbelangen in Einklang gebracht. Internationale Abkommen werden in einheitliche nationale Pläne übersetzt.
3. Security first: Es herrschen Ungleichheit und Konflikte. Sozioökonomische und Umweltbelastungen führen zu Protestwellen und Gegenmaßnahmen. Mächtige und wohlhabende Gruppen praktizieren Selbstschutz, indem sie Enklaven ähnlich den heutigen „gesicherten Wohnanlagen" schaffen. Das schließt die benachteiligte Masse der Außenseiter aus.
4. Sustainability first: Ein neues Paradigma für Umwelt und Entwicklung entsteht, das auf nachhaltigen Werten und Institutionen basiert. Es finden radikale Veränderungen im Umgang der Menschen miteinander und mit der Umwelt statt. Regierungen, Bürger und Interessengruppen arbeiten verstärkt zusammen.

Für die folgenden beiden Schritte wird alternativ ein einfacherer Satz von drei Szenarien definiert:

1. Disruption: Es gibt eine Nachhaltigkeitsrevolution, in der in der Gastronomie und im Brauwesen eine Vielzahl von Nachhaltigkeitsmaßnahmen innerhalb kurzer Zeit umgesetzt wird. Die komplette Branche wird nachhaltig transformiert.
2. Inkrementeller Wandel: Das Thema Nachhaltigkeit sorgt über viele Jahre schrittweise für Veränderungen zu mehr Nachhaltigkeit.
3. Nischenthema: Nur ein geringer Bruchteil der Kunden hat Anforderungen an Nachhaltigkeit. Es gibt wenige Brauereien und Gaststätten, die nachhaltige Maßnahmen umsetzen.

Schritt 2: Tabelle erstellen

Eine Tabelle mit vier bis sechs Spalten wird erstellt. In die oberste Zeile werden in Spalte zwei bis sechs die Titel der definierten Szenarien geschrieben. In Spalte 1 kommen die Schlüsselfaktoren. Jede Zeile repräsentiert einen Schlüsselfaktor, und die entsprechenden Zellen werden genutzt, um die Auswirkungen jedes Schlüsselfaktors in den verschiedenen Szenarien festzuhalten.

Schritt 3: Auswirkungen pro Szenario bestimmen

Für jeden Schlüsselfaktor werden die konkreten Auswirkungen in jedem der Szenarien ermittelt. Dies kann durch Diskussionen, Brainwriting-Techniken oder andere kreative Ansätze erreicht werden. Bspw. könnten die Reizbildmethode oder die Future-Present-Methode genutzt werden, um tiefere Einblicke in die Auswirkungen zu gewinnen.

Im Beispiel der Brauerei mit angeschlossener Gaststätte sieht das Endergebnis folgendermaßen aus:

	Disruption	**Inkrementeller Wandel**	**Nischenthema**
Energie	100 Prozent Einsatz regenerativ in der kompletten Lieferkette	Strom vollständig aus Ökostrom oder Eigenenergieerzeugung, Gasverbrauch reduziert	Strommix (Grün/Fossil)
Verpackung	100 Prozent Mehrweg und Verzicht auf Verpackung	Mehrwegverpackung Standard, Einweg Aufpreis	Mehrwegverpackung auf Anfrage/Wunsch
Vegane Ernährung	Tierische Produkte bis auf 2–3 Ausnahmen komplett von der Karte verschwunden	50 Prozent vegane Gerichte, 50 Prozent nicht-vegane Gerichte	Zwei bis drei vegane Optionen auf der Speisekarte
Rohstoffe	Alle Rohstoffe in 100 Prozent Bio-Qualität, Einsatzkriterium CO_2-Fussabdruck	Teilweise Einsatz von Rohstoffen in Bioqualität, Bestimmung des CO_2-Fussabdruck	Rohstoffe werden überwiegend aus konventioneller Landwirtschaft genutzt
Regionale Lieferkette	Ausschließlich regionale Erzeugung	Import nur bei regionaler Nichtverfügbarkeit (z. B. Kaffeebohnen)	Fast kein regionaler Bezug, Einkauf ausschließlich anhand Kosten

Hinweise zur Gruppenarbeit:

- Die Gruppen sollten möglichst divers zusammengesetzt sein, um verschiedene Perspektiven und Denkweisen einzubringen.
- Brainwriting kann genutzt werden, um eine breite Palette von verschiedenen Szenarien zu entwickeln.
- Bei größeren Gruppen kann das World Café-Format verwendet werden, bei dem die entwickelten Szenarien als verschiedene Stationen dienen.

Nach Abschluss dieser Methode kann der Fokus auf den Szenario-Transfer gelegt werden, um die gewonnenen Erkenntnisse in konkrete Handlungsstrategien umzusetzen.

Wirkfeld der Methode

- Wirksam für Herausforderungen mit mittlerer Komplexität
- Wirksam für nachhaltiges Marketing
- Wirksam für nachhaltiges Produktdesign
- Wirksam für nachhaltiges Prozessdesign
- Wirksam für nachhaltiges Servicedesign
- Wirksam für nachhaltiges Business Model Design

Transformationsfähigkeit Ihres Teams

- Fördert die Sensibilisierung
- Fördert offene Mindsets und innovative Denkhaltungen
- Sorgt für Inspiration oder bessere Inspirationsempfindlichkeit
- Zahlt auf eine bessere Vorstellungskraft ein

Einsatzcharakteristik/Arbeitsrahmen

- Austauschfokus: vornehmlich mit internen und externen Personen
- Durchführungszeit: eher mittel (> 1 Stunde bis < 1 Tag)
- Einsatzfrequenz: sinnvoll im dauerhaften Einsatz
- Einsatzradius: vornehmlich im Teameinsatz
- Einsatzradius: vornehmlich im projektweiten Einsatz
- Einsatzradius: vornehmlich im unternehmensweiten Einsatz
- Komplexität für den Moderator: eher mittel
- Komplexität für die Teilnehmer: eher gering
- Teamgröße: Einzelpersonennutzung möglich
- Teamgröße: Kleingruppe möglich (3 bis 5 Teilnehmer)
- Teamgröße: Maxigruppen möglich (20 bis 40 Teilnehmer)
- Teamgröße: Mittelgroße Teams möglich (5 bis 20 Teilnehmer)
- Vorbereitungszeit: eher mittel (> 1 Stunde bis < 1 Tag)

Input für eine zielführende Arbeit mit der Methode

- Aktuell existierende Geschäftsmodelle
- Aktuell existierende Produkte und Services
- Aktuelle Herausforderung, Leitfrage, Problem
- Verschiedene Botschaften, Meinungen, Statements
- Verschiedene Meinungen und Blickwinkel
- Innovationssuchfelder, Intent Statements
- Trends und Zukunftsentwicklungen
- Umfeldbeobachtungen, Umfeldanalysen
- Wettbewerber und Komplementoren
- Wissen über Gesetze und Rahmenbedingungen

Output und beobachtete Ergebnisse der Methode

- Erzeugt Listen von Chancen und Risiken
- Erzeugt Prognosen und Ableitungen
- Erzeugt Ideensuchfelder, unentdeckte Probleme, Inspiration
- Erzeugt eine Vision oder Zukunftsbild
- Erzeugt größere Klarheit zu einem Thema
- Erzeugt mehr Hintergrundinformationen
- Erzeugt mehr Know-how-Zuwachs

Hinderniseffekte, auf die die Methode positiv wirkt

- Beugt blinden Flecken/Betriebsblindheit vor
- Dynamisiert und aktiviert wenig dynamische Teams
- Schwächt das Leben in der Vergangenheit
- Schärft eine fehlende gemeinsame Ausrichtung
- Verhindert einseitige Bewertungen und Entscheidungen
- Verhindert unreflektiertes agieren
- Verkürzt und durchbricht vorhandene Kreativblockaden
- Wirkt fehlender Inspiration entgegen

Mögliche Extravorteile der Methode

- Möglicher Extravorteil für Teams in einer Komfortsituation
- Möglicher Extravorteil für die Arbeit mit digitalen Kollaborationsboards

Quellen

Buch – Trends und Szenarien als Werkzeuge zur Strategieentwicklung, Ulf Pillkahn (Wiley, 2007)

Buch – Methoden der Zukunfts-und Szenarioanalyse, Kosow, Hannah & Gaßner, Robert (2008)

Web – https://zash2045.isoe.org/projekt/generierung-der-vier-normativen-szenarien/, abgerufen am 11.08.2023

Tanz mit den Systemen

EinSatzBeschreibung

Eine spielerische Art der Auseinandersetzung mit Systemen, um durch deren Komplexität nicht eingeengt zu werden, sondern stattdessen neue Denkweisen zu erschließen.

Working Guide/Anwendungsfelder

P1 Sensibilisierung/Bildung	P2 Matching Recht/Gesetz	P3 Sustainability Roadmap	P4 Produkt/Prozessdesign	P5 Implementierung/Monitoring	P6 Kommunikation	P7 Organisation	P8 Führung	P9 Business Model Design	P10 Skalierung
X					X	X	X		

Beschreibung

Menschen, die in der heutigen industrialisierten Welt aufgewachsen sind, treffen mit hoher Wahrscheinlichkeit regelmäßig die falschen Entschlüsse, wie man sinnvoll mit Systemen arbeitet. Ihre Annahmen beruhen darauf, dass extensives Wissen über die verschiedenen Verbindungen innerhalb eines Systems der Schlüssel zu dessen Kontrolle ist. Dieses Verständnis ist bis heute noch überall anzutreffen, wenn Führungskräfte von Big Data, Algorithmen und KPIs sprechen, um große Datensätze zu bändigen, wie sie von komplexen Systemen nun mal hervorgebracht werden.

Selbstorganisierende, nicht-lineare und in Feedbackschlaufen gefangene Systeme sind jedoch vor allem eines: Unvorhersehbar. Damit geht einher, dass sie auch nicht von einzelnen Akteuren zu kontrollieren sind, egal wie mächtig diese sind. Falls sich so etwas wie Kontrolle einstellt, ist diese meist nur von kurzer Dauer. Doch auch wenn wir die Zukunft schlichtweg nicht vorhersagen können, lassen sich wünschenswerte Zukünfte formulieren, aufgrund derer wir unsere weiteren Handlungen optimieren können. In anderen Worten, Systeme können nicht kontrolliert werden, doch wir können sie designen und neugestalten. Donella Meadwos schlägt sinngemäß vor: „Wir können Systeme nicht kontrollieren oder komplett verstehen, doch wir können immer mit ihnen tanzen"

Wir tanzen häufiger, als wir denken. Egal ob dies in einem Kayak stattfindet, mit welchem wir in der reißenden Strömung eines Wildwasserbachs tanzend hin und her gespült werden, oder klassischerweise beim Paartanz auf der Tanzfläche; all diese Situationen verlangen von uns, absolut wach zu sein, Details wahrzunehmen, zu interagieren und auch instinktiv auf Rückmeldungen einzugehen. Es sind alles Eigenschaften, die nicht nur beim Tanzen hilfreich sind, sondern auch für Wissensarbeit, Management, Policy Arbeit und Kooperation. Aufgrund dieser Relevanz hat Meadows aus ihrer langjährigen Erfahrung eine Liste von Lektionen über das Tanzen mit Systemen erstellt, welche hoffentlich auch Ihnen hilft, gleich mitzutanzen.

Durchführung

Die komplette Liste mit Lektionen zur Arbeit mit komplexen Systemen (zusammengetragen von Donella Meadows):

Spüre den Rhythmus: Bevor Sie mit dem System interagieren, sollten Sie erst innehalten und verstehen, zu welchem Takt es sich bewegt. Welches Verhalten beobachten Sie, wie kam es dazu? Und welche Freiräume ergeben sich?

Wertschätze die Weisheit des Systems: Stärken Sie die strukturierenden und selbsterhaltenen Elemente eines Systems. Sind Sie sich im Klaren darüber, was für Wert bereits heute geschaffen wird, bevor Sie aktiv eingreifen und Veränderungen anstoßen,

Bring existierende mentale Modelle an die frische Luft: Alles, was Sie und alle anderen wissen, ist immer auch nur ein Modell. Sind Sie sich dem bewusst und versuchen Sie aktiv, verschiedenste Hypothesen zu sammeln und sie alle so lange wie möglich plausibel zu halten. Damit vermeiden Sie, zu früh auf die falschen Annahmen zu setzen.

Bleib bescheiden. Höre nie auf zu Lernen: Systeme lernen uns, mehr auf unsere Intuition und weniger auf unser rationales Herleiten und Analysieren zu vertrauen. Beide sind wichtig, doch die Komplexität von Systemen zeigt immer wieder aufs Neue, wie einengend bestehende mentale Modelle sein können. Seien Sie allzeit bereit, überrascht zu werden. Bluffen Sie nicht, sondern akzeptieren Sie Fehler und hören Sie nie auf zu lernen.

Schätze und schütze Information: Führungspersonen können nicht entscheiden über Dinge, von denen sie keine Informationen haben oder deren Informationen falsch eintreffen. Wertschätzen Sie alle verlässlichen Informationen, auf welche Sie innerhalb kurzer Zeit Zugriff haben.

Finde die verantwortlichen Stellen im System: Systeme funktionieren entlang einer intrinsischen Verantwortungsakkumulation. Das heißt, ihre Feedbackschlaufen spielen Informationen meist an die verantwortungsvollsten Stellen innerhalb des Systems zurück. Finden Sie die auslösenden Ereignisse und die externen Einflüsse, welche das Verhalten des Systems mitprägen.

Schaffe Regeln mit Feedbackschlaufen: Stellen Sie sicher, dass die Regeln, die Sie aufstellen, nicht statisch sind. Integrieren Sie Feedbackschlaufen, welche es ermöglichen, dass sich die Regeln an den Status des jeweiligen Systems anpassen können. So bleiben Sie nachhaltig relevant und wirkungsvoll.

Beobachte was wichtig ist, nicht nur was du messen kannst: Unsere Kultur hat eine Obsession für Zahlen. Verfallen Sie nicht selbst der Tendenz, nur das Messbare und Quantifizierbare als wichtig anzusehen. Im Gegenteil. Entwickeln Sie ein Gespür, um auch die qualitative Wertschöpfung zu erkennen. Sie werden schnell merken, dass unsere Welt nicht nur aus quantitativen, sondern primär aus qualitativen Elementen besteht.

Gehe aufs Ganze: Maximieren Sie nicht einzelne Elemente oder Subsysteme, während Sie das große Ganze ignorieren. Ein System zeichnet sich gerade dadurch aus, dass die einzelnen Elemente das Ganze brauchen, auch wenn dies kurzfristig oft nicht so erkennbar ist.

Erweitere Zeithorizonte: Schauen Sie über den Quartalsabschluss, die Legislaturperiode oder die nächste Bonusrunde hinaus. Wer bei der Arbeit mit Systemen, die einer Wanderung auf engen und verschlungenen Pfaden gleicht, nur immer den nächsten Schritt im Blick hat, droht früher oder später abzustürzen.

Erweitere gedankliche Horizonte: Verbleiben Sie nicht in Ihrer angestammten Disziplin, in welcher Sie Ihre Diplome oder Erfahrungen gesammelt haben. Ihre Arbeit mit Systemen wird Sie weit darüber hinaus führen in eine Arbeitsform, welche nicht nur zwischen den Disziplinen Kollaboration erfordert, sondern die radikale Transdisziplinarität aller beteiligten Akteure.

Gehe über den Menschen hinaus: Die Arbeit mit Systemen hört nicht beim Menschen auf. Alles ist miteinander verflochten, die menschlichen als auch die nicht-menschlichen Akteure.

Lass Komplexität hochleben: Ja, das Universum ist chaotisch, non-linear und turbulent, doch genauso sollte es sein. Nur diese Diversität, Dynamik und Weiterentwicklung macht unsere Welt zu dem, was sie ist. Es hält sie interessant, überraschend und wunderbar.

Bleibe optimistisch: Es ist leicht, den negativen Neuigkeiten zu verfallen. Zu oft wüssten wir genau, wie schädliche Folgen zu verhindern wären. Doch trotzdem klafft eine große Lücke zwischen idealem und tatsächlichem Verhalten. Schlussendlich sind wir alle nur Menschen, und wir machen Fehler. Lassen Sie sich niemals von Negativschlagzeilen davon abhalten, weiterhin für nachhaltigere Systeme zu kämpfen. Es ist es wert.

Wirkfeld der Methode

- Wirksam für Herausforderungen mit hoher Komplexität
- Wirksam für Herausforderungen mit mittlerer Komplexität

Transformationsfähigkeit Ihres Teams

- Fördert die Sensibilisierung
- Fördert die Agilität eines Teams
- Fördert die allgemeine Transformationsfähigkeit des Teams
- Zahlt auf ein positives Zukunftsbild ein
- Erhöht die Lösungsorientierung

Einsatzcharakteristik/Arbeitsrahmen

- Austauschfokus: vornehmlich mit internen und externen Personen
- Durchführungszeit: eher mittel (> 1 Stunde bis < 1 Tag)
- Einsatzfrequenz: sinnvoll im dauerhaften Einsatz
- Einsatzradius: vornehmlich im unternehmensweiten Einsatz
- Komplexität für den Moderator: eher hoch
- Komplexität für die Teilnehmer: eher hoch
- Teamgröße: Einzelpersonennutzung möglich
- Teamgröße: Kleingruppe möglich (3 bis 5 Teilnehmer)
- Teamgröße: Mittelgroße Teams möglich (5 bis 20 Teilnehmer)
- Vorbereitungszeit: eher gering (< 1 Stunde)

Input für eine zielführende Arbeit mit der Methode

- Aktuell existierende Geschäftsmodelle
- Aktuell existierende Produkte und Services
- Aktuelle Herausforderung, Leitfrage, Problem
- Existierende Prozesse und Verfahren
- Ideen und Projekte, die zur Umsetzung anstehen

Output und beobachtete Ergebnisse der Methode

- Erzeugt besseren Teamspirit, mehr Offenheit, Inspirationsempfindlichkeit
- Erzeugt kollaborative Lösungen und Ideen
- Erzeugt neues Wissen und neue Erfahrungen
- Erzeugt größere Klarheit zu einem Thema
- Erzeugt transformationsfähigere Organisationen
- Erzeugt motiviertere und transformationsfähigere Teilnehmer
- Macht Wirkzusammenhänge sichtbar

Hinderniseffekte, auf die die Methode positiv wirkt

- Dynamisiert und aktiviert wenig dynamische Teams
- Fördert gehemmte Teammitglieder
- Schafft schnell Klarheit und beschleunigt Erkenntnisgewinn
- Schwächt Angst vor Neuem (Cainophobie)
- Schwächt multidisziplinäre Reibungsverluste
- Stärkt das Vertrauen im Team
- Verhindert blinden Aktionismus
- Verhindert unreflektiertes agieren
- Verhindert vorschnelles Urteilen über Ideen
- Verringert zu große Komplexitäten

Mögliche Extravorteile der Methode

- Möglicher Extravorteil für Teams in einer Komfortsituation
- Möglicher Extravorteil für agile Teams

Quellen

Person – Donella Meadows, https://donellameadows.org/archives/dancing-with-systems/, abgerufen am 20.06.23

Person – Samuel Huber, www.samuelhuber.ch und www.forplanetstrategylab.com

Team-Leistungsformel

EinSatzBeschreibung

Führungsansatz zur Erhöhung der Innovationsleistung im Team.

Working Guide/Anwendungsfelder

P1 Sensibilisierung/Bildung	P2 Matching Recht/Gesetz	P3 Sustainability Roadmap	P4 Produkt/Prozessdesign	P5 Implementierung/Monitoring	P6 Kommunikation	P7 Organisation	P8 Führung	P9 Business Model Design	P10 Skalierung
							X		

Beschreibung

Führungskräfte und/oder Projektleitung stehen häufig vor der Aufgabe, kurzfristig Lösungen für komplexe Herausforderungen zu finden oder neue innovative Ideen zu generieren. Und allzu oft sind die Mitglieder des Teams mit operativen Alltagsthemen beschäftigt, die wenig kreatives Denken erfordern oder zulassen. Die Notwendigkeit dafür wird von den Mitarbeitenden nicht mehr gesehen und die regelmäßige „Übung" für kreatives Denkens bleibt aus. Dies führt nicht selten dazu, dass in den Teams kaum neue Ideen entstehen (können).

Mit der Teamleistungsformel gelingt es auf einfache Weise Ansätze zu finden, um die Innovationsleistung von Teams zu fördern. Die direkten Zusammenhänge von Leistung (P), Spannung (U) und Stromfluss (I) sind in der Elektrotechnik als elektrische Leistung definiert:

$$P = U \times I$$

Performance (P) = Spannung (U) x Strom (I) im System

Steigt demnach die Spannung, so nimmt auch die Leistung zu. Gleiches gilt für den Stromfluss: je mehr Strom fließt, desto höher ist die Leistung.

Übertragen wir diese Formel auf die Performance eines Teams, sind es die Einflussfaktoren Spannung im System (U) und der „Flow" (I), welche maßgeblich an der innovativen Teamleistung beteiligt sind. (Anmerkung: Als Flow bezeichnen wir hier den Ideenfluss im Team, sozusagen den Output an nachhaltigen Ideen bzw. Innovationen)

Diese beiden Erfolgsfaktoren liefern gezielte Ansatzpunkte, um die Innovationsleistung von Teams zu erhöhen.

D. h. wenn die Spannung im System erhöht und/oder der Idea Flow gefördert wird, hat es direkten Einfluss auf die Performance.

Dies gilt auch umgekehrt: lässt der Flow nach und/oder sinkt die Spannung im System (z. B. Notwendigkeit von Nachhaltigkeit) reduziert sich demnach die innovative Leistung des Teams.

Durchführung

Richten Sie den Blick gezielt auf die Innovationsleistung des Teams. Hierbei entscheiden Sie sich zwischen zwei Möglichkeiten:

- Führungskraft und/oder Projektleitung allein,
- Selbsteinschätzung des Teams gemeinsam mit Führungskraft/Projektleitung.

Schritt 1: Führen Sie eine (subjektive) Einschätzung zur aktuellen Teamperformance hinsichtlich Ideengenerierung und Innovationsentwicklung durch.

Leitfrage zur Reflexion: Wie schätzen Sie die aktuelle Teamleistung hinsichtlich Ideengenerierung/-output und Innovationsentwicklung ein?

Die Einschätzung kann z. B. mithilfe einer Skala, eines Portfolios o. ä. erfolgen. (Die Ausprägungen werden im Vorfeld definiert und bei mehreren Teilnehmenden wird ein gleiches Verständnis davon sichergestellt).

Jeder Teilnehmende erläutert kurz die Hintergründe und Beispiele für die Bewertung. Notieren Sie Stichpunkte hierzu und ordnen Sie diese dem jeweiligen Skalenwert zu.

Schritt 2: Betrachten Sie den 1. Stellhebel „Spannung im System" – Kontext beispielsweise Nachhaltigkeit: „Wie viel Energie ist für das Thema vorhanden? Braucht es eine Erhöhung?" (Anmerkung: Es kann durchaus vorkommen, dass ausreichend Energie im System ist, diese aber nicht fließen kann. In diesem Fall gehen Sie direkt zu Schritt 3, d. h. zum 2. Stellhebel „Flow".)

Leitfrage zur Reflexion: An welcher Stelle müssen/können Sie die Spannung im System erhöhen?

Wie können Sie also die Herausforderung/Aufgabenstellung attraktiver gestalten, die Notwendigkeit hervorheben, Betroffenheit erzeugen, Beziehung herstellen o. ä.

Erarbeiten Sie Ideen zur Erhöhung der Spannung im System. Um eine Umsetzbarkeit realistisch zu gestalten, priorisieren Sie die Ideen und greifen im ersten Schritt zwei, drei Maßnahmen konkret auf.

Schritt 3: Betrachten sie den 2. Stellhebel „Idea Flow": „Wie gut gelingt es Ihnen, Ideen zu generieren"

Leitfrage zur Reflexion: „Wie können Sie den Idea Flow positiv beeinflussen?"

Was hindert Sie also daran, im Fluss zu sein, was benötigen Sie, um den Flow zu verbessern, welche Hindernisse müssen Sie ggf. aus dem Weg räumen?

Erarbeiten Sie Ideen zur Verbesserung des Flows. Um eine Umsetzbarkeit realistisch zu gestalten, priorisieren Sie die Ideen und greifen im ersten Schritt zwei, drei Maßnahmen konkret auf.

Optional: Überprüfen und vergleichen können Sie die Veränderung der Teamleistung mithilfe der physikalischen Leistungsformel

$$P = W / \Delta t$$

(Performance (P) = erledigte Arbeit (W) innerhalb einer definierten Zeitspanne Δt)

Hierfür legen Sie entsprechende Key Performance Indicators (bspw. Anzahl von Ideen innerhalb eines Monats) fest, deren Trend regelmäßig von Ihnen beobachtet wird.

Wirkfeld der Methode

- Wirksam für Herausforderungen mit hoher Komplexität
- Wirksam für Herausforderungen mit mittlerer Komplexität
- Wirksam für Herausforderungen mit niedriger Komplexität

Transformationsfähigkeit Ihres Teams

- Fördert die Agilität eines Teams
- Fördert die Teamkreativität
- Fördert die allgemeine Transformationsfähigkeit des Teams
- Fördert grundlegend die Kreativität
- Fördert offene Mindsets und innovative Denkhaltungen

Einsatzcharakteristik/Arbeitsrahmen

- Austauschfokus: vornehmlich mit internen Personen
- Durchführungszeit: eher mittel (> 1 Stunde bis < 1 Tag)
- Einsatzfrequenz: vornehmlich über den kompletten Projektzeitraum
- Einsatzradius: vornehmlich im Teameinsatz
- Einsatzradius: vornehmlich im projektweiten Einsatz
- Komplexität für den Moderator: eher mittel
- Komplexität für die Teilnehmer: eher mittel
- Teamgröße: Kleingruppe möglich (3 bis 5 Teilnehmer)
- Teamgröße: Mittelgroße Teams möglich (5 bis 20 Teilnehmer)
- Vorbereitungszeit: eher gering (< 1 Stunde)

Input für eine zielführende Arbeit mit der Methode

- Beteiligte Personen mit Tätigkeiten und Aufgaben
- Verschiedene Meinungen und Blickwinkel
- Personenmerkmale (Meinungen, Bedürfnisse, Werte, etc.)

Output und beobachtete Ergebnisse der Methode

- Bessere Projekteffizienz, bessere Teamperformance
- Erzeugt besseren Teamspirit, mehr Offenheit, Inspirationsempfindlichkeit
- Erzeugt transformationsfähigere Organisationen
- Erzeugt motiviertere und transformationsfähigere Teilnehmer
- Identifiziert vorhandene Schwachstellen

Hinderniseffekte, auf die die Methode positiv wirkt

- Dynamisiert und aktiviert wenig dynamische Teams
- Fördert die Agilität der Teilnehmer
- Wirkt fehlender Inspiration entgegen
- Fördert Optimismus und Zuversicht

Mögliche Extravorteile der Methode

- Möglicher Extravorteil für Teams in einer Komfortsituation

Quellen

Buch – Rechenbuch Elektrotechnik, Tkotz et al. (Europa-Verlag, 2020)
Organisation – BöhringerInnovationsManagement, www.binnoma.de
Person – Sabine Böhringer, sabine.boehringer@binnoma.de

Technical Check

EinSatzBeschreibung

Technical Check ist eine Methode zur Sicherstellung, dass eine neue und nachhaltige Idee (das Produkt, die Dienstleistung) bei der Einführung im Markt sowohl technisch als auch ökologisch funktioniert.

Working Guide/Anwendungsfelder

P1 Sensibilisierung/Bildung	P2 Matching Recht/Gesetz	P3 Sustainability Roadmap	P4 Produkt/Prozessdesign	P5 Implementierung/Monitoring	P6 Kommunikation	P7 Organisation	P8 Führung	P9 Business Model Design	P10 Skalierung
X	X	X	X						

Beschreibung

Diese Methode ist eine in der Design-Phase des „Planetary Centric Design Toolkits", das von dem Unternehmen Impossible entwickelt wurde.

Diese Methode unterstützt ein Unternehmen bei der technischen Umsetzung eines neuen Produktes oder einer Dienstleistung und stellt dabei den Nachhaltigkeitsaspekt in den Fokus. „Technical Check" kann dabei helfen, dass die technischen Komponenten oder technischen Infrastrukturen für eine neue, nachhaltig konzipierte Idee bei der Einführung im Markt sowohl sozial, ökonomisch und ökologisch so risikolos wie möglich umsetzbar ist.

Die technische Infrastruktur oder die zugrunde liegenden technischen Komponenten einer Lösung, eines Produktes oder einer Dienstleistung spielen eine zunehmende Rolle bei der Einführung und Nutzung von nachhaltigen Lösungen im Markt. Daher ist es von großer Bedeutung, sicherzustellen, dass gerade diese zugrunde liegenden technologischen Operationen im Einklang mit den Nachhaltigkeitsprioritäten und den planetaren Zielen stehen. Ist dies nicht der Fall und werden schädliche Auswirkungen zu spät entdeckt, kann dies enorme Kosten und Schäden an der Reputation des Anbieters zur Folge haben. Die Methode „Technical Check" befasst sich mit der strukturierten Erfassung und Überprüfung hinsichtlich solcher Risiken und hilft dabei, die interdisziplinären Abhängigkeiten sichtbar zu machen.

In vielen Fällen sind diese genutzten technischen Komponenten oder Infrastrukturen nicht in Ihrem direkten Einfluss. Sie bedienen sich Drittanbietern und sind somit von deren Produkten oder Dienstleistungen abhängig. Diese wiederum werden dann ein integraler und wesentlicher Teil Ihrer Nachhaltigkeitsbemühungen. Arbeitsbedingungen, ökologische Auswirkungen, rechtliche Wirkungen oder Sicherheitsaspekte wirken dann direkt auf Ihre Angebote und damit gehen eine Reihe an Risiken einher, die Sie beachten müssen.

Entweder Sie verwenden Technical Check, da Sie eine solche Überprüfung für Ihre bestehenden Produkte und Dienstleistungen noch nie gemacht, oder aber im Rahmen des Designs neuer, nachhaltiger Angebote, die Sie mithilfe des „Planet Centric Design Toolkit" oder ähnlicher Makromethoden erschaffen haben. In jedem Fall müssen Sie aus den obenstehenden Überlegungen heraus darüber nachdenken, welche technischen Eigenschaften oder Infrastrukturen Sie derzeit nutzen bzw. welche geplant sind, um Ihre Angebote zu implementieren, zu betreiben und zu warten. Die damit verbundenen Risiken müssen Sie kennen und Sie sollten Lösungsideen dafür haben, wie Sie mit diesen Risiken umgehen.

Im unten dargestellten Beispiel für die Durchführung wurden dazu technische Aspekte einer Softwarelösung inklusive Betrieb den gesetzten ökonomischen, sozialen und ökologischen Anforderungen gegenübergestellt. Anhand der gefundenen Fragestellungen kann diese Gegenüberstellung und Überprüfung sicherstellen, dass auch die technischen Eigenschaften und Infrastruktur der Softwarelösung nachhaltig ist und keine versteckten Probleme generieren.

Das Technical-Check-Canvas ist eine mögliche und geeignete Dokumentation und Sammlung an Fragen zu Problemstellungen, Daten und Fakten, Risiken und Lösungsansätzen in den Dimensionen Ökonomie, Ökologie und Soziales.

Es ist ein lebendes Dokument, welches auch nach seiner erstmaligen Erstellung ständig weiterentwickelt werden sollte. Es dokumentiert, über welche technischen Fragestellungen aus den verschiedenen interdisziplinären Blickwinkeln nachgedacht wurde, welche Risiken bis dato identifiziert wurden und welche Lösungsansätze zur Vermeidung oder Minderung erarbeitet wurden.

Implizit hilft die Methode somit auch, Ressourcen effizienter einzusetzen, unnötige Umweltauswirkungen zu minimieren und damit Kosten zu senken. Des Weiteren fördert die Methode die Suche nach technologischen Innovationen, die zur Erreichung von Nachhaltigkeitszielen beitragen.

Durchführung

Vorbereitung

1. Bevor Sie Antworten geben können, brauchen Sie gute und relevante Fragen. Einige können Sie sicherlich sofort formulieren. Aber diejenigen Fragen, die etwas unbequemer und kritischer und damit umso wertvoller für Ihren Technical Check sind, diese Fragen werden Sie aufgrund Ihrer Verbundenheit mit Unternehmen, Produkten und Dienstleistungen nur mit Mühe allein finden. Es ist daher fast unumgänglich, entweder ein sehr interdisziplinäres Team an dieser Aufgabe arbeiten zu lassen oder Dritte von außen einzubinden, um die eigene Betriebsblindheit zu umgehen. Nutzen Sie Kunden, Dienstleister, Lieferanten, Journalisten, Rechtsanwälte, Dozenten oder firmenfremde Nachhaltigkeitsspezialisten und bilden Sie idealerweise

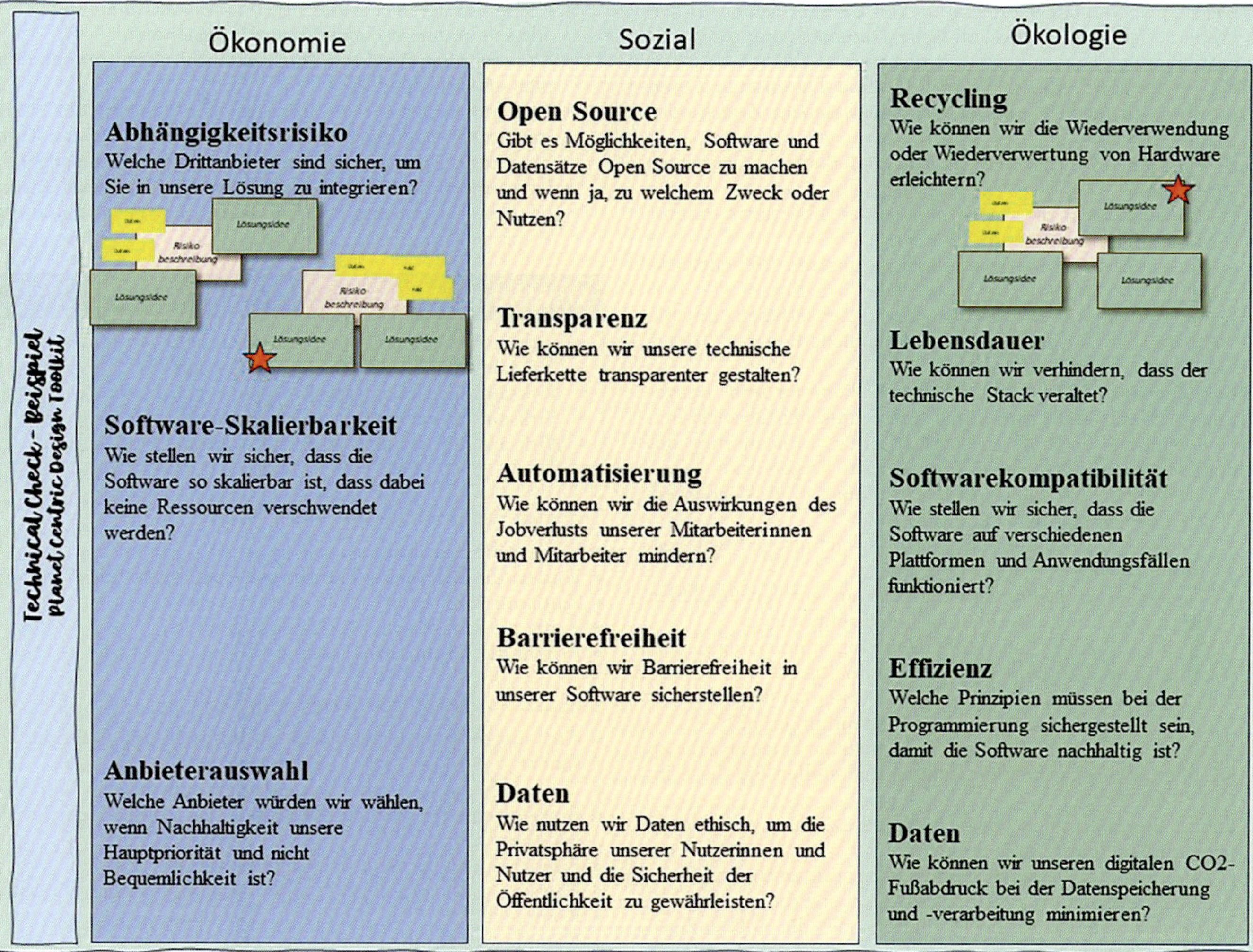

Beispiel eines Technical-Check-Canvas mit drei bearbeiteten Bereichen (Quelle: Thomas Appel Consulting)

ein (Online-)-Board, welches mit Ihnen Fragestellungen in den unterschiedlichen Bereichen findet und erörtert.

2. Erstellen Sie auf einem Brown Paper, einer entsprechend verwendbaren Schreibwand oder einem großen Flipchart (sinngemäß Online) ein Technical Check-Canvas, bestehend aus drei großen Bereichen, die Sie jeweils mit „Ökonomie", „Ökologie" und „Soziales" überschreiben.
3. Sammeln Sie die Fragen, indem Sie ein Brainstorming mit Ihrem Team zu Risiken und Chancen in den einzelnen Bereichen durchführen. Denken Sie dabei an Ihre Nachhaltigkeitsziele und überprüfen Sie, ob die technischen Eigenschaften Ihres Produktes bzw. Ihrer Dienstleistung diese unterstützen oder ob damit Risiken einhergehen. Dies kann sowohl aktuelle als auch zukünftige Aspekte umfassen. Gegebenenfalls ziehen Sie aktuelle technologische Entwicklungen und Trends in Ihre Überlegungen mit ein. Ebenfalls wichtig sind Regularien oder Zertifizierungen, die Sie für technischen Eigenschaften gegebenenfalls einhalten müssen.

Die nachfolgenden Schritte orientieren sich beispielhaft an einer Software-Lösung, also einem Mix aus Softwareprodukten und Dienstleistungen zum Betrieb.

4. In der Dimension „Ökonomie" könnte es unter anderem um folgende Bereiche gehen: Abhängigkeit von Drittanbietern, Skalierbarkeit der Software-Lösung, Auswahl von Drittanbietern unter Berücksichtigung der Nachhaltigkeit. Beispielhafte Fragen:
   - Welche Drittanbieter sind sicher, um diese in unsere Lösung zu integrieren?
   - Wie stellen wir sicher, dass der Betrieb der Lösung so skalierbar ist, dass dabei bei Implementierung, Betrieb und Wartung keine Ressourcen verschwendet werden?
   - Welche Drittanbieter und welche damit einhergehenden Betriebsmodelle sind zu wählen, wenn Nachhaltigkeit die Hauptpriorität ist?
5. In der Dimension „Soziales" könnten Fragen für folgende Bereiche gefunden werden: Möglichkeit der Open-Source-Nutzung, Transparenz in der technischen Lieferkette, Bewältigung von

Arbeitsplatzverlusten, Integration von Barrierefreiheit in den Webentwicklungsprozess, ethische Datennutzung. Beispielhafte Fragen:
- Gibt es Möglichkeiten, Software und Datensätze Open Source zu machen und wenn ja, zu welchem Zweck oder zum Nutzen?
- Wie können wir unsere technische Lieferkette transparenter gestalten?
- Wie können wir die Auswirkungen des Jobverlusts unserer Mitarbeitenden mindern?
- Wie können wir Barrierefreiheit in unseren Webentwicklungsprozess integrieren?“
- Wie nutzen wir die gesammelten Daten ethisch, um die Privatsphäre unserer Nutzer und die Sicherheit der Öffentlichkeit zu gewährleisten?“.

6. Bereiche in der Dimension „Umwelt“ könnten sein: Recycling von Hardware, Vermeidung von technischer Obsoleszenz, Sicherstellung der Softwarekompatibilität, Minimierung des digitalen CO_2-Fußabdrucks. Beispielhafte Fragen dazu:
   - Wie können wir die Wiederverwendung oder Wiederverwertung von Hardware erleichtern?
   - Wie können wir verhindern, dass der technische Stack veraltet?
   - Wie stellen wir sicher, dass die Software auf verschiedenen Plattformen und Anwendungsfällen funktioniert?
   - Welche Prinzipien müssen bei der Programmierung sichergestellt sein, damit die Software nachhaltig ist?
   - Wie können wir unseren digitalen CO_2-Fußabdruck bei der Datenspeicherung und -verarbeitung minimieren?“
7. Definieren und beschreiben Sie jede einzelne Frage als eine zu lösende technische Problemstellung und stellen Sie diese im Canvas im entsprechenden Bereich ein.
8. Führen Sie eine umfassende technische Bewertung jeder identifizierten Problemstellung durch.
   - Sammeln Sie alle verfügbaren Daten, Fakten und notwendigen Informationen zur identifizierten Problemstellung, also die technischen Eigenschaften oder die notwendigen technischen Infrastrukturen zu den eigensetzten Materialien (inkl. deren Herkunft), Fertigungs- oder Betriebsmethoden, Ressourcenverbrauch, Energieeffizienz und andere relevante Faktoren.
   - Analysieren Sie mögliche Auswirkungen auf die Umwelt, die Gesellschaft und das Unternehmen.
   - Quantifizieren Sie diese Auswirkungen.Übersetzen Sie diese in eine entsprechende Risikobeschreibung, schreiben Sie eine Karte und verorten Sie diese im Canvas unter der entsprechenden Fragestellung.
   - Erarbeiten Sie Strategien und Maßnahmen zur Minimierung oder Vermeidung der gefundenen Risiken.
   - Dokumentieren und priorisieren Sie die gefundenen Lösungsideen auf Karten.
   - Hängen Sie diese Karte zur Risikobeschreibung. Gruppieren Sie alle Lösungsansätze um die jeweilige Risikobeschreibung herum.
9. Umsetzung
   - Erstellen Sie einen detaillierten Plan zur Umsetzung eines jeden Vorschlags zur Reduzierung oder Vermeidung der identifizierten Risiken, einschließlich eines Zeitplans, sowie der benötigten Ressourcen.
   - Kommunizieren Sie Ihre Ergebnisse und Empfehlungen an alle relevanten Stakeholder im Unternehmen.
   - Sammeln Sie Feedback und passen Sie Ihren Umsetzungsplan entsprechend an.
   - Implementieren Sie die Lösungsideen oder breiten Sie die Implementierung so vor, dass diese jederzeit, wenn notwendig, umgesetzt werden kann („Plan aus der Schublade“).
   - Überprüfen Sie regelmäßig, ob die identifizierten Risiken oder die gefundenen Lösungsideen noch relevant sind oder Anpassungen erforderlich sind.

Wirkfeld der Methode

- Wirksam für Herausforderungen mit hoher Komplexität
- Wirksam für nachhaltiges Produktdesign
- Wirksam für nachhaltiges Prozessdesign
- Wirksam für nachhaltiges Servicedesign
- Wirksam für nachhaltiges Business Model Design

Transformationsfähigkeit Ihres Teams

- Fördert die Sensibilisierung
- Fördert die allgemeine Transformationsfähigkeit des Teams
- Zahlt auf eine bessere Wahrnehmung ein
- Zahlt auf das Dringlichkeitsempfinden ein
- Erhöht die Lösungsorientierung

Einsatzcharakteristik/Arbeitsrahmen

- Austauschfokus: vornehmlich mit internen und externen Personen
- Durchführungszeit: eher mittel (> 1 Stunde bis < 1 Tag)
- Einsatzfrequenz: vornehmlich über den kompletten Projektzeitraum
- Einsatzradius: vornehmlich im projektweiten Einsatz
- Einsatzradius: vornehmlich im unternehmensweiten Einsatz
- Komplexität für den Moderator: eher hoch
- Komplexität für die Teilnehmer: eher mittel
- Teamgröße: Einzelpersonennutzung möglich
- Teamgröße: Kleingruppe möglich (3 bis 5 Teilnehmer)
- Teamgröße: Mittelgroße Teams möglich (5 bis 20 Teilnehmer)
- Vorbereitungszeit: eher gering (< 1 Stunde)

Input für eine zielführende Arbeit mit der Methode

- Aktuell existierende Geschäftsmodelle
- Aktuell existierende Produkte und Services
- Ideen und Projekte, die zur Umsetzung anstehen
- Liste von Alternativen

Output und beobachtete Ergebnisse der Methode

- Erzeugt Prognosen und Ableitungen
- Erzeugt größere Klarheit zu einem Thema
- Erzeugt mehr Hintergrundinformationen
- Hilft bei Entscheidungen, Bewertungen und Feedback
- Identifiziert vorhandene Schwachstellen
- Identifiziert vorhandene Stärken

Hinderniseffekte, auf die die Methode positiv wirkt

- Beugt Missinterpretationen vor
- Beugt blinden Flecken/Betriebsblindheit vor
- Schafft für den Erfolg nötige Realitätsbezüge
- Schafft schnell Klarheit und beschleunigt Erkenntnisgewinn
- Schwächt Verdiskutiererei
- Verhindert blinden Aktionismus
- Verhindert einseitige Bewertungen und Entscheidungen
- Verhindert falsche Flughöhen
- Verhindert unreflektiertes agieren
- Verhindert vorschnelles Urteilen über Ideen

Mögliche Extravorteile der Methode

- Möglicher Extravorteil für Teams mit einer konservativen, tradierten Kultur
- Möglicher Extravorteil für innovativ ungeübte Teams
- Möglicher Extravorteil für die Arbeit mit digitalen Kollaborationsboards
- Möglicher Extravorteil für in Nachhaltigkeitsthemen ungeübte Teams

Quellen

Organisation – Impossible Labs, https://www.labs.impossible.com/
Person – Thomas Appel, Thomas Appel Consulting, thoap@tac4u.net
Person – Hila Attaie, www.inno-jump.com, hila.attaie@inno-jump.com
Buch – Das große Handbuch Innovation, Benno van Aerssen & Christian Buchholz (Vahlen, 2018)
Web – ISO 14040:2006, „Environmental management – Life cycle assessment: Principles and framework."; https://www.iso.org/standard/37456.html, abgerufen am 01.09.2023

Theory of Change

EinSatzBeschreibung

Die Theory of Change ist ein Ansatz, um intendierte und zu erwartende direkte sowie weiterführende Folgen einer geplanten Ideenumsetzung zu beschreiben.

Working Guide/Anwendungsfelder

P1 Sensibilisierung/Bildung	P2 Matching Recht/Gesetz	P3 Sustainability Roadmap	P4 Produkt/Prozessdesign	P5 Implementierung/Monitoring	P6 Kommunikation	P7 Organisation	P8 Führung	P9 Business Model Design	P10 Skalierung
		X	X	X	X				

Beschreibung

Die Theory of Change (ToC) bietet eine Grundlage für die Findung, Planung, Kommunikation, und Evaluation von Aktivitäten für nachhaltige Entwicklung. Sie hilft, die Logik und den Wirkungsmechanismus eines Vorhabens zu verstehen und zu erklären. Besonders nützlich ist die ToC bei komplexen sozialen Veränderungsprozessen, wie sie bei Nachhaltigkeitstransformationsprozessen auftreten.

Sie gibt eine gemeinsame Vision für intendierte Veränderungen und dafür notwendiges Handeln. Dabei folgt sie einem Backcasting-Ansatz und startet mit dem Ziel einer alternativen Zukunft, auf welche hingearbeitet wird. Das Aufstellen einer Theory of Change folgt einem systemischen Ansatz, welcher Komplexität berücksichtigt, und ganzheitliches Projektverständnis fördert.

Die einfachste Form der Theory of Change basiert auf drei Aspekten

Quelle: Kilian Karg

Durchführung

Dargestellt wird im Folgenden eine einfache, für Workshops geeignete Interpretation der Theory of Change.

Für das Gestalten einer Theory of Change bietet sich die Arbeit an einem (digitalen) Whiteboard und mit Haftnotizen an, da die oben dargestellte Form laufend verändert und ausdifferenziert werden wird.

Während die Theory of Change im Kern einen erwünschten Zielzustand fokussiert, spiegelt dieser ein bestehendes, zu lösendes Problem. Der Grund für das Aufstellen einer Theory of Change ist somit ein konkretes, greifbares, und klar definierbares Problem. Dieses lässt sich zum Beispiel über die Analyse eines „Problem Framing Trees“ definieren. Dabei ist es ratsam, entweder spezifische Wurzeln eines Problems oder aber zumindest das identifizierte Kernproblem ins Ziel zu nehmen.

Ist ein Problem in ein gewünschtes Zielbild „C“ umgewandelt, wird dies vorläufig bereits schriftlich (optional mit einer Visualisierung) festgehalten. Alle weiteren Aktivitäten bauen darauf auf.

Ein Brainstorming ermöglicht es daraufhin, verschiedene Lösungswege zu finden, welche auf das Ziel C einspielen. Vielversprechende Lösungsideen werden dann in das Gerüst einer Theory of Change als Intervention „A“ aufgenommen. Achten Sie darauf, dass Sie dabei für jeden Lösungsansatz eine eigene Theory of Change aufstellen.

Im weiteren Schritt können Sie die Idee weiter evaluieren und auf Ihre Wirksamkeit überprüfen. Welche unmittelbaren Folgen „B“ wird die Einführung der Lösung haben?

Sind Lösungsidee, direkter Effekt, und langfristige Wirkung in einem Gesamtbild zusammengefasst, besteht die Möglichkeit, dieses Bild zu erweitern und zu diskutieren.

- Sprechen Sie dabei auch über mögliche nicht-intendierte Folgen und Risiken, und erfassen Sie diese auf separaten, andersfarbigen (z. B. roten) Post-its oder Moderationskarten.
- Was sind weitere, langfristige Folgen, die über die Wirkung C hinausgehen?

Ergänzend ist an dieser Stelle auch eine Auflistung der relevanten Stakeholder, und welche Rolle sie bei der Zielerreichung haben (Störer, Unterstützer, Betroffene), sinnvoll.

Es bietet sich mehr als an, auf der nun vorliegenden Grundlage eine positive Geschichte zu generieren, welche Sie erzählen können. Ein positives Narrativ ist ein Kernelement für die Akzeptanz einer Idee und erreicht viel mehr, als ein drohendes Problem zu beschreiben. Die ToC ist eine perfekte Grundlage dafür!

1. Warum ist die Lösungsidee oder das Projekt notwendig?
2. Wer ist die Zielgruppe der Lösung? Wer ist betroffen?
3. Wie funktioniert die Lösung? Welche Aspekte beinhaltet sie? (A)
4. Was ist das Ergebnis der Lösung (B), was verändert sich (C)?

Optional: Soll die Theory of Change eine Grundlage für die weitere Planung und Evaluierung geben, Übertragen Sie die Grundannahmen über Probleme, Funktionalität und Machbarkeit der Intervention (A), unterstellte Effekte (B) und Wirkungen (C) in ein separates Board, und ergänzen Sie diese mit weiteren notwendigen Zwischenschritten und zu erwartenden Effekten.

Stellen Sie jeweils zu den getroffenen Annahmen Fragen zusammen, welche diese Annahmen überprüfen können:

- Ist unser angenommenes Problem wirklich relevant? Haben wir dieses Problem richtig verstanden?
- Ist die Lösungsidee/Intervention sowie einzelne Schritte tatsächlich machbar?
- Hat die geplante Maßnahme den Effekt, welchen wir ihr unterstellen?
- Wie wahrscheinlich ist es, dass die intendierte Wirkung wirklich eintritt?

Erstellen Sie sich einen Plan mit Prüfkriterien, welche Sie vor einer Umsetzung und während einer Implementierung abarbeiten. So stellen Sie sicher, dass ein Projektziel nicht nur das richtige ist, sondern auch die Lösungen zur Erreichung dienlich sind.

Wirkfeld der Methode

- Wirksam für Herausforderungen mit mittlerer Komplexität
- Wirksam für Herausforderungen mit niedriger Komplexität
- Wirksam für nachhaltiges Produktdesign
- Wirksam für nachhaltiges Servicedesign
- Wirksam für nachhaltiges Business Model Design

Transformationsfähigkeit Ihres Teams

- Fördert die allgemeine Transformationsfähigkeit des Teams
- Erhöht die Lösungsorientierung

Einsatzcharakteristik/Arbeitsrahmen

- Austauschfokus: vornehmlich mit internen Personen
- Durchführungszeit: eher mittel (> 1 Stunde bis < 1 Tag)
- Einsatzfrequenz: vornehmlich im einmaligen Einsatz
- Einsatzfrequenz: vornehmlich über den kompletten Projektzeitraum
- Einsatzradius: vornehmlich im Teameinsatz
- Komplexität für den Moderator: eher gering
- Komplexität für die Teilnehmer: eher mittel
- Teamgröße: Einzelpersonennutzung möglich
- Teamgröße: Kleingruppe möglich (3 bis 5 Teilnehmer)
- Vorbereitungszeit: eher gering (< 1 Stunde)

Input für eine zielführende Arbeit mit der Methode

- Ideen und Projekte, die zur Umsetzung anstehen
- Ideen, Lösungsansätze, Vorideen, Varianten

Output und beobachtete Ergebnisse der Methode

- Bessere Projekteffizienz, bessere Teamperformance
- Erzeugt größere Klarheit zu einem Thema
- Erzeugt mehr Hintergrundinformationen
- Hilft bei Entscheidungen, Bewertungen und Feedback
- Identifiziert vorhandene Schwachstellen
- Identifiziert vorhandene Stärken
- Macht Wirkzusammenhänge sichtbar

Hinderniseffekte, auf die die Methode positiv wirkt

- Schärft eine fehlende gemeinsame Ausrichtung
- Verhindert blinden Aktionismus
- Verhindert einseitige Bewertungen und Entscheidungen
- Verhindert unreflektiertes agieren
- Verhindert vorschnelles Urteilen über Ideen

Mögliche Extravorteile der Methode

- Möglicher Extravorteil für Teams mit einem starkem Auftragsmandat
- Möglicher Extravorteil für Teams mit einer konservativen, tradierten Kultur

Quellen

Buch – An Introduction to Theory of Change. Anderson, Andrea in: The Evaluation Exchange, Volume XI, Number 2, 2005.
Buch – Companion Guidance on Theory of Change. The United Nations Development Group
Buch – UNLEASH Activity Cards – UNLEASH 2018
Web – www.theoryofchange.org/, abgerufen am 10.10.2023

Theory U

EinSatzBeschreibung

Die nachhaltige Transformation von Organisationen erfordert oft ein grundlegendes Umdenken in Bezug auf Prozesse, Organisationskultur und Strategie, und der Einsatz von Theory U kann dabei helfen.

Working Guide/Anwendungsfelder

P1 Sensibilisierung/Bildung	P2 Matching Recht/Gesetz	P3 Sustainability Roadmap	P4 Produkt/Prozessdesign	P5 Implementierung/Monitoring	P6 Kommunikation	P7 Organisation	P8 Führung	P9 Business Model Design	P10 Skalierung
X							X		

Beschreibung

Zusammen mit seinen Kollegen vom MIT (Massachusetts Institute of Technology) Boston hat Otto Scharmer 150 Interviews mit Unternehmern und Innovatoren aus Wissenschaft, Wirtschaft und Gesellschaft geführt und dann die Grundprinzipien von Theory U entwickelt.

Die nachhaltige Transformation von Organisationen erfordert oft ein grundlegendes Umdenken in Bezug auf Prozesse, Organisationskultur und Strategie, und der Einsatz von Theory U kann dabei helfen, diesen Übergang zu bewältigen.

Theory U geht davon aus, dass die Wirksamkeit des Handelns am stärksten durch die innere Einstellung der Handelnden und der Orientierung auf die Zukunft beeinflusst wird.

Kernstück der Methode ist ein U-förmiger Prozess, der die verschiedenen Ebenen Kopf, Herz & Intuition anspricht und so neue Lösungen entstehen lässt. Das Vorgehen beruht darauf, nicht reaktiv auf Impulse zu reagieren und sofort in die Umsetzung zu springen, sondern durch einen wachen Blick zu spüren, was unsere tiefere Intention ist.

Durchführung

Zu Beginn des Workshop ist es wichtig, eine Atmosphäre des Vertrauens zu schaffen und den Teilnehmenden die Grundlagen der Theory U zu erläutern.

Begonnen wird mit dem linken Ast des U. Dort geht es um das Beobachten und Sich-Öffnen, die Teilnehmer werden hierbei durch drei Schritte geführt:

1. **Downloading:** Beginnen Sie mit einer Aktivität bei der die Teilnehmer ihre aktuellen Überzeugungen und Praktiken in Bezug auf Nachhaltigkeit teilen können, z. B. durch ein Brainstorming oder eine Mind-Map. Ziel ist es das Bewusstsein für den Ist-Zustand in der Organisation schärfen.
2. **Observing:** Zeigen Sie Beispiele für Best Practices aus anderen Organisationen oder Branchen. Dies kann z. B. durch Vorträge oder Videos umgesetzt werden. In dieser Phase geht es darum den Horizont zu erweitern und inspirierende Beispiele für nachhaltige Vorgehensweisen zu finden.
3. **Sensing:** Teilen Sie die Gruppe in Zweierpaare auf und lassen Sie jeden Teilnehmer über seine Erfahrungen und Bedenken bezüglich Nachhaltigkeit sprechen, während der andere einfach zuhört. Betonen Sie die Wichtigkeit von empathischem Zuhören und das Ziel, ein tieferes Verständnis für die Perspektiven der anderen zu entwickeln
4. **Presencing:** Planen Sie eine Meditations- oder Stilleübung ein, um den Raum für Reflexion und tiefe Einsicht zu schaffen. Dies kann durch eine geführte Meditation oder einfach durch stille Reflexion geschehen. Ziel ist es, eine tiefere Verbindung zur eigenen Intuition und dem Gesamtbild herzustellen.
5. **Crystallizing:** Bitten Sie die Teilnehmer, sich eine Zukunft vorzustellen, in der die Organisation in Bezug auf Nachhaltigkeit erfolgreich ist. Was sehen, hören und fühlen sie in dieser Vision? Sie könnten auch kreative Mittel wie Zeichnungen, Geschichten oder Rollenspiele verwenden, um diese Vision zu entwickeln. Die Vision wird als Leitstern für die nächsten Schritte und insbesondere für die „Prototyping"-Phase dienen.
6. **Prototyping:** Bilden Sie Kleingruppen und lassen Sie diese neue Ideen oder Initiativen entwickeln, die in der Organisation ge-

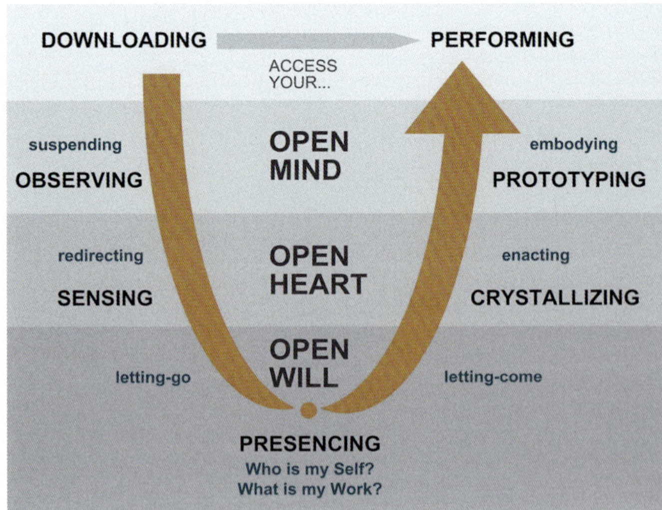

Theory U-Modell (Quelle: https://de.wikipedia.org/)

testet werden könnten. Dies kann z. B. durch Design Thinking-Methoden oder schnelle Brainstorming-Sessions geschehen.

7. **Performing:** Jede Gruppe stellt ihre Prototypen oder Ideen vor. Gemeinsam diskutieren und bewerten die Teilnehmer die Machbarkeit und die nächsten Schritte für die Umsetzung. Bei der Diskussion kann eine Bewertungsmethode, wie die 6 Denkhüte von Edward de Bono, helfen.

Theory U ist ein sehr hilfreiches und mächtiges Werkzeug, um das Thema Nachhaltigkeit für die Teilnehmer nicht nur auf der kognitiven Ebene sichtbar zu machen, sondern auch mit dem Herzen zu verbinden. In vielen Unternehmen kann es ungewohnt sein, auf diese Weise im Business-Kontext zu agieren. Daher ist es wichtig, einen passenden Rahmen zu schaffen und die Methode empathisch zu moderieren, um die Teilnehmer nicht während des Prozesses zu verlieren.

Wirkfeld der Methode

- Wirksam für Herausforderungen mit hoher Komplexität
- Wirksam für Herausforderungen mit mittlerer Komplexität
- Wirksam für Herausforderungen mit niedriger Komplexität

Transformationsfähigkeit Ihres Teams

- Fördert die Sensibilisierung
- Fördert die Teamkreativität
- Fördert die allgemeine Transformationsfähigkeit des Teams
- Fördert offene Mindsets und innovative Denkhaltungen
- Sorgt für Inspiration oder bessere Inspirationsempfindlichkeit
- Zahlt auf ein positives Zukunftsbild ein

Einsatzcharakteristik/Arbeitsrahmen

- Austauschfokus: vornehmlich mit internen Personen
- Durchführungszeit: eher mittel (> 1 Stunde bis < 1 Tag)
- Einsatzfrequenz: vornehmlich im einmaligen Einsatz
- Einsatzradius: vornehmlich im Teameinsatz
- Komplexität für den Moderator: eher mittel
- Komplexität für die Teilnehmer: eher gering
- Teamgröße: Großgruppen möglich (> 50 Teilnehmer)
- Teamgröße: Kleingruppe möglich (3 bis 5 Teilnehmer)
- Teamgröße: Maxigruppen möglich (20 bis 40 Teilnehmer)
- Teamgröße: Mittelgroße Teams möglich (5 bis 20 Teilnehmer)
- Vorbereitungszeit: eher mittel (> 1 Stunde bis < 1 Tag)

Input für eine zielführende Arbeit mit der Methode

- Aktuelle Herausforderung, Leitfrage, Problem
- Vorhandenes Wissen und Erfahrungen
- Durchführungszeit, Trainingszeit

Output und beobachtete Ergebnisse der Methode

- Erzeugt Ideen, Lösungsansätze, Vorideen, Möglichkeiten
- Erzeugt besseren Teamspirit, mehr Offenheit, Inspirationsempfindlichkeit

Hinderniseffekte, auf die die Methode positiv wirkt

- Beugt Missinterpretationen vor
- Beugt blinden Flecken/Betriebsblindheit vor
- Fördert eventuell fehlende Wertschätzung
- Schwächt Konkurrenzdenken und Angst vor Machtverlust
- Schwächt das Leben in der Vergangenheit
- Schwächt den „Inneren Zensor“
- Schärft eine fehlende gemeinsame Ausrichtung
- Stärkt das Vertrauen im Team
- Verhindert Ideenfindung mit zu schwacher Erkenntnisgrundlage
- Verhindert blinden Aktionismus
- Verhindert unreflektiertes agieren
- Fördert Optimismus und Zuversicht

Mögliche Extravorteile der Methode

- Möglicher Extravorteil für Teams in einer Komfortsituation
- Möglicher Extravorteil für Teams in einer Krisensituation
- Möglicher Extravorteil für Teams mit einer konservativen, tradierten Kultur

Quellen

Buch – Theory U, O. Scharmer (Carl-Auer Verlag, 2020)
Web – https://www.u-school.org

Three Horizons

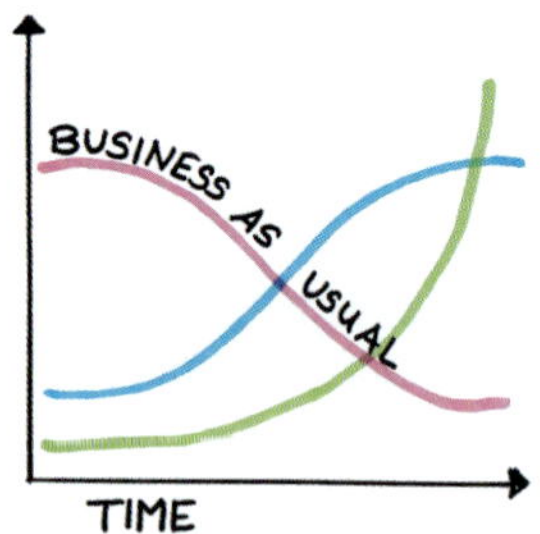

EinSatzBeschreibung

Strategisches Rahmenwerk, das Unternehmen ermöglicht, gleichzeitig kurzfristige Optimierungen, mittelfristige Wachstumschancen und langfristige transformative Innovationen zu planen und zu managen.

Working Guide/Anwendungsfelder

P1 Sensibilisierung/Bildung	P2 Matching Recht/Gesetz	P3 Sustainability Roadmap	P4 Produkt/Prozessdesign	P5 Implementierung/Monitoring	P6 Kommunikation	P7 Organisation	P8 Führung	P9 Business Model Design	P10 Skalierung
		X	X	X	X	X	X	X	X

Beschreibung

Das Three Horizons-Modell, ursprünglich von den McKinsey-Beratern Mehrdad Baghai, Stephen Coley und David White in ihrem Buch *The Alchemy of Growth* vorgestellt, dient als strategisches Rahmenwerk für Unternehmenswachstum und Innovation. Die Taxonomie unterteilt das Management vom Unternehmenswachstum in drei zeitliche Horizonte: kurzfristige Optimierung des Kerngeschäfts (Horizont 1), Erweiterung des bestehenden Geschäftsmodells zu neuen Märkten oder Kunden. (Horizont 2) und langfristige, transformative Geschäftsmöglichkeiten und -modelle, um disruptiven Veränderungen zu begegnen oder sie zu nutzen. (Horizont 3).

Jeder Horizont des Modells zeichnet sich durch einen individuellen Managementansatz aus und wird durch eine Zeit-Wert-Dimension repräsentiert, visualisiert durch sequenzielle S-Kurven. Die Zeitspanne jedes Horizonts kann je nach Dynamik Ihres Sektors variieren.

Dieses Modell balanciert den aktuellen operativen Fokus mit langfristigen strategischen Ambitionen und etabliert eine einheitliche Terminologie für die Erörterung diverser Wachstumsperspektiven in einem Unternehmen. Es skizziert den umfassenden Innovationsfahrplan und dessen zeitliche Zielsetzungen für Ihr Team.

Für das Management von Portfolios und die Ausrichtung der Wachstumsstrategie erweist sich das Modell als besonders wertvoll, da es eine präzise und geradlinige Darstellung der zukünftigen Unternehmensvision gewährleistet.

Durchführung

Die Implementierung des Three Horizons-Modells startet mit einer detaillierten Betrachtung des bestehenden Kerngeschäfts (Horizont 1), gefolgt von der Erkundung potenzieller Wachstumsfelder (Horizont 3). Strategische Maßnahmen in Horizont 2 dienen als Brücke zwischen diesen beiden Stadien.

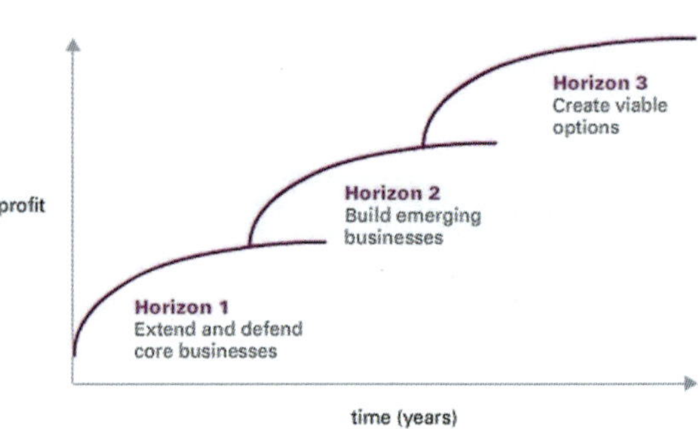

Quelle: www.mckinsey.com

Ein zentraler Vorzug dieses Modells ist die Etablierung einer einheitlichen Terminologie, die eine differenzierte Auseinandersetzung mit diversen Wachstumsperspektiven ermöglicht. Es skizziert für Ihr Team den umfassenden Innovationsfahrplan und dessen zeitliche Zielsetzungen. Das Modell erweist sich als besonders wertvoll für das Portfolio-Management und strategische Wachstumsausrichtungen, indem es eine präzise und geradlinige Darstellung der zukünftigen Unternehmensvision gewährleistet. Durch seine Anwendung können unterschiedliche Perspektiven innerhalb der Führungsebene harmonisiert und Diskussionen durch klar definierte, langfristige Zielvorgaben gesteuert werden. Es stellt somit ein effizientes Instrument zur Koordination und Hierarchisierung von Innovationsvorhaben dar.

1. Horizont 1: Kerngeschäftsanalyse

In dieser initialen Phase liegt der Fokus auf der detaillierten Untersuchung der gegenwärtigen Geschäftskernbereiche. Ziel ist es, die primären Faktoren zu identifizieren, die zur jetzigen erfolgreichen Positionierung des Unternehmens beitragen. Dies umfasst die Bewertung der aktuellen Stärken und Schwächen sowie eine Einschätzung des momentanen Werts der Hauptgeschäftsfelder. Die Perspektive ist hierbei kurzfristig ausgerichtet, wobei eine Zeitspanne von ein bis drei Jahren betrachtet wird, und konzentriert sich auf die Pflege und Optimierung bestehender Vermögenswerte zur Förderung des kurzfristigen Wachstums.

2. Horizont 3: Langfristige Strategieentwicklung

Nach der fundierten Analyse des ersten Horizonts folgt der Übergang zum dritten Horizont, welcher eine langfristige Perspektive einnehmen kann. In dieser Etappe steht die Konzeption innovativer Produkte oder Dienstleistungen im Vordergrund, die sich signifikant von den bisherigen Kernkompetenzen abheben. Die Herausforderung besteht darin, zukunftsweisende Geschäftsfelder und Opportunitäten zu identifizieren, die das Potenzial haben, das Unternehmenswachstum maßgeblich zu prägen. Eine strategische Planung ist hierbei unerlässlich.

3. Horizont 2: Taktische Übergangsplanung

Der zweite Horizont dient als verbindendes Element zwischen den Horizonten 1 und 3 und nimmt eine mittelfristige Perspektive von zwei bis fünf Jahren ein. In dieser Phase werden taktische Entscheidungen getroffen, um eine Brücke zwischen dem bestehenden Kerngeschäft und den in Horizont 3 identifizierten zukünftigen Geschäftsmöglichkeiten zu schlagen. Die Entwicklung eines konkreten Aktionsplans, der die identifizierten Lücken adressiert, steht hier im Mittelpunkt.

Three horizons

	Horizon 1	Horizon 2	Horizon 3
metrics	Return on invested capital (ROIC)	Net present value (NPV)	Option value
people	Business maintainers	Business builders	Champions and visionaries
capabilities	Fully assembled capability platform	Capabilities being acquired or developed	Capability requirements may be unclear

profit

Quelle: www.mckinsey.com

4. Verteilung der Ressourcen nach dem 70/20/10-Prinzip

Legen Sie den Schwerpunkt Ihrer Aktivitäten wie folgt fest: 70 Prozent auf den ersten Horizont, 20 Prozent auf den zweiten und 10 Prozent auf den dritten Horizont. Dieses Verteilungsschema sichert ein harmonisches Gleichgewicht zwischen den unterschiedlichen Entwicklungsphasen.

5. Beweglichkeit und Flexibilität

Priorisieren Sie adaptive, agile Planungsmethoden gegenüber traditionellen, langfristigen Strategieansätzen. Dieser Ansatz gewährleistet eine rasche Reaktionsfähigkeit auf Marktveränderungen.

6. Kommunikative Klarheit und Portfoliomanagement

Das Three Horizons-Modell etabliert eine konsistente Terminologie für die Erörterung diverser Wachstumsperspektiven. Es stellt ein effizientes Werkzeug für die Steuerung des Projektportfolios und die Ausarbeitung von Wachstumsstrategien dar, indem es transparente Kommunikationswege für die strategischen Unternehmensvisionen schafft.

In unserer gegenwärtigen, von Volatilität, Unsicherheit, Komplexität und Ambiguität (VUKA) geprägten Geschäftsumgebung behält das Three Horizons-Modell seine Relevanz als Instrument zur Priorisierung von Innovationsvorhaben. Dennoch birgt es Tücken, insbesondere die Gefahr, die rasante Dynamik potenzieller Marktstörungen zu unterschätzen. Historisch gesehen waren die drei Horizonte zeitlich festgelegt (Horizont 1: 1–3 Jahre, Horizont 2: 2–5 Jahre, Horizont 3: 5–12 Jahre). Doch diese zeitliche Kategorisierung ist im 21. Jahrhundert obsolet geworden. In der heutigen Zeit können bahnbrechende Innovationen des dritten Horizonts ebenso zügig realisiert werden wie Entwicklungen des ersten Horizonts im existierenden Produktangebot.

Wirkfeld der Methode

- Wirksam für Herausforderungen mit hoher Komplexität
- Wirksam für Herausforderungen mit mittlerer Komplexität
- Wirksam für nachhaltiges Produktdesign
- Wirksam für nachhaltiges Prozessdesign
- Wirksam für nachhaltiges Servicedesign
- Wirksam für nachhaltiges Business Model Design

Transformationsfähigkeit Ihres Teams

- Fördert die Sensibilisierung
- Fördert die Agilität eines Teams
- Zahlt auf eine bessere Wahrnehmung ein
- Zahlt auf ein positives Zukunftsbild ein
- Zahlt auf das Dringlichkeitsempfinden ein
- Erhöht die Lösungsorientierung

Einsatzcharakteristik/Arbeitsrahmen

- Austauschfokus: vornehmlich mit internen Personen
- Durchführungszeit: eher hoch (> 1 Tag)
- Einsatzradius: vornehmlich im projektweiten Einsatz
- Einsatzradius: vornehmlich im unternehmensweiten Einsatz
- Komplexität für den Moderator: eher mittel
- Komplexität für die Teilnehmer: eher gering
- Komplexität für die Teilnehmer: eher hoch
- Teamgröße: Einzelpersonennutzung möglich
- Teamgröße: Kleingruppe möglich (3 bis 5 Teilnehmer)
- Teamgröße: Mittelgroße Teams möglich (5 bis 20 Teilnehmer)
- Vorbereitungszeit: eher hoch (>1 Tag)

Input für eine zielführende Arbeit mit der Methode

- Aktuell existierende Geschäftsmodelle
- Aktuell existierende Produkte und Services
- Aktuelle Herausforderung, Leitfrage, Problem

Output und beobachtete Ergebnisse der Methode

- Bessere Projekteffizienz, bessere Teamperformance
- Erzeugt Leitfragen für die Ideenfindung
- Erzeugt Planungen und Priorisierungen
- Erzeugt definierte Zielkorridore
- Erzeugt eine Vision oder Zukunftsbild
- Erzeugt größere Klarheit zu einem Thema
- Erzeugt transformationsfähigere Organisationen
- Erzeugt mehr Hintergrundinformationen
- Hilft bei Entscheidungen, Bewertungen und Feedback

Hinderniseffekte, auf die die Methode positiv wirkt

- Schafft schnell Klarheit und beschleunigt Erkenntnisgewinn
- Schärft eine fehlende gemeinsame Ausrichtung
- Verhindert falsche Flughöhen
- Verhindert unreflektiertes agieren
- Verringert zu große Komplexitäten
- Überzeugt strukturliebende Teammitglieder

Mögliche Extravorteile der Methode

- Möglicher Extravorteil für Teams mit einem starkem Auftragsmandat
- Möglicher Extravorteil für innovativ erfahrene Teams

Quellen

Buch – The Alchemy of Growth, Mehrdad Baghai, Stephen Coley & David White (Basic Books, 2000)

Web – https://www.mckinsey.com/capabilities/strategy-and-corporate-finance/our-insights/enduring-ideas-the-three-horizons-of-growth#, abgerufen am 26.08.2023

Grafik: verrocchio Sustainable Inspiration Card – Malvine Klecha, Hila Attaie und Jennifer van Aerssen (Illustration)

Together Alone

EinSatzBeschreibung

Methode für nachhaltige Entscheidungen in der Gruppe.

Working Guide/Anwendungsfelder

P1 Sensibilisierung/Bildung	P2 Matching Recht/Gesetz	P3 Sustainability Roadmap	P4 Produkt/Prozessdesign	P5 Implementierung/Monitoring	P6 Kommunikation	P7 Organisation	P8 Führung	P9 Business Model Design	P10 Skalierung
					X	X	X		

Beschreibung

Die Together Alone-Methode ist ein Ansatz zur Entscheidungsfindung, der die Dynamik zwischen Einzelentscheidungen und Gruppenentscheidungen nutzt. Sie ermöglicht es, unterschiedliche Perspektiven und Ideen zu sammeln und gleichzeitig die Hemmschwelle für Einzelne zu verringern, ihre Meinungen und Vorschläge einzubringen. Diese Methode wird insbesondere bei Themen angewendet, die eine intensive Kommunikation, verschiedene Standpunkte und Optionen erfordern.

Gruppenentscheidungen werden gemeinschaftlich von einer Gruppe von Personen getroffen, bei der die Meinungen, Vorlieben und Vorschläge der Mitglieder berücksichtigt werden. Wenn ein Mitglied der Gruppe oder die Vorgesetzte eine Entscheidung nach einer vorherigen Meinungsäußerung der Teammitglieder trifft, wird dies als konsultative, aber dennoch Einzelentscheidung betrachtet. Bekannte Formen der Gruppenentscheidungen sind der Konsens oder eine Abstimmung.

Gruppenentscheidungen gehen oft mit intensiver Kommunikation einher. Die Gruppe tauscht Meinungen, Wünsche, Optionen und Alternativen aus, wodurch Standpunkte klar werden. Diese Diskussionen können leidenschaftlich geführt werden und sogar zu hitzigen Debatten führen. Auch Pausen des Schweigens können auftreten, insbesondere wenn es um Lösungsfindungen geht. Eine häufige Hemmschwelle ist, dass niemand den ersten Schritt machen möchte, aus Angst vor Blamage oder Unsicherheit.

Bei der Together Alone-Methode werden zwei Phasen durchlaufen. Jede der beiden Phasen findet zuerst allein und dann gemeinsam statt. In der ersten Phase werden Ideen, Vorschläge und Optionen gesammelt. In der zweiten Phase wird bewertet und entschieden. Dieses Vorgehen ermöglicht, dass alle Perspektiven gehört werden.

Vorteile:

- Breite Beteiligung: Jeder wird in den Entscheidungsprozess einbezogen, was zu mehr Informationen und unterschiedlichen Perspektiven führt.
- Reduzierung von Beeinflussung: Die Methode verringert Gruppen-Bias und ermöglicht es, individuelle Ideen ohne Druck aus der Gruppe zu äußern.
- Mehr Akzeptanz: Da jeder die Möglichkeit hat, Einfluss zu nehmen, steigt die Akzeptanz der Entscheidung.
- Berücksichtigung leiser Stimmen: Selbst zurückhaltende Personen können ihre Ideen einbringen, da keine offene Gruppendiskussion stattfindet.

Im Kontext der Nachhaltigkeit führen kognitive Verzerrungen oft zu schlechten Entscheidungen oder Blockaden in der Umsetzung von Nachhaltigkeitsmaßnahmen. Die folgenden zwei Beispiele zeigen, wie die Methode zu mehr Wirksamkeit in Nachhaltigkeitsfragen beitragen kann:

- Eine Gruppe von Produktentwicklern diskutiert Optionen, wie man den CO_2-Fußabdruck eines Produkts reduziert. Ein erfahrener Entwickler bringt gleich eine Handvoll Ideen ein. Ein junger Mitarbeiter bringt seine Idee nicht ein, da er fürchtet, dass die Idee vom erfahrenen Entwickler nicht akzeptiert wird. Die Idee hätte jedoch den CO_2-Fussabdruck am meisten reduziert. Hier ist der Autoritätsbias zu beobachten, der durch die Methode reduziert wird.
- In der Entscheidungssitzung für eine Einkaufsvergabe wird einem bestehenden Lieferanten der Vorzug gegeben, obwohl das Risiko für Menschenrechtsverletzungen höher ist als bei einem anderen Lieferanten. Hier sind gleich zwei kognitive Verzerrungen am Werk. Zum einen sorgt der Confirmation Bias (Bestätigungsfehler) dafür, dass Menschen Informationen auszuwählen, die ihre bestehenden Überzeugungen und Meinungen bestätigen. Zum anderen sorgt Gruppendenken dafür, sich dem Konsens anzuschließen, um Harmonie und Zustimmung aufrechtzuerhalten. Mit der Together Alone-Methode bekommt die Mitarbeiterin, die Informationen über das höhere Risiko des bestehenden Lieferanten hat, eine Stimme und ermöglicht so eine bessere Entscheidung.

Die Methode zielt darauf ab, diese Biases und Gruppendynamiken zu minimieren. Durch die separate Erfassung individueller Ideen und die spätere gemeinsame Diskussion und Abstimmung werden verschiedene Meinungen berücksichtigt und die Hemmschwelle für abweichende Ansichten reduziert. Dies kann dazu beitragen, eine fundierte und ausgewogene Entscheidung zu treffen, die nicht von den genannten negativen Einflüssen beeinträchtigt wird.

Durchführung

Together Alone wird in fünf Schritten durchgeführt.

1. **Entscheidungssituation bzw. Fragestellung klären:** Definieren Sie die Entscheidungssituation oder die Fragestellung klar und präzise. Stellen Sie sicher, dass alle Teilnehmenden das Problem

verstehen und gemeinsam an der Lösung arbeiten können. In diesem Schritt dürfen Klärungsfragen zur Fragestellung gestellt werden. Es ist jedoch darauf zu achten, dass keine Lösungsdiskussionen stattfinden oder Meinungen geäußert werden.

2. **Stilles Sammeln von Optionen (allein):** Geben Sie den Teilnehmenden Zeit, um individuell über mögliche Optionen oder Lösungsansätze nachzudenken. Jeder sollte seine Ideen aufschreiben oder digital erfassen. Während dieser Phase sollten ebenfalls keine Diskussionen stattfinden, damit die Teilnehmenden ihre Gedanken unbeeinflusst sammeln können.
3. **Vorstellung der Optionen (gemeinsam):** Kommen Sie als Gruppe zusammen, und lassen Sie jeden Teilnehmenden nacheinander seine gesammelten Optionen vorstellen. Während der Vorstellung sollten keine Diskussionen stattfinden. Dies ermöglicht, dass alle Ideen gehört werden und keiner sich von Anfang an zurückhält. Es kann hilfreich sein, die Reihenfolge der Vorstellung per Zufall oder nach festgelegten Regeln (z. B. die Jüngste beginnt) zu bestimmen.
4. **Bewertung der Optionen (allein):** Geben Sie den Teilnehmenden Zeit, um allein die präsentierten Optionen individuell zu bewerten. Jeder sollte die vorgestellten Ideen nach vorher festgelegten Kriterien oder Prioritäten bewerten. Dies ermöglicht eine objektive und unbeeinflusste Einschätzung der Optionen.
5. **Diskussion der Optionen und Entscheidung (gemeinsam):** Kommen Sie erneut als Gruppe zusammen, um die bewerteten Optionen zu diskutieren und eine Entscheidung zu treffen. Die Teilnehmenden können ihre Bewertungen, Gedanken und Bedenken teilen. Während der Diskussion können Vor- und Nachteile abgewogen werden. Ziel ist es, eine gemeinsame Entscheidung zu treffen, die auf einer umfassenden Betrachtung der Optionen basiert. Auch hier kann es wieder hilfreich sein, die Reihenfolge der Diskussion per Zufall oder nach festgelegten Regeln (z. B. die Jüngste beginnt) zu bestimmen.

Für den Schritt der Entscheidungsfindung können weitere Entscheidungsmethoden hilfreich sein, z. B. die Sustainable Decision Matrix.

Wirkfeld der Methode

- Wirksam für Herausforderungen mit mittlerer Komplexität
- Wirksam für Herausforderungen mit niedriger Komplexität

Transformationsfähigkeit Ihres Teams

- Fördert offene Mindsets und innovative Denkhaltungen
- Erhöht die Lösungsorientierung

Einsatzcharakteristik/Arbeitsrahmen

- Austauschfokus: vornehmlich mit internen Personen
- Durchführungszeit: eher gering (< 1 Stunde)
- Einsatzfrequenz: sinnvoll im dauerhaften Einsat
- Einsatzfrequenz: vornehmlich über den kompletten Projektzeitraum
- Einsatzradius: vornehmlich im Teameinsatz
- Einsatzradius: vornehmlich im projektweiten Einsatz
- Einsatzradius: vornehmlich im unternehmensweiten Einsatz
- Komplexität für den Moderator: eher gering
- Komplexität für die Teilnehmer: eher gering
- Teamgröße: Kleingruppe möglich (3 bis 5 Teilnehmer)
- Teamgröße: Mittelgroße Teams möglich (5 bis 20 Teilnehmer)
- Vorbereitungszeit: eher gering (< 1 Stunde)

Input für eine zielführende Arbeit mit der Methode

- Aktuelle Herausforderung, Leitfrage, Problem
- Verschiedene Botschaften, Meinungen, Statements
- Verschiedene Meinungen und Blickwinkel
- Vorhandenes Wissen und Erfahrungen

Output und beobachtete Ergebnisse der Methode

- Erzeugt größere Klarheit zu einem Thema
- Hilft bei Entscheidungen, Bewertungen und Feedback

Hinderniseffekte, auf die die Methode positiv wirkt

- Beugt Missinterpretationen vor
- Beugt blinden Flecken/Betriebsblindheit vor
- Bindet eher introvertierte Teammitglieder mit ein
- Integriert einen dysfunktionalen Schweiger
- Schwächt Angst vor Kritik und Zurückweisung
- Stärkt das Vertrauen im Team
- Verhindert einseitige Bewertungen und Entscheidungen
- Verhindert unreflektiertes agieren
- Verhindert vorschnelles Urteilen über Ideen
- Überzeugt strukturliebende Teammitglieder

Mögliche Extravorteile der Methode

- Möglicher Extravorteil für Teams mit einer konservativen, tradierten Kultur

Quellen

Web – https://open.spotify.com/episode/0w51ylaJ4ESOBqz2T-9E5I3?si=4ekMxSYeT8KgfOJAFihCKg
Web – https://xo-projects.de/blog/together-alone/

Tomorrathon/Green Hackathon

EinSatzBeschreibung

Formate, um die nachhaltige Organisation, Gemeinde oder Region der Zukunft zu entwickeln.

Working Guide/Anwendungsfelder

P1 Sensibilisierung/Bildung	P2 Matching Recht/Gesetz	P3 Sustainability Roadmap	P4 Produkt/Prozessdesign	P5 Implementierung/Monitoring	P6 Kommunikation	P7 Organisation	P8 Führung	P9 Business Model Design	P10 Skalierung
X		X	X	X	X			X	X

Beschreibung

Ein Tomorrathon ist ein spezifischer Typ von Hackathon, der darauf ausgerichtet ist, kreative und nachhaltige Lösungen für zukünftige Herausforderungen im Kontext einer Organisation, Kommune (Stadt oder Gemeinde) oder Region (Landkreis, Metropolregion, Bundesland) zu entwickeln.

Ein Hackathon ist ein intensiver Innovationswettbewerb, bei dem Teams innerhalb eines begrenzten Zeitraums von ein bis drei Tagen zusammenkommen, um innovative Lösungen für bestimmte Probleme zu entwickeln. Typischerweise sind diese Veranstaltungen sehr dynamisch und ermöglichen den Teilnehmenden, ihre kreativen, technischen und analytischen Fähigkeiten einzusetzen, um Prototypen, Ideen oder Konzepte zu erstellen.

Der Tomorrathon konzentriert sich auf das Morgen einer Organisation oder Umgebung – es wird also an einer nachhaltigen Zukunft gearbeitet. Während dieses Events arbeiten mehrere interdisziplinäre Teams gemeinsam an der Entwicklung von kreativen Lösungen für nachhaltige Herausforderungen im Unternehmen, der Gemeinde oder der Region. Der Begriff wurde von Jan Schmirmund geprägt und erstmals 2022 bei einem Hackathon in Gießen verwendet.

Die Teilnehmenden des Tomorrathons setzen sich mit verschiedenen Herausforderungen auseinander, die sich auf Nachhaltigkeit beziehen. Dies können bspw. Themen wie die Dekarbonisierung von Produkten, Energiesparen im Unternehmen, nachhaltige Mobilität in der Stadt oder die Erhöhung der Biodiversität im Landkreis sein. Eine Variante ist, dass alle Teilnehmenden an einer spezifischen Herausforderung vom Veranstalter arbeiten. Auf diese Weise erhält man eine Vielzahl an unterschiedlichen Lösungen und kann schnell erproben, welche am besten geeignet ist. Eine andere Variante ist eine Sammlung von Herausforderungen und die Teams wählen frei, welche Herausforderung sie lösen möchten, oder bringen eine eigene Herausforderung mit. Die Herausforderungen können entweder vom Veranstalter vorab gesammelt und kommuniziert werden oder man sammelt die Herausforderungen zu Beginn der Veranstaltung.

Der Tomorrathon zeichnet sich durch eine intensive Umsetzungsphase aus. Innerhalb von ein bis drei Tagen arbeiten die Teams daran, erste Prototypen oder Gestaltungskonzepte zu entwickeln, um ihre Lösungen greifbar zu machen. Sie können ihre Ideen schnell in die Umsetzung bringen und von einem sicheren Umfeld profitieren, um Dinge auszuprobieren und gemeinsam rasch zu scheitern, um daraus zu lernen.

Der Tomorrathon kann verschiedene Formen annehmen. Dies kann die Bearbeitung technischer Aspekte wie die Entwicklung digitaler Lösungen (z. B. Apps, Software) oder ganzer Produkte (z. B. Elektronik, 3D-Druck, Handwerk) umfassen, aber auch nicht-technische Herausforderungen wie Marketingkampagnen, soziale Experimente und andere kreative Ansätze einschließen.

Eindruck vom Tomorrathon in Gießen 2022 (Foto: Florian Hirsch)

Durchführung

Vorbereitung

- Organisationsteam: Bilden Sie ein ausreichend großes Organisationsteam. Im Organisationsteam sollten unterschiedliche Fertigkeiten für die Veranstaltung eines Hackathons versammelt sein (z. B. Projektmanagement, Eventplanung und Logistik, Finanzen und Sponsoring, Kommunikation und Öffentlichkeitsarbeit, Technische Expertise, Diversität und Inklusion)
- Konzeptentwicklung und Zielsetzung: Das Organisationsteam definiert das Konzept des Hackathons und legt klare Ziele fest. Der Fokus liegt darauf, innovative Ideen und Technologien zu fördern, die einen positiven Einfluss auf die Zukunft haben.
- Nachhaltige Herausforderungen finden: Das Organisationsteam schaut sich nach potenziellen, nachhaltigen Herausforderungen um, die beim Hackathon von den Teilnehmenden bearbeitet werden sollen. Diese Herausforderungen können von Stadt/Kommune, Unternehmen, Bürger und Bürgerinnen, Mitarbeitenden oder anderen Stakeholdern mit Interesse an einer nachhaltigen Zukunft eingereicht werden. Wichtig ist, dass für die Herausforderungen vorab ein inhaltlicher Korridor definiert wurde, an dem sich diese sogenannten Challenge-Paten orientieren können. Außerdem sollte darauf geachtet werden, dass die Herausforderungen reale Probleme sind, die es zu lösen gilt. Alternativ bringen die Teilnehmenden Herausforderungen zum Hackathon selbst mit, sodass diese am Anfang der Veranstaltung gesammelt werden.
- Teamanmeldung: Teilnehmende können in Teams von ca. 3–7 Personen antreten. Die Organisatoren können die Teilnehmenden im Voraus anmelden lassen und Teams zusammenstellen oder erlauben, dass sich Teams vor Ort bilden.
- Sponsoren und Partner: Die Organisatoren identifizieren potenzielle Sponsoren und Partner, die das Event unterstützen könnten. Diese können finanzielle Unterstützung, Preise oder technische Ressourcen zur Verfügung stellen. Partner können auch enorm wichtig für die Bewerbung des Events sein, indem sie ihre Mitarbeitenden, Kunden und Mitglieder über das Event informieren und sie zur Teilnahme motivieren.
- Veranstaltungsort: Ein geeigneter Veranstaltungsort mit ausreichender Infrastruktur und Platz für die teilnehmenden Teams wird ausgewählt und reserviert. Am besten eignen sich Maker Spaces, Gründerzentren oder Co-Working-Spaces, die bereits die erforderliche Infrastruktur aufweisen. Besonders wenn Prototypen für Produkte erstellt werden, wird eine Location empfohlen, die bereits die nötigen Geräte wie Maschinen, 3D-Drucker und Lötstationen sowie die dazugehörigen Sicherheitskonzepte umsetzt.
- Technische Ausstattung: Die technische Ausstattung, einschließlich Internetzugang, Stromversorgung und Arbeitsplätze, wird sichergestellt.
- Richtlinien und Regeln: Die Regeln des Hackathons werden festgelegt, einschließlich des Zeitplans, der Kategorien für die Projekte und ethischer Leitlinien.

Eindruck vom Tomorrathon in Gießen 2022 (Foto: Florian Hirsch)O

Ablauf

1. Auftaktveranstaltung: Der Hackathon beginnt mit einer Eröffnungszeremonie, bei der die Teilnehmenden begrüßt werden und eine Einführung in den Ablauf und die Regeln des Events erhalten. Hier können auch Impulsvorträge eingebaut werden, die den Teilnehmenden zusätzlichen fachlichen Input oder Inspiration liefern.
2. Herausforderungen vorstellen und Teambildung: Den Teilnehmenden werden nun die zu bearbeitenden nachhaltigen Herausforderungen vorgestellt (in maximal 10 Minuten pro Herausforderung), am besten von den Challenge-Paten selbst. Es werden daraufhin Teams gebildet, falls dies noch nicht im Voraus geschehen ist.
3. Entwicklungsphase: Die Teams haben nun eine vorab festgelegte Anzahl von Stunden (z. B. 12, 24, 48) Zeit, um ihre Projekte zu entwickeln. Während dieser Zeit erhalten sie Zugang zu Mentoren und Experten, die bei technischen oder konzeptionellen Fragen unterstützen können.
4. Workshops und Vorträge (optional): Auch während des Hackathons können Workshops und Vorträge zu relevanten Themen angeboten werden, um die Teilnehmenden zu inspirieren und ihnen zusätzliche Fähigkeiten zu vermitteln.
5. Zwischenbewertungen (optional): Nach der Hälfte der Zeit können die Teams Feedback von Juroren oder Coaches bekommen. Dies fördert die Ausrichtung und Qualitätssteigerung der Projekte.
6. Pitchtraining (optional): Vor der Abschlusspräsentation können Sie ein Pitchtraining anbieten, sodass die Teams ihr Projektergebnis ansprechend und unterhaltsam präsentieren können.
7. Abschlussveranstaltung: Nach Ablauf der Zeit präsentieren die Teams ihre Projekte vor einer Jury und einem Publikum. Die Jury bewertet die Projekte anhand vordefinierter Kriterien wie Kreativität, Umsetzbarkeit, Innovationsgrad und Präsentation.
8. Preisverleihung: Die besten Teams werden ausgezeichnet, typischerweise mit Preisen wie Geldprämien, Stipendien, Sachpreisen oder der Möglichkeit, ihre Projekte weiterzuentwickeln.
9. Anschließende Festivität, meist begleitet durch Speisen und Getränke sowie Musikprogramm

Nachbereitung

- Projektverfolgung: Die Organisatoren fördern die Weiterentwicklung der Gewinnerprojekte und helfen den Teams, ihre Ideen in die Realität umzusetzen.
- Dokumentation und Veröffentlichung: Die Ergebnisse des Hackathons werden dokumentiert und können in Form von Berichten, Präsentationen oder Veröffentlichungen geteilt werden. Es empfiehlt sich die Einbindung von Pressevertretern in das Event.

- Teilnehmerfeedback: Die Teilnehmenden werden nach ihren Erfahrungen und Feedback zum Event befragt, um zukünftige Hackathons zu verbessern.

Wirkfeld der Methode

- Wirksam für Herausforderungen mit hoher Komplexität
- Wirksam für Herausforderungen mit mittlerer Komplexität
- Wirksam für nachhaltiges Marketing
- Wirksam für nachhaltiges Produktdesign
- Wirksam für nachhaltiges Prozessdesign
- Wirksam für nachhaltiges Servicedesign
- Wirksam für nachhaltiges Business Model Design

Transformationsfähigkeit Ihres Teams

- Fördert die Agilität eines Teams
- Fördert die Teamkreativität
- Fördert grundlegend die Kreativität
- Fördert offene Mindsets und innovative Denkhaltungen
- Sorgt für Inspiration oder bessere Inspirationsempfindlichkeit
- Erhöht die Lösungsorientierung

verrocchio Innovation Coach Malvine Klecha beim Tomorrathon im Einsatz (Foto: Florian Hirsch)

Einsatzcharakteristik/Arbeitsrahmen

- Austauschfokus: vornehmlich mit internen und externen Personen
- Durchführungszeit: eher hoch (> 1 Tag)
- Einsatzfrequenz: vornehmlich im einmaligen Einsatz
- Einsatzradius: vornehmlich im unternehmensweiten Einsatz
- Komplexität für den Moderator: eher hoch
- Komplexität für die Teilnehmer: eher mittel
- Teamgröße: Großgruppen möglich (> 50 Teilnehmer)
- Teamgröße: Maxigruppen möglich (20 bis 40 Teilnehmer)
- Teamgröße: Speziell für Großgruppen geeignet (> 50 Teilnehmer)
- Vorbereitungszeit: eher hoch (>1 Tag)

Input für eine zielführende Arbeit mit der Methode

- Aktuell existierende Geschäftsmodelle
- Aktuell existierende Produkte und Services
- Aktuelle Herausforderung, Leitfrage, Problem
- Innovationssuchfelder, Intent Statements

Output und beobachtete Ergebnisse der Methode

- Erzeugt Ideen für neue Märkte und neue Business Modelle
- Erzeugt Ideen, Lösungsansätze, Vorideen, Möglichkeiten
- Erzeugt kollaborative Lösungen und Ideen
- Erzeugt frühe Prototypen
- Erzeugt mehr Agilität im Team
- Erzeugt mehr Know-how-Zuwachs
- Erzeugt motiviertere und transformationsfähigere Teilnehmer

Hinderniseffekte, auf die die Methode positiv wirkt

- Dynamisiert und aktiviert wenig dynamische Teams
- Fördert die Agilität der Teilnehmer
- Verhindert Ideenbunkerei und Geheimniskrämerei
- Verhindert vorschnelles Urteilen über Ideen
- Verhindert störende Killerphrasen
- Verkürzt und durchbricht vorhandene Kreativblockaden
- Fördert Optimismus und Zuversicht

Mögliche Extravorteile der Methode

- Möglicher Extravorteil für Teams in einer Komfortsituation
- Möglicher Extravorteil für agile Teams
- Möglicher Extravorteil für innovativ erfahrene Teams
- Möglicher Extravorteil für in Nachhaltigkeitsthemen erfahrene Teams

Quellen

Web – https://open.spotify.com/episode/2TwPmpe3uqz70yi28OnaUH?si=WncUS8yDT7m9FrgIfRCZ5Q, abgerufen 09.08.2023

Web – https://www.merkur.de/lokales/freising/freising-ort28692/idee-bei-freisinger-hackathon-smarte-muelltonnen-nie-ueberquellen-10296825.html, abgerufen am 09.08.2023

Organisation – Innovationeers GmbH, https://innovationeers.de/

Person – Jan Schmirmund, https://www.linkedin.com/in/janschmirmund/

Web – https://www.tomorrathon.city/, abgerufen am 09.08.2023

297

Transformations-Ellipse Nachhaltigkeit

EinSatzBeschreibung

Betrachtung der Stellhebel und Einflussfaktoren für eine erfolgreiche Nachhaltigkeits-Transformation.

Working Guide/Anwendungsfelder

P1 Sensibilisierung/Bildung	P2 Matching Recht/Gesetz	P3 Sustainability Roadmap	P4 Produkt/Prozessdesign	P5 Implementierung/Monitoring	P6 Kommunikation	P7 Organisation	P8 Führung	P9 Business Model Design	P10 Skalierung
					X		X		

Beschreibung

Nachhaltigkeit in Unternehmen passiert nicht von allein. Es braucht ein klares Commitment der Unternehmensleitung und es ist eine Reise, auf die sich Unternehmen begeben. Es findet eine Transformation statt, die grundlegende Veränderungen mit sich bringen kann. Und damit einhergehend ist die Organisation mit entsprechenden Herausforderungen konfrontiert.

Die Transformations-Ellipse gibt uns einen Überblick über die Dimensionen und Einflussfaktoren einer Transformation. Sie bilden ein effektives Mittel zur Förderung von selbstlernenden Organisationen. Die ihnen zugeordneten Stellhebel sind Ansatzpunkte, um unterstützend im Transformationsprozess zu wirken. Eine Bedienung aller Stellhebel erhöht die Akzeptanz und bewirkt eine steigende Bereitschaft zur Veränderung.

Bei den sechs Dimensionen handelt es sich um *Vision* und *Ziele*, *Wollen* und *Dürfen*, *Können* und *Müssen*.

Durchführung

Die Unternehmens- und ggf. Projektleitung betrachten der Reihe nach die sechs Dimensionen und analysieren jeweils den Status quo. Dabei behalten sie den Kontext Nachhaltigkeit im Blick. Als Hilfestellung kann hierbei eine Skala von 0 bis 10 eingesetzt werden. Die Einschätzungen des Status quo, deren Hintergrund sowie erkannte Handlungsfelder werden je Dimension schriftlich festgehalten.

Phase 1: Bewertung der sechs Dimensionen und Betrachtung der Erfolgsfaktoren

1. **Vision**: Ist ein Zukunftsbild mit Kontext Nachhaltigkeit vorhanden, verständlich kommuniziert und allen zugänglich
2. **Ziele**: Ist die Klarheit der Ziele sichergestellt, d. h. sind diese nachvollziehbar, realistisch, messbar, terminiert, klar formuliert und kommuniziert
3. **Wollen**: Wo in der Organisation sehen wir Hindernisse, z. B. in Form von Zurückhaltung, Ablehnung, Vermeidung oder gar aktives Gegensteuern.
4. **Dürfen**: Ist Zutrauen in die Organisation gegeben und der Freiraum für Veränderungsaktivitäten gewährleistet
5. **Können**: Bestehen Ängste und Unsicherheit z. B. aufgrund von fehlendem Know-how, Kompetenzmangel o. ä.
6. **Müssen**: Ist der Rahmen in Form von Methoden und Prozessen geschaffen, um notwendige Veränderungen aktiv einzufordern und zu unterstützen.

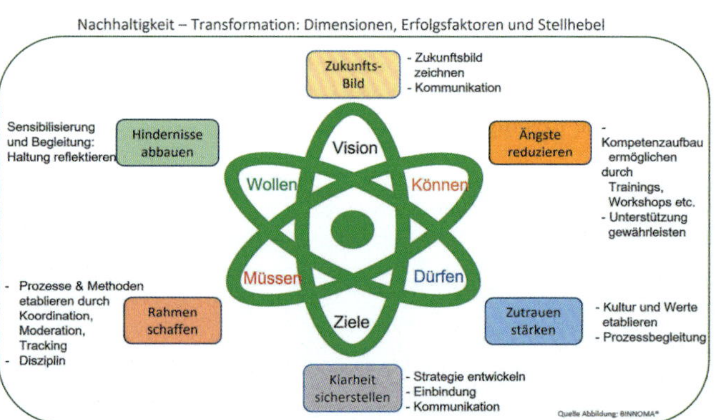

Phase 2: Identifikation der Handlungsfelder

Welche Dimensionen und Faktoren sind nicht oder unzureichend berücksichtigt?

Phase 3: Ableiten von Maßnahmen

Was sind die Stellhebel der Erfolgsfaktoren? Sind diese ausreichend im Fokus?

Dimension	Erfolgsfaktor	Stellhebel
Vision	Zukunftsbild	Zukunftsbild entwickeln, Kommunikation
Ziele	Klarheit bei Zielen	Strategie erarbeiten, Einbindung der Organisation, Kommunikation
Wollen	Hindernisse abbauen	Sensibilisierung und Begleitung, Haltung reflektieren
Dürfen	Zutrauen stärken	Werte etablieren und Kultur entwickeln, Prozessbegleitung
Können	Ängste reduzieren	Kompetenzaufbau ermöglichen, Unterstützung gewährleisten
Müssen	Rahmen schaffen	Prozesse und Methoden etablieren, Disziplin leben und fordern

Phase 4: Planen und Umsetzen der Maßnahmen

Wen und was braucht es, damit die Maßnahmen konsequent umgesetzt werden und sie ihre Wirkung erzielen können.

Phase 5: Dranbleiben

Konsequentes Fördern von Nachhaltigkeit in Denken und Handeln durch regelmäßige Reflexion der Dimensionen.

Wirkfeld der Methode

- Wirksam für Herausforderungen mit hoher Komplexität
- Wirksam für Herausforderungen mit mittlerer Komplexität
- Wirksam für Herausforderungen mit niedriger Komplexität
- Wirksam für nachhaltiges Marketing
- Wirksam für nachhaltiges Produktdesign
- Wirksam für nachhaltiges Prozessdesign
- Wirksam für nachhaltiges Servicedesign
- Wirksam für nachhaltiges Business Model Design

Transformationsfähigkeit Ihres Teams

- Fördert die allgemeine Transformationsfähigkeit des Teams

Einsatzcharakteristik/Arbeitsrahmen

- Austauschfokus: vornehmlich mit internen Personen
- Durchführungszeit: eher mittel (> 1 Stunde bis < 1 Tag)
- Einsatzfrequenz: vornehmlich im einmaligen Einsatz
- Einsatzradius: vornehmlich im projektweiten Einsatz
- Einsatzradius: vornehmlich im unternehmensweiten Einsatz
- Komplexität für den Moderator: eher hoch
- Komplexität für die Teilnehmer: eher hoch
- Teamgröße: Kleingruppe möglich (3 bis 5 Teilnehmer)
- Teamgröße: Mittelgroße Teams möglich (5 bis 20 Teilnehmer)
- Vorbereitungszeit: eher mittel (> 1 Stunde bis < 1 Tag)

Input für eine zielführende Arbeit mit der Methode

- Aktuell existierende Geschäftsmodelle
- Aktuell existierende Produkte und Services
- Aktuelle Herausforderung, Leitfrage, Problem

Output und beobachtete Ergebnisse der Methode

- Bessere Projekteffizienz, bessere Teamperformance
- Erzeugt transformationsfähigere Organisationen
- Erzeugt motiviertere und transformationsfähigere Teilnehmer
- Identifiziert vorhandene Schwachstellen
- Identifiziert vorhandene Stärken
- Macht Wirkzusammenhänge sichtbar

Hinderniseffekte, auf die die Methode positiv wirkt

- Schärft eine fehlende gemeinsame Ausrichtung
- Verhindert Ideenfindung mit zu schwacher Erkenntnisgrundlage
- Fördert Optimismus und Zuversicht

Mögliche Extravorteile der Methode

- Möglicher Extravorteil für Teams in einer Krisensituation
- Möglicher Extravorteil für in Nachhaltigkeitsthemen ungeübte Teams

Quellen

Vgl. Modell der „Determinanten des menschlichen Verhaltens“ von Lutz von Rosenstiel

Vgl. Lewin'sche Formel von Kurt Lewin

Artikel – Wie Verhalten entsteht. https://www.manufaktur-wachstum.de/artikel/wie-verhalten-entsteht, abgerufen am 10.10.2023

Organisation – BöhringerInnovationsManagement, www.binnoma.de

Person – Sabine Böhringer, sabine.boehringer@binnoma.de

Transformationsstufen der Nachhaltigkeit

EinSatzBeschreibung

Mithilfe der Transformationsstufen der Nachhaltigkeit können sich Unternehmen auf ihrer Reise hin zu einer regenerativen Organisation selbst verorten.

Working Guide/Anwendungsfelder

P1 Sensibilisierung/Bildung	P2 Matching Recht/Gesetz	P3 Sustainability Roadmap	P4 Produkt/Prozessdesign	P5 Implementierung/Monitoring	P6 Kommunikation	P7 Organisation	P8 Führung	P9 Business Model Design	P10 Skalierung
X									X

Beschreibung

Oft wird zwischen nachhaltigen und nicht-nachhaltigen Unternehmen entschieden. Doch es gibt noch viel mehr Schritte, die ein Unternehmen auf dem Weg der eigenen Transformation gehen kann. Die „Transformationsstufen der Nachhaltigkeit“ zeigen als Reflexionshilfe, wo sich Unternehmen gerade auf ihrer Reise befinden, und was ihnen auch noch als Möglichkeitsraum offensteht.

Die Transformationsstufen orientieren sich an einer Bewertung, wie groß der Schaden oder Nutzen eines Unternehmens für den Planeten und die Gesellschaft ist. So eignen sich bspw. für eine ökologische Betrachtung die neun planetaren Grenzen. Sorgt ein Unternehmen dafür, dass eine oder mehrere Grenzen weiter überschritten werden, wirtschaftet es innerhalb der planetaren Grenzen oder sorgt es sogar dafür, dass sich die Belastungen für den Planeten verringern?

Die Transformationsstufen sind so zu verstehen, dass Unternehmen diese nicht zwangsläufig linear von 1 bis 5 durchlaufen müssen. Gerade Start-ups und Neugründungen können bereits bei einer hohen Stufe einsteigen, da sie nicht mit einer Umwälzung ihrer bestehenden Geschäftspraktiken konfrontiert sind. Etablierte Unternehmen hingegen starten oftmals bei Stufe 1 oder 2 und müssen viel Veränderungsbereitschaft und -kompetenz mitbringen, um sich weiterzuentwickeln.

Die Transformationsstufen im Einzelnen:

1. **Konventionell: „Go with the law“:** Unternehmen halten sich an gesetzliche Vorgaben wie bspw. die Nachhaltigkeitsberichtspflicht, die CO_2-Bepreisung, umweltrechtliche Auflagen oder das Lieferkettensorgfaltspflichtgesetz. Sie werden nur von Regulatorik angetrieben und handeln nicht aus intrinsischer Motivation. Damit tun sie das, was von ihnen verlangt wird, ohne darüber hinauszugehen. Da sowohl die EU- als auch die nationale Wirtschaftspolitik einen immer stärkeren Fokus auf ökologische und soziale Themen legt, sind diese Unternehmen gezwungen, mitzuziehen. Je stärker die Politik also Druck ausübt, desto mehr Unternehmen werden in diese erste Transformationsstufe geschoben.
2. **Grün – „Do less harm“:** Im nächsten Schritt gehen Unternehmen über die erlegten Auflagen hinaus und verstärken ihre Maßnahmen. Das heißt z. B., sie vermeiden und reduzieren ihre CO_2-Emissionen, werden energieeffizienter, verringern ihre Abfallmengen und verbrauchen weniger Wasser. Dabei sind einige Unternehmen drastischer in ihren Maßnahmen als andere, aber insgesamt besteht eine innere Überzeugung, der Erde und der Gesellschaft weniger Schaden zufügen zu wollen. Zudem werden diese Unternehmen nicht so leicht von neuen Gesetzen überrascht. Anstatt wie ein konventionelles Unternehmen immer unter Zeitdruck zu reagieren, agieren diese Unternehmen proaktiv und sind damit verschärften Auflagen gegenüber gewappnet. Dennoch tragen sie weiterhin dazu bei, die Belastungen des Planeten zu verstärken. Sie verschlechtern die Situation zwar nicht mehr in einem hohen Maße, überschreiten aber immer noch planetare Grenzen.
3. **Nachhaltig – „No additional harm“:** Diese Unternehmen haben es geschafft, in ein Gleichgewicht zu kommen und innerhalb der planetaren Grenzen zu wirtschaften. Sie fügen der Erde keinen zusätzlichen Schaden mehr zu, indem sie bspw. klimaneutral und zirkulär wirtschaften. Damit nehmen sie nicht mehr, als sie geben. Dieser Schritt von „grün“ zu „nachhaltig“ ist ein großer Sprung und mit massiven Anstrengungen verbunden. Es stellt viele Unternehmen vor große Herausforderungen, denn die gesamte Art und Weise der Geschäftstätigkeit muss hinterfragt und geändert werden. Von der Geschäftsmodellumstellung als Kern jedes Unternehmens, bis hin zu zirkulären Produkten, nachhaltigen Produktionsprozessen und einer engen Zusammenarbeit mit Lieferanten und Partnern. Es gilt bei jeder Maßnahme, jeder Innovation und jeder Tätigkeit sensibel dafür zu sein, ob der Gesellschaft oder der Natur dadurch ein Schaden entsteht und planetare Grenzen überschritten werden.
4. **Restaurativ – „Repair“:** Viele Unternehmen stoppen bei Nachhaltigkeit. Das wäre vor gut 50 Jahren, als das erste Mal die „Grenzen des Wachstums“-Studie vom Club of Rome weitreichende Bekanntheit erhielt, auch noch kein Problem gewesen. Damals hatten wir die planetaren Grenzen noch nicht so weit ausgereizt, das mehr als ein nachhaltiges Wirtschaften von Nöten gewesen wäre. Wir wären bequem in den planetaren Grenzen geblieben, die Erde hätte sich nicht weiter erwärmt, Böden, Meere und Wälder wären nicht ausgeschöpft worden. Doch seitdem hat unser starkes Wachstum dafür gesorgt, dass wir weit über sechs von neun planetare Grenzen hinausgeschossen sind. Was wir heute also brauchen, ist nicht mehr nur „no additional harm“, sondern „repair“. Wir müssen unsere Ökosysteme reparieren, indem wir z. B. klimapositiv werden und damit mehr CO_2 binden als wir ausstoßen, die Natur re-

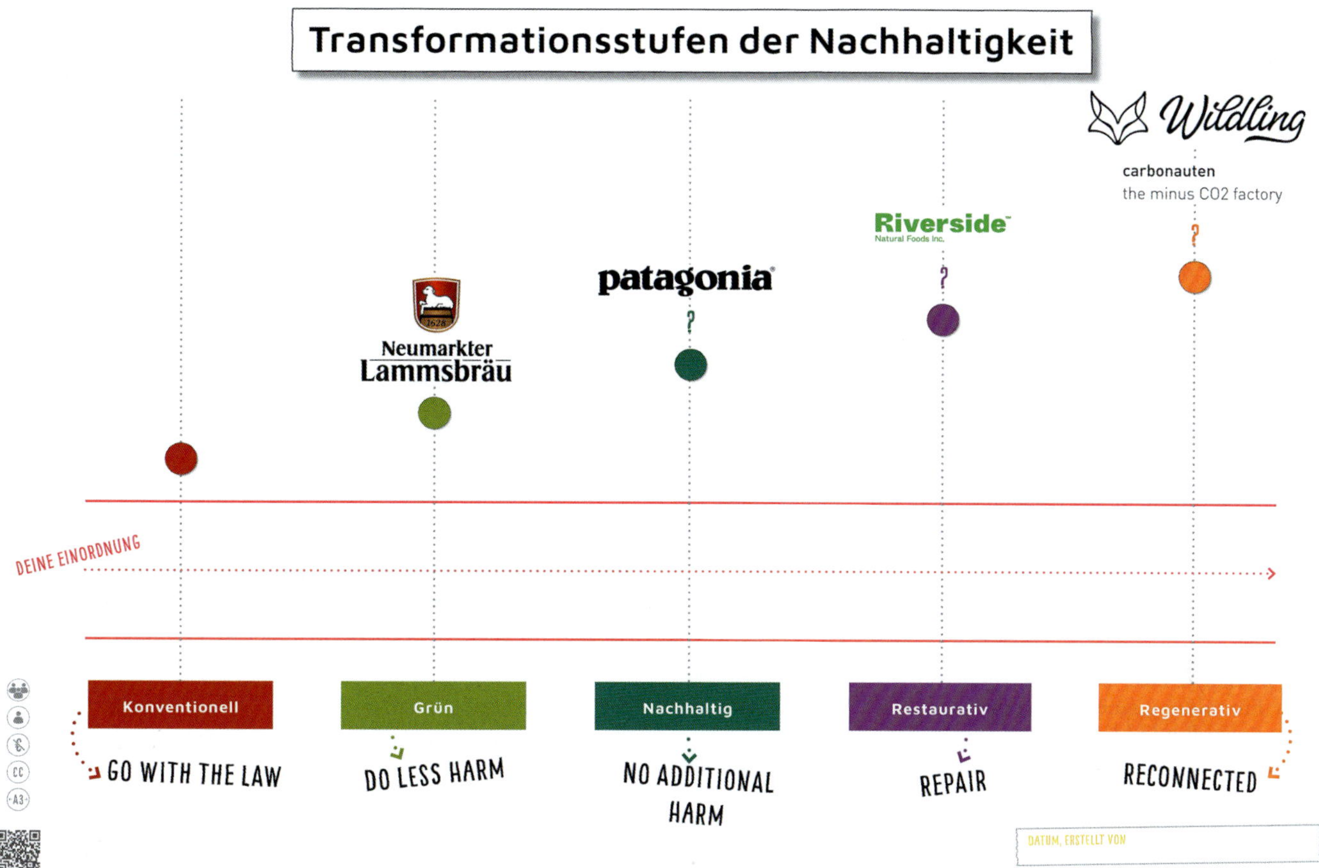

naturieren und Biodiversität aufbauen. Nur so kommen wir wieder von einem stark belasteten Erdsystem zurück in den grünen Bereich der planetaren Grenzen. Die kaum noch vorhandene Zeit ist dabei ausschlaggebende Faktor. Es macht Sinn, nachhaltige und restaurative Maßnahmen zusammenzudenken. Wie können wir als Unternehmen nicht nur dafür sorgen, dass kein Schaden entsteht, sondern dabei auch noch ein Ökosystem reparieren?

5. **Regenerativ – „Reconnected“:** Regenerative Unternehmen sind von ihrem Kern her darauf ausgerichtet, ökologische und soziale Systeme wiederherzustellen. Sie sorgen für eine Netto-Verbesserung des gesamten Ökosystems, und schaffen so einen großen positiven Wert für eine gesunde Mitwelt und Gesellschaft. Dabei sind sie sich im Klaren darüber, wie ihre Organisation mit der Mitwelt verbunden ist. Sie sind „reconnected“ sowohl mit ökologischen als auch sozialen Systemen und verstehen sich als Teil davon. Dafür ist ein systemisches Denken unerlässlich, denn kleine Veränderungen in einem Teil des Systems können erhebliche Auswirkungen auf andere Teile des Systems haben. Regenerative Unternehmen verfolgen also einen gesellschaftlichen Zweck, der für das gesamte sozial-ökologische System einen netto-positiven Mehrwert bedeutet. Sie sind in der Eigenwahrnehmung dafür da, soziale und/oder ökologische Probleme unternehmerisch zu lösen. Profit wird nur als Mittel zum Zweck verstanden, um den fortlaufenden Unternehmensbestand zu sichern. Das bedeutet einen damit verbundenen starken Paradigmenwechsel von einer profit-orientierten hin zu einer purpose-orientierten Organisation.

Es gibt nicht immer eine harte Abgrenzung zwischen den Stufen. Manche grüne Unternehmen können auch schon restaurative Ideen umgesetzt haben, ohne bereits komplett nachhaltig zu wirtschaften.

Die Methode „Transformationsstufen der Nachhaltigkeit“ soll Unternehmen vielmehr als grobe Einschätzung dienen, wo sie sich aktuell grundlegend mit ihrer Gesamtorganisation verorten, und ihnen zeigen, dass es mehr gibt als „nur“ Nachhaltigkeit. Es geht nicht darum, Einzelmaßnahmen zu entwickeln, sondern vielmehr den Möglichkeitsraum für die eigene Organisation zu entdecken und sich für weitere Begriffe neben Nachhaltigkeit zu sensibilisieren.

Durchführung

Schritt 1: Einführung

Ziel der Einführung ist es, dass jeder Teilnehmende die gleiche, anfassbare Vorstellung von den Begriffen „konventionell“, „grün“, „nachhaltig“, „restaurativ“ und „regenerativ“ entwickelt.

Stellen Sie dazu zunächst den Teilnehmenden die einzelnen Transformationsstufen der Nachhaltigkeit vor. Nutzen Sie für jede Stufe Unternehmensbeispiele aus der Praxis, um zu verdeutlichen, was die Stufen voneinander unterscheidet.

Bereiten Sie dafür Beispiele mit Präsentationsfolien vor, oder lassen Sie die Teilnehmenden selbst zu vorgegebenen Unternehmen mithilfe von Websites, Nachhaltigkeitsberichten und Artikeln recherchieren.

Diskutieren Sie dabei auch mit der Gruppe, ob ein Unternehmen bereits vollständig nachhaltig, restaurativ oder regenerativ ist, und was vielleicht erkennen lässt, ob diese Stufen noch nicht vollumfänglich von den Beispielunternehmen erreicht worden sind.

Schritt 2: Erste Reflexion

Hängen Sie ein großes Flipchart Papier quer oder ein Brown-Paper auf und beschriften Sie es mit den einzelnen Stufen von links nach rechts. Zeichnen Sie für die bessere Orientierung darüber ein Raster (siehe Abbildung). Verteilen Sie an jeden Teilnehmenden einen gleichfarbigen Klebepunkt.

Stellen Sie die Frage: Auf welcher Transformationsstufe seht ihr aktuell euer Unternehmen?

Nun klebt jeder Teilnehmende seinen Punkt entsprechend seiner Einschätzung in das Raster. Er kann direkt auf eine Stufe oder auch zwischen zwei Stufen geklebt werden. Jeder schreibt zu seiner Einordnung eine kurze Begründung auf einen Post-it, die er zu seinem Punkt klebt.

Diskutieren Sie anschließend kurz mit den Teilnehmenden das Ergebnis. Ist sich die Gruppe recht einig? Oder gibt es große Unterschiede in der Einordnung oder den Begründungen?

Schritt 3: Zweite Reflexion

Stellen Sie folgende Reflexionsfragen:

- Wir treffen uns in einem Jahr, und ihr seid grün. Was hat sich geändert?
- Wir treffen uns in einem Jahr, und ihr seid nachhaltig. Was hat sich geändert?
- Wir treffen uns in einem Jahr, und ihr seid restaurativ. Was hat sich geändert?
- Wir treffen uns in einem Jahr, und ihr seid regenerativ. Was hat sich geändert?

Jeder notiert still für sich konkrete Veränderungen. Diskutieren Sie anschließend kurz mit der Gruppe die Ergebnisse. Was sind die größten Veränderungen, die aus Sicht der Teilnehmenden den Wandel treiben?

Wirkfeld der Methode

- Wirksam für nachhaltiges Business Model Design

Transformationsfähigkeit Ihres Teams

- Fördert die Sensibilisierung
- Fördert die allgemeine Transformationsfähigkeit des Teams
- Fördert offene Mindsets und innovative Denkhaltungen
- Zahlt auf eine bessere Wahrnehmung ein

Einsatzcharakteristik/Arbeitsrahmen

- Austauschfokus: vornehmlich mit internen Personen
- Durchführungszeit: eher gering (< 1 Stunde)
- Einsatzfrequenz: vornehmlich im einmaligen Einsatz
- Einsatzradius: vornehmlich im unternehmensweiten Einsatz
- Komplexität für den Moderator: eher gering
- Komplexität für die Teilnehmer: eher gering
- Teamgröße: Kleingruppe möglich (3 bis 5 Teilnehmer)
- Teamgröße: Mittelgroße Teams möglich (5 bis 20 Teilnehmer)
- Vorbereitungszeit: eher gering (< 1 Stunde)

Input für eine zielführende Arbeit mit der Methode

- Aktuell vorhandene Geschäftsmodelle

Output und beobachtete Ergebnisse der Methode

- Erzeugt Ideensuchfelder, unentdeckte Probleme, Inspiration
- Erzeugt definierte Zielkorridore
- Erzeugt eine Vision oder Zukunftsbild
- Erzeugt transformationsfähigere Organisationen
- Erzeugt motiviertere und transformationsfähigere Teilnehmer

Hinderniseffekte, auf die die Methode positiv wirkt

- Beugt blinden Flecken/Betriebsblindheit vor
- Schafft für den Erfolg nötige Realitätsbezüge
- Schwächt das Leben in der Vergangenheit
- Schärft eine fehlende gemeinsame Ausrichtung

Mögliche Extravorteile der Methode

- Möglicher Extravorteil für Teams in einer Komfortsituation
- Möglicher Extravorteil für Teams mit einem starkem Auftragsmandat
- Möglicher Extravorteil für in Nachhaltigkeitsthemen ungeübte Teams

Quellen

Organisation – verrocchio Institute for Innovation Competence AG, https://www.verrocchio.institute

Trend Radar

EinSatzBeschreibung

Das Trendradar ist eine Methode, die es auch unerfahrenen Teams ermöglicht, sehr schnell wertvolle Ergebnisse aus der Arbeit mit Trends zu ziehen.

Working Guide/Anwendungsfelder

P1 Sensibilisierung/Bildung	P2 Matching Recht/Gesetz	P3 Sustainability Roadmap	P4 Produkt/Prozessdesign	P5 Implementierung/Monitoring	P6 Kommunikation	P7 Organisation	P8 Führung	P9 Business Model Design	P10 Skalierung
X		X	X				X	X	

Beschreibung

Das Einbeziehen von Trends in die Projekte zur nachhaltigen Transformation ist nahezu unerlässlich. Eine gute Trendquelle liefert aktuelle und relevante Informationen über alle nachhaltigen Trends in verschiedenen Bereichen, sei es in der Technologie, in der Mode, im Gesundheitswesen, in der Wirtschaft oder in anderen Branchen. Dies ermöglicht es Unternehmen und Einzelpersonen, effizient auf dem neuesten Stand zu bleiben und fundierte Ideenentwicklung zu betreiben.

Trends können eine Quelle der Inspiration für Innovationen sein. Unternehmen und Einzelpersonen können Trends nutzen, um leichter und zielführender neue Ideen zu generieren und innovative Lösungen für bestehende Probleme zu finden.

Eine gute Trendquelle hilft auch dabei, die Zielgruppen besser zu verstehen. Wenn Sie wissen, welche Trends Ihre Zielgruppe ansprechen, können Sie effektivere Ideen, Geschäftsmodelle und Strategien entwickeln.

Trends können auch dazu beitragen, Risiken zu reduzieren. Wenn Sie Veränderungen in Ihrer Branche oder Ihrem Markt frühzeitig erkennen, können Sie sich besser darauf vorbereiten und geeignete Maßnahmen ergreifen, um negative Auswirkungen zu minimieren.

Trends bieten auch eine Grundlage für fundierte Entscheidungen. Wenn Sie über aktuelle Informationen zu Trends verfügen, können Sie Entscheidungen auf der Grundlage von Daten und Fakten treffen, anstatt auf Vermutungen oder veraltete Informationen zu setzen.

Es sind also die vielfältigsten Vorteile die Trends mit sich bringen. Irrtümlicherweise nehmen viele Menschen an, dass die konkrete Arbeit mit Trends eine enorme Expertise verlangt – dies ist nicht so. Das hier beschrieben Trendradar ist eine Methode mit der auch ungeübte Teams schnell, wertvolle Ergebnisse erzielen.

Trendradar – Kategorisierung der Trends (Foto: verrocchio Institute AG)

Durchführung

Schritt 1: Verschaffen Sie sich Zugang zu einer renommierten Trenddatenbank von Unternehmen wie TrendOne oder dem Zukunftsinstitut und exportieren Sie die Makrotrends aus dieser Quelle.

Schritt 2: Bereiten Sie z. B. auf einem großen Tisch vier Flächen vor, die später die verschieden kategorisierten Trends aufnehmen.

Schritt 3: Ordnen Sie die exportierten Trends den vier folgenden Kategorien zu. Dies kann in Einzel- oder auch in Gruppenarbeit geschehen.

- Typ 1: Trends, die *aktuell* in unserem Business schon stattfinden
- Typ 2: Trends, die sicher gestellt in den nächsten *fünf Jahren* in unserem Business stattfinden werden
- Typ 3: Trends, von denen wir denken, dass Sie aus einem *speziellen Grund* für uns spannend werden können
- Typ 4: Aktuell nicht relevante Trends

Ein fertiges Trendradar (Foto: verrocchio Institute)

Schritt 4: Reflektieren und diskutieren Sie zunächst das gesamte Ergebnis. Was war erwartet? Was war überraschend? Was war neu? Was haben wir daraus gelernt?

Schritt 5: Besonders mit den Trends des Typ 1 und 2 gehen Sie nun weiter in Ihrem Prozess der nachhaltigen Transformation und nutzen die Trends z. B. als Inspiration für die Ideenfindung.

Trends werden typischerweise in die Kategorien Megatrends, Makrotrends und Mikrotrends aufgeteilt. Die Kategorie der Makrotrend ist der optimale Start für die Arbeit mit Trends, bzw. dem Trendradar.

Wirkfeld der Methode

- Wirksam für Herausforderungen mit hoher Komplexität
- Wirksam für Herausforderungen mit mittlerer Komplexität
- Wirksam für nachhaltiges Produktdesign
- Wirksam für nachhaltiges Servicedesign
- Wirksam für nachhaltiges Business Model Design

Transformationsfähigkeit Ihres Teams

- Fördert die Sensibilisierung
- Fördert die Teamkreativität
- Fördert die allgemeine Transformationsfähigkeit des Teams
- Fördert offene Mindsets und innovative Denkhaltungen
- Sorgt für Inspiration oder bessere Inspirationsempfindlichkeit
- Zahlt auf eine bessere Vorstellungskraft ein
- Zahlt auf das Dringlichkeitsempfinden ein
- Erhöht die Lösungsorientierung

Einsatzcharakteristik/Arbeitsrahmen

- Austauschfokus: vornehmlich mit internen Personen
- Durchführungszeit: eher mittel (> 1 Stunde bis < 1 Tag)
- Einsatzfrequenz: sinnvoll im dauerhaften Einsatz
- Einsatzfrequenz: vornehmlich über den kompletten Projektzeitraum
- Einsatzradius: vornehmlich im unternehmensweiten Einsatz
- Komplexität für den Moderator: eher gering
- Komplexität für die Teilnehmer: eher gering
- Teamgröße: Einzelpersonennutzung möglich
- Teamgröße: Kleingruppe möglich (3 bis 5 Teilnehmer)
- Teamgröße: Maxigruppen möglich (20 bis 40 Teilnehmer)
- Teamgröße: Mittelgroße Teams möglich (5 bis 20 Teilnehmer)
- Teamgröße: Speziell für Großgruppen geeignet (> 50 Teilnehmer)
- Vorbereitungszeit: eher mittel (> 1 Stunde bis < 1 Tag)

Input für eine zielführende Arbeit mit der Methode

- Aktuelle Herausforderung, Leitfrage, Problem
- Trends und Zukunftsentwicklungen

Output und beobachtete Ergebnisse der Methode

- Erzeugt Ideensuchfelder, unentdeckte Probleme, Inspiration
- Erzeugt Leitfragen für die Ideenfindung

Hinderniseffekte, auf die die Methode positiv wirkt

- Beugt blinden Flecken/Betriebsblindheit vor
- Bewahrt vor zu generischen Ideen und Aussagen
- Schafft für den Erfolg nötige Realitätsbezüge
- Schafft schnell Klarheit und beschleunigt Erkenntnisgewinn
- Schwächt das Leben in der Vergangenheit
- Verhindert Ideenfindung mit zu schwacher Erkenntnisgrundlage
- Verhindert falsche Flughöhen
- Verkürzt und durchbricht vorhandene Kreativblockaden

Mögliche Extravorteile der Methode

- Möglicher Extravorteil für Teams in einer Krisensituation
- Möglicher Extravorteil für Teams mit einer konservativen, tradierten Kultur
- Möglicher Extravorteil für innovativ ungeübte Teams
- Möglicher Extravorteil für in Nachhaltigkeitsthemen ungeübte Teams

Quellen

Organisation – verrocchio Institute AG

Trends Expert Interview

EinSatzBeschreibung

Bei Trends Expert Interviews sprechen Sie mit Trendexperten, um etwas zu lernen über neue Entwicklungen, Trends und Zukunftsprognosen.

Working Guide/Anwendungsfelder

P1 Sensibilisierung/Bildung	P2 Matching Recht/Gesetz	P3 Sustainability Roadmap	P4 Produkt/Prozessdesign	P5 Implementierung/Monitoring	P6 Kommunikation	P7 Organisation	P8 Führung	P9 Business Model Design	P10 Skalierung
		X	X					X	X

Beschreibung

Die Trends Expert Interviews ermöglichen ein schnelles und frühes Entdecken von Trends und Entwicklungen und sichern so wichtige Zeitvorsprünge. Sie bringen zusätzlich neue Perspektiven und auch neues Wissen. Generell geht es darum, neue, spannende Innovationssuchfelder aufzufinden und das Verstehen von Trends und Wachstumsbereichen zu entwickeln.

Trends Expert Interviews können für Unternehmen insgesamt aus vielen verschiedenen Gründen äußerst wertvoll sein.

Hier sind einige der Hauptvorteile, die solche Interviews bieten:

- **Aktuelle Marktkenntnisse**: Trendexperten sind oft auf dem neuesten Stand in ihren jeweiligen Bereichen. Durch Gespräche mit ihnen können Unternehmen einen aktuellen Überblick über die neuesten Entwicklungen und Tendenzen in ihrem Sektor oder Markt erhalten.
- **Zukunftsprognosen**: Neben dem aktuellen Marktverständnis bieten Trendexperten auch Prognosen darüber, wohin sich ein bestimmter Markt oder Sektor in der nahen und fernen Zukunft bewegen könnte. Dies kann Unternehmen dabei helfen, zukünftige Strategien zu planen und sich auf mögliche Marktveränderungen vorzubereiten.
- **Innovationsanregungen**: Durch das Verständnis aktueller Trends können Unternehmen Möglichkeiten für Innovationen in ihren Produkten, Dienstleistungen oder Geschäftsmodellen identifizieren.
- **Risikominimierung**: Das Verständnis für aktuelle und zukünftige Trends hilft Unternehmen, potenzielle Risiken zu erkennen und Strategien zur Risikominderung zu entwickeln.
- **Wettbewerbsvorteil**: Ein tieferes Verständnis der Trends kann Unternehmen einen Vorsprung gegenüber Wettbewerbern verschaffen, die möglicherweise nicht so gut informiert sind.
- **Networking**: Die Interaktion mit Trendexperten kann auch wertvolle Networking-Möglichkeiten bieten. Experten haben oft ein breites Netzwerk von Kontakten in der Branche, und Beziehungen zu diesen Experten können Türen zu weiteren Geschäftsmöglichkeiten öffnen.
- **Glaubwürdigkeit und Autorität**: Die Zusammenarbeit mit anerkannten Trendexperten kann die Glaubwürdigkeit und Autorität eines Unternehmens in seinem Markt oder Sektor erhöhen.
- **Personalentwicklung**: Die Teilnahme von Mitarbeitern an diesen Interviews oder das Teilen der gewonnenen Erkenntnisse kann zur Weiterbildung des Personals beitragen und dazu führen, dass Mitarbeiter besser über ihre Branche informiert sind und sich stärker engagieren.

> Trends Expert Interviews unterstützen Unternehmen dabei, besser informiert zu sein, sich auf die Zukunft vorzubereiten, Innovationsmöglichkeiten zu erkennen und in einem sich ständig verändernden Markt wettbewerbsfähig zu bleiben.

Durchführung

Schritt 1: Bestimmen Sie zunächst die Themen, Trends oder Gebiete, die Sie besser verstehen wollen. Greifen Sie hier zum Beispiel schon auf Trenddatenbanken oder -verzeichnisse zu. Leiten Sie die Interessensgebiete auch aus Ihren Herausforderungen ab.

Schritt 2: Identifizieren Sie die führenden Experten zu diesem Thema. Dabei können Trendagenturen, aber auch Kongresse und Leitmessen eine gute Hilfe sein.

Schritt 3: Bereiten Sie das Interview immer gewissenhaft vor. Erstellen Sie eine Liste Ihrer Leitfragen. Nutzen Sie vielleicht helfende Metaphern, mit der Sie durch das Interview führen, zum Beispiel „das Leben einer Pflanze", um es lockerer zu gestalten und den Experten einfacher ins Storytelling zu bringen.

Schritt 4: Führen Sie das Interview in einer angenehmen Atmosphäre durch.

Schritt 5: Hören Sie aktiv zu, schnappen Sie sensibel alle Informationen auf. Nutzen Sie eventuell auch ein Aufnahmegerät. Stellen Sie eventuell zusätzliche Fragen, die auf die Klarheit einzahlen.

Schritt 6: Fassen Sie alle Erkenntnisse zusammen und transferieren Sie diese auf Ihr Innovationsprojekt oder Ihre Innovationsstrategie.

> Trends Expert Interviews sind durch Anwendungen wie Teams oder Zoom um einen großen Faktor effizienter geworden. Nutzen Sie den kurzen Draht zu den Experten, um Ihre Teams schnell dazulernen zu lassen.

Trends Expert Interview

1:1 Trends Expert Interview (Quelle: unsplash licence)

Wirkfeld der Methode

- Wirksam für Herausforderungen mit hoher Komplexität
- Wirksam für Herausforderungen mit mittlerer Komplexität
- Wirksam für nachhaltiges Produktdesign
- Wirksam für nachhaltiges Prozessdesign
- Wirksam für nachhaltiges Servicedesign
- Wirksam für nachhaltiges Business Model Design

Transformationsfähigkeit Ihres Teams

- Fördert die allgemeine Transformationsfähigkeit des Teams
- Fördert offene Mindsets und innovative Denkhaltungen
- Sorgt für Inspiration oder bessere Inspirationsempfindlichkeit
- Zahlt auf eine bessere Vorstellungskraft ein
- Erhöht die Lösungsorientierung

Einsatzcharakteristik/Arbeitsrahmen

- Personen
- Austauschfokus: vornehmlich mit internen und externen Personen
- Durchführungszeit: eher gering (< 1 Stunde)
- Einsatzfrequenz: vornehmlich über den kompletten Projektzeitraum
- Komplexität für den Moderator: eher gering
- Komplexität für die Teilnehmer: eher gering
- Teamgröße: Einzelpersonennutzung möglich
- Teamgröße: Kleingruppe möglich (3 bis 5 Teilnehmer)
- Vorbereitungszeit: eher mittel (> 1 Stunde bis < 1 Tag)

Input für eine zielführende Arbeit mit der Methode

- Aktuell existierende Geschäftsmodelle
- Aktuell existierende Produkte und Services
- Aktuelle Herausforderung, Leitfrage, Problem
- Ideen und Projekte, die zur Umsetzung anstehen

Output und beobachtete Ergebnisse der Methode

- Erzeugt größere Klarheit zu einem Thema
- Erzeugt mehr Know-how-Zuwachs
- Hilft bei Entscheidungen, Bewertungen und Feedback
- Identifiziert vorhandene Schwachstellen
- Identifiziert vorhandene Stärken
- Macht Wirkzusammenhänge sichtbar

Hinderniseffekte, auf die die Methode positiv wirkt

- Beugt blinden Flecken/Betriebsblindheit vor
- Bewahrt vor zu generischen Ideen und Aussagen
- Verhindert Ideenfindung mit zu schwacher Erkenntnisgrundlage
- Verhindert falsche Flughöhen
- Verhindert unreflektiertes agieren
- Überzeugt Zweifler, Bewahrer, Kritiker

Mögliche Extravorteile der Methode

- Möglicher Extravorteil für Teams in einer Komfortsituation
- Möglicher Extravorteil für Teams mit einer konservativen, tradierten Kultur
- Möglicher Extravorteil für innovativ ungeübte Teams
- Möglicher Extravorteil für in Nachhaltigkeitsthemen ungeübte Teams

Quellen

Buch – 101 Design Methods, V. Kumar (Whiley, 2012)

Tripple Jump Brainstorming

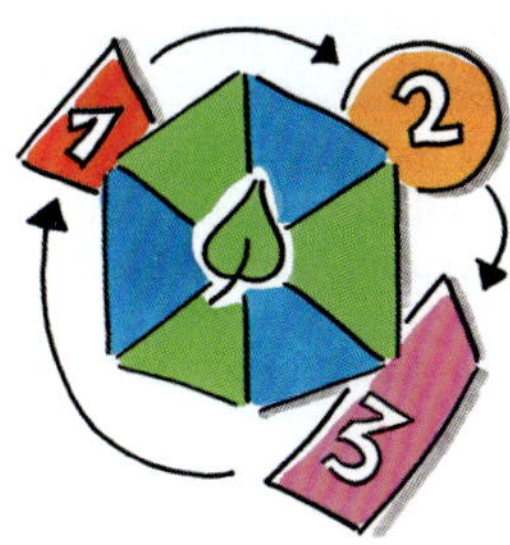

EinSatzBeschreibung

Strukturierte, dreiphasige Methode zur Ideengenerierung und Problemlösung, die die Schritte Exploration zur Datensammlung, Inkubation zur kreativen Ideensynthese und Umsetzung zur praktischen Implementierung von Lösungen umfasst.

Working Guide/Anwendungsfelder

P1 Sensibilisierung/Bildung	P2 Matching Recht/Gesetz	P3 Sustainability Roadmap	P4 Produkt/Prozessdesign	P5 Implementierung/Monitoring	P6 Kommunikation	P7 Organisation	P8 Führung	P9 Business Model Design	P10 Skalierung
			X						

Beschreibung

In der Innovationslandschaft ist Brainstorming eine ubiquitäre Technik für die kollaborative Generierung und das Refinement von Ideen. Allerdings zeigt die Praxis, dass konventionelles Brainstorming anfällig für systemische Schwächen ist, einschließlich der Überrepräsentation lauter Stimmen und hierarchischer Einflüsse. Tripple Jump Brainstorming stellt in solchen Szenarien eine erweiterte Methode dar.

Im spezifischen Anwendungsfeld der Nachhaltigkeit ermöglicht Tripple Jump Brainstorming interdisziplinären Teams, komplexe systemische Herausforderungen methodisch und strukturiert zu adressieren. Aufgrund seines integrativen Charakters erleichtert die Methode den Beitrag von Experten diverser Fachdisziplinen, was zu einem mehrdimensionalen und dauerhaften Lösungsansatz führen kann.

Die Tripple Jump Brainstorming-Methodik unterteilt sich in drei Phasen:

1. Exploration: Hier fokussiert sich die Analyse auf eine akribische Problemerfassung, inklusive der Sammlung relevanter Daten sowie der Identifizierung von Zielen, Stakeholdern und umgebenden Bedingungen.
2. Inkubation: Anschließend an die erste Phase folgt ein Intervall kognitiver Reflexion und subbewusster Verarbeitung, das essenziell für die kreative Synthese und Diversifikation von Ideen ist.
3. Umsetzung: Abschließend erfolgen die Generierung, Evaluation und Implementierung pragmatischer Lösungen. Diese werden durch Prototyping und iteratives Testen kontinuierlich optimiert.

Durchführung

Jump 1: Exploration – Erforschung der Nachhaltigkeitsdynamik

Schritt 1 – Tiefgehende Analyse des Nachhaltigkeitsproblems: Betrachten Sie das Problem durch die Linse spezifischer Nachhaltigkeitsziele (z. B. SDGs der Vereinten Nationen). Analysieren Sie, wie das Problem mit globalen Umwelt- oder sozialen Herausforderungen zusammenhängt.

Schritt 2 – Datensammlung mit Fokus auf Umwelt- und Sozialstatistiken: Sammeln Sie gezielt Daten über ökologische Fußabdrücke, sozioökonomische Einflüsse und bestehende nachhaltige Praktiken im relevanten Bereich.

Schritt 3 – Detaillierte Stakeholder-Einbindung: Führen Sie eine umfassende Analyse der Stakeholder durch, die speziell die Auswirkungen auf lokale Gemeinschaften, Umweltgruppen und andere relevante Akteure berücksichtigt.

Jump 2: Inkubation – Nachhaltige Ideensynthese

Schritt 1 – Reflektiertes Brainstorming: In dieser Phase entwickeln die Teilnehmenden einzeln oder in kleinen Gruppen Ideen in einer inspirierenden Umgebung. Der Fokus liegt auf der Förderung kreativer Gedanken, die die Nachhaltigkeit direkt adressieren.

Schritt 2 – Gezielte Reflexion über Umwelt- und Sozialimpakt: Hier reflektieren die Teilnehmenden darüber, wie ihre Ideen positive Auswirkungen auf ökologische und soziale Faktoren haben können. Sie betrachten die langfristigen Konsequenzen und den möglichen Beitrag ihrer Ideen zur Nachhaltigkeit.

Schritt 3 – Storytelling-Ansatz: In diesem Schritt wird jeder Teilnehmende aufgefordert, eine Geschichte oder ein Szenario zu entwickeln, das zeigt, wie ihre Idee in der realen Welt umgesetzt werden könnte. Dieses Storytelling soll nicht nur die Idee veranschaulichen, sondern auch emotionale und menschliche Aspekte integrieren. Es ermöglicht eine tiefere Verbindung mit der Idee und fördert das Verständnis für ihre praktische Anwendbarkeit und Auswirkungen.

Jump 3: Umsetzung – Realisierung nachhaltiger Innovationen

Schritt 1 – Entwicklung nachhaltigkeitsorientierter Lösungen: Priorisieren Sie Ideen, die innovative Ansätze für Umweltfreundlichkeit und soziale Verantwortung bieten.

Schritt 2 – Umfassende Nachhaltigkeitsbewertung: Integrieren Sie eine detaillierte Bewertung der Nachhaltigkeit jeder Idee, einschließlich der Betrachtung von Lebenszyklusanalysen und langfristigen Auswirkungen.

Schritt 3 – Ökologisch verantwortungsvolles Prototyping: Entwickeln Sie Prototypen unter Verwendung nachhaltiger Materialien und Techniken. Berücksichtigen Sie die Prinzipien der Kreislaufwirtschaft, um Abfall und Ressourcenverbrauch zu minimieren.

Tripple Jump Brainstorming

Falls notwendig, kann das Tripple-Jump-Brainstorming mit anderen Ideenfindungsmethoden kombiniert werden, um ein umfassenderes Ergebnis zu erzielen.

Wirkfeld der Methode

- Wirksam für Herausforderungen mit niedriger Komplexität
- Wirksam für nachhaltiges Produktdesign
- Wirksam für nachhaltiges Prozessdesign
- Wirksam für nachhaltiges Servicedesign

Transformationsfähigkeit Ihres Teams

- Fördert die Teamkreativität
- Fördert grundlegend die Kreativität
- Fördert offene Mindsets und innovative Denkhaltungen
- Sorgt für Inspiration oder bessere Inspirationsempfindlichkeit

Einsatzcharakteristik/Arbeitsrahmen

- Austauschfokus: vornehmlich mit internen Personen
- Durchführungszeit: eher gering (< 1 Stunde)
- Einsatzfrequenz: vornehmlich im einmaligen Einsatz
- Einsatzradius: vornehmlich im Teameinsatz
- Komplexität für den Moderator: eher gering
- Komplexität für die Teilnehmer: eher gering
- Teamgröße: Kleingruppe möglich (3 bis 5 Teilnehmer)
- Teamgröße: Mittelgroße Teams möglich (5 bis 20 Teilnehmer)
- Vorbereitungszeit: eher gering (< 1 Stunde)

Input für eine zielführende Arbeit mit der Methode

- Aktuelle Herausforderung, Leitfrage, Problem

Output und beobachtete Ergebnisse der Methode

- Erzeugt Ideen, Lösungsansätze, Vorideen, Möglichkeiten
- Erzeugt Ideensuchfelder, unentdeckte Probleme, Inspiration
- Erzeugt besseren Teamspirit, mehr Offenheit, Inspirationsempfindlichkeit
- Erzeugt kollaborative Lösungen und Ideen

Hinderniseffekte, auf die die Methode positiv wirkt

- Bindet eher introvertierte Teammitglieder mit ein
- Dynamisiert und aktiviert wenig dynamische Teams
- Integriert einen dysfunktionalen Schweiger
- Schwächt Angst vor Kritik und Zurückweisung
- Schwächt Angst vor Neuem (Cainophobie)
- Schwächt zu extrovertierte Teammitglieder
- Schärft eine fehlende gemeinsame Ausrichtung
- Stärkt das Vertrauen im Team

Mögliche Extravorteile der Methode

- Möglicher Extravorteil für Teams mit einer konservativen, tradierten Kultur

Quellen

Person – Helga Katharina Mahler, helga.mahler@gmail.com

Troika Consulting

EinSatzBeschreibung

Methode für die Entscheidungsfindung und das Lösen von Problemen.

Working Guide/Anwendungsfelder

P1 Sensibilisierung/Bildung	P2 Matching Recht/Gesetz	P3 Sustainability Roadmap	P4 Produkt/Prozessdesign	P5 Implementierung/Monitoring	P6 Kommunikation	P7 Organisation	P8 Führung	P9 Business Model Design	P10 Skalierung
				X	X		X		X

Beschreibung

In einer Ära, in der Zeit häufig knapper ist als Geduld in einer Warteschlange, neigen wir dazu, nach sofortigen Lösungen für auftretende Probleme zu suchen. Diese schnelle Eingreifmentalität mag auf den ersten Blick effizient erscheinen, aber wie so oft hat uns die Erfahrung gelehrt, dass Initiativen, die durch sorgfältiges Abwägen entstehen, weitaus effektiver und nachhaltiger sind.

An dieser Stelle kommt das Troika Consulting ins Spiel. Die Methode ist eine Liberating Structure, die von Henri Lipmanowicz und Keith McCandless entwickelt wurde. Sie ermuntert dazu, Klärungsfragen zu stellen und sich intensiv mit dem Problem auseinanderzusetzen, anstatt sich leichtfertig auf voreilige Lösungen einzulassen. Sie appelliert an unseren inneren Sherlock Holmes, der es vorzieht, tiefer zu graben, anstatt sich mit oberflächlichen Lösungen zufriedenzugeben. Dies setzt jedoch voraus, dass wir uns von dem Drang befreien, uns in hitzigen Debatten zu rechtfertigen, und stattdessen aktiv zuhören, um die Nuancen zu verstehen.

Der kooperative Beratungsansatz wird in Dreiergruppen durchgeführt. In einem strukturierten Prozess teilt der Klient seine Frage oder Herausforderung mit, während die beiden Beratenden Klärungsfragen stellen und anschließend gemeinsam Ideen entwickeln. Der Klient gibt Rückmeldung zu den generierten Ideen, und je nach Bedarf können weitere Durchgänge oder ein Rollentausch erfolgen. Die Methode fördert eine kollaborative Herangehensweise an Problemlösungen, verbessert das Verständnis der Herausforderung und eröffnet neue Perspektiven.

Warum ist die Methode im Kontext der Nachhaltigkeit wirksam?

- Vielfalt der Perspektiven: Die Methode ermutigt zu diversen Dreiergruppen, was eine breite Vielfalt an Blickwinkeln, Erfahrungen und Ideen in den Beratungsgesprächen ermöglicht. Dies ist besonders relevant, wenn es darum geht, nachhaltige Lösungen zu finden, die viele unterschiedliche Aspekte berücksichtigen müssen.
- Tieferes Verständnis: Durch die Struktur der Methode, insbesondere einem bewussten Schritt für Klärungsfragen, wird ein tieferes Verständnis für die zugrunde liegenden Herausforderungen erreicht. Dies ist entscheidend, um gezielte und effektive Maßnahmen zu entwickeln, statt einfach nur die erstbeste Idee anzugehen.
- Innovation und Kreativität: Die Methode ermutigt dazu, unkonventionelle Ideen zu entwickeln und zu teilen. Dies ist wichtig, um neue Ansätze für bestehende Nachhaltigkeitsprobleme zu finden und transformative Lösungen zu entdecken. Durch die Struktur der Methode findet keine sofortige Diskussion von Lösungen statt. Sie lässt Raum, in dem sich kreative Lösungsansätze entfalten können.

© NEU | ARAG SE – Team Space Düsseldorf

An einem fiktiven Beispiel soll dies noch mal verdeutlicht werden. Axel, der Nachhaltigkeitsmanager eines Kupferherstellers, wird mit Vorwürfen von Menschenrechtsverletzungen in der Mine eines chilenischen Zulieferers konfrontiert. Er sucht Rat von Kolleginnen: Anna aus dem Einkauf und Maria, die HR Business Partnerin von Axel. Er fragt die beiden, wie man angemessen auf die Vorwürfe reagiert. Bereits bei den klärenden Fragen, fällt Axel auf, dass ihm noch wichtige Informationen fehlen. In der Ideenphase schlägt Anna die Analyse von Auditierungsergebnissen und einen Vergleich von Alternativlieferanten vor. Maria fällt eine gute Freundin ein, die sich in einer NGO für Arbeiterfamilien in Südamerika engagiert. Sie findet aber auch eine schnelle Kommunikation wichtig. Axel ist dankbar, dass er in 20 Minuten so wertvollen Input bekommen hat und nicht sofort impulsiv reagiert hat.

Durchführung

Vorbereitung: Die Teilnehmenden werden in Dreiergruppen eingeteilt, wobei darauf geachtet wird, möglichst diverse Gruppen zu bilden. Jede Gruppe stellt sich in einem Stuhlkreis auf, wobei drei Stühle zur Verfügung stehen. Eventuell vorhandene Tische im Raum werden entfernt, um die Interaktion zu erleichtern.

Anmoderation: Der Ablauf der Methode wird den Teilnehmenden erläutert. Dabei werden die Schritte 1 bis 5 erklärt, und die Prinzipien des Consultings werden hervorgehoben. Insbesondere wird betont, dass in Schritt 2 keine Lösungen vorgeschlagen werden sollen, sondern stattdessen Klärungsfragen gestellt werden, um das Problem besser zu verstehen. Auch in Schritt 3 sind Fragen und unbewertete Ideen besser als konkrete Ratschläge.

Schritt 1: Klient stellt die Frage/Herausforderung

Der Klient in der Dreiergruppe stellt seine Frage oder Herausforderung vor. Die beiden Beratenden hören aufmerksam zu, während der Klient seine Situation in maximal zwei Minuten beschreibt.

Schritt 2: Klärungsfragen stellen

Die Beratenden stellen dem Klienten Klärungsfragen, um ein besseres Verständnis für die Herausforderung zu erlangen. Hierbei sollen sie keine Lösungen anbieten, sondern lediglich Informationen sammeln. Dieser Schritt dauert ebenfalls zwei Minuten.

Schritt 3: Beratende entwickeln Ideen

Der Klient dreht den Beratenden den Rücken zu. Die Beratenden nutzen diese Gelegenheit, um sich gegenseitig Fragen zu stellen und gemeinsam Ideen zu entwickeln, die auf der beschriebenen Herausforderung basieren. Dieser Ideenfindungsprozess dauert fünf Minuten.

Schritt 4: Rückmeldung des Klienten

Der Klient dreht sich wieder zu den Beratenden um und teilt mit, welche der entwickelten Ideen hilfreich, überraschend oder inspirierend waren. Dieser Schritt dauert zwei Minuten und dient dazu, dem Klienten die Möglichkeit zu geben, direktes Feedback zu geben.

Schritt 5: Weitere Durchgänge oder Rollentausch

Falls der Klient noch mehr Input benötigt, kann die Methode wiederholt werden, wobei die Rollen beibehalten werden. Andernfalls kann es zu einem Rollentausch kommen, bei dem einer der Beratenden die Rolle des Klienten übernimmt und eine neue Fragestellung oder Herausforderung einbringt.

Wirkfeld der Methode

- Wirksam für Herausforderungen mit hoher Komplexität
- Wirksam für Herausforderungen mit mittlerer Komplexität
- Wirksam für Herausforderungen mit niedriger Komplexität

Transformationsfähigkeit Ihres Teams

- Fördert grundlegend die Kreativität
- Fördert offene Mindsets und innovative Denkhaltungen
- Sorgt für Inspiration oder bessere Inspirationsempfindlichkeit
- Erhöht die Lösungsorientierung

Einsatzcharakteristik/Arbeitsrahmen

- Austauschfokus: vornehmlich mit internen Personen
- Durchführungszeit: eher gering (< 1 Stunde)
- Einsatzfrequenz: sinnvoll im dauerhaften Einsatz
- Einsatzfrequenz: vornehmlich über den kompletten Projektzeitraum
- Einsatzradius: vornehmlich im Teameinsatz
- Einsatzradius: vornehmlich im projektweiten Einsatz
- Einsatzradius: vornehmlich im unternehmensweiten Einsatz
- Komplexität für den Moderator: eher gering
- Komplexität für die Teilnehmer: eher gering
- Teamgröße: Kleingruppe möglich (3 bis 5 Teilnehmer)
- Teamgröße: Mittelgroße Teams möglich (5 bis 20 Teilnehmer)
- Vorbereitungszeit: eher gering (< 1 Stunde)

Input für eine zielführende Arbeit mit der Methode

- Aktuelle Herausforderung, Leitfrage, Problem
- Verschiedene Meinungen und Blickwinkel
- Vorhandenes Wissen und Erfahrungen

Output und beobachtete Ergebnisse der Methode

- Erzeugt größere Klarheit zu einem Thema
- Hilft bei Entscheidungen, Bewertungen und Feedback
- Identifiziert vorhandene Schwachstellen
- Identifiziert vorhandene Stärken

Hinderniseffekte, auf die die Methode positiv wirkt

- Beugt blinden Flecken/Betriebsblindheit vor
- Fördert gehemmte Teammitglieder
- Schafft für den Erfolg nötige Realitätsbezüge
- Schafft schnell Klarheit und beschleunigt Erkenntnisgewinn
- Schwächt Verdiskutiererei
- Verhindert einseitige Bewertungen und Entscheidungen
- Verhindert unreflektiertes agieren
- Überzeugt strukturliebende Teammitglieder

Mögliche Extravorteile der Methode

- Möglicher Extravorteil für Teams in einer Krisensituation

Quellen

Web – https://liberatingstructures.de/liberating-structures-menue/troika-consulting/, abgerufen am 11.08.2023

T-Shaped People

EinSatzBeschreibung

T-Shaped People sind gleichzeitig Generalisten und Spezialisten und machen durch ihre Übersetzungsleistung die nachhaltige Transformation komplexer Systeme erst möglich.

Working Guide/Anwendungsfelder

P1 Sensibilisierung/Bildung	P2 Matching Recht/Gesetz	P3 Sustainability Roadmap	P4 Produkt/Prozessdesign	P5 Implementierung/Monitoring	P6 Kommunikation	P7 Organisation	P8 Führung	P9 Business Model Design	P10 Skalierung
X						X	X		

Beschreibung

Herausforderungen im Bereich der Nachhaltigkeit lassen sich trotz der hohen Diversität an Kontexten und Fragestellungen immer dadurch charakterisieren, dass sie von systemischer Natur sind. Das heißt, sie finden idealerweise nicht in einem spezialisierten Bereich oder abgeschottet in einem organisationalen Silo statt, sondern eingebettet in ein komplexes System an menschlichen und nicht-menschlichen Akteuren. Diese Art an Herausforderungen verlangt von Organisationen ein spezifisches Set an Fähigkeiten. Während zum Anfang der Menschheit die meisten Personen als Generalisten tätig waren, hat sich durch die Industrialisierung und vor allem auch durch die Entwicklung der Wissensgesellschaft der Archetyp des Spezialisten oder der Spezialistin durchgesetzt. Dies sind Akteure, welche auf einem klar definierten Gebiet ein tiefes und einzigartiges Wissen verfügen. Die Vertiefung innerhalb einer designierten Nische geht mitunter so weit, dass Spezialistinnen eine komplett eigene Sprache entwickeln, die externe Akteure nur noch mit Schwierigkeit verstehen können.

Der Erfolg des spezialisierten Menschentypus hat dazu geführt, dass viele Ausbildungen ebenfalls das primäre Ziel verfolgen, neue Spezialistinnen auszubilden. Während solche Spezialisten viele Aufgaben mit hoher Effizienz und Präzision lösen können, kommen sie bei systemischen Problemen an ihre Grenzen. Solche Probleme, wie bspw. der Klimawandel, können nicht mehr von einer einzelnen Person oder auch Organisationen gelöst werden, sondern brauchen die kollektive Anstrengung diverser Akteure. In solchen Settings sind spezialisierte Menschentypen in ihrem Wirken limitiert, da der Aufwand, mit anderen Spezialisten zusammenzuarbeiten, übermäßig groß wird. Die Übersetzung nimmt mehr Zeit ein als die eigentliche spezialisierte Arbeit. Für Herausforderungen im Kontext von Nachhaltigkeit braucht es nicht nur Spezialisten, sondern vor allem auch Personen, welche neben spezialisiertem Wissen ebenso stark in ihre Fähigkeiten als Generalisten investiert haben. David Guest war einer der ersten, welcher in einem Artikel für den Independent solche Personen als T-Shaped People beschrieb.

Eine T-Shaped-Person hat tiefe Kenntnisse in einem spezialisierten Bereich (der vertikale Balken des T), aber auch eine breite Palette von Kenntnissen in anderen Bereichen (der horizontale Balken des T). Damit verbindet sie die Vorteile des Spezialisten mit jenen des Generalisten. Im Unterschied zu diesen beiden Typen in Isolation können T-Shaped People höchst effizient miteinander kollaborieren und trotzdem eine ausgeprägte fachliche

T-Shaped People

Generalist
Kann vieles, aber nichts wirklich gut

Spezialist
Kann nur wenig, das dafür sehr gut

T-Shaped
Breit aufgestellt mit einer Spezialisierung

Pi-Shaped
Breit aufgestellt mit zwei Spezialisierungen

M-Shaped
Breit aufgestellt mit drei Spezialisierungen

Quelle: Samuel Huber

Tiefe erreichen. Sie kratzen nicht nur an der Oberfläche wie Generalisten, und verharren auch nicht in ihren fachlichen Silos wie Spezialisten, sondern verbinden sich entlang der T-Balken, um ihre jeweiligen Expertisen effizient auszutauschen. Die Weiterentwicklung des T-Shaped People-Modells führt zu einer Ergänzung zusätzlicher spezialisierter Fähigkeiten, welche das T zu einem Pi und im Sonderfall sogar zu einem M zu erweitern vermögen.

Das T-Shaped People-Modell fand schnell Popularität im Rahmen der Softwareentwicklung oder Designarbeit, welche sich regelmäßig mit komplexen Problemen auseinandersetzen müssen. Es kann jedoch problemlos auf Nachhaltigkeitsarbeit erweitert werden, wo es durch den systemischen Charakter der angegangenen Herausforderungen nur noch mehr Relevanz gewinnt. Wichtig sind nicht mehr die individuellen Expertisen, sondern die Fähigkeit, diese in einer Reihe von unterschiedlichen Kontexten sinnvoll einzusetzen. In diesem Sinne passt das Bild einer T-Shaped Personality auch zum Konzept des Neo-Generalisten, welches Kenneth Mikkelsen und Richard Martin eingeführt haben. Sie beschreiben damit Personen, welche in mehr als einer Welt zuhause sind und entsprechend kontinuierlich Verbindungen von der einen zur anderen Welt zu ziehen vermögen. Sie beschreiben den Charakter solcher Menschen als schwer klassifizierbar. Neo-Generalisten reisen zwischen verschiedenen Bereichen hin und her und leben dabei zwischen Kategorien und Labels. Sie sind gleichzeitig Spezialist und Generalist und hören nie auf, weiter zulernen. Sie bringen regelmäßig diverse Gruppen von Personen zusammen, wodurch gemeinsam Ideen, Praktiken und Perspektiven verschmelzen und Neues geschafft wird.

Durchführung

Das T-Shaped People-Modell ist nicht nur nützlich, um die Fähigkeiten und Erfahrungen von Einzelpersonen zu beschreiben, sondern auch, um Teams und Organisationen zu organisieren. Ein Team aus T-, Pi- und M-förmigen Menschen kann eine breite Palette von Fähigkeiten und Kenntnissen abdecken und ist gut positioniert, komplexe, interdisziplinäre Herausforderungen zu bewältigen. Ausbildungsprogramme müssen folglich nicht nur der weiteren Spezialisierung dienen, sondern primär das T stärken und Mitarbeitende zu erfolgreichen Neo-Generalisten weiterbilden.

Eine einfache Übung besteht darin, innerhalb eines Teams für jedes Mitglied ein T auszufüllen. Die Klarheit über die eigene Expertise und mögliche Anknüpfungspunkte mit weiteren Akteuren ist meist nur implizit vorhanden und wird durch die Übung nicht nur für die Person selbst, sondern auch für Außenstehende sichtbar gemacht. Die Vertiefung des Ts kann dabei auf klassischer Skills-Basis erfolgen, oder orientiert sich entlang der Idee von «Super-Powers», welche auch Soft-Skills umfassen können.

Es ist jedoch wichtig zu beachten, dass diese Modelle nur ein Rahmenwerk sind und nicht die gesamte Komplexität der Fähigkeiten, Kenntnisse und Erfahrungen einer Person erfassen können. Jeder Mensch ist einzigartig und bringt seine eigenen Stärken und Schwächen in ein Team oder eine Organisation ein. Daher sollten diese Modelle als Leitfaden und nicht als starres Profil verwendet werden.

Wirkfeld der Methode

- Wirksam für Herausforderungen mit hoher Komplexität

Transformationsfähigkeit Ihres Teams

- Fördert die Sensibilisierung
- Fördert die Agilität eines Teams
- Fördert die allgemeine Transformationsfähigkeit des Teams
- Fördert offene Mindsets und innovative Denkhaltungen
- Zahlt auf eine bessere Wahrnehmung ein

T-Shaped People

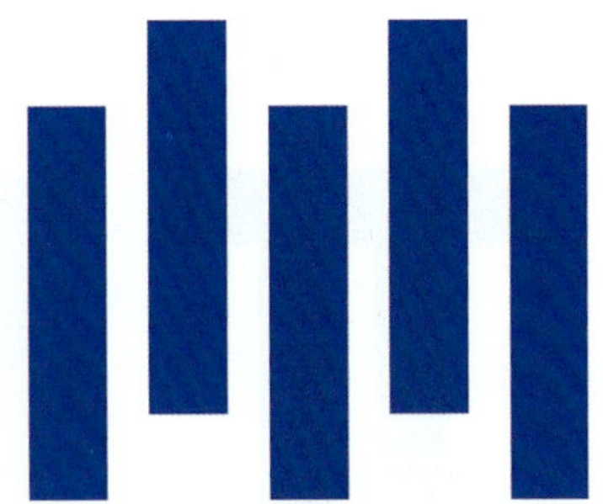

Kollaboration von Spezialisten

Spezialisiertes Wissen trifft auf wenig gemeinsames Verständnis, was die kollektive Entwicklung von Lösungen für komplexe Probleme bedeutend erschwert.

Kollaboration von T-Shaped Personalities

Spezialisiertes Wissen wird anhand Gemeinplätzen zwischen verschiedenen Disziplinen ausgetauscht und effektiv in fachfremden Kontexten eingesetzt.

Quelle: Samuel Huber

Einsatzcharakteristik/Arbeitsrahmen

- Austauschfokus: vornehmlich mit internen und externen Personen
- Durchführungszeit: eher mittel (> 1 Stunde bis < 1 Tag)
- Einsatzfrequenz: sinnvoll im dauerhaften Einsatz
- Einsatzfrequenz: vornehmlich im einmaligen Einsatz
- Einsatzradius: vornehmlich im Teameinsatz
- Komplexität für den Moderator: eher mittel
- Komplexität für die Teilnehmer: eher mittel
- Teamgröße: Einzelpersonennutzung möglich
- Teamgröße: Kleingruppe möglich (3 bis 5 Teilnehmer)
- Teamgröße: Maxigruppen möglich (20 bis 40 Teilnehmer)
- Teamgröße: Mittelgroße Teams möglich (5 bis 20 Teilnehmer)
- Vorbereitungszeit: eher gering (< 1 Stunde)

Input für eine zielführende Arbeit mit der Methode

- Beteiligte Personen mit Tätigkeiten und Aufgaben
- Merkmale der gegebenen Herausforderung
- Personenmerkmale (Meinungen, Bedürfnisse, Werte, etc.)

Output und beobachtete Ergebnisse der Methode

- Bessere Projekteffizienz, bessere Teamperformance
- Erzeugt besseren Teamspirit, mehr Offenheit, Inspirationsempfindlichkeit
- Erzeugt kollaborative Lösungen und Ideen
- Erzeugt transformationsfähigere Organisationen
- Erzeugt motiviertere und transformationsfähigere Teilnehmer

Hinderniseffekte, auf die die Methode positiv wirkt

- Beugt blinden Flecken/Betriebsblindheit vor
- Dynamisiert und aktiviert wenig dynamische Teams
- Fördert gehemmte Teammitglieder
- Schafft schnell Klarheit und beschleunigt Erkenntnisgewinn
- Schwächt multidisziplinäre Reibungsverluste
- Stärkt das Vertrauen im Team

Mögliche Extravorteile der Methode

- Möglicher Extravorteil für Teams in einer Krisensituation
- Möglicher Extravorteil für agile Teams

Quellen

Artikel – Managers in Focus as the Skills Gap Closes, David Guest (The Independent, 1991)

Buch –The Neo-Generalist, Kenneth Mikkelsen & Richard Martin (LID Publishing, 2016)

Person – Samuel Huber, www.samuelhuber.ch und www.forplanetstrategylab.com

304

Typ1-/Typ2-Entscheidungen

EinSatzBeschreibung

Ein Modell für schnelle Entscheidungen, um beim Thema Nachhaltigkeit ins Tun zu kommen.

Working Guide/Anwendungsfelder

P1 Sensibilisierung/Bildung	P2 Matching Recht/Gesetz	P3 Sustainability Roadmap	P4 Produkt/Prozessdesign	P5 Implementierung/Monitoring	P6 Kommunikation	P7 Organisation	P8 Führung	P9 Business Model Design	P10 Skalierung
			X	X			X	X	

Beschreibung

Herausforderungen im Kontext der Nachhaltigkeit erfordern eine verstärkte Innovationskraft von Unternehmen. Anforderungen von Kunden an ökologische und soziale Nachhaltigkeit erfordern neue Produkte und Geschäftsmodelle. Gesetzliche Anforderungen wie z.B. das Lieferkettensorgfaltspflichtengesetz erfordern die Anpassung von Unternehmensprozessen. Der Aufwand für die Sorgfaltspflichten soll sich aber auf ein Minimum beschränken. Die Veränderung des Klimas erfordert zusätzlich eine erhöhte Anpassungsfähigkeit von Unternehmen, weil Naturkatastrophen Lieferketten stören oder weil sich der Ertrag von Rohstoffen reduziert.

Warum fehlt es vielen Unternehmen an Innovationskraft und Anpassungsfähigkeit? In einem Brief an Investoren macht Jeff Bezos 2016 die Art und Weise der Entscheidungsfindung verantwortlich für mangelnde Innovationskraft in etablierten Unternehmen. Er erkannte, dass die herkömmliche Herangehensweise nicht immer in der Lage ist, die erforderliche Flexibilität und Anpassungsfähigkeit für ein schnell wachsendes Unternehmen wie Amazon zu bieten. Amazon unterscheidet deshalb Entscheidungssituationen in zwei Kategorien:

- Entscheidungen mit hoher Tragweite und schwer reversibel (Typ1)
- Entscheidungen mit geringer Tragweite und einfach reversibel (Typ2)

Typ- Entscheidungen haben bedeutsame Auswirkungen und sind oft schwer oder sogar unmöglich rückgängig zu machen. Bei Amazon werden solche Entscheidungen mit großem Bedacht und in einem bedächtigen Tempo getroffen. Die verschiedenen Optionen werden methodisch analysiert, Experten hinzugezogen und erst nach reiflicher Überlegung wird eine endgültige Entscheidung gefällt. Stellen Sie sich diese Art von Entscheidungen vor wie das Verlassen eines Raums ohne Schlüssel. Von innen gibt es einen Griff, der die Tür mühelos öffnet. Doch von außen gibt es lediglich einen Knauf. Wenn Sie einmal durch die Tür treten, schließt sie sich hinter Ihnen und der einzige Ausweg ist der teure Schlüsseldienst. Viele Unternehmen folgen einem ähnlichen Ansatz, indem sie Entscheidungen nach diesem Muster treffen. Daten, Fakten und Zahlen werden gründlich analysiert, Experten zurate gezogen und schließlich in Gremiensitzungen Entscheidungsvorschläge präsentiert, bevor eine endgültige Wahl getroffen wird.

Es sei jedoch angemerkt, dass Typ1-Entscheidungen bei Amazon lediglich einen geringen Prozentsatz aller getroffenen Entscheidungen ausmachen. Die überwiegende Mehrheit der Entscheidungen fällt in die Kategorie der Typ2-Entscheidungen. Diese sollen rasch getroffen werden und können von Einzelpersonen oder kleinen Gruppen mit dem nötigen Fachwissen abgewickelt werden. Dies ist auch im Einklang mit der „Zwei-Pizza-Regel" bei Amazon, wonach Besprechungen nicht mehr Teilnehmende haben sollten, als von zwei Pizzen satt werden können. Warum werden diese Entscheidungen ohne umfassende Analyse und tiefgreifende Überlegungen gefällt? Ganz einfach, weil sie leicht umkehrbar sind. Sie können sich Typ2-Entscheidungen wie eine normale Zimmertür vorstellen. Auf beiden Seiten befindet sich ein Griff, der es Ihnen ermöglicht, jederzeit hin und her zu gehen. Oder stellen Sie sich eine Drehtür vor: Sobald Sie hindurchtreten und feststellen, dass es nicht Ihren Erwartungen entspricht, können Sie sich unmittelbar wieder umdrehen.

Diese differenzierte Herangehensweise an Entscheidungsfindung ermöglicht es Amazon, ein Gleichgewicht zwischen gründlicher Analyse und schnellem Handeln zu finden. Typ1-Entscheidungen bieten die notwendige Sorgfalt für wegweisende Veränderungen, während Typ2-Entscheidungen die Agilität und Anpassungsfähigkeit fördern, die für die heutige dynamische Geschäftswelt von entscheidender Bedeutung sind.

Gerade im Kontext von Nachhaltigkeit ist nicht immer klar, welcher Weg der Umsetzung zum Erfolg führt. Statt langwierig Zahlen, Daten und Fakten zu sammeln ist es manchmal besser, durch die Drehtür zu gehen und sich mutig für ein Experiment zu entscheiden.

Durchführung

Typ1/Typ2-Entscheidungen sind eher ein Denkmodell als eine konkrete Methode. Statt einer präzisen Schritt-für-Schritt-Anleitung wird im Folgenden der grundlegende Prozess skizziert.

Dieser beginnt mit der Konkretisierung und Analyse der jeweiligen Entscheidungssituation. Dabei ist es von zentraler Bedeutung, eine präzise und klare Beschreibung der Situation zu formulieren, für die eine Entscheidung getroffen werden muss. Zudem gilt es zu ermitteln, ob bereits vorhandene Optionen zur Verfügung stehen und wie dringlich die Entscheidung ist, wobei die möglichen Konsequenzen bei Untätigkeit zu berücksichtigen sind. Ein interessanter Aspekt dabei ist, dass das Zusammenfassen mehrerer Entscheidungsbedarfe in einer Situation oft dazu führen kann, dass aus mehreren potenziellen Typ2-Entscheidungen letztlich eine Typ1-Entscheidung wird. Während dieser Phase sollte jedoch eine übermäßige Datensammlung vermieden werden, um den Vorteil einer flexibleren Typ2-Entscheidung nicht zu verlieren.

Im nächsten Schritt erfolgt die Klärung, um welchen Entscheidungstyp es sich handelt. Hierfür können die drei Perspektiven der Nachhaltigkeit genutzt werden (ökonomische, ökologische, soziale Nachhaltigkeit). Die folgenden beispielhaften Impulsfragen sollen das illustrieren:

- Ökonomische Perspektive
  - Wie hoch sind die Kosten der Entscheidungsoptionen? Wie hoch ist der Anteil am Umsatz des Unternehmens?
  - Ist es ein leistbarer Verlust für das Unternehmen, wenn die Umsetzung scheitert? Dann handelt es sich um eine Typ2-Entscheidungssituation.
  - Kann das Unternehmen in eine finanzielle Schieflage geraten oder steht sogar die Existenz des Unternehmens auf dem Spiel? Hier liegt eine Typ1-Entscheidungssituation vor.
- Ökologische Perspektive:
  - Welche Auswirkungen hat die Umsetzung auf die Umwelt?
  - Typ1-Entscheidung: Die Umwelt könnte nachhaltig geschädigt werden und der Schaden ist nur unter hohen Kosten reversibel.
  - Typ2-Entscheidung: Die Auswirkung auf die Umwelt lässt sich unter Laborbedingungen gut testen.
- Soziale Perspektive
  - Können durch die Umsetzung Menschenrechte verletzt werden? Dann hat die Entscheidung eine hohe Tragweite und ist eine Typ1-Entscheidung.
  - Bietet die Umsetzung einer der Optionen eine Lernmöglichkeit für Mitarbeitende, auch wenn die gewählte Option scheitert? Dann deutet das auf eine Typ2-Entscheidungssituation hin.

Steht fest, welcher Art die Entscheidungssituation ist, kann entsprechend gehandelt werden. Bei einer Typ2-Entscheidung heißt es schnell und mutig handeln. Die Entscheidung kann von einer einzelnen Person oder einem Team direkt gefällt werden. Bei einer Typ1-Entscheidung sollte mit Bedacht entschieden werden. Hier sollten Experten konsultiert und Optionen sorgfältig abgewogen werden.

Praxisschlaglicht

Auf den ersten Blick sehen manche Entscheidungssituationen wie eine Typ1-Entscheidung aus, die wohl überlegt werden will. Manchmal kann man jedoch eine „Klinke an die Tür schrauben" und eine Typ1-Entscheidung in eine Typ2-Entscheidung überführen. Ein Beispiel aus der Praxis soll das verdeutlichen:

Ein Unternehmen lackiert Metallteile für den Maschinenbau. Die Lackieranlagen werden heute mit Gas beheizt. Um die CO_2-Emissionen zu reduzieren, sollen strombetriebene Lackieranlagen angeschafft werden. Die Investitionssumme übersteigt den Jahresgewinn. Sollte die Umstellung nicht funktionieren, würde es das Unternehmen in ernste finanzielle Schwierigkeiten bringen. Auf den ersten Blick handelt es sich um eine klare Typ1-Entscheidung. Es kann aber in eine Typ2-Entscheidung umgewandelt werden, indem bspw. ein Teil erst einmal bei einem externen Partner auf dieser Anlage lackiert wird oder eine Maschine geleast wird.

Wirkfeld der Methode

- Wirksam für Herausforderungen mit mittlerer Komplexität
- Wirksam für Herausforderungen mit niedriger Komplexität
- Wirksam für nachhaltiges Produktdesign
- Wirksam für nachhaltiges Prozessdesign
- Wirksam für nachhaltiges Servicedesign
- Wirksam für nachhaltiges Business Model Design

Transformationsfähigkeit Ihres Teams

- Zahlt auf das Dringlichkeitsempfinden ein
- Erhöht die Lösungsorientierung

Einsatzcharakteristik/Arbeitsrahmen

- Austauschfokus: vornehmlich mit internen und externen Personen
- Einsatzfrequenz: sinnvoll im dauerhaften Einsatz
- Einsatzradius: vornehmlich im Teameinsatz
- Einsatzradius: vornehmlich im unternehmensweiten Einsatz
- Komplexität für die Teilnehmer: eher gering

Input für eine zielführende Arbeit mit der Methode

- Ideen und Projekte, die zur Umsetzung anstehen
- Liste von Alternativen
- Verschiedene Meinungen und Blickwinkel
- Vorhandenes Wissen und Erfahrungen

Output und beobachtete Ergebnisse der Methode

- Bessere Projekteffizienz, bessere Teamperformance
- Erzeugt umgesetzte Ideen
- Erzeugt mehr Agilität im Team
- Hilft bei Entscheidungen, Bewertungen und Feedback

Hinderniseffekte, auf die die Methode positiv wirkt

- Fördert die Agilität der Teilnehmer
- Schafft schnell Klarheit und beschleunigt Erkenntnisgewinn
- Schwächt Verdiskutiererei
- Schwächt das Leben in der Vergangenheit
- Verkürzt zu lange Entscheidungsmeetings

Mögliche Extravorteile der Methode

- Möglicher Extravorteil für Teams mit einer konservativen, tradierten Kultur

Quellen

Buch – Handbuch der Entscheidungen, Leisgang, Tobias & Nadja Petranovskaja (2020)

Web – Letter to investors, https://fintel.io/doc/sec-amzn-amazon-com-ex99-1-2016-april-05-18371-515, abgerufen am 04.08.2023

Web – https://open.spotify.com/episode/4qZqGTN3wwQ1kk9vJUvBKh, abgerufen am 04.08.2023

Web – https://foerster-kreuz.com/entscheidungen/, abgerufen am 04.08.2023

UHC2030

EinSatzBeschreibung

Die Mission des UHC2030 ist es, Fortschritte in Richtung einer universellen Gesundheitsversorgung (UHC) nachhaltig zu beschleunigen, mit einem Fokus auf den Aufbau von gerechten und widerstandsfähigen Gesundheitssystemen, die niemanden zurücklassen und die Grundlage für die Erreichung von Gesundheitssicherheit bieten.

Working Guide/Anwendungsfelder

P1 Sensibilisierung/Bildung	P2 Matching Recht/Gesetz	P3 Sustainability Roadmap	P4 Produkt/Prozessdesign	P5 Implementierung/Monitoring	P6 Kommunikation	P7 Organisation	P8 Führung	P9 Business Model Design	P10 Skalierung
X		X	X						X

Beschreibung

Das UHC2030 ist ein ambitioniertes Gesundheitsprogramm mit globaler Reichweite, das auf Zusammenarbeit und konkrete Ergebnisse setzt. Es zielt darauf ab, sicherzustellen, dass jeder Mensch auf der Welt Zugang zu angemessener medizinischer Versorgung hat, und zwar bis zum Jahr 2030.

Die zentralen Aspekte:

- Es ist ein Teamprojekt, an dem Regierungen, internationale Organisationen wie die WHO, Unternehmen und gemeinnützige Organisationen teilnehmen.
- Ein Hauptziel ist es, Menschen davor zu schützen, durch Krankheit in finanzielle Schwierigkeiten zu geraten. Dies kann durch Dinge wie bezahlbare Krankenversicherung oder staatliche Gesundheitsdienste erreicht werden.
- Es geht nicht nur darum, mehr Menschen Zugang zu Gesundheitsdiensten zu verschaffen, sondern auch darum, die Qualität dieser Dienste sicherzustellen.
- Obwohl es ein weltweites Projekt ist, gibt es spezielle Pläne für einzelne Länder, um sicherzustellen, dass lokale Bedürfnisse und Ressourcen berücksichtigt werden.
- Das Programm ist so gestaltet, dass es flexibel genug ist, um auf neue Herausforderungen oder wissenschaftliche Entdeckungen zu reagieren.
- Das Programm hat vielschichtige Ziele und ist in den Kontext der Sustainable Development Goals (SDGs), insbesondere Ziel 3 *Gesundheit und Wohlergehen für alle*, eingebettet. Hier sind die Hauptziele:
  - Universeller Zugang: Sicherstellung des Zugangs zu qualitativ hochwertigen Gesundheitsdienstleistungen für alle Menschen, unabhängig von geografischer Lage oder sozioökonomischem Status.
  - Finanzieller Schutz: Schutz der Bevölkerung vor den finanziellen Belastungen durch Gesundheitsdienstleistungen, etwa durch die Einführung oder Verbesserung von Krankenversicherungssystemen.
  - Qualitätsversorgung: Förderung und Gewährleistung der Qualität der Gesundheitsdienstleistungen, damit diese effektiv, sicher und patientenzentriert sind.
  - Leistungsfähige Gesundheitssysteme: Aufbau robuster Gesundheitssysteme, die in der Lage sind, sich an veränderte Bedingungen und neue Herausforderungen anzupassen.
  - Gesundheitsgerechtigkeit: Verringerung der gesundheitlichen Ungleichheiten innerhalb und zwischen den Ländern durch zielgerichtete Maßnahmen und Programme.
  - Nachhaltigkeit: Sicherstellung der langfristigen finanziellen und ökologischen Tragfähigkeit der Gesundheitssysteme.
  - Multisektorale Zusammenarbeit: Förderung der Zusammenarbeit zwischen verschiedenen Sektoren (wie Bildung, Umwelt, Wirtschaft usw.) zur Unterstützung der Gesundheitsziele.
  - Daten und Monitoring: Einsatz von evidenzbasierten Methoden und datengetriebenen Ansätzen für die Planung, Umsetzung und Überwachung der Programme.
  - Partizipation: Einbeziehung der Zivilgesellschaft, Gemeinschaften und anderer Stakeholder in Entscheidungsprozesse und Implementierung von Maßnahmen.

Die UHC2030-Initiative zielt darauf ab, bis zum Jahr 2030 weltweit jedem Menschen Zugang zu qualitativ hochwertigen Gesundheitsdienstleistungen zu ermöglichen – und das ohne finanzielle Belastung. Dies ist ein ambitioniertes Ziel, das die Zusammenarbeit und das kreative Denken aller Beteiligten erfordert.

Ein Aspekt der globalen UHC2030-Initiative ist die Einbindung des Privatsektors, koordiniert durch eine spezielle Gruppierung unter der Schirmherrschaft der Weltbank. Diese Allianz bietet Einblicke, die Ihre Sichtweise auf nachhaltige Innovationsmethoden im Gesundheitssektor beeinflussen könnten.

Fernab von Profitstreben setzt der Privatsektor bei UHC2030 auf eine lang angelegte Geschäftsstrategie. Der Fokus liegt auf dem Aufbau gerechter, resilienter und nachhaltiger Gesundheitssysteme.

Innovation steht im Vordergrund, aber nicht um jeden Preis: Die Lösungen sollen sowohl wirksam als auch sicher und finanzierbar sein.

Die Rolle des Privatsektors als bedeutender Arbeitgeber und Ausbilder im Gesundheitsbereich ist nicht zu unterschätzen; er ist ein Schlüsselspieler bei der Kompetenzentwicklung, die für den Erfolg der UHC-Initiative unerlässlich ist.

Finanziell engagiert sich der Privatsektor durch Direktinvestitionen und kreative Finanzierungsansätze. Ein Paradigma für die Möglichkeiten, die Public-Private-Partnerships in der Domäne des nachhaltigen Innovationsmanagements bieten.

Schließlich nimmt der Privatsektor innerhalb der UHC2030-Initiative an politischen Diskursen aktiv teil, mit dem primären Ziel, die infrastrukturellen Voraussetzungen für eine Universelle Gesundheitsversorgung zu optimieren. Dieses kooperative Engagement fungiert als grundlegende Säule der Initiative und findet ebenso Resonanz in Methoden des nachhaltigen Innovationsmanagements.

Durchführung

„Willkommen zu unserem Workshop, der sich mit den ambitionierten Zielen von UHC2030 beschäftigt. Heute nehmen wir uns die Zeit, um nicht nur zu lernen, sondern auch aktiv zu gestalten. Stellen Sie sich vor, Sie betreten eine Galerie, in der jede Ecke eine neue Welt von Möglichkeiten und Herausforderungen offenbart. Genau das werden wir heute in unserem Gallery Walk erleben.

Wir beginnen mit einer kurzen, interaktiven Einführung in die Welt von UHC2030. Es geht darum, ein gemeinsames Verständnis für die Ziele und Herausforderungen zu schaffen, die uns im Bereich des nachhaltigen Gesundheitsmanagements erwarten. Doch statt einer gewöhnlichen Präsentation werden wir die Informationen in einer lebendigen und engagierenden Art und Weise erkunden.

Ich lade Sie ein, sich auf diese Reise einzulassen, neugierig zu sein und die Gelegenheit zu nutzen, Ihre Perspektiven und Ideen einzubringen. Unser Ziel ist es, dass Sie am Ende des Tages nicht nur tiefer in das Thema eingetaucht sind, sondern auch praktische Ansätze und Strategien mitnehmen, die Sie in Ihrem beruflichen Umfeld anwenden können.

Lassen Sie uns gemeinsam die Welt der UHC2030 erkunden und entdecken, wie wir diese Ziele in greifbare und innovative Aktionen umsetzen können.“

Ablauf des UHC2030 Gallery Walks

1. Einführung und Zielsetzung: Zu Beginn werden kurz die Ziele von UHC2030 erläutert und deren Relevanz im Kontext des nachhaltigen Innovationsmanagements aufgezeigt.
2. Stationen-Erstellung: Die Teilnehmenden werden in kleine Gruppen aufgeteilt. Jede Gruppe wählt eines der UHC2030-Ziele aus und erstellt eine interaktive Station, die Informationen, Fragestellungen und kreative Herausforderungen zu diesem Ziel beinhaltet.
3. Der Gallery Walk: Sobald alle Stationen vorbereitet sind, beginnt der eigentliche „Gallery Walk“. Die Teilnehmenden besuchen jede Station, um sich mit den Informationen und Herausforderungen der jeweiligen UHC2030-Ziele auseinanderzusetzen.
4. Reflexion und Diskussion: Nach dem Rundgang folgt eine gemeinsame Reflexionsrunde. Hierbei werden Eindrücke, Ideen und Einsichten gesammelt und diskutiert.
5. Ideenentwicklung: In der letzten Phase des Workshops werden die gesammelten Informationen und Erkenntnisse genutzt, um innovative Ansätze und Strategien für die Umsetzung der UHC2030-Ziele im eigenen, spezifischen Kontext zu entwickeln.

Vorteile dieses Formats:

- Interaktives Lernen: Durch die aktive Beteiligung wird das Verständnis für die Komplexität und Vielschichtigkeit der UHC2030-Ziele vertieft.
- Kreativer Austausch: Die Gruppenarbeit und Diskussionen fördern die Kreativität und den Austausch von Perspektiven.
- Praxisorientierte Anwendung: Die Entwicklung eigener Ansätze ermöglicht die direkte Anwendung des Gelernten.

Wirkfeld der Methode

- Wirksam für Herausforderungen mit hoher Komplexität
- Wirksam für Herausforderungen mit mittlerer Komplexität
- Wirksam für nachhaltiges Produktdesign
- Wirksam für nachhaltiges Servicedesign
- Wirksam für nachhaltiges Business Model Design

Transformationsfähigkeit Ihres Teams

- Fördert die Sensibilisierung
- Zahlt auf das Dringlichkeitsempfinden ein
- Erhöht die Lösungsorientierung

Einsatzcharakteristik/Arbeitsrahmen

- Austauschfokus: vornehmlich mit internen und externen Personen
- Durchführungszeit: eher hoch (> 1 Tag)
- Einsatzfrequenz: sinnvoll im dauerhaften Einsatz
- Einsatzradius: vornehmlich im projektweiten Einsatz
- Einsatzradius: vornehmlich im unternehmensweiten Einsatz
- Komplexität für den Moderator: eher mittel
- Komplexität für die Teilnehmer: eher hoch
- Teamgröße: Einzelpersonennutzung möglich
- Teamgröße: Kleingruppe möglich (3 bis 5 Teilnehmer)
- Teamgröße: Mittelgroße Teams möglich (5 bis 20 Teilnehmer)
- Vorbereitungszeit: eher hoch (>1 Tag)

Input für eine zielführende Arbeit mit der Methode

- Aktuell existierende Geschäftsmodelle
- Aktuell existierende Produkte und Services
- Aktuelle Herausforderung, Leitfrage, Problem

Output und beobachtete Ergebnisse der Methode

- Erzeugt Ideen, Lösungsansätze, Vorideen, Möglichkeiten
- Erzeugt Ideensuchfelder, unentdeckte Probleme, Inspiration
- Erzeugt neues Wissen und neue Erfahrungen
- Erzeugt größere Klarheit zu einem Thema
- Macht Wirkzusammenhänge sichtbar

Hinderniseffekte, auf die die Methode positiv wirkt

- Schafft für den Erfolg nötige Realitätsbezüge
- Schafft schnell Klarheit und beschleunigt Erkenntnisgewinn
- Schwächt Angst vor Neuem (Cainophobie)
- Schärft eine fehlende gemeinsame Ausrichtung
- Verhindert Ideenfindung mit zu schwacher Erkenntnisgrundlage
- Verhindert blinden Aktionismus
- Verhindert falsche Flughöhen
- Verhindert unreflektiertes agieren
- Wirkt fehlender Inspiration entgegen

Mögliche Extravorteile der Methode

- Möglicher Extravorteil für Teams mit einem starkem Auftragsmandat
- Möglicher Extravorteil für innovativ erfahrene Teams
- Möglicher Extravorteil für in Nachhaltigkeitsthemen erfahrene Teams

Quellen

Web – https://www.uhc2030.org

Web – https://www.uhc2030.org/what-we-do/knowledge-and-networks/private-sector-engagement/, abgerufen am 03.10.2023

Grafik: verrocchio Sustainable Inspiration Card – Malvine Klecha, Hila Attaie und Jennifer van Aerssen (Illustration)

Umweltbewusstseinsforschung

EinSatzBeschreibung

Umweltbewusstseinsforschung untersucht Einstellungen, Wissen und Verhaltensweisen in Bezug auf Umwelt- und Nachhaltigkeitsthemen, um zu verstehen, wie Verbraucherinnen und Verbraucher informiert und motiviert werden können, um nachhaltige Entscheidungen zu treffen.

Working Guide/Anwendungsfelder

P1 Sensibilisierung/Bildung	P2 Matching Recht/Gesetz	P3 Sustainability Roadmap	P4 Produkt/Prozessdesign	P5 Implementierung/Monitoring	P6 Kommunikation	P7 Organisation	P8 Führung	P9 Business Model Design	P10 Skalierung
X		X	X					X	X

Beschreibung

Umweltbewusstsein ist ein nicht ganz überschneidungsfrei definierter Begriff der psychischen Funktionen wie Wahrnehmung, Bewertung und Handlungen gegenüber der Umwelt ebenso umfasst wie inhaltliche Zielbereiche, etwa schonenden Umgang mit Ressourcen, Vermeidung von gesundheitlich und ökologisch belastenden Emissionen sowie umweltbezogenes gesellschaftliches Engagement. Vereinfacht lässt es sich herunterbrechen auf die drei umweltbezogenen Dimensionen Einstellungen, Wissen und Verhaltensweisen.

Insgesamt kann festgestellt werden, dass das Umweltbewusstsein in der deutschen Bevölkerung im Vergleich zu vielen anderen Ländern eher hoch ist. Diese Tatsache gilt tendenziell für alle Bevölkerungsgruppen, und der Einfluss sozialer Unterschiede scheint eher gering zu sein.

Wenn man jedoch das sogenannte Umweltverhalten betrachtet, stellen sich erhebliche Unterschiede heraus. Diese Unterschiede betreffen sowohl verschiedene Verhaltensweisen und Handlungsfelder als auch soziale Merkmale. Ein einheitliches Muster des Umweltverhaltens kann daher nicht identifiziert werden. Stattdessen wird zunehmend von einer sozialen Vielfalt des ökologischen Verhaltens gesprochen.

Es scheint also, dass das Verhalten in gewisser Weise dem Bewusstsein hinterherhinkt. Die Tatsache, dass es Widersprüche oder Diskrepanzen zwischen dem Bewusstsein und dem Wissen einerseits und dem Umweltverhalten andererseits gibt, ist mittlerweile weit verbreitet und wird als das wichtige Erkenntnis der Forschung zum Umweltbewusstsein angesehen. Diese Betrachtung deckt sich mit psychologischen Erkenntnissen wie dem Say-Do-Gap (Haltung entspricht nicht Verhalten) oder kognitiver Dissonanz (Inkongruenz Verhaltensweise zu Werten oder Einstellungen).

Unumstritten hingegen ist, dass Umweltbewusstsein sich dennoch auf viele Alltagsverhaltensweisen und Haltungen auswirkt – bspw. welche Produkte gekauft werden und wie Personen generell leben.

Die Umweltbewusstseinsforschung ist eine Methode, die von Nachhaltigkeitsmanagern genutzt werden kann, um ein besseres Verständnis für die Einstellungen, Wahrnehmungen und Verhaltensweisen von Menschen in Bezug auf Umwelt- und Nachhaltigkeitsfragen zu gewinnen. Diese Forschungsmethode bietet Nachhaltigkeitsmanagern wertvolle Einblicke, die bei der Entwicklung und Umsetzung nachhaltiger Strategien und Maßnahmen in Unternehmen oder Organisationen von entscheidender Bedeutung sind.

Durchführung

Generell lässt sich festhalten, dass keine einheitliche oder standardisierte Methode existiert, um Umweltbewusstseinsforschung aus einer Organisationsperspektive durchzuführen. Vielmehr können dazu verschiedene Verfahren der empirischen Sozialforschung zur Anwendung kommen. Nachfolgend sind einige Felder skizziert, in denen die Umweltbewusstseinsforschung von Nachhaltigkeitsmanagern genutzt werden kann. Als Quelle bietet sich dabei insbesondere die Sekundärdatenanalyse an, zum Beispiel Erhebungen des Bundesumweltamts oder Bundesministerium für Umwelt, Naturschutz, nukleare Sicherheit und Verbraucherschutz. Diese Daten können bspw. für folgende Zwecke genutzt werden:

1. **Einstellungen und Meinungen verstehen:** Umweltbewusstseinsforschung ermöglicht es, die Einstellungen und Meinungen von Personen zu Umweltfragen zu erfassen. Dieses Verständnis kann als Grundlage für die Entwicklung von Kommunikationsstrategien und Schulungsprogrammen dienen, um das Umweltbewusstsein und die Nachhaltigkeitsbemühungen zu fördern.
2. **Identifikation von Handlungsbarrieren:** Die Forschung kann dazu beitragen, die Hindernisse und Barrieren zu identifizieren, die Menschen daran hindern, umweltfreundliche Verhaltensweisen anzunehmen. Auf dieser Grundlage können Nachhaltigkeitsmanager gezielte Maßnahmen entwickeln, um diese Hindernisse zu überwinden und umweltfreundliche Verhaltensweisen zu fördern.
3. **Segmentierung der Zielgruppen:** Durch die Analyse von Umweltbewusstsein und -verhalten können Nachhaltigkeitsmanager Zielgruppen segmentieren und spezifische Nachhaltigkeitsbotschaften und Maßnahmen entwickeln, die auf die Bedürfnisse und Präferenzen dieser Gruppen zugeschnitten sind.
4. **Leistungsindikatoren und Benchmarking:** Umweltbewusstseinsforschung kann dazu beitragen, Leistungsindikatoren für Umweltschutzmaßnahmen zu entwickeln und den Fortschritt im Laufe der Zeit zu messen. Dies ermöglicht es Nachhaltigkeitsmanagern, Prioritäten für ihre Maßnahmen neu zu setzen.
5. **Risikominderung und Chancenidentifikation:** Durch die Analyse von Umweltbewusstseinstrends und -entwicklungen kön-

nen Nachhaltigkeitsmanager Risiken im Zusammenhang mit Umwelt- und Nachhaltigkeitsfragen frühzeitig erkennen und Chancen für Innovationen und Marktpositionierung identifizieren.

Die Umweltbewusstseinsforschung kann helfen, fundierte Entscheidungen zu treffen, um das Image und die Glaubwürdigkeit einer Organisation in Bezug auf Umwelt- und Nachhaltigkeitsbemühungen zu stärken, indem Maßnahmen mit dem Umweltbewusstsein der Bevölkerung abgeglichen werden.

Praxisschlaglicht

Ein kleiner Getränkehersteller hatte das Ziel, ein rudimentäres Nachhaltigkeitsmanagement zu etablieren. Aufgrund seiner begrenzten Ressourcen entschied sich das Unternehmen dafür, sekundäre Daten des Bundesumweltamts zu nutzen, um seine Bemühungen zu unterstützen. Das Unternehmen bezog dazu umfassende sekundäre Daten vom Bundesumweltamt, die im Rahmen der Umweltbewusstseinsforschung erhoben wurden auf seinen Geschäftsbereich. Diese Daten enthielten Informationen über das Umweltbewusstsein und -verhalten von Menschen in Deutschland, einschließlich Aspekten wie Recyclingverhalten und umweltfreundliche Produktpräferenzen.

Durch die Analyse der sekundären Daten erkannte das Unternehmen, dass Verbraucher ein zunehmend gesteigertes Interesse an umweltfreundlichen Verpackungen und nachhaltigen Produktionsprozessen haben. Gleichzeitig wurde deutlich, dass die Mitarbeitenden in Bezug auf Recycling sensibilisiert werden müssten. Gestützt auf die Ergebnisse der Umweltbewusstseinsforschung entwickelte das Unternehmen eine Nachhaltigkeitsstrategie. So

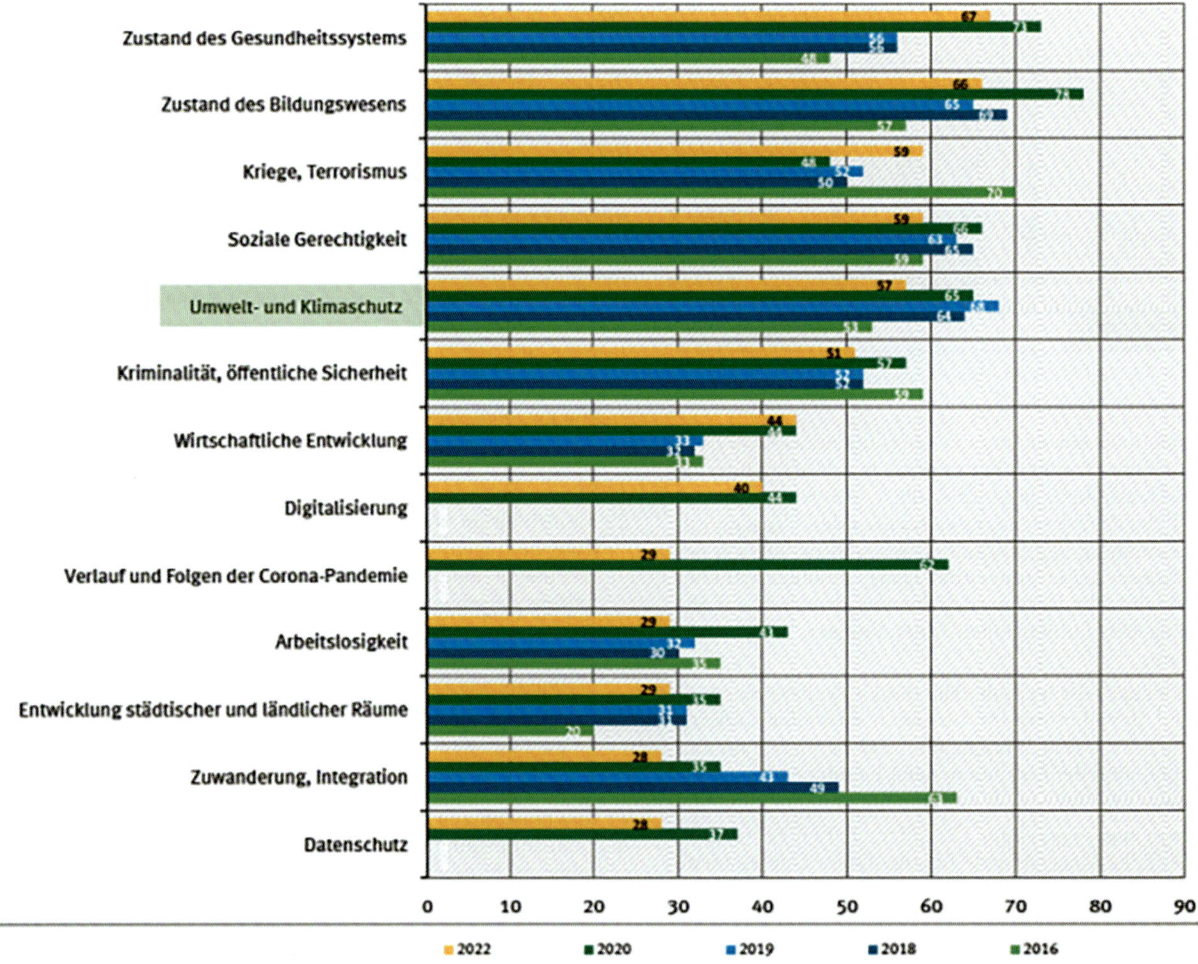

wurde beschlossen, umweltfreundlichere Verpackungen einzuführen, erneuerbare Energiequellen zu nutzen und Schulungsprogramme für Mitarbeitende anzubieten, um das Umweltbewusstsein zu stärken.

Weiter nutzte das Unternehmen die Erkenntnisse, um seine Bemühungen in Richtung Nachhaltigkeit zu kommunizieren. In der Marketingkampagne wurde besonderes Augenmerk auf umweltfreundliche Verpackungen und die Verwendung erneuerbarer Energiequellen gelegt, um Punkte anzusprechen, die basierend auf den Studien des Bundesumweltamts als besonders wichtig erachtet wurden.

Wirkfeld der Methode

- Wirksam für Herausforderungen mit hoher Komplexität
- Wirksam für Herausforderungen mit mittlerer Komplexität
- Wirksam für nachhaltiges Marketing
- Wirksam für nachhaltiges Produktdesign
- Wirksam für nachhaltiges Servicedesign
- Wirksam für nachhaltiges Business Model Design

Transformationsfähigkeit Ihres Teams

- Fördert die Sensibilisierung
- Macht Wirkzusammenhänge sichtbar
- Ziel- und Fokusgruppen

Einsatzcharakteristik/Arbeitsrahmen

- Austauschfokus: vornehmlich mit internen und externen Personen
- Durchführungszeit: eher hoch (> 1 Tag)
- Einsatzfrequenz: sinnvoll im dauerhaften Einsatz
- Einsatzfrequenz: vornehmlich über den kompletten Projektzeitraum
- Einsatzradius: vornehmlich im projektweiten Einsatz
- Komplexität für den Moderator: eher hoch
- Komplexität für die Teilnehmer: eher hoch
- Teamgröße: Einzelpersonennutzung möglich
- Teamgröße: Kleingruppe möglich (3 bis 5 Teilnehmer)
- Teamgröße: Mittelgroße Teams möglich (5 bis 20 Teilnehmer)
- Vorbereitungszeit: eher hoch (>1 Tag)

Input für eine zielführende Arbeit mit der Methode

- Aktuelle Herausforderung, Leitfrage, Problem

Output und beobachtete Ergebnisse der Methode

- Erzeugt segmentierte, kategorisierte, geclusterte Daten
- Hilft bei Entscheidungen, Bewertungen und Feedback
- Identifiziert vorhandene Schwachstellen
- Identifiziert vorhandene Stärken
- Macht Wirkzusammenhänge sichtbar

Hinderniseffekte, auf die die Methode positiv wirkt

- Beugt Missinterpretationen vor
- Verhindert Ideenfindung mit zu schwacher Erkenntnisgrundlage

Mögliche Extravorteile der Methode

- Möglicher Extravorteil für Teams mit einem starkem Auftragsmandat
- Möglicher Extravorteil für innovativ ungeübte Teams
- Möglicher Extravorteil für in Nachhaltigkeitsthemen ungeübte Teams

Quellen

Web – https://www.umweltbundesamt.de/sites/default/files/medien/3521/publikationen/umweltbewusstsein_2022_bf-2023_09_04.pdf, abgerufen am 10.10.2023

Umweltmanagementsysteme (ISO 14001 und EMAS)

EinSatzBeschreibung

Umweltmanagementsysteme dienen der systematischen Erfassung, Bewertung und kontinuierlichen Verbesserung der Umweltleistung von Unternehmen und Organisationen und ermöglichen eine nachhaltige Integration von Umweltaspekten in das Management.

Working Guide/Anwendungsfelder

P1 Sensibilisierung/Bildung	P2 Matching Recht/Gesetz	P3 Sustainability Roadmap	P4 Produkt/Prozessdesign	P5 Implementierung/Monitoring	P6 Kommunikation	P7 Organisation	P8 Führung	P9 Business Model Design	P10 Skalierung
				X	X	X	X		

Beschreibung

Umweltmanagementsysteme spielen eine zentrale Rolle für die Umsetzung von Nachhaltigkeit in Unternehmen. Sie helfen bei der Identifizierung und Reduzierung von Umweltauswirkungen, dem Einhalten von Umweltvorschriften, der Steigerung der Ressourceneffizienz und der Förderung eines umweltbewussten Verhaltens.

Die ISO 14001 und EMAS sind zwei weit verbreitete Umweltmanagementsysteme, wobei ISO 14001 international anerkannt ist und EMAS zusätzlich strengere Anforderungen und eine externe Validierung umfasst. Beide Systeme haben das Ziel, die Umweltleistung von Unternehmen kontinuierlich zu verbessern, jedoch gibt es Unterschiede in den Anforderungen und im Regelwerk.

Durchführung

Einführung und Umsetzung eines Umweltmanagementsystems am Beispiel von EMAS:

1. **Planen und vorbereiten:** Das Unternehmen definiert seine Umweltziele und -politik. Es legt fest, welche Bereiche und Aktivitäten in die Umweltprüfung einbezogen werden sollen. Es bestimmt die Verantwortlichkeiten und Ressourcen für die Implementierung des Umweltmanagementsystems.
2. **Leitbild festlegen:** Das Unternehmen definiert seine Vision und Ziele im Bereich Umweltschutz. Es entwickelt eine klare Richtung und einen Rahmen für die Umsetzung von Maßnahmen zur Verbesserung der Umweltleistung.
3. **Umweltprogramm erarbeiten:** Das Unternehmen erstellt ein Umweltprogramm, das konkrete Ziele und Maßnahmen zur Umsetzung der Umweltziele enthält. Es legt fest, welche Ressourcen und Aktivitäten erforderlich sind, um die Ziele zu erreichen.
4. **Durchführen:** Das Unternehmen setzt die im Umweltprogramm definierten Maßnahmen um, z. B. durch Schulungen, Prozessoptimierung oder Einführung neuer Technologien. Es überwacht kontinuierlich die Umweltleistung und die Fortschritte bei der Zielerreichung.

	ISO 14001	**EMAS**
Ziel	Verbesserung der Umweltleistung von Organisationen	Verbesserung der Umweltleistung und öffentliche Berichterstattung von Organisationen
Anwendungsbereich	International anerkannt	EU-weit anerkannt
Anforderungen	Normbasierter Standard	Regulatorischer Rahmen und Norm
Rechtliche Verbindlichkeit	Keine	(EG) 1221/2009 EMAS-Verordnung, in Deutschland durch das Umweltauditgesetz (UAG) geregelt
Validierung	Keine externe Validierung erforderlich	Externe Validierung durch zugelassene Umweltgutachter
Umwelterklärung	Optional, kann verwendet werden, um Transparenz zu schaffen	Erforderlich, um Umweltleistung zu kommunizieren
Öffentlichkeit	Keine formale Einbindung der Öffentlichkeit erforderlich	Einbindung der Öffentlichkeit und Dialog mit Stakeholdern
Kontrolle und Sanktionen	Keine festgelegten Sanktionen	Mögliche Sanktionen bei Nichteinhaltung der Anforderungen
Zusätzliche Anforderungen	–	Kontinuierliche Verbesserung der Umweltleistung und Einhaltung spezifischer Anforderungen

5. **Intern prüfen:** Das Unternehmen führt regelmäßige interne Umweltbetriebsprüfungen durch, um die Einhaltung der Anforderungen des Umweltmanagementsystems zu überprüfen. Es führt Managementbewertungen durch, um die Wirksamkeit des Umweltmanagementsystems zu bewerten und ggf. Anpassungen vorzunehmen.
6. **Umwelterklärung erstellen:** Das Unternehmen erstellt eine Umwelterklärung, die transparent über die Umweltleistung informiert und den Dialog mit der Öffentlichkeit fördert. Die Umwelterklärung enthält Informationen zu Umweltaspekten, -zielen, -maßnahmen und den erreichten Fortschritten.
7. **Extern prüfen lassen:** Das Unternehmen lässt seine Umweltleistung und die Umwelterklärung von einem zugelassenen Umweltgutachter extern prüfen. Die externe Prüfung bestätigt die Einhaltung der Anforderungen von EMAS und erhöht die Glaubwürdigkeit der Umweltleistung.

Es ist wichtig anzumerken, dass die genauen Ablaufschritte und Anforderungen je nach den spezifischen Bedürfnissen und Gegebenheiten eines Unternehmens variieren können. Eine enge Zusammenarbeit mit Umweltexperten und die Nutzung von EMAS-Leitfäden können bei der erfolgreichen Umsetzung eines Umweltmanagementsystems nach EMAS hilfreich sein.

Praxisschlaglicht

Ein Produktionsunternehmen führt das EMAS-Umweltmanagementsystem ein, um seine Umweltauswirkungen zu reduzieren und Nachhaltigkeit in das Kerngeschäft zu integrieren.

Durch die Umsetzung von Maßnahmen wie der Optimierung von Produktionsprozessen, der Einführung von Energiesparmaßnahmen und der Förderung von Mitarbeiterbewusstsein für Umweltaspekte erzielt das Unternehmen eine kontinuierliche Verbesserung der Umweltleistung.

Helfende Organisation

- Umweltgutachter und Zertifizierungsstellen, die bei der Implementierung von Umweltmanagementsystemen unterstützen, wie z. B. TÜV, DEKRA, DQS.
- Umweltministerien und Umweltagenturen, die Informationen und Richtlinien zu Umweltmanagementsystemen bereitstellen.
- Industrie- und Handelskammern, die Unternehmen bei der Umsetzung von Umweltschutzmaßnahmen und Umweltmanagementsystemen beraten.

Wirkfeld der Methode

- Wirksam für Herausforderungen mit mittlerer Komplexität
- Wirksam für kontinuierliche ökologische Verbesserung

Transformationsfähigkeit Ihres Teams

- Erhöht die Lösungsorientierung

Einsatzcharakteristik/Arbeitsrahmen

- Austauschfokus: vornehmlich mit internen Personen
- Durchführungszeit: eher hoch (> 1 Tag)
- Einsatzfrequenz: sinnvoll im dauerhaften Einsatz
- Einsatzradius: vornehmlich im unternehmensweiten Einsatz
- Komplexität für die Teilnehmer: eher hoch
- Teamgröße: Maxigruppen möglich (20 bis 40 Teilnehmer)
- Vorbereitungszeit: eher hoch (>1 Tag)

Input für eine zielführende Arbeit mit der Methode

- Aktuell existierende Geschäftsmodelle
- Aktuell existierende Produkte und Services
- Aktuelle Herausforderung, Leitfrage, Problem
- Vorhandenes Wissen und Erfahrungen
- Durchführungszeit, Trainingszeit
- Ziele, Zielsystem, Kennzahlen
- Wissen über Gesetze und Rahmenbedingungen

Output und beobachtete Ergebnisse der Methode

- Managementsystem
- Umwelterklärung

Hinderniseffekte, auf die die Methode positiv wirkt

- Beugt Missinterpretationen vor
- Verhindert unreflektiertes agieren
- Überzeugt einen Rationalisierer

Mögliche Extravorteile der Methode

- Führt zu kontinuierlichen ökologischen Verbesserungen

Quellen

Buch – Umweltsysteme nach ISO14001. Brauweiler, J., Zenker-Hoffmann, A., Will, M. (SpringerGabler, 2018)

Buch –Handbuch Betriebliches Umweltmanagement. Förtsch, G., Meinholz, H. (Springer Vieweg, 2018)

Web – https://www.emas.de/fileadmin/user_upload/4-pub/Aufgabenleitlinie-Umweltgutachter.pdf, abgerufen am 13.07.2023

Web – https://www.emas.de/fileadmin/user_upload/4-pub/Leitfaden-EMAS-Einstieg.pdf, abgerufen am 13.07.2023

Web – www.emas.de

Value Chain Canvas

EinSatzBeschreibung

Das Value Chain Canvas ist ein Werkzeug, das Unternehmen dabei unterstützt, ihre Wertschöpfungskette zu analysieren und zu optimieren, um nachhaltigen Mehrwert zu schaffen.

Working Guide/Anwendungsfelder

P1 Sensibilisierung/Bildung	P2 Matching Recht/Gesetz	P3 Sustainability Roadmap	P4 Produkt/Prozessdesign	P5 Implementierung/Monitoring	P6 Kommunikation	P7 Organisation	P8 Führung	P9 Business Model Design	P10 Skalierung
X		X	X	X				X	

Beschreibung

Im Kontext der Nachhaltigkeit ermöglicht das Value Chain Canvas Unternehmen, ihre Wertschöpfungskette hinsichtlich ökonomischer, ökologischer und sozialer Aspekte zu betrachten. Die Bestandteile des Value Chain Canvas umfassen:

- Wertschöpfungsaktivitäten: Identifikation und Analyse der verschiedenen Aktivitäten entlang der Wertschöpfungskette, wie Beschaffung, Produktion, Vertrieb und Entsorgung.
- Wertschöpfungsstufen: Unterteilung der Wertschöpfungskette in einzelne Stufen, um einen detaillierten Überblick über die Prozesse und Interaktionen zu erhalten.
- Nachhaltigkeitsaspekte: Berücksichtigung von ökonomischen, ökologischen und sozialen Aspekten in jeder Stufe der Wertschöpfungskette, um mögliche Verbesserungspotenziale zu identifizieren.
- Chancen und Risiken: Bewertung der Chancen und Risiken im Zusammenhang mit Nachhaltigkeitsaspekten entlang der Wertschöpfungskette, um Prioritäten und Handlungsfelder zu bestimmen.

Vorteile des Value Chain Canvas

- Ganzheitliche Perspektive: das Value Chain Canvas ermöglicht Unternehmen eine ganzheitliche Betrachtung ihrer Wertschöpfungskette und fördert die Integration von Nachhaltigkeit in alle Geschäftsprozesse.
- Identifikation von Verbesserungspotenzialen: Durch die Analyse der Wertschöpfungskette können Unternehmen Schwachstellen und ineffiziente Prozesse identifizieren, um Maßnahmen zur Verbesserung zu ergreifen.
- Stakeholder-Einbindung: das Value Chain Canvas ermutigt Unternehmen, relevante Stakeholder in den Prozess einzubeziehen, um deren Perspektiven und Erwartungen zu berücksichtigen.
- Kollaboration und Partnerschaften: Das Werkzeug fördert die Zusammenarbeit entlang der Wertschöpfungskette und ermöglicht Unternehmen, Partnerschaften zur Erreichung gemeinsamer Nachhaltigkeitsziele einzugehen.

Grenzen des Value Chain Canvas

- Datenverfügbarkeit: Um eine umfassende Analyse durchzuführen, benötigt das Value Chain Canvas umfangreiche Daten entlang der Wertschöpfungskette, die möglicherweise nicht immer verfügbar sind.
- Komplexität: Die Analyse und Optimierung der gesamten Wertschöpfungskette kann aufgrund der Komplexität und Vielfalt der Prozesse und Interaktionen herausfordernd sein.

Durchführung

Um das Value Chain Canvas anzuwenden, sind folgende Schritte erforderlich:

1. **Identifikation der Wertschöpfungsstufen:** Unterteilung der Wertschöpfungskette in einzelne Stufen, um eine detaillierte Analyse zu ermöglichen. Folgende Stufen werden betrachtet (sofern zutreffend):
   Designphase – Materialien – Produktion – Distribution – Nutzungsphase – Reparatur – Rücknahme – Wiederverwendung.
2. **Datenanalyse:** Sammlung und Analyse von relevanten Daten entlang jeder Stufe der Wertschöpfungskette, um eine umfassende Bewertung zu erhalten. Dabei wird unterschieden nach Informationen des eigenen Unternehmens, nach externen Informationen und den Schlüsselressourcen, die benötigt werden.
3. **Nachhaltigkeitsbewertung:** Bewertung der ökonomischen, ökologischen und sozialen Aspekte jeder Wertschöpfungsstufe, um Verbesserungspotenziale zu identifizieren.
4. **Priorisierung und Handlungsplanung:** Festlegung von Prioritäten und Entwicklung eines Aktionsplans, der konkrete Maßnahmen zur Optimierung der Wertschöpfungskette und zur Schaffung nachhaltigen Mehrwerts enthält.
5. **Umsetzung und Überwachung:** Implementierung der identifizierten Maßnahmen und Überwachung der Fortschritte, um sicherzustellen, dass die gewünschten Veränderungen erreicht werden.

Praxisschlaglicht

Ein Unternehmen in der Lebensmittelbranche verwendet das Value Chain Canvas, um seine Wertschöpfungskette zu analysieren und nachhaltige Verbesserungen vorzunehmen.

Durch die Untersuchung der Beschaffung von Rohstoffen, der Produktionsprozesse, des Vertriebs und der Entsorgung identifiziert das Unternehmen Möglichkeiten zur Reduzierung von Abfall, zur Nutzung erneuerbarer Energien und zur Förderung von Fair-Trade-Praktiken entlang der gesamten Wertschöpfungskette. Aufgrund dieser Analyse entwickelt das Unternehmen einen

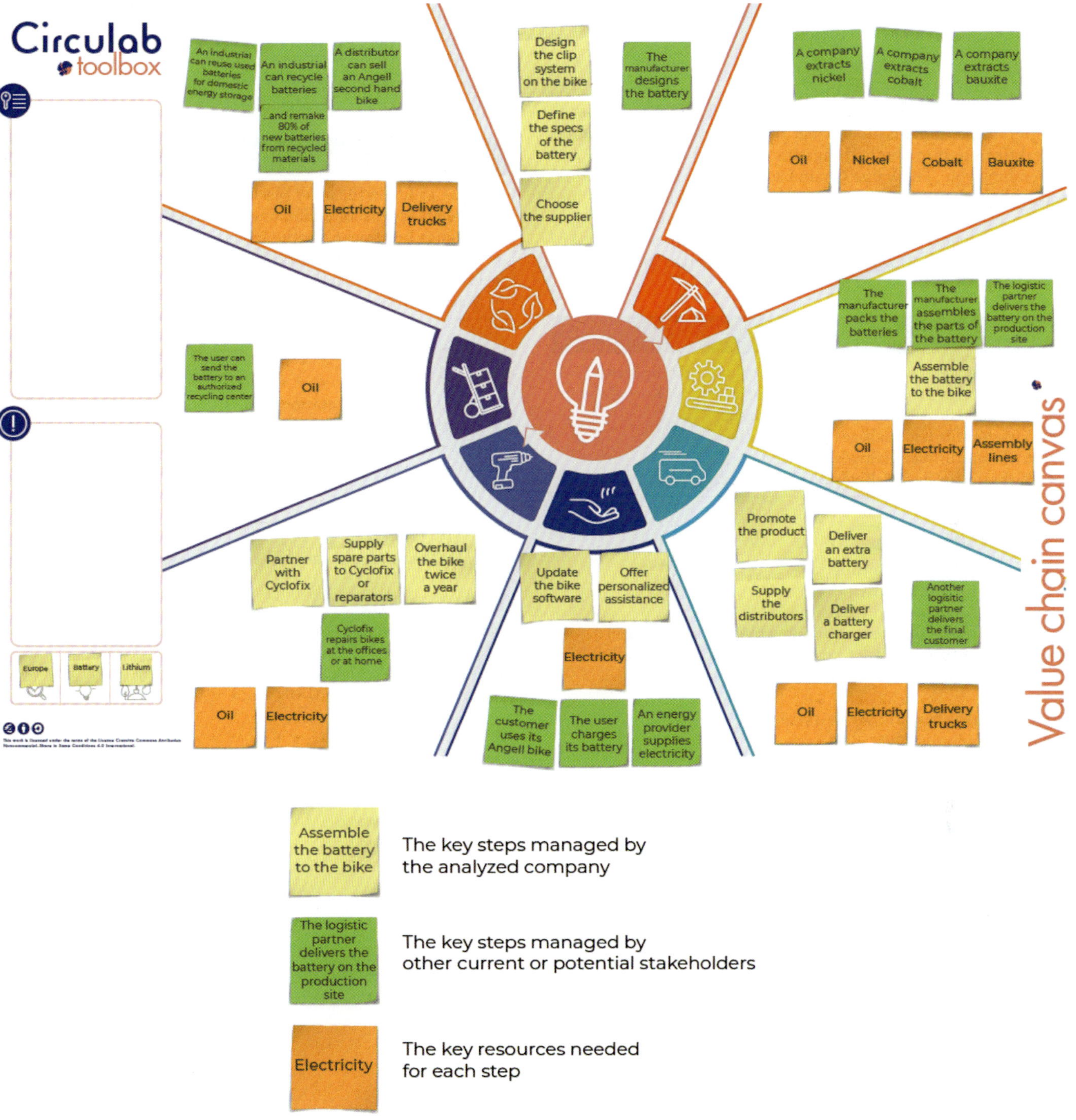

Value Chain Canvas (Quelle: https://circulab.academy/circular-economy-tools/value-chaincanvas)

Aktionsplan zur Implementierung der identifizierten Maßnahmen und zur Überwachung der Fortschritte.

Helfende Organisation

- Sustainable Purchasing Leadership Council (SPLC): Der SPLC unterstützt Organisationen bei der Integration nachhaltiger Praktiken in ihre Beschaffungsstrategien und kann bei der Anwendung von „The Value Chain Canvas" hilfreich sein.
- Nachhaltigkeitsnetzwerke und -plattformen: Es gibt verschiedene Netzwerke und Plattformen, die sich mit nachhaltiger Unternehmensführung befassen und Unternehmen bei der Anwendung von Tools wie „The Value Chain Canvas" unterstützen können, z. B. UPJ, econsense, B.A.U.M. e. V.

Wirkfeld der Methode

- Wirksam für Herausforderungen mit hoher Komplexität
- Wirksam für Herausforderungen mit mittlerer Komplexität
- Wirksam für nachhaltiges Produktdesign
- Wirksam für nachhaltiges Prozessdesign
- Wirksam für nachhaltiges Servicedesign
- Wirksam für nachhaltiges Business Model Design

Transformationsfähigkeit Ihres Teams

- Fördert die Sensibilisierung
- Fördert die Teamkreativität
- Fördert grundlegend die Kreativität
- Fördert offene Mindsets und innovative Denkhaltungen
- Sorgt für Inspiration oder bessere Inspirationsempfindlichkeit
- Zahlt auf eine bessere Vorstellungskraft ein

Einsatzcharakteristik/Arbeitsrahmen

- Austauschfokus: vornehmlich mit internen und externen Personen
- Durchführungszeit: eher mittel (> 1 Stunde bis < 1 Tag)
- Einsatzfrequenz: vornehmlich im einmaligen Einsatz
- Einsatzradius: vornehmlich im Teameinsatz
- Einsatzradius: vornehmlich im projektweiten Einsatz
- Komplexität für den Moderator: eher gering
- Komplexität für die Teilnehmer: eher mittel
- Teamgröße: Kleingruppe möglich (3 bis 5 Teilnehmer)
- Teamgröße: Mittelgroße Teams möglich (5 bis 20 Teilnehmer)
- Vorbereitungszeit: eher mittel (> 1 Stunde bis < 1 Tag)

Input für eine zielführende Arbeit mit der Methode

- Aktuell existierende Geschäftsmodelle
- Aktuell existierende Produkte und Services
- Aktuelle Herausforderung, Leitfrage, Problem
- Produktmerkmale, Skizzen, Eigenschaften

Output und beobachtete Ergebnisse der Methode

- Erzeugt Ideen für neue Märkte und neue Business Modelle
- Erzeugt Ideensuchfelder, unentdeckte Probleme, Inspiration
- Erzeugt Leitfragen für die Ideenfindung
- Identifiziert vorhandene Schwachstellen
- Identifiziert vorhandene Stärken
- Macht Wirkzusammenhänge sichtbar

Hinderniseffekte, auf die die Methode positiv wirkt

- Beugt Missinterpretationen vor
- Beugt blinden Flecken/Betriebsblindheit vor
- Bewahrt vor zu generischen Ideen und Aussagen
- Überzeugt strukturliebende Teammitglieder

Mögliche Extravorteile der Methode

- Deckt Zusammenhänge entlang der Wertschöpfungskette auf

Quellen

Artikel – Sustainable supply chain management. Dubey R. et al. Journal of Cleaner Production. 2017; 142:1119-1130.

Web – https://circulab.academy/circular-economy-tools/value-chain-canvas/, abgerufen am 07.07.2023

Value Mapping

EinSatzBeschreibung

Beim Value Mapping wird die Nachhaltigkeit des Geschäftsmodells anhand der Dimensionen Gesellschaft, Umwelt, Ökonomie und weiterer Akteure betrachtet – für diese Dimensionen wird analysiert, (a) welche Werte geschaffen oder aber zerstört werden und (b) welche potenziell relevanten Werte nicht ausgeschöpft und verschwendet werden oder Wachstumspotenzial haben.

Working Guide/Anwendungsfelder

P1 Sensibilisierung/Bildung	P2 Matching Recht/Gesetz	P3 Sustainability Roadmap	P4 Produkt/Prozessdesign	P5 Implementierung/Monitoring	P6 Kommunikation	P7 Organisation	P8 Führung	P9 Business Model Design	P10 Skalierung
X		X	X					X	X

Beschreibung

Die Methode des Value Mapping ist ein leistungsstarkes Instrument zur Analyse und Gestaltung nachhaltiger Geschäftsmodelle. Sie ermöglicht eine umfassende Betrachtung von Werten, die für verschiedene Stakeholdern geschaffen oder beeinträchtigt werden, und trägt dazu bei, die Gestaltung nachhaltiger Geschäftsmodelle zu konkretisieren.

Die Grundidee hinter dem Value Mapping ist, die Auswirkungen eines Geschäftsmodells auf die Gesellschaft, die Umwelt, Kunden und andere Akteure systematisch zu erfassen. Dies geschieht durch die Visualisierung und Analyse verschiedener Wertebereiche, die in einem Diagramm dargestellt sind. Diese Wertebereiche werden in Form von Ringen dargestellt, wobei jeder Ring einen bestimmten Aspekt repräsentiert. Dabei werden die Perspektiven unterschiedlicher Stakeholder in den verschiedenen Quadranten der Grafik berücksichtigt. Diese Perspektiven sind typischerweise:

Gesellschaft: In diesem Bereich werden die Auswirkungen des Geschäftsmodells auf die Gesellschaft analysiert. Das umfasst Fragen wie: Welche sozialen Vorteile werden geschaffen? Wer profitiert davon? Gibt es potenzielle soziale Risiken oder negative Auswirkungen?

Umwelt: Hier liegt der Fokus auf den ökologischen Auswirkungen des Geschäftsmodells. Es werden folgende Fragen gestellt: Wie beeinflusst das Unternehmen die Umwelt? Gibt es Maßnahmen zur Reduzierung von Umweltauswirkungen? Welche Ressourcen werden verbraucht, und wie nachhaltig ist dieser Verbrauch?

Ökonomie: Dieser Bereich betrachtet die wirtschaftlichen Auswirkungen des Geschäftsmodells. Fragen, die hierbei eine Rolle spielen: Wie profitabel ist das Geschäftsmodell? Welche finanziellen Risiken sind damit verbunden? Welche Wertschöpfung wird erzeugt, und wie werden die Einnahmen verteilt?

Andere Akteure: Hier werden die Auswirkungen des Geschäftsmodells auf andere Akteure des Netzwerks betrachtet. Falls es sich lohnt, hier mehr als eine Gruppe zu betrachten, kann die Matrix auch um beliebig viele weitere Quadranten erweitert werden.

Das Werkzeug verfolgt die folgenden spezifischen Ziele:

- Verständnis der positiven und negativen Aspekte des Wertangebots für verschiedene Stakeholder (d. h. des Netzwerks von Interessengruppen, die an der Schaffung, Bereitstellung und dem Erhalt von Wert im Zusammenhang mit der Bereitstellung eines Produkts/Dienstes beteiligt sind);
- Identifizierung von widersprüchlichen Werten (d. h. wo der Nutzen einer Interessengruppe einen Nachteil für eine andere Interessengruppe schafft), damit Maßnahmen ergriffen werden können, um diese Konflikte anzugehen;
- Identifizierung von Möglichkeiten zur Neugestaltung des Geschäftsmodells und zur Neuausrichtung der Interessen, um negative Ergebnisse zu reduzieren und das Gesamtergebnis für die Stakeholder zu verbessern.

Durchführung

Value Mapping kann sehr strukturiert anhand eines Ablaufplans durchgeführt werden. Zunächst müssen zwei grundsätzliche Fragen geklärt werden:

1. **Fokus bestimmen (Um welche Einheit geht es in dieser Analyse?):** Welche Einheit soll untersucht werden? Produkt- und/oder Dienstleistungsangebot, eine Abteilung, das ganze Unternehmen?
2. **Stakeholder-Gruppen benennen (Wie werden die Quadranten benannt?):** Welche Interessensgruppen beeinflussen die Geschäftsabläufe oder werden in irgendeiner Weise von den Geschäftsabläufen beeinflusst? Dazu ist es wichtig zu betrachten, wer am Wertschöpfungsnetzwerk beteiligt ist und welche externen Auswirkungen Ihre Geschäftsaktivitäten haben. Gibt es weitere als Umwelt, Gesellschaft und Kunden? Danach dabei arbeitet man sich im Kreis von innen nach außen:
3. **Zweck bzw. Purpose benennen (Wie wird der innerste Kreis inhaltlich gefüllt?):** Warum existiert das Unternehmen und sein Netzwerk von Stakeholdern, einschließlich der Wertschöpfungskette? Der Zweck geht über reines Geldverdienen hinaus, obwohl dies ein wichtiger Grund sein kann. Hier gilt es zu überlegen, warum Stakeholder, insbesondere die Kunden, sich um die Existenz oder Fortführung des Unternehmensnetzwerks kümmern sollten.
4. **Geschaffener Wert (Wie wird der zweite Kreis von innen inhaltlich gefüllt?):** Welchen positiven materiellen und immateriellen Wert schafft das Unternehmen für jeden der Stakeholder? Zum Beispiel, warum kaufen Ihre Kunden die angebotenen Produkte und Dienstleistungen? Trägt das Unternehmensnetz-

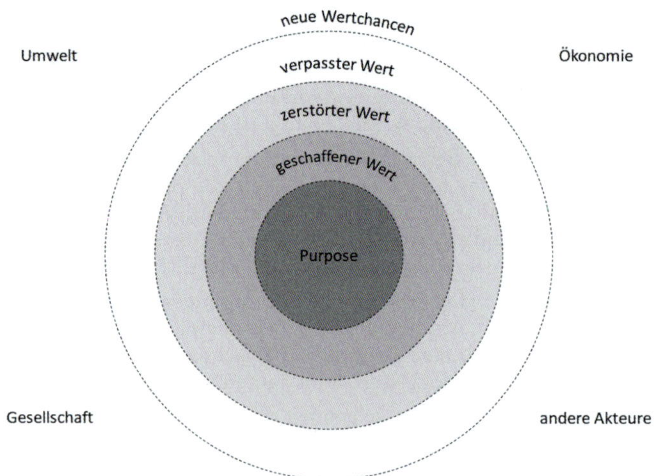

Beispiel für eine einfache Value Map (nach Bocken et al. 2013)

werk zur Minderung oder Kompensation negativer Auswirkungen bei, sei es teilweise oder vollständig (z. B. bei CO_2-Emissionen)? Diese Aspekte sollten im Abschnitt „Bereits erfasste Wertaspekte" berücksichtigt werden.

5. **Zerstörter Wert (Wie wird der dritte Kreis von innen inhaltlich gefüllt?):** Welche negativen Auswirkungen hat das Unternehmen auf jeden der Stakeholder? Hier könnten zum Beispiel Umweltauswirkungen wie Umweltverschmutzung oder der Verlust von lokalen Arbeitsplätzen aufgrund von Auslagerung stehen. Gibt es potenzielle oder wahrgenommene Risiken, dass „Business as usual"-Praktiken Wert zerstören könnten? Beispiele wären Rufschädigung, Kundenverlust, Profitabilität- und Marktanteilsverlust, rechtliche Risiken und regulatorische Änderungen.
6. **Verpasster Wert (Wie wird der vierte Kreis von innen inhaltlich gefüllt?):** Wie könnte das Unternehmen Gelegenheiten zur Wertgewinnung verpassen oder in seinen bestehenden Abläufen Wert verschwenden? Zum Beispiel, erhalten Kunden nicht das, was sie wirklich wollen? Gibt es ungenutzte Vermögenswerte, Kapazitäten und Fähigkeiten? Werden potenziell nützliche Materialien verschwendet? Schafft das Unternehmensnetzwerk Wert, erfasst diesen jedoch noch nicht für Kunden oder die Gesellschaft?
7. **Neue Wertchancen:** Welchen neuen positiven Wert könnte das Unternehmen für seine Stakeholder durch die Einführung neuer Fähigkeiten, Aktivitäten und Beziehungen schaffen? Wie kann bereits geschaffener Wert weiter gesteigert, zerstörter Wert beseitigt oder Chancen in neuen Wert umgewandelt werden? Wie könnten neue Technologien und Partnerschaften Lösungen bieten? Wie könnten Innovationen aus anderen Branchen angewendet werden? Wie könnte die Verlagerung von Aktivitäten helfen?

Es kann hier sinnvoll sein, zu untersuchen, wie Konkurrenten Dinge anders machen, um neuen positiven Wert zu schaffen und negative Auswirkungen zu reduzieren oder zu beseitigen.

In einer erweiterten Form kann das Value Mapping auch in Form eines Workshops angewendet werden. Hier werden dann Vertreter der Stakeholder eingeladen und erweitern das Verständnis um ihre Perspektive. Weitere Informationen zum Ablauf des Workshop-Formats finden sich in der Original-Quelle (Bocken et al. 2013).

Praxisschlaglicht

Das folgende hypothetische Beispiel verdeutlicht, wie Value Mapping in einem mittelständischen Unternehmen im Bereich Fleischherstellung genutzt werden könnte, um nachhaltigere Geschäftsprozesse zu entwickeln:

Schritt 1: Analyseeinheit

Das Unternehmen möchte seine Geschäftsprozesse im Bereich der Fleischherstellung nachhaltiger gestalten. Die Analyseeinheit in diesem Fall wäre das gesamte Unternehmen und seine Produktionsabläufe.

Schritt 2: Stakeholder-Gruppen

Die Stakeholder-Gruppen des Unternehmens umfassen Landwirte, Lieferanten von Schlachttieren, Mitarbeitende, Kunden, Umweltorganisationen, staatliche Regulierungsbehörden und die Gemeinden, in denen das Unternehmen tätig ist.

Schritt 3: Zweck

Der Hauptzweck des Unternehmens besteht darin, hochwertige Fleischprodukte herzustellen und zu vertreiben. Neben dem Gewinnstreben möchte das Unternehmen auch seine Verantwortung gegenüber der Umwelt und den Gemeinden, in denen es tätig ist, wahrnehmen.

Schritt 4: Geschaffener Wert

Positive Werte für Kunden: Das Unternehmen könnte Wert schaffen, indem es hochwertige Fleischprodukte anbietet, die frei von Antibiotika und Hormonen sind.

Positive Werte für die Umwelt: Reduzierung der Umweltauswirkungen durch nachhaltige Landwirtschaftspraktiken und Energieeffizienz in der Produktion.

Positive Werte für Mitarbeitende: Schaffung sicherer und fair bezahlter Arbeitsplätze mit Schulungsmöglichkeiten.

Schritt 5: Zerstörter Wert

Negative Auswirkungen auf die Umwelt: Verschmutzung durch Abfallprodukte der Fleischverarbeitung.

Negative Auswirkungen auf Landwirte: Niedrige Preise und unfaire Handelspraktiken.

Negative Auswirkungen auf die Gemeinden: Lärmbelästigung und Verkehrsaufkommen durch den Betrieb des Unternehmens.

Schritt 6: Verpasster Wert

Unausgeschöpfte Ressourcen: Das Unternehmen erkennt, dass es die Nachfrage nach Bio-Fleischprodukten nicht vollständig bedient, obwohl es die Kapazitäten dazu hat.

Wenig genutzte Energieeffizienztechnologien: Das Unternehmen hat bereits in energieeffiziente Beleuchtung und Maschinen investiert, nutzt diese jedoch nicht optimal aus.

Schritt 7: Neue Wertchancen

Einführung einer nachhaltigen Lieferkette: Das Unternehmen könnte verstärkt mit Landwirten zusammenarbeiten, die nachhaltige Landwirtschaftspraktiken anwenden.

Erweiterung des Bio-Sortiments: Das Unternehmen könnte seine Produktpalette um mehr Bio-Fleischprodukte erweitern, um die steigende Nachfrage nach Bio-Lebensmitteln zu bedienen.

Investition in erneuerbare Energien: Das Unternehmen könnte in erneuerbare Energien investieren, um seine CO_2-Emissionen zu reduzieren.

Nachdem das Unternehmen die Value Mapping-Methode angewendet hat, entscheidet es sich dafür, nachhaltigere Geschäftsprozesse zu entwickeln. Dies umfasst die Einführung neuer Partnerschaften mit nachhaltigen Landwirten, die Erweiterung des Bio-Sortiments, die Optimierung der Energieeffizienz und die Umstellung auf erneuerbare Energien. Diese Maßnahmen tragen dazu bei, den positiven Wert für Kunden, die Umwelt und die Gemeinden zu steigern, während gleichzeitig negative Auswirkungen minimiert werden.

Wirkfeld der Methode

- Wirksam für Herausforderungen mit hoher Komplexität
- Wirksam für Herausforderungen mit mittlerer Komplexität
- Wirksam für nachhaltiges Produktdesign
- Wirksam für nachhaltiges Servicedesign
- Wirksam für nachhaltiges Business Model Design

Transformationsfähigkeit Ihres Teams

- Fördert die Sensibilisierung
- Erhöht die Lösungsorientierung

Einsatzcharakteristik/Arbeitsrahmen

- Austauschfokus: vornehmlich mit internen und externen Personen
- Durchführungszeit: eher mittel (> 1 Stunde bis < 1 Tag)
- Einsatzfrequenz: vornehmlich über den kompletten Projektzeitraum
- Einsatzradius: vornehmlich im Teameinsatz
- Komplexität für den Moderator: eher mittel
- Komplexität für die Teilnehmer: eher mittel
- Teamgröße: Kleingruppe möglich (3 bis 5 Teilnehmer)
- Teamgröße: Mittelgroße Teams möglich (5 bis 20 Teilnehmer)
- Vorbereitungszeit: eher gering (< 1 Stunde)

Input für eine zielführende Arbeit mit der Methode

- Aktuell existierende Geschäftsmodelle
- Wettbewerber und Komplementoren
- Ziele, Zielsystem, Kennzahlen

Output und beobachtete Ergebnisse der Methode

- Bessere Projekteffizienz, bessere Teamperformance
- Erzeugt Listen von Chancen und Risiken
- Erzeugt Prognosen und Ableitungen
- Erzeugt Ideen, Lösungsansätze, Vorideen, Möglichkeiten
- Erzeugt Leitfragen für die Ideenfindung
- Erzeugt Nutzenfunktionen und Bedürfniskorridore
- Hilft bei Entscheidungen, Bewertungen und Feedback
- Identifiziert vorhandene Schwachstellen
- Identifiziert vorhandene Stärken
- Macht Wirkzusammenhänge sichtbar
- Ziel- und Fokusgruppen

Hinderniseffekte, auf die die Methode positiv wirkt

- Beugt Missinterpretationen vor
- Beugt blinden Flecken/Betriebsblindheit vor
- Ideenfindung

Mögliche Extravorteile der Methode

- Möglicher Extravorteil für Teams in einer Krisensituation
- Möglicher Extravorteil für in Nachhaltigkeitsthemen ungeübte Teams

Quellen

Artikel – Nancy Bocken, Samuel Short, Padmakshi Rana, Steve Evans. A value mapping tool for sustainable business modelling, in: Corporate Governance, Vol. 13 (2013), 5, S. 482-497. doi: 10.1108/CG-06-2013-0078

Web – https://start-green.net/tools/sustainable-business-canvas/5/nutzenversprechen, abgerufen am 10.10.2023

310

Value & Impact vs. Ressourcen Mapping

EinSatzBeschreibung

In Nachhaltigkeitsprojekten, welche einen Handlungsspielraum vorgeben, aber noch frei in der Auswahl des „Wie“ sind, hilft das Value&Impact vs. Ressourcen Mapping dabei, Wesentlichkeit und Aufwand bei der Ideenauswahl in Einklang zu bringen.

Working Guide/Anwendungsfelder

P1 Sensibilisierung/Bildung	P2 Matching Recht/Gesetz	P3 Sustainability Roadmap	P4 Produkt/Prozessdesign	P5 Implementierung/Monitoring	P6 Kommunikation	P7 Organisation	P8 Führung	P9 Business Model Design	P10 Skalierung
		X	X	X		X			

Beschreibung

Ressourcen sind im Nachhaltigkeitsbereich oft begrenzt – dies betrifft sowohl verfügbare Zeit zur Erreichung von Zielen, finanzielle Mittel als auch menschliche Kapazitäten. Gleichzeitig werden in Workshops oder Strategiesitzungen oft vorschnell Ideen für die Umsetzung priorisiert, welche auf Anhieb gut klingen, aber letztlich geringe reale positive Auswirkungen oder hohe Kosten haben.

Das Value&Impact vs. Ressourcen Mapping ermöglicht, Maßnahmen für nachhaltige Entwicklung strategisch zu bewerten, um positive Veränderungen bei begrenzten Ressourcen effizient auszuwählen. Die Methode fördert eine bewusste Abwägung von potenziellem Einfluss von möglichen Vorhaben in Relation zu deren erforderlichem Aufwand für die Umsetzung.

Die Methode orientiert sich an klassischen Bewertungsmatrizen, legt jedoch einen Fokus auf Nachhaltigkeitswirkung.

Durchführung

Grundlage für die Bewertung ist eine Vorauswahl von Ideen, welche auf das Projektziel einzahlen. Hierzu bietet es sich an, eine Zahl von Ideen zu wählen, welche in der für die Durchführung der Methode vorgesehenen Zeit inhaltlich ausreichend diskutiert werden können (etwa 3–5 Min. pro Idee).

Das Vorgehen folgt dann folgendem Schema:

1. Zeichnen Sie eine Matrix auf, in welcher auf zwei Achsen die für die Umsetzung einer Maßnahme „Notwendige Ressourcen“ (x-Achse), sowie „Positiver Impact“ (y-Achse) (zu erwartende positiver Outcome für die Erreichung der Zielsetzung des Projekts) abgebildet sind. Definieren Sie dabei klar, ob die „Ressourcen“ global zu verstehen sind, oder spezifische Ressourcen im Vordergrund stehen (z. B. Zeitliche Ressourcen, welche oft mit der Komplexität der Ideen oder Finanziellen Mitteln korrelieren). Machen Sie auch ausreichend klar, dass sich Wirtschaftlichkeit als eine Dimension der Nachhaltigkeit versteht, aber nicht im Mittelpunkt steht.
2. Bereiten Sie mit den Teilnehmenden alle vorausgesuchten Ideenskizzen gut leserlich auf Haftnotizen vor. Die Ideen müssen dabei so konkret beschrieben sein, dass allen Beteiligten ein klares Bild gegeben wird, was Ziel und Aufwand der Idee sein werden. Dies kann im besten Falle von den initialen Ideen-Geberinnen erfolgen.
3. Geben Sie ein Beispiel für ein den Teilnehmenden bekanntes Projekt, welches als Referenzwert in der Mitte der Matrix verortet werden kann.
4. Die Teilnehmenden „pitchen“ ihre Ideen, und ordnen diese in der Matrix ein.
5. Nachdem alle Ideen vorgestellt und eingeordnet wurden, öffnen Sie eine Diskussions- und Iterationsrunde, in welcher die Einordnung angepasst werden kann.

Für die weitere Auswahl bieten sich je nach Projektressourcen zum Beispiel die „Quick Wins“ mit geringem Ressourcenaufwand und hoher positiver Auswirkung an. Diese sollten dann besonders fokussiert diskutiert werden.

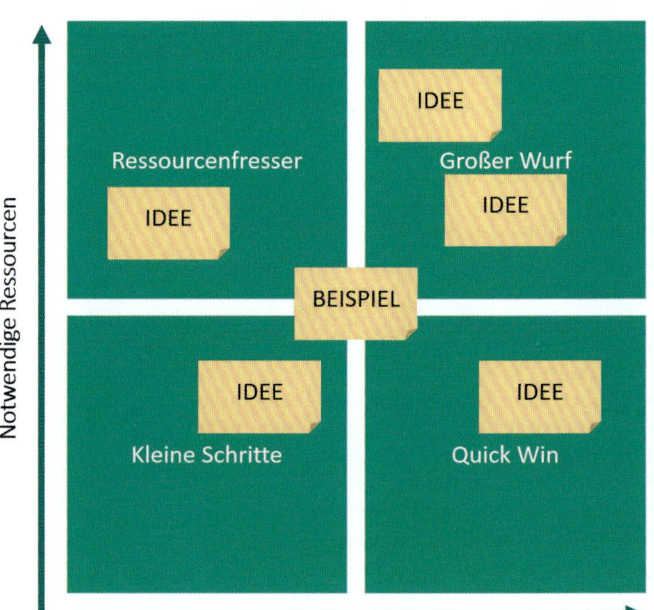

Quelle: Kilian Karg/Protellus

Handelt es sich um einen Workshop mit begrenzten Zeitressourcen, hilft es als Moderator den Teilnehmenden zu erläutern, dass eine ganzheitliche, vollständige und valide Bewertung in vielen Fällen erst nach diesem Schritt außerhalb eines Workshops erfolgen kann, und den Rahmen des zeitlich Möglichen sprengen würde.

Alternativ können vorausgewählte Ideen von Ideenpaten vorab validiert und eingeschätzt werden, und so für die Durchführung dieser Methode vorbereitet werden. Dabei sind vorab gegebene Referenzwerte und einheitliche Maßeinheiten unabdingbar.

Wirkfeld der Methode

- Wirksam für Herausforderungen mit mittlerer Komplexität
- Wirksam für Herausforderungen mit niedriger Komplexität
- Wirksam für nachhaltiges Produktdesign
- Wirksam für nachhaltiges Prozessdesign
- Wirksam für nachhaltiges Servicedesign
- Wirksam für nachhaltiges Business Model Design

Transformationsfähigkeit Ihres Teams

- Fördert die allgemeine Transformationsfähigkeit des Teams
- Zahlt auf eine bessere Vorstellungskraft ein
- Erhöht die Lösungsorientierung

Einsatzcharakteristik/Arbeitsrahmen

- Austauschfokus: vornehmlich mit internen Personen
- Durchführungszeit: eher mittel (> 1 Stunde bis < 1 Tag)
- Einsatzfrequenz: vornehmlich im einmaligen Einsatz
- Komplexität für den Moderator: eher gering
- Komplexität für die Teilnehmer: eher mittel
- Teamgröße: Einzelpersonennutzung möglich
- Teamgröße: Kleingruppe möglich (3 bis 5 Teilnehmer)
- Teamgröße: Mittelgroße Teams möglich (5 bis 20 Teilnehmer)
- Vorbereitungszeit: eher gering (< 1 Stunde)
- Vorbereitungszeit: eher mittel (> 1 Stunde bis < 1 Tag)

Input für eine zielführende Arbeit mit der Methode

- Aktuelle Herausforderung, Leitfrage, Problem
- Angereicherte Ideen, Ideencluster oder höher integrierte Lösungen
- Ideen und Projekte, die zur Umsetzung anstehen
- Ideen, Lösungsansätze, Vorideen, Varianten
- Innovationssuchfelder, Intent Statements

Output und beobachtete Ergebnisse der Methode

- Bessere Projekteffizienz, bessere Teamperformance
- Erzeugt Planungen und Priorisierungen
- Erzeugt größere Klarheit zu einem Thema
- Hilft bei Entscheidungen, Bewertungen und Feedback
- Identifiziert vorhandene Schwachstellen
- Identifiziert vorhandene Stärken

Hinderniseffekte, auf die die Methode positiv wirkt

- Schafft schnell Klarheit und beschleunigt Erkenntnisgewinn
- Schärft eine fehlende gemeinsame Ausrichtung
- Verhindert Finanz- und Ressourcenfallen
- Verhindert Ideenfindung mit zu schwacher Erkenntnisgrundlage
- Verhindert einseitige Bewertungen und Entscheidungen
- Verhindert falsche Flughöhen
- Verhindert unreflektiertes agieren
- Verhindert vorschnelles Urteilen über Ideen
- Verkürzt zu lange Entscheidungsmeetings
- Überzeugt strukturliebende Teammitglieder

Mögliche Extravorteile der Methode

- Möglicher Extravorteil für Teams in einer Komfortsituation
- Möglicher Extravorteil für Teams mit einem starkem Auftragsmandat
- Möglicher Extravorteil für Teams mit einer konservativen, tradierten Kultur

Quellen

Web – https://www.withouttheloop.com/articles/2019-07-12-impact-mapping-impact-effort-matrix/, abgerufen am 05.10.2023

Web – https://www.sixsigmadaily.com/how-to-use-the-impact-effort-matrix/, abgerufen am 05.10.2023

Verhaltungsänderung im Führungsfokus

EinSatzBeschreibung

Durch Haltungsänderung Nachhaltigkeit im Unternehmen forcieren – die Führungsmatrix für Veränderung.

Working Guide/Anwendungsfelder

P1 Sensibilisierung/Bildung	P2 Matching Recht/Gesetz	P3 Sustainability Roadmap	P4 Produkt/Prozessdesign	P5 Implementierung/Monitoring	P6 Kommunikation	P7 Organisation	P8 Führung	P9 Business Model Design	P10 Skalierung
							X		

Beschreibung

Möchten wir im Unternehmen Nachhaltigkeit weiter forcieren, sind auch Haltungs- bzw. Verhaltensänderungen der Menschen nötig. Es gilt die Annahme: die Haltung zum Thema prägt das Verhalten.

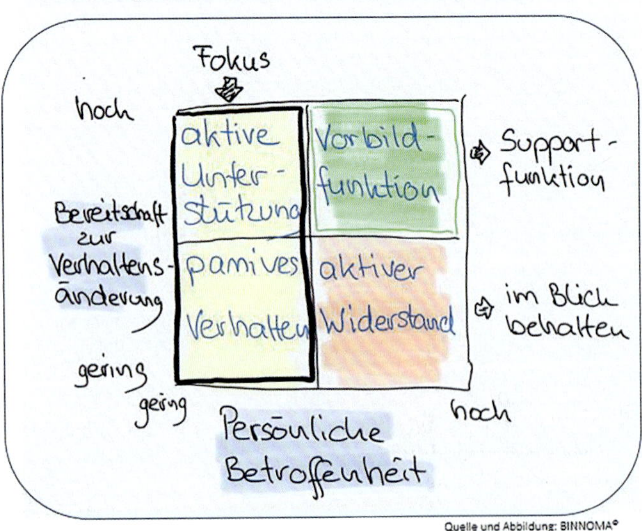

Quelle und Abbildung: BINNOMA®

Im Rahmen der Führung zählt zum einen die eigene Vorbildfunktion und unsere eigene Haltung zum Thema. Zum anderen auch der Fokus, den wir bei der Führung setzen, um Veränderungen im Verhalten der Mitarbeitenden zu erreichen. Das ist leichter gesagt als getan. Und worauf verwenden wir dabei unsere Energie?

Mit dem Modell „Verhaltensänderung im Führungsfokus" geht es darum, Ansatzpunkte zu finden, die uns helfen den Change-Prozess zu mehr Nachhaltigkeit erfolgreich zu gestalten. Hierbei legen wir unser Augenmerk auf die zwei Faktoren „persönliche Betroffenheit" und „Bereitschaft zur Veränderung".

In der Führungsmatrix sind die vier Felder in ihrer *Bedeutung* bzw. *Haltung* wie folgt belegt:

Kategorie	Persönliche Betroffenheit	Bereitschaft für Veränderung	Haltung zum Thema	Führungsansatz
1	hoch	hoch	Vorbildfunktion	Botschafterrolle
2	gering	hoch	Aktive Unterstützung	Aktive Unterstützerrolle zuweisen
3	hoch	gering	Aktiver Widerstand	Störfaktoren und Risiken begrenzen
4	gering	gering	Passives Verhalten (ggf. Skepsis)	Aktive Einbindung in Aktivitäten

Auf Basis dieser Einordnung lassen sich eine Priorisierung (d. h. worauf verwenden wir unsere Energie) sowie ein Führungsansatz mit möglichen Handlungsoptionen in Bezug auf die betroffenen Personen(gruppen) ableiten.

Durchführung

Der relevante Personenkreis wird in die 4 Haltungskategorien der Führungsmatrix eingeordnet. Daraus leitet sich der Führungsansatz im Umgang für diese Person bzw. Gruppe im Kontext Nachhaltigkeit ab.

Anmerkung: Es kann hierbei auch zuerst eine Einordung des ganzen Teams erfolgen und bei Bedarf im zweiten Schritt der einzelnen Personen. Dies hängt von der Gesamtkonstellation und Ausprägung der Haltungsthematik ab (Gruppendynamik o. ä.).

Benötigt werden Schreibmaterial, Papier/Flipchart/Whiteboard oder eine digitale Alternative.

Vorbereitung: Eine Vier-Felder-Matrix (Führungsmatrix) erstellen mit den beiden Achsen „Bereitschaft zur Verhaltensänderung" und „Persönliche Betroffenheit". Die Ausprägungen werden jeweils mit gering und hoch angegeben. (siehe auch Grafik)

Phase 1: Subjektive Einschätzung: Die Führungskraft, Projektleitung o. ä. führt nun die subjektive Einschätzung der Person oder Personengruppe im Kontext Nachhaltigkeit durch. Je nach Bedarf können auch zusätzliche Erfahrungen und Meinungen von Kollegen eingeholt werden.

Eingeschätzt wird zuerst die „Persönliche Betroffenheit" und im zweiten Schritt die „Bereitschaft zur Verhaltensänderung". Der

Name der Person(en) bzw. Bezeichnung der Gruppe wird in das betreffende Feld gesetzt (Kategorie 1–4).

Phase 2: Bewertung und Priorisierung gemäß Führungsmatrix: Bei der Priorisierung bzw. dem Setzen des Führungsfokus geht es darum, vorhandene Ressourcen und Energie gezielt einzusetzen. Gemäß der relevanten Kategorie lässt sich nun der Führungsansatz ableiten:

- Kategorie 1: Vorbildfunktion
  Personen/Gruppen in diesem Feld haben eine hohe persönliche Betroffenheit und zeigen eine hohe Bereitschaft zur Verhaltensänderung.
  Führungsansatz: Diese Personen können als Vorbildfunktion unterstützend wirken und z.B. im Rahmen einer Botschafterrolle aktiv in die Aktivitäten einbezogen werden. Hier braucht es wenig Zutun seitens Führung.
- Kategorie 2: Aktive Unterstützung – Führungsfokus setzen
  Personen/Gruppen in diesem Feld haben zwar eine geringe persönliche Betroffenheit zeigen aber z.B. aufgrund ihres grundsätzlichen Interesses am Thema eine hohe Bereitschaft zur Verhaltensänderung.
  Führungsansatz: Diese Personen sind aktive Unterstützer von Nachhaltigkeit und stehen im Führungsfokus. Ihnen sollte eine aktive Unterstützungsrolle im Veränderungsprozess zugewiesen werden.
- Kategorie 3: Aktiver Widerstand
  Personen/Gruppen in diesem Feld haben eine hohe persönliche Betroffenheit und zeigen geringe Bereitschaft zur Verhaltensänderung.
  Führungsansatz: Bei diesen Personen ist aktiver Widerstand zu erwarten und sie sollten daher weiterhin im Blick behalten werden. D.h. mit möglichst geringem Aufwand etwaige Störfaktoren begrenzen und Risiken minimieren.
- Kategorie 4: Passives Verhalten, Skepsis – Führungsfokus setzen
  Personen/Gruppen in diesem Feld sind für den Führungsfokus hochinteressant. Sie haben eine geringe persönliche Betroffenheit und zeigen eine geringe Bereitschaft zur Verhaltensänderung. Diese Personen befinden sich in einer passiven Beobachterrolle, deren Skepsis sich gegebenenfalls in der Kommunikation wiederfinden und kontraproduktiv auf die Organisation auswirken könnte.
  Führungsansatz: Diese Personen sollten aktiv in die Veränderungsaktivitäten im Kontext Nachhaltigkeit eingebunden werden. Ein Perspektivwechsel kann helfen den Sachverhalt besser zu verstehen und somit zeigen, dass die Skepsis unbegründet ist.

Zusammenfassend bedeutet dies für den Fokus und die Priorisierung: Den Personen der Kategorien 1 und 2 kommt eine Supportfunktion zu. Die Personen der Kategorien 3 und 4 gilt es, im Blick zu behalten und bei Bedarf unterstützend einzugreifen.

Im *Führungsfokus* stehen die *Kategorien 2 und 4,* d.h. hier sollten der Großteil an Ressourcen und Führungsenergie verwendet werden, um Nachhaltigkeit noch stärker im Unternehmen zu verankern.

Phase 3: Erarbeitung individueller Führungs-Maßnahmen für die betroffenen Personen(gruppen)

Basierend auf der Einordung wird der Führungsfokus ausgerichtet und passende Maßnahmen definiert.

Wirkfeld der Methode

- Wirksam für Herausforderungen mit hoher Komplexität
- Wirksam für Herausforderungen mit mittlerer Komplexität
- Wirksam für Herausforderungen mit niedriger Komplexität
- Wirksam für nachhaltiges Marketing
- Wirksam für nachhaltiges Produktdesign
- Wirksam für nachhaltiges Prozessdesign
- Wirksam für nachhaltiges Servicedesign
- Wirksam für nachhaltiges Business Model Design

Transformationsfähigkeit Ihres Teams

- Fördert die allgemeine Transformationsfähigkeit des Teams

Einsatzcharakteristik/Arbeitsrahmen

- Austauschfokus: vornehmlich mit internen Personen
- Durchführungszeit: eher mittel (> 1 Stunde bis < 1 Tag)
- Einsatzfrequenz: sinnvoll im dauerhaften Einsatz
- Einsatzradius: vornehmlich im Teameinsatz
- Einsatzradius: vornehmlich im projektweiten Einsatz
- Einsatzradius: vornehmlich im unternehmensweiten Einsatz
- Komplexität für den Moderator: eher gering
- Komplexität für die Teilnehmer: eher mittel
- Teamgröße: Einzelpersonennutzung möglich
- Teamgröße: Kleingruppe möglich (3 bis 5 Teilnehmer)
- Vorbereitungszeit: eher gering (< 1 Stunde)

Input für eine zielführende Arbeit mit der Methode

- Aktuelle Herausforderung, Leitfrage, Problem
- Beteiligte Personen mit Tätigkeiten und Aufgaben

Output und beobachtete Ergebnisse der Methode

- Erzeugt größere Klarheit zu einem Thema
- Erzeugt transformationsfähigere Organisationen
- Erzeugt motiviertere und transformationsfähigere Teilnehmer

Hinderniseffekte, auf die die Methode positiv wirkt

- Schärft eine fehlende gemeinsame Ausrichtung

Mögliche Extravorteile der Methode

- Möglicher Extravorteil für Teams in einer Komfortsituation
- Möglicher Extravorteil für in Nachhaltigkeitsthemen ungeübte Teams

Quellen

Ansatz – Pareto-Prinzip, Vilfredo Pareto (1848–1923)
Buch: Instrumente für das Change-Management. Ralf T. Kreutzer (Springer, 2018)
Buch: Widerstand erfolgreich managen. Mohr, N., Woehe, J. M., Diebold (Campus, 1998)
Organisation – BöhringerInnovationsManagement, www.binnoma.de
Person – Sabine Böhringer, sabine.boehringer@binnoma.de

Visible Strategies

EinSatzBeschreibung

Formulierung attraktiver, positiver Zielbilder und die Nutzung emotionaler Dimensionen, um eine Veränderung in Gang zu setzen – und was das für externe Berater bedeutet.

Working Guide/Anwendungsfelder

P1 Sensibilisierung/Bildung	P2 Matching Recht/Gesetz	P3 Sustainability Roadmap	P4 Produkt/Prozessdesign	P5 Implementierung/Monitoring	P6 Kommunikation	P7 Organisation	P8 Führung	P9 Business Model Design	P10 Skalierung
		X					X		

Beschreibung

Strategische Markenführung wird häufig als reines Marketingthema verstanden, also wie eine Marke mit der Zielgruppe interagiert. Kommt man als externer Berater in ein Unternehmen, stellt man schnell fest, dass eine Marke auch sehr stark nach „innen" wirkt. Im idealen Fall stimmen Image und Selbstverständnis überein, aber auch hier sind Überraschungen eher die Regel. Viele verschiedene Faktoren spielen dabei eine Rolle, gerade wenn es darum geht, wie eine Organisation mit Werten konkret umgeht oder auch gelernt hat mit denen umzugehen.

Gerade bei Themen aus dem Nachhaltigkeitskontext, die mit dem Wertesystem eines Unternehmens interagieren, wird es sehr spannend. Wird ein (Nicht)Vorhandensein deutlich, weil man bei der Lösung (oder schon bei der Definition eines Problems) mit sehr heterogenen, individuellen und persönlichen Wertesystemen konfrontiert wird (z.B. 5 Teilnehmende und 6 Meinungen, was eigentlich Nachhaltigkeit ist), dann sollte vorab herausgearbeitet und d efiniert werden, wofür das Unternehmen denn steht und ob die Kontaktpersonen das auch so sehen. In diesem Kontext zeigt sich, dass mangelnde Handlungsfähigkeit häufig seinen Ursprung in der mangelnden Dialogfähigkeit hat.

Es ist also ein Thema, dass sehr stark mit dem Thema „strategische Verankerung der Nachhaltigkeit im Unternehmen" wechselwirkt. Gerade das Thema Nachhaltigkeit ist für viele emotional aufgeladen und daher lohnt sich eine aktive thematische Auseinandersetzung, wofür das Unternehmen steht und wie alle Akteure erreicht werden. Wie eine so effektive Markenführung entwickelt wird, ist an dieser Stelle nicht Teil der Betrachtung. Was aber Teil der Betrachtung sein soll, sind die Kontaktpunkte und Erfahrungswerte zu diesen Themen aus verschiedensten Unternehmen und was sich daraus ableiten lässt.

Durchführung

Von der Vision über die Mission zum Selbstverständnis?!

Der Prozess von der Vision zur Operationalisierung ist hinreichend von verschiedensten Akteuren beschrieben. Da Nachhaltigkeit nicht mehr nur das Geschäftsmodell flankiert, und weder nur die eigene Perspektive („Wir wollen um uns um xy% verbessern") oder noch nur einen Teilbereich („Klimaneutral bis xy") abdeckt, muss es den Unternehmen gelingen entsprechende Navigationsmarken zu entwickeln, um die Frage zu beantworten:

1. **Wie sehen denn die Rahmenbedingungen zum Thema „Nachhaltigkeit" von morgen aus, wenn wir innerhalb der planetaren Grenzen wirtschaften wollen?**
   Kommt man als externer Berater in die Organisation kann eine Nachfrage, wie sich das Unternehmen mit der Frage befasst hat, ein erster und sehr wichtiger Indikator sein. (z.B. vom Schmerzpunkt: „REACh (=Regulation concerning the Registration, Evaluation, Authorisation and Restriction of CHemicals) wird immer schlimmer" über „wir sind jetzt auch Berichtserstattungspflichtig" bis hin zu Innovatoren mit „total spannend, aber leider kommt die Politik nicht hinterher!")
   Idealerweise wir das Thema Nachhaltigkeit in einen Prozess eingebunden, sodass die Geschäftsmodell-Vision in dem Kontext der planetaren Grenzen gestaltet wird. So wird Nachhaltigkeit ein echtes strategisches und zielgerichtetes Thema, denn es hilft bei der Beantwortung der Frage:
2. **Wie sieht mein Geschäftsmodell in den Rahmenbedingungen von morgen aus? Wie können wir daraus attraktive und positive Zielbilder formulieren?**
   Idealerweise gelingt dies so gut, dass die Organisation bei jeder Herausforderung ein klares Selbstverständnis und Zielbild mitbringt. (Beispiel Erdal: „Wir machen Reiniger, die sicher für die Umwelt sind.")
   Sind die Unternehmen noch nicht so weit oder die Organisationen getrieben von Themen wie Berichtserstattungsplichten, ESG oder Produktdeklarationen und die emotionale Dimension ist eher nicht mit einem positiven und attraktiven Zielbild verbunden, dann lassen sich dennoch bestimmte visuelle Navigationsmarken nutzen.
3. **„Zwischenlösung" visuelle Anker**
   Als „Zwischenlösung" können ggf. visuelle Anker in der Projektgruppenarbeit genutzt werden, z.B. ein stilisiertes Diagramm, dass die Kernelemente des Leitbilds zur Nachhaltigkeitsstrategie enthält, den Stand zu den SDGs, wenn es um Berichtserstattungen geht oder eben der notwendige Kontext. So lassen sich Fragestellungen auf der Ebene der Nachhaltigkeitsstrategie des Unternehmens korrelieren und weniger das „individuelle gefühlte Wissen" dominiert. Das ist weit weg von einer echten Aktivierung des emotionalen Potenzials einer Gruppe für die Erreichung eines gemeinsamen attraktiven und positiven Zielbilds, aber es hilft sehr, um in einem ersten Schritt aus einem möglichen „Befindlichkeitsmanagement" auszusteigen.

Gerichtet an die Verantwortlichen für die Strategie und die Nachhaltigkeit macht es also Sinn gerade in der Zusammenarbeit mit Externen, folgende Fragen zu klären:

- Wo stehen wir im Visionsprozess zu dem Thema „Unternehmenszweck und Geschäftsmodelle innerhalb der planetaren Grenzen“
- Ist es uns gelungen ein Selbstverständnis daraus abzuleiten?
- Passen Image und Selbstverständnis zueinander?
- Ist und wird unser Selbstverständnis entsprechend zielgerichtet operationalisiert?
- Wo stehen wir in dem Prozess und müssen den nächsten Schritt aktivieren?
- Haben wir die emotionale Ebene unser Mitarbeitenden erreicht?
- Gibt es Prozesse und eine Kultur der aktiven Verbesserung?
- Können wir für die Übergangsphase einen visuellen Anker oder konkrete Navigationsmarken nutzen?

Zusammengefasst: Haben wir Strategien und Mechanismen, dass unsere Vorhaben und Ziele auch intern verstanden werden?

Für externe Mitarbeitende oder Berater lässt sich mit dem Fragenkatalog (und meistens besser in der stillen Eigenevaluation) ganz gut die Motivationstiefe und anschließende Umsetzungsgeschwindigkeit in Projekten mit Nachhaltigkeitskontext erkennen.

Wirkfeld der Methode

- Wirksam für Herausforderungen mit hoher Komplexität
- Wirksam für nachhaltiges Produktdesign
- Wirksam für nachhaltiges Business Model Design

Transformationsfähigkeit Ihres Teams

- Fördert die allgemeine Transformationsfähigkeit des Teams
- Zahlt auf ein positives Zukunftsbild ein
- Zahlt auf das Dringlichkeitsempfinden ein
- Erhöht die Lösungsorientierung

Einsatzcharakteristik/Arbeitsrahmen

- Austauschfokus: vornehmlich mit internen und externen Personen
- Durchführungszeit: eher hoch (> 1 Tag)
- Einsatzfrequenz: sinnvoll im dauerhaften Einsatz
- Einsatzradius: vornehmlich im unternehmensweiten Einsatz
- Komplexität für den Moderator: eher hoch
- Komplexität für die Teilnehmer: eher hoch
- Teamgröße: Kleingruppe möglich (3 bis 5 Teilnehmer)
- Vorbereitungszeit: eher hoch (>1 Tag)

Input für eine zielführende Arbeit mit der Methode

- Aktuell existierende Geschäftsmodelle
- Aktuell existierende Produkte und Services
- Aktuelle Herausforderung, Leitfrage, Problem

Output und beobachtete Ergebnisse der Methode

- Erzeugt Ideen für neue Märkte und neue Business Modelle
- Erzeugt Planungen und Priorisierungen
- Erzeugt definierte Zielkorridore
- Erzeugt eine Vision oder Zukunftsbild
- Erzeugt größere Klarheit zu einem Thema
- Erzeugt transformationsfähigere Organisationen

Hinderniseffekte, auf die die Methode positiv wirkt

- Schärft eine fehlende gemeinsame Ausrichtung
- Stärkt das Vertrauen im Team
- Verhindert falsche Flughöhen
- Verhindert unreflektiertes agieren
- Verhindert vorschnelles Urteilen über Ideen

Mögliche Extravorteile der Methode

- Möglicher Extravorteil für Teams mit einem starkem Auftragsmandat

Quellen

Person – Uli Mayer-Johanssen, www.u-m-j.de

Vision Cone

EinSatzBeschreibung

Wie man als Organisation Unsicherheit in Möglichkeitsräume umdeutet, wünschenswerte Zukünfte identifiziert und diese über mehrere Zeithorizonte hinweg ermöglichen kann.

Working Guide/Anwendungsfelder

P1 Sensibilisierung/Bildung	P2 Matching Recht/Gesetz	P3 Sustainability Roadmap	P4 Produkt/Prozessdesign	P5 Implementierung/Monitoring	P6 Kommunikation	P7 Organisation	P8 Führung	P9 Business Model Design	P10 Skalierung
		X	X		X	X	X		

Beschreibung

Was wäre, wenn es statt einer Zukunft immer mehrere Zukünfte gäbe? Viele heutige Organisationen begehen zwei schwerwiegende Fehler, wenn sie sich mit ihrer nachhaltigen Zukunft auseinandersetzen. Erstens sind sie auf eine kurzfristige Zeitspanne fokussiert, welche von Quartal zu Quartal springt und es nicht vermag, mehrere Jahre zu überspannen. Zweitens extrapolieren sie Erfahrungen aus der Vergangenheit linear in die Zukunft und richten sich an der resultierenden und scheinbar wahrscheinlichsten Zukunft aus. Dabei verpassen sie die Tatsache, dass es zu jedem Zeitpunkt mehrere mögliche Zukünfte geben kann, man braucht den Raum nur aufzureißen.

So hat bspw. die Coronapandemie viele Unternehmen überrascht, welche einem klassischen temporalen Verständnis folgten. Sie hat eindrücklich aufgezeigt, mit was für Risiken eine auf vergangenen Daten basierende Wahrscheinlichkeitsbetrachtung der Zukunft verbunden ist. Denn viele Unternehmen hatten die alternative Zukunft einer Welt im Lockdown der Pandemie schlichtweg nicht in Betracht gezogen. Sie wurden auf dem falschen Fuß erwischt, da sie felsenfest von einer linearen Weiterentwicklung der Welt ausgingen.

Der Vision Cone erweitert die temporale Perspektive von Unternehmen und entwickelt ihre Auseinandersetzung mit der Zukunft von einer reaktiven hin zu einer proaktiven Haltung. Strategische Unsicherheit, welche Unternehmen normalerweise tunlichst zu vermeiden versuchen, wird aktiv in einen Möglichkeitsraum umgedeutet. Essenziell für das Verständnis des Vision Cones ist dabei, dass in diesem Möglichkeitsraum nicht nur eine, sondern mehrere Zukünfte möglich sind, was wiederum zu einem größeren Gestaltungspielraum führt. Unternehmen können dabei proaktiv erarbeiten, welche dieser Zukünfte wünschenswert sind und diese aus der Zukunft hinaus rückwärts gestalten. Das heißt, der Vision Cone geht nicht mehr primär von der Vergangenheit und dem Jetzt aus, sondern springt in die ferne Zukunft, um von dort Schritt für Schritt die nötigen Aktivitäten zu identifizieren, welche für das Wahrwerden der wünschenswerten Zukunft vonnöten sind. Organisationen arbeiten nicht mehr mit einer linearen Zeitlinie, sondern mit einem multidimensionalen Zeitkegel voller Möglichkeiten.

Das Setup der Vision Cone-Methode ist bestechend simpel. Es besteht aus zwei geraden Linien, welche ausgehend von einem Punkt, dem Jetzt, einen Kegel bilden und den zukünftigen Möglichkeitsraum eingrenzen. Je näher am Jetzt, desto geringer die Möglichkeiten zur Veränderung. Je mehr Jahre man jedoch weiter in Richtung Zukünfte geht, desto transformativere Veränderungen lässt der größer werdende Möglichkeitsraum zu. An diesem geöffneten Ende des Vision Cones finden sich die möglichen Zukünfte. Diese können wahrscheinlich, plausibel, möglich und unmöglich sein.

- Wahrscheinliche Zukünfte entsprechen der klassischen linearen Analyse basierend auf den Informationen, die wir bereits haben. Wenn alles wie geplant weitergeht, treffen diese Zukünfte ein. Ein Gros der Unternehmen arbeitet ausschließlich mit diesem Typus.
- Plausible Zukünfte benötigen bereits signifikante Veränderungen der Rahmenbedingungen. Diese Veränderung können bspw. neue Regulatorien sein, die aktuell noch fern scheinen, aber bereits diskutiert werden. Die Veränderung ist also plausibel, aber noch nicht ganz so wahrscheinlich. Trotzdem hätte sie großen Einfluss auf die Zukünfte, welche sich entsprechend der veränderten Rahmenbedingungen entwickeln würden. Nur noch wenige Unternehmen schließen plausible Zukünfte in ihre Planung mit ein.
- Mögliche Zukünfte können zwar eintreten, sind jedoch nicht sehr wahrscheinlich. Bei einer umfassenden Analyse der Umstände kann man auf sie kommen, doch sie benötigen das Zusammenfallen mehrere Elemente und Umstände, um stattzufinden. Ein extrem kleiner Teil an Unternehmen arbeitet aktiv mit möglichen Zukünften. Dazu gehören bspw. Hochrisiko Organisationen wie Atomkraftwerke, welche auf alle Eventualitäten vorbereitet sein müssen.
- Unmögliche Zukünfte können so eigentlich gar nicht stattfinden. Trotzdem finden sich aber gerade in den unmöglichen Zukünften viele wertvolle Hinweise, wie sich eine Organisation für die Zukunft wappnen kann. Denn was schlussendlich als unmöglich bezeichnet wird, hat immer auch einen starken Bezug zum aktuellen Verständnis und lässt uns dieses besser verstehen. Liegt dieses nur leicht falsch, rutschen unmögliche Zukünfte ins Zentrum des Vision Cones und haben dramatische Auswirkungen. Die tatsächliche Durchführung des globalen Lockdowns während der Pandemie ist so ein Szenario, welches die wenigsten Akteure für möglich gehalten hatten.

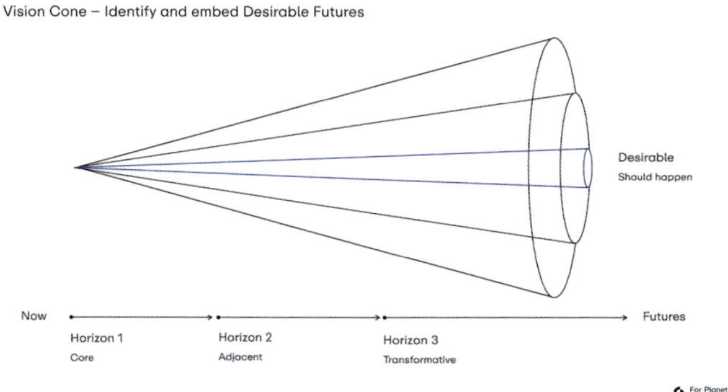

Im Kontext der Nachhaltigkeit ist es essenziell, unter der Vielzahl an Zukünften die wünschenswerten Zukünfte zu identifizieren. Hierzu stellt sich nicht nur die Frage, welches die nachhaltigste Zukunft ist, sondern vor allem auch für wen? Um eine differenzierte Einschätzung vornehmen zu können, empfehlen sich hier die Methoden des Planet Centric Designs, des Strategy Prototypings oder weiterer inklusiver Bewertungsmethoden. Wichtig ist es, diesen Prozess offen zu gestalten, sodass auch marginalisiert Stakeholder zum Zug kommen und ihre Perspektive einbringen können. Gleichzeitig ist die Arbeit so weit in der Zukunft oft abstrakt, weshalb eine Materialisierung und verständliche Projizierung dieser Zukünfte im Jetzt wichtig ist. Nur so ist es möglich, gemeinsam die wünschenswerten Zukünfte zu identifizieren, welche nicht nur dem Unternehmen, sondern auch seinen planetaren Stakeholdern hilft.

Ist eine wünschenswerte Zukunft identifiziert, arbeitet man sich von der Zukunft in die Gegenwart zurück. Somit können die wichtigsten Leverage Points, Voraussetzungen und Entscheidungen identifiziert werden, die die ausgewählte Zukunft möglich machen. Dabei bewegt sich der Vision Cone über mehrere Horizonte, welche sich lose mit der 3-Horizonte-Methode verbinden lassen:

- Horizont 1: Dieser Zeitrahmen umfasst das Jetzt und die absehbare Zukunft. Die Unsicherheit ist gering und der Möglichkeitsraum entsprechend begrenzt. Organisationen fokussieren sich auf die Weiterentwicklung ihres Kerngeschäftes und betätigen sich primär in inkrementeller Innovation in klar eingegrenzten Bereichen. In diesem Horizont kann viel umgesetzt werden, da die einzelnen Aufgaben relativ klar zu verteilen sind. Dementsprechend bewegen sich die meisten Unternehmen primär in diesem Horizont.
- Horizont 2: Der zweite Horizont ist schon um einiges dynamischer. Er entwickelt aktiv das Kerngeschäft weiter und fokussiert sich auf die benachbarten Bereiche, in welchen das Unternehmen Potenziale sieht. Dieser Zeitrahmen ist oft gefangen zwischen den Aktivitäten der aktuellen Wertschöpfung und der gewünschten Weiterentwicklung ebendieser. Erste Erfahrungen können gemacht und Daten gesammelt werden, doch oft vermögen es diese noch nicht, sich komplett durchzusetzen.
- Horizont 3: Der dritte Horizont gehört den Zukünften und fördert primär die Vorstellungskraft der involvierten Akteure. Gekennzeichnet durch hohe Unsicherheit, bietet dieser Zeitrahmen gleichzeitig auch die größten Möglichkeiten. Zentral ist es, der Abstraktheit mit möglichst konkreten Setzungen entgegenzuwirken. Ansonsten verbleibt der Horizont 3 ein Tummelfeld für Visionäre, Spinner und Ideologen, ohne signifikante Wirkung zu entfalten. Die Möglichkeit, losgelöst vom Jetzt zu denken, ist somit nicht nur ein Vorteil, sondern kann bei schlechter Durchführung auch zu einem Hindernis werden.

Alle drei Horizonte werden im Vision Cone in umgekehrter Reihenfolge, das heißt startend von Horizont 3, durchschritten. Damit schafft die Methode die wichtige Verbindung der Horizonte untereinander, welche diese erst wirkungsvoll macht. Anders ausgedrückt ermöglicht der Vision Cone, dass Organisationen sich gleichzeitig auf mehreren temporalen Ebenen bewegen. Durch die Verbindung der Leverage Points, Voraussetzungen und Entscheidungen über die Horizonte hinweg werden abstrakte Zukünfte aus dem Horizont 3 mit konkreten Aktivitäten im Horizont 2 und existierenden Initiativen im Horizont 1 verknüpft. Im Idealfall gewinnen so alle Aktivitäten einer Organisation im Jetzt eine strategische Dimension, welche sie mit einer wünschenswerten Zukunft verknüpft.

Eine gesamthafte Betrachtung des Vision Cone ist essenziell, da nur so die verschiedenen Horizonte auf die identifizierten wünschenswerten Zukünfte abgeglichen werden. Zu oft verlieren sich Organisationen entweder in der inspirierenden jedoch abgekoppelten Freiheit von Horizont 3, oder stürzen sich in die klaren operativen Aufgaben von Horizont 1. Der Vision Cone fördert deswegen die Auseinandersetzung mit Horizont 2, in welchem die strategisch wichtigsten Aktivitäten und Routinen exploriert, generiert und etabliert werden.

Durchführung

Die Durchführung des Vision Cone folgt wenigen Schritten, welche über den Projektzeitraum hinweg mehrmals wiederholt werden können. Denn ein Vision Cone ist ein dynamisches Artefakt, welches kontinuierlich aktualisiert werden sollte. Die Erstellung eines Vision Cones auf einer großen leeren Wand im Büro eignet sich besonders gut, da er die Mitarbeitenden nicht nur immer wieder an die wünschenswerte Zukunft der Organisation erinnert, sondern ihnen auch aufzeigt, wie sie diese mit ihren täglichen Aktivitäten verbinden können. Das gleiche ist jedoch auch auf virtuellen Kollaborationsboards möglich und profitiert vom unendlich erweiterbaren Platz.

1. Zeichnen Sie den Vision Cone auf oder noch besser, nutzen Sie Malerband auf einer leeren Wand. Nehmen sie sich dafür von Anfang an genug Platz, da Vision Cones sehr schnell voll werden können und Sie Platz für das nachfolgende Clustern benötigen werden.
2. Definieren Sie nun das Thema (in explorativen Settings) oder die Leitfrage (bei bestehenden Geschäftsmodellen), welche Sie mit dem Vision Cone über mehrere Zeithorizonte bearbeiten wollen.
3. Beginnen Sie am spitzen Ende des Vision Cones, dem Jetzt, und überlegen Sie sich, welche Beobachtungen Sie aktuell machen. Geben Sie besonders acht auf sogenannte „Weak Signals", das heißt limitierte Beobachtungen neuer Verhaltensweisen, Mustern oder Strukturen, welche zukünftig einen großen Effekt haben könnten. Investieren Sie 15 Minuten und sammeln Sie diese Informationen um den Vision Cone herum.
4. Gehen Sie zum vorderen Ende des Vision Cones und sammeln Sie im Team 15 Minuten lang mögliche Szenarien oder konkrete zukünftige Ereignisse. Diese können ihrem Team direkt einfallen oder Sie nehmen die im vorherigen Schritt identifizierten Weak Signals. Diese können Sie entweder linear, exponentiell

mehr, exponentiell weniger, oder mit einem kompletten Paradigmenwechsel in die Zukunft teleportieren. Wichtig ist hier auch, dass Sie im Team das spielerische und zufällige Element fördern. So entstehen immer wieder neue und inspirierende Zukünfte.

5. Ordnen Sie die gesammelten Zukünfte und Szenarios in wahrscheinliche, plausible, mögliche und unmögliche Zukünfte ein, falls dies nicht bereits bei der Erstellung geschehen ist. Versuchen Sie dabei, bereits erste Cluster zu bilden und der entstehenden Zukunft einen guten Titel zu geben. Dies dauert je nach Anzahl Szenarien 15–30 Minuten.
6. Wählen Sie die für Ihre organisationale Zukunft wichtigen menschlichen und nicht-menschlichen Stakeholder und identifizieren Sie wünschenswerte Zukünfte. Was ist wünschenswert für die Firma? Was ist wünschenswert für die Gesellschaft? Was ist wünschenswert für den Planeten? Auch hier ist es lohnenswert, mindestens 30 Minuten für eine tiefgehende Diskussion einzuplanen.
7. Ausgehend von der identifizierten wünschenswerten Zukunft können Sie sich nun schrittweise ins Jetz zurückarbeiten. Sammeln Sie dabei die zentralen Entscheidungen, Voraussetzungen und Leverage Ponts, welche das Erreichen der Zukunft sicherstellen. Oft haben sich durch das Clustern bereits Stoßrichtungen ergeben, welche Sie auf Ihr Team aufteilen können. Dieser Schritt dauert nochmals 30–60 Minuten.
8. Identifizieren Sie die konkreten nächsten Schritte, mit welchen Sie nächste Woche bereits loslegen können, um eine nachhaltigere Zukunft Ihrer Organisation sicherzustellen.

Wirkfeld der Methode

- Wirksam für Herausforderungen mit hoher Komplexität
- Wirksam für Herausforderungen mit mittlerer Komplexität
- Wirksam für nachhaltiges Prozessdesign
- Wirksam für nachhaltiges Business Model Design

Transformationsfähigkeit Ihres Teams

- Fördert die Sensibilisierung
- Fördert die Teamkreativität
- Fördert die allgemeine Transformationsfähigkeit des Teams
- Fördert offene Mindsets und innovative Denkhaltungen
- Sorgt für Inspiration oder bessere Inspirationsempfindlichkeit
- Zahlt auf eine bessere Vorstellungskraft ein
- Zahlt auf eine bessere Wahrnehmung ein
- Zahlt auf ein positives Zukunftsbild ein
- Zahlt auf das Dringlichkeitsempfinden ein
- Erhöht die Lösungsorientierung

Einsatzcharakteristik/Arbeitsrahmen

- Austauschfokus: vornehmlich mit internen Personen
- Durchführungszeit: eher mittel (> 1 Stunde bis < 1 Tag)
- Einsatzfrequenz: sinnvoll im dauerhaften Einsatz
- Einsatzfrequenz: vornehmlich über den kompletten Projektzeitraum
- Einsatzradius: vornehmlich im Teameinsatz
- Einsatzradius: vornehmlich im unternehmensweiten Einsatz
- Komplexität für den Moderator: eher hoch
- Komplexität für die Teilnehmer: eher mittel
- Teamgröße: Einzelpersonennutzung möglich
- Teamgröße: Kleingruppe möglich (3 bis 5 Teilnehmer)
- Teamgröße: Mittelgroße Teams möglich (5 bis 20 Teilnehmer)
- Vorbereitungszeit: eher gering (< 1 Stunde)

Input für eine zielführende Arbeit mit der Methode

- Aktuell existierende Geschäftsmodelle
- Aktuell existierende Produkte und Services
- Aktuelle Herausforderung, Leitfrage, Problem
- Innovationssuchfelder, Intent Statements
- Merkmale der gegebenen Herausforderung
- Trends und Zukunftsentwicklungen
- Umfeldbeobachtungen, Umfeldanalysen
- Wettbewerber und Komplementoren
- Wissen über Gesetze und Rahmenbedingungen

Output und beobachtete Ergebnisse der Methode

- Erzeugt Ideen für neue Märkte und neue Business Modelle
- Erzeugt Ideensuchfelder, unentdeckte Probleme, Inspiration
- Erzeugt Leitfragen für die Ideenfindung
- Erzeugt Planungen und Priorisierungen
- Erzeugt eine Vision oder Zukunftsbild
- Erzeugt größere Klarheit zu einem Thema
- Erzeugt transformationsfähigere Organisationen
- Identifiziert vorhandene Schwachstellen
- Identifiziert vorhandene Stärken
- Macht Wirkzusammenhänge sichtbar

Hinderniseffekte, auf die die Methode positiv wirkt

- Bewahrt vor zu generischen Ideen und Aussagen
- Schafft für den Erfolg nötige Realitätsbezüge
- Schafft schnell Klarheit und beschleunigt Erkenntnisgewinn
- Verhindert falsche Flughöhen
- Verhindert unreflektiertes agieren

Mögliche Extravorteile der Methode

- Möglicher Extravorteil für Teams mit einem starkem Auftragsmandat
- Möglicher Extravorteil für die Arbeit mit digitalen Kollaborationsboards
- Möglicher Extravorteil für in Nachhaltigkeitsthemen erfahrene Teams

Quellen

Buch – Extrapolation Factory. Elliott Montgomery & Chris Woebken, (Createspace, 2016)

Person – Samuel Huber, www.samuelhuber.ch

Organisation – For Planet Strategy Lab, www.forplanetstrategylab.com

Web –https://www.mckinsey.com/capabilities/strategy-and-corporate-finance/our-insights/enduring-ideas-the-three-horizons-of-growth#, abgerufen am 01.07.2023

Web – https://thevoroscope.com/2017/02/24/the-futures-cone-use-and-history/, abgerufen am 01.07.2023

Vision Statement – Check-up

EinSatzBeschreibung

Guideline und Hilfe zu Entwicklung eines Vision Statements.

Working Guide/Anwendungsfelder

P1 Sensibilisierung/Bildung	P2 Matching Recht/Gesetz	P3 Sustainability Roadmap	P4 Produkt/Prozessdesign	P5 Implementierung/Monitoring	P6 Kommunikation	P7 Organisation	P8 Führung	P9 Business Model Design	P10 Skalierung
X					X		X		X

Beschreibung

Wie wichtig eine Vision, besonders in der nachhaltigen Transformation ist, bemerkt man meist erst dann, wenn keine Vision existiert. Dies wird früher oder später negative Konsequenzen mit sich bringen: Die Marschrichtung ist unklar, die Daseinsberechtigung wird hinterfragt, Investoren sind nicht interessiert und im operativen Modus verliert man sich ohne Nordstern.

Im Duden wird die Vision als ein „in jemandes Vorstellung besonders in Bezug auf Zukünftiges entworfenes Bild“ beschrieben. Was so trivial klingt und häufig unterschätzt wird, kann im Alltag bei der Entwicklung von Produkten einen großen Mehrwert bringen.

Im Wesentlichen soll die Vision natürlich ausdrücken, was in der Zukunft erreicht werden soll. Visionen können dementsprechend in verschiedenen Kontexten formuliert werden, bspw. für ein Unternehmen oder für ein einzelnes Produkt.

Die Vision von IKEA lautet bspw. wie folgt: „To create a better every day life for the many people.“

Die Vision kann man als ein bestimmtes Statement natürlich noch mit weiteren Details ausführen, wie Sie in der Beschreibung der Durchführung sehen werden. Aber wie man an diesem Beispiel gut sieht, sollte die Vision inspirierend klingen. Denn eine Vision soll im Kontext von Organisationen oder Produktentwicklung wie ein Nordstern sein und die Richtung weisen. Sie soll motivieren, inspirieren und einen Sinn geben. Sämtliche Aufgaben, die erledigt werden, können immer in Hinblick auf die Vision überprüft werden: Bringt uns diese Aufgabe ein Stück weiter zu unserer Vision?

Ein gutes Vision Statement sollte u.a. folgende Eigenschaften vereinen:

- Eine Vision bezieht sich immer auf die Zukunft.
- Sie repräsentiert ein **Wunschbild** und einen Endzustand, den man erreichen will.
- Idealerweise ist sie **kurz, prägnant** und **verständlich** formuliert.
- Die Vision sollte **groß** sein, **emotional** und **inspirierend** klingen.
- Sie sollte **nicht zu spezifisch** sein (SMART-formulierte Ziele stehen in der Hierarchie unter der Vision).
- Eine Vision sollte das Unternehmen oder Produkt in einer **einzigartigen** Weise beschreiben.
- Die Vision ist **zeitlos**.
- Sie klingt **authentisch** und passt zum Unternehmen bzw. Produkt.

Vision Statement – Check-up im Workshopformat (Foto: verrocchio Institute AG)

Durchführung

Ein Vision Statement kann man auf viele verschiedene Arten erstellen, solange es die oben genannten Eigenschaften vereint.

Zunächst müssen folgende Inhalte erarbeitet werden:

- Was ist unser „**Warum**“? Warum machen wir das alles? Warum existiert das Unternehmen oder das Produkt? Hierfür bietet sich die Methode „Start with why“ an, die ebenfalls im Buch beschrieben ist.
- Wer ist der **Kunde**? Wen wollen wir als Unternehmen oder mit dem Produkt helfen?
- Was hat der Kunde für **Bedürfnisse** und für **Probleme**? Wie wollen wir diese Bedürfnisse erfüllen bzw. Probleme lösen?
- Wer sind unsere **Wettbewerber**?
- Wie **unterscheiden** wir uns von den Wettbewerbern? Was macht uns **einzigartig**?
- Was sind unsere **Werte** und **Glaubenssätze**?

Wenn diese Fragen beantwortet wurden, können diese in einem Vision Statement zusammengebracht werden. Hierfür bieten sich verschiedene Möglichkeiten an. Diese können komplementär genutzt werden, um sich Stück für Stück an das perfekte Vision Statement anzutasten.

- **Elevator Pitch:** Hier geht es darum, einen Gesprächspartner in maximal 60 Sekunden von einer Idee zu überzeugen. Meist sind die Pitches nach der AIDA-Formel aufgebaut:
  - Attention: Aufmerksamkeit erzeugen
  - Interest: Interesse wecken

Vision Statement – Check-Up: Pitch der Vision (Foto: verrocchio Institute AG)

   - Desire: Verlangen auslösen
   - Action: Handlung provozieren

  Versuchen Sie hier also, die obigen Inhalte in einen 60-sekündigen Pitch zu verpacken – dadurch wird das Statement schon einmal deutlich verkürzt. Die AIDA-Formel hilft weiterhin bei weiteren Dimensionen wie z. B. der Emotionalität oder Inspiration.
- **Tweet:** Wie könnte Ihre Vision lauten, wenn Sie diese in einem einzigen Tweet verpacken müssten, der nicht länger als 280 Zeichen sein darf? Stellen Sie sich vor, dass Sie einen Twitter Account haben und alle relevanten Personen (wie z. B. Ihre aktuellen Mitarbeiter, Ihre potenziellen zukünftigen Mitarbeiter, Ihre Kunden, Ihre Investoren, usw.) Ihnen auf Twitter folgen und diesen Tweet sehen werden. Wie können Sie diese begeistern und gleichzeitig authentisch bleiben?
- **Die Produktverpackung:** Stellen Sie sich einmal vor, wie eine physische Verpackung Ihres Produktes oder Ihres Unternehmens aussehen würde. Wäre es eher eine große oder eine kleine Box? Was würde darauf stehen? Wo würde es im Laden stehen? Welche Farben hätte die Verpackung? Etwas abstraktes wie eine Vision in eine konkrete Verpackung zu verwandeln kann viele Gedanken hervorbringen. Sie können die Verpackung natürlich auch wirklich basteln.
- **Die perfekte Bewertung:** Wie würde aus Ihrer Sicht die perfekte Bewertung/Rezension für Ihr Unternehmen oder Produkt von einem begeisterten Kunden aussehen? Versetzen Sie sich kundenzentriert in die Perspektive des Kunden und formulieren Sie eine solche Rezension. Hierbei geht es vor allem um Kundenzentriertheit und Positivität.
- **Vision Board:** Sie können die oben genannten Inhalte bspw. auf ein Whiteboard aufzeichnen und in eine Art Canvas mit verschiedenen Feldern transformieren, wobei jede Kernfrage von oben ein eigenes Feld bekommt. Selbstverständlich können Sie weitere Felder ergänzen. Anschließend können Sie über allen Feldern eine weitere Box namens „Vision Statement" zeichnen, in der Sie dann versuchen diese Inhalte auf einen Punkt zu bringen.
- **Vision Statement Template:** Ein häufig genutztes Template zur Formulierung von Vision Statements (häufig im Kontext von Produkten), das die obigen Kernfragen berücksichtigt, lautet wie folgt:
  Für <Zielgruppe>, der/die <Bedürfnis/Problem hat>, ist <Produktname> ein/e <Produkt-Kategorie>, der Hauptvorteile>. Im Gegensatz zu <Wettbewerber> bietet unser Produkt <Alleinstellungsmerkmale>.
- **Komplett frei:** Sie können selbstverständlich auch komplett ohne Vorlage ein Vision Statement frei formulieren.

- Das Vision Statement sollte zu Ihnen passen und nicht zu allgemein klingen.
- Wenn das Vision Statement formuliert ist, sollte dieses auch sichtbar gemacht und kommuniziert werden.
- Es lohnt sich, regelmäßig die aktuellen Fragestellungen, Handlungsfelder oder Projekte gegenüber der Vision zu überprüfen.
- Die Formulierung einer Vision braucht Zeit und muss sich „richtig" anfühlen – daher kann es sich lohnen, diese Vision in mehreren Schritten zu finden und zu formulieren.

Wirkfeld der Methode

- Wirksam für alle Transformationen
- Wirksam für radikale Transformationen

Transformationsfähigkeit Ihres Teams

- Fördert die allgemeine Transformationsfähigkeit des Teams
- Zahlt auf eine bessere Vorstellungskraft ein

Einsatzcharakteristik/Arbeitsrahmen

- Austauschfokus: vornehmlich mit internen Personen
- Durchführungszeit: eher hoch (> 1 Tag)
- Einsatzfrequenz: sinnvoll im dauerhaften Einsatz
- Einsatzradius: vornehmlich im unternehmensweiten Einsatz
- Komplexität für den Moderator: eher hoch
- Komplexität für die Teilnehmer: eher hoch
- Teamgröße: Großgruppen möglich (> 50 Teilnehmer)
- Teamgröße: Kleingruppe möglich (3 bis 5 Teilnehmer)
- Teamgröße: Maxigruppen möglich (20 bis 40 Teilnehmer)
- Teamgröße: Mittelgroße Teams möglich (5 bis 20 Teilnehmer)
- Vorbereitungszeit: eher mittel (> 1 Stunde bis < 1 Tag)

Input für eine zielführende Arbeit mit der Methode

- Aktuelle Herausforderung, Leitfrage, Problem
- Angereicherte Ideen, Ideencluster oder höher integrierte Lösungen
- Beteiligte Personen mit Tätigkeiten und Aufgaben
- Merkmale der gegebenen Herausforderung
- Trends und Zukunftsentwicklungen
- Ziele, Zielsystem, Kennzahlen

Output und beobachtete Ergebnisse der Methode

- Bessere Projekteffizienz, bessere Teamperformance
- Erzeugt Ideen für neue Märkte und neue Business Modelle
- Erzeugt Ideensuchfelder, unentdeckte Probleme, Inspiration
- Erzeugt größere Klarheit zu einem Thema
- Erzeugt transformationsfähigere Organisationen
- Erzeugt motiviertere und transformationsfähigere Teilnehmer

Hinderniseffekte, auf die die Methode positiv wirkt

- Schwächt Angst vor Neuem (Cainophobie)
- Schwächt das Leben in der Vergangenheit
- Schärft eine fehlende gemeinsame Ausrichtung
- Stärkt das Vertrauen im Team
- Überzeugt einen Daueropponenten
- Fördert Optimismus und Zuversicht

Mögliche Extravorteile der Methode

- Möglicher Extravorteil für Teams mit einem starkem Auftragsmandat
- Möglicher Extravorteil für Teams mit einer konservativen, tradierten Kultur

Quellen

Web – https://www.online-projektmanagement.info/agiles-pro- jekt-management-scrum-methode/scrum-artfakte/product-vision/, abgerufen am 10.04.2024

Web – https://www.visual-paradigm.com/scrum/how-to-write-scrum-product-vision/, abgerufen am 10.04.2024

Web – https://scrumkurs24.de/guide/die-scrum-produkt-visi- on/#tab-con-11, abgerufen am 10.04.2024

Web – https://agilecoach.de/2015/03/30/wie-formulieren-wir-eine-produktvision-agilecoach-de-ausbildungskanal/, abgerufen am 10.04.2024

Web – https://www.akademie.de/de/wissen/unternehmensvision- entwickeln/was-ist-eine-vision-0, abgerufen am 10.04.2024

Web – https://www.romanpichler.com/blog/the-product-vision-board/, abgerufen am 10.04.2024

Grafik: verrocchio Sustainable Inspiration Card – Malvine Klecha, Hila Attaie und Jennifer van Aerssen (Illustration)

Visionsentwicklung

EinSatzBeschreibung

Erstellen eines Zukunftsbildes, um strategische Unterziele und Entwicklungsmaßnahmen abzuleiten.

Working Guide/Anwendungsfelder

P1 Sensibilisierung/Bildung	P2 Matching Recht/Gesetz	P3 Sustainability Roadmap	P4 Produkt/Prozessdesign	P5 Implementierung/Monitoring	P6 Kommunikation	P7 Organisation	P8 Führung	P9 Business Model Design	P10 Skalierung
		X					X		

Beschreibung

Wer weiß schon, wie unsere Arbeitswelt in zehn Jahren aussieht? Vielleicht gehen wir gar nicht mehr zur Arbeit, sondern schicken unseren persönlichen Avatar ins Büro, während wir selbst im Wald einen Spaziergang machen und nur noch für die komplizierten Fälle zuständig sind. Vielleicht müssen wir den Wald bei diesen komplizierten Fällen auch gar nicht mehr verlassen und auch kein Gerät wie ein Handy nutzen, sondern sehen direkt über eine Linse im Auge, was vor sich geht. Geben Sie es zu – das ist ein zugleich attraktiver wie auch beängstigender Gedanke, aber er ist auf jeden Fall recht visionär, nicht wahr?

Um eine Vision handelt es sich dabei aber noch nicht. Dazu müsste ausdiskutiert worden sein, ob es sich bei dem Gedanken wirklich um etwas Erstrebenswertes handelt, dem man so nachgehen will, dass man das Unternehmen verändert und davon strategische Maßnahmen abgeleitet werden. Eine Vision ist also ein „attraktiver Zielzustand, den es zu erreichen gilt"43.

So bettet sich die Vision und deren Notwendigkeit dann auch in die digitale Transformation ein: Um Mitarbeitende mit auf die Reise in die digitale Welt zu nehmen, braucht es für sie einen erstrebenswerten Zielzustand, der so in den Köpfen verankert ist, dass die Veränderung namens Digitale Transformation angenommen, wenn nicht sogar gefördert wird.

Das Streben nach diesem Zustand ist in der Vision versprachlicht. „Die Vision ist der rote Faden, dem Maßnahmen im Rahmen der Veränderung folgen sollen, der eine Basis für Entscheidungen darstellt und der den Betroffenen die Möglichkeit bietet, sich mit den zukünftigen Veränderungen auseinanderzusetzen"44. Gibt es im Unternehmen keine Vision für die Digitale Transformation, wird die Digitale Transformation scheitern. Und selbst eine gute Vision ist unbrauchbar, wenn sie nicht jeden Mitarbeitenden in der Organisation erreicht und berührt hat – neben der Vision selbst ist daher auch die Kommunikation derselbigen unabdingbar.

Die Vision wirkt sinnstiftend auf die Mitarbeiter und ist sozusagen der Klebstoff, der alles zusammenhält, also muss auch aus ihr hervorgehen, wozu man diesen Zielzustand erreichen will.

Der Urvater aller Veränderungsbegleitungen, John P. Kotter, nennt **sechs wesentliche Merkmale**, die eine Vision haben muss, damit sie „funktioniert":

- Vorstellbar: Sie erzeugt ein klares Bild, wie die Zukunft aussehen wird.
- Erstrebenswert: Alle Stakeholder fühlen sich von ihr angesprochen und stehen dahinter.
- Machbar: Realistische und erreichbare Ziele sind verankert
- Fokussiert: Sie ist deutlich genug formuliert, um als Entscheidungshilfe zu dienen.
- Flexibel: Wenn sich Gegebenheiten verändern, kann die Vision angepasst werden.
- Vermittelbar: Sie sind leicht zu kommunizieren und schnell zu erklären.

Durchführung

Um eine Vision für Ihre Organisation im Bezug auf die Digitale Transformation zu entwickeln, sollten Maßnahmen zur Einbindung aller Mitarbeitenden, ein Workshop von circa 2 Tagen mit Vertreterinnen und Vertretern aller Stakeholder und die entsprechenden Kommunikationsmaßnahmen eingeplant werden.

Einbindung: Wir haben eine Vision?

Bevor ein verdutzter Kollege vor Ihnen steht und hinterfragt, ob ihre Organisation wirklich weiß, wo für sie die Reise der Digitalen Transformation hingehen soll, weil er die entwickelte Vision nicht kennt, ist es besser, viel Zeit in die Einbindung zu investieren.

Denn die Faustregel lautet: „Je intensiver sich eine Person mit der Vision auseinandergesetzt hat, je mehr eigene Ideen und Gedanken in sie eingeflossen sind, desto stärker identifiziert sich die Person mit ihren Inhalten und desto klarer kann sie sie anderen vermitteln". Sprich – je mehr Mitarbeitende in die Visionsentwicklung eingebunden werden, desto höher ist die Akzeptanz, desto höher ist die Energie, die in die Realisierung der Vision investiert wird und desto weniger Aufwand muss in die Kommunikation gesteckt werden.

Um den eigentlichen Visionsentwicklungs-Workshop beginnen zu können, müssen die Mitarbeitenden eingebunden werden, indem zum einen das Vorhaben erklärt wird und zum anderen nach deren Meinung gefragt wird. Dafür können die Mitarbeitenden Fragen beantworten, die darauf abzielen, wo die Organisation aktuell steht und wo sie hinwill. Die Aufnahme der aktuellen Situation ist wichtig, um den „Sense of Urgency, also die Begründung der Notwendigkeit für die Veränderung" darzulegen.

Als Leitfragen, die bspw. per anonymem Fragebogen online beantwortet werden können, eignen sich:

- Was gefällt Ihnen an dem Unternehmen? Was sollte beibehalten werden? (aktuelle Situation)
- Wie nehmen Externe das Unternehmen wahr? (aktuelle Situation)
- Was wünschen Sie sich? (Zukunft)
- Welche Rolle nimmt das Unternehmen in zehn Jahren in der Branche ein? (Zukunft)

Workshop: Wo wollen wir hin?

Teilnehmende: Binden Sie die Mitarbeitenden auch ein, indem Sie offen fragen, wer an so einem Workshop teilnehmen möchte und wen die Mitarbeitenden hier gern sehen würden! Das Topmanagement hat sicherlich oft genug top-down entschieden, wie die Zukunft auszusehen hat, also lassen sie diejenigen entscheiden, wer die Vision entwickeln soll, die sie auch umsetzen.

Ablauf: Die aufbereiteten Meinungen aus der Einbindungsphase dienen als Auftakt des Workshops!

- Diskussion anhand der Meinungen mit dem Ergebnis, dass ein gemeinsames Verständnis der aktuellen Situation und der eventuellen Zukunft entstanden ist. Mögliche Leitfragen:
  - Was fällt als Erstes auf?
  - Welche Meinungen kann man zusammenfassen?
  - Welches Fazit ziehen wir daraus?
- Gruppenarbeit zur Veranschaulichung der oben erarbeiteten Ergebnisse: Lassen Sie die Teilnehmenden basteln (kneten, malen, schneiden, etc.), damit ein Bild der Zukunft entsteht. Die Ergebnisse werden im Plenum vorgestellt, Kernaussagen abgeleitet und den Meinungen aus der Einbindungsphase zugeordnet. Ist alles abgedeckt? Worauf haben die Bastelnden den Fokus gelegt und warum?
- Gruppenarbeit zur Formulierung einer Vision: Anhand der erarbeiteten Kernaussagen und deren Verbildlichung dürfen die Teilnehmenden nun Formulierungsvorschläge für eine Vision machen. Dazu geben Sie Ihnen Kotters Kriterienkatalog an die Hand, an den sich alle zu halten haben!
- Verdichtung der Visionen: Alle Visionsvorschläge werden vorgestellt, erklärt und nebeneinander für alle sichtbar aufgehängt. Im nächsten Schritt werden die Formulierungsvorschläge immer weniger, verdichtet und zu einer gemeinsamen Vision überführt. Aus sieben Vorschlägen werden in der nächsten Zeile fünf, dann drei und schließlich nur noch eine Formulierung.

Praxisschlaglicht

Die Vision muss nicht vornherein rein sachlich und klar formuliert sein, im Gegenteil – wer kreativ arbeitet, darf seiner Fantasie freien Lauf lassen und erstmal nur beschreiben. Mit so viel SPIELraum werden alle Aspekte bedacht und sie kommen zu einer rundum gelungenen Vision!

Kommunizieren, kommunizieren, kommunizieren! Die Einbindung vorab macht die Akzeptanz einfacher, ersetzt aber nicht die wichtigen und gut durchdachten Kommunikationsmaßnahmen.

Wirkfeld der Methode

- Wirksam für Herausforderungen mit hoher Komplexität
- Wirksam für Herausforderungen mit mittlerer Komplexität

Transformationsfähigkeit Ihres Teams

- Fördert die allgemeine Transformationsfähigkeit des Teams

Einsatzcharakteristik/Arbeitsrahmen

- Austauschfokus: vornehmlich mit internen und externen Personen
- Durchführungszeit: eher hoch (> 1 Tag)
- Einsatzfrequenz: sinnvoll im dauerhaften Einsatz
- Einsatzradius: vornehmlich im unternehmensweiten Einsatz
- Komplexität für den Moderator: eher hoch
- Komplexität für die Teilnehmer: eher mittel
- Vorbereitungszeit: eher hoch (>1 Tag)

Input für eine zielführende Arbeit mit der Methode

- Aktuell existierende Geschäftsmodelle
- Aktuelle Herausforderung, Leitfrage, Problem
- Ergebnisse aus der Analysephase
- Verschiedene Botschaften, Meinungen, Statements
- Ideen, Lösungsansätze, Vorideen, Varianten
- Trends und Zukunftsentwicklungen
- Umfeldbeobachtungen, Umfeldanalysen

Output und beobachtete Ergebnisse der Methode

- Erzeugt Prognosen und Ableitungen
- Erzeugt Ideen für neue Märkte und neue Business Modelle
- Erzeugt Ideensuchfelder, unentdeckte Probleme, Inspiration
- Erzeugt Leitfragen für die Ideenfindung
- Erzeugt visualisierte Ideen, Begriffe, Themen
- Erzeugt eine Vision oder Zukunftsbild
- Erzeugt motiviertere und transformationsfähigere Teilnehmer

Hinderniseffekte, auf die die Methode positiv wirkt

- Schwächt das Leben in der Vergangenheit
- Schärft eine fehlende gemeinsame Ausrichtung
- Wirkt fehlender Inspiration entgegen

Mögliche Extravorteile der Methode

- Möglicher Extravorteil für Teams in einer Krisensituation
- Möglicher Extravorteil für innovativ erfahrene Teams
- Möglicher Extravorteil für in Nachhaltigkeitsthemen erfahrene Teams

Quellen

Buch – Change Management. Kerstin Stolzenberg/Krischan Heberle (Springer, 2013)

Buch – Chaos Wandel Führung, John P. Kotter (Econ, 1998)

Buch – Das große Handbuch Innovation, Benno van Aerssen, Christian Buchholz (Vahlen, 2018)

Waldfunktionen

EinSatzBeschreibung

Diese Outdoor-Übung verdeutlicht die verschiedenen Waldfunktionen, macht diese Funktionen und ihre Beziehungen untereinander auf spielerische Weise bewusst und gleicht sie mit den aktuellen und künftigen gesellschaftlichen Bedürfnissen ab.

Working Guide/Anwendungsfelder

P1 Sensibilisierung/Bildung	P2 Matching Recht/Gesetz	P3 Sustainability Roadmap	P4 Produkt/Prozessdesign	P5 Implementierung/Monitoring	P6 Kommunikation	P7 Organisation	P8 Führung	P9 Business Model Design	P10 Skalierung
X					X				

Beschreibung

Wälder erfüllen vielfältige Funktionen, die das gesamte Spektrum der Nachhaltigkeit abdecken und heute auch unter dem Stichwort „Ökosystemleistungen“ subsummiert werden. Ursprünglich war für die Menschen vor allem die ökonomische Funktion des Waldes als Nutzwald und Forst relevant. Hierbei geht es vor allem um Holz, Jagd und Wild, Beeren, Pilze und Kräuter. Die ökologische Funktion ist zwar für unser Überleben unverzichtbar, wurde aber noch bis um das Jahr 1900 meist nur als selbstverständliche und kostenlose „Dienstleistung“ wahrgenommen. Hierbei geht es vor allem um die Sauerstoffproduktion, die CO_2-Bindung, Luftreinhaltung und Kleinklima, Wasserfilter und Wasserspeicherung, Erosionsschutz, Naturschutz und biologische Vielfalt. Die gesellschaftlichen und sozialen Funktionen basieren auf der Natürlichkeit und Vielfalt des Ökosystems Wald, gutem Kleinklima und Ruhe und werden genutzt für Erholung, Freizeit, Outdoorsport, Reiten, Mountainbiken, Spazierengehen und Waldbaden.

Die Outdoor-Gruppenübung „Waldfunktionen“ basiert auf der Leitfrage „Wie muss der Wald beschaffen sein, damit er seine Funktionen für die Gesellschaft jetzt und in Zukunft erfüllt? Die Übung macht diese Funktionen und ihre Beziehungen untereinander auf spielerische Weise bewusst und gleicht sie mit den aktuellen und künftigen gesellschaftlichen Bedürfnissen ab. Dazu bilden die Teilnehmenden Kleingruppen, veranschaulichen mittels gesammelter Waldmaterialien unabhängig voneinander verschiedene Waldfunktionen und Anforderungen der Gesellschaft an den Wald und tauschen sich darüber aus.

Durch die Übung werden zahlreiche Kompetenzen gefördert:

- Kennenlernen bzw. Bewusstmachen sämtlicher Waldfunktionen und gesellschaftlicher Anforderungen an den Wald
- Erkennen und Verstehen der Beziehungen und gegenseitigen Abhängigkeiten der Waldfunktionen
- Verständnis für die Bedeutung der Ökosystemleistungen des Waldes
- Gewinnen interdisziplinärer Erkenntnisse
- Kennenlernen der Anforderungen und des Arbeitsauftrags an Förster und Forstwirtschaft
- Sensibilisierung für Klimawandel, wechselnde gesellschaftliche Anforderungen und Veränderungsdynamik
- Planen und Handeln im Team
- Förderung der Kreativität
- Förderung sensorischer und motorischer Fähigkeiten

Ziel der Übung ist das Erkennen und Verstehen der Beziehungen und Abhängigkeiten zwischen den Waldfunktionen sowie ein Erkenntnisgewinn bzgl. der Interdisziplinarität der Nachhaltigkeit.

(Diese Methode wurde modifiziert nach den Vorlagen zur Übung „Waldfunktionen“ vom Haus des Waldes Stuttgart (Waldbox) und der Forstlichen Bildungsarbeit Bayern (Waldpädagogischer Leitfaden nicht nur für Förster).)

Durchführung

Vor Beginn dieser Outdoor-Übung sind zur Vorbereitung drei organisatorische Punkte zu klären:

1. Kontrolle der Wettervorhersage, da die Übung im Wald erfolgt und wegen der Gefahr herabfallender Äste keinesfalls bei Starkwind oder Sturm durchgeführt werden darf.
2. Suche einer weitgehend vegetationslosen und gut begehbaren Waldfläche in einem älteren Baumbestand, der mit Blick nach oben daraufhin zu kontrollieren ist, dass sich keine Dürräste oder Totholzäste über der Übungsfläche befinden.
3. Aufbereitung einer Basis–Information über die drei Hauptthemenfelder der Nachhaltigkeit im Kontext mit dem Wald und Klärung, ob der Trainer und/oder ein Teilnehmer diese vorträgt.

Danach wird die Übung nach folgenden Ablaufschritten durchgeführt:

- Die Teilnehmenden stellen sich in einem großen Kreis (ca. 10 Meter Durchmesser) auf und bewegen sich im Uhrzeigersinn im Kreis. Durch das Scharren mit den Füßen im Waldboden entsteht eine kreisrunde Markierung.
- Anschließend werden die Teilnehmer in drei Gruppen eingeteilt. Jede Kleingruppe (ca. 5–10 Teilnehmer) legt mit Ästen (Totholz) einen eigenen Kreis mit ca. 2–3 Meter Durchmesser innerhalb des großen Kreises an.
- Nun werden die vorbereiteten Basis–Informationen über die Themenfelder der Nachhaltigkeit und die dazugehörigen Waldfunktionen vorgetragen:
- Ökonomie/Nutzfunktion: Holz, Jagd und Wild, Beeren, Pilze und Kräuter.
- Ökologie/Schutzfunktion: Sauerstoffproduktion, CO_2-Bindung, Luftreinhaltung, Kleinklima, Wasserfilter, Wasserspeicherung, Erosionsschutz, Naturschutz und biologische Vielfalt.

- Soziales/Erholungsfunktion: Ruhe, Erholung, Freizeit, Outdoorsport, Reiten, Mountainbiken, Spielplätze, Kletterwald, Spazierengehen und Waldbaden.
- Nachfolgend wird jeder Gruppe vom Trainer eines der drei Nachhaltigkeitsthemen und damit die entsprechende Waldfunktion zugeordnet, ohne dass die anderen Gruppen dies erfahren.
- Gruppeninterne Diskussion und gemeinsame Überlegungen zu folgenden Fragen:
- Wer braucht diesen Wald?
- Wofür wird er gebraucht und genutzt?
- Was muss der Wald „bieten" und wie sieht er aus?
- Wie kann man das darstellen?
- Jede Gruppe schwärmt nun aus, sammelt Natur–Materialien (Äste, Zweige, Kräuter, Zapfen, Früchte, Steine, Moose, Flechten, ...) und legt damit innerhalb ihres Kreises einen symbolischen Wald an, welcher die der Gruppe zugeordnete Waldfunktion verkörpert.
- Nachdem jede Gruppe ihren Wald angelegt hat, sucht sich jeder Teilnehmer einen armlangen Stock und legt diesen zwischen zwei der drei „Waldbilder", die sich seiner Meinung nach gut vereinen lassen.
- Auf diese Weise entsteht innerhalb des großen Kreises ein Gesamtbild mit den drei Waldfunktionen und den zwischen diesen bestehenden Beziehungen.
- Nun erfolgt eine Plenum–Diskussion zu folgenden Fragen:
- Welcher Wald stellt welche Funktion dar?
- Was sind aktuelle Themen und Anforderungen im Bereich der jeweiligen Waldfunktionsbereiche?
- Zwischen welchen Waldfunktionen bestehen direkte oder indirekte Beziehungen?
- Welche Funktionen lassen sich gut kombinieren, welche stehen eher konträr zueinander – und warum?
- Gibt es eine Hierarchie unter den Funktionen?
- Was ist die Rolle des Försters bzw. der Försterin?
- Wie können sich Klimaveränderungen auf die Waldfunktionen und die verschiedenen Interessen auswirken?
- Wie könnten die Anpassungsnotwendigkeiten und Interessensgruppen in anderen Ländern aussehen?

Zum Abschluss der Übung werden vor allem noch einmal die Beziehungen und Abhängigkeiten zwischen den Waldfunktionen sowie die bestehende Veränderungsdynamik und die sich daraus ergebenden Anpassungsnotwendigkeiten von der lokalen bis zur internationalen Ebene besprochen.

Praxisschlaglicht

Das Arbeiten mit Naturmaterialien mag für manche Erwachsene anfangs etwas kindisch erscheinen und eine kleine Überwindung darstellen. Sobald die Gruppen aber ihren Arbeitsauftrag haben und beginnen ihren eigenen Wald aufzubauen, sind die Vorbehalte meistens innerhalb weniger Minuten vergessen und das Interesse am kreativen, aber zielgerichteten Gestalten überwiegt. Das parallele Entstehen von drei unterschiedlichen Wäldern mit unterschiedlichen Schwerpunktfunktionen sowie das Ausleuchten der Beziehungen und Abhängigkeiten ermöglicht eine sehr konkrete Diskussion des Gesamtkomplexes Nachhaltigkeit. Spätestens die weiterführende Diskussion mit Blick in die Zukunft führt in der Regel zu einer wirtschafts- und gesellschaftspolitischen Debatte, welche die globale und existenzielle Dimension des Themas Nachhaltigkeit unterstreicht.

Wirkfeld der Methode

- Wirksam für Herausforderungen mit mittlerer Komplexität
- Wirksam für Herausforderungen mit niedriger Komplexität
- Wirksam für nachhaltiges Prozessdesign
- Wirksam für nachhaltiges Business Model Design
- Wirksam für eine Stärkung des Teamgedankens
- Wirksam für eine Stärkung der nonverbalen Kommunikation

Transformationsfähigkeit Ihres Teams

- Fördert die Sensibilisierung
- Fördert die Teamkreativität
- Fördert Umsicht und Weitsicht des Teams
- Fördert offene Mindsets und innovative Denkhaltungen
- Fördert den Austausch im Team
- Fördert die nonverbale Kommunikation
- Sorgt für Inspiration oder bessere Inspirationsempfindlichkeit
- Zahlt auf eine bessere Wahrnehmung ein
- Zahlt auf ein positives Zukunftsbild ein
- Fördert Prozessverständnis

Einsatzcharakteristik/Arbeitsrahmen

- Austauschfokus: vornehmlich mit externen Personen
- Austauschfokus: vornehmlich mit internen Personen
- Austauschfokus: vornehmlich mit internen und externen Personen
- Durchführungszeit: eher mittel (> 1 Stunde bis < 1 Tag)
- Einsatzfrequenz: vornehmlich im einmaligen Einsatz
- Einsatzradius: vornehmlich im Teameinsatz
- Komplexität für den Moderator: eher gering
- Komplexität für die Teilnehmer: eher mittel
- Teamgröße: Maxigruppen möglich (20 bis 40 Teilnehmer)
- Teamgröße: Mittelgroße Teams möglich 10 bis 20 Teilnehmer)
- Vorbereitungszeit: eher gering (< 1 Stunde)

Input für eine zielführende Arbeit mit der Methode

- Aktuell existierende Geschäftsmodelle
- Aktuelle Herausforderung, Leitfrage, Problem
- Aktuelle Leitbild–Diskussionen
- Aktuelle Diskussionen über Nachhaltigkeitsstrategien
- Aktuelle Diskussionen über Fragen der Beteiligung

Output und beobachtete Ergebnisse der Methode

- Erzeugt Leitfragen für die Ideenfindung
- Erzeugt besseren Teamspirit, mehr Offenheit, Inspirationsempfindlichkeit
- Erzeugt größere Klarheit zu einem Thema
- Erzeugt mehr Agilität im Team
- Erzeugt motiviertere und transformationsfähigere Teilnehmer
- Fördert Prozessbewusstsein und Zukunftskompetenz
- Macht Wirkzusammenhänge sichtbar
- Fördert Nachhaltigkeits–Bewusstsein
- Fördert Natur– und Outdoor–Affinität
- Fördert Fokussierungs-Kompetenz
- Fördert Kommunikation und Austausch im Team
- Fördert Abstraktionsvermögen
- Fördert Rollen– und Differenzierungsverständnis
- Fördert langfristiges Denken und Planen

Hinderniseffekte, auf die die Methode positiv wirkt

- Bindet eher introvertierte Teammitglieder mit ein
- Dynamisiert und aktiviert wenig dynamische Teams
- Fördert gehemmte Teammitglieder
- Fördert die Agilität der Teilnehmer
- Fördert Erkenntnisgewinn
- Schwächt Konkurrenzdenken
- Schwächt Einzelgängertum
- Schärft eine fehlende gemeinsame Ausrichtung
- Stärkt schwache Anreicherungsskills
- Stärkt das Vertrauen im Team
- Reduziert vorhandene Kreativblockaden
- Wirkt fehlender Inspiration entgegen
- Überzeugt strukturliebende Teammitglieder
- Fördert Zuversicht

Mögliche Extravorteile der Methode

- Möglicher Extravorteil für Teams mit einer konservativen, tradierten Kultur
- Möglicher Extravorteil für innovativ ungeübte Teams
- Möglicher Extravorteil für in Nachhaltigkeitsthemen ungeübte Teams

Quellen

Buch – Bin im Wald! Bastian Kaiser (Hirzel, 2023)
Buch – Das geheime Band zwischen Mensch und Natur. Peter Wohlleben (Ludwig, 2019)
Buch – Das geheime Leben der Bäume. Peter Wohlleben (Ludwig, 2015)
Zeitschrift – Das Unternehmen Wald. Stefan Rösler & Klaus-Stephan Otto. In: Q.Magazin, Ausgabe 2021/22: 6-11.
Buch – Das Wald Buch. Esther Gonstalla (oekom, 2021)
Zeitschrift – Der Wald als Berater und Coach. Stefan Rösler, Forum Nachhaltig Wirtschaften 01/2013: 66-68
Buch – Forstliche Bildungsarbeit. Hrsg.: Bayerisches Staatsministerium für Ernährung, Landwirtschaft und Forsten, 8. Aufl. (München, 2017)
Buch – In den Gärten des Managements. Matthias Nöllke (Haufe, 2011)
Buch – Praxishandbuch der Waldpädagogik. Frank Hoffmann (wbv-Media GmbH, 2023)
Buch – Rettet den Wald. Horst Stern et al. (Kindler, 1979)
Buch – Waldwende. Wilhelm Bode & Martin von Hohnhorst (Beck, 1994)
Web – https://www.oecoach.de/wp-content/uploads/2016/10/20162303_Waldworkshop_Flyer_DINlang-Website.pdf, abgerufen 20.09.2023
Organisation – www.hausdeswaldes.de
Organisation – www.natur-coaching.de
Organisation – www.naturschule.de
Organisation – www.wildpfa.de
Person – Dr. Stefan Rösler, roesler@oecoach.de
Web – https://www.babtec.de/fileadmin/user_upload/babtec/downloads/public/de/qmagazin/q.magazin_2021-22_de_web.pdf
Web – Waldworkshop Von der Natur lernen für Management, Strategie und Teamentwicklung. Stefan Rösler (2016)
Web – Was haben Unternehmen und Start-ups mit Wäldern zu tun. Stefan Rösler, Versicherungskammer (Hrsg.): https://innenreport.h5mag.com/innenreport_2019_ausgabe_2/s_9_unternehmen_startups

Wald-Wildnis-Küche

Himbeere (Foto: Dr. Stefan Rösler)

EinSatzBeschreibung

Outdoor-Rezepte aus der Naturküche Wald: Praktizierte Nachhaltigkeit durch gemeinschaftliches, bewusstes Nutzen natürlicher Ressourcen: gemeinsames Sammeln, Jagen, Kochen fördern Naturbezug, Orientierung, Naturkenntnisse, Gemeinschaftserlebnis, Teambildung.

Working Guide/Anwendungsfelder

P1 Sensibilisierung/Bildung	P2 Matching Recht/Gesetz	P3 Sustainability Roadmap	P4 Produkt/Prozessdesign	P5 Implementierung/Monitoring	P6 Kommunikation	P7 Organisation	P8 Führung	P9 Business Model Design	P10 Skalierung
X			X						

Beschreibung

Die Übung „Wald-Wildnis-Küche" mag in einem Buch über Nachhaltigkeitsmethoden zunächst etwas überraschen. Seit wann ist denn das Sammeln, Jagen und Kochen im Wald eine Nachhaltigkeitsmethode? Sobald man sich etwas näher mit dieser Frage beschäftigt, wird schnell deutlich: Es gibt wohl kaum etwas Nachhaltigeres als die Selbstversorgung in der Natur. Auch der Mensch ist biologisch gesehen ein „Säugetier" wie Hirsch, Wolf, Wildschwein, Reh, Dachs, Fuchs, Hase, Eichhörnchen, Siebenschläfer, Mopsfledermaus und Rötelmaus, das Jahrtausende lang in Wäldern gelebt und sich dort ernährt hat. Das Leben der Tiere des Waldes und ihre Ernährung im Wald sehen wir selbstverständlich als absolut natürlich an. Wir würden nie auf die Idee kommen, deren Leben als nicht–nachhaltig zu bezeichnen. Auch wenn wir Menschen unseren Alltag in Mitteleuropa nur noch in seltenen Ausnahmefällen im Wald verbringen, so ist an dieser Stelle doch das Bewusstsein wichtig, dass wir theoretisch auch wieder im Wald leben und überleben könnten, wie die anderen Säugetiere des Waldes auch. Immerhin war Deutschland vor 2000 Jahren zu Zeiten der Römer noch in weiten Teilen bewaldet, sodass damals noch viele Germanen, selbst wenn sie bevorzugt am Rand von Gewässern wohnten, noch sehr vertraut mit der Nutzung des Waldes waren.

Was wir in Zeiten einer hochindustrialisierten Landwirtschaft gern vergessen, ist die Tatsache, dass der Wald noch immer eine der besten und gesündesten Quellen für Nahrungsmittel darstellt. Hier wachsen zahlreiche Baum- und Gehölzarten mit essbaren Früchten, Trieben und Knospen, Sträucher mit wohlschmeckenden Blättern und Beeren, aromatische Blätter und Blüten von Stauden und Kräutern sowie leckere Pilze. Und hier leben Wildtiere, deren Jagd oder Fang sowie Nutzung und Verzehr – bei häufigen und nicht gefährdeten Arten – in der Regel natürlicher, ökologischer, tierschutzgerechter und sinnvoller ist als jede Art von Nutztierhaltung.

Alle höher entwickelten Tiere lassen sich von ihren grundsätzlichen Nahrungsansprüchen her in drei Gruppen einteilen, bei denen es aber teilweise fließende Übergänge gibt. Dasselbe Einteilungsschema wie in der Tierwelt gibt es auch bei den Menschen: Carnivore („Fleischfresser"), Omnivore („Allesfresser") und Herbivore („Pflanzenfresser"). Dies klärt auch schon, dass niemand zwingend tierisches Eiweiß zu sich nehmen muss, der als Vegetarier oder Veganer leben möchte. Aber es ist wichtig, sich aller natürlich vorhandenen Nahrungsquellen, Nahrungsressourcen und natürlichen Lebensmittel bewusst zu sein.

Der Wald ernährt nicht nur die dort lebenden Tiere, sondern bietet auch für uns Menschen eine Fülle an Lebensmitteln. Die

Steinpilz (Foto: Dr. Stefan Rösler)

Schlehen (Foto: Dr. Stefan Rösler)

Suche nach Wildkräutern, Wildgemüse, Waldbeeren und Pilzen ist immer mit Bewegung im Grünen und an der frischen Luft verbunden. Sie führt von eingetretenen Pfaden weg, weckt den Entdeckergeist, fördert die Konzentration und Fokussierung und trägt zur Entschleunigung und Entspannung bei. Und lässt beim Suchen und Finden nebenbei oft noch das schöne, an die Ostereiersuche erinnernde Gefühl kindlicher Freude aufkommen. Fast das ganze Jahr über ist es im Wald nicht weit zu verschiedenen Zutaten, aus denen sich abwechslungsreiche und leckere Gerichte zubereiten lassen. Diese eignen sich u. a. für Tees, Gemüse, Salat, Spinat, Suppen, Füllungen, Eintöpfe und Brotbelag sowie fürs Backen, Rösten, Grillen, Einkochen und Würzen. Daneben eignen sich viele Pflanzen auch als Arzneimittel, Heilmittel und Desinfektionsmittel sowie für Umschläge, Tropfen und Tinkturen. Besonders wichtig aber ist der ausdrückliche Hinweis, dass es sowohl geschützte als auch giftige Pflanzenarten und sogar tödlich giftige Pilzarten gibt. Deshalb soll diese Übung nur in Begleitung einer fachkundigen Person durchgeführt werden, die sich mit den naturschutzrechtlichen Bestimmungen auskennt und in der Bestimmung des Sammelguts und der Zutaten zur Wald-Wildnis-Küche erfahren und sicher ist.

Die Waldpflanzen enthalten oftmals ein Mehrfaches an Vitaminen und Mineralstoffen wie entsprechende Kulturpflanzen. Wenn die Naturprodukte an unbelasteten Orten gesammelt werden, die frei von Müll, Altlasten, schädlichen Immissionen, Exkrementen und Pestizidabdrift sind sowie in ausreichender Entfernung zu Straßen und Bahnlinien liegen, haben diese eine maximale Qualität. Die Leckerbissen aus dem Wald übertreffen in diesem Fall Supermarktware nicht nur in Frische und Regionalität, sondern sind auch frei von Pestizidrückständen und Verpackungsmüll. Über dem Feuer geröstete Maronen, in der Pfanne angebratene Bucheckern oder ausgebackene Parasolpilze sind ausgesprochene Leckerbissen. Ein mit frischen Triebspitzen von Tanne, Douglasie oder Lärche aufgebrühter Tee schmeckt geradezu nach Wald. Mit Unterstützung durch einen örtlichen Förster, Jäger oder Angler kann die vegetarische Küche – falls gewünscht – auch noch um Wildfleisch bzw. Fisch ergänzt werden, die sich sowohl über dem Feuer gegrillt, in der Pfanne gebraten, im Topf geschmort oder gekocht bestens im Wald zubereiten lassen.

Im Rahmen der Übung wird der Wald einzeln oder in kleinen Gruppen pirschend nach Genießbarem abgesucht, um die gesammelten Leckereien anschließend gemeinsam zuzubereiten. Am authentischsten und nachdrücklichsten ist das Zubereiten und Kochen natürlich vor Ort an einem offiziellen Feuerplatz im Wald. Dies vermittelt das archaische Gefühl, Teil der Natur zu sein. Falls kein Feuerplatz vorhanden oder die Witterung zu ungemütlich ist, können die Zutaten aber natürlich auch in eine zur Verfügung stehende Waldhütte oder nachhause genommen und in einer Küche gemeinsam zubereitet werden. Auch wenn sich dadurch das Gefühl abschwächt, originärer Bestandteil der Natur zu sein, hat auch diese Variante Vorteile. Sie erspart das Mitbringen zusätzlicher Gerätschaften und Zutaten, die sich nicht im Wald finden lassen, aber die Möglichkeiten des Kochens und Würzens erleichtern bzw. erweitern.

Die Wald-Wildnis-Küche basiert auf einem gezielten und bewussten Nutzen der Natur und ihrer Ressourcen. In Ergänzung zum gemeinsamen Erleben und Genießen im Wald fördert die Übung Naturbezug, Orientierungssinn, Naturkenntnisse, Naturerlebnis, Gemeinschaftssinn und Teambildung. Auch wenn es auf den ersten Blick banal erscheinen mag: Das Suchen, Sammeln, Zubereiten und Verzehren von Naturprodukten im Wald – und selbst das Verdauen und wieder Ausscheiden – entspricht dem natürlichen Stoffkreislauf in einem Ökosystem und ist damit ein Stück erlebter und gelebter Nachhaltigkeit.

Durchführung

Vor Beginn der Übung sind folgende organisatorische Fragen zu klären:

1. Vorexkursion zur Suche eines geeigneten Waldgebiets, das folgende Voraussetzungen erfüllt:
   - Kein strenger Naturschutz (Naturschutzgebiet, Nationalpark, Kernzone Biosphärengebiet)
   - Keine Altlasten, Immissionen, nahegelegenen Gewerbegebiete, Autobahnen oder stark befahrene Straßen
   - Kein Pestizideintrag durch angrenzende Landwirtschaft
   - Offiziell ausgewiesene Feuerstelle, im Idealfall mit Quelle, Trinkwasser bzw. Wasserstelle. Alternativ ein Privatgrundstück, auf dem ein Feuer gemacht werden kann.
   - Ggf. Kontakt mit Forstamt bzw. Revierförster zur Abstimmung der Rahmenbedingungen (Waldhütte, Feuerstelle, Sondergenehmigung für Feuer)
2. Wer leitet die Übung an bzw. begleitet und verantwortet sie und verfügt über
   - fundierte Kenntnisse bzgl. der arten– und naturschutzrechtlichen Vorgaben (geschützte Arten, Schutzgebiete, Schonzeiten)
   - sehr gute Artenkenntnisse bzgl. essbarer Arten und ihrer Zubereitung sowie giftiger Arten
   - Kenntnisse über Zecken, Borreliose, Fuchsbandwurm, Prozessionsspinner und andere Problemthemen
   - Kenntnisse über Jagd und Fischerei, im Idealfall mit Jagd- und/oder Fischereischein und Jagd- oder Angelmöglichkeit
3. Klärung der Wetterlage
   - bei starkem Wind oder Sturm besteht lebensgefährliche Sturmwurf- und Astbruchgefahr, sodass eine Veranstaltung im Wald keinesfalls zu verantworten ist und abzusagen bzw. abzubrechen ist.

4. Klärung, ob im Wald gekocht wird oder in einer Waldhütte, privaten Räumlichkeit oder zuhause. Davon hängt es ab, welche Zutaten, Materialien und Ausrüstungsgegenstände ggf. mitgebracht werden müssen:
   - Koch- und Trinkwasser
   - Mehl oder vorbereiteter Stockbrotteig, ggf. Hefe
   - Bei Bedarf Essenszutaten, die nicht im Wald zu finden sind, z. B. Grillkäse, Eier, Zitrone, Öl, Gemüse, ergänzende Gewürze (Salz, Pfeffer, Zimt, Nelken etc.)
   - Kochtöpfe und Pfanne für offenes Feuer, alternativ Feuerschale für Privatgrundstück
   - Feuerzeug, ggf. Anzündholz, Feuerholz, Grillhandschuhe
   - Essgeschirr, Besteck, Trinkgefäße, Grillzange, Grillgabel, Schöpfkelle
   - Wetterangepasste Kleidung gegen Kälte und Nässe, ggf. Sitzunterlagen
5. Vorabinformationen an die Teilnehmer, was mitzubringen bzw. zu beachten ist:
   - Feste Schuhe, wetterfeste und ausreichend warme Kleidung, lange Hose (auch als Zeckenschutz)
   - Körbchen für Pilze und Beeren, Baumwolltaschen für Kräuter
   - Taschenmesser, Pilzmesser, Gartenschere
   - Fernglas (auch bei der Pilzsuche hilfreich)
   - Bestimmungsliteratur bzw. Mobiltelefone mit Bestimmungs–Apps und zur gegenseitigen Kontaktaufnahme
   - Wald-Wildnis-Rezepte: Ideen und Wünsche
   - Hinweise auf Nahrungsmittel–Unverträglichkeiten (z. B. Nüsse)

Die eigentliche Übung „Wald-Wildnis-Küche" orientiert sich an folgenden Ablaufschritten:

- Information über das Waldgebiet und bestehende Verhaltensregeln und Naturschutzvorschriften
- Einführung zu essbaren und zu giftigen Pflanzen, Früchten und Pilzen des Waldes
- Austausch über die am gegebenen Waldort sowie jahreszeitlich zu erwartenden „Küchenzutaten"
- Was kann und soll gesammelt werden, was nicht?
- Besprechen des weiteren Ablaufs:
  - Wie viel Zeit steht zur Verfügung?
  - In welchem Gebiet wird gesucht, damit sich die Teilnehmer nicht zu weit voneinander entfernen?
  - Wann treffen sich die Teilnehmer wo wieder?
  - Suche einzeln, zu zweit oder in Kleingruppen?
  - Sucht jede Person „alles" oder gibt es thematische Kompetenz–Teams, z. B. Kräutergruppe, Beerengruppe, Pilzgruppe?
  - Vereinbaren eines akustischen Kontakt- und Notsignals, falls kein Mobilfunkempfang besteht (z. B. bestimmter Pfiff oder Ruf)
- Ausschwärmen und Sammeln
- Feuer machen und Essenszubereitung
- Gemeinsames und bewusstes Essen mit allen Sinnen und Austausch zu Konsistenz, Geschmack, Aromen etc.
- Austausch zu den beim Suchen und Sammeln gemachten Erfahrungen
- Austausch zum Thema Nachhaltigkeit: Was war ökologisch? Was war sozial? Was war ökonomisch?
- Aufräumen der Kochstelle, Löschen der Glut, Einsammeln aller Reststoffe, keinen Müll zurücklassen

Bärlauch (Foto: Dr. Stefan Rösler)

- Mitnahme von Essensresten und nicht verwendeten bzw. für zuhause gesammelten „Zutaten"
- Bewusstes Abschiednehmen vom Wald. Bewusstmachen des Übergangs aus der Natur zurück in die „Zivilisation"

Das Aufführen detaillierter Kochrezepte sowie von Vorschlägen für Wald–Zutaten, die nachhause genommen und dort weiterverarbeitet werden können (z. B. für Suppen, Tees, Gelee, Bowle, Sekt), würde an dieser Stelle zu weit führen. Nachfolgend werden nur stichwortartig einige Rezeptideen für die einzelnen Monate des Jahres aufgeführt:

1) Januar: Austernseitlingssalat, Erkältungstee (Lindenblüten, Kamille, Salbei), Ziegenkäse im Huflattichblatt, Stockenten-Geschnetzeltes
2) Februar: Haselnusskuchen, Huflattich–Hustensaft, Wildschweinbraten, Bratäpfel, Räucheraal, Fladenbrot
3) März: Märzsalat, Kräuterquark, Kapern aus Gänseblümchenknospen, Bärlauchspätzle, Wildkräuter im Ausbackteig, gebratene Forelle auf dem Waldläufergrill
4) April: Aprilsalat, Blütenbrot, Brennesselspinat, Löwenzahngelee, Waldmeister–Sirup, Tüpfelfarn–Dip, Brennesselchips
5) Mai: Holunderblütensirup, Holunderblütensekt, Kräuterbowle, Kräutersalz, Bärlauchpesto, grüne Sauce
6) Juni: Blüten–Eierkuchen, Walderdbeerenbowle, Wegerichpesto, Holunderblütenküchle, Robinienblütengelee
7) Juli: Sauerampfersuppe, Pfefferminztee, Pilzpfanne, Wildlimonade, Reh–Döner
8) August: heiße Himbeeren, Brombeerquark, Blaubeermuffins, Preiselbeermarmelade
9) September: Holundermarmelade, Ebereschenapfelmus, Kornellkirschengelee, Champignoncremesuppe
10) Oktober: Apfel–Birnen–Saft, gefüllte Quitten, Hagebuttenmark, Walnusstorte, geröstete Maronen mit Speck
11) November: Schlehensaft, geröstete Bucheckern, Rehragout, Parasolomelette, Dörrpflaumen, Schlehengelee, Tannenpunsch
12) Dezember: Holunder–Apfel–Punsch, Fichten-Douglasien-Triebspitzentee, Klettenwurzelchips, Eichelfladen mit Wildbeerenmus

Weiterführende Literatur bzw. Links finden sich weiter unten aufgeführt.

Praxisschlaglicht

Die Teilnehmer empfinden es oft fast wie ein archaisches Ritual, aus frisch gesammelten Kräutern, Früchten und Pilzen im Wald ein leckeres Essen am Feuer zuzubereiten und Wild oder Fisch direkt aus der Natur dazu zu essen. Gemeinsam die im Wald gesammelte Ernte auch an Ort und Stelle zu genießen, vermittelt das verbindende und wohltuende Gefühl, selbst ein Teil der Natur zu sein.

Wirkfeld der Methode

- Wirksam für Herausforderungen mit niedriger Komplexität
- Wirksam für nachhaltiges Produktdesign
- Wirksam für nachhaltiges Prozessdesign
- Wirksam für eine Stärkung des Teamgedankens
- Wirksam für nachhaltiges Gesundheitsmanagement

Transformationsfähigkeit Ihres Teams

- Fördert die Sensibilisierung
- Fördert die Teamkreativität
- Fördert die allgemeine Transformationsfähigkeit des Teams
- Fördert Umsicht und Weitsicht des Teams
- Fördert die Sozialkompetenz
- Fördert grundlegend die Kreativität
- Fördert offene Mindsets und innovative Denkhaltungen
- Fördert den Austausch im Team
- Sorgt für Inspiration oder bessere Inspirationsempfindlichkeit
- Zahlt auf eine bessere Vorstellungskraft ein
- Zahlt auf eine bessere Wahrnehmung ein

Einsatzcharakteristik/Arbeitsrahmen

- Austauschfokus: vornehmlich mit internen und externen Personen
- Durchführungszeit: eher mittel (> 1 Stunde bis < 1 Tag)
- Einsatzfrequenz: sinnvoll im periodischen, z. B. jahreszeitlichen Einsatz
- Einsatzfrequenz: vornehmlich im einmaligen Einsatz
- Einsatzradius: vornehmlich im Teameinsatz
- Komplexität für den Moderator: eher mittel
- Komplexität für die Teilnehmer: eher mittel
- Teamgröße: Kleingruppe möglich (3 bis 5 Teilnehmer)
- Teamgröße: Maxigruppen möglich (20 bis 40 Teilnehmer)
- Teamgröße: Mittelgroße Teams möglich (5 bis 20 Teilnehmer)
- Vorbereitungszeit: eher mittel (> 1 Stunde bis < 1 Tag)

Input für eine zielführende Arbeit mit der Methode

- Aktuelle Herausforderung, Leitfrage, Problem
- Aktuelle Diskussionen über Nachhaltigkeitsstrategien
- Bestrebungen nach konkretem Naturbezug

Output und beobachtete Ergebnisse der Methode

- Erzeugt besseren Teamspirit, mehr Offenheit, Inspirationsempfindlichkeit
- Erzeugt kollaborative Lösungen und Ideen
- Erzeugt neues Wissen und neue Erfahrungen
- Erzeugt ein Zukunftsbild
- Erzeugt größere Klarheit zu einem Thema
- Erzeugt Know-how-Zuwachs
- Erzeugt motiviertere und transformationsfähigere Teilnehmer
- Fördert Problemanalysen
- Fördert Prozessbewusstsein und Zukunftskompetenz
- Macht Wirkzusammenhänge sichtbar
- Fördert Nachhaltigkeits-Bewusstsein
- Fördert Natur- und Outdoor-Affinität
- Fördert Fokussierungs-Kompetenz
- Sensibilisiert für gegenseitige Rücksichtnahme
- Sensibilisiert für Umfeldwahrnehmung

Hinderniseffekte, auf die die Methode positiv wirkt

- Bindet eher introvertierte Teammitglieder mit ein
- Dynamisiert und aktiviert wenig dynamische Teams
- Fördert gehemmte Teammitglieder
- Schwächt Konkurrenzdenken
- Schwächt Einzelgängertum
- Schärft eine fehlende gemeinsame Ausrichtung
- Stärkt das Vertrauen im Team
- Vermindert einseitige Bewertungen und Entscheidungen
- Reduziert und durchbricht vorhandene Kreativblockaden

Mögliche Extravorteile der Methode

- Möglicher Extravorteil für in Nachhaltigkeitsthemen ungeübte Teams

Quellen

Buch – Das Wald–Kochbuch. Bernadette Wörndl (Hölker, 2020)
Buch – Gutes aus dem Wald. Karin Wild et al., Hrsg. Haus des Waldes Stuttgart & Forst BW (2019)
Buch – Mit der Wildnis verbunden. Susanne Fischer-Rizzi (Kosmos, 2007)
Buch – Praxishandbuch der Waldpädagogik. Frank Hoffmann (wbv-Media GmbH, 2023)
Buch – Waldfühlungen. Antje Neumann & Burkhard Neumann (Ökotopia–Verlag, 1999)
Buch – Waldküche. Patrick Rosenthal (riva, 2021)
Buch – Wilde Küche. Susanne Fischer–Rizzi (AT–Verlag, 2010)
Buch – Wilde Waldküche. Linda Louis (Hädecke, 2014)
Organisation – www.hausdeswaldes.de
Organisation – www.naturschule.de
Organisation – www.wildpfa.de
Person – Dr. Stefan Rösler, roesler@oecoach.de
Web – https://petman.de/ueber-barf/naehrstoffe/ernaehrungsarten, abgerufen am 06.11.2023
Web – https://www.abenteuersammlerin.de/outdoor-cooking-trekking-bushcraft/, abgerufen am 20.11.2023
Web – https://www.nabu.de/umwelt-und-ressourcen/oekologisch-leben/essen-und-trinken/natur/29764.html, abgerufen am 17.11.2023
Web – https://www.smarticular.net/waldkueche-essbare-wildpflanzen-pilze-wildkraeuter-aus-dem-wald/, abgerufen am 06.11.2023
Web – https://www.wild-auf-wild.de/rezepte, abgerufen am 17.11.2023

Water Footprint

EinSatzBeschreibung

Das Water Footprint-Verfahren misst den Süßwasserverbrauch der Menschheit, indem er den Wasserverbrauch und die eventuelle Verschmutzung bei der Herstellung von Gütern und Dienstleistungen erfasst.

Working Guide/Anwendungsfelder

P1 Sensibilisierung/Bildung	P2 Matching Recht/Gesetz	P3 Sustainability Roadmap	P4 Produkt/Prozessdesign	P5 Implementierung/Monitoring	P6 Kommunikation	P7 Organisation	P8 Führung	P9 Business Model Design	P10 Skalierung
X		X	X						

Beschreibung

Der Begriff Water Footprint (Wasserfußabdruck) wurde im Jahr 2002 von Arjen Hoekstra während seiner Tätigkeit am UNESCO-IHE Institute for Water Education eingeführt. Er entwickelte diesen als Metrik, um die Menge an Wasser zu messen, die für die Produktion von Gütern und Dienstleistungen entlang ihrer gesamten Lieferkette verbraucht und verschmutzt wird.

Der Water Footprint dient als Werkzeug zur Beantwortung einer Vielzahl von Fragen, die sich Unternehmen, Regierungen und Einzelpersonen stellen, darunter:

- Wo liegt die Wasserabhängigkeit in den Betriebsabläufen oder der Lieferkette meines Unternehmens?
- Wie effektiv schützen die aktuellen Regulierungen unsere Wasserressourcen?
- Wie sicher sind unsere Nahrungs- und Energieversorgungen?
- Kann ich persönlich meinen Wasserfußabdruck reduzieren und zur nachhaltigen Wasserbewirtschaftung beitragen?

Je nach Kontext der Frage kann der Water Footprint in verschiedenen funktionalen Einheiten gemessen werden, darunter Kubikmeter pro Tonne Produktion, pro Hektar Ackerland oder pro Währungseinheit.

Es ist auch möglich, den Wasserfußabdruck zu verwenden, um die Menge an Wasser zu messen, die zur Herstellung aller von einer Einzelperson, einer Gemeinschaft oder der gesamten Menschheit konsumierten Güter und Dienstleistungen benötigt wird. Dies umfasst sowohl den direkten Wasserfußabdruck – das vom Individuum direkt verwendete Wasser – als auch den indirekten Wasserfußabdruck, der die Summe der Wasserfußabdrücke aller konsumierten Produkte darstellt.

Die drei Optionen des Wasserfußabdrucks lassen sich wie folgt definieren:

1. **Grüner Water Footprint:** Dieser bezieht sich auf das Wasser aus Niederschlägen, das im Wurzelbereich des Bodens gespeichert und von Pflanzen aufgenommen, transpiriert oder verdunstet wird. Er ist insbesondere für Produkte aus Landwirtschaft, Gartenbau und Forstwirtschaft relevant.
2. **Blauer Water Footprint**: Hierunter fällt das aus Oberflächen- oder Grundwasserressourcen entnommene Wasser, das entweder verdunstet, in ein Produkt eingebunden wird oder zu einem anderen Zeitpunkt in ein Gewässer zurückgeführt wird. Sowohl die bewässerte Landwirtschaft als auch die Industrie und die häusliche Wassernutzung können einen blauen Wasserfußabdruck aufweisen.
3. **Grauer Water Footprint**: Dieser bemisst die Menge an Frischwasser, die benötigt wird, um Schadstoffe bis zur Erreichung bestimmter Wasserqualitätsstandards zu assimilieren. Dabei werden sowohl Punktquellen der Verschmutzung, die direkt durch eine Rohrleitung in eine Süßwasserressource eingeleitet werden, als auch indirekte Einleitungen durch Abfluss oder Auswaschung aus dem Boden, undurchlässigen Oberflächen oder anderen diffusen Quellen berücksichtigt.

Durchführung

Im Rahmen ihrer Corporate Social Responsibility (CSR) beziehen Firmen verstärkt ökologische Bewusstseinsbildung und nachhaltige Strategien in ihre Unternehmenspolitik ein. Dabei steht die Verringerung des Wasserfußabdrucks auf einer Ebene mit der Reduzierung des CO_2-Fußabdrucks.

Des Weiteren sind zahlreiche Unternehmen erheblichen Gefahren ausgesetzt, die sich aus der Wasserknappheit in ihren operativen Abläufen oder in der Lieferkette ergeben. So ist zum Beispiel eine Brauerei auf eine zuverlässige Wasserversorgung angewiesen, ähnlich wie ein Jeansproduzent, der auf die dauerhafte Bewässerung der Baumwollfelder angewiesen ist.

Ein zusätzlicher Anreiz für Unternehmen, die Wasserfußabdruck-Bilanzierung zu implementieren und Strategien zur Reduzierung des eigenen Wasserfußabdrucks zu entwickeln, liegt in der Erwartung künftiger regulatorischer Maßnahmen seitens der Regierungen. Obwohl die spezifischen Details dieser Regulierungen gegenwärtig noch nicht feststehen, ist in diversen Branchen mit gesetzlichen Bestimmungen zu rechnen.

Letztendlich sehen einige Unternehmen in der Strategie zur Reduzierung des Wasserfußabdrucks auch ein Mittel zur Verbesserung ihres Unternehmensimages oder zur Stärkung ihrer Marke.

Die Umsetzung des Water Footprints erfolgt in einem vierphasigen Prozess, der darauf abzielt, die Nachhaltigkeit, Effizienz und Gerechtigkeit der Wassernutzung zu bewerten und strategische Maßnahmen zur Förderung der Nachhaltigkeit zu identifizieren. Die vier Phasen sind wie folgt strukturiert:

Phase 1: Ziele und Umfang

In dieser Phase werden die Ziele und der Umfang der Studie festgelegt, die auf verschiedene Stakeholder, wie Unternehmen oder Regierungen, zugeschnitten sein können. Die Definition des Umfangs legt fest, welche Daten benötigt werden und wie detailliert die nachfolgenden Phasen gestaltet werden müssen.

Phase 2: Bilanzierung

Nach Festlegung von Ziel und Umfang folgt die Datensammlung zur Berechnung des Wasserfußabdrucks der relevanten Prozesse. Die Daten können aus globalen Datenbanken oder lokalen Erhebungen stammen und die Berechnungen folgen der Methodik des Wasserfußabdruck-Handbuchs.

Phase 3: Nachhaltigkeitsbewertung

In dieser Phase wird die Nachhaltigkeit der Wassernutzung aus ökologischer, effizienzorientierter und gerechter Perspektive bewertet. Es wird geprüft, ob die Nutzung die Bedürfnisse von Mensch und Natur in Einklang bringt und ob die Ressourcen gerecht verteilt sind.

- Ökologische Nachhaltigkeit: Hier wird die Nutzung im Hinblick auf die maximal nachhaltigen Grenzen einer Süßwasserressource und die Wasserqualität bewertet.
- Ressourceneffizienz: Der Water Footprint dient als Maß für die Ressourceneffizienz, wobei eine Reduzierung des Fußabdrucks eine effizientere Wassernutzung anzeigt.
- Gerechte Zuteilung: Diese bezieht sich auf eine faire Verteilung der Wasserressourcen unter allen Nutzern, wobei sowohl ökologische Nachhaltigkeit als auch Ressourceneffizienz berücksichtigt werden.

Phase 4: Formulierung der Reaktion

Basierend auf den Erkenntnissen aus den vorherigen Phasen werden in dieser Phase strategische Reaktionen priorisiert, um den Wasserfußabdruck zu reduzieren und seine Nachhaltigkeit zu verbessern. Die Strategien können technologische Investitionen oder Änderungen der Praktiken umfassen und sollten eine breite Palette von Stakeholdern in die Lösungsfindung einbeziehen.

Helfende Organisation

https://www.waterfootprint.org

https://www.waterfootprintassessmenttool.org

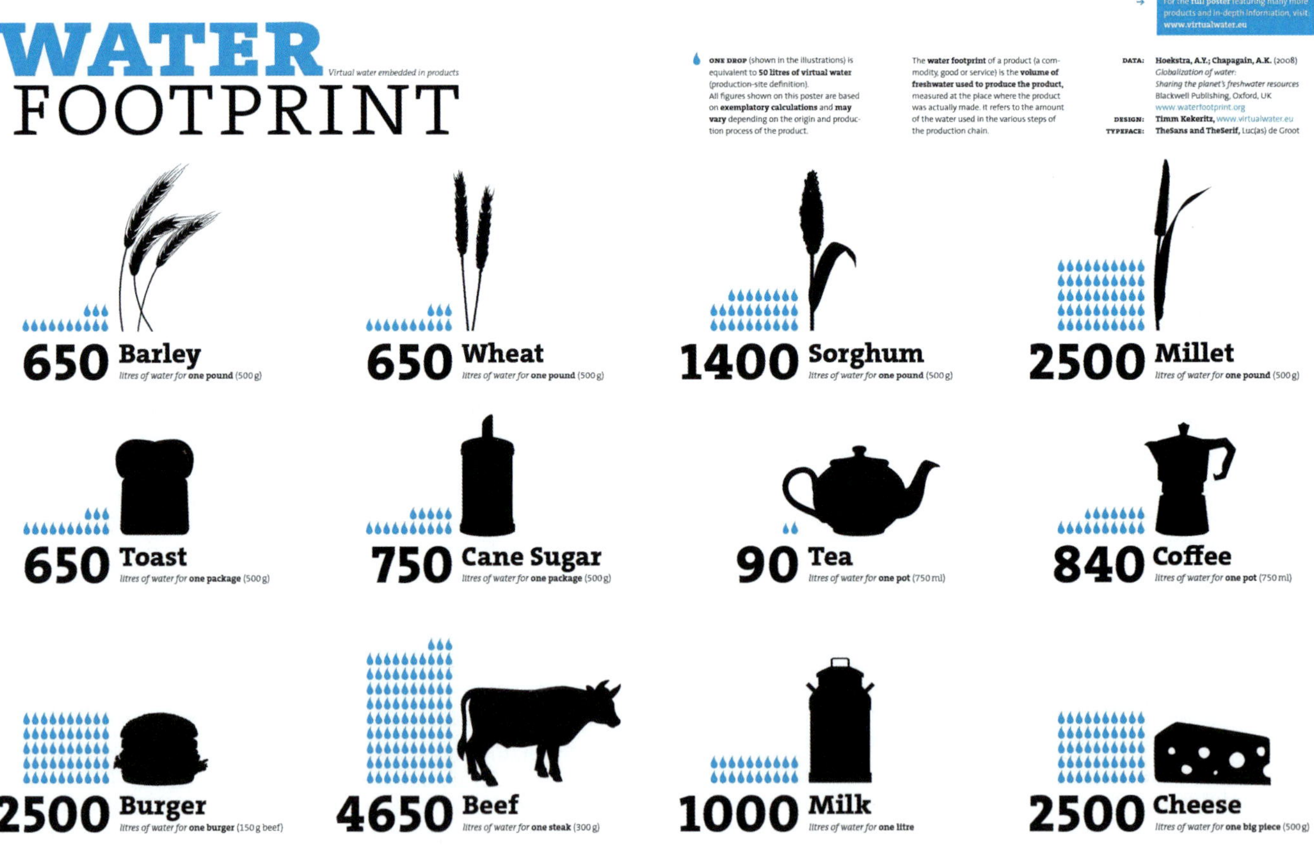

Quelle: https://www.waterfootprint.org

Wirkfeld der Methode

- Wirksam für Herausforderungen mit hoher Komplexität

Transformationsfähigkeit Ihres Teams

- Fördert die Sensibilisierung
- Zahlt auf ein positives Zukunftsbild ein
- Zahlt auf das Dringlichkeitsempfinden ein
- Erhöht die Lösungsorientierung

Einsatzcharakteristik/Arbeitsrahmen

- Austauschfokus: vornehmlich mit internen und externen Personen
- Durchführungszeit: eher hoch (> 1 Tag)
- Einsatzfrequenz: vornehmlich im einmaligen Einsatz
- Einsatzradius: vornehmlich im unternehmensweiten Einsatz
- Komplexität für den Moderator: eher hoch
- Komplexität für die Teilnehmer: eher hoch
- Teamgröße: Einzelpersonennutzung möglich
- Teamgröße: Kleingruppe möglich (3 bis 5 Teilnehmer)
- Teamgröße: Mittelgroße Teams möglich (5 bis 20 Teilnehmer)
- Vorbereitungszeit: eher hoch (>1 Tag)

Input für eine zielführende Arbeit mit der Methode

- Aktuell existierende Geschäftsmodelle
- Aktuell existierende Produkte und Services
- Aktuelle Herausforderung, Leitfrage, Problem
- Umfeldbeobachtungen, Umfeldanalysen
- Wettbewerber und Komplementoren
- Ziele, Zielsystem, Kennzahlen

Output und beobachtete Ergebnisse der Methode

- Erzeugt Listen von Chancen und Risiken
- Erzeugt Prognosen und Ableitungen
- Erzeugt Ideensuchfelder, unentdeckte Probleme, Inspiration
- Erzeugt Leitfragen für die Ideenfindung
- Erzeugt Nutzenfunktionen und Bedürfniskorridore
- Identifiziert vorhandene Schwachstellen
- Identifiziert vorhandene Stärken
- Macht Wirkzusammenhänge sichtbar
- Ziel- und Fokusgruppen

Hinderniseffekte, auf die die Methode positiv wirkt

- Schafft für den Erfolg nötige Realitätsbezüge
- Schafft schnell Klarheit und beschleunigt Erkenntnisgewinn
- Verhindert unreflektiertes agieren

Mögliche Extravorteile der Methode

- Möglicher Extravorteil für in Nachhaltigkeitsthemen ungeübte Teams

Quellen

Buch – The Water Footprint Assessment Manual. Arjen Y. Hoekstra, Ashok K. Chapagain (Earthscan, 2011)

Web – https://www.waterfootprint.org

Wechselbeziehungen im Ökosystem

EinSatzBeschreibung

Diese Übung ermöglicht es, die Komplexität der Veränderungsdynamik in Ökosystemen und Organisationen nachzuvollziehen und sich bewusst zu machen, dass auch scheinbar kleine Veränderungen große Auswirkungen und unerwartete Nebenwirkungen für das System mit sich bringen können.

Working Guide/Anwendungsfelder

P1 Sensibilisierung/Bildung	P2 Matching Recht/Gesetz	P3 Sustainability Roadmap	P4 Produkt/Prozessdesign	P5 Implementierung/Monitoring	P6 Kommunikation	P7 Organisation	P8 Führung	P9 Business Model Design	P10 Skalierung
X									

Beschreibung

Ökosysteme sind Lebensgemeinschaften von Organismen verschiedener Arten in einem räumlich abgegrenzten Gebiet. Sie sind geprägt durch wechselseitige Beziehungen und Abhängigkeiten der Organismen innerhalb dieser Systeme. Nicht nur in der Natur, sondern auch in Wirtschaft und Gesellschaft sind sie aufgrund sich verändernder Rahmenbedingungen und Einflüsse einer permanenten Anpassungsdynamik unterworfen.

Die interaktive Outdoor-Übung „Wechselbeziehungen im Ökosystem" ist eine systemisch-dynamische Übung. Sie ermöglicht es den Teilnehmern auf spielerische Weise, die Komplexität der Veränderungs- und Anpassungsdynamik in Ökosystemen und Organisationen sowie das Wechselspiel von Stabilität, Balance und Veränderung erleben und fühlen zu können. Um aus einem Zustand der Stabilität und Balance nach Veränderungen erneut in Balance und Stabilität zu kommen, sind ausgleichende Maßnahmen und Bewegungen notwendig. Diese betreffen in der Regel das gesamte System, wenngleich sie oftmals erst zeitverzögert wahrgenommen werden (vgl. auch Übung „Ökosystem Seilkreis"). Zu besseren Veranschaulichung wählt sich jeder Teilnehmer aus einer vorbereiteten Auswahl von mit einem Natursymbol gekennzeichneten „Namensschild" ein Tier, eine Pflanze oder einen Pilz aus, das/die/den er ab sofort vertritt.

Zu Beginn der Übung versuchen die Teilnehmer, aus einer ungeordneten Gruppen-Situation heraus nach vorgegebenen Regeln über eine Ordnungs- und Balance-Phase in eine Gruppen-Stabilität zu kommen. Sobald diese erreicht ist, veranlasst der Trainer ökosystematisch hinterlegte Interventionen, die das System verändern und dadurch aus dem gefundenen Gleichgewicht bringen. Nun müssen die Teilnehmer versuchen, unter Einhaltung der vorgegebenen Regeln wieder in die Gruppen-Stabilität zurückzufinden. Vergleichbare Interventionen können mehrfach wiederholt werden, immer mit dem Ziel, die gewonnene Stabilität zu beinträchtigen, eine Veränderungsdynamik auszulösen und die Gruppe in eine neue Phase der Stabilitätsfindung zu bringen. Auf diese Weise werden innerhalb der Gruppe die wechselseitigen Beziehungen und Abhängigkeiten deutlich sowie das kollektive und vernetzte Denken und Handeln gefördert.

Im Rahmen der Übung erkennen die Teilnehmer, wie das Verhalten der anderen Teilnehmer ihr eigenes Verhalten beeinflusst und umgekehrt. Ebenso, dass scheinbar kleine Veränderungen oftmals große Auswirkungen im System haben können. Über das Erleben des Wechselspiels von Stabilität, Balance und Veränderung können die Teilnehmer die Komplexität der Veränderungsdynamik in Ökosystemen nachvollziehen. Der besondere Nachhaltigkeitsbezug der Übung besteht in der Förderung des kollektiven und vernetzten Denkens sowie in der Erkenntnis „Alles hängt mit allem zusammen" sowie „Kooperation hilft bei der Bewältigung von Veränderungsprozessen".

Durchführung

Diese Gruppenübung wird idealerweise im Wald durchgeführt. Auf diese Weise wird der Inhalt der Übung, nämlich das Erleben der Dynamik in einem Ökosystem, in einen natürlichen Rahmen gestellt, der die anschließende Transfer-Diskussion anschaulich unterstützt. Vor Beginn der Übung sind zwei organisatorische Punkte vorzubereiten.

Die Anfertigung einer ausreichend großen Anzahl von ansteckbaren „Namens-Schildchen" mit Abbildung von im Wald vorkommenden Tieren, Pflanzen und Pilzen. Sowie die Suche nach einer ebenen und gut begehbaren Fläche von ca. 10 x 10 Meter Größe im Wald, die frei von Solperfallen wie Brombeer-Ranken, Steinen, Ästen, Maulwurfshügeln oder Mauselöchern ist. Die Übung läuft nach folgenden Schritten ab:

- Jeder Teilnehmer wählt sich eines der vorbereiteten Ansteckschilder mit dem Bild eines Tiers, einer Pflanze oder eines Pilzes aus und steckt sich dieses gut sichtbar an die Kleidung.
- Die Gruppe bildet einen Kreis und jeder Teilnehmer stellt sich kurz als das auf seinem Namensschild abgebildete Tier, Pflanze oder Pilz vor.
- Danach sucht sich jeder Teilnehmer still und ohne darüber zu reden aus den anderen Teilnehmern zwei „Partner-Organismen" aus, mit denen er selbst in einer ökologischen Wechselbeziehung steht (z. B. sucht der Schwarzspecht die Fichte und den Borkenkäfer).
- Danach versuchen alle Teilnehmer, mit ihren beiden „heimlich ausgewählten" Partnern jeweils ein gleichseitiges Dreieck zu bilden, nach wie vor ohne dabei zu reden.
- Da jeder Teilnehmer für sich zwei „Partner-Organismen" ausgewählt hat, die sich ebenfalls bewegen, da auch sie jeweils Partner ausgewählt haben und versuchen, mit ihnen in ein gleichseitiges

Namensschilder der Akteure und Faktoren im Ökosystem Wald (Foto: Dr. Stefan Rösler)

Dreieck zu kommen, dauert es einige Zeit, bis alle Teilnehmer nach einer Such-, Bewegungs- und Balance-Phase stehen.

- Nachdem alle Teilnehmer ruhende gleichseitige Dreiecke gebildet haben und ruhig stehen und diesen Zustand bewusst wahrnehmen, wird vom Trainer ein Beziehungs-Dreieck herausgenommen (Arten sterben aus bzw. Abteilung im Unternehmen wird stillgelegt).
- Die Teilnehmer des herausgenommenen Dreiecks stellen sich an die Seite.
- Das restliche „Ökosystem" muss sich neu ordnen, dabei müssen sich Teilnehmer, die einen Partner durch die Herausnahme des Dreiecks verloren haben, jeweils einen (bzw. zwei) neue synökologisch passende Partner suchen.
- Optional: Eine erneute Veränderung des Ökosystems führt zum Aussterben von zwei weiteren Arten (zwei Mitarbeiter verlassen das Unternehmen, weil sie durch die Schließung der Abteilung verunsichert sind.) Zwei Teilnehmer verlassen die Übung und die restlichen müssen sich wieder neue Ökosystem-Partner suchen und sich neu ordnen, bis sich ruhende Dreiecke gebildet haben.
- Nun tauschen sich zunächst einzelne Kleingruppen des Ökosystems über ihre im Rahmen der Übung gemachten Erfahrungen aus, bevor ein Austausch zur Übung im Plenum erfolgt.
- Am Ende greift der Trainer die mit der Übung gemachten Erfahrungen und Erkenntnisse noch einmal auf und stellt sie in den Kontext zum umgebenden Ökosystem Wald und den dort stattfindenden Veränderungs- und Anpassungsprozessen. Auf dieser Basis erfolgt eine Abschlussdiskussion zum Themenkomplex „Wechselbeziehungen im Ökosystem".

In ihrer Durchführung wirkt diese Übung sehr einfach. Ihre Besonderheit liegt in der erlebbaren Erkenntnis, dass jede Ursache zugleich Wirkung und jede Wirkung zugleich Ursache ist. Durch die Übung wächst das Verständnis, dass Veränderungen im System oft unerwartete Nebenwirkungen mit sich bringen und dass das gesamte System daran mitarbeiten muss, seine Funktionalität zu erhalten bzw. wieder herzustellen.

Wirkfeld der Methode

- Wirksam für Herausforderungen mit mittlerer Komplexität
- Wirksam für Herausforderungen mit niedriger Komplexität
- Wirksam für nachhaltiges Prozessdesign
- Wirksam für nachhaltiges Business Model Design
- Wirksam für eine Stärkung des Teamgedankens
- Wirksam für ökosystemares Verständnis
- Wirksam für Nachhaltigkeits-Bewusstsein

Transformationsfähigkeit Ihres Teams

- Fördert die Sensibilisierung
- Fördert Umsichtigkeit des Teams
- Fördert kollektives vernetztes Denken
- Fördert grundlegend die Kreativität
- Fördert offene Mindsets und innovative Denkhaltungen
- Fördert den Austausch im Team
- Sorgt für Inspiration oder bessere Inspirationsempfindlichkeit
- Sorgt für Fokussierung
- Zahlt auf eine bessere Wahrnehmung ein
- Zahlt auf ein positives Zukunftsbild ein

Einsatzcharakteristik/Arbeitsrahmen

- Austauschfokus: vornehmlich mit internen Personen
- Durchführungszeit: eher gering (< 1 Stunde)
- Einsatzfrequenz: vornehmlich im einmaligen Einsatz
- Einsatzradius: vornehmlich im Teameinsatz
- Komplexität für den Moderator: eher gering
- Komplexität für die Teilnehmer: eher gering
- Komplexität für die Teilnehmer: eher mittel
- Teamgröße: Große Teams möglich (20 bis 30 Teilnehmer)
- Teamgröße: Mittelgroße Teams möglich (5 bis 20 Teilnehmer)
- Vorbereitungszeit: eher gering (< 1 Stunde)

Input für eine zielführende Arbeit mit der Methode

- Aktuell existierende Geschäftsmodelle
- Aktuell existierende Kooperationsprojekte
- Produzenten-Konsumenten-Beziehungen
- Existierende oder sich verändernde Netzwerke
- Dynamische Umfeldentwicklungen
- Aktuelle Herausforderung, Leitfrage, Problem
- Beteiligte Personen mit Tätigkeiten und Aufgaben
- Verschiedene Blickwinkel
- Vorhandenes Wissen und Erfahrungen
- Umfeldbeobachtungen, Umfeldanalysen

Output und beobachtete Ergebnisse der Methode

- Erzeugt Leitfragen für die Ideenfindung
- Erzeugt besseren Teamspirit, mehr Offenheit, Inspirationsempfindlichkeit
- Erzeugt neues Wissen und neue Erfahrungen
- Erzeugt visualisierte Ideen, Begriffe, Themen
- Erzeugt größere Klarheit zu einem Thema
- Erzeugt transformationsfähigere Organisationen
- Macht Wirkzusammenhänge sichtbar
- Stärkt die Nachhaltigkeits-Kompetenz
- Fördert Konzentrationsfähigkeit
- Fördert Fokussierungs-Kompetenz
- Sensibilisiert für gegenseitige Rücksichtnahme
- Sensibilisiert für Umfeldwahrnehmung
- Fördert Kommunikation und Austausch im Team

Hinderniseffekte, auf die die Methode positiv wirkt

- Fördert Offenheit für Veränderung und Anpassung
- Stärkt das Vertrauen in Netzwerk-Dynamik
- Bindet eher introvertierte Teammitglieder mit ein
- Dynamisiert und aktiviert wenig dynamische Teams
- Schwächt das Leben in der Vergangenheit
- Schärft eine fehlende gemeinsame Ausrichtung
- Stärkt schwache Anreicherungsskills
- Verhindert vorschnelles Urteilen über Ideen
- Wirkt fehlender Inspiration entgegen
- Fördert Optimismus und Zuversicht

Mögliche Extravorteile der Methode

- Möglicher Extravorteil für Teams in einer Komfortsituation
- Möglicher Extravorteil für Teams in einer Krisensituation
- Möglicher Extravorteil für agile Teams
- Möglicher Extravorteil für innovativ ungeübte Teams
- Möglicher Extravorteil für in Nachhaltigkeitsthemen ungeübte Teams

Quellen

Buch – Denken und Handeln in Ökosystemen. Klaus-Stephan Otto, Stefan Rösler & Tina Teucher; in Ternès & Englert (Hrsg.): Integriertes Nachhaltigkeitsmanagement, 183 – 209 (Springer, 2019)

Buch – Evolutions-Management. Klaus-Stephan Otto, Uwe Nolting & Christel Bässler (Hanser, 2007)

Buch – Ökologie der Lebensgemeinschaften. Anselm Kratochwil & Angelika Schwabe (Ulmer, 2001)

Buch – Praxishandbuch der Waldpädagogik. Frank Hoffmann (wbv-Media GmbH, 2023)

Web – https://www.oecoach.de/wp-content/uploads/2016/10/20162303_Waldworkshop_Flyer_DINlang-Website.pdf, abgerufen am 20.09.2023

Person – Dr. Stefan Rösler, roesler@oecoach.de

Web – https://www.managerseminare.de/Trainerkoffer/Tools/Change-Tool-Magische-Dreiecke,1213, abgerufen am 08.10.2023

Web – Waldworkshop Von der Natur lernen für Management, Strategie und Teamentwicklung. Stefan Rösler (2016)

Web – www.evoco.de, abgerufen am 08.10.2023

Web – www.hausdeswaldes.de, abgerufen am 08.10.2023

Wesentlichkeitsanalyse

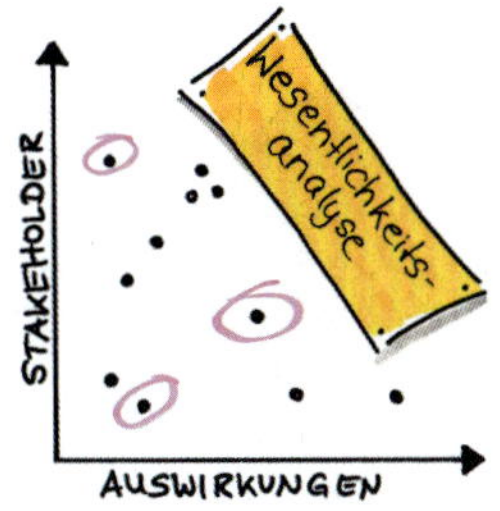

EinSatzBeschreibung

Die Wesentlichkeitsanalyse ist eine Methode, um die für eine Organisation relevantesten Nachhaltigkeitsthemen zu identifizieren und zu priorisieren, indem die Erwartungen und Anforderungen interner und externer Stakeholder berücksichtigt werden.

Working Guide/Anwendungsfelder

P1 Sensibilisierung/Bildung	P2 Matching Recht/Gesetz	P3 Sustainability Roadmap	P4 Produkt/Prozessdesign	P5 Implementierung/Monitoring	P6 Kommunikation	P7 Organisation	P8 Führung	P9 Business Model Design	P10 Skalierung
		X			X	X			

Beschreibung

Im Kontext der Nachhaltigkeit ermöglicht eine Wesentlichkeitsanalyse Unternehmen, ihre Nachhaltigkeitsstrategie gezielt und effizient zu gestalten. Sie hilft dabei, die Themen zu identifizieren, die sowohl für das Unternehmen selbst als auch für seine Stakeholder von höchster Bedeutung sind. So können Ressourcen auf die Bereiche konzentriert werden, die den größten Einfluss auf das Unternehmen und seine Stakeholder haben. Dies kann dazu beitragen, Risiken zu minimieren, Chancen zu maximieren und die Reputation des Unternehmens zu verbessern. Gleichzeitig erfüllt es die Anforderungen der Berichterstattungsnormen wie die Global Reporting Initiative (GRI), die eine Wesentlichkeitsanalyse als Grundlage für eine umfassende und fokussierte Nachhaltigkeitsberichterstattung fordert.

Im Zuge der in Deutschland und Europa immer strenger werdenden Pflicht für Unternehmen, nicht-finanzielle Informationen zu veröffentlichen, werden auch die Anforderungen an Wesentlichkeitsanalysen zunehmend strenger. Aktuell findet entsprechend der Gesetzgebung eine Verschärfung Richtung „Doppelter Wesentlichkeit“ statt.

Dennoch bietet die klassische Wesentlichkeitsanalyse insbesondere für kleinere und mittelständische Unternehmen einen niederschwelligen Einstieg, um sich erstmals systematisch mit Nachhaltigkeitsthemen zu befassen, systematisch vorzugehen und zu priorisieren.

Wer muss eine Wesentlichkeitsanalyse durchführen?

- Gesetzlich verpflichtet sind Unternehmen, die von der CSR-Berichtspflicht betroffen sind,
- Teil des DNK (Deutscher Nachhaltigkeitskodex) und der GRI (Global Reporting Initiative).
- Für kleine und mittelständische Unternehmen nützlich, um ökonomische, ökologische und soziale Auswirkungen abzuschätzen und um Verbesserungen für die Nachhaltigkeit und die Zukunftsfähigkeit des Unternehmens zu erreichen

Mögliche positive Aspekte der Durchführung einer Wesentlichkeitsanalyse

- Priorisierung von Ressourcen: Durch eine Wesentlichkeitsanalyse können Unternehmen die Themen identifizieren und priorisieren, die für sie und ihre Stakeholder am relevantesten sind. Dies ermöglicht es ihnen, ihre Ressourcen effizienter einzusetzen und sich auf die Bereiche zu konzentrieren, die den größten Einfluss auf ihre Nachhaltigkeitsperformance haben.
- Risikomanagement: Die Analyse hilft Unternehmen, potenzielle Risiken zu identifizieren und zu bewerten, die sich aus verschiedenen Nachhaltigkeitsthemen ergeben könnten. Dies kann dazu beitragen, proaktive Maßnahmen zu ergreifen, um diese Risiken zu minimieren und die Resilienz des Unternehmens zu stärken.
- Erschließung neuer Geschäftsmöglichkeiten: Durch die Identifizierung von Themen, die für Stakeholder von Bedeutung sind, können Unternehmen neue Geschäftsmöglichkeiten erkennen und nutzen. Bspw. könnten sie neue Produkte oder Dienstleistungen entwickeln, die auf diese Themen ausgerichtet sind, oder ihre bestehenden Angebote anpassen, um besser auf die Bedürfnisse ihrer Stakeholder einzugehen.
- Stärkung des Unternehmensreputation: Eine effektive Wesentlichkeitsanalyse und die daraus resultierende Berücksichtigung wesentlicher Nachhaltigkeitsthemen in der Unternehmensstrategie können dazu beitragen, das Vertrauen und die Zufriedenheit der Stakeholder zu erhöhen. Dies kann die Reputation des Unternehmens stärken und zu einem Wettbewerbsvorteil führen.
- Erfüllung von Berichtspflichten: Viele Berichtsstandards, wie die Global Reporting Initiative (GRI), verlangen eine Wesentlichkeitsanalyse als Grundlage für die Nachhaltigkeitsberichterstattung. Durch die Durchführung einer Wesentlichkeitsanalyse können Unternehmen diesen Anforderungen gerecht werden und ihre Nachhaltigkeitsberichte relevanter und aussagekräftiger gestalten.
- Verbesserte Informationslage: die Ergebnisse der Wesentlichkeitsanalyse führen dazu, das umfängliche Informationen vorliegen, die für strategische und operative Entscheidungsfindungen wie z. B. Standortentwicklung, Expansion, Neuproduktentwicklung, Produktpositionierung oder Employer Branding relevant sein könnten.
- Erhöhung der Glaubwürdigkeit und Transparenz: in der Regel ergibt sich aus einer Wesentlichkeitsanalyse, dass die Nachhaltigkeitsthemen mit hoher Relevanz nahe am Kerngeschäft des Unternehmens sind. Mit einer Fokussierung auf diese Themen, statt bspw. klassischen Spenden (Corporate Citizenship) wird steigt die Glaubwürdigkeit der abgeleiteten Maßnahmen.

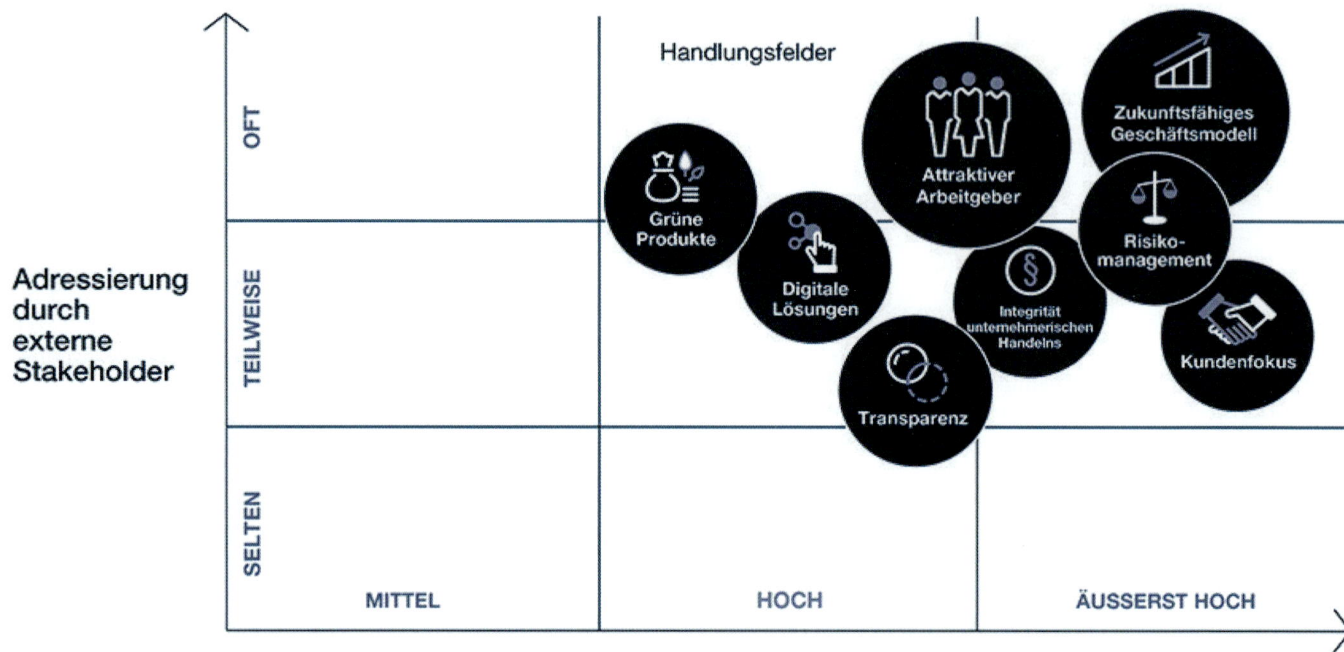

Wesentlichkeitsmatrix (Quelle: https://www.deutscher-nachhaltigkeitskodex.de/de-DE/Home/DNK/Criteria/Wesentlichkeit)

- „License to operate": Häufig stehen Unternehmen aufgrund ihrer Auswirkungen auf Umwelt und Gesellschaft in der Kritik der Öffentlichkeit oder einzelner Stakeholder. Die Ergebnisse einer Wesentlichkeitsanalyse können fundierte Informationen liefern, die wiederum Argumentationsgrundlage für die Daseinsberechtigung des Unternehmens liefern.

Durchführung

Ziel ist die Identifikation der zentralen Nachhaltigkeitsaspekte im eigenen Unternehmen.

Angewendete Methoden können zum Beispiel Umfragen, Interviews, Online-Befragungen, Workshops und Gespräche mit relevanten Personen sein.

Der Prozess der Wesentlichkeitsanalyse

1. Identifizierung potenzieller Themen: In dieser Phase wird eine breite Palette von Nachhaltigkeitsthemen erfasst, die für das Unternehmen relevant sein könnten. Dies kann durch eine Überprüfung der Branchentrends, Wettbewerberanalysen, regulatorische Überprüfungen und Berücksichtigung der Anforderungen der Nachhaltigkeitsberichterstattung erfolgen. Verantwortlich für diesen Schritt ist i. d. R. die Nachhaltigkeitsabteilung, oder, wenn diese nicht existiert, ein Beauftragter für Nachhaltigkeit.
2. Identifikation der relevanten internen und externen Stakeholdergruppen (z. B. Mitarbeitende, Lieferanten, Banken, Anwohner oder Kunden)
3. Stakeholder-Befragung: Durch Interviews, Umfragen oder Workshops werden die Meinungen und Erwartungen der internen und externen Stakeholder erfasst.
4. Bewertung und Priorisierung der Themen: Die identifizierten Themen werden nach ihrer Relevanz für das Unternehmen und ihre Bedeutung für die Stakeholder bewertet.
5. Erstellung einer Wesentlichkeitsmatrix, die die Themen visualisiert.
6. Überprüfung und Validierung: Die Ergebnisse der Analyse werden mit den Führungskräften und relevanten Stakeholdern überprüft und bestätigt.
7. Integration in die Unternehmensstrategie und Berichterstattung: Die wesentlichen Themen werden in die Nachhaltigkeitsstrategie des Unternehmens integriert und in den Nachhaltigkeitsberichten kommuniziert.

Praxisschlaglicht

Zahlreiche Unternehmen, insbesondere wenn sie einen Nachhaltigkeitsbericht nach den Standards der Global Reporting Initiative veröffentlicht haben, haben bereits Wesentlichkeitsanalysen durchgeführt. Die Hofpfisterei, eine bekannte traditionelle Bäckereikette in Deutschland, ist ein gutes Beispiel für die effektive Durchführung einer Wesentlichkeitsanalyse und die Nutzung ihrer Vorteile.

Mit einem starken Fokus auf ökologischer und sozialer Verantwortung initiierte die Hofpfisterei eine Wesentlichkeitsanalyse, um die relevantesten Nachhaltigkeitsthemen zu identifizieren und zu bewerten. Durch einen interaktiven Prozess, der sowohl interne als auch externe Stakeholder einbezog, konnte das Unternehmen eine Liste von Themen erstellen, die für die zukünftige Ausrichtung ihres Nachhaltigkeitsprogramms von wesentlicher Bedeutung sind. Von Relevanz war dabei auch das Risikomanagement der Geschäftsführung. Abgeleitet aus den wesentlichen Themen wurden Ziele und Maßnahmen, die auf die Sustainable Development Goals der Vereinten Nationen einzahlen. Der Schwerpunkt der Hofpfisterei liegt auf ökologischen Themen, weshalb sich die wesentlichen Themen in einer Öko-Bilanz niederschlagen.

Wirkfeld der Methode

- Wirksam für Herausforderungen mit hoher Komplexität

Transformationsfähigkeit Ihres Teams

- Reduziert Komplexität
- Nimmt eine Priorisierung vor

Einsatzcharakteristik/Arbeitsrahmen

- Austauschfokus: vornehmlich mit internen und externen Personen
- Durchführungszeit: eher hoch (> 1 Tag)
- Einsatzfrequenz: sinnvoll im dauerhaften Einsatz
- Einsatzradius: vornehmlich im unternehmensweiten Einsatz
- Komplexität für den Moderator: eher mittel
- Komplexität für die Teilnehmer: eher mittel
- Teamgröße: Kleingruppe möglich (3 bis 5 Teilnehmer)
- Teamgröße: Mittelgroße Teams möglich (5 bis 20 Teilnehmer)
- Vorbereitungszeit: eher hoch (>1 Tag)

Input für eine zielführende Arbeit mit der Methode

- Aktuell existierende Geschäftsmodelle
- Aktuell existierende Produkte und Services
- Aktuelle Herausforderung, Leitfrage, Problem
- Ergebnisse aus der Analysephase
- Wettbewerber und Komplementoren
- Ziele, Zielsystem, Kennzahlen
- Wissen über Gesetze und Rahmenbedingungen

Output und beobachtete Ergebnisse der Methode

- Bessere Projekteffizienz
- Erzeugt Ideen für neue Märkte und neue Business Modelle
- Erzeugt Planungen und Priorisierungen
- Erzeugt größere Klarheit zu einem Thema
- Hilft bei Entscheidungen, Bewertungen und Feedback

Hinderniseffekte, auf die die Methode positiv wirkt

- Beugt Missinterpretationen vor
- Beugt blinden Flecken/Betriebsblindheit vor
- Bewahrt vor zu generischen Ideen und Aussagen
- Verhindert einseitige Bewertungen und Entscheidungen
- Verringert zu große Komplexitäten

Mögliche Extravorteile der Methode

- Keine bekannt

Quellen

Buch – Eifert, E., Briem, C.: Wesentlichkeitsanalyse: Identifikation, Bewertung, Priorisierung und Darstellung der relevanten Berichtsinhalte in der Praxis. In: Gleich, R. et al. (Hrsg.): Integrated Reporting. Externe Berichterstattung und interne Steuerung nachhaltig verbessern (Haufe, 2015)

Web – https://www.umweltpakt.bayern.de/files/praxisbeispiele/praxisbeispiel_hofpfisterei_sdg.pdf?

Web – https://www.deutscher-nachhaltigkeitskodex.de/de-DE/Home/DNK/Criteria/Wesentlichkeit

Wirk-Map Sustainable Innovator

EinSatzBeschreibung

Die Wirk-Map ist eine Selbstreflexions-Methode, die dabei hilft, die Rolle des Sustainable Innovators mit allen relevanten Wirkbeziehungen zu skizzieren.

Working Guide/Anwendungsfelder

P1 Sensibilisierung/Bildung	P2 Matching Recht/Gesetz	P3 Sustainability Roadmap	P4 Produkt/Prozessdesign	P5 Implementierung/Monitoring	P6 Kommunikation	P7 Organisation	P8 Führung	P9 Business Model Design	P10 Skalierung
X									

Beschreibung

Der Sustainable Innovator ist eine neue, aber dringend benötigte Rolle, um die Zukunftsfähigkeit des Unternehmens sicherzustellen. Er ist die Weiterentwicklung des klassischen Innovators, der Unternehmen bisher auf profitorientiertes Wachstum ausrichtete.

Da Markt und Gesetze neue Anforderungen an Unternehmen stellen, muss sich auch der Blick des Innovators weiten. Neben „profit", müssen auch „people" und „planet" in den Fokus rücken. Damit werden die Herausforderungen komplexer, denn nun gilt es nicht nur finanziell erfolgreiche Innovationen zu entwickeln, sondern dabei auch einen positiven ökologischen und sozialen Impact zu generieren.

Entsprechend erweitern sich auch die Aufgaben und Tätigkeiten eines Sustainable Innovators:

- Er sensibilisiert für das Thema Nachhaltigkeit und trägt es in die Businesswelt.
- Er macht die Begriffe Nachhaltigkeit, Restauration und Regeneration greifbar und bearbeitbar für das Unternehmen.
- Er macht Zukunftsszenarien erlebbar.
- Er stößt Veränderung an und treibt die organisationale Nachhaltigkeitstransformation.
- Er entwickelt zirkuläre, nachhaltige, restaurative, regenerative Produkte und Services.
- Er entwickelt unterstützende Prozesse.
- Er entwickelt zirkuläre, nachhaltige, restaurative, regenerative Geschäftsmodelle.

Aufgrund des breiten Spektrums wird es umso wichtiger, die eigene Rolle tief zu verstehen und sich Verbündete und unterstützende Partner an Bord zu holen. Eine bewusste Reflexion der eigenen Rolle und deren Wirkhebel hilft bei der Erreichung der Nachhaltigkeits- und Innovationsziele und sorgt für einen achtsamen Umgang mit Hürden und Hindernissen.

Durchführung

Schritt 1: Mit einer eigenen Vision starten

Skizzieren Sie zunächst für sich Ihre eigene Rolle als Sustainable Innovator in Ihrem Unternehmen und entwickeln Sie ein Selbstverständnis für Ihre Tätigkeit. Beantworten Sie dafür folgende Fragen:

Wohin will ich?

- Wie sieht meine Trauminsel aus?
  Was soll durch meine Arbeit als Sustainable Innovator im Unternehmen erreicht werden? Wie sieht dieser finale Zustand aus? Welche Vision habe ich für unser Unternehmen? Wie soll mein Unternehmen in einer nachhaltigen Art und Weise agieren?
- Welches Ziel will ich persönlich mit meiner Arbeit als Sustainable Innovator erreichen?
- Wie will ich mit meiner Arbeit von meinen Kollegen, meiner Führungskraft oder dem CEO ahrgenommen werden?
- Welchen Zustand will ich persönlich herstellen?

Was treibt mich an?

- Was ist meine persönliche Motivation als Sustainable Innovator?
- Wer oder was fördert mich?
- Woher kommt meine Leidenschaft für das Thema nachhaltige Innovation?
- Welche Erfahrungen kann ich in diesem Feld besonders nutzen?
- Warum will ich auf meine Trauminsel?

Was hält mich zurück?

- Welche Ketten halten mich zurück, um einen guten Job zu machen?
- Welche Erfahrungen halten mich zurück?
- Welche aktuellen Gegebenheiten halten mich zurück?
- Was hemmt mich?
- Was raubt mir den Mut?

Wie will ich es tun?

- Was sind meine konkreten Ideen für das WIE? Wie will ich nachhaltige Innovationen in meinem Unternehmen vorantreiben?
- Auf welche Art und Weise will ich es tun?
- Welche Aktionen plane ich?
- Was ist meine eigene, konkrete Strategie?

Welche Ausstattung wähle ich?

- Was sollte ich alles im Gepäck haben, um meine Trauminsel zu erreichen?
- Wie sollte mein Team aussehen?
- Welche Werkzeuge benötige ich?
- Welches Wissen benötigen ich?
- Wer oder was kann mir auf der Reise helfen?

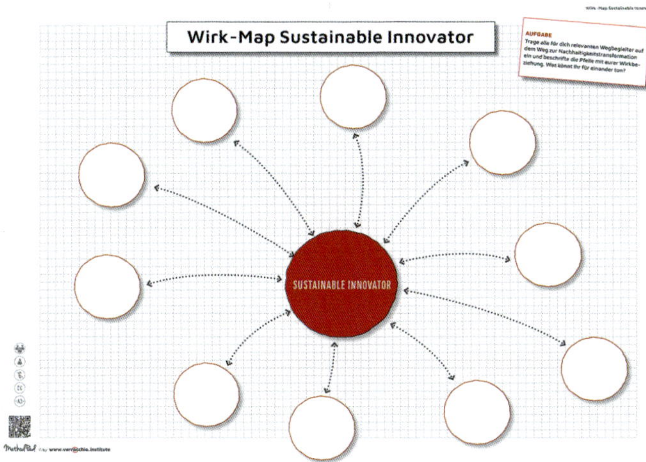

- Wie viel kann ich persönlich investieren?
- Welche limitierenden Faktoren habe ich?

Welche Risiken sehe ich?

- Was kann eine Gefahr für mich werden auf meiner Reise zur Trauminsel?
- Welche äußeren Trends/Einflüsse stellen Risiken dar?
- Welche Risiken produziere ich selbst?

Schritt 2: Unterstützende Wirkbeziehungen visualisieren

Tragen Sie in der Mitte eines leeren, queren Blattes den Sustainable Innovator als Ihre Rolle ein (siehe Abbildung).

Ordnen Sie anschließend drumherum wie bei einer Mind-Map alle für sie relevanten Wegbegleiter (innerhalb und außerhalb der Organisation) auf dem Weg zur Nachhaltigkeitstransformation an. Beschriften Sie die Verbindungspfeile mit der entsprechenden Wirkbeziehung – was können Sie füreinander tun?

Visualisieren Sie damit hilfreiche Partner, die Sie in Ihrer Rolle unterstützen können. Denn als Einzelkämpfer werden Sie auf verlorenem Posten stehen. Bauen Sie sich stattdessen sukzessiv ein Netzwerk auf, das mit Ihnen gemeinsam die Organisation Richtung Nachhaltigkeit treibt.

Wirkfeld der Methode

- Wirksam für nachhaltiges Produktdesign
- Wirksam für nachhaltiges Servicedesign
- Wirksam für nachhaltiges Business Model Design

Transformationsfähigkeit Ihres Teams

- Fördert die Sensibilisierung
- Fördert offene Mindsets und innovative Denkhaltungen
- Zahlt auf eine bessere Wahrnehmung ein

Einsatzcharakteristik/Arbeitsrahmen

- Durchführungszeit: eher mittel (> 1 Stunde bis < 1 Tag)
- Einsatzfrequenz: vornehmlich im einmaligen Einsatz
- Komplexität für die Teilnehmer: eher gering
- Teamgröße: Einzelpersonennutzung möglich
- Vorbereitungszeit: eher gering (< 1 Stunde)

Input für eine zielführende Arbeit mit der Methode

- Beteiligte Personen mit Tätigkeiten und Aufgaben
- Personenmerkmale (Meinungen, Bedürfnisse, Werte, etc.)

Output und beobachtete Ergebnisse der Methode

- Erzeugt eine Vision oder Zukunftsbild
- Identifiziert vorhandene Schwachstellen
- Identifiziert vorhandene Stärken
- Macht Wirkzusammenhänge sichtbar

Hinderniseffekte, auf die die Methode positiv wirkt

- Schafft für den Erfolg nötige Realitätsbezüge
- Schafft schnell Klarheit und beschleunigt Erkenntnisgewinn
- Schwächt nicht zielführende Emotionen
- Verhindert unreflektiertes agieren
- Fördert Optimismus und Zuversicht

Quellen

Organisation – verrocchio Institute for Innovation Competence AG, https://www.verrocchio.institute

322

Wirtschaftswald – Zukunftswald

EinSatzBeschreibung

Bei dieser Outdoor-Übung modellieren Kleingruppen auf einem vorgegebenen Stück Waldboden mit Naturmaterialien den Wandel vom bestehenden Wald zu einem individuell gestalteten klimaresilienten „Zukunftswald", diskutieren mögliche Ereignisse und Entwicklungen, die auf ihren Wald einwirken könnten, und reflektieren deren Auswirkungen.

Working Guide/Anwendungsfelder

P1 Sensibilisierung/Bildung	P2 Matching Recht/Gesetz	P3 Sustainability Roadmap	P4 Produkt/Prozessdesign	P5 Implementierung/Monitoring	P6 Kommunikation	P7 Organisation	P8 Führung	P9 Business Model Design	P10 Skalierung
X		X					X		

Beschreibung

„Nichts ist so beständig wie der Wandel". Dieses rund 2.500 Jahre alte Zitat des griechischen Philosophen Heraklit betrifft auch die Auswirkungen menschlichen Wirtschaftens auf die Wälder Mitteleuropas. Die Veränderung des natürlichen Waldbildes begann in Mitteleuropa in Folge des beginnenden Wanderfeldbaus bereits ca. 4000 v. Chr. Gleichwohl beschrieben vor rund 2000 Jahren die Römer Germanien noch als großflächig von Wald geprägtes Land. Doch seit der Zeitenwende hat sich die Situation unserer Wälder sowohl hinsichtlich ihrer Gesamtfläche als auch bezüglich ihrer Baumartenzusammensetzung stark verändert. Erste kleinere Rodungen fanden vor allem im Umfeld erster fester Siedlungen, zur Gewinnung von Holz als Baustoff und als Energieträger sowie zur Gewinnung von Ackerflächen. Großflächigere Rodungen begannen im frühen Mittelalter mit der Völkerwanderungszeit ab 500 n. Chr. bis 800 n. Chr., als das heutige Deutschland noch zu ca. 75 Prozent bewaldet war. Eine zweite Rodungsphase folgte von ca. 1100 bis 1300 n. Chr. Holz wurde damals in großer Menge als Bauholz für Gebäude und Schiffe, als Grubenholz im Bergbau und als Brennholz benötigt. Zudem war Holz Grundlage der Industrialisierung und wurde u. a. in der Eisenverhüttung, im Salinen-Betrieb, für die Gewinnung von Pottasche sowie für Glashütten, Köhlerei und Gerberei verwendet.

Neben der Bedeutung von Holz als Rohstoff war das zunehmende Motiv für großflächige Rodungen die Gewinnung landwirtschaftlicher Nutzflächen. Auch die Entwässerung von Wäldern, Torfabbau, Plaggenwirtschaft, Zeidlerei, Streunutzung und der Eintrieb von Vieh in die Wälder (Waldweide) trugen zur Auflichtung und Flächenreduktion bei. Damals war nicht der Holzvorrat der wichtigste Bewertungsmaßstab für den Wald, sondern die Anzahl der Schweine, die im Wald gemästet werden konnten. Am Ende dieser Rodungsphasen war der Waldanteil an der Gesamtfläche des Landes von ursprünglich ca. 90 Prozent auf teilweise unter 20 Prozent reduziert. Bis ins 18. Jahrhundert war der Wald der wichtigste industrielle Standortfaktor und damit das Pendant zu unseren heutigen Gewerbegebieten. Die zunehmende Nutzholznot führte dann erstmals zur Einführung waldbaulicher Vorgaben. Da der Ressourcen–Engpass nicht mit Einsparungen zu lösen war, musste Holz systematisch produziert werden, was den pflanzungsaktiven Waldbau einleitete. Für diesen eigneten sich aus verschiedenen Gründen statt der schwerfrüchtigen Eichen und Buchen vor allem Nadelholzarten, primär Fichte und Kiefer. In dieser Zeit liegt der Beginn einer geregelten Forstwirtschaft mit ersten Ansätzen einer nachhaltigen Nutzung. Das sich nach den Rodungsphasen und einem langsamen Wiederaufbau der Wälder ergebende Flächenverhältnis von zwei Dritteln Kulturland und einem Drittel Waldfläche entspricht ungefähr auch der heutigen Flächenverteilung.

Die Wälder in Mitteleuropa sind heute in größten Teilen eine über Jahrhunderte hinweg geschaffene, durch wirtschaftliche Interessen geprägte Kulturlandschaft. Nach den Rodungsphasen etablierten sich je nach wirtschaftlichen Notwendigkeiten sowie Besitz– und Standortsverhältnissen parallel zueinander verschiedene Nutzungssysteme wie Hutewald, Niederwald, Mittelwald, Hochwald und Plenterwald. Um das Jahr 1800 waren in Deutschland keine Urwälder und kaum noch geschlossene Wälder vorhanden. Entsprechend gibt es heute bei uns ursprüngliche Naturwälder nur noch auf marginalen Flächen in Gebirgen, in unzugänglichen Schluchten oder in Bereich von Mooren. Da der Wald unabhängig von seinem Nutzen für den Menschen in breiten Bevölkerungskreisen noch lange Zeit als gefährlicher und mit Räubern, wilden Tieren und bösen Geistern assoziierter Ort galt, wurden auch die

Waldsymbolik Steinmännchen (Foto: Dr. Stefan Rösler)

Rodung und Ausbeutung der Wälder noch bis weit ins 19. Jahrhunderts vielfach als Kulturtat gesehen.

Ende des 18. Jahrhunderts liegen die Ursprünge der Forstwissenschaft und es erschienen die ersten Waldbau–Fachbücher. Nachdem bis dahin Holznutzung und Jagd das Forstwesen dominiert hatten, ging es nun vor allem um die Themen Saat und Pflanzung, um eine möglichst schnelle Wiederbewaldung kahler Flächen zu erreichen. Die Umsetzung der gewonnenen Erkenntnisse führte bis Ende des 19. Jahrhunderts zu einem flächenhaften Aufbau gleichaltriger Baumbestände, den sogenannten Altersklassenwäldern. Diese aufgrund der Konkurrenzsituation zwischen den Einzelbäumen durch starkes Höhenwachstum geprägten und oftmals nur aus einer einzigen Baumart gepflanzten Bestände führten zu einer deutlichen Erhöhung der Holzmasse-Erträge. Ergänzt wurde dieses Ziel einer hohen Massenleistung durch vermehrten Anbau fremdländischer Baumarten wie Douglasie und Roteiche. Nach Ende des zweiten Weltkriegs wurden die aufgrund der großflächigen Reparationshiebe der Alliierten entstandenen Rodungsflächen ebenfalls mit Altersklassenwäldern wieder aufgeforstet, vielfach unabhängig von der Standortseignung mit Fichten oder Kiefern in Monokultur. Diese prägten bis zum Beginn des sogenannten Waldsterbens um 1980 großflächig die Wälder und stehen für ein Zeitfenster von rund 40 Jahren, in denen die Wälder mit dem Ziel einer Ertragsmaximierung in ihrer Struktur und Zusammensetzung so stark verändert wurden wie nie zuvor in der Waldnutzungsgeschichte.

Auch wenn durch die gesetzlich vorgeschriebene Rauchgasentschwefelung der Kraftwerke in den 1980er-Jahren der „saure Regen“ als Hauptauslöser des Waldsterbens vermindert und dadurch entschärft werden konnte, führten die Bilder abgestorbener Nadelholzbestände zu überfälligen Weichenstellungen: Verstärkte Förderung von Mischwäldern, Umbau der Wälder durch Naturverjüngung statt durch Pflanzung, verschärfte Schalenwild–Bejagung, Ausbau der Sozialfunktion der Wälder und verstärkte Ökosystemforschung. Die mit Wiebke 1990 und Lothar 1999 beginnenden schweren Winterstürme und nachfolgenden Borkenkäfer-Massenvermehrungen in Fichtenbeständen führten bis ca. 2010 erneut zu großflächigen Waldschäden und zu einer Waldsterbens-Diskussion 2.0. Mit dem Hitzesommer 2003 begann eine neue Stress-Epoche für die Wälder, die zu Schadsymptomen an nahezu allen Hauptbaumarten führte und neue Infektionen z. B. an Eschen (Eschentriebsterben) und Ahorn (Rußrindenkrankheit) mit sich brachte. Die aktuellen Debatten um die Zukunft der Wälder sind von den Themen Klimaanpassung und Klimaresilienz geprägt. Welche Baumarten und Baumartenmischungen eignen sich für die sich ändernden klimatischen Verhältnisse? Wie müssen Wälder aussehen, damit sie möglichst stabil und resilient sind? Wie kann die Kohlenstoff–Senken–Leistung von Wäldern optimiert werden?

Neben waldbaulichen Fragen begleiten zahlreiche weitere Themen den „beständigen Wandel“ der Waldnutzung, die die ökonomischen Notwendigkeiten und gesellschaftlichen Bedürfnisse der jeweiligen Zeit und damit die große Bedeutung der Multifunktionalität der Wälder wiederspiegeln: Waldwegebau und Holzerntemaschinen, Trimm-dich-Pfade und Grillplätze, Wanderwege und Mountainbike-Trails, Spielplätze und Waldkindergärten, Geocaching und Hochseilgärten, Nationalparke und Natura 2000-Gebiete, Wildkatze und Wolf, Wildbienen und Hirschkäfer, Zecken und Fuchsbandwurm, Bannwälder und Totholz, Ökosystemleistungen und Klimaschutz, Bioökonomie und Agroforst, Friedwälder und Windenergie, Waldworkshops und Waldbaden. Dass sich Bedürfnisse auch sehr kurzfristig ändern können, hat der Einfluss des Coronavirus auf das Freizeitverhalten der Menschen deutlich gemacht, die während der Pandemie so oft im Wald unterwegs waren wie jahrzehntelang zuvor nicht mehr.

Symbolik Waldgebiet in der Agrarlandschaft (Foto: Dr. Stefan Rösler)

Im Gegensatz zu den vielfach kurzfristigen Bedürfnis–Veränderungen der Menschen gegenüber dem Wald steht der Wald selbst als langlebiges Ökosystem, dessen Bäume je nach Baumart mehrere hundert Jahre alt werden können. Sich mit Wald zu beschäftigen, bedeutet daher, generationenübergreifend und zukunftsorientiert zu denken, zu planen und zu wirtschaften. Wir leben heute mit waldbaulichen Entscheidungen, die am Ende des zweiten Weltkriegs getroffen wurden und aus damaliger Sicht richtig waren, heute aber so nicht mehr getroffen würden. Entsprechend haben unsere heutigen nach bestem Wissen und Gewissen getroffenen waldbaulichen Entscheidungen Auswirkungen für unsere Enkel- und Urenkel-Generation und wir wissen nicht, was diese in hundert Jahren von unseren Entscheidungen halten werden. Der eigene Blick auf den Wald ist immer nur eine Momentaufnahme in ein Ökosystem, das eine deutlich längere Lebenserwartung hat als wir selbst.

Bei der Outdoor-Übung „Wirtschaftswald – Zukunftswald“ geht es darum, in Kleingruppen auf einer ausgewiesenen Fläche Waldboden mit Naturmaterialien den Wandel vom aktuellen Wald zu einem Zukunftswald zu modellieren. Ziele der Übung sind das Erfassen des „beständigen Wandels“ am Beispiel des Waldes, Diskussionen über aktuelle und künftige Aufgaben, Funktionen und Entwicklungen des Waldes sowie der Aufbau eines individuellen Zukunftswaldes. Die Übung selbst fördert die Teamarbeit, das Abstraktionsvermögen bzgl. künftiger Entwicklungen, das Prozessverständnis sowie langfristiges Denken und Planen. Die Nachhaltigkeitsrelevanz der Übung besteht vor allem im bewussten Nachvollziehen des „beständigen Wandels“, der Prozessdynamik und der „nachhaltigen Entwicklung“ während der aktiven Gestaltung des eigenen Zukunftswaldes.

Flechten als Symbole für abgestorbene Fichten (Foto: Dr. Stefan Rösler)

Durchführung

„Nur wer die Vergangenheit kennt, kann die Gegenwart verstehen und die Zukunft gestalten" (August Bebel). Im Sinne dieses Zitats baut die Übung „Wirtschaftswald – Zukunftswald" auf einem Abriss der Waldgeschichte auf. Entsprechend stellt der Trainer einführend eine kleine (vorzubereitende) Zeitreise durch die wechselhafte Geschichte des Waldes vor. Dabei orientiert er sich an folgenden in der Beschreibung der Übung ausgeführten Meilensteinen: Naturlandschaft – Kulturlandschaft – Holzertragsorientierte Wirtschaftswälder – Multifunktionale Waldbewirtschaftung – Klimaresiliente Wälder – Zukunftswald. Die Teilnehmer sollten pro Gruppe ein Handy mit Internetzugang bei sich haben.

Nach der einleitenden Kurzdarstellung der Waldgeschichte wird die Übung entlang der folgenden Ablaufschritte durchgeführt:

- Beschreibung der Aufgabe, mithilfe von im Wald zu sammelnden Naturmaterialien einen Wald zu modellieren
- Gemeinsame Wanderung in einen vorher auszusuchenden Wald, der abseits der Hauptwege gut begehbar ist
- Bewusstes Wahrnehmen des aktuellen Ökosystems Wald mit seinen Merkmalen und Strukturen
- Bildung von Kleingruppen (2–5 Personen pro Gruppe) mit Abstand
- Jede Kleingruppe sucht sich eine 1–2 qm große, möglichst wenig bewachsene Fläche auf dem Waldboden aus und markiert diese. Dabei sollte zwischen den verschiedenen Flächen der Gruppen immer ca. 10 Meter Abstand bestehen, damit ein ungestörtes und voneinander unabhängiges Arbeiten möglich ist.
- Interne Diskussion innerhalb der Gruppen über den aktuellen Wald
- Sammeln von Naturmaterialien zur Darstellung des Waldes als Modell (z. B. Längere oder kürzere Nadelbaumzweige als große bzw. kleine Nadelbäume, Ästchen mit Blättern als Laubbäume, Stöckchen als abgestorbene Bäume, Steinmännchen oder Steine als Gebäude, Zapfen als Menschen, Moos als Sträucher, Eicheln, Bucheckern und Früchte als Produkte. Braunes Laub als Ackerfläche etc.)
- Jede Gruppe stellt auf ihrer markierten Fläche den aktuellen Wald als Modell dar
- Diskussion über die Ereignisse, Entwicklungen, Einflüsse, Nutzungen und Bedürfnisse, die auf den Wald einwirken und einwirken könnten sowie Reflexion der Auswirkungen auf den Wald
- Internetrecherche: Wie wird sich der Wald entwickeln und wie könnte bzw. müsste ein stabiler, multifunktionaler und klimaresilienter „Zukunftswald" aussehen?
- Ergänzung bzw. Umbau des bestehenden Waldmodells hin zum „Zukunftswald"
- Gegenseitige Präsentation der Gruppen mit ihren Zukunftswäldern und Vergleich der Modelle
- Diskussion der Zukunftswälder unter Bezug auf konkrete Fragestellungen, z. B. welche Einflüsse und Gefahren bestehen bzw. könnten auftreten? Wie müsste dann der Zukunftswald verändert werden bzw. wie würde er sich entwickeln?
- Abschlussdiskussion: Wie könnte die „nachhaltige Entwicklung" des Waldes aussehen und gibt es einen „nachhaltigen Zukunftswald"?

Praxisschlaglicht

Auch wenn diese Übung für Erwachsene durch das Sammeln von Waldgegenständen und Modellieren eines Waldbildes am Boden zunächst etwas „kindisch" erscheinen mag, fördert sie innerhalb kürzester Zeit eine sehr konkrete Auseinandersetzung mit der aktuellen Situation der Wälder, der auf sie einwirkenden Einflüsse und ihrer Bedeutung für unsere eigene Zukunft. Am Ende dieser Übung bestehen bei den Teilnehmern meist eine deutlich geschärfte Sensibilität und ein erhöhtes Verantwortungsempfinden gegenüber den Wäldern und ein damit einhergehendes Gefühl der Notwendigkeit einer persönlichen „Waldpatenschaft".

Wirkfeld der Methode

- Wirksam für Herausforderungen mit mittlerer Komplexität
- Wirksam für Herausforderungen mit niedriger Komplexität
- Wirksam für nachhaltiges Produktdesign
- Wirksam für nachhaltiges Prozessdesign
- Wirksam für nachhaltiges Business Model Design
- Wirksam für eine Stärkung des Teamgedankens

Transformationsfähigkeit Ihres Teams

- Fördert die Sensibilisierung
- Fördert die allgemeine Transformationsfähigkeit des Teams
- Fördert Umsicht und Weitsicht des Teams
- Fördert die Sozialkompetenz
- Fördert grundlegend die Kreativität
- Fördert offene Mindsets und innovative Denkhaltungen
- Fördert den Austausch im Team
- Sorgt für Inspiration oder bessere Inspirationsempfindlichkeit
- Sorgt für Fokussierung und Entschleunigung
- Zahlt auf eine bessere Vorstellungskraft ein
- Zahlt auf eine bessere Wahrnehmung ein
- Zahlt auf ein positives Zukunftsbild ein
- Erhöht die Lösungsorientierung
- Fördert Prozessverständnis

Einsatzcharakteristik/Arbeitsrahmen

- Austauschfokus: vornehmlich mit internen Personen
- Durchführungszeit: eher mittel (> 1 Stunde bis < 1 Tag)
- Einsatzfrequenz: vornehmlich im einmaligen Einsatz
- Einsatzradius: vornehmlich im Teameinsatz
- Komplexität für den Moderator: eher gering

- Komplexität für die Teilnehmer: eher gering
- Teamgröße: Einzelpersonennutzung möglich
- Teamgröße: Kleingruppe möglich (3 bis 5 Teilnehmer)
- Teamgröße: Maxigruppen möglich (20 bis 40 Teilnehmer)
- Teamgröße: Mittelgroße Teams möglich (5 bis 20 Teilnehmer)
- Vorbereitungszeit: eher gering (< 1 Stunde)

Input für eine zielführende Arbeit mit der Methode

- Aktuell existierende Produkte und Services
- Aktuelle Herausforderung, Leitfrage, Problem
- Existierende Prozesse und Verfahren
- Ideen und Projekte, die zur Umsetzung anstehen

Output und beobachtete Ergebnisse der Methode

- Erzeugt Ideensuchfelder, unentdeckte Probleme, Inspiration
- Erzeugt Leitfragen für die Ideenfindung
- Erzeugt besseren Teamspirit, mehr Offenheit, Inspirationsempfindlichkeit
- Erzeugt eine Vision oder Zukunftsbild
- Erzeugt größere Klarheit zu einem Thema
- Erzeugt motiviertere und transformationsfähigere Teilnehmer
- Fördert Problemanalysen
- Fördert Prozessbewusstsein und Zukunftskompetenz
- Macht Wirkzusammenhänge sichtbar
- Fördert Konzentrationsfähigkeit
- Sensibilisiert für gegenseitige Rücksichtnahme
- Sensibilisiert für Umfeldwahrnehmung
- Fördert Kommunikation und Austausch im Team
- Fördert Abstraktionsvermögen
- Fördert langfristiges Denken und Planen

Hinderniseffekte, auf die die Methode positiv wirkt

- Fördert Erkenntnisgewinn
- Schwächt Konkurrenzdenken
- Schwächt Einzelgängertum
- Schwächt das Leben in der Vergangenheit
- Schärft eine fehlende gemeinsame Ausrichtung
- Stärkt schwache Anreicherungsskills
- Stärkt das Vertrauen im Team
- Schwächt unreflektiertes Agieren
- Reduziert vorhandene Kreativblockaden
- Wirkt fehlender Inspiration entgegen
- Fördert Zuversicht

Mögliche Extravorteile der Methode

- Möglicher Extravorteil für Teams in einer Komfortsituation
- Möglicher Extravorteil für Teams in einer Krisensituation
- Möglicher Extravorteil für innovativ ungeübte Teams
- Möglicher Extravorteil für in Nachhaltigkeitsthemen ungeübte Teams

Quellen

Buch – Business Model Generation. Alexander Osterwalder & Yves Pigneur (campus, 2011)

Buch – Darwin meets Business. Klaus-Stephan Otto & Myra von Ondarza (Dr. Otto Training und Consulting, 2009)

Buch – Das Wald Buch. Esther Gonstalla (oekom–Verlag, 2021)

Buch – Denken und Handeln in Ökosystemen. Klaus-Stephan Otto

Buch – Evolutions-Management. Klaus-Stephan Otto, Uwe Nolting & Christel Bässler (Hanser, 2007)

Buch – Forstliche Bildungsarbeit. Hrsg.: Bayerisches Staatsministerium für Ernährung, Landwirtschaft und Forsten, 8. Aufl. (München, 2017)

Buch – In den Gärten des Managements. Matthias Nöllke (Haufe, 2011)

Buch – Praxishandbuch der Waldpädagogik. Frank Hoffmann (wbv-Media GmbH, 2023)

Buch – Rettet den Wald. Horst Stern et al. (Kindler, 1979)

Buch – Waldwende. Vom Försterwald zum Naturwald. Wilhelm Bode & Martin von Hohnhorst (Beck, 1994)

https://www.oecoach.de/wp-content/uploads/2016/10/20162303_Waldworkshop_Flyer_DINlang-Website.pdf (abgerufen am 20.09.2023)

Organisation – *www.evoco.de*

Organisation – *www.hausdeswaldes.de*

Organisation – *www.natur-coaching.de*

Organisation – *www.naturschule.de*

Organisation – *www.wildpfa.de. Aufbauend auf der Methode „Zukunftswald“ von Frank Hoffmann*

Person – Dr. Stefan Rösler, roesler@oecoach.de

Buch – Otto, Stefan Rösler & Tina Teucher, in: Ternès & Englert (Hrsg.): Integriertes Nachhaltigkeitsmanagement, 183 – 209 (Springer, 2019)

Web – https://de.wikipedia.org/wiki/Geschichte_des_Waldes_in_Mitteleuropa#Brennholz_und_Aschenbrennerei (abgerufen am 01.11.2023)

Web – https://de.wikipedia.org/wiki/Waldsterben (abgerufen am 02.11.2023)

Web – Waldworkshop Von der Natur lernen für Management, Strategie und Teamentwicklung. Stefan Rösler (2016)

Word of the day

EinSatzBeschreibung

Nutzen Sie ein zufällig ausgewähltes Wort als Katalysator für kreatives Denken und Brainstorming, um festgefahrene Denkmuster zu durchbrechen oder neue Perspektiven zu eröffnen.

Working Guide/Anwendungsfelder

P1 Sensibilisierung/Bildung	P2 Matching Recht/Gesetz	P3 Sustainability Roadmap	P4 Produkt/Prozessdesign	P5 Implementierung/Monitoring	P6 Kommunikation	P7 Organisation	P8 Führung	P9 Business Model Design	P10 Skalierung
			X						

Beschreibung

Die Technik „Word of the Day" ist eine Kreativitätsmethode, bei der ein zufälliges Wort ausgewählt wird, um Denkanstöße zu geben oder die kreative Energie zu stimulieren. Das ausgewählte Wort dient als Ausgangspunkt für Brainstorming, Diskussionen oder andere kreative Aktivitäten. Es kann auch verwendet werden, um ein festgefahrenes Denkmuster zu durchbrechen oder neue Perspektiven in einer Diskussion oder einem Projekt zu eröffnen.

In einen nachhaltigen Kontext adaptiert, wird die Generierung von Ideen für nachhaltige Innovationen und Problemlösungen fokussiert. Das zufällig ausgewählte Wort stammt aus einem Pool von Begriffen, die direkt mit Nachhaltigkeit, sozialer Verantwortung oder ökologischem Bewusstsein in Verbindung stehen.

Die Word of the Day-Methode im Kontext der Nachhaltigkeit kann in reguläre Teammeetings integriert werden, etwa in Form eines wöchentlichen *Nachhaltigkeitsmoments*. Hierbei wird zu Beginn des Meetings ein Nachhaltigkeitswort vorgestellt, gefolgt von einer kurzen Brainstorming-Session, in der das Team Ideen generiert, wie dieses Konzept im aktuellen Projekt oder in der allgemeinen Unternehmensstrategie angewendet werden könnte. Dieser Ansatz schafft nicht nur ein Bewusstsein für Nachhaltigkeitsthemen, sondern fördert auch eine Kultur des kreativen und lösungsorientierten Denkens im Hinblick auf ökologische und soziale Herausforderungen.

Durchführung

Diese Methode fördert kreatives Denken durch den Einsatz eines unerwarteten Stimulus.

1. **Wortauswahl:** Ein Wort wird zufällig ausgewählt, entweder aus einem Wörterbuch, einer speziellen Wortliste oder durch eine spezielle Software. Quellen für eine Wortauswahl:

   https://randomword.com

   https://www.nytimes.com/column/learning-word-of-the-day

   https://wortschatz.uni-leipzig.de/de

2. **Kontextualisierung:** Das ausgewählte Wort wird dem Team präsentiert, und seine Bedeutung, Synonyme und Kontext werden kurz erläutert, auch im Kontext von nachhaltiger Entwicklung und verantwortungsbewusster Unternehmensführung.
3. **Brainstorming:** Die Teammitglieder nutzen das ausgewählte Wort als Ausgangspunkt für ein Brainstorming. Sie generieren Ideen, Konzepte oder Lösungen, die in irgendeiner Weise mit dem Wort in Verbindung stehen und die das ausgewählte Wort in einem nachhaltigen Kontext positionieren. Wie kann beispielsweise ein Produkt umweltfreundlicher gestaltet werden oder wie können soziale Aspekte stärker in Unternehmensprozessen verankert werden?
4. **Dokumentation:** Die Ideen, die ein Fokus auf Nachhaltigkeit haben, werden dokumentiert, entweder auf einem Whiteboard, in einem Dokument oder einer spezialisierten Software.
5. **Analyse und Filterung:** Ideen werden daraufhin evaluiert, wie sie zur Erreichung von Nachhaltigkeitszielen oder zur Lösung spezifischer ökologischer oder sozialer Herausforderungen beitragen können.
6. **Weiterentwicklung:** Die am besten geeigneten nachhaltigen Ideen werden ausgewählt und zu konkreten Projektplänen oder Initiativen weiterentwickelt.
7. **Rückblick und Reflexion:** Eine abschließende Diskussion bewertet die Wirksamkeit des Prozesses und die Relevanz der generierten Ideen für die Förderung von Nachhaltigkeit im Unternehmenskontext.

Wirkfeld der Methode

- Wirksam für Herausforderungen mit niedriger Komplexität
- Wirksam für nachhaltiges Produktdesign
- Wirksam für nachhaltiges Servicedesign

Transformationsfähigkeit Ihres Teams

- Fördert die Agilität eines Teams
- Fördert die Teamkreativität
- Sorgt für Inspiration oder bessere Inspirationsempfindlichkeit

Einsatzcharakteristik/Arbeitsrahmen

- Austauschfokus: vornehmlich mit internen Personen
- Durchführungszeit: eher gering (< 1 Stunde)
- Einsatzradius: vornehmlich im Teameinsatz
- Komplexität für den Moderator: eher gering
- Komplexität für die Teilnehmer: eher gering
- Teamgröße: Einzelpersonennutzung möglich
- Teamgröße: Kleingruppe möglich (3 bis 5 Teilnehmer)

- Teamgröße: Maxigruppen möglich (20 bis 40 Teilnehmer)
- Teamgröße: Mittelgroße Teams möglich (5 bis 20 Teilnehmer)
- Vorbereitungszeit: eher gering (< 1 Stunde)

Input für eine zielführende Arbeit mit der Methode

- Aktuelle Herausforderung, Leitfrage, Problem
- Angereicherte Ideen, Ideencluster oder höher integrierte Lösungen

Output und beobachtete Ergebnisse der Methode

- Erzeugt Ideen, Lösungsansätze, Vorideen, Möglichkeiten
- Erzeugt Ideensuchfelder, unentdeckte Probleme, Inspiration
- Erzeugt kollaborative Lösungen und Ideen

Hinderniseffekte, auf die die Methode positiv wirkt

- Verkürzt und durchbricht vorhandene Kreativblockaden
- Wirkt fehlender Inspiration entgegen

Mögliche Extravorteile der Methode

- Möglicher Extravorteil für Teams in einer Komfortsituation
- Möglicher Extravorteil für agile Teams
- Möglicher Extravorteil für in Nachhaltigkeitsthemen ungeübte Teams

Quellen

Person – Helga Katharina Mahler, helga.mahler@gmail.com

ZEDINE-Entscheidungshilfe für Investitionen

EinSatzBeschreibung

Die ZEDINE-Entscheidungshilfe basiert auf dem ZEDINE-Gedankenexperiment und hilft, nachhaltige und dadurch bessere Entscheidungen für Investitionen zu treffen.

Working Guide/Anwendungsfelder

P1 Sensibilisierung/Bildung	P2 Matching Recht/Gesetz	P3 Sustainability Roadmap	P4 Produkt/Prozessdesign	P5 Implementierung/Monitoring	P6 Kommunikation	P7 Organisation	P8 Führung	P9 Business Model Design	P10 Skalierung
X		X	X					X	X

Beschreibung

Bevor Sie diese Entscheidungshilfe nutzen, sollten Sie das ZEDINE-Modell und die Methode inklusive des Gedankenexperiments durchführen!

Investitionen dienen im weitgefassten Sinn der Steigerung von Fähigkeit einer Unternehmung. Traditionell sind für Unternehmen solche Fähigkeiten relevant, die es wirtschaftlicher machen, also z. B. kostengünstiger, effektiver, umsatzstärker oder marktbeherrschender. Sie durften aber im ZEDINE-Modell erfahren, dass neben der Wirtschaftlichkeit auch unternehmerische Fähigkeiten in den Bereichen Digitalisierung, Innovation und Nachhaltigkeit entscheidend für den zukünftigen Erfolg sind.

Als Unternehmer werden Sie häufig konfrontiert sein mit Investitionsentscheidungen, in welche Bereiche Sie wie investieren müssen, damit Ihr Unternehmen zukunftsfähig ist. Sie wollen wissen, wie Sie das Ergebnis Ihrer Investitionen maximieren können. Auf den ersten Blick gibt es anscheinend nun vier konkurrierende Bereiche, in die Sie als Unternehmer investieren können: Wirtschaftlichkeit, Innovationsfähigkeit, Digitalisierung, Nachhaltigkeit.

Einführung

Haben Sie das ZEDINE-Modell und die Methode durchgeführt? Falls ja, dann haben Sie gelernt und erfahren, warum es für Ihr Unternehmen wichtig ist, nicht nur die Wirtschaftlichkeit ständig zu optimieren, sondern weshalb es ebenso erstrebenswert sein muss, so digital wie möglich, so innovativ wie möglich und so nachhaltig wie möglich zu sein. Zudem haben Sie den Grad für jeden Bereich (Wirtschaftlichkeit, Digitalisierung, Innovationsfähigkeit, Nachhaltigkeit) im Vergleich zu einem 100 Prozent-Unternehmen eingeschätzt.

Sie haben also die Überzeugung bzw. den Wunsch die Zukunftsfähigkeit Ihres Unternehmens sowohl wirtschaftlicher, digitaler, innovativer als auch nachhaltiger zu gestalten. Sie fragen sich nun umso mehr, in welchen dieser Bereiche Sie Investitionen in welcher Höhe vornehmen sollten, da doch alle sinnvoll erscheinen.

Die Vorgabe dabei muss sein, dass Ihre Investitionen in die entsprechenden Fähigkeiten Ihres Unternehmens den maximalen zukünftigen Erfolg (ZE) erreichen.

Sie haben gesehen, dass ein Unternehmen, welches einen sehr hohen Grad (100 %) auch nur in einem der drei Bereiche Digitalisierung, Innovationsfähigkeit, Nachhaltigkeit erreichen würde, seinen Markt mit hoher Wahrscheinlichkeit dominiert.

Ebenso haben Sie gelernt, dass die drei Bereiche sowie der Bereich Wirtschaftlichkeit untrennbar miteinander verbunden sind. Alle Bereiche beeinflussen sich gegenseitig positiv und auch negativ.

Folgerichtig ist der zukünftige Erfolg Ihres Unternehmens ein Produkt aus den vier Bereichen Digitalisierung (D), Innovationsfähigkeit (I), Nachhaltigkeit (N). Economy (E) bzw. Wirtschaftlichkeit.

Und jetzt laufen Sie bitte nicht weg, nur weil ein sehr einfaches mathematisches Modell zum Einsatz kommt. Es hilft uns zu bewerten, zu vergleichen und damit die richtige Entscheidung zu treffen.

Die Formel für den zukünftigen Erfolgsindex von Investitionen eines Unternehmens lautet

ZE = D x I x N x E	
ZE	Ist der Index für den **Z**ukünftigen **E**rfolg.
D	steht für den Grad der **D**igitalisierung – es ist eine Verhältniszahl im Vergleich zu einem 100-prozentig digitalisierten Unternehmen
I	steht für den Grad der **I**nnovationsfähigkeit – es ist eine Verhältniszahl im Vergleich zu einem Unternehmen dessen Innovationsfähigkeit bei 100 Prozent liegt.
N	steht für den Grad der **N**achhaltigkeit – es ist eine Verhältniszahl im Vergleich zu einem 100-prozentig nachhaltig agierenden Unternehmen
E	steht für den **E**conomy-Grad, also den Grad der Wirtschaftlichkeit (wie z. B. Umsatz, Kosten, Gewinn, …) im Vergleich zu real existierenden Unternehmen.

Anmerkungen

- Jeder Grad (D, I, N, E) kann maximal den Wert 1 also 100 Prozent annehmen.

- Wenn ein Grad bei 0 Prozent liegt, dann liegt logischerweise auch ZE bei 0 Prozent. In anderen Worten: Ein solches Unternehmen ist nicht zukunftsfähig.
  Eine ähnliche Aussage trifft auch zu, wenn ein Grad sehr klein ist und damit alle Anstrengungen in den anderen Bereichen für ZE, also den „Zukünftigen Erfolg" wirkungslos werden.
- Und weil es tatsächlich manchmal noch gesagt werden muss: Grundsätzlich erhöhen Investitionen in die Steigerung von Fähigkeiten die Zukunftsfähigkeit von Unternehmen. Nicht zu investieren bedeutet, immer zu schrumpfen im Vergleich zu den Marktentwicklungen.

Mit der ZEDINE-Formel haben wir also ein sehr einfaches Instrument, um den zukünftigen Erfolg von Investitionen in den Bereichen Digitalisierung, Innovation, Nachhaltigkeit und Economy (Ökonomie) zu messen und zu vergleichen

Zwei Beispiele:

Das erste Beispiel verdeutlicht den Einsatz der Formel für ein fiktives Unternehmen, welches in seinen zukünftigen Erfolg investiert mit dem Ziel, sich insgesamt um 40 Prozentpunkte zu verbessern. Mittels „ZEDINE-Modell und Methode" wurde ein Wert von 50 Prozent für alle Indizes (D, I, N, und E) ermittelt.

In diesem Fall läge der aktuelle Index für den zukünftigen Erfolg bei ZE = 6 %.

Dieser Wert wird nun mit dem Ergebnis verglichen, nachdem die Investitionen so getätigt wurden, dass sie insgesamt 40 Prozentpunkte Verbesserung erbracht haben. Im Beispiel sind vier unterschiedliche Optionen aufgeführt, in welche Bereiche effektiv investiert wurde:

				Investition:	40
	ZE	D	I	N	E
Aktueller Wert	6,25%	50%	50%	50%	50%
Option 1	11,25%	50%	50%	50%	**90%**
Option 2	12,25%	**70%**	50%	50%	**70%**
Option 3	12,87%	**62%**	**62%**	**54%**	**62%**
Option 4	12,96%	**60%**	**60%**	**60%**	**60%**

Quelle: Thomas Appel Consulting

Ergebnis:

- Würde das Unternehmen in alle vier Grade gleichermaßen investieren, um diese jeweils um 10 Punkte zu erhöhen, dann läge der neue Erfolgsfaktor bei knapp 13 Prozent und hätte sich somit verdoppelt. Im Vergleich mit anderen Optionen, ist dies der beste Wert.
- Den schlechtesten Wert für ZE erzielt ein Unternehmer, wenn er nur in einen Bereich investiert. Nur in die Wirtschaftlichkeit zu investieren und alle anderen Bereiche unberücksichtigt zu lassen, ist die schlechteste Option.
- Wenn Investitionen so getätigt werden, dass alle Bereiche sich gleichermaßen und gleichgewichtig entwickeln, dann führt dies zu einer gegenseitig positiven Beeinflussung.

Was erst auf den zweiten Blick zu sehen ist:

- Märkte, Technologien, Regularien und die daraus resultierenden Möglichkeiten entwickeln sich ständig weiter, sowie auch der Wettbewerb sich kontinuierlich weiterentwickelt. Gleichzeitig wächst und verändert sich der Bedarf der Kunden. Daher: In einen Bereich nicht oder unwesentlich zu investieren, bedeutet gleichzeitig auf Veränderungen nicht vorbereitet zu sein.
- Alle Fähigkeiten wirken gemeinsam positiv auf die zukünftige Entwicklung eines Unternehmens. Somit wird das notwendige Denkprinzip sichtbar: Es ist für einen Entscheider sinnvoll, in alle Fähigkeiten des Unternehmens gleichermaßen zu investieren.

Das zweite Beispiel reflektiert ein Unternehmen mit realistischeren Indizes. Die aktuellen Indizes wurden wie folgt ermittelt:

Wirtschaftlichkeit 60 Prozent; Digitalisierung: 25 Prozent; Innovationsfähigkeit: 10 Prozent; Nachhaltigkeit: 5 Prozent.

In diesem Fall läge der aktuelle Grad für den zukünftigen Erfolg bei 0,08 Prozent.

Dieses Unternehmen möchte sich nun ebenfalls um insgesamt 40 Prozentpunkte in den Indizes verbessern und hat die Herausforderung zu entscheiden, in welche Bereiche investiert werden sollte.

Der aktuelle Wert für ZE wird nun wieder mit einem Ergebnis verglichen, nachdem investiert wurde. In der folgenden Tabelle sind sieben Optionen aufgeführt, wie diese sich für ZE auswirken. Die fett gedruckten Zahlen zeigen an, in welchen Bereich investiert wurde Beispiel: In Option 1 wurden alle Investitionen so getätigt, dass die Wirtschaftlichkeit um 40 Prozentpunkte von 60 Prozent auf 100 Prozent gewachsen ist und somit in alle anderen Bereiche nicht investiert wurde.

				Investition:	40
	ZE	D	I	N	E
Aktueller Wert	0,08%	25%	10%	5%	60%
Option 1	0,13%	25%	10%	5%	**100%**
Option 2	0,18%	**45%**	10%	5%	**80%**
Option 3	0,53%	**37%**	**22%**	**9%**	**72%**
Option 4	0,74%	**35%**	**20%**	**15%**	**70%**
Option 5	0,75%	**25%**	**20%**	**20%**	**75%**
Option 6	1,13%	**30,0%**	**25,0%**	**25,0%**	**60%**
Option 7	1,14%	**26,7%**	**26,7%**	**26,7%**	**60%**

Quelle: Thomas Appel Consulting

Ergebnis:

- Das Unternehmen erreicht den größten Wert für ZE, wenn es die bislang benachteiligten Indizes gleichermaßen stärkt.
- Der Effekt – würde man die Investition erhöhen – wird zusehends größer, bis alle Faktoren gleich groß sind.
- Nachhaltiges Wirtschaften benötigt Innovationskraft für eine sinnvolle Digitalisierung; diese Erkenntnis spiegelt sich auch in den Zahlen für die Zukunftsfähigkeit wider. Oder in anderen Worten: Fehlt ein Faktor, ist alles Handeln nicht zukunftsfähig.

Auf den zweiten Blick:

- Zukünftiger Erfolg wird erreicht, indem die unternehmerischen Steuerungs- und Handlungsoptionen erweitert werden, die zur Optimierung des Unternehmens zur Verfügung stehen.
- Durch die Hinzunahme der Betrachtungs- und Handlungsräume Digitalisierung, Innovation und Nachhaltigkeit sowie die Gleichgewichtung zu dem bestehenden Bereich Wirtschaftlichkeit, stärken Sie als Unternehmer die Fähigkeiten und sichern somit den zukünftigen Erfolg.

ZEDINE-Entscheidungshilfe für Investitionen

Durchführung

1. Führen Sie das „ZEDINE-Modell und Methode" für Ihr Unternehmen durch.
2. Erstellen Sie eine einfache Tabelle wie in den Beispielen oben.
3. Tragen Sie Ihre aktuellen Indizes für D, I, N und E ein.
4. Berechnen Sie Ihren aktuellen Wert für ZE.
5. Testen Sie nun verschiedene Optionen für die Verteilung der Ihnen zur Verfügung stehenden Investitionssumme.
6. Investieren Sie in jene Bereiche, die am wenigsten entwickelt sind, sodass der Index für Ihren zukünftigen Erfolg maximiert wird.

Praxisschlaglicht

Naturgemäß kann man Methoden, insbesondere einfache Methoden wie die ZEDINE-Entscheidungshilfe für Investitionen, auch schnell infrage stellen. Oft existiert nach der Vorstellung von ZEDINE ein Widerstand bei den Stakeholdern eines Unternehmens hinsichtlich der Umsetzung und Anwendbarkeit des ZEDINE-Modells oder auch der Entscheidungshilfe für Investitionen.

Es hilft in diesem Fall immer wieder, die Texte der 100%-Unternehmen von ZEDINE in Erinnerung zu rufen und zu fragen, ob die einzelnen Aussagen so oder ähnlich schon irgendwo einmal beobachtet wurden. Das Internet ist voll von Best Practices und man kann sehr leicht Artikel oder sogar Referenzen dafür finden, die belegen, dass es eine Transformation von Unternehmen, Institutionen, Kunden, Wettbewerbern, etc. in jede dieser Richtungen gibt.

Was am Ende zählt, ist, dass mithilfe des ZEDINE-Modells ein Denkprozess gestartet wird. Wie in jedem Change-Projekt sind daher Ablehnung oder Ängste mit diesem neuen Ansatz vorhanden. Die Texte sowie die eigenen Ergänzungen können und sollten daher immer wieder gelesen werden, um den Gedankenprozess fortzuführen, bis entsprechende Bereitschaft besteht daran mitzuarbeiten.

Wirkfeld der Methode

- Wirksam für Herausforderungen mit hoher Komplexität
- Wirksam für Herausforderungen mit mittlerer Komplexität
- Wirksam für nachhaltiges Produktdesign
- Wirksam für nachhaltiges Servicedesign
- Wirksam für nachhaltiges Business Model Design

Transformationsfähigkeit Ihres Teams

- Fördert die Sensibilisierung
- Fördert die allgemeine Transformationsfähigkeit des Teams
- Sorgt für Inspiration oder bessere Inspirationsempfindlichkeit
- Zahlt auf eine bessere Vorstellungskraft ein
- Zahlt auf eine bessere Wahrnehmung ein
- Zahlt auf ein positives Zukunftsbild ein
- Zahlt auf das Dringlichkeitsempfinden ein
- Erhöht die Lösungsorientierung

Einsatzcharakteristik/Arbeitsrahmen

- Austauschfokus: vornehmlich mit internen und externen Personen
- Durchführungszeit: eher gering (< 1 Stunde)
- Einsatzradius: vornehmlich im projektweiten Einsatz
- Einsatzradius: vornehmlich im unternehmensweiten Einsatz
- Komplexität für den Moderator: eher gering
- Komplexität für die Teilnehmer: eher gering
- Teamgröße: Einzelpersonennutzung möglich
- Teamgröße: Kleingruppe möglich (3 bis 5 Teilnehmer)
- Teamgröße: Maxigruppen möglich (20 bis 40 Teilnehmer)
- Teamgröße: Mittelgroße Teams möglich (5 bis 20 Teilnehmer)
- Vorbereitungszeit: eher gering (< 1 Stunde)

Input für eine zielführende Arbeit mit der Methode

- Aktuell existierende Geschäftsmodelle
- Aktuell existierende Produkte und Services
- Aktuelle Herausforderung, Leitfrage, Problem

Output und beobachtete Ergebnisse der Methode

- Erzeugt Ideen, Lösungsansätze, Vorideen, Möglichkeiten
- Erzeugt transformationsfähigere Organisationen
- Hilft bei Entscheidungen, Bewertungen und Feedback
- Macht Wirkzusammenhänge sichtbar

Hinderniseffekte, auf die die Methode positiv wirkt

- Schafft schnell Klarheit und beschleunigt Erkenntnisgewinn
- Schwächt Angst vor Kritik und Zurückweisung
- Schwächt Verdiskutiererei
- Schwächt das Leben in der Vergangenheit
- Schärft eine fehlende gemeinsame Ausrichtung
- Verringert zu große Komplexitäten

Mögliche Extravorteile der Methode

- Möglicher Extravorteil für Teams mit einer konservativen, tradierten Kultur
- Möglicher Extravorteil für innovativ ungeübte Teams
- Möglicher Extravorteil für in Nachhaltigkeitsthemen ungeübte Teams

Quellen

Person – Thomas Appel Consulting, thoap@tac4u.net

ZEDINE-Modell und -Methode

EinSatzBeschreibung

ZEDINE ist ein Gedankenexperiment, ein Perspektivendreher und ein strategisches Werkzeug zugleich, welches die unzertrennbaren Zusammenhänge zwischen Wirtschaftlichkeit, Digitalisierung, Innovation und Nachhaltigkeit gleichermaßen verdeutlicht, individuelle Maßnahmen vorschlägt und die Unternehmensstrategie nachhaltig ausrichtet und zukunftsfähig macht.

Working Guide/Anwendungsfelder

P1 Sensibilisierung/Bildung	P2 Matching Recht/Gesetz	P3 Sustainability Roadmap	P4 Produkt/Prozessdesign	P5 Implementierung/Monitoring	P6 Kommunikation	P7 Organisation	P8 Führung	P9 Business Model Design	P10 Skalierung
X		X	X					X	X

Beschreibung

Wie gehen Sie Stand heute vor, um die Zukunft Ihres Unternehmens zu planen? Angenommen Sie verfahren wie die meisten Unternehmer, dann verwenden Sie Ihre historischen Zahlen, betrachten die Entwicklungen und die erreichten Ergebnisse und versuchen daraus die zukünftige Entwicklung unter ein paar Annahmen und aktueller Marktdaten zu extrapolieren. Andere würden dazu auch sagen hellsehen oder weissagen.

Doch weder ist Erfolg der Vergangenheit ein Garant für zukünftiges Wachstum noch existiert Wissen über Faktoren, die unvorhergesehen eintreten werden und Ihre 350 Seiten Excel-Planungs-Tapete ad absurdum führen werden. Die aktuellen Beispiele wie die Corona-Pandemie oder geopolitische Konflikte und die daraus resultierende Veränderungen der Weltordnung sind Entwicklungen mit weitreichenden Folgen. Zusätzlich verändern sich auch andere wesentliche Parameter für das erfolgreiche Wirtschaften ständig: Verknappung von Ressourcen, enorme Preissteigerungen von Betriebsmitteln, Engpässe in den Lieferketten, Fachkräftemangel, War of Talents, neue und sich stets verschärfende Regulatorien, Cyberattacken, KIs als zunehmende Herausforderung, Preissteigerungen bei CO_2-Zertifikate, Umweltprobleme aller Orten, … und die Liste lässt sich seitenweise fortführen.

Sie haben nun zwei Möglichkeiten: Entweder Sie versuchen jedes erdenkliche Risiko zu minimieren, entwickeln Handlungsalternativen und lassen all diese Aspekte in Ihre Planung einfließen oder aber Sie gestalten Ihren idealen und zukunftsfähigen Wachstumspfad, indem Sie sich daran orientieren, wie eine ideale Zukunft aussehen sollte. Gemäß den fast annähernd synonymen Zitaten von Abraham Lincoln (früherer US-Präsident) und Alan Kay (Erfinder und Informatiker): „The best way to predict the future is to create/invent it!"

Der Ökonom John Maynard Keynes (Keynesianismus) fügt mit seinem bekannten Zitat folgenden Aspekt hinzu: „Die Schwierigkeit liegt nicht in den neuen Ideen, sondern darin, den alten zu entkommen, die sich für diejenigen, die so erzogen wurden wie die meisten von uns, in jeden Winkel unseres Geistes ausbreiten."

Nehmen wir alle drei Zitate zusammen, so werden wir von den Experten dieser Zitate dazu aufgerufen, die Zukunft unserer Unternehmen immer wieder neu zu gestalten und überkommene Vorgehensweisen abzulegen. Oder in anderen Worten: Die Fähigkeit aufzubauen die Zukunft des Unternehmens zu gestalten, offen für Neues zu sein und diese Fähigkeit stets zu verbessern.

Wenn Sie den Zitatgebern so weit zustimmen, und zur gleichen Schlussfolgerung gelangen, dann ist für Sie unmittelbar klar, dass ein wesentlicher Teil Ihres zukünftigen Erfolges davon abhängt, dass Sie *diese Fähigkeit Ihres Unternehmens* aufbauen und stärken und damit *die Zukunftsfähigkeit Ihres Unternehmens* sichern. Doch wie kann diese Fähigkeit aufgebaut werden, wie aus welchen Teilfähigkeiten setzt sie sich zusammen und wie können Sie erkennen, dass diese für Ihr Unternehmen im Kontext der oben beschriebenen Herausforderungen relevant sind?

Nachdem Sie das hier beschriebene ZEDINE-Modell und Methode anwenden, werden Sie sehen, dass sich die Zukunftsfähigkeit Ihres Unternehmens aus den folgenden Einzelfähigkeiten zusammensetzt: Ökonomische Fähigkeiten, Innovationsfähigkeit, Fähigkeit zur Digitalisierung sowie die Fähigkeit gemäß den ESG-Kriterien nachhaltig zu wirtschaften.

Sie können diese Einzelfähigkeiten und somit die Zukunftsfähigkeit Ihres Unternehmens analysieren, messen und somit stetig verbessern.

ZEDINE ist auch ein Management- und Kommunikationswerkzeug, um veränderte Ziele zu veranschaulichen und damit verbunden eine Veränderung der Kultur, des nachhaltigen Denkens und Handelns zu initiieren.

Die „ZEDINE – Entscheidungshilfe für Investitionen" als Erweiterung des Modells ist eine Art Nachweis, wie Sie im Sinne Ihrer Zukunftsfähigkeit bessere und nachhaltigere Investitionen tätigen.

Durchführung

Sie benötigen:

- ein interdisziplinäres Team von vier bis acht Mitarbeitenden für einen Workshop-Tag (4–6 h)
- fünf leere Flipchart-Seiten („Arbeitsblätter")
- ein großes A0-Brown Paper oder eine beschreibbare Wand
- verschiedenfarbige Klebezettel, Stifte

Selbstverständlich können Sie die Methode sinngemäß auch online/digital durchführen

Arbeitsblatt 1

Arbeitsblatt 2

Arbeitsblatt 3

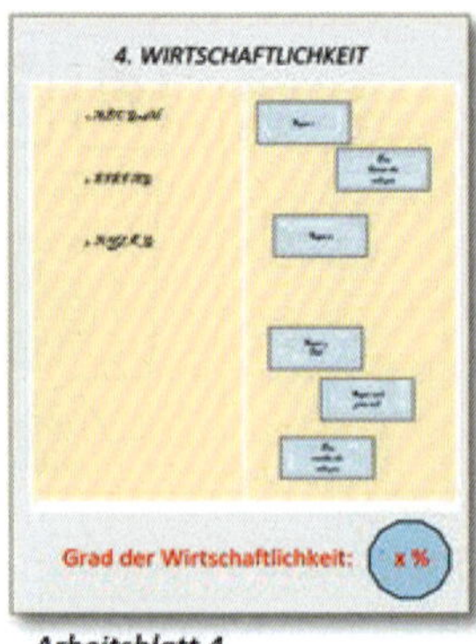

Arbeitsblatt 4

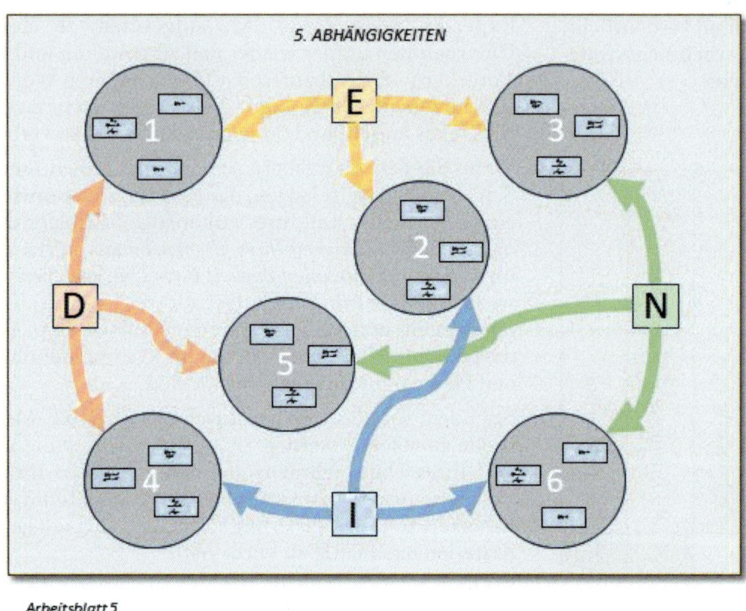

Arbeitsblatt 5

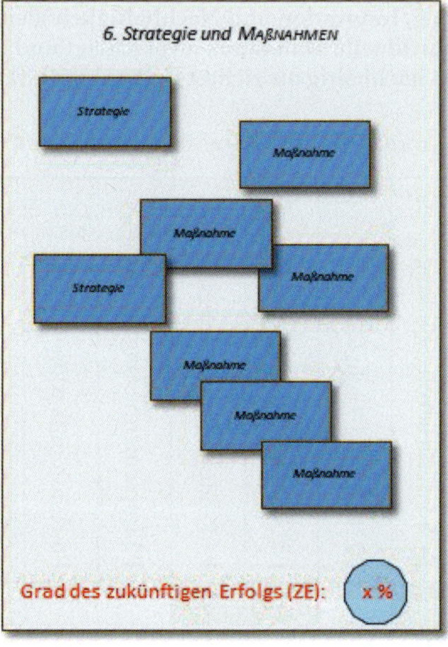

Arbeitsblatt 6

Quelle: Thomas Appel Consulting

Vorbereitung

Drei Arbeitsblätter bereiten Sie wie folgt vor:

- Unterteilen Sie jedes Arbeitsblatt in eine Kopfzeile für die Überschrift, einen Abschnitt „weitere Punkte", einen Abschnitt für „Wertvolle Eigenschaften, Auswirkungen und Maßnahmen" und einen gut sichtbaren Kasten rechts in der Fußzeile.
- Beschriften Sie die Arbeitsblätter:
  - Überschrift Arbeitsblatt 1: „1. Digitalisierung"
  - Überschrift Arbeitsblatt 2: „2. Innovationsfähigkeit"
  - Überschrift Arbeitsblatt 3: „3. Nachhaltigkeit"

Arbeitsblatt 4 bereiten Sie wie folgt vor:

- Dieses Arbeitsblatt besitzt eine Kopfzeile mit der Überschrift „4. Economy/Wirtschaftlichkeit", sowie den gut sichtbaren Kasten rechts in der Fußzeile.
- Den großen Mittelteil des Blattes unterteilen Sie senkrecht in zwei Spalten.

Arbeitsblatt 5 sollten Sie sehr groß gestalten (bspw. ein Brown Paper im A0-Format oder eine große beschreibbare Wand). Bereiten Sie dies wie folgt vor:

- Kopfzeile mit der Überschrift „5. Abhängigkeiten".
- Positionieren Sie vier Kästen auf dem Arbeitsblatt: einen oben, einen unten, einen rechts und einen links.
- Benennen Sie die Kästchen mit „D", „I", „N" und „E"
- Verbinden Sie jedes Kästchen untereinander mit einem dünnen Strich und einem großen Kreis in der Mitte der Verbindung.
- Benennen Sie die Kreise mit den Zahlen 1, 2, 3, 4, 5 und 6.

Arbeitsblatt 6: Dieses Arbeitsblatt erhält die Überschrift „Strategie und Maßnahmen" und einen gut sichtbaren Kasten unten rechts in der Fußzeile.

Hängen Sie alle Arbeitsblätter für alle gut einsehbar an eine (große) Wand.

Teamarbeit:

1. Am Workshop-Tag halten Sie eine kleine Einführung für das Team. Bereiten Sie das Team darauf vor, dass Sie nun gemeinsam die Zukunftsfähigkeit Ihres Unternehmens analysieren, messen und gestalten werden. Eventuell lesen Sie die Beschreibung vor. Erläutern Sie grob den Ablauf, aber erläutern Sie keine Details. Eventuell lockern Sie die Arbeitsatmosphäre vor der ersten Aufgabe zunächst auf.
2. Bearbeiten Sie das Arbeitsblatt 1: Lesen Sie zunächst den Text „Das 100-prozentig digitalisierte Unternehmen" (siehe unten) langsam und laut vor. Keine Kommentare, Fragen oder Diskussionen an dieser Stelle!
3. Erste Team-Aufgabe: Alle Teilnehmenden haben nun drei Minuten Zeit, die Liste aus dem vorgelesenen Text mit eigenen Ideen fortzuführen. Jede Idee wird kurz und knapp auf eine Karte geschrieben, Karten werden gesammelt bis die vorgegebene Zeit (3–4 Min.) um ist.
4. Inspirierender Kontext für die Erstellung:
„Alles, was digitalisiert werden kann, wird digitalisiert."
„Alles, was automatisiert werden kann, wird automatisiert."
5. Die Teilnehmenden kleben ihre Zettel nacheinander – mit einer kurzen Erläuterung je Zettel – in den obersten Kasten („Weitere Punkte") des Arbeitsblattes „Digitalisierung". Ähnliche Zettel werden gruppiert.
6. Diskutieren Sie im Anschluss gemeinsam die folgenden Fragen im Kontext „Ein 100-prozentig digitalisiertes Unternehmen ist in seinem Markt dominierend!" und halten Sie Ergebnisse auf weiteren Zetteln fest:
Welche Eigenschaften eines 100%-prozentig digitalen (/innovativen/nachhaltigen) Unternehmens wären auch für Ihr eigenes Unternehmen wertvoll?
Welche Wirkungen hätte das Vorhandensein der jeweiligen Eigenschaft für das eigene Unternehmen, die Kunden, den Wettbewerb, den Markt?
Wie könnten Sie diese Eigenschaften realisieren (inkl. den Prozess zur Erlangung dieser Eigenschaft starten)? Was müssten Sie dafür tun? Schreiben Sie einen Zettel und kleben ihn auf Arbeitsblatt 5.
7. Schreiben Sie Zettel mit den Antworten und kleben Sie diese gruppiert in den zweiten Abschnitt.
8. Basierend auf Ihren Antworten und im Vergleich zu dem 100-prozentig digitalisierten Unternehmen aus dem Text schätzen Sie nun den Grad der Digitalisierung Ihres Unternehmens ab, und schreiben dieses Ergebnis in den Kasten unten rechts.
9. Wiederholen Sie die Schritte 2. bis 8. sinngemäß für das Arbeitsblatt „2. Innovationsfähigkeit" unter Verwendung des Textes „Das Unternehmen mit einer 100-prozentigen Innovationsfähigkeit" (siehe unten) und dem Kontext: „Innovationen revolutionieren Märkte und verändern alles – siehe Telefon, Computer, Fahrrad, Fernseher, Smartphone, Auto, Uber, AirBnB, ...". Ermitteln Sie den Grad der Innovationsfähigkeit in Ihrem Unternehmen und schreiben Sie das Ergebnis in den Kasten unten rechts.
10. Wiederholen Sie die Schritte 2. bis 8. sinngemäß für das Arbeitsblatt „3. Nachhaltigkeit" unter Verwendung des Textes „Das 100-prozentig nachhaltige Unternehmen" (siehe unten) und dem Kontext „There is no Planet B"/„Nur wenn es nachgewiesenermaßen nachhaltig ist, darf es verkauft werden"/„Nur wenn es nachgewiesenermaßen nachhaltig ist, wird es nachgefragt." Ermitteln Sie den Grad der Nachhaltigkeit in Ihrem Unternehmen und schreiben Sie das Ergebnis in den Kasten unten rechts.
11. Bearbeiten Sie als Nächstes das Arbeitsblatt 4 „4. Economy/ Wirtschaftlichkeit"
12. Sammeln Sie Beispiele für Unternehmen, die in Ihrer Branche die Besten im Bereich Wirtschaftlichkeit sind.
13. Schreiben Sie diese Unternehmen in der linken Spalte auf und kleben Sie die geschriebenen Zettel mit den positiven Beispielen in die rechte Spalte.
14. Diskutieren Sie im Anschluss die Frage: Sind diese wirtschaftlichen Faktoren einem der Bereiche Digitalisierung, Innovationsfähigkeit oder Nachhaltigkeit zuzuordnen?
15. Falls ja, markieren Sie den Zettel entsprechend.
16. Diskutieren Sie im Team die Frage: Welche der gefundenen Faktoren können Sie implementieren und warum haben sie das nicht bereits getan?
17. Ermitteln Sie Ihren Index der Wirtschaftlichkeit im Verhältnis zu diesen Unternehmen und tragen diesen in den Kasten unten rechts ein.
18. Arbeitsblatt 5: Finden Sie je drei Eigenschaften, wie sich die vier Bereiche gegenseitig positiv beeinflussen. Dazu nehmen Sie Ihre Ergebnisse und die Aussagen aus dem jeweiligen vorgelesenen Text und diskutieren. welche Faktoren aus E, D, I oder N sich auf die jeweiligen Nachbarn auswirken und umgekehrt. Finden Sie für jeden Kreis 1,2,3,4,5 auf dem Arbeitsblatt 5 jeweils drei Faktoren, die sich sowohl auf den einen als auch auf den anderen Bereich auswirken.
19. Arbeitsblatt 6: Strategie und Maßnahmen: Ermitteln Sie Ihren Grad des zukünftigen Erfolgs mit der Formel
$$ZE = D \times I \times N \times E$$
Was müssen Sie tun, um den ermittelten Wert zu steigern? Diskutieren Sie, welche der doppelt wirksamen Faktoren sich in Ihrem Unternehmen mit dem geringsten Aufwand realisieren lassen und definieren Sie Strategien und Maßnahmen.
20. Behalten Sie alle Ergebnisse und definieren Sie in regelmäßigen Abständen ein Review der vereinbarten Strategien und Maßnahmen. Messen Sie somit auch regelmäßig neu die verschiedenen Grade.
21. *Gedankenexperiment*: Sie können ZEDINE auch als reines Gedankenexperiment verwenden. Als Inspiration oder um in Diskussionen Menschen zu einem neuen Denken anzuregen, kann es vollkommen ausreichend sein, die drei Texte vorzulesen und anschließend gemeinsam darüber zu reflektieren.

Text – Das 100-prozentig digitalisierte Unternehmen:

- Der digitale Zwilling dieses Unternehmens gibt vollständige Transparenz in alle Unternehmensbereiche, seine Lieferketten sowie zum Status der Produkte beim Kunden.
- Roboter, Sensoren, Smart Devices, KIs und Online-Prozesse unterstützen und automatisieren Planung, Einkauf, Produktion, Distribution, Service und Vermarktung.
- Vernetzte Maschinen und Geräte arbeiten in fast allen Bereichen autonom, erstellen kundenindividuelle, smarte Produkte, planen die Produktion und lösen Bestellprozesse in Abhängigkeit der digital erfassten Nachfrage aus.
- Die kontinuierliche und weit fortgeschrittene Digitalisierung bewirkt eine zunehmende Dematerialisierung und senkt damit kontinuierlich den Ressourcenverbrauch.

- Daten-basierte Algorithmen optimieren ständig sowohl die Produkte als auch den Herstellungs- und Vermarktungsprozess in Abhängigkeit von aktuellen und vorhergesagten Rohstoff- oder Vorproduktpreisen. Zudem optimieren sie Kosten für Kapital, Produktion und Betriebsmittel auf Basis der vorhergesagten Nachfrage am Markt.
- Mitarbeitende eines 100-prozentig digitalisierten Unternehmens werden von Routineaufgaben durch digitale Assistenten und KIs befreit.
- Spezialisierte KIs unterstützen Spezialisten bei hochkomplexen Aufgabestellungen
- Das 100-prozentig digitale Unternehmen ist sehr nachhaltig. So kennt es z. B. seine IST-Werte an THG-Emissionen auf das Gramm genau, weiß wo und weshalb diese entstehen, und kann sie so zunehmend vermeiden.

Text – Das Unternehmen mit einer 100-prozentigen Innovationsfähigkeit:

- Dieses Unternehmen ist in der Lage, alle für sein Geschäft relevanten Trends instantan zu entdecken, richtig zu bewerten und vorrausschauend in neue Märkte, Produkte und Services zu übersetzen.
- Es ist fähig, den Bedarf eines jeden bestehenden Kunden stets vollständig zu erfassen und entsprechend seine Produkte und Dienstleistungen darauf zu adaptieren.
- Schon in einer sehr frühen Phase erkennt ein 100-prozentig innovatives Unternehmen die Potenziale von neuen Technologien für die Erweiterung seiner Geschäfte.
- Das Unternehmen entdeckt und liefert laufend Mehrwerte für seine Kunde, die sehr schnell bereit sind, dafür auch mehr zu bezahlen.
- Auf Veränderungen in den Märkten durch Regulatorien oder durch externe Einflüsse kann das Unternehmen aufgrund seiner Innovationsfähigkeit, seiner Erfahrung mit der Innovationsentwicklung und seinen daraus entwickelten Innovationsfertigkeiten sehr schnell reagieren.
- Aufgrund der sehr hohen Innovationsfähigkeit kann das Unternehmen sich sehr viel schneller zu einem 100-prozentig digitalen Unternehmen transformieren.
- Aufgrund der sehr hohen Innovationsfähigkeit kann das Unternehmen sich sehr viel schneller zu einem 100-prozentig nachhaltigen Unternehmen entwickeln.

Text – Das 100-prozentig nachhaltige Unternehmen:

- Dieses Unternehmen ist energetisch autark und erzeugt den von ihm benötigten Strom mittels eigener erneuerbarer Quellen.
- Es ist zudem energetisch voll optimiert aufgrund modernster Herstellungsverfahren, neuster Maschinen, nachhaltig optimierter Logistik und hocheffizienter Digitalisierung aller Prozesse.
- Das nachhaltige Unternehmen entwickelt und nutzt neuartige Materialien aus regenerativen Quellen.
- Es hat einen 100-prozentigen Rohstoffkreislauf implementiert und erzeugt somit keinerlei Abfall.
- Eine erhöhte Nachfrage nach seinen ökologisch einwandfreien Produkten und damit an mehr Rohstoffen deckt das Unternehmen aus dem Recycling von Altprodukten z. B. der Wettbewerber oder aus Abfallprodukten von Firmen, die bei ihrer Herstellung noch sehr viel mehr Rohstoffe verbraucht haben als moderne Produkte heute benötigen.
- Das ideal nachhaltige Unternehmen verbraucht kein Wasser, es stellt aufgrund von entsprechenden Technologien selbst Wasser, Energie oder andere nachhaltige Stoffe sozusagen als Überschuss aus seiner Produktion her, die für neue Umsätze und Gewinne sorgen.
- Das Unternehmen hat immer die motiviertesten Mitarbeitenden aufgrund seiner nachhaltigen Gestaltung von Arbeit, Gleichberechtigung, sozialen Wirtschaftens und Gestaltens von Produkten und Services.
- Dieses Unternehmen erhält aufgrund seiner 100-prozentigen Orientierung an den Sustainable Development Goals und einer extrem hohen ESG-Bewertung sehr günstige Gelder von nachhaltig orientierten Investoren für die weitergehende Technologisierung zugunsten eines fortschreitend nachhaltigeren Wirtschaftens, sowie aus den Fördertöpfen von EU, Bund und Ländern.
- Das Unternehmen ist auch deshalb 100-prozentig nachhaltig, weil es seine Wertschöpfungskette ständig unter Einsatz aktueller Erkenntnisse innoviert.

Praxisschlaglicht

Teilnehmende sind nach einer kurzen Anlaufphase sehr oft kaum mehr zu halten und sprudeln nur so von Ideen und Vorstellungen, wie fiktive 100-prozentige Unternehmen aussehen könnten. Wenn es sehr viele Karten gibt, dann sollte man sie sehr gut zusammenfassen, bevor man in die Diskussion dazu geht.

Es sollte sich auch herauskristallisieren, dass ein Unternehmen, welches im Vergleich zu anderen Unternehmen mit einem hohen Grad an Digitalisierung, Innovationsfähigkeit oder Nachhaltigkeit unterwegs ist, gleichzeitig auch wesentlich wirtschaftlicher agieren und sehr hohe Gewinne erzielen würde.

Es ist folgerichtig auch klar, dass z. B. ein Unternehmen mit einem Digitalisierungsgrad von 50 Prozent im Vergleich zu einem 12,5-prozentig digitalisierten Marktbegleiter klar im Vorteil ist.

Auch wenn 100 %-Werte wohl kaum zu erzielen sind, kann man sich sofort vorstellen, wie ein solches Unternehmen wohl aussehen würde, welches jeweils nur einen dieser Werte auf einem hohen Niveau hätte.

Schnell sind in diesem Fall auch die Abhängigkeiten zwischen den vier Bereichen Wirtschaftlichkeit, Digitalisierung, Innovationsfähigkeit und Nachhaltigkeit ersichtlich.

Wirkfeld der Methode

- Wirksam für Herausforderungen mit hoher Komplexität
- Wirksam für Herausforderungen mit mittlerer Komplexität
- Wirksam für Herausforderungen mit niedriger Komplexität
- Wirksam für nachhaltiges Produktdesign
- Wirksam für nachhaltiges Servicedesign
- Wirksam für nachhaltiges Business Model Design

Transformationsfähigkeit Ihres Teams

- Fördert die Sensibilisierung
- Fördert die Agilität eines Teams
- Fördert die allgemeine Transformationsfähigkeit des Teams
- Fördert offene Mindsets und innovative Denkhaltungen
- Sorgt für Inspiration oder bessere Inspirationsempfindlichkeit

- Zahlt auf eine bessere Vorstellungskraft ein
- Zahlt auf eine bessere Wahrnehmung ein
- Zahlt auf ein positives Zukunftsbild ein
- Zahlt auf das Dringlichkeitsempfinden ein
- Erhöht die Lösungsorientierung

Einsatzcharakteristik/Arbeitsrahmen

- Austauschfokus: vornehmlich mit internen und externen Personen
- Durchführungszeit: eher gering (< 1 Stunde)
- Einsatzfrequenz: vornehmlich im einmaligen Einsatz
- Einsatzradius: vornehmlich im Teameinsatz
- Einsatzradius: vornehmlich im projektweiten Einsatz
- Komplexität für den Moderator: eher gering
- Komplexität für die Teilnehmer: eher gering
- Teamgröße: Einzelpersonennutzung möglich
- Teamgröße: Großgruppen möglich (> 50 Teilnehmer)
- Teamgröße: Kleingruppe möglich (3 bis 5 Teilnehmer)
- Teamgröße: Maxigruppen möglich (20 bis 40 Teilnehmer)
- Teamgröße: Mittelgroße Teams möglich (5 bis 20 Teilnehmer)
- Vorbereitungszeit: eher gering (< 1 Stunde)

Input für eine zielführende Arbeit mit der Methode

- Aktuell existierende Geschäftsmodelle
- Aktuell existierende Produkte und Services
- Aktuelle Herausforderung, Leitfrage, Problem

Output und beobachtete Ergebnisse der Methode

- Erzeugt Ideen für neue Märkte und neue Business Modelle
- Erzeugt Ideen, Lösungsansätze, Vorideen, Möglichkeiten
- Erzeugt Ideensuchfelder, unentdeckte Probleme, Inspiration
- Erzeugt Leitfragen für die Ideenfindung
- Erzeugt Nutzenfunktionen und Bedürfniskorridore
- Erzeugt kollaborative Lösungen und Ideen
- Erzeugt neues Wissen und neue Erfahrungen
- Erzeugt spezifischere Leitfragen, Ideen und Aussagen
- Erzeugt eine Vision oder Zukunftsbild
- Erzeugt transformationsfähigere Organisationen
- Erzeugt motiviertere und transformationsfähigere Teilnehmer
- Hilft bei Entscheidungen, Bewertungen und Feedback
- Macht Wirkzusammenhänge sichtbar

Hinderniseffekte, auf die die Methode positiv wirkt

- Dynamisiert und aktiviert wenig dynamische Teams
- Fördert die Agilität der Teilnehmer
- Schafft schnell Klarheit und beschleunigt Erkenntnisgewinn
- Schwächt Verdiskutiererei
- Schwächt das Leben in der Vergangenheit
- Schärft eine fehlende gemeinsame Ausrichtung
- Verkürzt und durchbricht vorhandene Kreativblockaden
- Verringert zu große Komplexitäten
- Wirkt fehlender Inspiration entgegen
- Fördert Optimismus und Zuversicht

Mögliche Extravorteile der Methode

- Möglicher Extravorteil für Teams mit einer konservativen, tradierten Kultur
- Möglicher Extravorteil für innovativ ungeübte Teams
- Möglicher Extravorteil für in Nachhaltigkeitsthemen ungeübte Teams

Quellen

Buch – Waste to Wealth. Lacy, P. & Rutqvist (Palgrave Macmillan, 2015)

Artikel – Nidumolu, R., Prahalad, C. K. & Rangaswami, M. R. Why Sustainability is Now the Key Driver of Innovation. Harvard Business Review, 87(9), 56-64 (2009)

Artikel –Porter, M. E., & Kramer, M. R. Creating Shared Value. Harvard Business Review, 89(1/2), 62-77 (2011)

Buch –Digitalization, Responsibility and Sustainable Management. Schmidpeter, R., Capaldi, N., Idowu, S. O., & Herrera, A. S. (Hrsg.), (Springer, 2017)

Buch – The Fourth Industrial Revolution. Schwab, K. (World Economic Forum, 2016)

Buch – Managing Innovation. Tidd, J. & Bessant, J. (Wiley, 2018).

Buch – Leading Digital. Westerman, G., Bonnet, D., & McAfee, A. (Harvard Business Review Press, 2014)

Person – Thomas Appel Consulting, thoap@tac4u.net

Web – https://www.accenture.com/us-en/blogs/accenture-research/how-a-flood-at-home-showed-me-the-urgency-of-sustainability-efforts-using-technology (abgerufen am 01.08.2023)

Web – https://www.accenture.com/us-en/insights/five-key-forces-of-change (abgerufen am 01.08.2023)

Web – https://www.accenture.com/us-en/insights/strategy/european-double-up (abgerufen am 01.08.2023)

Web – https://www.accenture.com/us-en/ (Hier Suche nach „Profitability + Innovation + Susatainability + Digitalisation")

Web – https://www.ellenmacarthurfoundation.org/publications

Zeitreise

EinSatzBeschreibung

Ein Blick in eine Cradle-to-Cradle-Welt, die nach kreislaufwirtschaftlichen Prinzipien funktioniert und damit eine Vision einer möglichen und erstrebenswerten Zukunft entstehen lässt.

Working Guide/Anwendungsfelder

P1 Sensibilisierung/Bildung	P2 Matching Recht/Gesetz	P3 Sustainability Roadmap	P4 Produkt/Prozessdesign	P5 Implementierung/Monitoring	P6 Kommunikation	P7 Organisation	P8 Führung	P9 Business Model Design	P10 Skalierung
X									

Beschreibung

Die Zukunftsreise ist eine Einstiegsmethode in das Thema „Cradle to Cradle“, ein von Michael Braungart und William McDonough entworfener Ansatz zur Kreislaufwirtschaft.

Die Cradle-to-Cradle NGO bietet in ihrer Bildungsinitiative diese Sensibilisierungsmethode an, um Menschen gedanklich mit einigen Aspekten des Kreislaufkonzepts anhand lebensweltnaher Beispiele in Kontakt zu bringen. Die Methode verdeutlicht Problemfelder, für die es in Zukunft dank einer Kreislaufwirtschaft Lösungen geben kann, beziehungsweise heute schon teilweise gibt.

Die Zukunftsreise wird einer Gruppe vorgelesen und anschließend gemeinsam mit der Gruppe reflektiert. Dies funktioniert am besten, wenn sich die Teilnehmenden in einer entspannten Umgebung, eventuell sogar mit geschlossenen Augen, auf die Bilder der Zeitreise konzentrieren können. Lassen Sie sich beim Vorlesen Zeit, damit die Teilnehmenden alles gut verstehen und ihre Vorstellungskraft wirken lassen können. Sie können optional auch die Zeitreise zum Mitlesen verteilen, falls die Teilnehmenden Schwierigkeiten haben, sich auf rein auditive Impulse zu konzentrieren. Zudem können Sie sich dafür entscheiden, entweder die gesamte Zeitreise oder auch nur aus Ihrer Sicht wichtige Teile vorzulesen.

Nach der Zeitreise lässt sich besonders gut ein Informationsblock zum Cradle-to-Cradle-Ansatz anschließen, um mit den Teilnehmenden tiefer in die kreislaufwirtschaftlichen Prinzipien einzusteigen und eigene Ideen für ein kreislauffähiges Unternehmen zu entwickeln.

Durchführung

Schritt 1: Bereiten Sie die Teilnehmenden auf das Vorlesen einer Zeitreise vor. Sie können dazu folgenden Text verwenden:

„Ich möchte euch heute mit auf eine Reise in die Zukunft nehmen. In welches Jahr genau, das kann sich jeder von euch selbst vorstellen. Es ist nicht direkt morgen oder nächste Woche, aber auch nicht erst in hundert Jahren. In der Welt, in die wir gedanklich reisen, ist Einiges anders als heute, vor allem im Bereich Nachhaltigkeit, Umweltschutz und Klimawandel. Viele Probleme von heute, die uns beunruhigen, sind in dieser Zukunftswelt gelöst worden. Überhaupt gibt es dort viele Dinge, die nicht nur weniger schlecht für unseren Planeten sind, sondern sogar richtig gut und die einen positiven Beitrag z. B. für das Klima und die Umwelt leisten. Diese positiven Entwicklungen werden durch ein Konzept namens Cradle-to-Cradle möglich. Ihr müsst zunächst gar nicht genau wissen, worum es dabei geht, sondern euch nur auf die folgende Vision einlassen. Schließt also eure Augen, wenn ihr möchtet, und lasst in eurem Kopf Bilder entstehen.“

Schritt 2: Lassen Sie die Teilnehmenden während des Vorlesens alle Aspekte notieren, die ihnen auffallen. Machen Sie folgende Hilfsfragen, bspw. auf einem Flipchart, gut sichtbar:

- Wie gehen wir in der Zukunftswelt mit Materialien um?
- Wie denken wir unsere Systeme?
- Was ist anders als heute?

Schritt 3: Lesen Sie die Zukunftsreise langsam und deutlich vor. Nehmen Sie sich Zeit und lassen Sie die entstehenden Bilder wirken:

ZUKUNFTSREISE

In einem Land nach unserer Zeit
Blick in eine Cradle to Cradle-Welt.

Text zur Anleitung der Zukunftsreise

Ich möchte euch heute mit auf eine Reise in die Zukunft nehmen. In welches Jahr genau, das kann sich jede*r von euch selbst vorstellen. Es ist nicht direkt morgen oder nächste Woche, aber auch nicht erst in hundert Jahren. In der Welt, in die wir gedanklich reisen, ist Einiges anders als heute, vor allem im Bereich Nachhaltigkeit, Umweltschutz und Klimawandel. Viele Probleme von heute, die uns beunruhigen, sind in dieser Zukunftswelt gelöst worden. Überhaupt gibt es dort viele Dinge, die nicht nur weniger schlecht für unseren Planeten sind, sondern sogar richtig gut und die einen positiven Beitrag z. B. für das Klima und die Umwelt leisten. Diese positiven Entwicklungen werden durch ein Konzept namens Cradle to Cradle möglich. Ihr müsst zunächst gar nicht genau wissen, worum es dabei geht, sondern euch nur auf die folgende Vision einlassen. Schließt also eure Augen, wenn ihr möchtet, und lasst in eurem Kopf Bilder entstehen.

Stellt euch vor, wir leben in einer **Welt ohne Müll**. Natürlich wird es teilweise noch so etwas wie Verpackungen, Flaschen, kaputte Kleidung oder alte Fahrradreifen geben. Aber die Einzelteile der Produkte, die ihr nicht mehr gebrauchen könnt, werden konsequent als Grundstoffe für neue Produkte genutzt.

Wenn ihr etwas einkauft, das aus Hygiene- oder Transportgründen eine Verpackung braucht, wie z. B. Joghurt im Einkaufsladen oder Medikamente in der Apotheke, könnt ihr die Verpackung später bei euch zu Hause in den **Biomüll** oder auf den **Gartenkompost** werfen. Daraus entsteht dann neue Nahrung für Pflanzen, es können damit z. B. Blumen, Obst und Gemüse angebaut werden. Und wenn eine Verpackung nicht biologisch abbaubar ist, ist diese aus einem Material gemacht, das einfach zu einer neuen Verpackung **recycelt** wird. Somit wird das alte Material als Grundstoff für neues weiterverwendet. Als Nährstoff für neue Verpackungen, Kleidung oder Möbel sind die Materialien weiterhin wertvoll, auch wenn die Dinge für euch unbrauchbar geworden sind. In der Zukunft sagen wir "Tschüss" zum Müll und leben in einer **Welt der Nährstoffe**.

CRADLE TO CRADLE NGO — TEXT 1/4 — ZUKUNFTSREISE

Quelle: Cradle-to-Cradle NGO

„Stellt euch vor, wir leben in einer Welt ohne Müll. Natürlich wird es teilweise noch so etwas wie Verpackungen, Flaschen, kaputte Kleidung oder alte Fahrradreifen geben. Aber die Einzelteile der Produkte, die ihr nicht mehr gebrauchen könnt, werden konsequent als Grundstoffe für neue Produkte genutzt.

Wenn ihr etwas einkauft, das aus Hygiene- oder Transportgründen eine Verpackung braucht, wie z.B. Joghurt im Einkaufsladen oder Medikamente in der Apotheke, könnt ihr die Verpackung später bei euch zu Hause in den Biomüll oder auf den Gartenkompost werfen. Daraus entsteht dann neue Nahrung für Pflanzen, es können damit z.B. Blumen, Obst und Gemüse angebaut werden. Und wenn eine Verpackung nicht biologisch abbaubar ist, ist diese aus einem Material gemacht, das einfach zu einer neuen Verpackung recycelt wird. Somit wird das alte Material als Grundstoff für neues weiterverwendet. Als Nährstoff für neue Verpackungen, Kleidung oder Möbel sind die Materialien weiterhin wertvoll, auch wenn die Dinge für euch unbrauchbar geworden sind. In der Zukunft sagen wir „Tschüss" zum Müll und leben in einer Welt der Nährstoffe.

In dieser Cradle to Cradle-Welt gilt das gleiche Prinzip für eure Kleidung: wenn euer Lieblings-T-Shirt kaputt ist, ihr es nicht mehr tragen oder weitergeben möchtet, könnt ihr es auf den Gartenkompost oder in die Biotonne werfen. Viele Materialien, aus denen Kleidungsstücke gemacht sind, sind nämlich biologisch abbaubar und gesund für euch und die Natur. Das ist auch wichtig, weil eure Kleidung bei jedem Waschgang Tausende von Mikrofasern verliert, die später zu Teilen in der Natur, z.B. in den Meeren landen. Wenn sie aus biologisch abbaubaren Materialien bestehen, richten sie dort keinen Schaden an, sondern werden zersetzt und verwandeln sich sogar in Nährstoffe.

Noch besser ist es aber, wenn die Herstellenden das T-Shirt irgendwann zurücknehmen und es zu einem neuen Kleidungsstück recyceln. Das geht ein paar Mal. Wenn die Textilfasern zu kurz geworden sind, kann das T-Shirt dann immer noch auf dem Kompost gebracht werden. In einem solchen System werden alle Materialien in endlosen Kreisläufen geführt: Das schont Rohstoffe, wie z.B. die Baumwolle für euer T-Shirt, die so nicht immer wieder neu angebaut und geerntet werden muss – denn das verbraucht viel Wasser und gibt den Böden nicht genug Zeit sich zu erholen. Außerdem entsteht weniger Müll, der irgendwie entsorgt werden muss.

Stellt euch weiterhin vor, dass ihr euer neues T-Shirt ohne Waschen direkt nach dem Kauf anziehen könnt. Weil ihr wisst, dass es sauber und ungefährlich für eure Gesundheit ist. Es enthält nur getestete Farben und Stoffe, die sich angenehm auf der Haut tragen lassen und gesund sind. Daher riecht es auch, wenn ihr es online bestellt habt, beim Auspacken einfach gut und nicht nach Chemie und Plastik. Auch die Personen, die z.B. die Baumwolle für das T-Shirt ernten oder den Stoff färben, behandeln die Pflanzen, wenn nötig, nur mit natürlichen Schutz- und Düngemitteln. Sie bearbeiten den Stoff mit Farben, die für ihre Gesundheit ungefährlich sind. Außerdem arbeiten diese Personen unter guten Bedingungen und verdienen einen fairen Lohn. So könnt ihr ein cooles und rundum gutes T-Shirt tragen – das ist am Anfang vielleicht ein bisschen teurer, aber dafür gehen diese Kosten nicht mehr zu Lasten der Umwelt oder der Menschen, die euer T-Shirt herstellen.

Auch alle Kosmetik- und Reinigungsprodukte, die ihr täglich benutzt, wie Zahnpasta, Shampoo, Make-Up oder Seife, sind umweltfreundlich und getestet. Sie enthalten nur gesunde und natürliche Inhaltsstoffe, die sich angenehm auf der Haut oder in den Haaren anfühlen. Sie verursachen keine Allergien und sind ungefährlich für uns, wenn wir sie einatmen. Wenn sie ins Abwasser und darüber in unsere Flüsse, Seen und Meere gespült werden, sind sie auch dort völlig unschädlich. Außerdem zersetzen sich die biologisch abbaubaren Stoffe in der Natur und werden somit zu Nährstoff für Pflanzen und Tiere.

Auch die Städte in unserer Cradle to Cradle-Welt sehen anders aus und dort leben wir auch besser: die Luft, z.B. ist sauber und frisch. Das ist gut für die Gesundheit der Bewohner und Atemwegs- bzw. Lungenerkrankungen oder Asthma auf Grund von Luftverschmutzung gibt es nicht. Das liegt zum Beispiel daran, dass der Abrieb von Autoreifen heute keine umwelt- und gesundheitsschädlichen Stoffe, wie z.B. Schwermetalle, enthält.

Stellt euch vor, direkt neben unseren Autobahnen wächst Obst und Gemüse, das wir bedenkenlos essen können: denn in unserer Welt fahren Autos nicht mehr mit Verbrennungsmotoren und Benzin und stoßen daher keine giftigen Abgase aus. In der Cradle to Cradle-Zukunft wird jede Form der Energie aus unerschöpflichen natürlichen Quellen gewonnen, die jeden Tag zur Verfügung stehen: Sonne, Wind und Wasser werden genutzt, um Strom zu erzeugen, damit wir Licht haben und heizen können. Es gibt effiziente Systeme, die diese erneuerbaren Energien speichern und von A nach B transportieren, die uns zuverlässig u.a. mit Strom versorgen. Diese Art der Energieerzeugung ist umweltfreundlich und schützt das Klima und unsere Luftqualität.

An dem Ort, an dem ihr lebt, ist alles aus gesunden Materialien gebaut. Die Stadt ist wie ein Wald und es gibt Häuser wie Bäume: Diese sind z.B. aus Holz. So ist es im Inneren zu jeder Jahreszeit richtig angenehm, denn durch das Holz ist es im Sommer nicht zu heiß und im Winter wird die Wärme gespeichert und es ist nicht zu kalt. Zusätzlich wird manchmal auch durch natürliches Material wie Seegras gedämmt. Ihr könnt auf eine Klimaanlage verzichten und manchmal auch auf die Heizung, das ist gut für eure Stromrechnung und die Umwelt. Die Außenfassaden und Dächer der Häuser sind mit Pflanzen begrünt und schaffen daher mehr Biodiversität, d.h., dass z.B. Insekten und kleinere Tiere wie Vögel dort leben können und ein Ökosystem bilden. Jedes Gebäude erzeugt außerdem Energie, z.B. durch Solaranlagen auf dem Dach. Und durch Wasserfilter und Pflanzenkläranlagen wird aus Regenwasser Trinkwasser und aus Abwasser wieder sauberes Wasser. Die Toiletten werden sowieso mit Regenwasser aus einem Tank gespült. Häuser, die wir noch aus der alten Welt haben, sind an die neue Kreislaufwelt angepasst worden und fügen sich dort ebenfalls als gesunde und kreislauffähige Gebäude ein. Bei unseren Häusern wissen wir genau, welche Materialien an welcher Stelle verbaut sind, z.B. Fensterglas, Fußböden oder Treppengeländer. Wir können diese Teile zu gegebener Zeit rausnehmen, ohne etwas kaputt zu machen und es in einem anderen Gebäude einbauen. Auch das Holz können wir nach Jahrzehnten noch für andere Dinge benutzen. Das schont Ressourcen und wir müssen keine Häuser mehr komplett abreißen und dadurch sehr viel Müll erzeugen, der schwer zu entsorgen ist.

Außerdem hat sich in unserer Zukunftswelt das Verhältnis zu Besitz stark verändert. Seit einigen Jahren gibt es immer mehr sogenannte Service-Systeme: d.h., dass wir bestimmte Produkte leihen und nur ihre Funktion nutzen. Bei einer Spülmaschine bezahlen wir für sauberes Geschirr, bei einem Kopfhörer für das Musikerlebnis, bei einem Teppich für weichen Bodenbelag und bei einem Fernseher für Unterhaltung. Aber wir bezahlen nicht für ein Objekt aus Plastik, Gummi, Kabeln und Metall. Die Produkte gehören den Herstellenden, die diese regelmäßig warten oder reparieren. Sie achten von vornherein auf gute Qualität, weil sie sich auch verpflichtet haben, das Produkt am Ende wieder zurückzunehmen. Da sie die Materialien dann für neue Geräte verwenden, haben sie ein großes Interesse daran, dass diese qualitativ hochwertig und somit noch in gutem Zustand sind, wenn sie sie zurückbekommen. So müsst ihr euch als Kunden auch nicht fragen, wie ihr z. B. diese Kopfhörer entsorgen müsst, wenn sie kaputt gehen oder ihr sie nicht mehr nutzen wollt. Auch wenn es z. B. ein Update für die Kopfhörer gibt, bekommt ihr das automatisch und müsst euch nicht gleich ein neues Modell kaufen.

Es gibt noch viele weitere Orte in der Cradle to Cradle-Zukunftswelt, die ihr erkunden könnt. Aber für heute soll hier erst mal Schluss sein. Wie gefällt euch diese Zukunftsvision? Ihr habt gerade einige Eindrücke davon gewonnen, für welche Probleme von heute in unserer Cradle to Cradle-Welt von morgen Lösungen gefunden werden. Vielleicht habt ihr noch mehr Ideen, wie ihr euch unsere Welt in Zukunft vorstellt? Wir alle können diese Vision Wirklichkeit werden lassen. Wie genau das geht, erfahrt ihr, wenn ihr im Folgenden das Konzept von Cradle to Cradle besser kennenlernt. Denn so geht morgen, wir haben gute Lösungen parat.“

Schritt 4: Gruppendiskussion

Folgende Reflexionsfragen helfen anschließend, mit den Teilnehmenden eine Diskussion zu starten:

- Welche Bilder, die du während der Reise gesehen hast, haben bei dir einen besonderen Eindruck hinterlassen und warum?
- Welche Aspekte der Vision gibt es heute schon bzw. welche findest du realistisch, welche nicht? Begründe deine Meinung.
- Welche anderen Vorstellungen hast du von unserer Welt in der Zukunft?
- Worum geht es deiner Meinung nach wohl bei dem Cradle-to-Cradle-Konzept?

Wirkfeld der Methode

- Wirksam für nachhaltiges Produktdesign
- Wirksam für nachhaltiges Prozessdesign
- Wirksam für nachhaltiges Business Model Design

Transformationsfähigkeit Ihres Teams

- Fördert die Sensibilisierung
- Fördert offene Mindsets und innovative Denkhaltungen
- Sorgt für Inspiration oder bessere Inspirationsempfindlichkeit
- Zahlt auf eine bessere Vorstellungskraft ein
- Zahlt auf ein positives Zukunftsbild ein

Einsatzcharakteristik/Arbeitsrahmen

- Austauschfokus: vornehmlich mit internen Personen
- Durchführungszeit: eher gering (< 1 Stunde)
- Einsatzfrequenz: vornehmlich im einmaligen Einsatz
- Einsatzradius: vornehmlich im Teameinsatz
- Komplexität für den Moderator: eher gering
- Komplexität für die Teilnehmer: eher gering
- Teamgröße: Großgruppen möglich (> 50 Teilnehmer)
- Teamgröße: Kleingruppe möglich (3 bis 5 Teilnehmer)
- Teamgröße: Maxigruppen möglich (20 bis 40 Teilnehmer)
- Teamgröße: Mittelgroße Teams möglich (5 bis 20 Teilnehmer)
- Vorbereitungszeit: eher gering (< 1 Stunde)

Input für eine zielführende Arbeit mit der Methode

- Verschiedene Botschaften, Meinungen, Statements
- Verschiedene Meinungen und Blickwinkel
- Trends und Zukunftsentwicklungen

Output und beobachtete Ergebnisse der Methode

- Erzeugt Ideensuchfelder, unentdeckte Probleme, Inspiration
- Erzeugt besseren Teamspirit, mehr Offenheit, Inspirationsempfindlichkeit
- Erzeugt neues Wissen und neue Erfahrungen
- Erzeugt visualisierte Ideen, Begriffe, Themen
- Erzeugt eine Vision oder Zukunftsbild

Hinderniseffekte, auf die die Methode positiv wirkt

- Schwächt Angst vor Neuem (Cainophobie)
- Schwächt das Leben in der Vergangenheit
- Schärft eine fehlende gemeinsame Ausrichtung
- Wirkt fehlender Inspiration entgegen
- Überzeugt Zweifler, Bewahrer, Kritiker
- Fördert Optimismus und Zuversicht

Mögliche Extravorteile der Methode

- Möglicher Extravorteil für Teams in einer Komfortsituation
- Möglicher Extravorteil für in Nachhaltigkeitsthemen ungeübte Teams

Quellen

Web – https://c2c.ngo/wp-content/uploads/2023/07/23-07-11_C2C-NGO_Zukunftsreise_Text.pdf (abgerufen 21.11.23)
Web – https://c2c.ngo/bildungsarbeit/ abgerufen 21.11.23)
Organisation – Cradle-to-Cradle NGO, https://c2c.ngo/

Zielgruppenanalyse

EinSatzBeschreibung

Die Zielgruppenanalyse hilft dabei, Eigenschaften, Bedürfnisse und Werte von Stakeholdern zu untersuchen und daraus homogene Gruppen zu bilden, um zielgerichtete Kommunikation und Produkte zu entwickeln, die Bedürfnissen und Werten entsprechen und dadurch nachhaltiges Verhalten fördern.

Working Guide/Anwendungsfelder

P1 Sensibilisierung/Bildung	P2 Matching Recht/Gesetz	P3 Sustainability Roadmap	P4 Produkt/Prozessdesign	P5 Implementierung/Monitoring	P6 Kommunikation	P7 Organisation	P8 Führung	P9 Business Model Design	P10 Skalierung
		X	X					X	X

Beschreibung

Eine wichtige Ursache für Marktakzeptanz ist eine gute Passung zu den Menschen, die Produkte, Maßnahmen und Dienstleistungen beurteilen und konsumieren. Diese Tatsache befeuert eine Umorientierung von undifferenzierter Massenmarktstrategie hin zu einer Stakeholder-zentrierten und differenzierteren Marktbearbeitung oder zur Ausrichtung auf Nischen. Dreh-und Angelpunkt des Stakeholder-zentrierten Marketings ist das Verständnis des der Zielpersonen, ihrer Präferenzen und Möglichkeiten.

Die Ausgestaltung von Maßnahmen und generell aller Marketing-Mix-Elemente folgen dem logisch nach. Kurz gesagt, das Angebot sollte sich nach der Nachfrage richten, nicht umgekehrt. Ein Problem dabei ist es, herauszufinden, was Stakeholder wie Konsumenten eigentlich wollen, was sie antreibt und unter welchen Rahmenbedingungen sie handeln.

Die Antworten auf diese Fragen unterscheiden sich oft stark. Eine Möglichkeit, zielgerichteter und weniger diffus als Organisation zu agieren ist die Konzentration auf Zielgruppen. Damit ist die Gesamtheit aller Personen gemeint, die mit einer bestimmten Aktivität angesprochen werden sollen. Zielgruppen werden typischerweise mithilfe einer Marktsegmentierung gefunden, die zur Aufgabe hat, relevante Unterschiede zwischen Konsumenten aufzudecken.

Im Rahmen der Marktsegmentierung wird der Gesamtmarkt nach bestimmten Kriterien in Konsumentengruppen bzw. -segmente aufgeteilt, die in Hinsicht auf verhaltensrelevante Merkmale in sich möglichst ähnlich (homogen) und untereinander möglichst unähnlich (heterogen) sind. Daraus können dann Schlussfolgerungen für segmentspezifische Maßnahmen abgeleitet werden. Bspw. lässt sich daraus festlegen, welche Personen zur Kernzielgruppe gehören, wie sie ihre Kaufentscheidung treffen und welchen Mehrwert sie von einer Leistung erwarten.

Durchführung

Eine Zielgruppenanalyse ist ein wichtiger Schritt in der Marketing- und Kommunikationsstrategie, um sicherzustellen, dass die richtigen Botschaften an die richtige Gruppe von Menschen gerichtet werden. Sie wird häufig in mehreren Schritten durchgeführt:

Schritt 1: Zielsetzung definieren

Bevor die Analyse beginnt, sollten klare Ziele für die Zielgruppenanalyse festlegt werden: Was genau soll diese Analyse erreichen? Möchte die Organisation ihre Zielgruppe besser verstehen, um gezieltere Marketingkampagnen zu erstellen oder eher um ihr Produkt oder ihre Dienstleistung anpassen?

Schritt 2: Daten sammeln

Nun geht es darum, relevante Informationen über Ihre Zielgruppe zu sammeln. Dies kann typischerweise demografische oder auch psychografische Daten umfassen. Zu den demografischen Daten gehören bspw. Alter, Geschlecht, Einkommen, Bildungsniveau und Wohnort. Psychografische Daten umfassen zum Beispiel Interessen, Hobbys, Lebensstil und Einstellungen. Neben psychografischen und demografischen Merkmalen können auch noch andere, bspw. geografische oder verhaltensbezogene, Informationen genutzt werden. Es hat sich gezeigt, dass psychografisch Merkmale deutlich verhaltensprädiktiver sind als demografische

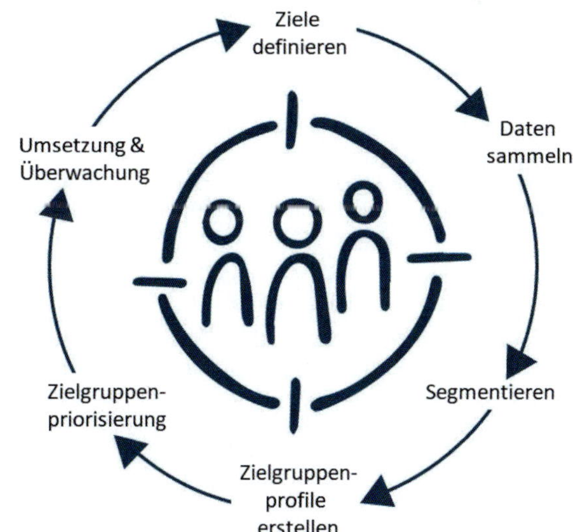

Ablauf einer Zielgruppenanalyse (Quelle: Dr. Carsten Leo Demming)

Merkmale: Der Fokus sollte also darauf liegen, die Bedürfnisse, Wünsche und Probleme der Befragten zu verstehen. Dies kann durch standardisierte Umfragen, qualitative Interviews oder die Analyse von sozialen Medien und Online-Bewertungen erfolgen.

Schritt 3: Segmentieren

Basierend auf den gesammelten Daten und der Marktforschung lässt sich die Gesamtheit der Befragten nun in verschiedene Segmente unterteilen. Diese Segmente sind Gruppen von Menschen mit ähnlichen Merkmalen und Bedürfnissen. Die einfachste Art der Segmentierung ist eine grafische Zuordnung. So lassen sich bspw. im zweidimensionalen Raum Gruppen einfach zusammenfassen (z. B. mit den zwei Dimensionen Alter und Geschlecht die zwei fiktiven Segmente: ältere Männer und jüngere Frauen). Komplexe, mehrdimensionale Segmentierung wird durch statistische Verfahren wie die Clusteranalyse ermöglicht.

Schritt 4: Zielgruppenprofile erstellen

Es ist sehr hilfreich die identifizierten Zielgruppensegmente mit Profilen greifbarer zu machen. Diese Profile sollten Informationen darüber enthalten, wer diese Menschen sind, welche Bedürfnisse sie haben und wie Ihr Produkt oder Ihre Dienstleistung ihnen helfen kann. Eine einfache und griffige Benennung der Zielgruppen hilft bei der Kommunikation innerhalb der Organisation

Schritt 5: Zielgruppenpriorisierung

Nachdem die Zielgruppen identifiziert sind, sollte festgelegt werden, welche Gruppen als Kernzielgruppen infrage kommen. Typischerweise sollten das Gruppen sein, die eine ausreichende Größe haben und die gut zum Produkt oder der Dienstleistung passen. Darauf basierend ist es wichtig, eine Marketingstrategie zu entwickeln, die auf die Bedürfnisse und Interessen dieser Zielgruppe zugeschnitten ist. Dies kann die Auswahl der richtigen Marketingkanäle, die Entwicklung von Botschaften und die Festlegung von Marketingbudgets umfassen.

Schritt 6: Umsetzung und Überwachung

Dieser Schritt umfasst die Implementierung der Marketingstrategie um die Überwachung von ihres Erfolgs (Marketing-Controlling). Geeignete Daten stellen dabei sicher, dass die anvisierte Zielgruppe effektiv erreicht wird. Es ist wichtig, darauf hinzuweisen, dass eine Zielgruppenanalyse kein einmaliger Prozess ist. Vielmehr muss die Umsetzung kontinuierlich basierend auf neuen Informationen und Veränderungen in den Zielgruppen anpasst werden.

Optionaler Schritt: Wettbewerbsanalyse

Ein geeigneter Schritt innerhalb der Zielgruppenanalyse ist die Einbeziehung von Konkurrenten und die Frage, welche Zielgruppen diese ansprechen. Dies kann dabei helfen, eine Nische zu finden oder festzustellen, wie sich die eigene Leistung von der Konkurrenz abheben kann.

Wirkfeld der Methode

- Wirksam für Herausforderungen mit mittlerer Komplexität
- Wirksam für Herausforderungen mit niedriger Komplexität
- Wirksam für nachhaltiges Marketing
- Wirksam für nachhaltiges Produktdesign

Transformationsfähigkeit Ihres Teams

- Erhöht die Lösungsorientierung

Einsatzcharakteristik/Arbeitsrahmen

- Austauschfokus: vornehmlich mit externen Personen
- Durchführungszeit: eher hoch (> 1 Tag)
- Einsatzfrequenz: sinnvoll im dauerhaften Einsatz
- Einsatzradius: vornehmlich im Teameinsatz
- Komplexität für den Moderator: eher mittel
- Komplexität für die Teilnehmer: eher gering
- Teamgröße: Großgruppen möglich (> 50 Teilnehmer)
- Teamgröße: Maxigruppen möglich (20 bis 40 Teilnehmer)
- Teamgröße: Mittelgroße Teams möglich (5 bis 20 Teilnehmer)
- Vorbereitungszeit: eher hoch (>1 Tag)

Input für eine zielführende Arbeit mit der Methode

- Aktuell existierende Geschäftsmodelle
- Aktuell existierende Produkte und Services
- Ziele, Zielsystem, Kennzahlen

Output und beobachtete Ergebnisse der Methode

- Erzeugt Ideen mit ersten Fundings und Machbarkeitsstudien
- Erzeugt Ideen, Lösungsansätze, Vorideen, Möglichkeiten
- Erzeugt Ideensuchfelder, unentdeckte Probleme, Inspiration
- Erzeugt Planungen und Priorisierungen
- Erzeugt definierte Zielkorridore
- Erzeugt segmentierte, kategorisierte, geclusterte Daten
- Ziel- und Fokusgruppen

Hinderniseffekte, auf die die Methode positiv wirkt

- Beugt Missinterpretationen vor
- Schafft für den Erfolg nötige Realitätsbezüge
- Schafft schnell Klarheit und beschleunigt Erkenntnisgewinn

Mögliche Extravorteile der Methode

- Möglicher Extravorteil für Teams in einer Krisensituation

Quellen

Buch –Zielgruppen im Konsumentenmarketing. Marion Halfmann SpringerGabler, 2014)

Ziel-Mittel-Analyse (Means-End-Chains)

EinSatzBeschreibung

Die Ziel-Mittel-Analyse (auch Means-End-Chains genannt) ist eine qualitative Interviewtechnik, bei der durch gezieltes Nachfragen stufenweise Leistungs- oder Produkteigenschaften mit Bedürfnissen und Werten von Konsumenten verknüpft werden.

Working Guide/Anwendungsfelder

P1 Sensibilisierung/Bildung	P2 Matching Recht/Gesetz	P3 Sustainability Roadmap	P4 Produkt/Prozessdesign	P5 Implementierung/Monitoring	P6 Kommunikation	P7 Organisation	P8 Führung	P9 Business Model Design	P10 Skalierung
			X		X			X	

Beschreibung

Die Grundidee der Methode ist, dass Konsumenten Produkte oder Dienstleistungen verwenden, um bestimmte Bedürfnisse zu befriedigen und oder um ihren eigenen Werten zu entsprechen. Die Ziel-Mittel-Kette wurde 1932 erstmals von Edward Tolman erwähnt und stellt den Bezug von Verhalten zu den Zielorientierungen von Individuen her. Dies geschieht oft unbewusst und ist schwer zu messen, spielt aber in Entscheidungsprozessen eine große Rolle. Somit sind Produkte und ihre Eigenschaften Mittel (Means), um wünschenswerte Ziele (Ends) zu erreichen. In der Nachhaltigkeitsorientierung von Unternehmen ist es wichtig, diese Ziele, Bedürfnisse und Wertvorstellungen der Stakeholder zu verstehen, und in korrespondierende Maßnahmen einfließen zu lassen. Die Ziel-Mittel-Analyse ist eine Methode, diese mentalen Verbindungen abzubilden. Mit dem Instrument lassen sich Maßnahmen, Produkt- und Markenpositionierungen sowie Kommunikationskampagnen auf ihre Passung zum Wertebild von Konsumenten überprüfen.

Zugrunde liegt die Annahme, dass Konsumenten Optionen mit Merkmalen wählen, die Konsequenzen erwarten lassen, die sie sich wünschen und diejenigen Optionen mit unerwünschten Konsequenzen eher vermeiden. Aus den erwarteten Konsequenzen schließen Konsumenten dann die Übereinstimmung mit ihren persönlichen Zielen und Werten. Der Kauf eines Apfels wird dabei bspw. mit anderen Lebenszielen verknüpft sein als der Kauf eines Sportwagens. Während der Apfel durch sein gutes Nährstoffprofil und den günstigen Produktfußabdruck den Wunsch nach Gesundheit und einem nachhaltigkeitsorientieren Lebensstil bestätigt, unterstützt der Sportwagen durch starke Leistungskennzahlen das Selbstwertgefühl und schlussendlich das Streben nach Macht und Prestige.

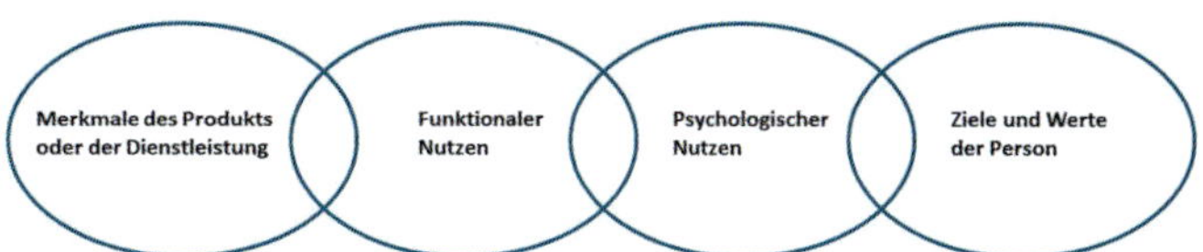

Ziel-Mittel-Analyse (Means-End-Chains, Quelle: Dr. Carsten Leo Demming)

Eine Ziel-Mittel-Analyse besteht grundsätzlich immer aus den drei Elementen *Merkmal*, *Nutzen* und *Werte*, die untereinander verknüpft sind und verschiedene Stufen der Abstraktion widerspiegeln. Es besteht eine hierarchische Beziehung zwischen diesen Elementen, wobei Werte die höchste Ebene darstellen. Produkte werden bevorzugt, wenn sie zur Verwirklichung der eigenen Werte beitragen.

- **Merkmale** beschreiben die Eigenschaften von Produkten, die von den Konsumenten wahrgenommen werden. Sogenannte konkrete Merkmale bezeichnen dabei die physischen Eigenschaften, bspw. eine Glasflasche als Verpackungsmaterial eines Getränks. Konkrete Merkmale lassen sich direkt beobachten. Hingegen sind sogenannte abstrakte Merkmale eine kognitive Verkürzung oder Zusammenfassung mehrere konkreter Merkmale. Bspw. könnte die Zusammenfassung zur Glasflasche sein: „dieses Getränk ist nachhaltig". Abstrakte Merkmale unterliegen einer subjektiven Einschätzung und sind häufig nicht exakt quantifizierbar. Merkmale sind aber allein für sich genommen noch keine ursächlichen Aspekte einer Kaufentscheidung.
- **Nutzen** sind die Konsequenzen, die sich direkt oder indirekt aus dem Konsum oder Kauf eines Produkts oder einer Dienstleistung ergeben. Sie können wünschenswerte (positiver Nutzen) oder nicht wünschenswerte Ergebnisse (negativer Nutzen) umfassen. Die Betrachtung des Nutzens als Konsequenz lässt valide Rückschlüsse auf die Wichtigkeit bestimmter Merkmale zu. Häufig wird der Nutzen eines Merkmals in eine a) funktionale und eine b) psychologische (teils auch: soziale) Komponente zerlegt. Funktionaler Nutzern ist dabei die direkte Zwecktauglichkeit eines Angebots die sich aus den Merkmalen ergibt, wohingegen psychologischer (oder sozialer) Nutzen die Konsequenzen widerspiegelt, die der Gebrauch in psychischer bzw. sozialer Hinsicht für den Nutzer erzeugt. Bspw. kann eine Glasflasche funktionalen Nutzen dadurch erzeugen, dass Sie Getränke mehrwegtauglich verpackt und dadurch wiederum den psychologischen Nutzen erzeugt, dass man denkt nachhaltig zu konsumieren.
- **Werte** bzw. Wertorientierungen sind anders als bspw. konkrete Merkmale nicht direkt beobachtbar. Sie spiegeln die Überzeugungen der Konsumenten über sich selbst und ihre Wahrnehmung durch Dritte wider. Damit bestimmen sie, welche Nutzen als besonders wünschenswert erachtet werden, weil sie zum eigenen Wertesystem passen. Teilweise werden diese noch einmal unterteilt in sogenannte instrumentale Werte (Verhaltensformen, die sich aus moralischen und leistungsorientierten Werten ableiten) und terminale Werte (persönliche Lebensziele). Der Nutzen der Getränkeverpackung könnte somit zum

instrumentalen Wert „verhalte mich moralisch gut" und damit zur terminalen Werthaltung „Selbstachtung" führen. Vorsicht: Obwohl Wertorientierungen situationsübergreifend und relativ stabil sind, können sie das menschliche Verhalten nicht immer gut erklären. Situativ verhalten sich Menschen teilweise nicht wertkonform oder unterliegen einem Wertekonflikt.

Die Ziel-Mittel-Analyse zeigt, wie diese drei Elemente miteinander verknüpft sind und wie sie die Präferenz und das Verhalten von Menschen beeinflussen.

Durchführung

Die Ziel-Mittel-Analyse erfolgt in mehreren Schritten:

Zunächst werden konkrete und daraus abgeleitete abstrakte Merkmale eines Produkts oder einer Dienstleistung gesammelt. Wichtig ist, dass dies aus der Wahrnehmung der Zielperson heraus erfolgt. Eine Möglichkeit dazu ist die ungestützte oder gestützte Abfrage. Bei der gestützten Erhebungstechnik (sog. direct elicitation) werden der befragten Person als Denkanstoß die Eigenschaften der Produktklasse oder eine Liste von Eigenschaften vorgegeben, aus der die befragte Person die für sie wichtigen auswählt. Es bietet sich an, diese schrittweise Abstrahierung (funktional zu abstrakt) Merkmal für Merkmal zu machen. Besonders sinnvoll ist eine Konzentration auf diejenigen Merkmale, die für die Wahl eines Produkts oder einer Dienstleistung aus Konsumentensicht relevant sind.

Daran schließt sich der zweite Schritt an, in dem aus den Merkmalen funktionale, soziale oder psychische Nutzenkomponenten abgeleitet werden und die daraus folgenden Konsequenzen für einzelne Konsumenten abgefragt werden. Für die Durchführung dieses Schritts kann sehr gut die Laddering-Methode genutzt werden, um aus den vordergründigen Präferenzen für Merkmale zu Nutzenkomponenten und Motiven bei Konsumenten zu gelangen. Grundprinzip ist das adaptive, mehrmalige Stellen von „Warum"-Fragen.

Im dritten Schritt folgt der weitere Abstraktion in Zuordnung zu den grundlegenden, maßgeblichen Werthaltungen der Konsumenten, die eine Begründung für das Verhalten und Entscheidungen des Konsumenten erklären. Hier kann vorab ein standardisierter Fragebogen zur Bestimmung des grundsätzlichen Wertesystems der befragten Person (bspw. Schwartz' Werteschema) genutzt werden und dann über Laddering die Zuordnung der Nutzenkomponenten zu den Werte erfolgen. Eine Unterscheidung in instrumentale und terminale Werte ist hierbei optional, aber nicht unbedingt nötig.

Die Ziel-Mittel-Analyse als qualitatives Instrument lässt sich sowohl in Einzelinterviews nutzen, aber auch in Gruppendiskussionen oder Fokusinterviews. Wichtig ist, dass individuell ganz unterschiedliche Ziel-Mittel-Pfade existieren. Diese können zum Beispiel aggregiert und in der unterschiedlichen Ansprache verschiedener Zielgruppen berücksichtigt werden.

Praxisschlaglicht

Beispielhaft ließe sich eine Ziel-Mittel-Analyse eines Konsumenten zum Thema Elektromobilität folgendermaßen vorstellen:

Der Konsument steht vor dem Kauf eines E-Bikes. Er hat bereits ein Fahrrad, fährt aber dennoch häufig mit dem Auto, da ihm manche Wegstrecken zu lang oder beschwerlich sind.

- Ein beispielhaftes *konkretes Merkmal* des E-Bikes ist der „Elektroantrieb".
- Dieser führt dazu, dass ein E-Bike „leichter fahrbar" ist als ein normales Fahrrad (*abstraktes Merkmal*).
- Daraus leitet sich ein *funktionaler Nutzen* ab: Man kann mehr, länger und bequemer Strecken mit dem E-Bike zurücklegen als mit dem normalen Fahrrad.
- Daraus wiederum ergibt sich ein *psychologischer Nutzen*: Man fühlt sich fitter, da man mehr an der frischen Luft ist und mehr Bewegung hat.
- Durch das Fithalten wird ein emotionaler, *wertorientierter Endzweck* erfüllt wie etwa Lebendigkeit, und daraus abgeleitet schlussendlich Selbstbewusstsein oder Anerkennung.

Das Beispiel illustriert, das man innerhalb der Ziel-Mittel-Analyse den Weg von konkreten und abstrakten Merkmalen des Produkts über deren funktionalen und psychologischen Nutzen bis zu dahinterliegenden Bedürfnissen und Werten geht.

Wirkfeld der Methode

- Wirksam für Herausforderungen mit hoher Komplexität
- Wirksam für nachhaltiges Marketing
- Wirksam für nachhaltiges Produktdesign
- Wirksam für nachhaltiges Servicedesign
- Wirksam für nachhaltiges Business Model Design

Transformationsfähigkeit Ihres Teams

- Fördert offene Mindsets und innovative Denkhaltungen
- Sorgt für Inspiration oder bessere Inspirationsempfindlichkeit
- Zahlt auf eine bessere Vorstellungskraft ein
- Zahlt auf eine bessere Wahrnehmung ein

Einsatzcharakteristik/Arbeitsrahmen

- Austauschfokus: vornehmlich mit internen und externen Personen
- Durchführungszeit: eher mittel (> 1 Stunde bis < 1 Tag)
- Einsatzfrequenz: vornehmlich im einmaligen Einsatz
- Einsatzradius: vornehmlich im Teameinsatz
- Einsatzradius: vornehmlich im projektweiten Einsatz
- Komplexität für den Moderator: eher hoch
- Komplexität für die Teilnehmer: eher hoch
- Teamgröße: Einzelpersonennutzung möglich
- Teamgröße: Kleingruppe möglich (3 bis 5 Teilnehmer)
- Vorbereitungszeit: eher mittel (> 1 Stunde bis < 1 Tag)

Input für eine zielführende Arbeit mit der Methode

- Aktuell existierende Produkte und Services
- Aktuelle Herausforderung, Leitfrage, Problem

Output und beobachtete Ergebnisse der Methode

- Erzeugt segmentierte, kategorisierte, geclusterte Daten
- Hilft bei Entscheidungen, Bewertungen und Feedback
- Identifiziert vorhandene Schwachstellen
- Identifiziert vorhandene Stärken
- Macht Wirkzusammenhänge sichtbar

Hinderniseffekte, auf die die Methode positiv wirkt

- Verhindert unreflektiertes agieren
- Verhindert vorschnelles Urteilen über Ideen
- Überzeugt Zweifler, Bewahrer, Kritiker

Mögliche Extravorteile der Methode

- Möglicher Extravorteil für innovativ ungeübte Teams
- Möglicher Extravorteil für die Arbeit mit digitalen Kollaborationsboards
- Möglicher Extravorteil für in Nachhaltigkeitsthemen erfahrene Teams
- Möglicher Extravorteil für in Nachhaltigkeitsthemen ungeübte Teams

Quellen

Buch – Means-End-Chains-Analyse zur Positionierung und Gestaltung von Services, In: Sales & Service, Management, Marketing, Promotion und Performance. Frank Keuper & Bernhard Hogenschurz (Gabler, 2008)

Grafik: verrocchio Sustainable Inspiration Card – Malvine Klecha, Hila Attaie und Jennifer van Aerssen (Illustration)

329 Zirkularität-Syntax: Circular Economy vs. Cradle-to-Cradle vs. Kreislaufwirtschaft

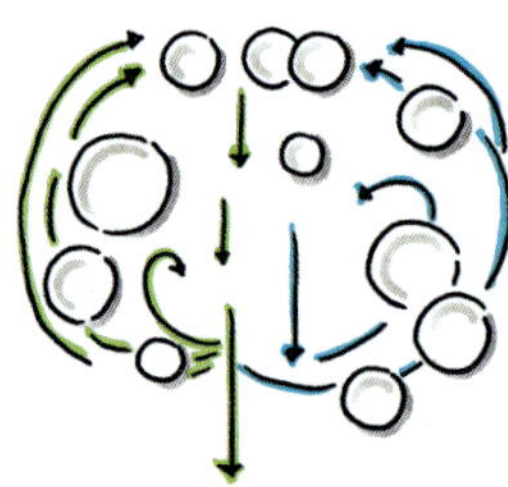

EinSatzBeschreibung

Heranziehen verschiedener Werkzeuge, um von einer linearen zu einer zirkulären Produktbetrachtung zu gelangen.

Working Guide/Anwendungsfelder

P1 Sensibilisierung/Bildung	P2 Matching Recht/Gesetz	P3 Sustainability Roadmap	P4 Produkt/Prozessdesign	P5 Implementierung/Monitoring	P6 Kommunikation	P7 Organisation	P8 Führung	P9 Business Model Design	P10 Skalierung
X		X	X	X	X	X		X	X

Beschreibung

Wenn es darum geht, das Thema Zirkularität zu aktivieren und entsprechende Werkzeuge zu identifizieren, ist es wichtig sich klarzuwerden, worüber eigentlich genau gesprochen wird. Wie bei dem Thema Nachhaltigkeit ist immer wieder eher gefühltes als konkretes Wissen zu diesem Thema anzutreffen, gerade im deutschsprachigen Raum. Hier wird „Circular Economy" häufig als Anglizismus unserer deutschen Kreislaufwirtschaft verstanden und somit als schon längst etabliertes System begriffen.

Im September 1994 wurde das „Gesetz zur Förderung der Kreislaufwirtschaft und Sicherung der umweltverträglichen Beseitigung von Abfällen" (KrW-/AbfG, später Kreislaufwirtschaftsgesetz, KrWG) verabschiedet. Stark verkürzt bezieht sich der Syntax auf den Umgang und die Vermeidung von Abfällen. Im Gegensatz dazu geht es bei der Circular Economy nach Ellen MacArthur (auch hier stark vereinfacht) darum, das Stoffstromwissen im Produktdesign zu verankern, um die Rezyklierbarkeit zu erhöhen.

Auch wenn das Verpackungsgesetz (VerpackG) mit dem § 21 „ökologische Gestaltung der Beteiligungsentgelte" mittlerweile Ansätze aufweist, das Thema Rezyklierbarkeit bei den Produktinverkehrbringern zu fördern, so ist doch der Unterschied klar erkennbar: bei der deutschen Kreislaufwirtschaft geht es primär (noch?) um Abfallmanagement, bei der Circular Economy um das Management von Produkt- und Prozessdesign.

Was ist dann nun Cradle-to-Cradle? Bezieht man sich nur auf die Meta-Ebene des Stoffstrommanagements und orientiert man sich an der Cradle-to-Cradle-Zertifizierung, lässt sich (auch hier wieder stark vereinfacht) sagen, es geht um: ein Produktdesign mit definierten Materialien (ohne Schad- und Störstoffen) in definierten, geschlossen Stoffströmen für hochwertiges Recycling.

Auf einen Blick:
• **Kreislaufwirtschaft in Deutschland** Abfallmanagement; „Sicherung der umweltverträglichen Bewirtschaftung von Abfällen." (nach § 1 des KrWG)· • **Circular Economy** Stoffstromwissen im *Produktdesign* verankern, um Rezyklierbarkeit zu erhöhen (nach Ellen MacArthur) • **Cradle-to-Cradle** Produktdesign mit definierten Materialien (*ohne Schad-/ Störstoffen*) in definierten, geschlossenen Stoffströmen für hochwertiges Recycling (Definition, auf die sich einmal Cradle-to-Cradle-Wissenschaftler intern einigen konnten)

Durchführung

Schritt 1:

Im Kontext der Abfallvermeidung macht es Sinn, sich mit der Abfallpyramide (oder auch Waste Hierarchy) auseinanderzusetzen:

Gerade mit dem Suffizienzkontext lassen sich große Vermeidungspotenziale evaluieren.

Quelle: https://environment.ec.europa.eu/topics/waste-and-recycling/waste-framework-directive_en

Schritt 2:

Nutzen Sie nun das Schmetterlingsdiagramm der Ellen MacArthur Foundation, denn es ist ein Visualisierungstool, das in erster Linie dazu dient, die Prinzipien und Konzepte der Circular Economy zu veranschaulichen und zu erklären. Die Ellen MacArthur Foundation setzt sich für die Förderung und Umsetzung von Circular Economy Prinzipien in der Wirtschaft ein. Jeder Flügel im Schmetterlingsdiagramm repräsentiert eine wichtige Dimension der Circular Economy: den biologischen Kreislauf und den technischen Kreislauf.

Die Verwendung des Schmetterlingsdiagramms liegt in den Aspekten:

- **Klarheit und Veranschaulichung:** Das Schmetterlingsdiagramm bietet eine klare und visuelle Möglichkeit, die Prinzipien der

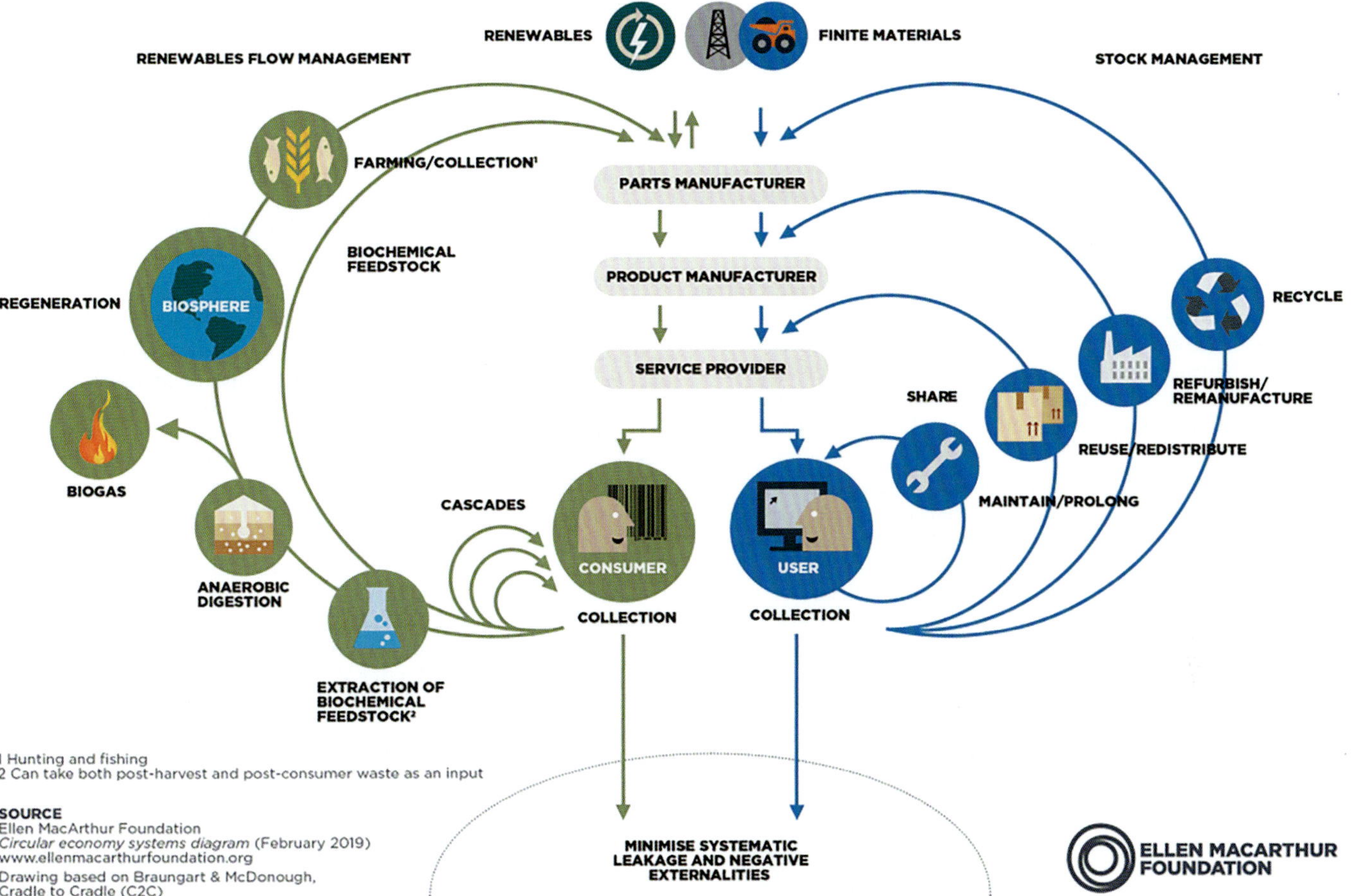

Schmetterlingsdiagramm (Quelle: The Ellen MacArthur Foundation)

Kreislaufwirtschaft zu veranschaulichen und zu erklären, insbesondere die Ideen von biologischen und technischen Stoffstrommodellen.

- **Kommunikation:** Unternehmen, Regierungen und Organisationen können das Diagramm nutzen, um die Konzepte der Kreislaufwirtschaft in ihrer Kommunikation mit verschiedenen Zielgruppen, einschließlich der Öffentlichkeit und der Wirtschaft, besser zu vermitteln.
- **Bewusstseinsbildung:** Es trägt dazu bei, das Bewusstsein für die Vorteile und die Notwendigkeit der Kreislaufwirtschaft zu schärfen, einschließlich ihrer Auswirkungen auf Umwelt, Ressourcen und Wirtschaft.
- **Planung und Umsetzung:** Unternehmen können das Diagramm verwenden, um ihre eigenen Geschäftsmodelle und Produktionsprozesse zu analysieren und Kreislaufwirtschaftsprinzipien in ihre Planung und Umsetzung zu integrieren.

Wie Sie das Diagramm zur Darstellung und im Kontext der Abfallhierarchie nutzen können:

1. Vermeidung (Prevention):
   - Im Kontext des Schmetterlingsdiagramms entspricht die Abfallvermeidung dem obersten Prinzip der Abfallhierarchie.
   - Zeigen Sie auf dem Diagramm, wie die Kreislaufwirtschaft dazu beitragen kann, die Entstehung von Abfall durch besseres Produktdesign, längere Produktlebensdauer und bewussteren Konsum zu minimieren.
   - Betonen Sie, wie Produkte im technischen Kreislauf länger genutzt und repariert werden können, um die Anzahl der ausgemusterten Produkte zu reduzieren.
2. Wiederverwendung (Reuse):
   - Zeigen Sie auf dem Diagramm, wie die Kreislaufwirtschaft die Wiederverwendung von Produkten und Materialien fördert.
   - Beispiele können die Wiederaufbereitung von Elektronik oder die Nutzung von Mehrwegverpackungen sein.
3. Recycling und Aufbereitung (Recycling and Recovery):
   - Beschreiben Sie auf dem Diagramm, wie Materialien im technischen Kreislauf durch Recyclingprozesse wiederverwertet werden können.
   - Heben Sie die Bedeutung des ordnungsgemäßen Recyclings hervor, um Abfall in Ressourcen umzuwandeln.
   - Bedenken Sie, dass effektives Reycling im Produktdesign anfängt und von der Materialauswahl abhängt

4. Energiegewinnung aus Abfall (Energy Recovery):
    - Wenn Energiegewinnung aus Abfall (z. B. durch Verbrennung) Teil Ihrer Abfallbewirtschaftungsstrategie sein sollte, können Sie dies im unteren Bereich des Diagramms darstellen.
    - Betonen Sie, dass die Energiegewinnung aus Abfall in der Abfallhierarchie in der Regel als eine weniger wünschenswerte Option angesehen wird, die nach der Abfallvermeidung, Wiederverwendung und dem Recycling kommt.
5. Deponierung (Disposal):
    - Deponierung ist in der Abfallhierarchie die letzte Option und sollte vermieden werden, wo immer möglich.
    - Zeigen Sie auf dem Diagramm, dass die Kreislaufwirtschaft dazu beitragen kann, Deponierung zu reduzieren, indem sie Produkte und Materialien in den Kreislauf zurückführt und sicherstellt, dass sie am Ende ihres Lebenszyklus sinnvoll genutzt werden.

Das Schmetterlingsdiagramm bietet also eine visuelle Möglichkeit, die Prinzipien der Kreislaufwirtschaft und die der Abfallhierarchie miteinander zu verknüpfen. Es hilft dabei, die Bedeutung der Abfallvermeidung, Wiederverwendung und des Recyclings im Kontext einer Abfallbewirtschaftung zu verdeutlichen.

> Bedenken Sie, dass die Infrastruktur in den Ländern, wo Ihr Produkt genutzt wird, stark variieren kann. Es ist daher ratsam, dass das notwendige und konkrete Wissen, z. B. über einen Recycler mit internationaler Expertise, vorhanden ist!

Schritt 3:

Wenn Sie sich aktiv mit der Produkt- und Prozessgestaltung auseinandersetzen wollen, dann setzen Sie sich mit dem Stoffstromdiagramm zum Thema Cradle-to-Cradle auseinander. Die Ähnlichkeiten zwischen Cradle-to-Cradle und der Circular Economy nach Ellen MacArthur sind nicht zufällig. Anfang der 2000er-Jahre war Ellen MacArthur eher segelsportaffinen Menschen bekannt, bevor sie ihre Reichweite nutzen wollte, um etwas gegen die Vermüllung der Meere zu machen. Dabei hat sie sich tiefergehend mit Cradle-to-Cradle auseinandergesetzt und entsprechende Bezüge sind auch heute noch kenntlich gemacht.

Was sind dann die Unterschiede und Kernelemente?

- Der wichtigste Aspekt bei Cradle-to-Cradle ist die *qualitative Bewertung* der Ergebnisse. Die Frage ist nicht (nur) ob etwas rezyklierbar ist, sondern darauf fokussiert zu welcher Qualität ein Nachnutzungsszenario aussehen kann.
- Bei dem Cradle-to-Cradle-Produktdesign wird also nicht nur auf Trennbarkeit, Stoffstrommanagement und Entsorgungswege geachtet, sondern auch (wieder einmal stark vereinfacht) auf die *Qualität der Ausgangsmaterialien* sowie die Qualität der Energie und eine qualitativ hochwertige Nachnutzung evaluiert und entsprechend zugewiesen.
- Das Ziel ist also nicht, dass Müll minimiert wird, sondern dass *das Konzept von Müll minimiert wird*, indem Materialien nicht mehr verbraucht (oder der Verbrauch verringert wird), sondern mit dem Gedanken an das Produktdesign und die Materialauswahl Materialien nur genutzt werden und auch hochwertig nachgenutzt werden können.

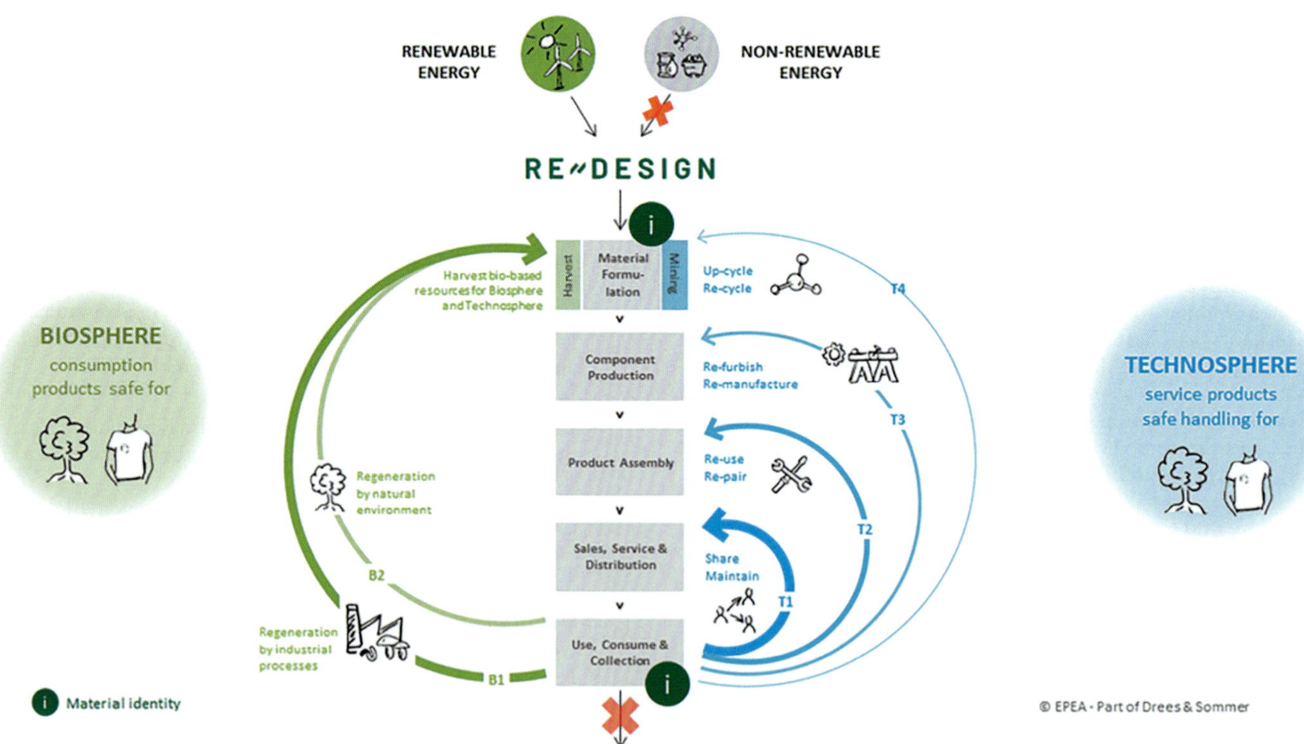

Cradle-to-Cradle – Produkte neu denken – EPEA (Quelle: https://epea.com/ueber-uns/cradle-to-cradle)

- Interessanterweise schließt sich auch hier wieder der Kreis zur Circular Economy mit den EU-Zielen 2050, wo es durch die Etablierung einer Circular Economy gelingen soll, das Wirtschaftswachstum vom Ressourcenverbrauch zu entkoppeln. Das kann natürlich nur gelingen, wenn Materialien perspektivisch nur genutzt und nicht verbraucht werden und somit genau dem Cradle-to-Cradle Gedanken entsprechen.

Dieses Diagramm hat also einen sehr viel stärkeren Produktbezug und sollte daher eine Cradle-to-Cradle-Produktenwicklung flankieren.

Es sollte undogmatisch an die Werkzeuge herangegangen und dann entsprechend der Metaebenen genutzt werden:

- Waste hierachy: Wie gehe ich grundsätzlich mit dem Thema Müll um!?
- Circular Economy: Wie ist mein Ambitionsniveau beim Müllmanagement im zirkulären Stoffstromframework?
- Cradle-to-Cradle: Wie kann ich meine Produkte und Prozesse so gestalten, dass sie kein Müll mehr sind?

Aktivieren Sie das konkrete Stoffstromwissen aus Ihren Zielländern und vermeiden Sie damit Greenwashing-Potenziale!

Helfende Organisation

Assessors – Cradle to Cradle Products Innovation Institute (c2ccertified.org)

Wirkfeld der Methode

- Wirksam für Herausforderungen mit hoher Komplexität
- Wirksam für nachhaltiges Produktdesign
- Wirksam für nachhaltiges Prozessdesign
- Wirksam für nachhaltiges Servicedesign
- Wirksam für nachhaltiges Business Model Design

Transformationsfähigkeit Ihres Teams

- Fördert die allgemeine Transformationsfähigkeit des Teams
- Erhöht die Lösungsorientierung

Einsatzcharakteristik/Arbeitsrahmen

- Durchführungszeit: eher hoch (> 1 Tag)
- Einsatzfrequenz: sinnvoll im dauerhaften Einsatz
- Einsatzfrequenz: vornehmlich über den kompletten Projektzeitraum
- Einsatzradius: vornehmlich im unternehmensweiten Einsatz
- Komplexität für den Moderator: eher mittel
- Komplexität für die Teilnehmer: eher hoch
- Teamgröße: Kleingruppe möglich (3 bis 5 Teilnehmer)
- Teamgröße: Mittelgroße Teams möglich (5 bis 20 Teilnehmer)
- Vorbereitungszeit: eher hoch (> 1 Tag)

Input für eine zielführende Arbeit mit der Methode

- Aktuell existierende Geschäftsmodelle
- Aktuell existierende Produkte und Services
- Aktuelle Herausforderung, Leitfrage, Problem

Output und beobachtete Ergebnisse der Methode

- Erzeugt Ideen für neue Märkte und neue Business Modelle
- Erzeugt Ideensuchfelder, unentdeckte Probleme, Inspiration
- Erzeugt Leitfragen für die Ideenfindung
- Erzeugt größere Klarheit zu einem Thema
- Erzeugt transformationsfähigere Organisationen
- Erzeugt motiviertere und transformationsfähigere Teilnehmer
- Hilft Greenwashing-Potenziale zu identifizieren
- Grundlage für zirkuläre Geschäftsmodelle

Hinderniseffekte, auf die die Methode positiv wirkt

- Verhindert Ideenfindung mit zu schwacher Erkenntnisgrundlage
- Verhindert blinden Aktionismus
- Verhindert falsche Flughöhen
- Verhindert unreflektiertes agieren

Mögliche Extravorteile der Methode

- Möglicher Extravorteil für Teams mit einem starkem Auftragsmandat
- Möglicher Extravorteil für in Nachhaltigkeitsthemen ungeübte Teams

Quellen

Web – § 1 KrWG Zweck des Gesetzes Kreislaufwirtschaftsgesetz- https://www.buzer.de/s1.htm?g=KrWG&a=1 (abgerufen am 24.10.2023)

Web – § 21 VerpackG – Einzelnorm – https://www.gesetze-im-internet.de/verpackg/__21.html (abgerufen am 24.10.2023)

Web – Waste hierarchy – https://environment.ec.europa.eu/topics/waste-and-recycling/waste-framework-directive_en (abgerufen am 24.10.2023)

Web – The Butterfly Diagram: https://www.ellenmacarthurfoundation.org/circular-economy-diagram?gad=1&gclid=EAIaIQobChMIwsbQ8_SQggMVvJiDBx3NYw9SEAAYASAAEgKYMPD_BwE (abgerufen am 24.10.2023)

Web – Cradle to Cradle – Produkte neu denken – EPEA: https://epea.com/ueber-uns/cradle-to-cradle (abgerufen am 24.10.2023)

330

Zukunftsbild Nachhaltigkeit

EinSatzBeschreibung

Vom Zukunftsbild in sechs Stufen zur Zielbild-Strategie.

Working Guide/Anwendungsfelder

P1 Sensibilisierung/Bildung	P2 Matching Recht/Gesetz	P3 Sustainability Roadmap	P4 Produkt/Prozessdesign	P5 Implementierung/Monitoring	P6 Kommunikation	P7 Organisation	P8 Führung	P9 Business Model Design	P10 Skalierung
		X			X		X		

Beschreibung

Erste Ansätze für den Future-Back-Ansatz finden sich schon im 4. Jahrhundert. Der griechische Mathematiker Pappos von Alexandria entwickelte damals die folgende Methode, die heute zu den heuristischen Verfahren zählt:

1. Betrachte das Problem als gelöst.
2. Suche den Lösungsweg durch Rückwärtsschreiten.
3. Beweise durch Vorwärtsschreiten, dass dieser Weg zur Lösung führt.

„Heuristik bezeichnet Methoden, die mit begrenztem Wissen (unvollständigen Informationen) und wenig Zeit dennoch zu wahrscheinlichen Aussagen oder praktikablen Lösungen zu kommen. …" (Wikipedia)

Schon damals wurden Arbeitsweisen gesucht, die geeignet sind, eine zumindest hinreichend gute oder plausible Lösung zu finden. In Bezug auf das Zukunftsbild Nachhaltigkeit bietet diese Herangehensweise eine realistische Sicht darauf, ob und auf welchem (plausiblen) Weg wir unsere Zukunftsvision erreichen können.

Durchführung

Auch ein Zukunftsbild braucht eine Initialisierung. Machen Sie transparent, warum es ein (neues) Zukunftsbild braucht.

Phase 1: Beginnen Sie damit, sich mit dem Thema Zukunft bewusst auseinanderzusetzen

Zukunftsbewusstsein schaffen: Werden Sie sich konkret einer Zukunft bewusst. Gehen sie raus aus dem „freeze-of-mind state":

- Seien Sie neugierig und setzen Sie sich mit den bei Ihnen ankommenden Signalen für Veränderungen aktiv auseinander
- Betrachten Sie die Welt aus der Meta-Ebene und machen Sie sich Ihr eigenes Bild.
- Werden Sie sich den Chancen und Risiken bewusst.
- Stellen Sie den Bezug zur eigenen Situation her und ordnen Sie für sich die Erkenntnisse ein.

Zukunftsintelligenz nutzen: Gehen Sie intelligent mit den Zeichen der Zukunft um und treffen Sie aktiv Entscheidungen.

Coping: Bewältigen Sie die Unsicherheiten, indem Sie aktiv mitgestalten. D. h. werden Sie sich Ihrer Erfahrungen, Fähigkeiten und Ihres Wissens und Ressourcen bewusst.

Phase 2: In sechs Stufen zum Zukunftsbild

1. **Herausforderungen und Auswirkungen verstehen** – Kontext Nachhaltigkeit:
   Leitfragen: Welche Trends, Treiber oder Signale nehmen Sie wahr, beispielsweise Technik/Technologie, Wirtschaft, Gesellschaft, Politik oder andere globale Faktoren? Welche Auswirkungen haben diese und welche Herausforderungen bringen diese für Ihr Unternehmen mit sich?
2. **Umfeld beobachten** – Erkunden der Mitwelt: Märkte, (Mega)Trends, Politik, Kunden/Lieferanten, Umwelt usw.
   Leitfrage: Welche Bewegungen und welche Veränderungen sehen Sie und wie wird damit umgegangen?
3. **Ansatzpunkte finden und Zielfragmente entwerfen:**
   Leitfrage 1: Welche Zukunft sehen Sie? Was wäre, wenn …? Was glauben Sie, wie die Zukunft in zehn Jahren aussehen wird? Wo sehen Sie Ihren Platz in dieser Zukunft?
   Entwerfen Sie erste Fragmente für Ihr Zukunftsbild und gleichen diese mit den Herausforderungen (siehe 1.) ab. Passen Sie ihre Fragmente bei Bedarf nochmals an.
   Leitfrage 2: Was passiert als Nächstes? Was wäre, wenn Sie sich nun in dieser Zukunft befinden? Was erleben Sie dort? Wie fühlt es sich an, dort zu sein? Welche Produkte, Services gibt es? Welche Wechselbeziehungen (Interaktionen) erleben Sie? Wo sehen Sie konkrete Ansatzpunkte für Ihr Unternehmen?
4. **Ideen für den Weg zum Zukunftsbild entwickeln/skizzieren:**
   Leitfragen: Welche detaillierten Ideen(bilder) ergeben sich für das Unternehmen – mit Blick auf die Positionierung, Fragmente und Ansatzpunkte? Welche Chancen und Möglichkeiten sehen Sie und wozu führen diese? Sammeln Sie so viele Ideen für Ihre Zukunft wie nur möglich.
5. **Prototyp Zukunftsbild erstellen:**
   Leitfrage: Welche dieser Ideen sollen in Ihrem Zukunftsbild „das Unternehmen in zehn Jahren" enthalten sein? Wählen Sie Ideen aus und fügen diese zu einem Gesamtbild zusammen. Konzeptionieren oder skizzieren Sie das Zukunftsbild für Ihr Unternehmen.
6. **Präsentieren der Ergebnisse und Entscheidung über weitere Vorgehensweise:** Wählen Sie eine oder mehrere Testgruppen aus und stellen Ihr Zukunftsbild vor.
   Leitfragen: Wie wirkt es auf die Menschen, wie klar ist das Bild, welche Fragen entstehen, was fehlt?

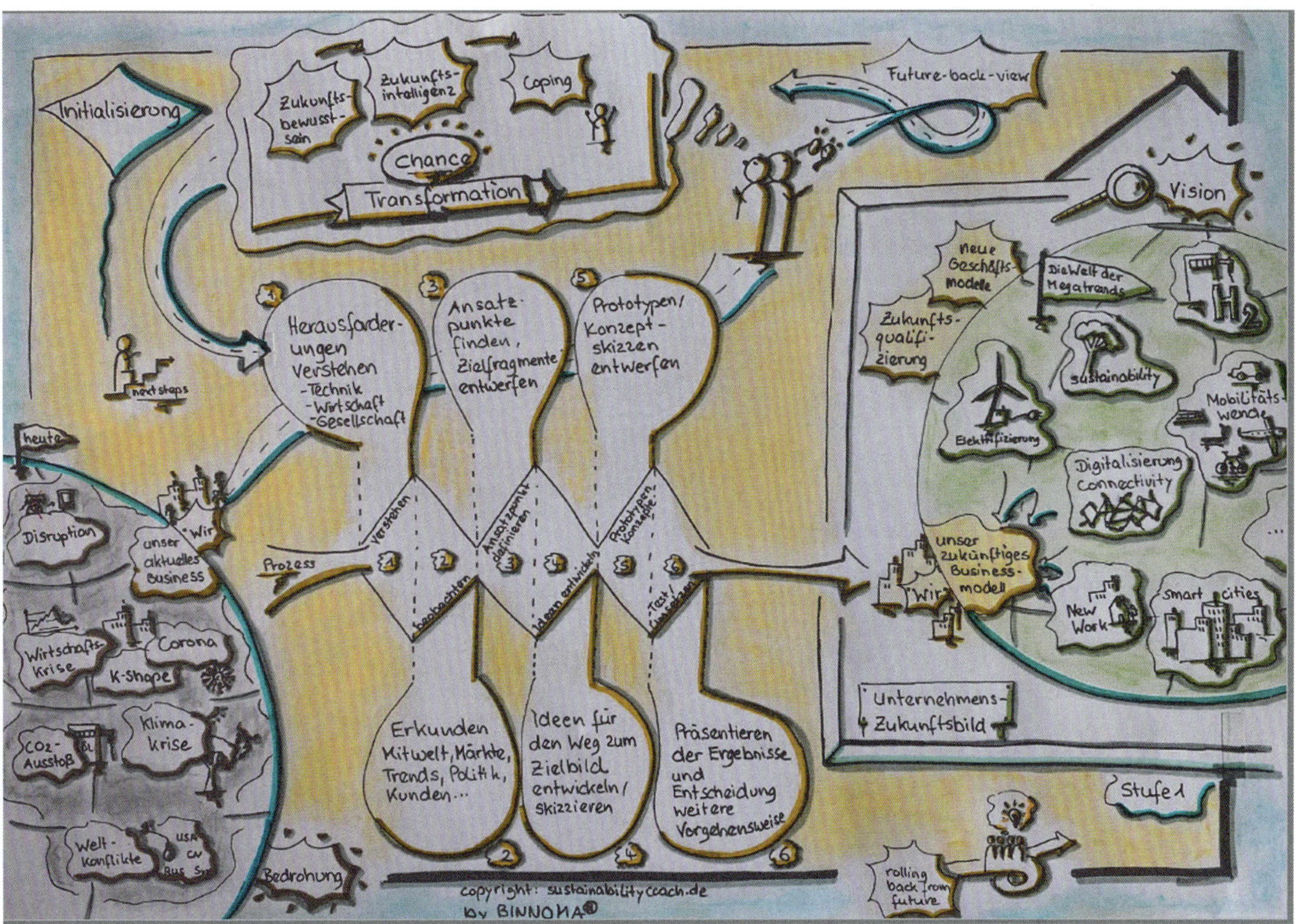

Zukunftsbild Nachhaltigkeit

Konstruktive Rückmeldungen und Hinweise sind ausdrücklich erwünscht.

Entscheiden Sie im Anschluss darüber, wie sie mit den Themen aus dem Feedback verfahren wollen.

Auf Basis des Zukunftsbildes kann die Strategie abgeleitet werden, mit welchen Schritten und Zielen – von heute in die Zukunft blickend – das Zukunftsbild des Unternehmens erreicht werden soll.

Wirkfeld der Methode

- Wirksam für Herausforderungen mit hoher Komplexität
- Wirksam für Herausforderungen mit mittlerer Komplexität
- Wirksam für Herausforderungen mit niedriger Komplexität
- Wirksam für nachhaltiges Business Model Design

Transformationsfähigkeit Ihres Teams

- Fördert die Sensibilisierung
- Fördert die allgemeine Transformationsfähigkeit des Teams
- Fördert offene Mindsets und innovative Denkhaltungen
- Sorgt für Inspiration
- Zahlt auf eine bessere Vorstellungskraft ein
- Zahlt auf eine bessere Wahrnehmung ein
- Zahlt auf ein positives Zukunftsbild ein
- Zahlt auf das Dringlichkeitsempfinden ein

Einsatzcharakteristik/Arbeitsrahmen

- Austauschfokus: vornehmlich mit internen Personen
- Durchführungszeit: eher hoch (> 1 Tag)
- Einsatzfrequenz: vornehmlich im einmaligen Einsatz
- Einsatzradius: vornehmlich im unternehmensweiten Einsatz
- Komplexität für den Moderator: eher hoch
- Komplexität für die Teilnehmer: eher hoch
- Teamgröße: Einzelpersonennutzung möglich
- Teamgröße: Kleingruppe möglich (3 bis 5 Teilnehmer)
- Teamgröße: Mittelgroße Teams möglich (5 bis 20 Teilnehmer)
- Vorbereitungszeit: eher mittel (> 1 Stunde bis < 1 Tag)

Input für eine zielführende Arbeit mit der Methode

- Aktuell existierende Geschäftsmodelle
- Aktuell existierende Produkte und Services

- Aktuelle Herausforderung, Leitfrage, Problem
- Verschiedene Botschaften, Meinungen, Statements
- Vorhandenes Wissen und Erfahrungen
- Trends und Zukunftsentwicklungen
- Umfeldbeobachtungen, Umfeldanalysen
- Wettbewerber und Komplementoren
- Wissen über Gesetze und Rahmenbedingungen

Output und beobachtete Ergebnisse der Methode

- Erzeugt eine Vision oder Zukunftsbild

Hinderniseffekte, auf die die Methode positiv wirkt

- Beugt blinden Flecken/Betriebsblindheit vor
- Schafft für den Erfolg nötige Realitätsbezüge
- Schafft schnell Klarheit und beschleunigt Erkenntnisgewinn
- Schwächt Angst vor Neuem (Cainophobie)
- Schwächt das Leben in der Vergangenheit
- Schärft eine fehlende gemeinsame Ausrichtung
- Verhindert blinden Aktionismus
- Fördert Optimismus und Zuversicht

Mögliche Extravorteile der Methode

- Möglicher Extravorteil für Teams mit einem starkem Auftragsmandat
- Möglicher Extravorteil für Teams mit einer konservativen, tradierten Kultur

Quellen (und Inspirationen)

Buch – Lead from the future. Mark W. Johnson, Josh Suskewicz (Harvard Business Review Press, 2020)

Organisation – *BöhringerInnovationsManagement, www.binnoma.de*

Organisation – *IDEO, https://designthinking.ideo.com/*

Organisation – *Zukunftsinstitut, https://www.zukunftsinstitut.de/*

Person – Sabine Böhringer, sabine.boehringer@binnoma.de

Web – https://de.wikipedia.org/wiki/Corporate_Social_Responsibility, (abgerufen am 24.10.2023)

Web – https://de.wikipedia.org/wiki/Design_Thinking

Web – https://de.wikipedia.org/wiki/Heuristik (abgerufen am 24.10.2023)

Web – https://foerster-kreuz.com/future-back-thinking (abgerufen am 24.10.2023)

Web – https://gmo-research.com/news-events/articles/planning-better-tomorrow-future-back-thinking

Web – https://www.bnw-bundesverband.de

Web – https://sdgcompass.org/

Web – https://www.bundesregierung.de/breg-de/weitere-themen/nachhaltigkeitspolitik/die-un-nachhaltigkeitsziele-1553514 (abgerufen am 24.10.2023)

Web – https://www.forbes.com/sites/kevinkruse/2020/07/06/lead-from-the-future-mark-johnson/ (abgerufen am 24.10.2023)

Web – https://www.forumue.de/

Web – https://www.globalreporting.org/standards/standards-development/universal-standards/ (abgerufen am 24.10.2023)

Web – https://www.horx.com/category/future-mind-kolumne/

Web – https://www.horx.com/en/futurism-today/understanding-the-future/

Web – https://www.innosight.com/insight/a-future-back-approach-to-creating-your-growth-strategy/ (abgerufen am 24.10.2023)

Web – https://www.youtube.com/watch?v=qh7FCkdu5ak

Zukunftsqualifizierung für Nachhaltigkeit

EinSatzBeschreibung

Ein Qualifikationsansatz zur Sicherstellung der Innovationsfähigkeit.

Working Guide/Anwendungsfelder

P1 Sensibilisierung/Bildung	P2 Matching Recht/Gesetz	P3 Sustainability Roadmap	P4 Produkt/Prozessdesign	P5 Implementierung/Monitoring	P6 Kommunikation	P7 Organisation	P8 Führung	P9 Business Model Design	P10 Skalierung
X									

Beschreibung

Gefühlt dreht sich die Welt immer schneller und mit ihr die Veränderungsgeschwindigkeit, auf die sich Unternehmen einstellen müssen. Damit einhergehend fallen bisher benötigte Kenntnisse und Fähigkeiten neuen Entwicklungen und Technologien zum Opfer. Auf der einen Seite entspricht der Qualifizierungsstand betroffener Mitarbeitenden nicht mehr den neuen Anforderungen und auf der anderen Seite wird es immer schwieriger, geeignetes Fachpersonal zu bekommen.

Wie können wir es schaffen, dieses Dilemma bestmöglich aufzulösen und die wertvolle Ressource Mensch für das Unternehmen up-to-date zu halten. Nicht zuletzt hängt die Innovationsfähigkeit von Unternehmen davon ab und mit ihr der Weg in eine nachhaltige Zukunft.

Dieser Fragestellung widmen wir uns mit dem Qualifikationsansatz „Zukunftsqualifizierung Nachhaltigkeit".

Lebenslanges Lernen rückt immer stärker in den Vordergrund zukünftiger Qualifizierungskonzepte.

Durchführung

Phase 1: Im Zuge der Entwicklung der Zukunftsbilder von Unternehmen (Zukunftsbild Nachhaltigkeit) werden die dabei zu erwartenden Veränderungen bezüglich der Anforderungen an die Mitarbeitenden frühzeitig identifiziert.

Phase 2: Auf Basis dieser Erkenntnisse wird eine Bedarfsanalyse durchgeführt. Wichtig ist dabei hervorzuheben, welche Diskrepanz zwischen Bedarf und schon vorhandener Expertise innerhalb des Unternehmens besteht.

Phase 3: Eine frühzeitige Transparenz für die Mitarbeitenden ist ein Schlüsselfaktor für eine erfolgreiche (Aus-)Bildungstransformation. Die Kommunikation muss die zukünftig notwendigen Wissensschwerpunkte und Fertigkeiten beinhalten, sowie des Weiteren Informationen über aktuelle Schulungsangebote bzw. -möglichkeiten. Ein Abgleich der Bedarfe und Angebote findet ebenfalls statt.

Phase 4: Demzufolge erfolgt die Entwicklung eines „vernetzten Qualifizierungskonzeptes" mit dem Kernstück der Zukunftsqualifizierung: den sogenannten Bildungspartnerschaften. Diese beziehen neben verschiedenen internen Bereichen zusätzlich externe Partner und Unternehmen ein, die vor der gleichen Herausforderung stehen.

Die für die Weiterqualifizierung benötigten Ressourcen bzw. das Know-how wird übergreifend angeboten, abgeglichen und gemeinsam genutzt. Diese können Senior Experts (Fachliche Unterstützung), Inhouse Fachexperten (in Trainerfunktion), Fachkräfte (für Praxiseinsätze „Tandem") und auch die jeweils eigene Inhouse Academy sein.

Sind spezielle Qualifizierungsangebote bzw. das Know-how innerhalb der Bildungspartnerschaften nicht verfügbar, werden zusätzliche Bildungseinrichtungen wie Fachschulen, Universitäten und externe Trainer hinzugezogen.

Phase 5: Je nach Umfang der Partnerschaften können übergreifende Organisationen (z. B. Handelskammern, Berufsverbände, Gewerkschaften o. ä.) eine koordinierende Funktion übernehmen.

Es würde sich zudem lohnen, diesen Ansatz mit den Arbeitsagenturen zu diskutieren, inwiefern eine finanzielle Unterstützung für eine proaktive Zukunfts- bzw. Transformationsqualifizierung möglich wäre. Vorteile aus diesem Ansatz können sich sowohl für Unternehmen, Mitarbeitende als auch für die Arbeitsagenturen ergeben.

Praxisschlaglicht

Die zu erwartende Elektromobilität wird bei einem mittelständischen Automobilzulieferer dazu führen, dass die aktuelle Produktpalette in Zukunft in dieser Form nicht mehr bestehen wird. Im Rahmen eines deshalb einberufenen Strategieworkshops wurden Zielbilder für die Zeit nach dem Verbrenner-Motor entwickelt.

In Zuge dessen wurden zeitnah die Qualifikationsbedarfe für die Neuausrichtung definiert. Nach einem ersten Auswahlprozess wurde sogleich mit der frühzeitigen Weiterqualifizierung interessierter und motivierter Mitarbeiter begonnen. Ein kleines vernetztes Qualifizierungskonzept ist entstanden und erste Erfahrungen mit direkten Partnern wie Zulieferern werden gesammelt.

Wirkfeld der Methode

- Wirksam für Herausforderungen mit hoher Komplexität
- Wirksam für nachhaltige Qualifizierung

Transformationsfähigkeit Ihres Teams

- Fördert offene Mindsets und innovative Denkhaltungen
- Zahlt auf ein positives Zukunftsbild ein
- Erhöht die Lösungsorientierung

Zukunftsqualifizierung für Nachhaltigkeit

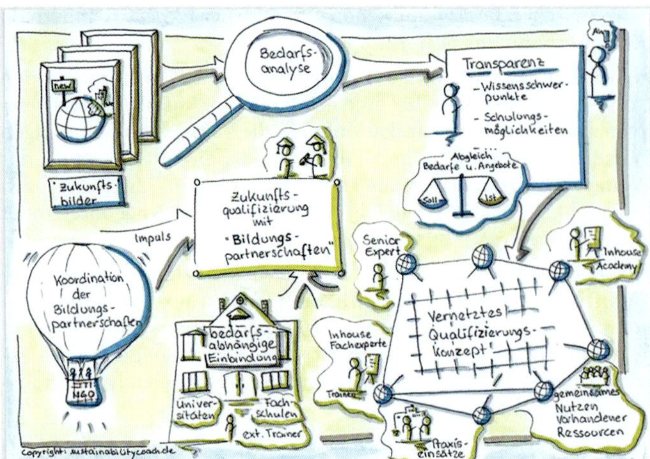

Quelle: BINNOMA

Zukunftsqualifizierung

Einsatzcharakteristik/Arbeitsrahmen

- Austauschfokus: vornehmlich mit externen Personen
- Austauschfokus: vornehmlich mit internen Personen
- Austauschfokus: vornehmlich mit internen und externen Personen
- Durchführungszeit: eher hoch (> 1 Tag)
- Einsatzfrequenz: vornehmlich im einmaligen Einsatz
- Einsatzradius: vornehmlich im projektweiten Einsatz
- Einsatzradius: vornehmlich im unternehmensweiten Einsatz
- Komplexität für den Moderator: eher hoch
- Komplexität für die Teilnehmer: eher hoch
- Teamgröße: Kleingruppe möglich (3 bis 5 Teilnehmer)
- Vorbereitungszeit: eher hoch (> 1 Tag)

Input für eine zielführende Arbeit mit der Methode

- Beteiligte Personen mit Tätigkeiten und Aufgaben
- Vorhandenes Wissen und Erfahrungen
- Merkmale der gegebenen Herausforderung

Output und beobachtete Ergebnisse der Methode

- Erzeugt transformationsfähigere Organisationen
- Erzeugt motiviertere und transformationsfähigere Teilnehmer
- Identifiziert vorhandene Schwachstellen
- Identifiziert vorhandene Stärken

Hinderniseffekte, auf die die Methode positiv wirkt

- Schafft für den Erfolg nötige Realitätsbezüge
- Schafft schnell Klarheit und beschleunigt Erkenntnisgewinn
- Schwächt Angst vor Neuem (Cainophobie)
- Schwächt das Leben in der Vergangenheit
- Schärft eine fehlende gemeinsame Ausrichtung
- Verhindert Finanz- und Ressourcenfallen
- Verhindert blinden Aktionismus
- Fördert Optimismus und Zuversicht

Mögliche Extravorteile der Methode

- Möglicher Extravorteil für Teams in einer Krisensituation
- Möglicher Extravorteil für Teams mit einem starkem Auftragsmandat

Quellen

Organisation – BöhringerInnovationsManagement, www.binnoma.de
Person – Juergen Schenk, juergen.schenk@sustainabilitycoach.de
Person – Sabine Böhringer, sabine.boehringer@binnoma.de
Web – https://de.wikipedia.org/wiki/Corporate_Social_Responsibility
Web – https://www.mittelstandswiki.de/wissen/Gastbeitrag:Trainingskonzepte_f%C3%BCr_Mitarbeiter_entwickeln/
Web – https://unternehmensgruen.org/sdgs-praxisnah-umsetzen
Web – https://www.baubetrieb.uni-wuppertal.de/fileadmin/bauing/baubetrieb/EBBF%C3%BC/08_Tool_zur_Qualifizierungsmatrix.pdf
Web – https://www.bnw-bundesverband.de/
Web – https://www.bundesregierung.de/breg-de/weitere-themen/nachhaltigkeitspolitik/die-un-nachhaltigkeitsziele-1553514 (abgerufen am 20.10.2023)
Web – https://www.globaleslernen.de/de/im-fokus/sustainable-development-goals-sdg/broschuere-zu-den-sdgs-mit-allen-169-unterzielen
Web – https://www.iab-forum.de/
Web – https://www.weiterbildungsberatung.nrw/themen/glossar/qualifizierungsbedarfsanalyse (abgerufen am 25.10.2023)
Web – https://www.bmas.de/

Zukunftsszenarien-Galerie mit Szenario-Map

EinSatzBeschreibung

Mit einer Zukunftsszenario-Galerie können wir zukunftssicherer und besser innovieren, entscheiden und Strategien erstellen.

Working Guide/Anwendungsfelder

P1 Sensibilisierung/Bildung	P2 Matching Recht/Gesetz	P3 Sustainability Roadmap	P4 Produkt/Prozessdesign	P5 Implementierung/Monitoring	P6 Kommunikation	P7 Organisation	P8 Führung	P9 Business Model Design	P10 Skalierung
		X	X				X	X	

Beschreibung

In unserer aktuellen VUCA-Welt hat die Arbeit mit selbst erstellten Zukunftsszenarien ein hohe Bedeutung bekommen. Egal ob kleine, mittlere oder große Unternehmen, mit Szenarien können wir besser innovieren, entscheiden und Strategien erstellen.

Nun, in einfachen Worten, sind Zukunftsszenarien eine Reihe von aufgeschriebenen Annahmen über mögliche zukünftige Ereignisse und deren positive oder negative Auswirkung auf unser Business. Sie können sich auf verschiedene Aspekte wie Technologie, Wirtschaft, Politik und sogar die Gesellschaft konzentrieren.

Diese Szenarien werden dann genutzt, um potenzielle Strategien und Maßnahmen zu ermitteln, die einem Unternehmen helfen können, sich besser auf die Zukunft vorzubereiten. Die Zukunftsszenario-Galerie ist ein wirkungsvolles Werkzeug in den Bereichen nachhaltige Innovation, Forschung & Entwicklung, Vertrieb, Marketing und Produktion.

Die Anwendungsbereiche von Szenarienarbeit sind mittlerweile ein großes Feld. Im Folgenden werden die am häufigsten zu findenden Anwendungsbereiche zusammengefasst.

- Strategische Planung: Eigene Szenarien können dazu genutzt werden, um deine Geschäftsstrategie zu entwickeln oder zu überprüfen. Du kannst unterschiedliche Szenarien durchspielen und sehen, wie dein Unternehmen unter verschiedenen Bedingungen reagieren würde. Dies kann dazu beitragen, Schwachstellen in deiner aktuellen Strategie aufzudecken und mögliche Verbesserungen zu identifizieren.
- Innovationsmanagement: Zukunftsszenarien können dir helfen, neue Geschäftsideen, Business Modelle oder Innovationspotenzialfelder zu erkennen. Durch die Untersuchung von Trends und möglichen Entwicklungen kannst du erkennen, wo mögliche Lücken in der Marktnachfrage auftreten könnten und wie du diese durch Innovationen füllen könntest.
- Reichweite von Entscheidungen evaluieren: Wenn in deinem Team große und sehr relevante Entscheidungen anstehen, können die Szenarien helfen die Reichweite und Bedeutung der anstehenden Entscheidung klarer zu bestimmen. Damit werden notwendige Diskussionen klarer und weniger aufreibend, da alle Beteiligten besser synchronisiert sind.
- Entwicklung von Visionen: Unternehmen mit starken Visionen sind in der aktuellen Zeit erfolgreicher als Unternehmen ohne eine klare Vision. Eine Galerie von Szenarien kann helfen, eine kraftvolle Vision effizient zu erstellen, die sowohl alle Mitarbeiter als auch Stakeholder abholt und wirkungsvoll ausrichtet.
- Entwicklung von Kernleistungsaufträgen: Neben einer Vision sind auch Kernleistungsausfträge für Teams, Bereiche und Abteilungen im Unternehmen unabdingbar für innovative und nachhaltige Erfolge. Szenarien können helfen, zielführende Kernleistungsausfträge schnell zu identifizieren.
- Reflexion/Einordung der aktuellen Situation: In unserer VUCAZeit geraten Teams und Unternehmen plötzlich und unerwartet in neue und oft sehr herausfordernde Situationen, die sie ins Straucheln bringen. Die häufige Frage, die dann entsteht: „Ist das nun ein kurzzeitiges Phänomen oder eine längerfristige Veränderung?" Mit eigenen Szenarien könnt ihr die Situation zuverlässig einordnen.
- Den Status quo infrage stellen: „Warum sind die Dinge wie sie sind? Und können sie nicht auch ganz anders getan werden?" Wer sich diese Frage stellt, ist schon gut in Richtung Innovation und Transformation unterwegs. Mit Szenarien fällt es uns leichter zu sehen, welchen Aspekt unserer Wertschöpfung wir infrage stellen sollten, um Potenzialfelder für ein Neudenken zu finden.
- Risikomanagement: Indem du verschiedene Szenarien durchgehst, kannst du potenzielle Risiken identifizieren und Maßnahmen zur Risikominderung planen. Es kann helfen, mögliche Krisen besser zu bewältigen, indem man bereits Pläne für den Umgang mit ihnen erstellt.
- Personalentwicklung: Indem du dir vorstellst, wie sich die Arbeitswelt in der Zukunft entwickeln könnte, kannst du besser planen, welche Fähigkeiten und Kompetenzen deine Mitarbeiter benötigen werden. Dies kann dir helfen, effektivere Ausbildungs- und Entwicklungsprogramme zu erstellen.
- Produktentwicklung: Durch die Erstellung von Zukunftsszenarien, die technologische Fortschritte und Veränderungen in den Verbraucherpräferenzen berücksichtigen, kannst du besser planen, welche Produkte oder Dienstleistungen du entwickeln solltest, um wettbewerbsfähig zu bleiben.
- Kundenbeziehungsmanagement: Indem du dir vorstellst, wie sich die Bedürfnisse und Wünsche deiner Kunden in der Zukunft entwickeln könnten, kannst du besser darauf vorbereitet sein, sie zu erfüllen und so starke Kundenbeziehungen aufzubauen und zu pflegen.
- Lieferkettenmanagement: Zukunftsszenarien können dir dabei helfen, mögliche Veränderungen in deiner Lieferkette zu antizipieren. Dies können z. B. politische Veränderungen, Umweltkatastrophen oder technologische Fortschritte sein, die dein Lieferkettenmanagement beeinflussen könnten.

- Nachhaltigkeitsmanagement: Mithilfe von Zukunftsszenarien kannst du auch die Umweltauswirkungen deines Unternehmens besser bewerten und Strategien zur Reduzierung dieser Auswirkungen entwickeln.
- Marketing und Vertrieb: Zukunftsszenarien können dazu beitragen, Trends und Veränderungen im Verbraucherverhalten zu erkennen, die deine Marketing- und Verkaufsstrategien beeinflussen könnten.
- Gesetzgebung und Compliance: Durch die Betrachtung möglicher politischer und rechtlicher Veränderungen kannst du besser vorbereitet sein, um auf diese zu reagieren und die Compliance deines Unternehmens sicherzustellen.

Wir leben in einer Zeit, die sehr volatil, unberechenbar, unsicher, komplex und teils widersprüchlich geworden ist. Unser Business taktet schneller und so gut wie alle Zyklen werden kürzer. Besonders hier kann eine integrierte und permanente Arbeit mit Zukunftsszenarien eine sehr große Hilfe sein, um weiterhin sinnvoll und zielführend zu agieren, zu innovieren und zu transformieren.

> Zukunftsszenarien sollen nicht die Zukunft genau vorherzusagen! Vielmehr dienen sie dazu, ein breiteres Verständnis für mögliche und wahrscheinliche Entwicklungen zu gewinnen, um so eine robustere Strategieplanung zu ermöglichen.

Durchführung

Jenseits der spezifischen Arbeitsformate in Projekten und Workshops gibt es grundlegende Arbeitspakete, die immer durchlaufen werden sollten, damit die Arbeit mit Zukunftsszenarien zielführend wirkt.

Zukunftsszenarien definieren: Gemeinsam definieren, was der Inhalt eines Zukunftsszenarios sein soll. Damit die selbst erstellten Szenarien Wirkung erzielen, müssen diese gar nicht hochkomplex oder über seitenweise lange Informationen verfügen. Über die letzten Jahre haben wir sechs wesentliche Bestandteile identifiziert, die jedes Szenario enthalten sollte – diese Bestandteile lassen sich am besten in Fragen ausdrücken:

1. Wer oder was verändert sich? Dies ist der Fokuspunkt, den du in deinem Szenario reflektierst. Das kann z. B. ein Kunde, ein Wettbewerber, eine Technologie, eine Branche, eine Norm oder ein Gesetz sein.
2. Wie verändert es sich? Hier beschreibst du, in welcher Form oder Art und Weise sich dein Fokuspunkt verändert – es kann eine, in Bezug auf dein Unternehmen, positive oder auch negative Veränderung sein.
3. Wann und wie lange verändert es sich? Hier geht es um den zeitlichen Aspekt der Veränderung – was denkst du, wann die Veränderung einsetzt und wie lange diese anhält?
4. Wie ist der Effekt auf unser Geschäft? Hier beschreibst du den exakten Effekt, den die Veränderung des Fokuspunkts auf dein

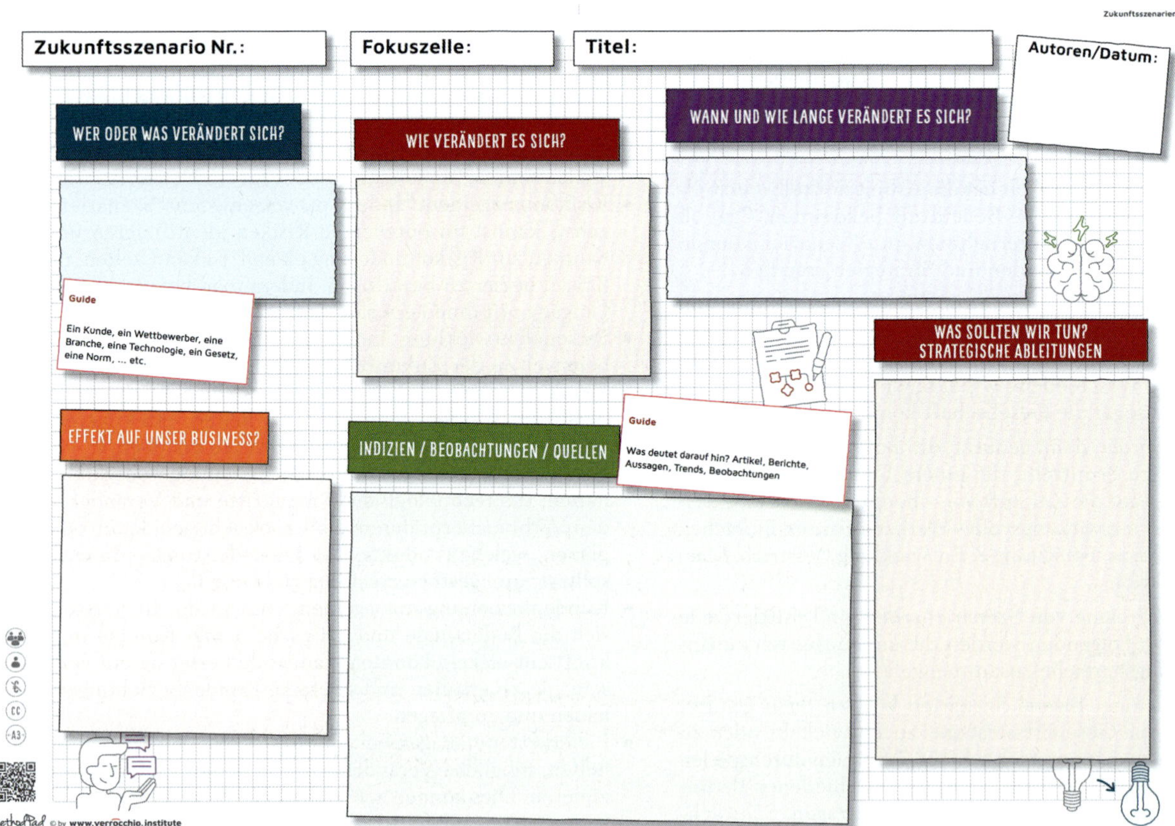

Zukunftsszenario-Arbeitsblatt

Business hat. Nehme bei der Beschreibung des Effekts gern eine detaillierte Flughöhe ein.

5. Welche Indizien, Beobachtungen und Quellen habe ich für das Szenario? Wichtig ist, dass du mitteilst, auf welche Indizien, Beobachtungen und Quellen du dein Szenario stützt. Generell gilt – je mehr Indizien und Quellen, desto besser!
6. Was sollten wir tun? Was ist unsere Ableitung? An dieser Stelle koppelst du dein Szenario an die Zukunft des Unternehmens und erstellst Ideen, Maßnahmen oder Strategien, was du empfiehlst, um an der positiven Veränderung teilzunehmen oder die mögliche negative Veränderung abzuwehren.

Als effizientes und schnell herzustellendes Arbeitsformat empfiehlt es sich, das Szenario insgesamt auf einer DIN A3 großen Fläche zu erstellen. In einigen Großgruppenformaten können es auch größere Formate sein.

Das MethodPad „Zukunfszenarien“ aus dem verrocchio Institute ist ein solches DIN A3 Arbeitsformat bzw. Arbeitsblatt für die zielführende Erstellung von Szenarien. Dieses MethodPad eignet sich auch hervorragend für die Szenarioarbeit auf Kollaborationsboards wie Conceptboard oder Miro.

Szenario-Map erstellen: Erstellen der Szenario-Map um Szenarien vergleichbar zu machen, zu clustern, um daraus effizienter Ideen, Maßnahmen oder Strategien abzuleiten.

Viele Probleme, die bei der Arbeit mit Zukunftsszenarien auftreten können, lassen sich auf einen typischen, sehr wesentlichen Fehler zurückführen: „Die Flughöhen und Bezugssysteme werden nicht definiert.“

Damit Zukunftsszenarien maximal helfen, MÜSSEN sie grundsätzlich vergleichbar sein! Die Szenarien müssen in Bezug auf ihre Flughöhe, wie bspw. das Team, das Produkt, die Kunden, die Branche, das Land oder die Welt synchronisiert und einsortiert sein. Zusätzliche muss die zeitliche Dimension definiert sein: betrachten wir ein Szenario in einem Jahr, in 2 Jahren, in 5 Jahren, usw.

Erstellen Sie eine Szenario-Map, wie ein Koordinatensystem mit 2 Achsen, über die Dimensionen Flughöhe und Zeit wie in unserem Beispiel. Jedes Zukunftsszenario, welches erstellt wird, bekommt einen Vermerk zu welchem Feld der Szenario-map es gehört, so ist immer eine gute Vergleichbarkeit der Szenarien gewährleistet.

Szenarien gemeinsam erstellen: Der erste klassische Schritt besteht darin, eine eigene Galerie von Szenarien anzulegen. Am besten ihr tut dies in 2er Teams, in dem der eine Teilnehmer der Denker und der andere der Schreiber des Szenarios ist. Aus der Erfahrung kann ich sagen, dass eine erste Galerie mindestens 20 Szenarien haben sollte. Mehr als 50 Szenarien sollten es nicht werden, da sie nicht mehr handhabbar sind.

Szenarien gemeinsam lesen: Es ist wichtig, dass jedes Mitglied des Teams nun jedes Szenario liest und ggf. Verständnisrückfragen an das Autorenteam stellt.

Szenarien im Team synchronisieren: Ratsam ist es auch abzuklären, ob alle im Team die einzelnen Szenarien gleichermaßen

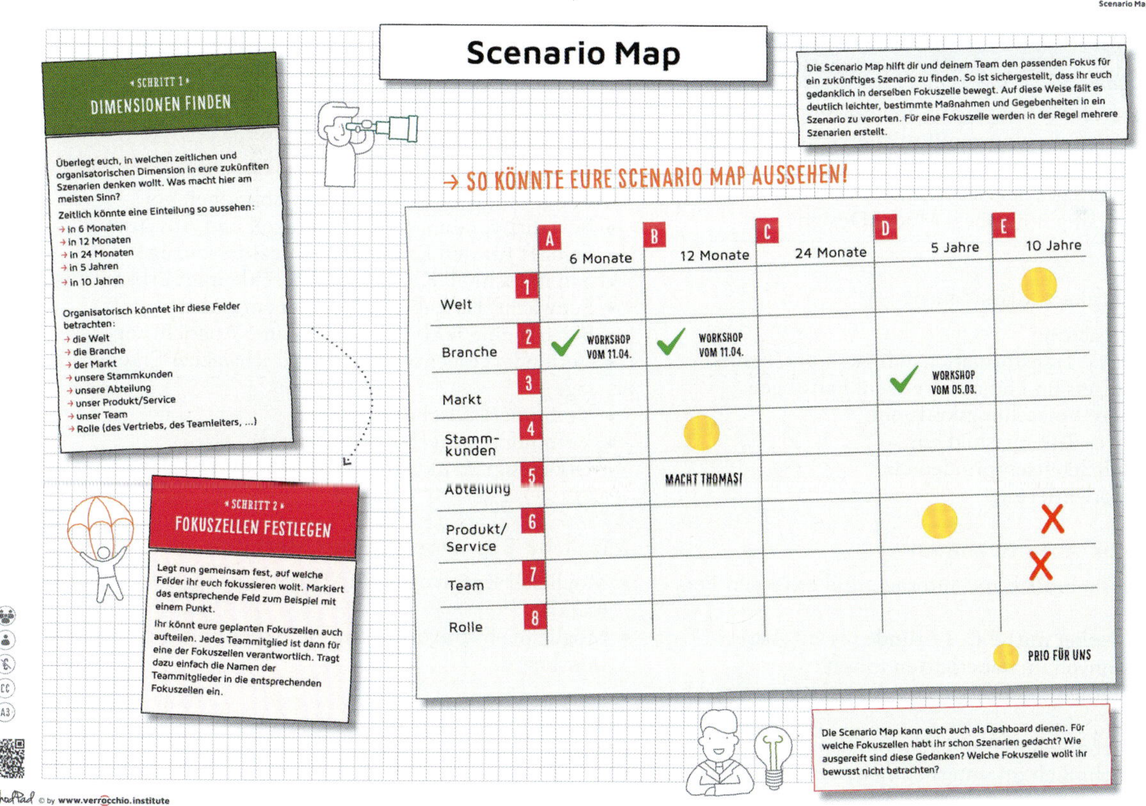

Zukunftsszenario-Map Beispiel

verstehen. An dieser Stelle könnte man somit mögliche Redundanzen aus der Galerie entfernen oder auch Szenarien verschmelzen.

Auf den Szenarien vermerken, wer an welches Szenario glaubt: Nun vermerkt jedes Teammitglied mit seinem Namenskürzel, an welche Szenarien er gleichermaßen glaubt. So lässt sich auf den Szenarien sofort ablesen, wie es um die Akzeptanz im Team bestellt ist. Es ist völlig normal, dass es sowohl schwache als auch starke Szenarien in der Galerie gibt. Im Laufe der Zeit kann sich dieses Akzeptanz auch verschieben.

Szenarien für alle sichtbar machen, z.B. mit einer Zukunftsszenario-Galerie: Damit Szenarien langfristig eine Wirkung auf das Business entfalten hat sich gezeigt, dass es einen großen Effekt hat, wenn die eigene Galerie der Szenarien sichtbar für alle platziert wird. Dies kann z.B. an einer großen Wand oder auf einem zentralen Kollaborationsboard geschehen.

Szenarien regelmäßig kontrollieren und updaten: Nachdem die Galerie erstellt ist und die Szenarioarbeit begonnen hat, sollte man die Galerie erfahrungsgemäß einmal im Quartal einem kurzen Stresstest unterziehen, um zu überprüfen, ob sich die Bedeutung der Szenarien verändert hat.

Praxisschlaglicht

Zukunftsszenarien sind, seit vielen Jahren, auch ein wichtiger Bestandteil unserer Arbeit im verrocchio Institute und damit auch enthalten in unserer Ausbildung zum Innovation Coach. Rückwirkend betrachtet können wir sicher sagen, die meisten Innovationsprojekte wären ohne eine initiale Szenarioarbeit gescheitert.

Wirkfeld der Methode

- Wirksam für Herausforderungen mit hoher Komplexität
- Wirksam für Herausforderungen mit mittlerer Komplexität
- Wirksam für nachhaltiges Produktdesign
- Wirksam für nachhaltiges Servicedesign
- Wirksam für nachhaltiges Business Model Design

Transformationsfähigkeit Ihres Teams

- Fördert die Sensibilisierung
- Fördert die allgemeine Transformationsfähigkeit des Teams
- Fördert offene Mindsets und innovative Denkhaltungen
- Zahlt auf eine bessere Vorstellungskraft ein
- Zahlt auf ein positives Zukunftsbild ein
- Zahlt auf das Dringlichkeitsempfinden ein
- Erhöht die Lösungsorientierung

Einsatzcharakteristik/Arbeitsrahmen

- Austauschfokus: vornehmlich mit internen und externen Personen
- Durchführungszeit: eher mittel (> 1 Stunde bis < 1 Tag)
- Einsatzfrequenz: sinnvoll im dauerhaften Einsatz
- Einsatzfrequenz: vornehmlich über den kompletten Projektzeitraum
- Einsatzradius: vornehmlich im projektweiten Einsatz
- Einsatzradius: vornehmlich im unternehmensweiten Einsatz
- Komplexität für den Moderator: eher mittel
- Komplexität für die Teilnehmer: eher mittel
- Teamgröße: Kleingruppe möglich (3 bis 5 Teilnehmer)
- Teamgröße: Maxigruppen möglich (20 bis 40 Teilnehmer)
- Teamgröße: Mittelgroße Teams möglich (5 bis 20 Teilnehmer)
- Vorbereitungszeit: eher mittel (> 1 Stunde bis < 1 Tag)

Input für eine zielführende Arbeit mit der Methode

- Aktuell existierende Geschäftsmodelle
- Aktuell existierende Produkte und Services
- Aktuelle Herausforderung, Leitfrage, Problem
- Innovationssuchfelder, Intent Statements
- Trends und Zukunftsentwicklungen
- Umfeldbeobachtungen, Umfeldanalysen
- Wettbewerber und Komplementoren

Output und beobachtete Ergebnisse der Methode

- Erzeugt Prognosen und Ableitungen
- Erzeugt Ideensuchfelder, unentdeckte Probleme, Inspiration
- Erzeugt Poster
- Erzeugt besseren Teamspirit, mehr Offenheit, Inspirationsempfindlichkeit
- Erzeugt eine Vision oder Zukunftsbild
- Erzeugt größere Klarheit zu einem Thema
- Erzeugt transformationsfähigere Organisationen
- Erzeugt mehr Hintergrundinformationen
- Erzeugt segmentierte, kategorisierte, geclusterte Daten
- Identifiziert vorhandene Schwachstellen
- Identifiziert vorhandene Stärken
- Macht Wirkzusammenhänge sichtbar

Hinderniseffekte, auf die die Methode positiv wirkt

- Beugt blinden Flecken/Betriebsblindheit vor
- Bewahrt vor zu generischen Ideen und Aussagen
- Schafft für den Erfolg nötige Realitätsbezüge
- Schafft schnell Klarheit und beschleunigt Erkenntnisgewinn
- Schwächt das Leben in der Vergangenheit
- Schärft eine fehlende gemeinsame Ausrichtung
- Verhindert Ideenfindung mit zu schwacher Erkenntnisgrundlage
- Verhindert falsche Flughöhen
- Verhindert unreflektiertes agieren
- Überzeugt strukturliebende Teammitglieder

Mögliche Extravorteile der Methode

- Möglicher Extravorteil für Teams mit einem starkem Auftragsmandat
- Möglicher Extravorteil für die Arbeit mit digitalen Kollaborationsboards

Quellen

Organisation – Verrocchio Institute, www.verrocchio.institute

Zukunftswerkstatt

EinSatzBeschreibung

Die Zukunftswerkstatt ist eine partizipative Technik zur Ideengenerierung, die sich speziell für größere Gruppen eignet.

Working Guide/Anwendungsfelder

P1 Sensibilisierung/Bildung	P2 Matching Recht/Gesetz	P3 Sustainability Roadmap	P4 Produkt/Prozessdesign	P5 Implementierung/Monitoring	P6 Kommunikation	P7 Organisation	P8 Führung	P9 Business Model Design	P10 Skalierung
		X	X					X	

Beschreibung

Die Zukunftswerkstatt ist eine partizipative Technik zur Ideengenerierung, die auf den Journalisten und Zukunftsforscher Robert Jungk zurückgeht. Die Methode, die Jungk Ende der 1970er-Jahre gemeinsam mit seinen Forscherkollegen Rüdiger Lutz und Norbert R. Müllert entwickelte, bietet die Möglichkeit, bestehenden gesellschaftlichen Problemen mit Fantasie und neuen Sichtweisen zu begegnen. Menschen, die von einer konkreten Problemstellung und den folgenden Handlungsentscheidungen betroffen sind, werden am Planungsprozess beteiligt. Unabhängig von Alter und Bildungsstand und unter Anleitung eines Moderators oder eines Moderatorenteams bringen sie sich mit Fantasie, Wünschen und Visionen in die Problemlösung ein. Durch die gezielte Freisetzung der ungenutzten kreativen Potenziale der Beteiligten können mit dieser Methode neuartige Lösungsansätze gefunden und gemeinsame Zukunftsperspektiven entwickelt werden.

Durchführung

Die Durchführung der Zukunftswerkstatt gliedert sich in fünf Phasen. Ein erfahrener Moderator oder ein Moderatorenteam sind hierbei erfahrungsgemäß vonnöten.

Schritt 1: Vorbereitung

Im Vorfeld wird die Problemstellung von den Initiatoren der Zukunftswerkstatt definiert. Ort und Zeit werden festgelegt und benötigte Hilfsmaterialien beschafft. Vielfach werden im Vorfeld auch die teilnehmenden Interessensgruppen (Stakeholder) ausgewählt. Kriterien sind dabei: Wer ist von dem Problem betroffen? Wer hat Interesse an einer Problemlösung? Bei großen Gruppen mit differierenden Interessen sollte die Zusammensetzung der Teilnehmer ausgewogen sein.

Sobald die Zukunftswerkstatt begonnen hat, hat der Moderator die Aufgabe, für eine positive und vertrauensvolle Atmosphäre zu sorgen. Die zeitliche und methodische Vorgehensweise sollten vorgestellt und thematische Interessen der Teilnehmer eruiert werden.

Schritt 2: Kritik

In dieser Phase werden die Teilnehmer aufgefordert, Kritik und Unbehagen an der aktuellen Situation zu äußern. Um ein möglichst vielschichtiges Bild des Ist-Zustands zu erhalten, sollten wirklich alle Bedenken formuliert werden. Die Kritikpunkte werden (zum Beispiel auf Kärtchen) gesammelt und dokumentiert. Im nächsten Schritt wird darüber entschieden, welche Themenbereiche im Folgenden bearbeitet werden sollen. Diese Entscheidung kann vom Moderator durch Diskussion herausgefiltert werden oder durch Abstimmung erfolgen.

Zukunftswerkstatt mit Arbeitsstationen (Foto: verrocchio Institute)

Schritt 3: Fantasie und Utopie

In dieser Phase sind die ungenutzten kreativen Potenziale der Teilnehmer gefragt. Den gesammelten Kritikpunkten stellen sie Wünsche, Visionen, Träume, Hoffnungen und Ideen gegenüber. Dies lässt sich zum Beispiel durch den Anfangssatz: „Es wäre schön, wenn …“ einleiten. Wichtig ist, dass in dieser Phase alle Gedanken zugelassen werden, auch wenn sie unrealistisch erscheinen. Kritik ist in dieser Phase kontraproduktiv.

Im Anschluss werden aus den Aussagen Lösungsansätze und -vorschläge generiert und gesammelt. Die Ideen, die sich vermeintlich zu vertiefen lohnen, werden in kleinen Gruppen ausgearbeitet und vor der gesamten Gruppe präsentiert.

Schritt 4: Verwirklichung

Nun werden die Lösungsansätze auf ihre Realisierbarkeit hin überprüft. Dabei können gegebenenfalls Experten herangezogen werden. Wird die Teilnehmergruppe aber als Expertenteam verstanden, wird die Wahl der Lösungsstrategie seitens dieser Gruppe getroffen. Sobald über die zu verfolgenden Lösungsideen entschieden ist, muss die Umsetzung der Ideen geklärt werden. Hier bietet sich die Vergabe von sogenannten Ideenpatenschaften an, um einzelne Lösungsideen weiterzuverfolgen.

Schritt 5: Nachbereitung

Abschließend fasst der Moderator die Ergebnisse der Zukunftswerkstatt noch einmal zusammen. Gemeinsam wird dann das weitere Prozedere beschlossen. Gegebenenfalls werden weitere Treffen oder sogar eine regelmäßig stattfindende Werkstatt beschlossen, um über Fortgang und Erfolg der ausgewählten Lösungsstrategien zu informieren.

Zukunftswerkstatt mit Arbeitsstationen (Foto: verrocchio Institute)

Wirkfeld der Methode

- Wirksam für Herausforderungen mit mittlerer Komplexität
- Wirksam für Herausforderungen mit niedriger Komplexität
- Wirksam für nachhaltiges Produktdesign
- Wirksam für nachhaltiges Servicedesign
- Wirksam für nachhaltiges Business Model Design

Transformationsfähigkeit Ihres Teams

- Fördert die allgemeine Transformationsfähigkeit des Teams
- Fördert grundlegend die Kreativität
- Sorgt für Inspiration oder bessere Inspirationsempfindlichkeit
- Erhöht die Lösungsorientierung

Einsatzcharakteristik/Arbeitsrahmen

- Austauschfokus: vornehmlich mit internen Personen
- Durchführungszeit: eher mittel (> 1 Stunde bis < 1 Tag)
- Einsatzfrequenz: vornehmlich im einmaligen Einsatz
- Komplexität für den Moderator: eher hoch
- Komplexität für die Teilnehmer: eher hoch
- Teamgröße: Großgruppen möglich (> 50 Teilnehmer)
- Teamgröße: Maxigruppen möglich (20 bis 40 Teilnehmer)
- Teamgröße: Mittelgroße Teams möglich (5 bis 20 Teilnehmer)
- Vorbereitungszeit: eher hoch (> 1 Tag)

Input für eine zielführende Arbeit mit der Methode

- Aktuell existierende Geschäftsmodelle
- Aktuell existierende Produkte und Services
- Aktuelle Herausforderung, Leitfrage, Problem

Output und beobachtete Ergebnisse der Methode

- Erzeugt Ideen für neue Märkte und neue Business Modelle
- Erzeugt Ideen, Lösungsansätze, Vorideen, Möglichkeiten
- Erzeugt Ideensuchfelder, unentdeckte Probleme, Inspiration
- Erzeugt Leitfragen für die Ideenfindung

Hinderniseffekte, auf die die Methode positiv wirkt

- Schafft schnell Klarheit, beschleunigt Erkenntnisgewinn
- Schärft eine fehlende gemeinsame Ausrichtung
- Stärkt schwache Anreicherungsskills
- Verhindert unreflektiertes Agieren
- Verhindert Ideenfindung mit zu schwacher Erkenntnisgrundlage
- Verhindert störende Killerphrasen
- Wirkt fehlender Inspiration entgegen
- Überzeugt Zweifler, Bewahrer, Kritiker

Mögliche Extravorteile der Methode

- für disruptiv unerfahrene Team
- für innovativ ungeübte Teams
- für interkulturell unerfahrene Teams
- für multidisziplinär unerfahrene Teams

Quellen

Buch – Das große Handbuch Innovation, B. van Aerssen, Ch. Buchholz (Vahlen, 2018)

Buch – Das große Buch der Kreativitätstechniken, E. Boos (Compact, 2010)

Web – http://www.ash-berlin.eu/hsl/freedocs/273/ArtikelZu- kunftswerkstatt.pdf (abgerufen am 10.04.2017)

Web – https://de.wikipedia.org/wiki/Zukunftswerkstatt (abgerufen am 10.04.2024)

Die Online-Methodensuche

Das INNOVATION WIKI ist die vom verrocchio Institute geschaffene digitale Toolbox für alle Innovations- Nachhaltigkeits- und Transformationsvorhaben. Als Buchleser haben Sie exklusiven Zugriff auf die integrierte Online-Methodensuche. Denn bei der schieren Größe (und dem Gewicht) des Handbuchs ist es bestimmt nicht immer möglich, ein Exemplar dabei zu haben. Deshalb bieten wir Ihnen einen kompletten digitalen Überblick über alle im Buch erwähnten Methoden sowie die passenden Filter an, um ganz leicht die richtigen Methoden für Ihre Arbeit zu finden.

Ob Sie eine Methode über den Namen oder mithilfe der folgenden Filter durchführen, bleibt ganz Ihnen überlassen. Die folgenden Filter sind Teil der Online-Methodensuche:

- Suche nach Working Guide/Anwendungsfelder
- Suche nach Wirkfeld der Methode
- Suche nach Hinderniseffekten

Die Methodensuche finden Sie unter:

https://www.handbuch-nachhaltigkeit.com/methodensuche

oder nutzen Sie den QR-Code unten.

Die Methodensuche ist ein Bonus für Sie als Buchleser, daher ist vor der Nutzung eine Anmeldung sowie die Eingabe eines Buchcodes erforderlich.

Dieser Code lautet: **Fv3k-WnR92x**

Nach der Registrierungsbestätigung haben Sie Zugriff auf alle Funktionen der Online-Methodensuche. Außerdem finden Sie auf dem INNOVATION WIKI neben den Methoden weitere kostenfreie Fachartikel, Bücher-Checks und Tools für mehr Innovation, Digitalisierung und Nachhaltigkeit.

Helfende Organisationen

An dieser Stelle haben wir für Sie Organisationen gesammelt, die Ihnen und Ihrem Unternehmen bei der nachhaltigen Transformation helfend zur Seite stehen können. Diese helfenden Organisationen gliedern sich unserer Ansicht nach in folgende Gruppen:

1. **Nachhaltigkeitsberatungsunternehmen:** Es gibt eine Vielzahl von Beratungsunternehmen, die sich auf Nachhaltigkeit spezialisiert haben. Diese Unternehmen bieten maßgeschneiderte Lösungen, um Ihr Unternehmen bei der Entwicklung und Umsetzung nachhaltiger Strategien zu unterstützen. Sie können Ihnen helfen, Nachhaltigkeitsziele festzulegen, messbare Indikatoren zu entwickeln und Nachhaltigkeitsberichte zu erstellen.
2. **Non-Profit-Organisationen (NPOs):** Es gibt eine Vielzahl von NPOs, die sich auf nachhaltige Entwicklung und Umweltschutz konzentrieren. Diese Organisationen können Ihnen mit Fachwissen, Ressourcen und Netzwerken zur Seite stehen. Sie bieten oft Schulungen, Workshops und Tools an, um Unternehmen bei der Umsetzung nachhaltiger Praktiken zu unterstützen. Zudem können sie bei der Entwicklung von Partnerschaften und der Zusammenarbeit mit anderen Unternehmen helfen.
3. **Forschungsinstitute und Universitäten:** Universitäten und Forschungsinstitute spielen eine wichtige Rolle bei der Entwicklung neuer nachhaltiger Technologien, Lösungen und Best Practices. Sie können wissenschaftliche Erkenntnisse und Fachwissen liefern, um Ihr Unternehmen bei der nachhaltigen Transformation zu unterstützen. Eine Zusammenarbeit mit Forschungseinrichtungen ermöglicht es Ihnen, von neuesten Erkenntnissen und Innovationen zu profitieren.
4. **Branchenverbände:** Branchenverbände sind Organisationen, die Unternehmen einer bestimmten Branche repräsentieren. Viele Branchenverbände haben Initiativen zur Förderung von Nachhaltigkeit und zur Unterstützung von Unternehmen bei ihrer Transformation gestartet. Sie bieten oft Schulungen, Richtlinien und Plattformen zum Austausch bewährter Praktiken an. Die Zusammenarbeit mit Branchenverbänden ermöglicht es Ihnen, von der Erfahrung und dem Wissen der Branche insgesamt zu profitieren.
5. **Regierungsbehörden:** Regierungen auf nationaler, regionaler und lokaler Ebene setzen zunehmend auf nachhaltige Entwicklung und Umweltschutz. Regierungsbehörden können finanzielle Anreize, Förderprogramme und rechtliche Rahmenbedingungen bereitstellen, um Unternehmen bei der nachhaltigen Transformation zu unterstützen. Sie können auch Informationen und Ressourcen zur Verfügung stellen, um Unternehmen bei der Einhaltung von Umweltauflagen und -normen zu helfen.

Name	Kurzbeschreibung	Weblink
amfori Business Social Compliance Initiative (amfori BSCI)	Gegründet 2003 als Business Social Compliance Initiative (BSCI) ist die Initiative ein Programm des wirtschaftsnahen Verbandes amfori zur Verbesserung der sozialen Standards in einer weltweiten Wertschöpfungskette. amfori BSCI stellt einen Verhaltenskodex mit einer Reihe von Werten und Prinzipien zur Verfügung, die den amfori-Mitgliedern helfen, ihre eigenen Richtlinien und Praktiken zu verbessern, z. B. bei der Aktualisierung von Einkaufsverträgen, um Geschäfte verantwortungsvoll zu führen.	https://www.amfori.org/en/solutions/social/about-bsci
AskNature	AskNature ist ein Projekt des gemeinnützigen Biomimicry Institutes, das sich für die Förderung der Praxis einsetzt, sich von der Natur inspirieren zu lassen, um Designprobleme auf regenerative Weise zu lösen. Die AskNature Website bietet biologische Strategien mit mehr als 1.700 Profilen von spezifischen Methoden, mit denen Lebewesen verschiedene Herausforderungen gemeistert haben. Außerdem werden erfolgreich umgesetzte Projekte vorgestellt, die auf Biomimikry basieren, und Lern-Hilfsmittel zur Verfügung gestellt, um mehr über Biomimikry zu erfahren und selbst zu praktizieren.	https://asknature.org/
B Lab Deutschland	Die B Lab Deutschland gGmbH ist eine gemeinnützige Organisation und Unternehmer-Community, die Bildungsangebote und Tools anbietet, mit denen Unternehmen ihre soziale und ökologische Verantwortung zeigen und umsetzen können. Zertifizierte B Corporations oder B Corps sind Unternehmen, die vom B Lab auf die Einhaltung hoher Standards für soziale und ökologische Leistung, Transparenz und Verantwortlichkeit überprüft wurden.	https://www.bcorporation.de/
B.A.U.M. e. V.	B.A.U.M. e. V. (Bundesdeutscher Arbeitskreis für Umweltbewusstes Management) ist ein Netzwerk von Unternehmen, Organisationen und Experten, das sich für nachhaltiges Wirtschaften und Umweltschutz einsetzt. B.A.U.M. fördert den Austausch von Wissen und Erfahrungen, bietet Beratung und Unterstützung bei der Umsetzung nachhaltiger Praktiken und engagiert sich für die Verbreitung von Umwelt- und Nachhaltigkeitsthemen in Wirtschaft und Gesellschaft.	https://www.baumev.de/

Name	Kurzbeschreibung	Weblink
Borderstep Institute for Innovation and Sustainability	Das Borderstep Institut ist eine unabhängige und gemeinnützige Forschungseinrichtung im Bereich der anwendungsorientierten Innovations- und Entrepreneurship-Forschung. Es erforscht die Zukunft und untersucht, was kommt (Innovation) und was bleibt (Nachhaltigkeit). Mit seinen wissenschaftlichen Arbeiten analysiert es Problemlösungen für ein nachhaltiges Wirtschaften und erarbeitet zukunftsfähige Handlungsstrategien für Unternehmen, Gründer, Verbände und Politik.	https://www.borderstep.de/
Bundesverband der Öko-Kontrollstellen e. V.	Der Bundesverband der Öko-Kontrollstellen e. V. vertritt die Öko-Kontrollstellen, die nach der EG-Verordnung über den Ökologischen Landbau staatlich zugelassen sind. Die Öko-Kontrollstellen des BVK führen ca. 90 % aller deutschen Bio-Kontrollen durch und stellen die Glaubwürdigkeit des Ökologischen Landbaus sowie die Integrität der Bioprodukte sicher. Der Bundesverband informiert zudem über die Zertifizierungen und aktuelle Themen zum Bio-Recht.	https://bvk.oeko-kontrollstellen.de/
Bundesverband Nachhaltige Wirtschaft	Im Bundesverband Nachhaltige Wirtschaft (vormals: UnternehmensGrün) engagieren sich seit 1992 Unternehmer, die Verantwortung für Wirtschaft, Umwelt und Gesellschaft verbindet. Der Bundesverband Nachhaltige Wirtschaft (BNW) ist als ökologisch ausgerichteter Unternehmensverband vor allem ideell in der branchenübergreifenden Lobbyarbeit für nachhaltige Wirtschaftspolitik tätig. Der Verband nimmt mit den Experten aus den Reihen seiner Mitglieder und des Vorstands Einfluss auf Gesetzgebungsprozesse, wird bei Fachanhörungen im Bundestag gehört und entwickelt Konzepte für nachhaltiges Wirtschaften.	https://www.bnw-bundesverband.de/
Carbon Disclosure Project (CDP)	Das Carbon Disclosure Project (CDP) ist eine Non-Profit-Organisation, die Unternehmen bei der Offenlegung ihrer Umweltauswirkungen und beim Setzen von Klimazielen unterstützt. In den drei Fokusbereichen Klima, Wasser und Wälder stellt es zudem Reports und Ressourcen zur Verfügung.	https://www.cdp.net/
Cradle to Cradle NGO (C2C)	Die Nichtregierungsorganisation Cradle to Cradle NGO (C2C) widmet sich der Bildung und Vernetzung im Bereich Cradle to Cradle. Die NGO arbeitet mit Wirtschaft, Wissenschaft, Bildung, Politik und Zivilgesellschaft zusammen, um das Kreislaufwirtschaftskonzept Cradle to Cradle zu erklären und zu verbreiten.	https://c2c.ngo/
Cradle to Cradle Products Innovation Institute	Das Cradle to Cradle Products Innovation Institute treibt den Übergang zu einer Kreislaufwirtschaft voran, indem es einen globalen Standard für Materialien, Produkte und Systeme setzt, der sich positiv auf Mensch und Umwelt auswirkt. In der gesamten Wertschöpfungskette wird Cradle to Cradle Certified® eingesetzt, um Materialien und Produkte nach wissenschaftsbasierten Maßstäben für Materialgesundheit, Kreislauffähigkeit von Produkten, erneuerbare Energien und Klima, Wasser- und Bodenverantwortung sowie soziale Fairness zu innovieren und zu optimieren.	https://c2ccertified.org/
CSR Europe	CSR Europe ist ein europäisches Unternehmensnetzwerk für unternehmerische Nachhaltigkeit und Verantwortung. Mit seinen Unternehmensmitgliedern, nationalen Partnerorganisationen und assoziierten Partnern unterstützt es über 10.000 Unternehmen auf lokaler, europäischer und globaler Ebene bei ihrer Umgestaltung und Zusammenarbeit im Hinblick auf praktische Lösungen und nachhaltiges Wachstum.	https://www.csreurope.org/
Deutsche Umwelthilfe e. V.	Die Deutsche Umwelthilfe e. V. wurde 1975 gegründet. Sie ist politisch unabhängig, als gemeinnützig anerkannt, klageberechtigt und engagiert sich vor allem auf nationaler und europäischer Ebene. Zentrale Anliegen sind der Erhalt der natürlichen Lebensgrundlagen, nachhaltige Lebensweisen und Wirtschaftsformen, die ökologische Belastungsgrenzen respektieren, Erhalt der biologischen Vielfalt, Klimaschutz sowie der Schutz von Umwelt und Verbrauchern.	https://www.duh.de/

Name	Kurzbeschreibung	Weblink
Deutscher Nachhaltigkeitskodex (DNK)	Der Rat für Nachhaltige Entwicklung (RNE) verfolgt mit dem DNK das Ziel, eine nachhaltige Wirtschaftsweise zu fördern. Er bietet sowohl einen einfachen Einstieg in die Nachhaltigkeitsberichterstattung als auch eine Anschlussfähigkeit an Berichtspflichten. Er eignet sich als Instrument zum Aufbau einer Nachhaltigkeitsstrategie. bietet durch viele Unterstützungsangebote einen einfachen Einstieg in die Nachhaltigkeitsberichterstattung und kann zur Erfüllung der CSR Berichtspflicht genutzt werden.	https://www.deutscher-nachhaltigkeitskodex.de/
econsense – Forum Nachhaltige Entwicklung der Deutschen Wirtschaft e. V.	econsense – Forum Nachhaltige Entwicklung der Deutschen Wirtschaft e. V. ist eine Plattform, die Unternehmen und Organisationen zusammenbringt, um den Dialog und Austausch über nachhaltige Entwicklung voranzutreiben. econsense fördert die Integration von ökologischen und sozialen Aspekten in unternehmerisches Handeln, unterstützt bei der Entwicklung von Nachhaltigkeitsstrategien und engagiert sich für die Förderung von Nachhaltigkeitsstandards in Wirtschaft und Gesellschaft. Themenfelder sind Klima & Umwelt, Finance & Reporting, Menschenrechte & Wertschöpfung, Digitale Verantwortung und Nachhaltigkeitsmanagement & Governance.	https://econsense.de/
Ecosquare Consulting (Beratungsgesellschaft)	Ecosquare bietet als Beratung ein Screening zur Identifizierung von ökologischen Hotspots, die Quantifizierung von Emissionen und Wettbewerbsanalysen an. Die Beratung hilft bei der Impactbewertung von Produkten, unterstützt bei ökologischen Zertifizierungen und kann das gesamte Produktportfolio hinsichtlich seiner ökologischen und ökonomischen Leistung analysieren.	https://www.ecosquare-consulting.com/
Ellen McArthur Foundation	Die Ellen McArthur Foundation ist eine Wohltätigkeitsorganisation, die sich für die Schaffung einer Kreislaufwirtschaft einsetzt. Als Nichtregierungsorganisation erforscht sie die Möglichkeiten für verschiedene Interessengruppen und Sektoren und zeigt Beispiele auf, wie die Grundsätze der Kreislaufwirtschaft heute in die Praxis umgesetzt werden können. Sie unterstützt Organisationen und Einzelpersonen mit Lernmöglichkeiten durch Kurse zur Kreislaufwirtschaft und stellt Artikel, Videos und einen Podcast zur Verfügung.	https://ellenmacarthurfoundation.org
Estonian Design Centre (EDC)	Das Estonian Design Centre (EDC) ist eine gemeinnützige Organisation, die von der Estnischen Akademie der Künste, der Technischen Universität Tallinn, dem Estnischen Designinstitut und dem Estnischen Designerverband gegründet wurde. Es kann Unternehmen im Bereich EcoDesign mit Tools und Informationen unterstützen.	https://disainikeskus.ee/ecodesign https://ringdisain.ee/en/
European Financial Reporting Advisory Group (EFRAG)	Die European Financial Reporting Advisory Group (EFRAG) ist ein privater Verband, der 2001 mit Unterstützung der Europäischen Kommission gegründet wurde. Mitglieder sind europäische Interessengruppen, nationale Organisationen und Organisationen der Zivilgesellschaft. Die Tätigkeit der EFRAG gliedert sich in zwei Säulen: 1. Rechnungslegung: Einflussnahme auf die Entwicklung von IFRS-Standards aus europäischer Sicht und deren Beitrag zur Effizienz der Kapitalmärkte sowie Beratung der Europäischen Kommission bei der Übernahme von IFRS-Standards (und deren Änderungen). 2. Nachhaltigkeitsberichterstattung: Entwicklung von Entwürfen für EU-Normen zur Nachhaltigkeitsberichterstattung und entsprechende Änderungen für die Europäische Kommission.	https://www.efrag.org/
Fraunhofer Gesellschaft	Die Fraunhofer Gesellschaft ist eine Organisation für anwendungsorientierte Forschung mit dem Ziel, die deutsche und europäische Wettbewerbsfähigkeit zu stärken. Dabei liegen Forschungsschwerpunkte u. a. auf Bioökonomie, Ressourceneffizienz & Klimatechnologien sowie KI.	https://www.fraunhofer.de/

Name	Kurzbeschreibung	Weblink
Fraunhofer Institute für Zuverlässigkeit und Mikrointegration (IZM)	Das Fraunhofer IZM ist eine Einrichtung für angewandte Forschung und Entwicklung von Elektronik und deren Systemintegration. Das Institut findet gemeinsam mit Partnern aus Industrie und Wissenschaft technologische Lösungen für zukünftige Herausforderungen in Branchen wie der Automobil- und Industrieelektronik, der Medizintechnik, IKT und dem Halbleiterbereich.	https://www.izm.fraunhofer.de/
FSC	Bereits seit über 25 Jahren setzt sich FSC für die Förderung einer umweltfreundlichen, sozialförderlichen und ökonomisch tragfähigen Bewirtschaftung von Wäldern ein. Die unabhängige, gemeinnützige Nicht-Regierungsorganisation wurde 1993 im Rahmen der Folgeprozesse nach der der VN-Konferenz „Umwelt und Entwicklung" in Rio de Janeiro gegründet. Heute ist der FSC in über 80 Ländern mit nationalen Arbeitsgruppen vertreten.	https://www.fsc-deutschland.de/
Gesellschaft für Bürgergutachten GbR (gfb)	Die Gesellschaft für Bürgergutachten GbR (gfb) konzipiert, organisiert, moderiert und evaluiert Methoden und Verfahren des Dialogs, der Beteiligung, der Mitsprache und Aktivierung von Bürgerinnen und Bürgern.	https://www.buergergutachten.com/
GIZ	Die Deutsche Gesellschaft für Internationale Zusammenarbeit (GIZ) ist ein staatliches Unternehmen, das im Auftrag der deutschen Bundesregierung weltweit Entwicklungsprojekte durchführt. Die GIZ arbeitet in enger Zusammenarbeit mit Partnern vor Ort, um nachhaltige Lösungen für globale Herausforderungen in den Bereichen Wirtschaftsentwicklung, Umweltschutz, Bildung, Gesundheit und vielem mehr zu schaffen. Ihr Ziel ist es, die Lebensbedingungen in Entwicklungs- und Schwellenländern zu verbessern und zur nachhaltigen Entwicklung beizutragen.	https://www.giz.de/
Global Compact Netzwerk Deutschland	Das deutsche Global Compact Netzwerk ist das nationale Netzwerk des UN Global Compact und unterstützt deutsche Unternehmen bei der Umsetzung der zehn Prinzipien des Global Compact in den Bereichen Menschenrechte, Arbeitsnormen, Umweltschutz und Korruptionsbekämpfung. Das Netzwerk fördert den Austausch von Best Practices, bietet Schulungen und Workshops an und stärkt das Engagement der deutschen Wirtschaft für nachhaltige Entwicklung und verantwortungsvolles unternehmerisches Handeln auf globaler Ebene.	https://www.globalcompact.de/
Global Ecolabelling Network (GEN)	Das Global Ecolabelling Network (GEN) ist ein Netzwerk von Ecolabel-Programmen weltweit und bietet Informationen und Unterstützung im Bereich nachhaltiger Label und Zertifizierungen. Als gemeinnützige Organisation setzt es einen weltweiten Maßstab für Umweltzeichen und macht es Unternehmen einfacher, Greenwashing in der eigenen Lieferkette zu durchschauen, bessere Entscheidungen zu treffen und wirklich nachhaltige Angebote auf den Markt zu bringen.	https://globalecolabelling.net/
Global Reporting Initiative (GRI)	Die Global Reporting Initiative (GRI) bietet die weltweit meistgenutzten Nachhaltigkeitsberichterstattung Standards und liefert globale Best Practices, wie Organisationen ihren Impact auf Umwelt, Ökonomie und Gesellschaft kommunizieren und demonstrieren können. So helfen die bereitgestellten Ressourcen u. a. bei der Durchführung einer Wesentlichkeitsanalyse, einschließlich der Berücksichtigung der doppelten Wesentlichkeit.	www.globalreporting.org
Haus des Waldes	Das Haus des Waldes in Stuttgart ist seit mehr als 30 Jahren das landesweite Kompetenzzentrum für Waldpädagogik in Baden-Württemberg. Es ist Teil von ForstBW, dem größten Forstbetrieb des Landes. Hier kann man den Wald mit allen Sinnen erleben: Ob in der interaktiven Dauerausstellung „StadtWaldWelt", auf dem der barrierefreien Walderlebnisweg „Sinneswandel" oder bei den vielfältigen Angeboten im Wald. Ein offenes Jahresprogramm bietet über 100 Veranstaltungen. Zudem besteht die Möglichkeit, sich berufsbegleitend zum staatlich zertifizierten Waldpädagogen ausbilden zu lassen.	https://www.hausdeswaldes.de/

Name	Kurzbeschreibung	Weblink
ifaa – Institut für angewandte Arbeits-wissenschaft e. V	Das ifaa – Institut für angewandte Arbeitswissenschaft e. V. ist das Forschungsinstitut der Metall- und Elektroindustrie. Mit verschiedenen Themenfeldern aus der Arbeitswissenschaft und Betriebsorganisation bietet es auch zum Thema Nachhaltigkeit Unterlagen und Hilfestellungen für Unternehmen.	https://www.arbeitswissenschaft.net/
Industrie- und Handelskammern (IHKs)	Die Industrie- und Handelskammern (IHKs) bieten Beratung und Unterstützung für Unternehmen in Bezug auf Nachhaltigkeitsmanagement und die Anwendung des Deutschen Nachhaltigkeitskodex.	https://www.ihk.de/
Inner Development Goals (IDGs)	Die Inner Development Goals (IDGs) sind eine gemeinnützige und open source Initiative. Sie erforscht, sammelt und vermittelt wissenschaftlich fundierte Fähigkeiten und Qualitäten, die helfen, ein zielgerichtetes, nachhaltiges und produktives Leben zu führen. Das aktuelle IDG-Framework umfasst 5 Dimensionen und 23 Fähigkeiten und Qualitäten, die besonders für Führungskräfte, die sich mit den Sustainable Development Goals befassen, aber auch für alle anderen Mitarbeitenden entscheidend sind.	https://www.innerdevelopmentgoals.org/
International Association for Impact Assessment (IAIA)	Die International Association for Impact Assessment (IAIA) ist ein globales Netzwerk für bewährte Praktiken bei der Nutzung von Folgenabschätzungen. Folgenabschätzung ist, einfach definiert, der Prozess der Identifizierung der zukünftigen Konsequenzen einer aktuellen oder geplanten Maßnahme. Sie wird zur fundierten Entscheidungsfindung in Bezug auf Politiken, Programme, Pläne und Projekte genutzt. Die IAIA kann mit ihren Ressourcen Unternehmen u. a. beim Impact Assessment unterstützen.	https://www.iaia.org/
International Association for Public Participation (IAP2)	Die International Association for Public Participation (IAP2) ist eine globale Organisation, die sich auf die Förderung und Praxis der Partizipation und des Stakeholder-Engagements spezialisiert hat.	https://www.iap2.org/
International Public Relations Association (IPRA)	Die International Public Relations Association (IPRA) ist ein globales Netzwerk für PR Professionals und bietet Ressourcen und Best Practices für nachhaltige PR-Kommunikation.	https://www.ipra.org/
Internationale Organisation für Normung (ISO)	Die Internationale Organisation für Normung (ISO) ist eine unabhängige, nichtstaatliche internationale Organisation. Sie bringt Experten aus aller Welt zusammen, um sich über die besten Vorgehensweisen zu verständigen, von der Herstellung von Produkten bis zum Management von Prozessen. Die ISO entwickelt und veröffentlicht internationale Standards, einschließlich der Standards für verschiedene Managementsysteme.	https://www.iso.org/
Klima-Allianz Deutschland	Die Klima-Allianz Deutschland ist das breite gesellschaftliche Bündnis für den Klimaschutz. Mit rund 150 Mitgliedsorganisationen aus den Bereichen Umwelt, Kirche, Entwicklung, Bildung, Kultur, Gesundheit, Verbraucherschutz, Jugend, Soziales und Gewerkschaften setzt sie sich für eine ambitionierte und sozial gerechte Klimapolitik auf lokaler, nationaler, europäischer und internationaler Ebene ein. Sie bringt Menschen zu gemeinsamen Forderungen und Aktionen zusammen. Damit macht sie deutlich, dass Klimaschutz ein gesamtgesellschaftliches Anliegen ist. Ihre Mitgliedsorganisationen repräsentieren zusammen rund 25 Millionen Menschen.	https://www.klima-allianz.de/
Naturschule Deutschland e.V	Die Naturschule Deutschland e. V. fördert und intensiviert Naturvertrautheit und Naturkompetenz von Menschen in einem natürlichen Umfeld mittels ganzheitlicher Pädagogik. Das oberste Ziel ihrer Arbeit ist eine Hinführung zu einem bewussten und verantwortungsvollen Umgang mit der Natur und unseren Mitmenschen. Die Naturschule vermittelt in ihren Fort- und Weiterbildungen Schlüsselqualifikationen für pädagogische Arbeitsfelder und gibt durch individuelle Naturerfahrungen gleichzeitig wichtige Impulse für die persönliche Weiterentwicklung.	https://www.naturschule.de/

Name	Kurzbeschreibung	Weblink
Naturschutzbund Deutschland e. V. (NABU)	Der Naturschutzbund Deutschland e. V. (NABU) ist die älteste und mitgliederstärkste Naturschutzorganisation Deutschlands. Satzungsgemäßes Ziel ist der Schutz von Natur und Umwelt. Der NABU ist basisdemokratisch organisiert, betreibt umweltpolitische Lobbyarbeit, verfügt über eigene Forschungseinrichtungen und Fachausschüsse, hat gemeinsam mit seiner Jugendorganisation NAJU einen Schwerpunkt in der Bildungsarbeit und setzt als „Anwalt für Mensch und Natur“ von den örtlichen NABU-Gruppen bis zur internationalen Ebene konkrete Naturschutzprojekte um.	https://www.nabu.de/ https://www.naju.de/
Netzwerk Weitblick – Verband Journalismus und Nachhaltigkeit e. V.	Das Netzwerk Weitblick ist ein gemeinnütziger Journalistenverband, der Medienschaffende bei ihrer Berichterstattung zu Themen aus dem Bereich „Nachhaltige Entwicklung“ unterstützt. Dazu gehört u. a. die Klimakrise ebenso wie Biodiversität, Kreislaufwirtschaft, Landwirtschaft oder nachhaltiges Investment. Durch seine Publikationen und Workshops kann es auch Unternehmen in der Nachhaltigkeitskommunikation weiterhelfen.	https://www.netzwerk-weitblick.org/
PANORAMA. Solutions for a Healthy Planet	PANORAMA – Solutions for a Healthy Planet ist eine Partnerschaftsinitiative zur Dokumentation und Förderung von Beispielen inspirierender, reproduzierbarer Lösungen in einer Reihe von Naturschutz- und nachhaltigen Entwicklungsthemen, die sektorübergreifendes Lernen und Inspiration ermöglichen. PANORAMA ermöglicht es Praktikern, ihre Erfahrungen auszutauschen und darüber zu reflektieren, die Anerkennung für erfolgreiche Arbeit zu erhöhen und mit ihren Kollegen zu erfahren, wie ähnliche Herausforderungen auf der ganzen Welt angegangen wurden.	https://panorama.solutions/
PEFC	PEFC ist die größte Institution zur Sicherstellung nachhaltiger Waldbewirtschaftung durch ein unabhängiges Zertifizierungssystem. Holz und Holzprodukte mit dem PEFC-Siegel stammen damit nachweislich aus ökologisch, ökonomisch und sozial nachhaltiger Forstwirtschaft. Die Abkürzung „PEFC“ steht für „Programme for the Endorsement of Forest Certification Schemes“, also für ein Programm zur Anerkennung von Waldzertifizierungssystemen.	https://www.pefc.de/
Rat für Nachhaltige Entwicklung (RNE)	Der Rat für Nachhaltige Entwicklung (RNE) ist ein Beratungsgremium mit Mandat der Bundesregierung. Er ist u. a. verantwortlich für die Entwicklung und Weiterentwicklung des Deutschen Nachhaltigkeitskodex und bietet Informationen, Leitfäden und Unterstützung für Unternehmen.	https://www.nachhaltigkeitsrat.de/
Right Question Institute	Das Right Question Institute setzt sich für den Aufbau einer gerechteren und ausgewogeneren Demokratie ein. Es stärkt die Fähigkeit von Menschen, Fragen zu stellen und sich an Entscheidungen zu beteiligen, die sie betreffen. Wenn Menschen aller Altersgruppen lernen, die richtigen Fragen zu stellen, führt dies zu einem neuen Gefühl der Handlungsfähigkeit, des Vertrauens und der Macht.	https://rightquestion.org/
Schutzgemeinschaft Deutscher Wald	Die Schutzgemeinschaft Deutscher Wald wurde 1947 gegründet und ist eine Gemeinschaft von engagierten Waldschützern, die die Schönheit und Gesundheit des Waldes erhalten wollen, gleichzeitig aber auch die waldschonende Nutzung befürworten. Sie sehen sich als Anwälte für die Natur und wollen die natürlichen Lebensgrundlagen für Mensch, Tiere und Pflanzen erhalten. Sie wollen das Verhältnis der Menschen zum Wald verbessern, da sich die Menschen und vor allem die Jugendlichen immer mehr von der natürlichen Umwelt entfremden.	https://www.sdw.de/
Science Based Targets Initiative (SBTi)	Die Science Based Targets initiative (SBTi) ist eine Zusammenarbeit zwischen CDP, UN Global Compact, World Resources Institute und WWF, und unterstützt Unternehmen bei der Festlegung und Umsetzung von Science Based Targets. Science Based Targets zeigen Unternehmen, wie viel und wie schnell sie ihre Treibhausgasemissionen reduzieren müssen, um die schlimmsten Auswirkungen des Klimawandels zu verhindern.	https://sciencebasedtargets.org/

Name	Kurzbeschreibung	Weblink
Social Accountability International (SAI)	Social Accountability International (SAI) ist eine Non-Profit-Organisation, die sich für soziale Verantwortung und die Verbesserung von Arbeitsbedingungen weltweit einsetzt. Sie hilft Organisationen aller Art, die Arbeitsbedingungen zu verbessern, die Menschenrechte zu fördern und sich für eine bessere soziale Leistung einzusetzen.	https://sa-intl.org/
Sphera (Beratungs-gesellschaft)	Sphera ist ein Anbieter von Umwelt-, Sozial- und Governance (ESG) Performance und Risikomanagement Software. Sie bieten zudem Beratungsleistungen mit den Schwerpunkten auf Umwelt, Gesundheit, Sicherheit und Nachhaltigkeit, operativem Risikomanagement und Produktverantwortung und Risikomanagement in der Lieferkette.	https://sphera.com/
Sustainability Accounting Standards Board (SASB)	Das Sustainability Accounting Standards Board (SASB) als Teil der IFRS Foundation bietet branchenspezifische Leitlinien zur Identifizierung und Berichterstattung über wesentliche Nachhaltigkeitsthemen. Die SASBs Standards helfen Unternehmen, relevante Nachhaltigkeitsinformationen für ihre Investoren aufzubereiten.	https://sasb.org/
Sustainable Apparel Coalition (SAC)	Die Sustainable Apparel Coalition (SAC) ist eine Initiative der Bekleidungsindustrie, die sich für soziale und ökologische Nachhaltigkeit in der Bekleidungsproduktion einsetzt und Ressourcen und Tools zur Verfügung stellt. Sie ist ein Zusammenschluss von 300 Bekleidungs-, Schuh- und Textilmarken, Einzelhändlern, Herstellern, Beschaffungsagenturen, Dienstleistern, Handelsverbänden, Nichtregierungsorganisationen und akademischen Einrichtungen.	https://apparelcoalition.org/
Sustainable Brands	Sustainable Brands ist eine Plattform, die Unternehmen bei der Entwicklung und Vermarktung von nachhaltigen Produkten und Marken unterstützt. Sie ist eine globale Gemeinschaft von Markeninnovatoren mit dem Ziel, Unternehmen zu inspirieren, zu engagieren und auszustatten, um die sozialen und ökologischen Herausforderungen als wesentliche Triebkraft für Markeninnovation, Wertschöpfung und positive Auswirkungen zu sehen.	https://sustainablebrands.com/
Sustainable Purchasing Leadership Council (SPLC)	Der Sustainable Purchasing Leadership Council (SPLC) unterstützt Organisationen bei der Integration nachhaltiger Praktiken in ihre Beschaffungsstrategien. Er ist eine globale Gemeinschaft von Einkäufern, Lieferanten, Befürwortern und Experten, die sich dafür einsetzen, durch eine nachhaltige Beschaffung positive Auswirkungen zu erzielen.	https://www.sustainablepurchasing.org/
The Partnering Initiative (TPI)	The Partnering Initiative (TPI) ist eine Organisation, die Unternehmen und andere Akteure dabei unterstützt, Partnerschaften und Stakeholder-Dialoge aufzubauen und erfolgreich zu gestalten. TPI arbeitet dafür an der Entwicklung von Standards für professionelle Partnerschaften und am Aufbau von Kapazitäten und unterstützenden Strukturen, um Partnerschaften für eine transformative nachhaltige Entwicklung fördern.	https://tpiglobal.org/
Transition Network	Transition Network ist eine globale Bewegung, die sich auf den Aufbau von nachhaltigen Gemeinschaften konzentriert. Community-geführte Transition-Gruppen arbeiten für eine kohlenstoffarme, sozial gerechte Zukunft mit widerstandsfähigen Gemeinschaften und einer aktiveren Beteiligung an der Gesellschaft.	https://www.transitionnetwork.org/
Umweltbundesamt	Das Umweltbundesamt ist Deutschlands zentrale Umweltbehörde. Die Themenpalette ist breit – von der Abfallvermeidung über den Klimaschutz bis zur Zulassung von Pflanzenschutzmitteln. Das Umweltbundesamt erhebt Daten über den Zustand der Umwelt, erforscht Zusammenhänge, erstellt Prognosen für die Zukunft und berät mit diesem Wissen die Bundesregierung, wie etwa das Bundesumweltministerium, für ihre Politik. Zudem informiert es die Öffentlichkeit in Umweltfragen.	https://www.umweltbundesamt.de/

Name	Kurzbeschreibung	Weblink
UN Global Compact	Der UN Global Compact ist eine von den Vereinten Nationen ins Leben gerufene Initiative, die Unternehmen dazu ermutigt, soziale Verantwortung zu übernehmen und nachhaltiges Handeln in ihren Geschäftspraktiken zu fördern. Der Global Compact unterstützt Unternehmen dabei, sich an zehn universellen Prinzipien in den Bereichen Menschenrechte, Arbeitsnormen, Umweltschutz und Korruptionsbekämpfung zu halten. Er fördert den Dialog und den Austausch bewährter Praktiken zwischen Unternehmen, Regierungen und zivilgesellschaftlichen Organisationen, um eine nachhaltige und inklusive globale Wirtschaft zu fördern. Der UN Global Compact bietet allen Teilnehmenden umfangreiche Unterstützungsangebote zu zentralen Nachhaltigkeitsthemen sowie internationale Veranstaltungen.	https://unglobalcompact.org/
UPJ e. V.	UPJ (Unternehmen Partner der Jugend) ist ein Netzwerk von Unternehmen, gemeinnützigen Organisationen und öffentlichen Einrichtungen, das sich für die Förderung von gesellschaftlichem Engagement und Partnerschaften zwischen Wirtschaft und Zivilgesellschaft einsetzt. UPJ unterstützt den Austausch, die Zusammenarbeit und die Umsetzung von Corporate Citizenship und Corporate Social Responsibility (CSR) Projekten und Initiativen.	https://www.upj.de/
Water Footprint Network	Das Water Footprint Network ist eine Plattform für die Zusammenarbeit zwischen Unternehmen, Organisationen und Einzelpersonen mit dem Ziel, die Wasserkrise in der Welt zu lösen, indem eine faire und intelligente Wassernutzung gefördert wird. Als Non-profit unterstützt es bei der Initiierung von Aktivitäten, dem Austausch von Best-Practice-Beispielen und der Entwicklung von Instrumenten und Materialien, um mithilfe des Wasserfußabdruck-Konzepts den Übergang zu einer nachhaltigen, gerechten und effizienten Nutzung der Süßwasserressourcen weltweit zu schaffen.	https://www.waterfootprint.org/
World Business Council for Sustainable Development (WBCSD)	Der World Business Council for Sustainable Development (WBCSD) ist eine weltweite, von CEOs geführte Vereinigung von führenden Unternehmen, die sich für nachhaltige Entwicklung und Corporate Social Responsibility (CSR) einsetzen. Der WBCSD fördert die Integration von Nachhaltigkeitsprinzipien in unternehmerisches Handeln, erarbeitet Lösungen für globale Nachhaltigkeitsherausforderungen und fördert den Austausch bewährter Praktiken und Zusammenarbeit zwischen Unternehmen, Regierungen und anderen Interessengruppen.	https://www.wbcsd.org/
WWF	Der WWF engagiert sich seit mehr als 60 Jahren weltweit für die Bewahrung der biologischen Vielfalt. Die private, unabhängige Naturschutz-Organisation ist in fast 100 Ländern aktiv und wird von mehr als sechs Millionen Förderern unterstützt. Wichtigste Instrumente der WWF-Naturschutzarbeit sind die Ausweisung von Schutzgebieten und die nachhaltige, also naturverträgliche Nutzung unserer Naturgüter. Darüber hinaus engagiert sich der WWF für eine Verringerung der Umweltverschmutzung und eines verschwenderischen Konsums auf Kosten der Natur.	https://www.wwf.de/
Zertifizierungsorganisationen wie GUTcert, TÜV (SÜD), DEKRA, DQS	Verschiedene Zertifizierungsorganisationen, die bspw. bei der Ermittlung des Product Carbon Footprints oder bei der Implementierung von Umweltmanagementsystemen helfen.	https://www.gut-cert.de/ https://www.tuvsud.com/ https://www.dekra.de/ https://www.dqsglobal.com/

Über das verrocchio Institute

Inspiriert durch Andrea del Verrocchio, der nicht nur ein großer Künstler der Renaissance war, sondern auch einer der größten und inspirierendsten Lehrer von Menschen wie Leonardo da Vinci, gründeten Benno van Aerssen und Christian Buchholz 2016 das verrocchio Institute. Das Ziel von verrocchio? Menschen mit auf die Reise zu nehmen, um Pioniere zu werden und die Welt mit neuen Ideen zu verändern. Ganz so wie es die Menschen seinerzeit in Verrocchios Werkstatt getan haben.

Werkzeuge, Tools und Wissen ...

Ob Methoden, Werkzeuge, Trainings, Vorträge oder Bücher. Das verrocchio Team macht die komplexen Themen dieser Zeit nicht nur greifbar und verständlich, sondern weckt die Leidenschaft für neue Denkwege, Perspektiven und Blickwinkel. Dabei helfen die „Verrocchianer" Unternehmen und Menschen dabei, alles im Ökosystem des eigenen Wirkraums zu hinterfragen. Denn in jedem Menschen stecken einzigartige Ideen. Um diese zu finden und umzusetzen, braucht man nur das richtige Wissen und die richtigen Werkzeuge. Wie klein oder groß eine neue Idee sein mag – alle sorgen dafür, unternehmerischen Erfolg mit Nachhaltigkeit zu verbinden und die Welt ein Stück besser zu machen.

Kernstück des verrocchio-Universums ist die Ausbildung zum Sustainable Innovation Coach, die eine umfassende Innovationsqualifikation mit integrierter Praxisphase umfasst: von Mindset und Veränderungen, über Zukunftsvisionen zu Climate Change, Circular Economy und nachhaltiger Geschäftsmodellentwicklung.

Die Ausbildung beinhaltet alle wichtigen Themenfelder und Tools, um Nachhaltigkeit in der Innovationsarbeit von Beginn an mitzudenken. Dabei liefern die einzelnen Ausbildungsmodule zum Innovation Professional, Sustainable Innovator, Innovation Master und Innovation Facilitator neben Nachhaltigkeit weitere unterschiedliche Schwerpunkte für Innovationsprofis, um an verschiedenen Stellen ihres Berufsweges mit wichtigem Know-how und Erfahrung zur Seite zu stehen. So hat jeder Teilnehmende immer das richtige Gepäck für jeden Schritt auf der eigenen Innovationsreise parat.

Neben der Ausbildung unterstützt das verrocchio Institute Unternehmen aus den verschiedensten Branchen individuell mit verschiedenen Arbeitsformaten, da jedes Unternehmen eigene Anforderungen und Hürden mitbringt.

... von Menschen, die Innovation leben

Das Team des verrocchio Institute vereint Fachwissen, Kreativität und Leidenschaft für die Themen Innovation, Transformation, Führung und Inspiration. All das unter dem Aspekt von Sustainability. Denn neue Ideen sind der größte Treiber für mehr Nachhaltigkeit. Dabei steht im Vordergrund, nicht mit klassischen eindimensionalen Lehransätzen zu arbeiten, sondern Wissen immer aus der erlebten Innovationspraxis heraus zu vermitteln.

Mehr zu bisherigen Projekten und Themen, mit denen sich das verrocchio Institute befasst, finden Sie auf *www.verrocchio.institute*.

Über die Autoren

Wie auch bei unseren beiden anderen Büchern („Das große Handbuch Innovation" und „Das große Handbuch digitale Transformation") haben wir eine neues und spezialisiertes Autorenteam zusammengerufen. Jede und jeder in unserem Autorenteam steht dabei für eine ganz eigene Expertise und einen ganz eigenen Blickwinkel auf das Thema Nachhaltigkeit. Denn eine möglichst breite Sichtweise und Methodenbasis sind uns ein wichtiges Anliegen.

Benno van Aerssen

Benno van Aerssen (Jahrgang 1964) stammt aus einer uralten Tessiner Künstlerfamilie und ist am Niederrhein groß geworden.

1996 gründet er sein erstes Unternehmen im Internetbusiness, welches virtuelle Lernwelten unter anderem für Global Player wie VW, Vodafone und Allianz entwickelte.

Seit 2007 ist Benno van Aerssen mit der „verrocchio Institute for Innovation Competence AG" als Innovationscoach, Managementberater und inspirierender Visionär für internationale Unternehmen und Marken tätig.

Seine Kunden nennen ihn den „Innovationskünstler" oder den „Innovationsgandalf", und sie sagen „Bei ihm gibt es die Ideengarantie". Sein wertvoller Erfahrungsschatz basiert auf mehr als 15 Jahren fokussierter Arbeit im Innovationsbusiness in ganz Europa, Nord- und Südamerika mit weit über 2.000 Workshops und dem Wissen über viele hundert Methoden.

Seine aufrüttelnden Impulsvorträge und seine Lehraufträge an verschiedenen Hochschulen sind weitere Facetten seines Wirkens. 2014 wurde er gemeinsam mit Christian Buchholz mit dem „Internationalen deutschen Trainingspreis" des BDVT für sein Ausbildungskonzept „Innovationcoach" ausgezeichnet.

Seine Mission hat er klar formuliert: „Ich entwickle die kreative Intelligenz veränderungsbereiter Menschen für ein Leben voller grenzenloser Vorstellungskraft, Ideenreichtum und Leidenschaft." Auf seiner Website *www.bennovanaerssen.com* erschließt sich sein Stammbaum bis in die Renaissance, seine Expertise und auch seine weiteren Engagements.

Was ist deine Lieblingsmethode im Buch?

Es ist der „Himmelsblick", den Stefan Rösler beigetragen hat. Unter einem großen Baum auf dem Rücken liegen und dem Stamm entlang durch die Äste hindurch nach oben gen Himmel zu schauen, ist ein Perspektivwechsel, der Erdverbundenheit und Entspannung fördert, die eigene Relevanz relativiert und dadurch das Nachhaltigkeitsbewusstsein stärkt.

Was ist für dich an nachhaltiger Transformation spannend?

Spannend daran ist, dass wir hier nur zu wirksamen Innovationen und Lösungen kommen, wenn wir systemisch an die ganze Sache herangehen. In unserer komplexen Welt sind nur noch systemisches Handeln und Innovieren erfolgreich und sinnvoll.

Wie lebst du Nachhaltigkeit in deinem Alltag?

Den eigenen Strom auf dem Dach selbst produzieren und mit einem Akku im Auto zu fahren, sind für mich wesentliche Dinge, aber auch beim Lebensmittelkauf auf Regionalität zu achten. Darüber hinaus nutze ich kleine Helferapps wie OneClimate, um das Thema ständig zu reflektieren und neue Ideen für einen kleinen Footprint und einen größeren Handprint zu bekommen.

Aber auch dieses Buch initiiert zu haben und mich jeden Tag im Teamcoaching und in den Projekten dem Thema zu widmen, ist ja für mich mein Alltag. Nur wenn wir auch helfende Werkzeuge haben und kennen, wird uns die nachhaltige Transformation gelingen.

Christian Buchholz

Christian Buchholz arbeitet als internationaler Innovation Coach, Managementberater und Vortragsredner. Der Gründer und Geschäftsführer des verrocchio Institute hat in 24 unterschiedlichen Ländern gearbeitet und eine Vielzahl von Unternehmen bei radikalen Transformationen begleitet. Als mehrfacher Gründer kennt er die Herausforderungen von Start-ups wie auch die Gedankenwelt von Großkonzernen.

Die Expertise von Christian Buchholz beruht auf den Erfahrungen aus vielen hundert Innovations- und Change-Projekten. Zusätzlich sammelte er Hintergrundwissen durch zahlreiche Weiterbildungen, wie z. B. einen Master in kognitiven Neurowissenschaften (aon).

Christian Buchholz wurde bereits zwei Mal mit dem Internationalen Deutschen Trainingspreis ausgezeichnet. Er schrieb mehrere Bücher zum Thema Innovation und ist Herausgeber von „Das große Handbuch Innovation" und „Das große Handbuch Digitale Transformation".

In seinen Vorträgen macht Christian Buchholz Mut zum Perspektivenwechsel und weckt Freude an neuen Ideen und Blickwinkeln. Klare Sprache und spannendes Storytelling sind sein Markenzeichen.

Auf seiner Website *www.christian-buchholz.com* veröffentlicht er regelmäßig Impulse zu den großen Themen unserer Zeit. Aktuell ist sein wichtigstes Thema die Entwicklung und Umsetzung von neuen Ideen für eine nachhaltige Transformation von Organisationen auf der ganzen Welt.

Was ist deine Lieblingsmethode im Buch?

Mit gefällt die Methode „Baumkronen-Stellen" von Stefan Rösler sehr. In unserer von zunehmender Digitalisierung geprägten Welt verlieren wir oft den Blick für die Natur, die unsere Lebensgrundlage ist. Ich gehe gern am Wochenende in den Wald, und der Blick auf einen Baum ist für mich immer ein Symbol für die Kraft der Natur und die Verbindung mit dem eigenen Leben.

Was ist für dich an nachhaltiger Transformation spannend?

Die nachhaltige Transformation sehe ich als die derzeit wichtigste Aufgabe der Menschheit. Einen kleinen Teil dazu beizutragen, die Zukunft unserer Kinder zu sichern und andere für dieses große Projekt zu begeistern, ist für mich ein wichtiges Anliegen.

Wie lebst du Nachhaltigkeit in deinem Alltag?

Ich achte im Alltag darauf, möglichst nachhaltig einzukaufen und insbesondere Lebensmittel aus nachhaltiger Landwirtschaft zu verwenden. In meinem Job hat sicherlich das viele Reisen den größten negativen Impact auf die Umwelt. Ich versuche daher seit vielen Jahren, den CO_2-Fußabdruck zu reduzieren – durch bewusste Reiseplanung und den kompletten Verzicht auf innerdeutsche Flugreisen. Mittlerweile liegt bei mir der Anteil der Bahnreisen zu Kundenterminen im Vergleich zu anderen Verkehrsmitteln bei nahezu 90 Prozent.

Malvine Klecha

Im Ruhrpott aufgewachsen, zog es Malvine Klecha für ihr Studium nach Süddeutschland. Nach ihrem BWL-Bachelor entdeckte sie ihre Leidenschaft für die Innovationsarbeit und vertiefte ihre Kenntnisse im Masterstudiengang „Innovation im Mittelstand". Ihre abschließende Masterarbeit führte sie zum verrocchio Institute. Die Begeisterung hier sorgte dafür, dass sie als Innovation Coach und Consultant blieb. Seit 2019 arbeitet sie mit Kundinnen und Kunden an Innovationen und macht Kreativität spannend und erlebbar.

Zeitgleich bildete sie sich im Thema Nachhaltigkeit weiter und entwickelte mit dem verrocchio Institute neue Tools, Methoden und Formate, um die Innovationsarbeit mit Nachhaltigkeit zusammenzubringen. „Innovationen von morgen" sind ökologisch, sozial und ökonomisch – das ist ihre feste Überzeugung.

Auch außerhalb von verrocchio sind ihr die Themen Innovation & Nachhaltigkeit wichtig. Deshalb organisiert und moderiert sie ehrenamtlich „tomorrathons", bei denen engagierte Bürger und Bürgerinnen nachhaltige Ideen und Projekte für ihre Städte entwickeln. Denn die Nachhaltigkeitstransformation betrifft nicht nur Unternehmen, sondern auch Städte und Politik – wofür sie ebenfalls einen Beitrag leisten möchte.

Was ist deine Lieblingsmethode im Buch?

Meine Lieblingsmethode ist der „Sustainable Business Model Tree". Für uns von verrocchio war gleich zu Beginn klar: Es braucht mehr Tools für die nachhaltige Geschäftsmodellentwicklung, denn im Kern jeder ganzheitlichen unternehmerischen Nachhaltigkeitstransformation liegt nun mal immer das Geschäftsmodell. Nur wenn wir die Art und Weise ändern, wie wir mit unseren Unternehmen Geld erwirtschaften, und wir Nachhaltigkeit in allen Bereichen integrieren – nur dann schaffen wir einen wirklichen Wandel. Der alte Business Model Canvas, der vor allem eine Profitsteigerung anvisiert, hat aus meiner Sicht in der heutigen Welt ausgedient und muss durch neue Tools, die soziale, ökologische *und* ökonomische Schichten haben, ersetzt werden.

Deswegen war uns beim „Sustainable Business Model Tree" auch die grafische Darstellung des Baums in seinem Ökosystem sehr wichtig. Wir wollen zeigen, dass Unternehmen ebenfalls in einem natürlichen, sozialen und wirtschaftlichen Ökosystem verankert sind und alle diese Facetten bedient werden sollten.

Was ist für dich an Nachhaltigkeit spannend?

Wir haben nur diesen einen Planeten, deshalb ist Nachhaltigkeit unausweichlich. Für mich ist klar, dass kein Weg mehr daran vorbeiführt, uns auf allen Ebenen (persönlich, beruflich, politisch) mit einem nachhaltigen und im nächsten Schritt regenerativen Handeln auseinanderzusetzen. Wenn wir es nicht jetzt von uns aus tun, wird uns der Planet dazu zwingen. Und das ist vielleicht bedrohlich, bedeutet aber auch, Möglichkeiten und innovative Ideen zu entwickeln, Themen auf neue Weise zu denken und Dinge anders zu tun. Und ich bin grundsätzlich ein Fan davon, Dinge anders zu tun.

Wie lebst du Nachhaltigkeit in deinem Alltag?

Ich versuche in vielen Lebensbereichen Stück für Stück nachhaltiger zu handeln. Ich kaufe kein Fleisch mehr für den eigenen Kühlschrank. Wenn ich mal Fleisch esse, dann nur im Restaurant. Zwischendurch darf es auch mal eine vegane Woche sein. Leider gab es an meinem Wohnort keine E-Ladestation, deshalb war mein letztes Auto zusammen mit meinem Partner ein hybrider und sparsamer Kleinwagen, den wir über ein Auto-Abo gemietet und inzwischen wieder zurückgegeben haben. Aktuell haben wir gar kein Auto, und ich nutze für Dienstreisen und private Reisen, wo es geht, öffentliche Verkehrsmittel. Ich kaufe keine unnötigen Konsumartikel, gerade was Kleidung angeht, und anstatt wegzuschmeißen wird verkauft oder verschenkt.

Thomas Appel

In den vergangenen 35 Jahren, beginnend mit meinem Abschluss als Diplom-Betriebswirt der Fachrichtung Wirtschaftsinformatik, hatte ich das Privileg, in einer Vielzahl von Funktionen und Verantwortlichkeiten zu arbeiten. Ein bemerkenswerter Abschnitt meiner Karriere war meine Tätigkeit im Bereich Strategisches Partner Business Development bei Microsoft Deutschland. Hier tauchte ich tief in annähernd hundert verschiedene Geschäftsmodelle ein, wobei mein Hauptaugenmerk darauf lag, sowohl mit großen als auch kleineren IT-Unternehmen gemeinsame Geschäftsinitiativen aufzubauen.

Ein zentrales Element meines Ansatzes war stets, ein tiefes Verständnis für das Geschäftsmodell und die Strategie jedes Kooperationspartners zu erlangen, diese Erkenntnisse mit den Prioritäten von Microsoft in Einklang zu bringen und darauf basierend innovative Geschäftsmodelle und Marktzugänge zu entwickeln und zu realisieren.

Ein Geschäftsführer, mit dem ich viele Jahre zusammengearbeitet habe, drückte meine Beiträge einmal so aus: „Thomas bringt eine reiche Erfahrung in Strategie- und Geschäftsentwicklung mit. Seine Zusammenarbeit mit unserem Unternehmen war nicht nur fruchtbar, sondern er hat auch durch seine strategischen Impulse unser Wachstum maßgeblich beeinflusst und begleitet."

Heute engagiere ich mich als unabhängiger Berater, Coach und Innovator mit dem Ziel, Unternehmen und deren Mitarbeitende zu unterstützen und zu befähigen, zukunftsfähig zu werden und dabei im Einklang mit den Sustainable Development Goals (SDGs) Verantwortung als „Mitglied des planetaren Teams" zu übernehmen – als Individuum oder Organisation gleichermaßen. Mein Credo lautet dabei: „Einfach machen!"

Was ist deine Lieblingsmethode im Buch?

Das kommt ganz darauf an, in welcher Situation man sich gerade befindet. Sehr pauschal würde ich sagen: Meine Lieblingsmethode ist diejenige, welche das Team und mich gerade am besten dabei unterstützt, das gesetzte Arbeitsziel zu erreichen.

Was ist für dich an Nachhaltigkeit spannend?

Durch meine betriebswirtschaftliche Ausbildung sowie weiterführende Schulungen zum Innovation Coach, Innovation Master und Sustainable Innovator hat sich meine Perspektive darauf, wie Unternehmen Wachstum erzielen, stetig gewandelt. Meine langjährigen Erfahrungen und das praktische Anwenden meiner Kenntnisse verstärkten diese Entwicklung. Während Digitalisierung ein zentrales Mittel für wirtschaftliches Wachstum ist, habe ich ihren Stellenwert in Verbindung mit Innovationsfähigkeit und Nachhaltigkeit immer stärker erkannt.

Eine gleichgewichtige Integration von Wirtschaftlichkeit, Digitalisierung, Innovationsfähigkeit und Nachhaltigkeit und deren Interdependenz bilden nunmehr den Kern meines Ansatzes für den Erfolg und die Zukunftsfähigkeit der Unternehmen, mit denen ich zusammenarbeite. Spannend für mich ist hierbei die Beobachtung, dass die Vorteile der Digitalisierung in enger Synergie mit nachhaltigen Bestrebungen die Kundenanforderungen immer stärker prägen. Unternehmen können jedoch nur dann ein solches Werteversprechen bieten und erfüllen, wenn sie über eine ausgeprägte Innovationsfähigkeit verfügen. Wenn diese Kompetenzen gleichgewichtet kombiniert werden, führt dies zu einer gesteigerten und resilienteren Wirtschaftlichkeit – das ist meine Definition von Zukunftsfähigkeit. Und in diesem Kontext mit Unternehmen zusammenzuarbeiten, ist meine große Motivation.

Wie lebst du Nachhaltigkeit in deinem Alltag?

Mit meiner Frau zusammen versuche ich, unseren privaten ökologischen Fußabdruck zu minimieren. So haben wir die Ölheizung durch eine Wärmepumpe ersetzt und eine Solaranlage aufs Dach gebaut. Das Auto haben wir abgeschafft, nutzen stattdessen die öffentlichen Verkehrsmittel, das Fahrrad oder gehen zu Fuß. Wir kaufen nachhaltig produzierten Strom und Lebensmittel. Und weil dies nicht immer sofort transparent ist, sammeln wir hier viele Erfahrungen.

Hila Attaie

Hila Attaie verfügt über mehr als 20 Jahre Erfahrung in der Forschung & Entwicklung sowie Innovationsmanagement in der internationalen Lebensmittelindustrie.

Auf zu klügeren Lösungen!

Dieser Antrieb führte Hila Attaie zum Studium der Lebensmitteltechnologie an die ETH in Zürich. Als Lebensmittelingenieurin begann ihre Karriere zunächst in einem Großkonzern, wo sie im Bereich Forschung & Entwicklung namhafte Markenprodukte und Technologien an mehreren Standorten (unter anderem in den USA) weiterentwickelte.

Ihr technisches Know-how ergänzte Hila Attaie mit einem MBA in International Agri-Food Management an der ESSEC Business School in Paris. Für die Food & Agriculture Organisation der United Nations (FAO) entwickelte Hila Attaie die „Guidelines for value chain analysis in the agri-food sector of transitional and developing economies".

In ihrer Rolle als Mitglied der Geschäftsleitung in einem mittelständischen Unternehmen der Lebensmittelbranche baute Hila Attaie mehrfach Abteilungen für Forschung & Entwicklung von der Pike auf und trug Verantwortung für die Bereiche Produkt- und Prozessentwicklung, Lebensmittelrecht, Sensorik, Customer Service, Verpackungsentwicklung sowie Qualitätsmanagement.

Auf der Suche nach klügeren Lösungen absolvierte sie eine Weiterbildung als Innovation Coach am verrocchio Institute. Hila Attaie bringt kontinuierlich ihr Know-how und ihren Enthusiasmus ein, um mit interdisziplinären Teams strategische Innovationen im Food-Sektor voranzutreiben. Ihre Verantwortlichkeiten erstrecken sich von der Ideenfindung bis zur Markteinführung neuer Angebote.

Hila Attaie arbeitet seit 2021 als selbstständige Innovation Coach mit Fokus auf Nachhaltigkeit. Als geschäftsführende Inhaberin von Innojump begleitet sie aus tiefer Überzeugung und mit solider Praxiserfahrung Akteure der Lebensmittelbranche dabei, klügere Lösungen für ihre Produkte, Prozesse und Geschäftsmodelle zu finden.

Was ist deine Lieblingsmethode im Buch?

Ich bin überzeugt davon, dass jegliche Art von Veränderung im Kopf beginnt. Aus eigener Erfahrung kann ich berichten, dass das fehlende Mindset in Führungsetagen vieler Unternehmen heute die größte Bremse in der Entwicklung hin zu einem nachhaltigeren Wirtschaften darstellt. Wir brauchen weniger Zahlen, Daten, Fakten und mehr Überzeugung, Leidenschaft und Willensstärke. Daher bin ich ein großer Freund von Ansätzen, bei denen es um die Findung des „Purpose" und den Aufbau inspirierender Zukunftsbilder geht. Als Ingenieurin begeistert mich auch die Biomimetik.

Was ist für dich an Nachhaltigkeit spannend?

Was mich an der Thematik Nachhaltigkeit reizt, ist die Herausforderung, klügere Lösungen zu finden. Aus viel mach viel, ist einfach. Aus wenig mach viel, ist klug. Der Reiz besteht darin, um die Ecke zu denken und die Leute mit der Einfachheit der Dinge zu überraschen.

Dazu gehört aus meiner Sicht, aus der Geschichte zu lernen, Tradition wiederzuentdecken und diese mit moderner Technologie zu kombinieren. Dazu gehört für mich auch, von der Natur zu lernen, denn dort finden wir viele intelligente Lösungen. Und dazu gehört schließlich auch, Wissenschaft zu verstehen und diese klug anzuwenden. Eine spannende Herausforderung!

Wie lebst du Nachhaltigkeit in deinem Alltag?

In vielen kleinen Schritten und einem kontinuierlichen Lernprozess nach dem Motto: lieber weniger, dafür besser. Ich esse wenig Fleisch – wenn überhaupt, dann von hoher Qualität. Wo möglich, fahre ich längere Strecken mit öffentlichen Verkehrsmitteln. Wenn es nicht anders geht, nutze ich mein Elektro-Auto. Frische Ware liefert der Bauer. Mit meinem Konsum lege ich Wert darauf, dass nicht unnötig Wasser hin und her transportiert wird. Ich trinke lieber Leitungswasser, verwende feste Seife und Reinigungsmittelkonzentrate oder Tabs. Essensreste verwerte ich spontan zu neuen Rezepten. Nicht mehr passende Kleider spende ich an Bedürftige im Friedensdorf.

Die Einsamkeit von alten Menschen lässt mir keine Ruhe. Ich versuche, meinen Kindern kontinuierlich Wissen und Wertschätzung unseren Ressourcen gegenüber zu vermitteln und merke, dass sich trotz anfänglicher Skepsis die Einstellung in Sachen Nachhaltigkeit auch in meiner Familie langsam ändert.

Sabine Boehringer

„Ich hab ne Idee … labber, labber, babbel … so und so. Können Sie mir folgen?" Dieses Zitat ist Teil einer lustigen Karikatur, die Sabine zum Abschied von einem ihrer Teams bekommen hatte. Naja, zugegebenermaßen sind noch Teammitglieder darauf abgebildet, die sprichwörtlich etwas hinterherhecheln mit „Net wirklich?!" oder „Die kann denken und laufen – unglaublich!". Die Botschaft dahinter wird schnell klar: Mit Sabine ist es nie langweilig, und ihr Tempo bei der Ideenentwicklung und Lösungsfindung ist nach wie vor für viele eine Herausforderung. „Sie ist eine absolute Ideenmaschine", hört man häufig, wenn über sie gesprochen wird.

Sabine ist in Bayern neben einer Schwester mit drei älteren Brüdern aufgewachsen, die aktiv ihren Pragmatismus mitgeprägt haben. Die drei waren sehr hilfsbereit und haben ihr geduldig gezeigt, wie etwas zusammengebaut oder repariert wird. Sie hatten aber auch klar die Erwartungshaltung, dass sie es beim nächsten Mal selbst machen müsse. Der Anspruch, die Dinge auch selbst in die Hand nehmen zu können, ist bis heute prägend für sie. Sabine hat sichtlich Freude an neuen Herausforderungen und größten Spaß daran, gemeinsam Ideen und Lösungsansätze zu entwickeln. Und vor praktischen Einsätzen schreckt sie keinesfalls zurück.

Ihr Lebenslauf ist entsprechend vielfältig. Nach ihrer technischen Ausbildung zur Kommunikationselektronikerin und dem darauffolgenden Abschluss zur Industriemeisterin Elektrotechnik war nach so viel Technik die Betriebswirtschaft an der Reihe. Ein paar Jahre später schloss Sabine zusätzlich noch das Fernstudium Wirtschaftsingenieurwesen Maschinenbau an. Auch ihr beruflicher Werdegang folgte nicht nur einer Richtung. Sie war immer bestrebt, Aufgaben und Zuständigkeiten zu begleiten, bei der sie die Vielfalt ihrer Erfahrungen und Expertise bestmöglich einbringen konnte. Die Übernahme von Verantwortung ist für sie selbstverständlich. Mit Menschen zusammenzuarbeiten und ihre Potenziale zur Entfaltung zu bringen, macht für Sabine das „Salz in der Suppe" aus. Zu sehen, wie sich Menschen entwickeln, wenn sie an der richtigen Stelle eingesetzt werden, motiviert sie genauso wie die Möglichkeit, selbst etwas Neues kennen- und dazuzulernen.

Viele Jahre war Sabine in der Display- und später Automobilindustrie tätig, u. a. bei der Daimler AG auf unterschiedlichen Führungsebenen in den verschiedensten Fachbereichen – von Planung, Einkauf, Produktion, Qualität über Audit bis hin zu Lean Management. Zuletzt hat sie das Thema Agilität so fasziniert, dass sie sich Ende 2017 zur Selbstständigkeit entschlossen hat, um sich stärker mit der sich verändernden Arbeitswelt auseinanderzusetzen. In weiteren Aus- und Fortbildungen ist sie tief in die Themenfelder Agilität, Kreativität und Innovation, Systemisches Coaching, Changemanagement und Nachhaltigkeit eingetaucht. Diese Dimensionen sind in der aktuellen Transformationsphase der Arbeitswelt eng verknüpft und bieten aus Sabines Sicht im „Zusammendenken" enorme Chancen und Entwicklungspotenziale. Heute berät und begleitet sie Unternehmen und Führungskräfte auf ihrem nachhaltigen, innovativen und agilen Weg. Und zwar maßgeschneidert – von Workshops, Individual- und Teamcoaching über Trainings bis zu Interimseinsätzen. Jede Welt ist anders und die Menschen darin sowieso.

Was ist deine Lieblingsmethode im Buch?

Es gibt so viele tolle Methoden im Buch, und für die unterschiedlichen Anwendungsfälle gibt es auch jeweils eine Lieblingsmethode, die ich dann einsetze. Da ich grundsätzlich sehr kreativ in der Lösungsfindung bin und Gedankenspiele liebe, finde ich tatsächlich die „Spinner Session" eine lustige Art, Kreativität anzukurbeln. Die Gesprächspartner müssen sich natürlich darauf einlassen. Aber wenn sich nach den ersten, vielleicht noch etwas steifen Sätzen der Unterhaltung der Knoten gelöst hat, beginnt der Flow. Es ist eine unglaublich schöne Erfahrung zu sehen, wie die verrücktesten Gedankenspiele starten, wie sie weitergesponnen werden und in die verschiedensten Richtungen laufen. Ich persönlich habe dabei schon so viele Tränen gelacht – und am Ende waren wir selbst überrascht über die Ideen und Ansätze, die uns so eher nicht in den Sinn gekommen wären.

Was ist für dich an Nachhaltigkeit spannend?

Neben dem Gedanken, etwas für die Mitwelt und Umwelt zu tun, ist es auch die Vielfältigkeit der Themen und die in vielerlei Hinsicht damit verbundenen Chancen und Möglichkeiten, die ich spannend finde. Vor allem der Umstand, dass wir damit wieder mehr das „Denken als (globale) Gemeinschaft" stärken, macht Nachhaltigkeit für mich zu einem sehr gewichtigen und positiven Einflussfaktor für ein gutes Zusammenleben in der Welt. Mit Nachhaltigkeit steht nicht das Ich im Vordergrund, sondern das Wir.

Wie lebst du Nachhaltigkeit in deinem Alltag?

Bei mir fängt es schon morgens vor dem Frühstück mit einer kurzen Duschzeit an. Ich achte auch sehr darauf, was ich esse. Das bezieht sich sowohl auf das Thema Gesundheit als auch auf Umwelt, Konsumverhalten und dem Umgang mit Müll. Auch Ressourcenschonung, z. B. Energieverbrauch zu vermeiden, indem ich das Licht und sonstige Verbraucher ausschalte, wenn sie nicht mehr gebraucht werden, ist eine Haltung, die mir schon als Kind mitgegeben wurde. Es gibt so viele Möglichkeiten, nachhaltiger zu leben. Ich bin überzeugt, jede Person ihren Beitrag zu jedem der 17 SDG leisten kann. Selbst kleine Schritte tragen einen Teil zu einer besseren Welt bei.

Dr. Carsten Leo Demming

Prof. Dr. Carsten Leo Demming ist Experte für Consumer Insights und Marktforschung. Er studierte Ernährungsökonomie und International Food Business & Consumer Studies an den Universität Gießen sowie Kassel und beschäftigte sich im Rahmen seiner Dissertation am Lehrstuhl für Marketing & Konsumentenforschung der Universität Göttingen mit Beziehungen zwischen Menschen im Word-of-Mouth-Marketing.

Carsten Leo Demming hat Praxiserfahrung in leitenden Positionen in der Lebensmittelindustrie, dem Wein-E-Commerce und der Unternehmensberatung gesammelt, u. a. in der Leitung von über 60 internationalen Produktinnovationsprojekten in interdisziplinären Teams im Bereich FMCG.

Seit Oktober 2020 ist Carsten Leo Demming als Professor und Studiengangsleiter in der Studienrichtung BWL–Food Management an der DHBW Heilbronn mit Schwerpunkt Consumer Insights tätig. Darüber hinaus berät er Unternehmen zu Fragen rund um die strategische Marktpositionierung, Pricing, Innovationsmanagement und Consumer Insights.

Portfolio und Kontakt: www.carstendemming.com

Was ist deine Lieblingsmethode im Buch?

Die „Stakeholderanalyse", weil sie die Basis für das Verständnis von Interessensgruppen ist und sich mit anderen Methoden im Buch beliebig erweitern lässt.

Was ist für dich an Nachhaltigkeit spannend?

Dass Nachhaltigkeit für jeden etwas anderes bedeutet und damit so schwer greifbar ist.

Wie lebst du Nachhaltigkeit in deinem Alltag?

Ich liebe Bewegung, fahre deshalb 30 Kilometer mit dem Fahrrad am Tag, fliege sehr selten und fahre wenig Auto. Ich esse gut, aber mit pflanzlichem Fokus und komme mit wenig Luxus aus. Ich versuche meinen Kindern ein gutes Vorbild zu sein – ohne mich dabei zu quälen, denn das wäre nicht nachhaltig. ☺

Christian Dinter

Geboren an der Nordseeküste, bin ich gedanklich das erste Mal bewusst mit den Thematiken in meinem Wirtschaftsingenieurstudium in Hamburg in Berührung gekommen. Probleme „nur" im technischen und wirtschaftlichen Kontext zu lösen, hat bei mir nicht genügend Motivation ausgelöst, um das Studium gut und gern abschließen zu wollen, was zu einen erfolgreichen Abbruch und zur Aufnahme eines Biotechnologiestudiums in Italien zur Folge hatte. Groß geworden bin ich mit Sätzen wie „So macht man das nicht" und habe mich schon als Kind gewundert, wer denn „man" ist, der/die bestimmt, wie Sachen zu lösen sind. Die Metaebene Biologie/Bionik diente mir dann als Inspiration und Zufluchtsort, und mit der Freiheit, dass nicht bestimmt wird, dass etwas vorgeschrieben gemacht werden muss, sondern überlebt, wer erfolgreich eine Nische findet und besetzt.

Als ich einen Master in Bionik in Betracht gezogen habe, wollte ich dann doch lieber studieren, was es denn nun wirklich bedarf, um Themen nicht nur als Inspiration zu sehen. Ich wollte *wissen*, wie wir umfassende Brücken bauen können und, dass wir als eigenes biologisches System und Teil der Natur effektiv agieren können.

Eigentlich nicht dafür gedacht, aber ich habe meinen Studiengang des Internationalen Technologie Transfermanagement in Berlin so genutzt, dass ich es als Brückenwissenschaft von der Biologie in die Gesellschaft, Technik und Wirtschaft nutzen konnte. Den Innovationsraum habe ich also frei gewählt und das Handwerk für Innovationsmanagement gelernt.

Ein weiteres Schlüsselerlebnis war der Kauf eines Monitors während meines Studium, der als „nachhaltig" beworben wurde, weil er weniger Strom verbrauchte und weniger Verpackung nutzte. Da stellte ich mir die Frage, warum weniger schlecht ist, wenn es in der Natur Metabolismen gibt! Warum produzieren Menschen überhaupt Müll? Diese Frage leitet mich seitdem.

Bei meine Recherchen im Studium bin ich dann an Cradle-to-Cradle gekommen und bin kurz nach meinem Studium dort auch gelandet. Ich war neugierig, hatte aber auch eine große Skepsis, ob das Konzept funktioniert. Sechs Monate hatte ich eingeplant, um danach für einen größeren Segeltörn anzuheuern. Weil ich möglichst alle Aspekte beleuchten wollte, habe ich im Material-Assessment angefangen, hatte dann meine ersten eigenen Zertifizierungen, habe im Wissensmanagement unterstützt, durfte das Thema im internationalen Kontext repräsentieren und weitere Ansätze von zirkulären Geschäftsmodellen bis hin zu „Material as a Service" wissenschaftlich erarbeitet. Für mich wurde es zum „Wissenswonderland" – die sechsmonatige Frist war schnell vergessen.

Danach habe ich als Freelancer gearbeitet, denn ich wollte die Unternehmen direkt bei den Umsetzungen unterstützen. Mir ist aufgefallen, dass es nicht nur um technisch-wirtschaftliche Aspekte geht, sondern ein echtes Changemangement-Thema ist. Um von der Vision zum Selbstverständnis zu helfen, durfte ich Mitgründer des Designing Future Netzwerkes werden und hatte damit einen Expertenzugang zu diesen Themen bekommen.

Ich hatte nicht mehr damit gerechnet, in eine Festanstellung zu wechseln. Aber als ich 2022 angesprochen wurde, ob ich nicht Teil der Nehlsen Gruppe werden wolle, sah ich es als eine unglaubliche Chance und als ein fehlendes Puzzleteil. Seit Anfang 2023 bin ich also Geschäftsführer der Rodiek & Co. GmbH, einer 100-prozentigen Tochter der Nehlsen AG, und kann mein erlerntes Wissen direkt mit knapp 100 Jahren Entsorgerwissen national und international kombinieren. Die Potenziale, die sich daraus ergeben, sind mehr, als ich zu hoffen gewagt habe!

Was ist deine Lieblingsmethode im Buch?

Die, die am effektivsten ist.

Was ist für dich an Nachhaltigkeit spannend?

Es ist ein komplexes und facettenreiches Thema, bei dem es aus meiner Sicht um nicht weniger geht, wie eine Spezies im Hinblick auf das eigene Überleben agiert. Die Frage, warum wir Menschen so dumm sind und nicht im Einklang mit unser Umwelt leben, werde ich wohl nie lösen können, aber sie triggert mich jeden Tag aufs Neue. Wenn dann dazu neue Erkenntnisse auftauchen, kann das manchmal sehr demotivierend sein, aber glücklicherweise treffe ich dann immer wieder auf Menschen, die genau daran arbeiten. Ich unterscheide sehr stark zwischen ego-zentrisch und eco-zentrisch und fühle mich jedes Mal geehrt, wenn ich von eco-zentrischen Menschen lernen darf!

Wie lebst du Nachhaltigkeit in deinem Alltag?

Ich schaue mit einem Suffizienz-Gedanken nach dem rechten Maß und überlege, was wirklich notwendig ist. Dann prüfe ich, ob es eine effektive Lösung gibt, und die versuche ich dann effizient umzusetzen. Grundsätzlich versuche ich, das Konzept des positiven Fußabdrucks durch alle Metaebenen zu deklinieren, Vielfalt zu zelebrieren und das auch an meinen Nachwuchs weiterzugeben.

Samuel Huber

Dr. Samuel Huber ist Experte für regenerative Strategiearbeit und planetarisches Design. Er ist Gründer und Verwaltungsrat des For Planet Strategy Lab, einer experimentellen Organisation, welche gemeinsam mit Unternehmen Prototypen einer regenerativen Wertschöpfung ermöglicht, umsetzt und reflektiert. Seit 2022 hält Samuel Huber einen Doktortitel der Universität St. Gallen. Seine Promotion zum Thema „Strategizing as Prototyping" wurde als herausragende akademische Arbeit des Jahres 2022 mit dem Dr. Peter Wehrhahn Preis ausgezeichnet. Als Research Fellow der Zürcher Hochschule der Künste ZHdK erforscht er die Schnittstelle von Strategie und Design, Unternehmertum in den Creative Economies und die Skills einer regenerativen Zukunft. An der Universität St. Gallen widmet er sich zusätzlich der praxisnahen Ausbildung von Studierenden im Bereich Design Thinking und Künstlicher Intelligenz.

Davor war Samuel Huber viele Jahre Strategy Director von Goodpatch, einer führenden japanischen Designfirma. In dieser Zeit etablierte er die Strategic Design Practice, begleitete den Börsengang und trieb die kontinuierliche Weiterentwicklung der Firma hin zu Planet-Centric Design voran. Kunden in dieser Zeit waren global tätige Untermehmen und eine Reihe verheißungsvoller Start-ups aus Berlin und Tokyo. Darüber hinaus arbeitete er bei Biovision an der Förderung nachhaltiger landwirtschaftlicher Anbausysteme, erneuerte die Logos der Schweizer Eishockeyligen durch seine Arbeit bei Futureworks und widmete sich dem experimentellen und performativen Kunstnachwuchs während seiner Zeit bei der Clocktower Gallery in New York.

Portfolio und Kontakt: www.samuelhuber.ch und www.forplanetstrategylab.com

Was ist deine Lieblingsmethode im Buch?

Die Planetary Value Chain hat es mir durch vielfachen und erfolgreichen Einsatz besonders angetan. Im Kern geht es bei allen Organisationen um Wertschöpfung, welche sie im Austausch mit ihrer Umwelt erbringen. Diese Wertschöpfung gilt es nachhaltig – oder noch besser regenerativ – aufzustellen, da ansonsten kein Projekt die Zeit bestehen kann. Die Planetary Value Chain schafft dazu die notwendige Klarheit über die einzelnen Schritte, wie diese mit Menschen und Prozessen verbunden sind und vor allem, wie man in jedem Schritt planetare Risiken und Möglichkeiten angehen kann.

Was ist für dich an Nachhaltigkeit spannend?

Zentral ist für mich die Weiterentwicklung von Nachhaltigkeit in Richtung regenerativer Praktiken. Wir sollten nicht nur weniger zerstören oder erhalten, was noch besteht, sondern uns aktiv der Verbesserung der Umstände widmen. Nur wenn wir uns als Teil des planetarischen Systems verstehen, können wir nachhaltig zu mehr Biodiversität, Resonanz und Wertschöpfung für menschliche als auch nicht-menschliche Akteure beitragen.

Wie lebst du Nachhaltigkeit in deinem Alltag?

In meinem beruflichen Alltag vermittle und übersetze ich beinahe täglich zwischen unterschiedlichen Stakeholdergruppen, um regenerative Lösungen möglich zu machen. Dabei versuche ich, neugierig, mutig, aber auch durchaus pragmatisch zu sein. Nachhaltigkeit darf nicht zu einem exklusiven Club verkommen oder unbegründete Abwehrreflexe hervorrufen. Umso wichtiger ist mir deshalb der Dialog auf Augenhöhe.

Im Privaten versuche ich primär, auf Qualität zu achten. Sei dies bei Objekten, Kleidern, Lebensmitteln oder auch Erlebnissen. Ich glaube fest daran, dass ein achtsamer Umgang mit diesen Dingen nicht nur nachhaltiger ist, sondern auch zu mehr Lebensqualität führt.

Dr. Carolyn Hutter

Prof. Dr. Carolyn Hutter ist Expertin für betriebliches Nachhaltigkeitsmanagement. Sie studierte Wirtschaftswissenschaften an der Universität Hohenheim und beschäftige sich im Rahmen ihrer Dissertation am Lehrstuhl für Umweltmanagement mit unternehmerischen Nachhaltigkeitsstrategien in der Automobilindustrie. Für die Dr. Ing. h.c. F. Porsche AG baute sie die Geschäftsstelle Nachhaltigkeit auf und leitete diese über mehrere Jahre. Als Leiterin CSR und Nachhaltigkeit bei Lidl Deutschland sammelte sie Erfahrungen im Lebensmittelhandel und war u.a. für die Veröffentlichung des ersten Nachhaltigkeitsberichts des Unternehmens verantwortlich.

Seit November 2018 ist Carolyn Hutter als Professorin und Studiengangsleiterin in der Studienrichtung BWL-Food Management an der DHBW Heilbronn mit Schwerpunkt Nachhaltigkeit tätig. Darüber hinaus berät sie Unternehmen zu allen Fragen rund um betriebliches Nachhaltigkeitsmanagement.

Sie ist Kuratoriumsmitglied des Deutschen CSR-Forums, Beirätin des Deutschen Instituts für Gemeinschaftsgastronomie und Mitglied im new Food economy-Beirat der dfv Mediengruppe.

Portfolio und Kontakt: www.carolynhutter.com

Was ist deine Lieblingsmethode im Buch?

Nachhaltigkeitsstrategieentwicklung – weil sie nicht nur Hilfestellung für die absolute Basisarbeit unternehmerischer Nachhaltigkeit leistet, sondern Organisationen dazu zwingt, sich mit der Kernidee von Nachhaltigkeit auseinanderzusetzen: von der Zukunft aus denken und im Heute handeln!

Was ist für dich an Nachhaltigkeit spannend?

In der Fülle der Herausforderungen mehr Chancen als Last und Verzicht zu sehen und optimistisch bleiben.

Wie lebst du Nachhaltigkeit in deinem Alltag?

Im beruflichen Alltag sehe ich mich als Multiplikatorin, um meine Studierenden und Kunden für Nachhaltigkeit zu begeistern und somit eine Hebelwirkung zu erzielen. Privat sind mir neben vielen kleinen Maßnahmen insbesondere zwei Dinge wichtig:

Seit vielen Jahren bin ich Mitglied in einem Verein, in dem wir uns durch verschiedene Maßnahmen für Menschen mit unterschiedlichen Bedürfnissen einsetzen: Kinder, die finanzielle Unterstützung benötigen, um am ganz normalen Alltag teilhaben zu können, z.B. durch die Finanzierung von Schreibtischen oder die Teilnahme an Ausflügen sowie Menschen mit Handicap und Sehbehinderung.

Einen großen Hebel für mehr Nachhaltigkeit sehe ich zudem in der Ernährung. Daher bewirtschafte ich seit einigen Jahren einen kleinen Acker, der uns vom Frühjahr bis in den späten Herbst bis auf wenige Ausnahmen Selbstversorgung ermöglicht. Das alles ohne Dünger, Pestizide oder schweres Gerät, sondern rein manuell. Meine Wertschätzung für Lebensmittel und unsere Landwirte hat dadurch nochmals massiv zugenommen.

Kilian Karg

Kilian Karg ist Strategic Designer für nachhaltige Entwicklung und Diplompsychologe. Seine Studienabschlüsse an der Universität Innsbruck und der HPI School of Design Thinking bieten ihm sein Fundament für einen Weg des lebenslangen Lernens.

Kilian Karg ist Thought Leader zu nutzerzentrierter Innovation für Nachhaltigkeit. Zu seinen Perspektiven und Erfahrungen in internationaler Projektarbeit, als Methoden-Nerd, Gründer, Innovations- und Nachhaltigkeits-Enthusiast tauscht er sich über den Globus hinweg in Wissens-Communities aus, hält Seminare und Vorträge.

Mit der von ihm 2016 ins Leben gerufenen Agentur Protellus gründete sich die erste Organisation im deutschsprachigen Raum, welche sich vollständig auf die Erforschung und Anwendung von Design Thinking und prozessorientierter agiler Methoden für nutzerzentrierte Innovation im Feld nachhaltiger Entwicklung fokussiert. Parallel zu seiner Arbeit bei Protellus genießt Kilian Karg die Möglichkeit, sein Wissen in anderen Organisationen einzubringen und dadurch Know-how-Synergien zu entwickeln, unter anderem bei B.A.U.M. Consult, einer seit 1992 etablierten Nachhaltigkeitsberatung, sowie an der Charité, einer der führenden Gesundheits- und Forschungseinrichtungen Deutschlands. Aufgrund seines Interesses für die internationale Zusammenarbeit arbeitet er regelmäßig und gern mit großen Organisationen der Entwicklungszusammenarbeit wie GIZ, UN, Weltbank oder African Union zusammen. Als UNLEASH Ambassador repräsentiert er eine globale Community mehrerer tausend SDG-fokussierter Changemaker und Facilitatoren.

Auch privat exploriert Kilian. In seine Komfortzone hinein haben sich Aktivitäten wie Impro-Tanz und Schauspiel, Chorgesang und Yoga gefunden. Balance findet er auch durch naturverbindende Zeit in den Bergen, durch die Luft gleitend und im Wasser. Hierfür findet man ihn vor allem am Atlantik und in seiner Allgäuer Heimat.

Was ist deine Lieblingsmethode im Buch?

Der Problem Framing Tree – aufgrund meiner besonderen Begeisterung für Bäume und ihre Metaphorik. Mehr aber, weil es eines der einfachsten und bildlichsten Tools ist, um Handlungsfelder systemisch zu begreifen.

Was ist für dich an Nachhaltigkeit spannend?

Nachhaltigkeit wird als Megatrend wahrgenommen, ist aber in der Tat ein Mindset, das schon Jahrhunderte besteht. Wir können nachhaltige Entwicklung als sich konstant verändernde Herausforderung verstehen. Aktuell entwickelt sie sich als Marktopportunität, als Innovationsfeld und endlich wieder zur wahrgenommenen Notwendigkeit. Zu sehen, wie Individuen, Gesellschaftsschichten und Märkte „auf den Zug“ steigen und auf welche Art sie dabeibleiben, ist für mich aus wirtschaftlicher, psychologischer sowie soziologischer Sicht spannend.

Wie lebst du Nachhaltigkeit in deinem Alltag?

Wie die meisten in meinem Umfeld: nicht perfekt, aber im steten Wandel. Das Gute: Ich weiß, wie ich mein Verbesserungspotenzial betrachten kann, versuche stets vom Wissen ins Handeln zu kommen. Systemisch denkend und ungeschönt. Mir ist besonders ein gutes, achtsames, suffizientes Leben wichtig. Meine Bubble ist dabei privilegiert, worüber ich häufig kritisch reflektiere. Mein Alltagskonsum ist von recht hoher Entscheidungsfreiheit und Wissen geprägt. Auch weiß ich um den Benefit, den Drang, die Welt zu entdecken, über meinen Beruf stillen zu dürfen. Die Frage um Flugreisen muss ich mir fast nur noch damit verbunden stellen. Für meine Camper-Reisen habe ich auch schon CO_2-Berechnungen und Vergleiche vorgenommen.

Finanzen werden mit Blick auf ESG-Kriterien geregelt. Der Haushalt moderat geheizt. Meine Möbel sind durchwegs Second Hand, meine jetzt hippe 60er-Jahre-Küche begleitet mich schon seit meiner Kindheit. Im neuen, von Ökostrom betriebenen Kühlschrank ist kein Fleisch. Dafür Hafermilch … und tierisch guter Käse. Schon fast banal klingend: Mülltrennen kann ich definitiv optimieren. Aber konsequente Besuche beim Community-Kompost im Hinterhof zeigen mir stets, dass wir in Gemeinschaft noch mehr schaffen. Das ermutigt und macht mich glücklich.

Tobias Leisgang

„My interest is in the future because I am going to spend the rest of my life there." Dieses Zitat des amerikanischen Ingenieurs Charles Kettering zieht sich wie ein roter Faden durch die Vita des Ingenieurs Tobias Leisgang.

Nach seinem Studium der Elektrotechnik prägte er die Zukunft von Blutzuckermessgeräten, Rauchmeldern, Wasserzählern und vielen weiteren Produkten, in die von ihm definierte und entwickelte Halbleiter eingebaut wurden. Seit November 2018 sorgt er für die Zukunftsfähigkeit von Brose, einem führenden Automobilzulieferer. Als Leiter für Lieferanteninnovation und Nachhaltigkeit spürt er gemeinsam mit seinem globalen Team die neuesten Technologien auf und arbeitet an der Dekarbonisierung der Lieferkette.

Doch Tobias Leisgangs Tatendrang beschränkt sich nicht allein auf seine Hauptbeschäftigung. In seiner Nebentätigkeit agiert er als Berater für kleine und mittelständische Unternehmen, wo er seine Expertise im Bereich Innovation und Nachhaltigkeit einbringt. Seine wahre Leidenschaft liegt dabei darin, gemeinsam mit Menschen wegweisende Geschäftsmodelle zu erschaffen, die diese Unternehmen zukunftsfit machen.

Das Interesse an Zukunft und seine Neugierde lassen Tobias nochmal die Hochschulbank drücken. Im Masterstudium Zukunftsdesign verbessert Tobias sein Handwerk als Zukunftsgestalter. Der interdisziplinäre Studiengang ermöglicht es ihm, über herkömmliche Grenzen hinweg zu denken und zu handeln.

Doch zwischen bahnbrechenden Ideen und ihrer tatsächlichen Verwirklichung stehen Entscheidungen. Aus diesem Grund hat Tobias sein Wissen über Entscheidungen in sein „Handbuch der Entscheidungen" gegossen. Bei „Kopf & Bauch – Der Podcast der Entscheidungen" interviewt er gemeinsam mit seinem Podcast Buddy Peter im 14-täglichen Rhythmus inspirierende Gäste und teilt unterhaltsames Wissen rund um das Thema Entscheidungsfindung.

Was ist deine Lieblingsmethode im Buch?

Ich bin ein großer Fan von spielerischen Ansätzen und ein Freund des Zufalls. Deswegen habe ich mich für die Methode „SDG Gedankenexperiment" entschieden, die die Grenzen herkömmlichen Denkens überwindet und spannende Fragestellungen rund um die 17 UN-Nachhaltigkeitsziele generiert. „Was wäre, wenn du Diktatorin wärst und nur ein Jahr Zeit hättest, die Armut weltweit aufzulösen?"

Obwohl ich einen Podcast zum Thema Entscheidungen moderiere, muss ich gestehen, dass mir die Entscheidung für eine Methode im Buch schwerfiel. Wenn du oder dein Team ebenfalls mit Entscheidungsfindung kämpfst, findest du hier zahlreiche Ansätze, die helfen, kluge und fundierte Entscheidungen zu treffen.

Was ist für dich an Nachhaltigkeit spannend?

Nachhaltigkeit ist ein faszinierendes und facettenreiches Thema. Es bietet die Möglichkeit, Neues zu erlernen und zu erforschen. Ein besonders aufregender Aspekt dabei ist die Perspektive einer vielversprechenden Zukunft sowohl für Organisationen als auch für unseren Planeten.

Die Möglichkeit, Innovation und Nachhaltigkeit miteinander in Einklang zu bringen, ist von großer Bedeutung. Diese Synergie ermöglicht es, bahnbrechende Ideen zu entwickeln, die nicht nur Fortschritt und Wachstum fördern, sondern auch dazu beitragen, die Umwelt und Ressourcen zu schonen.

Was mich an Nachhaltigkeit besonders fasziniert, sind die zahlreichen Beispiele, die zeigen, dass ökonomische und ökologische Nachhaltigkeit keineswegs im Widerspruch zueinanderstehen müssen. Im Gegenteil, sie können sich gegenseitig befruchten und zu einer nachhaltigen Entwicklung führen, die langfristige Vorteile für Unternehmen, Gemeinschaften und die Umwelt bietet.

Wie lebst du Nachhaltigkeit in deinem Alltag?

Ich bin fest davon überzeugt, dass jeder Einzelne eine Rolle spielt, unabhängig von der Größe seines Einflusses. Ich weigere mich, mich hinter der Ausrede „Ich habe ja keinen Impact" zu verstecken. Jeder noch so kleine Schritt zählt. Ich lasse mein Auto öfter stehen und nutze stattdessen das Fahrrad, umweltfreundlich und gesund zugleich. Mein Speiseplan ist zunehmend von regionalen Produkten geprägt, während ich meinen Fleischkonsum reduziere. Energiesparen ist ebenfalls eine Selbstverständlichkeit geworden, sei es durch bewussten Umgang mit Elektronik oder durch das Nutzen erneuerbarer Energiequellen.

Ein Buch, das mir in diesem Kontext viel Inspiration gegeben hat, ist „Die 1 %-Methode" von James Clear. Es hat mir geholfen, nachhaltige Gewohnheiten aufzubauen, indem es den Fokus auf schrittweise Verbesserungen legt, die im Laufe der Zeit zu großen Veränderungen führen.

Gleichzeitig erinnere ich mich daran, nicht zu hart mit mir ins Gericht zu gehen, wenn mal etwas nicht perfekt läuft. Nachhaltigkeit ist ein Prozess, und es ist wichtig, sich selbst Raum für Lernen und Wachstum zu geben. Jeder Tag bietet neue Möglichkeiten, bewusstere Entscheidungen zu treffen und einen positiven Einfluss auf unsere Umwelt auszuüben.

Marie-Lucie Linde

Marie-Lucie Linde ist Nachhaltigkeits- und Kommunikationsexpertin mit operativer Erfahrung, wie Nachhaltigkeit in die Unternehmensstrategie, -kultur und -kommunikation integriert wird.

Sechs Jahre war sie beim NWB Verlag für das Geschäftsfeld rund um die nachhaltige Unternehmensführung tätig. Als zertifizierte CSR-Managerin/-Beraterin begleitet sie Unternehmen beim Aufbau eines wirksamen Nachhaltigkeitsmanagements und bei der nachhaltigen Unternehmenskommunikation (intern/extern), u. a. bei der nicht-finanziellen Berichterstattung – in Vorbereitung auf Berichtspflichten nach CSRD – entlang bewährter Standards wie dem DNK.

Marie-Lucie Linde ist geschäftsführende Gesellschafterin der nextblooming gmbh, einer Innovationsagentur für nachhaltiges Handeln, und Gründungsmitglied der sustainable natives eG, einer nachhaltigen Beratungsgenossenschaft.

Was ist deine Lieblingsmethode im Buch

Ich habe mehrere Methoden, die mich begeistern, da sie der nachhaltigen Transformation die richtigen Dimensionen mit auf den Weg geben: die 5P-Methode, die zeigt, wie Purpose, Paradigm, People, Process, Product miteinander zusammenhängen und in Wechselwirkung stehen. Außerdem glaube ich fest an die Prinzipien der Co-Creation, um Dinge anders zu machen und so die richtigen Impulse für Veränderung zu schaffen.

Was ist für dich an Nachhaltigkeit spannend?

Es geht bei der Nachhaltigkeit um Zukunftsfähigkeit. Wenn die Zukunft zu gestalten nicht spannend ist, dann weiß ich auch nicht. Mich begeistert es, die Dinge zu hinterfragen und an sinnhaften Themenkomplexen mitzuwirken.

Wie lebst du Nachhaltigkeit in deinem Alltag?

Ich selbst bin seit über 20 Jahren Vegetarierin und versuche, mich achtsam fortzubewegen (viel Fahrrad, wenig Fliegen). Ansonsten ist es als Nachhaltigkeitsberaterin mein täglicher Job, Menschen im Unternehmenskontext für die nachhaltige Transformation zu begeistern und sie dabei zu begleiten.

Helga Mahler

Helga Katharina Mahler, die in einem unterdrückenden Regime als Teil einer marginalisierten Minderheit aufwuchs, kann ihre Leidenschaft für transdisziplinäre Forschung kaum zügeln. Ihre akademische Reise, die sie von Neuerer Philologie und Internationale Beziehungen zu aufregenden Auslandsstudien in den Fachbereichen Planung, Public Policy and Management, Internationale Finanzen und Soziolinguistik führte, hat ihre Neugier nur angefacht. Sie ist fasziniert von den Möglichkeiten, die Lücke zwischen westlichen Geberländern und ehemals kolonisierten Ländern zu schließen.

Ihren beruflichen Werdegang begann Helga im Medienbereich des Sports, wechselte dann zu NGOs und arbeitete in der Finanzbildung, bevor sie ihre aktuelle Position in einem Bundesunternehmen antrat. Als Projektmanagerin und Intrapreneur Innovation Coach liegt ihr Herz in internationalen Kooperationen, speziell im Bereich der nachhaltigen Entwicklung. Ihr Ansatz? Ein umfassendes Modell, das wirtschaftliche, soziale und ökologische Faktoren gleichberechtigt betrachtet.

Helga ist stolz darauf, Adaptive Innovation als Schlüsselwerkzeug in ihrer Arbeit zu nutzen. Für sie ist es mehr als eine Methode; es ist eine Art, die komplexen Herausforderungen des Kolonialerbes anzugehen. Ihr Ansatz integriert alles – von Technologie bis zu Kultur – und hebt die Bedeutung der Teilhabe und der Stärkung lokaler Talente hervor.

In ihrer Laufbahn hat Helga stets die Vielfalt und Komplexität des Lebens gewürdigt. Ihre Hingabe manifestiert sich in der Förderung von Anerkennung und Bewahrung und in der Verpflichtung zu inklusiven Ansätzen, die diese Vielfalt ehren und nutzen. In diesem Licht der Gleichwürdigkeit und mit Dankbarkeit blickt sie auf ihre Schwester Melinda, deren Hingabe an die Kunst und ihre Liebe zur Natur und Menschheit eine unerschöpfliche Quelle der Inspiration sind.

Wenn Helge nicht gerade in ihrem Beruf arbeitet, findet man sie hinter der Linse ihrer Kamera oder engagiert in sozialen und ökologischen Projekten. Zurzeit vertieft sie sich in Themen wie Verhaltensänderung, Ethnizität und Biodiversität, die ihre akademischen und persönlichen Interessen gleichermaßen beflügeln.

Was ist deine Lieblingsmethode im Buch?

InnoKid hat bei mir einen ganz besonderen Platz, weil es mir zeigt, wie wichtig die kindliche Neugier für echte Innovation ist. Es fühlt sich an, als würde diese Methode die Magie der Kindheit einfangen und sie in pure Kreativität verwandeln. Unternehmen wie Pixar haben das voll drauf; sie haben eine Unternehmenskultur, die diese kindliche Begeisterung nicht nur zulässt, sondern regelrecht feiert. Das finde ich genial, denn so können sie aus einem unerschöpflichen Brunnen der Fantasie schöpfen, was wiederum zu ihrer unglaublichen Kreativität und ihrem Erfolg beiträgt.

Die Sechs Denkhüte sind für mich mehr als nur ein Werkzeug. Sie sind ein echter Game-Changer in Meetings. Sie steigern die kollektive Intelligenz des Teams auf eine ganz natürliche Art und Weise und schafft eine geordnete Struktur, die unser gemeinsames Denken in produktive Bahnen lenkt. Für mich ist das ein entscheidender Vorteil.

Was ist für dich an Nachhaltigkeit spannend?

Nachhaltigkeit fesselt meine Aufmerksamkeit, weil sie weit mehr ist als ein Schlagwort für umweltfreundliches Verhalten oder wirtschaftliche Effizienz. Sie ist ein komplexes Netz aus sozialen, kulturellen und ökonomischen Faktoren, das ständige Anpassung und Innovation erfordert. Besonders spannend finde ich den partizipativen Ansatz, der Menschen vor Ort miteinbezieht und deren Bedürfnisse in den Vordergrund stellt. Das schafft soziale Nachhaltigkeit, die oft vernachlässigt wird. Außerdem begeistert mich der Gedanke, dass durch Feedback-Schleifen ständige Verbesserungen möglich sind, sowohl in ökologischer als auch in ökonomischer Hinsicht. Für mich ist dieser transdisziplinäre, partnerschaftliche Ansatz der Schlüssel zu echter, tiefgreifender Nachhaltigkeit. Und die Tatsache, dass es dadurch möglich ist, koloniale Strukturen infrage zu stellen und eine gerechtere Welt zu gestalten, macht die Arbeit in diesem Bereich umso erfüllender.

Wie lebst du Nachhaltigkeit in deinem Alltag?

Ich bin in den 1970ern und 80ern aufgewachsen. Meine Urgroßmutter hat einen unauslöschlichen Eindruck auf mich hinterlassen. Sie hat mir eingetrichtert, dass *Plastik die Welt zerstören wird, da es nicht gestopft werden kann, wenn es erst einmal kaputt ist.* Dieser Satz hat sich tief in mir eingeprägt. Deshalb wähle ich, wann immer es geht, Produkte, die reparierbar sind. Es bereitet mir Freude, gebrauchte Gegenstände zu finden, die eine eigene Geschichte haben, und sorge dafür, dass diese so hochwertig sind, dass sie hoffentlich nicht durch Kinderarbeit entstanden sind.

Antje Meyer

Antje Meyer ist Netzwerkerin, Strategin und Coach in Sachen Kommunikation, Leadership und Sustainability und seit über 30 Jahren als Unternehmerin erfolgreich. Nach Agentur-Stationen in der Kreativszene in Hamburg gründete sie ihre erste PR-Agentur 1993 in München. Neben großen Food-Accounts war sie vor allem verantwortlich für das stetig wachsende Event-Geschäft.

1999 zog sie nach Berlin, die Gründung der Kommunikationsagentur orangeblue relations folgte noch im selben Jahr. Mitte der 2000er-Jahre entwickelte sie für eines der führenden deutschen Catering-Unternehmen die erste nachhaltig ausgerichtete Foodlinie in der Gemeinschaftsverpflegung, die mehrere Branchenauszeichnungen erhielt. Seither engagiert sich Antje für ein wachsendes Nachhaltigkeitsbewusstsein im Wirtschaftsumfeld. So setzt sie sich seit 2007 als ehrenamtliche CSR-Sprecherin der IHK Berlin aktiv für das Verständnis von nachhaltiger Wirtschaft ein, initiierte u. a. den Berliner CSR-Tag und zahlreiche weitere Dialog-Formate wie das Berliner Nachhaltigkeitsfestival 2022. Heute ist sie Vorsitzende des IHK-Ausschusses Nachhaltige Metropole.

Als Unternehmerin bleibt sie ihrem Gründungsmotiv treu: 2017 als Co-founder der Genossenschaft sustainable natives eG, einer Berater-Plattform für Nachhaltige Transformation und 2022 als Co-founder der nachhaltigen Innovationsagentur nextblooming gmbh. Und als Dozentin für Digital Communication lehrt sie zudem an der schweizerischen FHGR (Chur, Graubünden) und schätzt auch hier den studentischen Diskurs über die wachsenden öko-sozialen Herausforderungen unserer Zeit.

Was ist deine Lieblingsmethode im Buch?

Ich finde es unglaublich wichtig, trotz aller Regulatorik-Anforderungen, Nachhaltigkeit mit Kreativität zu paaren. Für den transformativen Change, den wir benötigen, ist und bleibt Kreativität ein wichtiger Katalysator, um alle mitzunehmen. Daher ist meine Lieblingsmethode die Entwicklung nachhaltiger Zielbilder mit LEGO® Serious Play®. Diese Kreativarbeit ist Zukunftsfreude pur und hilft, die Ambitionen aller Beteiligten auf ein gemeinsames Bild einzuschwören. LEGO® Serious Play® ist zudem eine niedrigschwellige Methode, die alle Beteiligten schnell anwenden können. Zielbilder lassen sich aber auch gemeinsam ermalen, erzählen oder sogar erspielen.

Was ist für dich an Nachhaltigkeit spannend?

Eigentlich ist Nachhaltigkeit langweilig. Es geht nämlich nicht ohne. Aber gerade weil das immer noch so viele Menschen nicht wahrhaben wollen, ist es spannend, diesen einzig möglichen Weg für unsere Gesellschaft beständig mitzugestalten. Aus all den dunklen nicht-nachhaltigen Räumen auf unserer Welt lichte, bunte, faire Räume zu gestalten, das ist eine wunderbare Aufgabe – und (leider) groß!

Wie lebst du Nachhaltigkeit in deinem Alltag?

Ich versuche, ein guter Mensch zu sein und die Regeln des nachhaltigen Konsums einzuhalten. Das gelingt nicht immer, aber immer besser.

Dr. Stefan Rösler

Ausbildung und berufliche Tätigkeiten

Nach meinen jeweils mit Dipl.-Ing. abgeschlossenen Studiengängen der Forstwirtschaft (Fachhochschule Rottenburg 1983) und der Landschaftsplanung/Landschaftsökologie (Universität Kassel 1991 und 1993) beendete ich meine Studienzeit 2003 mit der Promotion (Universitäten Kassel und Münster, Dr.-Ing. mit Auszeichnung).

Nach langjähriger ehrenamtlicher Tätigkeit für den NABU war ich von 1997 bis 2007 erster hauptamtlicher Vorsitzender des Naturschutzbundes NABU Baden-Württemberg. 2008 gründete ich meine Agentur oecoach. Mit dieser bin ich bis heute tätig in der Ökosystemberatung, dem Biodiversitätsmanagement und Naturcoaching.

Die Ausbildung zum „Business-Coach für Wirtschaft und Verwaltung“ habe ich 2016 abgeschlossen (Führungsakademie Baden-Württemberg). Von 2018 bis 2023 war ich Geschäftsführer der Flächenagentur Baden-Württemberg GmbH. Aktuell beschäftige ich mich vor allem mit den Themen Evolutionäres Management, Ökologische Transformation, Biodiversitätsberatung und Naturcoaching. Mein Lieblingsformat sind die von mir entwickelten und 2017 vom Deutschen Rat für nachhaltige Entwicklung als „Projekt Nachhaltigkeit 2017“ ausgezeichneten Waldworkshops „Von der Natur lernen für Management, Strategie und Teamentwicklung“.

Weitere Informationen und Kontakt: www.oecoach.de und roesler@oecoach.de

Was ist deine Lieblingsmethode im Buch?

Diese Frage kann ich leider nicht beantworten. Die auch für mich selbst überraschende Vielfalt der hier zusammengetragenen Methoden steht sowohl für die inspirierende Heterogenität der Blickwinkel des Autorenteams als auch für die faszinierende Vielschichtigkeit der Nachhaltigkeit. Mit Sicherheit hängt es auch von der jeweils aktuellen Fragestellung ab, welche Methode gerade für mich besonders attraktiv ist. Daher bin ich sicher, dass ich künftig hier für (fast) jede aktuelle Herausforderung auch eine Lieblingsmethode finden werde. Und Sie hoffentlich auch?!

Was ist für dich an Nachhaltigkeit spannend?

Von Jugend an stark geprägt hat mich die von Albert Schweitzer formulierte „Ehrfurcht vor dem Leben“. Respektvolles Verhalten des Menschen gegenüber der Natur ist daher auch eines meiner wichtigsten persönlichen Leitmotive. Entsprechend beschäftige ich mich besonders intensiv mit der Nachhaltigkeits-Balance zwischen Natur, Gesellschaft und Wirtschaft sowie dem Mensch-Natur-Verhältnis. Wie schaffen wir es, entgegen dem aufgrund von Technisierung und Digitalisierung weltweit zunehmenden Trend der Naturentfremdung, unser Leben und Wirtschaften so mit den natürlichen Kreisläufen in Einklang zu bringen, dass wir Klima, Biodiversität und Ökosysteme nicht schädigen, sondern dauerhaft naturkonform leben können? Hier geht es für mich vor allem um die herausfordernde Aufgabe, die überfällige ökologische Transformation in die Wege zu leiten.

Wie lebst du Nachhaltigkeit in deinem Alltag?

Von Jugend an bin ich sowohl ehrenamtlich als auch hauptamtlich in vielfältigen Funktionen als Multiplikator in Sachen Naturschutz, Ökologie und Nachhaltigkeit tätig. Mein Hauptziel dabei ist, für die Natur und naturverträgliches Verhalten zu sensibilisieren und im Sinne von „Mensch *und* Natur“ zu wirken. Einen Alltag ohne selbst praktizierte Nachhaltigkeit kenne ich nicht. Ob Ernährung, Energiesparen, Müllvermeidung, Freizeitverhalten, Finanzanlagen oder Alltagsmobilität – die Reduktion meines ökologischen Fußabdrucks beschäftigt mich ebenso wie das aktive Tun mittels meines ökologischen Handabdrucks. Gleichwohl will ich nichts beschönigen: Ich bin weder Ernährungs-Apostel noch Mobilitäts-Ideologe, sondern auch ein ganz normaler Alltags-Pragmatiker. Noch nenne ich z. B. einen VW-Bus mit Verbrennermotor mein eigen, der in den Ferien mit der Familie regelmäßig als rollende Ferienwohnung unterwegs ist. Ihn, nachdem er seinerzeit energieintensiv produziert wurde, noch möglichst lange weiter zu benutzen, ist auch ein Stück gelebter Nachhaltigkeit. Erst recht, solange es für mich noch kein adäquates, alternativ angetriebenes Ersatzfahrzeug gibt.

Kathy Wigge

Kathy Wigge ist seit 2002 als diplomierte Designerin mit wisuell wigge.kommunikation selbstständig tätig. Mit ihrem Team steht sie Unternehmen beratend, strategisch, konzeptionell und gestalterisch in deren Unternehmenskommunikation zur Seite. Dabei gewinnt auch das Thema Nachhaltigkeit zunehmend an Bedeutung.

Als freie Mitarbeiterin und Art-Direktorin hat sie in den Bereichen Corporate Communication, Film und Event viele Jahre Praxiserfahrung in verschiedenen international aufgestellten Agenturen gesammelt. Mit der Qualifikation zum zertifizierten Innovationscoach (verrocchio Institut) unterstützt Kathy Wigge ihre Kunden gezielt durch Workshops, z. B. in den Bereichen Innovationskultur und Nachhaltigkeit. Zudem hat sie als Co-Autorin an der Publikation „Das große Handbuch Innovation" mitgewirkt.

Der Master of Cognitive Neuroscience (aon) runden die Themen Kreativität und Innovation für Kathy Wigge konsequent ab. Während des Studiums hat sie sich mit den Funktionsweisen des Gehirns und der damit verbundenen Persönlichkeitsentwicklung auseinandergesetzt.

In Seminaren, Vorträgen sowie als Dozentin an verschiedenen Hochschulen gibt sie ihr Wissen und ihre Erfahrungen leidenschaftlich und gern weiter. In einem Modul, das sie im Rahmen eines Masterstudiengangs im Bereich der visuellen Kommunikation entwickelt hat, verbindet sie bspw. Bereiche der kognitiven Neurowissenschaft und des Kommunikationsdesigns mit ökologischer Nachhaltigkeit.

Berufliche und weiterbildende Auslandsaufenthalte waren und sind für Kathy Wigge wichtige Inspirationsquellen und wertvolle Erfahrungsschätze für ihre Projekte und Ideen.

Unter kathywigge.de und wisuell.de können Sie mehr erfahren.

Was ist deine Lieblingsmethode im Buch?

Grundsätzlich ist jede Methode, die dazu befähigt, nachhaltige Ideen zu generieren und diese in wirkungsvolle Strategien umzusetzen, eine gute Methode. Daher habe ich keine Lieblingsmethode. Dennoch gibt es mit „Learn from Nature" eine Methode, die meiner Meinung nach gut mit anderen kombinierbar und deshalb empfehlenswert ist. Sich regelmäßig die Frage zu stellen, wie die Natur auf Herausforderungen und Veränderungen reagiert, kann uns zu anregenden Ideen und innovativen Lösungen führen.

Was ist für dich an Nachhaltigkeit spannend?

Jeden Tag die Chance zu haben, unser Umfeld ein Stück nachhaltiger zu gestalten. Hierbei ist es mir ein Anliegen, meine Fachkenntnisse aus den Bereichen der kognitiven Neurowissenschaft, der Innovation und des strategischen Designs miteinander zu verbinden. Mein Ziel ist, das Bewusstsein für das Thema Nachhaltigkeit zu stärken und kreative Konzepte für eine zukunftsorientierte Lebensweise zu entwickeln. Dies erfordert eine ganzheitliche Betrachtung von Mensch, Umwelt und Wirtschaft, die mich fasziniert.

Wie lebst du Nachhaltigkeit in deinem Alltag

Beruflich ist es mir wichtig, in puncto Nachhaltigkeit auf aktuellem Stand zu sein. Deshalb nehme ich regelmäßig an Kongressen teil und tausche mich gezielt mit Forschungsinstituten aus. Darüber hinaus engagiere ich mich ehrenamtlich in der Kinder- und Jugendarbeit. So habe ich bspw. in einem Grundschulprojekt dazu beigetragen, Kinder spielerisch für Nachhaltigkeit zu interessieren oder Zukunftsbilder mit Jugendlichen zu entwickeln.

Privat lege ich besonderen Wert darauf, Ressourcen zu schonen. Dazu gehört zum Beispiel, dass ich bewusst wenige, aber sorgfältig ausgewählte Konsumgüter besitze, die ich pflege und möglichst lange nutze. Ich achte auf recycelbare, nachhaltige und fair gehandelte Produkte. Außerdem ernähre ich mich vegetarisch und habe meinen Konsum von Milchprodukten und Eiern reduziert. Lebensmittel kaufe ich vorzugsweise im Bioladen oder direkt auf meinem Lieblingsbiobauernhof.

Ich bin davon überzeugt, dass jeder Schritt in Richtung Nachhaltigkeit von Bedeutung ist und einen wichtigen Beitrag leistet.

Über die Illustratorin

Christina Westing

Vermutlich erwarten Sie an dieser Stelle eine ähnlich gestaltete Kurzvita wie die voran gegangenen Autoren und Autorinnen, ein ähnlich nachvollziehbarer und logischer Werdegang, der es rechtfertigt, einen verdienten Platz im beeindruckend umfangreichen Handbuch Nachhaltigkeit zu bekommen.

Nun – am Schluss kommt es immer anders, als man denkt. Christina Westing ist weder gelernte Illustratorin, noch studierte oder geprüfte Grafikdesignerin und hatte beruflich bislang auch kaum etwas mit illustrativer Kreativität zu tun – bis jetzt.

Christina Westing studierte im Bachelor Medienwissenschaften mit Nebenfach Englisch und schloss ein Masterstudium in technischer Redaktion und Wissenskommunikation an. Nach einem kleinen Ausflug in die Mediengestaltung, folgte eine Anstellung im technischen Marketing und daraufhin die Entscheidung, letztlich doch als technische Redakteurin tätig zu sein. Anfang 2022 markierte dann den Beginn eines Wendepunktes, als erstmalig das Thema „Innovation" in ihrem Leben Einzug erhielt und sie daraufhin die Weiterbildung zum Innovation Coach bei der verrocchio Institute for Innovation Compentence AG besuchte. Eine ganze Reihe von glücklichen Zufällen führte dann dazu, dass sie im März 2023 selbst Teil des verrocchio Teams wurde und seitdem als Innovation Coach tätig ist.

Und wieso ist ausgerechnet Christina Westing jetzt Illustratorin für dieses Buch? Einfach: die persönliche Leidenschaft für das Kreative, das Bunte, das Malen, das Zeichnen, das um die Ecke Denken. Eine Leidenschaft, die sich endlich im Innovation Coach sein manifestiert und dadurch wohl auch erst richtig entfalten kann.

Was ist deine Lieblingsgrafik im Buch?

Es ist ganz klar der Vorwort-Comic, weil er viele tolle Aspekte des Buchs vereint. Der Comic war eine wunderbare Idee, die wir gemeinsam im Herausgeber-Team entwickelt haben, er betont die Wichtigkeit der vielen Methoden, er zeigt, wozu wir Menschen fähig sind, und zuletzt hat er unglaublichen Spaß gemacht, zu zeichnen.

Wie lebst du Nachhaltigkeit in deinem Alltag?

Seit vielen Jahren schon ernähre ich mich vegetarisch mit immer mehr veganen Phasen, so oft ich kann kaufe ich lokales Obst und Gemüse auf dem Wochenmarkt und lasse das Auto stehen, wo es möglich ist. Für mich bedeutet „Nachhaltigkeit leben" in erster Linie an seinem Mindset zu arbeiten, sowohl gegenüber unserem Planeten als auch gegenüber den Menschen um uns herum.

Was ist für Dich an nachhaltiger Transformation spannend?

Es ist das Spannungsfeld zwischen der riesigen Vielfalt von Nachhaltigkeit auf der einen und der Komplexität unserer modernen Gesellschaft auf der anderen Seite. Die nachhaltige Transformation ist eine sehr große Herausforderung, die wir nur gemeinsam bewältigen können, aber auch eine unglaubliche Möglichkeit, viel neues zu lernen und als Gesellschaft zu wachsen.

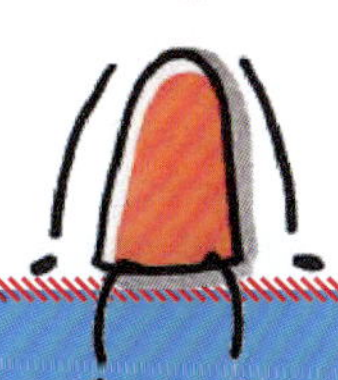

Was bleibt nach der Gestaltung von über 330 Key Visuals, dem Vorwort-Comic, dem Cover und der Nachwort-Grafik?

Zum einen das Wissen, dass Visualisierung ein wichtiges Mittel in Sachen Nachhaltigkeit ist. Zum anderen die tief in mir entfachte Begeisterung, Menschen mit wenigen Strichen emotional berühren zu können und das Gefühl, dass dies der Beginn von etwas Großem ist.

Die letzte Seite: Ohnmachtsgefühle und warum wir sie – zeitweise – fühlen müssen

Ich liege an einem Strand in Indonesien unter dem Sternenhimmel.

Ein DJ spielt in einiger Entfernung auf einem riesigen Open-Air-Konzert seine Tracks, die zu mir herüberschallen.

Ich liege allein hier, während 500 Meter von mir entfernt eine alkoholisierte Menschenmasse vor einer großen Bühne mit Lichtshow das Leben feiert.

Ich liege an einem sauberen Strand ohne jeden Müll, während sich 500 Meter in der anderen Richtung – hinter den von den Touristen so beliebten Restaurants – die Plastikabfälle türmen.

Ich schaue zu dem schönen Sternenhimmel und entdecke blinkende Flugzeuge, die fast minütlich Menschen um den Globus transportieren.

Ich liege im noch warmen Sand des viel zu heißen Tages – weswegen ich die Mittagszeit in einem klimatisierten Zimmer verbracht habe.

Ich liege hier und sage mir: Wie haben wir Menschen uns doch den Planeten Erde untertan gemacht!

Wenn wir uns auch nur ein wenig mit den globalen Entwicklungen beschäftigen, stellen wir ziemlich schnell fest: Wir stecken in drei großen Krisen, ohne uns dessen häufig bewusst zu sein: Artensterben, Umweltverschmutzung und Klimaerwärmung – und in Folge davon Krankheiten aufgrund von Verschmutzungen von Boden, Luft und Wasser, Tote durch übermäßig heiße und lange Sommer, Überschwemmungen durch ausgedörrte Böden und extreme Regenschauer.

Die wissenschaftlichen Szenarien für 2050 sehen deshalb nicht gut aus. Zwei große Auswirkungen der Klimaerwärmungen werden Migrationswellen von bis zu einer Milliarde Menschen und Nahrungsknappheit aufgrund von Wassermangel sein. Was wird mit unseren Grenzen passieren, wenn wir immer mehr Orte auf dieser Erde unbewohnbar machen und Menschen in andere Länder flüchten müssen? Was wird mit unseren demokratischen Systemen passieren, wenn es Hungersnöte in Gesellschaften gibt, die bisher keinen Hunger erleben mussten? Was treibt Menschen mehr in die Spaltung, als wenn sie ihre Grundlage zum Leben verlieren, sei es durch den steigenden Meeresspiegel, durch das massenhafte Artensterben und dass damit verbundene Zusammenbrechen der Nahrungsketten sowie durch vermehrte Extremwettereignisse mit lange Dürren und Starkregen?

Die Fragen unter dem indonesischen Sternenhimmel sorgen für große Traurigkeit bei mir. Wenn wir um etwas weinen, zeigt es doch erst, wie wertvoll etwas für uns ist. *Heartbreak reveals, what is precious to us.* Und das Wertvolle gilt es, zu beschützen.

Ich bin Jahrgang 1995. 2050 werde ich 55 Jahre alt sein. Wenn ich mich in den nächsten Jahren für die Geburt eines Kindes entscheide, wird es 2050 ungefähr 25 Jahre alt sein. Es wird ein anderes Leben führen als ich jetzt mit Mitte zwanzig. Nur wie anders?

Wie schaffen wir es aus dieser Abwärtsspirale heraus, in der sich viele Menschen gar nicht drinfühlen? Denn sonst würden wir doch ganz andere Diskussionen in unserer Gesellschaft führen. Wie schaffen wir es, den beängstigenden Szenarien der Ökosystem-Kipppunkte entgegenzuwirken?

Indem wir uns einer Traurigkeit, einer Ohnmacht wirklich aussetzen.

Und zwar ohne in Schutzmechanismen zu flüchten. Ohne ein schnelles Überlesen von neuen Klimaberichten, ohne ein Anzweifeln von wissenschaftlichen Fakten, ohne die ständige Selbstberuhigung „Das weiß ich alles schon", „Wir und die Technologie werden es schon richten" oder „Ich tue ja schon was".

Sich dieser Ohnmacht selbst aussetzen, ohne all diese Ausflüchte zu suchen, ist nicht einfach. Aber es ist ehrlich und führt zu der Überlegung, wie das eigene Leben in 25 Jahren aussehen wird. Und vor allem das Leben der nächsten Generation. Anders? Auf jeden Fall! Schwerer als jetzt? Mit großer Wahrscheinlichkeit!

Nichtstun ist daher einfach keine Option mehr. Wie können wir also etwas bewirken und ins Tun kommen?

Wenn genügend Menschen, ohne dabei perfekt sein zu müssen, anders wirtschaften, anders konsumieren, anders Politik betreiben, anders arbeiten, anders handeln, dann können wir das Ruder herumreißen. Und anders heißt nicht schlechter, sondern einfach nicht mehr, als würden wir uns den Planeten untertan machen wollen.

Wir von verrocchio haben dieses Buch initiiert, um anders zu handeln in die Lebensrealitäten möglichst vieler Menschen und Unternehmen zu bringen. Wir glauben fest daran, dass ein Methodenwissen dafür sorgen kann, die Frage nach dem *Wie* zu beantworten. Wie können wir nachhaltiger und innerhalb der planetaren Grenzen wirtschaften? Wie können wir gemeinsam Stück für Stück die Welt verändern?

Wir wünschen uns von diesem Buch, dass es die Macher und Macherinnen, aber auch die noch Unsicheren erreicht und ihnen Sicherheit gibt. Denn es braucht uns alle, um eine lebenswerte Zukunft zu errichten.

Malvine Klecha